풍부한 그림으로 형상화하여 이해하는
전자기학의 핵심 원리

전자기학

Electromagnetic
Fields and Waves

한빛아카데미
Hanbit Academy, Inc.

지은이 **김동명** dmkim@kookmin.ac.kr

서울대학교 공과대학에서 전자공학 학사(1986년)와 석사(1988년)를 마치고, 한국과학기술연구원(KIST)에서 연구원으로 근무(1988~1989년)하였다. 1989년에 국비유학생으로 선발되어 미국 미네소타대학교에서 전기공학 박사 학위(1993년)를 취득하였으며, 1993년 3월부터 국민대학교 전자공학부에서 반도체공학, 전자기학, 집적회로 등을 강의하고 있다. 반도체및집적회로연구실(S!LK)에서 고성능 메모리, 집적회로, IoT 센서, 초고주파 집적회로 구현을 위한 반도체 소자의 설계, 제작, 특성 분석과 모델링 분야의 핵심 전문인력을 양성하고 있다.

BK21 4단계의 지능형 반도체/디스플레이 핵심 전문인력 양성팀의 사업팀장으로 연구를 수행 중이며, IEEE Electron Device Letters 등 SCI 등재저널에 약 210편의 논문을 발표하였다. SBS문화재단의 해외연구교수(2005년), LG연암문화재단의 연암해외연구교수(2012년)로 선정되었으며, 국민대학교에서 우수교수상(교육부문 : 2011, 연구부문 : 2020년)을 수상하였다. 저서로는 『반도체 공학』(한빛아카데미, 2017), 『반도체 공학 연습문제 풀이집』(한빛아카데미, 2013)이 있고, Youtube와 KOCW를 통해 반도체 공학과 전자기학 강의를 제공하고 있다. 또한 매년 반도체 산업을 선도하는 기업체에서 반도체 소자를 강의하며, 현장 적응력과 산업 응용력이 높은 반도체 전문인력 양성을 위한 산학협력 강의를 진행하고 있다.

- 2002년 ~ 현재 : 삼성전자(주) Device Solution 부문(S. LSI 사업부, 메모리 사업부)
- 2012년 ~ 2017년 : LG디스플레이(주)
- 2008년 ~ 2009년 : 동부하이텍
- 2015년 ~ 2016년 : 특허청 국제지식재산연수원

전자기학 : 풍부한 그림으로 형상화하여 이해하는 전자기학의 핵심 원리

초판발행 2020년 12월 17일

지은이 김동명 / **펴낸이** 전태호
펴낸곳 한빛아카데미(주) / **주소** 서울시 서대문구 연희로2길 62 한빛아카데미(주) 2층
전화 02-336-7112 / **팩스** 02-336-7199
등록 2013년 1월 14일 제2017-000063호 / **ISBN** 979-11-5664-518-4 93560

책임편집 박현진 / **기획** 김은정 / **편집** 김은정
디자인 표지 이아란 / **전산편집** 임희남 / **제작** 박성우, 김정우
영업 이윤형, 길진철, 김태진, 김성삼, 이정훈, 임현기, 이성훈, 김주성 / **영업기획** 김호철, 주희

이 책에 대한 의견이나 오탈자 및 잘못된 내용에 대한 수정 정보는 아래 이메일로 알려주십시오.
잘못된 책은 구입하신 서점에서 교환해 드립니다. 책값은 뒤표지에 표시되어 있습니다.
홈페이지 www.hanbit.co.kr / 이메일 question@hanbit.co.kr

Published by HANBIT Academy, Inc. Printed in Korea

전자기학은 예나 지금이나, 그리고 앞으로도 누구에게나 어려운 과목으로 인식될 수 있습니다. 특히 보이지 않는 전하들의 상호작용을 다루는 전기장, 역시 보이지 않는 전류도선들의 상호작용을 다루는 자기장, 그리고 여전히 보이지 않지만 전기장과 자기장이 상호작용하는 전자기장과 전자기파로서의 전파 특성을 이해하는 것은 그리 쉽지 않으며, 여기에 어렵게 느끼는 벡터와 수많은 수식들의 나열로 인해 더욱 어려운 과목으로 느낄 수 있습니다. 이로 인해 처음 배우는 학습자와 가르치는 교수자 모두에게 참으로 어려운 교과목일 수 있습니다.

어려운 내용을 쉽게 다루는 전자기학 교재도 많고, 장점이 많은 훌륭한 교재들도 많이 있습니다. 그럼에도 불구하고 이 교재를 감히 저술하게 된 가장 주된 이유는 교수자와 학습자가 보이지 않는 전자기학의 현상들을 그림으로 형상화하고, 이들을 결정하는 요소를 그래프로 시각화함으로써 학습자가 이해 중심으로 학습할 수 있고 공학적 응용의 직관력을 기를 수 있기를 바라는 마음이었습니다. 어려운 교과목을 가르치는 동안 그림으로 형상화하고, 수식을 단순한 기호가 아닌 전자기학적 현상을 담고 있는 '가장 강력하고 자세한 설명을 담고 있는 극도로 축약된 형태'로 전하고자 노력했습니다. 특히 복잡한 형태의 수식들이 전자기학적 현상을 일반화하여 정량적 계산에 활용할 수 있는 수식으로 정리된 것임을 이해하고, 이를 공학적으로 활용하는 능력을 기르도록 집필하였습니다. 이로 인해 설명이 다소 과하고 반복된 경우도 적지 않아 전자기학의 이해가 빠른 학습자에게는 군더더기로 느껴질 수 있지만, 학습에 어려움을 느낄 학습자의 이해를 돕기 위한 것임을 명기해 둡니다. 또한 이 교재는 새로운 사실을 규명하는 연구 결과가 아니라 이미 잘 정립된 전자기학 내용을 보다 용이하게 이해하고, 보이지 않는 내용을 형상화하고, 이를 공학적 응용에 잘 적용할 수 있도록 돕는 학습 교재임도 강조해 둡니다.

학습 내용의 이해도와 학습 효과를 향상시키기 위해 필자가 중점을 둔 이 책의 특징은 다음과 같습니다.

첫째, 학습자가 직관력을 기를 수 있도록 풍부한 그림으로 서술
둘째, 학습자의 개념과 이해를 돕는 주제 중심의 서술
셋째, 공학적/과학적 응용을 염두에 둔 현장 적응력 중심 서술
넷째, 전자기학 전반의 구성과 학습 내용의 상호 연관 이해 향상을 위해 교재 대주제별 학습도표(I : 전기장, II : 자기장, III : 시변 전자기장과 전자기파의 전파 특성) 제공
다섯째, 학습자의 내용 이해도 향상을 위해 챕터별 도입부의 '학습도표와 핵심내용'과 마지막의 '핵심요약' 제공
여섯째, 전자기학의 주제별 물리량을 결정하는 요소를 그래프로 형상화하여 직관력과 공학적 응용력을 기를 수 있도록 서술

이 책에는 설명, 그래프, 수식, 단위와 기호가 반복되는데, 그 이유는 다음과 같습니다.

- 반복된 설명 : 단순 암기나 수학적 나열이 아니라 의미를 이해하는 과정으로 활용하기 위함
- 유사한 형태의 반복된 그래프 : 수학적 결과를 직관적으로 이해하고 공학적 응용에 활용하기 위함
- 반복된 수식의 표기 : 앞의 결과를 단순 활용하는 대신 이해하는 과정에 도움을 주기 위함
- 반복된 단위와 기호의 표기 : 단위를 통해 의미를 유추하고, 이후 학습 내용의 상호 연관성을 강조하기 위함

그 외의 특징은 다음과 같습니다.

- 영어/용어의 병기 : 교재마다 다른 용어가 사용되는 경우가 있으므로 용어 사용의 혼동을 줄이기 위함
- 색상을 많이 사용한 이유 : 그림과 그래프를 이용해 시각화를 통한 구별과 직관력 향상에 도움이 되도록 하기 위함

이 책의 구성

이 책은 전자기학의 전체 내용을 시각화하여 이해하는 데 필요한 공통 도구인 좌표계와 벡터를 다루는 부분(1장)과, 공간적으로 고정된 전하들의 정전기적 상호작용에 관한 정전기장(I : 2~5장), 일정한 전류가 흐르는 전류도선들의 자기적 상호작용에 관한 정자기장(II : 6~9장), 그리고 전기장과 자기장이 밀접하게 연관되어 상호 영향을 미치는 시변 전자기장과 전자기파의 전파 특성(III : 10~12장)으로 구성되어 있습니다.

[들어가기 전에]

1장 | **좌표계와 벡터 기초** 좌표계 종류(직각, 원통, 구좌표계)와 위치, 기본 구성 벡터, 거리 벡터, 선 조각 벡터, 면 조각 벡터, 입체 조각의 표기, 벡터 기본 연산(합, 차, 스칼라 곱, 벡터 곱), 발산량 벡터, 회전량 벡터, 변화율 벡터

[PART 1] 공간적으로 고정된 전하들의 정전기적 상호작용 : 정전기장

2장 | 전하들 간의 상호작용과 쿨롱의 법칙 : 벡터 정전기장

3장 | 정전기적 에너지와 전위 : 스칼라 전기장

4장 | 전기장 내의 이동전하 : 정전기력에 의한 이동과 전도성 전류

5장 | 전기장의 영향을 받고 전달하며 전자 부품을 구성하는 전자재료 : 전하쌍극자, 유전체, 정전용량

[PART 2] 공간적으로 고정된 전류도선 간의 자기적 상호작용 : 정자기장

6장 | 전류도선 간의 상호작용과 비오–사바르의 법칙 : 벡터 자기장

7장 | 대칭구조 전류도선에 의해 형성된 자기장 해석 : 암페어의 법칙과 자기준위

8장 | 자기장 내의 전류도선에 작용하는 힘 : 자기쌍극자, 자성체, 자성체의 자화

9장 | 고정된 구조의 전류도선에 의한 자기장과 유도용량 : 자계유도기와 유도용량

[PART 3] 시간에 따라 변하는 전기장과 자기장의 상호작용 : 맥스웰 방정식과 전자기파의 전파 특성

10장 | 시간에 따라 변하는 전기장과 자기장의 상호관계 : 맥스웰 방정식

11장 | 시변 전자기장 해석을 위한 전자파 방정식과 응용 : 맥스웰 방정식의 응용

12장 | 전송선을 통한 전자파의 전파 특성 해석과 응용 : 전송선 등가회로 모델

전자기학의 주제별 효과적 학습법

전자기학은 잘 정립된 교과목이며, 학습 내용도 소주제별 학습과 유사합니다. 강의실에서 이루어지는 학습 내용의 소주제는 조금만 변형하면 평가단계(중간고사, 기말고사, 대학원 입학시험, 학위논문 제출 자격시험, 변리사시험, 공기업 및 대기업 입사시험, 기사시험 등)의 시험문제가 되기도 하고, 응용단계의 응용력 확인 문제가 되기도 합니다. 필자가 학습하는 동안, 또 교수자로서 가르치는 동안 습득한 주제 중심, 이해 중심, 직관력 향상 중심, 공학적 응용력 향상 중심의 효과적인 학습법을 다음과 같이 추천합니다. (*처음에는 번거롭고 시간이 많이 걸리는 학습법으로 느껴지지만, 두세 번 반복하여 익숙해지면 부담스럽지 않고 아주 좋은 학습법입니다.)

1. (수업 전 예습을 통해 수업 중 이해도 향상) KOCW 또는 교재를 활용하여 예습을 하는 것이 아주 좋음.
2. (수업 중 최대한 집중하여 이해) 강의 내용을 강의실 현장에서 모두 이해하도록 노력하면서 강의를 듣고, 핵심 내용을 필기(손필기&칼라 펜 사용 권장)하여 핵심파악 능력과 요약 능력을 향상시킴.
3. (수업 후 복습을 통한 이해도 향상) 수업시간에 필기한 내용을 바탕으로 강의 내용을 복습하며, 부족한 내용은 그룹 스터디 멤버들의 도움을 받음.
4. (그룹 스터디를 통한 수업 내용 이해 확인) 수업의 핵심 내용을 그룹 스터디 멤버들에게 설명하는 과정을 통해 이해도를 높이고, 아는 내용을 말로 표현함으로써 핵심을 전하는 훈련도 겸함.
5. (수업 내용 정리를 통한 학습 내용 체계화) 수업 내용의 복습과 이해가 끝났으면, 수업 시간의 어수선한 노트를 핵심내용이 잘 보이도록 체계적으로 정리함.

6. (문제 풀이를 통한 응용력 확인과 평가의 두려움 해소) 노트 정리가 끝났으면, 정리한 주제를 평가단계의 시험문제로 생각하고, 제한된 시간 내에 푸는 과정을 거침. 전자기학 수업은 이미 잘 정립된 주제 중심의 학습/수업 과정이 대부분이므로, 수업 내용을 시험 문제로 생각해도 충분히 도움이 됨.

   (예 수업시간에 'xy-평면의 무한 면전하(면전하 밀도 = ρ [C/m^2])에 의해 형성된 전기장의 전계강도: 가우스 법칙을 이용한 해석'에 관해 학습했다면, 이는 "가우스 법칙을 이용하여 xy-평면의 무한 면전하(면전하 밀도 = ρ_s [C/m^2])에 의해 형성된 전기장의 등가전하밀도, 전계강도, 관측점의 시험전하가 받는 정전기적 힘을 구하라."와 유사한 형태의 문제 풀이를 의미함.)

7. (변형된 문제를 통한 응용력 향상) 수업 내용의 응용력 향상을 위해 위의 주제에 대해 변형 가능하면서 이해의 정도를 확인할 수 있거나 이해의 정도를 향상시키는 형태의 문제로 변형하여 풀어서 응용력을 확인하고, 또 이해를 확고히 함.

   (예 수업시간에 '가우스 법칙을 이용하여 xy-평면의 무한 면전하(면전하 밀도 = ρ [C/m^2])에 의해 형성된 전기장의 전계강도'에 관해 학습했다면, 이는 "가우스 법칙을 이용하여 xy-평면과 평행하게 존재하는 2개의 무한 면전하(윗면의 면전하 밀도 = ρ_s [C/m^2], 아랫면의 면전하 밀도 = $-\rho_s$ [C/m^2], 면전하의 간격 = d [m])에 의해 형성된 전기장의 등가전하밀도, 전계강도, 관측점의 시험전하가 받는 정전기적 힘을 구하라." 와 유사한 형태의 변형을 의미함.)

감사의 글

전자기학 학습 내용의 핵심을 효과적으로 전달하기 위해 준비한 아주 간략한 형태의 강의노트에서 단정한 모습의 전자기학 교재로 출간되는 데는 많은 분들의 헌신과 응원이 있었습니다. 이 교재는 학문적으로 새로운 내용을 정리한 것이 아니라, 전자기학을 가르치면서 학습자의 이해를 도울 수 있는 방법을 고민하며 정리했던 강의노트 내용을 보완하고 형상화된 그림을 보충하여 체계화한 결과물입니다. 학생으로 또 교수자로 지내온 동안 배움과 가르침에 도움을 받은 훌륭한 저서들이 많이 있었기에 이 교재가 나올 수 있었습니다.

부족함이 적지 않은 교재이지만 학습자의 어려움을 누구보다 많이 먼저 경험했기에, 그 경험을 바탕으로 학습자에게 도움이 되고, 어렵지만 어렵지 않고 충분히 이해할 만한 교과목이 되는 데 도움이 되고 싶은 마음에서 이 책을 저술하게 되었습니다. 이전의 많은 훌륭한 교재들이 미처 채우지 못한 자그마한 빈 자리를 채우는 역할을 하기를 바라며, 부족한 내용과 오류가 있는 부분은 확인하는 대로 채우고 바로잡도록 하겠습니다.

전자기학 교과목을 가르치는 동안 어려운 내용을 이해하려고 끊임없이 질문하고 자극을 준 강의실의 제자들에게, 그리고 연구자와 교육자의 사명을 모두 잊지 않도록 일깨워 주시고, 어려운 전자기학을 이해할 수 있도록 가르쳐 주시고 지혜를 주신 은사님들께 감사한 마음을 전합니다.

집필 과정 동안 묵묵히 참고 기다리며, 보이는 곳이나 보이지 않는 곳이나 항상 함께 하며, 기도하고 응원해 준 가족들(여왕, 왕자, 그리고 여전히 함께 하고 있을 공주)에게 사랑하는 마음도 함께 담아 진심으로 감사한 마음을 전합니다. 특히 필요할 때마다 부족한 지혜를 채워 주시고, 지치지 않게 힘을 주시고, 또 작은 일에도 항상 감사한 마음으로 집필 과정을 마치도록 지켜주신 주님의 은혜에 감사드립니다.

이 책의 출간을 위해 수고하신 한빛아카데미㈜ 관계자들께도 감사한 마음을 가득 전합니다.

지은이 **김 동 명**

학습 요약

SUMMARY

Part 1 : 정전기장(시불변 전기장 : 2장~5장)

1장 좌표계와 벡터 기초

좌표계와 벡터 기초
1.1 좌표계의 종류와 위치를 나타내는 방법
1.2 벡터를 이용한 위치와 물리량의 표기법
: 기본 구성 벡터와 벡터 연산
- 기본 구성 벡터와 단위벡터
- 위치 벡터와 선, 면의 시각화
1.3 직각좌표계를 이용한 벡터 연산
1.4 작은 조각의 선, 면, 부피의 표기 방법
- 선 조각, 면 조각, 입체
- 물리량 벡터 표기와 좌표계 변환
1.5 벡터 물리량의 발산량과 회전량 벡터
- 발산량에 관한 정리
- 회전량과 회전량 벡터
- 변화율 벡터 연산자

2장 전하들 간의 상호작용과 쿨롱의 법칙 : 벡터 정전기장

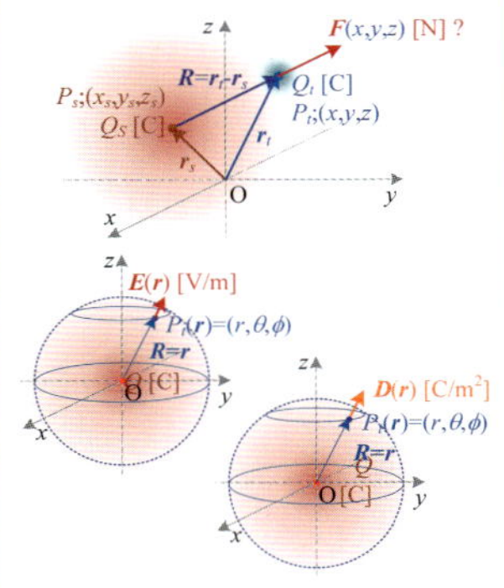

2.1 쿨롱의 법칙 : 정전기적 상호작용
- 정전기적 상호작용: 쿨롱의 법칙
- 다수의 근원전하/분포전하
2.2 근원전하에 의한 전기장의 전계강도
- 원점에 존재하는 점전하
- xy-평면에 존재하는 무한 면전하
2.3 근원전하에 의한 전기장의 등가전하밀도
- 근원전하와 등가전하량
- 등가전하밀도와 가우스 법칙
- 대칭구조 전하 분포에 의한 전기장
2.4 가우스 법칙과 포아송 방정식 :
- 비대칭 전하분포에 의한 전기장
- 포아송 방정식

3장 정전기적 에너지와 전위 : 스칼라 전기장

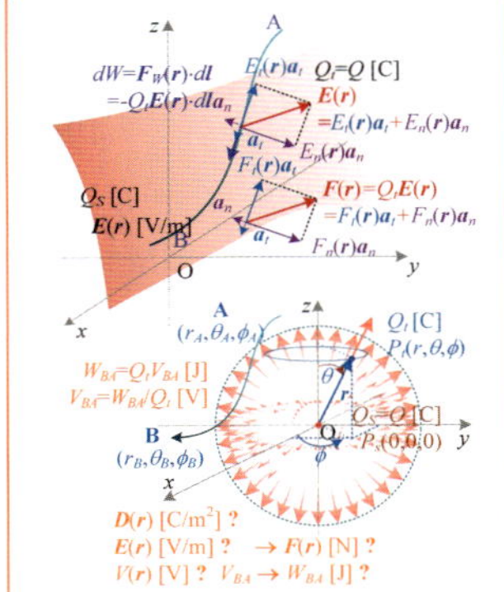

3.1 전기장의 정전기적 에너지와 전위 : 스칼라 정전기장
- 이동 경로와 정전기적 일의 관계
- 스칼라 전위와 전위차
3.2 스칼라 전위와 벡터 전계강도의 변환
- 전기장의 스칼라 전위와 벡터 전계강도
- 전계강도에 대한 회전량 벡터
3.3 근원전하에 의한 전기장의 전위분포
3.4 전계강도와 정전기적 에너지 밀도
- 전기장의 정전기적 에너지
- 전기장의 정전기적 에너지 밀도
- 전기장의 정전기적 에너지 밀도의 예
3.5 포아송 방정식과 전기적 특성 해석 응용

4장 전기장 내의 이동전하 : 정전기력에 의한 이동과 전도성 전류

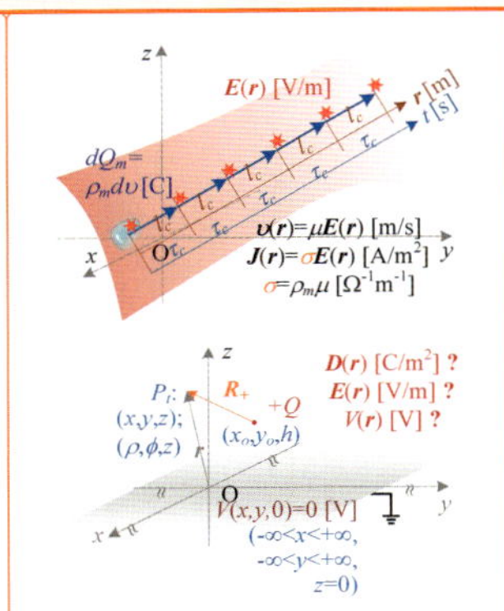

4.1 전기장 내의 이동전하와 전도성 전류
- 전계에 의한 이동전하의 이동과 이동도
- 전도성 전류와 전기전도도
- 전기전도도와 전자재료 구분
4.2 이동전하의 시간에 따른 변화와 공간적 분포: 연속방정식
- 연속방정식과 키르히호프의 전류 법칙
- 포아송 방정식과 연속방정식의 응용 : 이동전하의 전하이완시간
4.3 도체와 전자재료의 경계면의 전기장에 대한 경계조건
4.4 가상 전하를 이용한 전기장 해석 : 등전위면과 영상전하법

Part 2 : 정자기장(시불변 자기장 : 6장~9장)

6장 전류도선 간의 상호작용과 비오-사바르의 법칙 : 벡터 자기장

6.1 전류도선 간의 자기적 상호작용 : 비오-사바르의 법칙
- 전류도선 간의 자기적 힘(인력/반발력)
- 회전성 벡터 자계강도($\boldsymbol{H}(\boldsymbol{r})$ [A/m])
6.2 전류도선에 의한 자계강도 해석의 예
- z-축과 평행한 선전류도선
- xy-평면의 무한 면전류
- 원형전류도선
6.3 자기장의 스칼라 자속량과 벡터 자속밀도, 벡터 자계강도

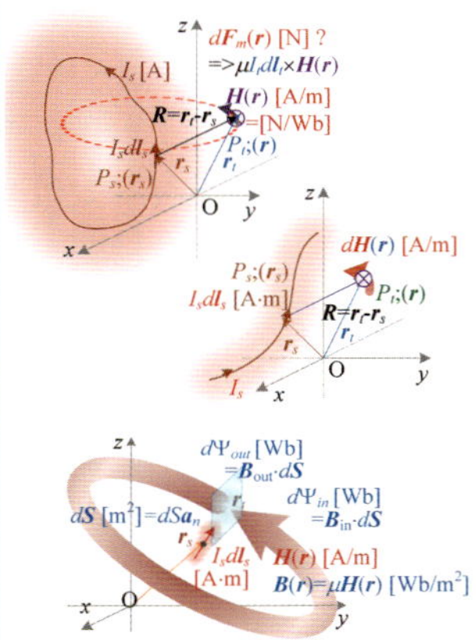

7장 대칭구조 전류도선에 의해 형성된 자기장 해석 : 암페어의 법칙과 자기준위

7.1 자기장의 회전성 자계강도 : 암페어 법칙
7.2 암페어의 법칙을 이용한 자계강도 해석
7.3 암페어의 법칙을 이용한 자기장의 해석
- z-축상의 무한한 길이의 선전류 도선
- z-축과 평행한 동축 전송선
- xy-평면의 무한 면전류
- 막대형 동심원 권선
- 반지형 권선
7.4 스칼라 자기준위와 자기 등가회로
7.5 자기장의 벡터 자기준위와 응용
- 선형 벡터 자기준위
- 벡터 자기준위를 이용한 자기장의 해석

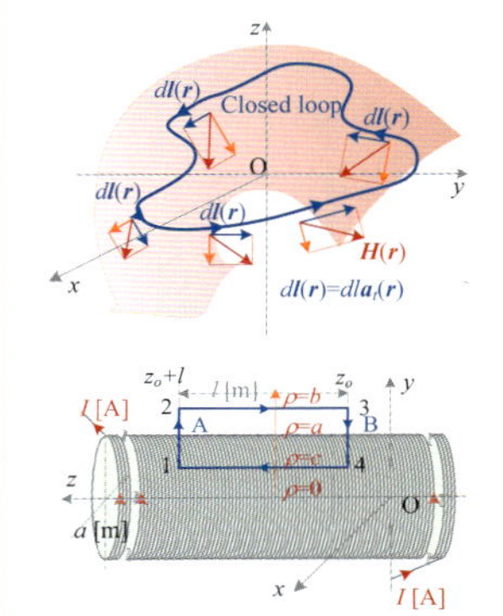

8장 자기장 내의 전류도선에 작용하는 힘 : 자기쌍극자, 자성체, 자성체의 자화

8.1 전계와 자계가 존재하는 공간에 입사된 이동전하의 운동 : 로렌츠 힘
8.2 홀 효과와 응용 : 홀 측정장치
8.3 전류 폐경로에 작용하는 자기력
- 폐경로 전류도선의 자기쌍극자 모멘트
8.4 자기장에 의한 자성체의 자화와 자성계수
- 자성체의 자화와 자화벡터
- 자성체의 자속밀도와 자성계수
8.5 자성체의 경계면의 자기장 경계조건
- 접선방향 성분에 관한 경계조건
- 법선방향 성분에 관한 경계조건
- 자성체의 자화이력 특성

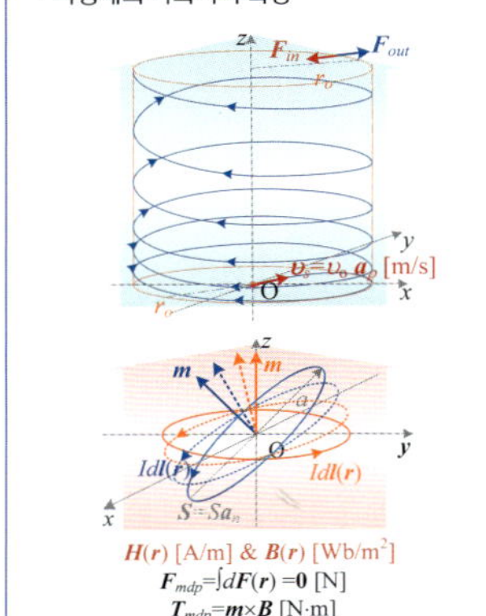

Part 0 : 들어가기 전에

Part 1 : 정전기장(시불변 전기장 : 2장~5장)

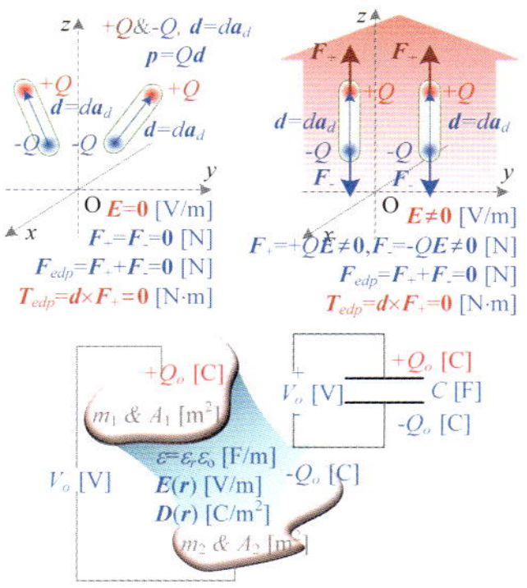

5.1 전하쌍극자(Electric Dipole)
- 전하쌍극자에 작용하는 정전기력과 회전력
- 전하쌍극자에 의한 전계강도와 전위분포

5.2 전계에 의한 유전체의 분극과 유전상수
- 유전체의 분극과 전계감응계수
- 유전체의 분극 특성을 나타내는 유전상수

5.3 두 유전체 경계면에서 전기장의 경계조건
- 접선성분과 법선(수직)성분
- 유전체 경계면의 전기장에 대한 경계조건
- 전계에 의한 유전체의 분극이력 특성

5.4 캐패시터와 정전용량
- 캐패시터의 정전용량(도체판의 구조, 유전상수)
- 정전용량 계산의 예

5장 전기장의 영향을 받고 전달하며 전자 부품을 구성하는 전자재료 : 전하쌍극자, 유전체, 정전용량

9장 고정된 구조의 전류도선에 의한 자기장과 유도용량 : 자계유도기와 유도용량

9.1 전류도선의 자기장 형성과 유도용량

9.2 일정한 전류도선 구조를 가진 유도용량 계산
- 원형 단면을 가진 막대형 권선의 자체유도용량
- 4각 단면을 가진 반지형 권선의 자체유도용량
- 원형 단면의 직선형 전류도선의 자체유도용량
- 원형 단면 동축 전송선의 유도용량
- 변압기 구조의 상호유도용량

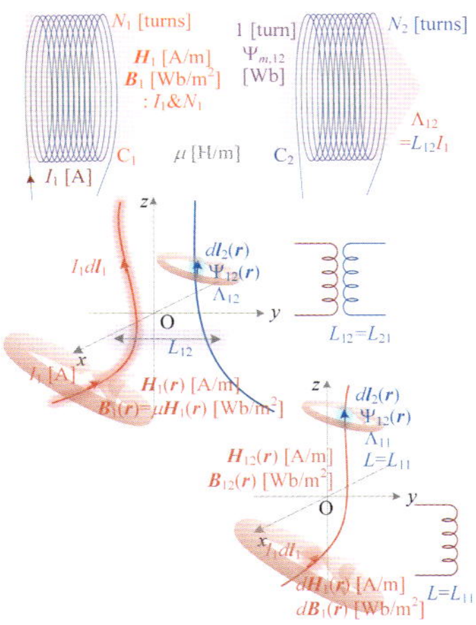

Part 2 : 정자기장(시불변 자기장 : 6장~9장)

Part 3 : 맥스웰 방정식과 전자기파의 전파 특성(시변 전자기장 : 10장~12장)

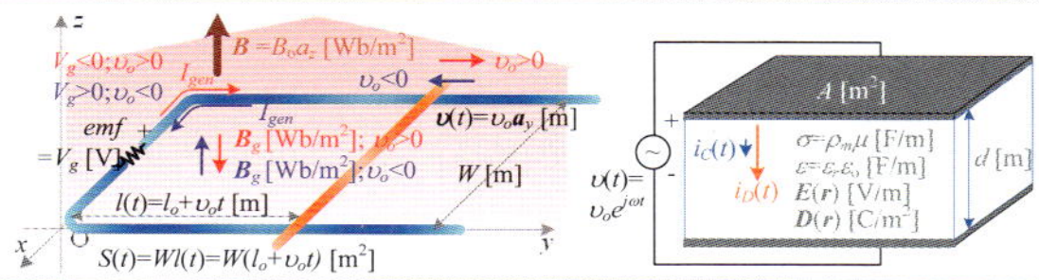

10장 시간에 따라 변하는 전기장과 자기장의 상호관계 : 맥스웰 방정식

10.1 시간에 따라 변하는 자기장에 의한 기전력 : 패러데이 실험
- 시변 자기장에 의한 유도기전력과 패러데이의 법칙
- 1차 권선/2차 권선 : 변압기
- 유도용량에 흐르는 전류에 형성된 자기장의 자기에너지
- 전류도선에 의해 형성된 자기장의 자기 에너지 밀도

10.2 변위전류 : 연속방정식의 보완과 맥스웰 방정식의 완성
- 시변 전기장에 의한 변위성 전류와 연속방정식
- 전자재료의 유전 손실과 손실각

10.3 시변 전기장과 자기장이 작용하는 공간의 전자기장 해석 : 맥스웰 방정식

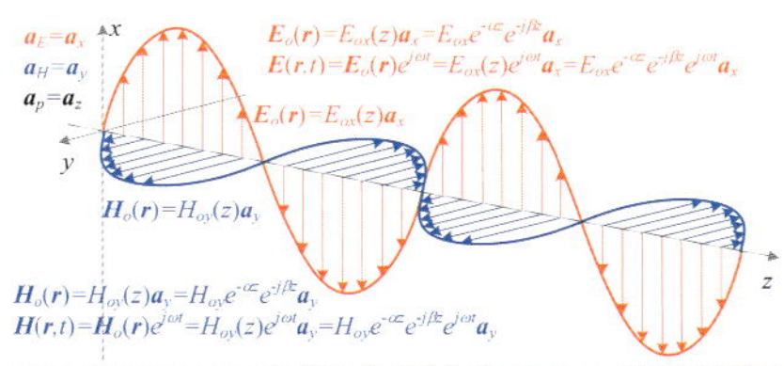

11장 시변 전자기장 해석을 위한 전자파 방정식과 응용 : 맥스웰 방정식의 응용

11.1 시간에 따라 변하는 전자기파의 전파 특성 해석을 위한 전자파 방정식

11.2 중성전하 매질에서 시정현 전자기파의 전파방정식
- 중성전하 공간에서 시정현 전자기파의 전파 특성 해석을 위한 전파방정식
- 전자기파의 시간에 따른 변화와 공간적 분포를 지배하는 전파상수

11.3 중성전하 공간에서 z-축과 평행하게 전파되는 시정현 전자기파의 전파 특성
- 중성전하 공간에서 z-축 양의 방향으로 전파되는 시정현 전자기파의 전파 특성
- 매질의 종류와 특성, 신호의 주파수에 의해 결정되는 특성 임피던스(η [Ω])
- 전자기파에 의한 전력밀도(단위시간당 에너지 전달 밀도)와 전력밀도 벡터
- 전도도가 높은 매질에서 전자기파의 감쇄 특성을 나타내는 유효 전파 두께

11.4 전파 특성이 다른 매질을 통한 전자기파의 전파 : 전파 형태와 경계조건
- 전자기파의 전파 형태 구분
- 두 매질의 경계면에서 전자기파의 전계강도와 자계강도에 관한 경계 조건

11.5 무손실 매질로부터 도체면에 수직으로 입사된 전자기파의 전파

11.6 무손실 매질로부터 도체면에 경사 입사된 전자기파의 전파
- 직교편파(전기장 편파)/평행편파(자기장 편파)되어 경사 입사된 전자기파의 전파

11.7 무손실 매질 1로부터 매질 2의 경계면에 입사된 전자기파의 전파 특성
- 수직 입사된 전자기파의 전파 특성
- 직교편파/평행편파되어 경계면에 경사각으로 입사된 전자기파의 전파 특성

12장 전송선을 통한 전자파의 전파 특성 해석과 응용 : 전송선 등가회로 모델

12.1 회로이론 기반의 전자기파 전달 특성 해석 : 시정현 전압과 전류

12.2 전송선의 분포형 등가회로 모델과 위상자를 이용한 신호 전달 해석

12.3 분포회로 모델을 사용한 전파방정식과 전송선을 통한 전파 특성
- 전송선 모델을 이용한 시정현 전압파와 전류파 해석을 위한 전파방정식
- 전송선의 전파 특성을 결정하는 전파상수 : 감쇄상수와 위상상수
- 전송선의 특성 임피던스와 위치에 따른 전파 특성 변화
- 전송선 종단의 부하 임피던스와 반사계수
- 전송선의 재료와 구조, 신호 주파수에 의해 결정되는 전송선의 입력 임피던스

12.4 전송선의 반사계수와 임피던스 특성 그래프를 이용한 해석 : 스미스 차트

12.5 전송선의 전파 특성 해석을 위한 삼람지수

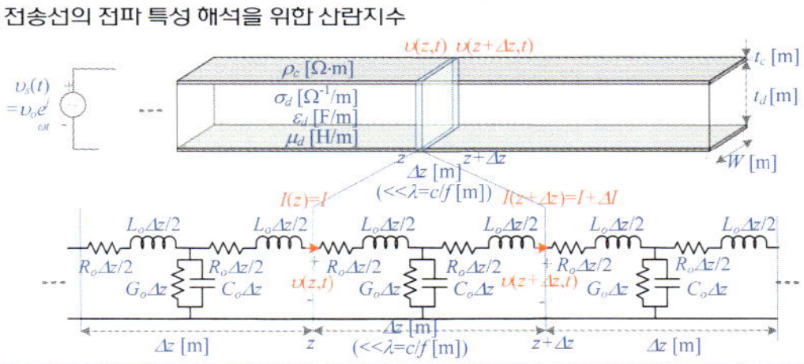

Part 3 : 맥스웰 방정식과 전자기파의 전파 특성(시변 전자기장 : 10장~12장)

>> 강의 계획

무엇을 배우나?

전자기학 학습에 공통으로 필요한 좌표계와 벡터를 다루는 부분(1장), 공간적으로 고정된 전하들의 정전기적 상호작용에 관한 정전기장(I : 2~5장), 일정한 전류가 흐르는 전류도선들의 자기적 상호작용에 관한 정자기장(II : 6~9장), 그리고 전기장과 자기장이 밀접하게 연관되어 상호 영향을 미치는 시변 전자기장과 전자기파의 전파 특성(III : 10~12장)에 관해 학습한다.

❶ 1장_좌표계와 벡터 기초

전자기학에서 다루는 전기장과 자기장, 전자기파의 전파 특성 해석에 필요한 좌표계와 벡터 기초를 학습한다. 좌표계(직각, 원통, 구좌표계)와 위치 벡터, 기본 구성 벡터, 거리 벡터, 선 조각 벡터, 면 조각 벡터, 입체 조각의 표기, 벡터 기본 연산(합, 차, 스칼라 곱, 벡터 곱), 발산량 벡터, 회전량 벡터, 변화율 벡터에 관해 학습한다.

❷ 2~5장_정전기장

공간적으로 고정된 전하들의 정전기적 상호작용(정전기장)에 관해 학습한다. 전하들의 정전기적 상호작용과 쿨롱의 법칙(벡터 전기장), 정전기적 에너지와 전위(스칼라 전기장), 전기장 내의 이동전하와 전도성 전류에 관해 학습한다. 또한, 전기장의 영향을 받고 전달하며 전자부품을 구성하는 전자재료(전하쌍극자 집합체)의 특성, 도체판과 유전체로 구성된 전기장 구조인 캐패시터의 정전용량에 관해 학습한다.

❸ 6~9장_정자기장

전류도선들의 상호작용과 자기장(정자기장)에 관해 학습하며, 전류도선 간의 상호작용과 비오-사바르의 법칙(벡터 자기장), 대칭구조 전류도선에 의해 형성된 자기장 해석법인 암페어의 법칙에 관해 학습한다. 또한 자기준위, 자기장 내의 전류도선에 작용하는 힘, 자기쌍극자, 자성체, 자성체의 자화, 그리고 고정된 구조의 전류도선에 의한 자기장과 유도용량에 관해 학습한다.

❹ 10~12장_시변 전자기장과 전자기파의 전파

시변 전자기장과 전자기파의 전파 특성에 관해 학습하며, 시간에 따라 변하는 전기장과 자기장의 상호관계를 지배하는 맥스웰 방정식에 관해 학습한다. 또한 시변 전자기장 해석을 위한 전자기파의 전파 방정식과 전자기파의 전파 특성, 전송선을 통한 시정현 전압파와 전류파의 전파 특성 해석과 응용에 관해 학습한다.

표준 스케줄 표

1학기 강의

주	해당 장	주제	
1	1장	전자기학 학습을 위한 좌표계(직각좌표계, 원통좌표계, 구좌표계)의 구분과 의미	
2	1장	좌표계의 기본 구성 벡터, 위치 벡터, 물리량 벡터, 선 조각 벡터, 면 조각 벡터, 입체 조각 표기	
3	1장	벡터 연산(합, 차, 스칼라 곱, 벡터 곱), 스칼라 곱과 벡터 곱의 응용 예	
4	1장	벡터 물리량의 발산량, 벡터 물리량의 회전량 벡터, 스칼라 물리량의 변화율 벡터	
5	2장	전하들 간의 정전기적 상호작용(정전기력)과 쿨롱의 법칙; 벡터 정전기장	
6	2장	근원전하(점전하, 선전하, 면전하)에 의해 형성된 전기장의 방사방향 벡터 전계강도	
7	2장	근원전하에 의해 형성된 전기장의 스칼라 등가전하량(전속)	
8	2장	근원전하에 의해 형성된 벡터 전속(등가전하)밀도	중간고사
9	2장	가우스 법칙과 전기장 해석 : 대칭구조 전기장의 등가전하밀도 벡터와 전계강도 벡터	
10	3장	스칼라 전기장 : 정전기적 에너지와 근원전하에 의해 형성된 전기장의 전위	
11	3장	근원전하에 의한 전기장의 벡터 전계강도와 스칼라 전위의 관계, 상호 변환	
12	4장	전기장 내의 이동전하와 전도성 전류, 도체의 특성	
13	4장	도체/유전체 경계면의 경계조건, 도체의 등전위면 특성을 이용한 대칭전하법	
14	5장	전하쌍극자와 전기장에 의한 정전기력과 회전력, 유전체와 전계에 의한 유전체의 분극	
15	5장	두 유전체 경계면의 경계조건, 고정된 전기장 구조(두개의 도체판과 유전체)와 정전용량	
16	5장	정전용량(평행판 구조, 직렬/병렬 적층 평행판, 동축전송선 구조)	기말고사

강의 보조 자료

PPT 자료와 연습문제 해답

- 한빛아카데미에서는 교수/강사님들의 효율적인 강의 준비를 위해 온라인과 오프라인으로 강의 보조 자료를 제공합니다.
- 다음 사이트에서 회원으로 가입하신 교수/강사님에게는 교수용 PPT 자료와 연습문제 해답을 제공합니다.
  http://www.hanbit.co.kr
- 온라인에서 자료를 다운받으시려면 교수/강사 회원으로 가입한 후 인증을 거쳐야 합니다

2학기 강의

주	해당 장	주제	
1	1장	전자기학II를 위한 좌표계, 벡터의 스칼라 곱, 벡터 곱, 발산량, 회전량 백터 핵심 정리	
2	6장	전류도선 간의 상호작용(자기력)과 비오-사바르의 법칙 : 벡터 자기장	
3	6장	근원전류도선에 의해 형성된 자기장의 회전방향 벡터 자계강도와 자속밀도 해석	
4	7장	대칭구조의 전류도선에 의한 자기장의 회전방향 자계강도 : 암페어의 법칙	
5	7장	암페어의 법칙을 이용한 대칭구조 전류도선에 의한 자기장의 자계강도 해석	
6	8장	자기장 내의 전류도선에 의해 작용하는 자기력과 회전력	
7	8장	자성체를 구성하는 폐경로 전류도선에 작용하는 자기력과 회전력: 자기쌍극자	
8	8장	자기쌍극자 집합체인 자성체의 자화 특성 : 자성계수와 자화이력 특성	중간고사
9	9장	고정된 전류도선에 의해 형성된 자기장의 전달과 유도용량	
10	9장	고정된 전류도선에 의한 상호유도용량과 자체유도용량	
11	10장	시변 자기장에 의한 기전력과 패러데이 법칙과 시변 전기장에 의한 변위 전류	
12	10,11장	시변 전기장-자기장의 상호작용을 지배하는 맥스웰 방정식과 전자기파 전파방정식	
13	11장	시정현 전자기파의 전파 특성을 지배하는 전파방정식 : 전하중성 매질의 전파 특성	
14	11장	매질이 접한 경계면의 전자기파 전파 특성 : 편광과 입사각에 따른 전파 특성	
15	12장	전송선을 통한 전압파와 전류파의 전달 특성 : 전송선 등가회로 모델과 전파 특성	
16	12장	전압파의 반사계수를 이용한 그래프 해법 : 스미스 차트	기말고사

목차 Contents

Part 1

공간적으로 고정된 전하들의 정전기적 상호작용 : 정전기장

Chapter 02 전하들 간의 상호작용과 쿨롱의 법칙 : 벡터 정전기장

>> 목차 Contents

Chapter 03 정전기적 에너지와 전위 : 스칼라 전기장

Chapter 04 전기장 내의 이동전하 : 정전기력에 의한 이동과 전도성 전류

>> 목차 Contents

Chapter 08

자기장 내의 전류도선에 작용하는 힘 : 자기쌍극자, 자성체, 자성체의 자화

>> 목차 Contents

Chapter 11

시변 전자기장 해석을 위한 전자파 방정식과 응용 : 맥스웰 방정식의 응용

>> 목차 Contents

Chapter 12 전송선을 통한 전자파의 전파 특성 해석과 응용 : 전송선 등가회로 모델

Part 0

들어가기 전에

Chapter 01 | 좌표계와 벡터 기초

Chapter

01

좌표계와 벡터 기초

Coordinate Systems and Vector Basics

학습도표와 핵심내용

학습도표와 핵심내용

1장	좌표계와 벡터 기초 (Coordinate Systems and Vector Basics)

1. 직교좌표계(직각좌표계, 원통좌표계, 구좌표계)의 기본 구성 벡터, 위치, 작은 선, 작은 면, 작은 체적

$P|_{cartesian} = (x, y, z)$
x [m], y [m], z [m]
$P|_{cylindrical} = (\rho, \phi, z)$
ρ [m], ϕ [rad], z [m]
$P|_{spherical} = (r, \theta, \phi)$
r [m], θ [rad], ϕ [rad]

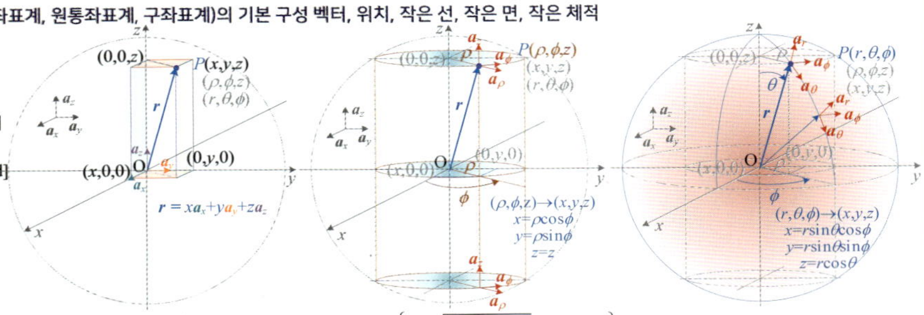

$$\begin{Bmatrix} x = \rho\cos\phi \text{ [m]} \\ y = \rho\sin\phi \text{ [m]} \\ z = z \text{ [m]} \end{Bmatrix} \rightleftarrows \begin{Bmatrix} \rho = \sqrt{x^2+y^2} \text{ [m]} \\ \phi = \tan^{-1}(y/x) \text{ [rad]} \\ z = z \text{ [m]} \end{Bmatrix} \& \begin{Bmatrix} x = r\sin\theta\cos\phi \text{ [m]} \\ y = r\sin\theta\sin\phi \text{ [m]} \\ z = r\cos\theta \text{ [m]} \end{Bmatrix} \rightleftarrows \begin{Bmatrix} r = \sqrt{x^2+y^2+z^2} \text{ [m]} \\ \theta = \tan^{-1}\left(\sqrt{x^2+y^2}/z\right) \text{ [rad]} \\ \phi = \tan^{-1}(y/x) \text{ [rad]} \end{Bmatrix}$$

$$\begin{Bmatrix} \text{Cartesian basis vectors: } (\hat{a}_x, \hat{a}_y, \hat{a}_z) \\ d\vec{l} \text{ [m]} = (dx, dy, dz) \\ d\vec{S} \text{ [m}^2\text{]} = (dydz, dzdx, dxdy) \\ dv \text{ [m}^3\text{]} = dxdydz \end{Bmatrix} \& \begin{Bmatrix} \text{Cylindrical basis vectors: } (\hat{a}_\rho, \hat{a}_\phi, \hat{a}_z) \\ d\vec{l} \text{ [m]} = (d\rho, \rho d\phi, dz) \\ d\vec{S} \text{ [m}^2\text{]} = (\rho d\phi dz, \rho d\phi dz, \rho d\rho d\phi) \\ dv \text{ [m}^3\text{]} = \rho d\rho d\phi dz \end{Bmatrix} \& \begin{Bmatrix} \text{Spherical basis vectors: } (\hat{a}_r, \hat{a}_\theta, \hat{a}_\phi) \\ d\vec{l} \text{ [m]} = (dr, rd\theta, r\sin\theta d\phi) \\ d\vec{S} \text{ [m}^2\text{]} = (rd\theta r\sin\theta d\phi, r\sin\theta drd\phi, rdrd\phi) \\ dv \text{ [m}^3\text{]} = r^2\sin\theta drd\theta d\phi \end{Bmatrix}$$

2. 벡터(Vector): 단위 벡터, 위치 벡터, 물리량 벡터, 방향 벡터

$$\begin{Bmatrix} \vec{F}(\vec{r})\big|_{\text{Cartesian}} = (F_x(\vec{r}), F_y(\vec{r}), F_z(\vec{r})) \\ = F_x(\vec{r})\hat{a}_x + F_y(\vec{r})\hat{a}_y + F_z(\vec{r})\hat{a}_z \end{Bmatrix} \& \begin{Bmatrix} \vec{F}(\vec{r})\big|_{\text{Cylindrical}} = (F_\rho(\vec{r}), F_\phi(\vec{r}), F_z(\vec{r})) \\ = F_\rho(\vec{r})\hat{a}_\rho + F_\phi(\vec{r})\hat{a}_\phi + F_z(\vec{r})\hat{a}_z \end{Bmatrix} \& \begin{Bmatrix} \vec{F}(\vec{r})\big|_{\text{Spherical}} = (F_r(\vec{r}), F_\theta(\vec{r}), F_\phi(\vec{r})) \\ = F_r(\vec{r})\hat{a}_r + F_\theta(\vec{r})\hat{a}_\theta + F_\phi(\vec{r})\hat{a}_\phi \end{Bmatrix}$$

3. 직각좌표계의 벡터 연산과 전자기학에서의 활용

$$\begin{Bmatrix} \vec{A}(\vec{r}) = (A_x(\vec{r}), A_y(\vec{r}), A_z(\vec{r})) = A_x(\vec{r})\hat{a}_x + A_y(\vec{r})\hat{a}_y + A_z(\vec{r})\hat{a}_z = |A(\vec{r})|\hat{a}_A \\ \vec{B}(\vec{r}) = (B_x(\vec{r}), B_y(\vec{r}), B_z(\vec{r})) = B_x(\vec{r})\hat{a}_x + B_y(\vec{r})\hat{a}_y + B_z(\vec{r})\hat{a}_z = |B(\vec{r})|\hat{a}_B \end{Bmatrix}$$

$$\begin{Bmatrix} \vec{A}(\vec{r}) + \vec{B}(\vec{r}) = (A_x(\vec{r}) + B_x(\vec{r}), A_y(\vec{r}) + B_y(\vec{r}), A_z(\vec{r}) + B_z(\vec{r})) \\ \vec{A}(\vec{r}) - \vec{B}(\vec{r}) = \vec{A}(\vec{r}) + (-\vec{B}(\vec{r})) = (A_x(\vec{r}) - B_x(\vec{r}), A_y(\vec{r}) - B_y(\vec{r}), A_z(\vec{r}) - B_z(\vec{r})) \end{Bmatrix}$$

$$\vec{A}\cdot\vec{B} = |A|\hat{a}_A\cdot\vec{B} = \vec{A}\cdot\hat{a}_B|B| = (A_x, A_y, A_z)\cdot(B_x, B_y, B_z)$$
$$= A_xB_x + A_yB_y + A_zB_z = |A||\vec{B}|\cos\theta = \vec{B}\cdot\vec{A}$$

$$\vec{A}\times\vec{B} = (A_x, A_y, A_z)\times(B_x, B_y, B_z)$$
$$= (A_yB_z - A_zB_y)\hat{a}_x + (A_zB_x - A_xB_z)\hat{a}_y + (A_xB_y - A_yB_x)\hat{a}_z$$
$$= |\vec{A}\times\vec{B}|\hat{a}_n \equiv S\hat{a}_n \ ; \ |\vec{A}\times\vec{B}| = |AB\sin\theta| \equiv S; \hat{a}_n \equiv \vec{A}\times\vec{B}/|\vec{A}\times\vec{B}|$$

$$\vec{A}\times\vec{B} = -\vec{B}\times\vec{A}, \vec{B}\times\vec{A} = -\vec{A}\times\vec{B}$$

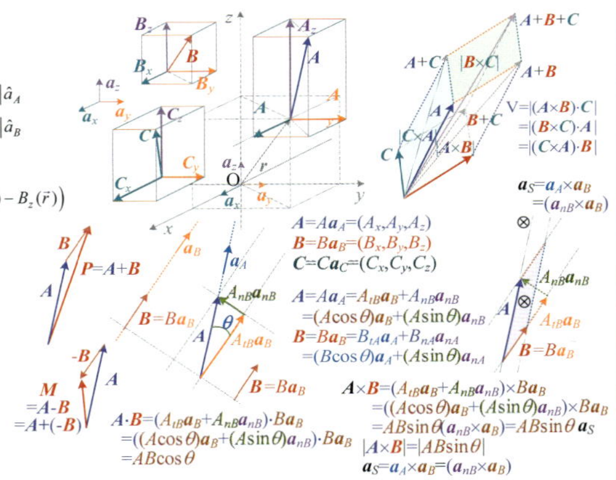

4. 벡터 물리량($\boldsymbol{A(r)}$)의 발산량($\nabla\cdot\boldsymbol{A(r)}$)과 회전량 벡터($\nabla\times\boldsymbol{A(r)}$), 스칼라 물리량($f(\boldsymbol{r})$)의 변화율 벡터($\nabla f(\boldsymbol{r})$)

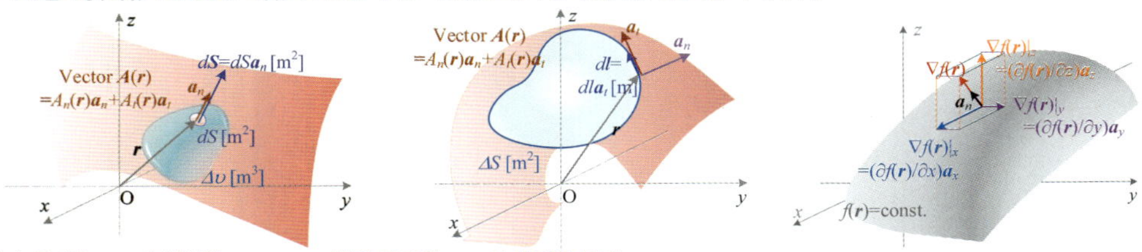

벡터 물리량($\boldsymbol{A(r)}$)의 발산량($\nabla\cdot\boldsymbol{A(r)}$)

$$\begin{Bmatrix} \nabla\cdot\vec{A}(\vec{r}) \equiv \lim_{\Delta v\to\text{small}} \dfrac{\oint_{\Delta v}\vec{A}(\vec{r})\cdot d\vec{S}(\vec{r})}{\Delta v} \\ = \dfrac{\partial A_x(\vec{r})}{\partial x} + \dfrac{\partial A_y(\vec{r})}{\partial y} + \dfrac{\partial A_z(\vec{r})}{\partial z} \\ : \oint_{\Delta v}\vec{A}(\vec{r})\cdot d\vec{S}(\vec{r}) = \int_{\Delta v}\nabla\cdot\vec{A}(\vec{r})dv \end{Bmatrix}$$

벡터 물리량($\boldsymbol{A(r)}$)의 회전량 벡터($\nabla\times\boldsymbol{A(r)}$)

$$\begin{Bmatrix} \nabla\times\vec{A}(\vec{r}) \equiv \lim_{\Delta S\to\text{small}} \dfrac{\oint_{\Delta S}\vec{A}(\vec{r})\cdot d\vec{l}(\vec{r})}{\Delta S}\hat{a}_n \\ = \left(\left(\dfrac{\partial A_z(\vec{r})}{\partial y} - \dfrac{\partial A_y(\vec{r})}{\partial z}\right), \left(\dfrac{\partial A_x(\vec{r})}{\partial z} - \dfrac{\partial A_z(\vec{r})}{\partial x}\right), \left(\dfrac{\partial A_y(\vec{r})}{\partial x} - \dfrac{\partial A_x(\vec{r})}{\partial y}\right)\right) \\ : \oint_{\Delta S}\vec{A}(\vec{r})\cdot d\vec{l}(\vec{r}) = \int_{\Delta S}\nabla\times\vec{A}(\vec{r})\cdot d\vec{S} \end{Bmatrix}$$

스칼라 물리량($f(\boldsymbol{r})$)의 변화율 벡터($\nabla f(\boldsymbol{r})$)

$$\begin{Bmatrix} \nabla f(\vec{r}) \equiv \dfrac{df(\vec{r})}{dl_n}\hat{a}_n \\ = \nabla f(\vec{r})\big|_x\hat{a}_x + \nabla f(\vec{r})\big|_y\hat{a}_y + \nabla f(\vec{r})\big|_z\hat{a}_z \\ = \dfrac{\partial f(\vec{r})}{\partial x}\hat{a}_x + \dfrac{\partial f(\vec{r})}{\partial y}\hat{a}_y + \dfrac{\partial f(\vec{r})}{\partial z}\hat{a}_z \end{Bmatrix}$$

전자기학은 크게 정전기장(static electric field, electro-static field, 또는 간단히 전기장: electric field), 정자기장(static magnetic field, magneto-static field, 또는 간단히 자기장: magnetic field), 전자기장(electro-magnetic field: EMF 또는 전자기파; electro-magnetic wave: EMW)을 다룬다. 특정 지점(근원점: source point)에 고정된 전하에 의해 전기장이 형성되는데, 이 전기장 내에서 임의의 한 지점(관측점: test point)에 존재하는 시험 전하에 작용하는 정전기적 상호작용을 시불변 전기장이라고 한다. 또 특정 지점에 존재하는 근원전류도선(전하의 이동에 의해 형성됨)에 의해 자기장이 형성되며, 이 자기장 내에서 특정한 지점에 존재하는 시험전류도선(이 또한 전하의 이동에 의해 형성됨)에 작용하는 자기적 힘을 자기적 상호작용이라고 한다. 전자기장 또는 전자기파는 시간에 따라 변하는(시변: time-varying) 전기장(전류를 형성하므로 자기장도 생성됨)과 시간에 따라 변하는(시변) 자기장의 상호작용을 모두 포함한다. 따라서 전자기 현상을 이해하기 위해서는 전기장과 자기장을 형성하는 근원이 되는 전하(Q_S [C])와 전류도선($I_S d\boldsymbol{l}_S$ [A·m])의 위치, 전기장과 자기장의 영향을 받는 전하(Q_t [C])와 전류도선($I_t d\boldsymbol{l}_t$ [A·m]) 이 존재하는 관측점의 위치, 그리고 근원전하와 근원전류도선으로부터 관측점으로 향하는 방향, 관측점에 형성된 전기장과 자기장의 크기와 방향을 모두 잘 이해해야 한다.

이를 위해서는 3차원 공간의 위치, 크기와 방향을 가진 물리량을 표시하고 형상화하기 위한 벡터(vector), 그리고 벡터 물리량을 형상화하기 위한 좌표계(coordinate system)를 잘 이해하는 것이 필수적이다. 특히 전기장과 자기장을 잘 해석하려면 전하 또는 전류도선의 분포와 이로 인해 형성되는 전기장과 자기장의 공간적 대칭성을 잘 활용하는 것도 매우 중요하다. 이를 위해 좌표계에 대한 이해가 필요한데, 대표적인 좌표계에는 가장 일반적으로 사용되는 직각좌표계(데카르트 좌표계; Cartesian coordinate system), 동축 전송선(coaxial cable)과 같이 원통형 대칭성을 가진 경우에 효과적으로 사용되는 원통좌표계(circular cylindrical coordinate system), 점 전하(point charge)에 의해 형성되는 전기장의 해석과 같이 구 대칭성을 가진 경우에 효과적으로 사용되는 구좌표계(spherical coordinate system)가 있다. 이들 3종류의 좌표계를 나타내는 데 사용되는 기본 구성 벡터들이 서로 수직이며, 직교좌표계에 속한다.

또한, 크기와 방향을 모두 고려해야 하는 전기장과 자기장에서는 벡터 물리량 자체뿐만 아니라, 벡터 물리량들 간의 연산 과정에 대한 정의와 물리적/공학적 의미를 입체적으로 형상화하고, 시각화/구체화하는 것이 이해 과정에 매우 중요하다. 이를 위한 벡터의 기본 연산 과정인 두 벡터의 합($\boldsymbol{A}+\boldsymbol{B}$), 두 벡터의 차이($\boldsymbol{A}-\boldsymbol{B}$), 두 벡터의 스칼라 곱(내적, scalar product: $\boldsymbol{A}\cdot\boldsymbol{B}$), 두 벡터의 벡터 곱(외적, vector product: $\boldsymbol{A}\times\boldsymbol{B}$), 두 벡터의 벡터 곱을 한 결과에 대해 또다른 벡터의 스칼라 곱인 3개의 벡터 연산($(\boldsymbol{A}\times\boldsymbol{B})\cdot\boldsymbol{C}$)에 대한 이해가 필수적이다. 이와 함께 전기장과 자기장의 이해를 위해서는 벡터 물리량의 발산량, 회전량 벡터, 그리고 변화율 벡터의 이해도 필수적이다.

Section

1.1 좌표계의 종류와 위치를 나타내는 방법

먼저 위치를 나타내는 데 사용되는 좌표계에는 직각좌표계, 원통좌표계, 구좌표계가 있으며, 이들을 비교하여 [그림 1-1]에 요약하였다. 이들 세 좌표계는 각각의 좌표계를 나타내는 데 사용되는 기본 구성 벡터(unit basis vectors)가 서로 직교(사잇각이 90° 또는 $\pi/2$ [rad])하는 공통성을 갖고 있으며, 모두 직교좌표계(orthogonal coordinate system)에 속한다.

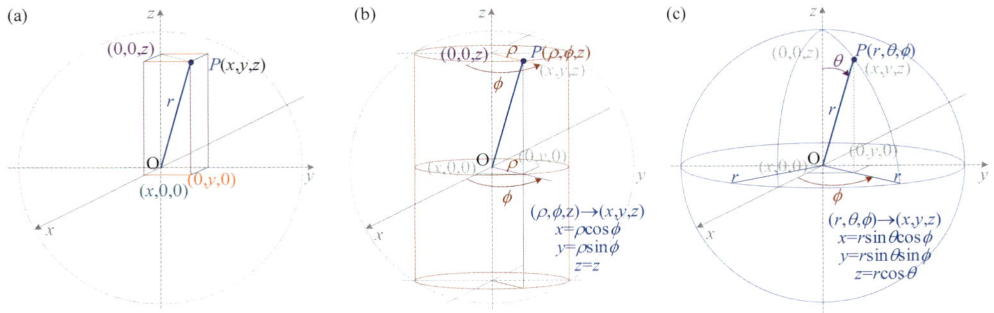

[그림 1-1] 직교좌표계의 위치 표시 방법
(a) 직각좌표계 : (x, y, z) (b) 원통좌표계 : (ρ, ϕ, z) (c) 구좌표계 : (r, θ, ϕ)

■ 직각좌표계의 위치 표시

데카르트 좌표계(Cartesian coordinate system)라고도 불리는 직각좌표계는 3차원 공간의 위치와 방향을 나타내는 데 사용되는 가장 일반적이고 익숙한 좌표계로서, 직각을 이루는 x-축, y-축, z-축으로 이루어진 직관적인 좌표계이다. 직각좌표계의 위치는 (x, y, z)의 형태로 표시되는데, x-축과 평행한 원점으로부터의 거리(또는 y-축과 z-축이 이루는 yz-평면으로부터의 수직 거리)가 x [m], y-축과 평행한 원점으로부터의 거리(또는 z-축과 x-축이 이루는 zx-평면으로부터의 수직 거리)가 y [m], z-축과 평행한 원점으로부터의 거리(또는 x-축과 y-축이 이루는 xy-평면으로부터의 수직 거리)가 z [m]인 지점을 나타내며, 3차원 공간의 모든 위치를 정확하게 나타낼 수 있다. 직각좌표계(x, y, z)의 좌표 표시 방식을 요약하면 다음과 같다.

y [m]: z축과 x축이 이루는 평면(zx-평면)으로부터의 수직 거리와 위치$(-\infty < y < +\infty)$
z [m]: x축과 y축이 이루는 평면(xy-평면)으로부터의 수직 거리와 위치$(-\infty < z < +\infty)$

$$\vec{r}|_{cartesian} = (x, y, z) = x\hat{a}_x + y\hat{a}_y + y\hat{a}_z$$

■ 원통좌표계(ρ, ϕ, z)의 좌표와 직각좌표계(x, y, z) 좌표 변환 관계식

원통좌표계(circular cylindrical coordinate system)는 원형의 동축 전송선(coaxial cable)이나 무한히 긴 도선 형태의 전하 분포 또는 전류도선에 의해 형성되는 전기장과 자기장을 해석할 때 편리하게 사용되는 좌표계이다. 원통좌표계의 위치(ρ, ϕ, z)는 z-축으로부터의 수직 거리 또는 z-축을 중심으로 한 반지름이 ρ [m] $(\rho \geq 0)$이고, xy-평면상에서 x-축으로부터의 회전각이 ϕ [rad] $(0 \leq \phi \leq 2\pi)$이며, xy-평면으로부터의 수직 거리가 z[m] $(-\infty < z < +\infty)$인 지점을 나타내며, 3차원 공간의 모든 위치를 정확하게 나타낼 수 있다. 직각좌표계와 원통좌표계의 변환식을 요약하면 다음과 같다.

$$\vec{r}\big|_{cartesian} = (x, y, z); \qquad \vec{r}\big|_{cylindrical} = (\rho, \phi, z);$$

$$\begin{Bmatrix} x\ [\mathrm{m}] = \rho\cos\phi & ;-\infty < x\ [\mathrm{m}] < +\infty \\ y\ [\mathrm{m}] = \rho\sin\phi & ;-\infty < y\ [\mathrm{m}] < +\infty \\ z\ [\mathrm{m}] = z & ;-\infty < z\ [\mathrm{m}] < +\infty \end{Bmatrix} \rightleftarrows \begin{Bmatrix} \rho\ [\mathrm{m}] = \sqrt{x^2 + y^2} & ;0 \leq \rho\ [\mathrm{m}] \\ \phi\ [\mathrm{rad}] = \tan^{-1}(y/x) & ;0 \leq \phi\ [\mathrm{rad}] \leq 2\pi \\ z\ [\mathrm{m}] = z & ;-\infty < z\ [\mathrm{m}] < +\infty \end{Bmatrix}$$

■ 구좌표계(r, θ, ϕ)의 좌표와 좌표 변환 관계식

구좌계(spherical coordinate system)는 점전하(point charge) 형태의 근원전하에 의한 전기장을 이해하거나, 전자기파의 근원이 되는 안테나(antenna)로부터 멀리 떨어진 지점의 전자기파의 전파 특성을 설명하고 해석할 때 편리한 좌표계로서, (r, θ, ϕ)의 형태로 위치를 표시한다. 위치를 나타내는 좌표(r, θ, ϕ)는 원점으로부터의 거리 r [m] $(r \geq 0)$, 원점(O(0,0,0))과 관측점을 잇는 선이 z축의 양의 방향과 이루는 각 θ[rad] $(0 \leq \theta \leq \pi)$, xy-평면에서 x축으로부터의 회전각 ϕ[rad] $(0 \leq \phi \leq 2\pi)$을 나타내며, 3차원 공간의 모든 위치를 정확하게 나타낼 수 있다. 구좌표계(r, θ, ϕ)와 직각좌표계(x, y, z)의 변환식, 구좌표계 (r, θ, ϕ)와 원통좌표계(ρ, ϕ, z)의 상호 변환 관계식은 다음과 같다.

$$\vec{r}\big|_{cartesian} = (x, y, z); \qquad \vec{r}\big|_{spherical} = (r, \theta, \phi);$$

$$\begin{Bmatrix} x\ [\mathrm{m}] = r\sin\theta\cos\phi \\ y\ [\mathrm{m}] = r\sin\theta\sin\phi \\ z\ [\mathrm{m}] = r\cos\theta \end{Bmatrix} \rightleftarrows \begin{Bmatrix} r\ [\mathrm{m}] = \sqrt{x^2 + y^2 + z^2} & ;0 \leq r\ [\mathrm{m}] \\ \theta\ [\mathrm{rad}] = \tan^{-1}\left(\sqrt{x^2 + y^2}/z\right) & ;0 \leq \theta\ [\mathrm{rad}] \leq \pi \\ \phi\ [\mathrm{m}] = \tan^{-1}(y/x) & ;0 \leq \phi\ [\mathrm{rad}] \leq 2\pi \end{Bmatrix}$$

■ 구좌표계(r, θ, ϕ)와 원통좌표계(ρ, ϕ, z)의 좌표 변환 관계식

$$\vec{r}\big|_{spherical} = (r, \theta, \phi)\ ; \qquad \vec{r}\big|_{cylindrical} = (\rho, \phi, z)\ ;$$

$$\begin{Bmatrix} r\ [\mathrm{m}] = \sqrt{\rho^2 + z^2} & ;0 \leq r\ [\mathrm{m}] \\ \theta\ [\mathrm{rad}] = \tan^{-1}(\rho/z) & ;0 \leq \theta\ [\mathrm{rad}] \leq \pi \\ \phi\ [\mathrm{rad}] = \phi & ;0 \leq \phi\ [\mathrm{rad}] \leq 2\pi \end{Bmatrix} \rightleftarrows \begin{Bmatrix} \rho\ [\mathrm{m}] = r\sin\theta & ;0 \leq \rho\ [\mathrm{m}] \\ \phi\ [\mathrm{rad}] = \phi & ;0 \leq \phi\ [\mathrm{rad}] \leq 2\pi \\ z\ [\mathrm{m}] = r\cos\theta & ;-\infty < z\ [\mathrm{m}] < +\infty \end{Bmatrix}$$

Section

1.2 벡터를 이용한 위치와 물리량의 표기법 : 기본 구성 벡터와 벡터 연산

앞서 설명한 것과 같이 위치는 물리량의 공간적 대칭성에 따라 직각좌표계, 원통좌표계, 그리고 구좌표계 중에서 다루기 편리한 좌표계를 택하여 사용할 수 있다. 그런데 전자기학을 포함한 공학적 현상을 서술하고 이해하는 과정에서는 위치와 더불어 물리량의 크기와 방향을 모두 고려해야 하는 벡터(vector) 물리량으로 표현하는 경우가 많다. 특히 우리가 학습하고자 하는 전기장과 자기장, 전자기파에서는 공간적 위치와 함께 물리량들의 크기와 방향을 모두 고려해야 하며, 벡터를 잘 이해하는 것이 매우 중요하다. 벡터는 크기와 방향을 모두 가진 물리량이므로, 이들을 이해하기 위해서는 공간상의 형상화를 통한 시각화와 구체화가 매우 중요하다. 따라서 벡터를 이해하기 위해서는 좌표계별 기본 구성 벡터(basis vectors)의 정의와 의미, 벡터 물리량 사이의 연산 과정에 대한 정의, 물리적/공학적 의미를 입체적으로 형상화하는 것이 큰 도움이 된다. 벡터 물리량의 기본 연산 과정에는 두 벡터($\boldsymbol{A}$와 $\boldsymbol{B}$)의 합($\boldsymbol{A}+\boldsymbol{B}$), 두 벡터의 차이($\boldsymbol{A}-\boldsymbol{B}$), 두 벡터의 스칼라 곱(내적, scalar product: $\boldsymbol{A}\cdot\boldsymbol{B}$), 두 벡터의 벡터 곱(외적, vector product: $\boldsymbol{A}\times\boldsymbol{B}$), 두 벡터의 벡터 곱을 한 결과에 대해 또 다른 벡터의 스칼라 곱인 3개의 벡터 연산($(\boldsymbol{A}\times\boldsymbol{B})\cdot\boldsymbol{C}$)에 대한 이해가 필수적이다.

1.2.1 기본 구성 벡터와 단위벡터

■ 기본 구성 벡터(basis vectors; $\{\boldsymbol{a}, \boldsymbol{b}, \boldsymbol{c}\}$)와 위치를 표시하는 방법

벡터 물리량의 크기와 방향을 나타내기 위해서는 좌표계에 따른 기본 구성 벡터(basis vectors; $\{\boldsymbol{a}, \boldsymbol{b}, \boldsymbol{c}\}$)가 필요하다. 3차원 공간의 물리량을 벡터로 나타내기 위해서는 크기가 1인 3개의 단위벡터(unit vector; $\boldsymbol{a}, \boldsymbol{b}, \boldsymbol{c}$); $|\boldsymbol{a}|=1$, $|\boldsymbol{b}|=1$, $|\boldsymbol{c}|=1$)가 필요하며, 이들은 서로 직교(orthogonal/perpendicular; $\boldsymbol{a}\perp\boldsymbol{b}$, $\boldsymbol{b}\perp\boldsymbol{c}$, $\boldsymbol{c}\perp\boldsymbol{a}$)하는 형태로 정의하는 것이 일반적이다. 3개의 단위벡터로 구성된 기본 구성

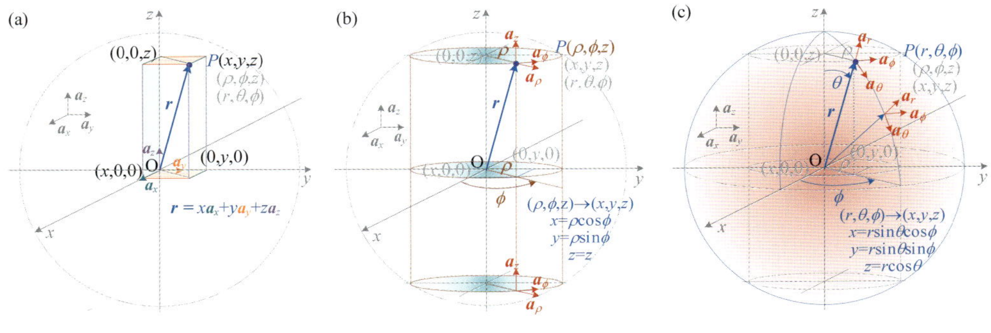

[그림 1-2] 기본 구성 벡터를 사용한 직교좌표계의 위치 표시 : 직각좌표계, 원통좌표계, 구좌표계
(a) 직각좌표계 : (x, y, z) (b) 원통좌표계 : (ρ, ϕ, z) (c) 구좌표계 : (r, θ, ϕ)

벡터들이 직교하도록 정의된 좌표계를 직교좌표계(orthogonal/perpendicular coordinate system)라고 한다. 앞서 위치를 나타내는 데 사용한 직각좌표계, 원통좌표계, 구좌표계도 모두 직교좌표계에 속하며, 이를 [그림 1–2]에 비교하여 나타내었다.

■ 직각좌표계의 기본 구성 벡터

원점(O(0,0,0))으로부터 x-축과 평행한 거리인 x-축 좌표, 원점으로부터 y-축과 평행한 거리인 y-축 좌표, 원점으로부터 z-축과 평행한 거리인 z-축 좌표를 이용하여 위치(x, y, z)를 나타내는 직각좌표계의 기본 구성 벡터는 다음과 같다.

직각좌표계의 기본 구성 벡터 : $\{\boldsymbol{a},\boldsymbol{b},\boldsymbol{c}\}|_{\text{cartesian}}=\{\boldsymbol{a}_x, \boldsymbol{a}_y, \boldsymbol{a}_z\}$: 크기가 1인 3개의 단위벡터로 구성
직각좌표계의 기본 구성 벡터 요소들의 관계 : $\boldsymbol{a}_x \perp \boldsymbol{a}_y,\ \boldsymbol{a}_y \perp \boldsymbol{a}_z,\ \boldsymbol{a}_z \perp \boldsymbol{a}_x$: 기본 구성 벡터들은 서로 수직임

즉 x-축과 평행한 방향의 단위벡터 $\boldsymbol{a}_x$, y-축과 평행한 방향의 단위벡터 $\boldsymbol{a}_y$, z-축과 평행한 방향의 단위벡터 $\boldsymbol{a}_z$가 직각좌표계를 나타내는 기본 구성 벡터$\{\boldsymbol{a}_x,\boldsymbol{a}_y,\boldsymbol{a}_z\}$이며, 기본 구성 벡터들은 서로 수직이다. [그림 1–3]에 직각좌표계의 각 축에 대한 단면도와 각 단면도에서 기본 구성 벡터 간의 관계를 화살표 방향으로 나타내었다.

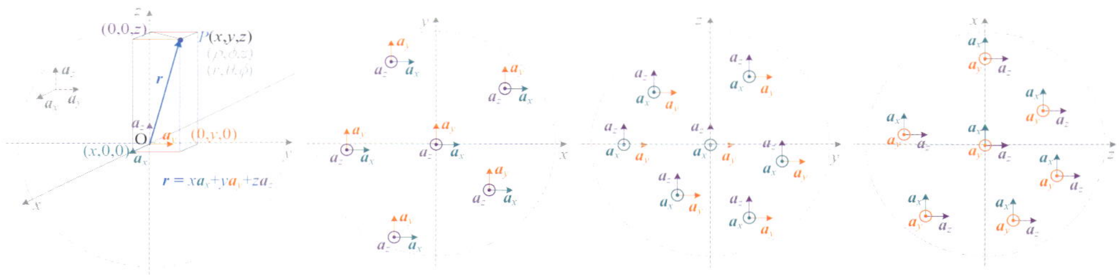

[그림 1–3] 직각좌표계(x, y, z)의 이해를 위한 2차원 단면도와 기본 구성 벡터

■ 원통좌표계의 기본 구성 벡터

z-축으로부터의 수직 거리(반지름) ρ [m], xy-평면에서 x-축으로부터의 회전각 ϕ [rad], xy-평면으로부터 수직 높이(거리)인 z-축 좌표 z [m]를 이용하여 위치(ρ, ϕ, z)를 나타내는 원통좌표계의 기본 구성 벡터는 다음과 같다.

원통좌표계의 기본 구성 벡터 : $\{\boldsymbol{a},\boldsymbol{b},\boldsymbol{c}\}|_{\text{cylindrical}}=\{\boldsymbol{a}_\rho, \boldsymbol{a}_\phi, \boldsymbol{a}_z\}$: 크기가 1인 3개의 단위벡터로 구성
원통좌표계의 기본 구성 벡터 요소들의 관계 : $\boldsymbol{a}_\rho \perp \boldsymbol{a}_\phi,\ \boldsymbol{a}_\phi \perp \boldsymbol{a}_z,\ \boldsymbol{a}_z \perp \boldsymbol{a}_\rho$: 기본 구성 벡터들은 서로 수직임

즉 z-축의 중심으로부터 xy-평면에 평행하게 발산하는 방사방향의 단위벡터 $\boldsymbol{a}_\rho$, x축으로부터 xy-평면에 평행하게 회전하는 방향의 단위벡터 $\boldsymbol{a}_\phi$, z-축과 평행한 방향의 단위벡터 $\boldsymbol{a}_z$가 원통좌표계를 나타내는 기본 구성 벡터$\{\boldsymbol{a}_\rho, \boldsymbol{a}_\phi, \boldsymbol{a}_z\}$가 되며, 이들 기본 구성 벡터들은 서로 직교한다. [그림 1–4]에 원통좌표계의 각 축에 수직인 단면도와 각 단면도에서 기본 구성 벡터 간의 관계를 화살표 방향으로 나타내었다.

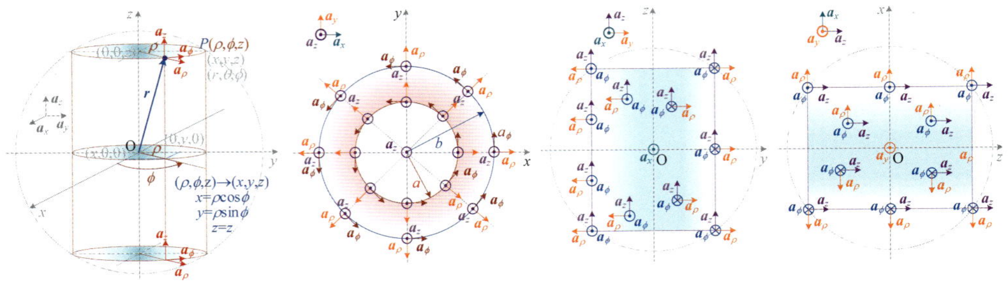

[그림 1-4] 원통좌표계(ρ, ϕ, z)의 이해를 위한 2차원 단면도와 기본 구성 벡터

■ 원통좌표계와 직각좌표계의 기본 구성 벡터들$\{\boldsymbol{a}, \boldsymbol{b}, \boldsymbol{c}\}$의 관계

원통좌표계를 나타내는 기본 구성 벡터들과 직각좌표계를 나타내는 데 사용되는 기본 구성 벡터들의 관계는 다음과 같다.

$$\begin{cases} \hat{a}_\rho \cdot \hat{a}_x = \cos\phi \\ \hat{a}_\phi \cdot \hat{a}_x = \cos\left(\dfrac{\pi}{2} + \phi\right) = -\sin\phi, \\ \hat{a}_z \cdot \hat{a}_x = 0 \end{cases} \begin{cases} \hat{a}_\rho \cdot \hat{a}_y = \cos\left(\dfrac{\pi}{2} - \phi\right) = \sin\phi \\ \hat{a}_\phi \cdot \hat{a}_y = \cos\phi \\ \hat{a}_z \cdot \hat{a}_y = 0 \end{cases}, \begin{cases} \hat{a}_\rho \cdot \hat{a}_z = 0 \\ \hat{a}_\phi \cdot \hat{a}_z = 0 \\ \hat{a}_z \cdot \hat{a}_z = 1 \end{cases}$$

즉 원통좌표계의 z-축을 중심으로 하는 방사방향을 나타내는 단위벡터($\boldsymbol{a}_\rho$)는 동일한 기호를 사용하는 단위벡터나, 좌표의 회전각(ϕ [rad] 또는 x와 y의 좌표)에 따라 그 방향이 달라짐($\cos\phi$)을 뜻한다. 그러나 z-축의 좌표와 z-축 방향의 단위벡터는 직각좌표계와 동일하다.

직각좌표계에서는 어느 위치에서나 기본 구성 벡터의 크기뿐 아니라 방향이 일정한 것과는 달리, 원통좌표계는 동일한 기본 구성 벡터로 표시하였으나 위치에 따라 그 방향이 다름을 잘 기억해야 한다. 즉 직각좌표계의 시각에서는 원통좌표계의 기본 구성 벡터$\{\boldsymbol{a}_\rho,\ \boldsymbol{a}_\phi,\ \boldsymbol{a}_z\}$의 방향이 위치마다 다름을 잘 이해하고, 전자기장을 포함한 벡터 물리량의 이해와 응용에 혼동이 없도록 주의해야 한다. 한 예로, 원통좌표계의 반지름과 z-축 좌표는 동일하나, x-축으로부터의 회전각에 π [rad]의 차이가 있는 두 지점((ρ_1, ϕ_1, z_1), $(\rho_2 = \rho_1,\ \phi_2 = \phi_1 + \pi,\ z_2 = z_1)$)의 기본 구성 벡터를 비교하면 다음과 같다.

$$\left.\begin{matrix} \hat{a}_x(\vec{r}_1) = \hat{a}_x(\vec{r}_2) = \cdots\cdots = \hat{a}_x(\vec{r}_n) \\ \hat{a}_y(\vec{r}_1) = \hat{a}_y(\vec{r}_2) = \cdots\cdots = \hat{a}_y(\vec{r}_n) \\ \hat{a}_z(\vec{r}_1) = \hat{a}_z(\vec{r}_2) = \cdots\cdots = \hat{a}_z(\vec{r}_n) \end{matrix}\right\} \longleftrightarrow \left\{\begin{matrix} \hat{a}_\rho(\vec{r}_1) \neq \hat{a}_\rho(\vec{r}_2) \neq \cdots\cdots \neq \hat{a}_\rho(\vec{r}_n) \\ \hat{a}_\phi(\vec{r}_1) \neq \hat{a}_\phi(\vec{r}_2) \neq \cdots\cdots \neq \hat{a}_\phi(\vec{r}_n) \\ \hat{a}_z(\vec{r}_1) \neq \hat{a}_z(\vec{r}_2) \neq \cdots\cdots \neq \hat{a}_z(\vec{r}_n) \end{matrix}\right\} \rightarrow \left\{\begin{matrix} \hat{a}_\rho(\rho_2, \phi_1 + \pi, z_2) = -\hat{a}_\rho(\rho_1, \phi_1, z_1) \\ \hat{a}_\phi(\rho_2, \phi_1 + \pi, z_2) = -\hat{a}_\phi(\rho_1, \phi_1, z_1) \\ \hat{a}_\phi(\rho_2, \phi_1 + \pi, z_2) = +\hat{a}_z(\rho_1, \phi_1, z_1) \end{matrix}\right\}$$

■ 구좌표계의 기본 구성 벡터

원점(O(0,0,0))으로부터의 직선 거리 r [m], 원점과 관측점을 잇는 선이 z-축과 이루는 각 θ [rad], xy-평면에서 x-축으로부터의 회전각 ϕ [rad]를 이용하여 위치를 표시하는 구좌표계의 기본 구성 벡터는 다음과 같다.

구좌표계의 기본 구성 벡터 : $\{\boldsymbol{a},\boldsymbol{b},\boldsymbol{c}\}|_{\text{shperical}} = \{\boldsymbol{a}_r,\ \boldsymbol{a}_\theta,\ \boldsymbol{a}_\phi\}$: (r, θ, ϕ) ; 크기가 1인 3개의 단위벡터로 구성
구좌표계의 기본 구성 벡터 요소들의 관계 : $\boldsymbol{a}_r \perp \boldsymbol{a}_\theta,\ \boldsymbol{a}_\theta \perp \boldsymbol{a}_\phi,\ \boldsymbol{a}_\phi \perp \boldsymbol{a}_r$; 기본 구성 벡터들은 서로 수직임

즉 원점으로부터 관측점을 잇는 선분과 평행한 방사방향의 단위벡터 $\boldsymbol{a}_r$, z-축의 양의 방향으로부터 z-축의 음의 방향으로 향하며 반지름이 r[m]인 구면의 표면에 접선방향의 단위벡터 $\boldsymbol{a}_\theta$, xy-평면에 평행하게 회전하는 방향의 단위벡터 $\boldsymbol{a}_\phi$가 구좌표계를 나타내는 기본 구성 벡터$\{\boldsymbol{a}_r, \boldsymbol{a}_\theta, \boldsymbol{a}_\phi\}$가 되며, 기본 구성 벡터들은 서로 직교한다. [그림 1-5]에 구좌표계를 시각화하여 이해할 수 있도록 각 축에 수직인 단면도와 각 단면도에서 기본 구성 벡터 간의 관계를 화살표 방향으로 나타내었다.

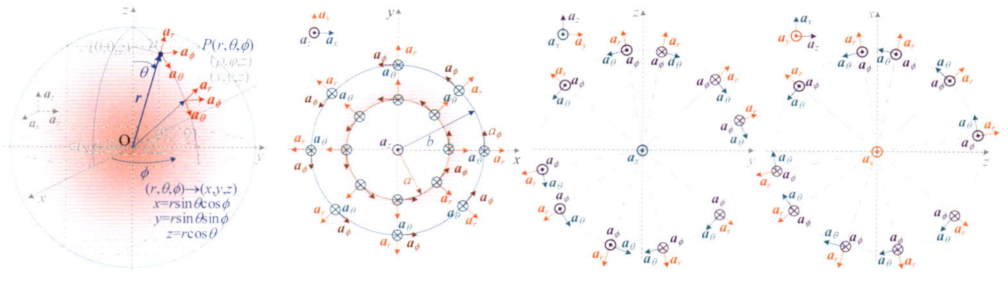

[그림 1-5] 구좌표계(r, θ, ϕ)의 이해를 위한 2차원 단면도와 기본 구성 벡터

■ 구좌표계와 직각좌표계의 기본 구성 벡터들$\{\boldsymbol{a}, \boldsymbol{b}, \boldsymbol{c}\}$의 관계

구좌표계를 나타내는 기본 구성 벡터들과 직각좌표계를 나타내는 데 사용되는 기본 구성 벡터들의 관계는 다음과 같다.

$$\begin{cases}\hat{a}_r \cdot \hat{a}_x = \sin\theta\cos\phi \\ \hat{a}_\theta \cdot \hat{a}_x = \cos\theta\cos\phi \\ \hat{a}_\phi \cdot \hat{a}_x = -\sin\phi\end{cases}, \quad \begin{cases}\hat{a}_r \cdot \hat{a}_y = \sin\theta\sin\phi \\ \hat{a}_\theta \cdot \hat{a}_y = \cos\theta\sin\phi \\ \hat{a}_\phi \cdot \hat{a}_y = \cos\phi\end{cases}, \quad \begin{cases}\hat{a}_r \cdot \hat{a}_z = \cos\theta \\ \hat{a}_\theta \cdot \hat{a}_z = -\sin\theta \\ \hat{a}_\phi \cdot \hat{a}_z = 0\end{cases}$$

원통좌표계에서와 마찬가지로 구좌표계에서도 동일한 기본 구성 벡터$\{\boldsymbol{a}_r, \boldsymbol{a}_\theta, \boldsymbol{a}_\phi\}$로 표시하였으나, 직각좌표계의 시각에서는 위치에 따라 그 방향이 다름을 잘 기억해야 한다. 한 예로, 아래는 반지름 좌표가 다르나$(r_2 = r_1 + \Delta r)$ z-축과의 각과 회전각은 동일$(\theta_2 = \theta_1,\ \phi_2 = \phi_1)$한 두 지점의 기본 구성 벡터를 비교하였으며, 전자기장을 포함한 벡터 물리량의 이해와 응용에 혼동이 없도록 주의해야 한다.

$$\left.\begin{matrix}\hat{a}_x(\vec{r}_1) = \hat{a}_x(\vec{r}_2) = \cdots\cdots = \hat{a}_x(\vec{r}_n) \\ \hat{a}_y(\vec{r}_1) = \hat{a}_y(\vec{r}_2) = \cdots\cdots = \hat{a}_y(\vec{r}_n) \\ \hat{a}_z(\vec{r}_1) = \hat{a}_z(\vec{r}_2) = \cdots\cdots = \hat{a}_z(\vec{r}_n)\end{matrix}\right\} \longleftrightarrow \left\{\begin{matrix}\hat{a}_r(\vec{r}_1) \neq \hat{a}_r(\vec{r}_2) \neq \cdots\cdots \neq \hat{a}_r(\vec{r}_n) \\ \hat{a}_\theta(\vec{r}_1) \neq \hat{a}_\theta(\vec{r}_2) \neq \cdots\cdots \neq \hat{a}_\theta(\vec{r}_n) \\ \hat{a}_\phi(\vec{r}_1) \neq \hat{a}_\phi(\vec{r}_2) \neq \cdots\cdots \neq \hat{a}_\phi(\vec{r}_n)\end{matrix}\right\} \rightarrow \left\{\begin{matrix}\hat{a}_r(r_2 = r_1 + \Delta r, \theta_1, \phi_1) = +\hat{a}_r(r_1, \theta_1, \phi_1) \\ \hat{a}_\theta(r_2 = r_1 + \Delta r, \theta_1, \phi_1) = +\hat{a}_\theta(r_1, \theta_1, \phi_1) \\ \hat{a}_\phi(r_2 = r_1 + \Delta r, \theta_1, \phi_1) = +\hat{a}_\phi(r_1, \theta_1, \phi_1)\end{matrix}\right\}$$

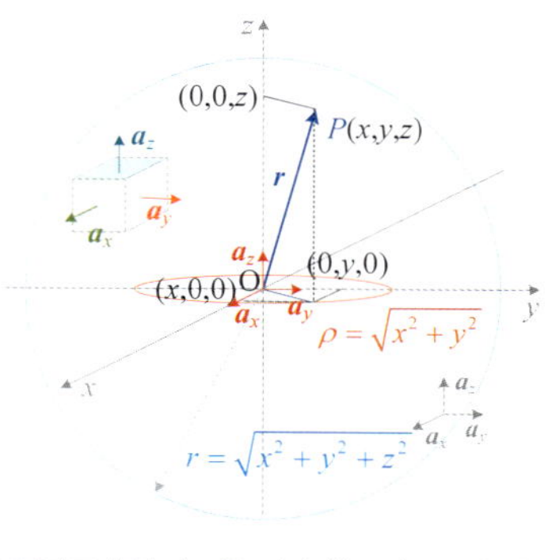

[그림 1-6] 직각좌표계, 원통좌표계, 구좌표계의 좌표를 나타내는 지표들의 관계

특히, 원통좌표계와 구좌표계를 이해할 때 직각좌표계와의 상관관계를 이해하기 위해서는 그림을 통한 시각화/형상화/구체화 과정을 이용하는 것이 혼동을 줄이고 이해도를 높일 수 있음도 기억해야 한다.

■ 좌표계 간의 기본 구성 벡터 변환 관계식

벡터 물리량을 다루는 동안 물리량의 기하학적 대칭성에 따라 편리한 좌표계를 선택하여 사용하는 것이 효율적이다. 그러나 벡터 물리량의 합과 차, 벡터 곱은 원래 물리량과는 달리 기하학적 대칭성이 유지되지 않는다. 따라서 좌표계별로 벡터 물리량의 상호 변환이 필요하며, 이를 위해서는 기본 구성 벡터의 변환식을 잘 정리하고 필요할 때 활용하는 것이 좋다. 이를 위해 직각좌표계와 원통좌표계를 상호 변환하는 관계식, 직각좌표계와 구좌표계를 상호 변환하는 관계식을 정리하면 다음과 같다.

- **직각좌표계의 기본 구성 벡터들$\{\boldsymbol{a}_x, \boldsymbol{a}_y, \boldsymbol{a}_z\}$로부터 원통좌표계의 기본 구성 벡터들$\{\boldsymbol{a}_\rho, \boldsymbol{a}_\phi, \boldsymbol{a}_z\}$로의 변환식**

$$\begin{cases} \hat{a}_\rho = \cos\phi \hat{a}_x + \sin\phi \hat{a}_y & \leftarrow \left|\hat{a}_\rho\right| = 1,\ \hat{a}_\rho \cdot \hat{a}_\phi = 0,\ \hat{a}_\rho \times \hat{a}_\phi = \hat{a}_z \\ \hat{a}_\phi = -\sin\phi \hat{a}_x + \cos\phi \hat{a}_y & \leftarrow \left|\hat{a}_\phi\right| = 1,\ \hat{a}_\phi \cdot \hat{a}_z = 0,\ \hat{a}_\phi \times \hat{a}_z = \hat{a}_\rho \\ \hat{a}_z = \hat{a}_z & \leftarrow \left|\hat{a}_z\right| = 1,\ \hat{a}_z \cdot \hat{a}_\rho = 0,\ \hat{a}_z \times \hat{a}_\rho = \hat{a}_\phi \end{cases}$$

- **원통좌표계의 기본 구성 벡터들$\{\boldsymbol{a}_\rho, \boldsymbol{a}_\phi, \boldsymbol{a}_z\}$로부터 직각좌표계의 기본 구성 벡터들$\{\boldsymbol{a}_x, \boldsymbol{a}_y, \boldsymbol{a}_z\}$로의 변환식**

$$\begin{cases} \hat{a}_x = \cos\phi \hat{a}_\rho - \sin\phi \hat{a}_\phi & \leftarrow \left|\hat{a}_x\right| = 1,\ \hat{a}_x \cdot \hat{a}_y = 0,\ \hat{a}_x \times \hat{a}_y = \hat{a}_z \\ \hat{a}_y = \sin\phi \hat{a}_\rho + \cos\phi \hat{a}_\phi & \leftarrow \left|\hat{a}_y\right| = 1,\ \hat{a}_y \cdot \hat{a}_z = 0,\ \hat{a}_y \times \hat{a}_z = \hat{a}_x \\ \hat{a}_z = \hat{a}_z & \leftarrow \left|\hat{a}_z\right| = 1,\ \hat{a}_z \cdot \hat{a}_x = 0,\ \hat{a}_z \times \hat{a}_x = \hat{a}_y \end{cases}$$

- **직각좌표계의 기본 구성 벡터들$\{\boldsymbol{a}_x, \boldsymbol{a}_y, \boldsymbol{a}_z\}$로부터 구좌표계의 기본 구성 벡터들$\{\boldsymbol{a}_r, \boldsymbol{a}_\theta, \boldsymbol{a}_\phi\}$로의 변환식**

$$\begin{cases} \hat{a}_r = \sin\theta\cos\phi \hat{a}_x + \sin\theta\sin\phi \hat{a}_y + \cos\theta \hat{a}_z & \leftarrow \left|\hat{a}_r\right| = 1,\ \hat{a}_r \cdot \hat{a}_\theta = 0,\ \hat{a}_r \times \hat{a}_\theta = \hat{a}_\phi \\ \hat{a}_\theta = \cos\theta\cos\phi \hat{a}_x + \cos\theta\sin\phi \hat{a}_y - \sin\theta \hat{a}_z & \leftarrow \left|\hat{a}_\theta\right| = 1,\ \hat{a}_\theta \cdot \hat{a}_\phi = 0,\ \hat{a}_\theta \times \hat{a}_\phi = \hat{a}_r \\ \hat{a}_\phi = -\sin\phi \hat{a}_x + \cos\phi \hat{a}_y & \leftarrow \left|\hat{a}_\phi\right| = 1,\ \hat{a}_\phi \cdot \hat{a}_r = 0,\ \hat{a}_\phi \times \hat{a}_r = \hat{a}_\theta \end{cases}$$

- **구좌표계의 기본 구성 벡터들$\{\boldsymbol{a}_r, \boldsymbol{a}_\theta, \boldsymbol{a}_\phi\}$로부터 직각좌표계의 기본 구성 벡터들$\{\boldsymbol{a}_x, \boldsymbol{a}_y, \boldsymbol{a}_z\}$로의 변환식**

$$\begin{cases} \hat{a}_x = \sin\theta\cos\phi \hat{a}_r + \cos\theta\cos\phi \hat{a}_\theta - \sin\phi \hat{a}_\phi & \leftarrow \left|\hat{a}_x\right| = 1,\ \hat{a}_x \cdot \hat{a}_y = 0,\ \hat{a}_x \times \hat{a}_y = \hat{a}_z \\ \hat{a}_y = \sin\theta\sin\phi \hat{a}_r + \cos\theta\sin\phi \hat{a}_\theta + \cos\phi \hat{a}_\phi & \leftarrow \left|\hat{a}_y\right| = 1,\ \hat{a}_y \cdot \hat{a}_z = 0,\ \hat{a}_y \times \hat{a}_z = \hat{a}_x \\ \hat{a}_z = \cos\theta \hat{a}_r - \sin\theta \hat{a}_\theta & \leftarrow \left|\hat{a}_z\right| = 1,\ \hat{a}_z \cdot \hat{a}_x = 0,\ \hat{a}_z \times \hat{a}_x = \hat{a}_y \end{cases}$$

1.2.2 위치 벡터와 선, 면의 시각화를 통한 이해

위치에 따라 다른 크기와 방향을 갖는 전기장과 자기장에서 벡터 물리량을 효율적으로 이해하기 위해서는 기본 구성 벡터를 이용하여 좌표계의 선분(line element)과 면 조각(surface element), 입체/부피 조각(volume element)을 나타내는 방법을 잘 이해하는 것도 매우 중요하다.

■ 직각좌표계의 위치와 선, 면의 시각화를 통한 이해

직각좌표계의 기본 구성 벡터를 이용하여 위치 벡터($\boldsymbol{r}$ [m])와 단위 방향 벡터($\boldsymbol{a}_r$)를 나타낼 수 있다. 임의의 한 점 P의 좌표가 (x, y, z)인 경우, 원점(O(0,0,0))으로부터 P로 향하는 위치 벡터 $\boldsymbol{r}$, 거리 $r = |\boldsymbol{r}|$ [m], 단위 방향 벡터 $\boldsymbol{a}_r$은 각각 다음과 같이 나타낼 수 있다.

$\{a,b,c\}_{cartesian} = \{\hat{a}_x, \hat{a}_y, \hat{a}_z\}$: 직각좌표계의 기본 구성 벡터

$P = (x, y, z)$: 직각좌표계의 위치/좌표 표기

$\vec{r}\ [\text{m}] = (x, y, z) = x\hat{a}_x + y\hat{a}_y + z\hat{a}_z = r\hat{a}_r$: 원점으로부터 관측점 $P(x, y, z)$로 향하는 벡터

$r\ [\text{m}] \equiv |\vec{r}| = \sqrt{x^2 + y^2 + z^2}$: 원점으로부터 관측점 $P(x, y, z)$까지의 거리(길이)

$\hat{a}_r \equiv \dfrac{\vec{r}}{r} = \dfrac{(x, y, z)}{r} = \dfrac{x\hat{a}_x + y\hat{a}_y + z\hat{a}_z}{\sqrt{x^2 + y^2 + z^2}}$: 원점으로부터 관측점 $P(x, y, z)$로 향하는 벡터($\boldsymbol{r}$)와 평행인 단위 방향 벡터

또한, 직각좌표계의 한 점 $P_1(x_1, y_1, z_1)$으로부터 다른 한 점 $P_2(x_2, y_2, z_2)$로 향하는 길이 벡터 ($\boldsymbol{R}$ [m])와 길이($R = |\boldsymbol{R}|$ [m]), P_1으로부터 P_2로 향하는 벡터와 평행인 단위 방향 벡터($\boldsymbol{a}_R$)는 각각 다음과 같이 나타낼 수 있다.

$\vec{R}_1\ [\text{m}] = (x_1, y_1, z_1) = x_1\hat{a}_x + y_1\hat{a}_y + z_1\hat{a}_z$
$\vec{R}_2\ [\text{m}] = (x_2, y_2, z_2) = x_2\hat{a}_x + y_2\hat{a}_y + z_2\hat{a}_z$: 원점으로부터 $P_1(x_1, y_1, z_1)$과 $P_2(x_2, y_2, z_2)$로 향하는 길이 벡터

$\vec{R}\ [\text{m}] \equiv \vec{R}_{1\to 2} = \vec{R}_2 - \vec{R}_1 = (x_2, y_2, z_2) - (x_1, y_1, z_1) = R\hat{a}_R$: $P_1(x_1, y_1, z_1)$으로부터 $P_2(x_2, y_2, z_2)$로 향하는 벡터

$R\ [\text{m}] \equiv |\vec{R}| = |\vec{r}_2 - \vec{r}_1| = \sqrt{(x_2 - x_1)^2 + (y_2 - y_1)^2 + (z_2 - z_1)^2}$: $P_1(x_1, y_1, z_1)$으로부터 $P_2(x_2, y_2, z_2)$까지의 길이/거리

$\hat{a}_R \equiv \dfrac{\vec{R}}{R} = \dfrac{\vec{r}_2 - \vec{r}_1}{|\vec{r}_2 - \vec{r}_1|} = \dfrac{((x_2 - x_1), (y_2 - y_1), (z_2 - z_1))}{\sqrt{(x_2 - x_1)^2 + (y_2 - y_1)^2 + (z_2 - z_1)^2}}$: $P_1(x_1, y_1, z_1)$으로부터 $P_2(x_2, y_2, z_2)$로 향하는 단위 방향 벡터

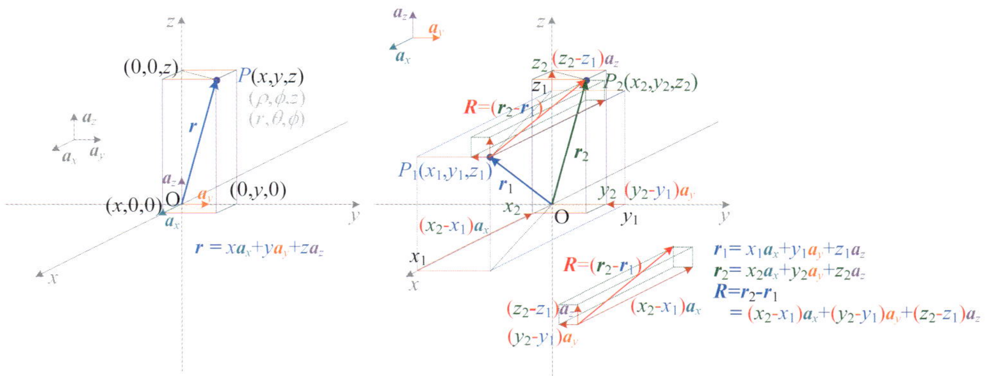

[그림 1-7] 직각좌표계의 좌표($P(x, y, z)$), 위치 벡터($\boldsymbol{r}$ [m]), 그리고 두 점($P_1(x_1, y_1, z_1)$, $P_2(x_2, y_2, z_2)$)을 연결하는 벡터의 표현

[그림 1-8]과 [그림 1-9]에 직각좌표계의 위치와 선, 그리고 면을 시각화하여 이해할 수 있도록 다양한 형태로 나타내었다.

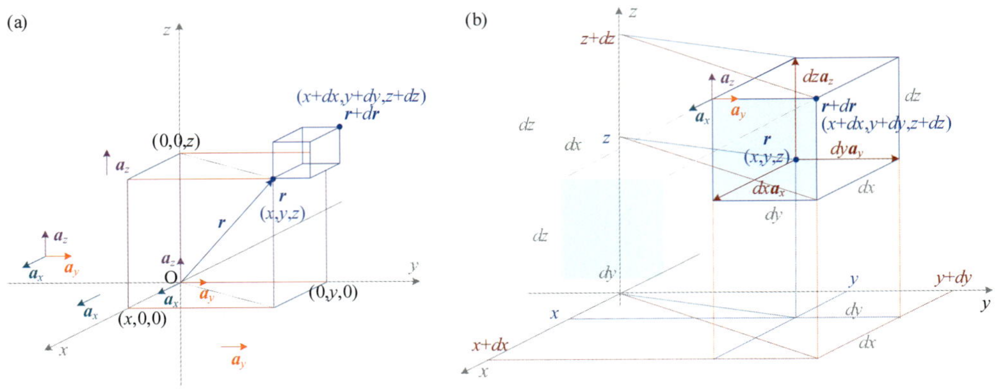

[그림 1-8] 직각좌표계의 위치와 면의 표시 방법

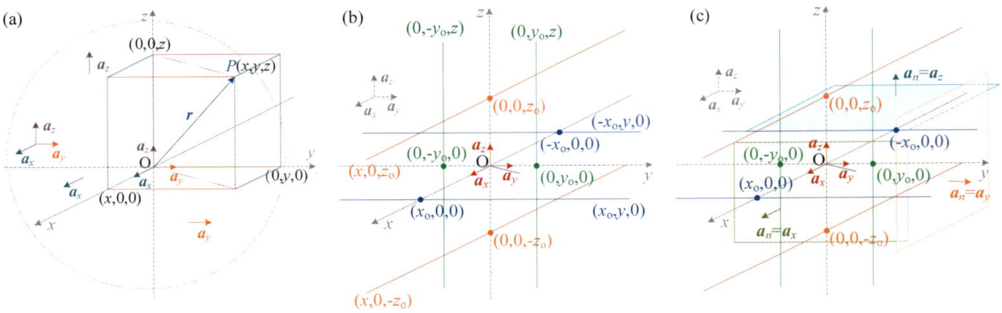

[그림 1-9] 직각좌표계의 위치($\boldsymbol{r}$), 작은(미소) 선분($d\boldsymbol{l}$ [m]), 작은(미소) 면($d\boldsymbol{S} = dS\boldsymbol{a}_n$ [m^2])의 이해

■ 원통좌표계의 위치와 선, 면의 시각화를 통한 이해

원통좌표계의 기본 구성 벡터를 이용하여 위치 벡터($\boldsymbol{r}$ [m])와 단위 방향 벡터($\boldsymbol{a}_r$)를 나타낼 수 있다. 임의의 한 점 P의 좌표가 (ρ, ϕ, z)인 경우, 원점으로부터 P로 향하는 위치 벡터 $\boldsymbol{r}$, 거리 $r = |\boldsymbol{r}|$ [m], 단위 방향 벡터 $\boldsymbol{a}_r$은 각각 다음과 같이 나타낼 수 있으며, 이를 [그림 1-10]에 형상화하였다.

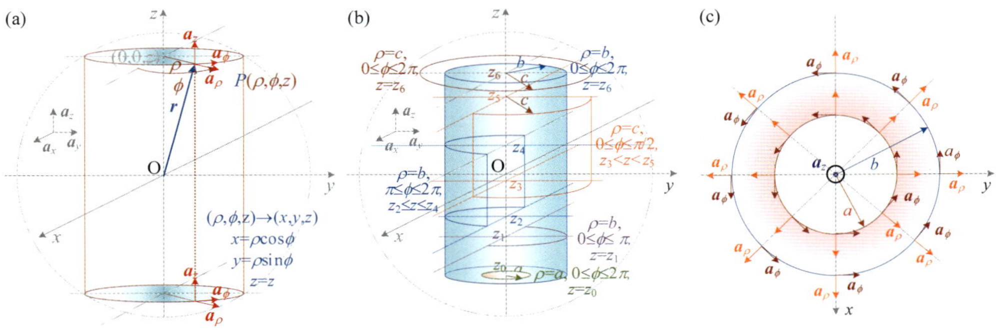

[그림 1-10] (a) 원통좌표계의 위치($\boldsymbol{r}$) (b) 작은(미소) 선분($d\boldsymbol{l}$ [m]) (c) 작은(미소) 면($d\boldsymbol{S} = dS\boldsymbol{a}_n$ [m^2])의 이해

$\{a,b,c\}_{cylindrical} = \{\hat{a}_\rho, \hat{a}_\phi, \hat{a}_z\}$: 원통좌표계의 기본 구성 벡터

$P = (\rho, \phi, z)$: 원통좌표계의 위치/좌표 표기

$\vec{r}\ [\mathrm{m}] = \rho\cos\phi\hat{a}_x + \rho\sin\phi\hat{a}_y + z\hat{a}_z$: 원점으로부터 관측점 $P(\rho, \phi, z)$로 향하는 벡터

$r\ [\mathrm{m}] \equiv |\vec{r}| = \sqrt{\rho^2 + z^2}$: 원점으로부터 관측점까지의 거리(길이)

$\hat{a}_r \equiv \frac{\vec{r}}{r} = \frac{\rho\hat{a}_\rho + z\hat{a}_z}{\sqrt{\rho^2 + z^2}} = \frac{\rho\cos\phi\hat{a}_x + \rho\sin\phi\hat{a}_y + z\hat{a}_z}{\sqrt{\rho^2 + z^2}}$: 원점으로부터 관측점으로 향하는 벡터(**r**)와 평행인 단위 방향 벡터

원통좌표계를 사용하여 표시된 두 점을 연결하는 벡터를 구하는 과정은 그리 간단하지 않다. 좌표와 벡터 물리량으로서 원통대칭성(circular cylindrical symmetry)이 잘 갖추어져 있어서 원통좌표계를 사용하는 것이 편리한 경우라 하더라도 두 점을 연결하는 벡터를 나타내는 경우에는 대체로 원통대칭성이 유지되지 않는다. 따라서 원통좌표계를 직각좌표계로 변환하여 표시하는 것이 편리하며, 이를 위해 사용할 수 있는 관계식은 다음과 같다.

$\vec{r}_1\ [\mathrm{m}] = \rho_1\cos\phi_1\hat{a}_x + \rho_1\sin\phi_1\hat{a}_y + z_1\hat{a}_y\ ;\ x_1 = \rho_1\cos\phi_1, y_1 = \rho_1\sin\phi_1, z_1 = z_1$

: 원점으로부터 $P_1(\rho_1, \phi_1, z_1)$을 향하는 벡터

$\vec{r}_2\ [\mathrm{m}] = \rho_2\cos\phi_2\hat{a}_x + \rho_2\sin\phi_2\hat{a}_y + z_2\hat{a}_y\ ;\ x_2 = \rho_2\cos\phi_2, y_2 = \rho_2\sin\phi_2, z_2 = z_2$

: 원점으로부터 $P_2(\rho_2, \phi_2, z_2)$를 향하는 벡터

$$\begin{aligned}\vec{R}\ [\mathrm{m}] &= \vec{r}_2 - \vec{r}_1 = (x_2 - x_1)\hat{a}_x + (y_2 - y_1)\hat{a}_y + (z_2 - z_1)\hat{a}_z \\ &= (\rho_2\cos\phi_2 - \rho_1\cos\phi_1)\hat{a}_x + (\rho_2\sin\phi_2 - \rho_1\sin\phi_1)\hat{a}_y + (z_2 - z_1)\hat{a}_z\end{aligned}$$

: $P_1(\rho_1, \phi_1, z_1)$으로부터 $P_2(\rho_2, \phi_2, z_2)$를 향하는 벡터

$$\begin{aligned}R\ [\mathrm{m}] &\equiv |\vec{R}| = |\vec{r}_2 - \vec{r}_1| = \sqrt{(x_2 - x_1)^2 + (y_2 - y_1)^2 + (z_2 - z_1)^2} \\ &= \sqrt{(\rho_2\cos\phi_2 - \rho_1\cos\phi_1)^2 + (\rho_2\sin\phi_2 - \rho_1\sin\phi_1)^2 + (z_2 - z_1)^2}\end{aligned}$$

: $P_1(\rho_1, \phi_1, z_1)$으로부터 $P_2(\rho_2, \phi_2, z_2)$까지의 길이/거리

$$\begin{aligned}\hat{a}_R &\equiv \frac{\vec{R}}{R} = \frac{\vec{r}_2 - \vec{r}_1}{|\vec{r}_2 - \vec{r}_1|} = \frac{((x_2 - x_1), (y_2 - y_1), (z_2 - z_1))}{\sqrt{(x_2 - x_1)^2 + (y_2 - y_1)^2 + (z_2 - z_1)^2}} \\ &= \frac{(\rho_2\cos\phi_2 - \rho_1\cos\phi_1)\hat{a}_x + (\rho_2\sin\phi_2 - \rho_1\sin\phi_1)\hat{a}_y + (z_2 - z_1)\hat{a}_z}{\sqrt{(\rho_2\cos\phi_2 - \rho_1\cos\phi_1)^2 + (\rho_2\sin\phi_2 - \rho_1\sin\phi_1)^2 + (z_2 - z_1)^2}}\end{aligned}$$

: $P_1(\rho_1, \phi_1, z_1)$으로부터 $P_2(\rho_2, \phi_2, z_2)$로 향하는 단위 방향 벡터

특별히 유의할 것은, 원통좌표계에서는 반지름이 같은 원통면에 수직인 방향 벡터는 어느 지점이나 방사방향의 단위벡터($\boldsymbol{a}_\rho$)로 동일하게 표시할 수 있으나, 직각좌표계 또는 구좌표계로 나타낼 경우에는 위치에 따라 구성 성분의 조합이 다름을 기억해야 한다.

■ 구좌표계의 위치와 선, 면의 시각화를 통한 이해

구좌표계의 위치 벡터(**r** [m])와 단위 방향 벡터($\boldsymbol{a}_r$)는 구좌표계의 기본 구성 벡터를 이용하여 나타낼 수 있다. [그림 1-11]에 나타낸 것과 같이 구좌표계의 임의의 한 점 P의 좌표가 (r, θ, ϕ)인 경우, 원점으로부터 P로 향하는 위치 벡터 **r**, 거리 $r = |\boldsymbol{r}|$ [m], 단위 방향 벡터 $\boldsymbol{a}_r$은 각각 다음과 같이 나타낼 수 있다.

$\{a, b, c\}_{spherical} = \{\hat{a}_r, \hat{a}_\theta, \hat{a}_\phi\}$: 구좌표계의 기본 구성 벡터

$P = (r, \theta, \phi)$: 구좌표계의 위치/좌표 표기

$$\vec{r}\ [\mathrm{m}] = r\sin\theta\cos\phi\hat{a}_x + r\sin\theta\sin\phi\hat{a}_y + r\cos\theta\hat{a}_z$$: 원점으로부터 관측점 $P(r,\theta,\phi)$로 향하는 벡터

$$r\ [\mathrm{m}] \equiv |\vec{r}| = r$$: 원점으로부터 관측점 $P(r,\theta,\phi)$까지의 거리(길이)

$$\hat{a}_r \equiv \frac{\vec{r}}{r} = \frac{r\hat{a}_r}{r} = \hat{a}_r = \frac{r\sin\theta\cos\phi\hat{a}_x + r\sin\theta\sin\phi\hat{a}_y + r\cos\theta\hat{a}_z}{r}$$: 원점으로부터 관측점 $P(r,\theta,\phi)$로 향하는 벡터 (**r**)와 평행인 단위 방향 벡터

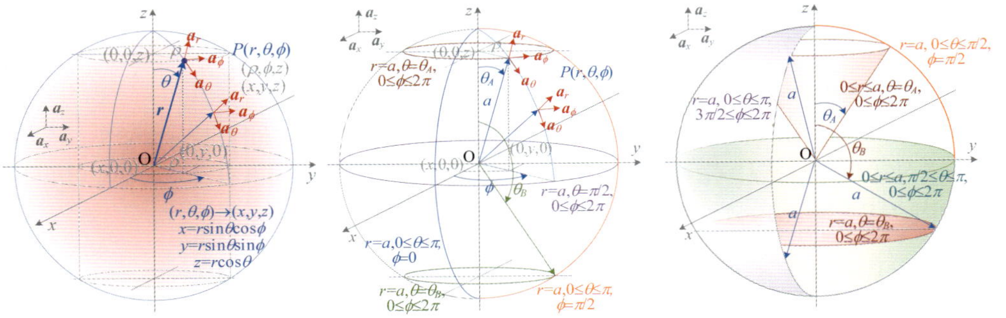

[그림 1-11] 구좌표계와 위치 벡터(**r**)의 이해

구좌표계를 사용하여 표시된 두 점을 연결하는 벡터를 구하는 과정도 원통좌표계에서와 같이 간단하지 않다. 좌표와 벡터 물리량으로서 구대칭성(spherical symmetry)이 잘 갖추어져 있어서 구좌표계를 사용하는 것이 편리한 경우에도 두 점을 연결하는 벡터를 나타내는 경우에는 구대칭성이 유지되지 않는다. 따라서 다음 관계식을 이용하여 구좌표계를 직각좌표계로 변환하여 표시하는 것이 훨씬 편리한 방법일 수 있다.

$$\vec{r}_1\ [\mathrm{m}] = (x_1, y_1, z_1) = r_1\sin\theta_1\cos\phi_1\hat{a}_x + r_1\sin\theta_1\sin\phi_1\hat{a}_y + r_1\cos\theta_1\hat{a}_y$$
$$;\ x_1 = r_1\sin\theta_1\cos\phi_1,\ y_1 = r_1\sin\theta_1\sin\phi_1,\ z_1 = r_1\cos\theta_1$$
: 원점으로부터 $P_1(r_1,\theta_1,\phi_1)$을 향하는 벡터

$$\vec{r}_2\ [\mathrm{m}] = (x_2, y_2, z_2) = r_2\sin\theta_2\cos\phi_2\hat{a}_x + r_2\sin\theta_2\sin\phi_2\hat{a}_y + r_2\cos\theta_2\hat{a}_y$$
$$;\ x_2 = r_2\sin\theta_2\cos\phi_2,\ y_2 = r_2\sin\theta_2\sin\phi_2,\ z_2 = r_2\cos\theta_2$$
: 원점으로부터 $P_2(r_2,\theta_2,\phi_2)$를 향하는 벡터

$$\vec{R}\ [\mathrm{m}] \equiv \vec{r}_2 - \vec{r}_1 = (x_2 - x_1)\hat{a}_x + (y_2 - y_1)\hat{a}_y + (z_2 - z_1)\hat{a}_z$$
$$= (r_2\sin\theta_2\cos\phi_2 - r_1\sin\theta_1\cos\phi_1)\hat{a}_x + (r_2\sin\theta_2\sin\phi_2 - r_1\sin\theta_1\sin\phi_1)\hat{a}_y + (r_2\cos\theta_2 - r_1\cos\theta_1)\hat{a}_z$$
: $P_1(r_1,\theta_1,\phi_1)$으로부터 $P_2(r_2,\theta_2,\phi_2)$를 향하는 벡터

$$R\ [\mathrm{m}] \equiv |\vec{R}| = |\vec{r}_2 - \vec{r}_1| = \sqrt{(x_2 - x_1)^2 + (y_2 - y_1)^2 + (z_2 - z_1)^2}$$
$$= \sqrt{(r_2\sin\theta_2\cos\phi_2 - r_1\sin\theta_1\cos\phi_1)^2 + (r_2\sin\theta_2\sin\phi_2 - r_1\sin\theta_1\sin\phi_1)^2 + (r_2\cos\theta_2 - r_1\cos\theta_1)^2}$$
: $P_1(r_1,\theta_1,\phi_1)$으로부터 $P_2(r_2,\theta_2,\phi_2)$까지의 길이/거리

$$\hat{a}_R \equiv \frac{\vec{R}}{R} = \frac{\vec{r}_2 - \vec{r}_1}{|\vec{r}_2 - \vec{r}_1|} = \frac{((x_2 - x_1), (y_2 - y_1), (z_2 - z_1))}{\sqrt{(x_2 - x_1)^2 + (y_2 - y_1)^2 + (z_2 - z_1)^2}}$$
$$= \frac{(r_2\sin\theta_2\cos\phi_2 - r_1\sin\theta_1\cos\phi_1)\hat{a}_x + (r_2\sin\theta_2\sin\phi_2 - r_1\sin\theta_1\sin\phi_1)\hat{a}_y + (r_2\cos\theta_2 - r_1\cos\theta_1)\hat{a}_z}{\sqrt{(r_2\sin\theta_2\cos\phi_2 - r_1\sin\theta_1\cos\phi_1)^2 + (r_2\sin\theta_2\sin\phi_2 - r_1\sin\theta_1\sin\phi_1)^2 + (r_2\cos\theta_2 - r_1\cos\theta_1)^2}}$$
: $P_1(r_1,\theta_1,\phi_1)$으로부터 $P_2(r_2,\theta_2,\phi_2)$로 향하는 단위 방향 벡터

구좌표계에서도 반지름이 같은 구면에 수직인 방향 벡터는 어느 지점이나 원점으로부터의 방사방향 단위벡터($\boldsymbol{a}_r$)로 동일하게 표시할 수 있으나, 직각좌표계와 원통좌표계로 나타낼 경우에는 위치에 따라 구성 성분의 조합이 다름을 기억해야 한다.

Section

1.3 직각좌표계를 이용한 벡터 연산의 이해와 응용

전기장을 학습하는 동안 다루게 될 벡터 물리량에는 정전기적 힘($\boldsymbol{F}_e(\boldsymbol{r})$ [N]), 전계강도($\boldsymbol{E}(\boldsymbol{r})$ [V/m]), 등가전하밀도($\boldsymbol{D}(\boldsymbol{r})$ [C/m^2]), 전기적 회전력($\boldsymbol{T}_e(\boldsymbol{r})$ [N·m]), 분극 벡터($\boldsymbol{P}(\boldsymbol{r})$ [C/m^2]), 그리고 경로 벡터($d\boldsymbol{l}=dl\boldsymbol{a}_t$ [m])가 있다. 그리고 자기장을 학습하는 동안 다루게 될 벡터 물리량에는 정자기적 힘($\boldsymbol{F}_m(\boldsymbol{r})$ [N]), 자계강도($\boldsymbol{H}(\boldsymbol{r})$ [A/m]), 등가자속밀도($\boldsymbol{B}(\boldsymbol{r})$ [Wb/m^2]), 자기적 회전력($\boldsymbol{T}_m(\boldsymbol{r})$ [N·m]), 자화벡터($\boldsymbol{M}(\boldsymbol{r})$ [A/m])가 있다. 전기장과 자기장의 근원 벡터가 여럿이거나 벡터 물리량들의 상호작용을 이해하기 위해서는 두 벡터의 합($\boldsymbol{A}+\boldsymbol{B}$)과 차($\boldsymbol{A}-\boldsymbol{B}$), 두 벡터의 스칼라 곱($\boldsymbol{A}\cdot\boldsymbol{B}$), 두 벡터의 벡터 곱($\boldsymbol{A}\times\boldsymbol{B}$)과 함께, 세 벡터로 이루어진 입체의 체적($\boldsymbol{C}\cdot(\boldsymbol{A}\times\boldsymbol{B})$)을 형상화하여 이해하는 것이 매우 중요하다. 특히 직각좌표계의 시각에서는 원통좌표계와 구좌표계의 기본 구성 벡터의 방향이 관측점의 위치에 따라 달라지므로, 해당하는 좌표계의 물리량 벡터를 직각좌표계의 물리량 벡터로 환산하여 필요한 벡터 연산에 적용하는 것이 편리하다.

1.3.1 직각좌표계의 벡터 연산과 응용

벡터 물리량의 연산에는 두 벡터의 합($\boldsymbol{A}+\boldsymbol{B}$), 두 벡터의 차이($\boldsymbol{A}-\boldsymbol{B}$), 두 벡터의 스칼라 곱(scalar product: $\boldsymbol{A}\cdot\boldsymbol{B}$), 두 벡터의 벡터 곱(vector product: $\boldsymbol{A}\times\boldsymbol{B}$), 그리고 이들을 기반으로 하여 두 벡터의 벡터 곱에 다시 스칼라 곱을 얻은 결과($(\boldsymbol{A}\times\boldsymbol{B})\cdot\boldsymbol{C}$)의 의미, 선분형 경로의 접선방향(tangential) 성분과 직교/법선(normal)방향 성분을 구하는 응용 과정에 대해 설명한다.

■ 두 벡터의 합($\boldsymbol{A}+\boldsymbol{B}$: 결과는 크기와 방향을 갖는 벡터임)

2개의 동일한 극성을 가진 근원전하에 의해 형성되는 관측점($P(\boldsymbol{r})$)의 전계강도($\boldsymbol{E}(\boldsymbol{r})$ [V/m])는 각각의 전하가 형성하는 전계강도($\boldsymbol{E}_1(\boldsymbol{r})$, $\boldsymbol{E}_2(\boldsymbol{r})$ [V/m])의 합($\boldsymbol{E}(\boldsymbol{r})=\boldsymbol{E}_1(\boldsymbol{r})+\boldsymbol{E}_2(\boldsymbol{r})$)이고, 같은 방향으로 흐르는 2개의 전류도선에 의해 형성되는 관측점의 자계강도($\boldsymbol{H}(\boldsymbol{r})$ [A/m])도 각각의 전류도선이 형성하는 자계강도($\boldsymbol{H}_1(\boldsymbol{r})$, $\boldsymbol{H}_2(\boldsymbol{r})$ [A/m])의 합($\boldsymbol{H}(\boldsymbol{r})=\boldsymbol{H}_1(\boldsymbol{r})+\boldsymbol{H}_2(\boldsymbol{r})$)이 된다. 전자기학에서는 이러한 두 벡터 또는 다수 벡터의 합을 구하는 벡터 연산 과정을 자주 접할 수 있다.

직각좌표계의 한 지점($P(\boldsymbol{r})$)에서 벡터 물리량 $\boldsymbol{A}(\boldsymbol{r})$와 $\boldsymbol{B}(\boldsymbol{r})$의 합은 다음과 같이 x-축, y-축, z-축 방향의 성분들로 분해한 후 두 벡터를 더하여 구할 수 있다.

$$\vec{A}(\vec{r})=\left(A_x(\vec{r}),A_y(\vec{r}),A_z(\vec{r})\right)=A_x(\vec{r})\hat{a}_x+A_y(\vec{r})\hat{a}_y+A_z(\vec{r})\hat{a}_z$$: 관측점($\boldsymbol{r}$)의 벡터 물리량 $\boldsymbol{A}(\boldsymbol{r})$

$$\vec{B}(\vec{r})=\left(B_x(\vec{r}),B_y(\vec{r}),B_z(\vec{r})\right)=B_x(\vec{r})\hat{a}_x+B_y(\vec{r})\hat{a}_y+B_z(\vec{r})\hat{a}_z$$: 관측점($\boldsymbol{r}$)의 벡터 물리량 $\boldsymbol{B}(\boldsymbol{r})$

$$\vec{A}(\vec{r})+\vec{B}(\vec{r})=\left(A_x(\vec{r}),A_y(\vec{r}),A_z(\vec{r})\right)+\left(B_x(\vec{r}),B_y(\vec{r}),B_z(\vec{r})\right)$$
$$=\left(A_x(\vec{r})+B_x(\vec{r}),A_y(\vec{r})+B_y(\vec{r}),A_z(\vec{r})+B_z(\vec{r})\right)$$: 벡터 물리량 $\boldsymbol{A}(\boldsymbol{r})$와 $\boldsymbol{B}(\boldsymbol{r})$의 합

직각좌표계의 두 벡터 물리량 $\boldsymbol{A}(\boldsymbol{r})$와 $\boldsymbol{B}(\boldsymbol{r})$의 합을 구하는 과정을 입체적인 그림으로 나타내면 [그림 1-12]와 같다.

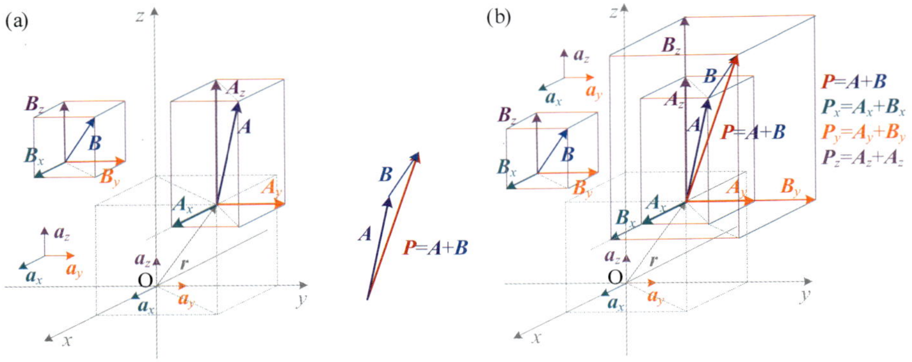

[그림 1-12] 직각좌표계의 벡터
(a) 벡터 표시 방법 (b) 두 벡터의 합($\boldsymbol{A}+\boldsymbol{B}$)

■ 두 벡터의 차이($\boldsymbol{A}-\boldsymbol{B}$: 결과는 크기와 방향을 갖는 벡터임)

서로 다른 부호를 가진 2개의 근원전하에 의해 형성되는 전기장의 전계강도는 각각의 전하가 형성하는 전계강도가 반대방향으로 형성되고, 서로 다른 방향으로 흐르는 2개의 전류도선에 의해 형성되는 자기장의 자계강도도 서로 반대방향으로 형성된다. 서로 반대방향으로 작용하는 물리량 벡터의 합은 두 힘의 차이로 이해할 수 있으며, 전자기학에서 이러한 두 벡터 또는 다수 벡터의 차이를 구하는 벡터 연산 과정도 자주 접할 수 있다.

벡터 물리량 $\boldsymbol{A}(\boldsymbol{r})$와 $\boldsymbol{B}(\boldsymbol{r})$의 차이는 다음과 같이 $\boldsymbol{B}(\boldsymbol{r})$와 크기는 같으나 방향이 반대인 벡터($-\boldsymbol{B}(\boldsymbol{r})$)와 벡터 $\boldsymbol{A}(\boldsymbol{r})$의 합($\boldsymbol{A}(\boldsymbol{r})-\boldsymbol{B}(\boldsymbol{r})=\boldsymbol{A}(\boldsymbol{r})+(-\boldsymbol{B}(\boldsymbol{r}))$)으로 해석하는 것이 편리하다.

$$\vec{A}(\vec{r})-\vec{B}(\vec{r})=\vec{A}(\vec{r})+(-\vec{B}(\vec{r}))=\left(A_x(\vec{r}),A_y(\vec{r}),A_z(\vec{r})\right)+\left(-B_x(\vec{r}),-B_y(\vec{r}),-B_z(\vec{r})\right)$$
$$=\left(A_x(\vec{r})-B_x(\vec{r}),A_y(\vec{r})-B_y(\vec{r}),A_z(\vec{r})-B_z(\vec{r})\right)$$: 벡터 물리량 $\boldsymbol{A}(\boldsymbol{r})$와 $\boldsymbol{B}(\boldsymbol{r})$의 차

즉 두 벡터의 차이를 구하는 과정에서 $\boldsymbol{B}$ 벡터의 방향을 반대로 한 다음, 벡터 $\boldsymbol{A}$와의 합을 구하는 과정과 동일하다. 두 벡터 물리량 $\boldsymbol{A}(\boldsymbol{r})$와 $\boldsymbol{B}(\boldsymbol{r})$의 차이를 구하는 과정을 직각좌표계의 입체적으로 나타내면 [그림 1-13]과 같다.

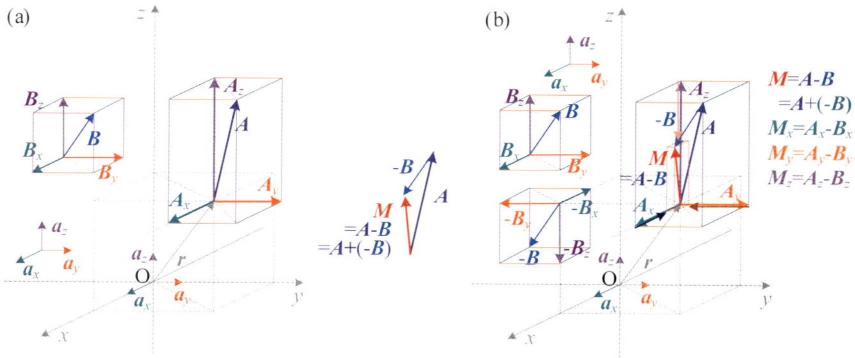

[그림 1-13] 직각좌표계의 벡터
(a) 벡터 표시 방법 (b) 두 벡터의 차이($\boldsymbol{A}-\boldsymbol{B}$)

■ **두 벡터의 스칼라 곱(또는 내적 : $\boldsymbol{A}\cdot\boldsymbol{B}$; 결과는 0, +, 또는 − 부호를 갖는 스칼라임)**

두 벡터의 스칼라 곱 또는 내적(scalar product)은 0, +, 또는 − 부호가 있는 스칼라 물리량을 결과로 얻는다. 두 벡터의 스칼라 곱은 전기장과 자기장의 물리적 현상의 이해와 해석을 위해 그 의미를 잘 이해하는 것이 매우 중요하다. 즉 전기장 내에서 전하를 이동시킬 때 필요한 정전기적 에너지(일: W_{BA} [J])와 전위차(V [V]: electric potential)를 구할 때, 전계강도($\boldsymbol{E}(\boldsymbol{r})$ [V/m])와 경로 벡터($d\boldsymbol{l}$ [m])의 스칼라 곱(dW [J] $=\boldsymbol{E}(\boldsymbol{r})\cdot d\boldsymbol{l}$)이 필요하다. 또한 전기장에서 임의의 작은 면($d\boldsymbol{S}=dS\boldsymbol{a}_n$)을 수직으로 통과하는 등가전하량($d\psi$ [C])을 구할 때에도 두 벡터의 스칼라 곱($d\psi$ [C] $=\boldsymbol{D}(\boldsymbol{r})\cdot d\boldsymbol{S}=\boldsymbol{D}(\boldsymbol{r})\cdot\boldsymbol{a}_n dS$)을 통해 구하게 된다. 자기장에서는 암페어의 법칙(Ampere's law)을 이용하여 자기장을 해석하는 과정과 스칼라 자기준위(V_m [A]: scalar magnetic potential)를 구할 때, 자계강도($\boldsymbol{H}(\boldsymbol{r})$ [A/m])와 경로 벡터의 스칼라 곱($\boldsymbol{H}(\boldsymbol{r})\cdot d\boldsymbol{l}$)이 필요하다. 또한 자기장에서 임의의 작은 면($d\boldsymbol{S}=dS\boldsymbol{a}_n$)을 수직으로 통과하는 자속량($d\Psi_m$ [Wb])을 구할 때에도 등가자속밀도 벡터($\boldsymbol{B}(\boldsymbol{r})$ [Wb/m^2])와 면에 수직인 벡터($\boldsymbol{a}_n dS$ [m^2])의 스칼라 곱($d\Psi_m$ [Wb] $=\boldsymbol{B}(\boldsymbol{r})\cdot d\boldsymbol{S}=\boldsymbol{B}(\boldsymbol{r})\cdot\boldsymbol{a}_n dS$)을 이용하게 된다.

두 벡터($\boldsymbol{A}$와 $\boldsymbol{B}$)의 스칼라 곱은 두 벡터의 평행한 방향 성분의 곱으로 해석할 수 있다. 평행한 성분이 서로 같은 방향인 경우 두 벡터의 스칼라 곱은 양($\boldsymbol{A}\cdot\boldsymbol{B}>0$)의 값, 서로 반대방향인 경우 음($\boldsymbol{A}\cdot\boldsymbol{B}<0$)의 값, 그리고 평행한 방향이 없이 수직 성분만 존재하면 스칼라 곱은 $\boldsymbol{A}\cdot\boldsymbol{B}=0$이 된다.

$$\vec{A}=(A_x,A_y,A_z)=A_x\hat{a}_x+A_y\hat{a}_y+A_z\hat{a}_z \quad \text{: 직각좌표계의 벡터 물리량 } \boldsymbol{A}$$

$$\vec{B}=(B_x,B_y,B_z)=B_x\hat{a}_x+B_y\hat{a}_y+B_z\hat{a}_z \quad \text{: 직각좌표계의 벡터 물리량 } \boldsymbol{B}$$

$$\begin{aligned}\vec{A}\cdot\vec{B}&=(A_x,A_y,A_z)\cdot(B_x,B_y,B_z)=(A_x\hat{a}_x+A_y\hat{a}_y+A_z\hat{a}_z)\cdot(B_x\hat{a}_x+B_y\hat{a}_y+B_z\hat{a}_z)\\&=A_xB_x+A_yB_y+A_zB_z \quad \text{: 벡터 물리량 } \boldsymbol{A}\text{와 } \boldsymbol{B}\text{의 내적}\end{aligned}$$

두 벡터의 스칼라 곱의 의미를 잘 이해하면, 임의의 벡터 물리량의 특정한 방향과 평행한 성분을 구하는 데 편리하게 사용할 수 있다. 예를 들면 임의의 벡터 물리량 중 직각좌표계의 x축과 평행한 성분을 구하려면 다음과 같이 벡터 $\boldsymbol{A}$와 x축 단위벡터의 스칼라 곱을 이용하여 구할 수 있다.

$$A_x(\vec{r})? \Rightarrow \vec{A}(\vec{r}) \cdot \hat{a}_x = (A_x(\vec{r})\hat{a}_x + A_y(\vec{r})\hat{a}_y + A_z(\vec{r})\hat{a}_z) \cdot \hat{a}_x = A_x(\vec{r})$$: 벡터 물리량 $\boldsymbol{A}(\boldsymbol{r})$ 중 x축과 나란한 방향 성분

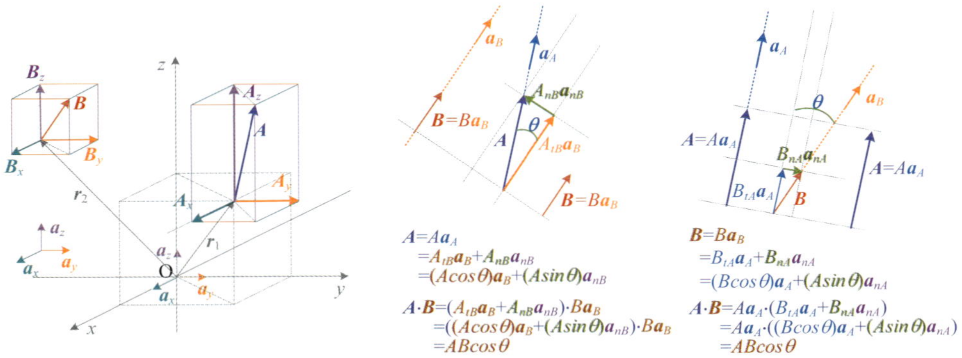

[그림 1-14] 직각좌표계를 이용한 두 벡터의 스칼라 곱(또는 내적: scalar product)의 의미

벡터 물리량의 내적을 구하는 과정은 [그림 1-14]를 통해 이해할 수 있다. 즉, 벡터 물리량 $\boldsymbol{B}$ 중 벡터 물리량 $\boldsymbol{A}$와 평행한 방향의 성분은 벡터 물리량 $\boldsymbol{A}$와 평행한 단위벡터($\boldsymbol{a}_A$)를 구한 후 벡터 물리량 $\boldsymbol{B}$와의 스칼라 곱을 구하여 그 크기와 방향을 구할 수도 있다.

$$\hat{a}_A = \vec{A}/A = \vec{A}/|\vec{A}|$$: 벡터 물리량 $\boldsymbol{A}(\boldsymbol{r})$의 방향을 나타내는 단위벡터

$$\vec{B} = B_{A\parallel}\hat{a}_A + B_{A\perp}\hat{a}_{A\perp}$$: 벡터 물리량 $\boldsymbol{B}(\boldsymbol{r})$를 벡터 물리량 $\boldsymbol{A}(\boldsymbol{r})$와 평행한 성분($B_{A\parallel}$)과 수직인 성분($B_{A\perp}$)의 합으로 표시

$$B_{A\parallel}\hat{a}_A = (\vec{B} \cdot \hat{a}_A)\hat{a}_A = (\vec{B} \cdot \vec{A})\frac{1}{A}\hat{a}_A$$: 벡터 물리량 $\boldsymbol{B}(\boldsymbol{r})$ 중 벡터 물리량 $\boldsymbol{A}(\boldsymbol{r})$와 평행한 성분을 구하는 방법

그리고 벡터 물리량 $\boldsymbol{B}$ 중 벡터 물리량 $\boldsymbol{A}$와 수직인 성분($\boldsymbol{B}_{A\perp}$)은 벡터 물리량 $\boldsymbol{B}$와 평행한 성분($\boldsymbol{B}_{A\parallel}$)의 차이로서, 다음과 같이 편리하게 구할 수 있다.

$$B_{A\perp}\hat{a}_{A\perp} = \vec{B} - B_{A\parallel}\hat{a}_A = \vec{B} - (\vec{B} \cdot \vec{A})\frac{1}{A}\hat{a}_A$$: 벡터 물리량 $\boldsymbol{B}(\boldsymbol{r})$ 중 벡터 물리량 $\boldsymbol{A}(\boldsymbol{r})$와 수직인 성분($B_{A\perp}$)을 구하는 방법

벡터 내적을 구하는 과정과 그 의미를 이해하는 과정을 통해 얻은 결과를 이용하면, 다음과 같이 벡터 물리량 $\boldsymbol{B}$를 벡터 물리량 $\boldsymbol{A}$에 평행한 성분($\boldsymbol{B}_{A\parallel}$)과 수직인 성분($\boldsymbol{B}_{A\perp}$)의 합으로 나타낼 수도 있다.

$$\left.\begin{aligned} B_{A\parallel}\hat{a}_A &= (\vec{B} \cdot \hat{a}_A)\hat{a}_A = (\vec{B} \cdot \vec{A})\frac{1}{A}\hat{a}_A \\ B_{A\perp}\hat{a}_{A\perp} &= \vec{B} - B_{A\parallel}\hat{a}_A \end{aligned}\right\} \rightarrow \vec{B} = B_{A\parallel}\hat{a}_A + B_{A\perp}\hat{a}_{A\perp} = (\vec{B} \cdot \vec{A})\frac{1}{A}\hat{a}_A + (\vec{B} - B_{A\parallel}\hat{a}_A)$$

동일한 과정을 이용하면, 다음과 같이 벡터 물리량 $\boldsymbol{A}$를 벡터 물리량 $\boldsymbol{B}$에 평행한 성분($\boldsymbol{A}_{B\parallel}$)과 수직인 성분($\boldsymbol{A}_{B\perp}$)의 합으로 나타낼 수 있다.

$$\left.\begin{aligned} A_{B\parallel}\hat{a}_B &= (\vec{A} \cdot \hat{a}_B)\hat{a}_B = (\vec{A} \cdot \vec{B})\frac{1}{B}\hat{a}_B \\ A_{B\perp}\hat{a}_{B\perp} &= \vec{A} - A_{B\parallel}\hat{a}_B \end{aligned}\right\} \rightarrow \vec{A} = A_{B\parallel}\hat{a}_B + A_{B\perp}\hat{a}_{B\perp} = (\vec{A} \cdot \vec{B})\frac{1}{B}\hat{a}_B + (\vec{A} - A_{B\parallel}\hat{a}_B)$$

특히, 두 벡터의 내적은 내적을 구하는 순서와는 무관하게 동일한 결과를 얻으므로, 전자기학과 공학적 해석 과정의 이해와 응용에 편리하게 활용할 수 있다.

$$\begin{aligned}\vec{B}\cdot\vec{A} &= (B_x, B_y, B_z)\cdot(A_x, A_y, A_z) = (B_x\hat{a}_x + B_y\hat{a}_y + B_z\hat{a}_z)\cdot(A_x\hat{a}_x + A_y\hat{a}_y + A_z\hat{a}_z)\\ &= B_xA_x + B_yA_y + B_zA_z = A_xB_x + A_yB_y + A_zB_z\\ &= \vec{A}\cdot\vec{B} = AB\cos\theta\end{aligned}$$

[그림 1-14]에 나타낸 바와 같이 두 벡터($\boldsymbol{A}$와 $\boldsymbol{B}$)의 스칼라 곱은 다음과 같이 두 벡터의 크기($A=|\boldsymbol{A}|$, $B=|\boldsymbol{B}|$)와 사잇각(θ [rad])을 이용하여 구할 수도 있다.

$$\vec{A}\cdot\vec{B} = A_xB_x + A_yB_y + A_zB_z = A(B\cos\theta) = (A\cos\theta)B = |\vec{A}||\vec{B}|\cos\theta$$

$$A \equiv |\vec{A}|, B \equiv |\vec{B}|$$: 벡터 $\boldsymbol{A}$와 $\boldsymbol{B}$의 크기

또한, 벡터의 내적 원리를 이용하면 두 벡터의 사잇각(θ [rad])도 다음과 같이 편리하게 구할 수 있다.

$$\cos\theta = \frac{\vec{A}\cdot\vec{B}}{|\vec{A}||\vec{B}|} = \frac{\vec{A}\cdot\vec{B}}{AB} \longleftrightarrow \theta\ [\text{rad}] = \cos^{-1}\left(\frac{\vec{A}\cdot\vec{B}}{AB}\right)$$

두 벡터의 사잇각이 예각($\theta<\pi/2$ [rad]; acute angle)인 경우 두 벡터의 평행한 성분은 동일한 방향을 향하며, 벡터의 내적은 양의 값을 갖는다. 두 벡터의 사잇각이 둔각($\theta>\pi/2$ [rad]; obtuse angle)인 경우 두 벡터의 평행한 성분은 반대방향을 향하며, 벡터의 내적은 음의 값을 갖는다.

$$\vec{A}\cdot\vec{B} = AB\cos\theta = |\vec{A}||\vec{B}|\cos\theta$$

$\vec{A}\cdot\vec{B} > 0$; $|\theta| < \frac{\pi}{2}$ [rad] : 두 벡터가 이루는 사잇각이 예각 #

즉, 벡터 $\boldsymbol{B}$ 중 벡터 $\boldsymbol{A}$와 평행한 성분이 $\boldsymbol{A}$와 같은 방향 = 벡터 $\boldsymbol{A}$ 중 벡터 $\boldsymbol{B}$와 평행한 성분이 $\boldsymbol{B}$와 같은 방향

$\vec{A}\cdot\vec{B} < 0$; $\frac{\pi}{2} < |\theta| < \pi$ [rad] : 두 벡터가 이루는 사잇각이 둔각

즉, 벡터 $\boldsymbol{B}$ 중 벡터 $\boldsymbol{A}$와 평행한 성분이 $\boldsymbol{A}$와 반대방향 = 벡터 $\boldsymbol{A}$ 중 벡터 $\boldsymbol{B}$와 평행한 성분이 $\boldsymbol{B}$와 반대방향

$\vec{A}\cdot\vec{B} = 0$; $|\theta| = \frac{\pi}{2}$ [rad] : 두 벡터의 평행한 성분이 존재하지 않으며, 서로 수직(사잇각 = 직각)임을 뜻함

즉 벡터의 내적이 양의 값을 가지면, 평행한 성분이 같은 방향을 향함을 뜻하고, 음의 값을 가지면 두 벡터의 평행한 성분이 반대방향을 향함을 뜻한다. 특히 임의의 벡터 물리량에 대해 특정한 방향의 성분을 분리하고자(구하고자) 할 때, 특정 방향의 단위벡터를 벡터 물리량에 스칼라 곱의 연산을 통해 얻을 수 있음을 뜻한다. 두 벡터의 내적에 대한 의미를 잘 이해하면 벡터 물리량을 다루는 전자기학의 현상 이해와 해석에 편리하게 활용할 수 있다.

예를 들면, 전기장의 전위차(V_{BA} [V])를 구할 때 적분 경로에 대한 전계강도($\boldsymbol{E}(\boldsymbol{r})$ [V/m])의 접선방향 성분을 추출하는 과정이나, 가우스의 법칙(Gauss's law)을 이용해 대칭구조의 등가전하밀도($\boldsymbol{D}(\boldsymbol{r})$ [C/m^2])를 구할 때 폐곡면(closed surface)에 수직인 성분을 추출하는 과정에서도 다음과 같이 스칼라 곱을 이용해야 한다.

$$V_{BA}\ [\mathrm{V}] \equiv -\int_A^B \vec{E}(r)\cdot d\vec{l}(r) = -\int_A^B (E_t(r)\hat{a}_t(r)+E_n(r)\hat{a}_n(r))\cdot dl\hat{a}_t(r) = -\int_A^B E_t(r)dl$$

: 전기장의 두 지점의 스칼라 전위차(전압)

$$\begin{cases}\vec{E}(r)\ [\mathrm{V/m}] = \vec{E}_t(r)+\vec{E}_n(r) = E_t(r)\hat{a}_t(r)+E_n(r)\hat{a}_n(r) \\ d\vec{l} \equiv dl\hat{a}_t(r)\end{cases}$$

: 전기장의 전계강도와 작은 경로 성분

$$\oint_{\substack{closed\\surface}} \vec{D}(r)\cdot d\vec{S}(r) = \oint_{\substack{closed\\surface}} \left(D_t(r)\hat{a}_t(r)+D_n(r)\hat{a}_n(r)\right)\cdot dS\hat{a}_n(r) = \oint_{\substack{closed\\surface}} D_n(r)dS = Q_{enc}\ [\mathrm{C}]$$

: 전기장의 가우스 법칙

또한, 자기장의 스칼라 자기준위차($V_{m,AB}$ [A])를 구할 때나 암페어의 법칙(Ampere's law)을 이용해 대칭구조의 자계강도($\boldsymbol{H}(\boldsymbol{r})$ [A/m])를 구할 때, 적분 경로에 대한 자계강도의 접선방향 성분을 추출하는 과정에서 스칼라 곱을 이용해야 한다.

$$V_{m,AB}\ [\mathrm{A}] = -\int_A^B \vec{H}(r)\cdot d\vec{l}(r) = -\int_A^B (H_t(r)\hat{a}_t(r)+H_n(r)\hat{a}_n(r))\cdot dl\hat{a}_t(r) = -\int_A^B H_t(r)dl$$

: 자기장의 스칼라 자기준위차

$$\begin{cases}\vec{H}(r)\ [\mathrm{A/m}] = \vec{H}_t(r)+\vec{H}_n(r) = H_t(r)\hat{a}_t(r)+H_n(r)\hat{a}_n(r) \\ d\vec{l} \equiv dl\hat{a}_t(r)\end{cases}$$

: 자기장의 자계강도와 작은 경로 성분

$$\oint_{\substack{closed\\loop}} \vec{H}(r)\cdot d\vec{l}(r) = \oint_{\substack{closed\\loop}} \left(H_t(r)\hat{a}_t(r)+H_n(r)\hat{a}_n(r)\right)\cdot dl\hat{a}_t(r) = \oint_{\substack{closed\\loop}} H_t(r)dl = I_{enc}\ [\mathrm{A}]$$

: 자기장의 암페어 법칙

■ 두 벡터의 벡터 곱(또는 외적 : $\boldsymbol{A}\times\boldsymbol{B}$; 결과는 크기와 방향을 갖는 벡터임)

두 벡터의 벡터 곱(또는 외적; vector product 또는 cross product)은 크기와 방향이 있는 벡터 물리량을 결과로 얻는다. 즉 자기장 내의 전류도선이 받는 정자기적 힘을 구할 때, 전기장 내의 전하쌍극자(electric dipole)가 정전기적 힘에 의해 작용하는 회전력을 구할 때, 자기장 내에서 자기쌍극자(magnetic dipole)가 정자기적 힘에 의해 작용하는 회전력을 구할 때, 그리고 시간에 따라 변하는 전기장과 자기장에 의해 전달되는 전자파의 전력밀도(단위시간당 에너지 전달밀도) 벡터를 구할 때 등의 전기장과 자기장의 물리적 현상을 이해하기 위해서는 두 벡터의 곱에 대한 이해가 필수적이다.

직각좌표계에서 두 물리량 벡터 $\boldsymbol{A}$와 $\boldsymbol{B}$의 벡터 곱($\boldsymbol{A}\times\boldsymbol{B}$)은 다음 식과 [그림 1-15]를 통해 이해할 수 있다.

$$\begin{aligned}
\vec{A} &= (A_x, A_y, A_z) = A_x\hat{a}_x + A_y\hat{a}_y + A_z\hat{a}_z \\
\vec{B} &= (B_x, B_y, B_z) = B_x\hat{a}_x + B_y\hat{a}_y + B_z\hat{a}_z \\
\vec{A}\times\vec{B} &= (A_x, A_y, A_z)\times(B_x, B_y, B_z) = (A_x\hat{a}_x + A_y\hat{a}_y + A_z\hat{a}_z)\times(B_x\hat{a}_x + B_y\hat{a}_y + B_z\hat{a}_z) \\
&= (A_yB_z - A_zB_y)\hat{a}_x + (A_zB_x - A_xB_z)\hat{a}_y + (A_xB_y - A_yB_x)\hat{a}_z
\end{aligned}$$

: 직각좌표계에서 벡터 물리량 $\boldsymbol{A}$와 $\boldsymbol{B}$의 벡터곱

두 벡터를 곱하는 순서를 바꾸면 크기는 같으나 방향이 반대가 됨을 기억하면 전자기학 이해 과정에서 편리하게 활용할 수 있다.

$$\vec{B}\times\vec{A}=\left(B_x,B_y,B_z\right)\times\left(A_x,A_y,A_z\right)=-\left(\vec{A}\times\vec{B}\right)$$: 직각좌표계에서 벡터 물리량 ***B***와 ***A***의 벡터곱

계산의 편의를 위해 직각좌표계에서 두 벡터의 벡터 곱을 행렬의 판별식(determinant)을 구하는 형태로 정리하면 다음과 같다.

$$\vec{A}\times\vec{B}=\begin{vmatrix}\hat{a}_x & \hat{a}_y & \hat{a}_z\\ A_x & A_y & A_z\\ B_x & B_y & B_z\end{vmatrix}=\left(A_yB_z-A_zB_y\right)\hat{a}_x+\left(A_zB_x-A_xB_z\right)\hat{a}_y+\left(A_xB_y-A_yB_x\right)\hat{a}_z$$

직각좌표계에서 두 물리량 벡터 ***A***와 ***B***의 벡터 곱($\boldsymbol{A}\times\boldsymbol{B}$)을 그림으로 나타내면 [그림 1-15]와 같다.

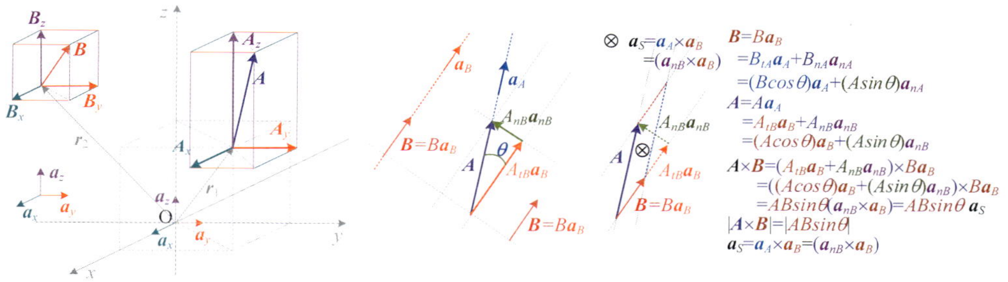

[그림 1-15] 직각좌표계를 이용한 두 벡터의 벡터 곱(또는 외적 : vector product)의 의미

[그림 1-15]에 나타낸 바와 같이 두 벡터 물리량 ***A***와 ***B***의 벡터 곱의 크기($|\boldsymbol{A}\times\boldsymbol{B}|$)는 두 벡터를 기본 구성 벡터로 하는 평행사변형의 면적(S)이고, 그 방향은 ***A***와 ***B***가 이루는 면에 수직방향($\boldsymbol{a}_n$)을 향한다.

$$\vec{A}\times\vec{B}=\left|\vec{A}\times\vec{B}\right|\hat{a}_n\equiv S\hat{a}_n$$: 벡터 ***A***와 ***B***의 벡터 곱

$$S=\left|\vec{A}\times\vec{B}\right|=|AB\sin\theta|=A|B\sin\theta|=B|A\sin\theta|=AB|\sin\theta|$$
: ***A***와 ***B***의 벡터 곱의 크기 = ***A***와 ***B***가 형성하는 평행사변형의 면적

$$\hat{a}_n\equiv\frac{\vec{A}\times\vec{B}}{\left|\vec{A}\times\vec{B}\right|}\ ;\ \begin{cases}\vec{A}\cdot\hat{a}_n=0;\vec{A}\perp\hat{a}_n\\ \vec{B}\cdot\hat{a}_n=0;\vec{B}\perp\hat{a}_n\end{cases}$$: ***A***와 ***B***의 벡터 곱의 방향 = ***A***와 ***B***가 형성하는 평행사변형에 수직인 단위벡터

두 벡터의 사잇각이 θ인 경우 $|B\sin\theta|$는 벡터 ***B***의 성분 중 벡터 ***A***와 수직인 성분의 크기이므로, $A|B\sin\theta|$는 두 벡터가 이루는 평행사변형의 면적이 된다. 마찬가지로 $|A\sin\theta|$는 벡터 ***A***의 성분 중 벡터 ***B***와 수직인 성분의 크기이며, $B|A\sin\theta|$도 두 벡터가 이루는 평행사변형의 면적이 된다. 그리고 $\boldsymbol{A}\times\boldsymbol{B}$의 방향($\boldsymbol{a}_n$)은 오른손의 손가락을 모두 펴서 엄지손가락을 제외한 나머지 손가락들을 ***A***로부터 ***B***로 회전하면(또는 손가락을 접으면) 엄지손가락의 방향이 $\boldsymbol{A}\times\boldsymbol{B}$의 방향($\boldsymbol{a}_n$)이 됨을 기억해두면 편리하게 활용할 수 있다.

[그림 1-16]과 같이 직각좌표계를 구성하는 세 개의 기본 단위 구성 벡터들이 이루는 면을 통해 벡터 곱을 이해할 수 있다. 즉 윗면, 아랫면, 왼쪽 면, 오른쪽 면, 앞면, 그리고 뒷면은 짧은 길이를 가진 두 벡터의 곱으로 나타낼 수 있다. 안에서 밖으로 향하는 여섯 면을 두 벡터의 곱으로 정리하면 다음과 같다.

$$d\vec{l}_x \times d\vec{l}_y = dx\hat{a}_x \times dy\hat{a}_y \equiv dxdy\hat{a}_z = dS_z\hat{a}_z \equiv d\vec{S}_{top} = dS_{top}\hat{a}_{n,top}\ ;\ dS_{top} = dxdy\ \&\ \hat{a}_{n,top} = +\hat{a}_z$$

: z-축에 수직인 윗면

$$d\vec{l}_y \times d\vec{l}_x = dy\hat{a}_y \times dx\hat{a}_x \equiv -dxdy\hat{a}_z = -dS_z\hat{a}_z \equiv d\vec{S}_{bottom} = dS_{bot}\hat{a}_{n,bot}\ ;\ dS_{bot} = dxdy\ \&\ \hat{a}_{n,bot} = -\hat{a}_z$$

: z-축에 수직인 아랫면

$$d\vec{l}_z \times d\vec{l}_x = dz\hat{a}_z \times dx\hat{a}_x \equiv dzdx\hat{a}_y = dS_y\hat{a}_y \equiv d\vec{S}_{right} = dS_{right}\hat{a}_{n,right}\ ;\ dS_{right} = dxdy\ \&\ \hat{a}_{n,right} = +\hat{a}_y$$

: y-축에 수직인 오른쪽 면

$$d\vec{l}_x \times d\vec{l}_z = dx\hat{a}_x \times dz\hat{a}_z \equiv -dzdx\hat{a}_y = -dS_y\hat{a}_y \equiv d\vec{S}_{left} = dS_{left}\hat{a}_{n,left}\ ;\ dS_{left} = dzdx\ \&\ \hat{a}_{n,left} = -\hat{a}_y$$

: y-축에 수직인 왼쪽 면

$$d\vec{l}_y \times d\vec{l}_z = dy\hat{a}_y \times dz\hat{a}_z \equiv dydz\hat{a}_x = dS_x\hat{a}_x \equiv d\vec{S}_{front} = dS_{front}\hat{a}_{n,front}\ ;\ dS_{front} = dydz\ \&\ \hat{a}_{n,front} = +\hat{a}_x$$

: x-축에 수직인 앞면

$$d\vec{l}_z \times d\vec{l}_y = dz\hat{a}_z \times dy\hat{a}_y \equiv -dydz\hat{a}_x = -dS_x\hat{a}_x \equiv d\vec{S}_{rear} = dS_{rear}\hat{a}_{n,rear}\ ;\ dS_{rear} = dydz\ \&\ \hat{a}_{n,rear} = -\hat{a}_x$$

: x-축에 수직인 뒷면

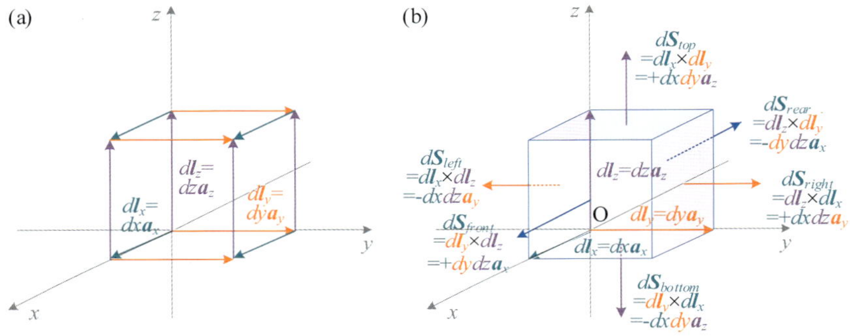

[그림 1-16] 직각좌표계에서 두 벡터의 벡터 곱을 이용한 육면체를 이루는 면의 표시

■ 세 벡터 중 두 벡터의 벡터 곱과 나머지 벡터의 내적(또는 외적) & 3개의 벡터를 구성 벡터로 갖는 육면체의 체적 : $(\boldsymbol{A}\times\boldsymbol{B})\cdot\boldsymbol{C}$

앞에서 설명한 벡터의 스칼라 곱과 벡터 곱을 모두 포함하는 중요한 응용 중 하나로 세 개의 벡터(***A***, ***B***, ***C***)로 이루어진 육면체의 체적을 구하는 것을 들 수 있으며, [그림 1-17]을 이용하면 보다 쉽게 이해할 수 있다.

A와 ***B***의 벡터 곱에 다시 ***C***의 스칼라 곱($(\boldsymbol{A}\times\boldsymbol{B})\cdot\boldsymbol{C}$)을 구하는 수학적 과정과 그 결과는 다음과 같다.

$$\begin{aligned}(\vec{A}\times\vec{B})\cdot\vec{C} &= \left((A_yB_z - A_zB_y)\hat{a}_x + (A_zB_x - A_xB_z)\hat{a}_y + (A_xB_y - A_yB_x)\hat{a}_z\right)\cdot(C_x\hat{a}_x + C_y\hat{a}_y + C_z\hat{a}_z) \\ &= (A_yB_z - A_zB_y)C_x + (A_zB_x - A_xB_z)C_y + (A_xB_y - A_yB_x)C_z\end{aligned}$$

계산에 적용할 수식은 다소 복잡해 보이지만, 그 크기는 다음과 같이 벡터 ***A***, ***B***, ***C***를 기본 구성 벡터로 하는 육면체의 체적에 해당한다. 이 의미를 기억하면 전자기학의 벡터 물리량 연산과 이해에 도움이 된다.

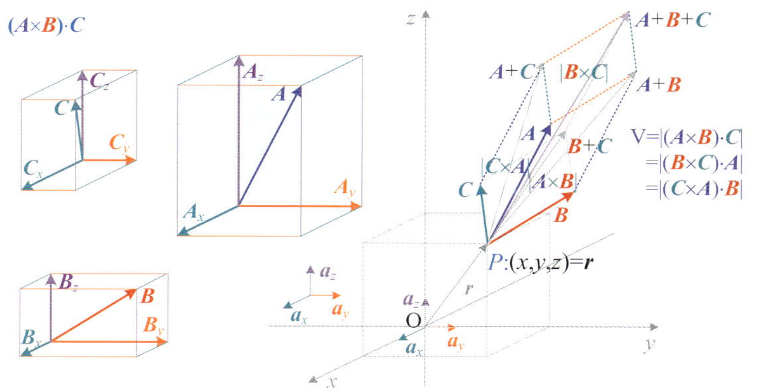

[그림 1-17] 벡터의 내적과 외적의 응용 : 2개의 벡터가 이루는 면의 크기와 방향, 3개의 벡터가 이루는 육면체와 그 체적

$\left|(\vec{A}\times\vec{B})\cdot\vec{C}\right| = \left|S\hat{a}_n\cdot\vec{C}\right| = V_{ABC}$: 3개의 벡터 ***A***, ***B***, ***C***가 구성 벡터로 이루어진 육면체의 체적

$\left|(\vec{A}\times\vec{B})\cdot\vec{C}\right| = \left|(\vec{B}\times\vec{C})\cdot\vec{A}\right| = \left|(\vec{C}\times\vec{A})\cdot\vec{B}\right|$: 3개의 벡터 ***A***, ***B***, ***C***가 구성 벡터로 이루어진 육면체의 체적

즉 두 벡터의 벡터 곱($\boldsymbol{A}\times\boldsymbol{B}$)을 통해 두 벡터가 이루는 면의 면적($S = |\boldsymbol{A}\times\boldsymbol{B}|$)과 면에 수직인 단위벡터($\boldsymbol{a}_n$)를 구할 수 있다. 이 결과에 나머지 벡터의 스칼라 곱 $|(\boldsymbol{A}\times\boldsymbol{B})\cdot\boldsymbol{C}| = |S\boldsymbol{a}_n\cdot\boldsymbol{C}|$을 적용하면 나머지 벡터의 성분 중 면에 수직인 성분(높이)만을 추출하여 곱한 셈이 된다. 따라서 두 벡터의 벡터 곱과 두 벡터의 스칼라 곱의 물리적 의미를 이용하면, 육면체의 형태와 육면체를 형성하는 기본 구성 벡터들의 사잇각에 관계없이 세 개의 벡터를 구성벡터로 하는 육면체의 체적($V = |(\boldsymbol{A}\times\boldsymbol{B})\cdot\boldsymbol{C}|$)을 구할 때 편리하게 활용할 수 있다.

Section

1.4 작은 조각의 선, 면, 부피의 표기 방법

전자기학을 다루는 동안 작은 크기의 선분 조각, 면 조각, 그리고 입체 형태의 조각(differential element)을 이용해야 하는 경우가 많다. 아주 간단한 예로서, 선전하에 의해 형성된 전기장의 전계강도와 가는 굵기의 도선에 흐르는 전류에 의해 형성되는 자기장의 자계강도 해석에는 작은 조각의 선을 이용해야 한다. 그리고 가우스 법칙을 이용한 전기장의 해석 과정과 폐곡면을 통과하는 자속량의 계산 과정에는 작은 조각의 면을 이해해야 한다. 또한, 불균일하게 분포하는 전하에 의한 전기장 해석과 불균일 분포의 전류에 의한 자기장의 해석 과정에는 작은 조각의 입체 형태를 이해하고 이용해야 한다.

■ 작은 크기의 도선 조각 또는 선분 조각(differential line element : dl [m])을 나타내는 방법

작은 조각의 선분은 다음과 같이 크기와 방향을 가진 벡터($\boldsymbol{dl}$ [m])로 나타낸다. 크기는 선분 조각의 길이(dl [m])이며, 방향은 도선과 평행한 접선방향의 단위벡터($\boldsymbol{a}_t$: tangential vector)를 의미한다. 또한 전류가 흐르는 도선의 경우, 접선방향 중 전류가 흐르는 방향 또는 도선의 진행 방향을 접선방향의 단위벡터($\boldsymbol{a}_t$)로 사용하는 것이 일반적이다.

$$d\vec{l}\ [\mathrm{m}] \equiv dl\hat{a}_t \begin{cases} dl \equiv |d\vec{l}|\ [\mathrm{m}] \\ \hat{a}_t \equiv d\vec{l}/|d\vec{l}| \end{cases}$$

■ 작은 크기의 조각 면(differential surface element : dS [m²])을 나타내는 방법

작은 크기의 조각 면도 다음과 같이 크기와 방향을 갖는 벡터($\boldsymbol{dS}$ [m^2])로 나타낸다. 크기는 조각 면의 면적(dS [m^2])이며, 방향은 조각 면에 수직(법선)방향의 단위벡터($\boldsymbol{a}_n$: surface normal vector)를 의미한다. 또한 조각 면이 유한한 폐곡면의 일부인 경우, 폐곡면을 이루는 입체의 내부로부터 외부로 향하는 방향을 수직방향 단위벡터($\boldsymbol{a}_n$)로 사용하는 것이 일반적이다.

$$d\vec{S}\ [\mathrm{m}^2] \equiv dS\hat{a}_n \begin{cases} dS \equiv |d\vec{S}|\ [\mathrm{m}^2] \\ \hat{a}_n \equiv d\vec{S}/|d\vec{S}| \end{cases}$$

면을 이루는 2개의 구성 벡터를 작은 도선 조각 벡터{$\boldsymbol{dl}_a$, $\boldsymbol{dl}_b$}로 나타낼 수 있는 경우, 조각 면은 다음과 같이 나타낼 수 있다.

$$d\vec{S}\ [\mathrm{m}^3] = d\vec{l}_a \times d\vec{l}_b$$

■ **작은 크기의 입체**(differential volume element : dv [m³])**를 나타내는 방법**

작은 크기의 조각 입체는 체적(또는 부피)의 단위를 가지는 스칼라 물리량이며, dv [m³]로 나타낸다.

$$dv\ [\mathrm{m}^3]$$

입체를 이루는 3개의 구성 벡터를 작은 도선 조각 벡터{$\boldsymbol{dl}_a$, $\boldsymbol{dl}_b$, $\boldsymbol{dl}_c$}로 나타낼 수 있는 경우, 입체 조각의 부피는 다음과 같이 나타낼 수 있다.

$$dv\ [\mathrm{m}^3] = \left|\left(d\vec{l}_a \times d\vec{l}_b\right)\cdot d\vec{l}_c\right|$$

1.4.1 좌표계별로 짧은 길이의 선 조각, 면 조각, 입체 조각을 표기하는 방법

직각좌표계, 원통좌표계, 구좌표계에서 짧은 길이의 선 조각, 면 조각, 체적 조각을 수식과 그림으로 정리하면 다음과 같다.

먼저 직각좌표계에서 선분 조각($\boldsymbol{dl}$ [m]), 면 조각($d\boldsymbol{S}$ [m²]) 및 입체 조각(dv [m³])의 표기법은 [그림 1-18]을 통해 이해할 수 있다.

- **기본 구성 벡터와 위치의 표기법**

기본 구성 벡터 : $\{\boldsymbol{a},\boldsymbol{b},\boldsymbol{c}\}|_{\mathrm{Cartesian}} = (\boldsymbol{a}_x, \boldsymbol{a}_y, \boldsymbol{a}_z)$　　위치 표시 : (x, y, z)

- **작은 크기의 선분 조각**($\boldsymbol{dl}$ [m]) **표기법**(길이 dl [m]와 단위 방향 벡터 $\boldsymbol{a}_t$)

: 크기=선분의 길이(dl [m]), 방향 : 선분과 접선방향의 단위벡터($\boldsymbol{a}_t$)로 표기

$$dl\ [\mathrm{m}] = \left|d\vec{l}\right| : d\vec{l}\Big|_{Cartesian} = dl\hat{a}_t = d\vec{l}_x + d\vec{l}_y + d\vec{l}_z = dx\hat{a}_x + dy\hat{a}_y + dz\hat{a}_z = (dx, dy, dz)$$

- **작은 크기의 면 조각**($d\boldsymbol{S}$ [m²]) **표기법**(크기 dS [m²]와 면에 수직인 단위 방향 벡터 $\boldsymbol{a}_n$)

: 크기=면 성분의 면적(dS [m²]), 방향 : 면의 내부로부터 외부로 향하며 면에 수직(법선)방향의 단위벡터($\boldsymbol{a}_n$)로 표기

$$dS\ [\mathrm{m}^2] = \left|d\vec{S}\right| : d\vec{S}\Big|_{Cartesian} = dS\hat{a}_n = d\vec{S}_x + d\vec{S}_y + d\vec{S}_z = dydz\hat{a}_x + dzdx\hat{a}_y + dxdy\hat{a}_z$$
$$= (dydz, dzdx, dxdy)$$

- **작은 크기의 입체 성분의 표기법**(크기 = 체적 dv [m³])

$$dv\big|_{Cartesian}\ [\mathrm{m}^3] = \left|\left(dx\hat{a}_x \times dy\hat{a}_y\right)\cdot\left(dz\hat{a}_z\right)\right| = dxdydz$$

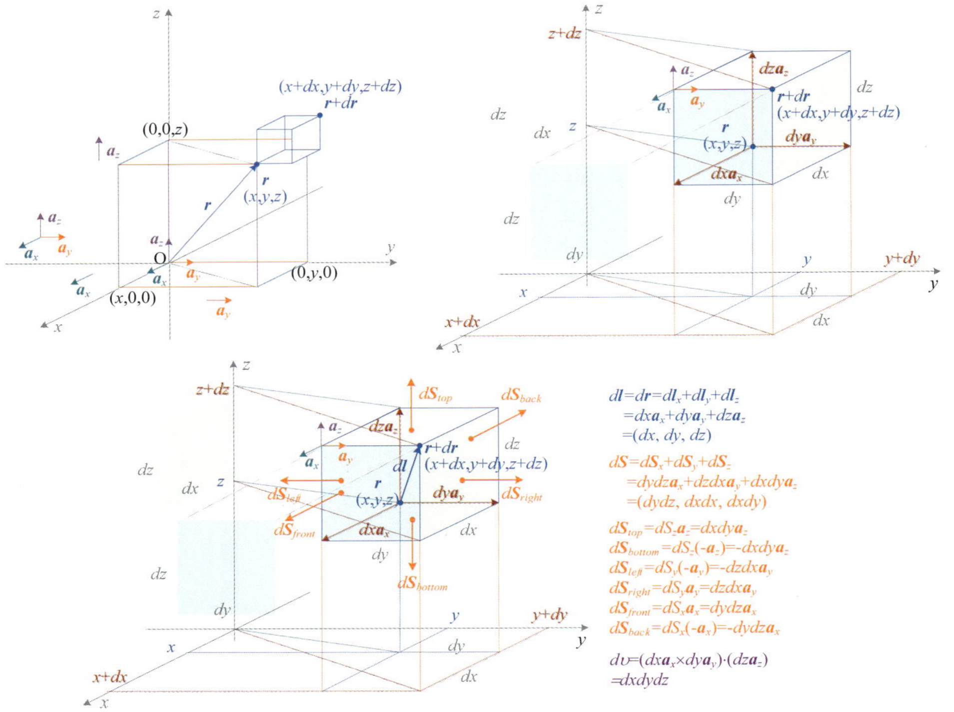

[그림 1-18] 직각좌표계의 작은 크기의 선분(dl [m]), 면(dS [m^2]), 체적($d\upsilon$ [m^3])의 표기와 이해

다음으로 원통좌표계에서 작은 크기의 선분 조각($\boldsymbol{dl}$ [m]), 면 조각($\boldsymbol{dS}$ [m^2]) 및 입체 조각($d\upsilon$ [m^3])의 표기법은 [그림 1-19]를 통해 이해할 수 있다.

- **기본 구성 벡터와 위치의 표기법**

기본 구성 벡터: $\{\boldsymbol{a},\boldsymbol{b},\boldsymbol{c}\}|_{\text{cylinder}} = (\boldsymbol{a}_\rho, \boldsymbol{a}_\phi, \boldsymbol{a}_z)$ 위치 표시: (ρ, ϕ, z)

- **작은 크기의 길이 성분($\boldsymbol{dl}$ [m]) 표기법(길이 dl [m]와 단위 방향 벡터 $\boldsymbol{a}_t$)**

: 크기=선분의 길이(dl [m]), 방향 : 선분과 접선방향의 단위벡터($\boldsymbol{a}_t$)로 표기

$$dl\ [\text{m}] = \left|d\vec{l}\right| : d\vec{l}\Big|_{Cylindrical} = dl\hat{a}_t = d\vec{l}_\rho + d\vec{l}_\phi + d\vec{l}_z = d\rho\hat{a}_\rho + \rho d\phi\hat{a}_\phi + dz\hat{a}_z = (d\rho, \rho d\phi, dz)$$

- **작은 크기의 면 성분($\boldsymbol{dS}$ [m^2]) 표기법(크기 dS [m^2]와 면에 수직인 단위 방향 벡터 $\boldsymbol{a}_n$)**

: 크기=면 성분의 면적(dS [m^2]), 방향 : 면의 내부로부터 외부로 향하며 면에 수직(법선) 방향의 단위벡터($\boldsymbol{a}_n$)로 표기

$$dS\ [m^2] = \left|d\vec{S}\right| : d\vec{S}\Big|_{Cylindrical} = dS\hat{a}_n = d\vec{S}_\rho + d\vec{S}_\phi + d\vec{S}_z = \rho d\phi dz\hat{a}_\rho + d\rho dz\hat{a}_\phi + \rho d\rho d\phi\hat{a}_z$$
$$= (\rho d\phi dz, d\rho dz, \rho d\rho d\phi)$$

- **작은 크기의 입체/체적 성분의 표기법(크기= 체적 $d\upsilon$ [m^3])**

$$d\upsilon\Big|_{Cylindrical}\ [\text{m}^3] = \left|\left(d\rho\hat{a}_\rho \times \rho d\phi\hat{a}_\phi\right)\cdot\left(dz\hat{a}_z\right)\right| = \rho d\rho d\phi dz$$

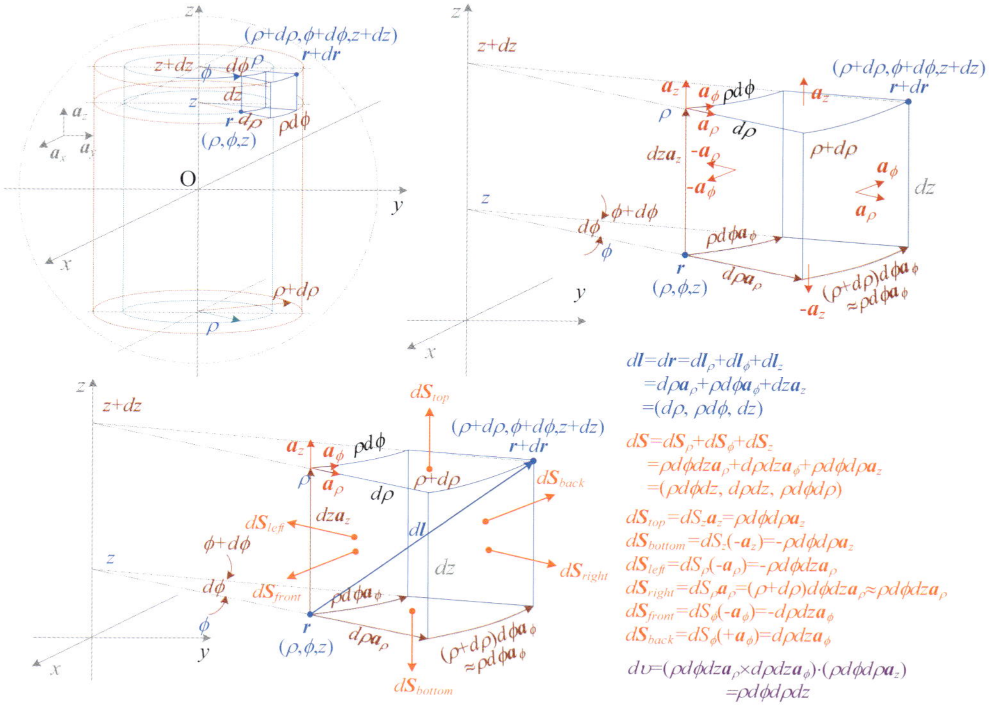

[그림 1-19] 원통좌표계의 작은 크기의 선분($d\boldsymbol{l}$ [m]), 면($d\boldsymbol{S}$ [m^2]), 체적($d\upsilon$ [m^3])의 표기와 이해

다음으로 구좌표계에서 작은 크기의 선분 조각($d\boldsymbol{l}$ [m]), 면 조각($d\boldsymbol{S}$ [m^2]) 및 입체 조각($d\upsilon$ [m^3])의 표기법은 [그림 1-20]을 통해 이해할 수 있다.

- **기본 구성 벡터와 위치의 표기법**

  기본 구성 벡터 : $\{\boldsymbol{a},\boldsymbol{b},\boldsymbol{c}\}|_{\text{spherical}} = (\boldsymbol{a}_r, \boldsymbol{a}_\theta, \boldsymbol{a}_\phi)$　　　위치 표시 : (r, θ, ϕ)

- **작은 크기의 길이 성분($d\boldsymbol{l}$ [m]) 표기법(길이 dl [m]와 단위 방향 벡터 $\boldsymbol{a}_t$)**

  : 크기=선분의 길이(dl [m]), 방향: 선분과 접선방향의 단위벡터($\boldsymbol{a}_t$)로 표기

$$dl\ [\text{m}] = \left|d\vec{l}\right| : d\vec{l}\Big|_{Spherical} = dl\hat{a}_t = d\vec{l}_r + d\vec{l}_\theta + d\vec{l}_\phi = dr\hat{a}_r + rd\theta\hat{a}_\theta + r\sin\theta d\phi\hat{a}_\phi = (dr, rd\theta, r\sin\theta d\phi)$$

- **작은 크기의 면 성분($d\boldsymbol{S}$ [m^2]) 표기법(크기 dS [m^2]와 면에 수직인 단위 방향 벡터 $\boldsymbol{a}_n$)**

  : 크기=면 성분의 면적(dS [m^2]), 방향: 면의 내부로부터 외부로 향하며 면에 수직(법선)방향의 단위벡터($\boldsymbol{a}_n$)로 표기

$$dS\ [\text{m}^2] = \left|d\vec{S}\right| : d\vec{S}\Big|_{Spherical} = dS\hat{a}_n = d\vec{S}_r + d\vec{S}_\theta + d\vec{S}_\phi = rd\theta r\sin\theta d\phi\hat{a}_r + r\sin\theta drd\phi\hat{a}_\theta + rdrd\phi\hat{a}_\phi$$

- **작은 크기의 입체/체적 성분의 표기법(크기 = 체적 $d\upsilon$ [m^3])**

$$d\upsilon\big|_{Spherical}\ [\text{m}^3] = \left|\left((dr\hat{a}_r)\times(r\sin\theta d\phi\hat{a}_\theta)\right)\cdot\left(r\sin\theta\cos\phi d\phi\hat{a}_\phi\right)\right| = r^2\sin\theta drd\theta d\phi$$

$$\Rightarrow \begin{cases} dl = \left|d\vec{l}\right| & : d\vec{l} = dl\hat{a}_t = d\vec{l}_r + d\vec{l}_\theta + d\vec{l}_\phi = dr\hat{a}_r + rd\theta\hat{a}_\theta + r\sin\theta d\phi\hat{a}_\phi = (dr, rd\theta, r\sin\theta d\phi) \\ dS = \left|d\vec{S}\right| & : d\vec{S} = dS\hat{a}_n = d\vec{S}_r + d\vec{S}_\theta + d\vec{S}_\phi = rd\theta r\sin\theta d\phi\hat{a}_r + r\sin\theta drd\phi\hat{a}_\theta + rdrd\phi\hat{a}_\phi \\ & \qquad = (rd\theta r\sin\theta d\phi, r\sin\theta drd\phi, rdrd\phi) \\ d\upsilon & \qquad = ((dr\hat{a}_r)\times(r\sin\theta d\phi\hat{a}_\theta))\cdot\left(r\sin\theta\cos\phi d\phi\hat{a}_\phi\right) = r^2\sin\theta drd\theta d\phi \end{cases}$$

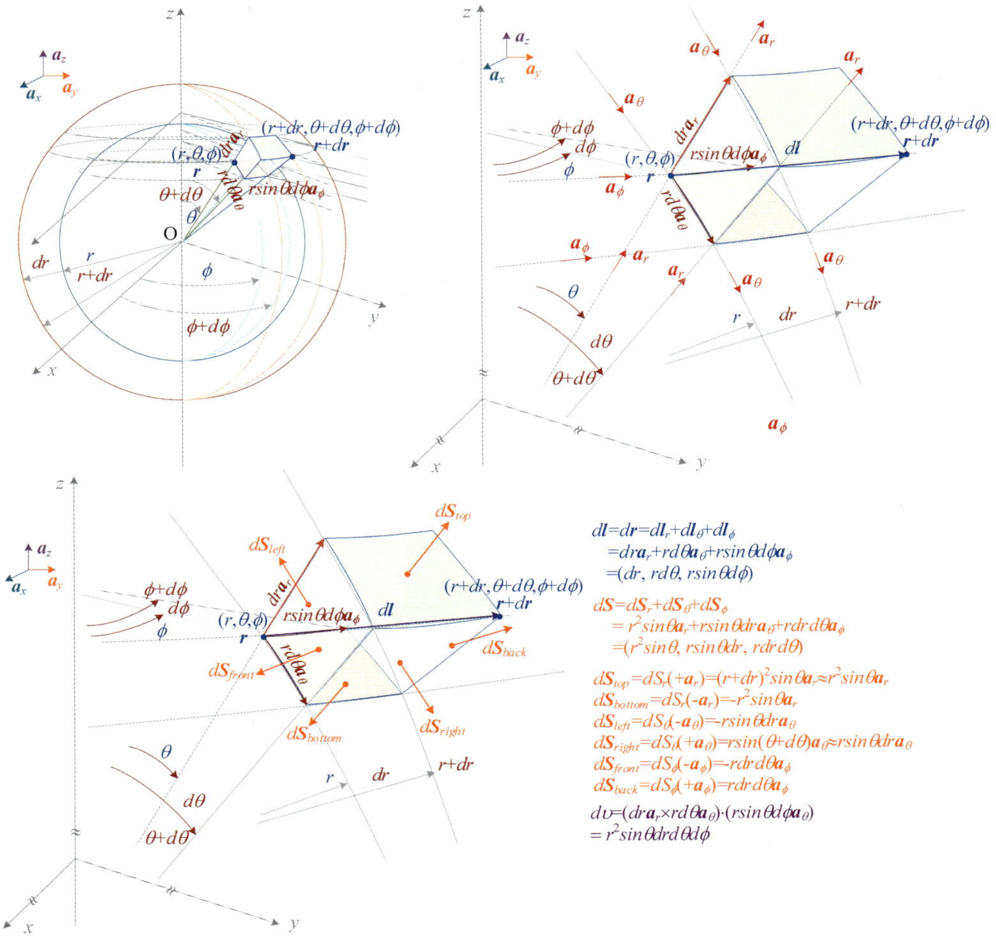

[그림 1-20] 구좌표계의 작은 크기의 선분(dl [m]), 면(dS [m^2]), 체적($d\upsilon$ [m^3])의 표기와 이해

[그림 1-21]에 직각좌표계, 원통좌표계, 구좌표계에서 작은 크기의 면 조각(dS [m^2])을 기본 구성 벡터로 분해하여 비교하였다.

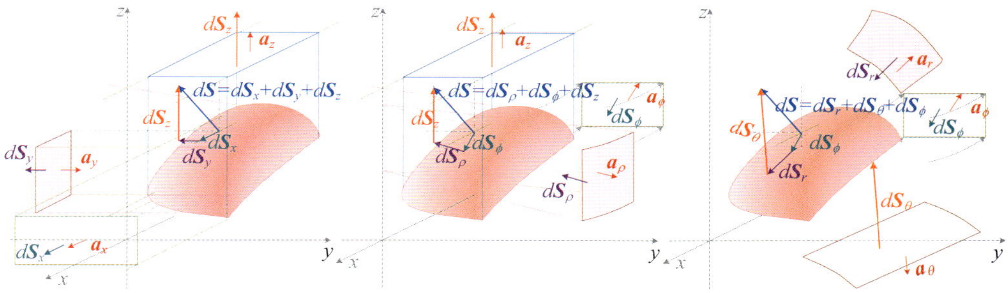

[그림 1-21] 직각좌표계, 원통좌표계, 구좌표계에서 작은 크기의 면($d\boldsymbol{S}$ [m^2])을 기본 구성 벡터로 분해하여 표시하는 방법과 의미의 비교

직각, 원통, 구좌표계의 위치, 기본 구성 벡터, 작은 선분, 작은 면, 작은 체적의 표기 및 좌표계 간 물리량의 상호 변환에 편리하게 사용할 수 있는 핵심 내용을 정리하면 [표 1-1]과 같다.

[표 1-1] 좌표계의 핵심과 상호 변환

구분	직각좌표계	원통좌표계	구좌표계
그림	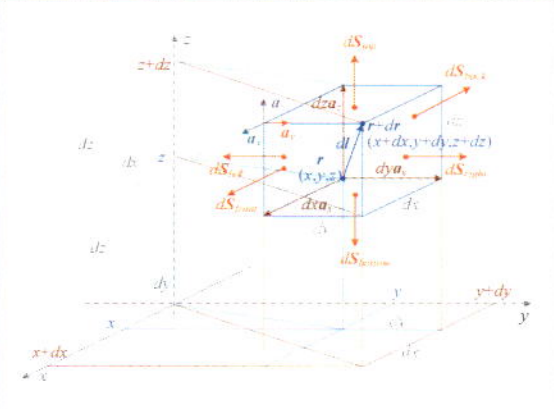	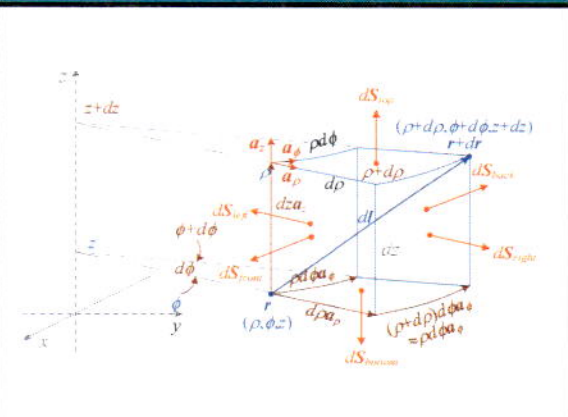	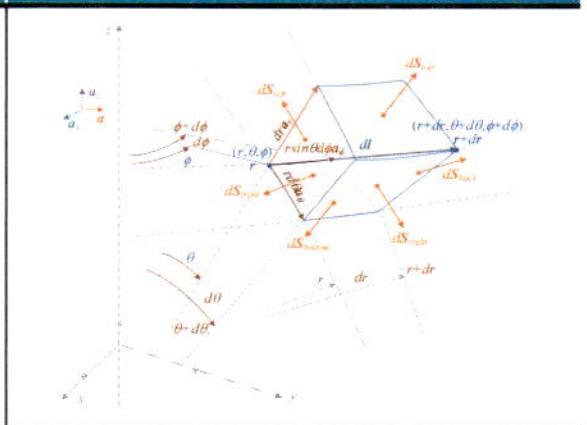
좌표&위치($P(\boldsymbol{r})$)	(x, y, z)	(ρ, ϕ, z)	(r, θ, ϕ)
좌표 ↔ 원점의 거리 [m]	$r = \sqrt{x^2 + y \ \ + z^2}$	$r = \sqrt{\rho^2 + z^2}$	$r = r$
기본 구성 벡터 $\{a, b, c\}$	$\{\hat{a}_x, \hat{a}_y, \hat{a}_z\}$	$\{\hat{a}_\rho, \hat{a}_\phi, \hat{a}_z\}$	$\{\hat{a}_r, \hat{a}_\theta, \hat{a}_\phi\}$
기본 구성 벡터의 관계	$\hat{a}_x \times \hat{a}_y = \hat{a}_z, \hat{a}_y \times \hat{a}_z = \hat{a}_x, \hat{a}_z \times \hat{a}_x = \hat{a}_y$ $\hat{a}_x \cdot \hat{a}_y = 0, \hat{a}_y \cdot \hat{a}_z = 0, \hat{a}_z \cdot \hat{a}_x = 0$	$\hat{a}_\rho \times \hat{a}_\phi = \hat{a}_z, \hat{a}_\phi \times \hat{a}_z = \hat{a}_\rho, \hat{a}_z \times \hat{a}_\rho = \hat{a}_\phi$ $\hat{a}_\rho \cdot \hat{a}_\phi = 0, \hat{a}_\phi \cdot \hat{a}_z = 0, \hat{a}_z \cdot \hat{a}_\rho = 0$	$\hat{a}_r \times \hat{a}_\theta = \hat{a}_\phi, \hat{a}_\theta \times \hat{a}_\phi = \hat{a}_r, \hat{a}_\phi \times \hat{a}_r = \hat{a}_\theta$ $\hat{a}_r \cdot \hat{a}_\theta = 0, \hat{a}_\theta \cdot \hat{a}_\phi = 0, \hat{a}_\phi \cdot \hat{a}_r = 0$
직각좌표계 변환	$\begin{cases} x = \rho\cos\phi \\ y = \rho\sin\phi \\ z = z \end{cases}$ & $\begin{cases} x = r\sin\theta\cos\phi \\ y = r\sin\theta\sin\phi \\ z = r\cos\theta \end{cases}$	$\begin{cases} \rho = \sqrt{x^2 + y^2} \\ \phi = \tan^{-1}(y/x) \\ z = z \end{cases}$ & $\begin{cases} \rho = r\sin\theta \\ \phi = \phi \\ z = r\cos\theta \end{cases}$	$\begin{cases} r = \sqrt{x^2 + y^2 + z^2} \\ \theta = \cos^{-1}(z/r) \\ \phi = \tan^{-1}(y/x) \end{cases}$ & $\begin{cases} r = \sqrt{\rho^2 + z^2} \\ \theta = \tan^{-1}(\rho/z) \\ \phi = \phi \end{cases}$
좌표 값의 범위	$-\infty \le x \le +\infty$ [m] $-\infty \le y \le +\infty$ [m] $-\infty \le z \le +\infty$ [m]	$\rho \ge 0$ [m] $0 \le \phi \le 2\pi$ [rad] $-\infty \le z \le +\infty$ [m]	$r \ge 0$ [m] $0 \le \theta \le \pi$ [rad] $0 \le \phi \le 2\pi$ [rad]
좌표&위치(P)에서의 물리량 벡터	$\vec{F}(\vec{r}) = (F_x(\vec{r}), F_y(\vec{r}), F_z(\vec{r}))$ $= F_x(\vec{r})\hat{a}_x + F_y(\vec{r})\hat{a}_y + F_z(\vec{r})\hat{a}_z$	$\vec{F}(\vec{r}) = (F_\rho(\vec{r}), F_\phi(\vec{r}), F_z(\vec{r}))$ $= F_\rho(\vec{r})\hat{a}_\rho + F_\phi(\vec{r})\hat{a}_\phi + F_z(\vec{r})\hat{a}_z$	$\vec{F}(\vec{r}) = (F_r(\vec{r}), F_\theta(\vec{r}), F_\phi(\vec{r}))$ $= F_r(\vec{r})\hat{a}_r + F_\theta(\vec{r})\hat{a}_\theta + F_\phi(\vec{r})\hat{a}_\phi$
작은 선 성분 $d\vec{l} = dl\hat{a}_t$ [m] 크기는 길이, 경로 접선방향	$d\vec{l} = d\vec{l}_x + d\vec{l}_y + d\vec{l}_z$ $= dx\hat{a}_x + dy\hat{a}_y + dz\hat{a}_z$ $= (dx, dy, dz)$	$d\vec{l} = d\vec{l}_\rho + d\vec{l}_\phi + d\vec{l}_z$ $= d\rho\hat{a}_\rho + \rho d\phi\hat{a}_\phi + dz\hat{a}_z$ $= (d\rho, \rho d\phi, dz)$	$d\vec{l} = dl\hat{a}_t = d\vec{l}_r + d\vec{l}_\theta + d\vec{l}_\phi$ $= dr\hat{a}_r + rd\theta\hat{a}_\theta + r\sin\theta d\phi\hat{a}_\phi$ $= (dr, rd\theta, r\sin\theta d\phi)$

(계속)

작은 면 성분: $d\vec{S} = dS\hat{a}_n$ [m²] dS : 면적, $\boldsymbol{a}_n$: 면에 수직인 단위벡터	$d\vec{S} = d\vec{S}_x + d\vec{S}_y + d\vec{S}_z$ $\begin{cases} d\vec{S}_x = dydz\hat{a}_x \\ d\vec{S}_y = dzdx\hat{a}_y \\ d\vec{S}_z = dxdy\hat{a}_z \end{cases}$	$d\vec{S} = d\vec{S}_\rho + d\vec{S}_\phi + d\vec{S}_z$ $\begin{cases} d\vec{S}_\rho = \rho d\phi dz\hat{a}_\rho \\ d\vec{S}_\phi = d\rho dz\hat{a}_\phi \\ d\vec{S}_z = \rho d\rho d\phi\hat{a}_z \end{cases}$	$d\vec{S} = d\vec{S}_r + d\vec{S}_\theta + d\vec{S}_\phi$ $\begin{cases} d\vec{S}_r = rd\theta r\sin\theta d\phi\hat{a}_r \\ d\vec{S}_\theta = r\sin\theta drd\phi\hat{a}_\theta \\ d\vec{S}_\phi = rdrd\phi\hat{a}_\phi \end{cases}$
	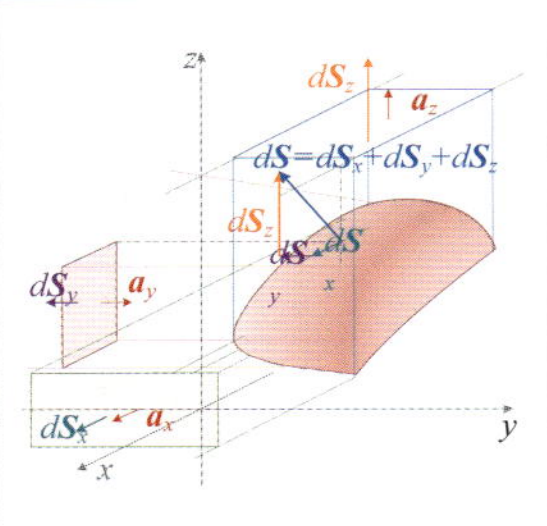	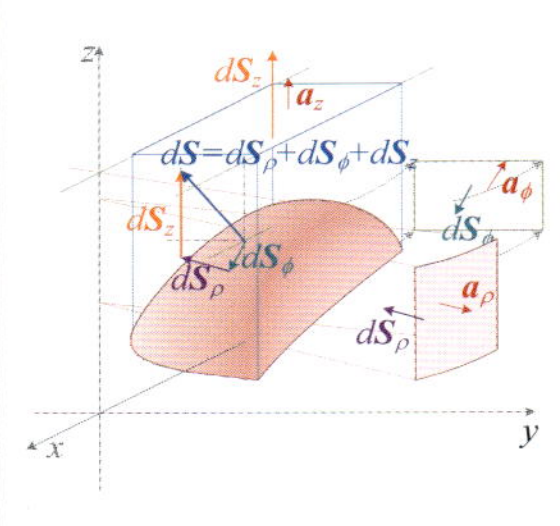	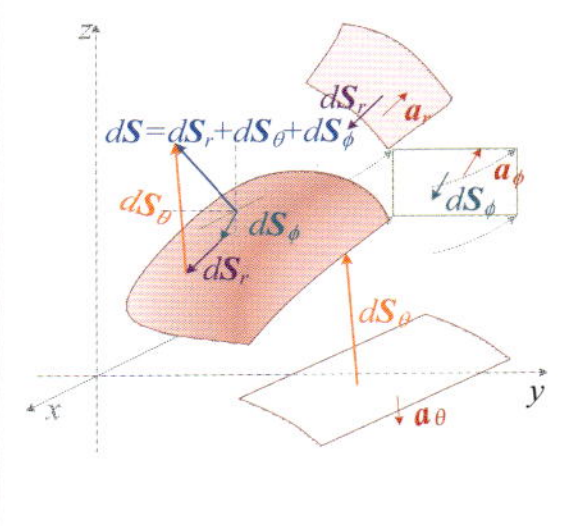
작은 체적 성분 Volume element dv [m³] $=\lvert(d\vec{l}_a \times d\vec{l}_b)\cdot d\vec{l}_c\rvert$	dv [m³] $=\lvert(d\vec{l}_x \times d\vec{l}_y)\cdot d\vec{l}_z\rvert$ $= dxdydz$	dv [m³] $=\lvert(d\vec{l}_\rho \times d\vec{l}_\phi)\cdot d\vec{l}_z\rvert$ $= \rho d\rho d\phi dz$	dv [m³] $=\lvert(d\vec{l}_r \times d\vec{l}_\theta)\cdot d\vec{l}_\phi\rvert$ $= r^2\sin\theta drd\theta d\phi$

1.4.2 벡터를 이용한 관측점의 물리량 벡터 표기와 좌표계 변환

전자기학의 물리량의 해석과 계산에는 대칭성에 따라서 편리한 좌표계를 선택하여 사용할 수 있다. 그런데 전기장을 형성하는 근원전하가 다수일 때의 전계강도를 해석할 때 또는 자기장을 형성하는 근원전류도선이 다수인 경우 이들 모두에 의한 자계강도를 해석할 때 벡터 물리량의 좌표계를 변환해야 하는 경우를 접하게 된다. 이를 위해 원통좌표계와 직각좌표계의 상호 변환, 구좌표계와 직각좌표계의 상호 변환에 편리하게 사용할 수 있는 핵심 내용을 요약하면 다음과 같다.

■ 원통좌표계와 직각좌표계의 상호 변환

• **원통좌표계(ρ, ϕ, z)와 직각좌표계(x, y, z)의 좌표 변환 관계식**

$$\left.\begin{aligned} \rho &= \sqrt{x^2 + y^2}\ [\text{m}] \\ \phi &= \tan^{-1}(y/x)\ [\text{rad}] \\ z &= z\ [\text{m}] \end{aligned}\right\} \longleftrightarrow \begin{cases} x = \rho\cos\phi\ [\text{m}] \\ y = \rho\sin\phi\ [\text{m}] \\ z = z\ [\text{m}] \end{cases}$$

원통좌표계(ρ,ϕ,z)에서 두 점을 연결하는 벡터, 즉 원통좌표계의 한 점 $\boldsymbol{r}' = (\rho',\phi',z')$로부터 다른 한 점 $\boldsymbol{r} = (\rho,\phi,z)$로 향하는 벡터$(\boldsymbol{R} = \boldsymbol{r}-\boldsymbol{r}')$를 사용해야 하는 경우가 있다. 이때는 원통좌표계에서 바로 구하지 않고, 다음과 같이 직각좌표계의 좌표로 변환한 후 사용해야 한다.

$$\left.\begin{aligned} x &= \rho\cos\phi\ [\text{m}] \\ y &= \rho\sin\phi\ [\text{m}] \\ z &= z\ [\text{m}] \end{aligned}\right\} - \begin{cases} x' = \rho'\cos\phi'\ [\text{m}] \\ y' = \rho'\sin\phi'\ [\text{m}] \\ z' = z'\ [\text{m}] \end{cases} \rightarrow \vec{R} \equiv \vec{r} - \vec{r}\,' = \begin{cases} x - x' = \rho\cos\phi - \rho'\cos\phi' \\ y - y' = \rho\sin\phi - \rho'\sin\phi' \\ z - z' = z - z' \end{cases}$$

$$\rightarrow \vec{R} \equiv \vec{r} - \vec{r}\,' = (\rho\cos\phi - \rho'\cos\phi')\hat{a}_x + (\rho\sin\phi - \rho'\sin\phi')\hat{a}_y + (z - z')\hat{a}_z$$

한 예로, 원통좌표계의 z-축상의 한 점 $\boldsymbol{r}' = (\rho' = 0, \phi', z')$로부터 다른 한 점 $\boldsymbol{r}=(\rho, \phi, z)$로 향하는 벡터($\boldsymbol{R} = \boldsymbol{r}-\boldsymbol{r}'$)는 직각좌표계로 변환하면 다음과 같은 결과를 얻는다.

$$\to \vec{R}\Big|_{\rho'=0} = \vec{r}(\rho,\phi,z) - \vec{r}\,'(0,\phi',z') = \begin{cases} x - x' = \rho\cos\phi \\ y - y' = \rho\sin\phi \\ z - z' = z - z' \end{cases}$$

$$\to \begin{cases} \vec{R}\Big|_{\rho'=0} \equiv \vec{r}(\rho,\phi,z) - \vec{r}\,'(0,\phi',z') = (\rho\cos\phi)\hat{a}_x + (\rho\sin\phi)\hat{a}_y + (z-z')\hat{a}_z \\ R\Big|_{\rho'=0} \equiv \left|\vec{R}\right|_{\rho'=0} = |\vec{r}(\rho,\phi,z) - \vec{r}\,'(0,\phi',z')| = \sqrt{\rho^2 + (z-z')^2} \end{cases}$$

또한, 반드시 원통좌표계를 사용해야 하는 경우, 직각좌표계로 얻은 결과를 다시 원통좌표계로 변환하는 과정을 거쳐야 한다.

• 원통좌표계와 직각좌표계의 기본 구성 벡터들 $\{a,b,c\}$ 의 관계

$$\begin{cases} \hat{a}_\rho \cdot \hat{a}_x = \cos\phi \\ \hat{a}_\phi \cdot \hat{a}_x = \cos\left(\dfrac{\pi}{2}+\phi\right) = -\sin\phi, \\ \hat{a}_z \cdot \hat{a}_x = 0 \end{cases} \begin{cases} \hat{a}_\rho \cdot \hat{a}_y = \cos\left(\dfrac{\pi}{2}-\phi\right) = \sin\phi \\ \hat{a}_\phi \cdot \hat{a}_y = \cos\phi \\ \hat{a}_z \cdot \hat{a}_y = 0 \end{cases}, \begin{cases} \hat{a}_\rho \cdot \hat{a}_z = 0 \\ \hat{a}_\phi \cdot \hat{a}_z = 0 \\ \hat{a}_z \cdot \hat{a}_z = 1 \end{cases}$$

• 직각좌표계 기본 구성 벡터들 $\{\boldsymbol{a}_x, \boldsymbol{a}_y, \boldsymbol{a}_z\}$ 로부터 원통좌표계 기본 구성 벡터들$\{\boldsymbol{a}_\rho, \boldsymbol{a}_\phi, \boldsymbol{a}_z\}$ 로의 변환식

$$\begin{cases} \hat{a}_\rho = \cos\phi\hat{a}_x + \sin\phi\hat{a}_y & \leftarrow \left|\hat{a}_\rho\right| = 1,\ \hat{a}_\rho \cdot \hat{a}_\phi = 0,\ \hat{a}_\rho \times \hat{a}_\phi = \hat{a}_z \\ \hat{a}_\phi = -\sin\phi\hat{a}_x + \cos\phi\hat{a}_y & \leftarrow \left|\hat{a}_\phi\right| = 1,\ \hat{a}_\phi \cdot \hat{a}_z = 0,\ \hat{a}_\phi \times \hat{a}_z = \hat{a}_\rho \\ \hat{a}_z = \hat{a}_z & \leftarrow \left|\hat{a}_z\right| = 1,\ \hat{a}_z \cdot \hat{a}_\rho = 0,\ \hat{a}_z \times \hat{a}_\rho = \hat{a}_\phi \end{cases}$$

• 원통좌표계 기본 구성 벡터들$\{\boldsymbol{a}_\rho, \boldsymbol{a}_\phi, \boldsymbol{a}_z\}$ 로부터 직각좌표계 기본 구성 벡터들$\{\boldsymbol{a}_x, \boldsymbol{a}_y, \boldsymbol{a}_z\}$ 로의 변환식

$$\begin{cases} \hat{a}_x = \cos\phi\hat{a}_\rho - \sin\phi\hat{a}_\phi & \leftarrow \left|\hat{a}_x\right| = 1,\ \hat{a}_x \cdot \hat{a}_y = 0,\ \hat{a}_x \times \hat{a}_y = \hat{a}_z \\ \hat{a}_y = \sin\phi\hat{a}_\rho + \cos\phi\hat{a}_\phi & \leftarrow \left|\hat{a}_y\right| = 1,\ \hat{a}_y \cdot \hat{a}_z = 0,\ \hat{a}_y \times \hat{a}_z = \hat{a}_x \\ \hat{a}_z = \hat{a}_z & \leftarrow \left|\hat{a}_z\right| = 1,\ \hat{a}_z \cdot \hat{a}_x = 0,\ \hat{a}_z \times \hat{a}_x = \hat{a}_y \end{cases}$$

■ 구좌표계와 직각좌표계의 상호 변환

• 구좌표계(r, θ, ϕ)와 직각좌표계(x, y, z)의 좌표 변환 관계식

$$\left.\begin{aligned} r &= \sqrt{x^2+y^2+z^2}\ [\text{m}] \\ \theta &= \tan^{-1}\left(\sqrt{x^2+y^2}\big/z\right)\ [\text{rad}] \\ \phi &= \tan^{-1}(y/x)\ [\text{rad}] \end{aligned}\right\} \longleftrightarrow \begin{cases} x = r\sin\theta\cos\phi\ [\text{m}] \\ y = r\sin\theta\sin\phi\ [\text{m}] \\ z = r\cos\theta\ [\text{m}] \end{cases}$$

구좌표계(r, θ, ϕ)에서 두 점을 연결하는 벡터, 즉 원통좌표계의 한 점 $\boldsymbol{r}' = (r', \theta', \phi')$로부터 다른 한 점 $\boldsymbol{r} = (r, \theta, \phi)$으로 향하는 벡터($\boldsymbol{R} = \boldsymbol{r}-\boldsymbol{r}'$)를 사용해야 하는 경우도 있다. 이때는 구좌표계에서 바로 구하지 않고, 다음과 같이 직각좌표계의 좌표로 변환한 후 사용해야 한다.

$$\left.\begin{array}{l} x = r\sin\theta\cos\phi\ [\mathrm{m}] \\ y = r\sin\theta\sin\phi\ [\mathrm{m}] \\ z = r\cos\theta\ [\mathrm{m}] \end{array}\right\} - \left\{\begin{array}{l} x' = r'\sin\theta'\cos\phi'\ [\mathrm{m}] \\ y' = r'\sin\theta'\sin\phi'\ [\mathrm{m}] \\ z' = r'\cos\theta'\ [\mathrm{m}] \end{array}\right. \rightarrow \vec{R} \equiv \vec{r} - \vec{r}\,' = \left\{\begin{array}{l} x - x' = r\sin\theta\cos\phi - r'\sin\theta'\cos\phi' \\ y - y' = r\sin\theta\sin\phi - r'\sin\theta'\sin\phi' \\ z - z' = r\cos\theta - r'\cos\theta' \end{array}\right.$$

$$\rightarrow \vec{R} \equiv \vec{r} - \vec{r}\,' = (r\sin\theta\cos\phi - r'\sin\theta'\cos\phi')\hat{a}_x + (r\sin\theta\sin\phi - r'\sin\theta'\sin\phi')\hat{a}_y + (r\cos\theta - r'\cos\theta')\hat{a}_z$$

- **구좌표계와 직각좌표계의 기본 구성 벡터들$\{\boldsymbol{a}, \boldsymbol{b}, \boldsymbol{c}\}$의 관계**

$$\left\{\begin{array}{l} \hat{a}_r \cdot \hat{a}_x = \sin\theta\cos\phi \\ \hat{a}_\theta \cdot \hat{a}_x = \cos\theta\cos\phi, \\ \hat{a}_\phi \cdot \hat{a}_x = -\sin\phi \end{array}\right. \left\{\begin{array}{l} \hat{a}_r \cdot \hat{a}_y = \sin\theta\sin\phi \\ \hat{a}_\theta \cdot \hat{a}_y = \cos\theta\sin\phi, \\ \hat{a}_\phi \cdot \hat{a}_y = \cos\phi \end{array}\right. \left\{\begin{array}{l} \hat{a}_r \cdot \hat{a}_z = \cos\theta \\ \hat{a}_\theta \cdot \hat{a}_z = -\sin\theta \\ \hat{a}_\phi \cdot \hat{a}_z = 0 \end{array}\right.$$

- **직각좌표계 기본 구성 벡터들$\{\boldsymbol{a}_x, \boldsymbol{a}_y, \boldsymbol{a}_z\}$로부터 구좌표계 기본 구성 벡터들$\{\boldsymbol{a}_r, \boldsymbol{a}_\theta, \boldsymbol{a}_\phi\}$로의 변환식**

$$\left\{\begin{array}{ll} \hat{a}_r = \sin\theta\cos\phi\hat{a}_x + \sin\theta\sin\phi\hat{a}_y + \cos\theta\hat{a}_z & \leftarrow |\hat{a}_r| = 1,\ \hat{a}_r \cdot \hat{a}_\theta = 0,\ \hat{a}_r \times \hat{a}_\theta = \hat{a}_\phi \\ \hat{a}_\theta = \cos\theta\cos\phi\hat{a}_x + \cos\theta\sin\phi\hat{a}_y - \sin\theta\hat{a}_z & \leftarrow |\hat{a}_\theta| = 1,\ \hat{a}_\theta \cdot \hat{a}_\phi = 0,\ \hat{a}_\theta \times \hat{a}_\phi = \hat{a}_r \\ \hat{a}_\phi = -\sin\phi\hat{a}_x + \cos\phi\hat{a}_y & \leftarrow |\hat{a}_\phi| = 1,\ \hat{a}_\phi \cdot \hat{a}_r = 0,\ \hat{a}_\phi \times \hat{a}_r = \hat{a}_\theta \end{array}\right.$$

- **구좌표계 기본 구성 벡터들$\{\boldsymbol{a}_r, \boldsymbol{a}_\theta, \boldsymbol{a}_\phi\}$로부터 직각좌표계 기본 구성 벡터들$\{\boldsymbol{a}_x, \boldsymbol{a}_y, \boldsymbol{a}_z\}$로의 변환식**

$$\left\{\begin{array}{ll} \hat{a}_x = \sin\theta\cos\phi\hat{a}_r + \cos\theta\cos\phi\hat{a}_\theta - \sin\phi\hat{a}_\phi & \leftarrow |\hat{a}_x| = 1,\ \hat{a}_x \cdot \hat{a}_y = 0,\ \hat{a}_x \times \hat{a}_y = \hat{a}_z \\ \hat{a}_y = \sin\theta\sin\phi\hat{a}_r + \cos\theta\sin\phi\hat{a}_\theta + \cos\phi\hat{a}_\phi & \leftarrow |\hat{a}_y| = 1,\ \hat{a}_y \cdot \hat{a}_z = 0,\ \hat{a}_y \times \hat{a}_z = \hat{a}_x \\ \hat{a}_z = \cos\theta\hat{a}_r - \sin\theta\hat{a}_\theta & \leftarrow |\hat{a}_z| = 1,\ \hat{a}_z \cdot \hat{a}_x = 0,\ \hat{a}_z \times \hat{a}_x = \hat{a}_y \end{array}\right.$$

관측점($P(\boldsymbol{r})$)의 벡터 물리량($\boldsymbol{F}(\boldsymbol{r})$)을 표기하는 방법과 단위 구성 벡터 방향의 성분을 구분하여 이해하는 것은 전자기학과 물리적 현상의 이해와 해석, 공학적 설계와 응용을 위해 매우 중요하다. 전기장과 자기장, 그리고 전자기파를 나타내는 전계강도 벡터($\boldsymbol{E}(\boldsymbol{r})$ [V/m])와 자계강도 벡터($\boldsymbol{H}(\boldsymbol{r})$ [A/m])는 위치에 따라 그 크기와 방향이 다른 것이 일반적이다. 이를 이해하는 데는 좌표계에서 사용하는 단위 구성 벡터 방향의 성분으로 분해하여 이해하는 것이 편리하다. 즉 임의의 관측점($P(\boldsymbol{r})$)의 벡터 물리량($\boldsymbol{F}(\boldsymbol{r})$)은 다음과 같이 기본 구성 벡터들과 평행한 성분들($\boldsymbol{F}_a(\boldsymbol{r})$, $\boldsymbol{F}_b(\boldsymbol{r})$, $\boldsymbol{F}_c(\boldsymbol{r})$)의 합으로 나타낼 수 있다.

$\{\hat{a}, \hat{b}, \hat{c}\}$: 기본 구성 벡터

$\vec{F}(\vec{r}) = (F_a(\vec{r}), F_b(\vec{r}), F_c(\vec{r})) = F_a(\vec{r})\hat{a} + F_b(\vec{r})\hat{b} + F_c(\vec{r})\hat{c} = \vec{F}_a(\vec{r}) + \vec{F}_b(\vec{r}) + \vec{F}_c(\vec{r})$: 물리량 벡터

특히 원통좌표계와 구좌표계의 기본 구성 벡터의 방향이 직각좌표계의 시각에서는 관측점의 위치에 따라 달라지므로, 해당하는 물리량을 직각좌표계의 물리량으로 환산하여 필요한 벡터 연산에 적용하는 것이 필수적이다.

■ 직각좌표계를 이용하여 관측점($P(\boldsymbol{r})$)의 벡터 물리량을 표기하는 방법

직각좌표계에서 관측점($P(\boldsymbol{r})$)의 벡터 물리량($\boldsymbol{F}(\boldsymbol{r})$)은 다음과 같이 x-축과 평행한 성분($F_x(\boldsymbol{r})\boldsymbol{a}_x$), y-축과 평행한 성분($F_y(\boldsymbol{r})\boldsymbol{a}_y$), z-축과 평행한 성분($F_z(\boldsymbol{r})\boldsymbol{a}_z$)의 합으로 나타낼 수 있다.

$\{\boldsymbol{a}, \boldsymbol{b}, \boldsymbol{c}\}|_{\text{cartesian}} = \{\boldsymbol{a}_x, \boldsymbol{a}_y, \boldsymbol{a}_z\}$: 기본 구성 벡터

$\boldsymbol{F}(\boldsymbol{r})|_{\text{cartesian}} = (F_x(\boldsymbol{r}), F_y, F_z) = F_x(\boldsymbol{r})\boldsymbol{a}_x + F_y(\boldsymbol{r})\boldsymbol{a}_y + F_z(\boldsymbol{r})\boldsymbol{a}_z$: 물리량 벡터

위치에 따라 크기와 방향이 다른 벡터 물리량($\boldsymbol{F}(\boldsymbol{r})$)을 비교하여 이해할 수 있도록 [그림 1-22]에 나타내었다.

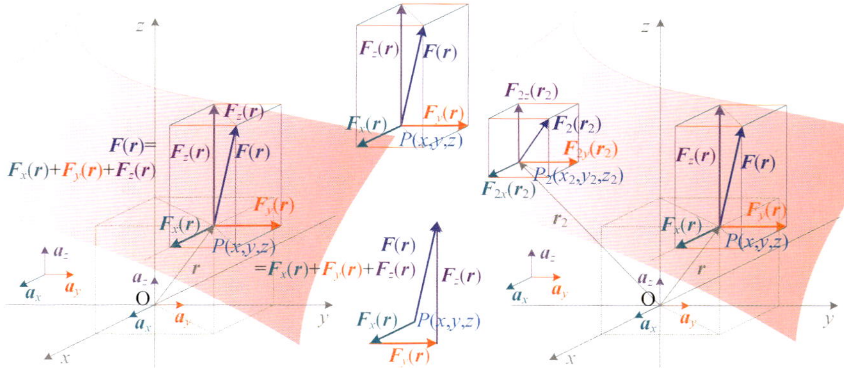

[그림 1-22] 직각좌표계에서 관측점($P(\boldsymbol{r})$)의 위치 벡터($\boldsymbol{r}$)와 관측점의 물리량 벡터($\boldsymbol{F}(\boldsymbol{r}) = (F_x(\boldsymbol{r}), F_y(\boldsymbol{r}), F_z(\boldsymbol{r}))$)의 이해

■ 원통좌표계를 이용하여 관측점($P(\boldsymbol{r})$)의 벡터 물리량($\boldsymbol{F}(\boldsymbol{r})$)을 표기하는 방법

z-축으로부터 수직 거리인 방사방향 성분($F_\rho(\boldsymbol{r})\boldsymbol{a}_\rho$), x-축으로부터의 회전 성분($F_\phi(\boldsymbol{r})\boldsymbol{a}_\phi$), z-축과 평행한 성분($F_z(\boldsymbol{r})\boldsymbol{a}_z$)의 합으로서, 다음과 같이 나타낼 수 있다.

$\{\boldsymbol{a}, \boldsymbol{b}, \boldsymbol{c}\}|_{\text{cylindrical}} = \{\boldsymbol{a}_\rho, \boldsymbol{a}_\phi, \boldsymbol{a}_z\}$: 기본 구성 벡터

$\boldsymbol{F}(\boldsymbol{r})|_{\text{cylindrical}} = (F_\rho(\boldsymbol{r}), F_\phi(\boldsymbol{r}), F_z(\boldsymbol{r})) = F_\rho(\boldsymbol{r})\boldsymbol{a}_\rho + F_\phi(\boldsymbol{r})\boldsymbol{a}_\phi + F_z(\boldsymbol{r})\boldsymbol{a}_z$: 물리량 벡터

위치에 따라 크기와 방향이 다른 벡터 물리량($\boldsymbol{F}(\boldsymbol{r})$)을 직각좌표계와 비교하여 이해할 수 있도록 [그림 1-23]에 나타내었다.

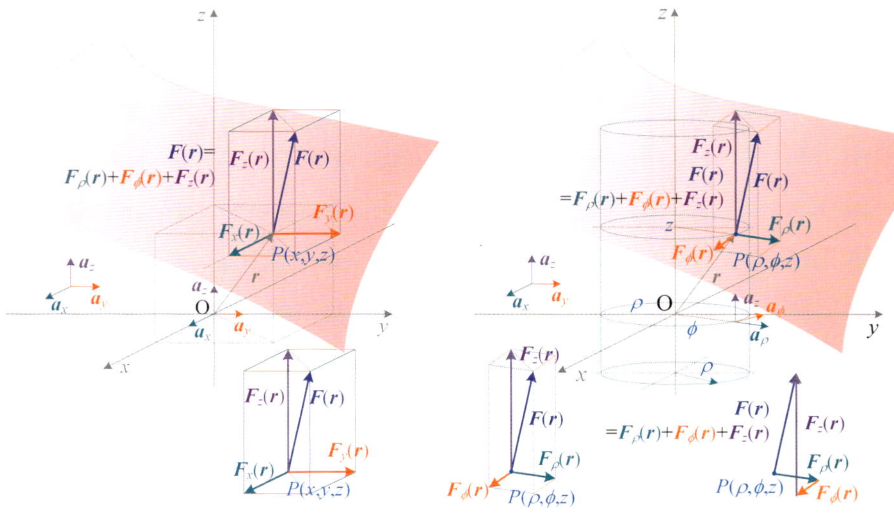

[그림 1-23] 원통좌표계에서 관측점($P(\boldsymbol{r})$)의 위치 벡터($\boldsymbol{r}$)와 관측점의 물리량 벡터($\boldsymbol{F}(\boldsymbol{r}) = (F_\rho(\boldsymbol{r}), F_\phi(\boldsymbol{r}), F_z(\boldsymbol{r}))$)의 이해

특히, 원통좌표계에서의 방사방향 성분($F_\rho(\boldsymbol{r})\boldsymbol{a}_\rho$)과 회전각 방향 성분($F_\phi(\boldsymbol{r})\boldsymbol{a}_\phi$)은 위치($\boldsymbol{r}=(\rho,\phi,z)$)에 따라 그 방향이 다른 방향을 향하고 있음을 이해하는 것이 중요하다. 따라서 원통좌표계의 벡터 물리량을 직각좌표계의 벡터 물리량으로, 또는 그 반대로 변환하여 사용하는 것이 전자기장의 계산과 이해에 편리한 경우가 많다. 이를 위해 [그림 1-23]을 참고하여 벡터 물리량을 원통좌표계에서 직각좌표계로, 또는 그 반대로 변환할 때 사용할 수 있는 관계식을 아래에 요약하였다.

- **관측점($P(\boldsymbol{r})$)에서 원통좌표계의 물리량 벡터($F_\rho(\boldsymbol{r})$, $F_\phi(\boldsymbol{r})$, $F_z(\boldsymbol{r})$)를 직각좌표계의 물리량 벡터($F_x(\boldsymbol{r})$, $F_y(\boldsymbol{r})$, $F_z(\boldsymbol{r})$)로 변환하는 관계식**

$$\vec{F}(\vec{r})\Big|_{cylindrical} = \left(F_\rho(\vec{r}), F_\phi(\vec{r}), F_z(\vec{r})\right) = F_\rho(\vec{r})\hat{a}_\rho + F_\phi(\vec{r})\hat{a}_\phi + F_z(\vec{r})\hat{a}_z$$

: 원통좌표계로 주어진 벡터 물리량($\boldsymbol{F}(\boldsymbol{r})$)

$$\Rightarrow \vec{F}(\vec{r})\Big|_{Cartesian} = \left(F_x(\vec{r}), F_y(\vec{r}), F_z(\vec{r})\right)$$

$$= \begin{cases} F_x(\vec{r}) = \vec{F}(\vec{r})\cdot\hat{a}_x = \left(F_\rho(\vec{r})\hat{a}_\rho + F_\phi(\vec{r})\hat{a}_\phi + F_z(\vec{r})\hat{a}_z\right)\cdot\hat{a}_x \\ \qquad = F_\rho(\vec{r})\hat{a}_\rho\cdot\hat{a}_x + F_\phi(\vec{r})\hat{a}_\phi\cdot\hat{a}_x + F_z(\vec{r})\hat{a}_z\cdot\hat{a}_x = F_\rho(\vec{r})\cos\phi - F_\phi(\vec{r})\sin\phi \\ F_y(\vec{r}) = \vec{F}(\vec{r})\cdot\hat{a}_y = \left(F_\rho(\vec{r})\hat{a}_\rho + F_\phi(\vec{r})\hat{a}_\phi + F_z(\vec{r})\hat{a}_z\right)\cdot\hat{a}_y \\ \qquad = F_\rho(\vec{r})\hat{a}_\rho\cdot\hat{a}_y + F_\phi(\vec{r})\hat{a}_\phi\cdot\hat{a}_y + F_z(\vec{r})\hat{a}_z\cdot\hat{a}_y = F_\rho(\vec{r})\sin\phi + F_\phi(\vec{r})\cos\phi \\ F_z(\vec{r}) = \vec{F}(\vec{r})\cdot\hat{a}_z = \left(F_\rho(\vec{r})\hat{a}_\rho + F_\phi(\vec{r})\hat{a}_\phi + F_z(\vec{r})\hat{a}_z\right)\cdot\hat{a}_z = F_z(\vec{r}) \end{cases}$$

- **관측점($P(\boldsymbol{r})$)에서 직각좌표계의 물리량 벡터($F_x(\boldsymbol{r})$, $F_y(\boldsymbol{r})$, $F_z(\boldsymbol{r})$)를 원통좌표계의 물리량 벡터($F_\rho(\boldsymbol{r})$, $F_\phi(\boldsymbol{r})$, $F_z(\boldsymbol{r})$)로 변환하는 관계식**

$$\vec{F}(\vec{r})\Big|_{Cartesian} = \left(F_x(\vec{r}), F_y(\vec{r}), F_z(\vec{r})\right) = F_x(\vec{r})\hat{a}_x + F_y(\vec{r})\hat{a}_y + F_z(\vec{r})\hat{a}_z$$

: 직각좌표계로 주어진 벡터 물리량($\boldsymbol{F}(\boldsymbol{r})$)

$$\Rightarrow \vec{F}(\vec{r})\Big|_{cylindrical} = \left(F_\rho(\vec{r}), F_\phi(\vec{r}), F_z(\vec{r})\right)$$

$$= \begin{cases} F_\rho(\vec{r}) = \vec{F}(\vec{r})\cdot\hat{a}_\rho = \left(F_x(\vec{r})\hat{a}_x + F_y(\vec{r})\hat{a}_y + F_z(\vec{r})\hat{a}_z\right)\cdot\hat{a}_\rho = F_x(\vec{r})\hat{a}_x\cdot\hat{a}_\rho + F_y(\vec{r})\hat{a}_y\cdot\hat{a}_\rho + F_z(\vec{r})\hat{a}_z\cdot\hat{a}_\rho \\ \qquad = F_x(\vec{r})\cos\phi + F_y(\vec{r})\sin\phi \\ F_\phi(\vec{r}) = \vec{F}(\vec{r})\cdot\hat{a}_\phi = \left(F_x(\vec{r})\hat{a}_x + F_y(\vec{r})\hat{a}_y + F_z(\vec{r})\hat{a}_z\right)\cdot\hat{a}_\phi = F_x(\vec{r})\hat{a}_x\cdot\hat{a}_\phi + F_y(\vec{r})\hat{a}_y\cdot\hat{a}_\phi + F_z(\vec{r})\hat{a}_z\cdot\hat{a}_\phi \\ \qquad = -F_x(\vec{r})\sin\phi + F_y(\vec{r})\cos\phi \\ F_z(\vec{r}) = \vec{F}(\vec{r})\cdot\hat{a}_z = \left(F_x(\vec{r})\hat{a}_x + F_y(\vec{r})\hat{a}_y + F_z(\vec{r})\hat{a}_z\right)\cdot\hat{a}_z = F_z(\vec{r}) \end{cases}$$

■ 구좌표계를 이용하여 관측점($P(\boldsymbol{r})$)의 벡터 물리량($\boldsymbol{F}(\boldsymbol{r})$)을 표기하는 방법

다음과 같이 원점으로부터 방사방향 성분($F_r(\boldsymbol{r})\boldsymbol{a}_r$), z-축과 이루는 회전각 방향 성분($F_\theta(\boldsymbol{r})\boldsymbol{a}_\theta$), xy-평면과 평행한 회전각 방향 성분 ($F_\phi(\boldsymbol{r})\boldsymbol{a}_\phi$)의 합으로 나타낼 수 있다.

$$\{\boldsymbol{a},\boldsymbol{b},\boldsymbol{c}\}\,|_{\text{spherical}} = \{\boldsymbol{a}_r, \boldsymbol{a}_\theta, \boldsymbol{a}_\phi\}$$: 기본 구성 벡터

$$\boldsymbol{F}(\boldsymbol{r})\,|_{\text{spherical}} = (F_r(\boldsymbol{r}), F_\theta(\boldsymbol{r}), F_\phi(\boldsymbol{r})) = F_r(\boldsymbol{r})\boldsymbol{a}_r + F_\theta(\boldsymbol{r})\boldsymbol{a}_\theta + F_\phi(\boldsymbol{r})\boldsymbol{a}_\phi$$: 물리량 벡터

위치에 따라 크기와 방향이 다른 벡터 물리량($\boldsymbol{F}(\boldsymbol{r})$)을 직각좌표계와 비교하여 이해할 수 있도록 [그림 1-24]에 나타내었다. 특히 원통좌표계에서의 방사방향 성분($F_r(\boldsymbol{r})\boldsymbol{a}_r$)과, z축으로부터의 회전각 방향 성분($F_\theta(\boldsymbol{r})\boldsymbol{a}_\theta$), 그리고 x축으로부터의 회전각 방향 성분($F_\phi(\boldsymbol{r})\boldsymbol{a}_\phi$)은 모두 위치에 따라 그 방향이 다른 방향을 향하고 있음을 기억하는 것이 중요하다.

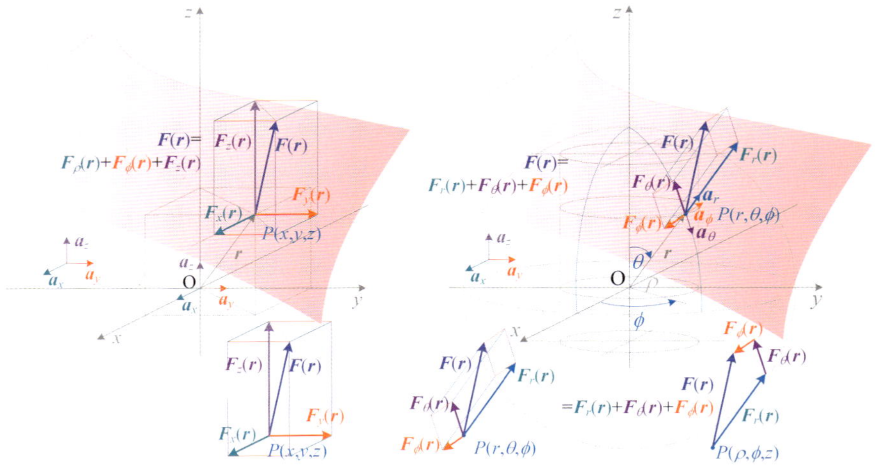

[그림 1-24] 구좌표계에서 관측점($P(\mathbf{r})$)의 위치 벡터($\mathbf{r}$)와 관측점의 물리량 벡터($\boldsymbol{F}(\mathbf{r})=(F_r(\mathbf{r}), F_\theta(\mathbf{r}), F_\phi(\mathbf{r}))$)의 이해

구좌표계의 벡터 물리량을 직각좌표계의 벡터 물리량으로, 또는 그 반대로 변환하여 사용하는 것도 필요하다. 이를 위해 벡터 물리량을 구좌표계에서 직각좌표계로, 또는 그 반대로 변환할 때 사용할 수 있는 관계식을 아래에 요약하였다.

- **관측점($P(\mathbf{r})$)에서 구좌표계의 물리량 벡터($F_r(\mathbf{r}), F_\theta(\mathbf{r}), F_\phi(\mathbf{r})$)를 직각좌표계의 물리량 벡터($F_x(\mathbf{r}), F_y(\mathbf{r}), F_z(\mathbf{r})$)로 변환하는 관계식**

$$\vec{F}(\vec{r})\Big|_{spherical}=\left(F_r(\vec{r}),F_\theta(\vec{r}),F_\phi(\vec{r})\right)=F_r(\vec{r})\hat{a}_r+F_\theta(\vec{r})\hat{a}_\theta+F_\phi(\vec{r})\hat{a}_\phi \quad : \text{구좌표계로 주어진 벡터 물리량}(\boldsymbol{F}(\mathbf{r}))$$

$$\Rightarrow \vec{F}(\vec{r})\Big|_{Cartesian}=\left(F_x(\vec{r}),F_y(\vec{r}),F_z(\vec{r})\right)$$

$$=\begin{cases} F_x(\vec{r})=\vec{F}(\vec{r})\cdot\hat{a}_x=\left(F_r(\vec{r})\hat{a}_r+F_\theta(\vec{r})\hat{a}_\theta+F_\phi(\vec{r})\hat{a}_\phi\right)\cdot\hat{a}_x=F_r(\vec{r})\hat{a}_r\cdot\hat{a}_x+F_\theta(\vec{r})\hat{a}_\theta\cdot\hat{a}_x+F_\phi(\vec{r})\hat{a}_\phi\cdot\hat{a}_x \\ \qquad =F_r(\vec{r})\sin\theta\cos\phi+F_\theta(\vec{r})\cos\theta\cos\phi-F_\phi(\vec{r})\sin\phi \\ F_y(\vec{r})=\vec{F}(\vec{r})\cdot\hat{a}_y=\left(F_r(\vec{r})\hat{a}_r+F_\theta(\vec{r})\hat{a}_\theta+F_\phi(\vec{r})\hat{a}_\phi\right)\cdot\hat{a}_y=F_r(\vec{r})\hat{a}_r\cdot\hat{a}_y+F_\theta(\vec{r})\hat{a}_\theta\cdot\hat{a}_y+F_\phi(\vec{r})\hat{a}_\phi\cdot\hat{a}_y \\ \qquad =F_r(\vec{r})\sin\theta\sin\phi+F_\theta(\vec{r})\cos\theta\sin\phi+F_\phi(\vec{r})\cos\phi \\ F_z(\vec{r})=\vec{F}(\vec{r})\cdot\hat{a}_z=\left(F_r(\vec{r})\hat{a}_r+F_\theta(\vec{r})\hat{a}_\theta+F_\phi(\vec{r})\hat{a}_\phi\right)\cdot\hat{a}_z=F_r(\vec{r})\hat{a}_r\cdot\hat{a}_z+F_\theta(\vec{r})\hat{a}_\theta\cdot\hat{a}_z+F_\phi(\vec{r})\hat{a}_\phi\cdot\hat{a}_z \\ \qquad =F_r(\vec{r})\cos\theta-F_\theta(\vec{r})\sin\theta \end{cases}$$

- **관측점($P(\mathbf{r})$)에서 직각좌표계의 물리량 벡터($F_x(\mathbf{r}), F_y(\mathbf{r}), F_z(\mathbf{r})$)를 구좌표계의 물리량 벡터($F_r(\mathbf{r}), F_\theta(\mathbf{r}), F_\phi(\mathbf{r})$)로 변환하는 관계식**

$$\vec{F}(\vec{r})\Big|_{Cartesian}=\left(F_x(\vec{r}),F_y(\vec{r}),F_z(\vec{r})\right)=F_x(\vec{r})\hat{a}_x+F_y(\vec{r})\hat{a}_y+F_z(\vec{r})\hat{a}_z \quad : \text{직각좌표계로 주어진 벡터 물리량}(\boldsymbol{F}(\mathbf{r}))$$

$$\Rightarrow \vec{F}(\vec{r})\Big|_{spherical}=\left(F_r(\vec{r}),F_\theta(\vec{r}),F_\phi(\vec{r})\right)$$

$$=\begin{cases} F_r(\vec{r})=\vec{F}(\vec{r})\cdot\hat{a}_r=\left(F_x(\vec{r})\hat{a}_x+F_y(\vec{r})\hat{a}_y+F_z(\vec{r})\hat{a}_z\right)\cdot\hat{a}_r=F_x(\vec{r})\hat{a}_x\cdot\hat{a}_r+F_y(\vec{r})\hat{a}_y\cdot\hat{a}_r+F_z(\vec{r})\hat{a}_z\cdot\hat{a}_r \\ \qquad =F_x(\vec{r})\sin\theta\cos\phi+F_y(\vec{r})\sin\theta\sin\phi+F_z(\vec{r})\cos\theta \\ F_\theta(\vec{r})=\vec{F}(\vec{r})\cdot\hat{a}_\theta=\left(F_x(\vec{r})\hat{a}_x+F_y(\vec{r})\hat{a}_y+F_z(\vec{r})\hat{a}_z\right)\cdot\hat{a}_\theta=F_x(\vec{r})\hat{a}_x\cdot\hat{a}_\theta+F_y(\vec{r})\hat{a}_y\cdot\hat{a}_\theta+F_z(\vec{r})\hat{a}_z\cdot\hat{a}_\theta \\ \qquad =F_x(\vec{r})\cos\theta\cos\phi+F_y(\vec{r})\cos\theta\sin\phi-F_z(\vec{r})\sin\theta \\ F_\phi(\vec{r})=\vec{F}(\vec{r})\cdot\hat{a}_\phi=\left(F_x(\vec{r})\hat{a}_x+F_y(\vec{r})\hat{a}_y+F_z(\vec{r})\hat{a}_z\right)\cdot\hat{a}_\phi=F_x(\vec{r})\hat{a}_x\cdot\hat{a}_\phi+F_y(\vec{r})\hat{a}_y\cdot\hat{a}_\phi+F_z(\vec{r})\hat{a}_z\cdot\hat{a}_\phi \\ \qquad =-F_x(\vec{r})\sin\phi+F_y(\vec{r})\cos\phi \end{cases}$$

Section

1.5 벡터 물리량($\boldsymbol{A}(\boldsymbol{r})$)의 발산량과 회전량 벡터의 정의와 응용

전자기학을 이해하는 과정에서 임의의 한 관측점($\boldsymbol{r}$)에서 벡터 물리량 $\boldsymbol{A}(\boldsymbol{r})$의 발산량($\nabla\cdot\boldsymbol{A}(\boldsymbol{r})$: divergence of $\boldsymbol{A}(\boldsymbol{r})$)과 회전량 벡터($\nabla\times\boldsymbol{A}(\boldsymbol{r})$: curl of $\boldsymbol{A}(\boldsymbol{r})$)의 정의와 물리적 의미를 이해하고, 이를 전자기학의 이해에 응용하는 것은 매우 중요하다.

1.5.1 벡터 물리량의 발산량에 관한 정리

벡터 물리량($\boldsymbol{A}(\boldsymbol{r})$)의 발산량($\nabla\cdot\boldsymbol{A}(\boldsymbol{r})$)은 스칼라 물리량으로서, [그림 1-25]를 통해 이해할 수 있다. $\Delta\upsilon\,[\mathrm{m}^3]$는 이루는 공간 내에서 벡터 물리량 $\boldsymbol{A}(\boldsymbol{r})$의 크기와 방향이 어느 지점에서나 동일할 정도로 작은 크기의 체적을 뜻하고, $\oint_{\Delta\upsilon}\vec{A}(\vec{r})\cdot d\vec{S}=\oint_{\Delta\upsilon}\left(\vec{A}(\vec{r})\cdot\hat{a}_n\right)dS$는 $\Delta\upsilon$를 형성하는 폐곡면을 통과하는 수직방향 성분의 폐곡면 전체에 대한 총합을 의미한다. 따라서 벡터 물리량 $\boldsymbol{A}(\boldsymbol{r})$의 발산량($\nabla\cdot\boldsymbol{A}(\boldsymbol{r})$)은 미소 체적($\Delta\upsilon$ $[\mathrm{m}^3]$)을 형성하는 폐곡면을 통해 밖에서 안으로 들어가는 양(유입량: influx)과 안에서 밖으로 나가는 양(유출량: outflux)을 고려하여 순전히 밖으로 나가는 양(net outflux ≡ outflux-influx)을 체적에 대한 평균값으로 정규화한 값이다.

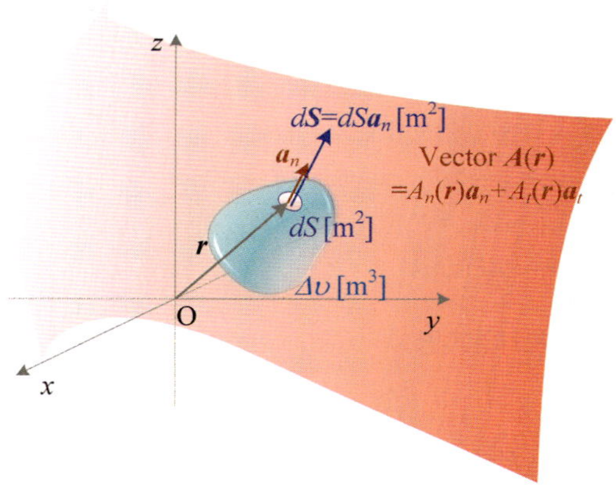

[그림 1-25] 벡터 물리량 $\boldsymbol{A}(\boldsymbol{r})$의 발산량을 위한 미소 체적($\Delta\upsilon$ $[\mathrm{m}^3]$)을 구성하는 폐곡면 내의 부분 면적($d\boldsymbol{S}$ $[\mathrm{m}^2]$)과 표면 수직 벡터($\boldsymbol{a}_n$)

즉, 임의의 한 관측점($\boldsymbol{r}$)에서 벡터 물리량($\boldsymbol{A}(\boldsymbol{r})$)의 발산량($\nabla\cdot\boldsymbol{A}(\boldsymbol{r})$)은 다음 수식으로 정의할 수 있다.

$$\nabla\cdot\vec{A}(\vec{r})\equiv\lim_{\Delta\upsilon\to\mathrm{small}}\frac{\oint_{\Delta\upsilon}\vec{A}(\vec{r})\cdot d\vec{S}(\vec{r})}{\Delta\upsilon}=\lim_{\Delta\upsilon\to\mathrm{small}}\frac{\oint_{\Delta\upsilon}\left(\vec{A}(\vec{r})\cdot\hat{a}_n(\vec{r})\right)dS}{\Delta\upsilon}\ ;\ d\vec{S}(\vec{r})\equiv dS\hat{a}_n(\vec{r})$$

: 벡터 물리량 $\boldsymbol{A}(\boldsymbol{r})$의 발산량($\nabla\cdot\boldsymbol{A}(\boldsymbol{r})$) 정의

$\vec{A}(\vec{r}) = A_n(\vec{r})\hat{a}_n + A_t(\vec{r})\hat{a}_t$: 관측점($\boldsymbol{r}$)을 지나는 벡터 $\boldsymbol{A}(\boldsymbol{r})$는 미소면에 수직방향 성분($\boldsymbol{A}_n(\boldsymbol{r})$)과 접선방향 성분($\boldsymbol{A}_t(\boldsymbol{r})$)의 합

$d\vec{S}(\vec{r}) \equiv dS\hat{a}_n(\vec{r})$: 관측점($\boldsymbol{r}$)의 미소 면적 벡터로서, 크기는 면적, 방향은 면의 안에서 밖으로 향하는 단위벡터

$\vec{A}(\vec{r})\cdot\hat{a}_n(\vec{r}) = (A_n(\vec{r})\hat{a}_n + A_t(\vec{r})\hat{a}_t)\cdot\hat{a}_n(\vec{r}) = A_n(\vec{r})$: 벡터 물리량 $\boldsymbol{A}(\boldsymbol{r})$의 성분 중 면에 수직인 성분만 추출함

$\vec{A}(\vec{r})\cdot d\vec{S}(\vec{r}) = \left(\vec{A}(\vec{r})\cdot\hat{a}_n(\vec{r})\right)dS$: 벡터 물리량 $\boldsymbol{A}(\boldsymbol{r})$의 성분 중 작은 조각의 면에 수직인 성분의 합

$\oint_{\Delta\upsilon}\vec{A}(\vec{r})\cdot d\vec{S}(\vec{r}) = \oint_{\Delta\upsilon}\left(\vec{A}(\vec{r})\cdot\hat{a}_n(\vec{r})\right)dS$: $\Delta\upsilon$의 폐곡면을 통해 안에서 밖으로 향하는 벡터 물리량 $\boldsymbol{A}(\boldsymbol{r})$의 총합

따라서 벡터 물리량($\boldsymbol{A}(\boldsymbol{r})$)을 형성하는 근원이 관측점의 미소 체적 내에 존재하는 경우, 이로 인해 발생하는 벡터 물리량이 더해져 미소 체적의 밖으로 향하는 벡터 성분이 추가된다. 즉 유입량보다 유출량이 더 크면 벡터 물리량의 발산량이 양의 값($\nabla\cdot\boldsymbol{A}(\boldsymbol{r}) > 0$)을 갖는다. 또한 벡터 물리량($\boldsymbol{A}(\boldsymbol{r})$)을 형성하는 근원이 미소 체적 내에 많이 존재할수록 벡터 물리량($\boldsymbol{A}(\boldsymbol{r})$)의 발산량은 큰 값을 갖는다. 혹 발산량이 음의 부호를 가지는 경우에는 유입량의 유출량보다 크거나, 작은 크기의 체적($\Delta\upsilon$ [m^3]) 내부에 벡터 물리량($\boldsymbol{A}(\boldsymbol{r})$)을 형성하는 근원이 음의 부호를 가졌음을 뜻한다.

$\nabla\cdot\vec{A}(\vec{r}) = 0$: 유입량(influx)=유출량(outflux) : 관측점($\boldsymbol{r}$)에 벡터 $\boldsymbol{A}(\boldsymbol{r})$의 근원이 존재하지 않음

$\nabla\cdot\vec{A}(\vec{r}) > 0$: 유입량 < 유출량 : 관측점($\boldsymbol{r}$)에 벡터 $\boldsymbol{A}(\boldsymbol{r})$의 근원이 양의 값으로 존재하거나 $\boldsymbol{A}(\boldsymbol{r})$의 발생근원으로 작용함

$\nabla\cdot\vec{A}(\vec{r}) < 0$: 유입량 > 유출량 : 관측점($\boldsymbol{r}$)에 벡터 $\boldsymbol{A}(\boldsymbol{r})$의 근원이 음의 값으로 존재하거나 $\boldsymbol{A}(\boldsymbol{r})$의 손실로 작용함

직각좌표계에서 벡터 물리량 $A(r)$의 발산량($\nabla\cdot A(r)$)을 구하는 관계식

직각좌표계에서 벡터 물리량($\boldsymbol{A}(\boldsymbol{r})$)의 발산량을 구하는 과정은 전자기학의 등가전하밀도 벡터($\boldsymbol{D}(\boldsymbol{r})$ [C/m^2])와 등가자속밀도 벡터($\boldsymbol{B}(\boldsymbol{r})$ [Wb/m^2] = [Tesla])의 발산량 뿐만 아니라, 그와 관련된 중요한 관계식을 이해하는 데 큰 도움이 된다. 벡터 물리량($\boldsymbol{A}(\boldsymbol{r})$)의 발산량의 정의에 대하여 직각좌표계에서 적용하는 과정과 결과는 다음과 같다.

$$\nabla\cdot\vec{A}(\vec{r}) \equiv \lim_{\Delta\upsilon\to\text{small}}\frac{\oint_{\Delta\upsilon}\vec{A}(\vec{r})\cdot d\vec{S}(\vec{r})}{\Delta\upsilon} = \lim_{\Delta\upsilon\to\text{small}}\frac{\oint_{\Delta\upsilon}\left(\vec{A}(\vec{r})\cdot\hat{a}_n(\vec{r})\right)dS}{\Delta\upsilon}$$: 벡터 물리량 $\boldsymbol{A}(\boldsymbol{r})$의 발산량($\nabla\cdot\boldsymbol{A}(\boldsymbol{r})$)의 정의

$$\vec{A}(\vec{r}) = \left(A_x(\vec{r}), A_y(\vec{r}), A_z(\vec{r})\right) = A_x(\vec{r})\hat{a}_x + A_y(\vec{r})\hat{a}_y + A_z(\vec{r})\hat{a}_z$$: 벡터 물리량 $\boldsymbol{A}(\boldsymbol{r})$

벡터 물리량 $\boldsymbol{A}(\boldsymbol{r})$가 존재하는 직각좌표계에서 관측점($\boldsymbol{r} = (x, y, z)$)의 체적이 $\Delta\upsilon = dxdydz$ [m^3]인 작은 크기의 폐곡면(closed surface)은 [그림 1-26]에 나타낸 것과 같이 6개의 작은 조각면(differential surface element)으로 구성되어 있다. 이 체적에 대해 벡터 물리량($\boldsymbol{A}(\boldsymbol{r})$)의 발산량을 구하기 위해서는 각 단면을 통과하는 수직방향 성분을 구하여($\boldsymbol{A}(\boldsymbol{r})\cdot\boldsymbol{a}_n(\boldsymbol{r})$), 6면에 대해 모두 합하면 된다.

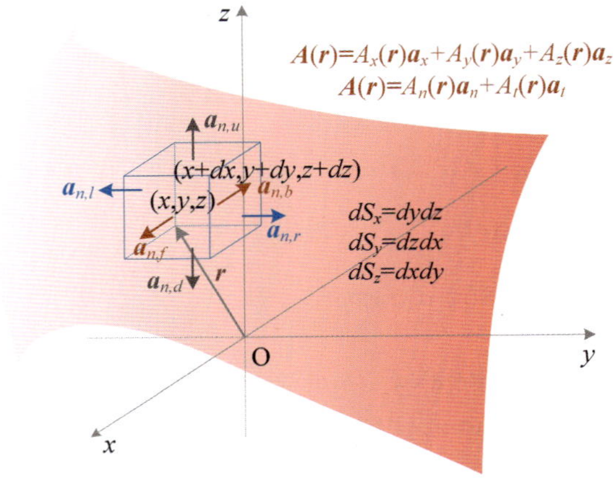

[그림 1-26] 직각좌표계에서 벡터 $\boldsymbol{A}(\boldsymbol{r})$의 발산량($\nabla\cdot\boldsymbol{A}(\boldsymbol{r})$)을 계산하는 과정을 이해하기 위한 그림

발산량을 구성하는 6개의 면 중 마주보는 2개의 면을 묶어 x-축 방향과 수직인 앞면($d\boldsymbol{S}_f$)과 뒷면($d\boldsymbol{S}_b$), y-축 방향과 수직인 오른쪽 면($d\boldsymbol{S}_r$)과 왼쪽 면($d\boldsymbol{S}_l$), z-축 방향과 수직인 윗면($d\boldsymbol{S}_t$)과 아랫면($d\boldsymbol{S}_d$)으로 구분하여 계산하면 다음과 같다.

$$\oint_{\Delta v}\vec{A}(\vec{r})\cdot d\vec{S}(\vec{r})=\left(\int_{left}\vec{A}(\vec{r})\cdot d\vec{S}+\int_{right}\vec{A}(\vec{r})\cdot d\vec{S}\right)+\left(\int_{front}\vec{A}(\vec{r})\cdot d\vec{S}+\int_{back}\vec{A}(\vec{r})\cdot d\vec{S}\right)$$
$$+\left(\int_{top}\vec{A}(\vec{r})\cdot d\vec{S}+\int_{down}\vec{A}(\vec{r})\cdot d\vec{S}\right)$$

$$\left(\int_{front}\vec{A}(\vec{r})\cdot d\vec{S}_f(\vec{r})+\int_{back}\vec{A}(\vec{r})\cdot d\vec{S}_b(\vec{r})\right)=\int_{x+dx}\vec{A}(\vec{r})\cdot\hat{a}_{n,f}dS_x+\int_{x}\vec{A}(\vec{r})\cdot\hat{a}_{n,b}dS_x$$
$$=\int_{x+dx}\vec{A}(\vec{r})\cdot\hat{a}_x dS_x+\int_{x}\vec{A}(\vec{r})\cdot(-\hat{a}_x)dS_x=A_x(x+dx,y,z)dS_x-A_x(x,y,z)dS_x$$
$$=\left(A_x(x+dx,y,z)-A_x(x,y,z)\right)dS_x=\left(\frac{\partial A_x(\vec{r})}{\partial x}dx\right)dS_x=\left(\frac{\partial A_x(\vec{r})}{\partial x}\right)dxdydz$$

$$\left(\int_{right}\vec{A}(\vec{r})\cdot d\vec{S}_r(\vec{r})+\int_{left}\vec{A}(\vec{r})\cdot d\vec{S}_l(\vec{r})\right)=\int_{y+dy}\vec{A}(\vec{r})\cdot\hat{a}_{n,r}dS_y+\int_{y}\vec{A}(\vec{r})\cdot\hat{a}_{n,l}dS_y$$
$$=\int_{y+dy}\vec{A}(\vec{r})\cdot\hat{a}_y dS_y+\int_{y}\vec{A}(\vec{r})\cdot(-\hat{a}_y)dS_y=A_y(x,y+dy,z)dS_y-A_y(x,y,z)dS_y$$
$$=\left(A_y(x,y+dy,z)-A_y(x,y,z)\right)dS_y=\left(\frac{\partial A_y(\vec{r})}{\partial y}dy\right)dS_y=\left(\frac{\partial A_y(\vec{r})}{\partial y}\right)dydzdx$$

$$\left(\int_{top}\vec{A}(\vec{r})\cdot d\vec{S}_t(\vec{r})+\int_{down}\vec{A}(\vec{r})\cdot d\vec{S}_d(\vec{r})\right)=\int_{z+dz}\vec{A}(\vec{r})\cdot\hat{a}_{n,t}dS_z+\int_{z}\vec{A}(\vec{r})\cdot\hat{a}_{n,d}dS_z$$
$$=\int_{z+dz}\vec{A}(\vec{r})\cdot\hat{a}_z dS_z+\int_{z}\vec{A}(\vec{r})\cdot(-\hat{a}_z)dS_z=A_y(x,y,z+dz)dS_z-A_z(x,y,z)dS_y$$
$$=\left(A_z(x,y,z+dz)-A_z(x,y,z)\right)dS_z=\left(\frac{\partial A_z(\vec{r})}{\partial z}dz\right)dS_z=\left(\frac{\partial A_z(\vec{r})}{\partial z}\right)dzdxdy$$

따라서 직각좌표계의 폐곡면을 이루는 여섯 면 전체에 걸쳐 폐곡면의 내부로부터 외부로 향(발산)하는 수직방향 성분($\boldsymbol{A}(\boldsymbol{r})\cdot\boldsymbol{a}_n dS$)을 모두 합하면 다음과 같이 간략히 정리할 수 있다.

$$\oint_{\Delta\upsilon}\vec{A}(\vec{r})\cdot d\vec{S}(\vec{r})$$
$$=\int_{left}\vec{A}(\vec{r})\cdot d\vec{S}+\int_{right}\vec{A}(\vec{r})\cdot d\vec{S}+\int_{front}\vec{A}(\vec{r})\cdot d\vec{S}+\int_{back}\vec{A}(\vec{r})\cdot d\vec{S}+\int_{top}\vec{A}(\vec{r})\cdot d\vec{S}+\int_{down}\vec{A}(\vec{r})\cdot d\vec{S}$$
$$=\left(\frac{\partial A_x(\vec{r})}{\partial x}+\frac{\partial A_y(\vec{r})}{\partial y}+\frac{\partial A_z(\vec{r})}{\partial z}\right)dxdydz$$

이 결과를 이용하면, 직각좌표계의 미소 체적 $\Delta\upsilon\,[\mathrm{m}^3]$를 감싸는 폐곡면을 통해 밖으로 분출되는 벡터 물리량 $\boldsymbol{A}(\boldsymbol{r})$의 발산량($\nabla\cdot\boldsymbol{A}(\boldsymbol{r})$)은 다음과 같이 정리할 수 있다.

$$\vec{A}(\vec{r})=\left(A_x(\vec{r}),A_y(\vec{r}),A_z(\vec{r})\right)=A_x(\vec{r})\hat{a}_x+A_y(\vec{r})\hat{a}_y+A_z(\vec{r})\hat{a}_z$$
: 벡터 물리량 $\boldsymbol{A}$

$$\nabla\cdot\vec{A}(\vec{r})\equiv\lim_{\Delta\upsilon\to\mathrm{small}}\frac{\oint_{\Delta\upsilon}\vec{A}(\vec{r})\cdot d\vec{S}(\vec{r})}{\Delta\upsilon}=\frac{\partial A_x(\vec{r})}{\partial x}+\frac{\partial A_y(\vec{r})}{\partial y}+\frac{\partial A_z(\vec{r})}{\partial z}$$
: 직각좌표계에서 벡터 물리량 $\boldsymbol{A}(\boldsymbol{r})$의 발산량($\nabla\cdot\boldsymbol{A}(\boldsymbol{r})$)

즉, 직각좌표계에서 벡터 물리량 $\boldsymbol{A}(\boldsymbol{r})$의 발산량($\nabla\cdot\boldsymbol{A}(\boldsymbol{r})$)은 x-축과 평행한 성분(A_x)에 대한 $x\sim(x+dx)$ 구간의 변화율($\partial A_x/\partial x$)(즉, 좌표 x로 들어오는 유입량과 $(x+dx)$로 빠져나가는 유출량의 차이), y-축과 평행한 성분(A_y)에 대한 $y\sim(y+dy)$ 구간의 변화율($\partial A_y/\partial y$)(즉, 좌표 y로 들어오는 유입량과 $(y+dy)$로 빠져나가는 유출량의 차이), z-축과 평행한 성분(A_z)에 대한 $z\sim(z+dz)$ 구간의 변화율($\partial A_z/\partial_z$)(즉, 좌표 z로 들어오는 유입량과 $(z+dz)$로 빠져나가는 유출량의 차이)을 모두 합한 값으로부터 얻을 수 있음을 뜻한다.

■ 발산 정리(또는 벡터 물리량의 발산량에 관한 정리)의 수학적 정의와 물리적 의미

앞서 설명한 대로 관측점($\boldsymbol{r}$)의 벡터 물리량($\boldsymbol{A}(\boldsymbol{r})$)에 대한 발산량의 수학적 정의와 이를 변형한 형태를 정리하면 다음과 같다.

$$\nabla\cdot\vec{A}(\vec{r})\equiv\lim_{\Delta\upsilon\to\mathrm{small}}\frac{\oint_{\Delta\upsilon}\vec{A}(\vec{r})\cdot d\vec{S}(\vec{r})}{\Delta\upsilon}=\lim_{\Delta\upsilon\to\mathrm{small}}\frac{\oint_{\Delta\upsilon}\left(\vec{A}(\vec{r})\cdot\hat{a}_n(\vec{r})\right)dS}{\Delta\upsilon}$$
$$;\begin{cases}\vec{A}(\vec{r})=\vec{A}_n(\vec{r})+\vec{A}_t(\vec{r})=A_n(\vec{r})\hat{a}_n+A_t(\vec{r})\hat{a}_t\\ d\vec{S}(\vec{r})=dS\hat{a}_n(\vec{r})\end{cases}$$
$$\longleftrightarrow\ \oint_{\Delta\upsilon}\vec{A}(\vec{r})\cdot d\vec{S}(\vec{r})=\oint_{\Delta\upsilon}\left(\vec{A}(\vec{r})\cdot\hat{a}_n(\vec{r})\right)dS=\nabla\cdot\vec{A}(\vec{r})\Delta\upsilon=\int_{\Delta\upsilon}\nabla\cdot\vec{A}(\vec{r})d\upsilon$$

즉, 물리량 벡터에 대한 발산량의 정의로부터 다음과 같은 발산의 정리(divergence theorem)를 얻을 수 있다.

$$\boxed{\oint_{\Delta\upsilon}\vec{A}(\vec{r})\cdot d\vec{S}(\vec{r})=\int_{\Delta\upsilon}\nabla\cdot\vec{A}(\vec{r})d\upsilon\ ;\ d\vec{S}(\vec{r})\,[\mathrm{m}^2]\equiv dS\hat{a}_n(\vec{r})}$$
: 임의의 관측점($\boldsymbol{r}$)에서 벡터 물리량($\boldsymbol{A}(\boldsymbol{r})$)에 대한 발산의 정리

발산의 정리를 통해 관측점에서 $\Delta\upsilon\,[\mathrm{m}^3]$의 작은 체적을 갖는 폐곡면 전체에 걸쳐 폐곡면을 수직으로 통과하는 성분을 모두 합하면 $\Delta\upsilon\,[\mathrm{m}^3]$의 체적으로부터의 발산량을 모두 합친 것과 같음을 알 수 있다. 따라서 폐곡면에 대한 수직 성분의 면적 적분과 폐곡면으로부터의 발산량의 체적 적분은 동일한 값을 가지므로, 두 가지 적분 방법 중 계산이 편리한 방법을 택하여 계산하면 효율적이다. 특히, 전자기학에서 근원전하에 의해 형성되는 관측점($\boldsymbol{r}$)의 전계강도 벡터($\boldsymbol{E}(\boldsymbol{r})\,[\mathrm{V/m}]$)와 등가전하밀도 벡터 ($\boldsymbol{D}(\boldsymbol{r})\,[\mathrm{C/m^2}]$)

를 계산하는 과정에 사용되는 면적 적분 형태인 가우스 법칙을 체적 적분 형태인 포아송 방정식(Poisson Equation)으로 변형하여 편리하게 사용할 수 있음을 예상할 수 있다.

참고

함수 $F(x)$의 x-축 방향의 변화율(또는 기울기: $\partial F(x)/\partial x$)과 $x \sim x+dx$ 구간에서 함수의 변화량 ($\Delta F(x) = F(x+dx) - F(x)$)의 관계

$$\Delta F(x) \equiv F(x+dx) - F(x) = \left(\frac{\partial F(x)}{\partial x}\right)dx \quad \text{또는} \quad F(x) - F(x+dx) \equiv -\Delta F(x) = \left(-\frac{\partial F(x)}{\partial x}\right)dx$$

: 유입량과 유출량의 차이를 변화율과 구간을 이용하여 계산하는 식

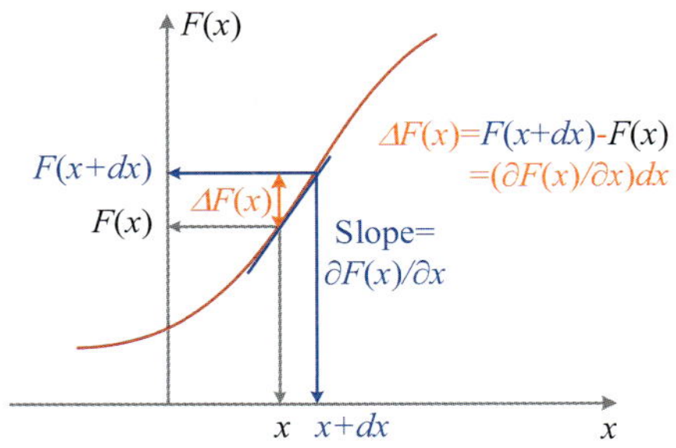

[그림 1-27] 함수의 변화율($\partial F(x)/\partial x$)과 작은 구간에서 함수의 변화량($\Delta F(x)$)의 관계

원통좌표계에서 벡터 물리량 $\boldsymbol{A}(\boldsymbol{r})$의 발산량($\nabla \cdot \boldsymbol{A}(\boldsymbol{r})$)을 구하는 관계식

원통좌표계의 미소 체적 $\Delta \upsilon\,[\mathrm{m}^3]$를 감싸는 폐곡면을 통해 밖으로 유출되는 벡터 물리량 $\boldsymbol{A}(\boldsymbol{r})$의 발산량($\nabla \cdot \boldsymbol{A}(\boldsymbol{r})$)을 구하는 방법은 다음 관계식으로 정리할 수 있다.

$$\vec{A}(\vec{r}) = \left(A_\rho(\vec{r}), A_\phi(\vec{r}), A_z(\vec{r})\right) = A_\rho(\vec{r})\hat{a}_\rho + A_\phi(\vec{r})\hat{a}_\phi + A_z(\vec{r})\hat{a}_z$$

$$\nabla \cdot \vec{A}(\vec{r}) \equiv \lim_{\Delta\upsilon \to \text{small}} \frac{\oint_{\Delta\upsilon} \vec{A}(\vec{r}) \cdot d\vec{S}(\vec{r})}{\Delta\upsilon} = \frac{1}{\rho}\frac{\partial\left(\rho A_\rho(\vec{r})\right)}{\partial\rho} + \frac{1}{\rho}\frac{\partial A_\phi(\vec{r})}{\partial\phi} + \frac{\partial A_z(\vec{r})}{\partial z}$$

: 원통좌표계에서 벡터 물리량 $\boldsymbol{A}(\boldsymbol{r})$의 발산량($\nabla \cdot \boldsymbol{A}(\boldsymbol{r})$)

즉, 원통좌표계에서 벡터 물리량 $\boldsymbol{A}(\boldsymbol{r})$의 발산량($\nabla \cdot \boldsymbol{A}(\boldsymbol{r})$)은 방사방향($\boldsymbol{a}_\rho$)과 평행한 성분($A_\rho$)에 대한 $\rho \sim (\rho + d\rho)$ 구간의 변화율($\partial A_\rho / \partial \rho$)(즉, 좌표 ρ로 들어오는 유입량과 $(\rho + d\rho)$로 빠져나가는 유출량의 차이), x-축으로부터의 회전각 방향($\boldsymbol{a}_\phi$)과 평행한 성분(A_ϕ)에 대한 $\phi \sim (\phi + d\phi)$ 구간의 변화율($\partial A_\phi / \partial \phi$)(즉, 좌표 ϕ로 들어오는 유입량과 $(\phi + d\phi)$로 빠져나가는 유출량의 차이), z-축과 평행한 성분(A_z)에 대한 $z \sim (z + dz)$ 구간의 변화율($\partial A_z / \partial z$)(즉, 좌표 z로 들어오는 유입량과 $z+dz$로 빠져나가는 유출량의 차이)을 모두 합한 값으로부터 얻을 수 있음을 뜻한다.

구좌표계에서 벡터 물리량 $\boldsymbol{A}(\boldsymbol{r})$의 발산량($\nabla \cdot \boldsymbol{A}(\boldsymbol{r})$)을 구하는 관계식

구좌표계의 미소 체적 $\Delta \upsilon\,[\mathrm{m}^3]$를 감싸는 폐곡면을 통해 밖으로 분출되는 벡터 물리량 $\boldsymbol{A}(\boldsymbol{r})$의 발산량

($\nabla\cdot\boldsymbol{A}(\boldsymbol{r})$)을 구하는 방법은 다음 관계식으로 정리할 수 있다.

$$\vec{A}(\vec{r}) = \left(A_r(\vec{r}), A_\theta(\vec{r}), A_\phi(\vec{r})\right) = A_r(\vec{r})\hat{a}_r + A_\theta(\vec{r})\hat{a}_\theta + A_\phi(\vec{r})\hat{a}_\phi$$

$$\nabla\cdot\vec{A}(\vec{r}) \equiv \lim_{\Delta\upsilon\to\text{small}} \frac{\oint_{\Delta\upsilon}\vec{A}(\vec{r})\cdot d\vec{S}(\vec{r})}{\Delta\upsilon} = \frac{1}{r^2}\frac{\partial\left(r^2 A_r(\vec{r})\right)}{\partial r} + \frac{1}{r\sin\theta}\frac{\partial\left(A_\theta(\vec{r})\sin\theta\right)}{\partial\theta} + \frac{1}{r\sin\theta}\frac{\partial A_\phi(\vec{r})}{\partial\phi}$$

: 구좌표계에서 벡터 물리량 $\boldsymbol{A}(\boldsymbol{r})$의 발산량($\nabla\cdot\boldsymbol{A}(\boldsymbol{r})$)

즉, 구좌표계에서 벡터 물리량 $\boldsymbol{A}(\boldsymbol{r})$의 발산량($\nabla\cdot\boldsymbol{A}(\boldsymbol{r})$)은 원점으로부터의 방사방향($\boldsymbol{a}_r$)과 평행한 성분($A_r$)에 대한 $r\sim(r+dr)$ 구간의 변화율($\partial A_r/\partial r$)(즉, 좌표 r로 들어오는 유입량과 $(r+dr)$로 빠져나가는 유출량의 차이), z-축으로부터의 회전각 방향($\boldsymbol{a}_\theta$)과 평행한 성분(A_θ)에 대한 $\theta\sim(\theta+d\theta)$ 구간의 변화율($\partial A_\theta/\partial\theta$)(즉, 좌표 θ로 들어오는 유입량과 $(\theta+d\theta)$로 빠져나가는 유출량의 차이), x-축으로부터의 회전각 방향($\boldsymbol{a}_\phi$)과 평행한 성분(A_ϕ)에 대한 $\phi\sim(\phi+d\phi)$ 구간의 변화율($\partial A_\phi/\partial\phi$)(즉, 좌표 ϕ로 들어오는 유입량과 $(\phi+d\phi)$로 빠져나가는 유출량의 차이)을 모두 합한 값으로부터 얻을 수 있음을 뜻한다.

1.5.2 물리량 벡터의 회전량과 회전량 벡터

좌표계와 벡터 기초에서 설명한 바와 같이 관측점($\boldsymbol{r}$)에서 임의의 벡터 물리량 $\boldsymbol{A}(\boldsymbol{r})$의 회전량 벡터($\nabla\times\boldsymbol{A}(\boldsymbol{r})$: curl of $\boldsymbol{A}(\boldsymbol{r})$)는 [그림 1-28]을 통해 이해할 수 있다. 벡터 물리량 $\boldsymbol{A}(\boldsymbol{r})$의 회전량 벡터($\nabla\times\boldsymbol{A}(\boldsymbol{r})$)는 작은 크기의 면적(미소 면적) ΔS [m^2]를 형성하는 폐경로(closed loop)를 따라 회전하는 성분($\boldsymbol{A}_t(\boldsymbol{r})$)을 추출($\boldsymbol{A}(\boldsymbol{r})\cdot\boldsymbol{a}_t$)하여, 면적에 대한 평균값으로 정규화한 값이다. 회전량 벡터의 크기($|\nabla\times\boldsymbol{A}(\boldsymbol{r})|$)는 물리량 벡터 $\boldsymbol{A}(\boldsymbol{r})$의 폐경로 전체에 걸친 회전 성분의 단위면적당 평균값이며, 회전량 벡터의 방향은 회전면에 수직인 방향으로 나타낸다.

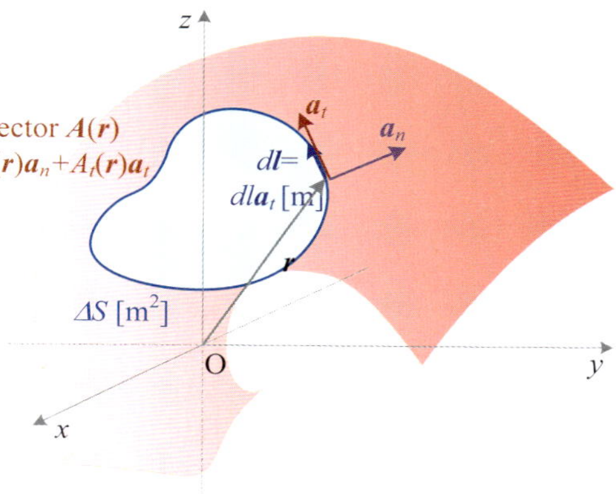

[그림 1-28] 벡터 $\boldsymbol{A}(\boldsymbol{r})$의 회전량 벡터를 위한 미소 면적($\Delta S$ [m^2])을 구성하는 폐경로 내의 부분 면적(dl [m])과 경로 접선 방향 단위벡터($\boldsymbol{a}_t$)

즉, 임의의 관측점에서 벡터 물리량 $\boldsymbol{A}(\boldsymbol{r})$의 회전 성분의 크기와 방향은 다음의 수식으로 요약할 수 있다.

$$\nabla\times\vec{A}(\vec{r})\equiv\lim_{\Delta S\to\text{small}}\frac{\oint_{\Delta S}\vec{A}(\vec{r})\cdot d\vec{l}(\vec{r})}{\Delta S}\hat{a}_n=\lim_{\Delta S\to\text{small}}\frac{\oint_{\Delta S}\left(\vec{A}(\vec{r})\cdot\hat{a}_t(\vec{r})\right)dl}{\Delta S}\hat{a}_n$$

$$;\begin{cases}\vec{A}(\vec{r})=\vec{A}_n(\vec{r})+\vec{A}_t(\vec{r})=A_n(\vec{r})\hat{a}_n+A_t(\vec{r})\hat{a}_t\\ d\vec{l}(\vec{r})\equiv dl\hat{a}_t(\vec{r})\end{cases}$$

: 벡터 물리량 $\boldsymbol{A}(\boldsymbol{r})$의 회전량 벡터($\nabla\times\boldsymbol{A}(\boldsymbol{r})$)의 정의

$\vec{A}(\vec{r})=A_n(\vec{r})\hat{a}_n+A_t(\vec{r})\hat{a}_t$: 관측점($\boldsymbol{r}$)을 지나는 벡터 $\boldsymbol{A}(\boldsymbol{r})$는 미소면에 수직 성분($\boldsymbol{A}_n(\boldsymbol{r})$)과 접선 성분($\boldsymbol{A}_t(\boldsymbol{r})$)의 합

$d\vec{l}(\vec{r})\equiv dl\hat{a}_t(\vec{r})$: 관측점의 미소 길이 벡터로서, 크기는 길이, 방향은 폐경로의 접선방향 단위벡터

$\vec{A}(\vec{r})\cdot\hat{a}_t(\vec{r})=(A_n(\vec{r})\hat{a}_n+A_t(\vec{r})\hat{a}_t)\cdot\hat{a}_t(\vec{r})=A_t(\vec{r})$: 벡터 $\boldsymbol{A}(\boldsymbol{r})$의 성분 중 작은 도선 조각 $\boldsymbol{dl}$과 평행한 성분 $\boldsymbol{A}_t(\boldsymbol{r})$만 추출함

$\vec{A}(\vec{r})\cdot d\vec{l}(\vec{r})=\left(\vec{A}(\vec{r})\cdot\hat{a}_t(\vec{r})\right)dl$: 폐경로를 구성하는 미소 길이 $\boldsymbol{dl}$과 평행한 접선방향 성분 벡터 물리량 $\boldsymbol{A}(\boldsymbol{r})$의 총량

$\oint_{\Delta S}\vec{A}(\vec{r})\cdot d\vec{l}(\vec{r})=\oint_{\Delta S}\left(\vec{A}(\vec{r})\cdot\hat{a}_t(\vec{r})\right)dl$: ΔS를 구성하는 폐경로 전체에 대한 접선방향 성분을 모두 합한 값

전하에 의해 형성되는 정전기장에서는 항상 근원전하를 중심으로 하는 방사형 전계강도($\boldsymbol{E}(\boldsymbol{r})$ [V/m])가 존재하고 회전 성분은 존재하지 않는다. 따라서 고정전하에 의해 형성된 정전기장의 전계강도에 대한 회전량 벡터는 $\mathbf{0}$($\nabla\times\boldsymbol{E}(\boldsymbol{r})=\mathbf{0}$ [V/m²])이 된다. 이와는 달리, 고정된 도선에 일정하게 흐르는 전류에 의해 형성되는 정자기장은 도선을 중심으로 하는 회전성 벡터 자계강도($\boldsymbol{H}(\boldsymbol{r})$ [A/m])를 형성한다. 자기장 세기를 나타내는 자계강도의 회전량 벡터($\nabla\times\boldsymbol{H}(\boldsymbol{r})$)가 클수록 자기장의 근원이 되는 전류가 많이 흐름($\nabla\times\boldsymbol{H}(\boldsymbol{r})=\boldsymbol{J}(\boldsymbol{r})$ [A/m²])을 뜻하며, 자계강도에 대한 회전량 벡터는 회전성 자계강도를 형성하는 전류와 동일한 방향($\nabla\times\boldsymbol{H}(\boldsymbol{r})\parallel\boldsymbol{J}(\boldsymbol{r})$)이다.

■ 회전량 벡터에 관한 스토크스의 정리의 수학적 정의와 물리적 의미

벡터 물리량 $\boldsymbol{A}(\boldsymbol{r})$에 대한 회전량 벡터($\nabla\times\boldsymbol{A}(\boldsymbol{r})$)의 수학적 정의와 이를 변형한 형태를 정리하면 다음과 같다.

$$\nabla\times\vec{A}(\vec{r})\equiv\lim_{\Delta S\to\text{small}}\frac{\oint_{\Delta S}\vec{A}(\vec{r})\cdot d\vec{l}(\vec{r})}{\Delta S}\hat{a}_n=\lim_{\Delta S\to\text{small}}\frac{\oint_{\Delta S}\left(\vec{A}(\vec{r})\cdot\hat{a}_t(\vec{r})\right)dl}{\Delta S}\hat{a}_n$$

$$;\begin{cases}\vec{A}(\vec{r})=\vec{A}_n(\vec{r})+\vec{A}_t(\vec{r})=A_n(\vec{r})\hat{a}_n+A_t(\vec{r})\hat{a}_t\\ d\vec{l}(\vec{r})\equiv dl\hat{a}_t(\vec{r})\end{cases}$$

$$\longleftrightarrow\oint_{\Delta S}\vec{A}(\vec{r})\cdot d\vec{l}(\vec{r})=\nabla\times\vec{A}(\vec{r})\cdot\hat{a}_n\Delta S=\int_{\Delta S}\nabla\times\vec{A}(\vec{r})\cdot\hat{a}_n dS=\int_{\Delta S}\nabla\times\vec{A}(\vec{r})\cdot d\vec{S}$$

즉, 벡터 물리량의 회전량 벡터에 관한 정의로부터 적분 형태의 스토크스의 정리(Stokes's theorem 또는 회전량 벡터에 관한 정리)를 얻을 수 있다.

$$\boxed{\begin{array}{l}\oint_{\Delta S}\vec{A}(\vec{r})\cdot d\vec{l}(\vec{r})=\int_{\Delta S}\nabla\times\vec{A}(\vec{r})\cdot d\vec{S}\\ d\vec{l}(\vec{r})=dl\hat{a}_t(\vec{r})\ \&\ d\vec{S}(\vec{r})=dS\hat{a}_n(\vec{r})\end{array}}$$

: 회전량 벡터에 관한 적분 형태의 스토크스 정리 (Curl theorem & Stokes's theorem)

회전량 벡터에 관한 스토크스의 정리를 통해 미소 면적 ΔS [m²]를 갖는 폐경로 전체에 걸쳐 폐경로의 접선방향 성분을 모두 합하면 ΔS [m²]의 면적으로 회전량을 모두 합친 것과 같음을 의미한다. 따라서 폐경로에 대한 접선방향 성분의 폐경로를 따르는 선적분과 폐경로에 대한 회전 벡터량의 면적 적분은

동일한 값을 가지므로, 두 가지 적분 방법 중 계산이 편리한 방법을 택하면 효율적임을 뜻한다. 특히, 전자기학에서 근원전류도선에 의해 형성되는 자계강도 벡터($\boldsymbol{H}(\boldsymbol{r})$ [A/m])와 등가자속밀도 벡터($\boldsymbol{B}(\boldsymbol{r})$ [Wb/m^2])를 계산하는 과정에 사용되는 선적분(line integral) 형태인 암페어의 법칙(ampere's law)을 면적 적분(surface integral) 형태로 변형하여 편리하게 사용할 수 있음을 예상할 수 있다.

직각좌표계의 벡터 물리량 $\boldsymbol{A}(\boldsymbol{r})$의 회전량 벡터($\nabla\times\boldsymbol{A}(\boldsymbol{r})$)를 구하는 방법은 다음 관계식으로 정리할 수 있다.

$$\vec{A}(\vec{r})=\left(A_x(\vec{r}),A_y(\vec{r}),A_z(\vec{r})\right)=A_x(\vec{r})\hat{a}_x+A_y(\vec{r})\hat{a}_y+A_z(\vec{r})\hat{a}_z$$: 직각좌표계의 벡터 물리량 $\boldsymbol{A}(\boldsymbol{r})$

$$\nabla\times\vec{A}(\vec{r})\equiv\lim_{\Delta S\to\text{small}}\frac{\oint_{\Delta S}\vec{A}(\vec{r})\cdot d\vec{l}(\vec{r})}{\Delta S}\hat{a}_n$$

$$;\ d\vec{l}(\vec{r})\equiv dl\hat{a}_t(\vec{r})=\left(\nabla\times\vec{A}(\vec{r})\right)_x\hat{a}_x+\left(\nabla\times\vec{A}(\vec{r})\right)_y\hat{a}_y+\left(\nabla\times\vec{A}(\vec{r})\right)_z\hat{a}_z$$

$$=\left(\frac{\partial A_z(\vec{r})}{\partial y}-\frac{\partial A_y(\vec{r})}{\partial z}\right)\hat{a}_x+\left(\frac{\partial A_x(\vec{r})}{\partial z}-\frac{\partial A_z(\vec{r})}{\partial x}\right)\hat{a}_y+\left(\frac{\partial A_y(\vec{r})}{\partial x}-\frac{\partial A_x(\vec{r})}{\partial y}\right)\hat{a}_z$$

: 직각좌표계에서 벡터 물리량($\boldsymbol{A}(\boldsymbol{r})$)의 발산량($\nabla\cdot\boldsymbol{A}(\boldsymbol{r})$)

즉, 직각좌표계에서 벡터 물리량 $\boldsymbol{A}(\boldsymbol{r})$의 회전량 벡터($\nabla\times\boldsymbol{A}(\boldsymbol{r})$)는 x-축과 수직인 면으로의 회전성분($\nabla\times\boldsymbol{A}(\boldsymbol{r})|_x$), y-축과 수직인 면으로의 회전성분($\nabla\times\boldsymbol{A}(\boldsymbol{r})|_y$), z-축과 수직인 면으로의 회전성분($\nabla\times\boldsymbol{A}(\boldsymbol{r})|_z$)의 합으로 나타낼 수 있다.

1.5.3 스칼라 물리량에 대한 변화율 벡터 연산자의 정의와 전자기학 응용

크기와 부호가 있는 스칼라 물리량에는 근원전하(source electric charge: Q_S [C])에 의해 형성된 전기장(electric field)을 나타내는 전위분포($V(\boldsymbol{r})$ [V]: electrostatic potential)와 전기장 내에 존재하는 시험전하(test electric charge)에 작용하는 정전기적 에너지 장벽 분포($E_p(\boldsymbol{r})$ [J]: electrostatic potential energy)가 있다. 자기장(magnetic field)에서도 스칼라 물리량으로 스칼라 자기준위 분포($V_m(\boldsymbol{r})$ [A]: scalar magnetic potential)가 있다. 특히 전기장의 스칼라 물리량인 전위분포($V(\boldsymbol{r})$ [V])와 벡터 물리량인 전계강도($\boldsymbol{E}(\boldsymbol{r})$ [V/m])는 모두 전기장을 형성하는 근원전하의 영향을 나타내는 지표이므로, 이들 둘은 밀접한 상관관계를 갖고 있음을 짐작할 수 있다. 또한, 자기장의 경우에도 스칼라 물리량인 자위분포(scalar magnetic potential: $V_m(\boldsymbol{r})$ [A])와 벡터 물리량인 자계강도(magnetic field intensity: $\boldsymbol{H}(\boldsymbol{r})$ [A/m])는 모두 자기장을 형성하는 근원전류도선의 영향을 나타내는 지표이므로, 이들 둘도 밀접한 상관관계를 갖고 있다.

따라서 동일한 근원에 의해 형성된 스칼라 물리량과 벡터 물리량의 밀접한 상관관계(전기장: Q_S [C] ; $\boldsymbol{E}(\boldsymbol{r})$ [V/m] $\longleftrightarrow$ $V(\boldsymbol{r})$ [V], 자기장: $I_s\boldsymbol{l}_s$ [A·m] ; $\boldsymbol{H}(\boldsymbol{r})$ [A/m] $\longleftrightarrow$ $V_m(\boldsymbol{r})$ [A])는 상호 변환이 가능해야 함을 의미한다. 즉 스칼라 물리량을 벡터 물리량으로, 또는 벡터 물리량을 스칼라 물리량으로 변환하여 편리하게 활용할 수 있는 관계식이 필요하며, 이때 사용되는 연산자의 하나가 기울기 또는 변화율 벡터 연산자(∇: "델 연산자"라고도 부름; gradient operator)이다.

위치에 따라 다른 값을 가질 수 있는 스칼라 물리량($f(\boldsymbol{r})$)에 대해 변화율 연산자를 이용하여 변화율 벡터량($\nabla f(\boldsymbol{r})$)을 얻는 관계식은 다음과 같다.

$$\nabla \equiv \hat{a}_n \frac{d}{dl_n} = \hat{a}_{n,1}\frac{\partial}{\partial l_{n,1}} + \hat{a}_{n,2}\frac{\partial}{\partial l_{n,2}} + \hat{a}_{n,3}\frac{\partial}{\partial l_{n,3}}$$: 변화율 벡터 연산자의 일반적 형태

$$d\vec{l}_n \ [\mathrm{m}] \equiv dl_n\hat{a}_n = dl_{n,1}\hat{a}_1 + dl_{n,2}\hat{a}_2 + dl_{n,3}\hat{a}_3$$: 선분 조각 벡터

$$dl_n \ [\mathrm{m}] \equiv \left|d\vec{l}_n\right| = \sqrt{{dl_{n,1}}^2 + {dl_{n,2}}^2 + {dl_{n,3}}^2}$$: 선분 조각의 길이

$$\nabla f(\vec{r}) \equiv \frac{df(\vec{r})}{dl_n}\hat{a}_n = \frac{\partial f(\vec{r})}{\partial l_{n,1}}\hat{a}_{n,1} + \frac{\partial f(\vec{r})}{\partial l_{n,2}}\hat{a}_{n,2} + \frac{\partial f(\vec{r})}{\partial l_{n,3}}\hat{a}_{n,3}$$: 스칼라 물리량에 변화율 연산자를 적용하여 얻게 되는 변화율 벡터 물리량

즉, 3차원 좌표계의 스칼라 물리량($f(\boldsymbol{r})$)에 대한 변화율 벡터($\nabla f(\boldsymbol{r})$)는 3개의 기본 구성 벡터 방향으로 변화율들의 합으로 나타냄을 뜻한다. 특히, 스칼라 물리량의 변화율 벡터량은 변화가 가장 큰 방향에 대한 변화율의 크기와 방향을 동시에 포함한다.

직각좌표계에서 관측점의 위치에 따라 변하는 값을 가질 수 있는 임의의 스칼라 물리량($f(\boldsymbol{r}) = f(x, y, z)$)에 변화율 연산자를 적용한 벡터 물리량($\nabla f(\boldsymbol{r})$)은 다음과 같다.

$$f(\vec{r}) = f(x, y, z)$$: 직각좌표계의 공간 의존도를 갖는 스칼라 물리량

$$d\vec{l}_n\Big|_{cartesian} \ [\mathrm{m}] = dx\hat{a}_1 + dy\hat{a}_y + dz\hat{a}_z$$: 직각좌표계의 선분 조각 벡터

$$dl_n\Big|_{cartesian} \ [\mathrm{m}] \equiv \sqrt{dx^2 + dy^2 + dz^2}$$: 직각좌표계의 선분 조각의 길이

$$\nabla\Big|_{cartesian} \equiv \left(\frac{\partial}{\partial x}, \frac{\partial}{\partial y}, \frac{\partial}{\partial z}\right) = \hat{a}_x\frac{\partial}{\partial x} + \hat{a}_y\frac{\partial}{\partial y} + \hat{a}_z\frac{\partial}{\partial z}$$: 직각좌표계의 변화율 연산자

$$\nabla f(\vec{r})\Big|_{cartesian} \equiv \frac{df(\vec{r})}{dl_n}\hat{a}_n\Bigg|_{cartesian} = \frac{\partial f(\vec{r})}{\partial x}\hat{a}_x + \frac{\partial f(\vec{r})}{\partial y}\hat{a}_y + \frac{\partial f(\vec{r})}{\partial z}\hat{a}_z$$: 스칼라 물리량에 기울기 연산자를 적용하여 얻은 변화율 벡터 물리량

즉, 스칼라 물리량 $f(\boldsymbol{r})$에 대해 직각좌표계의 기울기/변화율 연산자를 적용하여 얻은 벡터 물리량($\nabla f(\boldsymbol{r})$)은 x-축 방향의 변화율($\partial f(\boldsymbol{r})/\partial x$), y-축 방향의 변화율($\partial f(\boldsymbol{r})/\partial y$), z-축 방향의 변화율($\partial f(\boldsymbol{r})/\partial z$)을 각 축의 벡터 성분으로 갖는다. 스칼라 물리량에 기울기/변화율 연산자를 적용한 벡터 물리량의 크기가 클수록 위치 변화에 따른 스칼라 물리량의 변화가 큼을 뜻한다.

[그림 1-29]에 나타낸 것과 같이, 변화율 벡터($\nabla f(\boldsymbol{r})|_x$, $\nabla f(\boldsymbol{r})|_y$, $\nabla f(\boldsymbol{r})|_z$)는 관측점($\boldsymbol{r}$)에서 각 기본 구성 벡터($\boldsymbol{a}_x$, $\boldsymbol{a}_y$, $\boldsymbol{a}_z$) 방향의 변화율을 합한 벡터임을 뜻한다. 또한 변화율 벡터의 방향은 관측점이 있는 면에 수직인 방향 또는 변화율이 가장 큰 방향임을 기억하면 도움이 된다. 예를 들면, 다음의 수식으로 나타낼 수 있는 반지름이 c [m]인 구면의 형태를 갖는 스칼라 함수의 변화율 벡터를 구하는 과정은 다음과 같다.

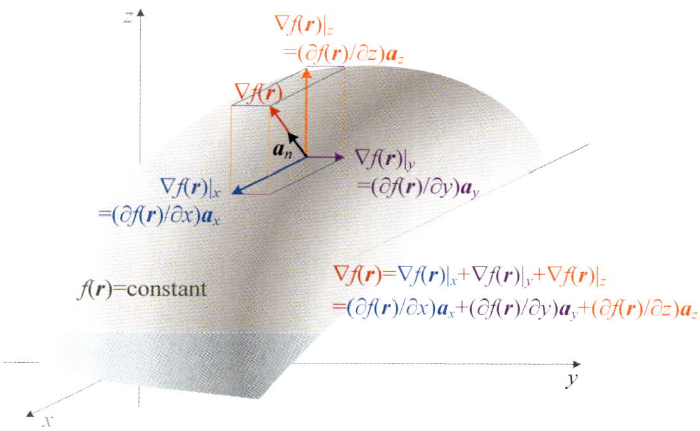

[그림 1-29] 스칼라 물리량($f(\boldsymbol{r})$)의 값이 일정한 면의 한 점에서 변화율/기울기 벡터의 의미와 방향

$f(\vec{r}) = f(x,y,z) = x^2 + y^2 + z^2 = c^2$: 반지름이 c [m]인 구면 형태를 나타내는 스칼라 함수

$\nabla f(\vec{r}) = \nabla f(\vec{r})|_x + \nabla f(\vec{r})|_y + \nabla f(\vec{r})|_z$: 반지름이 c [m]인 구면 형태를 갖는 스칼라 함수에 대한 관측점($\boldsymbol{r}$)의 변화율 벡터

$\nabla f(\vec{r})|_x = \dfrac{\partial f(x,y,z)}{\partial x}\hat{a}_x = 2x\hat{a}_x$: 반지름이 c [m]인 구면 형태를 갖는 스칼라 함수에 대한 관측점($\boldsymbol{r}$)의 x-축 방향 변화율 벡터

$\nabla f(\vec{r})|_y = \dfrac{\partial f(x,y,z)}{\partial y}\hat{a}_y = 2y\hat{a}_y$: 반지름이 c [m]인 구면 형태를 갖는 스칼라 함수에 대한 관측점($\boldsymbol{r}$)의 y-축 방향 변화율 벡터

$\nabla f(\vec{r})|_z = \dfrac{\partial f(x,y,z)}{\partial z}\hat{a}_z = 2z\hat{a}_z$: 반지름이 c [m]인 구면 형태를 갖는 스칼라 함수에 대한 관측점의 z-축 방향 변화율 벡터

$$\nabla f(\vec{r}) = \nabla f(\vec{r})|_x + \nabla f(\vec{r})|_y + \nabla f(\vec{r})|_z = \frac{\partial f(x,y,z)}{\partial x}\hat{a}_x + \frac{\partial f(x,y,z)}{\partial y}\hat{a}_y + \frac{\partial f(x,y,z)}{\partial z}\hat{a}_z$$

$= 2x\hat{a}_x + 2y\hat{a}_y + 2z\hat{a}_z$: 반지름이 c [m]인 구면 형태를 갖는 스칼라 함수에 대한 관측점의 변화율 벡터

즉 스칼라 물리량의 값이 같은 점으로 구성된 면이 반지름이 a [m]인 구면 형태를 이루는 경우, x-축 방향의 변화율과 y-축 방향의 변화율, 그리고 z-축 방향의 변화율이 관측점의 위치에 따라 다름을 뜻하며, $(a,0,0)$, $(0,a,0)$, $(0,0,a)$인 지점의 변화율 벡터는 다음과 같다.

$$\begin{cases} \nabla f(a,0,0) = 2x\hat{a}_x + 2y\hat{a}_y + 2z\hat{a}_z|_{(a,0,0)} \\ \qquad = 2a\hat{a}_x \\ \nabla f(\vec{r})|_x = 2a\hat{a}_x, \nabla f(\vec{r})|_y = 0, \nabla f(\vec{r})|_z = 0 \end{cases}, \quad \begin{cases} \nabla f(0,a,0) = 2x\hat{a}_x + 2y\hat{a}_y + 2z\hat{a}_z|_{(0,a,0)} \\ \qquad = 2a\hat{a}_y \\ \nabla f(\vec{r})|_x = 0, \nabla f(\vec{r})|_y = 2a\hat{a}_z, \nabla f(\vec{r})|_z = 0 \end{cases},$$

$$\begin{cases} \nabla f(0,0,a) = 2x\hat{a}_x + 2y\hat{a}_y + 2z\hat{a}_z|_{(0,0,a)} \\ \qquad = 2a\hat{a}_z \\ \nabla f(\vec{r})|_x = 0, \nabla f(\vec{r})|_y = 0, \nabla f(\vec{r})|_z = 2a\hat{a}_z \end{cases}$$

특히, 아래와 같이 구면 위의 임의의 점에서 각각의 축의 방향마다 변화율은 다르나 총 변화율은 어느 곳이나 동일함을 알 수 있다. 이것은 변화율 벡터가 최대 변화율 값과 방향을 나타내기 때문이다. 또한, 구면의 반지름이 클수록 단위길이당 변화율이 반지름에 비례하여 증가함을 알 수 있다.

$$|\nabla f(\vec{r})|_{(a,0,0)} = |\nabla f(\vec{r})|_{(0,a,0)} = |\nabla f(\vec{r})|_{(0,0,a)} = 2\sqrt{x^2+y^2+z^2}\Big|_{(a,0,0)} = 2\sqrt{x^2+y^2+z^2}\Big|_{(0,a,0)}$$
$$= 2\sqrt{x^2+y^2+z^2}\Big|_{(0,0,a)} = 2a$$

$$\vec{E}(\vec{r})\ [\text{V/m}] = -\nabla V(\vec{r}) \longleftrightarrow V_{AB}(\vec{r})\ [\text{V}] \equiv -\int_A^B \vec{E}(\vec{r})\cdot d\vec{l} = +\int_B^A \vec{E}(\vec{r})\cdot d\vec{l}$$

: 전기장의 스칼라 전위($V(\boldsymbol{r})$ [V])와 전계강도($\boldsymbol{E}(\boldsymbol{r})$ [V/m])의 상호 변환

$$\vec{H}(\vec{r})\ [\text{A/m}] = -\nabla V_m(\vec{r}) \longleftrightarrow V_{m,AB}(\vec{r})\ [\text{A}] \equiv -\int_A^B \vec{H}(\vec{r})\cdot d\vec{l} = +\int_B^A \vec{H}(\vec{r})\cdot d\vec{l}$$

: 자기장의 스칼라 자기준위($V_m(\boldsymbol{r})$ [A])와 자계강도($\boldsymbol{H}(\boldsymbol{r})$ [A/m])의 상호 변환

이를 이용하여 앞으로 학습하게 될 전기장과 자기장의 스칼라 물리량과 벡터 물리량의 관계를 미리 요약하면 다음과 같다.

■ 좌표계에 따른 벡터 연산자 비교/요약

좌표계/특성지표	$\boldsymbol{a}_1$	$\boldsymbol{a}_2$	$\boldsymbol{a}_3$	h_1	h_2	h_3
직각좌표계	$\boldsymbol{a}_x$	$\boldsymbol{a}_y$	$\boldsymbol{a}_z$	1	1	1
원통좌표계	$\boldsymbol{a}_\rho$	$\boldsymbol{a}_\phi$	$\boldsymbol{a}_z$	1	ρ	1
구좌표계	$\boldsymbol{a}_r$	$\boldsymbol{a}_\theta$	$\boldsymbol{a}_\phi$	1	r	$r\sin\theta$

$$\vec{A}(\vec{r}) = A_1(\vec{r})\hat{a}_1 + A_2(\vec{r})\hat{a}_2 + A_3(\vec{r})\hat{a}_3$$
: 기본 구성 벡터 방향 성분의 합으로 나타낸 벡터 물리량($\boldsymbol{A}(\boldsymbol{r})$)

$$\nabla f(\vec{r}) = \frac{1}{h_1}\frac{\partial f(\vec{r})}{\partial x_1}\hat{a}_1 + \frac{1}{h_2}\frac{\partial f(\vec{r})}{\partial x_2}\hat{a}_2 + \frac{1}{h_3}\frac{\partial f(\vec{r})}{\partial x_3}\hat{a}_3 = \sum_{i=1}^{3}\frac{1}{h_i}\frac{\partial f(\vec{r})}{\partial x_i}\hat{a}_i$$
: 스칼라 물리량 ($f(\boldsymbol{r})$)에 대한 관측점($\boldsymbol{r}$)의 변화율 벡터

$$\nabla\cdot\vec{A}(\vec{r}) = \frac{1}{h_1h_2h_3}\left(\frac{\partial(h_2h_3A_1(\vec{r}))}{\partial x_1} + \frac{\partial(h_3h_1A_2(\vec{r}))}{\partial x_2} + \frac{\partial(h_1h_2A_3(\vec{r}))}{\partial x_3}\right)$$
: 벡터 물리량($\boldsymbol{A}(\boldsymbol{r})$)에 대한 관측점의 발산량

$$\nabla\times\vec{A}(\vec{r}) = \frac{1}{h_1h_2h_3}\begin{vmatrix} h_1\hat{a}_1 & h_2\hat{a}_2 & h_3\hat{a}_3 \\ \dfrac{\partial}{\partial x_1} & \dfrac{\partial}{\partial x_2} & \dfrac{\partial}{\partial x_3} \\ h_1A_1(\vec{r}) & h_2A_2(\vec{r}) & h_3A_3(\vec{r}) \end{vmatrix}$$
: 벡터 물리량($\boldsymbol{A}(\boldsymbol{r})$)에 대한 관측점의 회전량(회전 성분) 벡터

$$\nabla\cdot\nabla f(\vec{r}) \equiv \nabla^2 f(\vec{r}) = \frac{1}{h_1h_2h_3}\left(\frac{\partial}{\partial x_1}\left(\frac{h_2h_3}{h_1}\frac{\partial f(\vec{r})}{\partial x_1}\right) + \frac{\partial}{\partial x_2}\left(\frac{h_3h_1}{h_2}\frac{\partial f(\vec{r})}{\partial x_2}\right) + \frac{\partial}{\partial x_3}\left(\frac{h_1h_2}{h_3}\frac{\partial f(\vec{r})}{\partial x_3}\right)\right)$$
: 스칼라 물리량의 라플라시안
(관측점($\boldsymbol{r}$)에서 스칼라 물리량($f(\boldsymbol{r})$)의 변화율 벡터의 발산량

■ 벡터 연산에 관한 항등식(vector identity)

- $\nabla\cdot(\nabla\times\boldsymbol{A}(\boldsymbol{r})) = 0$: 벡터 물리량($\nabla\times\boldsymbol{A}(\boldsymbol{r})$)의 회전방향 성분(회전량 벡터)의 발산량은 존재하지 않는다.

$$\nabla\cdot\left(\nabla\times\vec{A}(\vec{r})\right) = \left(\frac{\partial}{\partial x},\frac{\partial}{\partial y},\frac{\partial}{\partial z}\right)\cdot\begin{vmatrix} \hat{a}_x & \hat{a}_y & \hat{a}_z \\ \dfrac{\partial}{\partial x} & \dfrac{\partial}{\partial y} & \dfrac{\partial}{\partial z} \\ A_x(\vec{r}) & A_y(\vec{r}) & A_z(\vec{r}) \end{vmatrix}$$

$$=\left(\frac{\partial}{\partial x},\frac{\partial}{\partial y},\frac{\partial}{\partial z}\right)\cdot\left[\left(\frac{\partial A_z(\vec{r})}{\partial y}-\frac{\partial A_y(\vec{r})}{\partial z}\right),\left(\frac{\partial A_x(\vec{r})}{\partial z}-\frac{\partial A_z(\vec{r})}{\partial x}\right),\left(\frac{\partial A_y(\vec{r})}{\partial x}-\frac{\partial A_x(\vec{r})}{\partial y}\right)\right]$$

$$=\frac{\partial}{\partial x}\left(\frac{\partial A_z(\vec{r})}{\partial y}-\frac{\partial A_y(\vec{r})}{\partial z}\right)+\frac{\partial}{\partial y}\left(\frac{\partial A_x(\vec{r})}{\partial z}-\frac{\partial A_z(\vec{r})}{\partial x}\right)+\frac{\partial}{\partial z}\left(\frac{\partial A_y(\vec{r})}{\partial x}-\frac{\partial A_x(\vec{r})}{\partial y}\right)$$

$$=\left(\frac{\partial^2 A_z(\vec{r})}{\partial x\partial y}-\frac{\partial^2 A_y(\vec{r})}{\partial z\partial x}\right)+\left(\frac{\partial^2 A_x(\vec{r})}{\partial y\partial z}-\frac{\partial^2 A_z(\vec{r})}{\partial x\partial y}\right)+\left(\frac{\partial^2 A_y(\vec{r})}{\partial z\partial x}-\frac{\partial^2 A_x(\vec{r})}{\partial y\partial z}\right)=0$$

- $\nabla\times(\nabla f(\boldsymbol{r}))=0$: 스칼라 물리량($f(\boldsymbol{r})$)의 변화율 벡터는 회전 성분이 존재하지 않는다.

$$\nabla\times(\nabla f(\vec{r}))=\begin{vmatrix}\hat{a}_x & \hat{a}_y & \hat{a}_z\\ \frac{\partial}{\partial x} & \frac{\partial}{\partial y} & \frac{\partial}{\partial z}\\ \frac{\partial f(\vec{r})}{\partial x} & \frac{\partial f(\vec{r})}{\partial y} & \frac{\partial f(\vec{r})}{\partial z}\end{vmatrix}$$

$$=\left(\left(\frac{\partial^2 f(\vec{r})}{\partial y\partial z}-\frac{\partial^2 f(\vec{r})}{\partial y\partial z}\right),\left(\frac{\partial^2 f(\vec{r})}{\partial z\partial x}-\frac{\partial^2 f(\vec{r})}{\partial z\partial x}\right),\left(\frac{\partial^2 f(\vec{r})}{\partial x\partial y}-\frac{\partial^2 f(\vec{r})}{\partial x\partial y}\right)\right)$$

$$=\left(\frac{\partial^2 f(\vec{r})}{\partial y\partial z}-\frac{\partial^2 f(\vec{r})}{\partial y\partial z}\right)\hat{a}_x+\left(\frac{\partial^2 f(\vec{r})}{\partial z\partial x}-\frac{\partial^2 f(\vec{r})}{\partial z\partial x}\right)\hat{a}_y+\left(\frac{\partial^2 f(\vec{r})}{\partial x\partial y}-\frac{\partial^2 f(\vec{r})}{\partial x\partial y}\right)\hat{a}_z=(0,0,0)$$

Chapter_01 핵심요약

형상화/시각화/구체화를 통한 이해 중심의 전자기학을 위한 좌표계와 벡터 기초

좌표계

- 직각좌표계(x, y, z)의 좌표 표현
  - x [m] : y축과 z축이 이루는 평면(yz-평면)으로부터의 수직 거리
  - y [m] : z축과 x축이 이루는 평면(zx-평면)으로부터의 수직 거리
  - z [m] : x축과 y축이 이루는 평면(xy평면)으로부터의 수직 거리
- 원통좌표계(ρ, ϕ, z)와 직각좌표계(x, y, z)의 좌표 변환 관계식

$$(x,y,z) \rightarrow \begin{Bmatrix} \rho\ [\mathrm{m}] = \sqrt{x^2+y^2} & : \rho \ge 0 \\ \phi\ [\mathrm{rad}] = \tan^{-1}(y/x) & : 0 \le \phi\ [\mathrm{rad}] \le 2\pi \\ z\ [\mathrm{m}] = z & : -\infty < z < +\infty \end{Bmatrix} \ \& \ \begin{Bmatrix} x\ [\mathrm{m}] = \rho\cos\phi \\ y\ [\mathrm{m}] = \rho\sin\phi \\ z\ [\mathrm{m}] = z \end{Bmatrix} \leftarrow (\rho,\phi,z)$$

- 구좌표계(r, θ, ϕ)와 직각좌표계(x, y, z)의 좌표 변환 관계식

$$(x,y,z) \rightarrow \begin{Bmatrix} r\ [\mathrm{m}] = \sqrt{x^2+y^2+z^2} & : r\ [\mathrm{m}] \ge 0 \\ \theta\ [\mathrm{rad}] = \tan^{-1}\left(\sqrt{x^2+y^2}/z\right) & : 0 \le \theta\ [\mathrm{rad}] \le \pi \\ \phi\ [\mathrm{rad}] = \tan^{-1}(y/x) & : 0 \le \phi\ [\mathrm{rad}] \le 2\pi \end{Bmatrix} \ \& \ \begin{Bmatrix} x\ [\mathrm{m}] = r\sin\theta\cos\phi \\ y\ [\mathrm{m}] = r\sin\theta\sin\phi \\ z\ [\mathrm{m}] = r\cos\theta \end{Bmatrix} \leftarrow (r,\theta,\phi)$$

벡터 기초와 좌표계

- 직각좌표계의 기본 구성 벡터 : $\{\boldsymbol{a},\boldsymbol{b},\boldsymbol{c}\}|_{\mathrm{cartesian}} = \{\boldsymbol{a}_x, \boldsymbol{a}_y, \boldsymbol{a}_z\}$: $(x, y, z) = x\boldsymbol{a}_x + y\boldsymbol{a}_y + z\boldsymbol{a}_z$: $\boldsymbol{a}_x \perp \boldsymbol{a}_y,\ \boldsymbol{a}_y \perp \boldsymbol{a}_z,\ \boldsymbol{a}_z \perp \boldsymbol{a}_x$
- 원통좌표계의 기본 구성 벡터 : $\{\boldsymbol{a},\boldsymbol{b},\boldsymbol{c}\}|_{\mathrm{cylinder}} = \{\boldsymbol{a}_\rho, \boldsymbol{a}_\phi, \boldsymbol{a}_z\}$: (ρ, ϕ, z) : $\boldsymbol{a}_\rho \perp \boldsymbol{a}_\phi,\ \boldsymbol{a}_\phi \perp \boldsymbol{a}_z,\ \boldsymbol{a}_z \perp \boldsymbol{a}_\rho$
- 구좌표계의 기본 구성 벡터 : $\{\boldsymbol{a},\boldsymbol{b},\boldsymbol{c}\}|_{\mathrm{shperical}} = \{\boldsymbol{a}_r, \boldsymbol{a}_\theta, \boldsymbol{a}_\phi\}$: (r, θ, ϕ) : $\boldsymbol{a}_r \perp \boldsymbol{a}_\theta,\ \boldsymbol{a}_\theta \perp \boldsymbol{a}_\phi,\ \boldsymbol{a}_\phi \perp \boldsymbol{a}_r$

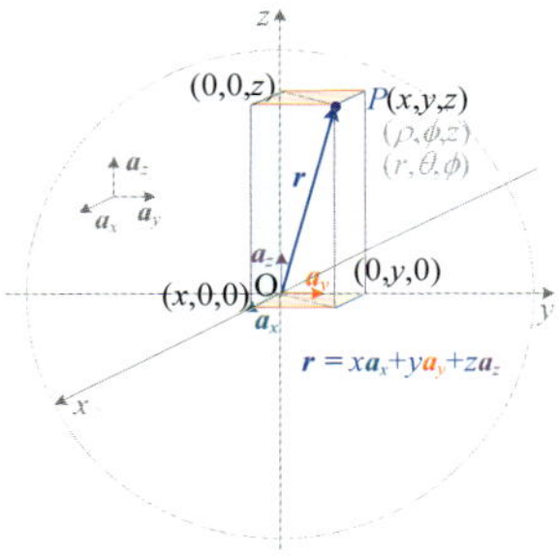

직각좌표계 : (x, y, z)

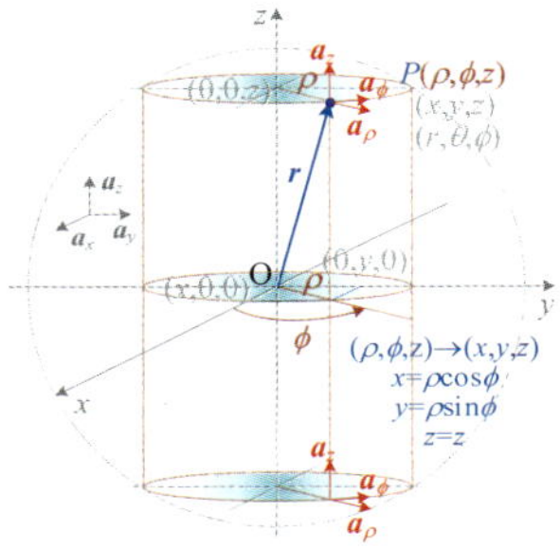

원통좌표계 : (ρ, ϕ, z)

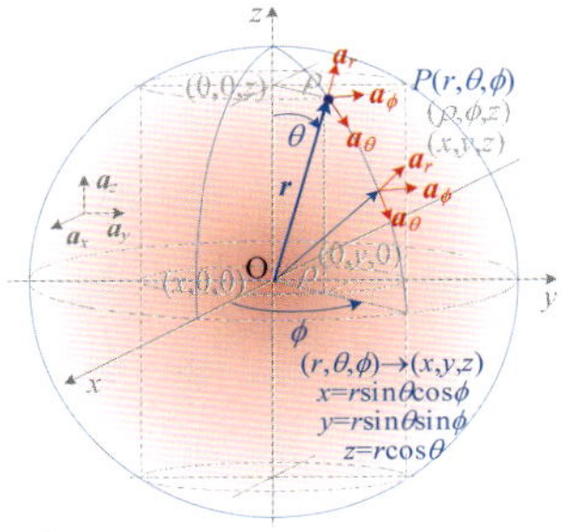

구좌표계 : (r, θ, ϕ)

	직각좌표계	원통좌표계	구좌표계
물리량 벡터	$\vec{F}(\vec{r}) = (F_x(\vec{r}), F_y(\vec{r}), F_z(\vec{r})) = F_x(\vec{r})\hat{a}_x + F_y(\vec{r})\hat{a}_y + F_z(\vec{r})\hat{a}_z$	$\vec{F}(\vec{r}) = (F_\rho(\vec{r}), F_\phi(\vec{r}), F_z(\vec{r})) = F_\rho(\vec{r})\hat{a}_\rho + F_\phi(\vec{r})\hat{a}_\phi + F_z(\vec{r})\hat{a}_z$	$\vec{F}(\vec{r}) = (F_r(\vec{r}), F_\theta(\vec{r}), F_\phi(\vec{r})) = F_r(\vec{r})\hat{a}_r + F_\theta(\vec{r})\hat{a}_\theta + F_\phi(\vec{r})\hat{a}_\phi$
작은 선분 (미소 선분)	$d\vec{l}\ [\mathrm{m}] = d\vec{l}_x + d\vec{l}_y + d\vec{l}_z = dx\hat{a}_x + dy\hat{a}_y + dz\hat{a}_z = (dx, dy, dz)$	$d\vec{l}\ [\mathrm{m}] = d\vec{l}_\rho + d\vec{l}_\phi + d\vec{l}_z = d\rho\hat{a}_\rho + \rho d\phi\hat{a}_\phi + dz\hat{a}_z = (d\rho, \rho d\phi, dz)$	$d\vec{l}\ [\mathrm{m}] = dl\hat{a}_l = d\vec{l}_r + d\vec{l}_\theta + d\vec{l}_\phi = dr\hat{a}_r + rd\theta\hat{a}_\theta + r\sin\theta d\phi\hat{a}_\phi = (dr, rd\theta, r\sin\theta d\phi)$
작은 면적 (미소 면적)	$d\vec{S}\ [\mathrm{m}^2] = d\vec{S}_x + d\vec{S}_y + d\vec{S}_z$, $\begin{cases} d\vec{S}_x = dydz\hat{a}_x \\ d\vec{S}_y = dzdx\hat{a}_y \\ d\vec{S}_z = dxdy\hat{a}_z \end{cases}$	$d\vec{S}\ [\mathrm{m}^2] = d\vec{S}_\rho + d\vec{S}_\phi + d\vec{S}_z$, $\begin{cases} d\vec{S}_\rho = \rho d\phi dz\hat{a}_\rho \\ d\vec{S}_\phi = d\rho dz\hat{a}_\phi \\ d\vec{S}_z = \rho d\rho d\phi\hat{a}_z \end{cases}$	$d\vec{S}\ [\mathrm{m}^2] = d\vec{S}_r + d\vec{S}_\theta + d\vec{S}_\phi$, $\begin{cases} d\vec{S}_r = rd\theta r\sin\theta d\phi\hat{a}_r \\ d\vec{S}_\theta = r\sin\theta drd\phi\hat{a}_\theta \\ d\vec{S}_\phi = rdrd\phi\hat{a}_\phi \end{cases}$

	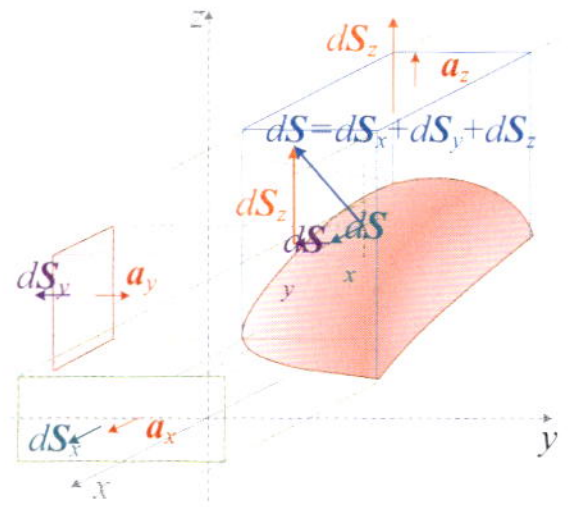	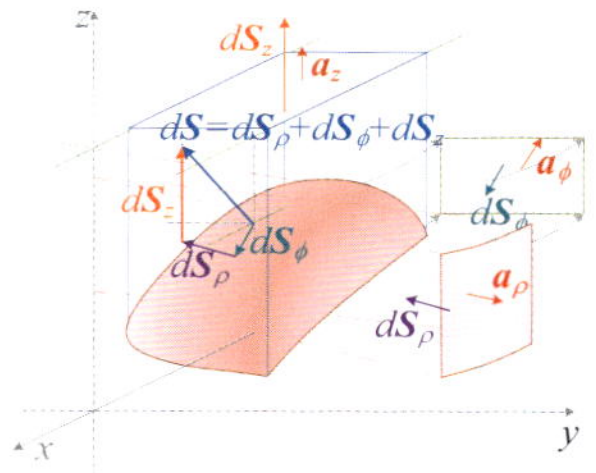	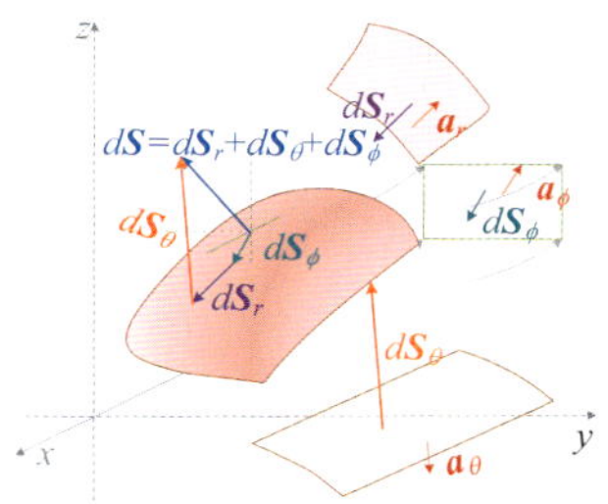
작은 체적 (미소 체적)	$d\upsilon\ [\mathrm{m}^3] = \lvert(d\vec{l}_x \times d\vec{l}_y)\cdot d\vec{l}_z\rvert = dxdydz$	$d\upsilon\ [\mathrm{m}^3] = \lvert(d\vec{l}_\rho \times d\vec{l}_\phi)\cdot d\vec{l}_z\rvert = \rho d\rho d\phi dz$	$d\upsilon\ [\mathrm{m}^3] = \lvert(d\vec{l}_r \times d\vec{l}_\theta)\cdot d\vec{l}_\phi\rvert = r^2 \sin\theta drd\theta d\phi$

벡터 연산

$\vec{A}(\vec{r}) = (A_x(\vec{r}), A_y(\vec{r}), A_z(\vec{r})) = A_x(\vec{r})\hat{a}_x + A_y(\vec{r})\hat{a}_y + A_z(\vec{r})\hat{a}_z$: 직각좌표계 관측점($\boldsymbol{r}$)의 벡터 물리량 $\boldsymbol{A}(\boldsymbol{r})$

$\vec{B}(\vec{r}) = (B_x(\vec{r}), B_y(\vec{r}), B_z(\vec{r})) = B_x(\vec{r})\hat{a}_x + B_y(\vec{r})\hat{a}_y + B_z(\vec{r})\hat{a}_z$: 직각좌표계 관측점($\boldsymbol{r}$)의 벡터 물리량 $\boldsymbol{B}(\boldsymbol{r})$

$\vec{A}(\vec{r}) + \vec{B}(\vec{r}) = (A_x(\vec{r}) + B_x(\vec{r}), A_y(\vec{r}) + B_y(\vec{r}), A_z(\vec{r}) + B_z(\vec{r}))$: 직각좌표계 벡터 물리량 $\boldsymbol{A}(\boldsymbol{r})$와 $\boldsymbol{B}(\boldsymbol{r})$의 합

$\vec{A}(\vec{r}) - \vec{B}(\vec{r}) = \vec{A}(\vec{r}) + (-\vec{B}(\vec{r})) = (A_x(\vec{r}) - B_x(\vec{r}), A_y(\vec{r}) - B_y(\vec{r}), A_z(\vec{r}) - B_z(\vec{r}))$: 직각좌표계 벡터 물리량 $\boldsymbol{A}(\boldsymbol{r})$와 $\boldsymbol{B}(\boldsymbol{r})$의 차

$\vec{A}\cdot\vec{B} = (A_x, A_y, A_z)\cdot(B_x, B_y, B_z) = A_xB_x + A_yB_y + A_zB_z = \vec{B}\cdot\vec{A}$: 직각좌표계 벡터 물리량 $\boldsymbol{A}(\boldsymbol{r})$와 $\boldsymbol{B}(\boldsymbol{r})$의 스칼라 곱 ($\boldsymbol{A}(\boldsymbol{r})\cdot\boldsymbol{B}(\boldsymbol{r})$)

$\vec{A}\times\vec{B} = (A_x, A_y, A_z)\times(B_x, B_y, B_z) = (A_yB_z - A_zB_y)\hat{a}_x + (A_zB_x - A_xB_z)\hat{a}_y + (A_xB_y - A_yB_x)\hat{a}_z$

$= -\vec{A}\times\vec{B}$: 직각좌표계 벡터 물리량 $\boldsymbol{A}(\boldsymbol{r})$와 $\boldsymbol{B}(\boldsymbol{r})$의 벡터 곱($\boldsymbol{A}(\boldsymbol{r})\times\boldsymbol{B}(\boldsymbol{r})$)

$\vec{A}\times\vec{B} = \lvert\vec{A}\times\vec{B}\rvert\hat{a}_n \equiv S\hat{a}_n$: 벡터 $\boldsymbol{A}$와 $\boldsymbol{B}$의 벡터 곱

$\lvert\vec{A}\times\vec{B}\rvert = \lvert AB\sin\theta\rvert = AB\lvert\sin\theta\rvert \equiv S$: 벡터 곱의 크기= $\boldsymbol{A}$와 $\boldsymbol{B}$가 형성하는 평행사변형의 면적

$\hat{a}_n \equiv \vec{A}\times\vec{B} / \lvert\vec{A}\times\vec{B}\rvert$: 벡터 곱의 방향= $\boldsymbol{A}$와 $\boldsymbol{B}$가 형성하는 평행사변형에 수직인 단위벡터

발산량 $\nabla\cdot\boldsymbol{A}(\boldsymbol{r})$

벡터 물리량($\boldsymbol{A}(\boldsymbol{r})$)의 발산량(divergence: $\nabla\cdot\boldsymbol{A}(\boldsymbol{r})$)의 정의와 의미, 응용

$\nabla\cdot\vec{A}(\vec{r}) \equiv \lim_{\Delta\upsilon\to\text{small}} \frac{\oint_{\Delta\upsilon}\vec{A}(\vec{r})\cdot d\vec{S}(\vec{r})}{\Delta\upsilon} = \lim_{\Delta\upsilon\to\text{small}} \frac{\oint_{\Delta\upsilon}(\vec{A}(\vec{r})\cdot\hat{a}_n(\vec{r}))dS}{\Delta\upsilon}$; $d\vec{S}(\vec{r}) \equiv dS\hat{a}_n(\vec{r})$: 벡터 물리량 $\boldsymbol{A}$의 발산량($\nabla\cdot\boldsymbol{A}$)의 정의

$\vec{A}(\vec{r}) = A_n(\vec{r})\hat{a}_n + A_t(\vec{r})\hat{a}_t$: 관측점($\boldsymbol{r}$)을 지나는 벡터 $\boldsymbol{A}(\boldsymbol{r})$는 작은 면에 수직방향 성분($\boldsymbol{A}_n$)과 접선방향 성분($\boldsymbol{A}_t$)의 합

$d\vec{S}(\vec{r}) \equiv dS\hat{a}_n(\vec{r})$: 관측점의 미소 면적 벡터로서, 크기는 면적, 방향은 면의 안에서 밖으로 향하는 단위벡터

$\vec{A}(\vec{r})\cdot\hat{a}_n(\vec{r}) = (A_n(\vec{r})\hat{a}_n + A_t(\vec{r})\hat{a}_t)\cdot\hat{a}_n(\vec{r}) = A_n(\vec{r})$: 벡터 물리량 $\boldsymbol{A}(\boldsymbol{r})$의 성분 중 면에 수직인 성분만 추출함

$\vec{A}(\vec{r})\cdot d\vec{S}(\vec{r}) = (\vec{A}(\vec{r})\cdot\hat{a}_n(\vec{r}))dS$: 미소 면적 dS에서 면에 수직인 성분 벡터 물리량 $\boldsymbol{A}(\boldsymbol{r})$의 총량

$\oint_{\Delta\upsilon}\vec{A}(\vec{r})\cdot d\vec{S}(\vec{r}) = \oint_{\Delta\upsilon}(\vec{A}(\vec{r})\cdot\hat{a}_n(\vec{r}))dS$: $\Delta\upsilon$의 폐곡면을 통해 안에서 밖으로 향하는 벡터 물리량 $\boldsymbol{A}(\boldsymbol{r})$의 총합

$\vec{A}(\vec{r}) = (A_x(\vec{r}), A_y(\vec{r}), A_z(\vec{r})) = A_x(\vec{r})\hat{a}_x + A_y(\vec{r})\hat{a}_y + A_z(\vec{r})\hat{a}_z$: 직각좌표계의 벡터 물리량 $\boldsymbol{A}(\boldsymbol{r})$

$\nabla\cdot\vec{A}(\vec{r}) \equiv \lim_{\text{small }\Delta\upsilon} \frac{\oint_{\Delta\upsilon}\vec{A}(\vec{r})\cdot d\vec{S}(\vec{r})}{\Delta\upsilon} = \lim_{\text{small }\Delta\upsilon} \frac{\oint_{\Delta\upsilon}(\vec{A}(\vec{r})\cdot\hat{a}_n(\vec{r}))dS}{\Delta\upsilon} = \frac{\partial A_x(\vec{r})}{\partial x} + \frac{\partial A_y(\vec{r})}{\partial y} + \frac{\partial A_z(\vec{r})}{\partial z}$: 직각좌표계에서 $\boldsymbol{A}(\boldsymbol{r})$의 발산량

$\oint_{\Delta\upsilon}\vec{A}(\vec{r})\cdot d\vec{S}(\vec{r}) = \int_{\Delta\upsilon}\nabla\cdot\vec{A}(\vec{r})d\upsilon$: 발산의 정리(divergence theorem)

회전량 벡터 $\nabla\times\boldsymbol{A}(\boldsymbol{r})$	**벡터 물리량($A(r)$)의 회전량(성분) 벡터(Curl : $\nabla\times A(r)$)의 정의와 의미, 응용** $\nabla\times\vec{A}(\vec{r})\equiv\lim_{\text{small }\Delta S}\frac{\oint_{\Delta S}\vec{A}(\vec{r})\cdot d\vec{l}(\vec{r})}{\Delta S}\hat{a}_n=\lim_{\text{small }\Delta S}\frac{\oint_{\Delta S}\left(\vec{A}(\vec{r})\cdot\hat{a}_t(\vec{r})\right)dl}{\Delta S}\hat{a}_n;d\vec{l}(\vec{r})\equiv dl\hat{a}_t(\vec{r})$: 벡터 물리량 $A(r)$의 회전량 벡터의 정의 $\vec{A}(\vec{r})=A_n(\vec{r})\hat{a}_n+A_t(\vec{r})\hat{a}_t$: 관측점(r)을 지나는 벡터 $A(r)$는 미소면에 수직(법선)방향 성분($A_n(r)$)과 접선방향 성분($A_t(r)$)의 합 $d\vec{l}(\vec{r})\equiv dl\hat{a}_t(\vec{r})$: 관측점의 미소 길이 벡터로서, 크기는 길이, 방향은 폐경로의 접선방향 단위벡터 $\vec{A}(\vec{r})\cdot\hat{a}_t(\vec{r})=(A_n(\vec{r})\hat{a}_n+A_t(\vec{r})\hat{a}_t)\cdot\hat{a}_t(\vec{r})=A_t(\vec{r})$: 벡터 $A(r)$의 성분 중 작은 도선 조각 dl과 평행한 성분 $A_t(r)$만 추출함 $\vec{A}(\vec{r})\cdot d\vec{l}(\vec{r})=\left(\vec{A}(\vec{r})\cdot\hat{a}_t(\vec{r})\right)dl$: 폐경로를 구성하는 미소 길이 dl과 평행한 성분 벡터 물리량 $A(r)$의 총량 $\oint_{\Delta S}\vec{A}(\vec{r})\cdot d\vec{l}(\vec{r})=\oint_{\Delta S}\left(\vec{A}(\vec{r})\cdot\hat{a}_t(\vec{r})\right)dl$: ΔS를 구성하는 폐경로 전체에 대한 접선방향 성분을 모두 합한 값 $\nabla\times\vec{A}(\vec{r})\equiv\lim_{\text{small }\Delta S}\frac{\oint_{\Delta S}\vec{A}(\vec{r})\cdot d\vec{l}(\vec{r})}{\Delta S}\hat{a}_n;\ d\vec{l}(\vec{r})\equiv dl\hat{a}_t(\vec{r})=\left(\nabla\times\vec{A}(\vec{r})\right)_x\hat{a}_x+\left(\nabla\times\vec{A}(\vec{r})\right)_y\hat{a}_y+\left(\nabla\times\vec{A}(\vec{r})\right)_z\hat{a}_z$ $=\left(\frac{\partial A_z(\vec{r})}{\partial y}-\frac{\partial A_y(\vec{r})}{\partial z}\right)\hat{a}_x+\left(\frac{\partial A_x(\vec{r})}{\partial z}-\frac{\partial A_z(\vec{r})}{\partial x}\right)\hat{a}_y+\left(\frac{\partial A_y(\vec{r})}{\partial x}-\frac{\partial A_x(\vec{r})}{\partial y}\right)\hat{a}_z$: 직각좌표계에서 벡터 물리량 $A(r)$의 회전량 벡터 $\boxed{\oint_{\Delta S}\vec{A}(\vec{r})\cdot d\vec{l}(\vec{r})=\int_{\Delta S}\nabla\times\vec{A}(\vec{r})\cdot d\vec{S}}$: 회전량 벡터에 관한 스토크스의 정리(curl theorem & Stokes's theorem)
변화율 벡터 $\nabla f(\boldsymbol{r})$	**스칼라 물리량($f(r)$)의 변화율(또는 기울기) 벡터($\nabla f(r)$)의 정의와 의미, 응용** $f(\vec{r})=f(x,y,z)$: 공간 의존도를 갖는 스칼라 물리량 $\nabla f(\vec{r})\equiv\frac{df(\vec{r})}{dl_n}\hat{a}_n;\begin{cases}d\vec{l}_n=dl_n\hat{a}_n=dl_{n,x}\hat{a}_x+dl_{n,y}\hat{a}_y+dl_{n,z}\hat{a}_z\\ dl_n=\sqrt{dl_{n,x}^{\ 2}+dl_{n,y}^{\ 2}+dl_{n,z}^{\ 2}}\end{cases}$: 스칼라 물리량($f(r)$)에 대한 변화율 벡터의 정의 $\nabla\equiv\left(\frac{\partial}{\partial x},\frac{\partial}{\partial y},\frac{\partial}{\partial z}\right)=\hat{a}_x\frac{\partial}{\partial x}+\hat{a}_y\frac{\partial}{\partial y}+\hat{a}_z\frac{\partial}{\partial z}$: 직각좌표계의 변화율(기울기) 연산자 $\nabla f(\vec{r})\equiv\frac{df(\vec{r})}{dl_n}\hat{a}_n=\frac{\partial f(x,y,z)}{\partial x}\hat{a}_x+\frac{\partial f(x,y,z)}{\partial y}\hat{a}_y+\frac{\partial f(x,y,z)}{\partial z}\hat{a}_z$: 직각좌표계의 스칼라 물리량($f(r)$)에 대한 변화율 벡터($\nabla f(r)$)

Chapter_01 연습문제

※ 많은 사람들이 전자기학을 이해하기 가장 어려운 교과목들 중의 하나로 인식하고 있다. 이는 전자기학이 크기와 부호(+, 0, −)만 있는 스칼라(scalar)보다는 크기와 방향에 대한 정보를 동시에 나타내는 벡터 (vector)를 기반으로 전기적 현상을 설명하는 과목이기 때문이다. 따라서 전자기학을 잘 이해하기 위해서는 크기와 방향 정보가 동시에 들어있는 벡터의 기본적인 원리에 대한 물리적 의미의 이해가 필수적이다.

1.1 (Vector Operation) 전자기학을 잘 이해하기 위해서는 크기와 방향 정보가 동시에 들어있는 벡터의 기본적인 원리에 대한 물리적 의미의 이해가 필수적이다. 특히, 입체적 형상화를 위해서는 좌표계를 잘 이해하고 활용하는 것이 중요하다. 가장 직관적이고 이해하는 데 널리 사용되는 직각좌표계(데카르트 좌표계; Cartesian coordinate system)로 나타낸 두 벡터 $\boldsymbol{A}$와 $\boldsymbol{B}$에 대하여,

$$\overline{A} = 1\hat{a}_x + 2\hat{a}_y + 3\hat{a}_z \ ; \ \overline{B} = 3\hat{a}_x + 2\hat{a}_y + 1\hat{a}_z$$

(a) 두 벡터의 크기를 각각 구하라.
(b) 두 벡터의 스칼라 곱(scalar product/dot product: $\boldsymbol{A} \cdot \boldsymbol{B}$)을 구하고, 그것이 갖는 의미를 설명하라.
(c) 두 벡터의 벡터 곱(cross product: $\boldsymbol{A} \times \boldsymbol{B}$)을 구하고, 그것이 갖는 의미를 설명하라.
(d) 두 벡터를 두 변으로 하는 평행사변형의 면적을 구하라.

1.2 (Vector Operation) 다음과 같이 원통좌표계(cylindrical coordinate system: $r = (\rho, \phi, z)$)의 두 벡터 $\boldsymbol{A}$와 $\boldsymbol{B}$에 대하여,

$$\overline{A} = 1\hat{a}_\rho + 0.5\pi\hat{a}_\phi - 1\hat{a}_z \ , \ \ \overline{B} = 2\hat{a}_\rho + 0.5\pi\hat{a}_\phi - 3\hat{a}_z$$

(a) $\boldsymbol{A}$의 크기를 구하라.
(b) $\boldsymbol{B}$의 크기를 구하라.
(c) $\boldsymbol{B}-\boldsymbol{A}$의 크기를 각각 구하라.
(d) 두 벡터의 스칼라 곱(dot product: $\boldsymbol{A} \cdot \boldsymbol{B}$)을 구하고, 그것이 갖는 의미를 설명하라.

1.3 (Vector) 전자기학을 잘 이해하기 위해서는 벡터의 기본적인 원리에 대한 물리적 의미의 이해가 필수적이며, 다음의 문제는 벡터 관계식의 물리적 의미를 이해하고 응용하는 것이 중요함을 전하기 위한 것이다. 다음과 같이 직교좌표계의 두 벡터 $\boldsymbol{A}$와 $\boldsymbol{B}$에 대하여,

$$\overline{A} = 2\hat{a}_x + 1\hat{a}_z \ , \ \ \overline{B} = 2\hat{a}_y + 3\hat{a}_z$$

(a) 두 벡터의 크기를 구하라.
(b) $\boldsymbol{A} \cdot \boldsymbol{B}$를 구하고 그것이 갖는 의미를 설명하라.
(c) $\boldsymbol{A}$와 $\boldsymbol{B}$를 두 변으로 하는 평행사변형의 면적을 구하라.
(d) $\boldsymbol{A}$와 $\boldsymbol{B}$를 두 변으로 하는 평행사변형에 수직인 단위벡터를 구하라.

1.4 (Vector, Divergence, Electric Field) 다음과 같은 직각좌표계의 두 벡터 $\boldsymbol{A}$와 $\boldsymbol{B}$에 대하여,

$$\overline{A}(x,y,z) = (3x^2 + yz)\hat{a}_x + (6x^2yz)\hat{a}_y - (3x^2y)\hat{a}_z$$
$$\overline{B} = (2x^2z)\hat{a}_x + (6x^2y + z)\hat{a}_y - (3x^2 + y)\hat{a}_z$$

(a) $\boldsymbol{A}+\boldsymbol{B}$와 그 크기를 구하라.
(b) $\boldsymbol{A}-\boldsymbol{B}$와 그 크기를 구하라.
(c) $\boldsymbol{B}-\boldsymbol{A}$와 그 크기를 구하라.
(d) $\boldsymbol{A}\cdot\boldsymbol{B}$를 구하고 그것이 갖는 의미를 설명하라.
(e) $\boldsymbol{B}\cdot\boldsymbol{A}$를 구하고 그것이 갖는 의미를 설명하라.

1.5 (Vector, Divergence, Coordinate System) 벡터는 특정한 방향에 평행(또는 접선방향) 성분($\boldsymbol{A}_t = A_t\boldsymbol{a}_t$)과 수직인 성분($\boldsymbol{A}_n = A_n\boldsymbol{a}_n$)의 합($\boldsymbol{A} = \boldsymbol{A}_t + \boldsymbol{A}_n = A_t\boldsymbol{a}_t + A_n\boldsymbol{a}_n$)으로 표시할 수 있다. 두 벡터의 합과 차, 스칼라 곱과 벡터 곱은 전자기학에서 다양한 용도로 사용된다. 다음과 같은 직각좌표계의 두 벡터 $\boldsymbol{A}$와 $\boldsymbol{B}$에 대하여,

$$\overline{A} = 1\hat{a}_x + 3\hat{a}_y - 2\hat{a}_z, \quad \overline{B} = 2\hat{a}_x + 2\hat{a}_y - 3\hat{a}_z$$

(a) $\boldsymbol{A}+\boldsymbol{B}$와 그 크기를 구하라.
(b) $\boldsymbol{A}-\boldsymbol{B}$와 그 크기를 구하라.
(c) $\boldsymbol{B}-\boldsymbol{A}$와 그 크기를 구하라.
(d) $\boldsymbol{A}\cdot\boldsymbol{B}$를 구하고 그것이 갖는 의미를 설명하라.
(e) $\boldsymbol{A}$와 $\boldsymbol{B}$를 두 변으로 하는 평행사변형의 면적을 구하라.

1.6 (Vector, Divergence, Coordinate System) 벡터는 특정한 방향에 평행(또는 접선방향) 성분($\boldsymbol{A}_t = A_t\boldsymbol{a}_t$)과 수직인 성분($\boldsymbol{A}_n = A_n\boldsymbol{a}_n$)의 합($\boldsymbol{A} = \boldsymbol{A}_t + \boldsymbol{A}_n = A_t\boldsymbol{a}_t + A_n\boldsymbol{a}_n$)으로 표시할 수 있다. 두 벡터의 합과 차, 스칼라 곱과 벡터 곱은 전자기학에서 다양한 용도로 사용된다. 다음과 같은 직각좌표계의 두 벡터 $\boldsymbol{A}$와 $\boldsymbol{B}$에 대하여,

$$\overline{A} = 1\hat{a}_x + 3\hat{a}_y - 2\hat{a}_z, \quad \overline{B} = 2\hat{a}_x + 2\hat{a}_y - 3\hat{a}_z$$

(a) $\boldsymbol{A}\cdot\boldsymbol{B}$를 구하고 그것이 갖는 의미를 설명하라.
(b) $\boldsymbol{B}\cdot\boldsymbol{A}$를 구하고 그것이 갖는 의미를 설명하라.
(c) $\boldsymbol{A}\times\boldsymbol{B}$를 구하고 그것이 갖는 의미를 설명하라.
(d) $\boldsymbol{B}\times\boldsymbol{A}$를 구하고 그것이 갖는 의미를 설명하라.
(e) $\boldsymbol{A}$와 $\boldsymbol{B}$를 두 변으로 하는 평행사변형의 면적을 구하라.

1.7 (Vector, Divergence, Coordinate System) 벡터는 특정한 방향에 평행(또는 접선방향) 성분($\boldsymbol{A}_t = A_t\boldsymbol{a}_t$)과 수직인 성분($\boldsymbol{A}_n = A_n\boldsymbol{a}_n$)의 합($\boldsymbol{A} = \boldsymbol{A}_t + \boldsymbol{A}_n = A_t\boldsymbol{a}_t + A_n\boldsymbol{a}_n$)으로 표시할 수 있다. 두 벡터의 스칼라 곱과 벡터 곱은 전자기학에서 다양한 용도로 사용된다. 다음과 같은 직각좌표계의 두 벡터 $\boldsymbol{A}$와 $\boldsymbol{B}$에 대하여,

$$\overline{A} = 2\hat{a}_x + 2\hat{a}_y - 1\hat{a}_z, \quad \overline{B} = 1\hat{a}_x + 2\hat{a}_y - 2\hat{a}_z$$

(a) $\boldsymbol{A}$중 $\boldsymbol{B}$와 평행한 성분을 구하라.
(b) $\boldsymbol{A}$중 $\boldsymbol{B}$와 수직인 성분을 구하라.
(c) $\boldsymbol{B}$중 $\boldsymbol{A}$와 평행한 성분을 구하라.
(d) $\boldsymbol{B}$중 $\boldsymbol{A}$와 수직인 성분을 구하라.
(e) $\boldsymbol{A}$와 $\boldsymbol{B}$를 두 변으로 하는 평행사변형의 면적을 구하라.

1.8 (Vector, Coordinate System) 벡터는 특정한 방향에 평행(또는 접선방향) 성분($\boldsymbol{A}_t = A_t\boldsymbol{a}_t$)과 수직인 성분($\boldsymbol{A}_n = A_n\boldsymbol{a}_n$)의 합($\boldsymbol{A} = \boldsymbol{A}_t+\boldsymbol{A}_n = A_t\,\boldsymbol{a}_t+A_n\boldsymbol{a}_n$)으로 표시할 수 있다. 두 벡터의 스칼라 곱과 벡터 곱은 전자기학에서 다양한 용도로 사용된다. 다음과 같은 직각좌표계의 두 벡터 $\boldsymbol{A}$와 $\boldsymbol{B}$에 대하여,

$$\overline{A} = 1\hat{a}_x + 2\hat{a}_y - 3\hat{a}_z\,,\quad \overline{B} = -3\hat{a}_x + 2\hat{a}_y - 1\hat{a}_z$$

(a) 두 벡터의 벡터 곱 $\boldsymbol{A}\times\boldsymbol{B}$를 구하고 그것이 갖는 의미를 설명하라.
(b) 두 벡터의 스칼라 곱 $\boldsymbol{A}\cdot\boldsymbol{B}$를 구하고 그것이 갖는 의미를 설명하라.

1.9 (Vector, Coordinate System) 벡터는 특정한 방향에 평행(또는 접선방향) 성분($\boldsymbol{A}_t = A_t\boldsymbol{a}_t$)과 수직인 성분($\boldsymbol{A}_n = A_n\boldsymbol{a}_n$)의 합($\boldsymbol{A} = \boldsymbol{A}_t+\boldsymbol{A}_n = A_t\boldsymbol{a}_t+A_n\boldsymbol{a}_n$)으로 표시할 수 있다. 두 벡터의 스칼라 곱과 벡터 곱은 전자기학에서 다양한 용도로 사용된다. 다음과 같은 직각좌표계의 두 벡터 $\boldsymbol{A}$와 $\boldsymbol{B}$에 대하여,

$$\overline{A} = 1\hat{a}_x + 2\hat{a}_y - 3\hat{a}_z\,,\quad \overline{B} = -3\hat{a}_x + 2\hat{a}_y - 1\hat{a}_z$$

(a) $\boldsymbol{A}$중 $\boldsymbol{B}$와 평행한 성분을 구하라.
(b) $\boldsymbol{A}$중 $\boldsymbol{B}$와 수직인 성분을 구하라.
(c) $\boldsymbol{B}$중 $\boldsymbol{A}$와 평행한 성분을 구하라.
(d) $\boldsymbol{B}$중 $\boldsymbol{A}$와 수직인 성분을 구하라.
(e) $\boldsymbol{A}\times\boldsymbol{B}$를 구하고 그것이 갖는 의미를 설명하라.
(f) $\boldsymbol{A}$와 $\boldsymbol{B}$를 두 변으로 하는 평행사변형의 면적을 구하라.

1.10 (Vector, Coordinate System) 벡터는 특정한 방향에 평행(또는 접선방향) 성분($\boldsymbol{A}_t = A_t\boldsymbol{a}_t$)과 수직인 성분($\boldsymbol{A}_n = A_n\boldsymbol{a}_n$)의 합($\boldsymbol{A} = \boldsymbol{A}_t+\boldsymbol{A}_n = A_t\boldsymbol{a}_t+A_n\boldsymbol{a}_n$)으로 표시할 수 있다. 두 벡터의 스칼라 곱과 벡터 곱은 전자기학에서 다양한 용도로 사용된다. 다음과 같은 직각좌표계의 세 개의 벡터 $\boldsymbol{A}$와 $\boldsymbol{B}$, $\boldsymbol{C}$에 대하여,

$$\overline{A} = 1\hat{a}_x + 2\hat{a}_y - 3\hat{a}_z\,,\quad \overline{B} = -3\hat{a}_x + 2\hat{a}_y - 1\hat{a}_z\,,\quad \overline{C} = 2\hat{a}_x + 1\hat{a}_y + 2\hat{a}_z$$

(a) $\boldsymbol{A}$와 $\boldsymbol{B}$를 두 변으로 하는 평행사변형의 면적을 구하라.
(b) $\boldsymbol{A}$와 $\boldsymbol{B}$를 두 변으로 하는 평행사변형에 수직인 방향 벡터를 구하라.
(c) $\boldsymbol{A}$와 $\boldsymbol{B}$를 두 변으로 하는 평행사변형에 수직인 성분(평행사변형에 수직인 벡터와 평행인 성분)을 구하라.
(d) $\boldsymbol{A}$와 $\boldsymbol{B}$, 그리고 $\boldsymbol{C}$를 세 변으로 하는 육면체의 체적을 구하라.

1.11 (Vector, Coordinate System) 벡터는 특정한 방향에 평행(또는 접선방향) 성분($\boldsymbol{A}_t = A_t\boldsymbol{a}_t$)과 수직인 성분($\boldsymbol{A}_n = A_n\boldsymbol{a}_n$)의 합($\boldsymbol{A} = \boldsymbol{A}_t+\boldsymbol{A}_n = A_t\boldsymbol{a}_t+A_n\boldsymbol{a}_n$)으로 표시할 수 있다. 두 벡터의 스칼라 곱과 벡터 곱은 전자기학에서 다양한 용도로 사용된다. 다음과 같은 직각좌표계의 세 개의 벡터 $\boldsymbol{A}$, $\boldsymbol{B}$, $\boldsymbol{C}$에 대하여,

$$\overline{A} = 1\hat{a}_x + 2\hat{a}_y - 3\hat{a}_z\,,\quad \overline{B} = -3\hat{a}_x + 2\hat{a}_y - 1\hat{a}_z\,,\quad \overline{C} = 2\hat{a}_x + 1\hat{a}_y + 2\hat{a}_z$$

(a) $\boldsymbol{B}$와 $\boldsymbol{C}$를 두 변으로 하는 평행사변형의 면적을 구하라.
(b) $\boldsymbol{B}$와 $\boldsymbol{C}$를 두 변으로 하는 평행사변형에 수직인 방향 벡터를 구하라.
(c) $\boldsymbol{B}$와 $\boldsymbol{C}$를 두 변으로 하는 평행사변형에 수직인 성분을 구하라.
(d) $\boldsymbol{A}$와 $\boldsymbol{B}$, 그리고 $\boldsymbol{C}$를 세 변으로 하는 육면체의 체적을 구하라.

1.12 (Vector, Coordinate System) 벡터는 특정한 방향에 평행(또는 접선방향) 성분($\boldsymbol{A}_t = A_t\boldsymbol{a}_t$)과 수직인 성분($\boldsymbol{A}_n = A_n\boldsymbol{a}_n$)의 합($\boldsymbol{A} = \boldsymbol{A}_t+\boldsymbol{A}_n = A_t\boldsymbol{a}_t+A_n\boldsymbol{a}_n$)으로 표시할 수 있다. 두 벡터의 스칼라 곱과 벡터 곱은 전자기학에서 다양한 용도로 사용된다. 다음과 같은 직각좌표계의 세 개의 벡터 $\boldsymbol{A}$, $\boldsymbol{B}$, $\boldsymbol{C}$에 대하여,

$$\overline{A} = 1\hat{a}_x + 2\hat{a}_y - 3\hat{a}_z\,,\quad \overline{B} = -3\hat{a}_x + 2\hat{a}_y - 1\hat{a}_z\,,\quad \overline{C} = 2\hat{a}_x + 1\hat{a}_y + 2\hat{a}_z$$

(a) $\boldsymbol{A}$와 $\boldsymbol{C}$를 두 변으로 하는 평행사변형의 면적을 구하라.
(b) $\boldsymbol{A}$와 $\boldsymbol{C}$를 두 변으로 하는 평행사변형에 수직인 방향 벡터를 구하라.
(c) $\boldsymbol{A}$와 $\boldsymbol{C}$를 두 변으로 하는 평행사변형에 수직인 성분의 크기를 구하라.
(d) $\boldsymbol{A}$와 $\boldsymbol{B}$, 그리고 $\boldsymbol{C}$를 세 변으로 하는 육면체의 체적을 구하라.

1.13 (Coordinate System) 오른쪽 그림과 같은 구좌표계에서 미소 체적을 $d\upsilon = r^2 sin\theta dr d\theta d\phi$ [m³]로 나타낼 수 있음을 이용하여, 반지름이 a [m]인 구의 체적이 $V = 4\pi a^3/3$ [m³]임을 보여라.

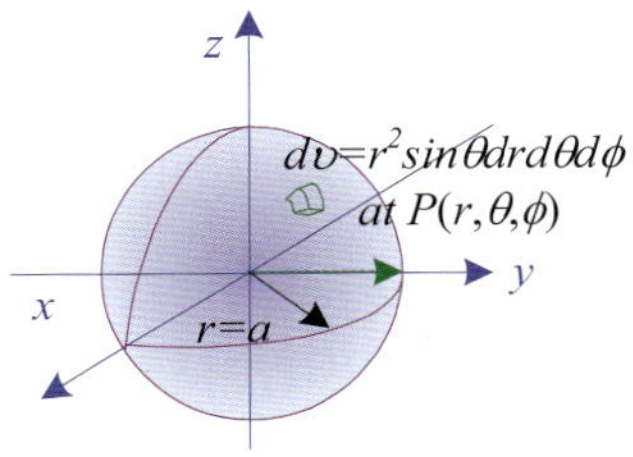

1.14 (Vector Basics) 직교좌표계의 임의의 한 점($\boldsymbol{r}$)에서 다음과 같이 표시되는 벡터 물리량($\boldsymbol{D}(\boldsymbol{r})$ [C/m²])이 있다.

$$\vec{D}(\vec{r}) = D_x(\vec{r})\hat{a}_x + D_y(\vec{r})\hat{a}_y + D_z(\vec{r})\hat{a}_z = 3x^2yz^3\hat{a}_x + xyz^3\hat{a}_y + x^2y^3\hat{a}_z \text{ [C/m}^2]$$

이 벡터 물리량 $\boldsymbol{D}(\boldsymbol{r})$의 발산량(divergence)은 아래와 같이 정의된다.

$$\nabla\cdot\vec{D}(\vec{r}) = \frac{\partial D_x(\vec{r})}{\partial x} + \frac{\partial D_y(\vec{r})}{\partial y} + \frac{\partial D_z(\vec{r})}{\partial z}$$

임의의 관측점($\boldsymbol{r}$)에서 이 벡터의 발산량($\nabla\cdot\vec{D}(\vec{r})$)을 구하라.

1.15 (Vector, Coordinate System) 벡터 물리량의 발산량은 전자기학에서 다양한 용도로 사용된다. 직각좌표계의 위치 의존도가 다음과 같은 벡터 $\boldsymbol{A}(\boldsymbol{r})$와 $\boldsymbol{B}(\boldsymbol{r})$에 대하여,

$$\vec{A}(\vec{r}) = 3\hat{a}_x \ [\text{C/m}^2], \quad \vec{B}(\vec{r}) = 3\hat{a}_x + 2x\hat{a}_y - y\hat{a}_z \ [\text{Wb/m}^2]$$

(a) 임의의 관측점($\boldsymbol{r}$)에서 벡터 $\boldsymbol{A}(\boldsymbol{r})$의 발산량($\nabla\cdot\boldsymbol{A}(\boldsymbol{r})$)을 구하라.
(b) $(x,y,z)=(0,0,0)$에서 벡터 $\boldsymbol{A}(\boldsymbol{r})$의 발산량을 구하라.
(c) $(x,y,z)=(1,1,1)$에서 벡터 $\boldsymbol{A}(\boldsymbol{r})$의 발산량을 구하라.
(d) 임의의 관측점($\boldsymbol{r}$)에서 벡터 $\boldsymbol{B}(\boldsymbol{r})$의 발산량($\nabla\cdot\boldsymbol{B}(\boldsymbol{r})$)을 구하라.
(e) $(x,y,z)=(0,0,0)$에서 벡터 $\boldsymbol{B}(\boldsymbol{r})$의 발산량을 구하라.
(f) $(x,y,z)=(1,1,1)$에서 벡터 $\boldsymbol{B}(\boldsymbol{r})$의 발산량을 구하라.
(g) $(x,y,z)=(0,0,0)$에서 벡터 $\boldsymbol{A}(\boldsymbol{r})+\boldsymbol{B}(\boldsymbol{r})$의 발산량을 구하라.

1.16 (Vector, Coordinate System) 벡터 물리량의 발산량은 전자기학에서 다양한 용도로 사용된다. 직각좌표계의 위치 의존도가 다음과 같은 벡터 $\boldsymbol{A}(\boldsymbol{r})$와 $\boldsymbol{B}(\boldsymbol{r})$에 대하여,

$$\vec{A}(\vec{r}) = x\hat{a}_x + 2xz\hat{a}_y - 3xy\hat{a}_z \ [\text{C/m}^2], \quad \vec{B}(\vec{r}) = 3\hat{a}_x + 2x\hat{a}_y - y\hat{a}_z \ [\text{Wb/m}^2]$$

(a) 임의의 관측점($\boldsymbol{r}$)에서 벡터 $\boldsymbol{A}(\boldsymbol{r})$의 발산량($\nabla\cdot\boldsymbol{A}(\boldsymbol{r})$)을 구하라.
(b) $(x,y,z)=(0,0,0)$에서 벡터 $\boldsymbol{A}(\boldsymbol{r})$의 발산량($\nabla\cdot\boldsymbol{A}(\boldsymbol{r})$)을 구하라.
(c) $(x,y,z)=(0,0,0)$에서 벡터 $-\boldsymbol{A}(\boldsymbol{r})$의 발산량을 구하라.
(d) $(x,y,z)=(1,1,1)$에서 벡터 $\boldsymbol{A}(\boldsymbol{r})$의 발산량을 구하라.
(e) $(x,y,z)=(0,0,0)$에서 벡터 $\boldsymbol{B}(\boldsymbol{r})$의 발산량을 구하라.
(f) $(x,y,z)=(1,1,1)$에서 벡터 $\boldsymbol{B}(\boldsymbol{r})$의 발산량을 구하라.
(g) $(x,y,z)=(1,1,1)$에서 벡터 $\boldsymbol{A}(\boldsymbol{r})+\boldsymbol{B}(\boldsymbol{r})$의 발산량을 구하라.

1.17 (Vector, Coordinate System) 벡터 물리량의 회전 성분은 전자기학에서 다양한 용도로 사용된다. 직각좌표계의 위치 의존도가 다음과 같은 벡터 $\boldsymbol{A}(\boldsymbol{r})$와 $\boldsymbol{B}(\boldsymbol{r})$에 대하여,

$$\vec{A}(\vec{r}) = 3\hat{a}_x \ [\text{C/m}^2], \quad \vec{B}(\vec{r}) = 3\hat{a}_x + 2x\hat{a}_y - y\hat{a}_z \ [\text{Wb/m}^2]$$

(a) 임의의 관측점($\boldsymbol{r}$)에서 벡터 $\boldsymbol{A}(\boldsymbol{r})$의 회전량 벡터($\nabla\times\boldsymbol{A}(\boldsymbol{r})$)를 구하라.
(b) $(x,y,z)=(0,0,0)$에서 벡터 $\boldsymbol{A}(\boldsymbol{r})$의 회전량 벡터를 구하라.
(c) $(x,y,z)=(0,0,0)$에서 벡터 $-\boldsymbol{A}(\boldsymbol{r})$의 회전량 벡터를 구하라.
(d) $(x,y,z)=(1,1,1)$에서 벡터 $\boldsymbol{A}(\boldsymbol{r})$의 회전량 벡터를 구하라.
(e) $(x,y,z)=(0,0,0)$에서 벡터 $\boldsymbol{B}(\boldsymbol{r})$의 회전량 벡터를 구하라.
(f) $(x,y,z)=(1,1,1)$에서 벡터 $\boldsymbol{B}(\boldsymbol{r})$의 회전량 벡터를 구하라.
(g) $(x,y,z)=(0,0,0)$에서 벡터 $\boldsymbol{A}(\boldsymbol{r})+\boldsymbol{B}(\boldsymbol{r})$의 회전량 벡터를 구하라.

1.18 (Vector, Coordinate System) 벡터 물리량의 회전 성분은 전자기학에서 다양한 용도로 사용된다. 직각좌표계의 위치 의존도가 다음과 같은 벡터 $\boldsymbol{A}(\boldsymbol{r})$와 $\boldsymbol{B}(\boldsymbol{r})$에 대하여,

$$\overline{D}(\vec{r}) = 3xz\hat{a}_x + 2y\hat{a}_y - 3xz\hat{a}_z \ [\mathrm{C/m^2}], \quad \overline{B}(\vec{r}) = 3\hat{a}_x + 2x\hat{a}_y - y\hat{a}_z \ [\mathrm{Wb/m^2}]$$

(a) 임의의 관측점($\boldsymbol{r}$)에서 벡터 $\boldsymbol{D}(\boldsymbol{r})$의 회전량 벡터($\nabla\times\boldsymbol{A}(\boldsymbol{r})$)를 구하라.
(b) $(x,y,z)=(0,0,0)$에서 벡터 $\boldsymbol{D}(\boldsymbol{r})$의 회전량 벡터($\nabla\times\boldsymbol{D}(\boldsymbol{r})$)를 구하라.
(c) $(x,y,z)=(1,1,1)$에서 벡터 $\boldsymbol{D}(\boldsymbol{r})$의 회전량 벡터를 구하라.
(d) $(x,y,z)=(0,0,0)$에서 벡터 $\boldsymbol{B}(\boldsymbol{r})$의 회전량 벡터($\nabla\times\boldsymbol{B}(\boldsymbol{r})$)를 구하라.
(e) $(x,y,z)=(0,0,0)$에서 벡터 $-\boldsymbol{B}(\boldsymbol{r})$의 회전량 벡터를 구하라.
(f) $(x,y,z)=(1,1,1)$에서 벡터 $\boldsymbol{B}(\boldsymbol{r})$의 회전량 벡터의 크기를 구하라.

1.19 (Vector, Coordinate System) 벡터 물리량의 발산량과 회전 성분은 전자기학에서 다양한 용도로 사용된다. 직각좌표계의 위치 의존도가 다음과 같은 벡터 $\boldsymbol{D}(\boldsymbol{r})$에 대하여,

$$\overline{D}(\vec{r}) = \frac{1}{x^2+y^2+z^2}(\hat{a}_x + \hat{a}_y + \hat{a}_z) \ [\mathrm{C/m^2}]$$

(a) $(x,y,z)=(1,0,0)$에서 벡터 $\boldsymbol{D}(\boldsymbol{r})$의 크기를 구하라.
(b) $(x,y,z)=(0,2,0)$에서 벡터 $\boldsymbol{D}(\boldsymbol{r})$의 크기를 구하라.
(c) 임의의 관측점($\boldsymbol{r}$)에서 벡터 $\boldsymbol{D}(\boldsymbol{r})$의 발산량($\nabla\cdot\boldsymbol{D}(\boldsymbol{r})$)을 구하라.
(d) $(x,y,z)=(1,0,0)$에서 벡터 $\boldsymbol{D}(\boldsymbol{r})$의 발산량($\nabla\cdot\boldsymbol{D}(\boldsymbol{r})$)을 구하라.
(e) $(x,y,z)=(0,2,0)$에서 벡터 $\boldsymbol{D}(\boldsymbol{r})$의 발산량($\nabla\cdot\boldsymbol{D}(\boldsymbol{r})$)을 구하라.
(f) 임의의 관측점($\boldsymbol{r}$)에서 벡터 $\boldsymbol{D}(\boldsymbol{r})$의 회전량 벡터($\nabla\times\boldsymbol{D}(\boldsymbol{r})$)를 구하라.
(g) $(x,y,z)=(1,0,0)$에서 벡터 $\boldsymbol{D}(\boldsymbol{r})$의 회전량 벡터를 구하라.
(h) $(x,y,z)=(0,2,0)$에서 벡터 $\boldsymbol{D}(\boldsymbol{r})$의 회전량 벡터의 크기를 구하라.

1.20 (Vector, Coordinate System) 벡터 물리량의 발산량과 회전 성분은 전자기학에서 다양한 용도로 사용된다. 직각좌표계의 위치 의존도가 다음과 같은 벡터 $\boldsymbol{B}(\boldsymbol{r})$에 대하여,

$$\overline{B}(\vec{r}) = \frac{1}{x^2+y^2+z^2}(\hat{a}_x + \hat{a}_y) \ [\mathrm{Wb/m^2}]$$

(a) $(x,y,z)=(1,0,0)$에서 벡터 $\boldsymbol{B}(\boldsymbol{r})$의 크기를 구하라.
(b) $(x,y,z)=(0,2,0)$에서 벡터 $\boldsymbol{B}(\boldsymbol{r})$의 크기를 구하라.
(c) 임의의 관측점($\boldsymbol{r}$)에서 벡터 $\boldsymbol{B}(\boldsymbol{r})$의 발산량($\nabla\cdot\boldsymbol{B}(\boldsymbol{r})$)을 구하라.
(d) $(x,y,z)=(1,0,0)$에서 벡터 $\boldsymbol{B}(\boldsymbol{r})$의 발산량($\nabla\cdot\boldsymbol{B}(\boldsymbol{r})$)을 구하라.
(e) $(x,y,z)=(0,2,0)$에서 벡터 $\boldsymbol{B}(\boldsymbol{r})$의 발산량($\nabla\cdot\boldsymbol{B}(\boldsymbol{r})$)을 구하라.
(f) 임의의 관측점($\boldsymbol{r}$)에서 벡터 $\boldsymbol{B}(\boldsymbol{r})$의 회전량 벡터($\nabla\times\boldsymbol{B}(\boldsymbol{r})$)를 구하라.
(g) $(x,y,z)=(1,0,0)$에서 벡터 $\boldsymbol{B}(\boldsymbol{r})$의 회전량 벡터를 구하라.
(h) $(x,y,z)=(0,2,0)$에서 벡터 $\boldsymbol{B}(\boldsymbol{r})$의 회전량 벡터의 크기를 구하라.

Part 1

공간적으로 고정된 전하들의 정전기적 상호작용 : 정전기장

Electrostatic Interaction between Fixed Electric Charges : Static Electric Field

2장 전하들 간의 상호작용과 쿨롱의 법칙 : 벡터 정전기장

· 근원 점전하(Q_s [C])에 의해 형성된 전기장의 관측점(r)에서 시험 점전하(Q_t [C])에 작용하는 정전기적 힘($F(r)$ [N] 인력 또는 반발력:쿨롱의 법칙)
· 근원전하에 의한 영향을 나타내는 방사방향 전계강도($E(r)$ [V/m])

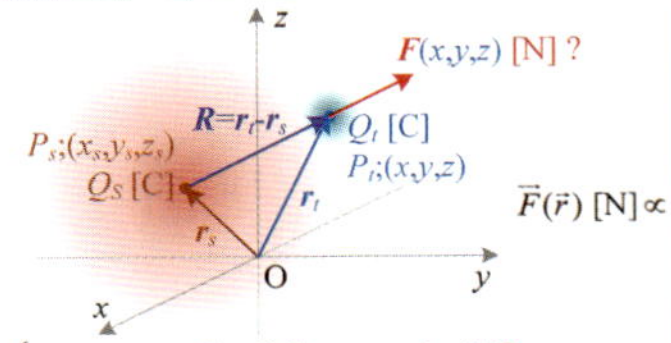

$$\vec{F}(\vec{r})\ [\mathrm{N}] \propto \begin{cases} Q_s\ [\mathrm{C}] \\ Q_t\ [\mathrm{C}] \\ 1/R^2 \\ \hat{a}_F \equiv \dfrac{\vec{F}(\vec{r})}{F(\vec{r})} = \pm\hat{a}_R \\ \quad Q_sQ_t>0: \hat{a}_F \equiv \dfrac{\vec{F}(\vec{r})}{F(\vec{r})} = +\hat{a}_R \\ \quad Q_sQ_t<0: \hat{a}_F \equiv \dfrac{\vec{F}(\vec{r})}{F(\vec{r})} = -\hat{a}_R \end{cases}$$

$$\begin{cases} \vec{F}(\vec{r})\ [\mathrm{N}] = \dfrac{1}{4\pi\epsilon}\dfrac{Q_tQ_s}{R^2}\hat{a}_R = \dfrac{1}{4\pi\epsilon}\dfrac{Q_tQ_s}{R^3}\vec{R} \\ \vec{R}\ [\mathrm{m}] = \vec{r}_t - \vec{r}_s = \vec{r} - \vec{r}\,'\ [\mathrm{m}],\ \hat{a}_R \equiv \dfrac{\vec{R}}{R} = \dfrac{\vec{r}-\vec{r}\,'}{|\vec{r}-\vec{r}\,'|} \end{cases}$$

· 근원 분포전하(dQ_s [C])에 의해 형성된 전기장의 관측점(r)에서 시험전하(Q_t [C])에 작용하는 정전기적 힘($F(r)$ [N]:쿨롱의 법칙)과 근원전하에 의한 영향을 나타내는 전계강도($E(r)$ [V/m])

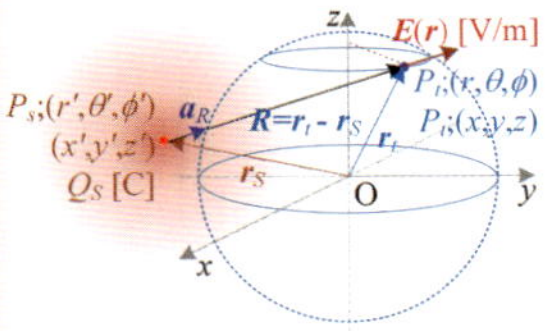

$$\vec{F}(\vec{r})\ [\mathrm{N}] = \int_{source} d\vec{F}(\vec{r},\vec{r}\,')$$

$$d\vec{F}(\vec{r},\vec{r}\,')\ [\mathrm{N}] = Q_t(\vec{r})\frac{dQ_S(\vec{r}\,')}{4\pi\epsilon R^2}\hat{a}_R$$

$$dQ_S(\vec{r}\,')\ [\mathrm{C}] = \begin{cases} Q_S(\vec{r}\,')\ [\mathrm{C}] \\ \rho_l dl'\ [\mathrm{C}] \\ \rho_s dS'\ [\mathrm{C}] \\ \rho_\upsilon d\upsilon'\ [\mathrm{C}] \end{cases}$$

$$\vec{E}(\vec{r})\ [\mathrm{V/m}] \equiv \frac{\vec{F}(\vec{r})}{Q_t} = \int_{\vec{r}\,'} d\vec{E}(\vec{r}\,',\vec{r});\ d\vec{E}(\vec{r}\,',\vec{r})\ [\mathrm{V/m}] = \frac{dQ_S(\vec{r}\,')}{4\pi\epsilon R^2}\hat{a}_R$$

$$\vec{E}(\vec{r})\ [\mathrm{V/m}] \propto \begin{cases} Q_s\ [\mathrm{C}] \\ 1/R^2 \\ \hat{a}_E \equiv \dfrac{\vec{E}(\vec{r})}{E(\vec{r})} = \pm\hat{a}_R \\ \begin{cases} Q_s>0: \hat{a}_E = +\hat{a}_R \\ Q_s<0: \hat{a}_F = -\hat{a}_R \end{cases} \end{cases}$$

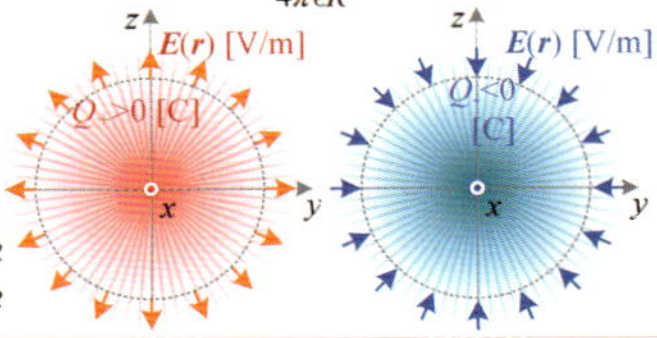

· 근원전하에 의해 형성된 전기장의 스칼라 등가전하량($\psi=Q$ [C]): 전속;electric flux)
· 방사형 벡터 등가전하밀도($D(r)$ [C/m²]) (매질의 유전상수에 무관)

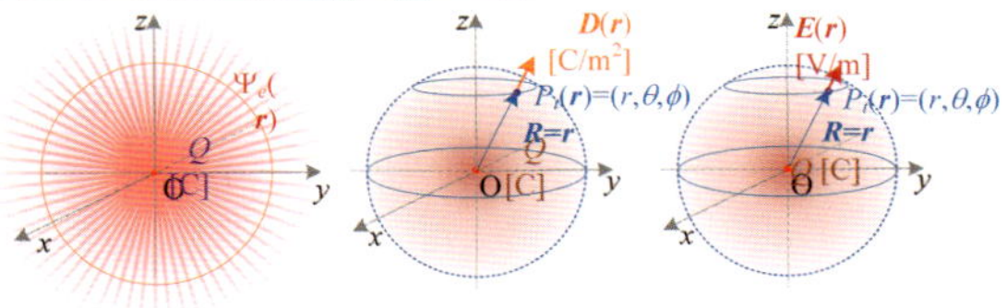

$$\vec{D}(\vec{r})\ [\mathrm{C/m^2}] \equiv \frac{d\Psi_e}{dS}\hat{a}_n = \frac{Q_s(\vec{r}\,')}{4\pi R^2}\hat{a}_R \propto \begin{cases} Q_s\ [\mathrm{C}] \\ 1/R^2 \end{cases};\hat{a}_D \equiv \frac{\vec{D}(\vec{r})}{D(\vec{r})} = \pm\hat{a}_R \begin{cases} Q_s>0: \hat{a}_D = +\hat{a}_R \\ Q_s<0: \hat{a}_D = -\hat{a}_R \end{cases}$$

$$\longleftrightarrow \boxed{\vec{D}(\vec{r})\ [\mathrm{C/m^2}] = \epsilon\vec{E}(\vec{r})}$$

· 대칭 구조 전하에 의해 형성된 전기장 해석 : 가우스의 법칙과 등가전하밀도

· 가우스의 법칙(Gauss's Law) : 포아송 방정식의 적분형
폐곡면 내의 근원전하량(Q_{enc} [C])과 전기장의 벡터 등가전하밀도의 관계
: Q_{enc} [C] → $D(r)$ [C/m²] & $E(r)$ [V/m]

$$\oint\vec{D}(\vec{r})\cdot d\vec{S}(\vec{r}) = \oint\vec{D}(\vec{r})\cdot\hat{a}_n(\vec{r})dS = \oint d\psi_e dS = \psi_e = Q_{enc}[\mathrm{C}]$$

$$Q_{enc}[\mathrm{C}] \rightarrow \vec{D}(\vec{r})\ [\mathrm{C/m^2}]$$

$$\rightarrow \vec{E}(\vec{r})\ [\mathrm{V/m}] = \frac{\vec{D}(\vec{r})}{\epsilon} \rightarrow \vec{F}(\vec{r})\ [\mathrm{N}] = Q_t\vec{E}(\vec{r})$$

· 전기장의 근원전하밀도(ρ_υ [C/m³])와 등가전하밀도 벡터($D(r)$ [C/m²])의 발산량

$$\nabla\cdot\vec{D}\ [\mathrm{C/m^3}] \equiv \lim_{\substack{\Delta\upsilon\to\\ small}}\left(\frac{\oint_S\vec{D}(\vec{r})\cdot d\vec{S}(\vec{r})}{\Delta\upsilon}\right) = \lim_{\substack{\Delta\upsilon\to\\ small}}\left(\frac{Q_{enc}}{\Delta\upsilon}\right)\ ;\ Q_{enc}\ [\mathrm{C}] = \int_{vol}\rho_\upsilon(\vec{r})d\upsilon$$

· 근원전하분포에 의해 형성된 전기장의 방사방향 등가전하밀도 : 포아송 방정식
근원전하밀도와 방사방향 전계강도의 관계를 지배하는 맥스웰 방정식 : $\nabla\cdot D(r)=\rho(r)$ [C/m³]
: ρ_υ [C/m³] → $D(r)$ [C/m²] & $E(r)$ [V/m]

$$\oint_S\vec{D}(\vec{r})\cdot\hat{a}_n(\vec{r})dS = \int_S\nabla\cdot\vec{D}(\vec{r})d\upsilon = Q_{enc}\ [\mathrm{C}]$$

$$\longleftrightarrow Q_{enc}\ [\mathrm{C}] = \int_S\rho_\upsilon(\vec{r})d\upsilon$$

$$\rightarrow \boxed{\nabla\cdot\vec{D}(\vec{r}) = \rho_\upsilon(\vec{r})\ [\mathrm{C/m^3}]}$$: 포아송 방정식

$$\rho_\upsilon(\vec{r})\ [\mathrm{C/m^3}] \rightarrow \vec{D}(\vec{r})\ [\mathrm{C/m^2}] \rightarrow \vec{E}(\vec{r})\ [\mathrm{V/m}] = \frac{\vec{D}(\vec{r})}{\epsilon} \rightarrow \vec{F}(\vec{r})\ [\mathrm{N}] = Q_t\vec{E}(\vec{r})$$

3장 정전기적 에너지와 전위 : 스칼라 전기장

· 근원전하에 의해 형성된 전기장에서 시험전하를 이동시키는 데 필요한 정전기적 에너지

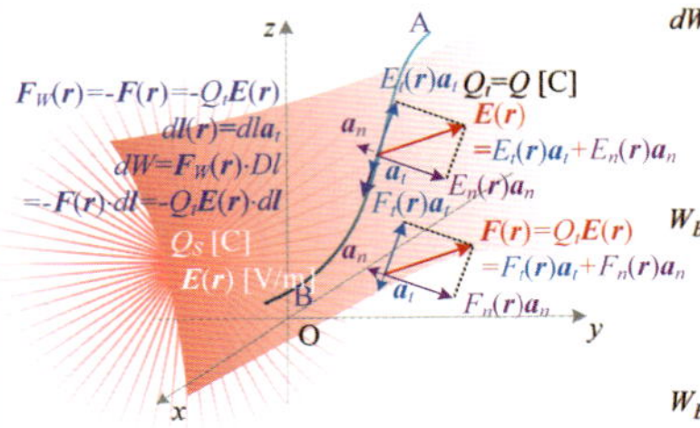

$$dW_{BA}\ [\mathrm{J}] \equiv \vec{F}(\vec{r})\cdot d\vec{l}(\vec{r}) = -\vec{F}_E(\vec{r})\cdot d\vec{l}(\vec{r}) = -Q_t\vec{E}(\vec{r})\cdot d\vec{l}(\vec{r}) \leftarrow \vec{F}_E(\vec{r})\ [\mathrm{N}] = Q_t\vec{E}(\vec{r})$$

$$W_{BA}\ [\mathrm{J}] \equiv \int_A^B dW(\vec{r}) = \int_A^B -\vec{F}_E(\vec{r})\cdot d\vec{l}(\vec{r}) = Q_t\int_A^B -\vec{E}(\vec{r})\cdot d\vec{l}(\vec{r})$$

$$W_{BA}\ [\mathrm{J}] \propto Q_t\ [\mathrm{C}]$$

· 근원전하에 의해 형성된 전기장의 스칼라 전위분포와 전위 차(전압) : 스칼라 전위분포와 정전기적 에너지의 관계

$$V_{BA}\ [\mathrm{V}] \equiv \frac{W_{BA}}{Q_t} \equiv \int_A^B dV(\vec{r}\,',\vec{r}) \equiv \int_A^B -\vec{E}(\vec{r})\cdot d\vec{l}(\vec{r}) = \int_A^B -\vec{E}(\vec{r})\cdot\hat{a}_t(\vec{r})dl$$

$$\leftarrow W_{BA}\ [\mathrm{J}] = Q_tV_{BA} \propto Q_t\ [\mathrm{C}]$$

$$\leftarrow V_{BA}\ [\mathrm{V}] \equiv \frac{W_{BA}}{Q_t}$$

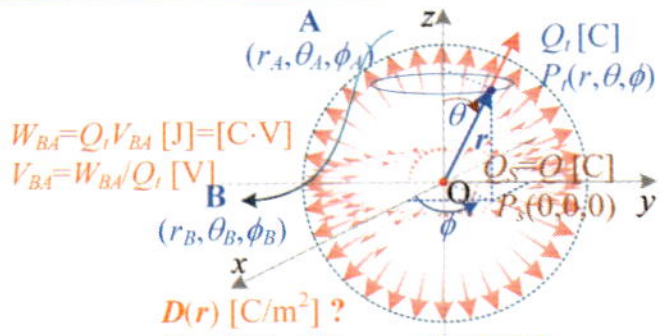

· 근원전하에 의해 형성된 전기장의 스칼라 절대 전위분포 ($V(r)$ [V])

$$V(\vec{r})\ [\mathrm{V}] = \int_{\infty;source}^{\vec{r}} dV(\vec{r}) \equiv V_{\vec{r}\infty}(\vec{r}) = -\int_\infty^{\vec{r}}\vec{E}(\vec{r})\cdot d\vec{l}(\vec{r})$$

$$dV(\vec{r}\,',\vec{r})\ [\mathrm{V}] = \frac{dQ_S(\vec{r}\,')}{4\pi\epsilon R}\ ;\ dQ_S(\vec{r}\,')\ [\mathrm{C}] = \begin{cases} Q_S(\vec{r}\,')\ [\mathrm{C}] \\ \rho_l(\vec{r}\,')dl'\ [\mathrm{C}] \\ \rho_s(\vec{r}\,')dS'\ [\mathrm{C}] \\ \rho_\upsilon(\vec{r}\,')d\upsilon'\ [\mathrm{C}] \end{cases}$$

· 근원전하에 의해 형성된 전기장의 스칼라 절대 전위분포와 벡터 전계강도의 상호 변환

$$V(\vec{r})\ [\mathrm{V}] \equiv -\int_\infty^{\vec{r}}\vec{E}(\vec{r})\cdot d\vec{l}(\vec{r}) = \int_\infty^{\vec{r}} dV(\vec{r})\ ;\ dV(\vec{r})\ [\mathrm{V}] = -\vec{E}(\vec{r})\cdot\hat{a}_t(\vec{r})dl$$

$$\rightarrow \vec{E}(\vec{r})\ [\mathrm{V/m}] = -\frac{dV(\vec{r})}{dl}\hat{a}_t(\vec{r}) = -\nabla V(\vec{r}) \rightarrow \begin{cases} \vec{D}(\vec{r})\ [\mathrm{C/m^2}] = \epsilon\vec{E}(\vec{r}) \\ \vec{F}(\vec{r})\ [\mathrm{N}] = Q_t\vec{E}(\vec{r}) \\ W_{BA}\ [\mathrm{N}] = Q_tV_{BA} \end{cases}$$

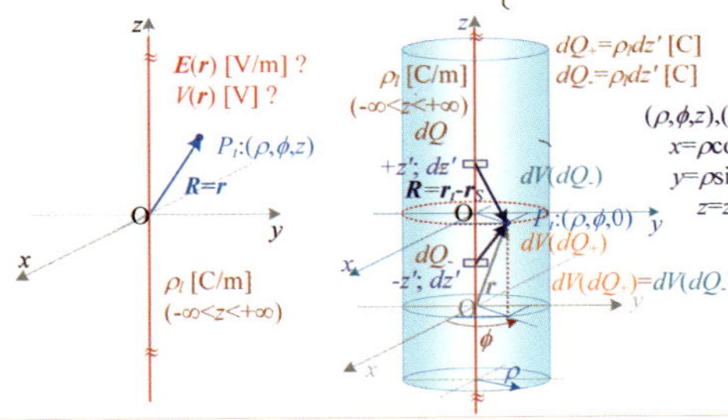

· 근원전하에 의해 형성된 전기장의 전계강도분포와 에너지 밀도 분포: $E(r)$ [V/m] & δW_E [J/m³]

$$W_E\ [\mathrm{J}] = \frac{1}{2}\sum_{i=1}^n Q_iV_i$$

$$\&\ W_E\ [\mathrm{J}] = \frac{1}{2}\int_{vol}\rho_\upsilon(\vec{r})V(\vec{r})d\upsilon$$

$$\rightarrow W_E\ [\mathrm{J}] = \int_{r=0}^{r=\infty}\frac{1}{2}\big(\nabla(\vec{r})\cdot\vec{D}(\vec{r})\big)V(\vec{r})d\upsilon$$

$$= \int_{r=0}^{r=\infty}\frac{1}{2}\Big[\nabla\cdot\big(V(\vec{r})\vec{D}(\vec{r})\big) - \vec{D}(\vec{r})\cdot\nabla V(\vec{r})\Big]d\upsilon$$

$$= \int_{r=0}^{r=\infty}\left(\frac{1}{2}\vec{D}(\vec{r})\cdot\vec{E}(\vec{r})\right)d\upsilon = \int_{r=0}^{r=\infty}\delta W_E(\vec{r})d\upsilon$$

$$\delta W_E(\vec{r})\ [\mathrm{J/m^3}] \equiv \frac{dW_E(\vec{r})}{d\upsilon} = \frac{1}{2}\vec{D}(\vec{r})\cdot\vec{E}(\vec{r})$$

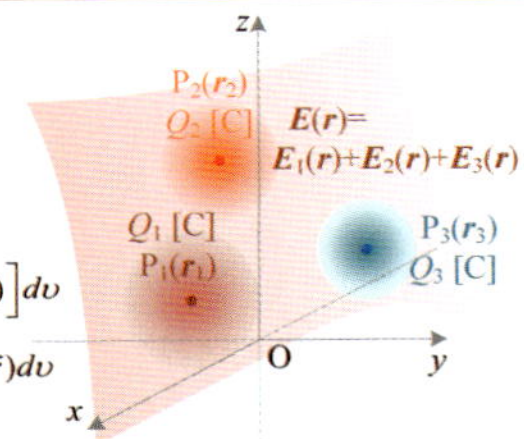

· 정전기장의 폐경로에 대한 전위차를 지배하는 맥스웰 방정식: $\nabla\times E(r)=0$ [V/m²]

$$V_{oo}\ [\mathrm{V}] \equiv \frac{W_{oo}}{Q_t} \equiv \oint -\vec{E}(\vec{r})\cdot d\vec{l} = 0$$

$$\longleftrightarrow \oint\vec{E}(\vec{r})\cdot d\vec{l} = \int_S\nabla\times\vec{E}(\vec{r})\cdot d\vec{S}(\vec{r}) = 0\ [\mathrm{V}]$$

$\rightarrow \nabla\times\vec{E}(\vec{r}) = 0\ [\mathrm{V/m^2}]$: 고정전하에 의해 형성된 전기장의 전계강도는 회전성분이 존재하지 않고, 오직 방사방향 성분만 존재함

4장 전기장 내의 이동전하와 전도성 전류 : 이동전하에 작용하는 정전기적 힘과 전하의 이동

· 전기장 내의 이동전하: 정전기적 힘에 의해 이동: 전도성 전류 형성
· 이동도(μ[m/s]/[V/m])와 전기전도도(σ[Ω^{-1}m])

$$\vec{I}\ [\mathrm{A}]\ \text{or}\ [\mathrm{C/s}] = \frac{\Delta Q}{\Delta t}\hat{a}_n = \rho_{mv}\left(\frac{\Delta x}{\Delta t}\right)S\hat{a}_n = \rho_{mv}vS\hat{a}_n = S\vec{J}_C$$

$$\vec{F}_{net}\ [\mathrm{N}] = \vec{F}_E(\vec{r}) + \vec{F}_{col}(\vec{r}) = \Delta Q\vec{E} - \frac{\Delta\vec{p}}{\Delta t} = \Delta Q\vec{E} - \frac{m\vec{v}}{\tau_c} = 0$$

$$\rightarrow \vec{v}\ [\mathrm{m/s}] = \pm\mu\vec{E}(\vec{r})\ ;$$

$$\rightarrow \mu\ [\mathrm{m^2/V\cdot s}] \equiv \left|\frac{\vec{v}}{\vec{E}(\vec{r})}\right| = \left|\frac{\Delta Q}{m}\right|\tau_c\ [(\mathrm{m/s})/(\mathrm{V/m})]$$

$$\vec{J}_C(\vec{r})\ [\mathrm{A/m^2}] = \rho_{mv}(\vec{r})\vec{v} = \sigma(\vec{r})\vec{E}(\vec{r})$$

$$\rightarrow \sigma(\vec{r})\ [\Omega^{-1}/\mathrm{m}] \equiv \rho_{mv}(\vec{r})\mu$$

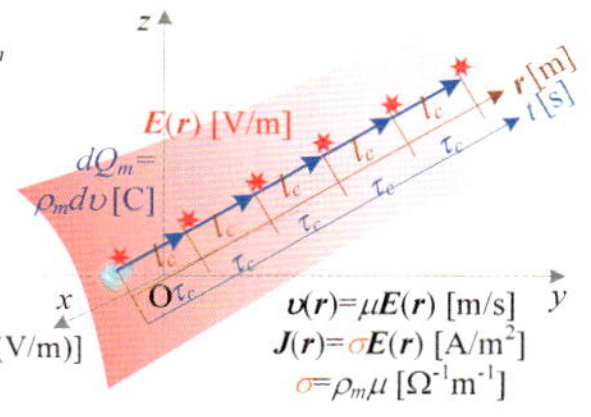

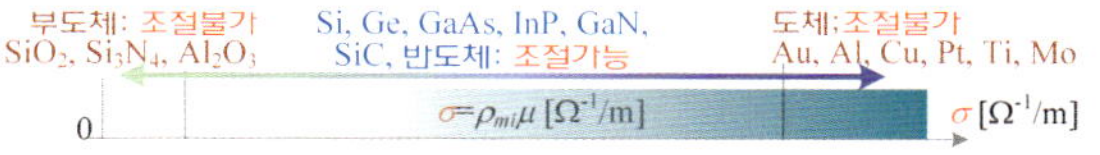

· 전기장 내에 주입된 이동전하의 시간에 따른 변화와 공간적 분포 : 연속 방정식
· 유전체 내의 전하 이완시간

$$\nabla\cdot\vec{J}(\vec{r},t)\ [\mathrm{A/m^3}] = -\frac{\partial\rho_{mv}(\vec{r},t)}{\partial t}$$

$$\rightarrow \rho_{mv}(t)\ [\mathrm{C/m^3}] = \rho_{mo}e^{-t/\tau_r}$$

$$;\ \tau_r\ [\mathrm{s}] \equiv \frac{\epsilon}{\sigma}$$

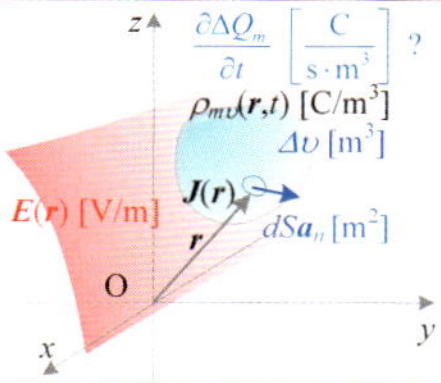

· 도체의 특성: 내부전계=0, 등전위면 형성, 전기적 중성(내부전하밀도=0)

$$\sigma_m = \rho_m\mu_m \cong \infty \rightarrow \tau_r = \frac{\epsilon}{\sigma} \cong 0 \rightarrow \begin{cases}\vec{E}_{metal}\ [\mathrm{V/m}] \equiv \vec{E}_m = 0 \\ \vec{D}_{metal}\ [\mathrm{C/m^2}] \equiv \vec{D}_m = 0 \\ \&\ V_{metal}\ [\mathrm{V}] = \text{const.}\end{cases}$$

· 도체와 유전체 경계면의 전계강도와 등가전하밀도에 대한 경계조건

$$\begin{cases}\oint -\vec{E}(\vec{r})\cdot d\vec{l}(\vec{r}) = V_{oo} = 0\ [\mathrm{V}] & \rightarrow E_t = 0\ [\mathrm{V/m}] \\ \oint \vec{D}(\vec{r})\cdot d\vec{S}(\vec{r}) = Q_{enc}\ [\mathrm{C}] & \rightarrow D_n = \rho_s\ [\mathrm{C/m^2}]\end{cases}$$

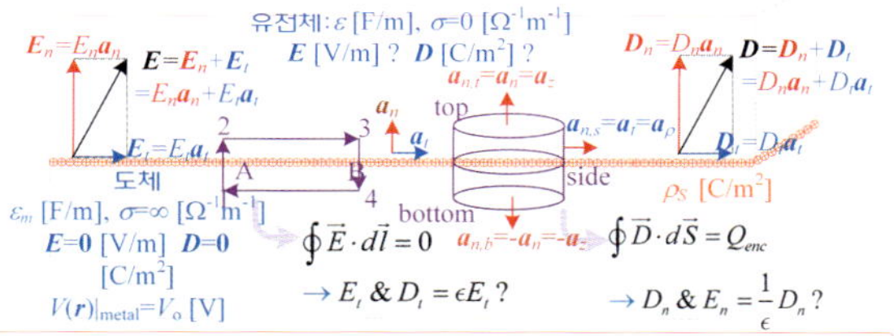

· 도체의 등전위면 특성을 이용한 대칭전하법에 의한 전기장의 해석
Q [C] vs. $Q_{imag}=-Q$: $V(\mathbf{r})$ [V]$=V_+(\mathbf{r})+V_-(\mathbf{r})$)$\rightarrow\mathbf{E}(\mathbf{r})$ [V/m]$\rightarrow\mathbf{D}(\mathbf{r})$ [C/m²]$\rightarrow\mathbf{F}(\mathbf{r})$ [N]

$$Q \longleftrightarrow Q_{imag} = -Q\ [\mathrm{C}]$$

$$\rightarrow V(\vec{r})\ [\mathrm{V}] = V(\vec{r})_Q + V(\vec{r})_{Q_{imag}}$$

$$\rightarrow \vec{E}(\vec{r})\ [\mathrm{V/m}] = -\nabla V(\vec{r})$$

$$\rightarrow \vec{D}(\vec{r})\ [\mathrm{C/m^2}] = \epsilon\vec{E}(\vec{r})$$

$$\rightarrow \vec{F}(\vec{r})\ [\mathrm{N}] = Q_t\vec{E}(\vec{r})$$

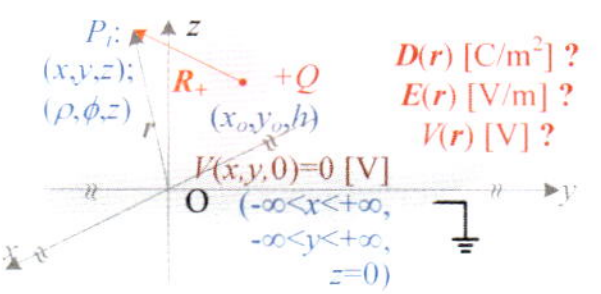

· 변형된 포아송 방정식을 이용한 균일 매질 내의 전기장 해석
ρ_v [C/m³]$\rightarrow V(\mathbf{r})$ [C/m²]$\rightarrow\mathbf{E}(\mathbf{r})$ [V/m]$\rightarrow\mathbf{D}(\mathbf{r})$ [C/m²]

$$\begin{cases}\nabla\cdot\vec{D}(\vec{r}) = \rho_v\quad [\mathrm{C/m^3}]\ :\ \text{Poisson's Eq.} \\ \nabla^2 V(\vec{r}) = -\frac{\rho_v}{\epsilon}\ [\mathrm{V/m^2}]\ :\ \text{Laplace Eq.}\end{cases} \leftrightarrow \begin{cases}\vec{E}(\vec{r}) = -\nabla V(\vec{r})\ [\mathrm{V/m}] \\ \vec{D}(\vec{r}) = \epsilon\vec{E}(\vec{r})\quad [\mathrm{C/m^2}] \\ \vec{F}(\vec{r}) = Q_t\vec{E}(\vec{r})\ [\mathrm{N}]\end{cases}$$

· 중성전하 공간의 라플라스 방정식과 전위분포($V(\mathbf{r})$ [V])
ρ_v [C/m³]=0$\rightarrow V(\mathbf{r})$ [C/m²]$\rightarrow\mathbf{E}(\mathbf{r})$ [V/m]$\rightarrow\mathbf{D}(\mathbf{r})$ [C/m²]

$$\nabla^2 V(\vec{r}) = 0\ [\mathrm{V/m^2}] \Leftarrow \rho_v(\vec{r}) = \rho_{v+}(\vec{r}) + \rho_{v-}(\vec{r}) = 0\ [\mathrm{C/m^3}]$$

$$\Rightarrow \vec{E}(\vec{r}) = -\nabla V(\vec{r})\ [\mathrm{V/m}] \Rightarrow \vec{F}(\vec{r}) = Q_t\vec{E}(\vec{r})\ [\mathrm{N}]$$

$$\text{1-D. Laplace Eq.: } \frac{\partial^2 V(x)}{\partial x^2} = 0\ [\mathrm{V/m^2}]$$

$$\Rightarrow V(x)\ [\mathrm{V}] = \alpha_o + \alpha_1 x \Rightarrow E(x)\ [\mathrm{V/m}] = -\frac{\partial V(x)}{\partial x} = -\alpha_1 = \text{con.}$$

5장 전기장의 영향을 받고 전달하며 전자 부품을 구성하는 전자재료 : 전하쌍극자, 유전체, 유전체의 분극

· 전하쌍극자(전하 켤레(+Q&-Q [C], 전하간 거리&방향: $\boldsymbol{d}$ [m])
· 전기장 내의 전하쌍극자에 작용하는 정전기적 힘(F_{edp} [N]),
· 정전기적 회전력(T_{edp} [N·m]), 전하쌍극자 모멘트($\boldsymbol{p}=Q\boldsymbol{d}$ [C·m])

$$\begin{cases}\vec{F}_{net}\ [\mathrm{N}] = \vec{F}_{+Q} + \vec{F}_{-Q} \\ \quad = 0 \\ \quad ;\ \vec{p} \equiv Q\vec{d}\ [\mathrm{C\cdot m}] \\ \vec{T}\ [\mathrm{N\cdot m}] = \vec{R}\times\vec{F} \\ \quad = \vec{d}\times Q\vec{E} \\ \quad = Q\vec{d}\times\vec{E} = \vec{p}\times\vec{E}\end{cases}$$

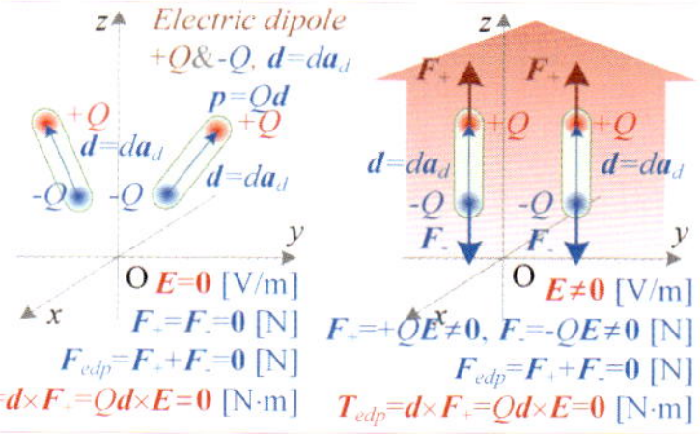

· 전하쌍극자에 의한 전기장(전위, 전계강도, 등가전하밀도)

$$V_{edp}(\vec{r})\ [\mathrm{V}] = \frac{+Q}{4\pi\epsilon_o R_1} + \frac{-Q}{4\pi\epsilon_o R_2} = \frac{\vec{p}\cdot\hat{a}_R}{4\pi\epsilon_o R^2}$$

$$\vec{p}\ [\mathrm{C\cdot m}] \equiv Q\vec{d}$$

$$\rightarrow \begin{cases}\vec{E}_{edp}(\vec{r}) = -\nabla V_{edp}(\vec{r})\ [\mathrm{V/m}] \\ \vec{F}(\vec{r}) = Q_t\vec{E}_{edp}(\vec{r})\quad [\mathrm{N}] \\ \vec{D}_{edp}(\vec{r}) = \epsilon\vec{E}_{edp}(\vec{r})\quad [\mathrm{C/m^2}]\end{cases}$$

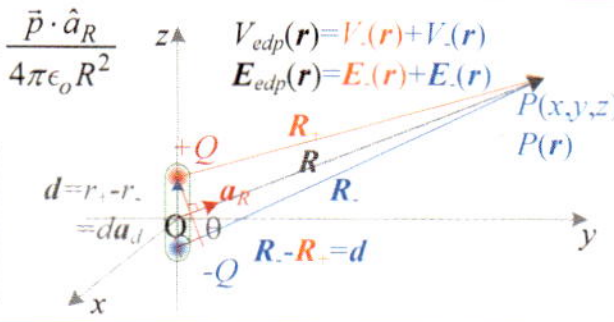

· 유전체 구성요소인 전하쌍극자: 전하쌍극자 모멘트와 전계에 의한 회전력
· 전하쌍극자 집합체인 유전체의 전계에 의한 영향: 분극과 유전체 내의 전계강도
· 전계에 의한 분극과 분극벡터($\boldsymbol{P}$ [C/m²]), 전계감응도(χ_e)와 상대적 유전상수(ϵ_r)

$$\vec{p}_i \equiv Q\vec{d}_i\ [\mathrm{C\cdot m}]\ ;\ n_{edp}[1/\mathrm{m^3}] = N/\Delta v$$

$$\vec{P}\ [\mathrm{C/m^2}] \equiv \frac{\sum_{i=1}^{N}\vec{p}_i}{\Delta v} = \frac{N}{\Delta v}\vec{p} = n_{edp}\vec{p} = \chi_e(\epsilon_o\vec{E});\ \vec{p}\ [\mathrm{C\cdot m}] \equiv Q\vec{d} = Qd\hat{a}_E$$

$$\vec{T}\ [\mathrm{N\cdot m}] = Q\vec{d}\times\vec{E} = \vec{p}\times\vec{E}\Big\} \rightarrow \begin{cases}\vec{E}(\vec{r})\ [\mathrm{V/m}] = [\mathrm{N/C}] = \frac{\vec{D}(\vec{r})}{\epsilon_r\epsilon_o};\ \epsilon_r \equiv (1+\chi_e) \\ \vec{D}(\vec{r})\ [\mathrm{C/m^2}] = \epsilon_o\vec{E} + \chi_e\epsilon_o\vec{E} = \epsilon_r\epsilon_o\vec{E}(\vec{r})\end{cases}$$

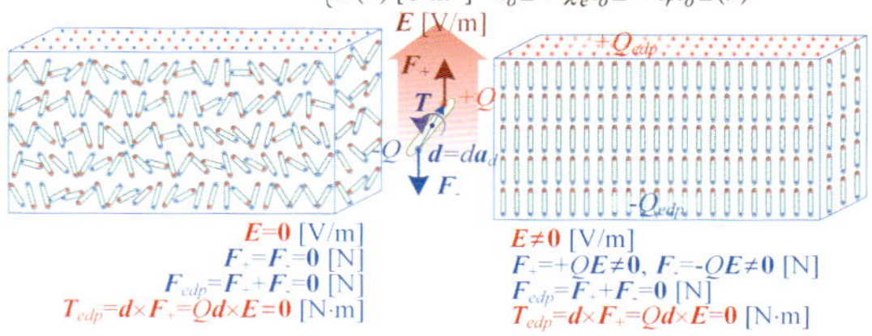

· 유전체 경계면의 전계강도와 등가전하밀도에 대한 경계조건(접선 & 수직 방향)

$$\begin{cases}\vec{E}\ [\mathrm{V/m}] = \vec{E}_t + \vec{E}_n = E_t\hat{a}_t + E_n\hat{a}_n \\ \vec{D}(\vec{r})\ [\mathrm{C/m^2}] = \epsilon\vec{E}(\vec{r}) = \epsilon_o\epsilon_r(\vec{r})\vec{E}(\vec{r}) \\ \vec{D}\ [\mathrm{C/m^2}] = \vec{D}_t + \vec{D}_n = D_t\hat{a}_t + D_n\hat{a}_n\end{cases} : \begin{cases}\text{Dielectric-1/Dielectric-2 Interface} \\ \oint\vec{E}(\vec{r})\cdot d\vec{l}(\vec{r}) = 0 \quad \rightarrow E_{t1} = E_{t2}\ [\mathrm{V/m}] \\ \oint\vec{D}(\vec{r})\cdot d\vec{S}(\vec{r}) = Q_{enc} \rightarrow D_{n1} - D_{n2} = \rho_s\ [\mathrm{C/m^2}]\end{cases}$$

Dielectric 1 : ε_1 [F/m]; $\boldsymbol{E}_1=\boldsymbol{D}_1/\varepsilon_1$ [V/m]; $\boldsymbol{D}_1=\varepsilon_1\boldsymbol{E}_1$ [C/m²]
Interface charge : $\rho_S=Q_{il}/A$ [C/m²]
Dielectric 2 : ε_2 [F/m]; $\boldsymbol{E}_2=\boldsymbol{D}_2/\varepsilon_2$ [V/m]; $\boldsymbol{D}_2=\varepsilon_2\boldsymbol{E}_2$ [C/m²]

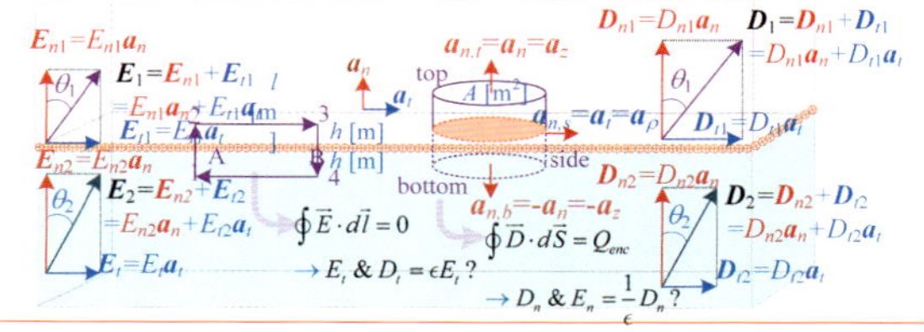

고정된 구조(2개의 도체판+유전체)의 전하에 의한 전기장 : 캐패시터와 정전용량

· 두 개의 도체판 사이에 유전체가 채워진 구조의 전기장
· 도체판의 전하량과 전위차의 관계를 나타내는 비례상수: 캐패시터의 정전용량

$$C\ [\mathrm{F}] \equiv \frac{Q_o}{V_o} = \frac{Q_o}{\left|-\int_{m_1}^{m_2}\vec{E}\cdot d\vec{l}\right|} = \frac{\left|\int_{m_1}\vec{D}\cdot d\vec{S}\right|}{V_o}$$

$$\Leftarrow \begin{cases}Q_o\ [\mathrm{C}] \rightarrow \vec{D} \rightarrow \vec{E} \\ \rightarrow V_o = \left|-\int_{m_1}^{m_2}\vec{E}(\vec{r})\cdot d\vec{l}(\vec{r})\right| \\ V_o\ [\mathrm{V}] \rightarrow \vec{E} \rightarrow \vec{D} \\ \rightarrow Q_o = \left|\int_{m_1}\vec{D}(\vec{r})\cdot d\vec{S}(\vec{r})\right|\end{cases}$$

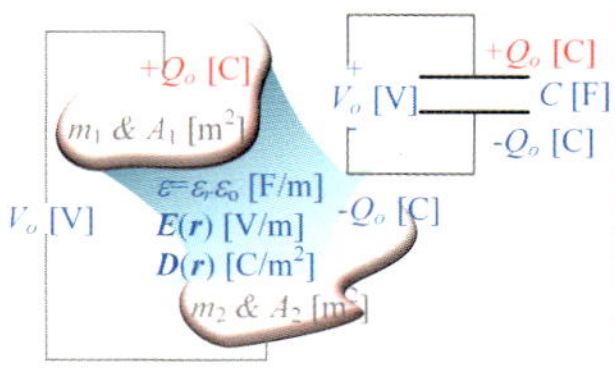

Chapter

02

전하들 간의 상호작용과 쿨롱의 법칙 : 벡터 정전기장

Electrostatic Interaction between Fixed Charges and Coulomb's Law : Static Vector Electric Field

학습도표와 핵심내용

학습도표와 핵심내용

2장	전하들 간의 상호작용과 쿨롱의 법칙 : 벡터 정전기장 (Electrostatic Interaction between Fixed Charges and Coulomb's Law : Static Vector Electric Field)

1. 쿨롱의 법칙:근원전하(Q_S [C])에 의해 형성된 전기장에서 관측점의 시험전하(Q_t [C])가 받는 정전기적 힘 : $\boldsymbol{F}(\boldsymbol{r})$ [N] (인력 또는 반발력)

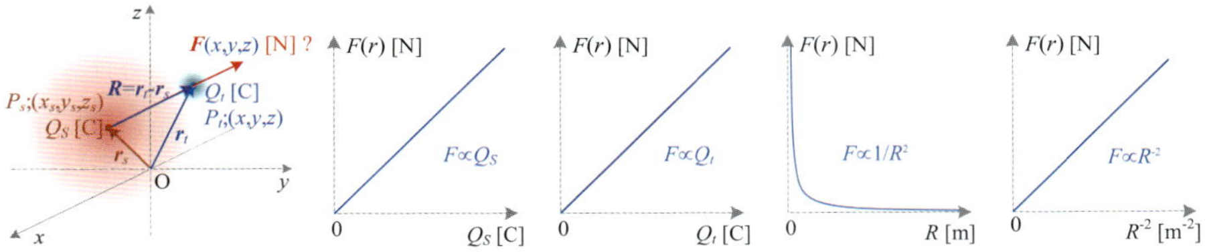

$$\vec{F}(\vec{r})\ [\text{N}] = Q_t \frac{1}{4\pi\epsilon}\frac{Q_S}{R^2}\hat{a}_R\ ;\begin{cases} \propto Q_S\ [\text{C}]\ ; P_{source}\ ; \vec{r}_s = \vec{r}\,' \equiv (x_s, y_s, z_s) = (x', y', z') \\ \propto Q_t\ [\text{C}]\ ; P_{test}\ \ ; \vec{r}_t \equiv \vec{r} = (x, y, z) \\ \propto 1/R^2\ [\text{m}^{-2}]\ ;\ \vec{R} \equiv \vec{r} - \vec{r}\,';\ \ \vec{F}(\vec{r}) \parallel \vec{R}\ \ \Leftrightarrow \hat{a}_F = \pm\hat{a}_R;\ \hat{a}_F \equiv \frac{\vec{F}(\vec{r})}{F(\vec{r})},\ \hat{a}_R \equiv \frac{\vec{R}}{R} \\ Q_S \cdot Q_t > 0 \Rightarrow \hat{a}_F = +\hat{a}_R\ \ \&\ \ Q_S \cdot Q_t < 0\ \ \Rightarrow \hat{a}_F = -\hat{a}_R \end{cases}$$

2. 근원전하(Q_S [C])에 의해 형성된 전기장의 방사형 벡터 전계강도 : $\boldsymbol{E}(\boldsymbol{r})$ [N/C]=[V/m]

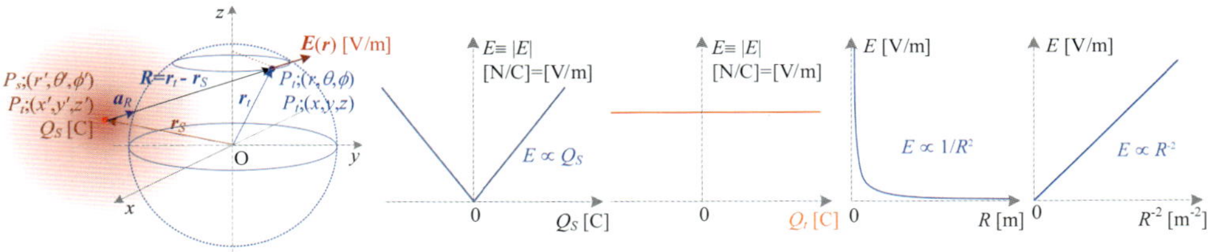

$$\vec{E}(\vec{r})\ [\text{V/m}] \equiv \frac{\vec{F}(\vec{r})}{Q_t} = \frac{1}{4\pi\epsilon_o}\frac{Q_S}{R^2}\hat{a}_R \Longleftrightarrow \vec{F}(\vec{r})\ [\text{N}] = Q_t\vec{E}(\vec{r})$$

$$\vec{E}(\vec{r})\ [\text{V/m}] \equiv \frac{\vec{F}(\vec{r})}{Q_t} = \int_{\substack{source \\ charge}} d\vec{E}(\vec{r})\ ;\ d\vec{E}(\vec{r})\ [\text{V/m}] \equiv \frac{1}{4\pi\epsilon_o}\frac{dQ_S(\vec{r}\,')}{R^2}\hat{a}_R\ ; dQ_S(\vec{r}\,')\ [\text{C}] = \begin{cases} Q_{Si}(\vec{r}_i\,')\ [\text{C}] \\ \rho_l(\vec{r}\,')dl' : \rho_l(\vec{r}\,')\ [\text{C/m}] \\ \rho_s(\vec{r}\,')dS' : \rho_S(\vec{r}\,')\ [\text{C/m}^2] \\ \rho_\upsilon(\vec{r}\,')d\upsilon' : \rho_\upsilon(\vec{r}\,')\ [\text{C/m}^3] \end{cases}$$

3. 근원전하(Q_S [C])에 의해 형성된 전기장의 방사형 벡터 전속밀도(등가전하밀도) : $\boldsymbol{D}(\boldsymbol{r})$ [C/m²]

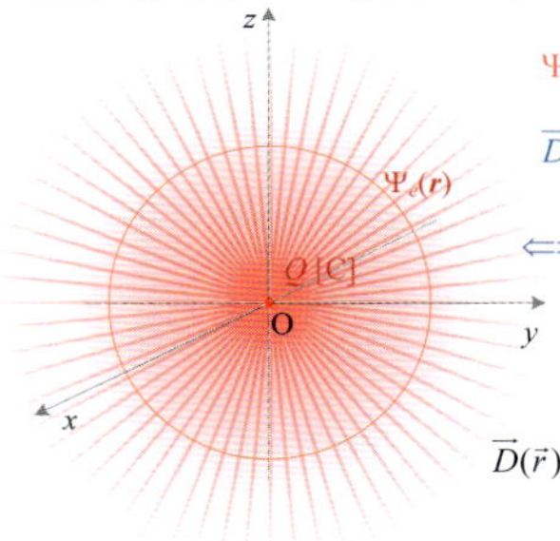

$$\left.\begin{matrix} \Psi_e = \oint d\Psi_e(\vec{r}) = Q\ [\text{C}] \\ \vec{D}(\vec{r}) \equiv \dfrac{d\Psi_e(\vec{r})}{dS}\hat{a}_n\ \ [\text{C/m}^2] \end{matrix}\right\} \Longleftrightarrow \oint_{\substack{closed \\ surface}} \left(\vec{D}(\vec{r})\right)\cdot d\vec{S}(\vec{r}) \equiv Q_{enc}\ \ [\text{C}]\ \ ;\ d\vec{S}(\vec{r})\ [\text{m}^2] = dS\hat{a}_n(\vec{r})$$

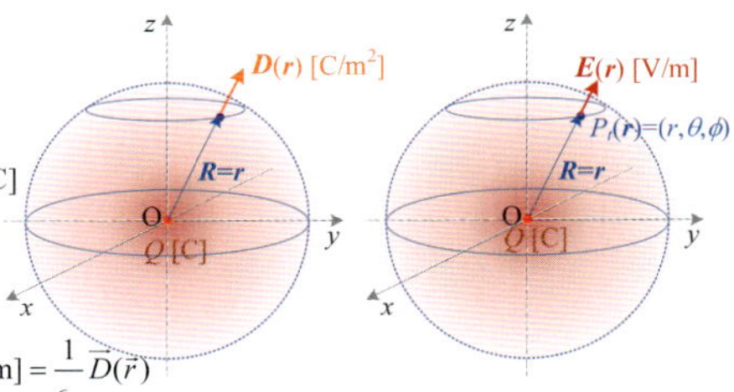

$$\vec{D}(\vec{r})\ [\text{C/m}^2] = \epsilon_o\vec{E}(\vec{r}) \Longleftrightarrow \vec{E}(\vec{r})\ [\text{V/m}] = \frac{1}{\epsilon_o}\vec{D}(\vec{r})$$

4. 가우스 법칙 : 근원전하(Q_S [C])에 의해 형성된 대칭구조 전기장의 방사형 벡터 등가전하밀도($\boldsymbol{D}(\boldsymbol{r})$ [C/m²])의 해석

$$\oint_{\substack{closed \\ surface}} \vec{D}(\vec{r})\cdot d\vec{S}(\vec{r}) = \oint_{\substack{closed \\ surface}} D_n(\vec{r})dS \equiv Q_{enc}\ \ [\text{C}];\begin{cases} \vec{D}(\vec{r})\ [\text{C/m}^2] = D_n(\vec{r})\hat{a}_n(\vec{r}) + D_t(\vec{r})\hat{a}_t(\vec{r}) \\ d\vec{S}(\vec{r})\ [\text{m}^2] = dS\hat{a}_n(\vec{r}) \end{cases}$$

$$\vec{D}(\vec{r})\ [\text{C/m}^2] = \epsilon\vec{E}(\vec{r}) \Rightarrow \vec{E}(\vec{r})\ [\text{V/m}] = \frac{1}{\epsilon}\vec{D}(\vec{r}) \Rightarrow \vec{F}(\vec{r})\ [\text{N}] = Q_t\vec{E}(\vec{r})$$

5. 포아송 방정식 : 분산 분포된 근원전하(dQ_S [C])에 의해 형성된 전기장의 방사형 벡터 등가전하밀도($\boldsymbol{D}(\boldsymbol{r})$ [C/m²])

$$\nabla\cdot\vec{D}(\vec{r})\ [\text{C/m}^3] \equiv \lim_{\Delta\upsilon\to\text{small}} \frac{\oint_{\Delta\upsilon}\vec{D}(\vec{r})\cdot d\vec{S}(\vec{r})}{\Delta\upsilon} \Longleftrightarrow \oint\vec{D}(\vec{r})\cdot d\vec{S}(\vec{r}) = \int\nabla\cdot\vec{D}(\vec{r})d\upsilon\ [\text{C}] \Longleftrightarrow \oint\vec{D}(\vec{r})\cdot d\vec{S}(\vec{r}) \equiv Q_{enc}\ \ [\text{C}] = \int\rho_\upsilon(\vec{r})d\upsilon$$

$$\Longleftrightarrow \nabla\cdot\vec{D}(\vec{r}) = \rho_\upsilon(\vec{r})\ [\text{C/m}^3] \Rightarrow \rho_\upsilon(\vec{r})\ [\text{C/m}^2] \Rightarrow \vec{D}(\vec{r})\ [\text{C/m}^2] \equiv \frac{\rho_\upsilon(\vec{r})d\upsilon}{4\pi R^2}\hat{a}_R \Rightarrow \vec{E}(\vec{r})\ [\text{V/m}] = \frac{1}{\epsilon}\vec{D}(\vec{r}) \Rightarrow \vec{F}(\vec{r})\ [\text{N}] = Q_t\vec{E}(\vec{r})$$

이 장에서는 공간적으로 고정된 전하들 간의 상호작용인 정전기적 힘($\boldsymbol{F}(\boldsymbol{r})$ [N]), 전계강도($\boldsymbol{E}(\boldsymbol{r})$ [N/C] = [V/m]), 등가전하밀도($\boldsymbol{D}(\boldsymbol{r})$ [C/m^2])에 관해 이해한다. 먼저, 전기장을 형성하는 근원전하(source charge: Q_S [C])와 전기장의 영향을 받는 시험전하(test charge: Q_t [C])의 영향을 모두 포함하는 정전기적 힘($\boldsymbol{F}(\boldsymbol{r})$ [N])을 설명하는 실험기반의 쿨롱 법칙(Coulomb's law)을 학습한다. 이로부터 전기장(electric field)을 형성하는 근원전하(source charge)의 영향만을 분리한 전계강도($\boldsymbol{E}(\boldsymbol{r}) = \boldsymbol{F}(\boldsymbol{r})/Q_t$ [V/m])를 정의함으로써, 시험전하가 받는 정전기적 힘은 전계강도와 시험전하의 전하량을 곱하여($\boldsymbol{F}(\boldsymbol{r}) = Q_t\boldsymbol{E}(\boldsymbol{r})$ [N]) 편리하게 구하는 전기장 특정지표로 사용한다.

그리고 패러데이(M. Faraday)의 실험을 통해 임의의 폐곡면을 통과하는 등가전하량(전속량: Ψ_e [C])이 폐곡면 내에 존재하는 근원전하의 총량(Q_{enc} [C])과 동일($\Psi_e = Q_{enc}$ [C])하도록 설정하고, 단위면적을 통과하는 등가전하량을 등가전하밀도 벡터($\boldsymbol{D}(\boldsymbol{r}) = (d\Psi_e/dS)\boldsymbol{a}_n$ [C/m^2])로 정의한다. 등가전하밀도 벡터는 전기장을 형성하는 근원전하의 영향을 가상적인 전하밀도로 환산한 값으로서, 매질의 특성에 무관하면서 전기장을 형성하는 근원전하의 영향을 나타낼 수 있도록 정의한다. 특히 근원전하에 의해 형성된 전기장을 나타내는 지표인 전계강도($\boldsymbol{E}(\boldsymbol{r})$ [V/m])와 등가전하밀도($\boldsymbol{D}(\boldsymbol{r})$ [C/m^2])는 방향이 동일($\boldsymbol{a}_E = \boldsymbol{a}_D$)하며, 유전상수($\epsilon$ [F/m])를 이용하여 편리하게 상호변환($\boldsymbol{D}(\boldsymbol{r}) = \epsilon\boldsymbol{E}(\boldsymbol{r})$ [C/m^2], $\boldsymbol{E}(\boldsymbol{r}) = \boldsymbol{D}(\boldsymbol{r})/\epsilon$ [V/m])할 수 있도록 정의한다. 이와 더불어 폐곡면을 통과하는 등가전하밀도의 총합은 폐곡면 내에 존재하는 근원전하의 총량(Q_{enc} [C])과 동일함을 설명한 가우스 법칙(Gauss's law)을 정의하여, 대칭구조의 근원전하에 의해 형성된 전기장의 등가전하밀도(또는 전속밀도: $\boldsymbol{D}(\boldsymbol{r})$ [C/m^2]), 전계강도($\boldsymbol{E}(\boldsymbol{r})$ [V/m]), 그리고 전기장 내의 시험전하가 받는 정전기적 힘($\boldsymbol{F}(\boldsymbol{r})$ [N])을 구하고, 전기장을 해석하며, 응용 부품을 설계하는 데 활용한다.

또한 1장의 벡터 기초에서 학습한 벡터 물리량($\boldsymbol{A}(\boldsymbol{r})$)과 발산량($\nabla\cdot\boldsymbol{A}(\boldsymbol{r})$)의 관계를 이용하여, 정전기적 상호작용을 유발하는 근원전하와 이로 인해 형성되는 등가전하밀도의 관계를 가우스 법칙의 미분형인 포아송 방정식(Poisson's equation: $\nabla\cdot\boldsymbol{D}(\boldsymbol{r}) = \rho_v(\boldsymbol{r})$ [C/m^3])으로 정리한다. 이를 통해 공간적으로 대칭성이나 매질의 종류에 관계없이 전기장을 형성하는 근원전하 분포($\rho_v(\boldsymbol{r})$ [C/m^3])로부터 등가전하밀도($\boldsymbol{D}(\boldsymbol{r})$ [C/m^2]), 전계강도($\boldsymbol{E}(\boldsymbol{r})$ [V/m]), 그리고 전기장 내의 시험전하가 받는 정전기적 힘($\boldsymbol{F}(\boldsymbol{r})$ [N])을 구하고, 전기장을 해석하여 응용 부품을 설계하는 데 활용한다.

전하들 간의 정전기적 상호작용을 해석하고 응용하는 전기장과 전류도선 간의 상호작용을 해석하고 응용하는 자기장(magnetic field), 시간에 따라 변하는 전기장과 자기장의 상호작용(참고: 전류는 전하의 이동에 의해 형성되므로 자기장은 이동하는 전하들 상호 간의 작용이기도 함)을 해석하고 응용하는 전자기장과 전자기파(electromagnetic field & waves)를 다루는 전자기학 교과목은 전자공학, 정보통신공학, 전파공학, 센서공학, 차세대 자율형 전기자동차공학, 응용물리학, 신소재공학, 그리고 에너지변환공학 등 이공계 전반에 걸쳐 가장 핵심이 되는 기반 교과목이다.

따라서 체계적인 학습 과정과 분석적 사고력을 바탕으로 이해 중심의 학습 능력을 배양하고, 논리적 사고를 바탕으로 전하들 간의 상호작용에 관한 공학적 응용과 설계능력을 향상해야 한다. 특히, 전기장에 관한 직관적 해석력 확보를 통한 문제 해결 능력을 향상시키고, 반도체 등 전자부품 산업현장의 실용적 응용력을 위해 수식에 몰입하기 보다는 현상의 이해와 분석적 사고로 정전기적 현상을 이해하는 것이 필수적이다.

Section

2.1 쿨롱의 법칙 : 고정 전하들의 상호작용과 정전기적 힘

쿨롱(Charles-Augustin de Coulomb)은 전하(Q [C])를 띤 입자들 간에는 정전기적 상호작용이 있음을 실험으로 확인하고, 이를 결정하는 요소들의 상호 관계를 편리하게 나타내는 관계식을 만들어 쿨롱의 법칙(Coulomb's law)으로 정리하였다. 여기서 공간적으로 고정된 전하들 간의 상호작용(electrostatic interaction, Coulombic interaction)을 정전기적 힘(electrostatic force) 또는 쿨롱의 힘(Coulombic force)이라고 하며, 이는 전자기 부품의 동작 원리를 이해하고 응용하는 데 필요한 근거가 된다.

전하들 간의 정전기적 상호작용을 설명하는 과정에서 한 지점에 고정된 상태로 다른 전하에 영향을 미치는 전하를 근원전하(Q_S [C]: source charge)로 정의하고, 근원전하에 의해 형성된 전기장의 영향을 받는 전하(고정되거나 이동이 가능한 전하)를 시험전하(Q_t [C]: test charge)로 정의한다. 또한 근원전하의 영향이 미치는 공간을 전기장(또는 전계)이라고 한다.

정전기적 상호작용을 나타내는 벡터(vector) 물리량(크기와 방향을 가지며, 위치에 따라 크기와 방향이 다를 수 있음)에는 정전기적 힘($\boldsymbol{F}(\boldsymbol{r})$ [N]), 전계강도(또는 전기장의 세기; electric field intensity, $\boldsymbol{E}(\boldsymbol{r})$ [N/C] = [V/m]), 그리고 등가전하밀도(전속밀도 또는 전하유동밀도; electric flux density, $\boldsymbol{D}(\boldsymbol{r})$ [C/m^2]), 전계에 의한 전하의 이동으로 형성된 전도성 전류(conduction current 또는 drift current; $\boldsymbol{J}_{drift} = \boldsymbol{J}_C$ [A/m^2] = [(C/s)/m^2])가 있다. 또한 정전기적 상호작용을 나타내는 또 다른 방법으로서, 스칼라(scalar) 물리량(크기와 +, 0, −의 부호를 가지며, 위치에 따라 크기와 부호가 다를 수 있음)인 등가전하량(또는 전속; electric flux, Ψ_e [C]), 전위(전기적 준위; electrostatic potential, $V(\boldsymbol{r})$ [V]), 전압(또는 전위차; electrostatic potential difference, V_{AB} [V]), 그리고 정전기적 일/에너지(electrostatic work/potential energy, W_E, E_p [J])가 있다. 또한 전계에 의한 전자재료 내의 전하 응답(분극 또는 반응) 특성을 나타내는 지표인 유전상수(dielectric constant, ϵ [F/m]), 재료와 기하학적 구조(2개의 도체판 전극 사이에 유전체가 채워진 구조)가 변하지 않는 경우 전압(또는 전계) 변화와 전하량 변화의 관계를 나타내는 편리한 지표로 사용되는 정전용량(capacitance, C [F])도 있다.

2.1.1 정전기적 상호작용에 관한 실험과 쿨롱의 법칙

쿨롱은 [그림 2-1]과 같은 전기장에 대한 실험을 통해 전하들의 정전기적 상호작용을 실험 기반의 법칙으로 정리하여 쿨롱의 법칙(Coulomb's law)을 정의하였다.

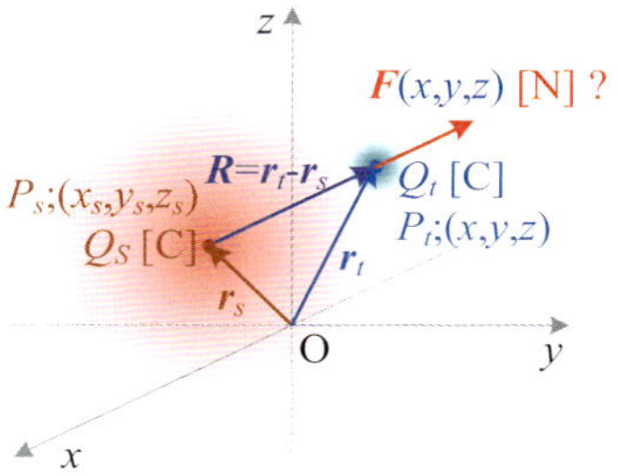

[그림 2-1] 고정된 전하들 간의 상호작용과 정전기적 힘

전하들 간 상호작용에 관한 쿨롱의 실험에 의하면 정전기적 영향을 주는 근원전하($Q_S(\boldsymbol{r}_s)$ [C])로 인해 형성된 전기장의 영향을 받는 관측점($\boldsymbol{r}_t = \boldsymbol{r}$ [m])에서 시험전하($Q_t(\boldsymbol{r}_t)$ [C])가 받는 정전기적 힘($\boldsymbol{F}(\boldsymbol{r}) = F(\boldsymbol{r})\boldsymbol{a}_R$ [N])은 아래와 같다.

- 근원전하의 전하량에 비례($F(\boldsymbol{r}) = |\boldsymbol{F}(\boldsymbol{r})|$ [N] $\propto Q_S$ [C])
- 시험전하의 전하량에도 비례($F(\boldsymbol{r})$ [N] $\propto Q_t$ [C])
- 근원전하와 시험전하의 직선 거리(R [m])의 제곱에 반비례($F(\boldsymbol{r})$ [N] $\propto 1/R^2$; $\boldsymbol{R} = \boldsymbol{r}_t - \boldsymbol{r}_S$; $\boldsymbol{a}_R \equiv \boldsymbol{R}/R$)
- 시험전하에 작용하는 힘의 방향($\boldsymbol{F}(\boldsymbol{r})/F(\boldsymbol{r}) \equiv \boldsymbol{a}_F$)은 시험전하와 근원전하를 연결하는 직선과 평행한 방향($\boldsymbol{a}_F \parallel \boldsymbol{a}_R$)
- 시험전하와 근원전하가 다른 극성의 전하($Q_S \times Q_t < 0$)인 경우 끌어당기는 힘(인력: attractive force; $F(\boldsymbol{r}) < 0$: $\boldsymbol{a}_F = -\boldsymbol{a}_R$)이 작용
- 시험전하와 근원전하가 동일한 극성의 전하($Q_S \times Q_t > 0$)인 경우 밀어내는 힘(척력: repulsive force; $F(\boldsymbol{r}) > 0$: $\boldsymbol{a}_F = \boldsymbol{a}_R$)이 작용

두 전하 사이의 정전기적 상호작용에 관한 쿨롱의 실험적 관찰 내용을 요약하면 [그림 2-2]와 같다.

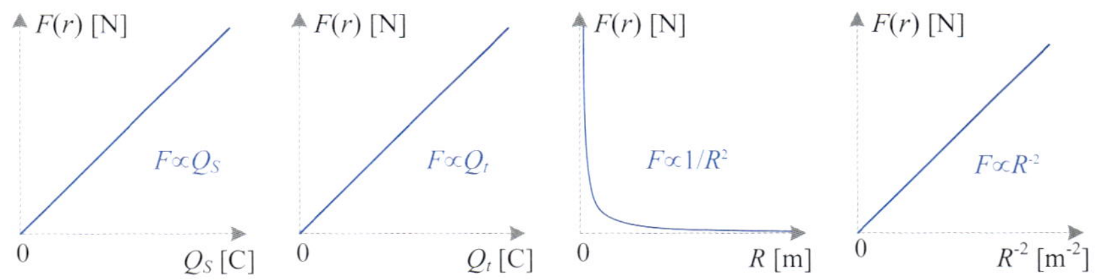

[그림 2-2] 고정전하 상호 간에 작용하는 정전기적 힘에 관한 쿨롱의 실험 결과

Note 본 교재 전체에 걸쳐 [그림 2-2]와 같은 그래프를 제시한다. 그 이유는 전자기학에서 다루는 물리량을 결정하는 가장 주된 요소와 가장 영향이 적은 요소가 무엇인지를 이해하고, 그 의존도가 어느 정도인지를 이해하도록 하기 위함이다. 또한 수식으로 정리된 결과를 단순히 복잡한 수학적 결과로 두지 않고, 물리량을 결정하는 요소와 의존도를 담고 있는 축약된 형태의 '서술'임을 강조하기 위함이기도 하다. 특히 전자기적 특성을 분석하거나 부품을 설계할 때, 즉 전자기학에서 습득한 내용을 과학적/공학적으로 응용하고자 할 때 가장 효과적인 방법이 무엇인지를 직관적으로 이해하고 응용하는 훈련에 도움을 줄 수 있다. 따라서 학습자의 효과적인 이해와 "어렵다"고 인식되는 수식 중심의 전자기학을 극복하고, "충분히 이해할 수 있고, 응용이 가능한 전자기학, 그래서 어렵지 않은 전자기학"이 될 수 있도록 하기 위한 방법임을 강조해 둔다.

또한, 전기장을 형성하거나 전기장의 전달에 영향을 미치는 전하가 존재하지 않는 공간을 정전기적 진공(vacuum)의 공간이라고 할 수 있다(진공의 유전상수 = ϵ_o [F/m]). 진공 내의 한 점($P_{source} = (x_S, y_S, z_S) = \boldsymbol{r}_S$)에 존재하는 근원전하($Q_S$)에 의해 형성된 전기장 내의 관측점($P_{test} = (x,y,z) = \boldsymbol{r}_t = \boldsymbol{r}$)의 시험전하($Q_t$)에 작용하는 정전기적 힘($\boldsymbol{F}(\boldsymbol{r})$ [N])에 관한 실험적 관찰 결과를 수식으로 요약하면 다음과 같다.

$$F(\vec{r})\ [\text{N}];\ \begin{cases} \propto Q_S\ [\text{C}]\ ;\ P_{source} & ;\vec{r}_s = \vec{r}\,' \equiv (x_s, y_s, z_s) = (x', y', z') \\ \propto Q_t\ [\text{C}]\ ;\ P_{test} & ;\vec{r}_t \equiv \vec{r} = (x, y, z) \\ \propto 1/R^2\,[\text{m}^{-2}]\ ;\ \vec{R} \equiv \vec{r}_t - \vec{r}_s = \vec{r} - \vec{r}_s;\ R \equiv |\vec{R}| = \sqrt{(x-x_s)^2 + (y-y_s)^2 + (z-z_s)^2} \end{cases}$$

$$\&\ \begin{cases} \vec{F}(\vec{r}) \parallel \vec{R} \ \Leftrightarrow \hat{a}_F = \pm\hat{a}_R & ;\ \hat{a}_F \equiv \dfrac{\vec{F}(\vec{r})}{F(\vec{r})} = \dfrac{\vec{F}(\vec{r})}{|\vec{F}(\vec{r})|},\ \hat{a}_R \equiv \dfrac{\vec{R}}{R} = \dfrac{\vec{R}}{|\vec{R}|} \\ Q_S \cdot Q_t > 0 \ \Rightarrow \hat{a}_F = +\hat{a}_R & \&\ Q_S \cdot Q_t < 0 \quad \Rightarrow \hat{a}_F = -\hat{a}_R \end{cases}$$

$$\Rightarrow \boxed{\vec{F}(x,y,z) = \vec{F}(\vec{r}) = \alpha\frac{Q_S Q_t}{R^2}\hat{a}_R\ [\text{N}]}$$: 쿨롱의 실험

전하들 간의 정전기적 상호작용에 관한 쿨롱의 실험 결과들을 바탕으로 하여 다음과 같이 비례상수(α)를 구할 수 있다.

$$\vec{F}(\vec{r})\ [\text{N}] = \alpha\frac{Q_S Q_t}{R^2}\hat{a}_R = \frac{1}{4\pi\epsilon}\frac{Q_S Q_t}{R^2}\hat{a}_R\ ;\ \vec{r} = (x,y,z);(\rho,\phi,z),(r,\theta,\phi)$$: 정전기적 상호작용에 관한 쿨롱의 실험 결과

$$\alpha \equiv \frac{1}{4\pi\epsilon}\ [\text{m/F}]\ \&\ \epsilon = \epsilon_r\epsilon_o\ [\text{F/m}]$$: 유전상수(dielectric constant)

$$\epsilon_o \cong \frac{1}{36\pi\times 10^9} = 8.854\times 10^{-12}\ [\text{F/m}]$$: 진공의 유전상수(dielectric constant)

ϵ_r : 정전기적 상호작용이 이루어지는 매질의 상대적 유전율(relative dielectric constant)

비례상수에는 전하들이 존재하는 공간의 특성을 나타내는 지표인 유전상수($\epsilon = \epsilon_r\epsilon_o$ [F/m]: dielectric constant)가 포함되어 있다. 따라서 정전기적 상호작용에 관한 쿨롱의 실험 결과를 축약하여 수식으로 나타낼 수 있으며, 이것이 쿨롱의 법칙(Coulomb's Law)이다.

$$\vec{F}(\vec{r})\ [\text{N}] = Q_t\frac{1}{4\pi\epsilon}\frac{Q_S}{R^2}\hat{a}_R = Q_t\frac{1}{4\pi\epsilon}\frac{Q_S}{R^3}\vec{R}$$: 정전기적 상호작용에 관한 쿨롱의 법칙으로, 근원전하에 의해 형성된 전기장에서 시험전하가 받는 정전기적 힘

$$\hat{a}_R \equiv \frac{\vec{R}}{R} = \frac{\vec{R}}{|\vec{R}|},\ \hat{a}_F \equiv \frac{1}{|\vec{F}(\vec{r})|}\vec{F}(\vec{r}) = \pm\hat{a}_R$$: 시험전하에 작용하는 정전기적 힘의 방향을 나타내는 단위벡터

다소 복잡해 보이는 쿨롱의 법칙은 두 전하 사이에 작용하는 벡터 물리량인 정전기적 상호작용을 나타내는 관계식으로서, 전하들 간의 상호작용 또는 전계를 이용하는 전자기 부품과 소자, 반도체 소자, 반도체 집적회로와 부품, 그리고 그 응용 시스템의 설계와 분석을 위한 전기장 해석과 전하 간의 상호작용을 공학적으로 응용할 때 가장 중요한 핵심 근거로 사용된다. 특히, 시험전하(Q_t)에 작용하는 정전기적 힘($\boldsymbol{F}$ [N])은 근원전하의 위치와 크기에 관계없이 항상 시험전하의 전하량(Q_t [C])에 선형적으로 비례함($\boldsymbol{F} \propto Q_t$)을 기억하면 앞으로 전계강도($\boldsymbol{E}(\boldsymbol{r})$ [V/m])와 전위(V [V])를 포함한 전기장의 이해와 응용에서 매우 편리하다.

전하들 간의 정전기적 상호작용을 서술하는 쿨롱의 법칙은 근원전하(Q_S [C])로 인해 형성된 전기장에서 관측점($\boldsymbol{r}$ [m])의 시험전하(Q_t [C])에 작용하는 정전기적 힘($\boldsymbol{F}(\boldsymbol{r})$ [N])을 서술하는 가장 축약된 수식이고, 정전기적 상호작용에 관한 구체적 현상을 담고 있는 관계식임을 잘 기억해야 한다. 즉 시험전하에 작용하는 힘($\boldsymbol{F}(\boldsymbol{r})$ [N])은 근원전하의 전하량에 비례하고(F [N] $\propto Q_S$ [C]), 시험전하의 전하량에도 비례하며(F [N] $\propto Q_t$ [C]), 근원전하와 시험전하의 직선 거리(R [m])의 제곱에 반비례함(F [N] $\propto 1/R^2$)을 나타낸다. 또한 시험전하와 근원전하가 동일한 극성($Q_S \times Q_t > 0$)의 전하인 경우 밀어내는 힘(척력: repulsive force; $\boldsymbol{a}_F = \boldsymbol{a}_R$)이 작용하고, 시험전하와 근원전하가 서로 다른 극성($Q_S \times Q_t < 0$)인 경우 끌어당기는 힘(인력: attractive force; $\boldsymbol{a}_F = -\boldsymbol{a}_R$)이 작용함을 나타내고 있다. 또한, 시험전하에 작용하는 힘의 방향($\boldsymbol{a}_F$)은 시험전하와 근원전하를 연결하는 선분과 평행한 방향($\boldsymbol{F}(\boldsymbol{r}) \parallel \boldsymbol{a}_R$ 또는 $\boldsymbol{a}_F \parallel \boldsymbol{a}_R$)이라는 의미를 담고 있음을 잘 이해해야 한다.

이후에 전하들 간의 상호작용에 관한 전기장을 학습하게 될 때 전계강도($\boldsymbol{E}(\boldsymbol{r})$ [N/C] = [V/m])의 형성 과정과 의미, 등가전하량($\Psi_e(\boldsymbol{r})$ [C] 또는 유동전하량, 전속량)의 의미와 응용, 등가전하밀도($\boldsymbol{D}(\boldsymbol{r})$ [C/m^2] 또는 전하유동밀도, 전속밀도)의 의미와 응용, 전위($V(\boldsymbol{r})$ [V] = [J/C])의 형성과 의미, 정전기적 일과 에너지(W, E [J] = [C·V])의 이해와 공학적 응용에 보다 쉽고 편리하게 접근할 수 있는 근거로 쿨롱의 법칙을 사용한다.

2.1.2 다수의 근원전하에 의해 시험전하에 작용하는 정전기적 힘과 중첩 원리

여러 개의 근원전하(Q_{S1}, Q_{S2}, Q_{S3}, ……, Q_{SN} [C])가 진공 내의 특정한 지점에 고정된 점전하(point charge) 형태로 정전기적 영향을 미치는 전기장을 형성한 경우, 관측점($\boldsymbol{r}$)의 시험전하(Q_t [C])에 작용하는 정전기적 힘($\boldsymbol{F}(\boldsymbol{r})$ [N])은 각각의 근원전하(Q_{Si})에 의해 작용하는 정전기적 힘($\boldsymbol{F}_i(\boldsymbol{r}_i)$ [N])의 벡터 합($\boldsymbol{F}(\boldsymbol{r}) = \sum \boldsymbol{F}_i(\boldsymbol{r}_i)$ [N])으로 구할 수 있다. 이를 중첩의 원리(superposition principle)라고 하며, 수식으로 요약하면 다음과 같다.

$$\vec{F}(\vec{r})\ [\mathrm{N}] = \vec{F}_1(\vec{r}) + \vec{F}_2(\vec{r}) + \cdots \vec{F}_i(\vec{r}) \cdots + \vec{F}_N(\vec{r}) = \sum_1^N \vec{F}_i(\vec{r}_i)$$: 정전기적 힘에 관한 중첩 원리

$$\vec{F}_i(\vec{r}_i)\ [\mathrm{N}] = Q_t\left(\frac{1}{4\pi\epsilon_o}\frac{Q_{Si}}{R_i^2}\hat{a}_{Ri}\right) = Q_t\left(\frac{1}{4\pi\epsilon_o}\frac{Q_{Si}}{R_i^3}\vec{R}_i\right) \propto Q_t$$: 개별 근원전하(Q_{Si})와 시험전하(Q_t)에 대한 쿨롱의 법칙

$$\left.\begin{array}{l} \begin{cases} \vec{r}_t \equiv \vec{r} = (x, y, z)\ [\mathrm{m}],\ \vec{r}_{Si} = \vec{r}\,'_i = (x_{si}, y_{si}, z_{si}) = (x'_i, y'_i, z'_i)\ [\mathrm{m}] \\ \vec{R}_i \equiv \vec{r}_t - \vec{r}_{Si} = (x - x_{si}, y - y_{si}, z - z_{si}) = (x - x'_i, y - y'_i, z - z'_i)\ [\mathrm{m}] \end{cases} \\ \Rightarrow R_i \equiv |\vec{R}_i| = \sqrt{(x - x'_i)^2 + (y - y'_i)^2 + (z - z'_i)^2}\ [\mathrm{m}] \end{array}\right\} \Rightarrow \hat{a}_{Ri} \equiv \frac{\vec{R}_i}{R_i}$$: 방향 벡터와 단위 방향 벡터

다수의 점전하에 의해 형성된 전기장에서 관측점($\boldsymbol{r}$)의 시험전하에 작용하는 정전기적 힘($\boldsymbol{F}(\boldsymbol{r})$ [N])도 근원전하의 수와 위치, 그리고 크기에 관계없이 항상 시험전하의 전하량(Q_t [C])에 선형적으로 비례($\boldsymbol{F}(\boldsymbol{r}) \propto Q_t$)한다. 이를 기억하면 앞으로 학습하고 현장에서 응용하게 될 전기장의 전계강도($\boldsymbol{E}(\boldsymbol{r})$ [V/m])와 전위(V [V])를 포함한 전기장의 이해와 응용에서 매우 편리하다.

2개의 점전하가 근원전하($Q_{S1}(\boldsymbol{r}_{s1})$, $Q_{S2}(\boldsymbol{r}_{s2})$)로서 전기장을 형성하는 경우, 중첩의 원리를 이용하여 시험전하($Q_t(\boldsymbol{r}_t)$)에 작용하는 정전기적 힘($\boldsymbol{F}(\boldsymbol{r}) = \boldsymbol{F}_1(\boldsymbol{r})+(\boldsymbol{F}_2(\boldsymbol{r}))$을 구하는 과정을 [그림 2-3]에 나타내었다.

$$\vec{F}_1(\vec{r})\ [\mathrm{N}] = Q_t\left(\frac{1}{4\pi\epsilon_o}\frac{Q_{S1}}{R_1^2}\hat{a}_{R1}\right) = Q_t\left(\frac{1}{4\pi\epsilon_o}\frac{Q_{S1}}{R_1^3}\vec{R}_1\right) : \vec{R}_1 = \vec{r} - \vec{r}_1'$$

: Q_{S1}에 의해 형성한 전기장이 Q_t에 작용하는 정전기적 힘

$$\vec{F}_2(\vec{r})\ [\mathrm{N}] = Q_t\left(\frac{1}{4\pi\epsilon_o}\frac{Q_{S2}}{R_2^2}\hat{a}_{R2}\right) = Q_t\left(\frac{1}{4\pi\epsilon_o}\frac{Q_{S2}}{R_2^3}\vec{R}_2\right) : \vec{R}_2 = \vec{r} - \vec{r}_2'$$

: Q_{S2}에 의해 형성한 전기장이 Q_t에 작용하는 정전기적 힘

$$\vec{F}(\vec{r})\ [\mathrm{N}] = \vec{F}_1(\vec{r}) + \vec{F}_2(\vec{r}) = Q_t\frac{1}{4\pi\epsilon_o}\left(\frac{Q_{S1}}{R_1^2}\hat{a}_{R1} + \frac{Q_{S2}}{R_2^2}\hat{a}_{R2}\right)$$

: Q_{S1}과 Q_{S2}에 의해 형성한 전기장이 Q_t에 작용하는 정전기적 힘

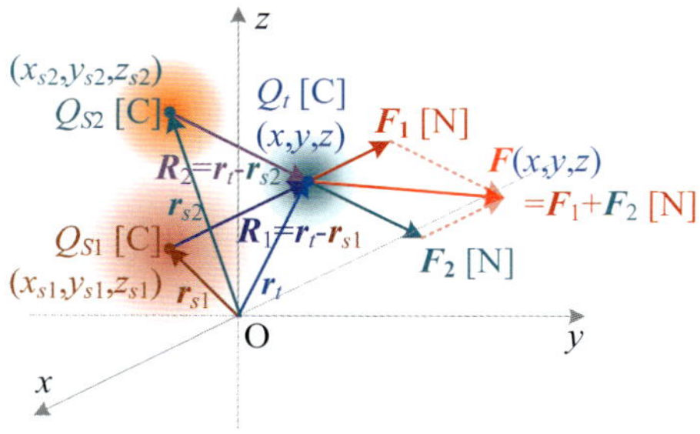

[그림 2-3] 근원전하로서 2개의 고정된 점전하가 형성한 전기장에 의해 시험전하에 작용하는 정전기적 힘

2.1.3 분포전하에 의해 형성된 전기장에서 시험전하가 받는 정전기적 힘

점전하 형태의 근원전하뿐 아니라 1차원 선형 분포전하(선전하밀도 $\rho_l(\boldsymbol{r}')$ [C/m]: line charge density), 2차원 면형 분포전하(면전하밀도 $\rho_s(\boldsymbol{r}')$ [C/m²]: surface charge density), 또는 3차원 입체형 분포전하밀도(체적전하밀도 $\rho_\upsilon(\boldsymbol{r}')$ [C/m³]: volume charge density) 등 공간적으로 불균일한 분포를 가진 근원전하가 존재할 수 있다. 이와 같이 점전하 대신 공간적으로 분산되어 분포하는 근원전하(distributed source charge)가 시험전하에 작용하는 정전기적 힘($\boldsymbol{F}(\boldsymbol{r})$ [N])은 전하 조각($dQ_S(\boldsymbol{r}_s)$ [C]: differential source charge)이 근원전하로 작용할 때의 부분적 정전기적 힘($d\boldsymbol{F}(\boldsymbol{r})$ [N])을 구한 후, 적분 형태의 벡터 합으로 표시되는 중첩의 원리를 적용하여 구할 수 있다. 이를 수식으로 정리하면 각각 다음과 같다.

$$d\vec{F}(\vec{r})\ [\mathrm{N}] = Q_t\frac{1}{4\pi\epsilon_o}\frac{dQ_S(\vec{r}_S)}{R^2}\hat{a}_R \propto Q_t$$

: 근원전하 조각(dQ_S)에 의해 형성된 전기장에서 시험전하가 받는 정전기적 힘

$$\vec{F}(\vec{r})\ [\mathrm{N}] = \int_{\substack{source\\charge}} d\vec{F}(\vec{r}) = Q_t\int_{\substack{source\\charge}}\left(\frac{1}{4\pi\epsilon_o}\frac{dQ_S(\vec{r}_S)}{R^2}\hat{a}_R\right) \propto Q_t$$

: 분포전하에 전체에 대한 중첩의 원리와 쿨롱의 법칙

$$\& \left\{\begin{array}{l} \vec{r}_t \equiv \vec{r} = (x,y,z)\ [\mathrm{m}],\ \vec{r}_S \equiv \vec{r}\,' = (x_s,y_s,z_s)\ [\mathrm{m}] \\ \vec{R}_i \equiv \vec{r}_t - \vec{r}_S (= \vec{r} - \vec{r}\,') = (x-x_s, y-y_s, z-z_s)\ [\mathrm{m}] \\ \Rightarrow R \equiv |\vec{R}| = \sqrt{(x-x_s)^2 + (y-y_s)^2 + (z-z_s)^2}\ [\mathrm{m}] \end{array}\right\}$$

: 길이 벡터, $\Rightarrow \hat{a}_r \equiv \dfrac{\vec{R}}{R}$: 단위 방향 벡터

$dQ_S(\vec{r}\,')\ [\mathrm{C}] = Q_S(\vec{r}\,')\ [\mathrm{C}]$: 점전하(point charge)

$dQ_S(\vec{r}\,')\ [\mathrm{C}] = \rho_l(\vec{r}\,')dl' \ :\rho_l(\vec{r}\,')\ [\mathrm{C/m}]$: 선전하 밀도(line charge density)

$dQ_S(\vec{r}\,')\ [\mathrm{C}] = \rho_S(\vec{r}\,')dS' \ :\rho_S(\vec{r}\,')\ [\mathrm{C/m^2}]$: 면전하 밀도(surface charge density)

$dQ_S(\vec{r}\,')\ [\mathrm{C}] = \rho_\upsilon(\vec{r}\,')d\upsilon' \ :\rho_\upsilon(\vec{r}\,')\ [\mathrm{C/m^3}]$: 체적전하 밀도(volume charge density)

$$d\vec{l}\,'(\vec{r}\,')\ [\mathrm{m}] = dl'\hat{a}_t(\vec{r}\,') = \begin{cases} d\vec{l}_x' + d\vec{l}_y' + d\vec{l}_z' = dx'\hat{a}_x + dy'\hat{a}_y + dz'\hat{a}_z = (dx', dy', dz') \\ d\vec{l}_\rho' + d\vec{l}_\phi' + d\vec{l}_z' = d\rho'\hat{a}_\rho + \rho' d\phi'\hat{a}_\phi + dz'\hat{a}_z = (d\rho', \rho' d\phi', dz') \\ d\vec{l}_r' + d\vec{l}_\theta' + d\vec{l}_\phi' = dr'\hat{a}_r + r'd\theta'\hat{a}_\theta + r\sin\theta' d\phi'\hat{a}_\phi = (dr', r'd\theta', r\sin\theta' d\phi') \end{cases}$$

: 작은 선분 조각

$$d\vec{S}\,'(\vec{r}\,') = dS'\hat{a}_n(\vec{r}\,')\ [\mathrm{m^2}] = \begin{cases} d\vec{S}_x' + d\vec{S}_y' + d\vec{S}_z' = dy'dz'\hat{a}_x + dz'dx'\hat{a}_y + dx'dy'\hat{a}_z \\ d\vec{S}_\rho' + d\vec{S}_\phi' + d\vec{S}_z' = \rho' d\phi' dz'\hat{a}_\rho + d\rho' dz'\hat{a}_\phi + \rho' d\rho' d\phi'\hat{a}_z \\ d\vec{S}_r' + d\vec{S}_\theta' + d\vec{S}_\phi' = r'd\theta' r'\sin\theta' d\phi'\hat{a}_r + r'\sin\theta' dr' d\phi'\hat{a}_\theta + r'dr'd\phi'\hat{a}_\phi \end{cases}$$

: 작은 면 조각

$$d\upsilon'(\vec{r}\,')\ [\mathrm{m^3}] = \begin{cases} (dx'\hat{a}_x \times dy'\hat{a}_y)\cdot(dz'\hat{a}_z) = dx'dy'dz' \\ (d\rho'\hat{a}_\rho \times \rho' d\phi'\hat{a}_\phi)\cdot(dz'\hat{a}_z) = \rho' d\rho' d\phi' dz' \\ ((dr'\hat{a}_r)\times(r'\sin\theta' d\phi'\hat{a}_\theta))\cdot(r'\sin\theta'\cos\phi' d\phi'\hat{a}_\phi) = r'^2\sin\theta' dr' d\theta' d\phi' \end{cases}$$

: 작은 입체/부피 조각

주목할 것은 공간적으로 분산된 형태로 근원전하가 분포($dQ_S(\boldsymbol{r})$ [C])하는 경우에도, [그림 2-4]에 요약한 것과 같이 시험전하에 작용하는 힘은 근원전하의 공간적 분포 형태와 크기에 관계없이, 그리고 시험전하의 위치나 크기, 종류에 관계없이 항상 시험전하(Q_t [C])에 선형적으로 비례($d\boldsymbol{F}(\boldsymbol{r})$ & $\boldsymbol{F}(\boldsymbol{r}) \propto Q_t$ [C])한다. 따라서 반드시 기억해야 할 중요한 것은, 부분적 힘($d\boldsymbol{F}(\boldsymbol{r})$ [N])을 적분할 때 시험전하에 관계없이 근원전하($dQ_S(\boldsymbol{r})$ [C])에 대해서만 계산(적분) 과정을 거친 후 최종적으로 시험전하량을 곱하면 시험전하에 작용하는 전체 힘($\boldsymbol{F}(\boldsymbol{r})$ [N])을 구할 수 있다는 점이다. 이때, 적분 형태의 중첩원리 대상인 분산된 근원전하 조각이 존재하는 지점($\boldsymbol{r}_S$ 또는 $\boldsymbol{r}'$)과 전기장의 영향을 받는 시험전하가 존재하는 관측점($\boldsymbol{r}_t$ 또는 $\boldsymbol{r}$)을 구분하는 것이 필요하다. 이를 위해 시험전하가 존재하는 관측점의 위치를 $\boldsymbol{r}_t$ 대신 $\boldsymbol{r}$로 표기하고, 근원전하의 위치는 $\boldsymbol{r}_s$ 대신 $\boldsymbol{r}'$로, 분포된 근원전하를 나타내는 작은 선분조각과 면조각, 입체조각을 각각 $d\boldsymbol{l}'(\boldsymbol{r}')$ [m], $d\boldsymbol{S}'(\boldsymbol{r}')$ [m²], $d\upsilon'(\boldsymbol{r}')$ [m³]으로 함께 표시하였다.

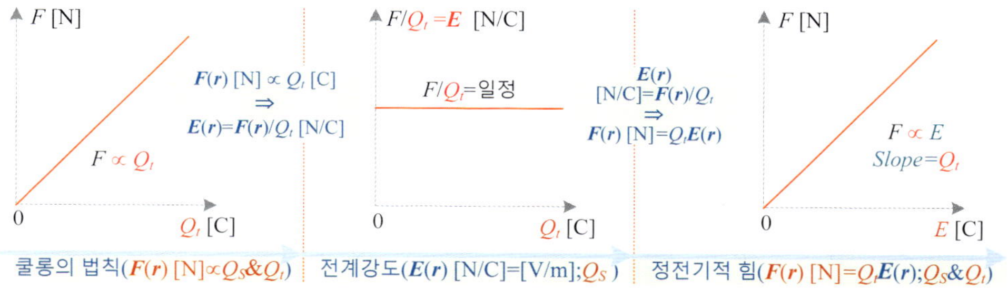

[그림 2-4] 근원전하에 의해 시험전하에 작용하는 정전기적 힘과 전계강도

선전하, 면전하, 및 입체 형태의 전하 조각($dQ_S(\boldsymbol{r})$ [C])이 근원전하로 작용할 때의 부분적 정전기적 힘($d\boldsymbol{F}(\boldsymbol{r})$ [N])과 적분 형태의 벡터 합을 이용하여 정전기적 힘을 구하는 데 필요한 개념을 아래 [그림 2-5]에 나타내었다.

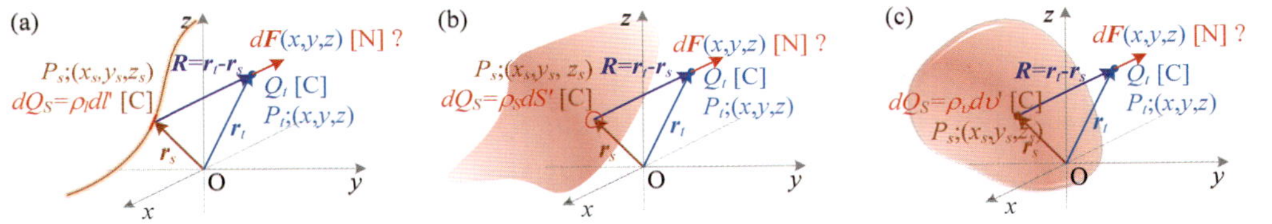

[그림 2-5] 공간적으로 불균일하게 분포하는 부분(미소) 전하량(dQ_S : 선전하, 면전하 및 체적전하 분포)에 의해 형성된 전기장에 의해 시험전하(Q_t)에 작용하는 부분적 정전기적 힘($d\boldsymbol{F}$)

전기장을 형성하는 근원전하가 공간적으로 분산되어 분포하는 경우, 근원전하 조각($dQ_S(\boldsymbol{r})$ [C])에 의해 형성된 전기장 내에서 시험전하에 작용하는 부분적 정전기적 힘($d\boldsymbol{F}(\boldsymbol{r})$ [N])에 대한 중첩의 원리를 적분 형태로 정리한 쿨롱의 법칙은 다음과 같다.

$$\vec{F}(\vec{r})\ [\mathrm{N}] = \int_{\substack{source\\charge}} d\vec{F}(\vec{r}) = Q_t \int_{\substack{source\\charge}} \frac{1}{4\pi\epsilon_o}\frac{dQ_S(\vec{r}\,')}{R^2}\hat{a}_R \ \ \&\ \ d\vec{F}(\vec{r})\ [\mathrm{N}] \equiv Q_t \frac{1}{4\pi\epsilon_o}\frac{dQ_S(\vec{r}\,')}{R^2}\hat{a}_R \ ;\ \hat{a}_R = \frac{\vec{R}}{R}$$

이 결과를 통해, 관측점($\boldsymbol{r}$)의 시험전하(Q_t [C])에 작용하는 정전기적 힘($\boldsymbol{F}(\boldsymbol{r})$ [N])은 전기장 형성의 근원전하가 점전하인지 또는 분포전하인지에 관계없이 항상 관측점의 시험전하의 전하량에 비례함을 알 수 있다.

쿨롱의 법칙을 기반으로 하여 전하들 간의 정전기적 상호작용을 다루는 전기장의 전계강도와 정전기적 힘에 관한 문제를 효율적으로 해결하는 방법을 순서대로 정리하면 [표 2-1]과 같다.

[표 2-1] 쿨롱의 법칙에 기반을 둔 정전기적 상호작용에 관한 문제를 푸는 방법

(i) 벡터 물리량을 다루는 전기장 문제에서 제시된 상황을 최대한 구체화하여 그림으로 표현한다.

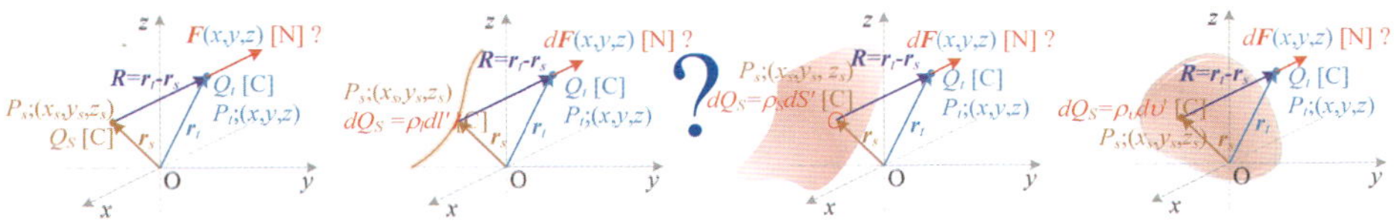

[그림 2-6] 점전하, 공간적으로 분산된 선전하, 면전하, 체적전하에 의해 형성된 벡터 전기장을 해석하는 개념도

(ii) 전하들 간의 정전기적 상호작용을 나타내는 전기장 형성의 근거가 되는 쿨롱의 법칙을 적고, 그 의미를 확인한다.

$\vec{F}(\vec{r}) = \sum_1^N \vec{F}_i(\vec{r})\ [\mathrm{N}]$: 다수 점전하에 대한 쿨롱의 법칙

$\vec{F}_i(\vec{r})\ [\mathrm{N}] = Q_t \vec{E}_i(\vec{r}) = Q_t\left(\frac{1}{4\pi\epsilon_o}\frac{Q_{Si}}{R_i^2}\hat{a}_{Ri}\right) \propto Q_t$: 개별 근원전하(Q_{Si})에 대한 쿨롱의 법칙

$\vec{F}(\vec{r})\ [\mathrm{N}] = \int_{-\infty}^{+\infty} d\vec{F}(\vec{r}) = Q_t \int_{\substack{source\\charge}}\left(\frac{1}{4\pi\epsilon_o}\frac{dQ_S(\vec{r}\,')}{R^2}\hat{a}_R\right) \propto Q_t$: 분포 근원전하에 대한 쿨롱의 법칙

$d\vec{F}(\vec{r})\ [\mathrm{N}] = Q_t d\vec{E}(\vec{r}) = Q_t\left(\frac{1}{4\pi\epsilon_o}\frac{dQ_S(\vec{r}\,')}{R^2}\hat{a}_R\right)$: 부분적 근원전하(dQ_S)에 대한 쿨롱의 법칙

(iii) 쿨롱의 법칙을 바탕으로 전계강도의 대칭성(크기와 방향)을 파악하여, 해석하기 편리한 좌표계를 결정한다. 임의의 축을 중심으로 원통 대칭성을 갖는 경우 원통좌표계를, 한 점을 중심으로 한 구 대칭성을 갖는 경우 구좌표계를, 대칭성을 확인하기 어려운 경우 직각좌표계를 이용한다. 또한 좌표의 평행이동을 하면 대칭성이 나타나는 경우 좌표 변환한 후 대칭좌표계에 적용한다.

(iv) 대칭성을 고려하여 선택한 좌표계를 이용하여, 쿨롱의 법칙을 구체화하는 데 필요한 각각의 벡터 구성 요소를 정리한다.

- 점전하 형태의 근원전하에 의해 시험전하에 작용하는 정전기적 힘

$$\vec{F}_i(\vec{r})\ [\mathrm{N}] = Q_t \vec{E}_i(\vec{r}) = Q_t\left(\frac{1}{4\pi\epsilon_o}\frac{Q_{Si}}{R_i^2}\hat{a}_{Ri}\right) \propto Q_t$$

: 개별 근원전하(Q_{Si})에 대한 쿨롱의 법칙

- 공간적으로 분산 분포된 부분적 근원전하(dQ_S)에 의해 시험전하에 작용하는 정전기적 힘

$$d\vec{F}(\vec{r})\ [\mathrm{N}] = Q_t d\vec{E}(\vec{r}) = Q_t\left(\frac{1}{4\pi\epsilon_o}\frac{dQ_S(\vec{r}\,')}{R^2}\hat{a}_R\right)$$

: 부분적 근원전하(dQ_S)에 대한 쿨롱의 법칙

또는 $$\frac{1}{Q_t}d\vec{F}(\vec{r})\left(= d\vec{E}(\vec{r})\right) = \left(\frac{1}{4\pi\epsilon_o}\frac{dQ_S(\vec{r}\,')}{R^2}\hat{a}_R\right) = \left(\frac{1}{4\pi\epsilon_o}\frac{dQ_S(\vec{r}\,')}{R^3}\vec{R}\right)\ [\mathrm{N/C}]=[\mathrm{V/m}]$$

; dQ_S [C] ? $\boldsymbol{r}_S$ [m] ? $\boldsymbol{r}_t$ [m] ? $\boldsymbol{R}=\boldsymbol{r}_t-\boldsymbol{r}_S$ [m] ? $\boldsymbol{a}_R$?

- 근원전하와 시험전하의 좌표 : $\boldsymbol{r}_S$ [m]와 $\boldsymbol{r}_t$ [m]

$\vec{r}\,'(=\vec{r}_S) = (x', y', z') = (x_s, y_s, z_s)$ [m] : 근원전하의 좌표, $\vec{r}(=\vec{r}_t) = (x, y, z)$ [m] : 시험전하의 좌표

- 힘의 방향과 단위 방향 벡터 : $\boldsymbol{r}=\boldsymbol{r}_t-\boldsymbol{r}_S$ [m]와 $\boldsymbol{a}_r$

$$\left.\begin{aligned}&\vec{R} \equiv \vec{r} - \vec{r}\,'(=\vec{r}_t - \vec{r}_S) = (x-x', y-y', z-z')\ [\mathrm{m}]\\ &R \equiv |\vec{R}| = \sqrt{(x-x')^2 + (y-y')^2 + (z-z')^2}\ [\mathrm{m}]\end{aligned}\right\} \Rightarrow \hat{a}_R \equiv \frac{\vec{R}}{R} \leftrightarrow \hat{a}_F = \frac{\vec{F}}{F} = \hat{a}_R$$

: 단위 방향 벡터

- 부분적 근원전하량: dQ_S [C]를 구함

$dQ_S(\vec{r}\,')\ [\mathrm{C}] = Q_S(\vec{r}\,')\ [\mathrm{C}]$: 점전하(point charge)

$dQ_S(\vec{r}\,')\ [\mathrm{C}] = \rho_l(\vec{r}\,')dl'$: $\rho_l(\vec{r}\,')$ [C/m] : 선전하 밀도(line charge density)

$dQ_S(\vec{r}\,')\ [\mathrm{C}] = \rho_S(\vec{r}\,')dS'$: $\rho_S(\vec{r}\,')$ [C/m^2] : 면전하 밀도(surface charge density)

$dQ_S(\vec{r}\,')\ [\mathrm{C}] = \rho_\upsilon(\vec{r}\,')d\upsilon'$: $\rho_\upsilon(\vec{r}\,')$ [C/m^3] : 체적전하 밀도(volume charge density)

(v) 위에서 얻은 결과를 반영하여 부분적 근원전하에 의해 작용하는 정전기적 힘을 수식으로 구체화한다.

$$\vec{F}_i(\vec{r}_t) = Q_t\left(\frac{1}{4\pi\epsilon_o}\frac{Q_{Si}}{R_i^2}\hat{a}_{Ri}\right) = Q_t\left(\frac{1}{4\pi\epsilon_o}\frac{Q_{Si}}{R_i^3}\vec{R}_i\right)\ [\mathrm{N}] \propto Q_t$$

: 개별 근원전하(Q_{Si})에 대한 쿨롱의 법칙

$$d\vec{F}(\vec{r}) = Q_t\frac{1}{4\pi\epsilon_o}\frac{dQ_S(\vec{r}_S)}{R^2}\hat{a}_R = Q_t\left(\frac{d\vec{F}(\vec{r})}{Q_t}\right) = Q_t\left(d\vec{E}(\vec{r})\right)\ [\mathrm{N}]$$

(vi) 위에서 얻은 부분적 근원전하에 의해 작용하는 힘을 적분하여(모두 합하여) 정전기적 힘을 구한다.

$$\vec{F}(\vec{r})\ [\mathrm{N}] = \sum_{i=1}^{N}\vec{F}_i(\vec{r})$$

: 다수 점전하에 의해 시험전하에 작용하는 정전기적 힘

$$\vec{F}(\vec{r})\ [\mathrm{N}] = \int_{\substack{source\\charge}} d\vec{F}(\vec{r}) = Q_t\int_{\substack{source\\charge}}\left(\frac{1}{4\pi\epsilon_o}\frac{dQ_S(\vec{r}\,')}{R^2}\hat{a}_R\right) = Q_t\int_{\substack{source\\charge}}\left(\frac{1}{4\pi\epsilon_o}\frac{dQ_S(\vec{r}\,')}{R^3}\vec{R}\right)$$

: 분포전하에 의해 시험전하에 작용하는 정전기적 힘

또는 $$\vec{F}(\vec{r})\ [\mathrm{N}] = Q_t\int_{\substack{source\\charge}}\left(\frac{1}{Q_t}d\vec{F}(\vec{r})\right)\left(= Q_t\int_{\substack{source\\charge}} d\vec{E}(\vec{r})\right) = Q_t\int_{\substack{source\\charge}}\left(\frac{1}{4\pi\epsilon_o}\frac{dQ_S(\vec{r}\,')}{R^3}\vec{R}\right)$$

(vii) 쿨롱의 법칙에 대한 직관적인 지식(단위, 방향 등)을 통해 결과의 타당성을 검증하고, 오류가 있으면 점검하고 다시 계산 과정을 거친다.

예제 2-1

진공 내에 존재하는 다음과 같은 두 경우에 대하여 시험전하가 받는 정전기적 힘의 변화를 구하고, 이를 그림으로 나타내라.

(a) 전하량이 $Q_S = 1$ [C]인 근원전하가 원점(O(0,0,0))에 존재하는 경우, 진공 내의 한 점(x,y,z)에 존재하는 전자/반도체 소자와 부품 동작의 핵심 전하인 전자($Q_t = -q = -1.6\times10^{-19}$ [C])가 시험전하로서 받는 정전기적 힘을 구하라.

(b) 수소 원자(원자번호 Z=1)의 원자핵이 가지는 전하량과 동일한 전하량의 근원전하($Q_S = +Zq = +1.6\times10^{-19}$ [C])가 원점에 존재할 때, 시험전하로서 전자($Q_t = -q = -1.6\times10^{-19}$ [C])가 받는 힘을 구하라. 또, 핵으로부터의 거리에 따른 정전기적 힘의 변화를 그림으로 나타내라. 특히, 원자핵으로부터 0.5 [nm] 떨어진 지점에 있는 전자가 받는 힘을 구체적인 값으로 구하라.

풀이

(i) 문제에서 제시된 상황을 구체적인 그림으로 나타내면 [그림 2-7]과 같다.

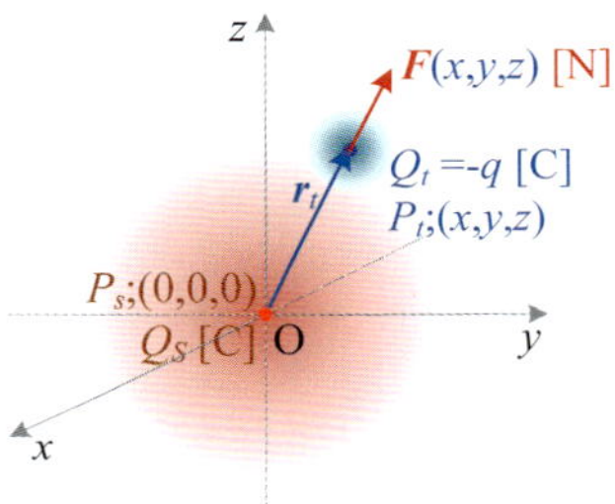

[그림 2-7] 진공 내에 원점에 존재하는 근원전하에 의해 형성된 전기장에 의해 시험전하가 받는 힘을 해석하는 데 이용할 그림

(ii) 전하들 간의 정전기적 상호작용을 나타내는 근원이 되는 쿨롱의 법칙을 수식으로 적고, 위의 그림을 통해 물리적 의미(정전기적 힘의 크기를 결정하는 요소, 크기와 방향 등)를 문제에 적용하면 정전기적 힘은 다음과 같이 나타낼 수 있다.

$$\vec{F}(\vec{r})\ [\mathrm{N}] = \frac{1}{4\pi\epsilon_o} Q_t \frac{Q_S(\vec{r}_S)}{R^2}\hat{a}_R = \frac{1}{4\pi\epsilon_o} Q_t \frac{Q_S(\vec{r}_S)}{R^3}\vec{R}\ \ \text{: 쿨롱의 법칙}$$

(iii) 쿨롱의 법칙을 바탕으로 전계강도의 대칭성(크기와 방향)을 파악하여, 해석하기 편리한 좌표계를 결정한다. 임의의 축을 중심으로 원통 대칭성을 갖는 경우 원통좌표계를, 한 점을 중심으로 한 구 대칭성을 갖는 경우 구좌표계를, 그리고 대칭성을 확인하기 어려운 경우 직각좌표계를 이용한다. 또한, 좌표의 평행이동을 하면 대칭성이 나타나는 경우 좌표 변환을 활용하여 대칭좌표계에 적용한다.

(iv) 대칭성을 고려한 구좌표계를 이용하여, 쿨롱의 법칙을 구체화하는 데 필요한 각각의 벡터 구성 요소를 정리하면 다음과 같다.

• **근원전하와 시험전하의 좌표**

$\vec{r}_S = \vec{r}\,' = (0,0,0)$ [m] : 근원전하의 직각좌표계 좌표 ; $\vec{r}_S = \vec{r}\,' = (0,\theta',\phi')$: 근원전하의 구좌표계 좌표

$\vec{r} = \vec{r}_t = (r,\theta,\phi)$: 시험전하의 직각좌표계 좌표 ; $\vec{r} = \vec{r}_t = (r,\theta,\phi)$: 시험전하의 구 좌표계 좌표

• **힘의 방향과 단위 방향 벡터 : 구좌표계**

$$\left.\begin{aligned} \vec{R} &\equiv \vec{r}_t - \vec{r}_S = (r-0,\phi-\phi',\theta-\theta') = (r,0,0)\ [\text{m}] \\ R &\equiv |\vec{R}| = \sqrt{x^2+y^2+z^2} = r\ [\text{m}] \end{aligned}\right\} \Rightarrow \hat{a}_R \equiv \frac{\vec{R}}{R} \leftrightarrow \hat{a}_F = \frac{\vec{F}}{F} = \hat{a}_R$$: 단위 방향 벡터

(v) 위에서 얻은 결과를 반영하여 근원전하로부터 $R = 5$ [nm] 떨어진 지점의 전자에 의해 작용하는 정전기적 힘은 다음과 같다.

$$\vec{F}(\vec{r})\ [\text{N}] = \vec{F}(r,\theta,\phi) = \frac{Q_t Q_S}{4\pi\epsilon_o R^2}\hat{a}_R$$

a) $Q_S = 1$ [C], ($Q_t = -q = -1.6\times10^{-19}$ [C])

b) $Q_S = +Zq = +1.6\times10^{-19}$ [C], $Q_t = -q = -1.6\times10^{-19}$ [C]

(vi) 점 전하(point charge) 사이($Q_S = 1$[C], Q_t = 전자 = -1.6×10^{-19} [C] & Q_S = 전자 = -1.6×10^{-19} [C], Q_t = 전자 = -1.6×10^{-19} [C])의 거리 변화에 따른 정전기적 힘을 계산하여 그림으로 나타내면 다음과 같다.

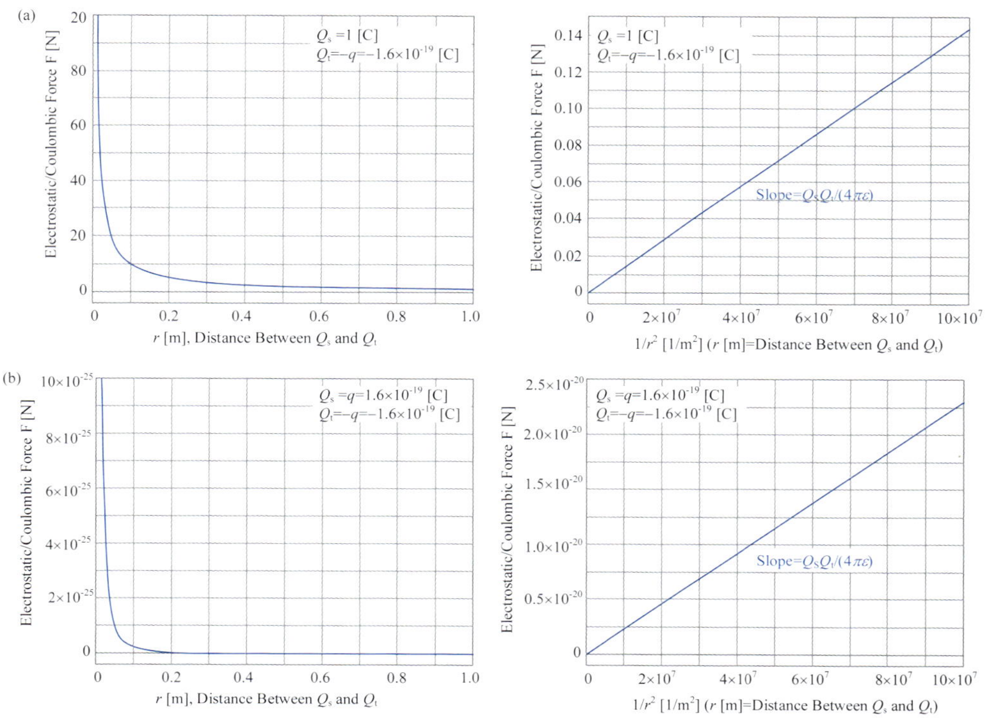

[그림 2-8] 두 점전하 사이의 거리 변화에 따른 정전기적 힘의 변화

(a) $Q_S = 1$[C], Q_t = 전자 = -1.6×10^{-19} [C] 사이의 거리 변화에 따른 정전기적 힘의 변화

(b) Q_S = 전자 = -1.6×10^{-19} [C], Q_t = 전자 = -1.6×10^{-19} [C] 사이의 거리 변화에 따른 정전기적 힘의 변화

Section

2.2 근원전하에 의해 형성된 전기장의 전계강도

쿨롱의 법칙은 근원전하로 인해 형성된 전기장의 영향을 받는 시험전하에 작용하는 정전기적 힘($\boldsymbol{F}(\boldsymbol{r})$ [N])을 서술하는 가장 축약된 수식이면서도, 정전기적 상호작용에 관한 구체적 현상을 담고 있는 관계식이다. 즉 시험전하에 작용하는 힘($\boldsymbol{F}(\boldsymbol{r})$ [N])은 근원전하의 전하량에 비례하고(F [N] $\propto Q_S$ [C]), 시험전하의 전하량에도 비례하며(F [N] $\propto Q_t$ [C]), 근원전하와 시험전하의 직선 거리(R [m])의 제곱에 반비례함(F [N] $\propto 1/R^2$)을 나타낸다. 또한 시험전하와 근원전하가 동일한 극성($Q_S \times Q_t > 0$)의 전하인 경우 밀어내는 힘(척력; $F > 0$)이 작용하고, 시험전하와 근원전하가 서로 다른 극성 ($Q_S \times Q_t < 0$)인 경우 끌어당기는 힘(인력; $F < 0$)이 작용함을 나타낸다. 더불어 시험전하에 작용하는 힘의 방향($\boldsymbol{a}_F$)은 시험전하와 근원전하를 연결하는 선분과 평행한 방향($\boldsymbol{F}(\boldsymbol{r}) \parallel \boldsymbol{a}_R$ 또는 $\boldsymbol{a}_F \parallel \boldsymbol{a}_R$)임을 담고 있다.

근원전하에 의해 시험전하에 작용하는 정전기적 힘을 나타내는 쿨롱의 법칙을 근원전하의 형태($dQ_S(\boldsymbol{r}')$ [C])에 따라 수식으로 요약하면 다음과 같다.

$$\vec{F}(\vec{r})\ [\text{N}] = \sum_1^N \vec{F}_i(\vec{r}_i) = Q_t\left(\sum_{i=1}^N\left(\frac{1}{4\pi\epsilon_o}\frac{Q_{Si}}{R_i^2}\hat{a}_{Ri}\right)\right) \propto Q_t$$

$$;\ \hat{a}_{Ri} \equiv \frac{\vec{R}_i}{R_i};\ \begin{cases}\vec{r} = (x, y, z)\ [\text{m}],\ \vec{r}_{Si}\ [\text{m}] = (x_{si}, y_{si}, z_{si})\\ \vec{R}_i\ [\text{m}] \equiv \vec{r} - \vec{r}_{si} = (x - x_{si}, y - y_{si}, z - z_{si})\end{cases}$$

: N개의 근원 점전하에 의해 시험전하에 작용하는 정전기적 힘(중첩원리)에 관한 쿨롱의 법칙

$$\vec{F}(\vec{r})\ [\text{N}] = \int_{-\infty}^{+\infty} d\vec{F}(\vec{r}) = Q_t\left(\int_{-\infty}^{+\infty}\left(\frac{1}{4\pi\epsilon_o}\frac{dQ_S(\vec{r}\,')}{R^2}\hat{a}_R\right)\right) \propto: Q_t$$

$$;\ dQ_S(\vec{r}\,')\ [\text{C}] = \begin{cases}\rho_l(\vec{r}\,')dl' & : \rho_l(\vec{r}\,')\ [\text{C/m}]\\ \rho_s(\vec{r}\,')dS' & : \rho_S(\vec{r}\,')\ [\text{C/m}^2]\\ \rho_\upsilon(\vec{r}\,')d\upsilon' & : \rho_\upsilon(\vec{r}\,')\ [\text{C/m}^3]\end{cases}$$

: 공간적으로 불균일한 분포의 근원전하에 의해 작용하는 정전기적 힘에 관한 중첩원리와 쿨롱의 법칙

특히, 위에 요약한 것과 같이 근원전하(단일 점전하, 다수의 점전하, 공간적으로 불균일한 분포를 가진 근원전하)가 형성한 전기장에 의해 시험전하에 작용하는 힘($\boldsymbol{F}(\boldsymbol{r})$ [N])은 시험전하의 위치에 관계없이 시험전하의 크기(Q_t [C])에 항상 비례함($\boldsymbol{F}(\boldsymbol{r}) \propto Q_t$)을 알 수 있다.

쿨롱의 법칙에 의하면, 근원전하($Q_S(\boldsymbol{r}_s)$ [C])가 형성한 전기장의 영향을 받는 관측점($\boldsymbol{r}$)의 시험전하(Q_t [C])에 작용하는 정전기적 힘($\boldsymbol{F}(\boldsymbol{r}) = F\boldsymbol{a}_R$ [N])에 관한 핵심 내용은 다음과 같다.

$$\vec{F}(\vec{r})\ [\text{N}] = Q_t\left(\frac{1}{4\pi\epsilon_o}\frac{Q_S}{R^2}\hat{a}_R\right);\ \hat{a}_R \equiv \frac{\vec{R}}{R};\ \begin{cases}\vec{r}_t = \vec{r} = (x, y, z)\ [\text{m}],\ \vec{r}_s = \vec{r}\,' = (x', y', z')\ [\text{m}]\\ \vec{R} \equiv \vec{r} - \vec{r}\,' = (x - x', y - y', z - z')\ [\text{m}]\end{cases}$$

: 1개의 근원 점전하에 의해 시험전하에 작용하는 정전기적 힘에 관한 쿨롱의 법칙

- 근원전하의 전하량에 비례함: F [N] $\propto Q_S$ [C]
- 시험전하의 전하량에도 비례함: F [N] $\propto Q_t$ [C]
- 근원전하와 시험전하의 직선 거리(R [m])의 제곱에 반비례함: F [N] $\propto 1/R^2$; $\boldsymbol{R} = \boldsymbol{r}_t - \boldsymbol{r}_S$
- 시험전하에 작용하는 힘의 방향($\boldsymbol{F}(\boldsymbol{r})/F(\boldsymbol{r}) = \boldsymbol{a}_F$)은 시험전하와 근원전하를 연결하는 직선과 평행한 방향임: $\boldsymbol{a}_F \parallel \boldsymbol{a}_R$
- 시험전하와 근원전하가 동일한 극성의 전하($Q_S \times Q_t > 0$)인 경우 밀어내는 힘이 작용함: $\boldsymbol{a}_F = \boldsymbol{a}_R$
- 시험전하와 근원전하가 다른 극성의 전하($Q_S \times Q_t < 0$)인 경우 끌어당기는 힘이 작용함: $\boldsymbol{a}_F = -\boldsymbol{a}_R$

따라서 시험전하에 작용하는 정전기적 힘을 시험전하로 나눈 값($\boldsymbol{F}(\boldsymbol{r})/Q_t$)은 시험전하의 크기($Q_t$ [C])에 무관하고, 오직 근원전하의 형태와 크기, 그리고 관측점의 위치($\boldsymbol{r}$)에 의해서 결정된다. 이를 정전기적 상호작용을 일으키는 근원전하에 의해 형성된 전기장의 전계강도($\boldsymbol{E}(\boldsymbol{r})$ [N/C] = [V/m]: electric field intensity: 또는 전기장의 세기)로 정의한다. 즉, 전계강도는 시험전하에 무관하고, 오직 정전기적 영향을 미치는 근원전하와 시험전하로부터의 상대적 위치에 의존하는 값이 된다. 또한, 전기장 해석 과정에서 전계강도를 이용하면, 특정한 지점에서 근원전하에 의해 결정되는 전계강도와 시험전하량을 곱하여 시험전하가 받는 정전기적 힘($\boldsymbol{F}(\boldsymbol{r}) = Q_t\boldsymbol{E}(\boldsymbol{r})$)을 구할 수 있으므로, 정전기적 상호작용을 이해하고 또 응용하는 데 편리하게 사용할 수 있다.

달리 표현하면, 관측점의 시험전하(Q_t)에 작용하는 힘($\boldsymbol{F}(\boldsymbol{r})$)을 시험전하로 나눈 결과($\boldsymbol{F}(\boldsymbol{r})/Q_t$)는 시험전하와 무관하며, 오직 근원전하와 관측점의 위치에만 관계되는 결과를 얻는다. 이를 근원전하에 의해 형성된 전기장(electric field)의 전계강도(electric field intensity: $\boldsymbol{E}(\boldsymbol{r})$ [V/m] = [N/C]), 또는 간략히 전계라고도 부른다. 이는 다음과 같이 근원전하에 의해 형성된 전기장의 전계강도에 시험전하량을 곱함으로써 시험전하에 작용하는 정전기적 힘을 간편하게 얻을 수 있도록 하기 위함이다.

$$\vec{E}(\vec{r})\ [\text{N/C}] = [\text{V/m}] \equiv \frac{\vec{F}(\vec{r})}{Q_t} = \int_{-\infty}^{+\infty} dE(\vec{r})$$: Q_t에 무관하며, 근원전하에 의해서만 결정되는 관측점의 전계강도

$$\Rightarrow \vec{F}(\vec{r}) = Q_t\vec{E}(\vec{r})\ [\text{N}]$$: 관측점의 시험전하에 작용하는 정전기적 힘(Q_S, Q_t, 관측점에 의해 결정)

$$dE(\vec{r})\ [\text{N/C}]=[\text{V/m}] \equiv \frac{\vec{F}(\vec{r})}{Q_t} = \frac{1}{4\pi\epsilon_o}\frac{dQ_S(\vec{r}_S)}{R^2}\hat{a}_R = \frac{1}{4\pi\epsilon_o}\frac{dQ_S(\vec{r}_S)}{R^3}\vec{R}$$

: Q_t에 무관하며, 부분 근원전하에 의해 결정되는 관측점의 부분 전계강도

$$\Rightarrow d\vec{F}(\vec{r})\ [\text{N}] = Q_t d\vec{E}(\vec{r})$$: 관측점의 시험전하에 작용하는 부분적 정전기적 힘(dQ_S, Q_t, 관측점에 의해 결정)

근원전하에 의해 형성된 전기장에서 시험전하가 받는 정전기적 힘과 전계강도의 관계를 [그림 2-9]와 [그림 2-10]에 요약하였다.

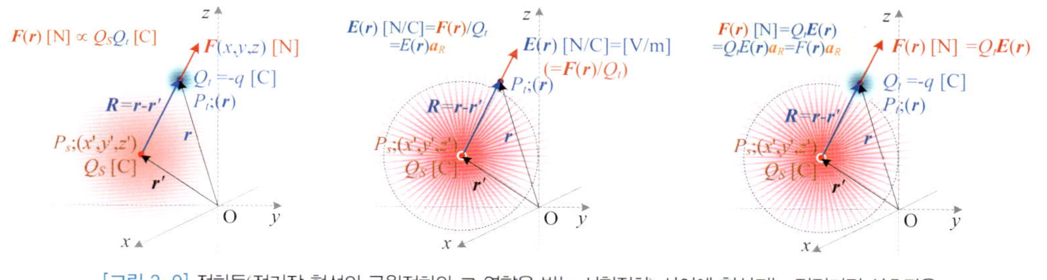

[그림 2-9] 전하들(전기장 형성의 근원전하와 그 영향을 받는 시험전하) 사이에 형성되는 정전기적 상호작용

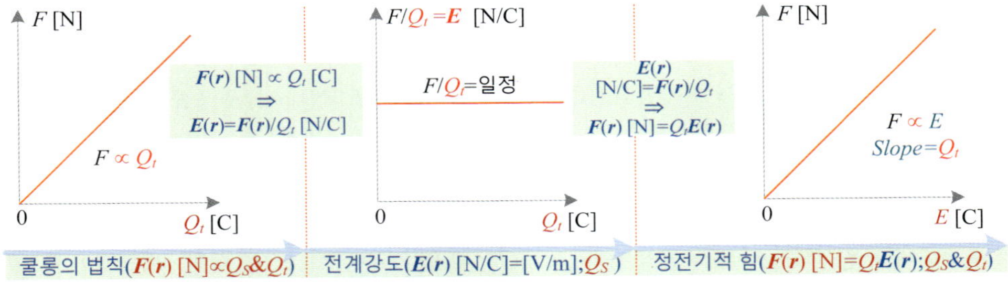

[그림 2-10] 근원전하(Q_S)에 의해 형성된 전계강도(***E***(***r***))와 이로 인해 시험전하(Q_t)에 작용하는 정전기적 힘(***F***(***r***))의 관계

2.2.1 근원전하에 의해 형성된 전기장의 전계강도 해석 방법

시험전하(Q_t [C])에는 무관하고, 근원전하(Q_s [C])와 관측점의 위치(***r***)에 의해 결정되는 전기장의 전계강도(***E***(***r***) [V/m])를 단일 점전하(Q_S [C]), N개의 다수 점전하(Q_{S1}, Q_{S2}, … Q_{SN} [C]) 및 공간적으로 분산되어 분포하는 근원전하(dQ_S [C])에 대해 정리하면 다음과 같다.

$$\vec{E}(\vec{r})\ [\text{N/C}]=[\text{V/m}] \equiv \frac{\vec{F}(\vec{r})}{Q_t} = \frac{1}{4\pi\epsilon_o}\frac{Q_S}{R^2}\hat{a}_R$$: 단일 점전하에 의해 형성된 전기장의 전계강도

$$\vec{E}(\vec{r})\ [\text{V/m}] \equiv \frac{\vec{F}(\vec{r})}{Q_t} = \sum_{i=1}^{N}\vec{E}_i(\vec{r}_i)\ ;\ \vec{E}_i(\vec{r}_i)\ [\text{V/m}] \equiv \frac{1}{4\pi\epsilon_o}\frac{Q_{Si}}{R_i^2}\hat{a}_{Ri}$$: N개의 점전하에 의해 형성된 전기장의 전계강도

$$\vec{E}(\vec{r})\ [\text{V/m}] \equiv \frac{\vec{F}(\vec{r})}{Q_t} = \int_{\substack{source\\charge}} d\vec{E}(\vec{r})$$: 분포 근원전하에 의해 형성된 전기장의 전계강도

$$d\vec{E}(\vec{r})\ [\text{V/m}] \equiv \frac{1}{4\pi\epsilon_o}\frac{dQ_S(\vec{r}\,')}{R^2}\hat{a}_R\ ;\ dQ_S(\vec{r}\,')\ [\text{C}] = \begin{cases} Q_{Si}(\vec{r}_i\,')\ [\text{C}] \\ \rho_l(\vec{r}\,')dl' \ :\rho_l(\vec{r}\,')\ [\text{C/m}] \\ \rho_s(\vec{r}\,')dS' : \rho_S(\vec{r}\,')\ [\text{C/m}^2] \\ \rho_\upsilon(\vec{r}\,')d\upsilon' : \rho_\upsilon(\vec{r}\,')\ [\text{C/m}^3] \end{cases}$$: 분포 근원전하 조각에 의해 형성되는 전계강도

$$\vec{F}(\vec{r})\ [\text{N}] = Q_t\vec{E}(\vec{r})$$: 근원전하에 의해 형성된 전기장 내의 전계로 인해 시험전하에 작용하는 정전기적 힘

특히 전기장을 나타내는 벡터 물리량인 전계강도(***E***(***r***) [V/m])는 시험전하(Q_t [C])에 무관하고, 오직 근원전하(Q_S)의 영향만을 포함하고 있다. 전계강도를 구하는 최종 목적은 근원전하에 의해 형성된 전기장이 전하를 띤 입자(시험전하)에 미치는 정전기적 영향을 이해하고, 이를 공학적/과학적으로 응용하는 것이다. 즉 시험전하에 작용하는 정전기적 힘(***F***(***r***) [N])은 시험전하가 존재하는 지점(***r***)(시험전하 종류와 크기, 위치에 관계없이)의 전계강도(***E***(***r***) [N/C] = [V/m]: 근원전하에 의해 형성된)를 구한 뒤, 시험전하의 크기를 곱하면 그 크기와 방향(***F***(***r***) [N] = Q_t ***E***(***r***))을 구할 수 있다는 점이다.

근원전하에 의한 영향만을 나타내는 특성지표로 사용되는 전계강도(***E***(***r***) [V/m])는 쿨롱의 법칙으로부터 정의된 물리량으로서, 다음과 같은 중요한 특성을 담고 있음을 기억하고, 전기장의 이해와 해석, 그리고 공학적 응용에 활용해야 한다.

즉, 근원전하에 의해 형성되는 전계강도($\boldsymbol{E}(\boldsymbol{r})$ [V/m])는 다음과 같은 특성이 있다.

- 근원전하의 전하량에 비례함: $E(\boldsymbol{r})$ [N/C] = [V/m] $\propto Q_S$ [C])
- 근원전하와 관측점(시험전하로서 근원전하의 영향을 받는 지점)의 직선 거리(R [m])의 제곱에 반비례함: $\boldsymbol{E}(\boldsymbol{r})$ [V/m] $\propto 1/R^2$
- 전계강도 벡터의 방향($\boldsymbol{E}(\boldsymbol{r})/E(\boldsymbol{r}) = \boldsymbol{a}_E$)은 근원전하와 관측점을 연결하는 직선과 평행한 방향임: $\boldsymbol{a}_E \parallel \boldsymbol{a}_R$
- 전계강도는 근원전하를 중심으로 방사(radiant) 방향의 벡터 물리량임($\boldsymbol{E}(\boldsymbol{r})/E(\boldsymbol{r}) = \boldsymbol{a}_E$)
- 근원전하가 양의 극성을 가진 전하($Q_S > 0$)인 경우, 전계강도는 근원전하로부터 밖으로 향하는 방향임: $\boldsymbol{a}_E = +\boldsymbol{a}_R$
- 근원전하가 음의 극성을 가진 전하($Q_S < 0$)인 경우, 전계강도는 밖으로부터 근원전하를 향하는 방향임: $\boldsymbol{a}_E = -\boldsymbol{a}_R$

근원 점전하에 의해 형성된 전기장의 전계강도를 요약하면 [그림 2-11]과 같다.

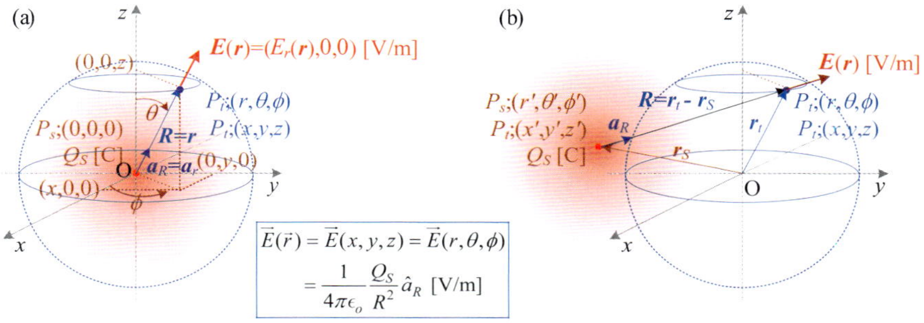

[그림 2-11] 근원전하(Q_S)에 의해 형성된 관측점의 전계강도($\boldsymbol{E}(\boldsymbol{r})$ [V/m] = [N/C])
(a) 원점($\boldsymbol{r}' = (0,0,0)$)에 존재하는 근원전하에 의한 전계의 형성과 방향
(b) 임의의 점($\boldsymbol{r}' = (x', y', z')$)에 존재하는 근원전하에 의한 전계의 형성과 방향

좌표계의 원점에 존재하는 근원 점전하가 양의 전하($Q_S > 0$)인 경우와 음의 전하($Q_S < 0$)인 경우, 전기장의 전계강도를 화살표를 이용하여 [그림 2-12](a)와 (b)에 비교하였다.

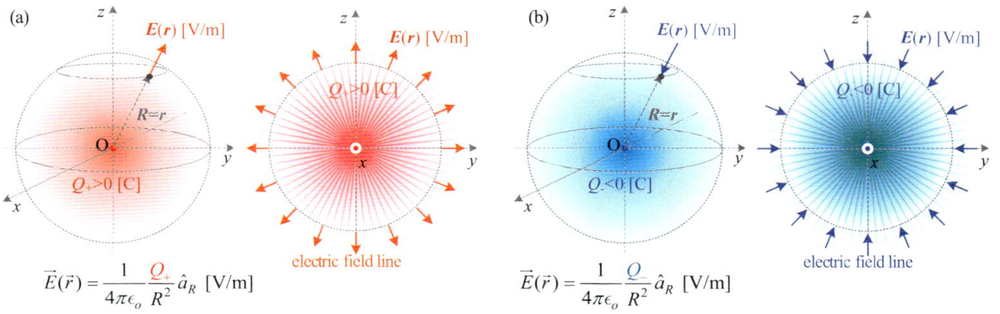

[그림 2-12] 원점(O(0, 0, 0))에 존재하는 전계강도
(a) 양의 점전하($Q_+ > 0$ [C])에 의해 형성된 전계강도(전계강도의 방향을 나타내는 화살표가 근원전하로부터 밖으로 향하는 방사방향 : $\boldsymbol{a}_E = +\boldsymbol{a}_r$)
(b) 음의 점전하($Q_- < 0$ [C])에 의해 형성된 전계강도(전계강도의 방향을 나타내는 화살표가 밖으로부터 근원전하로 향하는 방사방향 : $\boldsymbol{a}_E = -\boldsymbol{a}_r$)

근원전하(Q_S [C])에 의해 형성된 전기장의 전계강도($\boldsymbol{E}(\boldsymbol{r})$ [V/m])와 전기장의 영향을 받는 시험전하(Q_t [C])에 작용하는 정전기적 힘($\boldsymbol{F}(\boldsymbol{r})$ [N])의 변화를 그래프로 요약하면 [그림 2-13]과 같다.

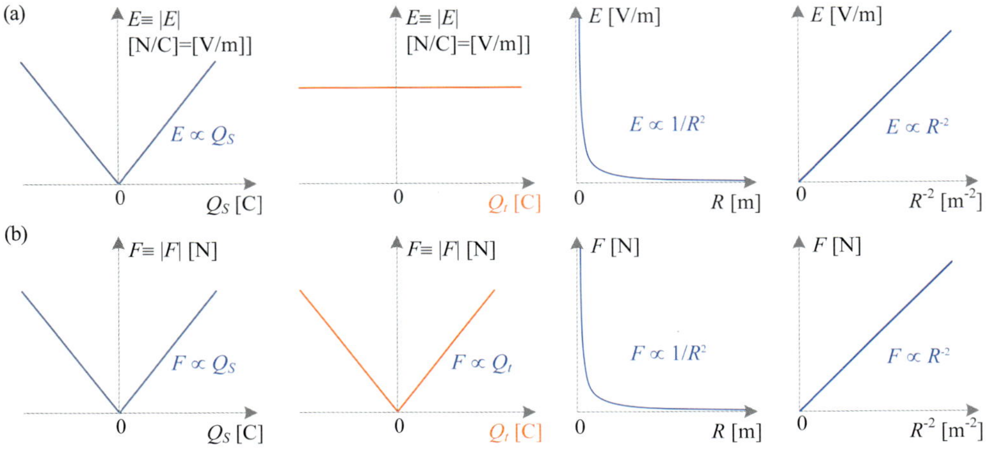

[그림 2-13] (a) 정전기적 영향의 근원전하(Q_S [C])에 의해 형성된 전계강도($\boldsymbol{E}(\boldsymbol{r})$ [V/m])
(b) 근원전하의 영향을 받는 시험전하(Q_t [C])에 작용하는 정전기적 힘($\boldsymbol{F}(\boldsymbol{r})$ [N])의 변화

전기장의 전계강도를 구하는 궁극적인 목적은 근원전하에 의해 형성된 전계로 인해 시험전하가 받는 정전기적 영향 또는 정전기적 힘이기 때문이다. 근원전하(Q_S [C])에 의한 영향만을 담은 관측점의 전계강도($\boldsymbol{E}(\boldsymbol{r})$ [N/C]=[V/m])를 구하면, 전기장 내에 존재하는 시험전하(Q_t [C])가 받는 정전기적 힘($\boldsymbol{F}(\boldsymbol{r})$ [N])은 전계강도에 시험전하의 전하량(Q_t [C])을 곱하여 얻을 수 있다($\boldsymbol{F}(\boldsymbol{r})=Q_t\boldsymbol{E}(\boldsymbol{r})$ [N]).

■ 전계강도의 단위가 가지는 의미

정전기적 상호작용을 일으키는 근원전하에 의해 형성된 전기장을 나타내는 특성 지표인 전계강도 값($\boldsymbol{E}(\boldsymbol{r})$)의 단위는 일반적으로 [V/m]로 나타낸다. 그런데 전계강도($\boldsymbol{E}(\boldsymbol{r})$)는 정전기적 힘($\boldsymbol{F}(\boldsymbol{r})$ [N])을 시험전하량(Q_t [C])으로 나눈 값($\boldsymbol{F}(\boldsymbol{r})/Q_t$)으로 정의되었으므로, 전계강도의 원래 단위는 [N/C]임을 기억하는 것도 매우 중요하다. 즉, 전계강도의 원래 단위인 1 [N/C]은 1 [C]의 전하량에 작용하는 정전기적 힘이 1 [N]이 되는 전계강도의 세기에 해당한다. 또한 전계강도의 단위로 사용되는 1 [V/m]는 1 [m] 떨어진 두 지점의 전위차가 1 [V]일 때 발생되는 전계강도의 세기를 의미하며, 이 단위는 정전기적 영향을 미치는 근원전하의 영향을 스칼라 물리량으로 나타내는 정전기적 일과 전위에 대한 정의를 배운 뒤에 더욱 명확해진다.

쿨롱의 법칙을 기반으로 하여, 전하들 간의 정전기적 힘에 관한 문제를 효율적으로 해결하는 방법을 정리하면 [표 2-2]와 같다.

[표 2-2] 쿨롱의 법칙을 기반으로 하여 근원전하에 의해 형성된 전기장의 전계강도에 관한 문제를 푸는 방법

(i) 벡터 물리량을 다루는 문제에서 제시된 상황을 최대한 구체화하여 그림으로 표현한다.

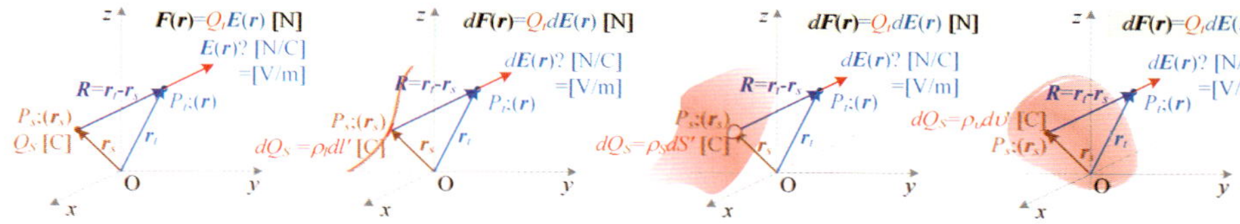

[그림 2-14] 점전하, 선전하, 면전하 및 부피전하 분포 형태의 분산 근원전하에 의해 형성된 정전기적 힘과 전계강도의 개념

(ii) 근원전하(Q_S [C])에 의해 형성되는 전계강도($\boldsymbol{E}(\boldsymbol{r})$ [N/C]=[V/m])에 관한 근거식(쿨롱의 법칙)을 적고, 그 의미를 확인한다.

$$\vec{E}(\vec{r})\left(\equiv\frac{\vec{F}(\vec{r})}{Q_t}\right)\ [\text{N/C}]=[\text{V/m}]=\frac{1}{4\pi\epsilon_o}\frac{Q_S}{R^2}\hat{a}_R$$: 1개의 근원 점전하에 의해 형성된 전계강도

$$\vec{E}(\vec{r})\left(\equiv\frac{\vec{F}(\vec{r})}{Q_t}\right)\ [\text{V/m}]=\sum_1^N\vec{E}_i(\vec{r})\ ;\vec{E}_i(\vec{r})\ [\text{V/m}]\equiv\frac{1}{4\pi\epsilon_o}\frac{Q_{Si}}{R_i^2}\hat{a}_{Ri}$$: N개의 근원 점전하에 의해 형성된 전계강도

$$\vec{E}(\vec{r})\left(\equiv\frac{\vec{F}(\vec{r})}{Q_t}\right)\ [\text{V/m}]=\int_{\substack{source\\charge}}d\vec{E}(\vec{r})\ ;\ d\vec{E}(\vec{r})\equiv\frac{1}{4\pi\epsilon_o}\frac{dQ_S(\vec{r}_S)}{R^2}\hat{a}_R\ ;dQ_S(\vec{r}_S)\ [\text{C}]=\begin{cases}\rho_l(\vec{r}_S)dl':\rho_l(\vec{r}_S)\ [\text{C/m}]\\ \rho_s(\vec{r}_S)dS':\rho_S(\vec{r}_S)\ [\text{C/m}^2]\\ \rho_\upsilon(\vec{r}_S)d\upsilon':\rho_\upsilon(\vec{r}_S)\ [\text{C/m}^3]\end{cases}$$

: 공간적으로 불균일한 분포의 근원전하에 의해 형성된 전계강도

(iii) 근원전하의 형태에 맞추어 전계강도($\boldsymbol{E}(\boldsymbol{r})$ [V/m])를 구하는 데 필요한 각각의 벡터 구성 요소를 정리한다.

- 근원전하와 관측점의 좌표 : $\boldsymbol{r}_S$ [m] ? $\boldsymbol{r}_t$ [m] ?

$$\vec{r}_S=\vec{r}\,'=(x_s,y_s,z_s)\ [\text{m}]$$: 근원전하의 좌표

$$\vec{r}_t=\vec{r}=(x,y,z)\ [\text{m}]$$: 관측점의 좌표

- 전계의 방향($\boldsymbol{a}_E$)과 단위 방향 벡터($\boldsymbol{a}_r$) : $\boldsymbol{r}=\boldsymbol{r}_t-\boldsymbol{r}_S$ [m] ? $\boldsymbol{a}_r$?

$$\left.\begin{aligned}&\vec{R}\equiv\vec{r}_t-\vec{r}_S=(x-x_s,y-y_s,z-z_s)\ [\text{m}]\\&R\equiv|\vec{R}|=\sqrt{(x-x_s)^2+(y-y_s)^2+(z-z_s)^2}\ [\text{m}]\end{aligned}\right\}\Rightarrow\hat{a}_R\equiv\frac{\vec{R}}{R}\leftrightarrow\hat{a}_E=\frac{\vec{E}}{E}=\hat{a}_R$$: 단위 방향 벡터

(iv) 위에서 얻은 결과를 반영하여 근원전하에 의해 형성되는 전계강도를 수식으로 구체화된 결과식으로 정리한다. 필요한 경우, 중첩의 원리를 적용하여 합하거나 부분적 전계강도($d\boldsymbol{E}(\boldsymbol{r})$ [V/m])를 적분하여 전계강도($\boldsymbol{E}(\boldsymbol{r})$ [V/m])를 구한다.

$$\vec{E}(\vec{r})\ [\text{V/m}]=\frac{1}{4\pi\epsilon_o}\frac{Q_S}{R^2}\hat{a}_R$$: 1개의 근원 점전하에 의해 형성된 전계강도

$$\vec{E}(\vec{r})\ [\text{V/m}]=\sum_{i=1}^N\vec{E}_i(\vec{r})=\sum_{i=1}^N\left(\frac{1}{4\pi\epsilon_o}\frac{Q_{Si}}{R_i^2}\hat{a}_{Ri}\right)$$: N개의 근원 점전하에 의해 형성된 전계강도

$$\vec{E}(\vec{r})\ [\text{V/m}]=\int_{\substack{source\\charge}}d\vec{E}(\vec{r}),\ d\vec{E}(\vec{r})\ [\text{V/m}]=\frac{1}{4\pi\epsilon_o}\frac{dQ_S(\vec{r}\,')}{R^2}\hat{a}_R\ ;dQ_S(\vec{r}\,')\ [\text{C}]=\begin{cases}\rho_l(\vec{r}_S)dl':\rho_l(\vec{r}\,')\ [\text{C/m}]\\ \rho_s(\vec{r}_S)dS':\rho_S(\vec{r}\,')\ [\text{C/m}^2]\\ \rho_\upsilon(\vec{r}_S)d\upsilon':\rho_\upsilon(\vec{r}\,')\ [\text{C/m}^3]\end{cases}$$

: 공간적으로 불균일한 분포의 근원전하에 의해 형성된 전계강도

(v) 근원전하가 형성한 전기장 공간 내의 관측점에 존재하는 시험전하가 받는 정전기적 힘을 구해야 하는 경우, 근원전하의 종류와 크기에 관계없이 관측점의 전계강도($\boldsymbol{E}(\boldsymbol{r})$ [V/m])와 시험전하의 전하량(Q_t [C])을 곱하여 구한다.

(계속)

$\vec{F}(\vec{r})$ [N] $= Q_t \vec{E}(\vec{r})$: 근원전하에 의해 형성된 전계에 의해 시험전하에 작용하는 정전기적 힘

$\leftarrow \vec{E}(\vec{r})$ [N/C] = [V/m] $\equiv \dfrac{\vec{F}(\vec{r})}{Q_t}$: 근원전하에 의해 형성된 관측점의 전계강도

(vi) 쿨롱의 법칙에 대한 직관적인 지식(단위, 방향 등)을 통해 결과의 타당성을 검증하고, 오류가 있으면 점검하고 다시 계산과정을 거친다.

예제 2-2

전하량이 $Q_S = 1$ [C]인 근원전하가 원점(O(0,0,0)에 존재하는 경우, 관측점($\boldsymbol{r}$)의 전계강도($\boldsymbol{E}(\boldsymbol{r})$ [V/m])를 구하라. 그리고 전자/반도체 소자와 부품 동작의 핵심 전하인 전자($Q_t = -q = -1.6\times10^{-19}$ [C])가 시험전하로서 받는 정전기적 힘을 구하라.

풀이

(i) 문제에서 제시된 상황을 구체적인 그림으로 표시하면 다음과 같다.

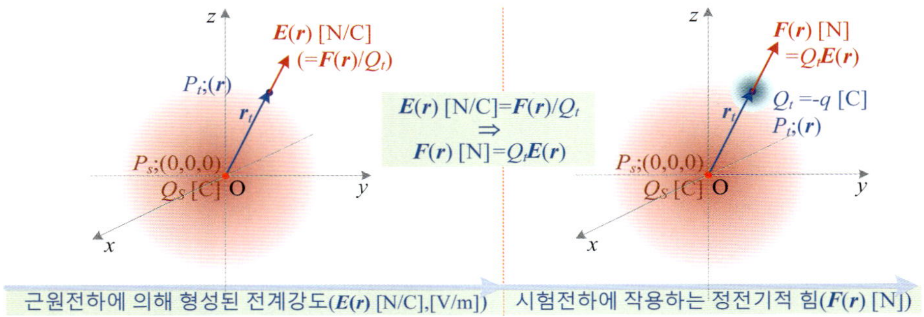

[그림 2-15] 근원전하에 의해 형성된 전계강도와 이로 인해 시험전하에 작용하는 정전기적 힘의 관계

(ii) 근원전하에 의해 발생되는 전계강도($\boldsymbol{E}(\boldsymbol{r})$ [V/m])에 관한 식을 적고, 위의 그림을 통해 물리적 의미(전계의 크기를 결정하는 요소, 크기와 방향 등)를 문제에 적용한 수식은 다음과 같다.

$$\vec{E}(\vec{r}) = \frac{1}{4\pi\epsilon_o}\frac{Q_S}{R^3}\vec{R} \text{ [N/C]} = \text{[V/m]}$$: 근원전하에 의해 형성된 전계강도

(iii) 쿨롱의 법칙을 바탕으로 전계강도의 대칭성(크기와 방향)을 파악하여, 해석하기 편리한 좌표계를 결정한다. 임의의 축을 중심으로 원통 대칭성을 갖는 경우 원통좌표계를, 한 점을 중심으로 한 구 대칭성을 갖는 경우 구좌표계를, 그리고 대칭성을 확인하기 어려운 경우 직각좌표계를 이용한다. 또한, 좌표의 평행이동을 하면 대칭성이 나타나는 경우 좌표 변환을 활용하여 대칭좌표계에 적용한다.

(iv) 대칭성을 고려하여 선택한 좌표계를 이용하여, 전계강도 문제를 구체화하는 데 필요한 각각의 벡터 구성 요소를 정리한다.

• 근원전하와 관측점의 좌표

$\vec{r}_S = \vec{r}\,' = (0,0,0)$ [m] : 근원전하의 직각좌표계 좌표 ; $\vec{r}_S = \vec{r}\,' = (0,\theta',\phi')$: 근원전하의 구좌표계 좌표

$\vec{r}_t = \vec{r} = (x,y,z) = (r,\theta,\phi)$: 관측점의 직각좌표계 좌표 ; $\vec{r}_t = \vec{r} = (r,\theta,\phi)$: 관측점의 구좌표계 좌표

$$\text{주 : } \left.\begin{array}{l} x = r\sin\theta\cos\phi \text{ [m]} \\ y = r\sin\theta\sin\phi \text{ [m]} \\ z = r\cos\theta \text{ [m]} \end{array}\right\} - \left\{\begin{array}{l} x' = r'\sin\theta'\cos\phi' \text{ [m]} \\ y' = r'\sin\theta'\sin\phi' \text{ [m]} \\ z' = r'\cos\theta' \text{ [m]} \end{array}\right.$$

$$\rightarrow \vec{R} \equiv \vec{r} - \vec{r}\,' = \begin{cases} x - x' = r\sin\theta\cos\phi - r'\sin\theta'\cos\phi' \\ y - y' = r\sin\theta\sin\phi - r'\sin\theta'\sin\phi' \\ z - z' = r\cos\theta - r'\cos\theta' \end{cases}$$

$$\rightarrow \vec{R}\Big|_{r'=0} = \vec{r}(r,\theta,\phi) - \vec{r}\,'(0,\theta',\phi') = \begin{cases} x - x' = r\sin\theta\cos\phi \\ y - y' = r\sin\theta\sin\phi = \vec{r} \\ z - z' = r\cos\theta \end{cases}$$

• 힘의 방향과 단위 방향 벡터 : 구좌표계

$$\left.\begin{array}{l} \vec{R} \equiv \vec{r}_t - \vec{r}_S = \vec{r} - \vec{r}\,' = \vec{r} \text{ [m]} \\ R \equiv |\vec{R}| = \sqrt{x^2+y^2+z^2} = r \text{ [m]} \end{array}\right\} \Rightarrow \hat{a}_R \equiv \frac{\vec{R}}{R} = \hat{a}_r \leftrightarrow \hat{a}_E = \frac{\vec{E}}{E} = \hat{a}_R = \hat{a}_r \text{ : 단위 방향 벡터}$$

(v) 위에서 얻은 결과를 반영하여 부분적 근원전하에 의해 형성되는 전계강도를 수식으로 구체화한다.

$$\vec{E}(\vec{r}) \text{ [N/C]} = \text{[V/m]} = \frac{1}{4\pi\epsilon_o}\frac{Q_S}{R^3}\vec{R} \quad ; Q_S = 1 \text{ [C]}, \boldsymbol{R} == r\boldsymbol{a}_r \text{ [m]}$$

(vi) 근원전하(Q_S [C])에 의해 형성된 전기장 내에서 시험전하가 받는 정전기적 힘은 근원전하에 의해 형성된 전계강도($\boldsymbol{E}(\boldsymbol{r})$ [N/C]=[V/m])와 시험전하의 전하량(Q_t [C])을 곱하여 구한다.

$$\vec{F}(\vec{r}) \text{ [N]} = Q_t\vec{E}(\vec{r}) = Q_t\frac{1}{4\pi\epsilon_o}\frac{Q_S}{R^2}\hat{a}_R = \frac{Q_tQ_S}{4\pi\epsilon_o r^2}\hat{a}_r$$

두 점전하 사이의 거리 변화에 따른 정전기적 힘의 변화를 [그림 2-16]($Q_S = 1$ [C], Q_t = 전자 = -1.6×10^{-19} [C])과 [그림 2-17] (Q_S = 전자 = -1.6×10^{-19} [C], Q_t = 전자 = -1.6×10^{-19} [C])에 요약하였다.

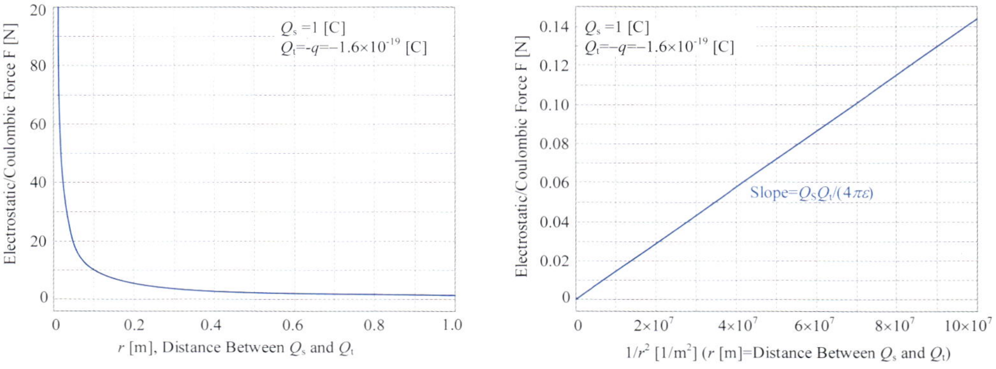

[그림 2-16] 두 점전하($Q_S = 1$ [C], Q_t = 전자 = -1.6×10^{-19} [C]) 사이의 거리 변화에 따른 정전기적 힘의 변화

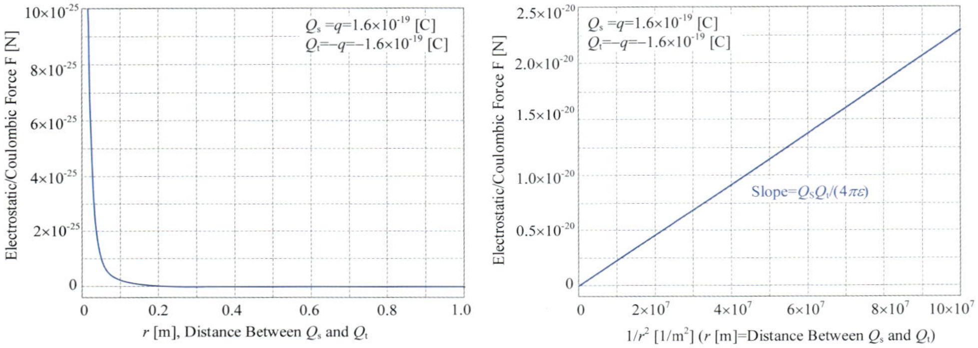

[그림 2-17] 두 점전하(Q_S = 전자 = -1.6×10^{-19} [C], Q_t = 전자 = -1.6×10^{-19} [C]) 사이의 거리 변화에 따른 정전기적 힘의 변화

2.2.2 원점에 존재하는 점전하에 의한 전기장의 형성과 정전기적 상호작용

좌표계의 원점(O(0,0,0))에 존재하는 점전하(Q [C])에 의해 형성되는 전계강도($\boldsymbol{E}(\boldsymbol{r})$ [V/m])는 다음 과정을 통해 구할 수 있다.

(i) 원점(O(0,0,0))에 존재하는 점전하(Q [C])에 의해 형성되는 전기장을 시각화하면 [그림 2-18]과 같다.

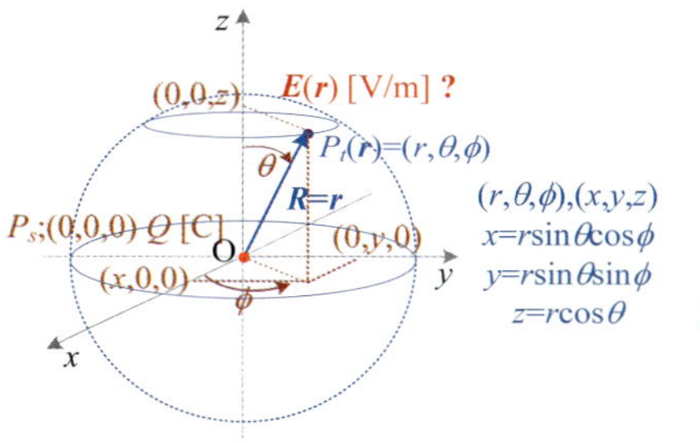

[그림 2-18] 좌표계의 원점(O(0,0,0))에 존재하는 근원 점전하(Q [C])에 의해 형성된 전계강도($\boldsymbol{E}(\boldsymbol{r})$ [N/C] = [V/m])

(ii) 근원전하에 의해 발생되는 전기장의 전계강도에 관한 식은 다음과 같다.

$$\vec{E}(\vec{r})\ [\mathrm{N/C}] = [\mathrm{V/m}] = \frac{1}{4\pi\epsilon_o}\frac{Q_S}{R^2}\hat{a}_R = \frac{1}{4\pi\epsilon_o}\frac{Q_S}{R^3}\vec{R}$$: 근원 점전하에 의해 형성된 전기장의 전계강도

(iii) 쿨롱의 법칙을 바탕으로 전계강도의 대칭성(크기와 방향)을 파악하여, 해석하기 편리한 좌표계를 결정한다. 즉 전계강도는 근원전하의 크기에 비례하고, 거리의 제곱에 반비례하며, 근원전하와 관측점을 연결하는 선분($\boldsymbol{r}_t-\boldsymbol{r}_S$)과 평행한 방향의 전계가 생성된다. 따라서 전계의 세기가 동일한 점을 모두 합하면, 근원전하가 있는 원점을 중심으로 하는 동일한 반지름의 구면을 형성한다. 전계의 방향은 원점과 관측점을 연결하는 선분과 평행한 방향으로 형성되므로, 근원전하가 존재하는 원점을 중심으로 한 구면의 법선방향 벡터($\boldsymbol{E}/E = \boldsymbol{a}_{\mathrm{E}} = \boldsymbol{a}_r$)가 된다. 구 대칭성을 확인하였으므로, 원점으로부터의 거리(r [m]), z-축과의 각도(θ [rad]), x-축으로부터의 평면각(ϕ [rad])을 이용하는 구좌표계(r,θ,ϕ)를 사용하여 편리하게 해석할 수 있음을 알 수 있다.

(iv) 대칭성을 고려한 구좌표계를 이용하여 전계강도 문제를 구체화하기 위해 필요한 각각의 벡터 구성 요소를 정리하면 다음과 같다.

• 근원전하와 관측점의 좌표

$\vec{r}_S = \vec{r}\,' = (0, \theta', \phi')$: 근원전하의 구좌표계 좌표 $\leftarrow \vec{r}_S = (0,0,0)$ [m] : 근원전하의 직각좌표계 좌표

$\vec{r}_t = \vec{r} = (r, \theta, \phi)$: 관측점의 구좌표계 좌표 $\leftarrow \vec{r}_t = (x, y, z) = (r, \theta, \phi)$: 관측점의 직각좌표계 좌표

• 힘의 방향과 단위 방향 벡터 : 구좌표계

$$\left.\begin{array}{l} \vec{R} \equiv \vec{r}_t - \vec{r}_S = (r-0, \phi-\phi', \theta-\theta') = (r,0,0) \text{ [m]} \\ \vec{R} = (r,\theta,\phi); |\vec{R}| = R = \sqrt{x^2+y^2+z^2} \text{ [m]} \end{array}\right\} \Rightarrow \hat{a}_R \equiv \frac{\vec{R}}{R} \leftrightarrow \hat{a}_E = \frac{\vec{E}}{E} = \hat{a}_R$$

: 전계강도의 단위 방향 벡터

(v) 위의 결과를 반영하여 부분적 근원전하에 의해 형성되는 전계강도를 다음 수식으로 정리할 수 있다.

$$\left.\begin{array}{l} \vec{E}(\vec{r}) \text{ [V/m]} = \vec{E}(r,\theta,\phi) = (E_r(r,\theta,\phi), E_\theta(r,\theta,\phi), E_\phi(r,\theta,\phi)) \\ \qquad = \dfrac{1}{4\pi\epsilon_o}\dfrac{Q}{r^2}\hat{a}_r = E_r(r,\theta,\phi)\hat{a}_r \end{array}\right\};$$

$$\begin{cases} E_r(r,\theta,\phi) \text{ [V/m]} = \dfrac{1}{4\pi\epsilon_o}\dfrac{Q}{r^2},\ E_\theta(r,\theta,\phi) = 0,\ E_\phi(r,\theta,\phi) = 0 \\ E(\vec{r}) \text{ [V/m]} = |\vec{E}(\vec{r})| = \sqrt{E_r^{\,2} + E_\theta^{\,2} + E_\phi^{\,2}} = E_r(r,\theta,\phi) = \dfrac{1}{4\pi\epsilon_o}\dfrac{Q}{r^2} \end{cases}$$

원점의 근원전하에 의해 형성된 전기장의 방사방향 전계강도와 그를 결정하는 요소를 [그림 2-19]와 [그림 2-20]에 요약하였다.

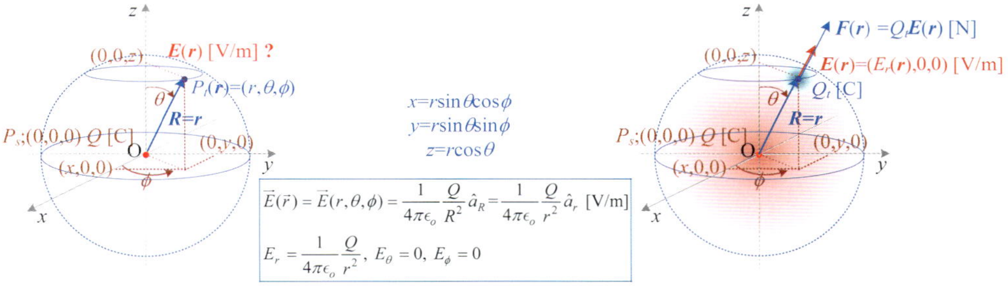

[그림 2-19] 좌표계의 원점(O(0,0,0))에 존재하는 근원 점전하(Q [C])에 의해 형성된 전계강도($\boldsymbol{E}(\boldsymbol{r})$ [N/C] = [V/m])의 변화

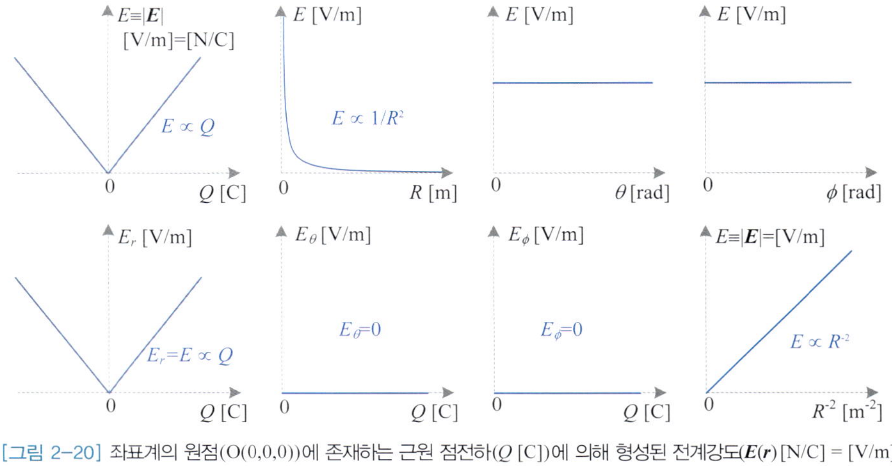

[그림 2-20] 좌표계의 원점(O(0,0,0))에 존재하는 근원 점전하(Q [C])에 의해 형성된 전계강도($\boldsymbol{E}(\boldsymbol{r})$ [N/C] = [V/m])의 변화

(vi) 근원전하(Q_S [C])에 의해 형성된 전기장 내에서 시험전하가 받는 정전기적 힘($\boldsymbol{F}(\boldsymbol{r})$ [N])은 근원전하에 의해 형성된 전계강도($\boldsymbol{E}(\boldsymbol{r})$ [N/C]=[V/m])와 시험전하의 전하량(Q_t [C])을 곱하여 구할 수 있다.

$$\vec{F}(\vec{r})\ [\mathrm{N}] = \vec{F}(r,\theta,\phi) = Q_t\vec{E}(\vec{r}) = Q_t\frac{1}{4\pi\epsilon_o}\frac{Q}{r^2}\hat{a}_r = F_r(\vec{r})\hat{a}_r \quad \begin{cases} F_r(\vec{r})\ [\mathrm{N}] = Q_t\dfrac{1}{4\pi\epsilon_o}\dfrac{Q}{r^2} \\ F_\theta(\vec{r})\ [\mathrm{N}] = 0, F_\phi(\vec{r}) = 0 \end{cases}$$

이 결과는 전계강도를 정의하기 전에 두 점전하 간의 정전기적 힘을 나타내는 쿨롱의 법칙과 동일함을 확인할 수 있다. 근원전하에 의해 형성된 방사방향의 전계로 인해 시험전하가 받는 힘도 방사방향의 힘만 존재한다. 시험전하가 받는 정전기적 힘을 결정하는 요소와 의존도를 [그림 2-21]에 요약하였다.

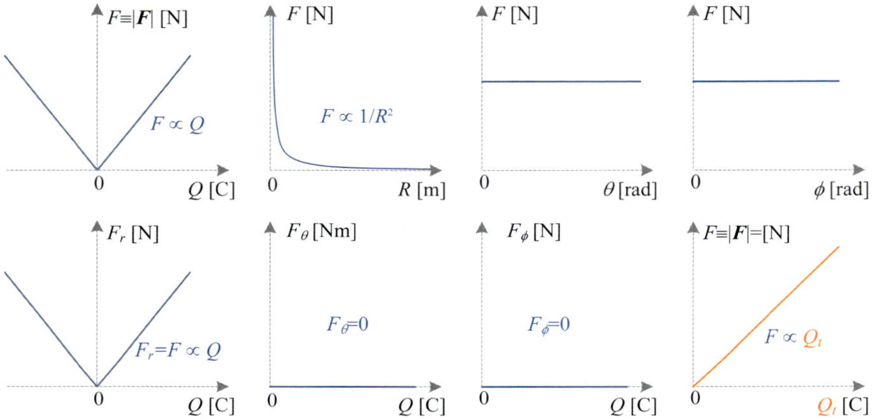

[그림 2-21] 원점의 점전하(Q [C])에 의해 형성된 전기장에서 시험전하가 받는 정전기적 힘($\boldsymbol{F}(\boldsymbol{r})$ [N])의 변화

2.2.3 z-축에 존재하는 무한 길이의 선전하에 의한 전기장의 형성과 정전기적 상호작용

무한 선전하(infinite line charge) 구조는 동축 케이블, 전력선 주변의 전자기장, 나노선(nano-wire)을 이용하는 반도체 소자, 초고주파 전송선 구조와 유사한 근원전하 구조이며, 정확한 이해를 바탕으로 한 공학적 분석 업무와 응용에 적용할 수 있는 중요한 주제 중 하나이다. 직각좌표계의 z-축상에 위치한 무한한 길이의 선전하(ρ_l [C/m], $-\infty < z < +\infty$; 무한 선전하)에 의해 형성된 전기장의 전계강도($\boldsymbol{E}(\boldsymbol{r})$ [V/m])를 구하는 과정은 다음과 같다.

(i) z-축상에 위치한 무한한 길이의 선전하(ρ_l [C/m], $-\infty < z < +\infty$; 무한 선전하)에 의해 형성된 전기장을 시각화하면 [그림 2-22]와 같다.

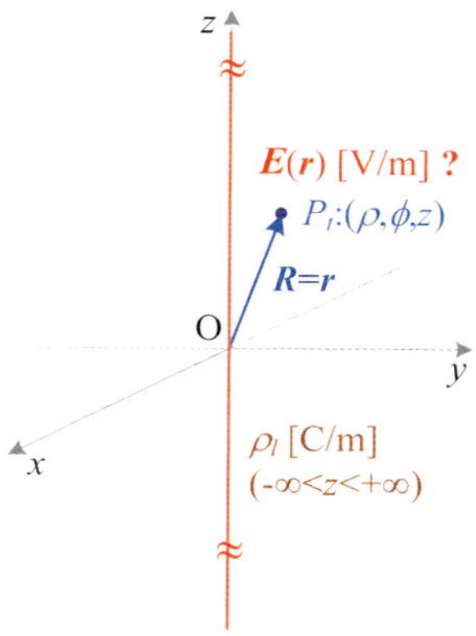

[그림 2-22] z-축에 위치한 무한 선전하(ρ_l [C/m] ; $-\infty < z < +\infty$)에 의해 형성된 정전기적 영향과 전계강도($\boldsymbol{E}(\boldsymbol{r})$ [V/m])

(ii) 근원전하 조각에 의해 발생되는 전계강도에 관한 쿨롱의 법칙은 다음과 같다.

$$d\vec{E}(\vec{r})\ [\text{V/m}] = \frac{1}{4\pi\epsilon_o}\frac{dQ_S(\vec{r}\,')}{R^2}\hat{a}_R = \frac{1}{4\pi\epsilon_o}\frac{dQ_S(\vec{r}\,')}{R^3}\overline{R}$$: z-축의 부분 선전하에 의해 형성된 전기장의 부분 전계강도

$$dQ_S(\vec{r}\,')\ [\text{C}] = \rho_l dl' = \rho_l dz'$$: z-축의 근원전하 조각의 전하량

$$\vec{E}(\vec{r})\ [\text{V/m}] = \int_{\substack{source\\charge}} d\vec{E}(\vec{r})$$: z-축의 무한 선전하에 의해 형성된 전기장의 전계강도

(iii) 쿨롱의 법칙을 바탕으로 전계강도의 대칭성(크기와 방향)을 파악하여, 해석하기 편리한 좌표계를 결정한다. 전계강도는 근원전하의 크기에 비례하고, 거리의 제곱에 반비례하며, 근원전하와 관측점을 연결하는 선분($\boldsymbol{r}_l - \boldsymbol{r}_S = \boldsymbol{r} - \boldsymbol{r}'$)과 평행한 방사방향의 전계강도 벡터가 생성된다. 따라서 전계강도의 세기가 동일한 점을 모두 합하면 [그림 2-23]과 같이 근원전하가 있는 z-축을 중심으로 동일한 반지름을 갖는 원통면을 형성한다. 또한 선형전하가 $-\infty < z < +\infty$에 걸쳐 동일하므로, 원통면 내에서는 z-축의 위치에 무관하게 동일한 전계의 방향과 세기를 가지는 원통 대칭성을 확인할 수 있다. 따라서 z-축으로부터의 수직 거리인 반지름(ρ [m]), x-축으로부터의 평면각(ϕ [rad]), z-축의 위치(z [m])를 이용하는 원통좌표계(ρ, ϕ, z)를 사용하여 편리하게 해석할 수 있음을 알 수 있다.

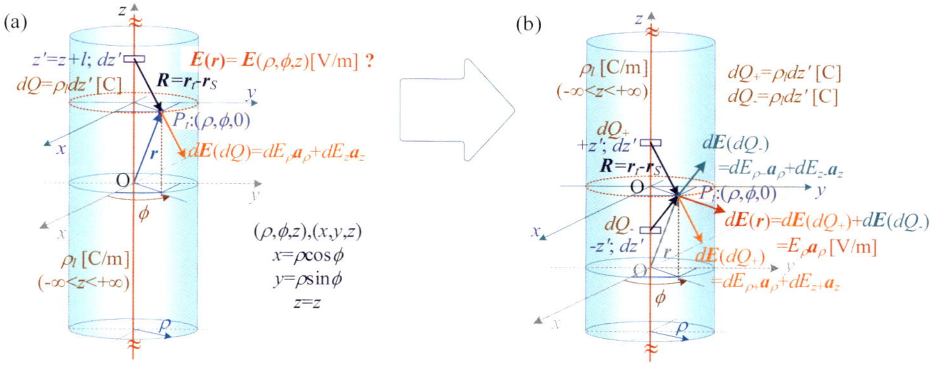

[그림 2-23] z-축의 무한 선전하(ρ_l [C/m])에 의해 형성된 전계강도($\boldsymbol{E}(\boldsymbol{r})$ [V/m])의 대칭성을 이용하기 위해 관측점을 xy-평면으로 이동하는 과정

z-축상의 한 지점 $\boldsymbol{r}' = (\rho, \phi, z) = (0, 0, z')$에 있는 선전하 조각($dQ_S = \rho_l dz'$ [C])은 관측점(r)에 부분 전계($d\boldsymbol{E}(\boldsymbol{r})$)를 형성하며, [그림 2-23]에 나타낸 바와 같이 z-축에 평행한 성분($dE_z\boldsymbol{a}_z$)과 원통면에 수직인 z-축으로부터의 방사형 성분($dE_\rho\boldsymbol{a}_\rho$)의 합으로 나타낼 수 있다.

$$d\vec{E}(\vec{r})\ [\text{V/m}] = \frac{1}{4\pi\epsilon_o}\frac{dQ_S}{R^2}\hat{a}_R = d\vec{E}_\rho(\vec{r}) + d\vec{E}_\phi(\vec{r}) + d\vec{E}_z(\vec{r})$$: 선전하 조각에 의해 형성된 부분 전계강도

$$= dE_\rho(\vec{r})\hat{a}_\rho + dE_z(\vec{r})\hat{a}_z\ ;\ d\vec{E}_\phi(\vec{r}) = 0$$

한편, 무한 길이의 선전하에 의해 형성된 전계는 z-축 좌표에 무관한 원통 대칭성($\boldsymbol{E}(\rho,\phi,z) = \boldsymbol{E}(\rho,\phi,0)$)을 가진다. 정전기적 상호작용 이해와 전계강도 문제 풀이의 간략화를 위해 이러한 대칭성을 활용할 수 있는데, 그림에 나타낸 것과 같이 관측점을 $z = 0$; $(\rho,\phi,0)$인 점으로 택하는 것이 편리하다.

(iv) 대칭성을 고려하여 관측점으로 $\boldsymbol{r} = (\rho,\phi,0)$을 선택한 원통좌표계를 이용하면, 각각의 벡터 구성 요소는 다음과 같다.

- **근원전하 좌표와 관측점의 좌표**

$\vec{r}_S = \vec{r}\,' = (0,0,z')$: 근원전하의 원통좌표계 좌표

$\vec{r}_t = \vec{r} = (\rho,\phi,0)$: 관측점의 원통좌표계 좌표

$dQ_S\ [\text{C}] = \rho_l dz'$: 근원 선전하 조각의 전하량

- **힘의 방향과 단위 방향 벡터 : 원통좌표계**

$$\left.\begin{array}{l}\vec{R} \equiv \vec{r}_t - \vec{r}_S = (\rho,\phi-\phi',-z') = (\rho,0,-z')\ [\text{m}] \\ \vec{R} = (\rho,0,-z');|\vec{R}| = R = \sqrt{\rho^2+(-z')^2} = \sqrt{\rho^2+z'^2}\ [\text{m}]\end{array}\right\}$$

$$\Rightarrow \hat{a}_R \equiv \frac{\vec{R}}{R} = \frac{(\rho,0,-z')}{\sqrt{\rho^2+z'^2}} = \frac{\rho\hat{a}_\rho - z'\hat{a}_z}{\sqrt{\rho^2+z'^2}} \leftrightarrow \hat{a}_E = \frac{\vec{E}}{E} = \hat{a}_R$$: 전계강도 단위 방향 벡터

← 관측점을 $\vec{r}_t = \vec{r} = (\rho,\phi,0)$ 대신 원래의 좌표인 임의의 점($\vec{r}_t = \vec{r} = (\rho,\phi,z)$)으로 할 경우에도 동일한 결과를 얻음

$$\left.\begin{array}{l}\vec{R} \equiv \vec{r}_t - \vec{r}_S = (\rho,\phi-\phi',z-z') = (\rho,0,z-z')\ [\text{m}] \\ \vec{R} = (\rho,\phi,z-z');|\vec{r}| = r = \sqrt{\rho^2+(z-z')^2} = \sqrt{\rho^2+(z-z')^2}\ [\text{m}]\end{array}\right\}$$

$$\Rightarrow \hat{a}_R \equiv \frac{\vec{R}}{R} = \frac{\rho\hat{a}_\rho + (z-z')\hat{a}_z}{\sqrt{\rho^2+(z-z')^2}} \leftrightarrow \hat{a}_E = \frac{\vec{E}}{E} = \hat{a}_R$$

(v) 위에서 얻은 결과를 반영하여 근원전하 조각에 의해 형성되는 전계강도를 수식으로 정리하면 다음과 같다.

z-축상의 무한 선전하에 의해 형성되는 전계강도는 부분적 선전하에 의해 형성되는 부분적 전계강도를 모두 합하는 적분 과정을 거쳐 얻을 수 있으며, 그 관계식은 다음과 같다.

$$d\vec{E}(\vec{r})\ [\text{V/m}] = \frac{1}{4\pi\epsilon_o}\frac{dQ_S}{R^2}\hat{a}_R = \frac{1}{4\pi\epsilon_o}\frac{\rho\hat{a}_\rho - z'\hat{a}_z}{(\rho^2+z'^2)^{3/2}}\rho_l dz'$$: 선전하 조각에 의해 형성된 부분 전계강도

← 관측점을 $\vec{r}_t = \vec{r} = (\rho,\phi,0)$ 대신 원래의 좌표인 임의의 점($\vec{r}_t = \vec{r} = (\rho,\phi,z)$)으로 할 경우에도 동일한 결과를 얻음

$$d\vec{E}(\vec{r})\ [\text{V/m}] = \frac{1}{4\pi\epsilon_o}\frac{dQ_S}{R^2}\hat{a}_R = \frac{1}{4\pi\epsilon_o}\frac{\rho\hat{a}_\rho + (z-z')\hat{a}_z}{(\rho^2+(z-z')^2)^{3/2}}\rho_l dz'$$: 선전하 조각에 의해 형성된 부분 전계강도

[그림 2-23](b)에 나타낸 것과 같이 관측점으로부터 위쪽($z' = z+l$; dQ_+)과 아래쪽($z' = z-l$; dQ_-)의 동일한 거리에 있는 근원전하 조각들이 형성하는 부분 전계강도($d\boldsymbol{E}_+$, $d\boldsymbol{E}_-$)의 방사방향 성분($d\boldsymbol{E}_\rho$)은 동일한 방향과 크기($d\boldsymbol{E}_{\rho+} = d\boldsymbol{E}_{\rho-}$)로 형성되어 관측점의 전계강도를 증가시키는 방향으로

합해진다. 그런데 부분 전계강도의 z-축과 평행한 성분($d\boldsymbol{E}_z$)은 크기는 같으나 방향은 서로 반대방향($d\boldsymbol{E}_{z+} = -d\boldsymbol{E}_{z-}$)으로 형성되어, 관측점에서는 상쇄($d\boldsymbol{E}z = d\boldsymbol{E}_{z+}+d\boldsymbol{E}_{z-} = 0$)된다. 따라서 무한 선전하의 대칭성으로 인해 관측점의 전계강도는 어느 곳에서나 오직 방사형 성분($\boldsymbol{E}/E = \boldsymbol{a}_{\mathrm{E}} = \boldsymbol{a}_\rho$)만 존재하게 된다.

$$\begin{aligned} d\vec{E}_+(\vec{r}) + d\vec{E}_-(\vec{r}) &= (dE_{\rho+}(\vec{r})\hat{a}_\rho + dE_{z+}(\vec{r})\hat{a}_z) + (dE_{\rho-}(\vec{r})\hat{a}_\rho + dE_{z-}(\vec{r})\hat{a}_z) \\ &= (dE_{\rho+}(\vec{r})\hat{a}_\rho + dE_{z+}(\vec{r})\hat{a}_z) + (dE_{\rho+}(\vec{r})\hat{a}_\rho - dE_{z+}(\vec{r})\hat{a}_z) \\ &= 2dE_{+\rho}(\vec{r})\hat{a}_\rho \end{aligned}$$

관측점의 전계강도($\boldsymbol{E}(\boldsymbol{r})$ [V/m])는 앞에서 정리한 부분적 선전하에 의한 부분적 전계강도 성분($d\boldsymbol{E}(\boldsymbol{r})$ [V/m])을 z-축상의 모든 구간에 대한 적분 과정을 통해 얻을 수 있으며, 그 과정과 결과는 다음과 같다.

$$\begin{aligned} \vec{E}(\vec{r})\ [\mathrm{V/m}] &= \int_{\substack{source\\charge}} d\vec{E}(\vec{r}) = \int_{-\infty}^{+\infty} \left(\frac{1}{4\pi\epsilon_o} \frac{\rho\hat{a}_\rho - z'\hat{a}_z}{(\rho^2 + z'^2)^{3/2}} \rho_l dz' \right) \\ &= \int_{-\infty}^{+\infty} \left(\frac{\rho_l}{4\pi\epsilon_o} \frac{\rho}{(\rho^2 + z'^2)^{3/2}} dz' \right) \hat{a}_\rho + \int_{-\infty}^{+\infty} \left(\frac{\rho_l}{4\pi\epsilon_o} \frac{-z'}{(\rho^2 + z'^2)^{3/2}} dz' \right) \hat{a}_z \end{aligned}$$

$$\begin{cases} \displaystyle\int_{-\infty}^{+\infty} \left(\frac{-z'}{(\rho^2 + z'^2)^{3/2}} dz' \right) = \int_{-\infty}^{+\infty} \left(\frac{-z'}{(\rho^2 + z'^2)^{3/2}} dz' \right) = \int_{-\infty}^{+\infty} \left(-\frac{1}{2} \frac{1}{x^{3/2}} dx \right) \\ \displaystyle\qquad = -\frac{1}{\sqrt{x}} \Big|_{-\infty}^{-\infty} = -\frac{1}{\sqrt{\rho^2 + z'^2}} \Big|_{-\infty}^{-\infty} = 0 \Leftarrow (\rho^2 + z'^2) \equiv x\ ;\ 2z'dz' = dx \\ \displaystyle\int_{-\infty}^{+\infty} \left(\frac{\rho}{(\rho^2 + z'^2)^{3/2}} dz' \right) = \frac{z'}{\rho^2\sqrt{\rho^2 + z'^2}} \Big|_{-\infty}^{+\infty} = \frac{2}{\rho^2} \qquad \Leftarrow \int \frac{\rho}{(\rho^2 + z'^2)^{3/2}} dz' = \frac{z'}{\rho^2\sqrt{\rho^2 + z'^2}} \end{cases}$$

$$\begin{aligned} \vec{E}(\vec{r})\ [\mathrm{V/m}] &= \int_{-\infty}^{+\infty} d\vec{E}(\vec{r}) = \int_{-\infty}^{+\infty} \left(\frac{1}{4\pi\epsilon_o} \frac{\rho\hat{a}_\rho - z'\hat{a}_z}{(\rho^2 + z'^2)^{3/2}} \rho_l dz' \right) = \left(\frac{\rho_l}{4\pi\epsilon_o} \rho \right) \frac{2}{\rho^2} \hat{a}_\rho \\ &= \frac{\rho_l}{2\pi\epsilon_o\rho} \hat{a}_\rho\ ;\ E_\phi = 0,\ E_z = 0 \end{aligned}$$

관측점의 전계강도($\boldsymbol{E}(\boldsymbol{r})$ [V/m])는 앞서 예상한 바와 같이 방사형 성분(E_ρ)만 존재하고, z-축과 평행한 성분과 회전방향 성분은 존재하지 않는다($E_\phi = 0,\ E_z=0$). 특히 관측점의 전계강도($E(\boldsymbol{r})$)는 z-축상의 선전하밀도(ρ_l [C/m])에 비례하고, z-축으로부터의 수직 거리인 반지름(ρ [m])에 반비례한다. 그러나 전기장 형성의 근원전하인 z-축상의 무한 선전하의 대칭성으로 인해 전계강도는 z-축의 위치에 무관하고, xy-평면의 회전각(ϕ [rad])에도 무관하다. z-축의 무한 선전하(ρ_l [C/m])에 의해 형성된 전기장의 방사방향 전계강도($\boldsymbol{E}(\boldsymbol{r})$ [V/m])를 결정하는 요소와 의존도를 [그림 2-24]와 [그림 2-25]에 요약하였다.

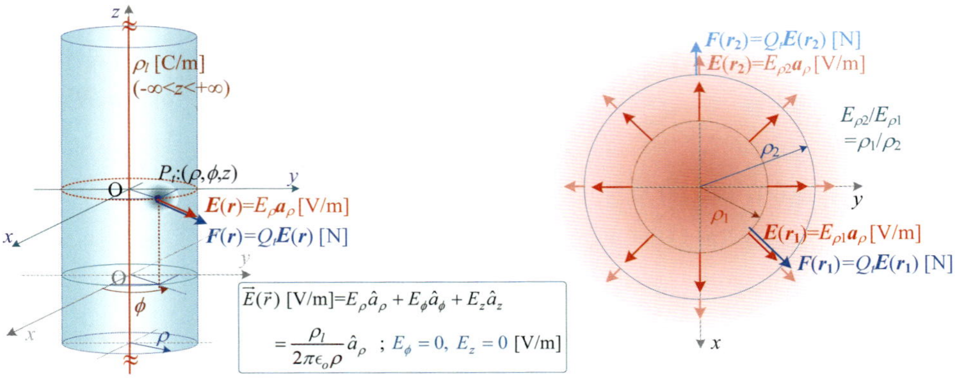

[그림 2-24] z-축에 위치한 무한 선전하(ρ_l [C/m])에 의해 형성된 전계강도($\boldsymbol{E}(\boldsymbol{r})$ [V/m])

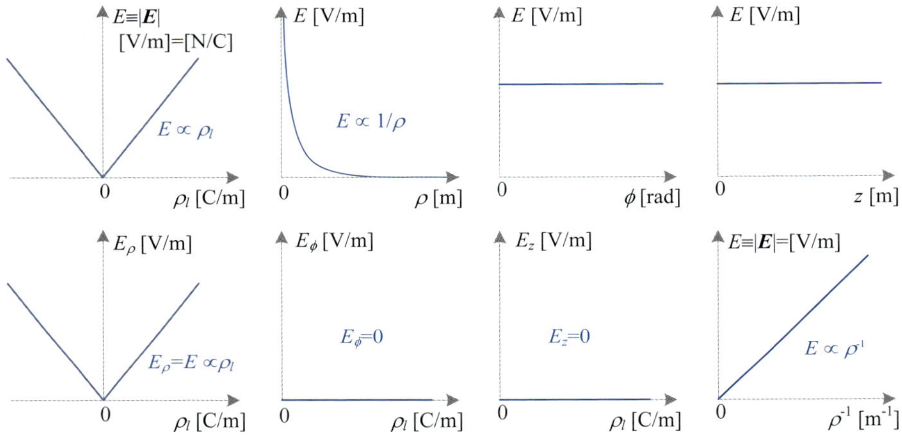

[그림 2-25] z-축의 무한 선전하(ρ_l [C/m])에 의해 형성된 전기장의 전계강도($\boldsymbol{E}(\boldsymbol{r})$ [V/m])를 결정하는 요소와 의존도

(vi) 근원전하(Q_S [C])에 의해 형성된 전기장에서 시험전하가 받는 정전기적 힘($\boldsymbol{F}(\boldsymbol{r})$ [N])은 근원전하에 의해 형성된 전계강도($\boldsymbol{E}(\boldsymbol{r})$ [N/C] = [V/m])와 시험전하의 전하량(Q_t [C])을 곱하여 구한다.

z-축상의 무한 선전하 근처에 선전하와 동일한 극성의 시험전하(Q_t [C])가 존재하는 경우, 시험전하에는 z-축과 수직이고 xy-평면에 평행인 방사방향($\boldsymbol{a}_\rho$: 선전하를 중심으로 하는 원통면에 수직인 방향)의 정전기적 힘이 작용함을 예상할 수 있다.

$$\vec{F}(\vec{r})\ [\mathrm{N}] = \vec{F}(r,\theta,\phi) = \int_{\substack{source\\charge}} d\vec{F}(\vec{r}) = Q_t\vec{E}(\vec{r})$$

$$= Q_t \frac{\rho_l}{2\pi\epsilon_o\rho}\hat{a}_\rho\ ;\ F_\phi = 0,\ F_z = 0$$

z-축의 무한 선전하(ρ_l [C/m])가 형성한 전기장 내에서 시험전하(Q_t [C])에 작용하는 정전기적 힘($\boldsymbol{F}(\boldsymbol{r})$ [N])을 결정하는 요소와 의존도를 [그림 2-26]에 요약하였다.

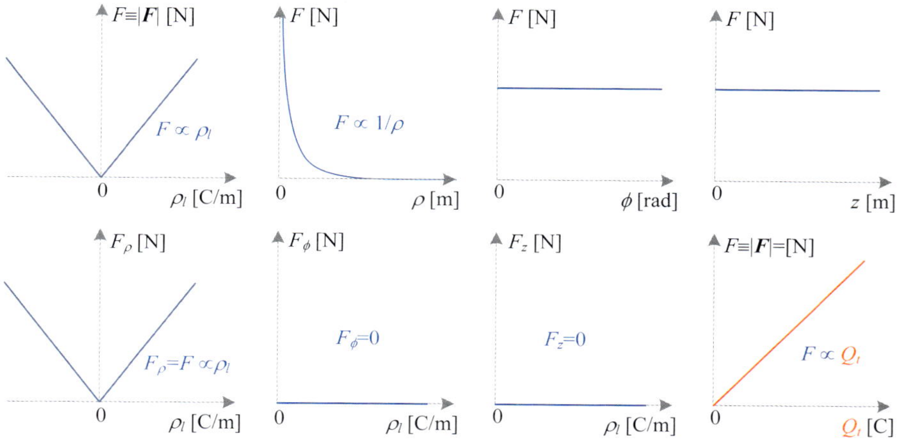

[그림 2-26] z-축의 무한 선전하(ρ_l [C/m])가 형성한 전기장 내의 시험전하(Q_t [C])에 작용하는 정전기적 힘($\boldsymbol{F}(\boldsymbol{r})$ [N])

2.2.4 xy-평면에 존재하는 무한 면전하에 의한 전기장의 형성과 정전기적 상호작용

xy-평면(z=0)에 균일한 면전하 밀도(sheet charge density: ρ_S [C/m^2])로 분포하는 무한 면전하(infinite sheet charge) 구조는 평판 구조의 정전용량(capacitor), 2차원 구조의 반도체 트랜지스터(transistor), 평면형 도파관(planar waveguide) 등의 이해에 필수적이다. 무한 면전하에 의해 형성된 전기장의 전계강도($\boldsymbol{E}(\boldsymbol{r})$ [V/m])와 시험전하에 작용하는 정전기적 힘($\boldsymbol{F}(\boldsymbol{r})$ [N])을 구하는 과정은 다음과 같다.

(i) 문제를 구체화하고 대칭성을 고려하여 편리한 해석 방법을 사용하기 위해 문제에서 제시된 상황을 그림으로 표시하면 [그림 2-27]과 같다.

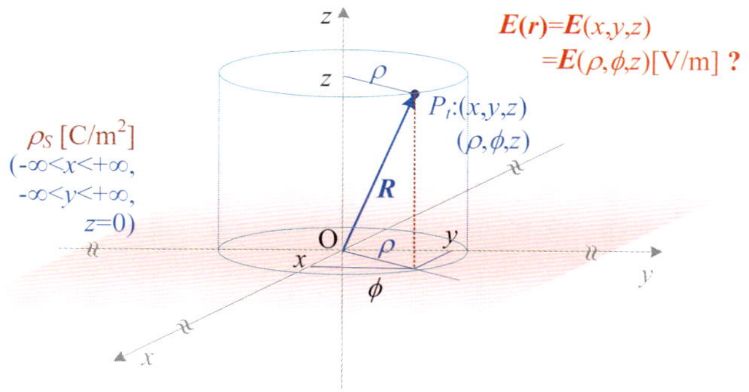

[그림 2-27] z = 0인 xy-평면에 존재하는 무한 면전하(ρ_S [C/m]; $-\infty < x < +\infty$, $-\infty < y < +\infty$)에 의해 형성된 전기장의 전계강도($\boldsymbol{E}(\boldsymbol{r})$ [V/m])

(ii) 근원전하 조각에 의해 발생되는 전기장의 전계강도에는 다음과 같이 정리할 수 있다.

$$d\vec{E}(\vec{r})\ [\text{V/m}] = \frac{1}{4\pi\epsilon}\frac{dQ_S(\vec{r}\,')}{R^2}\hat{a}_R = \frac{1}{4\pi\epsilon}\frac{dQ_S(\vec{r}\,')}{R^3}\vec{R}$$: 근원 부분 면전하에 의해 형성된 부분 전계강도

$dQ_S(\vec{r}')\ [\mathrm{C}] = \rho_S dS' = \rho_S \rho' d\rho' d\phi'$: 원통좌표계로 나타낸 부분 면전하량

$dQ_S(\vec{r}')\ [\mathrm{C}] = \rho_S dS' = \rho_S dx' dy'$: 직각좌표계로 나타낸 부분 면전하량

$\vec{E}(\vec{r})\ [\mathrm{C/m^2}] == \int_{\substack{source\\charge}} d\vec{E}(\vec{r})$: 근원 면전하에 의해 형성된 전계강도

(iii) 쿨롱의 법칙을 바탕으로 전계강도와 등가전하밀도의 대칭성(크기와 방향)을 파악하여, 해석하기 편리한 좌표계를 결정한다. 전계강도 벡터($\boldsymbol{E}(\boldsymbol{r})$ [V/m])와 등가전하밀도 벡터($\boldsymbol{D}(\boldsymbol{r})$ [C/m^2])는 근원전하의 크기에 비례하고, 거리의 제곱에 반비례하며, 근원전하와 관측점을 연결하는 선분($\boldsymbol{r}_t - \boldsymbol{r}_S$)과 평행한 방사방향의 전계가 생성된다. 따라서 z=0인 xy-평면으로부터의 수직 거리가 같은 면 위의 모든 관측점(직각좌표계의 x와 y의 좌표에 무관하고, 원통좌표계의 경우 ρ와 ϕ의 좌표에도 관계없이)은 동일한 전계강도를 갖는다. 또한 면전하 위($z > 0$)와 아래($z < 0$)의 동일한 수직 거리인 점에서 전계강도의 세기는 동일하나 방향은 반대임도 예상할 수 있다. 특히 면전하의 대칭성에 의해 전계는 z-축을 제외한 다른 방향의 전계 성분은 모두 상쇄됨도 짐작할 수 있다.
따라서 전하분포의 대칭성을 보다 편리하게 활용하기 위해서는 [그림 2-28]과 같이 원통좌표계(ρ, ϕ, z)의 대칭성을 사용하여 편리하게 해석할 수 있음을 알 수 있다.

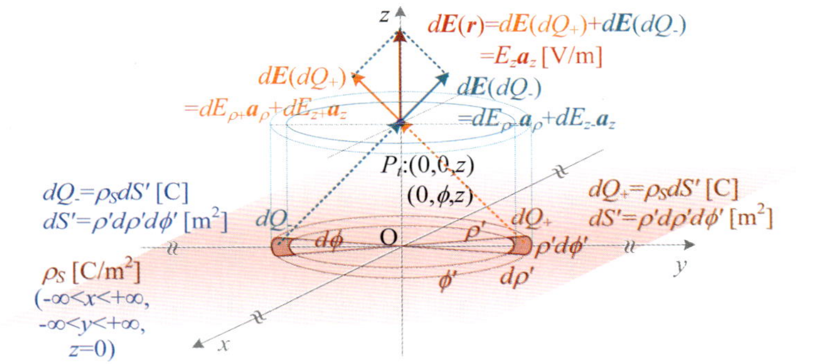

[그림 2-28] xy-평면의 무한 면전하(ρ_S [C/m^2])에 의해 형성되는 전기장의 부분 전계강도($d\boldsymbol{E}(r)$ [V/m])와 전계강도($\boldsymbol{E}(r)$ [V/m])의 대칭성

무한 면전하에 의한 정전기적 상호작용 이해와 전계강도 문제 풀이의 간략화를 위해 이러한 대칭성을 활용할 수 있는데, [그림 2-28]에 나타낸 것과 같이 관측점을 $\boldsymbol{r} = (0, \phi, z)$인 점으로 택하는 것이 편리하다. xy-평면상의 한 지점($\boldsymbol{r}' = (\rho', \phi', 0) = (0, 0, z')$)에 있는 면전하 조각($dQ_S = \rho_S dS' = \rho_S \rho' d\rho' d\phi'$ [C])은 관측점에 부분 전계강도($d\boldsymbol{E}(\boldsymbol{r})$ [V/m])를 형성한다. 면전하 조각(dQ_S [C])에 의해 형성된 관측점의 전계강도는 [그림 2-28]과 같이 z-축에 평행한 성분($dE_z(\boldsymbol{r})\boldsymbol{a}_z$)과 원통면에 수직인 방사형 성분($dE_\rho(\boldsymbol{r})\boldsymbol{a}_\rho$)의 합으로 나타낼 수 있다.

$dQ_S = \rho_S dS' = \rho_S \rho' d\rho' d\phi'$ [C] : 전계강도를 형성하는 면전하 조각의 전하량

$$d\vec{E}(\vec{r})\ [V/m] = \frac{1}{4\pi\epsilon}\frac{dQ_S}{R^2}\hat{a}_R = d\vec{E}_\rho(\vec{r}) + d\vec{E}_\phi(\vec{r}) + d\vec{E}_z(\vec{r})$$: 면전하 조각에 의해 형성된 부분 전계강도

$$= dE_\rho(\vec{r})\hat{a}_\rho + dE_z(\vec{r})\hat{a}_z\ ;\ d\vec{E}_\phi(\vec{r}) = 0$$

(iv) 대칭성을 고려해 관측점으로 $(0, \phi, z)$을 선택한 좌표계를 이용하여, 전계강도 문제를 해석하는 데 필요한 각각의 벡터 구성 요소를 정리하면 다음과 같다.

- **근원전하 좌표와 관측점의 좌표**

$\vec{r}_S = \vec{r}\,' = (\rho', \phi', 0)$: 근원전하의 원통좌표계 좌표

$\vec{r}_t = \vec{r} = (0, \phi, z)$: 관측점의 원통좌표계 좌표

원통좌표계(ρ, ϕ, z)에서 두 점을 연결하는 벡터, 즉 원통좌표계의 한 점 $\boldsymbol{r}' = (\rho', \phi', z')$로부터 다른 한 점 $\boldsymbol{r} = (\rho, \phi, z)$으로 향하는 벡터($\boldsymbol{R} = \boldsymbol{r} - \boldsymbol{r}'$)를 사용해야 하는 경우가 있다. 이 때는 원통좌표계에서 바로 구하지 않고, 다음과 같이 직각좌표계의 좌표로 변환한 후 사용해야 함을 기억해야 한다.

$$\left.\begin{array}{l} x = \rho\cos\phi \text{ [m]} \\ y = \rho\sin\phi \text{ [m]} \\ z = z \text{ [m]} \end{array}\right\} - \left\{\begin{array}{l} x' = \rho'\cos\phi' \text{ [m]} \\ y' = \rho'\sin\phi' \text{ [m]} \\ z' = z' \text{ [m]} \end{array}\right. \rightarrow \vec{R} \equiv \vec{r} - \vec{r}\,' = \left\{\begin{array}{l} x - x' = \rho\cos\phi - \rho'\cos\phi' \\ y - y' = \rho\sin\phi - \rho'\sin\phi' \\ z - z' = z - z' \end{array}\right.$$

$$\rightarrow \vec{R} \equiv \vec{r} - \vec{r}\,' = (\rho\cos\phi - \rho'\cos\phi')\hat{a}_x + (\rho\sin\phi - \rho'\sin\phi')\hat{a}_y + (z - z')\hat{a}_z$$

원통좌표계의 관측점이 z-축상의 한 점인 경우, 근원전하가 있는 xy-평면의 한 점($\boldsymbol{r}' = (\rho', \phi', z' = 0)$)으로부터 z-축상의 관측점($\boldsymbol{r} = (\rho = 0, \phi, z)$)으로 향하는 벡터($\boldsymbol{R} = \boldsymbol{r} - \boldsymbol{r}'$)는 직각좌표계로 변환하면 다음과 같은 결과를 얻는다.

$$\rightarrow \vec{R} = \vec{r}(\rho = 0, \phi, z) - \vec{r}\,'(\rho', \phi', z' = 0) = \left\{\begin{array}{l} x - x' = \rho\cos\phi - \rho'\cos\phi' = -\rho'\cos\phi' \\ y - y' = \rho\sin\phi - \rho'\sin\phi' = -\rho'\sin\phi' \\ z - z' = z \end{array}\right.$$

$$\rightarrow \left\{\begin{array}{l} \vec{R} \equiv \vec{r}(\rho = 0, \phi, z) - \vec{r}\,'(\rho', \phi', z' = 0) = (-\rho'\cos\phi')\hat{a}_x + (-\rho'\sin\phi')\hat{a}_y + (z)\hat{a}_z \\ R \equiv |\vec{R}| = |\vec{r}(\rho = 0, \phi, z) - \vec{r}\,'(\rho', \phi', z' = 0)| = \sqrt{\rho'^2 + z^2} \end{array}\right.$$

- **힘의 방향과 단위 방향 벡터 : 원통좌표계**

$$\Rightarrow \hat{a}_R \equiv \frac{\vec{R}}{R} = \frac{(-\rho'\cos\phi')\hat{a}_x + (-\rho'\sin\phi')\hat{a}_y + (z)\hat{a}_z}{\sqrt{\rho'^2 + z^2}} = \frac{-\rho'\hat{a}_\rho + z\hat{a}_z}{\sqrt{\rho'^2 + z^2}} \leftrightarrow \hat{a}_E = \frac{\vec{E}}{E} = \hat{a}_R$$

: 전계강도 벡터의 방향을 나타내는 단위 방향 벡터

(v) 위에서 얻은 결과를 반영하여 근원전하 조각에 의해 형성되는 전계강도를 수식으로 구체화하면 다음과 같이 정리할 수 있다.

$z = 0$인 xy-평면에 존재하는 무한 면전하(ρ_S [C/m²] ; $-\infty < x < +\infty$, $-\infty < y < +\infty$)에 의해 형성되는 전계강도는 면전하 조각에 의해 형성되는 부분적 전계강도를 모두 합하는 적분 과정을 거쳐 얻을 수 있으며, 그 관계식은 다음과 같다.

$\vec{E}(\vec{r})\ \text{[V/m]} = \int_{\substack{source\\charge}} d\vec{E}(\vec{r})$: 무한 면전하에 의해 형성되는 전기장의 전계강도

$dQ_S(\vec{r}\,')\ \text{[C]} = \rho_S \rho' d\rho' d\phi'$: 전기장을 형성하는 부분 면전하량

$d\vec{E}(\vec{r})\ \text{[V/m]} = \dfrac{1}{4\pi\epsilon}\dfrac{dQ_S}{R^2}\hat{a}_R = \left(\dfrac{1}{4\pi\epsilon}\dfrac{-\rho'\hat{a}_\rho + z\hat{a}_z}{(\rho'^2 + z^2)^{3/2}}\right)(\rho_S\rho' d\rho' d\phi')$: 부분 면전하에 의해 형성된 부분 전계강도

[그림 2-29]에 나타낸 것과 같이 $\boldsymbol{r}' = (\rho', \phi', 0)$인 지점의 근원전하 조각($dQ_+$)과 원점대칭 지점 $(\rho', \phi' + \pi, 0)$의 근원전하 조각(dQ_-)은 관측점으로부터 동일한 거리에 있다. 따라서 이들에 의해 형성되는 관측점($\boldsymbol{r} = (\rho, \phi, z)$)의 전계강도($d\boldsymbol{E}_+$, $d\boldsymbol{E}_-$)의 방사방향 성분($d\boldsymbol{E}_\rho$)은 크기는 같으나, 반대방향($d\boldsymbol{E}_{\rho+} = -d\boldsymbol{E}_{\rho-}$)으로 형성되어 상쇄된다. 이와는 달리 z-축과 평행한 전계강도 성분($d\boldsymbol{E}_z$)은

크기와 방향이 동일($d\mathbf{E}_{z+} = d\mathbf{E}_{z-}$)하여 관측점의 전계강도를 증가시키는 방향으로 합해진다($d\mathbf{E}z = d\mathbf{E}_{z+} + d\mathbf{E}_{z-} = 2d\mathbf{E}_{z+}$). 즉, 무한 면전하의 대칭성으로 인해 관측점의 전계강도는 어느 곳에서나 오직 z-축과 평행한 성분($\mathbf{E}/E = \mathbf{a}_E = \mathbf{a}_z$)만 존재하게 된다.

$$\begin{aligned} d\vec{E}_+(\vec{r}) + d\vec{E}_-(\vec{r}) &= (dE_{\rho+}(\vec{r})\hat{a}_\rho + dE_{z+}(\vec{r})\hat{a}_z) + (dE_{\rho-}(\vec{r})\hat{a}_\rho + dE_{z-}(\vec{r})\hat{a}_z) \\ &= (dE_{\rho+}(\vec{r})\hat{a}_\rho + dE_{z+}(\vec{r})\hat{a}_z) + (-dE_{\rho+}(\vec{r})\hat{a}_\rho + dE_{z+}(\vec{r})\hat{a}_z) \\ &= 2dE_{z+}(\vec{r})\hat{a}_z \end{aligned}$$

쿨롱의 법칙에 기반한 직관적 해석 결과도 중요하지만, 공학적 응용을 위해서는 쿨롱의 법칙을 나타내는 식에 기반한 관측점의 전계강도($\mathbf{E}(\mathbf{r})$ [V/m]) 계산도 필수적이다. 앞에서 정리한 면전하 조각에 의한 부분적 전계강도의 기여를 xy-평면 전체에 대한 적분 과정을 통해 얻을 수 있으며, 그 과정과 결과는 다음과 같다.

$$\begin{aligned} \vec{E}(\vec{r})\ [\text{V/m}] &= \int_{-\infty}^{+\infty} d\vec{E}(\vec{r}) = E_\rho\hat{a}_\rho + E_\phi\hat{a}_\phi + E_z\hat{a}_z \\ &= \int_{-\infty}^{+\infty} d\vec{E}(\vec{r}) = \int_{\phi'=0}^{2\pi}\int_{\rho'=0}^{+\infty}\left(\frac{1}{4\pi\epsilon}\frac{-\rho'\hat{a}_\rho + z\hat{a}_z}{(\rho'^2+z^2)^{3/2}}\rho_S\rho' d\rho' d\phi'\right) \\ &= \int_{\phi'=0}^{2\pi}\int_{\rho'=0}^{+\infty}\left(-\frac{\rho_S}{4\pi\epsilon}\frac{\rho'^2}{(\rho'^2+z^2)^{3/2}}d\rho' d\phi'\right)\hat{a}_\rho + \int_{\phi'=0}^{2\pi}\int_{\rho'=0}^{+\infty}\left(\frac{\rho_S}{4\pi\epsilon}\frac{z\rho'}{(\rho'^2+z^2)^{3/2}}d\rho' d\phi'\right)\hat{a}_z \\ &= \frac{2\pi\rho_S}{4\pi\epsilon}\int_{\rho'=0}^{+\infty}\left(\frac{z\rho'}{(\rho'^2+z^2)^{3/2}}d\rho'\right)\hat{a}_z \\ &= \frac{\rho_S}{2\epsilon}\int_{\rho'=0}^{+\infty}\left(\frac{z\rho'}{(\rho'^2+z^2)^{3/2}}d\rho'\right)\hat{a}_z = \frac{\rho_S}{2\epsilon}\left.\frac{-z}{\sqrt{\rho'^2+z^2}}\right|_{\rho'=0}^{\infty}\hat{a}_z \\ &= \frac{\rho_S}{2\epsilon}\frac{z}{|z|}\hat{a}_z = \begin{cases} +\dfrac{\rho_S}{2\epsilon}\hat{a}_z\ ;\ E_\rho = 0, E_\phi = 0; z>0 \\ -\dfrac{\rho_S}{2\epsilon}\hat{a}_z\ ;\ E_\rho = 0, E_\phi = 0; z<0 \end{cases} \quad ;\ E(\vec{r})\ [\text{V/m}] \begin{cases} \propto \rho_S \\ \propto 1/\epsilon \end{cases} \end{aligned}$$

즉 관측점의 전계강도($\mathbf{E}(\mathbf{r})$ [V/m])는 앞서 예상한 바와 같이 z-축과 평행한 성분(E_z)만 존재하고, 대칭성으로 인한 상쇄로 방사형 성분과 회전방향 성분은 존재하지 않는다($E_\rho = 0$, $E_\phi = 0$). 특히 관측점의 전계강도($\mathbf{E}(\mathbf{r})$는 xy-평면의 면전하밀도(ρ_S [C/m^2])에 비례하나, z-축의 좌표(또는 면전하로부터의 거리)에 무관하다. 단, 면전하 위쪽($z > 0$)과 면전하 아래쪽($z < 0$)의 전계의 방향은 서로 반대방향($E_{z+} = -E_{zi}$)이며, z-축의 위치에 무관하고, x, y 좌표에도 무관하게 동일한 크기와 방향으로 전계가 형성된다. $z = 0$인 xy-평면상에 존재하는 무한 면전하에 의해 형성되는 전계강도의 분포와 변화를 [그림 2-29]와 [그림 2-30]에 요약하여 나타내었다.

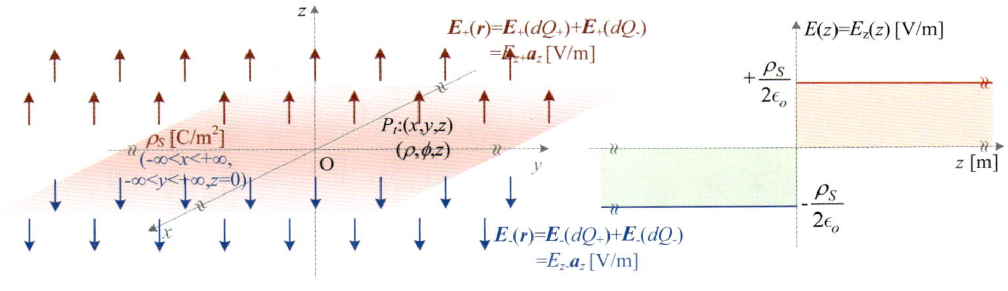

[그림 2-29] xy-평면의 무한 면전하(ρ_S [C/m^2])에 의해 형성된 전기장의 z-축 위치에 따른 전계강도($\mathbf{E}(\mathbf{r})$ [V/m]) 변화

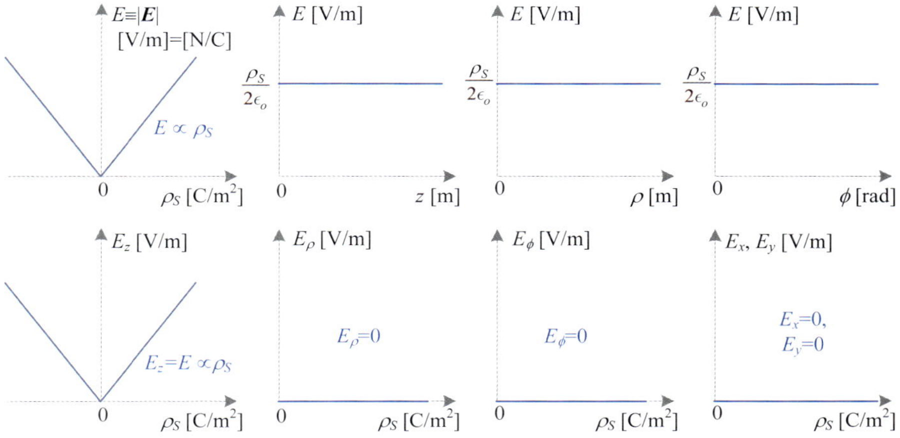

[그림 2-30] xy-평면의 무한 면전하(ρ_S [C/m^2])에 의해 형성된 전기장의 전계강도($\boldsymbol{E}(\boldsymbol{r})$ [V/m])를 결정하는 요소

(vi) xy-평면에 존재하는 무한 면전하에 의해 형성된 전기장 내에서 시험전하(Q_t [C])가 받는 정전기적 힘($\boldsymbol{F}(\boldsymbol{r})$ [N])은 근원전하에 의해 형성된 전계강도($\boldsymbol{E}(\boldsymbol{r})$ V/m])에 시험전하의 전하량(Q_t [C])을 곱하여 구할 수 있으며, 그 결과는 다음과 같다.

$$\vec{F}(\vec{r})\ [\mathrm{N}] = Q_t \vec{E}(\vec{r}) = \begin{cases} z > 0;\ +Q_t \dfrac{\rho_S}{2\epsilon}\hat{a}_z\ ;\ F_\phi = 0,\ F_z = 0 \\ z < 0;\ -Q_t \dfrac{\rho_S}{2\epsilon}\hat{a}_z\ ;\ F_\phi = 0,\ F_z = 0 \end{cases} ;\ F(\vec{r})\ [\mathrm{N}] \begin{cases} \propto \rho_S \\ \propto Q_t \end{cases}$$

즉, xy-평면에 존재하는 무한 면전하에 의해 형성된 전기장의 경우, 전하판의 위와 아래의 전계강도($\boldsymbol{E}(\boldsymbol{r})$ [V/m])의 방향은 반대($\boldsymbol{a}_E(z>0) = +\boldsymbol{a}_z$, $\boldsymbol{a}_E(z<0) = -\boldsymbol{a}_z$)이다. 그러나, xy-평면으로부터의 거리나 위치에 관계없이 어느 지점에서나 전계강도의 크기는 동일하며, 전하밀도의 절반에 해당하는 값이다. 따라서 이 전기장 내에서 시험전하(Q_t [C])가 받는 정전기적 힘($\boldsymbol{F}(\boldsymbol{r})$ [N])도 위치에 관계없이 동일한 크기의 정전기적 힘을 받는다. 실제로 무한히 큰 면전하를 구현하는 것은 어려우나, 전기부품 설계 시 면전하를 이루는 판의 크기에 비해 판으로부터의 거리가 멀지 않게 설계하면, 이 상황과 동일한 전기장으로 가정할 수 있다. 이를 기억하면 전기장을 이용하는 전기부품과 반도체의 설계와 해석에 도움이 된다. 무한 면전하에 의해 형성된 전기장에서 시험전하에 작용하는 정전기적 힘과 결정 요소에 대한 의존도를 [그림 2-31]과 [그림 2-32]에 요약하였다.

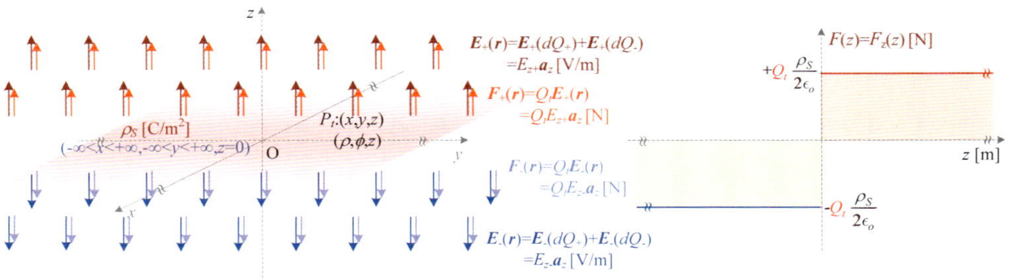

[그림 2-31] xy-평면의 무한 면전하(ρ_S [C/m^2])에 의해 형성된 전기장의 시험전하(Q_t [C])에 작용하는 정전기적 힘($\boldsymbol{F}(\boldsymbol{r})$ [N])

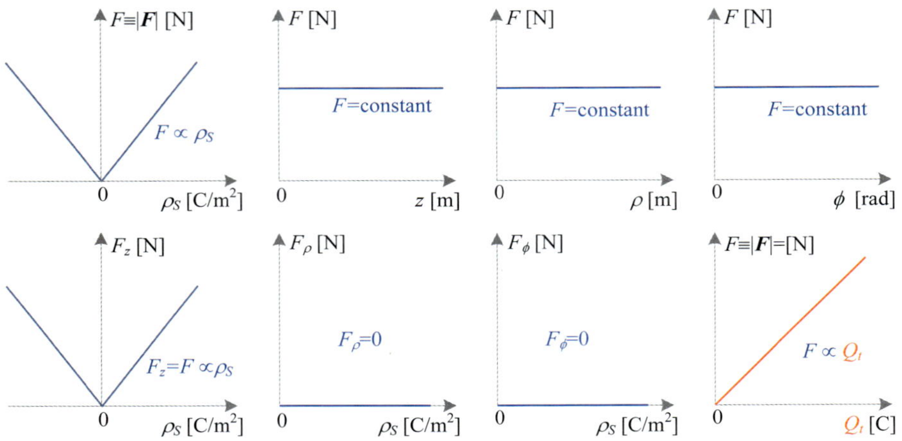

[그림 2-32] xy-평면의 무한 면전하(ρ_S [C/m^2])에 의해 형성된 전기장 내에서 시험전하(Q_t [C])가 받는 정전기적 힘 ($\boldsymbol{F}(\boldsymbol{r})$ [N])을 결정하는 요소

Section

2.3 근원전하에 의해 형성된 전기장의 등가전하량과 등가전하밀도

시험전하(Q_t)에 작용하는 정전기적 힘($\boldsymbol{F}(\boldsymbol{r})$ [N])은 근원전하의 형태와 크기에 관계없이, 그리고 시험전하의 위치와 크기에 관계없이 항상 시험전하량(Q_t [C])에 비례한다. 따라서 근원전하와 관측점의 위치($\boldsymbol{r}$), 매질의 특성(ϵ [F/m]: 유전상수)에 의해 결정되는 전계강도($\boldsymbol{E}(\boldsymbol{r})$ [N/C] = [V/m])를 이용하면 시험전하에 작용하는 힘을 간단히 구할 수 있다.

근원전하와 시험전하의 정전기적 상호작용은 진공(vacuum: 정전기적 영향을 받거나 또는 정전기적 영향을 발생하는 전하가 전혀 존재하지 않은 공간)보다는 다양한 전하들이 내부에 포함된 전기적 매질/재료를 통해 이루어지며, 반도체 메모리를 포함한 다양한 전자부품이 이러한 정전기적 현상을 활용하고 있다. 한편 동일한 근원전하의 영향이 작용하는 경우에도 근원전하의 영향을 나타내는 전계강도는 매질의 종류에 따라 그 크기가 달라질 수 있다. 이는 마치 점성이 다른 액체를 지나는 입자의 수는 변하지 않으나 이동속도는 달라지는 것과 유사하다. 이는 전자기 재료 내에 존재하는 전하들이 외부 전계의 영향을 받아 재정렬하는 과정(이것을 전자재료 내에 존재하는 전하쌍극자들의 전계에 의한 분극현상으로 설명하게 됨)을 거쳐 전자기 재료 내의 실제 전계강도가 낮아질 수 있기 때문이다.

정전기적 영향을 발생하는 근원전하(Q_S [C])와 동일한 크기를 갖는 스칼라 물리량으로서 등가전하량 또는 유효전하량(Ψ_e [C])을 정의하면, 정전기적 영향이 시험전하로 전달되는 매질(종류와 특성)에 무관하게 전기장 해석에 편리하게 사용할 수 있다. 이 용도로 사용되는 근원전하에 대한 물리량을 전기장의 전속(electric flux: Ψ_e [C] 또는 유효전하량, 등가전하량, 전하 다발)이라고 하고, 단위면적당 밀도를 전속밀도(electric flux density: $\boldsymbol{D}(\boldsymbol{r})$ [C/m^2]; 또는 등가전하밀도, 유효전하밀도)로 정의한다. 관측점($\boldsymbol{r}$)의 등가전하밀도($\boldsymbol{D}(\boldsymbol{r})$ [C/m^2])의 겉보기 단위는 단위면적당의 전하량([C/m^2])에 해당한다. 그러나 그 지점에 그 만큼의 전하가 실제로 존재한다는 의미가 아니라, 전기장을 형성하는 근원전하의 정전기적인 영향을 등가적으로 환산한 결과를 의미한다. 따라서 대부분의 교재에서 사용하는 전속밀도라는 용어도 좋으나, "정전기적 영향을 미치는 전계를 등가적인 근원전하로 환산한다"는 의미를 담아 등가전하량 또는 유효전하량으로 이해하는 것도 좋은 방법이다(즉, 가상적으로 특정 지점에 존재하여 전기장을 형성하는 근원전하를 아주 고운 가루로 갈아서 사방으로 뿌리는 것으로 가정하면, 관측점을 지나는 근원전하 가루의 총량이 등가전하량(Ψ_e [C])이고, 단위면적당의 밀도가 등가전하밀도($\boldsymbol{D}(\boldsymbol{r})$ [C/m^2])에 해당하는 것으로 이해해도 된다). 특히, 등가전하밀도는 매질의 종류와 관계없고 오직 근원전하량과 관측점의 위치에 의해서만 결정됨을 기억하는 것도 중요하다.

근원전하에 의해 형성되는 전기장의 매질에 무관한 등가전하밀도($\boldsymbol{D}(\boldsymbol{r})$ [C/m^2])를 구하면, 매질의 영향을 받는 전계강도($\boldsymbol{E}(\boldsymbol{r})$ [V/m])는 매질의 특성을 반영하고 있는 유전상수($\epsilon = \epsilon_r\epsilon_0$ [F/m]: dielectric constant)로 나누어 쉽게 구할 수 있다. 또한 전기장의 전계강도 벡터($\boldsymbol{E}(\boldsymbol{r}) = \boldsymbol{D}(\boldsymbol{r})/\epsilon$ [V/m])를 구하면, 그로부터 관측점($\boldsymbol{r}$)의 시험전하(Q_t [C])가 받는 정전기적 힘($\boldsymbol{F}(\boldsymbol{r}) = Q_t\boldsymbol{E}(\boldsymbol{r})$ [N])도 간단히 구할 수 있다. 근원전하의 분포가 공간적으로 대칭구조를 가진 경우, 이후 설명할 가우스 법칙(Gauss's law)을 이용하면, 매질에 무관하고 근원전하에 의해서만 결정되는 등가전하밀도를 간단히 구할 수 있으며, 이를 전기장 해석, 전자 소자와 부품 설계에 편리하게 사용할 수 있다.

2.3.1 전기장을 형성하는 근원전하와 등가전하량

전기장의 벡터 물리량을 나타내는 시각적 기호로 **벡터 화살표**(유선 또는 흐름선 화살표; flux line, stream line, field line)를 사용하는 것이 일반적이다. 여기서 화살표의 길이(또는 굵기)는 벡터 물리량의 세기를, 화살표의 방향은 벡터 물리량의 방향을 나타낸다. 근원전하에 의해 형성된 전기장에서도 전계강도 벡터를 표현할 때, 화살표의 방향이 전계강도 벡터의 방향($\boldsymbol{a}_E$)을, 화살표의 길이가 전계강도의 세기($E(\boldsymbol{r})=|\boldsymbol{E}(\boldsymbol{r})|$ [V/m])를 나타내며, 이를 전계선 또는 전계 화살표(electric flux line, electric field line)라고 부른다.

전하에 의해 형성된 전속(등가전하량)에 대한 패러데이의 실험(Faraday's experiment)에 의하면, 근원전하(Q_S [C])에 의한 정전기적 영향을 [그림 2-35]와 같이 등가전하밀도 벡터 화살표(또는 전하유동선; electric flux line)를 이용하여 나타낼 수 있다. 즉, 폐곡면(closed surface)의 한 지점에서 폐곡면에 수직으로 통과하는 등가전하밀도의 총합(Ψ_e [C])은 **폐곡면 내에 존재하는 근원전하량의 총합**($Q_{S,tot} \equiv Q_{enc}$ [C])과 같도록 다음과 같이 정의하였다.

$$Q_{enc}\ [\mathrm{C}] \equiv \oint_{\substack{closed\\surface}} dQ = Q_{S,tot} \quad : \text{폐곡면 내에 존재하는 근원전하량의 총합}$$

$$\Psi_e\ [\mathrm{C}] \equiv \oint_{\substack{closed\\surface}} d\Psi_e = \oint_{\substack{closed\\surface}} \left(\frac{d\Psi_e(\vec{r})}{dS}\hat{a}_n\right)\cdot d\vec{S} = Q_{S,tot} \quad : \text{폐곡면을 통해 유출/유입되는 등가전하량의 총합}$$

좌표계의 원점에 근원전하(Q [C])가 존재하는 경우, 근원전하로부터 시작되는 방사형 선으로 형상화한 등가전하밀도 벡터 화살표를 [그림 2-33]에 나타내었다.

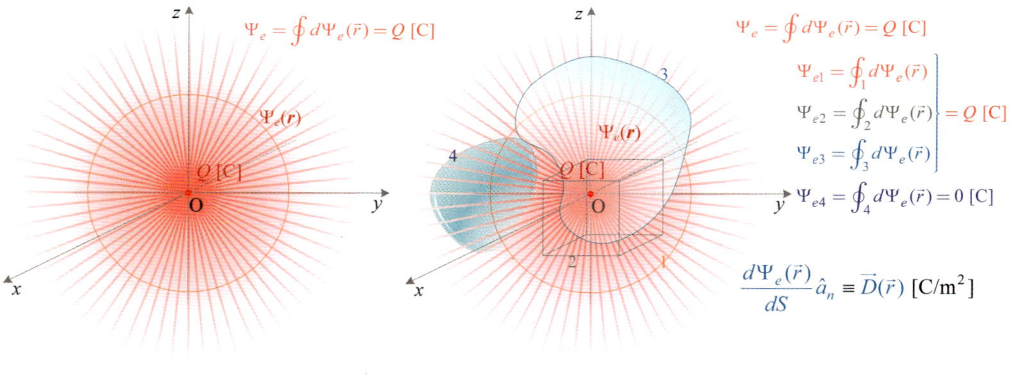

[그림 2-33] 원점에 근원전하가 존재하는 경우, 전하유동선과 폐곡면에 대한 등가전하량(Ψ_e [C])의 비교

내부에 근원전하가 존재하는 원점(O(0,0,0))을 포함하는 폐곡면 1~3의 경우에는 폐곡면을 통과하는 전하유동량(등가전하량)의 총합(Ψ_e [C])은 모두 내부의 총 전하량(Q_{enc} [C])과 같다($\Psi_{e1} = \Psi_{e2} = \Psi_{e3} = Q_{enc} = Q$ [C]). 그러나 근원전하가 존재하는 원점을 포함하지 않은 폐곡면 4의 경우, 폐곡면 내의 총 등가전하량은 $\Psi_{e4} = Q_{enc,4} = 0$ [C]이 되며, 폐곡면의 밖으로부터 안으로 들어오는 등가전하량과 폐곡면의 밖으로 나가는 등가전하량이 동일함($\Psi_{e,outflux} = \Psi_{e,influx}$ [C])을 뜻한다.

$$\Psi_e\ [\mathrm{C}] = \oint_{\substack{closed\\surface}} d\Psi_e(\vec{r})\ ;\ \begin{cases} \left.\begin{array}{l} \Psi_{e1} = \oint_1 d\Psi_e(\vec{r}) = \oint_1 \left(\dfrac{d\Psi_e(\vec{r})}{dS}\hat{a}_n\right)\cdot d\vec{S} \\ \Psi_{e2} = \oint_2 d\Psi_e(\vec{r}) = \oint_2 \left(\dfrac{d\Psi_e(\vec{r})}{dS}\hat{a}_n\right)\cdot d\vec{S} \\ \Psi_{e3} = \oint_3 d\Psi_e(\vec{r}) = \oint_3 \left(\dfrac{d\Psi_e(\vec{r})}{dS}\hat{a}_n\right)\cdot d\vec{S} \end{array}\right\} \equiv Q_{enc,1} = Q_{enc,2} = Q_{enc,3} = Q \\ \Psi_{e4} = \oint_4 d\Psi_e(\vec{r}) = \oint_4 \left(\dfrac{d\Psi_e(\vec{r})}{dS}\hat{a}_n\right)\cdot d\vec{S} = Q_{enc,4} = 0 \end{cases}$$

: 폐곡면을 통과하는 등가전하량(전속량)=폐곡면 내의 총 근원전하량

2.3.2 벡터 물리량에 대한 발산량의 정전기장 응용 : 등가전하밀도와 가우스 법칙

정전기적 상호작용을 일으키는 근원전하가 원점에 존재하는 점전하인 경우, 근원전하에 의해 형성된 전기장의 전계강도와 전하유동선(electric flux line: 등가전하밀도 벡터 화살표)을 비교하면 [그림 2-34]와 같다.

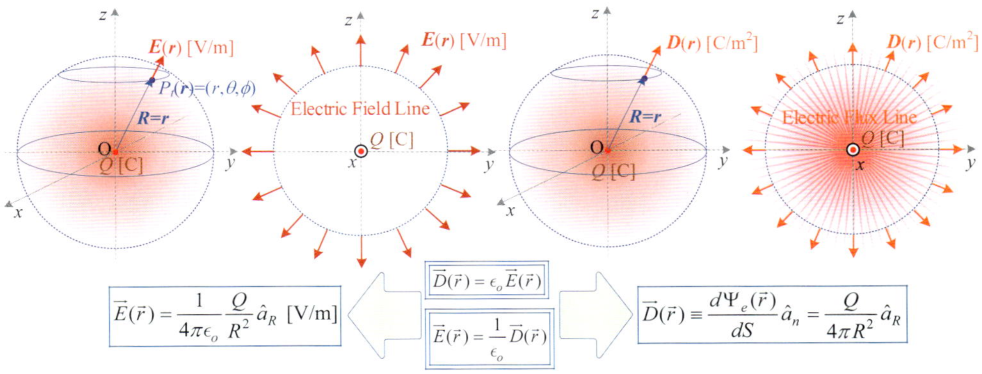

[그림 2-34] 점전하 형태의 근원전하가 원점에 존재하는 경우 전계강도($\boldsymbol{E}(\boldsymbol{r})$ [V/m])와 전하유동밀도($\boldsymbol{D}(\boldsymbol{r})$ [C/m²])의 관계

근원전하에 의해 형성된 전기장을 나타내는 등가전하량(Ψ_e [C])은 폐곡면의 형태와 무관하게 폐곡면 내에 존재하는 근원전하량의 총합과 동일($\Psi_e = Q_{enc}$ [C])하다. 따라서 임의의 관측점에서 폐곡면을 수직으로 통과하는 등가전하량의 총합은 폐곡면 내의 근원전하량과 같으므로, 관측점을 통과하는 단위면적당 등가전하량을 다음과 같이 등가전하밀도 벡터($\boldsymbol{D}(\boldsymbol{r})$ [C/m²]: electric flux density)로 정의한다.

$$\frac{d\Psi_e(\vec{r})}{dS}\hat{a}_n \equiv \vec{D}(\vec{r})\ [\mathrm{C/m^2}]$$: 근원전하에 의해 형성된 전기장의 전하유동밀도/등가전하밀도

또한 근원전하에 의해 형성된 전기장에서 임의의 폐곡면에 대해 적용하고 적분형태로 변경하면 다음과 같이 등가전하밀도와 폐곡면 내의 총 전하량(Q_{enc} [C])의 관계를 나타내는 가우스 법칙을 얻는다.

$$d\Psi_e(\vec{r})\ [\mathrm{C}] = \vec{D}(\vec{r})\cdot\hat{a}_n dS = \vec{D}(\vec{r})\cdot d\vec{S}\ ;\ d\vec{S}\ [\mathrm{m^2}] \equiv dS\hat{a}_n$$

: 폐곡면을 구성하는 면조각을 통과하는 부분 등가전하량

$$\oint_{\substack{closed\\surface}} d\Psi_e = \oint_{\substack{closed\\surface}} \left(\vec{D}(\vec{r})\cdot\hat{a}_n dS\right) = \oint_{\substack{closed\\surface}} \vec{D}(\vec{r})\cdot d\vec{S} \equiv Q_{enc}\ [\mathrm{C}]$$

: 가우스 법칙으로 전기장의 등가전하밀도를 구하는 데 사용

한편, 원점(O(0,0,0))의 근원 점전하(Q [C])에 의해 형성된 전기장의 전계강도($\boldsymbol{E}(\boldsymbol{r})$ [V/m])와 등가전하밀도 벡터(또는 전하유동밀도 벡터: $\boldsymbol{D}(\boldsymbol{r})$ [C/m^2])는 각각 다음과 같다.

$$\vec{E}(\vec{r})\ [\mathrm{N/C}] = [\mathrm{V/m}] \equiv \frac{\vec{F}(\vec{r})}{Q_t} = \frac{1}{4\pi\epsilon}\frac{Q}{R^2}\hat{a}_R$$: 원점의 근원 점전하에 의해 형성된 전기장의 전계강도

$$\vec{D}(\vec{r})\ [\mathrm{C/m^2}] \equiv \frac{d\Psi_e(\vec{r})}{dS}\hat{a}_n = \frac{1}{4\pi}\frac{Q}{R^2}\hat{a}_R$$: 원점의 근원 점전하에 의해 형성된 전기장의 등가전하밀도

$$\Longleftrightarrow \oint_{\substack{closed\\surface}} \left(\vec{D}(\vec{r})\cdot d\vec{S}\right) = \oint_{\substack{closed\\surface}} \left(\frac{1}{4\pi}\frac{Q}{R^2}\hat{a}_R\cdot d\vec{S}\right) = \Psi_e = Q\left(= Q_{enc}\right)\ [\mathrm{C}]$$

따라서 동일한 근원전하에 의해 형성된 전기장을 나타내는 전계강도와 등가전하밀도는 서로 비례하며, 전기장이 전달되는 매질이 진공(정전기적 영향을 미치는 전하가 전혀 존재하지 않는 공간)인 경우에는 진공의 유전상수(진공: $\epsilon = \epsilon_o$ [F/m])를 비례상수로 사용하여 다음과 같이 정리할 수 있다.

$$\vec{D}(\vec{r})\ [\mathrm{C/m^2}] = \epsilon_o\vec{E}(\vec{r}) \Longleftrightarrow \vec{E}(\vec{r})\ [\mathrm{V/m}] = \frac{1}{\epsilon_o}\vec{D}(\vec{r})$$

이 결과를 이용하면, 전기장의 전계강도로($\boldsymbol{E}(\boldsymbol{r})$ [V/m])부터 등가전하밀도($\boldsymbol{D}(\boldsymbol{r})$ [C/m^2])를 간단히 구할 수 있을 뿐만 아니라, 전기장의 등가전하밀도 벡터($\boldsymbol{D}(\boldsymbol{r})$ [C/m^2])로부터 전계강도 벡터($\boldsymbol{E}(\boldsymbol{r})$ [V/m])를 간편하게 구할 수도 있음을 뜻한다.

가우스 법칙은 임의의 폐곡면을 지나는 등가전하밀도의 총합인 등가전하량(Ψ_e [C])은 전계 발생의 근원이 되는 폐곡면 내의 근원전하량의 합(Q_{enc} [C])과 동일함을 나타내는 관계식이다. 임의의 폐곡면에 대하여 등가전하밀도 벡터($\boldsymbol{D}(\boldsymbol{r})$ [C/m^2])를 폐곡면에 수직인 성분($D_n\boldsymbol{a}_n$)과 접선방향 성분($D_t\boldsymbol{a}_t$)의 합($\boldsymbol{D}(\boldsymbol{r}) = D_t\boldsymbol{a}_t + D_n\boldsymbol{a}_n$)으로 나타낼 수 있으며, 폐곡면에 수직으로 통과하는 성분을 폐곡면 전체에 걸쳐 모두 합하면(적분하면) 폐곡면 내에 존재하는 근원전하의 총량과 같음($\Psi_e = Q_{enc}$)을 의미한다. 만약 그 적분량이 양의 값이면 폐곡면 내부에는 정전기적 현상의 근원이 되는 양의 근원전하($Q_{enc} > 0$)가 존재한다는 의미이고, 적분량이 음의 값이면 폐곡면 내부에 음의 근원전하($Q_{enc} < 0$)가 존재함을 뜻한다. 전하들 간의 정전기적 상호작용을 일으키는 요소 중 전기장을 형성하는 근원전하에 대한 정보를 담고 있는 등가전하밀도($\boldsymbol{D}(\boldsymbol{r})$ [C/m^2])는 시험전하(Q_t [C])에도 무관할 뿐 아니라, 정전기적 작용이 일어나는 매질의 유전상수($\epsilon = \epsilon_r\epsilon_o$)와도 관계없이 정의된 벡터 물리량이다.

전기장에 대한 가우스 법칙은 전기장 형성 또는 정전기적 상호작용을 발생하는 근원전하의 공간적 분포가 대칭성을 잘 갖추고 있을 때, 근원전하에 의해 형성된 전기장의 해석에 유용한 도구이다. 특히 가우스 법칙을 통해 등가전하밀도($\boldsymbol{D}(\boldsymbol{r})$ [C/m²])를 편리하게 구할 수 있으며, 그로부터 전계강도 ($\boldsymbol{E}(\boldsymbol{r}) = \boldsymbol{D}(\boldsymbol{r})/\epsilon$ [V/m]), 그리고, 최종적으로 시험전하가 받는 정전기적 힘($\boldsymbol{F}(\boldsymbol{r}) = Q_t\boldsymbol{E}(\boldsymbol{r})$ [N]) 또는 정전기적 상호작용도 어려움이 없이 구할 수 있다. 가우스 법칙을 이용하여 전기장을 해석할 때는 등가전하밀도 벡터의 방향이 근원전하를 중심으로 방사방향을 갖는 점과 쿨롱의 법칙을 기반으로 하는 점을 반영하여 대칭성을 확인하는 것이 필수적이다.

2.3.3 가우스 법칙을 이용한 대칭구조 전하 분포에 의한 전기장 해석

전하들 간의 정전기적 상호작용은 쿨롱의 법칙에 기반하여 해석하는 것이 기본이며, 이를 이용하여 근원전하에 의해 형성되는 전계강도와 시험전하가 받는 정전기적 힘을 구할 수 있음을 확인하였다. 다만 쿨롱의 법칙을 기반으로 하되, 근원전하에 의한 전기장이 공간적 대칭성을 잘 갖춘 경우, 가우스 법칙을 이용하여 매질과 무관한 물리량인 등가전하밀도($\boldsymbol{D}(\boldsymbol{r})$ [C/m²])를 구하는 것이 편리하다. 이로부터 관측점의 전계강도($\boldsymbol{E}(\boldsymbol{r}) = \boldsymbol{D}(\boldsymbol{r})/\epsilon$ [V/m])와 시험전하(Q_t [C])가 받는 정전기적 힘($\boldsymbol{F}(\boldsymbol{r}) = Q_t\boldsymbol{E}(\boldsymbol{r})$ [N])을 구하는 것이 훨씬 편리하고 효율적인 해석 방법이다. 대칭구조를 가진 전기장의 이해와 해석에 편리한 가우스 법칙과 전기장의 등가전하밀도, 전계강도, 전하를 띤 입자에 작용하는 정전기적 힘의 관계를 요약하면 다음과 같다.

$$\oint_{\substack{closed\\surface}} \left(\vec{D}(\vec{r})\right)\cdot d\vec{S}(\vec{r}) \equiv Q_{enc}\ [\mathrm{C}]\ ;\ \begin{cases}\vec{D}(\vec{r})\ [\mathrm{C/m^2}] = D_n(\vec{r})\hat{a}_n(\vec{r}) + D_t(\vec{r})\hat{a}_t(\vec{r}) \\ d\vec{S}(\vec{r})\ [\mathrm{m^2}] = dS\hat{a}_n(\vec{r})\end{cases}$$

: 가우스의 법칙

$$\vec{D}(\vec{r})\ [\mathrm{C/m^2}] = \epsilon_o\vec{E}(\vec{r}) = \frac{1}{4\pi}\frac{Q_S}{R^2}\hat{a}_R$$

: 근원 점전하에 의해 형성된 등가전하밀도

$$\vec{D}(\vec{r})\ [\mathrm{C/m^2}] = \epsilon_o\vec{E}(\vec{r}) = \int_{\substack{source\\charge}} dD(\vec{r})\ ;\ \begin{cases} d\vec{D}(\vec{r})\ [\mathrm{C/m^2}] \equiv \dfrac{1}{4\pi}\dfrac{dQ_S(\vec{r}\,')}{R^2}\hat{a}_R \\ dQ_S(\vec{r}\,')\ [\mathrm{C}] = \begin{cases}\rho_l(\vec{r}\,')dl' : \rho_l(\vec{r}\,')\ [\mathrm{C/m}] \\ \rho_s(\vec{r}\,')dS' : \rho_S(\vec{r}\,')\ [\mathrm{C/m^2}] \\ \rho_\upsilon(\vec{r}\,')d\upsilon' : \rho_\upsilon(\vec{r}\,')\ [\mathrm{C/m^3}]\end{cases}\end{cases}$$

: 분포전하에 의한 등가전하밀도

가우스 법칙을 이용하여 전기장의 등가전하밀도($\boldsymbol{D}(\boldsymbol{r}) = \epsilon_o\boldsymbol{E}(\boldsymbol{r})$ [C/m²])를 해석할 때는 쿨롱의 법칙을 바탕으로 공간적 대칭성(크기와 방향)을 파악하고, 가우스의 법칙을 적용하기 편리한 폐곡면과 좌표계를 결정해야 한다. 쿨롱의 법칙에의 핵심 내용은 아래와 같다.

- 전계강도와 등가전하밀도는 근원전하의 크기에 비례
- 근원전하로부터 관측점까지 거리의 제곱에 반비례
- 근원전하와 관측점을 연결하는 선분($\boldsymbol{R} = \boldsymbol{r}_t - \boldsymbol{r}_S$)과 평행한 방향(근원전하를 중심으로 방사되는 방향)의 전계($\boldsymbol{a}_D = \boldsymbol{a}_E = \boldsymbol{a}_R$)가 생성됨

또한 양의 근원전하인 경우 등가전하밀도 벡터는 근원전하로부터 관측점으로 향하며, 음의 전하인

경우 관측점으로부터 근원전하로 향하는 방향임을 기억하는 것도 중요하다. 가우스 법칙을 이용한 대칭구조의 전기장의 등가전하밀도 벡터를 구하면 전계강도 벡터($\boldsymbol{E}(\boldsymbol{r})$ [V/m])와 시험전하가 받는 정전기적 힘($\boldsymbol{F}(\boldsymbol{r})$ [N])은 다음 식을 통해 편리하게 구할 수 있다.

$$\vec{E}(\vec{r})\ [\text{V/m}] = \frac{1}{\epsilon_o}\vec{D}(\vec{r}) \quad : \text{근원전하에 의해 형성된 전기장의 전계강도}$$

$$\vec{F}(\vec{r})\ [\text{N}] = Q_t\vec{E}(\vec{r}) = Q_t\frac{1}{\epsilon_o}\vec{D}(\vec{r}) \quad : \text{근원전하에 의해 형성된 전기장에서 시험전하가 받는 정전기적 힘}$$

가우스 법칙을 이용하여 대칭구조 근원전하에 의해 형성된 전기장의 등가전하밀도와 전기장을 해석하는 방법을 [표 2-3]에 요약하였다.

[표 2-3] 가우스 법칙을 이용하여 대칭구조 근원전하에 의해 형성된 전기장의 등가전하밀도와 전기장을 해석하는 방법

(i) 대칭성 확인을 위해 문제에서 제시된 상황을 그림으로 구체화하여 나타낸다. 기본적으로 직각좌표계를 사용하고, 근원전하의 위치 또는 분포를 그림에 구체적으로 표시한다.

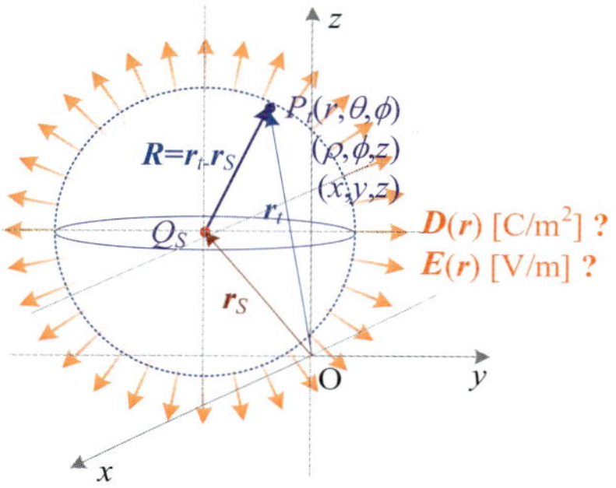

$$\vec{D}(\vec{r}) = \frac{Q_S}{4\pi R^2}\hat{a}_R\ [\text{C/m}^2]$$

$$\vec{E}(\vec{r}) = \frac{1}{\epsilon_o}\vec{D}(\vec{r})\ [\text{V/m}]$$

$$\vec{R} = \vec{r}_t - \vec{r}_S\ ;\ ;\ \hat{a}_D = \hat{a}_E = \hat{a}_R = \frac{\vec{R}}{R}$$

[그림 2-35] 가우스 법칙을 이용하여 근원전하에 의해 형성된 대칭구조 전기장의 등가전하밀도($\boldsymbol{D}(\boldsymbol{r})$ [C/m²])를 해석하기 위한 개념도

(ii) 쿨롱의 법칙에 기반하여 근원전하(Q_S) 또는 근원전하 조각(dQ_S [C])에 의해 형성되는 전계강도($\boldsymbol{E}(\boldsymbol{r})$, $d\boldsymbol{E}(\boldsymbol{r})$ [V/m])와 등가전하밀도($\boldsymbol{D}(\boldsymbol{r})$, $d\boldsymbol{D}(\boldsymbol{r})$ [C/m²])의 대칭성을 확인하고, 적절한 좌표계((x,y,z), (ρ,ϕ,z), (r,θ,ϕ))를 결정한다. 전계강도와 등가전하밀도는 근원전하의 크기(Q_S)에 비례하고, 근원전하로부터 관측점까지의 거리(R [m])의 제곱에 반비례하며, 근원전하와 관측점을 연결하는 선분($\boldsymbol{R} = \boldsymbol{r}_t - \boldsymbol{r}_S$)과 평행한 방향($\boldsymbol{a}_D \| \boldsymbol{a}_R$)을 뜻한다. 또한, 양의 근원전하인 경우 전계와 등가전하밀도 벡터는 근원전하로부터 관측점으로 향하며($\boldsymbol{a}_D = +\boldsymbol{a}_R$), 음의 전하인 경우 관측점으로부터 근원전하로 향하는 방향($\boldsymbol{a}_D = -\boldsymbol{a}_R$)임을 기억하는 것도 중요하다. 이를 위해 필요한 관계식을 요약하면 다음과 같다.

$$\vec{D}(\vec{r})\ [\text{C/m}^2] = \int_{\substack{source\\charge}} d\vec{D}(\vec{r}) \ :\ \text{전계강도}$$

$$d\vec{D}(\vec{r})\ [\text{C/m}^2] \equiv \frac{1}{4\pi}\frac{dQ_S(\vec{r}\,')}{R^2}\hat{a}_R \begin{cases} \propto dQ_S \\ \propto \dfrac{1}{R^2}; \vec{R} \equiv \vec{r} - \vec{r}\,',\ \hat{a}_R \equiv \dfrac{\vec{R}}{|\vec{R}|} \\ \hat{a}_E = \hat{a}_D = \hat{a}_R \end{cases} \ \&\ dQ_S(\vec{r}\,')\ [\text{C}] = \begin{cases} Q_S(\vec{r}\,')\ [\text{C}] \\ \rho_l(\vec{r}\,')dl' \ : \rho_l(\vec{r}\,')\ [\text{C/m}] \\ \rho_s(\vec{r}\,')dS' : \rho_s(\vec{r}\,')\ [\text{C/m}^2] \\ \rho_\upsilon(\vec{r}\,')d\upsilon' : \rho_\upsilon(\vec{r}\,')\ [\text{C/m}^3] \end{cases}$$

(iii) 가우스의 법칙을 적용하기 위한 가우스 폐곡면을 결정하며, 가우스 폐곡면은 여러 조각으로 구성할 수도 있다. 대칭성을 반영하기 위해 가우스 폐곡면이 여러 개의 작은 가우스 평면으로 이루어진 경우, 각 평면 내에서 등가전하밀도의 세기와 방향이 동일하고, 각각의 가우스 평면 조각 내에서는 등가전하밀도가 가우스 평면에 수직인 성분 또는 접선방향 성분만 존재하도록 폐곡면을 구성한다. 또한, 가우스 평면 조각과 전기장이 수직인 경우, 각 조각 내의 어느 점이나 크기와 방향이 동일한 등가전하밀도($\boldsymbol{D}(\boldsymbol{r})$ [C/m²]) (또는 동일한 전계강도($\boldsymbol{E}(\boldsymbol{r})$ [V/m])가 유지되는 형태로 선택해야 한다.

(계속)

$$\oint_{\substack{closed\\surface}} \vec{D}(\vec{r})\cdot d\vec{S}(\vec{r}) \equiv Q_{enc}\ [\mathrm{C}]\ ;\ d\vec{S}(\vec{r}) \equiv dS\hat{a}_n(\vec{r})\ [\mathrm{m}^2]$$: 가우스의 법칙

(iv) 가우스 폐곡면을 구성하는 각각의 조각면들에서 가우스 법칙을 적용하기 위해 필요한 성분을 구한다.

Q_{enc} [C] : 가우스 폐곡면 내의 총 근원전하량

$\vec{D}(\vec{r}) = D_n(\vec{r})\hat{a}_n + D_t(\vec{r})\hat{a}_t$ [C/m^2]

: 등가전하밀도 = 폐곡면 조각에 수직인 성분 + 접선방향 성분의 합으로 구성

$d\vec{S}(\vec{r})$ [m^2] $= dS\hat{a}_n(\vec{r})$: 관측점의 부분 단면적은 면에 수직(법선)방향으로 표시

(v) 선택된 폐곡면에 가우스 법칙을 적용하여 근원전하에 의해 형성된 전기장의 등가전하밀도($\boldsymbol{D}(\boldsymbol{r})$ [C/m^2])를 구한다.

$$\oint_{\substack{closed\\surface}} \vec{D}(\vec{r})\cdot d\vec{S}(\vec{r}) \equiv Q_{enc}\ [\mathrm{C}] \rightarrow \vec{D}(\vec{r})\ [\mathrm{C/m^2}]$$

(vi) 필요한 경우, 등가전하밀도로부터 근원전하에 의해 형성된 전기장의 전계강도 벡터($\boldsymbol{E}(\boldsymbol{r})$ [V/m])를 구한다.

$$\vec{E}(\vec{r})\ [\mathrm{V/m}] = \frac{1}{\epsilon}\vec{D}(\vec{r})$$

(vii) 필요한 경우, 근원전하에 의해 형성된 전기장의 관측점($\boldsymbol{r}$)에 존재하는 시험전하(Q_t [C])가 받는 정전기적 힘($\boldsymbol{F}(\boldsymbol{r})$ [N])을 구한다.

$$\vec{F}(\vec{r})\ [\mathrm{N}] = Q_t\vec{E}(\vec{r})$$

가우스 법칙을 이용하여 대칭구조 전기장의 등가전하밀도와 전기장을 해석하는 과정에 대해 다음의 세 가지 경우를 이용하여 설명한다.

(a) 원점의 실리콘 원자핵($Q = +14q$ [C]; q=1.6×10^{-19} [C])에 의한 전기장
(b) z-축상에 위치한 무한한 길이의 선 전하(ρ_l [C/m])에 의해 형성된 전기장
(c) xy-평면에 균일한 면전하밀도(ρ_S [C/m^2])로 분포하는 무한 면전하에 의해 형성된 전기장

■ 원점의 실리콘 원자핵($Q = +14q$ [C]; $q = 1.6\times10^{-19}$ [C])에 의한 전기장과 핵으로부터 0.5 [nm] 떨어진 지점의 전자가 받는 정전기적 힘

원점에 존재하는 실리콘 원자(원자기호: Si, 원자번호 Z=14)의 원자핵이 근원전하($Q = +14q$ [C]; q = 1.6×10^{-19} [C])에 의해 형성된 전기장의 등가전하밀도 벡터($\boldsymbol{D}(r)$ [C/m^2])와 전계강도($\boldsymbol{E}(r)$ [V/m]), 원자핵으로부터 0.5 [nm] 떨어진 지점(Si의 격자상수와 거의 동일한 거리)에 존재하는 전자 ($Q_t = -q$ [C])에 작용하는 정전기적 힘을 구하라.

(i) 가우스 법칙을 이용하여 전기장을 해석하기 위해, 직각좌표계를 사용하여 근원전하의 위치 또는 분포를 나타내면 [그림 2-36]과 같다.

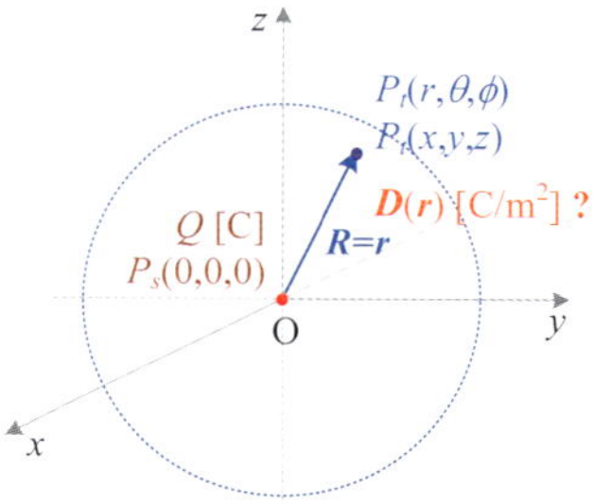

[그림 2-36] 좌표계의 원점(O(0,0,0))에 존재하는 근원 점전하(Q [C])

(ii) 쿨롱의 법칙에 기반하여 전계강도와 등가전하밀도의 대칭성을 확인하고, 전기장 해석에 편리한 좌표계를 결정하는 과정은 다음과 같다.

$$\vec{D}(\vec{r})\ [\mathrm{C/m^2}] = \epsilon_o \vec{E}(\vec{r}) = \int_{\substack{source\\charge}} dD(\vec{r}) \ \ \&\ \ \vec{D}(\vec{r})\ [\mathrm{C/m^2}] \equiv \frac{1}{4\pi}\frac{dQ_S(\vec{r}\,')}{R^2}\hat{a}_R \begin{cases} \propto Q_S(\vec{r}\,') = Q = +14q\ [\mathrm{C}] \\ \propto \dfrac{1}{R^2}\ ;\ \vec{R} \equiv \vec{r} - \vec{r}\,' \\ \hat{a}_D = \hat{a}_E = \hat{a}_R \end{cases}$$

쿨롱의 법칙에 의하면 전계강도와 등가전하밀도는 근원전하로부터의 거리의 제곱에 반비례하며, 근원전하가 존재하는 원점으로부터 같은 거리에 있는 점은 반지름이 동일한 구면을 이룬다. 따라서 반지름이 동일한 구면에서는 모두 동일한 세기의 전계강도와 등가전하밀도를 갖는다. 또한 전계강도 벡터와 등가전하밀도 벡터의 방향($\boldsymbol{a}_E = \boldsymbol{a}_D$)은 근원전하로부터 관측점으로 향하는 벡터로서, 관측점의 어디에서나 구좌표계의 방사방향 벡터와 동일하다($\boldsymbol{a}_E = \boldsymbol{a}_D = \boldsymbol{a}_r$).

$$\vec{r}_S = \vec{r}\,' = (0,0,0) : \text{근원전하의 구좌표계 좌표}\ \ \&\ \ \vec{r}_t = \vec{r} = (r,\theta,\phi)\ : \text{관측점의 구좌표계 좌표}$$

$$\left.\begin{matrix} \vec{R} \equiv \vec{r}_t - \vec{r}_S = \vec{r} - \vec{r}\,' = (r,0,0)\ [\mathrm{m}] \\ \vec{R} = (r,\theta,\phi);\ |\vec{R}| = R = r\ [\mathrm{m}] \end{matrix}\right\} \Rightarrow \hat{a}_R \equiv \frac{\vec{R}}{R} \leftrightarrow \hat{a}_E = \frac{\vec{E}}{E} = \hat{a}_R = \hat{a}_r : \text{전계강도의 단위 방향 벡터}$$

따라서 원점에 존재하는 근원 점전하는 구대칭성을 갖춘 전기장을 형성하므로, 구좌표계(r,θ,ϕ)를 사용하여 가우스 법칙에 적용하는 것이 편리하다.

$$\vec{D}(\vec{r})\ [\mathrm{C/m^2}] = D_r(\vec{r})\hat{a}_r + D_\theta(\vec{r})\hat{a}_\theta + D_\phi(\vec{r})\hat{a}_\phi = D_r(\vec{r})\hat{a}_r\ : \text{등가전하밀도}$$

$$\vec{E}(\vec{r})\ [\mathrm{V/m}] = \frac{1}{\epsilon_o}\vec{D}(\vec{r}) = E_r(\vec{r})\hat{a}_r \qquad : \text{전계강도}$$

(iii) 가우스 평면 내에서는 등가전하밀도의 세기와 방향이 동일하고, 등가전하밀도가 가우스 평면에 수직인 성분 또는 접선방향 성분만 존재하도록 폐곡면을 구성한다. 전계강도의 방향과 수직인 가우스 평면 조각 내에서는 어느 점이나 동일한 등가전하밀도($\boldsymbol{D}(\boldsymbol{r})$ [C/m^2])가 유지되는 형태로 선택해야 한다. 원점에 존재하는 점전하가 근원전하인 경우, 원점으로부터의 거리가 같은 구면 위의 모든 관측점에서 등가전하밀도와 전계강도의 방향은 방사형 방향($\boldsymbol{a}_D = \boldsymbol{a}_r$)이다. 따라서 가우스 법칙을 위한 폐곡면은 [그림 2-37]과 같이 원점으로부터의 거리가 동일한 점들의 집합체인 반지름 r [m]의 구면이 된다.

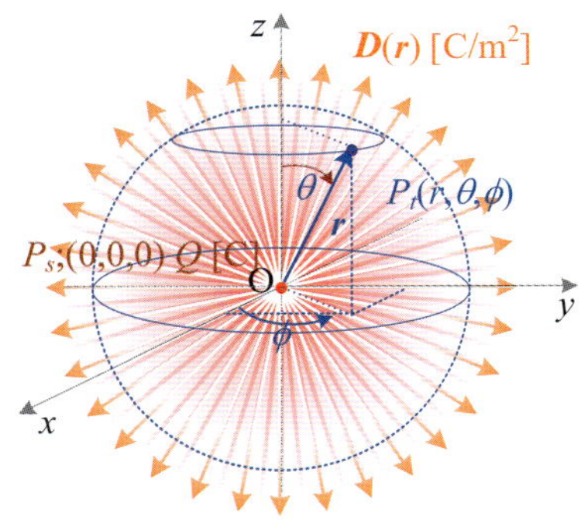

[그림 2-37] 원점(O(0, 0, 0))에 존재하는 근원 점전하($Q_S = Q$ [C])에 의해 형성된 전기장 해석을 위한 가우스 폐곡면과 등가전하밀도

(iv) 동심원 형태의 구면에 대해 가우스 법칙을 적용하기 위해 필요한 성분($\boldsymbol{D}(\boldsymbol{r})$, $d\boldsymbol{S}$, Q_{enc})을 요약하면 다음과 같다.

$$\oint_{\substack{closed\\surface}} \vec{D}(\vec{r})\cdot d\vec{S}(\vec{r}) \equiv Q_{enc} \Longleftrightarrow \begin{cases} \vec{D}(\vec{r}) = D_r(\vec{r})\hat{a}_r(\vec{r})\ [\mathrm{C/m^2}] \\ d\vec{S}(\vec{r}) = dS_r\hat{a}_r(\vec{r}) = r^2\sin\theta d\theta d\phi\hat{a}_r\ [\mathrm{m^2}] \\ Q_{enc} = Q\ [\mathrm{C}] \end{cases} \text{: 가우스의 법칙}$$

(v) 선택한 폐곡면에 가우스 법칙(Gauss's law)을 적용하여 등가전하밀도 벡터($\boldsymbol{D}(\boldsymbol{r})$ [C/m²])를 구하는 과정과 결과는 다음과 같다.

$$\oint_{\substack{closed\\surface}} \vec{D}(\vec{r})\cdot d\vec{S} = \oint_{\substack{closed\\surface}} \left(D_r(\vec{r})\hat{a}_r\cdot r^2\sin\theta d\theta d\phi\hat{a}_r\right) = \int_{\phi=0}^{2\pi}\left(\int_{\theta=0}^{\pi}\left(D_r(\vec{r})r^2\sin\theta\right)d\theta\right)d\phi$$

$$= 2\pi r^2 D_r(\vec{r})\int_{\theta=0}^{\pi}\sin\theta d\theta = 2\pi r^2 D_r(\vec{r})\left(-\cos\theta\right)\Big|_{\theta=0}^{\theta=\pi} = 4\pi r^2 D_r(\vec{r}) = Q_{enc} = Q$$

$$\Rightarrow D_r(\vec{r}) = \frac{Q}{4\pi r^2}\ [\mathrm{C/m^2}]$$

즉 원점의 실리콘 원자핵($Q = +14q$ [C]; $q = 1.6\times10^{-19}$ [C])에 의한 전기장에서 반지름이 동일한 구면에서는 방사방향의 등가전하밀도 성분($D_r(\boldsymbol{r})$ [C/m²])만 존재하며, 거리의 제곱에 반비례하여 감소한다. 이를 등가전하밀도 벡터로 나타내면 다음과 같다.

$$\vec{D}(\vec{r}) = \vec{D}(r,\theta,\phi) = D_r(\vec{r})\hat{a}_r = \frac{Q}{4\pi r^2}\hat{a}_r\ [\mathrm{C/m^2}]\ \&\ D_\theta = 0, D_\phi = 0$$

$$\vec{D}(\vec{r})\ [\mathrm{C/m^2}] = \vec{D}(r,\theta,\phi) = D_r(\vec{r})\hat{a}_r = \frac{Q}{4\pi r^2}\hat{a}_r = \frac{14\times1.6\times10^{-19}}{4\pi(5\times10^{-10})^2}\hat{a}_r = 0.713\hat{a}_r\ [\mathrm{C/m^2}]$$

가우스 법칙을 이용하여 얻은 등가전하밀도는 근원전하량에 비례하고, 근원전하로부터 거리의 제곱에 반비례하며, 근원전하로부터 관측점을 향하는 방사방향의 성분만 존재한다. 근원전하에 의해 형성되는 등가전하밀도를 결정하는 요소들과 방향에 따른 등가전하밀도의 변화와 의존도를 [그림 2-38]에 요약하였다.

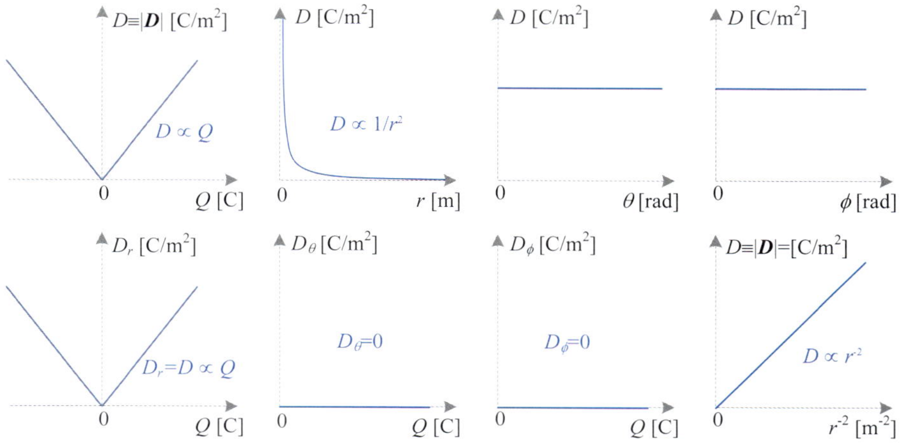

[그림 2-38] 좌표계의 원점(O(0, 0, 0))에 존재하는 근원 점전하(Q [C])에 의해 형성된 전기장의 등가전하밀도 변화

(vi) 원점의 근원전하에 의해 형성되는 전계강도($\boldsymbol{E}(\boldsymbol{r})$ [V/m])는 등가전하밀도와의 관계식을 통해 다음과 같이 구할 수 있으며, 전계강도를 결정하는 요소들과 방향에 따른 변화를 아래 [그림 2-39]에 요약하였다.

$$\vec{E}(\vec{r})\ [\mathrm{V/m}] = \frac{1}{\epsilon_o}\vec{D}(r,\theta,\phi) = \frac{1}{4\pi\epsilon_o}\frac{Q}{r^2}\hat{a}_r \quad \& \quad E_\theta = 0, E_\phi = 0$$

$$\vec{E}(\vec{r})\ [\mathrm{V/m}] = \frac{1}{\epsilon_o}\vec{D}(r,\theta,\phi) = \frac{1}{8.854\times10^{-12}}\vec{D}(r,\theta,\phi) = 8\times10^{10}\hat{a}_r \quad \& \quad E_\theta = 0, E_\phi = 0$$

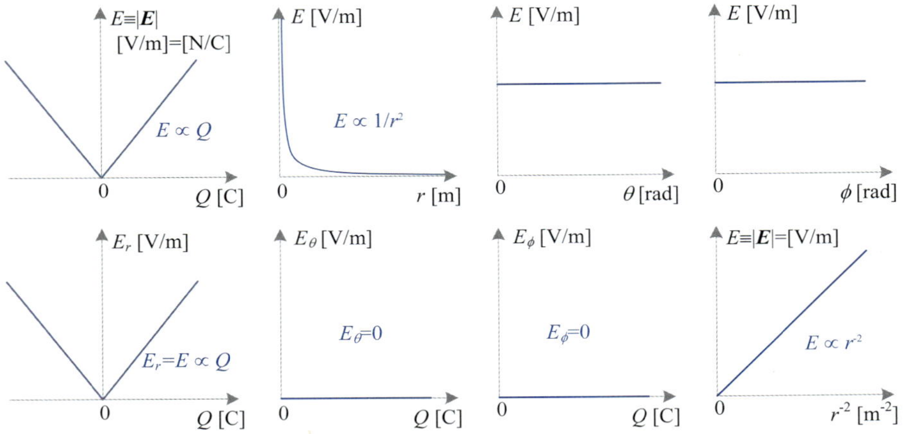

[그림 2-39] 좌표계의 원점(O(0,0,0))에 존재하는 근원 점전하(Q [C])에 의해 형성된 전기장의 전계강도 변화

(vii) 관측점($\boldsymbol{r}$)에 존재하는 시험전하인 전자($Q_t = -q$ [C])가 받게 되는 정전기적 힘($\boldsymbol{F}(\boldsymbol{r})$ [N])은 다음과 같고, 이를 결정하는 요소들과 방향에 따른 변화를 [그림 2-40]에 요약하였다.

$$\vec{F}(\vec{r})\ [\mathrm{N}] = Q_t\vec{E}(\vec{r}) = \frac{1}{4\pi\epsilon_o}\frac{Q_t Q}{r^2}\hat{a}_r \quad \& \quad F_\theta = 0, F_\phi = 0$$

$$\vec{F}(\vec{r})\ [\mathrm{N}] = Q_t\vec{E}(\vec{r}) = -1.6\times10^{-19}\vec{E}(\vec{r}) = 1.288\times10^{-8}\hat{a}_r \quad \& \quad F_\theta = 0, F_\phi = 0$$

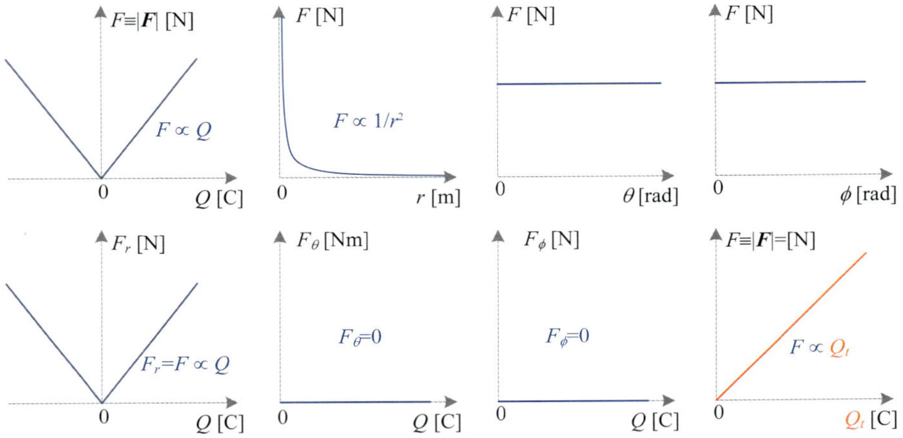

[그림 2-40] 원점(O(0,0,0))에 존재하는 근원 점전하(Q [C])에 의해 형성된 전기장 내에서 관측점의 시험전하(Q_t [C])가 받는 정전기적 힘($\boldsymbol{F}(\boldsymbol{r})$ [N])의 변화

■ z-축상에 위치한 무한한 길이의 선 전하(ρ_l [C/m])에 의해 형성된 전기장의 등가전하밀도

직각좌표계의 z-축상에 위치한 무한한 길이의 선 전하(선전하밀도 ρ_l [C/m])에 의해 형성된 전기장의 등가전하밀도($\boldsymbol{D}(\boldsymbol{r})$ [C/m^2])와 전계강도($\boldsymbol{E}(\boldsymbol{r})$ [V/m])는 가우스 법칙을 이용하여 편리하게 구할 수 있으며, 그 과정은 다음과 같다.

(i) 대칭성 확인을 위해 먼저 직각좌표계를 사용하고, 근원전하의 위치 또는 분포를 구체적으로 표시하면 [그림 2-41]과 같다.

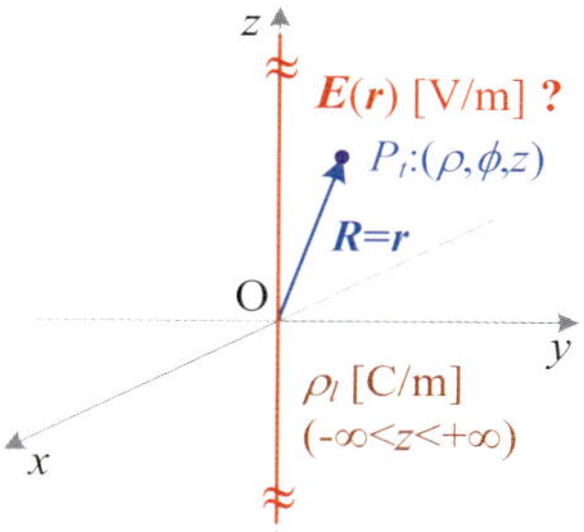

[그림 2-41] z-축의 무한 선전하(ρ_l [C/m])에 의해 형성된 전기장의 전계강도($\boldsymbol{E}(\boldsymbol{r})$ [V/m])

(ii) 쿨롱의 법칙에 기반하여 근원전하에 의해 형성되는 전계와 등가전하밀도의 대칭성을 확인하고, 편리한 좌표계를 결정하고자 한다. 전하들 간의 정전기적 상호작용을 설명하는 쿨롱의 법칙에 따르면 등가전하밀도는 근원전하의 크기에 비례하고, 거리의 제곱에 반비례하며, 근원전하와 관측점을 연결하는 선분($\boldsymbol{R} = \boldsymbol{r}_t - \boldsymbol{r}_S$)과 평행한 방향($\boldsymbol{a}_E = \boldsymbol{a}_D = \boldsymbol{a}_R$)의 전계가 생성된다.

$$\vec{D}(\vec{r})\ [\mathrm{C/m^2}] = \epsilon_o \vec{E}(\vec{r}) = \int_{-\infty}^{+\infty} dD(\vec{r})$$

$$d\vec{D}(\vec{r})\ [\mathrm{C/m^2}] \equiv \frac{1}{4\pi}\frac{dQ_S(\vec{r}\,')}{R^2}\hat{a}_R \quad \begin{cases} \propto dQ_S(\vec{r}\,') = \rho_l dl' = \rho_l dz' \\ \propto \dfrac{1}{R^2}\ ;\ \vec{R} \equiv \vec{r} - \vec{r}\,' \\ \hat{a}_D = \hat{a}_E = \hat{a}_R \end{cases}$$

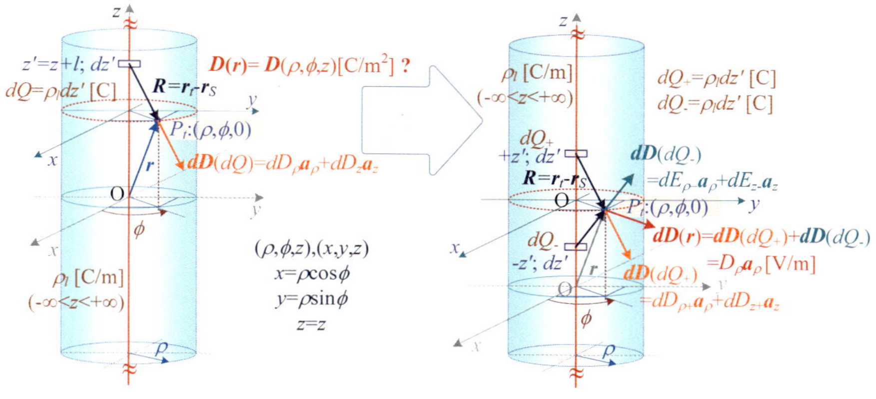

[그림 2-42] z-축의 무한 선전하(ρ_l [C/m])에 의해 형성된 전기장의 등가전하밀도($\boldsymbol{D}(\boldsymbol{r})$ [C/m^2])와 가우스 폐곡면

따라서 z-축상의 무한히 긴 선전하에 의해 형성된 전기장의 전계강도가 동일한 점을 모두 모으면, [그림 2-42]와 같이 근원전하가 있는 z-축을 중심으로 하고 같은 반지름을 갖는 원통면을 형성한다.

또한 무한 선전하가 $-\infty < z < +\infty$에 걸쳐 동일하게 분포하므로, 원통면 내에서는 z-축의 위치에 무관하게 동일한 전계의 방향과 세기를 갖는 원통대칭성을 갖는다. 따라서 [그림 2-42]와 같이 원통좌표계(ρ,ϕ,z)를 사용하여 편리하게 해석할 수 있다.

쿨롱의 법칙에 의하면, 근원전하 조각(dQ_S [C])에 의해 형성된 전기장의 전계강도($\boldsymbol{E}(\boldsymbol{r})$ [V/m])와 등가전하밀도($\boldsymbol{D}(\boldsymbol{r})$ [C/m^2])는 근원전하로부터의 거리의 제곱에 반비례한다. 근원전하가 존재하는 z-축으로부터 같은 거리에 있는 점은 z-축을 중심으로 하는 동심원의 원통면을 이룬다. 따라서 반지름이 동일한 원통면에서는 z-축의 좌표와 x-축으로부터의 회전각(ϕ [rad])에 관계없이 모두 동일한 세기의 전계강도와 등가전하밀도를 갖는다. 또한 전계강도 벡터와 등가전하밀도 벡터는 근원전하의 z-축 대칭성으로 인해 z-축 방향 성분($D_z(\boldsymbol{r})$)과 x-축으로부터의 회전방향 성분($D_\phi(\boldsymbol{r})$)은 존재하지 않는다($D_z(\boldsymbol{r}) = 0$, $D_\phi(\boldsymbol{r}) = 0$). 따라서 등가전하밀도 벡터의 방향($\boldsymbol{a}_D$)은 근원전하로부터 관측점으로 향하는 방사방향의 벡터로서, 관측점의 어디에서나 원통좌표계의 원통면에 법선방향 (방사방향) 벡터와 동일한 방향($\boldsymbol{a}_D = \boldsymbol{a}_\rho$)이다.

$$\vec{r}_S = \vec{r}\,' = (0,\phi',z') \quad \text{: 근원전하의 원통좌표계 좌표}$$

$$\vec{r}_t = \vec{r} = (\rho,\phi,z) \quad \text{: 관측점의 원통좌표계 좌표}$$

$$\left.\begin{array}{l}\vec{R} \equiv \vec{r} - \vec{r}\,' = (\rho,\phi-\phi',z-z')\ [\text{m}] \\ \vec{R} = (r,\theta,\phi); |\vec{R}| = R = \sqrt{\rho^2 + (z-z')^2}\ [\text{m}]\end{array}\right\} \Rightarrow \hat{a}_R \equiv \frac{\vec{R}}{R} = \frac{\rho\hat{a}_\rho + (z-z')\hat{a}_z}{\sqrt{\rho^2+(z-z')^2}} \longleftrightarrow \hat{a}_D = \frac{\vec{D}}{D} = \hat{a}_R$$

z-축상의 한 지점($(\rho,\phi,z) = (0,0,z')$)에 있는 선전하 조각($dQ_l = \rho_l dz'$ [C])에 의한 관측점의 부분 전계강도($d\boldsymbol{E}(\boldsymbol{r})$ [V/m])는 [그림 2-42]에 나타낸 것과 같이 z-축에 평행한 성분($dE_z(\boldsymbol{r})\boldsymbol{a}_z$)과 원통면에 수직이고 z-축으로부터의 방사형 성분($dE_\rho(\boldsymbol{r})\boldsymbol{a}_\rho$)의 합으로 나타낼 수 있다.

$$d\vec{D}(\vec{r})\ [\text{C/m}^2] \equiv \frac{1}{4\pi}\frac{dQ_S(\vec{r}\,')}{R^2}\hat{a}_R = \frac{1}{4\pi}\frac{\rho_l dz'}{R^2}\hat{a}_R = d\vec{D}_\rho(\vec{r}) + d\vec{D}_\phi(\vec{r}) + d\vec{D}_z(\vec{r})$$

$$= dD_\rho(\vec{r})\hat{a}_\rho + dD_z(\vec{r})\hat{a}_z \ ;\ d\vec{D}_\phi(\vec{r}) = 0 \ \text{:부분 선전하에 의해 형성된 부분 전계강도}$$

따라서 z-축에 존재하는 무한 선전하에 의해 형성된 전기장의 등가전하밀도는 원통대칭성을 가지므로, 원통좌표계(ρ,ϕ,z)를 사용하여 가우스 법칙에 적용하는 것이 편리하다.

$$\vec{D}(\vec{r})\ [\text{C/m}^2] = D_\rho(\vec{r})\hat{a}_\rho + D_\phi(\vec{r})\hat{a}_\phi + D_z(\vec{r})\hat{a}_z \ ;\ D_\phi(\vec{r}) = 0, D_z(\vec{r}) = 0$$

$$\&\ \vec{E}(\vec{r})\ [\text{V/m}] = \frac{1}{\epsilon_o}\vec{D}(\vec{r}) \qquad ;\ E_\phi(\vec{r}) = 0, E_z(\vec{r}) = 0$$

(iii) 가우스 폐곡면 내에서는 등가전하밀도의 세기와 방향이 동일하고, 등가전하밀도가 가우스 평면에 수직인 성분 또는 접선방향 성분만 존재하도록 폐곡면을 구성하는 것이 편리하다. 따라서 z-축에 존재하는 무한한 길이의 선전하(선전하밀도 ρ_l [C/m])가 근원전하인 경우, z-축으로부터의 수직 거리가 같은 동심원의 원통면 위의 모든 관측점에서 등가전하밀도와 전계강도의 방향은 방사형 방향($\boldsymbol{a}_D = \boldsymbol{a}_E = \boldsymbol{a}_\rho$)이다. 따라서 가우스 법칙을 위한 폐곡면은 [그림 2-43]과 같이 반지름이 ρ [m], 원통의 높이가 L [m], 그리고 원통 측면과 위와 아래의 원형(반지름 ρ [m]) 뚜껑으로 이루어진 폐곡면으로 택할 수 있다.

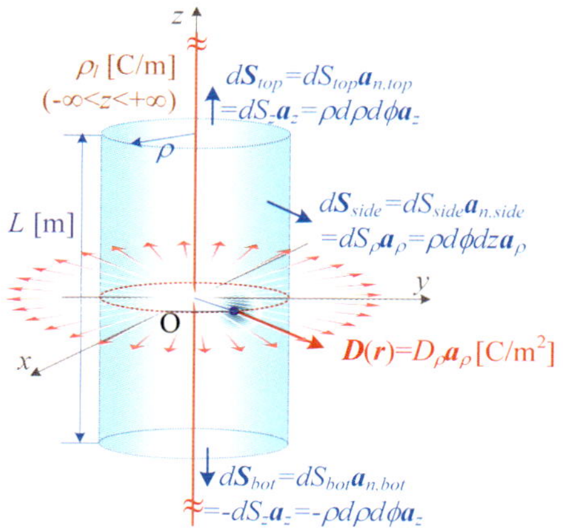

[그림 2-43] z-축의 무한 선전하(ρ_l [C/m])에 의해 형성된 전기장 해석을 위한 가우스 폐곡면

(iv) [그림 2-43]과 같이 원통좌표계의 폐곡면에 대해 가우스 법칙을 적용하기 위해 필요한 등가전하밀도 벡터, 조각 면의 면적 및 폐곡면 내의 총 전하량 성분($\boldsymbol{D}(\boldsymbol{r})$, $d\boldsymbol{S}$, Q_{enc})은 각각 다음과 같다.

$$\oint_{\substack{closed\\surface}} \vec{D}(\vec{r})\cdot d\vec{S} \equiv Q_{enc} \Longleftrightarrow \begin{cases} \vec{D}(\vec{r}) = D_\rho(\vec{r})\hat{a}_\rho \ [\mathrm{C/m^2}] \\ d\vec{S} = dS_\rho\hat{a}_\rho + dS_\phi\hat{a}_\phi + dS_z\hat{a}_z \ [\mathrm{m^2}] \\ \quad dS_\rho = \rho d\phi dz, dS_\phi = d\rho dz, dS_z = \rho d\rho d\phi \\ Q_{enc} = \rho_l \times L \ [\mathrm{C}] \end{cases} \quad \text{: 가우스의 법칙}$$

(v) 선택한 폐곡면에 가우스 법칙을 적용하여 z-축 중심의 원통형 대칭구조를 가진 무한 선전하에 의해 형성된 전기장의 등가전하밀도 벡터($\boldsymbol{D}(\boldsymbol{r})$ [C/m^2])를 구하는 과정과 결과는 다음과 같다.

가우스의 법칙을 이용하여 얻은

$$\oint_{\substack{closed\\surface}} \vec{D}(\vec{r})\cdot d\vec{S} = \int_{top}\vec{D}(\vec{r})\cdot d\vec{S} + \int_{bot}\vec{D}(\vec{r})\cdot d\vec{S} + \int_{side}\vec{D}(\vec{r})\cdot d\vec{S} = Q_{enc} = \rho_l L \ [\mathrm{C}]$$

$$\int_{top}\vec{D}(\vec{r})\cdot d\vec{S} = \int_{top} D_\rho(\vec{r})\hat{a}_\rho \cdot d\vec{S}_{top} = \int_{top} D_\rho(\vec{r})\hat{a}_\rho \cdot (+dS_z\hat{a}_z) = 0 \quad \text{: 가우스 폐곡면의 윗면}$$

$$\int_{bot}\vec{D}(\vec{r})\cdot d\vec{S} = \int_{bot} D_\rho(\vec{r})\hat{a}_\rho \cdot d\vec{S}_{bot} = \int_{bot} D_\rho(\vec{r})\hat{a}_\rho \cdot (-dS_z\hat{a}_z) = 0 \quad \text{: 가우스 폐곡면의 아랫면}$$

$$\int_{side}\vec{D}(\vec{r})\cdot d\vec{S} = \int_{side} D_\rho(\vec{r})\hat{a}_\rho \cdot d\vec{S}_{side} = \int_{side} D_\rho(\vec{r})\hat{a}_\rho \cdot (dS_\rho\hat{a}_\rho) = \int_{\phi=0}^{2\pi}\int_{z=0}^{L} D_\rho(\vec{r})\rho d\phi dz$$
$$= 2\pi\rho L D_\rho(\vec{r}) \quad \text{: 가우스 폐곡면의 옆면}$$

가우스의 법칙으로부터 다음과 같이 방사방향 성분만 가진 등가전하밀도를 얻는다.

$$\oint_{\substack{closed\\surface}} \vec{D}(\vec{r})\cdot d\vec{S} = \int_{side}\vec{D}(\vec{r})\cdot d\vec{S} = 2\pi\rho L D_\rho(\vec{r}) = Q_{enc} = \rho_l L \ [\mathrm{C}] \quad \text{: 폐곡면 내의 총 전하량과 가우스 법칙}$$

$$D_\rho(\vec{r}) = \frac{\rho_l}{2\pi\rho} \ [\mathrm{C/m^2}] \quad \text{: 가우스의 법칙을 이용하여 구한 방사방향의 등가전하밀도}$$

z-축상의 무한히 긴 선전하에 의해 형성된 전기장에서 가우스의 법칙을 이용하여 얻은 관측점의 등가전하밀도는 다음과 같다.

$$\vec{D}(\vec{r}) \ [\mathrm{C/m^2}] = \vec{D}(\rho,\phi,z) = D_\rho(\vec{r})\hat{a}_\rho = \frac{\rho_l}{2\pi\rho}\hat{a}_\rho \ \& \ D_\phi = 0, D_z = 0 \quad \text{: 가우스의 법칙을 이용하여 얻은 등가전하밀도}$$

$$D(\vec{r})\ [\mathrm{C/m^2}] \equiv |\vec{D}(\vec{r})| = D_\rho(\vec{r}) = \frac{\rho_l}{2\pi\rho}\ \begin{cases} \propto \rho_l \\ \propto 1/\rho \end{cases}$$

가우스의 법칙을 이용하여 얻은 등가전하밀도는 근원전하인 선전하밀도에 비례하고, z-축으로부터의 수직 거리인 방사 반지름(ρ [m])에 반비례하며, xy-평면과 평행한 방사방향 성분($\boldsymbol{a}_D = \boldsymbol{a}_E = \boldsymbol{a}_\rho$)만 존재한다. 근원전하에 의해 형성되는 등가전하밀도($\boldsymbol{D}(\boldsymbol{r})$ [C/m^2])의 변화를 [그림 2-44]와 [그림 2-45]에 요약하였다.

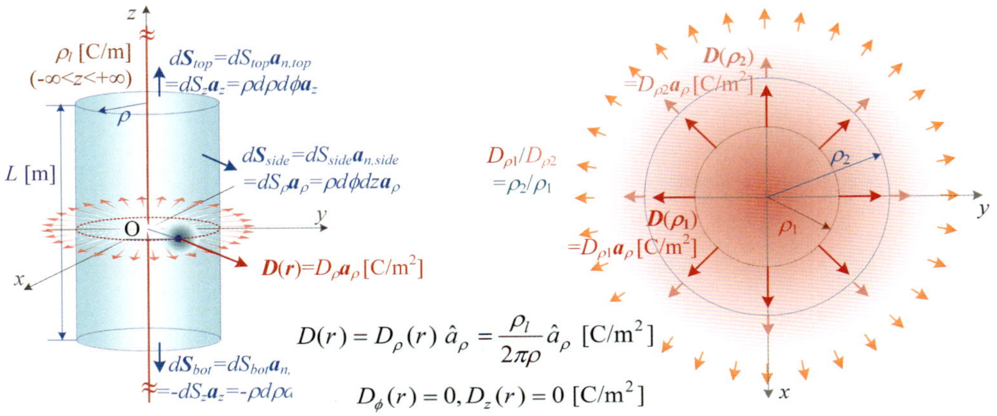

[그림 2-44] z-축의 무한 선전하(ρ_l [C/m])에 의해 형성된 전기장의 등가전하밀도

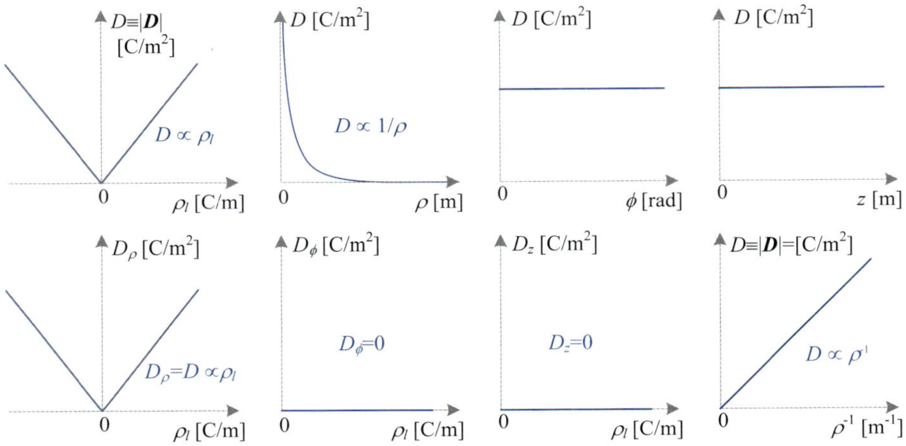

[그림 2-45] z-축의 무한 선전하(ρ_l [C/m])에 의해 형성된 전기장의 등가전하밀도를 결정하는 요소와 변화

(vi) z-축상의 무한히 긴 선전하에 의해 형성되는 전계강도($\boldsymbol{E}(\boldsymbol{r})$ [V/m])는 등가전하밀도와의 관계를 이용해 구할 수 있다.

$$\vec{E}(\vec{r})\ [\mathrm{V/m}] = \frac{1}{\epsilon_o}\vec{D}(\rho,\phi,z) = \frac{\rho_l}{2\pi\epsilon_o\rho}\hat{a}_\rho\ \&\ E_\phi = 0, E_z = 0\ ;\ E(\vec{r}) = \begin{cases} \propto \rho_l \\ \propto 1/\rho \\ \propto 1/\epsilon_o \end{cases}$$

: 쿨롱의 법칙으로부터 얻은 결과와 동일함

z-축상의 무한히 긴 선전하에 의해 형성되는 전기장의 전계강도($\boldsymbol{E}(\boldsymbol{r})$ [V/m])를 결정하는 요소들과 방향에 따른 변화를 [그림 2-46]에 요약하였다.

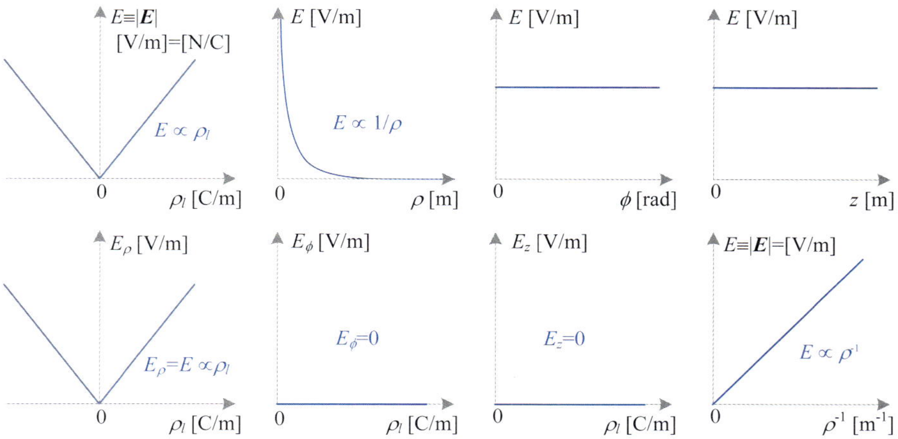

[그림 2-46] z-축의 무한 선전하(ρ_l [C/m])에 의해 형성된 전계강도의 변화

(vii) z-축상의 무한히 긴 선전하에 의해 형성된 전기장의 관측점($\boldsymbol{r}$)에 존재하는 시험전하(Q_t [C])가 받게 되는 정전기적 힘($\boldsymbol{F}(\boldsymbol{r})$ [N])은 다음과 같고, 이를 결정하는 요소들과 방향에 따른 변화를 [그림 2-47]에 요약하였다.

$$\vec{F}(\vec{r})\ [\mathrm{N}] = Q_t\vec{E}(\vec{r}) = Q_t\frac{\rho_l}{2\pi\epsilon_o\rho}\hat{a}_\rho \ \& \ F_\phi = 0, F_z = 0$$

$$F(\vec{r})\ [\mathrm{N}] \equiv |\vec{F}(\vec{r})| = F_\rho(\vec{r}) = \begin{cases} \propto \rho_l\ [\mathrm{C/m}] \\ \propto 1/\rho \\ \propto 1/\epsilon_o \\ \propto Q_t\ [\mathrm{C}] \end{cases}$$: 쿨롱의 법칙으로부터 얻은 결과와 동일함

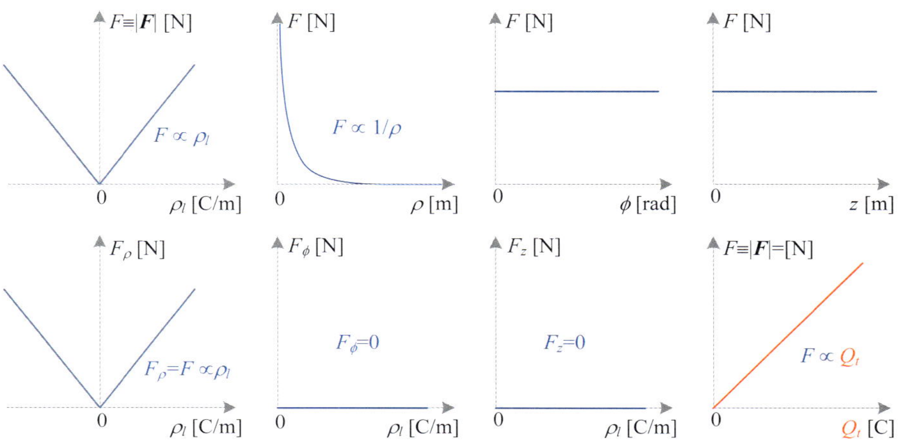

[그림 2-47] z-축의 무한 선전하(ρ_l [C/m])에 의해 형성된 전기장에 의해 시험전하(Q_t [C]에 작용하는 정전기적 힘 ($\boldsymbol{F}(r)$ [N])을 결정하는 요소와 그에 따른 변화

■ xy-평면에 균일한 면전하밀도(ρ_S [C/m^2])로 분포하는 무한 면전하에 의해 형성된 전기장

xy-평면에 균일한 면전하밀도(ρ_S [C/m^2])로 분포하는 무한 면전하에 의해 형성된 전기장의 등가전하밀도 ($\boldsymbol{D}(r)$ [C/m^2])와 전계강도($\boldsymbol{E}(r)$ [V/m])는 가우스 법칙을 이용하여 다음 과정을 통해 해석할 수 있다.

(i) xy-평면에 균일한 면전하밀도(ρ_S [C/m^2])로 분포하는 무한 면전하에 의한 전기장은 [그림 2–48]과 같다.

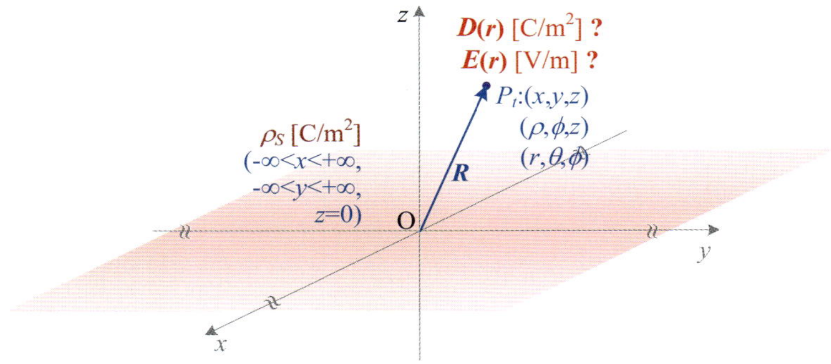

[그림 2–48] $z = 0$인 xy-평면에 존재하는 무한 면전하(면전하밀도 ρ_S [C/m])에 의해 형성된 전기장의 전계강도($\boldsymbol{E}(\boldsymbol{r})$ [V/m])

(ii) 전하들 간의 정전기적 상호작용을 설명하는 쿨롱의 법칙에 따르면 등가전하밀도는 근원전하의 크기에 비례하고, 거리의 제곱에 반비례하며, 근원전하와 관측점을 연결하는 선분($\boldsymbol{R} = \boldsymbol{r}_t - \boldsymbol{r}_S$)과 평행한 방향($\boldsymbol{a}_R$)의 전계와 등가전하밀도가 형성된다($\boldsymbol{a}_E = \boldsymbol{a}_D = \boldsymbol{a}_R$). 따라서 xy-평면의 면전하 조각이 형성하는 등가전하밀도 벡터($d\boldsymbol{D}(\boldsymbol{r})$ [C/m^2])는 다음과 같다.

$$d\vec{D}(\vec{r})\ [\mathrm{C/m^2}] \equiv \frac{1}{4\pi}\frac{dQ_S(\vec{r}\,')}{R^2}\hat{a}_R \begin{cases} \propto dQ_S(\vec{r}\,') = \rho_S dS \\ \propto \dfrac{1}{R^2} \\ \hat{a}_D = \hat{a}_E = \hat{a}_R \end{cases}$$

$$\vec{D}(\vec{r})\ [\mathrm{C/m^2}] = \epsilon_o \vec{E}(\vec{r}) = \int_{\substack{source\\charge}} dD(\vec{r})$$

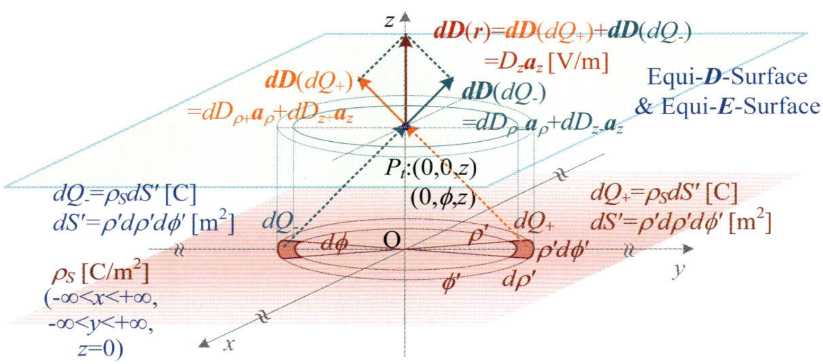

[그림 2–49] $z = 0$인 xy-평면에 존재하는 무한 면전하(ρ_S [C/m])에 의해 형성된 등가전하밀도($\boldsymbol{D}(r)$ [C/m^2])와 동일한 등가전하밀도를 갖는 평면

그러므로 전계의 세기가 동일한 점을 모두 합하면, [그림 2−49]에 나타낸 것과 같이 근원전하가 있는 xy-평면과 평행한 면이 된다. 또한, 그 평면 내에서는 직각좌표계의 x-좌표, y-좌표, 또는 원통좌표계의 반지름(ρ [m])과 회전각(ϕ [rad])에 관계없이 모든 점에서 동일한 등가전하밀도를 갖는다. 따라서 직각좌표계 또는 z-축 중심의 원통좌표계 모두 사용할 수 있으나, 전하 조각에 의해 형성되는 전계 또는 등가전하밀도의 대칭성을 사용하기 위해서는 원통좌표계가 더 편리하다.

$\vec{r}_S = \vec{r}\,' = (\rho', \phi', 0)$: 근원전하의 원통좌표계 좌표

$\vec{r}_t = \vec{r} = (0, \phi, z)$: 관측점의 원통좌표계 좌표

$$\left.\begin{aligned} &\vec{R} \equiv \vec{r}_t - \vec{r}_S = \vec{r} - \vec{r}\,' = (-\rho', \phi - \phi', z)\ [\mathrm{m}] \\ &|\vec{R}| = R = \sqrt{\rho'^2 + z^2}\ [\mathrm{m}] \end{aligned}\right\} \Rightarrow \hat{a}_R \equiv \frac{\vec{R}}{R} = \frac{-\rho'\hat{a}_\rho + z\hat{a}_z}{\sqrt{\rho'^2 + z^2}} \leftrightarrow \hat{a}_D \equiv \frac{\vec{D}(\vec{r})}{D(\vec{r})} = \hat{a}_R$$

xy-평면(z−=0)에 균일한 밀도(ρ_S [C/m^2])로 존재하는 무한 면전하에 의해 형성된 전기장의 등가전하밀도($\boldsymbol{D}(\boldsymbol{r})$ [C/m^2])는 다음과 같이 나타낼 수 있다.

$$\vec{D}(\vec{r})\ [\mathrm{C/m^2}] = \left(D_\rho(\vec{r}), D_\phi(\vec{r}), D_z(\vec{r})\right) = D_\rho(\vec{r})\hat{a}_\rho + D_\phi(\vec{r})\hat{a}_\phi + D_z(\vec{r})\hat{a}_z$$: 가우스 법칙을 통해 구하게 될 등가전하밀도

무한 면전하를 이루는 작은 면전하 조각($dQ_S(\boldsymbol{r}')$ [C])에 의해 형성되는 부분 등가전하밀도($d\boldsymbol{D}(\boldsymbol{r})$ [C/m^2])는 근원전하로부터의 거리의 제곱에 반비례하고, 근원전하와 관측점을 연결하는 선분과 평행($\boldsymbol{a}_D = \boldsymbol{a}_R$)한 방향으로 형성된다.

$$\begin{aligned} d\vec{D}(\vec{r})\ [\mathrm{C/m^2}] &= \frac{1}{4\pi}\frac{dQ_S}{R^2}\hat{a}_R = d\vec{D}_\rho(\vec{r}) + d\vec{D}_\phi(\vec{r}) + d\vec{D}_z(\vec{r}) \\ &= dD_\rho(\vec{r})\hat{a}_\rho + dD_z(\vec{r})\hat{a}_z\ ;\ d\vec{D}_\phi(\vec{r}) = 0 \end{aligned}$$: 부분 선전하에 의해 형성된 전기장의 등가전하밀도

또한 xy-평면의 무한 면전하에 의해 형성되는 등가전하밀도는 근원전하의 z-축 중심 대칭성으로 인해 z-축 방향 성분($D_z(\boldsymbol{r})$)을 제외한 회전방향 성분($D_\phi(\boldsymbol{r})$), 방사방향 성분($D_\rho(\boldsymbol{r})$)은 존재하지 않는다($D_\rho(\boldsymbol{r}) = 0$, $D_\phi(\boldsymbol{r}) = 0$). 따라서 등가전하밀도 벡터($\boldsymbol{D}(\boldsymbol{r})$ [C/m^2])는 관측점의 어디에서나 z-축과 평행($\boldsymbol{a}_D = \boldsymbol{a}_z$)한 성분만 존재한다.

$$\begin{aligned} d\vec{D}_\pm(\vec{r})\ [\mathrm{C/m^2}] &= d\vec{D}_+(\vec{r}) + d\vec{D}_+(\vec{r}) = \left(dD_{\rho+}(\vec{r})\hat{a}_\rho + dD_{z+}(\vec{r})\hat{a}_z\right) + \left(dD_{\rho-}(\vec{r})\hat{a}_\rho + dD_{z-}(\vec{r})\hat{a}_z\right) \\ &= \left(dD_{z+}(\vec{r}) + dD_{z-}(\vec{r})\right)\hat{a}_z \\ &= dD_z(\vec{r})\hat{a}_z\ ;\ d\vec{D}_\phi(\vec{r}) = 0 \end{aligned}$$

(iii) 가우스의 법칙을 적용하기 위한 가우스 폐곡면을 결정한다. 가우스 평면 내에서는 어느 점이나 동일한 등가전하밀도($\boldsymbol{D}(\boldsymbol{r})$ [C/m^2])(또는 전계강도($\boldsymbol{E}(\boldsymbol{r})$ [V/m])가 유지되는 형태로 선택해야 한다. 또한 가우스 평면 내에서는 등가전하밀도의 세기와 방향이 동일하고, 등가전하밀도가 가우스 평면에 수직인 성분($D_n\boldsymbol{a}_n$ [C/m^2]) 또는 접선방향 성분($D_t\boldsymbol{a}_t$ [C/m^2])만 존재하도록 폐곡면을 구성하는 것이 편리하다. 따라서 xy-평면의 무한 면전하에 의해 형성되는 등가전하밀도의 경우, $z = 0$인 xy-평면에 존재하는 무한 면전하로부터 수직 거리가 같은 평면 위의 모든 관측점에서 등가전하밀도와 전계강도의 방향은 z-축 방향($\boldsymbol{a}_D = \boldsymbol{a}_E = \boldsymbol{a}_z$)이다. 따라서 가우스 법칙을 위한 폐곡면은 [그림 2−50]에 요약한 바와 같이 z-축과 평행한 축을 가지고, 반지름은 ρ [m]로 동일하고, 아랫면을 공유하며, xy-평면을 내부에 포함하는 2개의 원통(A: 높이 $2a$인 경우, B: 높이 $3a$인 경우)을 선택하는 것이 편리하다.

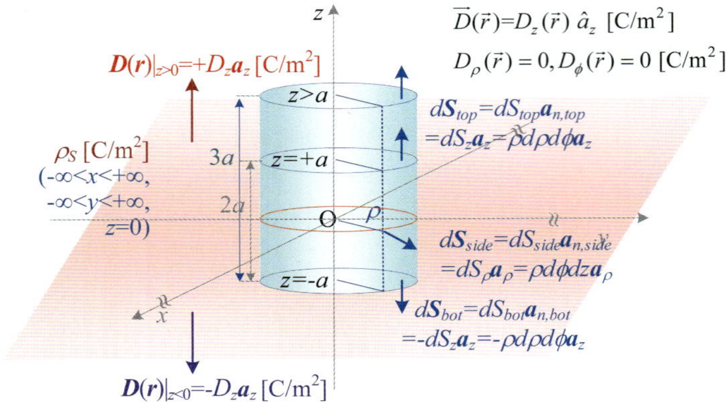

[그림 2-50] xy-평면에 균일한 밀도(ρ_S [C/m])로 존재하는 무한 면전하에 의해 형성된 전기장 해석을 위한 가우스 폐곡면

(iv) 선택한 구좌표계의 폐곡면에 대해 가우스 법칙을 적용하기 위해 필요한 성분($\boldsymbol{D}(\boldsymbol{r})$, $d\boldsymbol{S}(\boldsymbol{r})$, Q_{enc})은 다음과 같다. 특히 xy-평면의 위쪽($z>0$)과 동일한 거리를 가진 아랫쪽($z<0$) 전기장의 등가전하밀도는 크기는 동일하나 방향은 서로 반대임($\boldsymbol{D}_z(-z)=-\boldsymbol{D}_z(+z)$)을 기억해야 한다.

$$\oint_{\substack{closed\\surface}} \vec{D}(\vec{r})\cdot d\vec{S} \equiv Q_{enc}\ [\text{C}] \leftrightarrow \begin{cases} \vec{D}(\vec{r})\ [\text{C/m}^2] = D_z(\vec{r})\hat{a}_z \\ \quad D_z(-z)\ [\text{C/m}^2] = -D_z(+z); \vec{D}(-z) = -\vec{D}(+z) = D_z(+z)\hat{a}_z \\ d\vec{S}\ [\text{m}^2] = dS_\rho\hat{a}_\rho + dS_\phi\hat{a}_\phi + dS_z\hat{a}_z \\ \quad dS_\rho\ [\text{m}^2] = \rho d\phi dz, dS_\phi = d\rho dz, dS_z = \rho d\rho d\phi \\ Q_{enc}\ [\text{C}] = \rho_S \times S = \rho_S \times \pi\rho^2 \end{cases}$$

: 가우스의 법칙

(v) 선택한 폐곡면에 가우스 법칙을 적용하여 등가전하밀도 벡터($\boldsymbol{D}(\boldsymbol{r})$ [C/m^2])를 구한다. 먼저 $z=0$을 중심으로 동일한 거리에 있는 $z=+a$인 윗면과 $z=-a$인 아랫면을 포함하는 대칭 폐곡면 A에 대하여 가우스 법칙을 적용하면 등가전하밀도는 다음과 같이 구할 수 있다.

$$Q_{enc} = \rho_S S = \rho_S \pi\rho^2\ [\text{C}]$$

$$\oint_{\substack{closed\\surface}} \vec{D}(\vec{r})\cdot d\vec{S} = \int_{topA}\vec{D}(\vec{r})\cdot d\vec{S} + \int_{bot}\vec{D}(\vec{r})\cdot d\vec{S} + \int_{side}\vec{D}(\vec{r})\cdot d\vec{S} = Q_{enc}\ [\text{C}]$$

A의 윗면 : $\int_{topA}\vec{D}(\vec{r})\cdot d\vec{S} = \int_{topA} D_z(\vec{r})\hat{a}_z\cdot d\vec{S}_{top} = \int_{top} D_z(\vec{r})\hat{a}_z\cdot(+dS_z\hat{a}_z) = D_z(z=a)\pi\rho^2$

A의 아랫면 : $\int_{bot}\vec{D}(\vec{r})\cdot d\vec{S} = \int_{bot} D_z(\vec{r})\hat{a}_z\cdot d\vec{S}_{bot} = \int_{bot} D_z(\vec{r})\hat{a}_z\cdot(-dS_z\hat{a}_z)$

$$= -D_z(z=-a)\pi\rho^2 = D_z(z=a)\pi\rho^2$$

A의 옆면 : $\int_{side}\vec{D}(\vec{r})\cdot d\vec{S} = \int_{side} D_z(\vec{r})\hat{a}_z\cdot d\vec{S}_{side} = \int_{side} D_z(\vec{r})\hat{a}_z\cdot(dS_\rho\hat{a}_\rho) = 0$

$$\oint_{\substack{closed\\surface}} \vec{D}(\vec{r})\cdot d\vec{S} = \int_{top:A}\vec{D}(\vec{r})\cdot d\vec{S} + \int_{bot}\vec{D}(\vec{r})\cdot d\vec{S} + \int_{side}\vec{D}(\vec{r})\cdot d\vec{S}$$

$$= \int_{top:A}\vec{D}(\vec{r})\cdot d\vec{S} + \int_{bot}\vec{D}(\vec{r})\cdot d\vec{S} = 2D_z(z=a)\pi\rho^2 = Q_{enc} = \rho_S S = \rho_S\pi\rho^2\ [\text{C}]$$

$$D_z(z=a)=\frac{\rho_S}{2}\ [\mathrm{C/m^2}] \rightarrow \begin{cases} D_z(z=a)=\dfrac{\rho_S}{2}\ [\mathrm{C/m^2}] \\ D_z(z=-a)=-\dfrac{\rho_S}{2}\ [\mathrm{C/m^2}] \end{cases}$$

즉, xy-평면의 면전하로부터 같은 거리에 있는 윗면($z>+a$)과 아랫면($z>-a$)에서 등가전하밀도의 크기는 같고 z-축과 평행하나, 등가전하밀도의 방향은 서로 반대방향임을 알 수 있다. 또한, $z=0$을 중심으로 $z=+2a$인 면과 $z=-a$인 면을 포함하는 비대칭 폐곡면 B에 대하여 가우스 법칙을 사용한 등가전하밀도는 다음과 같이 구할 수 있다.

$$Q_{enc}=\rho_S S=\rho_S\pi\rho^2\ [\mathrm{C}]$$

$$\oint_{\substack{closed\\surface}}\vec{D}(\vec{r})\cdot d\vec{S}=\int_{topB}\vec{D}(\vec{r})\cdot d\vec{S}+\int_{bot}\vec{D}(\vec{r})\cdot d\vec{S}+\int_{side}\vec{D}(\vec{r})\cdot d\vec{S}=Q_{enc}\ [\mathrm{C}]$$

B의 윗면 : $\int_{topB}\vec{D}(\vec{r})\cdot d\vec{S}=\int_{topB}D_z(\vec{r})\hat{a}_z\cdot d\vec{S}_{top}=\int_{top}D_z(\vec{r})\hat{a}_z\cdot(+dS_z\hat{a}_z)=D_z(z=2a)\pi\rho^2$

B의 아랫면 : $\int_{bot}\vec{D}(\vec{r})\cdot d\vec{S}=\int_{bot}D_z(\vec{r})\hat{a}_z\cdot d\vec{S}_{bot}=\int_{bot}D_z(\vec{r})\hat{a}_z\cdot(-dS_z\hat{a}_z)$

$$=-D_z(z=-a)\pi\rho^2=D_z(z=a)\pi\rho^2$$

B의 옆면 : $\int_{side}\vec{D}(\vec{r})\cdot d\vec{S}=\int_{side}D_z(\vec{r})\hat{a}_z\cdot d\vec{S}_{side}=\int_{side}D_z(\vec{r})\hat{a}_z\cdot(dS_\rho\hat{a}_\rho)=0$

$$\begin{aligned}\oint_{\substack{closed\\surface}}\vec{D}(\vec{r})\cdot d\vec{S}&=\int_{top:B}\vec{D}(\vec{r})\cdot d\vec{S}+\int_{bot}\vec{D}(\vec{r})\cdot d\vec{S}+\int_{side}\vec{D}(\vec{r})\cdot d\vec{S}\\&=\int_{top:B}\vec{D}(\vec{r})\cdot d\vec{S}+\int_{bot}\vec{D}(\vec{r})\cdot d\vec{S}=D_z(z=2a)\pi\rho^2+D_z(z=a)\pi\rho^2\\&=Q_{enc}=\rho_S\pi\rho^2\ [\mathrm{C}]\end{aligned}$$

$$\begin{aligned}&D_z(z=2a)+D_z(z=a)=\rho_S\ [\mathrm{C/m^2}]\\&\rightarrow D_z(z=2a)=\rho_S-D_z(z=a)=\frac{\rho_S}{2}\ [\mathrm{C/m^2}]\end{aligned} \rightarrow \begin{cases} D_z(z=a)=D_z(z=2a)=D_z(z)=+\dfrac{\rho_S}{2}\ [\mathrm{C/m^2}] \\ D_z(-z)=-D_z(z)=-\dfrac{\rho_S}{2}\ [\mathrm{C/m^2}] \end{cases}$$

즉, xy-평면의 면전하로부터 다른 거리에 있는 xy-평면의 위와 아래에서도 등가전하밀도의 크기가 같고 z-축과 평행하나, 등가전하밀도의 방향만 서로 반대방향임을 알 수 있다.

따라서 xy-평면의 무한 면전하에 의해 형성된 전기장에서는 다음과 같이 면전하로부터의 거리에 무관하게 어느 지점이나 동일한 크기의 등가전하밀도를 가지며, 면전하의 위와 아래에서 등가전하밀도 벡터의 방향만 반대임을 알 수 있다.

$$\vec{D}(\vec{r})\ [\mathrm{C/m^2}]=\begin{cases}+\dfrac{\rho_S}{2}\hat{a}_z\ \ \&\ D_\rho=0, D_\phi=0; z>0\\ -\dfrac{\rho_S}{2}\hat{a}_z\ \ \&\ D_\rho=0, D_\phi=0; z<0\end{cases}$$

가우스 법칙을 이용하여 얻은 등가전하밀도는 다음에 요약한 것과 같이 근원전하량에 비례하고, 근원전하로부터 수직 거리인 z-축 좌표에 관계없이 동일한 값의 z-축 방향 성분만 존재한다.

$$\vec{D}(\vec{r})\ [\mathrm{C/m^2}]\begin{cases}\propto\rho_S\\ D_\rho=0, D_\phi=0\\ \vec{D}(\rho,\phi,-z)=-\vec{D}(\rho,\phi,+z)\\ \vec{D}(\vec{r})=\mathrm{Constant}; independent\ of\ \rho,\phi,z\end{cases}$$

xy-평면에 존재하는 무한 면전하(ρ_S [C/m^2])에 의해 형성된 전기장의 등가전하밀도를 결정하는 요소들과 방향에 따른 등가전하밀도의 변화를 [그림 2−51]과 [그림 2−52]에 요약하였다.

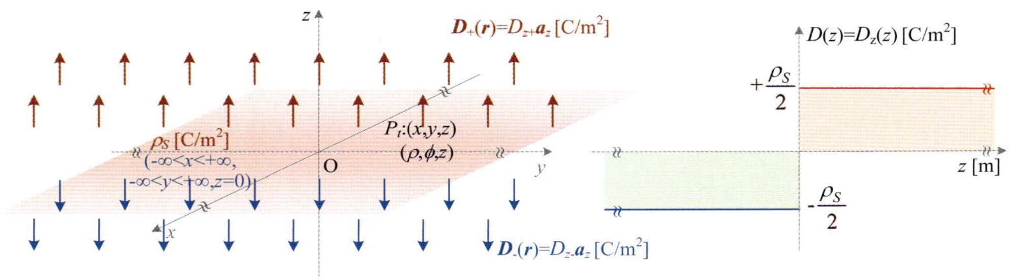

[그림 2−51] xy-평면에 존재하는 무한 면전하(ρ_S [C/m])에 의해 형성된 전기장의 등가전하밀도($\boldsymbol{D}(\boldsymbol{r})$ [C/m^2])

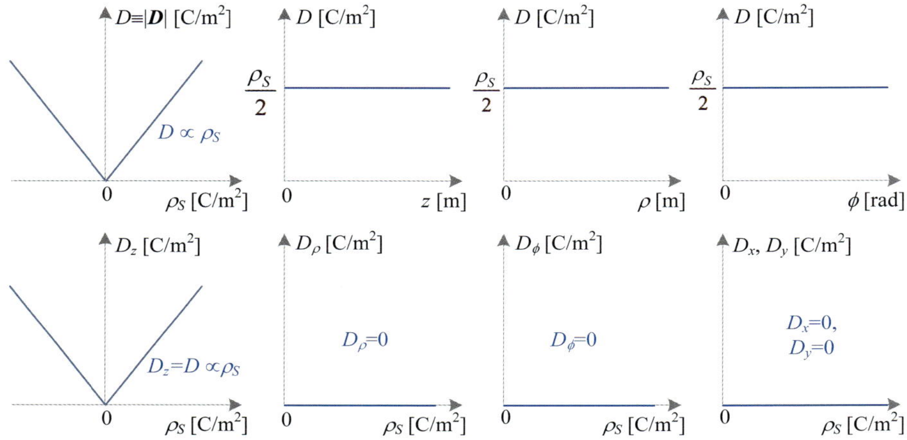

[그림 2−52] xy-평면에 존재하는 무한 면전하(ρ_S [C/m])에 의해 형성된 전기장의 등가전하밀도($D(\boldsymbol{r})$ [C/m^2])의 변화

(vi) xy-평면에 존재하는 무한 면전하(ρ_S [C/m^2])에 의해 형성된 전기장의 전계강도($\boldsymbol{E}(\boldsymbol{r})$ [V/m])는 등가전하밀도와의 관계식을 통해 다음과 같이 구할 수 있다.

$$\vec{E}(\vec{r})\ [\text{V/m}] = \frac{\vec{D}(\vec{r})}{\epsilon_o} = \begin{cases} +\dfrac{\rho_S}{2\epsilon_o}\hat{a}_z \ \&\ E_\rho = 0, E_\phi = 0; z > 0 \\ -\dfrac{\rho_S}{2\epsilon_o}\hat{a}_z \ \&\ E_\rho = 0, E_\phi = 0; z < 0 \end{cases}$$

: 쿨롱의 법칙을 이용한 결과와 동일함

$$\&\ \vec{E}(\vec{r})\ [\text{V/m}] = \begin{cases} \propto \rho_S \\ E_\rho = 0, E_\phi = 0 \\ \vec{E}(\rho,\phi,-z) = -\vec{E}(\rho,\phi,+z) \\ \vec{E}(\vec{r}) = \text{Constant}; \textit{independent of } \rho,\phi,z \end{cases}$$

무한 면전하에 의해 형성된 전기장의 전계강도는 근원전하량에 비례하고, 근원전하로부터 수직 거리인 z-축 좌표에 관계없이 동일한 값의 z-축 방향 성분만 존재한다. xy-평면에 존재하는 무한 면전하(ρ_S [C/m^2])에 의해 형성되는 전계강도를 결정하는 요소들과 방향에 따른 전계강도의 변화를 [그림 2−53]과 [그림 2−54]에 요약하였다.

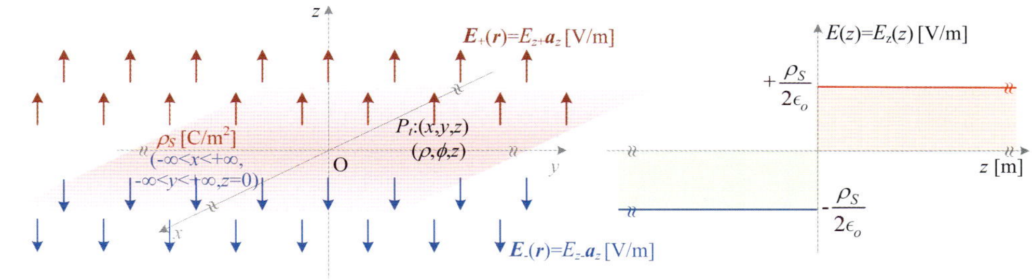

[그림 2-53] xy-평면의 무한 면전하(ρ_S [C/m])에 의해 형성된 전기장의 전계강도($E(r)$ [V/m])의 변화

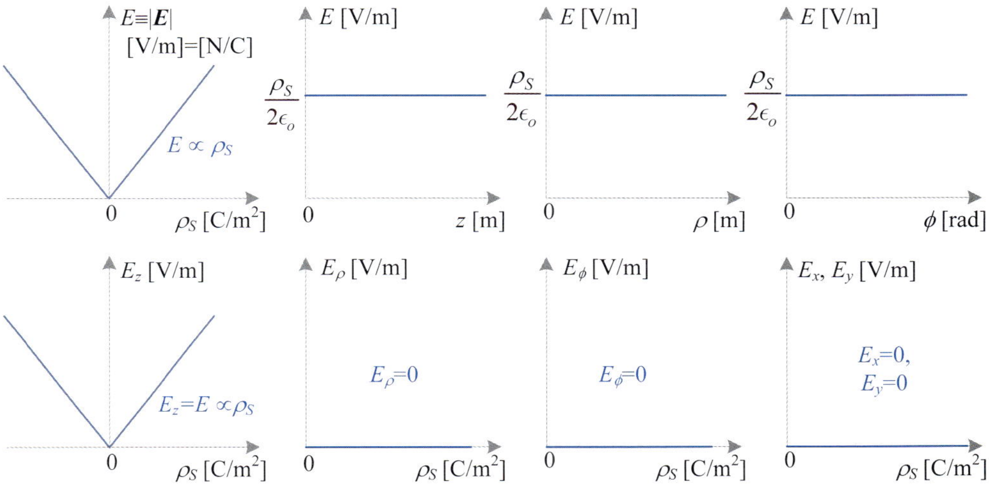

[그림 2-54] xy-평면에 존재하는 무한 면전하(ρ_S [C/m])에 의해 형성된 전기장의 전계강도($\boldsymbol{E}(\boldsymbol{r})$ [V/m])의 변화

(vii) xy-평면에 존재하는 무한 면전하(ρ_S [C/m²])에 의해 형성된 전기장 내에서 시험전하(Q_t [C])에 작용하는 정전기적 힘($\boldsymbol{F}(\boldsymbol{r})$ [N])은 다음과 같이 전계강도에 시험전하의 전하량을 곱해 구할 수 있다.

$$\vec{F}(\vec{r})\ [\mathrm{N}] = Q_t\vec{E}(\vec{r}) = \begin{cases} +Q_t\dfrac{\rho_S}{2\epsilon_o}\hat{a}_z\ \&\ F_\rho = 0, F_\phi = 0; z > 0 \\ -Q_t\dfrac{\rho_S}{2\epsilon_o}\hat{a}_z\ \&\ F_\rho = 0, F_\phi = 0; z < 0 \end{cases} \&$$

$$\vec{F}(\vec{r})\ [\mathrm{N}] \begin{cases} \propto Q_t \\ \propto \rho_S \\ F_\rho = 0, F_\phi = 0 \\ \vec{F}(\rho,\phi,-z) = -\vec{F}(\rho,\phi,+z) \\ \vec{F}(\vec{r}) = \text{const.; independent of } \rho,\phi,z \end{cases}$$

시험전하(Q_t [C])에 작용하는 정전기적 힘($\boldsymbol{F}(\boldsymbol{r})$ [N])을 결정하는 요소들과 방향에 따른 변화를 [그림 2-55]와 [그림 2-56]에 요약하였다.

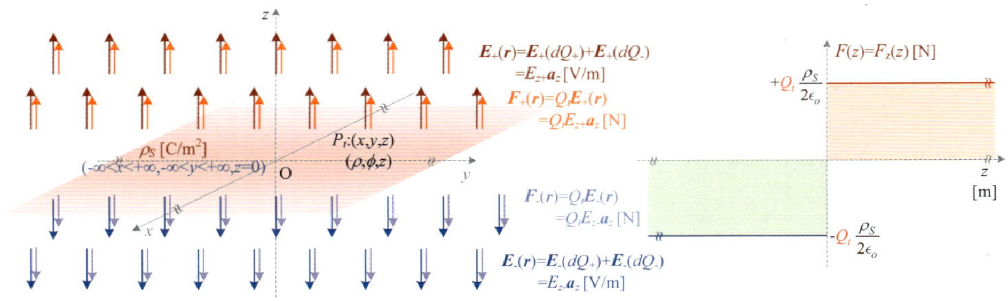

[그림 2-55] xy-평면의 무한 면전하(ρ_S [C/m^2])에 의해 형성된 전기장 내에서 시험전하(Q_t [C])가 받는 정전기적 힘($F(\boldsymbol{r})$ [N])

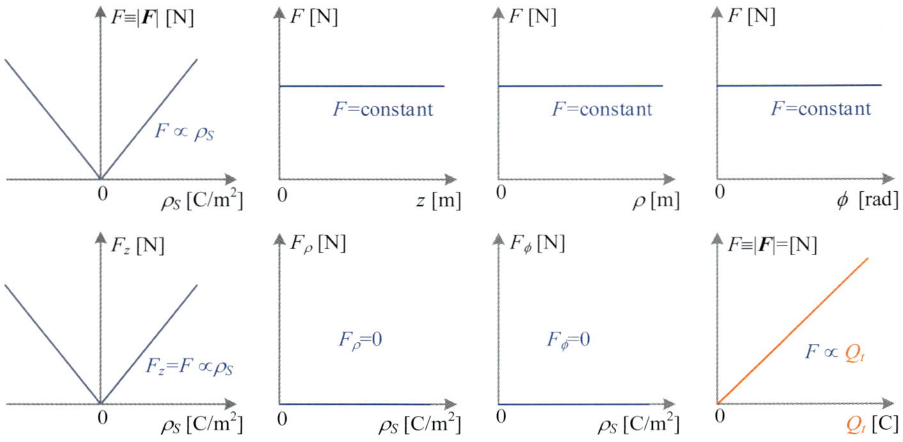

[그림 2-56] xy-평면에 존재하는 무한 면전하(ρ_S [C/m])에 의해 형성된 전기장 내에서 시험전하(Q_t [C])가 받는 정전기적 힘($\boldsymbol{F}(\boldsymbol{r})$ [N])을 결정하는 요소와 변화

Section

2.4 가우스 법칙과 포아송 방정식 : 3차원 비대칭 전하분포에 의한 전기장 해석과 응용

정전기적 상호작용을 발생하는 근원전하의 대칭성이 잘 갖추어진 전기장의 해석에는 가우스 법칙을 이용하여 근원전하에 의해 형성된 등가전하밀도 벡터($\boldsymbol{D}(\boldsymbol{r})$ [C/m^2])를 먼저 구하고, 이로부터 전계강도 ($\boldsymbol{E}(\boldsymbol{r}) = \boldsymbol{D}(\boldsymbol{r})/\epsilon$ [V/m])와 시험전하(Q_t [C])에 작용하는 정전기적 힘($\boldsymbol{F}(\boldsymbol{r}) = Q_t\boldsymbol{E}(\boldsymbol{r})$ [N])을 구하면 전기장 문제를 훨씬 편리하고 효율적으로 해석하고 해결할 수 있다. 전기장에서의 가우스 법칙을 요약하면 다음과 같다.

$$\oint_{\substack{closed\\surface}} \vec{D}(\vec{r})\cdot d\vec{S}(\vec{r}) = \oint_{\substack{closed\\surface}} \left(D_n(\vec{r})\hat{a}_n(\vec{r}) + D_t(\vec{r})\hat{a}_t(\vec{r})\right)\cdot dS\hat{a}_n(\vec{r}) = \oint_{\substack{closed\\surface}} D_n(\vec{r})dS \equiv Q_{enc}[\text{C}]$$

: 가우스의 법칙

$$\vec{D}(\vec{r})\ [\text{C/m}^2] = D_n(\vec{r})\hat{a}_n(\vec{r}) + D_t(\vec{r})\hat{a}_t(\vec{r})$$

: 폐곡면상의 등가전하밀도를 면에 수직인 성분과 접선방향 성분의 합으로 표시

$$d\vec{S}(\vec{r})\ [\text{m}^2] = dS\hat{a}_n(\vec{r})$$

: 폐곡면상의 조각 면 벡터

$$\vec{E}(\vec{r})\ [\text{V/m}] = \frac{1}{\epsilon_o}\vec{D}(\vec{r})$$

: 근원전하에 의해 형성된 전기장의 전계강도로서, 매질의 특성에 의해 변함

$$\vec{F}(\vec{r})\ [\text{N}] = Q_t\vec{E}(\vec{r}) = Q_t\frac{1}{\epsilon_o}\vec{D}(\vec{r})$$

: 근원전하에 의해 형성된 전기장에서 시험전하에 작용하는 정전기적 힘

가우스 법칙은 [그림 2-57]의 폐곡면 위 한 점($\boldsymbol{r}$)에서 등가전하밀도($\boldsymbol{D}(\boldsymbol{r})$ [C/m^2])를 폐곡면에 수직인 성분($D_n\boldsymbol{a}_n$)과 접선방향 성분($D_t\boldsymbol{a}_t$)의 합($\boldsymbol{D}(\boldsymbol{r}) = D_t\boldsymbol{a}_t + D_n\boldsymbol{a}_n$ [C/m^2])으로 나타낼 수 있다. 폐곡면에 수직인 성분을 폐곡면 전체에 걸쳐 모두 합하면(적분하면) 폐곡면 내에 존재하는 근원전하의 총량과 같다 ($\Psi_e = Q_{enc}$). 그 적분량이 양의 값이면 폐곡면 내부에는 정전기적 현상의 근원이 되는 양의 근원전하 ($Q_{enc} > 0$)가 존재하고, 음의 값이면 폐곡면 내부에 음의 근원전하($Q_{enc} < 0$ [C])가 존재함을 뜻한다.

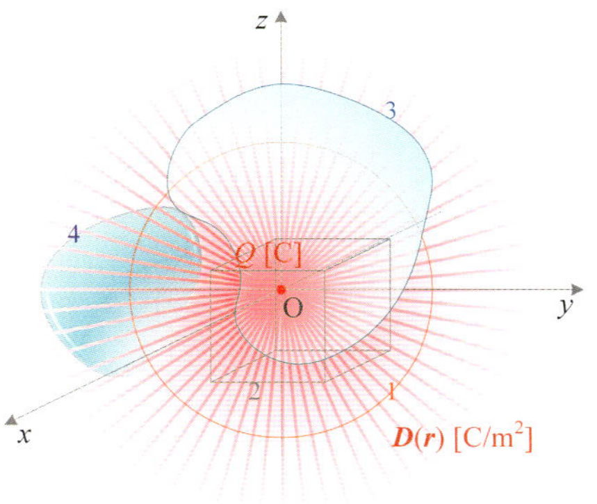

$$\oint \vec{D}(\vec{r})\cdot d\vec{S} \equiv Q_{enc}\ [\text{C}]$$

$$\Rightarrow \begin{cases} \left.\begin{aligned} &\oint_1 \vec{D}(\vec{r})\cdot d\vec{S} \\ &\oint_2 \vec{D}(\vec{r})\cdot d\vec{S} \\ &\oint_3 \vec{D}(\vec{r})\cdot d\vec{S} \end{aligned}\right\} = Q\ [\text{C}] \\ \oint_4 \vec{D}(\vec{r})\cdot d\vec{S} = 0\ [\text{C}] \end{cases}$$

[그림 2-57] 원점에 근원전하가 존재하는 경우 전하유동선과 폐곡면에 대한 등가전하밀도와 가우스의 법칙

2.4.1 전기장 형성의 근원전하 밀도($\rho_\upsilon(r)$ [C/m³])와 등가전하밀도 벡터($\boldsymbol{D}(\boldsymbol{r})$ [C/m²])의 발산량($\nabla\cdot\boldsymbol{D}(\boldsymbol{r})$)의 관계

대칭성이 잘 확보된 근원전하에 의해 형성되는 전기장의 경우, 가우스의 법칙을 이용하여 등가전하밀도($\boldsymbol{D}(\boldsymbol{r})$ [C/m²])를 먼저 구하고, 이로부터 전계강도($\boldsymbol{E}(\boldsymbol{r}) = \boldsymbol{D}(\boldsymbol{r})/\epsilon$ [V/m])와 시험전하(Q_t [C])에 작용하는 정전기적 힘($\boldsymbol{F}(\boldsymbol{r}) = Q_t\boldsymbol{E}(\boldsymbol{r})$ [N])을 쉽게 구할 수 있음을 설명하였다. 그러나 근원전하의 공간적 대칭성이 확보되지 않으면 가우스의 법칙을 이용하여 등가전하밀도를 구하는 과정은 편리함이 보장되지 않는 한계가 있다. 지금부터는 비대칭 전하분포에 의해 형성된 전기장 해석에도 사용할 수 있는 포아송 방정식(Poisson's equation)에 관해 설명한다.

벡터 기초에서 학습한 대로 임의의 벡터 물리량 $\boldsymbol{A}(\boldsymbol{r})$에 대한 발산량($\nabla\cdot\boldsymbol{A}(\boldsymbol{r})$)의 수학적 정의와 이를 변형한 형태, 그리고 발산 정리를 [그림 2-58]을 이용하여 요약하면 다음과 같다. 벡터 물리량 $\boldsymbol{A}(\boldsymbol{r})$의 발산량($\nabla\cdot\boldsymbol{A}(\boldsymbol{r})$)은 작은 입체($\Delta\upsilon$ [m³])를 둘러싸는 폐곡면을 통해 밖에서 안으로 들어가는 유입량과 안에서 밖으로 나가는 유출량을 고려하여 순유출량을 체적에 대한 평균값으로 정의한 값이다.

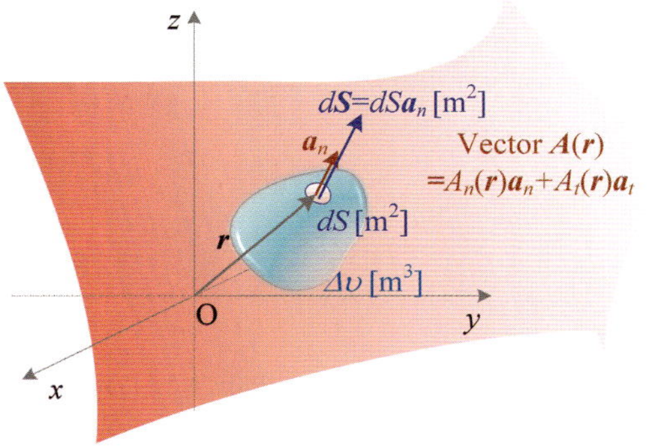

[그림 2-58] 벡터 물리량 $\boldsymbol{A}(\boldsymbol{r})$의 발산량을 위한 미소 체적($\Delta\upsilon$ [m³])을 구성하는 폐곡면 내의 부분 면적($d\boldsymbol{S}$ [m²])과 표면 수직 벡터($\boldsymbol{a}_n$)

임의의 한 관측점($\boldsymbol{r}$)에서 벡터 물리량($\boldsymbol{A}(\boldsymbol{r})$)의 발산량($\nabla\cdot\boldsymbol{A}(\boldsymbol{r})$)은 다음과 같이 정의되어 있다.

$$\nabla\cdot\vec{A}(\vec{r}) \equiv \lim_{\Delta\upsilon\to\text{small}} \frac{\oint_{\Delta\upsilon}\vec{A}(\vec{r})\cdot d\vec{S}(\vec{r})}{\Delta\upsilon} = \lim_{\Delta\upsilon\to\text{small}} \frac{\oint_{\Delta\upsilon}\left(\vec{A}(\vec{r})\cdot\hat{a}_n(\vec{r})\right)dS}{\Delta\upsilon}\ ;\ d\vec{S}(\vec{r}) \equiv dS\hat{a}_n(\vec{r})$$

: 벡터 물리량 $\boldsymbol{A}(\boldsymbol{r})$의 발산량($\nabla\cdot\boldsymbol{A}(\boldsymbol{r})$)의 정의

$\vec{A}(\vec{r}) = A_n(\vec{r})\hat{a}_n + A_t(\vec{r})\hat{a}_t$: 관측점($\boldsymbol{r}$)을 지나는 벡터 $\boldsymbol{A}(\boldsymbol{r})$는 미소면에 수직방향 성분($\boldsymbol{A}_n(\boldsymbol{r})$)과 접선방향 성분($\boldsymbol{A}_t(\boldsymbol{r})$)의 합

$d\vec{S}(\vec{r}) \equiv dS\hat{a}_n(\vec{r})$: 관측점($\boldsymbol{r}$)의 미소 면적 벡터로서, 크기는 면적, 방향은 면의 안에서 밖으로 향하는 단위벡터

$\vec{A}(\vec{r})\cdot\hat{a}_n(\vec{r}) = (A_n(\vec{r})\hat{a}_n + A_t(\vec{r})\hat{a}_t)\cdot\hat{a}_n(\vec{r}) = A_n(\vec{r})$: 벡터 물리량 $\boldsymbol{A}(\boldsymbol{r})$의 성분 중 면에 수직인 성분만 추출함

$\vec{A}(\vec{r})\cdot d\vec{S}(\vec{r}) = \left(\vec{A}(\vec{r})\cdot\hat{a}_n(\vec{r})\right)dS$: 벡터 물리량 $\boldsymbol{A}(\boldsymbol{r})$의 성분 중 작은 조각의 면에 수직인 성분의 합

$\oint_{\Delta\upsilon}\vec{A}(\vec{r})\cdot d\vec{S}(\vec{r}) = \oint_{\Delta\upsilon}\left(\vec{A}(\vec{r})\cdot\hat{a}_n(\vec{r})\right)dS$: $\Delta\upsilon$의 폐곡면을 통해 안에서 밖으로 향하는 벡터 물리량 $\boldsymbol{A}(\boldsymbol{r})$의 총합

$\oint\vec{A}(\vec{r})\cdot d\vec{S}(\vec{r}) = \int_{\Delta\upsilon}\nabla\cdot\vec{A}(\vec{r})d\upsilon\ ;\ d\vec{S}(\vec{r}) = dS\hat{a}_n(\vec{r})$ [m²] : 벡터 물리량 $\boldsymbol{A}(\boldsymbol{r})$에 대한 발산의 정리

따라서 벡터 물리량($\boldsymbol{A}(\boldsymbol{r})$)을 형성하는 근원이 관측점의 작은 체적 내에 존재하는 경우, 이로 인해 발생하는 벡터 물리량이 더해져 미소 체적의 밖으로 향하는 벡터 성분이 추가된다. 즉 유입량보다 유출량이 더 크면 벡터 물리량의 발산량이 양의 값($\nabla\cdot\boldsymbol{A}(\boldsymbol{r}) > 0$)을 갖는다. 또한 벡터 물리량($\boldsymbol{A}(\boldsymbol{r})$)을 형성하는 근원이 미소 체적 내에 많이 존재할수록 벡터 물리량($\boldsymbol{A}(\boldsymbol{r})$)의 발산량은 큰 값을 갖는다. 혹 발산량이 음의 부호를 가지는 경우에는 유입량이 유출량보다 크거나, 작은 체적($\Delta\upsilon$ [m^3]) 내부에 벡터 물리량($\boldsymbol{A}(\boldsymbol{r})$)을 형성하는 근원이 음의 부호를 가졌음을 뜻한다.

$\nabla\cdot\vec{A}(\vec{r}) = 0$: 유입량(influx)=유출량(outflux) ; 관측점($\boldsymbol{r}$)에 벡터 $\boldsymbol{A}(\boldsymbol{r})$의 근원이 존재하지 않음

$\nabla\cdot\vec{A}(\vec{r}) > 0$: 유입량〈유출량 ; 관측점($\boldsymbol{r}$)에 벡터 $\boldsymbol{A}(\boldsymbol{r})$의 근원이 양의 값으로 존재하거나 $\boldsymbol{A}(\boldsymbol{r})$의 발생근원으로 작용함

$\nabla\cdot\vec{A}(\vec{r}) < 0$: 유입량〉유출량 ; 관측점($\boldsymbol{r}$)에 벡터 $\boldsymbol{A}(\boldsymbol{r})$의 근원이 음의 값으로 존재하거나 $\boldsymbol{A}(\boldsymbol{r})$의 손실로 작용함

일반적인 물리량 벡터 $\boldsymbol{A}(\boldsymbol{r})$ 대신에 발산량의 정의와 발산 정리를 근원전하에 의해 형성된 전기장의 등가전하밀도($\boldsymbol{D}(\boldsymbol{r})$ [C/m^2])에 적용할 수 있다. 즉 근원전하에 의해 형성된 전기장의 등가전하밀도 벡터($\boldsymbol{D}(\boldsymbol{r})$ [C/m^2])에 대한 발산량의 정의와 발산의 정리를 이용하면 가우스의 법칙은 다음과 같이 변형하여 나타낼 수 있다.

$$\nabla\cdot\vec{D}(\vec{r})\ [C/m^3] \equiv \lim_{\Delta\upsilon\to\text{small}} \frac{\oint_{\Delta\upsilon}\vec{D}(\vec{r})\cdot d\vec{S}(\vec{r})}{\Delta\upsilon}$$: 등가전하밀도 벡터에 대한 발산량의 정의

따라서 $\Delta\upsilon$ [m^3]의 작은 체적을 가진 폐곡면에 대한 적분의 형태로 변형하면 등가전하밀도에 대한 가우스의 법칙을 얻는다.

$$\nabla\cdot\vec{D}(\vec{r})\Delta\upsilon\ [C/m^3] = \int_{\Delta\upsilon}\nabla\cdot\vec{D}(\vec{r})d\upsilon = \oint_{\Delta\upsilon}\vec{D}(\vec{r})\cdot d\vec{S}(\vec{r}) = Q_{enc}$$: 등가전하밀도 벡터에 대한 발산의 정리와 가우스의 법칙

그런데 $\Delta\upsilon$ [m^3]의 작은 체적 내에 존재하는 총 전하량(Q_{enc} [C])은 다음과 같이 폐곡면 내의 전하밀도 (ρ_υ [C/m^3])를 적분한 것과 같은 양이다.

$Q_{enc}\ [C] = \int \rho_\upsilon d\upsilon$: 총 전하량과 전하밀도(ρ_υ [C/m^3])의 관계

$\oint \vec{D}(\vec{r})\cdot d\vec{S} \equiv Q_{enc}\ [C]$: 가우스의 법칙

즉 발산의 정리를 등가전하밀도와 근원전하에 관한 가우스의 법칙 관계식에 적용하면, 다음과 같이 전기장에 관한 포아송 방정식(Poisson's equation)을 얻을 수 있다.

⇓ Divergence Theorem ⇓⇓ Equivalence ⇓

$$\oint\vec{D}(\vec{r})\cdot d\vec{S} = \int\nabla\cdot\vec{D}(\vec{r})d\upsilon \equiv Q_{enc} = \int\rho_\upsilon(\vec{r})d\upsilon$$

⇑ Gauss's Law ⇑

: 가우스의 법칙, 발산량의 법칙, 포아송 방정식의 관계

따라서 $\Delta\upsilon$ [m^3]의 작은 체적에 대한 적분 기호 안의 물리량이 동일해야 하므로, 임의의 전하밀도 분포를 갖는 전기장의 등가전하밀도를 구하는 데 사용할 수 있는 포아송 방정식을 얻는다.

$\nabla\cdot\vec{D}(\vec{r}) = \rho_\upsilon(\vec{r})\ [C/m^3]$: 포아송 방정식 = 가우스 법칙의 미분 형태

전기장 내의 관측점에서 임의의 작은 체적을 둘러싸는 폐곡면에 대한 등가전하밀도 벡터의 발산량이 존재하면 그 체적 내부에는 등가전하밀도 벡터의 근원이 되는 전하가 존재하며, 발산량이 클수록 전하밀도가 높다는 뜻이다. 또한 관측점의 작은 체적 내에 전하가 존재하면 이로 인해 등가전하밀도의 변화가 발생함을 뜻하기도 한다. 특히 포아송 방정식은 전기장의 대칭성에 관계없이 근원전하에 의해 형성된 전기장의 등가전하밀도 벡터($\boldsymbol{D}(\boldsymbol{r})$ [C/m^2])를 구하는 데 사용할 수 있음을 의미한다.

등가전하밀도 벡터에 관한 가우스의 법칙과 포아송 방정식을 이용하면 폐곡면에 대한 수직 성분의 면적 적분과 폐곡면으로부터의 발산량의 체적 적분은 동일한 값을 가지므로, 두 가지 적분 방법 중 계산이 편리한 방법을 택하여 계산하면 효율적이다. 특히, 전자기학에서 근원전하에 의해 형성되는 전계강도 벡터($\boldsymbol{E}(\boldsymbol{r})$ [V/m])와 등가전하밀도 벡터($\boldsymbol{D}(\boldsymbol{r})$ [C/m^2])를 계산하는 과정에 사용되는 면적 적분 형태인 가우스 법칙을 체적 적분 형태인 포아송 방정식으로 변형하여 편리하게 사용할 수 있음을 예상할 수 있다.

$\nabla \cdot \vec{D}(\vec{r}) = \rho_\upsilon(\vec{r})$ [C/m^3] : 포아송 방정식=가우스 법칙의 미분 형태

$\oint \vec{D}(\vec{r}) \cdot d\vec{S} = Q_{enc}$ [C] : 가우스의 법칙=포아송 방정식의 적분 형태

포아송 방정식은 발산량의 정의와 발산량에 관한 정리를 전기장의 등가전하밀도와 가우스의 법칙에 적용한 결과로서, 적분 형태를 가진 가우스 법칙을 미분 형태로 변형한 결과이기도 하다. 가우스 법칙과 포아송 방정식은 모두 근원전하에 의해 형성되는 등가전하밀도 벡터($\boldsymbol{D}(\boldsymbol{r})$ [C/m^2])를 구하는 데 사용된다. 가우스 법칙은 대칭구조의 근원전하에 의해 형성되는 등가전하밀도 벡터와 전계강도를 구하는 것에 제한적으로 유용하다. 이와는 달리, 포아송 방정식은 근원전하의 대칭성에 관계없이 어떤 형태의 근원전하 분포에 대해서도 그로 인해 형성되는 전기장의 등가전하밀도($\boldsymbol{D}(\boldsymbol{r})$ [C/m^2])와 전계강도($\boldsymbol{E}(\boldsymbol{r})$ [V/m]), 그리고 시험전하에 작용하는 정전기적 힘($\boldsymbol{F}(\boldsymbol{r})$ [N])을 구할 수 있는 아주 유용하고, 그래서 아주 중요한 전기장 관계식이다. 또한, 벡터 전계강도($\boldsymbol{E}(\boldsymbol{r})$ [V/m])로부터 스칼라 전위분포($V(\boldsymbol{r})$ [V]), 그리고 시험전하에 작용하는 정전기적 힘($\boldsymbol{F}(\boldsymbol{r})$ [N])과 시험전하를 옮기는 데 필요한 일(W [J] 또는 정전기적 에너지 장벽(E_p [J]))을 구하는 데 유용하게 사용된다.

직각좌표계의 등가전하밀도 벡터($\boldsymbol{D}(\boldsymbol{r})$ [C/m^2])에 적용한 포아송 방정식, 발산 정리를 반영한 가우스 법칙을 요약하면 다음과 같다.

$$\vec{D}(\vec{r}) = D_x(\vec{r})\hat{a}_x + D_y(\vec{r})\hat{a}_y + D_z(\vec{r})\hat{a}_z = \left(D_x(\vec{r}), D_y(\vec{r}), D_z(\vec{r})\right) \text{ [C/m}^2\text{]}$$

: 3차원 직각좌표계의 등가전하밀도 벡터

$$\frac{\partial D_x(\vec{r})}{\partial x} + \frac{\partial D_y(\vec{r})}{\partial y} + \frac{\partial D_z(\vec{r})}{\partial z} = \rho_\upsilon(\vec{r}) \text{ [C/m}^3\text{]}$$

: 3차원 직각좌표계의 포아송 방정식

$$\oint \vec{D}(\vec{r}) \cdot d\vec{S} = \int \nabla \cdot \vec{D}(\vec{r}) d\upsilon = \int \rho_\upsilon(\vec{r}) d\upsilon = Q_{enc}$$

: 3차원 직각좌표계의 발산량 정리와 가우스 법칙

$$\nabla \cdot \vec{D}(\vec{r}) = \rho_\upsilon(\vec{r}) \text{ [C/m}^3\text{]}$$

: 포아송 방정식=가우스 법칙의 미분 형태

포아송 방정식(근원전하에 의한 전기장 형성과 에너지 장벽 형성을 지배하는 식)과 더불어 전류식(이동전하들(mobile charges)의 이동과 전류 형성을 지배하는 식), 연속방정식(이동전하의 시간에 따른

변화와 공간적 분포를 지배하는 식)은 전기장의 해석과 응용, 전기장을 이용하는 반도체/전자 소자의 특성 해석과 응용에 가장 핵심이 되는 관계식이다.

2.4.2 포아송 방정식을 이용한 반도체 소자의 전기적 특성 해석 응용

포아송 방정식은 전자기학에서도 아주 중요한 주제일 뿐만 아니라, 전자기학의 원리를 응용하는 공학에서도 매우 중요하다. 특히 모든 전자/정보통신기기를 만들어 인류의 생활이 풍요롭게 하는 핵심이 되는 반도체 소자의 이해에도 포아송 방정식은 전류관계식, 연속방정식과 더불어 핵심을 이루는 근거식이다.

포아송 방정식이 공학적으로 응용되는 예로서, x-축 방향의 변화만 존재하고 y-축과 z-축 방향의 성분은 없는 1차원 공간의 전기장에 대해 포아송 방정식을 정리하면 다음과 같다.

$$\left.\begin{array}{l} D_y(\vec{r})=0, D_z(\vec{r})=0\ [\mathrm{C/m^2}] \\ \dfrac{\partial D_y(\vec{r})}{\partial y}=0,\ \dfrac{\partial D_z(\vec{r})}{\partial z}=0\ [\mathrm{C/m^3}] \end{array}\right\} \longleftrightarrow \vec{D}(\vec{r})=D(x)\hat{a}_x\ [\mathrm{C/m^2}]$$: 1차원 공간의 등가전하밀도

$$\frac{dD_x(\vec{r})}{dx}\equiv\frac{dD(x)}{dx}=\rho_\upsilon(x)\ [\mathrm{C/m^3}]$$: 1차원 공간의 전기장에 대한 포아송 방정식

1차원 공간에서 전기장(등가전하밀도와 전계강도) 형성의 근원전하로 작용하는 전하밀도 분포가 $\rho_\upsilon(x)$ $[\mathrm{C/m^3}]$인 경우, 미분형의 포아송 방정식을 변형하면 다음과 같이 포아송 방정식의 적분형을 얻을 수 있다.

$$D(x)=\int\rho_\upsilon(x)dx\ [\mathrm{C/m^2}]$$: 1차원 공간의 전기장에 대한 포아송 방정식의 적분형

이를 통해 분포전하에 의해 형성된 전기장의 등가전하밀도를 구할 수 있다.

반도체의 경우, 전기장을 형성하여 전기적 특성을 결정하는 대표적인 근원전하에는 규칙적으로 배열된 반도체의 원자핵(Si의 경우 $+14q$ [C]), 원자 배열의 결함에 의한 전하(defect charge, trap charge), 그리고 외부에서 인가된 전압(곧 $Q=CV$ [C])에 의해 형성된 등가 근원전하 등이 있다. 또한 이들 근원전하에 의해 형성된 전기장의 영향을 받고 이동하여 전기적 특성을 결정하는 시험전하(Q_t)는 음의 전하($Q_t=-q=-1.6\times10^{-19}$ [C])를 띤 전자들이다. 반도체 소자, 집적회로와 센서회로, 이를 이용하는 모듈과 시스템을 구성하는 가장 중요한 반도체 소자의 하나로 pn 접합 다이오드가 있다. pn 접합 다이오드의 전기적 특성과 pn 접합을 이용하는 회로와 센서, 정보통신 시스템의 성능을 이해하는 과정에는 pn 접합 내의 전계분포($E(x)$ [V/m])와 전자에 대한 에너지 장벽($E_p(x)$ [J])의 변화를 이해하는 것이 매우 중요하다. 이를 위해 전자기학의 포아송 방정식이 반도체 소자에 어떻게 응용되는지를 이해하는 것은 매우 중요하다.

포아송 방정식을 이용하여 근원전하의 전하밀도($\rho(\boldsymbol{r})$ $[\mathrm{C/m^3}]$)로부터 등가전하밀도($\boldsymbol{D}(\boldsymbol{r})$ $[\mathrm{C/m^2}]$)를 구하고, 그로부터 전계강도($\boldsymbol{E}(\boldsymbol{r})$ [V/m])를 구하며, 시험전하인 전자가 받게 되는 정전기적 힘($\boldsymbol{F}(\boldsymbol{r})$ [N])을 구할 수 있다. 또한 근원전하에 의해 결정되는 전계강도 분포로부터 근원전하에 의해 형성되는

전위분포($V(\boldsymbol{r})$ [V])를 구하고, 시험전하에 작용하는 에너지 장벽($E_p(\boldsymbol{r})$ [J])을 구할 수도 있다. 스칼라 물리량인 전위분포와 에너지 장벽(또는 일)과 그 응용에 대해서 이후에 자세히 학습한다. 전기장 형성의 근원전하로 작용하는 전하밀도(ρ_v [C/m^3])로부터 재료에 무관한 물리량인 등가전하밀도($\boldsymbol{D}(\boldsymbol{r})$ [C/m^2]), 전계강도($\boldsymbol{E}(\boldsymbol{r})$ [V/m]), 그리고 시험전하에 작용하는 정전기적 힘($\boldsymbol{F}(\boldsymbol{r})$ [N])을 구하는 과정을 요약하면 다음과 같고, [그림 2-59]에 그 과정을 요약하였다.

$\rho_v(x)$ [C/m^3]	: 반도체 내의 전하밀도로서 알고 있거나 가려져 있지만 찾을 수 있는 값
$D(x) = \int \rho_v(x)dx$ [C/m^2]	: 포아송 방정식의 적분형을 이용하여 전하밀도 분포로부터 구한 등가전하밀도
$E(x) = \frac{1}{\epsilon}D(x)$ [V/m] = [N/C]	: 등가전하밀도로부터 구한 전계강도 분포
$F(x) = Q_t E(x) = (-q)E(x)$ [N]	: 전계강도를 이용하여 얻은 시험전하에 작용하는 정전기적 힘

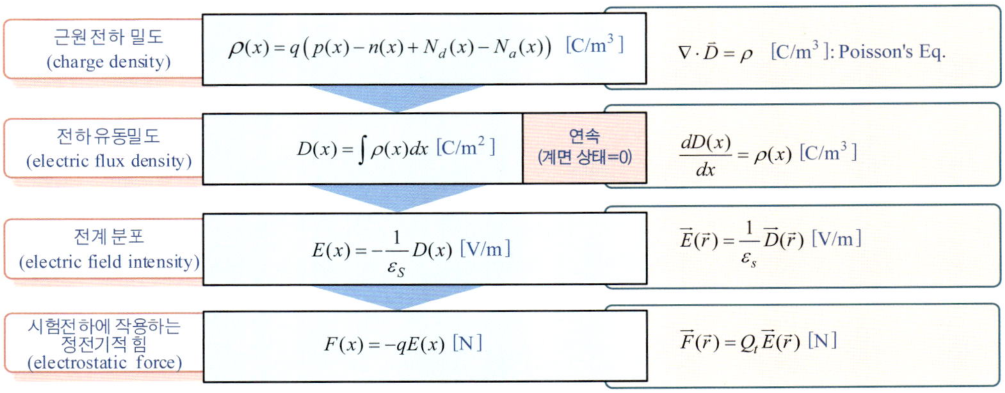

[그림 2-59] 포아송 방정식을 이용하여 전기장 형성의 근원전하밀도 분포로부터 등가전하밀도, 전계강도, 전위분포 및 근원전하에 의한 정전기적 영향을 받는 시험전하인 전자에 대한 에너지 장벽을 구하는 과정

전기장을 이용하는 다양한 응용 분야 중에 하나인 반도체를 이용한 정류용 다이오드(diode), 센서(sensor), 트랜지스터(transistor), 이들을 이용한 집적회로 내의 소자간 격리 등에 널리 사용되는 *pn* 접합의 전기적 특성 이해 과정에서 전하밀도 분포($\rho_v(\boldsymbol{r})$ [C/m^3])로부터 등가전하밀도($\boldsymbol{D}(\boldsymbol{r})$ [C/m^2]), 전계강도 분포($\boldsymbol{E}(\boldsymbol{r})$ [V/m]), 전위분포($V(\boldsymbol{r})$ [V/m]), 전기장 내에서 전하를 띤 입자가 받는 정전기적 힘($\boldsymbol{F}(\boldsymbol{r})$ [N]), 에너지 장벽 분포($E_p(\boldsymbol{r})$ [V/m])는 매우 중요하다. 포아송 방정식을 이용하여 균일한 특성을 가진 p형 반도체와 n형 반도체가 *pn* 접합을 형성한 경우, 각 영역 내의 전하밀도 분포, 등가전하밀도 분포, 전계분포 및 전자가 받는 정전기적 힘을 구하는 과정을 [그림 2-60]에 요약하였다. 이와 같이 포아송 방정식을 이용하여 반도체의 전기적 특성을 결정하는 전자의 이동 특성을 해석하고, 반도체 소자의 설계, 특성 분석, 모델링 등에 활용한다.

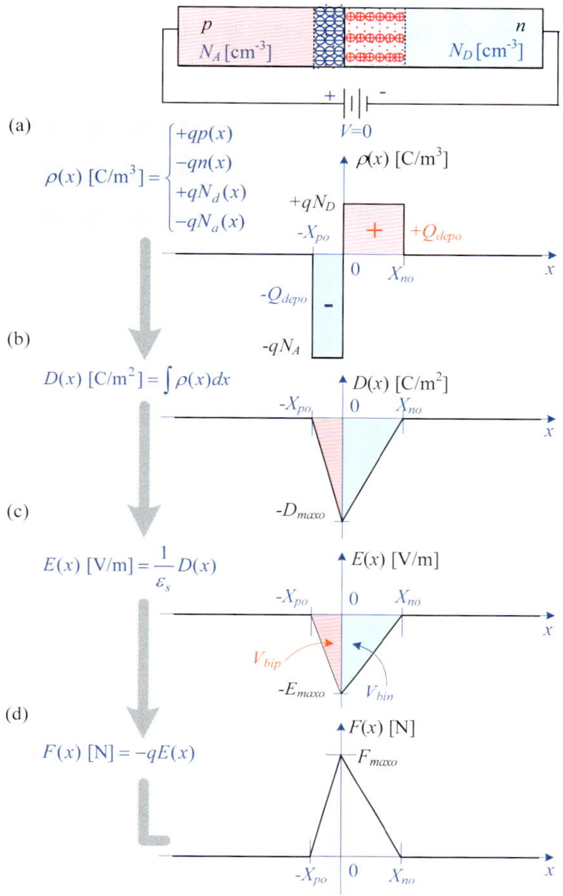

[그림 2-60] 포아송 방정식을 이용하여 pn 접합 다이오드의 근원전하밀도 분포로부터 등가전하밀도, 전계강도, 전위분포, 근원전하에 의한 정전기적 영향을 받는 시험전하인 전자에 작용하는 정전기적 힘을 구하는 과정

Chapter_02 핵심요약

벡터 전기장(Vector Electric Field) : 공간적으로 고정된 전하들 간의 상호작용
전기장 형성의 근원전하 : Q_S, 정전기적 영향을 받는 시험전하 : Q_t ;
Vector Electric Field ; $F(r)$ [N], $E(r) = F(r)/Q_t$ [N/C] = [V], $D(r) = \epsilon E(r)$ [C/m²]

$Q_S, Q_t \downarrow F(r)$

근원전하($Q_S(r_S)$ [C])와 **시험전하**($Q_t(r_t)$ [C]) 사이의 **정전기적 힘**(Coulomb force: $F(r)|_{Q_S Q_t}$ [N])과 **쿨롱의 법칙**

$$\vec{F}(\vec{r}) = Q_t \frac{1}{4\pi\epsilon}\frac{Q_S}{R^2}\hat{a}_R = Q_t \frac{1}{4\pi\epsilon}\frac{Q_S}{R^3}\vec{R} \text{ [N]} \propto Q_t$$
: 점전하 형태의 근원전하에 대한 쿨롱의 법칙

$$\vec{R} \equiv \vec{r}_t - \vec{r}_S,\ \hat{a}_R \equiv \frac{\vec{R}}{|\vec{R}|} = \frac{\vec{R}}{R} = \hat{a}_F$$
: 근원전하에 의해 형성된 전기장으로 인해 시험전하에 작용하는 힘의 방향

$dQ_S, Q_t \downarrow dF(r) \downarrow F(r)$

불균일 분포의 부분 근원전하($dQ_S(r_S)$ [C])에 의해 **시험전하**($Q_t(r_t)$ [C])에 작용하는 **정전기적 힘**($F(r)|_{Q_S Q_t}$ [N])

$$\vec{F}(\vec{r}) = \int_{-\infty}^{+\infty} d\vec{F}(\vec{r}) \text{ [N]} \propto Q_t$$
: 불균일 분포전하 형태의 근원전하에 대한 쿨롱의 법칙

$$d\vec{F}(\vec{r}) = \frac{Q_t}{4\pi\epsilon}\frac{dQ_S(\vec{r}_S)}{R^2}\hat{a}_R = \frac{Q_t}{4\pi\epsilon}\frac{dQ_S(\vec{r}_S)}{R^3}\vec{R} \text{ [N]} \propto Q_t \ ;\ \hat{a}_R = \hat{a}_F$$
: 부분적 근원전하(dQ_S)에 대한 쿨롱의 법칙

$dQ_S(\vec{r}_S)$ [C] $= \rho_l(\vec{r}_S)dl'$: $\rho_l(\vec{r}_S)$ [C/m] : 1차원 선형전하밀도 형태의 근원전하

$dQ_S(\vec{r}_S)$ [C] $= \rho_S(\vec{r}_S)dS'$: $\rho_S(\vec{r}_S)$ [C/m²] : 2차원 면전하밀도 형태의 근원전하

$dQ_S(\vec{r}_S)$ [C] $= \rho_v(\vec{r}_S)dv'$: $\rho_v(\vec{r}_S)$ [C/m³] : 3차원 부피/체적전하밀도 형태의 근원전하

$Q_S \downarrow dE(r) \downarrow E(r) \downarrow F(r)$

근원전하에 의해 형성된 **전계강도**(Electric field intensity : $E(r)|_{Q_S}$ [N/C]=[V/m]) : Q_t**에 무관**

$$\vec{E}(\vec{r}) \equiv \frac{\vec{F}(\vec{r})}{Q_t} = \int_{-\infty}^{+\infty} d\vec{E}(\vec{r}) \text{ [N/C]} = \text{[V/m]}$$
: Q_t에 무관, Q_S에 의해 결정

$$d\vec{E}(\vec{r}) \equiv \frac{d\vec{F}(\vec{r})}{Q_t} = \frac{1}{4\pi\epsilon}\frac{dQ_S(\vec{r}_S)}{R^2}\hat{a}_R = \frac{1}{4\pi\epsilon}\frac{dQ_S(\vec{r}_S)}{R^3}\vec{R} \text{ [V/m]} = \text{[N/C]}$$
: Q_t에 무관, Q_S에 의해 결정

$\rightarrow \vec{F}(\vec{r}) = Q_t\vec{E}(\vec{r})$ [N] : 쿨롱의 법칙

$dQ_S \downarrow \Psi_e \downarrow D(r)$

등가전하량/유효전하량/유동전하량/전속량(Electric Charge Flux : Ψ_e [C]) : Q_t & 매질에 무관, Q_S에 의해 결정

$\Psi_e(\vec{r}) = Q_S$ [C] : 등가전하량=근원전하량 : 매질에 무관한 값

$$D(\vec{r}) = \frac{d\Psi_e(\vec{r})}{dS} \text{ [C/m}^2]$$
: 등가/유효/가상 전하밀도(Electric Charge Flux Density : 전속밀도) : 매질에 무관한 값

$Q_S \downarrow D(r) \downarrow E(r) \downarrow F(r)$

근원전하에 의한 등가전하밀도/유효전하밀도/유동전하밀도/전속밀도(Electric flux density : $D(r)|Q_s$ [C/m²])

$$\vec{D}(\vec{r}) \equiv \frac{d\Psi_e(\vec{r})}{dS}\hat{a}_n \text{ [C/m}^2] \longleftrightarrow \text{점전하인 경우 } \vec{D}(\vec{r}) = \frac{1}{4\pi}\frac{Q_S(\vec{r}_S)}{R^2}\hat{a}_R \text{ [C/m}^2] \Longleftrightarrow \vec{E}(\vec{r}) = \frac{1}{4\pi\epsilon}\frac{Q_S(\vec{r}_S)}{R^2}\hat{a}_R \text{ [N/C]}$$

$\rightarrow \vec{D}(\vec{r})$ [C/m²] $\rightarrow \vec{E}(\vec{r}) = \frac{1}{\epsilon}\vec{D}(\vec{r})$ [N/C] = [V/m] $\rightarrow \vec{F}(\vec{r}) = Q_t\vec{E}(\vec{r})$ [N]

가우스의 법칙(Gauss's Law) : 대칭 구조의 등가전하밀도($D(r)$ [C/m²])를 편리하게 구함

$$\oint \vec{D}(\vec{r})\cdot d\vec{S} = \oint \vec{D}(\vec{r})\cdot\hat{a}_n dS = \Psi_e = Q_{enc} \text{ [C]} \leftarrow \vec{D}(\vec{r}) \equiv \frac{d\Psi_e(\vec{r})}{dS}\hat{a}_n \text{ [C/m}^2]$$
: 가우스의 법칙

$\rightarrow \vec{D}(\vec{r})$ [C/m²] $\rightarrow \vec{E}(\vec{r}) = \frac{1}{\epsilon}\vec{D}(\vec{r})$ [N/C] = [V/m] $\rightarrow \vec{F}(\vec{r}) = Q_t\vec{E}(\vec{r})$ [N]

벡터 물리량의 발산량($\nabla\cdot D(r)$)과 발산의 법칙 & 전자기학의 가우스 법칙 응용

$$\nabla\cdot\vec{D}(\vec{r}) \equiv \lim_{\Delta v \to \text{small}} \frac{\oint_{\Delta v}\vec{D}(\vec{r})\cdot d\vec{S}(\vec{r})}{\Delta v}$$
: 벡터 $D(r)$에 대한 발산량($\nabla\cdot D(r)$)의 정의

$$\oint \vec{D}(\vec{r})\cdot d\vec{S} = \int \nabla\cdot\vec{D}(\vec{r})dv \equiv Q_{enc} \Leftarrow \int \rho_v(\vec{r})dv \text{ [C]} \Longleftrightarrow \nabla\cdot\vec{D}(\vec{r}) = \rho_v(\vec{r})$$
: 발산 정리

; 폐곡면을 통해 벡터 $D(r)$를 발생하는 근원의 총량(Q_{enc}) & ρ_v : 벡터 $D(r)$를 발생하는 근원전하의 밀도

$\rho_v(\boldsymbol{r})$ ↓ $\boldsymbol{D}(\boldsymbol{r})$ ↓ $\boldsymbol{E}(\boldsymbol{r})$ ↓ $\boldsymbol{F}(\boldsymbol{r})$	**포아송 방정식**(Poisson Eq.) : 임의의 불균일 근원전하분포($\rho_v(\boldsymbol{r})$ [C/m^3])에 의한 등가면전하밀도 : $\boldsymbol{D}(\boldsymbol{r})$ [C/m^2] $\oint \vec{D}(\vec{r})\cdot d\vec{S} = \int \nabla\cdot\vec{D}(\vec{r})dv = Q_{enc} \Leftarrow \int_{vol} \rho_v(\vec{r})dv$ [C] ; $\rho_v(\vec{r})$ [C/m^3] : 발산 정리의 전기장 응용 $\rightarrow \nabla\cdot\vec{D}(\vec{r}) = \rho_v(\vec{r})$ [C/m^3] : 포아송 방정식 = 가우스 법칙의 미분 형태(임의의 $\rho_v(\boldsymbol{r})$ [C/m^3] → $\boldsymbol{D}$ [C/m^2])를 구함 $\rightarrow \vec{D}(\vec{r})$ [C/m^2] $\rightarrow \vec{E}(\vec{r}) = \frac{1}{\epsilon}\vec{D}(\vec{r})$ [N/C] = [V/m] $\rightarrow \vec{F}(\vec{r}) = Q_t\vec{E}(\vec{r})$ [N] → 1차원 포아송 방정식과 근원전하($\rho_v(x)$ [C/m^3])에 의한 등가면전하밀도, 전계강도, 시험전하에 작용하는 힘 $\frac{dD(x)}{dx} = \rho_v(x)$ [C/m^3] $\Rightarrow D(x) = \int \rho_v(x)dx$ [C/m^2] $\Rightarrow E(x) = \frac{D(x)}{\epsilon}$ [V/m] $\Rightarrow F(x) = Q_tE(x)$ [N]

Chapter_02 연습문제

2.1 (Divergence) 전자기학에서 벡터 물리량의 발산량(divergence)은 중요한 의미가 있고, 물리적 현상의 이해에 매우 유용하다. 전하유동밀도(전속밀도 또는 등가전하밀도; electric flux density: $\boldsymbol{D}(\boldsymbol{r})$ [C/m^2])의 발산량에 대한 수학적 정의(divergence: $\nabla \cdot \boldsymbol{D}(\boldsymbol{r})$)를 이용하여 벡터 물리량에 대한 발산량의 의미를 설명하라(그림, 수식 등을 활용).

2.2 (Coulomb's Law) 전자기학 교과목 내용 중 중요한 부분인 전기장은 전하(Q [C]) 상호 간의 작용을 설명하기 위해 도입된 실용적 학문으로서, 전자/정보통신공학의 가장 기본이 되는 필수교과목이다. 다음 문제를 통해 "보고 느끼는 전자기학"의 실제를 가상적으로 경험하고 전자기학에 대한 두려움을 없애며, 전자기학의 이해도를 확인하고자 한다.

(a) 쿨롱(Coulomb)의 법칙은 전기장의 가장 기초가 되는 법칙이다. 쿨롱의 법칙의 정의와 핵심 내용을 간략히 설명하라.

(b) 전기장은 무엇에 의해 형성되는지 간략히 설명하라.

(c) 전자/정보통신공학의 가장 기본적인 출발점에 해당하는 전자(electron)는 어떤 전하인지 간략히 설명하라.

(d) 밀폐된 공간에 전하가 존재하는지를 탐지하고자 한다면 어떤 방법을 사용할 수 있을지 설명하라.

(e) 아주 작은 세기의 전계까지도 탐지(고감도 탐지)하기 위해서는 어떤 방법을 사용할 수 있을지 설명하라.

2.3 (Electric Field) 영화 "반지의 제왕"에서 막강한 반지의 위력은 혹 전자기학의 원리가 적용된 예일 수 있으며, 이 소설을 구상한 사람은 전자기학을 아주 충실하게 공부한 사람일 수 있다. 오른쪽 그림과 같이 내부 반지름이 a [m], 외부 반지름이 b [m]인 전하 덩어리로 이루어진 황금 전하 반지(golden ring of charges)는 총 전하량 Q [C]가 황금 반지의 표면에 균일한 농도로 분포되어 그림과 같이 $z=0$인 xy-평면에 놓여 있다(단, $Q>0$).

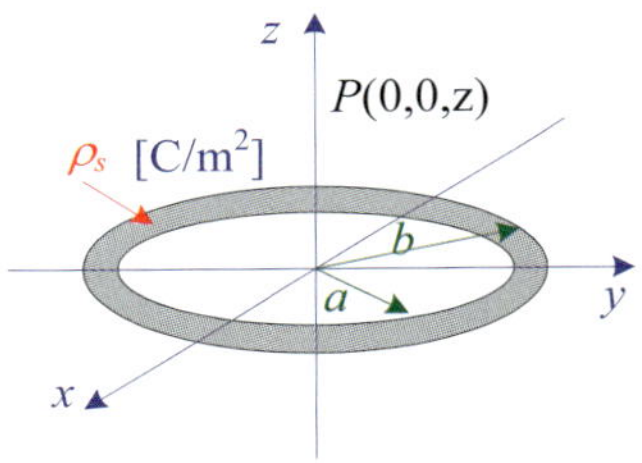

(a) 황금 전하 반지의 단위면적당 전하밀도(ρ_s [C/m^2])를 구하라.

(b) z-축 위의 임의의 점$(0,0,z)$에서 이 전하로 인해 형성된 전계강도($\boldsymbol{E}(\boldsymbol{r})$ [V/m])를 유도하라.

(c) z-축상의 위치에 따른 전계강도($\boldsymbol{E}(\boldsymbol{r})$ [V/m])의 세기 변화를 그래프($|\boldsymbol{E}(\boldsymbol{r})|_z$ vs. z)로 나타내라.

(d) 원점 $\mathbf{O}(0,0,0)$에 양의 전하를 띤 입자(positron: $+q$ [C])가 존재할 경우, 이 입자가 받는 힘($\boldsymbol{F}$ [N])의 방향과 크기를 구하라.

(e) $z>0$인 지점 $P(0,0,z)$에 양의 전하를 띤 입자(positron: $+q$ [C])가 존재할 경우, 이 입자가 받는 힘($\boldsymbol{F}$ [N])의 방향과 크기를 구하라.

(f) 황금 반지로부터 제법 멀리 떨어진 지점 $P(r,\theta,\phi)$에서의 전계 $E(r,\theta,\phi)$를 간단히 구하라.

(g) 실수로 이 황금 반지가 호수(lake)에 빠졌다. 이 경우 황금 반지의 위치를 찾을 수 있는 방법을 설명하라.

(h) 이 황금 반지가 호수에 빠진 경우 호수에 들어가지 않고 이 황금 반지를 꺼낼 수 있는 방법을 설명하라(단, 긴 막대 등을 사용할 수 있으며, 전자기학에서 배운 지식을 활용할 것).

2.4 **(Gauss's Law)** 가우스(Gauss)의 법칙은 특별한 형태의 전하 분포에 의해 형성된 전계를 쿨롱의 법칙(Coulomb's law)에 비해 보다 간편하게 구할 때 유용하게 사용된다. 다음 그림과 같이 총 전하량$=Q$ [C]의 전하가 반지름이 a [m]인 구의 전 공간에 걸쳐 균일하게 분포하고 있다(단, $Q<0$ [C]).

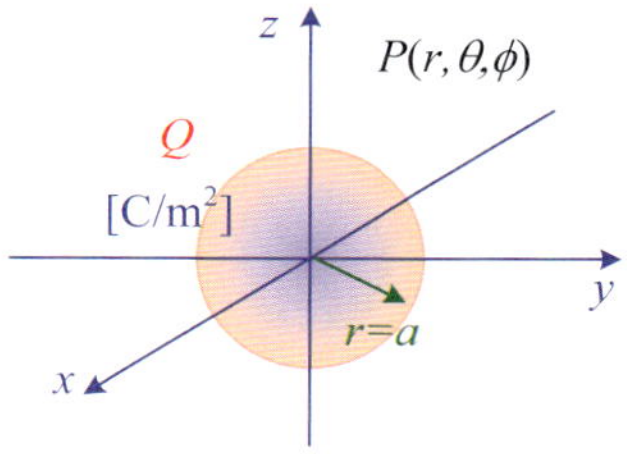

(a) 구 내부에서 단위체적당 전하밀도($\rho_v(\boldsymbol{r})$ [C/m³])를 구하라.

(b) 구 내부 임의의 점($\boldsymbol{r}$)에서 전계강도($\boldsymbol{E}(\boldsymbol{r})$ [V/m])와 전하 유동밀도(전속밀도 또는 등가전하밀도: $\boldsymbol{D}(\boldsymbol{r})$ [C/m²])를 구하라.

(c) 구 외부의 임의의 점에서 전계강도($\boldsymbol{E}(\boldsymbol{r})$ [V/m])와 전하유동밀도($\boldsymbol{D}(\boldsymbol{r})$ [C/m²])를 구하라.

(d) 임의의 점에서 원점으로부터의 거리에 따른 전하유동밀도($\boldsymbol{D}(\boldsymbol{r})$ [C/m²])의 크기 변화를 그래프 ($D(r)$ vs. r)로 나타내라.

(e) 구 내부($0<r<a$ [m])에 이동이 가능한 음의 전하($Q_t<0$ [C])를 살짝 집어넣을 경우 이 전자는 어떤 운동을 할지 설명하라.

2.5 **(Coulomb's Law & Electric Field)** 전기장은 전하(Q [C]) 상호 간의 작용을 설명하는 물리적 현상이다. "보고 느끼는 전자기학"으로 이해할 수 있는 문제를 통해 전자기학의 이해도를 확인하기 위해 오른쪽 그림과 같이 배치된 전하 간의 현상을 이해하고자 한다(Q_1, Q_2, Q_3 [C]: 고정위치, Q_o [C]는 이동 가능).

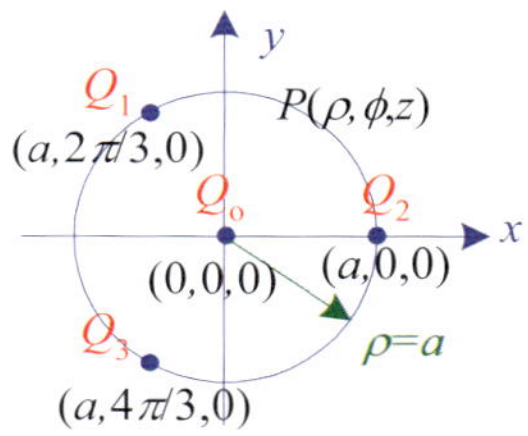

(a) 전기장 이해를 위해 가장 기초가 되는 쿨롱(Coulomb)의 법칙을 간략히 설명하라.

(b) $Q_1=Q_2=Q_3$인 양의 전하(>0)에 대해 원점에 존재하는 양의 전하 Q_o [C](>0)와 Q_1, Q_2, Q_3 간에 작용하는 힘($\boldsymbol{F}$ [N])의 크기를 비교하고, 그 방향을 그림으로 나타내라.

(c) (b)의 경우, $Q_1=Q_2=Q_3$ [C]에 의해 원점(0,0,0)에 형성된 전계($\boldsymbol{E}$ [V/m])를 구하라.

(d) $Q_1=Q_3(>0)$이고 $Q_2=0$ [C]인 경우, 원점에서의 전계의 방향을 그림으로 나타내라.

(e) (d)의 경우 원점에 양의 전하(positive charge) Q_o [C](>0)를 놓을 경우, 이 전하는 어떤 움직임을 보일지 설명하라.

(f) (d)의 x-축상에 양의 전하(positive charge) Q_o [C](>0)를 놓을 경우, 이 전하는 어떤 움직임을 보일지 설명하라.

(g) (d)의 경우, 원점에 음의 전하(negative charge) Q_o [C](<0)를 놓았을 경우, 이 전하는 어떤 움직임을 보일지 설명하라.

(h) 그림과 같은 실험장치를 이용하여 임의의 전하가 어떤 전하를 띠고 있는가를 판별할 수 있을지 간략히 설명하라.

(i) 그림과 같은 장치를 이용하되 아주 작은 전하를 띠고 있는 경우에도 전하를 띠고 있는지 탐지(고감도 탐지)하기 위해서는 어떤 방법을 사용할 수 있을지 설명하라.

2.6 **(Electric Flux & Gauss's Law)** 전기장에서 가우스(Gauss)의 법칙은 특별한 형태의 대칭 전하 분포에 의해 형성된 전계를 쿨롱(Coulomb)의 법칙에 비해 보다 간편하고 편리하게 구할 때 사용된다.

그림과 같이 무한히 긴 원통(cylinder) 형태의 반지름이 a [m]인 내부(core: $0<\rho<a$)에는 $-Q$ [C]의 전하가 균일하게 3차원 농도(ρ_v [C/m^3])로 분포하고 있고, 반지름 b [m]인 얇은 판(sheet) 형태의 외부 도체에는 $+Q$ [C]의 전하가 균일한 면전하밀도로 분포된 경우를 통해 전기장 형성을 이해하고자 한다(모든 영역은 진공의 유전상수$=\epsilon_0$ [F/m]를 갖는 것으로 가정).

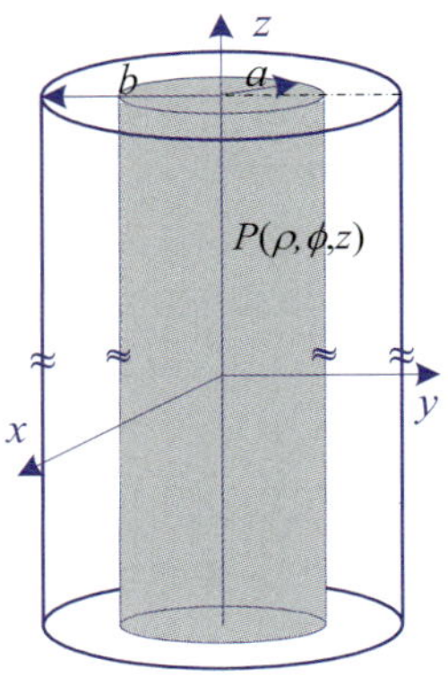

(a) 가우스(Gauss)의 법칙의 정의, 의미, 그리고 응용에 관해 핵심 내용을 간략히 설명하라.

(b) 가우스의 법칙을 이용하여 임의의 점 $\boldsymbol{r}=(\rho,\ \phi,\ z)$에서 전하유동밀도(전속밀도: $\boldsymbol{D}(\boldsymbol{r})$ [C/m^2]를 구하고, z-축과의 수직 거리 ρ [m]에 따른 $|\boldsymbol{D}(\boldsymbol{r})|$ [C/m^2]를 그래프로 나타내라.

(c) 임의의 점 $\boldsymbol{r}=(\rho,\phi,z)$에서 전계강도(electric field intensity: $\boldsymbol{E}(\boldsymbol{r})$ [V/m])를 구하고, ρ [m] 변화에 따른 전계강도의 변화($|\boldsymbol{E}(\rho)|$ [V/m])를 그래프로 나타내라.

(d) $-q(=-1.6\times10^{-19}$ [C])의 전하를 띤 전자(electron)를 $\rho<a$ [m]인 지점에 놓을 경우, 전자는 어떤 영향을 받는지 설명하라.

(e) $-q(=-1.6\times10^{-19}$ [C])의 음전하를 띤 전자를 $\rho>b$ [m]인 지점에 놓을 경우, 전자는 어떤 영향을 받는지 설명하라.

(f) $+q(=+1.6\times10^{-19}$ [C])의 양전하(proton)를 $\rho>b$ [m]인 지점에 놓을 경우, 이 전하는 어떤 영향을 받는지 설명하라.

2.7 **(Gauss's Law)** 그림과 같이 반지름이 $r=a$ [m]인 구(sphere)의 중심에 $+Q$ [C]의 점전하(point charge)가 있고, $-Q$ [C]의 전하가 전 공간에 걸쳐 $-\rho_v$ [C/m^3]의 전하 밀도로 균일하게 분포되어 있다.

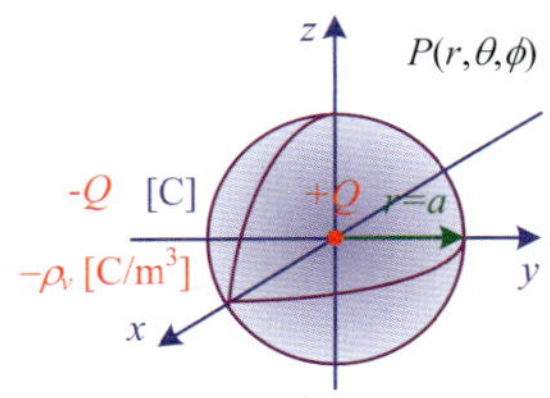

(a) 임의의 점 P(r, θ, ϕ)에서 전하유동밀도(전속밀도: $\boldsymbol{D}$ [C/m^2])를 를 설명하라.

(b) 임의의 점 P(r, θ, ϕ)에서 전계강도($\boldsymbol{E}(\boldsymbol{r})$ [V/m])를 설명하라.

(c) 원점 **O**(0, 0, 0)로부터 제법 멀리 떨어진 곳의 전계강도($\boldsymbol{E}(\boldsymbol{r})$ [V/m])는 어떤 형태로 간략화될지 설명하라.

2.8 **(Coulomb's Law & Electric Field)** 전기장은 전하들 상호 간의 작용을 설명하는 물리적 현상이다. 전자기학의 이해도를 확인하기 위해 오른쪽 그림과 같이 일정한 선전하 밀도(line charge density: ρ_l [C/m])를 가진 전하가 z-축 ($-a<z<+a$)에 존재할 때 다음을 구하라.

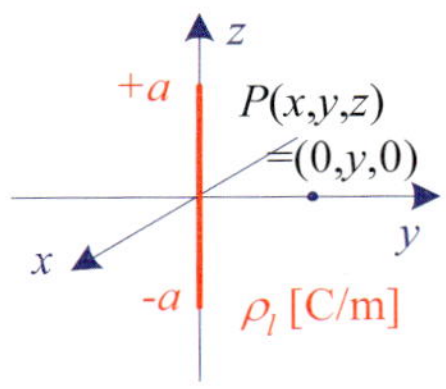

(a) 쿨롱의 법칙을 이용하여 y-축 위의 임의의 점(0, y, 0)에서 전계강도($\boldsymbol{E}(\boldsymbol{r})$ [V/m])를 구하라.

(b) (a)의 경우에 선전하의 길이(a) 변화에 따른 전계강도의 세기($\boldsymbol{E}(\boldsymbol{r})$ [V/m])의 변화를 그래프($E(a)$ vs. a)로 나타내라

(c) y-축 위의 임의의 점$(0,y,0)$에 양(positive)의 시험전하(Q_t [C])가 존재할 경우 이 전하가 받게 되는 정전기적 힘($\boldsymbol{F}(\boldsymbol{r})$ [N])을 구하라.

(d) (c)의 경우에 선전하 밀도((ρ_l))의 변화에 따라 Q_t [C]가 받게 되는 정전기적 힘(F [N])의 변화를 그래프($F(\rho_l)$ vs. ρ_l)로 나타내라.

(e) x-축의 임의의 위치에 존재하는 아주 가벼운 양의 시험전하($Q_t > 0$ [C])는 이 전하에 의해 어떤 영향을 받을지 설명하라.

2.9 (Electric Flux & Gauss' Law) 그림과 같이 반지름 $r = a$ [m]인 구의 내부($r < a$)에는 $+\rho_v$ [C/m^3]의 3차원 농도로 전하가 균일하게 분포하고 있으며, 반지름 $a < r < b$인 구간에는 $-\rho_v$ [C/m^3]의 전하밀도로 균일하게 분포하고 있다(모든 영역은 진공의 유전상수(ϵ_o [F/m])를 갖는 것으로 가정하며 a와 b의 관계는 그림에 나타낸 바와 같음).

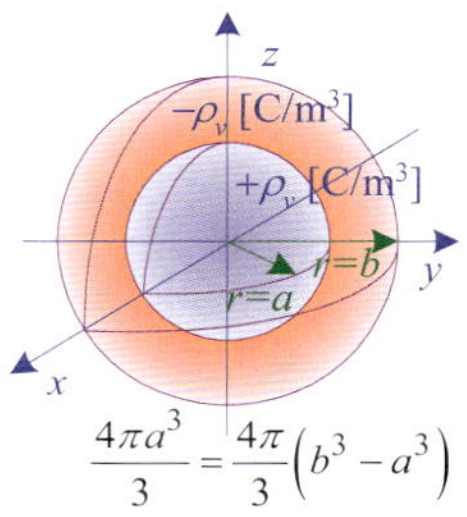

(a) 가우스의 법칙을 이용하여 임의의 점 P(r, θ, ϕ)에서 전하유동밀도(electric flux density: $\boldsymbol{D}(\boldsymbol{r})$ [C/m^2])를 구하고, 원점으로부터의 거리 r에 따른 $D(r)=|\boldsymbol{D}(\boldsymbol{r})|$ [C/m^2]의 변화를 그래프($D(r)$ vs. r)로 나타내라.

(b) 임의의 점 $\boldsymbol{r}$=(r, θ, ϕ)에서의 전계강도($\boldsymbol{E}(\boldsymbol{r})$ [V/m])를 구하라.

(c) $-q(=-1.6\times10^{-19}$ [C])의 음전하를 띤 전자(electron)를 $r < a$인 지점에 놓을 경우, 전자는 어떤 영향을 받는지 설명하라.

(d) 전자를 $a < r < b$인 지점에 놓을 경우 전자는 어떤 영향을 받는지 설명하라.

(e) 쿨롱(Coulomb)의 법칙을 이용하여 전하의 존재 여부를 결정한다면, 이 경우 시험전하(Q_t [C])를 이용하여 전하의 존재 여부를 어떻게 판별할 수 있는지 핵심 원리를 설명하라.

2.10 (Poisson's Eq.) 반도체를 이용한 다이오드(diode)의 경우 x-축에 따른 전하밀도(ρ_v [C/m^3])가 그림과 같은 전하 분포를 갖는다. 다이오드의 전기적 특성을 이해하는 과정에는 포아송 방정식(Poisson's Equation)과 가우스 법칙 (Gauss's law)이 편리한 도구가 된다.

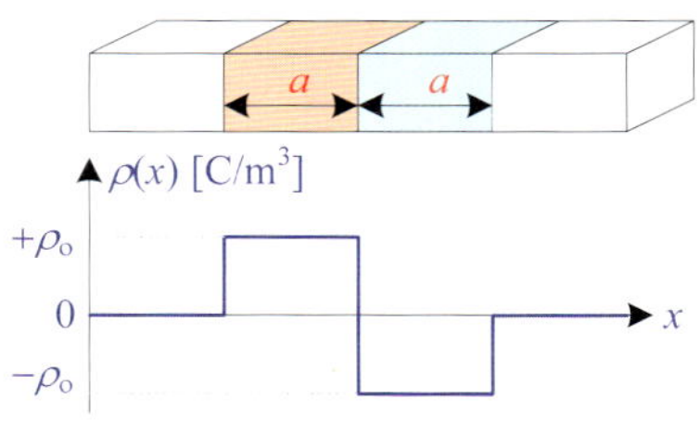

(a) x의 위치에 따른 전하유동밀도(전속밀도: $D(x)$ [C/m^2])를 구하고, 이를 그래프($D(x)$ vs. x)로 나타내라.

(b) 임의의 점 x에서 전계강도($E(x)$ [V/m])를 구하고, 이를 그래프($E(x)$ vs. x)로 나타내라.

(c) 임의의 점 x에서 $+q(=+1.6\times10^{-19}$ [C])의 전하를 띤 입자가 받게 되는 정전기적 힘(Coulombic/electrostatic force: $F(x)$ [N])을 구하고, 이를 그래프($F(x)$ vs. x)로 나타내라.

2.11 (Coulomb's Law & Electric Field) 2차원 공간에 배열된 전하(electric charge)들을 이용해 전하 상호 간의 작용을 설명하는 전기장(electric field)을 이해하고자 한다. x-축 위의 $x = -a$와 $x = +a$인 두 지점에 위치한 전하 Q[C]는 고정 전하(fixed charge)이고, $-q$[C]는 이동 가능(mobile)한 음의 전하를 띤 전자 (electron)다. 전자들 상호 간의 작용은 무시하고 고정 전하들과 전자의 상호작용만 고려한다.

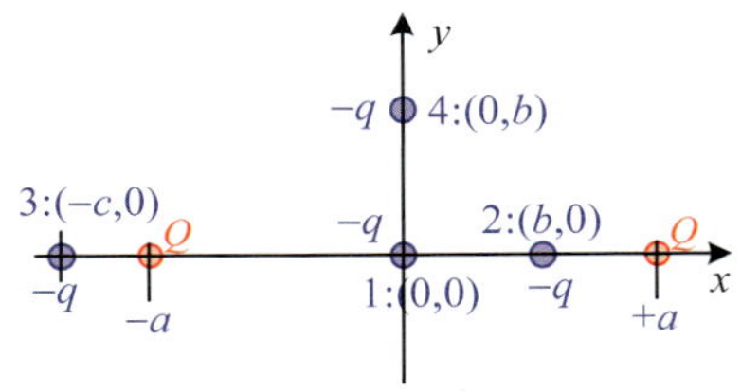

(a) Coulomb의 법칙은 어떤 현상을 이해하기 위한 것인지 핵심 내용을 수식과 그림을 이용하여 설명하라.

(b) 원점인 위치 1($(x, y) = (0,0)$)에 전자가 존재하는 경우 고정 전하들로 인해 받게 되는 힘($\boldsymbol{F}$ [N])의 세기와 방향을 구하라.

(c) 고정 전하들로 인해 형성된 위치 2($(x,y) = (b,0)$)에서의 전계($\boldsymbol{E}$ [V/m])의 세기와 방향을 구하라.

(d) 위치 2($(x, y) = (b,0)$)에 존재하는 전자가 받게 되는 힘($\boldsymbol{F}$ [N])의 크기와 방향을 구하라.

(e) 위치 3($(x, y) = (-c,0)$)에 전자가 존재하는 경우 고정 전하들로 인해 받게 되는 힘($\boldsymbol{F}$ [N])의 크기와 방향을 구하라.

(f) 위치 4($(x, y) = (0,b)$)에 전자가 존재하는 경우 고정 전하들로 인해 받게 되는 힘($\boldsymbol{F}$ [N])의 크기와 방향을 구하라.

(g) 양의 전하를 띤 이동 가능한 전하를 x-축상의 두 고정 전하 사이에 놓은 후 시간이 충분히 흐르면 그 이동전하는 어떤 상태에 있을지 설명하라.

(h) 쿨롱(Coulomb)의 법칙을 이용하여 전계의 존재 여부를 측정하는 장비는 어떻게 만들 수 있을지 설명하라.

2.12 (Poisson's Eq.) 반도체를 이용한 광다이오드(photodiode)가 그림과 같은 1차원 전하밀도 분포($D(x)$ [C/m³])를 가지며, 전자기학을 기초로 하여 전기적 특성을 이해하게 된다. 특히, 포아송 방정식과 가우스의 법칙은 광다이오드의 전기적 특성 이해의 중요한 도구가 된다.

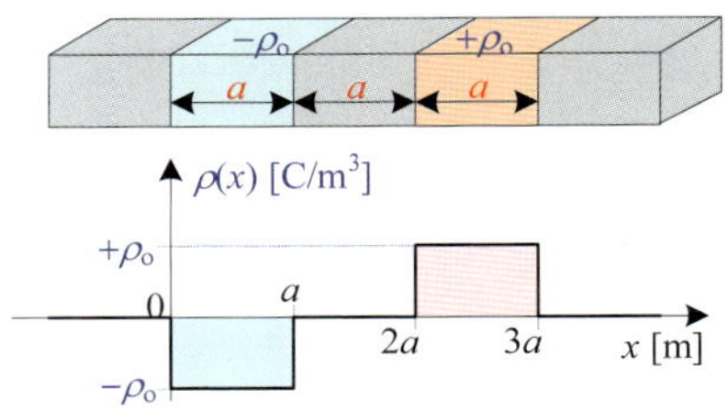

(a) 임의의 점 x에서 $\nabla \cdot \bar{D}(\bar{r})$ [C/m³]를 구하고, 이를 그림으로 나타내라.

(b) 임의의 점 x에서 전하유동밀도(또는 등가전하밀도; $D(x)$ [C/m²])를 구하고, 이를 그림으로 나타내라.

(c) 임의의 점 x에서 전계강도($E(x)$ [V/m])를 구하고, 이를 그림으로 나타내라.

(d) 임의의 점 x에서 $-q(-1.6\times10^{-19}$ [C])의 전하를 띤 전자가 존재하는 경우, 이 전자가 받게 되는 정전기적 힘($F(x)$ [N])을 구하고, 이를 그림으로 나타내라.

2.13 **(Force, Electric Field, Electric Flux Density)** 진공의 유전상수(ϵ_0 [F/m])를 갖는 공간의 한 점 $P(x, y, z)$에 존재하는 전자($Q = -q = -1.6\times10^{-19}$ [C])에 작용하는 정전기적 힘(electrostatic force)이 다음과 같다.

$$\overline{F}(x, y, z) = -q(2x\hat{a}_x + 3\hat{a}_y - xyz\hat{a}_z)\ [\text{N}]$$

(a) 전자에 작용하는 정전기적 힘의 근원은 무엇인지 간략히 설명하라.

(b) 원점($(x, y, z) = (0,0,0)$)에 존재하는 양전하($Q = +q$ [C])에 작용하는 힘을 구하라.

(c) $(x, y, z) = (1,1,1)$인 지점에 존재하는 전자에 작용하는 힘($\boldsymbol{F}$ [N])을 구하라.

(d) 임의의 점(x, y, z)에서 전하밀도($\rho(x, y, z)$ [C/m^3])를 구하라.

(e) x좌표의 변화에 따른 전하밀도 분포($\rho_v(x, y, z)$ [C/m^3] vs. x)를 그림으로 나타내라.

2.14 **(Coulomb's Law & Electric Field)** 오른쪽 그림과 같이 반지름이 a [m]이고 양의 선전하밀도가 ρ_l [C/m]인 아주 가는 굵기의 원형 선전하가 xy-평면의 중심에 존재한다.

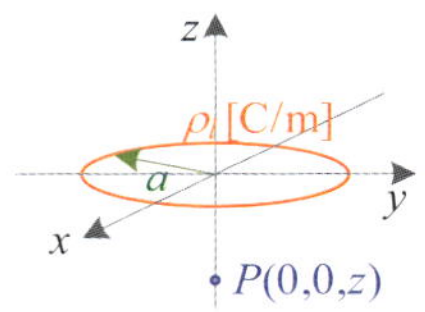

(a) z-축상의 한 점$(0,0,z)$에서 이 선전하로 인해 형성된 전계강도 ($\boldsymbol{E}(0,0,z)$ [V/m])를 구하라.

(b) z-축상의 한 점$(0,0,z)$에 존재하는 전자($Q = -q = -1.6\times10^{-19}$ [C])에 작용하는 힘을 구하라.

(c) 원형 선전하의 반지름 a에 따라 z-축상의 한 점$(0,0,z)$에 존재하는 전자에 작용하는 힘($\boldsymbol{F}(0,0,z)$ [N])의 크기를 그림으로 나타내라.

(d) 선전하 밀도 변화에 따라 z-축상의 한 점$(0,0,z)$에 존재하는 전자에 작용하는 힘($\boldsymbol{F}(0,0,z)$ [N])의 크기를 그림으로 나타내라.

(e) 원점으로부터 반지름 a보다 훨씬 먼 지점에서 전계($\boldsymbol{E}$ [V/m])의 세기를 구하라.

2.15 **(Gauss's Law & Electric Field)** 그림과 같이 무한히 긴 동축 케이블(coaxial cable)의 중심에는 양의 선전하 밀도 ρ_l [C/m]인 무한 선전하가 있고, 반지름이 a인 외부에는 음의 면전하 밀도 $\rho_s = \rho_l/(4\pi a)$ [C/m^2]가 존재한다. (모든 영역은 진공의 유전상수 ϵ_0 [F/m]를 가짐)

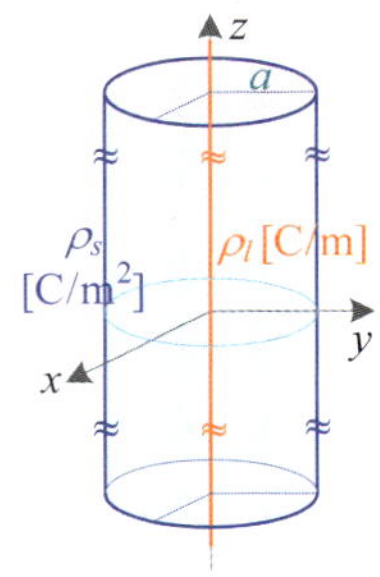

(a) 쿨롱(Coulomb)의 법칙과 대칭성을 이용하여 임의의 점에서 어떤 방향의 전계 성분이 존재하며, 어떤 좌표계를 이용하는 것이 편리한지 설명하라.

(b) 가우스(Gauss)의 법칙을 간략히 설명하라.

(c) 임의의 점 $\boldsymbol{r} = (\rho, \phi, z)$에서 전하유동밀도(electric flux density: $\boldsymbol{D}(\boldsymbol{r})$ [C/m^2])를 구하고 중심축으로부터의 거리 ρ[m]에 따른 $|\boldsymbol{D}(\boldsymbol{r})|$의 변화를 그림으로 나타내라.

(d) 임의의 점 $\boldsymbol{r} = (\rho, \phi, z)$에서 전계강도($\boldsymbol{E}(\boldsymbol{r})$ [V/m])를 구하고, ρ [m]에 따른 $|\boldsymbol{E}(\boldsymbol{r})|$의 변화를 그림으로 나타내라.

(e) $Q_t = -q(-1.6\times10^{-19}$ [C])의 전하를 띤 전자를 $\rho < a$인 지점에 놓을 경우 전자는 어떤 영향을 받는지 설명하라.

(f) 전자를 $\rho > a$ [m]인 지점에 놓을 경우 어떤 영향을 받는지 설명하라.

(g) $\rho > a$인 지점에 존재하는 전하에 정전기적 영향을 미치지 않도록 축의 중심에 존재하는 무한 선전하 밀도를 결정하라.

2.16 (Gauss's Law) 그림과 같이 부호는 다르나 면전하 밀도(ρ_s [C/m^2])의 크기는 동일한 2개의 무한 면전하가 xy-평면에 분포되어 있으며, 이는 평판 커패시터와 유사한 상황이다.

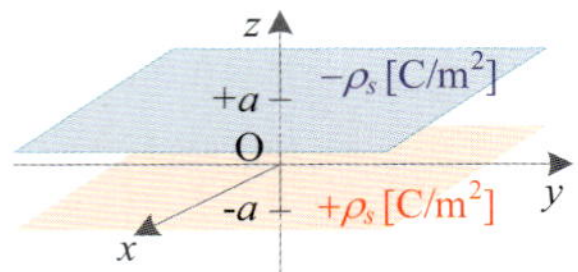

(a) 쿨롱(Coulomb)의 법칙과 대칭성을 이용하여 어떤 방향의 전계($\boldsymbol{E}(\boldsymbol{r})$ [V/m]) 성분이 존재하며, 어떤 좌표계를 이용하는 것이 편리한지 설명하라.

(b) 가우스(Gauss)의 법칙을 이용하여 임의의 좌표에 두 면전하로 인해 형성된 전계강도($\boldsymbol{E}(\boldsymbol{r})$ [V/m])를 구하라.

(c) z-축의 위치에 따라 전자가 받게 되는 정전기적 힘($\boldsymbol{F}(\boldsymbol{r})$ [N])의 세기를 그림으로 나타내라.

2.17 (Force, Electric Field, Electric Flux Density) 진공의 유전상수(ϵ_0 [F/m])를 갖는 한 점 $P(x, y, z)$에 존재하는 양전하($Q = +q = +1.6\times10^{-19}$ [C])에 작용하는 정전기적 힘($\boldsymbol{F}$ [N])이 다음과 같다.

$$\overline{F}(x,y,z) = -q\left(\frac{1}{y}\hat{a}_x + \frac{1}{x}\hat{a}_z\right) \text{ [N]}$$

(a) 이 양전하에 작용하는 정전기적 힘($\boldsymbol{F}(\boldsymbol{r})$ [N])의 근원이 무엇인지 간략히 설명하라.

(b) 임의의 점(x, y, z)에서 전계강도($\boldsymbol{E}(\boldsymbol{r})$ [V/m])를 구하라.

(c) 전기적으로 중성인 입자가 $(x, y, z) = (1, 1, 1)$인 지점에 있을 때, 이 입자에 작용하는 힘을 구하라.

2.18 (Application of Electric Field) 전계강도 측정기(electric field intensity sensor)는 전기장의 원리를 이용하여 만들 수 있다.

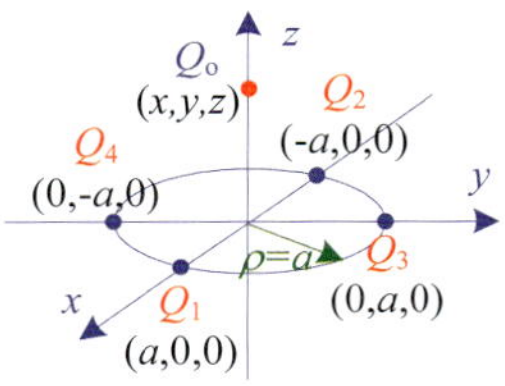

(a) 특정한 위치에 전계가 존재하는지를 판단할 수 있는 간단한 장치를 설계하고, 그 원리를 설명하라.

(b) 위의 장치가 아주 작은 세기의 전계강도 조차도 감지하기 위해서는 어떻게 만드는 것이 좋을지 설명하라.

(c) 전계의 존재뿐만 아니라 전계의 세기까지 측정하기 위해서는 어떤 추가 장치가 필요할지 설명하라.

2.19 (Vector, Coordinate System) 전자기학을 잘 이해하기 위해서는 공간 개념인 좌표계와 벡터 연산에 대한 물리적 의미의 이해가 필수적이다. 임의의 위치 (x, y, z)에서 그림과 같은 전계강도($\vec{E}(x,y,z) = (2x^2 + 3y)\hat{a}_x + (3y + z)\hat{a}_y - \hat{a}_z$)와 원점으로부터 A지점(1,1,1)으로 향하는 방향 벡터 $\overline{R}$에 대하여 다음을 통해 이해를 확인하고자 한다.

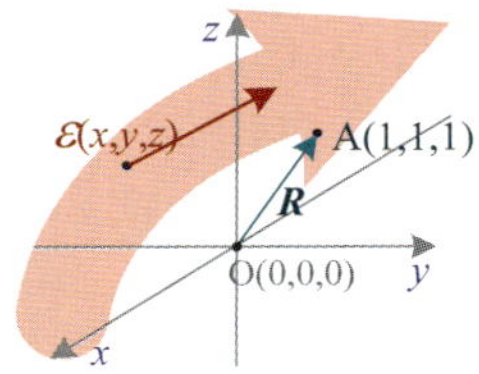

(a) 직각좌표계를 이용하여 원점(0,0,0)에서 A(1,1,1)지점으로 향하는 방향 벡터 $\boldsymbol{R}$을 구하라.
(b) $\bar{R}$ 과 같은 방향의 단위벡터($\boldsymbol{a}_R$)를 구하라.
(c) 전계강도($\boldsymbol{E}(\boldsymbol{r})$ [V/m]) 중 방향 벡터 $\boldsymbol{R}$과 평행한 성분($\boldsymbol{E}_{\|}(\boldsymbol{r})$ [V/m])을 구하라.
(d) 전계강도($\boldsymbol{E}(\boldsymbol{r})$ [V/m]) 중 방향 벡터 $\boldsymbol{R}$과 수직인 성분($\boldsymbol{E}_{\perp}(\boldsymbol{r})$ [V/m])을 구하라.

2.20 (Coulomb's Law & Electric Field) 그림과 같이 부호는 다르나 동일한 크기의 두 전하($Q > 0$ [C])가 xy-평면의 y-축에 원점을 중심으로 대칭구조로 존재하는 경우,

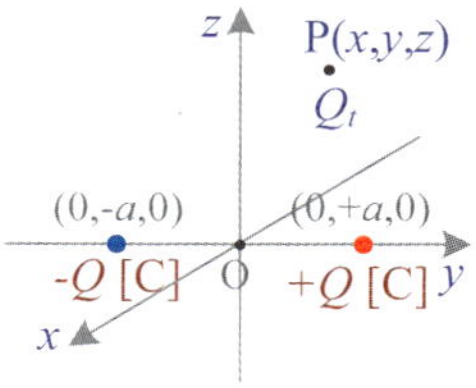

(a) $(0,-a,0)$에 존재하는 음의 전하($-Q$ [C])에 의해 임의의 점(x,y,z)에 형성된 전계($\boldsymbol{E}_{-}(\boldsymbol{r})$ [V/m])를 구하라
(b) $(0,+a,0)$에 존재하는 $+Q$ [C]에 의해 임의의 점($\boldsymbol{r} = (x,y,z)$에 형성된 전계강도($\boldsymbol{E}_{+}(\boldsymbol{r})$ [V/m])를 구하라
(c) 임의의 점(x, y, z)에서의 두 전하에 의해 형성된 전계강도($\boldsymbol{E}(\boldsymbol{r})$ [V/m])를 구하라.
(d) 임의의 점(x, y, z)에 존재하는 전하 Q_t [C]가 받는 정전기적 힘($\boldsymbol{F}(\boldsymbol{r})$ [N])을 구하라.
(e) 원점에 양의 전하 $Q_t(>0)$ [C])를 살짝 가져다 놓으면 이 전하는 어떻게 움직일지 설명하라.

2.21 (Gauss's Law & Electric Field) 오른쪽 단면도와 같이 원점(0,0,0)에 음의 점전하($-Q$ [C])가 존재하고, 반지름 a [m]와 반지름 b [m] 사이의 얇은 층(shell)에는 양의 전하(총 전하량 = $+Q$ [C])가 균일한 밀도로 분포되어 있다(모든 영역의 유전상수 = ϵ_o [F/m]).

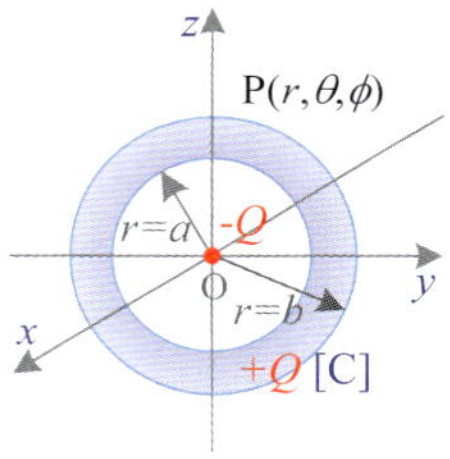

(a) 이 경우 전기장의 해석에 구좌표계가 편리한 이유를 설명하라.
(b) $r = a$와 b 사이의 구간에 대하여 전하밀도 분포($\rho(r)$ [C/m^3])를 구하라.
(c) 가우스 법칙의 의미와 응용에 관해 핵심 내용을 간략히 설명하라.
(d) 가우스 법칙을 이용하여 임의의 점(r,θ,ϕ)에서 전하유동밀도($\boldsymbol{D}(\boldsymbol{r})$ [C/m^2]: 또는 등가전하밀도)를 구하고, 원점으로부터의 거리에 따른 변화를 그래프($|\boldsymbol{D}(\boldsymbol{r})|$ [C/m^2] vs. r)로 나타내라.
(e) 임의의 점(r,θ,ϕ)에서 전계($\boldsymbol{E}(r,\theta,\phi)$ [V/m])를 구하고, 원점으로부터의 거리에 따른 전계의 변화를 그래프($|\boldsymbol{E}(r,\theta,\phi)|$ vs. r)로 나타내라.
(f) 임의의 점에 존재하는 전자(전하량 = $-q = -1.6\times10^{-19}$ [C])가 받는 정전기적 힘($\boldsymbol{F}(\boldsymbol{r})$ [N])의 크기와 방향을 설명하고, 그 크기의 변화를 그래프($|\boldsymbol{F}(\boldsymbol{r})|$ vs. r)로 나타내라.

2.22 (Gauss's Law & Electric Field) 그림과 같이 3개의 무한 면전하(infinite sheet charge: ρ_s [C/m^2])가 xy-평면에 동일한 간격으로 평행하게 배열되어 있으며, 이는 초고주파 신호전달을 위한 부품으로 사용되는 것을 형상화한 것이기도 하다.

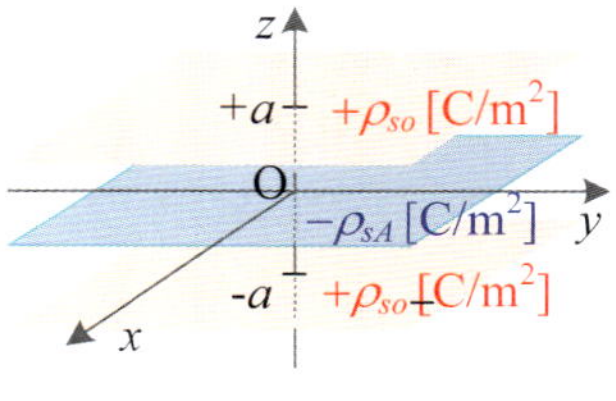

(a) 쿨롱의 법칙과 대칭성을 이용하여 어떤 방향의 전계 성분이 존재하며, 어떤 좌표계를 이용하는 것이 편리한지 설명하라.

(b) z=0 [m]에 위치한 음의 면전하($-\rho_{sA}$ [C/m^2])만 존재하는 경우, z-축 좌표에 따른 전계강도 분포 ($\boldsymbol{E}_o(\boldsymbol{r})$ [V/m])를 구하라.

(c) $z = -a$ [m]에 위치한 양의 면전하($+\rho_{so}$ [C/m^2])만 존재하는 경우, z-축 좌표에 따른 전계강도 분포($\boldsymbol{E}_-(\boldsymbol{r})$ [V/m])를 구하라.

(d) $z = +a$ [m]에 위치한 양의 면전하($+\rho_{so}$ [C/m^2])만 존재하는 경우, z-축 좌표에 따른 전계강도 분포($\boldsymbol{E}_+(\boldsymbol{r})$ [V/m])를 구하라.

(e) 3개의 면전하가 모두 존재하는 경우 이들로 인해 형성된 전계의 z-축 좌표에 따른 전계강도 분포($\boldsymbol{E}(\boldsymbol{r})$ [V/m])를 구하라.

(f) $|z| > a$ [m]인 지점에 어떤 전하가 오더라도 이들 3개의 무한 면전하로 인한 영향을 받지 않도록 하기 위한 ρ_{sA}와 ρ_{so}의 관계를 구하라.

2.23 (Gauss's Law & Electric Field) 오른쪽 단면도와 같이 원점(O(0,0,0))에 양의 점전하(+2Q [C])가 존재하고, 반지름(r) a [m]와 반지름 b [m] 사이의 얇은 층(shell)에는 음의 전하(총 전하량 = $-Q$ [C])가 균일한 밀도로 분포되어 있다(모든 영역의 유전상수 = ϵ_o [F/m]).

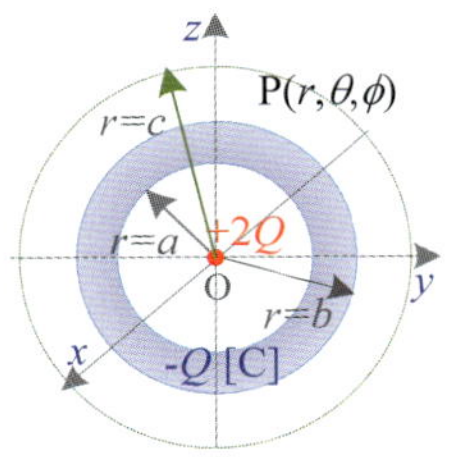

(a) 이 경우 전기장의 해석에 구좌표계가 편리한 이유를 설명하라.

(b) $r = a$와 b사이의 구간에 대하여 전하밀도 분포($\rho(r)$ [C/m^3])를 구하라.

(c) 가우스(Gauss) 법칙을 이용하여 임의의 점(r,θ,ϕ)에서 전하유동밀도 ($\boldsymbol{D}(r,\theta,\phi)$ [C/m^2] 또는 등가전하밀도)를 구하고, 원점으로부터의 거리에 따른 변화를 그래프 ($|\boldsymbol{D}(r,\theta,\phi)|$ vs. r)로 나타내라.

(d) 임의의 점(r,θ,ϕ)에서 전계($\boldsymbol{E}(r,\theta,\phi)$ [V/m])를 구하고, 원점으로부터의 거리에 따른 전계의 변화를 그래프($|\boldsymbol{E}(r,\theta,\phi)|$ vs. r)로 나타내라.

(e) 임의의 점 P(r,θ,ϕ)에 존재하는 전자(전하량 = $-q = -1.6\times10^{-19}$ [C])가 받는 정전기적 힘 ($\boldsymbol{F}(r,\theta,\phi)$ [N])의 크기와 방향을 설명하고, 그 크기의 변화를 그래프($|\boldsymbol{F}(r,\theta,\phi)|$ vs. r)로 나타내라.

(f) $r > c$ 밖에서는 전하를 띤 어떤 입자도 이들 전하들에 의한 정전기적 영향을 받지 않게 하려면 어떤 방법으로 해결할 수 있는지 설명하라.

2.24 (Gauss's Law & Electric Field) 그림과 같이 무한히 긴 동축 케이블(coaxial cable)의 중심에는 음의 선전하 밀도 $-\rho_l$ [C/m](<0)인 무한 선전하가 있고, 반지름이 a [m]인 외부에는 양의 면전하밀도 $\rho_S = +\rho_l/(2\pi a)$ [C/m^2]의 얇은 박막형태로 존재한다(모든 영역은 진공의 유전상수 ϵ_o [F/m]를 가짐).

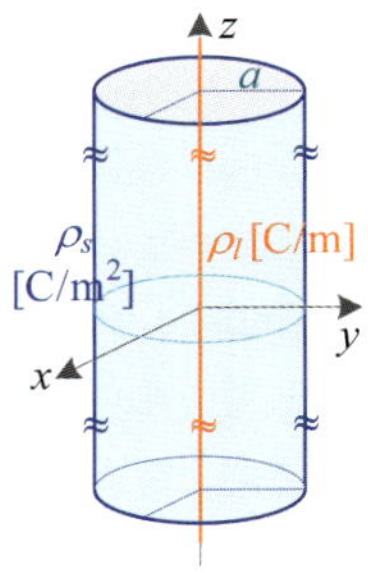

(a) 가우스(Gauss)의 법칙의 의미와 응용에 관해 간략히 설명하라.

(b) 쿨롱(Coulomb)의 법칙과 대칭성을 이용하여 관측점에서 어떤 방향의 전계 성분이 존재하며, 어떤 좌표계를 이용하는 것이 편리한지 설명하라.

(c) 임의의 점 $\boldsymbol{r}(\rho, \phi, z)$에서 전하 유동밀도(전속밀도 또는 등가전하밀도; electric flux density) $\boldsymbol{D}(\boldsymbol{r})$ [C/m^2])를 구하고, z-축으로부터의 수직 거리(ρ [m])에 따른 등가전하밀도($|\boldsymbol{D}(\boldsymbol{r})|$ [C/m^2])의 변화를 그래프로 나타내라.

(d) 임의의 점 $\boldsymbol{r}(\rho, \phi, z)$에서 전계 $\boldsymbol{E}(\boldsymbol{r})$ [V/m]를 구하고 ρ [m]에 따른 $|\boldsymbol{E}(\boldsymbol{r})|$의 변화를 그래프로 나타내라.

(e) $Q_t = +q(+1.6\times10^{-19}$ [C])의 전하를 띤 양자(proton)를 $\rho < a$인 지점에 놓을 경우 양자는 어떤 영향을 받는지 설명하라.

(f) 양자를 $\rho > a$인 지점에 놓을 경우 어떤 영향을 받는지 설명하라.

2.25 (Electric Field & Coulomb Force) 단위길이당의 선전하 밀도가 $\rho_l = 1$ [C/m]인 선전하에 의해 정전기적 상호작용이 존재하는 공간의 관측점(x, y, z)에 시험전하인 전자($Q_t = -q$ [C])가 존재하는 경우, 근원전하에 의해 전자에 작용하는 정전기적 힘($\boldsymbol{F}(\boldsymbol{r})$ [N])을 구하라. 그리고 y-축상의 좌표에 따른 힘의 크기 변화($F(y)$ [N])를 그래프로 스케치하라.

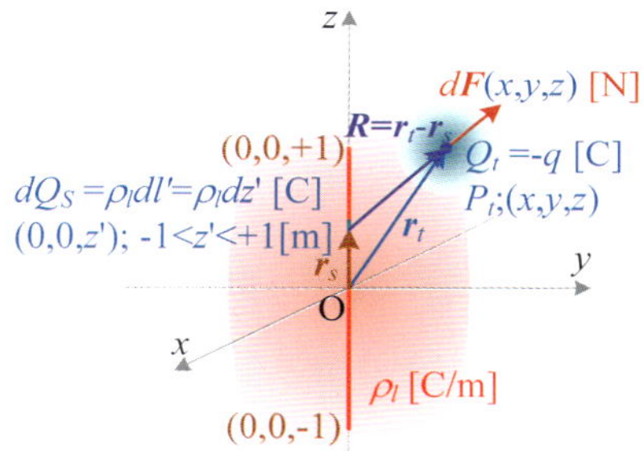

2.26 (Electric Field & Coulomb's Law) 단위면적당 면전하밀도가 $\rho_S = 1$ [C/m^2]인 면전하에 의해 정전기적 영향이 작용하는 공간의 (x, y, z)인 지점에 시험전하인 전자($Q_t = -q$ [C])가 존재하는 경우, 근원전하의 정전기적 영향에 의해 전자가 받는 정전기적 힘($\boldsymbol{F}(\boldsymbol{r})$ [N])을 구하라. 그리고 z-축상의 좌표에 따른 힘의 크기 변화($F(z)$ [N])를 그래프로 스케치하라.

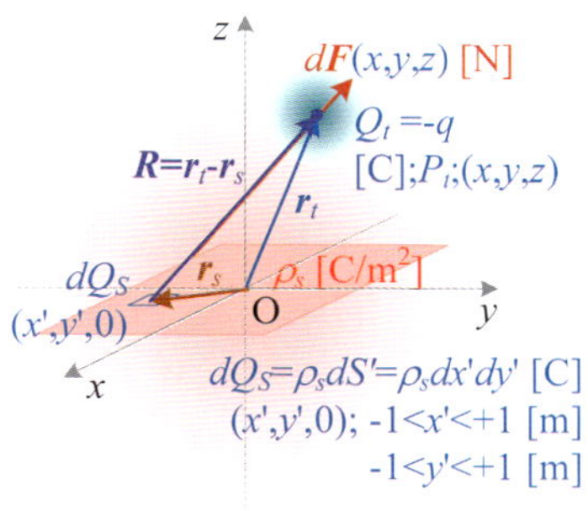

2.27 (Electric Field & Coulomb's Law) 실리콘 원자(Si, 원자번호 Z=14)의 원자핵이 가지는 전하량과 동일한 전하량의 근원전하($Q_S = +Zq = +14 \times 1.6 \times 10^{-19}$ [C])가 원점에 존재할 때, 근원전하에 의해 형성된 전기장의 전계강도를 구하라. 좌표계의 원점에 존재하는 원자핵으로부터의 거리에 따른 정전기적 힘의 변화를 그림으로 나타내고, 원자핵으로부터 0.5 [nm] 떨어진 지점에서 궤도운동하는 전자($Q_t = -q = -1.6 \times 10^{-19}$ [C])가 받는 정전기적 힘을 구하라.

2.28 (Gauss's Law & Electric Field) xy-평면에 균일한 면전하 밀도로 분포하는 2개의 무한 면전하($z = +a$; $+\rho_S$ [C/m^2], $z = -a$; $-\rho_S$ [C/m^2]) 구조는 평판 구조의 정전용량, 2차원 구조의 반도체 트랜지스터, 평판(parallel plate)형 도파관 등의 전자기적 특성 이해에 필수적이다. 임의의 관측점에서 전계강도의 분포를 구하라.

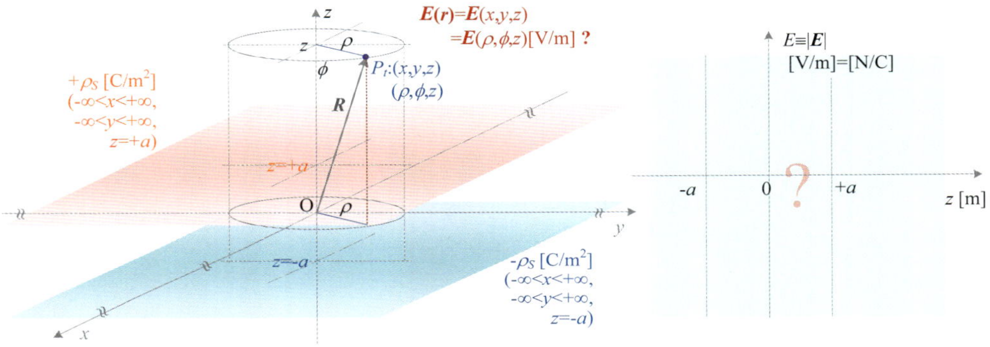

Chapter

03

정전기적 에너지와 전위 : 스칼라 전기장

Electrostatic Work, Energy, and Potential : Scalar Electric Field

3장	정전기적 에너지와 전위 : 스칼라 전기장 (Electrostatic Work, Energy, and Potential : Scalar Electric Field)

1. 근원전하(Q_S [C])에 의해 형성된 전기장에서 시험전하(Q_t [C])를 옮기는 데 필요한 정전기적 일과 에너지(W_{BA} [J]): 스칼라 전기장

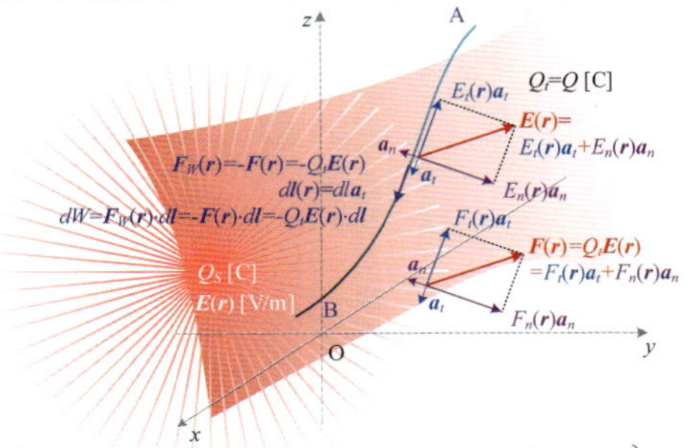

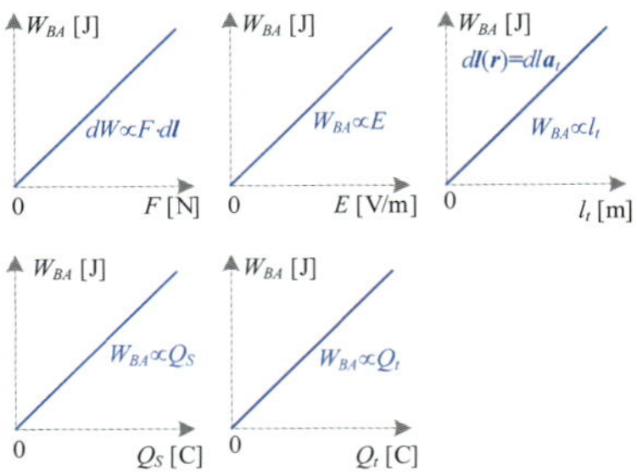

$$\left\{\begin{array}{l}\vec{F}_E(\vec{r})\ [\mathrm{N}]=\vec{F}(\vec{r})=Q_t\dfrac{Q}{4\pi\epsilon r^2}\hat{a}_r\equiv Q_t\vec{E}(\vec{r})\propto\left\{\begin{array}{l}\vec{E}(\vec{r})\\ Q_t\end{array}\right.\\ \longleftrightarrow\vec{E}(\vec{r})\ [\mathrm{V/m}]=[\mathrm{N/C}]\equiv\dfrac{\vec{F}(\vec{r})}{Q_t}=\dfrac{Q}{4\pi\epsilon r^2}\hat{a}_r\propto Q=Q_S\end{array}\right\}\Rightarrow\left\{\begin{array}{l}W_{B\leftarrow A}\ [\mathrm{J}]\equiv W_{BA}=\int_A^B dW=\int_A^B\vec{F}_W(\vec{r})\cdot d\vec{l}=-\int_A^B\vec{F}_E(\vec{r})\cdot d\vec{l}\\ \quad=Q_t\left(-\int_A^B\vec{E}(\vec{r})\cdot d\vec{l}\right)=Q_tV_{BA}\propto Q_t\ [\mathrm{C}]\end{array}\right.$$

2. 근원전하(Q_S [C])에 의해 형성된 전기장의 스칼라 전위차(V_{BA} [J/C] = [V])와 절대전위분포($V(\mathbf{r})$ [V])

$$W_{BA}\ [\mathrm{J}]=Q_t\left(-\int_A^B\vec{E}(\vec{r})\cdot d\vec{l}\right)$$

$$\left\{\begin{array}{l}V_{BA}\ [\mathrm{V}]=[\mathrm{J/C}]\equiv\dfrac{W_{BA}}{Q_t}=-\int_A^B\vec{E}(\vec{r})\cdot d\vec{l}\propto Q_S=Q\\ V(\vec{r})\ [\mathrm{V}]\equiv V_{\vec{r}\leftarrow\infty}=V(\vec{r})-V(\infty)=-\int_\infty^{\vec{r}}\vec{E}(\vec{r})\cdot d\vec{l}\end{array}\right.$$

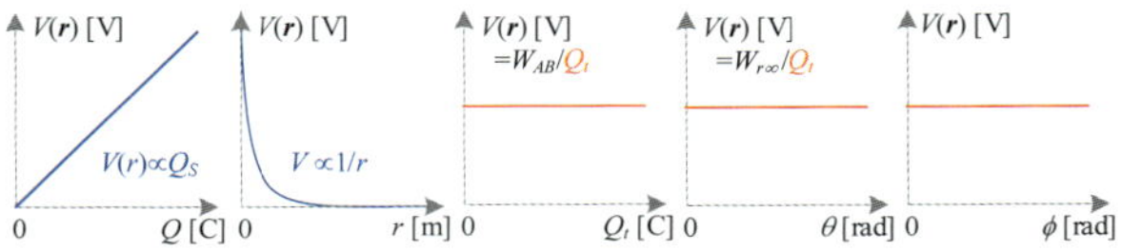

$$V(\vec{r})\ [\mathrm{V}]=-\int_\infty^{\vec{r}}\vec{E}(\vec{r})\cdot d\vec{l}=-\int_\infty^{\vec{r}}\left(\frac{1}{4\pi\epsilon_o}\frac{Q}{r^2}\hat{a}_r\right)\cdot\left(dr\hat{a}_r+rd\theta\hat{a}_\theta+r\sin\theta d\phi\hat{a}_\phi\right)=-\int_\infty^{\vec{r}}\frac{1}{4\pi\epsilon}\frac{Q}{r^2}dr=\frac{1}{4\pi\epsilon}\frac{Q}{r}\bigg|_\infty^{\vec{r}}=\frac{1}{4\pi\epsilon}\frac{Q}{r}\propto\left\{\begin{array}{l}Q(=Q_S)\\ 1/r\end{array}\right.$$

$$V(\vec{r})\ [\mathrm{V}]=\int_\infty^{\vec{r}}dV(\vec{r})\ [\mathrm{V}]\ ;\ dV(\vec{r})=\frac{1}{4\pi\epsilon}\frac{dQ_S(\vec{r}\,')}{R}\ [\mathrm{V}]\ ;\ \vec{R}=\vec{r}-\vec{r}\,'\ ;\ dQ_S(\vec{r}\,')\ [\mathrm{C}]=\left\{\begin{array}{ll}Q_S(\vec{r}\,')\ [\mathrm{C}] & :\text{point charge}\\ \rho_l(\vec{r}\,')dl'\ :\rho_l(\vec{r}\,')\ [\mathrm{C/m}] & :\text{line charge}\\ \rho_s(\vec{r}\,')dS'\ :\rho_S(\vec{r}\,')\ [\mathrm{C/m^2}] & :\text{surface charge}\\ \rho_\upsilon(\vec{r}\,')d\upsilon'\ :\rho_\upsilon(\vec{r}\,')\ [\mathrm{C/m^3}] & :\text{volume charge}\end{array}\right.$$

3. 근원전하(Q_S [C])에 의해 형성된 전기장의 스칼라 전위분포($V(\mathbf{r})$ [V])와 벡터 전계강도($\mathbf{E}(\mathbf{r})$ [V/m])의 관계

$$dV(\vec{r})\ [\mathrm{V}]\equiv-\vec{E}(\vec{r})\cdot d\vec{l}\equiv-\vec{E}(\vec{r})\cdot\hat{a}_t dl$$

$$;\ \vec{E}(\vec{r})\ [\mathrm{V/m}]=E_t(\vec{r})\hat{a}_t+E_n(\vec{r})\hat{a}_n$$

$$\rightarrow\vec{E}(\vec{r})\Big|_{\text{tangential}}\ [\mathrm{V/m}]=E_t(\vec{r})=\vec{E}(\vec{r})\cdot\hat{a}_t=\frac{dV(\vec{r})}{dl_t}$$

$$;\vec{E}_t(\vec{r})\ [\mathrm{V/m}]=E_t(\vec{r})\hat{a}_t=\frac{dV(\vec{r})}{dl_t}\hat{a}_t$$

$$\boxed{\vec{E}(\vec{r})\ [\mathrm{V/m}]=-\nabla V(\vec{r})\longleftrightarrow V(\vec{r})\ [\mathrm{V}]\equiv-\int_\infty^{\vec{r}}\vec{E}(\vec{r})\cdot d\vec{l}}$$

$$\left\{\begin{array}{l}V(\vec{r})\ [\mathrm{V}]=-\int_\infty^{\vec{r}}\vec{E}(\vec{r})\cdot d\vec{l}(\vec{r})=\int_{\substack{source\\charge}}dV(\vec{r})\ ;\ dV(\vec{r})\ [\mathrm{V}]=\dfrac{1}{4\pi\epsilon}\dfrac{dQ_S}{R}\\ \vec{E}(\vec{r})\ [\mathrm{V/m}]=-\nabla V(\vec{r})\ =\int_{\substack{source\\charge}}d\vec{E}(\vec{r})\qquad ;\ dE(\vec{r})\ [\mathrm{V/m}]=\dfrac{1}{4\pi\epsilon}\dfrac{dQ_S}{R^2}\hat{a}_R\end{array}\right.$$

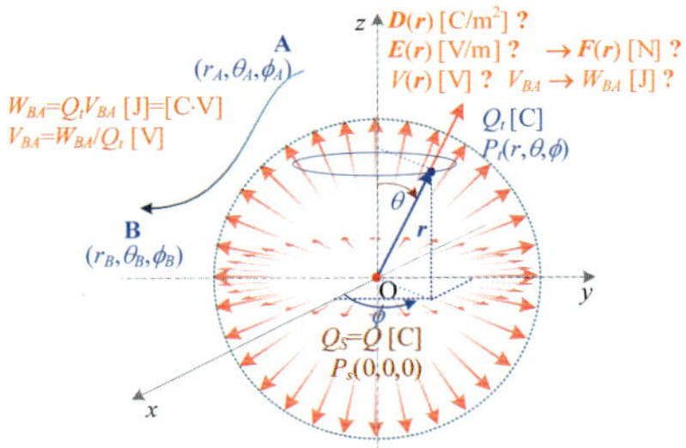

4. 근원전하(Q_S [C])에 의해 형성된 전기장의 벡터 전계강도($\mathbf{E}(\mathbf{r})$ [V/m])와 정전기적 에너지 밀도($\delta W_E(\mathbf{r})$ [J/m³])

$$W_E\ [\mathrm{J}]=\int_{r=\infty}dW_E(\vec{r})=\int_{r=\infty}\left(\frac{1}{2}V(\vec{r})\rho_\upsilon(\vec{r})\right)d\upsilon=\int_{r=\infty}\left(\frac{1}{2}V(\vec{r})\nabla\cdot\vec{D}(\vec{r})\right)d\upsilon=\int_{r=\infty}\delta W_E(\vec{r})d\upsilon$$

$$\delta W_E(\vec{r})\ [\mathrm{J/m^3}]\equiv\frac{dW_E(\vec{r})}{d\upsilon}=\frac{1}{2}\left(\vec{E}(\vec{r})\cdot\vec{D}(\vec{r})\right)=\frac{1}{2}\epsilon\left|\vec{E}(\vec{r})\right|^2=\frac{1}{2\epsilon}\left|\vec{D}(\vec{r})\right|^2$$

$$\delta W_E(\vec{r})\Big|_{\substack{point\\charge}}\ [\mathrm{J/m^3}]\equiv\frac{dW_E(\vec{r})}{d\upsilon}\bigg|_{\substack{point\\charge}}=\frac{1}{2}\epsilon\left|\vec{E}(\vec{r})\right|^2_{\substack{point\\charge}}=\frac{1}{32\pi^2\epsilon}\frac{Q^2}{r^4}\propto\left\{\begin{array}{l}Q^2\\ \dfrac{1}{r^4}\end{array}\right.$$

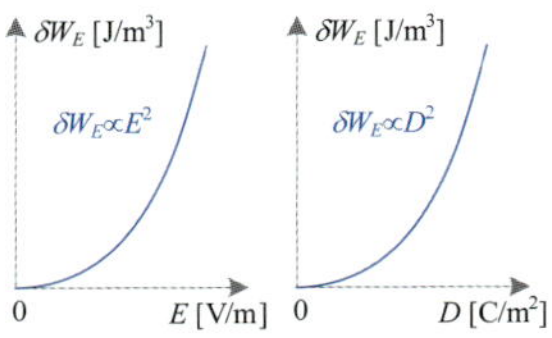

지금까지 공간적으로 고정된 전하들 간의 정전기적 상호작용을 벡터 물리량을 이용하여 설명하였으며, 정전기적 상호작용은 쿨롱의 법칙을 기반으로 한다. 정전기장의 이해와 응용에 크기와 방향에 대한 정보를 모두 다루는 벡터 물리량인 정전기적 힘($\boldsymbol{F}(\boldsymbol{r})$ [N]), 전계강도($\boldsymbol{E}(\boldsymbol{r})$ [N/C] = [V/m]), 등가전하밀도($\boldsymbol{D}(\boldsymbol{r})$ [C/m^2])를 이용하여 설명하였다. 특히, 근원전하와 시험전하의 영향을 모두 포함하는 정전기적 힘을 설명하는 쿨롱의 법칙으로부터 근원전하의 영향만을 분리한 전계강도($\boldsymbol{E}(\boldsymbol{r}) = \boldsymbol{F}(\boldsymbol{r})/Q_t$ [V/m])를 정의함으로써 시험전하가 받는 정전기적 힘은 전계강도와 시험전하의 전하량을 곱하여($\boldsymbol{F}(\boldsymbol{r}) = Q_t\boldsymbol{E}(\boldsymbol{r})$ [N]) 편리하게 구할 수 있도록 하였다.

그리고 패러데이의 실험을 통해 전기장 내의 폐곡면을 통과하는 등가전하량(전속량: Ψ_e [C])이 폐곡면 내에 존재하는 근원전하량(Q_{enc} [C])과 동일($\Psi_e = Q_{enc}$ [C])하도록 설정하고, 단위면적을 통과하는 등가전하량을 등가전하밀도($\boldsymbol{D} = (d\Psi_e/dS)\boldsymbol{a}_n$ [C/m^2])로 정의하였다. 등가전하밀도는 관측점에 실제로 존재하는 면전하밀도(ρ_S [C/m^2])가 아니라 전기장을 형성하는 근원전하의 영향을 단위면적을 통해 이동하는 가상적인 전하밀도로 환산한 값으로서, 매질의 특성에 무관하면서 근원전하의 영향을 나타낼 수 있다. 특히 근원전하의 영향을 나타내는 지표인 전계강도 벡터($\boldsymbol{E}(\boldsymbol{r})$ [V/m])와 등가전하밀도 벡터($\boldsymbol{D}(\boldsymbol{r})$ [C/m^2])는 방향이 동일($\boldsymbol{a}_E = \boldsymbol{a}_D$)하며, 유전상수($\epsilon$ [F/m])를 이용하여 편리하게 상호변환($\boldsymbol{D}(\boldsymbol{r}) = \epsilon\boldsymbol{E}(\boldsymbol{r})$ [C/m^2] $\longleftrightarrow$ $\boldsymbol{E}(\boldsymbol{r}) = \boldsymbol{D}(\boldsymbol{r})/\epsilon$ [V/m])할 수 있도록 정의하였다. 이와 더불어 폐곡면을 통과하는 등가전하밀도의 총합은 폐곡면 내에 존재하는 근원전하의 총량과 동일함을 설명한 가우스의 법칙을 정의하여, 대칭구조의 근원전하에 의해 형성되는 등가면전하밀도를 쉽게 구하고, 이를 바탕으로 전계강도와 시험전하가 받는 정전기적 힘을 편리하게 구할 수 있었다.

또한 벡터 물리량에 대한 발산량을 정의하고, 벡터 물리량과 발산량($\nabla\cdot\boldsymbol{D}(\boldsymbol{r})$)의 관계를 발산량의 법칙으로 정리함으로써, 정전기적 상호작용을 유발하는 근원전하와 이로 인해 형성되는 등가전하밀도의 관계를 가우스 법칙의 미분형인 포아송 방정식($\nabla\cdot\boldsymbol{D}(\boldsymbol{r}) = \rho_v(\boldsymbol{r})$ [C/m^3])으로 정리하였다. 이를 통해 공간적으로 대칭성이 없는 근원전하의 경우에도 전기장을 형성하는 전하분포($\rho_v(\boldsymbol{r})$ [C/m^3])로부터 등가면전하밀도를 편리하게 구하는 데 활용할 수 있도록 하였다.

한편, 위치에 따른 크기와 방향을 모두 고려해야 하는 번거로움에도 불구하고 정전기적 현상을 벡터 물리량으로 해석해야 하는 경우도 있으나, 위치에 따른 크기와 부호만 고려하는 스칼라 물리량으로 정전기적 현상을 해석하는 것이 더 편리하고 효율적이기도 하다. 특히 스칼라 물리량으로 정전기적 현상을 설명하고, 필요한 경우 스칼라 물리량을 벡터 물리량으로 변환하는 매개함수를 도입하면 아주 효율적인 전기장의 해석이 가능하다.

지금부터는 전하들 간의 상호작용을 크기와 부호(양: +, 음: −, 0)만 고려하는 스칼라 물리량으로서 근원전하(Q_S [C])에 의해 형성된 전기장 내에서 시험전하(Q_t [C])를 특정 위치로 옮기는 데 필요한 정전기적 일($W_E(\boldsymbol{r})$ [J]: electrostatic work) 또는 시험전하에 작용하는 정전기적 에너지 장벽(E_p [J]: electrostatic potential energy barrier)에 관해 학습한다. 이를 바탕으로, 근원전하의 영향만을 나타내는 지표인 전위분포($V(\boldsymbol{r}) \equiv W_E(\boldsymbol{r})/Q_t$ [V] = [J/C] 또는 $W_E(\boldsymbol{r}) = Q_tV(\boldsymbol{r})$ [J] = [C·V]: electrostatic potential)를 정의한다. 특히 근원전하에 의해 형성된 전위차($V_{BA} = V_B - V_A$ [V])를 아는 경우, 시험전하를 옮기는 데 필요한 에너지(W_{BA} [J]) 또는 시험전하를 옮기기 위해 극복해야 하는 정전기적 에너지 장벽

(E_p [J])은 전위차에 시험전하의 전하량을 곱해서($W_{E,BA} = Q_t V_{BA}$ [J]) 간단히 구할 수 있다. 이것은 근원전하에 의해 형성된 전계강도($\boldsymbol{E}(\boldsymbol{r})$ [N/C] = [V/m])를 아는 경우, 시험전하에 작용하는 정전기적 힘($\boldsymbol{F}(\boldsymbol{r})$ [N])은 전계강도와 시험전하의 전하량을 곱해서($\boldsymbol{F}(\boldsymbol{r}) = Q_t \boldsymbol{E}(\boldsymbol{r})$ [N] = [C·V/m]) 얻는 과정과 같은 맥락이다. 그런데 벡터 물리량인 전계강도($\boldsymbol{E}(\boldsymbol{r}) = \boldsymbol{F}(\boldsymbol{r})/Q_t$ [V/m])와 스칼라 물리량인 전위($V(\boldsymbol{r}) = W(\boldsymbol{r})/Q_t$ [V] = [J/C])는 모두 동일한 근원전하(Q_S [C])에 의해 형성된 전기장을 설명하는 지표들이다. 따라서 근원전하에 의해 형성된 전기장의 스칼라 전위와 벡터 전계강도를 연결하는 변환함수($\boldsymbol{E}(\boldsymbol{r}) = -\nabla \boldsymbol{V}(\boldsymbol{r})$ [V/m])를 통해 근원전하에 의해 형성된 벡터 전계강도와 스칼라 전위 또는 벡터 전기장과 스칼라 전기장을 불편함 없이 상호 변환하여 해석할 수 있다.

지금부터는 근원전하(Q_S [C])에 의해 형성된 전기장 내에서 시험전하(Q_t [C])를 옮기는 데 필요한 스칼라 물리량인 일(W [J]) 또는 시험전하에 작용하는 정전기적 에너지 장벽(E_p [J]), 근원전하에 의해 형성된 스칼라 물리량인 전위분포($V(\boldsymbol{r})$ [V]), 그리고 스칼라 물리량인 전위분포를 벡터 물리량인 전계강도로 변환하는 과정($\boldsymbol{E}(\boldsymbol{r}) = -\nabla \boldsymbol{V}(\boldsymbol{r})$ [V])에 관해 학습한다.

Section

3.1 고정 전하에 의해 형성된 전기장의 정전기적 에너지와 전위 : 스칼라 정전기장

쿨롱의 법칙에 의하면, 전기장 내에 존재하는 시험전하(Q_t [C])는 다음과 같이 근원전하(Q_S [C])에 의해 형성된 전기장의 전계강도($\boldsymbol{E}(\boldsymbol{r})$ [V/m] = [N/C])와 시험전하의 전하량에 비례하는 정전기적 힘($\boldsymbol{F}(\boldsymbol{r})$ [N])을 받는다.

$$\vec{F}(\vec{r})\ [\mathrm{N}] = Q_t\vec{E}(\vec{r}) \Leftarrow \vec{E}(\vec{r})\ [\mathrm{V/m}] = \int d\vec{E}(\vec{r}) \Leftarrow \begin{cases} d\vec{E}(\vec{r})\ [\mathrm{V/m}] = \dfrac{1}{4\pi\epsilon}\dfrac{dQ_S(\vec{r}\,')}{R^2}\hat{a}_R \\ dQ_S(\vec{r}\,')\ [\mathrm{C}] = \begin{cases} \rho_l dl'(\vec{r}\,')\ ;\ \rho_l\ [\mathrm{C/m}] \\ \rho_S dS'(\vec{r}\,');\ \rho_S\ [\mathrm{C/m^2}] \\ \rho_\upsilon d\upsilon'(\vec{r}\,');\ \rho_\upsilon\ [\mathrm{C/m^3}] \end{cases} \end{cases}$$

: 시험전하에 작용하는 정전기적 힘

아래의 [그림 3-1]과 같은 전기장 내에서 특정한 경로를 통해 시험전하를 한 점 A($\boldsymbol{r}_A$)에서 B($\boldsymbol{r}_B$)로 옮기고자 할 때, 정전기적 힘에 의해 작용하는 에너지 장벽(E_p [J] = [C·V]; electrostatic potential energy) 또는 전계에 의해 작용하는 힘을 거슬러 옮기는 데 필요한 일(W_E [J]; electrostatic work)을 해야 한다. 정전기적 에너지 장벽 또는 일을 이해하기 위해서는 시험전하에 작용하는 정전기적 힘($\boldsymbol{F}(\boldsymbol{r}) = F_t(\boldsymbol{r})\boldsymbol{a}_t + F_n(\boldsymbol{r})\boldsymbol{a}_n$)을 이동경로와 평행한 성분($F_t(\boldsymbol{r})\boldsymbol{a}_t$)과 경로에 수직인 성분($F_n(\boldsymbol{r})\boldsymbol{a}_n$)의 합으로 나타내는 것이 편리하다.

$\vec{E}(\vec{r})\ [\mathrm{V/m}] = \dfrac{1}{\epsilon}\vec{D}(\vec{r}) = E_t(\vec{r})\hat{a}_t + E_n(\vec{r})\hat{a}_n$: 시험전하에 작용하는 전계강도는 경로의 접선방향 성분과 수직 성분의 합

$\vec{F}(\vec{r})\ [\mathrm{N}] = Q_t\vec{E}(\vec{r}) = F_t(\vec{r})\hat{a}_t + F_n(\vec{r})\hat{a}_n$: 시험전하에 작용하는 정전기적 힘은 경로의 접선방향 성분과 수직 성분의 합

$d\vec{l}(\vec{r})\ [\mathrm{m}] = dl\hat{a}_t(\vec{r})$: 경로 조각 벡터

$\hat{a}_t(\vec{r})$: 경로에 접선방향의 단위벡터로서, 경로의 위치에 따라 다른 방향을 가질 수 있음

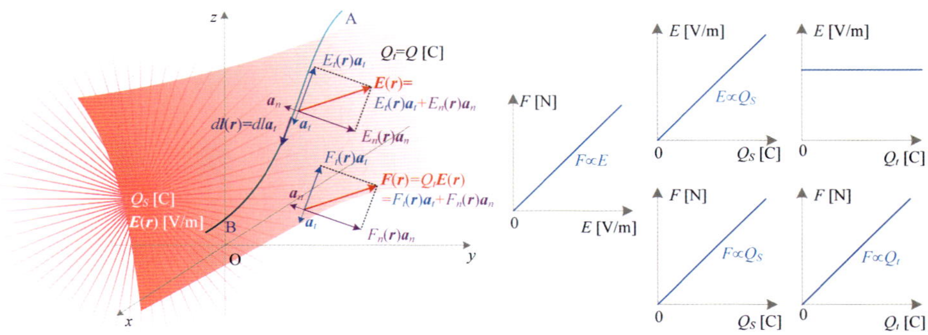

[그림 3-1] 근원전하에 의해 형성된 전기장 내의 전계강도와 경로 A→B에서 시험전하가 받는 정전기적 힘(Coulombic force)

특히 전계에 의해 작용하는 정전기적 힘이 이동하는 방향과 반대인 경우에는 그 힘을 거스르는 일이 필요하며, 이 때 에너지를 사용해야 한다.

근원전하(Q_S [C])에 의해 형성된 전기장 내에서 시험전하를 작은 구간의 경로($\boldsymbol{dl} = dl\boldsymbol{a}_t$ [m])를 거쳐 이동시키기 위해서는 정전기적 힘($\boldsymbol{F}_E(\boldsymbol{r}) = Q_t\boldsymbol{E}(\boldsymbol{r})$ [N])을 극복하는 힘($\boldsymbol{F}_W(\boldsymbol{r}) = -\boldsymbol{F}_E(\boldsymbol{r}) = -Q_t\boldsymbol{E}(\boldsymbol{r})$ [N])을 인가하여야 한다. 부분경로 구간을 통한 시험전하(Q_t [C])의 이동에 필요한 일(dW [J] 또는 정전기적 에너지: dE_p [J])은 다음과 같이 나타낼 수 있다.

$$\vec{F}_W(\vec{r})\ [\text{N}] = -\vec{F}_E(\vec{r}) = -Q_t\vec{E}(\vec{r}) \propto Q_t\ [\text{C}]$$

: 정전기적 힘을 극복하며 시험전하를 옮기기 위해 가해야 하는 힘

$$\left.\begin{aligned} dW\ [\text{J}](&=[\text{N}\cdot\text{m}]=[\text{C}\cdot\text{V}]) \\ &= \vec{F}_W(\vec{r})\cdot d\vec{l} = -\vec{F}_E(\vec{r})\cdot d\vec{l} \\ &= Q_t\left(-\vec{E}(\vec{r})\cdot d\vec{l}\right) \end{aligned}\right\} \propto Q_t\ [\text{C}]$$

: 전기장 내의 부분경로 구간을 옮기는 데 필요한 일 또는 에너지

따라서 시험전하를 시작점 A($\boldsymbol{r}_A$)에서 끝점 B($\boldsymbol{r}_B$)로 임의의 경로($\boldsymbol{dl} = dl\boldsymbol{a}_t$ [m])를 통해 옮기고자 할 때, 필요한 정전기적 일(W_{BA} [J]) 또는 정전기적 에너지(E_p [J])는 다음의 식을 통해 계산할 수 있다.

$$\begin{aligned} W_{B\leftarrow A}\ [\text{J}] \equiv W_{BA} &= \int_A^B dW = Q_t\left(-\int_A^B \vec{E}(\vec{r})\cdot d\vec{l}\right) \\ &= Q_t V_{BA} \propto Q_t\ [\text{C}] \end{aligned}$$

: 전기장 내에서 시험전하를 A에서 B로 옮기는 데 필요한 일 (에너지)

즉, 시험전하를 옮기는 데 필요한 정전기적 에너지는 근원전하(Q_S [C])에 의해 형성된 전계강도($\boldsymbol{E}(\boldsymbol{r})$ [V/m])와 시험전하의 전하량(Q_t [C])에 선형적으로 비례함을 확인할 수 있다. 이는 전하들 간의 상호작용을 설명하는 벡터 물리량인 정전기적 힘($\boldsymbol{F}(\boldsymbol{r})$ [N])이 근원전하량(Q_S [C])과 시험전하량(Q_t [C])에 모두 비례하는 것과 같은 이치다.

따라서 전기장의 벡터 물리량에서 정전기적 힘($\boldsymbol{F}(\boldsymbol{r}) = \boldsymbol{F}(\boldsymbol{r},\ Q_S \,\&\, Q_t)$)에서 전기장을 형성하는 근원전하의 영향만을 분리하여 전계강도($\boldsymbol{E}(\boldsymbol{r}) \equiv \boldsymbol{F}(\boldsymbol{r})/Q_t$)로 정의한 것과 마찬가지로, 스칼라 물리량인 정전기적 일(W_E [J])을 시험전하량으로 나눈 값을 근원전하에 의한 전위($V(\boldsymbol{r}) \equiv W_E(\boldsymbol{r})/Q_t$ [V])로 정의함으로써, 전기장 해석의 편리한 지표로 사용할 수 있다. 전기장 내에서 시험전하를 이동하는 데 필요한 일 또는 정전기적 에너지가 양의 값($W_{A\to B} > 0$)이면 전하를 이동하기 위해 일을 해야 함(또는 에너지를 투입/소모해야 함)을 뜻하며, 음의 값($W_{A\to B} > 0$)이면 시험전하가 이동하는 동안 전기장으로부터 에너지를 얻게 됨을 뜻한다.

$$\begin{aligned} V_{BA}\ [\text{V}](=[\text{J/C}]) \equiv \frac{W_{BA}}{Q_t} &= -\int_A^B \vec{E}(\vec{r})\cdot d\vec{l} = \left(-\int_\infty^B \vec{E}(\vec{r})\cdot d\vec{l}\right) - \left(-\int_\infty^A \vec{E}(\vec{r})\cdot d\vec{l}\right) \\ &= V_B - V_A \end{aligned}$$

: 전기장에 의해 형성된 두 지점(B와 A)의 전위차

$$\vec{E}(\vec{r})\ [\text{V/m}] = \int_{\substack{source\\charge}} d\vec{E}(\vec{r})\ ;\ \begin{cases} d\vec{E}(\vec{r})\ [\text{V/m}] = \dfrac{dQ_S(\vec{r}\,')}{4\pi\epsilon R^2}\hat{a}_R \\ \vec{R}\ [\text{m}] \equiv \vec{r} - \vec{r}\,' = \vec{r}_t - \vec{r}_S \\ \hat{a}_R \equiv \dfrac{\vec{R}}{R} = \dfrac{\vec{r} - \vec{r}\,'}{|\vec{r} - \vec{r}\,'|} \end{cases}$$

: 전위차를 형성하는 근원이 되는 전기장의 근원전하와 전계강도의 관계

전기장 내에서 전기장의 영향을 받는 전하(Q_t [C])를 A에서 B로 옮기는 데 필요한 일 또는 정전기적 에너지를 결정하는 요소와 의존도를 [그림 3-2]에 요약하였다.

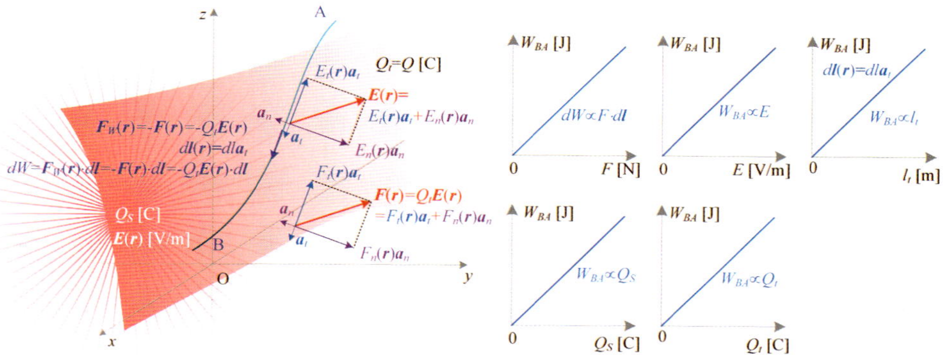

[그림 3-2] 전기장 내에서 시험전하를 A에서 B로 옮기는 데 필요한 일 또는 정전기적 에너지

3.1.1 원점의 점전하에 의해 형성된 전기장에서 정전기적 일과 전위

[그림 3-3]에 나타낸 것과 같이 원점에 존재하는 전하량 Q [C]인 근원전하에 의해 형성된 전기장의 전계강도($\boldsymbol{E}(\boldsymbol{r})$ [V/m]), 구좌표계의 경로 벡터($\boldsymbol{dl}$ [m]), 시험전하(Q_t [C])에 작용하는 힘($\boldsymbol{F}(\boldsymbol{r})$ [N]), 그리고 시험전하를 $A(r_A, \theta_A, \phi_A)$에서 $B(r_B, \theta_B, \phi_B)$로 옮기는 데 필요한 일 또는 정전기적 에너지($W_{B\leftarrow A}$ [J])는 각각 다음과 같다.

$$d\vec{l} = dr\hat{a}_r + rd\theta\hat{a}_\theta + r\sin\theta d\phi\hat{a}_\phi \text{ [m]}$$: 구좌표계의 이동 경로 벡터

$$\vec{E}(\vec{r}) \text{ [V/m]} = \text{[N/C]} \equiv \frac{\vec{F}(\vec{r})}{Q_t} = \frac{Q}{4\pi\epsilon r^2}\hat{a}_r \propto Q = Q_S$$: 점전하에 의해 형성된 전기장의 전계강도

$$\vec{F}_E(\vec{r}) \text{ [N]} = \vec{F}(\vec{r}) = Q_t\frac{Q}{4\pi\epsilon r^2}\hat{a}_r \equiv Q_t\vec{E}(\vec{r}) \propto \begin{cases}\vec{E}(\vec{r}) \\ Q_t\end{cases}$$: 점전하에 의해 형성된 전기장 내에서 시험전하에 작용하는 정전기적 힘

$$\begin{aligned} W_{BA} \text{ [J]} = [\text{C}\cdot\text{V}] = W_{B\leftarrow A} &= \int_A^B \vec{F}_W(\vec{r})\cdot d\vec{l} = -\int_A^B \vec{F}_E(\vec{r})\cdot d\vec{l} \\ &= Q_t\left(-\int_A^B \vec{E}(\vec{r})\cdot d\vec{l}\right) = -Q_t\int_{(r_A,\theta_A,\phi_A)}^{(r_B,\theta_B,\phi_B)}\left(\frac{1}{4\pi\epsilon}\frac{Q}{r^2}\hat{a}_r\cdot d\vec{l}\right) \\ &= Q_t\frac{Q}{4\pi\epsilon}\left(\frac{1}{r_B}-\frac{1}{r_A}\right) \equiv Q_tV_{BA} \propto \begin{cases}V_{BA} \\ Q_t\end{cases} \end{aligned}$$: 점전하에 의해 형성된 전기장 내에서 시험전하를 옮기는 데 필요한 에너지

$$\longleftrightarrow V_{BA} \text{ [V]} = \text{[J/C]} \equiv \frac{W_{BA}}{Q_t} = -\int_A^B \vec{E}(\vec{r})\cdot d\vec{l} = \frac{Q}{4\pi\epsilon}\left(\frac{1}{r_B}-\frac{1}{r_A}\right) \propto Q_S = Q$$: 점전하에 의해 형성된 전기장의 전위차(전압)

원점의 근원 점전하에 의해 형성된 전기장 내의 한 지점 $A(r_A, \theta_A, \phi_A)$에서 $B(r_B, \theta_B, \phi_B)$로 시험전하(Q_t [C])를 옮기는 데 필요한 에너지($W_{B\leftarrow A}$ [J])는 시험전하의 전하량(Q_t [C])과 근원전하에 의해 형성된 전기장의 시작점과 끝점의 전위차($V_{BA} = V_B - V_A$ [V])에 비례한다. 특히 시험전하(Q_t [C])를 옮기는 데 필요한 일은 원점으로부터의 거리(r [m])에만 관련되고, z-축과 이루는 각(θ [rad])이나 x-축으로부터의 회전각(ϕ [rad])

에는 무관함을 알 수 있다. 또한, 근원전하와 시험전하가 동일한 부호($Q_S Q_t > 0$)를 가진 경우에는 밀어내는 힘이 작용하므로 시험전하를 근원전하에 가깝게 이동하기 위해서는($r_B < r_A$) 일을 해야 하며(에너지를 투입해야 함), 반대 부호($Q_S Q_t < 0$)를 가진 경우에는 당기는 힘이 작용하므로 시험전하가 근원전하에 가깝게 이동하는 동안에는($r_B < r_A$) 음의 에너지가 되어 전기장으로부터 에너지를 얻게 됨을 뜻한다.

원점의 근원 점전하에 의해 형성된 전기장의 벡터 물리량인 정전기적 힘($\boldsymbol{F}(\boldsymbol{r})$ [N])과 전계강도($\boldsymbol{E}(\boldsymbol{r})$ [V/m]), 스칼라 물리량인 정전기적 에너지(W_{BA} [J])와 전위($V(\boldsymbol{r})$ [V])를 결정하는 요소를 [그림 3-3]에 요약하였다.

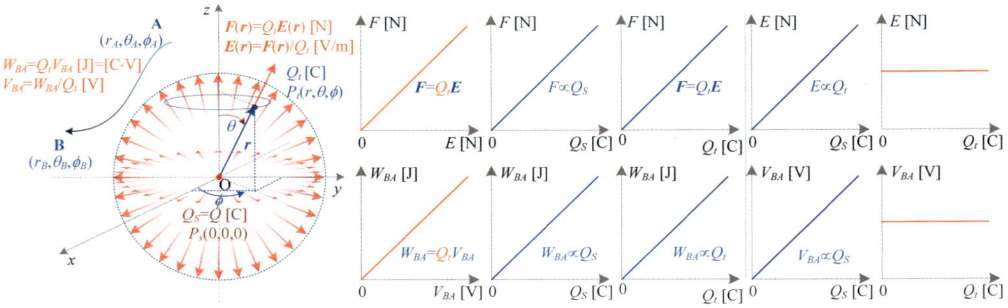

[그림 3-3] 벡터 물리량인 정전기적 힘과 전계강도, 스칼라 물리량인 정전기적 일(에너지 장벽)과 전위

3.1.2 정전기장 내에서 시험전하의 이동 경로와 정전기적 일의 관계

고정된 근원전하에 의해 형성된 정전기장 내의 시작점(A)에서 끝점(B)으로 시험전하(Q_t [C])를 이동하고자 할 때에는 정전기적 힘($\boldsymbol{F}_E(\boldsymbol{r}) = Q_t\boldsymbol{E}(\boldsymbol{r})$ [N])이 작용한다. 전하 이동을 위해서는 정전기적 힘을 거스르는 외부 힘($\boldsymbol{F}_{app}(\boldsymbol{r}) = -\boldsymbol{F}_E(\boldsymbol{r}) = -Q_t\boldsymbol{E}(\boldsymbol{r})$ [N])과 에너지($W_{\mathrm{BA}} \equiv W_{\mathrm{B}\leftarrow\mathrm{A}}$ [J])가 필요하다. [그림 3-4]와 같이 시작점(A)이 같고 끝점(B)도 같은 경로 1~5의 경우, 경로의 형태와 경로의 전체 길이가 다르더라도 시험전하(Q_t [C])를 옮기는 데 필요한 일과 에너지(W_{BA} [J])는 모두 동일하다. 즉 시불변의 정전기장 내에서 전하를 옮기는 데 필요한 에너지는 경로에 무관함을 뜻한다.

$$\begin{aligned} W_{BA} &\equiv W_{B\leftarrow A} = \int_A^B dW = W_{\underset{1}{B\leftarrow A}} = W_{\underset{2}{B\leftarrow A}} = W_{\underset{3}{B\leftarrow A}} = W_{\underset{4}{B\leftarrow A}} = W_{\underset{5}{B\leftarrow A}} \\ &= Q_t\left(\int_A^B \vec{F}_W(\vec{r})\cdot d\vec{l}\right) = Q_t\left(\int_A^B -\vec{F}_E(\vec{r})\cdot d\vec{l}\right) = Q_t\left(-\int_A^B \vec{E}(\vec{r})\cdot d\vec{l}\right) \text{ [N}\cdot\text{m]} = \text{[C}\cdot\text{V]} = \text{[J]} \end{aligned}$$

시불변의 정전기장 내에서 시작점과 끝점이 동일한(A→(B)→A) 폐경로(closed path/loop)의 경우, 즉 출발점에서 원래의 출발점으로 되돌아오는 데 필요한 순 에너지는 아래 수식에서도 알 수 있듯이 $0(W_{AA} \equiv W_{A\leftarrow(B)\leftarrow A} = 0$ [J])이다.

$$\begin{aligned} W_{\underset{0}{A\leftarrow \mathrm{B}\leftarrow A}} &= W_{\underset{1}{A\leftarrow \mathrm{B}\leftarrow A}} = W_{\underset{2}{A\leftarrow \mathrm{B}\leftarrow A}} = W_{\underset{3}{A\leftarrow \mathrm{B}\leftarrow A}} = W_{\underset{4}{A\leftarrow \mathrm{B}\leftarrow A}} = W_{\underset{5}{A\leftarrow \mathrm{B}\leftarrow A}} \\ &= Q_t\left(-\int_A^B \vec{E}(\vec{r})\cdot d\vec{l}\right) + Q_t\left(-\int_B^A \vec{E}(\vec{r})\cdot d\vec{l}\right) \\ &= Q_t\left(-\int_A^B \vec{E}(\vec{r})\cdot d\vec{l} + \int_B^A \vec{E}(\vec{r})\cdot(-d\vec{l})\right) = Q_t\left(-\int_A^B \vec{E}(\vec{r})\cdot d\vec{l} + \int_A^B \vec{E}(\vec{r})\cdot d\vec{l}\right) \\ &= 0 \text{ [J]} \end{aligned}$$

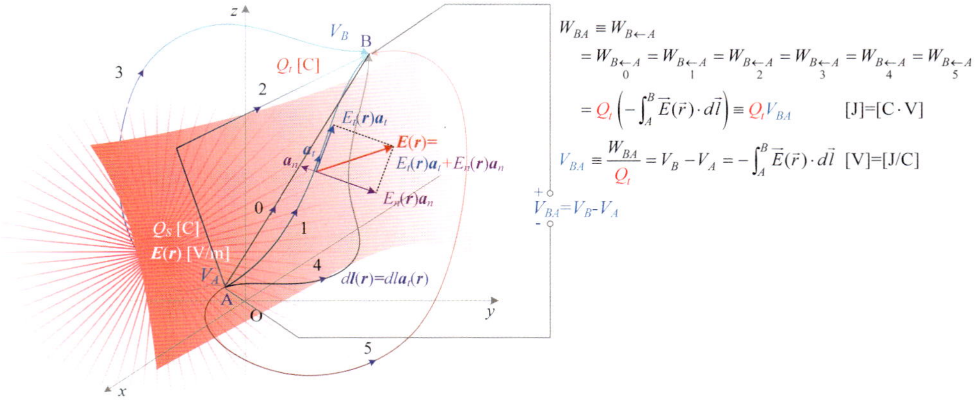

[그림 3-4] 정전기장 내에서 이동하는 시험전하의 이동 경로와 정전기적 일 또는 에너지

시험전하가 폐경로를 통해 원래의 출발점으로 되돌아 오는 경우, 전계에 의해 시험전하에 작용하는 정전기적 힘을 거슬러가며 해야 하는 일(W_E [J])과 전기장으로부터 얻는 에너지(E_E [J])가 동일함을 뜻한다.

3.1.3 근원전하에 의해 형성된 전기장을 나타내는 스칼라 전위와 전위차

앞에서 설명한 바와 같이 시험전하를 위치 A(r_A, θ_A, ϕ_A)에서 위치 B(r_B, θ_B, ϕ_B)로 옮기는 데 필요한 일 또는 에너지($W_{A\rightarrow B}$ [J])는 근원전하(Q_S [C])에 의해 형성된 전계강도($\boldsymbol{E}(\boldsymbol{r})$ [V/m])와 시험전하의 전하량(Q_t [C])에 선형적으로 비례함을 확인할 수 있다. 또한 시작점(A)과 끝점(B)이 정해진 경우, 고정된 근원전하에 의해 형성된 시불변의 정전기장에서 시험전하를 옮기는 데 필요한 에너지는 경로의 형태와 길이에 무관함도 이미 확인하였다.

$$W_{BA}\ [\mathrm{J}] \equiv W_{B\leftarrow A} = \int_A^B dW = \int_A^B -Q_t \vec{E}(\vec{r})\cdot d\vec{l} = Q_t\left(-\int_A^B \vec{E}(\vec{r})\cdot d\vec{l}\right) \propto Q_t\ [\mathrm{C}]$$

: 전기장 내에서 시험전하를 이동시키는 데 필요한 일로서 경로에 무관함

따라서 정전기장의 벡터 물리량인 정전기적 힘($\boldsymbol{F}(\boldsymbol{r}) = \boldsymbol{F}(\boldsymbol{r}, Q_S \,\&\, Q_t)$)에서 근원전하만의 영향을 분리하여 전계강도($\boldsymbol{E}(\boldsymbol{r}) = \boldsymbol{F}(\boldsymbol{r})/Q_t$ [V/m])를 정의한 것과 마찬가지로, 스칼라 물리량인 정전기적 에너지 또는 일(W_E [J])을 시험전하량(Q_t [C])으로 나눈 값을 근원전하에 의해 형성된 전기장의 전위($V = W_E/Q_t$ [V]: electrostatic potential)로 정의하여, 전기장 해석의 편리한 지표로 사용할 수 있다. 이를 수식으로 정리하면 다음과 같다.

$$V_{BA}\ [\mathrm{V}] = [\mathrm{J/C}] \equiv \frac{W_{BA}}{Q_t} = -\int_A^B \vec{E}(\vec{r})\cdot d\vec{l}$$

: B점과 A점의 전위차(전압)

이와 함께 근원전하에 의한 영향을 나타낼 때, 전기장의 영향이 작용하지 않는 지점, 즉, 근원전하로부터 무한대의 거리에 있는 점($r = \infty$)의 전위를 기준 전위($V(\infty) = 0$ [V])로 하는 전위차를 정전기적 절대전위($V(\boldsymbol{r})$ [V]: absolute electrostatic potential)로 정의하여 사용한다. 근원전하에 의해 형성된

전기장의 절대전위를 수식으로 정리하면 다음과 같다.

$V(\vec{r}=\infty)=0$ [V] : 전기장의 영향을 받지 않은 지점의 전위

$V(\vec{r})$ [V] $\equiv V(\vec{r})-V(\vec{r}=\infty)=-\int_{\infty}^{\vec{r}}\vec{E}(\vec{r})\cdot d\vec{l}$: 전기장의 영향을 받지 않은 지점($r=\infty$)을 기준으로 표시하는 절대전위

두 지점의 전위차(V_{BA})도 다음과 같이 절대전위(V_A, V_B [V])를 이용하여 나타낼 수 있다.

$$V_{BA}\ [\text{V}]\equiv-\int_{A}^{B}\vec{E}(\vec{r})\cdot d\vec{l}=-\left(\int_{A}^{\infty}\vec{E}(\vec{r})\cdot d\vec{l}+\int_{\infty}^{B}\vec{E}(\vec{r})\cdot d\vec{l}\right)=-\int_{\infty}^{B}\vec{E}(\vec{r})\cdot d\vec{l}-\left(-\int_{\infty}^{A}\vec{E}(\vec{r})\cdot d\vec{l}\right)=V_B-V_A$$

: 절대전위로 나타낸 전위차

V_A [V] $\equiv V_{A\leftarrow\infty}=-\int_{\infty}^{A}\vec{E}(\vec{r})\cdot d\vec{l}$: A지점의 절대전위

V_B [V] $\equiv V_{B\leftarrow\infty}=-\int_{\infty}^{B}\vec{E}(\vec{r})\cdot d\vec{l}$: B지점의 절대전위

전기장 내의 특정 지점에서 다른 지점으로 시험전하를 옮기는 데 필요한 에너지(W_{BA} [J])를 구할 때는 다음과 같이 두 지점(A, B)의 전위차(V_{BA})에 이동시키고자 하는 시험전하의 전하량(Q_t [C])을 곱하여 구할 수 있도록 정의($W_{BA}=Q_tV_{BA}$ [J])하였다.

$$W_{BA}\ [\text{J}]=[\text{C}\cdot\text{V}]=Q_t\left(-\int_{A}^{B}\vec{E}(\vec{r})\cdot d\vec{l}\right)\equiv Q_tV_{BA}\ \propto\begin{cases}Q_t\ [\text{C}]\\ V_{BA}\ [\text{V}]\end{cases}$$

: 전기장 내에서 시험전하를 A에서 B로 옮기는 데 필요한 에너지

따라서 스칼라 전위($V(\boldsymbol{r})$ [V])와 벡터 전계강도($\boldsymbol{E}(\boldsymbol{r})$ [V/m])는 상호 밀접하게 연관되어 있으며, 벡터 물리량인 전계강도와 스칼라 물리량인 전위는 모두 동일한 근원전하에 의해 형성된 전기장을 나타내는 지표임을 기억해야 한다.

한편 전기장 내에서 시험 전하를 이동시키는 데 필요한 일(에너지)은 전기장의 방향과 시험전하의 부호, 그리고 이동하는 방향에 따라 양의 값과 음의 값을 가질 수 있다. 이동의 방향이 시험전하에 작용하는 정전기적 힘과 반대인 경우에는 정전기적 힘을 거슬러가야 하므로 이동에 에너지를 사용해야 하고, 그 때의 일은 양의 값(W_{BA} [J] (>0))을 가진다. 그러나 시험전하가 이동하려는 방향과 정전기적 힘이 같은 방향인 경우에는 전기장으로부터 에너지를 얻게 되어 이동이 용이하다. 이때 이동에 필요한 에너지는 음의 값(W_{BA} [J] (<0))이 되며, 전기장으로부터 얻은 에너지가 된다. 시험전하가 A($\boldsymbol{r}_A$)로부터 B($\boldsymbol{r}_B$)로 이동하는 동안 전기장으로부터 얻은 에너지(E_{BA} [J])는 $E_{BA}=-W_{BA}$ [J] (>0)이 된다. 전기장의 시험전하에 작용하는 정전기적 힘과 정전기적 에너지(일: W_{BA} [J])를 결정하는 요소를 [그림 3-5]에 요약하였다.

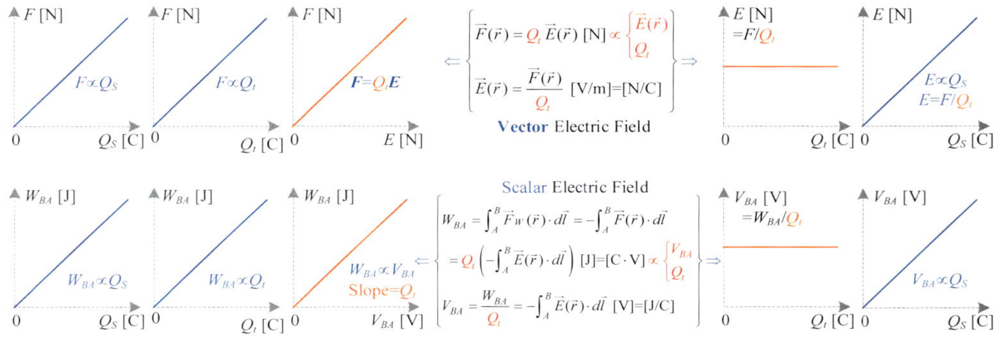

[그림 3-5] 벡터 전기장(정전기적 힘과 전계강도)과 스칼라 전기장(정전기적 일(에너지)과 전위)의 관계

전자(전하량: $Q_e = -q = -e = -1.6\times10^{-19}$ [C]) 또는 정공(hole: $Q_{hole} = +q = +e = +1.6\times10^{-19}$ [C])이 전기장의 영향을 받는 전자 소자를 다루는 경우를 위해(외부에서 인가된 전압에 의해 생성된) 전기장 내에서 전자에 작용하는 힘과 전기장으로부터 전자가 얻는 정전기적 에너지($E_{BA} = -W_{BA}$ [J])는 다음과 같다.

$$\vec{F}(\vec{r})\ [\mathrm{N}] = Q_t\vec{E}(\vec{r}) \rightarrow \boxed{\begin{matrix} Q_t = -q\ [\mathrm{C}] : \text{Electron} \\ Q_t = +q\ [\mathrm{C}] : \text{Hole} \end{matrix}} \rightarrow \boxed{\begin{matrix} \vec{F}(\vec{r}) = -q\vec{E}(\vec{r})\ [\mathrm{N}] : \text{Electron} \\ \vec{F}(\vec{r}) = +q\vec{E}(\vec{r})\ [\mathrm{N}] : \text{Hole} \end{matrix}}\ ;\ q = e \equiv 1.6\times10^{-19}\ [\mathrm{C}]$$

$$E_{BA}\ [\mathrm{J}] = [\mathrm{C\cdot V}] = -Q_tV_{BA} \rightarrow \boxed{\begin{matrix} Q_t = -q\ [\mathrm{C}] : \text{Electron} \\ Q_t = +q\ [\mathrm{C}] : \text{Hole} \end{matrix}} \rightarrow \boxed{\begin{matrix} E_{BA,e} = +qV_{BA}\ [\mathrm{J}]=[\mathrm{C\cdot V}] : \text{Electron} \\ E_{BA,h} = -qV_{BA}\ [\mathrm{J}]=[\mathrm{C\cdot V}] : \text{Hole} \end{matrix}}$$

: 전기장 내에서 전자(electron: $Q_t = -q$ [C])와 정공(hole: $Q_t = +q$ [C])이 전계로부터 얻는 에너지

참고 **에너지의 단위로 사용되는 [J]과 [eV]의 이해**

1 [J] = 1[C·V] : $Q = 1$ [C]의 전하를 1 [V]의 전위차가 있는 한 지점에서 다른 지점으로 옮기는 데 필요한 에너지 또는 전기장으로부터 얻는 에너지

1 [eV] : $|Q| = e = q = 1.6\times10^{-19}$ [C]의 전하를 1 [V]의 전위차가 있는 한 지점에서 다른 지점으로 옮기는 데 필요한 에너지 또는 전기장으로부터 얻는 에너지로서, 전위차 [V]에 [e]를 붙이기만 하면 되는 에너지 단위임. 반도체의 전기적 특성을 결정하는 전하는 전자(electron)와 정공(hole)임. 따라서 반도체에서 전자와 정공이 특성을 이해할 때 편리하게 사용되는 에너지 단위로는 [J]보다는 [eV]의 단위가 많이 사용됨

1 [eV] = 1 [1.6×10^{-19} C·V] = 1.6×10^{-19} [C·V] = 1.6×10^{-19} [J]로 이해하면 됨

Section

3.2 전기장의 스칼라 전위와 벡터 전계강도의 상호 변환

근원전하에 의해 형성된 전기장의 전계강도($\boldsymbol{E}(\boldsymbol{r})$ [V/m])는 근원전하를 중심으로 방사방향의 성분($\boldsymbol{a}_r$)만 가짐을 알고 있다. 또한, 정전기장에서 시험전하(Q_t [C])를 한 지점(A)에서 다른 지점(B)으로 옮기는 데 필요한 정전기적 에너지(일: W_{BA} [J])는 경로에 관계없이 모두 동일한 값을 가짐도 설명하였다. 특히, 정전기장 내에서 시험전하를 옮기는 시작점과 끝점이 동일한 폐경로의 경우(A = B)에는 에너지가 필요하지 않으며($W_{AA} = W_{oo} = Q_t V_{AA} = 0$ [J]), 전위차가 없음($V_{AA} = V_{oo} = 0$ [V])을 뜻한다. 이를 논리적으로 이해하기 위해 시불변 전기장의 전계강도에 대한 회전량 벡터($\nabla \times \boldsymbol{E}(\boldsymbol{r})$)의 특징을 이해하고, 정전기장에 대한 맥스웰 방정식(Maxwell equation)으로 정리하고자 한다.

3.2.1 근원전하에 형성된 전기장의 스칼라 전위와 벡터 전계강도의 관계

앞에서 설명한 바와 같이 정전기적 영향을 나타내는 벡터 전계강도($\boldsymbol{E}(\boldsymbol{r})$ [V/m])와 스칼라 전위($V(\boldsymbol{r})$ [V])는 모두 전기장을 형성하는 근원전하에 의한 영향을 나타내는 특성지표이며, 다음 관계식을 통해 상호 밀접하게 연관되어 있다.

$$\vec{E}(\vec{r})\ [\text{V/m}] = \int_{\substack{source\\charge}} d\vec{E}(\vec{r})$$: 근원전하에 의해 형성된 전기장의 벡터 전계강도

$$d\vec{E}(\vec{r})\ [\text{V/m}] = \frac{dQ_S(\vec{r}\,')}{4\pi\epsilon R^2}\hat{a}_R$$: 근원전하 조각에 의한 벡터 전계강도

$$V(\vec{r})\ \ [\text{V}] \equiv V(\vec{r}) - V(\vec{r}=\infty) = -\int_{\infty}^{\vec{r}} \vec{E}(\vec{r})\cdot d\vec{l}$$: 근원전하에 의해 형성된 전기장의 스칼라 전위분포

$$\longleftrightarrow \boxed{V_{BA} \equiv -\int_A^B \vec{E}(\vec{r})\cdot d\vec{l} = V_B - V_A\ [\text{V}]}$$: 스칼라 전위차

전계강도와 전위의 관계를 미분 형태로 변형하면 다음과 같다. 즉, 벡터 물리량인 전계강도의 특정한 방향과 평행한 성분($\boldsymbol{E}(\boldsymbol{r})|_{\tan}$([V/m]))은 그 방향과 평행한 단위벡터($\boldsymbol{a}_t$)와의 스칼라 곱을 이용하여 구할 수 있다.

$$dV(\vec{r})\ [\text{V}] \equiv -\vec{E}(\vec{r})\cdot d\vec{l} \equiv -\vec{E}(\vec{r})\cdot \hat{a}_t dl \qquad ;\ \vec{E}(\vec{r})\ [\text{V/m}] = E_t(\vec{r})\hat{a}_t + E_n(\vec{r})\hat{a}_n$$

$$\rightarrow \vec{E}(\vec{r})\big|_{\text{tangential}}\ [\text{V/m}] = E_t(\vec{r}) = \vec{E}(\vec{r})\cdot\hat{a}_t = \frac{dV(\vec{r})}{dl_t} \ \rightarrow\ \vec{E}_t(\vec{r})\ [\text{V/m}] = E_t(\vec{r})\hat{a}_t = \frac{dV(\vec{r})}{dl_t}\hat{a}_t$$

그리고 직교좌표계에서 x-축, y-축, z-축과 평행한 전계강도의 성분($E_x(\boldsymbol{r})$, $E_y(\boldsymbol{r})$, $E_z(\boldsymbol{r})$)은 각각 다음과 같이 x-축, y-축, z-축과 평행한 단위벡터($\boldsymbol{a}_x$, $\boldsymbol{a}_y$, $\boldsymbol{a}_z$)와의 스칼라 곱을 이용하여 구할 수 있음을 뜻한다.

$$\vec{E}(\vec{r}) = (E_x(\vec{r}), E_y(\vec{r}), E_z(\vec{r})) = E_x(\vec{r})\hat{a}_x + E_y(\vec{r})\hat{a}_y + E_z(\vec{r})\hat{a}_z$$

$$\begin{cases} dV(\vec{r})|_x [\text{V}] = -\vec{E}(\vec{r})\cdot\hat{a}_x dx \equiv -E_x(\vec{r})dx \\ E_x(\vec{r})\ [\text{V/m}] = -\dfrac{\partial V(\vec{r})}{\partial x} \end{cases} \quad \& \begin{cases} dV(\vec{r})|_y [\text{V}] = -\vec{E}(\vec{r})\cdot\hat{a}_y dy \equiv -E_y(\vec{r})dy \\ E_y(\vec{r})\ [\text{V/m}] = -\dfrac{\partial V(\vec{r})}{\partial y} \end{cases}$$

$$\& \begin{cases} dV(\vec{r})|_z [\text{V}] = -\vec{E}(\vec{r})\cdot\hat{a}_z dz \equiv -E_z(\vec{r})dz \\ E_z(\vec{r})\ [\text{V/m}] = -\dfrac{\partial V(\vec{r})}{\partial z} \end{cases}$$

따라서 직교좌표계에서 스칼라 전위($V(r)$ [V])와 전계강도($\boldsymbol{E}(\boldsymbol{r})$ [V/m])의 관계는 다음과 같이 정리할 수 있다.

$$\begin{aligned} \vec{E}(\vec{r})\ [\text{V/m}] &= (E_x(\vec{r}), E_y(\vec{r}), E_z(\vec{r})) = E_x(\vec{r})\hat{a}_x + E_y(\vec{r})\hat{a}_y + E_z(\vec{r})\hat{a}_z \\ &= \left(-\frac{\partial V(\vec{r})}{\partial x}\right)\hat{a}_x + \left(-\frac{\partial V(\vec{r})}{\partial y}\right)\hat{a}_y + \left(-\frac{\partial V(\vec{r})}{\partial z}\right)\hat{a}_z = -\nabla V(\vec{r}) \end{aligned}$$

$$\boxed{\vec{E}(\vec{r})\ [\text{V/m}] = -\nabla V(\vec{r}) \longleftrightarrow V(\vec{r})\ [\text{V}] \equiv -\int_{\infty}^{\vec{r}} \vec{E}(\vec{r})\cdot d\vec{l}}$$

: 스칼라 전위분포로부터 벡터 물리량인 전계강도를 구하는 관계식 또는 벡터 물리량인 전계강도로부터 스칼라 전위분포를 구하는 관계식

즉, 스칼라 물리량인 전위분포($V(r)$ [V])의 음의 변화율 벡터가 전기장의 전계강도 벡터($\boldsymbol{E}(\boldsymbol{r})$ [V/m])가 됨을 뜻한다. 반도체 소자와 전자 부품의 동작 특성 이해에 도움이 될 1차원 공간의 전위분포($V(x)$ [V])와 전계강도($E(x)$ [V/m])의 관계를 정리하면 다음과 같다.

$$\vec{E}(\vec{r})|_{1-D}\ [\text{V/m}] = -\nabla V(\vec{r})|_{1-D} \Rightarrow E(x)\ [\text{V/m}] = -\frac{dV(x)}{dx}$$

즉 공간적으로 전위분포($V(x)$ [V])의 변화가 클수록 강한 전계강도($E(x)$ [V/m])가 형성되며, 전위가 높은 지점에서 전위가 낮은 지점으로 전계가 형성됨을 뜻한다.

1차원 공간의 직각좌표계에서 전위분포($V(x)$ [V])와 전계강도($E(x)$ [V/m])의 관계를 미분형과 적분형 관계식으로 정리하면 다음과 같다.

$$E(x)\ [\text{V/m}] = -\frac{dV(x)}{dx} \Rightarrow dV(x)\ [\text{V}] = -E(x)dx \Rightarrow \begin{cases} V(x)\ [\text{V}] = \int_{\infty}^{x} dV(x) = -\int_{\infty}^{x} E(x)dx \\ V_{AB}\ [\text{V}] = \int_{A}^{B} dV(x) = -\int_{A}^{B} E(x)dx = \int_{B}^{A} E(x)dx \end{cases}$$

: 1차원 전계강도와 전위 관계

즉 전계강도($E(x)$ [V/m])가 강한 영역일수록 두 지점의 전위차(전압)가 크게 나타나며, 전기장이 존재하는 구간의 거리가 멀수록 전위차가 큼을 의미한다.

3.2.2 보존 전기장의 전계강도에 대한 회전량 벡터($\nabla\times\boldsymbol{E}(\boldsymbol{r}) = \mathbf{0}$ [V/m^2])

정전기장 내에서 시험전하를 이동할 때 시작점에서 다시 제자리로 되돌아오는 폐경로의 경우, 이동 경로에 관계없이 정전기적 일(W_E [J]) 또는 에너지(E_p [J])는 다음과 같이 0이다.

$$W_{A\leftarrow A}\ [\mathrm{J}] = \int_A^A dW = \oint dW = -Q_t \oint \vec{E}(\vec{r}) \cdot d\vec{l}(\vec{r}) = 0$$

이와 같이 시험전하를 한 점에서 원래의 위치로 옮기는 데는 에너지가 필요하지 않으며, 이를 보존 전기장(conservative electric field)이라고 한다. 고정된 전하에 의해 형성된 시불변의 보존 전기장에서 폐경로에 대한 전위와 전계의 관계는 다음과 같이 임의의 경로에 대한 선적분으로 나타낼 수 있다.

$$V_{AA}\ [\mathrm{V}] = V_A - V_A = \oint \vec{E}(\vec{r}) \cdot d\vec{l}(\vec{r}) = \oint \vec{E}(\vec{r}) \cdot \hat{a}_t(\vec{r}) dl = 0\ ;\ d\vec{l}(\vec{r})\ [\mathrm{m}] \equiv dl\hat{a}_t(\vec{r})$$

그런데 관측점($\boldsymbol{r}$)에서 임의의 벡터 물리량 $\boldsymbol{A}(\boldsymbol{r})$의 회전량 벡터($\nabla\times\boldsymbol{A}(\boldsymbol{r})$)는 작은 크기의 면적(미소 면적) ΔS [m^2]를 형성하는 폐경로를 따라 회전하는 성분($\boldsymbol{A}_t(\boldsymbol{r})$)을 추출($\boldsymbol{A}(\boldsymbol{r})\cdot\boldsymbol{a}_t$)하여, 면적에 대한 평균값으로 정규화한 값이다. 즉 회전량 벡터의 크기($|\nabla\times\boldsymbol{A}(\boldsymbol{r})|$)는 물리량 벡터 $\boldsymbol{A}(\boldsymbol{r})$의 폐경로 전체에 걸친 회전 성분의 단위면적당 평균값이며, 회전량 벡터의 방향은 회전면에 수직인 방향으로 나타낸다.

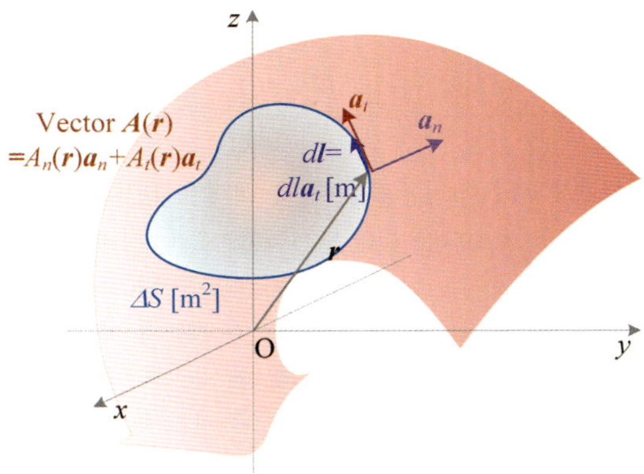

[그림 3-6] 벡터 $\boldsymbol{A}(\boldsymbol{r})$의 회전량 벡터를 위한 작은 조각의 면($\Delta S$ [m^2])을 구성하는 폐경로 내의 경로 조각($d\boldsymbol{l}$ [m])과 접선방향 단위벡터($\boldsymbol{a}_t$)

즉, 임의의 관측점에서 벡터 물리량 $\boldsymbol{A}(\boldsymbol{r})$의 회전 성분의 크기와 방향은 다음의 수식으로 요약할 수 있다.

$$\nabla\times\vec{A}(\vec{r}) \equiv \lim_{\Delta S\to \text{small}} \frac{\oint_{\Delta S} \vec{A}(\vec{r})\cdot d\vec{l}(\vec{r})}{\Delta S}\hat{a}_n(\vec{r}) = \lim_{\Delta S\to \text{small}} \frac{\oint_{\Delta S}\left(\vec{A}(\vec{r})\cdot \hat{a}_t(\vec{r})\right)dl}{\Delta S}\hat{a}_n(\vec{r})$$
: 벡터 물리량 $\boldsymbol{A}(\boldsymbol{r})$의 회전량 벡터($\nabla\times\boldsymbol{A}(\boldsymbol{r})$)의 정의

$\vec{A}(\vec{r}) = A_n(\vec{r})\hat{a}_n + A_t(\vec{r})\hat{a}_t$: 관측점($\boldsymbol{r}$)을 지나는 벡터 $\boldsymbol{A}(\boldsymbol{r})$는 미소면에 수직 성분($\boldsymbol{A}_n(\boldsymbol{r})$)과 접선 성분($\boldsymbol{A}_t(\boldsymbol{r})$)의 합

$d\vec{l}(\vec{r}) \equiv dl\hat{a}_t(\vec{r})$: 관측점의 미소 길이 벡터로서, 크기는 길이, 방향은 폐경로의 접선방향 단위벡터

$\vec{A}(\vec{r})\cdot\hat{a}_t(\vec{r}) = (A_n(\vec{r})\hat{a}_n + A_t(\vec{r})\hat{a}_t)\cdot\hat{a}_t(\vec{r}) = A_t(\vec{r})$: 벡터 $\boldsymbol{A}(\boldsymbol{r})$의 성분 중 작은 도선 조각 $d\boldsymbol{l}$과 평행한 성분 $\boldsymbol{A}_t(\boldsymbol{r})$만 추출함

$\vec{A}(\vec{r})\cdot d\vec{l}(\vec{r}) = \left(\vec{A}(\vec{r})\cdot\hat{a}_t(\vec{r})\right)dl$: 폐경로를 구성하는 미소 길이 $d\boldsymbol{l}$과 평행한 접선방향 성분 벡터 물리량 $\boldsymbol{A}(\boldsymbol{r})$의 총량

$\oint_{\Delta S}\vec{A}(\vec{r})\cdot d\vec{l}(\vec{r}) = \oint_{\Delta S}\left(\vec{A}(\vec{r})\cdot\hat{a}_t(\vec{r})\right)dl$: ΔS를 구성하는 폐경로 전체에 대한 접선방향 성분을 모두 합한 값

또한 임의의 관측점($\boldsymbol{r}$)에서 특정 폐경로를 통한 벡터 물리량 $\boldsymbol{A}(\boldsymbol{r})$의 회전량과 회전량 벡터($\nabla\times\boldsymbol{A}(\boldsymbol{r})$)의 수학적 정의, 회전량 벡터에 관한 스토크스의 정리를 적용하여 다시 요약하면 다음과 같다.

$$\oint_{\Delta S} \vec{A}(\vec{r}) \cdot d\vec{l}(\vec{r}) = \nabla \times \vec{A}(\vec{r}) \cdot \hat{a}_n \Delta S = \int_{\Delta S} \nabla \times \vec{A}(\vec{r}) \cdot \hat{a}_n dS = \int_{\Delta S} \nabla \times \vec{A}(\vec{r}) \cdot d\vec{S}$$

: 벡터 물리량 ***A*(*r*)**의 폐경로 전체에 대한 회전량

$$\boxed{\oint_{\Delta S} \vec{A}(\vec{r}) \cdot d\vec{l}(\vec{r}) = \int_{\Delta S} \nabla \times \vec{A}(\vec{r}) \cdot d\vec{S}}$$: 스토크스의 회전량 벡터에 관한 정리 (Curl theorem & Stokes's theorem)

이를 공간적으로 고정된 전하에 의해 형성되는(시불변) 보존 전기장에서 임의의 폐경로에 대한 전위와 전계강도($E(r)$ [V/m])의 관계에 적용하면 다음과 같다.

V_{oo} [V] $= -\oint \vec{E}(\vec{r}) \cdot d\vec{l} = -\int_{\Delta S} \nabla \times \vec{E}(\vec{r}) \cdot d\vec{S} = 0$: 시불변 정전기장에 적용한 스토크스의 회전량 벡터에 관한 정리

$\nabla \times \vec{E}(\vec{r}) = 0$ [V/m^2] : 정전기장의 전계는 회전성분이 존재하지 않음을 뜻함

즉 공간적으로 고정된 전하에 의해 형성된 시불변 전계강도는 회전 성분이 존재하지 않고, 오직 근원전하를 중심으로 방사방향의 전계만 존재함을 의미한다. 또한 폐경로의 형태와 경로의 크기에 관계없이 전위차가 0 [V]임을 의미하기도 한다. 이 식은 시불변 전기장의 특성을 나타내는 중요한 관계식으로, 정전기장(또는 보존 전기장)의 전계강도에 대한 맥스웰 방정식(Maxwell's equation)이라고 한다.

Section

3.3 근원전하에 의해 형성된 전기장의 전위분포의 예

근원전하(Q_S [C])에 의해 형성된 전기장 내의 전위분포($V(\boldsymbol{r})$ [V])와 전기장 내에서 시험전하(Q_t [C])를 이동시키는 데 필요한 일(W_E [J]) 또는 정전기적 에너지 장벽($E_p = Q_t V(\boldsymbol{r})$)의 관계를 그래프로 요약하면 [그림 3-7]과 같다.

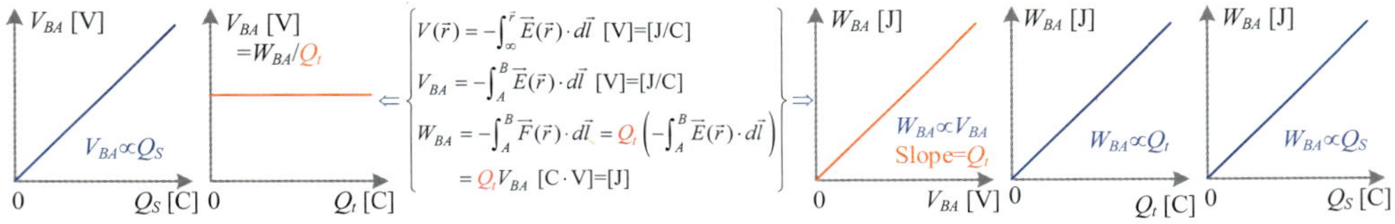

[그림 3-7] 근원전하에 의해 형성된 전기장 내에서 전위와 시험전하를 옮기는 데 필요한 일(정전기적 에너지)의 관계

이 관계를 이용하여 전기장을 해석하는 데 활용하기 위해서는 근원전하($Q_S = Q$ [C])에 의해 형성된 전기장의 전위분포($V(\boldsymbol{r})$ [V])를 구하는 방법을 잘 이해해야 한다. 근원전하($Q_S = Q$ [C])에 의해 형성된 전기장의 전위분포($V(\boldsymbol{r})$ [V])를 구하는 방법에는 다음 두 가지가 있다.

① 근원전하에 의해 형성된 전기장의 전위에 대한 정의로부터 전위분포($V(\boldsymbol{r})$ [V])를 구하는 방법,
② 근원전하에 의해 형성된 전기장의 등가전하밀도($\boldsymbol{D}(\boldsymbol{r})$ [C/m^2])를 구하고 이로부터 전위분포($V(\boldsymbol{r})$ [V])를 구하는 방법

첫째, 근원전하에 의해 형성된 전기장의 전위에 대한 정의로부터 전위분포($V(\boldsymbol{r})$ [V])를 구하는 방법으로 다음 식을 근거로 사용한다. 이 방법은 전하분포의 대칭성이 부족한 경우에 주로 유용한 해석 방법이다.

$$dV(\vec{r})\ [\text{V}] = \frac{1}{4\pi\epsilon}\frac{dQ_S(\vec{r}\,')}{R} = \frac{1}{4\pi\epsilon}\frac{dQ_S(\vec{r}\,')}{|\vec{r}-\vec{r}\,'|};\vec{R}\ [\text{m}] \equiv \vec{r}-\vec{r}\,'$$: 분포전하 조각에 의해 형성된 전기장의 전위분포

$$dQ_S(\vec{r}\,')\ [\text{C}] = \begin{cases} \rho_l(\vec{r}\,')dl' & : \rho_l(\vec{r}\,')\ [\text{C/m}] \\ \rho_s(\vec{r}\,')dS' & : \rho_S(\vec{r}\,')\ [\text{C/m}^2] \\ \rho_\upsilon(\vec{r}\,')d\upsilon' & : \rho_\upsilon(\vec{r}\,')\ [\text{C/m}^3] \end{cases}$$: 전기장을 형성하는 분포전하 조각의 부분 전하량

$$V(\vec{r})\ [\text{V}] \equiv -\int_{\substack{source \\ charge:\vec{r}\,'}} dV(\vec{r},\vec{r}\,')$$: 분포전하에 의해 형성된 전기장의 전위분포

이로부터 벡터 전계강도($\boldsymbol{E}(\boldsymbol{r})$ [V/m]), 등가전하밀도($\boldsymbol{D}(\boldsymbol{r})$ [C/m^2]), 전기장 내의 시험전하에 작용하는 정전기적 힘, 전기장 내에서 전하를 띤 입자를 옮기는 데 필요한 에너지 또는 전기장으로부터 얻을 수 있는 정전기적 에너지도 구할 수 있으며, 그 근거식은 각각 다음과 같다.

$\vec{E}(\vec{r})$ [V/m] $= -\nabla V(\vec{r})$: z-축의 무한 선전하에 의해 형성된 전기장의 전계강도

$\vec{D}(\vec{r})$ [C/m^2] $= \epsilon\vec{E}(\vec{r})$: z-축의 무한 선전하에 의해 형성된 전기장의 등가전하밀도(전속밀도)

$\vec{F}(\vec{r})$ [N] $= Q_t\vec{E}(\vec{r})$: 무한 선전하에 의해 형성된 전기장 내에서 시험전하에 작용하는 힘

W_{BA} [J] $= Q_t V_{BA}$: 무한 선전하에 의해 형성된 전기장 내에서 시험전하를 옮기는 데 필요한 에너지

둘째, 근원전하에 의해 형성된 전기장의 등가전하밀도($\boldsymbol{D}(\boldsymbol{r})$ [C/m^2])를 구하고 이로부터 전위분포($V(\boldsymbol{r})$ [V])를 구하는 방법이다. 이 방법은 가우스 법칙을 사용할 수 있도록 전하분포의 대칭성이 잘 갖춰진 경우에 유용한 해석 방법이다.

$\oint_{\substack{closed\\surface}} \vec{D}(\vec{r})\cdot d\vec{S} = Q_{enc}$ [C] : 가우스 법칙을 이용하여 등가전하밀도를 구하는 데 사용

$\vec{E}(\vec{r})$ [V/m] $= \frac{1}{\epsilon}\vec{D}(\vec{r})$: 근원전하에 의해 형성된 전기장의 전계강도

$V(\vec{r})$ [V] $= -\int_{\infty}^{\vec{r}} \vec{E}(\vec{r})\cdot d\vec{l}$: 근원전하에 의해 형성된 전기장의 절대전위분포

V_{BA} [V] $= V_B - V_B - \int_{\vec{r}_A}^{\vec{r}_B} \vec{E}(\vec{r})\cdot d\vec{l}$: 근원전하에 의해 형성된 전기장의 두 지점의 전위차

$\vec{F}(\vec{r})$ [N] $= Q_t\vec{E}(\vec{r})$: 전기장 내에서 시험전하에 작용하는 정전기적 힘

W_{BA} [J] $= Q_t V_{BA}$: 전기장 내에서 시험전하를 A에서 B로 옮기는 데 필요한 에너지

근원전하의 형태가 하나의 점전하인 경우, 다수의 점전하인 경우, 공간적으로 분산된 형태인 z-축의 무한 선전하인 경우, 그리고 xy-평면의 무한 면전하에 의해 형성된 전기장의 전위분포를 예로 들어 해석한다.

3.3.1 원점의 점전하에 의해 형성된 전기장의 스칼라 전위분포

[그림 3-8]에 나타낸 것과 같이 원점(O(0,0,0))에 존재하는 점전하($Q_S = Q$ [C])가 전기장 형성의 근원전하인 경우, 전기장에 의한 전위분포($V(\boldsymbol{r})$ [V])를 구하기 위해서는 가우스 법칙을 이용하여 등가전하밀도($\boldsymbol{D}(\boldsymbol{r})$ [C/m^2])와 전계강도($\boldsymbol{E}(\boldsymbol{r})$ [V/m])를 구하고, 이로부터 전위분포($V(\boldsymbol{r})$ [V])와 필요한 경우 시험전하를 옮기는 데 필요한 에너지 또는 정전기적 에너지 장벽(W_E & E_p [J])을 구하는 것이 편리하다.

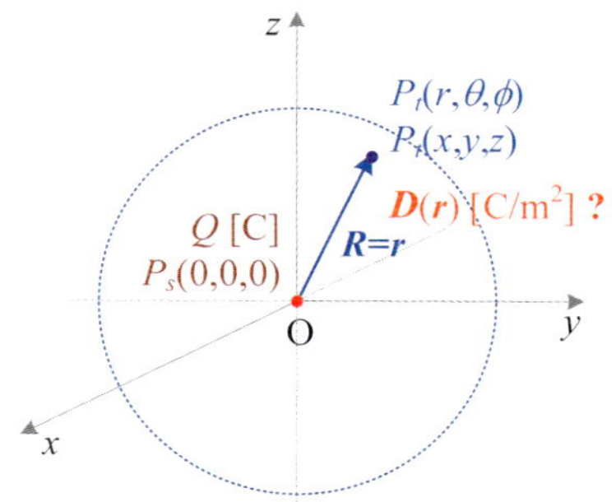

[그림 3-8] 좌표계의 원점(O(0,0,0))에 존재하는 근원 점전하(Q [C])에 의해 형성된 전기장(등가전하밀도와 전계강도)

쿨롱의 법칙에 의하면, 원점의 점전하에 의해 형성된 전기장은 원점 대칭구조이므로 [그림 3-9]에 나타낸 것과 같이 반지름이 r [m]인 구면을 가우스 폐곡면으로 택할 수 있다. 원점의 점전하에 의해 형성된 방사방향 전기장에서 선택한 가우스 폐곡면에서는 어느 지점이나 전계강도의 세기가 동일하고 또한 전계강도 벡터는 가우스 평면에 수직인 방사방향 성분($\boldsymbol{a}_E = \boldsymbol{a}_r$)만 존재한다.

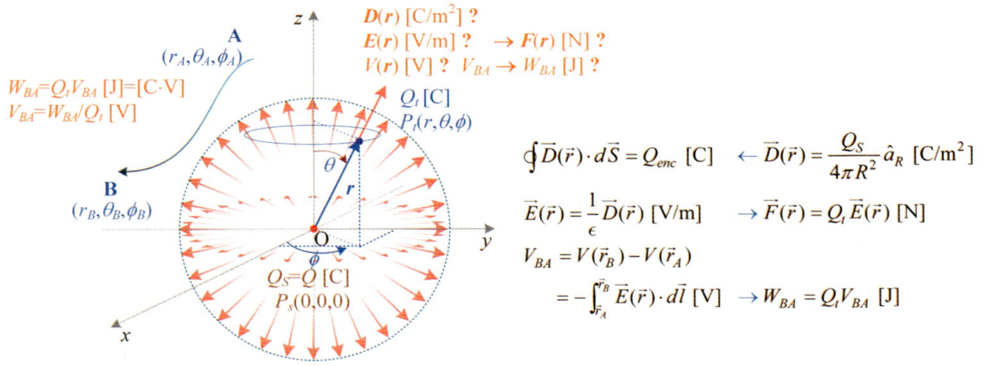

[그림 3-9] 좌표계의 원점(O(0,0,0))에 존재하는 근원 점전하(Q [C])에 의해 형성된 전기장(등가전하밀도와 전계강도, 전위, 정전기적 일)

가우스 법칙을 적용하여 점전하에 의해 형성되는 전기장의 등가전하밀도 벡터($\boldsymbol{D}(\boldsymbol{r})$ [C/m²])를 구할 수 있다.

$$\oint_{\substack{closed\\surface}} \vec{D}(\vec{r}) \cdot d\vec{S} = \oint_{\substack{closed\\surface}} \left(D_r(\vec{r})\hat{a}_r \cdot r^2 \sin\theta d\theta d\phi \hat{a}_r \right)$$

$$= \int_{\phi=0}^{2\pi} \left(\int_{\theta=0}^{\pi} \left(D_r(\vec{r}) r^2 \sin\theta \right) d\theta \right) d\phi = 4\pi r^2 D_r(\vec{r}) = Q_{enc} = Q \text{ [C]}$$

$$D_r(\vec{r}) \text{ [C/m}^2\text{]} = \frac{Q}{4\pi r^2}$$

$$\vec{D}(\vec{r}) = \vec{D}(r,\theta,\phi) = D_r(\vec{r})\hat{a}_r = \frac{Q}{4\pi r^2}\hat{a}_r \ \ \& \ \ D_\theta = 0, D_\phi = 0 \text{ [C/m}^2\text{]}$$: 등가전하밀도(전속밀도)

또한, 근원전하에 의해 형성되는 전기장의 전계강도($\boldsymbol{E}(\boldsymbol{r})$ [V/m])는 등가전하밀도와의 관계를 이용하여 다음과 같이 구할 수 있다.

$$\vec{E}(\vec{r}) \text{ [V/m]} = \frac{1}{\epsilon}\vec{D}(r,\theta,\phi) = \frac{1}{4\pi\epsilon}\frac{Q}{r^2}\hat{a}_r \ \ \& \ \ E_\theta = 0, E_\phi = 0 \text{ [V/m]}$$: 쿨롱의 법칙과 근원전하에 의해 형성된 전기장의 전계강도

가우스 법칙을 이용하여 얻은 등가전하밀도와 전계강도는 근원전하량에 비례하고, 근원전하로부터 거리의 제곱에 반비례하며, 근원전하로부터 관측점으로 향하는 방사방향의 성분만 존재한다. 근원전하에 의해 형성되는 등가전하밀도와 전계강도를 결정하는 요소들과 방향에 따른 변화를 [그림 3-10]에 요약하였다.

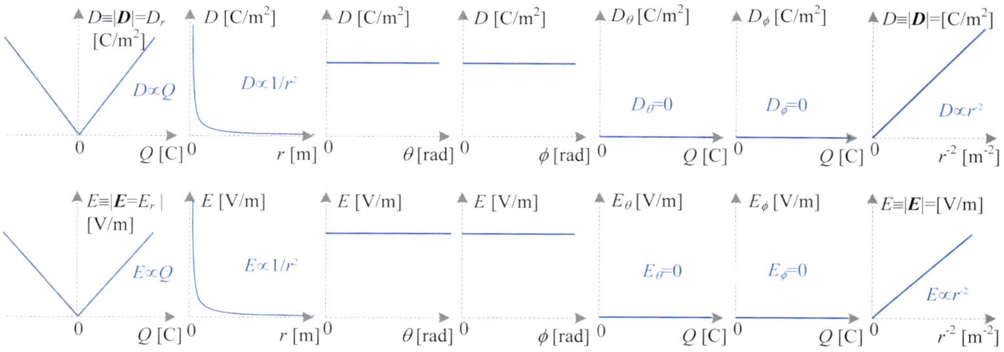

[그림 3-10] 좌표계의 원점(O(0, 0, 0))에 존재하는 근원 점전하(Q [C])에 의해 형성된 등가전하밀도와 전계강도의 변화

또한 근원전하에 의해 형성된 전기장의 전계강도($\boldsymbol{E}(\boldsymbol{r})$ [V/m])로 인한 정전기적 전위분포($V(\boldsymbol{r})$ [V])는 다음 식을 통해 구할 수 있다.

$$V(\vec{r})\ [\mathrm{V}] = V_{\vec{r}\leftarrow\infty} = V(\vec{r}) - V(\infty) = -\int_{\infty}^{\vec{r}} \vec{E}(\vec{r})\cdot d\vec{l}\quad \begin{cases} \vec{E}(\vec{r})\ [\mathrm{V/m}] = \dfrac{1}{\epsilon_o}\vec{D}(r,\theta,\phi) = \dfrac{1}{4\pi\epsilon}\dfrac{Q}{r^2}\hat{a}_r \\ d\vec{l}\ \ [\mathrm{m}] = dr\hat{a}_r + rd\theta\hat{a}_\theta + r\sin\theta d\phi\hat{a}_\phi;\ \ \vec{r} = (r,\theta,\phi) \end{cases}$$

따라서 원점의 점전하(Q_S [C])에 의해 형성된 전기장의 전위분포는 다음과 같이 근원전하로부터의 거리에 반비례하여 감소한다.

$$\begin{aligned} V(\vec{r})\ [\mathrm{V}] &= -\int_{\infty}^{\vec{r}} \vec{E}(\vec{r})\cdot d\vec{l} = -\int_{\infty}^{\vec{r}} \left(\frac{1}{4\pi\epsilon_o}\frac{Q}{r^2}\hat{a}_r\right)\cdot(dr\hat{a}_r + rd\theta\hat{a}_\theta + r\sin\theta d\phi\hat{a}_\phi) \\ &= -\int_{\infty}^{\vec{r}} \frac{1}{4\pi\epsilon}\frac{Q}{r^2}dr = \frac{1}{4\pi\epsilon}\frac{Q}{r}\bigg|_{\infty}^{\vec{r}} \\ &= \frac{1}{4\pi\epsilon}\frac{Q}{r} \propto \begin{cases} Q(=Q_S) \\ 1/r \end{cases} \end{aligned}$$

: 원점의 점전하에 의해 형성된 전기장의 절대전위분포($V(r{=}\infty){=}0$ [V])

원점의 점전하(Q_S [C])에 의해 형성된 전기장의 전위분포($V(\boldsymbol{r})$ [V])를 결정하는 요소와 변화를 [그림 3-11]에 요약하였다.

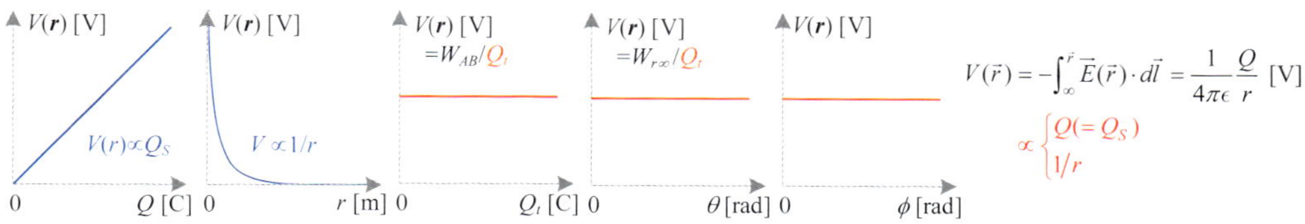

[그림 3-11] 좌표계의 원점(O(0, 0, 0))에 존재하는 근원 점전하(Q [C])에 의해 형성된 전위분포의 변화

A점($\boldsymbol{r}_A = (r_A, \theta_A, \phi_A)$)과 B점($\boldsymbol{r}_B = (r_B, \theta_B, \phi_B)$)의 전위차 V_{BA}는 다음과 같이 두 지점의 z-축과 이루는 각(θ [rad])과 x-축으로부터의 회전각(ϕ [rad])에는 무관하고, 원점으로부터의 거리(r [m])에 의해서만 결정된다.

$$V_{BA}\ [\mathrm{V}] \equiv -\int_A^B \vec{E}(\vec{r})\cdot d\vec{l} = -\int_{r_A}^{r_B} \frac{1}{4\pi\epsilon}\frac{Q}{r^2}dr = \frac{1}{4\pi\epsilon}\frac{Q}{r}\bigg|_{r_A}^{r_B} = \frac{Q}{4\pi\epsilon}\left(\frac{1}{r_B}-\frac{1}{r_A}\right) \propto \begin{cases} Q(=Q_S) \\ \left(\frac{1}{r_B}-\frac{1}{r_A}\right)\end{cases}$$: 두 지점의 전위차

근원전하(Q_S [C])에 의해 형성된 전기장 내에서 전계에 의한 정전기적 영향을 받는 시험전하(Q_t [C])를 전위차가 V_{BA}인 A지점으로부터 B지점으로 옮기는 데 필요한 일 또는 정전기적 에너지($W_{AB}=Q_tV_{BA}$ [J])는 다음과 같다.

$$\left.\begin{aligned} W_{BA}\ [\mathrm{J}] &= [\mathrm{C\cdot V}] = W_{B\leftarrow A} = Q_tV_{BA} = \frac{Q_tQ}{4\pi\epsilon}\left(\frac{1}{r_B}-\frac{1}{r_A}\right) \\ W_{BA}\ [\mathrm{J}] &= [\mathrm{N\cdot m}] = -\int_A^B \vec{F}(\vec{r})\cdot d\vec{l} = Q_t\left(-\int_A^B \vec{E}(\vec{r})\cdot d\vec{l}\right) = \frac{Q_tQ}{4\pi\epsilon}\left(\frac{1}{r_B}-\frac{1}{r_A}\right)\end{aligned}\right\} \propto \begin{cases} V_{BA} \propto \begin{cases} Q(=Q_S) \\ 1/r \end{cases} \\ Q_t \end{cases}$$

: 시험전하(Q_t [C])를 옮기는 데 필요한 일 또는 정전기적 에너지

근원전하(Q_S [C])에 의해 형성된 전기장에 의한 전위차가 V인 지점으로 시험전하(Q_t [C])를 옮기는 데 필요한 일 또는 정전기적 에너지($W_E = Q_tV$ [J])를 결정하는 요소를 그림으로 요약하면 [그림 3-12]와 같다.

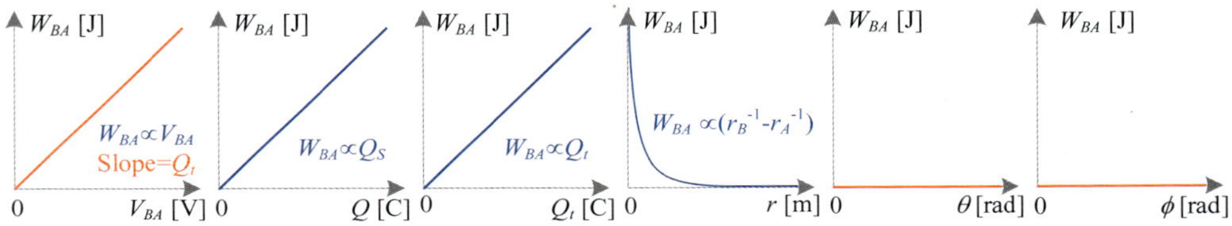

[그림 3-12] 좌표계의 원점(O(0, 0, 0))에 존재하는 근원 점전하(Q [C])에 의해 형성된 전기장에서 시험전하를 A점으로부터 B점으로 이동하는 데 필요한 일(또는 정전기적 에너지)의 변화

특히, 점전하에 의해 형성된 절대전위분포에 대한 결과는 등가전하밀도나 전계강도의 벡터 물리량을 사용하지 않고 직접 스칼라 전위분포를 구하는 근거로 사용한다. 즉, 임의의 점($\boldsymbol{r}'$)에 존재하는 점전하(Q_S [C])에 의해 형성되는 전기장의 관측점($\boldsymbol{r}$) 전위분포($V(\boldsymbol{r})$ [V])는 다음 식을 통해 구할 수 있다.

$$V(\vec{r})\ [\mathrm{V}] = -\int_\infty^{\vec{r}} \vec{E}(\vec{r})\cdot d\vec{l} = \frac{1}{4\pi\epsilon}\frac{Q_S}{R}\ ;\ \vec{R}\ [\mathrm{m}] \equiv \vec{r}-\vec{r}\,'$$: 점전하에 의해 형성된 전기장의 관측점에서 절대전위분포

[그림 3-13]에 나타낸 것과 같이 다수의 근원전하(Q_{S1}, Q_{S2}, Q_{S3}, …… Q_{Si}, ……, Q_{SN} [C])가 형성한 전기장에 의한 정전기적 전위분포($V(\boldsymbol{r})$ [V])는 개별 근원전하(Q_{Si} [C])에 의한 전위(V_i)의 스칼라 합(중첩의 원리)으로 구할 수 있으며, 이를 수식으로 정리하면 다음과 같다.

$$V_i(\vec{r})\ [\mathrm{V}] = -\int_\infty^{\vec{r}} \vec{E}_i(\vec{r})\cdot d\vec{l}_i = \frac{1}{4\pi\epsilon}\frac{Q_{Si}(\vec{r}_i\,')}{R_i}\ ;\ \vec{R}_i = \vec{r}-\vec{r}_{Si} = \vec{r}-\vec{r}_i\,'$$: 개별 점전하에 의해 형성된 전기장의 절대전위분포

$$V(\vec{r})\ [\mathrm{V}] = V_1(\vec{r})+V_2(\vec{r})+V_3(\vec{r})+\cdots\cdots+V_i(\vec{r})+\cdots\cdots+V_N(\vec{r}) = \sum_{i=1}^{N} V_i(\vec{r})$$: 다수 점전하에 의해 형성된 전기장의 절대전위분포

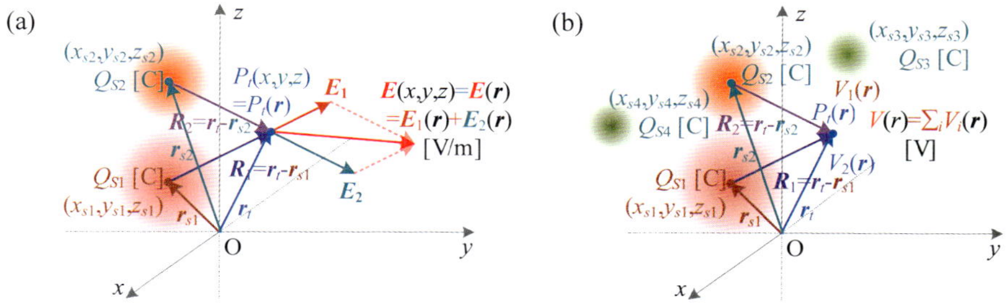

[그림 3-13] (a) 다수의 근원전하 (b) 불균일하게 분포된 근원전하에 의해 형성된 전기장과 전위분포($V(\mathbf{r})$ [V])

만약, 공간적으로 분산되어 분포하는 경우에는 근원전하 조각(dQ_S [C])에 의해 형성되는 부분적 전위분포($dV(\mathbf{r})$ [V])를 근원전하 전체에 대한 적분을 통해 구할 수 있다.

$$dV(\vec{r})\ [\text{V}] = \frac{1}{4\pi\epsilon}\frac{dQ_S(\vec{r}\,')}{R}\ ;\ \vec{R}\ [\text{m}] \equiv \vec{r} - \vec{r}\,',\ dQ_S\ [\text{C}] = \begin{cases} \rho_l dl' \\ \rho_S dS' \\ \rho_\upsilon d\upsilon' \end{cases}$$: 점전하에 의해 형성된 전기장의 관측점에서 절대전위분포

$$V(\vec{r})\ [\text{V}] = \int_{\substack{source\\charge}} dV(\vec{r})$$: 점전하에 의해 형성된 전기장의 관측점에서 절대전위분포

3.3.2 전하 켤레에 의해 형성된 전기장의 스칼라 전위분포와 등전위면

[그림 3-14]에 나타낸 것과 같이 $(0,0,+h)$인 지점에 양의 점전하($+Q$ [C]), 이 전하와 xy-평면에 대해 대칭인 지점$(0,0,-h)$에 동일한 크기의 음의 점전하($-Q$ [C])가 존재하는 경우, 임의의 관측점($\mathbf{r}$)에서 전위분포($V(\mathbf{r})$ [V])를 이해하고자 한다. 이는 전자재료 내의 전하쌍극자(electric charge dipole)의 특성과 전하쌍극자들의 집합체인 유전체를 이해하는 과정에도 도움이 된다.

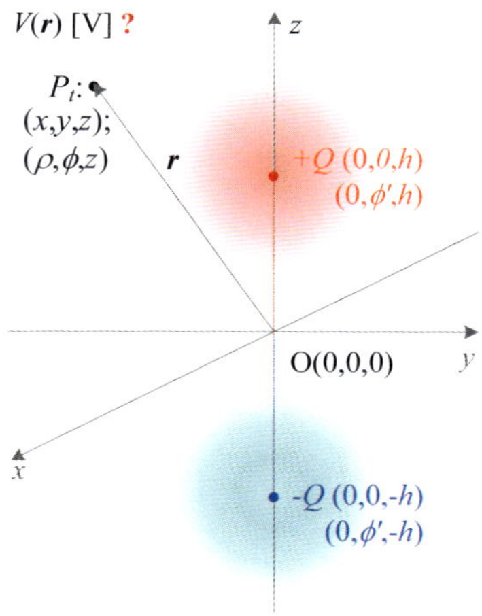

[그림 3-14] $(0, 0, +h)$인 지점에 양의 점전하($+Q$ [C]), 이 전하와 xy-평면에 대해 대칭인 지점$(0, 0, -h)$에 동일한 크기의 음의 점전하($-Q$ [C])가 존재하는 전기장

양의 점전하(+Q [C])와 음의 점전하(−Q [C])가 근원전하로 존재하는 전기장의 전위분포($V(\boldsymbol{r})$ [V])는 양의 점전하(+Q [C])에 의해 형성된 전기장의 전위분포($V_{+Q}(\boldsymbol{r})$ [V])와 음의 점전하(−Q [C])에 의해 형성된 전기장의 전위분포($V_{-Q}(\boldsymbol{r})$ [V])의 스칼라 합으로 나타낼 수 있다.

$$V(\vec{r})\ [\text{V}] = V_{+Q}(\vec{r}) + V_{-Q}(\vec{r})$$: 양의 점전하(+Q [C])와 음의 점전하(−Q [C])에 의해 형성된 전위가 모두 합쳐진 전위분포

$$\vec{r} = (x, y, z) = (\rho, \phi, z)$$: 전기장 내 관측점 좌표

양의 점전하(+Q [C])에 의해 형성된 전기장의 전위분포($V_{+Q}(\boldsymbol{r})$ [V])와 음의 점전하(−Q [C])에 의해 형성된 전기장의 전위분포($V_{-Q}(\boldsymbol{r})$ [V]), 그리고 전위의 합($V(\boldsymbol{r})$ [V])은 각각 다음과 같다.

$$V_{+Q}(\vec{r})\ [\text{V}] = \frac{+Q}{4\pi\epsilon R_+};\begin{cases}\vec{r}_+' = (0, \phi', +h)\\ \vec{R}_+ = \vec{r} - \vec{r}_+' = (\rho, \phi, z) - (0, \phi', +h)\\ R_+ = |\vec{R}_+| = \sqrt{\rho^2 + (z-h)^2}\end{cases}$$: 양의 점전하(+Q [C])에 의해 형성된 전기장의 전위분포($V_{+Q}(\boldsymbol{r})$ [V])

$$V_{-Q}(\vec{r})\ [\text{V}] = \frac{-Q}{4\pi\epsilon R_-};\begin{cases}\vec{r}_-' = (0, \phi', -h)\\ \vec{R}_- = \vec{r} - \vec{r}_-' = (\rho, \phi, z) - (0, \phi', -h)\\ R_- = |\vec{R}_-| = \sqrt{\rho^2 + (z+h)^2}\end{cases}$$: 음의 점전하(−Q [C])에 의해 형성된 전기장의 전위분포($V_{-Q}(\boldsymbol{r})$ [V])

$$\begin{aligned}V(\vec{r})\ [\text{V}] &= V_{+Q}(\vec{r}) + V_{-Q}(\vec{r}) = \frac{+Q}{4\pi\epsilon R_+} + \frac{-Q}{4\pi\epsilon R_-} = \frac{Q}{4\pi\epsilon}\left(\frac{1}{R_+} - \frac{1}{R_+}\right)\\ &= \frac{Q}{4\pi\epsilon}\left(\frac{1}{\sqrt{\rho^2 + (z-h)^2}} - \frac{1}{\sqrt{\rho^2 + (z+h)^2}}\right)\end{aligned}$$

$$V(\vec{r})|_{(\rho,\phi,z>0)}\ [\text{V}] > 0$$: xy-평면 위($z > 0$)의 전위는 양의 값을 가짐

$$V(\vec{r})|_{(\rho,\phi,z<0)}\ [\text{V}] < 0$$: xy-평면 아래($z < 0$)의 전위는 음의 값을 가짐

양의 점전하(+Q [C])와 음의 점전하(−Q [C]) 결레가 형성한 전기장에서 $V(\boldsymbol{r}) = 0$ [V]의 전위를 갖는 등전위면(equi-potential surface)은 [그림 3−15]에 나타낸 것과 같이 두 전하로부터 동일한 거리에 있는 점들의 집합인 xy-평면이 된다.

$$V(\vec{r})|_{(\rho,\phi,z=0)}\ [\text{V}] = \frac{Q}{4\pi\epsilon}\left(\frac{1}{\sqrt{\rho^2 + (z-h)^2}} - \frac{1}{\sqrt{\rho^2 + (z+h)^2}}\right)_{(\rho,\phi,z=0)} = \frac{Q}{4\pi\epsilon}\left(\frac{1}{\sqrt{\rho^2 + h^2}} - \frac{1}{\sqrt{\rho^2 + h^2}}\right) = 0$$

특히, 양의 전하 윗쪽($z > +h$)과 음의 전하 아랫쪽($z < -h$)에서는 전위가 급격하게 감소하며, 전하쌍극자의 영향이 거의 나타나지 않음을 뜻한다. 이는 전하쌍극자로부터 먼 곳에서는 마치 결레전하가 중성($Q+-Q = 0$ [C])으로 보이기 때문이다.

$$V(0,0,z>+h)\ [\text{V}] = \frac{Q}{4\pi\epsilon}\left(\frac{1}{z-h} - \frac{1}{(z+h)}\right) = +\frac{Q}{4\pi\epsilon}\frac{2h}{z^2 - h^2}$$

$$V(0,0,z<-h)\ [\text{V}] = \frac{Q}{4\pi\epsilon}\left(\frac{1}{-(z-h)} - \frac{1}{-(z+h)}\right) = -\frac{Q}{4\pi\epsilon}\frac{2h}{z^2 - h^2}$$

전하 결레(전하쌍극자)를 연결하는 축(z-축) 위의 관측점($\boldsymbol{r} = (0,0,z)$)에서 전위의 변화($V(0,0,z)$)를 [그림 3−15](b)에 요약하였다.

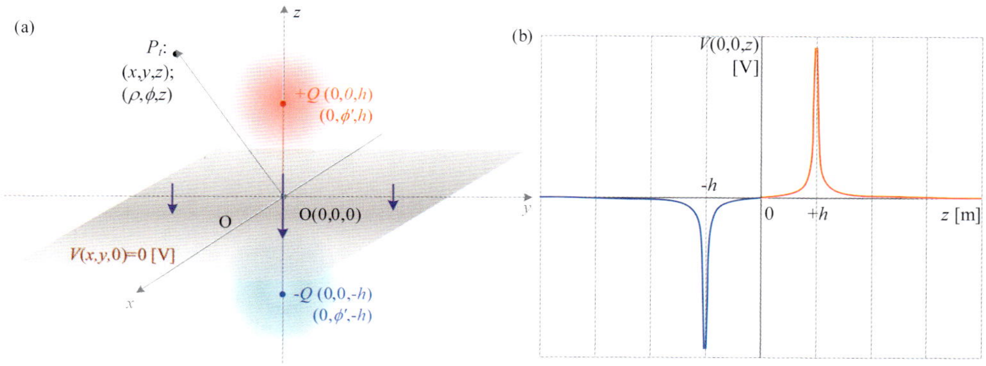

[그림 3-15] (0,0,+h)인 지점에 양의 점전하(+Q [C]), 이 전하와 xy-평면에 대해 대칭인 지점(0, 0, −h)에 동일한 크기의 음의 점전하(−Q [C])에 의해 형성된 전기장의 (a) $V(\boldsymbol{r})=0$ [V]의 등전위면과 (b) z-축상(0,0,z)의 전위 변화

이와 같이 전하량이 같고 부호가 다른 2개의 점전하에 의해 형성되는 등전위면은 전하쌍극자에 의해 형성되는 전기장과 이후 금속을 등전위면으로 한 단일 전하에 의한 전기장의 해석 과정에서 가상의 대칭전하(image charge)를 이용한 해석 과정(가상전하법: image charge method)에 요긴하게 사용된다.

3.3.3 무한히 긴 선전하에 의해 형성된 전기장의 스칼라 전위분포

[그림 3-16]과 같이 선전하분포, 면전하분포, 또는 체적전하분포 형태로 분산되어 분포하는 근원전하($dQ_S(\boldsymbol{r}')$ [C])가 형성한 전기장의 전위분포($V(\boldsymbol{r})$ [V])는 근원전하 조각($dQ_S(\boldsymbol{r}')$)에 의한 부분적 전위($dV(\boldsymbol{r})$ [V])의 스칼라 합인 적분을 통해 구할 수 있다.

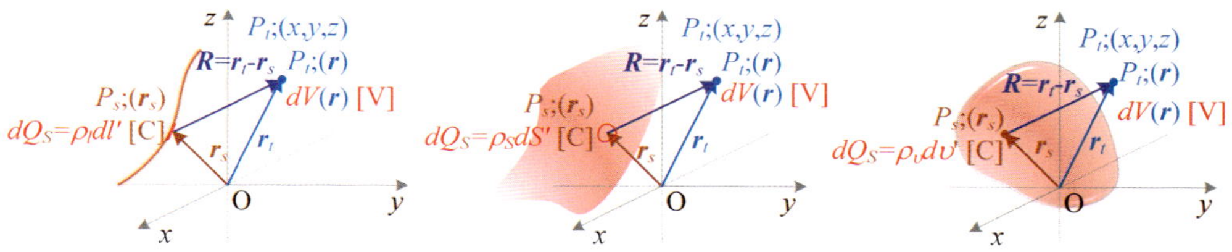

[그림 3-16] 다수의 근원전하들 또는 불균일하게 분포된 근원전하에 의해 형성된 전위분포

즉, 다수의 점전하에 의해 형성된 전기장의 전위분포는 개별 전하에 의한 전위분포의 스칼라 합인 것을 참고하면, 공간적으로 분산되어 분포하는 전하조각(dQ_S [C])에 의해 형성된 전기장의 전위분포($V(\boldsymbol{r})$ [V])는 다음과 같이 구할 수 있다.

$$dV(\vec{r})\ [\mathrm{V}] = \frac{1}{4\pi\epsilon}\frac{dQ_S(\vec{r}\,')}{R} = \frac{1}{4\pi\epsilon}\frac{dQ_S(\vec{r}\,')}{|\vec{r}-\vec{r}\,'|};\ \vec{R}\ [\mathrm{m}] \equiv \vec{r}-\vec{r}\,' = \vec{r}_t - \vec{r}_S\,'$$: 분포전하 조각에 의해 형성된 전기장의 전위분포

$$dQ_S(\vec{r}\,')\ [\mathrm{C}] = \rho_l(\vec{r}\,')dl' : \rho_l(\vec{r}\,')\ [\mathrm{C/m}]$$: 선전하 형태 전하 조각의 전하량

$$= \rho_s(\vec{r}\,')dS' : \rho_S(\vec{r}\,')\ [\mathrm{C/m^2}]$$: 면전하 형태 전하 조각의 전하량

$$= \rho_\upsilon(\vec{r}\,')d\upsilon' : \rho_\upsilon(\vec{r}\,')\ [\mathrm{C/m^3}]$$: 입체 구조 전하 조각의 전하량

$$V(\vec{r})\ [\text{V}] \equiv -\int_{\substack{source\\ charge:\vec{r}'}} dV(\vec{r},\vec{r}')$$: 분포전하에 의해 형성된 전기장의 전위분포

이제 불균일 분포의 부분적 근원전하(dQ_S [C])에 의해 형성된 부분전위($dV(r)$ [V])와 총 전위($V(r)$ [V])의 해석 과정으로 1) z-축상의 무한히 긴 균일 밀도(ρ_l [C/m])의 선전하에 의해 형성된 전기장의 전위분포, 2) 균일한 면전하밀도(ρ_S [C/m^2])를 가진 xy-평면($z = 0$)의 무한 면전하에 의해 형성된 전기장의 전위분포를 구하는 과정을 설명한다.

[그림 3-17]에 나타낸 것과 같이 z-축의 무한 선전하(ρ_l [C/m])에 의해 형성된 전기장의 스칼라 전위분포($V(\boldsymbol{r})$ [V])를 구하면, 이로부터 전계강도($\boldsymbol{E}(\boldsymbol{r})$ [V/m]), 등가전하밀도($\boldsymbol{D}(\boldsymbol{r})$ [C/m^2]), 관측점의 시험전하(Q_t [C])가 받는 정전기적 힘($\boldsymbol{F}(\boldsymbol{r})$ [N]), 그리고 시험전하를 무한대 지점으로부터 관측점까지 옮기는 데 필요한 에너지(W [J])도 구할 수 있다..

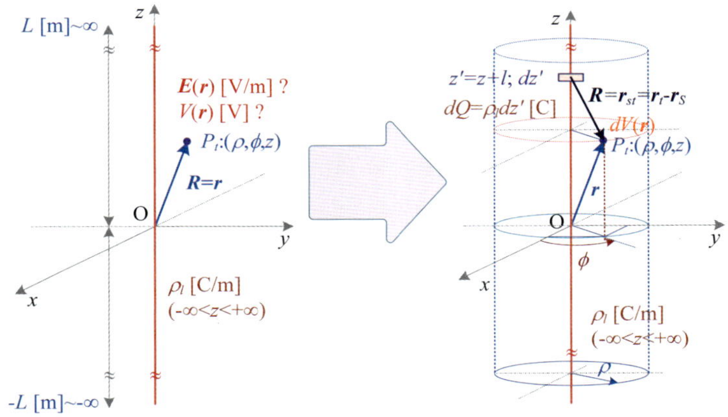

[그림 3-17] z-축의 무한 선전하(ρ_l [C/m])에 의해 형성된 벡터 물리량인 전계강도($\boldsymbol{E}(\boldsymbol{r})$ [V/m])와 스칼라 물리량인 전위분포($V(\boldsymbol{r})$ [V])

[그림 3-17]에 나타낸 것과 같이, z-축에 존재하는 무한한 길이(L [m]~∞)의 선전하(선전하밀도 = ρ_l [C/m])에 의해 형성된 전기장의 스칼라 전위분포($V(\boldsymbol{r})$ [V])는 다음과 같이 구할 수 있다.

$$dQ_S(\vec{r}_S)\ [\text{C}] = \rho_l(\vec{r}_S)dl' = \rho_l(\vec{r}_S)dz' : \rho_l(\vec{r}_S)\ [\text{C/m}]$$: 전기장을 형성하는 선전하 조각의 전하량(dQ_S [C])

$$\vec{r}\ [\text{m}] = (\rho,\phi,z) = \rho\cos\phi\hat{a}_x + \rho\sin\phi\hat{a}_y + z\hat{a}_z$$: 관측점의 원통좌표계로부터 변환된 직각좌표계 좌표

$$\vec{r}'\ [\text{m}] = (0,\phi',z') = \rho'\cos\phi'\hat{a}_x + \rho'\sin\phi'\hat{a}_y + z'\hat{a}_z\Big|_{(0,\phi',z')} = z'\hat{a}_z$$

: 근원전하점의 원통좌표계로부터 변환된 직각좌표계 좌표

$$\vec{R}\ [\text{m}] = \vec{r} - \vec{r}' = (x-x')\hat{a}_x + (y-y')\hat{a}_y + (z-z')\hat{a}_z = \rho\cos\phi\hat{a}_x + \rho\sin\phi\hat{a}_y + (z-z')\hat{a}_z$$

: 근원전하로부터 관측점으로 향하는 벡터

$$R = |\vec{r} - \vec{r}'| = \sqrt{\rho^2 + (z-z')^2}$$: 근원전하로부터 관측점까지의 거리

먼저 z-축의 작은 선전하 조각에 의해 형성되는 전기장의 전위분포($dV(\boldsymbol{r})$ [V])는 다음과 같다.

$$dV(\vec{r})\ [\text{V}] = \frac{1}{4\pi\epsilon}\frac{dQ_S}{R} = \frac{1}{4\pi\epsilon}\frac{\rho_l dz'}{\sqrt{\rho^2 + (z-z')^2}}$$: 근원전하 조각에 의해 형성된 전기장의 전위분포

따라서 z-축의 무한 선전하에 의해 형성된 전기장은 선전하 조각이 형성하는 전위분포($dV(\boldsymbol{r})$ [V])를 모두 합하면(적분하면) 된다. 특히, z-축상의 무한히 긴 선전하 분포의 대칭성으로 인해 관측점의 z-축 좌표에는 무관한 전위분포를 얻을 것을 고려하여, 관측점을 $\boldsymbol{r} = (r, f, z = 0)$로 설정하면 보다 쉽게 구할 수 있다.

$$V(\vec{r})\ [\mathrm{V}] = \int_{z'=-L \to -\infty}^{z'=+L \to +\infty} dV(\vec{r}) = \frac{\rho_l}{4\pi\epsilon}\int_{z'=-L \to -\infty}^{z'=+L \to +\infty} \frac{1}{\sqrt{\rho^2 + (z-z')^2}} dz' = \frac{\rho_l}{2\pi\epsilon}\int_0^{z'=+L \to +\infty} \frac{1}{\sqrt{\rho^2 + z'^2}} dz'$$

$$= \frac{\rho_l}{2\pi\epsilon}\ln\left(z' + \sqrt{\rho^2 + z'^2}\right)\Big|_0^{z'=+L \to +\infty} \quad \Leftarrow \int \frac{1}{\sqrt{\rho^2 + z'^2}} dx = \ln\left(z' + \sqrt{\rho^2 + z'^2}\right)$$

$$= \frac{\rho_l}{2\pi\epsilon}\ln\left(\frac{L \to +\infty}{\rho}\right) = -\frac{\rho_l}{2\pi\epsilon}\ln(\rho)$$: 무한 선전하에 의한 전기장의 전위분포

즉, z-축의 무한 선전하에 의해 형성된 전기장의 전위는 선전하밀도에 비례하고, z-축의 좌표와 회전각에 무관하며, 선전하로부터의 거리가 멀어짐에 따라 완만하게 감소함을 알 수 있다.

$$V_{BA}\ [\mathrm{V}] = V_B(\vec{r}_B) - V_A(\vec{r}_A) = \frac{\rho_l}{2\pi\epsilon}\ln\left(\frac{\rho_A}{\rho_B}\right) \propto \begin{cases}\rho_l \\ \ln(\rho_A/\rho_B)\end{cases}$$: 무한 선전하에 의해 형성된 전기장의 A점과 B점의 전위차

또한 무한 선전하에 의해 형성된 전기장에서 두 지점의 전위차는 다음과 같이 거리의 비(ρ_A/ρ_B)에 대한 로그함수($\ln(\rho_A/\rho_B)$)로서, 두 지점의 거리 변화가 있더라도 전위차는 그리 크지 않음을 의미한다. z-축의 무한히 긴 선전하에 의해 형성된 전기장으로 인한 전위분포를 결정하는 요소와 의존도(근원 선전하 밀도의 관계, 근원전하로부터의 수직 거리, z-축 좌표, 그리고 x-축으로부터의 회전각의 관계)를 [그림 3-18]에 요약하였다.

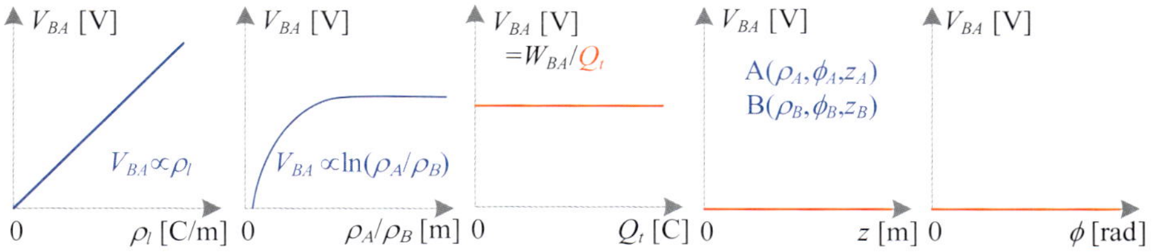

[그림 3-18] z-축의 무한 선전하(ρ_l [C/m])에 의해 형성된 전위분포의 변화

또한, 정전기적 상호작용의 스칼라 물리량인 전위분포로부터 정전기적 상호작용의 근원전하에 의한 영향을 나타내는 벡터 물리량인 전계강도($\boldsymbol{E}(\boldsymbol{r})$ [V/m]), 등가전하밀도($\boldsymbol{D}(\boldsymbol{r})$ [C/m^2])는 각각 다음의 관계식을 통해 구할 수 있다. ,

$$\vec{E}(\vec{r})\ [\mathrm{V/m}] = -\nabla V(\vec{r}) = -\left(\frac{\partial V(\vec{r})}{\partial\rho}\hat{a}_\rho + \frac{\partial V(\vec{r})}{\rho\partial\phi}\hat{a}_\phi + \frac{\partial V(\vec{r})}{\partial z}\hat{a}_z\right) = -\frac{\partial V(\vec{r})}{\partial\rho}\hat{a}_\rho = \frac{\rho_l}{2\pi\epsilon}\frac{1}{\rho}\hat{a}_\rho$$

: z-축의 무한 선전하에 의해 형성된 전기장의 전계강도

$$\vec{D}(\vec{r})\ [\mathrm{C/m^2}] = \epsilon\vec{E}(\vec{r}) = \frac{\rho_l}{2\pi}\frac{1}{\rho}\hat{a}_\rho$$: z-축의 무한 선전하에 의해 형성된 전기장의 등가전하밀도(전속밀도)

z-축의 무한 선전하(ρ_l [C/m])에 의해 형성된 전기장의 등가전하밀도 분포의 크기와 방향을 화살표의 길이와 방향을 이용하여 [그림 3-19]에 나타내었다.

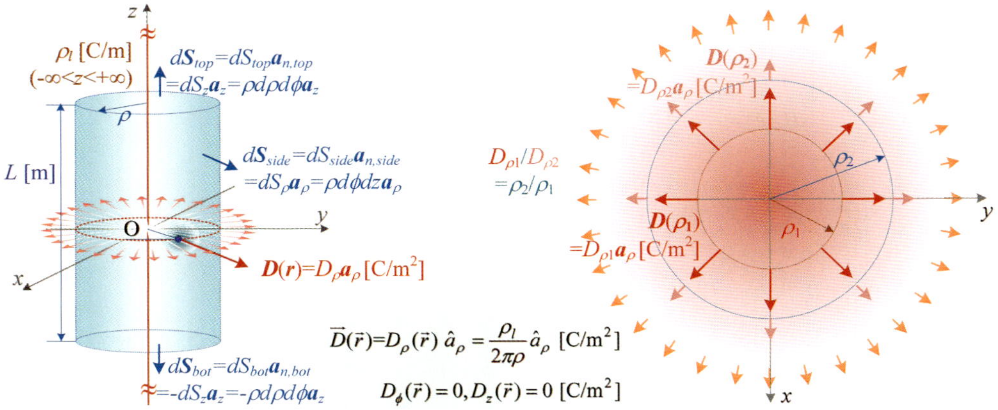

[그림 3-19] z-축의 무한 선전하(ρ_l [C/m])에 의해 형성된 전기장의 등가전하밀도

z-축의 무한히 긴 선전하에 의해 형성된 전기장의 전계강도($\boldsymbol{E}(\boldsymbol{r})$ [V/m]), 등가전하밀도($\boldsymbol{D}(\boldsymbol{r})$ [C/m²])는 이들을 결정하는 요소와 의존도를 [그림 3-20]에 요약하였다.

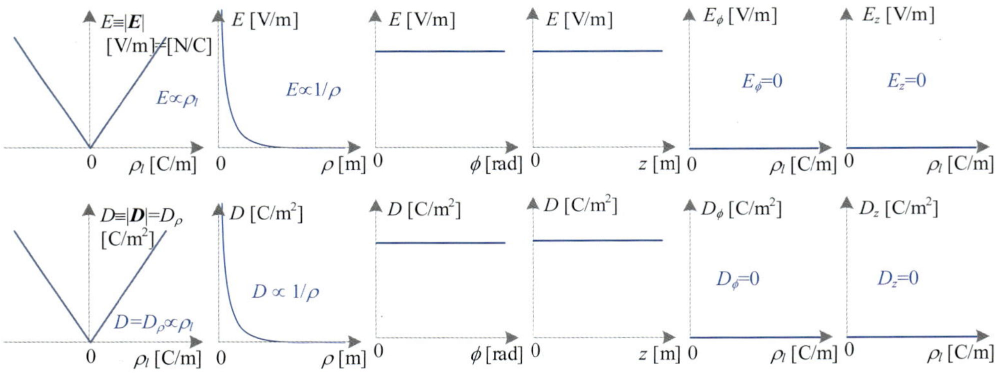

[그림 3-20] z-축의 무한 선전하(ρ_l [C/m])에 의해 형성된 전계강도와 등가전하밀도의 변화

또한, z-축의 무한히 긴 선전하에 의해 형성된 전기장에 의해 시험전하에 작용하는 벡터 물리량인 정전기적 힘($\boldsymbol{F}(\boldsymbol{r})$ [N]), 시험전하를 이동하는 데 필요한 일(정전기적 에너지: W_{BA} [J]; 스칼라 물리량)은 다음과 같이 시험전하의 전하량(Q_t [C])을 곱하여 간단히 구할 수 있다. 이들을 결정하는 요소와 의존도를 [그림 3-21]에 요약하였다.

$$\vec{F}(\vec{r})\ [\text{N}]=Q_t\vec{E}(\vec{r})=Q_t\frac{\rho_l}{2\pi\epsilon}\frac{1}{\rho}\hat{a}_\rho \propto \begin{cases}\rho_l\ [\text{C/m}]\\ 1/\rho\ [1/\text{m}]\\ Q_t\ [\text{C}]\end{cases}$$

: 무한 선전하에 의해 형성된 전기장에서 시험전하에 작용하는 힘

$$W_{BA}\ [\text{J}]=Q_tV_{BA}=Q_t\frac{\rho_l}{2\pi\epsilon}\ln\left(\frac{\rho_A}{\rho_B}\right) \propto \begin{cases}\rho_l\ [\text{C/m}]\\ \ln(\rho_A/\rho_B)\\ Q_t\ [\text{C}]\end{cases}$$

: 무한 선전하에 의해 형성된 전기장에서 시험전하를 옮기는 데 필요한 에너지

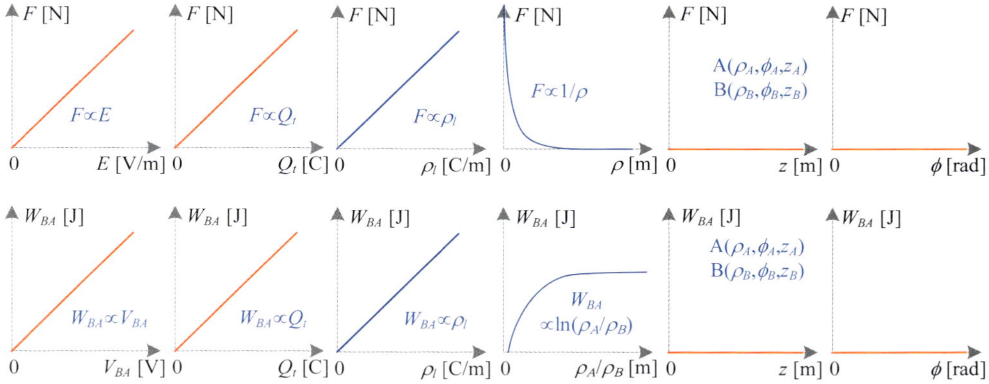

[그림 3-21] z-축의 무한 선전하(ρ_l [C/m])에 의해 형성된 전기장에서 시험전하가 받는 정전기적 힘과 A로부터 B로 이동하는 데 필요한 일(또는 정전기적 에너지)의 변화

가우스 법칙을 이용하여 등가전하밀도 벡터($\boldsymbol{D}(\boldsymbol{r})$ [C/m^2])와 전계강도 벡터($\boldsymbol{E}(\boldsymbol{r})$ [V/m])를 먼저 구한 뒤 스칼라 전위($V(\boldsymbol{r})$ [V])와 전위차를 구할 수도 있다. [그림 3-22]에 나타낸 바와 같이 z-축에 존재하는 무한한 길이의 선전하(선전하밀도 ρ_l [C/m])가 근원전하인 경우, 전기장에 의한 전위분포($V(\boldsymbol{r})$ [V])를 구하기 위해서는 가우스 법칙을 이용하여 등가전하밀도($\boldsymbol{D}(\boldsymbol{r})$ [C/m^2])와 전계강도($\boldsymbol{E}(\boldsymbol{r})$ [V/m])를 구하고, 이로부터 전위분포($V(\boldsymbol{r})$ [V])와 시험전하를 옮기는 데 필요한 정전기적 에너지(W 또는 E_p [J])를 구하는 것도 편리한 방법의 하나다. 가우스 평면 내에서는 등가전하밀도($\boldsymbol{D}(\boldsymbol{r})$ [C/m^2])의 세기와 방향이 동일하고, 등가전하밀도가 가우스 평면에 수직인 성분 또는 접선방향 성분만 존재하도록 폐곡면을 구성한다. 그러므로 z-축에 존재하는 무한한 길이의 선전하(선전하밀도 ρ_l [C/m])가 근원전하인 경우, z-축으로부터의 수직 거리가 같은 동심원의 원통면 위의 모든 관측점에서 등가전하밀도와 전계강도의 방향은 z-축에 수직인 방사형 방향($\boldsymbol{a}_D = \boldsymbol{a}_E = \boldsymbol{a}_\rho$)이다. 따라서 가우스 법칙을 위한 폐곡면은 반지름이 ρ [m]이고, z-축의 길이가 L [m]인 원통의 측면과 위와 아래의 원형(반지름 ρ [m]) 뚜껑으로 이루어진 면이 된다.

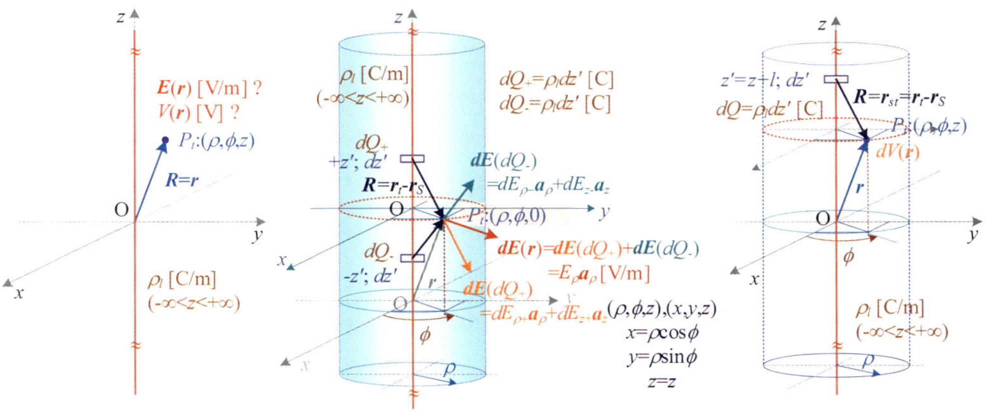

[그림 3-22] z-축의 무한 선전하(ρ_l [C/m])에 의해 형성된 전기장 해석을 위한 가우스 폐곡면

선택한 폐곡면에 가우스 법칙을 적용해 등가전하밀도 벡터($\boldsymbol{D}(\boldsymbol{r})$ [C/m^2])와 이로부터 얻은 전계강도($\boldsymbol{E}$ [V/m])는 다음과 같다.

$$\oint_{\substack{closed\\surface}} \vec{D}(\vec{r})\cdot d\vec{S} = \int_{top}\vec{D}(\vec{r})\cdot d\vec{S} + \int_{bot}\vec{D}(\vec{r})\cdot d\vec{S} + \int_{side}\vec{D}(\vec{r})\cdot d\vec{S} = \int_{side}\vec{D}(\vec{r})\cdot d\vec{S}$$

$$= 2\pi\rho L D_\rho(\vec{r}) = Q_{enc} = \rho_l L \ [\mathrm{C}]$$

$$\Rightarrow D_\rho(\vec{r})\ [\mathrm{C/m^2}] = \frac{\rho_l}{2\pi\rho} \ \& \ D_\phi = 0, D_z = 0$$

: 가우스 법칙을 이용하여 얻은 방사 방향 등가전하밀도

$$\vec{D}(\vec{r})\ [\mathrm{C/m^2}] = \vec{D}(\rho,\phi,z) = D_\rho(\vec{r})\hat{a}_\rho = \frac{\rho_l}{2\pi\rho}\hat{a}_\rho$$

: z-축의 무한 선전하에 의해 형성된 전기장의 등가전하밀도 분포

$$\vec{E}(\vec{r})\ [\mathrm{V/m}] = \vec{E}(\rho,\phi,z) = \frac{1}{\epsilon}\vec{D}(\rho,\phi,z) = \frac{\rho_l}{2\pi\epsilon\rho}\hat{a}_\rho \ \& \ E_\phi = 0, E_z = 0$$

: z-축의 무한 선전하에 의해 형성된 전기장의 전계강도 분포

z-축의 무한 선전하(ρ_l [C/m])에 의해 형성된 전기장의 등가전하밀도 분포의 크기와 방향을 화살표의 길이와 방향을 이용하여 나타내면 [그림 3-23]과 같다.

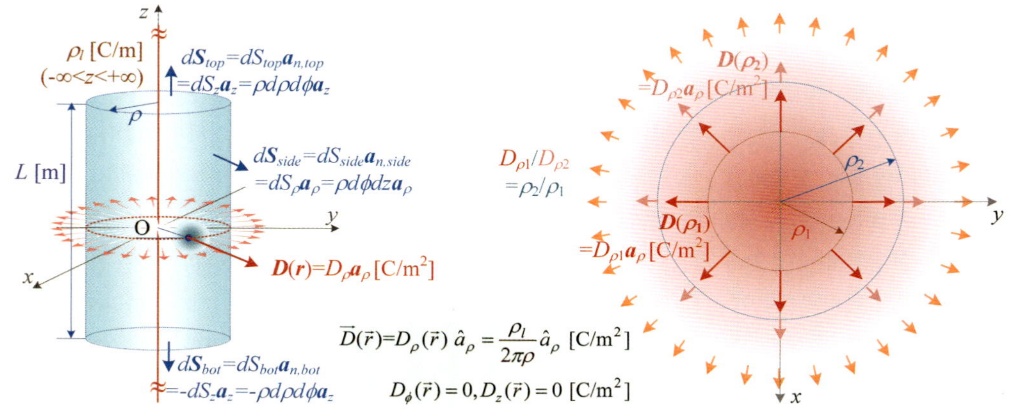

[그림 3-23] z-축의 무한 선전하(ρ_l [C/m])에 의해 형성된 전기장의 등가전하밀도

가우스의 법칙을 이용하면 등가전하밀도($\boldsymbol{D}(\boldsymbol{r})$ [C/m^2])는 근원전하인 선전하밀도에 비례하고, z-축으로부터의 수직 거리인 원통좌표계의 방사 반지름(ρ [m])에 반비례하며, xy-평면과 평행한 방사방향 성분($\boldsymbol{a}_D = \boldsymbol{a}_E = \boldsymbol{a}_\rho$)만 존재한다.

또한 근원전하에 의해 형성된 전기장의 위치에 따른 정전기적 전위분포($V(\boldsymbol{r})$ [V])는 전계강도($\boldsymbol{E}(\boldsymbol{r})$ [V/m])를 이용하여 다음 식을 통해 구할 수 있다.

$$V(\vec{r})\ [\mathrm{V}] = V_{\vec{r}\leftarrow\infty} = V(\vec{r}) - V(\infty) = -\int_\infty^{\vec{r}} \vec{E}(\vec{r})\cdot d\vec{l}$$

$$\begin{cases} \vec{E}(\vec{r})\ [\mathrm{V/m}] = \vec{E}(\rho,\phi,z) = \frac{1}{\epsilon}\vec{D}(\rho,\phi,z) = \frac{\rho_l}{2\pi\epsilon\rho}\hat{a}_\rho \ \& \ E_\phi = 0, E_z = 0 \\ d\vec{l}\ [\mathrm{m}] = d\rho\hat{a}_\rho + \rho d\phi\hat{a}_\phi + dz\hat{a}_z; \ \vec{r} = (\rho,\phi,z); \vec{r}_A = (\rho_A,\phi_A,z_A), \vec{r}_B = (\rho_B,\phi_B,z_B) \end{cases}$$

$$V_{BA}\ [\mathrm{V}] = -\int_{\vec r_A}^{\vec r_B} \vec E(\vec r)\cdot d\vec l = -\int_{\vec r_A}^{\vec r_B}\left(\frac{\rho_l}{2\pi\epsilon\rho}\hat a_\rho\right)\cdot(d\rho\hat a_\rho + \rho d\phi\hat a_\phi + dz\hat a_z)$$
$$= -\int_{\rho_A}^{\rho_B}\left(\frac{\rho_l}{2\pi\epsilon}\frac{1}{\rho}\right)d\rho = -\frac{\rho_l}{2\pi\epsilon}\ln\rho\Big|_{\rho_A}^{\rho_B}$$
$$= \frac{\rho_l}{2\pi\epsilon}\ln\left(\frac{\rho_A}{\rho_B}\right) \propto \begin{cases}\rho_l\ [\mathrm{C/m}] \\ \ln(\rho_A/\rho_B)\end{cases}$$
: z-축의 무한 선전하에 의해 형성된 전기장의 전위차

위의 결과에서 알 수 있듯이 A점($\boldsymbol{r}_A = (\rho_A, \phi_A, z_A)$)과 B점($\boldsymbol{r}_B = (\rho_B, \phi_B, z_B)$)의 전위차 V_{BA} [V]는 두 지점의 z-축 좌표와 x-축으로부터의 회전각(ϕ [rad])에 무관하고, z-축으로부터의 수직 거리(ρ [m])의 비에 로그를 취한 값($\log(\rho_A/\rho_B)$)에 비례한다. 무한 선전하의 경우 두 지점의 z-축으로부터의 수직 거리(ρ [m])가 차이가 크더라도 두 지점의 전위차의 변화는 크지 않음을 뜻한다.

또한 근원전하(Q_S [C])에 의해 형성된 전기장 내에서 전위차가 V_{BA} [V]인 A점으로부터 B점으로 시험전하(Q_t [C])를 옮기는 데 필요한 일 또는 정전기적 에너지($W_{BA} = Q_t V_{BA}$ [J])는 다음과 같다.

$$\overline{F}(\vec r)\ [\mathrm{N}] = Q_t\overline{E}(\vec r) = Q_t\frac{\rho_l}{2\pi\epsilon}\frac{1}{\rho}\hat a_\rho \quad \propto \begin{cases}\rho_l\ [\mathrm{C/m}] \\ 1/\rho\ [1/\mathrm{m}] \\ Q_t\ [\mathrm{C}]\end{cases}$$
: 무한 선전하에 의해 형성된 전기장 내애서 의해 시험전하가 받는 정전기적 힘

$$\left.\begin{aligned} W_{BA} &= Q_t V_{BA} = Q_t\frac{\rho_l}{2\pi\epsilon}\ln\left(\frac{\rho_A}{\rho_B}\right)\ [\mathrm{J}] = [\mathrm{C\cdot V}] \\ W_{BA} &= -\int_A^B \overline{F}(\vec r)\cdot d\vec l = Q_t\left(-\int_A^B \overline{E}(\vec r)\cdot d\vec l\right) = Q_t\frac{\rho_l}{2\pi\epsilon}\ln\left(\frac{\rho_A}{\rho_B}\right)\ [\mathrm{J}] = [\mathrm{C\cdot V}]\end{aligned}\right\} \propto \begin{cases} V_{BA} \propto \begin{cases}\rho_l\ [\mathrm{C/m}] \\ \ln(\rho_A/\rho_B)\end{cases} \\ Q_t\end{cases}$$
: 무한 선전하에 의해 형성된 전기장에서 시험전하(Q_t [C])를 옮기는 데 필요한 에너지

3.3.4 xy-평면의 무한 면전하에 의해 형성된 전기장의 스칼라 전위분포

넓은 공간에 걸쳐 분산 분포된 근원전하를 구성하는 전하 조각에 의해 형성된 스칼라 전위분포($dV(\boldsymbol{r})$ [V])는 다음과 같이 근원전하 조각의 전하량($dQ_S(\boldsymbol{r}')$ [C])에 비례하고, 근원전하와 관측점 사이의 거리(R [m])에 반비례한다.

$$dV(\vec r)\ [\mathrm{V}] = \frac{1}{4\pi\epsilon}\frac{dQ_S(\vec r\,')}{R}$$
: 근원전하 조각($dQ = \rho_S dS'$)에 의해 형성된 전기장의 전위분포

따라서 [그림 3-24]와 같이 $z=0$인 xy-평면에 균일하게 분포된 무한 면전하(면전하밀도 ρ_S [C/m^2])에 의한 전위분포($V(\boldsymbol{r})$ [V])는 면으로부터의 수직 거리가 같은 면(xy-평면과 평행한 면)의 모든 점(원통좌표계의 경우 ρ [m]와 ϕ [rad]의 좌표에 관계없이)은 동일한 전위분포를 갖는다. 따라서 전하분포의 대칭성을 보다 편리하게 활용하기 위해서 아래 그림과 같이 z-축으로부터의 수직 거리인 반지름(ρ [m]), x-축으로부터의 회전각(ϕ [rad]), z-축의 위치(z [m])를 이용하는 원통좌표계(ρ, ϕ, z)를 사용하여 편리하게 해석할 수 있다.

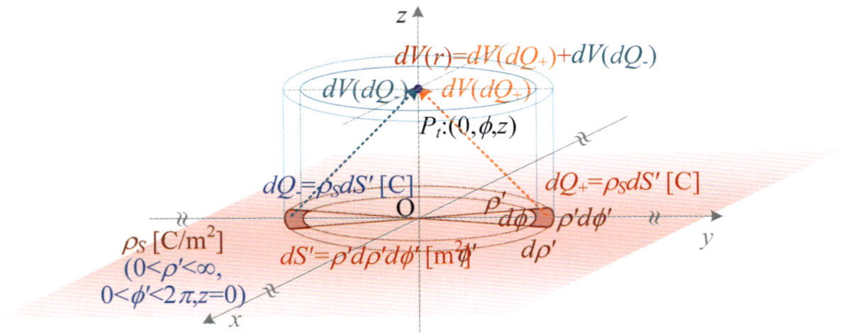

[그림 3-24] xy-평면의 무한 면전하(ρ_S [C/m^2])에 의해 형성된 전기장의 전위분포 해석

즉 xy-평면의 무한 면전하에 의해 형성된 전기장의 전위분포($V(\boldsymbol{r})$ [V])를 구하는 데 필요한 관측점의 위치 벡터, 근원전하 지점의 위치 벡터, 그리고 근원전하로부터 관측점으로 향하는 거리 벡터는 다음과 같이 원통좌표계와 직각좌표계의 변환을 이용하는 것이 편리하다.

$$\begin{cases} \vec{r} = (0,\phi,z) = \rho\cos\phi\hat{a}_x + \rho\sin\phi\hat{a}_y + z\hat{a}_z\big|_{(0,\phi,z)} = z\hat{a}_z \\ \vec{r}\,' = (\rho',\phi',0) = \rho'\cos\phi'\hat{a}_x + \rho'\sin\phi'\hat{a}_y + z'\hat{a}_z\big|_{(\rho',\phi',0)} = \rho'\cos\phi'\hat{a}_x + \rho'\sin\phi'\hat{a}_y \\ \vec{R} = \vec{r} - \vec{r}\,' = z\hat{a}_z - \left(\rho'\cos\phi'\hat{a}_x + \rho'\sin\phi'\hat{a}_y\right) = -\rho'\cos\phi'\hat{a}_x - \rho'\sin\phi'\hat{a}_y + z\hat{a}_z \\ \;\&\; R = |\vec{r} - \vec{r}\,'| = \sqrt{\rho'^2 + z^2} \end{cases}$$

따라서 근원전하 조각(dQ_S [V])에 의한 전위분포($dV(\boldsymbol{r})$ [V])와 xy-평면의 무한 면전하에 대해 적분한 전위분포($dV(\boldsymbol{r})$ [V]), 그리고 두 지점의 전위차(V_{BA} [V])는 각각 다음과 같다.

$$dQ_S(\vec{r}\,')\ [\mathrm{C}] = \rho_S(\vec{r}\,')dS';\ dS'\ [\mathrm{m}^2] = \rho' d\rho' d\phi' \ :\ \rho_S(\vec{r}\,') = \rho_S\ [\mathrm{C/m^2}]$$: 면전하 조각의 전하량

$$dV(\vec{r}) = \frac{1}{4\pi\epsilon}\frac{dQ_S}{R} = \frac{1}{4\pi\epsilon}\frac{\rho_S\rho' d\rho' d\phi'}{\sqrt{\rho'^2 + z^2}}\ [\mathrm{V}]$$: 면전하 조각에 의해 형성된 전위분포

$$\begin{aligned} V(\vec{r})\ [\mathrm{V}] &= \int_{Source} dV(\vec{r}) = \int_{\phi'=0}^{\phi'=2\pi}\left(\int_{\rho'=0}^{\rho'=+\infty}\frac{1}{4\pi\epsilon}\frac{\rho_S\rho' d\rho'}{\sqrt{\rho'^2+z^2}}\right)d\phi' \\ &= \frac{\rho_S}{4\pi\epsilon}2\pi\int_{\rho'=0}^{\rho'=+\infty}\frac{\rho' d\rho'}{\sqrt{\rho'^2+z^2}} = \frac{\rho_S}{2\epsilon}(z_o - z) \end{aligned}$$

$$V_{BA}\ [\mathrm{V}] \equiv V_B - V_A = V_{B\infty} - V_{A\infty} = \begin{cases} +\dfrac{\rho_S}{2\epsilon}(z_B - z_A); z>0 \\ -\dfrac{\rho_S}{2\epsilon}(z_B - z_A); z<0 \end{cases} \propto \begin{cases} \rho_S\ [\mathrm{C/m^2}] \\ |z_B - z_A| \\ \rho\text{- \& }\phi\text{-independent} \end{cases}$$: B점과 A점의 전위차

근원전하에 의해 형성된 전기장으로 인한 전위분포의 변화(근원 면전하밀도의 관계, 근원전하로부터의 수직 거리, z-축 좌표, x-축으로부터의 회전각)를 [그림 3-25]에 요약하였다.

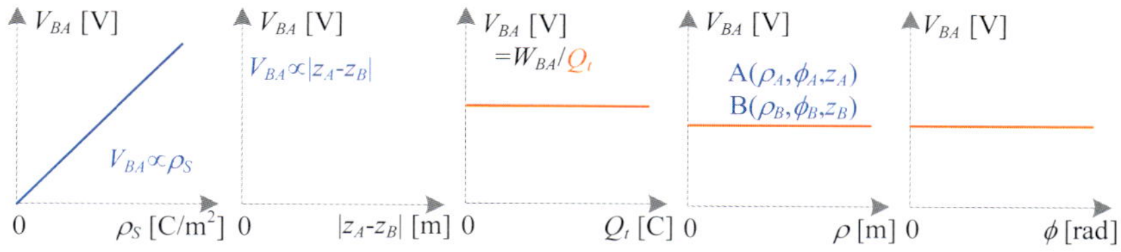

[그림 3-25] xy-평면의 무한 면전하(ρ_S [C/m^2])에 의해 형성된 전기장의 전위차를 결정하는 요소

또한, 근원전하에 의해 형성된 전기장을 나타내는 스칼라 물리량인 전위분포($V(\boldsymbol{r})$ [V])로부터 동일하게 근원전하에 의한 영향을 나타내는 벡터 물리량인 전계강도($\boldsymbol{E}(\boldsymbol{r})$ [V/m]), 등가전하밀도($\boldsymbol{D}(\boldsymbol{r})$ [C/m^2]), 그리고 전기장 내에서 시험전하(Q_t [C])가 받는 정전기적 힘($\boldsymbol{F}(\boldsymbol{r})$ [N])도 구할 수 있다. 그리고 근원전하에 의해 형성된 전기장 내에서 시험전하를 옮기는 데 필요한 정전기적 일(W 또는 에너지 E_p [J])도 구할 수 있다.

근원전하에 의해 형성된 전기장의 스칼라 전위분포($V(\boldsymbol{r})$ [V])와 벡터 전계강도($\boldsymbol{E}(\boldsymbol{r})$ [V/m])의 관계를 이용하면, xy-평면의 무한 면전하에 의해 형성된 전기장의 전계강도($\boldsymbol{E}(\boldsymbol{r})$ [V/m])와 등가전하밀도($\boldsymbol{D}(\boldsymbol{r})$ [C/m^2])는 각각 다음과 같이 구할 수 있다.

$$\vec{E}(\vec{r}) = -\nabla V(\vec{r}) = -\left(\hat{a}_\rho \frac{\partial}{\partial \rho} + \hat{a}_\phi \frac{\partial}{\rho \partial \phi} + \hat{a}_z \frac{\partial}{\partial z}\right) V(\vec{r}) = -\left(\frac{\partial V(\vec{r})}{\partial \rho}\hat{a}_\rho + \frac{\partial V(\vec{r})}{\rho \partial \phi}\hat{a}_\phi + \frac{\partial V(\vec{r})}{\partial z}\hat{a}_z\right)$$

$$= -\frac{\partial V(\vec{r})}{\partial z}\hat{a}_z = \begin{cases} +\dfrac{\rho_S}{2\epsilon}\hat{a}_z & : z > 0 \\ -\dfrac{\rho_S}{2\epsilon}\hat{a}_z & : z < 0 \end{cases} \propto \begin{cases} \rho_S \text{ [C/m}^2] \\ z\text{-}, \rho\text{-}, \& \ \phi\text{-independent} \end{cases}$$

: 무한 면전하에 의한 전기장의 전계강도

$$\vec{D}(\vec{r}) \text{ [C/m}^2] = \epsilon \vec{E}(\vec{r}) = \begin{cases} +\dfrac{\rho_S}{2}\hat{a}_z & : z > 0 \\ -\dfrac{\rho_S}{2}\hat{a}_z & : z < 0 \end{cases} \propto \begin{cases} \rho_S \text{ [C/m}^2] \\ z\text{-}, \rho\text{-}, \& \ \phi\text{-independent} \end{cases}$$

: 무한 면전하에 의한 전기장의 등가전하밀도

xy-평면에 존재하는 무한 면전하(ρ_S [C/m^2])에 의해 형성된 전기장의 전계강도와 등가전하밀도를 결정하는 요소와 의존도를 [그림 3-26]에 요약하였다.

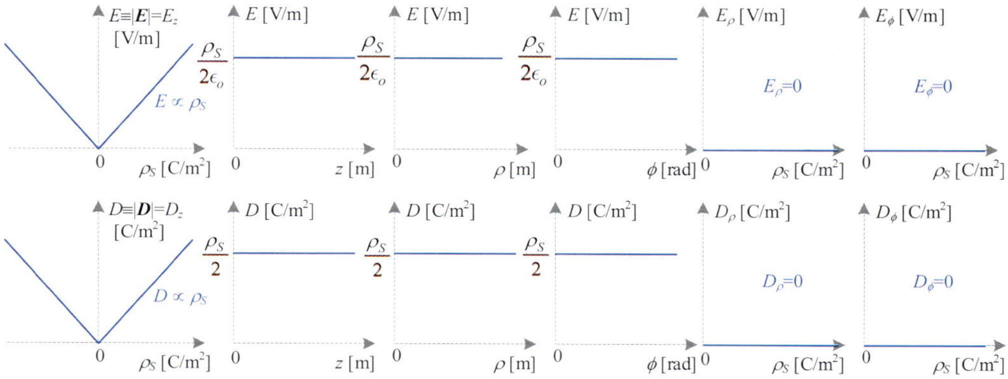

[그림 3-26] xy-평면에 존재하는 무한 면전하(ρ_S [C/m^2])에 의해 형성된 전기장의 전계강도와 등가전하밀도의 변화

또한, xy-평면의 무한 면전하에 의해 형성된 전기장에 의해 시험전하(Q_t [C])에 작용하는 벡터 물리량인 정전기적 힘($\boldsymbol{F}(\boldsymbol{r})$ [N])과 시험전하를 A에서 B로 옮기는 데 필요한 정전기적 일(정전기적 에너지: W_{BA} [J]: 스칼라 물리량)은 다음과 같이 시험전하의 전하량(Q_t [C])을 곱하여 간단히 구할 수 있다.

$$\vec{F}(\vec{r})\ [\text{N}] = Q_t \vec{E}(\vec{r}) = \begin{cases} +Q_t \dfrac{\rho_S}{2\epsilon}\hat{a}_z : z>0 \\ -Q_t \dfrac{\rho_S}{2\epsilon}\hat{a}_z : z<0 \end{cases} ; \begin{cases} \propto \rho_S\ [\text{C/m}^2] \\ \propto Q_t\ [\text{C}] \\ z\text{-}, \rho\text{-}, \&\ \phi\text{-independent} \end{cases}$$

: xy-평면의 무한 면전하에 의해 형성된 전기장이 시험전하에 작용하는 힘

$$W_{BA}\ [\text{J}] = Q_t V_{BA} = \begin{cases} +Q_t \dfrac{\rho_S}{2\epsilon}(z_B - z_A); z>0 \\ -Q_t \dfrac{\rho_S}{2\epsilon}(z_B - z_A); z<0 \end{cases} ; \begin{cases} \propto \rho_S\ [\text{C/m}^2] \\ \propto |z_B - z_A|\ [\text{m}] \\ \propto Q_t\ [\text{C}] \\ \rho\text{-}\ \&\ \phi\text{-independent} \end{cases}$$

: xy-평면의 무한 면전하에 의해 형성된 전기장에서 시험전하를 옮기는 데 필요한 정전기적 에너지(일)

xy-평면의 무한 면전하에 의해 형성된 전기장 내의 시험전하에 작용하는 정전기적 힘과 시험전하를 옮기는 데 필요한 정전기적 에너지를 결정하는 요소를 [그림 3-27]에 요약하였다.

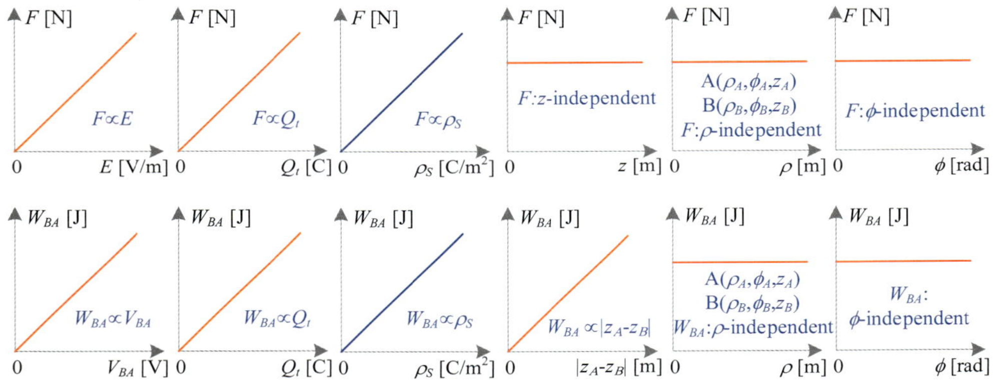

[그림 3-27] xy-평면에 존재하는 무한 면전하(ρ_S [C/m^2])에 의해 형성된 전기장에서 시험전하가 받는 정전기적 힘과 시험전하를 A부터 B로 이동하는 데 필요한 일(또는 정전기적 에너지)을 결정하는 요소와 의존도

가우스 법칙을 이용하여 등가전하밀도 벡터($\boldsymbol{D}(\boldsymbol{r})$ [C/m^2])와 전계강도 벡터($\boldsymbol{E}(\boldsymbol{r})$ [V/m])를 먼저 구한 뒤 스칼라 전위($V(r)$ [V])와 전위차를 구할 수도 있다. [그림 3-28]에 나타낸 것과 같이 xy-평면(z=0)에 존재하는 무한한 면전하(면전하밀도 ρ_S [C/m^2])가 근원전하인 경우, 전기장에 의한 전위분포($V(\boldsymbol{r})$ [V])를 구하기 위해서는 가우스 법칙을 이용하여 등가전하밀도($\boldsymbol{D}(\boldsymbol{r})$ [C/m^2])와 전계강도 분포($\boldsymbol{E}(\boldsymbol{r})$ [V/m])를 구하고, 이로부터 전위분포($V(\boldsymbol{r})$ [V])와 필요한 경우 전기장 내에서 시험전하(Q_t [C])가 받는 힘($\boldsymbol{F}(\boldsymbol{r})$ [N])과 시험전하를 옮기는 데 필요한 정전기적 에너지(W 또는 E_p [J])를 구하는 것이 편리하다.

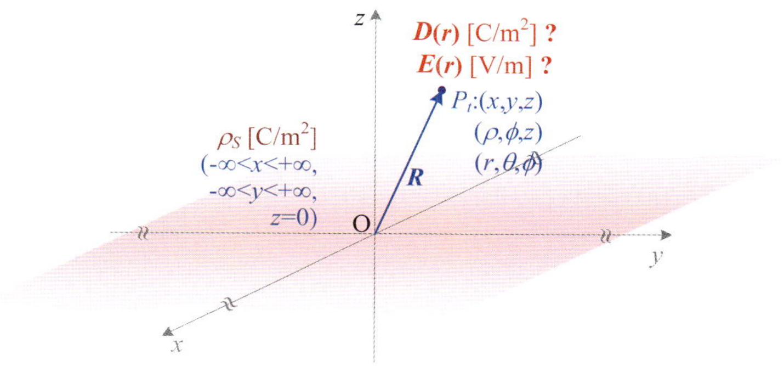

[그림 3-28] xy-평면에 존재하는 무한 면전하(ρ_S [C/m^2])에 의해 형성된 전기장의 전계강도($\boldsymbol{E}(\boldsymbol{r})$ [V/m])

가우스 평면 내에서는 등가전하밀도($\boldsymbol{D}(\boldsymbol{r})$ [C/m^2]) 또는 전계강도($\boldsymbol{E}(\boldsymbol{r})$ [V/m])의 세기와 방향이 동일하고, 등가전하밀도가 가우스 평면에 수직인 성분 또는 접선방향 성분만 존재하도록 폐곡면을 구성한다. 즉 xy-평면($z = 0$)의 무한 면전하에 의해 형성되는 등가전하밀도의 경우, $z = 0$인 xy-평면에 존재하는 무한 면전하로부터 수직 거리가 같은 평면 위의 모든 관측점에서 등가전하밀도와 전계강도의 방향은 z-축 방향($\boldsymbol{a}_D = \boldsymbol{a}_E = \boldsymbol{a}_z$)이다. 따라서 가우스 법칙을 위한 폐곡면은 [그림 3-29]에 요약한 바와 같이 z-축과 평행한 축을 가지고, 반지름이 ρ [m]인 xy-평면을 내부에 포함하는 원통형(A: 높이 $2a$인 경우, B: 높이 $3a$인 경우)의 폐곡면을 선택하는 것이 편리하다.

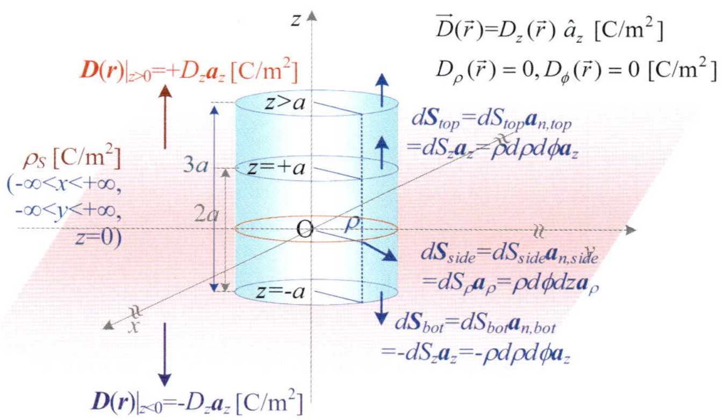

[그림 3-29] xy-평면의 무한 면전하(ρ_S [C/m^2])에 의해 형성된 전기장의 대칭성을 이용한 해석을 위한 가우스 폐곡면

[그림 3-29]의 원통형 폐곡면에 가우스의 법칙을 적용하여 얻은 등가전하밀도($\boldsymbol{D}(\boldsymbol{r})$ [C/m^2])와 전계강도($\boldsymbol{E}(\boldsymbol{r})$ [V/m])는 각각 다음과 같다.

$$\oint_{\substack{closed\\surface}} \vec{D}(\vec{r})\cdot d\vec{S} = \int_{topA} \vec{D}(\vec{r})\cdot d\vec{S} + \int_{bot} \vec{D}(\vec{r})\cdot d\vec{S} + \int_{side} \vec{D}(\vec{r})\cdot d\vec{S} = Q_{enc} = \rho_S \pi \rho^2 \text{ [C]};$$

$$\left.\begin{aligned} &D_z(z=a) = D_z(z=2a) = D_z(z) = +\frac{\rho_S}{2} \\ &D_z(-z) = -D_z(z) = -\frac{\rho_S}{2} \end{aligned}\right\}$$

$$\vec{D}(\vec{r})\ [\text{C/m}^2] = \vec{D}(\rho,\phi,z) = \begin{cases} +\dfrac{\rho_S}{2}\hat{a}_z\ \ \&\ D_\rho = 0, D_\phi = 0\ ;\ z > 0 \\ -\dfrac{\rho_S}{2}\hat{a}_z\ \ \&\ D_\rho = 0, D_\phi = 0\ ;\ z < 0 \end{cases}$$

: xy-평면의 무한 면전하에 의한 전기장의 등가전하밀도

$$\vec{E}(\vec{r})\ [\text{V/m}] = \frac{\vec{D}(\vec{r})}{\epsilon_o} = \begin{cases} +\dfrac{\rho_S}{2\epsilon_o}\hat{a}_z\ \ \&\ E_\rho = 0, E_\phi = 0\ ;\ z > 0 \\ -\dfrac{\rho_S}{2\epsilon_o}\hat{a}_z\ \ \&\ E_\rho = 0, E_\phi = 0\ ;\ z < 0 \end{cases}$$

: xy-평면의 무한 면전하에 의해 형성된 전기장의 전계강도

가우스의 법칙을 이용하여 얻은 등가전하밀도($\boldsymbol{D}(\boldsymbol{r})$ [C/m^2])와 전계강도($\boldsymbol{E}(\boldsymbol{r})$ [V/m])는 z-축 방향 성분만 존재하며, 그 크기는 면전하밀도에 비례한다. 또한, 면전하의 위와 아래에서는 크기는 같으나 전계의 방향은 반대이다. 특히, 무한 면전하로부터의 수직 거리인 z-축 좌표와 관계없이 동일한 값의 등가전하밀도와 전계강도를 갖는다.

또한 xy-평면의 무한 면전하에 의해 형성된 전기장의 위치에 따른 정전기적 전위분포($V(\boldsymbol{r})$ [V])와 두 지점의 전위차(V_{BA} [V])는 전계강도($\boldsymbol{E}(\boldsymbol{r})$ [V/m])를 이용하여 다음과 같이 구할 수 있다.

$$V_{BA} = -\int_{\vec{r}_A}^{\vec{r}_B} \vec{E}(\vec{r})\cdot d\vec{l} = -\int_{z_A}^{z_B} E_z dz = \begin{cases} +Q_t\dfrac{\rho_S}{2\epsilon_o}(z_A - z_B) : z_A > 0, z_B > 0 \\ -Q_t\dfrac{\rho_S}{2\epsilon_o}(z_A - z_B) : z_A < 0, z_B < 0 \end{cases} \propto \begin{cases} \rho_S\ [\text{C/m}^2] \\ |\,z_A - z_B\,|\ [\text{m}] \end{cases}$$

: xy-평면의 무한 면전하에 의해 형성된 전기장 내의 두 지점의 전위차

위의 결과에서 알 수 있듯이 A점($\boldsymbol{r}_A = (\rho_A, \phi_A, z_A)$)과 B점($\boldsymbol{r}_B = (\rho_B, \phi_B, z_B)$)의 전위차 V_{BA}는 두 지점의 z-축으로부터의 수직거리(ρ [m])와 x-축으로부터의 회전각(ϕ [rad])에 무관하고, z-축으로부터의 수직거리($d = |z_A - z_B|$ [m])에 비례한다. 이것은 z-축의 위치에 관계없이 모든 영역에서 전계강도가 동일하기 때문이다.

xy-평면의 무한 면전하에 의해 형성된 전기장 내에서 시험전하(Q_t [C])가 받는 정전기적 힘($\boldsymbol{F}(\boldsymbol{r})$ [N])과 전위차가 V_{BA} [V]인 A점으로부터 B점으로 시험전하를 옮기는 데 필요한 정전기적 에너지($W_{BA} = Q_t V_{BA}$ [J])는 각각 다음과 같다.

$$\vec{F}(\vec{r})\ [\text{N}] = Q_t\vec{E}(\vec{r}) = \begin{cases} +Q_t\dfrac{\rho_S}{2\epsilon_o}\hat{a}_z\ \ \&\ F_\rho = 0, F_\phi = 0\ ;\ z > 0 \\ -Q_t\dfrac{\rho_S}{2\epsilon_o}\hat{a}_z\ \ \&\ F_\rho = 0, F_\phi = 0\ ;\ z < 0 \end{cases} \propto \begin{cases} \rho_S\ [\text{C/m}^2] \\ Q_t\ [\text{C}] \end{cases}$$

: xy-평면의 무한 면전하에 의해 형성된 전기장이 시험전하에 작용하는 정전기적 힘

$$W_{BA}\ [\text{J}] = [\text{C}\cdot\text{V}] = Q_t V_{BA} = \begin{cases} Q_t\dfrac{\rho_S}{2\epsilon_o}(z_A - z_B) & : z_A, z_B > 0 \\ -Q_t\dfrac{\rho_S}{2\epsilon_o}(|\,z_A\,| - |\,z_B\,|) & : z_A, z_B < 0 \end{cases} \propto \begin{cases} \rho_S\ [\text{C/m}^2] \\ Q_t\ [\text{C}] \\ |\,z_A - z_B\,| = d\ [\text{m}] \end{cases}$$

: xy-평면의 무한 면전하에 의해 형성된 전기장 내에서 시험전하(Q_t [C])를 옮기는 데 필요한 일(정전기적 에너지)

3.3.5 전기장의 반도체 소자 특성 해석 응용

전위($V(\boldsymbol{r})$ [V])는 전기장을 형성하는 근원전하의 영향을 나타내는 스칼라 물리량이다. 전기장 내에서 두 지점의 전위차($V_{BA} = V_B - V_A$ [V])에 시험전하의 전하량을 곱하면 시험전하를 옮기는 데 필요한 에너지($W_{BA} = Q_t V_{BA}$ [J])를 구할 수 있다. 또한 무한대 지점을 기준($V(\boldsymbol{r} = \infty) = 0$ [V])으로 정의한 절대전위분포($V(\boldsymbol{r})$ [V])의 공간적 변화율(또는 기울기)을 이용해 벡터 물리량인 전계강도($\boldsymbol{E}(\boldsymbol{r}) = -\nabla V(\boldsymbol{r})$ [V/m])를 얻을 수 있으며, 전기장 내에서 시험전하가 받는 힘($\boldsymbol{F}(\boldsymbol{r}) = Q_t\boldsymbol{E}(\boldsymbol{r}) = -Q_t\nabla V(\boldsymbol{r})$ [N])도 구할 수도 있다.

전기장을 형성하는 근원전하에 의한 영향만을 나타내는 스칼라 물리량 전위차($V_{\mathrm{BA}} = V_{\mathrm{B}} - V_{\mathrm{A}}$ [V])와 시험전하를 이동시키는 데 필요한 정전기적 에너지($W_{\mathrm{BA}} = Q_t V_{\mathrm{BA}}$ [J])를 전자공학에 응용할 때는 변형하여 사용하는 경우가 많다. 특히 전기적 상호작용을 이용하는 반도체 소자에서는 전기장이 작용하는 반도체 내에서 전자($Q_t = -q = -e = -1.6\times10^{-19}$ [C])들의 이동에 관한 현상을 이해하고 설명하며, 이를 이용하여 고성능의 소자와 집적회로를 구현하는 데 사용한다. 따라서 전기장이 존재하는 반도체 내에서 정전기적 영향을 받는 시험전하로서 전자($Q_t = -q$ [C])를 이동시키는 데 필요한 에너지(일)의 개념 보다는 외부에서 인가된 전기장에 의해 전자가 받는 힘과 에너지를 이용하는 경우가 많다. 이 경우를 위해 (외부에서 인가된 전압에 의해 생성된) 전기장 내에서 전자가 받는 힘과 전계로부터 얻게 되는 정전기적 에너지는 각각 다음과 같다.

$$\vec{F}(\vec{r}) = Q_t\vec{E}(\vec{r}) \rightarrow \begin{bmatrix} Q_t = -q \text{ [C] : electron} \\ Q_t = +q \text{ [C] : hole} \end{bmatrix} \rightarrow \begin{bmatrix} \vec{F}(\vec{r}) = -q\vec{E}(\vec{r}) \text{ [N] : electron} \\ \vec{F}(\vec{r}) = +q\vec{E}(\vec{r}) \text{ [N] : hole} \end{bmatrix}$$

$$E_{BA} = -Q_t V_{BA} \rightarrow \begin{bmatrix} Q_t = -q \text{ [C] : electron} \\ Q_t = +q \text{ [C] : hole} \end{bmatrix} \rightarrow \begin{bmatrix} E_{BA,e} = +qV_{BA} \text{ [J] : electron} \\ E_{BA,h} = -qV_{BA} \text{ [J] : hole} \end{bmatrix}$$

: 전기장 내에서 전자(electron: $Q_t = -q$ [C])와 정공(hole: $Q_t = +q$ [C])이 전계로부터 얻는 에너지

공간적으로 고정된 전하들에 의해 형성된 전기장 내에서 전하들 간의 정전기적 상호작용을 벡터 물리량(근원전하에 의해 형성된 전기장에 의해 시험전하에 작용하는 정전기적 힘: $\boldsymbol{F}(\boldsymbol{r})$ [N], 근원전하에 의해 형성된 전계강도: $\boldsymbol{E}(\boldsymbol{r}) = \boldsymbol{F}(\boldsymbol{r})/Q_t$ [N/C] = [V/m], 등가전하밀도: $\boldsymbol{D}(\boldsymbol{r}) = \epsilon\boldsymbol{E}(\boldsymbol{r})$ [C/m^2])을 이용하여 설명하였으며, 이를 설명하는 가장 기본이 되는 원리는 쿨롱의 법칙임을 알 수 있었다. 특히 근원전하(dQ_S [C]) 분포가 공간적 대칭성이 잘 확보된 경우 가우스의 법칙을 이용하여 등가전하밀도를 구하고, 그로부터 전계강도와 시험전하(Q_t [C])가 받는 힘을 구하는 방법($\boldsymbol{E}(\boldsymbol{r}) = \boldsymbol{D}(\boldsymbol{r})/\epsilon$, $\boldsymbol{F}(\boldsymbol{r}) = Q_t\boldsymbol{E}(\boldsymbol{r})$)을 설명하였다. 더불어 발산량($\nabla\cdot\boldsymbol{D}(\boldsymbol{r})$)과 발산의 정리를 이용하여 적분 형태의 가우스 법칙을 미분 형태의 포아송 방정식($\nabla\cdot\boldsymbol{D}(\boldsymbol{r}) = \rho_v$ [C/m^3])으로 변환하여 근원전하의 대칭성이 확보되지 않은 경우에도 전하밀도(ρ_v [C/m^3])로부터 등가전하밀도를 쉽게 구하고, 이로부터 전계강도와 시험전하가 받는 힘을 편리하게 구할 수 있는 방법을 학습하였다. 또한, 공간적으로 고정된 전하들에 의해 형성된 전기장 내에서 전하들 간의 정전기적 상호작용을 스칼라 물리량으로서 다룰 수 있도록 정전기적 일 또는 에너지 장벽(W_E 또는 E_p [J])과 전위($V(\boldsymbol{r})$ [V])를 정의하였으며, 이 정의의 기본 원리도 역시 쿨롱의 법칙임을 살펴보았다. 특히 스칼라 물리량인 전위($V(\boldsymbol{r})$ [V])와 벡터 물리량인 전계강도($\boldsymbol{E}(\boldsymbol{r})$

[V/m])는 모두 동일한 근원전하에 의한 정전기적 작용을 설명하는 물리량이고, 이들은 상호 밀접하게 연관되어 있어 벡터 전계강도와 스칼라 전위를 변환하는 과정($\boldsymbol{E}(\boldsymbol{r}) = -\nabla V(\boldsymbol{r})$ [V/m])에 사용할 수 있음을 설명하였다.

근원전하(Q_S [C])의 분포가 대칭성이 잘 확보된 전기장에서는 가우스의 법칙을 이용하여 벡터 물리량인 등가전하밀도($\boldsymbol{D}(\boldsymbol{r})$ [C/m^2])를 먼저 구할 수 있다. 이로부터 근원전하에 의한 전계강도($\boldsymbol{E}(\boldsymbol{r})$ [V/m])와 전기장 내에서 시험전하가 받는 정전기적 힘($\boldsymbol{F}(\boldsymbol{r})$ [N]), 스칼라 물리량인 전위분포($V(\boldsymbol{r})$ [V])와 시험전하를 옮기는 데 필요한 일(정전기적 에너지: W 또는 $E_p(\boldsymbol{r})$ [J])을 구할 수 있다($\boldsymbol{D}(\boldsymbol{r})$ [C/m^2]$\rightarrow \boldsymbol{E}(\boldsymbol{r})$ [V/m] & $\boldsymbol{F}(\boldsymbol{r})$ [N] $\rightarrow V(\boldsymbol{r})$ [V] & $W(\boldsymbol{r})$ [J]). 또한 근원전하의 분포가 공간적으로 비대칭이거나 불균일한 경우, 전기장에 관한 가우스 법칙을 발산량의 정의를 이용하여 미분 형태로 변환한 포아송 방정식을 이용해 벡터 물리량인 등가전하밀도를 구하고 동일한 과정($V(\boldsymbol{r})$ [V] $\rightarrow \boldsymbol{E}(\boldsymbol{r})$ [V/m], $\boldsymbol{D}(\boldsymbol{r})$ [C/m^2] & $\boldsymbol{F}(\boldsymbol{r})$ [N])을 통해 전기장의 지표를 구할 수 있다.

(a) 전기장에서 정의한 벡터 물리량인 전계강도($\boldsymbol{E}(\boldsymbol{r})$ [V/m])로부터 스칼라 물리량을 결정하는 요소, 상호 관계, 상호 변환을 위해 사용되는 관계식을 요약하면 다음과 같다.

$\vec{E}(\vec{r})$ [V/m] $= \int d\vec{E}(\vec{r}) = \int \frac{1}{4\pi\epsilon}\frac{dQ_S}{R^2}\hat{a}_R \Leftarrow d\vec{E}(\vec{r})$ [V/m] $= \frac{1}{4\pi\epsilon}\frac{dQ_S}{R^2}\hat{a}_R$: 쿨롱의 법칙; 전기장 해석의 근거

$\oint \vec{D}(\vec{r})\cdot d\vec{S} = \oint \vec{D}(\vec{r})\cdot \hat{a}_n dS = Q_{enc}$ [C] : 가우스의 법칙; 대칭성이 우수한 경우 근원전하에 의한 전기장의 등가전하밀도

$\oint \vec{D}(\vec{r})\cdot d\vec{S} = \int \nabla\cdot\vec{D}(\vec{r})d\upsilon = Q_{enc} = \int \rho_\upsilon(\vec{r})d\upsilon$: 전기장에 대한 발산량의 정리(Divergence Theorem)

$\nabla\cdot\vec{D}(\vec{r}) = \rho_\upsilon(\vec{r})$ [C/m^3] : 포아송 방정식=가우스 법칙의 미분형으로, 대칭성이 없어도 $\rho_\upsilon(\boldsymbol{r})$ [C/m^3]로부터 $\boldsymbol{D}(\boldsymbol{r})$를 구할 수 있음

$\rightarrow \vec{E}(\vec{r})$ [V/m] $= \frac{1}{\epsilon}\vec{D}(\vec{r})$: 근원전하에 의해 형성된 전기장의 벡터 전계강도

$\rightarrow \vec{F}(\vec{r})$ [N] $= Q_t\vec{E}(\vec{r})$: 근원전하에 의해 형성된 전기장에서 시험전하가 받는 정전기적 힘

$\rightarrow V(\vec{r})$ [V] $= -\int \vec{E}(\vec{r})\cdot d\vec{l}$: 근원전하에 의해 형성된 전기장의 스칼라 전위분포

$;V_{BA}$ [V] $\equiv V_B - V_A \equiv -\int_A^B \vec{E}(\vec{r})\cdot d\vec{l}$: 두 지점의 전위차

$\rightarrow W_{BA}$ [J] $= Q_t V_{BA}$: 근원전하에 의해 형성된 전기장에서 시험전하를 옮기는 데 필요한 정전기적 일

(b) 전기장에서 정의한 스칼라 물리량인 전위분포($V(\boldsymbol{r})$ [V])로부터 벡터 물리량을 결정하는 요소, 상호 관계, 상호 변환을 위해 사용되는 관계식을 요약하면 다음과 같다.

$V(\vec{r})$ [V] $= \int_{Source} dV(\vec{r}) = \int_{Source}\frac{1}{4\pi\epsilon}\frac{dQ_S}{R}$; $dV(\vec{r})$ [V] $= \frac{1}{4\pi\epsilon}\frac{dQ_S}{R}$: 전위분포

$\leftarrow V_{AB}$ [V] $\equiv V_B - V_A = -\int_A^B \vec{E}(\vec{r})\cdot d\vec{l}$: 전위차

$\rightarrow W_{AB}$ [J] $= Q_t V_{AB}$: 근원전하에 의해 형성된 전기장에서 시험전하를 옮기는 데 필요한 정전기적 에너지(일)

$\rightarrow \vec{E}(\vec{r})$ [V/m] $= -\nabla V(\vec{r})$: 근원전하에 의해 형성된 전기장의 벡터 전계강도

$\rightarrow \vec{D}(\vec{r})$ [C/m^2] $= \epsilon \vec{E}(\vec{r})$: 근원전하에 의해 형성된 전기장의 벡터 등가전하밀도

$\rightarrow \vec{F}(\vec{r})$ [N] $= Q_t \vec{E}(\vec{r})$: 근원전하에 의해 형성된 전기장에서 시험전하가 받는 정전기적 힘

특히 근원전하에 의해 형성된 스칼라 물리량인 전위차(V_o [V])를 아는 경우, 전위차에 시험전하량을 곱하는 간단한 계산($W_E = Q_t V_o$ [J])을 통해 시험전하를 옮기는 데 필요한 에너지 또는 시험전하를 옮기기 위해 넘어야 하는 정전기적 에너지 장벽을 쉽게 구할 수 있다($W_E = Q_t V_o$ [J]). 이것은 근원전하에 의해 형성된 전계강도($\boldsymbol{E}(\boldsymbol{r})$ [N/C] = [V/m])를 아는 경우, 시험전하에 작용하는 벡터 물리량인 정전기적 힘을 전계강도에 시험전하의 전하량을 곱해서 얻는 과정($\boldsymbol{F}(\boldsymbol{r}) = Q_t \boldsymbol{E}(\boldsymbol{r})$ [N] = [C·V/m])과 같은 맥락이다.

Section

3.4 전기장의 전계강도와 정전기적 에너지 밀도

근원전하(Q_S [C])에 의해 형성된 전기장($\boldsymbol{E}(\boldsymbol{r})$ [V/m]) 내에서 시험전하(Q_t [C])를 특정 위치로 옮기는 데 필요한 정전기적 일($W(\boldsymbol{r})$ [J]: electrostatic Work) 또는 시험전하에 작용하는 정전기적 에너지 장벽(E_p [J]: electrostatic potential energy barrier)이 존재하는 현상은 전계가 존재하는 전기장에는 에너지가 존재함을 의미한다. 따라서 전계가 존재하는 공간의 정전기적 에너지 밀도(δW_E [J/m^3])를 전계강도($\boldsymbol{E}(\boldsymbol{r})$ [V/m]) 또는 등가전하밀도($\boldsymbol{D}(\boldsymbol{r})$ [C/m^2])의 함수로 나타낼 수 있으며, 그 유도 과정은 다음과 같다.

3.4.1 공간적으로 고정된 전하들에 의해 형성된 전기장의 정전기적 에너지

공간적으로 고정된 전하들이 전기장 형성의 근원전하로 존재하는 경우 관측점의 전계강도($\boldsymbol{E}(\boldsymbol{r})$ [V/m])는 근원전하들(Q_{Si} [C])에 의한 관측점 전계강도($\boldsymbol{E}_i(\boldsymbol{r})$ [V/m])의 벡터 합이다.

$$\vec{E}(\vec{r})\ [\text{V/m}] = \sum_i \vec{E}_i(\vec{r})\ ;\ \vec{E}_i(\vec{r})\ [\text{V/m}] = \frac{1}{4\pi\epsilon}\frac{Q_{Si}}{R_i^2}\hat{a}_{Ri}$$: 다수의 점전하들에 의해 형성된 전기장의 전계강도

$$\vec{E}(\vec{r})\ [\text{V/m}] = \int d\vec{E}(\vec{r})\ ;\ d\vec{E}(\vec{r})\ [\text{V/m}] = \frac{1}{4\pi\epsilon}\frac{dQ_S}{R^2}\hat{a}_R$$: 불균일한 분포 전하에 의해 형성된 전기장의 전계강도

또한 근원전하들에 의해 형성된 전기장 내의 시험전하는 전계강도에 시험전하의 전하량(Q_t [C])을 곱한 정전기적 힘($\boldsymbol{F}(\boldsymbol{r})$ [N]: 쿨롱의 법칙)을 받는다. 이를 수식으로 표현하면 다음과 같다.

$$\vec{F}(\vec{r})\ [\text{N}] = Q_t\vec{E}(\vec{r})$$: 근원전하들로 인해 형성된 전기장 내에서 시험전하에 작용하는 정전기적 힘

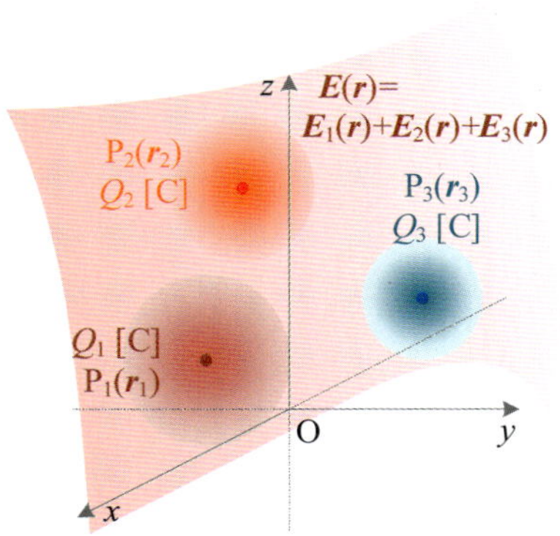

[그림 3-30] 공간적으로 고정된 근원전하에 의해 형성된 전기장의 에너지 밀도 ($dW_E/dv \equiv \delta W_E$ [J/m^3])

근원전하들에 의해 형성된 전기장의 에너지 밀도($dW_E/dv \equiv \delta W_E$ [C/m^3])를 구하는 과정을 [그림 3-30]과 같이 3개의 근원전하(Q_1, Q_2, Q_3)가 공간적으로 고정된 위치(P_1, P_2, P_3)에서 전기장을 형성하는 경우를 통해 이해하고자 한다.

먼저, [그림 3-31]과 같이 전하들을 $Q_1 \rightarrow Q_2 \rightarrow Q_3$의 순서대로 전하를 고정된 위치로 옮기는 데 필요한 에너지(일: W_{123} [J])를 구하면 다음과 같다.

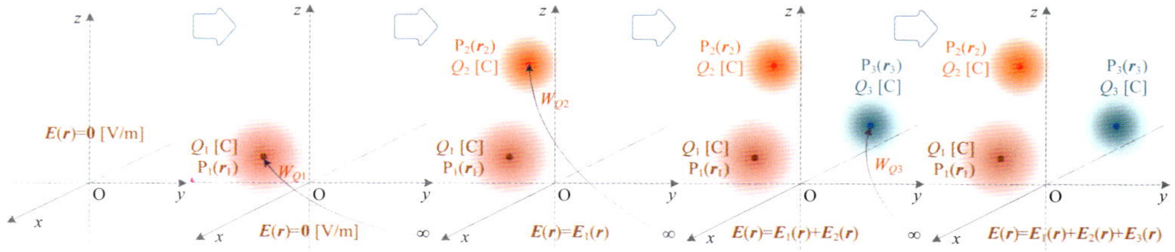

[그림 3-31] 근원전하들을 Q_1, Q_2, Q_3의 순서대로 고정된 위치로 옮기는 데 필요한 정전기적 에너지(일 : W_{123} [J])

첫째, 전하가 전혀 존재하지 않아 정전기적 영향이 전혀 작용하지 않는 공간($\boldsymbol{E}_o(\boldsymbol{r}) = \boldsymbol{0}$ [V/m])에서 전하 Q_1을 P_1의 위치로 옮기는 데 필요한 에너지(W_{Q1})는 다음과 같이 0 [J]이다(Q_1은 전기장의 영향을 받는 시험전하에 해당한다).

$$W_{Q1}\ [\mathrm{J}] = Q_1\int_{\infty}^{P_1} \vec{E}_o \cdot d\vec{l} = 0\ ;\ \vec{E}_o\ [\mathrm{V/m}] = 0$$

: 전하가 없고 전계가 존재하지 않은 공간에서 시험전하에 해당하는 Q_1은 전기장의 영향을 받지 않으며, Q_1을 P_1으로 옮기는 데는 에너지가 필요하지 않음

둘째, Q_1을 옮긴 이후에 Q_1은 전기장을 발생하는 근원전하로 작용하며, 이로 인한 전계($\boldsymbol{E}_1(\boldsymbol{r})$ [V/m])와 전위분포($V_1(\boldsymbol{r})$)가 형성된다. 이 전기장 내에서 Q_2를 시험전하(Q_t=Q_2)로서 P_2의 위치로 옮기는 데 필요한 에너지(W_{Q2})는 다음과 같다.

$$W_{Q2}\ [\mathrm{J}] = Q_2\left(-\int_{\infty}^{P_2} \vec{E}_1(\vec{r}) \cdot d\vec{l}\right) = Q_2 V_{2,1}$$

: Q_1이 근원전하로서 형성한 전기장($\boldsymbol{E}(\boldsymbol{r})$=$\boldsymbol{E}_1(\boldsymbol{r})$ [V/m]) 내에서 시험전하로서 Q_2를 옮기는 데 필요한 에너지

$$V_{2,1}\ [\mathrm{V}] \equiv -\int_{\infty}^{P_2} \vec{E}_1(\vec{r}) \cdot d\vec{l},\ \vec{E}_1(\vec{r})\ [\mathrm{V/m}] \equiv \frac{Q_1}{4\pi\epsilon R_1^2}\hat{a}_{R1}$$

: Q_1이 근원전하로 작용하며 형성한 전기장($\boldsymbol{E}(\boldsymbol{r})$=$\boldsymbol{E}_1(\boldsymbol{r})$ [V/m])에 의해 Q_2가 시험전하로서 존재하는 지점 P_2에 생성된 전위($V_{2,1}$ [V])

셋째, Q_1과 Q_2를 옮긴 후에 Q_1과 Q_2는 전기장을 발생하는 근원전하로 작용하며, 이들로 인한 전계 ($\boldsymbol{E}_{1,2}(\boldsymbol{r}) = \boldsymbol{E}_1(\boldsymbol{r})+\boldsymbol{E}_2(\boldsymbol{r})$ [V/m])와 전위분포($V_{1+2}(\boldsymbol{r}) = V_1(\boldsymbol{r})+V_2(\boldsymbol{r})$)가 형성되면, Q_3를 시험전하(Q_t = Q_3)로서 P_3의 위치로 옮기는 데 필요한 에너지(W_{Q3})는 다음과 같다.

$$W_{Q3}\ [\mathrm{J}] = Q_3\left(-\int_{\infty}^{P_3} \left(\vec{E}_1(\vec{r}) + \vec{E}_2(\vec{r})\right) \cdot d\vec{l}\right) = Q_3\left(V_{3,1} + V_{3,2}\right)$$

: Q_1과 Q_2가 근원전하로서 형성한 전기장
: ($\boldsymbol{E}(\boldsymbol{r}) = \boldsymbol{E}_1(\boldsymbol{r})+\boldsymbol{E}_2(\boldsymbol{r})$ [V/m]) 내에서 시험전하로서 Q_3를 옮기는 데 필요한 정전기적 에너지

$$V_{3,1}\ [\mathrm{V}] \equiv -\int_{\infty}^{P_3} \vec{E}_1(\vec{r}) \cdot d\vec{l},\ \vec{E}_1(\vec{r})\ [\mathrm{V/m}] \equiv \frac{Q_1}{4\pi\epsilon R_1^2}\hat{a}_{R1}$$

: Q_1에 의해 형성된 전기장($\boldsymbol{E}(\boldsymbol{r})$ =$\boldsymbol{E}_1(\boldsymbol{r})$ [V/m])과 이로 인해 Q_3가 존재하는 지점 P_3에 생성된 전위 ($V_{3,1}$ [V])

$$V_{3,1}\ [\mathrm{V}] \equiv -\int_{\infty}^{P_3} \vec{E}_2(\vec{r}) \cdot d\vec{l},\ \vec{E}_2(\vec{r})\ [\mathrm{V/m}] \equiv \frac{Q_1}{4\pi\epsilon R_2^2}\hat{a}_{R2}$$

: Q_2에 의해 형성된 전기장($\boldsymbol{E}(\boldsymbol{r})$ =$\boldsymbol{E}_2(\boldsymbol{r})$ [V/m])과 이로 인해 Q_3가 존재하는 지점 P_3에 생성된 전위 ($V_{3,2}$ [V])

따라서 전하들을 $Q_1 \rightarrow Q_2 \rightarrow Q_3$의 순서로 고정된 최종 위치로 옮기는 데 필요한 총 에너지(W_{123} [J])는 다음과 같다.

$$W_{123}\ [\mathrm{J}] = W_{Q1} + W_{Q2} + W_{Q3} = 0 + Q_2 V_{2,1} + Q_3 (V_{3,1} + V_{3,2})$$

최종 전하분포는 동일하나 [그림 3-32]에 나타낸 것과 같이 앞의 경우와 반대 순서인 $Q_3 \rightarrow Q_2 \rightarrow Q_1$의 순서로 전하들을 고정된 위치로 옮기는 데 필요한 에너지(일: W_{321} [J])를 구하면 다음과 같이 구할 수 있다. 주의할 것은, 최종적으로 Q_1, Q_2, Q_3의 위치가 동일한 상황을 다루므로 순서에 관계없이 전하들을 옮기는 데 필요한 에너지는 동일함($W_{123} = W_{321}$)을 기억해야 한다.

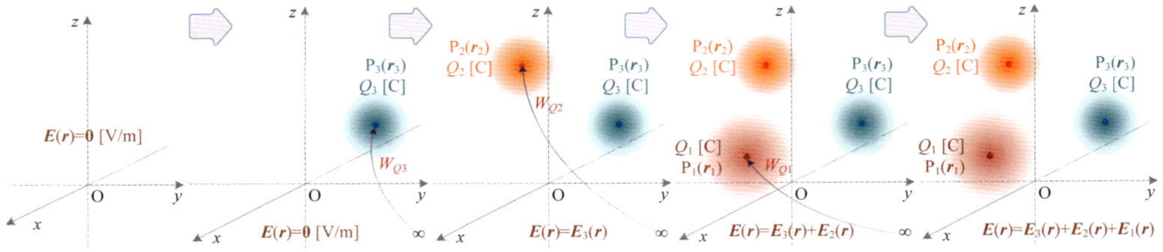

[그림 3-32] 근원전하 Q_3, Q_2, Q_1의 순서대로 고정된 위치로 옮기는 데 필요한 정전기적 에너지(일: W_{321} [J])

첫째, 전하가 전혀 존재하지 않아 정전기적 영향이 전혀 작용하지 않는 공간($\boldsymbol{E}_o(\boldsymbol{r}) = \mathbf{0}$ [V/m])에서 시험전하에 해당하는 전하 Q_3 ($Q_t = Q_3$)을 P_3의 위치로 옮기는 데 필요한 에너지(W_{Q3})는 다음과 같이 0이다.

$$W_{Q3}\ [\mathrm{J}] = Q_3 \int_{\infty}^{P_3} \vec{E}_o \cdot d\vec{l} = 0\ ;\ \vec{E}_o\ [\mathrm{V/m}] = 0$$

: 전하가 없고 전계가 존재하지 않은 공간에서 시험전하에 해당하는 Q_3은 전기장의 영향을 받지 않으며, Q_3을 P_3으로 옮기는 데는 정전기적 에너지가 필요하지 않음

둘째, Q_3을 옮긴 이후에 Q_3은 전기장($\boldsymbol{E}_3(\boldsymbol{r})$ [V/m])을 발생하는 근원전하로 작용하며, 이로 인한 전계($\boldsymbol{E}_3(\boldsymbol{r})$ [V/m])와 전위분포($V_3(\boldsymbol{r})$)가 형성된다. 이 전기장 내에서 시험전하($Q_t = Q_2$)로서 Q_2를 P_2의 위치로 옮기는 데 필요한 에너지(W_{Q2})는 다음과 같다.

$$W_{Q2}\ [\mathrm{J}] = Q_2 \left(-\int_{\infty}^{P_2} \vec{E}_3(\vec{r}) \cdot d\vec{l} \right) = Q_2 V_{2,3}$$

: Q_3이 근원전하로 형성한 전기장($\boldsymbol{E}(\boldsymbol{r}) = \boldsymbol{E}_3(\boldsymbol{r})$ [V/m]) 내에서 시험전하로서 Q_2를 P_3로 옮기는 데 필요한 정전기적 에너지

$$V_{2,3}\ [\mathrm{V}] \equiv -\int_{\infty}^{P_2} \vec{E}_3(\vec{r}) \cdot d\vec{l},\ \vec{E}_3(\vec{r})\ [\mathrm{V/m}] \equiv \frac{Q_3}{4\pi\epsilon R_3^2} \hat{a}_{R3}$$

: Q_3이 근원전하로 형성한 전기장($\boldsymbol{E}(\boldsymbol{r}) | Q_3 = \boldsymbol{E}_3(\boldsymbol{r})$ [V/m])에 의해 Q_2가 존재하는 지점 P_2에 생성된 전위($V_{2,3}$ [V])

셋째, Q_3과 Q_2를 옮긴 후 Q_3과 Q_2는 전기장($\boldsymbol{E}_{3,2}(\boldsymbol{r})$ [V/m])을 발생하는 근원전하로 작용하며, 이들로 인한 전계($\boldsymbol{E}_{3,2}(\boldsymbol{r}) = \boldsymbol{E}_3(\boldsymbol{r}) + \boldsymbol{E}_2(\boldsymbol{r})$ [V/m])와 전위분포($V_{3+2}(\boldsymbol{r}) = V_3(\boldsymbol{r}) + V_2(\boldsymbol{r})$)가 형성되면, Q_1을 시험전하($Q_t = Q_1$)로서 P_1의 위치로 옮기는 데 필요한 에너지(W_{Q1} [J])는 다음과 같다.

$$W_{Q1}\ [\mathrm{J}] = Q_1 V_{3+2} = Q_1 \left(-\int_{\infty}^{P_1} \left(\vec{E}_3(\vec{r}) + \vec{E}_2(\vec{r}) \right) \cdot d\vec{l} \right) = Q_1 (V_{1,3} + V_{1,2})$$

: Q_3과 Q_2가 근원전하로 형성한 전기장($\boldsymbol{E}(\boldsymbol{r}) = \boldsymbol{E}_3(\boldsymbol{r}) + \boldsymbol{E}_2(\boldsymbol{r})$ [V/m])에서 Q_1을 옮기는 데 필요한 정전기적 에너지

$$V_{1,3}\ [\mathrm{V}] \equiv -\int_{\infty}^{P_1} \vec{E}_3(\vec{r}) \cdot d\vec{l},\ \vec{E}_3(\vec{r})\ [\mathrm{V/m}] \equiv \frac{Q_3}{4\pi\epsilon R_3^2} \hat{a}_{R3}$$

: Q_3에 의해 형성된 전기장($\boldsymbol{E}(\boldsymbol{r}) = \boldsymbol{E}_3(\boldsymbol{r})$ [V/m])과 이로 인해 Q_1이 존재하는 지점 P_1에 생성된 전위($V_{1,3}$ [V])

$$V_{1,2}\ [\mathrm{V}] \equiv -\int_{\infty}^{P_1} \vec{E}_2(\vec{r}) \cdot d\vec{l},\ \vec{E}_2(\vec{r})\ [\mathrm{V/m}] \equiv \frac{Q_2}{4\pi\epsilon R_2^2} \hat{a}_{R2}$$

: Q_2에 의해 형성된 전기장($\boldsymbol{E}(\boldsymbol{r}) = \boldsymbol{E}_2(\boldsymbol{r})$ [V/m])과 이로 인해 Q_1이 존재하는 지점 P_1에 생성된 전위($V_{1,2}$ [V])

그러므로 전하들을 $Q_3 \rightarrow Q_2 \rightarrow Q_1$의 순서로 고정된 위치로 옮기는 데 필요한 정전기적 에너지(W_{321} [J])는 다음과 같다.

$$W_{321}\ [\mathrm{J}] = W_{Q3} + W_{Q2} + W_{Q1} = 0 + Q_2 V_{2,3} + Q_1 (V_{1,3} + V_{1,2})$$

Q_1, Q_2, Q_3의 최종적인 배열 형태가 동일하므로 전하를 옮기는 순서에 관계없이 전하들을 모두 옮기는 데 필요한 에너지 또는 전하 Q_1, Q_2, Q_3이 존재하는 공간의 정전기적 에너지(W_E [J])는 다음과 같이 각각의 전하량과 해당 전하를 제외한 다른 전하들이 형성한 전계에 의한 전위의 곱을 더한 값과 같다.

$$W_E\ [\mathrm{J}] = \frac{W_{123} + W_{321}}{2} = \frac{1}{2}(Q_1(V_{1,2} + V_{1,3}) + Q_2(V_{2,1} + V_{2,3}) + Q_3(V_{3,1} + V_{3,2})) = \frac{1}{2}(Q_1 V_1 + Q_2 V_2 + Q_3 V_3)$$

$V_1\ [\mathrm{V}] \equiv V_1(\vec{r}_1) \equiv (V_{1,2}(\vec{r}_1) + V_{1,3}(\vec{r}_1))$: Q_1을 제외한 Q_2와 Q_3에 의한 전기장으로 인해 Q_1이 있는 점($\boldsymbol{r}_1$)에 생성된 전위

$V_2\ [\mathrm{V}] \equiv V_2(\vec{r}_2) \equiv (V_{2,1}(\vec{r}_2) + V_{2,3}(\vec{r}_2))$: Q_2를 제외한 Q_1과 Q_3에 의한 전기장으로 인해 Q_2가 있는 점($\boldsymbol{r}_2$)에 생성된 전위

$V_3\ [\mathrm{V}] \equiv V_3(\vec{r}_3) \equiv (V_{3,1}(\vec{r}_3) + V_{3,2}(\vec{r}_3))$: Q_3을 제외한 Q_1과 Q_2에 의한 전기장으로 인해 Q_3가 있는 점($\boldsymbol{r}_3$)에 생성된 전위

따라서 다수 점전하들이 형성한 전기장의 정전기적 에너지도 위의 결과를 변형하여 다음과 같이 나타낼 수 있다.

$$W_E\ [\mathrm{J}] = \frac{1}{2}\sum_i Q_i(\vec{r}_i) V_i(\vec{r}_i)$$: 다수 점전하들이 형성한 전기장의 정전기적 에너지

$$\vec{E}_{\neq i}(\vec{r})\ [\mathrm{V/m}] \equiv \sum_{j=1}^{n:j\neq i} \vec{E}_j(\vec{r})\ ;\ \vec{E}_j(\vec{r}) = \frac{1}{4\pi\epsilon}\frac{Q_j}{R_j^2}\hat{a}_{Rj}$$: Q_i를 제외한 근원전하들에 의해 형성된 전기장의 전계강도($\boldsymbol{E}_{\neq i}(\boldsymbol{r})$ [V/m])

$$V_i(\vec{r}_i)\ [\mathrm{V}] \equiv -\int_{\infty}^{\vec{r}_i} \vec{E}_{\neq i}(\vec{r}) \cdot d\vec{l}$$: Q_i를 제외한 근원전하들에 의해 형성된 전계($\boldsymbol{E}_{\neq i}(\boldsymbol{r})$ [V/m])가 생성한 Q_i가 위치한 곳($\boldsymbol{r}_i$)의 전위

즉 전기장 형성의 근원전하의 수가 많고 전하량이 많을수록, 그리고 이들로 인해 형성된 전계로 인한 전위차가 클수록 전기장의 에너지가 증가함을 알 수 있다.

3.4.2 분포전하들에 의해 형성된 전기장의 정전기적 에너지 밀도

[그림 3-33]과 같이 공간적으로 고정된 다수의 점전하들에 의해 형성된 전기장(r=0~∞ [m])의 정전기적 에너지는 다음과 같다.

$$W_E\ [\mathrm{J}] = \frac{1}{2}\sum_i Q_i V_i$$: 다수의 점전하들로 구성된 전기장의 정전기적 에너지

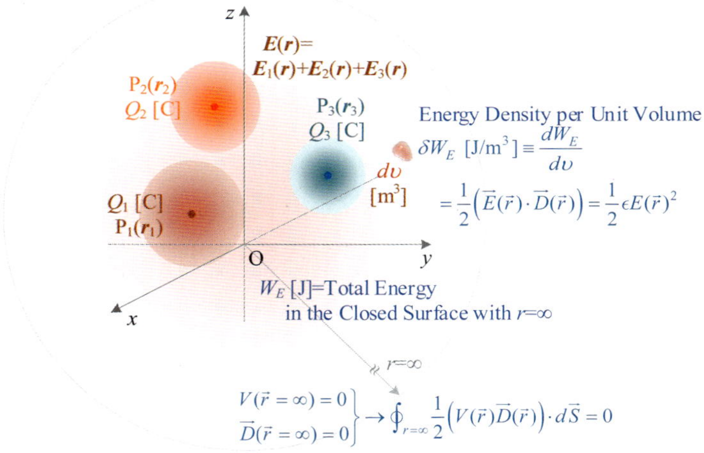

$$\delta W_E\ [\mathrm{J/m^3}] \equiv \frac{dW_E}{d\upsilon} = \frac{1}{2}\left(\vec{E}(\vec{r})\cdot\vec{D}(\vec{r})\right) = \frac{1}{2}\epsilon E(\vec{r})^2$$

$$\left.\begin{matrix} V(\vec{r}=\infty)=0 \\ \vec{D}(\vec{r}=\infty)=0 \end{matrix}\right\} \rightarrow \oint_{r=\infty}\frac{1}{2}\left(V(\vec{r})\vec{D}(\vec{r})\right)\cdot d\vec{S}=0$$

[그림 3-33] 공간적으로 고정된 전하에 의해 형성된 전기장의 전계강도($\boldsymbol{E}(\boldsymbol{r})$ [V/m])와 단위체적당 정전기적 에너지 밀도 (δW_E [J/m^3])

점전하 대신 공간적으로 임의의 형태로 구성된 불균일 분포전하(ρ_υ [C/m^3])로 형성된 전기장의 부분 에너지(dW_E [J])와 단위체적당 에너지 밀도(δW_E [J/m^3])는 다음과 같이 나타낼 수 있다.

$$W_E\ [\mathrm{J}] = \int_{r=\infty} dW_E(\vec{r}) = \int_{r=\infty} \delta W_E(\vec{r})d\upsilon$$
: 분산된 전하로 형성된 전기장이 존재하는 공간 전체의 정전기적 에너지

$$dW_E(\vec{r})\ [\mathrm{J}] = \delta W_E(\vec{r})d\upsilon$$
: $d\upsilon$의 체적 내에 존재하는 미소 전하량($dq = \rho_\upsilon d\upsilon$ [C])을 제외한 근원 전하들에 의해 형성된 전기장에서 $d\upsilon$의 체적을 가진 미소 전하 ($dQ = \rho_\upsilon d\upsilon$ [C])를 그 위치로 옮기는데 필요한 정전기적 에너지

$$\delta W_E(\vec{r})\ [\mathrm{J/m^3}] \equiv \frac{dW_E(\vec{r})}{d\upsilon}$$
: 전기장이 존재하는 관측점에서 단위체적당 에너지 밀도

점전하 대신 공간적으로 불균일하게 분포하는 전하($\rho_\upsilon(\boldsymbol{r})$ [C/m^3])로 형성된 전기장의 경우, 작은 체적($d\upsilon$ [m^3]) 내의 전하 조각($dQ = \rho_\upsilon d\upsilon$ [C])을 관측점으로 옮겨오는 데 필요한 정전기적 에너지(dW_E [J])는 다음과 같이 나타낼 수 있다.

$$dW_E(\vec{r})\ [\mathrm{J}] \equiv \delta W_E(\vec{r})d\upsilon = \frac{1}{2}dQ(\vec{r})V(\vec{r}) = \frac{1}{2}V(\vec{r})\rho_\upsilon(\vec{r})d\upsilon\ ;\ dQ(\vec{r})\ [\mathrm{C}] = \rho_\upsilon(\vec{r})d\upsilon$$

: $d\upsilon$의 체적 내에 존재하는 미소 전하량($dQ = \rho_\upsilon d\upsilon$ [C])을 제외한 전공간의 근원전하들에 의해 형성된 전기장에서 $d\upsilon$의 체적을 가진 미소 전하($dQ = \rho_\upsilon d\upsilon$ [C])를 그 위치로 옮기는 데 필요한 정전기적 에너지

$V(\vec{r})$ [V] : $d\upsilon$의 체적 내에 존재하는 미소 전하량($dQ = \rho_\upsilon d\upsilon$ [C])을 제외한 전공간의 근원전하들에 의해 형성된 전기장에서 $d\upsilon$의 체적을 가진 미소 전하($dQ = \rho_\upsilon d\upsilon$ [C])가 존재하는 지점의 전위

따라서 근원전하에 의해 형성된 전기장이 존재하는 공간 전체($\boldsymbol{r} = \infty$)의 정전기적 에너지(W_E [J])는 각각의 전하 조각을 옮겨오는 데 필요한 부분 에너지의 총합과 같다. 전기장을 형성하는 근원전하밀도와 등가전하밀도의 관계를 나타내는 포아송 방정식을 사용하여 정리하면 다음과 같이 나타낼 수 있다.

$$W_E\ [\mathrm{J}] = \int_{\substack{r=\infty \\ (\text{전 공간})}} dW_E(\vec{r}) = \int_{r=\infty}\left(\frac{1}{2}V(\vec{r})\rho_\upsilon(\vec{r})\right)d\upsilon = \int_{r=\infty}\left(\frac{1}{2}V(\vec{r})\nabla\cdot\vec{D}(\vec{r})\right)d\upsilon = \int_{r=\infty}\delta W_E(\vec{r})d\upsilon$$

: 전기장이 존재하는 공간 전체의 에너지

$$\nabla\cdot\vec{D}(\vec{r}) = \rho_\upsilon(\vec{r})\ [\mathrm{C/m^3}]$$: 포아송 방정식

또한 다음의 벡터 연산자의 변환 특성과 발산량의 정리를 활용하면 전기장이 존재하는 공간 전체($\boldsymbol{r}=\infty$)의 정전기적 에너지(W_E [J])를 보다 간략한 형태로 정리할 수 있다.

$$V_{AA} = V_A - V_A = \oint\vec{E}(\vec{r})\cdot d\vec{l} = 0\ [\mathrm{V}]$$: 폐경로의 전위차 = 0 [V]

$$\nabla\cdot\left(V(\vec{r})\vec{D}(\vec{r})\right) = V(\vec{r})\left(\nabla\cdot\vec{D}(\vec{r})\right) + \nabla V(\vec{r})\cdot\vec{D}(\vec{r}) \Leftrightarrow V(\vec{r})\left(\nabla\cdot\vec{D}(\vec{r})\right) = \nabla\cdot\left(V(\vec{r})\vec{D}(\vec{r})\right) - \nabla V(\vec{r})\cdot\vec{D}(\vec{r})$$

: 벡터 항등식

$$V(\vec{r}=\infty) = 0\ \&\ \vec{D}(\vec{r}=\infty) \rightarrow \int_{r=\infty}\frac{1}{2}\nabla\cdot\left(V(\vec{r})\vec{D}(\vec{r})\right)d\upsilon = \oint_{r=\infty}\frac{1}{2}\left(V(\vec{r})\vec{D}(\vec{r})\right)\cdot d\vec{S} = 0$$: 발산량의 정리

$$\begin{aligned} W_E\ [\mathrm{J}] &= \int_{r=\infty}\left(\frac{1}{2}V(\vec{r})\nabla\cdot\vec{D}(\vec{r})\right)d\upsilon = \int_{r=\infty}\frac{1}{2}\left(\nabla\cdot\left(V(\vec{r})\vec{D}(\vec{r})\right) - \nabla V(\vec{r})\cdot\vec{D}(\vec{r})\right)d\upsilon \\ &= \int_{r=\infty}\frac{1}{2}\nabla\cdot\left(V(\vec{r})\vec{D}(\vec{r})\right)d\upsilon + \int_{r=\infty}\frac{1}{2}\left(-\nabla V(\vec{r})\cdot\vec{D}(\vec{r})\right)d\upsilon \\ &= \oint_{r=\infty}\frac{1}{2}\left(V(\vec{r})\vec{D}(\vec{r})\right)\cdot d\vec{S} + \int_{r=\infty}\frac{1}{2}\left(-\nabla V(\vec{r})\cdot\vec{D}(\vec{r})\right)d\upsilon \\ &= \int_{r=\infty}\frac{1}{2}\left(\vec{E}(\vec{r})\cdot\vec{D}(\vec{r})\right)d\upsilon = \int_{r=\infty}\delta W_E(\vec{r})d\upsilon \end{aligned}$$

따라서 전하들에 의해 형성된 전기장이 존재하는 공간의 단위체적당 정전기적 에너지 밀도($\delta W_E = dW_E/d\upsilon$ [J/m^3])는 다음과 같이 나타낼 수 있다.

$$\delta W_E(\vec{r})\ [\mathrm{J/m^3}] \equiv \frac{dW_E(\vec{r})}{d\upsilon} = \frac{1}{2}\left(\vec{E}(\vec{r})\cdot\vec{D}(\vec{r})\right) = \frac{1}{2}\epsilon\left|\vec{E}(\vec{r})\right|^2 = \frac{1}{2\epsilon}\left|\vec{D}(\vec{r})\right|^2$$: 전기장의 단위체적당 에너지 밀도

즉, 전기장의 정전기적 에너지 밀도는 전계강도 또는 등가전하밀도의 제곱에 비례함을 알 수 있다. 전기장의 전계강도($\boldsymbol{E}(\boldsymbol{r})$ [V/m]), 등가전하밀도($\boldsymbol{D}(\boldsymbol{r})$ [C/m^2])와 단위체적당 정전기적 에너지 밀도($\delta W_E(\boldsymbol{r})$ [J/m^3])의 관계를 [그림 3-34]에 요약하였다.

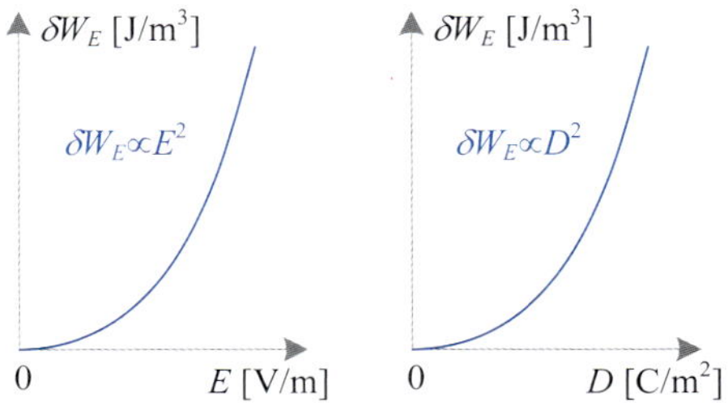

[그림 3-34] 전기장의 전계강도($\boldsymbol{E}(\boldsymbol{r})$ [V/m]), 등가전하밀도($\boldsymbol{D}(\boldsymbol{r})$ [C/m^2])와 단위체적당 정전기적 에너지 밀도($\delta W_E(\boldsymbol{r})$ [J/m^3])의 관계

3.4.3 전기장의 정전기적 에너지 밀도의 예

■ **원점(O(0,0,0))의 점전하($Q_S = Q$ [C])에 의해 형성된 전기장의 정전기적 에너지 밀도**

원점(O(0,0,0))의 점전하($Q_S = Q$ [C])에 의해 형성된 전기장의 전계강도($\boldsymbol{E}(\boldsymbol{r})$ [V/m]), 등가전하밀도($\boldsymbol{D}(\boldsymbol{r})$ [C/m^2]), 전위($V(\boldsymbol{r})$ [V]), 정전기적 에너지 밀도($\delta W_E(\boldsymbol{r}) \equiv dW_E/dv$ [J/m^3])를 요약하면 다음과 같다.

$$\vec{E}(\vec{r})\ [\text{V/m}] = \frac{1}{4\pi\epsilon}\frac{Q}{r^2}\hat{a}_r$$: 원점의 점전하에 의해 형성된 전기장의 벡터 전계강도

$$\vec{D}(\vec{r})\ [\text{C/m}^2] = \epsilon\vec{E}(\vec{r}) = \frac{1}{4\pi}\frac{Q}{r^2}\hat{a}_r$$: 점전하에 의해 형성된 전기장의 벡터 등가전하밀도

$$V(\vec{r})\ [\text{V}] = -\int_{\infty}^{\vec{r}}\vec{E}(\vec{r})\cdot d\vec{l} = \frac{1}{4\pi\epsilon}\frac{Q}{r}$$: 점전하에 의해 형성된 전기장의 스칼라 전위분포

$$\delta W_E(\vec{r})\ [\text{J/m}^3] \equiv \frac{dW_E(\vec{r})}{dv} = \frac{1}{2}\epsilon\left|\vec{E}(\vec{r})\right|^2 = \frac{1}{32\pi^2\epsilon}\frac{Q^2}{r^4} \propto \begin{cases} Q^2 \\ \dfrac{1}{r^4}\end{cases}$$: 점전하에 의해 형성된 전기장의 정전기적 에너지 밀도분포

특히 원점에 존재하는 전하에 의해 형성된 전기장의 에너지 밀도는 전하량의 제곱에 비례하지만, 전기장 형성의 근원이 되는 전하로부터 멀어짐에 따라 전하로부터의 거리의 4제곱에 반비례하여 에너지 밀도가 급격히 감소함을 알 수 있다. 원점에 존재하는 점전하($Q_S = Q$ [C])에 의해 형성된 전기장의 전계강도($\boldsymbol{E}(\boldsymbol{r})$ [V/m]), 등가전하밀도($\boldsymbol{D}(\boldsymbol{r})$ [C/m^2]), 전위($V(\boldsymbol{r})$ [V]) 및 단위체적당 정전기적 에너지 밀도($\delta W_E(\boldsymbol{r})$ [J/m^3])의 변화를 [그림 3-35]에 요약하였다.

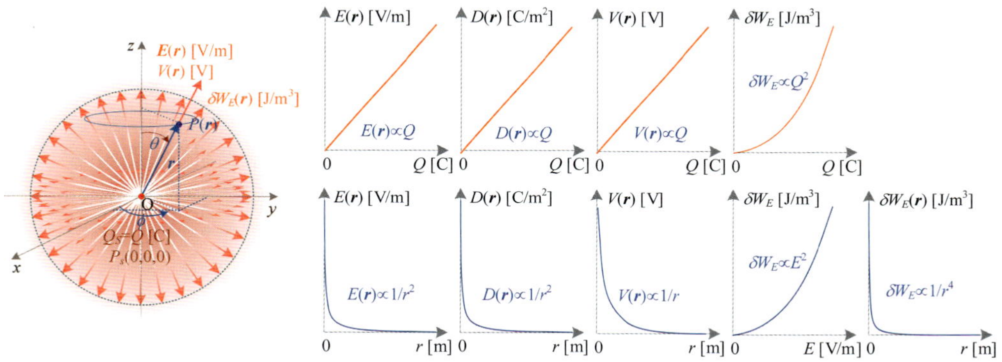

[그림 3-35] 원점에 존재하는 점전하($Q_S = Q$ [C])에 의해 형성된 전기장의 전계강도($\boldsymbol{E}(\boldsymbol{r})$ [V/m]), 등가전하밀도($\boldsymbol{D}(\boldsymbol{r})$ [C/m^2]), 전위($V(\boldsymbol{r})$ [V]) 및 단위체적당 정전기적 에너지 밀도($\delta W_E(\boldsymbol{r})$ [J/m^3])의 변화

■ **z-축에 존재하는 무한한 길이의 선전하(선전하밀도 ρ_l [C/m])에 의해 형성된 전기장의 정전기적 에너지 밀도**

z-축에 존재하는 무한한 길이의 선전하(선전하밀도 ρ_l [C/m])에 의해 형성된 전기장의 전계강도($\boldsymbol{E}(\boldsymbol{r})$ [V/m]), 등가전하밀도($\boldsymbol{D}(\boldsymbol{r})$ [C/m^2]), 전위($\boldsymbol{E}(\boldsymbol{r})$ [V]), 정전기적 에너지 밀도($\delta W_E(\boldsymbol{r})$ [J/m^3])의 변화를 다음에 요약하였다.

$$\vec{E}(\vec{r})\ [\text{V/m}] = -\nabla V(\vec{r}) = -\frac{\partial V(\vec{r})}{\partial \rho}\hat{a}_\rho = \frac{\rho_l}{2\pi\epsilon}\frac{1}{\rho}\hat{a}_\rho$$
: z-축의 무한 선전하에 의해 형성된 전기장의 전계강도

$$\vec{D}(\vec{r})\ [\text{C/m}^2] = \epsilon\vec{E}(\vec{r}) = \frac{\rho_l}{2\pi}\frac{1}{\rho}$$
: z-축의 무한 선전하에 의해 형성된 전기장의 등가전하밀도(전속밀도)

$$V_{BA}\ [\text{V}] = -\int_{\rho_A}^{\rho_B}\vec{E}(\vec{r})\cdot d\vec{l} = \frac{\rho_l}{2\pi\epsilon}\ln\left(\frac{\rho_A}{\rho_B}\right)$$
: z-축의 무한 선전하에 의해 형성된 전기장의 전위차

$$\delta W_E(\vec{r})\ [\text{J/m}^3] \equiv \frac{dW_E(\vec{r})}{dv} = \frac{1}{2}\epsilon\left|\vec{E}(\vec{r})\right|^2 = \frac{1}{8\pi^2\epsilon}\frac{\rho_l^2}{\rho^2} \propto \begin{cases}\rho_l^2 \\ 1/\rho^2\end{cases}$$
: z-축의 무한 선전하에 의해 형성된 전기장의 정전기적 에너지 밀도

특히 z-축에 존재하는 무한 선전하에 의해 형성된 전기장의 에너지 밀도는 선전하 밀도(ρ_l [C/m])의 제곱에 비례하고, 전기장 형성의 근원이 되는 z-축의 선전하로부터의 수직 거리인 반지름(ρ [m])의 제곱에 반비례하여 에너지 밀도가 급격하게 감소함을 알 수 있다. z-축의 무한 선전하(ρ_l [C/m])에 의해 형성된 전기장의 전계강도($\boldsymbol{E}(\boldsymbol{r})$ [V/m]), 등가전하밀도($\boldsymbol{D}(\boldsymbol{r})$ [C/m^2]), 전위($V(\boldsymbol{r})$ [V]) 및 단위체적당 정전기적 에너지 밀도($\delta W_E(\boldsymbol{r})$ [J/m^3])의 변화를 [그림 3-36]에 요약하였다.

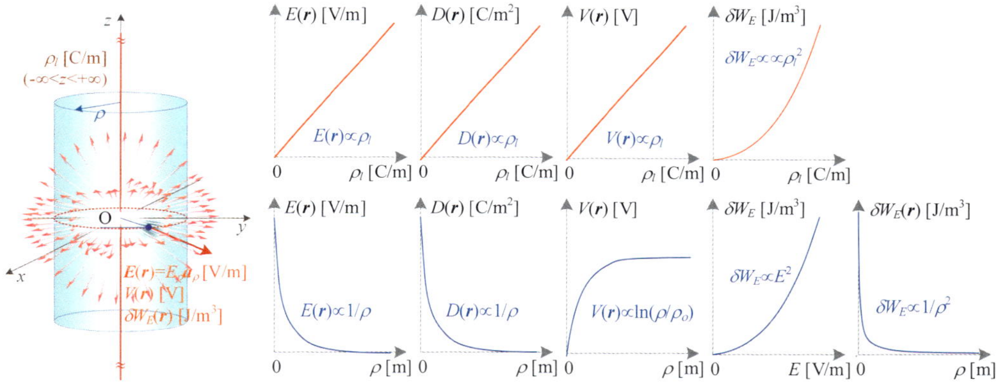

[그림 3-36] z-축의 무한 선전하(ρ_l [C/m])에 의해 형성된 전기장의 전계강도($\boldsymbol{E}(\boldsymbol{r})$ [V/m]), 등가전하밀도($\boldsymbol{D}(\boldsymbol{r})$ [C/m^2]), 전위($V(\boldsymbol{r})$ [V]) 및 단위체적당 정전기적 에너지 밀도($\delta W_E(\boldsymbol{r})$ [J/m^3])의 변화

■ xy-평면($z=0$)에 존재하는 무한 면전하(면전하밀도 ρ_S [C/m^2])에 의해 형성된 전기장의 정전기적 에너지 밀도

xy-평면(z=0)에 존재하는 무한 면전하(면전하밀도 ρ_S [C/m^2])에 의해 형성된 전기장의 전계강도($\boldsymbol{E}(\boldsymbol{r})$ [V/m]), 등가전하밀도($\boldsymbol{D}(\boldsymbol{r})$ [C/m^2]), 전위($\boldsymbol{E}(\boldsymbol{r})$ [V]), 정전기적 에너지 밀도($\delta W_E(\boldsymbol{r})$ [J/m^3])는 다음과 같다.

$$\vec{E}(\vec{r})\ [\text{V/m}] = \begin{cases} +\dfrac{\rho_S}{2\epsilon}\hat{a}_z & : z>0 \\ -\dfrac{\rho_S}{2\epsilon}\hat{a}_z & : z<0 \end{cases} \quad \begin{cases}\propto \rho_S \\ z\text{-}, \rho\text{-}, \&\ \phi\text{-independent}\end{cases}$$
: xy-평면의 무한 면전하에 의한 전기장의 전계강도

$$\vec{D}(\vec{r})\ [\mathrm{C/m^2}] = \epsilon\vec{E}(\vec{r}) = \begin{cases} +\dfrac{\rho_S}{2}\hat{a}_z : z>0 \\ -\dfrac{\rho_S}{2}\hat{a}_z : z<0 \end{cases} \begin{cases} \propto \rho_S \\ z\text{-}, \rho\text{-}, \&\ \phi\text{-independent} \end{cases}$$

: xy-평면의 무한 면전하에 의한 전기장의 등가전하밀도

$$V_{AB}\ [\mathrm{V}] = -\int_{\vec{r}_A}^{\vec{r}_B} \vec{E}(\vec{r})\cdot d\vec{l} = -\int_{z_A}^{z_B} E_z dz = \begin{cases} +\dfrac{\rho_S}{2\epsilon}(z_A - z_B) : z_A>0, z_B>0 \\ -\dfrac{\rho_S}{2\epsilon}(z_A - z_B) : z_A<0, z_B<0 \end{cases} \propto \begin{cases} \rho_S\ [\mathrm{C/m^2}] \\ |z_A - z_B|\ [\mathrm{m}] \end{cases}$$

: xy-평면의 무한 면전하에 의해 형성된 전기장의 두 지점의 전위차

$$\delta W_E(\vec{r})\ [\mathrm{J/m^3}] \equiv \frac{dW_E(\vec{r})}{d\upsilon} = \frac{1}{2}\epsilon\left|\vec{E}(\vec{r})\right|^2 = \frac{1}{8\epsilon}\rho_S{}^2 = \text{const.} \propto \begin{cases} \rho_S{}^2 \\ z\text{-}, \rho\text{-}, \&\ \phi\text{-independent} \end{cases}$$

: xy-평면의 무한 면전하에 의한 전기장의 정전기적 에너지 밀도

xy-평면(z=0)에 존재하는 무한 면전하에 의해 형성된 전기장의 에너지 밀도는 면전하 밀도(ρ_S [C/m^2])의 제곱에 비례하지만, 위치에 관계없이 어디에서나 동일한 에너지 밀도분포($\delta W_E(\boldsymbol{r})$=일정)를 가짐을 알 수 있다. xy-평면의 무한 면전하(ρ_S [C/m^2])에 의해 형성된 전기장의 전계강도($\boldsymbol{E}(\boldsymbol{r})$ [V/m]), 등가전하밀도($\boldsymbol{D}(\boldsymbol{r})$ [C/m^2]), 전위($V(\boldsymbol{r})$ [V]) 및 단위체적당 정전기적 에너지 밀도($\delta W_E(\boldsymbol{r})$ [J/m^3])의 변화를 [그림 3-37]에 요약하였다.

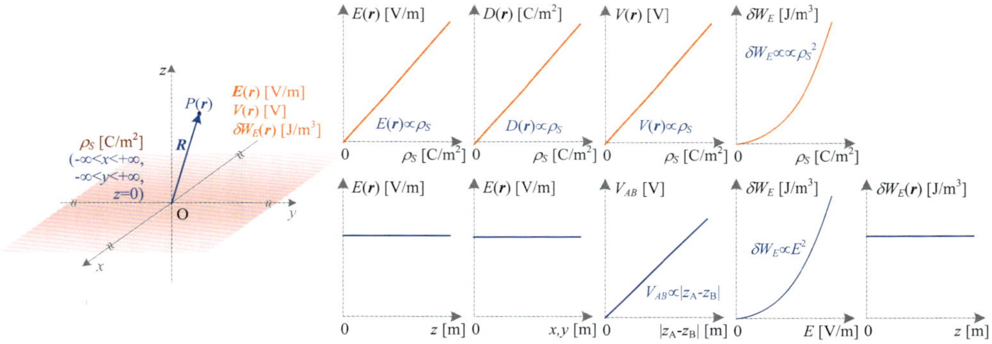

[그림 3-37] xy-평면의 무한 면전하(ρ_S [C/m^2])에 의해 형성된 전기장의 전계강도($\boldsymbol{E}(\boldsymbol{r})$ [V/m]), 등가전하밀도($\boldsymbol{D}(\boldsymbol{r})$ [C/m^2]), 전위($V(\boldsymbol{r})$ [V]) 및 단위체적당 정전기적 에너지 밀도($\delta W_E(\boldsymbol{r})$ [J/m^3])의 변화

Section 3.5 포아송 방정식을 이용한 반도체 소자의 전기적 특성 해석 응용 예

포아송 방정식은 전류관계식, 연속방정식과 더불어 모든 전자/정보통신기기의 필수 부품이 되는 반도체 소자의 설계와 이해 과정에 사용되는 핵심 관계식이다. 특히, 포아송 방정식은 전하가 공간적으로 분산된 형태로 분포($\rho_v(\boldsymbol{r})$ [C/m^3]: 전하밀도)할 때 이로 인해 형성된 전기장의 등가전하밀도($\boldsymbol{D}(\boldsymbol{r})$ [C/m^2]), 전계강도($\boldsymbol{E}(\boldsymbol{r})$ [V/m]), 전위($V(\boldsymbol{r})$ [V]), 그리고 시험전하에 작용하는 정전기적 일 또는 에너지 장벽 분포($E_p(\boldsymbol{r})$ [J])를 이해하는 근거가 된다. 반도체의 경우, 반도체를 구성하는 원자핵으로 인해 형성된 에너지 장벽 구조에 더하여, 전기적 특성 조절을 위해 주입된 불순물 원자의 이온화로 인한 정전기적 에너지 장벽 변화를 추가해야 한다. 이 과정에 포아송 방정식을 사용하여 추가의 에너지 장벽 변화를 계산하며, 반도체 소자의 전기적 특성을 이해하는 과정에 중요한 도구로 활용한다.

x-축 방향의 변화만 있는 3차원 공간의 전하밀도 분포($\rho(x)$ [C/m^3])에 의해 형성되는 전기장의 등가전하밀도($D(x)$ [C/m^2])를 계산하는 과정에 사용되는 포아송 방정식을 정리하면 다음과 같다.

$$\frac{\partial D_y(\vec{r})}{\partial y}=0,\ \frac{\partial D_z(\vec{r})}{\partial z}=0\ [\text{C/m}^3],\ \rho(\vec{r})=\rho(x)\ [\text{C/m}^3]$$: x-축 방향의 변화만 있는 공간의 전하밀도 분포

$$\nabla\cdot\vec{D}(\vec{r})=\rho_v(\vec{r})\ [\text{C/m}^3]\longleftrightarrow\frac{dD(x)}{dx}=\rho_v(x)\ [\text{C/m}^3]$$: x-축 방향의 변화만 있는 공간의 포아송 방정식

x-축 방향의 변화만 있는 공간에서 전기장을 형성하는 근원전하밀도 분포가 $\rho(x)$ [C/m^3]인 경우, 미분 형태의 포아송 방정식을 변형하면 다음과 같이 적분 형태의 포아송 방정식을 얻을 수 있다. 이 식을 이용하여 전하밀도로부터 등가전하밀도 분포를 구할 수 있다.

$$D(x)=\int\rho_v(x)dx\ [\text{C/m}^2]$$: x-축 방향의 변화만 있는 공간의 적분형 포아송 방정식

반도체의 경우, 전기적 특성을 결정하는 전기장을 형성하는 대표적인 근원전하에는 공간적으로 고정된 반도체 원자의 원자핵, 원자 배열의 결함으로 형성된 결함 전하, 반도체의 특성 조절을 위해 주입한 불순물의 이온화로 인한 불순물 전하, 그리고 외부에서 인가된 전압(곧 $Q=CV$ [C])에 의해 형성된 등가 근원전하 등이 있다.

등가전하밀도는 다음과 같이 전계강도와 밀접하게 연관되어 있으므로, 전하밀도 분포로부터 포아송 방정식을 통해 얻은 등가전하밀도($\boldsymbol{D}(\boldsymbol{r})$ [C/m^2])를 이용하여 전계강도 분포($\boldsymbol{E}(\boldsymbol{r})$ [V/m])도 구할 수 있다.

$$\vec{D}(\vec{r})\ [\text{C/m}^2]=\epsilon\vec{E}(\vec{r})\longleftrightarrow\vec{E}(\vec{r})\ [\text{V/m}]=\frac{1}{\epsilon}\vec{D}(\vec{r})$$: 3차원 공간의 등가전하밀도로부터 구할 수 있는 전계강도 분포

$$D(x)\ [\mathrm{C/m^2}] = \epsilon E(x) \longleftrightarrow E(x)\ [\mathrm{V/m}] = \frac{1}{\epsilon} D(x)$$: 1차원 공간의 등가전하밀도로부터 구할 수 있는 전계강도 분포

또한 전계강도 분포는 다음과 같이 전위분포와 밀접하게 연관되어 있으므로, 등가전하밀도로부터 얻은 전계분포를 이용하여 전위분포를 구할 수 있다. 즉 전계는 전위가 높은 지점으로부터 낮은 지점을 향하는 방향으로 형성되며, 두 지점의 전위차가 클수록 전계강도가 강해짐을 나타내는 전위와 전계강도의 관계식은 다음과 같다.

$$\vec{E}(\vec{r})\ [\mathrm{V/m}] = -\nabla V(\vec{r}) \longleftrightarrow E(x) = -\frac{dV(x)}{dx}\ [\mathrm{V/m}] \longleftrightarrow dV(x) = -E(x)dx$$: 전계강도와 전위분포의 관계

$$V(x)\ [\mathrm{V}] \equiv -\int_{\infty}^{x} E(x)dx = \int_{x}^{\infty} E(x)dx$$: 전계강도 분포로부터 구할 수 있는 전위분포

$$V_{AB}(x)\ [\mathrm{V}] = -\int_{A}^{B} E(x)dx = \int_{B}^{A} E(x)dx$$: 전계강도 분포로부터 구할 수 있는 두 지점의 전위차

반도체 내에서는 이들 근원전하에 의해 형성된 전기장의 영향을 받고 이동하여 전기적 특성을 결정하는 시험전하(Q_t)는 음의 전하($Q_t = -q = -1.6\times10^{-19}$ [C])를 띤 전자들이다. 따라서 이 식을 이용하여 근원전하로 인해 형성된 전위분포를 구할 수 있으며, 관측점의 시험전하가 받는 정전기적 힘과 에너지 등의 정전기적 영향을 해석하는 데 사용할 수 있다.

$$\vec{F}(\vec{r})\ [\mathrm{N}] = Q_t\vec{E}(\vec{r}) \overset{electron}{\longleftrightarrow} \vec{F}(\vec{r})\ [\mathrm{N}] = Q_t\vec{E}(\vec{r})\big|_{-q} = -q\vec{E}(\vec{r})$$: 전기장 내에서 시험전하가 받는 정전기적 힘

$$E_p(\vec{r})\ [\mathrm{J}] = Q_tV(\vec{r}) \overset{electron}{\longleftrightarrow} E_p(\vec{r})\ [\mathrm{J}] = Q_tV(\vec{r})\big|_{-q} = -qV(\vec{r})$$

: 전기장 내에서 시험전하에 작용하는 정전기적 에너지 장벽

$$F(x)\ [\mathrm{N}] = Q_tE(x) \overset{electron}{\longleftrightarrow} F(x)\ [\mathrm{N}] = Q_tE(x)\big|_{-q} = -qE(x)$$

: 1차원 공간의 전기장에서 시험전하가 받는 정전기적 힘

$$E_p(x)\ [\mathrm{J}] = Q_tV(x) \overset{electron}{\longleftrightarrow} E_p(x)\ [\mathrm{J}] = Q_tV(x)\big|_{-q} = -qV(x)$$

: 1차원 공간의 전기장에서 시험전하에 작용하는 정전기적 에너지 장벽

이를 이용하면, 근원전하에 의해 형성된 등가전하밀도 분포, 전계분포, 전위분포, 전기장에 의해 전자에 작용하는 정전기적 힘과 정전기적 에너지 장벽을 순차적으로 구할 수 있음을 뜻한다. 또한 반도체 내의 전자에 대한 정전기적 에너지 장벽 구조가 주어지면, 그로부터 전위분포, 전계분포, 등가전하밀도, 근원전하밀도 분포를 구할 수 있을 뿐 아니라, 시험전하인 전자가 받는 정전기적 힘도 구할 수 있음을 뜻한다.

반도체 소자, 집적회로와 센서 회로, 이를 이용하는 모듈과 시스템을 구성하는 가장 중요한 반도체 소자의 하나로 *pn* 접합 다이오드가 있다. *pn* 접합 다이오드의 전기적 특성을 이해하고, *pn* 접합을 이용하는 회로와 센서, 정보통신 시스템의 성능을 이해하는 과정에는 *pn* 접합 내의 전계분포와 전자에 대한 에너지 장벽의 변화를 이해하는 것이 매우 중요하다.

이를 위해 전자기학의 포아송 방정식이 반도체 소자의 이해에 어떻게 응용되는지를 이해해야 한다. 전기장 형성의 근원전하로 작용하는 전하밀도(ρ_v [C/m^3])로부터 재료에 무관한 물리량인 등가전하밀도

($D(x)$ [C/m²]), 재료에 따라 달라지는 전계강도($E(x)$ [V/m] = [N/C]), 전위분포($V(x)$ [V]), 그리고 시험전하(Q_t [C])에 작용하는 정전기적 힘($F(x)$ [N])과 정전기적 에너지 장벽 분포($E_p(x)$ [J])를 구하는 과정은 다음 수식과 같고, 이를 요약하면 [그림 3-38]과 같다.

$\rho_v(x)$ [C/m³] : 반도체 내의 전하밀도로서 알고 있거나 가려져 있지만 찾을 수 있는 값

$D(x)=\int \rho_v(x)dx$ [C/m²] : 포아송 방정식의 적분형을 이용하여 전하밀도로부터 구한 등가전하밀도

$E(x)=\frac{1}{\epsilon}D(x)$ [V/m] = [N/C] : 등가전하밀도로부터 구한 전계강도 분포

$F(x)=Q_tE(x)=(-q)E(x)$ [N] : 전계강도를 이용하여 얻은 시험전하에 작용하는 정전기적 힘

$V(x)=-\int E(x)dx$ [V] : 전계강도로부터 구한 전위분포

$E_p(x)=Q_tV(x)$ [J] = [C·V] : 전위분포로부터 구한 시험전하에 작용하는 정전기적 에너지 장벽

$E_p(x)=(-q)V(x)$ [J] = [C·V] : 시험전하가 반도체 내의 전자($Q_t=-q$ [C])인 경우 전자에 작용하는 정전기적 에너지 장벽

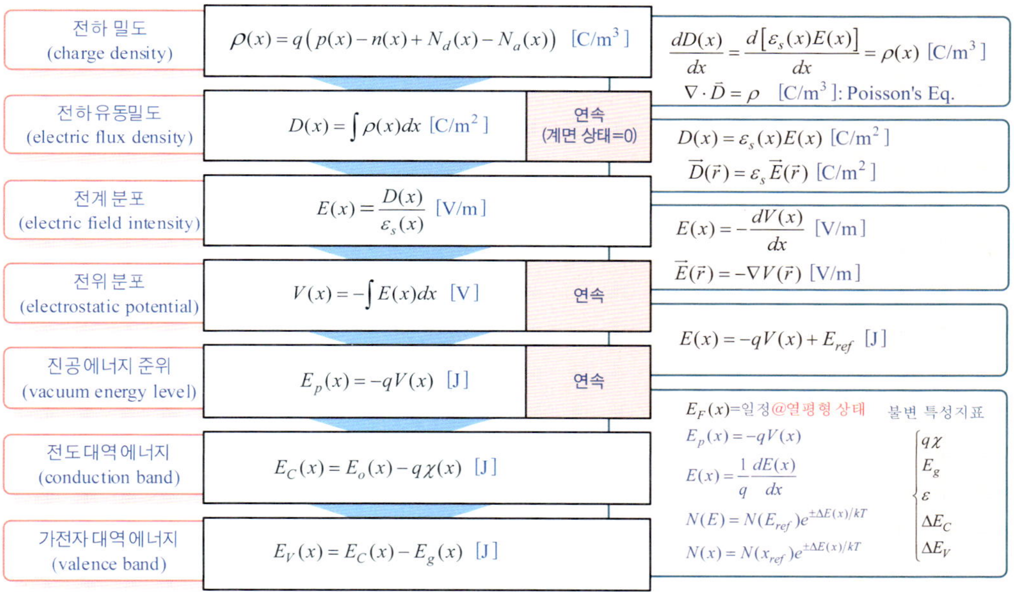

[그림 3-38] 포아송 방정식을 이용하여 전기장 형성의 근원전하밀도 분포로부터 등가전하밀도, 전계강도, 전위분포 및 근원전하에 의한 정전기적 영향을 받는 시험전하인 전자에 대한 정전기적 에너지 장벽을 구하는 과정

전기장을 이용하는 전자부품의 하나로 *pn* 접합 다이오드가 있다. *Pn* 접합 다이오드와 이를 이용하는 집적회로(integrated circuit: IC)의 설계와 특성 분석 과정에는 *pn* 접합에서 전자의 이동에 영향을 미치는 에너지 장벽을 잘 이해해야 한다. 이를 위해 사용되는 과정의 하나로서, 전기장을 형성하여 전자의 이동에 정전기적 영향을 미치는 전하밀도 분포($\rho(\boldsymbol{r})$ [C/m³])로부터 전자에 대한 에너지 장벽을 구하는 과정이 필요하다. 이를 위해 1차원 구조 *pn* 접합의 전하밀도 분포($\rho(\boldsymbol{r})$ [C/m³])로부터 등가전하밀도($D(x)$ [C/m²]), 전계강도 분포($E(x)$ [V/m]), 전위분포($V(x)$ [V/m]), 에너지 장벽 분포($E_p(x)$ [V/m])를 구하는 핵심을 요약하면 [그림 3-39]와 같다.

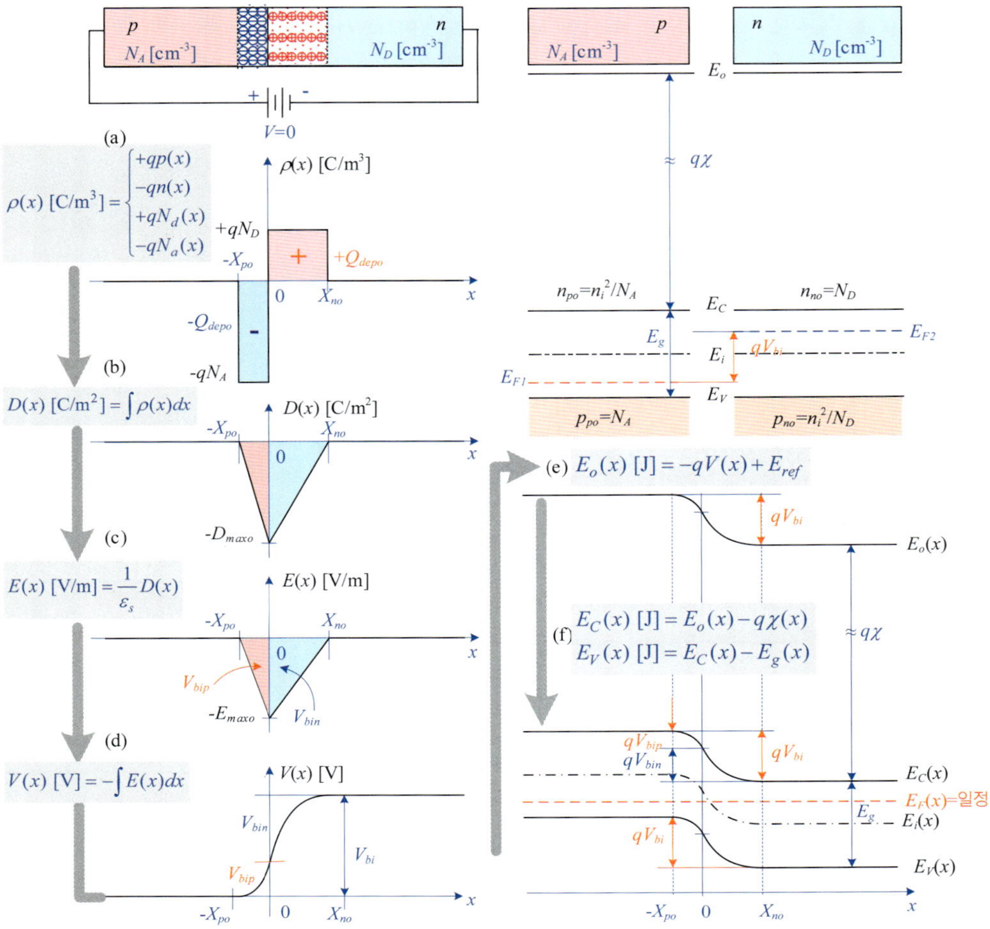

[그림 3-39] 포아송 방정식을 이용하여 pn 접합 다이오드의 근원전하밀도 분포로부터 등가전하밀도, 전계강도, 전위분포 및 근원전하에 의한 정전기적 영향을 받는 시험전하인 전자에 대한 정전기적 에너지 장벽 분포를 구하는 과정

한편, 전기장을 이용하는 전자부품인 pn 접합 다이오드의 설계와 특성 분석 과정에는 반도체 내의 전자에 대한 에너지 장벽 분포($E_p(x)|_{전자}$ [J])를 나타내는 에너지 대역도(energy band diagram: EBD)를 이용하는 경우가 많다. 에너지 장벽 분포($E_p(x)$ [J])로부터 전위분포($V(x)$ [V]), 전계강도 분포($E(x)$ [V/m]), 등가전하밀도 분포($D(x)$ [C/m^2]), 전하밀도 분포($\rho_v(x)$ [C/m^3])를 구하는 거꾸로의 과정을 요약하면 다음과 같고, 이를 pn 접합에 응용하는 예를 [그림 3-40]에 요약하였다.

$E_p(x)$ [J]=[C·V] : 근원전하에 의해 형성된 전기장이 시험전하인 전자($Q_t=-q$ [C])에 작용하는 정전기적 에너지 장벽

$V(x)=\frac{1}{Q_t}E_p(x)=\frac{1}{(-q)}E_p(x)$ [V] $\leftarrow E_p(x)=(-q)V(x)$ [J]=[C·V] : 근원전하에 의해 형성된 전기장의 전위분포

$E(x)=-\frac{dV(x)}{dx}$ [V/m] : 근원전하에 의해 형성된 전기장의 전위분포로부터 구한 전계강도 분포

$F(x)=Q_tE(x)=(-q)E(x)$ [N] : 근원전하에 의한 전기장으로 인해 시험전하에 작용하는 정전기적 힘

$D(x)=\epsilon E(x)$ [C/m^2] : 근원전하에 의해 형성된 전기장의 전계강도로부터 구한 등가전하밀도 분포

$\rho_v(x)=\dfrac{dD(x)}{dx}$ [C/m^3] : 포아송 방정식을 이용하여 구한 등가전하밀도를 이용하여 찾은 전기장 형성의 근원전하밀도 분포

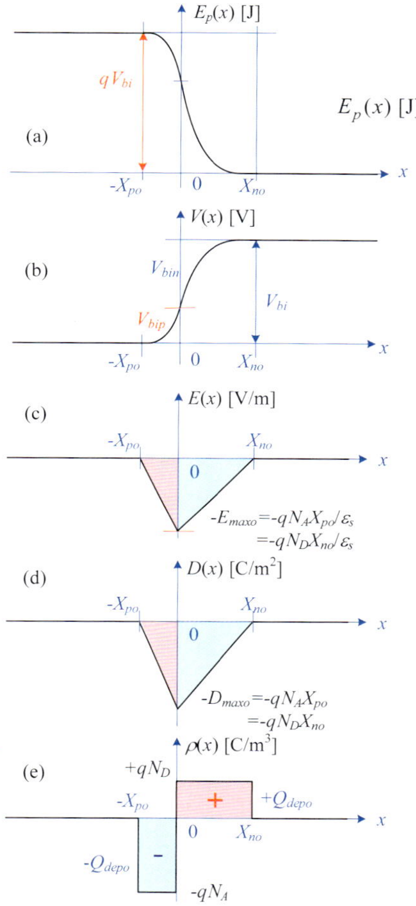

$$E_p(x)\ [\mathrm{J}]=\begin{cases} qV_{bi}\equiv E_{po} & : x\le -X_{po} \\ E_{po}-qV_{bip}\left(\dfrac{x+X_{po}}{X_{po}}\right)^2 & : -X_{po}<x<0 \\ qV_{bin}\left(\dfrac{x-X_{no}}{X_{no}}\right)^2 & : 0<x<+X_{no} \\ 0 & : x\ge +X_{no} \end{cases}$$

$$V_{bip}+V_{bin}=V_{bi}$$

$$V(x)\ [\mathrm{V}]=\frac{E_p(x)}{-q} \qquad \begin{cases} V_{bip}=\dfrac{qN_A}{2\varepsilon_s}X_{po}^2 \\ V_{bin}=\dfrac{qN_D}{2\varepsilon_s}X_{no}^2 \end{cases}$$

$$E(x)=-\frac{dV(x)}{dx}\ [\mathrm{V/m}]$$

$$D(x)=\varepsilon_s(x)E(x)\ [\mathrm{C/m^2}]$$

$$\rho(x)=\frac{dD(x)}{dx}\ [\mathrm{C/m^3}]$$

[그림 3-40] 포아송 방정식을 이용하여 pn 접합 다이오드의 시험전하인 전자에 대한 정전기적 에너지 장벽 분포(에너지 대역도)로부터 근원전하에 의해 형성된 전위분포, 전계강도 분포, 등가전하밀도 분포 및 전기장 형성의 근원이 된 전하밀도를 구하는 과정

Chapter_03 핵심요약

스칼라 전기장(Electric Field) : 공간적으로 고정된 전하들 간의 상호작용

전기장 형성의 근원전하 : Q_S, 정전기적 영향을 받는 시험전하 : Q_t; Scalar Electric Field ; $W(\boldsymbol{r})$ [J], $V(\boldsymbol{r}) = W(\boldsymbol{r})/Q_t$ [V] = [J/C], $\boldsymbol{E}(\boldsymbol{r})$ [V/m] = $-\nabla V(\boldsymbol{r})$, $C = Q/V_o$

Q_S, Q_t → $W(\boldsymbol{r})$

정전기적 일과 에너지 장벽(Electrostatic Work & Potential Energy : $W\&E_p|_{Q_s,Q_t}$ [J] = [C·V] = [N·m])

$\vec{E}(\vec{r})\ [\mathrm{V/m}] \equiv \frac{1}{Q_t}\vec{F}(\vec{r}) = \frac{1}{4\pi\epsilon}\frac{Q_S}{R^2}\hat{a}_R$: 점전하에 의한 전기장의 전계강도

$\vec{E}(\vec{r})\ [\mathrm{V/m}] \equiv \frac{1}{Q_t}\vec{F}(\vec{r}) = \int_{source} d\vec{E}(\vec{r})\ ;\ d\vec{E}(\vec{r})\ [\mathrm{V/m}] \equiv \frac{1}{4\pi\epsilon}\frac{dQ_S}{R^2}\hat{a}_R;\ dQ_S\ [\mathrm{C}] = \begin{cases}\rho_l dl' \\ \rho_S dS' \\ \rho_\upsilon d\upsilon'\end{cases}$: 분포전하에 의한 전기장의 전계강도

$\vec{F}(\vec{r})\ [\mathrm{N}] = Q_t\vec{E}(\vec{r})$: 근원전하에 의해 형성된 전기장 내에서 시험전하가 받는 정전기적 힘(벡터)

$W_{\vec{r}\leftarrow\infty}\ [\mathrm{J}] = [\mathrm{N\cdot m}] = [\mathrm{C\cdot V}] \equiv \int_\infty^{\vec{r}} \vec{F}(\vec{r})\cdot d\vec{l} = \int_\infty^{\vec{r}} -\vec{F}_{\vec{E}}(\vec{r})\cdot d\vec{l} = \int_\infty^{\vec{r}}\left(-Q_t\vec{E}(\vec{r})\right)\cdot d\vec{l} = Q_t\left(-\int_\infty^{\vec{r}}\vec{E}(\vec{r})\cdot d\vec{l}\right)$

: 근원전하에 의해 형성된 전기장 내에서 시험전하를 $\boldsymbol{r} = \infty$에서 $\boldsymbol{r}$로 옮기는 데 필요한 정전기적 에너지(일)

Q_S → $V(\boldsymbol{r})$

근원 점전하에 의해 형성되는 정전기적 스칼라 전위(Electrostatic Potential : $V|_{Q_s}$ [V] = [J/C])

$V(\vec{r})\ [\mathrm{V}] = [\mathrm{J/C}] \equiv \frac{W_{\vec{r}\infty}}{Q_t} = \frac{1}{4\pi\epsilon}\frac{Q_S}{R}$: Q_t에 무관하며, 근원전하(Q_S)에 의해 결정되는 전위

$\rightarrow V(\vec{r})\ [\mathrm{V}] = [\mathrm{J/C}] \equiv \frac{W_{\vec{r}\infty}}{Q_t} \longleftrightarrow W_{\vec{r}\infty}\ [\mathrm{J}] = [\mathrm{C\cdot V}] \equiv Q_t V(\vec{r})$: 전위와 에너지의 상호 변환에 활용

Q_S → $V(\boldsymbol{r})$

근원전하에 의해 형성되는 벡터 전기장($\boldsymbol{E}(\boldsymbol{r})$ [V/m])과 스칼라 전기장($V(\boldsymbol{r})$ [V])의 연동($\boldsymbol{E}(\boldsymbol{r})$ vs. $V(\boldsymbol{r})$)

$V(\vec{r}) = -\int_\infty^{\vec{r}}\vec{E}(\vec{r})\cdot d\vec{l} = -\int_\infty^{\vec{r}}\vec{E}(\vec{r})\cdot\hat{a}_t dl \rightarrow \begin{cases} dV(\vec{r}) = -\vec{E}(\vec{r})\cdot d\vec{l} = -\vec{E}(\vec{r})\cdot\hat{a}_t dl & [\mathrm{V}] \\ \vec{E}(\vec{r})\big|_{\tan} = \left(\vec{E}(\vec{r})\cdot\hat{a}_t\right)\hat{a}_t = -\frac{dV(\vec{r})}{dl}\hat{a}_t & [\mathrm{V/m}]\end{cases}$

$\Longleftrightarrow \vec{E}(\vec{r}) = \vec{E}(\vec{r})\big|_{\tan,x} + \vec{E}(\vec{r})\big|_{\tan,y} + \vec{E}(\vec{r})\big|_{\tan,z} = -\nabla V(\vec{r})\ [\mathrm{V/m}]$

$\longleftrightarrow \vec{E}(\vec{r}) = -\nabla V(\vec{r})\ [\mathrm{V/m}]$: 벡터 전계강도와 스칼라 전위분포의 관계로, 전위차가 클수록 큰 전계강도가 형성되고, 고전위로부터 저전위로 전계강도가 향함을 뜻함

$\nabla\times\boldsymbol{E}(\boldsymbol{r})$

벡터 물리량($\boldsymbol{E}(\boldsymbol{r})$)의 회전량 벡터($\nabla\times\boldsymbol{E}(\boldsymbol{r})$: Curl)의 정의

$\nabla\times\vec{E}(\vec{r})\ [\mathrm{V/m^2}] \equiv \frac{\oint_{\Delta S}\vec{E}(\vec{r})\cdot d\vec{l}(\vec{r})}{\Delta S}\hat{a}_n = \frac{\oint_{\Delta S}\left(\vec{E}(\vec{r})\cdot\hat{a}_t(\vec{r})\right)dl}{\Delta S}\hat{a}_n(\vec{r})$: 관측점에서 회전량 벡터($\nabla\times\boldsymbol{E}(\boldsymbol{r})$)

$d\vec{l}(\vec{r})\ [\mathrm{m}] \equiv dl\hat{a}_t(\vec{r})$: 경로를 구성하는 작은 선분 벡터#

Q_S → $V(\boldsymbol{r})$ → $\boldsymbol{E}(\boldsymbol{r})$

근원전하에 의해 형성된 전기장에 의한 전위 분포($V(\boldsymbol{r})$)와 전위차(V_{AB})

$V(\vec{r})\ [\mathrm{V}] \equiv V(\vec{r}) - V(\vec{r} = \infty) = \int_\infty^{\vec{r}} -\vec{E}(\vec{r})\cdot d\vec{l} = \int_\infty^{\vec{r}} -\vec{E}(\vec{r})\cdot\hat{a}_t(\vec{r})dl$: 관측점의 절대전위

; 관측점과 근원전하로부터 무한히 멀리 떨어진 지점(전기장의 영향이 미치지 않는 무한대 지점)과의 전위차

$V_{BA}\ [\mathrm{V}] \equiv V(\vec{r}_B) - V(\vec{r}_A) = -\int_A^B \vec{E}(\vec{r})\cdot d\vec{l} = -\left(-\int_B^A \vec{E}(\vec{r})\cdot d\vec{l}\right) = -V_{AB}$: 두 지점의 전위차(=전압)

$\vec{E}(\vec{r})\ [\mathrm{V/m}] = -\nabla V(\vec{r})$: 근원전하에 의해 형성된 전기장의 영향을 나타내는 스칼라 절대전위와 벡터 전계강도의 관계

Q_S → $V(\boldsymbol{r})$ → $\boldsymbol{E}(\boldsymbol{r})$

전계강도에 대한 회전량 벡터(Curl)와 정전기장의 특성 : 보존 전기장(Conservative Electric Field)

$V_{oo}\ [\mathrm{V}] \equiv \oint -\vec{E}(\vec{r})\cdot d\vec{l} = 0$: 폐경로(시작점과 끝점이 동일한 경우)의 전위차

$W_{oo}\ [\mathrm{J}] = Q_t V_{oo} = -Q_t\oint\vec{E}(\vec{r})\cdot d\vec{l} = 0$: 시작점과 끝점이 동일한 경우 전하를 옮기는 데 필요한 정전기적 에너지

: 시험전하를 시작점에서 원래의 시작점(폐경로)으로 옮기는 데 필요한 에너지는 이동 경로에 관계없이 정전기적 에너지(일)는 불필요

$V_{oo}\ [\mathrm{V}] = -\oint\vec{E}(\vec{r})\cdot d\vec{l} = -\int\nabla\times\vec{E}(\vec{r})\cdot d\vec{S} = 0$: 정전기장 내의 폐경로에 대한 스토크스의 정리(Stokes's theorem)

$\nabla\times\vec{E}(\vec{r}) = 0\ [\mathrm{V/m^2}]$: 공간적으로 고정된 전하는 회전성 전기장을 형성하지 않고, 근원전하를 중심으로 하는 방사방향의 정전기장만 생성함(보존 전기장 : conservative electric field).

Chapter_03 연습문제

3.1 (Scalar Electric Field; Work & Potential) 전하에 의한 영향은 스칼라 물리량인 정전기적 일(W_E [J], 또는 정전기적 에너지 장벽: E_p [J])과 전위($V(\boldsymbol{r})$ [V])로 이해하는 것이 편리한 경우가 많다. 실제 전자공학을 포함한 공학적 응용 과정에는 크기와 방향에 대한 정보를 모두 담은 벡터 물리량인 전계강도($\boldsymbol{E}(\boldsymbol{r})$ [V/m])보다는 크기와 부호만 가진 스칼라 전위($V(\boldsymbol{r})$ [V])를 통해 전기적 현상의 해석과 이해를 많이 접하게 된다. 따라서 전하(Q [C])에 의해 형성되는 벡터 물리량인 전계강도 분포($\boldsymbol{E}(\boldsymbol{r})$ [V/m]), 스칼라인 정전기적 일(W_E [J]), 스칼라 전위분포($V(\boldsymbol{r})$ [V])의 상호관계를 명확하게 이해하는 것이 필요하다.

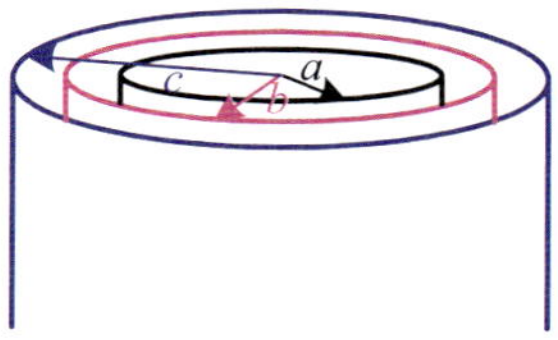

이를 위해 그림과 같은 3심(3축) 케이블(tri-axial cable)을 이용해 스칼라 전위와 벡터 전계강도, 정전기적 일의 관계를 이해하고자 한다. 반지름이 a [m]인 제일 안쪽의 얇은 도체에는 Q_1 [C]의 전하, 반지름이 b [m]인 가운데 도체에는 Q_2 [C]의 전하, 제일 바깥의 얇은 도체에는 Q_3 [C]의 전하가 균일하게 존재하며 도체와 도체 사이는 진공으로 유지되고 있다. $Q_1 = +Q$ [C], $Q_2 = -Q$ [C], $Q_3 = 0$ [C]인 경우에 대하여,

(a) 전계강도와 전위의 상관 관계($\boldsymbol{E}(\boldsymbol{r})$ [V/m] $\leftrightarrow$ $V(\boldsymbol{r})$ [V])에 관해 간략히 설명하라.

(b) 그림에 나타낸 3심 구조 동축 케이블에 의해 형성된 전기장의 전위 $V(\rho, \phi, z)$ [V]를 구하라.

(c) $\rho < a$인 두 점[$r_A = (\rho_A, \phi_A, z_A) \leftrightarrow r_B = (\rho_B, \phi_B, z_B)$] 사이의 전위차를 구하라.

(d) $a < \rho < b$인 두 점[$r_C = (\rho_C, \phi_C, z_C) \leftrightarrow r_D = (\rho_D, \phi_D, z_D)$] 사이의 전위차를 구하라.

(e) $b < \rho < c$인 두 점[$r_E = (\rho_E, \phi_E, z_E) \leftrightarrow r_F = (\rho_F, \phi_F, z_F)$] 사이의 전위차를 구하라.

(f) $c < \rho$인 두 점[$r_G = (\rho_G, \phi_G, z_G) \leftrightarrow r_H = (\rho_H, \phi_H, z_H)$] 사이의 전위차를 구하라.

(g) 전하량 Q_o [C]를 가진 전하를 $r_G = (\rho_G, \phi_G, z_G)$에서 $r_H = (\rho_H, \phi_H, z_H)$로 옮기는 데 필요한 일 또는 정전기적 에너지 장벽(W_E, E_p [J])을 구하라.

3.2 (Scalar Electric Field: Work & Potential) 그림과 같은 양의 전하를 띤 무한 길이의 선전하(positive line charge density $\rho_\lambda = \rho_o$ [C/m])를 가진 전선이 Tom의 집과 Jack의 집 사이를 지나고 있다(이런 상황은 전력선을 통해 DC 전기를 공급할 경우로 일부 가정할 수 있으며, 이러한 상황이 인체에 미치는 영향을 이해하는 데도 도움이 된다).

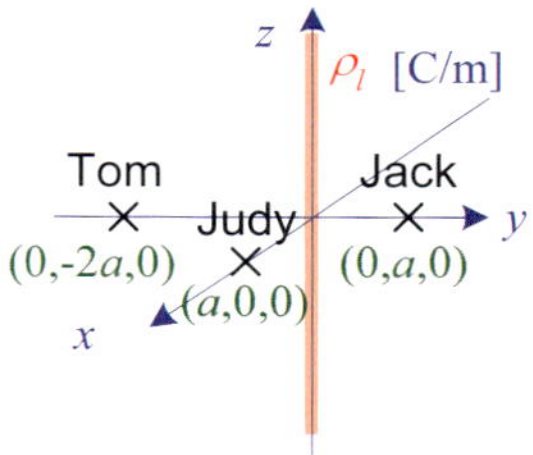

(a) 임의의 점 $\boldsymbol{r} = (\rho, \phi, z)$에서 무한 선전하에 의해 형성된 전계($\boldsymbol{E}(\boldsymbol{r})$ [V/m])의 세기와 방향을 구하여 비교하라.

(b) Tom의 집과 Jack의 집에서 양의 전하를 띤 작은 비눗방울을 살짝 띄우면, 이 비눗방울은 전기장의 영향에 의해 어떤 방향으로 얼마나 빨리 움직이는지 비교하여 설명하라.

(c) 벡터 전계강도($\boldsymbol{E}(\boldsymbol{r})$ [V/m])와 스칼라 전위($V(\boldsymbol{r})$ [V])의 관계를 설명하라.

(d) 이 무한 선전하에 의한 영향을 전위로 이해하고자 할 경우, 임의의 두 점[$r_A = (\rho_A, \phi_A, z_A) \leftrightarrow r_B = (\rho_B, \phi_B, z_B)$]의 전위차($|V_{AB}|$ [V])를 구하라.

(e) 이 무한 선전하의 영향을 전위차로 나타낼 경우, Tom의 집과 Jack의 집의 전위차($|V_{TJ}|$ [V])를 구하라.

(f) 전하($+Q$ [C])를 띤 입자를 Tom의 집에서 Jack의 집으로 옮기는 데 필요한 에너지(W_{TJ} [J])를 구하라.

(g) 이 무한 선전하에 의한 영향은 단위체적당의 에너지 밀도(energy density: δW_E [J/m^3])로 이해할 수도 있다. Tom의 집과 Jack의 집에서의 에너지 밀도를 비교하라.

3.3 (Work & Potential) Scalar 물리량인 정전기적 일(Work: W [J])과 전위(electrostatic potential: V [V])는 전기장의 이해 과정에서 매우 편리한 도구이다. 그림과 같이 양의 선전하밀도(positive line charge density)가 ρ_l [C/m] (>0)인 무한 선전하(infinite line charge)를 통해서 이를 이해하고자 한다.

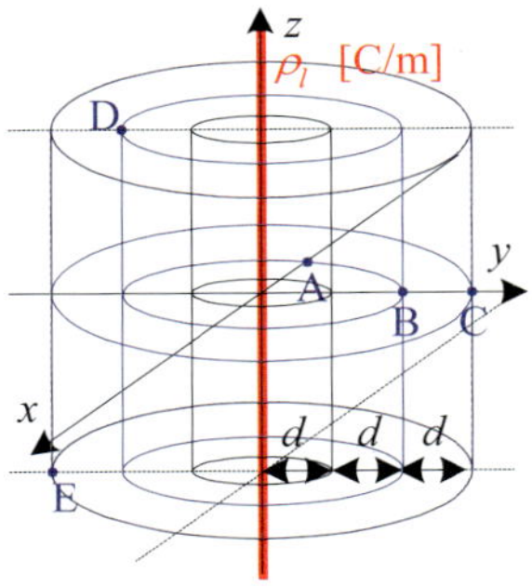

(a) 가우스의 법칙을 이용해 임의의 점 P(ρ,ϕ,z)에서 전계강도(electric field: $\boldsymbol{E}(\rho,\phi,z)$ [V/m])를 구하라.

(b) 전자 ($Q=-q=-1.6\times10^{-19}$[C])를 B에서 A로 이동하는 데 필요한 정전기적 일(Work [J])을 구하라.

(c) A점과 B점 사이의 전위차(V_{AB} [V])를 구하라.

(d) C점과 B점 사이의 전위차(V_{CB} [V])를 구하라.

(e) 전자를 B에서 A를 거쳐 D로 이동하는 데 필요한 정전기적 일(Work: W_{BAD} [J])을 구하라.

3.4 (Electric Field vs. Electrostatic Potential) 스칼라 전위($V(\boldsymbol{r})$ [V]와 벡터 전계강도($\boldsymbol{E}(\boldsymbol{r})$ [V/m])는 밀접한 관계로 연결되어 있다. 그림과 같은 1차원의 전위분포($V(x)$ [V])를 가진 전자 부품이 있다.

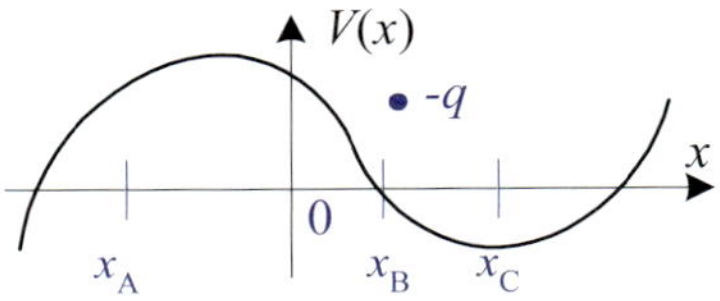

(a) 전계강도($E(x)$ [V/m])의 변화를 그래프로 나타내라.

(b) 전계강도의 세기가 0인 지점은 몇 군데인지 근거를 제시하여 설명하라.

(c) $x=x_A$ 지점에서 전계의 방향(x축의 양의 방향 또는 음의 방향)을 설명하라.

(d) 이동이 가능한 음의 전하($Q_e = -q = -1.6\times10^{-19}$ [C])를 가진 전자(electron)를 x_A지점에 살짝 놓으면 이 전자는 어떤 행동을 할지 설명하라.

(e) 전자를 x_B지점에 살짝 놓으면 이 전자는 어떤 행동을 할지 설명하라.

(f) 전자를 x_C지점에 살짝 놓으면 이 전자는 어떤 행동을 할지 설명하라.

3.5 (Electric Field, Potential, Energy & Work) 스칼라 전위분포($V(\boldsymbol{r})$ [V])와 벡터 전계강도($\boldsymbol{E}(\boldsymbol{r})$ [V/m])는 밀접한 관계를 갖고 있다. 다이오드와 같은 전자 소자 내부는 그림과 같은 1차원 전계강도 분포($\boldsymbol{E}(x)$ [V/m])를 가지는 경우가 많으며, 이를 이용하여 전기장의 기초 및 응용에 관해 확인하고자 한다(유전율 ϵ [F/m]).

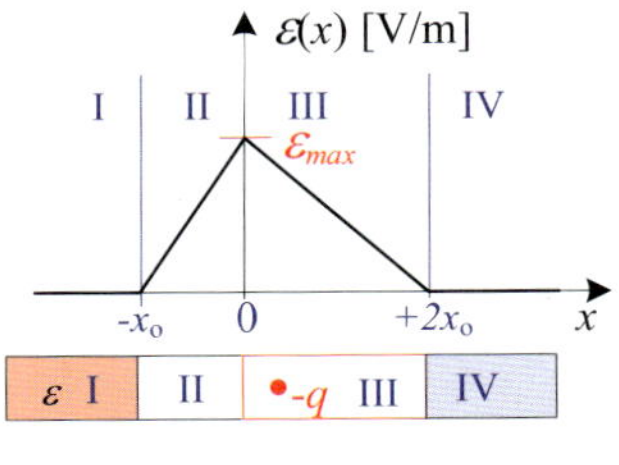

(a) 전하밀도 분포($\rho(x)$ [C/m^3])를 구하여, 그래프($\rho(x)$ vs. x)로 나타내라.
(b) 음의 전하를 띤 이동전하($-q$ [C])를 영역 I의 한 지점에 놓으면 어떤 영향을 받는지 설명하라.
(c) 이 전하를 영역 II의 한 지점에 놓으면 어떤 행동을 할지 설명하라.
(d) 전위분포($V(x)$ [V])를 구하여 그래프($V(x)$ vs. x)로 나타내라.
(e) 영역 I과 영역 IV의 전위차($|V_{14}|$ [V])를 최대전계(E_{max} [V/m])와 x_o의 함수로 구하라.
(f) 이 전하를 영역 I로부터 영역 IV의 한 지점으로 이동시키는 데 얼마만큼의 에너지(일)가 필요한지 구하라.

3.6 (Electric Field, Potential, Energy & Work) 스칼라 전위분포($V(\boldsymbol{r})$ [V])와 벡터 전계강도($\boldsymbol{E}(\boldsymbol{r})$ [V/m])는 밀접한 관계를 갖고 있다. 전자 소자 내부(유전율: ϵ [F/m])는 그림과 같은 1차원 전위분포($V(x)$ [V])를 가지는 경우를 통해 전기장의 기초 및 응용에 관해 확인하고자 한다.

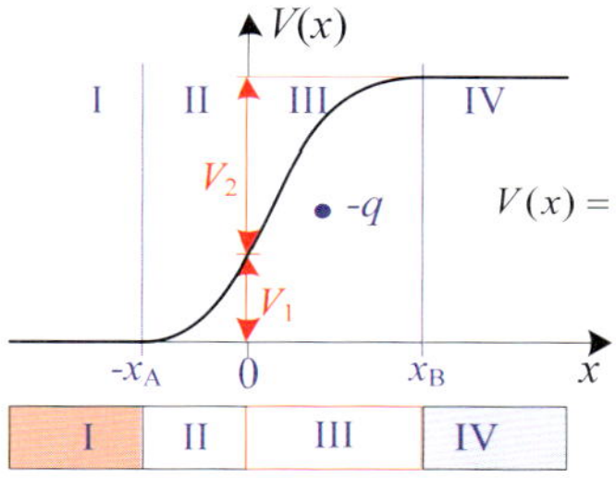

$$V(x) = \begin{cases} 0 & : \mathrm{I} \\ V_1\left(1+\dfrac{x}{x_A}\right)^2 & : \mathrm{II} \\ (V_1+V_2) - V_2\left(1-\dfrac{x}{x_B}\right)^2 & : \mathrm{III} \\ V_1+V_2 & : \mathrm{IV} \end{cases}$$

(a) 위치에 따른 전계강도($E(x)$ [V/m])를 구하고, 그림으로 나타내라.
(b) 전하유동밀도($D(x)$ [C/m^2])를 그림으로 나타내라.
(c) 전하분포($e(x)$ [C/m^3])를 구하고, 그림으로 나타내라.
(d) 음의 이동전하 ($-q$ [C])를 영역 I의 한 지점에 놓으면 어떤 영향을 받는지 간략히 설명하라.
(e) 이 전하를 영역 II의 한 지점에 놓으면 어떤 행동을 할지 설명하라.
(f) 이 전하를 영역 I로부터 영역 IV의 한 지점으로 이동시키는 데 필요한 정전기적 에너지(일: W [J])를 구하라.
(g) 이 전하를 $x = 0$으로부터 $x = x_B$로 이동시키는 데 필요한 정전기적 에너지(일: W [J])를 구하라.

3.7 (Coaxial Cable) 그림과 같이 반지름이 a [m]인 내부 도체와 반지름이 b [m]인 얇은 외부 도체 사이($a < \rho < b$: $b = 3a$)에 $\epsilon = 10\epsilon_o$ [F/m]인 유전체로 채워진 동축 케이블(coaxial cable)이 있다. 부호는 다르나 단위길이당 동일한 크기의 전하가 내부 도체(Q [C])와 외부 도체($-Q$ [C])에 각각 존재하는 경우,

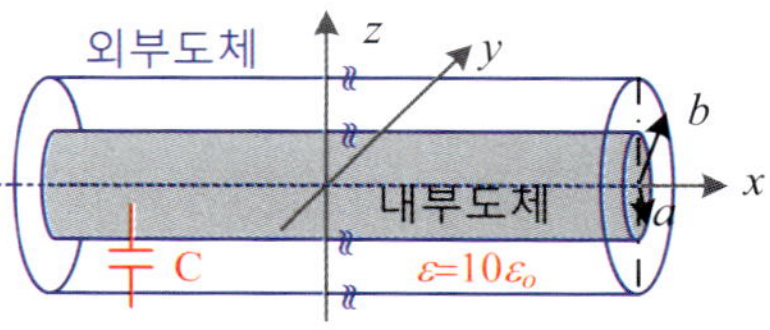

(a) 전계강도($\boldsymbol{E}(\rho,\phi,z)$ [V/m])를 구하고, 중심으로부터의 수직거리(ρ [m])에 따른 변화를 그려라.
(b) 전하유동밀도($\boldsymbol{D}(\rho,\phi,z)$ [C/m^2])를 구하고, 중심으로부터의 수직거리(ρ [m])에 따른 변화를 그려라.
(c) 전위분포($V(\rho,\phi,z)$ [V])를 구하고, 중심으로부터의 수직 거리(ρ [m])에 따른 변화를 그려라.

(d) 내부 도체와 외부 도체 사이의 전위차(V_o [V])를 구하라

(e) 전하량의 변화에 따른 전위차(V_o [V])의 변화를 그림(Q vs. V_o)으로 나타내고, 그래프의 기울기의 의미에 대해 설명하라.

3.8 (Electric Field, Potential, Energy & Work) 스칼라 물리량인 전위($V(\boldsymbol{r})$ [V])와 벡터 물리량인 전계강도($\boldsymbol{E}(\boldsymbol{r})$ [V/m])는 상호 밀접한 관계를 갖고 있다. 광통신용 광검출기(photo-detector) 또는 발전용 태양전지(solar cell) 소자는 그림과 같은 1차원 전계분포($E(x)$ [V/m])를 갖는다. 이를 이용하여 전기장의 기초와 응용에 관해 확인하고자 한다(유전율: ϵ [F/m]).

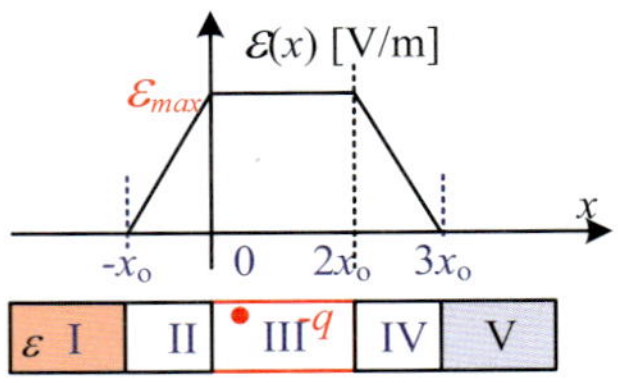

(a) 전하분포(charge density : $\rho(x)$ [C/m^3])를 구하고, 그림으로 나타내라.

(b) 전하유동밀도($D(x)$ [C/m^2])를 구하고, 그림으로 나타내라.

(c) 이동전하의 하나인 전자($-q = 1.6\times10^{-19}$ [C])를 영역 III의 한 지점에 놓으면 어떤 영향을 받는지 설명하라.

(d) 이 전하를 영역 IV의 한 지점에 놓으면 어떤 행동을 할지 설명하라.

(e) 전위분포($V(x)$ [V])를 구하고 그림으로 나타내라.

(f) 영역 I과 영역 V 양단의 전위차 $|V_o|$ [V]를 구하라.

(g) 위의 결과를 바탕으로 큰 전위차를 갖게 할 수 있는 방법을 설명하라.

(h) $x = 3x_o$에 있는 $-q$의 전하를 $x = -x_o$까지 이동하는 동안 전계로부터 얻은 정전기적 에너지($E_E = -W_E$ [J])는 얼마인지 구하라.

(i) 위에서 얻은 결과를 바탕으로, 전계로부터 전자가 얻은 정전기적 에너지($E_E = -W_E$ [J])를 크게 할 수 있는 방법을 설명하라.

3.9 (Electric Field, Potential, Energy & Work) 광통신용 광검출기(photo-detector), 발전용 태양전지(solar cell), System LSI, 메모리 등 전자정보통신용 핵심 부품으로 폭넓게 사용되는 다이오드 내부는 그림과 같은 전계 분포를 갖는다. 이를 이용하여 전기장의 기초와 응용에 관해 확인하고자 한다(유전율 ϵ [F/m]).

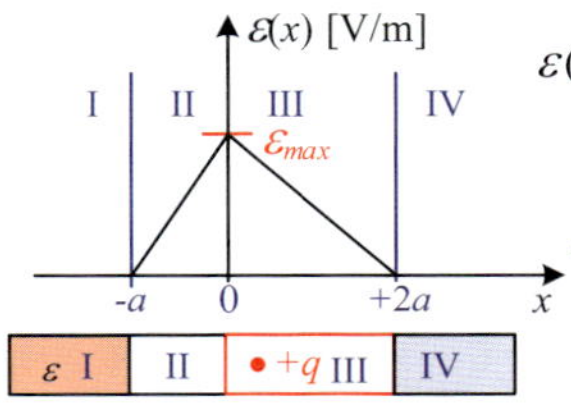

$$\varepsilon(x)[\text{V/m}] = \begin{cases} 0 & : \text{I} \\ +\varepsilon_{\max}\left((x+a)/a\right) & : \text{II} \\ -\varepsilon_{\max}\left((x-2a)/2a\right) & : \text{III} \\ 0 & : \text{IV} \end{cases}$$

(a) 이 공간의 전하유동밀도 분포($\boldsymbol{D}(x)$ [C/m^2])를 구하고, 그림으로 나타내라.

(b) 포아송 방정식은 어떤 관계를 나타내는지 간략히 설명하고, 이를 이용하여 전하밀도 분포($\rho_e(x)$ [V/m])를 구하라.

(c) 전위분포($V(x)$ [V])를 구하고, 그림으로 나타내라.

(d) $+q$ [C]의 양전하를 영역 IV의 한 지점에 놓으면 어떤 영향을 받는지 설명하라.

(e) $+q$ [C]의 양전하를 영역 III의 한 지점에 놓으면 어떤 행동을 할지 설명하라.

(f) 영역 II 양단의 전위차(V_2 [V])와 영역 III 양단의 전위차(V_3 [V])의 크기를 비교하라.

(g) $+q$ [C]의 전하를 띤 양전하를 영역 IV에서 영역 I로 옮기는 데 필요한 정전기적 에너지(E_o [J])를 구하라.

3.10 (Electric Field & Energy Density) 좌표계의 원점(O(0,0,0))에 양의 점전하($Q > 0$ [C]: point charge)가 존재하는 경우,

(a) 이 전하에 의해 형성된 전계분포($\boldsymbol{E}(\boldsymbol{r})$ [V/m])를 구하라.

(b) 이 전하로 인한 정전기적 에너지 밀도분포($\delta W_E(r)$ [J/m^3])는 원점에서의 거리에 따라 어떻게 변하는지 구하라($\delta W_E(r)$ vs. r).

(c) 이 전하의 전하량(Q [C]) 변화에 따른 정전기적 에너지 밀도(δW_E [J/m^3])의 변화를 그림으로 나타내라(E_E vs. Q).

3.11 (Electric Field, Electrostatic Potential, Energy & Work) 오른쪽 그림과 같은 전계분포($E(x)$ [V/m])를 가진 반도체 소자는 에너지 변환용 태양전지, 이미지 센서, 다이오드, 통신용 광검출기, 메모리와 정보통신용 핵심 부품으로 폭넓게 사용된다. 또한 이들 소자에서 전자의 이동에 의해 전기적인 특성이 결정되므로, 이를 통해 전기장의 이해와 응용에 관해 학습 내용을 확인하고자 한다(유전율: ϵ [F/m]).

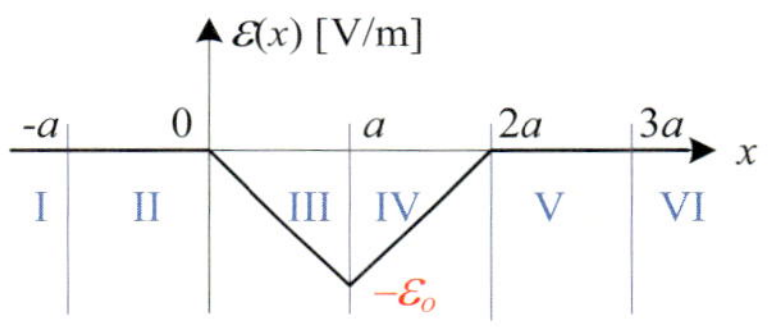

(a) 음전하를 띤 전자(전하량 $= -q = -1.6\times10^{-19}$ [C])를 영역 III의 한 지점($0 < x < a$)에 놓으면 어떤 영향을 받는지 설명하라.

(b) 전자를 영역 VI의 한 지점($x > 3a$)에 놓으면 어떤 영향을 받는지 설명하라.

(c) 각 영역별 전하유동밀도 분포($D(x)$ [C/m^2])를 구하여, 그림으로 나타내라.

(d) 포아송 방정식을 이용하여 각 영역별 전하밀도 분포($\rho(x)$ [C/m^3])를 그림으로 나타내라.

(e) 전위와 전계의 관계를 이용하여 각 영역별 전위분포($V(x)$ [V])를 그림으로 나타내라.

(f) 영역 II 양단의 전위차($V_2 = V_{-a\text{-}0}$ [V])를 구하라.

(g) 영역 III 양단의 전위차($V_3 = V_{0a}$ [V]) 를 구하라.

(h) 영역 IV 양단의 전위차($V_4 = V_{a2a}$ [V])를 비교하라.

(i) $x = 0$과 $x = 3a$인 두 지점의 전위차($V_{0\text{-}3a}$ [V])를 구하라.

(j) 전위와 에너지(또는 일)의 관계를 이용하여 전자(전하량 $= -q$ [C])를 $x = 0$에서 $x = 2a$로 옮기는 데 필요한 에너지(W_A [J])를 구하라.

(k) 전위와 에너지(또는 일)의 관계를 이용하여 전자를 $x = -a$에서 $x = +3a$로 옮기는 데 필요한 에너지(W_B [J])를 구하라.

3.12 (Electric Field & Energy Density) 전하들로 인해 형성된 전계($\boldsymbol{E}$ [V/m])가 존재하는 공간은 에너지가 존재하는 공간이다.

(a) 전하들에 의해 형성된 전계가 존재하는 공간의 정전기적 에너지 밀도(δW_E [J/m^3])와 전계의 관계를 그림으로 설명하라(δW_E vs. E).

(b) 전계를 형성하는 근원인 전하량(Q [C])과 정전기적 에너지 밀도(δW_E [J/m^3])의 관계를 그림으로 설명하라(δW_E vs. Q).

3.13 (Electric Field, Electrostatic Potential, Energy & Work) 부품 내의 전하(Q_t [C])에 의해 형성된 전위 분포($V(x)$ [V])가 그림과 같은 전자 소자는 IoT 구현을 위한 센서용 핵심 부품으로 사용된다. 이 전위분포($V(x)$ [V])를 갖는 경우를 통해 전기장의 이해와 응용에 관해 학습 내용을 확인하고자 한다 (유전율: ϵ [F/m]).

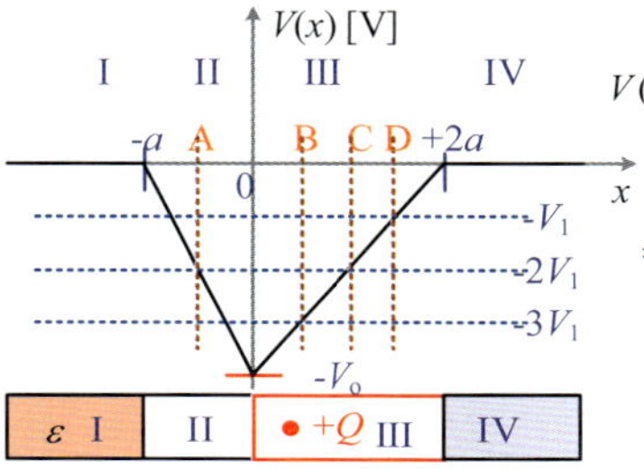

$$V(x)[\mathrm{V}] = \begin{cases} 0 & : \mathrm{I} \\ -V_o\left((x+a)/a\right) & : \mathrm{II} \\ +V_o\left((x-2a)/2a\right) & : \mathrm{III} \\ 0 & : \mathrm{IV} \end{cases}$$

(a) 각 영역의 전계분포($E(x)$ [V/m])를 그래프로 나타내라.

(b) 각 영역의 전하유동밀도 분포($D(x)$ [C/m^2])를 그래프로 나타내라.

(c) 각 영역에서 $+Q$[C]의 이동전하가 받는 힘의 분포($F(x)$ [N])를 그래프로 나타내라.

(d) 각 영역별 전하유동밀도 분포($D(x)$ [C/m^2])를 그래프로 나타내라.

(e) $+Q$ [C]의 전하를 A점으로부터 B점까지 옮기는 데 필요한 정전기적 에너지(E_E [J])를 구하라.

(f) $+Q$ [C]의 전하를 A점으로부터 C점까지 옮기는 데 필요한 에너지를 구하라.

(g) $+Q$ [C]의 전하를 B점으로부터 D점까지 옮기는 데 필요한 에너지를 구하라.

(h) $+Q$ [C]의 전하를 영역 I에서 영역 IV로 옮기는 데 필요한 에너지를 구하라.

(i) 근원전하가 어떤 형태로 존재하면 이 그림과 같은 전위분포($V(x)$ [V])를 가질 수 있는지 설명하라.

Chapter

04

전기장 내의 이동전하 :
정전기력에 의한 이동과 전도성 전류
Mobile Charges in Electric Field and Conduction Current

학습도표와 핵심내용

4장	**전기장 내의 이동전하 : 정전기력에 의한 이동과 전도성 전류** (Mobile Charges in Electric Field and Conduction Current)

1. 전기장 내에서 전계($\boldsymbol{E}(\boldsymbol{r})$ [V/m])에 의한 이동전하($\rho_{m\upsilon}$ [C/m³])의 이동(Drift) : 이동속도(υ [m/s])와 이동도(Mobility : μ [m²/Vs])

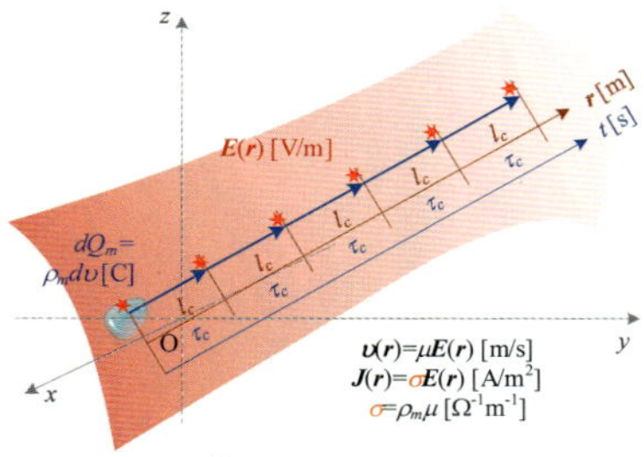

$$\vec{F}_{net}(\vec{r})\ [\text{N}] = \vec{F}_E(\vec{r}) + \vec{F}_c(\vec{r}) = 0 \quad \begin{cases} \vec{F}_E(\vec{r})\ [\text{N}] = dQ_{mi}\vec{E}(\vec{r}) \\ \vec{F}_c(\vec{r}) \equiv -\left.\dfrac{\Delta\vec{p}}{\Delta t}\right|_{col} = -\dfrac{m^*\vec{\upsilon}}{\tau_c} \end{cases}$$

$$\vec{\upsilon}\ [\text{m/s}] = \left(dQ_{mi}\frac{\tau_c}{m^*}\right)\vec{E} \equiv \pm\mu\vec{E}\ [\text{m/s}]\ ;\ \mu \equiv \left|\frac{d\vec{\upsilon}}{d\vec{E}}\right| = \left|\frac{dQ_{mi}\tau_c}{m^*}\right|\ \left[\frac{\text{m}^2}{\text{V}\cdot\text{s}}\right] \propto \begin{cases}\tau_c \\ 1/m^*\end{cases}$$

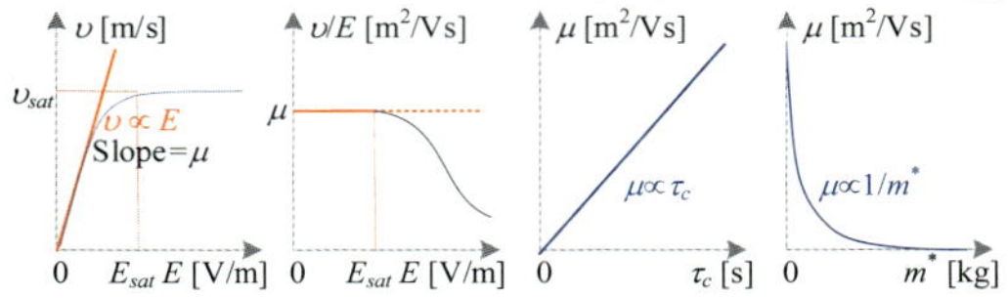

2. 전계($\boldsymbol{E}(\boldsymbol{r})$ [V/m])에 의한 이동전하($\rho_{m\upsilon}(\boldsymbol{r})$ [C/m³])의 이동과 전도성 드리프트 전류($\boldsymbol{J}_{drift}(\boldsymbol{r})=\boldsymbol{J}_C(\boldsymbol{r})$ [A/m²])와 전기전도도(σ [Ω⁻¹/m])

$$\vec{J}_C(\vec{r})\ [\text{A/m}^2] = \rho_{mi}(\vec{r})\vec{\upsilon}(\vec{r}) = |\rho_{mi}|\mu\vec{E}(\vec{r}) \quad \begin{cases}\propto \vec{E}(\vec{r}) \\ \propto |\rho_{mi}| \\ \propto \mu\end{cases}$$

$$\Rightarrow \vec{J}_C(\vec{r})\ [\text{A/m}^2] \equiv \sigma(\vec{r})\vec{E}(\vec{r})\ ;$$

$$\Rightarrow \sigma\ [\Omega^{-1}/\text{m}] \equiv \left|\frac{d\vec{J}_C}{d\vec{E}}\right| = |\rho_{mi}|\mu$$

$$\rho\ [\Omega\cdot\text{m}] \equiv \frac{1}{\sigma}$$

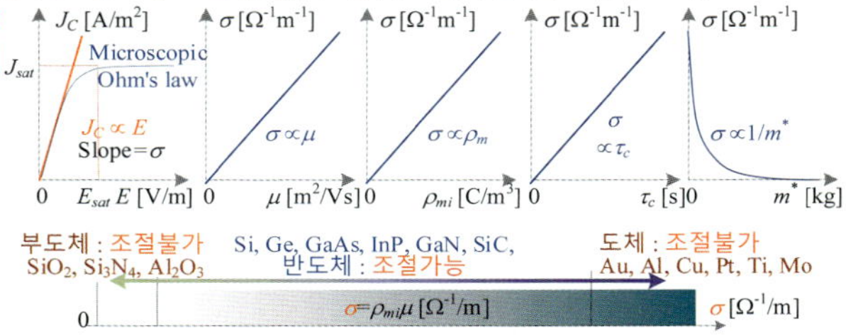

3. 연속방정식 : 전기장 내의 전자재료에 주입된 이동전하의 시간에 따른 변화와 공간적 분포($\rho_{m\upsilon}(\boldsymbol{r})$ [C/m³])

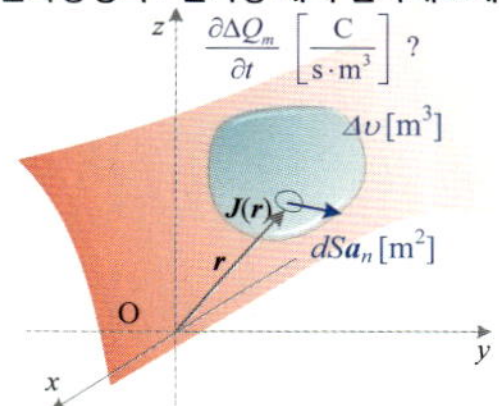

$$+\frac{\partial\Delta Q_m(\vec{r},t)}{\partial t}\ [\text{C/s}]=[\text{A}] = +\frac{\partial\rho_m(\vec{r},t)}{\partial t}\Delta\upsilon = +\int_{vol}\frac{\partial\rho_m(\vec{r},t)}{\partial t}d\upsilon$$

$$\leftarrow\ \Delta Q_m(\vec{r},t)\ [\text{C}] \equiv \int_{vol}\rho_m(\vec{r},t)d\upsilon$$

$$+\int_{vol}\frac{\partial\rho_m(\vec{r},t)}{\partial t}d\upsilon = -\oint\vec{J}(\vec{r},t)\cdot d\vec{S} = -\int\left(\nabla\cdot\vec{J}(\vec{r},t)\right)d\upsilon\ [\text{C/s}]$$

$$\boxed{\frac{\partial\rho_m(\vec{r},t)}{\partial t} = -\nabla\cdot\vec{J}(\vec{r},t)\ [(\text{C/m}^3)/\text{s}] = [\text{A/m}^3]}\ ;\ \vec{J}(\vec{r},t) = \sigma\vec{E}(\vec{r},t)\ [\text{A/m}^2] = [\text{C/s}\cdot\text{m}^2]$$

4. 연속방정식의 응용 : 전하이완시간(τ_r [s])과 도체의 특성

$$-\frac{\partial\rho_m(\vec{r},t)}{\partial t}\ [\text{A/m}^3] = \nabla\cdot\vec{J}(\vec{r},t) = \frac{\sigma}{\epsilon}\rho_m(\vec{r},t) \equiv \frac{1}{\tau_r}\rho_m(\vec{r},t) \quad \begin{cases}\vec{J}(\vec{r},t) = \sigma\vec{E}(\vec{r},t) & [\text{A/m}^2]\ ;\ \sigma = |\rho_m|\mu \\ \vec{D}(\vec{r},t) = \epsilon\vec{E}(\vec{r},t) & [\text{C/m}^2]\ \&\ \nabla\cdot\vec{D}(\vec{r},t) = \rho_m(\vec{r},t)\ [\text{C/m}^3]\end{cases}$$

$$\Rightarrow \rho_m(\vec{r},t)\ [\text{C/m}^3] = \rho_{mo}e^{-t/\tau_r}\ ;\begin{cases}\tau_r\ [\text{s}] \equiv \dfrac{\epsilon}{\sigma} \\ \rho_{mo}\ [\text{C/m}^3] \equiv \rho_m(\vec{r},t=0)\end{cases}$$

$$\tau_r|_{conductor} \equiv \left.\frac{\epsilon}{\sigma}\right|_{metal} \cong 0\ [\text{s}] \rightarrow \rho_m(\vec{r},t)|_{conductor} = 0\ [\text{C/m}^3]$$

$$\vec{E}(\vec{r},t)\Big|_{conductor} = 0\ [\text{V/m}]\ \&\ \vec{D}(\vec{r},t)\Big|_{conductor} = 0\ [\text{C/m}^2]$$

$$\vec{D}(\vec{r},t)\Big|_{surface} = \text{uniform}\ [\text{C/m}^2]\ ;\ ;\ V(\vec{r},t)\Big|_{conductor} = \text{const}\ [\text{V}]$$

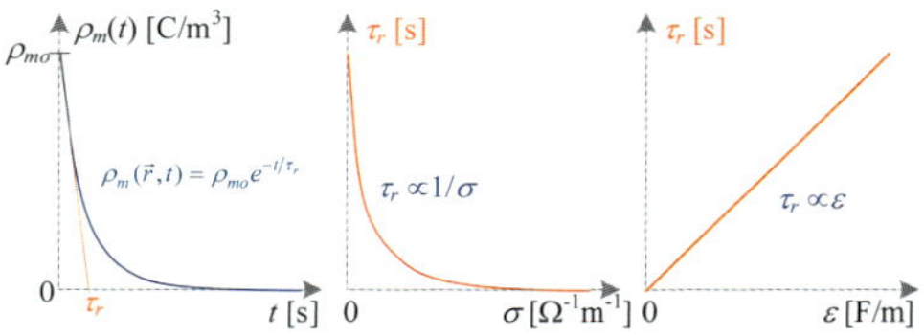

5. 도체와 접한 유전체 경계면에서 전기장(전계강도와 등가전하밀도)의 접선방향($\boldsymbol{E}_t$, $\boldsymbol{D}_t$)과 법선방향($\boldsymbol{E}_n$, $\boldsymbol{D}_n$) 성분에 대한 경계조건

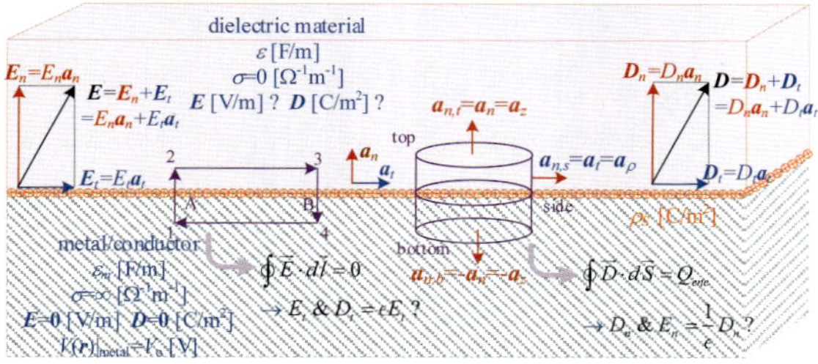

$$0 = \oint\vec{E}\cdot d\vec{l} = \left(\int_A^2\vec{E}\cdot d\vec{l} + \int_2^3\vec{E}\cdot d\vec{l} + \int_3^B\vec{E}\cdot d\vec{l}\right) + \left(\int_B^4\vec{E}\cdot d\vec{l} + \int_4^1\vec{E}\cdot d\vec{l} + \int_1^A\vec{E}\cdot d\vec{l}\right)$$

$$\rightarrow E_t l = 0 \rightarrow E_t = 0\ [\text{V/m}]$$

$$Q_{enc} = \rho_S A\ [\text{C}] = \oint\vec{D}\cdot d\vec{S} = \int_{top}\vec{D}\cdot d\vec{S} + \int_{bottom}\vec{D}\cdot d\vec{S} + \int_{side\ up}\vec{D}\cdot d\vec{S} + \int_{side\ down}\vec{D}\cdot d\vec{S}$$

$$\rightarrow D_n = \rho_S\ [\text{C/m}^2]$$

6. 등전위면과 대칭 가상 전하를 이용한 전기장 해석 : 영상전하법(Image Charge Method)

근원전하에 의해 형성된 전기장 내에서 전하를 띤 입자 또는 시험전하(점전하 Q_S [C], 선전하 ρ_l [C/m], 면전하 ρ_S [C/m^2], 3차원 체적 분포전하 ρ_υ [C/m^3])는 다음과 같이 쿨롱의 법칙에 의해 지배되는 정전기적 힘을 받는다.

$$\vec{E}(\vec{r})\ [\text{N/C}] = [\text{V/m}] = \int_{-\infty}^{+\infty} d\vec{E}(\vec{r}\,',\vec{r})$$: 근원전하에 의해 형성된 전기장의 전계강도

$$d\vec{E}(\vec{r}\,',\vec{r})\ [\text{V/m}] \equiv \frac{1}{4\pi\epsilon_o}\frac{dQ_S(\vec{r}\,')}{R^2}\hat{a}_R$$: 근원전하 조각에 의해 형성된 전기장의 부분 전계강도

$$dQ_S(\vec{r}\,')\ [\text{C}] \longleftrightarrow \begin{cases} Q_S(\vec{r}\,') \\ \rho_l(\vec{r}\,')dl' \\ \rho_s(\vec{r}\,')dS' \\ \rho_\upsilon(\vec{r}\,')d\upsilon' \end{cases}$$: 전기장 형성의 근원이 되는 조각 근원전하량

$$\vec{F}(\vec{r})\ [\text{N}] = \int_{test} d\vec{F}(\vec{r}) = \int_{test} \vec{E}(\vec{r})dQ_t$$: 근원전하에 의해 형성된 전기장 내에서 시험전하에 작용하는 정전기력

$$d\vec{F}(\vec{r})\ [\text{N}] = dQ_t\vec{E}(\vec{r})$$: 근원전하에 의해 형성된 전기장 내에서 시험전하 조각에 작용하는 부분 정전기력

$$dQ_t\ [\text{C}] \longleftrightarrow \begin{cases} Q_t \\ \rho_l(\vec{r})dl \\ \rho_S(\vec{r})dS \\ \rho_\upsilon(\vec{r})d\upsilon \end{cases}$$: 근원전하에 의해 형성된 전기장의 영향을 받는 시험전하 조각의 전하량

전기장의 영향으로 공간적 이동이 가능한 전하를 이동전하(mobile charge)라고 하며, 전자재료의 전기적 특성을 결정하는 전자($Q_m|_{전자} = -q$ [C])가 대표적인 이동전하의 하나다. 또한, 전기장 내에서 정전기적 힘에 의해 이동하게 되는 현상을 "전계에 의한 이동" 또는 "드리프트"(drift: 전계에 의해 쓸려간다는 의미이며, '표동'이라고 부르기도 함)라고 한다. 전계에 의한 정전기적 힘에 의해 전하가 이동하여 전류가 형성되는데, 이를 드리프트 전류(drift current) 또는 전도성 전류(conduction current)라고 한다. 전계에 의한 이동전하의 드리프트는 균질의 재료와 반도체(bulk semiconductor), 전자 소자의 연결(배선: interconnection)에 사용되는 도선, 그리고 전계효과를 이용하는 트랜지스터(field effect transistor: FET) 등 전자 소자의 응용에 매우 중요한 역할을 한다.

따라서 전계에 의한 이동전하의 전도성 전류(drift current: J_{drift} [A/m^2])의 형성 과정, 전기전도도(electrical conductivity: σ [Ω^{-1}/m])와 미시적 옴의 법칙(microscopic Ohm's law), 그리고 그 응용을 위한 전기적 특성의 이해가 필수적이다. 이와 함께 4장에서는 전자재료 내에 주입된 이동전하의 시간에 따른 변화와 공간적 분포($\rho_\upsilon(\boldsymbol{r},t)$ [C/m^3])를 결정하는 연속방정식(continuity equation), 전도성이 우수한 재료인 도체(conductor)의 특성을 학습한다. 그리고 전자부품 구성에 필수적인 도체와 전자재료가 접한 경계면의 전기장에 대한 경계조건, 전도성이 우수한 도체가 가지는 등전위면(equipotential surface) 특성을 이용하여 전기장 해석에 활용하는 가상 대칭 전하법(또는 영상전하법: image charge method)에 대해 학습한다.

Section

4.1 전기장 내의 이동전하와 전도성 전류 형성

전기장 내에서 정전기적 힘에 의한 전류 형성 과정에는 대표적으로 다음의 두 가지가 있다.

- 전하의 공간적 이동에 의한 전도성 전류(conduction current: J_C 또는 J_{drift} [A/m^2])
- 중성인 전하쌍극자(결레전하: electric charge dipole)의 정전기적 회전(변위: 위치 변화)에 의한 변위성 전류(displacement current: J_D [A/m^2])

변위성 전류는 시간에 따른 전계의 변화가 있는 경우에만 흐르는 전류이며, 전도성 전류는 시간에 따른 전기장의 변화에 관계없이 전계에 의한 전하의 공간적 이동에 의해 형성되는 전류이다.

전도성 전류(J_C [A/m^2])는 이동전하를 가진 전자재료 또는 전자부품의 전기적 특성을 결정하는 중요한 요소이다. 반도체의 경우 균질의 반도체, 데이터 저장용 메모리, 시스템 반도체의 핵심 구성 요소인 MOSFET(Metal-Oxide-Semiconductor field effect transistor: 절연 게이트 전계효과 트랜지스터), 디스플레이 구동용 핵심 반도체 소자인 박막 트랜지스터(TFT; thin film transistor)의 채널 전류는 전계($\boldsymbol{E}(\boldsymbol{r})$ [V/m])에 의한 이동전하($dQ_m = \rho_m d\upsilon$ [C]: mobile charges)의 드리프트($\boldsymbol{\upsilon}(\boldsymbol{r}) = \pm\mu\boldsymbol{E}(\boldsymbol{r})$ [m/s])에 의해 형성된 전도성 전류($\boldsymbol{J}_c(\boldsymbol{r}) = \rho_m\boldsymbol{\upsilon}(\boldsymbol{r}) = \sigma\boldsymbol{E}(\boldsymbol{r})$ [A/m^2])가 주된 전류다. 전도성 전류는 전자부품을 구성하는 재료와 온도, 제조공정, 소자의 구조와 인가한 전압에 의해 결정되고, 또 이러한 결정 요소들을 통해서 그 특성을 조절할 수도 있다. 따라서 전기장 내에서 이동전하에 의한 전도성 전류의 결정 요소를 잘 이해하는 것이 우수한 성능의 전자소자를 개발하고 또 분석하는 과정에 필수적이다.

또한, 변위성 전류(J_D [A/m^2])는 전하쌍극자(동일한 전하량을 가진 양전하($+Q$ [C])와 음전하($-Q$ [C])의 결레: electric charge dipole)들의 집합체로 이루어진 전자재료에 인가된 시변(time-varying) 전기장에 의해 흐르는 전류이다. 전하쌍극자들이 존재하는 공간에 전기장이 가해지면 양전하에 작용하는 힘($\boldsymbol{F}_{+Q}(\boldsymbol{r})$)과 음전하에 작용하는 힘($\boldsymbol{F}_{-Q}(\boldsymbol{r})$)이 상쇄($\boldsymbol{F}_{net}(\boldsymbol{r}) = \boldsymbol{F}_{+Q}(\boldsymbol{r})+\boldsymbol{F}_{-Q}(\boldsymbol{r}) = (+Q\boldsymbol{E}(\boldsymbol{r})) + (-Q\boldsymbol{E}(\boldsymbol{r})) = \boldsymbol{0}$ [N])되기 때문에 전하쌍극자들의 공간적 이동은 불가능하다. 그러나 결레전하에는 전기장에 의한 회전력($\boldsymbol{T}(\boldsymbol{r}) = \boldsymbol{d}\times\boldsymbol{F}(\boldsymbol{r}) = Q\boldsymbol{d}\times\boldsymbol{E}(\boldsymbol{r}) \neq \boldsymbol{0}$ [N·m])이 작용하여, 전기장 내에 존재하는 모든 전하쌍극자들은 전하결레의 축을 중심으로 회전하여 전계와 평행하게 정렬된다(분극: polarization). 만약 전계가 시간에 따라 극성이 변하면 정렬의 방향이 전계의 방향에 맞춰 바뀌고, 겉보기 전하량의 변화(dQ_{dipole}/dt) [C/s])가 나타난다. 이로 인해 결레전하의 위치 변화(변위: displacement)에 의한 교류성(alternating current) 변위전류($\boldsymbol{J}_d(\boldsymbol{r}) = dQ_{dipole}(\boldsymbol{r})\boldsymbol{a}_J/dt = d\boldsymbol{D}(\boldsymbol{r})/dt$ [A/m^2])가 형성된다.

4.1.1 전계에 의한 이동전하의 이동과 이동도

전기장 내의 이동전하(전하량 = $\Delta Q_m = \rho_m d\upsilon$ [C])는 정전기적 힘($\boldsymbol{F}_E(\boldsymbol{r}) = Q_t\boldsymbol{E}(\boldsymbol{r})$ [N])을 받아 전계와 평행한 방향($\boldsymbol{a}_F = \boldsymbol{a}_\upsilon = \boldsymbol{a}_E$)으로 이동한다. 양의 전하를 띤 이동전하($\rho_{m+} > 0$ [C/m³])는 전계와 같은 방향으로 힘을 받아 전계와 동일한 방향으로 이동하며, 전계와 같은 방향의 전도성 전류가 형성된다. 음의 전하를 띤 이동전하($\rho_{m-} < 0$ [C/m³])는 전계와 반대방향의 힘을 받아 전계와 반대방향으로 이동하나, 음의 전하로 인해 이 또한 전계와 같은 방향의 전도성 전류를 형성한다. [그림 4-1]에 나타낸 것과 같이 전기장 내에서 이동전하 조각(ΔQ_m [C])에 가속력으로 작용하는 정전기적 힘($\boldsymbol{F}_E(\boldsymbol{r})$ [N])은 다음과 같다.

$$\vec{F}_E(\vec{r}) = \Delta Q_m \vec{E}(\vec{r}) \text{ [N]}$$: 근원전하에 의해 형성된 전계에 의한 가속력

$\Delta Q_m(\vec{r}) = \rho_m(\vec{r})d\upsilon$ [C] : 전기장의 영향을 받는 이동전하 조각(체적 $d\upsilon$ [m³])의 전하량

$\rho_m(\vec{r})$ [C/m³] : 전기장의 영향을 받는 이동전하밀도

$d\upsilon$ [m³] : 이동전하 조각의 체적

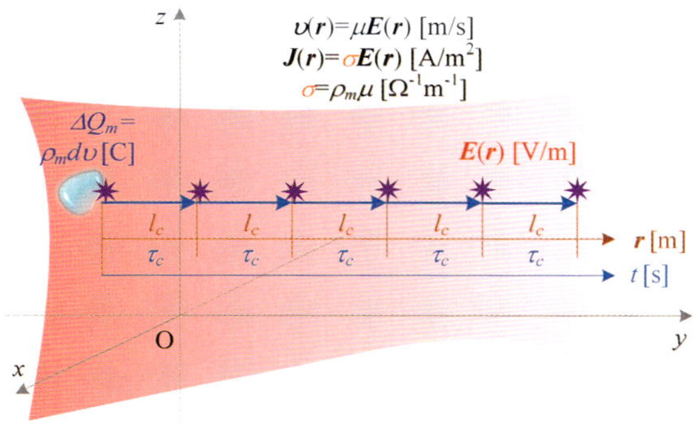

[그림 4-1] 전계에 의한 전하의 이동 : 전계에 의한 가속력과 충돌에 의한 감속력, 평균 충돌시간, 평균 충돌거리

시불변 전계강도($\partial\boldsymbol{E}(\boldsymbol{r},t)/\partial t = \boldsymbol{0}$)가 인가된 경우, 일정 시간이 지난 후 전도성 재료에는 일정한 전류($\partial\boldsymbol{J}_C(\boldsymbol{r},t)/\partial t = \boldsymbol{0}$)가 흐르며, 전하의 이동 속도가 일정함을 뜻한다. 이는 [그림 4-1]에 나타낸 것과 같이 충돌로 인해 감속력($\boldsymbol{F}_c(\boldsymbol{r})$)이 작용하여 정전기적 힘에 의한 가속력($\boldsymbol{F}_E(\boldsymbol{r})$)이 상쇄되어($\boldsymbol{F}_{net}(\boldsymbol{r}) = \boldsymbol{F}_E(\boldsymbol{r})+\boldsymbol{F}_c(\boldsymbol{r}) = \boldsymbol{0}$ [N]), 일정한 속도(가속도 $\boldsymbol{a} = d\boldsymbol{\upsilon}/dt = \boldsymbol{0}$ [m/s²])로 이동함을 의미한다. 즉 이동전하가 전계에 의해 가속되는 동안 얻은 정전기적 에너지는 전자재료를 구성하는 원자들과의 충돌로 인해 잃고, 다시 전계에 의한 가속과 충돌에 의한 감속의 과정을 반복하게 된다. 전하가 이동하는 과정에서 충돌이 일어나는 평균 시간을 평균 충돌시간 또는 평균 자유시간(τ_c [s]: mean free time 또는 mean collision time), 충돌하지 않고 이동할 수 있는 평균 거리를 평균 충돌거리 또는 평균 자유거리(l_c [m]: mean free path 또는 mean collision distance)로 정의한다. 이들은 원자의 종류와 공간적 배열 형태에 의해 결정되는 전자재료의 고유 특성이다.

전기장 내에서 전자재료를 구성하는 $d\upsilon$ [m³]의 작은 체적 내에 존재하는 이동전하(dQ_m [C])에 작용하는 가속력($\boldsymbol{F}_E(\boldsymbol{r})$ [N])과 충돌로 인한 감속력($\boldsymbol{F}_c(\boldsymbol{r})$ [N]), 그리고 이들이 평형을 이루어 일정한

속도로 이동하는 상태에서는 이동전하에 작용하는 힘의 합($\boldsymbol{F}_{net}(\boldsymbol{r})$ [N])이 0이 되어 일정한 속도로 이동한다. 이를 수식으로 나타내면 다음과 같다.

$\vec{F}_E(\vec{r}) = \Delta Q_m \vec{E}(\vec{r})$ [N] : 전기장에 의한 이동전하의 정전기적 가속력

$\vec{F}_c(\vec{r}) \equiv -\left.\frac{\Delta \vec{p}}{\Delta t}\right|_{col} = -\frac{m^* \vec{\upsilon}}{\tau_c}$: 충돌에 의한 이동전하의 감속력=단위시간당 운동량 변화

m^* [Kg] : 이동전하의 질량

τ_c [s] : 평균 충돌시간 또는 평균 자유시간

l_c [m] : 평균 충돌거리 또는 평균 자유거리

υ [m/s] : 전계에 의해 이동하는 전하의 평균 속도

$\vec{F}_{net}(\vec{r}) = \vec{F}_E(\vec{r}) + \vec{F}_c(\vec{r}) = 0$ [N] : 일정한 속도로 이동하는 전하에 작용하는 가속력과 감속력의 관계

$\vec{F}_{net}(\vec{r}) = \vec{F}_E(\vec{r}) + \vec{F}_c(\vec{r}) = \Delta Q_m \vec{E}(\vec{r}) - \frac{m^* \vec{\upsilon}}{\tau_c} = 0$ [N] : 전계에 의한 가속력과 충돌에 의한 감속력의 평형상태로, 일정한 속도로 이동

$\vec{\upsilon}\ [\text{m/s}] = \left(\Delta Q_m \frac{\tau_c}{m^*}\right)\vec{E} \propto \vec{E} \longleftrightarrow \vec{\upsilon} \equiv \pm\mu\vec{E}$ [m/s] : 전기장 내의 전기적 힘에 의한 드리프트 속도와 전계의 관계

따라서 전하의 이동속도($\boldsymbol{\upsilon}$ [m/s])는 인가한 전계강도($\boldsymbol{E}$ [V/m])에 비례하는 관계식으로 정리할 수 있으며, 그 비례상수를 이동도(mobility: μ [m^2/V·s])라고 정의한다.

$$\mu \equiv \left|\frac{d\vec{\upsilon}}{d\vec{E}}\right| = \left|\Delta Q_m \frac{\tau_c}{m^*}\right| \left[\frac{\text{m}^2}{\text{V}\cdot\text{s}}\right] = \frac{[\text{m/s}]}{[\text{V/m}]} \propto \begin{cases}\tau_c \\ 1/m^*\end{cases}$$: 전자재료 내에 존재한 이동전하(dQ_m)의 이동도

전계와 이동속도의 관계를 나타내는 비례상수인 이동도(μ [m^2/V·s])는 이동전하의 (유효)질량(m^* [kg])과 전기장 내의 충돌 요소에 의해 지배되는 평균 충돌시간(τ_c [s])에 의해 결정되며, 이들은 모두 전기장이 전달되는 매질의 고유한 특성에 해당한다. 평균 충돌시간이 짧을수록(충돌이 잦을수록), 그리고 질량이 클수록 이동이 자유롭지 않아 이동도는 감소하게 됨을 뜻한다. 이동도를 결정하는 요소와 의존도를 [그림 4-2]에 나타내었다.

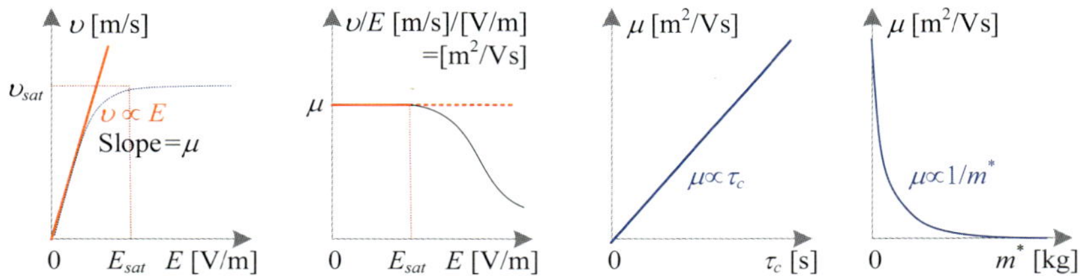

[그림 4-2] 전기장 내의 전하의 이동속도와 전계, 이동도의 관계, 이동도를 결정하는 요소 : μ vs. τ_c, μ vs. m^*

4.1.2 이동전하에 의한 전도성 전류와 전기전도도

전자재료 내의 이동전하(ρ_m [C/m^3])에 의한 전도성 전류밀도($\boldsymbol{J}_C$ [A/m^2] 또는 $\boldsymbol{J}_{drift}$ [A/m^2])는 앞서 정의한 이동도(μ [m^2/V·s]), 전류가 흐르는 방향에 수직인 단면의 면적(S [m^2])을 이용하여 다음과 같이 나타낼 수 있다.

$$\vec{J}_C(\vec{r})\ [\mathrm{A/m^2}] = [\mathrm{C/(s\cdot m^2)}] = \rho_m(\vec{r})\vec{v}(\vec{r}) = |\rho_m|\mu\vec{E}(\vec{r}) \begin{cases} \propto \vec{E}(\vec{r}) \\ \propto |\rho_m| \\ \propto \mu \end{cases}$$: 이동전하에 의한 전도성 전류밀도

$$I = \int \vec{J}_C \cdot d\vec{S} = J_C S\ [\mathrm{A}] = [\mathrm{C/s}]$$: 이동전하에 의한 전도성 전류

전도성 전류와 전계강도의 관계를 나타낸 다음의 관계식을 미시적 옴의 법칙(microscopic Ohm's law)이라고 하며, 이는 전기적 특성을 설명하고 이해하는 중요한 도구로 활용한다.

$$\vec{J}_C \equiv \sigma\vec{E}\ [\mathrm{A/m^2}]$$: 미시적 옴의 법칙(microscopic Ohm's law)

$$\sigma\ [\Omega^{-1}/\mathrm{m}] \equiv \left|\frac{d\vec{J}_C}{d\vec{E}}\right| = |\rho_{mi}|\mu$$: 이동전하에 의한 전기전도도(electrical conductivity)

$$\rho\ [\Omega\cdot\mathrm{m}] \equiv \frac{1}{\sigma} = \frac{1}{|\rho_m|\mu}$$: 비저항 또는 저항계수(electrical resistivity)

$$I = GV = \frac{1}{R}V\ [\mathrm{A}]$$: 옴의 법칙(Ohm's law)

$$R\ [\Omega] \equiv \frac{V}{I} = \frac{1}{G} = \rho\frac{l}{S}$$: 전자재료의 저항(l [m]: 재료의 길이, A[m^2]: 재료의 단면적)

전계에 의한 이동전하의 정전기적 드리프트에 의해 형성되는 전도성 전류밀도($\boldsymbol{J}_C$ [A/m^2])는 인가된 전계강도에 비례하며, 그 비례상수를 전기전도도(σ [Ω^{-1}/m]: electrical conductivity)로 정의한다. 또한 전도성 전류는 이동의 근원이 되는 정전기력을 작용하는 전계강도의 세기에 비례하고, 이동전하의 부호에 관계없이 항상 전계와 동일한 방향($\boldsymbol{a}_J = \boldsymbol{a}_E$)으로 흐른다. 전도성 전류와 전계강도의 관계를 나타내는 비례상수를 전기전도도(σ [Ω^{-1}m^{-1}])라고 하고, 그 역수는 전자재료의 저항을 나타내는 비례상수인 비저항(ρ [Ω·m]: electrical resistivity)이라고 한다. 전자재료 내의 이동전하 농도(ρ_m [C/m^3])가 높고 이동도(μ [m^2/V·s])가 클수록 전기전도도가 높으며, 전기전도도(σ [Ω^{-1}/m])가 클수록 큰 전도성 전류를 형성한다. 전도성 드리프트 전류와 전계, 전기전도도를 결정하는 요소를 [그림 4-3]에 요약하였다.

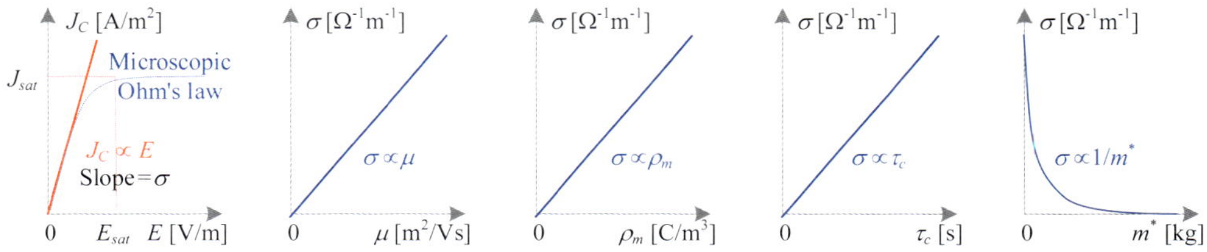

[그림 4-3] 드리프트 전류와 전계, 전기전도도를 결정하는 요소의 관계

전계에 의한 전하의 이동으로 형성되는 전도성 전류는 전계의 세기에 비례하며, 이 관계가 미시적 옴의 법칙이다. 균질의 이동전하밀도를 가진 전자재료(전기장이 전달되는 매질)에 전압이 인가되면 전위가 높은 지점으로부터 낮은 지점으로 전계가 형성되어, 인가 전압에 비례하는 전류($I_C \propto V$)가 흐른다. 이와 같이 정전기적 상호작용이 작용하는 대상의 재료와 기하학적 구조가 결정되어 더 이상 변하지 않는 경우, 전계를 구하고 그로부터 정전기적 힘에 의한 이동의 복잡한 계산 과정을 거치지 않고, 인가 전압과 전류의 관계를 연결하는 비례상수를 정의하면 편리하게 활용할 수 있다.

[그림 4-4]와 같이 이동전하의 농도(ρ_{mi} [C/m^3])와 이동도(μ [m^2/V·s])에 의한 전기전도도가 $\sigma = |\rho_m \mu|$ [Ω^{-1}/m], 길이(L [m]), 폭(W [m]), 두께(t [m])인 전도성 재료에 전압(V [V])이 인가되면, 내부에 형성된 전계에 의해 전도성 전류(I_C [A])가 흐른다.

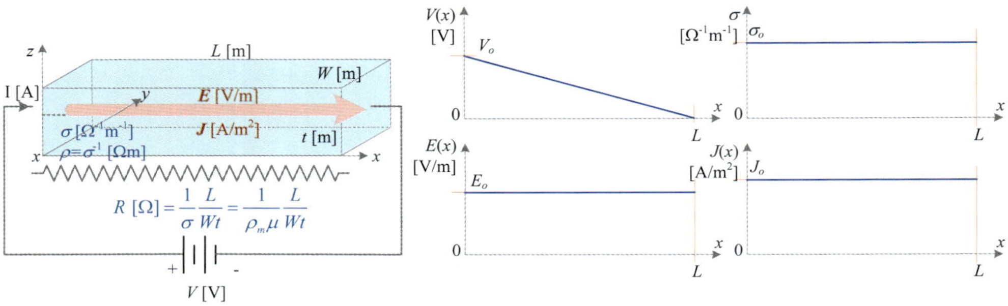

[그림 4-4] 전도성이 있는 재료의 전류와 등가 저항

전압이 인가되어 형성된 전계($\boldsymbol{E}$ [V/m]), 전류밀도($\boldsymbol{J}_C$ [A/m^2]), 그리고 전류(I_C [A] = [C/s])의 관계를 수식으로 정리하면 다음과 같다.

$$I_C\ [\mathrm{A}] = \int \vec{J}_C \cdot d\vec{S} \leftarrow \begin{cases} \vec{J}_C\ [\mathrm{A/m^2}] = \sigma \vec{E} \\ \vec{E} = -\nabla V = +\dfrac{V}{L}\hat{a}_x \\ d\vec{S} = dS_x \hat{a}_x = dydz\hat{a}_x \end{cases} \quad \& \quad \begin{cases} \sigma\ [\Omega^{-1}\cdot\mathrm{m}^{-1}] = |\rho_m|\mu\ \& \\ \rho\ [\Omega\cdot\mathrm{m}] \equiv \dfrac{1}{\sigma} = \dfrac{1}{|\rho_m|\mu} \end{cases}$$

$$I_C\ [\mathrm{A}] = \int \vec{J}_C \cdot d\vec{S} = \int \sigma \vec{E} \cdot d\vec{S} = \int_{z=0}^{t}\int_{y=0}^{W} \left(\sigma \frac{V}{L}\hat{a}_x\right)\cdot(dydz\hat{a}_x) = \int_{z=0}^{t}\int_{y=0}^{W} \sigma\frac{V}{L}dydz = \left(\sigma\frac{Wt}{L}\right)V = \frac{1}{R}V$$

$$;\ \begin{cases} \propto V \\ \propto \dfrac{1}{R} = \dfrac{\sigma Wt}{L} \end{cases}$$: 옴의 법칙(Ohm's law); 전계에 의한 전하의 이동과 전도성 전류의 관계

즉 재료와 기하학적 구조(W, L, t)가 결정된 경우, 인가 전압(V [V])에 의한 전도성 전류는 항상 전압에 비례하며, 그 비례상수로 사용되는 저항(R [Ω])은 재료의 전기전도도(이동전하 농도(ρ_m [C/m^3])와 이동도(μ [m^2/Vs])에 의해 결정), 전류가 흐르는 방향의 길이(L [m]), 전류가 흐르는 방향에 수직인 단면적($A=Wt$ [m^2])에 의해 결정된다. 이를 수식으로 정리하면 다음과 같다.

$$R\ [\Omega] \equiv \frac{1}{\sigma}\frac{L}{Wt} = \rho\frac{L}{A}$$: 저항

$$\rho\ [\Omega\cdot\mathrm{m}] \equiv \frac{1}{\sigma} = \frac{1}{|\rho_m|\mu}$$: 비저항(resistivity) 또는 저항 비례상수

전도성 전류를 결정하는 전자재료의 저항값을 결정하는 요소와 의존도를 [그림 4-5]에 요약하였다.

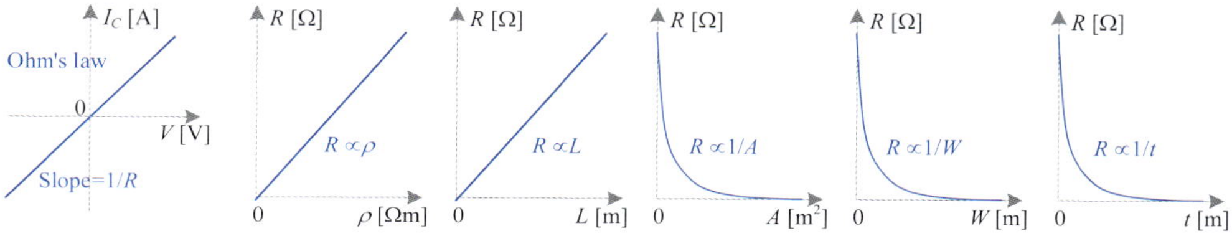

[그림 4-5] 전계에 의한 전하의 이동에 의한 전도성 전류를 결정하는 저항을 결정하는 요소

4.1.3 전기전도도에 의한 전자재료의 구분 : 도체, 부도체, 반도체

전자재료는 전기전도도의 크기에 따라 도체(conductor), 부도체(non-conductor, insulator), 반도체(semiconductor)로 구분할 수 있으며, 이를 그림으로 나타내면 [그림 4-6]과 같다.

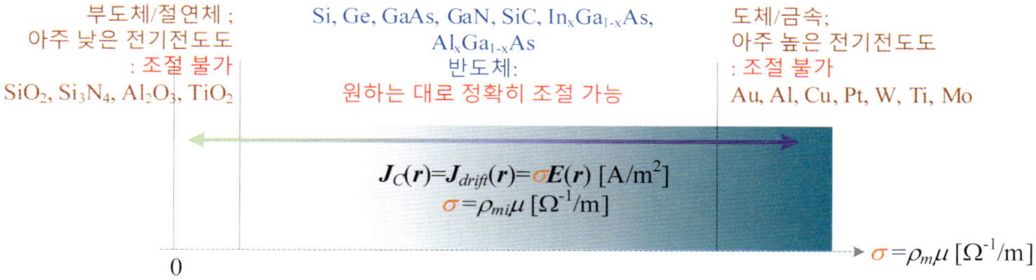

[그림 4-6] 전기전도도($\sigma = r_m\mu$)에 의한 전자재료의 구분(도체, 반도체, 부도체)

도체는 전기전도도가 우수한 전자재료로서, 재료 내에 이동전하의 농도가 아주 높은 경우로 금속(Al, Au, Cu, Pt, W, Pt, Ti, Mo 등)은 전기전도도가 아주 높은 도체에 해당한다. 부도체는 이동전하의 농도가 아주 낮아 전기전도도가 아주 적은 전자재료로서, 전자부품의 절연용 재료(SiO_2, Si_3N_4, Al_2O_3, TiO_2 등)로 사용된다. 도체는 전극과 전자 부품의 배선 재료로서, 부도체는 전자부품의 절연용 재료로서 유용하게 사용되나, 전기전도도를 조절하는 것이 매우 어려운 특성이 있다.

이에 비해 반도체(Si, Ge, GaAs, GaN, $In_xGa_{1-x}As$, $Al_xGa_{1-x}As$, InP 등)는 필요한 경우 전기전도성이 아주 우수한 재료로 사용될 뿐 아니라, 전기전도성이 아주 낮은 재료로도 사용할 수 있다. 특히, 반도체 재료의 선택, 동작 온도 변화, 제조공정을 이용한 불순물의 종류와 주입된 불순물의 농도 조절, 소자의 기하학적 구조와 단면적의 크기 조절, 서로 다른 반도체의 접합을 이용하여 인가한 전압에 따라 전기전도도를 원하는 대로 정확히 조절할 수 있는 우수한 특성을 가지고 있다. 이와 같이 재료, 구조, 제조공정, 동작 환경, 인가 전압에 따른 정교한 조절능력으로 인해 반도체는 전자정보통신용, 차량 제어용, 센서용, 발광 및 수광용 부품과 시스템을 구성하는 핵심 재료로 사용된다.

Section

4.2 전자재료에 주입된 이동전하의 시간에 따른 변화와 공간적 분포 : 연속방정식

전자재료(특성 지표: 전기전도도($\sigma = \rho_m \mu$ [$1/(\Omega \cdot m)$])와 유전상수(ϵ [F/m]))에 외부에서 주입된 이동전하(ρ_{mo} [C/m^3])의 공간적 분포와 시간에 따른 변화($\rho_m(\boldsymbol{r},t)$ [C/m^3])는 전기적 특성을 결정하는 핵심 요소이다. 특히 이동전하의 공간 분포와 시간에 따른 변화는 전자 신호의 스위칭(switching)용 소자(device), 센서(sensor: 광 센서, 온도 센서 등)용 소자, 정보의 저장용 메모리(memory), 정보처리용 컴퓨터 부품으로 사용하는 전자소자의 응답시간(switching time, response time)과 감응도(sensitivity, responsivity)를 결정하는 핵심 요소이다. 전자재료 내에 주입된 이동전하(ρ_{mo} [C/m^3])의 시간에 따른 변화와 공간적 분포($\rho_m(\boldsymbol{r},t)$ [C/m^3])를 지배하는 관계식 또는 그들을 구하고자 할 때 사용해야 하는 식이 연속방정식(continuity equation)이다.

4.2.1 연속방정식 : 전자재료에 주입된 이동전하의 공간적 분포와 시간에 따른 변화

전자재료(고유특성지표: 전기전도도($\sigma = \rho_m \mu$ [Ω^{-1}/m]), 유전상수(ϵ [F/m]))에 외부에서 주입된 이동전하의 시간에 따른 변화와 공간적 분포($\rho_m(\boldsymbol{r},t)$ [C/m^3])를 지배하는 관계식이 연속방정식(continuity equation)이다. 즉 연속방정식은 전기장 내에 주입된 이동전하의 시간에 따른 변화와 공간적 분포를 구하는 데 사용된다. [그림 4-7]을 이용하여 연속방정식의 물리적 의미를 이해하고, 수식으로 정리된 결과를 얻을 수 있다.

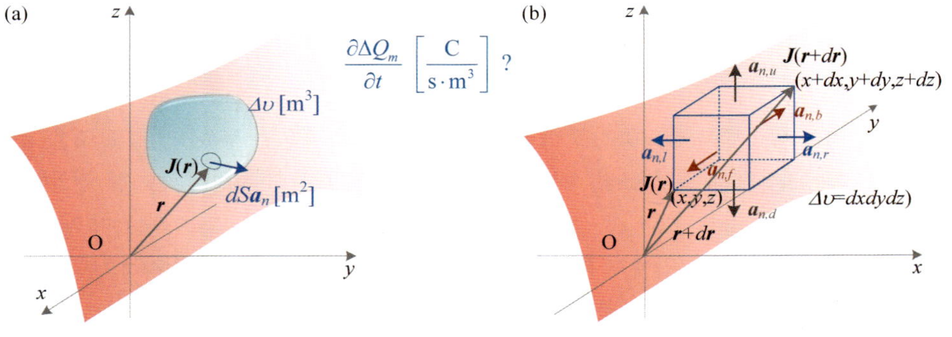

[그림 4-7] 연속방정식을 위한 이동전하의 유입-유출량의 관계

[그림 4-7]에 나타낸 것과 같이 폐곡면으로 둘러싸인(직각좌표계의 육면체) 작은 조각의 체적($\Delta\upsilon = dxdydz$ [m^3]) 내에서 단위시간당 이동전하의 증가량($+\partial \Delta Q_m/\partial t$ [C/s])은 다음과 같이 나타낼 수 있다.

$$+\frac{\partial \Delta Q_m(\vec{r},t)}{\partial t}\ [\mathrm{C/s}]=[\mathrm{A}]=+\frac{\partial \rho_m(\vec{r},t)}{\partial t}\Delta \upsilon=+\int_{\Delta \upsilon}\frac{\partial \rho_m(\vec{r},t)}{\partial t}d\upsilon$$: $\Delta\upsilon$ [m³]의 체적 내의 단위시간당 이동전하 증가량

$$\Delta Q_m(\vec{r},t)\ [\mathrm{C}]\equiv\int_{\Delta \upsilon}\rho_m(\vec{r},t)d\upsilon$$: $\Delta\upsilon$ [m³]의 체적 내의 이동전하량

이 때 작은 조각의 체적 내에서 전하량의 증가와 감소에 기여하는 성분은 다음과 같다.

- 전도성 전류의 형태로 폐곡면을 통해 체적 내부로 유입되는 전하량(I_{influx} [C/s])으로, 전하량의 증가로 작용
- 전도성 전류의 형태로 폐곡면을 통해 외부로 유출되는 전하량($I_{outflux}$ [C/s])으로, 전하량의 감소로 작용

따라서 작은 조각의 체적 내에서 단위시간당 이동전하의 증가량($+\partial \Delta Q_m/\partial t$ [C/s])은 다음과 같이 유입량과 유출량의 차이($I_{influx}-I_{outflux}$)로서, 다음의 관계식으로 나타낼 수 있다.

$$+\frac{\partial \Delta Q_m(\vec{r},t)}{\partial t}\ [\mathrm{C/s}]=+\frac{\partial \rho_m(\vec{r},t)}{\partial t}\Delta \upsilon\ [\mathrm{C/s}]=+\int_{\Delta \upsilon}\frac{\partial \rho_m(\vec{r},t)}{\partial t}d\upsilon=(I_{\text{influx}}-I_{\text{outflux}})\ [\mathrm{A}]$$

($\Delta\upsilon$ [m³])의 체적을 가진 폐곡면 내의 단위 시간당 전하량 증가는 폐곡면 내부로 순 유입되는 전류($I_{influx}-I_{outflux}$)로부터 구할 수 있다. 즉 폐곡면으로 유입되어 전하량의 증가에 기여하는 유입 전류(+; I_{influx})와 폐곡면 밖으로 유출되어 전하량의 감소로 작용하는 유출 전류(−; $I_{outflux}$)의 차이($I_{influx}-I_{outflux}$)를 이용해 얻을 수 있으며, 이를 수식으로 나타내면 다음과 같다.

$$(I_{\text{influx}}-I_{\text{outflux}})\ [\mathrm{C/s}]=-\oint\vec{J}\cdot d\vec{S}=-\oint\left(\vec{J}(\vec{r},t)\cdot\hat{a}_n\right)dS$$: 순 전류 유입량으로서 전하량의 증가에 기여하는 양

$$d\vec{S}=dS\hat{a}_n=(dS_x,dS_y,dS_z)=dS_x\hat{a}_x+dS_y\hat{a}_y+dS_z\hat{a}_z\ [\mathrm{m}^2]$$: 직각좌표계의 미소 면적 벡터

$$\int_{vol}(\nabla\cdot\vec{J}(\vec{r},t))d\upsilon\ \oint_{\substack{closed\\surface}}\vec{J}(\vec{r},t)\cdot d\vec{S}=\oint_{\substack{closed\\surface}}\left(\vec{J}(\vec{r},t)\cdot\hat{a}_n\right)dS$$: 발산량의 정리

1장에서 학습한 발산량에 관한 정의(divergence)와 발산의 정리(divergence theorem)를 이용하면, 폐곡면에 둘러싸인 작은 조각의 체적($\Delta\upsilon$ [m³]) 내에서 단위시간당 전하량의 증가는 다음과 같이 정리할 수 있다. 이 결과를 이동전하에 대한 연속방정식(continuity equation)이라고 하며, 전자재료 내에 주입된 이동전하 농도의 시간에 따른 변화와 공간적 분포를 해석하는 데 사용된다.

$$+\frac{\partial \Delta Q_m(\vec{r},t)}{\partial t}\ [\mathrm{C/s}]=+\int_{\Delta \upsilon}\frac{\partial \rho_m(\vec{r},t)}{\partial t}d\upsilon=-\oint\vec{J}(\vec{r},t)\cdot d\vec{S}=-\int(\nabla\cdot\vec{J}(\vec{r},t))d\upsilon$$: 연속방정식의 적분형

$$\vec{J}(\vec{r},t)=\sigma\vec{E}(\vec{r},t)\ [\mathrm{A/m^2}]=[\mathrm{C/s\cdot m^2}]$$: 전계에 의한 전하의 이동으로 형성된 드리프트 전류

$$\frac{\partial \rho_m(\vec{r},t)}{\partial t}=-\nabla\cdot\vec{J}(\vec{r},t)\ [(\mathrm{C/m^3})/\mathrm{s}]=[\mathrm{A/m^3}]$$: 연속방정식(전자재료에 주입된 이동전하의 시간에 따른 변화와 공간적 분포를 지배)

즉 공간적으로 인접한 두 지점의 전류량에 변화($\nabla\cdot\boldsymbol{J}(\boldsymbol{r})$ [A/m³])가 있으면, 두 지점의 사이에는 전류 형성의 근원이 되는 이동전하량의 시간에 따른 증감($\partial\rho_m(\boldsymbol{r},t)/\partial t$)이 수반됨을 뜻한다. 또한 전기장 내에서 연속방정식을 구성하는 전류와 전계의 관계를 요약하면 다음과 같다.

$\vec{J}(\vec{r},t) = \sigma\vec{E}(\vec{r},t)$ [A/m^2] : 미시적 옴의 법칙: 전계 내의 이동전하에 의한 전도성 전류

$\vec{D}(\vec{r},t) = \epsilon\vec{E}(\vec{r},t)$ [C/m^2] : 근원전하에 의해 형성되는 전계강도와 등가전하밀도의 관계

$\nabla\cdot\vec{D}(\vec{r},t)(=\rho(\vec{r},t)) = \rho_m(\vec{r},t)$ [C/m^3] : 포아송 방정식; 근원전하밀도($\rho_m(\boldsymbol{r},t)$ [C/m^3])와 등가전하밀도의 관계

; 주입된 이동전하로 인해 국부적으로 전기장의 변화가 수반될 수 있음을 의미

연속방정식은 전자재료(고유 특성지표: $\sigma = \rho_m\mu$ [1/(Ω·m)], ϵ [F/m]) 내에 주입된 이동전하 농도(ρ_{mo} [C/m^3])의 시간에 따른 변화와 공간적 분포($\rho_m(\boldsymbol{r},t)$ [C/m^3])를 지배하는 관계식으로서, 포아송 방정식, 전류관계식과 더불어 정전기장의 핵심 관계식 중 하나다. 특히, 연속방정식은 이동전하 농도의 시간에 따른 변화($\rho_m(\boldsymbol{r},t)$ vs. t)가 지배하는 전자소자의 스위칭(switching) 특성, 과도응답(transient) 특성 및 주파수(frequency) 특성을 해석할 때 사용되고, 이동전하 농도의 공간적 분포가 전기적 특성을 결정하는 전자소자의 전하분포($\rho_m(\boldsymbol{r},t)$ vs. $\boldsymbol{r}$)를 구할 때도 사용되는 중요한 관계식이다.

직각좌표계의 3차원과 1차원 연속방정식을 정리하면 다음과 같다.

$$+\left.\frac{\partial\Delta Q_m(\vec{r},t)}{\partial t}\right|_x = (J_x(x,y,z,t) - J_x(x+dx,y,z,t))dydz = -\left(\frac{\partial J_x(\vec{r},t)}{\partial x}dx\right)dydz$$

: x-축 방향 전류의 유입-유출에 의한 전하량 증가

$$+\left.\frac{\partial\Delta Q_m(\vec{r},t)}{\partial t}\right|_y = (J_y(x,y,z,t) - J_x(x,y+dy,z,t))dzdx = -\left(\frac{\partial J_y(\vec{r},t)}{\partial y}dy\right)dzdx$$

: y-축 방향 전류의 유입-유출에 의한 전하량 증가

$$+\left.\frac{\partial\Delta Q_m(\vec{r},t)}{\partial t}\right|_z = (J_z(x,y,z,t) - J_z(x,y,z+dz,t))dxdy = -\left(\frac{\partial J_z(\vec{r},t)}{\partial z}dz\right)dxdy$$

: z-축 방향 전류의 유입-유출에 의한 전하량 증가

$$+\frac{\partial\Delta Q_m(\vec{r},t)}{\partial t} = +\frac{\partial\rho_m(\vec{r},t)}{\partial t}\Delta\upsilon = +\left.\frac{\partial\Delta Q_m(\vec{r},t)}{\partial t}\right|_x + \left.\frac{\partial\Delta Q_m(\vec{r},t)}{\partial t}\right|_y + \left.\frac{\partial\Delta Q_m(\vec{r},t)}{\partial t}\right|_z$$

$$= -\left(\frac{\partial J_x(\vec{r},t)}{\partial x} + \frac{\partial J_y(\vec{r},t)}{\partial y} + \frac{\partial J_z(\vec{r},t)}{\partial z}\right)\Delta\upsilon$$

$$= -\nabla\cdot\vec{J}(\vec{r},t)\Delta\upsilon$$

: x-축, y-축, z-축 방향을 모두 고려한 전류를 통한 유입-유출량의 차이로 인한 전하량의 증가

$$\frac{\partial\rho_m(\vec{r},t)}{\partial t}\ [(\mathrm{C/m^3})/\mathrm{s}] = -\nabla\cdot\vec{J}(\vec{r},t) = -\left(\frac{\partial J_x(\vec{r},t)}{\partial x} + \frac{\partial J_y(\vec{r},t)}{\partial y} + \frac{\partial J_z(\vec{r},t)}{\partial z}\right)$$

: 3차원 공간의 직각좌표계 연속방정식

$$\frac{\partial\rho_m(x,t)}{\partial t} = -\frac{\partial J(x,t)}{\partial x}\ [(\mathrm{C/m^3})/\mathrm{s}] = [\mathrm{A/m^3}]$$

: 1차원 공간의 직각좌표계 연속방정식

4.2.2 정상상태의 연속방정식과 키르히호프의 전류 법칙

열평형 상태(thermal equilibrium state)와 정상상태(steady state), 그리고 과도상태(transient state)는 공학적 현상의 이해와 전자소자의 해석에 중요한 용어다. 전자기학을 이해하는 과정에서도 중요하므로, 세 가지 상태에 대해 잘 이해하고 구분해야 한다.

열평형 상태는 외부에서 전압 또는 빛 등이 추가로 인가되지 않은 상태로서 대상체가 주변과 열적 평형을 이루고 있는 상태이다. 열평형 상태는 전하의 이동을 통한 에너지의 교환이 없고 전류도 흐르지 않는 상태로, 시간에 따른 변화도 없는 상태이다.

정상상태는 전압 또는 빛이 일정한 세기로 인가되어 시간에 따른 물리량의 변화가 없는 상태로서, 전기적으로는 시간적으로 변하지 않는 일정한 DC 전압이 인가되어 일정한 전류가 흐르는 상태를 뜻한다.

과도상태는 시간에 따른 물리량의 변화가 진행되고 있는 상태를 뜻하며, 스위칭 소자의 경우 켜진 상태에서 꺼지는 상태로 또는 꺼진 상태에서 켜지는 상태로 진행되는 과정이 이에 해당한다.

아래의 [그림 4-8]에 시간에 따른 전압의 변화를 통해 열평형 상태, 정상상태 및 과도상태를 비교할 수 있도록 요약하였다.

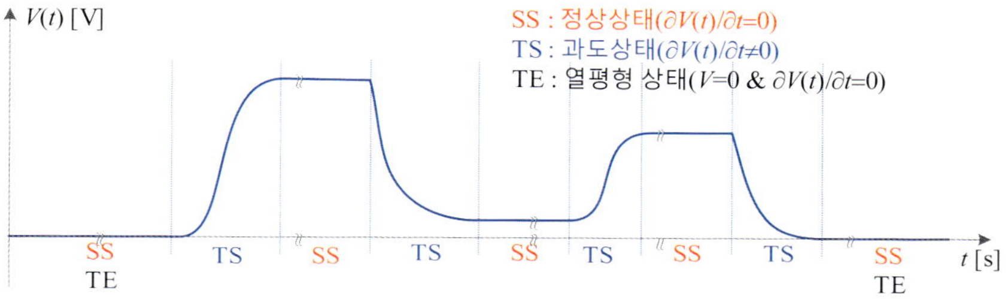

[그림 4-8] 열평형 상태(TE), 정상 상태(SS), 과도 상태(TS)의 구분

이동전하의 시간에 따른 변화와 전류의 관계를 해석하는 데 사용되는 연속방정식은 과도상태뿐만 아니라 정상상태에서도 사용된다. 시간에 따른 변화가 없는 정상상태의 정전기장에 적용한 연속방정식은 다음과 같다.

$$+\frac{\partial\rho_m(\vec{r},t)}{\partial t} = -\nabla\cdot\vec{J}(\vec{r},t) \rightarrow \left.\frac{\partial\rho_m(\vec{r},t)}{\partial t}\right|_{\substack{steady\\state}} = -\nabla\cdot\vec{J}(\vec{r},t)\Big|_{\substack{steady\\state}} = 0$$: 정상상태의 연속방정식의 미분형

$$\int_{\substack{steady\\state}} \nabla\cdot\vec{J}(\vec{r},t)\,dv = \oint_{\substack{steady\\state}} \vec{J}(\vec{r},t)\cdot d\vec{S} = 0\ [\mathrm{A}]$$: 정상상태의 연속방정식의 적분형

즉 정상상태에서 임의의 폐곡면을 통과하는 유입 전류와 유출 전류는 같은 크기로서, 순 유출 또는 순 유출 전류는 0이 됨을 뜻한다. 회로이론에서는 이를 키르히호프의 전류 법칙(KCL: Kirchhoff's current law)이라고 하며, 정상상태의 연속방정식과 키르히호프의 전류 법칙의 개념을 [그림 4-9]에 비교하였다.

특히 전류의 유입과 유출 경로가 다수의 도선으로 이루어진 경우, 정상상태의 연속방정식으로부터 얻은 키르히호프의 전류 법칙은 다음과 같이 정리할 수 있다.

$$\sum_{\substack{closed\ surface\\steady\ state}} I_j = 0\ [\mathrm{A}] \Longleftrightarrow \sum_{\substack{closed\ surface\\steady\ state}} I_{j,influx} = \sum_{\substack{closed\ surface\\steady\ state}} I_{j,outflux}$$: 정상상태의 키르히호프의 전류법칙

즉 정상상태에서 전류도선을 통해 폐곡면으로 유입되는 전류의 총합과 유출되는 전류의 총합은 같으며 ($I_{in} = I_{out}$), 순 유출 또는 유입 전류는 없음을 뜻한다.

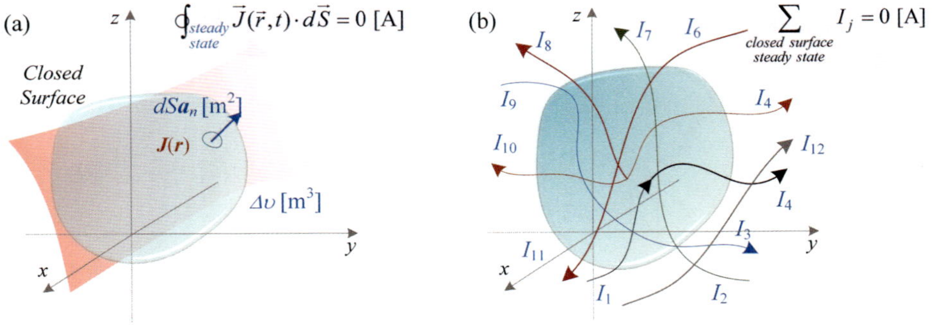

[그림 4-9] (a) 폐곡면에 대한 정상상태의 연속방정식
(b) 폐곡면에 대한 정상상태의 회로이론에서 키르히호프의 전류 법칙

4.2.3 포아송 방정식과 연속방정식의 응용 : 이동전하의 시간에 따른 변화와 전하이완시간

연속방정식을 이용하여 전자재료 내에 외부에서 주입된 이동전하 농도(ρ_{mo} [C/m^3])의 시간에 따른 변화($\rho_m(\mathbf{r},t)$ [C/m^3]), 즉 전하 소멸/이완(charge relaxation)에 필요한 시간을 이해하는 과정은 다음과 같다.

$$\boxed{\nabla\cdot\vec{J}(\vec{r},t) = -\frac{\partial\rho_m(\vec{r},t)}{\partial t}\ [\mathrm{C/s\cdot m^3}]}\ :\text{ 연속방정식 \&}\ \begin{cases}\vec{J}(\vec{r},t)=\sigma\vec{E}(\vec{r},t)\ \ [\mathrm{A/m^2}]\ ;\ \sigma=|\rho_m|\mu\\ \vec{D}(\vec{r},t)=\epsilon\vec{E}(\vec{r},t)\ \ [\mathrm{C/m^2}]\\ \nabla\cdot\vec{D}(\vec{r},t)=\rho_m(\vec{r},t)?=\rho(\vec{r},t)?\ [\mathrm{C/m^3}]\end{cases}$$

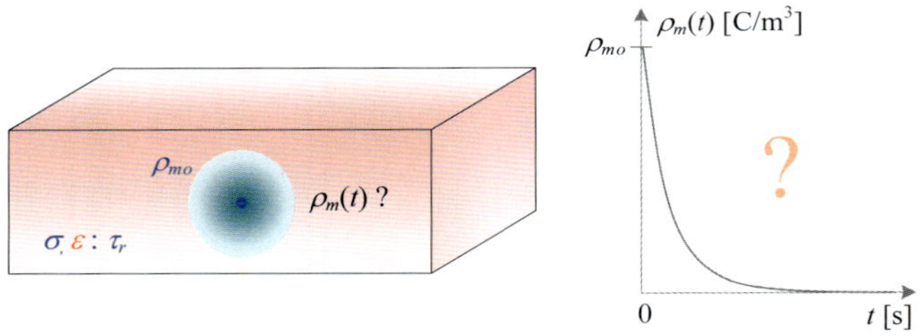

[그림 4-10] 중성의 전도성이 있는 전자재료에 주입된 이동전하의 시간에 따른 변화

[그림 4-10]에 나타낸 것과 같이 중성전하 상태($\rho=\rho_{o+}-\rho_{o-}=0$ [C/m^3])의 전자재료(전기전도도 σ [Ω^{-1}m^{-1}])에는 전류 형성의 근원인 양의 이동전하(ρ_{m+} [C/m^3] (>0))와 음의 이동전하(ρ_{m-} [C/m^3] (<0))가 동일한 양($\rho_{m-}=-\rho_{m+}$)으로 이루어져 있다. 전계가 인가된 경우, 양의 이동전하는 전계와 같은 방향으로, 음의 전하는 전계와 반대방향으로 이동하지만 드리프트 전류는 모두 전계와 같은 방향으로 형성된다. 따라서 전하 중성인 전자재료의 이동전하에 의한 전도전류와 전기전도도는 다음과 같이 나타낼 수 있다.

$$\rho_m=\rho_{m+}+\rho_{m-}=0\ [\mathrm{C/m^3}]$$: 전하 중성 전자재료 내의 음의 이동전하(ρ_{m-} [C/m^3])와 양의 이동전하(ρ_{m+} [C/m^3])

$\vec{J}_{C+} \equiv \sigma_{+}\vec{E} = \rho_{m+}\mu_{p}\vec{E} = \sigma_{p}\vec{E}$ [A/m^2] : 양의 이동전하에 의한 드리프트 전류

$\vec{J}_{C-} \equiv \sigma_{-}\vec{E} = \rho_{m-}(-\mu_{n}\vec{E}) = |\rho_{m-}|\mu_{n}\vec{E} = \sigma_{n}\vec{E}$ [A/m^2] : 음의 이동전하에 의한 드리프트 전류

μ_p [m^2/Vs] : 양전하의 이동도 & μ_n [m^2/Vs] : 음전하의 이동도

$\vec{J}_{C} \equiv \vec{J}_{C+} + \vec{J}_{C-} = \sigma_{p}\vec{E} + \sigma_{n}\vec{E} = (\sigma_{p} + \sigma_{n})\vec{E} = \sigma\vec{E}$ [A/m^2] : 미시적 옴의 법칙

$\sigma = \sigma_{p} + \sigma_{n} = \rho_{m+}\mu_{p} + |\rho_{m-}|\mu_{n}$ [Ω^{-1}/m] : 전하 중성 전자재료의 음의 전하와 양의 전하에 의한 전기전도도의 합

균일한 전기적 특성을 가진 전자재료에 $t = 0$ [s]인 시점에 외부에서 초기 이동전하 밀도 $= \rho_m$ $(t = 0) \equiv \rho_{mo}$ [C/m^3]을 주입한 경우, 매질 내에서 이동전하의 시간에 따른 변화($\rho_m(t)$)는 연속방정식, 포아송 방정식, 전류식을 연립하여 다음과 같이 구할 수 있다.

$$\nabla \cdot \vec{J}(\vec{r},t) = -\frac{\partial \rho_m(\vec{r},t)}{\partial t} \text{ [A/m}^3\text{]}$$
: 이동전하의 시간에 따른 변화와 공간적 분포를 지배하는 연속방정식

$$\nabla \cdot \vec{D}(\vec{r},t) = \rho(\vec{r},t) = \rho_m(\vec{r},t) \text{ [C/m}^3\text{]}$$
: 전하분포와 등가전하밀도의 형성을 지배하는 포아송 방정식

$$\vec{E}(\vec{r},t) = \frac{1}{\epsilon}\vec{D}(\vec{r},t) \text{ [V/m]}$$
: 전계강도와 등가전하밀도의 관계

$$\vec{J}(\vec{r},t) = \sigma\vec{E}(\vec{r},t) \text{ [A/m}^2\text{]}$$
: 미시적 옴의 법칙

$$-\frac{\partial \rho_m(\vec{r},t)}{\partial t} = \nabla \cdot \vec{J}(\vec{r},t) = \nabla \cdot \left(\sigma\vec{E}(\vec{r},t)\right) = \frac{\sigma}{\epsilon}\left(\nabla \cdot \vec{D}(\vec{r},t)\right) = \frac{\sigma}{\epsilon}\rho_m(\vec{r},t)$$
$$= \frac{1}{\tau_r}\rho_m(\vec{r},t) \text{ [A/m}^3\text{]}$$
: 전하이완방정식(연속방정식의 변형된 형태, 이동전하의 시간에 따른 변화를 구하는 데 사용)

따라서 전하중성($\rho(\boldsymbol{r})$=0 [C/m^3])인 전자재료 내에 주입된 이동전하의 시간에 따른 변화($\rho_m(t)$)는 다음과 같이 시간에 따라 지수함수적으로 급격히 감소하며, 그 감소하는 정도는 전하이완시간(τ_r [s]: dielectric (charge) relaxation time)에 의해 결정된다.

$$\rho_m(\vec{r},t) \text{ [C/m}^3\text{]} = \rho_{mo}e^{-t/\tau_r}$$
: 이동전하의 시간에 따른 변화를 지배하는 식(전하이완방정식)

$$\rho_{mo} \text{ [C/m}^3\text{]} \equiv \rho_m(\vec{r},t=0)$$
: 전도성 재료에 주입된 초기 전하밀도

$$\tau_r \text{ [s]} \equiv \frac{\epsilon}{\sigma}$$
: 이동전하의 전하이완시간(재료의 고유 특성지표인 전기전도도와 유전상수에 의해 결정)

매질 또는 전자재료 내에 주입된 이동전하의 시간에 따른 변화($\rho_m(t)$ [C/m^3])를 지배하는 전하이완시간(τ_r [s])은 전자재료(유전체)의 특성 지표인 전기전도도(σ [Ω^{-1}m^{-1}])와 유전상수(ϵ [F/m])에 의해 결정됨을 알 수 있으며, 이를 결정하는 요소와 의존도를 [그림 4-11]에 요약하였다.

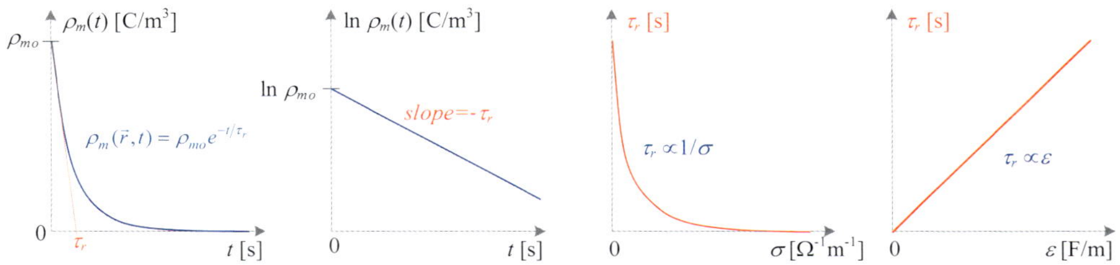

[그림 4-11] 이동전하 농도의 시간에 따른 변화($\rho_m(t)$ [C/m^3])와 이를 지배하는 전하이완시간(τ_r [s])을 결정하는 요소

전자재료 내에 주입된 이동전하량의 시간에 따른 변화를 이해하기 위해 서로 다른 두 전도성 매질에 주입된 이동전하의 시간에 따른 변화($\rho_m(t)$: 선형 그래프와 세미로그 그래프)를 [그림 4-12]에 비교하여 요약하였다. [그림 4-12](a)는 매질도 다르고, 주입된 초기 이동전하량($\rho_m(t=0)=\rho_{mo}$)도 다른 경우($\tau_{r1}<\tau_{r2}$, $\rho_{mo1}>\rho_{mo2}$), [그림 4-12](b)는 매질이 다르나, 초기 이동전하량은 동일하게 주입된 경우($\tau_{r1}<\tau_{r2}$, $\rho_{mo1}=\rho_{mo2}$)에 대해 나타내었다.

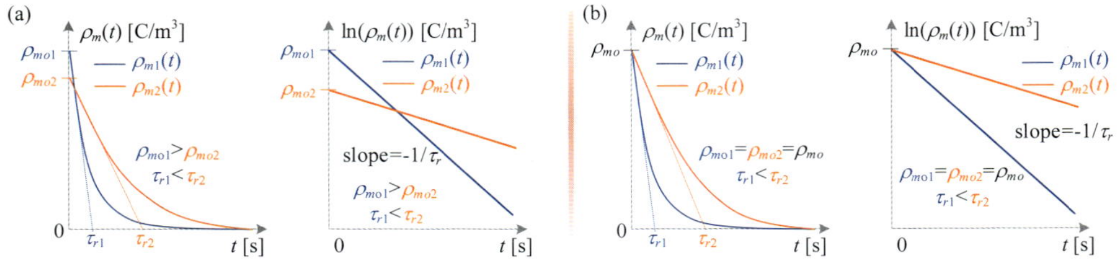

[그림 4-12] 이동전하 농도의 시간에 따른 변화를 결정하는 전하이완시간을 결정하는 요소
(a) 매질도 다르고, 주입된 초기 이동전하량($\rho_m(t=0)=\rho_{mo}$)도 다른 경우($\tau_{r1}<\tau_{r2}$, $\rho_{mo1}>\rho_{mo2}$)
(b) 매질이 다르나, 초기 이동전하량은 동일하게 주입된 경우($\tau_{r1}<\tau_{r2}$, $\rho_{mo1}=\rho_{mo2}$)

전도성이 높은 도체(또는 금속) 내의 전하밀도, 전계, 전위분포: 특히 중요한 것은, 전기전도성이 아주 우수한 금속 등 도체는 전하이완시간이 거의 $\tau_{r,metal}=0$ [s]으로서, 전하가 도체에 주입되자 마자 바로 도체 표면으로 이동하고, 도체 내부에는 전하가 존재하지 않음을 뜻한다. 이로 인해 도체 표면에 균일한 농도로 분포한 이동전하는 도체 표면이 모두 동일한 전위를 가지는 등전위면(equi-potential surface)을 형성한다. 따라서 도체 내부에는 전기장이 존재하지 않음($\boldsymbol{E}_{도체내부}=\mathbf{0}$ [V/m], $\boldsymbol{D}_{도체내부}=\mathbf{0}$ [C/m²])을 뜻한다. 즉 전기전도도가 높은 금속 내부에는 전하가 존재하지 않고($\rho_{m,도체내부}=0$ [C/m³]), 금속의 표면으로 빠르게 이동하여 균일한 농도로 분포하며, 도체는 어느 지점이나 동일한 전위를 갖는 등전위면을 형성함을 뜻한다. 이를 요약하면 다음과 같다.

$\tau_r|_{conductor} \equiv \left.\frac{\epsilon}{\sigma}\right|_{metal} \cong 0$ [s] : 전도성 재료에 주입된 이동전하의 이완시간

$\rho_m(\vec{r},t)|_{conductor}=0$ [C/m³] : 이동전하농도의 시간에 따른 변화를 지배하는 식(전하이완방정식)

$V(\vec{r},t)|_{conductor}=\text{const}$ [V] : 도체는 전체가 등전위면을 형성

$\vec{E}(\vec{r},t)|_{conductor}=0$ [V/m] : 도체는 등전위면이므로 내부에는 전계가 존재하지 않음

$\vec{D}(\vec{r},t)|_{conductor}=0$ [C/m²] : 도체 내부의 등가전하밀도는 존재하지 않음

$\vec{D}(\vec{r},t)|_{surface}=\text{uniform}$ [C/m²] : 외부에서 도체에 주입된 이동전하는 도체 표면으로 이동하여, 표면에 균일한 농도로 분포함

Section

4.3 도체와 전자재료의 경계면에서 전계강도와 등가전하밀도에 대한 경계조건

반도체 소자를 포함하여 전기장(정전기적 상호작용)을 이용하는 전자 소자와 부품은 반드시 금속 단자를 통해 외부로 연결하는 구조가 필요하여 금속과 유전체의 경계면을 갖는다. 따라서 금속과 전자재료(유전체)의 경계면에서 전계강도($\boldsymbol{E}(\boldsymbol{r})$ [V/m])와 등가전하밀도($\boldsymbol{D}(\boldsymbol{r})$ [C/m^2])의 변화가 있으므로, 이에 대한 경계조건을 잘 이해하고, 전자 소자와 부품의 설계와 응용, 특성의 분석에 적용해야 한다.

이를 위해 [그림 4-13]과 같이 금속과 전자재료(또는 진공일 수도 있음)가 접하고 있는 경계면에 계면전하(ρ_S 또는 ρ_{it} [C/m^2]: interface charge)가 존재하는 일반적인 경우에 대해 전기장의 경계조건(boundary conditions)을 구하고자 한다. 이는 이후 다층 구조로 만들어질 전자부품에서 전기장의 전달 특성 해석과 설계에 유용하게 활용하기 위함이다.

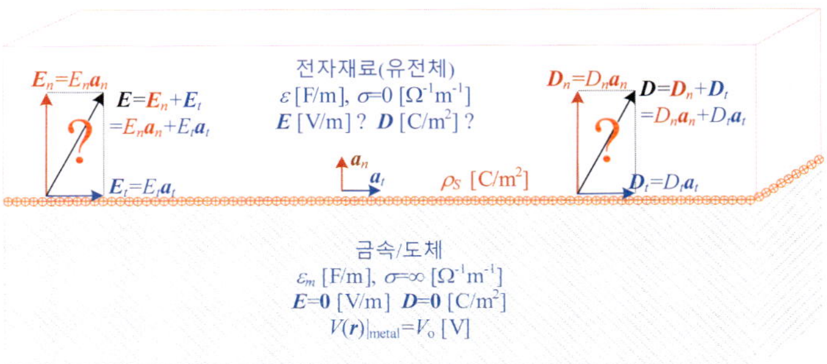

[그림 4-13] 도체/금속-유전체 접합의 전계강도와 등가전하밀도에 관한 경계조건을 구하기 위한 폐경로와 가우스 폐곡면

높은 전기전도도를 가진 금속의 짧은 전하이완시간으로 인해 금속에 주입된 이동전하는 즉시 표면으로 이동한다. 따라서 금속 내부는 중성전하($\rho=0$ [C/m^3]) 상태일 뿐 아니라 전계가 존재하지 않음 ($\boldsymbol{E}(\boldsymbol{r})=\boldsymbol{0}$ [V/m], $\boldsymbol{D}(\boldsymbol{r})=\boldsymbol{0}$ [C/m^2])도 확인하였다. 이로 인해 전자부품의 전극으로 사용되는 도체 내부에는 전하가 존재하지 않고, 도체 표면에 전하가 고루 분포하여 등전위면(equi-potential surface)을 이룬다. 이를 요약하면 다음과 같다.

$$\tau_r \equiv \frac{\epsilon}{\sigma}\bigg|_{metal} = 0 \text{ [s]}$$: 전기전도도가 큰 도체/금속의 전하이완/소멸 시간

$$\rho_{mo} \equiv \rho_m(\vec{r}, t=0) \text{ [C/m}^3\text{]}$$: 전도성 재료에 주입된 초기 전하밀도

$$\rho_m(\vec{r},t)\big|_{metal,\ \sigma=\infty,\tau_r=0} = \rho_{mo}e^{-t/\tau_r}\big|_{metal,\ \sigma=\infty,\tau_r=0} \cong 0 \text{ [C/m}^3\text{]}$$: 전기전도도가 큰 도체 내의 이동전하량

$$\vec{E}\big|_{metal,\ \sigma=\infty,\tau_r=0} = 0 \text{ [V/m]}$$: 전기전도도가 큰 도체 내의 전계강도

$$\vec{D}\Big|_{\substack{metal \\ \sigma=\infty,\tau_r=0}} = 0\ [\text{C/m}^2]$$: 전기전도도가 큰 도체 내의 등가전하밀도

$$V\Big|_{\substack{metal \\ \sigma=\infty,\tau_r=0}} = \text{constant}\ [\text{V}]$$: 전기전도도가 큰 도체는 모두 동일한 전위(등전위면) 상태임

도체와 전자재료의 경계면에서 경계면 부근 전자재료 내의 전계강도($\boldsymbol{E}(\boldsymbol{r})$ [V/m])와 등가전하밀도($\boldsymbol{D}(\boldsymbol{r})$ [C/m²])는 다음과 같이 경계면의 접선방향 성분($\boldsymbol{E}_t = E_t\boldsymbol{a}_t$ [V/m], $\boldsymbol{D}_t = D_t\boldsymbol{a}_t$ [C/m²])과 수직(법선방향) 성분($\boldsymbol{E}_n = E_n\boldsymbol{a}_n$ [V/m], $\boldsymbol{D}_n = D_n\boldsymbol{a}_n$ [C/m²])의 합으로 나타낼 수 있다.

$$\vec{E} = \vec{E}_t + \vec{E}_n = E_t\hat{a}_t + E_n\hat{a}_n = \frac{1}{\epsilon}\vec{D}\ [\text{V/m}] \longleftrightarrow \vec{E} = \vec{E}_t + \vec{E}_n = \frac{1}{\epsilon}\vec{D} = \frac{1}{\epsilon}D_t\hat{a}_t + \frac{1}{\epsilon}D_n\hat{a}_n\ [\text{V/m}]$$

: 전기전도도가 큰 도체와 접한 경계면 부근 유전체 내의 전계강도

$$\vec{D} = \vec{D}_t + \vec{D}_n = D_t\hat{a}_t + D_n\hat{a}_n = \epsilon\vec{E}\ [\text{C/m}^2] \longleftrightarrow \vec{D} = \vec{D}_t + \vec{D}_n = \epsilon\vec{E} = \epsilon E_t\hat{a}_t + \epsilon E_n\hat{a}_n\ [\text{C/m}^2]$$

: 전기전도도가 큰 도체와 접한 경계면 부근 유전체 내의 등가전하밀도

도체와 유전체 경계면의 전기장에 대한 경계조건은 도체 내부에는 전기장이 존재하지 않는 특성을 이용하고,

(a) 도체와 유전체를 포함하는 폐경로에 대한 전위차를 이용하여 접선방향의 전계강도에 대한 경계조건을 얻고,
(b) 도체와 유전체를 포함하는 폐곡면에 대한 가우스 법칙을 이용하여 수직방향의 등가전하밀도에 대한 경계조건을 얻는 것

이 편리한 해석 방법이다.

■ 접선방향 성분($\boldsymbol{E}_t = E_t\boldsymbol{a}_t$ [V/m], $\boldsymbol{D}_t = D_t\boldsymbol{a}_t$ [C/m²])의 경계조건 : 정전기장의 폐경로에 대한 전위차(V_{oo})는 0 [V]임을 이용

[그림 4-14](a)에 나타낸 것과 같이 금속과 유전체를 모두 포함하는 폐경로상에서는 어느 지점이나 동일한 세기와 방향의 전계강도를 가질 정도로 작은 크기의 폐경로를 선택할 수 있다. 시불변의 정전기장에서 시작점과 끝점이 동일한 폐경로의 전위차는 존재하지 않음(V_{AA} [V] = 0)을 이용하여 전계강도(E_t [V/m])와 등가전하밀도($D_t = \epsilon E_t$ [C/m²])의 접선방향 성분을 구할 수 있다. [그림 4-14](a)의 폐경로(A → 2 → 3 → B → 4 → 1 → A)에 대해 적용하는 과정과 결과는 다음과 같다.

$$\oint \vec{E}\cdot d\vec{l} = 0\ [\text{V}] \longleftrightarrow \nabla\times\vec{E} = 0\ [\text{V/m}^2]$$: 정전기장에서 폐경로에 대한 전위차는 0 [V]

$$\begin{aligned}
\oint \vec{E}(\vec{r})\cdot d\vec{l} &= \left(\int_A^2 \vec{E}(\vec{r})\cdot d\vec{l} + \int_2^3 \vec{E}(\vec{r})\cdot d\vec{l} + \int_3^B \vec{E}(\vec{r})\cdot d\vec{l}\right) + \left(\int_B^4 \vec{E}(\vec{r})\cdot d\vec{l} + \int_4^1 \vec{E}(\vec{r})\cdot d\vec{l} + \int_1^A \vec{E}(\vec{r})\cdot d\vec{l}\right) \\
&\leftarrow \left(\int_B^4 \vec{E}(\vec{r})\cdot d\vec{l} = 0,\ \int_4^1 \vec{E}(\vec{r})\cdot d\vec{l} = 0,\ \int_1^A \vec{E}(\vec{r})\cdot d\vec{l} = 0\right) \leftarrow \text{Conductor} : \vec{E} = 0\ [\text{V/m}] \\
&= \left(\int_A^2 \vec{E}\cdot d\vec{l} + \int_2^3 \vec{E}\cdot d\vec{l} + \int_3^B \vec{E}\cdot d\vec{l}\right) \leftarrow \left(\int_A^2 \vec{E}\cdot d\vec{l} + \int_3^B \vec{E}\cdot d\vec{l}\right) \\
&= \int_A^2 \vec{E}\cdot d\vec{l} - \int_B^3 \vec{E}\cdot d\vec{l} = 0 \leftarrow \int_A^2 \vec{E}\cdot d\vec{l} = \int_B^3 \vec{E}\cdot d\vec{l} \\
&= \int_2^3 \vec{E}\cdot d\vec{l} = \int_2^3 (E_t\hat{a}_t + E_n\hat{a}_n)\cdot\hat{a}_t dl = \int_2^3 E_t dl = E_t l = 0\ [\text{V}]
\end{aligned}$$

$$E_t l = 0 \rightarrow E_t = 0\ [\text{V/m}]$$: 도체/유전체 경계면의 유전체 표면 전계강도의 접선방향 성분

$$D_t = \epsilon E_t = 0\ [\text{C/m}^2]$$: 도체/유전체 경계면의 유전체 표면 등가전하밀도의 접선방향 성분

즉 전도성이 우수한 도체와 접한 전자재료의 경계면에서 전계강도와 등가전하밀도의 접선방향 성분은 존재하지 않음($E_t = 0$ [V/m], $D_t = \epsilon E_t = 0$ [C/m^2])을 뜻하며, 전도성이 좋은 금속은 모든 영역이 등전위면임을 의미한다. 전하가 존재한다면 표면에 균일하게 분포하기 때문에 금속표면에서 접선방향으로는 어느 지점이나 전위차가 존재하지 않고($V_{AB}|_{\text{metal}} = 0$ [V]), 따라서 접선방향의 전계가 발생하지 않음($E_{AB} = -\Delta V_{AB}/\Delta r|_{\text{metal}} = 0$ [V/m])을 의미한다.

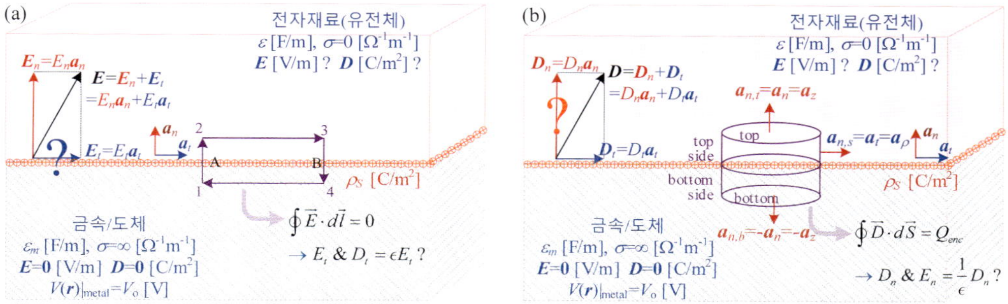

[그림 4-14] 도체/금속-유전체 접합의 전계강도와 등가전하밀도에 관한
(a) 경계면에 접선방향 성분의 경계조건을 위한 폐경로
(b) 법선(수직)방향 성분의 경계조건을 위한 가우스 폐곡면

■ 경계면의 법선방향 성분에 대한 경계조건 : 가우스 법칙을 이용

폐곡면 내의 총전하량과 등가전하밀도의 발산량이 동일함을 설명하는 가우스 법칙을 이용하면, 경계면에 접한 전자재료 내의 등가전하밀도와 전계강도에 대한 법선방향 성분($\boldsymbol{D}_n = D_n\boldsymbol{a}_n$ [C/m^2], $\boldsymbol{E}_n = E_n\boldsymbol{a}_n$ [V/m])을 구할 수 있다. [그림 4-14](b)에 나타낸 것과 같이 경계면에 존재하는 계면전하밀도가 ρ_s [C/m^2]인 경우, 도체와 유전체를 모두 포함하도록 설정한 가우스 폐곡면을 구성하는 각각의 면에서는 어느 지점이나 동일한 세기와 방향의 전계강도를 가질 정도로 작은 크기의 폐곡면을 선택할 수 있다. 이 작은 크기의 폐곡면에 대해 가우스의 법칙을 적용하면 계면에 수직인 등가전하밀도(D_n [C/m^2])와 전계강도($E_n = D_n/\epsilon$ [V/m]), 그리고 폐곡면 내의 총 전하량(Q_{enc} [C])을 다음 과정을 통해 구할 수 있다.

$$\oint \vec{D}\cdot d\vec{S} = Q_{enc}\ [\text{C}] \longleftrightarrow \nabla\cdot\vec{D} = \rho_v\ [\text{C/m}^3]$$: 가우스 법칙과 포아송 방정식: 계면 부근 유전체 내의 등가전하밀도

$$\vec{D} = \vec{D}_t + \vec{D}_n = D_n\hat{a}_n\ [\text{C/m}^2] \leftarrow D_t = 0\ [\text{C/m}^2]$$: 폐곡면에 수직인 성분과 접선방향 성분의 합으로 표시한 등가전하밀도

$$Q_{enc} = \rho_S A\ [\text{C}] = \oint \vec{D}\cdot d\vec{S} = \int_{top}\vec{D}\cdot d\vec{S} + \int_{bottom}\vec{D}\cdot d\vec{S} + \int_{\substack{top\\side}}\vec{D}\cdot d\vec{S} + \int_{\substack{bottom\\side}}\vec{D}\cdot d\vec{S}$$: 가우스 법칙

; 폐곡면 내의 등가전하량=폐곡면을 통해 발산되는 전속량

$$\int_{top}\vec{D}\cdot d\vec{S} = \int_{top}(D_n\hat{a}_n)\cdot\hat{a}_n dS = \int_{top}D_n dS = D_n A\ [\text{C}]$$: 유전체 쪽 윗면을 통해 발산되는 전속량(등가전하량)

$$\int_{\substack{top\\side}}\vec{D}\cdot d\vec{S} = \int_{\substack{top\\side}}(D_n\hat{a}_n)\cdot\hat{a}_t dS = 0\ [\text{C}]$$: 유전체 쪽 측면을 통해 발산되는 등가전하량

$$\int_{\substack{bottom\\side}}\vec{D}\cdot d\vec{S} = \int_{\substack{bottom\\side}}(D_n\hat{a}_n)\cdot\hat{a}_t dS = 0\ [\text{C}]$$: 도체 쪽 측면을 통해 발산되는 등가전하량

$$\int_{bottom} \vec{D} \cdot d\vec{S} = 0\ [\text{C}] \leftarrow \vec{D}\big|_{metal} = 0\ [\text{C/m}^2]$$: 도체 쪽 아랫면을 통해 발산되는 등가전하량

$$Q_{enc}\ [\text{C}] = \rho_S A = \oint \vec{D} \cdot d\vec{S} = \int_{top} \vec{D} \cdot d\vec{S} = D_n A$$: 폐곡면 내의 총전하량(가우스 법칙)

$$\rightarrow D_n = \rho_S\ [\text{C/m}^2]$$: 도체/유전체 경계면에서 등가전하밀도의 수직방향 성분

즉, 전도성이 우수한 도체/금속과 접한 전자재료의 경계면에서 등가전하밀도의 법선방향 성분은 경계면에 존재하는 계면전하밀도와 동일함($D_n = \rho_S$ [C/m^2])을 뜻한다. 또한, 계면에 수직인 전계강도 성분($E_n = D_n/\epsilon = \rho_S/\epsilon$ [V/m])도 등가전하밀도로부터 다음과 같이 구할 수 있다.

$$E_n = \frac{1}{\epsilon} D_n = \frac{1}{\epsilon} \rho_S\ [\text{V/m}]$$: 등가전하밀도의 수직방향 성분

■ 도체/유전체 경계면에서 전계강도와 등가전하밀도에 대한 경계조건

전도성이 좋은 도체와 유전체가 접하고 있는 경우 각 영역의 전계강도와 등가전하밀도에 관한 경계조건을 요약하면 다음과 같다.

접합 부근 유전체 경계면의 전계강도	: $\vec{E}\ [\text{V/m}] = \frac{1}{\epsilon}\vec{D} = \vec{E}_t + \vec{E}_n = \vec{E}_n = \frac{1}{\epsilon}\rho_S \hat{a}_n$
접합 부근 유전체 경계면의 등가전하밀도	: $\vec{D}\ [\text{C/m}^2] = \epsilon\vec{E} = \vec{D}_t + \vec{D}_n = \vec{D}_n = D_n\hat{a}_n = \rho_S \hat{a}_n$
도체 내부의 전계강도와 등가전하밀도	: $\vec{E} = 0\ [\text{V/m}],\ \vec{D} = 0\ [\text{C/m}^2]$
도체와 유전체 경계면의 계면전하밀도	: $\rho_S\ [\text{C/m}^2]$

즉 금속과 접하고 있는 경계면 부근의 전계강도와 등가전하밀도의 접선방향 성분은 존재하지 않고 ($E_t = 0$ [V/m], $D_t = \epsilon E_t = 0$ [C/m^2]), 오직 도체면에 수직인 방향의 전계강도와 등가전하밀도만 존재한다. 특히, 등가전하밀도는 금속과 유전체의 경계면(또는 금속 표면)에 존재하는 전하밀도와 동일함($D_n = \rho_S$ [C/m^2])을 기억하면 전기장 해석과 정전기적 전계효과(field effect)를 이용하는 소자와 부품의 해석과 설계, 성능 개선에 큰 도움이 된다.

[그림 4-15]에 평판형 도체와 접하고 있는 전자재료와 얇은 타원형 전자재료의 경계면에 분포하는 표면 전하와 이로 인해 형성된 법선방향의 전계강도(E_n [V/m])와 등가전하밀도(D_n [C/m^2])만 존재하는 경계면의 전기장을 비교하여 나타내었다.

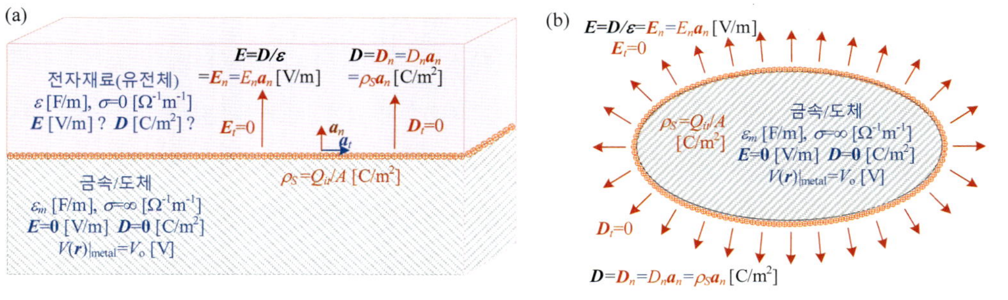

[그림 4-15] (a) 도체/금속-유전체 접합 경계면의 전계강도와 등가전하밀도
(b) 타원형 도체와 접한 유전체 표면의 전계강도와 등가전하밀도

전기전도도가 높은 금속에 주입된 이동전하는 짧은 전하이완시간으로 인해 빠른 속도로 이동하여 금속 표면에 균일한 농도로 분포한다. 이로 인해 금속 내부의 전계는 0이 되고, 모든 영역이 등전위면이 된다. 따라서 도체와 전자재료가 접하고 있는 경계면의 전자재료 쪽에는 오직 경계면에 나란한 접선방향 성분은 존재하지 않고($E_t = 0$ [V/m], $D_t = 0$ [C/m^2]), 오직 경계면에 수직인 법선방향의 전계강도와 등가전하밀도만 존재한다. 이것은 근원전하에 의해 형성되는 전기장은 근원전하를 중심으로 방사방향의 전기장이 형성 되기 때문에 금속 표면에 수직인 전계강도와 등가전하밀도 성분만 존재하기 때문이기도 하다.

도체와 접하고 있는 전자재료의 경계면에서 전자재료 표면의 전계강도와 등가전하밀도를 결정하는 요소와 의존도를 결정하는 요소를 요약하면 [그림 4-16]과 같다.

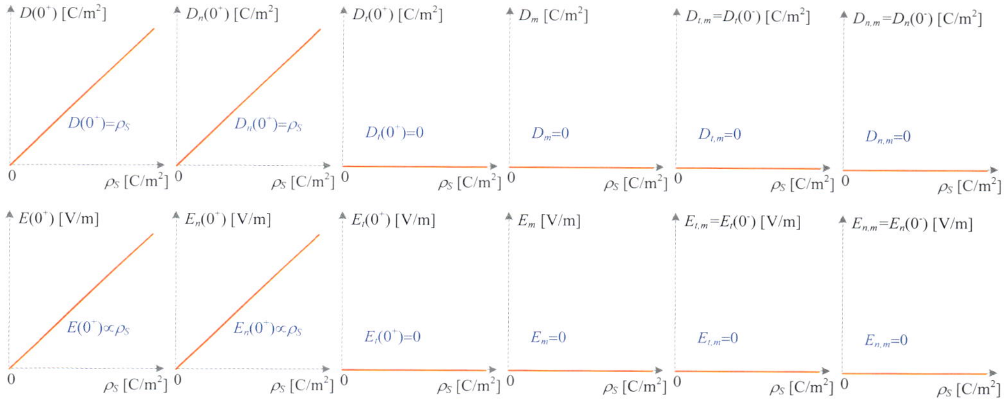

[그림 4-16] 도체/금속-유전체 접합의 경계면에서 유전체 표면의 전계강도와 등가전하밀도를 결정하는 요소와 의존도

Section

4.4 등전위면과 대칭구조의 가상 전하를 이용한 전기장의 해석 : 영상전하법

전계가 존재하는 공간(전기장)에 이동전하(ρ_m [C/m^3]가 많아 전기전도도가 아주 높은 도체에서는 전하의 이완시간이 거의 0 [s]에 가깝다. 따라서 도체 내부에는 전하가 존재하지 않고, 모든 전하는 도체의 표면으로 이동하여 균일하게 분포한다. 이로 인해 도체 내부에는 전계가 존재하지 않고, 도체의 모든 점은 등전위면(동일한 전위: equi-potential surface)을 형성한다. 또한 도체와 유전체가 접한 경계의 도체면에 균일하게 분포하는 전하들로 인해 전자재료(유전체)에서는 계면에 수직방향 전계만 존재함($\boldsymbol{E}(\boldsymbol{r}) = E_n\boldsymbol{a}_n$ [V/m])을 확인하였으며, 이를 요약하면 다음과 같다.

$$\left.\begin{array}{l}\sigma_m \equiv \sigma|_{metal} = \rho_{m+}\mu_p + |\rho_{m-}|\mu_n\rho_m : high \\ \to \tau_r = \epsilon/\sigma_m \cong 0 \\ \rho_m(\vec{r},t)|_{metal} = \rho_{mo}e^{-t/\tau_r} = 0 \text{ [C/m}^3] \\ \vec{E}_m(\vec{r}) = 0 \text{ [V/m]}\end{array}\right\} \to \left\{\begin{array}{l}\vec{D}(0^+) = D_n\hat{a}_n = \rho_S\hat{a}_n \text{ [C/m}^2] \\ \vec{E}(0^+) = E_n\hat{a}_n = \dfrac{\rho_S}{\epsilon}\hat{a}_n \text{ [V/m]} \\ V_m(\vec{r}) = \text{constant}\end{array}\right.$$

: 도체 내부의 전계강도 = 0 [V/m], 등전위면 형성

$$\rho_{S,0^+}(\vec{r},t) = \rho_{So} = \text{constant} = \frac{Q_m}{S} \text{ [C/m}^2]$$

: 외부에서 주입된 이동전하는 도체 표면에 균일한 밀도로 분포함

$$Q_m \text{ [C]} = \int_{vol}\rho_{mv}(\vec{r},t=0)dv = \oint_{surface}\rho_{S,0^+}dS$$

: 도체 표면에 균일하게 분포하는 이동전하량

도체를 전기장 구성의 일부로 가진 경우, 도체는 전면에 걸쳐 등전위면($V(\boldsymbol{r}:_{metal}) = V_o$ = 일정)을 형성한다. 또한 도체와 유전체(전자재료) 경계면의 유전체 표면에서는 수직방향 전계만 존재하고, 등가전하밀도는 도체면의 표면전하밀도(또는 계면전하밀도)와 동일($\boldsymbol{D}(0^+) = \rho_s$ [C/m^2])하다. 이 특성을 기반으로 가상의 대칭 전하(image charge)를 이용하는 영상전하법(image charge method 또는 가상의 대칭 전하 이용법)을 이해하면 전기장 해석에 편리한 도구로 사용할 수 있다. [그림 4-17]과 같이 $z = 0$인 xy-평면에 놓인 무한한 크기의 도체가 접지상태의 등전위($V(x,y,0) = 0$ [V])로 놓여 있다.

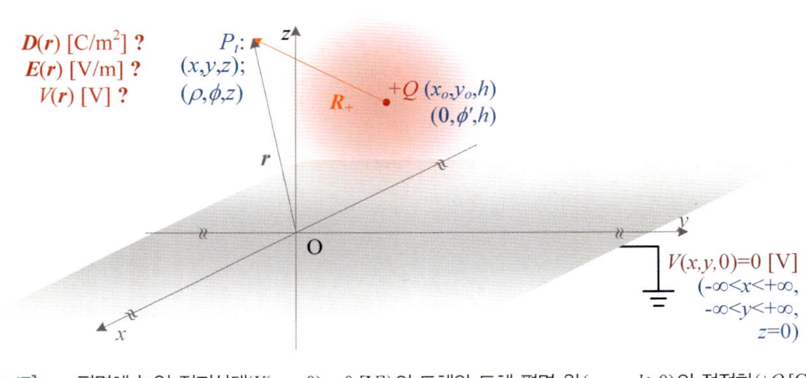

[그림 4-17] xy-평면에 놓인 접지상태($V(x,y,0) = 0$ [V])의 도체와 도체 평면 위($x_o, y_o, h>0$)의 점전하($+Q$ [C])가 존재하는 경우

도체 평면 위쪽의 한 점(x_o, y_o, h)에 $+Q$ [C]의 점전하가 존재하는 경우, 영상전하법 (또는 가상 대칭 전하법)을 이용하여 평면 위$(x, y, z>0)$의 전위분포$(V(x, y, z>0)$ [V])와 전계강도 $(\boldsymbol{E}(x, y, z \geq 0)$ [V/m]), 등가전하밀도$(\boldsymbol{D}(x, y, z>0)$ [C/m²]), 그리고 접지된 상태의 등전위면 $(V(x, y, 0)=0$ [V])을 갖는 도체 표면에 유도된 전하밀도$(\rho_S(x, y, z=0)$ [C/m²])를 구하고자 한다.

전기장을 형성하는 근원전하밀도 분포$(\rho_\upsilon$ [C/m³])와 스칼라 물리량인 전위분포$(V(\boldsymbol{r})$ [V])는 다음과 같이 포아송 방정식을 통해 연결되어 있다.

$$V(\vec{r})\ [\mathrm{V}] = \int_{\substack{source\\charge}} dV(\vec{r})\ ;\ \begin{cases} dV(\vec{r})\ [\mathrm{V}] \equiv \dfrac{1}{4\pi\epsilon}\dfrac{dQ_S}{R} \\ dQ_S\ [\mathrm{C}] = \rho_\upsilon d\upsilon,\ \vec{R}\ [\mathrm{m}] \equiv \vec{r} - \vec{r}\,' \end{cases}$$: 분산 분포된 근원전하에 의해 형성된 전기장의 스칼라 전위

$$\nabla^2 V(\vec{r}) = -\frac{1}{\epsilon}\rho_\upsilon(\vec{r})\ [\mathrm{V/m^2}]$$: 스칼라 전위로 나타낸 포아송 방정식

$$\nabla^2 V(\vec{r}) = 0\ [\mathrm{V/m^2}]$$: 전하밀도가 ρ_υ=0 [C/m³]인 전기장의 포아송 방정식=라플라스(Laplace) 방정식

$$\vec{E}(\vec{r}) = -\nabla V(\vec{r})\ [\mathrm{V/m}] \leftrightarrow V(\vec{r}) \equiv -\int_\infty^{\vec{r}} \vec{E}(\vec{r})\cdot d\vec{l}\ [\mathrm{V}]$$: 전계강도

$$\vec{D}(\vec{r}) = \epsilon\vec{E}(\vec{r})\ [\mathrm{C/m^2}]$$: 등가전하밀도

$z=0$인 xy-평면에 놓인 무한한 넓이의 도체가 $V(x, y, z=0)=0$인 등전위면을 형성하므로, $(x_o, y_o, +h)$에 있는 양의 전하$(+Q$ [C])와 등전위면의 대칭인 지점$(x_o, y_o, -h)$에 음의 가상 대칭전하(영상전하: image charge; $-Q$ [C])가 존재하는 것으로 해석할 수 있다. 따라서 도체는 두 전하에 의한 작용으로 $V=0$ [V]의 등전위면을 형성하고, 도체면에 수직인 전계$(E_n\boldsymbol{a}_n=0,\ \boldsymbol{E}=E_t\boldsymbol{a}_t$ [V/m])를 형성하게 되므로, 다음과 같은 과정의 영상전하법을 이용하여 전기장을 해석할 수 있다.

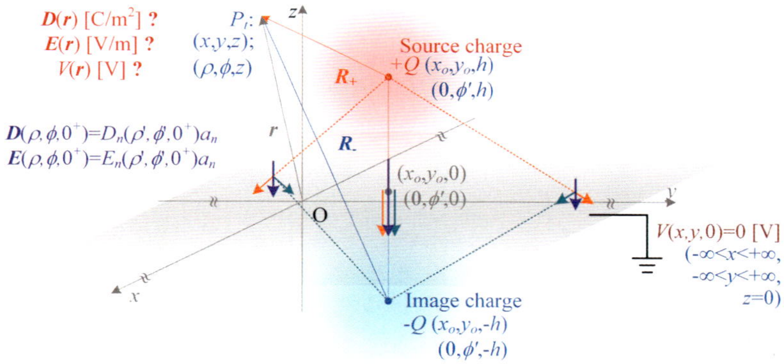

[그림 4-18] xy-평면의 접지 상태$(V(x, y, 0)=0$ [V]) 도체와 도체 평면 위$(x_o, y_o, h>0)$의 점전하$(+Q$ [C])에 의한 전기장 해석을 위한 영상전하법

$(x_o, y_o, +h)$에 있는 양의 전하$(+Q$ [C])와 등전위면의 대칭인 지점$(x_o, y_o, -h)$에 음의 가상 대칭전하$(-Q$ [C])가 존재하는 경우, $z>0$인 등전위면 위쪽 영역의 전기장에 대한 전위분포$(V(\boldsymbol{r})$ [V])를 구하는 방법에는 다음 두 가지가 있다.

(a) 스칼라 전위분포$(V(\boldsymbol{r})$ [V])를 먼저 구하고, 벡터 전계강도$(\boldsymbol{E}(\boldsymbol{r})$ [V/m]), 등가전하밀도$(\boldsymbol{D}(\boldsymbol{r})$ [C/m²])를 구하는 방법

(b) 벡터 전계강도와 등가전하밀도를 구한 뒤 스칼라 전위분포를 구하는 방법

등전위면의 구조와 형태에 따라 편리한 방법을 선택하여 사용할 수 있으며, 여기서는 두 가지 방법을 모두 설명한다. 이와 함께 (c)에 관해서도 설명한다.

(c) 등전위면을 이루고 있는 도체 표면에 유도된 전하밀도(ρ_{So} [C/m^2])와 유도전하량(Q_{im} [C])

■ **스칼라 전위분포($V(\boldsymbol{r})$ [V])를 먼저 구하고, 벡터 전계강도($\boldsymbol{E}(\boldsymbol{r})$ [V/m]), 등가전하밀도($\boldsymbol{D}(\boldsymbol{r})$ [C/m^2])를 구하는 방법**

두 전하(근원전하와 가상전하)에 의해 형성되는 전위분포($V(x,y,z \geq 0)$ [V])는 $+Q$ [C]의 실제 전하가 형성하는 전기장의 전위($V(\boldsymbol{r})_{+Q}$ [V])와 대칭점의 가상 전하($-Q$ [C])가 형성하는 전위분포($V(\boldsymbol{r})_{-Q}$ [V])의 합으로서, 각각 다음 과정을 통해 구할 수 있다(좌표 변환: $x-x_o \equiv x'$, $y-y_o \equiv y'$, $\rho'^2 = x'^2+y'^2$) .

(i) $+Q$ [C]의 실제 전하가 형성하는 전기장의 전위($V(\boldsymbol{r})_{+Q}$ [V])

$$V(\vec{r})_{+Q}\ [\text{V}] = \frac{1}{4\pi\epsilon}\frac{+Q}{R_+}\ ;\ \vec{R}_+ = (x,y,z)-(x_o,y_o,h) = (x-x_o, y-y_o, z-h); R_+ = \sqrt{x'^2+y'^2+(z-h)^2}$$

$$V(\vec{r})_{+Q}\ [\text{V}] = \frac{1}{4\pi\epsilon}\frac{+Q}{R_+}\ ;\ \vec{R}_+ = (x,y,z)-(x_o,y_o,h) = (x', y', z-h) = (\rho', \phi', z-h); R_+ = \sqrt{\rho'^2+(z-h)^2}$$

(ii) 대칭점의 가상전하($-Q$ [C])가 형성하는 전위분포($V(\boldsymbol{r})_{-Q}$ [V])

$$V(\vec{r})_{-Q}\ [\text{V}] = \frac{1}{4\pi\epsilon}\frac{-Q}{R_-}\ ;\ \vec{R}_+ = (x,y,z)-(x_o,y_o,-h) = (x-x_o, y-y_o, z+h); R_- = \sqrt{x'^2+x'^2+(z+h)^2}$$

$$V(\vec{r})_{+Q}\ [\text{V}] = \frac{1}{4\pi\epsilon}\frac{+Q}{R_+}\ ;\ \vec{R}_+ = (x,y,z)-(x_o,y_o,h) = (x', y', z-h) = (\rho', \phi', z+h); R_+ = \sqrt{\rho'^2+(z+h)^2}$$

(iii) 등전위면 특성을 이용하여 실제 전하($+Q$ [C])와 대칭점 가상전하($-Q$ [C])에 의한 전위를 합한 전위분포($V(\boldsymbol{r})$ [V])

$$V(\vec{r})\ [\text{V}] = V(\vec{r})_{+Q} + V(\vec{r})_{-Q} = \frac{Q}{4\pi\epsilon}\left(\frac{1}{\sqrt{x'^2+y'^2+(z-h)^2}} - \frac{1}{\sqrt{x'^2+y'^2+(z+h)^2}}\right)$$

$$V(\vec{r})\ [\text{V}] = V(\vec{r})_{+Q} + V(\vec{r})_{-Q} = \frac{Q}{4\pi\epsilon}\left(\frac{1}{\sqrt{\rho'^2+(z-h)^2}} - \frac{1}{\sqrt{\rho'^2+(z+h)^2}}\right)$$: 원통좌표계

특히 $z = 0^+$인 도체 표면(xy-평면)에서는 $V(x,y,z = 0$ [V])의 등전위면임을 확인할 수 있다.

또한 전위분포($V(x, y, z > 0)$)에 변화율 벡터 연산자를 적용하여 전계강도($\boldsymbol{E}(x, y, z \geq 0)$ [V/m])와 등가전하밀도($\boldsymbol{D}(x, y, z \geq 0)$ [C/m^2])를 구할 수 있으며, 그 과정과 결과는 다음과 같다.

$$\vec{E}(\vec{r})\ [\text{V/m}] = -\nabla V(\vec{r}) = -\left(\frac{\partial V(\vec{r})}{\partial x}\hat{a}_x + \frac{\partial V(\vec{r})}{\partial y}\hat{a}_y + \frac{\partial V(\vec{r})}{\partial z}\hat{a}_z\right)$$
$$= \frac{Q}{4\pi\epsilon}\left(\frac{x'\hat{a}_x + y'\hat{a}_y + (z-h)\hat{a}_z}{\left(x'^2+y'^2+(z-h)^2\right)^{3/2}} - \frac{x'\hat{a}_x + y'\hat{a}_y + (z+h)\hat{a}_z}{\left(x'^2+y'^2+(z+h)^2\right)^{3/2}}\right)$$

: 벡터 전계강도 (직각좌표계)

$$\vec{D}(\vec{r})\ [\text{C/m}^2] = \epsilon\vec{E}(\vec{r}) = \frac{Q}{4\pi}\left(\frac{x'\hat{a}_x + y'\hat{a}_y + (z-h)\hat{a}_z}{\left(x'^2+y'^2+(z-h)^2\right)^{3/2}} - \frac{x'\hat{a}_x + y'\hat{a}_y + (z+h)\hat{a}_z}{\left(x'^2+y'^2+(z+h)^2\right)^{3/2}}\right)$$

: 벡터 등가전하밀도 (직각좌표계)

■ 벡터 전계강도와 등가전하밀도를 구한 뒤 스칼라 전위분포를 구하는 방법

전위분포($V(\boldsymbol{r})$ [V])의 변화율로부터 전계강도를 구하는 것보다 다음과 같이 원통좌표계를 사용하여 벡터 전계강도($\boldsymbol{E}(\boldsymbol{r})$ [V])를 먼저 구하는 방법이 더 편리하기도 하다.

$$\vec{E}(\vec{r})\ [\text{V/m}] = \sum_i \vec{E}_i(\vec{r})\ ;\ \begin{cases} \vec{E}_i(\vec{r})\ [\text{V/m}] \equiv \dfrac{1}{4\pi\epsilon}\dfrac{dQ_S}{R_i^2}\hat{a}_{Ri} \\ \vec{R}_i\ [\text{m}] \equiv \vec{r} - \vec{r}_i' \end{cases}$$: 다수의 점전하에 의해 형성된 전기장의 벡터 전계강도

$$\vec{E}(\vec{r})\ [\text{V/m}] = \vec{E}(\vec{r})_{+Q} + \vec{E}(\vec{r})_{-Q} = \frac{+Q}{4\pi\epsilon}\frac{\hat{a}_{R+}}{R_+^2} + \frac{-Q}{4\pi\epsilon}\frac{\hat{a}_{R-}}{R_-^2} = \frac{Q}{4\pi\epsilon}\frac{\vec{R}_+}{R_+^3} - \frac{Q}{4\pi\epsilon}\frac{\vec{R}_-}{R_-^3}$$

$$= \frac{Q}{4\pi\epsilon}\left(\frac{\rho'\hat{a}_\rho + (z-h)\hat{a}_z}{\left(\rho'^2+(z-h)^2\right)^{3/2}} - \frac{\rho'\hat{a}_\rho + (z+h)\hat{a}_z}{\left(\rho'^2+(z+h)^2\right)^{3/2}}\right)$$: 벡터 전계강도(원통좌표계)

$$\vec{D}(\vec{r})\ [\text{C/m}^2] = \epsilon\vec{E}(\vec{r}) = \frac{Q}{4\pi}\left(\frac{\rho'\hat{a}_\rho + (z-h)\hat{a}_z}{\left(\rho'^2+(z-h)^2\right)^{3/2}} - \frac{\rho'\hat{a}_\rho + (z+h)\hat{a}_z}{\left(\rho'^2+(z+h)^2\right)^{3/2}}\right)$$: 벡터 등가전하밀도(원통좌표계)

접지된 도체 표면 바로 위 전계강도($\boldsymbol{E}(\rho',\phi',0^+)$ [V/m])와 등가전하밀도($\boldsymbol{D}(\rho',\phi',0^+)$ [C/m²])는 다음과 같이 금속 표면의 법선방향인 z-축 성분만 존재하며, 이들을 결정하는 요소와 의존도를 [그림 4-19]에 요약하였다.

$$\vec{E}(\rho',\phi',0^+)\ [\text{V/m}] = -\frac{Q}{4\pi\epsilon}\frac{2h}{\left(\rho'^2+h^2\right)^{3/2}}\hat{a}_z$$: 접지된 도체 표면 바로 위의 전계강도 벡터 (원통좌표계)

$$\vec{D}(\rho',\phi',0^+)\ [\text{C/m}^2] = \epsilon\vec{E}(\rho',\phi',0^+) = -\frac{Q}{4\pi}\frac{2h}{\left(\rho'^2+h^2\right)^{3/2}}\hat{a}_z$$: 접지된 도체 표면 바로 위의 등가전하밀도 벡터 (원통좌표계)

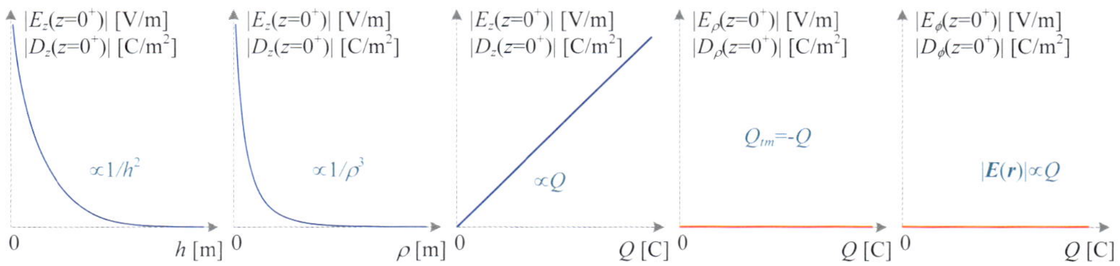

[그림 4-19] xy-평면에 놓인 접지상태($V(x,y,z=0)=0$ [V])의 도체 평면 위 ($x_o, y_o, h>0$)에 존재하는 점전하($+Q$ [C])로 인해 도체 표면에 유도된 유도전하량(Q_{tm} [C])과 유도전하밀도(ρ_{So} [C/m²])의 변화

■ 등전위면을 이루고 있는 도체 표면에 유도된 전하밀도와 유도전하량

xy-평면의 도체 표면$(x, y, 0) = (\rho, \phi, 0)$에 유도된 전하밀도($\rho_S(x, y, 0)$ 또는 $\rho_S(\rho,\phi,0)$ [C/m²])와 점전하 바로 아래 도체 표면($x_o, y_o, 0$)의 유도전하밀도(ρ_{So} [C/m²]: induced charge density)는 다음과 같이 구할 수 있다.

$$\rho_S(x,y,0)\ [\text{C/m}^2] = \rho_S(\rho,\phi,0) = D(x,y,0) = D(\rho,\phi,0) = \frac{Q}{4\pi}\left|\frac{x'\hat{a}_x + y'\hat{a}_y - h\hat{a}_z}{\left(x'^2+y'^2+h^2\right)^{3/2}} - \frac{x'\hat{a}_x + y'\hat{a}_y + h\hat{a}_z}{\left(x'^2+y'^2+h^2\right)^{3/2}}\right|$$

$$= -\frac{Q}{2\pi}\frac{h}{\left(x'^2+y'^2+h^2\right)^{3/2}} = -\frac{Q}{2\pi}\frac{h}{\left(\rho'^2+h^2\right)^{3/2}}\begin{cases}\propto Q \\ \propto \dfrac{1}{\rho'^3}\end{cases} \text{: 표면 유도전하밀도(원통좌표계)}$$

$$\rho_{So}\ [\text{C/m}^2] \equiv \rho_S(x_o, y_o, 0) = \left|\vec{D}(x_o, y_o, 0)\right| = -\frac{Q}{2\pi h^2}\begin{cases}\propto Q \\ \propto 1/h^2\end{cases}$$

특히 근원전하가 존재하는 바로 아래의 표면전하밀도가 가장 높은 값을 가지나, 그 농도는 도체 표면으로부터 떨어진 거리(h [m])의 제곱에 반비례함을 알 수 있다. 또한 도체/금속 표면에 유도된 총 유도전하량(Q_{tm} [C]: induced total charge)은 다음과 같이 구할 수 있다.

$$Q_{tm} = \int_{y=-\infty}^{+\infty}\int_{x=-\infty}^{+\infty}\rho_S(x,y,0)dxdy = \int_{\phi=0}^{2\pi}\int_{\rho=0}^{+\infty}\rho_S(x,y,0)\rho' d\rho' d\phi = \int_{\phi=0}^{2\pi}\int_{\rho'=0}^{+\infty}\frac{-Q}{2\pi}\frac{h}{\left(\rho'^2+h^2\right)^{3/2}}\rho' d\rho' d\phi$$

$$= -Qh\int_{\rho'=0}^{+\infty}\frac{\rho' d\rho'}{\left(\rho'^2+h^2\right)^{3/2}} = -Q \text{ : 금속 표면의 총 유도전하량} \qquad \leftarrow \int_{\rho'=0}^{+\infty}\frac{\rho' d\rho'}{\left(\rho'^2+h^2\right)^{3/2}} = \frac{1}{h}$$

즉 무한 도체 표면에 유도된 총 유도전하량(Q_{tm} [C])은 전기장을 형성하는 근원전하($+Q$ [C]; (x_o, y_o, h))와 크기는 같고 부호가 반대인 전하량이며, 도체표면으로부터 근원전하의 위치에 관계없이 동일한 값을 가진다. 접지 상태($V(x, y, z = 0) = 0$ [V])의 도체 평면 위(x_o, y_o, $h > 0$)에 존재하는 점전하($+Q$ [C])와 도체 표면에 유도된 유도전하(Q_{tm} [C])를 [그림 4-20]에 형상화하였다.

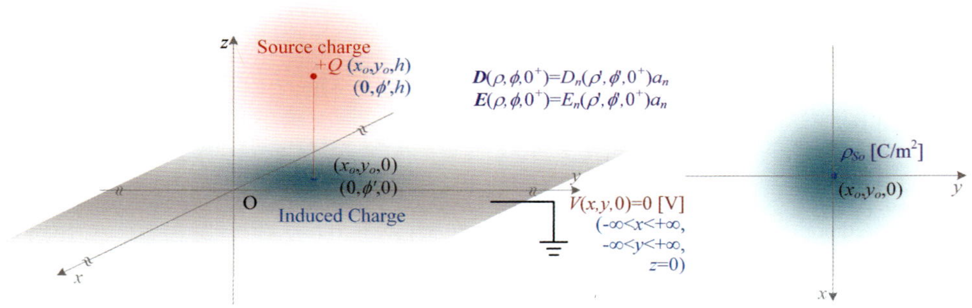

[그림 4-20] 접지 상태($V(x, y, z = 0) = 0$ [V])의 도체 평면 위($x_o, y_o, h > 0$)에 존재하는 점전하($+Q$ [C])와 도체 표면에 유도된 유도전하(Q_{tm} [C])

xy-평면에 놓인 접지 상태($V(x, y, z = 0) = 0$ [V])의 도체 평면 위(x_o,y_o,h>0)에 존재하는 점전하($+Q$ [C])로 인해 도체 표면에 유도된 유도전하량(Q_{tm} [C])과 유도전하밀도(ρ_{So} [C/m^2])의 변화를 [그림 4-21]에 요약하였다.

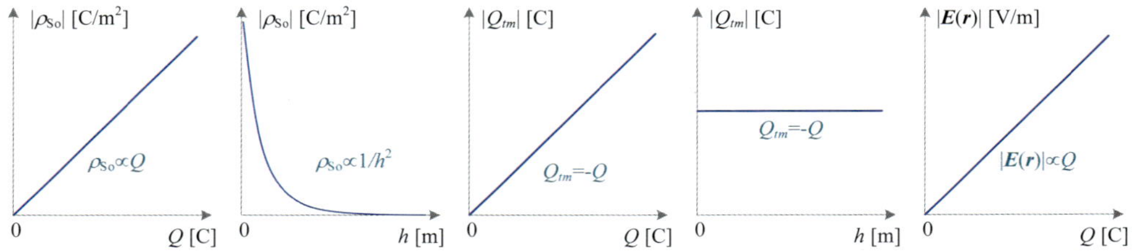

[그림 4-21] xy-평면에 놓인 접지 상태($V(x,y,z = 0) = 0$ [V])의 도체 평면 위(x_o, y_o, $h > 0$)에 존재하는 점전하($+Q$ [C])로 인해 도체 표면에 유도된 유도전하량(Q_{tm} [C])과 유도전하밀도(ρ_{So} [C/m^2])의 변화

Chapter_04 핵심요약

전기장 내의 이동전하에 의한 전도성 전류, 연속방정식, 도체의 특성, 도체와 유전체 경계조건, 대칭 가성 전하법

전기장 내의 이동전하와 드리프트 전류

전계에 의한 이동전하의 이동과 전도성 드리프트 전류 : J_C & J_{drift} $[\mathrm{A/m^2}]$

$\vec{F}_{net}(\vec{r}) = \vec{F}_E(\vec{r}) + \vec{F}_c(\vec{r}) = 0\ [\mathrm{N}]$: 일정한 속도로 이동하는 전하에 작용하는 힘의 관계

$\vec{F}_E(\vec{r})\ [\mathrm{N}] = dQ_m \vec{E}(\vec{r})$: 전기장에 의한 이동전하의 정전기적 가속력

$\vec{F}_c(\vec{r})\ [\mathrm{N}] = -\left.\dfrac{\Delta\vec{p}}{\Delta t}\right|_{collision} = -\dfrac{m^*\vec{\upsilon}}{\tau_c}$: 충돌에 의한 이동전하의 감속력 = 단위 시간당 운동량 변화

τ_c [s] : 평균 충돌시간 또는 평균 자유시간(mean collision/free time)

l_c [m] : 평균 충돌거리 또는 평균 자유거리(mean collision distance, mean free path)

υ [m/s] : 전계에 의해 이동하는 전자재료 내의 이동전하 평균 속도

$\vec{\upsilon}\ [\mathrm{m/s}] = \left(\dfrac{dQ_m}{m^*}\tau_c\right)\vec{E} \propto \vec{E} \longleftrightarrow \vec{\upsilon} \equiv \pm\mu\vec{E}\ [\mathrm{m/s}]$: 전기장 내의 전계에 의한 이동전하의 드리프트 속도

$\mu\left[\dfrac{\mathrm{m^2}}{\mathrm{V\cdot s}}\right] = \dfrac{[\mathrm{m/s}]}{[\mathrm{V/m}]} \equiv \left|\dfrac{d\vec{\upsilon}}{d\vec{E}}\right| = \left|dQ_m\dfrac{\tau_c}{m^*}\right| \propto \begin{cases}\tau_c \\ 1/m^*\end{cases}$: 전기장 내에서 이동전하(dQ_m)의 이동도

$\vec{J}_C\ [\mathrm{A/m^2}] = \vec{J}_{drift} = \rho_{mi}\vec{\upsilon} = |\rho_{mi}|\mu\vec{E} \equiv \sigma\vec{E} \begin{cases}\propto \vec{E} \\ \propto \sigma \begin{cases}\propto \rho_{mi} \\ \propto \mu\end{cases}\end{cases}$: 전계 내의 이동전하에 의한 전도성 전류밀도

$\vec{J}_C\ [\mathrm{A/m^2}] = \vec{J}_{drift} \equiv \sigma\vec{E}$: 미시적 옴의 법칙(microscopic Ohm's law): 전계와 드리프트 전류의 관계를 나타냄

$\sigma \equiv \left|\dfrac{d\vec{J}_C}{d\vec{E}}\right| = |\rho_{mi}|\mu\ [1/(\Omega\cdot\mathrm{m})]$: 전자재료 내의 이동전하(ρ_{mi} $[\mathrm{C/m^3}]$)에 의해 결정되는 전기전도도(conductivity)

$\rho \equiv \dfrac{1}{\sigma} = \dfrac{1}{|\rho_{mi}|\mu}\ [\Omega\cdot\mathrm{m}]$: 전자재료 내의 이동전하(ρ_{mi} $[\mathrm{C/m^3}]$)에 의해 결정되는 비저항 또는 저항계수(resistivity)

참고 : $I = GV = \dfrac{1}{R}V$ [A] : 옴의 법칙(Ohm's law); $R\ [\Omega] \equiv \dfrac{1}{\sigma}\dfrac{L}{Wt} = \dfrac{1}{|\rho_m|\mu}\dfrac{L}{Wt} = \rho\dfrac{L}{A}$: 저항

전기장 내의 이동전하에 대한 연속방정식

연속방정식과 전하이완시간 : 전자재료 내에 주입된 이동전하(ρ_{mo} $[\mathrm{C/m^3}]$)의 시간에 따른 변화($\rho_{mo}(\boldsymbol{r},t)$ $[\mathrm{C/m^3}]$)

참고 : $\int_{vol}\left(\nabla\cdot\vec{J}(\vec{r},t)\right)d\upsilon = \oint_{\substack{closed\\surface}}\vec{J}(\vec{r},t)\cdot d\vec{S} = \oint_{\substack{closed\\surface}}\left(\vec{J}(\vec{r},t)\cdot\hat{a}_n\right)dS$: 발산량의 정리

$+\int_{vol}\dfrac{\partial\rho_m(\vec{r},t)}{\partial t}d\upsilon = -\oint\vec{J}(\vec{r},t)\cdot d\vec{S} = -\int\left(\nabla\cdot\vec{J}(\vec{r},t)\right)d\upsilon$: 연속방정식의 적분형

$+\dfrac{\partial\rho_m(\vec{r},t)}{\partial t} = -\nabla\cdot\vec{J}(\vec{r},t) \longleftrightarrow +\dfrac{\partial\rho_m(\vec{r},t)}{\partial t} + \nabla\cdot\vec{J}(\vec{r},t) = 0$: 연속방정식

$\boxed{\dfrac{\partial\rho_m(\vec{r},t)}{\partial t} = -\nabla\cdot\vec{J}(\vec{r},t) = -\left(\dfrac{\partial J_x(\vec{r},t)}{\partial x} + \dfrac{\partial J_y(\vec{r},t)}{\partial y} + \dfrac{\partial J_z(\vec{r},t)}{\partial z}\right)\left[\dfrac{\mathrm{C}}{\mathrm{s\cdot m^3}}\right]}$: 3차원 공간의 연속방정식(직각좌표계)

$\boxed{\dfrac{\partial\rho_m(x,t)}{\partial t} = -\dfrac{\partial J(x,t)}{\partial x}} \longleftrightarrow \boxed{\dfrac{\partial\rho_m(x,t)}{\partial t} + \dfrac{\partial J(x,t)}{\partial x} = 0}\ \left[\dfrac{(\mathrm{C/m^3})}{\mathrm{s}}\right]$: 1차원 공간의 연속방정식

$\sum_{\substack{closed\\surface}} I_j = 0\ [\mathrm{A}] \Longleftrightarrow \sum_{\substack{closed\\surface}} I_{j,influx} - \sum_{\substack{closed\\surface}} I_{j,outflux} = 0$: 정상상태의 키르히호프의 전류 법칙

전자재료(유전상수 = ϵ [F/m], 전기전도도 = $\sigma = \rho_{mi}\mu$ $[\Omega^{-1}/\mathrm{m}]$) 내에 주입된 이동전하(ρ_{mo} $[\mathrm{C/m^3}]$)의 시간에 따른 변화와 공간적 분포($\rho_m(\boldsymbol{r},t)$ $[\mathrm{C/m^3}]$)를 나타내는 연속방정식

$\nabla\cdot\vec{J}(\vec{r},t) = -\dfrac{\partial\rho_m(\vec{r},t)}{\partial t}\ [\mathrm{A/m^3}] \rightarrow -\dfrac{\partial\rho_m(\vec{r},t)}{\partial t} = \nabla\cdot\vec{J}(\vec{r},t) = \nabla\cdot\left(\sigma\vec{E}(\vec{r},t)\right) = \dfrac{\sigma}{\epsilon}\left(\nabla\cdot\vec{D}(\vec{r},t)\right) = \dfrac{\sigma}{\epsilon}\rho_m(\vec{r},t)\ [\mathrm{A/m^3}]$

<table>
<tr><td></td><td>$-\frac{\partial \rho_m(\vec{r},t)}{\partial t} = \frac{\sigma}{\epsilon}\rho_m(\vec{r},t) = \frac{1}{\tau_r}\rho_m(\vec{r},t)$ [A/m^3] : 이동전하의 시간에 따른 변화를 지배하는 전하이완방정식
$\rho_m(\vec{r},t) = \rho_{mo}e^{-t/\tau_r}$ [C/m^3] : 전자재료에 주입된 이동전하밀도의 시간에 따른 변화
$\rho_{mo} \equiv \rho_m(\vec{r},t=0)$ [C/m^3] : 전자재료에 주입된 초기($t=0$ [s]) 이동전하밀도
$\tau_r \equiv \frac{\epsilon}{\sigma}$ [s] : 전자재료의 고유특성(ϵ [F/m], $\sigma = \rho_{mi}\mu$ [Ω^{-1}/m])에 의해 결정되는 이동전하 이완시간(dielectric relaxation time)</td></tr>
<tr><td>금속과 유전체 경계면의 경계조건</td><td>금속/유전체 경계면의 전기장 경계조건 with Interface Sheet Charge Density : ρ_s [C/m^2]
❖ 경계면의 접선방향 성분과 법선방향 성분의 경계조건
$$\begin{cases} \vec{E}\ [\text{V/m}] = \vec{E}_t + \vec{E}_n = E_t\hat{a}_t + E_n\hat{a}_n \\ \quad \& \ \vec{D} = \epsilon\vec{E} \qquad \& \text{ Metal}: \sigma_m \cong \infty, \tau_r = \frac{\epsilon}{\sigma_m} \cong 0 \rightarrow \vec{E}\big|_{metal} = 0 \ \& \ \vec{D}\big|_{metal} = 0 \\ \vec{D}\ [\text{C/m}^2] = \vec{D}_t + \vec{D}_n = D_t\hat{a}_t + D_n\hat{a}_n \end{cases}$$
$$\Rightarrow \begin{cases} E_t - E_{tm} = 0\ [\text{V/m}] \rightarrow E_t = 0\ [\text{V/m}] \leftarrow \oint_{\substack{closed\\loop}} -\vec{E}\cdot d\vec{l} = V_{oo} = 0\ [\text{V}] \\ D_n - D_{nm} = \rho_S\ [\text{C/m}^2] \rightarrow D_n = \rho_S\ [\text{C/m}^2] \leftarrow \oint_{\substack{closed\\surface}} \vec{D}\cdot d\vec{S} = Q_{enc}\ [\text{C}] \end{cases}$$</td></tr>
<tr><td>도체/금속 내의 전기장</td><td>전기전도성이 높은 도체/금속 내부에 주입된 전하의 전하밀도와 전위분포, 전계분포
$\sigma|_{metal} = |\rho_m|\mu = high \rightarrow \tau_r = \epsilon/\sigma_m \cong 0 \ \ \& \ \ \rho_m(\vec{r},t)|_{metal} = \rho_{mo}e^{-t/\tau_r} = 0$ [C/m^3]
전하이완시간 : $\tau_{r,metal} \equiv \frac{\epsilon}{\sigma_{metal} : high} \cong 0$ [s] ,
외부에서 주입된 이동전하밀도 : $\rho_{m,metal}(\vec{r},t) = \rho_{mo}e^{-t/\tau_r} \cong 0$ [C/m^3]
전위분포 : $V(\vec{r})$ [V] $= \int_{\infty}^{\vec{r}} -\vec{E}(\vec{r})\cdot d\vec{l} =$ const. , 전계강도 : $\vec{E}(\vec{r})$ [V/m] $= -\nabla V(\vec{r}) = 0$
전기전도성이 높은 도체/금속 표면의 전하밀도와 전위분포, 전계분포
전하밀도 : $\rho_{S,0^+}(\vec{r},t) = \rho_{So} = \text{constant} = \frac{Q_m}{S}$ [C/m^2] ; Q_m [C] $= \int_{vol}\rho_{m\upsilon}(\vec{r},t=0)d\upsilon = \oint_{surface}\rho_{S,0^+}dS$
전위분포 : $V(\vec{r})$ [V] $= \int_{\infty}^{\vec{r}} -\vec{E}(\vec{r})\cdot d\vec{l} =$ const. : 금속/도체면은 모두 등전위면(equi−potential)을 형성함
$\vec{D}(0^+)$ [C/m^2] $= D_n\hat{a}_n = \rho_S\hat{a}_n \ \& \ (D_t\hat{a}_t = 0) \ \& \ \vec{E}(0^+)$ [V/m] $= E_n\hat{a}_n = \frac{\rho_S}{\epsilon}\hat{a}_n \ \& \ (E_t\hat{a}_t = 0)$</td></tr>
<tr><td>전기장 해석을 위한 가상전하법 (Image Charge Method)</td><td>가상 대칭 전하법(영상전하법) : 전도성이 높은 도체의 등전위면 특성을 이용한 전기장 해석 방법
❖ 스칼라 전위분포를 구하고, 전계강도, 등가전하밀도 및 시험전하에 작용하는 전자기적 힘을 구하는 방법
$$V(\vec{r})\ [\text{V}] = V(\vec{r})_{+Q} + V(\vec{r})_{-Q}\ ; \begin{cases} V(\vec{r})_{+Q}\ [\text{V}] = \frac{1}{4\pi\epsilon}\frac{+Q}{R_+}\ ;\ \vec{R}_+ = \vec{r} - \vec{r}_{s+Q} \\ V(\vec{r})_{-Q}\ [\text{V}] = \frac{1}{4\pi\epsilon}\frac{-Q}{R_+}\ ;\ \vec{R}_- = \vec{r} - \vec{r}_{s-Q} \end{cases}$$: 스칼라 전위
$\vec{E}(\vec{r})$ [V/m] $= -\nabla V(\vec{r})$: 벡터 전계강도, $\vec{D}(\vec{r})$ [C/m^2] $= \epsilon\vec{E}(\vec{r})$: 벡터 등가전하밀도
$\vec{F}(\vec{r})$ [N] $= Q_t\vec{E}(\vec{r})$: 관측점의 시험전하에 작용하는 정전기적 힘(벡터)</td></tr>
</table>

❖ 벡터 전계강도를 구하고, 등가전하밀도, 시험전하에 작용하는 전자기적 힘 및 스칼라 전위분포를 구하는 방법

$$\vec{E}(\vec{r})\ [\mathrm{V/m}] = \vec{E}(\vec{r})_{+Q} + \vec{E}(\vec{r})_{-Q;image}\ ;\ \begin{cases} \vec{E}(\vec{r})_{+Q}\ [\mathrm{V/m}] = \dfrac{Q}{4\pi\epsilon}\dfrac{\hat{a}_{R+}}{R_+^2}\ ;\ \vec{R}_+ = \vec{r} - \vec{r}_{s+Q} \\ \vec{E}(\vec{r})_{-Q;image}\ [\mathrm{V/m}] = -\dfrac{Q}{4\pi\epsilon}\dfrac{\hat{a}_{R-}}{R_-^2}\ ;\ \vec{R}_- = \vec{r} - \vec{r}_{s-Q} \end{cases}$$

: 벡터 전계강도

$$\vec{F}(\vec{r})\ [\mathrm{N}] = Q_t\vec{E}(\vec{r})$$

: 관측점의 시험전하에 작용하는 정전기적 힘

$$\vec{D}(\vec{r})\ [\mathrm{C/m^2}] = \epsilon\vec{E}(\vec{r})$$

: 근원전하에 의해 형성된 전기장의 벡터 등가전하밀도

$$V(\vec{r})\ [\mathrm{V}] = -\int_{\infty}^{\vec{r}} \vec{E}(\vec{r})\cdot d\vec{l} \longleftrightarrow \vec{E}(\vec{r})\ [\mathrm{V/m}] = -\nabla V(\vec{r})$$

: 근원전하에 의해 형성된 벡터 전계강도로부터 얻을 수 있는 스칼라 전위분포

Chapter_04 연습문제

4.1 (Mobile Charges in Electric Field; Metal) 금속/도체(metal/conductor)는 그 전기적 특성으로 인해 전자공학 전 분야에서 다양한 용도로 활용되고 있다. 전자기학 I에서 배운 내용을 바탕으로 금속/도체의 특성을 설명하라.

4.2 (Mobile Charges in Electric Field; Current & Continuity Eq.) 전류는 전하의 이동/흐름을 나타내는 물리량이며, 미시적 옴의 법칙(microscopic Ohm's law)과 연속방정식(continuity equation)은 이를 이해하는 기본이 된다.

(a) 미시적 옴의 법칙(microscopic Ohm's law)의 정의와 의미, 응용에 관해 핵심 내용을 간략히 설명하라.

(b) 연속방정식(continuity equation)의 정의와 의미, 응용에 관해 핵심 내용을 간략히 설명하라.

(c) 전자기학 재료의 특성을 나타내는 특성 변수에는 전기전도도(electrical conductivity: σ [Ω^{-1}/m])와 유전상수(dielectric constant: ϵ [F/m])가 있다. 연속방정식을 이용하여 t=0인 순간에 ρ_o [C/m^3]의 전하밀도를 가진 전하를 전자재료 내에 주입했을 때, 시간에 따른 전하량의 변화 $\rho(t)$ [C/m^3]를 구하라.

(d) 전하보유시간(dielectric relaxation time; τ_r [F/m])의 정의와 의미를 설명하라.

(e) 비휘발성 메모리(non-volatile memory: NVM) 소자인 플래시 메모리(flash memory)는 응용 분야가 매우 다양할 뿐 아니라 우리나라 전자산업이 가진 세계적 경쟁력 중의 하나이다. 플래시 메모리를 위한 전하 저장 재료 개발뿐 아니라 전하를 손실없이 저장하는 방법에도 많은 연구가 진행되고 있으며, 이 기술개발에 관한 기사가 전자신문 등에 자주 보도되고 있다. 그 중 "OO전자에서는 charge trap flash(CTF)를 개발하여 기존의 Flash memory에서는 전기전도도가 높은 실리콘(Si: σ [Ω^{-1}/m], $\epsilon_r = 12\epsilon_o$ [F/m])에 전하를 저장하던 것에 비해, CTF에서는 전기전도도가 낮은 질화규소(Si_3N_4:σ~0 [Ω^{-1}/m], $\epsilon = 8\epsilon_o$ [F/m])에 전하를 저장함으로써 전하 저장 시간을 획기적으로 개선하였다"는 기사가 보도된 적이 있다. 현재는 이를 이용한 플래시 메모리가 컴퓨터용 하드디스크를 대체하고 있는 SSD, 메모리 카드 등으로 다양하게 사용되고 있다. 전하이완시간(전하이완시간: dielectric relaxation time; τ_r [s])을 비교하고, 이 기사 내용의 기술적 타당성을 전자기학적 근거를 제시하여 설명하라.

4.3 (Metal & Conductor) 금속/도체(metal/conductor)는 그 전기적 특성으로 인해 전자공학 전 분야에서 다양한 용도로 활용되고 있다. 오른쪽 그림과 같은 구조의 금속으로 된 여의봉을 이용하여 금속의 특성 및 전자기장에 관해 학습하고자 한다. 이 여의봉에 일정한 총 전하량(Q [C])을 주입할 경우,

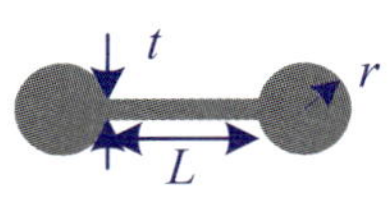

(a) 금속/도체의 특성을 간략히 설명하라.

(b) 금속으로 만든 여의봉 내부 임의의 점에서 전계강도($\boldsymbol{E}(\boldsymbol{r})$ [V/m])의 크기를 설명하라.

(c) 여의봉 표면의 면전하밀도(ρ_s [C/m^2])를 구하라.

(d) 여의봉 표면 바로 밖(공기 중의 유전상수(dielectric constant: ϵ_o [F/m])에서의 전하유동밀도($\boldsymbol{D}(\boldsymbol{r})$ [C/m^2])를 구하라.

(e) 화살표의 크기와 방향을 이용하여 여의봉 바로 밖(표면 부근)의 전계강도($\boldsymbol{E}(\boldsymbol{r})$ [V/m])의 방향과 세기를 그림으로 나타내라.

4.4 (Continuity Eq. & Dielectric Relaxation) 오른쪽 그림과 같은 두 도체를 비교함으로써 전류의 형성과 연속방정식을 이용한 전하의 시간에 따른 변화를 이해하고자 한다. $t = 0$ [s]인 순간에 동일한 구조의 두 전자재료에 동일한 초기 전하밀도(ρ_o [C/m^3])를 주입한 유전체 A와 B는 그림과 같이 전기전도도(σ [Ω^{-1}/m])와 유전상수(ϵ [F/m])에 차이가 있다.

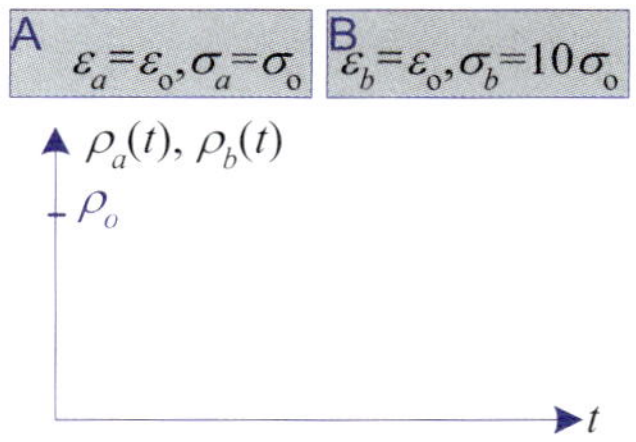

(a) 유전체의 전하이완시간(dielectric relaxation time: τ_r [s])이 무엇인지 설명하고, 두 유전체의 전하이완시간을 비교하라($\tau_{r1} : \tau_{r2}$).

(b) $t = 0$인 순간에 ρ_o [C/m^3]의 전하를 두 유전체에 주입했을 때, 시간에 따른 전하량의 변화($\rho(t)$ [C/m^3])를 그래프로 비교하라.

(c) 유전체를 정보 기억/저장 소자인 메모리(memory)로 사용하는 경우, 유전체에 주입한 전하가 시간이 흘러도 손실없이 보존할 수 있는 성능이 중요하다. 두 유전체 중 어떤 유전체의 전하 보존 특성이 우수한지 설명하라.

(d) 시간이 흘러도 전하 손실이 전혀 없는 기억 소자(DRAM & Flash memory)를 위해서는 유전체가 어떤 특성을 가져야 하는지 설명하라.

4.5 (Metal & Conductor) 금속/도체(conductor/metal)는 그 전기적 특성 ($\sigma \approx \infty$)으로 인해 전자공학 전 분야에서 다양한 용도로 활용되고 있다. 오른쪽 그림과 같이 자유공간 내에 존재하는 도체 구조를 이용하여 전자기장에 관해 이해하고자 한다. 도체와 유전체 사이의 경계조건을 이용하여 이 도체판에 일정한 총 전하량 Q [C]를 주입할 경우,

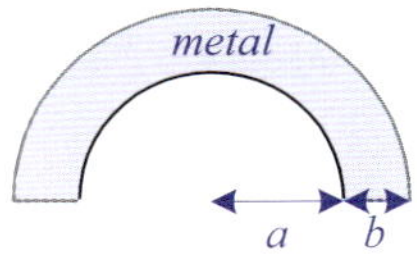

(a) 도체판 내부 임의의 점에서 전계강도($\boldsymbol{E}(\boldsymbol{r})$ [V/m])의 세기와 방향을 설명하라.

(b) 화살표(flux line)의 크기와 방향을 이용하여 도체판 바로 밖의 전계강도($\boldsymbol{E}(\boldsymbol{r})$ [V/m])의 방향과 세기를 그림으로 나타내라.

4.6 (Metal & Conductor) 금속/도체(conductor & metal)는 그 전기적 특성으로 인해 전자 소자 및 집적회로 구현에 다양한 용도로 널리 활용되고 있다. 전자기학 I에서 배운 내용을 바탕으로 도체/금속의 특성을 설명하라.

4.7 (Continuity Eq. & Dielectric Relaxation) 그림과 같은 두 유전체를 통해 전류, 연속방정식 및 전하의 시간에 따른 변화를 이해하고자 한다. 동일한 구조(길이(L[m])와 단면적(S [m^2])은 동일)를 가진 A와 B의 전기전도도(conductivity: σ [Ω^{-1}/m])와 유전상수(dielectric constant: ϵ [F/m]), 이동도(mobility: μ [m^2/Vs])는 그림에 나타낸 것과 같다.

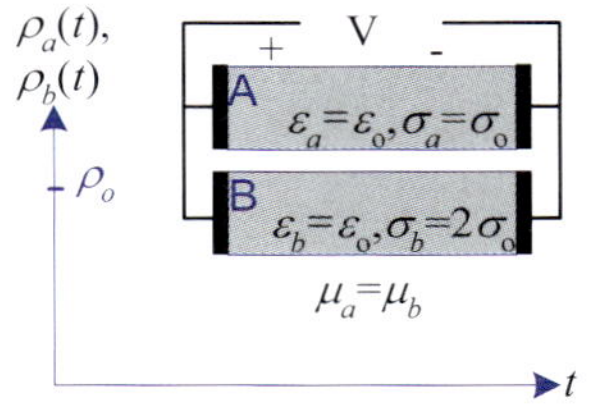

(a) 유전물질 또는 유전체(dielectric material)가 무엇인지 간략히 설명하라.

(b) 전하쌍극자(electric dipole)의 분극 또는 분극 벡터(polarization vector: $\boldsymbol{P}$ [C/m^2])가 무엇인지 간략히 설명하라.

(c) 동일한 외부전계($\boldsymbol{E}_{ext}$ [V/m])를 인가한 경우, 유전상수가 클수록 유전체 내부의 전계강도($\boldsymbol{E}$ [V/m])가 약한 이유를 설명하라.

(d) 유전체의 전하이완시간(dielectric relaxation time: τ_r [s])이 무엇인지 설명하고, 두 유전체의 전하이완시간을 비교하라(τ_{rB}/τ_{rA}).

(e) 동일한 DC 전압 V [V]가 인가된 경우 전기전도도로 인해 각 유전체를 통해 흐르게 되는 전류(I=JS [A])의 크기를 비교(I_a/I_b)하라.

(f) $t=0$인 순간에 초기 전하량(ρ_o [C/m^3])의 전하를 두 유전체에 주입했을 때, 시간 변화에 따른 전하량의 변화($\rho(t)$ [C/m^3])를 그림으로 비교하라.

(g) 유전체를 정보 기억소자인 메모리(memory)로 사용하는 경우, 유전체에 주입한 전하가 시간이 흘러도 손실 없이 보존할 수 있는 시간이 중요하다. 유전체 내에 전하를 보존할 수 있는 시간과도 관련이 있는 전하이완시간(dielectric relaxation time: τ_r [s])을 비교하라.

4.8 (Metal & Conductor) 금속/도체(metal)는 그 전기적 특성으로 인해 전자공학 전 분야에서 다양한 용도로 활용된다. 금속 구슬을 이용하여 금속의 특성 및 전자기장 형성에 관해 학습하고자 한다. 그림과 같은 금속 구슬에 음의 전하(Q(<0) [C])를 주입할 경우,

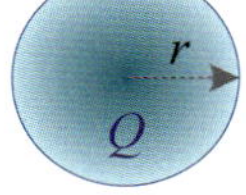

(a) 금속/도체의 특성을 간략히 설명하라

(b) 금속 구슬 내부 임의의 점에서 전계강도(electric field intensity: $\boldsymbol{E}(\boldsymbol{r})$ [V/m])의 크기를 설명하라.

(c) 금속 구슬 표면의 전하밀도(ρ_s [C/m^2])를 구하라.

(d) 금속구슬 표면 바로 밖(공기)에서의 등가전하밀도(electric flux density: $\boldsymbol{D}(\boldsymbol{r})$ [C/m^2])를 구하라.

(e) 화살표의 크기와 방향을 이용하여 금속 구슬 바로 밖의 전계강도($\boldsymbol{E}(\boldsymbol{r})$ [V/m])의 방향과 세기를 그림으로 나타내라.

4.9 (Metal & Conductor) 그림과 같이 반지름이 다른 두 개의 금속(도체로 꽉 찬) 구슬이 접하고 있는 상태에 총 전하량이 Q [C]인 이동 가능한 전하를 주입할 경우,

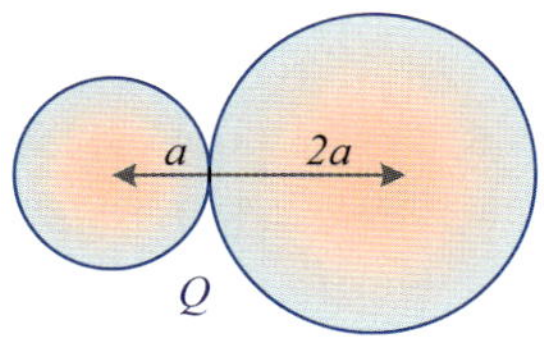

(a) 금속/도체의 특성을 간략히 설명하라.

(b) 금속 내부 임의의 점에서 전계($\boldsymbol{E}(\boldsymbol{r})$ [V/m])의 세기를 설명하라.

(c) 작은 금속 구슬(S)과 큰 금속 구슬(L) 표면의 전하밀도 ρ_{sS}와 ρ_{sL} [C/m^2]를 구하라.

(d) 작은 금속 구슬과 큰 금속 구슬의 표면 바로 밖(공기)에서의 등가전하밀도(electric flux density: $\boldsymbol{D}_S$와 $\boldsymbol{D}_L$ [C/m^2])를 구하라.

(e) 화살표의 크기와 방향(flux line: 유동선)을 이용하여 금속 구슬 바로 밖의 전계($\boldsymbol{E}$ [V/m])의 방향과 세기를 그림으로 나타내라.

4.10 (Continuity Eq. & Dielectric Relaxation) 전류는 전하의 이동/흐름을 나타내는 물리량이며, 미시적 옴의 법칙(microscopic Ohm's law)과 연속방정식(continuity equation)은 이를 이해하는 바탕이 된다.

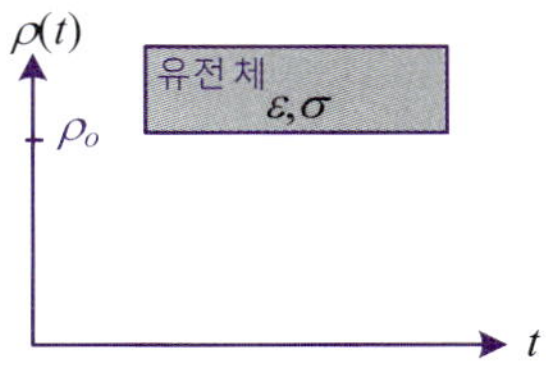

(a) 연속방정식을 적고, 그 의미와 용도를 간략히 설명하라.

(b) t=0인 순간에 전하밀도(ρ_o [C/m^3])의 전하를 유전체 내에 주입했을 때, 시간에 따른 전하량의 변화($\rho(t)$ [C/m^3])를 구하라.

(c) 유전체 내의 전하이완시간(dielectric relaxation time: τ_r)의 의미와 이를 결정하는 요소를 설명하라.

(d) 전기전도도가 큰 도체의 내부에 이동이 가능한 전하를 균일한 초기 농도(ρ_{mo} [C/m^3])로 주입한 후, 시간이 흐르면 이들 전하는 어떤 상태로 존재하는지 설명하라.

(e) 전기전도도가 전혀 없는 유전체 내부에 이동이 가능한 전하를 주입한 후 시간이 흐르면 이들은 어떤 상태로 존재하는지 설명하라.

4.11 (Mobile Charge, Current Density, Conductivity) 이동전하는 전계에 의한 힘에 의해 이동하고 전도성 전류를 형성한다.

(a) 전계($\boldsymbol{E}(\boldsymbol{r})$ [V/m])는 무엇에 의해 형성되는지 설명하라.

(b) 전계가 형성된 공간에 존재하는 이동전하가 받는 힘은 어떤 종류인지 필요한 관계식을 이용해 설명하라.

(c) 전계가 형성된 공간에 존재하는 이동전하의 이동속도(υ [m/s])와 전계강도의 관계를 그래프로 표시하라.

(d) 전계와 전도성 전류밀도($\boldsymbol{J}_C(\boldsymbol{r})$ [A/m^2] = [C/s · m^2])의 관계를 그래프로 표시하라.

(e) 전도성 전류밀도($\boldsymbol{J}_C(\boldsymbol{r})$ [A/m^2])가 전계의 세기(E [V/m])에 비례하는 관계를 나타내는 법칙을 무엇이라고 하는지 간략히 설명하라.

(f) 금속의 전기전도도(σ [Ω^{-1}/m])가 큰 이유를 설명하라.

4.12 (Continuity Eq., Polarization, Dielectric Relaxation) 전류(I [A]) 또는 전류밀도($J(\boldsymbol{r},t)$ [A/m^2])는 전하의 이동을 나타내는 물리량이며, 옴의 법칙(microscopic Ohm's law)과 연속방정식은 전자재료의 특성을 이해하는 중요한 근거식이 된다. 특히, 전자재료의 유전율(ϵ [F/m])과 전기전도도(σ [Ω^{-1}/m])는 외부 전계에 대한 전하들의 반응을 나타내는 특성 지표들로서, 그 내용을 잘 이해하는 것은 매우 중요하다.

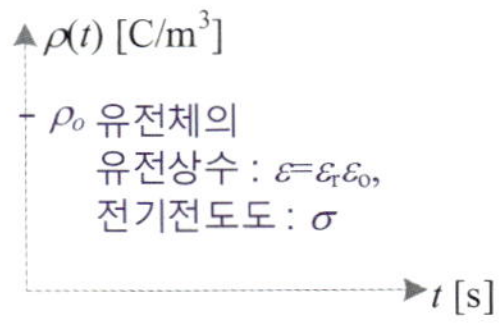

(a) 전자재료의 유전율(ϵ [F/m])을 결정하는 요소를 설명하라.

(b) 연속방정식의 의미와 용도를 간략히 설명하라.

(c) 초기 전하밀도($\rho(t=0) = \rho_o$ [C/m^3])의 전하를 전자재료(ϵ, σ) 내에 주입했을 때, 전자재료 내에서 시간에 따른 이동전하밀도 변화($\rho(t)$ [C/m^3])를 구하라.

(d) 유전체의 전하이완시간(dielectric relaxation time: τ_r [s])을 결정하는 요소와 의미를 설명하라.

(e) 전기전도도가 다른 두 전자재료($\sigma_2 = 2\sigma_1$: $\epsilon_1 = \epsilon_2$)에 동일한 전하(ρ_o [C/m^3])를 주입했을 때, 시간에 따른 이동전하밀도 변화($\rho_1(t)$, $\rho_2(t)$ [C/m^3])를 그래프로 비교하라.

(f) 유전상수가 다른 두 전자재료(ϵ_3, $\epsilon_4 = 2\epsilon_3$: $\sigma_3 = \sigma_4$)에 동일한 전하(ρ_o [C/m^3])를 주입한 경우, 시간에 따른 이동전하밀도 변화($\rho_3(t)$, $\rho_4(t)$ [C/m^3])를 그래프로 비교하라.

4.13 (Mobile Charge, Current Density, Conductivity) 이동전하는 전계에 의한 정전기적 힘에 의해 이동하고, 전도성 전류를 형성한다. 특히, 반도체 트랜지스터(정보통신용 소자인 MOSFET과 디스플레이 구동 소자인 TFT)의 동작을 지배하는 전류 요소이므로, 잘 이해하는 것이 중요하다.

(a) 전계($\boldsymbol{E}(\boldsymbol{r})$ [V/m])가 인가된 공간에서 이동전하의 이동속도(υ [m/s])와 전계의 관계 그래프를 이용하여 이동도(μ [m^2/V·s])를 설명하라.

(b)전계와 전도성 전류밀도($\boldsymbol{J}(\boldsymbol{r})$ [A/m^2] = [(C/s)/m^2])의 관계 그래프를 이용하여 전기전도도(σ [Ω^{-1}/m])를 설명하라.

(c) 전계에 의해 얼마나 큰 전류를 흘릴 수 있는지를 나타내는 "전류구동능력"을 키우기 위해서 전자재료가 갖춰야 할 특성을 설명하라.

4.14 (Continuity Eq., Mobile Charge, Current Density, Conductivity, Dielectric Relaxation) 전류(I [A]) 또는 전류밀도($\boldsymbol{J}(\boldsymbol{r},t)$ [A/m^2])는 전하의 이동을 나타내는 물리량이며, 옴의 법칙(microscopic Ohm's law)과 연속방정식은 전자재료의 특성을 이해하는 중요한 근거식이 된다. 특히, 전자재료의 유전율(ϵ [F/m])과 전기전도도(σ [Ω^{-1}m^{-1}])는 외부 전계에 대한 전하들의 반응을 나타내는 특성 지표들로서, DRAM을 포함한 반도체 소자와 전자부품의 설계와 제작, 특성 이해 과정에 매우 중요하다.

Dielectric constant: $\varepsilon = \varepsilon_r \varepsilon_o$ [F/m]
Electric conductivity: σ [Ω^{-1}m^{-1}]

(a) 전자재료 내에서 전하의 시간에 따른 변화를 지배하는 연속방정식을 적고, 각 항목의 의미를 설명하라.

(b) 초기 전하밀도($\rho(t = 0) = \rho_o$ [C/m^3])의 이동전하를 전자재료 내에 주입했을 때, 시간에 따른 전하량의 변화($\rho(t)$ [C/m^3])를 구하고, 이를 그래프로 나타내라.

(c) 유전체 내에 주입된 이동전하의 시간에 따른 변화를 지배하는 특성 지표를 설명하라.

(d) 전하의 존재 여부를 이용하는 정보 저장용 메모리 소자로 사용하기 위해 유전체가 갖추어야 할 조건을 설명하라.

Chapter

05

전기장의 영향을 받고 전달하며 전자 부품을 구성하는 전자재료 : 전하쌍극자, 유전체, 정전용량

Dielectric Material as a Medium and Component for Application of Electric Field: Electric Charge Dipole, Dielectric Material, Capacitance

학습도표와 핵심내용

학습도표와 핵심내용

5장 전기장의 영향을 받고 전달하며 전자 부품을 구성하는 전자재료 : 전하쌍극자, 유전체, 정전용량
(Dielectric Material as a Medium and Component for Application of Electric Field : Electric Charge Dipole, Dielectric Material, and Capacitance)

1. 전기장($\boldsymbol{E}$ [V/m])의 영향을 받는 전자재료(유전체) 내의 전하쌍극자 : 전기장에 의한 회전력($\boldsymbol{T}$ [N·m])과 전하쌍극자 모멘트($\boldsymbol{p}$ [C·m])

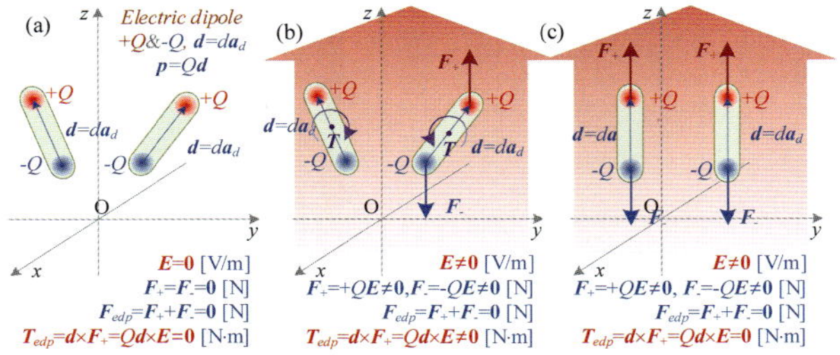

$\vec F_{i,+}(\vec r)$ [N] $= +Q\vec E(\vec r)$, $\vec F_{i,-}(\vec r)$ [N] $= -Q\vec E(\vec r)$

$\vec F_{edp,i}(\vec r)$ [N] $= \vec F_{i,+}(\vec r)+\vec F_{i,-}(\vec r)=0$

$\vec d \equiv d\hat a_d \equiv \vec R_+ - \vec R_- = \vec R_{(-\to+)}$ [m]

$$\hat a_d \equiv \frac{\vec d}{d} = \frac{\vec R_+-\vec R_-}{|\vec R_+-\vec R_-|} \ \& \ \hat a_T = \frac{\vec T_{edp}(\vec r)}{|\vec T_{edp}(\vec r)|} \equiv \hat a_d\times\hat a_E$$

$$\vec T_{edp}(\vec r)\ [\mathrm{N\cdot m}] = \vec d\times\vec F_+(\vec r) = Q\vec d\times\vec E(\vec r) = \vec p\times\vec E(\vec r) = |pE\sin\theta|\hat a_n$$

$\vec p \equiv Q\vec d = Qd\hat a_d \equiv p\hat a_d$ [C·m]

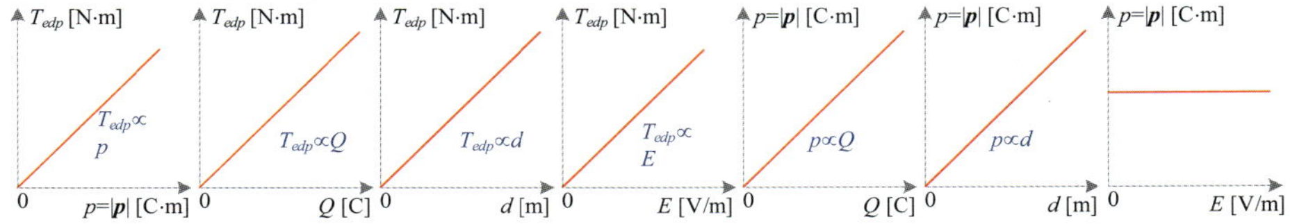

2. 전자재료 내 전하쌍극자들의 전기장에 의한 분극 : 분극 벡터($\boldsymbol{P}$ [C/m²]), 전계감응계수(χ_e), 상대유전상수(ε_r), 전계강도, 등가전하밀도

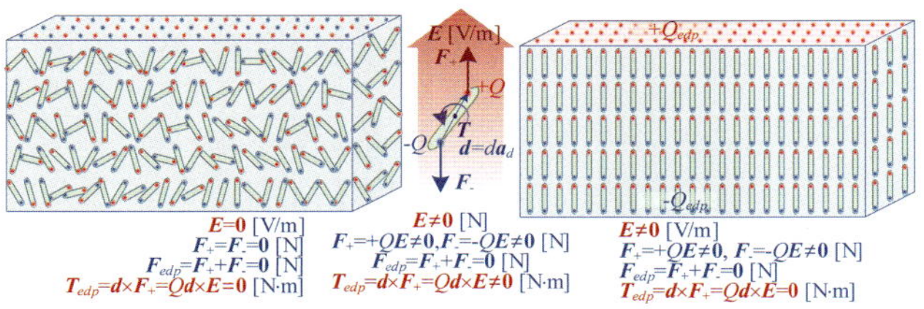

$$\vec P\ [\mathrm{C/m^2}] \equiv \left.\frac{N_{edp}\vec p}{\Delta v}\right|_{\vec E\neq0} = \frac{N_{edp}}{\Delta v}Qd\hat a_E = n_{edp}Qd\hat a_E$$

$$= n_{edp}\vec p \equiv \chi_e(\epsilon_o\vec E)\propto \epsilon_o\vec E\ ;\ \chi_e \equiv \frac{P}{\epsilon_o E} = \frac{n_{edp}Qd}{\epsilon_o|\vec E(\vec r)|}$$

$$\vec E\ [\mathrm{V/m}] = \frac{\vec D-\vec P}{\epsilon_o} = \frac{\vec D - \chi_e\epsilon_o\vec E}{\epsilon_o}$$

$$\vec D\ [\mathrm{C/m^2}] = \epsilon_o\vec E+\vec P = (1+\chi_e)\epsilon_o\vec E = \epsilon_o\epsilon_r\vec E = \epsilon\vec E$$

$\epsilon=\epsilon_o\epsilon_r$ [F/m], $\epsilon_r\equiv(1+\chi_e)$

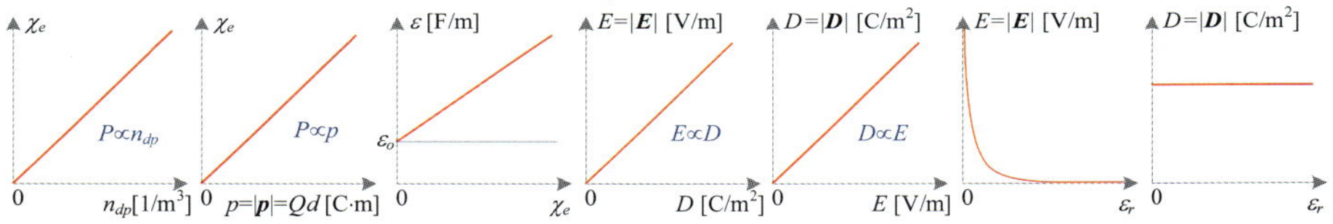

3. 유전상수가 다른 전자재료의 계면에서 전기장(전계강도,등가전하밀도)의 접선방향($\boldsymbol{E}_t$, $\boldsymbol{D}_t$)과 법선방향($\boldsymbol{E}_n$, $\boldsymbol{D}_n$) 성분에 대한 경계조건

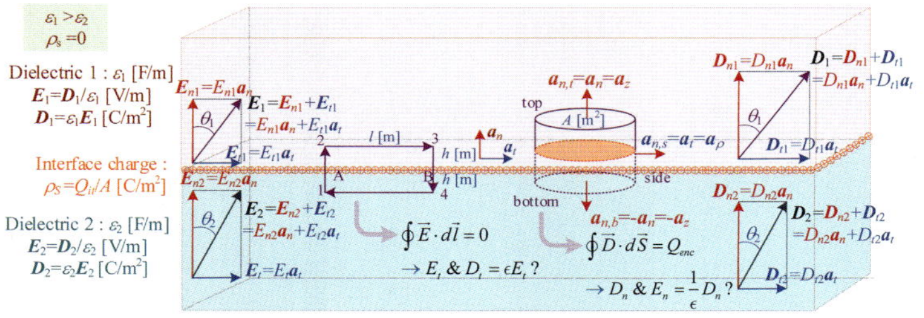

$V_{AA} = \oint \vec E\cdot d\vec l = 0$

$\to E_{t1}=E_{t2}=E_t$ [V/m]

Q_{enc} [C] $=\rho_S A = \oint\vec D\cdot d\vec S$

$\to (D_{n1}-D_{n2}) = \rho_S$ [C/m²]

4. 두 도체 전극 사이가 유전체로 채워진 구조(축전기 : Capacitor)의 정전기적 특성 : 정전용량(Capacitance : C [F]) : 전하량과 전위차의 관계

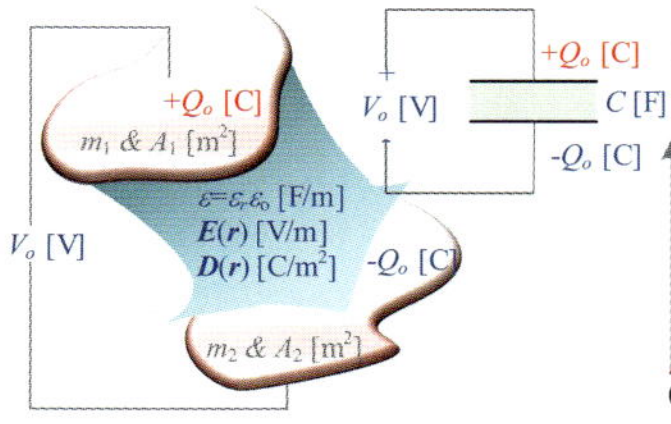

$$C\ [\mathrm{F}] \equiv \left|\frac{Q_o}{V_o}\right| = \frac{\left|\int_{m_1}\vec D(\vec r)\cdot d\vec S\right|}{V_o} = \frac{Q_o}{\left|-\int_{m_1}^{m_2}\vec E(\vec r)\cdot d\vec l\right|}$$

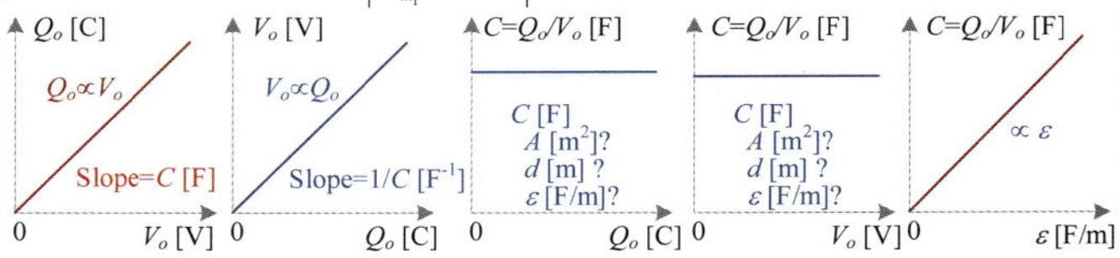

근원전하(Q_S [C])에 의해 형성된 전기장 내에서 전하를 띤 입자(또는 시험전하, 점전하(Q_t [C]), 선전하(ρ_l [C/m]), 면전하(ρ_S [C/m^2]), 3차원 분포전하(ρ_υ [C/m^3]))는 다음과 같이 쿨롱의 법칙을 기반으로 하는 정전기적 힘($\boldsymbol{F}(\boldsymbol{r})$ [N])을 받는다.

$$\vec{E}(\vec{r})\ [\text{N/C}] = [\text{V/m}] = \int_{-\infty}^{+\infty} d\vec{E}(\vec{r}\,',\vec{r})$$: 근원전하에 의해 형성된 전기장의 전계강도

$$d\vec{E}(\vec{r}\,',\vec{r})\ [\text{V/m}] \equiv \frac{1}{4\pi\epsilon_o}\frac{dQ_S(\vec{r}\,')}{R^2}\hat{a}_R$$: 근원전하 조각에 의해 형성된 부분 전계강도

$$dQ_S(\vec{r}\,')\ [\text{C}] = \begin{cases} Q_S(\vec{r}\,') \\ \rho_l(\vec{r}\,')dl' \\ \rho_s(\vec{r}\,')dS' \\ \rho_\upsilon(\vec{r}\,')d\upsilon' \end{cases}$$: 전기장을 형성하는 근원전하 조각(점전하, 선전하, 면전하, 입체전하)의 전하량

$$d\vec{F}(\vec{r})\ [\text{N}] = dQ_t\vec{E}(\vec{r}) \longleftrightarrow dQ_t\ [\text{C}] = \begin{cases} Q_t(\vec{r}) \\ \rho_{lt}(\vec{r})dl \\ \rho_{st}(\vec{r})dS \\ \rho_{\upsilon t}(\vec{r})d\upsilon \end{cases}$$: 근원전하에 의해 형성된 전기장 내에서 시험전하 조각이 받는 정전기적 힘

$$\vec{F}(\vec{r})\ [\text{N}] = \int_{test} d\vec{F}(\vec{r}) = \int_{test} \vec{E}(\vec{r})dQ_t$$: 근원전하에 의해 형성된 전기장 내에서 시험전하가 받는 정전기적 힘

전자 소자와 부품, 그리고 전자 시스템의 전기적 특성 변화 조절을 위해 정전기적 상호작용을 이용한다. 그런데 전자 부품을 구성하는 재료의 내부에는 높은 농도(많은 양)의 전하들이 존재하지만 겉보기로는 전하밀도가 중성($\rho(\boldsymbol{r}) = 0$ [C/m^3])으로 보이는 경우가 많다. 특히, 동일한 크기의 양의 전하($+Q$ [C])와 음의 전하($-Q$ [C])가 켤레 형태의 전하쌍극자(electric charge dipole)로 존재하는 경우가 대부분이다. 이와 같이 겉보기는 전하 중성의 상태이나 내부에는 전하쌍극자들이 높은 농도로 존재하는 전자재료를 유전체(dielectric material)라고 한다. 각각의 전하에는 정전기적 힘이 작용하지만, 켤레에 작용하는 정전기적 힘은 상쇄되어($\boldsymbol{F}_{net} = \boldsymbol{F}_+ + \boldsymbol{F}_- = \boldsymbol{0}$ [N]) 전하쌍극자가 공간적으로 이동하지 않는다. 그러나 전하쌍극자의 축을 중심으로 정전기력에 의한 회전력($\boldsymbol{T} = \boldsymbol{R}\times\boldsymbol{F}$ [N·m])이 작용하여 전기장의 영향을 받기도 하고, 또 이로 인해 전자재료 내부의 전계강도에 변화를 유발한다. 유전물질의 전계에 의한 영향과 반응을 나타내는 분극과 분극 벡터($\boldsymbol{P}$ [C/m^2])는 전계감응도(χ_e), 상대적 유전율 ($\epsilon = \epsilon_r\epsilon_o$ [F/m])을 이용하여 전기장 해석에 편리하게 활용된다.

또한 전자 부품과 소자, 전자기파를 전달하는 재료는 전기적 특성이 다른 재료들의 적층(stacked) 구조로 이루어진 경우가 많으며, 이는 곧 전기장의 영향이 서로 다름을 뜻한다. 이들은 유전체 경계면에서 전계강도($\boldsymbol{E}$ [V/m])와 등가전하밀도($\boldsymbol{D}$ [C/m^2])에 대한 경계조건(boundary conditions)으로 정리하여, 유전체 적층 구조의 해석과 부품의 설계에 편리하게 사용할 수 있도록 정리하는 것이 필요하다. 특히, 전기장을 형성하거나 전기장에 영향을 미치는 재료와 기하학적인 구조가 변하지 않는 경우에는 정전용량(축전기 또는 축전용량; capacitor, capacitance: C [F])을 정의하여 전기장의 해석과 부품의 설계에 편리하게 활용한다.

Section

5.1 전기장의 영향을 받고 전계의 전달에 영향을 주는 전하쌍극자

전하쌍극자는 [그림 5-1]과 같이 동일한 크기의 전하량을 가진 양의 전하($+Q$ [C])와 음의 전하($-Q$ [C])가 일정한 거리($\boldsymbol{d}$ [m])를 두고 결레를 이루어 결합하고 있는 상태로서, 겉보기 전하량은 중성($Q_{edp} = (+Q)+(-Q) = 0$ [C]) 상태이다.

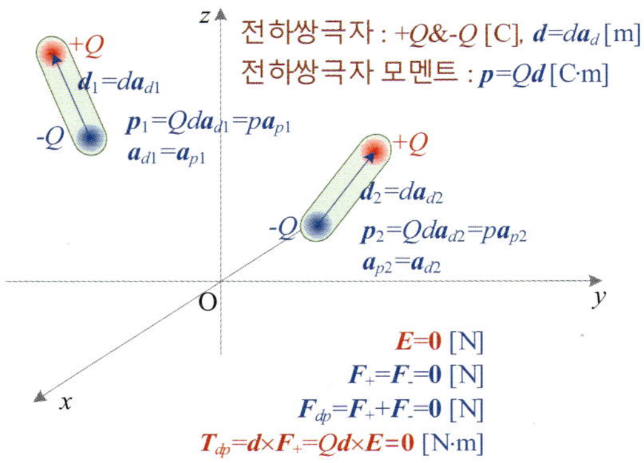

[그림 5-1] 전계가 인가되기 전, 유전체를 구성하는 전하쌍극자와 전하쌍극자 모멘트

전하쌍극자 또는 전하쌍극자들의 집합체인 전하 중성상태의 유전체에 전기장이 인가된 경우, 유전체의 정전기적 응답 특성과 영향을 이해하는 데는 전하쌍극자의 고유 특성(전하량: Q [C], 전하 간의 거리: d [m], 방향: $\boldsymbol{a}_d$)을 모두 포함하는 전하쌍극자 모멘트(electric dipole moment: $\boldsymbol{p} = p\boldsymbol{a}_d$ [C·m])를 정의하고, 이를 전자재료의 특성 이해에 활용하는 것이 좋다. 전하쌍극자의 고유한 특성을 나타내는 벡터 물리량인 전하쌍극자 모멘트($\boldsymbol{p}$ [C·m])는 다음과 같이 정의한다.

$\vec{p} \equiv Q\vec{d} = Qd\hat{a}_d \equiv p\hat{a}_d$ [C·m] : 전하쌍극자 모멘트(전하쌍극자의 특성인 전하량, 전하 간 거리와 방향을 모두 포함)

- $\vec{d} \equiv d\hat{a}_d \equiv \vec{R}_+ - \vec{R}_- = \vec{R}_{(- \to +)}$ [m] : 전하 결레의 양전하와 음전하 사이의 거리와 방향을 나타내는 벡터
- $\vec{R}_+$ [m] : 전하쌍극자의 양전하($+Q$ [C])의 위치를 나타내는 위치 벡터
- $\vec{R}_-$ [m] : 전하쌍극자의 음전하($-Q$ [C])의 위치를 나타내는 위치 벡터
- $\hat{a}_d \equiv \dfrac{\vec{d}}{d} = \dfrac{\vec{R}_+ - \vec{R}_-}{|\vec{R}_+ - \vec{R}_-|}$: 전하쌍극자의 음전하로부터 양전하로 향하는 방향을 나타내는 단위벡터

유전체를 구성하는 전하쌍극자의 특성 지표인 전하쌍극자 모멘트($\boldsymbol{p} = p\boldsymbol{a}_d$ [C·m])를 결정하는 요소를 요약하면 [그림 5-2]와 같다.

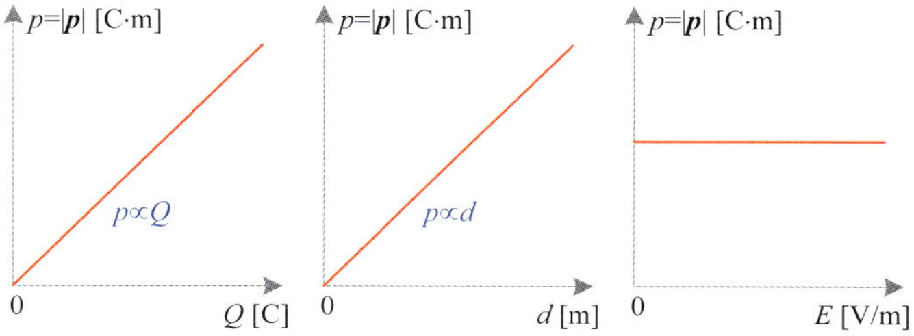

[그림 5-2] 유전체를 구성하는 전하쌍극자의 특성 지표인 전하쌍극자 모멘트($\boldsymbol{p} = p\boldsymbol{a}_d$ [C·m])를 결정하는 요소

5.1.1 전하쌍극자에 작용하는 정전기적 힘과 회전력

전하쌍극자가 전기장 내에 존재하면, 결레전하를 구성하는 양과 음의 전하는 서로 반대방향의 정전기적 힘(Coulombic force)을 받는다. [그림 5-3](b)에 나타낸 것과 같이, 양의 전하가 받는 힘($\boldsymbol{F}_+ = +Q\boldsymbol{E}$ [N])과 음의 전하가 받는 힘($\boldsymbol{F}_- = -Q\boldsymbol{E}$ [N])은 크기는 동일하나 방향이 반대이므로, 전하쌍극자가 받는 두 힘의 합은 $\boldsymbol{F}_{\text{net}} = \boldsymbol{F}_+ + \boldsymbol{F}_- = \boldsymbol{0}$ [N]이 된다. 따라서 두 전하로 이루어진 결레전하의 공간적 이동은 불가능하다. 그러나 전하쌍극자는 두 전하의 축을 중심으로 정전기적 힘에 의한 회전력(Torque: $\boldsymbol{T}_{edp} = \boldsymbol{d} \times \boldsymbol{F}_+ = Q\boldsymbol{d} \times \boldsymbol{E}$ [N·m])이 작용한다. 전기장 내에 전하쌍극자가 존재하는 경우, 정전기적 회전력에 의해 전하쌍극자의 축이 전계와 나란한 방향($\boldsymbol{a}_d = \boldsymbol{a}_E$)으로 정렬되어, 회전력이 작용하지 않는 상태에서 회전을 멈추게 된다.

전계가 인가되기 전에 서로 다른 방향으로 존재하는 2개의 전하쌍극자와 전계에 의해 작용한 정전기력에 의해 회전한 후의 상태를 [그림 5-3]에 비교하였다.

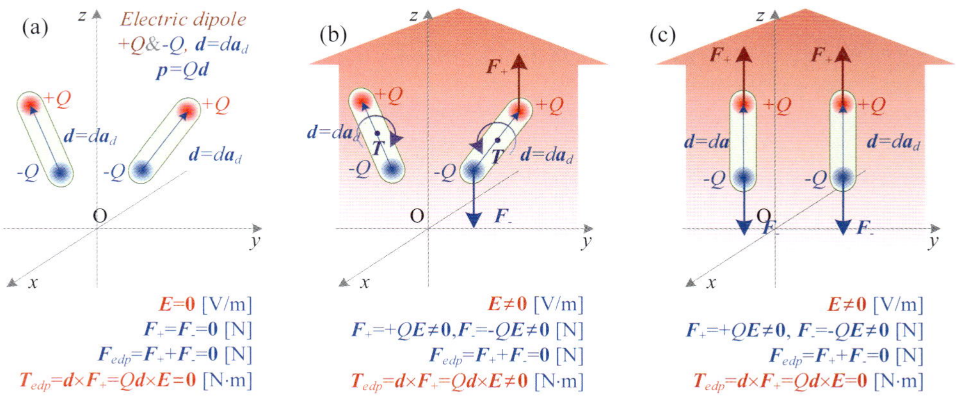

[그림 5-3] 전계 인가 전의 전하쌍극자와 전계가 인가된 경우 전하쌍극자들의 정렬 과정
(a) 전계가 없는 공간의 전하쌍극자 (b) 전계가 인가되어 회전력이 작용하기 시작한 상태의 전하쌍극자
(c) 정전기적 회전력에 의해 전계와 나란하게 정렬된 후의 전하쌍극자

[그림 5-3](a)에 나타낸 것과 같이 전계가 인가되기 전에 두 전하쌍극자의 쌍극자 모멘트는 크기는 같으나 방향은 다르다. 그런데 외부에서 인가된 정전기력으로 인해 회전력이 작용하면([그림 5-3](c)) 전계와 같은 방향으로 정렬된 후 정지하게 된다. 이때 두 전하쌍극자는 쌍극자 모멘트의 크기도 같고 방향도 동일하며, 그 방향은 외부에서 인가된 전계강도의 방향과 같다.

전하쌍극자의 고유 특성(전하량: Q [C], 전하 간의 거리와 방향: $\boldsymbol{d} = d\boldsymbol{a}_d$ [m])을 모두 포함하는 벡터 물리량인 전하쌍극자 모멘트(electric dipole moment: $\boldsymbol{p}$ [C·m])는 전하쌍극자를 구성하는 전하량(Q [C])이 많을수록, 또 회전축으로 사용되는 두 전하쌍극자 사이의 거리(d [m])가 멀수록 큰 값을 갖는다. 또한 전하쌍극자가 전기장 내에 존재하는 경우, 전하 결레에 작용하는 순 힘은 $\boldsymbol{F}_{net} = \boldsymbol{0}$ [N]이지만, 전계에 의해 회전력은 작용한다($\boldsymbol{T}_{edp} \neq \boldsymbol{0}$ [N·m]). 전하쌍극자 모멘트가 클수록(전하량이 크고 전하 간의 간격이 클수록) 큰 회전력이 작용하지만, 전하쌍극자의 정렬 방향과 전계의 방향이 평행하면 ($\boldsymbol{a}_d = \boldsymbol{a}_E$) 전계가 크더라도 회전력은 발생하지 않는다.

예를 들면, 전기장 내에 존재하는 전하쌍극자에 작용하는 정전기적 회전력($\boldsymbol{T}_{edp}$ [N·m])은 다음과 같이 전하쌍극자 모멘트($\boldsymbol{p} = p\boldsymbol{a}_d$ [C·m])와 외부에서 인가된 전계($\boldsymbol{E}$ [V/m])의 벡터 곱으로 나타낼 수 있다.

$$\vec{T}_{edp}\ [\mathrm{N\cdot m}] = (\vec{R}_+ \times \vec{F}_+) + (\vec{R}_- \times \vec{F}_-) = (\vec{R}_+ - \vec{R}_-) \times \vec{F}_+ = \vec{d} \times \vec{F}$$

$$= Q\vec{d} \times \vec{E} = \vec{p} \times \vec{E} = |pE\sin\theta|\hat{a}_n$$: 전기장에 의해 전하쌍극자에 작용하는 회전력 벡터

$$\vec{F}\ [\mathrm{N}] \equiv \vec{F}_+ = +Q\vec{E} \ \ \&\ \ \vec{F}_-\ [\mathrm{N}] \equiv -Q\vec{E} = -\vec{F}_+$$: 전기장에 의해 전하쌍극자의 양의 전하에 작용하는 정전기적 힘

$$\hat{a}_T \equiv \frac{\vec{T}_{edp}}{T} = \hat{a}_n \equiv \hat{a}_d \times \hat{a}_E$$: 전기장에 의해 전하쌍극자에 작용하는 회전력 벡터의 방향 (회전면에 수직인 방향으로 나타냄)

또한 외부에서 인가된 전계가 전하쌍극자 모멘트와 평행한 방향($\boldsymbol{a}_d = \boldsymbol{a}_E$)이면 회전력이 작용하지 않는다. 그러나 전계와 전하쌍극자 모멘트가 평행하지 않으면 이 둘이 이루는 면에 수직인 방향으로 회전력이 작용한다. 전하쌍극자 모멘트가 클수록, 또 외부에서 인가된 전계강도($\boldsymbol{E}$ [V/m])가 강할수록 큰 회전력이 작용함을 뜻한다.

동일한 특성을 가진 다수의 전하쌍극자가 높은 농도(n_{edp} [1/m^3])로 균일하게 존재하는 전자재료가 유전체다. 동일한 특성(전하량: Q [C], 전하 간의 거리: d [m])의 전하쌍극자들이 불규칙하게 배열($\boldsymbol{d}_i = d_i\boldsymbol{a}_{di}$ [m])되어 있는 유전체(전하쌍극자 농도 = n_{edp} [1/m^3])의 경우, 전하쌍극자를 구성하는 전하량(Q_i [C])과 전하 사이의 거리와 방향($\boldsymbol{d}_i = d_i\boldsymbol{a}_{di}$ [m])은 다르더라도, 각각의 전하쌍극자에 작용하는 정전기적 힘은 모두 $\boldsymbol{0}$($\boldsymbol{F}_{edpi} = \boldsymbol{F}_{+i} + \boldsymbol{F}_{-i} = 0$ [N])이므로 유전체를 구성하는 전하쌍극자들의 공간적 이동은 불가능하다. 이 경우에도 전기장에 의한 정전기적 회전력에 의해 유전체 내의 모든 전하쌍극자들은 그 축과 전계의 방향이 평행($\boldsymbol{a}_{di} = \boldsymbol{a}_E$, $\boldsymbol{a}_{di} \parallel \boldsymbol{a}_E$ $\boldsymbol{a}_{di} \times \boldsymbol{a}_E = \boldsymbol{0}$)이 될 때까지 각각의 전하쌍극자를 이루는 축을 중심으로 회전하고, 전계와 나란히 정렬되면 회전을 멈추게 된다. 전기장에 의해 유전체를 구성하는 전하쌍극자들에 작용하는 정전기적 힘($\boldsymbol{F}_+$, $\boldsymbol{F}_-$, $\boldsymbol{F}_{edp}$ [N])과 정전기적 회전력($\boldsymbol{T}_{edp}$ [N·m])의 관계를 수식으로 정리하면 다음과 같다.

$$\vec{F}_{edp,i}(\vec{r}) = \vec{F}_{i,+}(\vec{r}) + \vec{F}_{i,-}(\vec{r}) = 0\ [\mathrm{N}]$$: 전기장에 의해 전하쌍극자에 작용하는 정전기적 힘

$$\vec{F}_{i,+}(\vec{r}) = +Q\vec{E}(\vec{r})\ [\mathrm{N}]$$: 전기장에 의해 전하쌍극자의 양전하(+Q [C])에 작용하는 정전기적 힘

$$\vec{F}_{i,-}(\vec{r}) = -Q\vec{E}(\vec{r})\ [\mathrm{N}]$$: 전기장에 의해 전하쌍극자의 음전하(−Q [C])에 작용하는 정전기적 힘

$$\vec{T}_{edp,i}(\vec{r})\Big|_{\substack{before\\polarization}} = \vec{d}_i \times \vec{F}_{i,+}(\vec{r}) = \vec{d}_i \times Q\vec{E}(\vec{r}) = Q_i\vec{d}_i \times \vec{E}(\vec{r}) = \vec{p}_i \times \vec{E}(\vec{r}) = |p_iE\sin\theta_i|\hat{a}_{n,i} \neq 0\ [\mathrm{N\cdot m}]$$

: 전기장에 의한 정렬(분극) 전 전하쌍극자에 작용하는 회전력 벡터

$$\vec{T}_{edp,i}(\vec{r})\Big|_{\substack{after\\polarization}} = \vec{d} \times \vec{F}_{i,+}(\vec{r}) = \vec{d} \times Q\vec{E}(\vec{r}) = Q\vec{d} \times \vec{E}(\vec{r}) = p\hat{a}_E \times \vec{E}(\vec{r}) = p\hat{a}_E \times E\hat{a}_E = 0\ [\mathrm{N\cdot m}]$$

: 전기장에 의한 정렬(분극) 후 전하쌍극자에 작용하는 회전력 벡터

유전체를 구성하는 전하쌍극자의 전계($\boldsymbol{E}$ [V/m])에 의한 회전력($\boldsymbol{T}_{edp}$ [N·m])을 결정하는 요소와 의존도를 요약하면 [그림 5-4]와 같다.

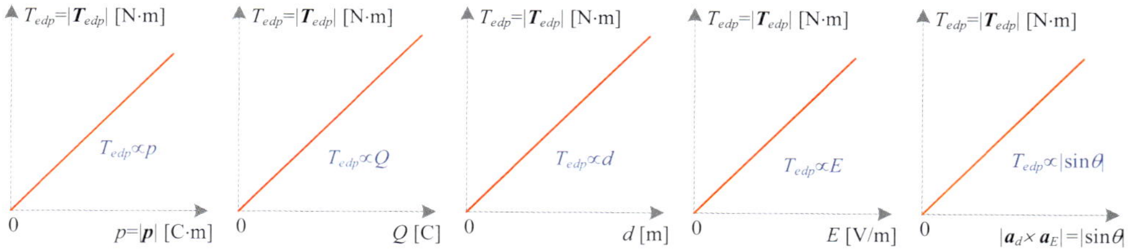

[그림 5-4] 유전체를 구성하는 전하쌍극자의 전계($\boldsymbol{E}$ [V/m])에 의한 회전력($\boldsymbol{T}_{edp}$ [N·m])을 결정하는 요소

특히 대부분의 전자재료는 높은 농도의 전하쌍극자들로 구성되어 있으며, 외형으로는 전기적으로 중성이나 전기장에 의한 전기쌍극자들의 회전에 의한 전계 방향으로의 정렬(분극현상)로 인해 전자재료 내부의 전기장의 변화가 수반된다. 이로 인한 특성의 변화가 정전용량(capacitor)으로서 중요한 전자부품의 하나로 사용되며, 전계에 의한 전하쌍극자의 분극(polarization of electric dipoles) 특성을 이용한 정보 저장용 소자(메모리: memory; DRAM, Flash memory, FeRAM 등)에 사용되고 있다. 또한, MIS(metal-insulator-semiconductor) 구조의 캐패시터를 통한 전계효과를 이용하는 전계효과 트랜지스터(FET: field-effect-transistor)로서 정보통신용 반도체 소자의 핵심인 MOSFET(Metal-Oxide-Semiconductor FET)과 디스플레이 구동용 소자인 TFT(thin-film transistor)에도 응용하고 있다. 이들 소자의 성능과 신뢰성을 확보하고 개선하며, 우수한 성능의 소자를 개발하기 위해서는 정전용량의 개념과 결정 요소에 대한 확실한 이해가 매우 중요하다.

5.1.2 전하쌍극자에 의해 형성된 전기장의 전계강도와 전위분포

[그림 5-5]에 나타낸 것과 같이, 전하쌍극자에 의해 형성되는 전기장을 이해하는 것은 유전체 내의 전기장(전계강도: $\boldsymbol{E}(\boldsymbol{r})$ [V/m], 등가전하밀도: $\boldsymbol{D}(\boldsymbol{r})$ [C/m^2], 전위: $V(\boldsymbol{r})$ [m])을 이해하는 과정에 매우 중요하다. 즉, 전하쌍극자는 전기장의 영향을 받아 회전하고 정렬하는 특성을 갖기도 하지만, 전하쌍극자들이 전기장을 형성하고 전계와 전위 발생의 근원이 되기도 한다. 전하쌍극자에 의한 전위분포($V_{edp}(\boldsymbol{r})$ [V])는 전하쌍극자를 구성하는 양전하($+Q$ [C])에 의한 전위($V_+(\boldsymbol{r})$)와 음전하($-Q$ [C])에 의한 전위($V_-(\boldsymbol{r})$)의 합(중첩)으로서 다음과 같이 구할 수 있다.

$$V_{edp}(\vec{r})\ [\mathrm{V}]=V_+(\vec{r})+V_-(\vec{r})=\frac{1}{4\pi\epsilon}\frac{(+Q)}{R_+}+\frac{1}{4\pi\epsilon}\frac{(-Q)}{R_-}=\frac{Q}{4\pi\epsilon}\left(\frac{1}{R_+}-\frac{1}{R_-}\right)=\frac{Q}{4\pi\epsilon}\left(\frac{R_--R_+}{R_+R_-}\right)$$

$$\cong\frac{Q}{4\pi\epsilon R^2}(R_--R_+)$$: 전하쌍극자에 의해 형성된 전기장의 전위분포

$$\left.\begin{aligned}\vec{R}_+&\equiv(x,y,z)-(x_+,y_+,z_+)=((x-x_+),(y-y_+),(z-z_+))\\ \vec{R}_-&\equiv(x,y,z)-(x_-,y_-,z_-)=((x-x_-),(y-y_-),(z-z_-))\end{aligned}\right\}$$

$$\rightarrow(\vec{R}_--\vec{R}_+)=((x_+-x_-),(y_+-y_-),(z_+-z_-))=\vec{d}$$

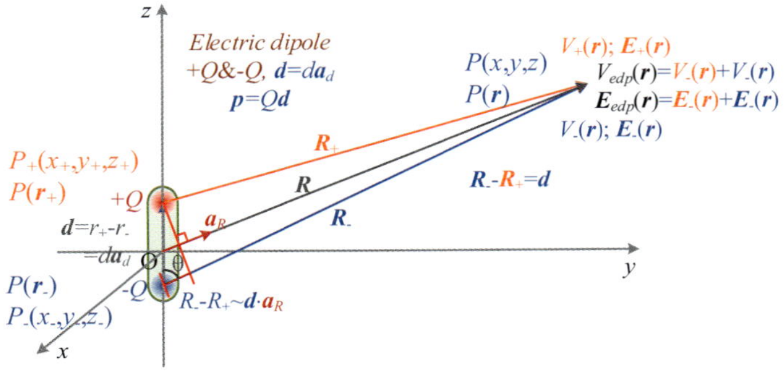

[그림 5-5] 전하쌍극자에 의해 형성되는 전기장의 전위분포와 전계강도

양전하와 음전하의 간격(d [m])에 비해 전하쌍극자로부터 제법 멀리 떨어진 지점의 경우(R_+, $R_- >> d$ [m]), 전하쌍극자에 의해 형성되는 전기장의 전위분포($V_{edp}(\boldsymbol{r})$ [V])는 다음과 같이 쌍극자 모멘트 ($\boldsymbol{p}$ [C·m]), 전하쌍극자 축과 관측점의 위치 벡터($\boldsymbol{R}$ [m])가 이루는 사잇각(θ [rad])를 이용하여 나타낼 수 있다.

$$V_{edp}(\vec{r})\ [\text{V}] = V_+(\vec{r}) + V_-(\vec{r}) = \frac{Q}{4\pi\epsilon}\left(\frac{R_- - R_+}{R_+ R_-}\right) \cong \frac{Q}{4\pi\epsilon R^2}(R_- - R_+) \cong \frac{Q}{4\pi\epsilon R^2}(\vec{d}\cdot\hat{a}_R)$$

$$= \frac{Q\vec{d}\cdot\hat{a}_R}{4\pi\epsilon R^2} = \frac{\vec{p}\cdot\hat{a}_R}{4\pi\epsilon R^2} = \frac{p\cos\theta}{4\pi\epsilon R^2}$$

$\vec{d} \equiv (\vec{R}_+ - \vec{R}_-) = ((x_+ - x_-), (y_+ - y_-), (z_+ - z_-))$: 전하쌍극자를 구성하는 음의 전하로부터 양의 전하까지의 거리와 방향

$\hat{a}_d \equiv \vec{d}/d$: 전하쌍극자를 구성하는 음의 전하로부터 양의 전하로 향하는 방향

$\vec{R} \equiv (x, y, z) - (0,0,0) = (x, y, z)$: 원점으로부터 전하쌍극자의 중심까지의 거리와 방향

$\hat{a}_R \equiv \vec{R}/R$: 원점으로부터 전하쌍극자의 중심을 향하는 방향

특히 전하쌍극자를 구성하는 두 전하를 연결하는 선을 수직으로 2등분하는 면($\theta = 90°$, $\pi/2$ rad) 위의 모든 점은 양전하와 음전하로부터 동일한 거리의 점으로서, $V_{edp} = V_+ + V_- = 0$ [V]인 등전위면을 형성한다. 이 때, 전하쌍극자에 의해 생성되는 전위는 전하쌍극자로부터의 거리의 제곱에 반비례하여 전위가 급격히 감소하며, 전하쌍극자에 의한 영향이 급격히 감소함을 뜻한다(참고로 독립된 점전하에 의한 전위는 점전하로부터의 거리에 반비례함).

전하쌍극자에 의해 형성되는 전기장의 전계강도($\boldsymbol{E}_{edp}(\boldsymbol{r})$ [V/m])와 등가전하밀도($\boldsymbol{D}_{edp}(\boldsymbol{r})$ [C/m^2])는 앞에서 구한 스칼라 물리량인 전위분포($V_{edp}(\boldsymbol{r})$ [V])의 변화율을 이용하여 구할 수도 있으나, 그 과정이 다소 복잡하게 느껴질 수도 있다.

$\vec{E}_{edp}(\vec{r})\ [\text{V/m}] = -\nabla V_{edp}(\vec{r})$: 전하쌍극자에 의해 형성된 전위분포를 이용하여 전계강도를 구하는 데 사용할 수 있는 관계식

전하쌍극자에 의해 형성되는 전기장 해석 과정에 스칼라 물리량인 전위($V_{edp}(\boldsymbol{r})$ [V])를 이용하는 것과 함께, 다음과 같이 쿨롱의 법칙에 기반하여 해석할 수도 있다. 즉, 전하쌍극자를 구성하는 양의 전하에 의한 전계강도($\boldsymbol{E}_+(\boldsymbol{r})$ [V/m])와 음의 전하에 의한 전계강도($\boldsymbol{E}_-(\boldsymbol{r})$ [V/m])의 합을 이용하여 관측점의

전계강도($\boldsymbol{E}_{edp}(\boldsymbol{r})$ [V/m])를 구할 수 있다. 이로부터 등가전하밀도 분포($\boldsymbol{D}_{edp}(\boldsymbol{r})$ [C/m²]), 그리고 시험전하(Q_t [C])에 작용하는 정전기적 힘($\boldsymbol{F}(\boldsymbol{r}) = Q_t\, \boldsymbol{E}_{edp}(\boldsymbol{r})$ [N])도 구할 수 있다.

$$\vec{E}_{edp}(\vec{r})\ [\text{V/m}] = \vec{E}_{+}(\vec{r}) + \vec{E}_{-}(\vec{r}) = \frac{1}{4\pi\epsilon}\frac{+Q}{R_+^{\,2}}\hat{a}_{R+} + \frac{1}{4\pi\epsilon}\frac{-Q}{R_+^{\,2}}\hat{a}_{R-} \cong \frac{Q}{4\pi\epsilon}\left(\frac{1}{R_+^{\,2}} - \frac{1}{R_-^{\,2}}\right)\hat{a}_d$$

$$= \frac{Q}{4\pi\epsilon}\left(\frac{R_-^{\,2} - R_+^{\,2}}{R_+^{\,2}R_-^{\,2}}\right)\hat{a}_d \cong \frac{Q}{4\pi\epsilon}\frac{2R}{R^4}(R_- - R_+)\hat{a}_d = \frac{1}{2\pi\epsilon}\frac{Q}{R^3}(R_- - R_+)\hat{a}_d$$

$$= -\frac{1}{2\pi\epsilon}\frac{Q(-\vec{d})\cdot\hat{a}_R}{R^3}\hat{a}_d = -\frac{1}{2\pi\epsilon}\frac{\vec{p}\cdot\hat{a}_R}{R^3}\hat{a}_d = -\frac{1}{2\pi\epsilon}\frac{p\cos\theta}{R^3}\hat{a}_d$$

$$;\ (R_- - R_+) = d\cos\theta = \vec{d}\cdot\hat{a}_R$$

$$\vec{D}_{edp}(\vec{r})\ [\text{C/m}^2] = \epsilon\vec{E}_{edp}(\vec{r}) = -\frac{1}{2\pi}\frac{Q\vec{d}\cdot\hat{a}_R}{R^3}\hat{a}_d = -\frac{1}{2\pi}\frac{\vec{p}\cdot\hat{a}_R}{R^3}\hat{a}_d = -\frac{1}{2\pi}\frac{p\cos\theta}{R^3}\hat{a}_d$$

$$\vec{F}(\vec{r})\ [\text{N}] = Q_t\vec{E}_{edp}(\vec{r}) = -Q_t\frac{1}{2\pi}\frac{Q\vec{d}\cdot\hat{a}_R}{R^3}\hat{a}_d = -Q_t\frac{1}{2\pi}\frac{\vec{p}\cdot\hat{a}_R}{R^3}\hat{a}_d = -Q_t\frac{1}{2\pi}\frac{p\cos\theta}{R^3}\hat{a}_d$$

또한 전하쌍극자에 의해 형성된 전계강도와 등가전하밀도, 시험전하가 받는 정전기적 힘도 전하쌍극자 모멘트($\boldsymbol{p}$ [C·m])를 이용하여 편리하게 나타내고 계산할 수 있음을 알 수 있다. 전하쌍극자에 의해 형성된 전위분포($V_{edp}(\boldsymbol{r})$ [V])와 전계강도($\boldsymbol{E}_{edp}(\boldsymbol{r})$ [V/m])를 결정하는 요소와 의존도를 [그림 5-6]에 요약하였다.

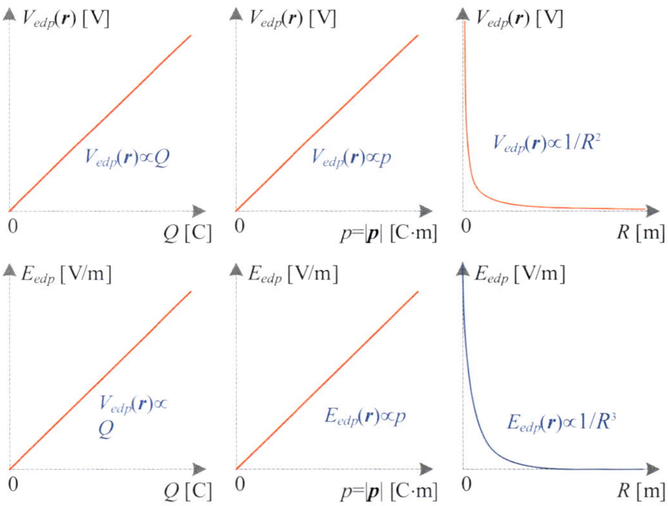

[그림 5-6] 전하쌍극자에 의해 형성된 전기장의 전위와 전계강도를 결정하는 요소

Section

5.2 전계에 의한 유전체의 분극과 유전상수

전자재료 내에는 다음과 같은 두 가지의 전하가 있다.

- 양의 전하 또는 음의 전하를 띠고 전계에 의한 이동이 가능한 이동전하(mobile charge)
- 양전하와 음전하가 결레(전하쌍극자)로 존재하여 전계에 의한 이동은 불가능하나, 전하 축을 중심으로 회전은 가능한 쌍극자 전하(또는 속박 전하: dipole charge/bound charge)

전자재료 내의 이동전하는 전계에 의한 정전기적 힘으로 인해 이동하여 전도성 전류($\boldsymbol{J}_C$ [A/m²]; 드리프트 전류라고도 함)를 형성한다. 전도성 전류는 이동전하의 부호에 관계없이 항상 전계와 같은 방향($\boldsymbol{a}_{Jc} = \boldsymbol{a}_E$)의 전도성 전류를 형성하며, 이동전하의 농도($\rho_{m+} > 0$ [C/m³]; 양의 이동전하 농도, $\rho_{m-} < 0$ [C/m³]; 음의 이동전하 농도)가 높을수록, 또 이동도(μ_p [m²/V·s]; 양의 이동전하의 이동도, μ_n [m²/V·s]; 음의 이동전하의 이동도)가 클수록 전도성 전류가 증가한다.

$\vec{J}_C\ [\text{A/m}^2] = \vec{J}_{drift} = \sigma\vec{E}$: 외부에서 인가된 전계와 재료의 특성 지표인 전기전도도에 의해 결정되는 전도성 전류

$\sigma\ [\Omega^{-1}/\text{m}] = (\rho_{m+}\mu_p + |\rho_{m-}|\mu_n)$: 전자재료의 특성(이동전하밀도와 이동도)에 의해 결정되는 전기전도도

$\rho_{m+}\ \&\ \rho_{m-}\ [\text{C/m}^3]$: 전자재료 내에 존재하는 양과 음의 이동전하 농도

$\mu_p\ \&\ \mu_n\ [\text{m}^2/\text{Vs}] = [(\text{m/s})/(\text{V/m})]$: 전자재료 내에 존재하는 양과 음의 이동전하 이동도

이동전하와는 달리 전자재료 또는 전기장이 전달되는 매질 내에는 전계에 의한 이동은 불가능하나 회전은 가능한 속박전하로서 전하쌍극자(electric charge dipole)들이 존재한다. 전자부품을 구현하는 데 사용되는 전자재료는 외형으로는 전기적으로 중성($\rho = 0$ [C/m³])이나, 내부적으로는 양의 전하와 음의 전하가 결레를 이룬 전하쌍극자들이 높은 농도로 존재하는 동일한 특성을 가진 전하쌍극자들의 집합체에 해당한다. 이와 같이 전하쌍극자들의 집합체로 이루어진 전하 중성($\rho = \rho_+ + \rho_- = 0$ [C/m³])의 재료를 유전체(dielectric material)라고 한다.

동일한 특성을 가진 전하쌍극자들($\boldsymbol{p}_i = \boldsymbol{p}_j = Q\boldsymbol{d}$ [C·m])의 집합체로서, 전기장의 영향을 받기도 하지만 전기장의 전달/전파에 영향을 미치기도 하는 유전체, 전기장 전달의 매질 또는 전기부품의 핵심 구성요소인 유전체의 특징을 요약하면 다음과 같다.

- 같은 크기의 전하량을 가진 양전하($+Q$ [C])와 음전하($-Q$ [C])의 결레인 전하쌍극자들이 높은 농도(n_{edp} [1/m³])로 존재함
- 양전하–음전하 결레로 존재하므로 항상 전기적으로 중성($Q_{edp} = (+Q)+(-Q) = 0$ [C])이며, 전계에 의한 정전기적 힘은 작용하지 않으므로($\boldsymbol{F}_{edp} = \boldsymbol{F}_+ + \boldsymbol{F}_- = 0$ [N]), 전하쌍극자들의 집합체인 유전체의 전계에 의한 이동은 불가능함
- 전기적으로 중성이나, 전계가 인가되면 양전하와 음전하에 동일한 크기의 반대방향으로 작용하는 정전기적 힘에 의해 유전체를 구성하는 전하쌍극자들에 회전력($\boldsymbol{T}_{edp} = \boldsymbol{p}\times\boldsymbol{E}$ [N·m])이 작용하고,

전계와 평행하게 정렬됨. 이를 전계에 의한 유전체의 분극이라고 함

- 정전기적 힘에 의한 회전력은 결레전하를 이루는 전하의 전하량과 두 전하 간의 간격(d [m]), 방향($\boldsymbol{a}_d$)에 의해 결정됨
- 정전기적 힘에 의해 회전하여 전계와 평행($\boldsymbol{a}_d = \boldsymbol{a}_E$, $\boldsymbol{d} = d\boldsymbol{a}_d = d\boldsymbol{a}_E$ [m])하게 되면, 더이상 회전력이 작용하지 않고($\boldsymbol{T}_{edp} = \boldsymbol{p} \times \boldsymbol{E} = p\boldsymbol{a}_d \times \boldsymbol{E} = p\boldsymbol{a}_E \times \boldsymbol{E} = 0$ [N·m]) 분극이 완료됨
- 전하쌍극자의 특성인 전하쌍극자 모멘트($\boldsymbol{p} = Q\boldsymbol{d}$ [C·m])와 전하쌍극자의 농도(n_{edp} [1/m^3])가 외부에서 인가된 전기장에 대한 응답 특성을 결정하며, 이를 나타내는 특성 지표가 상대적 유전상수임. 전하쌍극자 모멘트가 클수록, 전하쌍극자의 농도가 높을수록 큰 유전상수를 가짐 (dielectric constant; $\epsilon = \epsilon_0\epsilon_r$ [F/m], $\epsilon_r = 1 + \chi_e$)
- 결레전하의 결합력($\boldsymbol{F}_{edp}$ [N])보다 훨씬 큰 정전기적 힘($\boldsymbol{F}_E$ [N])이 작용($\boldsymbol{F}_E >> \boldsymbol{F}_{edp}$)하면 전하쌍극자의 분리가 이루어지며, 이것을 유전체 붕괴라고 함($F_E = QE >> F_{edp}$ [N]; dielectric breakdown). 이는 전자 소자에 인가할 수 있는 최대 전압의 제한 원인이 됨

5.2.1 유전체의 전계에 의한 분극과 전계감응계수

동일한 특성을 가지고 균일한 농도로 배열된 전하쌍극자들의 집합체인 유전체에 (a) 전계가 인가되지 않은 상태, (b) 전계가 인가되어 회전력이 작용하는 상태, (c) 전계에 의한 분극이 완료되어 회전력이 작용하지 않는 상태를 비교하여 [그림 5-7]에 나타내었다. 전계가 인가되지 않은 경우($\boldsymbol{E} = \boldsymbol{0}$ [V/m]), 유전체 내의 전하쌍극자들은 불규칙한 배열의 형태로 존재한다. 그러나 외부에서 전계가 인가($\boldsymbol{E} \neq \boldsymbol{0}$ [V/m])되면, 전하쌍극자를 구성하는 양전하와 음전하에 서로 반대방향으로 작용하는 정전기적 힘으로 인해 전하쌍극자에 작용하는 순 힘은 없지만($\boldsymbol{F}_{edpi} = \boldsymbol{F}_{+i} + \boldsymbol{F}_{-i} = 0$ [N]), 정전기적 회전력($\boldsymbol{T}_{edp} = \boldsymbol{p} \times \boldsymbol{E}$ [N·m])은 발생한다. 이로 인해 유전체 내의 모든 전하쌍극자가 회전하기 시작하고, 회전력이 더 이상 작용하지 않는 상태, 즉 전하쌍극자의 축이 전계와 평행($\boldsymbol{a}_d = \boldsymbol{a}_E$)하게 정렬될 때까지 회전한 후 정지하게 된다.

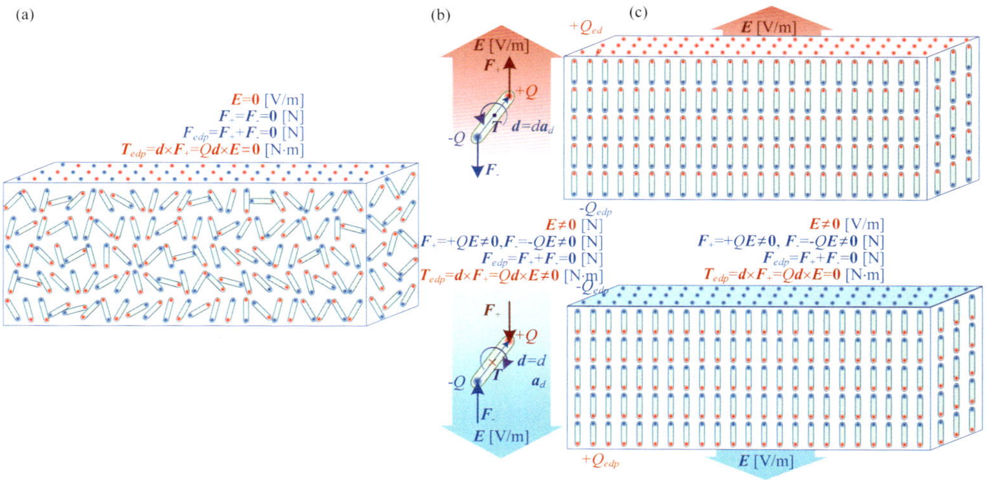

[그림 5-7] 유전체 내의 전하쌍극자들과 전계에 의한 회전과 정렬
(a) 전계가 인가되지 않은 상태 (b) 전계가 인가되어 회전력이 작용하는 상태
(c) 전계에 의한 분극이 완료되어 회전력이 작용하지 않는 상태

전하쌍극자들의 집합체로 이루어진 유전체(전자재료)를 나타내는 대표적인 특성 지표에는 이동전하에 의해 결정되는 전기전도도와 함께 유전상수(또는 유전율: dielectric constant; $\epsilon = \epsilon_0\epsilon_r$ [F/m])가 있다. 유전상수는 유전체 내에 존재하는 전하쌍극자들의 전계에 대한 반응 또는 정전기적 상호작용을 나타내는 정전기적 특성 지표다. 특히 유전체 내에 존재하는 전하쌍극자들의 농도(n_{edp} [1/m^3])와 전하쌍극자 모멘트($\boldsymbol{p} = Q\boldsymbol{d}$ [C·m])를 반영하여 전기장에 대한 영향을 상대적 유전상수(ϵ_r [F/m])로 정의하고, 전계의 세기와 방향이 바뀌었을 때에도 정전기적 상호작용을 아주 편리하게 해석하는 데 사용한다.

전기장에 의해 전하쌍극자에 작용하는 정전기적 힘($\boldsymbol{F}_{edp}$ [N])과 회전력($\boldsymbol{T}_{edp}$ [N·m])의 관계는 앞에서 설명한 대로 다음과 같이 나타낼 수 있다.

$$\left.\begin{aligned}\vec{F}_{+} &= +Q\vec{E}\ [\mathrm{N}]\\ \vec{F}_{-} &= -Q\vec{E}\ [\mathrm{N}]\end{aligned}\right\} \Rightarrow \begin{cases}\vec{F}_{edp} = \vec{F}_{+} + \vec{F}_{-} = (+Q\vec{E}) + (-Q\vec{E}) = 0\ [\mathrm{N}]\\ \vec{T}_{edp} = \vec{d}\times\vec{F}_{+} = \vec{d}\times Q\vec{E} = Q\vec{d}\times\vec{E} = \vec{p}\times\vec{E} = |pE\sin\theta|\hat{a}_n \neq 0\ [\mathrm{N}\cdot\mathrm{m}]\end{cases}$$

: 전기장 내의 전하쌍극자에 작용하는 정전기적 힘과 회전력 벡터

유전체 내에 존재하는 전하쌍극자들의 전계에 의한 분극 특성을 이해하기 편리하도록 [그림 5-3]과 [그림 5-7]을 참고하여 다음의 3단계로 나누어 설명한다.

(a) 전계가 인가되지 않은 상태($\boldsymbol{E} = \boldsymbol{0}$ [V/m])의 유전체를 구성하는 전하쌍극자들의 불규칙 배열 상태 : [그림 5-3](a), [그림 5-7](a)

(b) 전계가 가해져($\boldsymbol{E} \neq \boldsymbol{0}$ [V/m]) 유전체 내 전하쌍극자들에 정전기적 회전력이 작용하는 과도상태 : [그림 5-3](b), [그림 5-7](b)

(c) 인가된 전계($\boldsymbol{E} \neq \boldsymbol{0}$ [V/m])에 의해 유전체 내의 전하쌍극자들이 전계와 평행하게 정렬(분극)된 후 : [그림 5-3](c), [그림 5-7](c)

전계가 인가되지 않은 상태($\boldsymbol{E} = \boldsymbol{0}$ [V/m])의 유전체를 구성하는 전하쌍극자들의 불규칙 배열 상태의 유전체

[그림 5-7](a)에 나타낸 것과 같이 전계가 인가되지 않은 경우($\boldsymbol{E} = \boldsymbol{0}$ [V/m]), 전기적으로 중성인 유전체를 구성하는 전하쌍극자들은 공간적으로 불규칙한 배열을 이루고 있다. 따라서 유전체를 구성하는 개별 전하쌍극자들의 전하쌍극자 모멘트는 존재하나, 전하쌍극자 모멘트의 총합은 다음과 같이 $\boldsymbol{0}$ [C·m]이 된다.

$$\vec{p}_i\ [\mathrm{C}\cdot\mathrm{m}] = Q\vec{d}_i \neq 0\ ;\ \vec{d}_i = d\hat{a}_{d,i}$$: 전계가 인가되지 않은 유전체의 개별 전하쌍극자 모멘트

$$\sum_{i=1}^{N_{edp}} \vec{p}_i\Big|_{\vec{E}=0} = 0$$: 전계가 인가되지 않은 유전체의 전하쌍극자 모멘트의 총합

또한 외부에서 전계가 인가되지 않았으므로, 전하쌍극자를 형성하는 양전하($+Q$ [C])와 음전하($-Q$ [C])에 정전기적 힘이 작용하지 않고($\boldsymbol{F}_{edp} = \boldsymbol{0}$ [N]), 따라서 정전기적 회전력($\boldsymbol{T}_{edp}$ [N·m])도 작용하지 않는다.

$$\vec{p}_i\ [\mathrm{C}\cdot\mathrm{m}] = Q\vec{d}_i \neq 0\ ;\ \vec{d}_i = d\hat{a}_{d,i}$$

$$\rightarrow \sum_{i=1}^{N_{edp}} \vec{p}_i \Big|_{\vec{E}=0} = 0$$: 유전체를 형성하는 개별 전하쌍극자의 특성을 담은 전하쌍극자 모멘트

$$\vec{F}_{edp,i}\Big|_{\vec{E}=0} \text{ [N]} = \vec{F}_+ + \vec{F}_- = (+Q\vec{E}) + (-Q\vec{E})\Big|_{\vec{E}=0} = 0 + 0 = 0$$: 전계에 의해 전하쌍극자에 작용하는 정전기적 힘

$$\vec{T}_{edp,i}\Big|_{\vec{E}=0} \text{ [N}\cdot\text{m]} = \vec{p}_i \times \vec{E}\Big|_{\vec{E}=0} = 0$$: 전계에 의해 전하쌍극자에 작용하는 회전력

결과적으로, 유전체 내에 존재하는 전하쌍극자들이 형성하는 전하쌍극자 모멘트의 합과 그 평균값($\boldsymbol{P}$ [C/m^2])도 $\mathbf{0}$ [C/m^2]이 되며, 이를 수식으로 정리하면 다음과 같다.

$$\vec{P} \text{ [C/m}^2\text{]} = \lim_{\Delta\upsilon\sim small} \frac{\sum_{i=1}^{N_{edp}} \vec{p}_i}{\Delta\upsilon}\Bigg|_{\vec{E}=0} = 0$$: 유전체를 구성하는 전하쌍극자들의 단위체적당 전하쌍극자 모멘트의 평균값

전계가 가해져($\boldsymbol{E} \neq \mathbf{0}$ [V/m]) 유전체 내 전하쌍극자들에 정전기적 회전력이 작용하는 과도상태

[그림 5-7](b)에 나타낸 것과 같이 유전체에 전계가 인가($\boldsymbol{E} \neq \mathbf{0}$ [V/m])된 직후, 전기적으로 중성인 유전체를 구성하는 전하쌍극자들은 전계에 의한 정전기적 힘($\boldsymbol{F}_{edp}$ [N])을 받는다. 전하쌍극자를 구성하는 양전하($+Q$ [C])는 전계와 같은 방향으로, 음전하($-Q$ [C])는 전계와 반대방향으로 힘을 받고, 전하쌍극자 축을 중심으로 정전기적 회전력이 작용하여 회전하기 시작한다. 전계에 의한 회전력이 작용하기 시작한 전하쌍극자의 쌍극자 모멘트($\boldsymbol{p}_i$ [C·m])는 전계와 평행한 방향($\boldsymbol{a}_E$)의 성분이 생기며, 전계와 나란하게 되는 방향으로 회전을 계속하게 된다. 유전체를 구성하는 전하쌍극자의 쌍극자 모멘트가 크고 전계가 강할수록 회전력은 크게 작용하며, 이를 수식으로 정리하면 다음과 같다.

$$\vec{p}_i \text{ [C}\cdot\text{m]} = Q\vec{d}_i \neq 0 \;;\; \vec{d}_i = d\hat{a}_{d,i} = d_\perp \hat{a}_\perp + d_E \hat{a}_E$$

$$\rightarrow \sum_{i=1}^{N_{dp}} \vec{p}_i \Big|_{\vec{E}\neq 0} \neq 0$$: 전계에 의한 회전력이 작용하는 상태의 전하쌍극자 모멘트

$$\vec{F}_{edp,i}\Big|_{\vec{E}\neq 0} \text{ [N]} = \vec{F}_+ + \vec{F}_- = (+Q\vec{E}) + (-Q\vec{E})\Big|_{\vec{E}\neq 0} = 0$$: 전계에 의해 각각의 전하쌍극자에 작용하는 정전기적 힘

$$\vec{T}_{edp,i}\Big|_{\vec{E}\neq 0} \text{ [N}\cdot\text{m]} = \vec{p}_i \times \vec{E}\Big|_{\vec{E}\neq 0} \neq 0$$: 전계에 의해 각각의 전하쌍극자에 작용하는 회전력

$$\vec{E} \text{ [V/m]} = E\hat{a}_E \;\;\&\;\; \hat{a}_E \equiv (\vec{E}/E)$$: 전계와 전계의 방향을 나타내는 단위 벡터

따라서 유전체 내에 존재하는 전하쌍극자들이 형성하는 전하쌍극자 모멘트의 합과 그 평균값($\boldsymbol{P}$ [C/m^2])을 수식으로 정리하면 다음과 같다.

$$\vec{P}\Big|_{\vec{E}\neq 0} \text{ [C/m}^2\text{]} = \lim_{\Delta\upsilon\sim small} \frac{\sum_{i=1}^{N_{edp}} \vec{p}_i}{\Delta\upsilon}\Bigg|_{\vec{E}\neq 0} = P_\perp \hat{a}_\perp + P_E \hat{a}_E \neq 0$$: 유전체 내에 존재하는 전하쌍극자 모멘트의 단위체적당 평균값

전계($\boldsymbol{E} \neq \mathbf{0}$ [V/m])에 의해 유전체 내의 전하쌍극자들이 전계와 평행하게 정렬(분극)된 후

[그림 5-7](c)에 나타낸 것과 같이 유전체에 전계가 인가($\boldsymbol{E} \neq \mathbf{0}$ [V/m])되어 충분히 시간이 흐르면, 전기적으로 중성인 유전체를 구성하는 전하쌍극자들은 전계에 의한 정전기적 회전력($\boldsymbol{T}_{edp}$ [N·m])에

의해 전계와 평행하게 정렬되고, 더 이상 전계에 의한 회전력이 작용하지 않는다($\boldsymbol{T}_{edp}$ $\boldsymbol{p} \times \boldsymbol{E} = 0$ [N·m]). 이와 같이 유전체를 구성하는 전하쌍극자들이 모두 전계와 평행하게 정렬되는 상태를 유전체의 분극(polarization)이라고 한다. 분극 상태의 전하쌍극자에 관한 특성을 수식으로 정리하면 다음과 같다.

$\vec{F}_{edp,i}\big|_{\vec{E}\neq 0}$ $[\mathrm{N}] = \vec{F}_+ + \vec{F}_- = (+Q\vec{E}) + (-Q\vec{E}) = 0$: 전계에 의해 각각의 전하쌍극자에 작용하는 정전기적 힘

$\vec{p}_i\big|_{\vec{E}\neq 0}$ $[\mathrm{C\cdot m}] = Q\vec{d}_i = Qd\hat{a}_E \neq 0$; $\vec{d}_i = d\hat{a}_d = d\hat{a}_E$ [m]

$\rightarrow \sum_{i=1}^{N_{edp}} \vec{p}_i\big|_{\vec{E}\neq 0} = N_{edp}Qd\hat{a}_E \neq 0$: 분극 상태에 도달한 후의 전하쌍극자 모멘트; 전계와 평행

$\vec{T}_{edp,i}\big|_{\vec{E}\neq 0}$ $[\mathrm{N\cdot m}] = \vec{p}_i \times \vec{E} = Qd\hat{a}_E \times \vec{E} = 0$: 분극 상태 도달 후 전하쌍극자에 작용하는 회전력

$\vec{E}$ $[\mathrm{V/m}] = E\hat{a}_E$ & $\hat{a}_E \equiv (\vec{E}/E)$: 전계와 전계의 방향을 나타내는 단위벡터

또한 전계에 의한 분극이 이루어진 경우, 유전체를 구성하는 전하쌍극자들의 단위체적당 평균 쌍극자 모멘트를 유전체의 분극 벡터(polarization vector: $\boldsymbol{P}$ [C/m^2])라고 하며, 이는 유전체의 정전기적 특성을 나타내는 핵심 지표의 하나다.

$\vec{p}_1 = \vec{p}_2 = \cdots\cdots = \vec{p}_{N-1} = \vec{p}_{N_{edp}} = Q\vec{d} = Qd\hat{a}_E$ $[\mathrm{C\cdot m}]$, $\hat{a}_E \equiv \dfrac{\vec{E}}{|\vec{E}|}$: 전계에 의해 전하쌍극자들이 회전하여 전계와 평행하게 정렬함. 분극 후, 유전체를 구성하는 전하쌍극자들의 전하쌍극자 모멘트는 모두 크기와 방향이 동일함

$$\vec{P}\ [\mathrm{C/m^2}] \equiv \lim_{\Delta\upsilon\to \mathrm{small}} \frac{\sum_{i=1}^{N_{dp}} \vec{p}_i}{\Delta\upsilon}\Bigg|_{\vec{E}\neq 0} = \frac{N_{edp}\,\vec{p}}{\Delta\upsilon}\Bigg|_{\vec{E}\neq 0} = \frac{N_{edp}}{\Delta\upsilon}Qd\hat{a}_E = n_{edp}Qd\hat{a}_E = n_{edp}\vec{p} \neq 0 \propto \epsilon_o\vec{E}$$

: 유전체 내의 전하쌍극자들의 전계에 의한 회전과 분극 벡터(전하쌍극자 농도, 전하쌍극자 특성)

$n_{edp}[1/\mathrm{m}^3] \equiv \dfrac{N_{edp}}{\Delta\upsilon}$: 유전체 내의 전하쌍극자 농도

$\vec{p} \equiv Q\vec{d} = Qd\hat{a}_E$ $[\mathrm{C\cdot m}]$, $\hat{a}_p = \hat{a}_E \equiv \vec{E}/E$: 분극 후 전하쌍극자 모멘트는 전계와 동일한 방향

유전체의 분극 벡터($\boldsymbol{P}$ [C/m^2])는 외부에서 인가된 전계에 의해 형성되며, 등가전하밀도($\boldsymbol{D}$ [C/m^2])와 같은 단위를 가지고 인가된 전계와 동일한 방향을 가진다. 즉 전계에 의한 유전체 내의 전하쌍극자들의 반응 정도에 비례하므로, 전계에 대한 감응계수(χ_e: dielectric susceptibility & responsivity)를 비례상수로 정의하여 다음과 같이 나타낼 수 있다.

$\vec{P}\ [\mathrm{C/m^2}] = n_{edp}Qd\hat{a}_E \equiv \chi_e(\epsilon_o\vec{E})$: 유전체 내의 전하쌍극자들의 전계에 의한 분극현상으로 형성된 분극 벡터

$\chi_e \equiv \dfrac{P}{\epsilon_o E} = \dfrac{n_{edp}Qd}{\epsilon_o|\vec{E}(\vec{r})|}$: 전하쌍극자들의 전계감응계수로, 유전체(전하쌍극자의 종류(Q, d)와 농도(n_{edp})에 의해 결정

$\vec{p}_i = Q\vec{d}_i = Qd\hat{a}_E$ $[\mathrm{C\cdot m}]$: 전계에 의한 분극 상태에 도달한 후 전하쌍극자들의 전하쌍극자 모멘트

$\vec{d}_i = d\hat{a}_d = d\hat{a}_E$ [m] : 전계에 의한 분극 상태 도달 후 전하쌍극자들의 방향벡터는 전계와 평행한 방향

$n_{edp} = N_{edp}/\Delta\upsilon$ $[\mathrm{m^{-3}}]$: 유전체 내의 단위체적당 전하쌍극자 농도

$\vec{E}$ $[\mathrm{V/m}] = E\hat{a}_E$ & $\hat{a}_E \equiv (\vec{E}/E)$: 유전체 내의 전하쌍극자들의 분극 현상을 일으키는 근원이 되는 전계강도

유전체를 구성하는 전하쌍극자들의 전계감응계수(χ_e)를 결정하는 요소와 의존도를 [그림 5-8]에 요약하였다.

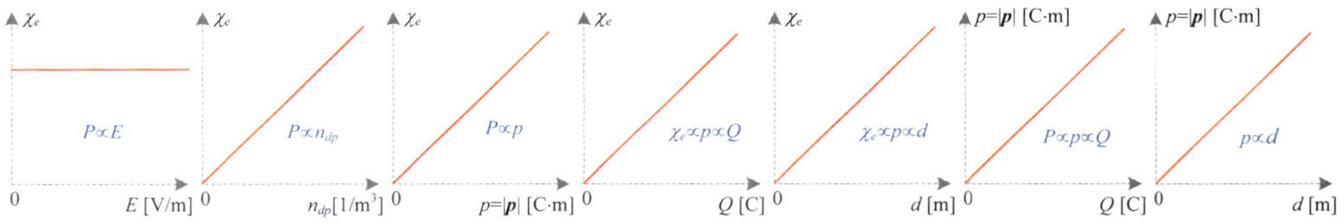

[그림 5-8] 유전체를 구성하는 전하쌍극자들의 전계감응계수(χ_e)의 변화

유전체의 분극 벡터($\boldsymbol{P}$ [C/m^2])는 유전체를 구성하는 전하쌍극자들의 전하쌍극자 모멘트($\boldsymbol{p} = Q\boldsymbol{d}$ [C·m])와 유전체 내의 전하쌍극자의 농도($n_{edp} \equiv N_{edp}/\Delta\upsilon$ [1/m^3])에 비례한다. 유전체의 분극이 이루어진 후, 분극 벡터($\boldsymbol{P}$ [C/m^2])는 전계($\boldsymbol{E}$ [V/m])와 동일한 방향, 즉 평행한 방향으로 정렬된 후 정지한다. 전하쌍극자들의 집합체인 유전체에 전계가 인가된 경우, 분극 벡터를 결정하는 요소와 그 의존도를 [그림 5-9]에 요약하였다.

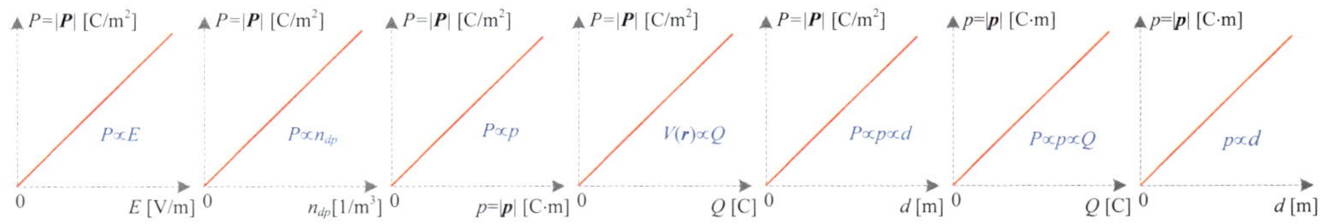

[그림 5-9] 유전체 내의 전하쌍극자들과 전계에 의한 회전에 의한 분극 벡터($\boldsymbol{P}$ [C/m^2])의 변화

5.2.2 유전체의 분극 특성을 나타내는 유전상수

[그림 5-10]과 같이 외부에서 인가된 전기장에 의해 유전체의 분극이 이루어진 상태에서 유전체 내 모든 전하쌍극자들은 전계와 평행하게 정렬하며, 전하쌍극자에 의해 형성된 내부 생성 전계($\boldsymbol{E}_{bi,edp}$ [V/m]: built-in electric field; 양전하에서 음전하로 향함)는 외부에서 인가된 전계($\boldsymbol{E}_o$ [V/m])와 반대방향이다.

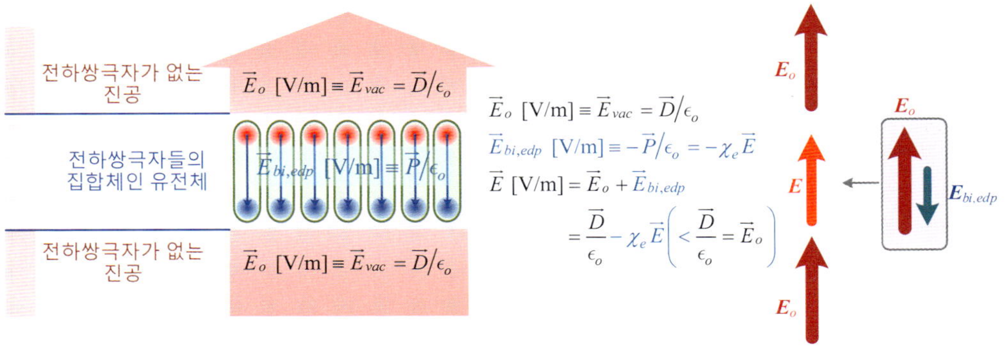

[그림 5-10] 전계($\boldsymbol{E}_o$ [V/m])에 의한 전하쌍극자들의 분극과 그로 인한 내부전계($\boldsymbol{E}_{bi,edp}$ [V/m])의 생성, 유전체 내의 감소된 전계강도($\boldsymbol{E}$ [V/m])

따라서 전계에 의한 전하쌍극자들의 분극으로 인해 유전체 내의 전계강도($\boldsymbol{E} = \boldsymbol{E}_o - \boldsymbol{E}_{bi,edp}$ [V/m])는 전하쌍극자의 영향이 없는 공간(진공)의 전계강도($\boldsymbol{E}_o$ [V/m])보다 약하며($E < E_o$ [V/m]), 이를 수식으로 정리하면 다음과 같다.

$\vec{E}_o$ [V/m] $\equiv \vec{E}_{vac} = \vec{D}/\epsilon_o$: 전하쌍극자의 영향이 없는 공간(진공)의 전계강도

$\vec{E}_{bi,edp}$ [V/m] $\equiv -\vec{P}/\epsilon_o = -\chi_e \vec{E}$: 전계에 의해 분극이 이루어진 경우 분극에 의해 생성된 내부 전계

$\vec{P}$ [C/m^2] $= n_{edp} Q d \hat{a}_E \equiv \chi_e(\epsilon_o \vec{E})$: 유전체 내의 전하쌍극자들의 전계에 의한 분극현상으로 형성된 분극 벡터

$\vec{E}$ [V/m] $= \vec{E}_o + \vec{E}_{bi,edp} = \frac{\vec{D}}{\epsilon_o} - \frac{\vec{P}}{\epsilon_o} = \frac{\vec{D}}{\epsilon_o} - \chi_e \vec{E}$: 분극에 의한 반대방향의 내부전계로 인해 감소된 유전체 내의 전계강도

$\vec{E}$ [V/m] $= \frac{1}{\epsilon_o(1+\chi_e)}\vec{D} = \frac{1}{\epsilon_o \epsilon_r}\vec{D} = \frac{1}{\epsilon}\vec{D}$ $\left(\le \vec{E}_o \text{ [V/m]} = \frac{1}{\epsilon_o}\vec{D}\right)$: 분극이 완료된 후 유전체 내부의 전계강도

즉 유전체의 분극에 의해 형성된 반대방향의 내부 생성 전계로 인해 유전체 내부의 전계강도는 감소한다. 이는 유전체 내의 전하쌍극자 농도가 높고 쌍극자 모멘트가 클수록 전계에 대한 반응이 크고 분극 벡터가 증가하여, 유전체 내부의 전계는 감소함을 뜻한다. 또한 근원전하에 의해 형성되는 등가전하밀도는 유전체의 종류에 관계없이 동일하므로, 유전상수가 클수록 유전체 내부의 전계는 약해짐을 뜻한다.

그런데 유전체를 구성하는 전하쌍극자의 종류와 농도에 관계없이 전하중성인 유전체의 순 전하량은 0이므로, 전기장을 형성하는 근원이 되는 유전체 내의 등가전하밀도에는 변화가 없다. 따라서 매질의 종류와 관계없이 전계를 형성하는 근원전하에 의해 결정되는 등가전하밀도($\boldsymbol{D}$ [C/m^2])와 유전체 내부의 전계강도($\boldsymbol{E}$ [V/m])의 관계는 분극에 의한 영향을 담은 유전상수($\epsilon = \epsilon_r \epsilon_o$ [F/m])를 이용하여 다음과 같이 나타낼 수 있다.

$\vec{D}$ [C/m^2] $= \epsilon_o \vec{E} + \vec{P} = \epsilon_o \vec{E} + \chi_e(\epsilon_o \vec{E}) = (1+\chi_e)\epsilon_o \vec{E} = \epsilon_o \epsilon_r \vec{E} = \epsilon \vec{E}$: 등가전하밀도는 유전체 재료와 무관함

따라서 유전체의 종류에 의해 변하는 유전체 내의 전계강도($\boldsymbol{E}$ [V/m])와 매질의 종류와 관계없이 전계를 형성하는 근원전하에 의해 결정되는 등가전하밀도($\boldsymbol{D}$ [C/m^2])의 관계는 유전상수($\epsilon = \epsilon_r \epsilon_o$ [F/m])를 이용해 다음과 같이 나타낼 수 있다.

$\epsilon = \epsilon_o \epsilon_r$ [F/m] : 전기장에 대한 유전체의 응답특성을 나타내는 유전율

$\epsilon_r \equiv (1+\chi_e)$: 전기장에 대한 유전체의 감응계수를 나타내는 상대적 유전율

$\vec{D}(\vec{r})$ [C/m^2] $= \epsilon \vec{E}(\vec{r})$: 등가전하밀도는 전기장 형성의 근원전하에 의해 결정되며, 유전체와 무관하게 일정한 값을 가짐

$\vec{E}(\vec{r})$ [V/m] $= \frac{1}{\epsilon}\vec{D}(\vec{r})$: 전계강도는 유전체에 따라 달라짐. 유전체의 유전상수가 클수록 전계강도는 약해짐

전하쌍극자들의 집합체인 유전체 내부의 전계강도($\boldsymbol{E}$ [V/m])를 결정하는 요소와 의존도를 요약하면 [그림 5-11]과 같다.

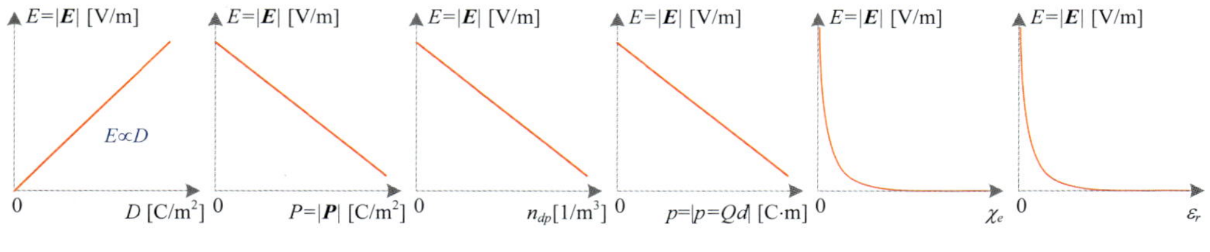

[그림 5-11] 전기장에 의한 유전체 내의 전하쌍극자들의 분극에 의한 전계강도($\boldsymbol{E}$ [V/m])의 변화

전기장이 전달되는 유전체 내에서 등가전하밀도($\boldsymbol{D}$ [C/m^2])를 결정하는 요소와 의존도를 요약하면 [그림 5-12]와 같다.

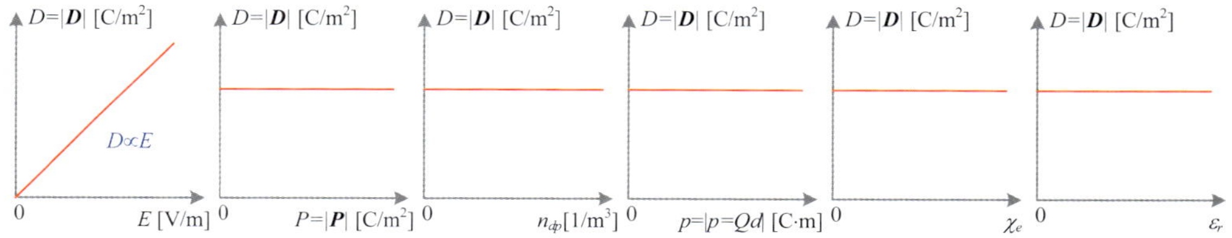

[그림 5-12] 전기장에 의한 유전체 내의 전하쌍극자들의 분극과 근원전하에 의해 결정되는 등가전하밀도($\boldsymbol{D}$ [C/m^2])의 관계

유전상수는 전자 부품을 구성하는 핵심 재료인 유전체를 구성하는 전하쌍극자들의 분극과 그로 인한 전기장의 전달 특성을 이해하고 해석할 때 편리하게 사용할 수 있는 특성지표이다. 전하쌍극자들의 집합체로서 전기장이 전달되는 유전체의 유전상수($\epsilon = \epsilon_r \epsilon_0$ [F/m])를 결정하는 요소와 의존도를 요약하면 [그림 5-13]과 같다.

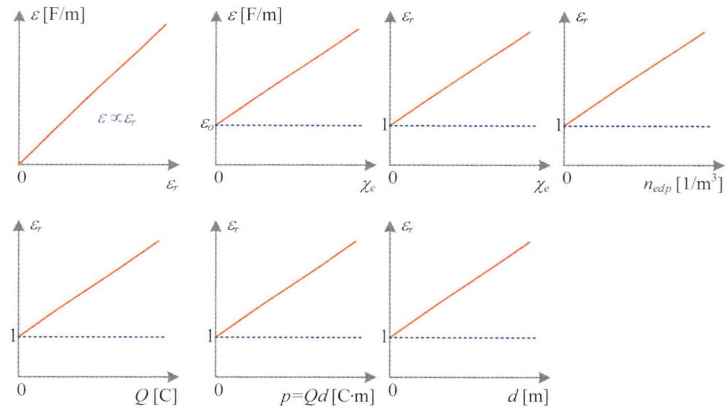

[그림 5-13] 전하쌍극자들의 집합체인 유전체의 전기장에 대한 반응과 정전기적 특성을 결정하는 유전상수($\epsilon = \epsilon_r \epsilon_0$ [F/m])의 변화

Section

5.3 유전상수가 다른 두 유전체(전자재료)의 경계면에서 전계강도와 등가전하밀도에 관한 경계조건

반도체 소자를 포함하여 전기장(정전기적 상호작용)을 이용하는 전자 소자와 부품은 서로 다른 유전체 재료의 적층 구조(stacked, multi-layer structure)가 필요하며, 유전체 경계면에서 전기장의 변화가 발생한다. 유전체를 구성하는 재료(전하쌍극자의 종류와 농도)의 분극 특성 차이에 의해 유전체 내부의 전계강도에 변화가 수반된다. 또한 유전체 경계면에 계면전하(interface charge; ρ_S 또는 ρ_{it} [C/m^2])가 존재하는 경우에는 경계면을 중심으로 두 유전체에 반대방향 전기장 형성의 근원이 되므로, 등가전하밀도($\boldsymbol{D}(\boldsymbol{r})$ [C/m^2]) 또는 전속밀도, 가상전하밀도의 변화를 일으킨다. 따라서 유전체들이 접하는 경계면에서 전계강도($\boldsymbol{E}(\boldsymbol{r})$ [V/m])와 등가전하밀도($\boldsymbol{D}(\boldsymbol{r})$ [C/m^2])의 변화에 대한 경계조건을 잘 이해하면, 전자 소자와 부품의 설계와 응용, 그리고 특성을 쉽게 이해할 수 있다. 특히 유전체의 재료가 다른 경우의 격자 불일치 또는 제조공정, 그리고 부품의 열화(degradation)에 의해 발생되는 경계면의 계면전하(ρ_S ρ_{it}, D_{it} [C/m^2])는 전자부품의 전기적 특성과 신뢰성에 중요한 요소로 작용하는 특성 지표가 된다.

5.3.1 유전체 경계면에서 전계강도와 등가전하밀도의 접선성분과 법선(수직)성분

[그림 5-14]와 같이 유전성 전자재료(유전체) 내에 존재하는 전하쌍극자의 종류와 농도 차이, 그 결과 발생하는 분극 특성 차이로 인해 유전체 내의 전계강도에 변화가 생긴다. 유전상수가 다른 두 재료($\epsilon_1 = \epsilon_{r1}\epsilon_o$, $\epsilon_2 = \epsilon_{r2}\epsilon_o$ [F/m])가 접하고 있는 경계면에 계면전하(ρ_S 또는 ρ_{it} [C/m^2]; interface charge)가 있는 경우를 이용하여 두 유전체가 접한 경계면에서 전계강도($\boldsymbol{E}(\boldsymbol{r})$ [V/m])와 등가전하밀도 ($\boldsymbol{D}(\boldsymbol{r})$ [C/m^2])에 관한 경계조건을 구하는 과정은 다음과 같다.

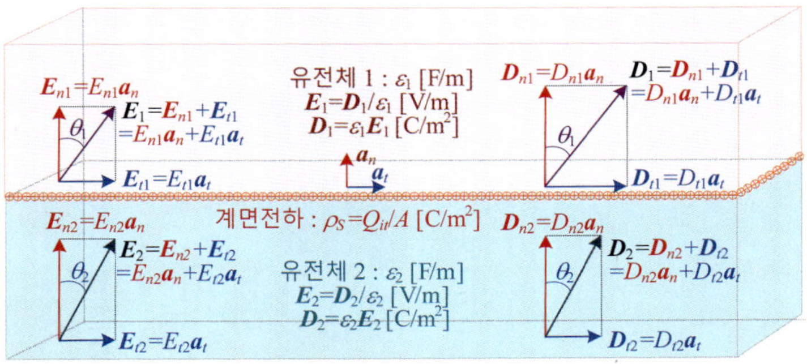

[그림 5-14] 유전상수가 다른 두 유전체 접합면의 전계강도와 등가전하밀도

유전상수가 다른 두 유전체(유전체 1: $\epsilon_1 = \epsilon_{r1}\epsilon_o$, 유전체 2: $\epsilon_2 = \epsilon_{r2}\epsilon_o$,)의 경계면 전계강도($\boldsymbol{E}(\boldsymbol{r}) = \boldsymbol{D}(\boldsymbol{r})/\epsilon(\boldsymbol{r})$ [V/m])와 등가전하밀도($\boldsymbol{D}(\boldsymbol{r}) = \epsilon(\boldsymbol{r})\boldsymbol{E}(\boldsymbol{r})$ [C/m^2])는 각각 다음과 같이 계면의 접선방향 성분($\boldsymbol{E}_t = E_t\boldsymbol{a}_t$ [V/m], $\boldsymbol{D}_t = D_t\boldsymbol{a}_t$ [C/m^2])과 계면에 수직(법선)방향 성분($\boldsymbol{E}_n = E_n\boldsymbol{a}_n$ [V/m], $\boldsymbol{D}_n = D_n\boldsymbol{a}_n$ [C/m^2])의 합으로 나타낼 수 있다.

$\vec{E}$ [V/m] $= \vec{E}_t + \vec{E}_n = E_t\hat{a}_t + E_n\hat{a}_n$: 유전체 내의 전계강도의 접선방향과 법선방향 성분

$\vec{E}_1$ [V/m] $= \vec{E}_{t1} + \vec{E}_{n1} = E_{t1}\hat{a}_t + E_{n1}\hat{a}_n$; $\epsilon_1 = \epsilon_o\epsilon_{r1}$ [F/m]; $\epsilon_{r1} = (1+\chi_{e1})$: 유전체 1의 전계강도

$\vec{E}_2$ [V/m] $= \vec{E}_{t2} + \vec{E}_{n2} = E_{t2}\hat{a}_t + E_{n2}\hat{a}_n$; $\epsilon_2 = \epsilon_o\epsilon_{r2}$ [F/m]; $\epsilon_{r2} = (1+\chi_{e2})$: 유전체 2의 전계강도

$$\vec{D}(\vec{r})\ [\mathrm{C/m^2}] = \epsilon\vec{E}(\vec{r}) = \vec{D}_t(\vec{r}) + \vec{D}_n(\vec{r}) = D_t(\vec{r})\hat{a}_t + D_n(\vec{r})\hat{a}_n = \epsilon(\vec{r})E_t(\vec{r})\hat{a}_t + \epsilon(\vec{r})E_n(\vec{r})\hat{a}_n$$

$$\longleftrightarrow \vec{E}(\vec{r})\ [\mathrm{V/m}] = \vec{E}_t(\vec{r}) + \vec{E}_n(\vec{r}) = E_t(\vec{r})\hat{a}_t + E_n(\vec{r})\hat{a}_n = \frac{1}{\epsilon(\vec{r})}\vec{D}(\vec{r}) = \frac{1}{\epsilon(\vec{r})}\vec{D}_t(\vec{r}) + \frac{1}{\epsilon(\vec{r})}\vec{D}_n(\vec{r})$$

: 전계강도와 등가전하밀도의 상호 변환을 위한 관계식

$\epsilon_1 = \epsilon_o\epsilon_{r1}$ [F/m]; $\epsilon_{r1} = (1+\chi_{e1})$: 경계면에 접한 유전체 1의 유전상수

$\epsilon_2 = \epsilon_o\epsilon_{r2}$ [F/m]; $\epsilon_{r2} = (1+\chi_{e2})$: 경계면에 접한 유전체 2의 유전상수

$\vec{D}$ [C/m^2] $= \vec{D}_t + \vec{D}_n = D_t\hat{a}_t + D_n\hat{a}_n$: 유전체 내의 등가전하밀도

$\vec{D}_1$ [C/m^2] $= \vec{D}_{t1} + \vec{D}_{n1} = D_{t1}\hat{a}_t + D_{n1}\hat{a}_n$: 경계면에 접한 유전체 1의 등가전하밀도

$\vec{D}_2$ [C/m^2] $= \vec{D}_{t2} + \vec{D}_{n2} = D_{t2}\hat{a}_t + D_{n2}\hat{a}_n$: 경계면에 접한 유전체 2의 등가전하밀도

5.3.2 두 유전체 경계면의 전계강도와 등가전하밀도에 대한 경계조건

유전상수가 다른 두 유전체 경계면의 전기장에 대한 경계조건은

(a) 두 유전체와 경계면을 포함하는 폐경로에 대한 전위차 = 0 [V]임을 이용하여 접선방향의 전계강도에 대한 경계조건(E_{t1} vs. E_{t2} [V/m])을 얻고,

(b) 두 유전체와 경계면을 포함하는 폐곡면에 대한 가우스 법칙을 이용하여 수직방향의 등가전하밀도에 대한 경계조건(D_{n1} vs. D_{n2} [C/m^2])을 얻는 것

이 편리한 해석법이다.

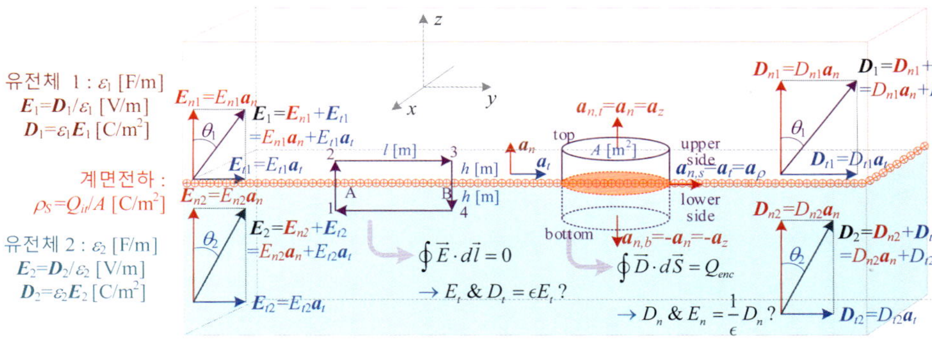

[그림 5-15] 두 유전체 접합면의 전계강도와 등가전하밀도의 경계조건을 구하기 위한 폐경로와 가우스 폐곡면

접선방향 성분의 경계조건 : 정전기장의 폐경로에 대한 전위차는 $V_{oo}=0$ [V]를 이용하여 구함

[그림 5-15]에 나타낸 것과 같이 유전상수가 다른 두 유전체를 모두 포함하며, 각 영역 내에서는 어느 지점이나 동일한 세기와 방향의 전계강도를 가질 정도로 작은 크기의 폐경로(A → 2 → 3 → B → 4 → 1 → A)를 선택할 수 있다. 시불변의 정전기장에서 시작점과 끝점이 동일한 폐경로의 전위차는 존재하지 않음($V_{oo}=V_{AA}=0$ [V])을 이용하여 유전체 경계면의 접선방향 전계강도(E_t [V/m])에 대한 경계조건을 구할 수 있다.

$$V_{AA}\ [\text{V}] \equiv V_{A\rightarrow A} = \oint \vec{E}\cdot d\vec{l} = \int_{surface} \nabla\times\vec{E}\cdot d\vec{S} = 0 \longleftrightarrow \nabla\times\vec{E}=0\ [\text{V/m}^2]$$

: 정전기장에서 폐경로에 대한 전위차; $V_{AA}=0$ [V]

$$V_{AA} = \oint \vec{E}\cdot d\vec{l} = \left(\int_A^2 \vec{E}\cdot d\vec{l} + \int_2^3 \vec{E}\cdot d\vec{l} + \int_3^B \vec{E}\cdot d\vec{l}\right) + \left(\int_B^4 \vec{E}\cdot d\vec{l} + \int_4^1 \vec{E}\cdot d\vec{l} + \int_1^A \vec{E}\cdot d\vec{l}\right)$$

$$\leftarrow \int_A^2 \vec{E}\cdot d\vec{l} + \int_3^B \vec{E}\cdot d\vec{l} = \int_{A(z=0)}^{2(z=+h)} \vec{E}_1\cdot dl\hat{a}_n - \int_{B(z=0)}^{3(z=+h)} \vec{E}_1\cdot dl\hat{a}_n = \int_{A(z=0)}^{2(z=+h)} E_{n1}dl - \int_{B(z=0)}^{3(z=+h)} E_{n1}dl$$

$$= E_{n1}h - E_{n1}h = 0$$

$$\leftarrow \int_B^4 \vec{E}\cdot d\vec{l} + \int_1^A \vec{E}\cdot d\vec{l} = \int_{B(z=0)}^{4(z=-h)} \vec{E}_2\cdot dl\hat{a}_n - \int_{A(z=0)}^{1(z=-h)} \vec{E}_2\cdot dl\hat{a}_n = \int_{B(z=0)}^{4(z=-h)} E_2 dl - \int_{A(z=0)}^{1(z=-h)} E_2 dl$$

$$= -E_{n2}h - (-E_{n2}h) = 0$$

$$V_{AA} = \int_2^3 \vec{E}\cdot d\vec{l} + \int_4^1 \vec{E}\cdot d\vec{l} = \int_2^3 (E_{t1}\hat{a}_t + E_{n1}\hat{a}_n)\cdot\hat{a}_t dl + \int_4^1 (E_{t2}\hat{a}_t + E_{n2}\hat{a}_n)\cdot\hat{a}_t dl$$

$$= \int_{2(y=0)}^{3(y=l)} E_{t1}dl + \int_{4(y=l)}^{1(y=0)} E_{t2}dl = E_{t1}l - E_{t2}l = (E_{t1}-E_{t2})l = 0$$

$$\rightarrow E_{t1} = E_{t2} = E_t\ [\text{V/m}]$$

즉 유전체가 접한 경계면에서 전계강도의 접선방향 성분은 유전체와 경계면의 전하에 관계없이 어느 영역이나 동일하며($E_{t1}=E_{t2}$), 경계면을 지나는 동안 전계강도의 접선방향 성분은 변하지 않음을 뜻한다.

또한, 등가전하밀도의 접선방향 성분은 전계강도의 접선방향 성분으로부터 다음의 관계식을 통해 구할 수 있다.

$$\frac{D_{t1}}{\epsilon_1} = \frac{D_{t2}}{\epsilon_2} \rightarrow \frac{D_{t2}}{D_{t1}} = \frac{\epsilon_2}{\epsilon_1} \rightarrow \begin{cases} D_{t1}\ [\text{C/m}^2] = \epsilon_1 E_{t1} = \epsilon_1 E_t \\ D_{t2}\ [\text{C/m}^2] = \epsilon_2 E_{t2} = \epsilon_2 E_t \end{cases} \leftarrow E_{t1} = E_{t2} = E_t\ [\text{V/m}]$$

등가전하밀도의 접선방향 성분($\boldsymbol{D}_{t1}$, $\boldsymbol{D}_{t2}$ [C/m^2])은 계면전하(ρ_S [C/m^2])의 존재 여부에 관계없이 경계면을 지나면서 변화가 발생하며, 유전상수가 클수록 접선방향의 등가전하밀도는 큰 값을 가짐을 뜻한다.

법선방향 성분의 경계조건

폐곡면 내의 총전하량과 발산량이 동일함을 설명하는 가우스 법칙을 이용하여 경계면의 등가전하밀도의 수직방향 성분에 대한 경계조건을 구할 수 있다. 두 유전체를 모두 포함하는 가우스 폐곡면을 구성하는 각각의 면에서는 어느 지점이나 동일한 세기와 방향의 등가전하밀도를 가질 정도로 작은 크기로 선택할 수 있다. 특히, 가우스 폐곡면을 구성하는 각 면을 지나는 전계강도와 등가전하밀도가

면에 수직이거나 또는 면의 접선방향의 성분 중 한 가지만을 포함하도록 선택하는 것이 편리하다.

[그림 5-15]에 나타낸 것과 같이 윗면과 아랫면의 면적이 동일하고 유전체 1과 유전체 2를 포함하는 원통형 폐곡면을 선택할 수 있다. 이 폐곡면에 대해 폐곡면을 통과하는 등가전하밀도의 총합은 폐곡면 내에 존재하는 총 전하량과 같음을 나타내는 가우스의 법칙을 적용하면, 경계면에 수직인 등가전하밀도(D_n [C/m^2])와 전계강도($E_n = D_n/\epsilon$ [V/m])는 다음과 같은 과정을 거쳐 편리하게 구할 수 있다.

$$\oint \vec{D}\cdot d\vec{S} = Q_{enc}\ [\mathrm{C}]$$: 경계면을 포함하는 폐곡면에 대한 가우스 법칙

$$\vec{D}\ [\mathrm{C/m^2}] = \vec{D}_t + \vec{D}_n = D_t\hat{a}_t + D_n\hat{a}_n$$: 접선방향 성분과 수직 성분의 합으로 나타낸 등가전하밀도

$$Q_{enc}\ [\mathrm{C}] = \rho_S A$$: 폐곡면 내의 총전하량과 가우스 법칙

$$\oint \vec{D}\cdot d\vec{S} = \int_{top}\vec{D}\cdot d\vec{S} + \int_{bottom}\vec{D}\cdot d\vec{S} + \int_{\substack{upper\\side}}\vec{D}\cdot d\vec{S} + \int_{\substack{lower\\side}}\vec{D}\cdot d\vec{S}$$: 폐곡면에 대한 가우스 법칙

$$\int_{\substack{upper\\side}}\vec{D}(\vec{r})\cdot d\vec{S}(\vec{r}) = \int_{\substack{upper\\side}}(D_{n1}\hat{a}_n + D_{t1}\hat{a}_t)\cdot\hat{a}_{n,up-side}dS = \int_{\substack{upper\\side}}(D_{n1}\hat{a}_n + D_{t1}\hat{a}_t)\cdot\hat{a}_t(\vec{r})dS$$

$$= \int_{\substack{upper\\side}}(D_{t1}\hat{a}_t)\cdot\hat{a}_t(\vec{r})dS = 0\ [\mathrm{C}]$$: 측면 전체의 대칭점끼리 상쇄되어 전체는 완전 상쇄

$$\int_{\substack{lower\\side}}\vec{D}(\vec{r})\cdot d\vec{S}(\vec{r}) = \int_{\substack{lower\\side}}(D_{n2}\hat{a}_n + D_{t2}\hat{a}_t)\cdot\hat{a}_{n,low-side}dS = \int_{\substack{lower\\side}}(D_{n2}\hat{a}_n + D_{t2}\hat{a}_t)\cdot\hat{a}_t(\vec{r})dS$$

$$= \int_{\substack{lower\\side}}(D_{t2}\hat{a}_t)\cdot\hat{a}_t(\vec{r})dS = 0 = \int_{\substack{lower\\side}}(D_{t2}\hat{a}_t)\cdot\hat{a}_t(\vec{r})dS = 0\ [\mathrm{C}]$$

: 측면 전체의 대칭점끼리 상쇄되고, 전체는 완전 상쇄

$$\int_{top}\vec{D}(\vec{r})\cdot d\vec{S}(\vec{r}) = \int_{top}\vec{D}_1\cdot\hat{a}_{n,top}dS = \int_{top}(D_{n1}\hat{a}_n + D_{t1}\hat{a}_t)\cdot\hat{a}_n dS = \int_{top}D_{n1}dS = D_{n1}A\ [\mathrm{C/m^2}]$$

$$\int_{bottom}\vec{D}(\vec{r})\cdot d\vec{S}(\vec{r}) = \int_{bottom}\vec{D}_2\cdot\hat{a}_{n,bottom}dS = \int_{bottom}(D_{n2}\hat{a}_n + D_{t2}\hat{a}_t)\cdot(-\hat{a}_n)dS$$

$$= -\int_{bottom}D_{n2}dS = -D_{n2}A\ [\mathrm{C}]$$

$$\oint \vec{D}\cdot d\vec{S} = \int_{top}\vec{D}\cdot d\vec{S} + \int_{bottom}\vec{D}\cdot d\vec{S} + \int_{\substack{upper\\side}}\vec{D}\cdot d\vec{S} + \int_{\substack{lower\\side}}\vec{D}\cdot d\vec{S} = (D_{n1} - D_{n2})A\ [\mathrm{C}]$$: 폐곡면 내의 총전하량

$$\oint \vec{D}\cdot d\vec{S} = (D_{n1} - D_{n2})A = \rho_S A = Q_{enc}\ [\mathrm{C}]$$: 경계면을 포함하는 폐곡면에 대한 가우스 법칙의 결과

$$(D_{n1} - D_{n2}) = \rho_S\ [\mathrm{C/m^2}] \rightarrow \begin{cases} D_{n1} = D_{n2} + \rho_S\ [\mathrm{C/m^2}] \\ D_{n2} = D_{n1} - \rho_S\ [\mathrm{C/m^2}] \end{cases}$$: 유전체 경계면에서 수직방향 등가전하밀도에 대한 경계조건

즉, 두 유전체가 접한 경계면에서 등가전하밀도의 법선방향 성분(D_{n1}, D_{n2} [C/m^2])은 경계면에 존재하는 계면전하밀도에 의해 변하며, 그 차이는 경계면에 존재하는 계면전하밀도와 동일함($\Delta D_n \equiv D_{n1} - D_{n2} = \rho_S$ [C/m^2])을 뜻한다.

$$\begin{cases} D_{n1}\ [\mathrm{C/m^2}] = \epsilon_1 E_{n1} = D_{n2} + \rho_S = \epsilon_2 E_{n2} + \rho_S \\ D_{n2}\ [\mathrm{C/m^2}] = \epsilon_2 E_{n2} = D_{n1} - \rho_S = \epsilon_1 E_{n1} - \rho_S \end{cases}$$: 수직방향 전계강도의 경계조건

계면에 수직인 전계강도는 등가전하밀도의 수직방향 성분으로부터 다음과 같이 구할 수 있다 ($E_n = D_n/\epsilon = \rho_S/\epsilon$ [V/m]).

$$\begin{cases} E_{n1}\ [\text{V/m}] = \dfrac{\epsilon_2}{\epsilon_1} E_{n2} + \dfrac{\rho_S}{\epsilon_1} \\ E_{n2}\ [\text{V/m}] = \dfrac{\epsilon_1}{\epsilon_2} E_{n1} - \dfrac{\rho_S}{\epsilon_2} \end{cases} \quad \text{: 수직방향 전계강도의 경계조건}$$

유전상수가 다른 두 재료가 접한 경계면의 전계강도와 등가전하밀도에 관한 경계조건을 요약하면 다음과 같다.

$$\begin{cases} \vec{E}_1\ [\text{V/m}] = \dfrac{\vec{D}_1}{\epsilon_1} = \vec{E}_{t1} + \vec{E}_{n1} = E_{t1}\hat{a}_t + E_{n1}\hat{a}_n \\ \vec{D}_1\ [\text{C/m}^2] = \epsilon_1 \vec{E}_1 = \vec{D}_{t1} + \vec{D}_{n1} = D_{t1}\hat{a}_t + D_{n1}\hat{a}_n \end{cases} \quad \text{: 영역 1의 전계강도와 등가전하밀도}$$

$$\begin{cases} \vec{E}_2\ [\text{V/m}] = \dfrac{\vec{D}_2}{\epsilon_2} = \vec{E}_{t2} + \vec{E}_{n2} = E_{t1}\hat{a}_t + \dfrac{1}{\epsilon_2}(\epsilon_1 E_{n1} - \rho_S)\hat{a}_n \\ \vec{D}_2\ [\text{C/m}^2] = \epsilon_2 \vec{E}_2 = \vec{D}_{t2} + \vec{D}_{n2} = \epsilon_2 \dfrac{D_{t1}}{\epsilon_1}\hat{a}_t + (D_{n1} - \rho_S)\hat{a}_n \end{cases} \quad \text{: 영역 2의 전계강도와 등가전하밀도}$$

유전상수가 다른 두 재료($\epsilon_1 < \epsilon_2$)가 접한 경계면의 계면전하($\rho_s = \rho_{it}$ $[\text{C/m}^2]$)의 존재 여부에 따른 전계강도와 등가전하밀도의 접선방향 성분과 수직방향 성분 변화를 [그림 5-16]에 요약하였다.

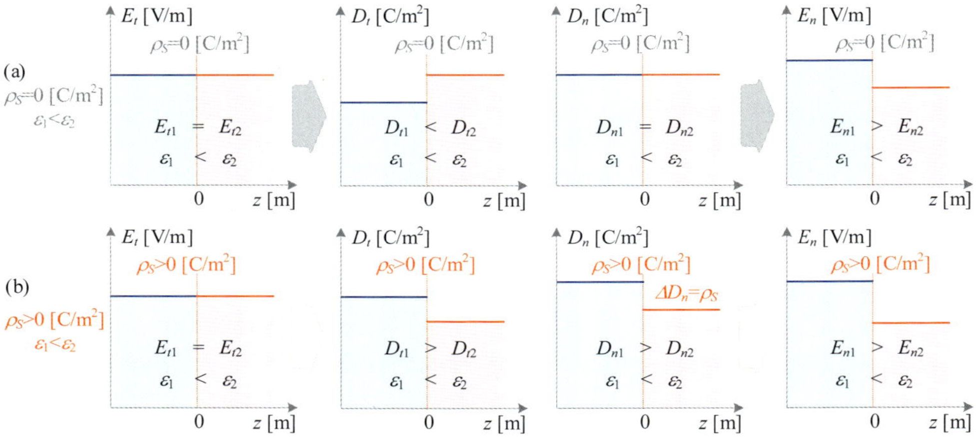

[그림 5-16] 유전상수가 다른 두 유전체($\epsilon_1 < \epsilon_2$)접합의 경계면에 존재하는 계면전하밀도 존재 여부에 따른 전계강도와 등가전하밀도의 변화 ; (a) $\rho_s = 0$ $[\text{C/m}^2]$ (b) $\rho_s > 0$ $[\text{C/m}^2]$

[그림 5-14]와 [그림 5-15]에 나타낸 유전체의 경계면에서 경계면의 법선 벡터($\boldsymbol{a}_n$)와 전계강도 벡터(및 등가전하밀도)가 이루는 사잇각(θ_1, θ_2 [rad])을 이용하여 시불변 전계강도($\boldsymbol{E}_1$, $\boldsymbol{E}_2$ [V/m])와 등가전하밀도($\boldsymbol{D}_1$, $\boldsymbol{D}_2$ $[\text{C/m}^2]$)를 접선방향 성분($\boldsymbol{E}_t$, $\boldsymbol{D}_t$)과 법선방향 성분($\boldsymbol{E}_t$, $\boldsymbol{D}_t$)의 합($\boldsymbol{E} = \boldsymbol{E}_t + \boldsymbol{E}_n$, $\boldsymbol{D} = \boldsymbol{D}_t + \boldsymbol{D}_n$)으로 나타내면 다음과 같다.

$$\left.\begin{aligned} \vec{E}_1\ [\text{V/m}] &= \vec{E}_{t1} + \vec{E}_{n1} = E_{t1}\hat{a}_t + E_{n1}\hat{a}_n = E_1(\sin\theta_1\hat{a}_t + \cos\theta_1\hat{a}_n) \\ \vec{D}_1\ [\text{C/m}^2] &= \vec{D}_{t1} + \vec{D}_{n1} = D_{t1}\hat{a}_t + D_{n1}\hat{a}_n = D_1(\sin\theta_1\hat{a}_t + \cos\theta_1\hat{a}_n) \end{aligned}\right\} \vec{D}_1 = \epsilon_1 \vec{E}_1 \quad \text{: 영역 1의 전계강도와 등가전하밀도}$$

$$\begin{cases} E_{t1}\ [\text{V/m}] = E_1 \sin\theta_1 \quad \& E_{n1}\ [\text{V/m}] = E_1 \cos\theta_1 \\ D_{t1}\ [\text{C/m}^2] = D_1 \sin\theta_1 \quad \& D_{n1}\ [\text{C/m}^2] = D_1 \cos\theta_1 \end{cases}$$

$$\begin{rcases} \vec{E}_2\ [\text{V/m}] = \vec{E}_{t2} + \vec{E}_{n2} = E_{t2}\hat{a}_t + E_{n2}\hat{a}_n = E_2(\sin\theta_2\hat{a}_t + \cos\theta_2\hat{a}_n) \\ \vec{D}_2\ [\text{C/m}^2] = \vec{D}_{t2} + \vec{D}_{n2} = D_{t2}\hat{a}_t + D_{n2}\hat{a}_n = D_2(\sin\theta_2\hat{a}_t + \cos\theta_2\hat{a}_n) \end{rcases} \vec{D}_2 = \epsilon_2\vec{E}_2$$

: 영역 2의 전계강도와 등가전하밀도

$$\begin{cases} E_{t2}\ [\text{V/m}] = E_2\sin\theta_2\ \&\ E_{n2}\ [\text{V/m}] = E_2\cos\theta_2 \\ D_{t2}\ [\text{C/m}^2] = D_2\sin\theta_2\ \&\ D_{n2}\ [\text{C/m}^2] = D_2\cos\theta_2 \end{cases}$$

시변 전자기장의 경우, 전기장과 자기장이 상호작용하는 것을 고려해야 하며, 유전체의 경계면에서 반사파도 발생할 수 있다. 맥스웰 방정식을 기반으로 하는 시변 전기장과 자기장의 상호작용, 전계강도 ($\boldsymbol{E}(\mathbf{r},t)$ [V/m])와 등가전하밀도($\boldsymbol{D}(\mathbf{r},t) = \epsilon\boldsymbol{E}(\mathbf{r},t)$ [C/m²])에 대한 전기장의 경계조건, 자계강도($\boldsymbol{H}(\mathbf{r},t)$ [A/m])와 등가자속밀도($\boldsymbol{B}(\mathbf{r},t) = \mu\boldsymbol{H}(\mathbf{r},t)$ [Wb/m²])에 대한 자기장에 대한 경계조건은 11장에서 자세히 다룬다.

유전상수가 다른 두 재료가 접한 경계면의 계면전하($\rho_s = \rho_{it}$ [C/m²])의 존재 여부에 따른 시불변 전계강도와 등가전하밀도의 접선방향 성분과 법선방향 성분에 대한 경계조건을 [표 5-1]에 요약하여 정리하였다.

[표 5-1] 두 유전체(ϵ_1 & ϵ_2) 접합의 경계면에서 전계강도와 등가전하밀도에 대한 경계조건

구분	경계조건 요약
유전체 내의 전기장	$\vec{P}(\vec{r})\ [\text{C/m}^2] = \chi_e(\epsilon_o\vec{E}(\vec{r}))$: 유전체 내의 전하쌍극자의 분극 벡터 $\vec{D}(\vec{r})\ [\text{C/m}^2] = \epsilon_o\vec{E}(\vec{r}) + \vec{P}(\vec{r}) = \epsilon_r\epsilon_o\vec{E}(\vec{r})$: 유전체 내부의 등가전하밀도 $\epsilon = \epsilon_r\epsilon_o\ [\text{F/m}]\ ;\ \epsilon_r \equiv (1+\chi_e)$: 유전체의 상대적 유전상수
유전체 1/유전체 2의 경계면에서 전기장에 대한 경계조건	$\vec{D}\ [\text{C/m}^2] = D_t\hat{a}_t + D_n\hat{a}_n = \epsilon\vec{E}\ \ \&\ \ \vec{E}\ [\text{V/m}] = E_t\hat{a}_t + E_n\hat{a}_n = \dfrac{\vec{D}}{\epsilon}$ 유전체 1과 유전체 2가 접하고 있고 계면전하밀도가 ρ_s [C/m²]인 경계면의 경계조건 • 접선방향 성분에 대한 경계조건 $E_{t1} = E_{t2} = E_t\ [\text{V/m}] = \dfrac{D_{t1}}{\epsilon_1} = \dfrac{D_{t2}}{\epsilon_2}$: 전계강도의 접선방향 성분 $\dfrac{D_{t2}}{D_{t1}} = \dfrac{\epsilon_2}{\epsilon_1} \to \begin{cases} D_{t1}\ [\text{C/m}^2] = \epsilon_1 E_{t1} = \epsilon_1 E_t \\ D_{t2}\ [\text{C/m}^2] = \epsilon_2 E_{t2} = \epsilon_2 E_t \end{cases}$: 등가전하밀도의 접선방향 성분 • 법선방향 전기장 성분에 대한 경계조건 $(D_{n1} - D_{n2}) = \rho_S\ [\text{C/m}^2] \to \begin{cases} D_{n1} = D_{n2} + \rho_S\ [\text{C/m}^2] \\ D_{n2} = D_{n1} - \rho_S\ [\text{C/m}^2] \end{cases}$: 등가전하밀도의 법선방향 성분 $\begin{cases} D_{n1}\ [\text{C/m}^2] = \epsilon_1 E_{n1} = D_{n2} + \rho_S = \epsilon_2 E_{n2} + \rho_S \\ D_{n2}\ [\text{C/m}^2] = \epsilon_2 E_{n2} = D_{n1} - \rho_S = \epsilon_1 E_{n1} - \rho_S \end{cases} \to \begin{cases} E_{n1} = \dfrac{\epsilon_2}{\epsilon_1}E_{n2} + \dfrac{\rho_S}{\epsilon_1}\ [\text{V/m}] \\ E_{n2} = \dfrac{\epsilon_1}{\epsilon_2}E_{n1} - \dfrac{\rho_S}{\epsilon_2}\ [\text{V/m}] \end{cases}$: 전계강도의 법선방향 성분

5.3.3 전계에 의한 유전체의 분극이력 특성

전하쌍극자들의 집합체인 유전체 재료는 외부에서 인가된 전기장($\boldsymbol{E}$ [V/m])에 대해 다양한 형태로 반응할 수 있다. [그림 5-17]에 유전체의 분극 특성 곡선에 비교하여 나타낸 것과 같이 유전체의 등가전하밀도($\boldsymbol{D}$ [C/m^2]) 또는 분극 벡터($\boldsymbol{P}$ [C/m^2])가 외부에서 인가된 전기장($\boldsymbol{E}$ [V/m])의 크기에 관계없이 항상 전계강도에 비례($\boldsymbol{P} = \chi_e \epsilon_o \boldsymbol{E}$)하는 경우도 있으나, 전기장의 크기에 따라 분극의 정도가 변하는 비선형 분극특성($\boldsymbol{P} = \chi_e(\boldsymbol{E})\epsilon_o \boldsymbol{E}$, $\boldsymbol{D} = \epsilon(\boldsymbol{E})\boldsymbol{E}$)을 가진 유전체도 있다. 즉 인가된 전기장의 크기에 따라 유전상수($\epsilon(E)$ [F/m]) 또는 유전체의 전계감응도($\chi_e(\boldsymbol{E})$)가 변함을 뜻하며, 전기장의 세기가 증가할수록 유전체 내의 전하쌍극자들의 분극이 잘 이루어지지 않거나 포화(saturation)되는 경우가 많다. 또한 전기장을 가하는 시점 이전에 가해졌던 전기장의 인가 이력(history)이 유전체 분극의 정도에 영향을 미치기도 한다.

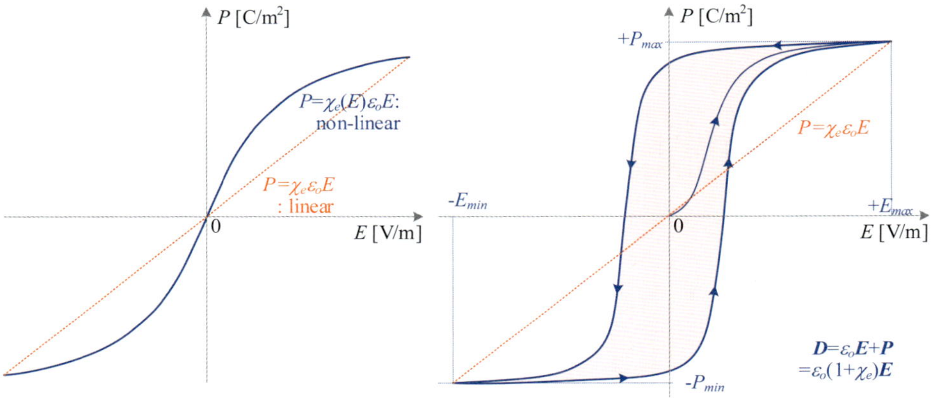

[그림 5-17] 유전체에 인가된 전계강도($\boldsymbol{E}$ [V/m])에 의한 분극 벡터($\boldsymbol{P}$ [C/m^2])의 변화(선형과 비선형)

또한 유전체 내부의 전하쌍극자 농도(n_{edp} [m^{-3}])가 높고, 전하쌍극자 모멘트($\boldsymbol{p} = Q\boldsymbol{d}$ [C·m])가 큰 경우 전기장의 영향을 크게 받을 뿐 아니라 전기장의 전달 과정에도 영향을 미친다. 이러한 특성을 가진 강유전체(ferroelectric material)는 정보 저장을 위한 메모리의 용도로 사용하며, 비휘발성 메모리(non-volatile flash memory)인 강유전체 메모리(ferroelectric flash memory) 응용을 위한 연구도 진행되고 있다. 강유전체가 가진 특성 중 반드시 이해해야 하는 것들 중의 하나가 유전체 분극이력 특성 곡선(dielectric hysteresis curve)이다. 이는 이전의 전기장의 영향 또는 이력이 이후에 유전체의 전기장에 대한 반응 특성에 영향을 미치는 경우이다. [그림 5-18]에 유전체의 분극이력 특성 곡선($\boldsymbol{D}$ vs. $\boldsymbol{E}$: 인가된 전계와 유전체 내의 등가전하밀도의 변화)과 시간에 따른 인가 전계강도와 유전체 내부의 전속밀도(등가전하밀도) 변화를 연동하여 이해할 수 있도록 나타내었다. 이와 함께 인가된 전계강도의 변화에 따른 유전체 내부의 등가전하밀도의 변화, 즉 유전체의 분극이력 특성 곡선을 함께 나타내었다.

먼저 유전체 내의 전하쌍극자들이 불규칙하게 분포되어 있고, 분극이 전혀 이루어지지 않은 유전체가 있다. $t = 0$ [s]인 시점에 전기장을 인가하여 그 크기를 선형적으로 증가(E [V/m] $= 0 \rightarrow +E_{max}$) 시키면 이에 따라 유전체 내부의 분극 벡터가 비선형적(D [C/m^2] $= 0 \rightarrow +D_{max}$)으로 증가한다. 그러나 전계강도가 강해지면 그 크기가 증가하더라도 더 이상 증가하지 않고 포화된다.

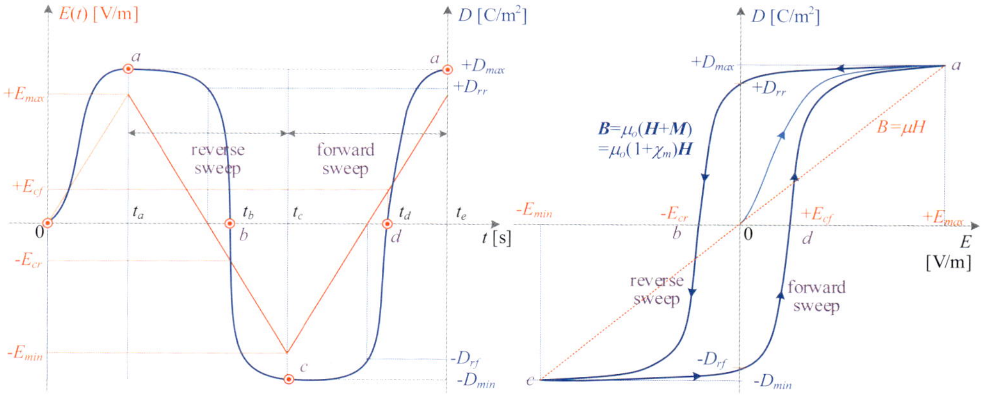

[그림 5-18] 강유전체(ferroelectric material)의 분극이력 특성 곡선(dielectric hysteresis curve)

이어서 $t = t_a$인 시점부터 전계강도의 세기를 감소(E [V/m] $= +E_{max} \rightarrow 0$)시키면, 분극에 의해 증가한 전속밀도의 감소는 매우 느리게 진행되고 전하쌍극자들의 분극 상태가 지속된다. 이로 인해 전계강도가 $E = 0$ [V/m]이 되더라도 유전체 내부의 전속밀도가 사라지지 않고, 잔류전속(remnant electric flux: $D = +D_{rr}$ [C/m^2])으로 남아 있다. 외부에서 인가된 전기장의 방향을 바꾸어 그 크기를 증가시키면(E [V/m] $< 0 \rightarrow -E_{cr}$), $E = -E_{cr}$에서 $t = t_b$인 시점에 유전체의 분극 상태가 사라지고, 유전체 내부의 등가전하밀도(잔류 전속)가 0이 된다.

계속하여 전계강도의 방향이 바뀐 상태로 그 크기를 증가(E [V/m] <0; $-E_{cr} \rightarrow -E_{min}$)시키면, 유전체 내 전하쌍극자들의 분극이 전계강도와 같은 음의 방향으로 이루어지고, 큰 전계가 인가되어도 유전체 내의 등가전하밀도는 더 이상 증가하지 않고 음의 방향으로 포화($D = -D_{min}$)된다.

$t=t_c$인 시점에 다시 전계강도를 음의 방향으로 유지하되 그 크기를 감소시키면($E < 0$ [V/m] $= -E_{min} \rightarrow 0$), 분극 벡터의 감소가 느리게 진행되고, 비록 외부 전기장이 제거되더라도($E = 0$) 유전체 내부에 잔류전속이 존재한다($D = -D_{min}$[C/m^2]).

계속하여 외부에서 인가된 전기장을 양의 방향으로 증가(E [V/m] $= 0 \rightarrow +E_{cf}$)시키면, 남아있던 전하쌍극자들의 분극상태가 소멸되어 $t = t_d$인 시점에 전속밀도가 0이 된다.

이어 전기장을 양의 방향으로 계속 증가(E [V/m] > 0; $+E_{cf} \rightarrow +E_{max}$)시키면, 전기장과 동일한 양의 방향으로 전하쌍극자들의 분극이 진행되고, 포화 전속밀도에 도달하게 된다.

이 과정에서 보듯이 전계강도를 음에서 양의 값으로 변화시킬 때(E: $-E_{min} \rightarrow +E_{max}$; 순방향 주사: forward sweep)의 전속밀도 변화와 그 반대방향(E: $+E_{max} \rightarrow -E_{min}$; 역방향 주사: reverse sweep)일 때의 전속밀도 변화가 다른 경우를 분극이력 특성(hysteresis)을 갖는 유전체라고 하며, 그 차이가 클수록 분극이력 특성이 강하다고 한다.

또한 외부 전기장에 의해 유전체의 분극이 이루어진 이후, 전기장을 제거하더라도 유전체 내부의 전속밀도 변화가 오랫동안 변하지 않는 경우, 정보의 저장용(memory, data storage) 소자로 사용할 수 있다. 전기장을 제거하더라도 분극에 의한 유전체 내의 전속밀도가 그대로 유지되는 경우($E(t) = 0$ &

$D(t) = +D_{max}$ = 일정: $t > t_1$ 또는 $E(t) = 0$ & $D(t) = -D_{min}$ = 일정: $t > t_2$)와 분극에 의한 전속밀도가 시간에 따라 소멸하는 3가지 다른 경우를 [그림 5-19]에 비교하였다.

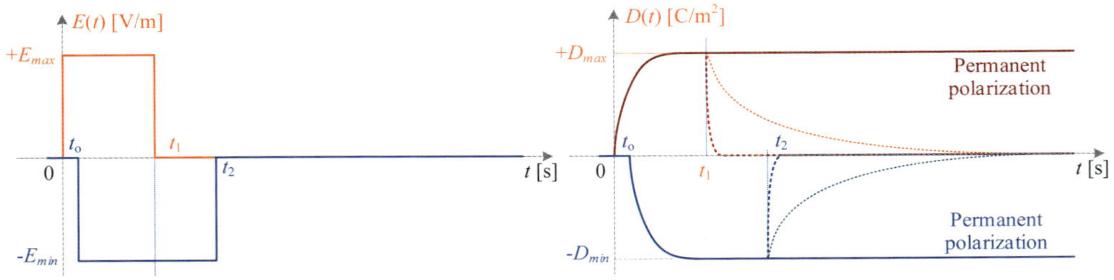

[그림 5-19] 전계에 의한 유전체의 분극과 그로 인한 전속밀도의 시간에 따른 변화

전기장의 영향을 받을 뿐 아니라 전기장을 전달하는 매질로 사용되는 유전성 전자재료의 특성을 나타내는 핵심 지표를 요약하면 다음과 같다.

- 이동전하(mobile charges)와 전기전도도: $\sigma = \rho_m \mu$ $[\Omega^{-1}\text{m}^{-1}]$: $\boldsymbol{J}_C$ $[\text{A/m}^2] = \sigma \boldsymbol{E}$
  - 재료/매질 내 이동전하의 전계에 의한 이동과 전도성 전류($\boldsymbol{J}_C$ $[\text{A/m}^2]$) 형성
  - 도선, 저항, FET(MOSFET, TFT) 등의 전기적 특성을 결정하며, 이들을 이해하는 데 중요함
- 전하쌍극자 형태의 속박전하(bound charges)와 유전상수: $\epsilon = \epsilon_r \epsilon_o$ [F/m]: $\boldsymbol{P} = \chi_e \epsilon_o \boldsymbol{E}$ $[\text{C/m}^2]$; $\boldsymbol{J}_D$ $[\text{A/m}^2] = \partial \boldsymbol{D}/\partial t = \epsilon \partial \boldsymbol{E}/\partial t$
  - 재료/매질 내 전하쌍극자(속박전하)의 분극 현상과 시변(time-varying) 전기장에 의한 변위성 전류($\boldsymbol{J}_D$ $[\text{A/m}^2]$) 형성
  - 전용량과 이를 이용하는 DRAM, Flash memory, FET(MOSFET, TFT) 등의 전기적 특성을 결정하며, 이들을 이해하는 데 중요함

Section

5.4 캐패시터(축전기)와 정전용량 : 재료와 구조가 고정된 경우의 전기장 해석과 응용

두 도체판 전극 사이에 유전체가 존재하는 구조의 전자소자를 캐패시터(또는 전하를 저장하는 부품이라는 의미로 축전기라고도 함: capacitor)라고 부른다. 두 개의 도체판 사이에 전하쌍극자들의 집합체인 유전체가 존재하는 구조로서, 재료와 구조가 고정되고 정전기적 상호작용도 동일한 형태로 나타난다. 특히 두 금속판의 한쪽에는 양의 전하($+Q_o$ [C]), 다른 한 쪽에는 동일한 크기의 음의 전하($-Q_o$ [C])가 인가되며, 이들이 두 도체판 사이에 전계($\boldsymbol{E}$ [V/m])를 형성하고 전위차(V_o [V])를 발생한다. 도체판의 전하량과 도체판 사이의 전위차는 항상 비례($Q_o \propto V_o$, $V_o \propto Q_o$)하며, 그 비례상수($Q_o/V_o \equiv C$, $Q_o = CV_o$)는 두 도체판의 구조(면적과 간격)와 유전체 재료의 유전상수에 의해 결정된다. 이 비례상수를 캐패시턴스(또는 정전용량; capacitance; C [C/V] = [F])라고 하며, 이는 인가된 전위차에 의한 전하량의 계산(V_o [V] → Q_o [C]), 또는 전하량에 의한 전위차(Q_o [C] → V_o [V])를 구할 때 편리하게 활용할 수 있다. 전위차가 구해지면 그로부터 유전체 내의 전계강도($\boldsymbol{E}$ [V/m])와 정전기적 상호작용도 쉽게 구할 수 있다.

캐패시터는 개별 회로 구성 부품으로 사용될 뿐 아니라, 변형된 형태로서 정보통신용 시스템 구현과 정전기적 에너지 저장장치로 널리 사용된다. 특히 에너지 저장용 축전지, 정보 저장용 기억소자로 사용됨은 물론이고, DC 전류는 차단하고 ac 신호 전류만 전달하는 절연체로도 사용된다. 대량/초고속 정보통신용 반도체 소자인 DRAM(Dynamic Random Access Memory, flash memory 등 데이터 저장용 부품, 신호의 증폭과 처리, 스위칭용 소자로 널리 사용되는 MOSFET, 디스플레이용 TFT(Thin-Film Transistor)도 MIS(Metal-Insulator-Semiconductor) 또는 MIM(Metal-Insulator-Metal) 구조의 캐패시터가 핵심 구성요소로 이용되고 있다. 캐패시터를 이용한 전자 소자와 반도체 소자 등의 우수한 특성 확보를 위해서는 캐패시터의 구조와 원리, 이를 결정하는 요소에 대한 정확한 이해가 필수적이다.

두 금속판 사이에 유전체가 존재하는 구조의 정전용량의 전기적 특성 이해를 위해서는 지금까지 학습한 전기장의 내용인

- 전도성이 높은 도체판의 특성
- 유전체의 전기적 특성
- 도체/유전체 경계면의 전계강도와 등가전하밀도에 대한 경계조건
- 서로 다른 유전체가 접한 경계면의 전계강도와 등가전하밀도에 대한 경계조건

을 잘 이해하고 적절하게 활용하는 것이 중요하다. 이들의 특성을 요약하면 [표 5-2]와 같다.

[표 5-2] 캐패시터의 전기적 특성을 이해하기 위해 필요한 도체와 유전체의 특성, 그리고 경계조건

구분	특성 및 경계조건 요약
금속/도체 내의 전기장	금속/도체 내부의 전계강도와 등가전하밀도 $\vec{E}(\vec{r})=0\ [\text{V/m}]$: 금속/도체 내부의 전계강도 $\vec{D}(\vec{r})=0\ [\text{C/m}^2]$: 금속/도체 내부의 등가전하밀도 $V(\vec{r})=\text{constant}\ [\text{V}]$: 금속/도체는 모든 면이 등전위면 $\rho_S(\vec{r})=Q_m/A\text{: constant}\ [\text{C/m}^2]$: 이동전하는 도체 표면에 균일한 밀도로 분포함
유전체 내의 전기장	$\vec{P}(\vec{r})\ [\text{C/m}^2]=\chi_e\left(\epsilon_o\vec{E}(\vec{r})\right)$: 유전체 내의 전하쌍극자의 분극 벡터 $\vec{D}(\vec{r})\ [\text{C/m}^2]=\epsilon_o\vec{E}(\vec{r})+\vec{P}(\vec{r})=\epsilon_r\epsilon_o\vec{E}(\vec{r})$: 유전체 내의 등가전하밀도 $\epsilon_r\equiv(1+\chi_e)$: 유전체의 유전상수
도체/유전체 경계면의 경계조건	$\vec{E}=\vec{E}_t+\vec{E}_n=\vec{E}_n=\frac{1}{\epsilon}\rho_S\hat{a}_n\ [\text{V/m}]$: 유전체 경계면의 전계강도(접선방향 + 법선방향) $\vec{D}=\epsilon\vec{E}\ [\text{C/m}^2]$; $\epsilon=\epsilon_r\epsilon_o\ [\text{F/m}]$; $\epsilon_r\equiv(1+\chi_e)$: 전계강도와 등가전하밀도의 관계 $\vec{D}=\vec{D}_t+\vec{D}_n=\vec{D}_n=D_n\hat{a}_n=\rho_S\hat{a}_n\ [\text{C/m}^2]$: 경계면의 등가전하밀도(접선방향 + 법선방향) $\rho_S=\rho_{it}\ [\text{C/m}^2]$: 금속/도체와 유전체 경계면의 계면전하밀도
유전체 1/유전체 2의 전기장에 대한 경계조건	• 전기장의 접선방향 성분에 대한 경계조건 $E_{t1}=E_{t2}=E_t\ [\text{V/m}]=\frac{D_{t1}}{\epsilon_1}=\frac{D_{t2}}{\epsilon_2}$: 전계강도의 접선방향 성분 $\frac{D_{t2}}{D_{t1}}=\frac{\epsilon_2}{\epsilon_1}\rightarrow\begin{cases}D_{t1}\ [\text{C/m}^2]=\epsilon_1E_{t1}=\epsilon_1E_t\\ D_{t2}\ [\text{C/m}^2]=\epsilon_2E_{t2}=\epsilon_2E_t\end{cases}$: 등가전하밀도의 접선방향 성분 • 전기장의 법선방향 성분에 대한 경계조건 $D_{n1}-D_{n2}=\rho_S\ [\text{C/m}^2]\rightarrow\begin{cases}D_{n1}=D_{n2}+\rho_S\ [\text{C/m}^2]\\ D_{n2}=D_{n1}-\rho_S\ [\text{C/m}^2]\end{cases}$: 등가전하밀도의 법선방향 성분 $\begin{cases}E_{n1}=\frac{\epsilon_2}{\epsilon_1}E_{n2}+\frac{\rho_S}{\epsilon_1}\ [\text{V/m}]\\ E_{n2}=\frac{\epsilon_1}{\epsilon_2}E_{n1}-\frac{\rho_S}{\epsilon_2}\ [\text{V/m}]\end{cases}\leftarrow\begin{cases}D_{n1}\ [\text{C/m}^2]=\epsilon_1E_{n1}=D_{n2}+\rho_S=\epsilon_2E_{n2}+\rho_S\\ D_{n2}\ [\text{C/m}^2]=\epsilon_2E_{n2}=D_{n1}-\rho_S=\epsilon_1E_{n1}-\rho_S\end{cases}$: 전계강도의 법선방향 성분

5.4.1 도체판의 구조와 유전체 재료에 의해 결정되는 캐패시터의 정전용량

앞에서 설명한 것과 같이 캐패시터를 이용하면 두 도체판 사이의 전기장(전계강도와 전위차)을 간단히 계산할 수 있을 뿐 아니라, 전위차로부터 캐패시터 양단의 전하량을 구할 수도 있다. 이를 통해 전계강도와 등가전하밀도, 또는 전하에 작용하는 정전기적 힘과 에너지, 또는 정전기적 상호작용을 해석할 수 있다.

아래의 [그림 5-20]과 같이 두 개의 도체판 사이에 유전체가 채워진 구조에서 두 도체판 사이에는 정전기적 상호작용이 발생한다. 즉 전하량은 동일하나 부호가 다른 전하($+Q_o$, $-Q_o$ [C])가 마주한 두 도체판에 존재하는 경우, 두 도체판 사이의 유전체에는 전기장이 형성되며, 이로 인해 두 도체판 사이에 전위차(V_o [V])가 발생한다. 이때 발생한 전위차는 도체판에 인가된 전하량에 비례($V_o\propto Q_o$)

하며, 그 비례상수는 오로지 두 도체판의 면적과 간격, 그리고 전계에 의해 분극 작용을 하는 유전체의 유전상수($\epsilon = \epsilon_r\epsilon_0$ [F/m])에 의해 결정된다.

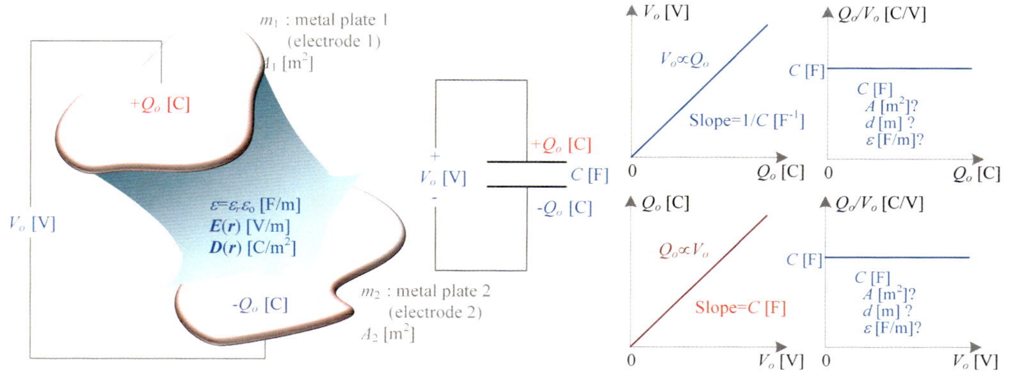

[그림 5-20] 동일한 량의 양전하($+Q_o$ [C])와 음전하($-Q_o$ [C])가 존재하는 금속판 사이에 유전체가 채워져 있는 캐패시터

[그림 5-20]과 같이 기하학적 구조(도체판의 면적 & 간격)와 유전체의 재료(전하쌍극자의 종류와 농도에 의해 결정되는 유전상수)가 정해진 경우, 도체판에 인가된 전하량(Q_o [C])과 이로 인해 형성되는 전위차(V_o [V])는 서로 비례한다. 이러한 관계를 나타내는 비례상수를 다음과 같이 정전용량(capacitance C [F] = [C/V])이라고 정의한다.

$$Q_o \text{ [C]} \equiv \left|\int_{m_1} \vec{D}(\vec{r}) \cdot d\vec{S}\right| = \left|\int_{m_2} \vec{D}(\vec{r}) \cdot d\vec{S}\right| \quad \text{: 금속판의 전하량}$$

$$V_o \text{ [V]} \equiv \left|-\int_{m_1}^{m_2} \vec{E}(\vec{r}) \cdot d\vec{l}\right| = \left|-\int_{m_2}^{m_1} \vec{E}(\vec{r}) \cdot d\vec{l}\right| \quad \text{: 두 금속판 사이에 형성된 전기장으로 인해 발생한 전위차}$$

$$Q_o \propto V_o \rightarrow Q_o = CV_o \quad \text{: 도체판 전하량은 금속도체 판 양단의 전위차에 비례함}$$

$$C \text{ [F]} \equiv \left|\frac{Q_o}{V_o}\right| = \frac{\left|\int_{m_1} \vec{D}(\vec{r}) \cdot d\vec{S}\right|}{\left|-\int_{m_1}^{m_2} \vec{E}(\vec{r}) \cdot d\vec{l}\right|} = \frac{\left|\int_{m_1} \vec{D}(\vec{r}) \cdot d\vec{S}\right|}{V_o} = \frac{Q_o}{\left|-\int_{m_1}^{m_2} \vec{E}(\vec{r}) \cdot d\vec{l}\right|} \quad \text{: 캐패시터의 정전용량}$$

: 두 금속/도체판의 기하학적 구조와 유전체의 특성 지표(도체판/전극의 면적과 간격, 유전상수)에 의해 결정됨

정전용량은 인가된 전하량과 전위차(전압)와는 무관하고, 오직 도체판의 구조(면적과 간격: A [m^2], d [m])와 도체판 사이에 채워져 있는 유전체의 유전상수(ϵ [F/m])에 의해서만 결정됨을 기억해야 한다.

또한 정전용량(Capacitance)은 전계에 의한 조절 능력(Controllability) 또는 두 도체판의 정전기적 결합력(Coupling)을 나타내는 것으로도 기억하면, 정전기적 현상을 이용하는 전자부품, 반도체 소자와 회로, 부품 및 시스템의 이해와 해석, 설계에 도움이 된다.

5.4.2 캐패시터의 정전용량을 구하는 효율적인 방법

캐패시터의 정전용량은 다음과 같이 두 도체판의 전하량과 전위차의 관계를 이용하여 구한다.

$$Q_o = CV_o \text{ [C]} \longleftrightarrow V_o = \frac{1}{C}Q_o \text{ [V]}$$

: V_o를 아는 경우 또는 인가전압을 V_o로 가정;
V_o [V] $\rightarrow E$ [V/m] $\rightarrow D$ [C/m^2] $\rightarrow Q_o$ [C]

$$C\ [\mathrm{F}] = \left|\frac{Q_o}{V_o}\right| \left(= \frac{dQ}{dV}\right) = \frac{\left|\int_{m_1} \vec{D}(\vec{r}) \cdot d\vec{S}\right|}{V_o} = \frac{|Q_o|}{\left|-\int_{m1}^{m2} \vec{E}(\vec{r}) \cdot d\vec{l}\right|}$$: 정전용량 [F] (전극의 면적과 간격, 유전상수에 의해 결정)

두 도체판 사이에 유전체가 채워진 캐패시터의 정전용량을 구하는 데는 반드시 전계강도($\boldsymbol{E}(\boldsymbol{r})$ [V/m])를 구해야 한다. 이를 통해 전위차(V_o [V])를 구하거나 또는 등가전하밀도($\boldsymbol{D}(\boldsymbol{r})$ [C/m^2])와 도체판에 유도된 전하량(Q_o [C])을 구할 수 있기 때문이다.

캐패시터의 정전용량을 구하는 효율적인 방법은 다음에 요약한 두 가지가 있으며, 정전용량을 구하는 데 공통적으로 필요한 유전체 내의 전계강도($\boldsymbol{E}(\boldsymbol{r})$ [V/m])를 구하기 편리한 방법을 택해 사용하면 된다.

방법 A) 도체판 양단에 전압(V_o [V])을 설정하여 해석하는 방법

$V_o \rightarrow$ 전계강도($\boldsymbol{E}(\boldsymbol{r})$ [V/m]) $\rightarrow$ 등가전하밀도($\boldsymbol{D}(\boldsymbol{r})$ [C/m^2]) $\rightarrow$ 도체판의 전하량(Q_o [C])
$\rightarrow$ 정전용량($C = Q_o/V_o$ [F])

방법 B) 도체판에 전하량(Q_o [C])을 설정하여 해석하는 방법

$Q_o \rightarrow$ 등가전하밀도($\boldsymbol{D}(\boldsymbol{r})$ [C/m^2]) $\rightarrow$ 전계강도($\boldsymbol{E}(\boldsymbol{r})$ [V/m]) $\rightarrow$ 도체판 양단의 전압(V_o [V])
$\rightarrow$ 정전용량($C = Q_o/V_o$ [F])

특히 도체의 특성, 도체와 유전체가 접한 경계면의 전기장(전계와 등가전하밀도)에 대한 경계조건, 유전체 1과 유전체 2의 경계면에서 전기장의 접선방향 성분과 법선(수직) 방향 성분에 대한 경계조건을 잘 이해하고 적용해야 하므로, 이에 대한 설명도 함께 요약하였다.

■ 방법 A) 도체판 양단의 전압(V_o [V])을 인가한 것으로 설정

두 도체판 사이에 유전체가 채워진 캐패시터의 정전용량을 구하는 데는 반드시 전계강도($\boldsymbol{E}(\boldsymbol{r})$ [V/m])를 구해야 한다. 캐패시터의 구조상 두 도체판에 인가된 전압(V_o [V])으로부터 전계($\boldsymbol{E}(\boldsymbol{r})$ [V/m])를 구하는 것이 쉬운 경우에는 다음 관계식을 이용하는 것이 편리하다. 특히, 도체판 사이에 유전상수가 다른 유전체가 병렬로 채워진 구조의 정전용량을 구할 때 편리한 방법이다.

$$C\ [\mathrm{F}] = \left|\frac{Q_o}{V_o}\right| = \frac{\left|\int_{m_1} \vec{D}(\vec{r}) \cdot d\vec{S}\right|}{V_o}$$: V_o를 아는 경우 또는 인가전압을 V_o [V]로 가정하는 경우; V_o [V] $\rightarrow E$ [V/m] $\rightarrow D$ [C/m^2] $\rightarrow Q_o$ [C를 구함]

① $V_o\ [\mathrm{V}] = -\int_{m_2}^{m_1} \vec{E}(\vec{r}) \cdot d\vec{l}$ & $V_o\ [\mathrm{V}] = -\int_{m_2}^{m_1} \vec{E}(\vec{r}) \cdot d\vec{l}\Big|_{1-D} = \left|-\int_{m_2}^{m_1} E(x)dx\right|$: 도체판 양단 전압(V_o [V])을 설정

② $\vec{E}(\vec{r})\ [\mathrm{V/m}]\Big|_{3-D} = -\nabla V(\vec{r})$ & $\vec{E}(\vec{r})\ [\mathrm{V/m}]\Big|_{1-D} = E(x) = -\dfrac{dV(x)}{dx}$: 유전체 내의 전계강도를 계산

③ $\vec{D}(\vec{r})\ [\mathrm{C/m^2}] = \epsilon\vec{E}(\vec{r})$ & $\vec{D}(\vec{r})\ [\mathrm{C/m^2}]\Big|_{1-D} = D(x) = \epsilon E(x)$: 유전체에 무관한 등가전하밀도를 계산

④ $Q_o\ [\mathrm{C}] = \int_{m1} \vec{D}(\vec{r}) \cdot d\vec{S}$ & $Q_o\ [\mathrm{C}]\Big|_{1-D} = \int_{m1} \vec{D}(\vec{r}) \cdot d\vec{S}\Big|_{1-D} = DA$: 도체판 한쪽 면의 전하량을 계산

⑤ $C\ [\mathrm{F}] = \left|\dfrac{Q_o}{V_o}\right| = \dfrac{\left|\int_{m1} \vec{D}(\vec{r}) \cdot d\vec{S}\right|}{V_o}$: 정전용량을 구하고, 설정한 전압과 무관한지 확인 후, 캐패시터의 구조(전극/도체판의 면적과 간격)와 유전체의 특성 변수인 유전상수로 이루어졌는지 확인

■ 방법 B) 도체판 중 하나에 전하량 Q_o [C]을 인가한 것으로 설정

두 도체판 사이에 유전체가 채워진 캐패시터의 정전용량을 구하는 데는 반드시 전계강도($\boldsymbol{E}(\boldsymbol{r})$ [V/m])를 구해야 한다. 캐패시터의 구조상 도체판에 분포된 전하량(Q_o [C])으로부터 가우스의 법칙(적분 형태) 또는 포아송 방정식(미분 형태)을 이용하여 유전체의 특성에 무관한 등가전하밀도($\boldsymbol{D}(\boldsymbol{r})$ [C/m^2])를 구한다. 이로부터 유전체 내의 전계($\boldsymbol{E}(\boldsymbol{r})$ [V/m])를 구하는 것이 쉬운 경우에는 다음 관계식을 이용하는 것이 편리하다. 특히, 도체판 사이에 유전상수가 다른 유전체가 직렬로 적층된 구조의 정전용량을 구할 때 편리한 방법이다.

$$C\ [\mathrm{F}]=\left|\frac{Q_o}{V_o}\right|=\frac{|Q_o|}{\left|-\int_{m1}^{m2}\vec{E}(\vec{r})\cdot d\vec{l}\right|}$$: Q_o를 아는 경우 또는 인가 전하를 Q_o로 가정하는 경우, Q_o [C] $\rightarrow D$ [C/m^2] $\rightarrow E$ [V/m] $\rightarrow V_o$ [V]

① $$Q_o\ [\mathrm{C}]=\int_{m_1}\vec{D}(\vec{r})\cdot d\vec{S}\ \&\ +Q_o\ \&\ -Q_o\ [\mathrm{C}]=-\int_{m_2}^{m_1}\vec{E}(\vec{r})\cdot d\vec{l}\Big|_{1-D}=-\int_{m_2}^{m_1}E(x)dx\Big|$$: 도체판에 $+Q$ [C]와 $-Q$ [C]를 설정

② $$\vec{D}(\vec{r})\ [\mathrm{C/m^2}]\leftarrow\begin{cases}\oint\vec{D}(\vec{r})\cdot d\vec{S}=Q_o\ [\mathrm{C}]:\text{Gauss's Law}\quad\&\ \vec{D}(\vec{r})\Big|_{1-D}\ [\mathrm{C/m^2}]=\dfrac{+Q_o}{A}\\ \nabla\cdot\vec{D}(\vec{r})=\rho(\vec{r})\ [\mathrm{C/m^3}]:\text{ Poisson's Eq.}\&\ \nabla\cdot\vec{D}(\vec{r})\Big|_{1-D}\ [\mathrm{C/m^3}]=\dfrac{\partial D(x)}{\partial x}=\rho(x)\\ D(x)\ [\mathrm{C/m^2}]=\int\rho(x)dx\end{cases}$$

: 가우스 법칙으로부터 등가전하밀도($\boldsymbol{D}(\boldsymbol{r})$ [C/m^2])를 구함

③ $$\vec{E}(\vec{r})\ [\mathrm{V/m}]=\frac{1}{\epsilon}\vec{D}(\vec{r})\ \&\ \vec{E}(\vec{r})\Big|_{1-D}\ [\mathrm{V/m}]=\frac{D(x)}{\epsilon(x)}$$: 전계강도($\boldsymbol{E}(\boldsymbol{r})$ [V/m])를 구함

④ $$V_o\ [\mathrm{V}]=\left|-\int_{m_1}^{m_2}\vec{E}(\vec{r})\cdot d\vec{l}\right|\ \&\ V_o\ [\mathrm{V}]=\left|-\int_{m_1}^{m_2}\vec{E}(\vec{r})\cdot d\vec{l}\Big|_{1-D}\right|=\left|-\int_{m_1}^{m_2}E(x)dx\right|$$: 두 도체판 사이의 전위차 (V_o [V])를 구함

⑤ $$C\ [\mathrm{F}]=\left|\frac{Q_o}{V_o}\right|=\frac{|Q_o|}{\left|-\int_{m1}^{m2}\vec{E}(\vec{r})\cdot d\vec{l}\right|}$$: 정전용량을 구하고, 설정한 인가전압과 무관한지 확인 후, 캐패시터의 구조(전극/도체판의 면적과 간격)와 유전체의 특성 변수인 유전상수로 이루어졌는지 확인

정전용량을 계산할 때는 캐패시터를 구성하는 요소인 전극 도체판의 구조(평행판형, 원통형, 선형, 적층형 등), 도체판의 간격, 도체판의 면적, 그리고 도체판 사이를 채우고 있는 유전체의 종류(유전상수 및 누설전류)와 구조(직렬, 병렬, 단일층, 다층 등)가 정전용량에 미치는 영향을 잘 이해해야 한다.

5.4.3 정전용량 계산의 예

정전용량으로 널리 시용되는 다음의 4가지 경우에 대해 정전용량 계산 과정을 학습하고, 정전용량을 결정하는 주된 요소와 그 의존도를 확인하고자 한다.

(a) 두 개의 금속판 사이에 유전체가 채워진 평행판 캐패시터의 정전용량

(b) 두 개의 금속판 사이에 유전상수가 다른 두 개의 유전체 층이 직렬로 채워진 적층형 캐패시터의 정전용량

(c) 두 개의 금속판 사이에 유전상수가 다른 두 개의 유전체가 병렬로 채워진 캐패시터의 정전용량

(d) 반지름 a [m] 중심 도체와 반지름 b [m]인 외부 도체를 가진 동축 전송선 형태의 원통형 캐패시터의 단위길이당 정전용량

특히, 캐패시터의 소형화를 위해 필요한 조건 또는 제한된 공간적 체적 내에 큰 정전용량을 구현하기 위해 필요한 조건 등의 시각에서 잘 이해하는 것이 전자/정보통신용 부품 설계와 캐패시터의 공학적 응용에 도움이 된다.

두 개의 금속판 사이에 유전체가 채워진 평행판 캐패시터의 정전용량

캐패시터로 가장 널리 사용되는 구조는 [그림 5-21]과 같이 두 개의 평행한 평판 사이에 유전체가 채워진 평판 캐패시터(parallel plate capacitor)이다. 개별 부품으로 사용되는 세라믹(ceramic) 캐패시터는 물론이고, 전자/정보통신용 핵심 부품으로 널리 사용되는 MOSFET과 TFT의 MIS(metal-insulator-semiconductor) 구조, 초고주파용 부품인 도파관 등도 모두 평판 캐패시터 구조와 동일하다. 따라서 이들의 전기적 특성을 이해하고 잘 활용하기 위해서는 평판 캐패시터 구조의 전기적 특성과 정전용량에 관해 잘 이해하는 것이 필수적이다.

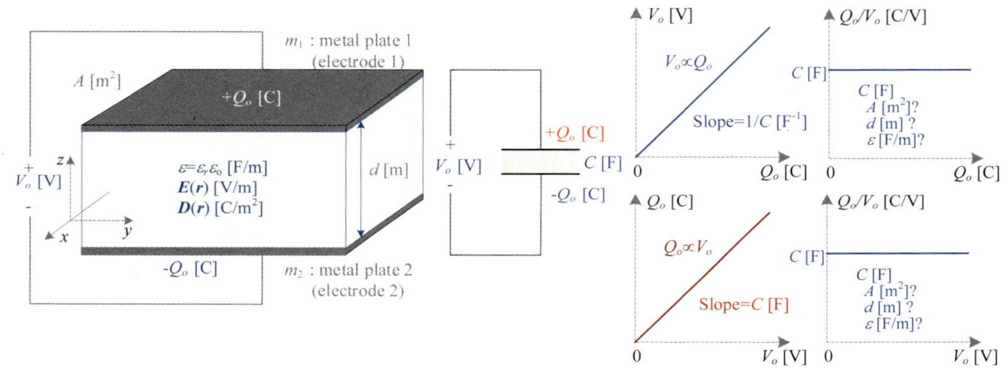

[그림 5-21] 평행한 두 개의 금속판 사이에 유전체가 채워진 평판 캐패시터

두 개의 금속판과 그 사이에 유전체가 채워진 캐패시터의 정전용량(C [F])은 다음과 같이 정의된다.

$$C\ [\mathrm{F}] \equiv \left|\frac{Q_o}{V_o}\right| = \frac{\left|\int_{m_1} \vec{D}(\vec{r})\cdot d\vec{S}\right|}{\left|-\int_{m_1}^{m_2} \vec{E}(\vec{r})\cdot d\vec{l}\right|} = \frac{\left|\int_{m_1} \vec{D}(\vec{r})\cdot d\vec{S}\right|}{|V_o|} = \frac{|Q_o|}{\left|-\int_{m_1}^{m_2} \vec{E}(\vec{r})\cdot d\vec{l}\right|}$$
: 캐패시터 구조의 정전용량을 구하는 관계식

따라서 정전용량을 구하기 위해서는 전도성이 좋은 도체판과 그 사이를 채우고 있는 유전체의 특성, 유전체 내의 전계분포를 잘 이해하고 활용해야 한다. 특히 전극으로 사용되는 도체판 양단에 전압이 인가된 경우, 유전체 내의 전계분포를 구하고 이를 통해 도체판의 전하량을 구하거나 ($V_o \to \boldsymbol{E}(\boldsymbol{r}) \to \boldsymbol{D}(\boldsymbol{r}) \to Q_o$), 또는 도체판에 같은 크기의 부호가 다른 전하가 존재하는 경우도 유전체 내의 전계를 통해 전위차($Q_o \to \boldsymbol{D}(\boldsymbol{r}) \to \boldsymbol{E}(\boldsymbol{r}) \to V_o$)를 구하는 것이 필수적임은 앞에 요약한 바와 같다. 그리고 정전용량을 편리하게 구하는 과정에는 다음 두 가지가 있다.

방법 A) 도체판 양단에 전압(V_o [V])을 설정하여 해석하는 방법: $V_o \rightarrow \boldsymbol{E}(\boldsymbol{r}) \rightarrow \boldsymbol{D}(\boldsymbol{r}) \rightarrow Q_o \rightarrow C$
방법 B) 도체판에 전하량(Q_o [C])을 설정하여 해석하는 방법: $Q_o \rightarrow \boldsymbol{D}(\boldsymbol{r}) \rightarrow \boldsymbol{E}(\boldsymbol{r}) \rightarrow V_o \rightarrow C$

앞으로 접하게 되는 캐패시터 문제를 해석할 때 위 두 가지 방법 중 더 편리한 방법을 적절히 선택하고 효율적으로 해석하는 근거로 사용할 수 있도록 두 가지 방법을 모두 설명한다.

■ **방법 A) 도체판 양단에 전압(V_o [V])을 설정하여 해석하는 방법 :** $V_o \rightarrow \boldsymbol{E}(\boldsymbol{r}) \rightarrow \boldsymbol{D}(\boldsymbol{r}) \rightarrow Q_o \rightarrow C$

평판 간의 간격이 일정한 평행 도판 사이에 균질의 유전체가 채워진 평판 캐패시터의 경우, 도체판 양단에 전압(V_o [V])을 설정하여 해석하는 방법($V_o \rightarrow \boldsymbol{E}(\boldsymbol{r}) \rightarrow \boldsymbol{D}(\boldsymbol{r}) \rightarrow Q_o$)이 편리하다. 이는 평판 사이의 유전체 내에서는 어느 지점이나 균일한 전계강도를 갖기 때문에 평판 양단의 전위차(전압: V_o [V])를 설정하면 쉽게 전계강도($\boldsymbol{E}(\boldsymbol{r})$ [V/m])를 구할 수 있고, 이로부터 등가전하밀도($\boldsymbol{D}(\boldsymbol{r})$ [C/m^2])와 도체판에 유도된 전하량(Q_o [C])을 편리하게 구할 수 있기 때문이다. 먼저, 전위차와 전계강도의 관계는 다음과 같다.

$$\vec{E}\ [\mathrm{V/m}] = -\nabla V(\vec{r}) \longleftrightarrow V(\vec{r}) = -\int_{\infty}^{\vec{r}} \vec{E}(\vec{r}) \cdot d\vec{l}$$: 전위차와 전계강도의 관계

상부 도체판과 유전체의 접합 경계면에서 접선방향의 전계는 존재하지 않으며, 경계면과 수직인 성분의 전계만 존재하는 경계조건을 기억하면 편리하다. 즉 상부 도체와 하부 도체 양단에 V_o [C]의 전압이 인가되어 있는 경우, 도체판 사이의 유전체 내에는 일정한 크기와 방향의 전계가 형성된다. 유전체 내의 전계강도($\boldsymbol{E}(\boldsymbol{r})$ [V/m])와 등가전하밀도($\boldsymbol{D}(\boldsymbol{r})$ [C/m^2])는 각각 다음과 같이 도체면에 수직인 z-축 방향의 성분만 존재하며, 그 크기는 어느 지점이나 동일하다.

$$\vec{E}(\vec{r})\ [\mathrm{V/m}] = -\nabla V(\vec{r}) = -\frac{V_o}{d}\hat{a}_z$$: 유전체 내의 전계강도

$$\vec{D}(\vec{r})\ [\mathrm{C/m^2}] = \epsilon\vec{E}(\vec{r})\ [\mathrm{V/m}] = D_n\hat{a}_n = D_z\hat{a}_z = -\epsilon\frac{V_o}{d}\hat{a}_z$$: 유전체 내의 등가전하밀도

상부 도체판과 유전체의 접합 경계면의 경계조건을 사용하면 유전체의 등가전하밀도(ρ_S [C/m^2]), 도체판 표면의 등가전하밀도, 그리고 상부도체판의 전하량(Q_o [C])은 각각 다음과 같다.

$$\rho_S\ [\mathrm{C/m^2}] = D_n = D_z = \epsilon\frac{V_o}{d}$$: 상부 도체판의 면전하밀도

$$Q_o\ [\mathrm{C}] = \int_{m_1} \vec{D}(\vec{r}) \cdot d\vec{S} = \int_{m_1} \rho_S(\vec{r})dS = \rho_S A = \epsilon\frac{V_o}{d}A$$: 가우스의 법칙

따라서 평판의 간격 d [m], 평판의 면적 A [m^2], 유전체의 유전상수 ϵ [F/m]인 평판 캐패시터의 정전용량(C [F])은 다음과 같다.

$$C\ [\mathrm{F}] \equiv \left|\frac{Q_o}{V_o}\right| = \frac{\left|\int_{m_1} \vec{D}(\vec{r}) \cdot d\vec{S}\right|}{|V_o|} = \frac{\left|\int_{m_1} \rho_S(\vec{r})dS\right|}{|V_o|} = \frac{\epsilon\frac{V_o}{d}A}{V_o} = \epsilon\frac{A}{d}$$: 평판 캐패시터의 정전용량 $\propto \begin{cases} A\ [\mathrm{m^2}] \\ \epsilon\ [\mathrm{F/m}] \\ 1/d\ [\mathrm{1/m}] \end{cases}$

$$C_o\ [\mathrm{F/m^2}] \equiv \frac{C}{A} = \frac{\epsilon}{d} \propto \begin{cases} \epsilon\ [\mathrm{F/m}] \\ 1/d\ [\mathrm{1/m}] \end{cases}$$: 단위면적당 정전용량

즉 평판 캐패시터의 정전용량(C [F])은 평판의 면적(A [m^2])에 비례하고, 평판의 간격(d [m])에 반비례하며, 유전체의 유전상수(ϵ [F/m])에 비례함을 알 수 있다. 이들의 관계를 그래프로 요약하면 [그림 5-22]와 같다.

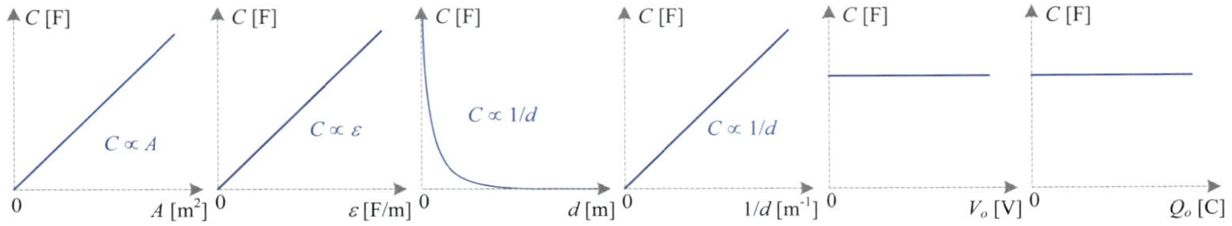

[그림 5-22] 평행한 두 개의 금속판 사이에 유전체가 채워진 평판 캐패시터의 정전용량을 결정하는 요소

평판 캐패시터를 설계하는 경우, 평판의 면적, 평판 간의 간격, 그리고, 유전체의 유전상수를 조절하여 필요한 정전용량을 설계할 수 있다. 특히 휴대용 기기와 같이 작은 공간에 큰 정전용량이 필요한 경우 유전상수가 큰 재료를 활용하거나 입체 구조를 이용하여 면적을 넓히는 방법을 사용해야 함을 짐작할 수 있다.

■ **방법 B) 도체판에 전하량(Q_o [C])을 설정하여 해석하는 방법** : $Q_o \rightarrow \boldsymbol{D}(\boldsymbol{r}) \rightarrow \boldsymbol{E}(\boldsymbol{r}) \rightarrow V_o \rightarrow C$

상부 도체에 $-Q_o$ [C]의 음의 전하, 하부 도체에 $+Q_o$ [C]의 양의 전하가 각각 도체판 표면에 균일하게 분포하여 존재하는 것으로 가정(금속/유전체 계면의 전하는 금속 표면에 균일한 농도로 분포함은 이미 학습)하고, 폐곡면에 대한 가우스 법칙을 적용하여 유전체 내의 등가전하밀도($\boldsymbol{D}$ [C/m^2])와 전계강도 ($\boldsymbol{E}$ [V/m])를 구할 수 있다.

$$Q_{enc}\ [\mathrm{C}] = \oint \vec{D}(\vec{r}) \cdot d\vec{S}$$: 전기장의 등가전하밀도에 관한 가우스의 법칙

한편 금속과 접하는 경계면에서 전계강도와 등가전하밀도는 오직 경계면에 수직인 z-축 방향 성분만 존재하는 것은 앞의 금속-유전체 경계조건에서 설명하였으며, 이를 가우스 법칙에 반영하면 다음의 등가전하밀도를 얻는다.

$$\vec{D}(\vec{r})\ [\mathrm{C/m^2}] = (D_x, D_y, D_z) = D_n \hat{a}_n = (0, 0, D_z) = D_z \hat{a}_z$$

: 금속-유전체 경계면의 접선방향 전계와 등가전하밀도 = 0이며, 경계면에 수직인 법선방향 성분만 존재함

$$\oint \vec{D}(\vec{r}) \cdot d\vec{S} = D_z A = Q_o\ [\mathrm{C}] \leftarrow D_z\ [\mathrm{C/m^2}] = \frac{Q_o}{A} \leftarrow \vec{D}(\vec{r})\ [\mathrm{C/m^2}] = D_z \hat{a}_z = \frac{Q_o}{A} \hat{a}_z$$

유전체 내의 전계강도는 등가전하밀도와 유전상수를 이용하면 구할 수 있으며, 도체판과 수직인 성분만으로 이루어진 유전체 내부의 전계강도를 구할 수 있다.

$$\vec{E}(\vec{r})\ [\mathrm{V/m}] = \frac{1}{\epsilon} \vec{D}(\vec{r}) = (0, 0, E_z) = E_z \hat{a}_z$$: 두 도체판 사이의 전계강도

$$\rightarrow E_z\ [\mathrm{V/m}] = \frac{D_z}{\epsilon} = \frac{1}{\epsilon} \frac{Q_o}{A} \rightarrow \vec{E}(\vec{r})\ [\mathrm{V/m}] = \frac{\vec{D}(\vec{r})}{\epsilon} = E_z \hat{a}_z = \frac{1}{\epsilon} \frac{Q_o}{A} \hat{a}_z$$

이 결과를 이용하여 두 도체판 사이의 전위차는 다음과 같이 구할 수 있다. 이는 도체판의 전하량에

비례하고, 도체판의 면적과 도체판 사이의 간격, 그 사이의 유전체의 유전상수에 의해 영향을 받는다.

$$V_o\ [\mathrm{V}] = \left|-\int_{m_1}^{m_2} \vec{E}(\vec{r}) \cdot d\vec{l}\right| = \left|-\int_{m_1}^{m_2} \frac{Q_o}{\epsilon A}\hat{a}_z \cdot d\vec{l}\right| = \left|-\int_0^d \left(\frac{Q_o}{\epsilon A}\hat{a}_z\right) \cdot (dz'\hat{a}_z)\right| = \left|\int_0^d \frac{Q_o}{\epsilon A} dz'\right| = \frac{Q_o}{\epsilon A} d$$: 두 도체 사이의 전위차

따라서 평판의 간격(d [m]), 평판의 면적(A [m^2]), 유전체의 유전상수(ϵ [F/m])인 평판 캐패시터의 정전용량(C [F])은 다음과 같으며, 이는 앞에서 구한 결과와 동일하다.

$$C\ [\mathrm{F}] \equiv \left|\frac{Q_o}{V_o}\right| = \frac{|Q_o|}{\left|-\int_{m_1}^{m_2} \vec{E}(\vec{r}) \cdot d\vec{l}\right|} = \frac{Q_o}{\left(\frac{Q_o}{\epsilon A} d\right)} = \epsilon \frac{A}{d} \propto \begin{cases} A\ [\mathrm{m}^2] \\ \epsilon\ [\mathrm{F/m}] \\ 1/d\ [1/\mathrm{m}] \end{cases}$$

: 평판 간의 간격 d [m], 평판의 면적 A [m^2]이고, 균질의 유전체를 가진 평판 캐패시터의 정전용량

$$C_o\ [\mathrm{F/m^2}] \equiv \frac{C}{A} = \frac{\epsilon}{d} \propto \begin{cases} \epsilon\ [\mathrm{F/m}] \\ 1/d\ [1/\mathrm{m}] \end{cases}$$

: 평판의 간격이 d [m]이고, 균질의 유전체를 가진 평판 캐패시터의 단위면적당 정전용량

두 개의 금속판 사이에 유전상수가 다른 두 개의 유전체 층이 직렬로 채워진 적층형 캐패시터의 정전용량

[그림 5-23]과 같이 금속판 사이에 유전상수가 다른 두 개의 유전체 층이 직렬로 적층된 구조는 반도체 DRAM 또는 Flash memory, MOSFET과 TFT 등에서도 사용된다. 유전상수가 작은 유전체와 유전상수가 아주 큰 유전체의 직렬 적층 구조를 통해 누설전류는 줄이고, 정전용량은 키우기 위해 사용하는 대표적인 방법이다. 특히, 큰 유전체를 가진 전자재료(high-k dielectric material)는 내부에 존재하는 이동전하로 인해 전기전도도(σ [Ω^{-1}/m])가 유한한 값을 가지며, 이상적인 유전체($\sigma = 0$ [Ω^{-1}/m])로 작용하지 못한다. 따라서 유전상수가 작으나 이상적인 유전체를 직렬 연결하여 DC 전류 경로를 차단하는 절연체를 직렬 연결하여 사용하는 것이 좋은 방법이다. 따라서 이 구조의 정전용량을 결정하는 요소를 잘 이해하는 것은 캐패시터 구조의 공학적 응용에 무엇보다 중요하다.

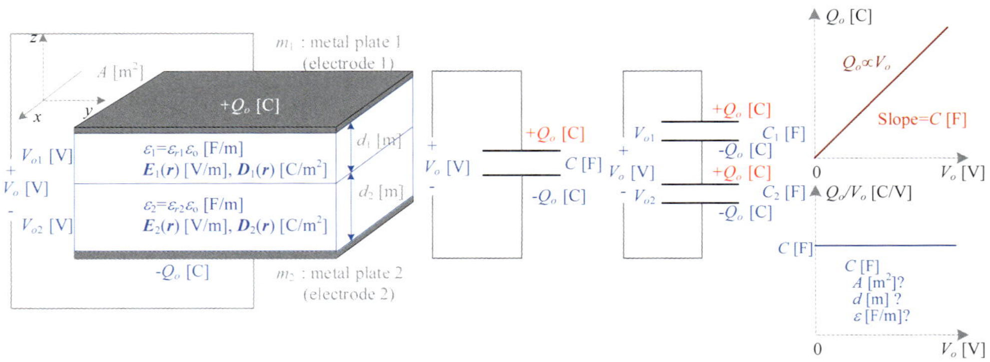

[그림 5-23] 평행한 두 개의 금속판 사이에 유전상수가 다른 두 개의 유전체 층이 직렬로 채워진 평판 캐패시터

도체판 양단에 전압이 인가된 경우 유전체 내의 전계분포를 구하고 이를 통해 도체판의 전하량을 구하거나($V_o \rightarrow \boldsymbol{E} \rightarrow \boldsymbol{D} \rightarrow Q_o$), 또는 도체판에 같은 크기의 부호가 다른 전하가 존재하는 경우도

유전체 내의 전계를 통해 전위차($Q_o \rightarrow \boldsymbol{D} \rightarrow \boldsymbol{E} \rightarrow V_o$)를 구하는 것이 필수적임은 앞에 요약한 바와 같다. [그림 5-23]과 같이 유전상수가 다른 두 개의 유전체 층이 직렬로 적층된 경우에는 두 도체판에 부호는 서로 다르나 크기는 동일한 전하량(Q_o [C])이 인가된 경우를 이용하여 등가전하밀도($\boldsymbol{D}(\boldsymbol{r})$ [C/m^2]), 전계강도($\boldsymbol{E}(\boldsymbol{r})$ [V/m]), 그리고 도체판 양단의 전위차(V_o [V])를 구한 뒤 정전용량(C [F])을 구하는 것이 편리하다.

$$C\ [\mathrm{F}] = \left|\frac{Q_o}{V_o}\right| = \frac{|Q_o|}{\left|-\int_{m1}^{m2} \vec{E}(\vec{r}) \cdot d\vec{l}\right|}$$

: Q_o를 아는 경우 또는 인가 전하를 Q_o로 가정,
Q_o [C] $\rightarrow D$ [C/m^2] $\rightarrow E$ [V/m] $\rightarrow V_o$ [V]

상부 도체판에 $+Q_o$ [C]의 양의 전하, 하부 도체에 $-Q_o$ [C]의 음의 전하가 도체 표면에 균일하게 분포한 것으로 가정(금속/유전체 계면의 전하는 금속 표면에 균일한 농도로 분포함은 이미 학습)할 수 있다. 또한 금속-유전체 경계면의 경계조건에 의하면 등가전하밀도와 전계강도의 접선방향 성분은 존재하지 않고 오직 계면에 수직인 성분, 즉 상부 도체판으로부터 하부 도체판으로 향하는 z-축 방향 성분만 존재함을 이용할 수 있다.

$$\vec{D}(\vec{r})\ [\mathrm{C/m^2}] = (D_x, D_y, D_z) = (0, 0, D_z) = D_z \hat{a}_z$$

: 금속-유전체 경계면의 접선방향 전계와 등가전하밀도는 0이며, 경계면에 수직인 법선방향 성분만 존재함.
또한 두 유전체의 경계면에 전하가 존재하지 않으므로 등가전하밀도의 법선방향 성분은 연속(동일)

따라서 가우스 법칙을 이용하여 유전체 층에 무관한 값을 갖는 등가전하밀도를 구할 수 있다.

$$Q_{enc}\ [\mathrm{C}] = \oint \vec{D}(\vec{r}) \cdot d\vec{S} = D_z A = Q_o$$

$$\rightarrow D_z\ [\mathrm{C/m^2}] = \frac{Q_o}{A} \rightarrow \vec{D}\ [\mathrm{C/m^2}] = D_z \hat{a}_z = \frac{Q_o}{A}\hat{a}_z$$: 유전체의 종류에 관계없이 수직방향 성분은 동일

또한, 도체판에 존재하는 전하량으로 인해 형성된 유전체 내의 전계강도는 등가전하밀도와 각 층의 유전상수를 이용하여 다음과 같이 구할 수 있다.

$$\vec{E}(\vec{r})\ [\mathrm{V/m}] = \frac{1}{\epsilon}\vec{D}(\vec{r})$$: 유전체 내의 전계강도

$$E_z\ [\mathrm{V/m}] = \frac{Q_o}{\epsilon A} \rightarrow \vec{E}(\vec{r})\ [\mathrm{V/m}] = \frac{1}{\epsilon}\vec{D}(\vec{r}) = \begin{cases} \frac{1}{\epsilon_1}\vec{D}(\vec{r}) = \frac{1}{\epsilon_1}D_z\hat{a}_z = \frac{1}{\epsilon_1}\frac{Q_o}{A}\hat{a}_z & \rightarrow \text{Dielectric 1} \\ \frac{1}{\epsilon_2}\vec{D}(\vec{r}) = \frac{1}{\epsilon_2}D_z\hat{a}_z = \frac{1}{\epsilon_2}\frac{Q_o}{A}\hat{a}_z & \rightarrow \text{Dielectric 2} \end{cases}$$

즉 유전체의 유전상수가 클수록 그 층의 전계강도는 약하고, 유전체 양단의 전압강하도 감소함을 예상할 수 있다. 전계강도로부터 두 도체판 양단의 전위차/전압을 다음과 같이 구할 수 있다.

$$V_o\ [\mathrm{V}] = \left|-\int_{m1}^{m2}\vec{E}(\vec{r})\cdot d\vec{l}\right| = \left|\int_0^{d_1}\vec{E}(\vec{r})\cdot d\vec{l} + \int_{d_1}^{d_2}\vec{E}(\vec{r})\cdot d\vec{l}\right| = \left|\int_0^{d_1}\frac{1}{\epsilon_1}\frac{Q_o}{A}\hat{a}_z\cdot(dz'\hat{a}_z) + \int_{d_1}^{d_1+d_2}\frac{1}{\epsilon_2}\frac{Q_o}{A}\hat{a}_z\cdot(dz'\hat{a}_z)\right|$$

$$= \left|\int_0^{d_1}\frac{1}{\epsilon_1}\frac{Q_o}{A}dz' + \int_{d_1}^{d_1+d_2}\frac{1}{\epsilon_2}\frac{Q_o}{A}dz'\right| = \frac{Q_o}{\epsilon_1 A}d_1 + \frac{Q_o}{\epsilon_2 A}d_2 = \frac{Q_o}{A}\left(\frac{d_1}{\epsilon_1} + \frac{d_2}{\epsilon_2}\right) = V_{o1} + V_{o2}$$

$$\longleftrightarrow Q_o\ [\mathrm{C}] = C_1 V_{o1} = C_2 V_{o2} = CV$$

$$V_{o1}\ [\text{V}] \equiv \left| \int_0^{d_1} \frac{1}{\epsilon_1} \frac{Q_o}{A} dz' \right| = \frac{Q_o}{A} \frac{d_1}{\epsilon_1}$$: 유전체 1 양단의 전위차

$$V_{o2}\ [\text{V}] \equiv \left| \int_{d_1}^{d_1+d_2} \frac{1}{\epsilon_2} \frac{Q_o}{A} dz' \right| = \frac{Q_o}{A} \frac{d_2}{\epsilon_2}$$: 유전체 2 양단의 전위차

따라서 도체판 사이에 유전상수가 다른 두 개의 유전체 층이 직렬로 적층된 캐패시터의 정전용량은 다음과 같이 정리할 수 있다.

$$C\ [\text{F}] \equiv \left| \frac{Q_o}{V_o} \right| = \frac{|Q_o|}{\left| -\int_{m_1}^{m_2} \vec{E} \cdot d\vec{l} \right|} = \frac{Q_o}{\frac{Q_o}{A}\left(\frac{d_1}{\epsilon_1} + \frac{d_2}{\epsilon_2} \right)} = \frac{A}{\left(\frac{d_1}{\epsilon_1} + \frac{d_2}{\epsilon_2} \right)} = \frac{1}{\frac{1}{C_1} + \frac{1}{C_2}} = \frac{C_1 C_2}{C_1 + C_2} = \frac{C_{low}}{1 + \left(C_{low}/C_{high} \right)} < C_{low}$$

: 면적 = A [m^2]이고, 유전체 1(두께 d_1 [m], 유전상수 ϵ_1 [F/m])과 유전체 2(두께 d_2 [m], 유전상수 ϵ_2 [F/m])가 적층된 구조의 정전용량

$$C_1\ [\text{F}] \equiv \left| \frac{Q_o}{V_{o1}} \right| = \epsilon_1 \frac{A}{d_1}$$: 유전체 1(두께 d_1 [m], 유전상수 ϵ_1 [F/m])의 정전용량

$$C_2\ [\text{F}] \equiv \left| \frac{Q_o}{V_{o2}} \right| = \epsilon_2 \frac{A}{d_2}$$: 유전체 2(두께 d_2 [m], 유전상수 ϵ_2 [F/m])의 정전용량

이 구조의 정전용량은 두께 d_1 [m], 유전상수 ϵ_1인 유전체 1의 정전용량 C_1과 두께 d_2 [m], 유전상수 ϵ_2 [F/m]인 유전체 2의 정전용량 C_2의 직렬 연결과 동일함을 뜻한다. 특히 직렬 연결된 캐패시터 C_1과 C_2의 전압 분배는 정전용량에 반비례함을 알 수 있다. 즉, 특정 영역의 전압을 크게 하고자 할 경우, 그 영역의 정전용량이 상대적으로 작은 값을 갖도록 구조와 재료를 설계해야 함을 뜻한다.

$$Q_o\ [\text{C}] = C_1 V_{o1} = C_2 V_{o2} = CV \longleftrightarrow \begin{cases} V\ [\text{V}] = V_{o1} + V_{o2} = \dfrac{Q_o}{C_1} + \dfrac{Q_o}{C_2} = \dfrac{Q_o}{C} \\ \dfrac{V_{o2}}{V_{o1}} = \dfrac{(d_2/\epsilon_2)}{(d_1/\epsilon_1)} = \dfrac{C_1}{C_2} \end{cases}$$

평행한 두 개의 금속판 사이에 유전상수가 다른 두 개의 유전체 층이 직렬로 채워진 평판 캐패시터의 정전용량을 결정하는 요소와 의존도를 [그림 5-24]에 요약하였다.

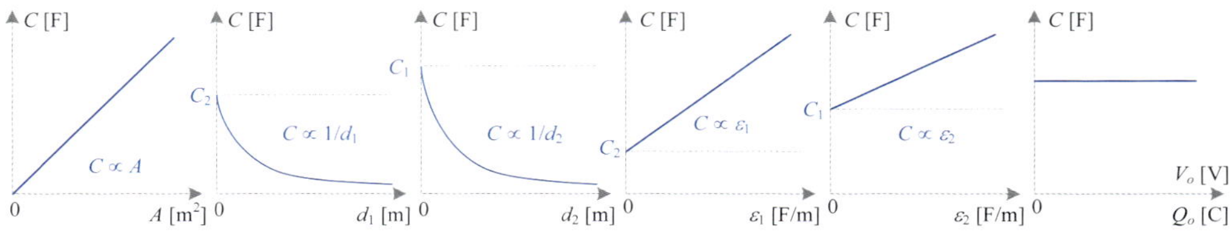

[그림 5-24] 평행한 두 개의 금속판 사이에 유전상수가 다른 두 개의 유전체 층이 직렬로 채워진 평판 캐패시터의 정전용량

두 개의 금속판 사이에 유전상수가 다른 두 개의 유전체가 병렬로 채워진 캐패시터의 정전용량

[그림 5-25]와 같이 금속판 사이에 유전상수가 다른 두 개의 유전체 층이 병렬로 적층된 경우는 주된 캐패시터 구조에 기생 캐패시터가 붙은 구조로서, 전자소자와 부품의 설계와 해석에 매우 중요하다.

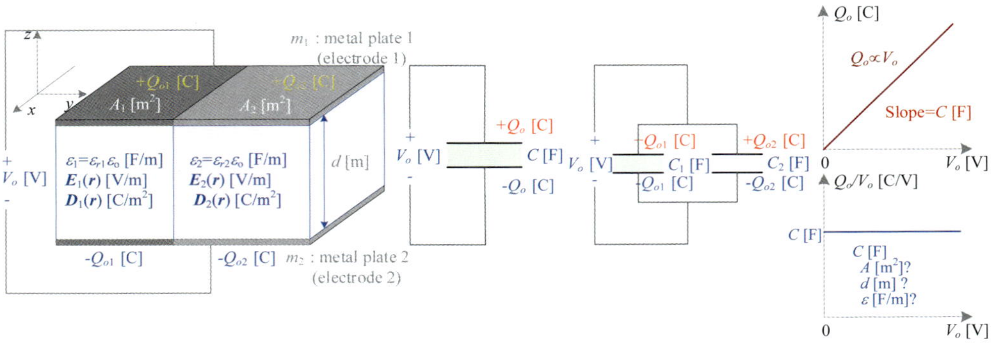

[그림 5-25] 평행한 두 개의 금속판 사이에 유전상수가 다른 두 개의 유전체 층이 병렬로 채워진 평판 캐패시터

도체판 양단에 전압이 인가된 경우 유전체 내의 전계분포를 구하고 이를 통해 도체판의 전하량을 구하거나($V_o \rightarrow \boldsymbol{E}(\boldsymbol{r}) \rightarrow \boldsymbol{D}(\boldsymbol{r}) \rightarrow Q_o$), 또는 도체판에 같은 크기의 부호가 다른 전하가 존재하는 경우도 유전체 내의 전계를 통해 전위차($Q_o \rightarrow \boldsymbol{D}(\boldsymbol{r}) \rightarrow \boldsymbol{E}(\boldsymbol{r}) \rightarrow V_o$)를 구하는 것이 필수적임은 앞에 요약한 바와 같다. 유전상수가 다른 두 유전체가 각각 면적 A_1 [m^2]과 A_2 [m^2]로 나뉘어 두 평행판 사이에 병렬로 존재하는 경우, 양단에 인가된 전위차로 시작하여, 전계강도, 등가전하밀도, 그리도 도체판에 유도된 전하량을 구한 뒤 정전용량을 구하는 것이 편리하다.

$$C\ [\mathrm{F}] = \left|\frac{Q_o}{V_o}\right| = \frac{\left|\int_{m_1} \vec{D}(\vec{r})\cdot d\vec{S}\right|}{V_o}$$

: V_o를 아는 경우 또는 인가전압을 V_o로 가정: V_o [V] $\rightarrow E$ [V/m] $\rightarrow D$ [C/m^2] $\rightarrow Q_o$ [C]

도체판과 유전체가 접하고 있는 경우, 도체판(전극)과 유전체의 접합 경계면에서 접선방향의 전계는 존재하지 않고 경계면과 수직인 성분의 전계만 존재하는 경계조건을 기억하면 편리하다. 즉 상부 도체와 하부 도체 양단에 V_o [C]의 전압(전위차)이 인가되어 있는 경우, 도체판 사이의 유전체 내에는 일정한 크기와 방향의 전계가 형성된다. 유전체 내의 전계강도($\boldsymbol{E}$ [V/m])와 등가전하밀도($\boldsymbol{D}$ [C/m^2]) 는 각각 도체면에 수직인 z-축 방향의 성분만 존재하며, 각 유전체 영역별로 그 크기는 어느 지점이나 동일하다. 특히 유전상수가 다르더라도 두 영역의 전위차는 동일하므로, 전계의 세기는 동일하나 유전상수 차이로 인해 등가전하밀도는 다른 값을 가진다.

유전상수가 다른 두 유전체가 각각 면적 A_1 [m^2]과 A_2 [m^2]로 나뉘어 두 평행판 사이에 병렬로 존재하는 경우에는 평판 사이의 전위차 V_o [V]로부터 전계강도를 먼저 계산하고, 이로부터 등가전하밀도와 도체판의 전하량을 계산하는 순서로 정전용량을 계산(V_o [V] $\rightarrow E$ [V/m] $\rightarrow D$ [C/m^2] $\rightarrow Q_o$ [C] $\rightarrow$ C [F])하는 것이 편리하다. 즉, 전극으로 사용되는 도체판 양단의 전압 (전위차)이 V_o [V]라고 가정하면, 다음과 같이 유전체 1과 유전체 2 내부의 전계는 동일한 크기와 방향으로 형성된다.

$$\vec{E}(\vec{r})\ [\mathrm{V/m}] = -\nabla V(\vec{r}) = -\frac{V_o}{d}\hat{a}_z$$

: 평판을 공유하는 경우 전계강도는 유전체의 종류에 관계없이 영역 1, 2에서 동일함

따라서 영역 1과 영역 2의 유전상수를 전계강도에 곱하여, 유전체에 무관한 등가전하밀도를 다음과 같이 구할 수 있다.

$$\overrightarrow{D}(\vec{r})\ [\text{C/m}^2] = \epsilon\overrightarrow{E}(\vec{r})\ [\text{V/m}] = D_n\hat{a}_n = D_z\hat{a}_z = -\epsilon\frac{V_o}{d}\hat{a}_z = \begin{cases} -\epsilon_1\dfrac{V_o}{d}\hat{a}_z & : \text{Dielectric 1} \\ -\epsilon_2\dfrac{V_o}{d}\hat{a}_z & : \text{Dielectric 2} \end{cases}$$: 유전체 내부의 등가전하밀도

그리고 전극으로 사용되는 도체 금속판과 유전체 경계면의 경계조건에 의하면 도체판의 전하밀도는 유전체의 등가전하밀도의 계면에 수직방향 성분과 동일하다. 도체판에 유도된 총전하량(Q_o [C])은 각 영역 경계면에서 등가전하밀도의 총합과 같으며, 다음 식을 통해 구할 수 있다.

$$Q_o\ [\text{C}] = \int_{m_1}\overrightarrow{D}(\vec{r})\cdot d\vec{S} = Q_{o1} + Q_{o2} = \int_{A_1}\overrightarrow{D}(\vec{r})\cdot d\vec{S} + \int_{A_2}\overrightarrow{D}(\vec{r})\cdot d\vec{S} = \epsilon_1\frac{V_o}{d}A_1 + \epsilon_2\frac{V_o}{d}A_2$$: 도체판의 총 전하량

$$Q_{o1}\ [\text{C}] \equiv \int_{A_1}\overrightarrow{D}(\vec{r})\cdot d\vec{S} = \epsilon_1\frac{V_o}{d}A_1$$: 유전체 1 영역의 도체판 전하량

$$Q_{o2}\ [\text{C}] \equiv \int_{A_2}\overrightarrow{D}(\vec{r})\cdot d\vec{S} = \epsilon_2\frac{V_o}{d}A_2$$: 유전체 2 영역의 도체판 전하량

따라서 유전상수가 다른 두 유전체가 각각 면적 A_1 [m²]과 A_2 [m²]로 나뉘어 두 평행판 사이에 병렬로 존재하는 경우 정전용량은 다음과 같이 구할 수 있다. 이는 평판의 간격이 d [m]이고 도체판의 면적이 A_1 [m²]이며, 유전상수가 ϵ_1 [F/m]인 영역 1의 평판 캐패시터 정전용량 C_1과 평판의 간격이 d [m]이고 도체판의 면적이 A_2 [m²]이며, 유전상수가 ϵ_2 [F/m]인 영역 2의 평판 캐패시터 정전용량 C_2의 병렬 연결과 같다.

$$C\ [\text{F}] \equiv \left|\frac{Q_o}{V_o}\right| = \frac{\left|\int_{m_1}\overrightarrow{D}(\vec{r})\cdot d\vec{S}\right|}{V_o} = \frac{V_o\left(\epsilon_1\dfrac{A_1}{d} + \epsilon_2\dfrac{A_2}{d}\right)}{V_o} = \left(\epsilon_1\frac{A_1}{d} + \epsilon_2\frac{A_2}{d}\right) = C_1 + C_2 = C_{high}\left(1 + \frac{C_{low}}{C_{high}}\right) > C_{high}$$

: 두 유전체가 각각 면적 A_1 [m²]과 A_2 [m²]로 나뉘어 두 평행판 사이에 병렬로 존재하는 경우 정전용량

$$C_1\ [\text{F}] \equiv \left|\frac{Q_{o1}}{V_o}\right| = \epsilon_1\frac{A_1}{d}$$: 유전체 1 영역의 정전용량

$$C_2\ [\text{F}] \equiv \left|\frac{Q_{o2}}{V_o}\right| = \epsilon_2\frac{A_2}{d}$$: 유전체 2 영역의 정전용량

평행한 전극 도체판 사이에 유전상수가 다른 두 개의 유전체 층이 병렬로 채워진 평판 캐패시터의 정전용량을 결정하는 요소와 의존도를 [그림 5-26]에 요약하였다.

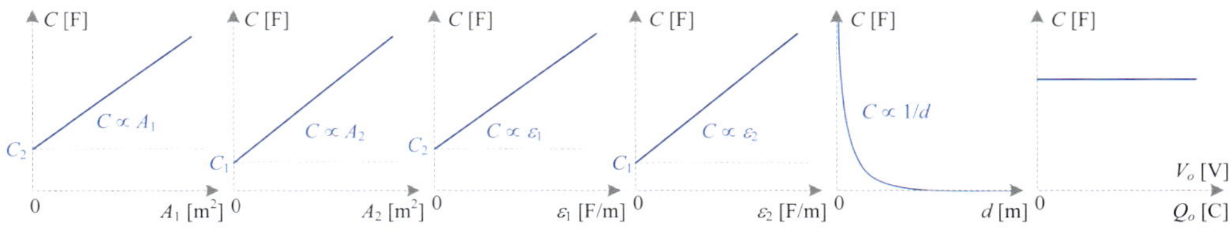

[그림 5-26] 평행한 전극 금속판 사이에 유전상수가 다른 두 개의 유전체 층이 병렬로 채워진 평판 캐패시터의 정전용량 변화

반지름이 a [m]인 중심 도체와 반지름이 b [m]인 외부 도체를 가진 동축 전송선 형태의 원통형 캐패시터의 단위길이당 정전용량

[그림 5-27]과 같이 z-축을 중심으로 하여 안쪽 도체의 반지름 a [m], 바깥쪽 도체의 반지름 b [m], 길이 l [m]인 동축형 캐패시터 구조는 동축 전송선의 특성 임피던스(characteristic impedance: Z_o [Ω])를 결정하므로 이를 결정하는 요소를 잘 이해하는 것은 매우 중요하다. 또한 최근 대용량 반도체 메모리 구조에 사용되는 수직형 3D NAND Flash memory의 동작 특성 이해와 설계, 성능 개선을 위해서도 이 구조의 정전용량과 이를 결정하는 요소를 잘 이해해야 한다.

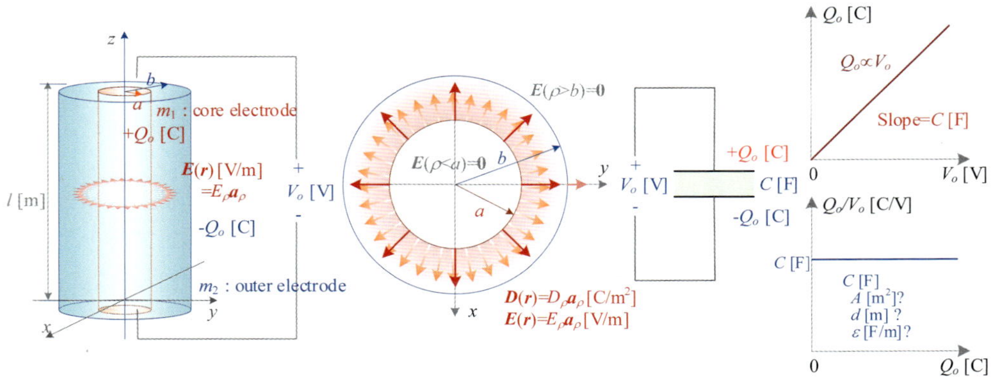

[그림 5-27] 반지름이 a [m]인 중심 도체와 반지름이 b [m]인 외부 도체를 가진 원통형 캐패시터

안쪽과 바깥쪽 도체판에 같은 크기의 부호가 다른 전하가 존재하는 원통형 캐패시터의 경우, 가우스 법칙을 이용하여 유전체 내의 등가전하밀도를 구하고 이로부터 전계를 구한 후, 도체판 사이의 전위차($Q_o \to \boldsymbol{D} \to \boldsymbol{E} \to V_o$)를 구하는 것이 정전용량($C$ [F])을 구하는 과정에 편리하다.

$$C\ [\mathrm{F}] = \left|\frac{Q_o}{V_o}\right| = \frac{|Q_o|}{\left|-\int_{m1}^{m2} \vec{E}(\vec{r}) \cdot d\vec{l}\right|}$$

: Q_o를 아는 경우 또는 인가 전하를 Q_o로 가정한 경우,
Q_o [C] → D [C/m^2] → E [V/m] → V_o [V]

반지름이 a [m]인 안쪽의 도체판에 $+Q_o$ [C]의 양의 전하가, 반지름이 b [m]인 외부 도체에 $-Q_o$ [C]의 음의 전하가 길이 l [m]인 원통형 도체 표면에 균일하게 분포한 것으로 가정(도체와 유전체 계면의 전하는 금속 표면에 균일한 농도로 분포함은 이미 학습)할 수 있다. 또한 금속–유전체 경계면의 경계조건에 의하면 등가전하밀도와 전계강도의 접선방향 성분(원통좌표계의 회전방향($\boldsymbol{a}_\phi$) 성분)과 z-축과 평행한 방향($\boldsymbol{a}_z$)은 존재하지 않고 오직 계면에 수직인 성분, 즉 내부 도체으로부터 외부 도체로 향하는 원통좌표계의 방사방향($\boldsymbol{a}_\rho$) 성분만 존재함을 이용할 수 있다.

$$\vec{D}(\vec{r})\ [\mathrm{C/m^2}] = (D_\rho, D_\phi, D_z) = (D_\rho, 0, 0) = D_\rho \hat{a}_\rho$$

$$C\ [\mathrm{F}] \equiv \left|\frac{Q_o}{V_o}\right| = \frac{\left|\int_{m_1} \vec{D}(\vec{r}) \cdot d\vec{S}\right|}{\left|-\int_{m_1}^{m_2} \vec{E}(\vec{r}) \cdot d\vec{l}\right|} = \frac{\left|\int_{m_1} \vec{D}(\vec{r}) \cdot d\vec{S}\right|}{V_o} = \frac{|Q_o|}{\left|-\int_{m_1}^{m_2} \vec{E}(\vec{r}) \cdot d\vec{l}\right|}$$

z-축을 중심으로 하는 원통형 폐곡면에 대하여 가우스 법칙을 적용하면 폐곡면의 반지름에 따른 폐곡면 내의 전하량은 다음과 같다. 즉 원통형 폐곡면의 반지름이 안쪽 도체의 반지름보다 작은($\rho < a$ [m]) 경우 폐곡면 내의 전하량은 0이고, 반지름이 $a < \rho < b$ [m]인 경우에는 안쪽의 전하량 Q_o [C]와 동일하며, 바깥쪽 반지름보다 큰 경우에는 $+Q_o$ [C]와 $-Q_o$ [C]이 상쇄되어 0이 된다.

$$Q_{enc}\ [\mathrm{C}] = \oint \vec{D}(\vec{r}) \cdot d\vec{S} \ \text{: 가우스의 법칙}$$

$$\longleftrightarrow Q_{enc}\ [\mathrm{C}] = \begin{cases} 0 & ;\ \rho \geq a \\ Q_o & ;\ a < \rho < b \\ Q_o + (-Q_o) = 0 & ;\ \rho \geq b \end{cases} \ \text{: 가우스 폐곡면 내의 전하량}$$

이를 가우스 법칙에 반영하여 다음과 같이 원통좌표계의 방사방향($\boldsymbol{a}_\rho$)의 등가전하밀도를 구할 수 있다.

$$\oint \vec{D}(\vec{r}) \cdot d\vec{S} = \int_{top} \vec{D}(\vec{r}) \cdot d\vec{S} + \int_{side} \vec{D}(\vec{r}) \cdot d\vec{S} + \int_{bottom} \vec{D}(\vec{r}) \cdot d\vec{S} = \int_{side} \vec{D}(\vec{r}) \cdot d\vec{S}$$

$$= \int_{\phi'=0}^{2\pi} \int_{z'=0}^{l} (D_\rho \hat{a}_\rho) \cdot (\rho d\phi' dz' \hat{a}_\rho) = \int_{\phi'=0}^{2\pi} \int_{z'=0}^{l} D_\rho \rho d\phi' dz' = D_\rho 2\pi\rho l\ [\mathrm{C}]$$

$$D_\rho\ [\mathrm{C/m^2}] = \frac{Q_{enc}}{2\pi\rho l} = \begin{cases} 0 & ;\ \rho \leq a \\ \dfrac{Q_o}{2\pi\rho l} & ;\ a < \rho < b \\ 0 & ;\ \rho \geq b \end{cases} \rightarrow \vec{D} = D_\rho \hat{a}_\rho\ [\mathrm{C/m^2}] = \frac{Q_{enc}}{2\pi\rho l}\hat{a}_\rho = \begin{cases} 0 & ;\ \rho \leq a \\ \dfrac{Q_o}{2\pi\rho l}\hat{a}_\rho & ;\ a < \rho < b \\ 0 & ;\ \rho \geq b \end{cases}$$

도체판 사이의 전위차를 구하는 데 사용할 전계강도 분포는 매질에 무관한 등가전하밀도에 유전상수를 반영하여 다음과 같이 구할 수 있다.

$$\vec{E}(\vec{r})\ [\mathrm{V/m}] = \frac{1}{\epsilon}\vec{D}(\vec{r}) = (E_\rho, 0, 0) = E_\rho \hat{a}_\rho \ \text{: 두 도체 사이의 전계강도}$$

$$E_\rho(\vec{r})\ [\mathrm{V/m}] = \frac{Q_{enc}}{2\pi\epsilon\rho l} = \begin{cases} 0 & ;\ \rho \leq a \\ \dfrac{Q_o}{2\pi\epsilon\rho l} & ;\ a < \rho < b \\ 0 & ;\ \rho \geq b \end{cases}$$

$$\rightarrow \vec{E}(\vec{r})\ [\mathrm{V/m}] = E_\rho(\vec{r})\hat{a}_\rho = \frac{Q_{enc}}{2\pi\epsilon\rho l}\hat{a}_\rho = \begin{cases} 0 & ;\ \rho \leq a \\ \dfrac{Q_o}{2\pi\epsilon\rho l}\hat{a}_\rho & ;\ a < \rho < b \\ 0 & ;\ \rho \geq b \end{cases}$$

따라서 안쪽 도체와 바깥쪽 도체 사이의 전위차와 동심 원통형 도체판 사이의 정전용량은 다음과 같다.

$$V_o\ [\mathrm{V}] = \left| -\int_{m1}^{m2} \vec{E}(\vec{r}) \cdot d\vec{l} \right| = \left| -\int_{m1}^{m2} \frac{Q_o}{2\pi\epsilon\rho l}\hat{a}_\rho \cdot d\vec{l} \right| = \left| -\int_a^b \left(\frac{Q_o}{2\pi\epsilon\rho l}\hat{a}_\rho \right) \cdot (d\rho \hat{a}_\rho) \right| = \left| \int_a^b \frac{Q_o}{2\pi\epsilon\rho l} d\rho \right|$$

$$= \frac{Q_o}{2\pi\epsilon l} \ln\left(\frac{b}{a}\right) \ \text{: 전위차}$$

$$C\ [\mathrm{F}] \equiv \left| \frac{Q_o}{V_o} \right| = \frac{|Q_o|}{\left| -\int_{m1}^{m2} \vec{E}(\vec{r}) \cdot d\vec{l} \right|} = \frac{Q_o}{\dfrac{Q_o}{2\pi\epsilon l}\ln(b/a)} = \frac{2\pi\epsilon l}{\ln(b/a)} \propto \begin{cases} l\ [\mathrm{m}] \\ \epsilon\ [\mathrm{F/m}] \\ \ln(b/a) \end{cases} \ \text{: 원통형 캐패시터의 정전용량}$$

$$C_o\ [\mathrm{F/m}] \equiv \frac{C}{l} = \frac{2\pi\epsilon}{\ln(b/a)} \propto \begin{cases} \epsilon\ [\mathrm{F/m}] \\ \ln(b/a) \end{cases} \ \text{: 원통형 캐패시터의 단위길이당 정전용량}$$

반지름 a [m]인 내부 도체와 반지름 b [m]인 외부 도체, 길이 l [m]을 가진 원통형 캐패시터의 정전용량을 결정하는 요소와 의존도를 [그림 5-28]에 요약하였다.

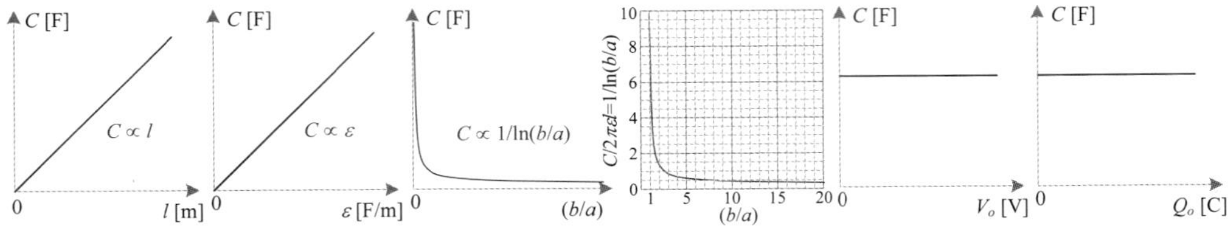

[그림 5-28] 반지름 a [m]인 내부 도체와 반지름 b [m]인 외부 도체, 길이 l [m]을 가진 원통형 캐패시터의 정전용량을 결정하는 요소

원통형 캐패시터의 정전용량은 원통의 길이(l [m])에 비례하고, 도체 사이에 채워진 유전체의 유전상수($\epsilon = \epsilon_r\epsilon_o$ [F/m])에 비례하며, 안쪽 도체와 바깥쪽 도체의 반지름 비(b/a)에 의해 결정됨을 알 수 있다. 내부 도체와 외부 도체의 반지름에 의한 정전용량의 변화는 각각의 반지름의 변화에 대한 의존도보다는 외부 도체와 내부 도체 반지름 비율(b/a)이 더 중요함을 알 수 있다. 특히 반지름의 비가 증가할수록 두 도체판 사이의 거리가 멀어지므로, 원통형 캐패시터의 정전용량은 급격히 감소함을 알 수 있다.

Chapter_05 핵심요약

전기장 내의 전하쌍극자, 유전체, 재료와 구조가 정해진 정전기장을 위한 정전용량

$E(r) \downarrow$ 매질 $F(r) \downarrow T(r)$

전하쌍극자들의 집합체인 유전체의 전계에 의한 분극과 전계반응 특성 지표 : 유전상수($\epsilon = \epsilon_r \epsilon_o$ [F/m])

- 전하쌍극자(Electric dipole charge) = $+Q$ [C] $\longleftrightarrow$ $-Q$의 중성전하 결레 ; 전계에 의한 정전기적 힘
- 전계가 인가되지 않은 경우($E = 0$ [V/m]) : 전하쌍극자들의 불규칙 분포

$\vec{p}_i(\vec{r}) = Q\vec{d}_i$ [C·m] : 불규칙 분포(random orientation)된 전기 쌍극자들의 전하쌍극자 모멘트(electric dipole moment)

$\vec{F}_{dp,i}\big|_{\vec{E}=0}$ [N] $= \vec{F}_{+Q} + \vec{F}_{-Q} = +Q\vec{E} + (-Q)\vec{E} = 0$: 전하쌍극자에 작용하는 힘 → 이동 불가

$\vec{T}_{edp,i}(\vec{r})$ [N·m] $= \vec{d}_i \times \vec{F}_i(\vec{r}) = Q\vec{d}_i \times \vec{E}(\vec{r}) = 0$: 전하쌍극자에 작용하는 회전량 벡터 → 회전하지 않음

$\vec{P}(\vec{r})$ [C/m^2] $= \lim_{\Delta v \to \text{small}} \dfrac{\sum_i \vec{p}_i(\vec{r})\big|_{\vec{E}(\vec{r})=0}}{\Delta v} = 0$: 전하쌍극자들의 분극 벡터(전하쌍극자 모멘트의 단위체적당 평균값)

- 전계가 인가($E \neq 0$ [V/m])되고 전하쌍극자들의 분극(전하쌍극자들의 회전)이 진행되는 동안

$\vec{p}_i(\vec{r}) = Q\vec{d}_i$ [C·m] : 유전체를 구성하는 전하쌍극자들의 전하쌍극자 모멘트

$\vec{F}_{edp,i}\big|_{\vec{E}\neq 0}$ [N] $= \vec{F}_{+Q} + \vec{F}_{-Q} = +Q\vec{E} + (-Q)\vec{E} = 0$: 전계에 의해 전하쌍극자에 작용하는 힘 → 이동 불가

$\vec{T}_{edp,i}(\vec{r})\big|_{\vec{E}\neq 0}$ [N·m] $= \vec{d}_i \times \vec{F}_{edp,i}(\vec{r}) = Q\vec{d}_i \times \vec{E}(\vec{r}) \neq 0$: 전계에 의해 전하쌍극자에 작용하는 회전량 벡터

$\vec{P}(\vec{r})$ [C/m^2] $= \lim_{\Delta v \to \text{small}} \dfrac{\sum_i \vec{p}_i(\vec{r})\big|_{\vec{E}(\vec{r})}}{\Delta v} \neq 0$: 전하쌍극자들의 분극 벡터

- 전계가 인가($E \neq 0$ [V/m])되고 전하쌍극자들의 분극이 완료되어 전하쌍극자가 전계와 평행하게 정렬($\boldsymbol{p} \| \boldsymbol{a}_E$)된 경우

$\vec{p}_i(\vec{r})$ [C·m] $= Q\vec{d}_i = Qd\hat{a}_E$: 전하쌍극자 모멘트(electric dipole moment)

$\vec{F}_{edp,i}\big|_{\vec{E}\neq 0}$ [N] $= \vec{F}_{+Q} + \vec{F}_{-Q} = +Q\vec{E} + (-Q)\vec{E} = 0$: 전계에 의해 전기쌍극자에 작용하는 힘 → 이동 불가

$\vec{T}_{edp,i}(\vec{r})\big|_{\vec{E}\neq 0}$ [N·m] $= \vec{d}_i \times \vec{F}_{edp,i}(\vec{r}) = Q\vec{d} \times \vec{E}(\vec{r}) = Qd\hat{a}_E \times \vec{E}(\vec{r}) = 0$: 전하쌍극자에 작용하는 회전량 벡터 → 회전 불가

$$\vec{P}(\vec{r})\ [\text{C/m}^2] = \lim_{\Delta v \to \text{small}} \frac{\sum_i \vec{p}_i(\vec{r})\big|_{\vec{E}(\vec{r})}}{\Delta v} = \frac{N_{edp}}{\Delta v}\vec{p} = n_{edp}Qd\hat{a}_E = n_{edp}Qd\frac{\vec{E}(\vec{r})}{|\vec{E}(\vec{r})|} = \frac{n_{edp}Qd}{\epsilon_o|\vec{E}(\vec{r})|}\left(\epsilon_o\vec{E}(\vec{r})\right) \equiv \chi_e\left(\epsilon_o\vec{E}(\vec{r})\right)$$

: 유전체 내의 전기 쌍극자들의 전계에 의한 회전과 분극 벡터(전하쌍극자 농도, 전하쌍극자 특성)

n_{edp} [m^{-3}] $\equiv \dfrac{N_{edp}}{\Delta v}$: 균질 유전체를 구성하는 전하쌍극자들의 단위체적당 농도

$\chi_e \equiv \dfrac{n_{edp}Qd}{\epsilon_o|\vec{E}(\vec{r})|} \propto \begin{cases} n_{edp}\ [\text{m}^{-3}] \\ p\ [\text{C}\cdot\text{m}] \end{cases}$: 유전체의 분극 벡터를 결정하는 전하쌍극자들의 전계 감응계수

$\vec{D}(\vec{r})$ [C/m^2] $= \vec{P}(\vec{r}) + \epsilon_o\vec{E}(\vec{r}) = \chi_e\left(\epsilon_o\vec{E}(\vec{r})\right) + \epsilon_o\vec{E}(\vec{r}) = \epsilon_r\epsilon_o\vec{E}(\vec{r})$: 전계에 의한 전하쌍극자들의 분극을 반영한 등가전하밀도

$\epsilon_r \equiv (1 + \chi_e)$: 전계에 의한 유전체 내의 전하쌍극자들의 분극에 의한 전기장 변화를 고려한 상대적 유전상수

$Q_S, Q_t \downarrow W(r)$

정전기적 일과 에너지 장벽(Electrostatic Work & Potential Energy : W & $E_p|_{Q_S,Q_t}$ [J] = [C·V] = [N·m])

$\vec{F}(\vec{r}) = Q_t\vec{E}(\vec{r});\ \vec{E}(\vec{r}) = \dfrac{1}{4\pi\epsilon}\dfrac{Q_S}{R^2}\hat{a}_R; \vec{E}(\vec{r}) = \int d\vec{E}(\vec{r}); d\vec{E}(\vec{r}) = \dfrac{1}{4\pi\epsilon}\dfrac{dQ_S}{R^2}\hat{a}_R$: 시험전하에 작용하는 정전기적 힘

$W_{\infty\to\vec{r}} \equiv \int_\infty^r \vec{F}(\vec{r})\cdot d\vec{l} = \int_\infty^r -\vec{F}_E(\vec{r})\cdot d\vec{l} = \int_\infty^r \left(-Q_t\vec{E}(\vec{r})\right)\cdot d\vec{l} = Q_t\dfrac{1}{4\pi\epsilon_o}\dfrac{Q_S}{R}$ [J] = [N·m] = [C·V]

$Q_S \downarrow V(r)$

근원전하에 의해 형성되는 정전기적 스칼라 전위(Electrostatic Potential : $V|_{Q_S}$ [V] = [J/C])

V [V] = [J/C] $\equiv \dfrac{W}{Q_t} = \dfrac{1}{4\pi\epsilon}\dfrac{Q_S}{R}$: Q_t에 무관하며, Q_S에 의해 결정되는 전위

V [V] $\equiv \dfrac{W}{Q_t} \longleftrightarrow W$ [J] = [C·V] $= Q_tV$: 전위와 에너지의 상호 변환에 활용

<table>
<tr><td rowspan="1">Q_S
↓
$V(\mathbf{r})$</td><td colspan="2">근원전하에 의해 형성되는 벡터 전기장($E(r)$ [V/m])과 스칼라 전기장($V(r)$ [V])의 연동 ($\mathbf{E}(\mathbf{r})$ vs. $V(\mathbf{r})$)
$V(\vec{r})\ [\mathrm{V}] = -\int_{\infty}^{r} \vec{E}(\vec{r})\cdot d\vec{l} = -\int_{\infty}^{r} \vec{E}(\vec{r})\cdot \hat{a}_t dl \ \longleftrightarrow\ \vec{E}(\vec{r}) = -\nabla V(\vec{r})\ [\mathrm{V/m}]$
$V_{AB}\ [\mathrm{V}] = -\int_{B}^{A} \vec{E}(\vec{r})\cdot d\vec{l} = \int_{A}^{B} \vec{E}(\vec{r})\cdot d\vec{l}$: 두 지점의 전위차(=전압)</td></tr>
<tr><td>도체/
금속</td><td colspan="2">도체/금속의 전기전도도와 도체에 주입된 이동전하의 전하이완시간 ; 금속 내의 전계, 전위
→ 도체 ; σ: 높은 전기전도도, $\tau_r = 0$ [s], $\rho_m(t) = 0$ [C/m^3]
→ 도체에 주입된 이동전하는 즉시 표면으로 이동하여 균일한 농도로 분포하고, 도체 내부에는 주입된 전하가 남아있지 않음(전하 중성 상태 ; $\rho(t) = 0$ [C/m^3])
→ 이로 인해 도체는 전면에 걸쳐 등전위 상태이며, 도체 내부의 전계강도와 등가전하밀도는 존재하지 않음($V(\mathbf{r}) = V_o$ = constant [V] → $\mathbf{E}(\mathbf{r}) = 0$ [V/m] → $\mathbf{D}(\mathbf{r}) = 0$ [C/m^2])</td></tr>
<tr><td rowspan="3">경계
조건</td><td colspan="2">전기장의 경계조건 : 경계면의 접선방향과 수직(법선)방향 성분</td></tr>
<tr><td>도체/
유전체</td><td>금속 : $V(\mathbf{r}) = V_o$ = constant [V] → $\mathbf{E}(\mathbf{r}) = 0$ [V/m] → $\mathbf{D}(\mathbf{r}) = 0$ [C/m^2]
유전체 : $\mathbf{D}(\mathbf{r}) = \mathbf{D}_n(\mathbf{r}) = \rho_S \mathbf{a}_n$ [C/m^2] ; $\mathbf{E}(\mathbf{r})/\mathbf{D}(\mathbf{r})/\epsilon = \mathbf{E}_n(\mathbf{r})$ [V/m] ; $\mathbf{D}_t(\mathbf{r}) = \mathbf{0}$ [C/m^2], $\mathbf{E}_t(\mathbf{r}) = \mathbf{0}$ [V/m]</td></tr>
<tr><td>유전체 1/
유전체 2</td><td>❖ 경계면의 접선방향 성분과 법선방향 성분의 경계조건
• 전계강도: $\mathbf{E}(\mathbf{r}) = \mathbf{E}_n(\mathbf{r}) + \mathbf{E}_t(\mathbf{r})$: $\mathbf{E}_t(0+) = \mathbf{E}_t(0-)$; $\mathbf{E}_{t1} = \mathbf{E}_{t2}$ [V/m]
; 폐경로에 대한 전위차를 이용하여 접선방향 경계조건을 구함
• 등가전하밀도: $\mathbf{D}(\mathbf{r}) = \mathbf{D}_n(\mathbf{r}) + \mathbf{D}_t(\mathbf{r})$; $D_n(0+) - D_n(0-) = D_{n1} - D_{n2} = \rho_S$ [C/m^2]
; 가우스 폐곡면을 이용하여 수직방향 경계조건을 구함
$$\begin{cases} \vec{E}\ [\mathrm{V/m}] = \vec{E}_t + \vec{E}_n = E_t\hat{a}_t + E_n\hat{a}_n \\ \qquad \&\ \vec{D} = \epsilon\vec{E} \\ \vec{D}\ [\mathrm{C/m^2}] = \vec{D}_t + \vec{D}_n = D_t\hat{a}_t + D_n\hat{a}_n \end{cases}$$
$$\Rightarrow \begin{cases} E_{t1} - E_{t2} = 0\ [\mathrm{V/m}] \ \leftarrow -\oint_{\substack{closed\\loop}} \vec{E}\cdot d\vec{l} = V_{oo} = 0\ [\mathrm{V}]\ ; \nabla\times\vec{E}(\vec{r}) = 0\ [\mathrm{V/m^2}] \\ D_{n1} - D_{n2} = \rho_S [\mathrm{C/m^2}] \leftarrow \oint_{\substack{closed\\surface}} \vec{D}\cdot d\vec{S} = Q_{enc}[\mathrm{C}]\ ; \nabla\cdot\vec{D}(\vec{r}) = \rho(\vec{r})\ [\mathrm{C/m^3}] \end{cases}$$</td></tr>
<tr><td>정전
용량
C [F]</td><td colspan="2">두 개의 도체판과 유전체로 이루어진 축전기/정전용량(Capacitor)의 정전용량 : 정전기적 상호작용의 형태가 고정됨
$$C\ [\mathrm{F}] \equiv \frac{|Q_o|}{|V_o|} = \frac{\left|\int_{m_1} \vec{D}(\vec{r})\cdot d\vec{S}\right|}{\left|-\int_{m_1}^{m_2} \vec{E}(\vec{r})\cdot d\vec{l}\right|} = \frac{\left|\int_{m_1} \vec{D}(\vec{r})\cdot d\vec{S}\right|}{V_o} = \frac{Q_o}{\left|-\int_{m_1}^{m_2} \vec{E}(\vec{r})\cdot d\vec{l}\right|}$$: 두 개의 금속/도체판과 유전체로 이루어진 정전기장 → 정전용량
→ $V_o\ [\mathrm{V}] = \dfrac{Q_o}{C}$ → $\vec{E}(\vec{r})\ [\mathrm{V/m}] = -\nabla V(\vec{r}) \rightarrow \vec{D}(\vec{r})\ [\mathrm{C/m^2}] = \epsilon\vec{E}(\vec{r}) \rightarrow \vec{F}(\vec{r})\ [\mathrm{N}] = Q_t\vec{E}(\vec{r})$: 쿨롱의 법칙
→ $Q_o\ [\mathrm{C}] = CV_o$ → $\oint \vec{D}(\vec{r})\cdot d\vec{S} = \int \nabla\cdot\vec{D}(\vec{r})dv = Q_{enc}\ [\mathrm{C}]\ \&\ \nabla\cdot\vec{D}(\vec{r}) = \rho_v(\vec{r})\ [\mathrm{C/m^3}]$: 가우스 법칙과 포아송 방정식
→ $\vec{D}(\vec{r})\ [\mathrm{C/m^2}]$
→ $\vec{E}(\vec{r}) = \dfrac{1}{\epsilon}\vec{D}(\vec{r})\ [\mathrm{V/m}]$
→ $\vec{F}(\vec{r}) = Q_t\vec{E}(\vec{r})\ [\mathrm{N}]$</td></tr>
</table>

Chapter_05 연습문제

5.1 (Bound Charges in Electric Field : Dielectrics & Capacitance)

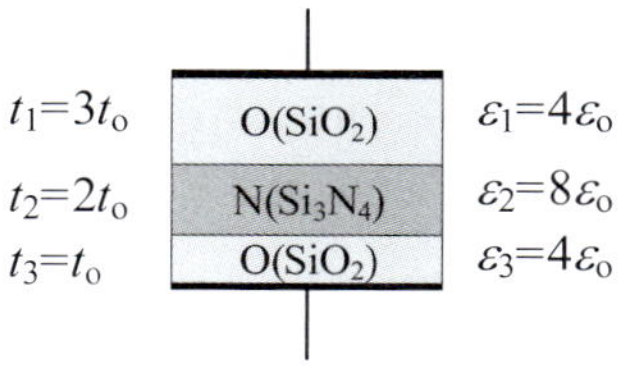

유전체(Dielectric Material)는 그 재료가 가진 특징으로 인해서 전자공학 전 분야에서 다양한 용도로 활용되고 있다.

(a) 전기쌍극자 모멘트(electric dipole moment: $\boldsymbol{p}$ [C·m])와 전계에 의한 전기쌍극자들의 분극 현상(polarization)과 분극 벡터(polarization vector: $\boldsymbol{P}$ [C/m^2])를 이용하여 유전체(dielectric material)란 무엇인지 핵심내용을 설명하라.

(b) 전기전도도(σ [Ω^{-1}/m])와 유전상수(ϵ [F/m])를 이용하여 완전유전체(perfect dielectric material)란 무엇인지 설명하라.

(c) 오른쪽 그림은 최근에 활발히 연구되고 있는 비휘발성 메모리(NVM) 소자의 구조를 간략히 나타낸 것이다. 각 층의 유전체 간 경계조건과 가우스 폐곡면(Gaussian surface)을 활용하여, 단면적이 A [m^2]이고, 각 층의 두께가 각각 t_1, t_2, t_3 [m]인 3층으로 된 이 구조의 정전용량(total capacitance: C [F])을 구하라(단, 각 층의 유전체는 모두 손실이 없는 완전 유전체로 가정함).

(d) (c)의 구조에서 유전상수(ϵ [F/m])가 작은 층의 유전체($\epsilon = 4\epsilon_o$ [F/m])만 사용하여 (c)에서 구한 것과 같은 크기의 정전용량을 만들려고 할 경우, 필요한 유전체의 두께(t_{eff} [m])를 구하라.

5.2 (Electric Dipole) 전하쌍극자(또는 전기쌍극자: electric dipole)는 자기쌍극자(magnetic dipole)와 함께 전자기학에서 중요한 주제 중의 하나다.

(a) 전하쌍극자가 무엇인지 그림을 이용하여 정의하고 핵심 내용을 설명하라.

(b) 전하쌍극자 모멘트(electric dipole moment: $\boldsymbol{p}$ [C·m])의 크기와 방향은 무엇에 의해 결정되는지 설명하라.

(c) 전하쌍극자로부터 멀리 떨어진 지점에서 이 전하쌍극자에 의해 형성된 전계강도($\boldsymbol{E}(\boldsymbol{r})$ [V/m])의 크기를 간략히 설명하라.

5.3 (Dielectric Material) 유전체(dielectric material)는 전계(또는 전기적 신호)에 대한 응답 특성의 특이성으로 인해 전자공학 전 분야에서 다양한 용도로 활용되고 있다.

(a) 전하쌍극자(electric dipole)가 무엇인지 설명하고, 전기쌍극자의 특성은 무엇에 의해 결정되는지 설명하라.

(b) 유전체(dielectric material)란 무엇인지 간략히 설명하라.

(c) 전계가 인가된 상태의 정전기적 영향을 이용하여 속박전하(bound charge 또는 dipole charge)와 이동전하(mobile charge)의 차이를 비교하여 설명하라.

(d) 완전 유전체(perfect dielectric material)란 무엇인지 간략히 설명하라.

5.4 (Work & Potential) 스칼라 물리량인 정전기적 일/에너지(W [J])와 전위(V [V])는 전하들 간의 상호작용을 나타내는 전기장의 이해 과정에서 매우 편리한 도구다. 그림과 같이 두 개의 얇은 무한 금속판이 $+\rho_S$ [C/m^2]와 $-\rho_S$ [C/m^2]인 전하를 띠고 유전율 ϵ [F/m]인 공간에 $2a$의 간격으로 평행하게 배치되어 있는 경우를 통해 전기장을 이해하고자 한다.

(a) x-축 위의 임의의 점(x)에서 등가전하밀도(또는 등가전하밀도: $\boldsymbol{D}(x)$ [C/m^2])를 구하라.

(b) A점과 B점 사이의 전위차 $|V_{AB}|$, C점과 B점 사이의 전위차 $|V_{CB}|$를 구하라.

(c) $Q = q = 1.6\times10^{-19}$[C]를 B에서 A로 이동하는 데 필요한 일/에너지(W_{AB} [J])를 구하라.

(d) $Q = q$를 D에서 C로 이동하는 데 필요한 일/에너지(W_{CD} [J])를 구하라.

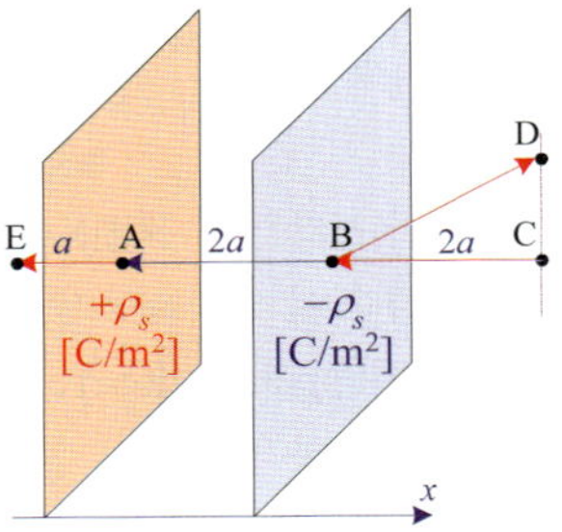

(e) $Q = q$를 D에서 B를 거쳐 A로 이동하는 데 필요한 일/에너지(W_{ABD} [J])를 구하라.

(f) $Q = q$를 D에서 C, A를 거쳐 E로 이동하는 데 필요한 일/에너지(W_{EAC} [J])를 구하라.

(g) 이 금속판 사이의 단위면적당 정전용량(C_o [F/m^2])을 구하라.

5.5 (Dielectrics & Capacitance) 오른쪽 그림은 USB용 플래시 메모리(flash memory)로 사용되고 있는 부유게이트(floating gate)형 비휘발성 메모리와 유사한 구조를 간략히 나타낸 것이다. 중간층인 실리콘(Si)에 음의 전하를 띤 전자($Q = -q = -1.6\times10^{-19}$ [C])들이 존재할 경우와 존재하지 않을 경우의 전기적 특성 변화를 '1'과 '0'의 정보 판별에 이용한다. $+Q$ [C]와 $-Q$ [C]가 분포한 두 금속판(면적 S [m^2]) 사이에 다층 유전체 구조가 있는 오른쪽 그림의 구조에 대해 물음에 답하라.

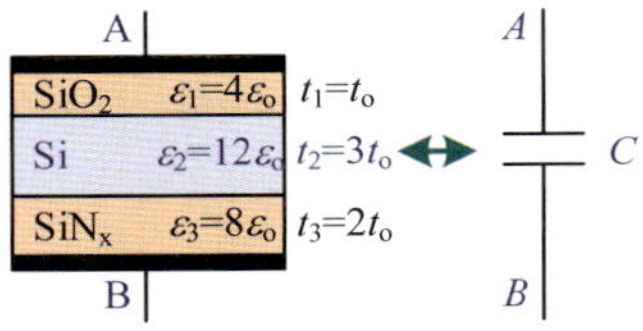

(a) 각 유전층 내에서의 등가전하밀도(또는 전하유동밀도: D_i [C/m^2])의 크기를 비교하라.

(b) 각 유전층 내의 전계강도의 크기(E_i [V/m])를 비교하라.

(c) 각 유전층 양단의 전위차(V_i [V])를 비교하라.

(d) 이 구조의 정전용량(C [F])을 비교하라.

(e) 이 구조에서 유전상수가 작은 층의 유전체($\epsilon = 4\epsilon_o$ [F/m])만 사용하여 (d)에서 구한 것과 같은 크기의 정전용량을 만들고자 할 경우, 이 유전체의 두께(equivalent thickness: t_{eff} [m])를 구하라.

5.6 (Electric Field & Boundary Conditions) 그림과 같이 단위면적당 전하 밀도 분포가 동일한 무한 면전하와 두 금속판 구조의 전계강도($\boldsymbol{E}(z)$ [V/m])와 등가전하밀도($\boldsymbol{D}(z)$ [C/m^2])를 통해 금속-유전체 사이의 경계조건과 특성을 이해하고자 한다(유전체의 유전율: ϵ [F/m]).

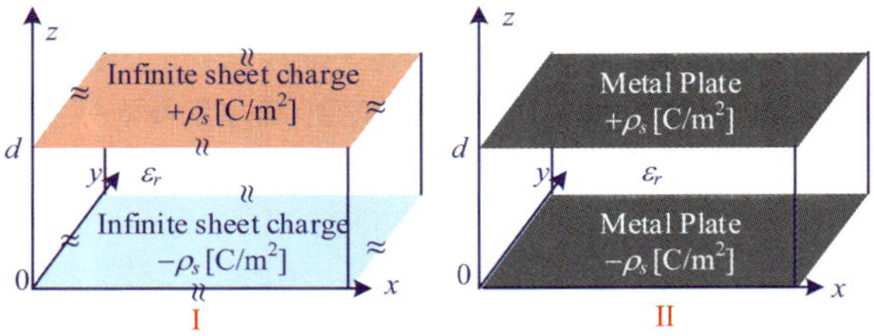

(a) I의 경우 전계강도 분포($E(z)$ [V/m])를 구하라.

(b) II의 경우 전계강도 분포($E(z)$ [V/m])를 구하라.

(c) 유전체 내부 ($0 < z < d$)에서 전계강도의 세기를 비교하라($|E_{IIi}/E_{Ii}|$).

(d) $z > d$인 영역의 전계강도의 세기를 비교하라($|E_{IIo}/E_{Io}|$).

5.7 (Practical Coaxial Cable) 오른쪽 그림과 같이 반지름이 a인 내부 도체와 반지름이 c인 얇은 외부 도체 사이에 서로 다른 유전체가 동심원의 형태로 존재하는 동축 전송선(coaxial cable)이 있다($b = 2a$, $c = 2b$, $\epsilon_{r2} = 2\epsilon_{r1}$, 유전체 계면에는 전하가 존재하지 않음).

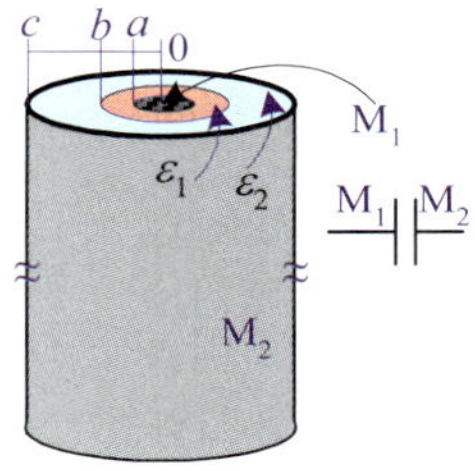

(a) 두 도체에 부호는 다르나 동일한 양의 전하 Q [C]가 존재하는 경우, 각 영역에서의 전계강도($\boldsymbol{E}(\rho)$ [V/m])를 구하고 그림으로 나타내라.

(b) 유전체 1과 유전체 2의 경계면에서 전계강도($\boldsymbol{E}$ [V/m])를 비교하라 ($|E_2/E_1|$).

(c)유전체 1과 유전체 2의 경계면에서 전하유동밀도(또는 등가전하밀도: $\boldsymbol{D}$ [C/m^2])를 비교하라($|D_2/D_1|$).

(d) 내부 도체와 외부 도체 양단에 전압을 인가한 경우, 각 유전체 사이의 전압(V_o [V])의 크기를 비교하라 ($|V_2/V_1|$).

(e) 이 동축 전송선(coaxial cable)의 단위길이당 정전용량(capacitance: $C_o = C/l$ [F/m])을 구하라.

5.8 (Dielectrics & Capacitance) 오른쪽 그림과 같이 두 개의 금속판 사이에 유전상수가 서로 다른 다층 구조의 유전체가 적층되어 있는 반도체 소자와 초고주파용 소자가 있으며, 등가적으로는 캐패시터(capacitor: C [F])로 나타낼 수 있다(계면에는 전하가 존재하지 않으며, 유전체는 손실이 없는 완전 유전체(perfect dielectric)로 가정).

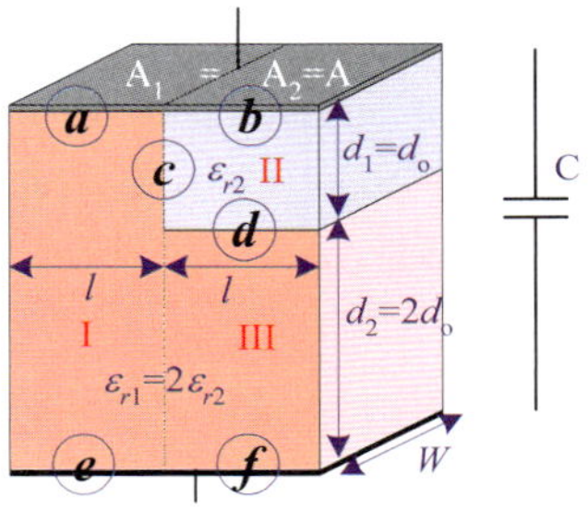

(a) 경계면 $\boldsymbol{a}$, $\boldsymbol{b}$에서 전계강도($\boldsymbol{E}$ [V/m])와 전하유동밀도(또는 등가전하밀도 : $\boldsymbol{D}$ [C/m^2])의 경계조건을 구하라.

(b) 경계면 $\boldsymbol{c}$에서 $\boldsymbol{E}$ [V/m]와 $\boldsymbol{D}$ [C/m^2]의 경계조건을 구하라.

(c) 경계면 $\boldsymbol{d}$에서 $\boldsymbol{E}$ [V/m]와 $\boldsymbol{D}$ [C/m^2]의 경계조건을 구하라.

(d) 경계면 $\boldsymbol{e}$, $\boldsymbol{f}$에서 $\boldsymbol{E}$ [V/m]와 $\boldsymbol{D}$ [C/m^2]의 경계조건을 구하라.

(e) 금속 평판 양단에 전압(V_o [V])가 인가된 경우, 영역 I 내부와 영역 III 내부의 수직방향 전계강도 ($\boldsymbol{E}_v$ [V/m])를 비교하라($|E_3/E_1|$).

(f) 금속 평판 양단에 전압(V_o [V])이 인가된 경우, 영역 II 내부와 영역 III 내부의 수직방향 전계강도 ($\boldsymbol{E}_v$ [V/m])를 비교하라($|E_{v3}/E_{v2}|$).

(g) 이 평판 구조의 정전용량(capacitance: C [F])을 구하라.

5.9 (Dielectrics & Capacitance) 오른쪽 그림과 같이 면적이 A [m^2]인 두 개의 금속판 사이에 유전상수(ϵ [F/m])가 다른 두 종류의 유전체가 적층(stacked)된 구조의 반도체 소자와 초고주파용 소자가 있으며, 등가적으로는 정전용량(C [F])으로 나타낼 수 있다(계면에는 전하가 존재하지 않으며, 유전체 내부에는 전하쌍극자(electric dipole) 형태의 속박 전하(bound charge)만 존재함). 왼쪽 금속 전극에 $+\rho_s$ [C/m^2], 오른쪽 금속 전극에 $-\rho_s$ [C/m^2]의 면전하가 존재하는 경우,

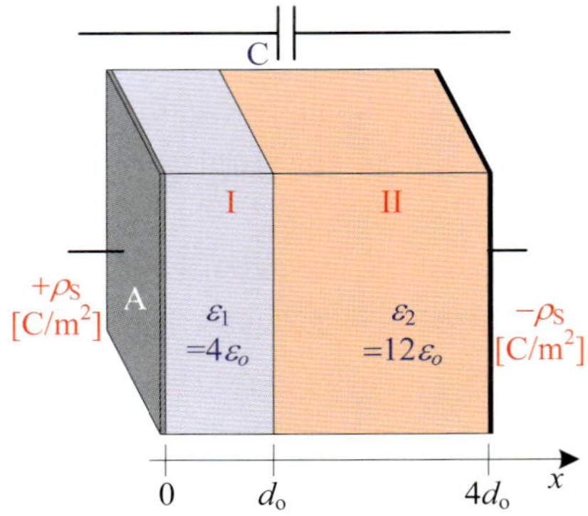

(a) 영역 I과 영역 II의 경계면($x = d_o$)에서 전계강도 ($\boldsymbol{E}$ [V/m])와 전하유동밀도($\boldsymbol{D}$ [C/m^2])에 대한 경계조건을 설명하라.

(b) 영역 I의 전계강도($\boldsymbol{E}$ [V/m])와 등가전하밀도($\boldsymbol{D}$ [C/m^2])를 구하라.

(c) 영역 II의 전계강도($\boldsymbol{E}$ [V/m])와 등가전하밀도($\boldsymbol{D}$ [C/m^2])를 구하라.

(d) 영역 I 양단과 영역 II 양단의 전위차(전압: V_1과 V_2 [V])를 구하고, 크기를 비교하라(V_2/V_1).

(e) 이 평판 구조의 정전용량(C [F])을 구하라.

(f) 이 평판의 왼쪽 금속 전극에 $+Q_o$[C], 오른쪽 금속 전극에 $-Q_o$[C]의 전하가 존재하는 경우, 두 금속판 사이의 전위차(V_o [V])를 구하라.

(g) 금속판의 전하밀도를 2배로 증가시킬 경우, 이 평판 구조의 정전용량(C [F])을 구하라.

(h) 이 금속판 양단에 V_A의 전위차가 존재하는 경우, 왼쪽 금속 전극에 존재하는 전하량 $|Q_{left}|$을 구하라.

5.10 (Coaxial Cable) 오른쪽 그림과 같이 반지름이 a [m]인 내부 도체와 반지름이 b [m]인 얇은 외부 도체 사이 ($a < \rho < b$: $b = 3a$)에 $\epsilon = 10\epsilon_o$ [F/m])인 유전체로 채워진 동축 전송선(coaxial cable)이 있다. 부호는 다르나 단위길이당 동일한 크기의 전하가 내부 도체(Q [C])와 외부 도체($-Q$ [C])에 각각 존재하는 경우,

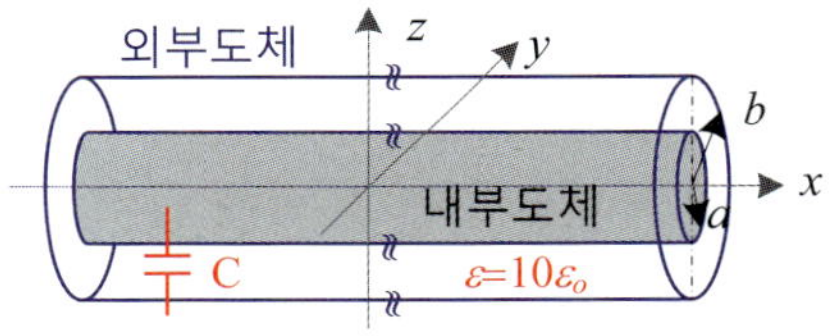

(a) 전계강도($\boldsymbol{E}(\rho, \phi, z)$ [V/m])를 구하고, 중심으로부터의 수직거리(ρ [m])에 따른 변화를 그려라.

(b) 전하유동밀도($\boldsymbol{D}(\rho, \phi, z)$ [C/m^2])를 구하고, 중심으로부터의 수직거리(ρ [m])에 따른 변화를 그래프로 그려라.

(c) 전위분포($V(\rho, \phi, z)$ [V])를 구하고, 중심으로부터의 수직 거리(ρ [m])에 따른 변화를 그래프로 그려라.

(d) 내부 도체와 외부 도체 사이의 전위차(V_o [V])를 구하라

(e) 전하량의 변화에 따른 전위차(V_o [V])의 변화를 그림(Q vs. V_o)으로 나타내고, 그래프의 기울기의 의미에 대해 설명하라.

(f) 이 동축 전송선의 단위길이당 정전용량(capacitance: $C_o = C/l$ [F/m])을 구하라.

(g) 외부 도체 반지름만 20배로 증가시킬 경우 단위길이당 정전용량($C_o = C/l$ [F/m])을 증가하기 이전 값과 비교하라($e^3 = 20$ 또는 $\ln 20 = 3$).

(h) 단위길이당 정전용량($C_o = C/l$ [F/m])을 2배로 증가시키고자 할 때 택할 수 있는 방법을 설명하라.

5.11 (Dielectrics & Capacitance) 오른쪽 그림은 USB용 Flash memory로 사용되는 부유 게이트(floating gate)형 비휘발성 메모리(NVM)와 유사한 구조를 간략히 나타낸 것이다. 가운데 층(Silicon: Si)에 음의 전하를 띤 전자가 존재할 경우와 존재하지 않을 경우의 전기적 특성의 변화를 "1"과 "0"의 정보의 저장과 판별에 이용한다. $+Q$ [C]와 $-Q$ [C]가 분포한 두 금속판(면적 S [m^2]) 사이에 다층 유전체 구조가 있는 오른쪽 그림의 구조에 대해,

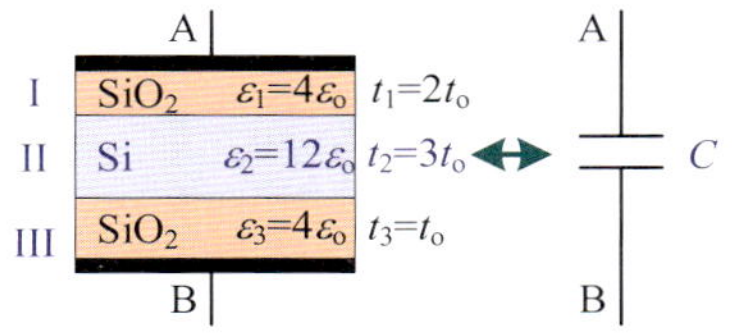

(a) 각 유전층(I, II, III) 내에서의 전하유동밀도(D_i [C/m^2])의 크기를 비교하라.

(b) 각 유전층 내의 전계강도(E_i [V/m])의 크기를 비교하라.

(c) 각 유전층 양단의 전위차(V_i [V])를 비교하라.

(d) 이 구조의 단위면적당 정전용량(C_{oo} [F/m^2])을 구하라.

(e) 이 구조에서 유전상수가 작은 층의 유전체($\epsilon = 4\epsilon_o$ [F/m])만 사용하여 (d)에서 구한 것과 같은 크기의 정전용량을 만들고자 할 경우, 이 유전체의 두께(t_{eff} [m])를 구하라.

5.12 (Coaxial Cable) 반지름이 a인 내부 도체와 반지름이 b인 얇은 외부 도체 사이($a < \rho < b$: $b = 3a$)에 $\epsilon = 10\epsilon_o$인 유전체로 채워진 동축 전송선(coaxial cable) 이 있다. 내부 도체와 외부 도체에 각각 양($+Q$)과 음($-Q$)의 전하가 존재하는 경우,

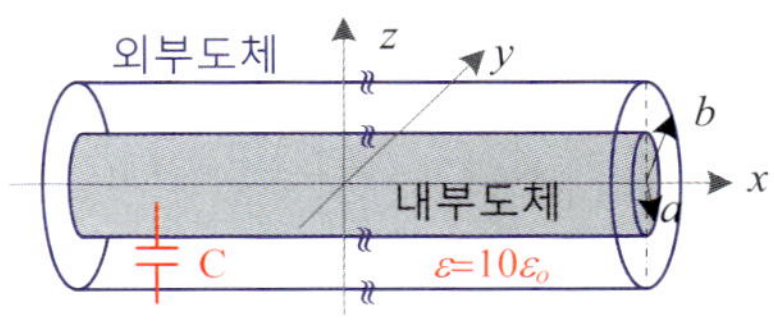

(a) 등가전하밀도 분포(electric flux density: $D(\rho, \phi, z)$ [C/m^2])를 구하고, 그래프로 나타내라.

(b) 전위분포($V(\rho, \phi, z)$ [V])를 구하고, 그림으로 나타내라.

(c) 내부 도체와 외부 도체 사이의 전위차(V_o [V])를 구하라

(d) 전하량(Q [C])의 변화에 따른 전위차(V_o [V])의 변화를 그림(Q [C] vs. V_o [V])으로 나타내고, 그래프의 기울기가 갖는 의미와 기울기를 결정하는 요소가 무엇인지 설명하라.

(e) 단위길이당 정전용량($C_o = C/l$ [F/m])을 구하라.

(f) 내부와 외부 도체의 반지름을 각각 20배씩 증가시킬 경우, 단위길이당 정전용량($C_o = C/l$ [F/m])을 증가하기 이전 값과 비교하라.

(g) 단위길이당 정전용량($C_o = C/l$ [F/m])을 증가시키고자 할 때, 택할 수 있는 방법 중 가장 효과적인 것은 무엇일지 설명하라.

5.13 (Dielectric Constant, Polarization) 다음의 각 항목에 대해 핵심 내용을 담아 간략히 설명하라.

(a) 전하쌍극자(electric dipole)가 무엇인지 설명하고, 전하쌍극자 모멘트(dipole moment)를 결정하는 요소를 설명하라.

(b) 전계 내에 전하쌍극자가 존재할 경우, 전하쌍극자에 작용하는 힘($\boldsymbol{F}$ [N])과 회전력($\boldsymbol{T}$ [N·m])을 간략히 설명하라.

(c) 외부에서 인가된 전계에 의한 유전체의 분극(polarization) 현상과 유전상수(ϵ [F/m])의 관계를 간략히 설명하라.

5.14 (Dielectrics & Capacitance) 두 개의 금속판과 그 사이의 유전체로 이루어진 캐패시터(capacitor: C [F])는 전자공학 전 분야에서 다양한 용도로 활용되고 있다.

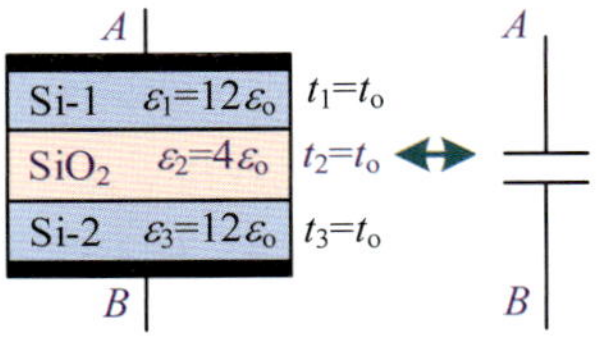

(a) 도체와 유전체가 접하고 있을 때, 전계($\boldsymbol{E}$ [V/m])와 전하유동밀도($\boldsymbol{D}$ [C/m^2])의 접선방향(tangential) 성분($D_t\boldsymbol{a}_t$ [C/m^2])과 법선방향(normal) 성분($D_n\boldsymbol{a}_n$ [C/m^2])에 대한 경계면의 경계조건을 설명하라.

(b) 유전체-1(ϵ_1 [F/m])과 유전체-2(ϵ_2 [F/m])가 접하고 있을 때, 전계와 전하유동밀도의 접선방향 성분(D_t [C/m^2])과 법선방향 성분($D_n\boldsymbol{a}_n$ [C/m^2])에 대한 경계조건을 설명하라.

위의 그림은 최근에 활발히 개발되고 있는 메모리 소자의 일부를 나타낸 것이다. 윗면의 도체 표면에 $+Q$ [C], 아랫면 도체 표면에 $-Q$ [C]의 전하가 존재하는 경우,

(c) 윗면 도체의 단위면적당 표면전하밀도(ρ_S[C/m^2])를 구하라.

(d) Si-1층의 전하유동밀도(D[C/m^2])의 경계면에 접선방향 성분($D_t\boldsymbol{a}_t$ [C/m^2])을 구하라.

(e) Si-1층의 전하유동밀도(D[C/m^2])의 경계면에 수직방향(또는 법선방향) 성분($D_n\boldsymbol{a}_n$ [C/m^2])을 구하라.

(f) Si-1, $\mathrm{SiO_2}$, Si-2 영역의 전하유동밀도($D(x)$ [C/m^2])를 구하라.

(g) Si-1, $\mathrm{SiO_2}$, Si-2 영역의 전계강도($E(x)$ [V/m])를 구하라.

(h) 두 금속 도체 사이의 전위차(V_o [V])를 구하라.

(i) 위의 결과들을 이용하여 이 구조의 정전용량(Capacitance: C [F])을 구하라.

(j) 이 구조의 정전용량을 결정하는 요소를 나열하고, 구조와 재료를 그대로 유지하면서 정전용량을 크게 하기 위해 택할 수 있는 방법은 무엇인지 설명하라.

5.15 (Boundary Condition, Dielectric, Potential Difference, Capacitor, Capacitance) 두 전극 사이에 유전율이 다른 두 층을 가진 정전용량은 메모리와 정보통신용 반도체에서 널리 사용된다. 오른쪽 그림과 같이 전극의 면적이 A [m^2]이고, 도체 전극 사이에 유전율($\epsilon = \epsilon_r\epsilon_0$ [F/m])이 다른 두 층을 가진 캐패시터(capacitor)는 메모리 반도체와 정보통신용 반도체에서 널리 사용된다(ϵ_{r1}, ϵ_{r2}, 두 유전체의 경계면에는 전하가 존재하지 않음).

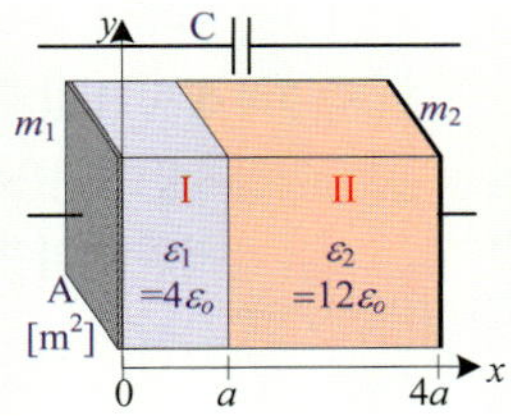

(a) 전기전도도가 아주 높은 금속 내부의 전계를 설명하라.

(b) m_1에 $+Q$ [C], m_2에 $-Q$ [C]의 전하가 있는 경우 각 전극 표면의 전하밀도(ρ_s [C/m^2])를 구하라.

(c) 각 영역의 전하유동밀도($\boldsymbol{D}(x)$ [C/m^2])를 구하라.

(d) 각 영역의 전계강도($\boldsymbol{E}(x)$ [V/m])를 구하라.

(e) 각 유전체 층 양단의 전압(V_{I}과 V_{II} [V])을 구하라.

(f) 전극 m_1과 전극 m_2 양단의 전위차(V_o [V])를 구하라.

(g) 위의 결과들을 이용하여 2중 층 유전체 구조를 가진 평판 캐패시터(capacitor)의 정전용량(capacitance: C [F])을 구하라.

(h) 유전체 1만을 이용하여 위에서 얻은 것과 같은 크기의 정전용량(C [F])을 얻으려면 어떤 두께로 해야 하는지 설명하라.

(i) 정전용량의 전극에 인가된 전하량을 두 배로 증가시킬 경우 캐패시터 양단의 전위차는 어떻게 변하는지 관계식을 이용하여 설명하라.

5.16 (Dielectric Constant, Polarization) 전자재료의 특성은 전계에 대한 반응에 의해 결정되며, 이를 이해하는 것은 산업현장에서 전자 부품의 설계와 제작이 기본이 되는 전자공학 엔지니어에게는 매우 중요하다. 그림과 같이 재료 내에 존재하는 전기쌍극자의 구성과 농도(N_{dp})와 다른 두 유전체를 통해 전자재료의 특성 이해와 응용 소자 개발에 필요한 전공 능력을 확인하고자 한다.

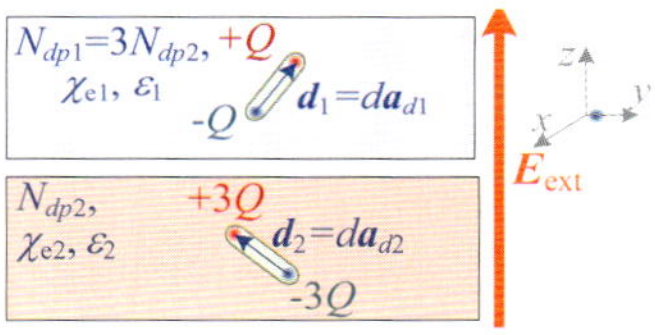

(a) 전하쌍극자(electric dipole)가 무엇인지 설명하고, 전하쌍극자 모멘트(dipole moment: $\boldsymbol{p}$ [C · m])를 결정하는 요소를 그림을 이용해 설명하라.

(b) z-축 방향의 전계($\boldsymbol{E}_{ext}$ [V/m])가 인가된 경우, 전하쌍극자에 작용하는 힘($\boldsymbol{F}$ [N])을 비교하라(F_2/F_1).

(c) z-축 방향의 전계($\boldsymbol{E}_{ext}$ [V/m])가 인가된 경우, 전하쌍극자에 작용하는 회전력($\boldsymbol{T}$ [N · m])을 비교하라(T_2/T_1).

(d) 외부전계($\boldsymbol{E}_{\mathrm{ext}}$ [V/m])에 대한 두 유전체의 전계감응(반응) 계수(χ_e)를 비교하라(χ_{e2}/χ_{e1}).

(e) 외부전계($\boldsymbol{E}_{\mathrm{ext}}$ [V/m])에 의한 유전체의 분극이 완료된 경우, 두 유전체의 분극 벡터($\boldsymbol{P}$ [C/m^2])를 비교하라(P_2/P_1).

(f) 두 유전체의 유전상수(ϵ [F/m])를 비교하라(ϵ_2/ϵ_1).

(g) 외부에서 동일한 크기의 전계($\boldsymbol{E}_{\mathrm{ext}}$ [V/m])가 인가된 경우, 유전체 내부의 전계의 세기($\boldsymbol{E}$ [V/m])를 비교하라(E_2/E_1).

(h) 외부에서 동일한 크기의 전계($\boldsymbol{E}_{\mathrm{ext}}$ [V/m])가 인가된 경우, 유전체 내부의 전하유동밀도($\boldsymbol{D}$ [C/m^2])를 비교하라(D_2/D_1).

5.17 (Boundary Condition, Dielectric, Potential, Capacitance)

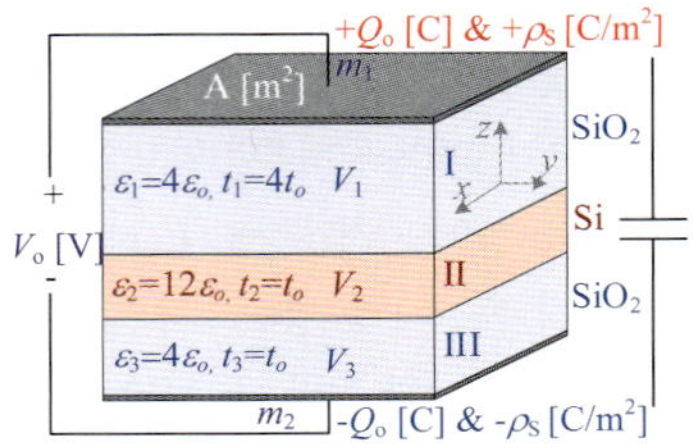

오른쪽 그림과 같이 전극 면적이 A [m^2]이고, 전극 사이에 유전율($\epsilon = \epsilon_r\epsilon_o$ [F/m])이 다른 3층을 유전체로 가진 캐패시터(capacitor)는 정보 저장용 플래시 메모리 반도체에서 널리 사용된다(ϵ_1, ϵ_2, ϵ_3 & 경계면 전하 없음).

(a) 전기전도도(σ [Ω^{-1}/m])가 아주 높은 금속 전극 내부의 전계($\boldsymbol{E}(\boldsymbol{r})$ [V/m])를 설명하라.

(b) 두 유전체가 접하고 있는 경우, 전하유동밀도($\boldsymbol{D}(\boldsymbol{r})$ [C/m^2])의 경계조건을 간략히 설명하라.

(c) 전극 m_1에 $+Q_o$ [C]의 전하가, 전극 m_2에 $-Q_o$ [C]의 전하가 있는 경우 m_1 전극 표면의 전하밀도(ρ_S [C/m^2])를 구하라.

(d) 각 영역의 전하유동밀도($D(z)$ [C/m^2])와 전계강도($E(z)$ [V/m])를 구하라.

(e) 각 유전체 층 양단의 전위차(전압: V_1, V_2, V_3 [V])를 구하라.

(f) 전극 m_1과 전극 m_2에 인가된 전하($+Q$, $-Q$ [C])에 의해 형성된 전극 양단의 전위차(V_o [V])를 구하라.

(g) 위의 결과들을 이용하여 3중 층 유전체 구조를 가진 평판 캐패시터(capacitor)의 정전용량(C [F])을 구하라.

(h) 전극에 인가된 전하량을 2배($+2Q_o$ & $-2Q_o$ [C])로 증가시킬 경우, 영역 I 내부의 전계는 어떻게 변하는지 설명하라.

(i) 전극에 인가된 전하량을 2배로 증가시킬 경우, 영역 I 양단의 전위차(V_1 [V])는 어떻게 변하는지 설명하라.

(j) 전극에 인가된 전하량을 2배로 증가시킬 경우, 두 전극 양단의 전위차(V_o [V])는 어떻게 변하는지 설명하라.

(k) 전극에 인가된 전하량을 2배 증가시킬 경우, 이 구조의 정전용량(C [F])은 어떻게 변하는지 설명하라.

Part 2

공간적으로 고정된 전류도선 간의 자기적 상호작용 : 정자기장

Magnetic Field and Interaction between Constant Current Elements : Time-Invariant Static Magnetic Field

6장 전류도선 간의 상호작용과 비오-사바르의 법칙 : 벡터 자기장

· 근원전류 선 과 시험전류도선의 상호작용: 비오-사바르의 법칙과 자기력(인력/반발력)

$$\vec{F}\,[\mathrm{N}]=\int_{test} d\vec{F}(\vec{r}) \leftarrow d\vec{F}(\vec{r})=\int_{source} dd\vec{F}(\vec{r},\vec{r}\,')=\mu I_t d\vec{l}_t(\vec{r})\times\vec{H}(\vec{r})$$

$$dd\vec{F}(\vec{r},\vec{r}\,')=\mu I_t d\vec{l}_t(\vec{r})\times\left(\frac{1}{4\pi R^2}I_s d\vec{l}_s(\vec{r}\,')\times\hat{a}_R\right)=ddF(\vec{r},\vec{r}\,')\hat{a}_F$$

$$\hat{a}_F=\frac{dd\vec{F}(\vec{r},\vec{r}\,')}{ddF(\vec{r},\vec{r}\,')}=\hat{a}_R$$: 전류도선 조각 간의 상호작용인 자기력은 인력 또는 반발력임

$$\hat{a}_R\equiv\frac{\vec{R}}{R}=\frac{\vec{r}-\vec{r}\,'}{|\vec{r}-\vec{r}\,'|}\ ;\ \vec{R}\equiv\vec{r}_t-\vec{r}_s=\vec{r}-\vec{r}\,'$$

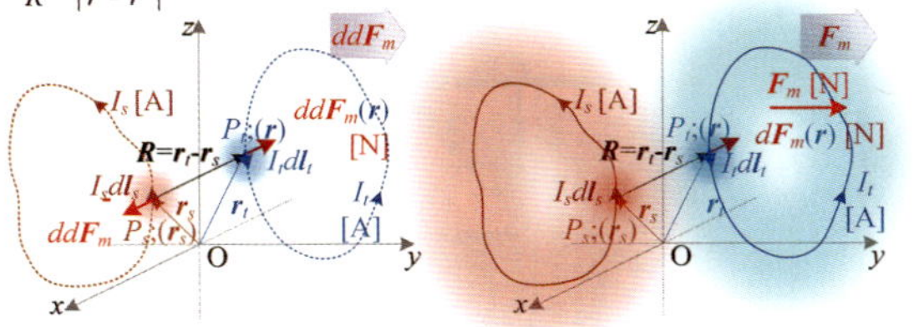

· 근원전류도선에 의해 형성된 자기장의 회전성 자계강도(매질에 무관): $H(r)$ [A/m]
· 근원전류도선에 의해 형성된 자기장의 자계강도와 시험전류도선이 받는 자기력의 관계

$$\vec{H}(\vec{r})\,[\mathrm{A/m}]=\int_{source} d\vec{H}(\vec{r},\vec{r}\,')\leftarrow d\vec{H}(\vec{r},\vec{r}\,')\,[\mathrm{A/m}]=\frac{1}{4\pi R^2}I_s d\vec{l}_s(\vec{r}\,')\times\hat{a}_R$$

$$\rightarrow d\vec{F}(\vec{r},\vec{r}\,')=\mu I_t d\vec{l}_t(\vec{r})\times\vec{H}(\vec{r})$$

$$I_s d\vec{l}_s(\vec{r}\,')\leftrightarrow\begin{cases}I_s d\vec{l}_s(\vec{r}\,')\,[\mathrm{A\cdot m}]\ ;\ I_s\,[\mathrm{A}]\\ \vec{K}_S(\vec{r}\,')dS'\,[\mathrm{A\cdot m}]\ ;\ \vec{K}_S\,[\mathrm{A/m}]\\ \vec{J}_S(\vec{r}\,')dv'\,[\mathrm{A\cdot m}]\ ;\ \vec{J}_S\,[\mathrm{A/m^2}]\\ Q_S\vec{v}(\vec{r}\,')\,[\mathrm{A\cdot m}]\end{cases};\ I_t d\vec{l}_t(\vec{r})\leftrightarrow\begin{cases}I_t d\vec{l}_t(\vec{r})\,[\mathrm{A\cdot m}]\ ;\ I_t\,[\mathrm{A}]\\ \vec{K}_t(\vec{r})dS\,[\mathrm{A\cdot m}]\ ;\ \vec{K}_t\,[\mathrm{A/m}]\\ \vec{J}_t(\vec{r})dv\,[\mathrm{A\cdot m}]\ ;\ \vec{J}_t\,[\mathrm{A/m^2}]\\ Q_t\vec{v}_t(\vec{r})\,[\mathrm{A\cdot m}]\end{cases}$$

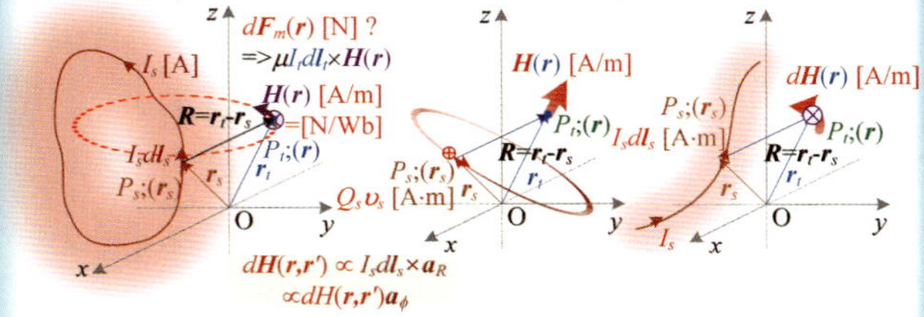

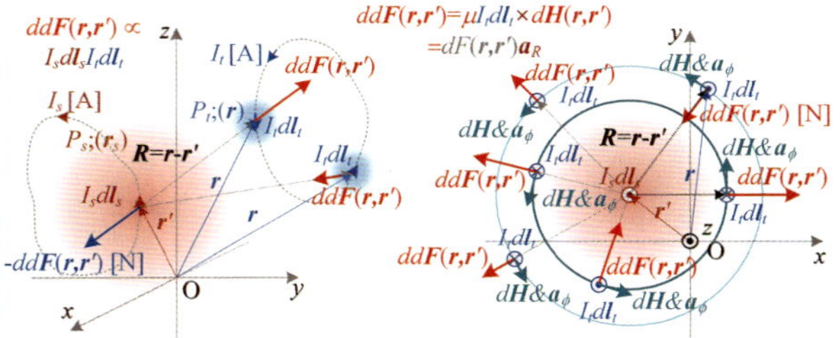

· 근원전류도선에 의한 자기장의 회전성 자속밀도($B(r)$ [Wb/m²]: 매질 의존)와 자속(Ψ_m [Wb])

$$\vec{B}(\vec{r})\,[\mathrm{Wb/m^2}]\equiv\frac{d\Psi_m(\vec{r})}{dS}\hat{a}_n$$

$$\longleftrightarrow\vec{B}(\vec{r})=\mu\vec{H}(\vec{r})\,[\mathrm{Wb/m^2}]=[\mathrm{T}]$$

$$;\ [\mathrm{Wb}]=[\mathrm{H\cdot A}]$$

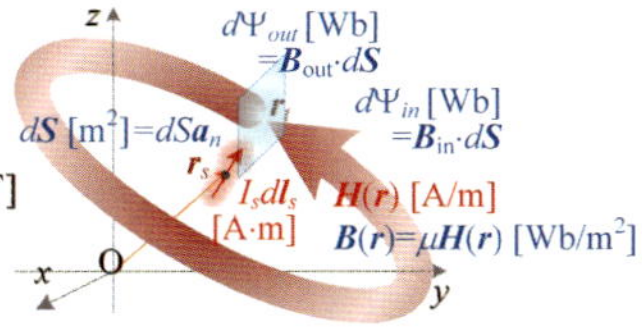

· 근원전류도선에 의해 형성된 자기장의 회전성 자속밀도(매질에 따라 변함)
· 근원전류도선에 의해 형성된 회전성 자계강도와 회전성 자속밀도의 관계: 상호 변환

$$\vec{B}(\vec{r})\,[\mathrm{Wb/m^2}]=\mu\vec{H}(\vec{r})\longleftrightarrow\vec{H}(\vec{r})\,[\mathrm{A/m}]=\frac{1}{\mu}\vec{B}(\vec{r})$$

$$\rightarrow d\vec{F}(\vec{r})\,[\mathrm{N}]=I_t d\vec{l}_t(\vec{r})\times\vec{B}(\vec{r})$$

$$\rightarrow\vec{F}\,[\mathrm{N}]=\int_{\vec{r}} d\vec{F}(\vec{r})$$

· 근원전류분포에 의해 형성된 자기장의 회전성 자속밀도
 : 자기 단극자는 존재하지 않으며, 자속은 반드시 폐경로를 형성함
· 자기장 내에서 회전성 자속밀도의 발산량을 지배하는 맥스웰 방정식 : $\nabla\cdot B(r)=0$ [Wb/m³]

$$\oint_S\vec{B}(\vec{r})\cdot d\vec{S}(\vec{r})=\int\nabla\cdot\vec{B}(\vec{r})dv(\vec{r})=Q_{mag}=0\,[\mathrm{Wb}]$$

$$\longleftrightarrow Q_{mag}\,[\mathrm{Wb}]=\int\rho_{mag}(\vec{r})dv(\vec{r})=0$$

$$\rightarrow\nabla\cdot\vec{B}(\vec{r})=\rho_{mag}(\vec{r})=0\,[\mathrm{Wb/m^3}]$$

7장 대칭 구조 전류 도선에 의해 형성된 자기장 해석 : 암페어의 법칙과 자기 준위

· 근원 전류밀도와 회전성 벡터 자계강도에 대한 회전량 벡터: $\nabla\times H(r)$ [A/m²]=$J(r)$
· 회전성 자계강도 벡터에 대한 스토크스의 정리

$$\nabla\times\vec{H}(\vec{r})\,[\mathrm{A/m^2}]\equiv\lim_{\Delta S\to\mathrm{small}}\frac{1}{\Delta S}\left[\oint_{\substack{closed\\loop}}\vec{H}(\vec{r})\cdot d\vec{l}\right]_{\max}\hat{a}_n$$

$$\rightarrow\oint_{\substack{closed\\loop}}\vec{H}(\vec{r})\cdot d\vec{l}=\int_S\left(\nabla\times\vec{H}(\vec{r})\right)\cdot d\vec{S}=\int_S\vec{J}(\vec{r})\cdot d\vec{S}=I_{enc}\,[\mathrm{A}]$$

$$\rightarrow\boxed{\oint_{\substack{closed\\loop}}\vec{H}(\vec{r})\cdot d\vec{l}=I_{enc}\,[\mathrm{A}]}$$

$$\rightarrow\nabla\times\vec{H}(\vec{r})=\vec{J}(\vec{r})\,[\mathrm{A/m^2}]\ ;\ \vec{J}(\vec{r})=\vec{J}_C(\vec{r})=\sigma\vec{E}(\vec{r})\,[\mathrm{A/m^2}]$$

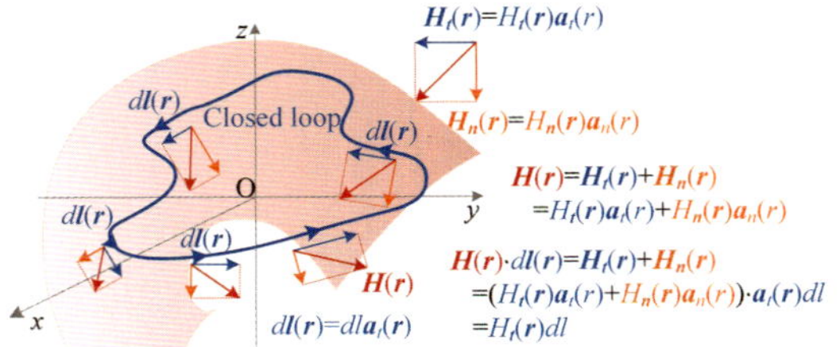

· 근원전류도선에 의한 회전성 자계강도의 회전량 벡터와 전류: 암페어 법칙
· 암페어 법칙을 이용한 대칭 구조 자기장의 회전성 자계강도 해석

$$\oint_l\vec{H}(\vec{r})\cdot d\vec{l}(\vec{r})=\oint_l\vec{H}(\vec{r})\cdot\hat{a}_t(\vec{r})dl=\oint_l H_t(\vec{r})dl=I_{enc}\,[\mathrm{A}]$$

$$\rightarrow\vec{H}(\vec{r})\,[\mathrm{A/m}]\rightarrow\vec{B}(\vec{r})\,[\mathrm{Wb/m^2}]=\mu\vec{H}(\vec{r})$$

$$\rightarrow d\vec{F}(\vec{r})\,[\mathrm{N}]=\mu I_t d\vec{l}_t(\vec{r})\times\vec{H}(\vec{r})\rightarrow\vec{F}\,[\mathrm{N}]=\int_{test} d\vec{F}(\vec{r})$$

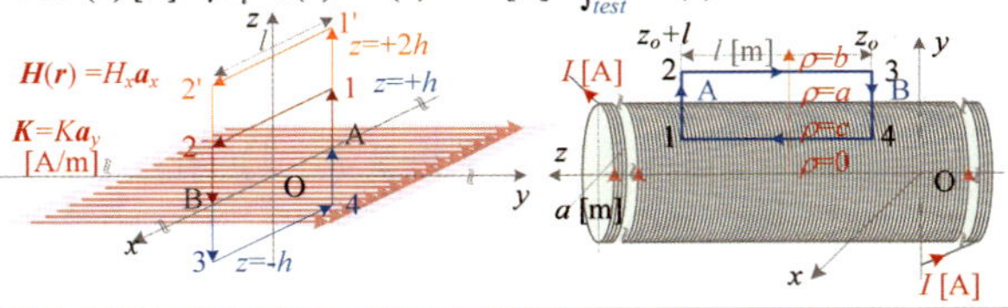

· 근원전류분포에 의해 형성된 자기장의 회전방향 자계강도 : 미분형 암페어 법칙
· 근원전류와 회전성 자계강도의 관계를 지배하는 맥스웰 방정식 : $\nabla\times H(r)=J(r)$ [A/m²]

$$\oint_l\vec{H}(\vec{r})\cdot d\vec{l}(\vec{r})=\int_S\nabla\times\vec{H}(\vec{r})\cdot d\vec{S}(\vec{r})=I_{enc}\,[\mathrm{A}]$$

$$\longleftrightarrow I_{enc}\,[\mathrm{A}]=\int_S\vec{J}(\vec{r})\cdot d\vec{S}(\vec{r})$$

$$\rightarrow\nabla\times\vec{H}(\vec{r})=\vec{J}(\vec{r})\,[\mathrm{A/m^2}]$$

: 근원전류도선에 의한 자기장의 벡터 자계강도는
 근원전류 도선을 중심으로 하는 회전 성분으로 존재함.
 & 전류가 존재하는 지점에는 회전성 자계강도가 형성됨

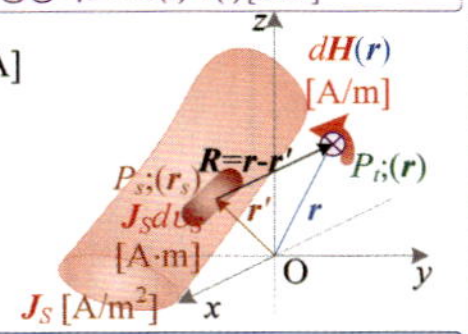

자기장의 스칼라 자기 준위와 선형 벡터 자기준위

· 근원전류도선에 의해 형성된 자기장의 스칼라 자기준위($V_m(r)$ [A])와 자기 등가회로
· 스칼라 자기준위($V_m(r)$ [A])와 벡터 자계강도($H(r)$ [A/m])의 상호 변환

$$V_{m,BA}(\vec{r})\,[\mathrm{A}]\equiv\int_A^B dV_m(\vec{r})$$

$$;\ dV_m(\vec{r})\,[\mathrm{A}]\equiv-\vec{H}(\vec{r})\cdot d\vec{l}(\vec{r})$$

$$=-\vec{H}(\vec{r})\cdot\hat{a}_t(\vec{r})dl$$

$$\rightarrow\vec{H}(\vec{r})\,[\mathrm{A/m}]=\frac{dV_m(\vec{r})}{dl}\hat{a}_t(\vec{r})$$

$$=-\nabla V_m(\vec{r})$$

$$\rightarrow\vec{B}(\vec{r})\,[\mathrm{Wb/m^2}]=\mu\vec{H}(\vec{r})$$

$$\leftarrow\boxed{\vec{J}(\vec{r})\,[\mathrm{A/m^2}]=0}$$

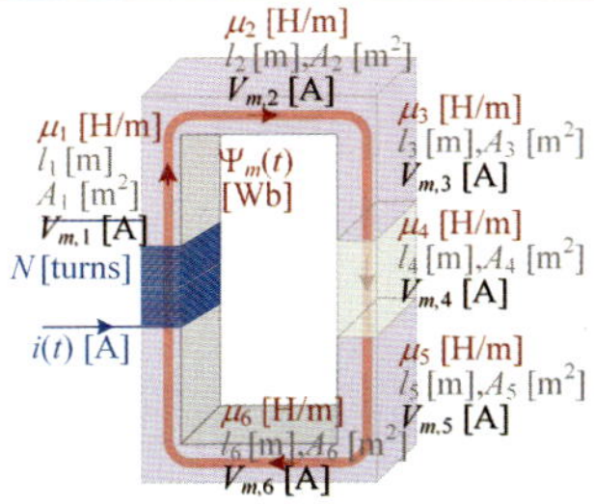

· 근원전류도선에 의해 형성된 자기장의 선형 벡터 자기준위($A(r)$ [Wb/m])
· 선형 벡터 자기준위($A(r)$ [Wb/m])와 회전성 벡터 자속밀도($B(r)$ [Wb/m²])의 상호 변환

$$d\vec{A}(\vec{r},\vec{r}\,')\,[\mathrm{Wb/m}]=\frac{\mu I_s d\vec{l}_s(\vec{r},\vec{r}\,')}{4\pi R}$$

$$;\vec{R}\equiv\vec{r}-\vec{r}\,'$$

$$\vec{A}(\vec{r})\,[\mathrm{Wb/m}]=\int_{source} d\vec{A}(\vec{r},\vec{r}\,')$$

$$\rightarrow\vec{B}(\vec{r})\,[\mathrm{Wb/m^2}]=\nabla\times\vec{A}(\vec{r})$$

$$\rightarrow\vec{H}(\vec{r})\,[\mathrm{A/m}]=\vec{B}(\vec{r})/\mu$$

$$\rightarrow d\vec{F}(\vec{r})\,[\mathrm{N}]=I_t d\vec{l}_t(\vec{r})\times\vec{B}(\vec{r})$$

$$\rightarrow\vec{F}\,[\mathrm{N}]=\int_{test} d\vec{F}(\vec{r})$$

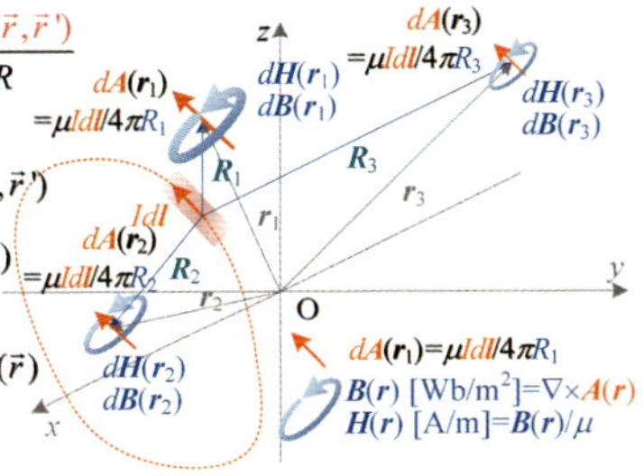

8장 자기장 내의 전류도선에 작용하는 힘 : 자기쌍극자, 자성체, 자성체의 자화

· 근원전류도선에 의해 형성된 자기장에 의해 시험전류도선에 작용하는 자기력

$$d\vec{F}(\vec{r})\ [\mathrm{N}] \equiv I_t d\vec{l}_t(\vec{r}) \times \vec{B}(\vec{r})\ ; I_t d\vec{l}_t(\vec{r}) ; \begin{cases} I_t d\vec{l}_t(\vec{r})\ [\mathrm{A\cdot m}]\ ;\ I_t\ [\mathrm{A}] \\ \vec{K}_t(\vec{r})dS\ [\mathrm{A\cdot m}];\ \vec{K}_t\ [\mathrm{A/m}] \\ \vec{J}_t(\vec{r})d\upsilon\ [\mathrm{A\cdot m}];\ \vec{J}_t\ [\mathrm{A/m^2}] \\ Q_t\vec{\upsilon}_t(\vec{r})\ [\mathrm{A\cdot m}] \end{cases} \rightarrow \vec{F}\ [\mathrm{N}] = \int_{test} d\vec{F}(\vec{r})$$

· 전계와 자계가 동시에 인가된 공간에 입사된 이동전하의 운동: 로렌츠(Lorentz) 방정식
(전계강도와 자계강도가 평행하게 인가된 공간에 이들에 수직으로 등속 입사된 전하의 운동)
· 등속 원운동 반지름(r_o [m]), 전계 가속 거리($z(t)$ [m]), 전계로부터 얻는 운동에너지(E_k [J])

$$\vec{F}(\vec{r})\ [\mathrm{N}] = \vec{F}_e(\vec{r}) + \vec{F}_m(\vec{r}) = Q\vec{E}(\vec{r}) + Q\vec{\upsilon}(\vec{r}) \times \vec{B}(\vec{r}) = Q\left(\vec{E}(\vec{r}) + \vec{\upsilon}(\vec{r}) \times \vec{B}(\vec{r})\right)$$

$$\begin{cases} \vec{F}_e(\vec{r})\ [\mathrm{N}] = Q\vec{E}(\vec{r}) = QE_o\hat{a}_z \\ \vec{F}_m(\vec{r})\ [\mathrm{N}] = Q\vec{\upsilon}(\vec{r}) \times \vec{B}(\vec{r}) = Q\vec{\upsilon}(\vec{r}) \times B_o\hat{a}_z\ ;\ \vec{\upsilon}_s\ [\mathrm{m/s}] \equiv \vec{\upsilon}(t=0) = \upsilon_o\hat{a}_\rho \end{cases}$$

$$\rightarrow r_o\ [\mathrm{m}] = \frac{m^*\upsilon_o}{QB_o} \propto \begin{cases} m^* \\ \upsilon_o \\ 1/B_o \\ 1/Q \end{cases} ; z(t)\ [\mathrm{m}] = \frac{QE_o}{2m^*}t^2 \propto \begin{cases} Q \\ E_o \\ 1/m^* \\ t^2 \end{cases} ; E_k\ [\mathrm{J}] = \frac{Q^2E_o^2}{2m^*}t_o^2 \propto \begin{cases} Q^2 \\ E_o^2 \\ z_o \propto t_o^2 \\ 1/m^* \end{cases}$$

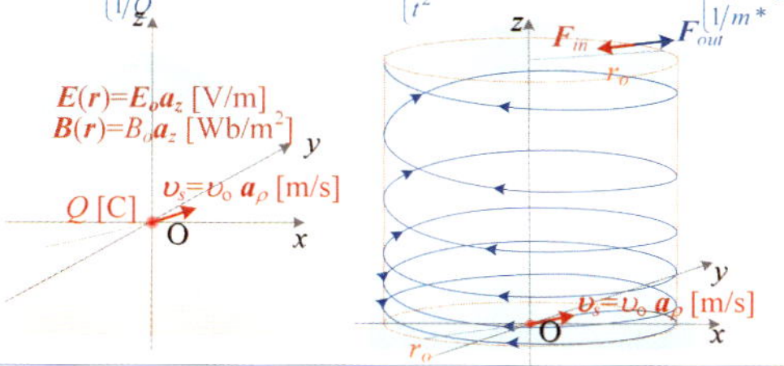

· 전계와 자계가 동시에 인가된 공간에 입사된 이동전하의 운동: 홀(Hall) 효과와 홀 측정장치
(전계강도와 자계강도가 서로 수직으로 인가된 전자 재료 내의 이종전하)
· 홀 전압(VH [V])의 부호와 크기, 전도절류 → 반도체 재료의 구분, 이동도, 이동전하 농도 측정

$$\vec{F}_B(\vec{r})\ [\mathrm{N}] = Q\vec{\upsilon}(\vec{r}) \times \vec{B}(\vec{r})$$

$$V_H\ [\mathrm{V}] = \frac{1}{Q}\frac{IB_o}{N}\frac{1}{t} \rightarrow \begin{cases} Q = +q\ ;\ V_H > 0 \\ Q = -q\ ;\ V_H < 0 \end{cases} ; N\ [1/\mathrm{m^3}] = \frac{1}{QV_H}IB_o\frac{1}{t} ; \mu\ [\mathrm{m^2/V\cdot s}] = \frac{|V_H|}{VB_o}\frac{l}{W}$$

자기장의 영향을 받고 전달하며 전자부품을 구성하는 전자재료: 자성체, 자화

· 자기쌍극자: 폐경로 전류도선에 작용하는 자기력과 회전력: 자기쌍극자 모멘트

$$\vec{F}\Big|_{closed}[\mathrm{N}] = \oint d\vec{F}(\vec{r}) = 0\ (\vec{B}(\vec{r}) = \mathrm{con.}) \leftarrow d\vec{F}(\vec{r})\ [\mathrm{N}] = Id\vec{l}(\vec{r}) \times \vec{B}(\vec{r})$$

$$\vec{T}\ [\mathrm{N\cdot m}] \equiv \oint d\vec{T}(\vec{r}) = \vec{m} \times \vec{B} \qquad \leftarrow d\vec{T}(\vec{r})\ [\mathrm{N\cdot m}] \equiv \vec{R} \times d\vec{F}(\vec{r})$$

$$\rightarrow \vec{m}\ [\mathrm{A\cdot m^2}] \equiv IS\hat{a}_n = I\vec{S}$$

· 자성체(자기쌍극자들의 집합체)의 자화와 자속밀도 변화: 자계감응계수와 상대적 자성계수

$$\vec{m}_i \equiv I_iS_i\hat{a}_{ni} = I_i\vec{S}_i\ [\mathrm{A\cdot m^2}] : \text{Magnetic Dipole Moment}$$

$$\vec{M}\ [\mathrm{A/m}] \equiv \lim_{\Delta\upsilon\to 0}\frac{\sum_{i=1}^{N}\vec{m}_i\Big|_{\vec{H}}}{\Delta\upsilon} \equiv \chi_m\vec{H} = \frac{N}{\Delta\upsilon}\vec{m} = n_{mdp}\vec{m} = \chi_m\vec{H}\ ;\ n_{mdp}\ [1/\mathrm{m^3}] \equiv \frac{N}{\Delta\upsilon}$$

$$\vec{B}(\vec{r})\ [\mathrm{Wb/m^2}] = \mu_o\left(\vec{H} + \vec{M}\right) = \mu_o(1+\chi_m)\vec{H} \equiv \mu_o\mu_r\vec{H}(\vec{r})$$

$$;\ \mu_r \equiv (1+\chi_m)$$

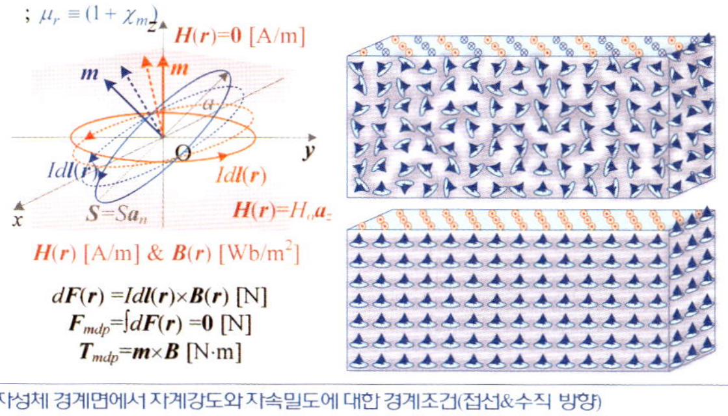

· 자성체 경계면에서 자계강도와 자속밀도에 대한 경계조건(접선&수직 방향)

$$\begin{cases} \vec{H} = \vec{H}_t + \vec{H}_n = H_t\hat{a}_t + H_n\hat{a}_n \\ \&\vec{B} = \mu\vec{H} \\ \vec{B} = \vec{B}_t + \vec{B}_n = B_t\hat{a}_t + B_n\hat{a}_n \end{cases} \rightarrow \begin{cases} H_{t1} - H_{t2} = K\ [\mathrm{A/m}] \\ \leftarrow \oint \vec{H}(\vec{r}) \cdot d\vec{l}(\vec{r}) = I_{enc}\ [\mathrm{A}] \\ B_{n1} = B_{n2}\ [\mathrm{Wb/m^2}] \\ \leftarrow \oint \vec{B}(\vec{r}) \cdot d\vec{S}(\vec{r}) = 0\ [\mathrm{Wb}] \end{cases}$$

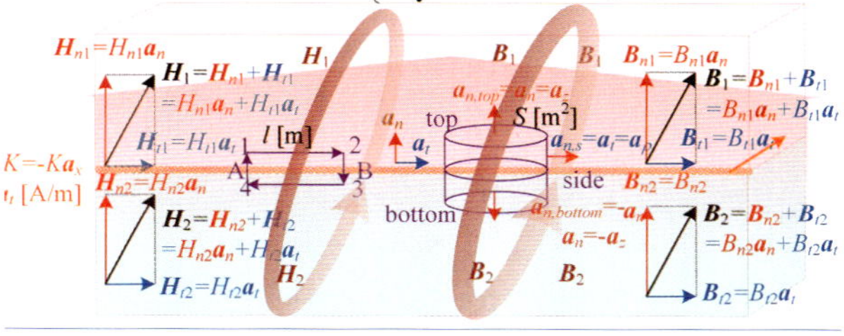

9장 고정된 구조의 전류 도선에 의한 자기장과 유도용량 : 자계유도기와 유도용량

· 고정된 전류도선 구조의 자성체 매질로 구성된 고정된 구조의 자기장
· 도선에 흐르는 전류에 의해 형성된 자기장의 자계강도와 자속밀도

$$\vec{H}_1(\vec{r})\ [\mathrm{A/m}] = \int_1 d\vec{H}_1(\vec{r},\vec{r}');\ d\vec{H}_1(\vec{r},\vec{r}') = \frac{I_1d\vec{l}_1 \times \hat{a}_R}{4\pi R^2}$$

$$\oint \vec{H}_1(\vec{r}) \cdot d\vec{l}(\vec{r}) = I_{1,enc} = N_1I_1\ [\mathrm{A\cdot turns}] \rightarrow \vec{H}_1(\vec{r})\ [\mathrm{A/m}] \rightarrow \vec{B}_1(\vec{r})\ [\mathrm{Wb/m^2}] = \mu\vec{H}_1(\vec{r})$$

· 도선에 흐르는 전류에 의해 형성된 자속밀도와 다른 전류도선에 전달된 결합자속량($\Psi_{m,12}$)
· 전류에 의해 형성된 자기장의 자속밀도가 자성체를 통해 전류도선에 전달된 결합자속량(Λ_{12})

$$\Psi_{m,12}\ [\mathrm{Wb}] \equiv \left|\int_{S_2}\vec{B}_1(\vec{r}) \cdot d\vec{S}_2\right| \propto I_1\ [\mathrm{A}] \rightarrow \Lambda_{12}\ [\mathrm{Wb\cdot turns}] \equiv N_2\Psi_{m,12} \propto I_1\ [\mathrm{A}]$$

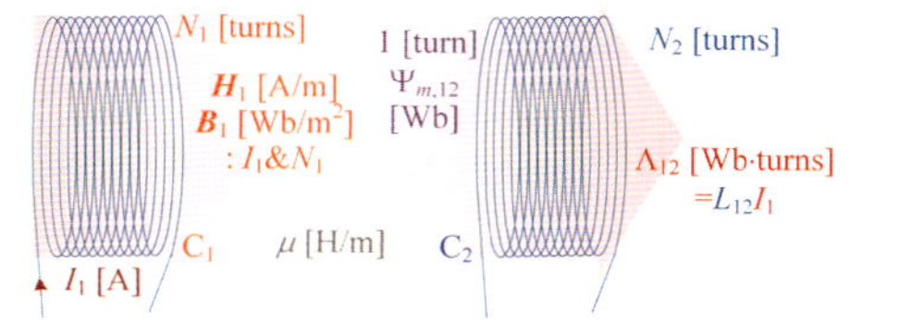

· 자성체를 통해 전달된 자기장의 결합자속량과 전류의 관계 : 자계유도기의 유도용량
: 전류에 무관하며 도선의 구조와 자속을 전달하는 자성체의 자성계수에 의해 결정
· 유도용량: 자기장 해석에 편리한 도구: $I \rightarrow \Lambda = LI \rightarrow \Psi = \Lambda/N \rightarrow B = \Psi/S \rightarrow H = B/\mu \rightarrow F = Idl \times B$

$$L_{12}\ [\mathrm{H}] = [\mathrm{Wb/A}] \equiv \frac{\Lambda_{12}}{I_1} = \frac{N_2\Psi_{m,12}}{I_1} = \frac{N_2\left|\int_{S_2}\vec{B}_1(\vec{r}) \cdot d\vec{S}_2\right|}{I_1}$$

$$L_{12}\ [\mathrm{H}] \rightarrow \Lambda_{12}\ [\mathrm{Wb\cdot turns}] = I_1L_{12}$$

$$\rightarrow \Psi_{m,12}\ [\mathrm{Wb}] = \frac{\Lambda_{12}}{N_2} \propto I_1\ ; \begin{cases} B_1\ [\mathrm{Wb/m^2}] = \frac{\Psi_{m,12}}{A} \propto I_1 \\ H_1\ [\mathrm{A/m}] = \frac{B_1}{\mu} \propto I_1 \end{cases}$$

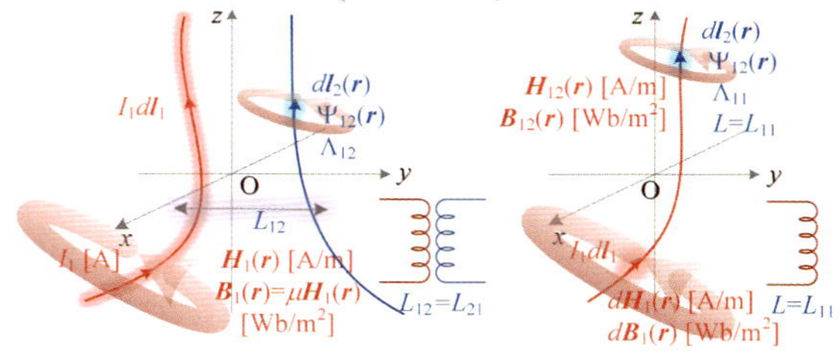

· 자체유도용량(self-inductance; $L_{11}=L$ [H]): 동일한 도선 에 흐르는 전류에 의한 자속이
자성체를 통해 도선의 다른 지점에 영향을 미치는 것을 나타내는 유도용량

$$L\ [\mathrm{H}] \equiv L_{11}\ [\mathrm{H}] = L_{12}\Big|_{1=2} = \frac{\Lambda_{11}}{I_1} = \frac{N_1\Psi_{m,11}}{I_1} = \frac{N_1\left|\int_{S_1}\vec{B}_1(\vec{r}) \cdot d\vec{S}_1\right|}{I_1}$$

· 상호유도용량(mutual inductance; $M=L_{12}$ [H]): 두개의 독립된 도선 간에 자성체를 통한
자속의 전달을 통한 상호작용을 나타내는 유도용량

$$M\ [\mathrm{H}] = L_{12}\Big|_{1\neq 2} = \frac{\Lambda_{12}}{I_1} = \frac{N_2\Psi_{m,12}}{I_1} = \frac{N_2\left|\int_{S_2}\vec{B}_1(\vec{r}) \cdot d\vec{S}_2\right|}{I_1}$$

· 원형 단면의 막대형 권선의 자체 유도용량 : 반지름, 권선밀도, 길이 의존도
· 사각 당면의 반지형 권선의 차체 유도용량: 내부 반지름, 외부 반지름, 권선수 의존도
· 원형 동축 전송선의 자체 유도용량과 상호 유도용량 : 내부 반지름, 외부 반지름, 길이 의존도

· 1차와 2차 권선을 가진 변압기 구조의 상호 유도용량

$$\Psi_{m,12}\ [\mathrm{Wb}] \equiv \int \vec{B}_1 \cdot d\vec{S}_2 = \int \mu\frac{N_1}{h}I_1\hat{a}_z \cdot d\vec{S}_{2z}$$
$$= \mu n_1tWI_1$$

$$\Lambda_{12}[\mathrm{Wb\cdot turns}] = N_2\Psi_{m,12} = \mu N_1N_2\frac{tW}{h}I_1$$
$$= \mu n_1n_2tWhI_1$$

$$L_{12}\ [\mathrm{H}] \equiv M \equiv \frac{\Lambda_{12}}{I_1} = \mu N_1N_2\frac{tW}{h}$$

$$= \mu n_1n_2tWh \propto \begin{cases} \mu \\ n_1 = (N_1/h) \\ n_2 = (N_2/h) \\ S = tW \\ h \end{cases}$$

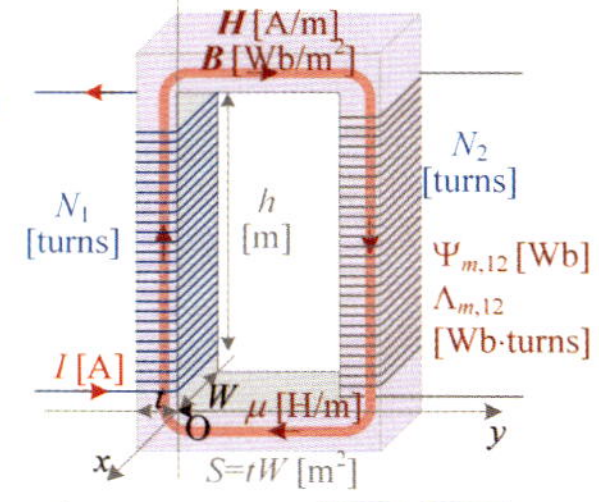

$$\left.\begin{aligned} L_{11}\ [\mathrm{H}] &\equiv \frac{\Lambda_{11}}{I_1} = \mu N_1^2\frac{tW}{h} = \mu n_1^2tWh \\ L_{22}\ [\mathrm{H}] &\equiv \frac{\Lambda_{22}}{I_2} = \mu N_2^2\frac{tW}{h} = \mu n_2^2tWh \end{aligned}\right\} ; L_{ii} \propto \begin{cases} \mu \\ n_i^2\ ;\ n_i \equiv N_i/h \\ S = tW \\ h \end{cases}$$

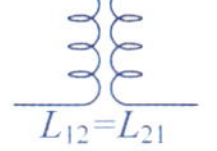

Chapter

06

전류도선 간의 상호작용과 비오-사바르의 법칙 : 벡터 자기장

Interaction between Current Elements and Biot-Savart's Law : Vector Magnetic Field

6장	전류도선 간의 상호작용과 비오-사바르의 법칙 : 벡터 자기장 (Interaction between Current Elements and Biot-Savart's Law : Vector Magnetic Field)

1. 비오-사바르의 법칙 : 근원전류도선($I_S dl_S$ [A·m])에 의해 형성된 자기장에서 시험전류도선($I_t dl_t$ [A·m])이 받는 정자기적 힘: $F(r)$ [N] (인력 또는 반발력)

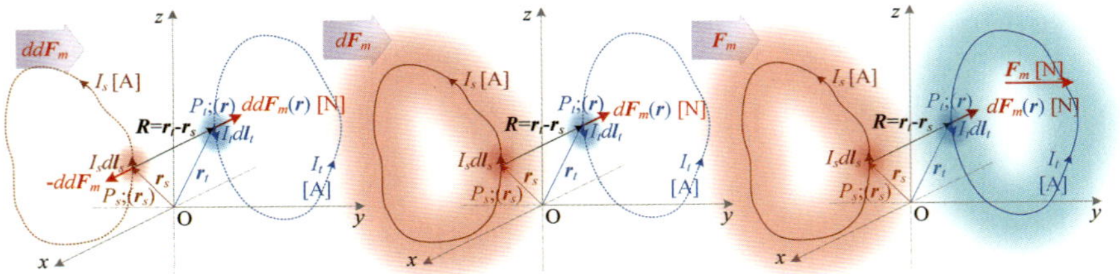

$$\vec F_m\ [\text{N}]=\int_{test} d\vec F_m(\vec r)\ ;\ d\vec F_m(\vec r)\ [\text{N}]=\int_{source} dd\vec F_m(\vec r,\vec r')$$

$$dd\vec F_m(\vec r)\ [\text{N}]\equiv \mu I_t d\vec l_t(\vec r)\times\left(\frac{I_s d\vec l_s(\vec r')\times\hat a_R}{4\pi R^2}\right)\propto I_s I_t\frac{dl_s dl_t}{R^2}\quad \& \begin{cases}\vec F(\vec r)\parallel\vec R\longleftrightarrow\hat a_F\parallel\hat a_R\\ \hat a_F\neq\dfrac{\vec F}{|\vec F|},\ \hat a_R\equiv\dfrac{\vec R}{|\vec R|};\ \vec R\equiv\vec r_t-\vec r_s\\ \left(I_s d\vec l_s(\vec r')\right)\cdot\left(I_t d\vec l_t(\vec r)\right)>0\Rightarrow\hat a_F=-\hat a_R\\ \left(I_s d\vec l_s(\vec r')\right)\cdot\left(I_t d\vec l_t(\vec r)\right)<0\Rightarrow\hat a_F=+\hat a_R\end{cases}$$

2. 근원전류도선($I_S dl_S$ [A·m])에 의해 형성된 자기장의 회전성 벡터 자계강도 : $H(r)$ [A/m]

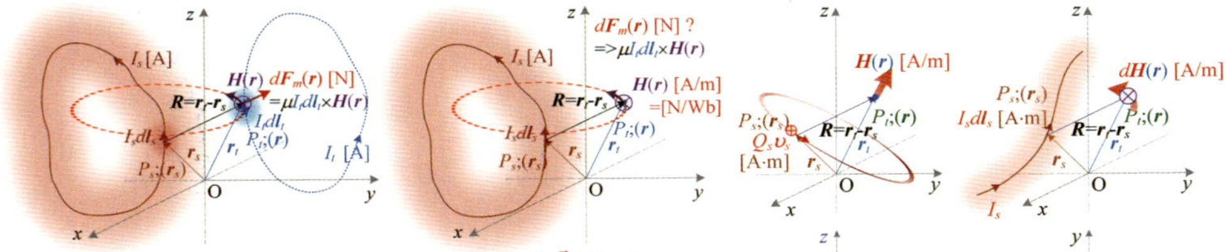

$$\vec H(\vec r)\ [\text{A/m}]\equiv\int_{source} d\vec H(\vec r,\vec r')\ ;\ d\vec H(\vec r,\vec r')\ [\text{A/m}]\equiv\frac{I_s d\vec l_s(\vec r')\times\hat a_R}{4\pi R^2}$$

$$\&\ I_s d\vec l_s(\vec r')\ [\text{A}\cdot\text{m}]\Leftrightarrow\begin{cases}Q_s\vec v_s(\vec r')\quad\propto Q_s\ [\text{C}]\\ \vec K_s dS_s(\vec r')\propto K_s\ [\text{A/m}]\\ \vec J_s dv_s(\vec r')\propto J_s\ [\text{A/m}^2]\end{cases}$$

$$\vec F_m\ [\text{N}]\equiv\int_{test} d\vec F_m(\vec r)\ ;\ d\vec F_m(\vec r)\ [\text{N}]=\mu I_t d\vec l_t(\vec r)\times\vec H(\vec r)$$

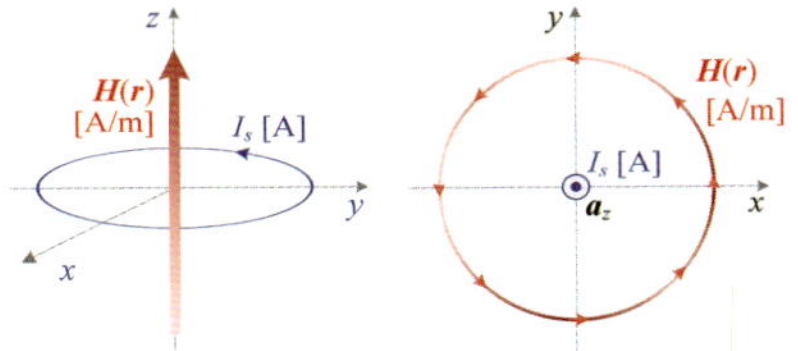

3. 근원전류도선에 의해 형성된 자기장의 스칼라 자속량($\Psi_m(r)$ [Wb])과 회전성 벡터 자속밀도(등가자속밀도 : $B(r)$ [Wb/m²])

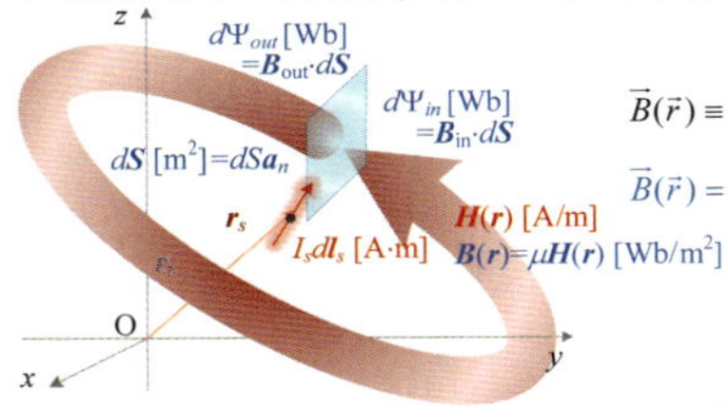

$$\vec B(\vec r)\equiv\frac{d\Psi_m(\vec r)}{dS}\hat a_n\ [\text{Wb/m}^2]$$
$$\vec B(\vec r)=\mu\vec H(\vec r)\ [\text{Wb/m}^2]=[\text{H}\cdot\text{A/m}^2]$$
$$\leftarrow\ d\Psi_m\equiv\vec B(\vec r)\cdot d\vec S\ \begin{cases}\vec B(\vec r)=B_n(\vec r)\hat a_n+B_t(\vec r)\hat a_t\\ d\vec S=dS\hat a_n\end{cases}$$
$$\Psi_m=\int_S d\Psi_m=\int_S\vec B(\vec r)\cdot d\vec S=\Psi_m\ [\text{Wb}]$$

$$\vec B(\vec r)\ [\text{Wb/m}^2]\equiv\int_{source} d\vec B(\vec r,\vec r')\ ;\ d\vec B(\vec r,\vec r')\ [\text{A/m}]\equiv\frac{\mu I_s d\vec l_s(\vec r')\times\hat a_R}{4\pi R^2}$$

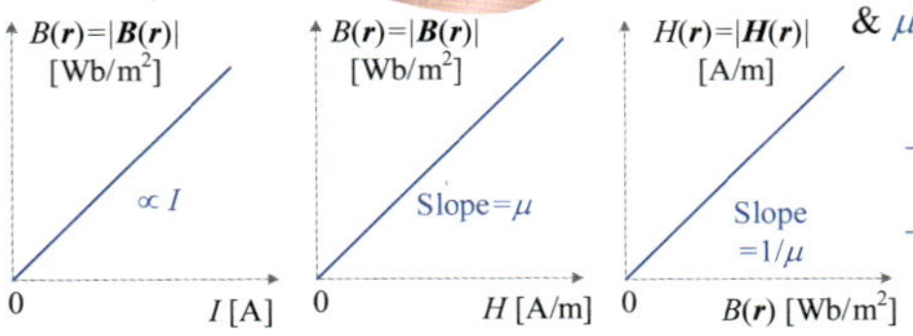

$$\&\ \mu I_s d\vec l_s(\vec r')\ [\text{Wb}]=[\text{H}\cdot\text{A}]\Leftrightarrow\begin{cases}\mu Q_s\vec v_s(\vec r')\quad\propto Q_s\ [\text{C}]\\ \mu\vec K_s dS_s(\vec r')\propto K_s\ [\text{A/m}]\\ \mu\vec J_s dv_s(\vec r')\propto J_s\ [\text{A/m}^2]\end{cases}$$

$$\rightarrow\vec H(\vec r)\ [\text{A/m}]=\frac{1}{\mu}\vec B(\vec r)$$

$$\rightarrow\vec F_m\ [\text{N}]\equiv\int_{test} d\vec F_m(\vec r)\ ;\ d\vec F_m(\vec r)\ [\text{N}]=I_t d\vec l_t(\vec r)\times\vec B(\vec r)$$

4. 자기장에 대한 가우스의 법칙 : 자기단극자는 존재하지 않고 폐경로 전류도선 형태의 자기쌍극자로만 존재함

$$\begin{cases}\Psi_{m,out}\ [\text{Wb}]\equiv\oint_{out}\vec B(\vec r)\cdot d\vec S=\oint_{out}\vec B(\vec r)\cdot(+\hat a_n)dS\\ \Psi_{m,in}\ [\text{Wb}]\equiv\oint_{in}\vec B(\vec r)\cdot d\vec S=\oint_{in}\vec B(\vec r)\cdot(-\hat a_n)dS=-\Psi_{m,out}\end{cases}\ \oint_{\substack{closed\\surface}}\vec B(\vec r)\cdot d\vec S=\Psi_{m,enc}\ [\text{Wb}]=\Psi_{m,in}+\Psi_{m,out}=\int_{\substack{closed\\volume}}\nabla\cdot\vec B(\vec r)=0$$

$$\rightarrow\boxed{\nabla\cdot\vec B(\vec r)=0\ [\text{Wb/m}^3]}$$

공간적으로 고정된 도선에 일정한 크기와 방향의 전류(직류: DC; direct current, 시불변: time-invariant)가 흐르는 경우, 전류도선들 사이에는 인력 또는 반발력이 작용하며, 이를 정자기적 상호작용이 이루어지는 자기장(static magnetic/magneto-static field)이라고 한다. 두 전류도선 중 자기적 작용의 근원이 되는 전류도선을 자기장 형성의 근원전류도선(source current element: $I_s d\boldsymbol{l}_s(\boldsymbol{r}')$ [A·m]), 근원전류에 의한 자기장으로 인해 관측점($\boldsymbol{r}$)에서 자기적 영향을 받는 전류도선을 시험전류도선(test current element: $I_t d\boldsymbol{l}_t(\boldsymbol{r})$ [A·m])이라고 정의할 수 있다.

[그림 6-1]과 같이 공간적으로 고정된 2개의 전류도선을 통해 시불변의 직류가 흐르는 전류도선이 있을 때, 이 도선들 간에 작용하는 정자기적 힘을 실험 법칙으로 정리한 관계식을 자기장에 관한 비오-사바르의 법칙(Biot-Savart's law)이라고 한다. 이는 공간적으로 고정된 전하들 사이의 상호작용을 설명하는 전기장의 쿨롱의 법칙과 유사한 과정을 통해 이해할 수 있다. 특히, 전류가 전하의 이동과 흐름(current = charge flow) 또는 시간에 따른 전하량의 변화($I = dQ/dt$ [A] = [C/s])임을 기억하면 전기장과 자기장은 매우 밀접한 상관관계를 가지고 있음을 짐작할 수 있다. 따라서 전류도선 간의 상호작용을 설명하는 자기장을 이해하는 데는 앞서 학습한 고정 전하들에 의해 형성되는 전기장을 요약하여 확인하고, 전기장과 자기장을 비교하여 학습하는 것도 많은 도움이 된다.

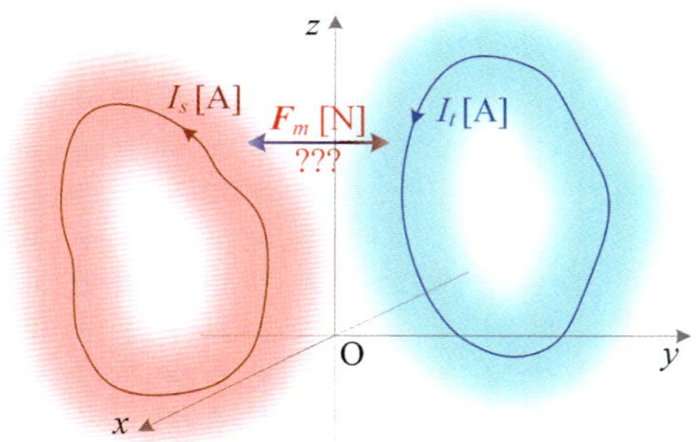

[그림 6-1] 자기장의 기본 개념은 근원전류도선(I_s)과 시험전류도선(I_t) 간에 작용하는 현상을 설명하는 도구

전기장에 관한 쿨롱의 법칙은 [그림 6-2]와 같이 공간적으로 고정된 전하들(근원전하: Q_s [C], 시험전하: Q_t [C]) 간에 작용하는 정전기적 힘을 실험 법칙으로 정리한 관계식이다.

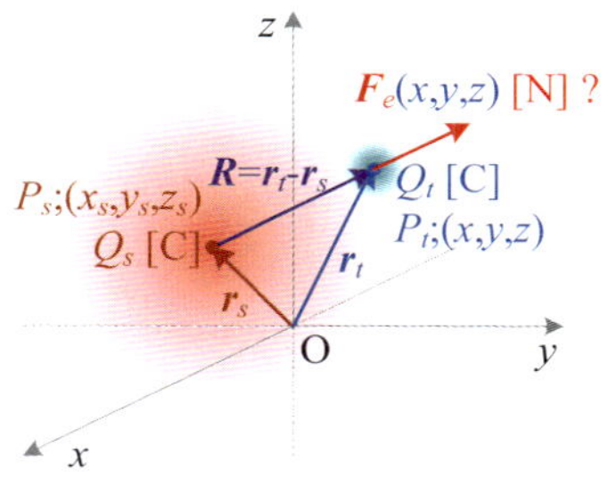

[그림 6-2] 공간적으로 고정된 전하들 사이에 작용하는 정전기적 상호작용 : 쿨롱의 법칙

쿨롱의 법칙에 의하면 근원전하(Q_s [C])에 의해 형성된 전기장에서 관측점(r)의 시험전하(Q_t [C])에 작용하는 정전기적 힘($\boldsymbol{F}_e(r)$ [N])은 다음의 수식으로 요약할 수 있다.

$$\vec{F}_e(\vec{r})\ [\mathrm{N}] = \frac{1}{4\pi\epsilon}\frac{Q_s Q_t}{R^2}\hat{a}_R$$

: 근원전하에 의해 형성된 전기장에서 시험전하가 받는 정전기적 힘을 나타내는 쿨롱의 법칙

$$\vec{F}_e(\vec{r})\ [\mathrm{N}]\begin{cases}\propto Q_s\ [\mathrm{C}]\ ;\ P_{source}: \vec{r}_s = \vec{r}\,' \\ \propto Q_t\ [\mathrm{C}]\ ;\ P_{test}\ \ : \vec{r}_t = \vec{r} \\ \propto 1/R^2\, [1/\mathrm{m}^2]\end{cases}$$

: 근원전하에 의해 형성된 전기장에서 시험전하가 받는 정전기적 힘

$$\&\begin{cases}\vec{F}_e(\vec{r}) \parallel \vec{R} \ \Leftrightarrow \hat{a}_F = \hat{a}_R\ ;\ \vec{R} \equiv \vec{r}_t - \vec{r}_s = \vec{r} - \vec{r}\,' \\ \left.\begin{aligned} Q_s\cdot Q_t > 0 \ \Rightarrow \hat{a}_F = +\hat{a}_R \\ Q_s\cdot Q_t < 0 \ \Rightarrow \hat{a}_F = -\hat{a}_R \end{aligned}\right\}\ \hat{a}_F \equiv \dfrac{\vec{F}_e(\vec{r})}{\left|\vec{F}_e(\vec{r})\right|},\ \hat{a}_R \equiv \dfrac{\vec{R}}{R}\end{cases}$$

: 근원전하와 시험전하의 위치 벡터, 정전기적 힘의 방향 벡터

즉, 근원전하에 의해 형성된 전기장 내에서 관측점의 시험전하(Q_t [C])에 작용하는 정전기적 힘($\boldsymbol{F}_e$ [N])을 결정하는 요소와 의존도는 다음과 같다.

- 근원전하의 전하량에 비례함: (F_e [N] $\propto Q_s$ [C]
- 시험전하의 전하량에도 비례함: F_e [N] $\propto Q_t$ [C]
- 근원전하와 시험전하의 직선 거리(R [m])의 제곱에 반비례함: F_e [N] $\propto 1/R^2$
- 시험전하에 작용하는 힘의 방향($\boldsymbol{F}_e(\boldsymbol{r})/F_e(\boldsymbol{r}) = \boldsymbol{a}_F$)은 시험전하와 근원전하를 연결하는 직선과 평행한 방향임: $\boldsymbol{a}_F \parallel \boldsymbol{a}_R$
- 시험전하와 근원전하가 같은 극성의 전하($Q_S Q_t > 0$)인 경우, 서로 밀어내는 정전기적 힘이 작용함: $\boldsymbol{a}_F = +\boldsymbol{a}_R$
- 시험전하와 근원전하가 다른 극성의 전하($Q_S Q_t < 0$)인 경우, 서로 끌어당기는 정전기적 힘이 작용함: $\boldsymbol{a}_F = -\boldsymbol{a}_R$

두 전하 사이의 정전기적 상호작용에 관한 쿨롱의 실험적 관찰 내용, 즉 정전기적 힘을 결정하는 요소와 의존도를 그림으로 요약하면 [그림 6-3]과 같다.

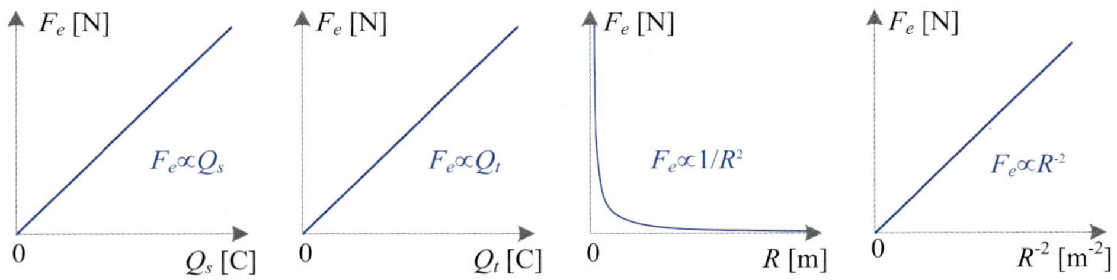

[그림 6-3] 전하 상호 간에 작용하는 정전기적 힘에 관한 쿨롱의 실험 결과

특히 시험전하에 의한 영향을 따로 제거하고, 오직 근원전하에 의해 형성된 영향만을 관측점의 벡터 전계강도($\boldsymbol{E}$ [V/m])로 정의하였다. 전계강도를 이용하여 전기장의 영향을 받는 시험전하의 위치와 전하량이 바뀌더라도 관측점의 시험전하가 받는 정전기적 힘($\boldsymbol{F}$ [N])은 다음과 같이 전계강도에 전하량을 곱하여 간단히 계산할 수 있도록 하였다.

$$\vec{E}(\vec{r})\ [\text{N/C}]=[\text{V/m}]\equiv\frac{\vec{F}_e(\vec{r})}{Q_t}=\frac{1}{4\pi\epsilon}\frac{Q_s}{R^2}\hat{a}_R$$: 근원전하에 의해 형성된 전기장의 전계강도

$$\longleftrightarrow\ \vec{F}_e(\vec{r})\ [\text{N}]=Q_t\vec{E}(\vec{r})\ [\text{N/C}]$$: 근원전하에 의해 형성된 전기장에서 시험전하에 작용하는 정전기적 힘

또한, 전기장이 전해지는 매질과 관계없이 전기장을 형성하는 근원전하에 의해 결정되는 전기장을 나타내는 물리량으로서 등가전하량(Ψ_e [C])과 등가전하밀도($\boldsymbol{D}$ [C/m^2])를 정의하여, 전계강도를 편리하게 구할 수 있도록 하였다.

$$\oint_{closed} d\Psi_e(\vec{r})\ [\text{C}]\equiv Q_S=\oint_{closed}\vec{D}(\vec{r})\cdot d\vec{S}$$: 근원전하량과 등가전하량

$$\leftarrow\ \vec{D}(\vec{r})\ [\text{C/m}^2]\equiv\frac{d\Psi_e(\vec{r})}{dS}\hat{a}_n$$: 근원전하에 의해 형성된 전기장의 등가전하밀도

$$\longleftrightarrow\begin{cases}\vec{D}(\vec{r})\ [\text{C/m}^2]=\epsilon\vec{E}(\vec{r})\\ \vec{E}(\vec{r})\ [\text{V/m}]=\frac{1}{\epsilon}\vec{D}(\vec{r})\end{cases}$$: 근원전하에 의해 형성된 전기장의 전계강도와 등가전하밀도의 상호 변환

전기장의 근원전하와 관측점의 시험전하에 대비되는 근원전류도선과 시험전류도선의 상호작용을 다루는 자기장에 관한 기본 법칙인 비오–사바르의 법칙에 관해 이해하고자 한다.

Section

6.1 전류도선 간의 자기적 상호작용과 자기적 힘 : 비오-사바르의 법칙

자기장에 관한 기본 법칙인 실험기반의 비오-사바르의 법칙에 관해 다음과 같이 구별하여 이해하고자 한다.

- 근원전류도선에 의해 형성된 자기장에 의해 시험전류도선에 작용하는 자기력: $dd\boldsymbol{F}_m(\boldsymbol{r},\boldsymbol{r}')$ [N], $d\boldsymbol{F}_m(\boldsymbol{r})$ [N], $\boldsymbol{F}_m$ [N]
- 시험전류도선에 의한 영향을 제거하고, 근원전류도선에 의해 형성된 자기장의 자계강도: $d\boldsymbol{H}(\boldsymbol{r})$ [A/m], $\boldsymbol{H}(\boldsymbol{r})$ [A/m]
- 근원전류도선에 의해 형성되는 자속량: Ψ_m [Wb]과 등가자속밀도: $\boldsymbol{B}(\boldsymbol{r})$ [Wb/m^2]

점전하(Q_s, dQ_s [C]) 형태에 의한 전기장의 벡터 전계강도($\boldsymbol{E}(\boldsymbol{r})$ [V/m])가 근원전하를 중심으로 하는 방사형 성분($\boldsymbol{a}_R$)만 존재하는 것과 달리, 선형, 면형, 또는 입체구조의 덩어리 형태의 전류도선($I_s d\boldsymbol{l}_s$, $\boldsymbol{K}_s dS$, $\boldsymbol{J}_s dv$ [A·m])에 의한 자기장($\boldsymbol{H}(\boldsymbol{r})$, $d\boldsymbol{H}(\boldsymbol{r},\boldsymbol{r}')$ [A/m])은 근원전류도선을 중심으로 회전성분의 자계강도($\boldsymbol{H}(\boldsymbol{r})$ [A/m])가 형성되므로, 직관적 해석 과정이 다소 복잡하게 느껴질 수 있다. 그러나 최종적으로 자기력도 역시 전류도선 간의 인력($\boldsymbol{a}_F = -\boldsymbol{a}_R$) 또는 반발력($\boldsymbol{a}_F = +\boldsymbol{a}_R$)의 형태임을 기억하면, 보다 직관적으로 이해할 수 있다.

6.1.1 비오-사바르의 법칙 : 전류도선 간의 상호작용과 자기적 힘

자기장은 아래 [그림 6-4]와 같이 직류가 흐르는 전류도선들 간에 작용하는 영향을 설명하고, 이해하며, 그 현상을 활용하는 전자 부품에 응용하는 데 사용되는 도구이다.

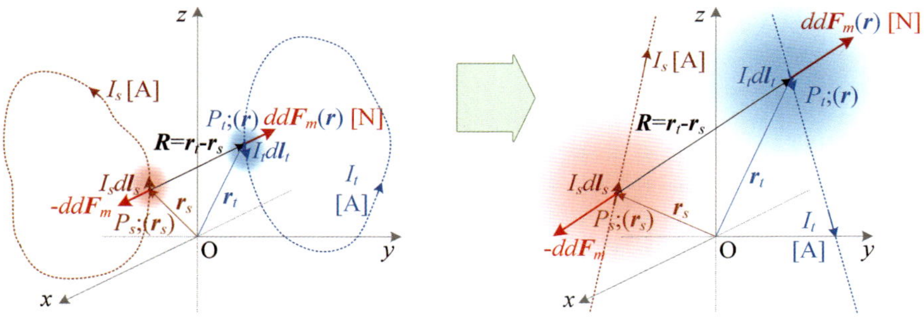

[그림 6-4] 근원전류도선($I_s d\boldsymbol{l}_s(\boldsymbol{r}')$)과 시험전류도선 조각($I_t d\boldsymbol{l}_t(\boldsymbol{r})$) 간의 상호작용인 자기적 힘($dd\boldsymbol{F}_m(\boldsymbol{r},\boldsymbol{r}')$ [N]) : 비오-사바르의 법칙

시불변의 직류가 흐르는 전류도선 간에 작용하는 정자기적 힘을 실험 법칙으로 정리한 비오-사바르의 실험에 의하면, 시불변의 일정한 전류가 흐르는 작은 크기의 전류도선들($I_s d\boldsymbol{l}_s(\boldsymbol{r}')$, $I_t d\boldsymbol{l}_t(\boldsymbol{r})$) 사이에

작용하는 자기적 힘($dd\boldsymbol{F}_m(\boldsymbol{r},\boldsymbol{r}')$ [N])의 크기($ddF_m(\boldsymbol{r},\boldsymbol{r}') = |dd\boldsymbol{F}_m(\boldsymbol{r},\boldsymbol{r}')|$ [N])는 다음과 같은 특성을 가짐을 확인하였다.

- 정자기적 힘($dd\boldsymbol{F}_m(\boldsymbol{r},\boldsymbol{r}')$ [N])은 자기장의 근원이 되는 근원전류도선에 흐르는 전류의 크기(I_S [A])에 비례함
- 정자기적 힘은 자기장의 영향을 받는 시험전류도선에 흐르는 전류의 크기(I_t [A])에 비례함
- 자기장의 근원이 되는 근원전류도선의 길이($dl_S(\boldsymbol{r}')$ [m])에 비례함
- 정자기적 힘은 자기장의 영향을 받는 시험전류도선의 길이($dl_t(\boldsymbol{r})$ [m])에 비례함
- 정자기적 힘은 전류도선 간에 작용하는 두 도선 사이의 거리(R [m])의 제곱에 반비례함

또한, 두 전류도선 간에 작용하는 자기적 힘($dd\boldsymbol{F}_m(\boldsymbol{r},\boldsymbol{r}')$ [N])의 크기($ddF_m(\boldsymbol{r},\boldsymbol{r}') = |dd\boldsymbol{F}_m(\boldsymbol{r},\boldsymbol{r}')|$ [N])와 방향($\boldsymbol{a}_F = dd\boldsymbol{F}_m(\boldsymbol{r},\boldsymbol{r}')/ddF_m(\boldsymbol{r},\boldsymbol{r}')$)은 다음과 같은 특성을 가짐을 확인하였다.

- 전류도선 조각 간에 작용하는 힘은 도선 전류 조각을 연결하는 선분과 평행한 방향임($\boldsymbol{a}_F \parallel \boldsymbol{a}_R$, $\boldsymbol{a}_R = \boldsymbol{R}/R$, $\boldsymbol{R} = \boldsymbol{r}_t - \boldsymbol{r}'$ [m])
- 동일한 방향의 전류가 흐르면 서로 당기는 힘(attractive force; 인력; $\boldsymbol{a}_F = -\boldsymbol{a}_R$)이 작용함
- 반대방향의 전류가 흐르면 밀어내는 힘(repulsive force; 척력; $\boldsymbol{a}_F = +\boldsymbol{a}_R$)이 작용함

비오-사바르의 실험을 통해 관찰한 전류도선 간의 자기력을 결정하는 요소와 의존도를 요약하면 [그림 6-5]와 같다.

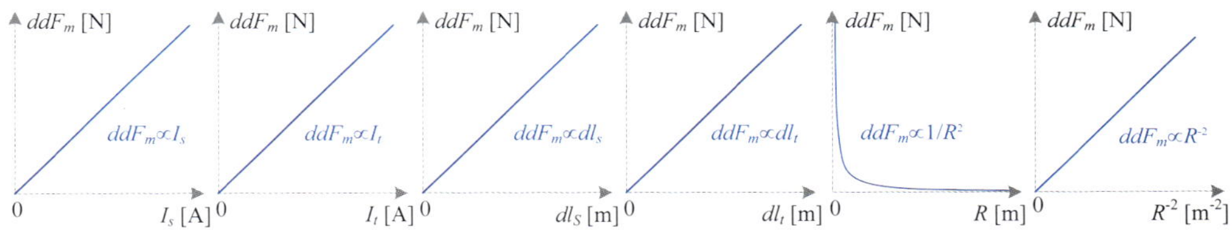

[그림 6-5] 근원전류와 시험전류도선 조각들 상호 간에 작용하는 정자기적 힘에 관한 비오-사바르의 실험 결과

비오-사바르의 실험을 통해 관찰한 전류도선 간의 자기력을 근원전류도선($I_s d\boldsymbol{l}_s(\boldsymbol{r}')$)과 관측점($\boldsymbol{r}$)의 시험전류도선($I_t d\boldsymbol{l}_t(\boldsymbol{r})$)의 위치와 방향, 자기력의 크기와 방향을 반영하여 수식으로 정리한 자기력에 관한 비오-사바르의 법칙은 다음과 같다.

$$dd\vec{F}_m(\vec{r},\vec{r}')\,[\mathrm{N}] = \begin{Bmatrix} \propto I_s\ [\mathrm{A}]\,;P_{source}(\vec{r}') \\ \propto dl_s\ [\mathrm{m}] \\ \propto I_t\ [\mathrm{A}]\,;P_{test}(\vec{r}) \\ \propto dl_t\ [\mathrm{m}] \\ \propto 1/R^2\,[\mathrm{m}^{-2}] \end{Bmatrix}$$

: 근원전류도선 조각에 의해 형성된 자기장 내에서 시험전류도선 조각이 받는 자기력

$$\&\ \hat{a}_R \equiv \frac{\vec{R}}{R}\ ;\begin{cases} \vec{r}\ [\mathrm{m}] = (x,y,z),\ \vec{r}'\ [\mathrm{m}] = (x',y',z') \\ \vec{R}\ \equiv \vec{R}_{s\to t}\ [\mathrm{m}] \equiv \vec{r}-\vec{r}' = (x-x',y-y',z-z_s)' \\ R\ [\mathrm{m}] \equiv |\vec{R}| = \sqrt{(x-x')^2+(y-y')^2+(z-z')^2} \end{cases}$$

: 자기력의 방향과 평행한 단위벡터

$$\rightarrow dd\vec{F}_m(\vec{r},\vec{r}\,') = \alpha I_s I_t \frac{dl_s dl_t}{R^2} \quad \& \quad \begin{cases} dd\vec{F}_m(\vec{r}) \parallel \vec{R} \longleftrightarrow \hat{a}_F \parallel \hat{a}_R \\ \hat{a}_F = \dfrac{dd\vec{F}_m}{|dd\vec{F}_m|},\ \hat{a}_R \equiv \dfrac{\vec{R}}{|\vec{R}|};\ \vec{R} \equiv \vec{r} - \vec{r}\,' \\ \left(I_s d\vec{l}_s(\vec{r}\,')\right)\cdot\left(I_t d\vec{l}_t(\vec{r})\right) > 0 \Rightarrow \hat{a}_F = -\hat{a}_R \\ \left(I_s d\vec{l}_s(\vec{r}\,')\right)\cdot\left(I_t d\vec{l}_t(\vec{r})\right) < 0 \Rightarrow \hat{a}_F = +\hat{a}_R \end{cases}$$

전류도선 간의 자기적 상호작용에 관한 비오-사바르의 법칙에 의하면 근원전류도선 조각($I_s \boldsymbol{dl}_s(\boldsymbol{r}')$ [A·m])에 의해 형성된 자기장 내의 관측점에서 시험전류도선($I_t \boldsymbol{dl}_t(\boldsymbol{r})$ [A·m])에 작용하는 자기적 힘($dd\boldsymbol{F}_m(\boldsymbol{r},\boldsymbol{r}') \equiv dd\boldsymbol{F}_t(\boldsymbol{r},\boldsymbol{r}') = -dd\boldsymbol{F}_s(\boldsymbol{r},\boldsymbol{r}')$ [N])을 수식으로 요약하면 다음과 같고, 이를 그림으로 나타내면 [그림 6-6]과 같다.

$$dd\vec{F}(\vec{r},\vec{r}\,')\ [\mathrm{N}] \equiv \mu I_t d\vec{l}_t(\vec{r}) \times \left(\frac{I_s d\vec{l}_s(\vec{r}\,') \times \hat{a}_R}{4\pi R^2}\right)$$: 근원전류도선 조각($I_s \boldsymbol{dl}_s(\boldsymbol{r}')$)에 의해 형성된 자기장 내에서 관측점의 시험전류도선 조각($I_t \boldsymbol{dl}_t(\boldsymbol{r})$ [A·m])에 작용하는 자기력

$$d\vec{F}(\vec{r})\ [\mathrm{N}] = \int_{source} dd\vec{F}(\vec{r},\vec{r}\,')$$: 근원전류도선 전체에 의해 형성된 자기장 내에서 시험전류도선 **조각**이 받는 자기력

$$\vec{F}\ [\mathrm{N}] = \int_{test} d\vec{F}(\vec{r})$$: 근원전류도선 전체에 의해 시험전류도선 **전체**에 작용하는 자기적 힘

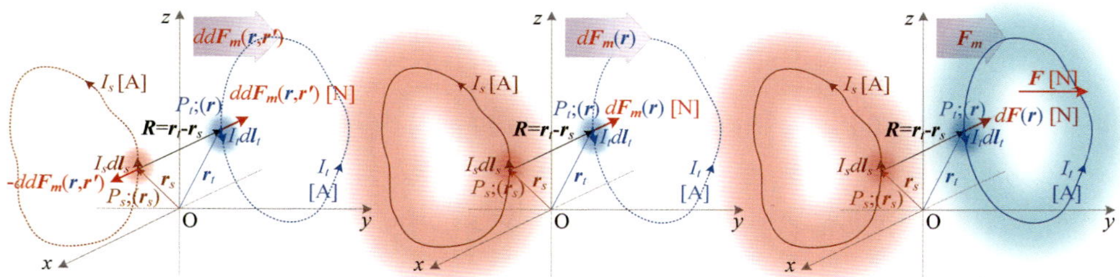

[그림 6-6] 근원전류도선($I_s \boldsymbol{dl}_s(\boldsymbol{r}')$)과 시험전류도선($I_t \boldsymbol{dl}_t(\boldsymbol{r})$) 간의 상호작용인 자기적 힘($dd\boldsymbol{F}_m, d\boldsymbol{F}_m, \boldsymbol{F}_m$ [N]) : 비오-사바르의 법칙

비오-사바르의 자기장에 관한 실험적 관찰 내용을 수식으로 정리하는 과정에 사용된 비례상수(μ [H/m])는 전류도선 간의 상호작용이 이루어지는 공간, 즉 자기장의 형성과 전달이 이루어지는 매질의 특성을 나타내는 자성계수(magnetic constant/coefficient)이다. 자기적 상호작용을 유발하는 근원 (전류도선: $I_s \boldsymbol{dl}_s(\boldsymbol{r}')$)이 존재하지 않는 자유 공간(magnetic free space) 또는 진공의 자성계수를 $\mu|_{진공} \equiv \mu_o$ [H/m]로 정의하며, 이 값은 $\mu_o = 4\pi\times10^{-7}$ [H/m]이다(단, 전기장의 영향을 받아 이동하는 전하의 이동도: μ [(m/s)/(V/m)]; mobility와는 구별할 것). 또한, 매질 내부에 자기적 상호작용을 일으키는 자기쌍극자들(작은 크기의 폐회로 형태 전류도선; magnetic dipole = closed current loop)이 존재하는 자성체(자기쌍극자의 집합체로서 외부에서 인가된 자기장의 영향을 받을 뿐 아니라 주변에 자기적 영향을 미치는 재료)의 자기적 특성을 이해하게 된다. 자성체를 통한 자기장 전달 효과는 자성체의 자화(magnetization: $\boldsymbol{M} \equiv \chi_m \boldsymbol{H}$ [A/m]) 과정과 상대적 자성계수($\mu_r = 1+\chi_m$;$\mu_r \geq 1$)를 통해 반영할 것이다. 자기장에 의한 자성체의 자화 과정을 자기감응계수(χ_m)와 상대적 자성계수($\mu = \mu_r\mu_o$; $\mu_r = 1+\chi_m$; $\mu_r \geq 1$)를 이용하여 나타내는 방법은 전기장에 의한 유전체의 분극 과정을 전계감응계수(χ_e)와 상대적 유전상수($\epsilon_r = (\epsilon = \epsilon_r\epsilon_o$; $\epsilon_r = 1+\chi_e$; $\epsilon_r \geq 1$))를 정의하여 반영하는 것과 유사한 과정이다.

6.1.2 근원전류도선에 의해 형성된 자기장의 회전성 벡터 자계강도 ($\boldsymbol{H}(\boldsymbol{r})$ [A/m])

근원전류도선에 의해 형성된 자기장이 시험전류도선 조각($I_t d\boldsymbol{l}_t(\boldsymbol{r})$ [A·m])에 작용하는 자기적 힘($d\boldsymbol{F}_m(\boldsymbol{r},\boldsymbol{r}')$ [N])은 [그림 6-7]에 나타낸 것과 같이 근원전류도선 조각($I_s d\boldsymbol{l}_s(\boldsymbol{r}')$ [A·m])에 의해 작용하는 힘($dd\boldsymbol{F}_m(\boldsymbol{r},\boldsymbol{r}')$ [N])을 근원전류도선 전체에 대해 적분하여(합하여) 얻을 수 있다. 특히, 근원전류도선 조각에 의해 결정되는 자기장 지표를 구분하여 미소 자계강도($d\boldsymbol{H}(\boldsymbol{r},\boldsymbol{r}')$ [A/m]: differential magnetic field intensity)로 정의하면, 관측점의 시험전류도선 조각($I_t d\boldsymbol{l}_t(\boldsymbol{r})$ [A·m])에 작용하는 자기적 힘($dd\boldsymbol{F}_m(\boldsymbol{r},\boldsymbol{r}')$ [N])은 다음과 같이 변형된 형태로 나타낼 수 있다.

$$dd\vec{F}_m(\vec{r},\vec{r}')\ [\text{N}] \equiv I_t d\vec{l}_t(\vec{r}) \times \mu\left(\frac{I_s d\vec{l}_s(\vec{r}') \times \hat{a}_R}{4\pi R^2}\right)$$

: 근원전류도선 조각($I_s d\boldsymbol{l}_s(\boldsymbol{r}')$)에 의해 형성된 자기장 내에서 관측점의 시험전류도선 조각($I_t d\boldsymbol{l}_t(\boldsymbol{r})$ [A·m])에 작용하는 자기력

$$d\vec{F}_m(\vec{r})\ [\text{N}] \equiv \int_{source(\vec{r}')} dd\vec{F}_m(\vec{r},\vec{r}')$$

: 근원전류도선 전체가 형성한 자기장 내에서 관측점의 시험전류도선 조각($I_t d\boldsymbol{l}_t(\boldsymbol{r})$ [A·m])에 작용하는 자기력(인력 또는 척력)

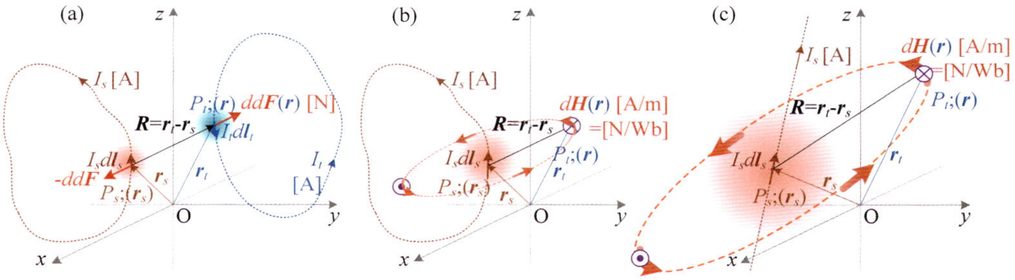

[그림 6-7] 작은 근원전류도선 조각($I_s d\boldsymbol{l}_s$ [A·m])에 의해 작은 조각의 시험전류 조각($I_t d\boldsymbol{l}_t$ [A·m])에 작용하는 (a) 자기적 힘($dd\boldsymbol{F}$ [N])과 (b), (c) 근원전류도선 조각에 의한 영향만을 구분하여 정의한 근원전류도선 중심의 회전성 자계강도($d\boldsymbol{H}$ [A/m])

전하들 간의 상호작용인 정전기적 힘(인력 또는 반발력)을 나타내는 데 사용되는 근원전하에 의한 방사방향($\boldsymbol{a}_R$) 전계강도($\boldsymbol{E}(\boldsymbol{r})$ [A/m])와 전류도선 간의 상호작용인 자기적 힘(인력 또는 반발력)을 나타내는 데 사용되는 근원전류도선에 의한 회전방향($\boldsymbol{a}_\phi$) 자계강도($\boldsymbol{H}(\boldsymbol{r})$ [A/m])의 세기와 방향을 [그림 6-8]에 요약하였다.

전하들 간의 상호작용을 나타내는 전기장에서 정전기적 힘(전기력)이 전하들 간의 인력 또는 척력인 것과 마찬가지로, 전류도선 간의 상호작용인 자기적 힘(자기력)도 반드시 전류도선 간의 인력 또는 척력이 기본이다. [그림 6-8](a), (b)에 요약하여 나타낸 것과 같이 정전기적 상호작용을 하는 전하들은 점(point) 단위로 이루어진 전하들 간의 인력과 반발력이므로, 정전기적 힘은 두 점을 연결하는 선분 벡터($\boldsymbol{R}$ [m])와 평행한 방향($\boldsymbol{a}_R$)이다. 특히, 근원전하를 기준으로 볼 경우, 근원전하를 중심으로 하는 방사방향의 인력 또는 반발력이 되므로 정전기적 힘($\boldsymbol{F}$ [N])은 다음과 같이 방사방향 단위벡터($\boldsymbol{a}_F = \boldsymbol{a}_R$)를 사용하여 표시하는 것이 편리하다.

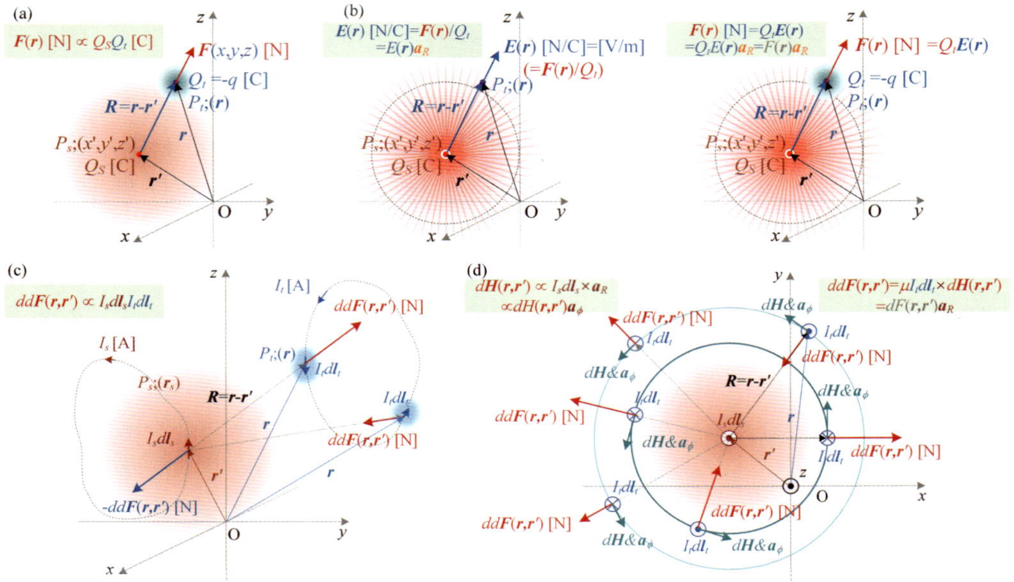

[그림 6-8] 전하들 간의 정전기적 힘과 전류도선 간의 자기적 힘의 비교

(a) 근원전하(Q_S [C])와 시험전하(Q_t [C]) 간의 정전기적 힘(F(r) [N]: 정전기적 인력 또는 반발력)

(b) 정전기적 힘(인력 또는 반발력)을 계산하는 데 사용되는 방사방향($\boldsymbol{a}_R$) 전계강도($\boldsymbol{E}(\boldsymbol{r})$ [A/m])

(c) 근원전류도선($I_s d\boldsymbol{l}_s(\boldsymbol{r}')$)과 시험전류도선 조각($I_t d\boldsymbol{l}_t(\boldsymbol{r})$) 간의 자기력($dd\boldsymbol{F}_m(\boldsymbol{r},\boldsymbol{r}')$ [N]: 자기력(인력 또는 척력))

(d) 자기적 힘(인력 또는 반발력)을 계산하는 데 사용되는 근원전하에 의해 형성된 회전방향($\boldsymbol{a}_\phi$) 자계강도 ($\boldsymbol{H}(\boldsymbol{r})$ [A/m])

$$\vec{F}(\vec{r})\ [\mathrm{N}] = Q_t(\vec{r})\frac{Q_s(\vec{r}\,')}{4\pi\epsilon R^2}\hat{a}_R = F(\vec{r})\hat{a}_R$$
: 근원전하에 의해 형성된 전기장 내에서 시험전하가 받는 정전기적 힘 (인력 또는 척력)

$$F(\vec{r})\ [\mathrm{N}] \equiv Q_t(\vec{r})\frac{Q_s(\vec{r}\,')}{4\pi\epsilon R^2}$$
: 근원전하에 의해 형성된 전기장 내에서 관측점의 시험전하가 받는 정전기적 힘의 크기

$$\vec{R} \equiv \vec{r} - \vec{r}\,'$$
: 근원전하로부터 관측점의 시험전하로 향하는 거리 벡터

$$\hat{a}_R \equiv \frac{\vec{R}}{R} = \frac{\vec{F}}{F} = \hat{a}_F$$
: 근원전하로부터 관측점의 시험전하로 향하는 방사(radiarive) 방향 벡터 & 정전기적 힘의 방향 벡터

따라서 근원전하에 의해 형성된 전기장을 다음과 같이 근원전하로부터 관측점으로 향하는(음의 근원전하인 경우 관측점으로부터 근원전하로 향하는) 방사형 전계강도($\boldsymbol{E}(\boldsymbol{r}) = E(\boldsymbol{r})\boldsymbol{a}_R$ [V/m])를 정의한 후, 관측점의 시험전하가 받는 정전기적 인력 또는 반발력을 쉽게 계산할 수 있도록 하였다.

$$\vec{E}(\vec{r})\ [\mathrm{V/m}](=[\mathrm{N/C}]) \equiv \frac{\vec{F}(\vec{r})}{Q_t(\vec{r})} = \frac{Q_s(\vec{r}\,')}{4\pi\epsilon R^2}\hat{a}_R = E(\vec{r})\hat{a}_R$$
: 근원전하에 의해 형성된 전기장의 관측점으로 향하는 방사방향($\boldsymbol{a}_R$) 전계강도

$$\vec{F}(\vec{r})\ [\mathrm{N}] = Q_t(\vec{r})\vec{E}(\vec{r}) = F(\vec{r})\hat{a}_R$$
: 근원전하에 의해 형성된 전기장 내에서 관측점의 시험전하가 받는 정전기적 힘(인력 또는 척력)

[그림 6-8](c)에 요약하여 나타낸 것과 같이 전류도선들 간의 상호작용을 나타내는 자기적 힘(자기력)도 반드시 전류도선 간의 인력 또는 척력($dd\boldsymbol{F}(\boldsymbol{r}) = ddF(\boldsymbol{r})\boldsymbol{a}_R$)이므로, 자기적 힘은 도선 조각의 중심을 연결하는 선분 벡터($\boldsymbol{R}$ [m])와 평행한 방향($\boldsymbol{a}_R$)이다.

$$dd\vec{F}_m(\vec{r},\vec{r}\,')\ [\mathrm{N}] \equiv ddF_m(\vec{r},\vec{r}\,')\hat{a}_F = ddF_m(\vec{r},\vec{r}\,')\hat{a}_R$$: 두 개의 전류도선 조각에 작용하는 자기적 힘(인력 또는 반발력)

그런데 자기적 상호작용은 점의 형태가 아니라 선분의 형태인 전류도선에 의해 작용하므로, 두 도선 조각($I_s\boldsymbol{dl}_s$, $I_t\boldsymbol{dl}_t$)들 간의 자기적 인력과 반발력($ddF(\boldsymbol{r},\boldsymbol{r}') = ddF(\boldsymbol{r},\boldsymbol{r}')\ \boldsymbol{a}_R$)을 간단히 나타내는 것이 쉽지 않다. 이를 해결하기 위해 근원전류도선 조각에 의해 형성되는 자기장의 자계강도($\boldsymbol{dH}(\boldsymbol{r})$ [A/m])를 다음과 같이 근원전류도선을 중심으로 하는 회전방향($\boldsymbol{a}_\phi = \boldsymbol{a}_s \times \boldsymbol{a}_R$)으로 정의하면, 시험전류도선이 받는 자기력(인력 또는 반발력($dd\boldsymbol{F}(\boldsymbol{r}) = ddF(\boldsymbol{r})\boldsymbol{a}_R$)을 일반화하여 나타낼 수 있다.

$$d\vec{H}(\vec{r},\vec{r}\,')\ [\mathrm{A/m}] \equiv \frac{I_s d\vec{l}_s(\vec{r}\,')\times\hat{a}_R}{4\pi R^2} \equiv \frac{I_s dl_s \hat{a}_s(\vec{r}\,')\times\hat{a}_R}{4\pi R^2} = \frac{I_s dl_s}{4\pi R^2}\left(\hat{a}_s(\vec{r}\,')\times\hat{a}_R\right)$$

$$= dH_\phi(\vec{r})\hat{a}_\phi(\vec{r}\,') \quad \begin{cases} dH_\phi(\vec{r})\ [\mathrm{A/m}] = \dfrac{I_s dl_s}{4\pi R^2} \\ \hat{a}_s(\vec{r}\,')\times\hat{a}_R = \hat{a}_\phi(\vec{r}\,') \\ I_s dl_s \hat{a}_s(\vec{r}\,')\ [\mathrm{A\cdot m}] = I_s dl_s \hat{a}_s(\vec{r}\,') \\ \vec{R}\ [\mathrm{m}] = \vec{r} - \vec{r}\,' \end{cases}$$

: 근원전류도선 조각에 의해 형성되는 자기장의 회전방향 자계강도

$$dd\vec{F}_m(\vec{r},\vec{r}\,')\ [\mathrm{N}] \equiv \mu I_t d\vec{l}_t(\vec{r})\times d\vec{H}(\vec{r},\vec{r}\,') = \mu I_t dl_t \hat{a}_t(\vec{r})\times dH_\phi \hat{a}_\phi(\vec{r}\,') = \mu I_t dl_t dH_\phi\left(\hat{a}_t(\vec{r})\times\hat{a}_\phi(\vec{r}\,')\right)$$

$$= \mu I_t dl_t dH_\phi \hat{a}_R = ddF(\vec{r},\vec{r}\,')\hat{a}_R \ ; \qquad \hat{a}_t(\vec{r})\times\hat{a}_\phi(\vec{r}\,') = \hat{a}_R$$

: 근원전류도선 조각에 의해 형성된 자기장 내에서 시험전류도선 조각이 받는 자기적 힘(인력 또는 반발력)

즉, 전기장의 방사방향 전계강도와 달리 자기장에서 회전방향의 자계강도를 정의하는 가장 중요한 이유는 유한한 길이와 방향을 가진 두 전류도선 간에 작용하는 자기적 인력과 반발력을 일반화하여 사용하는 데 편리하기 때문이다.

즉, 두 전류도선 조각의 거리가 가까울수록 자기력이 증가하고, 두 도선 간에는 인력 또는 반발력이 작용한다. 또한 근원전류도선에 의해 형성되는 자계강도 벡터($\boldsymbol{dH}(\boldsymbol{r})$ [A/m])는 근원전류도선을 중심으로 하는 회전방향(회전성) 벡터로 정의하였다. 이 자계강도는 전류도선의 형태와 전류의 방향에 관계없이 전류도선 간 자기력(($dd\boldsymbol{F}(\boldsymbol{r},\boldsymbol{r}')$ [N]): 인력 또는 반발력)의 방향까지 표시할 수 있도록 정의된 회전성 벡터이다.

자기적 상호작용 중 근원전류도선이 결정하는 지표만을 구분하여 관측점의 회전성 자계강도($\boldsymbol{H}(\boldsymbol{r})$ [A/m]: magnetic field intensity)로 정의하며, 작은 시험전류도선 조각($I_t\boldsymbol{dl}_t(\boldsymbol{r})$ [A·m])에 작용하는 자기력($dd\boldsymbol{F}_m(\boldsymbol{r},\boldsymbol{r}')$ [N])은 다음과 같이 변형된 형태로 나타낼 수 있다. 이를 형상화하면 [그림 6-9]와 같다.

$$d\vec{H}(\vec{r},\vec{r}\,')\ [\mathrm{A/m}] \equiv \frac{I_s d\vec{l}_s(\vec{r}\,')\times\hat{a}_R}{4\pi R^2}$$: 근원전류도선 조각에 의해 형성되는 자기장의 자계강도

$$\vec{H}(\vec{r})\ [\mathrm{A/m}] \equiv \int_{source} d\vec{H}(\vec{r},\vec{r}\,')$$: 근원전류도선 전체에 의해 형성되는 자기장의 자계강도

$$dd\vec{F}_m(\vec{r},\vec{r}\,')\ [\mathrm{N}] \equiv \mu I_t d\vec{l}_t(\vec{r})\times\left(\frac{I_s d\vec{l}_s(\vec{r}\,')\times\hat{a}_R}{4\pi R^2}\right)$$: 근원전류도선 조각($I_s\boldsymbol{dl}_s(\boldsymbol{r}')$)에 의해 형성된 자기장 내에서 관측점의 시험전류도선 조각에 작용하는 자기력(인력 또는 척력)

$$d\vec{F}_m(\vec{r})\ [\mathrm{N}] \equiv \int_{source} dd\vec{F}_m(\vec{r}) = \mu I_t d\vec{l}_t(\vec{r})\times\vec{H}(\vec{r})$$: 근원전류도선 전체가 형성한 자기장에 의해 시험전류도선 조각에 작용하는 자기력

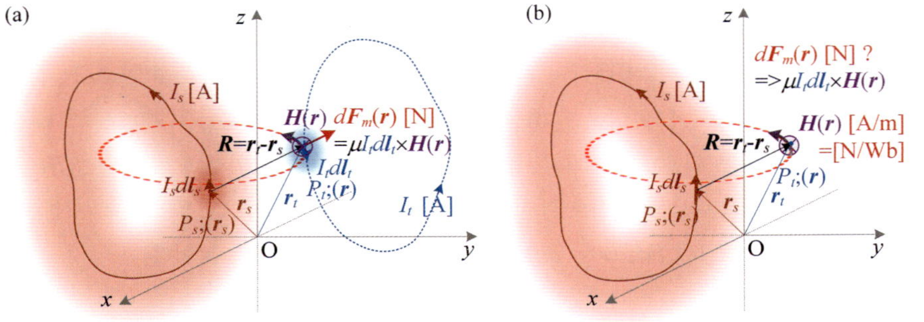

[그림 6-9] (a) 근원전류도선에 의해 시험전류도선 조각($I_t d\boldsymbol{l}_t(\boldsymbol{r})$ [A·m])에 작용하는 자기적 힘($d\boldsymbol{F}_m(\boldsymbol{r})$ [N])
(b) 근원전류도선에 의한 영향만을 구분하여 정의한 근원전류도선 중심의 회전성 자계강도($\boldsymbol{H}(\boldsymbol{r})$ [A/m])

따라서 [그림 6-10]에 나타낸 것과 같이 근원전류도선 전체에 의해 형성된 자기장($\boldsymbol{H}(\boldsymbol{r})$ [A/m])의 영향을 받는 시험전류도선 전체가 받는 자기력($\boldsymbol{F}_m$ [N])은 시험전류도선 조각이 받는 힘($dF_m(\boldsymbol{r})$ [N])을 시험전류도선 전체에 걸쳐 모두 합하여 구할 수 있으며, 이를 수식으로 나타내면 다음과 같다.

$$\vec{F}_m \ [\mathrm{N}] \equiv \int_{test} d\vec{F}_m(\vec{r}) = \int_{test} \left(\mu I_t d\vec{l}_t(\vec{r}) \times \vec{H}(\vec{r})\right)$$

: 근원전류도선이 형성한 자기장에 의해 시험전류도선에 작용하는 자기적 힘

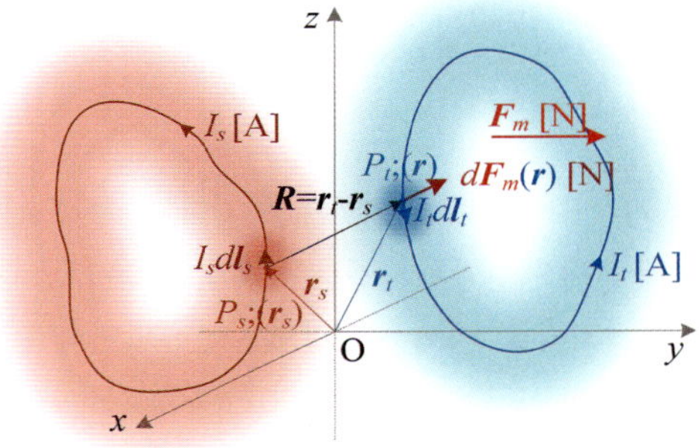

[그림 6-10] 근원전류도선에 의해 형성된 자기장(회전성 자계강도($\boldsymbol{H}(\boldsymbol{r})$ [A/m]))이 시험전류도선 전체에 작용하는 정자기적 힘($\boldsymbol{F}_m$ [N])

[그림 6-11]에 나타낸 것과 같이 자기장($d\boldsymbol{H}(\boldsymbol{r},\boldsymbol{r}')$ [A/m])을 형성하는 근원전류도선 조각의 형태는 다음과 같다.

- 가느다란 선전류도선 조각($I_s d\boldsymbol{l}_s(\boldsymbol{r}')$ [A·m])
- 일정한 속도로 이동하는 전하(전하량: Q_s [C], 이동속도: $\boldsymbol{\upsilon}_s$ [m/s])
- 전류판 형태의 전류도선(면전류밀도: $\boldsymbol{K}_s$ [A/m])
- 입체구조의 전류도선(전류밀도: $\boldsymbol{J}_s$ [A/m^2])

따라서 근원전류도선의 형태가 다른 경우, 전류도선 조각에 의해 형성되는 회전성 자계강도($d\boldsymbol{H}(\boldsymbol{r})$ [A/m])를 일반화된 형태로 정리하면 다음과 같다.

$$d\vec{H}(\vec{r},\vec{r})\ [\text{A/m}] = \frac{I_s d\vec{l}_s(\vec{r}\,')\times\hat{a}_R}{4\pi R^2} \propto I_s[\text{A}]$$: 근원전류도선 조각에 의해 형성되는 관측점의 회전성 자계강도

$$I_s d\vec{l}_s(\vec{r}\,')\ [\text{A}\cdot\text{m}] \Longleftrightarrow Q_s\vec{\upsilon}_s(\vec{r}\,')\ [\text{A}\cdot\text{m}]$$; Q_s [C] : 이동전하의 전하량, υ_s [m/s] : 전하의 이동속도

$$\vec{K}_s dS'(\vec{r}\,')\ [\text{A}\cdot\text{m}]$$; $\boldsymbol{K}_s$ [A/m] : 전류판 형태의 면전류밀도

$$\vec{J}_s d\upsilon_s(\vec{r}\,')\ [\text{A}\cdot\text{m}]$$; $\boldsymbol{J}_s$ [A/m] : 입체구조 전류도선의 체적 전류밀도

$$\vec{H}(\vec{r})\ [\text{A/m}] = \int_{source} d\vec{H}(\vec{r},\vec{r}\,')$$: 근원전류도선 전체에 의해 형성되는 관측점의 회전성 자계강도

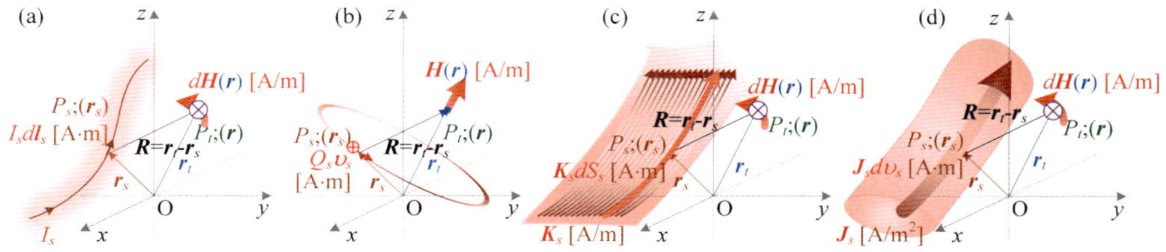

[그림 6-11] 자기장($d\boldsymbol{H}$ [A/m])을 형성하는 근원전류도선 조각의 형태
(a) 선전류도선 : I_s [A] (b) 일정한 속도로 이동하는 전하(전하량 : Q_s [C], 이동속도 : $\boldsymbol{\upsilon}_s$ [m/s])
(c) 전류판 형태의 전류도선(면전류밀도 $\boldsymbol{K}_S$ [A/m]) (d) 입체구조의 전류도선(전류밀도 $\boldsymbol{J}_S$ [A/m²])

[그림 6-12]에 무한한 길이의 직선형 근원전류($I_s = I$ [A]) 도선에 의해 형성된 자기장의 회전성 자계강도($\boldsymbol{H}(\boldsymbol{r})$ [A/m])를 형상화하여 나타내었다. 즉, 전류도선을 중심축으로 하는 회전성 자계강도가 형성되며, 근원전류도선으로부터의 거리가 멀수록 자계강도는 거리에 반비례하여 감소한다. 비록 근원전류도선에 의해 형성되는 자기장은 회전성 자계강도로 표시되지만 시험전류도선이 받는 자기적 힘은 근원전류도선과의 인력 또는 반발력임을 기억하면 복잡한 벡터관계식을 다루는 자기장을 이해하기 편리하다.

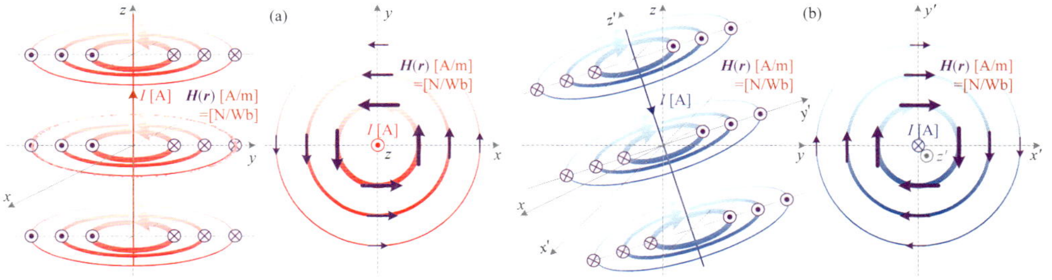

[그림 6-12] 무한한 길이의 직선형 근원전류($I_s = I$ [A]) 도선에 의해 형성된 전류도선 축을 중심으로 형성된 회전성 자계강도($\boldsymbol{H}(\boldsymbol{r})$ [A/m])

근원전류도선이 형성한 자기장의 영향을 받는 시험전류도선의 형태에는 [그림 6-13]에 나타낸 것과 같이

- 아주 가는 도선에 흐르는 전류($I_t\, d\boldsymbol{l}_t$ [A·m])
- 전하(Q_t [C])를 띤 입자가 $\boldsymbol{\upsilon}_t$ [m/s]의 속도로 이동하여 형성되는 전류($Q_t\,\boldsymbol{\upsilon}_t$ [A·m]; 자기쌍극자; magnetic dipole)
- 면전류밀도 = $\boldsymbol{K}_t$ [A/m]의 얇은 판으로 흐르는 면전류도선 조각($\boldsymbol{K}_t\, dS_t$ [A·m])
- 입체 형태의 체적 전류밀도 = $\boldsymbol{J}_t$ [A/m²]의 형태로 흐르는 전류도선 조각($\boldsymbol{J}_t\, d\upsilon_t$ [A·m])

도 있다. 따라서 근원전류에 의해 형성된 자기장($\boldsymbol{H}(\boldsymbol{r})$) 내의 시험전류도선에 작용하는 힘($\boldsymbol{F}_m(\boldsymbol{r})$)은 비오-사바르의 법칙을 다음과 같이 변형하여 구할 수 있다.

$$d\vec{F}_m(\vec{r})\ [\mathrm{N}] = I_t d\vec{l}_t(\vec{r}) \times \mu \vec{H}(\vec{r})$$; 자기장 내의 시험전류도선 조각에 작용하는 자기력

$$I_t d\vec{l}_t(\vec{r})\ [\mathrm{A \cdot m}] \Longleftrightarrow Q_t \vec{\upsilon}_t(\vec{r})\ [\mathrm{A \cdot m}]$$; Q_t [C] : 이동전하의 전하량, υ_t [m/s] : 전하의 이동속도

$$\vec{K}_t dS_t(\vec{r})$$; $\boldsymbol{K}_t$ [A/m] : 전류판 형태의 면전류밀도

$$\vec{J}_t d\upsilon_t(\vec{r})$$; $\boldsymbol{J}_t$ [A/m^2] : 입체구조 전류도선의 체적 전류밀도

$$\vec{F}_m\ [\mathrm{N}] \equiv \int_{test} d\vec{F}_m(\vec{r}) = \int_{test} \left(I_t d\vec{l}_t(\vec{r}) \times \mu \vec{H}(\vec{r}) \right)$$; 자기장 내의 시험전류도선 전체에 작용하는 자기력

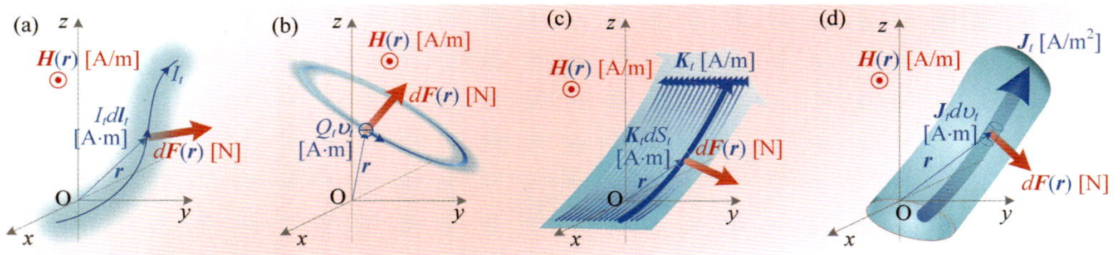

[그림 6-13] 자계강도 $=\boldsymbol{H}(\boldsymbol{r})$ [A/m]인 자기장 내의 시험전류도선 조각 형태와 자기적 힘($d\boldsymbol{F}(\boldsymbol{r})$ [N])
(a) 선전류도선 : I_s [A] (b) 일정한 속도로 이동하는 전하(전하량 : Q_s [C], 이동속도 : $\boldsymbol{\upsilon}_s$ [m/s])
(c) 전류판 형태의 전류도선(면전류밀도 $\boldsymbol{K}_s$ [A/m]) (d) 입체구조의 전류도선(전류밀도 $\boldsymbol{J}_s$ [A/m^2])

6.2 전류도선에 의해 형성된 자기장의 이해

자기장은 [그림 6-14]와 같이 일정한 전류가 흐르는 도선들 사이에 작용하는 상호 영향을 설명하고, 이해하며, 그 현상을 전자 부품에 응용하는 데 사용되는 근거가 된다(전하들 간의 상호작용을 나타내는 정전기적 힘과 구별하기 위해 전류도선 간의 상호작용을 나타내는 자기장에 의해 작용하는 힘의 표기를 $\boldsymbol{F}_m$, $d\boldsymbol{F}_m(\boldsymbol{r})$, $dd\boldsymbol{F}_m(\boldsymbol{r},\boldsymbol{r}')$으로 하였으나, 표기의 간략화를 위해 지금부터는 $\boldsymbol{F}$, $d\boldsymbol{F}(\boldsymbol{r})$, $dd\boldsymbol{F}(\boldsymbol{r},\boldsymbol{r}')$로 나타낸다. 전기장의 힘과 구별이 필요하면 표기법에 대해 다시 설명한다). [그림 6-14]에 근원전류도선에 흐르는 전류에 의해 관측점의 시험전류도선에 작용하는 자기적 힘을 단계별($dd\boldsymbol{F}(\boldsymbol{r},\boldsymbol{r}')$ $\rightarrow d\boldsymbol{F}(\boldsymbol{r}) \rightarrow \boldsymbol{F}$ [N])로 구분하여 요약하였다.

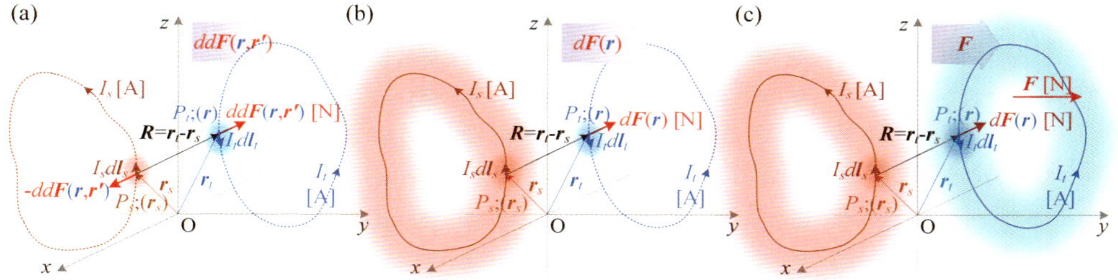

[그림 6-14] 근원전류도선($I_s d\boldsymbol{l}_s(\boldsymbol{r}')$)과 시험전류도선($I_t d\boldsymbol{l}_t(\boldsymbol{r})$) 간의 상호작용인 자기적 힘($dd\boldsymbol{F}(\boldsymbol{r},\boldsymbol{r}')$, $d\boldsymbol{F}(\boldsymbol{r})$, $\boldsymbol{F}$ [N]) : 비오-사바르의 법칙

6.2.1 전류도선에 의해 형성된 자기장의 회전성 자계강도

자기적 영향을 주는 근원전류도선의 형태가 고정된 경우, 근원전류도선($I_s d\boldsymbol{l}_s$ [A·m])에 의해 결정되는 성분만을 자계강도($d\boldsymbol{H}(\boldsymbol{r})$, $\boldsymbol{H}(\boldsymbol{r})$ [A/m])로 정의하고, 그 영향을 받는 관측점의 위치, 자기장의 영향이 전달되는 매질(자성계수: μ [H/m])과 시험전류도선(전류: I_t [A], 도선의 길이와 방향: $d\boldsymbol{l}_t$ [m])의 영향은 자기적 힘을 계산할 때 최종적으로 반영하는 관계식을 사용하는 것이 편리하다. 즉, 근원전류도선 조각($I_s d\boldsymbol{l}_s(\boldsymbol{r}')$ [A·m])에 의해 형성된 부분 자계강도($d\boldsymbol{H}(\boldsymbol{r},\boldsymbol{r}')$ [N/Wb] = [A/m]; differential magnetic field intensity)를 정의하면, 이로 인해 관측점의 시험전류도선 조각에 작용하는 힘($dd\boldsymbol{F}(\boldsymbol{r},\boldsymbol{r}')$ [N]: differential magnetic force)은 비오-사바르의 법칙을 변형한 관계식으로 편리하게 구할 수 있다.

$$dd\vec{F}(\vec{r},\vec{r}')\ [\mathrm{N}] = \mu I_t d\vec{l}_t(\vec{r}) \times d\vec{H}(\vec{r},\vec{r}')$$

: 근원전류도선 조각에 의해 형성된 자기장에서 시험전류도선 조각이 받는 힘(인력/척력)

$$d\vec{H}(\vec{r},\vec{r}')\ [\mathrm{A/m}] = \frac{I_s d\vec{l}_s(\vec{r}') \times \hat{a}_R}{4\pi R^2} : \vec{R} \equiv \vec{r} - \vec{r}'$$

: 근원전류도선 조각에 의해 형성된 자기장의 전류도선 중심 회전성 자계강도

주목할 것은 근원전류에 의해 형성된 자계강도가 관측점의 시험전류도선과 평행($d\boldsymbol{l}_t(\boldsymbol{r}) \times d\boldsymbol{H}(\boldsymbol{r},\boldsymbol{r}') = \boldsymbol{0}$)한 경우에는 자기장의 영향을 받지 않는다는 점이다. 자기장이 근원전류도선을 중심으로 회전하는 방향으로 형성됨을 기억하면, 근원전류도선 조각($d\boldsymbol{l}_s(\boldsymbol{r})$)과 시험전류도선 조각($d\boldsymbol{l}_t(\boldsymbol{r})$)이 직교하는 경우 ($(d\boldsymbol{l}_s(\boldsymbol{r}') \cdot d\boldsymbol{l}_t(\boldsymbol{r}) = 0)$에는 자기력이 작용하지 않음($dd\boldsymbol{F}(\boldsymbol{r},\boldsymbol{r}') = 0$)을 의미한다.

또한, 근원전류도선에 의해 형성된 자계강도($\boldsymbol{H}(\boldsymbol{r})$ [N/Wb] = [A/m]: magnetic field intensity)를 근원전류도선 조각들에 의한 자계강도의 합으로 정의하면, 관측점의 시험전류도선 조각에 작용하는 부분 힘($d\boldsymbol{F}(\boldsymbol{r})$ [N]: differential magnetic force)은 비오-사바르의 법칙을 통해 편리하게 구할 수 있다.

$$\vec{H}(\vec{r})\ [\text{A/m}] \equiv \int_{source} d\vec{H}(\vec{r},\vec{r}\,')$$: 근원전류도선 전체에 의해 형성되는 관측점의 회전성 자계강도

$$d\vec{F}(\vec{r})\ [\text{N}] \equiv \mu I_t d\vec{l}_t(\vec{r}) \times \vec{H}(\vec{r})$$: 근원전류도선 전체가 형성한 자기장에서 시험전류도선 조각($I_t d\boldsymbol{l}_t(\boldsymbol{r})$ [A·m])에 작용하는 자기력 힘

그리고, 근원전류도선 전체에 의해 형성된 자기장($\boldsymbol{H}(\boldsymbol{r})$ [A/m])의 영향으로 시험전류도선 전체가 받게 되는 자기적 힘($\boldsymbol{F}$ [N]: magnetic force: 자기력 또는 자력)은 다음과 같이 시험전류도선 조각들이 받는 힘을 모두 합하여(적분하여) 구할 수 있다.

$$\vec{F}\ [\text{N}] = \int_{test} d\vec{F}(\vec{r}) = \int_{test}\left(I_t d\vec{l}_t(\vec{r}) \times \mu\vec{H}(\vec{r})\right)$$: 근원전류도선 전체가 형성한 자기장에 의해 시험전류도선 전체에 작용하는 정자기적 힘($\boldsymbol{F}(\boldsymbol{r})$ [N])

공간적으로 분산된 형태의 근원전류에 의해 형성되는 자기장($\boldsymbol{H}(\boldsymbol{r})$ [A/m])은 다음 식으로 구할 수 있다.

$$d\vec{H}(\vec{r},\vec{r}\,')\ [\text{A/m}] = \frac{I_s d\vec{l}\,'(\vec{r}\,') \times \hat{a}_R}{4\pi R^2} \propto I_s dl'\ [\text{A}\cdot\text{m}]$$: 선형 전류도선 조각에 의해 형성된 회전성 자계강도

$$= \frac{Q_s \vec{\upsilon}_s \times \hat{a}_R}{4\pi R^2} \propto Q_s \upsilon_s\ [\text{A}\cdot\text{m}]$$: 일정한 속도로 이동하는 전하에 의해 형성된 회전성 자계강도

$$= \frac{\vec{K}_s dS'(\vec{r}\,') \times \hat{a}_R}{4\pi R^2} \propto K_s dS'\ [\text{A}\cdot\text{m}]$$: 전류판 형태의 전류도선 조각에 의해 형성된 회전성 자계강도

$$= \frac{\vec{J}_s d\upsilon'(\vec{r}\,') \times \hat{a}_R}{4\pi R^2} \propto J_s d\upsilon'\ [\text{A}\cdot\text{m}]$$: 입체 구조의 전류도선 조각에 의해 형성된 회전성 자계강도

$$\vec{H}(\vec{r})\ [\text{A/m}] = \int_{source} d\vec{H}(\vec{r},\vec{r}\,')$$: 근원전류도선 **전체**가 형성한 자기장의 회전성 자계강도

즉, 근원전류에 의해 형성되는 자계강도($\boldsymbol{H}(\boldsymbol{r})$ [A/m])는 자기장이 존재하는 공간 내에 전류도선(관측점의 시험전류도선에 해당)이 존재하는 경우, 이 도선에 작용하는 자기적 힘을 구하는 도구로 사용하기 위해 정의한 물리량임을 기억해야 한다. 따라서 자기장을 이해하고 응용할 때는 비오-사바르의 법칙에 담긴 다음의 핵심 내용을 기억하고 활용하는 것이 필수적이다.

- 근원전류도선 조각($I_s d\boldsymbol{l}_s(\boldsymbol{r}')$ [A·m])에 의한 자기장의 자계강도($d\boldsymbol{H}(\boldsymbol{r},\boldsymbol{r}')$ [A/m])는 근원전류의 크기(I_s [A])에 비례함
- 근원전류도선 조각에 의한 자기장의 자계강도는 근원전류도선의 길이(l_s [m])에 비례함
- 근원전류도선 조각에 의한 자기장의 자계강도는 근원전류로부터 관측점까지 거리(R [m])의 제곱에 반비례함

• 근원전류도선 조각에 의한 자계강도의 방향($\boldsymbol{a}_H$)은 자기장을 형성하는 근원전류도선과 관측점을 연결하는 벡터가 이루는 면에 수직($\boldsymbol{a}_H \parallel (I_s \boldsymbol{dl}_s \text{x} \boldsymbol{a}_R)$)임. 실제로는 근원전류도선 조각 중심의 회전성 자계강도를 형성함

특히, 근원전류도선(조각)에 의해 형성되는 회전성 자계강도 벡터의 방향은 [그림 6-15]의 오른손 법칙을 통해 직관적으로 형상화하여 파악할 수 있다. 즉, 도선에 전류가 흐르는 경우, 오른손의 엄지손가락을 전류가 흐르는 방향($\boldsymbol{a}_l$)으로 향하게 설정하면, 나머지 손가락들의 회전방향이 관측점에 형성된 회전성 자계강도의 방향($\boldsymbol{a}_H$)이 된다. 또한, 권선형 도선에 전류가 흐르는 경우, 오른손의 엄지손가락을 제외한 나머지 손가락들의 회전방향을 근원전류가 흐르는 방향($\boldsymbol{a}_l$)으로 설정하면 엄지손가락의 방향이 자계강도의 방향($\boldsymbol{a}_H$)이 된다.

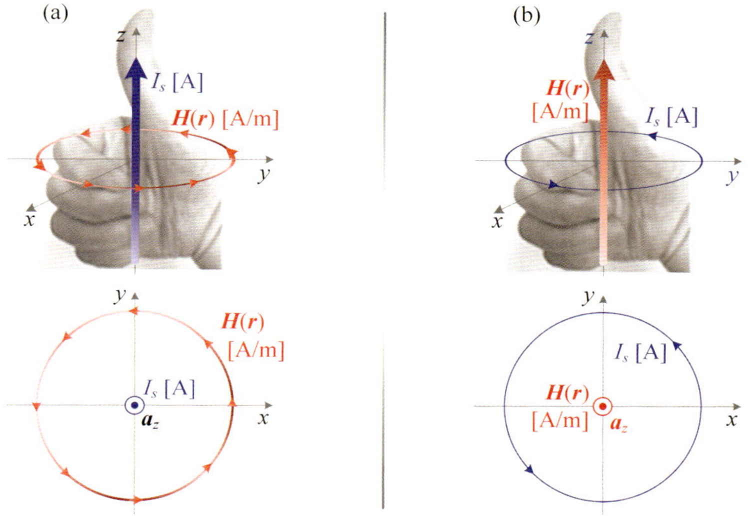

[그림 6-15] 근원전류도선(I_s [A])에 의해 형성된 자기장($\boldsymbol{H}(\boldsymbol{r})$ [A/m])을 직관적으로 이해할 수 있는 오른손 법칙
(a) 직선형 도선에 흐르는 전류에 의한 회전성 자기장의 방향
(b) 원형도선에 흐르는 전류에 의한 중심부의 자기장의 방향

공간적으로 분산된 형태로 존재하는 시험전류도선이 받는 자기적 힘($\boldsymbol{F}(\boldsymbol{r})$ [N])은 근원전류도선에 의해 형성된 자기장의 도선 중심 회전성 자계강도($\boldsymbol{H}(\boldsymbol{r})$ [A/m])를 반영한 비오-사바르의 법칙을 이용하여 다음과 같이 구할 수 있다.

$\vec{F}(\vec{r})$ [N] $\equiv \int_{test} d\vec{F}(\vec{r})$: 근원전류도선이 형성한 자기장에 의해 시험전류도선 **전체**에 작용하는 자기적 힘

$d\vec{F}(\vec{r})$ [N] $= I_t d\vec{l}(\vec{r}) \times \mu \vec{H}(\vec{r})$: 자기장 내의 시험전류도선 조각에 작용하는 자기력

$= Q_t \vec{\upsilon}_t(\vec{r}) \times \mu \vec{H}(\vec{r})$: Q_t [C] : 이동전하의 전하량, υ_t [m/s] : 전하의 이동속도

$= \vec{K}_t dS(\vec{r}) \times \mu \vec{H}(\vec{r})$: $\boldsymbol{K}_t$ [A/m] : 전류판 형태의 면전류밀도

$= \vec{J}_t d\upsilon(\vec{r}) \times \mu \vec{H}(\vec{r})$: $\boldsymbol{J}_t$ [A/m^2] : 입체구조 전류도선의 체적전류밀도

즉, 근원전류도선에 의해 형성된 자기장 내에 존재하는 시험전류도선이 받는 힘에 관한 핵심 내용을 이해하고, 전자기학에 대한 직관력을 통해 공학적으로 활용하는 것이 중요하다.

- 시험전류도선($I_t d\boldsymbol{l}_t$ [A·m])이 받는 자기적 힘은 관측점의 자계강도($\boldsymbol{H}(\boldsymbol{r})$ [A/m])에 비례함
- 시험전류도선이 받는 자기적 힘은 시험전류도선에 흐르는 전류의 크기(I_t [A])에 비례함
- 시험전류도선이 받는 자기적 힘은 시험전류도선의 길이(l_t [m])에 비례함
- 시험전류도선이 받는 자기적 힘은 자기장이 전달되는 공간의 자성계수(μ [H/m])에 비례함
- 시험전류도선과 자기장 벡터가 이루는 면에 수직인 방향의 자기력이 작용하며, 자기장의 영향을 받는 시험전류도선이 자기장의 방향과 평행($\boldsymbol{a}_l \parallel \boldsymbol{a}_H \longleftrightarrow \boldsymbol{a}_F = \boldsymbol{a}_l \times \boldsymbol{a}_H = \boldsymbol{0}$)한 경우에는 자기력이 작용하지 않음
- 단, 자기장은 근원전류도선을 중심으로 회전하는 방향으로 형성됨

위 내용을 기억하고, 자기장의 방향과 근원전류의 방향을 혼동하지 않도록 주의가 필요하다. 또한, 근원전류도선에 의해 형성되는 자기장은 도선을 중심으로 하는 회전 성분의 자계강도이지만 전류도선 간의 상호작용을 나타내는 자기력은 끌어당기거나(인력) 밀어내는 힘(척력)임을 기억해두면 직관적 이해와 해석이 가능하다.

위에 요약한 자기장 내의 자계강도($\boldsymbol{H}(\boldsymbol{r})$ [A/m])와 시험전류도선 조각(($I_t d\boldsymbol{l}_t(\boldsymbol{r})$ [A·m])의 방향에 따른 자기력의 변화($d\boldsymbol{F}(\boldsymbol{r})$ [N])를 화살표의 길이와 방향으로 형상화하여 [그림 6-16]에 비교하였다.

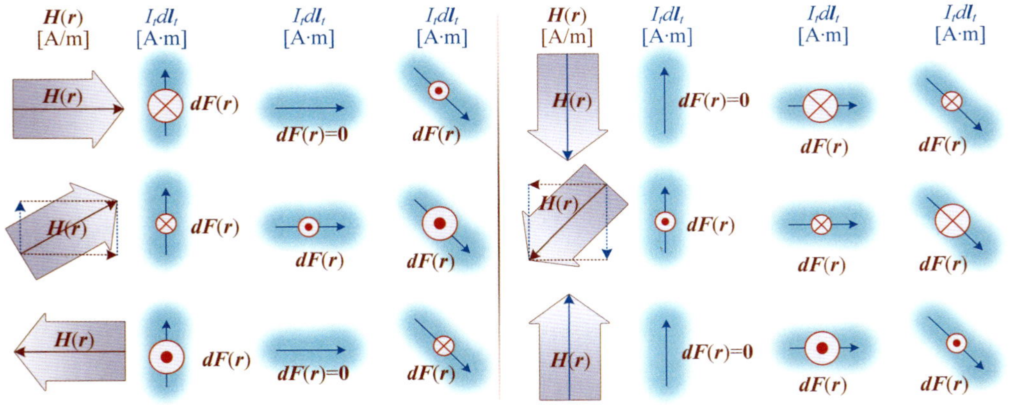

[그림 6-16] 자기장 내의 자계강도($\boldsymbol{H}(\boldsymbol{r})$ [A/m])와 시험전류도선 조각의 방향에 따른 자기력의 작용(방향과 크기)

비오-사바르의 법칙을 기반으로 하여 근원전류도선에 의해 형성된 자기장의 자계강도를 구하는 방법을 [표 6-1]에 요약하였다.

또한 이를 이용하여 다음의 전류도선에 의해 형성된 자기장의 자계강도와 결정요소, 그리고 관측점의 시험전류도선이 받는 자기력에 대해 설명하고자 한다.

(a) z-축과 평행하게 흐르는 무한한 길이의 선전류도선에 의한 자기장의 형성과 정자기적 상호작용 : (6.2.2)

(b) z-축과 평행하게 흐르는 유한한 길이의 선전류(finite line current) 도선에 의한 자기장의 형성과 정자기적 상호작용 : (6.2.3)

(c) xy-평면에서 y-축과 평행하게 흐르는 무한 면전류에 의한 자기장의 형성과 정자기적 상호작용 : (6.2.4)

[표 6-1] 근원전류에 의한 자계강도 형성과 자기장 문제를 푸는 방법

순서	자기장 문제를 푸는 과정의 핵심 방법
i	자기장 문제를 시각화/형상화/구체화하여 이해하고, 문제를 효율적으로 접근하기 위해 그림으로 나타낸다(근원전류도선? 관측점? 좌표계? 대칭성?).
ii	전류도선 사이의 상호작용을 나타내는 비오-사바르의 법칙으로부터 정의한 자계강도의 정의를 적는다. $d\vec{H}(\vec{r})$ [A/m] $= \dfrac{I_s d\vec{l}_s \times \hat{a}_R}{4\pi R^2} \propto I_s$[A] : 전류도선 조각에 의해 형성된 자기장의 자계강도 $I_s d\vec{l}_s \Longleftrightarrow Q_s\vec{\upsilon}_s \propto Q_s\upsilon_s$ [A·m] : 이동하는 전하에 의해 형성된 전류도선 조각 $\vec{K}_s dS_s \propto K_s$ [A/m] : 면전류 형태의 전류도선 조각 $\vec{J}_s d\upsilon_s \propto J_s$ [A/m^2] : 입체구조 형태의 전류도선 조각 $\vec{H}(\vec{r})$ [A/m] $= \int_{source} d\vec{H}(\vec{r})$: 자기장 형성의 근원이 되는 근원전류도선 **전체**가 형성한 자기강도(***H***(***r***)) • 자계강도($H(\boldsymbol{r})$ [A/m])는 근원전류의 크기(I_s [A])에 비례함 • 자계강도는 근원전류도선의 길이(l_s [m])에 비례함 • 자계강도는 근원전류로부터 관측점까지 거리(R [m])의 제곱에 반비례함 • 자계강도의 방향($\boldsymbol{a}_H = \boldsymbol{H}(\boldsymbol{r})/H(\boldsymbol{r})$)은 자기장을 형성하는 근원전류도선($d\boldsymbol{l}$ [m])과 관측점을 연결하는 벡터($\boldsymbol{R}$ [m])가 이루는 면에 수직($\boldsymbol{a}_H \parallel (I_s d\boldsymbol{l}_s \times \boldsymbol{a}_R)$; $\boldsymbol{a}_R = \boldsymbol{R}/R$)임. 즉, 직선 형태 도선의 전류방향($\boldsymbol{a}_l$)으로 오른손 엄지손가락을 향하게 하면, 나머지 손가락들의 회전방향이 관측점에 형성된 자계강도의 방향($\boldsymbol{a}_H$)임 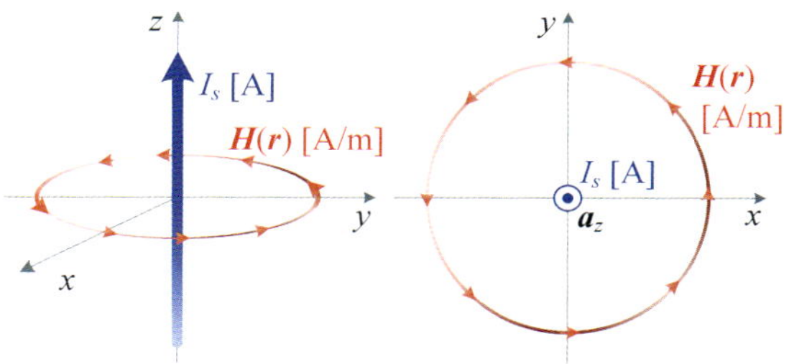 [그림 6-17] 비오-사바르의 법칙과 회전성 자계강도의 형성
iii	자기장 형성에 관한 핵심 내용을 참고하여, 대칭성을 확인하고, **편리한 좌표계를 선택**한다. 또한 자계강도 중 대칭성에 의해 상쇄되는 성분을 확인하고, 간편한 계산 방법을 찾는다.
iv	선택된 좌표계에 대하여 다음을 구한다. • 근원전류도선 조각의 위치 벡터($\boldsymbol{r}_s$ 또는 $\boldsymbol{r}'$) • 근원전류도선 조각을 좌표계에 맞춰 표시 ($I_s d\boldsymbol{l}_s(\boldsymbol{r}_s)$ 또는 $I_s d\boldsymbol{l}'(\boldsymbol{r}')$ [A·m]) • 관측점의 위치 벡터($\boldsymbol{r}$) • 근원전류도선 조각으로부터 관측점으로 향하는 벡터($\boldsymbol{R} = \boldsymbol{r} - \boldsymbol{r}'$ [m])와 거리($R = \|\boldsymbol{R}\|$ [m]) • 좌표계에 해당하는 자계강도 표시($\boldsymbol{H}(\boldsymbol{r}) = (H_x(\boldsymbol{r}), H_y(\boldsymbol{r}), H_z(\boldsymbol{r}))$, $(H_\rho(\boldsymbol{r}), H_\phi(\boldsymbol{r}), H_z(\boldsymbol{r}))$, $(H_r(\boldsymbol{r}), H_\theta(\boldsymbol{r}), H_\phi(\boldsymbol{r}))$)
v	근원전류도선 조각의 형태에 적합한 관계식을 이용하여 근원전류도선 조각에 의한 자계강도를 구한다. $d\vec{H}(\vec{r},\vec{r}\,')$ [A/m] $= \dfrac{I_s d\vec{l}_s(\vec{r}\,') \times \hat{a}_R}{4\pi R^2} \propto I_s$[A] : 근원전류도선 조각에 의해 형성된 자기장의 자계강도 $I_s d\vec{l}_s \Longleftrightarrow Q_s\vec{\upsilon}_s \propto Q_s\upsilon_s$ [A·m] : 이동하는 전하에 의해 형성된 전류도선 조각 $\vec{K}_s dS_s \propto K_s$ [A/m] : 면전류 형태의 전류도선 조각 $\vec{J}_s d\upsilon_s \propto J_s$ [A/m^2] : 입체구조 형태의 전류도선 조각

(계속)

vi	대칭성에 의한 상쇄성분 확인 → 근원전류도선 전체에 의한 자기장을 구함; $\vec{H}(\vec{r})$ [A/m] $= \int_{source} d\vec{H}(\vec{r})$ → 단위와 방향을 확인함
vii	자기장은 궁극적으로 관측점의 시험전류도선에 작용하는 자기력을 구하는 데 사용된다. 관측점의 시험전류도선에 작용하는 자기적 힘은 비오-사바르의 법칙 관계식을 이용해 구할 수 있다. $d\vec{F}(\vec{r})$ [N] $= I_t d\vec{l}_t(\vec{r}) \times \mu \vec{H}(\vec{r})$: 시험전류도선 조각에 작용하는 자기력 $I_t d\vec{l}_t(\vec{r}) \Longleftrightarrow Q_t \vec{v}_t(\vec{r})$: 자기장 내에서 이동하는 전하에 작용하는 자기력 $\vec{K}_t(\vec{r})dS_t$: 자기장 내에서 면전류 형태의 전류도선 조각에 작용하는 자기력 $\vec{J}_t(\vec{r})dv_t$: 자기장 내에서 입체구조 형태의 전류도선 조각에 작용하는 자기력 $\vec{F}$ [N] $= \int_{test} d\vec{F}(\vec{r}) = \int_{test}\left(\int_{source} dd\vec{F}(\vec{r},\vec{r}')\right)$: 시험전류도선 전체에 작용하는 힘

6.2.2 z-축과 평행하게 흐르는 무한한 길이의 선전류도선에 의한 자기장의 형성과 정자기적 상호작용

[그림 6-18]과 같이 z-축에 놓인 무한한 길이의 도선에 z-축의 양의 방향($+\boldsymbol{a}_z$)으로 흐르는 전류(I [A])에 의해 형성된 자기장의 회전성 자계강도는 다음의 비오-사바르의 식을 기반으로 해석할 수 있다.

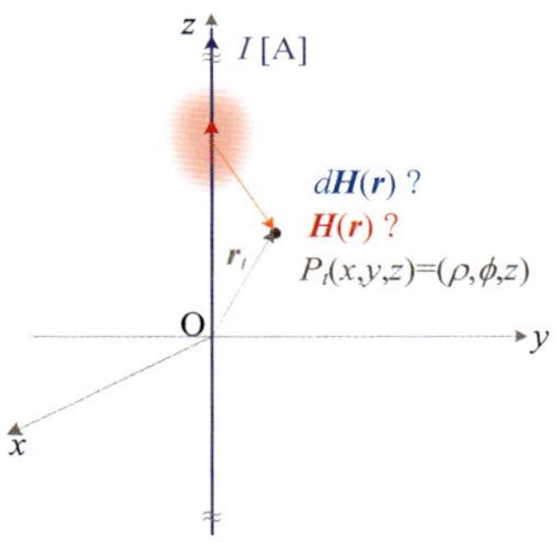

[그림 6-18] 비오-사바르의 법칙에 관한 오른손의 법칙을 사용한 근원전류도선 조각에 의해 형성된 자기장($d\boldsymbol{H}(\boldsymbol{r},\boldsymbol{r}')$ [A/m])의 형상화

$$d\vec{H}(\vec{r},\vec{r}')\ [\text{A/m}] = \frac{I_s d\vec{l}_s(\vec{r}') \times \hat{a}_R}{4\pi R^2}$$: 자기장을 형성하는 근원전류도선의 **일부**($I_s d l_s$)가 형성한 자계강도($d\boldsymbol{H}(\boldsymbol{r})$)

- 자계강도($H(\boldsymbol{r})$ [A/m])는 근원전류의 크기(I_s [A])에 비례함
- 자계강도는 근원전류도선의 길이(l_s [m])에 비례함
- 자계강도는 근원전류로부터 관측점까지 거리(R [m])의 제곱에 반비례함
- 자계강도의 방향($\boldsymbol{a}_H = \boldsymbol{H}(\boldsymbol{r})/H(\boldsymbol{r})$)은 자기장을 형성하는 근원전류도선($d\boldsymbol{l}$ [m])과 관측점을 연결하는 벡터($\boldsymbol{R}$ [m])가 이루는 면에 수직($\boldsymbol{a}_H \parallel (I_s d\boldsymbol{l}_s \mathrm{x} \boldsymbol{a}_R)$; $\boldsymbol{a}_R = \boldsymbol{R}/R$)임. 즉, 직선 형태 도선의 전류방향($\boldsymbol{a}_l$)으로 오른손 엄지손가락을 향하게 하면, 나머지 손가락들의 회전방향이 관측점에 형성된 회전성 자계강도의 방향($\boldsymbol{a}_H$)임

즉, 근원전류도선 조각에 의해 형성되는 자기장의 자계강도의 세기는 근원전류의 크기에 비례하고 근원전류로부터의 거리가 멀어짐에 따라 거리의 제곱에 반비례하여 감소한다. 그러나 형성된 자기장의 벡터 자계강도($d\boldsymbol{H}(\boldsymbol{r},\boldsymbol{r}')$ [A/m])는 근원전류도선 조각으로부터의 거리와 위치에 관계없이 오직 근원전류도선을 중심으로 회전하는 방향의 성분만 존재함을 기억해야 한다. 이를 반영하여 근원전류도선 조각에 의해 형성되는 자기장을 형상화하면 다음 [그림 6-19]와 같다.

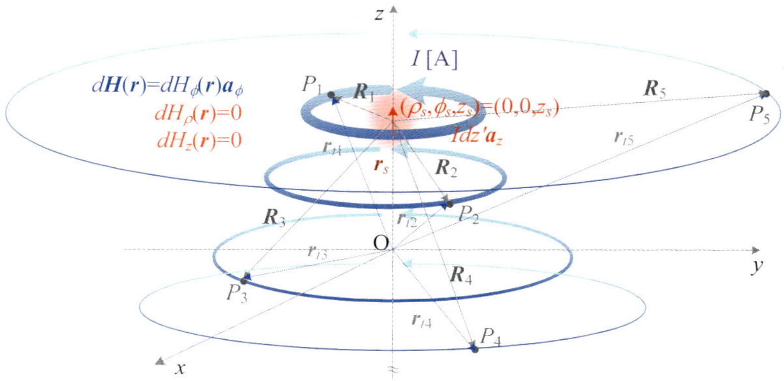

[그림 6-19] 근원전류도선 조각에 의해 형성된 자기장의 자계강도($d\boldsymbol{H}(\boldsymbol{r},\boldsymbol{r}')$ [A/m])는 근원전류도선 조각으로부터의 거리와 위치에 관계없이 근원전류도선을 중심으로 회전성 자계강도 성분만 존재함. 전류도선이 기울어진 경우 전류도선과 같은 방향으로 z-축을 기울이면 그 축을 중심으로 회전방향의 자계강도가 형성됨

z-축의 양의 방향으로 흐르는 전류도선에 의해 형성되는 자기장의 자계강도($\boldsymbol{H}(\boldsymbol{r})$ [A/m])를 해석하기 위해서는 z-축으로부터의 수직 거리, 즉 원통좌표계의 반지름(ρ [m])이 같은 지점은 z-축의 좌표와 회전각(ϕ [rad])에 관계없이 동일한 자계강도를 가져야 한다. 따라서 z-축을 중심으로 하는 원통대칭성을 가지므로, 원통좌표계를 사용한 관측점($\boldsymbol{r}(\rho,\phi,z)$)의 자계강도($\boldsymbol{H}(\boldsymbol{r}) = H_\rho(\boldsymbol{r}),\ H_\phi(\boldsymbol{r}),\ H_z(\boldsymbol{r})$)를 구하는 것이 편리하다. 원통좌표계를 사용하여 자기장에 관한 비오-사바르의 법칙을 적용하면 z-축의 근원전류도선 조각에 의해 형성되는 자기장의 회전성 자계강도($d\boldsymbol{H}(\boldsymbol{r},\boldsymbol{r}')$ [A/m])는 다음과 같이 나타낼 수 있다.

$$d\vec{H}(\vec{r})\ [\text{A/m}] = \frac{I_s d\vec{l}_s \times \hat{a}_R}{4\pi R^2} = \frac{I_s d\vec{l}_s \times \vec{R}}{4\pi R^3}$$: 근원전류도선 조각에 의해 형성된 자기장의 회전성 자계강도

$$\begin{cases} \vec{r}_s = \vec{r}\,' = (\rho'=0,\phi',z') = \rho'\cos\phi'\hat{a}_x + \rho'\sin\phi'\hat{a}_y + z'\hat{a}_z\big|_{(\rho'=0,\phi',z')} = z'\hat{a}_z \\ \vec{r}_t = \vec{r} = (\rho,\phi,z) = \rho\cos\phi\hat{a}_x + \rho\sin\phi\hat{a}_y + z\hat{a}_z \\ \vec{R}\ [\text{m}] \equiv \vec{r} - \vec{r}\,' = \rho\cos\phi\hat{a}_x + \rho\sin\phi\hat{a}_y + (z-z')\hat{a}_z = \rho\hat{a}_\rho + (z-z')\hat{a}_z \\ \quad R\ [\text{m}] \equiv |\vec{R}| = |\vec{r}_t - \vec{r}_s| = \sqrt{\rho^2+(z-z')^2},\ \hat{a}_R \equiv \dfrac{\vec{R}}{R} = \dfrac{(\rho,0,z-z')}{\sqrt{\rho^2+(z-z')^2}} = \dfrac{\rho\hat{a}_\rho + (z-z')\hat{a}_z}{\sqrt{\rho^2+(z-z')^2}} \\ I_s d\vec{l}\ [\text{A}\cdot\text{m}] = Idz'\hat{a}_z\ [\text{A}\cdot\text{m}] \end{cases}$$

$$d\vec{H}(\vec{r})\ [\text{A/m}] = \frac{I_s d\vec{l}_s \times \vec{R}}{4\pi R^3} = \frac{Idz'\hat{a}_z \times \left(\rho\hat{a}_\rho + (z-z')\hat{a}_z\right)}{4\pi\left(\rho^2+(z-z')^2\right)^{3/2}} = \frac{Idz'\rho}{4\pi\left(\rho^2+(z-z')^2\right)^{3/2}}\hat{a}_\phi = dH_\phi(\vec{r})\hat{a}_\phi$$

$$dH_\phi(\vec{r})\ [\text{A/m}] \equiv \frac{Idz'\rho}{4\pi\left(\rho^2+(z-z')^2\right)^{3/2}}$$: 근원전류도선 조각에 의해 형성된 자기장의 회전성 자계강도

즉, 무한 전류도선의 일부분인 z-축의 전류도선 조각에 의해 형성되는 자기장의 자계강도($d\boldsymbol{H}(\boldsymbol{r},\boldsymbol{r}')$ [A/m])는 오직 전류도선이 있는 z-축을 중심으로 하는 회전방향 성분($d\boldsymbol{H}_\phi(\boldsymbol{r},\boldsymbol{r}')$ [A/m])만 존재함을 확인할 수 있으며, [그림 6–20]에 형상화하여 나타내었다.

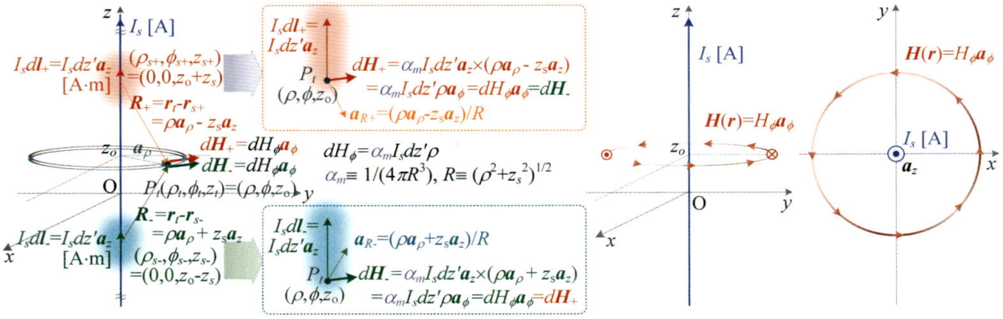

[그림 6–20] 근원전류도선 조각에 의해 형성된 자기장($d\boldsymbol{H}$ [A/m])은 근원전류도선 조각으로부터의 거리와 위치에 관계없이 오직 근원전류도선을 중심으로 회전하는 방향의 성분만 존재함

z-축상의 무한히 긴 전류도선에 의해 형성된 자기장에서 관측점($\boldsymbol{r}(\rho,\phi,z)$)의 자계강도($\boldsymbol{H}(\boldsymbol{r}) = H_\rho(\boldsymbol{r}), H_\phi(\boldsymbol{r}), H_z(\boldsymbol{r})$)는 작은 전류도선 조각($I_s d\boldsymbol{l}_s(\boldsymbol{r}')$ [A·m])에 의해 형성되는 자기장($d\boldsymbol{H}(\boldsymbol{r},\boldsymbol{r}')$ [A/m])을 모두 합하여(적분하여) 다음과 같이 구할 수 있다.

$$\vec{H}(\vec{r})\ [\text{A/m}] = \int_{source} \frac{I_s d\vec{l}_s(\vec{r}\,')\times\hat{a}_R}{4\pi R^2} = \int_{source} \frac{I_s d\vec{l}_s(\vec{r}\,')\times\vec{R}}{4\pi R^3} = \int_{z'=-\infty}^{z'=+\infty} \frac{I\hat{a}_z\times\left(\rho\hat{a}_\rho+(z-z')\hat{a}_z\right)}{4\pi\left(\rho^2+(z-z')^2\right)^{3/2}}dz'$$

$$\Leftarrow \int_{z'=-\infty}^{z'=+\infty} \frac{1}{\left(\rho^2+(z-z')^2\right)^{3/2}}dz' = \frac{1}{\rho^2}\frac{(z-z')}{\sqrt{\rho^2+(z-z')^2}}\Bigg|_{z'=-\infty}^{z'=+\infty}$$

$$= \frac{I\rho}{4\pi}\hat{a}_\phi \int_{z'=-\infty}^{z'=+\infty} \frac{1}{\left(\rho^2+(z-z')^2\right)^{3/2}}dz' = \frac{I\rho}{4\pi}\left(\frac{2}{\rho^2}\right)\hat{a}_\phi = \frac{I}{2\pi\rho}\hat{a}_\phi = H_\phi(\vec{r})\hat{a}_\phi$$

$$\vec{H}(\vec{r})\ [\text{A/m}] = H_\phi\hat{a}_\phi = \frac{I}{2\pi\rho}\hat{a}_\phi\ ;\ \begin{cases} H_\rho = 0 \\ H_\phi = \dfrac{I}{2\pi\rho} \\ H_z = 0 \end{cases}$$: 근원전류도선 조각에 의해 형성된 자기장의 회전성 자계강도

즉, z-축상의 무한 전류도선에 의해 형성된 자기장의 자계강도($\boldsymbol{H}(\boldsymbol{r})$ [A/m])는 전류도선을 중심으로 한 회전방향 성분($H_\phi(\boldsymbol{r})$ [A/m])만 존재하며, z-축으로부터의 수직 거리가 같은 지점, 즉 동일한 반지름(ρ [m])을 가진 원통면에서는 z-축 좌표에 관계없이 어느 지점이나 동일한 세기의 자계강도를 갖는다.

$$\&\ H(\vec{r})\ [\text{A/m}] = \left|\vec{H}(\vec{r})\right| = H_\phi = \frac{I}{2\pi\rho} \propto \begin{cases} I \\ 1/\rho \end{cases}$$

또한, z-축을 중심으로 하는 회전방향의 자계강도($H_\phi(\boldsymbol{r})$)는 전류의 세기에 선형적으로 비례하고, z-축으로부터의 수직 거리인 반지름 ρ [m]에 반비례하여 감소함을 알 수 있다. 또한, 비오–사바르의

법칙에서 강조한 바와 같이 형성된 자기장의 벡터 자계강도($\boldsymbol{H}(\boldsymbol{r})$ [A/m])는 근원전류도선 조각으로부터의 거리와 위치에 관계없이 오직 근원전류도선을 중심으로 회전하는 방향의 성분($\boldsymbol{H}(\boldsymbol{r}) = H_\phi(\boldsymbol{r})\boldsymbol{a}_\phi$ [A/m]) 만 존재함을 확인할 수 있다. z-축의 도선에 z-축의 양의 방향($+\boldsymbol{a}_z$)으로 흐르는 전류(I [A])에 의해 형성된 자기장의 회전성 자계강도의 크기와 방향을 선의 굵기와 화살표의 방향으로 형상화하여 [그림 6-21]에 나타내었다.

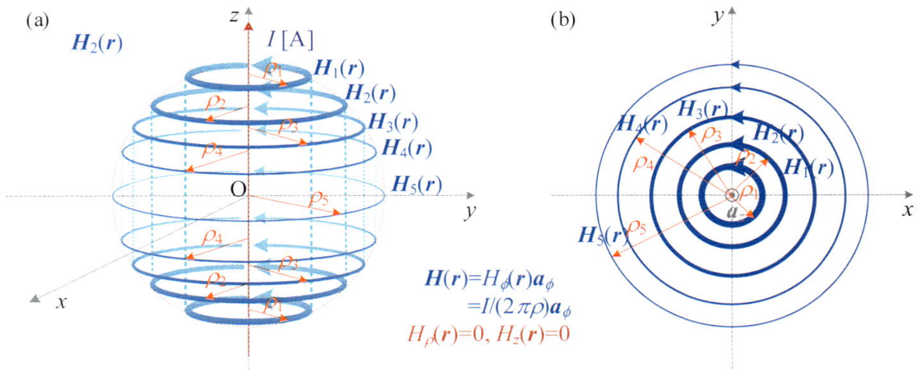

[그림 6-21] z-축에 놓인 무한 길이의 도선에 z-축의 양의 방향($+\boldsymbol{a}_z$)으로 흐르는 전류(I [A])에 의해 형성된 자계강도(회전 성분의 굵기가 자계강도의 세기를 의미함)

또한, z-축의 무한 전류도선에 z-축의 양의 방향($+\boldsymbol{a}_z$)으로 흐르는 전류(I [A])에 의해 형성된 회전성 자계강도의 성분과 크기를 결정하는 요소와 의존도를 [그림 6-22]에 요약하여 나타내었다.

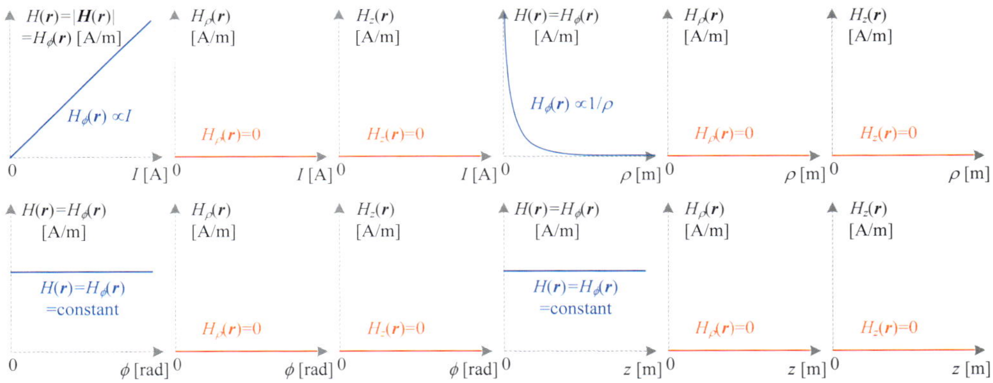

[그림 6-22] z-축에 놓인 무한 길이의 도선에 z-축의 양의 방향($+\boldsymbol{a}_z$)으로 흐르는 전류(I [A])에 의해 형성된 자계강도($\boldsymbol{H}(\boldsymbol{r})$ [A/m]) 성분의 변화

근원전류에 의해 형성되는 자기장의 회전성 자계강도($\boldsymbol{H}(\boldsymbol{r})$ [A/m])를 정의한 목적은 자기장 내에 전류도선이 존재할 때 작용하는 자기적 상호작용(자기력: $\boldsymbol{F}(\boldsymbol{r})$ [N], 인력 또는 반발력)을 계산하는 과정에 편리하게 사용하기 위함이다. 즉, 자기장 내에 존재하는 시험전류도선이 받는 자기적 힘($\boldsymbol{F}(\boldsymbol{r})$ [N])은 근원전류도선에 의해 형성된 회전성 자계강도($\boldsymbol{H}(\boldsymbol{r})$ [A/m])에 비오-사바르의 법칙을 적용하여 다음과 같이 구할 수 있다.

$$d\vec{F}(\vec{r})\ [\mathrm{N}] = \begin{cases} Q_t\vec{v}_t(\vec{r}) \times \mu\vec{H}(\vec{r}) \\ I_t d\vec{l}_t(\vec{r}) \times \mu\vec{H}(\vec{r}) \\ \vec{K}_t dS_t(\vec{r}) \times \mu\vec{H}(\vec{r}) \\ \vec{J}_t dv_t(\vec{r}) \times \mu\vec{H}(\vec{r}) \end{cases}$$

: 근원전류도선이 형성한 자기장에 의해 시험전류도선 **조각**($d\boldsymbol{l}_t$)에 작용하는 자기적 힘($d\boldsymbol{F}(\boldsymbol{r})$)

$$\vec{F}\ [\mathrm{N}] = \int_{test} d\vec{F}(\vec{r})$$

: 근원전류도선이 형성한 자기장에 의해 시험전류도선 **전체**에 작용하는 자기적 힘

특히 z-축의 음의 방향(근원전류와 반대방향)으로 흐르는 전류도선에는 척력이 작용하며, 자계강도와 같은 회전방향(근원전류도선과 직교하는 방향)으로 흐르는 전류도선에는 자기력이 작용하지 않음을 알 수 있다. z-축에 놓인 무한 길이의 도선에 z-축의 양의 방향($+\boldsymbol{a}_z$)으로 흐르는 전류(I [A])에 의해 형성된 자기장 내에서 다양한 형태로 존재하는 시험전류도선 조각에 작용하는 자기력의 크기와 방향을 형상화하여 [그림 6–23]에 나타내었다.

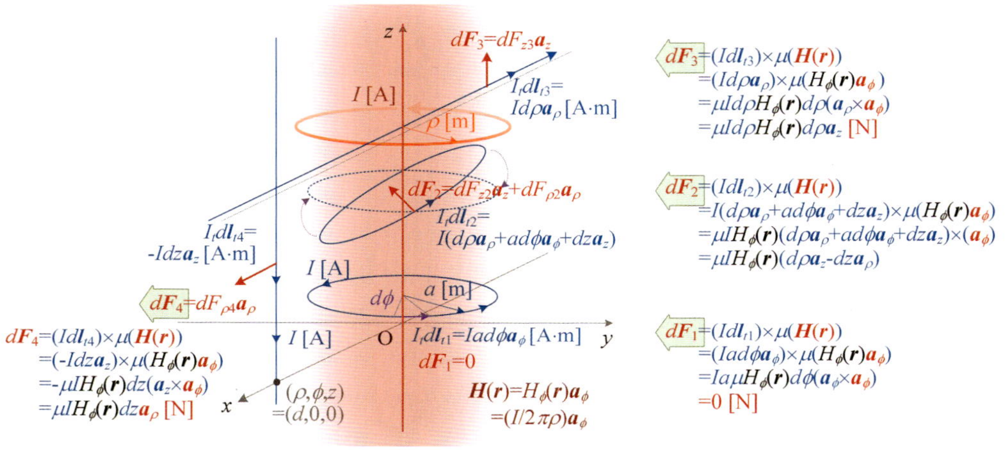

[그림 6–23] z-축에 놓인 무한 길이의 도선에 z-축의 양의 방향($+\boldsymbol{a}_z$)으로 흐르는 전류(I [A])에 의해 형성된 자기장 내에 존재하는 시험전류도선에 작용하는 힘

z-축의 양의 방향($+\boldsymbol{a}_z$)으로 흐르는 전류(I [A])에 의해 형성된 자기장 내의 전류도선 조각이 받는 자기력은 [그림 6–23]에 나타낸 시험전류도선의 형태(도선 1~도선 4)를 이용하여 설명하면 다음과 같다.

- 도선 1 : z-축을 중심으로 반지름 a [m]의 원형 시험전류도선이 xy-평면에 평행하게 놓여있는 경우, 반지름의 크기와 시험전류도선에 흐르는 전류의 크기(I_t [A])에 관계없이 도선 내의 임의의 점에서 도선 조각이 받는 힘은 0이다($d\boldsymbol{F}_1 = 0$ [N]). 이는 근원전류에 의한 자기장과 시험전류도선이 평행하여 힘이 작용하지 않기 때문이다. 따라서 도선 전체가 받는 힘도 0($\boldsymbol{F}_1 = 0$ [N])이 된다.

$$d\vec{F}_1(\vec{r})\ [\mathrm{N}] = \left(I_t d\vec{l}_{t1}\right) \times \mu H(\vec{r}) = \left(Iad\phi\hat{a}_\phi\right) \times \mu H_\phi(\vec{r})\hat{a}_\phi = Iad\phi\mu H_\phi(\vec{r})\left(\hat{a}_\phi \times \hat{a}_\phi\right) = 0$$

- 도선 2 : z-축을 중심으로 한 반지름 a [m]인 원형 시험전류도선이 xy-평면과 평행하지 않고 기울어져 있는 경우, z-축 방향의 힘($dF_{z2}\boldsymbol{a}_z$ [N])과 방사방향의 힘($dF_{\rho 2}\boldsymbol{a}_\rho$ [N])이 동시에 작용한다($d\boldsymbol{F}_2 = dF_{\rho 2}\boldsymbol{a}_\rho + dF_{z2}\boldsymbol{a}_z$ [N]). 이로 인해 원형도선 전체에 회전력($\boldsymbol{T}$ [N·m])이 작용하며, 최종적으로 xy-평면에 평행(또는 근원전류도선과 수직)하게 되면 회전을 멈추고, 시험전류도선 조각에 작용하는 힘도 0이 된다.

$$d\vec{F}_2(\vec{r})\ [\mathrm{N}] = \left(Id\vec{l}_{t2}\right) \times \mu H(\vec{r}) = \left(I\left(d\rho \hat{a}_\rho + ad\phi \hat{a}_\phi + dz\hat{a}_z\right)\right) \times \mu H_\phi(\vec{r})\hat{a}_\phi = I\mu H_\phi(\vec{r})\left(d\rho \hat{a}_z - dz\hat{a}_\rho\right)$$

- 도선 3 : z-축을 지나며 xy-평면과 평행하게 방사방향($\boldsymbol{a}_\rho$)으로 흐르는 시험전류도선의 경우, 전류도선 조각의 위치가 z-축에서 멀어질수록 힘이 감소하나 어디서나 z축 방향의 자기력($d\boldsymbol{F}_4 = dF_{z4}\boldsymbol{a}_z$ [N])이 작용함을 뜻한다.

$$d\vec{F}_3(\vec{r})\ [\mathrm{N}] = \left(Id\vec{l}_{t3}\right) \times \mu H(\vec{r}) = \left(Id\rho \hat{a}_\rho\right) \times \mu H_\phi(\vec{r})\hat{a}_\phi = I\mu H_\phi(\vec{r})d\rho \hat{a}_z$$

- 도선 4 : z-축과 평행하게 음의 방향($-\boldsymbol{a}_z$)으로 전류가 흐르는 시험전류도선의 경우, z-축의 근원전류도선에 의해 형성된 자기장으로 인해 방사방향의 밀어내는 힘($d\boldsymbol{F}_3 = dF_{\rho 3}\boldsymbol{a}_\rho$ [N])이 작용한다. 즉, 근원전류도선과 평행한 시험전류도선의 경우 동일한 방향의 전류가 흐르면 서로 당기는 힘, 반대방향의 전류가 흐르면 밀어내는 힘이 작용함을 뜻한다. 이때 시험전류도선에 작용하는 단위길이당의 힘(F/l [N/m])은 다음과 같이 계산할 수 있다.

$$d\vec{F}_4(\vec{r})\ [\mathrm{N}] = \left(Id\vec{l}_{t4}\right) \times \mu H(\vec{r}) = \left(Id\vec{l}_{t4}\right) \times \mu H_\phi(\vec{r})\hat{a}_\phi = I_t dz(-\hat{a}_z) \times \mu \frac{I}{2\pi d}\hat{a}_\phi = \frac{I_t I}{2\pi d}\mu dz \hat{a}_\rho$$

: d [m] = 전류도선 간의 수직 거리(간격)

: 근원전류도선이 형성한 자기장에 의해 시험전류도선 **전체**에 작용하는 자기적 힘

$$\vec{F}_4\ [\mathrm{N}] = \int_{z_o}^{z_o+l} \mu \frac{I I}{2\pi d} dz\hat{a}_\rho = \left(\mu \frac{I I}{2\pi d} l\right)\hat{a}_\rho$$

: 자기장에 의해 길이 l [m]인 시험전류도선 조각에 작용하는 자기적 힘

$$\frac{\vec{F}_4(\vec{r})}{l}\ [\mathrm{N/m}] = \mu \frac{I_t I}{2\pi d}\hat{a}_\rho \propto \begin{cases} I & [\mathrm{A}] \\ I_t = I & [\mathrm{A}] \\ l & [\mathrm{m}] \\ 1/d & [1/\mathrm{m}] \\ \mu & [\mathrm{H/m}] \end{cases}$$

: 자기장에 의해 간격 d [m]인 시험전류도선에 작용하는 단위길이당 자기적 힘

z-축에 평행하게 놓인 두 전류도선 사이에 상호작용하는 자기력(I [A], I_t [A], 도선 사이의 간격 d [m], 매질의 자성계수 μ [H/m])을 결정하는 요소와 의존도를 요약하면 [그림 6-24]와 같다.

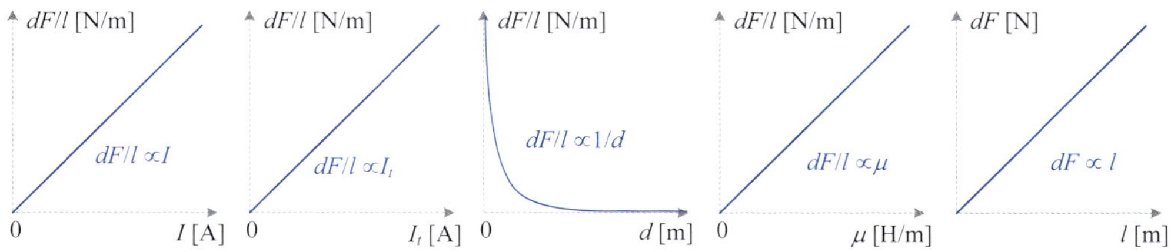

[그림 6-24] z-축에 평행하게 놓인 두 전류도선 사이에 작용하는 자기력의 변화(I [A], I_t [A], 도선 사이의 간격 d [m], 매질의 자성계수 μ [H/m])

[그림 6-25]에 나타낸 것과 같이 직선 형태의 전류도선들이 아주 인접하게 배치된 반도체 집적회로(integrated circuit: IC)의 경우, 전류가 흐를 때 전류도선 간에 작용하는 자기력으로 인해 도선을 구성하고 있는 원자들이 이동하게 되어 단선(open-circuited) 또는 단락(short-circuited) 상태의 회로 결함을 일으키기도 한다. 이러한 결함은 전류도선 간의 전자기적 상호작용(전자기력)으로 인한 원자

이동(electro-migration)으로 발생하는 현상이다. 이 현상은 배선들 사이의 간격(d [m])이 좁을수록, 또 도선에 흐르는 전류(I_s, I_t [A])가 클수록 단선 또는 단락의 회로 결함이 발생할 가능성이 높으므로, 높은 집적도를 갖는 반도체 집적회로의 배선 설계 시 이를 반드시 고려하여야 한다.

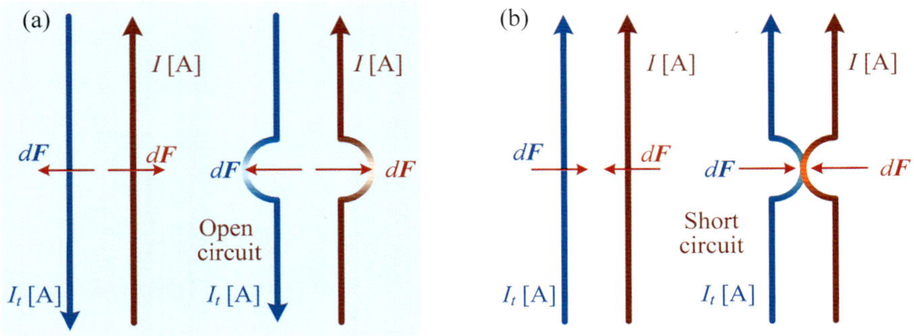

[그림 6-25] 반도체 초고집적회로(VLSI)의 인접한 배선(전류도선)에 흐르는 전류에 의해 작용하는 자기력과 전자기적 원자 이동(electro-migration)으로 인한 (a) 단선(open circuit)과 (b) 단락(short circuit) 결함

6.2.3 z-축과 평행하게 흐르는 유한한 길이의 선전류도선에 의한 자기장의 형성과 정자기적 상호작용

[그림 6-26]에 나타낸 것과 같이 z-축에 놓인 유한한 길이(l [m])의 전류도선에 z-축의 양의 방향($+\mathbf{a}_z$)으로 흐르는 전류(I [A])에 의한 자기장의 자계강도와 자기력의 이해도 전자기학의 이해와 공학적 응용을 위해 중요하다. 즉, 전자기적으로 차폐된 전류도선의 일부가 노출된 경우 주변 전자기기에 대한 전자기적 간섭 현상(electromagnetic interference: EMI)과도 관련이 있기 때문이다.

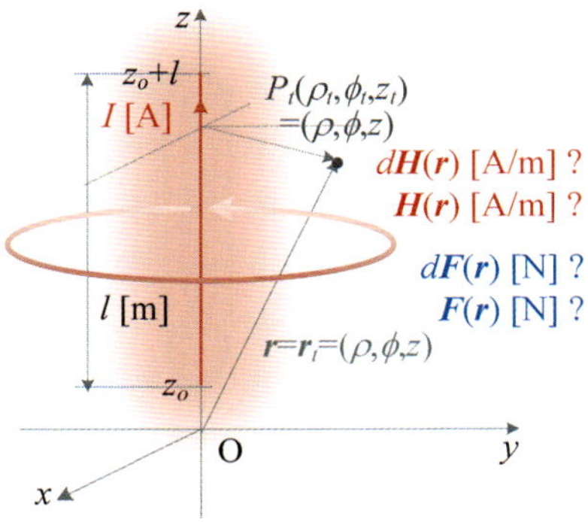

[그림 6-26] z-축과 평행하고 z-축의 양의 방향($+\mathbf{a}_z$)으로 흐르는 유한한 길이의 전류(I [A]) 도선에 의해 형성된 자기장 ($\mathbf{H}(\mathbf{r})$ [A/m])

유한한 길이의 전류도선에 z-축의 양의 방향($+\mathbf{a}_z$)으로 흐르는 전류(I [A])에 의해 자기장이 형성되는데, 이는 작은 전류도선 조각에 의해 형성되는 자기장의 회전성 자계강도(크기와 방향)를 구하는 것이 비오-사바르의 법칙을 응용하는 데 필요하다.

$$d\vec{H}(\vec{r})\ [\text{A/m}] = \frac{I_s d\vec{l}_s \times \hat{a}_R}{4\pi R^2}$$: 자기장을 형성하는 근원전류도선의 조각($I_s d\boldsymbol{l}_s$)이 형성한 자계강도($d\boldsymbol{H}(\boldsymbol{r})$)

- 자계강도($d\boldsymbol{H}(\boldsymbol{r})$ [A/m])는 근원전류의 크기(I_s [A])에 비례함
- 자계강도는 근원전류도선의 길이(l_s [m])에 비례함
- 자계강도는 근원전류로부터 관측점까지 거리(R [m])의 제곱에 반비례함
- 자계강도의 방향($\boldsymbol{a}_H = \boldsymbol{H}(\boldsymbol{r})/H(\boldsymbol{r})$)은 자기장을 형성하는 근원전류도선($d\boldsymbol{l}$ [m])과 관측점을 연결하는 벡터($\boldsymbol{R}$ [m])가 이루는 면에 수직($\boldsymbol{a}_H \| (I_s d\boldsymbol{l}_s \text{x} \boldsymbol{a}_R)$; $\boldsymbol{a}_R = \boldsymbol{R}/R$)임. 즉, 직선 형태 도선의 전류방향($\boldsymbol{a}_l$)으로 오른손 엄지손가락을 향하게 하면, 나머지 손가락들의 회전방향이 관측점에 형성된 회전성 자계강도의 방향($\boldsymbol{a}_H$)임

즉, 근원전류도선 조각에 의해 형성되는 자기장의 자계강도($d\boldsymbol{H}(\boldsymbol{r})$ [A/m])는 근원전류의 크기에 비례하고, 근원전류로부터의 거리가 멀어짐에 따라 거리의 제곱에 반비례하여 감소한다. 그러나 형성된 자기장의 벡터 자계강도($d\boldsymbol{H}(\boldsymbol{r})$ [A/m])는 근원전류도선 조각으로부터의 거리와 위치에 관계없이 오직 근원전류도선을 중심으로 회전하는 방향의 성분($dH_\phi(\boldsymbol{r})$ [A/m])만 존재함을 기억해야 한다. 따라서 z-축으로부터의 수직 거리, 즉 원통좌표계(ρ, ϕ, z)의 반지름(ρ [m])이 같은 지점은 z-축의 좌표(z [m])와 회전각(ϕ [rad])에 관계없이 동일한 자계강도를 가져야 하므로, $\boldsymbol{r} = (\rho, \phi, z)$를 좌표로 사용하는 원통좌표계($\boldsymbol{H}(\boldsymbol{r}) = H_\rho(\boldsymbol{r}),\ H_\phi(\boldsymbol{r}),\ H_z(\boldsymbol{r})$)를 사용하여 해석하는 것이 편리하다.

z-축상 유한한 길이의 전류도선 조각($I_s d\boldsymbol{l}_s(\boldsymbol{r}')$ [A·m])에 의해 형성된 자기장($d\boldsymbol{H}(\boldsymbol{r})$ [A/m])은 다음과 같이 원통좌표계를 이용하여 편리하게 나타낼 수 있다.

$$\begin{cases} \begin{cases} \vec{r}\,' = (0, \phi', z') = \rho' \cos\phi' \hat{a}_x + \rho' \sin\phi' \hat{a}_y + z' \hat{a}_z \Big|_{(\rho'=0, \phi', z')} = z' \hat{a}_z \ :\ z_o \le z' \le (z_o + l) \\ \vec{r} = (\rho, \phi, z) = \rho\cos\phi \hat{a}_x + \rho \sin\phi \hat{a}_y + z\hat{a}_z \qquad :\ \rho > 0,\ 0 \le \phi \le 2\pi,\ -\infty \le z < +\infty \end{cases} \\ \rightarrow \vec{R}\ [\text{m}] \equiv \vec{r} - \vec{r}\,' = \rho\cos\phi\hat{a}_x + \rho\sin\phi\hat{a}_y + (z - z')\hat{a}_z \\ \rightarrow R\ [\text{m}] \equiv \left|\vec{R}\right| = \left|\vec{r} - \vec{r}\,'\right| = \sqrt{\rho^2 + (z - z')^2}\ \ \&\ \ \hat{a}_R \equiv \frac{\vec{R}}{R} = \frac{\rho\cos\phi\hat{a}_x + \rho\sin\phi\hat{a}_y + (z - z')\hat{a}_z}{\sqrt{\rho^2 + (z - z')^2}} \\ I_s d\vec{l}_s\ [\text{A}\cdot\text{m}] = I dz' \hat{a}_z \end{cases}$$

$$d\vec{H}(\vec{r})\ [\text{A/m}] = \frac{I_s d\vec{l}_s \times \hat{a}_R}{4\pi R^2} = \frac{I_s d\vec{l} \times \vec{R}}{4\pi R^3} = \frac{I dz' \hat{a}_z \times \left(\rho \hat{a}_\rho\big|_\phi + (z - z')\hat{a}_z\right)}{4\pi\left(\rho^2 + (z - z')^2\right)^{3/2}} = \frac{1}{4\pi}\frac{I\rho dz' \hat{a}_\phi}{\left(\rho^2 + (z - z')^2\right)^{3/2}}$$

$$\equiv dH_\phi(\vec{r})\hat{a}_\phi$$

$$dH_\phi(\vec{r})\ [\text{A/m}] \equiv \frac{1}{4\pi}\frac{I\rho dz'}{\left(\rho^2 + (z - z')^2\right)^{3/2}}$$: z-축을 중심으로 하는 회전방향의 자계강도 성분($dH_\phi(\boldsymbol{r})$ [A/m])

즉, z-축상 유한한 길이의 전류도선 조각($I_s d\boldsymbol{l}_s$ [A·m])에 의해 형성된 자기장($d\boldsymbol{H}(\boldsymbol{r})$ [A/m])은 관측점의 위치와 근원전류도선으로부터의 거리에 관계없이 z-축을 중심으로 하는 회전방향의 자계강도 성분($dH_\phi(\boldsymbol{r})$ [A/m])만 존재함을 확인할 수 있다. z-축상의 유한한 길이의 근원전류도선에 의해 형성된 자기장의 회전성 자계강도를 그림으로 형상화하면 [그림 6-27]과 같다.

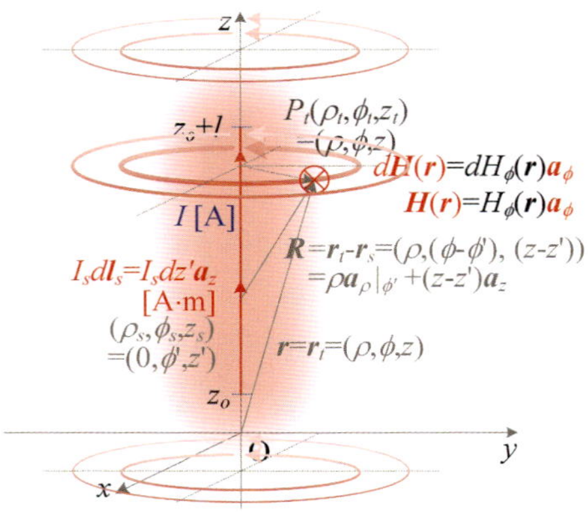

[그림 6-27] z-축상의 유한한 길이의 근원전류도선 중 일부 조각에 의해 형성된 자기장($d\boldsymbol{H}$ [A/m])은 근원전류도선 조각으로부터의 거리와 위치, 전류도선의 길이에도 관계없이 오직 근원전류도선을 중심으로 회전하는 방향의 성분($\boldsymbol{H}(\boldsymbol{r}) = H_\phi(\boldsymbol{r})\boldsymbol{a}_\phi$)만 존재함

따라서 유한한 길이(l [m])의 z-축상 전류도선 전체에 의해 형성된 자기장의 자계강도는 작은 조각의 전류도선에 의해 형성되는 회전성 자계강도를 모두 합하여(근원전류도선 조각 전체에 대해 적분하여) 다음과 같이 구할 수 있다.

$$\begin{aligned}\vec{H}(\vec{r})\ [\text{A/m}] &= \int_{source} d\vec{H}(\vec{r},\vec{r}\,') = \frac{I\rho}{4\pi}\hat{a}_\phi \int_{z'=z_o}^{z'=z_o+l} \frac{1}{\left(\rho^2+(z-z')^2\right)^{3/2}}dz' \\ &= \frac{I\rho}{4\pi}\hat{a}_\phi\left[\frac{1}{\rho^2}\frac{-(z-z')}{\sqrt{\rho^2+(z-z')^2}}\right]_{z'=z_o}^{z'=z_o+l} \\ &= \frac{I}{4\pi\rho}\left(\frac{z-z_o}{\sqrt{\rho^2+(z-z_o)^2}}-\frac{z-(z_o+l)}{\sqrt{\rho^2+(z-(z_o+l))^2}}\right)\hat{a}_\phi = H_\phi(\vec{r})\hat{a}_\phi\end{aligned}$$

$$\leftarrow \boxed{\int\frac{1}{\left(\rho^2+x^2\right)^{3/2}}dx = \frac{1}{\rho^2}\frac{x}{\sqrt{\rho^2+x^2}}}$$

$$H_\phi(\vec{r})\ [\text{A/m}] \equiv \frac{I}{4\pi\rho}\left(\frac{z-z_o}{\sqrt{\rho^2+(z-z_o)^2}}-\frac{z-(z_o+l)}{\sqrt{\rho^2+(z-(z_o+l))^2}}\right)$$

: 유한한 길이의 z-축상 전류도선에 의한 회전성 자계강도

비오-사바르의 법칙에서 강조한 바와 같이 z-축 위에 존재하는 유한한 길이의 근원전류도선에 의해 형성된 자기장의 벡터 자계강도($\boldsymbol{H}(\boldsymbol{r})$ [A/m])는 근원전류도선으로부터의 거리와 위치, 전류도선의 길이에 관계없이 근원전류도선을 중심으로 회전방향의 성분($\boldsymbol{H}(\boldsymbol{r}) = H_\phi(\boldsymbol{r})\boldsymbol{a}_\phi$ [A/m])만 존재함을 확인할 수 있다. 공학적 응용과 자기장에 대한 직관적 해석 능력을 위해 근원전류도선 주변의 자기장 변화를 경우에 따라 구분하여 정리하면 다음과 같다.

■ 근원전류도선의 양 끝점($z = z_o$, $z = z_o+l$)과 같은 평면($z = z_o$, $z = z_o+l$, $\rho > 0$, $0 < \phi < 2\pi$) 위의 자계강도

$$\vec{H}(\vec{r})\Big|_{\substack{z=z_o\,\&\\ z=z_o+l}} \text{[A/m]} = \frac{I}{4\pi\rho}\left(\frac{z-z_o}{\sqrt{\rho^2+(z-z_o)^2}} - \frac{z-(z_o+l)}{\sqrt{\rho^2+(z-(z_o+l))^2}}\right)\hat{a}_\phi\Bigg|_{\substack{z=z_o\,\&\\ z=z_o+l}}$$
$$= \frac{I}{4\pi\rho}\left(\frac{l}{\sqrt{\rho^2+l^2}}\right)\hat{a}_\phi$$

z-축 위에 존재하는 유한한 길이의 전류도선의 양 끝점($z = z_o$, $z = z_o+l$)과 같은 평면상의 자계강도는 전류의 세기에 선형적으로 비례한다. 또한, 전류도선의 양 끝점($z = z_o$, $z = z_o+l$)에 아주 가까운 지점($\rho << l$ [m])의 자계강도는 원점으로부터의 거리인 반지름에 반비례한다. 그러나 끝점으로부터 먼 지점($\rho << l$ [m])의 자계강도는 전류도선의 길이(l [m])에 비례하고, z-축으로부터의 수직 거리인 반지름의 제곱에 반비례하여 급격히 감소함을 알 수 있다.

■ **근원전류도선의 양쪽 끝점 부근($\rho \cong 0^+$, $z \cong z_o$ & $\rho \cong 0^+$, $z \cong z_o+l^+$) z-축상 관측점의 회전성 자계강도**

$$\vec{H}(\vec{r})\Big|_{\substack{z=z_{o-}\\ \rho\ll l}} \text{[A/m]} = \vec{H}(\vec{r})\Big|_{\substack{z=z_o+l^+\\ \rho\ll l}} = \frac{I}{4\pi}\frac{1}{\rho}\hat{a}_\phi$$

■ **z-축에 아주 가까운 관측점($\rho \sim 0^+$, $0 < \phi < 2\pi$, $-\infty < z < +\infty$)의 회전성 자계강도**

$$\vec{H}(\vec{r})\Big|_{\rho=0^+} \text{[A/m]} = \frac{I}{4\pi\rho}\left(\frac{z-z_o}{|z-z_o|} - \frac{z-(z_o+l)}{|z-(z_o+l)|}\right)\hat{a}_\phi$$

■ **근원전류도선 중심부와 같은 평면 위($z = z_o+l/2$, $0 < \phi < 2\pi$)의 회전성 자계강도**

$$\vec{H}(\vec{r})\Big|_{z=z_o+l/2} \text{[A/m]} = \frac{I}{4\pi\rho}\left(\frac{z-z_o}{\sqrt{\rho^2+(z-z_o)^2}} - \frac{z-(z_o+l)}{\sqrt{\rho^2+(z-(z_o+l))^2}}\right)\hat{a}_\phi\Bigg|_{z=z_o+l/2}$$
$$= \frac{I}{4\pi\rho}\left(\frac{(l/2)}{\sqrt{\rho^2+(l/2)^2}} - \frac{-(l/2)}{\sqrt{\rho^2+(l/2)^2}}\right)\hat{a}_\phi = \frac{I}{4\pi\rho}\frac{l}{\sqrt{\rho^2+(l/2)^2}}\hat{a}_\phi$$
$$= \frac{I}{2\pi\rho}\frac{1}{\sqrt{\left(\rho/(l/2)\right)^2+1}}\hat{a}_\phi$$

■ **근원전류도선 중심부에서 z-축에 아주 가까운 부분($\rho \cong 0^+$, $z = z_o+l/2$, $0 < \phi < 2\pi$)의 회전성 자계강도**

$$\vec{H}(\vec{r})\Big|_{\substack{z=z_o+l/2\\ \rho\ll l}} = \frac{I}{4\pi\rho}\left(\frac{z-z_o}{\sqrt{\rho^2+(z-z_o)^2}} - \frac{z-(z_o+l)}{\sqrt{\rho^2+(z-(z_o+l))^2}}\right)\hat{a}_\phi\Bigg|_{\substack{z=z_o+l/2\\ \rho\ll l}}$$
$$= \frac{I}{2\pi\rho}\frac{1}{\sqrt{\left(\rho/(l/2)\right)^2+1}}\hat{a}_\phi\Bigg|_{\rho\ll l} \cong \frac{I}{2\pi\rho}\hat{a}_\phi$$

유한한 길이의 전류도선이지만, 근원전류 중심부, 그리고 도선에 아주 가까운 지점의 회전성 자계강도는 무한히 긴 전류도선($l \sim \infty$; $l >> \rho$)에 의한 자계강도와 유사한 결론을 얻을 수 있음을 짐작할 수 있다. 즉, 근원전류도선 중심부에서 z축에 아주 가까운 부분($\rho \cong 0^+$, $z = z_o + l/2$, $0 < \phi < 2\pi$)의 자계강도는 다음과 같이 z-축에 존재하는 무한 전류도선에 의한 회전성 자계강도와 동일한 결과를 얻는다.

$$\vec{H}(\vec{r})\Big|_{l\to\infty} \text{ [A/m]} = \vec{H}(\vec{r})\Big|_{\substack{z=z_o+l/2 \\ l\to\infty}} = \frac{I}{2\pi\rho}\frac{1}{\sqrt{\left(\rho/(l/2)\right)^2\Big|_{l\to\infty}+1}}\hat{a}_\phi = \frac{I}{2\pi\rho}\hat{a}_\phi$$

z-축상의 유한한 길이의 근원전류도선에 의해 형성된 자기장의 자계강도는 근원전류도선의 길이에 무관하게, 그리고 관측점의 위치와 거리에 관계없이 근원전류도선을 중심으로 하는 회전성 자계강도만 존재함을 [그림 6-28]에 형상화하여 나타내었다.

또한 z-축상의 유한한 길이의 근원전류도선에 의해 형성된 자기장의 자계강도를 결정하는 요소와 그의 의존도를 [그림 6-29]에 요약하였다.

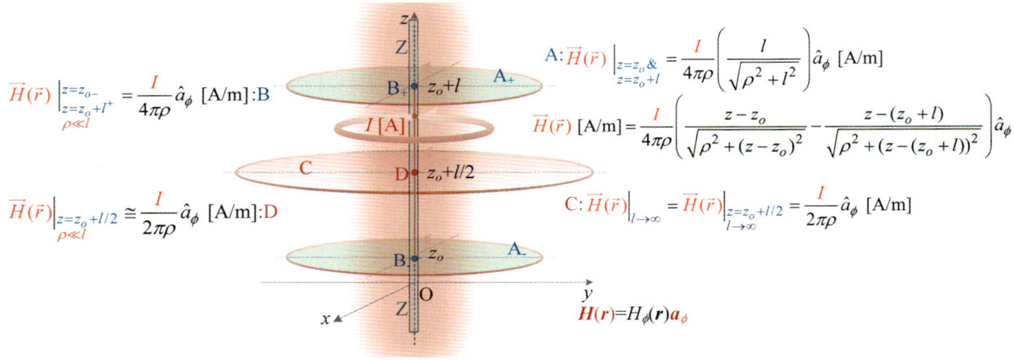

[그림 6-28] z-축상의 유한한 길이($z_o \le z \le z_o + l$)의 근원전류도선에 의해 형성된 자기장의 관측점에 따른 자계강도($\boldsymbol{H}(\boldsymbol{r})$ [A/m])의 변화

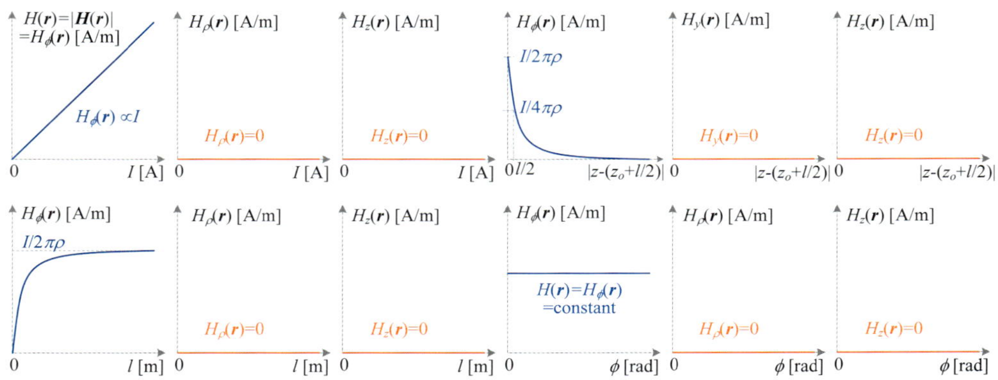

[그림 6-29] z-축상의 유한한 길이($z_o \le z \le z_o + l$)의 근원전류도선에 의해 형성된 자기장의 자계강도($\boldsymbol{H}(\boldsymbol{r})$ [A/m])를 결정하는 요소와 변화

z-축상의 유한한 길이(l [m]; $z_o \le z \le z_o + l$)의 도선에 의해 형성된 자기장 내에 존재하는 시험전류도선이 받는 자기적 힘($\boldsymbol{F}(\boldsymbol{r})$ [N])은 근원전류도선에 의해 형성된 자계강도($\boldsymbol{H}(\boldsymbol{r})$ [A/m])에 **비오-사바르의 법칙**을 적용하여 다음과 같이 구할 수 있다.

$$\vec{H}(\vec{r})\ [\text{A/m}] = \frac{I}{4\pi\rho}\left(\frac{z-z_o}{\sqrt{\rho^2+(z-z_o)^2}} - \frac{z-(z_o+l)}{\sqrt{\rho^2+(z-(z_o+l))^2}}\right)\hat{a}_\phi = H_\phi(\vec{r})\hat{a}_\phi$$

$$d\vec{F}(\vec{r})\ [\text{N}] = \begin{Bmatrix} Q_t\vec{\upsilon}_t(\vec{r})\times\mu\vec{H}(\vec{r}) \\ I_t d\vec{l}_t(\vec{r})\times\mu\vec{H}(\vec{r}) \\ \vec{K}_t dS_t(\vec{r})\times\mu\vec{H}(\vec{r}) \\ \vec{J}_t d\upsilon_t(\vec{r})\times\mu\vec{H}(\vec{r}) \end{Bmatrix} = dF_\rho(\vec{r})\hat{a}_\rho + dF_z(\vec{r})\hat{a}_z$$: 자기장 내의 시험전류도선 조각($d\boldsymbol{l}_t$)에 작용하는 자기력

$$\vec{F}\ [\text{N}] = \int_{test} d\vec{F}(\vec{r}) = F_\rho\hat{a}_\rho + F_z\hat{a}_z$$: 자기장 내의 시험전류도선 전체에 작용하는 자기적 힘

z-축상의 유한한 길이(l [m]; $z_o \le z \le z_o + l$)의 도선에 의해 형성된 자기장이 회전방향의 자계강도 성분만 존재($\boldsymbol{H}(\boldsymbol{r}) = H_\phi(\boldsymbol{r})\boldsymbol{a}_\phi$)하므로, 이로 인한 관측점의 시험전류도선이 받는 자기력($\boldsymbol{F}(\boldsymbol{r})$ [N])은 회전방향 성분은 존재하지 않고 다음과 같이 **방사방향 성분($F_\rho \boldsymbol{a}_\rho$)과 z-축과 평행한 성분($F_z \boldsymbol{a}_z$)만 존재함**을 예상할 수 있다.

z-축에 놓인 유한한 길이(l [m]; $z_o \le z \le z_o + l$)의 도선에 z-축의 양의 방향($+\boldsymbol{a}_z$)으로 흐르는 전류(I [A])에 의해 형성된 자기장 내에 존재하는 시험전류도선에 작용하는 힘을 [그림 6-30]에 형상화하여 나타내었다.

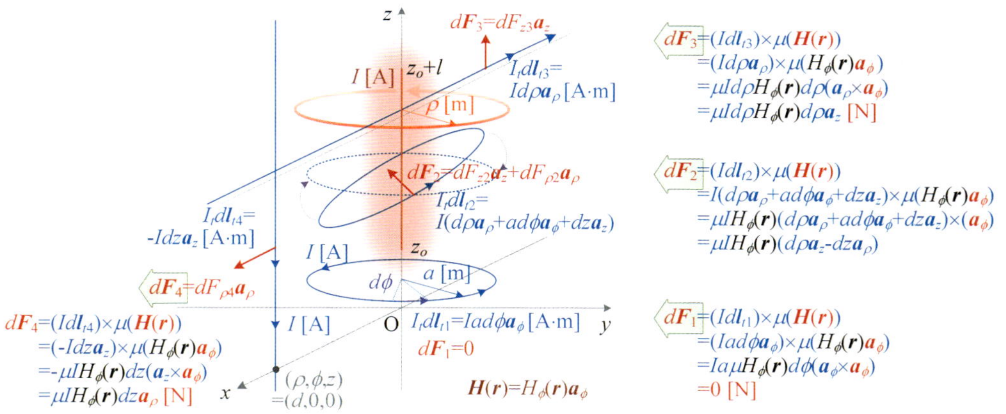

[그림 6-30] z-축의 유한한 길이($z_o \le z \le z_o + l$)의 근원전류도선에 의해 형성된 자기장($\boldsymbol{H}(\boldsymbol{r})$ [A/m]) 내의 시험전류도선에 작용하는 자기적 힘

z-축의 양의 방향($+\boldsymbol{a}_z$)으로 흐르는 유한한 길이의 전류도선에 의해 형성된 자기장 내의 전류도선 조각이 받는 자기력을 [그림 6-30]에 나타내었으며, 시험전류도선의 형태(도선 1~도선 4)를 이용하여 설명하면 다음과 같다.

- 도선 1 : z-축을 중심으로 한 반지름 a [m]의 원형 시험전류도선이 xy-평면에 평행하게 놓여있는 경우, 반지름의 크기와 시험전류도선에 흐르는 전류의 크기(I_t [A])에 관계없이 도선 내의 임의의 점에서 도선 조각이 받는 힘은 0이다($d\boldsymbol{F}_1 = 0$ [N]). 이는 근원전류에 의한 자기장과 시험전류도선이 평행하여 힘이 작용하지 않기 때문이다. 따라서 도선 전체가 받는 힘도 0($\boldsymbol{F}_1 = 0$ [N])이 된다.

$$d\vec{F}_1(\vec{r})\ [\text{N}] = \left(I_t d\vec{l}_{t1}\right) \times \mu H(\vec{r}) = \left(Iad\phi\hat{a}_\phi\right) \times \mu H_\phi(\vec{r})\hat{a}_\phi = Iad\phi\mu H_\phi(\vec{r})\left(\hat{a}_\phi \times \hat{a}_\phi\right) = 0$$

- 도선 2 : z-축을 중심으로 한 반지름 a [m]인 원형 시험전류도선이 xy-평면과 평행하지 않고 기울어져 있는 경우, z-축 방향의 힘($dF_{z2}\boldsymbol{a}_z$ [N])과 방사방향의 힘($dF_{\rho 2}\boldsymbol{a}_\rho$ [N])이 동시에 작용한다($d\boldsymbol{F}_2 = dF_{\rho 2}\boldsymbol{a}_\rho + dF_{z2}\boldsymbol{a}_z$ [N]). 이로 인해 원형도선 전체에 회전력($\boldsymbol{T}$ [N·m])이 작용하며, 최종적으로 xy-평면에 평행(또는 근원전류도선과 수직)하게 되면 회전을 멈추고, 시험전류도선 조각에 작용하는 힘도 0이 된다.

$$d\vec{F}_2(\vec{r})\ [\text{N}] = \left(Id\vec{l}_{t2}\right) \times \mu H(\vec{r}) = \left(I\left(d\rho\hat{a}_\rho + ad\phi\hat{a}_\phi + dz\hat{a}_z\right)\right) \times \mu H_\phi(\vec{r})\hat{a}_\phi = I\mu H_\phi(\vec{r})\left(d\rho\hat{a}_z - dz\hat{a}_\rho\right)$$

- 도선 3 : z-축을 지나며 xy-평면과 평행하게 방사방향($\boldsymbol{a}_r$)으로 흐르는 시험전류도선의 경우, 전류도선 조각의 위치가 z-축에서 멀어질수록 힘이 감소하나 어디서나 z축 방향의 자기력($d\boldsymbol{F}_4 = dF_{z4}\boldsymbol{a}_z$ [N])이 작용함을 뜻한다.

$$d\vec{F}_3(\vec{r})\ [\text{N}] = \left(Id\vec{l}_{t3}\right) \times \mu H(\vec{r}) = \left(Id\rho\hat{a}_\rho\right) \times \mu H_\phi(\vec{r})\hat{a}_\phi = I\mu H_\phi(\vec{r})d\rho\hat{a}_z$$

- 도선 4 : z-축과 평행하게 음의 방향($-\boldsymbol{a}_z$)으로 전류가 흐르는 시험전류도선의 경우, z-축의 근원전류도선에 의해 형성된 자기장으로 인해 방사방향의 밀어내는 힘($d\boldsymbol{F}_4 = dF_{\rho 4}\boldsymbol{a}_\rho$ [N])이 작용한다. 즉, 근원전류도선과 평행한 시험전류도선의 경우 동일한 방향의 전류가 흐르면 서로 당기는 힘, 반대방향의 전류가 흐르면 밀어내는 힘이 작용함을 뜻한다. 이때 시험전류도선에 작용하는 힘은 다음과 같이 계산할 수 있다.

$$d\vec{F}_4(\vec{r})\ [\text{N}] = I_t d\vec{l}_4 \times \mu H(\vec{r}) = -I_t dz\hat{a}_z \times \mu\left(\frac{I}{4\pi\rho}\left(\frac{z - z_o}{\sqrt{\rho^2 + (z - z_o)^2}} - \frac{z - (z_o + l)}{\sqrt{\rho^2 + (z - (z_o + l))^2}}\right)\hat{a}_\phi\right)$$
$$= dF_{\rho 4}(\vec{r})\hat{a}_\rho$$

$$dF_{\rho 4}(\vec{r})\ [\text{N}] \equiv \frac{I_t I \mu}{4\pi\rho}dz\left(\frac{z - z_o}{\sqrt{\rho^2 + (z - z_o)^2}} - \frac{z - (z_o + l)}{\sqrt{\rho^2 + (z - (z_o + l))^2}}\right);\ \begin{cases} \propto I\ [\text{A}] \\ \propto I_t\ [\text{A}] \\ \propto dz\ [\text{m}] \end{cases}$$

: 유한한 길이의 근원전류도선에 의해 형성된 자기장에서 관측점($\boldsymbol{r}$)에서 z-축의 음의 방향($-\boldsymbol{a}_z$)으로 흐르는 시험전류도선 조각($I_t d\boldsymbol{l}_t = -I_t dz\boldsymbol{a}_z$)에 작용하는 자기적 힘($d\boldsymbol{F}(\boldsymbol{r})$)

즉, z-축상에 존재하며 z-축의 양의 방향으로 흐르는 근원전류도선에 의해 형성된 회전성 자기장 내에서 z-축의 음의 방향(근원전류와 반대방향으로 흐르는 시험전류도선)에 작용하는 자기력($d\boldsymbol{F}(\boldsymbol{r})$ [N])은 서로 밀어내는 자기력, 즉, 방사방향의 힘($dF_\rho(\boldsymbol{r})$ [N])만 작용함을 알 수 있다.

6.2.4 *xy*-평면에서 *y*-축과 평행하게 흐르는 무한 면전류에 의한 자기장의 형성과 정자기적 상호작용

[그림 6−31]과 같이 *xy*-평면의 전면에 걸쳐 평행하게 흐르는 무한 면전류(면전류밀도 $\boldsymbol{K} = K\boldsymbol{a}_y$ [A/m])에 의해 형성된 자기장의 자계강도와 자기력을 잘 이해하고, 핵심내용을 잘 파악하여 직관적 해석 능력과 공학적 응용에 잘 활용하는 것이 중요하다.

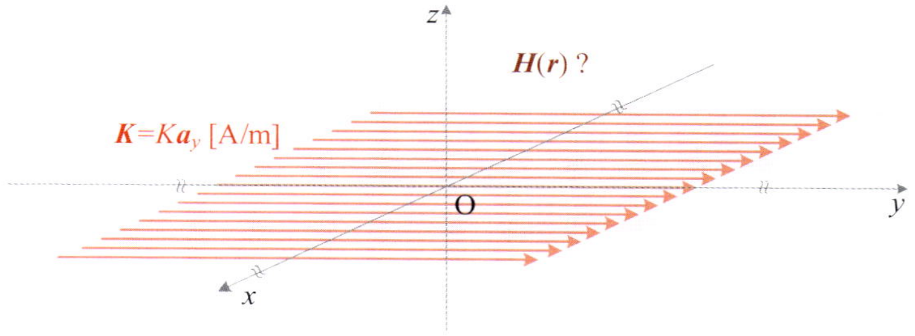

[그림 6−31] *xy*-평면에 평행하게 흐르는 무한 면전류(면전류밀도 $K = K\boldsymbol{a}_y$ [A/m])에 의해 형성된 전기장과 자계강도($\boldsymbol{H}(\boldsymbol{r})$ [A/m])

xy-평면에 평행하게 흐르는 무한 면전류(면전류밀도 $K = K\boldsymbol{a}_y$ [A/m])에 의해 형성된 자기장의 회전성 자계강도($\boldsymbol{H}(\boldsymbol{r})$ [A/m])를 구하기 위해서는 비오−사바르의 법칙에 의한 자계강도에 관한 식과 그것이 담고 있는 뜻을 확인하고 시작하는 것이 중요하다.

$$d\vec{H}(\vec{r},\vec{r}')\ [\text{A/m}] = \frac{\vec{K}_s dS_s(\vec{r}')\times \hat{a}_R}{4\pi R^2} \leftarrow \frac{I_s d\vec{l}_s(\vec{r}')\times \hat{a}_R}{4\pi R^2}\ ;\ \vec{R} \equiv \vec{r} - \vec{r}' = \vec{r}_t - \vec{r}_s$$

: 근원전류도선의 조각이 형성하는 자계강도($d\boldsymbol{H}(\boldsymbol{r})$)

- 자계강도($H(\boldsymbol{r})$ [A/m])는 근원전류의 크기(I_s [A])에 비례함
- 자계강도는 근원전류도선의 길이(l_s [m])에 비례함
- 자계강도는 근원전류도선으로부터 관측점까지 거리(R [m])의 제곱에 반비례함
- 자계강도의 방향($\boldsymbol{a}_H = \boldsymbol{H}(\boldsymbol{r})/H(\boldsymbol{r})$)은 자기장을 형성하는 근원전류도선($d\boldsymbol{l}$ [m])과 관측점을 연결하는 벡터($\boldsymbol{R}$ [m])가 이루는 면에 수직($\boldsymbol{a}_H \| (I_s d\boldsymbol{l}_s \times \boldsymbol{a}_R)$; $\boldsymbol{a}_R = \boldsymbol{R}/R$)임. 즉, 직선 형태 도선의 전류방향($\boldsymbol{a}_l$)으로 오른손 엄지손가락을 향하게 하면, 나머지 손가락들의 회전방향이 관측점에 형성된 회전성 자계강도의 방향($\boldsymbol{a}_H$)임

즉, 근원전류도선 조각에 의해 형성되는 자기장의 자계강도($d\boldsymbol{H}(\boldsymbol{r})$ [A/m])의 세기는 근원전류의 크기에 비례하고, 근원전류로부터의 거리가 멀어짐에 따라 거리의 제곱에 반비례하여 감소한다. 그러나 형성된 자기장의 벡터 자계강도($d\boldsymbol{H}(\boldsymbol{r})$ [A/m])는 근원전류도선 조각으로부터의 거리와 위치에 관계없이 오직 근원전류도선을 중심으로 회전하는 방향의 성분($dH_\phi(\boldsymbol{r})$ [A/m])만 존재함을 기억해야 한다.

[그림 6−31]에 나타낸 것과 같이 전류판이 *xy*-평면과 평행하고, 전류가 *y*-축과 평행하게 흐르며, 전류판으로부터의 거리가 같은 지점(*z*-축 좌표가 같은 지점)에서는 자기장이 동일한 것이 예상된다. 따라서 이 대칭성을 활용할 수 있는 직각좌표계(x,y,z)를 사용하여 자기장을 해석하는 것이 편리하다. 직각좌표계를 사용한 근원전류도선 조각의 위치, 관측점의 위치, 그리고 비오−사바르의 법칙에 기반한 작은 근원전류도선 조각에 의한 관측점의 자기장($d\boldsymbol{H}(\boldsymbol{r})$ [A/m])은 다음과 같이 나타낼 수 있다.

$$\begin{cases} \left.\begin{matrix} \vec{r}_s = \vec{r}\,' = (x', y', 0) \\ \vec{r}_t = \vec{r} = (x, y, z) \end{matrix}\right\} \Rightarrow \vec{R}\ [\mathrm{m}] \equiv \vec{r} - \vec{r}\,' = (x,y,z) - (x',y',0) = (x-x')\hat{a}_x + (y-y')\hat{a}_x + z\hat{a}_z \\ R\ [\mathrm{m}] \equiv \left|\vec{R}\right| = \left|\vec{r} - \vec{r}\,'\right| = \sqrt{(x-x')^2 + (y-y')^2 + z^2}\ ;\ \hat{a}_R \equiv \dfrac{\vec{R}}{R} = \dfrac{\left((x-x'), (y-y'), z\right)}{\sqrt{(x-x')^2 + (y-y')^2 + z^2}} \\ \vec{K}_s dS_s = K dx' dy' \hat{a}_y\ [\mathrm{A \cdot m}] \end{cases}$$

$$d\vec{H}(\vec{r})\ [\mathrm{A/m}] = \frac{\vec{K}_s dS_s \times \hat{a}_R}{4\pi R^2} = \frac{K dx' dy' \hat{a}_y \times \left((x-x')\hat{a}_x + (y-y')\hat{a}_y + z\hat{a}_z\right)}{4\pi\left((x-x')^2 + (y-y')^2 + z^2\right)^{3/2}}$$

$$= \frac{K dx' dy' \left(z\hat{a}_x - (x-x')\hat{a}_z\right)}{4\pi\left((x-x')^2 + (y-y')^2 + z^2\right)^{3/2}}$$

$$= dH_x(\vec{r})\hat{a}_x + dH_z(\vec{r})\hat{a}_z$$: y-축 방향을 흐르는 전류도선 조각에 의해 형성되는 x-축과 z-축 방향의 회전성 자계강도

$$dH_x(\vec{r})\ [\mathrm{A/m}] = \frac{zK dx' dy'}{4\pi\left((x-x')^2 + (y-y')^2 + z^2\right)^{3/2}}$$: x-축 방향의 회전성 자계강도

$$dH_z(\vec{r})\ [\mathrm{A/m}] = \frac{-(x-x')K dx' dy'}{4\pi\left((x-x')^2 + (y-y')^2 + z^2\right)^{3/2}}$$: z-축 방향의 회전성 자계강도

xy-평면에 평행한 무한 전류판 전체에 의한 자기장에서 관측점 자계강도($\boldsymbol{H}(\boldsymbol{r})$ [A/m])는 다음과 같이 작은 근원전류도선 조각에 의한 자계강도($d\boldsymbol{H}(\boldsymbol{r})$ [A/m])의 적분을 통해 구할 수 있다.

$$\vec{H}(\vec{r})\ [\mathrm{A/m}] = \int_{source} d\vec{H}(\vec{r}) = \int_{source} \left(dH_x(\vec{r})\hat{a}_x + dH_z(\vec{r})\hat{a}_z\right)$$

$$= \frac{K}{4\pi}\left(\int_{-\infty}^{+\infty}\left(\int_{-\infty}^{+\infty} \frac{\left(z\hat{a}_x - (x-x')\hat{a}_z\right)}{\left((x-x')^2 + (y-y')^2 + z^2\right)^{3/2}} dx'\right) dy'\right)$$

$$\equiv H_x(\vec{r})\hat{a}_x + H_z(\vec{r})\hat{a}_z\ ;\ \begin{cases} H_z(\vec{r})\hat{a}_z = \hat{a}_z \dfrac{K}{4\pi}\displaystyle\int_{-\infty}^{+\infty} A\,dy'\ ;\ \alpha \equiv \int_{-\infty}^{+\infty} \frac{-(x-x')}{\left((x-x')^2 + (y-y')^2 + z^2\right)^{3/2}} dx' \\ H_x(\vec{r})\hat{a}_x = \hat{a}_x \dfrac{K}{4\pi}\displaystyle\int_{-\infty}^{+\infty} B\,dy'\ ;\ \beta \equiv \int_{-\infty}^{+\infty} \frac{z}{\left((x-x')^2 + (y-y')^2 + z^2\right)^{3/2}} dx' \end{cases}$$

먼저, z-축과 평행한 회전성 자계강도 성분($H_z(\boldsymbol{r})\boldsymbol{a}_z$ [A/m])의 계산을 위한 x-축 방향 적분을 먼저 구하면 다음과 같다.

$$\alpha = \int_{x'=-\infty}^{x'=+\infty} \frac{(x-x')}{\left((x-x')^2 + (y-y')^2 + z^2\right)^{3/2}} dx' = \left(\int_{x'=-\infty}^{x'=+\infty} -\frac{1}{2}\frac{1}{u^{3/2}} du\right) = -u^{-1/2} \leftarrow$$

$$= -\frac{1}{\sqrt{(x-x')^2 + (y-y')^2 + z^2}}\Bigg|_{x'=-\infty}^{x'=+\infty} = 0$$

$$\begin{cases} (x-x')^2 + (y-y')^2 + z^2 = u \\ -2(x-x')dx' = du \rightarrow (x-x')dx' = -\dfrac{1}{2}du \end{cases}$$

즉 z-축과 평행한 자계강도 성분 계산을 위한 x-축 방향 적분 결과, z-축과 평행한 자기장은 존재하지 않음을 알 수 있다. 이는 [그림 6−32]에 형상화하여 나타낸 것과 같이, 관측점을 중심으로 동일한 거리의 대칭점에 있는 전류도선 조각이 형성하는 자기장의 z-축 방향 성분은 서로 반대방향으로 형성되어 상쇄되기 때문이다. 대칭성(odd-symmetry)에 의한 z-축 방향 자기장의 상쇄는 다음 식을 통해서도 확인할 수 있다.

$$\int_{x'=+x_o}^{x'=+(x_o+\Delta x)} \frac{(x-x')}{\left((x-x')^2+(y-y')^2+z^2\right)^{3/2}}dx' + \int_{x'=-(x_o+\Delta x)}^{x'=-x_o} \frac{(x-x')}{\left((x-x')^2+(y-y')^2+z^2\right)^{3/2}}dx' = 0$$

$$\int_{x'=-(x_o+\Delta x)}^{x'=-x_o} \frac{(x-x')dx'}{\left((x-x')^2+(y-y')^2+z^2\right)^{3/2}} = \int_{u'=(u_o+\Delta u)}^{u'=u_o} \frac{-(u-u')(-du')}{\left((u-u')^2+(y-y')^2+z^2\right)^{3/2}}$$

$$= \int_{u'=u_o}^{u'=(u_o+\Delta u)} \frac{-(u-u')du'}{\left((x-x')^2+(y-y')^2+z^2\right)^{3/2}} = -\int_{u'=u_o}^{u'=(u_o+\Delta u)} \frac{(u-u')du'}{\left((x-x')^2+(y-y')^2+z^2\right)^{3/2}};$$

$$(x-x') \equiv -(u-u') \rightarrow -dx' = du'$$

따라서 xy-평면에 평행하게 흐르는 면전류에 의한 관측점의 자기장($\boldsymbol{H}(\boldsymbol{r})$ [A/m])의 z-축과 평행한 자계강도 성분은 존재하지 않음을 알 수 있다. xy-평면에 평행하게 흐르는 면전류(면전류밀도 $K = K\boldsymbol{a}_y$ [A/m])의 작은 근원전류도선 조각에 의해 형성된 자계강도($\boldsymbol{H}(\boldsymbol{r})$ [A/m])를 형상화하여 [그림 6−32]에 요약하였다.

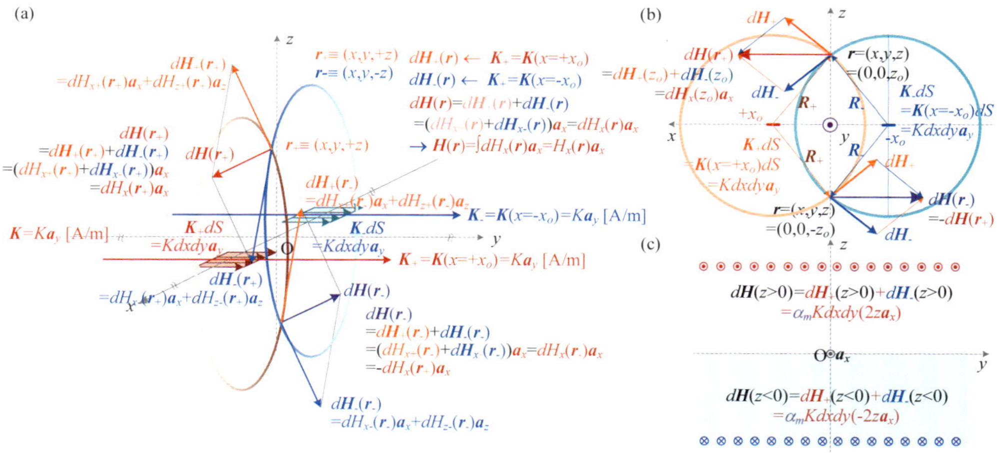

[그림 6−32] (a) xy-평면에 평행하게 흐르는 면전류(면전류밀도 $K = K\boldsymbol{a}_y$ [A/m])
(b) y-축으로부터 동일한 거리의 대칭 전류 조각에 의해 형성된 회전성 자계강도($d\boldsymbol{H}(\boldsymbol{r})$ [A/m])는 x-축 방향의 자계강도만 존재함
(c) xy-평면에 평행하게 흐르는 면전류에 의해 형성된 자계강도($\boldsymbol{H}(\boldsymbol{r})$ [A/m])

x-축과 평행한 자계강도 성분($H_x(\boldsymbol{r})\boldsymbol{a}_x$ [A/m])의 계산을 위한 x'축 방향 적분 과정은 다음과 같다.

$$\beta \equiv \int_{-\infty}^{+\infty} \frac{z}{\left((x-x')^2+(y-y')^2+z^2\right)^{3/2}}dx' \leftarrow \int \frac{du}{\left(u^2+\upsilon^2\right)^{3/2}} = \frac{1}{\upsilon^2}\frac{u}{\sqrt{u^2+\upsilon^2}} \leftarrow \begin{cases}(x-x') \equiv u \rightarrow -dx' = du \\ (y-y')^2+z^2 \equiv \upsilon^2\end{cases}$$

$$= \int_{x'=-\infty}^{x'=+\infty} \frac{-z}{\left(u^2+\upsilon^2\right)^{3/2}} du = -z\frac{1}{\upsilon^2}\frac{u}{\sqrt{u^2+\upsilon^2}} = -z\frac{1}{\left((y-y')^2+z^2\right)}\frac{(x-x')}{\sqrt{(x-x')^2+(y-y')^2+z^2}}\Bigg|_{x'=-\infty}^{x'=+\infty}$$

$$= -z\frac{1}{\left((y-y')^2+z^2\right)}(-2) = \frac{2z}{\left((y-y')^2+z^2\right)}$$

$$\int_{y'=-\infty}^{y'=+\infty} Bdy' = \int_{y'=-\infty}^{y'=+\infty} \frac{2z}{\left((y-y')^2+z^2\right)} dy' = \int_{y'=-\infty}^{y'=+\infty}\left(\frac{-2z}{\left(t^2+z^2\right)}dt\right) = \frac{-2z}{z}\tan^{-1}\left(\frac{t}{z}\right)\Bigg|_{y'=-\infty}^{y'=+\infty}$$

$$\leftarrow \int \frac{dx}{a^2+x^2} = \frac{1}{a}\tan^{-1}\left(\frac{x}{a}\right) \text{ : math table}$$

$$= -2\tan^{-1}\left(\frac{y-y'}{z}\right)\Bigg|_{y'=-\infty}^{y'=+\infty} = 2\left(\left(-\frac{\pi}{2}\right)-\frac{\pi}{2}\right)\frac{z}{|z|} = 2\pi\frac{z}{|z|} = \begin{cases} +2\pi \ ; \ z>0 \\ -2\pi \ ; \ z<0 \end{cases}$$

지금까지 계산한 결과를 종합하면, xy-평면에 평행한 무한 면전류 전체에 의해 형성된 자기장에서 관측점 자계강도($\boldsymbol{H}(\boldsymbol{r})$ [A/m])는 다음과 같이 전류가 흐르는 방향에 수직인 x-축 방향 성분만 존재한다.

$$\overline{H}(\vec{r}) \text{ [A/m]} = \int_{source} d\overline{H}(\vec{r}) = H_x(\vec{r})\hat{a}_x = \frac{K}{4\pi}\left(\int_{y'=-\infty}^{y'=+\infty} Bdy'\right) = \frac{K}{2}\frac{z}{|z|}\hat{a}_x = \begin{cases} +\frac{K}{2}\hat{a}_x \ ; \ z>0 \\ -\frac{K}{2}\hat{a}_x \ ; \ z<0 \end{cases} \text{ : 무한 평면 전류에 의한 자계강도}$$

특히, xy-평면과 평행하게 y-축 방향으로 흐르는 얇은 면전류(면전류밀도 $\boldsymbol{K} = K\boldsymbol{a}_y$ [A/m])에 의한 자기장은 전류판으로부터의 거리, 즉 z-축의 좌표에 관계없이, 또한 x, y 좌표에 관계없이 어느 지점이나 자계강도의 세기는 동일($H(\boldsymbol{r}) = |\boldsymbol{H}(\boldsymbol{r})| = K/2$ = 일정)하고, x-축과 평행한 방향의 회전성 자계강도가 형성된다. 전류판의 위($z > 0$)에서는 x-축의 양의 방향($+\boldsymbol{a}_x$)으로, 전류판의 아래($z < 0$)에서는 x축의 음의 방향($-\boldsymbol{a}_x$)으로 자기장이 형성되며, 이를 [그림 6-33]에 형상화하여 나타내었다.

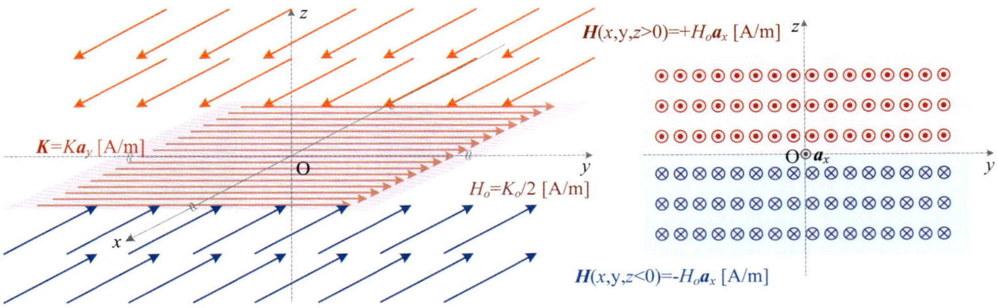

[그림 6-33] xy-평면에 평행하게 흐르는 무한 면전류(면전류밀도 $K = K\boldsymbol{a}_y$ [A/m])에 의해 형성된 자기장의 자계강도($\boldsymbol{H}(\boldsymbol{r})$ [A/m])

xy-평면과 평행하게 y-축 방향으로 흐르는 얇은 면전류(면전류밀도 $\boldsymbol{K} = K\boldsymbol{a}_y$ [A/m])에 의한 자기장의 자계강도를 결정하는 요소와 그 의존도를 [그림 6-34]에 요약하였다.

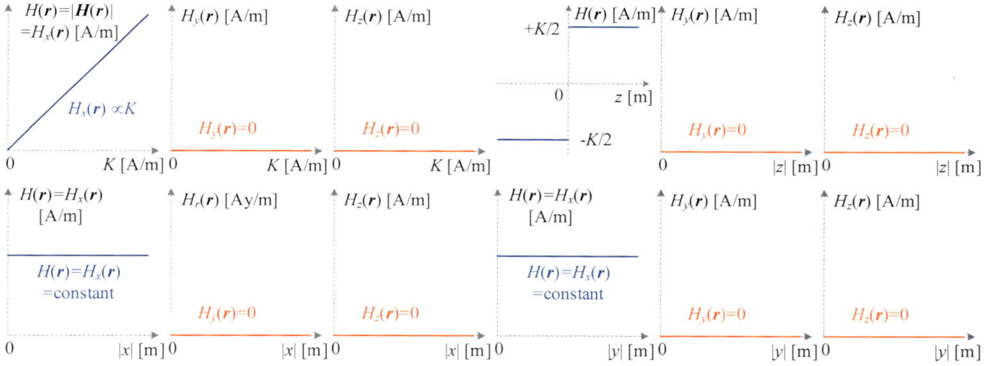

[그림 6-34] xy-평면에서 y-축에 평행하게 흐르는 면전류(면전류밀도 $K = K\boldsymbol{a}_y$ [A/m])에 의해 형성된 자계강도($\boldsymbol{H}(\boldsymbol{r})$ [A/m])의 변화와 결정 요소

근원전류에 의해 형성된 자기장의 자계강도($\boldsymbol{H}(\boldsymbol{r})$ [A/m])를 계산하는 궁극적 목적은 자기장 내의 시험전류도선에 작용하는 자기력을 편리하게 계산하기 위함이다. xy-평면과 평행하게 y-축 방향으로 흐르는 얇은 면전류(전류밀도 $\boldsymbol{K} = K\boldsymbol{a}_y$ [A/m])에 의한 자기장 내의 시험전류도선이 받는 자기적 힘($\boldsymbol{F}(\boldsymbol{r})$ [N])은 자계강도($\boldsymbol{H}(\boldsymbol{r})$ [A/m])에 비오-사바르의 법칙을 적용하여 다음과 같이 구할 수 있다. 또 xy-평면에서 y-축과 평행하게 흐르는 면전류(면전류밀도 $K = K\boldsymbol{a}_y$ [A/m])에 의해 형성된 자기장 내에 존재하는 시험전류도선 조각에 작용하는 힘을 [그림 6-35]에 형상화하여 나타내었다.

$$\vec{F}\ [\mathrm{N}] = \int_{test} d\vec{F}(\vec{r})$$: 근원전류도선이 형성한 자기장에 의해 시험전류도선 **전체**에 작용하는 자기적 힘

$$d\vec{F}(\vec{r})\ [\mathrm{N}] = \begin{cases} Q_t\vec{\upsilon}_t(\vec{r}) \times \mu\vec{H}(\vec{r}) \\ I_t d\vec{l}_t(\vec{r}) \times \mu\vec{H}(\vec{r}) \\ \vec{K}_t dS_t(\vec{r}) \times \mu\vec{H}(\vec{r}) \\ \vec{J}_t d\upsilon_t(\vec{r}) \times \mu\vec{H}(\vec{r}) \end{cases} ;\ \vec{H}(\vec{r})\ [\mathrm{A/m}] = \frac{K}{2}\frac{z}{|z|}\hat{a}_x = \begin{cases} +\dfrac{K}{2}\hat{a}_x\ ;\ z>0 \\ -\dfrac{K}{2}\hat{a}_x\ ;\ z<0 \end{cases}$$

: (근원전류도선이 형성한) 자기장에 의해 시험전류도선의 **일부/조각**($d\boldsymbol{l}_t$)에 작용하는 자기적 힘

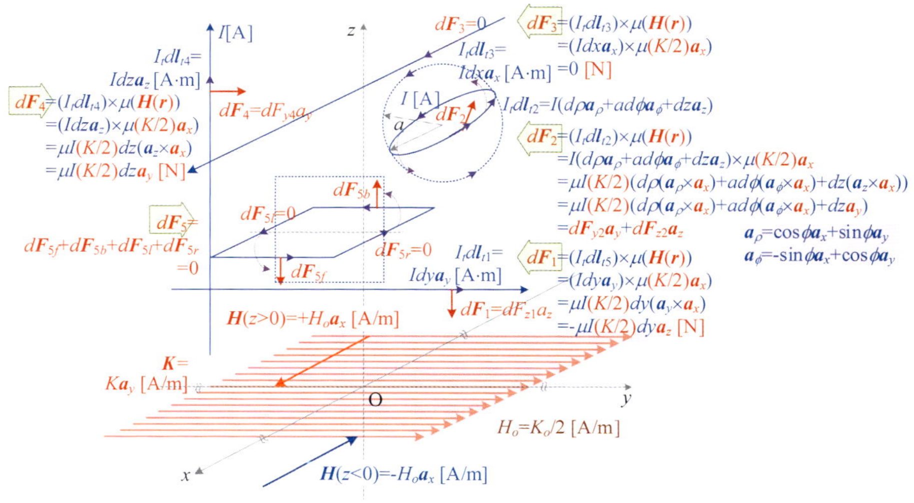

[그림 6-35] xy-평면에서 y-축에 평행하게 흐르는 면전류(면전류밀도 $K = K\boldsymbol{a}_y$ [A/m])에 의해 형성된 자기장 내의 전류판의 위($z > 0$)에 위치한 다양한 형태의 시험전류도선이 받는 자기력

6.2.5 폐경로 형태의 원형전류도선에 의한 자기장 형성과 자기적 상호작용

[그림 6-36]에 나타낸 것과 같이 xy-평면과 평행하게 반지름 $\rho = a$ [m]의 원형도선을 따라 흐르는($\boldsymbol{a}_\phi$) 전류(I [A])에 의해 형성된 자기장의 회전성 자계강도($\boldsymbol{H}(\boldsymbol{r})$ [A/m])를 이해하는 것도 중요하다.

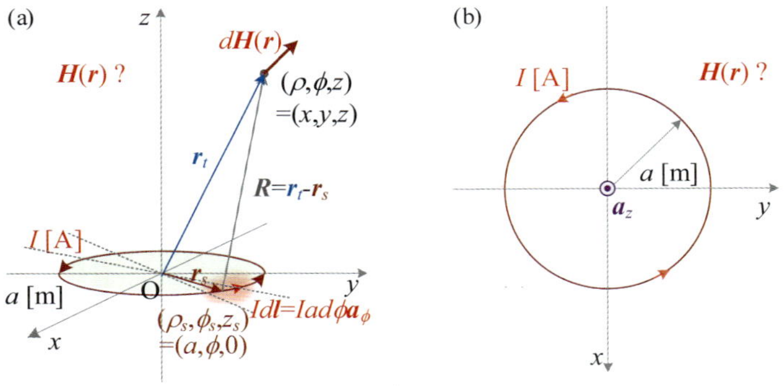

[그림 6-36] xy-평면과 평행하게 반지름 $\rho = a$ [m]의 원형도선을 따라 흐르는($\boldsymbol{a}_\phi$) 전류(I [A])에 의해 형성된 자기장

폐경로 형태의 원형전류도선(원형 궤도를 일정한 속도로 움직이는 전하에 의해 형성되는 전류도 포함)은 자기쌍극자(magnetic dipole)와 이들의 집합체인 자성체(자기장의 영향을 주고 받는 재료: magnetic material)의 자화, 권선형 도선인 원형 솔레노이드 코일(solenoid coil)과 반지 형태의 권현형 코일(toroid coil)의 자계강도와 자기유도용량(인덕턴스: inductance)의 이해에도 반드시 필요하다. 특히, 외부에서 인가된 자기장에 의한 자성체의 자화특성과 자성계수($\mu = \mu_r\mu_o$ [H/m])를 이해하는 데도 도움이 된다.

그러나 원형전류도선에 의한 자기장은 간단해 보이는 구조이지만, 임의의 관측점($\boldsymbol{r}$)에서 원형전류도선에 의한 자기장 형성을 수식으로 유도하는 과정은 다소 복잡하다. 따라서 다소 제한된 과정이지만 다음의 두 경우로 구분하여 원형전류도선에 의해 형성되는 자기장을 이해하면 직관력을 기르고 응용하는 데 도움이 된다.

(a) 원형전류도선이 이루는 면과 수직인 지점, 즉, 원형전류도선의 중앙을 수직으로 지나는 z-축 위 관측점$(0,0,z)$의 자계강도

(b) 원형전류도선이 이루는 면과 같은 평면($z=0$인 xy-평면)에 존재하는 관측점$(\rho,\phi,0)$의 자계강도

원형전류도선이 이루는 면과 수직인 지점, 즉 원형전류도선의 중앙을 수직으로 지나는 z-축 위 관측점$(0,0,z)$의 자계강도($H(r)$ [A/m])

자기장의 대칭성을 확인하고, 편리한 좌표계를 선택하는 기준으로 사용하기 위해 자기장 해석의 근거가 되는 비오-사바르의 법칙에 담긴 중요한 내용을 요약하면 다음과 같다.

$$d\vec{H}(\vec{r},\vec{r}\,')\ [\text{A/m}] = \frac{I_s d\vec{l}_s(\vec{r}\,') \times \hat{a}_R}{4\pi R^2}$$

: 근원전류판의 **일부**($Id\boldsymbol{l}_s$)가 형성한 자계강도($d\boldsymbol{H}(\boldsymbol{r})$)를 나타내는 비오-사바르의 법칙

- 자계강도($d\boldsymbol{H}(\boldsymbol{r})$ [A/m])는 근원전류(I_S [A])에 비례함
- 자계강도는 근원전류도선 조각의 길이(dl_s [m])에 비례함
- 자계강도는 근원전류로부터 관측점까지 거리(R [m])의 제곱에 반비례함
- 자계강도의 방향($\boldsymbol{a}_H = \boldsymbol{H}(\boldsymbol{r})/H(\boldsymbol{r})$)은 자기장을 형성하는 근원전류도선 조각과 관측점을 연결하는 벡터($\boldsymbol{R}$ [m])가 이루는 면에 수직($\boldsymbol{a}_H \| (\boldsymbol{J}_s \mathrm{x} \boldsymbol{a}_R)$; $\boldsymbol{a}_R = \boldsymbol{R}/R$)임. 즉, 직선 형태 도선의 전류방향($\boldsymbol{a}_l$)으로

오른손의 엄지손가락을 향하게 하면, 나머지 손가락들의 회전방향이 관측점에 형성된 자계강도의 방향($\boldsymbol{a}_H$)임. 또는 오른손의 엄지손가락을 제외한 나머지 손가락들의 방향이 전류 방향으로 가정하면 엄지손가락의 방향이 자기장의 방향임

[그림 6-37]에 나타낸 것과 같이 xy-평면 위의 원형전류도선에서는 z-축을 중심으로 반지름이 a [m]인 동심원을 따라 전류가 흐르므로, 이로 인해 형성되는 자기장의 회전성 자계강도는 원통좌표계(ρ,ϕ,z)를 사용하여 해석하는 것이 편리하다. 그런데 관측점의 위치가 z-축 위에 고정된 경우 비오-사바르의 법칙을 이용하여 자기장을 해석하기 위해서는 직각좌표계와 원통좌표계를 모두 사용하고, 직각좌표계(x,y,z) $\longleftrightarrow$ 원통좌표계(ρ,ϕ,z)의 상호 변환 과정이 필요하다. 앞에서 비오-사바르의 법칙에 적용하기 편리한 원통좌표계의 근원전류도선 조각의 위치, z-축상의 관측점(원통좌표계($0,\phi,z$), 직각좌표계 ($0,0,z$))의 위치는 다음과 같다.

$$\vec{r}\,' = (a,\phi',0) \to (x',y',z') = (a\cos\phi', a\sin\phi', 0)$$

$$\vec{r} = (0,0,z) \to (x,y,z) = (0,0,z) \qquad \text{: 근원전류도선 조각과 관측점의 위치 벡터}$$

$$\vec{R}\ [\mathrm{m}] \equiv \vec{r} - \vec{r}\,' = -a\cos\phi'\hat{a}_x - a\sin\phi'\hat{a}_y + z\hat{a}_z = -a\hat{a}_\rho + z\hat{a}_z$$

$$R\ [\mathrm{m}] \equiv |\vec{R}| = |\vec{r} - \vec{r}\,'| = \sqrt{a^2+z^2},\ \&\ \hat{a}_R \equiv \frac{\vec{R}}{R} = \frac{-a\hat{a}_\rho + z\hat{a}_z}{\sqrt{a^2+z^2}} \qquad \text{: 근원전류도선 조각으로부터 관측점을 향하는 벡터}$$

$$d\vec{l}(\vec{r})\ [\mathrm{m}] = ad\phi\hat{a}_\phi,\ I_s d\vec{l}_s(\vec{r}\,')\ [\mathrm{A\cdot m}] = Iad\phi\hat{a}_\phi \qquad \text{: 근원전류도선 조각}$$

$$\vec{H}(\vec{r})\ [\mathrm{A/m}] = \left(H_\rho(\vec{r})=0, H_\phi(\vec{r})=0, H_z(\vec{r})\right) = H_z(\vec{r})\hat{a}_z \qquad \text{: 근원전류판에 의해 형성된 관측점의 자계강도}$$

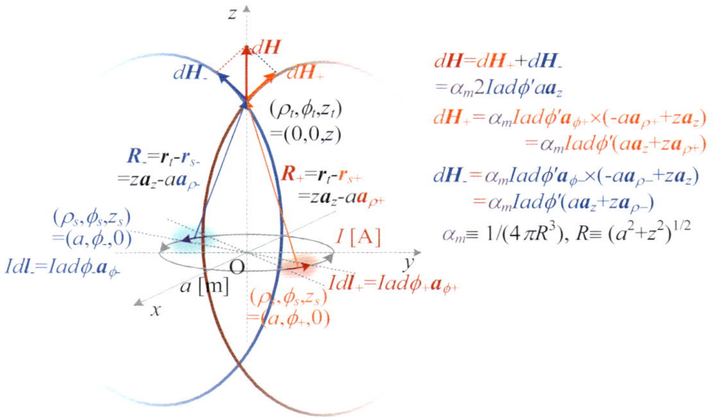

[그림 6-37] xy-평면과 평행하게 반지름 $\rho=a$ [m]의 원형도선을 따라 흐르는($\boldsymbol{a}_\phi$) 전류(I [A])에 의해 형성된 z-축 위의 자계강도($\boldsymbol{H}(\boldsymbol{r})$ [A/m])

먼저, 근원전류도선 조각에 의한 z-축 위의 원통좌표계 관측점($0,0,z$)에서 자기장($dH(r)$ [A/m])은 다음과 같이 나타낼 수 있다.

$$d\vec{H}(\vec{r})\ [\mathrm{A/m}] = \frac{Iad\phi\hat{a}_\phi \times \hat{a}_R}{4\pi R^2} = \frac{Iad\phi\hat{a}_\phi \times \vec{R}}{4\pi R^3} = \frac{Iad\phi\hat{a}_\phi \times \left(-a\hat{a}_\rho + z\hat{a}_z\right)}{4\pi R^3} = \frac{Iad\phi\left(a\hat{a}_z + z\hat{a}_\rho\right)}{4\pi\left(a^2+z^2\right)^{3/2}}$$

: 원형전류도선 조각에 의한 회전성 자계강도

그런데 반지름(ρ [m])이 같은 관측점에서는 회전방향 각도(ϕ [rad])에 관계없이 어느 지점이나 동일한 환경에 있으며, z-축을 중심으로 하는 원형전류도선에 의한 회전성 자계강도($d\boldsymbol{H}(\rho,\phi,z)$)는 관측점의 회전각에 무관하게 동일한 값을 가짐을 예상할 수 있다. 특히, 자계강도의 방사방향 성분($dH_\rho(\boldsymbol{r})$)과 z-축 방향 성분($dH_z(\boldsymbol{r})$)을 구분할 수 있도록 정리하면 다음과 같이 나타낼 수 있다.

$$d\vec{H}(\vec{r})\ [\text{A/m}] = \frac{Iad\phi\left(a\hat{a}_z + z\hat{a}_\rho\right)}{4\pi\left(a^2+z^2\right)^{3/2}} = dH_z(\vec{r})\hat{a}_z + dH_\rho(\vec{r})\hat{a}_\rho\ ;\ \begin{cases} dH_z(\vec{r}) \equiv \dfrac{I}{4\pi a}\dfrac{d\phi}{\left(1+(z/a)^2\right)^{3/2}}\hat{a}_z \\ dH_\rho(\vec{r}) \equiv \dfrac{I}{4\pi a^2}\dfrac{zd\phi}{\left(1+(z/a)^2\right)^{3/2}}\hat{a}_\rho \end{cases}$$

xy-평면에 평행한 원형전류도선 전체에 의해 형성된 z-축 위의 원통좌표계 관측점$(0,0,z)$의 자기장($\boldsymbol{H}(\boldsymbol{r})$ [A/m])은 작은 근원전류도선 조각에 의한 자계강도($d\boldsymbol{H}(\boldsymbol{r})$ [A/m])의 적분(합)을 통해 구할 수 있다.

$$\vec{H}(\vec{r})\ [\text{A/m}] = \int_{source} d\vec{H}(\vec{r}) = \int_{source}\left(dH_z(\vec{r})\hat{a}_z\right) + \int_{source}\left(dH_\rho(\vec{r})\hat{a}_\rho\right) = H_z(\vec{r})\hat{a}_z + H_\rho(\vec{r})\hat{a}_\rho$$

계산을 간략히 하기 위해서는 대칭성을 반영하는 것이 중요하다. 즉, [그림 6-37]과 같이 원점에 대한 대칭점의 근원전류도선 조각에 의해 z-축 위 관측점에서는 방사방향의 자기장 성분($dH_\rho(\boldsymbol{r})\boldsymbol{a}_\rho$)은 상쇄되고, z-축 방향 성분만 남게 된다. 특히 방사방향의 회전각(ϕ [rad])에 따라 방사방향의 방향벡터($\boldsymbol{a}_\rho$)의 방향이 바뀌며, 임의의 회전각 $\phi_1 = \phi$ [rad]에서의 방사방향 단위벡터($\boldsymbol{a}_{\rho+}$)와 π [rad]의 차이가 있는 점 ($\phi_2 = \phi + \pi$ [rad])의 방사방향 단위벡터($\boldsymbol{a}_{\rho-}$)는 정확히 반대방향이다. 이를 수식으로 나타내면 다음과 같다.

$$\hat{a}_{\rho-} = \hat{a}_\rho(\phi+\pi) = -\hat{a}_\rho(\phi) = -\hat{a}_{\rho+}$$

$$d\vec{H}_{\rho\pm}(\vec{r}) \equiv d\vec{H}_{\rho+}(\vec{r})\Big|_{\phi'} + d\vec{H}_{\rho-}(\vec{r})\Big|_{\phi'+\pi} = \frac{I}{4\pi a^2}\frac{zd\phi}{\left(1+(z/a)^2\right)^{3/2}}\left(\hat{a}_{\rho+}+\hat{a}_{\rho-}\right) = 0 \quad \leftarrow \left(\hat{a}_{\rho+}+\hat{a}_{\rho-}\right) = 0$$

$$H_\rho(\vec{r})\ [\text{A/m}] = \int_{source} dH_\rho(\vec{r}) = \int_{source}\left(d\vec{H}_{\rho+}(\vec{r}) + d\vec{H}_{\rho-}(\vec{r})\right) = 0$$

: 원형전류도선과 관측점의 대칭성으로 인해 회전성 자계강도 중 방사방향 성분은 상쇄되어 존재하지 않음

따라서 z-축상의 관측점$(0,0,z)$에서 xy-평면에 평행한 원형전류도선 전체에 의해 형성된 자계강도 ($\boldsymbol{H}(\boldsymbol{r})$ [A/m])는 다음과 같다.

$$\vec{H}(\vec{r})\ [\text{A/m}] = \int_{source} dH_z(\vec{r})\hat{a}_z = \frac{I}{4\pi a}\int_{\phi=0}^{\phi=2\pi}\frac{d\phi}{\left(1+(z/a)^2\right)^{3/2}}\hat{a}_z = \frac{I}{2a}\frac{1}{\left(1+(z/a)^2\right)^{3/2}}\hat{a}_z = H_z(\vec{r})\hat{a}_z$$

$$= \frac{I}{2}\frac{a^2}{\left(a^2+z^2\right)^{3/2}}\hat{a}_z$$

z-축상에 존재하는 관측점($O(0,0,z)$)의 자계강도는 근원전류도선의 길이에 비례($\propto dl$ [m])하며, 근원전류 로부터 관측점까지의 거리의 제곱에 반비례($\propto 1/R^2$ [m^{-2}])한다. 원형전류도선의 반지름이 클수록 자기장 형성의 근원이 되는 총 도선의 길이(원주; $l = 2\pi a$ [m])는 길어진다. 그러나 원형전류도선의 반지름이 클수록 관측점인 중심부까지의 거리(R [m])는 증가하므로($dH(\boldsymbol{r}) \propto 1/R^3$), 이로 인해 원형전류도선 중심($O(0,0,0)$)에서는 원형전류도선의 반지름($a$ [m])이 클수록 반지름에 선형적으로 반비례하여 자계강도가 감소한다. 또한 반시계 방향의 전류가 흐르는 원형전류도선의

안쪽에서는 어느 지점이나 z-축의 양의 방향의 자기장, 밖에서는 z축의 음의 방향($-\mathbf{a}_z$)의 자기장이 형성됨을 기억해두면 공학적 직관력을 응용하는 데 편리하게 사용할 수 있다.

그리고 원형전류도선 중심부($\rho = 0$, $z = 0$)의 자계강도는 다음과 같이 근원전류의 크기에 선형적으로 비례하고, 원형전류도선의 반지름(a [m])에 반비례하며, 반시계 방향(즉 회전각의 방향: $+\mathbf{a}_\phi$)의 근원전류가 흐르는 경우, z-축의 양의 방향으로 향하는 자기장이 형성된다.

$$\overline{H}(0,0,0^+) = \overline{H}(0,0,0^-)\ [\text{A/m}] = \frac{I}{2a}\hat{a}_z \propto \begin{cases} I \\ 1/a \end{cases}$$: 원형전류도선 중심부(0,0,0+)의 자계강도

원형전류도선의 반지름이 증가할수록 자기장을 형성하는 전류도선의 총 길이는 반지름에 비례하여 증가하지만, 중심부는 근원전류도선으로부터 멀어지므로 자계강도는 거리에 제곱에 반비례하여 감소하므로, 전체적으로 반지름이 증가하면 중심부의 자계강도는 감소한다. 원형전류도선의 중심($\rho = 0$, $z = 0$)의 자계강도를 결정하는 요소와 의존도를 [그림 6-38]에 요약하였다.

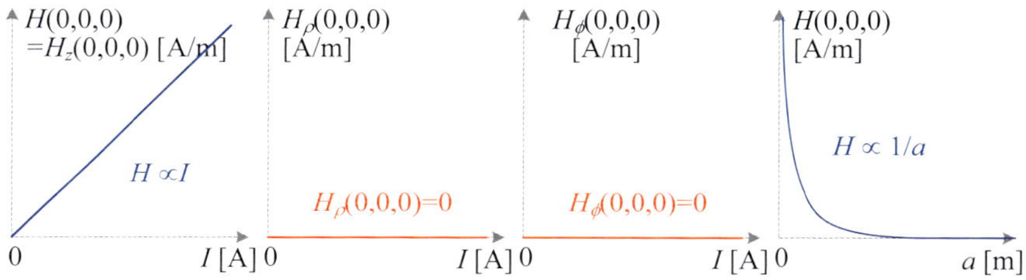

[그림 6-38] $r = a$ [m]의 xy-평면상 원형도선을 따라 흐르는($\mathbf{a}_\phi$) 전류(I [A])에 의해 형성된 도선의 중심부(0,0,0)의 자계강도 변화

또한, 원형전류도선으로부터 멀리 떨어진 z-축상의 한 지점($|z| >> a$)의 자계강도는 다음과 같이 도선의 반지름의 제곱에 비례하고, 원점으로부터의 거리인 z-축 좌표의 세제곱에 반비례하여 급격히 감소한다.

$$\overline{H}(0,0,|z| \gg a)\ [\text{A/m}] = \frac{Ia^2}{2|z|^3}\hat{a}_z = \frac{I(2\pi a)^2}{8\pi^2|z|^3}\hat{a}_z \propto \begin{cases} I \\ a^2\ ;\ l = 2\pi a \\ 1/|z|^3 \end{cases}$$: 원형전류도선으로부터 멀리 떨어진 z-축상 관측점의 자계강도

즉, 원형전류도선으로부터의 거리가 조금만 멀어져도 원형전류도선에 의한 자기장의 영향이 급격히 감소함을 의미한다. 이 결과는 원형전류도선에 의한 자기장을 형성하여 신호 또는 전자기적 에너지 전달을 위한 공학적 응용에서는 이로 인한 신호/에너지 전달의 효율성을 신중하게 고려하여야 함을 뜻한다.

[그림 6-39]에 $\rho = a$ [m]인 xy-평면 위의 원형도선을 따라 흐르는 전류(I [A])에 의해 형성된 z-축 위의 자계강도($\mathbf{H}(\mathbf{r})$ [A/m])를 결정하는 요소와 의존도를 요약하였다.

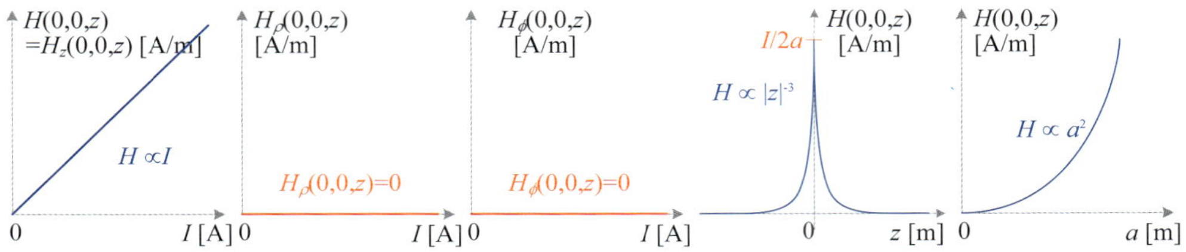

[그림 6-39] $\rho = a$ [m]인 xy-평면 위의 원형도선을 따라 흐르는($\boldsymbol{a}_\phi$) 전류(I [A])에 의해 형성된 z-축 위의 자계강도($\boldsymbol{H}(\boldsymbol{r})$ [A/m]) 변화

xy-평면의 원형전류도선과 동일한 평면에 존재하는 관측점$(\rho,\phi,0)$ $(\rho < a$ [m]) 자계강도 $(\boldsymbol{H}(\boldsymbol{r})$ [A/m])

원형전류도선과 같은 xy-평면에 존재하는 관측점$(\rho,\phi,0)$의 자계강도는 계산 과정에서 벡터의 곱과 벡터의 합이 필요하다. 따라서 직각좌표계($\boldsymbol{r} = (x,y,z)$)와 원통좌표계($\boldsymbol{r} = (\rho,\phi,z)$)를 모두 사용하여 상호 변환하는 과정이 필요하여, 다소 복잡한 계산 과정을 거쳐야 한다.

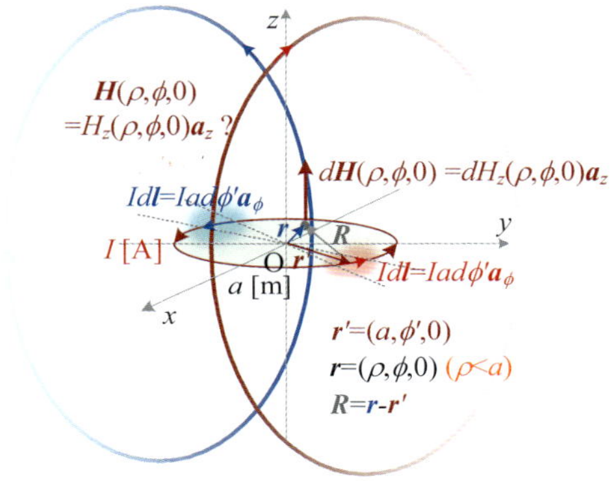

[그림 6-40] xy-평면의 원형전류도선과 같은 평면상에 존재하는 관측점$(\rho,\phi,0)$ $(\rho < a$ [m])의 자계강도($\boldsymbol{H}(\boldsymbol{r})$ [A/m])

[그림 6-40]과 같이 근원전류도선 조각($I_s d\boldsymbol{l}_s$)이 있는 점($\boldsymbol{r}'$)과 관측점($\boldsymbol{r}$)을 원통좌표계로 설정한 후, 비오-사바르의 법칙에 기반한 회전성 자계강도($\boldsymbol{H}(\boldsymbol{r})$ [A/m])의 계산 과정에 필요한 좌표와 기본 요소를 정리하면 다음과 같다.

$$d\vec{H}(\vec{r})\ [\text{A/m}] = d\vec{H}(\rho,\phi,0) = \frac{I_s d\vec{l}_s \times \hat{a}_R}{4\pi R^2}$$

$$\begin{cases} \left.\begin{aligned} &\vec{r}' = (a,\phi',0) \longleftrightarrow \vec{r}'(x',y',z') = a\cos\phi'\hat{a}_x + a\sin\phi'\hat{a}_y \\ &\vec{r} = (\rho,\phi,0) \longleftrightarrow \vec{r}(x,y,z) = \rho\cos\phi\hat{a}_x + \rho\sin\phi\hat{a}_y \end{aligned}\right\} \\ \vec{R}\ [\text{m}] = \vec{r} - \vec{r}' = (\rho,\phi,0) - (a,\phi',0) \rightarrow \vec{R}(x,y,z) = (\rho\cos\phi - a\cos\phi')\hat{a}_x + (\rho\sin\phi - a\sin\phi')\hat{a}_y \\ R\ [\text{m}] = |\vec{R}| = |\vec{r} - \vec{r}'| = \sqrt{(\rho\cos\phi - a\cos\phi')^2 + (\rho\sin\phi - a\sin\phi')^2} \\ \hat{a}_R(x,y,z) = \dfrac{\vec{R}}{R} = \dfrac{(\rho\cos\phi - a\cos\phi')\hat{a}_x + (\rho\sin\phi - a\sin\phi')\hat{a}_y}{\sqrt{(\rho\cos\phi - a\cos\phi')^2 + (\rho\sin\phi - a\sin\phi')^2}} \end{cases}$$

$$I_s d\vec{l}_s\ [\text{A}\cdot\text{m}] = Iad\phi'\hat{a}_\phi = Iad\phi'\left(-\sin\phi'\hat{a}_x + \cos\phi'\hat{a}_y\right)$$

반지름이 a [m]인 원형의 근원전류도선의 일부 조각($I_s d\boldsymbol{l}_s = Iad\phi'\boldsymbol{a}_{\phi'}$ [A·m])에 의해 형성되는 부분 자계강도($d\boldsymbol{H}(\rho,\phi,0)$ [A/m])를 비오–사바르의 법칙에 적용하여 얻은 관계식은 다음과 같다.

$$d\vec{H}(\vec{r})\ [\text{A/m}] = d\vec{H}(\rho,\phi,0)$$

$$= \frac{I_s d\vec{l}_s \times \hat{a}_R}{4\pi R^2} = \frac{Iad\phi'\left(-\sin\phi'\hat{a}_x + \cos\phi'\hat{a}_y\right)\times\left((\rho\cos\phi - a\cos\phi')\hat{a}_x + (\rho\sin\phi - a\sin\phi')\hat{a}_y\right)}{4\pi\left((\rho\cos\phi - a\cos\phi')^2 + (\rho\sin\phi - a\sin\phi')^2\right)^{3/2}}$$

$$= \frac{-Iad\phi'\left(\sin\phi'(\rho\sin\phi - a\sin\phi') + \cos\phi'(\rho\cos\phi - a\cos\phi')\right)}{4\pi\left((\rho\cos\phi - a\cos\phi')^2 + (\rho\sin\phi - a\sin\phi')^2\right)^{3/2}}\hat{a}_z$$

$$\begin{cases}\sin(\phi+\phi') = \sin\phi\cos\phi + \cos\phi\sin\phi' \\ \sin(\phi-\phi') = \sin\phi\cos\phi - \cos\phi\sin\phi'\end{cases} \& \begin{cases}\cos(\phi+\phi') = \cos\phi\cos\phi' - \sin\phi\sin\phi' \\ \cos(\phi-\phi') = \cos\phi\cos\phi' + \sin\phi\sin\phi'\end{cases}$$

$$= \frac{+Ia\left(a - \rho(\cos\phi\cos\phi' + \sin\phi\sin\phi'\right)d\phi'}{4\pi\left((\rho\cos\phi - a\cos\phi')^2 + (\rho\sin\phi - a\sin\phi')^2\right)^{3/2}}\hat{a}_z$$

$$= \frac{Ia}{4\pi}\frac{\left(a - \rho(\cos(\phi-\phi')\right)d\phi'}{\left((\rho\cos\phi - a\cos\phi')^2 + (\rho\sin\phi - a\sin\phi')^2\right)^{3/2}}\hat{a}_z$$

$$= \frac{Ia}{4\pi}\frac{\left(a - \rho(\cos(\phi-\phi')\right)d\phi'}{\left(\rho^2 + a^2 - 2\rho a\left(\cos\phi\cos\phi' + \sin\phi\sin\phi'\right)\right)^{3/2}}\hat{a}_z$$

$$= \frac{I}{4\pi a}\frac{\left(1 - (\rho/a)(\cos(\phi-\phi')\right)d\phi'}{\left(1 + (\rho/a)^2 - 2(\rho/a)\left(\cos(\phi-\phi')\right)\right)^{3/2}}\hat{a}_z = dH_z(\rho,\phi,0)\hat{a}_z$$

Note $\quad dH_z(\rho,\phi,0)\ [\text{A/m}] \equiv \frac{I}{4\pi a}\frac{\left(1 - (\rho/a)(\cos(\phi-\phi')\right)d\phi'}{\left(1 + (\rho/a)^2 - 2(\rho/a)\left(\cos(\phi-\phi')\right)\right)^{3/2}}$

$$\begin{cases}\rho < a\ \&\ (\rho/a) < 1\ ;\ dH_z(\rho,\phi,0) > 0 \\ \rho > a\ \&\ (\rho/a) > 1\ ;\ dH_z(\rho,\phi,0) < 0\end{cases}$$

또한 원형전류도선 중의 일부가 형성하는 자계강도($d\boldsymbol{H}(\boldsymbol{r})$)는 위치에 따라 다른 값을 가지나, 도선 전체에 의해 형성되는 자기장은 동일한 환경에 해당하는 점, 즉 동심원상의 관측점에서는 어느 지점이나 자계강도가 동일하고, 오직 원점으로부터의 거리인 반지름(ρ [m])에만 의존함도 예상할 수 있다. 즉, 반지름(ρ [m])이 같은 관측점에서는 회전방향 각도(ϕ [rad])에 관계없이 어느 지점이나 동일한 환경에 있으므로, 자계강도($\boldsymbol{H}(\rho,\phi,z)$)는 회전각에 무관하게 동일한 값을 가짐을 예상할 수 있다. 따라서 원형전류도선과 같은 xy-평면($z = 0$) 위에 있는 관측점($\rho,\phi,0$)의 회전성 자계강도는 계산이 다소 편리한 $\phi = \phi'$ [rad]의 경우(관측점(ρ, $\phi-\phi' = 0$, $z = 0$))를 이용하여 다음과 같이 구할 수 있다.

$$\vec{H}(\rho,\phi,0)\ [\text{A/m}] = \vec{H}(\rho,\phi=0,0) = \int_{\phi'=0}^{\phi'=2\pi} d\vec{H}$$

$$= \frac{I}{4\pi a}\int_{\phi'=0}^{\phi'=2\pi}\frac{\left(1 - (\rho/a)(\cos(\phi-\phi')\right)d\phi'\big|_{\phi=0[\text{rad}]}}{\left(1 + (\rho/a)^2 - 2(\rho/a)\left(\cos(\phi-\phi')\right)\right)^{3/2}\Big|_{\phi=0[\text{rad}]}}\hat{a}_z \equiv H_z(\rho,\phi,0)\hat{a}_z$$

$$= \frac{I}{4\pi a}\int_{\phi'=0}^{\phi'=2\pi}\frac{\left(1 - (\rho/a)\right)d\phi'}{\left(1 + (\rho/a)^2 - 2(\rho/a)\right)^{3/2}}\hat{a}_z = \frac{I}{4\pi a}\frac{\left(1 - (\rho/a)\right)}{\left(\left(1 - (\rho/a)\right)^2\right)^{3/2}}\int_{\phi'=0}^{\phi'=2\pi} d\phi'\hat{a}_z$$

$$= \frac{I}{2a}\frac{\left(1-(\rho/a)\right)}{\left(\left(1-(\rho/a)\right)^2\right)^{3/2}}\hat{a}_z = \frac{I}{2a}\frac{1-(\rho/a)}{\left|1-(\rho/a)\right|^3}\hat{a}_z$$

$$= \begin{cases} +\dfrac{I}{2a}\dfrac{1}{\left(1-(\rho/a)\right)^2}\hat{a}_z \ ; \ 0<\rho<a \\ -\dfrac{I}{2a}\dfrac{1}{\left((\rho/a)-1\right)^2}\hat{a}_z \ ; \ \rho>a \end{cases}$$

: 원형전류도선과 동일한 평면$(\rho, \phi, 0)$의 자계강도

즉 비오-사바르의 법칙을 기반으로 예상한 것과 같이 원형전류도선과 평행한 면의 관측점에서는 어느 지점에서나 z-축 방향 성분의 자기장$(\boldsymbol{H} = H_z\boldsymbol{a}_z)$만 존재함을 뜻한다. 그리고 원형전류도선 내부 ($\rho < a$ & $(\rho/a) < 1$: 전류가 흐르는 도선의 왼쪽)의 자기장은 반드시 z-축의 양의 방향$(dH_z > 0)$이고, 원형도선 외부($\rho > a$ & $(\rho/a) > 1$: 전류가 흐르는 도선의 오른쪽)의 자기장은 어느 점이나 반드시 z-축 음의 방향$(dH_z < 0)$으로 자기장이 형성됨도 예상할 수 있다.

원형전류도선과 같은 평면에 존재하는 관측점에서 도선의 위치에 따른 자계강도($\boldsymbol{H}(\boldsymbol{r})$ [A/m])의 크기와 방향 변화를 [그림 6-41]에 나타내었다.

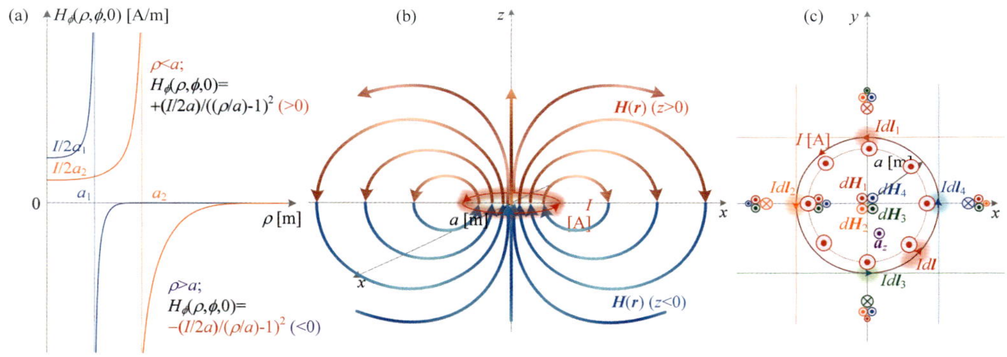

[그림 6-41] 반지름 $\rho = a$ [m]의 원형도선을 따라 흐르는($\boldsymbol{a}_\phi$) 전류(I [A])에 의해 형성된 자계강도($\boldsymbol{H}(\boldsymbol{r})$ [A/m])
(a) 도선의 반지름 변화에 따른 자계강도 변화 (b) 자력선
(c) 원형전류도선 중 4개의 대칭점 전류도선 조각들이 xy-평면의 관측점에 형성한 자계강도의 방향과 세기

보다 구체적인 해석을 위해서 원형전류도선의 내부(b-1: $\rho < a$ [m] ; $(\rho/a) < 1$)와 외부(b-2: $\rho > a$ [m] ; $(\rho/a) > 1$)로 구분하여 자기장 형성의 특징을 설명한다.

■ **xy-평면의 원형 전류의 도선 내부($\rho < a$ [m]; $(\rho/a) < 1$)에 존재하는 관측점($\rho, \phi, 0$)의 자계강도 ($\boldsymbol{H}(\boldsymbol{r})$ [A/m])**

원형전류도선의 내부($\rho < a$ [m] ; $(\rho/a) < 1$)의 관측점$(\rho, \phi, 0)$에 형성된 자계강도($\boldsymbol{H}(\boldsymbol{r})$ [A/m])는 다음과 같다.

$$\overrightarrow{H}(\rho,\phi,0)\Big|_{\substack{\rho<a\\(\rho/a)<1}} \text{[A/m]} = \frac{I}{4\pi a}\int_{\phi'=0}^{\phi'=2\pi}\frac{\left(1-(\rho/a)\right)d\phi'}{\left(1+(\rho/a)^2-2(\rho/a)\right)^{3/2}}\hat{a}_z$$

$$= \frac{I}{2a}\frac{1-(\rho/a)}{\left|1-(\rho/a)\right|^3}\hat{a}_z \qquad \leftarrow \frac{\left(1-(\rho/a)\right)}{\left(\left(1-(\rho/a)\right)^2\right)^{3/2}}\Bigg|_{\substack{\rho<a\ \&\\(\rho/a)<1}} > 0$$

$$= \frac{I}{2}\frac{a}{(a-\rho)^2}\hat{a}_z = \frac{I}{2a}\frac{1}{\left(1-(\rho/a)\right)^2}\hat{a}_z \propto I$$

: 원형전류도선 안쪽은 어느 지점이나 z-축의 양의 방향 자기장만 존재함

즉, 원형전류도선 내부에서는 모든 관측점에서 z-축의 양의 방향으로 자기장이 형성된다. 또한, 원형전류도선의 중심부($\rho = 0$ [m]), 즉 원점(0,0,0)에 형성된 자계강도는 다음과 같이 근원전류의 크기에 비례하고 원형전류도선의 반지름에 반비례한다. 이는 원형전류도선의 반지름이 클수록 자기장 형성의 근원이 되는 근원전류로부터의 거리가 멀어져 중심부의 자계강도는 약해지나, 자기장을 형성하는 전류도선의 총 길이($l = 2\pi a$)는 증가하여 자기장이 증가하도록 작용하기 때문이다.

$$\overrightarrow{H}(0,\phi,0)\text{ [A/m]} = \int_{\phi'=0}^{\phi'=2\pi} d\overrightarrow{H}(0,\phi,0) = \frac{I}{2a}\frac{1}{\left(1-(\rho/a)\right)^2}\hat{a}_z\Bigg|_{\rho=0} = \frac{I}{2}\frac{a}{(a-\rho)^2}\hat{a}_z\Bigg|_{\rho=0} = +\frac{I}{2a}\hat{a}_z \propto \begin{cases} I \\ 1/a \end{cases}$$

: 원형전류도선 중심부의 자계강도(z-축 양의 방향만 존재)

■ **xy-평면의 원형전류도선 외부($\rho > a$ [m]; $(\rho/a) > 1$)에 존재하는 관측점($\rho,\phi,0$)의 자계강도 ($\boldsymbol{H}(\boldsymbol{r})$ [A/m])**

원형전류도선 외부($\rho > a$ [m]; $(\rho/a) > 1$)의 관측점($\rho,\phi,0$)에 형성된 자계강도($\boldsymbol{H}(\boldsymbol{r})$ [A/m])는 다음과 같다.

$$\overrightarrow{H}(\rho,\phi,0)\Big|_{\substack{\rho>a\ \&\\(\rho/a)>1}} = \frac{I}{2a}\frac{1-(\rho/a)}{\left|1-(\rho/a)\right|^3}\hat{a}_z\Bigg|_{\substack{\rho>a\ \&\\(\rho/a)>1}} = -\frac{I}{2}\frac{a}{(\rho-a)^2}\hat{a}_z = -\frac{I}{2a}\frac{1}{\left((\rho/a)-1\right)^2}\hat{a}_z \propto \begin{cases} I \\ \sim 1/a \\ \sim 1/\rho^2 \end{cases}$$

: 원형전류도선 밖의 자계강도(z-축 음의 방향만 존재)

$$\leftarrow \frac{\left(1-(\rho/a)\right)}{\left(\left(1-(\rho/a)\right)^2\right)^{3/2}}\Bigg|_{\substack{\rho>a\ \&\\(\rho/a)>1}} < 0$$

즉, 원형전류도선 외부($\rho > a$ [m]; $\rho/a > 1$)의 관측점($\rho,\phi,0$)에 형성된 자계강도($\boldsymbol{H}(\boldsymbol{r})$ [A/m])는 모든 관측점에서 z-축의 음의 방향으로 형성됨을 확인할 수 있다. 특히, 원형전류도선에 흐르는 전류에 선형적으로 비례하여 자계강도가 증가하고, 원형전류도선의 길이가 길수록 외부에서의 자계강도 감소는 완만하게 나타남을 알 수 있다. 또한 원형전류도선의 반지름(a [m])이 작을수록 내부의 자계강도는 증가하고, 외부의 자계강도는 보다 급속하게 감소함을 알 수 있다. 이러한 특성은 인덕터(자계유도기; inductor)와 변압기(transformer) 설계, 전자파 간섭과 차폐 설계 등과 같은 공학적 응용에서 매우 중요하게 고려해야 하는 내용이다.

Section

6.3 자기장의 스칼라 자속량과 벡터 자속밀도, 벡터 자계강도의 관계

근원전하량(Q_s [C])과 등가전하밀도($\boldsymbol{D}(\boldsymbol{r})$ [C/m^2]), 적분식 형태의 가우스 법칙, 미분식 형태의 포아송 방정식은 근원전하를 중심으로 방사방향으로 형성되는 전기장($\boldsymbol{E}(\boldsymbol{r})$ [V/m], $V(\boldsymbol{r})$ [V])의 해석에 사용되는 핵심 특성 지표이다. 이와 유사한 개념으로 자기장 해석에는 근원전류도선에 의해 형성되는 자계강도($\boldsymbol{H}(\boldsymbol{r})$ [A/m])와 더불어 스칼라 자속량($\Psi_m(\boldsymbol{r})$ [Wb])과 벡터 등가자속밀도($\boldsymbol{B}(\boldsymbol{r})$ [Wb/m^2])를 정의하여 사용하는 것이 편리하다. 자기장의 특성을 나타내는 물리량 중 근원전류도선에 의해 결정되는 벡터인 자속밀도($\boldsymbol{B}(\boldsymbol{r})$ [Wb/m^2])는 단위면적당 등가자속량으로서, 전기장의 근원이 되는 근원전하량(Q_s 또는 $\Psi_e(\boldsymbol{r})$ [C])을 나타내는 등가전하밀도($\boldsymbol{D}(\boldsymbol{r})$ [C/m^2])와 대응되는 개념이다. 근원전류도선 조각($I_s d\boldsymbol{l}_s$ [A·m])에 의해서 형성된 자기장의 자계강도($\boldsymbol{H}(\boldsymbol{r})$ [A/m])와 등가자속밀도($\boldsymbol{B}(\boldsymbol{r})$ [Wb/m^2])를 형상화하면 [그림 6-42]와 같다.

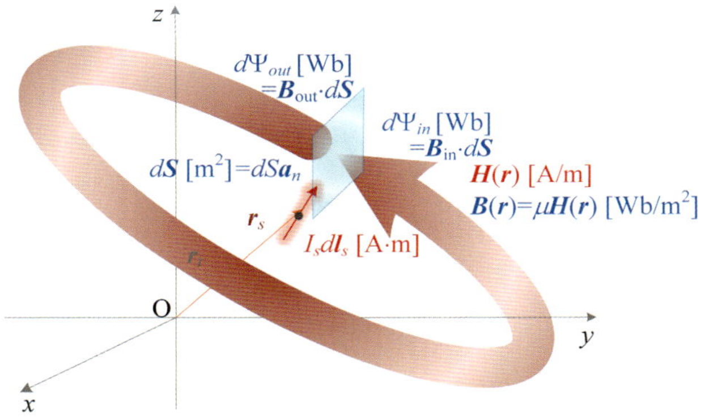

[그림 6-42] 자기장의 자속밀도의 상호 관계를 이해하기 위한 개념도

근원전류도선에 의해 형성된 전기장의 유효자속밀도($\boldsymbol{B}(\boldsymbol{r})$ [Wb/m^2])는 가로×세로 = 1 [m^2]을 지나는 등가량으로 환산한 자속량($\Psi_m(\boldsymbol{r})$ [Wb]: magnetic flux)이며, 다음의 수식으로 정의할 수 있다.

$$\left.\begin{aligned} &\vec{B}(\vec{r}) \equiv \frac{d\Psi_m(\vec{r})}{dS}\hat{a}_n \ [\text{Wb/m}^2] = [\text{H}\cdot\text{A/m}^2] \\ &\vec{B}(\vec{r}) = \mu\vec{H}(\vec{r}) \ [\text{Wb/m}^2] \\ &\vec{H}(\vec{r}) \ [\text{A/m}] \\ &\mu = \mu_r\mu_o \ [\text{H/m}] \end{aligned}\right\} \longleftrightarrow \left\{\begin{aligned} &\vec{D}(\vec{r}) \equiv \frac{d\Psi_e(\vec{r})}{dS}\hat{a}_n \ [\text{C/m}^2] = [\text{F}\cdot\text{V/m}^2] \\ &\vec{D}(\vec{r}) = \epsilon\vec{E}(\vec{r}) \ [\text{C/m}^2] \\ &\vec{E}(\vec{r}) \ [\text{V/m}] \\ &\epsilon = \epsilon_r\epsilon_o \ [\text{F/m}] \end{aligned}\right.$$

: 등가자속밀도 　　　　　　: 등가전하밀도

자계강도($\boldsymbol{H}(\boldsymbol{r})$ [A/m])와 자속밀도 벡터($\boldsymbol{B}(\boldsymbol{r})$ [Wb/m^2])는 근원전류도선을 중심으로 회전방향의 성분으로 이루어져 있으며, 자속선(magnetic flux line)을 연결하면 이들은 반드시 폐경로를 이룬다. 따라서 자기장 내에서 임의의 폐곡면을 선택하면 그 폐곡면으로 들어가는 자속량($\Psi_{m,in}$ [Wb](= [H·A])과 폐곡면을 통해 밖으로 나오는 자속량($\Psi_{m,out}$ [Wb])은 항상 동일하여, 이를 수식으로 나타내면 다음과 같다.

$$\left.\begin{array}{l} d\Psi_m \equiv \vec{B}(\vec{r})\cdot d\vec{S} \begin{cases} \vec{B}(\vec{r}) = B_n(\vec{r})\hat{a}_n + B_t(\vec{r})\hat{a}_t \\ d\vec{S} = dS\hat{a}_n \end{cases} \\ \Psi_m = \int_S d\Psi_m = \int \vec{B}(\vec{r})\cdot d\vec{S} = \Psi_m \text{ [Wb]} = [\text{H}\cdot\text{A}] \end{array}\right\}$$

: 임의의 개방 면($d\boldsymbol{S}$ [m^2])을 통과하는 자속량 ($d\Psi_m$, Ψ_m [Wb])

$$\Psi_{m,enc} \text{ [Wb]} = \oint_{\substack{closed \\ surface}} \vec{B}(\vec{r})\cdot d\vec{S} = \Psi_{m,in} + \Psi_{m,out} = 0$$

$$;\begin{cases} \Psi_{m,out} \text{ [Wb]} \equiv \oint_{out} \vec{B}(\vec{r})\cdot d\vec{S} = \oint_{out} \vec{B}(\vec{r})\cdot(+\hat{a}_n)dS \\ \Psi_{m,in} \text{ [Wb]} \equiv \oint_{in} \vec{B}(\vec{r})\cdot d\vec{S} = \oint_{in} \vec{B}(\vec{r})\cdot(-\hat{a}_n)dS = -\Psi_{m,out} \end{cases}$$

: 임의의 폐곡면을 통과하는 총 자속량은 0, 즉, 폐곡면을 통해 유입되는 자속량($\Psi_{m,in}$ [Wb])과 유출되는 자속량($\Psi_{m,out}$ [Wb])은 항상 동일함

위의 식은 "자속 보존의 법칙"으로도 불리며, 전기장의 가우스 법칙에 해당하는 이 결과식은 자기장이 존재하는 공간의 자속밀도($\boldsymbol{B}(\boldsymbol{r})$ [Wb/m^2])를 구하는 데 주로 사용한다. 또한 자속밀도로부터 자계강도($\boldsymbol{H}(\boldsymbol{r})$ [A/m]), 시험전류도선에 작용하는 자기력($\boldsymbol{F}(\boldsymbol{r})$ [N])을 구하는 데도 사용한다. 전류도선 조각에 의해 형성되는 폐경로 형태의 회전성 자기장과 원점 중심의 폐곡면을 들고 나는 총 자속량, 자기장의 가우스 법칙을 [그림 6-43]에 형상화하여 나타내었다.

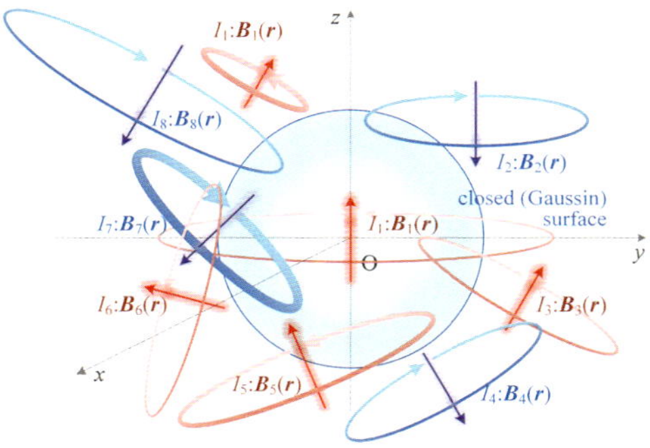

$\boldsymbol{H}_i(\boldsymbol{r}_i)$ [A/m]$=H_{\phi i}(\boldsymbol{r}_i)\boldsymbol{a}_{\phi i}=I_i/(2\pi\rho_i)\boldsymbol{a}_{\phi i}$;$H_{\rho i}(\boldsymbol{r}_i)=0$, $H_{zi}(\boldsymbol{r}_i)=0$

$\boldsymbol{B}_i(\boldsymbol{r}_i)$ [Wb/m^2]$=\mu\boldsymbol{H}_i(\boldsymbol{r}_i)$

$$\oint \vec{B}(\vec{r})\cdot d\vec{S} \equiv \Psi_{m,enc} = \sum_i \Psi_{m,i} = 0 \text{ [Wb]}$$

$$\Rightarrow \begin{vmatrix} \Psi_{m,1} = \oint d\Psi_{m,1}(\vec{r}) = \int_{in} \vec{B}_1(\vec{r})\cdot d\vec{S} + \int_{out} \vec{B}_1(\vec{r})\cdot d\vec{S} = 0 \\ \Psi_{m,2} = \oint d\Psi_{m,2}(\vec{r}) = \int_{in} \vec{B}_2(\vec{r})\cdot d\vec{S} + \int_{out} \vec{B}_2(\vec{r})\cdot d\vec{S} = 0 \\ \vdots \\ \Psi_{m,i} = \oint d\Psi_{m,i}(\vec{r}) = \int_{in} \vec{B}_i(\vec{r})\cdot d\vec{S} + \int_{out} \vec{B}_i(\vec{r})\cdot d\vec{S} = 0 \\ \vdots \\ \Psi_{m,n} = \oint d\Psi_{m,n}(\vec{r}) = \int_{in} \vec{B}_n(\vec{r})\cdot d\vec{S} + \int_{out} \vec{B}_n(\vec{r})\cdot d\vec{S} = 0 \end{vmatrix}$$

[그림 6-43] 전류도선 조각에 의한 폐경로 형태의 자기장과 원점 중심의 폐곡면을 들고(in) 나는(out) 총 자속량, 자기장의 가우스 법칙

근원전류도선에 의해 형성된 자속밀도와 자계강도의 관계를 [그림 6-44]에 요약하였다.

또한, 폐곡면을 들고 나는 자속 총량($\Psi_{m,enc} = \Psi_{m,in} + \Psi_{m,out} = 0$ [Wb])에 발산량의 법칙을 적용하면 다음 결과를 얻는다.

$$\oint \vec{B}(\vec{r})\cdot d\vec{S} = \int_{\substack{surface \\ closed}} \nabla\cdot\vec{B}(\vec{r})dv = \int_{\substack{surface \\ closed}} \rho_{m,v}dv \equiv \Psi_{m,enc} = 0 \text{ [Wb]}$$

: 폐곡면의 자속량에 대한 발산량의 법칙

$$\nabla\cdot\vec{B}(\vec{r}) = \rho_{m,v} = 0 \text{ [Wb/m}^3\text{]}$$

: 자기 단극자(magnetic monopole)는 존재할 수 없음을 뜻하며, 근원전류에 의해 형성된 자기장의 자속선은 반드시 폐경로를 형성함을 뜻함

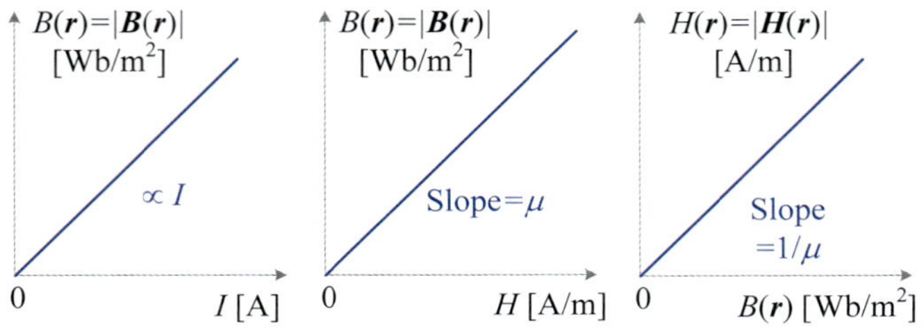

[그림 6-44] 근원전류도선에 의해 형성된 자속밀도와 자계강도의 관계

즉, 근원전류도선에 의해 형성된 자기장 내의 임의의 관측점에서 자기장의 발산량은 어느 지점이나 0($\nabla\cdot\boldsymbol{B}(\boldsymbol{r})=0$ [Wb/m^3], $\nabla\cdot\boldsymbol{H}(\boldsymbol{r})=0$ [Wb/m^3])이다. 이는 앞서 설명한 바와 같이 임의의 폐곡면을 들고나는 자속량은 항상 동일하며, 자기장에서는 자기적 단극자가 존재하지 않음을 뜻한다. 이는 또한 전류는 항상 폐회로 형태의 자기쌍극자로만 존재함을 의미하며, 전기장에서 양 또는 음의 개별 전하가 존재할 수 있는 것과 뚜렷이 구별되는 개념이다. 포아송 방정식은 전기장에 대한 가우스 법칙의 미분형 표현이며, 자속밀도의 발산량에 관한 결과 또한 자기장이 존재하는 공간의 자속밀도($\boldsymbol{B}(\boldsymbol{r})$ [Wb/m^2]), 자계강도($\boldsymbol{H}(\boldsymbol{r})$ [A/m]), 관측점($\boldsymbol{r}$)의 시험전류도선 조각에 작용하는 자기력($d\boldsymbol{F}(\boldsymbol{r})=I_t d\boldsymbol{l}_t(\boldsymbol{r})\times\boldsymbol{B}(\boldsymbol{r})$ [N])을 구하는 데 사용한다.

Chapter_06 핵심요약

정자기장(Static Magnetic Field) : 공간적으로 고정되고 일정한 전류(DC 전류)가 흐르는 전류도선들 간의 상호작용
(정자기적 영향을 주는 근원전류도선 : $I_S dl_S$ [A·m] & 정자기적 영향을 받는 시험전류도선 : $I_t dl_t$ [A·m])

근원전류도선 간의 상호작용과 자기장(magnetic field) : 벡터 자계강도($\boldsymbol{H}(\boldsymbol{r})$ [A/m])와 스칼라 자속량(Ψ_m [Wb]), 벡터 자속밀도($\boldsymbol{B}(\boldsymbol{r})$ [Wb/m²])

$I_s\boldsymbol{dl}_s$, $I_t\boldsymbol{dl}_t$ → $\boldsymbol{F}(\boldsymbol{r})$

근원전류($I_s\boldsymbol{dl}_s(\boldsymbol{r}_S)$ [A·m])와 **시험전류**($I_t\boldsymbol{dl}_t(\boldsymbol{r}_t)$ [A·m]) 사이의 **정자기적 힘**($\boldsymbol{F}(\boldsymbol{r})|_{Is,It}$ [N]) : 비오-사바르의 법칙(Biot-Savart's Law)

$$d\vec{F}(\vec{r})\ [\mathrm{N}] = \mu I_t d\vec{l}_t(\vec{r}) \times \frac{I_s d\vec{l}_s(\vec{r}\,') \times \hat{a}_R}{4\pi R^2} = \mu I_t d\vec{l}_t(\vec{r}) \times \left(\frac{I_s d\vec{l}_s(\vec{r}\,') \times \vec{R}}{4\pi R^3} \right) \propto I_t d\vec{l}_t(\vec{r})\ ;\ \begin{cases} \vec{r}_t = \vec{r} \\ \vec{r}_S = \vec{r}\,' \end{cases} ;\ \vec{R}$$

: 작은 전류도선 조각 간의 상호작용에 대한 비오-사바르의 법칙(Biot-Savart's law)

$$\vec{R} \equiv \vec{r}_t - \vec{r}_s,\ \hat{a}_R \equiv \frac{\vec{R}}{|\vec{R}|} = \frac{\vec{R}}{R} = \hat{a}_F$$: 근원전류도선($I_s\boldsymbol{dl}_s(\boldsymbol{r}_S)$)에 의해 형성된 자기장에 의해 시험전류도선($I_t\boldsymbol{dl}_t$)에 작용하는 힘의 방향

전류도선 조각(dl_s, dl_t [m])이 아주 작은 경우 근원전류도선과 시험전류도선을 연결하는 선분과 평행한 방향의 힘($\boldsymbol{a}_F \parallel \boldsymbol{a}_R$)이 작용하며, 동일 방향의 전류도선 조각은 인력(attractive force : 끌어당기는 힘), 반대방향의 전류도선 조각은 척력(repulsive force : 밀어내는 힘)이 작용한다.

$I_s\boldsymbol{dl}_s$, $I_t\boldsymbol{dl}_t$ → $\boldsymbol{dF}(\boldsymbol{r})$ → $\boldsymbol{F}(\boldsymbol{r})$

임의의 근원전류도선($I_s\boldsymbol{dl}_s(\boldsymbol{r}_S)$)에 의해 **시험전류도선**($I_t\boldsymbol{dl}_t(\boldsymbol{r}_t)$)에 작용하는 **정자기적 힘**(Magnetic force : $\boldsymbol{F}(\boldsymbol{r})|_{Qs,Q_t}$ [N])

$$\vec{F}(\vec{r})\ [\mathrm{N}] = \int_{-\infty,\ test}^{+\infty} d\vec{F}(\vec{r}) = \int_{-\infty,\ test}^{+\infty} \left(\mu I_t d\vec{l}_t(\vec{r}) \times \vec{H}(\vec{r}) \right)$$

$$\begin{cases} d\vec{F}(\vec{r})\ [\mathrm{N}] = \mu I_t d\vec{l}_t(\vec{r}) \times \vec{H}(\vec{r}) \propto \begin{cases} I_t d\vec{l}_t(\vec{r})\ [\mathrm{A\cdot m}] \\ I_s d\vec{l}_s(\vec{r}\,')\ [\mathrm{A\cdot m}] \end{cases} \\ \vec{H}(\vec{r})\ [\mathrm{A/m}] = \int_{-\infty,\ source}^{+\infty} d\vec{H}(\vec{r})\ ;\ d\vec{H}(\vec{r}) \equiv \dfrac{I_s d\vec{l}_s(\vec{r}\,') \times \hat{a}_R}{4\pi R^2} \end{cases}$$

: 불균일 분포의 근원전류도선에 대한 비오-사바르의 법칙

$$\vec{R} \equiv \vec{r}_t - \vec{r}_s,\ \hat{a}_R \equiv \frac{\vec{R}}{|\vec{R}|} = \frac{\vec{R}}{R} = \hat{a}_F$$: 근원전류도선($I_s\boldsymbol{dl}$)이 형성한 자기장에 의해 시험전류도선($I_t\boldsymbol{dl}_t$)에 작용하는 힘의 방향은 근원전류도선과 시험전류도선(관측점)을 연결하는 선분과 평행한 방향임

$$d\vec{F}(\vec{r})\ [\mathrm{N}] = \mu I_t d\vec{l}_t(\vec{r}) \times \vec{H}(\vec{r}) \propto \begin{cases} I_t d\vec{l}_t \\ \& I_s d\vec{l}_s \end{cases}$$: 시험전류도선 조각($I_t\boldsymbol{dl}_t(\boldsymbol{r})$)에 작용하는 힘에 대한 비오-사바르의 법칙

자기장을 형성하는 근원전류가 공간적으로 분산되어 흐르는 경우(선형 도선 전류, 판형 면 전류, 입체 구조 전류)

★ $I_s d\vec{l}_s(\vec{r}_s)$ [A·m] : 전류$=I_s$ [A]가 흐르는 선형 도선 형태의 1차원 근원전류도선 조각(자하 : magnetic charge)

★ $\vec{K}_s dS(\vec{r}_s)$ [A·m] : 선전류밀도$=\boldsymbol{K}_s$ [A/m]인 얇은 판형의 2차원 근원전류도선(current sheet) 판

★ $\vec{J}_s dv(\vec{r}_s)$ [A·m] : 면전류밀도$=\boldsymbol{J}_s$ [A/m²]인 입체 구조의 근원전류도선(current volume) 덩어리

$I_s\boldsymbol{dl}_s$ → $\boldsymbol{dH}(\boldsymbol{r})$ → $\boldsymbol{H}(\boldsymbol{r})$ → $\boldsymbol{F}(\boldsymbol{r})$

근원전류도선에 의해 형성된 **자계강도**(Magnetic field intensity : $\boldsymbol{H}(\boldsymbol{r})|\boldsymbol{I}_s$ [N/H] = [A/m]) : 시험전류도선 I_t**에 무관하게 정의**

$$d\vec{H}(\vec{r})\ [\mathrm{A/m}] = \frac{d\vec{F}(\vec{r}) \cdot \hat{a}_t}{\mu I_t dl_t(\vec{r})} \hat{a}_H \equiv \frac{I_s d\vec{l}_s(\vec{r}\,') \times \hat{a}_R}{4\pi R^2}\ [\mathrm{A/m}] \propto I_s d\vec{l}_s$$: 근원전류도선 조각에 의한 자계강도

$$\vec{H}(\vec{r})\ [\mathrm{A/m}] = [\mathrm{N/H}] = \int_{-\infty,\ source}^{+\infty} d\vec{H}(\vec{r})\ ;\ d\vec{H}(\vec{r}) \equiv \frac{I_s d\vec{l}_s(\vec{r}\,') \times \hat{a}_R}{4\pi R^2}\ [\mathrm{A/m}]$$: I_t [A]에 무관, 근원전류도선 $I_S\boldsymbol{dl}_S$에 의해 결정

$$\rightarrow d\vec{F}(\vec{r})\ [\mathrm{N}] = \mu I_t d\vec{l}_t \times \vec{H}(\vec{r}) \propto \begin{cases} I_t d\vec{l}_t\ [\mathrm{A\cdot m}] \\ I_s d\vec{l}_s\ [\mathrm{A\cdot m}] \end{cases}$$: 비오-사바르의 법칙

$$\rightarrow \vec{F}(\vec{r})\ [\mathrm{N}] = \int_{-\infty,\ test}^{+\infty} d\vec{F}(\vec{r}) = \int_{-\infty,\ test}^{+\infty} \left(\mu I_t d\vec{l}_t \times \vec{H}(\vec{r}) \right) = \int_{-\infty,\ test}^{+\infty} \left(\mu I_t d\vec{l}_t \times \left(\int_{-\infty,\ source}^{+\infty} \frac{I_s d\vec{l}_s \times \hat{a}_R}{4\pi R^2} \right) \right)$$: 비오-사바르의 법칙

<table>
<tr>
<td>$I_s dl_s$
↓
Ψ_m
↓
$\boldsymbol{B(r)}$</td>
<td>등가자하량/유효자하량/유동자하량/자속량 (Magnetic Flux : Ψ_m [Wb]) : I_t &, I_S와 근원전류도선의 길이에 의해 결정
$\Psi_m(\vec{r})\ [\mathrm{Wb}] = [\mathrm{H \cdot A}]$: 등가자하량=근원전하량
$B(\vec{r}) = \dfrac{d\Psi_m(\vec{r})}{dS}\ [\mathrm{Wb/m^2}]$: 등가/유효/가상 자하밀도(magnetic flux density : 자속밀도)</td>
</tr>
<tr>
<td>$I_s dl_s$
↓
$\boldsymbol{B(r)}$
↓
$\boldsymbol{H(r)}$
↓
$\boldsymbol{F(r)}$</td>
<td>근원전류도선에 의한 등가자하밀도/유효자하밀도/유동자하밀도/자속밀도(Magnetic flux density : $\boldsymbol{B(r)}|_{Is}$ [Wb/m²])
$\vec{B}(\vec{r}) \equiv \dfrac{d\Psi_m(\vec{r})}{dS}\hat{a}_n\ [\mathrm{Wb/m^2}] \longleftrightarrow$ 선형전류도선인 경우
$\oint \vec{B}(\vec{r}) \cdot d\vec{S} = \oint \vec{B}(\vec{r}) \cdot \hat{a}_n dS = \int_{vol} \rho_{mag} dv = \Psi_m = 0\ [\mathrm{Wb}] \rightarrow \rho_{mag} = 0\ [\mathrm{Wb/m^3}]$: 자기쌍극자로만 존재함
$\vec{B}(\vec{r}) = \mu \int_{-\infty\ source}^{+\infty} \left(\dfrac{1}{4\pi} \dfrac{I_s d\vec{l}_s(\vec{r}_S) \times \hat{a}_R}{R^2} \right) [\mathrm{Wb/m^2}] \Longleftrightarrow \vec{H}(\vec{r}) = \int_{-\infty\ source}^{+\infty} \left(\dfrac{1}{4\pi} \dfrac{I_s d\vec{l}_s(\vec{r}_S) \times \hat{a}_R}{R^2} \right) [\mathrm{A/m}] = [\mathrm{N/H}]$
$\rightarrow \vec{B}(\vec{r})\ [\mathrm{Wb/m^2}] \rightarrow \vec{H}(\vec{r}) = \dfrac{1}{\mu}\vec{B}(\vec{r})\ [\mathrm{N/H}] = [\mathrm{A/m}] \rightarrow \vec{F}(\vec{r}) = Q_t \vec{E}(\vec{r})\ [\mathrm{N}]$</td>
</tr>
</table>

Chapter_06 연습문제

6.1 (Biot-Savart's Law & Magnetic Field) 오른쪽 그림과 같이 자성계수가 μ [H/m]인 공간에 전류(I [A])가 z-축의 양의 방향으로 흐르는 상황을 이용하여, 자기장의 형성과 영향에 관해 확인하고자 한다.

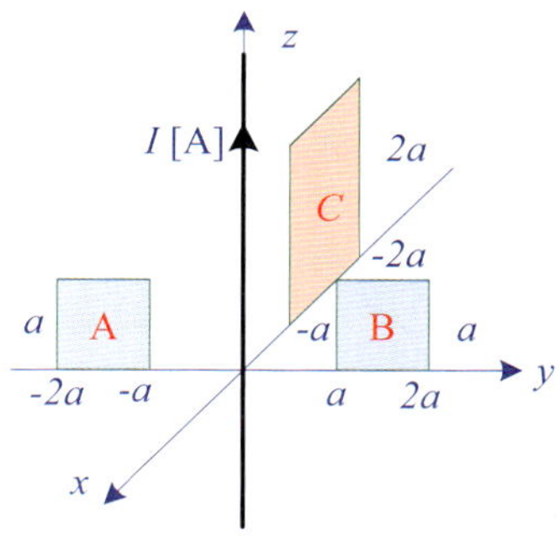

(a) 임의의 한 점((x,y,z) 또는 (ρ,ϕ,z))에서 이 전류로 인해 형성된 자계강도($\boldsymbol{H}(\boldsymbol{r})$ [A/m])를 구하라.

(b) 이 전류로 인해 형성된 자기유동밀도(자속밀도: $\boldsymbol{B}(\boldsymbol{r})$ [T] = [Wb/m^2])를 구하라.

(c) yz-평면의 y-축상에 배치된 폐경로(closed loop) A의 경우에 대해 폐경로 A를 통해 검출되는 자기유동량(자속: Ψ_{mA} [Wb])을 구하라.

(d) yz-평면의 y-축상에 배치된 폐경로 B의 경우에 대해 폐경로 B를 통해 검출되는 자기유동량(자속: Ψ_{mB} [Wb])을 구하고, 그 크기를 Ψ_{mA}[Wb]와 비교하라(Ψ_{mB}/Ψ_{mA}).

(e) xz-평면의 x-축상에 배치된 폐경로 C의 경우에 대해 폐경로 B를 통해 검출되는 자기유동량 Ψ_{mC} [Wb]를 구하고, 그 크기를 Ψ_{mA}와 비교하라(Ψ_{mC}/Ψ_{mA}).

(f) 임의의 점에 자기장이 형성되어 있는지를 감지할 수 있는 방법에 관해 설명하라.

(g) 감지하고자 하는 자기장이 약한 경우에도 자기장의 존재 여부를 판별하기 위해서는 어떤 방법을 택할 수 있는지 설명하라.

6.2 (Biot-Savart's Law & Magnetic Field) 전력선, RF회로 및 CMOS 집적회로(integrated circuit: IC) 등에서 자주 접하게 되는 상황의 하나로서, 같은 크기의 전류가 서로 반대방향으로 z-축과 평행하게($-\infty \leftrightarrow +\infty$) 흐르고 있다(자성계수는 μ [H/m]).

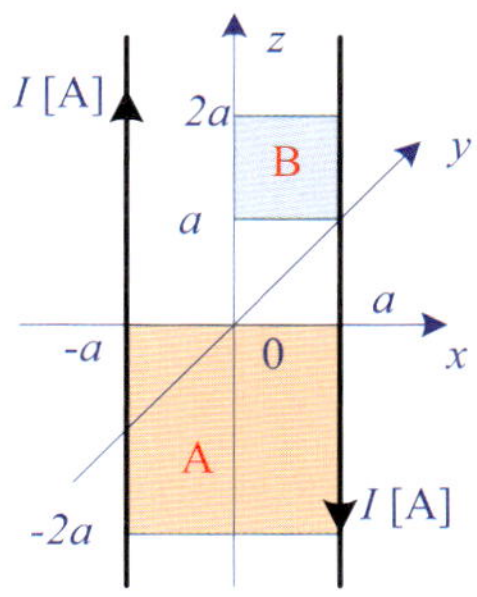

(a) $x = -a$인 x-축상의 지점에서 z-축의 양의 방향으로 평행하게 흐르는 전류만 존재하는 경우 x-축상의 임의의 점에서 자계강도($\boldsymbol{H}(\boldsymbol{r})$ [A/m])를 구하고, 그 크기를 그림으로 나타내라.

(b) $x = +a$인 지점에서 z-축의 음의 방향으로 평행하게 흐르는 전류만 존재하는 경우, x-축상의 임의의 점에서 자계강도($\boldsymbol{H}(\boldsymbol{r})$ [A/m])를 구하고, 그 크기를 그림으로 나타내라.

(c) z-축의 양의 방향과 음의 방향으로 흐르는 전류가 모두 존재하는 경우, x-축상의 임의의 점에서 자기유동밀도(자속밀도: $\boldsymbol{B}(\boldsymbol{r})$ [T] = [Wb/m^2])를 구하라.

(d) z-축의 양의 방향과 음의 방향의 전류가 모두 존재하는 경우, 그림의 폐경로–A(면적 = $4a^2$ [m^2])를 통과하는 자기유동량(자속–: Ψ_{mA} [Wb])과 폐경로 B(면적 = a^2 [m^2])를 통과하는 Ψ_{Mb} [Wb]의 크기를 비교하라(Ψ_{mB}/Ψ_{mA}).

(e) 두 도선 간에 작용하는 힘($\boldsymbol{F}$ [N])의 방향을 설명하고, 단위길이당 작용하는 힘의 세기($|\boldsymbol{F}_o|$ [N/m])를 구하라.

6.3 (Biot-Savart's Law & Magnetic Field) RF 집적회로, CMOS 아날로그 집적회로 등에서 자주 접하게 되는 상황의 하나로서 같은 크기의 전류가 z-축과 평행하게($-\infty \leftrightarrow +\infty$) 동일한 방향으로 흐르는 상황을 통해 자기장의 현상을 이해하고자 한다.

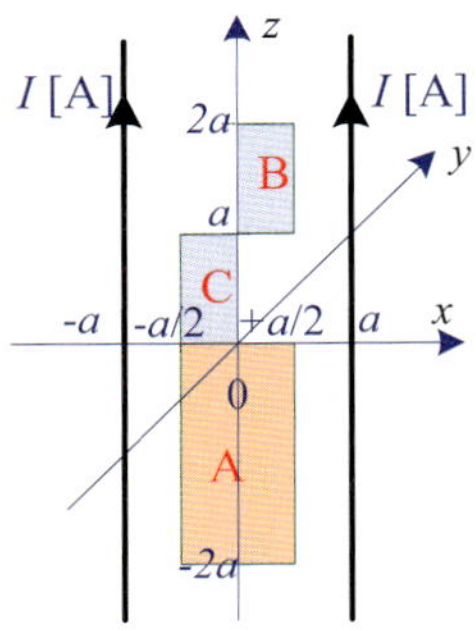

(a) 자기장은 어떤 상호작용(또는 물리적 현상)을 설명하기 위해 도입한 개념인지 간략히 설명하라.

(b) $x = -a$ [m]인 지점에서 z-축의 양의 방향으로 평행하게 흐르는 전류(I [A])만 존재하는 경우 x-축의 임의의 점에서 자계강도(자기장의 세기: $\boldsymbol{H}(\boldsymbol{r})$ [A/m])를 구하고, 그 크기를 그림으로 나타내라.

(c) $x = +a$ [m]인 지점에서 z-축의 양의 방향으로 평행하게 흐르는 전류(I [A])만 존재하는 경우 x-축의 임의의 점에서 자계강도($\boldsymbol{H}(\boldsymbol{r})$ [A/m])를 구하고, 그 크기를 그림으로 나타내라.

(d) $x = -a$와 $x = +a$에 z-축의 양의 방향으로 흐르는 전류가 모두 존재하는 경우 x-축의 임의의 점에서 자기유동밀도(자속밀도: $\boldsymbol{B}(\boldsymbol{r})$ [T] = [Wb/m^2])를 구하라(단, 자성계수는 μ_o [H/m]).

(e) 두 전류가 모두 존재하는 경우, 그림의 폐경로(closed loop) A(면적 = $2a^2$ [m^2])를 통과하는 자기유동량(자속: Ψ_{mA} [Wb])과 폐회로 B(면적 = $0.5a^2$ [m^2])를 통과하는 자기유동량 Ψ_{mB} [Wb]의 크기를 비교하라(Ψ_{mB}/Ψ_{mA}).

(f) 두 전류가 모두 존재하는 경우, 그림의 폐회로 B(면적 = $0.5a^2$ [m^2])를 통과하는 자기유동량(Ψ_{mB} [Wb])과 폐경로 C(면적 = $0.5a^2$ [m^2])를 통과하는 자기유동량(Ψ_{mC} [Wb])의 크기를 비교하라(Ψ_{mC}/Ψ_{mA}).

(g) $x = +a$에 있는 전류도선에 작용하는 힘($\boldsymbol{F}$ [N])의 방향을 설명하고, 단위길이당 작용하는 힘의 세기($|\boldsymbol{F}_o|$ [N/m])를 구하라.

6.4 (Curl, H & J) 자기장의 위치에 따른 변화가 다음 식과 같이 균일하지 않은 공간(μ_o [H/m], ϵ_o [F/m])이 있다.

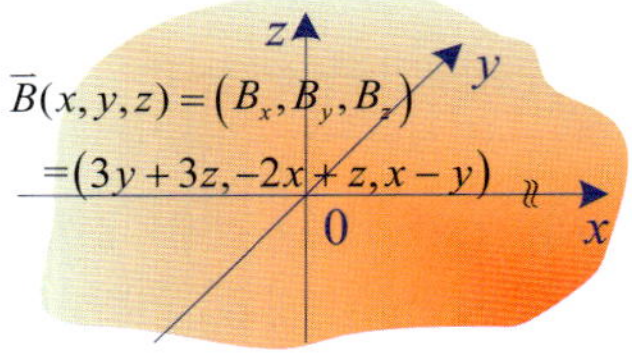

$$\overline{B}(x,y,z) = (B_x, B_y, B_z) = (3y+3z, -2x+z, x-y) \ [\text{Wb/m}^2]$$
$$= [\text{H} \cdot \text{A/m}^2]$$

(a) 자기장($\boldsymbol{H}(\boldsymbol{r})$ [A/m])의 근원이 되는 전류(I [A])가 존재하는지 확인할 수 있는 관계식을 적고, 의미를 간략히 설명하라.

(b) 위치 $P_1(0,0,0)$ [m]인 지점에 자기장을 형성하는 근원이 존재하는지 설명하고, 존재한다면 그 크기와 방향을 구하라.

(c) 위치 $P_2(1,1,1)$ [m]인 지점에 자기장($\boldsymbol{H}(\boldsymbol{r})$ [A/m])을 형성하는 근원이 존재하는지 설명하고, 존재한다면 그 크기와 방향을 구하라.

(d) 임의의 위치 $P(x,y,z)$에 존재하는 전류밀도($\boldsymbol{J}(\boldsymbol{r})$ [A/m^2])의 세기와 방향을 구하라.

6.5 **(Biot-Savart's Law & Magnetic Field)** 그림과 같이 같은 크기의 두 전류가 xz-평면에서 z-축과 평행하게($-\infty \leftrightarrow +\infty$) 흐르는 그림 (a)와 (b)의 두 경우를 통해 자기장 및 자기장의 의미를 이해하고자 한다. (a)의 경우는 두 전류도선의 간격이 아주 작으며, (b)의 경우는 관측점까지의 거리에 비해 그리 작지 않은 간격을 두고 있다.

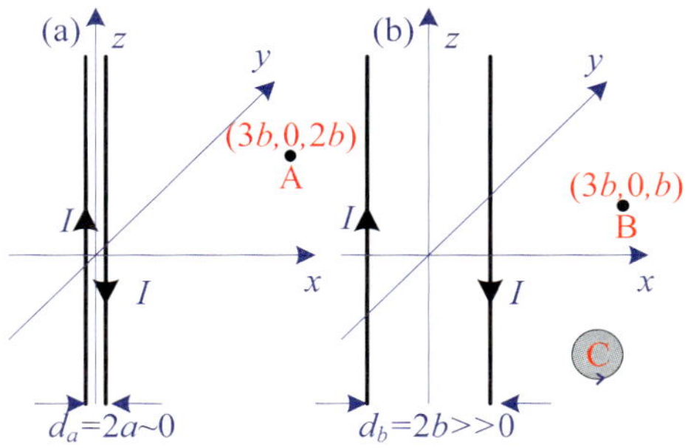

(a) (a)의 경우에 대해 xz-평면상의 관측점 A에서 자계강도($\boldsymbol{H}$ [A/m])를 구하라.

(b) (b)의 경우에 대해 xz-평면상의 관측점 B에서 자계강도($\boldsymbol{H}$ [A/m])를 구하라.

(c) A 지점에 x-축과 평행하게 흐르는 작은 조각의 전류도선(I_o [A])이 존재하는 경우 이 도선이 받는 힘 $|\boldsymbol{F}|$ [N/m]를 구하라.

(d) B 지점에 x-축과 평행하게 흐르는 작은 조각(ΔL [m])의 전류도선(I_o [A])이 존재하는 경우 이 도선이 받는 힘 $|\boldsymbol{F}|$ [N]를 구하라.

(e) xz-평면상의 C 지점에서 단면적 S [m^2]인 원형의 폐경로 도선(전류 $= I_o$ [A])이 받게 되는 회전력(Torque : $\boldsymbol{T}$ [N·m])의 크기와 방향을 구하라.

6.6 **(Magnetic Field, Force, Torque)** 전기장과 자기장을 형성하는 근원을 비교하여 설명하라.

6.7 **(Magnetic Field, Force, Torque)** 오른쪽 그림과 같이 z축($-\infty < z < +\infty$)의 양의 방향으로 가늘고 무한히 긴 도선(filament)에 전류가 흐르고 있으며, 그 주변에 같은 크기의 전류가 흐르는 3개의 폐경로 전류도선이 있다(단, 3개의 폐경로 전류도선 상호 간의 영향은 고려하지 않음).

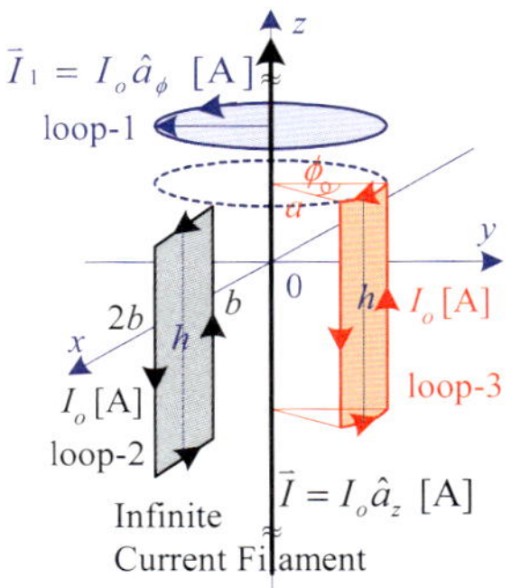

(a) 무한 도선 전류로 인해 형성된 자계에 의해 반지름 $\rho = a$ [m]인 폐경로 전류도선-1 전체가 받게 되는 힘($\boldsymbol{F}$ [N])을 구하라.

(b) 무한 도선 전류로 인해 형성된 자계에 의해 반지름 $\rho = a$ [m]인 폐경로 전류도선-1에 작용하는 회전력 벡터($\boldsymbol{T}$ [N·m])의 존재 여부를 설명하라.

(c) 아주 가늘고 무한히 긴 도선(filament)에 전류가 z-축의 음의 방향으로 흐를 경우 폐경로 전류도선-1 전체가 받게 되는 힘($\boldsymbol{F}$ [N])을 구하라.

(d) 무한 도선 전류를 2배 증가시킬 경우 폐경로 전류도선-1 전체가 받게 되는 힘($\boldsymbol{F}$ [N])을 구하라.

(e) 무한 도선 전류로 인해 폐경로 전류도선-2 전체가 받게 되는 힘($\boldsymbol{F}$ [N])을 구하라.

(f) 무한 도선 전류로 인해 폐경로 전류도선-3 전체가 받게 되는 힘($\boldsymbol{F}$ [N])을 구하라.

6.8 (Life & Magnetic Field) 겨울철에 가정에서 니크롬(NiCr) 발열선으로 만든 전기장판(electric heating mat)을 사용하는 경우가 있으며, 특히, 전자파가 인체에 미치는 영향에 관해서도 많은 논란이 되고 있다. AC 전원을 이용하는 가정용 전기장판과 다소 차이는 있지만, DC 전원을 사용하는 전기 장판은 일정한 저항을 가진 발열체(전압 V [V]와 전류 I [A]), 저항 R [Ω])로 가정하여, 전기장판에서의 자기장을 이해하고 실생활에서 접하게 되는 전자기학을 느껴보고자 한다.

(a) 어떤 방법으로 전기장판의 온도를 조절하게 되는지 간략히 설명하라(고등학교 물리 기초).

(b) 전기장판에서 전자파 발생을 최소화할 수 있는 구조를 제안하고, 그 구조와 동작원리를 설명하라.

(c) 제안한 구조에 대해서 온도를 높이면 자기장의 영향이 증가하는지, 감소하는지, 또는 불변인지 설명하라.

(d) 제안한 전기장판으로부터 자기장이 발생되는지 또는 발생되지 않는지 확인할 수 있는 방법을 한가지 설명하라.

6.9 (Magnetic Field 형성과 응용) 오른쪽 그림과 같은 고압 전력선과 유사한 상황을 통해 자기장의 형성 및 그 영향을 이해하고자 한다. 지금까지 배운 범위로 문제를 한정하기 위해 전력선은 DC 전력(DC 전압 V [V], DC 전류 I [A])을 전송하는 것으로 가정한다.

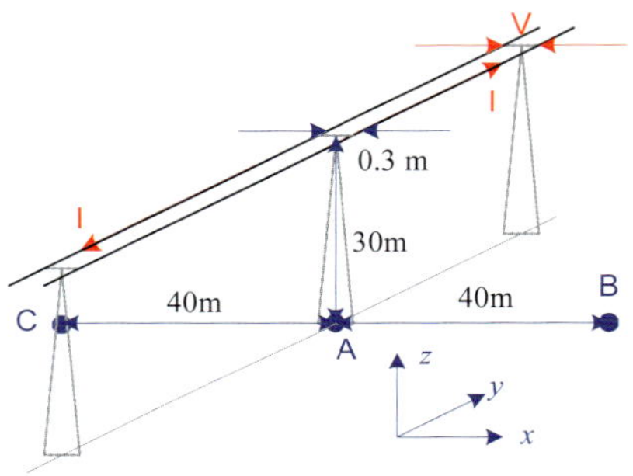

(a) 전력선 중심의 바로 아래 지점(**A**)의 자계강도($\boldsymbol{H}$ [A/m])**의 크기**와 **방향**을 구하라.

(b) **B** 지점의 $\boldsymbol{H}$의 **크기**(H [A/m])를 구하라.

(c) (a)의 경우에 대해서 $\boldsymbol{H}$의 세기(H [A/m])를 1/3로 감소시킬 수 있는 방법 중 송전탑의 높이는 어떻게 조절해야 할지 근거를 제시하여 설명하라.

(d) (a)의 경우에 대해서 송전탑의 높이와 전송 전력을 그대로 유지하면서 $\boldsymbol{H}$의 세기를 1/3로 감소시킬 수 있는 방법을 근거를 제시하여 설명하라.

(e) 전력선과 평행한 방향으로 양의 전하를 띤($+Q$) 혈액이 속도 $\boldsymbol{v}$ [m/s]로 신체 내에 흐르고 있다면 이 전하가 받게 되는 힘($\boldsymbol{F}$ [N])의 크기와 방향을 근거를 제시하여 그림으로 나타내라.

(f) 전류의 방향이 주기적으로 변하는 경우 혈액 내의 전하가 자기장에 의해 받게 되는 힘($\boldsymbol{F}$ [N])의 방향은 어떻게 되는지, 몸에는 어떤 영향이 있을지 간략히 설명하라.

(g) 전력선 밖 어느 지점에서나 $\boldsymbol{H}$ [A/m]가 전혀 나타나지 않도록 할 방법을 제안하고 그 근거를 설명하라.

6.10 (Magnetic Field, Force) 오른쪽 그림과 같이 z-축($-\infty < z < +\infty$)의 음의 방향으로 가늘고 무한히 긴 도선에 전류(I [A])가 흐르고 있으며, 그 주변에 같은 크기의 전류(I [A])가 흐르는 3개의 폐경로 전류도선 (1, 2, 3)이 있다(단, 3개의 폐경로 도선 상호 간의 영향은 무시).

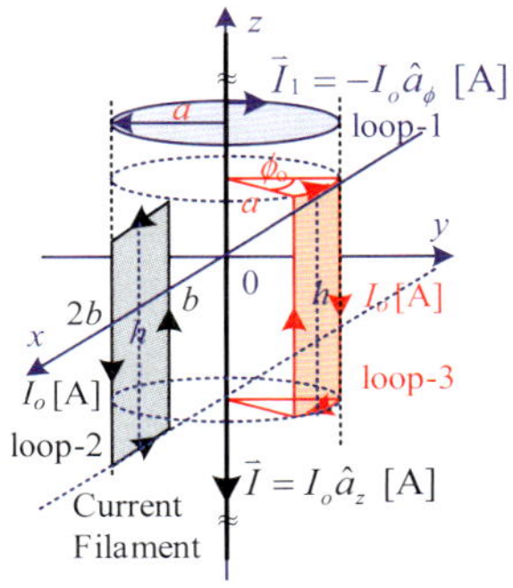

(a) 가늘고 무한히 긴 도선에 흐르는 전류로 인해 형성되는 자계강도($\boldsymbol{H}(\boldsymbol{r})$ [A/m])와 자속밀도($\boldsymbol{B}(\boldsymbol{r})$ [Wb/m^2])를 구하고, 중심으로부터의 거리에 따른 자계강도 변화를 그림으로 나타내라.

(b) 가늘고 무한히 긴 필라멘트(filament)형 도선에 흐르는 전류로 인해 반지름 a [m]인 폐경로 도선-1 전체에 작용하는 힘을 구하라.

(c) 폐경로 전류도선-2 전체가 받게 되는 자기력($\boldsymbol{F}_{\text{net2}}$ [N])을 구하라.

(d) 폐경로 전류도선-3 전체가 받게 되는 자기력($\boldsymbol{F}_{\text{net3}}$ [N])을 구하라.

(e) 폐경로 전류도선-1에 작용하는 회전력($\boldsymbol{T}_1$ [N·m])을 구하라.

6.11 (Magnetic Field in Life) 그림과 같이 균일한 전하 농도(ρ_o [C/m^3])를 갖는 지하수가 지하 깊은 곳에서 일정한 속도(υ [m/s])로 무한히 긴 거리에 걸쳐 흐르고 있다.

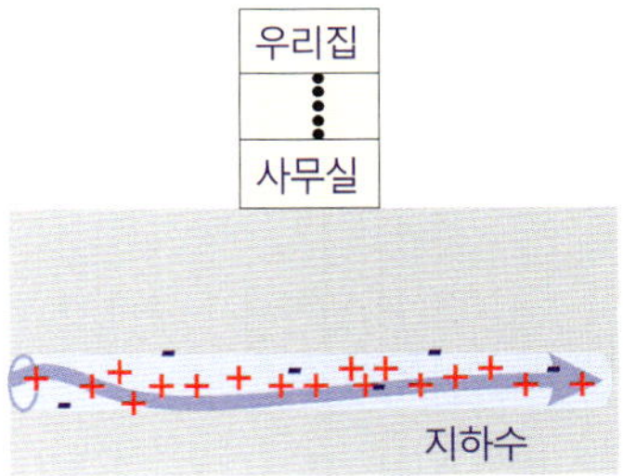

(a) 지하수로 인해 형성되는 전류밀도($\boldsymbol{J}$ [A/m^2] = [C/s·m^2])를 구하라.

(b) 지하수로부터 멀리 떨어진 지점(거리 d [m])의 자계강도($\boldsymbol{H}$ [A/m])를 구하라.

(c) 지하수의 속도 υ [m/s]에 따른 $|\boldsymbol{H}|$의 변화를 그림으로 나타내라.

(d) 지하수에 존재하는 이온의 농도에 따른 $|\boldsymbol{H}|$의 변화를 그림으로 나타내라.

(e) 지하수로 인해 형성된 자기장과 사람의 혈액 속에 존재하는 이온들로 인해 발생할 수 있는 인체의 영향에 관해 설명하라.

(f) 지하수로부터 $d = 100$ [m] 거리인 1층의 사무실에 근무하는 사람과 $d = 150$ [m] 떨어진 20층에 사는 사람의 다리에 흐르는 혈액에 작용하는 전자기장의 영향을 비교하라.

(g) 지하수가 지표면과 수평방향으로 흐르는 경우 어떤 방향으로 다리를 유지하는 것이 지하수에 의한 자기장의 영향을 덜 받는지 설명하라.

6.12 (Biot-Savart's Law) 같은 크기의 두 전류가 xz-평면에서 z-축과 평행하게($-\infty \leftrightarrow +\infty$) 흐르는 그림 (a)와 (b)의 두 경우를 통해 자기장의 의미를 이해하고자 한다. (a)의 경우는 두 전류도선의 간격이 아주 작으며, (b)의 경우는 관측점까지의 거리에 비해 작지 않은 간격을 두고 있다.

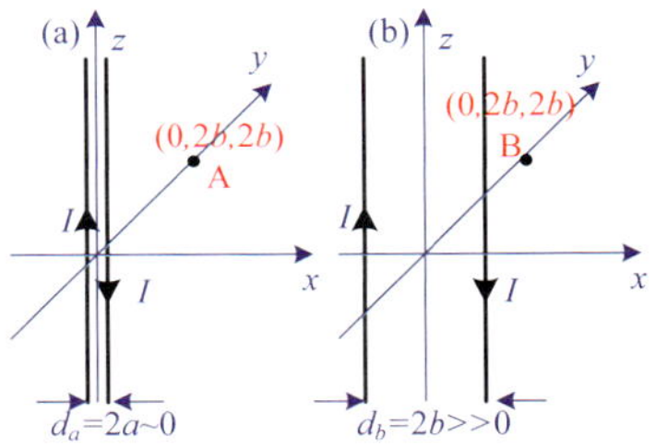

(a) 그림(a)의 경우에 대해 관측점 A(0, $2b$, $2b$)에서 자계강도($\boldsymbol{H}$ [A/m])를 구하라.

(b) 그림(b)의 경우에 대해 관측점 B(0, $2b$, $2b$)에서 자계강도($\boldsymbol{H}$ [A/m])를 구하라.

(c) A 지점에 x-축과 평행하게 흐르는 작은 조각의 전류도선이 존재하는 경우, 이 전류도선이 받는 단위길이당 힘($|\boldsymbol{F}_o|$ [N/m])을 구하라.

(d) B 지점에 x-축과 평행하게 흐르는 작은 조각의 전류도선이 받는 단위길이당 힘($|\boldsymbol{F}_o|$ [N/m])을 구하라.

(e) B 지점에 z-축과 평행하게 흐르는 작은 조각의 전류도선이 받는 단위길이당 힘($|\boldsymbol{F}_o|$ [N/m])을 구하라.

(f) B 지점에 y-축과 평행하게 흐르는 작은 조각의 전류도선이 받는 단위길이당 힘($|\boldsymbol{F}_o|$ [N/m])을 구하라.

6.13 (Magnetic Field in Life) 니크롬(NiCr) 발열선(heating coil)으로 만든 전기 장판을 사용하는 경우가 있으며, 특히, 전자파가 인체에 미치는 영향에 관해서도 많은 논란이 되고 있다. 실제 전기 장판과 다소 차이는 있지만, DC 전원을 사용하는 전기 장판은 일정한 저항을 가진 발열체((전압 V [V]와 전류 I [A]), 저항 R [Ω])로 가정하여 전기장판에서의 자기장을 이해하고 실생활에서 접하게 되는 전자기학을 느껴보고자 한다.

(a) 가정용 교류 전원을 사용하는 전기장판에서 자기장의 발생 가능성이 있다면 간단히 원인을 설명하라.

(b) 가정용 교류 전원을 사용하는 전기장판에서 발생하는 자기장은 시간에 따라 어떤 형태로 변하는지 설명하라.

(c) 전기장판에서 전자파 발생을 최소화할 수 있는 구조를 제안하고 그 구조와 동작원리를 설명하라 (특허출원과 상품화를 통해 대박을 낼 수 있도록 도움).

(d) 제안한 구조에 대해서 온도를 높이면 자기장의 영향이 증가하는지, 감소하는지, 또는 불변인지 설명하라.

(e) 제안한 전기장판(electrical heat mat)으로부터 자기장이 발생되는지 또는 발생되지 않는지 확인할 수 있는 방법을 한 가지 설명하라.

6.14 (Current, Biot-Savart's Law & Magnetic Field) 그림과 같이 반지름이 a [m]인 xy-평면상에 놓인 원형도선에 전류(I [A])가 반시계 방향(CCW: counter clock-wise)으로 흐르는 경우, 전류도선 간의 자기력에 관한 비오–사바르의 법칙을 통한 자기장의 이해는 권선형 코일(solenoid coil)과 반지형 코일(toroid coil)에 의한 자기장 형성과 인덕턴스의 이해 과정에 매우 유용하다. 오른쪽 그림과 같이 도선의 중심(원점 **O**(0,0,0))에서 자기장($\boldsymbol{H}$ [A/m])을 유도하는 과정을 통해 이를 이해하고자 한다.

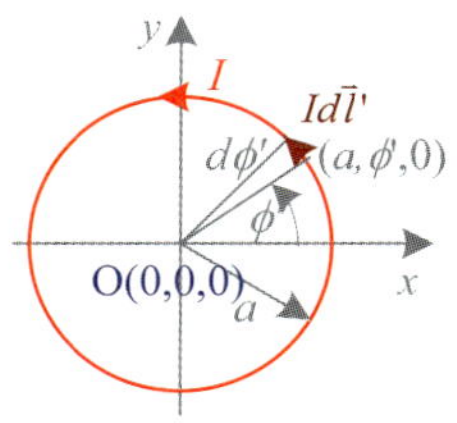

(a) 비오–사바르의 법칙을 이용하여 어느 좌표계를 사용하는 것이 편리한지 설명하라.

(b) 선택한 좌표계를 이용하여 원형전류도선의 일부인 작은 전류도선 조각($\boldsymbol{I dl'}$ [A·m])에 의해 원형도선의 중심에 형성되는 미소 자기장의 세기($d\boldsymbol{H}$ [A/m])를 간략히 정리하라.

(c) $d\boldsymbol{H}$ [A/m]의 계산에 필요한 작은 도선 조각($\boldsymbol{dl'}$)이 있는 지점의 좌표($\boldsymbol{r'}$)를 나타내라.

(d) 전류도선 조각이 있는 지점($\boldsymbol{r'}$)으로부터 관측점인 원점($\boldsymbol{r} = \mathbf{O}$)으로 향하는 벡터 $\boldsymbol{R}$과 크기 R을 구하라.

(e) 전류도선 조각($\boldsymbol{r'}$)으로부터 관측점($\mathbf{O}$)으로 향하는 단위벡터($\boldsymbol{a}_r$)를 구하라.

(f) 위의 과정을 통해 얻은 결과를 이용하여 작은 도선 조각($\boldsymbol{dl'}$)에 의해 원형도선의 중심에 형성되는 미소 자기장의 세기($d\boldsymbol{H}$ [A/m])를 자세히 나타내라.

(g) 위의 결과를 이용하여 전류가 흐르는 원형도선 전체에 의해 원점($\mathbf{O}$)에 형성된 자계강도($\boldsymbol{H}$ [A/m])를 구하라.

(h) 도선에 흐르는 전류가 2배로 증가하면 도선의 중심에 형성되는 자기장의 세기가 어떻게 변하는지 설명하라.

(i) 동일한 크기와 방향의 전류가 흐르고, 동일한 크기의 원형도선 3개를 겹치면 원점에서 자기장의 세기가 어떻게 변하는지 설명하라.

(j) 도선의 반지름이 2배로 증가하면 도선의 중심에 형성되는 자기장의 세기는 어떻게 변하는지 설명하라.

(k) 원점에 z-축 방향으로 흐르는 동일한 크기의 전류가 흐르는 작은 도선이 존재하면 어떤 영향을 받는지 설명하라.

(l) 도선으로부터 안쪽과 바깥으로 동일한 수직 거리가 같은 두 지점($\rho = a-d$, $\rho = a+d$)의 자기장 세기를 간단히 비교하라($|\boldsymbol{H}_{in}/\boldsymbol{H}_{out}|$).

(m) y-축과 평행하게 흐르는 짧은 길이(ΔL [m])의 전류(I_o) 도선이 원점에 존재하는 경우, 이 도선이 받는 힘($\boldsymbol{F}$ [N])을 구하라.

6.15 (Magnetic Field & Biot-Savart's Law) 그림과 같이 같은 크기의 두 전류가 직각좌표계의 y-z 평면에서 z-축과 평행하게($-\infty \leftrightarrow +\infty$) 흐르는 경우($y = -a$인 지점의 전류와 $y = +a$인 지점의 전류)를 통해 자기장의 의미를 이해하고자 한다.

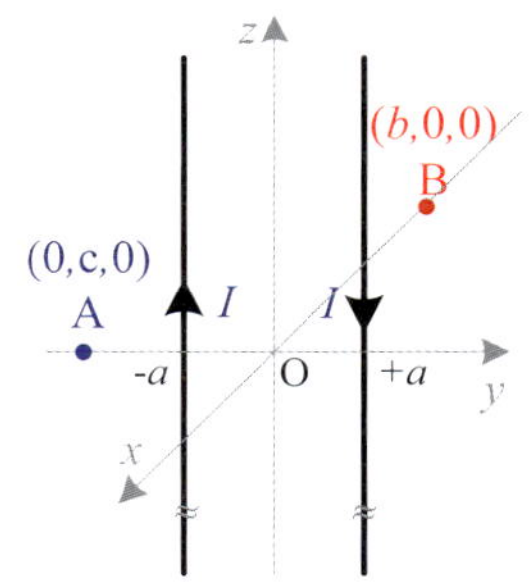

(a) 비오-사바르(Biot-Savart)의 법칙에 관한 식을 적고, 핵심적인 의미를 설명하라.

(b) 관측점 A(0, c, 0)에서 $y = -a$에 있는 전류도선에 의해 형성된 자기장의 세기($\boldsymbol{H}_1$ [A/m])를 구하라.

(c) 관측점 A(0, c, 0)에서 $y = +a$에 있는 전류도선에 의해 형성된 자기장의 세기($\boldsymbol{H}_2$ [A/m])를 구하라.

(d) 관측점 A(0, c, 0)에서 $y = -a$와 $y = +a$에 두 전류도선에 의해 형성된 자기장의 세기($\boldsymbol{H}_A$ [A/m])를 구하라.

(e) 위의 결과를 근거로 하여 관측점 B(b, 0, 0)에서 자기장의 세기($\boldsymbol{H}_B$ [A/m])를 구하라.

(f) A 지점에서 x-축과 평행하게 흐르는 작은 전류도선($I_t dl_t$)이 받는 힘($d\boldsymbol{F}$ [N])을 구하라.

(g) B 지점에서 x-축과 평행하게 흐르는 작은 전류도선($I_t dl_t$)이 받는 힘($d\boldsymbol{F}$ [N])을 구하라.

(h) B 지점에서 z-축과 평행하게 흐르는 작은 전류도선($I_t dl_t$)이 받는 힘($d\boldsymbol{F}$ [N])을 구하라.

(i) B 지점에서 y-축과 평행하게 흐르는 작은 전류도선($I_t dl_t$)이 받는 힘($d\boldsymbol{F}$ [N])을 구하라.

(j) 이 문제를 해석할 때 Ampere의 법칙을 사용하는 것이 유용한지 설명하라.

6.16 (Biot-Savart's law, Magnetic Field & Force) 오른쪽 그림과 같이 z-축($-\infty < z < +\infty$)의 양의 방향으로 아주 가는 도선에 근원전류(I)가 흐르고 있으며, 그 주변에 같은 크기의 전류(I_o [A])가 흐르는 3개의 시험전류도선(0,1,2,3)이 있다(단, 시험전류도선 상호 간의 영향은 고려하지 않음).

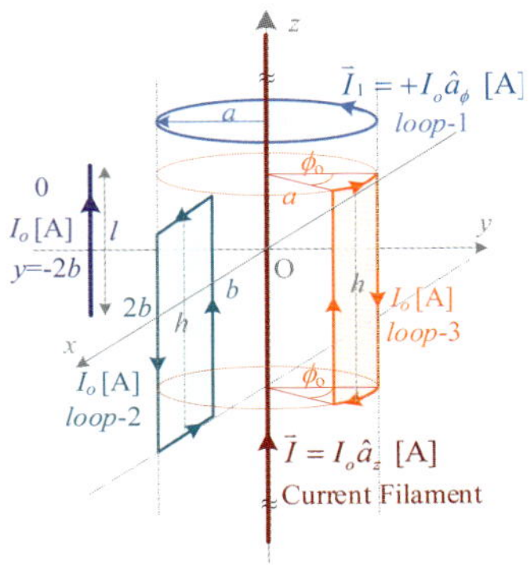

(a) z-축의 근원전류로 인해 형성되는 자계강도($\boldsymbol{H}(\boldsymbol{r})$ [A/m])를 구하고, z-축으로부터의 수직 거리에 따른 자기장의 세기를 그림으로 나타내라.

(b) z-축의 근원전류의 크기 변화에 따른 자기장의 세기 변화를 그림으로 나타내라.

(c) 관측점의 z 좌표 변화에 따른 자기장의 세기 변화를 그림으로 나타내라.

(d) 근원전류로 인해 형성된 자기장에 의해 $y = -2b$인 지점에 z-축과 평행하게 놓인 길이 l [m]의 "전류도선-0"이 받는 힘($\boldsymbol{F}_{\text{net0}}$)을 구하라.

(e) 근원전류로 인해 형성된 자기장에 의해 반지름 a인 전류가 흐르는 폐회로(current loop)-1에 작용하는 힘($\boldsymbol{F}_{\text{net1}}$)을 구하라.

(f) 근원전류로 인해 형성된 자기장에 의해 전류가 흐르는 폐회로-2가 받는 힘($\boldsymbol{F}_{\text{net2}}$)을 구하라.

(g) 근원전류로 인해 형성된 자기장에 의해 전류가 흐르는 폐회로-3이 받는 힘($\boldsymbol{F}_{\text{net3}}$)을 구하라.

6.17 (Magnetic Field & Electronic Engineer) 자기장의 존재 여부는 공학적 응용이나 실생활의 인체 건강 측면에서도 중요한 이슈로 논의되기도 한다. 전자공학도로서 이를 일반인들에게 설명하기 위해서는 다음과 같은 문제에 관해 이해하는 것이 중요하다.

(a) 자기장의 원리를 이용하여 자기장의 존재 여부를 탐지할 수 있는 장치를 제안하고 동작 원리를 간략히 설명하라(그림을 활용).

(b) 제안한 자기장 탐지 장치에서 자기장의 존재 여부와 함께 자기장의 방향을 구별할 수 있는 방법을 설명하라.

(c) 아주 작은 세기의 자기장도 감지하기 위해 본인이 고안한 감지 장치가 어떤 조건을 갖추어야 할지 설명하라.

Chapter

07

대칭구조 전류도선에 의해 형성된 자기장 해석 : 암페어의 법칙과 자기준위

Symmetric Current Elements and Magnetic Field : Ampere's Law and Magnetic Potential

학습도표와 핵심내용

학습도표와 핵심내용

7장 **대칭구조 전류도선에 의해 형성된 자기장 해석 : 암페어의 법칙과 자기준위**
(Symmetric Current Elements and Magnetic Field : Ampere's Law)

1. 자기장에 관한 암페어의 법칙: 대칭구조 근원전류도선($I_S dl_S$ [A·m])에 의해 형성된 자기장의 벡터 자계강도($\boldsymbol{H}(\boldsymbol{r})$ [A/m]) 해석

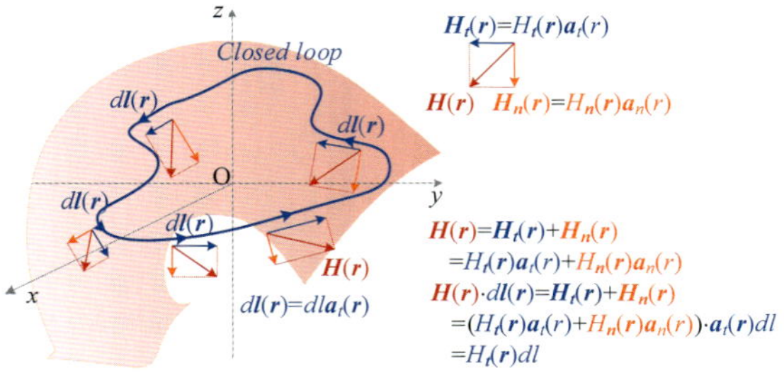

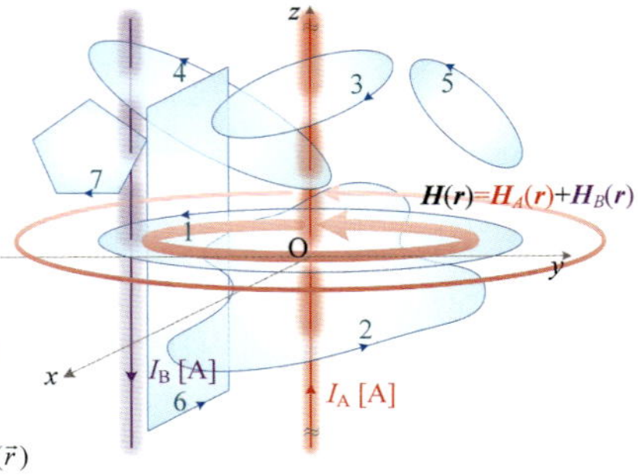

$$\vec{H}(\vec{r})\ [\text{V/m}] = \int_{source} d\vec{H}(\vec{r}) = \vec{H}_t(\vec{r}) + \vec{H}_n(\vec{r}) = H_t(\vec{r})\hat{a}_t(\vec{r}) + H_n(\vec{r})\hat{a}_n(\vec{r})$$

$$\boxed{\oint_{\Delta S} \vec{H}(\vec{r})\cdot d\vec{l}(\vec{r}) = \oint \vec{H}(\vec{r})\cdot \hat{a}_t(\vec{r})dl(\vec{r}) = I_{enc}\ [\text{A}]}$$

$$\Rightarrow \vec{H}(\vec{r})\ [\text{A/m}] \Rightarrow \vec{B}(\vec{r})\ [\text{Wb/m}^2] = \mu\vec{H}(\vec{r}) \Rightarrow d\vec{F}(\vec{r})\ [N] = I_t d\vec{l}_t \times \vec{B}(\vec{r}) \Rightarrow \vec{F}(\vec{r})\ [N] = \int_{test} d\vec{F}(\vec{r})$$

2. 벡터 자계강도($\boldsymbol{H}(\boldsymbol{r})$ [A/m])의 회전량 벡터와 자기장을 형성하는 근원전류의 관계 : 암페어 법칙의 미분형

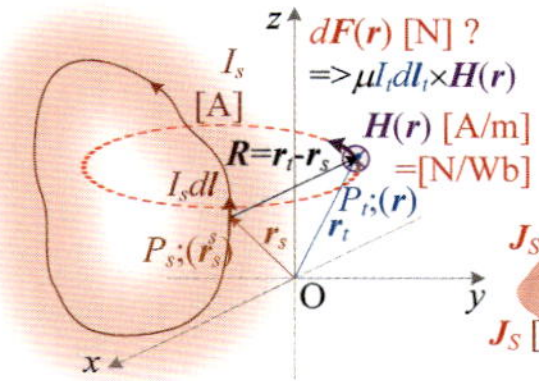

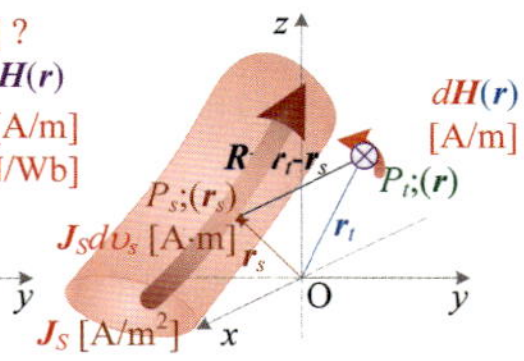

$$\vec{H}(\vec{r})\ [\text{V/m}] = \int_{source} d\vec{H}(\vec{r}) = \vec{H}_t(\vec{r}) + \vec{H}_n(\vec{r})$$

$$= H_t(\vec{r})\hat{a}_t(\vec{r}) + H_n(\vec{r})\hat{a}_n(\vec{r})$$

$$\nabla\times\vec{H}(\vec{r})\ [\text{A/m}^2] \equiv \lim_{\Delta S\to \text{small}} \frac{\oint_{\Delta S}\vec{H}(\vec{r})\cdot d\vec{l}(\vec{r})}{\Delta S}\hat{a}_n(\vec{r})$$

$$\Rightarrow \boxed{\oint_{\Delta S}\vec{H}(\vec{r})\cdot d\vec{l}(\vec{r}) = \int_{\Delta S}\nabla\times\vec{H}(\vec{r})\cdot d\vec{S} = I_{enc}\ [\text{A}] = \int_{\Delta S}\vec{J}(\vec{r})\cdot d\vec{S}}$$

$$\Rightarrow \boxed{\nabla\times\vec{H}(\vec{r}) = \vec{J}(\vec{r})\ [\text{A/m}^2]}$$

3. 근원전류도선에 의해 형성된 자기장(매질 내의 전류밀도 = 0)의 스칼라 자기준위($V_m(\boldsymbol{r})$ [A])와 회전성 벡터 자계강도($\boldsymbol{H}(\boldsymbol{r})$ [A/m])

$$dV_m(\vec{r})\ [\text{A}] \equiv -\vec{H}(\vec{r})\cdot d\vec{l} \longleftrightarrow dV_m(\vec{r})\hat{a}_t\ [\text{A}] = \left(-\vec{H}(\vec{r})\cdot d\vec{l}\right)\hat{a}_t$$

$$dV_m(\vec{r})\ [\text{A}] \equiv \frac{I_S dl_S(\vec{r}\,')}{4\pi R}$$

$$V_m(\vec{r})\ [\text{A}] \equiv \int_\infty^{\vec{r}} dV_m(\vec{r}) = V_{m,\vec{r}} - V_{m,\infty} = -\int_\infty^{\vec{r}}\vec{H}(\vec{r})\cdot d\vec{l}$$

$$\longleftrightarrow \vec{H}(\vec{r})\ [\text{A/m}] = -\frac{dV_m(\vec{r})}{dl}\hat{a}_t \longleftrightarrow \boxed{\vec{H}(\vec{r})\ [\text{A/m}] \equiv -\nabla V_m(\vec{r})}$$

$$\oint\vec{H}(\vec{r})\cdot d\vec{l} = \int_{\substack{loop\\closed}}\nabla\times\vec{H}(\vec{r})\cdot d\vec{S} = I_{enc}\ [\text{A}] \longleftrightarrow \boxed{\begin{aligned}&\nabla\times\vec{H}(\vec{r}) = \nabla\times\left(-\nabla V_m(\vec{r})\right) = 0\ [\text{A/m}^2]\\ &\Longleftrightarrow \vec{J}(\vec{r}) = \nabla\times\vec{H}(\vec{r}) = 0\ [\text{A/m}^2]\end{aligned}}$$

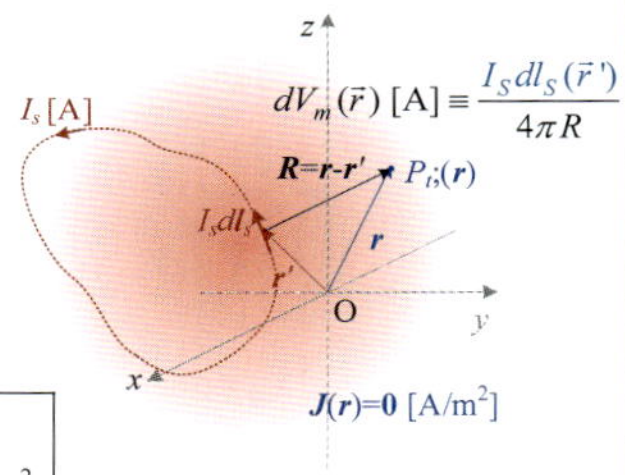

4. 근원전류도선에 의해 형성된 자기장의 벡터 자기준위($\boldsymbol{A}(\boldsymbol{r})$ [Wb/m])와 회전성 벡터 자속밀도($\boldsymbol{B}(\boldsymbol{r})$ [Wb/m²])

$$\begin{cases} d\vec{A}(\vec{r},\vec{r}\,')\ [\text{Wb/m}] \equiv \dfrac{\mu I_s d\vec{l}_s(\vec{r}\,')}{4\pi R} \\ \vec{A}(\vec{r})\ [\text{Wb/m}] \equiv \displaystyle\int_{\substack{source\\current}} d\vec{A}(\vec{r},\vec{r}\,') \end{cases} ; \begin{cases} \nabla\times\vec{A}(\vec{r}) \equiv \vec{B}(\vec{r})\ [\text{Wb/m}^2] \\ \nabla\cdot\vec{B}(\vec{r}) = \nabla\cdot(\nabla\times\vec{A}(\vec{r})) = 0\ [\text{Wb/m}^3] \end{cases} \Rightarrow \vec{B}(\vec{r})\ [\text{Wb/m}^2] = \nabla\times\vec{A}(\vec{r}) \Rightarrow \vec{H}(\vec{r})\ [\text{A/m}] = \frac{1}{\mu}\vec{B}(\vec{r})$$

$$\Rightarrow \vec{F}\ [\text{N}] = \int_{\substack{test\\current}} d\vec{F}(\vec{r}) \ \leftarrow d\vec{F}(\vec{r})\ [\text{N}] = \mu I_t d\vec{l}_t(\vec{r})\times\vec{H}(\vec{r})$$

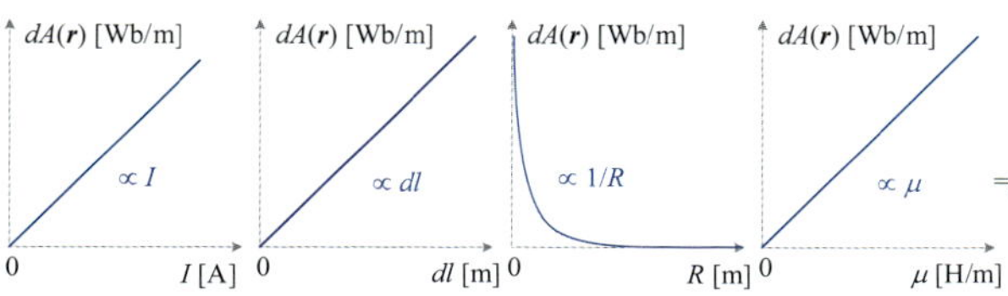

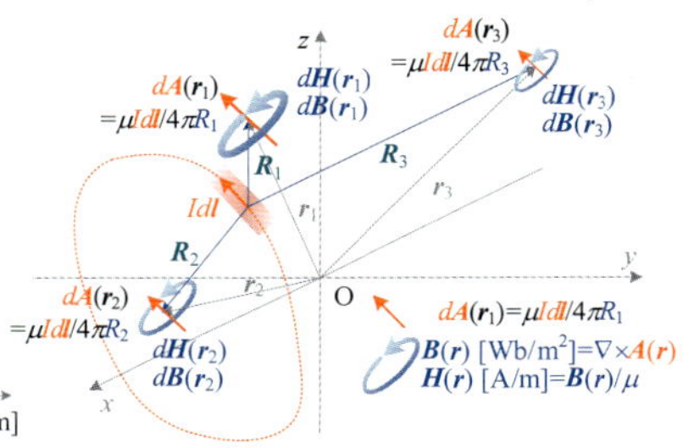

전류도선 간의 상호작용을 이해하기 위해 정의한 자기장은 비오-사바르의 법칙에 자기적 힘의 크기와 방향을 결정하는 요소와 의존도에 대한 정보가 모두 담겨 있다. 자기장 내의 자계강도($\boldsymbol{H}(\boldsymbol{r})$ [A/m])는 근원전류에 의한 영향만을 분리하여 나타내는 물리량으로서, 근원전류도선의 형태에 따라 그 계산 과정이 복잡하기도 하지만, 대칭구조의 자기장을 해석하는 데는 편리한 방법이 있다. 즉, 암페어의 법칙(Ampere's law)은 대칭구조의 근원전류도선에 의해 형성되는 자기장 내의 회전성($\boldsymbol{a}_H = \boldsymbol{a}_t \times \boldsymbol{a}_R$) 자계강도 분포를 해석하는 데 편리하게 사용할 수 있는 적분형 관계식(Integral form)이다. 대칭구조의 전류도선에 의한 회전성 자계강도($\boldsymbol{H}(\boldsymbol{r})$ [A/m])와 자속밀도 해석($\boldsymbol{B}(\boldsymbol{r}) = \mu \boldsymbol{H}(\boldsymbol{r})$ [Wb/m^2])에 사용되는 암페어의 법칙을 학습하기 전에 대칭구조의 전하분포에 의해 형성되는 방사형 전계강도($\boldsymbol{E}(\boldsymbol{r})$ [V/m])와 등가전하밀도($\boldsymbol{D}(\boldsymbol{r}) = \epsilon \boldsymbol{E}(\boldsymbol{r})$ [C/m^2]) 분포 해석에 사용되는 가우스의 법칙의 핵심을 확인하는 것도 전자기학의 이해에 도움이 된다. 전하들 간의 상호작용을 이해하는 근거인 쿨롱의 법칙이나, 전기장을 형성하는 근원전하(Q_s [C])의 분포가 대칭성을 갖춘 경우에는 적분식 형태의 가우스 법칙을 이용하여 근원전하를 중심으로 형성되는 방사방향($\boldsymbol{a}_E = \boldsymbol{a}_R$) 등가전하밀도($\boldsymbol{D}(\boldsymbol{r})$ [C/m^2])를 편리하게 구할 수 있음을 학습하였다. 이로부터 근원전하에 의해 형성된 대칭구조 전기장의 방사형 전계강도($\boldsymbol{E}(\boldsymbol{r})$ [V/m])와 시험전하(Q_t [C])가 받는 정전기적 힘($\boldsymbol{F}(\boldsymbol{r})$ [N])을 편리하게 구할 수 있다.

근원전하를 중심으로 형성된 전기장의 방사방향 등가전하밀도 해석에 편리하게 사용되는 가우스 법칙을 요약하면 다음과 같다.

$$\vec{D}(\vec{r})\ [\mathrm{C/m^2}] = D_t(\vec{r})\hat{a}_t(\vec{r}) + D_n(\vec{r})\hat{a}_n(\vec{r})$$: 관측점($\boldsymbol{r}$)의 방사형 등가전하밀도로서 근원전하량에 의해 결정

$$\oint_{\substack{closed\\surface}} \vec{D}(\vec{r})\cdot d\vec{S}(\vec{r}) = \oint_{\substack{closed\\surface}} \vec{D}(\vec{r})\cdot \hat{a}_n(\vec{r})dS(\vec{r}) = Q_{enc}$$: 등가전하밀도($\boldsymbol{D}(\boldsymbol{r})$)를 구하는 데 사용되는 가우스의 법칙

$$d\vec{S}(\vec{r}) = dS(\vec{r})\hat{a}_n(\vec{r})$$: 폐곡면 위의 한 점($\boldsymbol{r}$)에서 폐곡면에 수직인 조각 면적 벡터

즉, "전기장이 존재하는 공간에서 폐곡면을 통해 안에서 밖으로 유출되는 등가전하량(전속)과 밖에서 안으로 유입되는 등가전하량의 차이는 폐곡면 내에 존재하는 전하량과 동일함"을 뜻한다. 가우스 법칙은 전하의 분포가 대칭구조인 경우 근원전하에 의한 전기장을 편리하게 해석하는 적분 형태의 관계식이다.

근원전하에 의해 형성된 전기장의 방사방향 등가전하밀도($\boldsymbol{D}(\boldsymbol{r})$ [C/m^2])에 대한 발산량과 발산 정리를 적용하면 가우스 법칙의 미분 형태인 다음의 포아송 방정식을 얻는다.

$$\oint_{\substack{closed\\surface}} \vec{D}(\vec{r})\cdot d\vec{S}(\vec{r}) = \int_{vol} \nabla\cdot\vec{D}(\vec{r})dv = Q_{enc} = \int_{vol} \rho_v(\vec{r})dv$$: 가우스 법칙과 발산 정리

$$\nabla\cdot\vec{D}(\vec{r}) = \rho_v(\vec{r})\ [\mathrm{C/m^3}]$$: 포아송 방정식으로, 비대칭 전하분포(ρ_v [C/m^3])에 의한 등가전하밀도($\boldsymbol{D}(\boldsymbol{r})$ [C/m^2])를 구하는 데 사용

포아송 방정식을 사용하면, 대칭성이 부족한 분산전하분포를 갖는 경우에도 근원전하에 의해 형성되는 전기장의 방사형 등가전하밀도($\boldsymbol{D}(\boldsymbol{r})$ [C/m^2])를 구하고, 이로부터 전계강도($\boldsymbol{E}(\boldsymbol{r}) = \boldsymbol{D}(\boldsymbol{r})/\epsilon$ [V/m])와 시험전하(Q_t [C])에 작용하는 정전기적 힘($\boldsymbol{F}(\boldsymbol{r}) = Q_t\boldsymbol{E}(\boldsymbol{r})$ [N])을 쉽게 구할 수 있다.

가우스 법칙 또는 포아송 방정식을 통해 얻은 등가전하밀도($\boldsymbol{D}(\boldsymbol{r})$ [C/m^2])를 이용하여 전계강도($\boldsymbol{E}(\boldsymbol{r})$ [V/m])와 시험전하가 받는 정전기적 힘($\boldsymbol{F}(\boldsymbol{r})$ [N])은 다음과 같이 구할 수 있다.

$\vec{E}(\vec{r})$ [V/m] $= \frac{1}{\epsilon}\vec{D}(\vec{r})$: 근원전하를 중심으로 하는 방사형 전계강도(매질의 종류, 즉 유전상수에 따라 변함)

$\vec{F}(\vec{r})$ [N] $= Q_t\vec{E}(\vec{r}) \longleftrightarrow \vec{E}(\vec{r})$ [N/C] = [V/m] $= \frac{1}{Q_t}\vec{F}(\vec{r})$: 관측점의 전하에 작용하는 정전기적 힘(쿨롱의 법칙)

특히, 근원전류도선의 영향만을 구분하여 자기장의 자계강도($\boldsymbol{H}(\boldsymbol{r})$ [A/m])로 정의하고, 이를 이용하여 자기장 내에 존재하는 전류도선이 받는 자기력을 계산할 수 있도록 하였다. 대칭구조의 전류도선에 의한 자기장의 회전성 자계강도 해석에 편리하게 사용될 암페어의 법칙(Ampere's law)은 자기장에 관한 비오–사바르의 법칙을 그 기반으로 한다. [그림 7–1]에 나타낸 전류도선들 간의 상호작용, 즉 전류도선들 간에 작용하는 자기적 힘은 비오–사바르 법칙에 의해 지배된다.

$d\vec{H}(\vec{r},\vec{r}\,')$ [A/m] $= \frac{1}{4\pi}\frac{I_s d\vec{l}_s(\vec{r}\,')\times\hat{a}_R}{R^2}$: 근원전류도선 조각에 의한 관측점의 회전방향 자계강도

- 부분 자계강도는 근원전류의 크기(I_s [A])에 비례하고, 근원전류로부터 관측점까지의 거리(R [m])의 제곱에 반비례
- 부분 자계강도의 방향은 자기장의 근원이 되는 근원전류를 중심으로 회전하는 방향($\boldsymbol{a}_H = \boldsymbol{a}_t \times \boldsymbol{a}_R$)으로 형성
  : 오른손 엄지손가락은 전류, 나머지 손가락들의 회전방향이 자기장의 방향
  : 오른손 엄지손가락을 제외한 나머지 손가락들의 회전방향은 전류, 엄지손가락의 방향은 자기장의 방향

$\vec{R} \equiv \vec{r} - \vec{r}\,'$; $\hat{a}_R \equiv \frac{\vec{R}}{R}$; $d\vec{l}_s(\vec{r}\,') \equiv dl_s\hat{a}_t(\vec{r}\,')$: 관측점을 향하는 벡터, 그 단위벡터, 그리고 도선 조각의 접선방향 벡터

$\vec{H}(\vec{r})$ [A/m] $= \int_{\substack{source\\current}} d\vec{H}(\vec{r},\vec{r}\,')$: 근원전류도선 전체에 의해 형성된 자기장의 회전성 자계강도

$d\vec{F}(\vec{r})$ [N] $= \mu I_t d\vec{l}_t(\vec{r})\times\vec{H}(\vec{r})$: 자기장 내에서 시험전류도선 조각에 작용하는 자기력(비오–사바르의 법칙)

$\vec{F}$ [N] $= \int_{test} d\vec{F}(\vec{r}) = \int_{test} I_t d\vec{l}_t(\vec{r})\times\mu\vec{H}(\vec{r})$: 자기장 내에서 시험전류도선 전체에 작용하는 자기력

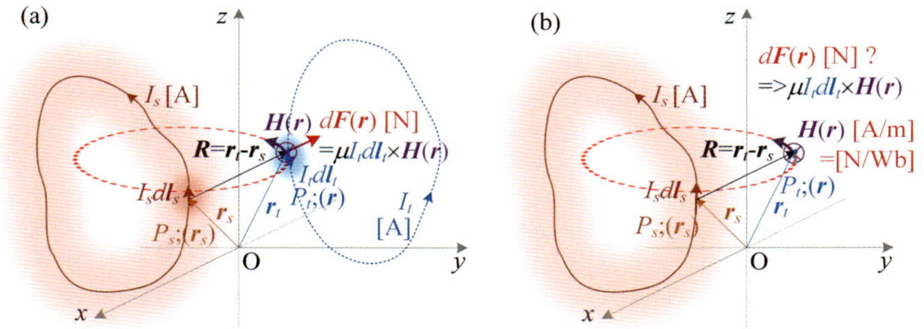

[그림 7–1] 근원전류도선 전체에 의해 시험전류 조각($I_t d\boldsymbol{l}_t$ [A·m])에 작용하는 자기적 힘($d\boldsymbol{F}$ [N])과 근원전류도선 전체에 의한 영향만을 구분하여 정의한 근원전류(I_S [A])의 회전성 자계강도($\boldsymbol{H}$ [A/m])

그런데 근원전류도선에 의해 형성된 자기장의 회전성 자계강도를 구하는 과정은 비오-사바르의 법칙에 기반하여 계산이 가능하나, 회전성 자계강도의 직관적인 의미가 잘 드러나지 않는 벡터 곱을 사용하는 등 다소 복잡한 과정을 거쳐야 한다. 근원전류도선이 완전한 대칭구조이고, 이로 인해 형성된 자기장에 공간적 대칭성이 잘 갖춘 경우에는 암페어의 법칙을 사용하면 그 과정이 훨씬 간략화되어 자기장 해석에 편리하다. 이는 쿨롱의 법칙에 기반한 전기장의 해석 과정에서 대칭구조의 전하분포로 인해 형성된 방사형 전계강도($\boldsymbol{E}(\boldsymbol{r})$ [V/m])와 등가전하밀도($\boldsymbol{D}(\boldsymbol{r})$ [C/m^2])의 대칭성이 잘 갖춰진 경우 가우스 법칙을 사용하여 등가전하밀도를 편리하게 해석하는 과정과 유사하다.

Section

7.1 근원전류에 의한 자기장의 회전성 자계강도와 스토크스 정리의 자기장 응용 : 암페어의 법칙

근원전류도선을 중심으로 형성되는 자기장의 회전성 자계강도($\boldsymbol{H}(\boldsymbol{r})$ [A/m])는 비오–사바르의 법칙이 그 기반이 되며, 핵심 내용은 다음과 같다.

$$d\vec{H}(\vec{r},\vec{r}\,')\ [\text{A/m}] = \frac{1}{4\pi}\frac{I_s d\vec{l}_s(\vec{r}\,')\times\hat{a}_R}{R^2}\ ;\ I_s d\vec{l}_s(\vec{r}\,')\ [\text{A}\cdot\text{m}] \longleftrightarrow \begin{cases} Q_s\vec{v}_s(\vec{r}\,') \\ I_s d\vec{l}_s(\vec{r}\,') \\ \vec{K}_s dS_s(\vec{r}\,') \\ \vec{J}_s dv_s(\vec{r}\,') \end{cases}$$

$$\rightarrow \vec{H}(\vec{r})\ [\text{A/m}] = \int_{\substack{source\\current}} d\vec{H}(\vec{r},\vec{r}\,')$$: 근원전류도선 조각에 의해 형성된 자계강도

$$\vec{R}\ [\text{m}] \equiv \vec{r}-\vec{r}\,'\ ;\ \hat{a}_R \equiv \vec{R}/R\ ;\ d\vec{l}_s(\vec{r}\,')\ [\text{m}] \equiv dl_s\hat{a}_t(\vec{r}\,')$$: 관측점을 향하는 벡터, 그 단위벡터, 그리고 도선 조각의 접선방향 벡터

■ 회전량 벡터($\nabla\times\boldsymbol{A}(\boldsymbol{r})$)에 관한 스토크스의 정리와 물리적 의미

임의의 벡터 물리량 $\boldsymbol{A}(\boldsymbol{r})$에 대한 회전량 벡터($\nabla\times\boldsymbol{A}(\boldsymbol{r})$)의 수학적 정의와 이를 변형한 형태를 요약하면 다음과 같다.

$$\nabla\times\vec{A}(\vec{r}) \equiv \lim_{\Delta S\to\text{small}}\frac{\oint_{\Delta S}\vec{A}(\vec{r})\cdot d\vec{l}(\vec{r})}{\Delta S}\hat{a}_n = \lim_{\Delta S\to\text{small}}\frac{\oint_{\Delta S}\left(\vec{A}(\vec{r})\cdot\hat{a}_t(\vec{r})\right)dl}{\Delta S}\hat{a}_n\ ;\ d\vec{l}(\vec{r}) \equiv dl\hat{a}_t(\vec{r})$$

: 벡터 물리량 $\boldsymbol{A}(\boldsymbol{r})$의 회전량 벡터

$$\longleftrightarrow \oint_{\Delta S}\vec{A}(\vec{r})\cdot d\vec{l}(\vec{r}) = \nabla\times\vec{A}(\vec{r})\cdot\hat{a}_n\Delta S = \int_{\Delta S}\nabla\times\vec{A}(\vec{r})\cdot\hat{a}_n dS = \int_{\Delta S}\nabla\times\vec{A}(\vec{r})\cdot d\vec{S}$$: 회전량 벡터의 적분형 표시

즉 회전량 벡터($\nabla\times\boldsymbol{A}(\boldsymbol{r})$)의 크기는 회전성 폐경로의 접선방향과 평행한 성분을 모두 합하여 단위 면적당 평균으로 환산한 값(경로의 크기 의존도 배제)이고, 방향은 폐경로 또는 회전 면에 수직인 방향으로 표시한다. 또한, 벡터 물리량($\boldsymbol{A}(\boldsymbol{r})$)의 회전량 벡터($\nabla\times\boldsymbol{A}(\boldsymbol{r})$)에 관한 정의로부터 다음과 같이 적분 형태의 스토크스 정리(Stokes's theorem)를 얻는다.

$$\oint_{\Delta S}\vec{A}(\vec{r})\cdot d\vec{l}(\vec{r}) = \int_{\Delta S}\nabla\times\vec{A}(\vec{r})\cdot d\vec{S}$$: 회전량 벡터에 관한 스토크스의 정리

회전량 벡터에 관한 스토크스의 정리를 통해 미소 면적 ΔS [m²]를 갖는 폐경로 전체에 걸쳐 폐경로와 평행한 물리량 벡터($\boldsymbol{A}(\boldsymbol{r})$)의 접선방향 성분($\boldsymbol{A}(\boldsymbol{r})\cdot\boldsymbol{a}_t(\boldsymbol{r})dl$)을 모두 합하면, ΔS [m²]의 면적에 걸친 회전량을 모두 합친 것과 같음을 의미한다. 따라서 폐경로에 대한 접선방향 성분의 폐경로를 따르는 선적분과 폐경로에 대한 회전 벡터량의 면적 적분은 동일한 값을 가지므로, 두 가지 적분 방법 중 계산이 편리한 방법을 택하여 계산하면 효율적임을 뜻한다.

특히, 전자기학에서 근원전류도선에 의해 형성되는 회전성 자계강도 벡터($\boldsymbol{H}(\boldsymbol{r})$ [A/m])와 자속밀도 벡터($\boldsymbol{B}(\boldsymbol{r})$ [Wb/m^2])를 계산하는 과정에 편리하게 사용할 수 있음을 예상할 수 있으며, 이 결과가 자계강도에 대한 암페어의 법칙이다.

■ 암페어의 법칙 : 자기장 내의 폐경로에 대한 자계강도의 회전량 벡터와 폐경로 내의 근원전류의 관계

근원전류도선을 중심으로 형성되는 자기장의 회전성 자계강도($\boldsymbol{H}(\boldsymbol{r})$ [A/m])를 요약하면 다음과 같다.

$$d\vec{H}(\vec{r},\vec{r}\,')\ [\text{A/m}] = \frac{I_s d\vec{l}_s(\vec{r},\vec{r}\,')\times\hat{a}_R}{4\pi R^2}$$: 근원전류도선 조각이 형성한 자기장의 회전성 부분 자계강도

$$\vec{R}\ [\text{m}] \equiv \vec{r} - \vec{r}\,'\ ;\ \hat{a}_R \equiv \frac{\vec{R}}{R}\ ;\ d\vec{l}_s(\vec{r}\,')\ [\text{m}] \equiv dl_s\hat{a}_t(\vec{r}\,')$$

$$\vec{H}(\vec{r})\ [\text{A/m}] = \int_{source} d\vec{H}(\vec{r})$$: 근원전류도선을 중심으로 형성된 자기장의 회전성 자계강도

$$\vec{H}(\vec{r})\ [\text{A/m}] = \vec{H}_n(\vec{r}) + \vec{H}_t(\vec{r}) = H_n(\vec{r})\hat{a}_n(\vec{r}) + H_t(\vec{r})\hat{a}_t(\vec{r})$$: 경로에 수직인 성분과 접선방향 성분의 합으로 표시

즉, 근원전류도선에 의한 자기장의 회전성 자계강도($\boldsymbol{H}(\boldsymbol{r})$ [A/m])는 근원전류의 크기(I_s [A])에 비례하고, 근원전류도선의 길이(l_s [m])에 비례하며, 근원전류로부터 관측점까지의 거리(R [m])의 제곱에 반비례한다. 즉, 자기장의 근원이 되는 전류가 많이 흐를수록, 전류가 흐르는 도선의 길이가 길수록 자계강도가 강해지나, 거리가 멀어질수록 근원전류에 의한 자기적 영향이 급격히 감소함을 뜻한다.

특히, 근원전류도선에 의해 형성되는 회전성 자계강도의 방향($\boldsymbol{a}_H$)은 자기장을 형성하는 근원전류도선($\boldsymbol{r}_s$)과 관측점($\boldsymbol{r}_t = \boldsymbol{r}$)을 연결하는 벡터($\boldsymbol{R} = \boldsymbol{r} - \boldsymbol{r}_s$)가 이루는 면에 항상 수직($\boldsymbol{a}_H \parallel (I_s d\boldsymbol{l}_s \times \boldsymbol{a}_R)$)이다. 직선 형태의 도선에 전류가 흐르는 경우, 오른손 엄지손가락이 전류가 흐르는 방향($\boldsymbol{a}_l$)으로 향하게 설정하면, 나머지 손가락들의 회전방향이 관측점에 형성된 자계강도의 방향($\boldsymbol{a}_H$)이 된다. 즉, 자계강도는 자기장의 근원전류가 흐르는 도선을 중심으로 회전방향이 형성됨을 뜻한다. 근원전류도선을 중심으로 형성되는 자기장의 회전성 자계강도($\boldsymbol{H}(\boldsymbol{r})$ [A/m])의 방향을 형상화하여 요약하면 [그림 7-2]와 같다.

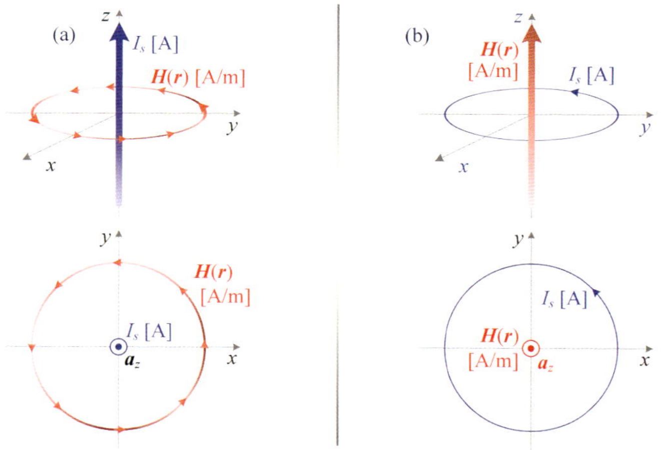

[그림 7-2] 근원전류도선(I_s [A])에 의해 형성된 자기장($\boldsymbol{H}(\boldsymbol{r})$ [A/m])을 직관적으로 이해할 수 있는 오른손 법칙
(a) 직선형 도선에 흐르는 전류에 의한 회전성 자기장의 방향
(b) 원형도선에 흐르는 전류에 의한 도선중심부의 자기장의 방향

근원전류도선을 중심으로 하는 회전 성분의 자계강도($\boldsymbol{H}(\boldsymbol{r})$ [A/m])가 형성됨을 고려하여, 다음과 같이 회전량 벡터와 스토크스의 정리를 근원전류에 의해 형성된 자기장의 자계강도($\boldsymbol{H}(\boldsymbol{r})$ [A/m])에 적용할 수 있다.

$$\nabla\times\vec{H}(\vec{r})\ [\mathrm{A/m^2}] \equiv \lim_{\Delta S\to \mathrm{small}} \frac{\oint_{\Delta S}\vec{H}(\vec{r})\cdot d\vec{l}(\vec{r})}{\Delta S}\hat{a}_n(\vec{r}) = \lim_{\Delta S\to \mathrm{small}} \frac{\oint_{\Delta S}\left(\vec{H}(\vec{r})\cdot \hat{a}_t(\vec{r})\right)dl}{\Delta S}\hat{a}_n(\vec{r})$$

: 자기장 내에서 ΔS [m²]의 면적을 가진 폐경로에 대한 자계강도($\boldsymbol{H}(\boldsymbol{r})$ [A/m])의 회전량 벡터

이로부터 폐경로에 대한 자계강도($\boldsymbol{H}(\boldsymbol{r})$ [A/m])의 회전방향 성분($\nabla\times\boldsymbol{H}(\boldsymbol{r})$ [A/m²])과 폐경로 내에서 자기장을 형성하는 근원전류량(I_{enc} [A])에 관한 암페어 법칙(Ampere's law)을 얻을 수 있다.

$$\rightarrow \oint_{\Delta S}\vec{H}(\vec{r})\cdot d\vec{l}(\vec{r})\ [\mathrm{A}] = \oint_{\Delta S}\vec{H}(\vec{r})\cdot \hat{a}_t(\vec{r})dl = \int_{\Delta S}\nabla\times\vec{H}(\vec{r})\cdot\hat{a}_n(\vec{r})dS = \int_{\Delta S}\nabla\times\vec{H}(\vec{r})\cdot d\vec{S}$$

: 회전성 자계강도에 대한 스토크스의 정리

즉, 자계강도($\boldsymbol{H}(\boldsymbol{r})$ [A/m])에 대한 회전량 벡터의 정의와 벡터의 회전량에 관한 스토크스의 정리로부터 다음 결과를 얻는다.

$$\oint_{\Delta S}\vec{H}(\vec{r})\cdot d\vec{l}(\vec{r}) = \int_{\Delta S}\nabla\times\vec{H}(\vec{r})\cdot d\vec{S} = I_{enc}\ [\mathrm{A}]$$: 자기장에 대한 적분형 암페어의 법칙

이를 자기장 내의 폐경로에 대한 자계강도의 회전량 벡터와 폐경로 내의 근원전류의 관계를 나타내는 암페어 법칙(Ampere's circuital law)이라고 한다. 이 법칙은 자기장 내의 임의의 폐경로에 대해 접선방향(폐경로를 구성하는 회전방향)의 자계강도 성분을 모두 합하면 전류도선을 중심으로 회전성 자기장을 형성하는 폐경로 내의 총 전류(I_{enc} [A]; total current enclosed by the closed loop)와 같음을 뜻한다. 특히, 근원전류도선에 의해 형성되는 자기장이 공간적으로 대칭구조를 가진 경우, 암페어 법칙을 사용하여 자계강도($\boldsymbol{H}(\boldsymbol{r})$ [A/m])를 구하는 데 사용한다. 이를 이용해 자속밀도($\boldsymbol{B}(\boldsymbol{r}) = \mu\boldsymbol{H}(\boldsymbol{r})$ [Wb/m²])와 시험전류도선에 작용하는 자기력($\boldsymbol{F}(\boldsymbol{r})$ [N]) 등 자기장 해석에 편리하게 사용할 수 있다.

암페어의 법칙을 대칭구조 자기장의 자계강도 해석에 편리하게 사용하기 위해서는 [그림 7-3]에 나타낸 것과 같이 자계강도 벡터($\boldsymbol{H}(\boldsymbol{r})$ [A/m])를 폐경로 조각($d\boldsymbol{l}_t(\boldsymbol{r}) = dl\boldsymbol{a}_t(\boldsymbol{r})$ [m])에서 그에 대한 (회전성) 접선방향 성분($\boldsymbol{H}_t(\boldsymbol{r})$ [A/m])과 경로에 수직인 방향 성분($\boldsymbol{H}_n(\boldsymbol{r})$ [A/m])의 합으로 표시하여 이해하는 것이 유용하다.

$$\oint\vec{H}(\vec{r})\cdot d\vec{l}(\vec{r}) = \oint\vec{H}(\vec{r})\cdot\hat{a}_t(\vec{r})dl = I_{enc}\ [\mathrm{A}]$$: 정자기장에 대한 암페어 법칙의 적분형 관계식

$$\vec{H}(\vec{r})\ [\mathrm{V/m}] = \int_{source} d\vec{H}(\vec{r}) = \vec{H}_t(\vec{r}) + \vec{H}_n(\vec{r}) = H_t(\vec{r})\hat{a}_t(\vec{r}) + H_n(\vec{r})\hat{a}_n(\vec{r})$$

: 관측점($\boldsymbol{r}$)의 자계강도($\boldsymbol{H}(\boldsymbol{r})$)는 경로와 평행한 접선방향 성분($\boldsymbol{H}_t(\boldsymbol{r})$)과 수직인 법선방향 성분($\boldsymbol{H}_n(\boldsymbol{r})$)의 합

$d\vec{l}(\vec{r})\ [\mathrm{m}] = dl\hat{a}_t(\vec{r})$: 폐경로를 구성하는 임의의 관측점($\boldsymbol{r}$)에서 폐경로에 접선방향의 조각 경로 벡터

$\hat{a}_t(\vec{r}) \equiv \dfrac{d\vec{l}(\vec{r})}{dl}$: 폐경로를 구성하는 임의의 점에서 폐경로 접선방향의 단위벡터

$$\oint\vec{H}(\vec{r})\cdot d\vec{l}(\vec{r}) = \oint\vec{H}(\vec{r})\cdot\hat{a}_t(\vec{r})dl = \oint H_t(\vec{r})dl = I_{enc}\ [\mathrm{A}]$$: 정자기장에 대한 암페어 법칙의 적분형 관계식

물리적 의미 : 자기장 내의 임의의 폐경로(closed loop)에 대하여 폐경로의 접선방향($\boldsymbol{a}_t$)과 평행한 자계강도($\boldsymbol{H}(\boldsymbol{r})\cdot\boldsymbol{a}_t dl = \boldsymbol{H}(\boldsymbol{r})\cdot d\boldsymbol{l}$) 성분을 폐경로 전체에 대하여 모두 합하면, 그 값은 폐경로 내에 존재하는 자기장 형성의 근원이 되는 근원전류의 총합(I_{enc} [A])과 같다.

공학적 응용 : 자기장을 형성하는 근원전류와 그로 인해 형성되는 자기장이 공간적으로 대칭성을 잘 갖춘 경우, 자기장 내의 자계강도를 편리하게 구하는 용도로 사용함

명심할 점 : 암페어의 법칙을 적용하는 자기장의 크기와 방향은 반드시 비오-사바르의 법칙을 따르므로, 암페어의 법칙을 적용하기 위해 대칭성을 확인하는 기준은 비오-사바르의 법칙이다.

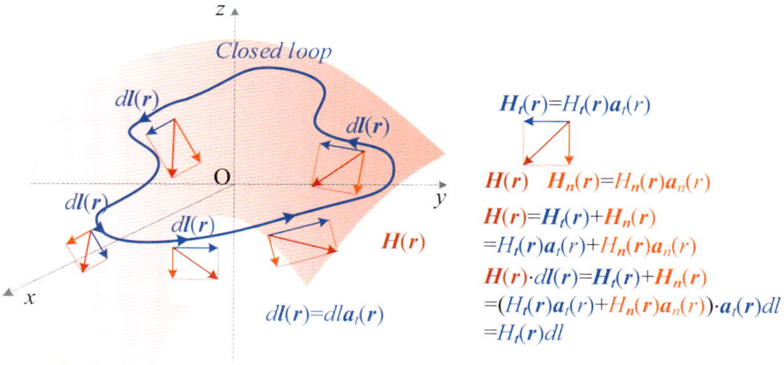

[그림 7-3] 자기장이 존재하는 공간의 폐경로(면적 ΔS [m^2])와 암페어의 법칙 적용을 위한 폐경로상의 접선방향 자계강도 성분의 형상화

즉 "자기장이 존재하는 공간 내의 임의의 폐경로(closed loop)에 대하여, 폐경로의 접선(tangential) 방향의 자기장 성분($\boldsymbol{H}(\boldsymbol{r})\cdot d\boldsymbol{l} = H_t(\boldsymbol{r})dl$ [A])을 폐경로 전 구간에 걸쳐 모두 합한 값은 폐경로 내에 존재하는 전류의 총합(I_{enc} [A])과 동일하다"는 것이 암페어 법칙이다. 또한, 암페어 법칙의 용도는 대칭구조 전류도선에 의해 형성된 자기장의 회전성 자계강도를 구하는 것임을 잊어서는 안 된다. 암페어의 법칙을 이용해 얻은 자계강도($\boldsymbol{H}(\boldsymbol{r})$ [A/m])는 자속밀도($\boldsymbol{B}(\boldsymbol{r})$ [Wb/m^2])와 자속량, 그리고 자기장 내에 존재하는 시험전류도선에 작용하는 자기력($\boldsymbol{F}(\boldsymbol{r})$ [N])을 구하는 데 사용된다. 이는 대칭구조의 근원전하에 의해 형성되는 전기장에 대해 가우스 법칙을 사용하면 방사형 등가전하밀도($\boldsymbol{D}(\boldsymbol{r})$ [C/m^2])를 쉽게 구하고, 이로부터 전계강도($\boldsymbol{E}(\boldsymbol{r})$ [V/m])와 시험전하에 작용하는 정전기적 힘($\boldsymbol{F}(\boldsymbol{r})$ [N])을 구하는 데 사용하던 것과 같은 이치이다.

특히, 암페어의 법칙은 대칭구조 자기장의 회전성 자계강도를 구하는 데 사용되는 편리한 도구로서, 전류도선 간의 자기력을 설명하는 비오-사바르의 법칙을 기반으로 한다. 또한 폐경로 내의 총 전류(I_{enc} [A])는 폐경로를 통과하는 전류밀도($\boldsymbol{J}(\boldsymbol{r})$ [A/m^2])를 합친(적분한) 값과 동일하므로, 암페어의 법칙과 스토크스의 회전량 벡터에 관한 정리에서 얻은 결과를 결합하면 다음의 관계식을 얻는다.

$$I_{enc}\,[\text{A}] = \int_{\substack{loop\\surface}} \vec{J}(\vec{r})\cdot d\vec{S}(\vec{r}) = \int_{\substack{loop\\surface}} \vec{J}(\vec{r})\cdot \hat{a}_n(\vec{r})dS$$: 암페어 법칙과 회전량 벡터에 관한 정리

$$d\vec{S}(\vec{r})\,[\text{m}^2] = dS\hat{a}_n(\vec{r})$$: 폐경로를 구성하는 부분 단면에 대한 단면적 벡터 (크기: $dS(\boldsymbol{r})$ = 면적, 방향: 면에 수직(법선)방향)

$$\hat{a}_n(\vec{r}) \equiv d\vec{S}(\vec{r})/dS(\vec{r})$$: 폐경로를 구성하는 영역 중 부분 단면에 대한 법선방향 단위벡터

따라서 동일한 현상을 설명하는 두 관계식(암페어의 법칙과 스토크스의 회전량 벡터에 관해 정리한 식)의 계수를 비교하면, 자기장의 근원이 되는 전류밀도($\boldsymbol{J}(\boldsymbol{r})$ [A/m²])와 회전성 자계강도($\nabla\times\boldsymbol{H}(\boldsymbol{r})$ [A/m²])에 관한 다음의 관계식을 얻는다.

$$\int_{\substack{loop\\surface}} \nabla\times\vec{H}(\vec{r})\cdot d\vec{S}(\vec{r}) = I_{enc}\ [\mathrm{A}] = \int_{\substack{loop\\surface}} \vec{J}(\vec{r})\cdot d\vec{S}(\vec{r})$$

$\Rightarrow\ \nabla\times\vec{H}(\vec{r}) = \vec{J}(\vec{r})\ [\mathrm{A/m^2}]$: 맥스웰 방정식의 하나인 패러데이 법칙 또는 암페어 법칙의 미분형

이 결과식은 자기장의 방향은 근원전류도선을 중심으로 하는 회전성분으로 나타남을 뜻하며, 미분식 형태의 암페어 법칙에 해당한다. 즉, 임의의 관측점에서 자계강도의 회전 성분을 형성하는 근원은 전류밀도이며, 회전 성분의 크기는 그 근원이 되는 전류밀도에 비례함을 뜻한다. 이는 또한 자기장의 근원이 되는 전류밀도가 증가할수록 회전성 자계강도의 세기가 증가함을 뜻한다. 암페어 법칙은 근원전류도선에 의해 형성되는 자기장($\boldsymbol{H}(\boldsymbol{r})$ [A/m])의 분포가 공간적으로 대칭구조인 경우, 자기장을 편리하게 해석하는 데 사용되는 적분 형태의 관계식이다. 비대칭 전류분포($\boldsymbol{J}(\boldsymbol{r})$ [A/m²])인 경우 미분식 형태(differential form)의 맥스웰 방정식의 하나인 패러데이 법칙(Faraday's law)으로 변형되어 활용된다.

또한, 임의의 전류 분포($\boldsymbol{J}$ [A/m³])를 가진 전류도선에 의해 형성되는 자계강도($\boldsymbol{H}(\boldsymbol{r})$ [A/m])를 암페어의 법칙의 미분형을 이용하여 구하면, 이로부터 자기장 내의 자속밀도($\boldsymbol{B}(\boldsymbol{r})$ [Wb/m²])와 자기장 내에 존재하는 시험전류도선에 작용하는 자기적 힘($d\boldsymbol{F}(\boldsymbol{r})$, ($\boldsymbol{F}(\boldsymbol{r})$ [N])도 구할 수 있다.

$\vec{B}(\vec{r})\ [\mathrm{Wb/m^2}] = \mu\vec{H}(\vec{r})$: 근원전류도선에 의해 생성된 자기장의 자속밀도/등가 자하밀도

$d\vec{F}(\vec{r})\ [\mathrm{N}] = \mu I_t d\vec{l}_t(\vec{r})\times\vec{H}(\vec{r}) = I_t d\vec{l}_t(\vec{r})\times\vec{B}(\vec{r})$: 시험전류도선 일부($I_t d\boldsymbol{l}_t$ [A·m])에 작용하는 자기적 힘($d\boldsymbol{F}(\boldsymbol{r})$)

$\vec{F}\ [\mathrm{N}] = \int_{test} d\vec{F}(\vec{r}) = \int_{test} \mu I_t d\vec{l}_t(\vec{r})\times\vec{H}(\vec{r}) = \int_{test} I_t d\vec{l}_t(\vec{r})\times\vec{B}(\vec{r})$: 시험전류도선에 작용하는 자기적 힘($d\boldsymbol{F}(\boldsymbol{r})$)

정전기장과 정자기장에 관한 핵심 내용을 [표 7-1]에 비교하여 요약하였다.

[표 7-1] 정전기장과 정자기장의 발산량과 회전 벡터, 핵심 비교 요약

	정전기장의 발산량과 회전벡터, 전계강도와 유효전하(자속)밀도, 전위와의 관계
정전기장	$\vec{E}(\vec{r})\ [\text{V/m}] = \int_{source} d\vec{E}(\vec{r});\ d\vec{E}(\vec{r})\ [\text{V/m}] = \frac{dQ_s}{4\pi\epsilon R^2}$: 전계강도 $\vec{D}(\vec{r})\ [\text{C/m}^2] = \epsilon\vec{E}(\vec{r})$ $\nabla\times\vec{E}(\vec{r}) = 0\ [\text{V/m}^2] \longleftrightarrow \oint \vec{E}(\vec{r})\cdot d\vec{l} = \int_{\substack{loop\\closed}} \nabla\times\vec{E}(\vec{r})\cdot d\vec{S} = V_{oo} = 0\ [\text{V}]$ $\nabla\cdot\vec{D}(\vec{r}) = \rho_v\ [\text{C/m}^3]$: Poisson's Eq.; $\oint \vec{D}(\vec{r})\cdot d\vec{S} = \int_{\substack{surface\\closed}} \nabla\cdot\vec{D}(\vec{r})dv = Q_{enc}\ [\text{C}]$: Gauss's Law : 방사방향 전계강도 $\vec{E}(\vec{r})\ [\text{V/m}] = -\nabla V(\vec{r});\ V_{ba}\ [\text{V}] = V_b - V_a = -\int_a^b \vec{E}(\vec{r})\cdot d\vec{l};\ V_{oo}\ [\text{V}] = \oint \vec{E}(\vec{r})\cdot d\vec{l} = 0$ $dV(\vec{r})\ [\text{V}] = \frac{dQ_s}{4\pi\epsilon R};\ V(\vec{r})\ [\text{V}] \equiv V(\vec{r}) - V(R=\infty) = -\int_\infty^{r} \vec{E}(\vec{r})\cdot d\vec{l}$: 스칼라 전위
	정자기장의 발산량과 회전벡터, 자계강도와 자속밀도, 스칼라 및 벡터 자기준위의 관계
정자기장	$\vec{H}(\vec{r})\ [\text{A/m}] = \int_{source} d\vec{H}(\vec{r})\ ;\ d\vec{H}(\vec{r})\ [\text{A/m}] = \frac{I_s d\vec{l}_s \times \hat{a}_R}{4\pi R^2}$: 자계강도 $\vec{B}(\vec{r}) = \mu\vec{H}(\vec{r})\ [\text{Wb/m}^2]$: 자속밀도 $\nabla\times\vec{H}(\vec{r}) = \vec{J}(\vec{r})[\text{A/m}^2] \longleftrightarrow \oint \vec{H}(\vec{r})\cdot d\vec{l} = \int_{\substack{loop\\closed}} \nabla\times\vec{H}(\vec{r})\cdot d\vec{S} = I_{enc}\ [\text{A}]$: 암페어의 법칙 $\nabla\cdot\vec{B}(\vec{r}) = 0\quad [\text{Wb/m}^3] \longleftrightarrow \oint \vec{B}(\vec{r})\cdot d\vec{S} = \int_{\substack{surface\\closed}} \nabla\cdot\vec{B}(\vec{r})dv = \Psi_{m,enc} = 0\ [\text{Wb}]$: 회전성 자계강도 $\vec{H}(\vec{r})\ [\text{A/m}] = -\nabla V_m(\vec{r});\ V_{m,ba}\ [\text{A}] = -\int_a^b \vec{H}(\vec{r})\cdot d\vec{l};\ \oint \vec{H}(\vec{r})\cdot d\vec{l} = I_{enc}$: 스칼라 자기준위 $\vec{A}(\vec{r})\ [\text{Wb/m}] = \int_{source} d\vec{A}(\vec{r})\ ;\ d\vec{A}(\vec{r})\ [\text{Wb/m}] = \frac{\mu I_s d\vec{l}_s}{4\pi R}$: 벡터 자기준위 $\nabla\times\vec{A}(\vec{r})\ [\text{Wb/m}^2] = \vec{B}(\vec{r})$: 벡터 자기준위와 벡터 자속밀도의 관계 $\oint_{\substack{closed\\loop}} \vec{A}(\vec{r})\cdot d\vec{l}\ [\text{Wb}] = \int_{\substack{loop\\surface}} \left(\nabla\times\vec{A}(\vec{r})\right)\cdot d\vec{S} = \int_{\substack{loop\\surface}} \vec{B}(\vec{r})\cdot d\vec{S} = \Psi_m$

Section

7.2 암페어의 법칙을 이용한 대칭구조 전류도선에 의해 형성된 자기장의 회전성 자계강도 해석

대칭구조의 전류도선에 의한 자기장을 해석할 때 암페어 법칙을 이용하면 편리하며, 이를 위해 먼저 폐경로 내의 총 전류(I_{enc} [A])를 살펴보자. 방향이 다른 2개의 근원전류(z-축의 양의 방향으로 흐르는 I_A, z-축의 음의 방향으로 흐르는 I_B [A])에 의해 형성된 자기장($\boldsymbol{H}(\boldsymbol{r}) = \boldsymbol{H}_A(\boldsymbol{r}) + \boldsymbol{H}_B(\boldsymbol{r})$ [A/m]) 내에 존재하는 다양한 형태의 폐경로(폐경로-1 ~ 폐경로-7)를 [그림 7-4]에 나타내었다. 오른손 엄지손가락을 제외한 나머지 손가락들의 회전방향을 폐경로의 회전방향으로 택했을 때, 엄지손가락과 같은 방향의 전류는 덧셈, 반대방향의 전류는 뺄셈의 형태로 전류의 방향을 고려한 전류의 총합(I_{enc} [A])을 구하면 된다.

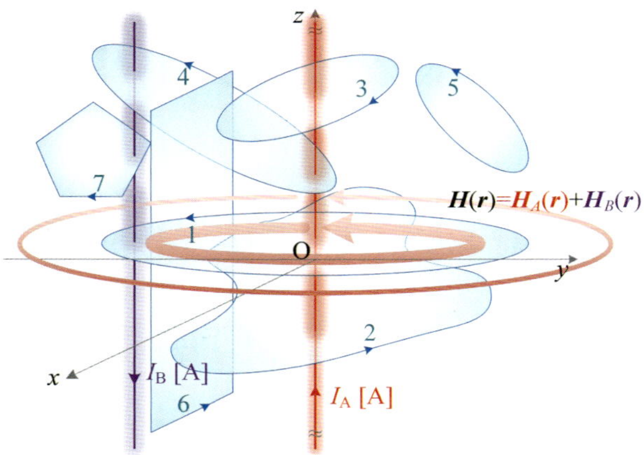

[그림 7-4] 근원전류도선에 의해 형성된 자기장($\boldsymbol{H}(\boldsymbol{r})$ [A/m]) 내에 존재하는 다양한 형태의 폐경로와 암페어의 법칙을 적용하기 위한 폐경로 내의 근원전류 총합(I_{enc} [A])

암페어 법칙의 적용을 위해 필요한 폐경로 내의 방향을 고려한 총 전류(I_{enc} [A])를 요약하면 다음과 같다. 그러나 [그림 7-5]의 자기장과 폐경로는 단지 폐경로 내의 총 전류(I_{enc} [A])에 대한 개념을 위한 것이며, 암페어 법칙을 적용하여 자계강도를 구하는 폐경로로서 모두 적합한 것은 아니다.

$$\begin{cases} \vec{H}(\vec{r})\ [\text{A/m}] = \int_{\substack{source\\current}} d\vec{H}(\vec{r})\ ;\ d\vec{H}(\vec{r},\vec{r}')\ [\text{A/m}] = \dfrac{1}{4\pi}\dfrac{I_s d\vec{l}_s(\vec{r}')\times\hat{a}_R}{R^2} \\ \oint_i \vec{H}(\vec{r})\cdot d\vec{l}_i(\vec{r}) = I_{enc,i}\ [\text{A}]\ \ (i=1,2,3,4,5,6,7) \\ \vec{H}(\vec{r})\ [\text{A/m}] = \vec{H}_A(\vec{r}) + \vec{H}_B(\vec{r})(\neq 0) \\ \vec{H}_A(\vec{r})\ [\text{A/m}] = \dfrac{I_A}{2\pi\rho_A}\hat{a}_{\phi_A}, \vec{H}_B(\vec{r})\ [\text{A/m}] = \dfrac{I_A}{2\pi\rho_B}\hat{a}_{\phi_B} \end{cases}$$

$$
\rightarrow \begin{cases}
\oint_{i=1,4} \overrightarrow{H}(\vec{r})\cdot d\vec{l}(\vec{r}) = I_{enc,i}\Big|_{i=1,4} = I_A - I_B \text{ [A]} \\
\oint_{i=2} \overrightarrow{H}(\vec{r})\cdot d\vec{l}(\vec{r}) = I_{enc,i}\Big|_{i=2} = I_A \text{ [A]} \\
\oint_{i=3} \overrightarrow{H}(\vec{r})\cdot d\vec{l}(\vec{r}) = I_{enc,i}\Big|_{i=3} = -I_A \text{ [A]} \\
\oint_{i=7} \overrightarrow{H}(\vec{r})\cdot d\vec{l}(\vec{r}) = I_{enc,i}\Big|_{i=7} = +I_B \text{ [A]} \\
\oint_{i=5,6} \overrightarrow{H}(\vec{r})\cdot d\vec{l}(\vec{r}) = I_{enc,i}\Big|_{i=5,6} = 0 \text{ [A]}
\end{cases}
$$

[그림 7-5]에 나타낸 것과 같이 z-축 양의 방향으로 흐르는 무한 전류도선에 의한 자기장은 z-축 중심의 원통대칭성을 갖고 있으므로, 암페어의 법칙을 적용하면 편리하게 자계강도를 계산할 수 있다. z-축의 양의 방향으로 흐르는 근원전류도선(I [A])을 중심축으로 하는 동심원 형태의 폐경로(반지름 = ρ_a, ρ_b, ρ_c, ρ_d, ρ_e [m])에 대한 자기장 분포($\boldsymbol{H}(\boldsymbol{r}) = H_\phi(\boldsymbol{r})\boldsymbol{a}_\phi$ [A/m])와 암페어 법칙을 적용한 결과를 요약하면 다음과 같다.

$$\overrightarrow{H}(\vec{r})\text{ [A/m]} = H_\phi(\vec{r})\hat{a}_\phi = \frac{I}{2\pi\rho}\hat{a}_\phi$$: 전류도선을 중심으로 하는 회전성 자계강도만 존재함

$$H_a(\vec{r})\text{ [A/m]} = \frac{I}{2\pi\rho_a} > H_b(\vec{r}) = \frac{I}{2\pi\rho_b} > H_c(\vec{r}) = \frac{I}{2\pi\rho_c} > H_d(\vec{r}) = \frac{I}{2\pi\rho_d} > H_e(\vec{r}) = \frac{I}{2\pi\rho_e}\ ;\quad \rho_a < \rho_b < \rho_c < \rho_d < \rho_e \text{ [m]}$$

$$d\vec{l}_i = \rho_i d\phi \hat{a}_\phi$$

$$\oint_i \overrightarrow{H}_i(\vec{r})\cdot d\vec{l}_i(\vec{r}) = \oint_i \overrightarrow{H}_i(\vec{r})\cdot \hat{a}_{t,i}(\vec{r})dl = \oint_i \left(\frac{I}{2\pi\rho_i}\hat{a}_\phi\right)\cdot\left(\rho_i d\phi\hat{a}_\phi\right) = \frac{I}{2\pi}\oint_i d\phi = \frac{I}{2\pi}2\pi = I \text{ [A]} \quad (i = a,b,c,d,e)$$

즉, 동심원 형태의 폐경로에 대하여 자기장은 경로와 동일한 방향만 존재한다. 그러나 근원전류로부터 가장 가까운 경로$-a$의 자계강도가 가장 강하고, 근원전류로부터 멀리 있는 경로$-c$의 자계강도가 가장 약하다. 그런데 총 경로의 길이(l [m])는 자계강도가 가장 큰 경로$-a$의 길이($l_a = 2\pi\rho_a$ [m])가 가장 짧고, 자계강도가 가장 작은 경로$-e$의 길이($l_e = 2\pi\rho_e$ [m])가 가장 길다.

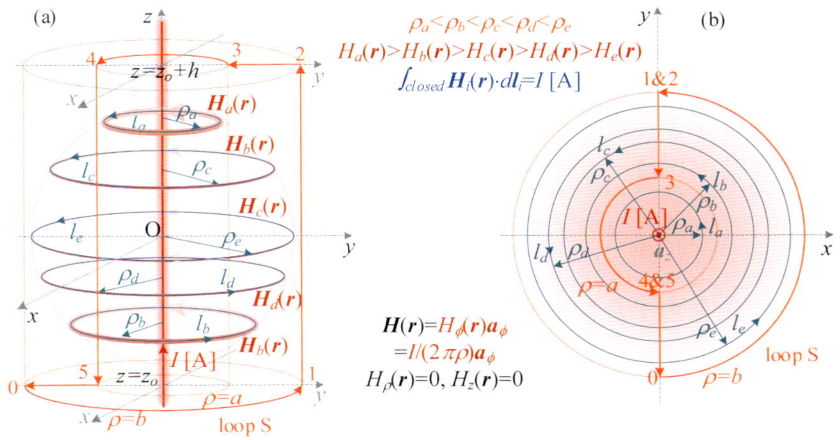

[그림 7-5] z-축상의 무한 근원전류도선(I [A])에 의한 자기장($\boldsymbol{H}(\boldsymbol{r})$ [A/m])과 반지름이 다른 폐경로에 대한 암페어의 법칙

암페어 법칙에 의하면, 폐경로를 따라 접선방향의 자계강도 성분을 합한 값은 경로에 관계없이 모두 폐경로 내에 존재하여 회전성 자기장 형성의 근원이 되는 전류값과 같다. 즉 [그림 7-6]의 동심원 형태 폐경로 $a \sim e$에 대해 암페어의 법칙을 적용하면 폐경로 내의 총 전류(I_{enc} [A])는 다음과 같이 모두 동일한 값($I_{enc} = I$ [A])을 갖는다.

$$\oint_i \vec{H}_i(\vec{r}) \cdot d\vec{l}_i(\vec{r}) = \oint_i \vec{H}_i(\vec{r}) \cdot \left(\hat{a}_{t,i}(\vec{r})dl\right) = \oint_i \left(H_{t,i}(\vec{r})\hat{a}_{t,i}(\vec{r}) + \vec{H}_{n,i}(\vec{r})\hat{a}_{n,i}(\vec{r})\right) \cdot \left(\hat{a}_{t,i}(\vec{r})dl_i\right) \text{ [A]}$$

$$\leftarrow d\vec{l}_i = \rho_i d\phi \hat{a}_\phi$$

$$= \oint H_{t,i}(\vec{r})dl_i = \int_{\phi=0}^{\phi=2\pi} \frac{I}{2\pi\rho_i}\hat{a}_\phi \cdot \rho_i d\phi \hat{a}_\phi = \int_{\phi=0}^{\phi=2\pi} \frac{I}{2\pi} d\phi = I \text{ [A]} \longleftrightarrow I_{enc} \text{ [A]} \quad (i = a,b,c,d,e)$$

특히, [그림 7-6]의 다소 복잡해 보이는 폐경로-S(0 → 1 → 2 → 3 → 4 → 5 → 0)에 암페어의 법칙을 적용하는 과정과 결과를 정리하면 다음과 같다.

$$\oint_{loop\ s} \vec{H}(\vec{r}) \cdot d\vec{l}_s(\vec{r}) = \oint_s \vec{H}_s(\vec{r}) \cdot \left(\hat{a}_{t,s}(\vec{r})dl\right)$$

$$= \int_0^1 \vec{H}(\vec{r}) \cdot d\vec{l}_s(\vec{r}) + \int_1^2 \vec{H}(\vec{r}) \cdot d\vec{l}_s(\vec{r}) + \int_2^3 \vec{H}(\vec{r}) \cdot d\vec{l}_s(\vec{r}) + \int_3^4 \vec{H}(\vec{r}) \cdot d\vec{l}_s(\vec{r})$$

$$+ \int_4^5 \vec{H}(\vec{r}) \cdot d\vec{l}_s(\vec{r}) + \int_5^0 \vec{H}(\vec{r}) \cdot d\vec{l}_s(\vec{r}) \text{ [A]}$$

$$\int_0^1 \vec{H}(\vec{r}) \cdot d\vec{l}_s(\vec{r}) \text{ [A]} = \int_0^1 \left(\frac{I}{2\pi b}\hat{a}_\phi \cdot bd\phi\hat{a}_\phi\right) = \frac{I}{2\pi}\int_{-\pi/2}^{+\pi/2} d\phi = \frac{I}{2\pi}\pi \qquad = \frac{I}{2}$$

$$\int_1^2 \vec{H}(\vec{r}) \cdot d\vec{l}_s(\vec{r}) \text{ [A]} = \int_{z=z_o}^{z=z_o+h} \left(\frac{I}{2\pi b}\hat{a}_\phi \cdot dz\hat{a}_z\right) = \int_{z=z_o}^{z=z_o+h} \frac{I}{2\pi b} dz\hat{a}_\phi \cdot \hat{a}_z \qquad = 0$$

$$\int_2^3 \vec{H}(\vec{r}) \cdot d\vec{l}_s(\vec{r}) \text{ [A]} = \int_{\rho=b}^{\rho=a} \left(\frac{I}{2\pi\rho}\hat{a}_\phi \cdot d\rho\hat{a}_\rho\right) = \int_{\rho=b}^{\rho=a} \frac{I}{2\pi\rho} d\rho\hat{a}_\phi \cdot \hat{a}_\rho \qquad = 0$$

$$\int_3^4 \vec{H}(\vec{r}) \cdot d\vec{l}_s(\vec{r}) \text{ [A]} = \int_{\phi=+\pi/2}^{\phi=+3\pi/2} \left(\frac{I}{2\pi a}\hat{a}_\phi \cdot ad\phi\hat{a}_\phi\right) = \frac{I}{2\pi}\int_{+\pi/2}^{+3\pi/2} d\phi = \frac{I}{2\pi}\pi \quad = \frac{I}{2}$$

$$\int_4^5 \vec{H}(\vec{r}) \cdot d\vec{l}_s(\vec{r}) \text{ [A]} = \int_{z=z_o+h}^{z=z_o} \left(\frac{I}{2\pi a}\hat{a}_\phi \cdot dz\hat{a}_z\right) = \int_{z=z_o+h}^{z=z_o} \frac{I}{2\pi a} dz\hat{a}_\phi \cdot \hat{a}_z \qquad = 0$$

$$\int_5^0 \vec{H}(\vec{r}) \cdot d\vec{l}_s(\vec{r}) \text{ [A]} = \int_{\rho=a}^{\rho=b} \left(\frac{I}{2\pi\rho}\hat{a}_\phi \cdot d\rho\hat{a}_\rho\right) = \int_{\rho=a}^{\rho=b} \frac{I}{2\pi\rho} d\rho\hat{a}_\phi \cdot \hat{a}_\rho \qquad = 0$$

$$\rightarrow \oint_{loop\ s} \vec{H}(\vec{r}) \cdot d\vec{l}_s(\vec{r}) = \frac{I}{2} + 0 + 0 + \frac{I}{2} + 0 + 0 = I \text{ [A]}$$

암페어 법칙을 이용하여 근원전류도선에 의해 형성된 대칭구조 자기장의 자계강도를 해석하는 순서와 방법을 [표 7-2]에 요약하였다.

[표 7-2] 암페어 법칙을 이용한 대칭구조 자기장 해석의 순서와 방법

i	**자기장 문제를 시각화/형상화/구체화하여 이해하고, 문제를 효율적으로 접근하기 위해 그림으로 나타냄**
ii	**비오-사바르의 법칙을 바탕으로 하여 근원전류도선에 의해 형성되는 자기장은 다음의 특성을 가짐을 기본으로 해석함** $\vec{H}(\vec{r})\ [\mathrm{A/m}] = \int_{source} d\vec{H}(\vec{r},\vec{r}\,')$: 자기장 형성의 근원이 되는 근원전류도선 전체가 형성한 자기장의 자기강도 $d\vec{H}(\vec{r})\ [\mathrm{A/m}] = \frac{I_s d\vec{l}_s(\vec{r}\,')\times\hat{a}_R}{4\pi R^2} \propto I_s[\mathrm{A}]$: 선형전류도선 조각에 의해 형성되는 자기장의 회전성 자계강도 $\longleftrightarrow Q_s\vec{v}_s(\vec{r}\,')\propto Q_s v_s[\mathrm{A\cdot m}]$: 이동전하 $\longleftrightarrow \vec{K}_s dS_s(\vec{r}\,')\propto K_s\ [\mathrm{A/m}]$: 면전류도선 조각 $\longleftrightarrow \vec{J}_s dv_s(\vec{r}\,')\propto J_s[\mathrm{A/m^2}]$: 입체형태의 전류도선 조각 • 자계강도($\boldsymbol{H}(\boldsymbol{r})$ [A/m])는 근원전류의 크기(I_s [A])와 근원전류도선의 길이(l_s [m])에 비례함 • 자계강도는 근원전류로부터 관측점까지 거리(R [m])의 제곱에 반비례함 • 근원전류도선을 중심축으로 회전방향의 자계강도가 형성됨. 오른손 엄지손가락이 도선의 전류방향($\boldsymbol{a}_I$)으로 향하면, 나머지 손가락들의 회전방향이 관측점의 자계강도 방향($\boldsymbol{a}_H$)임. 폐경로 전류도선의 경우, 오른손 엄지손가락을 제외한 손가락들의 회전방향을 근원전류의 방향으로 설정하면 엄지손가락 방향이 폐경로 형태의 내부 자계강도 방향임 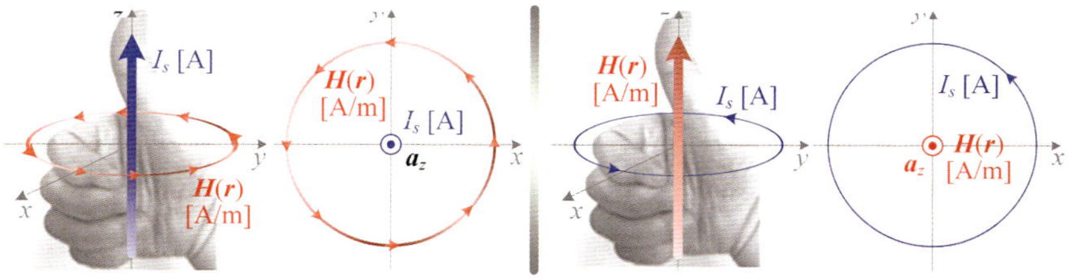 [그림 7-6] 비오-사바르의 법칙을 바탕으로 하여 근원전류도선에 의해 형성되는 회전성 자계강도
iii	**자기장 형성에 관한 핵심 내용을 참고하여, 대칭성을 확인하고, 편리한 좌표계를 선택하고, 다음의 성분을 구함** • 근원전류도선 조각의 위치 벡터($\boldsymbol{r}_s$ 또는 $\boldsymbol{r}'$) • 근원전류도선 조각을 좌표계에 맞춰 표시($I_s d\boldsymbol{l}_s(\boldsymbol{r}')$ 또는 $I_s d\boldsymbol{l}(\boldsymbol{r}')$ [A·m]) • 관측점의 위치 벡터($\boldsymbol{r}$) • 근원전류도선 조각으로부터 관측점으로 향하는 벡터($\boldsymbol{R}=\boldsymbol{r}-\boldsymbol{r}'$ [m])와 거리($R=\lvert\boldsymbol{R}\rvert$ [m]) • 해당 좌표계의 자계강도 표시(직각좌표계: $\boldsymbol{H}(\boldsymbol{r})=(H_x(\boldsymbol{r}),H_y(\boldsymbol{r}),H_z(\boldsymbol{r}))$, 원통좌표계: $(H_\rho(\boldsymbol{r}),H_\phi(\boldsymbol{r}),H_z(\boldsymbol{r}))$, 구좌표계: $(H_r(\boldsymbol{r}),H_\theta(\boldsymbol{r}),H_\phi(\boldsymbol{r}))$
iv	**암페어의 법칙을 적용하여 편리하게 자기장을 해석할 수 있는 폐경로를 설정함** • 폐경로는 여러 개의 부분 경로들로 구성될 수 있으나, 부분 경로상의 자계강도는 다음의 조건을 충족하도록 함 – 폐경로는 내부의 근원전류도선을 중심으로 하는 대칭구조를 가질 것 – 폐경로 중의 부분 경로 내에서는 자계강도의 크기와 방향이 동일할 것 – 부분 경로 내의 자계강도는 폐경로와 접선방향 또는 수직방향 성분의 하나만 존재하는 경로일 것 – 대칭성에 의한 자기장의 크기와 방향, 그리고 상쇄되는 성분을 확인하고, 문제를 간략화함
v	**암페어의 법칙을 이용하여 근원전류도선 전체에 의한 자기장을 구함** $\vec{H}(\vec{r})=\vec{H}_t(\vec{r})+\vec{H}_n(\vec{r})=H_t(\vec{r})\hat{a}_t(\vec{r})+\vec{H}_n(\vec{r})\hat{a}_n(\vec{r})$: 경로의 접선 성분($\boldsymbol{H}_t(\boldsymbol{r})$)과 수직 성분($\boldsymbol{H}_n(\boldsymbol{r})$)의 합으로 구성 $I_{enc}\ [\mathrm{A}] \equiv \int_{\substack{closed\\loop}} dI_s \text{ or } \sum_{\substack{closed\\loop}} I_j$: 폐경로 내에 존재하는 근원전류의 총합 $\vec{H}(\vec{r})\cdot d\vec{l}(\vec{r})=\vec{H}(\vec{r})\cdot\hat{a}_t(\vec{r})dl=\left(H_t(\vec{r})\hat{a}_t(\vec{r})+\vec{H}_n(\vec{r})\hat{a}_n(\vec{r})\right)\cdot\hat{a}_t(\vec{r})dl=H_t(\vec{r})dl$

(계속)

	$d\vec{l}(\vec{r})$ [m] $= dl\hat{a}_t(\vec{r})$: 폐경로를 구성하는 임의의 점($\boldsymbol{r}$)에서 폐경로에 접선인 전류도선 조각의 경로 벡터 $\hat{a}_t(\vec{r})$: 폐경로를 구성하는 임의의 점에서 폐경로와 접선방향의 단위벡터 $\rightarrow \oint \vec{H}(\vec{r})\cdot d\vec{l}(\vec{r}) = \oint\left(H_t(\vec{r})\hat{a}_t(\vec{r}) + \vec{H}_n(\vec{r})\hat{a}_n(\vec{r})\right)\cdot \hat{a}_t(\vec{r})dl = \oint H_t(\vec{r})dl = I_{enc}$ [A] : 암페어의 법칙을 이용하여 자계강도($\boldsymbol{H}(\boldsymbol{r})$ [A/m])를 구함
vi	**관측점의 시험전류도선($I_t dl_t$)에 작용하는 자기적 힘($dF(r)$, $F(r)$ [N])은 비오-사바르의 법칙을 이용해 구함** $\vec{F}(\vec{r})$ [N] $= Q_t\vec{v}_t(\vec{r})\times\mu\vec{H}(\vec{r})$: 이동전하에 작용하는 자기력 $\vec{F}$ [N] $\equiv \int_{test} d\vec{F}(\vec{r})$: 분포 형태의 시험전류도선 전체에 작용하는 자기력 $d\vec{F}(\vec{r}) = I_t d\vec{l}_t(\vec{r})\times\mu\vec{H}(\vec{r})$: 자기장 내의 선전류도선 조각에 작용하는 자기력 $d\vec{F}(\vec{r}) = \vec{K}_t dS_t(\vec{r})\times\mu\vec{H}(\vec{r})$: 자기장 내의 면전류도선 조각에 작용하는 자기력 $d\vec{F}(\vec{r}) = \vec{J}_t dv_t(\vec{r})\times\mu\vec{H}(\vec{r})$: 자기장 내의 입체구조 전류도선 조각에 작용하는 자기력 • 근원전류도선과 같은 방향으로 전류가 흐르는 시험전류도선에 작용하는 자기력은 전류도선을 서로 당기는 방향의 힘(인력), 반대방향으로 전류가 흐르는 시험전류도선에는 밀어내는 힘(척력)이 작용함

Section

7.3 암페어의 법칙을 이용한 자기장의 해석

자기장에 대한 암페어의 법칙을 이용하여 다음의 대칭구조 전류도선에 의해 형성되는 자기장을 해석한다. 이들 구조는 이후, 유도용량의 계산, 도파관 해석, 반도체 집적회로 등에서 일어나는 전자기적 현상의 이해와 직관력을 기르는 데 도움이 된다. 자기장 해석에 가장 기본적이거나 자기장을 이용하는 유도용량 등에 널리 사용되는 다음의 5가지 경우에 대해 암페어의 법칙을 이용한 자계강도 해석에 대해 설명한다.

- xy-평면 위의 무한($-\infty < x < +\infty$, $-\infty < y < +\infty$) 도체판에 y-축과 평행하게 흐르는 전류(전류밀도 $\boldsymbol{K} = K\boldsymbol{a}_y$ [A/m])에 의해 형성된 자기장의 자계강도
- xy-평면 위의 반지름이 a [m]인 원형전류도선(current loop)에 흐르는 전류(I [A])에 의해 z-축 위의 관측점(r=(0,0,z))에 형성된 자기장의 자계강도
- xy-평면 위의 반지름이 a [m]인 원형전류도선(current loop)에 흐르는 전류(I [A])에 의해 도선 안쪽에 형성된 자기장의 자계강도
- 무한한 길이의 막대형(선형) 원형 권선 코일(solenoid coil: 권선밀도 = n_o [turns/m])에 흐르는 전류(I [A])에 의해 형성되는 자기장의 단위길이당 자계강도
- 반지형(도넛형/가락지형) 권선 코일(toroidal coil: 반지름 a [m], 단면 반지름 b [m], 권선수 N [turns])에 흐르는 전류(I [A])에 의해 형성된 자기장의 자계강도

7.3.1 z-축상의 무한한 길이의 선전류도선에 의한 자계강도

[그림 7-7]에 나타낸 것과 같이, z-축 위에 놓인 무한($-\infty < z < +\infty$) 전류도선에 흐르는 전류(I [A])에 의해 형성된 자기장 해석의 근거가 되는 비오-사바르의 법칙의 핵심 내용을 요약하면 다음과 같다.

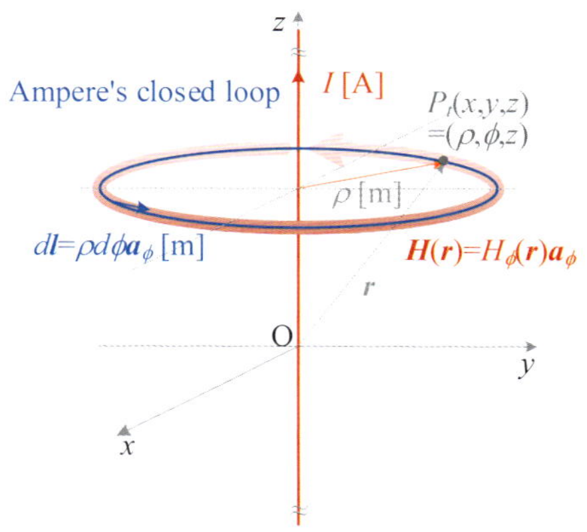

[그림 7-7] 암페어의 법칙을 이용한 z-축상의 무한 근원전류도선에 의해 형성된 자기장($\boldsymbol{H}(\boldsymbol{r})$ [A/m])의 해석

이 구조는 전력선 주변의 자기장, 회로를 연결하는 도선 주변의 자기장, 반도체 집적회로 내에서 배선 주변의 자기장 형성과 자기적 영향을 이해할 때의 상황과 관련이 있다.

$$d\vec{H}(\vec{r},\vec{r}\,')\ [\text{A/m}] = \frac{1}{4\pi}\frac{I_s d\vec{l}_s(\vec{r}\,') \times \hat{a}_R}{R^2}$$: 자기장을 형성하는 근원전류도선의 일부($I_S d\boldsymbol{l}_s$)가 형성한 자계강도($d\boldsymbol{H}(\boldsymbol{r})$)

$$I_s d\vec{l}_s(\vec{r}\,')\ [\text{A}\cdot\text{m}] \longleftrightarrow \begin{cases} Q_s\vec{\upsilon}_s(\vec{r}\,') \\ I_s d\vec{l}_s(\vec{r}\,') \\ \vec{K}_s dS_s(\vec{r}\,') \\ \vec{J}_s d\upsilon_s(\vec{r}\,') \end{cases}$$: 근원전류도선의 형태에 따른 전류도선 조각

$$\vec{R}\ [\text{m}] \equiv \vec{r} - \vec{r}\,'\ ;\ \hat{a}_R \equiv \frac{\vec{R}}{R}\ ;\ d\vec{l}_s(\vec{r}\,')\ [\text{m}] \equiv dl_s\hat{a}_t(\vec{r}\,')$$: 관측점을 향하는 벡터, 그 단위벡터, 도선 조각의 접선방향 벡터

$$\vec{H}(\vec{r})\ [\text{A/m}] = \int_{\substack{source\\current}} d\vec{H}(\vec{r},\vec{r}\,')$$: 근원전류도선 전체에 의해 형성된 자기장의 회전성 자계강도

- 자계강도($\boldsymbol{H}(\boldsymbol{r})$ [A/m])는 근원전류의 크기(I_S [A])에 비례함
- 자계강도는 근원전류도선의 길이(l_S [m])에 비례함
- 자계강도는 근원전류로부터 관측점까지 거리(R [m])의 제곱에 반비례함
- 자계강도의 방향($\boldsymbol{a}_H = \boldsymbol{H}(\boldsymbol{r})/H(\boldsymbol{r})$)은 자기장을 형성하는 근원전류도선을 중심축으로 회전하는 방향임

따라서 비오-사바르의 법칙을 바탕으로 해석하면, z-축상의 무한 전류도선에 의한 자기장은 다음과 같은 특성을 갖고 있다.

- z-축으로부터 동일한 수직 거리에 있는 모든 점(동심 원통면)에서는 근원전류에 의한 영향이 동일하므로 자계강도가 동일함
- 자기장은 모두 z-축을 중심으로 하는 동심원 형태의 회전방향 성분($\boldsymbol{H}(\boldsymbol{r}) = H_\phi(\boldsymbol{r})\boldsymbol{a}_\phi$)만을 가짐
- 자계강도는 z-축 좌표와 회전각(ϕ [rad])에 무관하며, 원통좌표계의 반지름(ρ [m])에 의해서만 달라짐
- z-축으로부터의 수직거리, 즉 원통좌표계의 반지름(ρ [m])이 같은 지점은 z-축의 좌표와 회전각(ϕ [rad])에 관계없이 동일한 자계강도를 가져야 하므로, $\boldsymbol{r} = (\rho, \phi, z)$를 좌표로 사용하는 원통좌표계 ($\boldsymbol{H}(\boldsymbol{r}) = H_\rho(\boldsymbol{r}), H_\phi(\boldsymbol{r}), H_z(\boldsymbol{r})$)가 편리함

암페어의 법칙을 적용하기 위한 폐경로는 다음과 같은 특징을 갖도록 선택하는 것이 대칭구조 전류도선에 의해 형성된 자기장 해석에 편리하다.

- 선택한 폐경로는 여러 개의 부분 경로들로 구성할 수 있으나, 부분 경로상의 자계강도는 다음의 조건을 충족하도록 함
  - 폐경로는 내부의 근원전류도선을 중심으로 하는 대칭구조를 가질 것
  - 폐경로 중 부분 경로 내에서는 자계강도의 크기와 방향이 동일할 것
  - 부분 경로 내의 자계강도는 폐경로와 접선방향 또는 수직방향 성분의 하나만 존재하는 경로일 것
  - 대칭성에 의한 자기장의 크기와 방향, 그리고 상쇄 성분을 확인하고, 문제를 간략화함

따라서 [그림 7-8]에 나타낸 것과 같이 xy-평면에 평행하고, z-축을 중심으로 하는 반지름이 ρ [m]인 동심원의 반시계 회전방향을 암페어 법칙 적용을 위한 폐경로로 선택할 수 있으며, 다음과 같은 특징을 갖고 있다.

- 근원전류도선을 중심으로하는 원통좌표계의 대칭구조임
- 전류도선으로부터 동일한 거리인 동심원 폐경로상의 어느 지점이나 자계강도의 세기가 동일함
- 폐경로의 경로 조각 벡터는 $\boldsymbol{dl}=\rho d\phi \boldsymbol{a}_\phi$ [m]임
- 경로상의 어느 지점에서나 회전성 자계강도는 경로와 접선방향 벡터만 존재함

선택된 폐경로에 대하여 암페어의 법칙을 적용하면, z-축의 전류도선에 의한 자기장의 회전성 자계강도 ($\boldsymbol{H}(\boldsymbol{r}) = H_\rho(\boldsymbol{r}) = 0,\ H_\phi(\boldsymbol{r}),\ H_z(\boldsymbol{r}) = 0$)는 다음의 과정을 통해 구할 수 있다.

$$\oint \vec{H}(\vec{r})\cdot d\vec{l}(\vec{r}) = I_{enc}\ [\mathrm{A}] \leftarrow \begin{cases} \vec{r}_t = \vec{r} = (\rho,\phi,z) \\ \vec{H}(\vec{r}) = \left(H_\rho(\vec{r})=0, H_\phi(\vec{r}), H_z(\vec{r})=0\right) = H_\phi(\vec{r})\hat{a}_\phi\ [\mathrm{A/m}] \\ d\vec{l}(\vec{r}) = \rho d\phi \hat{a}_\phi(\vec{r})\ [\mathrm{m}] \\ I_{enc} = I\ [\mathrm{A}] \end{cases}$$

$$\oint \vec{H}(\vec{r})\cdot d\vec{l}(\vec{r}) = \oint H_\phi(\vec{r})\hat{a}_\phi \cdot \rho d\phi \hat{a}_\phi(\vec{r}) = \oint H_\phi(\vec{r})\rho d\phi = H_\phi(\vec{r})\rho \int_{\phi=0}^{2\pi} d\phi = 2\pi\rho H_\phi(\vec{r}) = I = I_{enc}\ [\mathrm{A}]$$

$$H_\phi(\vec{r})\ [\mathrm{A/m}] = \frac{I}{2\pi\rho} \propto \begin{cases} I \\ 1/\rho \end{cases}$$

$$\vec{H}(\vec{r})\ [\mathrm{A/m}] = H_\rho(\vec{r})\hat{a}_\rho + H_\phi(\vec{r})\hat{a}_\phi + H_z(\vec{r})\hat{a}_z = \frac{I}{2\pi\rho}\hat{a}_\phi\ ;\ \begin{cases} H_\rho = 0 \\ H_\phi = \dfrac{I}{2\pi\rho} & \text{: 근원전류도선을 중심축으로 하는 회전방향 자계강도} \\ H_z = 0 \end{cases}$$

z-축의 전류도선에 의한 자기장은 전류도선을 중심으로 한 회전성 자계강도($\boldsymbol{H}(\boldsymbol{r}) = H_\phi(\boldsymbol{r})\boldsymbol{a}_\phi$)만 존재하며, z-축으로부터의 거리(반지름)에 반비례하여 감소한다. 이 결과는 앞서 비오-사바르의 법칙을 이용하여 얻은 결과와 동일하며, [그림 7-8]에 회전성 자계강도를 형상화하여 나타내었다.

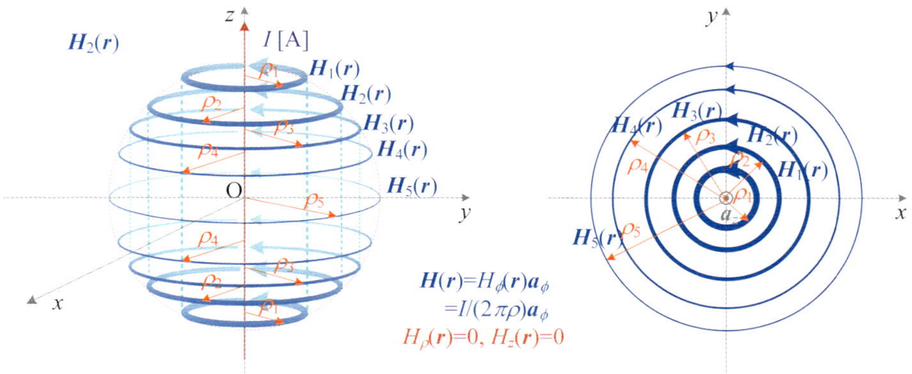

[그림 7-8] z-축에 놓인 무한 길이의 도선에 z-축의 양의 방향($+\boldsymbol{a}_z$)으로 흐르는 전류(I [A])에 의해 형성된 자계강도 (회전성분의 굵기는 자계강도의 세기, 화살표는 방향을 의미함)

z-축의 전류도선에 의해 형성된 자기장 내에서 임의의 관측점에 존재하는 시험전류도선 조각($I_t\boldsymbol{dl}_t(\boldsymbol{r})$ [A·m])이 받는 자기력은 다음과 같이 구할 수 있다.

$\vec{F}$ [N] $= \int_{test} d\vec{F}(\vec{r})$: 근원전류도선이 형성한 자기장에 의해 시험전류도선 **전체**에 작용하는 자기적 힘

$$\vec{F}(\vec{r}) \text{ [N]} = Q_t\vec{\upsilon}_t(\vec{r}) \times \mu\frac{I}{2\pi\rho}\hat{a}_\phi \quad \text{: 이동전하에 작용하는 자기력}$$

$$d\vec{F}(\vec{r}) \text{ [N]} = I_t d\vec{l}_t(\vec{r}) \times \mu\frac{I}{2\pi\rho}\hat{a}_\phi \quad \text{: 선전류도선 조각에 작용하는 자기력}$$

$$= \vec{K}_t dS_t(\vec{r}) \times \mu\frac{I}{2\pi\rho}\hat{a}_\phi \quad \text{: 면전류도선 조각에 작용하는 자기력}$$

$$= \vec{J}_t d\upsilon_t(\vec{r}) \times \mu\frac{I}{2\pi\rho}\hat{a}_\phi \quad \text{: 입체 구조 전류도선 조각에 작용하는 자기력}$$

z-축을 중심으로 하는 동심원 형태의 시험전류도선은 동심원의 반지름이나 흐르는 전류의 크기에 관계없이 도선의 어느 지점에서도 자기장의 영향을 받지 않음을 예상할 수 있다. 또한 그 힘은 방사방향 또는 z-축 방향의 인력 또는 반발력 성분만 존재함을 의미한다.

7.3.2 z-축과 평행한 동축 전송선의 내부와 외부 도체에 같은 크기의 전류가 반대방향으로 흐르는 경우의 자계강도

z-축과 평행한 동축 전송선(co-axial cable 또는 동축 전송선)은 전자파 또는 전자기 신호를 전달하기 위한 전송선으로 널리 사용되는 구조이다. 따라서 동축 전송선 구조에 흐르는 전류에 의한 자기장의 형성을 잘 이해하는 것은 전자기장의 이해와 함께 전자기 부품의 설계에도 필수적이다. [그림 7-9]와 같이 z-축과 평행한 동축 전송선의 내부와 외부 도체(내부 반지름 a [m], 중간 반지름 b [m], 바깥 반지름 c [m])에 같은 크기의 전류가 반대방향으로 흐르는 경우, 동축 전송선 내부($\rho < a$, $a < \rho < b$, $b < \rho < c$)와 외부($\rho > c$)의 자계강도($\boldsymbol{H}(\boldsymbol{r})$ [A/m])를 암페어의 법칙을 이용하여 해석한다.

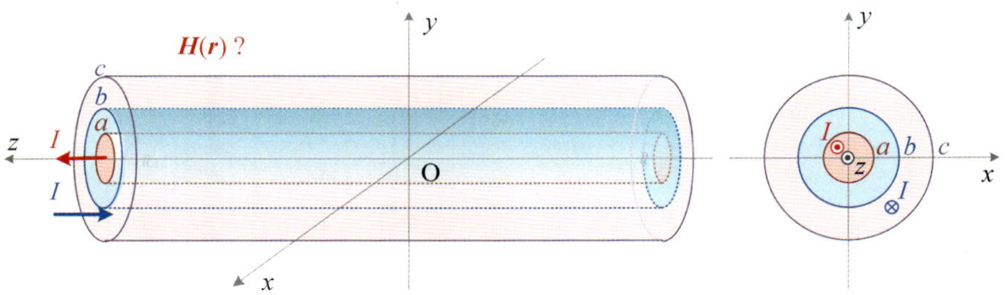

[그림 7-9] 암페어의 법칙을 이용한 동축 전송선의 근원전류도선에 의해 형성된 자기장($\boldsymbol{H}(\boldsymbol{r})$ [A/m])의 해석

자기장 해석의 근거가 되는 비오-사바르의 법칙에 담긴 중요한 내용을 요약하면 다음과 같다.

$$d\vec{H}(\vec{r},\vec{r}\,') \text{ [A/m]} = \frac{1}{4\pi}\frac{I_s d\vec{l}_s(\vec{r}\,') \times \hat{a}_R}{R^2} = \frac{\vec{J}_s d\upsilon_s(\vec{r}\,') \times \hat{a}_R}{4\pi R^2}$$
: 자기장을 형성하는 근원전류도선 조각($J_s d\upsilon_s$)이 형성한 자계강도

$$\vec{R} \text{ [m]} \equiv \vec{r} - \vec{r}\,' \;;\; \hat{a}_R \equiv \frac{\vec{R}}{R} \;;\; d\vec{l}_s(\vec{r}\,') \text{ [m]} \equiv dl_s \hat{a}_t(\vec{r}\,')$$
: 관측점을 향하는 벡터, 단위벡터, 도선 조각의 접선방향 벡터

- 자계강도($H(\boldsymbol{r})$ [A/m])는 근원전류밀도의 크기(J_s [A/m^2])에 비례함
- 자계강도는 근원전류도선의 부피(dv_s [m])에 비례함
- 자계강도는 근원전류로부터 관측점까지 거리(R [m])의 제곱에 반비례함
- 자계강도 방향($\boldsymbol{a}_H = \boldsymbol{H}(\boldsymbol{r})/H(\boldsymbol{r})$)은 자기장을 형성하는 근원전류도선 조각을 중심축으로 하는 회전방향임

따라서 z-축과 평행한 동축 전송선에 흐르는 전류에 의한 자기장은 다음과 같은 특성을 갖고 있다.

- z-축으로부터 동일한 수직 거리에 있는 모든 점에서는 근원전류에 의한 영향이 동일하므로 자계강도가 동일함
- 자기장은 모두 z-축을 중심으로 하는 동심원 형태의 회전방향 성분($\boldsymbol{H}(\boldsymbol{r}) = H_\phi(\boldsymbol{r})\boldsymbol{a}_\phi$ [A/m])만을 가짐
- 자계강도는 z-축 좌표와 회전각(ϕ [rad])에 무관하며, 원통좌표계의 반지름(ρ [m])에 의해서만 달라짐
- z-축으로부터의 수직 거리, 즉 원통좌표계의 반지름(ρ [m])이 같은 지점은 z-축의 좌표와 회전각(ϕ [rad])에 관계없이 동일한 자계강도를 가져야 하므로, $\boldsymbol{r} = (\rho, \phi, z)$를 좌표로 사용하는 원통좌표계 ($\boldsymbol{H}(\boldsymbol{r}) = (H_\rho(\boldsymbol{r}), H_\phi(\boldsymbol{r}), H_z(\boldsymbol{r}))$가 편리함

대칭구조 전류도선에 의한 자기장 해석을 위해서는 암페어의 법칙을 적용하기 위한 폐경로는 여러 개의 부분 경로들로 이루어져 있을 수 있으나, 부분 경로상의 자계강도는 다음의 조건을 충족하도록 선택하는 것이 편리하다.

- 폐경로는 내부의 근원전류도선을 중심으로 하는 대칭구조를 가질 것
- 폐경로 중의 부분 경로 내에서는 자계강도의 크기와 방향이 동일할 것
- 부분 경로 내의 자계강도는 폐경로와 접선방향 또는 수직방향 성분의 하나만 존재하는 경로일 것
- 대칭성에 의한 자기장의 크기와 방향, 그리고 상쇄성분을 확인하고, 문제를 간략화함

따라서 [그림 7-10]에 나타낸 것과 같이 반지름이 ρ [m]인 z-축 중심의 반시계방향으로 회전하는 원형 경로를 암페어 법칙을 적용하기 위한 폐경로로 선택할 수 있으며, 이 경로상의 어느 지점에서나 자계강도는 경로와 접선방향 벡터만 존재한다.

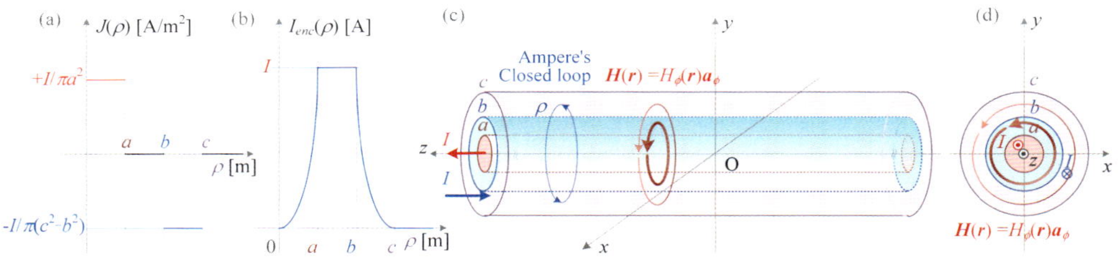

[그림 7-10] 암페어의 법칙을 이용한 동축 전송선의 근원전류도선에 의해 형성된 자기장의 자계강도($\boldsymbol{H}(\boldsymbol{r})$ [A/m])

z-축 중심의 반지름이 ρ [m]인 폐경로에 대하여 암페어의 법칙을 이용한 자계강도는 다음과 같이 구할 수 있으며, 이 결과는 동축 전송선의 내부와 외부를 구분하지 않고 공통으로 활용할 수 있다.

$$\oint \vec{H}(\vec{r}) \cdot d\vec{l}(\vec{r}) = I_{enc} \text{ [A]} \leftarrow \begin{cases} \vec{r} = (\rho, \phi, z),\ d\vec{l}(\vec{r}) \text{ [m]} = \rho d\phi \hat{a}_\phi(\vec{r}) \\ \vec{H}(\vec{r}) \text{ [A/m]} = H_\phi(\vec{r})\hat{a}_\phi \\ I_{enc} \text{ [A]} = \int_{loop} \vec{J}_s \cdot d\vec{S} \end{cases}$$

: z-축 중심 동심원 폐경로에 대한 암페어의 법칙

$$\oint \vec{H}(\vec{r})\cdot d\vec{l}(\vec{r}) = \oint H_\phi(\vec{r})\hat{a}_\phi \cdot \rho d\phi \hat{a}_\phi(\vec{r}) = \oint H_\phi(\vec{r})\rho d\phi = H_\phi(\vec{r})\rho\int_{\phi=0}^{2\pi} d\phi = 2\pi\rho H_\phi(\vec{r}) = I_{enc}\ [\text{A}]$$

: 암페어의 법칙

$$\rightarrow H_\phi(\vec{r})\ [\text{A/m}] = \frac{I_{enc}}{2\pi\rho}$$

$$\rightarrow \vec{H}(\vec{r})\ [\text{A/m}] = H_\phi(\vec{r})\hat{a}_\phi = \frac{I_{enc}}{2\pi\rho}\hat{a}_\phi$$

따라서 암페어의 법칙이 적용되는 폐경로의 반지름(ρ [m]) 변화에 따른 폐경로 내의 총 전류(I_{enc} [A])를 구하면 된다.

■ **z-축 양의 방향으로 전류(I [A])가 균일한 밀도로 분산되어 흐르는 내부 도체 구간($0 < \rho < a$)의 자기장**

$$\left.\begin{aligned} &I_{enc}\ [\text{A}] = J_s S = \frac{I}{\pi a^2}\times\pi\rho^2 = I\frac{\rho^2}{a^2} \\ &H_\phi(\vec{r})\ [\text{A/m}] = \frac{I_{enc}}{2\pi\rho} = \frac{1}{2\pi\rho}\times I\frac{\rho^2}{a^2} = \frac{I}{2\pi a^2}\rho \end{aligned}\right\} \rightarrow \vec{H}(\vec{r})\ [\text{A/m}] = H_\phi(\vec{r})\hat{a}_\phi = \frac{I_{enc}}{2\pi\rho}\hat{a}_\phi = \frac{I}{2\pi a^2}\rho\hat{a}_\phi$$

내부 도체의 중심에서 밖으로 갈수록 자기장 형성에 기여하는 전류의 크기가 증가하므로, 전류와 반지름에 비례해서 자계강도가 증가한다.

■ **내부 도체와 외부 도체의 사이($a < \rho < b$; 충전재 내부)의 자기장**

$$\left.\begin{aligned} &I_{enc} = I\ [\text{A}] \\ &H_\phi(\vec{r})\ [\text{A/m}] = \frac{I_{enc}}{2\pi\rho} = \frac{I}{2\pi\rho} \end{aligned}\right\} \rightarrow \vec{H}(\vec{r})\ [\text{A/m}] = H_\phi(\vec{r})\hat{a}_\phi = \frac{I}{2\pi\rho}\hat{a}_\phi\ ; \begin{cases} H(\rho = a) = H_{\max} = \dfrac{I}{2\pi a} \\ H(\rho = b) = \dfrac{I}{2\pi b} \end{cases}$$

내부 도체와 외부 도체의 사이를 채운 충전재 층에서는 자기장 형성에 기여하는 전류의 크기는 고정되어 있으나 전류도선으로부터 멀어지므로, 자계강도는 z-축으로부터의 거리에 반비례하여 감소한다.

■ **z-축 음의 방향으로 전류가 균일한 밀도로 분산되어 흐르는 외부 도체 구간($b < \rho < c$)의 자기장**

$$\left.\begin{aligned} &I_{enc}\ [\text{A}] = I - \frac{I\times\pi\left(\rho^2 - b^2\right)}{\pi\left(c^2 - b^2\right)} = I\left(1 - \frac{\rho^2 - b^2}{c^2 - b^2}\right) \\ &H_\phi(\vec{r})\ [\text{A/m}] = \frac{I_{enc}}{2\pi\rho} = \frac{I}{2\pi\rho}\left(1 - \frac{\rho^2 - b^2}{c^2 - b^2}\right) \end{aligned}\right\}$$

$$\rightarrow \vec{H}(\vec{r})\ [\text{A/m}] = H_\phi(\vec{r})\hat{a}_\phi = \frac{I}{2\pi\rho}\left(1 - \frac{\rho^2 - b^2}{c^2 - b^2}\right)\hat{a}_\phi; \begin{cases} H(\rho = b) = \dfrac{I}{2\pi b} \\ H(\rho = c) = 0 \end{cases}$$

외부 도체가 시작되는 지점부터는 내부 도체와 반대방향으로 흐르는 전류가 형성하는 반대방향의 자기장이 상쇄되면서 자계강도는 감소한다. 외부 도체의 외부 반지름이 짧을수록 반대방향의 자기장을 형성하는 전류밀도가 증가하므로 자계강도는 급격하게 감소한다.

■ 동축 전송선 외부($\rho > c$)의 자기장

$$\left.\begin{array}{l} I_{enc}\ [\text{A}] = I + (-I) = 0 \\ H_{\phi}(\vec{r})\ [\text{A/m}] = \dfrac{I_{enc}}{2\pi\rho} = 0 \end{array}\right\} \rightarrow \vec{H}(\vec{r})\ [\text{A/m}] = 0$$

특히, 서로 반대방향의 전류가 흐르는 동축 전송선의 외부에는 전송선에 흐르는 전류의 크기에 관계없이 자기장에 존재하지 않는다. 즉, 동축 전송선을 사용하고, 내부 도체에 흐르는 전류와 동일한 크기의 반대방향 전류가 외부 도체에 흐르는 경우, 동축 전송선을 구성하는 내부 도체와 외부 도체의 반지름, 또는 그 사이의 두께, 그리고 흐르는 전류의 크기에 관계없이 항상 케이블 외부에는 자기장이 형성되지 않는다. 동축 전송선을 사용하면 동축 전송선에 흐르는 전류의 크기에 관계없이 주변 전류도선에 자기적 영향을 미치지 않음을 뜻한다. 이것이 동축 전송선이 가진 가장 큰 장점이고, 전자 신호 전달용으로 동축 전송선을 사용하는 가장 중요한 이유이다.

동축 전송선의 근원전류도선에 의해 형성된 자기장의 회전성 자계강도($\boldsymbol{H}(\boldsymbol{r})$ [A/m]) 분포와 이를 결정하는 요소, 의존도를 [그림 7-11]에 요약하였다.

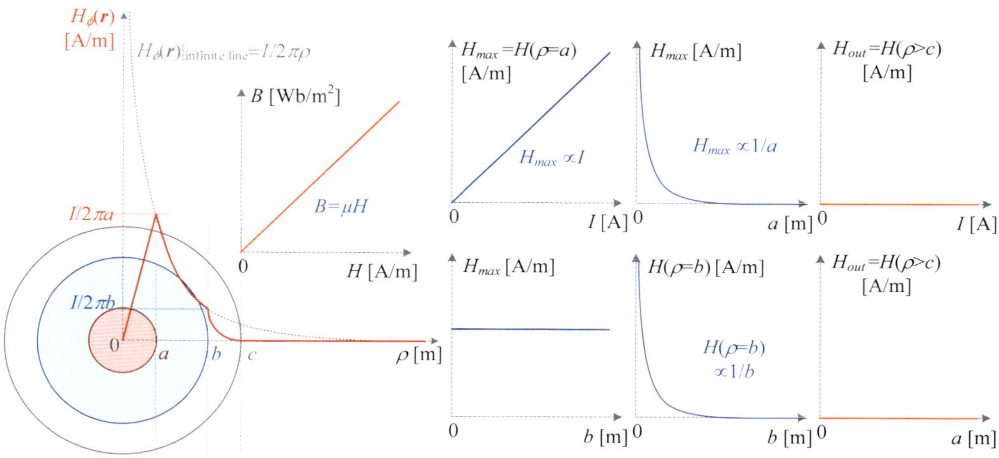

[그림 7-11] 동축 전송선에 서로 반대방향으로 흐르는 내부 및 외부 전류에 의해 형성된 자기장의 자계강도($\boldsymbol{H}(\boldsymbol{r})$ [A/m]) 분포

7.3.3 무한히 넓은 xy-평면에서 y-축과 평행하게 흐르는 면전류에 의한 자기장의 자계강도

암페어의 법칙을 이용하여 [그림 7-12]에 나타낸 xy-평면 위의 무한 도체판($-\infty < x < +\infty$, $-\infty < y < +\infty$)에 y-축과 평행하게 흐르는 전류(전류밀도 $\boldsymbol{K} = K\boldsymbol{a}_y$ [A/m])에 의해 형성된 자기장의 회전성 자계강도를 해석하고자 한다. 이 구조는 위치에 무관하게 일정한 크기와 방향의 자계강도가 필요한 경우 사용할 수 있는 자기장 형성 구조이다.

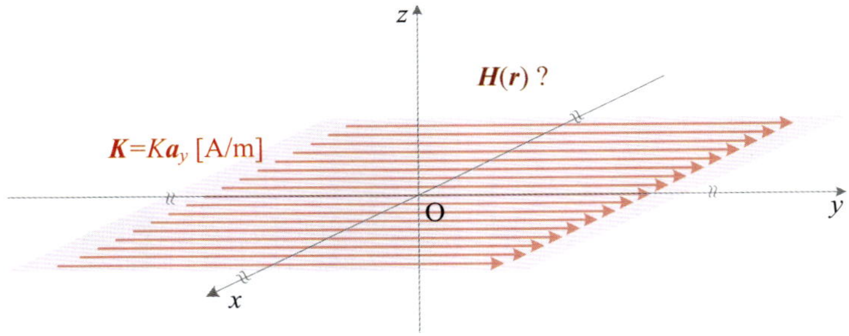

[그림 7-12] xy-평면에 평행하게 흐르는 전류판(선전류밀도 $K = K\boldsymbol{a}_y$ [A/m])에 의해 형성된 자기장

■ 비오-사바르의 법칙을 사용하기 위한 좌표, 전류도선 조각과 좌표계의 선택

자기장 해석의 근거가 되는 비오-사바르의 법칙에 담긴 중요한 내용을 요약하면 다음과 같다.

$$d\vec{H}(\vec{r})\ [\text{A/m}] = \frac{\vec{K}_s(\vec{r}\,')dS' \times \hat{a}_R}{4\pi R^2} = \frac{K\hat{a}_y dS' \times \hat{a}_R}{4\pi R^2};\ \vec{K}_s(\vec{r}\,')dS' = K\hat{a}_y dxdy$$

: 근원전류판 조각($\boldsymbol{K}_S dS$)이 형성하는 회전성 자계강도

$$\vec{R} \equiv \vec{r} - \vec{r}\,'\ ;\ \hat{a}_R \equiv \frac{\vec{R}}{R}\ ;\ d\vec{l}_s(\vec{r}) \equiv dl_s \hat{a}_t(\vec{r})$$

: 관측점을 향하는 벡터, 그 단위벡터, 그리고 도선 조각의 접선방향 벡터

- 자계강도($dH(\boldsymbol{r})$ [A/m])는 근원전류밀도(K [A/m])에 비례함
- 자계강도는 근원전류 도판의 면적(dS_s [m^2])에 비례함
- 자계강도는 근원전류로부터 관측점까지 거리(R [m])의 제곱에 반비례함
- 자계강도의 방향($\boldsymbol{a}_H = \boldsymbol{H}(\boldsymbol{r})/H(\boldsymbol{r})$)은 자기장을 형성하는 근원전류도선 조각($\boldsymbol{K}_S dS'$)을 중심축으로 하는 회전방향의 자계강도임

따라서 비오-사바르의 법칙을 바탕으로 해석하면, xy-평면과 평행하고, y-축과 평행하게 흐르는 전류에 의해 형성된 자기장은 다음과 같은 특성을 갖고 있다.

- xy-평면으로부터 동일한 수직 거리에 있는 모든 점(xy-평면과 평행한 면)에서는 근원전류에 의한 영향이 동일하므로 자계강도의 크기와 방향이 어느 점에서나 동일함
- 자기장은 근원전류가 흐르는 방향에 수직인 면을 이루는 회전방향의 자기장을 형성하므로, 전류가 흐르는 y-축 방향의 자기장의 성분은 존재하지 않으며, 오직 x-축 방향 성분($dH_x(\boldsymbol{r})$)과 z-축 방향 성분($dH_z(\boldsymbol{r})$)만 존재함($d\boldsymbol{H}(\boldsymbol{r}) = dH_x(\boldsymbol{r})\boldsymbol{a}_x + dH_z(\boldsymbol{r})\boldsymbol{a}_z$)
- xy-평면으로부터 같은 거리에 있는 윗쪽의 자기장($d\boldsymbol{H}(x,y,+z) = dH_{x+}(x,y,+z)\boldsymbol{a}_x + dH_{z+}(x,y,+z)\boldsymbol{a}_z$)과 아랫쪽의 자기장($d\boldsymbol{H}(x,y,-z) = dH_{x+}(x,y,+z)\boldsymbol{a}_x - dH_{z+}(x,y,+z)\boldsymbol{a}_z$)은 크기는 동일하나 z-축 방향의 성분이 반대임
- 위의 대칭성을 고려할 때 직각좌표계를 이용하여 자기장을 해석하는 것이 편리함

전류판이 xy-평면의 전류판에 y-축과 평행하게 전류가 흐르면, 전류판으로부터의 거리가 같은 지점인 z-축 좌표가 동일한 지점에서는 자계강도의 방향과 크기가 어느 지점이나 동일한 것을 예상할 수 있다. 따라서 직각좌표계(x,y,z)를 사용하여 자기장을 해석하는 것이 편리하며, 근원전류도선 조각의 위치, 관측점의 위치는 [그림 7-13]과 같이 나타낼 수 있다.

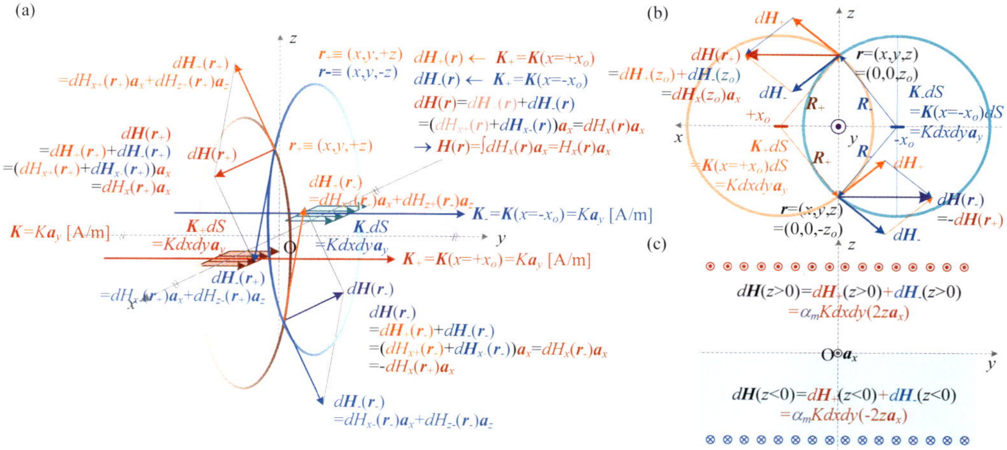

[그림 7-13] (a) xy-평면에 평행하게 흐르는 면전류(면전류밀도 $K = Ka_y$ [A/m])
(b) y-축으로부터 동일한 거리의 대칭 전류 조각에 의해 형성된 회전성 자계강도($d\boldsymbol{H}(\boldsymbol{r})$ [A/m])는 x-축 방향의 자계강도만 존재함
(c) xy-평면에 평행하게 흐르는 면전류에 의해 형성된 자계강도($\boldsymbol{H}(\boldsymbol{r})$ [A/m])

[그림 7-13]에 나타낸 것과 같이 xy-평면의 $x = +x_o$에 존재하는 근원전류 조각($\boldsymbol{K}_+dxdy = \boldsymbol{K}(x = +x_o)dxdy$ [A·m])에 의해 형성된 관측점($\boldsymbol{r}$)의 회전성 자계강도($d\boldsymbol{H}_+(\boldsymbol{r})$)는 다음과 같이 y-축 방향 성분은 형성되지 않고($d\boldsymbol{H}_{y+}(\boldsymbol{r}) = 0$), x-축과 평행한 성분($d\boldsymbol{H}_{x+}(\boldsymbol{r})$)과 z-축에 평행한 성분($d\boldsymbol{H}_{z+}(\boldsymbol{r})$)만 존재한다.

$$d\vec{H}_{+}(\vec{r})\ [\text{A/m}] \equiv d\vec{H}(\vec{r})\Big|_{K\hat{a}_y\ @\ x=+x_o} = dH_{x+}(\vec{r})\hat{a}_x + dH_{z+}(\vec{r})\hat{a}_z \leftarrow dH_{y+}(\vec{r})=0$$

: $x = +x_o$의 전류도선 조각에 의한 회전성 자계강도

또한, xy-평면($z = 0$)의 y-축에 대칭인 $x = -x_o$에 존재하는 근원전류 조각($\boldsymbol{K}_-dxdy = \boldsymbol{K}(x = -x_o)dxdy$ [A·m])에 의해 형성된 관측점($\boldsymbol{r}$)의 회전성 자계강도($d\boldsymbol{H}_-(\boldsymbol{r})$)도 다음과 같이 y-축 방향 성분은 형성되지 않고(($d\boldsymbol{H}_{y-}(\boldsymbol{r}) = 0$), x-축과 평행한 성분($d\boldsymbol{H}_{x-}(\boldsymbol{r})$)과 z-축에 평행한 성분($d\boldsymbol{H}_{z-}(\boldsymbol{r})$)을 갖는다. 그런데 x-축 방향 성분은 $x = +x_o$에 존재하는 근원전류 조각에 의해 형성된 자기장($d\boldsymbol{H}_+(\boldsymbol{r})$)과 같은 방향이나, z-축 방향 성분은 그와 반대방향이다.

$$d\vec{H}_{-}(\vec{r})\ [\text{A/m}] \equiv d\vec{H}(\vec{r})\Big|_{K\hat{a}_y\ @\ x=-x_o} = dH_{x-}(\vec{r})\hat{a}_x + dH_{z-}(\vec{r})\hat{a}_z$$

$$= dH_{x+}(\vec{r})\hat{a}_x - dH_{z+}(\vec{r})\hat{a}_z \leftarrow dH_{y-}(\vec{r})=0$$

: $x = -x_o$의 전류도선 조각에 의한 회전성 자계강도

[그림 7-13](b)에 나타낸 것과 같이, xy-평면의 무한 전류판의 대칭성으로 인해 관측점의 y-축 방향 자기장 성분은 형성되지 않고($d\boldsymbol{H}_{y+}(\boldsymbol{r}) = 0$), z-축에 평행한 성분은 대칭성에 의해 상쇄되어 존재하지 않으며($d\boldsymbol{H}_{z-}(\boldsymbol{r}) = d\boldsymbol{H}_{z+}(\boldsymbol{r})+d\boldsymbol{H}_{z-}(\boldsymbol{r}) = 0$), 오직 x-축 방향의 성분만 존재한다($d\boldsymbol{H}(\boldsymbol{r}) = d\boldsymbol{H}_z(\boldsymbol{r})$, $d\boldsymbol{H}_y(\boldsymbol{r}) = 0$, $d\boldsymbol{H}_z(\boldsymbol{r}) = 0$). 이 결과는 다음의 수식으로 요약할 수 있다.

$$d\vec{H}(\vec{r})\ [\text{A/m}] = d\vec{H}_{+}(\vec{r}) + d\vec{H}_{-}(\vec{r}) = \left(dH_{x+}(\vec{r})\hat{a}_x + dH_{z+}(\vec{r})\hat{a}_z\right) + \left(dH_{x-}(\vec{r})\hat{a}_x + dH_{z-}(\vec{r})\hat{a}_z\right)$$

$$= 2dH_{x+}(\vec{r})\hat{a}_x \equiv dH_x(\vec{r})\hat{a}_x$$

: $x = +x_o$의 전류도선 조각과 $x = -x_o$의 전류도선 조각에 의한 회전성 자계강도의 합

따라서 xy-평면의 무한 전류판 전체가 근원전류로 작용하여 형성되는 자기장은 앞에서 구한 전류도선 조각에 의해 형성된 자기장을 전류판 전체에 대해 적분하여 얻을 수 있으며, 다음과 같이 x-축과 평행한 성분의 자기장만 존재함을 알 수 있다. 또한, xy-평면의 위($z > 0$)와 아래($z < 0$)에 형성된 자기장은 모두 x-축과 평행한 성분을 가지나, 그 방향이 반대임을 알 수 있다.

$$\vec{H}(\vec{r})\ [\text{A/m}] = \int_{source} d\vec{H}(\vec{r}) = \int_{source} dH_x(\vec{r})\hat{a}_x = H_x(\vec{r})\hat{a}_x$$

$$\begin{cases} \vec{H}(x,y,z)\ [\text{A/m}] = H_x(\vec{r})\hat{a}_x \\ \vec{H}(x,y,-z)\ [\text{A/m}] = -\vec{H}(x,y,z) = -H_x(\vec{r})\hat{a}_x \end{cases}$$

: xy-평면의 무한 전류판에 y-축과 평행하게 흐르는 전류에 의해 형성된 자기장의 회전성 자계강도

지금까지 비오-사바르의 법칙을 기반으로 하여 xy-평면의 무한 전류판 전체가 근원전류로 작용하여 형성되는 자기장의 특징을 확인하였으며, 암페어의 법칙을 이용하여 자기장 해석을 위한 준비를 마무리하였다.

암페어의 법칙을 적용하기 위한 폐경로는 다음과 같은 특징을 갖도록 선택하는 것이 대칭구조 전류도선에 의해 형성된 자기장 해석에 편리하다. 즉 선택한 폐경로는 여러 개의 부분 경로들로 이루어져 있을 수 있으나, 부분 경로상의 자계강도는 다음의 조건을 충족하도록 선택하는 것이 편리하다.

- 폐경로는 내부의 근원전류도선을 중심으로 하는 대칭구조를 가질 것
- 폐경로 중의 부분 경로 내에서는 자계강도의 크기와 방향이 동일할 것
- 부분 경로 내의 자계강도는 폐경로와 접선방향 또는 수직방향 성분의 하나만 존재하는 경로일 것
- 대칭성에 의한 자기장의 크기와 방향, 그리고 상쇄성분을 확인하고, 문제를 간략화함

따라서 [그림 7-14]에 나타낸 것과 같이 xy-평면에 평행하고 전류가 y-축과 평행하게 흐르는 자기장을 해석하기 위한 폐경로는 그림과 같이 y-축에 수직이고 x-축에 평행한 경로(길이 l [m])와 z-축에 평행한 경로를 가진 4각형 형태를 선택할 수 있다.

- 폐경로-1(xy-평면을 중심으로 대칭 경로) : 1 → 2 → B → 3 → 4 → A → 1
- 폐경로-2(xy-평면을 중심으로 비대칭 경로) : 1' → 2' → B → 3 → 4 → A → 1'
- 경로상의 어느 지점에서나 자계강도는 경로와 평행한 접선방향 벡터 또는 경로와 수직방향 벡터 성분만 존재함

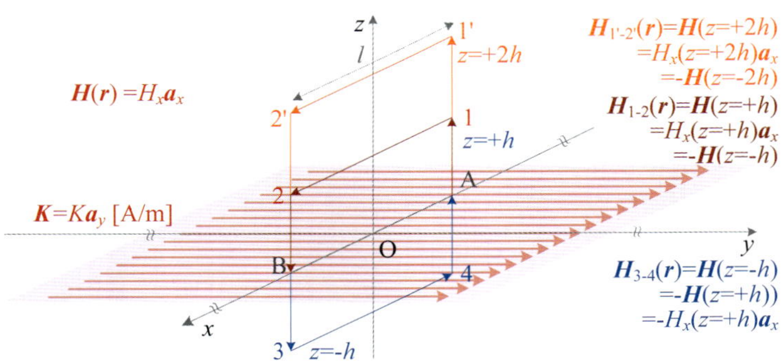

[그림 7-14] xy-평면에 평행하게 흐르는 전류판(선전류밀도 $K = K\boldsymbol{a}_y$ [A/m])에 의해 형성된 자계강도

먼저, xy-평면의 위와 아래의 경로가 대칭구조인 폐경로−1(A → 1 → 2 → B → 3 → 4 → A → 1)에 대하여 암페어 법칙을 이용하여 자기장을 해석하는 과정은 다음과 같다.

$$\oint_{loop-1} \vec{H}(\vec{r})\cdot d\vec{l}(\vec{r}) = I_{enc}\ [\text{A}] \leftarrow \begin{cases} \vec{r}_t = (x_t, y_t, z_t) = (x, y, z) = \vec{r} \\ \vec{H}(\vec{r}) = \left(H_x(\vec{r}) = 0, H_x(\vec{r}), H_z(\vec{r}) = 0\right) = H_x(\vec{r})\hat{a}_x\ [\text{A/m}] \\ d\vec{l}(\vec{r}) = dl_x\hat{a}_x + dl_y\hat{a}_y + dl_z\hat{a}_y\ [\text{m}] \\ I_{enc} = Kl\ [\text{A}] \leftarrow \vec{K} = K\hat{a}_y\ [\text{A/m}] \end{cases}$$

$$\oint_{loop-1} \vec{H}(\vec{r})\cdot d\vec{l}(\vec{r})\ [\text{A}] = \int_A^1 \vec{H}(\vec{r})\cdot d\vec{l}(\vec{r}) + \int_1^2 \vec{H}(\vec{r})\cdot d\vec{l}(\vec{r}) + \int_2^B \vec{H}(\vec{r})\cdot d\vec{l}(\vec{r})$$
$$+ \int_B^3 \vec{H}(\vec{r})\cdot d\vec{l}(\vec{r}) + \int_3^4 \vec{H}(\vec{r})\cdot d\vec{l}(\vec{r}) + \int_4^A \vec{H}(\vec{r})\cdot d\vec{l}(\vec{r})$$

$$z > 0\ ;\ \begin{cases} \int_A^1 \vec{H}(\vec{r})\cdot d\vec{l}(\vec{r}) = \int_{z=0}^{+h} H_x(\vec{r})\hat{a}_x \cdot dz\hat{a}_z = 0\ [\text{A}] \quad ;\ d\vec{l}(\vec{r})\Big|_A^1 = dz\hat{a}_z \\ \int_1^2 \vec{H}(\vec{r})\cdot d\vec{l}(\vec{r}) = \int_{x=x_o}^{x=x_o+l} H_x(x,y,z=+h)\hat{a}_x \cdot dx\hat{a}_x ;\ d\vec{l}(\vec{r})\Big|_1^2 = dx\hat{a}_x \\ \qquad = H_x(x,y,z=+h)\int_{x=x_o}^{x=x_o+l} dx = H_x(x,y,z=+h)l\ [\text{A}] \\ \int_2^B \vec{H}(\vec{r})\cdot d\vec{l}(\vec{r}) = \int_{z=+h}^{0} H_x(\vec{r})\hat{a}_x \cdot dz\hat{a}_z = 0\ [\text{A}] \quad ;\ d\vec{l}(\vec{r})\Big|_2^B = dz\hat{a}_z \end{cases}$$

$$z < 0\ ;\ \begin{cases} \int_B^3 \vec{H}(\vec{r})\cdot d\vec{l}(\vec{r}) = \int_{z=0}^{-h} H_x(\vec{r})\hat{a}_x \cdot dz\hat{a}_z = 0\ [\text{A}] \quad ;\ d\vec{l}(\vec{r})\Big|_B^3 = dz\hat{a}_z \\ \int_3^4 \vec{H}(\vec{r})\cdot d\vec{l}(\vec{r}) = \int_{x=x_o+l}^{x=x_o} H_x(x,y,z=-h)\hat{a}_x \cdot dx\hat{a}_x ;\ d\vec{l}(\vec{r})\Big|_3^4 = dx\hat{a}_x \\ \qquad = H_x(x,y,z=-h)\int_{x=x_o+l}^{x=x_o} dx = H_x(x,y,z=-h)(-l)\ [\text{A}] \\ \int_4^A \vec{H}(\vec{r})\cdot d\vec{l}(\vec{r}) = \int_{z=-h}^{0} H_x(\vec{r})\hat{a}_x \cdot dz\hat{a}_z = 0\ [\text{A}] \quad ;\ d\vec{l}(\vec{r})\Big|_4^A = dz\hat{a}_z \end{cases}$$

$$\begin{aligned} \oint_{loop-1} \vec{H}(\vec{r})\cdot d\vec{l}(\vec{r})\ [\text{A}] &= 0 + \int_1^2 \vec{H}(\vec{r})\cdot d\vec{l}(\vec{r}) + 0 + 0 + \int_3^4 \vec{H}(\vec{r})\cdot d\vec{l}(\vec{r}) + 0 \\ &= \int_1^2 \vec{H}(\vec{r})\cdot d\vec{l}(\vec{r}) + \int_3^4 \vec{H}(\vec{r})\cdot d\vec{l}(\vec{r}) \\ &= H_x(x,y,z=+h)l + H_x(x,y,z=-h)(-l) \\ &= \left(H_x(x,y,z=+h) - H_x(x,y,z=-h)\right)l \end{aligned}$$

그런데 $z = +h$인 지점과 $z = -h$인 대칭 지점의 자기장은 서로 크기는 같으나 방향이 반대임을 알고 있으므로, 위의 성분들은 다음과 같이 정리할 수 있다.

$$\begin{aligned} \oint_{loop-1} \vec{H}(\vec{r})\cdot d\vec{l}(\vec{r})\ [\text{A}] &= \left(H_x(x,y,z=+h) - H_x(x,y,z=-h)\right)l \\ &= \left(H_x(x,y,z=+h) - (-H_x(x,y,z=+h)+)\right)l \\ &= 2H_x(x,y,z=+h)l = -2H_x(x,y,z=-h)l \end{aligned}$$

따라서 폐경로−1 내에 존재하는 회전성 자기장을 형성하는 근원전류량($I_{enc} = Kl$ [A])을 반영하면 $z = +h$인 지점과 $z = -h$인 대칭 지점의 자기장(크기는 같고 방향이 반대임)은 각각 다음과 같다.

$$\oint_{loop-1}\vec{H}(\vec{r})\cdot d\vec{l}(\vec{r}) = 2H_x(x,y,z=+h)l = -2H_x(x,y,z=-h)l = I_{enc} = Kl \text{ [A]}$$

$$\begin{cases} H_x(x,y,z=+h) = +\dfrac{K}{2} \rightarrow \vec{H}(x,y,z=+h) = H_x(x,y,z=+h)\hat{a}_x = +\dfrac{K}{2}\hat{a}_x \text{ [A/m]} \\ H_x(x,y,z=-h) = -\dfrac{K}{2} \rightarrow \vec{H}(x,y,z=-h) = H_x(x,y,z=-h)\hat{a}_x = -\dfrac{K}{2}\hat{a}_x \text{ [A/m]} \end{cases}$$

한편, z-축의 위치가 바뀔 경우 자기장의 변화를 구하는 과정이 필요하다. 이를 위해 xy-평면의 위와 아래의 경로가 비대칭구조인 폐경로-2(A → 1' → 2' → B → 3 → 4 → A → 1)를 택한다. 앞의 대칭구조에서 얻은 결과를 활용하기 위해 경로-2의 일부는 경로-1과 공유하도록(겹치도록) 선택하는 것이 편리한 해석 방법이다. 설명의 편의를 위해 $z > 0$인 영역의 경로가 $z = +2h$인 지점(경로 1'→ 2')을 선택하였으나, 1'→ 2'의 경로는 z-축의 어느 지점을 선택해도 동일한 결과를 얻는다.

폐경로-2에 대하여 암페어의 법칙을 적용하면 자계강도에 대한 해석 과정과 결과는 다음과 같다.

$$\oint_{loop-2}\vec{H}(\vec{r})\cdot d\vec{l}(\vec{r}) = I_{enc} \text{ [A]} \leftarrow \begin{cases} \vec{r}_t = (x_t, y_t, z_t) = (x,y,z) = \vec{r} \\ \vec{H}(\vec{r}) = \left(H_x(\vec{r}) = 0, H_x(\vec{r}), H_z(\vec{r}) = 0\right) = H_x(\vec{r})\hat{a}_x \text{ [A/m]} \\ d\vec{l}(\vec{r}) = dl_x\hat{a}_x + dl_y\hat{a}_y + dl_z\hat{a}_y \text{ [m]} \\ I_{enc} = Kl \text{ [A]} \leftarrow \vec{K} = K\hat{a}_y \text{ [A/m]} \end{cases}$$

$$\begin{aligned} \oint_{loop-2}\vec{H}(\vec{r})\cdot d\vec{l}(\vec{r}) &= \int_A^{1'}\vec{H}(\vec{r})\cdot d\vec{l}(\vec{r}) + \int_{1'}^{2'}\vec{H}(\vec{r})\cdot d\vec{l}(\vec{r}) + \int_{2'}^{B}\vec{H}(\vec{r})\cdot d\vec{l}(\vec{r}) : z>0\text{인 영역의 경로} \\ &+ \int_B^{3}\vec{H}(\vec{r})\cdot d\vec{l}(\vec{r}) + \int_{3}^{4}\vec{H}(\vec{r})\cdot d\vec{l}(\vec{r}) + \int_{4}^{A}\vec{H}(\vec{r})\cdot d\vec{l}(\vec{r}) : z<0\text{인 영역의 경로} \end{aligned}$$

$$z>0\ ;\ \begin{cases} \displaystyle\int_A^{1'}\vec{H}(\vec{r})\cdot d\vec{l}(\vec{r}) = \int_{z=0}^{+2h} H_x(\vec{r})\hat{a}_x\cdot dz\hat{a}_z = 0 \text{ [A]} \\ \displaystyle\int_{1'}^{2'}\vec{H}(\vec{r})\cdot d\vec{l}(\vec{r}) = \int_{x=x_o}^{x=x_o+l} H_x(x,y,z=+2h)\hat{a}_x\cdot dx\hat{a}_x \\ \displaystyle\qquad = H_x(x,y,z=+2h)\int_{x=x_o}^{x=x_o+l}dx = H_x(x,y,z=+2h)l \text{ [A]} \\ \displaystyle\int_{2'}^{B}\vec{H}(\vec{r})\cdot d\vec{l}(\vec{r}) = \int_{z=+2h}^{0} H_x(\vec{r})\hat{a}_x\cdot dz\hat{a}_z = 0 \text{ [A]} \end{cases}$$

$$z<0\ ;\ \begin{cases} \displaystyle\int_B^{3}\vec{H}(\vec{r})\cdot d\vec{l}(\vec{r}) = \int_{z=0}^{-h} H_x(\vec{r})\hat{a}_x\cdot dz\hat{a}_z = 0 \text{ [A]} \\ \displaystyle\int_{3}^{4}\vec{H}(\vec{r})\cdot d\vec{l}(\vec{r}) = \int_{x=x_o+l}^{x=x_o} H_x(x,y,z=-h)\hat{a}_x\cdot dx\hat{a}_x \\ \displaystyle\qquad = H_x(x,y,z=-h)\int_{x=x_o+l}^{x=x_o}dx = H_x(x,y,z=-h)(-l) \text{ [A]} \\ \displaystyle\int_{4}^{A}\vec{H}(\vec{r})\cdot d\vec{l}(\vec{r}) = \int_{z=-h}^{0} H_x(\vec{r})\hat{a}_x\cdot dz\hat{a}_z = 0 \text{ [A]} \end{cases}$$

$$\begin{aligned} \oint_{loop-2}\vec{H}(\vec{r})\cdot d\vec{l}(\vec{r}) \text{ [A]} &= 0 + \int_{1'}^{2'}\vec{H}(\vec{r})\cdot d\vec{l}(\vec{r}) + 0 + 0 + \int_{3}^{4}\vec{H}(\vec{r})\cdot d\vec{l}(\vec{r}) + 0 \\ &= \int_{1'}^{2'}\vec{H}(\vec{r})\cdot d\vec{l}(\vec{r}) + \int_{3}^{4}\vec{H}(\vec{r})\cdot d\vec{l}(\vec{r}) = H_x(x,y,z=+2h)l + H_x(x,y,z=-h)(-l) \\ &= \left(H_x(x,y,z=+2h) - H_x(x,y,z=-h)\right)l \end{aligned}$$

그리고 $z = +2h$인 지점과 $z = -h$인 지점의 자기장은 서로 크기는 같으나 방향이 반대임을 알고 있다.

따라서 경로-1과 경로-2를 결합하면 다음과 같이 정리할 수 있으며, 폐경로-2 내의 전류량($I_{enc} = Kl$ [A])을 반영하면 $z = +h$인 지점과 $z = -h$인 지점의 자기장은 다음과 같다.

$$\oint_{loop-2} \vec{H}(\vec{r}) \cdot d\vec{l}(\vec{r}) \text{ [A]} = H_x(x,y,z=+2h)l - H_x(x,y,z=-h)l = I_{enc} = Kl$$

$$\left(H_x(x,y,z=+2h) - H_x(x,y,z=-h)\right)l = I_{enc} = Kl \text{ [A]}$$

$$H_x(x,y,z=+2h) - H_x(x,y,z=-h) = K \text{ [A/m]}$$

폐경로-1과 폐경로-2에서 얻은 결과를 연립하면 전류판으로부터의 높이가 다른 지점의 자기장의 변화는 다음과 같다.

$$H_x(x,y,z=+h) - H_x(x,y,z=-h) = K \text{ [A/m]} \quad \text{: 폐경로-1}$$

$$H_x(x,y,z=+2h) - H_x(x,y,z=-h) = K \text{ [A/m]} \quad \text{: 폐경로-2}$$

$$H_x(x,y,z=+2h) - H_x(x,y,z=+h) = 0 \text{ [A/m]} \quad \text{: 폐경로-1과 폐경로-2의 연립}$$

$$\boxed{H_x(x,y,z=+2h) = H_x(x,y,z=+h) \text{ [A/m]}}$$

즉, xy-평면과 평행하고, y-축과 평행하게 전류가 흐르는 무한 전류판에 의해 형성되는 회전성 자계강도의 크기는 z-축의 좌표, 즉 전류판으로부터의 거리에 무관하고, 일정한 크기의 자계강도가 형성됨을 뜻한다. 그러나 전류판의 위와 아래에서는 자계강도의 세기는 동일하나 자기장의 방향은 반대방향으로 형성된다. xy-평면과 평행하고, y-축과 평행하게 전류가 흐르는 무한 전류판에 의해 형성되는 자기장을 요약하면 다음과 같다.

$$H_x(\vec{r}) = \frac{K}{2} \text{ [A/m]} \propto K \quad \text{: } xy\text{-평면의 무한 전류판에 의해 형성된 자기장의 회전성 자계강도의 크기}$$

$$\vec{H}(\vec{r}) \text{ [A/m]} = \frac{K}{2}\frac{z}{|z|}\hat{a}_x = \begin{cases} +\dfrac{K}{2}\hat{a}_x \ ; \ z>0 \\ -\dfrac{K}{2}\hat{a}_x \ ; \ z<0 \end{cases} \quad \text{: } xy\text{-평면의 무한 전류판에 의해 형성된 자기장의 회전성 벡터 자계강도}$$

즉, xy-평면과 평행하게 y-축 방향으로 흐르는 얇은 전류판(전류밀도 $\boldsymbol{K} = K\boldsymbol{a}_y$ [A/m])에 의한 자기장은 전류판으로부터의 거리, 즉 z-축의 좌표나 x, y 좌표에 관계없이 어느 지점이나 자기장의 세기가 동일($H(\boldsymbol{r}) = |\boldsymbol{H}(\boldsymbol{r})| = K/2 =$ 일정)하며, x-축과 평행하게 자기장이 형성된다. 전류판의 위($z > 0$)에서는 x-축의 양의 방향($+\boldsymbol{a}_x$)으로, 전류판의 아래($z < 0$)에서는 x-축의 음의 방향($-\boldsymbol{a}_x$)으로 형성되며, 이를 [그림 7-15]에 나타내었다.

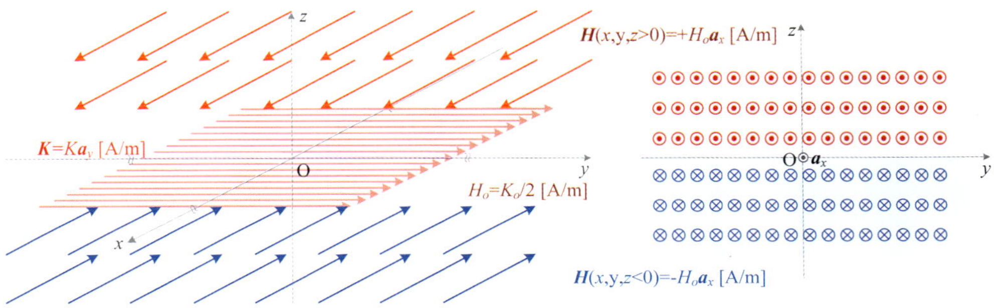

[그림 7-15] xy-평면에 평행하게 흐르는 전류판(선전류밀도 $K = K\boldsymbol{a}_y$ [A/m])에 의해 형성된 자계강도

xy-평면에서 y-축 방향으로 흐르는 무한 면전류(면전류밀도 $\boldsymbol{K} = K\boldsymbol{a}_y$ [A/m])에 의한 자기장의 회전성 자계강도를 결정하는 요소와 그 의존도를 [그림 7-16]에 요약하였다.

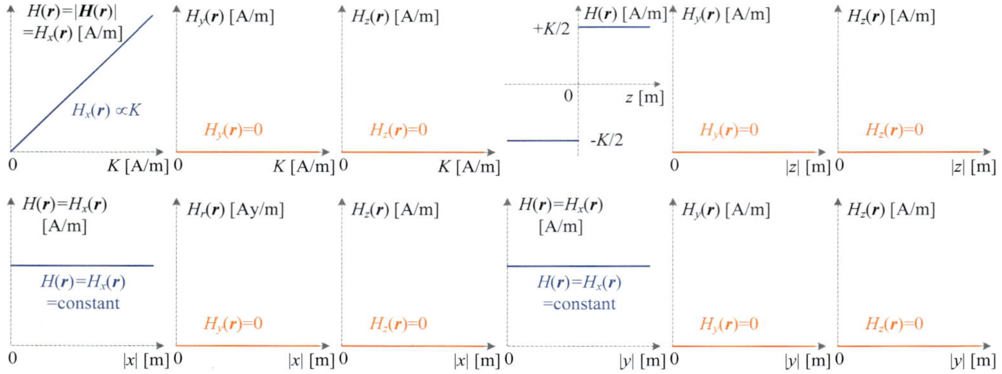

[그림 7-16] xy-평면에서 y-축에 평행하게 흐르는 면전류(면전류밀도 $K = K\boldsymbol{a}_y$ [A/m])에 의해 형성된 자계강도 ($\boldsymbol{H}(\boldsymbol{r})$ [A/m])의 변화와 결정 요소

또한 xy-평면 위에 y-축과 평행하게 서로 반대방향으로 흐르는 2개의 무한($-\infty < x < +\infty, -\infty < y < +\infty$) 전류판(전류판-1($x, y, z = h$): $\boldsymbol{K}_1 = K\boldsymbol{a}_y$ [A/m], 전류판-2($x, y, z = 0$): $\boldsymbol{K}_2 = -K\boldsymbol{a}_y$ [A/m])에 의해 형성된 자기장의 회전성 자계강도를 이해하는 것도 중요하다. 즉 [그림 7-17]과 같이 서로 반대방향으로 흐르는 2개의 무한($-\infty < x < +\infty$, $-\infty < y < +\infty$) 전류판에 의해 형성된 자기장은 유한한 폭을 가진 마이크로 스트립 라인(micro-strip line: 미세구조 평판 전송선) 형태의 전송선로에서의 전자기 신호의 전달과 특성의 이해와 응용에 유용하게 활용할 수 있다.

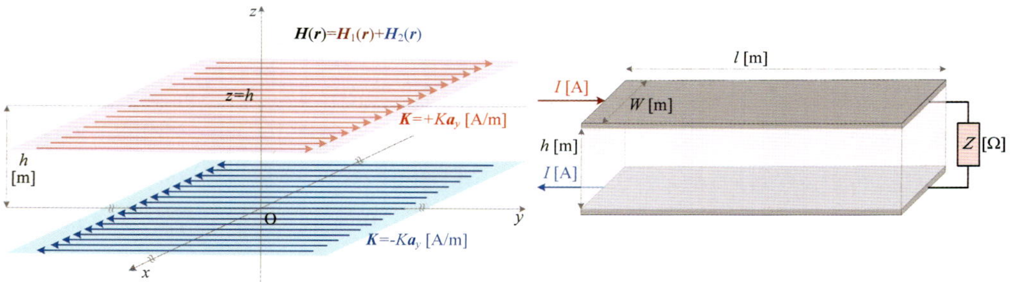

[그림 7-17] xy-평면에 평행하게 반대방향으로 흐르는 2개의 전류판($\boldsymbol{K}_1 = K\boldsymbol{a}_y$ [A/m], $\boldsymbol{K}_2 = -K\boldsymbol{a}_y$ [A/m])에 의해 형성된 자계강도

2개의 무한 전류판에 의해 형성된 자기장은 전류판-1에 의해 형성된 관측점($\boldsymbol{r}$)의 자기장($\boldsymbol{H}_1(\boldsymbol{r})$)과 전류판-2에 의해 형성된 자기장($\boldsymbol{H}_2(\boldsymbol{r})$)의 벡터 합($\boldsymbol{H}(\boldsymbol{r}) = \boldsymbol{H}_1(\boldsymbol{r})+\boldsymbol{H}_2(\boldsymbol{r})$)으로 구할 수 있다. 앞서 구한 결과를 이용하면 각각의 무한 전류판에 의해 형성된 자계강도는 다음과 같이 편리하게 구할 수 있다.

$$\vec{H}_1(\vec{r})\ [\text{A/m}] = \begin{cases} +\dfrac{K}{2}\hat{a}_x \ ; \ z > h \\ -\dfrac{K}{2}\hat{a}_x \ ; \ z < h \end{cases} \quad : z = +h\text{에 있는 전류판}(\boldsymbol{K}_1 = +K\boldsymbol{a}_y\ [\text{A/m}])\text{에 의해 형성된 자계강도}$$

$$\vec{H}_2(\vec{r})\ [\text{A/m}] = \begin{cases} -\dfrac{K}{2}\hat{a}_x \ ; z > 0 \\ +\dfrac{K}{2}\hat{a}_x \ ; z < 0 \end{cases}$$: $z = 0$에 있는 전류판($\boldsymbol{K}_2 = -K\boldsymbol{a}_y$ [A/m])에 의해 형성된 자계강도

$$\vec{H}(\vec{r})\ [\text{A/m}] = \vec{H}_1(\vec{r}) + \vec{H}_2(\vec{r}) = \begin{cases} 0 & ; z > h \\ -K\hat{a}_x & ; 0 < z < h \\ 0 & ; z < 0 \end{cases}$$: $z = +h$와 $z = 0$에 있는 두 개의 반대방향 전류판에 의해 형성된 자계강도

즉, 서로 반대방향으로 흐르는 무한 전류판 구조에서 두 전류판의 위와 아래에는 자기장이 형성되지 않고, 도판 사이 영역에서만 자기장이 존재한다. 또한, 도판 사이 영역에서는 어느 지점이나 자계강도의 세기와 방향이 동일하고, 도판 전류밀도의 크기가 증가할수록 강한 자계강도가 형성된다. 특히, 도판의 외부(위와 아래)에는 자기장이 형성되지 않으므로, 전류의 크기에 관계없이 외부 전류도선에 자기적 영향을 미치지 않음을 뜻한다. 이를 이용하여 전자기 신호의 전달을 위한 구조로 유한한 폭과 길이의 미세 구조 평행 전송선(microstrip line)을 널리 사용한다.

y-축과 평행하게 반대방향으로 흐르는 2개의 무한 전류판에 의해 형성된 자계강도와 이를 결정하는 핵심요소, 의존도를 [그림 7-18]과 [그림 7-19]에 요약하였다.

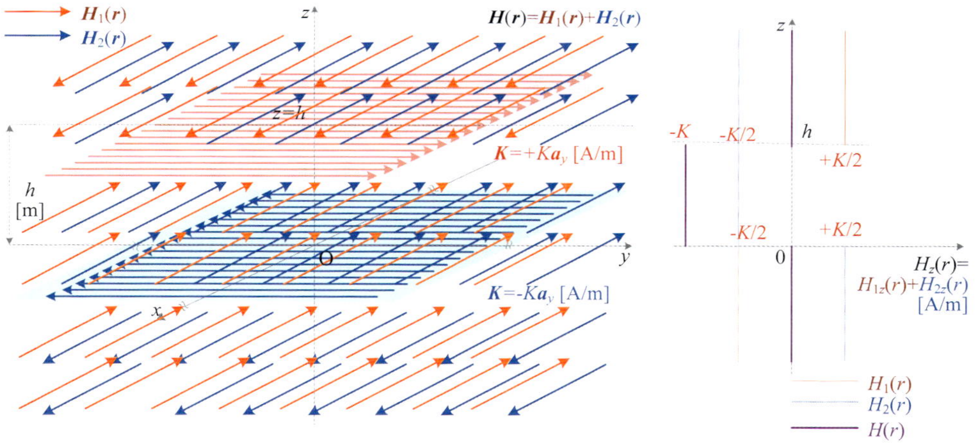

[그림 7-18] y-축과 평행하게 반대방향으로 흐르는 2개의 무한 전류판에 의해 형성된 자계강도

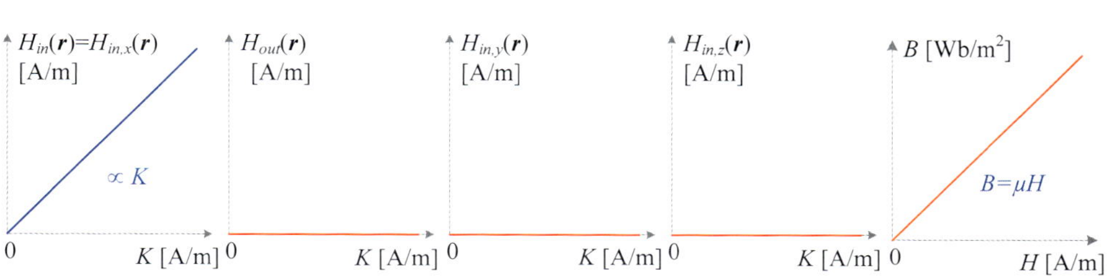

[그림 7-19] xy-평면에 평행하게 반대방향으로 흐르는 2개의 전류판($\boldsymbol{K}_1 = K\boldsymbol{a}_y$ [A/m], $\boldsymbol{K}_2 = -K\boldsymbol{a}_y$ [A/m])에 의해 형성된 자계강도 변화

7.3.4 z-축을 중심으로 한 동심원 형태의 막대형 권선에 흐르는 전류에 의한 자계강도

반지름이 일정한 전류도선을 원형 단면의 막대에 촘촘하게(N회 또는 n_l [회/m]: 권선밀도) 감은 막대형 권선(또는 솔레노이드 코일: solenoid coil) 구조는 권선 형태의 유도용량(inductor)과 변압기(transformer) 구현에 필수적인 구조이다. 특히 권선 구조에 전류가 흐를 때 형성되는 자기장이 솔레노이드의 구조를 나타내는 반지름, 길이, 권선밀도 등에 의해 어떻게 변하는지를 이해하는 것은 공학적 응용을 위해서도 매우 중요하다. 특히, 휴대용 전자부품이나 전력용 전자부품으로 사용되는 권선형 유도용량의 소형화, 경량화 등을 위한 설계 과정에도 매우 중요한 주제이다. 따라서 자계강도($\boldsymbol{H}(\boldsymbol{r})$ [A/m])와 자속밀도 ($\boldsymbol{B}(\boldsymbol{r}) = \mu\boldsymbol{H}(\boldsymbol{r})$ [Wb/m^2])를 결정하는 요소와 의존도를 잘 파악하는 것이 소형화, 경량화 등을 위한 효율적인 방법을 찾는 데 필수적이다.

[그림 7-20]과 같은 원형 단면의 막대 구조 권선은 교류는 차단하고 DC는 손실없이 전달하는 전자기기의 유도용량 또는 교류전압을 변환하는 변압기의 형태로 널리 사용되는 구조이다. 특히, 휴대용 전자기기의 사용이 활발해짐에 따라 막대형 권선을 소형화(chip inductor)하고 손실이 없는 구조로 만드는 것이 중요하며, 이를 위해서는 권선 전류(I [A])에 의해 형성된 자기장의 회전성 자계강도($\boldsymbol{H}(\boldsymbol{r})$ [A/m])와 자속밀도($\boldsymbol{B}(\boldsymbol{r})$ [Wb/m^2])를 결정하는 요소와 의존도를 잘 이해하는 것이 매우 중요하다.

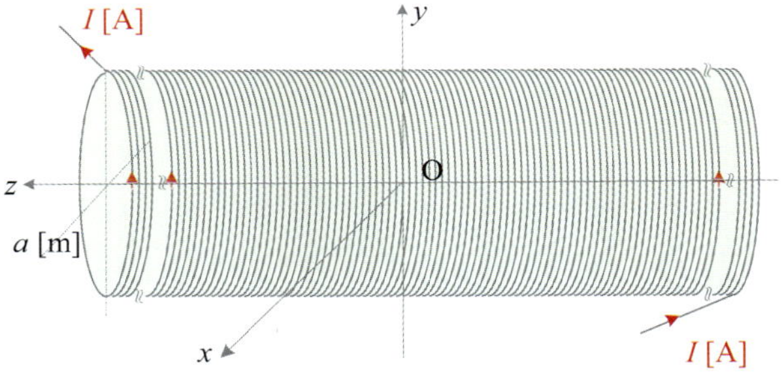

[그림 7-20] 막대 구조의 원형 단면 권선 코일에 흐르는 전류에 의한 자기장 형성

z-축을 중심으로 반지름 $\rho = a$ [m]인 원형 단면의 막대형 권선(길이 l [m], $l >> a$, N회 또는 n_l [회/m]: 권선밀도)을 따라 z-축 양의 방향($+\boldsymbol{a}_z$ & $\boldsymbol{a}_\phi$)으로 흐르는 전류(I [A])에 의해 형성된 자기장의 자계강도를 구하는 데 필요한 핵심 내용을 정리하면 다음과 같다. 즉 전류도선 조각에 의해 형성되는 회전성 부분 자계강도는 다음 식을 근거로 해석할 수 있다.

$$d\vec{H}(\vec{r})\ [\text{A/m}] = \frac{I_s d\vec{l}_s \times \hat{a}_R}{4\pi R^2} = \frac{Iad\phi\hat{a}_\phi \times \hat{a}_R}{4\pi R^2}$$: 근원전류판의 일부($Id\boldsymbol{l}_s$)가 형성한 자계강도($d\boldsymbol{H}(\boldsymbol{r})$)

$$\vec{R} \equiv \vec{r} - \vec{r}\,' \ ;\ \hat{a}_R \equiv \frac{\vec{R}}{R} \ ;\ d\vec{l}_s(\vec{r}) \equiv dl_s\hat{a}_t(\vec{r})$$: 관측점을 향하는 벡터, 그 단위벡터, 그리고 도선 조각의 접선방향 벡터

- 자계강도($dH(\boldsymbol{r})$ [A/m])는 근원전류밀도(I [A])에 비례함
- 자계강도는 근원전류도선 조각의 길이(dl_s [m])에 비례함
- 자계강도는 근원전류로부터 관측점까지 거리(R [m])의 제곱에 반비례함

- 자계강도의 방향($\boldsymbol{a}_H = \boldsymbol{H}(\boldsymbol{r})/H(\boldsymbol{r})$)은 자기장을 형성하는 근원전류도선 조각을 중심축으로 하는 회전방향이며, 오른손 엄지손가락을 제외한 나머지 손가락들의 방향이 원형도선의 전류 방향으로 정하면 엄지손가락의 방향이 자기장의 방향임

촘촘하게 감긴 고밀도의 원형 단면을 가진 막대 구조의 권선은 반지름이 동일한 원형전류도선들이 z-축상에 높은 밀도로 적층된 구조와 유사하다. 따라서 권선 코일의 중심을 지나는 단면은 [그림 7-21]과 같이 두 개의 무한 평면에 서로 반대방향으로 흐르는 면전류에 의한 자기장과 같이 해석할 수 있다. 권선 코일의 권선밀도(n_l [turns/m])가 아주 높은 경우 권선의 중심을 지나는 단면의 위와 아래를 지나는 면전류밀도($\boldsymbol{K}_+$, $\boldsymbol{K}_-$ [A/m])는 각각 다음과 같다.

$$\begin{cases} \vec{K}_+(0,0,+a)\ [\text{A/m}] = -K\hat{a}_x;\ K \equiv In_l\ [\text{A/m}] \\ \vec{K}_-(0,0,-a)\ [\text{A/m}] = +K\hat{a}_x \end{cases}$$

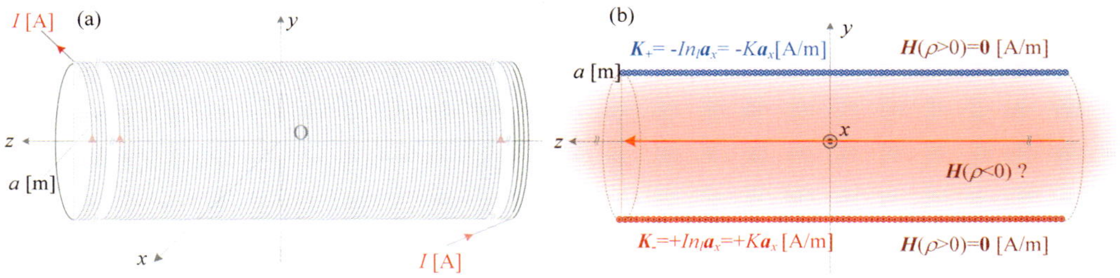

[그림 7-21] 무한히 긴 막대형 권선 코일의 단면과 코일 내/외부의 자계강도

앞에서 서로 반대방향으로 흐르는 2개의 무한히 넓은 면전류에 의한 자기장은 면전류 판의 사이에는 일정한 크기의 자기장이 형성되고 면전류 판의 바깥에는 위와 아래 모두 자기장이 상쇄됨을 확인하였다. 따라서 높은 권선밀도의 원형 단면을 가진 막대형 권선의 내부에는 z-축 방향의 자기장이 존재하고, 외부에는 자기장은 존재하지 않음으로 다음과 같이 나타낼 수 있다.

$$\vec{H}(\vec{r})\ [\text{A/m}] = \begin{cases} H_z\hat{a}_z : \rho < a \\ 0 \quad\ : \rho > a \end{cases}$$

따라서 [그림 7-22]와 같이 z-축을 중심으로 반지름 $\rho = a$ [m]이고, 단위길이당 권선밀도가 n_l [turns/m]인 막대 구조의 원형 권선 코일을 따라 z-축의 양의 방향($+\boldsymbol{a}_z$ & $\boldsymbol{a}_\phi$)으로 흐르는 전류(I [A])에 의해 형성된 자기장의 회전성 자계강도($\boldsymbol{H}(\boldsymbol{r})$ [A/m])와 자속밀도($\boldsymbol{B}(\boldsymbol{r})$ [Wb/m^2])를 암페어의 법칙으로 해석하는 과정은 다음과 같다. 즉, 막대형 권선 코일을 구성하는 각각의 원형전류도선이 xy-평면과 평행하고, 전류가 z-축을 중심으로 반지름이 a [m]인 동심원을 따라 흐르므로, 원통좌표계(ρ, ϕ, z)를 사용하여 자기장을 해석하는 것이 편리하다.

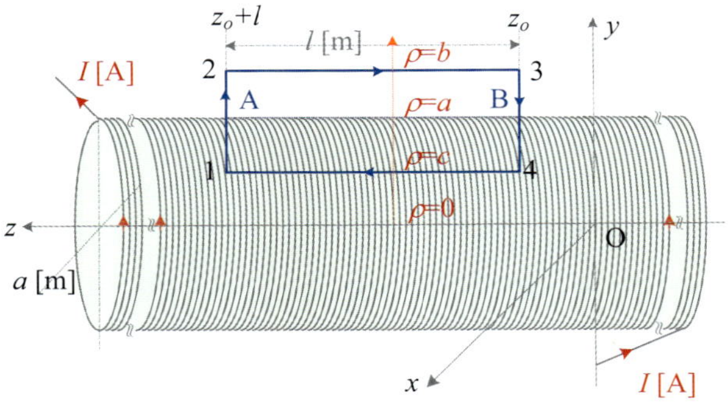

[그림 7-22] 막대 구조의 원형 권선 코일(권선밀도 = n_l [turns/m])에 흐르는 전류에 의한 자계강도

암페어의 법칙을 이용하여 자계강도를 구하기 위해서는 [그림 7-22]에 나타낸 것과 같이 권선의 내부와 외부를 모두 포함하는 폐경로(A → 2 → 3 → B → 4 → 1 → A)를 선택할 수 있다. 원통좌표계를 사용한 각각의 폐경로에서는 전계강도의 세기와 방향이 동일하며, 폐경로 조각 내의 전계강도는 경로($d\boldsymbol{l}(\boldsymbol{r}) = dl\boldsymbol{a}_t(\boldsymbol{r})$ [m])와 평행하거나 수직인 성분만 존재하도록 선택하였음을 확인할 수 있다. 따라서 선택된 폐경로에 대해 암페어의 법칙을 적용하면 다음의 관계식을 얻는다.

$$\oint \vec{H}(\vec{r})\cdot d\vec{l}(\vec{r}) = I_{enc}\ [\text{A}] \leftarrow \begin{cases} \vec{r} = (\rho,\phi,z) \\ \vec{H}(\vec{r}) = H_z(\vec{r})\hat{a}_z\ [\text{A/m}] \\ d\vec{l}(\vec{r}) = d\rho\hat{a}_\rho + \rho d\phi\hat{a}_\phi + dz\hat{a}_z\ [\text{m}] \\ I_{enc} = Kl = In_l l\ [\text{A}]\ ;\ n \equiv N/l\ [\text{turns/m}] \end{cases}$$

: 폐경로에 대한 암페어의 법칙

$$\oint \vec{H}(\vec{r})\cdot d\vec{l}(\vec{r})\ [\text{A}] = \left(\int_A^2 \vec{H}(\vec{r})\cdot d\vec{l}(\vec{r}) + \int_2^3 \vec{H}(\vec{r})\cdot d\vec{l}(\vec{r}) + \int_3^B \vec{H}(\vec{r})\cdot d\vec{l}(\vec{r})\right)$$

: 폐경로 중 권선 외부에 대해 적용한 암페어의 법칙

$$+\left(\int_B^4 \vec{H}(\vec{r})\cdot d\vec{l}(\vec{r}) + \int_4^1 \vec{H}(\vec{r})\cdot d\vec{l}(\vec{r}) + \int_1^A \vec{H}(\vec{r})\cdot d\vec{l}(\vec{r})\right)$$

: 폐경로 중 권선 내부에 대해 적용한 암페어의 법칙

$$\rho > a\ ; \begin{cases} \int_A^2 \vec{H}(\vec{r})\cdot d\vec{l}(\vec{r}) = \int_{\rho=a}^{\rho=b} \vec{H}(\rho>a,\phi,z)\cdot d\rho\hat{a}_\rho = 0 \quad ;\ d\vec{l}(\vec{r})\Big|_A^2 = d\rho\hat{a}_\rho \quad ;\vec{H}(\rho>a,\phi,z) = 0 \\ \int_2^3 \vec{H}(\vec{r})\cdot d\vec{l}(\vec{r}) = \int_{z=z_o+l}^{z=z_o} \vec{H}(\rho>a,\phi,z)\cdot dz\hat{a}_z = 0 \quad ;\ d\vec{l}(\vec{r})\Big|_2^3 = dz\hat{a}_z \quad ;\vec{H}(\rho>a,\phi,z) = 0 \\ \int_3^B \vec{H}(\vec{r})\cdot d\vec{l}(\vec{r}) = \int_{\rho=b}^{\rho=a} \vec{H}(\rho>a,\phi,z)\cdot d\rho\hat{a}_\rho = 0 \quad ;\ d\vec{l}(\vec{r})\Big|_3^B = d\rho\hat{a}_\rho \quad ;\vec{H}(\rho>a,\phi,z) = 0 \end{cases}$$

$\rho < a$;

$$\begin{cases} \int_B^4 \vec{H}(\vec{r})\cdot d\vec{l}(\vec{r}) = \int_{\rho=a}^{\rho=0} H_z(\rho<a,\phi,z)\hat{a}_z\cdot d\rho\hat{a}_\rho = 0;\ d\vec{l}(\vec{r})\Big|_B^4 = d\rho\hat{a}_\rho\ ;\vec{H}(\rho<a,\phi,z) = H_z(\rho,\phi,z)\hat{a}_z \\ \int_4^1 \vec{H}(\vec{r})\cdot d\vec{l}(\vec{r}) = \int_{z=z_o}^{z=z_o+l} H_z(\rho<a,\phi,z)\hat{a}_z\cdot dz\hat{a}_z \quad ;\ d\vec{l}(\vec{r})\Big|_4^1 = dz\hat{a}_z\ ;\vec{H}(\rho<a,\phi,z) = H_z(\rho,\phi,z)\hat{a}_z \\ \qquad = H_z(\rho<a,\phi,z)\int_{z=z_o}^{z=z_o+l} dz = H_z(\rho<a,\phi,z)l\ ;\ d\vec{l}(\vec{r})\Big|_1^A \\ \qquad = d\rho\hat{a}_\rho\ ;\vec{H}(\rho<a,\phi,z) = H_z(\rho,\phi,z)\hat{a}_z \\ \int_1^A \vec{H}(\vec{r})\cdot d\vec{l}(\vec{r}) = \int_{\rho=0}^{\rho=a} H_z(\rho<0,\phi,z)\hat{a}_z\cdot d\rho\hat{a}_\rho = 0\ [\text{A}] \end{cases}$$

$$\oint \overrightarrow{H}(\vec{r})\cdot d\vec{l}(\vec{r})\ [\text{A}] = \left(\int_A^2 \overrightarrow{H}(\vec{r})\cdot d\vec{l}(\vec{r}) + \int_2^3 \overrightarrow{H}(\vec{r})\cdot d\vec{l}(\vec{r}) + \int_3^B \overrightarrow{H}(\vec{r})\cdot d\vec{l}(\vec{r})\right)$$

$$+\left(\int_B^4 \overrightarrow{H}(\vec{r})\cdot d\vec{l}(\vec{r}) + \int_4^1 \overrightarrow{H}(\vec{r})\cdot d\vec{l}(\vec{r}) + \int_1^A \overrightarrow{H}(\vec{r})\cdot d\vec{l}(\vec{r})\right)$$

$$= H_z(\rho < a, \phi, z)l \longleftrightarrow I_{enc} = NI$$

$$H_z(\rho < a, \phi, z) = \left(\frac{N}{l}\right)I = n_l I\ [\text{A/m}]\ ;\ n_l \equiv \left(\frac{N}{l}\right)\ [\text{turns/m}] \propto \begin{cases} I \\ n_l \end{cases}$$

즉, 원형 단면의 막대 구조 권선에 흐르는 전류에 의해 형성된 자기장의 회전성 자계강도($\boldsymbol{H}(\boldsymbol{r})$ [A/m])와 자속밀도($\boldsymbol{B}(\boldsymbol{r})$ [Wb/m^2])는 다음과 같이 z-축과 평행한 성분이며, 도선에 흐르는 전류와 권선밀도에 비례함을 알 수 있다.

$$\overrightarrow{H}(\rho,\phi,z)\ [\text{A/m}] = \begin{cases} (N/l)I\hat{a}_z = n_l I\hat{a}_z & : \rho < a \\ 0 & : \rho > a \end{cases}$$: 원형 단면의 막대구조 권선 전류에 의한 자기장의 회전성 자계강도

$$\overrightarrow{B}(\rho,\phi,z)\ [\text{Wb/m}^2] = \mu\overrightarrow{H}(\rho,\phi,z) = \begin{cases} \mu n_l I\hat{a}_z & : \rho < a \\ 0 & : \rho > a \end{cases}$$: 원형 단면의 막대구조 권선 전류에 의한 자기장의 회전성 자속밀도

원형 단면의 막대 구조 권선에 흐르는 전류에 의해 형성된 자계강도를 결정하는 핵심요소와 의존도를 [그림 7-23]에 요약하였다.

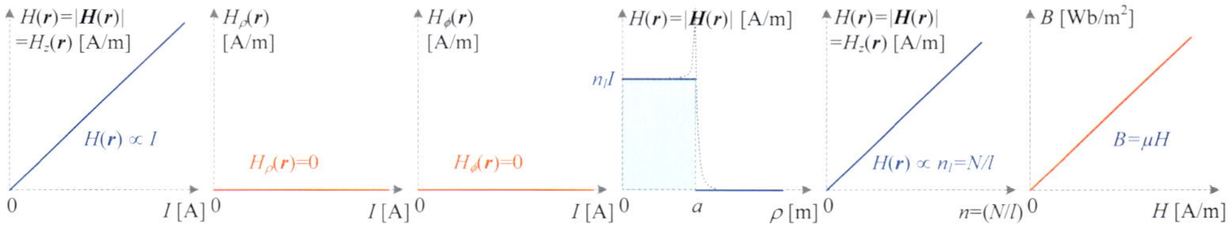

[그림 7-23] 막대 구조의 원형 권선 코일에 흐르는 전류에 의한 자계강도의 변화

7.3.5 4각 단면을 가진 반지형 권선에 흐르는 전류에 의한 자기장의 회전성 자계강도

[그림 7-24]와 같이 사각 단면을 가진 반지형 권선(rectangular toroidal coil: 내부 반지름 a [m], 외부 반지름 b [m] ; $(b-a) < a$, 높이 h [m], 고밀도의 권선수 N [turns])에 흐르는 전류(I [A])에 의해 형성된 자계강도도 앞의 원형 단면 구조의 막대구조 권선의 경우와 같은 방법으로 구할 수 있다.

단면의 두께가 반지름에 비해 얇고($b-a << a$) 촘촘하게 감긴 고밀도의 권선 내부($a < \rho < b$) 형태의 자계강도가 존재하고, 권선 외부($\rho < a$, ($\rho > b$))는 대칭구조에 의해 상쇄되어 자기장이 존재하지 않는다.

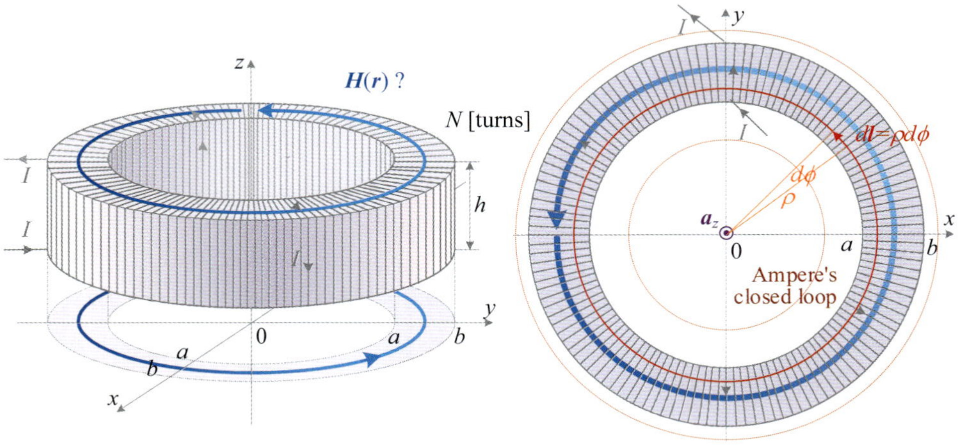

[그림 7-24] 사각 단면을 가진 반지형(도넛형/가락지형) 권선 코일(내부 반지름 a [m], 외부 반지름 b [m], 높이 h [m], 권선수 N [turns])에 흐르는 전류(I [A])에 의해 형성된 자계강도

$$\vec{H}(\vec{r})\ [\text{A/m}] = \begin{cases} 0 & : \rho < a \\ H_\phi \hat{a}_\phi & : a < \rho < b \\ 0 & : \rho > b \end{cases}$$
: 자기장에 대한 암페어의 법칙을 적용하기 위해 선택한 폐경로를 지나는 전류

[그림 7-24]에 나타낸 것과 같이 4각 단면의 반지형 권선 내부를 관통하는 동심원 형태의 폐경로에 대하여 암페어의 법칙을 적용하면 다음과 같이 정리할 수 있다.

$$\oint \vec{H}(\vec{r}) \cdot d\vec{l}(\vec{r}) = I_{enc}\ [\text{A}] \leftarrow \begin{cases} \vec{r} = (\rho, \phi, z)\ [\text{m}] \\ \vec{H}(\vec{r}) = H_\phi(\vec{r})\hat{a}_\phi\ [\text{A/m}] \\ d\vec{l}(\vec{r}) = \rho d\phi \hat{a}_\phi\ [\text{m}] \end{cases}$$
: 권선 내부를 지나는 동심원 형태의 폐경로에 대한 암페어의 법칙

$$I_{enc}\ [\text{A}] = \begin{cases} 0 & : \rho < a \\ NI & : a < \rho < b \\ 0 & : \rho > b \end{cases}$$
: 자기장에 대한 암페어의 법칙을 적용하기 위해 선택한 폐경로를 지나는 전류

$$\oint \vec{H}(\vec{r}) \cdot d\vec{l}(\vec{r}) = \oint \left(H_\phi(\vec{r})\hat{a}_\phi\right) \cdot \left(\rho d\phi \hat{a}_\phi\right) = \int_{\phi=0}^{\phi=2\pi} H_\phi(\vec{r}) \rho d\phi$$
$$= H_\phi(\vec{r}) \rho \int_{\phi=0}^{\phi=2\pi} d\phi = 2\pi H_\phi(\vec{r}) \rho = I_{enc}\ [\text{A}]$$

$$H_\phi(\vec{r})\ [\text{A/m}] = \frac{I_{enc}}{2\pi\rho} = \left(\frac{N}{2\pi\rho}\right) I = n_l I \propto \begin{cases} n_l\ [\text{turns/m}] \\ I\ [\text{A}] \end{cases} : a < \rho < b$$
: 권선 코일 내부의 회전성 자계강도

$$n_l \equiv \frac{N}{2\pi\rho} \cong \frac{N}{2\pi(a+b)/2} = \frac{N}{\pi(a+b)}\ [\text{turns/m}]$$
: 권선밀도

$$\vec{H}(\vec{r})\ [\text{A/m}] = H_\phi(\vec{r})\hat{a}_\phi = \begin{cases} n_l I \hat{a}_\phi & : a < \rho < b \\ 0 & : \rho < a, \rho > b \end{cases}$$
: 4각 단면의 반지형 권선 코일 내부 자계강도

$$\vec{B}(\vec{r})\ [\text{Wb/m}^2] = \mu \vec{H}(\vec{r}) = \begin{cases} \mu n_l I \hat{a}_\phi & : a < \rho < b \\ 0 & : \rho < a, \rho > b \end{cases}$$
: 4각 단면의 반지형 권선 코일 내부 자속밀도

즉 권선밀도가 높을수록, 권선에 흐르는 전류가 클수록 그에 비례하여 자계강도와 자속밀도가 증가한다. 4각 단면의 반지형 권선에 흐르는 전류에 의해 형성되는 자기장의 자계강도를 결정하는 요소와 의존도를 [그림 7–25]에 요약하였다.

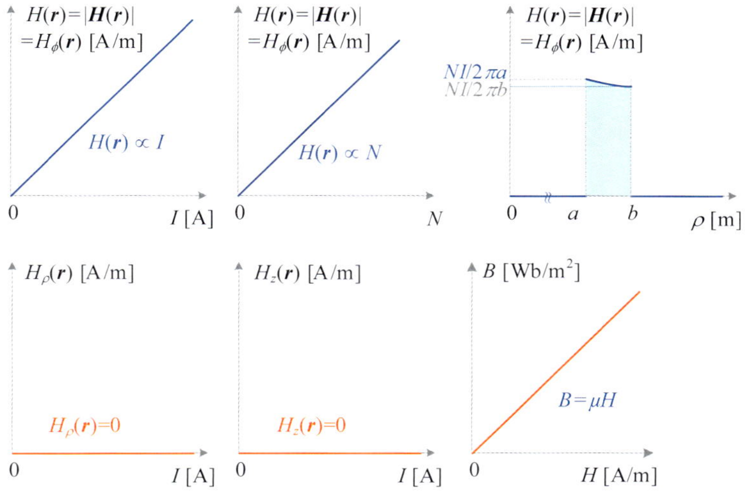

[그림 7–25] 4각 단면을 가진 반지형(도넛형/가락지형) 권선 코일(내부 반지름 a [m], 외부 반지름 b [m], 높이 h [m], 권선수 N [turns])에 흐르는 전류(I [A])에 의해 형성된 자계강도의 변화

Section 7.4 근원전류도선에 의해 형성된 자기장의 스칼라 자기준위와 자기 등가회로

근원전류에 의해 형성되는 자기장을 나타내는 지표로 벡터 물리량인 회전성 자계강도와 자속밀도를 이용하여 전류도선 간의 상호작용(인력 또는 반발력)을 학습하였다. 그런데 근원전류도선을 중심축으로 하는 회전방향의 자계강도와 자속밀도는 계산 과정이 복잡하고, 회전방향 벡터를 통한 전류도선 간의 인력과 반발력을 직관적으로 이해하는 데는 불편할 때도 있다. 이를 위해 전기장의 스칼라 전위(scalar electric potential: $V(\mathbf{r})$ [V])와 유사한 개념의 스칼라 자기준위($V_m(\mathbf{r})$ [A]: scalar magnetic potential)를 정의하여 제한적이지만 유용하게 사용한다. 또한 동일한 근원전하에 의해 형성되는 벡터 전계강도($\mathbf{E}(\mathbf{r})$ [V/m])와 스칼라 전위를 상호 변환($\mathbf{E}(\mathbf{r}) = -\nabla V(\mathbf{r})$ [V/m])할 수 있도록 한 것과 같이, 동일한 근원전류도선에 의해 형성되는 벡터 자계강도($\mathbf{H}(\mathbf{r})$ [A/m])와 스칼라 자기전위도 상호 변환 ($\mathbf{H}(\mathbf{r}) = -\nabla V_m(\mathbf{r})$ [A/m])할 수 있다. 자기장의 스칼라 자기준위($V_m(\mathbf{r})$ [A])를 이해하기 위해서는 전기장의 스칼라 물리량인 전위($V(\mathbf{r})$ [V]: scalar electric potential)를 대비시켜 이해하면 편리하다.

전하들 간의 상호작용을 나타내는 전기장에서 근원전하의 영향(Q_s, dQ_s [C])은 벡터 물리량인 전계강도($\mathbf{E}(\mathbf{r})$ [V/m])와 스칼라 물리량인 전위(정전기적 준위: $V(\mathbf{r})$ [V])를 정의하여 편리하게 사용하였다. 특히, 동일한 근원전하의 영향을 벡터인 전계강도와 스칼라인 전위로 나타내는 것이므로, 벡터 전계강도와 스칼라 전위는 다음의 관계식을 통해 상호 변환이 가능하도록 정의하였다. 근원전하에 의해 형성된 전기장을 벡터 물리량인 전계강도($\mathbf{E}(\mathbf{r})$ [V/m])와 스칼라 물리량인 전위분포($V(\mathbf{r})$ [V])로 나타내었으므로, 이들은 밀접하게 연결되어 있으며, 그들의 관계를 요약하면 다음과 같다.

$$\vec{E}(\vec{r})\ [\text{V/m}] = [\text{N/C}] \equiv \int_{source} d\vec{E}(\vec{r})\ ;\ d\vec{E}(\vec{r})\ [\text{V/m}] = \frac{dQ_s}{4\pi\epsilon R^2}\hat{a}_R$$
: 쿨롱의 법칙: 근원전하에 의해 형성된 전기장의 전계강도

$$V(\vec{r})\ [\text{V}] \equiv V(\vec{r}) - V(R=\infty) = -\int_{\infty}^{\vec{r}} \vec{E}(\vec{r})\cdot d\vec{l}\ ;\ dV(\vec{r})\ [\text{V}] = \frac{dQ_s}{4\pi\epsilon R}$$
: 근원전하 조각(dQ_s [C])에 의해 형성된 절대전위 분포

$$\vec{E}(\vec{r})\ [\text{V/m}] \equiv -\nabla V(\vec{r})$$
: 근원전하에 의해 형성된 관측점의 전계강도와 스칼라 전위의 관계

$$V_{oo}\ [\text{V}] = \oint \vec{E}(\vec{r})\cdot d\vec{l} = 0$$
: 정전기장의 폐경로에 대한 전위차는 존재하지 않음

$$\nabla\times\vec{E}(\vec{r}) = 0\ [\text{V/m}^2] \leftarrow \oint \vec{E}(\vec{r})\cdot d\vec{l}\ [\text{V}] = \int_{\substack{loop\\closed}} \nabla\times\vec{E}(\vec{r})\cdot d\vec{S} = 0$$
: 정전기장의 회전 성분은 존재하지 않음

또한 전기장의 영향을 받는 시험전하(Q_t [C])를 이동시키는 데 필요한 에너지를 구하고자 할 때 두 지점의 전위차(V_{BA} [V])에 시험전하량(Q_t [C])을 곱하여 쉽게 구할 수 있도록 하였다.

$$W_{A\to B}\ [\text{C}\cdot\text{V}] = [\text{J}] = \int_A^B -Q_t\vec{E}(\vec{r})\cdot d\vec{l} = Q_t\left(-\int_A^B \vec{E}(\vec{r})\cdot d\vec{l}\right) = Q_t V_{BA} \propto \begin{cases} Q_t\ [\text{C}] \\ V_{BA}\ [\text{V}] \end{cases}$$
: 전하를 A에서 B로 옮기는 데 필요한 에너지

7.4.1 스칼라 자기장 준위(V_m [A])와 자기 등가회로

근원전류도선 전체가 결정하는 지표를 구분하여 관측점의 자계강도($\boldsymbol{H}(\boldsymbol{r})$ [A/m])로 정의하면 작은 시험전류도선 조각($I_t d\boldsymbol{l}_t(\boldsymbol{r})$ [A·m])에 작용하는 힘($dd\boldsymbol{F}_m(\boldsymbol{r})$ [N])은 다음과 같이 변형된 형태로 나타낼 수 있으며, 이를 [그림 7-26]에 구분하여 나타내었다.

$$\vec{H}(\vec{r})\ [\text{A/m}] \equiv \int_{source} d\vec{H}(\vec{r},\vec{r}\,')\ ;\ d\vec{H}(\vec{r},\vec{r}\,')\ [\text{A/m}] \equiv \frac{I_s d\vec{l}_s(\vec{r}\,') \times \hat{a}_R}{4\pi R^2}$$

: 근원전류도선 전체에 의해 형성되는 관측점의 자계강도

$$d\vec{F}_m(\vec{r})\ [\text{N}] \equiv \int_{source} dd\vec{F}_m(\vec{r},\vec{r}\,') = \mu I_t d\vec{l}_t(\vec{r}) \times \vec{H}(\vec{r})$$

: 근원전류도선 전체가 형성한 자기장에 의해 작은 시험전류도선 조각($I_t d\boldsymbol{l}_t$ [A·m])에 작용하는 정자기적 힘

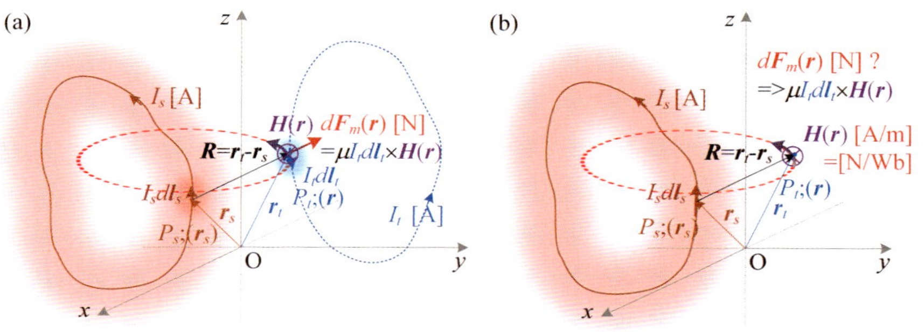

[그림 7-26] (a) 근원전류도선 전체에 의해 작은 조각의 시험전류 조각($I_t d\boldsymbol{l}_t$ [A·m])에 작용하는 정자기적 힘($d\boldsymbol{F}_m$ [N])
(b) 근원전류도선 전체에 의한 영향만을 구분하여 정의한 근원전류(I_S [A])를 중심으로 하는 회전성 자계강도($\boldsymbol{H}$ [A/m])

따라서 [그림 7-27]에 나타낸 것과 같이 자기장을 형성하는 근원전류도선 전체에 의해 자기장의 영향을 받는 관측점($\boldsymbol{r}$)의 시험전류도선 전체에 작용하는 정자기적 힘($\boldsymbol{F}_m(\boldsymbol{r})$ [N])은 작은 시험전류도선 조각이 받는 힘($dF_m(\boldsymbol{r})$ [N])을 도선 전체에 걸쳐 모두 합하여 구할 수 있으며, 이를 수식으로 나타내면 다음과 같다.

$$\vec{F}_m\ [\text{N}] \equiv \int_{test} d\vec{F}_m(\vec{r}) = \int_{test} \left(\mu I_t d\vec{l}_t(\vec{r}) \times \vec{H}(\vec{r})\right) = \int_{test} \left(I_t d\vec{l}_t(\vec{r}) \times \vec{B}(\vec{r})\right)\ ;\ \vec{B}(\vec{r})\ [\text{Wb/m}^2] = \mu \vec{H}(\vec{r})$$

: 근원전류도선 전체가 형성한 자기장에 의해 시험전류도선 전체에 작용하는 자기적 힘

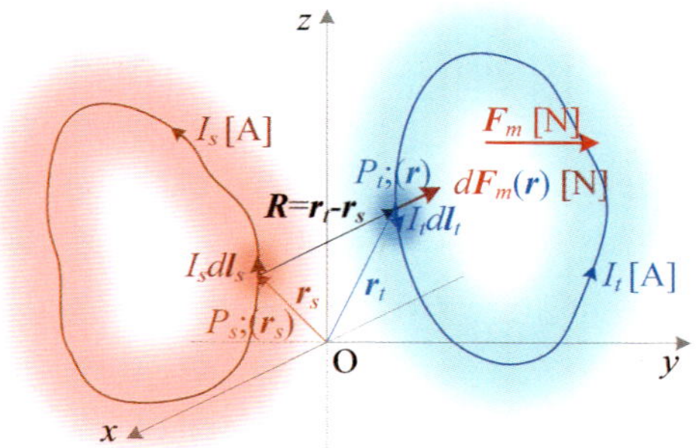

[그림 7-27] 근원전류도선에 의해 형성된 자기장(회전성 자계강도($\boldsymbol{H}$ [A/m]))이 시험전류도선 전체에 작용하는 정자기적 힘($\boldsymbol{F}_m$ [N])

- **근원전류도선에 의해 형성된 자기장의 자계강도:** 정자기적 상호작용의 근원이 되는 전류(I_s [A])가 가는 굵기의 도선 외에 [그림 7-28]과 같이 공간적으로 불균일한 분포를 가진 경우, 비오-사바르의 정자기적 힘과 자계강도에 표시된 근원전류 성분($I_s\boldsymbol{dl}_s(\boldsymbol{r}')$ [A·m])은 다음과 같이 변형하여 적용할 수 있다.

$$d\vec{H}(\vec{r},\vec{r})\ [\text{A/m}] = \frac{I_s d\vec{l}_s(\vec{r}\,')\times \hat{a}_R}{4\pi R^2} \propto I_s[\text{A}] : \vec{R} \equiv \vec{r} - \vec{r}\,' \ \&\ I_s d\vec{l}_s(\vec{r}\,')\ [\text{A}\cdot\text{m}] \Leftrightarrow \begin{cases} Q_s\vec{\upsilon}_s(\vec{r}\,') & \propto Q_s\ [\text{C}] \\ \vec{K}_s dS_s(\vec{r}\,') \propto K_s\ [\text{A/m}] \\ \vec{J}_s d\upsilon_s(\vec{r}\,') \propto J_s\ [\text{A/m}^2] \end{cases}$$

: 근원전류도선 조각에 의해 형성된 자기장의 회전성 벡터 자계강도

$$\vec{H}(\vec{r})\ [\text{A/m}] = \int_{source} d\vec{H}(\vec{r},\vec{r}\,')$$: 근원전류도선 전체에 의해 형성된 자기장의 회전성 자계강도

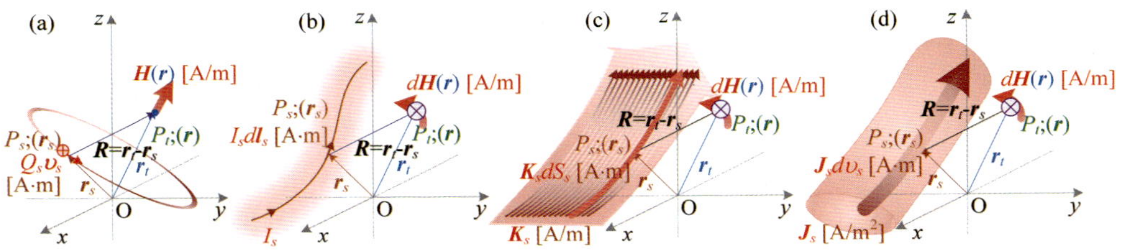

[그림 7-28] 근원전류가 공간적으로 불균일한 분포
(a) 원운동($\boldsymbol{\upsilon}_s$ [m/s])하는 전하: Q_s [C] (b) 선전류: I_s [A] (c) 면형(판형) 도선의 선전류밀도 $\boldsymbol{K}_s$ [A/m]
(d) 입체 구조의 체적 전류밀도($\boldsymbol{J}_s$ [A/m²])를 가진 경우 근원전류로 인해 형성된 관측점의 자기장($d\boldsymbol{H}$ [A/m])

위에서 요약한 것과 같이 관측점의 시험전류도선에 작용하는 자기적 힘은 전류도선들의 상호작용의 근원이 되는 근원전류(I_S [A])와 도선의 길이에 선형적으로 비례한다. 따라서 자기적 영향을 주는 근원전류도선의 전류의 크기와 방향이 고정된 경우, 근원전류도선($I_s\boldsymbol{dl}_s$ [A·m])에 의해 결정되는 성분만을 자계강도($\boldsymbol{H}(\boldsymbol{r})$ [N/Wb] = [A/m])로 정의하고, 그 영향을 받는 관측점의 위치와 시험전류도선 ($I_t\boldsymbol{dl}_t$ [A·m])의 영향은 정전기적 힘을 계산할 때 반영하는 것이 편리하다.

자기장 내에서 특정한 경로를 통해 시험전류도선 조각을 한 점 A($\boldsymbol{r}_A$)에서 다른 점 B($\boldsymbol{r}_B$)로 옮기기 위해서는 정자기적 힘에 의해 작용하는 자기적 에너지 장벽을 극복하는 일(W_m [J]; magnetoostatic work)을 해야 한다. 자기적 에너지 장벽을 극복하는 일을 이해하기 위해서는 시험전류도선 조각에 작용하는 자기적 힘($d\boldsymbol{F}_m(\boldsymbol{r}) = dF_m(\boldsymbol{r})\boldsymbol{a}_t + dF_{Mn}(\boldsymbol{r})\boldsymbol{a}_n$)과 이동경로와 평행한 성분($dF_{mt}(\boldsymbol{r})\boldsymbol{a}_t$)과 경로에 수직인 성분($dF_{mn}(\boldsymbol{r})\boldsymbol{a}_n$)으로 구분하여 나타내는 것이 편리하다.

$$\vec{H}(\vec{r})\ [\text{A/m}] = \frac{1}{\mu}\vec{B}(\vec{r}) = H_t(\vec{r})\hat{a}_t + H_n(\vec{r})\hat{a}_n$$: 자계강도는 경로의 접선방향 성분과 수직 성분의 합으로 나타낼 수 있음

$$d\vec{F}_m(\vec{r})\ [\text{N}] = \mu I_t d\vec{l}_t \times \vec{H}(\vec{r}) = dF_{mt}(\vec{r})\hat{a}_t + dF_{mn}(\vec{r})\hat{a}_n$$: 시험전류도선 조각에 작용하는 자기적 힘은 경로의 접선방향 성분과 수직 성분의 합

자기장 내에서 시험전류도선 조각을 부분경로 구간($\boldsymbol{dl} = dl\boldsymbol{a}_t(\boldsymbol{r})$ [m])을 거쳐 이동시키는 데 필요한 힘($\boldsymbol{F}_W(\boldsymbol{r}) = -\boldsymbol{F}_M(\boldsymbol{r}) = -\mu I_t\boldsymbol{dl}_t(\boldsymbol{r})\times\boldsymbol{H}(\boldsymbol{r})$ [N])과 이동에 필요한 일(dW_m [J] 또는 자기적 에너지: dE_p [J])은 다음과 같이 나타낼 수 있다.

$$d\vec{F}_m(\vec{r})\ [\mathrm{N}] = \mu I_t d\vec{l}_t \times \vec{H}(\vec{r}) = Q_{mt}\hat{a}_t \times \vec{H}(\vec{r}) \propto \mu I_t dl_t \equiv Q_{mt}\ [\mathrm{Wb}] = [\mathrm{H\cdot A}]$$

: 자기장에 의해 작용하는 자기적 힘을 극복하며 시험전류도선 조각(등가 자하량)을 옮기는 데 필요한 힘

$$\left.\begin{aligned} dW_m\ [\mathrm{N\cdot m}] &= [\mathrm{Wb\cdot A}] = [\mathrm{J}] = d\vec{F}_W(\vec{r})\cdot d\vec{l} = -d\vec{F}_m(\vec{r})\cdot d\vec{l} \\ &= -\left(\mu I_t d\vec{l}_t \times \vec{H}(\vec{r})\right)\cdot d\vec{l} = \mu I_t dl_t\left(-\hat{a}_t \times \vec{H}(\vec{r})\right)\cdot d\vec{l} \end{aligned}\right\} \propto \mu I_t d\vec{l}_t \equiv \vec{Q}_{mt}\ [\mathrm{Wb}] = [\mathrm{H\cdot A}]$$

: 자기장 내의 부분경로 구간을 옮기는 데 필요한 정자기적 일 또는 에너지

따라서 시험전류도선 조각(등가자하량)을 시작점 A($\boldsymbol{r}_A$)에서 끝점 B($\boldsymbol{r}_B$)로 특정한 경로를 통해 옮기는 데 필요한 일($W_{m,BA}$ [J])은 다음 식을 통해 계산할 수 있다.

$$W_{m,B\leftarrow A}\ [\mathrm{J}] \equiv W_{m,BA} = \int_A^B dW_M = \int_A^B \left(\mu I_t d\vec{l}_t \times \vec{H}(\vec{r})\right)\cdot d\vec{l} = \mu I_t dl_t\left(-\int_A^B \left(\hat{a}_t \times \vec{H}(\vec{r})\right)\cdot d\vec{l}\right)$$

$$\equiv \mu I_t dl_t V_{BA} \propto \mu I_t dl_t\ [\mathrm{Wb}] = [\mathrm{H\cdot A}]$$

: 자기장 내에서 시험전류도선 조각을 A에서 B로 옮기는 데 필요한 일 또는 정자기적 에너지

한편, 자기장 내에서 시험전류도선 조각을 옮기는 데 필요한 일(또는 자기적 에너지)은 항상 시험전류도선 조각에 흐르는 전류와 도선 조각의 길이의 곱에 비례한다. 따라서 근원전류에 의해 형성된 자기장을 다음과 같이 스칼라 자기준위(scalar magnetic potential)로 정의할 수 있으며, 이를 이용해 자기장 내에서 시험전류도선 조각을 옮기는 데 필요한 자기에너지를 간단히 구할 수 있다.

$$V_{m,BA}\ [\mathrm{A}] = [\mathrm{J/Wb}] \equiv \frac{W_{m,BA}}{\mu I_t dl_t} = -\int_A^B \vec{H}(\vec{r})\cdot d\vec{l} = V_{mB} - V_{mA}$$: 자기장 내의 스칼라 자기준위차(자기압 = 자압)

$$\longleftrightarrow W_{m,BA}\ [\mathrm{J}] = [\mathrm{Wb\cdot A}] = \mu I_t dl_t \cdot V_{m,BA}$$: 스칼라 자기준위차를 이용하여 시험전류도선 조각을 옮기는 데 필요한 자기 에너지 계산

또한, 자기장의 영향이 없는 지점(근원전류로부터의 무한히 멀리 떨어진 점)을 기준으로 하는 스칼라 절대자기준위($V_m(\boldsymbol{r})$ [A]: absolute magnetic potential)을 정의할 수 있다.

$$V_m(\vec{r})\ [\mathrm{A}] \equiv \int_\infty^{\vec{r}} dV_m(\vec{r}) = V_{m,\vec{r}} - V_{m,\infty} = -\int_\infty^{\vec{r}} \vec{H}(\vec{r})\cdot d\vec{l}$$: 근원전류도선에 의해 형성된 자기장의 스칼라 자기준위

$$dV_m(\vec{r})\ [\mathrm{A}] \equiv \frac{I_s dl_s}{4\pi R}$$: 근원전류도선 조각에 의해 형성된 자기장의 스칼라 자기준위

$$I_s dl_s(\vec{r}\,')\ [\mathrm{A\cdot m}] \Longleftrightarrow \begin{cases} Q_s \upsilon_s(\vec{r}\,') & : Q_s\ [\mathrm{C}] \\ I_s dl_s(\vec{r}\,') & : I_s\ [\mathrm{A}] \\ K_s dS_s(\vec{r}\,') & : K_s\ [\mathrm{A/m}] \\ J_s d\upsilon_s(\vec{r}\,') & : J_s\ [\mathrm{A/m^2}] \end{cases}$$: 근원전류가 공간적으로 분산되어 분포하는 경우

근원전하에 의해 형성된 전기장의 스칼라 전위($V(\boldsymbol{r})$ [V])를 정의하여 벡터 전계강도($\boldsymbol{E}(\boldsymbol{r})$ [V/m])를 구하는 것과 마찬가지로, 근원전류도선에 의해 형성된 자기장의 스칼라 자기준위로부터 벡터 자계강도 ($\boldsymbol{H}(\boldsymbol{r})$ [A/m])를 구하는 데 편리하게 사용할 수도 있다([그림 7-29]).

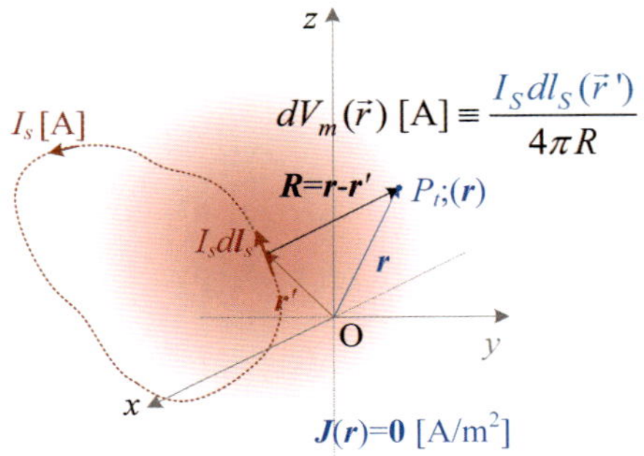

[그림 7-29] 작은 근원전류도선 조각에 의해 형성된 자기장의 스칼라 자기준위

이를 위해서 근원전류도선의 영향을 벡터인 자계강도($\boldsymbol{H}(\boldsymbol{r})$ [A/m])에 더하여, 스칼라 물리량인 자기적 준위($V_m(\boldsymbol{r})$ [A]: scalar magnetic potential)를 다음과 같이 정의한다. 이 식은 다소 제한(자기장이 존재하는 매질의 전류밀도 $\boldsymbol{J}(\boldsymbol{r})=0$ [A/m²]인 공간에서만 유효함)이 있지만 필요한 경우 편리하게 활용할 수 있다. 이 식은 전기장에서 스칼라 정전기적 준위의 기울기 또는 공간적 변화가 클수록 전계강도가 크고, 전위가 높은 곳에서 낮은 곳으로 전계강도(전기 바람)가 형성되도록 정의한 것과 같이, 스칼라 자기준위의 기울기 또는 공간적 변화가 클수록 자계강도가 강하고, 자기준위가 높은 곳에서 낮은 곳으로 자계강도(자기 바람)가 형성되도록 정의한 것이다.

$$dV_m(\vec{r})\,[\mathrm{A}] = -\vec{H}(\vec{r})\cdot d\vec{l} \longleftrightarrow dV_m(\vec{r})\hat{a}_t\,[\mathrm{A}] = \left(-\vec{H}(\vec{r})\cdot d\vec{l}\right)\hat{a}_t \longleftrightarrow \vec{H}(\vec{r})\,[\mathrm{A/m}] = -\frac{dV_m(\vec{r})}{dl}\hat{a}_t$$

$$\longleftrightarrow \boxed{\vec{H}(\vec{r})\,[\mathrm{A/m}] \equiv -\nabla V_m(\vec{r})}$$: 근원전류도선에 의해 형성된 자기장의 스칼라 자기준위와 벡터 자계강도의 관계

(단, 자기장이 전달되는 매질 내에서 자기장을 형성하는 근원전류밀도 $\boldsymbol{J}(\boldsymbol{r}) = 0$ [A/m²]인 경우에만 유효함)

특히, 근원전류도선을 중심으로 형성되는 회전성 자기장에 대한 폐경로의 자기준위 차이($V_{m,oo}$ [A])는 다음과 같이 자기장에 대한 암페어의 법칙과 동일함을 알 수 있다.

$$V_{m,oo}(\vec{r})\,[\mathrm{A}] \equiv \int_o^o dV_m(\vec{r}) = -\oint_{\substack{closed\\loop}} \vec{H}(\vec{r})\cdot d\vec{l} = -\int_{\substack{loop\\\Delta S}} \nabla\times\vec{H}(\vec{r})\cdot d\vec{S} = -I_{enc} = -\int_{\substack{loop\\\Delta S}} \vec{J}(\vec{r})\cdot d\vec{S}$$

: 폐경로에 대한 스칼라 자기준위차는 폐경로 내의 근원전류의 총량과 같음(적분형 암페어의 법칙)

$$\nabla\times\vec{H}(\vec{r}) = \vec{J}(\vec{r})\,[\mathrm{A/m^2}]$$: 암페어의 법칙에 스토크스의 정리를 이용하여 얻은 미분형 암페어의 법칙

그러나 스칼라 자기준위($V_m(\boldsymbol{r})$ [A])는 자기장을 형성하는 근원전류가 없는 공간($\boldsymbol{J}(\boldsymbol{r})=\boldsymbol{0}$ [A/m²]), 즉 근원전류에 의해 형성된 자기장이 매질에 의해 변형(증가 또는 감소)되지 않는 공간의 시불변 정자기장에서만 적용할 수 있는 물리량임을 강조해 둔다. 즉, 스칼라 자기준위($V_m(\boldsymbol{r})$ [A])의 변화율 벡터($-\nabla V_m(\boldsymbol{r})$ [A/m])에 대한 회전량 벡터는 존재하지 않으므로($\nabla\times(-\nabla V_m(\boldsymbol{r})) = 0$), 자기준위가 정의된 관측점에는 다음과 같이 자기장을 형성하는 근원전류밀도($\boldsymbol{J}_S(\boldsymbol{r})$ [A/m²])가 0인 경우에만 적용할 수 있음을 기억해야 한다.

$$\oint \vec{H}(\vec{r})\cdot d\vec{l} = \int_{\substack{loop\\closed}} \nabla\times\vec{H}(\vec{r})\cdot d\vec{S} = I_{enc}\,[\mathrm{A}]$$

$$\longleftrightarrow \boxed{\nabla \times \vec{H}(\vec{r}) = \nabla \times \left(-\nabla V_m(\vec{r})\right) = \left(\vec{J}(\vec{r})\right) = 0 \text{ [A/m}^2\text{]}} \leftarrow \boxed{\begin{array}{l} \nabla \times \left(\nabla V(\vec{r})\right) = 0 \\ \nabla \cdot \left(\nabla \times \vec{A}(\vec{r})\right) = 0 \end{array}}$$: 벡터 연산에 관한 항등식

$$\vec{H}(\vec{r}) \text{ [A/m]} \equiv -\nabla V_m(\vec{r}) \leftarrow \vec{J}(\vec{r}) = 0 \text{ [A/m}^2\text{]}$$

: 스칼라 자기준위는 관측점에 자기장의 변형(변화)을 유발하는 근원전류가 존재하지 않는 경우에만 사용할 수 있음

$$dV_m(\vec{r}) \text{ [A]} \equiv \frac{I_s dl_s}{4\pi R}$$: 근원전류도선 조각에 의해 형성된 자기장의 스칼라 자기준위

전류도선들 간의 상호작용에 관한 자기장에서는 근원전류도선의 영향($I_s dl_s$ [A·m])을 벡터 물리량인 자계강도($\boldsymbol{H}(\boldsymbol{r})$ [A/m])로 나타내었다. 전기장의 근원전하 영향을 나타내는 지표로 벡터 물리량인 전계강도($\boldsymbol{E}(\boldsymbol{r})$ [V/m])와 스칼라 물리량인 전위($V(\boldsymbol{r})$ [V]; 전기적 준위)를 정의하여 편리하게 사용한 것과 같이 자기장에서도 유사한 형태의 스칼라 물리량인 자기준위(($V_m(\boldsymbol{r})$ [A])를 정의하면 자기장 해석과 응용 부품 개발에 편리하게 활용할 수 있다. 즉, 정전기장의 벡터 전계강도($\boldsymbol{E}(\boldsymbol{r})$ [V/m])와 스칼라 전위($V(\boldsymbol{r})$ [V])의 관계와 정자기장의 벡터 자계강도($\boldsymbol{H}(\boldsymbol{r})$ [A/m])와 스칼라 자기준위($V_m(\boldsymbol{r})$ [A])의 관계를 비교하여 핵심내용을 요약하면 [표 7-3]과 같다.

[표 7-3] 정전기장의 벡터 전계강도($\boldsymbol{E}(\boldsymbol{r})$ [V/m]), 스칼라 전위($V(\boldsymbol{r})$ [V])의 관계, 정자기장의 벡터 자계강도($\boldsymbol{H}(\boldsymbol{r})$ [A/m]), 스칼라 자기준위($V_m(\boldsymbol{r})$ [A])의 관계

스칼라 자기준위(scalar magnetic potential)	스칼라 정전기적 준위=전위(scalar electric potential)
$V_m(\vec{r}) \text{ [A]} \equiv -\int_\infty^{\vec{r}} \vec{H}(\vec{r}) \cdot d\vec{l} = -\int_\infty^{\vec{r}} \vec{H}(\vec{r}) \cdot \hat{a}_t dl$ $\longleftrightarrow \vec{H}(\vec{r}) \text{ [A/m]} = -\nabla V_m(\vec{r})$	$V(\vec{r}) \text{ [V]} = -\int_\infty^{\vec{r}} \vec{E}(\vec{r}) \cdot d\vec{l} = -\int_\infty^{\vec{r}} \vec{E}(\vec{r}) \cdot \hat{a}_t dl$ $\longleftrightarrow \vec{E}(\vec{r}) \text{ [V/m]} = -\nabla V(\vec{r})$
$V_{mAB} \text{ [A]} = V_{mA} - V_{mB} \equiv -\int_A^B \vec{H}(\vec{r}) \cdot d\vec{l}$: 스칼라 자기준위차(자압)	$V_{AB} \text{ [V]} = V_A - V_B \equiv -\int_A^B \vec{E}(\vec{r}) \cdot d\vec{l}$: 스칼라 정전기 준위차(전압)
$V_m(\vec{r}) \text{ [A]} = \int_\infty^{\vec{r}} dV_m(\vec{r})\ ;\ dV_m(\vec{r}) \text{ [A]} = \frac{I_S dl_S}{4\pi R}$ $;\ R \text{ [m]} \equiv \vec{r} - \vec{r}\,'$	$V(\vec{r}) \text{ [V]} = \int_\infty^{\vec{r}} dV(\vec{r})\ ;\ dV(\vec{r}) \text{ [V]} = \frac{dQ_S}{4\pi\epsilon R}$ $;\ R \text{ [m]} \equiv \vec{r} - \vec{r}\,'$
$\& \ I_s dl_s(\vec{r}\,') \text{ [A·m]} \Leftrightarrow \begin{cases} Q_s \upsilon_s(\vec{r}\,') \propto Q_s \text{ [C]} \\ I_s dl_s(\vec{r}\,') \propto I_s \text{ [A]} \\ K_s dS_s(\vec{r}\,') \propto K_s \text{ [A/m]} \\ J_s d\upsilon_s(\vec{r}\,') \propto J_s \text{ [A/m}^2\text{]} \end{cases}$	$\& \ dQ_s(\vec{r}\,') \text{ [C]} \Leftrightarrow \begin{cases} Q_s \propto Q_s \text{ [C]} \\ \rho_l dl_s(\vec{r}\,') \propto \rho_l \text{ [C/m]} \\ \rho_S dS_s(\vec{r}\,') \propto \rho_S \text{ [C/m}^2\text{]} \\ \rho_\upsilon d\upsilon(\vec{r}\,') \propto \rho_\upsilon \text{ [C/m}^3\text{]} \end{cases}$
정전기장의 $\nabla \times \vec{H}(\vec{r}) = \vec{J}(\vec{r}) = 0$ [A/m^2]인 공간에서만 사용 가능(스칼라 자기준위는 자기장이 전달되는 관측점에 자기장의 변화를 유발하는 근원전류가 흐르지 않는 공간에서만 사용할 수 있음을 뜻함)	$\nabla \times \vec{E}(\vec{r}) = 0$ [A/m^2]인 정전기장에서만 사용 가능 (공간적으로 고정된 근원전하에 의해 형성되는 시불변 전기장의 전계강도는 근원전하로부터의 방사방향 성분만 존재하고 회전방향 전계강도는 형성되지 않음을 뜻함)

[그림 7-30]과 같이 z-축에 놓인 무한 도선에 흐르는 전류(I [A])에 의해 형성된 자기장의 두 점(A: $\boldsymbol{r}_A = (\rho_A, \phi_A, z_A)$, B: $\boldsymbol{r}_B = (\rho_B, \phi_B, z_B)$)의 스칼라 자기준위의 차이($V_{m,BA}$ [A])는 다음과 같이 구할 수 있다.

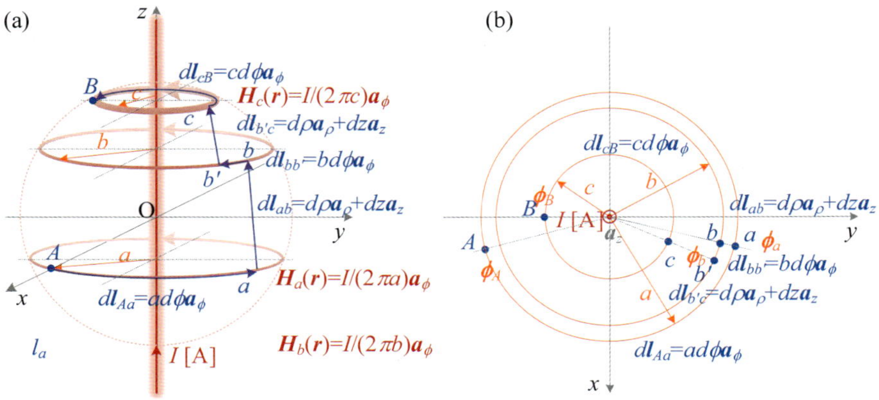

[그림 7-30] z-축의 무한 전류도선에 의해 형성된 정자기장의 스칼라 자기준위(V_m [A])의 이해

앞에서 유도한 것과 같이 z-축상의 무한 선전류도선에 의해 형성된 자기장의 회전성 벡터 자계강도는 다음과 같다.

$$\overrightarrow{H}(\vec{r})\ [\mathrm{A/m}]=\frac{I}{2\pi\rho}\hat{a}_\phi$$

따라서 [그림 7-30](a)에 나타낸 폐경로(A → a → b → b' → c → B)를 선택하면, 자기장 내의 두 지점 A($\boldsymbol{r}_A=(\rho_A,\phi_A,z_A)$)와 B($\boldsymbol{r}_B=(\rho_B,\phi_B,z_B)$)의 스칼라 자기준위의 차이($V_{m,BA}$ [A])는 다음과 같이 구할 수 있다.

$$V_{m,BA}\ [\mathrm{A}]=-\int_A^B\overrightarrow{H}(\vec{r})\cdot d\vec{l}=-\left(\int_A^a\overrightarrow{H}(\vec{r})\cdot d\vec{l}+\int_a^b\overrightarrow{H}(\vec{r})\cdot d\vec{l}+\int_b^{b'}\overrightarrow{H}(\vec{r})\cdot d\vec{l}+\int_{b'}^c\overrightarrow{H}(\vec{r})\cdot d\vec{l}+\int_c^B\overrightarrow{H}(\vec{r})\cdot d\vec{l}\right)$$

: 자기준위차

$$\int_A^a\overrightarrow{H}(\vec{r})\cdot d\vec{l}\ [\mathrm{A}]=\int_{\phi_A}^{\phi_a}\frac{I}{2\pi a}\hat{a}_\phi\cdot ad\phi\hat{a}_\phi=\int_{\phi_A}^{\phi_a}\frac{I}{2\pi}d\phi=\frac{I}{2\pi}(\phi_a-\phi_A)\ ;$$

$$\overrightarrow{H}(\vec{r})=\frac{I}{2\pi a}\hat{a}_\phi,d\vec{l}=ad\phi\hat{a}_\phi(\phi_A<\phi<\phi_a)$$

$$\int_a^b\overrightarrow{H}(\vec{r})\cdot d\vec{l}\ [\mathrm{A}]=\int_a^b\frac{I}{2\pi\rho}\hat{a}_\phi\cdot(d\rho\hat{a}_\rho+dz\hat{a}_z)=0\ ;$$

$$\overrightarrow{H}(\vec{r})=\frac{I}{2\pi\rho}\hat{a}_\phi,d\vec{l}=d\rho\hat{a}_\rho+dz\hat{a}_z(b<\rho<a,z_a<z<z_b)$$

$$\int_b^{b'}\overrightarrow{H}(\vec{r})\cdot d\vec{l}\ [\mathrm{A}]=\int_{\phi_a}^{\phi_b}\frac{I}{2\pi b}\hat{a}_\phi\cdot bd\phi\hat{a}_\phi=\int_{\phi_a}^{\phi_b}\frac{I}{2\pi}d\phi=\frac{I}{2\pi}(\phi_b-\phi_a)\ ;$$

$$\overrightarrow{H}(\vec{r})=\frac{I}{2\pi c}\hat{a}_\phi,d\vec{l}=cd\phi\hat{a}_\phi(\phi_b<\phi<\phi_a)$$

$$\int_{b'}^c\overrightarrow{H}(\vec{r})\cdot d\vec{l}\ [\mathrm{A}]=\int_{b'}^c\frac{I}{2\pi\rho}\hat{a}_\phi\cdot(d\rho\hat{a}_\rho+dz\hat{a}_z)=0\ ;$$

$$\overrightarrow{H}(\vec{r})=\frac{I}{2\pi\rho}\hat{a}_\phi,d\vec{l}=d\rho\hat{a}_\rho+dz\hat{a}_z(c<\rho<b,zb<z<z_c)$$

$$\int_c^B\overrightarrow{H}(\vec{r})\cdot d\vec{l}\ [\mathrm{A}]=\int_{\phi_b}^{\phi_B}\frac{I}{2\pi c}\hat{a}_\phi\cdot cd\phi\hat{a}_\phi=\int_{\phi_b}^{\phi_B}\frac{I}{2\pi}d\phi=\frac{I}{2\pi}(\phi_B-\phi_b)\ ;$$

$$\overrightarrow{H}(\vec{r})=\frac{I}{2\pi c}\hat{a}_\phi,d\vec{l}=cd\phi\hat{a}_\phi(\phi_b<\phi<\phi_B)$$

$$V_{m,BA}\ [\text{A}] = -\int_A^B \vec{H}(\vec{r})\cdot d\vec{l} = -\frac{I}{2\pi}\Big(\big(\phi_a-\phi_A\big)+\big(\phi_b-\phi_a\big)+\big(\phi_B-\phi_b\big)\Big) = -\frac{I}{2\pi}\big(\phi_B-\phi_A\big)$$: 자기준위차

z-축으로 흐르는 무한 전류도선에 의해 형성된 자기장은 z-축을 중심으로 회전방향의 자기장만 존재한다. 따라서 B점과 A점의 자기준위의 차이($V_{m,BA}$ [A])는 두 지점의 회전각 차이($\phi_B-\phi_A$ [rad])에 비례하고, 자기장을 형성하는 근원전류(I [A])의 크기에 비례한다. 동일한 지점으로 1회전 하는 경우 자기준위의 차이는 경로 내의 총 전류와 동일한 값을 갖는다. z-축의 무한 전류도선에 의해 형성된 정자기장의 스칼라 자기준위($V_{m,BA}$ [A])를 결정하는 요소와 의존도를 [그림 7-31]에 요약하였다.

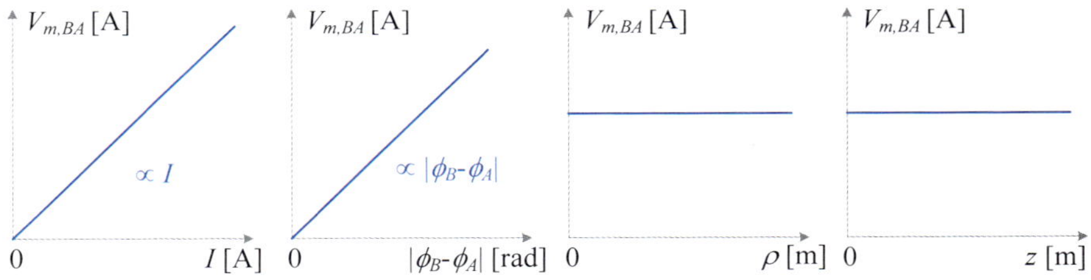

[그림 7-31] z-축의 무한 전류도선에 의해 형성된 정자기장의 스칼라 자기준위($V_{m,BA}$ [A])를 결정하는 요소와 의존도

7.4.2 자성체 내에 흐르는 자속에 의한 스칼라 준위와 자성체의 자기 등가회로

스칼라 자기준위($V_m(\boldsymbol{r})$ [A])는 전류가 흐르지 않는 관측점에서만 활용할 수 있는 제한이 있으나, 응용 대상은 다양하게 존재한다. 특히, 스칼라 자기준위는 자기장을 전달하는 역할만 하는 자성체를 가진 인덕터(inductor: 유도용량)와 변압기(transformer) 등의 전기적 특성을 이해할 때 스칼라 자기준위 또는 기자력(magnetomotive force: *mmf* [A])을 매개로 하는 자기 등가회로(magnetic circuit model)로 모델링하여 활용할 수 있다. 자기 회로(또는 자기 등가회로)는 자성체(자기장의 영향을 받는 재료)의 자기장 전달 현상을 이해하는 데 사용하기 위해 정의한 등가회로로서 전기적 등가회로와 유사하게 정의하여 사용한다.

전기장의 영향을 나타내는 전기적 등가회로는 [그림 7-32]와 같이 도선에 흐르는 전류와 도체의 유한한 전기전도도로 인해 발생하는 저항(R [Ω])의 조합으로 나타낸다. 회로를 구성하는 전류도선 내의 전계강도($\boldsymbol{E}(\boldsymbol{r})$ [V/m])와 등가전하밀도($\boldsymbol{D}(\boldsymbol{r})$ [C/m²]), 그리고 이로 인한 스칼라 전위($V(\boldsymbol{r})$ [V])의 관계를 요약하면 다음과 같다.

$\vec{D}(\vec{r})\ [\text{C/m}^2] = \epsilon\vec{E}(\vec{r})$: 도선 내의 등가전하밀도

$\vec{E}(\vec{r})\ [\text{V/m}] = -\nabla V(\vec{r})$: 도선 내의 전계강도

$V(\vec{r})\ [\text{V}] \equiv V_{\vec{r}\infty} = -\int_\infty^{\vec{r}} \vec{E}(\vec{r})\cdot d\vec{l}(\vec{r})$: 전기장의 스칼라 전위 (전기장의 영향이 없는 무한대 지점을 기준으로 표시한 절대전위)

$V_{BA}\ [\text{V}] = V_B - V_A \equiv -\int_A^B \vec{E}(\vec{r})\cdot d\vec{l}(\vec{r})$: 전기장 내의 두 지점의 전위차

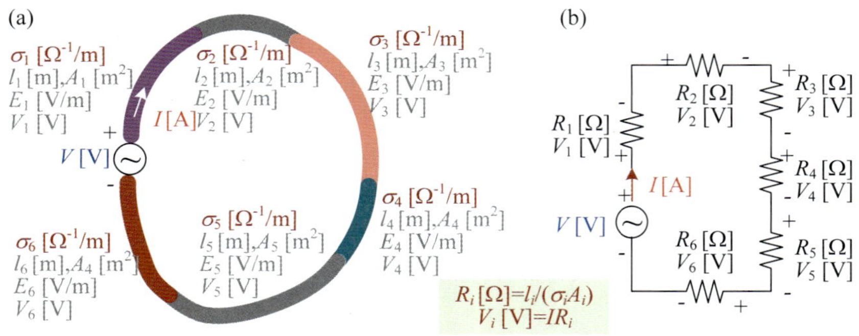

[그림 7-32] 전기장에 의한 기전력 생성과 유한한 전기전도도를 가진 도선을 흐르는 전류
(a) 기자력 생성 구조 (b) 전기적 등가회로

[그림 7-32]에 나타낸 것과 같이 전기전도도(σ_i [Ω^{-1}/m])와 길이(l_i [m]), 단면적(A_i [m^2])이 다른 여러 개의 도선 조각(1~6)으로 구성된 폐회로에 전류가 흐르는 경우, 각 도선 조각의 전계강도와 전류의 관계는 다음과 같다.

$$J_i \ [\text{A/m}^2] = \sigma_i E_i \quad : \text{도선 조각에 흐르는 전도성 드리프트 전류밀도}$$

$$I \ [\text{A}] = J_i A_i = \sigma_i E_i A_i \quad : \text{도선 조각에 흐르는 전도성 드리프트 전류}$$

$$E_i \ [\text{V/m}] = \frac{I}{\sigma_i A_i} \quad : \text{도선 조각 내의 전계강도}$$

따라서 폐회로에 대해 인가전압(V [V])과 도선 조각에 흐르는 전도전류(I [A])에 의한 전압 강하를 포함하는 키르히호프의 전압 법칙(Kirchoff's voltage law)을 정리하면 다음과 같다.

$$-V + \sum_{i=1}^{N} V_i = -V + \sum_{i=1}^{N} E_i l_i = -V + I \sum_{i=1}^{N} \frac{l_i}{\sigma_i A_i} = 0 \ [\text{V}] \leftarrow \oint \vec{E}(\vec{r}) \cdot d\vec{l} = -\oint dV(\vec{r}) = 0 \ [\text{V}]$$

폐회로에 대해 전압 법칙에 의하면, 폐회로의 기전력은 다음과 같이 항상 폐회로에 흐르는 전류에 비례한다.

$$V \ [\text{V}] = \sum_{i=1}^{N} V_i = \sum_{i=1}^{N} E_i l_i = I \sum_{i=1}^{N} \frac{l_i}{\sigma_i A_i} \equiv RI \quad : \text{KVL}$$

따라서 그 비례상수를 폐회로의 전체 저항(R [Ω])으로 정의하며, 도선에 사용된 재료의 전기전도도와 구조(길이와 단면적)에 의해 결정된다. 여러 개의 도선 조각으로 구성된 폐회로는 전기전도도와 길이, 단면적에 의해 결정되는 조각 저항(R_i [Ω])으로 연결된 등가회로로 나타낼 수 있다. 이를 이용하여 전기장의 영향을 받는 부품을 설계하고 전기적 특성을 해석한다.

$$R \ [\Omega] \equiv \frac{V}{I} = \sum_{i=1}^{N} \frac{l_i}{\sigma_i A_i} = \sum_{i=1}^{N} R_i \quad : \text{전류(electric charge flux)가 흐르는 폐회로 도선의 전기 저항 (electrical resistance)}$$

여러 개의 도선 조각으로 구성된 폐회로는 전기전도도와 길이, 단면적에 의해 결정되는 조각 저항(R_i [Ω])으로 연결된 등가회로로 나타낼 수 있다. 이를 이용하여 전기장의 영향을 받는 부품을 설계하고 전기적 특성을 해석한다.

$$R_i\ [\Omega] \equiv \frac{1}{\sigma_i}\frac{l_i}{A_i} \text{ : 전류가 흐르는 도선 조각의 전기 저항} \propto \begin{cases} l_i \\ 1/A_i \\ 1/\sigma_i \end{cases}$$

$\sigma_i\ [\Omega^{-1}/\text{m}] = \rho_{m,i}\mu_{m,i}$: 도선 조각의 전기전도도, l_i [m] : 도선 조각의 길이, A_i [m^2] : 도선 조각의 단면적

전기장에 대한 전기적 등가회로와 유사한 개념으로 자속이 전달되는 자성체 폐경로에 대해서, 자기적 등가회로를 정의하고 자기장의 영향을 받는 부품의 설계와 자기적 특성 분석에 활용할 수 있다. [그림 7-33]에 나타낸 것과 같이, 근원전류(I [A])에 의해 생성된 자기장의 자속(Ψ_m [Wb])이 폐경로 형태의 자성체를 통해 전달된다. 자성체 외부로 누설되는 자기장이 없다고 가정하면, 비록 자성계수(μ_i [H/m])와 길이(l_i [m]), 단면적(A_i [m^2])이 다른 여러 조각으로 구성된 경우에도 자성체 조각에 흐르는 자속량(Ψ_m [Wb])은 어느 지점이나 동일한 값(Ψ_m = 일정)을 가진다.

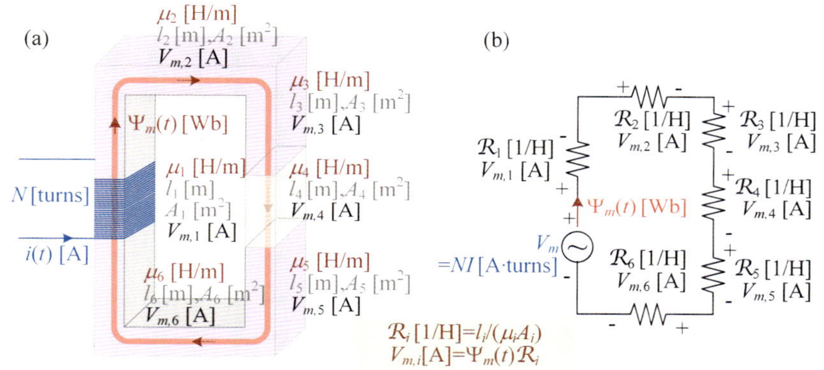

[그림 7-33] 자기장에 의한 기자력 생성과 자성체를 통한 자속의 전달 (a) 기자력 생성 구조 (b) 자기 등가회로

자기회로를 구성하는 자성체 내의 자계강도($\boldsymbol{H}(\boldsymbol{r})$ [A/m])와 자속밀도($\boldsymbol{B}(\boldsymbol{r})$ [Wb/m^2]), 그리고 스칼라 자기준위($V_m(\boldsymbol{r})$ [A])의 관계를 이용하기 위해 핵심 내용을 요약하면 다음과 같다.

$\vec{B}(\vec{r})$ [Wb/m^2] = [T] = $\mu\vec{H}(\vec{r})$: 자속밀도와 자계강도의 관계

$\vec{H}(\vec{r})$ [A/m] = $-\nabla V_m(\vec{r})$ ($\vec{J}(\vec{r}) = 0$ [A/m^2]) : 자계강도와 스칼라 자기준위의 관계

$V_m(\vec{r})$ [A] = $-\int_\infty^{\vec{r}} \vec{H}(\vec{r})\cdot d\vec{l}(\vec{r})$: 스칼라 자기준위에 대한 적분 관계식

$\nabla\times\vec{H}(\vec{r})$ [A/m^2] = $\vec{J}(\vec{r})$ & $\oint\vec{H}(\vec{r})\cdot d\vec{l} = I_{enc}$[A] : 암페어 법칙의 미분형과 적분형

자성체에 감긴 권선(N [turns])에 흐르는 전류(I [A])에 의해 형성된 자성체 내부의 자기장에 대한 암페어의 법칙은 다음과 같다.

$$\oint\vec{H}(\vec{r})\cdot d\vec{l} = \oint\frac{1}{\mu(\vec{r})}\vec{B}(\vec{r})\cdot d\vec{l} = I_{enc} = NI \equiv V_m \text{ [A}\cdot\text{turns] : 자성체 내의 자기장에 대한 암페어 법칙과 기자력}$$

[그림 7-33]에 나타낸 것과 같이 자성계수(μ_i [H/m]), 길이(l_i [m]), 단면적(A_i [m^2])이 다른 여러 개의 조각(1~6)으로 구성된 자성체 폐경로에 대해 암페어의 법칙을 적용하면 다음과 같이 변형된 형태로 나타낼 수 있다.

$$\sum_{i=1}^{N} H_i l_i = I_{enc} = NI \equiv V_m \text{ [A·turns]}$$: 여러 개의 자성체 조각으로 구성된 폐경로의 암페어 법칙

$$H_i(\vec{r}) \text{ [A/m]} = \frac{B_i}{\mu_i} = \frac{\Psi_m}{\mu_i A_i}$$: 자성체 조각의 자계강도

$$B_i \text{ [A/m}^2\text{]} = \mu_i H_i$$: 자성체 조각을 통과하는(흐르는) 자속밀도

$$\Psi_m \text{ [Wb]} = \int_S \vec{B}(\vec{r}) \cdot d\vec{S} = B_i A_i$$: 자성체 조각을 통과하는(흐르는) 자속량

$$V_m \text{ [A·turns]} \equiv NI = \sum_{i=1}^{N} H_i l_i = \sum_{i=1}^{N} \frac{1}{\mu_i} \frac{\Psi_m}{A_i} l_i = \Psi_m \sum_{i=1}^{N} \frac{1}{\mu_i} \frac{l_i}{A_i} \propto \Psi_m$$

즉, 폐경로에 대한 자기준위차는 항상 자성체에 흐르는 자속(Ψ_m [Wb])에 비례한다. 따라서 여러 개의 조각으로 구성된 폐경로의 자속과 기자력의 관계는 자기저항($\mathcal{R}$[1/H]: magnetic reluctance)을 정의하여 정리하면 다음과 같다.

$$V_m \text{ [A·turns]} = NI = \sum_{i=1}^{N} H_i l_i = \Psi_m \sum_{i=1}^{N} \frac{l_i}{\mu_i A_i} \equiv \Psi_m \mathcal{R}$$

따라서 여러 개의 조각으로 구성된 자성체는 자기저항 조각($\mathcal{R}_i$ [1/H])들의 직렬연결로 나타낼 수 있으며, 그 등가회로를 [그림 7-33](b)에 나타내었다.

$$\mathcal{R} \text{ [1/H]} \equiv \frac{V_m}{\Psi_m} = \frac{NI}{\Psi_m} = \sum_{i=1}^{N} \frac{l_i}{\mu_i A_i} \equiv \sum_{i=1}^{N} \mathcal{R}_i$$: 자속(magnetic flux)이 흐르는 자성체의 자기저항

$$\mathcal{R}_i \text{ [1/H]} \equiv \frac{1}{\mu_i} \frac{l_i}{A_i}$$: 자속이 흐르는 자성체 조각의 자기저항 $\propto \begin{cases} l_i \\ 1/A_i \\ 1/\mu_i \end{cases}$

$\mu_i = \mu_o \mu_{r,i}$ [H/m] : 자성체 조각의 자성계수, l_i [m] : 자성체 조각의 길이, A_i [m^2] : 자성체 조각의 단면적

자성체 조각의 자기저항($\mathcal{R}_i$ [1/H])은 자성체 조각의 길이에 비례하고, 단면적과 자성체의 자성계수에는 반비례한다. 이것은 도선의 전기저항(R_i [Ω])이 저항체로 작용하는 도선 조각의 길이에 비례하고, 단면적과 전기전도도에 반비례하는 것과 유사하다. 자성체의 자기저항과 도선의 전기저항을 결정하는 요소와 의존도를 [그림 7-34]에 비교하여 요약하였다.

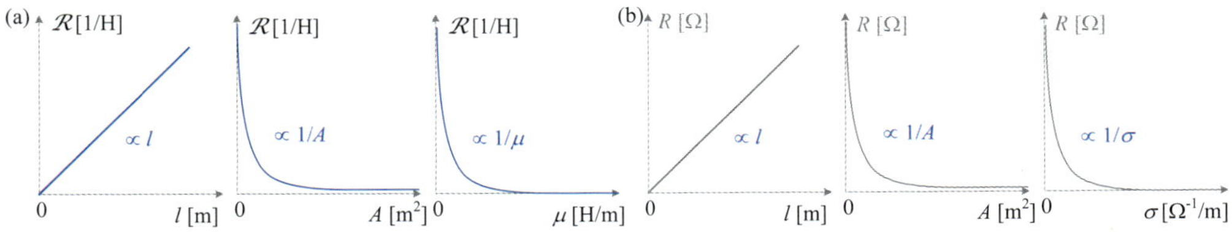

[그림 7-34] (a) 자성체의 자기저항을 결정하는 요소 (b) 도선의 전기저항을 결정하는 요소

또한 자기저항($\mathcal{R}$[1/H])과 자기회로를 이용하여 권선에 흐르는 전류로부터 기자력을 구하고, 이로부터 자성체 내의 자속량, 자속밀도, 그리고 자계강도를 다음과 같이 순차적으로 구할 수 있다.

$$\mathcal{R} \text{ [1/H]} \equiv \frac{V_m}{\Psi_m} = \frac{NI}{\Psi_m}$$: 자기저항

$$\rightarrow \Psi_m \text{ [Wb]} \equiv \frac{V_{m,gen}}{\Psi_m} \equiv \frac{NI}{\mathcal{R}} \qquad \text{: 자속량}$$

$$\rightarrow B \text{ [Wb/m}^2\text{]} \equiv \frac{\Psi_m}{A} = \left(\frac{NI}{\mathcal{R}}\right)\Big/A \qquad \text{: 자속밀도}$$

$$\rightarrow H \text{ [A/m]} \equiv \frac{B}{\mu} = \left(\left(\frac{NI}{\mathcal{R}}\right)\Big/A\right)\Big/\mu \qquad \text{: 자계강도}$$

자기장의 기자력과 자기 등가회로의 이해에는 전기장의 기전력과 전기적 등가회로를 대비시켜 이해하는 것이 편리하며, 이를 위해 핵심 내용을 요약하면 [표 7-4]와 같다.

[표 7-4] 전기장의 기전력과 전기적 등가회로의 비교

구분	전기장의 폐회로에 대한 전기적 등가회로	자기장의 폐경로에 대한 자기적 등가회로
전기장의 전위 & 자기장의 자기준위	$\vec{D}(\vec{r})$ [C/m^2] $= \epsilon\vec{E}(\vec{r})$ $\vec{E}(\vec{r})$ [V/m] $= -\nabla V(\vec{r})$ $V(\vec{r})$ [V] $= -\int_\infty^{\vec{r}} \vec{E}(\vec{r})\cdot d\vec{l}(\vec{r})$: 스칼라 전위	$\vec{B}(\vec{r})$ [Wb/m^2] = [T] $= \mu\vec{H}(\vec{r})$ $\vec{H}(\vec{r})$ [A/m] $= -\nabla V_m(\vec{r})$ ($\vec{J}(\vec{r}) = 0$ [A/m^2]) $V_m(\vec{r})$ [A] $= -\int_\infty^{\vec{r}} \vec{H}(\vec{r})\cdot d\vec{l}(\vec{r}); \vec{J}(\vec{r}) = 0$: 스칼라 자기준위
전기장의 기전력 & 자기장의 기자력	$\nabla\times\vec{E}(\vec{r})$ [V/m^2] $= 0$ $\int_S \nabla\times\vec{E}(\vec{r})\cdot d\vec{S} = \oint \vec{E}(\vec{r})\cdot d\vec{l} = V_{gen}$ [V] V_{gen} [V] : 기전력(*emf*) $\oint \vec{E}(\vec{r})\cdot d\vec{l} = \oint dV(\vec{r}) = 0$ [V] $-V + \sum_{i=1}^N V_{gen,i} = -V + \sum_{i=1}^N E_i l_i = 0$	$\nabla\times\vec{H}(\vec{r})$ [A/m^2] $= \vec{J}(\vec{r})$ $\int_S \nabla\times\vec{H}(\vec{r})\cdot d\vec{S} = \oint \vec{H}(\vec{r})\cdot d\vec{l}$ $= \int_S \vec{J}(\vec{r})\cdot d\vec{S} = I_{enc} = V_m$ V_m : 기자력(*mmf*) $\oint \vec{H}(\vec{r})\cdot d\vec{l} = NI = mmf$ [A] $= V_{m,gen}$ $= \oint \frac{1}{\mu(\vec{r})}\vec{B}(\vec{r})\cdot d\vec{l} = \oint \frac{1}{\mu(\vec{r})}\frac{\Psi_m}{A(\vec{r})}dl$
폐경로에 대한 전기장의 전기저항 & 자기장의 자기저항	여러 개의 도선 조각으로 구성된 전기(도체) 폐회로의 경우 V [V] $= \sum_{i=1}^N V_i = \sum_{i=1}^N E_i l_i$ $\leftarrow E_i$ [V/m] $= \frac{J_i}{\sigma_i} = \frac{I}{\sigma_i A_i}$: 도선 조각 내의 전계강도 $\sigma_i = \rho_m \mu_m$ [Ω^{-1}/m] : 도선 조각의 전기전도도 l_i [m] & A_i [m^2] : 도선 조각의 길이와 단면적 I [A] $= \int_S \vec{J}(\vec{r})\cdot d\vec{S} = J_i A_i$; J_i [A/m^2] $= \sigma_i E_i$: 도선 조각을 통과하는(흐르는) 전도 전류 V [V] $= \sum_{i=1}^N E_i l_i = I\sum_{i=1}^N \frac{l_i}{\sigma_i A_i} \propto I$	여러 개의 자성체 조각으로 구성된 자기(자성체) 폐경로의 경우 V_m [A] $= NI = \sum_{i=1}^N V_{m,i} = \sum_{i=1}^N H_i l_i$ $\leftarrow H_i$ [A/m] $= \frac{B_i}{\mu_i} = \frac{\Psi_m}{\mu_i A_i}$: 자성체 조각 내의 자계강도 $\mu_i = \mu_o \mu_{r,i}$ [H/m] : 자성체 조각의 자성계수(투자율) l_i [m] & A_i [m^2] : 자성체 조각의 길이와 단면적 Ψ_m [Wb] $= \int_S \vec{B}(\vec{r})\cdot d\vec{S} = B_i A_i$; B_i [A/m^2] $= \mu_i H_i$: 자성체 조각을 통과하는(흐르는) 자속량 NI [A · turns] $= \sum_{i=1}^N H_i l_i = \Psi_m \sum_{i=1}^N \frac{l_i}{\mu_i A_i} \propto \Psi_m$
전기저항 : R & 자기저항 : R	R [Ω] $\equiv \frac{V_{gen}}{I} = \sum_{i=1}^N \frac{l_i}{\sigma_i A_i} = \sum_{i=1}^N R_i$: 전류가 흐르는 도선 조각의 전기저항(Resistance) R_i [Ω] $\equiv \frac{1}{\sigma_i}\frac{l_i}{A_i}$: 도선 조각의 전기저항 σ_i : 도선의 전기전도도	$\mathcal{R}$ [1/H] $\equiv \frac{V_m}{\Psi_m} = \frac{NI}{\Psi_m} = \sum_{i=1}^N \frac{l_i}{\mu_i A_i} \equiv \sum_{i=1}^N \mathcal{R}_i$: 자속이 흐르는 자성체 조각의 자기저항(Reluctance) $\mathcal{R}_i$ [1/H] $\equiv \frac{1}{\mu_i}\frac{l_i}{A_i}$: 자성체 조각의 자기저항 μ_i: 자성체의 자성계수(투자율)

(계속)

도선 폐회로 & 자성체 폐회로

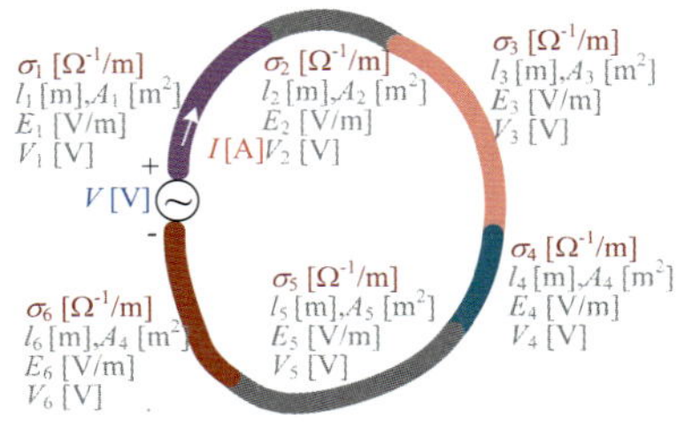

[그림 7-35] 전기장에 의한 전압강하 생성(KVL)

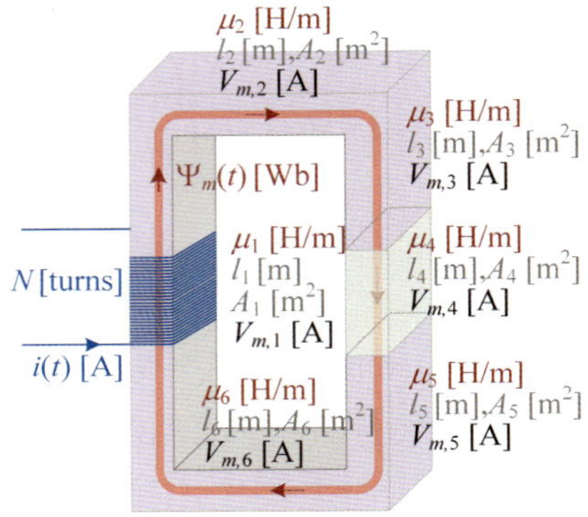

[그림 7-36] 자기장에 의한 기자력 생성

전기회로 & 자기회로

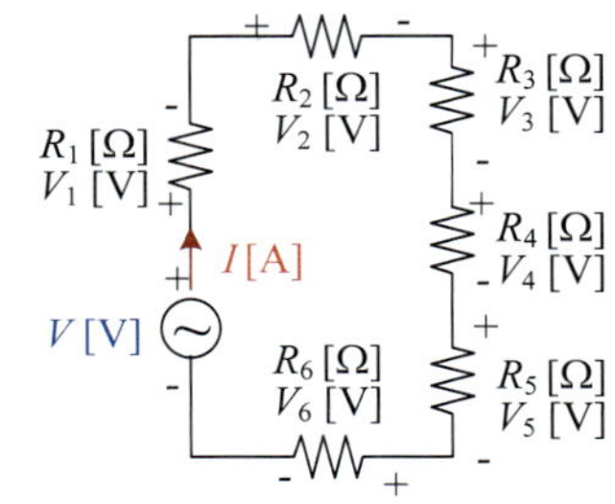

[그림 7-37] 전기저항을 이용한 전기적 등가회로

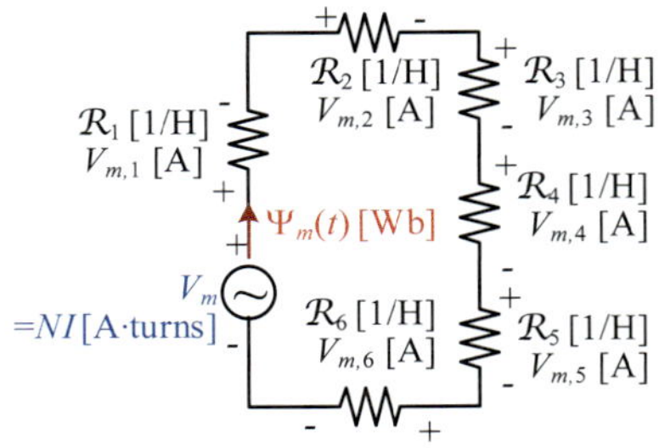

[그림 7-38] 자기저항을 이용한 자성체 등가회로

Section

7.5 근원전류도선에 의해 형성된 자기장의 벡터 자기준위와 응용

근원전류도선에 의해 형성된 자기장의 스칼라 자기준위($V_m(\boldsymbol{r})$ [A])와 벡터 자계강도($\boldsymbol{H}(\boldsymbol{r})$ [A/m])를 편리하게 변환하여 사용할 수 있도록 정의하였다. 그런데 스칼라 자기준위(V_m [A])는 자기장을 형성하는 근원전류가 존재하는 관측점에서는 사용할 수 없다는 제한이 있었다. 이러한 제한을 극복할 수 있도록 자기장을 형성하는 근원전류도선에 의한 영향을 벡터 물리량으로 정의하여 자기장 해석을 편리하게 활용하는 것이 벡터 자기준위(vector magnetic potential: $\boldsymbol{A}(\boldsymbol{r})$ [Wb/m])이다. 근원전류도선 조각($I_S d\boldsymbol{l}_s(\boldsymbol{r}')$ [A·m], $d\boldsymbol{l}_s(\boldsymbol{r}') = dl_s \boldsymbol{a}_t(\boldsymbol{r}')$ [m])에 의해 형성되는 자기장의 회전성($\boldsymbol{a}_H = \boldsymbol{a}_t(\boldsymbol{r}')\times\boldsymbol{a}_R$) 벡터 자계강도($d\boldsymbol{H}(\boldsymbol{r})$ [A/m]), 회전성($\boldsymbol{a}_B = \boldsymbol{a}_t(\boldsymbol{r}')\times\boldsymbol{a}_R$) 벡터 자속밀도($d\boldsymbol{B}(\boldsymbol{r})$ [Wb/m^2]), 그리고 선형($\boldsymbol{a}_A = \boldsymbol{a}_t(\boldsymbol{r}')$) 벡터 자기 준위($d\boldsymbol{A}(\boldsymbol{r})$ [Wb/m])와 선형($dV_m(\boldsymbol{r})\propto dl_s$) 스칼라 자기준위($dV_m(\boldsymbol{r})$ [A])는 모두 도선에 흐르는 근원전류에 의해 형성된 자기장을 나타내는 물리량이다.

근원전류도선에 의해 형성되는 자기장의 벡터 자기준위($\boldsymbol{A}(\boldsymbol{r})$ [Wb/m])로부터 자기장의 자속밀도($\boldsymbol{B}(\boldsymbol{r})$ [Wb/m^2])와 자계강도($\boldsymbol{H}(\boldsymbol{r})$ [A/m]), 그리고 자기장 내의 시험전류도선이 받는 자기력($\boldsymbol{F}(\boldsymbol{r})$ [N])을 계산할 수 있도록 하였다. 특히, 자기장의 자속밀도 벡터의 발산량($\nabla\cdot\boldsymbol{B}(\boldsymbol{r})$ [Wb/m^3])이 항상 0이 되는 조건을 만족할 수 있도록 벡터 자기준위의 회전량 벡터($\nabla\times\boldsymbol{A}(\boldsymbol{r})$ [Wb/m^2])가 자속밀도($\boldsymbol{B}(\boldsymbol{r}) = \nabla\times\boldsymbol{A}(\boldsymbol{r})$ [Wb/m^2])가 되도록 정의하여 사용한다. 이는 임의의 벡터 물리량($\boldsymbol{U}(\boldsymbol{r})$)의 회전량 벡터($\nabla\times\boldsymbol{U}(\boldsymbol{r})$)의 발산량($\nabla\cdot(\nabla\times\boldsymbol{U}(\boldsymbol{r}))$)은 항상 0임($\nabla\cdot(\nabla\times\boldsymbol{U}(\boldsymbol{r})) = 0$)을 활용한 것이기도 하다.

7.5.1 근원전류도선에 의해 형성된 자기장의 벡터 자기준위

근원전류도선 조각($I_s d\boldsymbol{l}_s(\boldsymbol{r}')$ [Am])에 의해 형성되는 자기장의 부분적 벡터 자기준위($d\boldsymbol{A}(\boldsymbol{r})$ [Wb/m])를 다음과 같이 정의하며, 벡터 자기준위의 크기($dA(\boldsymbol{r})$ [Wb/m])와 방향($\boldsymbol{a}_A(\boldsymbol{r})$)을 화살표의 굵기와 길이로 형상화하여 [그림 7-39]에 나타내었다.

$$d\vec{A}(\vec{r},\vec{r}\,')\ [\text{Wb/m}] \equiv \frac{\mu I_s d\vec{l}_s(\vec{r}\,')}{4\pi R} = \frac{\mu I_s dl_s}{4\pi R}\hat{a}_t(\vec{r}\,') = dA(\vec{r},\vec{r}\,')\hat{a}_{dA}(\vec{r})\ ;$$

$$\begin{cases} dA(\vec{r},\vec{r}\,')\ [\text{Wb/m}] = \left|d\vec{A}(\vec{r},\vec{r}\,')\right| = \dfrac{\mu I_s dl_s}{4\pi R} \\ \hat{a}_{dA}(\vec{r}) = \dfrac{d\vec{A}(\vec{r},\vec{r}\,')}{\left|d\vec{A}(\vec{r},\vec{r}\,')\right|} = \hat{a}_t(\vec{r}\,') \end{cases}$$

: 근원전류도선 조각에 의해 형성된 자기장의 선형 벡터 자기준위

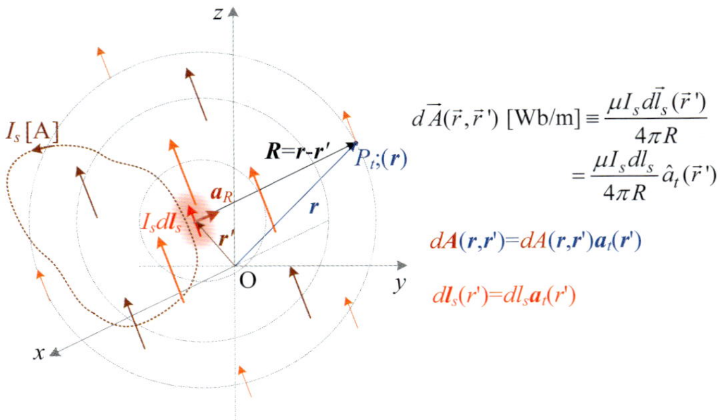

[그림 7-39] 근원전류도선 조각에 의해 형성된 벡터 자기준위($\boldsymbol{A}(\boldsymbol{r})$ [Wb/m] : 관측점의 위치에 따라 벡터 자계강도의 크기는 거리에 반비례하여 감소하나 방향은 모두 동일함

즉, 근원전류도선 조각($I_s d\boldsymbol{l}_s$ [Am])에 의해 관측점($\boldsymbol{r}$)에서 형성되는 부분적 벡터 자기준위($d\boldsymbol{A}(\boldsymbol{r})$ [Wb/m])의 방향($\boldsymbol{a}_A(\boldsymbol{r})$)은 관측점($\boldsymbol{r}$)의 위치에 관계없이 항상 근원전류도선 조각($d\boldsymbol{l}_s(\boldsymbol{r}')$)에 흐르는 전류도선의 방향($\boldsymbol{a}_t(\boldsymbol{r}')$)과 같은 방향($\boldsymbol{a}_{dA}(\boldsymbol{r})\,||\,\boldsymbol{a}_t(\boldsymbol{r}')$)으로 기여한다. 그러나 그 크기는 근원전류도선 조각으로부터의 거리($R = |\boldsymbol{R}| = |\boldsymbol{r}-\boldsymbol{r}_s|$ [m])가 멀어질수록 거리에 반비례하여 감소하고, 근원전류의 크기(I_s [A])에 비례한다.

$$\begin{cases} \propto I_s \\ \propto \dfrac{1}{R}\ ;\ \vec{R} = \vec{r} - \vec{r}\,' \\ d\vec{A}(\vec{r}) \parallel d\vec{l}_s\ ;\ d\vec{l}_s(\vec{r}\,') = dl_s \hat{a}_t(\vec{r}\,') \\ \hat{a}_{dA}(\vec{r}) = \hat{a}_t(\vec{r}\,') \end{cases}$$

: 근원전류도선 조각에 의해 형성된 자기장의 벡터 자기준위의 크기와 방향

근원전류도선 조각에 의해 형성되는 벡터 자기준위의 크기($dA(\boldsymbol{r})$ [Wb/m])를 결정하는 요소와 의존도를 [그림 7-40]에 요약하였다.

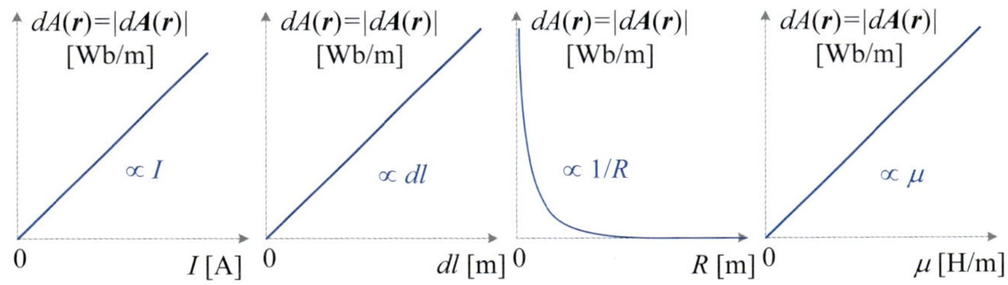

[그림 7-40] 근원전류도선 조각에 의해 형성된 벡터 자기준위($\boldsymbol{A}(\boldsymbol{r})$ [Wb/m])를 결정하는 요소와 의존도

근원전류도선 전체에 의해 형성되는 관측점($\boldsymbol{r}$)의 벡터 자기준위($\boldsymbol{A}(\boldsymbol{r})$ [Wb/m])는 근원전류도선 조각들에 의해 형성된 부분적 벡터 자기준위의 벡터 합(적분)을 통해 구할 수 있다. 관측점에서의 거리가 멀수록 벡터 자기준위에 기여하는 정도가 작게 반영한 총합이 된다.

$$\vec{A}(\vec{r})\ [\text{Wb/m}] \equiv \int_{\substack{source\\current}} d\vec{A}(\vec{r},\vec{r}\,')$$: 근원전류도선에 의해 형성된 자기장의 벡터 자기준위

반지름이 a [m]인 원형도선에 흐르는 전류(I [A])에 의해 형성되는 벡터 자기준위를 형상화하여 [그림 7-41]에 나타내었다. 원형전류도선을 구성하는 4개의 전류도선 조각(Idl_1, Idl_2, Idl_3, Idl_4)에 의해 동일한 관측점($\boldsymbol{r}$)에 형성되는 자기장의 부분적 벡터 자기준위($d\boldsymbol{A}_1(\boldsymbol{r})$, $d\boldsymbol{A}_2(\boldsymbol{r})$, $d\boldsymbol{A}_3(\boldsymbol{r})$, $d\boldsymbol{A}_4(\boldsymbol{r})$)를 예로 들어 나타내었다. 자기장을 형성하는 근원전류도선 조각의 크기와 흐르는 전류는 같으나, 근원전류도선 조각의 방향과 관측점까지의 거리가 다르므로 관측점의 벡터 자기준위에 기여하는 크기와 방향은 다르다.

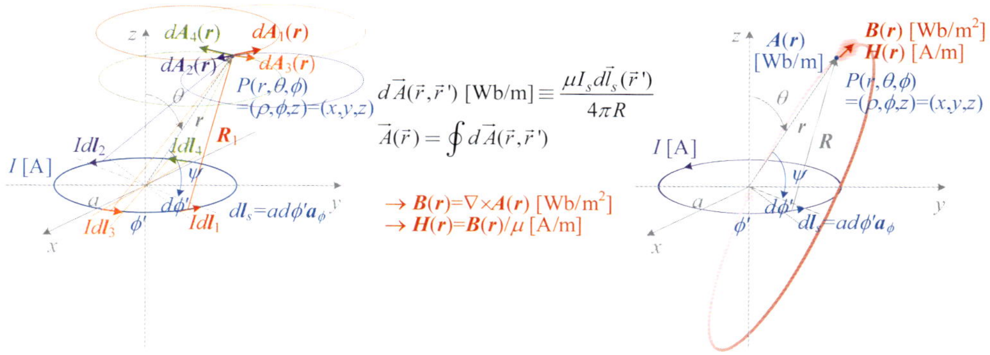

[그림 7-41] 원형전류도선에 의해 형성된 자기장의 벡터 자기준위($\boldsymbol{A}(\boldsymbol{r})$ [Wb/m])와 이를 이용한 자계강도와 자속밀도 해석

이 과정을 거쳐 근원전류도선에 의해 형성된 자기장 내의 관측점($\boldsymbol{r}$)에서 벡터 자기준위($\boldsymbol{A}(\boldsymbol{r})$ [Wb/m])를 구한 뒤, 선형 벡터 자기준위의 회전량 벡터($\nabla\times\boldsymbol{A}(\boldsymbol{r})$)를 이용하여 회전성 자속밀도($\boldsymbol{B}(\boldsymbol{r})$ [Wb/m²])를 구할 수 있다.

$$\vec{B}(\vec{r}) = \nabla\times\vec{A}(\vec{r})\ [\text{Wb/m}^2]$$: 벡터 자기준위와 자속밀도의 관계

$$\nabla\cdot\vec{B}(\vec{r}) = \nabla\cdot\left(\nabla\times\vec{A}(\vec{r})\right) = 0\ [\text{Wb/m}^3]$$: 벡터 등가전하밀도의 발산량은 항상 0임

즉, 다음과 같이 근원전류도선에 의해 형성되는 선형의 벡터 자기준위($\boldsymbol{A}(\boldsymbol{r})$ [Wb/m])를 먼저 구한 뒤, 벡터 자기준위에 대한 회전량 벡터 연산을 통해 회전성 자속밀도($\boldsymbol{B}(\boldsymbol{r})$ [Wb/m²])를 구하고, 그로부터 회전성 자계강도($\boldsymbol{H}(\boldsymbol{r})$ [A/m])와 자기장 내의 시험전류도선이 받는 힘($\boldsymbol{F}(\boldsymbol{r})$ [N]: 전류도선 간의 인력 또는 반발력)도 구할 수 있음을 뜻한다.

$$\vec{A}(\vec{r})\ [\text{Wb/m}] \equiv \int_{\substack{source\\current}} d\vec{A}(\vec{r},\vec{r}\,') \leftarrow d\vec{A}(\vec{r},\vec{r}\,')\ [\text{Wb/m}] \equiv \frac{\mu I_s d\vec{l}_s(\vec{r}\,')}{4\pi R}$$: 선형 벡터 자기준위

$$\vec{B}(\vec{r})\ [\text{Wb/m}^2] = \nabla\times\vec{A}(\vec{r})$$: 회전성 벡터 자속밀도

$$\vec{H}(\vec{r})\ [\text{A/m}] = \frac{1}{\mu}\vec{B}(\vec{r}) \leftarrow \vec{H}(\vec{r}) = \int_{\substack{source\\current}} d\vec{H}(\vec{r},\vec{r}\,') \leftarrow d\vec{H}(\vec{r},\vec{r}\,')\ [\text{A/m}] = \frac{I_s d\vec{l}_s(\vec{r}\,')\times\hat{a}_R}{4\pi R^2}$$: 회전성 자계강도

$$\vec{F}\ [\text{N}] = \int_{\substack{test\\current}} d\vec{F}(\vec{r}) \leftarrow d\vec{F}(\vec{r})\ [\text{N}] = \mu I_t d\vec{l}_t(\vec{r})\times\vec{H}(\vec{r})$$: 시험전류도선에 작용하는 자기력

근원전류도선 조각($Idl = Idl\boldsymbol{a}_t$ [A·m])에 의해 형성되는 자기장의 벡터 자기준위($d\boldsymbol{A}(\boldsymbol{r})$ [Wb/m])와 회전성 벡터 자계강도($d\boldsymbol{H}(\boldsymbol{r})$ [A/m])를 형상화하여 [그림 7-42]에 비교하였다.

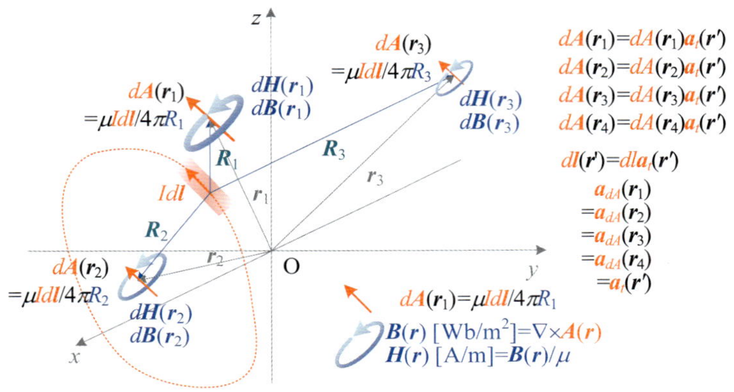

[그림 7-42] 근원전류도선에 의해 형성된 벡터 자기준위($d\boldsymbol{A}(\boldsymbol{r})$ [Wb/m])와 자계강도($d\boldsymbol{H}(\boldsymbol{r})$ [Am])의 비교

근원전류도선 조각으로 인해 관측점에 형성된 자기장의 회전성 자계강도는 근원전류도선으로부터의 거리의 제곱에 반비례하나, 그 방향은 관측점의 위치에 관계없이 근원전류도선 조각을 중심으로 하는 회전성 자계강도를 형성함은 앞에서 설명하고 이해하였다. 그런데 동일한 전류도선 조각($Idl_s = Idl_s\boldsymbol{a}_t$ [A·m])에 의해 형성되는 벡터 자기준위($d\boldsymbol{A}(\boldsymbol{r})$ [Wb/m])는 관측점의 어느 지점에서나 그 방향은 근원전류도선 조각의 방향($\boldsymbol{a}_t$)과 평행하다. 그로 인해 관측점에 형성된 벡터 자기준위의 세기($dA(r_3)$)는 근원전류도선 조각으로부터의 거리(R_i [m])에 1차로 반비례한다($R_1 < R_2 < R_3$; $dA(r_3) < dA(r_2) < dA(r_1)$). 따라서 자계강도($d\boldsymbol{H}(\boldsymbol{r})$ [A/m])와 자속밀도($d\boldsymbol{B}(\boldsymbol{r})$ [Wb/m^2])는 벡터 자기준위의 회전량벡터($\nabla\times\boldsymbol{A}(\boldsymbol{r})$)로부터 구할 수 있음도 짐작할 수 있다.

벡터 자기준위($\boldsymbol{A}(\boldsymbol{r})$ [Wb/m]), 자계강도($\boldsymbol{H}(\boldsymbol{r})$ [A/m]), 그리고 자속밀도($\boldsymbol{B}(\boldsymbol{r})$ [Wb/m^2])의 관계를 요약하면 다음과 같다.

$$\vec{A}(\vec{r})\ [\text{Wb/m}] \equiv \int_{\substack{source\\current}} d\vec{A}(\vec{r},\vec{r}\,')\ ;\ d\vec{A}(\vec{r},\vec{r}\,')\ [\text{Wb/m}] \equiv \frac{\mu I_s d\vec{l}_s(\vec{r}\,')}{4\pi R} = \frac{\mu I_s dl_s}{4\pi R}\hat{a}_t(\vec{r}\,')$$

$$\boxed{\mu I_s d\vec{l}_s\ [\text{H}\cdot\text{A}]}\ ; dQ_{mag}\hat{a}_t(\vec{r}\,')\ [\text{H}\cdot\text{A}] = [\text{Wb}] : \text{Equivalent Magnetic Charge}$$

$$; dQ_S \qquad [\text{F}\cdot\text{V}] = [\text{C}] \quad : \text{Electric Charge}$$

$$\begin{cases} \propto I_s dl_s(\vec{r}\,') \\ \propto 1/R\ ;\ \vec{R} = \vec{r} - \vec{r}\,' \\ \hat{a}_{dA} = \hat{a}_t(\vec{r}\,')\ ;\ d\vec{l}_s(\vec{r}\,') \equiv dl\hat{a}_t(\vec{r}\,') \end{cases}$$

: 근원전류도선에 의해 형성되는 자기장의 선형(근원전류도선과 평행한 방향) 벡터 자기준위

$$\vec{H}(\vec{r})\ [\text{A/m}] = \int_{\substack{source\\current}} d\vec{H}(\vec{r},\vec{r}\,')\ ;\ d\vec{H}(\vec{r},\vec{r}\,')\ [\text{A/m}] \equiv \frac{I_s d\vec{l}_s(\vec{r}\,')\times\hat{a}_R}{4\pi R^2}$$

$$\begin{cases} \propto I_s dl_s(\vec{r}\,') \\ \propto 1/R^2 ; \hat{a}_R \equiv \vec{R}/R \\ \hat{a}_{dH} = \hat{a}_t(\vec{r}\,')\times\hat{a}_R\ ;\ d\vec{l}_s(\vec{r}\,') \equiv dl\hat{a}_t(\vec{r}\,') \end{cases}$$

: 근원전류도선에 의해 형성되는 자기장의 회전성 자계강도 벡터(근원전류도선과 평행한 축을 중심으로 회전하는 방향)

$$\vec{B}(\vec{r})\ [\mathrm{Wb/m^2}]\begin{cases}=\mu\vec{H}(\vec{r}) & \begin{cases}\propto \vec{H}(\vec{r})\\ \propto \mu\end{cases}\ :\text{근원전류도선에 의해 형성되는 관측점의 회전성 자속밀도 벡터}\\ =\nabla\times\vec{A}(\vec{r})\end{cases}$$

$$\vec{B}(\vec{r})\ [\mathrm{Wb/m^2}]=\int_{\substack{source\\current}} d\vec{B}(\vec{r},\vec{r}\,')$$

$$d\vec{B}(\vec{r},\vec{r}\,')\ [\mathrm{Wb/m^2}]\equiv\frac{\mu I_s d\vec{l}_s(\vec{r}\,')\times\hat{a}_R}{4\pi R^2}=\frac{Q_{mag}\hat{a}_t(\vec{r}\,')\times\hat{a}_R}{4\pi R^2}\begin{cases}\propto I_s dl_s(\vec{r}\,')\\ \propto 1/R^2;\hat{a}_R\equiv\vec{R}/R\\ \hat{a}_{dH}=\hat{a}_t(\vec{r}\,')\times\hat{a}_R\ ;\ d\vec{l}_s(\vec{r}\,')\equiv dl\hat{a}_t(\vec{r}\,')\end{cases}$$

: 근원전류도선에 의해 형성되는 관측점의 자속밀도 벡터(근원전류도선을 중심축으로 회전하는 방향)

(Vector Magnetic Charge) $\mu I_s d\vec{l}_s(\vec{r}\,')=Q_{mag}\hat{a}_t(\vec{r}\,')\ [\mathrm{H\cdot A}]=[\mathrm{Wb}]\longleftrightarrow Q_s\ [\mathrm{C}]=[\mathrm{F\cdot V}]$: (Scalar Electric Charge)

이와 같이 정의된 벡터 자기준위는 자기단극자(magneticmonopole) 형태로는 존재하지 않음(자력선은 반드시 폐경로를 형성한다는 뜻, 또는 임의의 폐곡면을 들어오는 총 자속량($\Psi_{m,in}$ [Wb])은 나가는 총 자속량($\Psi_{m,out}$ [Wb])과 방향은 반대이나, 크기는 반드시 동일함)을 나타내는 다음의 관계식도 항상 만족한다(전기장 형성의 근원을 전하(電荷)라고 하는 것에 대비되는 개념으로 자기장 형성의 근원이 되는 전류도선 조각을 자하(磁荷, magnetic charge)로 이해하는 것도 유용함).

$$\nabla\cdot\vec{B}(\vec{r})=\nabla\cdot\left(\nabla\times\vec{A}(\vec{r})\right)=0\ [\mathrm{Wb/m^3}]$$

: 벡터 물리량에 대한 회전량 벡터의 발산량은 항상 0임을 뜻하며, 자기 단극자로는 존재하지 않고 폐경로 형태의 자기쌍극자, magnetic dipole로만 존재함을 뜻함

스칼라 자기준위($V_m(\boldsymbol{r})$ [A])는 자기장이 전달되는 공간 내에 자기장의 변화를 유발하는 근원전류가 존재하지 않는 영역($\boldsymbol{J}(\boldsymbol{r})=\boldsymbol{0}$ [A/m²])에서만 사용할 수 있는 제한이 있었으나, 벡터 자기준위($\boldsymbol{A}(\boldsymbol{r})$ [Wb/m])는 자기장이 전달되는 공간(매질)에 자기장의 변화(증가 또는 감소)를 유발하는 또 다른 근원전류의 존재 여부와 관계없이 사용할 수 있음을 다음 관계식을 통해 확인할 수 있다.

$$\nabla\times\vec{H}(\vec{r})=\vec{J}(\vec{r})\ [\mathrm{A/m^2}]=\nabla\times\left(\frac{1}{\mu}\vec{B}(\vec{r})\right)=\frac{1}{\mu}\nabla\times\left(\nabla\times\vec{A}(\vec{r})\right)=\frac{1}{\mu}\left(\nabla\left(\nabla\cdot\vec{A}(\vec{r})\right)-\nabla^2\vec{A}(\vec{r})\right)$$

: 관측점에 자기장을 형성하는 전류밀도의 존재 여부에 관계없이 사용할 수 있음

$$\nabla^2\vec{A}(\vec{r})\equiv\nabla^2A_x(\vec{r})\hat{a}_x+\nabla^2A_y(\vec{r})\hat{a}_y+\nabla^2A_z(\vec{r})\hat{a}_z$$

자기장의 회전성 벡터 자계강도($\boldsymbol{H}(\boldsymbol{r})$ [A/m]), 회전성 벡터 자속밀도($\boldsymbol{B}(\boldsymbol{r})$ [Wb/m²]), 스칼라 자기준위 ($V_m(\boldsymbol{r})$ [A]), 그리고 선형 벡터 자기준위($\boldsymbol{A}(\boldsymbol{r})$ [Wb/m])의 상호 관계를 요약하면 다음과 같다.

$$\vec{H}(\vec{r})\ [\mathrm{A/m}]=\int_{source} d\vec{H}(\vec{r},\vec{r}\,');\ d\vec{H}(\vec{r},\vec{r}\,')\ [\mathrm{A/m}]=\frac{I_s d\vec{l}_s(\vec{r}\,')\times\hat{a}_R}{4\pi R^2}$$

: 근원전류와 회전성 벡터 자계강도

$$\vec{H}(\vec{r})\ [\mathrm{A/m}]=-\nabla V_m(\vec{r});\ V_{m,ab}\ [\mathrm{A}]=-\int_b^a\vec{H}(\vec{r})\cdot d\vec{l};\ \oint\vec{H}(\vec{r})\cdot d\vec{l}=I_{enc}\ [\mathrm{A}]$$

: 전류밀도 $\boldsymbol{J}(\boldsymbol{r})=0$ [A/m²]인 공간에서만 유효함

$$\nabla\times\vec{H}(\vec{r})=\vec{J}(\vec{r})\ [\mathrm{A/m^2}];\ \oint\vec{H}(\vec{r})\cdot d\vec{l}=\int_{\substack{loop\\closed}}\nabla\times\vec{H}(\vec{r})\cdot d\vec{S}=I_{enc}\ [\mathrm{A}]$$

: 전류에 의한 회전성 자계강도 변화

$$\nabla\cdot\vec{B}(\vec{r})=0\ [\mathrm{Wb/m^3}];\ \oint\vec{B}(\vec{r})\cdot d\vec{S}=\int_{\substack{surface\\closed}}\nabla\cdot\vec{B}(\vec{r})d\upsilon=\Psi_{m,enc}=0\ [\mathrm{Wb}]$$

: 자속밀도 보존(자기 쌍극자/폐경로로 존재)

$$\vec{A}(\vec{r})\ [\text{Wb/m}] \equiv \int_{source} d\vec{A}(\vec{r},\vec{r}')\ ;\ d\vec{A}(\vec{r},\vec{r}')\ [\text{Wb/m}] \equiv \frac{\mu I_s d\vec{l}_s(\vec{r}')}{4\pi R}$$

: 폐경로에 대한 벡터 자기준위의 선 적분량은 폐경로가 형성하는 면을 통과하는 자속량(Ψ_m [Wb])에 해당함

$$\begin{cases} \vec{B}(\vec{r})\ [\text{Wb/m}^2] = \mu\vec{H}(\vec{r}) \\ \vec{B}(\vec{r})\ [\text{Wb/m}^2] \equiv \nabla\times\vec{A}(\vec{r}) \longleftrightarrow \oint_{\substack{closed\\loop}} \vec{A}(\vec{r})\cdot d\vec{l}\ [\text{Wb}] = \int_{\substack{loop\\area}} \left(\nabla\times\vec{A}(\vec{r})\right)\cdot d\vec{S} = \int_{\substack{loop\\area}} \vec{B}(\vec{r})\cdot d\vec{S} = \Psi_m \end{cases}$$

: 자속밀도

균일한 특성을 가진 매질($\mu(\boldsymbol{r})$ [H/m] = 일정, $\epsilon(\boldsymbol{r})$ [F/m] = 일정) 내에서 자기장을 형성하는 근원인 전류밀도($\boldsymbol{J}(\boldsymbol{r})$ [A/m^2])와 벡터 자기준위 분포($\boldsymbol{A}(\boldsymbol{r})$ [Wb/m])의 관계, 전기장을 형성하는 근원인 전하밀도($\rho(\boldsymbol{r})$ [C/m^3])와 전위분포($V(\boldsymbol{r})$ [V])의 관계를 비교하면 [표 7-5]와 같다.

[표 7-5] 전기장의 근원전하밀도에 의한 전위분포와 자기장의 근원전류밀도와 벡터 자기준위 분포의 비교

균일 매질($\mu(r)$ = 일정) 자기장의 벡터 자기준위와 근원전류밀도	균일 매질($\epsilon(r)$ = 일정) 전기장의 전위분포와 근원전하밀도
$\vec{A}(\vec{r})\ [\text{Wb/m}] \equiv \int_{source} d\vec{A}(\vec{r},\vec{r}')\ ;\ d\vec{A}(\vec{r},\vec{r}')\ [\text{Wb/m}] \equiv \frac{\mu I_s d\vec{l}_s(\vec{r}')}{4\pi R}$ $\vec{B}(\vec{r})\ [\text{Wb/m}^2] \equiv \nabla\times\vec{A}(\vec{r})\ ;\ \vec{H}(\vec{r})\ [\text{A/m}] \equiv \frac{1}{\mu}\vec{B}(\vec{r})$ $\nabla\cdot\vec{B}(\vec{r}) \equiv 0\ [\text{Wb/m}^3]$ $\nabla\times\vec{H}(\vec{r}) \equiv \vec{J}(\vec{r})\ [\text{A/m}^2]$	$V(\vec{r})\ [\text{V}] \equiv \int_{source} dV(\vec{r},\vec{r}')\ ;\ dV(\vec{r},\vec{r}')\ [\text{V}] \equiv \frac{dQ_s(\vec{r}')}{4\pi\epsilon R}$ $\vec{D}(\vec{r})\ [\text{C/m}^2] = -\epsilon\nabla V(\vec{r})\ ;\ \vec{E}(\vec{r})\ [\text{A/m}] \equiv \frac{1}{\epsilon}\vec{D}(\vec{r})$ $\nabla\cdot\vec{D}(\vec{r}) \equiv \rho_v\ [\text{C/m}^3]$ $\nabla\times\vec{E}(\vec{r}) \equiv 0\ [\text{V/m}^2]$
균일 매질 내의 근원전류밀도와 벡터 자기준위 분포 $\nabla\times\vec{H}(\vec{r}) = \frac{1}{\mu}\nabla\times\vec{B}(\vec{r}) = \frac{1}{\mu}\nabla\times\left(\nabla\times\vec{A}(\vec{r})\right)$ $= \frac{1}{\mu}\left(\nabla\left(\nabla\cdot\vec{A}(\vec{r})\right) - \nabla^2\vec{A}(\vec{r})\right)$ $= -\frac{1}{\mu}\nabla^2\vec{A}(\vec{r}) \equiv \vec{J}(\vec{r})\ [\text{A/m}^2]$ $\nabla^2\vec{A}(\vec{r}) = -\mu\vec{J}(\vec{r})\ [\text{Wb/m}^2]$	균일 매질 내의 근원 전하밀도와 전위 분포 $\nabla\cdot\vec{D}(\vec{r}) \equiv \nabla\cdot\left(\epsilon\vec{E}(\vec{r})\right) = \epsilon\nabla\cdot\left(-\nabla V(\vec{r})\right)$ $= -\epsilon\nabla^2 V(\vec{r}) = \rho_v\ [\text{C/m}^3]$ $\nabla^2 V(\vec{r}) = -\frac{1}{\epsilon}\rho_v\ [\text{V/m}^2]$

7.5.2 벡터 자기준위를 이용한 자기장의 해석

정전기장에서 근원전하에 의해 형성된 벡터 물리량인 전계강도($\boldsymbol{E}(\boldsymbol{r})$ [V/m])와 등가전하밀도($\boldsymbol{D}(\boldsymbol{r})$ [C/m^2]), 그리고 전기장에 의해 시험전하(Q_t [C])가 받는 정전기적 힘($\boldsymbol{F}(\boldsymbol{r})$ [N])을 구할 때, 근원전하에 의해 형성된 스칼라 전위($V(\boldsymbol{r})$ [V])를 이용하는 것이 편리한 경우가 많았다. 이와 유사한 형태로 자기장에서도 근원전류도선에 의해 형성된 벡터 물리량인 회전성 자계강도($\boldsymbol{H}(\boldsymbol{r})$ [A/m])와 자속밀도($\boldsymbol{B}(\boldsymbol{r})$ [Wb/m^2]), 시험전류도선에 작용하는 자기적 힘($d\boldsymbol{F}(\boldsymbol{r})$, $\boldsymbol{F}(\boldsymbol{r})$ [N]; 인력 또는 반발력)을 구하는 과정에서 스칼라 자기준위($V_m(\boldsymbol{r})$ [A])를 사용할 수도 있고, 선형 벡터 자기준위($\boldsymbol{A}(\boldsymbol{r})$ [Wb/m])를 사용할 수도 있다.

$$\left.\begin{aligned}&\vec{H}(\vec{r})\ [\text{A/m}] = -\nabla V_m(\vec{r})\ ;\ \nabla\times\vec{H}(\vec{r}) = \vec{J}(\vec{r}) = 0\ [\text{A/m}^2]\\&V_m(\vec{r})\ [\text{A}] = -\int_\infty^{\vec{r}}\vec{H}(\vec{r})\cdot d\vec{l}\ ;\ V_{m,ab}\ [\text{A}] \equiv -\int_a^b\vec{H}(\vec{r})\cdot d\vec{l} = +\int_b^a\vec{H}(\vec{r})\cdot d\vec{l}\\&\qquad\qquad ;\ \oint\vec{H}(\vec{r})\cdot d\vec{l} = I_{enc}\ [\text{A}]\end{aligned}\right\}$$

$$\rightarrow\begin{cases}\vec{B}(\vec{r})\ [\text{Wb/m}^2] = \mu\vec{H}(\vec{r})\\ d\vec{F}(\vec{r})\ [\text{N}] = I_t d\vec{l}_t(\vec{r})\times\vec{B}(\vec{r})\\ \rightarrow\vec{F}\ [\text{N}] = \int_{test} I_t d\vec{l}_t(\vec{r})\times\vec{B}(\vec{r})\end{cases}$$

그러나 스칼라 자기준위($V_m(\boldsymbol{r})$ [A])는 전류밀도가 0($\boldsymbol{J}(\boldsymbol{r}) = \mathbf{0}$ [A/m^2])인 영역(즉, 자기장의 변화를 일으키는 근원전류가 존재하지 않고, 단지 자기장의 전달 역할만 하는 공간)에서만 유효하므로, 자기장 해석의 응용에 제한이 있다.

이와는 달리, 근원전류도선과 같은 방향을 갖는 선형 벡터 자기준위($\boldsymbol{A}(\boldsymbol{r})$ [Wb/m])는 근원전류도선에 의해 형성된 자기장의 회전성 자계강도와 자속밀도($\boldsymbol{H}(\boldsymbol{r})$ [A/m], $\boldsymbol{B}(\boldsymbol{r})$ [Wb/m^2]) 해석 과정에서 관측점의 전류밀도($\boldsymbol{J}(\boldsymbol{r})$ [A/m^2])의 존재 여부에 관계없이 사용할 수 있는 편리함이 있다. 선형 벡터 자기준위와 이를 이용한 자기장 해석의 핵심 내용을 요약하면 다음과 같다.

$$\left.\begin{aligned}&d\vec{A}(\vec{r},\vec{r}')\ [\text{Wb/m}] \equiv \frac{\mu I_s d\vec{l}_s(\vec{r}')}{4\pi R}\\&\vec{A}(\vec{r})\ [\text{Wb/m}] \equiv \int_{source} d\vec{A}(\vec{r},\vec{r}')\end{aligned}\right\}\rightarrow\begin{cases}\rightarrow\vec{B}(\vec{r})\ [\text{Wb/m}^2] = \nabla\times\vec{A}(\vec{r}); \nabla\cdot\vec{B}(\vec{r}) = \nabla\cdot\left(\nabla\times\vec{A}(\vec{r})\right) = 0\ [\text{Wb/m}^3]\\ \rightarrow\vec{H}(\vec{r})\ [\text{A/m}] = \dfrac{1}{\mu}\vec{B}(\vec{r})\\ \rightarrow d\vec{F}(\vec{r})\ [\text{N}] = \mu I_t d\vec{l}_t(\vec{r})\times\vec{H}(\vec{r}) = I_t d\vec{l}_t(\vec{r})\times\vec{B}(\vec{r})\\ \rightarrow\vec{F}\ [\text{N}] = \int_{test} d\vec{F}(\vec{r})\end{cases}$$

다음의 두 가지 경우의 예를 통해 선형 벡터 자기준위를 이용한 전기장의 회전성 벡터 자속밀도와 자계강도를 해석하는 과정의 편리함을 설명한다.

(a) z-축에 존재하는 유한한 길이의 전류도선에 의한 자기장의 xy-평면($z = 0$)상 관측점 벡터 자기준위와 회전성 자속밀도
(b) 원형전류도선에 흐르는 전류에 의한 벡터 자기준위와 회전성 자속밀도

z-축에 존재하는 유한한 길이의 전류도선에 의한 자기장의 xy-평면(z=0)상 관측점 벡터 자기준위와 회전성 자속밀도

[그림 7-43]과 같이 z-축($-l < z < +l$)에 놓인 유한한 길이($2l$ [m])의 전류도선(I [A])에 의해 형성된 자기장의 벡터 자기준위($\boldsymbol{A}(\boldsymbol{r})$ [Wb/m])를 이용하여 xy-평면($z = 0$)상 관측점 회전성 자속밀도($\boldsymbol{B}(\boldsymbol{r})$ [Wb/m^2])와 자계강도($\boldsymbol{H}(\boldsymbol{r})$ [A/m])를 구하는 과정은 다음과 같다.

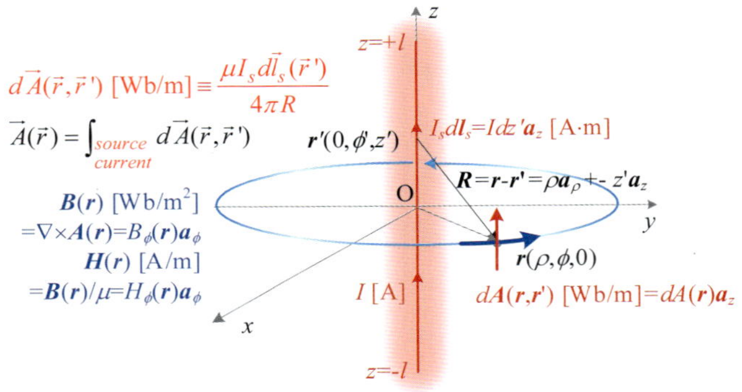

[그림 7-43] z-축에 존재하는 유한한 길이의 전류도선에 의해 형성된 자기장의 선형 벡터 자기준위($\boldsymbol{A}(\boldsymbol{r})$ [Wb/m])를 이용한 자기장 해석

xy-평면($\rho, \phi, z = 0$)상 관측점에서 z-축의 근원전류도선 조각($Id\boldsymbol{l}_s(\boldsymbol{r}')$)에 의해 형성되는 자기장의 벡터 자기준위($d\boldsymbol{A}(\boldsymbol{r},\boldsymbol{r}')$ [Wb/m])는 전류도선에 의한 자기장의 대칭성을 활용하기 위해 원통좌표계를 이용하는 것이 편리하다. 이를 위한 전류도선 조각의 위치 벡터($\boldsymbol{r}'$), 근원전류도선 조각 벡터($Id\boldsymbol{l}_s(\boldsymbol{r}')$ [A·m]) 및 관측점의 위치 벡터($\boldsymbol{r}$), 근원전류도선 조각으로부터 관측점까지의 거리 벡터($\boldsymbol{R} = \boldsymbol{r} - \boldsymbol{r}'$ [m])는 각각 다음과 같다.

$$\left.\begin{aligned} & d\vec{l}_s(\vec{r}\,') = dz'\hat{a}_z \\ & \vec{r} = (\rho,\phi,0) = \rho\cos\phi\hat{a}_x + \rho\sin\phi\hat{a}_y \\ & \vec{r}\,' = (0,\phi',z') = \rho'\cos\phi'\hat{a}_x + \rho'\sin\phi'\hat{a}_y + z'\hat{a}_z\Big|_{\rho'=0} = z'\hat{a}_z \end{aligned}\right\};$$

$$\begin{cases} I_s d\vec{l}_s(\vec{r}\,')\ [\mathrm{A\cdot m}] = Idz'\hat{a}_z\ (-l < z' < +l) \\ \vec{R} \equiv \vec{r} - \vec{r}\,' = \rho\cos\phi\hat{a}_x + \rho\sin\phi\hat{a}_y - z'\hat{a}_z = \rho\hat{a}_\rho - z'\hat{a}_z \\ \quad ;\ R\ [\mathrm{m}] = \sqrt{\rho^2 + z'^2} \end{cases}$$

따라서 xy-평면($z = 0$)상 관측점에서 z-축상의 근원전류도선 조각($Id\boldsymbol{l}_s(\boldsymbol{r}')$)에 의해 형성되는 자기장의 벡터 자기준위($d\boldsymbol{A}(\boldsymbol{r},\boldsymbol{r}')$ [Wb/m])는 다음과 같다.

$$d\vec{A}(\vec{r}(\rho,\phi,0),\vec{r}\,')\ [\mathrm{Wb/m}] \equiv \frac{\mu I_s d\vec{l}_s(\vec{r}\,')}{4\pi R} = \frac{\mu I}{4\pi}\frac{dz'}{\sqrt{\rho^2+z'^2}}\hat{a}_z \quad \propto \begin{cases} I\ [\mathrm{A}] \\ dz'\ [\mathrm{m}];\ (-l < z' < +l) \\ \mu\ [\mathrm{H/m}] \\ d\vec{A}(\vec{r}) \parallel \hat{a}_z \end{cases}$$

즉, 관측점의 벡터 자기준위($d\boldsymbol{A}(\boldsymbol{r})$ [Wb/m])는 모두 전류도선 조각과 같은 z-축 방향 성분($\boldsymbol{a}_A = \boldsymbol{a}_z$)으로 형성된다. 그러나 근원전류도선 조각들이 기여하는 벡터 자기준위의 크기는 전류도선 조각으로부터 관측점까지의 거리(R [m])에 반비례한다. 따라서 xy-평면($z = 0$)상 관측점에서 벡터 자기준위($\boldsymbol{A}(\boldsymbol{r})$ [Wb/m])는 근원전류도선 조각에 의한 부분 벡터 자기준위들의 영향을 근원전류도선 전체에 대해 모두 합하여 다음 결과를 얻는다.

$$\vec{A}(\rho,\phi,0)\ [\text{Wb/m}] \equiv \int_{source} d\vec{A}(\vec{r}(\rho,\phi,0),\vec{r}\,') = \frac{\mu I}{4\pi}\hat{a}_z \int_{z'=-l}^{z'=+l} \frac{1}{\sqrt{\rho^2+z'^2}}dz'$$

$$= \frac{\mu I}{4\pi}\hat{a}_z \ln\left(\sqrt{\rho^2+z'^2}+z'\right)\Bigg|_{z'=-l}^{z'=+l}$$

$$= \frac{\mu I}{4\pi}\ln\left(\frac{\sqrt{\rho^2+l^2}+l}{\sqrt{\rho^2+l^2}-l}\right)\hat{a}_z = A_z(\rho,\phi,0)\hat{a}_z \quad \leftarrow \int \frac{1}{\sqrt{\rho^2+z'^2}}dz' = \ln\left(\sqrt{\rho^2+z'^2}+z'\right)$$

근원전류도선 전체($-\infty < z' < +\infty$)가 형성하는 자기장의 xy-평면($z=0$)상 관측점에서 벡터 자기준위($\boldsymbol{A}(\boldsymbol{r})$ [Wb/m])는 근원전류도선의 대칭성으로 인해 관측점의 z-축 좌표와 x-축으로부터의 회전각(ϕ [rad])에 무관한 값($\boldsymbol{A}(\rho,\phi,z)=\boldsymbol{A}(\rho)$)이며, 그 방향도 모두 z-축과 평행한 성분만 존재한다($\boldsymbol{A}(\boldsymbol{r})=A_z(\rho)\boldsymbol{a}_z$ [Wb/m]). 그러나 z-축으로부터의 거리, 즉 방사방향의 반지름(ρ [m])이 커질수록, 근원전류도선의 영향이 줄어들고 벡터 자기준위의 크기는 감소한다. 즉, 벡터 자기준위는 위치에 의존하는 값을 가지며, 위치에 따른 회전량 벡터도 존재함을 확인할 수 있으며, 회전성 자속밀도($\boldsymbol{B}(\boldsymbol{r})$ [Wb/m^2])가 존재함을 예상할 수 있다.

앞에서 구한 벡터 자기준위($\boldsymbol{A}(\boldsymbol{r})$ [Wb/m])의 회전량 벡터($\nabla\times\boldsymbol{A}(\boldsymbol{r})$)를 이용하면, z-축에 놓인 유한한 길이의 전류도선(I [A])에 의해 형성된 자기장의 xy-평면($z=0$)상 관측점에서 자속밀도($\boldsymbol{B}(\boldsymbol{r})$ [Wb/m^2])는 다음과 같이 얻을 수 있다.

$$\vec{B}(\rho,\phi,0)\ [\text{Wb/m}^2] = \nabla\times\vec{A}(\rho,\phi,0) = -\frac{\partial A_z(\rho,\phi,0)}{\partial\rho}\hat{a}_\phi = -\frac{\partial}{\partial\rho}\left(\frac{\mu I}{4\pi}\ln\left(\frac{\sqrt{\rho^2+l^2}+l}{\sqrt{\rho^2+l^2}-l}\right)\right)\hat{a}_\phi$$

$$= \frac{\mu I}{4\pi}\frac{\partial}{\partial\rho}\left(\ln\left(\frac{\sqrt{\rho^2+l^2}+l}{\sqrt{\rho^2+l^2}-l}\right)\right)\hat{a}_\phi = \frac{\mu I}{2\pi\rho}\frac{l}{\sqrt{\rho^2+l^2}}\hat{a}_\phi \quad : z=0\text{인 } xy\text{-평면의 자속밀도}$$

$$\leftarrow \nabla\times\vec{A}(\vec{r})\Big|_{cylindrical} = \left(\frac{1}{\rho}\frac{\partial A_z(\vec{r})}{\partial\phi} - \frac{\partial A_\phi(\vec{r})}{\partial z}\right)\hat{a}_\rho + \left(\frac{\partial A_\rho(\vec{r})}{\partial z} - \frac{\partial A_z(\vec{r})}{\partial\rho}\right)\hat{a}_\phi + \frac{1}{\rho}\left(\frac{\partial(\rho A_\phi(\vec{r}))}{\partial\rho} - \frac{\partial A_\rho(\vec{r})}{\partial\phi}\right)\hat{a}_z$$

또한 xy-평면($z=0$)상 관측점의 회전성 벡터 자계강도($\boldsymbol{H}(\boldsymbol{r})$ [A/m])는 자속밀도와 매질의 특성을 반영한 자성계수(μ [H/m])를 이용하여 다음과 같이 얻을 수 있다.

$$\vec{H}(\vec{r}(\rho,\phi,0))\ [\text{A/m}] = \frac{1}{\mu}\vec{B}(\vec{r}(\rho,\phi,0)) = \frac{I}{2\pi\rho}\frac{l}{\sqrt{\rho^2+l^2}}\hat{a}_\phi \propto \begin{cases} I \\ 1/\rho \\ \vec{H}(\vec{r}) \parallel \hat{a}_\phi(\vec{r}) \end{cases} \quad : z=0\text{인 } xy\text{-평면의 자계강도}$$

즉, 무한히 긴 전류도선의 경우, 관측점의 자속밀도와 자계강도는 z-축의 위치에 무관하고, 관측점의 반지름(또는 도선으로부터의 수직 거리)이 도선의 길이에 비해 아주 작은 값으로 가정($\rho << l$)할 수 있다. 이를 이용하면 z-축의 무한히 긴 전류도선에 의한 자기장의 회전성 자속밀도($\boldsymbol{B}(\boldsymbol{r})$ [Wb/m^2])와 자계강도($\boldsymbol{H}(\boldsymbol{r})$ [A/m])는 각각 다음과 같이 구할 수 있다.

$$\vec{B}(\rho,\phi,z)\Big|_{\substack{infinite\\ line\ current}}\ [\text{Wb/m}^2] = \vec{B}(\rho,\phi,0)\Big|_{l>>\rho} = \nabla\times\vec{A}(\rho,\phi,0)\Big|_{l>>\rho} = \frac{\mu I}{2\pi\rho}\frac{l}{\sqrt{\rho^2+l^2}}\hat{a}_\phi\Bigg|_{l>>\rho} \cong \frac{\mu I}{2\pi\rho}\hat{a}_\phi$$

: z-축의 무한 전류도선에 의한 자속밀도

$$\vec{H}(\rho,\phi,z)\Big|_{\substack{infinite\\line\ current}} \text{[A/m]} = \vec{H}(\rho,\phi,0)\Big|_{l>>\rho} = \frac{1}{\mu}\vec{B}(\vec{r}) \cong \frac{I}{2\pi\rho}\hat{a}_\phi$$: z-축의 무한 전류도선에 의한 자계강도

즉, 벡터 자기준위($\boldsymbol{A}(\boldsymbol{r})$ [Wb/m])의 회전량 벡터를 이용하여 얻은 관측점의 자속밀도($\boldsymbol{B}(\boldsymbol{r})$ [Wb/m^2])와 자계강도($\boldsymbol{H}(\boldsymbol{r})$ [A/m])는 앞서 비오–사바르의 법칙과 암페어의 법칙을 이용해 얻은 결과와 동일하다. 특히, 관측점의 z-축 좌표와 x-축으로부터의 회전각(ϕ [rad])에 모두 무관하고, z-축으로부터의 수직 거리인 방사 반지름에 반비례한다. 또한, 자계강도와 자속밀도 벡터의 방향은 전류도선을 중심축으로 하는 회전방향 성분으로 형성됨을 확인할 수 있다. 근원전류의 크기와 도선으로부터의 거리에 따른 자기장의 벡터 자기준위, 자계강도, 자속밀도 변화를 [그림 7–44]에 요약하였다.

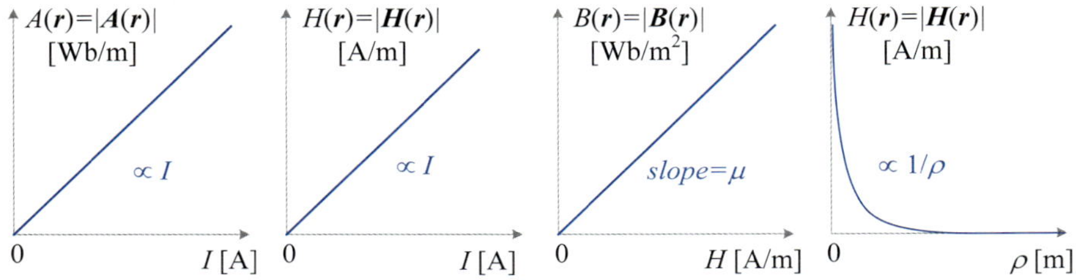

[그림 7–44] 원형전류도선에 의해 형성된 선형 벡터 자기준위($\boldsymbol{A}(\boldsymbol{r})$ [Wb/m]), 회전성 자속밀도($\boldsymbol{B}(\boldsymbol{r})$ [Wb/m^2]), 자계강도 ($\boldsymbol{H}(\boldsymbol{r})$ [A/m])의 관계

원형전류도선에 흐르는 전류에 의한 벡터 자기준위와 회전성 자속밀도

정자기장 해석의 예로서, 반지름이 a [m]인 아주 작은 크기의 원형도선에 흐르는 전류(I [A])에 의해 형성되는 회전성 자계강도와 자속밀도($\boldsymbol{H}(\boldsymbol{r})$ [A/m], $\boldsymbol{B}(\boldsymbol{r})$ [Wb/m^2])는 선형 벡터 자기준위($\boldsymbol{A}(\boldsymbol{r})$ [Wb/m])를 이용하여 편리하게 구할 수 있다. [그림 7–45]에 나타낸 구조는 정해진 궤도를 중심으로 일정한 속도($\boldsymbol{\upsilon} = \upsilon_o \boldsymbol{a}_\phi$ [m/s])로 원운동하는 전하(Q [C])에 의해 전류가 흐르는 경우($Q\boldsymbol{\upsilon} = Q\upsilon_o \boldsymbol{a}_\phi$ [A·m])에도 포함되며, 특히, 전자기 재료 내에서 핵을 중심으로 일정한 궤도를 회전하는 전자에 의해 내부에 폐경로 형태의 전류가 흐르는 경우도 포함한다. 이러한 아주 작은 크기의 원형전류도선은 전자기 재료의 자기장에 대한 반응 특성을 결정하는 자성계수와 밀접한 관계가 있다. 이와 같이 작은 폐경로 형태의 원형전류도선을 자기쌍극자(magnetic dipole)라고 한다. 자기쌍극자가 많이 포함된 전자재료는 이후 자성체(magnetic material)의 자화(magnetization) 과정을 통해 좀 더 구체적으로 학습할 것이다.

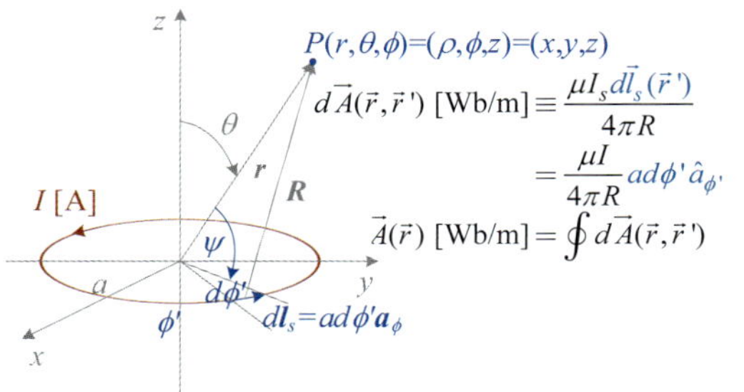

[그림 7–45] 원형전류도선에 의해 형성된 선형 벡터 자기준위($\boldsymbol{A}(\boldsymbol{r})$ [Wb/m])를 이용한 자기장 해석

폐경로 형태의 작은 원형(반지름 a [m]) 전류도선에 의해 형성된 자기장의 회전성 자계강도($\boldsymbol{H}(\boldsymbol{r})$ [A/m])와 회전성 자속밀도($\boldsymbol{B}(\boldsymbol{r})$ [Wb/m²])를 해석하는 데는 선형 벡터 자기준위($\boldsymbol{A}(\boldsymbol{r})$ [Wb/m])를 이용하는 것이 편리하다. [그림 7-45]에 나타낸 원형전류도선에 의해 형성된 자기장의 벡터 자기준위($d\boldsymbol{A}(\boldsymbol{r})$ [Wb/m])를 구하기 위한 편리한 좌표계와 관측점의 위치($\boldsymbol{r}$, $\boldsymbol{r}'$) 및 거리 벡터($\boldsymbol{R}$ [m])는 다음과 같다.

$$\left.\begin{aligned}&\vec{r}=(\rho,\phi,z)=\rho\cos\phi\hat{a}_x+\rho\sin\phi\hat{a}_y+z\hat{a}_z \ \ \&\ \ \vec{r}\,'=(a,\phi',0)=a\cos\phi'\hat{a}_x+a\sin\phi'\hat{a}_y\\ &d\vec{l}_s(\vec{r}\,')\ [\mathrm{m}]=ad\phi'\hat{a}_\phi=ad\phi'\left(-\sin\phi'\hat{a}_x+\cos\phi'\hat{a}_y\right)\end{aligned}\right\}$$

$$\vec{R}\ [\mathrm{m}]\equiv\vec{r}-\vec{r}\,'=\left(\rho\cos\phi-a\cos\phi'\right)\hat{a}_x+\left(\rho\sin\phi-a\sin\phi'\right)\hat{a}_y+z\hat{a}_z$$

$$\begin{aligned}R&=\sqrt{\left(\rho^2+z^2\right)-\rho a\left(\cos\phi\sin\phi'+\sin\phi\cos\phi'\right)+a^2}=\sqrt{r^2-2ar\cos\psi+a^2}\\ &=\sqrt{r^2-2ar\sin\theta\sin\phi'+a^2}=r\sqrt{1+-2\left(a/r\right)\sin\theta\sin\phi'+\left(a/r\right)^2}\\ &\cong r\sqrt{1-2\left(a/r\right)\sin\theta\sin\phi'}\ ;\ \rho^2+z^2=r^2\end{aligned}$$

$$\frac{1}{R}\cong\frac{1}{r}\left(1+\frac{a}{r}\sin\theta\sin\phi'\right)\ (r\gg a)\ \ \lim_{x\to small}(1+x)^n\cong 1+nx$$

위의 좌표계를 적용하면, 원형전류도선의 일부 조각에 의해 형성된 자기장의 벡터 자기준위($d\boldsymbol{A}(\boldsymbol{r})$ [Wb/m])는 다음과 같이 나타낼 수 있다.

$$d\vec{A}(\vec{r},\vec{r}\,')\ [\mathrm{Wb/m}]\equiv\frac{\mu I_s d\vec{l}_s(\vec{r}\,')}{4\pi R}=\frac{\mu I_s}{4\pi R}ad\phi'\left(-\sin\phi'\hat{a}_x+\cos\phi'\hat{a}_y\right)$$: 근원전류도선 조각에 의한 벡터 자계강도

즉, 작은 원형전류도선의 일부 조각에 의해 형성되는 선형 벡터 자기준위($d\boldsymbol{A}(\boldsymbol{r})$ [Wb/m])는 관측점($\boldsymbol{r}$)의 위치에 관계없이 회전각 방향($\boldsymbol{a}_\phi$)의 성분($d\boldsymbol{A}(\boldsymbol{r})=dA_\phi(\boldsymbol{r})\boldsymbol{a}_\phi$ [Wb/m])만 존재한다. 또한, 위치에 따라 선형 벡터 자기준위의 크기는 변하지만, 그 방향은 원형전류도선 조각의 방향과 동일하다.

따라서 원형전류도선 전체가 형성하는 자기장의 벡터 자기준위($\boldsymbol{A}(\boldsymbol{r})$ [Wb/m])는 다음과 같이 도선 전체에 대한 적분 과정을 통해 구할 수 있다.

$$\begin{aligned}\vec{A}(\vec{r})\ [\mathrm{Wb/m}]&\equiv\int_{source}d\vec{A}(\vec{r})=\int_{\phi'=0}^{\phi'=2\pi}\frac{\mu I_s}{4\pi R}ad\phi'\left(-\sin\phi'\hat{a}_x+\cos\phi'\hat{a}_y\right)\\ &=-\int_{\phi'=0}^{\phi'=2\pi}\frac{\mu I_s}{4\pi R}ad\phi'\sin\phi'\hat{a}_x\\ &=\frac{\mu Ia}{2\pi}\hat{a}_\phi\int_{\phi'=-\pi/2}^{+\pi/2}\frac{\sin\phi'}{R}d\phi'=\frac{\mu Ia}{2\pi}\hat{a}_\phi\int_{\phi'=-\pi/2}^{+\pi/2}\frac{1}{r}\left(1+\frac{a}{r}\sin\theta\sin\phi'\right)\sin\phi'd\phi'\\ &\cong\frac{\mu Ia}{2\pi}\hat{a}_\phi\int_{\phi'=-\pi/2}^{+\pi/2}\frac{1}{r}\left(\sin\phi'+\frac{a}{r}\sin\theta\sin^2\phi'\right)d\phi'=\frac{\mu Ia}{2\pi}\hat{a}_\phi\left(\frac{1}{2}\pi\frac{a}{r^2}\sin\theta\right)\\ &=\frac{\mu Ia^2}{4r^2}\sin\theta\hat{a}_\phi=\frac{\mu I(\pi a^2)\sin\theta}{4\pi r^2}\hat{a}_\phi\end{aligned}$$

작은 원형전류도선에 의해 형성되는 선형 벡터 자기준위($\boldsymbol{A}(\boldsymbol{r})$ [Wb/m])도 관측점($\boldsymbol{r}$)의 위치에 관계없이 회전각 방향($\boldsymbol{a}_\phi$)의 성분($\boldsymbol{A}(\boldsymbol{r})=A_\phi(\boldsymbol{r})\boldsymbol{a}_\phi$ [Wb/m])만 존재하며, 위치에 따라 크기는 변하지만

방향은 회전각 성분만 존재한다. 작은 크기의 원형전류도선에 의한 선형 벡터 자기준위($\boldsymbol{A}(\boldsymbol{r})$ [Wb/m])를 형상화하면 [그림 7-46]과 같고, 벡터 자기준위를 결정하는 요소와 의존도를 요약하면 [그림 7-47]과 같다.

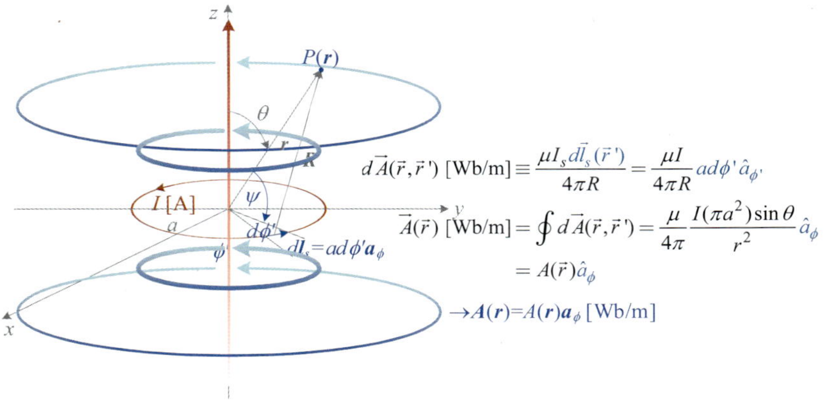

[그림 7-46] 작은 원형전류도선에 의해 형성된 선형 벡터 자기준위($\boldsymbol{A}(\boldsymbol{r})$ [Wb/m])

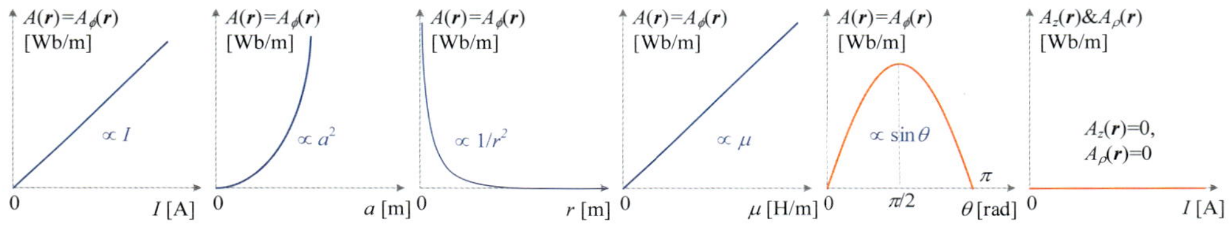

[그림 7-47] 작은 원형전류도선에 의해 형성된 선형 벡터 자기준위($\boldsymbol{A}(\boldsymbol{r})$ [Wb/m])를 결정하는 요소와 의존도

특히, 작은 크기의 원형전류도선에 의한 선형 벡터 자기준위는 도선의 구조와 흐르는 전류, 매질의 자성계수, 그리고 관측점의 위치에 의해 결정된다. 원형전류도선의 구조와 방향, 흐르는 전류에 의해 결정되는 요소를 묶어 다음과 같이 자기쌍극자 모멘트($\boldsymbol{m}$ [A·m^2]: magnetic dipole moment)로 정의하면, 벡터 자기준위는 다음과 같이 간략화된 형태로 나타낼 수 있다. 자기쌍극자 모멘트는 자성체의 자기장에 대한 자화의 특성을 이해하는 과정에 보다 유용하게 사용된다.

$$\vec{m} \equiv [\mathrm{Am}^2] \equiv IS\hat{a}_z = I(\pi a^2)\hat{a}_z$$: 원형도선의 구조와 방향, 전류에 의해 결정되는 자기쌍극자 모멘트 (magnetic dipole moment)

$$\vec{A}(\vec{r})\ [\mathrm{Wb/m}] \cong \frac{\mu}{4\pi r^2} I(\pi a^2)\sin\theta\hat{a}_\phi = \frac{\mu}{4\pi r^2}\vec{m}\times\hat{a}_r = \frac{\mu}{4\pi r^3}\vec{m}\times\vec{r}\ (r \gg a)$$

위의 원형전류도선에 의해 형성된 자기장의 선형 벡터 자기준위($\boldsymbol{A}(\boldsymbol{r})$ [Wb/m])의 회전량 벡터 연산을 통해 관측점의 회전성 벡터 자속밀도($\boldsymbol{B}(\boldsymbol{r})$ [Wb/m^2])와 자계강도($\boldsymbol{H}(\boldsymbol{r})$ [A/m])를 구할 수 있다.

$$\vec{B}(\vec{r})\ [\mathrm{Wb/m^2}] = \nabla\times\vec{A}(\vec{r}) = \frac{\mu I}{4\pi}\frac{(\pi a^2)}{r^3}\left(2\cos\theta\hat{a}_r + \sin\theta\hat{a}_\theta\right) = B_r(\vec{r})\hat{a}_r + B_\theta(\vec{r})\hat{a}_\theta\ (r \gg a)$$

$$B_r(\vec{r})\ [\text{Wb/m}^2] = \frac{\mu I}{4\pi}\frac{(\pi a^2)}{r^3}2\cos\theta,\ B_\theta(\vec{r})\ [\text{Wb/m}^2] = \frac{\mu I}{4\pi}\frac{(\pi a^2)}{r^3}\sin\theta$$: 작은 원형전류도선에 의한 자속밀도

$$\vec{H}(\vec{r})\ [\text{A/m}] = \frac{1}{\mu}\vec{B}(\vec{r}) = \frac{I}{4\pi}\frac{(\pi a^2)}{r^3}\left(2\cos\theta\hat{a}_r + \sin\theta\hat{a}_\theta\right) = H_r(\vec{r})\hat{a}_r + H_\theta(\vec{r})\hat{a}_\theta\ \left(r \gg a\right)$$

$$H_r(\vec{r})\ [A/m] = \frac{I}{4\pi}\frac{(\pi a^2)}{r^3}2\cos\theta,\ B_\theta(\vec{r})\ [\text{Wb/m}^2] = \frac{I}{4\pi}\frac{(\pi a^2)}{r^3}\sin\theta$$: 작은 원형전류도선에 의한 자계강도

즉, 회전각 방향의 선형 벡터 자기준위($\boldsymbol{A}(\boldsymbol{r})$ [Wb/m])의 회전량 벡터로부터 얻은 자속밀도($\boldsymbol{B}(\boldsymbol{r})$ [Wb/m^2])와 자계강도($\boldsymbol{H}(\boldsymbol{r})$ [A/m])는 모든 관측점($\boldsymbol{r}$)에서 회전각 방향($\boldsymbol{a}_\phi$)의 성분은 존재하지 않고 ($B_\phi(\boldsymbol{r}) = 0$, $H_\phi(\boldsymbol{r}) = 0$), 방사방향 또는 z-축으로부터의 회전각 방향의 성분($B_\theta(\boldsymbol{r})$, $H_\theta(\boldsymbol{r})$)만 존재한다. 그럼에도 z-축상($\theta = 0$ [rad])에서는 어디에서나 z-축과 평행한 성분만 존재한다.

xy-평면의 작은 폐경로 형태의 전류도선이 근원전류의 형태로 작용할 때 형성되는 관측점의 벡터 자기준위($\boldsymbol{A}(\boldsymbol{r})$ [Wb/m]), 벡터 자기준위의 회전량 벡터로부터 얻은 자속밀도($\boldsymbol{B}(\boldsymbol{r})$ [Wb/m^2]), 그리고 자속밀도로부터 얻은 자계강도($\boldsymbol{H}(\boldsymbol{r})$ [A/m])를 형상화하여 [그림 7-48]에 나타내었다.

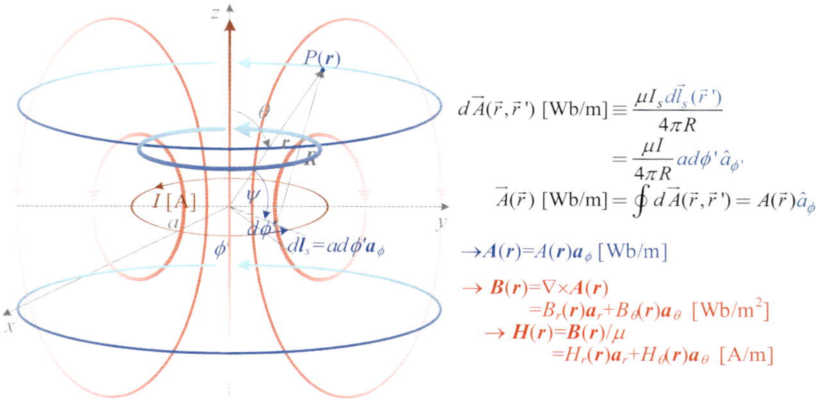

[그림 7-48] 작은 원형전류도선에 의해 형성된 선형 벡터 자기준위($\boldsymbol{A}(\boldsymbol{r})$ [Wb/m]), 자속밀도($\boldsymbol{B}(\boldsymbol{r})$ [Wb/m^2]), 자계강도 ($\boldsymbol{H}(\boldsymbol{r})$ [A/m])

Chapter_07 핵심요약

대칭구조 근원전류도선에 의한 자기장의 형성 : 암페어의 법칙과 자계강도, 벡터 자기준위, 스칼라 자기준위

$I_s dl_s \downarrow H(r) \downarrow B(r)$

암페어의 법칙(Ampere's Law) : **대칭구조의 근원전류도선에 의해 형성된 자계강도(*H*(*r*) [A/m])를 편리하게 구함**

$\oint \vec{H}(\vec{r})\cdot d\vec{l} = \oint \vec{H}(\vec{r})\cdot \hat{a}_t dl = I_{enc}$ [A] ← 암페어의 법칙으로 대칭구조 근원전류도선에 의한 자계강도를 구하는 용도로 사용

→ $\vec{H}(\vec{r})$ [A/m] : 암페어의 법칙을 이용하여 구한 근원전류도선 중심의 회전성 자계강도

→ $\vec{B}(\vec{r})$ [Wb/m^2] $= \mu\vec{H}(\vec{r})$; [Wb/m^2] = [H · A/m^2] : 자계강도로부터 얻는 자속밀도

→ $\vec{F}(\vec{r})$ [N] $= \int_{-\infty \atop test}^{+\infty} d\vec{F}(\vec{r})$; $d\vec{F}(\vec{r}) = \mu I_t d\vec{l}_t(\vec{r}) \times \vec{H}(\vec{r})$; $I_t d\vec{l}_t(\vec{r})$ [A · m] $\longleftrightarrow \begin{cases} Q_t\vec{v}_t(\vec{r}) \\ \vec{K}_t dS_t(\vec{r}) \\ \vec{J}_t dv_t(\vec{r}) \end{cases}$

$I_s dl_s \downarrow A(r) \downarrow B(r)$

벡터 물리량인 회전벡터량($\nabla\times A(r)$)**과 스토크스의 정리**(Stokes's theorem) & **자기장의 암페어의 법칙 응용**

$\nabla\times\vec{A}(\vec{r}) \equiv \lim_{\Delta S\to \text{small}} \dfrac{\oint_{\Delta S}\vec{A}(\vec{r})\cdot d\vec{l}(\vec{r})}{\Delta S}\hat{a}_n = \lim_{\Delta S\to \text{small}} \dfrac{\oint_{\Delta S}\left(\vec{A}(\vec{r})\cdot\hat{a}_t\right)dl(\vec{r})}{\Delta S}\hat{a}_n$: 벡터 *A*(*r*)에 대한 회전벡터량($\nabla\times A(r)$)의 정의

$$\left(\nabla\times\vec{A}(\vec{r})\Delta S\right)\cdot\hat{a}_n = \left(\oint_{\Delta S:\,loop}\vec{A}(\vec{r})\cdot d\vec{l}(\vec{r})\right)\hat{a}_n\cdot\hat{a}_n$$

$$\Longleftrightarrow \int_{\Delta S:\,loop}\left(\left(\nabla\times\vec{A}(\vec{r})\right)\cdot\hat{a}_n dS\right) = \int_{\Delta S:\,loop}\left(\nabla\times\vec{A}(\vec{r})\right)\cdot d\vec{S} = \oint_{\Delta S:\,loop}\vec{A}(\vec{r})\cdot d\vec{l}(\vec{r})$$

$\oint \vec{A}(\vec{r})\cdot d\vec{l} = \int\left(\nabla\times\vec{A}(\vec{r})\right)\cdot d\vec{S} \equiv I_{enc,\vec{A}} \Leftarrow \int \vec{J}_{\Delta S,\vec{A}}(\vec{r})\cdot d\vec{S}$ [C] : 벡터 회전량 정리(Stokes's theorem)

$\Longleftrightarrow \nabla\times\vec{A}(\vec{r}) = \vec{J}_{\Delta S,\vec{A}}(\vec{r})$

; 폐곡선을 통해 벡터(*A*(*r*))의 회전량을 발생하는 근원의 총량($I_{enc,A}$) & $J_{\Delta S,A}$: 벡터(*A*(*r*))를 발생하는 근원의 밀도

$J(r) \downarrow H(r) \downarrow B(r) \downarrow F(r)$

회전량에 관한 방정식(Curl Eq.) : **임의의 근원전류분포(*J*(*r*) [A/m^2])에 의해 형성된 자계강도(*H*(*r*) [A/m])를 구할 때 사용**

$\oint \vec{H}(\vec{r})\cdot d\vec{l} = \int\left(\nabla\times\vec{H}(\vec{r})\right)\cdot d\vec{S} = I_{enc} \Leftarrow \int_{vol}\vec{J}(\vec{r})\cdot d\vec{S}$ [A] ; $\vec{J}(\vec{r})$ [A/m^2]

: 회전벡터 정리(Stokes's theorem)의 자기장 응용

$\longleftrightarrow \oint \vec{H}(\vec{r})\cdot d\vec{l} = \int\left(\nabla\times\vec{H}(\vec{r})\right)\cdot d\vec{S} \equiv I_{enc}$ [A] $\Leftrightarrow \int \vec{J}(\vec{r})\cdot d\vec{S}$ [A]

$\longleftrightarrow \nabla\times\vec{H}(\vec{r}) = \vec{J}(\vec{r})$ [A/m^2] : 자기장에 대한 curl 방정식 = 암페어 법칙의 미분 형태

(임의의 *J*(*r*) [A/m^3] → *H*(*r*) [A/m]를 구함)

→ "자기장의 근원인 전류(*J*(*r*) [A/m^2])가 흐르면 전류도선을 중심으로 주변에 자기장의 회전성분($\nabla\times H(r)$ [A/m^2])이 형성됨"을 의미함

→ "맥스웰(Maxwell) 방정식의 하나"이며, 암페어 법칙의 미분형

→ $\vec{H}(\vec{r})$ [A/m] → $\vec{B}(\vec{r}) = \mu\vec{H}(\vec{r})$ [Wb/m^2] = [T] ⇒

→ $\vec{F}(\vec{r})$ [N] $= \int_{-\infty \atop test}^{+\infty} d\vec{F}(\vec{r})$; $d\vec{F}(\vec{r}) = \mu I_t d\vec{l}_t(\vec{r}) \times \vec{H}(\vec{r})$; $I_t d\vec{l}_t(\vec{r})$ [A · m] $\longleftrightarrow \begin{cases} Q_t\vec{v}_t(\vec{r}) \\ \vec{K}_t dS_t(\vec{r}) \\ \vec{J}_t dv_t(\vec{r}) \end{cases}$

$I_S \downarrow H(r) \downarrow B(r)$

자계강도에 대한 회전량 벡터(Curl)와 정자기장의 특성: 보존 자기장

→ $\oint \vec{B}(\vec{r})\cdot d\vec{S} = \int_{vol}\nabla\cdot\vec{B}(\vec{r})dv = \int_{vol}\rho_{mag}dv = \Psi_{m,enc} = 0$ [Wb] : Divergence theorem

→ $\nabla\cdot\vec{B}(\vec{r}) = \rho_{mag} = 0$ [Wb/m^3] & $\nabla\cdot\vec{H}(\vec{r}) = 0$ [A/m^2] : 보존 자기장(conservative magnetic field) & No magnetic monopole($\rho_{mag} = 0$)

<table>
<tr>
<td>$\boldsymbol{A(r)}$
[Wb/m]
$\boldsymbol{B(r)}$
[Wb/m^2]</td>
<td>벡터 자기준위(Vector Magnetic Potential) : $\boldsymbol{A(r)}$ [Wb/m] = [H·A/m]
$\oint_{\substack{closed\\surface}} \vec{B}(\vec{r})\cdot d\vec{S} = \int \left(\nabla\cdot\vec{B}(\vec{r})\right) dv = 0$ [Wb] : 자속밀도의 발산량에 관한 정리
$\Leftarrow \nabla\cdot\vec{B}(\vec{r}) = \rho_{mag} = 0$ [Wb/m^3] : 자기단극자(magnetic monopole)는 존재하지 않으며, 폐경로 형태의 전류도선인 자기쌍극자 (magnetic dipole)로만 존재함을 의미함
$\nabla\cdot\vec{B}(\vec{r}) = 0$ [Wb/m^3]? $\Leftrightarrow \vec{B}(\vec{r}) \equiv \nabla\times\vec{A}(\vec{r}) \Rightarrow \nabla\cdot\vec{B}(\vec{r}) = \nabla\cdot\left(\nabla\times\vec{A}(\vec{r})\right) \equiv 0$ [Wb/m^3] : 벡터의 항등식
$\vec{A}(\vec{r})$ [Wb/m] $= \oint \frac{\mu}{4\pi R} I d\vec{l} = \int_S \frac{\mu}{4\pi R}\vec{K} dS = \int_v \frac{\mu}{4\pi R}\vec{J} dv$: 전류도선 조각을 중심으로 하는 방사형 벡터 자기준위
$\oint \vec{A}(\vec{r})\cdot d\vec{l} = \int_S \nabla\times\vec{A}(\vec{r})\cdot d\vec{S} = \int_S \vec{B}(\vec{r})\cdot d\vec{S} = \Psi_m$ [Wb] : 벡터 자기준위와 자속량의 관계
$\vec{B}(\vec{r})$ [Wb/m^2] $\equiv -\mu\nabla V_m(\vec{r}); \begin{cases} \nabla\times\vec{B}(\vec{r}) = 0 & [\text{Wb/m}^3] \\ \nabla\times\vec{A}(\vec{r}) = \vec{B}(\vec{r}) = \mu\vec{H}(\vec{r}) & [\text{Wb/m}^2] \end{cases}$: 벡터 자기준위와 자속밀도, 스칼라 자기준위의 관계</td>
</tr>
<tr>
<td>$\boldsymbol{A(r)}$
[Wb/m]
↓
V_m [A]</td>
<td>스칼라 자기준위(Scalar Magnetic Potential : 자위(磁位)) : $V_m(\boldsymbol{r})$ [A]
$\vec{H}(\vec{r})$ [A/m] $= -\nabla V_m(\vec{r})$ [A] : 스칼라 자기준위와 벡터 자계강도의 관계
$V_m(\vec{r})$ [A] $\equiv -\int_{\infty}^{\vec{r}} \vec{H}(\vec{r})\cdot d\vec{l}$: 스칼라 자기준위
V_{mAB} [A] $= V_{mA} - V_{mB} \equiv -\int_A^B \vec{H}(\vec{r})\cdot d\vec{l} = \int_B^A \vec{H}(\vec{r})\cdot d\vec{l} = -\int_A^B \vec{H}(\vec{r})\cdot \hat{a}_t dl$: 스칼라 자기준위차</td>
</tr>
</table>

Chapter_07 연습문제

7.1 (Vector Basics; Curl) 전자기학에서 벡터량에 대한 회전 성분(Curl)의 물리적 의미를 이해하고, 이를 잘 활용하는 것은 중요하다.

(a) 벡터 물리량의 회전량(Curl)의 정의와 의미를 쉽고 간략하게 핵심 내용을 담아 설명하라(그림을 활용하거나 구체적 예를 들어도 됨).

(b) $\nabla\times\boldsymbol{H}(\boldsymbol{r}) = \boldsymbol{J}(\boldsymbol{r})$ [A/m²]가 함축하고 있는 의미를 설명하라.

7.2 (Magnetic Field; Magnetic Flux & Magnetic Flux Density) $y < 0$ 영역의 자성계수는 $\mu_- = \mu_o$ [H/m], $y > 0$ 영역의 자성계수는 $\mu_+ = 2\mu_o$ [H/m]이다. xz-평면 전체에 걸쳐 균일한 선전류밀도($\boldsymbol{K} = K_o a_z$ [A/m])를 갖는 전류 평면(current sheet)을 이용하여 자기장 형성과 자기적 영향을 이해하고자 한다.

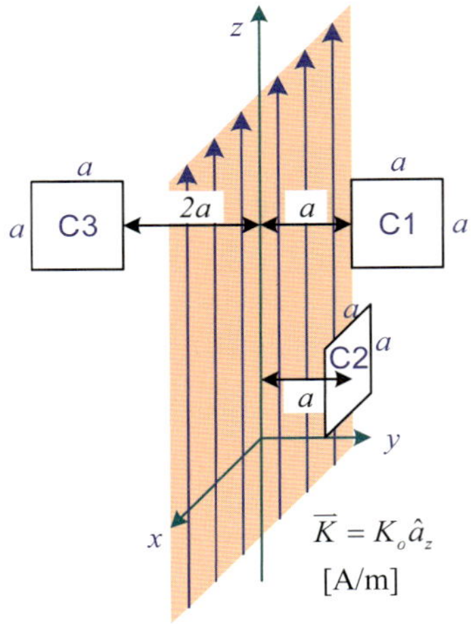

(a) 임의의 한 점(x,y,z)에서 이 전류로 인해 형성된 자계강도($\boldsymbol{H}(\boldsymbol{r})$ [A/m])를 구하라.

(b) 이 전류로 인해 형성된 자기유동밀도(자속밀도: $\boldsymbol{B}(\boldsymbol{r})$ [T] = [Wb/m²])를 구하라.

가로와 세로가 각각 a [m]인 정사각형 형태의 폐회로(square closed loop)를 이용하여 이 전류로 인해 형성된 자기유동량(자속: Ψ_m [Wb])을 검출하고자 한다.

(c) 전류 평면으로부터의 수직 거리가 a [m]이고, yz-평면과 평행한 폐경로 C_1을 통해 검출되는 자기유동량(Ψ_{m1} [Wb])을 구하라.

(d) 전류 평면으로부터의 수직 거리가 a [m]이고, xz-평면과 평행한 폐경로 C_2를 통해 검출되는 자기유동량(Ψ_{m2} [Wb])을 구하라.

(e) 전류 평면으로부터의 수직 거리가 $2a$ [m]이고, yz-평면과 평행한 폐경로 C_3을 통해 검출되는 자기유동량(Ψ_{m3} [Wb])을 구하라.

(f) C_1, C_2, C_3 중 검출되는 신호가 가장 작은 경우에, 폐경로의 가로와 세로를 각각 2배($2a$ [m])로 증가시킬 경우, 검출되는 자기유동량(Ψ_{m2} [Wb])을 구하라.

7.3 (Magnetic Field; Magnetic Flux & Magnetic Flux Density) 전력선, RF회로, 및 CMOS 집적회로(integrated circuit: IC) 등에서 자주 접하게 되는 상황의 하나로서, 같은 크기의 전류가 서로 반대방향으로 z-축과 평행하게 $(-\infty \leftrightarrow +\infty)$ 흐르고 있다(자성계수는 μ [H/m]).

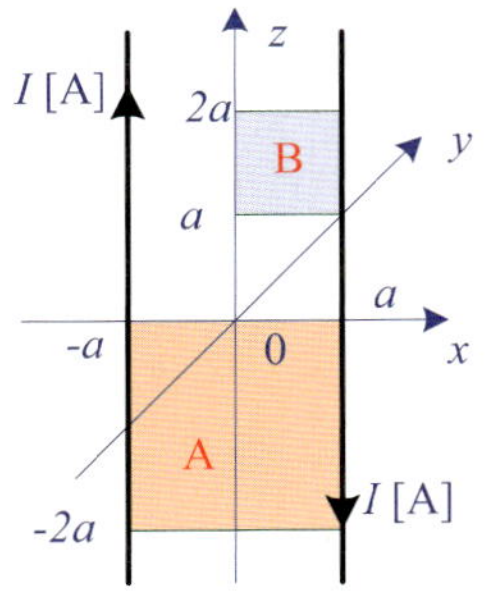

(a) $x = -a$인 x-축상의 지점에서 z-축 양의 방향으로 평행하게 흐르는 전류만 존재하는 경우 x-축상의 임의의 점에서 자계강도($\boldsymbol{H}(\boldsymbol{r})$ [A/m])를 구하고, 그 크기를 그림으로 나타내라.

(b) $x = +a$인 지점에서 z-축 음의 방향으로 평행하게 흐르는 전류만 존재하는 경우, x-축상의 임의의 점에서 자계강도($\boldsymbol{H}(\boldsymbol{r})$ [A/m])를 구하고, 그 크기를 그림으로 나타내라.

(c) z-축 양의 방향과 음의 방향으로 흐르는 전류가 모두 존재하는 경우, x-축상의 임의의 점에서 자기유동밀도(자속밀도: $\boldsymbol{B}(\boldsymbol{r})$ [T] = [Wb/m^2])를 구하라.

(d) z-축 양의 방향과 음의 방향의 전류가 모두 존재하는 경우, 그림의 폐경로 A(면적 = $4a^2$ [m^2])를 통과하는 자기유동량(자속: Ψ_{mA} [Wb])과 폐경로 B(면적 = a^2 [m^2])를 통과하는 Ψ_{mB} [Wb]의 크기를 비교하라(Ψ_{mB}/Ψ_{mA}).

(e) 두 도선 간에 작용하는 힘($\boldsymbol{F}$ [N])의 방향을 설명하고, 단위길이당 작용하는 힘의 세기($|\boldsymbol{F}_o|$ [N/m])를 구하라.

7.4 (Magnetic Field; Magnetic Flux & Magnetic Flux Density) 벡터 물리량에 대한 회전 성분(curl)과 발산 성분(divergence)의 물리적 의미를 이해하고 잘 활용하는 것은 앞으로 전자기학 및 관련 교과목 내용의 이해와 현장의 실무 수행에 중요하다.

(a) Curl의 의미를 쉽고 간략하게 설명하라(그림을 활용하거나 구체적 예를 들어도 됨).

(b) $\nabla\times\boldsymbol{H}(\boldsymbol{r}) = \boldsymbol{J}(\boldsymbol{r})$, $\boldsymbol{J}(\boldsymbol{r})$ [A/m^2] = 전류밀도인 것을 활용하여 스토크스(Stokes)의 정리를 설명하라.

7.5 (Vector Basics: Curl & Divergence) 임의의 벡터 물리량($\boldsymbol{A}(\boldsymbol{r})$)에 대한 회전량 벡터(curl: $\nabla\times\boldsymbol{A}(\boldsymbol{r})$)와 발산량(divergence: $\nabla\cdot\boldsymbol{A}(\boldsymbol{r})$)의 물리적 의미를 이해하고 잘 활용하는 것은 앞으로 전자기학 및 관련 교과목 내용의 이해에 중요하다. 특히, 회전량 벡터의 의미를 우리 일상의 주변에서 볼 수 있는 현상을 중심으로 이해하는 것도 좋은 방법이다. 예로서, 강물에 세운 교각(다리) 주변에는 항상 소용돌이가 만들어진다. 교각을 중심으로 일정한 속도로 회전하는 소용돌이 물살을 회전량 벡터로 표시하고자 한다.

(a) 소용돌이에 의한 회전량 벡터의 크기는 무엇에 의존하는지 설명하라.

(b) 소용돌이를 나타내는 회전량 벡터의 방향은 어떻게 되는지 그림을 이용해 설명하라.

7.6 (Magnetic Field; Magnetic Flux & Magnetic Flux Density) CMOS RF 집적회로에서 자주 접하게 되는 상황의 하나로서, 그림과 같이 서로 다른 두 전류가 y-축과 평행하게($-\infty \leftrightarrow +\infty$) 흐르는 상황을 통해 자기장의 현상을 이해하고자 한다.

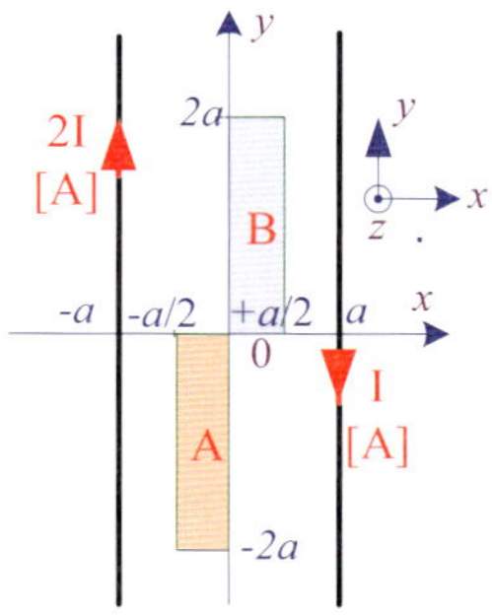

(a) 자기장은 어떤 상호작용(또는 물리적 현상)을 설명하기 위해 도입한 개념인지 간략히 설명하라.

(b) $x = -a$인 지점에서 y-축 양의 방향으로 평행하게 흐르는 전류만 존재하는 경우 x-축상의 임의의 점에서 자계강도($\boldsymbol{H}(\boldsymbol{r})$ [A/m])를 구하고 그 크기를 그림으로 나타내라.

(c) $x = +a$인 지점에서 y-축 음의 방향으로 평행하게 흐르는 전류만 존재하는 경우 x-축상의 임의의 점에서 자계강도($\boldsymbol{H}$ [A/m])를 구하고, 그 크기를 그림으로 나타내라.

(d) $x = -a$와 $x = +a$에 y-축에 평행하게 흐르는 두 전류가 모두 존재하는 경우 x-축상의 임의의 점에서 자기유동밀도(자속밀도: $\boldsymbol{B}(\boldsymbol{r})$ [T] = [Wb/m^2])를 구하라(단, 자성계수는 μ_o [H/m]).

(e) 두 전류가 모두 존재하는 경우 xy-평면상의 폐경로 A(면적 = a^2 [m^2])를 통과하는 자속량(Ψ_{mA} [Wb])을 구하라.

(f) 두 전류가 모두 존재하는 경우 xy-평면상의 폐경로 B(면적 a^2 [m^2])를 통과하는 자기유동량(자속: Ψ_{mB} [Wb])의 크기를 구하라.

(g) $x = +a$에 있는 전류도선에 작용하는 힘($\boldsymbol{F}$ [N])의 방향을 설명하고 단위길이당 작용하는 힘의 세기 ($|\boldsymbol{F}_o|$ [N/m])를 구하라.

(h) $x = -a$에 있는 전류도선에 작용하는 힘($\boldsymbol{F}$ [N])의 방향과 크기)의 경우와 비교하라.

7.7 (Magnetic Field, Force, Torque) 오른쪽 그림과 같이 z축($-\infty < z < +\infty$)의 양의 방향으로 가늘고 무한히 긴 도선에 전류가 흐르고 있으며, 그 주변에 같은 크기의 전류가 흐르는 3개의 폐경로 전류도선이 있다(단, 3개의 폐경로 전류도선 상호 간의 영향은 고려하지 않음).

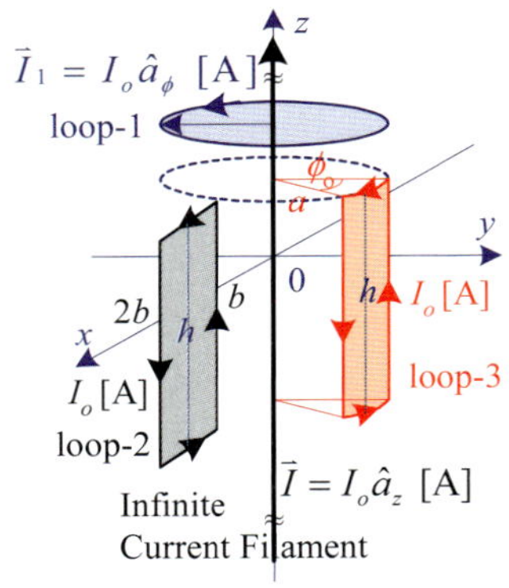

(a) 무한 도선 전류로 인해 형성된 자계에 의해 반지름 $\rho = a$ [m]인 폐경로 전류도선-1 전체가 받게 되는 힘($\boldsymbol{F}$ [N])을 구하라.

(b) 무한 도선전류로 인해 형성된 자계에 의해 반지름 $\rho = a$ [m]인 폐경로 전류도선-1에 작용하는 회전력 벡터($\boldsymbol{T}$ [N·m])의 존재 여부를 설명하라.

(c) 아주 가늘고 무한히 긴 도선에 전류가 z-축의 음의 방향으로 흐를 경우 폐경로 전류도선-1 전체가 받게 되는 힘($\boldsymbol{F}$ [N])을 구하라.

(d) 무한 도선 전류를 2배 증가시킬 경우 폐경로 전류도선-1 전체가 받게 되는 힘($\boldsymbol{F}$ [N])을 구하라.

(e) 무한 도선 전류로 인해 폐경로 전류도선-2 전체가 받게 되는 힘($\boldsymbol{F}$ [N])을 구하라.

(f) 무한 도선 전류로 인해 폐경로 전류도선-3 전체가 받게 되는 힘($\boldsymbol{F}$ [N])을 구하라.

7.8 (Magnetic Field & Coaxial Cable) 오른쪽 그림과 같이 반지름이 다른 얇은 도체판으로 이루어진 동심원 형태의 동축 전송선(coaxial cable)이 있다. 반지름이 $\rho = a$ [m]인 안쪽 도선에 z-축 방향의 전류 I [A]가 도체면에 균일하게 분포하여 흐르고, 반지름 $\rho = b$ [m]인 바깥쪽 도체에는 같은 크기의 전류(I [A])가 z-축의 음의 방향으로 도체면에 균일하게 분포되어 흐르고 있다(모든 재료: 진공에서의 값(μ_o [H/m])으로 가정).

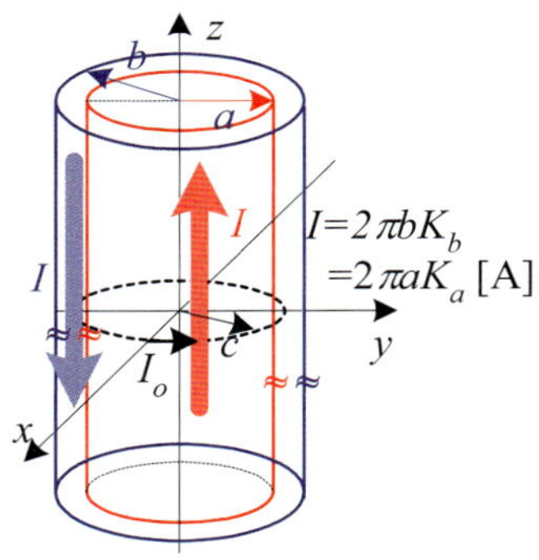

(a) 원점으로부터의 거리에 따른 자기장의 세기($\boldsymbol{H}(\boldsymbol{r})$ [A/m])를 구하라.

(b) 원점으로부터의 거리에 따른 자속밀도(자기장 유동밀도: $\boldsymbol{B}(\boldsymbol{r})$ [Wb/m^2])를 구하라.

(c) 전류(I [A])가 흐르는 반지름이 $\rho = c$ [m] ($a < c < b$)인 동심원의 도선을 a와 b의 한가운데에 살짝 끼워 넣으면 그 도체는 어떻게 움직일지 설명하라.

(d) 반지름 $\rho = b$인 바깥 도체의 전류 방향은 z-축 음의 방향으로 그대로 유지한 채, 크기가 $2I$로 증가될 때 원점으로부터의 거리에 따른 자계강도($\boldsymbol{H}(\boldsymbol{r})$ [A/m])를 구하라.

(e) 반지름 $\rho = b$인 바깥 도체의 전류의 크기는 그대로 유지한 채, z-축 양의 방향으로 바꿀 때 원점으로부터의 거리에 따른 자계강도($\boldsymbol{H}(\boldsymbol{r})$ [A/m])를 구하라.

(f) 안쪽 도체에 의해 형성된 자기장에 의해 바깥 도체가 받게 되는 힘의 크기와 방향, 그리고 그 힘으로 인해 바깥 도체는 어떤 형태로 움직일지 설명하라.

7.9 (Magnetic Field) 그림과 같이 x축의 양의 방향으로 흐르는 일정한 크기의 전류(I [A])에 의해 형성되는 자기장을 통해 비오–사바르(Biot-Savart)의 법칙과 암페어의 법칙(Ampere's circuital law)을 이해하고자 한다.

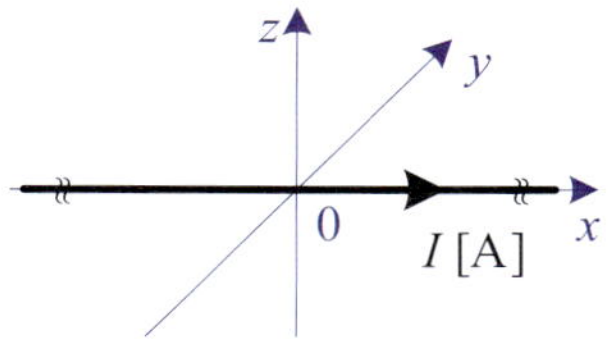

(a) 비오–사바르의 법칙을 이용하여 임의의 위치(점)에서 자계강도($\boldsymbol{H}(\boldsymbol{r})$ [A/m])를 구하라.

(b) 암페어의 법칙을 이용하여 임의의 위치(점)에서 자계강도($\boldsymbol{H}(\boldsymbol{r})$ [A/m])를 구하라.

7.10 (Curl, H & J) 자기장의 위치에 따른 변화가 다음 식과 같이 균일하지 않은 공간(μ_0 [H/m], ϵ_0 [F/m])이 있다. $\vec{B}(x,y,z) = \left(B_x, B_y, B_z\right) = \left(3y+3z, -2x+z, x-y\right)$ [Wb/m^2] = [H · A/m^2]

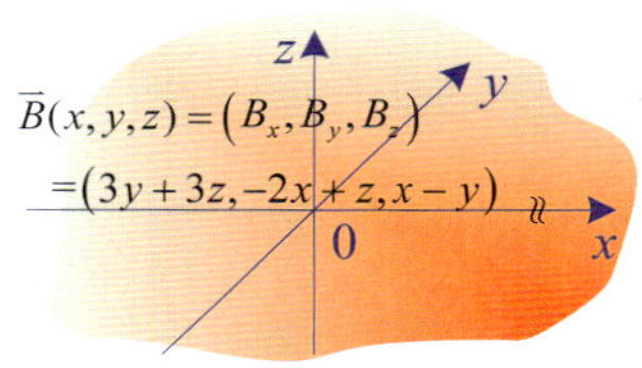

(a) 자기장($\boldsymbol{H}(\boldsymbol{r})$ [A/m])의 근원이 되는 전류(I [A])의 존재를 확인할 수 있는 관계식을 적고, 의미를 간략히 설명하라.

(b) 위치 $P_1(0,0,0)$ [m]인 지점에 자기장을 형성하는 근원이 존재하는지 설명하고, 존재한다면 그 크기와 방향을 구하라.

(c) 위치 $P_2(1,1,1)$ [m]인 지점에 자기장($\boldsymbol{H}(\boldsymbol{r})$ [A/m])을 형성하는 근원이 존재하는지 설명하고, 존재한다면 그 크기와 방향을 구하라.

(d) 임의의 위치 $P(x,y,z)$에 존재하는 전류밀도($\boldsymbol{J}(\boldsymbol{r})$ [A/m^2])의 세기와 방향을 구하라.

7.11 (Biot-Savart & Ampere's Law) 자기장의 이해와 해석의 편리함을 위해서는 비오–사바르의 법칙과 암페어의 법칙을 잘 이해하고 적절히 활용하는 것이 중요하다.

(a) 비오–사바르의 법칙은 무슨 현상을 이해하기 위한 것인지 간략히 설명하라.

(b) 비오–사바르의 법칙에서 설명하는 힘(Force: $\boldsymbol{F}(\boldsymbol{r})$ [N])과 자기장의 세기(자계강도: $\boldsymbol{H}(\boldsymbol{r})$ [A/m])의 관계에 관해 간략히 설명하라.

(c) 암페어의 법칙은 무슨 현상을 해석하기 위한 것인지, 어떤 경우에 편리하게 활용할 수 있는지 간략히 설명하라.

7.12 (Curl & Vector Operation) 벡터(Vector) 물리량에 대한 회전량(curl)의 물리적 의미를 이해하고 잘 활용하는 것은 전자기학의 학습내용 이해에 매우 중요하다.

(a) 벡터 물리량 $\vec{A}$에 대한 회전량 벡터($\nabla \times \vec{A}$)란 무엇인지 설명하라.

(b) 벡터 물리량에 대한 스토크스의 정리(Stokes's theorem)란 무엇인지 간략히 설명하고 자기장에서의 응용에 관해 설명하라.

7.13 (Magnetic Field, Force) 오른쪽 그림과 같이 z-축($-\infty < z < +\infty$)의 양의 방향으로 무한히 긴 도선에 전류(I [A])가 흐르고 있으며, 그 주변에 같은 크기의 전류(I [A])가 흐르는 3개의 폐경로 전류도선이 있다(단, 3개의 폐경로 전류도선 상호 간의 영향은 고려하지 않음).

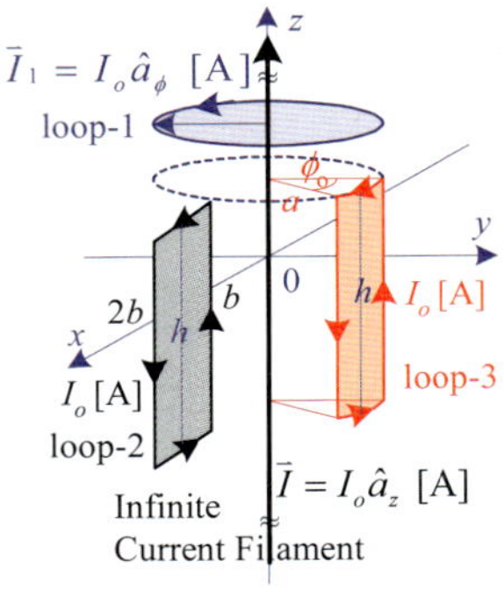

(a) 무한히 긴 도선의 전류로 인해 반지름이 a [m]인 폐경로 전류도선-1 전체가 받게 되는 힘($\boldsymbol{F}$ [N])을 구하라.

(b) 전류가 z-축의 음의 방향으로 흐를 경우 폐경로 전류도선-1 전체가 받게 되는 힘($\boldsymbol{F}$ [N])을 구하라.

(c) 무한 필라멘트 전류를 2배 증가시킬 경우 폐경로 전류도선-1 전체가 받게 되는 힘($\boldsymbol{F}$ [N])을 구하라.

(d) 무한 필라멘트 전류로 인해 폐경로 전류도선-2 전체가 받게 되는 힘($\boldsymbol{F}$ [N])을 구하라.

(e) 무한 필라멘트 전류로 인해 폐경로 전류도선-3 전체가 받게 되는 힘($\boldsymbol{F}$ [N])을 구하라.

(f) 자계가 존재하는지 검사할 수 있는 장치는 어떻게 만들 수 있을지 설명하라.

7.14 (Curl & Maxwell Equation) 벡터 물리량에 대한 회전량(curl)과 회전량 벡터의 물리적 의미를 이해하고 잘 활용하는 것은 전자기학의 학습 내용 이해에 유익하다.

(a) 임의의 벡터 물리량 $\boldsymbol{A}(r)$에 대한 회전량 벡터($\nabla\times\boldsymbol{A}(\boldsymbol{r})$)가 무엇인지 간략히 설명하라.

(b) 어느 지점의 자계 강도($\boldsymbol{H}(\boldsymbol{r})$ [A/m])에 대한 회전량 벡터(즉, $\nabla\times\overline{H}$ [A/m^2])의 값이 0이 아니라면 이것은 어떤 의미를 갖는지 설명하라.

7.15 (Lorentz Force Eq. & 응용) 전자기학의 원리를 이용하는 입자 가속기는 로렌츠의 전자기력(Lorentz force)에 관한 방정식을 이용하여 물리적 현상을 분석하는 중요한 도구이며, 양의 전하 $Q = +q$ [C]인 양성자를 가속하는 경우를 통해 이해하고자 한다(단, 초기에 양성자는 x-축의 양의 방향으로 $\boldsymbol{\upsilon}_o$ [m/s]의 속도로 전계($\boldsymbol{E}(\boldsymbol{r})$ [V/m])와 자기장($\boldsymbol{H}(\boldsymbol{r})$ [A/m])에 모두 수직인 방향으로 입사하며, 질량은 m이고, 중력에 의한 힘은 무시함).

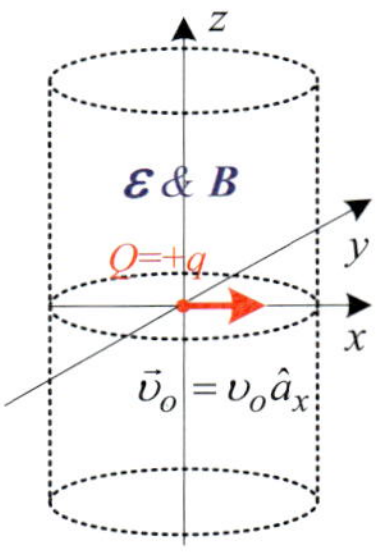

(a) 전기장에 의해 z-축의 양의 방향으로 가속하려면 전계($\boldsymbol{E}(\boldsymbol{r})$ [V/m])를 어떻게 인가해야 하는지 설명하라.

(b) 양성자가 등속 원운동하기 위해서 어떤 세기와 방향의 자기장($\boldsymbol{H}(\boldsymbol{r})$ [A/m])을 인가해야 하는지 설명하라.

(c) 양성자를 입사한 후 정상상태에 도달한 뒤의 원운동 반지름을 구하고, $\boldsymbol{E}(\boldsymbol{r})$ [V/m]와 $\boldsymbol{H}(\boldsymbol{r})$ [A/m]의 의존도를 설명하라.

(d) (b)에 필요한 자계강도($\boldsymbol{H}(\boldsymbol{r})$ [A/m])를 어떻게 구현할 수 있는지 설명하라.

(e) 등속 원운동하는 반지름을 작게 하고자 하면 어떤 방법을 택할 수 있는지 설명하라.

(f) 전계에 의해 이동하는 z-축 방향의 시간에 따른 위치를 구하라.

(g) 자기장의 세기를 2배로 하면 원래의 경우에 비해 동일한 시점의 z-축의 위치가 어떻게 변하는지 설명하라.

7.16 (Biot-Savart's Law) 같은 크기의 두 전류가 xz-평면에서 z-축과 평행하게($-\infty \leftrightarrow +\infty$) 흐르는 그림 (a)와 (b)의 두 경우를 통해 자기장의 의미를 이해하고자 한다. (a)의 경우는 두 전류도선의 간격이 아주 작으며, (b)의 경우는 관측점까지의 거리에 비해 작지 않은 간격을 두고 있다.

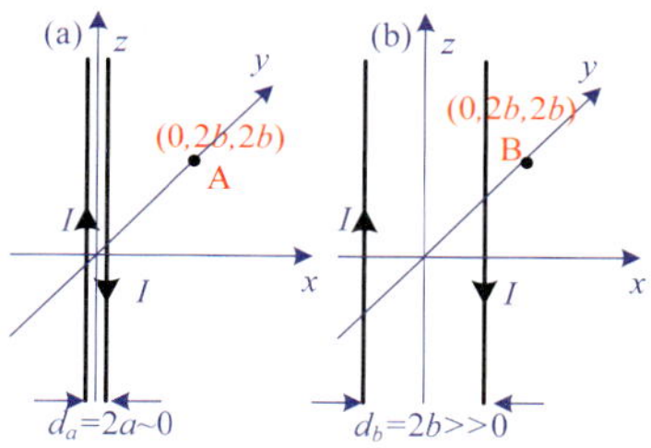

(a) 그림 (a)의 경우에 대해 관측점 A(0, $2b$, $2b$)에서 자계강도($\boldsymbol{H}$ [A/m])를 구하라.

(b) 그림 (b)의 경우에 대해 관측점 B(0, $2b$, $2b$)에서 자계강도($\boldsymbol{H}$ [A/m])를 구하라.

(c) A 지점에 x-축과 평행하게 흐르는 작은 조각의 전류도선이 존재하는 경우, 이 전류도선이 받는 단위길이당 힘($|\boldsymbol{F}_o|$ [N/m])을 구하라.

(d) B 지점에 x-축과 평행하게 흐르는 작은 조각의 전류도선이 받는 단위길이당 힘($|\boldsymbol{F}_o|$ [N/m])을 구하라.

(e) B 지점에 z-축과 평행하게 흐르는 작은 조각의 전류도선이 받는 단위길이당 힘($|\boldsymbol{F}_o|$ [N/m])을 구하라.

(f) B 지점에 y-축과 평행하게 흐르는 작은 조각의 전류도선이 받는 단위길이당 힘($|\boldsymbol{F}_o|$ [N/m])을 구하라.

7.17 (Coaxial Cable) 반지름이 다른 도체로 이루어진 동심원 형태의 동축 전송선이 있다. 내부가 도체로 꽉 채워진 반지름 $\rho=a$ [m]의 내부 도체와 반지름 $\rho=b$ [m]의 얇은 도체 판에 같은 크기의 전류 I [A]가 z-축 방향으로 균일하게 분포되어 흐르고 있다(모든 재료: 진공에서의 값(μ_0 [H/m])으로 가정).

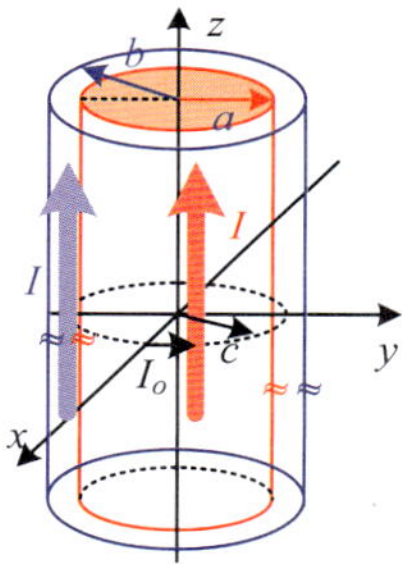

(a) z-축으로부터의 수직 거리에 따른 자기장의 세기($\boldsymbol{H}$ [A/m])를 구하고, 그림으로 표시하라.

(b) 안쪽 도체에 의해 형성된 자기장에 의해 바깥 도체가 받게 되는 힘($\boldsymbol{F}$ [N])의 크기와 방향, 그리고 그 힘으로 인해 바깥 도체는 어떤 형태로 움직일지 설명하라.

(c) $a<\rho=c<b$인 지점에 $+z$-축 방향으로 흐르는 길이가 l [m]인 전류도선(I_o [A])에 작용하는 힘($\boldsymbol{F}$ [N])의 크기와 방향을 구하라.

(d) $\rho>b$인 지점에 $+z$-축 방향으로 흐르는 길이가 l [m]인 전류(I_o [A]) 도선에 작용하는 힘($\boldsymbol{F}$ [N])의 크기와 방향을 구하라.

(e) 동축 전송선에 흐르는 전류의 크기가 2배로 증가하면 $\rho>b$인 지점에 $+z$-축 방향으로 흐르는 길이가 l [m]인 전류(I_o [A])가 흐르는 도선에 작용하는 힘($\boldsymbol{F}$ [N])의 크기를 구하라.

(f) 위의 내용을 근거로 하여 동축 전송선을 사용하면 좋은 이유를 설명하라.

7.18 (Curl, Ampere's Law, Stokes's Theorem) 자기장의 원리를 시각화/형상화/구체화하여 이해하기 위해서는 Curl의 의미를 잘 이해하는 것이 중요하다.

(a) 임의의 폐경로 형태의 도선에서 벡터 $\boldsymbol{H}(\boldsymbol{r})$에 대한 curl(회전 성분)의 정의와 의미를 설명하라.

(b) 회전량 벡터에 관한 스토크스(Stokes)의 정리에 관한 식을 적고, 그 의미를 간략히 설명하라.

(c) 회전량 벡터에 관한 스토크스의 정리를 이용하여 암페어의 법칙(Ampere's law)의 의미를 해석하라.

(d) 전기장과 자기장을 형성하는 근원을 비교하여 간략히 설명하라.

7.19 (Magnetic Field & Ampere's Law) x-축과 평행하게 일정한 전류 밀도로 흐르는 얇은 무한 전류판 3장이 평행하게 배열되어 있다. 이는 초고주파 회로 부품인 미세 구조 평행 전송선(microstrip line)의 구조와 유사하며, 이 구조의 전기장을 잘 이해하는 것이 중요하다. 3장 아랫쪽에 x-축과 평행하게 일정한 밀도의 전류($\boldsymbol{K}$ [A/m])가 흐르고, y-축과 평행한 방향으로 일정한 세기의 전계($\boldsymbol{E}$ [V/m])가 인가되어 있다.

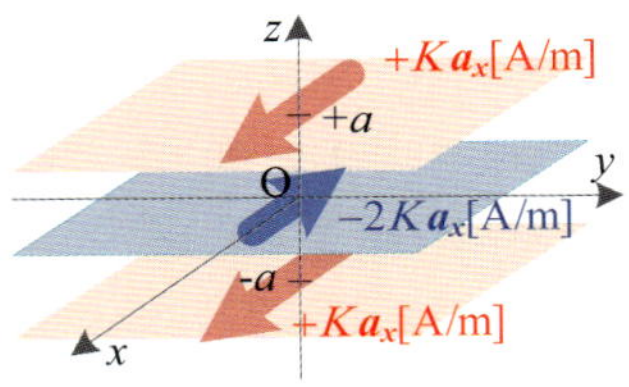

(a) 전류도선 간의 자기력에 관한 비오–사바르의 법칙을 이용하여 대칭성을 확인하고, 어떤 좌표계를 사용하는 것이 편리한지 설명하라.

(b) $z = 0$에 있는 전류 도판만 존재하는 경우, 이로 인해 형성된 자계강도($\boldsymbol{H}(\boldsymbol{r})_o$ [A/m])를 구하라.

(c) $z = +a$에 있는 전류 도판만 존재하는 경우, 이로 인해 형성된 자계강도($\boldsymbol{H}(\boldsymbol{r})_+$ [A/m])를 구하라.

(d) $z = -a$에 있는 전류 도판만 존재하는 경우, 이로 인해 형성된 자계강도($\boldsymbol{H}(\boldsymbol{r})_-$ [A/m])를 구하라.

(e) 3개의 전류 도판이 모두 존재하는 경우, 임의의 위치에서 자계강도($\boldsymbol{H}(\boldsymbol{r})$ [A/m])를 구하라.

(f) $0 < z < +a$인 지점에 y-축과 평행하게 흐르는 흐르는 짧은 길이(ΔL [m])의 전류(I_t [A])도선이 받는 힘을 구하라.

(g) $z > +a$인 지점에 y-축과 평행하게 흐르는 짧은 전류(I_t [A])도선 조각(ΔL [m])이 받는 힘을 구하라.

(h) $0 < z < +a$인 지점에 x-축의 양의 방향으로 짧은 길이(ΔL [m])의 전류(I_t [A])도선이 받는 힘을 구하라.

(i) $z > +a$인 지점에 x-축의 양의 방향으로 전류(I_t [A])가 흐르는 짧은 도선 조각(ΔL)이 받는 힘을 구하라.

(j) $0 < z < +a$인 지점에 z-축의 양의 방향으로 전류(I_t [A])가 흐르는 짧은 도선 조각(ΔL)이 받는 힘을 구하라.

7.20 (Symmetric Magnetic Field) 그림과 같이 $+z$축으로 흐르는 무한 전류(I [A]) 도선과, 내부 반지름이 a [m]이고, 외부 반지름이 b [m]인 원형 실린더에 동일한 크기의 전류(I [A])가 균일한 밀도로 z-축 방향으로 흐르는 전원 케이블이 있다(모든 재료: 진공에서의 값(μ_o [H/m])으로 가정).

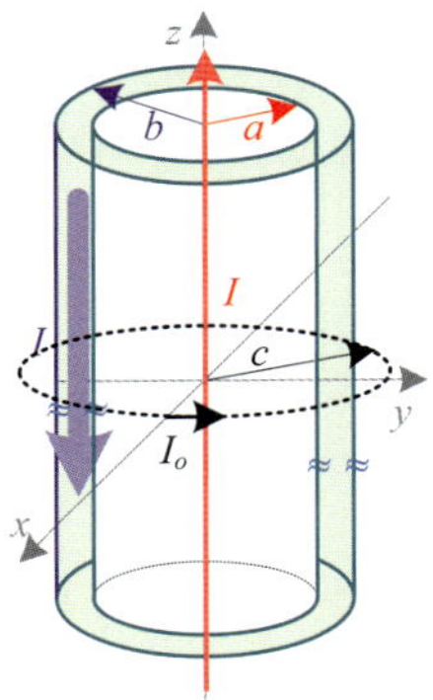

(a) 전류도선 간에 작용하는 힘을 설명하는 비오–사바르의 법칙을 이용하여 어떤 좌표계를 사용하는 것이 편리한지 설명하고, 그 좌표계의 기본 구성 벡터(basis vectors)를 적어라.

(b) z-축으로부터의 수직 거리에 따른 자계강도($\boldsymbol{H}(\boldsymbol{r})$ [A/m])를 구하고, 그림으로 나타내라.

(c) 안쪽 전류도선에 의해 형성된 자기장에 의해 바깥 도체가 받게 되는 힘의 크기와 방향, 그리고 그 힘으로 인해 바깥 도체는 어떤 형태로 움직일지 설명하라.

(d) $a < \rho = c < b$인 지점에 $+z$축 방향으로 흐르는 길이가 ΔL [m]인 짧은 도선 조각에 흐르는 전류(I_o [A])에 의해 작용하는 자기력의 크기와 방향을 구하라.

(e) $\rho > b$인 지점에 $+z$축 방향으로 전류(I_o [A])가 흐르는 짧은 도선 조각(ΔL)에 작용하는 힘의 크기와 방향을 구하라.

(f) 반지름이 $\rho = c$ [m] ($> b$ [m])인 원형도선에 전류(I_o [A])가 흐르는 경우, 원형도선에 작용하는 힘의 크기와 방향을 구하라.

(g) 전류의 크기가 2배로 증가하면 $\rho > b$인 지점에 $+z$축 방향으로 흐르는 길이가 ΔL인 짧은 전류(I_o) 도선에 작용하는 힘의 크기를 구하라.

7.21 (Curl, Ampere's Law, Stokes's Theorem) 형상화를 통한 전자기장의 이해를 위해서는 회전 성분(Curl)의 의미를 잘 이해하는 것이 필수적이다.

(a) 임의의 폐경로(closed loop)에서 자계강도 벡터($\boldsymbol{H}(\boldsymbol{r})$ [A/m])의 회전 성분(회전량)의 정의와 의미를 설명하라.

(b) 임의의 폐경로에서 벡터 $\boldsymbol{H}(\boldsymbol{r})$의 curl($\nabla\times\boldsymbol{H}(\boldsymbol{r})$)의 크기와 방향이 무엇을 나타내는지 설명하라.

(c) 전류에 의한 자기장 형성을 설명하는 암페어의 법칙(Ampere's law)의 적분형 표현과 미분형 표현을 적고, 각각 그 의미를 설명하라.

(d) 암페어의 법칙과 비오-사바르의 법칙은 어떤 관계인지 설명하라.

7.22 (Biot-Savart's Law, Ampere's Law, Stokes's Theorem) 전자기학은 시불변 정전기장과 시불변 정자기장, 그리고 시변 전자기장으로 구분하는 학습과정으로 구성되어 있다. 이들은 서로 밀접하게 연관되어 있으며, 전자기학적 상호작용을 다소 복잡해 보이는 수식으로 함축하고 간략화하여 이해한다.

(a) 전기장은 어떤 현상을 설명/해석하는 데 사용되는지를 쿨롱의 법칙을 이용하여 간략히 설명하라.

(b) 자기장은 어떤 현상을 설명/해석하는 데 사용되는지를 비오-사바르의 법칙을 이용하여 간략히 설명하라.

(c) 자기장에 관한 암페어의 법칙($\oint \overrightarrow{H}(\vec{r})\cdot d\vec{l}(\vec{r}) = \oint \overrightarrow{H}(\vec{r})\cdot \hat{a}_t dl(\vec{r}) = I_{enc}$ [A])의 의미를 해석하라.

(d) 암페어의 법칙과 비오-사바르의 법칙은 각각 어떤 용도로 사용되는지 간략히 설명하라.

(e) 임의의 폐경로에서 자기장 벡터($\boldsymbol{H}(\boldsymbol{r})$ [A/m])의 회전량 벡터($\nabla\times\boldsymbol{H}(\boldsymbol{r})$)의 크기와 방향이 무엇을 나타내는지 설명하라.

(f) 원점(O(0,0,0))에서 자기장의 회전 성분이 $\nabla \times \overline{H}(0,0,0) = 0.3\hat{a}_z$ [A/m^2]인 경우, 이 수식이 담고 있는 의미를 아는 대로 설명하라.

7.23 (Magnetic Field & Ampere's Law) 고주파 집적회로 구현에 사용되는 미세구조 평판 전송선(microstrip line)은 일정한 전류 밀도로 x-축과 평행하게 흐르는 얇은 무한 전류판이 배열된 구조로서, 이 구조의 자기장을 잘 이해하는 것은 매우 중요하다. 그림과 같은 구조에 대하여 다음을 구하라.

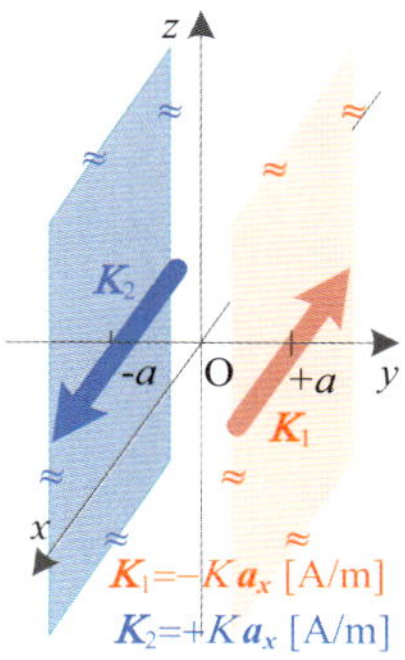

(a) 비오-사바르의 법칙(B-S's law)을 이용하여 대칭성을 확인하고, 어떤 좌표계를 사용하는 것이 편리한지 설명하라.

(b) $y = +a$에 있는 전류 도판만 존재하는 경우, 이로 인해 형성된 자계강도 ($\boldsymbol{H}(\boldsymbol{r})$+[A/m])를 구하라.

(c) $y = -a$에 있는 전류 도판만 존재하는 경우, 이로 인해 형성된 자계강도 ($\boldsymbol{H}(\boldsymbol{r})_-$ [A/m])를 구하라.

(d) 2개의 전류 도판이 모두 존재하는 경우 임의의 위치에서 자계강도($\boldsymbol{H}(\boldsymbol{r})$ [A/m])를 구하라.

(e) $-a < y < +a$인 지점에 z-축과 평행하게 흐르는 짧은 길이(ΔL [m])의 전류(I_t [A])도선이 받는 힘($\boldsymbol{F}(\boldsymbol{r})$ [N])을 구하라.

(f) $y > +a$인 지점에 z-축과 평행하게 흐르는 짧은(ΔL) 전류(I_t [A])도선이 받는 힘($\boldsymbol{F}(\boldsymbol{r})$ [N])을 구하라.

(g) $-a < y < +a$인 지점에 x-축의 양의 방향으로 흐르는 짧은(ΔL) 전류(I_t [A])도선이 받는 힘($\boldsymbol{F}(\boldsymbol{r})$ [N])을 구하라.

(h) $y < -a$인 지점에 x-축 양의 방향으로 흐르는 짧은(ΔL) 전류(I_t [A])도선이 받는 힘($\boldsymbol{F}(\boldsymbol{r})$ [N])을 구하라.

(i) $-a < y < +a$인 지점에 z-축 양의 방향으로 흐르는 짧은(ΔL) 전류(I_t [A])도선이 받는 힘($\boldsymbol{F}(\boldsymbol{r})$ [N])을 구하라.

7.24 (Symmetric Magnetic Field) 그림과 같이 z-축 음의 방향으로 전류(I [A])가 균일한 밀도로 흐르는 내부 도선(반지름 a [m])과, 안쪽 반지름이 b [m]이고 바깥 반지름이 c [m]인 원형 실린더에 동일한 크기의 전류(I [A])가 균일한 밀도로 z-축 양의 방향으로 흐르는 전원 케이블이 있다(모든 재료: 진공에서의 값(μ_o [H/m])으로 가정).

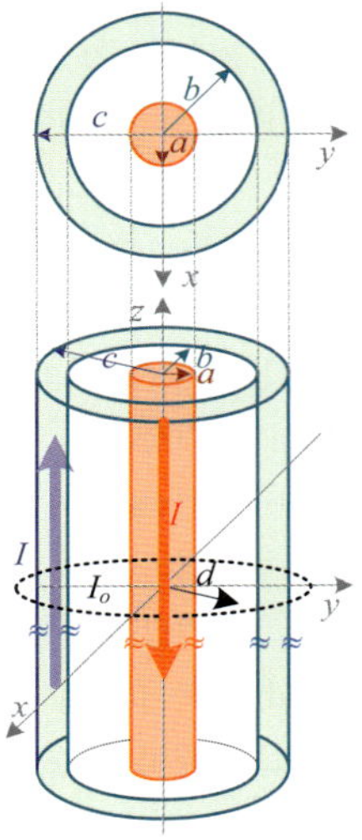

(a) 비오–사바르의 법칙을 이용하여 어떤 좌표계를 사용하는 것이 편리한지 설명하라.

(b) 내부 도체의 전류밀도(J_{in} [A/m²])를 구하라.

(c) 외부 도체의 전류밀도(J_{out} [A/m²])를 구하라.

(d) z-축으로부터의 수직 거리(ρ [m])에 따른 자기장의 세기($|\boldsymbol{H}(\boldsymbol{r})|$ [A/m])를 구하고, 그림으로 나타내라.

(e) 안쪽 전류도선에 의해 형성된 자기장에 의해 바깥 도체가 받게 되는 힘($\boldsymbol{F}(\boldsymbol{r})$ [N])의 크기와 방향을 구하라.

(f) $a < \rho < b$인 지점에 $+z$-축 방향으로 흐르는 길이가 ΔL [m]인 짧은 전류(I_o [A])도선에 작용하는 힘($\boldsymbol{F}$ [N])의 크기와 방향을 구하라.

(g) $\rho > c$인 지점에 $+z$-축 방향의 짧은(ΔL) 전류도선(I_o)에 작용하는 힘($\boldsymbol{F}(\boldsymbol{r})$ [N])의 크기와 방향을 구하라.

(h) 반지름이 $\rho = d$ [m]($> c$)인 원형전류(I_o [A])도선에 작용하는 힘($\boldsymbol{F}(\boldsymbol{r})$ [N])의 크기와 방향을 구하라.

(i) 바깥 도선에 흐르는 전류의 크기가 2배로 증가할 경우, z-축으로부터의 수직 거리(ρ [m])에 따른 자기장의 세기($|\boldsymbol{H}(\boldsymbol{r})|$ [A/m]) 변화를 (d)에 겹쳐 스케치하라.

7.25 (Magnetic Field & Ampere's Law) 그림과 같이 일정한 전류 밀도로 y-축과 평행하게 흐르는 무한 전류판이 배열된 구조의 자기장을 잘 이해하는 것은 자기장의 형성과 영향을 이해하고 공학적으로 응용하는 과정에 매우 중요하다. 그림과 같은 전류판에 의한 자기장 생성 구조에 대하여 다음을 구하라.

(a) 자기장에 관한 비오–사바르의 법칙을 이용하여 대칭성을 확인하고, 어떤 좌표계를 사용하는 것이 자기장 해석에 편리한지 설명하라.

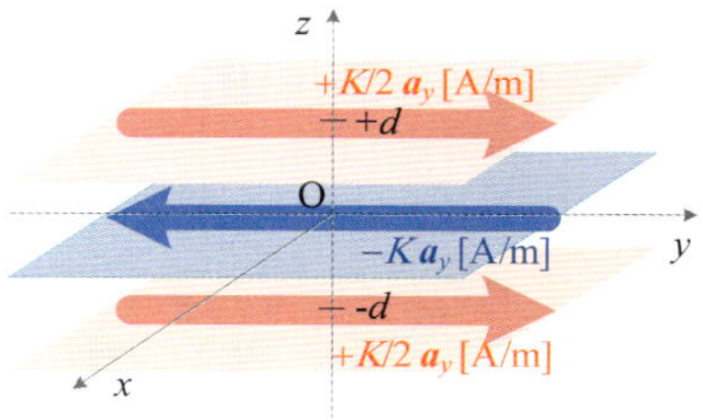

(b) $z = +d$에 있는 전류 도판만 존재하는 경우, 이로 인해 형성된 자계강도($\boldsymbol{H}(\boldsymbol{r})_+$ [A/m])를 구하라.

(c) $z = -d$에 있는 전류 도판만 존재하는 경우, 이로 인해 형성된 자계강도($\boldsymbol{H}(\boldsymbol{r})_-$ [A/m])를 구하라.

(d) $z = 0$에 있는 전류 도판만 존재하는 경우, 이로 인해 형성된 자계강도($\boldsymbol{H}(\boldsymbol{r})_o$ [A/m])를 구하라.

(e) 3개의 전류 도판이 모두 존재하는 경우 임의의 위치에서 자계강도($\boldsymbol{H}(\boldsymbol{r})$ [A/m])를 구하라.

(f) $-d < z < 0$인 지점에 z-축 양의 방향으로 평행하게 흐르는 짧은 길이(ΔL [m])의 전류(I_t)도선이 받는 힘을 구하라.

(g) $z > +d$인 지점에 z-축 양의 방향으로 평행하게 흐르는 짧은(ΔL) 전류(I_t)도선이 받는 힘을 구하라.

(h) $0 < z < +d$ 인 지점에 x-축 양의 방향으로 흐르는 짧은(ΔL) 전류(I_t [A])도선이 받는 힘을 구하라.

7.26 (Biot-Savart's Law, Ampere's Law) (50:Magnetic Field & Ampere's Law) x-축과 평행하게 일정한 전류 밀도로 흐르는 얇은 무한 전류판 3장이 평행하게 배열되어 있다. 이는 초고주파 회로 부품인 미세 구조 평행 전송선(microstrip line)의 구조와 유사하며, 이 구조의 전기장을 잘 이해하는 것이 중요하다. 3장 아랫쪽에 x-축과 평행하게 일정한 밀도의 전류($\boldsymbol{K}$ [A/m])가 흐르고, y-축과 평행한 방향으로 일정한 세기의 전계($\boldsymbol{E}$ [V/m])가 인가되어 있다.

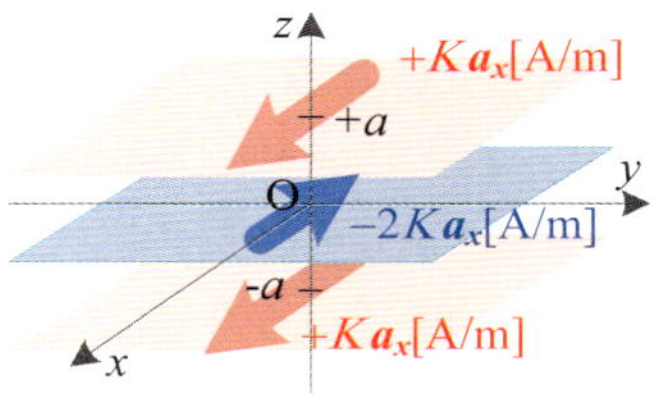

(a) 전류도선 간의 자기력에 관한 비오–사바르의 법칙을 이용하여 대칭성을 확인하고, 어떤 좌표계를 사용하는 것이 편리한지 설명하라.

(b) $z = 0$에 있는 전류 도판만 존재하는 경우, 이로 인해 형성된 자계강도($H(r)_o$ [A/m])를 구하라.

(c) $z = +a$에 있는 전류 도판만 존재하는 경우, 이로 인해 형성된 자계강도($H(r)_+$ [A/m])를 구하라.

(d) $z = -a$에 있는 전류 도판만 존재하는 경우, 이로 인해 형성된 자계강도($H(r)_-$ [A/m])를 구하라.

(e) 3개의 전류 도판이 모두 존재하는 경우 임의의 위치에서 자계강도($H(r)$ [A/m])를 구하라.

(f) $0 < z < +a$인 지점에 y-축과 평행하게 흐르는 짧은 길이(ΔL [m])의 전류(I_t [A])도선이 받는 힘을 구하라.

(g) $z > +a$인 지점에 y-축과 평행하게 흐르는 짧은 전류(I_t [A])도선 조각(ΔL [m])이 받는 힘을 구하라.

(h) $0 < z < +a$인 지점에 x-축 양의 방향으로 흐르는 짧은 길이(ΔL [m])의 전류(I_t [A])도선이 받는 힘을 구하라.

(i) $z > +a$인 지점에 x-축 양의 방향으로 전류(I_t [A])가 흐르는 짧은 도선 조각(ΔL)이 받는 힘을 구하라.

(j) $0 < z < +a$인 지점에 z-축 양의 방향으로 전류(I_t [A])가 흐르는 짧은 도선 조각(ΔL)이 받는 힘을 구하라.

7.27 **(Symmetric Magnetic Field)** 그림과 같이 z-축으로 전류(I)가 흐르는 3-축(tri-axial) 케이블(중심인 z-축 음의 방향으로 흐르는 $I/2$ [A], 반지름 a [m]인 얇은 도체판으로 z-축 양의 방향으로 흐르는 I [A], 반지름 b [m]인 얇은 도체판으로 z-축 음의 방향으로 흐르는 $I/2$ [A])은 전자기 신호의 전달과 측정에 널리 사용되는 전자부품이다(모든 재료: 진공에서의 값(μ_o [H/m])으로 가정). 따라서 본 문제를 통해 3축 케이블에 흐르는 전류에 의해 형성되는 자기장을 이해하고 산업현장 응용 능력을 향상시키고자 한다.

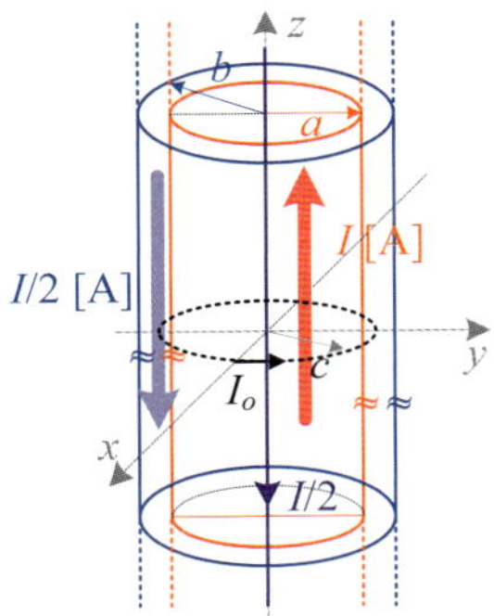

(a) 3축 케이블에 의한 자기장 해석을 위해 어떤 좌표계를 사용하는 것이 편리한지 설명하라.

(b) z-축으로부터의 수직 거리(ρ [m])에 따른 자기장의 세기($|\boldsymbol{H}|$ [A/m])를 구하고, 그 변화를 그림으로 나타내라.

(c) $a < \rho < b$인 지점에 $+z$축 방향으로 흐르는 길이가 ΔL [m]인 짧은 전류(I_o [A])도선에 작용하는 힘의 크기와 방향을 구하라.

(d) $0 < \rho < a$인 지점에 $+z$축 방향의 짧은(ΔL) 전류(I_o [A])도선에 작용하는 힘의 크기와 방향을 구하라.

(e) $\rho > b$인 3축 케이블 외부에 z-축 양의 방향으로 흐르는 길이가 ΔL인 짧은 전류(I_o [A])도선에 작용하는 힘의 크기와 방향을 구하라.

(f) $\rho = b$인 바깥 도선에 흐르는 전류의 크기를 2배로 증가시킬 경우, z-축으로부터의 수직 거리(ρ [m])에 따른 자기장의 세기($|\boldsymbol{H}|$ [A/m]) 변화를 (b)의 그림에 겹쳐 스케치하라.

(g) $\rho = b$인 바깥 도선에 흐르는 전류의 크기를 2배로 증가시킬 경우, $\rho > b$인 3-축 케이블 외부에 z-축 양의 방향으로 흐르는 길이가 ΔL인 짧은 전류(I_o [A])도선에 작용하는 힘의 크기와 방향을 구하라.

7.28 **(Biot-Savart's Law, Ampere's Law)** 전자기학은 시불변 전기장과 시불변 자기장, 그리고 시변 전자기장으로 구분하는 학습과정으로 구성되어 있다. 이들은 서로 밀접하게 연관되어 있으며, 전자기학적 상호작용을 다소 복잡해 보이는 수식으로 함축하고 간략화하여 이해한다.

(a) 자기장은 어떤 현상을 설명하고 해석하는 데 사용되는지를 비오-사바르의 법칙을 이용하여 설명하라.

(b) 암페어의 법칙($\oint \vec{H}(\vec{r}) \cdot d\vec{l}(\vec{r}) = \oint \vec{H}(\vec{r}) \cdot \hat{a}_t dl(\vec{r}) = I_{enc}$ [A])의 의미와 용도를 설명하라.

Chapter

08

자기장 내의 전류도선에 작용하는 힘 : 자기쌍극자, 자성체, 자성체의 자화

Magnetic Force on Current Elements in Magnetic Field : Magnetic Dipole, Magnetic Material, Magnetization

학습도표와 핵심내용

8장 자기장 내의 전류 도선에 작용하는 힘 : 자기쌍극자, 자성체, 자성체의 자화
(Magnetic Force on Current Elements in Magnetic Field : Magnetic Dipole, Magnetic Material, Magnetization)

1. 로렌츠 힘의 방정식 : 전계와 자계가 동시에 인가된 공간에 입사된 이동전하의 운동

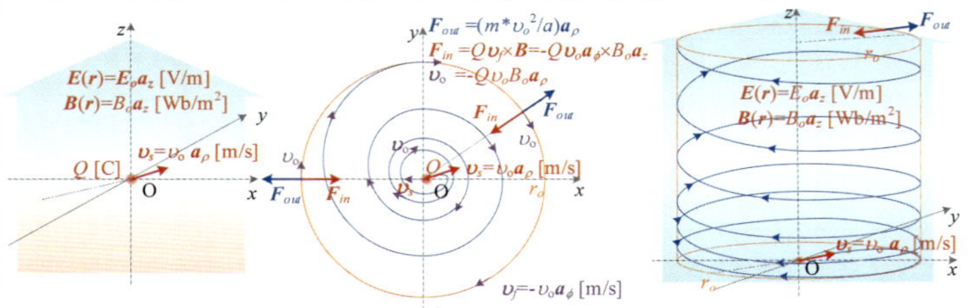

$$\vec{F}(\vec{r})\ [\mathrm{N}] = \vec{F}_E(\vec{r}) + \vec{F}_M(\vec{r}) = Q\left(\vec{E}(\vec{r}) + \vec{\upsilon}(\vec{r})\times\vec{B}(\vec{r})\right)$$

$$\vec{F}_{Bz}\ [\mathrm{N}] = Q\upsilon_z\hat{a}_z\times B_o\hat{a}_z = Q\left(\frac{QE_o}{m^*}t\hat{a}_z\right)\times B_o\hat{a}_z = 0$$

$$\begin{cases} z(t)\ [\mathrm{m}] = \dfrac{QE_o}{2m^*}t^2,\ r_o\ [\mathrm{m}] = \dfrac{m^*\upsilon_o}{QB_o} \\ T\ [\mathrm{s}] = \dfrac{1}{f} = \dfrac{2\pi r_o}{\upsilon_o} = 2\pi\dfrac{m^*}{QB_o} \end{cases}$$

2. 자성재료(자성체) 내의 자기쌍극자(폐경로 형태 원형 전류도선) : 자기장에 의한 회전력($\boldsymbol{T}$ [N·m])과 자기쌍극자 모멘트($\boldsymbol{m}$ [A·m²])

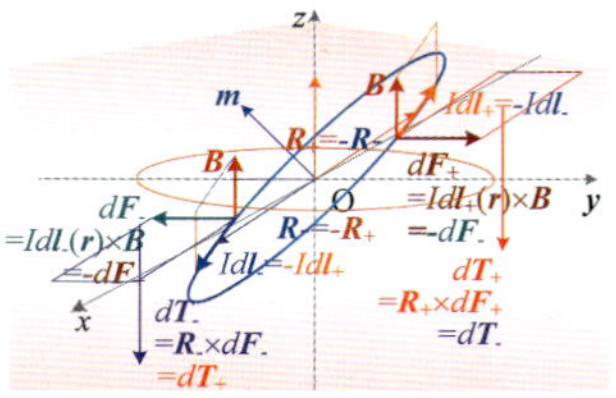

$$d\vec{F}(\vec{r})\ [\mathrm{N}] = I_t d\vec{l}_t(\vec{r})\times\vec{B}(\vec{r})\ ;\ I_t d\vec{l}_t(\vec{r})\ [\mathrm{A\cdot m}]\ ;\ Id\vec{l}_- = -Id\vec{l}_+$$

$$d\vec{F}_\pm \equiv d\vec{F}_+ + d\vec{F}_- = 0\ [\mathrm{N}] \Rightarrow \vec{F}\Big|_{closed\ loop} = \oint Id\vec{l}(\vec{r})\times\vec{B}(\vec{r}) = \oint d\vec{F}_\pm = 0\ [\mathrm{N}]$$

$$d\vec{T}(\vec{r})\ [\mathrm{N\cdot m}] = \vec{R}\times d\vec{F}(\vec{r}) = \vec{R}\times\left(Id\vec{l}(\vec{r})\times\vec{B}(\vec{r})\right)$$

$$d\vec{T}_+\ [\mathrm{N\cdot m}] \equiv \vec{R}_+\times d\vec{F}_+,\ d\vec{T}_-\ [\mathrm{N\cdot m}] \equiv \vec{R}_-\times d\vec{F}_- = d\vec{T}_+$$

$$d\vec{T}_\pm \equiv d\vec{T}_+ + d\vec{T}_- = 2d\vec{T}_+ = 2d\vec{T}_-$$

$$\Rightarrow \vec{T}\Big|_{closed\ loop}\ [\mathrm{N\cdot m}] = \oint d\vec{T}(\vec{r}) = IS\hat{a}_n\times\vec{B}(\vec{r}) = \vec{m}\times\vec{B}(\vec{r})$$

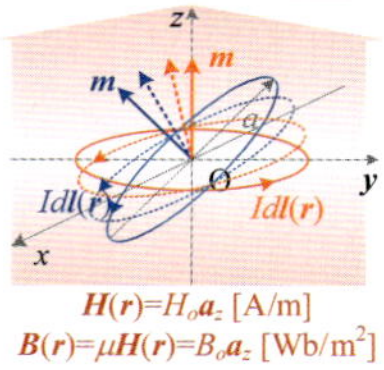

자기쌍극자의 자기쌍극자 모멘트($\boldsymbol{m}$ [A·m²]) : $\vec{m}\ [\mathrm{Am^2}] = IS\hat{a}_n\ ;\ S\ [\mathrm{m^2}] = \pi a^2$

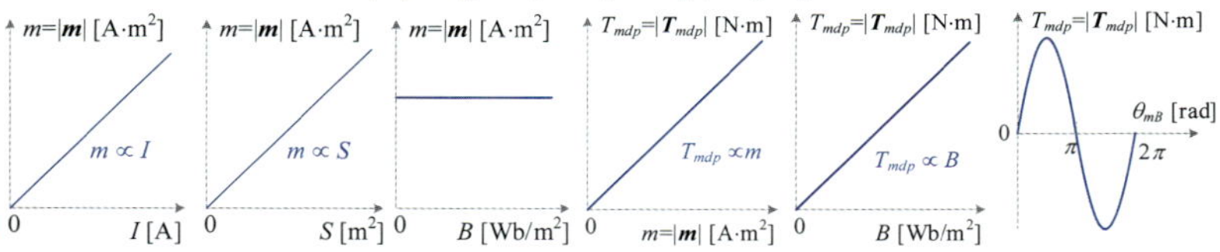

3. 자성재료 내 자기쌍극자들의 자기장에 의한 자화 : 자화벡터($\boldsymbol{M}$ [A·m])와 자계감응계수(χ_e), 자성계수(μ_r), 자계강도, 등가자속밀도

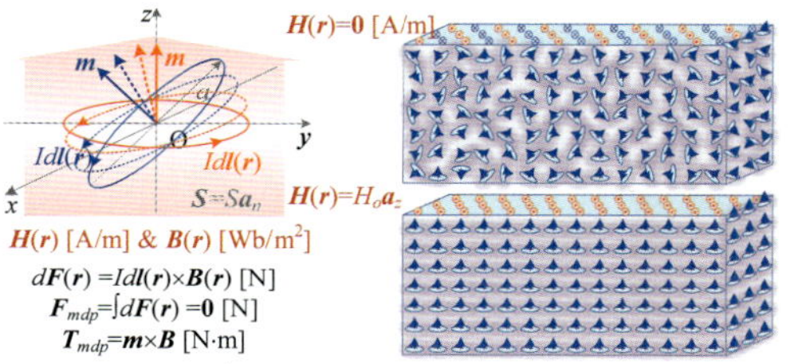

$$\vec{M}\ [\mathrm{A/m}] \equiv \frac{\sum_{i=1}^{N_{mdp}}\vec{m}_i}{\Delta\upsilon} = \frac{N_{mdp}}{\Delta\upsilon}\vec{m} = n_{mdp}\vec{m} = n_{mdp}m\hat{a}_H \equiv \chi_m\vec{H}$$

$$\propto \begin{cases} n_{mdp} \equiv \dfrac{N_{mdp}}{\Delta\upsilon} \\ m = IS \end{cases}$$

$$\vec{B}\ [\mathrm{Wb/m^2}] = \mu_o\left(\vec{H} + \vec{M}\right) = \mu_o(1+\chi_m)\vec{H} \equiv \mu_o\mu_r\vec{H} \equiv \mu\vec{H}$$

$$\begin{cases} \mu \equiv \mu_o\mu_r\ [\mathrm{H/m}] \\ \mu_o = 4\pi\times10^{-7} \cong 12.57\times10^{-7}\ [\mathrm{H/m}] \\ \mu_r \equiv (1+\chi_m) \end{cases}$$

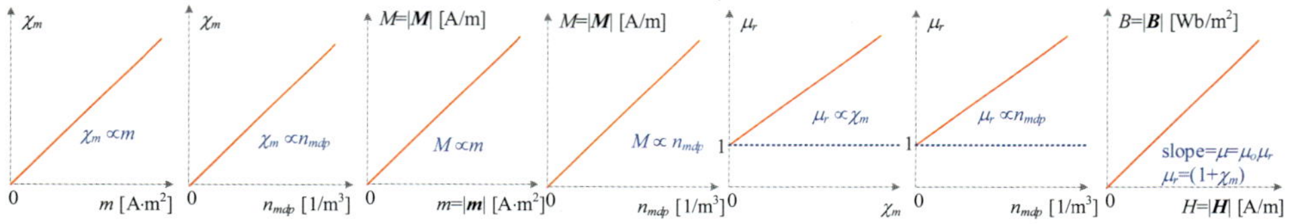

4. 자성계수가 다른 자성재료의 계면에서 자기장(자계강도,등가자속밀도)의 접선방향($\boldsymbol{H}_t$, $\boldsymbol{B}_t$)과 법선방향($\boldsymbol{H}_n$, $\boldsymbol{B}_n$) 성분에 대한 경계조건

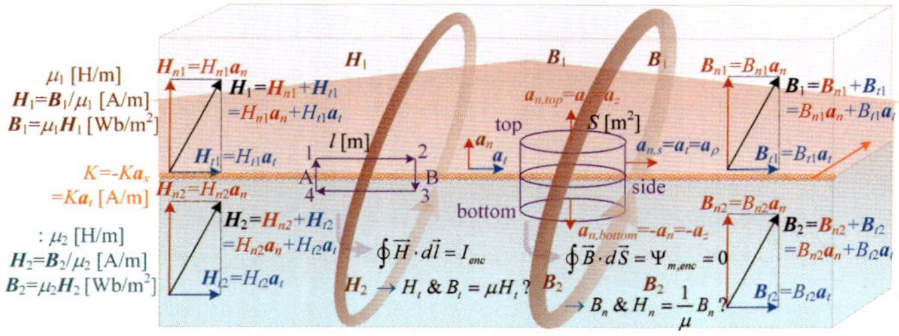

$$\oint\vec{H}(\vec{r})\cdot d\vec{l} = \int_1^2\vec{H}_1(\vec{r})\cdot d\vec{l}_1 + \int_2^B\vec{H}_1(\vec{r})\cdot d\vec{l}_2 + \int_B^3\vec{H}_2(\vec{r})\cdot d\vec{l}_3 + \int_3^4\vec{H}_2(\vec{r})\cdot d\vec{l}_4 + \int_4^A\vec{H}_2(\vec{r})\cdot d\vec{l}_5 + \int_A^1\vec{H}_1(\vec{r})\cdot d\vec{l}_6 = Kl\ [\mathrm{A}]$$

$$\rightarrow H_{1t} - H_{2t} = K\ [\mathrm{A/m}]$$

$$\oint\vec{B}(\vec{r})\cdot d\vec{S} = \int_{top}\vec{B}_1(\vec{r})\cdot d\vec{S} + \int_{side\ top}\vec{B}_1(\vec{r})\cdot d\vec{S} + \int_{side\ bottom}\vec{B}_2(\vec{r})\cdot d\vec{S} + \int_{bottom}\vec{B}_2(\vec{r})\cdot d\vec{S} = 0\ [\mathrm{Wb}]$$

$$\rightarrow B_{1n} = B_{2n}\ [\mathrm{Wb/m^2}]$$

자기장은 [그림 8-1]에 나타낸 것과 같이 자기장을 형성하는 근원전류도선과 이 자기장의 영향을 받는 시험전류도선 사이의 상호작용인 자기력을 이해하며 공학적으로 응용할 수 있도록 정의하였다. 특히, 근원전류도선과 그로 인해 형성된 자기장의 자계강도에 변화가 없을 경우, 시험전류도선이 받는 영향 또는 자기적 힘을 편리하게 구할 수 있도록 근원전류도선을 중심으로 하는 회전성 벡터 자계강도($\boldsymbol{H}(\boldsymbol{r})$ [A/m])와 회전성 자속밀도($\boldsymbol{B}(\boldsymbol{r})$ [Wb/m^2]), 그리고 근원전류도선과 평행한 선형 벡터 자기준위($\boldsymbol{A}(\boldsymbol{r})$ [Wb/m])를 정의하였다.

$$\vec{H}(\vec{r})\ [\mathrm{A/m}] = \int_{source} d\vec{H}(\vec{r},\vec{r}\,') \quad \text{: 관측점의 회전성 자계강도}$$

$$d\vec{H}(\vec{r},\vec{r}\,')\ [\mathrm{A/m}] = \frac{I_s d\vec{l}_s(\vec{r}\,')\times\hat{a}_R}{4\pi R^2}\ ;\ I_s d\vec{l}_s(\vec{r}\,')\ [\mathrm{A\cdot m}] \longleftrightarrow \begin{cases} Q_s\vec{\upsilon}_s(\vec{r}\,') \\ \vec{K}_s dS(\vec{r}\,') \\ \vec{J}_s d\upsilon(\vec{r}\,') \end{cases} \quad \text{: 근원전류도선 조각에 의해 형성된 회전성 자계강도}$$

$$\vec{B}(\vec{r})\ [\mathrm{Wb/m^2}] = \mu\vec{H}(\vec{r}) = \vec{B}_t(\vec{r}) + \vec{B}_n(\vec{r}) = B_t(\vec{r})\hat{a}_t(\vec{r}) + B_n(\vec{r})\hat{a}_n(\vec{r})$$

: 회전성 자속밀도는 경로와 평행한 접선방향 성분($\boldsymbol{B}_t(\boldsymbol{r})$)과 법선방향 성분($\boldsymbol{B}_n(\boldsymbol{r})$)의 합

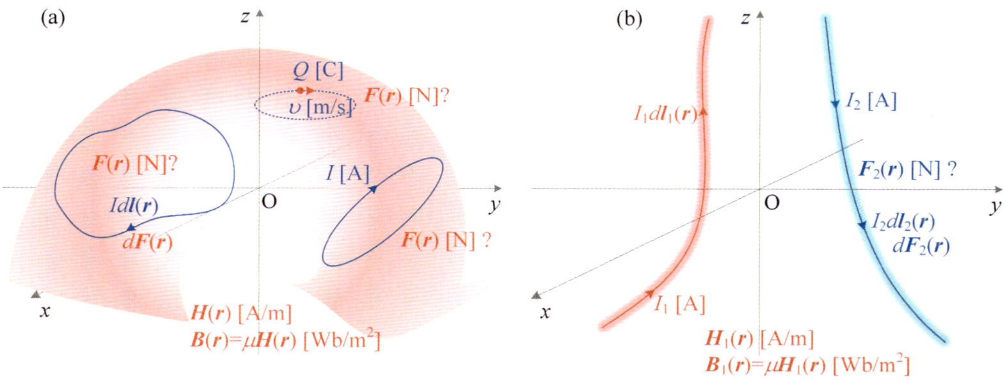

[그림 8-1] 자기장이 존재하는 공간의 전류도선에 작용하는 자기력과 두개의 전류도선 사이의 자기력
(a) 폐경로 형태 전류도선들의 상호작용 (b) 전류도선의 일부 조각들의 상호작용

또한 근원전류도선에 의해 형성된 자기장의 대칭성이 잘 확보된 경우, 암페어의 법칙을 이용하여 근원전류도선을 중심으로 하는 회전성 자계강도($\boldsymbol{H}(\boldsymbol{r})$ [A/m])를 구할 수 있다.

$$\oint \vec{H}(\vec{r})\cdot d\vec{l}(\vec{r}) = I_{enc}\ [\mathrm{A}] \quad \text{: 암페어의 법칙; 회전성 벡터 자계강도와 근원전류의 관계}$$

$$I_{enc}\ [\mathrm{A}] \equiv \oint_{\substack{closed\\loop}} dI_s\ \&\ \sum_{\substack{closed\\loop}} I_j \quad \text{: 폐경로 내에 존재하는 자기장 형성의 근원 전류의 총합}$$

$$\vec{H}(\vec{r})\ [\mathrm{A/m}] = \int_{source} d\vec{H}(\vec{r}) = \vec{H}_t(\vec{r}) + \vec{H}_n(\vec{r}) = H_t(\vec{r})\hat{a}_t(\vec{r}) + H_n(\vec{r})\hat{a}_n(\vec{r})$$

: 자계강도는 경로와 평행한 접선방향 성분($\boldsymbol{H}_t(\boldsymbol{r})$)과 법선방향 성분($\boldsymbol{H}_n(\boldsymbol{r})$)의 합

$$\vec{H}(\vec{r})\cdot d\vec{l}(\vec{r})\ [\mathrm{A}] = \vec{H}(\vec{r})\cdot\hat{a}_t(\vec{r})dl = \left(H_t(\vec{r})\hat{a}_t(\vec{r}) + \vec{H}_n(\vec{r})\hat{a}_n(\vec{r})\right)\cdot\hat{a}_t(\vec{r})dl = H_t(\vec{r})dl$$

$$d\vec{l}(\vec{r})\ [\mathrm{m}] = dl\hat{a}_t(\vec{r})$$

: 폐경로를 구성하는 임의의 점($\boldsymbol{r}$)에서 폐경로에 접선인 조각 경로 벡터로서, 도선 내의 관측점 위치와 형태에 따라 방향이 달라짐

$\hat{a}_t(\vec{r})$: 폐경로를 구성하는 임의의 점에서 폐경로와 접선과 평행한 방향의 단위벡터로서, 도선 내의 관측점 위치와 형태에 따라 방향이 달라짐

$$\vec{H}(\vec{r})\cdot d\vec{l}(\vec{r})\ [\mathrm{A}] = \vec{H}(\vec{r})\cdot \hat{a}_t(\vec{r})dl = \left(H_t(\vec{r})\hat{a}_t(\vec{r}) + \vec{H}_n(\vec{r})\hat{a}_n(\vec{r})\right)\cdot \hat{a}_t(\vec{r})dl$$
$$= H_t(\vec{r})dl$$

이와 함께 근원전류도선에 의해 형성되는 자기장의 대칭성에 관계없이 근원전류도선과 평행한 방향의 선분형 벡터 자기준위($\boldsymbol{A}(\boldsymbol{r})$ [Wb/m])를 이용하여 관측점의 자속밀도($\boldsymbol{B}(\boldsymbol{r})$ [Wb/m^2])와 자계강도($\boldsymbol{H}(\boldsymbol{r})$ [A/m])를 구할 수도 있다.

$$d\vec{A}(\vec{r},\vec{r}\,')\ [\mathrm{Wb/m}] \equiv \mu\frac{I_s d\vec{l}_s(\vec{r}\,')}{4\pi R}$$: 근원전류도선 조각에 의해 형성된 선형 벡터 자기준위

$$I_s d\vec{l}_s(\vec{r}\,')\ [\mathrm{A\cdot m}] \longleftrightarrow \begin{cases} Q_s\vec{\upsilon}_s(\vec{r}\,') \\ \vec{K}_s dS(\vec{r}\,') \\ \vec{J}_s d\upsilon(\vec{r}\,') \end{cases}$$: 근원전류도선 조각에 의해 형성된 선형 벡터 자기준위

$$\vec{A}(\vec{r})\ [\mathrm{Wb/m}] = \int_{\substack{source\\current}} d\vec{A}(\vec{r},\vec{r}\,')$$: 근원전류도선 전체가 형성한 선형 벡터 자기준위

$$\vec{B}(\vec{r})\ [\mathrm{Wb/m^2}] = \nabla\times\vec{A}(\vec{r})$$: 자기장의 선형 벡터 자기준위로부터 얻게 되는 회전성 자속밀도

$$\nabla\cdot\vec{B}(\vec{r})\ [\mathrm{Wb/m^3}] = \nabla\cdot\left(\nabla\times\vec{A}(\vec{r})\right) = 0$$: 자기단극자는 존재하지 않음을 뜻하며, 자속선은 반드시 폐경로를 형성함을 의미함

$$\vec{H}(\vec{r})\ [\mathrm{A/m}] = \frac{1}{\mu}\vec{B}(\vec{r})$$: 자기장의 회전성 자속밀도로부터 얻게 되는 회전성 자계강도

비오–사바르의 법칙에 기반하여 직접 구하거나, 대칭구조의 근원전류도선인 경우 암페어의 자기장에 관한 법칙을 사용하여 회전성 자계강도($\boldsymbol{H}(\boldsymbol{r})$ [A/m])를 구하거나, 또는 선형 벡터 자계준위($\boldsymbol{A}(\boldsymbol{r})$ [Wb/m])를 구하면 자기장의 회전성 자속밀도($\boldsymbol{B}(\boldsymbol{r})$ [Wb/m^2])를 구할 수 있다. 이로부터 관측점의 시험전류도선에 작용하는 자기력을 구할 수 있도록 다음과 같이 정의하였다.

$$d\vec{F}(\vec{r})\ [\mathrm{N}] = I_t d\vec{l}_t(\vec{r})\times\vec{B}(\vec{r})\ ;\ \vec{B}(\vec{r})\ [\mathrm{Wb/m^2}] = \begin{cases}\mu\vec{H}(\vec{r}) \\ \nabla\times\vec{A}(\vec{r})\end{cases}$$: 자기장 내의 시험전류도선 조각에 작용하는 자기력

$$\vec{F}\ [\mathrm{N}] = \int_{test} d\vec{F}(\vec{r})$$: 자기장 내의 시험전류도선에 작용하는 자기력

따라서 근원전류도선에 의해 형성된 자기장 내에서 이동하는 전하($Q_t\boldsymbol{\upsilon}_t$ [A·m])가 받는 힘, 시험전류도선 조각($I_t\boldsymbol{dl}_t$ [A·m])과 도선 전체가 받는 자기적 힘($\boldsymbol{dF}(\boldsymbol{r})$, $\boldsymbol{F}(\boldsymbol{r})$ [N])은 비오–사바르의 법칙을 기반으로 한 다음 식을 이용하여 구할 수 있다.

$$d\vec{F}(\vec{r})\ [\mathrm{N}] = I_t d\vec{l}_t(\vec{r})\times\vec{B}(\vec{r})\ ;\ I_t d\vec{l}_t(\vec{r})\ [\mathrm{A\cdot m}] \longleftrightarrow \begin{cases} Q_t\vec{\upsilon}(\vec{r}) \\ \vec{K}_t dS(\vec{r}) \\ \vec{J}_t d\upsilon(\vec{r}) \end{cases}$$: 시험전류도선 조각에 작용하는 자기력

$$\vec{F}\ [\mathrm{N}] = \int_{test} d\vec{F}(\vec{r}) = \int_{test} I_t d\vec{l}_t(\vec{r})\times\vec{B}(\vec{r})\ ;\ \vec{B}(\vec{r})\ [\mathrm{V/m}] = \mu\vec{H}(\vec{r})\ [\mathrm{Wb/m^2}]$$: 시험전류도선에 작용하는 자기력

특히, 근원전류도선에 의해 형성된 자기장의 회전성 자계강도와 자속밀도 또는 선형 벡터 자기준위($\boldsymbol{H}(\boldsymbol{r})$ [A/m], $\boldsymbol{B}(\boldsymbol{r})$ [Wb/m^2], $\boldsymbol{A}(\boldsymbol{r})$ [Wb/m])를 구하는 최종 목적은 자기장 내의(시험) 전류도선이 받는 자기력($\boldsymbol{F}(\boldsymbol{r})$ [N], 자기적 작용)을 해석하고 응용하기 위함이다. 따라서 지금부터는 근원전류도선에 의해 형성된 회전성 자계강도와 자속밀도는 이미 결정된 자기장 내에서 시험전류도선이 받는 자기력에 중점을 두어 이해하는 과정이다.

자기장 내에서 자기장의 영향을 결정하는 요소에 대해 잘 확인하고, 공학적으로 응용할 때 적절하게 활용하기 위해 반드시 이해해야 하는 대표적인 경우는 다음과 같다.

- 로렌츠 힘(Lorentz Force): 전기장과 자기장이 모두 존재하는 공간에 초기 속도($\boldsymbol{v}_o$ [m/s])로 입사된 전하에 작용하는 힘(정전기력+정자기력): 입자 가속기, 이온 주입기, 전극용 금속 증착기
- 홀 효과(Hall Effect): 전기장에 의해 이동하는 전하에 의한 드리프트 전류가 흐를 때 자기장이 인가된 경우 전하에 작용하는 힘과 전압: Hall measurement system, Hall effect device
- 자기장 내에서 반지름이 $\rho = a$ [m]인 원형전류도선에 작용하는 힘: 자기쌍극자, 자성체의 자화
- 자기장 내에서 전하($Q_t = Q$ [C])를 띠고 속도 $\boldsymbol{v}$ [m/s]로 이동하는 입자/일정한 원주 위를 일정한 속도로 이동하는 전하에 작용하는 자기력: 전자기쌍극자

특히, 자기장의 영향을 받는 시험전류도선의 형태와 자기장의 영향을 결정하는 요소에 대해 잘 확인하고, 공학적/과학적으로 응용할 때 적절하게 활용하는 것이 매우 중요하다.

Section

8.1 전계와 자계가 동시에 존재하는 공간에 입사된 이동전하의 운동 특성 : 로렌츠 힘과 과학적 응용

물리적 현상을 분석하는 데 사용되는 입자가속기(particle accelerator), 반도체 제조 공정에 사용되는 이온주입기(ion implanter), 반도체의 특성 분석에 사용되는 홀 측정장치(Hall measurement) 등의 원리를 이해하고 응용하는 데도 전기력과 자기력의 이해는 필수적이다. 특히, 전하를 띤 입자에 정전기적 힘을 작용하는 전기장($\boldsymbol{E}(\boldsymbol{r})$ [V/m])과 전류도선 또는 이동하는 전하에 자기력을 작용하는 자기장($\boldsymbol{B}(\boldsymbol{r})$ [Wb/m^2]) 이 동시에 인가된 공간에 주입된 이동전하(전하량 = Q [C], 질량 = m^* [kg])의 운동을 이해하는 것은 매우 중요하다. 이를 이해하는 데 필요한 정전기적 힘($\boldsymbol{F}_e(\boldsymbol{r})$ [N])과 자기력($\boldsymbol{F}_m(\boldsymbol{r})$ [N])의 관계식은 다음과 같다.

$$\vec{F}_e(\vec{r})\ [\text{N}] = Q\vec{E}(\vec{r}) = QE_o\hat{a}_z$$: 전하를 띤 입자에 작용하는 정전기력

$$\vec{F}_m(\vec{r})\ [\text{N}] = Q\vec{\upsilon}(\vec{r})\times\vec{B}(\vec{r}) = Q\vec{\upsilon}(\vec{r})\times B_o\hat{a}_z$$: 이동하는 전하에 작용하는 자기력

전기장($\boldsymbol{E}(\boldsymbol{r})$ [V/m])과 평행한 방향으로 자기장($\boldsymbol{B}(\boldsymbol{r})$ [Wb/m^2])이 동시에 인가된 공간(중력은 무시)에 초기 속도 $\boldsymbol{\upsilon}_o$ [m/s]로 주입(전기장과 자기장에 모두 수직인 방향으로)된 전하(Q [C])에 작용하는 힘과 운동을 설명하는 관계식을 로렌츠 방정식(Lorentz force equation)이라고 한다. [그림 8-2](a)와 같이 z-축과 평행한 방향으로 형성된 전기장($\boldsymbol{E}(\boldsymbol{r}) = E_o\boldsymbol{a}_z$ [V/m])과 자기장($\boldsymbol{B}(\boldsymbol{r}) = B_o\boldsymbol{a}_z$ [Wb/m^2])에 전하(전하량 = Q [C], 질량 = m^* [kg])를 좌표계의 원점(O(0,0,0))으로부터 초기 속도 $\upsilon_s = \upsilon_o\boldsymbol{a}_\rho$ [m/s]로 xy-평면에 평행하게 입사한 경우, 시간에 따른 이동 특성을 이해하고자 한다.

$\vec{E}(\vec{r}) = E_o\hat{a}_z$ [V/m] : 전기장의 전계강도; 전하(Q [C])에 정전기적 힘을 가하여 z-축 방향으로 가속함

$\vec{B}(\vec{r}) = B_o\hat{a}_z$ [Wb/m^2] : 자기장의 자계강도; 이동하는 전하에 이동과 수직인 방향으로 자기력을 가하여 이동 방향을 바꾸며, 원운동의 구심력으로 작용함

$\vec{\upsilon}_s = \upsilon_o\hat{a}_\rho$ [m/s] : 전하의 초기 속도; xy-평면과 나란하게 주입되며, 원점으로부터 밖으로 향하는 원심력의 근원

전기장과 자기장이 동시에 인가된 공간에서 전하의 이동 특성은 전계에 의한 정전기적 힘($F_e(\boldsymbol{r})$ [N])과 자계에 의한 자기적 힘($F_m(\boldsymbol{r})$ [N])의 합으로 나타낼 수 있으며, 이를 나타내는 로렌츠 힘(Lorentz Force)에 관한 방정식은 다음과 같다.

$$\left.\begin{aligned}\vec{F}(\vec{r})\ [\text{N}] &= \vec{F}_e(\vec{r}) + \vec{F}_m(\vec{r}) = Q\vec{E}(\vec{r}) + Q\vec{\upsilon}(\vec{r})\times\vec{B}(\vec{r})\\ &= Q\left(\vec{E}(\vec{r}) + \vec{\upsilon}(\vec{r})\times\vec{B}(\vec{r})\right)\end{aligned}\right\};\ \left\{\begin{aligned}&\vec{F}_e(\vec{r})\ [\text{N}] = Q\vec{E}(\vec{r}) = QE_o\hat{a}_z\\ &\vec{F}_m(\vec{r})\ [\text{N}] = Q\vec{\upsilon}(\vec{r})\times\vec{B}(\vec{r}) = Q\vec{\upsilon}(\vec{r})\times B_o\hat{a}_z\\ &\vec{\upsilon}_s \equiv \vec{\upsilon}(t=0) = \upsilon_o\hat{a}_\rho\ [\text{m/s}]\end{aligned}\right.$$

: 로렌츠 힘의 방정식

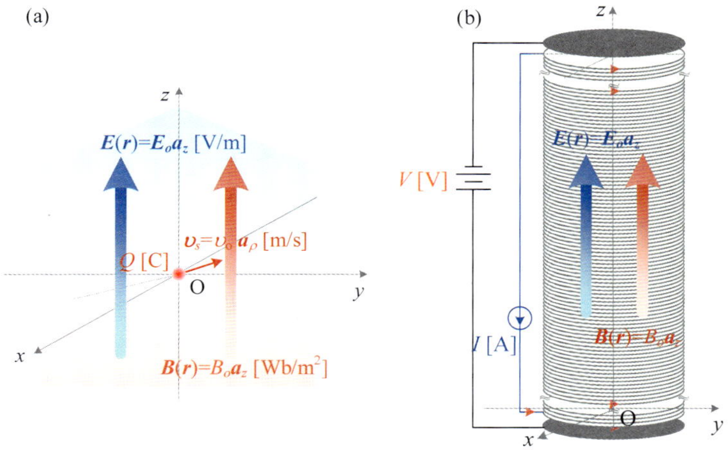

[그림 8-2] (a) 전기장과 자기장이 동시에 인가된 공간에 속도 $\upsilon_s = \upsilon_o \boldsymbol{a}_\rho$ [m/s]로 xy-평면에 평행하게 입사된 전하(Q [C], 질량 = m^* [kg]) (b) z-축 방향의 균일 전기장과 균일 자기장 형성이 가능한 개념도

로렌츠 방정식은 전기장($\boldsymbol{E} = E_o\boldsymbol{a}_z$ [V/m])과 자기장($\boldsymbol{B} = B_o\boldsymbol{a}_z$ [Wb/m^2])이 모두 존재하는 공간(중력은 무시)에 초기 속도 υ_o [m/s]로 주입된 전하(Q [C])에 작용하는 힘과 운동을 설명한다. 전기장과 자기장이 동시에 인가된 공간에서 초기 속도 $\boldsymbol{\upsilon}_s = \upsilon_o\boldsymbol{a}_\rho$ [m/s]로 주입된 전하의 이동 특성을 이해하고 잘 활용하기 위해서는 다음의 세 가지 경우로 구분하여 이해하는 것이 편리하다.

(a) 전기장만 존재하는 경우($\boldsymbol{E}(\boldsymbol{r}) = E_o\boldsymbol{a}_z$ [V/m], $\boldsymbol{B}(\boldsymbol{r}) = 0$ [Wb/m^2]), 초기 속도 $\boldsymbol{\upsilon}_s = \upsilon_o\boldsymbol{a}_\rho$ [m/s]로 입사된 전하의 운동
(b) 자기장만 존재하는 경우($\boldsymbol{B}(\boldsymbol{r}) = B_o\boldsymbol{a}_z$, $\boldsymbol{E}(\boldsymbol{r}) = 0$), 초기 속도 $\boldsymbol{\upsilon}_s = \upsilon_o\boldsymbol{a}_\rho$ [m/s]로 입사된 전하의 운동
(c) 전기장과 자기장이 모두 존재하는 경우($\boldsymbol{E}(\boldsymbol{r}) = E_o\boldsymbol{a}_z$, $\boldsymbol{B}(\boldsymbol{r}) = B_o\boldsymbol{a}_z$), 초기 속도 $\boldsymbol{\upsilon}_s = \upsilon_o\boldsymbol{a}_\rho$ [m/s]로 입사된 전하의 운동

8.1.1 전기장만 존재하는 경우($\boldsymbol{E}(\boldsymbol{r}) = E_o\boldsymbol{a}_z$ [V/m], $\boldsymbol{B}(\boldsymbol{r}) = \boldsymbol{0}$ [Wb/m^2]), 초기 속도 $\boldsymbol{\upsilon}_s = \upsilon_o\boldsymbol{a}_\rho$ [m/s]로 입사된 전하의 운동

[그림 8-3](a)에 나타낸 것과 같이, 전기장만 존재하는 경우, 전하는 전계에 의해 정전기적 힘을 받는 z-축 방향으로 등가속도 운동으로 이동하게 되며, xy-평면에 평행한 방향은 초기 입사속도를 가진 등속 운동을 한다. 이를 수식으로 정리하면 다음과 같다.

$\vec{B}(\vec{r}) = 0$ [Wb/m^2] : 자기장은 인가되지 않음

$\vec{E}(\vec{r}) = E_o\hat{a}_z$ [V/m] : z-축과 평행하게 가해지는 전기장의 전계강도

$\vec{F}_e(\vec{r})$ [N] $= Q\vec{E}(\vec{r}) = QE_o\hat{a}_z = F_e\hat{a}_z = m^*\vec{a}_E$: 전기장에 의해 전하(Q [C])에 작용하는 정전기적 힘

$\vec{a}_E$ [m/s^2] $\equiv \dfrac{\vec{F}_e}{m^*} = \dfrac{QE_o}{m^*}\hat{a}_z \propto \begin{cases} Q \\ E_o \\ 1/m^* \end{cases}$: 전기장에 의해 작용하는 정전기적 힘에 의한 가속도(acceleration)

전계에 의한 전하의 가속도($\boldsymbol{a}_E$ [m/s²])를 결정하는 요소와 의존도를 그래프로 나타내면 [그림 8-3](b)와 같다.

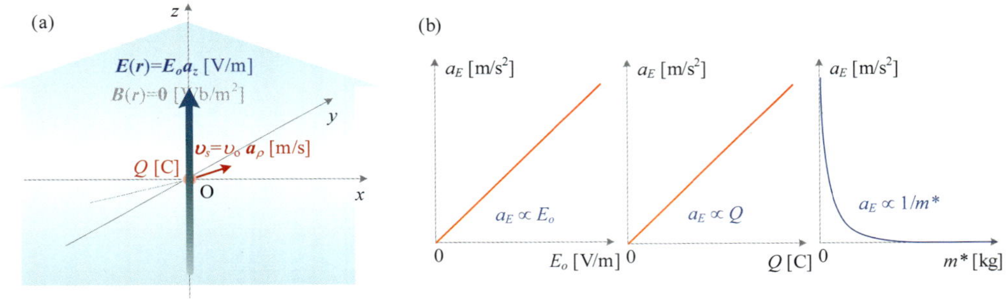

[그림 8-3] 전기장에 의한 전하의 z-축 방향 가속도 변화

전계에 의한 z-축 방향의 가속도 운동과 xy-평면에 $\boldsymbol{\upsilon}_o$ [m/s]로 입사되어 등속 운동하는 것을 고려한 시간에 따른 속도 변화($\boldsymbol{\upsilon}(t)$ [m/s]), 그리고 그에 의해 결정되는 시간에 따른 위치 변화($\boldsymbol{r}(t)$ [m])를 요약하면 다음과 같다. 또한 전계만 인가된 공간에 입사된 전하의 시간에 따른 좌표 변화와 이를 결정하는 요소와 의존도를 그래프로 나타내면 [그림 8-4]와 같다.

$$\vec{\upsilon}(t)\ [\text{m/s}]=\vec{\upsilon}_s+\vec{\upsilon}_E(t)=\vec{\upsilon}_s+\vec{a}_E t=\upsilon_o\hat{a}_\rho+\frac{QE_o}{m^*}t\hat{a}_z$$: xy-평면과 나란하게 주입된 전하의 시간에 따른 속도 변화

$$\vec{\upsilon}_s=\upsilon_o\hat{a}_\rho\ [\text{m/s}]$$: xy-평면과 나란하게 주입된 전하의 초기 속도; 원점으로부터 밖으로 향하는 원심력의 근원

z-축 방향은 등가속 운동, xy-평면과 평행한 방향은 등속 운동($\boldsymbol{\upsilon}=\upsilon_o\boldsymbol{a}_\phi$ [m/s])임

$$\vec{r}(t)\ [\text{m}]=\vec{r}_o+\int_{t=0}^{t}\vec{\upsilon}(t)dt=(\rho(t),\phi(t),z(t))$$: 전계 가속으로 인한 전하의 위치 변화

$$=\upsilon_o t\hat{a}_\rho+\frac{QE_o}{2m^*}t^2\hat{a}_z\rightarrow\begin{cases}\rho(t)=\upsilon_o t\\ z(t)=\dfrac{QE_o}{2m^*}t^2\\ \phi(t)=\phi_o\end{cases}$$: z-축 방향은 등가속 운동, xy-평면과 평행한 방향은 등속 운동임

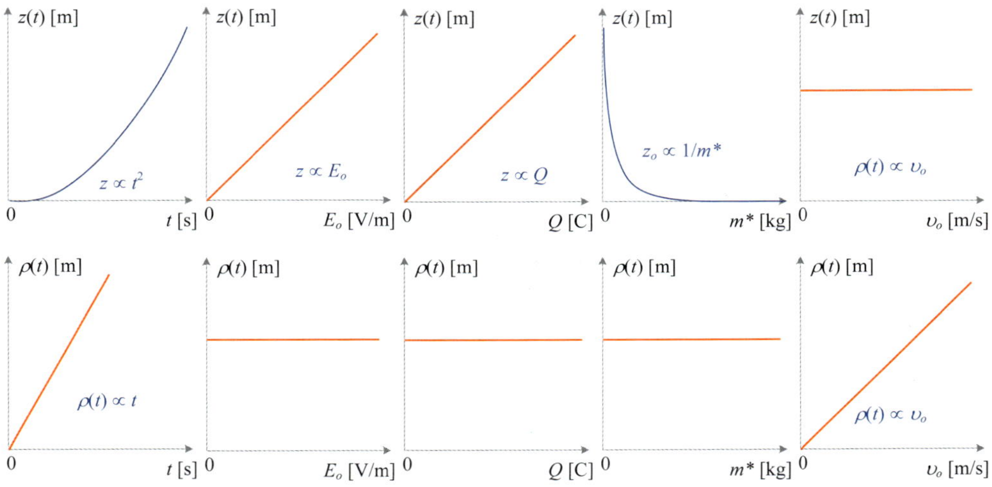

[그림 8-4] 전기장에 의해 등가속운동으로 이동한 z-축 방향 이동 거리와 입사된 방사방향 거리를 결정하는 요소

또한 전계에 의해 가속되는 동안 전하가 얻는 정전기적 에너지(E_{kE} [J])는 다음과 같으며, 이를 운동에너지(E_k [J])로 사용하여 이동한다.

$$E_k\ [\mathrm{J}] = E_{kE} = \int_{t=0}^{t_o} \vec{F}_E \cdot d\vec{l} = \int_{z=0}^{z_o} Q\vec{E} \cdot d\vec{l} = \int_{z=0}^{z_o} QE_o\hat{a}_z \cdot dz\hat{a}_z = \int_{z=0}^{z_o} QE_o dz$$

$$= QE_o z_o = \frac{Q^2 E_o^2}{2m^*} t_o^2 \propto \begin{cases} Q^2 \\ E_o^2 \\ t_o^2 \\ 1/m^* \end{cases}$$

: z-축 방향으로 이동하는 동안 전기장으로부터 얻은 정전기적 에너지 → 운동에너지로 사용

전계로부터 얻을 수 있는 운동에너지($E_k = E_{k,E}$ [J])는 가속되는 전하의 전하량(Q [C])의 제곱에 비례하고, 전계강도의 제곱에 비례하며, 가속 시간의 제곱에 비례하는 가속 거리에 비례함을 알 수 있으며, 이를 [그림 8−5]에 요약하여 나타냈다.

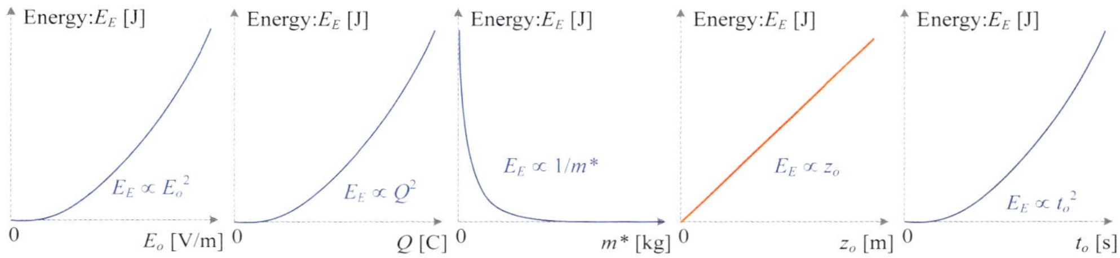

[그림 8−5] 전기장에 의한 가속으로 이동하는 동안 전계로부터 얻은 정전기적 에너지(E_E [J]) 변화

전계로부터 얻을 수 있는 에너지는 입자가속기와 이온주입기의 성능과 활용 범위를 제한하기 때문에, 이를 결정하는 요소와 의존성을 잘 이해하는 것이 중요하다.

8.1.2 자기장만 존재하는 경우($\boldsymbol{B}(\boldsymbol{r}) = B_o\boldsymbol{a}_z$ [Wb/m^2], $\boldsymbol{E}(\boldsymbol{r}) = \boldsymbol{0}$ [V/m]), 초기 속도 $\boldsymbol{\upsilon}_s = \upsilon_o\boldsymbol{a}_\rho$ [m/s]로 주입된 전하의 운동

원점에서 xy-평면에 평행한 방사방향($\boldsymbol{a}_\rho$)으로 주입($\boldsymbol{\upsilon}_s = \upsilon_o\boldsymbol{a}_\rho$ [m/s])된 전하는 [그림 8−6]에 나타낸 것과 같이 주입 방향과 자기장이 이루는 면에 수직방향의 자기력($\boldsymbol{F}_m = Q\boldsymbol{\upsilon} \times \boldsymbol{B}$ [N])을 받으며, 이는 이동하는 전하에 회전력으로 작용한다. z-축 방향의 자기장($\boldsymbol{B} = B_o\boldsymbol{a}_z$ [Wb/m^2])만 존재하는 경우, 전하는 이동방향과 xy-평면에 평행하게 회전각 방향($\boldsymbol{a}_\phi$)의 회전력을 받으며 이동한다.

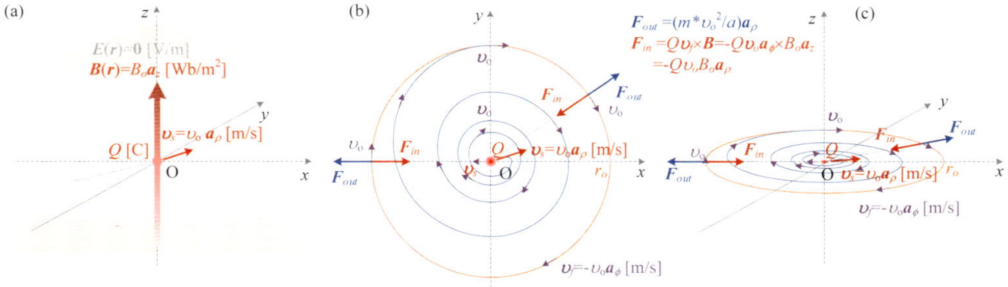

[그림 8−6] 자기장만 인가된 경우 입사된 전하의 운동 : 자기력에 의한 회전력으로 인해 등속원운동

• 전하를 주입한 초기($t = 0$ [s])에는 자기장에 의한 회전운동의 구심력으로 작용하는 자기력($\boldsymbol{F}_{in} = \boldsymbol{F}_m$ [N])에 비해 방사방향의 원심력($\boldsymbol{F}_{out}$ [N])이 큰 상태가 되고, 이로 인해 반지름이 점점 증가하는 회전 운동을 하게 된다.

$\vec{B}(\vec{r}) = B_o\hat{a}_z$ [Wb/m^2] : 자기장의 자계강도

$\vec{\upsilon}_s = \upsilon_o\hat{a}_\rho$ [m/s] : 전하의 초기 속도; xy-평면과 나란하게 주입되며, 원점으로부터 밖으로 향하는 원심력의 근원

$\vec{F}_m(\vec{r})$ [N] $= Q\vec{\upsilon}(\vec{r}) \times \vec{B}(\vec{r})$: 자기장에 의해 이동전하에 작용하는 자기력 → 회전력으로 작용함 (이동방향과 자기장에 모두 수직인 방향으로 힘이 작용하여 경로가 변형됨)

$$\vec{F}_{in,s}(\vec{r})\ [\mathrm{N}] = \vec{F}_B(\vec{r}) = Q\vec{\upsilon}_s \times \vec{B}(\vec{r}) = Q\upsilon_o\hat{a}_\rho \times B_o\hat{a}_z = -Q\upsilon_o B_o\hat{a}_\phi \propto \begin{cases} Q \\ B_o \\ \upsilon_o \end{cases}$$
: 자기장에 의해 작용하는 입사 전하의 초기 자기력

• 입사된 전하가 방사방향으로 이동하면서 받게 된 자기력($\boldsymbol{F}_B$ [N])에 의해 회전운동의 구심력이 발생하고, 입사속도에 의한 원심력($\boldsymbol{F}_{out}$ [N])과 평형을 이루는 상태에 도달하면, 주입된 전하는 일정한 반지름을 가진 동심원을 따라 등속원운동을 하게 된다. 이때 방사방향의 원심력($\boldsymbol{F}_{out,f}$ [N])과 자기장에 의해 작용하는 구심력($\boldsymbol{F}_{in,f}$ [N]), 등속원운동 속도($\boldsymbol{\upsilon}_f$ [m/s]), 평형 상태의 등속원운동 반지름(r_o [m])은 각각 다음과 같다.

$\vec{\upsilon}_f = -\upsilon_o\hat{a}_\phi$ [m/s] : 입사로 인한 원심력과 자기장에 의한 구심력이 평형을 이룬 후 등속원운동하는 속도

$$\vec{F}_{in,f}(\vec{r})\ [\mathrm{N}] \equiv Q\vec{\upsilon}_s \times \vec{B}(\vec{r}) = -Q\upsilon_o\hat{a}_\phi \times B_o\hat{a}_z = -Q\upsilon_o B_o\hat{a}_\rho \propto \begin{cases} Q \\ B_o \\ \upsilon_o \end{cases}$$
: 원심력과 구심력이 평형을 이룬 상태의 자기장에 의한 구심력

$$\vec{F}_{out,f}\ [\mathrm{N}] = \left.\frac{m^*\upsilon^2}{r}\right|_{eq} = \frac{m^*\upsilon_o^2}{r_o} \propto \begin{cases} m^* \\ \upsilon_o \\ 1/a \end{cases}$$
: 자기장에 의한 구심력이 평형을 이룬 후 입사로 인한 원심력

$$\vec{F}(\vec{r})\ [\mathrm{N}] = \vec{F}_{in,f}(\vec{r}) + \vec{F}_{out,f}(\vec{r}) = -Q\upsilon_o B_o\hat{a}_\rho + \frac{m^*\upsilon_o^2}{r_o}\hat{a}_\rho = 0$$

$$\Leftarrow \begin{cases} \vec{F}_{in,f}\ [\mathrm{N}] = \vec{F}_B = Q\vec{\upsilon}_f \times \vec{B} = -Q\upsilon_o\hat{a}_\phi \times B_o\hat{a}_z = -Q\upsilon_o B_o\hat{a}_\rho \\ \vec{F}_{out,f}\ [\mathrm{N}] = \dfrac{m^*\upsilon_o^2}{r_o}\hat{a}_\rho \end{cases}$$

$$r_o\ [\mathrm{m}] = \frac{m^*\upsilon_o}{QB_o} \propto \begin{cases} m^* \\ \upsilon_o \\ 1/B_o \\ 1/Q \end{cases}$$
: 구심력과 원심력이 평형을 이룬 후 등속원운동하는 반지름

즉, 입사속도(υ_o [m/s])가 클수록 원심력이 커지므로 평형에 필요한 구심력과 등속원운동 반지름(r_o [m])이 증가한다. 또한, 회전운동을 할 수 있도록 구심력으로 작용하는 자속밀도(B_o [Wb/m^2]) 또는 자계강도(H_o [A/m])가 클수록 원운동 반지름이 감소한다. 자기장과 수직으로 입사된 전하의 등속원운동 반지름을 결정하는 요소와 의존도를 [그림 8-7]에 요약하였다.

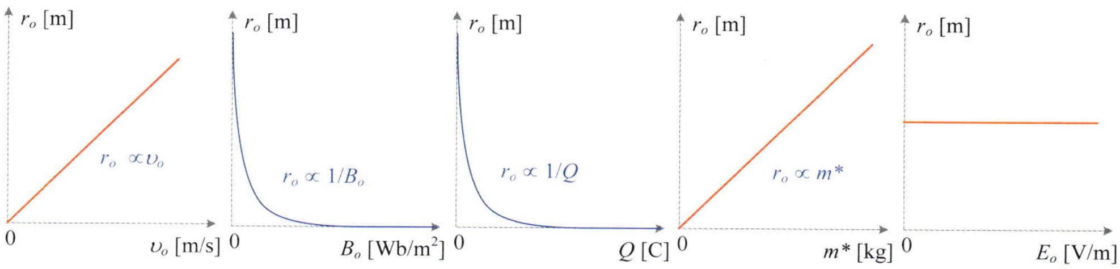

[그림 8-7] 자기장에 의한 구심력과 입사속도에 의한 원심력이 평형을 이루고 등속원운동할 때 원운동 반지름 결정 요소

8.1.3 전기장과 자기장이 모두 존재하는 공간에($\boldsymbol{E} = E_o\boldsymbol{a}_z$ [V/m], $\boldsymbol{B} = B_o\boldsymbol{a}_z$ [Wb/m^2]) 초기 속도 $\boldsymbol{\upsilon}_s = \upsilon_o\boldsymbol{a}_\rho$ [m/s]로 입사된 전하의 운동

일정한 크기와 방향의 전기장과 자기장이 z-축과 평행하게 동시에 인가된 경우($\boldsymbol{E} = E_o\boldsymbol{a}_z$ [V/m], $\boldsymbol{B} = B_o\boldsymbol{a}_z$ [Wb/m^2]), 전기장에 의한 z-축 방향의 등가속도 운동과 자기장에 의한 회전운동이 동시에 이루어지며, 전하의 이동을 [그림 8-8]에 형상화하였다.

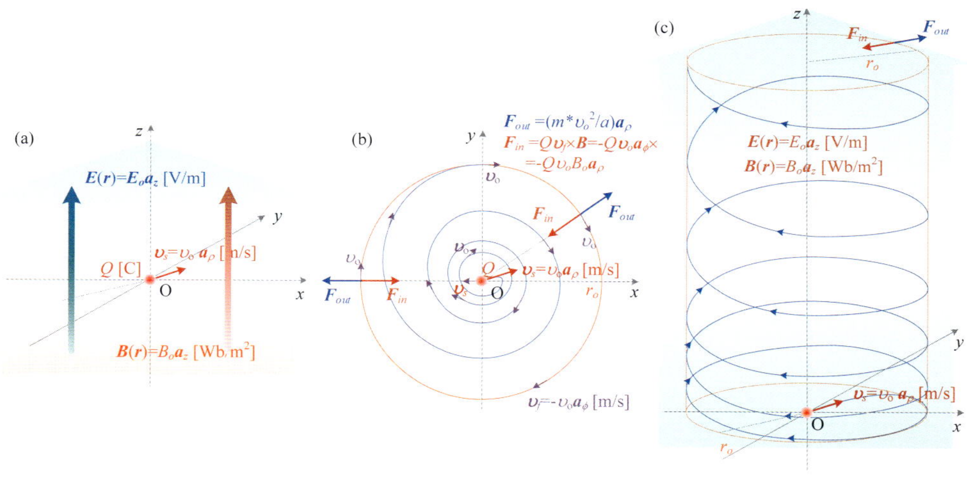

[그림 8-8] 자기장에 의한 구심력($\boldsymbol{F}_{in}$ [N])과 입사속도에 의한 원심력($\boldsymbol{F}_{out}$ [N])이 평형을 이루어 가는 과정

일정한 크기와 방향의 전기장과 자기장이 z-축과 평행하게 동시에 인가된 경우($\boldsymbol{E} = E_o\boldsymbol{a}_z$ [V/m], $\boldsymbol{B} = B_o\boldsymbol{a}_z$ [Wb/m^2]), 초기 속도 $\boldsymbol{\upsilon}_s = \upsilon_o\boldsymbol{a}_\rho$ [m/s]로 주입된 전하의 운동은 전기장과 자기장이 따로 가해진 경우에 계산한 결과를 합한 로렌츠 방정식으로 나타낼 수 있다.

$$\begin{aligned}\vec{F}(\vec{r})\ [\mathrm{N}] &= \vec{F}_e(\vec{r}) + \vec{F}_m(\vec{r}) = Q\vec{E}(\vec{r}) + Q\vec{\upsilon}(\vec{r}) \times \vec{B}(\vec{r}) \\ &= Q\left(\vec{E}(\vec{r}) + \vec{\upsilon}(\vec{r}) \times \vec{B}(\vec{r})\right)\end{aligned} \quad \text{: 로렌츠 힘의 방정식}$$

먼저 핵심 내용을 요약하면, 전계로 인한 정전기적 힘에 의해서는 z-축 방향의 등가속도 운동을 하고, 주입된 이동전하에 작용하는 자기적 힘에 의한 회전력으로 인해 회전각 방향의 원운동을 하게 된다.

그러나 전계로 인한 z-축 방향의 가속운동에 자기장은 전혀 영향을 미치지 않는다.

$$\vec{F}_{m,z}\ [\mathrm{N}] = Q\upsilon_z \hat{a}_z \times B_o \hat{a}_z = Q\left(\frac{QE_o}{m^*} t\hat{a}_z\right) \times B_o \hat{a}_z = 0$$

전계로 인해 생성된 정전기적 힘으로 등가속도 운동을 하는 z-축 방향의 시간에 따른 이동 거리 ($z(t)$ [m]), 이동하는 동안 전하가 전계로부터 얻는 정전기적 에너지(E_k [J])는 앞의 전기장만 존재하는 경우와 동일하다.

$$E_k\ [\mathrm{J}] = \int_{t=0}^{t_o} \vec{F}_E \cdot d\vec{l} = \int_{z=0}^{z_o} Q\vec{E} \cdot d\vec{l} = \int_{z=0}^{z} QE_o \hat{a}_z \cdot dz\hat{a}_z = \int_{z=0}^{z} QE_o dz = QE_o z_o = \frac{Q^2 E_o^2}{2m^*} t_o^2 \propto \begin{cases} Q^2 \\ E_o^2 \\ z_o \propto t_o^2 \\ 1/m^* \end{cases}$$

: 정전기적 에너지

그런데 [그림 8–8](b)와 (c)에 나타낸 것과 같이 전기장과 자기장이 동시에 인가된 경우, z-축 방향은 정전기적 힘에 의한 등가속도 운동을 하지만 xy-평면과 평행한 방사방향의 이동은 원심력과 구심력이 평형을 이룬 후에는 등속원운동($\boldsymbol{\upsilon}_f = \upsilon_o \boldsymbol{a}_\phi$ [m/s])을 하게 된다. 따라서 등속원운동을 하는 정상상태 (steady state)의 전하 이동을 나타내는 좌표와 원운동 주기(T [s])는 다음과 같이 요약할 수 있다.

$$\vec{r}(t)\ [\mathrm{m}] = (\rho(t), \phi(t), z(t))$$: 전계 가속으로 인한 전하의 좌표 변화

$$z(t)\ [\mathrm{m}] = \frac{QE_o}{2m^*} t^2 \propto \begin{cases} Q \\ E_o \\ 1/m^* \\ t^2 \end{cases}$$: 전기장에 의한 정전기력으로 가속되어 이동하는 z-축의 좌표

$$\rho(t)\ [\mathrm{m}] = r_o = \frac{m^* \upsilon_o}{QB_o} \propto \begin{cases} m^* \\ \upsilon_o \\ 1/B_o \\ 1/Q \end{cases}$$: 등속원운동 반지름은 초기 입사속도, 자속밀도, 전하량, 질량에 의해 결정됨

$$\phi(t)\ [\mathrm{rad}] = \phi_o + 2\pi ft = \phi_o + 2\pi \frac{1}{T} t = \phi_o + \frac{QB_o}{m^*} t$$: 전계 가속으로 인한 전하의 좌표 변화

$$T\ [\mathrm{s}] = \frac{1}{f} = \frac{2\pi r_o}{\upsilon_o} = 2\pi \frac{m^*}{QB_o}$$: 등속원운동의 주기(입사속도에 무관, 전하량과 자속밀도에 의해 결정)

전계강도가 강하고 입사된 전하의 전하량이 클수록 가속에 사용되는 정전기력이 증가하며, 질량이 클수록 가속이 어려움을 뜻한다. 또한 등가속 운동 시간(t [s])의 제곱에 비례하여 z-축 좌표가 증가하며, 이를 요약하면 [그림 8–9]와 같다.

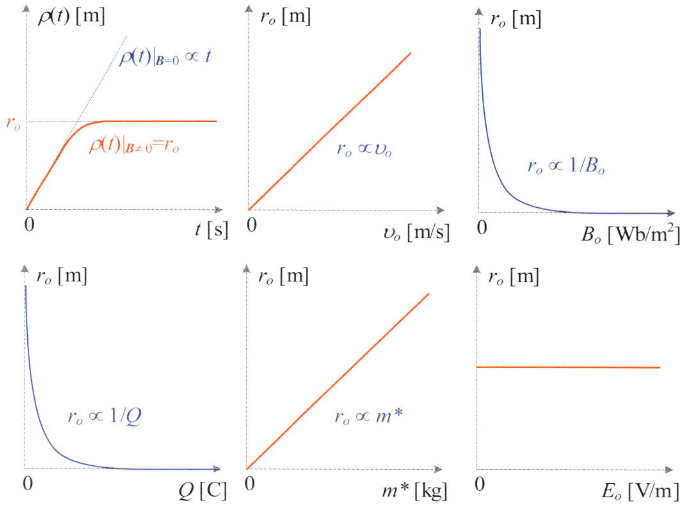

[그림 8-9] 전기장과 자기장이 동시에 인가된 경우 방사방향의 반지름 변화와 정상 상태의 등속원운동 반지름 결정 요소

자기장에 의한 구심력과 입사속도에 의한 원심력이 평형을 이루고 등속원운동할 때 원운동 반지름 결정 요소를 [그림 8-10]에 나타냈다. 입사속도(υ_o [m/s])가 클수록 원심력이 커지므로 평형에 필요한 구심력과 등속원운동 반지름(r_o [m])이 증가하고, 회전운동을 할 수 있도록 구심력으로 작용하는 자속밀도(B_o [Wb/m^2]) 또는 자계강도(H_o [A/m])가 클수록 원운동 반지름이 감소한다. 그러나 전계강도(E_o [V/m])는 등속원운동 반지름(r_o [m])에 영향을 미치지 않음을 기억하는 것도 중요하다.

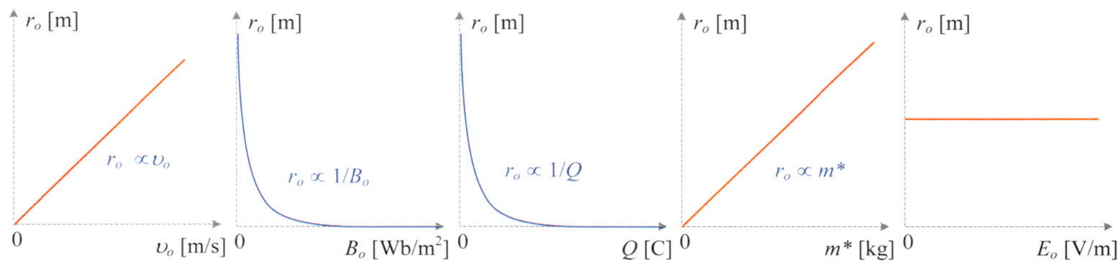

[그림 8-10] 자기장에 의한 구심력과 입사속도에 의한 원심력이 평형을 이루고 등속원운동할 때 원운동 반지름 결정 요소

Section

8.2 홀 효과와 공학적 & 과학적 응용 : 홀 측정장치

로렌츠 방정식을 통해 전기장과 자기장이 같은 방향으로 인가되고($\boldsymbol{E} = E_o\boldsymbol{a}_z$ [V/m], $\boldsymbol{B} = B_o\boldsymbol{a}_z$ [Wb/m^2]), 그에 수직인 방향으로 입사된 전하(Q_o [C], $\boldsymbol{\upsilon}_s = \upsilon_o\boldsymbol{a}_\rho$ [m/s])의 이동 특성을 이해하였다. 이와는 다른 응용으로, [그림 8-11]과 같이 x-축 방향의 전기장($\boldsymbol{E} = E_o\boldsymbol{a}_x$ [V/m])과 그에 수직인 z-축 방향의 자기장($\boldsymbol{B} = B_o\boldsymbol{a}_z$ [Wb/m^2])을 동시에 인가하여, 반도체의 특성을 분석하는 데 사용하는 장치를 홀 측정장치(Hall measurement system)라고 한다. 홀 측정장치의 핵심 원리가 홀 효과(Hall effect)이며, 반도체의 특성 분석과 센서에 응용되는 중요한 현상이다.

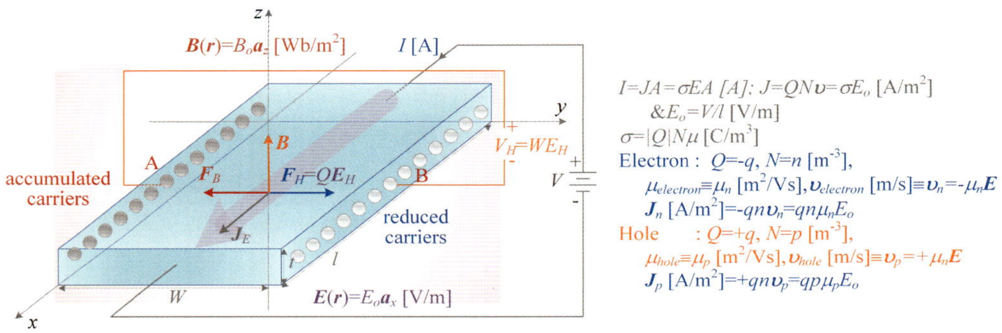

[그림 8-11] 홀 측정장치 개념도와 핵심 관계식

정보통신 시스템, 반도체 메모리, 컴퓨터, 디스플레이, 자동차 및 센서 구현에 널리 사용되는 반도체 내에는 전도성 드리프트 전류를 형성하는 이동전하에 음의 전하를 띤 전자($Q = -q$ [C])와 (해석의 편의를 위해 전자 대신 도입한 가상적 전하인) 양의 전하를 띤 정공(hole; $Q = +q$ [C])이 존재한다. 반도체의 전기적 특성을 결정하는 가장 중요한 요소는 반도체의 종류(p형 또는 n형), 반도체 내에서 전류를 구성하는 전하의 농도(N [1/m^3]), 그리고 그들의 이동도(μ [m^2/(V·s)])이다. 홀 측정장치는 반도체의 특성을 결정하는 대표적 요소인 반도체의 종류(정공이 많은 p형 반도체 또는 전자가 많은 n형 반도체)의 구별, 반도체 내에서 이동하는 전하의 이동도(μ [m^2/Vs]) 측정, 그리고 반도체 내에 존재하는 전하의 농도(N [1/m^3]; 전자 농도 $= n$ [1/m^3], 정공 농도 $= p$ [1/m^3])를 측정할 수 있다. 전기장과 그에 수직인 자기장을 동시에 인가한 홀 측정장치(Hall measurement system)를 이용하여 반도체의 종류와 전하 농도, 그리고 이동도를 측정하는 원리는 다음과 같다.

[그림 8-11]과 같이 x-축 방향으로 전계가 인가되고, z-축 방향으로 일정한 세기의 자계가 인가된 경우, 전계($\boldsymbol{E}(\boldsymbol{r}) = E_o\boldsymbol{a}_x$ [A/m^2]) 내의 이동전하가 형성하는 전도성 드리프트 전류($I = I_{drift}$ [A])는 다음과 같으며, 전하의 부호(양전하 또는 음전하)에 관계없이 반드시 전계와 동일한 x-축 방향($\boldsymbol{J} = J_x\boldsymbol{a}_x$ [A/m^2])으로 형성된다.

$$I\ [\mathrm{A}] = I_{drift} = JA = \sigma E_o A = QN\vec{\upsilon}A = qN\mu E_o tW \\ \rightarrow Q\vec{\upsilon} \equiv \frac{I}{NA}\hat{a}_x \Bigg\} \propto \begin{cases} \sigma\ [\mho/\mathrm{m}] = |\rho_{m\upsilon}|\mu = |Q|N\mu & : \text{전기전도도} \\ \vec{E} = V/l\hat{a}_x = E_o\hat{a}_x & : \text{전계강도} \\ \quad E_o\ [\mathrm{V/m}] \equiv |\vec{E}| = V/l & \\ \vec{J}\ [\mathrm{A/m^2}] = \sigma\vec{E} = \sigma E_o\hat{a}_x & : \text{전류밀도} \\ A\ [\mathrm{m^2}] = Wt & : \text{단면적} \end{cases}$$

또한, 전계에 의해 드리프트 전류를 형성하는 이동전하에 이동방향과 수직인 z-축 방향의 자기장 ($\boldsymbol{B}(\boldsymbol{r}) = B_o\boldsymbol{a}_z$ [Wb/m^2])을 인가하면 다음과 같이 표시되는 자기력에 의해 힘을 받아 경로가 휘게 된다.

$$\vec{B}(\vec{r})\ [\mathrm{Wb/m^2}] = B_o\hat{a}_z \quad : \text{자속밀도}$$

$$\vec{F}_B(\vec{r})\ [\mathrm{N}] = Q\vec{\upsilon}(\vec{r}) \times \vec{B}(\vec{r}) = \frac{I}{NA}\hat{a}_x \times B_o\hat{a}_z = -\frac{IB_o}{NA}\hat{a}_y \ : \text{이동전하가 받는 회전성 자기력}$$

특히, 드리프트에 의해 이동하는 전하가 자기장에 의해 받는 힘의 방향은 드리프트 전류를 형성하는 전하의 종류(전자 = $-q$ [C], 정공 = $+q$ [C])와 관계없이 항상 고정된 방향, 즉 B면에서 A면을 향하는 방향으로 자기력이 발생한다. 이로 인해 중성인 반도체의 드리프트 전류를 형성하는 전하가 A면으로 몰려 전하를 띠게 되고, B면에는 전하가 상대적으로 낮아져 A면과 반대 부호의 전하를 띠게 된다. 그 결과 자기력을 상쇄하는 전계가 형성되고 이로 인한 전위차가 발생하는데, 이 현상을 홀 효과(Hall effect)라고 한다. 또한, 이로 인해 형성된 내부전계를 홀 전계(Hall field: $\boldsymbol{E}_{\mathrm{H}}$ [V/m]), 생성된 전위차를 홀 전압(Hall voltage: V_H [V])이라고 한다.

예를 들면 전자가 많이 존재하는 n형 반도체의 경우, A면에는 전자 농도가 높아져 중성이던 반도체가 음의 전하를 띠고, 전자 농도가 낮아진 B면에는 양의 전하를 띤 상태가 되어, 홀 전압이 음의 전압($V_H < 0$)을 갖는다. 또한, 이동하는 전하 농도가 높고, 이동도가 클수록 자기장에 의한 자기력이 증가하므로, 이를 상쇄하기 위한 홀 전압이 증가함도 예상할 수 있다. 반도체 내의 전하 농도, 이동도, 그리고 홀 전압의 관계를 정리하면 다음과 같다.

$$\left.\begin{aligned} \vec{F}_B(\vec{r})\ [\mathrm{N}] &= Q\vec{\upsilon}(\vec{r}) \times \vec{B}(\vec{r}) = \frac{I}{NA}\hat{a}_x \times B_o\hat{a}_z = -\frac{IB_o}{NA}\hat{a}_y \\ \vec{F}(\vec{r})\ [\mathrm{N}] &= \vec{F}_B(\vec{r}) + \vec{F}_H(\vec{r}) = -\frac{IB_o}{NA}\hat{a}_y + \vec{F}_H(\vec{r}) = 0 \end{aligned}\right\} : \text{전계에 의해 이동(드리프트)하는 전하에 자기장에 의해 작용하는 자기력}$$

$$\rightarrow \vec{F}_H(\vec{r})\ [\mathrm{N}] = \frac{IB_o}{NA}\hat{a}_y = Q\vec{E}_H(\vec{r}) \quad : \text{자기력을 상쇄하는 홀 효과에 의한 정전기적 힘}$$

$$\rightarrow \vec{E}_H(\vec{r})\ [\mathrm{V/m}] = \frac{\vec{F}_H(\vec{r})}{Q} = \frac{1}{Q}\frac{IB_o}{NA}\hat{a}_y \quad : \text{홀 효과에 의해 형성된 홀 전계강도(내부 생성 전계)}$$

$$V_H\ [\mathrm{V}] = -\int_W^0 \vec{E}_H \cdot d\vec{l}(\vec{r}) = -\int_W^0 \frac{IB_o}{QNA}\hat{a}_y \cdot dy\hat{a}_y = -\int_W^0 \frac{IB_o}{QNA}dy = \frac{1}{Q}\frac{IB_o}{NA}W$$

$$= \frac{1}{Q}\frac{IB_o}{N}\frac{1}{t} \rightarrow \begin{cases} Q = +q\ ;\ V_H > 0 \\ Q = -q\ ;\ V_H < 0 \end{cases} \quad : \text{홀 효과에 의해 형성된 홀 전압}$$

즉, 측정된 홀 전압의 부호를 이용하여 n형과 p형을 구별할 수 있음을 뜻한다. 홀 전압이 양의 값이면 양의 전하(정공)가 많은 p형 반도체이고, 홀 전압이 음의 값이면 음의 전하(전자)가 많은 n형 반도체임을 뜻한다. 홀 전압을 결정하는 요소와 의존도를 [그림 8-12]에 요약하였다.

$$|V_H|\ [\mathrm{V}] = \left|\frac{1}{Q}\frac{IB_o}{N}\frac{1}{t}\right| = \left|\frac{1}{Q}\frac{B_o}{N}\frac{1}{t}qN\mu\frac{V}{l}A\right| = \mu VB_o\frac{W}{l} \propto \begin{cases}\mu \\ W/l \\ V \\ B_o\end{cases}$$: 홀 전압을 결정하는 요소

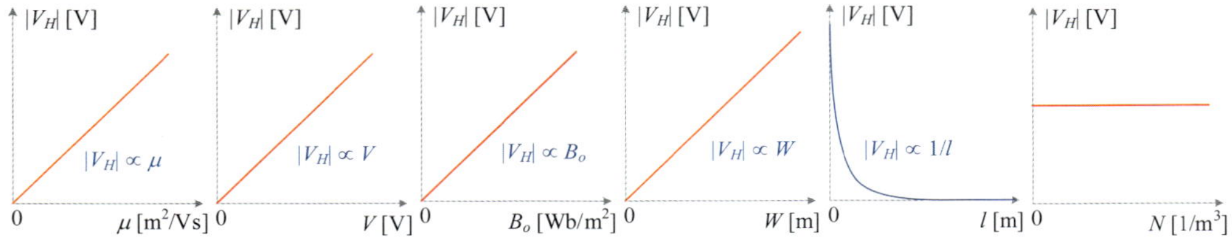

[그림 8-12] 홀 측정장치에서 홀 전압을 결정하는 요소

홀 전압(V_H [V])의 크기를 결정하는 요소는 다음과 같이 전하의 이동도(μ [m²/V·s]), 시료의 폭과 길이의 비(W/l), 드리프트 전류를 흐르게 하기 위해 인가한 전압(V [V]), 홀 효과를 생성하기 위해 인가한 수직방향 자속밀도(B_o [Wb/m²])에 비례한다. 특히 홀 전압은 반도체 내의 전하의 농도에는 무관하며, 이동도에 의해 결정됨을 기억해야 한다. 이를 이용하여 반도체 내의 전자 또는 정공의 농도와 이동도를 측정할 수 있음을 의미한다.

또한, 홀 측정장치를 통해 반도체의 전기적 특성을 지배하는 이동전하의 농도(N [1/m³])를 실험적으로 측정할 수 있다.

$$N\ [1/\mathrm{m}^3] = \frac{1}{QV_H}IB_o\frac{W}{A} = \frac{1}{QV_H}IB_o\frac{1}{t}$$: 이동전하의 농도

- 인가한 값 : B_o [Wb/m²]
- 주어지는 값 : t [m]
- 측정한 값 : V_H [V], I [A], Q [C] ($+q$?, $-q$?)

홀 측정장치에 인가한 자속밀도(B_o [Wb/m²])와 반도체 시료의 두께(t [m])는 아는 값이고, 전류(I [A]), 홀 전압(V_H [V]), 그리고 전하의 종류에 의해 결정되는 Q의 부호(p형 반도체의 정공: $+q$ [C], n형 반도체의 전자: $-q$ [C])는 모두 측정으로부터 얻을 수 있는 값이다.

또한, 이동도(μ [m²/V·s]: mobility)는 전자/반도체 소자와 전자/반도체 소자 응용회로 및 시스템의 성능(전류 구동 능력, 고주파 차단 주파수, 스위칭 속도와 스위칭 지연시간 등)을 결정하는 가장 중요한 요소 중의 하나이며, 정확한 측정이 매우 중요하다. 이동도의 측정 방법의 하나로 홀 측정장치를 이용하며, 이동도는 다음 관계식을 통해 구할 수 있다.

$$\mu\ [\mathrm{m^2/V\cdot s}] = \frac{[\mathrm{m/s}]}{[\mathrm{V/m}]} = \frac{1}{q}\left(\frac{I}{V}\right)\left(\frac{1}{N\times t}\right)\left(\frac{l}{W}\right) = \frac{1}{q}\left(\frac{I}{V}\right)\left(\frac{l}{tW}\right)\left(\frac{QV_Ht}{IB_o}\right) = \frac{|V_H|}{VB_o}\frac{l}{W}$$: 홀 측정장치로부터 이동도를 얻는 관계식

- 인가한 값 : V [V], B_o [Wb/m²]
- 주어지는 값 : W [m], l [m]
- 측정한 값 : V_H [V]

즉, 홀 측정장치에 인가한 전압(V [V])과 반도체 시료의 두께(t [m])와 폭(W [m]), 길이(l [m])는 아는 값이고, 전류(I [A])는 측정으로부터 얻은 값이며, 이동전하의 농도(N [1/m^3])는 앞의 과정을 거쳐 얻은 값이므로, 이 관계식을 통해 이동도를 구할 수 있다. 또는 측정한 홀 전압(V_H [V]), 인가한 전압(V [V])과 자속밀도(B_o [Wb/m^2])를 이용하여 바로 구할 수도 있다. 실제 홀 측정의 경우, 시료의 두께에 대한 정보가 없을 경우 3차원 전하 농도 대신 2차원 농도($N_s = Nt$ [1/m^2])로 구하는 것이 가능하다. 또한, 측정 시 사용되는 4개의 단자에 대한 전압 인가와 측정의 방법, 그리고 인가 전압과 자기장의 방향에 대해 최대한 많은 조합의 측정을 통해 시료의 폭과 길이에 대한 정보가 없는 경우에도 이동도 측정이 가능하다.

Section

8.3 근원전류도선에 의해 형성된 자기장 내에서 이동하는 전하에 의한 전류 폐경로에 작용하는 자기력

자기장은 전류도선들 간의 상호작용을 설명하는 현상이며, 그 근거는 비오-사바르의 법칙이다. 이를 위해 자기장을 형성하는 근원전류도선 만의 영향을 나타내는 벡터 물리량으로 회전성 자계강도($\boldsymbol{H}(\boldsymbol{r})$ [A/m]), 회전성 자속밀도($\boldsymbol{B}(\boldsymbol{r})$ [Wb/m^2]), 그리고 선형 벡터 자기준위($\boldsymbol{A}(\boldsymbol{r})$ [Wb/m])를 정의하였고, 근원전류도선의 구조에 따라 편리한 방법을 선택하여 사용할 수 있다. 근원전류도선에 의해 형성된 자기장 내에서 이동하는 전하($Q_t\boldsymbol{v}_t$ [A·m])가 받는 자기력, 시험전류도선 조각($I_t d\boldsymbol{l}_t$ [A·m])과 도선 전체가 받는 자기력($d\boldsymbol{F}(\boldsymbol{r})$, $\boldsymbol{F}(\boldsymbol{r})$ [N]), 그리고 이로 인한 회전력($d\boldsymbol{T}(\boldsymbol{r})$, $\boldsymbol{T}(\boldsymbol{r})$ [N·m])은 각각 다음의 관계식을 이용하여 구할 수 있다.

$$\vec{H}(\vec{r})\ [\text{A/m}] = \int_{source} d\vec{H}(\vec{r},\vec{r}\,')\ ;\ d\vec{H}(\vec{r},\vec{r}\,')\ [\text{A/m}] = \frac{I_s d\vec{l}_s(\vec{r}\,')\times\hat{a}_R}{4\pi R^2}$$: 근원전류도선에 의해 형성된 자기장의 회전성 자계강도

$$\vec{A}(\vec{r})\ [\text{Wb/m}] = \int_{source} d\vec{A}(\vec{r},\vec{r}\,')\ ;\ d\vec{A}(\vec{r},\vec{r}\,')\ [\text{Wb/m}] = \mu\frac{I_s d\vec{l}_s(\vec{r}\,')}{4\pi R}$$: 근원전류도선에 의해 형성된 자기장의 선형 벡터 자기준위

$$I_s d\vec{l}_s(\vec{r}\,')\ [\text{A}\cdot\text{m}] \longleftrightarrow \begin{cases} Q_s\vec{v}_s(\vec{r}\,') \\ \vec{K}_s dS(\vec{r}\,') \\ \vec{J}_s dv(\vec{r}\,') \end{cases}$$: 자기장을 형성하는 근원전류도선 조각

$$\vec{B}(\vec{r})\ [\text{Wb/m}^2] = \begin{Bmatrix} \mu\vec{H}(\vec{r}) \\ \nabla\times\vec{A}(\vec{r}) \end{Bmatrix}$$: 근원전류도선에 의해 형성된 자기장의 회전성 자속밀도

$$d\vec{F}(\vec{r})\ [\text{N}] = I_t d\vec{l}_t(\vec{r})\times\vec{B}(\vec{r})$$: 자기장 내의 시험전류도선 조각에 작용하는 자기력

$$I_t d\vec{l}_t(\vec{r})\ [\text{A}\cdot\text{m}] \longleftrightarrow \begin{cases} Q_t\vec{v}(\vec{r}) \\ \vec{K}_t dS(\vec{r}) \\ \vec{J}_t dv(\vec{r}) \end{cases}$$: 자기장의 영향을 받는 시험전류도선 조각

$$\vec{F}\ [\text{N}] = \oint_{test} d\vec{F}(\vec{r})$$: 자기장 내의 폐경로 전류도선에 작용하는 자기력

$$d\vec{T}(\vec{r})\ [\text{N}\cdot\text{m}] = \vec{R}\times d\vec{F}(\vec{r})$$: 자기장 내의 전류도선 조각에 작용하는 회전력

$$\vec{T}\ [\text{N}\cdot\text{m}] = \oint_{test} d\vec{T}(\vec{r}) = \oint_{test}\left(\vec{R}\times d\vec{F}(\vec{r})\right)$$: 자기장 내의 폐경로 전류도선에 작용하는 회전력

8.3.1 직각좌표계에서 전류도선 폐경로에 작용하는 자기력, 회전력 및 자기쌍극자 모멘트

먼저, [그림 8-13]과 같이 작은 크기의 폐경로 전류도선으로 이루어진 면($d\boldsymbol{S} = dS\boldsymbol{a}_n$ [m^2])은 폐경로의 면적(dS [m^2])과 그 면에 수직인 방향 벡터($\boldsymbol{a}_n$)를 이용하여 나타낼 수 있다.

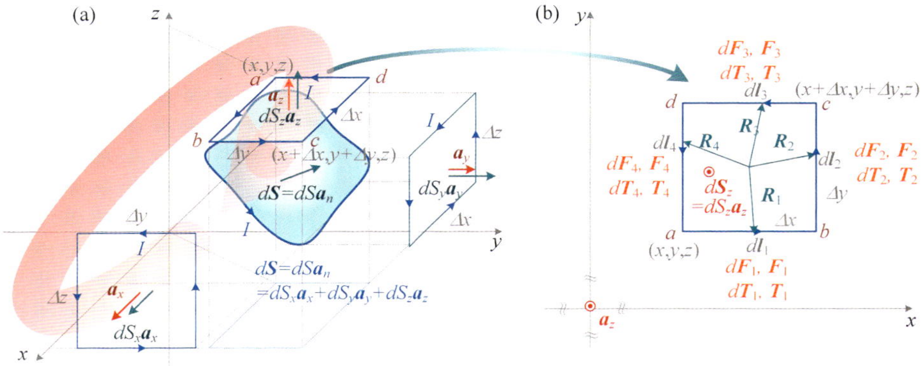

[그림 8-13] 직각좌표계의 균일 자기장 내에서 (a) 폐경로 전류도선에 작용하는 회전력, (b) z-축에 수직인 폐경로 조각에 작용하는 회전력

[그림 8-13](a)에 나타낸 것과 같이, 직각좌표계에서 폐경로 도선이 이루는 작은 크기의 면($\boldsymbol{dS} = dS\boldsymbol{a}_n$ [m^2])은 x-축에 수직인 면조각($\boldsymbol{dS}_x = dS_x\boldsymbol{a}_x$ [m^2]), y-축에 수직인 면조각($\boldsymbol{dS}_y = dS_y\boldsymbol{a}_y$ [m^2]), 그리고 z-축에 수직인 면조각($\boldsymbol{dS}_z = dS_z\boldsymbol{a}_z$ [m^2])의 합으로서, 다음 수식으로 나타낼 수 있다.

$$d\vec{S}\ [\mathrm{m}^2] = dS\hat{a}_n = dS_x\hat{a}_x + dS_y\hat{a}_y + dS_z\hat{a}_z = \left(dS_x, dS_y, dS_z\right)$$: 폐경로가 이루는 면의 면적과 방향

또한 자기장($\boldsymbol{B}$ [Wb/m^2]) 내의 전류도선($I\boldsymbol{dl}$ [A·m])에 작용하는 자기력($\boldsymbol{F}$ [N]), 그로 인한 회전력 ($\boldsymbol{T}$ [N·m])에 관한 관계식은 각각 다음과 같다.

$$\vec{B}\ [\mathrm{Wb/m^2}] = B_{ox}\hat{a}_x + B_{oy}\hat{a}_y + B_{oz}\hat{a}_z = \left(B_{ox}, B_{oy}, B_{oz}\right)$$: 자속밀도

$$d\vec{F}\ [\mathrm{N}] = Id\vec{l} \times \vec{B}$$: 균일 자기장 내에서 전류도선 조각에 작용하는 자기력

$$\vec{F}\ [\mathrm{N}] = \oint d\vec{F} = \oint Id\vec{l} \times \vec{B} = 0$$: 균일 자기장 내의 폐경로 전류도선에 작용하는 자기력은 대칭점끼리 상쇄됨

$$d\vec{T}\ [\mathrm{N \cdot m}] = \vec{R} \times d\vec{F}$$: 균일 자기장 내의 전류도선 조각에 작용하는 회전력

$$\vec{T}\ [\mathrm{N \cdot m}] = \oint d\vec{T} = \oint \vec{R} \times d\vec{F} = \oint \vec{R} \times \left(Id\vec{l} \times \vec{B}\right)$$: 균일 자기장 내의 폐경로 전류도선에 작용하는 회전력은 존재

■ 폐경로 전류도선 중 z-축에 수직인 xy-평면의 면조각을 구성하는 전류도선 조각 1과 3에 작용하는 자기력과 회전력 : $\boldsymbol{F}_1+\boldsymbol{F}_3$, $\boldsymbol{T}_1+\boldsymbol{T}_3$

[그림 8-13](b)의 z-축에 수직인 면조각을 이루는 폐경로의 전류도선 조각 1과 3에 비오-사바르의 자기력 법칙을 적용하면, 자기력($\boldsymbol{F}_1+\boldsymbol{F}_3$)과 그로 인한 회전력($\boldsymbol{T}_1+\boldsymbol{T}_3$)은 각각 다음과 같다.

$$\left.\begin{aligned}
d\vec{F}_1\ [\mathrm{N}] &\equiv d\vec{F}\Big|_1 = Id\vec{l}_1 \times \vec{B} = Idx\hat{a}_x \times \left(B_{ox}\hat{a}_x + B_{oy}\hat{a}_y + B_{oz}\hat{a}_z\right) = Idx\left(B_{oy}\hat{a}_z - B_{oz}\hat{a}_y\right) \\
\vec{F}_1\ [\mathrm{N}] &= \int_1 d\vec{F}_1 = \int_a^b d\vec{F}_1 = \int_{x=x}^{x+\Delta x} I\left(B_{oy}\hat{a}_z - B_{oz}\hat{a}_y\right)dx = I\Delta x\left(B_{oy}\hat{a}_z - B_{oz}\hat{a}_y\right) \\
d\vec{F}_3\ [\mathrm{N}] &\equiv d\vec{F}\Big|_3 = Id\vec{l}_3 \times \vec{B} = Idx\hat{a}_x \times \left(B_{ox}\hat{a}_x + B_{oy}\hat{a}_y + B_{oz}\hat{a}_z\right) = Idx\left(B_{oy}\hat{a}_z - B_{oz}\hat{a}_y\right) \\
\vec{F}_3\ [\mathrm{N}] &= \int_3 d\vec{F}_3 = \int_c^d d\vec{F}_3 = \int_{x=x+\Delta x}^{x} I\left(B_{oy}\hat{a}_z - B_{oz}\hat{a}_y\right)dx = -I\Delta x\left(B_{oy}\hat{a}_z - B_{oz}\hat{a}_y\right) = -\vec{F}_1
\end{aligned}\right\}$$

$$\rightarrow \vec{F}_1 + \vec{F}_3 = 0\ [\mathrm{N}]$$: 대칭점의 힘은 상쇄됨

$$d\vec{T}_1\ [\mathrm{N\cdot m}] \equiv d\vec{T}\Big|_1 = \vec{R}_1 \times d\vec{F}_1 = Idx\left(x\hat{a}_x - \frac{\Delta y}{2}\hat{a}_y\right) \times \left(Idx\left(B_{oy}\hat{a}_z - B_{oz}\hat{a}_y\right)\right)$$

$$= Idx\left(B_{oy}\frac{\Delta y}{2}\hat{a}_x - B_{oy}x\hat{a}_y - B_{oz}x\hat{a}_z\right)$$

$$\vec{T}_1\ [\mathrm{N\cdot m}] = \int_1 d\vec{T}_1 = -I\left(B_{oy}\frac{\Delta y}{2}\hat{a}_x\int_a^b dx + B_{oy}\hat{a}_y\underbrace{\int_a^b xdx}_{\to 0} + B_{oz}\hat{a}_z\underbrace{\int_a^b xdx}_{\to 0}\right) = -I\left(B_{oy}\frac{\Delta y}{2}\hat{a}_x\int_a^b dx\right)$$

$$= -IB_{oy}\Delta x\frac{\Delta y}{2}\hat{a}_x$$

$$d\vec{T}_3\ [\mathrm{N\cdot m}] \equiv d\vec{T}\Big|_3 = \vec{R}_3 \times d\vec{F}_3 = Idx\left(x\hat{a}_x + \frac{\Delta y}{2}\hat{a}_y\right) \times \left(Idx\left(B_{oy}\hat{a}_z - B_{oz}\hat{a}_y\right)\right)$$

$$= Idx\left(B_{oy}\frac{\Delta y}{2}\hat{a}_x - B_{oy}x\hat{a}_y - B_{oz}x\hat{a}_z\right)$$

$$\vec{T}_3\ [\mathrm{N\cdot m}] = \int_3 d\vec{T}_3 = +I\left(B_{oy}\frac{\Delta y}{2}\hat{a}_x\int_c^d dx + B_{oy}\hat{a}_y\underbrace{\int_c^d xdx}_{\to 0} + B_{oz}\hat{a}_z\underbrace{\int_c^d xdx}_{\to 0}\right) = I\left(B_{oy}\frac{\Delta y}{2}\hat{a}_x\int_c^d dx\right)$$

$$= -IB_{oy}\Delta x\frac{\Delta y}{2}\hat{a}_x$$

$\vec{T}_1 + \vec{T}_3\ [\mathrm{N\cdot m}] = 2\vec{T}_1 = 2\vec{T}_3 = -IB_{oy}\Delta x\Delta y\hat{a}_x$: 대칭점의 회전력은 동일한 방향으로 작용하여 합해짐

■ **폐경로 전류도선 중 z-축에 수직인 xy-평면의 전류도선 조각 2와 4에 작용하는 자기력과 회전력 : $\boldsymbol{F}_2+\boldsymbol{F}_4$, $\boldsymbol{T}_2+\boldsymbol{T}_4$**

[그림 8-13](b)의 z-축에 수직인 면조각을 이루는 폐경로의 전류도선 조각 2과 4에 비오-사바르의 자기력 법칙을 적용하면, 자기력($\boldsymbol{F}_2+\boldsymbol{F}_4$)과 그로 인한 회전력($\boldsymbol{T}_2+\boldsymbol{T}_4$)은 각각 다음과 같다.

$$\left.\begin{aligned}
d\vec{F}_2\ [\mathrm{N}] &\equiv d\vec{F}\Big|_2 = Id\vec{l}_2 \times \vec{B} = Idy\hat{a}_y \times \left(B_{ox}\hat{a}_x + B_{oy}\hat{a}_y + B_{oz}\hat{a}_z\right) = Idy\left(-B_{ox}\hat{a}_z + B_{oz}\hat{a}_x\right)\\
\vec{F}_2\ [\mathrm{N}] &= \int_2 d\vec{F}_2 = \int_b^c d\vec{F}_2 = \int_{y=y}^{y+\Delta y} I\left(-B_{ox}\hat{a}_z + B_{oz}\hat{a}_x\right)dy = I\Delta y\left(-B_{ox}\hat{a}_z + B_{oz}\hat{a}_x\right)\\
d\vec{F}_4\ [\mathrm{N}] &\equiv d\vec{F}\Big|_4 = Id\vec{l}_4 \times \vec{B} = Idy\hat{a}_y \times \left(B_{ox}\hat{a}_x + B_{oy}\hat{a}_y + B_{oz}\hat{a}_z\right) = Idy\left(-B_{ox}\hat{a}_z + B_{oz}\hat{a}_x\right)\\
\vec{F}_4\ [\mathrm{N}] &= \int_4 d\vec{F}_4 = \int_d^a d\vec{F}_4 = \int_{y=y+\Delta y}^{y} I\left(-B_{ox}\hat{a}_z + B_{oz}\hat{a}_x\right)dy = -I\Delta y\left(-B_{ox}\hat{a}_z + B_{oz}\hat{a}_x\right)
\end{aligned}\right\}$$

$\to \vec{F}_2 + \vec{F}_4 = 0\ [\mathrm{N}]$: 대칭점의 힘은 상쇄됨

$$d\vec{T}_2\ [\mathrm{N\cdot m}] \equiv d\vec{T}\Big|_2 = \vec{R}_2 \times d\vec{F}_2 = \left(\frac{\Delta x}{2}\hat{a}_x + y\hat{a}_y\right) \times Idy\left(B_{oz}\hat{a}_x - B_{ox}\hat{a}_z\right)$$

$$= Idy\left(-B_{ox}y\hat{a}_x + B_{ox}\frac{\Delta x}{2}\hat{a}_y - B_{oz}y\hat{a}_z\right)$$

$$\vec{T}_2\ [\mathrm{N\cdot m}] = \int_2 d\vec{T}_2 = I\left(-B_{ox}\hat{a}_x\underbrace{\int_b^c ydy}_{\to 0} + B_{ox}\frac{\Delta x}{2}\hat{a}_y\int_b^c dy - B_{oz}\hat{a}_z\underbrace{\int_b^c ydy}_{\to 0}\right)$$

$$= I\left(B_{ox}\frac{\Delta x}{2}\hat{a}_y\int_b^c dy\right) = IB_{ox}\frac{\Delta x}{2}\Delta y\hat{a}_y$$

$$d\vec{T}_4\ [\mathrm{N\cdot m}] \equiv d\vec{T}\Big|_4 = \vec{R}_4 \times d\vec{F}_4 = \left(\frac{\Delta x}{2}\hat{a}_x + y\hat{a}_y\right) \times Idy\left(B_{oz}\hat{a}_x - B_{ox}\hat{a}_z\right)$$

$$= Idy\left(-B_{ox}y\hat{a}_x - B_{ox}\frac{\Delta x}{2}\hat{a}_y - B_{oz}y\hat{a}_z\right)$$

$$\vec{T}_4\ [\mathrm{N\cdot m}] = \int_4 d\vec{T}_4 = I\left(-B_{ox}\hat{a}_x\int_d^a ydy_{\to 0} - B_{ox}\frac{\Delta x}{2}\hat{a}_y\int_d^a dy - B_{oz}\hat{a}_z\int_d^a ydy_{\to 0}\right)$$

$$= I\left(-B_{ox}\frac{\Delta x}{2}\hat{a}_y\int_d^a dy\right) = IB_{ox}\frac{\Delta x}{2}\Delta y\hat{a}_y$$

$\vec{T}_2 + \vec{T}_4\ [\mathrm{N\cdot m}] = 2\vec{T}_2 = 2\vec{T}_4 = IB_{ox}\Delta x\Delta y\hat{a}_y$: 대칭점의 회전력은 동일한 방향으로 작용하여 합해짐

■ z-축에 수직인 xy-평면의 폐경로 전류도선 성분에 작용하는 자기력과 회전력 : $\boldsymbol{T}_{xy} = T_{xy}\boldsymbol{a}_z$ [Nm]

z-축에 수직인 xy-평면의 폐경로 전류도선에 작용하는 자기력과 그로 인한 회전력의 합은 다음과 같다.

$$\vec{F}\ [\mathrm{N}] = \oint d\vec{F} = \oint Id\vec{l} \times \vec{B} = \oint d\vec{F}_{\pm} = \oint\left(Id\vec{l}_{+} \times \vec{B} + Id\vec{l}_{-} \times \vec{B}\right) = \oint\left(\left(Id\vec{l}_{+} - Id\vec{l}_{+}\right) \times \vec{B}\right) = 0$$

: 균일 자기장 내의 폐경로 전류도선에 작용하는 자기력은 대칭점끼리 상쇄되어 0 [N]이며, 따라서 균일 자기장 내에서 폐경로 형태의 전류도선 전체는 이동하지 않음

$$\left.\begin{aligned}\vec{T}_1 + \vec{T}_3\ [\mathrm{N\cdot m}] &= 2\vec{T}_1 = 2\vec{T}_3 = -IB_{oy}\Delta x\Delta y\hat{a}_x \\ \vec{T}_2 + \vec{T}_4\ [\mathrm{N\cdot m}] &= 2\vec{T}_2 = 2\vec{T}_4 = IB_{ox}\Delta x\Delta y\hat{a}_y\end{aligned}\right\}$$

$$\to \vec{T}_{xy}\ [\mathrm{N\cdot m}] = \vec{T}_1 + \vec{T}_2 + \vec{T}_3 + \vec{T}_4 = -I\Delta x\Delta y\left(B_{oy}\hat{a}_x + B_{ox}\hat{a}_y\right)$$

: xy-평면의 폐경로 전류도선 성분들에 작용하는 회전력

■ x-축에 수직인 회전력($\boldsymbol{T}_{yz} = T_{yz}\boldsymbol{a}_x$ [Nm])과 y-축에 수직인 회전력 : $\boldsymbol{T}_{zx} = T_{zx}\boldsymbol{a}_y$ [Nm]

같은 방법과 과정을 통해 [그림 8-13](a)에 나타낸 x-축에 수직인 면조각을 이루는 yz-평면의 폐경로 전류도선 성분에 작용하는 자기력에 의한 회전력($\boldsymbol{T}_{yz} = T_{yz}\boldsymbol{a}_x$ [Nm])과 y-축에 수직인 면조각을 이루는 zx-평면의 폐경로 전류도선 성분에 작용하는 자기력에 의한 회전력($\boldsymbol{T}_{zx} = T_{zx}\boldsymbol{a}_y$ [Nm])은 각각 다음과 같이 요약할 수 있다.

$\vec{T}_{yz}\ [\mathrm{N\cdot m}] = -I\Delta y\Delta z\left(B_{oz}\hat{a}_y + B_{oy}\hat{a}_z\right)$: x-축에 수직인 yz-평면의 폐경로 전류도선 성분들에 작용하는 회전력

$\vec{T}_{zx}\ [\mathrm{N\cdot m}] = -I\Delta z\Delta x\left(B_{ox}\hat{a}_z + B_{oz}\hat{a}_x\right)$: y-축에 수직인 zx-평면의 폐경로 전류도선 성분들에 작용하는 회전력

■ 자기장 내에 존재하는 임의의 형태의 폐경로 전류도선에 작용하는 직각좌표계의 회전력

따라서 균일한 크기와 방향의 자기장 내에 존재하는 폐경로 전류도선 전체에 작용하는 회전력($\boldsymbol{T}$ [N·m])은 다음과 같이 자기쌍극자 모멘트($\boldsymbol{m}$ [A·m^2])와 자속밀도($\boldsymbol{B}$ [Wb/m^2])의 벡터 곱($\boldsymbol{T} = \boldsymbol{m} \times \boldsymbol{B}$)으로 간략화할 수 있음을 뜻한다.

$$\left.\begin{aligned}\vec{T}_{xy}\ [\mathrm{N\cdot m}] &= -I\Delta x\Delta y\left(B_{oy}\hat{a}_x + B_{ox}\hat{a}_y\right) = I\Delta x\Delta y\hat{a}_z \times \vec{B} = IS_z\hat{a}_z \times \vec{B}\\ \vec{T}_{yz}\ [\mathrm{N\cdot m}] &= -I\Delta y\Delta z\left(B_{oz}\hat{a}_y + B_{oy}\hat{a}_z\right) = I\Delta y\Delta z\hat{a}_x \times \vec{B} = IS_x\hat{a}_x \times \vec{B}\\ \vec{T}_{zx}\ [\mathrm{N\cdot m}] &= -I\Delta z\Delta x\left(B_{ox}\hat{a}_z + B_{oz}\hat{a}_x\right) = I\Delta z\Delta x\hat{a}_y \times \vec{B} = IS_y\hat{a}_y \times \vec{B}\end{aligned}\right\}$$

$$\vec{T}\ [\mathrm{N\cdot m}] = \vec{T}_{xy} + \vec{T}_{yz} + \vec{T}_{zx} = I\left(S_x\hat{a}_x + S_y\hat{a}_y + S_z\hat{a}_z\right)\times\vec{B} = IS\hat{a}_n \times \vec{B} = I\vec{S}\times\vec{B}$$

$\equiv \vec{m}\times\vec{B} = mB\sin\theta\hat{a}_T$: 자기장 내의 자기쌍극자에 작용하는 회전력(방향과 크기)으로, 자기쌍극자 모멘트와 자속밀도의 벡터 곱을 이용하여 편리하게 구할 수 있음을 뜻함

$\vec{m}\ [\mathrm{A\cdot m^2}] \equiv I\vec{S} = IS\hat{a}_n$: 자기쌍극자 모멘트는 폐경로에 흐르는 전류와 단면적, 면에 수직인 방향 벡터를 이용하여 표시함

$\vec{S}\ [\mathrm{m^2}] = S\hat{a}_n = S_x\hat{a}_x + S_y\hat{a}_y + S_z\hat{a}_z$: 자기쌍극자의 구조를 대표하는 폐경로의 면적과 면의 방향

8.3.2 자기장 내의 폐경로 전류도선에 작용하는 자기력

아래 [그림 8-14]와 같이 (일정한 크기와 방향을 가진) 균일 자기장($\boldsymbol{B}(\boldsymbol{r}) = B_o\boldsymbol{a}_B$ [Wb/m^2]) 내에 존재하는 반지름 $\rho = a$ [m]인 원형전류도선에 작용하는 자기력과 이로 인한 회전력을 이해하는 것은 자성체를 구성하는 요소인 자기쌍극자(magnetic dipole)와 자기장에 의한 자화(magnetization) 과정을 이해하는 데 필수적이다. 자성체는 자기장의 영향을 받는 폐경로 형태의 작은 전류도선들의 집합체로서, 실제로는 일정한 반지름을 가지고 등속 회전운동하는 전하들이 높은 농도로 존재하는 재료다. 근원전류도선에 의해 형성된 자기장 내에 작은 원형전류도선(circular closed current loop)이 존재하는 경우, 원형도선의 일부 조각($I_t d\boldsymbol{l}_t = Id\boldsymbol{l}$ [A·m])과 폐경로를 이루는 도선 전체가 받는 자기적 힘($d\boldsymbol{F}(\boldsymbol{r})$, $\boldsymbol{F}(\boldsymbol{r})$ [N])은 원통대칭성을 활용하고 비오–사바르의 법칙을 이용하여 구할 수 있다.

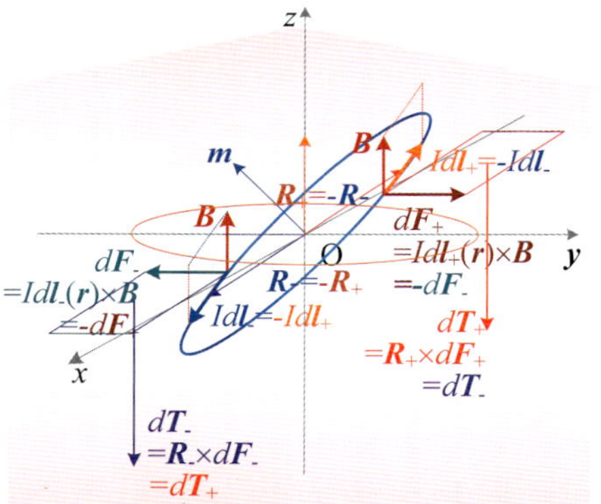

[그림 8-14] 일정한 크기와 방향의 자기장 내의 원형전류도선의 대칭점에 있는 두 조각에 작용하는 자기력과 회전력

균일 자기장(무한 전류판 또는 높은 밀도의 권선의 내부 자기장 등으로 구현 가능) 내의 원형전류도선 조각에 작용하는 자기력($d\boldsymbol{F}(\boldsymbol{r})$ [N])과 도선 전체에 작용하는 힘($\boldsymbol{F}(\boldsymbol{r})$ [N])은 비오–사바르의 법칙을 기반으로 하고, 원통좌표계의 대칭성을 활용하면 다음과 같이 나타낼 수 있다(비록 자기장이 위치 의존도가 있더라도, 자성체 내의 자기쌍극자와 같이 그 크기가 아주 작은 경우에는 원형전류도선이 균일 자기장 내에 있는 것으로 가정할 수 있다).

$$d\vec{F}(\vec{r})\ [\mathrm{N}] = I_t d\vec{l}_t(\vec{r}) \times \vec{B}(\vec{r})\ ;\ I_t d\vec{l}_t(\vec{r})\ [\mathrm{A \cdot m}] \longleftrightarrow \begin{cases} Q_t\vec{\upsilon}(\vec{r}) \\ \vec{K}_t dS(\vec{r}) \\ \vec{J}_t d\upsilon(\vec{r}) \end{cases}$$

: 임의의 형태를 가진 시험전류도선 조각에 작용하는 자기력

따라서 [그림 8-14]와 같이 z-축 방향으로 인가된 일정한 크기와 방향을 가진 자기장($\boldsymbol{B}(\boldsymbol{r}) = B_o\boldsymbol{a}_z$ [Wb/m^2])에 의해 원형전류도선 조각($I_t d\boldsymbol{l}_t(\boldsymbol{r})$ [A·m])에 작용하는 자기력($d\boldsymbol{F}(\boldsymbol{r})$ [N])은 다음과 같이 나타낼 수 있다.

$$d\vec{F}(\vec{r})\ [\mathrm{N}] = I_t d\vec{l}_t(\vec{r}) \times \vec{B}(\vec{r})\ ; \begin{cases} I_t d\vec{l}_t(\vec{r})\ [\mathrm{A \cdot m}] = Id\vec{l}(\vec{r}) = Idl\hat{a}_t(\vec{r}) \\ d\vec{l}(\vec{r})\ [\mathrm{m}] = d\rho\hat{a}_\rho + \rho d\phi\hat{a}_\phi + dz\hat{a}_z \\ \vec{B}(\vec{r})\ [\mathrm{Wb/m^2}] = \vec{B} = B_o\hat{a}_z \end{cases}$$

: 임의의 시험전류도선 조각과 자기장

$$\begin{aligned} d\vec{F}(\vec{r})\ [\mathrm{N}] &= I_t d\vec{l}_t(\vec{r}) \times \vec{B}(\vec{r}) = Id\vec{l}(\vec{r}) \times B_o\hat{a}_z \\ &= IB_o\left(d\rho\hat{a}_\rho + \rho d\phi\hat{a}_\phi + dz\hat{a}_z\right) \times \hat{a}_z = IB_o\left(-d\rho\hat{a}_\phi + \rho d\phi\hat{a}_\rho\right) \end{aligned}$$

: 균일 자기장 내의 시험전류도선 조각에 작용하는 자기력

한편, 균일한 자기장 내의 원형도선을 구성하는 일부인 특정한 위치($\boldsymbol{r}_+ = (\rho, \phi, 0)$)의 작은 전류도선 조각이 받는 자기력($d\boldsymbol{F}_+$)과 원형전류도선의 중심에 대해 원점 대칭인 점($\boldsymbol{r}_- = (\rho, \phi+\pi, 0)$)의 전류도선 조각이 받는 자기력($d\boldsymbol{F}_-$)은 서로 반대방향이 되어 두 자기력의 합은 다음과 같이 상쇄된다.

$$d\vec{F}_+\ [\mathrm{N}] \equiv d\vec{F}(\vec{r} = \vec{R}_+) = Id\vec{l}_+ \times \vec{B}(\vec{r}) \quad \& \quad \begin{cases} \vec{R}_+ \equiv (\rho, \phi, z) \\ d\vec{l}_+\ [\mathrm{m}] \equiv d\vec{l}(\rho, \phi, z) \end{cases}$$

$$\begin{aligned} d\vec{F}_-\ [\mathrm{N}] &\equiv d\vec{F}(\vec{r} = \vec{R}_-) = d\vec{F}(\vec{r} + \pi\ [\mathrm{rad}]) = Id\vec{l}_- \times \vec{B}(\vec{r}) \\ &= -Id\vec{l}_+ \times \vec{B}(\vec{r}) = -d\vec{F}_+(\vec{r}) \end{aligned} \quad \& \quad \begin{cases} \vec{R}_- \equiv \vec{R}(\rho, \phi+\pi, z) = -\vec{R}_+ = -\vec{R}(\rho, \phi, z) \\ d\vec{l}_-\ [\mathrm{m}] \equiv d\vec{l}(\rho, \phi+\pi, z) = -d\vec{l}_+ \end{cases}$$

$$\begin{aligned} d\vec{F}_\pm &\equiv d\vec{F}_+ + d\vec{F}_- = Id\vec{l}_+ \times \vec{B}(\vec{r}) + Id\vec{l}_- \times \vec{B}(\vec{r}) = \left(Id\vec{l}_+ - Id\vec{l}_+\right) \times \vec{B}(\vec{r}) \\ &= 0\ [\mathrm{N}] \end{aligned}$$

: 균일 자기장 내에서 원형전류도선의 대칭점에 존재하는 2개의 조각에 작용하는 힘과 그 합

따라서 폐경로 형태의 원형전류도선 전체에 걸쳐 대칭인 점의 자기력이 상쇄되므로, 균일 자기장 내에서 원형도선 전체가 받는 힘은 다음과 같이 항상 0 [N]이 된다.

$$\vec{F} = \oint Id\vec{l}(\vec{r}) \times \vec{B}(\vec{r}) = \oint d\vec{F} = \oint d\vec{F}_\pm = 0$$

: 균일한 크기와 방향의 자기장에 의해 원형전류도선에 작용하는 힘

즉, z-축 방향의 균일한 자기장($\boldsymbol{B}(\boldsymbol{r}) = B_o\boldsymbol{a}_z$ [Wb/m^2]) 내에서 폐경로 형태의 원형전류도선 조각에 작용하는 부분 자기력은 존재($d\boldsymbol{F}(\boldsymbol{r}) \neq \boldsymbol{0}$ [N])할 수 있으나, 도선 전체가 받는 힘은 항상 0($\boldsymbol{F}(\boldsymbol{r}) = \boldsymbol{0}$ [N])이다. 즉, 자기장의 세기, 도선의 반지름, 원형전류도선에 흐르는 전류의 크기와 방향에 관계없이 대칭성에 의해 상쇄되어 원형전류도선 전체에 작용하는 자기력은 존재하지 않는다.

8.3.3 자기장 내의 폐경로 전류도선에 작용하는 회전력

자기장이 인가되지 않은 경우($\boldsymbol{B} = \boldsymbol{0}$ [Wb/m^2])와 일정한 크기와 방향을 가진 자기장이 인가($\boldsymbol{B} = B_o\boldsymbol{a}_z$, $\boldsymbol{B} = B_o\boldsymbol{a}_y$ [Wb/m^2])된 경우, 원형전류도선에 작용하는 자기력과 회전력을 [그림 8-15]에 형상화하여 나타내었다.

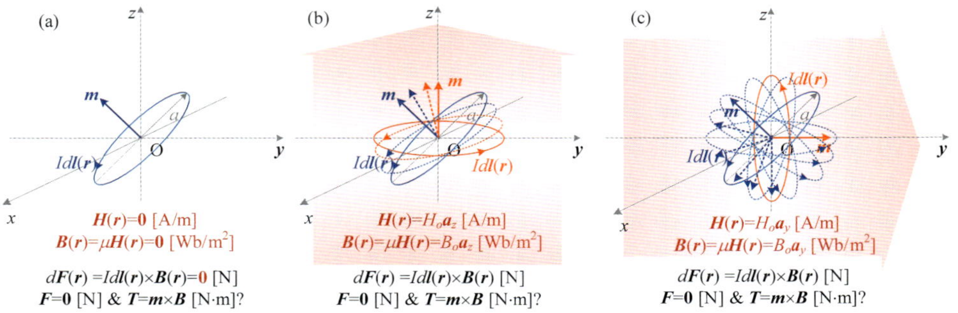

[그림 8-15] (a) $\boldsymbol{B} = \boldsymbol{0}$ [Wb/m²] (b) $\boldsymbol{B} = B_o\boldsymbol{a}_z$ [Wb/m²]
(c) $\boldsymbol{B} = B_o\boldsymbol{a}_y$ [Wb/m²]의 일정한 크기와 방향을 가진 자기장에 의해 원형전류도선에 작용하는 자기력과 회전력
(점선 : 자기장에 의해 전류도선 전체에 작용하는 힘($\boldsymbol{F}$ [N])은 0이나, 회전력($\boldsymbol{T}$ [N·m])은 작용함,
주황색 실선 : 자기장에 의해 회전력이 작용하여 자기장과 평행하게 정렬된 후임)

균일 자기장 내에서 원형전류도선에 작용하는 힘은 0이 되어 도선 전체의 위치가 움직이지는 않으나, 도선 전체에 부분 자기력으로 인한 회전력은 작용(torque; $\boldsymbol{T} \neq \boldsymbol{0}$ [N·m])한다. 균일 자기장 내의 원형전류도선(실제로는 자기장이 어느 지점이나 균일할 정도로 작은 크기의 원형전류도선을 의미함)에 작용하는 자기력과 이로 인한 회전력은 다음과 같이 원점 대칭($\Delta\phi = \phi_+ - \phi_- = \pi$ [rad])인 두 지점($\boldsymbol{R}_+, \boldsymbol{R}_-$)의 도선 조각($I\boldsymbol{dl}_+$, $I\boldsymbol{dl}_-$ [A·m])에 작용하는 힘($\boldsymbol{dF}_+$, $\boldsymbol{dF}_-$ [N])과 회전력($\boldsymbol{dT}_+$, $\boldsymbol{dT}_-$ [N·m])을 이용하여 이해할 수 있다.

$$d\vec{T}(\vec{r})\ [\mathrm{N \cdot m}] = \vec{R} \times d\vec{F}(\vec{r}) = \vec{R} \times \left(I d\vec{l}\,(\vec{r}) \times \vec{B}(\vec{r}) \right) \text{ : 자기장에 의해 전류도선 조각에 작용하는 회전력}$$

즉, [그림 8-15]에 나타낸 것과 같이 균일 자기장 내의 원점 대칭($\Delta\phi = \pi$ [rad])인 두 지점($\boldsymbol{R}_+$, $\boldsymbol{R}_-$)의 도선 조각($I\boldsymbol{dl}_+$, $I\boldsymbol{dl}_-$)에 작용하는 자기력은 상쇄되나, 회전력($\boldsymbol{dT}_+$, $\boldsymbol{dT}_-$)은 다음과 같이 크기와 방향이 모두 같아 동일한 크기와 방향으로 회전력이 작용한다.

$$\left.\begin{aligned} d\vec{T}_+\ [\mathrm{N \cdot m}] &\equiv d\vec{T}(\vec{r} = \vec{R}_+) = \vec{R}_+ \times d\vec{F}_+ \\ &= \vec{R}_+ \times \left(I d\vec{l}_+ \times \vec{B}(\vec{r}) \right) \\ \vec{R}_- &= \vec{R}(\vec{R}_+ + \pi\ [\mathrm{rad}]) = -\vec{R}_+ \\ d\vec{T}_-\ [\mathrm{N \cdot m}] &\equiv d\vec{T}(\vec{r} = \vec{R}_-) = \vec{R}_- \times d\vec{F}_- \\ &= -\vec{R}_+ \times \left(-d\vec{F}_+ \right) \\ &= \vec{R}_+ \times d\vec{F}_+ = d\vec{T}_+ \end{aligned}\right\} \ \& \ \left\{\begin{aligned} & d\vec{T}_\pm \equiv d\vec{T}_+ + d\vec{T}_- = 2d\vec{T}_+ = 2d\vec{T}_- \\ & or \\ & d\vec{T}_\pm \equiv d\vec{T}_+ + d\vec{T}_- = \vec{R}_+ \times d\vec{F}_+ + \vec{R}_- \times (-d\vec{F}_+) \\ & \qquad = (\vec{R}_+ - \vec{R}_-) \times d\vec{F}_+ = \vec{R}_{+\leftarrow-} \times d\vec{F}_+ \\ & \qquad \vec{R}_{+\leftarrow-} \equiv \vec{R}_+ - \vec{R}_- \end{aligned}\right.$$

따라서 원형전류도선 전체에 작용하는 회전력($\boldsymbol{T}$ [N·m]; torque)은 다음과 같이 자기장과 자속밀도($\boldsymbol{B}$ [Wb/m²]) 또는 자계강도($\boldsymbol{H}$ [A/m]), 원형전류도선의 반지름(a [m])에 의해 결정되는 폐경로의 내부 면적($S = \pi a^2$ [m²])과 방향($\boldsymbol{a}_n$), 원형도선에 흐르는 전류(I [A])에 비례한다.

$$\vec{T}(\vec{r})\ [\mathrm{N \cdot m}] = \oint d\vec{T}(\vec{r}) = \oint \vec{R} \times \left(I d\vec{l}\,(\vec{r}) \times \vec{B}(\vec{r}) \right) = \oint \left(\vec{R} \times I d\vec{l} \right) \times \vec{B}(\vec{r}) = I \oint \left(\vec{R} \times d\vec{l} \right) \times \vec{B}(\vec{r})$$

$$;\ \oint \left(\vec{R} \times d\vec{l} \right) = \oint \left(dS\hat{a}_n \right) = S\hat{a}_n\ [\mathrm{m}^2]$$

$$= IS\hat{a}_n \times \vec{B}(\vec{r}) = \vec{m} \times \vec{B}(\vec{r}) \text{ : 자기쌍극자의 회전력}$$

$$T\ [\mathrm{N\cdot m}] = |\vec{T}| = mB\sin\theta_{mB} \begin{cases} \propto B_o \\ \propto m \propto \begin{cases} I \\ S = \pi a^2 \end{cases} \\ \propto \sin\theta_{mB} \end{cases}$$

그러나 자기장에 의한 회전력이 작용하는 동안 원형전류도선이 회전하다가 회전축($\boldsymbol{a}_n$)과 자기장의 방향이 평행($\boldsymbol{a}_T = \boldsymbol{a}_B$, $\theta_{mB} = 0$, π [rad])이 되거나 폐경로 도선의 면과 자기장이 수직이 되면 더 이상 회전하지 않고 멈춘다. 자기장에 의해 작용하는 회전력은 외부에서 인가된 자기장(B_o [Wb/m²])과 원형전류도선에 의해 결정되는 특성 변수(전류 I [A], 원형도선의 반지름 a [m])로 구분할 수 있다.

8.3.4 폐경로 전류도선의 자기쌍극자 모멘트

자기장 내의 원형전류도선에 작용하는 회전력은 인가된 자기장의 자속밀도($\boldsymbol{B}$ [Wb/m²])와 원형전류도선의 고유 특성(전류 I [A]와 도선의 길이를 결정하는 단면적과 방향($\boldsymbol{S} = S\boldsymbol{a}_n$))에 의해 결정된다. 자기장의 영향을 제외한 원형전류도선의 특성을 다음과 같이 자기쌍극자 모멘트(magnetic dipole moment: $\boldsymbol{m}$ [A·m²])라고 정의한다.

Note 모멘트는 회전력을 일으키는 근원의 의미를 가지며, 회전력을 표시하는 데 사용함

$$\vec{m}\ [\mathrm{A\cdot m^2}] \equiv IS\hat{a}_n = I\vec{S} \propto \begin{cases} I\ [\mathrm{A}] \\ S = \pi a^2\ [\mathrm{m^2}] \end{cases}$$

: 자기쌍극자 모멘트(자기쌍극자 = 폐경로 형태의 전류도선)로서, 원형전류도선의 구조(반지름 또는 면적)와 흐르는 전류에 의해 결정되며, 원형전류도선이 이루는 면에 수직인 방향임

또한, 원형전류도선(자기쌍극자)의 전류 방향이 반대인 다른 두 경우에 동일한 자기장이 가해졌을 때 각각의 원형전류도선에 작용하는 자기력과 회전력을 형상화하여 [그림 8-16]에 비교하였다.

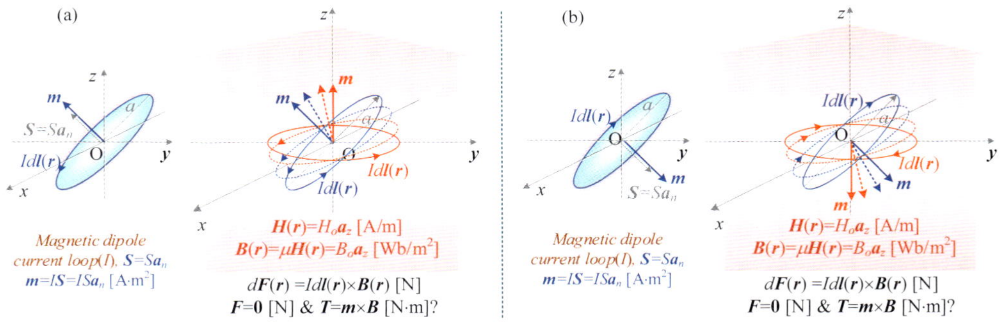

[그림 8-16] 폐경로 전류도선을 나타내는 자기쌍극자 모멘트와 자기장에 의해 자기쌍극자에 작용하는 회전력
(a) 반시계방향으로 전류가 흐르는 경우 (b) 시계 방향으로 전류가 흐르는 경우
(자기쌍극자의 전류/회전방향이 다른 경우 자기장에 의해 작용하는 회전력($\boldsymbol{T}$ [N·m])이 반대방향으로 작용하며, 회전력이 0이 되는 상태에서 멈춘다. 이때 자기쌍극자 벡터($\boldsymbol{m}$ [A·m²])의 방향은 반대방향이 됨)

자기장에 의한 회전력과 자성체의 특성을 지배하는 쌍극자 모멘트($\boldsymbol{m}$ [A·m²])를 결정하는 요소와 의존도를 [그림 8-17]에 요약하였다.

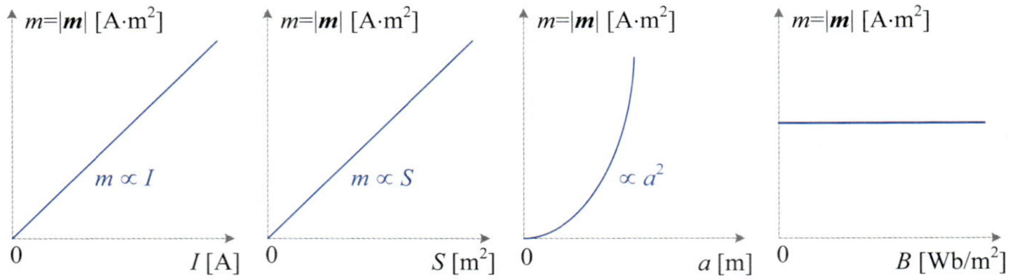

[그림 8-17] 자기쌍극자의 쌍극자 모멘트($\boldsymbol{m}$ [A·m²])를 결정하는 요소

폐경로 형태의 작은 전류도선을 지칭하는 자기쌍극자의 자기쌍극자 모멘트는 도선에 흐르는 전류(I [A]), 도선의 반지름에 의해 결정되는 폐경로의 내부 면적($S = \pi a^2$ [m²]) 또는 폐경로의 총 길이($l = 2\pi a$ [m]), 그리고 폐경로의 방향($\boldsymbol{a}_n$)에 대한 정보를 모두 담고 있다. 따라서 자기장 내에서 폐경로 전류도선이 받는 자기력은 상쇄($\boldsymbol{F}_{mdp} = \boldsymbol{0}$ [N])되어 자기쌍극자의 이동은 없으나, 자기장에 의한 회전력은 존재한다. 회전력($\boldsymbol{T}$ [N·m])은 다음과 같이 자기쌍극자 모멘트($\boldsymbol{m}$ [A·m²])와 자속밀도($\boldsymbol{B}$ [Wb/m²])의 벡터 곱($\boldsymbol{m}\times\boldsymbol{B}$)을 이용해 간단히 구할 수 있음을 의미한다.

$$\vec{T}(\vec{r})\ [\mathrm{N\cdot m}] = IS\hat{a}_n \times \vec{B}(\vec{r}) = \vec{m}\times\vec{B}$$: 자기장 내의 자기쌍극자에 작용하는 회전력 벡터

$$T\ [\mathrm{N\cdot m}] \equiv |\vec{T}(\vec{r})| = mB\sin\theta_{mB}$$: 자기장 내의 자기쌍극자에 작용하는 회전력의 크기

자기력에 의해 원형전류도선에 작용하는 회전력($\boldsymbol{T}$ [N·m])은 자기쌍극자 모멘트($\boldsymbol{m}$ [A·m²]: magnetic dipole moment) 벡터와 자속밀도 벡터($\boldsymbol{B}$ [Wb/m²])의 벡터 곱을 통해 간단히 구할 수 있음을 뜻한다. 원형전류도선에 작용하는 회전력은 자기장의 세기(B_o [Wb/m²]), 그리고 원형전류도선의 면적(S [m²])과 방향($\boldsymbol{a}_n$), 도선에 흐르는 전류(I [A])에 의해 결정됨을 알 수 있다.

자기장이 인가되면 원형전류도선에 작용하는 힘은 0이나 회전력은 작용하며, 최종적으로 회전력을 일으키는 자기장($\boldsymbol{B}$)의 방향과 자기쌍극자 모멘트($\boldsymbol{m}$)가 평행($\boldsymbol{B} \parallel \boldsymbol{m}$, $\theta_{mB} = 0\&\pi$ [rad] $\boldsymbol{m}\times\boldsymbol{B} = \boldsymbol{0}$)하게 될 때까지 회전력이 작용한다([그림 8-16](a), (b)의 점선). 이 때 작용하는 회전력은 자기장이 클수록, 자기쌍극자 모멘트가 클수록 크게 작용한다. 그러나, 자기쌍극자 모멘트가 자기장과 평행하게 되는 상태($\boldsymbol{B} \parallel \boldsymbol{a}_n$), 또는 폐경로 전류도선이 이루는 면이 자기장과 수직인 상태에서는 회전이 멈추고, 자기장과 평행한 상태로 정렬된다. 이를 자기쌍극자가 자화(magnetization)되었다고 한다.

일정한 크기와 방향을 가진 균일 자기장에 의해 폐경로 형태의 전류도선에 작용하는 회전력($\boldsymbol{T}$ [N·m])을 결정하는 요소와 의존도를 [그림 8-18]에 요약하였다.

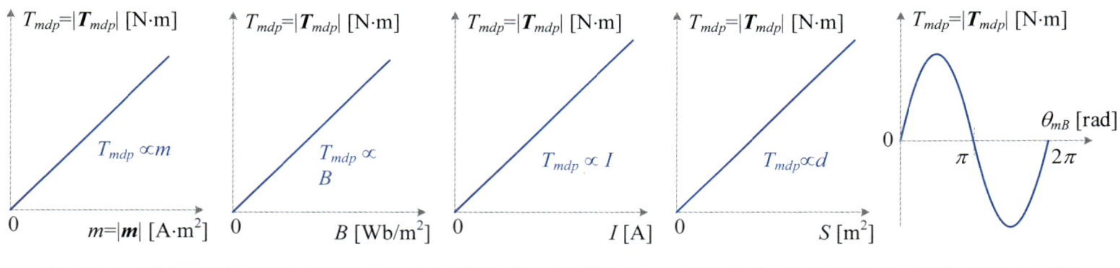

[그림 8-18] 일정한 크기와 방향을 가진 자기장에 의해 원형전류도선에 작용하는 회전력($\boldsymbol{T}$ [N·m])을 결정하는 요소

전하쌍극자(electric charge dipole: *edp*)와 자기쌍극자(magnetic dipole: *mdp*)의 핵심 내용을 [표 8−1]에 비교, 요약하였다.

[표 8−1] 전하쌍극자와 자기쌍극자의 핵심 내용 정리와 비교

구분	전하쌍극자(Electric dipole : *edp*)	자기쌍극자(Magnetic dipole : *mdp*)
쌍극자의 정의	전기장의 영향을 받는 전하 켤레=같은 크기의 반대 부호를 가진 전하 켤레로서 겉보기 전하량은 0 [C] (중성) 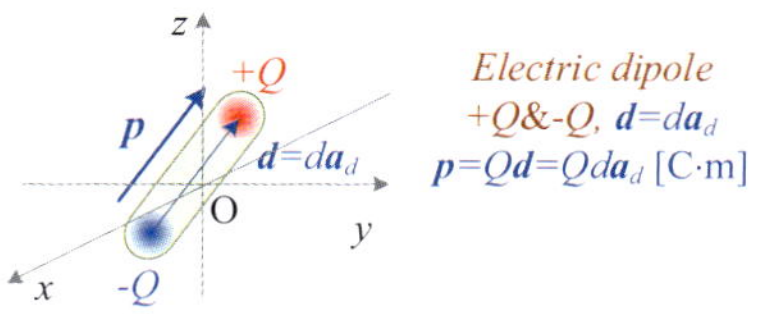	자기장의 영향을 받는 전류도선으로서, 작은 크기의 폐경로 형태 전류도선임 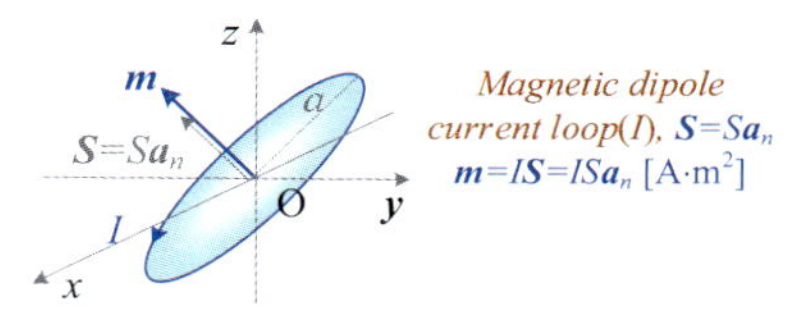
쌍극자에 의한 전기적/자기적 준위(potential)	**전하쌍극자에 의해 생성되는 정전기적 준위 (electrostatic potential) : 스칼라** $V_{edp}(\vec{r})\ [\mathrm{V}] = V_{+Q}(\vec{r}) + V_{-Q}(\vec{r}) = \dfrac{\vec{p}\cdot\hat{a}_R}{4\pi\epsilon R^2}$	**자기쌍극자에 의한 자기준위(vector magnetic potential) : 벡터** $\vec{A}_{mdp}(\vec{r})\ [\mathrm{Wb/m}] = \oint \dfrac{\mu I d\vec{l}\,'}{4\pi R} = \oint \dfrac{\mu I a d\phi \hat{a}_\phi}{4\pi R} = \mu \dfrac{\vec{m}\times\hat{a}_R}{4\pi R^2}$
쌍극자에 의한 전기장과 자기장	$\vec{E}_{edp}(\vec{r})\ [\mathrm{V/m}] = -\nabla V_{edp}(\vec{r})$ $\vec{D}_{edp}(\vec{r})\ [\mathrm{C/m^2}] = \epsilon \vec{E}_{edp}(\vec{r})$	$\vec{B}_{mdp}(\vec{r})\ [\mathrm{Wb/m^2}] = \nabla\times\vec{A}_{mdp}(\vec{r})$ $\vec{H}_{mdp}(\vec{r})\ [\mathrm{A/m}] = \dfrac{1}{\mu}\vec{B}_{mdp}(\vec{r})$
쌍극자에 힘 & 회전력을 주는 요소	외부 전기장 전계강도 : $\boldsymbol{E}$ [V/m], 전속밀도 : $\boldsymbol{D}$ [C/m²]	외부 자기장 자계강도 : $\boldsymbol{H}$ [A/m], 전속밀도 : $\boldsymbol{B}$ [Wb/m²]
쌍극자에 작용하는 힘	$\vec{F}_{edp} = \vec{F}_{+Q} + \vec{F}_{-Q} = +Q\vec{E} + (-Q)\vec{E} = 0\ [\mathrm{N}]$ 쿨롱의 법칙에 기반한 정전기적 힘	$\vec{F}_{mdp} = \oint d\vec{F} = \oint I d\vec{l}\times\vec{B} = 0\ [\mathrm{N}]$ 비오–사바르의 법칙에 기반한 자기력
쌍극자에 작용하는 회전력	**외부 전기장에 의한 전하쌍극자의 회전력** $\vec{T}_{edp}\ [\mathrm{N\cdot m}] = \vec{p}\times\vec{E} \propto \begin{cases} p\ [\mathrm{C\cdot m}] \\ E\ [\mathrm{V/m}] \\ \sin\theta_{pE} \end{cases}$	**외부 자기장에 의한 자기쌍극자의 회전력** $\vec{T}_{mdp}\ [\mathrm{N\cdot m}] = \vec{m}\times\vec{B} = \vec{m}\times\mu\vec{H} \propto \begin{cases} m\ [\mathrm{A\cdot m^2}] \\ H\ [\mathrm{A/m}] \\ \sin\theta_{mB} \end{cases}$
쌍극자 모멘트	$\vec{p} \equiv Q\vec{d}\ [\mathrm{C\cdot m}]$, $\vec{d} \equiv d\hat{a}_d\ [\mathrm{m}]$: 전하쌍극자 모멘트	$\vec{m} \equiv I\vec{S}\ [\mathrm{A\cdot m^2}]$, $\vec{S} \equiv S\hat{a}_n\ [\mathrm{m^2}]$: 자기쌍극자 모멘트
회전력이 작용한 후의 쌍극자	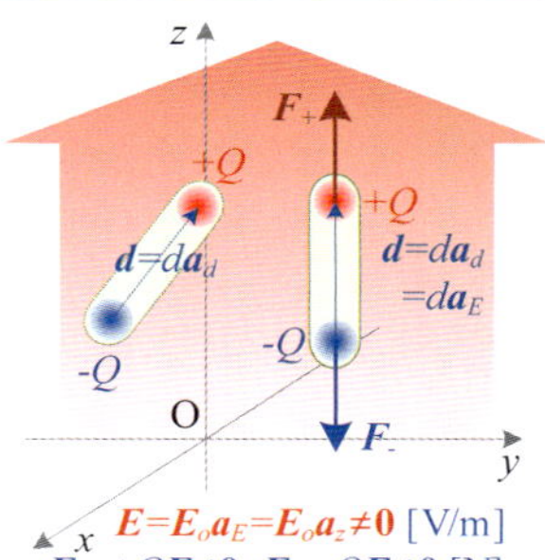$\boldsymbol{E}=E_o\boldsymbol{a}_E=E_o\boldsymbol{a}_z\neq\boldsymbol{0}$ [V/m] $\boldsymbol{F}_+=+Q\boldsymbol{E}\neq\boldsymbol{0}$, $\boldsymbol{F}_-=-Q\boldsymbol{E}\neq\boldsymbol{0}$ [N] $\boldsymbol{F}_{dp}=\boldsymbol{F}_++\boldsymbol{F}_-=\boldsymbol{0}$ [N] $\boldsymbol{T}_{dp}=\boldsymbol{d}\times\boldsymbol{F}_+=Q\boldsymbol{d}\times\boldsymbol{E}=\boldsymbol{0}$ [N·m] $\boldsymbol{p}=Q\boldsymbol{d}=Qd\boldsymbol{a}_d=Qd\boldsymbol{a}_E$ [C·m]	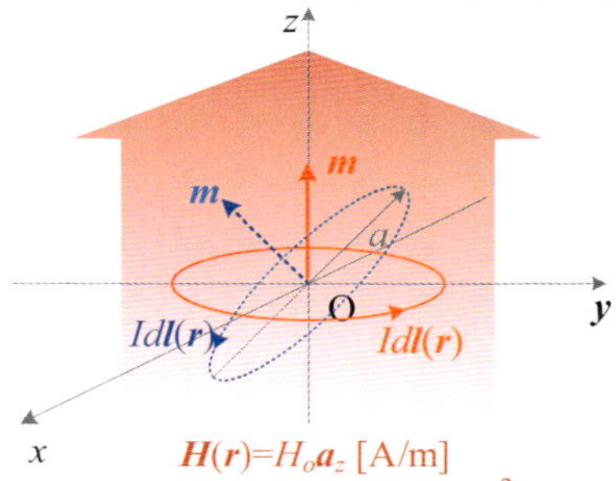$\boldsymbol{H}(\boldsymbol{r})=H_o\boldsymbol{a}_z$ [A/m] $\boldsymbol{B}(\boldsymbol{r})=\mu\boldsymbol{H}(\boldsymbol{r})=B_o\boldsymbol{a}_z$ [Wb/m²] $d\boldsymbol{F}(\boldsymbol{r})=Id\boldsymbol{l}(\boldsymbol{r})\times\boldsymbol{B}(\boldsymbol{r})$ [N] $\boldsymbol{F}=\int d\boldsymbol{F}=\boldsymbol{0}$ [N] & $\boldsymbol{T}=\boldsymbol{m}\times\boldsymbol{B}$ [N·m]=0 $\boldsymbol{m}=I\boldsymbol{S}=IS\boldsymbol{a}_n=IS\boldsymbol{a}_H$ [A·m²]

(계속)

쌍극자 집합체	유전체(dielectric material)	자성체(magnetic material)
분극 후의 분극 벡터와 자화 후의 자화벡터	**전기장에 의한 분극(polarization)과 분극 벡터(P)** $\vec{P} \equiv \frac{\sum_{i=1}^{N} \vec{p}_i}{\Delta \upsilon} = \chi_e \epsilon_o \vec{E} = n_{edp} \vec{p}$ [C/m^2] $n_{edp} = N_{edp} / \Delta \upsilon$ [1/m^3] : 전하쌍극자 농도 $\vec{p} = p \hat{a}_E \equiv p \left(\vec{E} / E \right)$ [C·m] : 분극 후 전하쌍극자 모멘트	**자기장에 의한 자화(magnetization)와 자화벡터(M)** $\vec{M} \equiv \frac{\sum_{i=1}^{N} \vec{m}_i}{\Delta \upsilon} = \chi_m \vec{H} = n_{mdp} \vec{m}$ [A/m] $n_{mdp} = N_{mdp} / \Delta \upsilon$ [1/m^3] : 자기쌍극자 농도 $\vec{m} = m \hat{a}_H \equiv m \left(\vec{H} / H \right)$ [A·m^2] : 분극 후 자기쌍극자 모멘트
감응계수	외부 전계에 반응하여 유전체의 분극이 이루어지는 전계감응계수 : χ_e (electric susceptibility)	외부 자계에 반응하여 자성체의 자화가 이루어지는 자계감응계수 : χ_m (magnetic susceptibility)
전속밀도와 자속밀도	$\vec{D}$ [C/m^2] $= \epsilon_o \vec{E} + \vec{P} = \epsilon_o \vec{E} + \chi_e \epsilon_o \vec{E}$ $= \epsilon_o (1 + \chi_e) \vec{E} = \epsilon_o \epsilon_r \vec{E} = \epsilon \vec{E}$	$\vec{B}$ [Wb/m^2] $= \mu_o \vec{H} + \vec{M} = \mu_o \vec{H} + \chi_m \mu_o \vec{H}$ $= \mu_o (1 + \chi_m) H = \mu_o \mu_r \vec{H} = \mu \vec{H}$
유전상수와 자성계수	전하쌍극자들의 분극을 반영한 유전상수 : $\epsilon = \epsilon_o \epsilon_r$ [F/m] (dielectric permittivity/constant) 상대유전상수 : $\epsilon_r \equiv (1 + \chi_e)$	자기쌍극자들의 자화를 반영한 자성계수 : $\mu = \mu_o \mu_r$ [H/m] (magnetic permeability/constant) 상대자성계수 : $\mu_r \equiv (1 + \chi_m)$

Section

8.4 자기장에 의한 자성체의 자화와 자성계수

앞에서, 자기장($\boldsymbol{B}$ [Wb/m^2]) 내에 존재하는 작은 크기의 원형전류도선인 자기쌍극자에 작용하는 자기력($\boldsymbol{F}$ [N]), 회전력($\boldsymbol{T}$ [N·m]), 그리고 자기쌍극자 모멘트($\boldsymbol{m}$ [A·m^2])에 관해 원통좌표계를 이용하여 학습하였다. 이에 추가하여, 균일한 자기장 내에서 폐경로 형태의 작은 전류도선에 작용하는 자기력, 회전력 및 자기쌍극자 모멘트를 직각좌표계를 이용하여 유도과정을 이해하고, 그 결과를 정리하고자 한다. 지금부터는 자기쌍극자들의 집합체인 자성체의 특성과 자기장에 대한 영향을 이해할 수 있도록 아래의 내용에 대해 설명한다.

(a) 직각좌표계에서 임의의 형태를 가진 작은 전류도선 폐경로에 작용하는 자기력과 회전력, 자기쌍극자 모멘트

(b) 자기장의 영향을 받는 자기쌍극자들의 농도가 높은 재료(자성체)의 외부 자기장에 의한 자화 과정

(c) 자기쌍극자들의 집합체인 자성체의 자기장에 의한 자화와 자화벡터

(d) 자기장이 인가된 경우 자성체 내부의 자속밀도와 자성체의 자성계수

8.4.1 자기장의 영향을 받는 자기쌍극자들의 농도가 높은 자성체의 외부 자기장에 의한 자화

[그림 8-19](a)에 나타낸 것과 같이 균일 자기장($\boldsymbol{B}(\boldsymbol{r}) = \boldsymbol{B}_o$ [Wb/m^2]) 내의 자기쌍극자(폐경로 형태의 작은 전류도선: closed current loop)에 작용하는 자기력은 폐경로의 대칭점 전류도선 조각에 작용하는 힘의 대칭성($d\boldsymbol{F}(-\boldsymbol{r}) = -d\boldsymbol{F}(+\boldsymbol{r})$ [N])에 의해 상쇄되어 항상 0($\boldsymbol{F}_{mdp} = \boldsymbol{0}$ [N])이 된다. 이를 수식으로 나타내면 다음과 같다.

$$\left.\begin{aligned} d\vec{F}(\vec{r}) \quad [\mathrm{N}] &= Id\vec{l}(\vec{r})\times\vec{B}(\vec{r}) \quad \equiv d\vec{F}_{+} \\ d\vec{F}(-\vec{r}) \quad [\mathrm{N}] &= Id\vec{l}(-\vec{r})\times\vec{B}(-\vec{r}) \equiv d\vec{F}_{-} \end{aligned}\right\} \rightarrow \vec{F}_{mdp} = \oint d\vec{F} = \oint d\vec{F}_{\pm} = 0 \ [\mathrm{N}]$$

: 균일 자기장 내의 폐경로 전류도선에 작용하는 자기력은 대칭점끼리 상쇄되어 0 [N]이며, 따라서 균일 자기장 내에서 폐경로 형태의 전류도선 전체는 이동하지 않음

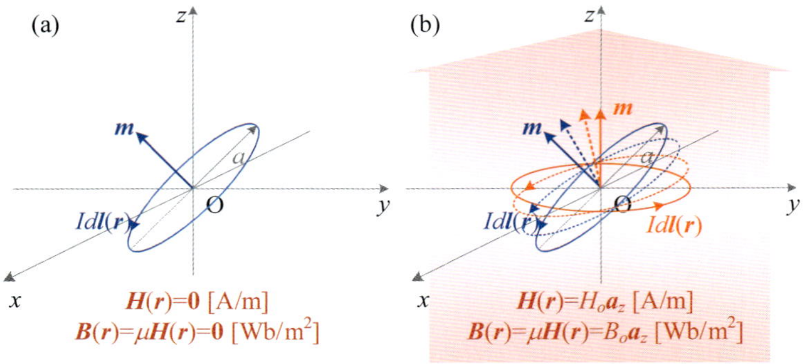

[그림 8-19] 일정한 크기와 방향을 가진 자기장에 의해 원형전류도선에 작용하는 자기력($\boldsymbol{F}$ [N])과 회전력($\boldsymbol{T}$ [N·m])
(청색 : 도선 전체에 작용하는 힘은 0이나 자기장에 의한 회전력이 작용하기 시작)

[그림 8-19](b)에 나타낸 것과 같이 균일 자기장($\boldsymbol{B}(\boldsymbol{r}) = \boldsymbol{B}_o$ [Wb/m^2]) 내에서 자기쌍극자에 자기력은 작용하지 않으나, 자기장에 의한 회전력이 작용하는 동안 원형전류도선이 회전하다가 회전축($\boldsymbol{a}_n$)과 자기장의 방향이 평행($\theta_{mB} = 0,\ \pi$ [rad])이 되거나 도선의 면과 자기장이 수직이 되면 더 이상 회전하지 않고 멈춘다. 이를 수식으로 정리하면 다음과 같다.

$$\left.\begin{aligned} d\vec{T}(+\vec{r})\ [\mathrm{N\cdot m}] &= \vec{R}_+ \times d\vec{F}(+\vec{r}) = \vec{R}_+ \times \left(Id\vec{l}\,(+\vec{r}) \times \vec{B}(+\vec{r})\right) \\ &= \vec{R}_+ \times \left(Id\vec{l}\,(+\vec{r}) \times \vec{B}_o\right) \\ d\vec{T}(-\vec{r})\ [\mathrm{N\cdot m}] &= \vec{R}_- \times d\vec{F}(-\vec{r}) = \vec{R}_- \times \left(Id\vec{l}\,(-\vec{r}) \times \vec{B}(-\vec{r})\right) = \left(-\vec{R}_+\right) \times \left(-Id\vec{l}\,(+\vec{r}) \times \vec{B}_o\right) \\ &= \vec{R}_+ \times \left(Id\vec{l}\,(+\vec{r}) \times \vec{B}_o\right) = d\vec{T}(+\vec{r}) \end{aligned}\right\}$$

$\rightarrow d\vec{T}_{mdp} \equiv d\vec{T}(+\vec{r}) + d\vec{T}(-\vec{r}) = 2d\vec{T}(+\vec{r}) \neq 0\ [\mathrm{N\cdot m}]$: 자기쌍극자의 대칭점 전류도선 조각 2개에 작용하는 회전력

$$\begin{aligned} \vec{T}_{mdp}(\vec{r})\ [\mathrm{N\cdot m}] &= \oint d\vec{T}(\vec{r}) = \oint \vec{R}(\vec{r}) \times \left(Id\vec{l}\,(\vec{r}) \times \vec{B}(\vec{r})\right) = \oint \left(\vec{R}(\vec{r}) \times Id\vec{l}\,(\vec{r})\right) \times \vec{B}(\vec{r}) \\ &= \left(I \oint \left(\vec{R}(\vec{r}) \times d\vec{l}\,(\vec{r})\right)\right) \times \vec{B}(\vec{r}) \\ &= IS\hat{a}_n \times \vec{B}(\vec{r}) = \vec{m} \times \vec{B}(\vec{r}) \end{aligned}$$
: 자기장에 의해 자기쌍극자 전체에 작용하는 회전력

$$\vec{m}\ [\mathrm{A\cdot m^2}] \equiv I\vec{S} = IS\hat{a}_n \ \propto \begin{cases} I\ [\mathrm{A}] \\ S\ [\mathrm{m^2}] \end{cases}$$
: 자기쌍극자 모멘트(자기쌍극자 = 폐경로 형태의 전류도선)

→ 폐경로 형태 전류도선의 구조(면적과 방향: S & $\boldsymbol{a}_n$)와 흐르는 전류(I [A])에 의해 결정되며, 폐경로 면에 수직($\boldsymbol{a}_n$)임

자기장의 방향과 자기쌍극자를 이루는 전류도선이 이루는 면이 수직이 될 때까지는 회전력이 작용한다. 이 때 폐경로 형태의 전류도선(= 자기쌍극자)에 작용하는 회전력($\boldsymbol{T}$ [N·m]; torque)은 자기장과 자속밀도($\boldsymbol{B}$ [Wb/m^2]) 또는 자계강도($\boldsymbol{H}$ [A/m]), 폐경로의 내부 면적(S [m^2])과 방향($\boldsymbol{a}_n$), 자기쌍극자에 흐르는 전류(I [A])에 비례한다.

자기장에 의해 작용하는 자기쌍극자의 회전력($\boldsymbol{T}_{mdp}$ [N·m])은 외부에서 인가된 자기장($\boldsymbol{B}(\boldsymbol{r})$ [Wb/m^2])과 원형전류도선(자기쌍극자: magnetic dipole)에 의해 결정되는 특성 변수($\boldsymbol{m} \equiv IS\boldsymbol{a}_n$ [A·m^2])로 구분할

수 있다. 특히, 자기장의 영향을 제외한 폐경로 형태의 전류도선의 특성을 묶어 자기쌍극자 모멘트(magnetic dipole moment: $\boldsymbol{m}$ [$A{\cdot}m^2$])라고 정의한다. 자기장 내에서 자기쌍극자가 받는 자기력은 항상 0이나, 회전력($\boldsymbol{T}$)은 자기쌍극자 모멘트($\boldsymbol{m}$)와 자속밀도($\boldsymbol{B}$)의 벡터 곱($\boldsymbol{m}\times\boldsymbol{B}$)을 이용해 간단히 구할 수 있음을 뜻한다.

특히 중요한 것은, 외부 자기장에 의해 자기쌍극자에 회전력이 작용하면 자기쌍극자 모멘트 벡터($\boldsymbol{m} = IS\boldsymbol{a}_n$ [$A{\cdot}m^2$])가 외부에서 인가된 자계강도 벡터($\boldsymbol{H}$ [A/m])와 평행하게 정렬된 후 회전을 멈춘다. 자기장에 의해 정렬된 자기쌍극자 모멘트가 자계강도와 같은 방향으로 정렬($\boldsymbol{a}_n = +\boldsymbol{a}_H$)되면 자기장이 인가되기 전(자기쌍극자들이 불규칙하게 배열되어 있을 때)에 비해 자기쌍극자 내부의 자속밀도($\boldsymbol{B}$ [Wb/m^2])가 증가하고, 반대방향으로 정렬($\boldsymbol{a}_n = -\boldsymbol{a}_H$)되면 자속밀도가 감소한다. 이것은 자기쌍극자를 형성하는 작은 전류 폐경로에 흐르는 전류의 방향이 반대인 경우 회전력이 반대방향으로 작용하기 때문이다.

8.4.2 자기장에 의한 자성체의 자화와 자화벡터

자성체(magnetic material)는 자기장의 영향을 받을 뿐 아니라 자기장을 전달하고, 주변에 자기장을 형성하여 자기적 영향을 미치기도 하는 전자기 재료를 뜻한다. 자성체 내부에는 일반적으로 자기쌍극자, 즉 폐경로 형태의 작은 전류도선이 높은 농도(n_{mdp} [$1/m^3$])로 존재한다. 예를 들면, 전자재료를 구성하는 원자는 양의 전하를 띤 핵($+Q = +Zq$ [C]; Z = 원자번호; $Z|_H = 1$, $Z|_{Si} = 14$)을 중심으로 궤도 전자($-q$ [C])들이 일정한 속도로 궤도 원운동을 한다. 따라서 1개의 원자에는 Z개의 자기쌍극자가 존재하는 것으로 이해할 수도 있다. 이와 같이 자성체는 자성체를 구성하는 원자의 종류와 단위체적당의 농도, 그리고 각 궤도 전자들의 이동속도에 따라 자기장의 영향을 받는 정도와 자기장에 반응하는 정도가 달라진다. 또한 자성체의 자기장에 대한 반응 정도와 형태를 이용하여 정보의 저장장치(예: HDD = hard disk drive)로 이용하거나 신호감지기(센서(sensor/detector, 예: Hall sensor, 가속도 센서 등))로 활용하기도 한다.

[그림 8-20]과 같이 자기쌍극자가 균일한 농도(n_{mdp} [$1/m^3$])로 존재하는 자성체를 이용하여 외부 자기장에 의한 자성체의 자화(magnetization), 자기장에 대한 감응도(magnetic susceptibility: χ_m), 자화벡터($\boldsymbol{M}$ [A/m]: magnetization vector), 자성체 내부의 자속밀도($\boldsymbol{B}$ [Wb/m^2]; magnetic flux density), 그리고 자성체의 특성 지표로 사용되는 상대적 자성계수(μ_r: relative magnetic constant)를 설명한다.

먼저, 외부 자기장이 인가되기 전($\boldsymbol{B} = \boldsymbol{0}$ [Wb/m^2]; [그림 8-20](a))에는 자성체 내에 존재하는 균일한 특성의 자기쌍극자들($\Delta\upsilon$ [m^3]의 체적 내에 총 개수 = N_{mdp}, 농도=n_{mdp}=$N_{mdp}/\Delta\upsilon$ [$1/m^3$])이 불규칙 배열(random orientation) 형태로 존재하며, 자기쌍극자 모멘트의 총합($\boldsymbol{m}_{sum}$ [$A{\cdot}m^2$])과 단위체적당 자기쌍극자 모멘트의 평균값($\boldsymbol{m}_{avg}$ [$A{\cdot}m^2$])도 다음과 같이 $\boldsymbol{0}$이 된다.

$$\vec{m}_i = I\vec{S}_i = IS\hat{a}_{n,i}\ [\mathrm{A\cdot m^2}]$$: 불규칙 배열 상태의 자기쌍극자 모멘트 벡터

$$\vec{m}_{sum}\Big|_{\vec{B}=0} \equiv \sum_{i=1}^{N_{mdp}} \vec{m}_i = 0\ [\mathrm{A\cdot m^2}]$$: 외부 자기장이 인가되지 않은 경우($\boldsymbol{H} = \boldsymbol{0}$ [A/m]), 자기쌍극자 모멘트 벡터의 합

$$\vec{m}_{avg}\Big|_{\vec{B}=0} \equiv \frac{\sum_{i=1}^{N_{mdp}} \vec{m}_i}{\Delta \upsilon} = 0 \text{ [A/m]}$$

: 외부 자기장이 인가되지 않은 경우($\boldsymbol{H} = \boldsymbol{0}$ [A/m]), 자기쌍극자 모멘트 벡터의 단위체적당 평균

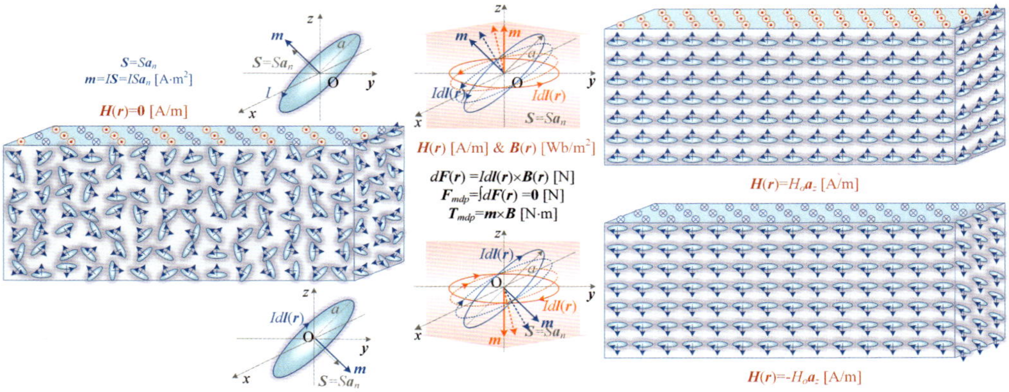

[그림 8-20] 자기장에 의한 자성체 내의 자기쌍극자의 회전과 자화
(a) $\boldsymbol{B} = \boldsymbol{0}$ (b) $\boldsymbol{B} = +B_o\boldsymbol{a}_z$ (c) $\boldsymbol{B} = -B_o\boldsymbol{a}_z$,

다음으로, 외부에서 자기장이 인가되면($\boldsymbol{B} = +B_o\boldsymbol{a}_z$ [A/m]; [그림 8-20](b), $\boldsymbol{B} = -B_o\boldsymbol{a}_z$ [A/m]; [그림 8-20](c)), 자성체 내의 자기쌍극자 각각 및 전체에 작용하는 힘은 0($\boldsymbol{F}_{mdp} = 0$ [N])이다. 그러나, 자기장의 영향으로 회전력($\boldsymbol{T}_{mdp} \neq 0$ [N·m])이 발생하여 자기장과 자기쌍극자 모멘트가 평행이 될 때까지 자기쌍극자가 회전하고, 회전력이 작용하지 않는 상태로 멈춘다. 이와 같이 외부 자기장에 의해 회전력이 작용하여 자기쌍극자들의 자기쌍극자 모멘트가 자기장과 평행으로 정렬하는 과정을 자성체와 자기쌍극자의 자화(magnetization)라고 한다. 즉, 자속밀도($\boldsymbol{B}$ [Wb/m²])와 자기쌍극자 모멘트($\boldsymbol{m} = I\boldsymbol{S}$ [A·m²])가 클수록 자기장에 의한 회전력이 증가하여 자기쌍극자들의 자화가 쉽게 이루어진다. 외부 자기장에 의해 자성체 내의 자기쌍극자들에 회전력이 작용하여 자기장 방향으로 자화된 후의 자기쌍극자 모멘트와 그들의 합은 다음과 같다.

$$\vec{H} = H_z\hat{a}_z \text{ [A/m]}, \ \hat{a}_H \equiv \frac{\vec{H}}{|\vec{H}|} = \hat{a}_z$$: 인가된 자기장의 자계강도와 방향 벡터

$$\vec{m}_i\Big|_{\vec{H}=H_z\hat{a}_z} \text{[A}\cdot\text{m}^2\text{]} = I\vec{S}_i = IS\hat{a}_H = IS\hat{a}_z$$: 자기장에 의해 자화된 후의 자기쌍극자 모멘트: 모두 동일 방향으로 정렬

$$\vec{m}_{sum}\Big|_{\vec{B}\neq 0} \text{[A}\cdot\text{m}^2\text{]} = \sum_{i=1}^{N_{mdp}} \vec{m}_i\Big|_{\vec{H}=H_z\hat{a}_z} = \sum_{i=1}^{N_{mdp}} \vec{m}$$

$$= N_{mdp}\vec{m} = N_{mdp}m\hat{a}_H$$: 자기장에 의해 자화된 후 자기쌍극자 모멘트의 합

앞서 설명한 것과 같이 외부 자기장에 의해 자기쌍극자들이 정렬되면 자기쌍극자에 의해 형성된 내부 자기장(built-in magnetic field)은 외부자기장과 평행이 된다. 외부 자기장에 자화된 후, 이로 인해 자성체 내부에 형성된 추가의 자기장을 자화벡터($\boldsymbol{M}$ [A/m])라고 한다. 외부 자기장에 의한 자성체의 자화벡터는 다음과 같이 정의할 수 있다.

$$\overrightarrow{M}\ [\text{A/m}] \equiv \frac{\sum_{i=1}^{N_{mdp}} \overrightarrow{m_i}\Big|_{\overrightarrow{H}}}{\Delta \upsilon} = \overrightarrow{m}_{avg}\Big|_{\overrightarrow{H}} \equiv \frac{\sum_{i=1}^{N_{mdp}} \overrightarrow{m_i}}{\Delta \upsilon} = \frac{N_{mdp}}{\Delta \upsilon}\overrightarrow{m} = n_{mdp}\overrightarrow{m} = n_{mdp} m \hat{a}_H$$

: 자기장에 의한 자성체의 자화벡터

$$\propto \begin{cases} n_{mdp} \equiv \dfrac{N_{mdp}}{\Delta \upsilon} \\ m = IS \end{cases}$$

즉, 자성체 내의 자기쌍극자가 외부 자기장에 의해 정렬하여 형성되는 자화벡터는 자성체 내의 자기쌍극자 농도(n_{mdp} [1/m^3])에 비례하고, 자성체를 구성하는 자기쌍극자의 자기쌍극자 모멘트($\boldsymbol{m} = I\boldsymbol{S}$ [A·m^2])의 크기에 비례한다.

특히, 자성체의 자화벡터의 방향($\boldsymbol{a}_M$)은 외부에서 인가된 자기장($\boldsymbol{a}_H$)의 방향과 평행($\boldsymbol{M} \parallel \boldsymbol{H}$ 또는 $\boldsymbol{a}_M = \boldsymbol{a}_H$)하므로, 자화벡터는 자기장에 대한 자성체의 자계감응도(χ_m, magnetic susceptibility)를 비례상수로 사용하여 다음과 같이 변형된 형태로 나타낼 수 있다.

$$\overrightarrow{M}\ [\text{A/m}] = n_{mdp} m \hat{a}_H = \frac{n_{mdp} m}{|\overrightarrow{H}|}\overrightarrow{H} = \chi_m \overrightarrow{H}$$

: 자기장에 의한 자성체의 자화벡터

χ_m : 자성체의 자기장에 대한 자계감응도(magnetic susceptibility)

따라서 자성체의 자화 특성을 결정하는 자계감응도(χ_m)는 자성체 내의 자기쌍극자 농도(n_{mdp} [1/m^3])에 비례하고, 자성체를 구성하는 자기쌍극자의 자기쌍극자 모멘트($\boldsymbol{m} = I\boldsymbol{S}$ [A·m^2])의 크기에 비례함을 예상할 수 있다. 자성체의 자기장에 대한 자계감응도(χ_m)와 자화벡터($\boldsymbol{M}$ [A/m])를 결정하는 요소와 의존도를 [그림 8-21]과 [그림 8-22]에 요약하였다.

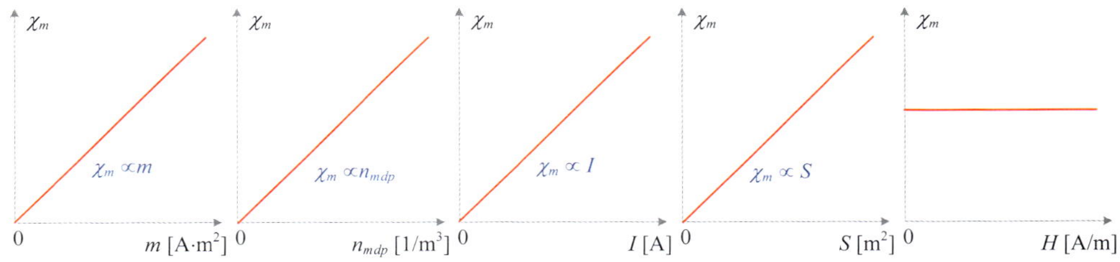

[그림 8-21] 자성체의 자기장에 대한 자계감응도(χ_m)를 결정하는 요소

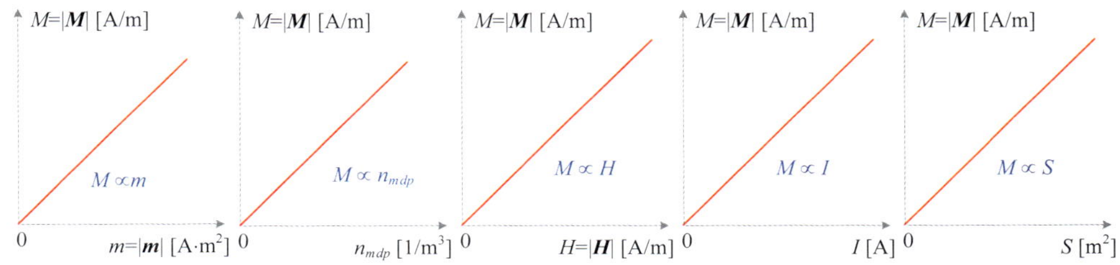

[그림 8-22] 자기장에 의한 자성체의 자화벡터($\boldsymbol{M}$ [A/m])를 결정하는 요소

8.4.3 자기장 내 자성체의 자속밀도와 자성체의 자성계수

자성체를 구성하는 자기쌍극자들의 자기장($\boldsymbol{H}$ [A/m])에 의한 자화($\boldsymbol{M}$ [A/m])로 인해 증가된 자성체 내부의 자속밀도($\boldsymbol{B}$ [Wb/m^2])는 다음과 같이 나타낼 수 있다.

$$\vec{B}\ [\text{Wb/m}^2] = \mu_o\left(\vec{H}+\vec{M}\right) = \mu_o\left(\vec{H}+\chi_m\vec{H}\right) = \mu_o\left(1+\chi_m\right)\vec{H} \equiv \mu_o\mu_r\vec{H} \equiv \mu\vec{H}$$

: 자성체의 자화가 반영된 자속밀도

$\mu \equiv \mu_o\mu_r$ [H/m] : 자성체의 자성계수(magnetic constant, magnetic permeability)

자화에 의한 자속밀도의 증가는 자성체의 자계감응도를 반영한 상대적 자성계수(μ_r)를 이용하여 나타내며, 상대적 자성계수는 다음과 같이 자계감응도(χ_m)에 의해 결정된다. 또한, 자계감응도는 자성체 내의 자기쌍극자 농도(n_{mdp} [1/m^3])와 자기쌍극자 모멘트($\boldsymbol{m}$ [A/m^2])에 의해 결정된다.

$\mu_o = 4\pi\times10^{-7} \cong 12.57\times10^{-7}$ [H/m] : 진공의 자성계수

$\mu_r \equiv \left(1+\chi_m\right)$: 자성체의 자화특성을 나타내는 상대적 자성계수(relative magnetic constant)

자성체의 자기장에 대한 반응 특성을 나타내는 상대적 자성계수를 결정하는 요소, 자화벡터와 자속밀도 변화를 [그림 8-23]과 [그림 8-24]에 요약하였다.

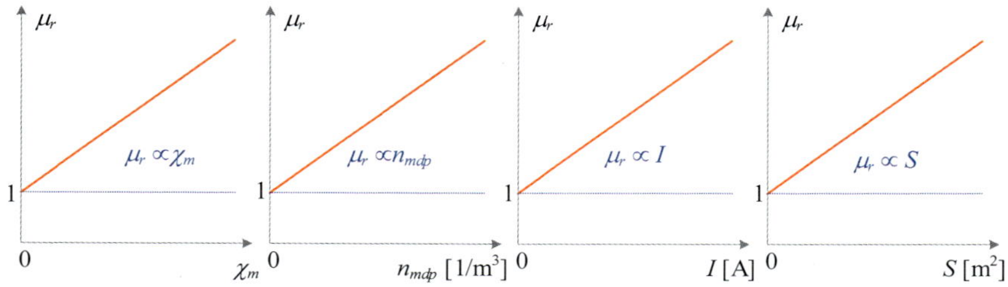

[그림 8-23] 자성체의 자기장에 대한 반응 특성을 나타내는 상대적 자성계수를 결정하는 요소

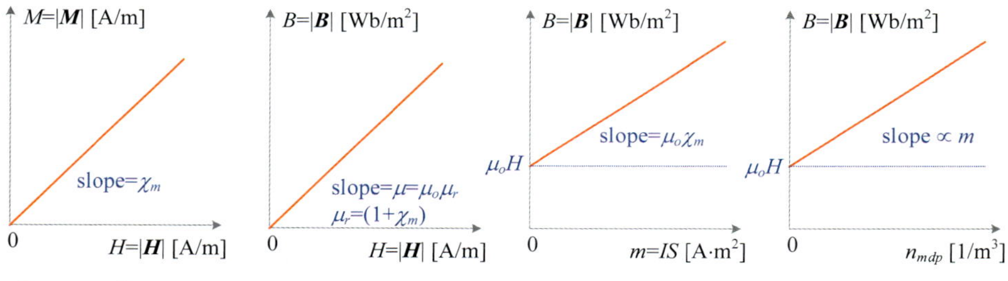

[그림 8-24] 자성체의 자기장에 대한 반응 특성을 나타내는 자화벡터와 자속밀도 변화

자성체의 자기장에 대한 반응 특성을 기준으로 구분하면 강자성체, 반자성체, 상자성체 등이 있다.

강자성(强磁性, ferromagnetism) 재료는 외부 자기장이 인가되지 않은 상태에서도 이미 자기쌍극자들이 동일한 방향으로 정렬(자화)되어 강한 자기적 성질(자기장에 반응하거나 자기적 영향을 미치는)을 가진 재료이다. 강자성체의 상대적 자성계수는 큰 값을 가지며, 상자성 또는 반자성 재료가 외부에서

인가된 자기장에 의해 자기쌍극자들이 자화가 이루어지나 자속의 변화가 크지 않은 재료와 구별되는 특성이다.

반자성(反磁性, diamagnetism) 재료는 전자재료에 외부 자기장이 인가된 동안에 나타나는 자기적 반응으로, 반자성 물질은 외부 자기장에 의해 자화가 이루어지면 내부의 자기쌍극자들이 외부 자기장과 반대방향의 내부 자기장을 생성하기 때문이다. 외부 자기장에 의해 회전력이 작용하여 자화가 되었을 때 자기쌍극자 모멘트가 자기장과 반대방향을 갖기 때문에 나타난 결과이다. 따라서 반자성체의 상대적 자성계수는 1보다 작다.

상자성(常磁性, paramagnetism) 재료는 자기장이 인가되기 전에는 자기쌍극자들의 불규칙 배열로 인해 자성이 없으나, 외부 자기장이 인가되면 자기쌍극자들의 자화로 인해 상대적 자성계수가 1보다 큰 재료이다. 그러나, 외부에서 인가된 자기장이 제거되면 전자재료 내의 자기쌍극자들이 다시 불규칙 배열이 되어 자성을 띠지 않는 재료로서, 자기장이 제거된 뒤에도 자성이 유지되는 강자성체와 대비되는 재료다.

영구자석(permanent magnet) 재료는 자기장이 인가되어 자기쌍극자들의 자화가 잘 이루어지면, 외부에서 인가된 자기장에 제거되더라도 자화된 상태가 그대로 유지되는 재료이다. 자기장에 의해 자화의 방향을 바꾸거나 자화를 변경할 수 있으면서 오랫동안 자화상태가 유지되는 경우 정보 저장용 소자로 사용할 수 있으며, 대표적인 응용이 HDD(hard disk drive)이다.

전기장에 의한 이동전하들의 이동과 전류 형성의 특성을 나타내는 전기전도도(σ [Ω^{-1}/m]), 중성전하 상태로 있으나 전계에 의한 회전력이 작용하여 분극으로 전속밀도의 변화를 일으키는 전하쌍극자들의 특성을 나타내는 유전상수($\epsilon = \epsilon_0 \epsilon_r$ [F/m]), 그리고 자기장에 의해 회전력이 작용하여 자속밀도의 변화를 일으키는 폐경로 형태의 전류도선인 자기쌍극자들의 특성을 나타내는 자성계수($\mu = \mu_0 \mu_r$ [H/m])가 있다. 전자재료의 3가지 중요한 특성을 [표 8-2]에 비교하여 요약하였다.

[표 8-2] 전자기 재료의 3가지 중요한 특성 지표와 특성 상수의 요약 비교

이동전하(mobile charge)	**: 전기장에 대한 이동전하들의 반응: 전기전도도(σ [Ω^{-1}/m])**
공간적으로 고정된 전하쌍극자(결레전하)	**: 전기장에 대한 전기쌍극자들의 반응: 유전상수($\epsilon = \epsilon_0 \epsilon_r$ [H/m])**
폐경로 전류도선(자기쌍극자)	**: 자기장에 대한 자기쌍극자들의 반응: 자성계수($\mu = \mu_0 \mu_r$ [H/m])**
전기장에 대한 **이동전하들**의 반응: **전기전도도** (σ [Ω^{-1}/m])	**전자기 재료에 존재하는 이동전하들의 전계에 의한 이동과 전도성 드리프트 전류 형성** $\vec{J}_{drift}$ [A/m^2] $\propto \vec{E}$ [V/m] $\rightarrow \vec{J}_{drift} = \vec{J}_C = \sigma \vec{E}$ [A/m^2] : 이동전하에 의한 전도(드리프트) 전류 σ [Ω^{-1}/m] $\equiv \rho_{mv} \mu$: 전자재료 내의 이동전하에 의해 결정되는 전기전도 ρ_{mv} [C/m^3] : 이동전하의 농도 μ [(m^2/(V·s)] : 이동전하의 이동도 $\vec{v}$ [m/s] $= \mu \vec{E} \leftarrow \vec{v} \propto \vec{E}$: 전계강도와 이동속도의 관계를 나타내는 비례상수인 이동도 I [A] $= GV \leftarrow G$ [℧] $= \frac{I}{V} \propto \sigma$: 이동전하와 전류의 비례관계를 나타내는 옴의 법칙

(계속)

전기장에 대한 **전하쌍극자들**의 반응: **유전상수** ($\epsilon=\epsilon_o\epsilon_r$ [F/m])	**전자기 재료에 존재하는 전하쌍극자들의 전기장에 의한 회전(분극)과 전속밀도 형성** $\vec{P}\ [\mathrm{C/m^2}] \equiv \dfrac{\sum_{i=1}^{N_{edp}} \vec{p}_i\big\|_{\vec{E}}}{\Delta\upsilon} \propto \vec{E}\ [\mathrm{V/m}]$: 전계에 의한 전하쌍극자들의 분극과 분극 벡터 $\vec{p}\big\|_{\vec{E}}\ [\mathrm{C\cdot m}] = Qd\hat{a}_d = p\hat{a}_d = p\hat{a}_E$ $\hat{a}_E \equiv \dfrac{1}{E}\vec{E}\ \&\ p \equiv Qd\ [\mathrm{C\cdot m}]$: 전계에 의한 분극이 이루어진 이후의 전하쌍극자 모멘트 $\vec{D}\ [\mathrm{C/m^2}] = \epsilon_o\vec{E} + \vec{P} = \epsilon_o\left(1+\chi_e\right)\vec{E} = \epsilon_o\epsilon_r\vec{E} = \epsilon\vec{E}$: 전자재료 내의 등가전하밀도 $\epsilon\ [\mathrm{F/m}] \equiv \epsilon_o\epsilon_r$: 전자재료의 유전상수 $\epsilon_r \equiv (1+\chi_e) \propto \begin{cases} p = Qd\ [\mathrm{C\cdot m}] \\ n_{edp} = \dfrac{N_{edp}}{\Delta\upsilon}\ [1/\mathrm{m^3}] \end{cases}$: 전자재료의 전기장에 의한 분극을 반영한 상대적 유전상수(유전율) $Q\ [\mathrm{C}] = CV \leftarrow C\ [\mathrm{F}] = \dfrac{Q_o}{V_o} \propto \epsilon$: 정전용량, 두 도체판 사이에 유전체가 채워진 구조로서, 전하량과 전압의 비는 항상 일정하며, 이를 이용하여 전기장 해석에 편리하게 사용함
자기장에 대한 **자기쌍극자들**의 반응: **자성계수** ($\mu=\mu_o\mu_r$ [H/m])	**전자기 재료에 존재하는 자기쌍극자들의 자기장에 의한 회전(자화)과 자속밀도 형성** $\vec{M}\ [\mathrm{A/m}] \equiv \dfrac{\sum_{i=1}^{N_{mdp}} \vec{m}_i\big\|_{\vec{E}}}{\Delta\upsilon} \propto \vec{H}\ [\mathrm{A/m}] \to \vec{M}\ [\mathrm{C/m^2}] = n_{mdp}\vec{m} = \chi_m\vec{H}$: 자성체의 자화벡터 $\vec{m}\big\|_{\vec{H}}\ [\mathrm{A\cdot m^2}] = IS\hat{a}_n = m\hat{a}_n = m\hat{a}_H\ ;\ \hat{a}_H \equiv \dfrac{1}{H}\vec{H}\ \&\ m \equiv IS$: 자화된 자성체 내의 자기쌍극자 모멘트 $\vec{B}\ [\mathrm{Wb/m^2}] = \mu_o\left(\vec{H}+\vec{M}\right) = \mu_o\left(1+\chi_m\right)\vec{H} = \mu_o\mu_r\vec{H} = \mu\vec{H}$: 자화된 자성체의 자속밀도 $\mu_r \equiv (1+\chi_m) \propto \begin{cases} m = IS\ [\mathrm{A\cdot m^2}] \\ n_{mdp} = \dfrac{N_{mdp}}{\Delta\upsilon}\ [1/\mathrm{m^3}] \end{cases}$: 전자재료의 자기장에 의한 자화를 반영한 상대적 자성계수(투자율) $\Psi_m\ [\mathrm{Wb}] = LI \leftarrow L\ [\mathrm{H}] = \dfrac{\Psi_m}{I_o} \propto \mu$: 유도용량; 전류도선 사이에 자성체가 채워진 구조로서, 자속과 전류의 비는 항상 일정하며, 이를 이용하여 자기장 해석에 편리하게 사용함

Section

8.5 두 자성체의 접합 경계면에서 자계강도와 자속밀도에 관한 경계조건

전자 소자와 부품은 서로 다른 전자기 재료의 적층 구조가 필요하며, 자성체 경계면에서 자기장의 변화가 발생한다. 자성체를 구성하는 재료(자기쌍극자의 종류와 농도)의 자기장에 의한 자화 특성 차이에 의해 자성체 내부의 자계강도와 자속밀도에 변화가 수반된다. 또한 자성체 경계면에 계면전류($\boldsymbol{K}$ [A/m])가 계면을 따라 흐르는 경우에는 경계면을 중심으로 자성체에 반대방향의 회전성 자기장 형성의 근원이 되므로, 등가자속밀도($\boldsymbol{B}(\boldsymbol{r})$ [Wb/m^2])의 변화를 일으킨다. 따라서 자성체들이 접하는 경계면에서 자계강도($\boldsymbol{H}(\boldsymbol{r})$ [A/m])와 등가자속밀도($\boldsymbol{B}(\boldsymbol{r})$ [Wb/m^2])의 변화에 대한 경계조건을 잘 이해하면, 전자 소자와 부품의 설계와 응용, 그리고 특성을 쉽게 이해할 수 있다. 아래의 [그림 8-25]와 같이 자성체 1과 자성체 2가 접하고 있는 경계면에서 자기장을 생성하며, 자기장의 변화를 일으키는 전류(선전류밀도 $\boldsymbol{K} = K\boldsymbol{a}_t$ [A/m])가 흐르는 경우에 대해 자계강도($\boldsymbol{H}$ [A/m])와 자속밀도($\boldsymbol{B}$ [Wb/m^2])의 변화를 이해하고, 이에 대한 경계조건을 정리하고자 한다.

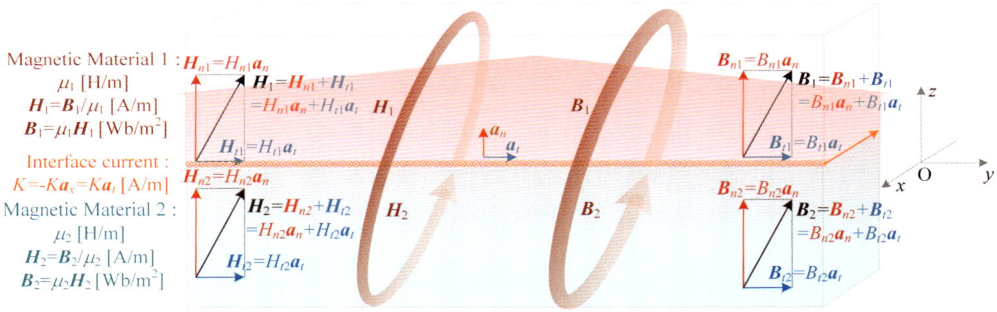

[그림 8-25] 자성계수가 다른 두 자성체의 경계면에서 자계강도와 자속밀도에 대한 경계조건을 위한 개념도

자성체 1($\mu_1 = \mu_o\mu_{r1}$)과 자성체 2($\mu_2 = \mu_o\mu_{r2}$) 영역의 자계강도와 자속밀도는 계면과 평행한 접선방향 성분($\boldsymbol{H}_t = H_t\boldsymbol{a}_t$ [A/m], $\boldsymbol{B}_t = B_t\boldsymbol{a}_t$ [Wb/m^2])과 경계면과 수직인 법선방향 성분($\boldsymbol{H}_n = H_n\boldsymbol{a}_n$ [A/m], $\boldsymbol{B}_n = B_n\boldsymbol{a}_n$ [Wb/m^2])의 합으로 나타낼 수 있다.

$$\begin{cases} \vec{H}(\vec{r})\ [\text{A/m}] = \vec{H}_t(\vec{r}) + \vec{H}_n(\vec{r}) = H_t(\vec{r})\hat{a}_t + H_n(\vec{r})\hat{a}_n \\ \quad \vec{B}(\vec{r})\ [\text{Wb/m}^2] = \mu\vec{H}(\vec{r}) \\ \vec{B}(\vec{r})\ [\text{Wb/m}^2] = \vec{B}_t(\vec{r}) + \vec{B}_n(\vec{r}) = B_t(\vec{r})\hat{a}_t + B_n(\vec{r})\hat{a}_n \end{cases}$$

: 자계강도와 자속밀도 = 접선방향 성분과 법선방향 성분의 합

$$\begin{cases} \vec{H}_1(\vec{r})\ [\text{A/m}] = \vec{H}_{1t}(\vec{r}) + \vec{H}_{1n}(\vec{r}) = H_{1t}(\vec{r})\hat{a}_t + H_{1n}(\vec{r})\hat{a}_n \\ \quad \vec{B}_1(\vec{r})\ [\text{Wb/m}^2] = \mu_1\vec{H}_1(\vec{r}) \\ \vec{B}_1(\vec{r})\ [\text{Wb/m}^2] = \vec{B}_{1t}(\vec{r}) + \vec{B}_{1n}(\vec{r}) = B_{1t}(\vec{r})\hat{a}_t + B_{1n}(\vec{r})\hat{a}_n \end{cases}$$

: 자성체 1의 자계강도($\boldsymbol{H}_1$ [A/m])와 자속밀도($\boldsymbol{B}_1$ [Wb/m^2])

$$\begin{cases} \vec{H}_2(\vec{r})\ [\text{A/m}] = \vec{H}_{2t}(\vec{r}) + \vec{H}_{2n}(\vec{r}) = H_{2t}(\vec{r})\hat{a}_t + H_{2n}(\vec{r})\hat{a}_n \\ \vec{B}_2(\vec{r})\ [\text{Wb/m}^2] = \mu_2 \vec{H}_2(\vec{r}) \\ \vec{B}_2(\vec{r})\ [\text{Wb/m}^2] = \vec{B}_{2t}(\vec{r}) + \vec{B}_{2n}(\vec{r}) = B_{2t}(\vec{r})\hat{a}_t + B_{2n}(\vec{r})\hat{a}_n \end{cases}$$

: 자성체 2의 자계강도($\boldsymbol{H}_2$ [A/m])와 자속밀도($\boldsymbol{B}_2$ [Wb/m²])

자성체 1($\mu_1 = \mu_o\mu_{r1}$)과 자성체 2($\mu_2 = \mu_o\mu_{r2}$)의 경계면에서는 자성체 내의 자기쌍극자 농도(n_{mdp1}, n_{mdp2} [1/m³])와 자기쌍극자 모멘트($\boldsymbol{m}_1$, $\boldsymbol{m}_2$ [A·m²]) 차이로 인해 자화벡터($\boldsymbol{M} = \chi_m \boldsymbol{H}$ [A/m])와 자속밀도($\boldsymbol{B} = \mu_o\mu_r\boldsymbol{H}$ [A/m])의 변화가 발생한다. 따라서 자성체 경계면에서 자계강도와 자속밀도의 변화, 즉 자기장에 대한 경계조건은 경계면과 평행한 접선방향 성분에 대한 경계조건과 수직인 법선방향 성분에 대한 경계조건으로 구분한다. 다음은 이에 대한 핵심내용으로서 아래 내용을 기반으로 자기장에 대한 경계조건을 이해하고자 한다.

- 경계면에서 접선방향 성분($\boldsymbol{H}_t = H_t\boldsymbol{a}_t$ [A/m], $\boldsymbol{B}_t = B_t\boldsymbol{a}_t$ [Wb/m²])은 자기장에 대한 암페어의 법칙을 이용하여 자계강도($\boldsymbol{H}_{t1}$ vs. $\boldsymbol{H}_{t2}$)에 대한 경계조건을 구함
- 경계면에서 법선방향 성분($\boldsymbol{H}_n = H_n\boldsymbol{a}_n$ [A/m], $\boldsymbol{B}_n = B_n\boldsymbol{a}_n$ [Wb/m²])은 자기장에 대한 가우스의 법칙을 이용하여 자속밀도($\boldsymbol{B}_{n1}$ vs. $\boldsymbol{B}_{n2}$)에 대한 경계조건을 구함

8.5.1 자계강도와 등가 자속밀도의 경계면 접선방향 성분에 관한 경계조건

암페어의 법칙을 이용하여 경계면과 평행한 접선방향의 자계강도(H_{t1} vs. H_{t2})에 대한 경계조건을 구하기 위해서는 [그림 8-26]에 나타낸 것과 같이 자성체 1과 자성체 2를 포함하는 사각형의 대칭형 폐경로를 선택할 수 있다. 동일한 자성체 영역에서는 경로상의 모든 지점에서 자계강도와 자속밀도가 동일한 값을 가질 정도로 작은 크기의 폐경로를 선택할 수 있다. 폐경로에 대해 폐경로와 접선방향의 자계강도를 모두 합하면 폐경로 내부에 존재하는 전류의 총합과 같음을 설명하는 암페어의 법칙을 이용하며, 경계면에서 자계강도의 접선방향 성분에 대한 경계조건을 구할 수 있다.

$$\oint \vec{H}(\vec{r})\cdot d\vec{l} = I_{enc}\ [\text{A}] \longleftrightarrow \int_{vol} \nabla\times\vec{H}(\vec{r})\cdot d\vec{S} = I_{enc}\ [\text{A}] \longleftrightarrow \nabla\times\vec{H}(\vec{r}) = \vec{J}(\vec{r})\ [\text{A/m}^2]$$: 암페어의 법칙

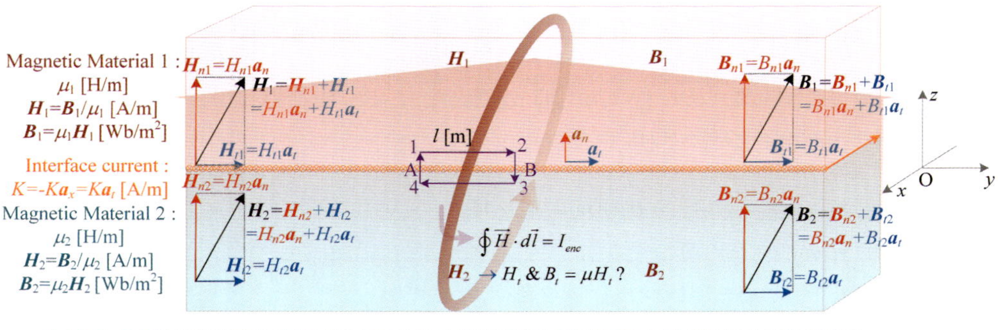

[그림 8-26] 자성체의 자계강도와 자속밀도에 대한 접선방향의 경계조건을 위한 암페어의 법칙 폐경로

따라서 위의 [그림 8-26]에 선택한 폐경로에 대한 암페어의 법칙을 구성 경로를 구분하여 정리하면 다음과 같다.

$I_{enc}=Kl$ [A]

$$\oint \vec{H}(\vec{r})\cdot d\vec{l} = \int_1^2 \vec{H}(\vec{r})\cdot d\vec{l} + \int_2^B \vec{H}(\vec{r})\cdot d\vec{l} + \int_B^3 \vec{H}(\vec{r})\cdot d\vec{l} + \int_3^4 \vec{H}(\vec{r})\cdot d\vec{l} + \int_4^A \vec{H}(\vec{r})\cdot d\vec{l} + \int_A^1 \vec{H}(\vec{r})\cdot d\vec{l}$$
$$= \int_1^2 \vec{H}_1(\vec{r})\cdot d\vec{l}_1 + \int_2^B \vec{H}_1(\vec{r})\cdot d\vec{l}_2 + \int_B^3 \vec{H}_2(\vec{r})\cdot d\vec{l}_3 + \int_3^4 \vec{H}_2(\vec{r})\cdot d\vec{l}_4 + \int_4^A \vec{H}_2(\vec{r})\cdot d\vec{l}_5 + \int_A^1 \vec{H}_1(\vec{r})\cdot d\vec{l}_6 \text{ [A]}$$

여기서, 경로: 2→B와 경로: A→1, 그리고 경로: B→3과 경로: 4→A는 각각 자성체 1과 자성체 2에서 동일한 자계강도에 대한 선적분이지만 적분의 경로가 반대이므로 다음과 같이 상쇄된다.

$$\left(\int_2^B \vec{H}_1(\vec{r})\cdot d\vec{l}_2 + \int_A^1 \vec{H}_1(\vec{r})\cdot d\vec{l}_6\right) + \left(\int_B^3 \vec{H}_2(\vec{r})\cdot d\vec{l}_3 + \int_4^A \vec{H}_2(\vec{r})\cdot d\vec{l}_5\right)$$
$$= \left(-\int_B^2 \vec{H}_1(\vec{r})\cdot d\vec{l}_2 + \int_A^1 \vec{H}_1(\vec{r})\cdot d\vec{l}_6\right) + \left(\int_B^3 \vec{H}_2(\vec{r})\cdot d\vec{l}_3 - \int_A^4 \vec{H}_2(\vec{r})\cdot d\vec{l}_5\right)$$
$$= \left(-\int_{B;z=0}^{2;z=h} \vec{H}_1(\vec{r})\cdot dz\hat{a}_z + \int_{A;z=0}^{1;z=h} \vec{H}_1(\vec{r})\cdot dz\hat{a}_z\right)_{\to 0} + \left(\int_{B;z=0}^{3;z=-h} \vec{H}_2(\vec{r})\cdot dz\hat{a}_z - \int_{A;z=0}^{4;z=-h} \vec{H}_2(\vec{r})\cdot dz\hat{a}_z\right)_{\to 0}$$
$$= 0 \text{ [A]}$$

이를 종합적으로 정리하면 [그림 8-26]에 나타낸 경로에 대한 암페어의 법칙은 다음과 같이 간략화되며, 이로부터 자계강도의 접선방향 성분에 대한 경계조건을 얻을 수 있다.

$$\oint \vec{H}(\vec{r})\cdot d\vec{l} = \int_1^2 \vec{H}_1(\vec{r})\cdot dl\hat{a}_t + \int_3^4 \vec{H}_2(\vec{r})\cdot dl\hat{a}_t = H_{1t}l - H_{2t}l = (H_{1t} - H_{2t})l \Longleftrightarrow I_{enc} = Kl \text{ [A]}$$

$H_{1t} - H_{2t} = K$ [A/m] : 접선방향 자계강도에 대한 경계조건

$\Delta H = H_{1t} - H_{2t} = K$ [A/m] : 접선방향 자계강도에 대한 경계조건

즉, 경계면에서 자성체 1과 2의 자계강도의 접선방향 성분의 차이는 경계면에 존재하는 자기장 형성의 근원인 전류밀도와 동일함을 뜻한다. 이는 계면에 존재하는 전류에 의해 형성되는 자기장의 방향이 자성체 1과 자성체 2에서 서로 반대방향으로 형성되기 때문이다. 자계강도의 접선방향 성분에 관한 경계조건을 벡터 관계식으로 일반화하면 다음과 같이 나타낼 수 있다.

$$(\vec{H}_1 - \vec{H}_2)\times\hat{a}_{n12} = \vec{K} \text{ [A/m]} \longleftrightarrow (\vec{H}_2 - \vec{H}_1)\times\hat{a}_{n21} = \vec{K} \text{ [A/m]} \longleftrightarrow \hat{a}_{n21}\times(\vec{H}_1 - \vec{H}_2)\vec{K} \text{ [A/m]}$$

: 벡터 관계식으로 나타낸 접선방향 자계강도에 대한 경계조건

$H_{1t} - H_{2t} = \dfrac{B_{1t}}{\mu_1} - \dfrac{B_{2t}}{\mu_2} = K$ [A/m] : 경계면에서 접선방향 자계강도에 대한 경계조건

8.5.2 자계강도와 등가 자속밀도의 법선방향 성분에 관한 경계조건

자기장에 대한 가우스 법칙을 이용하여 경계면에 수직인 법선방향의 자속밀도(B_{n1} vs. B_{n2})에 대한 경계조건을 구하기 위해서는 [그림 8-27]과 같이 자성체 1과 자성체 2를 포함하는 원통형의 대칭구조 폐곡면을 자기장에 대한 가우스 폐곡면으로 설정할 수 있다. 폐곡면을 이루는 각각의 면에서는 자계강도와 자속밀도가 어느 지점이나 동일한 값을 가질 정도로 작은 크기이다. 자기장의 경우 폐곡면을 통해 안으로 들어가는 자속량과 폐곡면을 통해 밖으로 나가는 자속량은 항상 같은 값이며, 자기단극자는 존재하지 않는다(전류는 반드시 폐경로를 형성함을 뜻함). 이 조건을 나타내는 관계식은 다음과 같다.

$$\oint \vec{B}(\vec{r}) \cdot d\vec{S} = 0 \text{ [Wb]} \longleftrightarrow \int_{vol} \nabla \cdot \vec{B}(\vec{r}) dv = \Psi_{m,enc} = 0 \text{ [Wb]}$$
$$\longleftrightarrow \nabla \cdot \vec{B}(\vec{r}) = 0 \text{ [Wb/m}^3\text{]}$$
: 자속밀도에 대한 조건

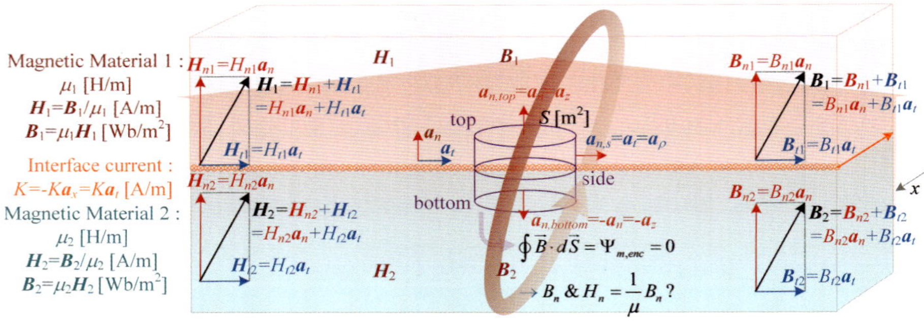

[그림 8-27] 자성체의 자계강도와 자속밀도에 대한 법선(수직방향)의 경계조건을 위한 가우스 폐곡면

[그림 8-27]과 같이 자기장에 대한 가우스 폐곡면을 선택한 경우, 자성체 1이 있는 영역의 윗면과 측면, 자성체 2가 있는 영역의 아랫면과 측면으로 구분하여 정리하면 다음과 같다. 특히, 자성체 1과 자성체 2의 두 경우 모두 측면의 자속 유입량과 유출량은 항상 동일하여, 측면을 통한 자속량($\Psi_{m,enc}$ [Wb])의 총합은 항상 0이 된다.

$$\oint \vec{B}(\vec{r}) \cdot d\vec{S} = \int_{top} \vec{B}_1(\vec{r}) \cdot d\vec{S} + \underbrace{\int_{\substack{side\\top}} \vec{B}_1(\vec{r}) \cdot d\vec{S}}_{\to 0} + \underbrace{\int_{\substack{side\\bottom}} \vec{B}_2(\vec{r}) \cdot d\vec{S}}_{\to 0} + \int_{bottom} \vec{B}_2(\vec{r}) \cdot d\vec{S} = 0 \text{ [Wb]}$$

따라서 자성체 1이 있는 윗면과 자성체 2가 있는 아랫면을 들고 나는 법선방향 자속량은 다음과 같이 나타낼 수 있다. 즉, 경계면에서 자속밀도의 수직방향 성분($\boldsymbol{B}_n$ [Wb/m²])은 경계면에 존재하는 판형의 전류밀도($\boldsymbol{K}$ [A/m])의 존재 여부에 관계없이 연속 또는 변화가 없음을 뜻한다.

$$\int_{top} \vec{B}_1(\vec{r}) \cdot d\vec{S} = \int_{top} \left(B_{1t}(\vec{r})\hat{a}_t + B_{1n}(\vec{r})\hat{a}_n \right) \cdot dS\hat{a}_n = \int_{top} B_{1n}(\vec{r}) dS = B_{1n}S$$
$$\int_{bottom} \vec{B}_2(\vec{r}) \cdot d\vec{S} = \int_{bottom} \left(B_{2t}(\vec{r})\hat{a}_t + B_{2n}(\vec{r})\hat{a}_n \right) \cdot \left(-dS\hat{a}_n \right) = -\int_{bottom} B_{2n}(\vec{r}) dS = -B_{2n}S$$
$$\to \oint \vec{B}(\vec{r}) \cdot d\vec{S} = \left(B_{1n} - B_{2n} \right) S = 0 \text{ [Wb]}$$

$B_{1n} = B_{2n}$ [Wb/m²] : 경계면에서 자속밀도의 수직성분에 대한 경계조건으로 수직방향 자속밀도는 연속임

경계면에 수직인 자계강도는 다음과 같이 자성계수 크기에 따라 변함을 알 수 있다. 그러나 이 또한 계면에 존재하는 전류밀도에 관계없고, 자성체의 고유 특성인 자성계수에 의해서 결정됨을 알 수 있다.

$$\mu_1 H_{1n}(0) = \mu_2 H_{2n}(\vec{r}) \to \frac{H_{2n}(\vec{r})}{H_{1n}(0)} = \frac{\mu_1}{\mu_2} = \frac{\mu_{r1}}{\mu_{r2}} = \frac{1+\chi_{m1}}{1+\chi_{m2}}$$
: 경계면에서 자계강도의 수직 성분에 대한 경계조건

자성체 1과 자성체 2가 접하고 있는 경계면에서 자기장을 생성하며, 자기장의 변화를 일으키는 전류 (선전류밀도 $\boldsymbol{K} = K\boldsymbol{a}_t$ [A/m])가 흐르는 경우에 대해 자계강도($\boldsymbol{H}$ [A/m])와 자속밀도($\boldsymbol{B}$ [Wb/m²])의 접선방향과 수직방향 성분에 대한 경계조건을 정리하면 다음과 같다.

$$\begin{cases} \vec{H}(\vec{r})\ [\text{A/m}] = \vec{H}_t(\vec{r}) + \vec{H}_n(\vec{r}) = H_t(\vec{r})\hat{a}_t + H_n(\vec{r})\hat{a}_n \\ \quad \vec{B}(\vec{r})\ [\text{Wb/m}^2] = \mu\vec{H}(\vec{r})\ ; \mu(\vec{r})\ [\text{H/m}] = \mu_o\mu_r(\vec{r})\ ;\ \mu_r(\vec{r}) \equiv 1 + \chi_m(\vec{r}) \\ \vec{B}(\vec{r})\ [\text{Wb/m}^2] = \vec{B}_t(\vec{r}) + \vec{B}_n(\vec{r}) = B_t(\vec{r})\hat{a}_t + B_n(\vec{r})\hat{a}_n \end{cases}$$

: 자성체의 자계강도와 자속밀도의 관계

$$H_{1t} - H_{2t} = \frac{B_{1t}}{\mu_1} - \frac{B_{2t}}{\mu_2} = K\ [\text{A/m}]$$

: 접선방향 자계강도에 대한 경계조건

$$\left(\vec{H}_1 - \vec{H}_2\right) \times \hat{a}_{n12} = \vec{K}\ [\text{A/m}] \longleftrightarrow \left(\vec{H}_2 - \vec{H}_1\right) \times \hat{a}_{n21} = \vec{K}\ [\text{A/m}] \longleftrightarrow \hat{a}_{n21} \times \left(\vec{H}_1 - \vec{H}_2\right)\vec{K}\ [\text{A/m}]$$

$$B_{1n} = B_{2n}\ [\text{Wb/m}^2] \rightarrow \begin{cases} \mu_1 H_{1n}(0) = \mu_2 H_{2n}(\vec{r}) \\ \rightarrow \dfrac{H_{2n}(\vec{r})}{H_{1n}(0)} = \dfrac{\mu_1}{\mu_2} = \dfrac{\mu_{r1}}{\mu_{r2}} = \dfrac{1 + \chi_{m1}}{1 + \chi_{m2}} \end{cases}$$

: 자계강도의 수직 성분에 대한 경계조건

자성체 1과 자성체 2($\mu_1 > \mu_2$로 가정)의 a) 경계면에 전류가 흐르지 않는 경우($K = 0$ [A/m])와 b) 경계면에 $K(> 0)$ [A/m]의 면전류가 흐르는 경우에 대해 자계강도($\boldsymbol{H}(\boldsymbol{r})$ [A/m])와 자속밀도($\boldsymbol{B}(\boldsymbol{r}) = \mu(\boldsymbol{r})\boldsymbol{H}(\boldsymbol{r})$ [Wb/m²])의 변화를 요약하면 [그림 8-28]과 같다.

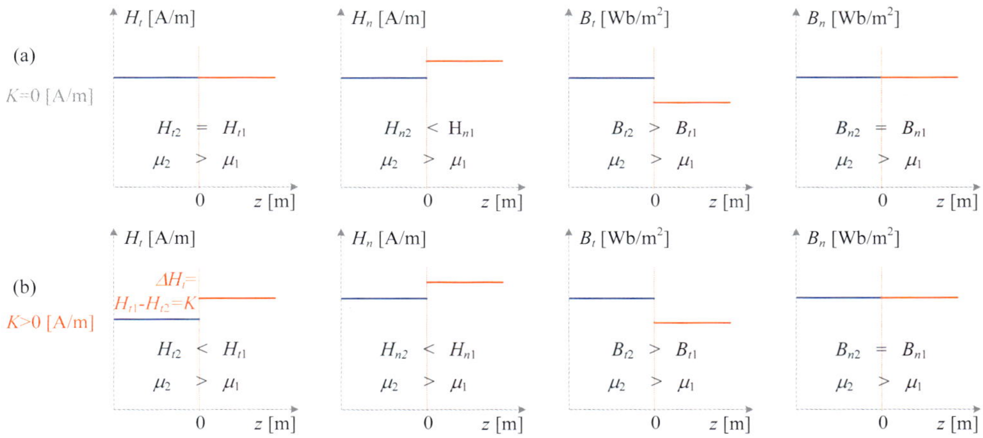

[그림 8-28] 자성체의 경계면에서 자계강도와 자속밀도의 변화 조건
(a) $K = 0$ [A/m]인 경우 (b) $K > 0$ [A/m]인 경우

8.5.3 자기장에 의한 자성체의 자화이력 특성

자기쌍극자들의 집합체인 자성체는 외부에서 인가된 자기장($\boldsymbol{H}$ [A/m])에 대해 다양한 형태로 반응할 수 있다. [그림 8-29]에 자성체의 자화 특성곡선에 비교하여 나타낸 것과 같이 자성체의 자속밀도($\boldsymbol{B}$ [Wb/m²])가 외부에 인가된 자기장($\boldsymbol{H}$ [A/m])의 크기에 관계없이 항상 자계강도에 비례($\boldsymbol{B} = \mu\boldsymbol{H}$ [Wb/m²])하는 경우도 있으나, 자기장의 크기에 따라 자화의 정도가 변하는 비선형 자화특성($\boldsymbol{M} = \chi_m(\boldsymbol{H})\boldsymbol{H}$ [A/m], $\boldsymbol{B} = \mu(\boldsymbol{H})\boldsymbol{H}$ [Wb/m²])을 가진 자성체도 있다. 즉 자성계수($\mu(\boldsymbol{H})$ [H/m]) 또는 자성체의 자계감응도($\chi_m(\boldsymbol{H})$)가 인가된 자기장의 크기에 따라 변함을 뜻하며, 자기장의 세기가 증가할수록 자화가 잘 이루어지지 않거나 포화(saturation)되는 경우가 많다. 또한 자기장을 가하기 전에 가해졌던 자화이력이 이후의 자화에 영향을 미치기도 한다.

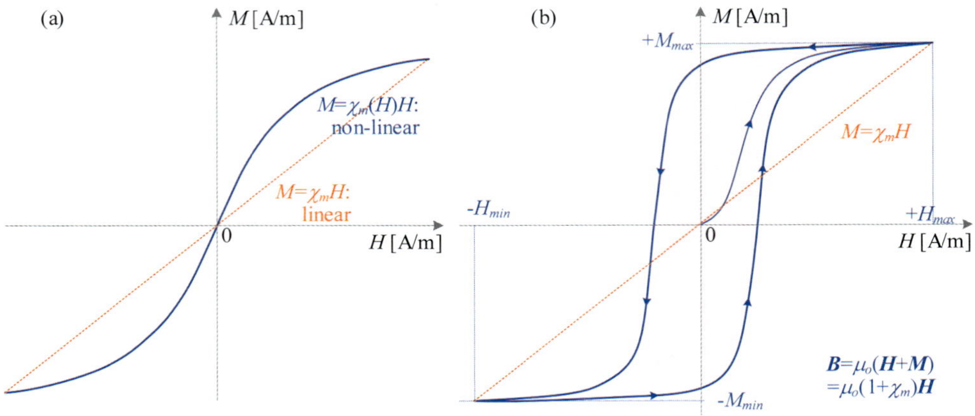

[그림 8-29] 자성체에 인가된 자계강도에 의한 자화벡터의 변화(선형과 비선형)

또한, 자성체 내부의 자기쌍극자 농도(n_{mdp} $[1/m^3]$)가 높고, 자기쌍극자 모멘트($m = IS$ $[A \cdot m^2]$)가 큰 경우 자기장의 영향을 크게 받을 뿐 아니라 외부에 미치는 영향도 크다. 이러한 특성을 가진 강자성체(ferromagnetic material)는 정보 저장용 메모리(memory) 등의 용도로 사용하며, 하드 디스크 드라이브(HDD: hard disk drive)가 그 대표적인 응용 예이다. 강자성체가 가진 특성 중 반드시 이해해야 하는 것들 중의 하나가 자화이력 특성곡선(magnetic hysteresis curve)이다. 이것은 이전의 자기장의 영향 또는 이력(history)이 이후에 자기장이 인가된 경우의 자성체의 반응 특성에 영향을 미치는 것을 나타내는 경우이다. [그림 8-30]에 자화이력 특성곡선(B vs. H)과 시간에 따른 인가 자계강도와 자성체 내부의 자속밀도 변화를 연동하여 이해할 수 있도록 나타내었다.

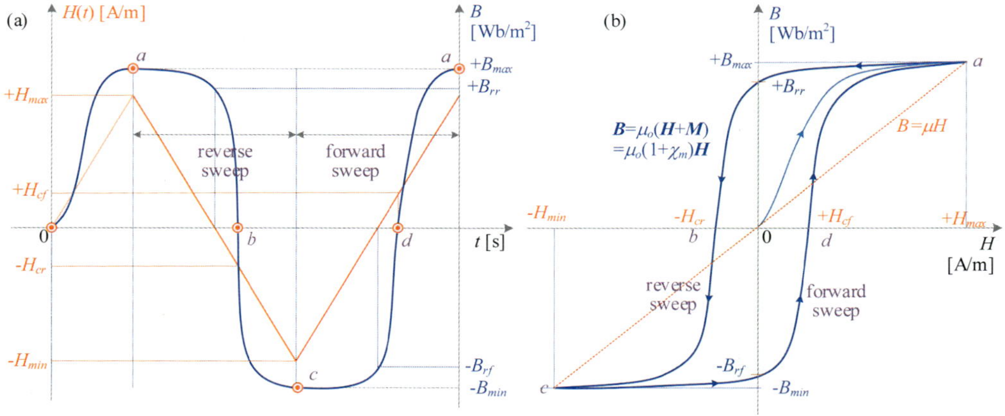

[그림 8-30] 외부에서 인가된 자기장에 의한 강자성체의 자화이력 특성곡선

먼저 자성체의 자화가 전혀 이루어지지 않은(자성체 내의 자기쌍극자가 불규칙하게 분포) 자성체([그림 8-30](a))에 $t = 0$인 시점에 자기장을 인가하여 선형적으로 증가(H $[A/m] = 0 \rightarrow +H_{max}$)시키면 이에 따라 자성체 내부의 자속밀도가 비선형적(B $[Wb/m^2] = 0 \rightarrow +B_{max}$)으로 증가한다. 그러나 자기장의 크기가 증가하더라도 더 이상 증가하지 않고 포화된다.

이어서 자계강도의 세기를 감소(H [A/m] = $+H_{max} \rightarrow 0$)시키면 자속밀도의 감소는 매우 느리게 진행되고, 자화된 상태가 지속되어 자계강도가 0이 되더라도 자성체 내부의 자속밀도가 사라지지 않고 잔류자속(remnant magnetic flux)이 존재한다($B = +B_{rr}$ [Wb/m²]). 자기장의 방향을 바꾸어 그 크기를 증가(H [A/m] = $0 \rightarrow -H_{cr}$)시키면, $H = -H_{cr}$에서 자화가 사라지고 자성체 내부의 자속밀도가 0이 된다.

계속하여 자계강도의 방향이 바뀐 상태로 그 크기를 증가(H [A/m] = $-H_{cr} \rightarrow -H_{min}$)시키면 자성체의 자화가 자계강도와 같은 음의 방향으로 이루어지고, 음의 방향으로 포화($B = -B_{\min}$)된다.

다시 자계강도는 음의 방향으로 유지하되 그 크기를 감소시키면(H [A/m] = $-H_{min} \rightarrow 0$) 자화의 감소가 느리게 진행되고, 비록 외부 자기장이 제거되더라도($H = 0$) 자성체 내부의 자속밀도가 사라지지 않고 잔류자속(remnant magnetic flux)이 존재한다($B = -B_{rf}$ [Wb/m²]).

계속하여 외부 자기장을 양의 방향으로 증가(H [A/m] = $0 \rightarrow +H_{cf}$)시키면 남아있던 자화가 소멸되어 자속밀도가 0이 된다.

이어 자기장을 양의 방향으로 계속 증가(H [A/m] = $+H_{cf} \rightarrow +H_{max}$)시키면 자기장의 방향으로 자화가 진행되고, 포화 자속밀도에 도달하게 된다. 이 과정에서 보듯이 자계강도가 양에서 음의 값으로 변화시킬 때(H: $+H_{max} \rightarrow -H_{min}$; 역방향 주사: reverse sweep)의 자속밀도 변화와 그 반대방향(H: $-H_{min} \rightarrow +H_{max}$; 순방향 주사: forward sweep)일 때의 자속밀도 변화가 다른 경우를 자화이력(hysteresis) 특성을 갖는다고 하며, 그 차이가 클수록 자화이력 특성이 강하다고 한다.

또한 외부 자기장에 의해 자성체의 자화가 이루어진 이후, 자기장을 제거하더라도 자성체 내부의 자속밀도 변화가 오랫동안 변하지 않는 경우 정보의 저장용으로 사용하는 데 유용하다. 자기장을 인가하여 자화를 진행하고 자기장을 제거한 후 자화에 의한 자성체 내의 자속밀도가 그대로 유지되는 경우($H(t) = 0$ & $B(t) = +B_{max}$ = 일정: $t > t_1$ 또는 $H(t) = 0$ & $B(t) = -B_{min}$=일정: $t > t_2$: 영구자석 또는 정보 저장용으로 사용)와 자화에 의한 자속밀도가 시간에 따라 소멸하는 경우를 [그림 8-31]에 비교하였다.

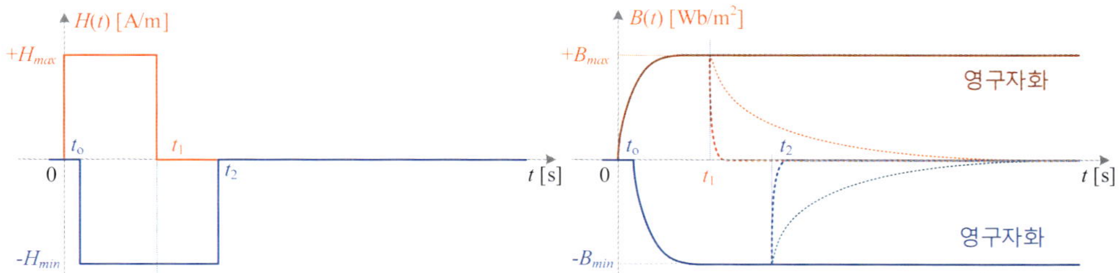

[그림 8-31] 외부에서 인가된 자계강도($\boldsymbol{H}(t)$ [A/m])와 자성체의 자화에 의한 자속밀도($\boldsymbol{B}(t)$ [Wb/m²])의 시간에 따른 변화

Chapter_08 핵심요약

자기장 내의 전류도선에 작용하는 힘 : 자기쌍극자, 자성체, 자성체의 자화, 자성체의 경계조건

전계와 자계가 동시에 존재하는 공간에 입사된 이동전하의 운동 특성: 로렌츠 힘(Lorentz Force)의 방정식

$\vec{F}(\vec{r})\ [\mathrm{N}] = \vec{F}_E(\vec{r}) + \vec{F}_M(\vec{r}) = Q\vec{E}(\vec{r}) + Q\vec{\upsilon}(\vec{r}) \times \vec{B}(\vec{r}) = Q\left(\vec{E}(\vec{r}) + \vec{\upsilon}(\vec{r}) \times \vec{B}(\vec{r})\right)$: Lorentz Force Equation

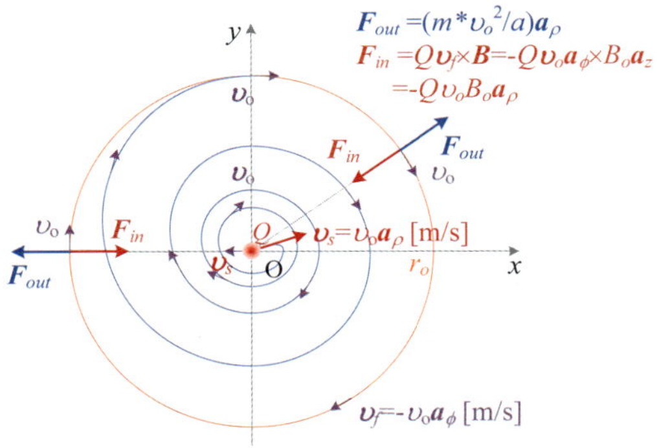

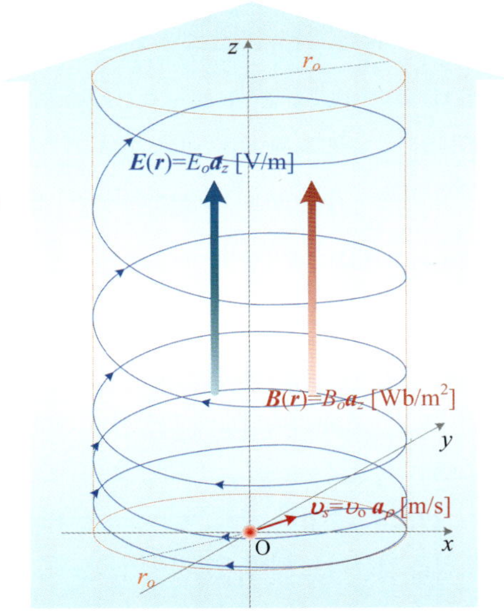

$E_k\ [\mathrm{J}] = \int_{t=0}^{t_o} \vec{F}_E \cdot d\vec{l} = \int_{z=0}^{z_o} Q\vec{E} \cdot d\vec{l} = \dfrac{Q^2 E_o^2}{2m^*} t_o^2 \propto \left\{Q^2, E_o^2, z_o, t_o^2, 1/m^*\right.$: 전하가 얻은 정전기적 에너지

$\vec{r}(t)\ [\mathrm{m}] = (\rho(t), \phi(t), z(t))$: 전계 가속으로 인한 전하의 좌표 변화

$z(t)\ [\mathrm{m}] = \dfrac{QE_o}{2m^*} t^2 \propto \left\{Q, E_o, 1/m^*, t^2\right.$: 전기장에 의한 정전기력으로 가속되어 이동하는 z-축의 좌표

$\rho(t)\ [\mathrm{m}] = r_o = \dfrac{m^* \upsilon_o}{QB_o} \propto \{m^*, \upsilon_o, 1/B_o, 1/Q$: 구심력과 원심력이 평형을 이룬 후 등속원운동하는 반지름

$\phi(t)\ [\mathrm{rad}] = \phi_o + 2\pi f t = \phi_o + 2\pi \dfrac{1}{T} t = \phi_o + \dfrac{QB_o}{m^*} t$: 전계 가속으로 인한 전하의 좌표 변화

$T\ [\mathrm{s}] = \dfrac{1}{f} = \dfrac{2\pi r_o}{\upsilon_o} = 2\pi \dfrac{m^*}{QB_o} \propto \{m^*, 1/B_o, 1/Q$: 등속원운동 주기(입사속도에 무관, 전하량과 자속밀도에 의해 결정)

H(r) ↓ 매질 **F(r)** ↓ **T(r)**

자기장 내의 전류 폐경로에 작용하는 힘(자기력)과 자기 쌍극자(magnetic dipole)

$$d\vec{F}(\vec{r})\ [\mathrm{N}] = I_t d\vec{l}_t \times \vec{B}(\vec{r}) \begin{cases} I_t d\vec{l}_t(\vec{r})\ [\mathrm{A \cdot m}] = I d\vec{l}(\vec{r}) \\ d\vec{l}(\vec{r})\ [\mathrm{m}] = d\rho \hat{a}_\rho + \rho d\phi \hat{a}_\phi + dz \hat{a}_z \\ \vec{B}(\vec{r})\ [\mathrm{Wb/m^2}] = \vec{B} = B_o \hat{a}_z \end{cases}$$
: 시험전류도선 조각과 자기장

$$d\vec{F}(\vec{r})\ [\mathrm{N}] = I_t d\vec{l}_t(\vec{r}) \times \vec{B}(\vec{r}) = I d\vec{l}(\vec{r}) \times B_o \hat{a}_z = IB_o\left(d\rho \hat{a}_\rho + \rho d\phi \hat{a}_\phi + dz \hat{a}_z\right) \times \hat{a}_z = IB_o\left(-d\rho \hat{a}_\phi + \rho d\phi \hat{a}_\rho\right)$$
: 시험전류도선 조각에 작용하는 자기력

$$\vec{F} = \oint I d\vec{l}(\vec{r}) \times \vec{B}(\vec{r}) = \oint I d\vec{l}(\vec{r}) \times \vec{B} = -I\vec{B} \times \oint d\vec{l} = 0$$
: 원형 시험전류도선에 작용하는 자기력

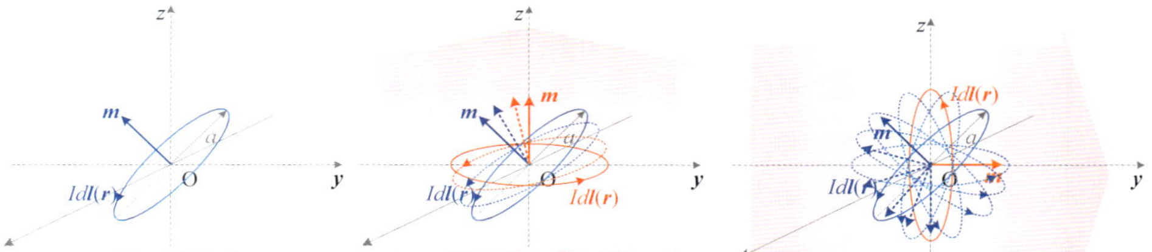

$\boldsymbol{H(r)}=\boldsymbol{0}$ [A/m]	$\boldsymbol{H(r)}=H_o\boldsymbol{a}_z$ [A/m]	$\boldsymbol{H(r)}=H_o\boldsymbol{a}_y$ [A/m]
$\boldsymbol{B(r)}=\mu\boldsymbol{H(r)}=\boldsymbol{0}$ [Wb/m^2]	$\boldsymbol{B(r)}=\mu\boldsymbol{H(r)}=B_o\boldsymbol{a}_z$ [Wb/m^2]	$\boldsymbol{B(r)}=\mu\boldsymbol{H(r)}=B_o\boldsymbol{a}_y$ [Wb/m^2]
$d\boldsymbol{F(r)}=Id\boldsymbol{l(r)}\times\boldsymbol{B(r)}=\boldsymbol{0}$ [N]	$d\boldsymbol{F(r)}=Id\boldsymbol{l(r)}\times\boldsymbol{B(r)}$ [N]	$d\boldsymbol{F(r)}=Id\boldsymbol{l(r)}\times\boldsymbol{B(r)}$ [N]
$\boldsymbol{F}=\boldsymbol{0}$ [N] & $\boldsymbol{T}=\boldsymbol{m}\times\boldsymbol{B}$ [N·m]?	$\boldsymbol{F}=\boldsymbol{0}$ [N] & $\boldsymbol{T}=\boldsymbol{m}\times\boldsymbol{B}$ [N·m]?	$\boldsymbol{F}=\boldsymbol{0}$ [N] & $\boldsymbol{T}=\boldsymbol{m}\times\boldsymbol{B}$ [N·m]?

자기장에 의해 작용하는 회전력

$$\vec{T}(\vec{r})\ [\text{N}\cdot\text{m}]=\oint d\vec{T}(\vec{r})=\oint \vec{R}\times\left(Id\vec{l}\times\vec{B}(\vec{r})\right)=\oint\left(\vec{R}\times Id\vec{l}\right)\times\vec{B}(\vec{r})=I\oint\left(\vec{R}\times d\vec{l}\right)\times\vec{B}(\vec{r})$$

$$=IS\hat{a}_n\times\vec{B}(\vec{r})=\vec{m}\times\vec{B}(\vec{r})=mB\sin\theta_{mB}\hat{a}_{mB}\propto\begin{cases} m\propto\begin{cases} I \\ S\end{cases} ;\ \oint\left(\vec{R}\times d\vec{l}\right)=\oint\left(dS\hat{a}_n\right)=S\hat{a}_n \\ B\end{cases}$$

: 자기쌍극자의 회전력

$$\vec{m}\ [\text{A}\cdot\text{m}^2]\equiv IS\hat{a}_n=I\vec{S}\ \propto\begin{cases} I\ [\text{A}] \\ S=\pi a^2\ [\text{m}^2]\end{cases}$$: 자기쌍극자 모멘트(자기쌍극자 = 폐경로 전류도선)

$\boldsymbol{H(r)}$ ↓ 매질 $\boldsymbol{F(r)}$ ↓ $\boldsymbol{T(r)}$ ↓ $\boldsymbol{m}$ ↓ $\boldsymbol{M}$ ↓ $\chi_m,\ \mu_r$ ↓ $\boldsymbol{B}$

자기장에 의한 자성체(자기쌍극자 = 전류 loop들의 집합체)의 자화와 특성지표인 자성계수($\mu=\mu_r\mu_o$ [H/m])

❖ 자기장이 인가되기 전($\boldsymbol{H}$ [A/m] = 0, $\boldsymbol{B}$ [Wb/m^2] = 0)의 자기쌍극자 모멘트($\boldsymbol{m}_i$ [Am^2])와 자화벡터($\boldsymbol{M}$ [A/m])

$$\begin{cases} \vec{F}_i\ [\text{N}]=\oint d\vec{F}_i=\oint Id\vec{l}_i\times\vec{B}=-\vec{B}\times\oint Id\vec{l}_i=0 \\ \vec{T}_i(\vec{r})\ [\text{N}\cdot\text{m}]=\vec{d}_i\times\vec{F}_i=\vec{d}_i\times\left(Id\vec{l}_i\times\vec{B}\right)=\vec{m}_i\times\vec{B}=0 \\ \vec{m}_i(\vec{r})\ [\text{A}\cdot\text{m}^2]=I_i\vec{S}_i \overset{\neq}{\underset{=}{}} I_j\vec{S}_j\end{cases} \Rightarrow \vec{M}(\vec{r})\ [\text{A/m}]=\lim_{\Delta\upsilon\to\text{small}}\left.\frac{\sum_{i=1}^{N_{mdp}}\vec{m}_i(\vec{r})}{\Delta\upsilon}\right|_{\vec{H}(\vec{r})}=0$$

❖ 자기장에 의한 자화가 진행되는 중(자화가 완료되기 전)

• 자기장($\boldsymbol{H}$ [A/m] ≠ 0, $\boldsymbol{B}$ [Wb/m^2] ≠ 0)에 의한 균질 자성체의 자화, 자기쌍극자 모멘트($\boldsymbol{m}_i$ [Am^2]) & 자화벡터($\boldsymbol{M}$ [A/m])

$$\begin{cases} \vec{F}_i\ [\text{N}]=\oint d\vec{F}_i=\oint Id\vec{l}_i\times\vec{B}=-\vec{B}\times\oint Id\vec{l}_i=0 \\ \vec{T}_i(\vec{r})\ [\text{N}\cdot\text{m}]=\vec{d}_i\times\vec{F}_i=\vec{d}_i\times\left(Id\vec{l}_i\times\vec{B}\right)=\vec{m}_i\times\vec{B}\neq 0 \\ \vec{m}_i(\vec{r})\ [\text{A}\cdot\text{m}^2]=I_i\vec{S}_i \overset{\neq}{\underset{=}{}} I_j\vec{S}_j\end{cases} \Rightarrow \vec{M}(\vec{r})\ [\text{A/m}]=\lim_{\Delta\upsilon\to\text{small}}\left.\frac{\sum_{i=1}^{N_{mdp}}\vec{m}_i(\vec{r})}{\Delta\upsilon}\right|_{\vec{H}(\vec{r})}\neq 0$$

: 자계에 의해 자기쌍극자에 작용하는 힘, 회전력 벡터, 자기쌍극자 모멘트, 자기쌍극자 모멘트의 평균값(자화벡터)

❖자기장에 의한 자화가 완료된 후(자기쌍극자가 회전하여 자기쌍극자 모멘트가 외부 자기장과 평행하게 정렬($\boldsymbol{m}\|\boldsymbol{H}$)

• 자기장($\boldsymbol{H}$ [A/m] ≠ 0, $\boldsymbol{B}$ [Wb/m^2] ≠ 0)에 의한 균질 자성체의 자화, 자기쌍극자 모멘트($\boldsymbol{m}_i$ [Am^2]) & 자화벡터($\boldsymbol{M}$ [A/m])

$$\begin{cases} \vec{F}_i\ [\text{N}]=\oint d\vec{F}_i=\oint Id\vec{l}_i\times\vec{B}=-\vec{B}\times\oint Id\vec{l}_i=0\ ;\vec{m}=IS\hat{a}_H \\ \vec{T}_i(\vec{r})\ [\text{N}\cdot\text{m}]=\vec{d}_i\times\vec{F}_i=\vec{m}\times\vec{B}=IS\hat{a}_H\times\mu H\hat{a}_H=0 \\ \vec{m}_i(\vec{r})\ [\text{Am}^2]=I\vec{S}_i=I\vec{S}=IS\hat{a}_n=IS\hat{a}_H\equiv\vec{m}\ ;\ \hat{a}_H\equiv\vec{H}/H\end{cases}$$

$$\Rightarrow \vec{M}(\vec{r})\ [\text{A/m}]=\lim_{\Delta\upsilon\to\text{small}}\left.\frac{\sum_{i=1}^{N_{mdp}}\vec{m}_i(\vec{r})}{\Delta\upsilon}\right|_{\vec{H}(\vec{r})}=\frac{N_{mdp}}{\Delta\upsilon}IS\hat{a}_H\neq 0$$

: 자계에 의해 자기쌍극자에 작용하는 힘, 자기쌍극자 모멘트 및 자기쌍극자들의 회전력 벡터

∩ (동일한 형태의 자기쌍극자들로 구성된) 균질의 자성체 내의 자기쌍극자들의 자계에 의한 회전과 자화, 자화벡터

$$\vec{M}(\vec{r})\ [\text{A/m}] = \lim_{\Delta \upsilon \to \text{small}} \left. \frac{\sum_{i=1}^{N_{mdp}} \vec{m}_i(\vec{r})}{\Delta \upsilon} \right|_{\vec{H}(\vec{r}) \neq 0} = n_{mdp}\vec{m}$$

$$= n_{mdp} IS\hat{a}_H \propto \begin{cases} n_{mdp} \equiv N_{mdp}/\Delta\upsilon\ [\text{m}^{-3}] & \text{: 자기쌍극자 농도} \\ \vec{m} = I\vec{S} = IS\hat{a}_n = IS\hat{a}_H \\ \hat{a}_H \equiv \vec{H}/H\,;\vec{H}(\vec{r})\ [\text{A/m}] \end{cases}$$

$\Rightarrow \vec{M}(\vec{r})\ [\text{A/m}] \equiv \chi_m \left(\vec{H}(\vec{r})\right)$: 자성체 내의 자기쌍극자들의 자계에 의한 자화와 자화벡터

χ_m : (근원전류에 의해 형성된) 자계의 영향을 받는(시험전류도선으로 작용하는 전류루프들의 집합체인) 자성체의 자화를 결정하는 자기쌍극자들의 자계감응계수(magnetic susceptibility; 자기쌍극자 농도 ; n_{mdp}와 자기쌍극자 모멘트가 클수록 큰 값을 가짐)

$\rightarrow \vec{B}(\vec{r})\ [\text{Wb/m}^2] = \mu_o\left(\vec{H}(\vec{r}) + \vec{M}(\vec{r})\right) = \mu_o\left(\vec{H}(\vec{r}) + \chi_m\vec{H}(\vec{r})\right) = \mu_o\left(1+\chi_m\right)\vec{H}(\vec{r}) = \mu_o\mu_r\vec{H}(\vec{r})$

: 자기쌍극자들의 자계에 의한 자화를 반영한 등가자하밀도

$\rightarrow \mu_r \equiv \left(1+\chi_m\right)$: 자계에 의한 자성체 내의 자기쌍극자들의 자화를 고려한 상대적 자성계수($\mu_r \geq 1$)

μ_1, μ_2 ↓ $\boldsymbol{H}_1 \leftrightarrow \boldsymbol{H}_2$ ↓ $\boldsymbol{B}_1 \leftrightarrow \boldsymbol{B}_2$

자성체 경계면의 자기장 경계조건(계면 전류 밀도 : $\boldsymbol{K}$ [A/m]인 경우)

❖ 자성체 경계면의 접선방향 성분과 법선방향 성분의 경계조건

$$\begin{cases} \vec{H} = \vec{H}_t + \vec{H}_n = H_t\hat{a}_t + H_n\hat{a}_n \\ \qquad \& \ \vec{B} = \mu\vec{H} \\ \vec{B} = \vec{B}_t + \vec{B}_n = B_t\hat{a}_t + B_n\hat{a}_n \end{cases} \Rightarrow \begin{cases} H_{t1} - H_{t2} = K\ [\text{A/m}] & \leftarrow \oint_{\substack{closed\\loop}} \vec{H}\cdot d\vec{l} = I_{enc}\ [\text{A}] \\ B_{n1} = B_{n2}\quad [\text{Wb/m}^2] & \leftarrow \oint_{\substack{closed\\surface}} \vec{B}\cdot d\vec{S} = \int\left(\nabla\cdot\vec{B}\right)d\upsilon = \Psi_{m,enc} = 0\ [\text{Wb}] \end{cases}$$

자화 이력 특성

자성체의 자화 이력 특성

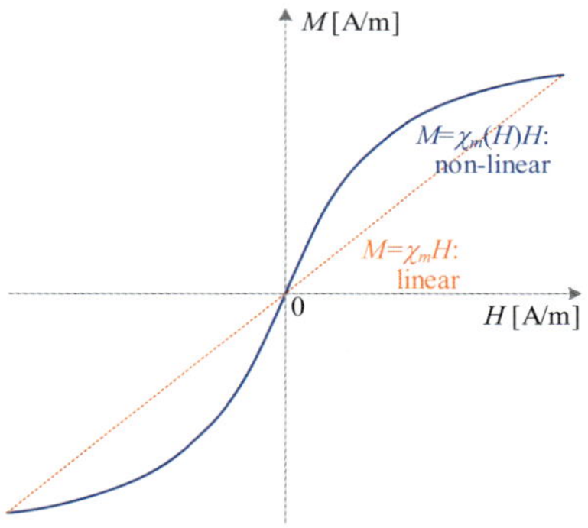

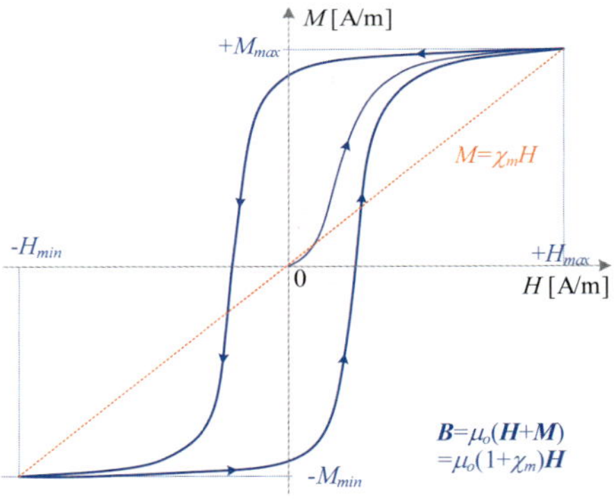

Chapter_08 연습문제

8.1 (Magnetic Dipole & Magnetization) 오른쪽 그림과 같이 작은 폐경로(반지름 a [m]) 내에서 궤도 운동하는 전자를 통해 자기쌍극자 모멘트($\boldsymbol{m}$ [A·m^2]) 및 외부에서 인가된 자기장에 의한 재료의 자화(magnetization)를 이해하고자 한다.

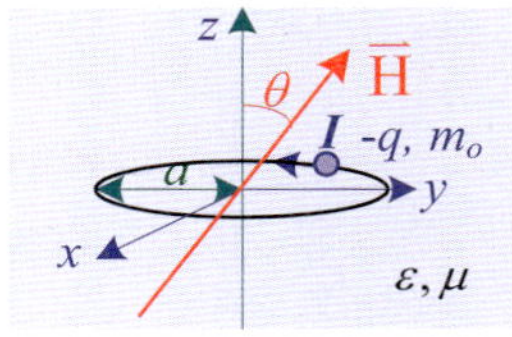

(a) 자기쌍극자 모멘트(magnetic dipole moment: $\boldsymbol{m}$ [A·m^2])의 정의와 의미를 간략히 설명하라.

(b) 궤도 운동하는 전자($Q = -q = -1.6\times10^{-19}$ [C])에 의해 형성된 전류의 크기가 I [A]인 경우 자기쌍극자 모멘트($\boldsymbol{m}$ [A·m^2])를 구하고, 그 방향을 그림에 표시하라.

(c) 궤도 운동하는 이 전자에 외부에서 그림과 같이 z-축과 $\theta = 45°$의 각을 가지는 자기유동밀도(자속밀도; magnetic flux density: $\boldsymbol{B}$ [Wb/m^2])가 인가되어 자화가 이루어진 경우, 전자의 운동과 자기쌍극자 모멘트($\boldsymbol{m}$ [A·m^2])를 그림으로 나타내라.

8.2 (Magnetic Dipole & Magnetization) 원소의 특성을 나타내는 중요한 특성 변수 중에는 자기 양자 수(magnetic quantum number)라는 것이 있으며, 이것은 궤도 운동하는 전자에 의해 결정된다. 이는 자기쌍극자 모멘트($\boldsymbol{m}$ [A·m^2])의 이해를 기본으로 요구한다. 이를 위해 수소 원자(원자번호 = 1; 전자 수 = 1 또는 전하량 $Q = -q = -1.6\times10^{-19}$ [C])에서 양의 전하를 띤 핵 주위를 υ [m/s]의 일정한 속도로 궤도 원운동하는 전자의 특성을 통해 이해하고자 한다.

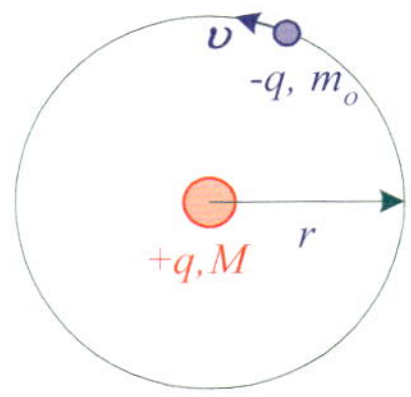

(a) 자기쌍극자란 무엇인지 설명하라.

(b) 자기쌍극자 모멘트($\boldsymbol{m}$ [A·m^2])의 의미를 설명하라.

(c) 자화벡터($\boldsymbol{M}$ [A/m])의 의미를 설명하라.

(d) 그림의 수소 원자에서 등속으로 궤도운동하는 전자의 자기쌍극자 모멘트($\boldsymbol{m}$ [A·m^2])를 구하라.

8.3 (Magnetic Dipole & Magnetization) 오른쪽 그림과 같이 자성계수가 μ [H/m]이고 자계강도가 $\boldsymbol{H}(\boldsymbol{r}) = (H_\rho, 0, H_z)$ [A/m]인 공간 내에서 전자(질량 m_o, 전하량 $-q = -1.6\times10^{-19}$ [C])가 작은 폐회로(반지름 = a [m])를 형성하며 $\boldsymbol{\upsilon} = \upsilon_o \boldsymbol{a}_\phi$ [m/s]의 일정한 속도 υ [m/s]로 원운동하고 있는 상황을 통해 회전력 벡터(Torque: $\boldsymbol{T}$ [N·m])와 자기쌍극자 모멘트($\boldsymbol{m}$ [A·m^2]), 그리고 자화벡터($\boldsymbol{M}$ [A/m])를 이해하고자 한다.

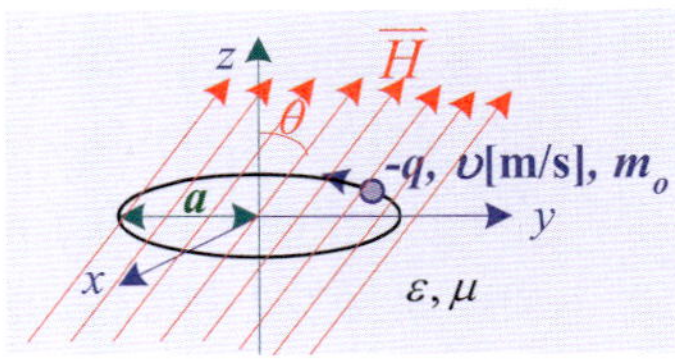

(a) 인가된 자기장에 의해 원운동하는 전자가 받게 되는 힘($\boldsymbol{F}$ [N])을 구하라.

(b) 자기장에 의해 전자에 작용하는 회전력(Torque: $\boldsymbol{T}$ [N·m])을 구하라.

(c) 자기 쌍극자 모멘트(magnetic dipole moment: $\boldsymbol{m}$ [A·m^2])의 의미를 간략히 설명하라.

(d) 원운동하는 전자에 의해 형성된 전류의 크기가 I [A]인 경우 자기 쌍극자 모멘트 $\boldsymbol{m}$ [A·m^2]을 구하고, 그 방향을 그림에 표시하라.

(e) 원운동하는 전자에 외부에서 그림과 같이 z-축과 $\theta = 45°$의 각을 가지는 자계강도($\boldsymbol{H}(\boldsymbol{r})$ [A/m])가 인가되어 자화가 이루어진 경우, 전자의 운동과 자기쌍극자 모멘트($\boldsymbol{m}$ [A·m^2])를 그림으로 나타내라.

(f) 인가된 자기장에 의해 자화가 이루어진 이후에 전자에 작용하는 회전력(Torque: $\boldsymbol{T}$ [N·m])을 구하라.

(g) 자기장에 의한 자성재료의 자화를 이용한 정보 저장장치의 예를 들고, 그 동작원리를 간략히 설명하라.

8.4 (Lorentz Force Equation) 전자기학의 원리를 이용하는 전하를 띤 입자 가속기는 로렌츠의 전자기력(Lorentz force)에 관한 방정식을 이용하여 물리적 현상을 분석하는 중요한 도구이며, 음의 전하 $Q = -q$ [C]인 전자를 가속하는 경우에 대해 이해하고자 한다(단, 초기에 전자는 x-축 양의 방향으로 $\boldsymbol{v}_o = v_o \boldsymbol{a}_x$ [m/s]의 속도로 전계강도($\boldsymbol{E}(\boldsymbol{r})$ [V/m])와 자속밀도($\boldsymbol{B}(\boldsymbol{r})(= \mu \boldsymbol{H}(\boldsymbol{r}))$ [Wb/m^2])에 모두 수직인 방향으로 입사하며, 질량은 m [kg]이고, 중력에 의한 힘은 무시함).

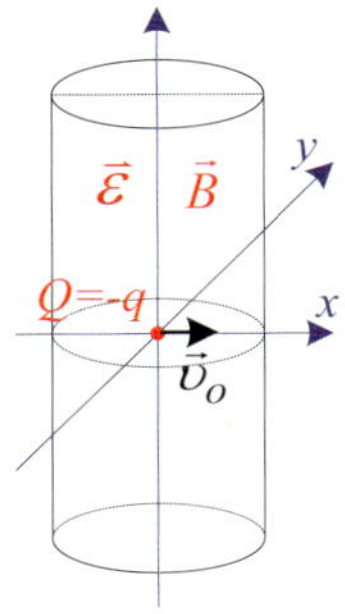

(a) 이 전자를 전기장에 의해 z-축 양의 방향으로 가속하고자 하면 전계를 어떻게 인가해야 하는지 설명하라.
(b) 입사된 전자가 자기장에 의해 일정한 속도로 원운동하도록 하기 위해서 어떤 세기의 자기장을 어떤 방향으로 인가해야 하는지 설명하라.
(c) (b)에 필요한 자기장을 어떻게 구현할 수 있는지 설명하라.
(d) 입자 가속기가 차지하는 공간을 줄이기 위해, 등속원운동하는 반지름(ρ [m])을 가능하면 작게 하고자 하면 어떤 방법을 택할 수 있는지 설명하라.
(e) 전계에 의해 이동하는 전자의 시간에 따른 z-축 방향의 위치($z(t)$ [m])를 구하라.
(f) 자기장의 세기를 2배로 하면 원래의 경우에 비해 동일한 시점의 z-축의 위치가 어떻게 변하는지 비교, 설명하라.

8.5 (Current, Magnetic Field, Lorentz Force) 오른쪽 그림과 같이 원점으로부터 멀리 떨어진 지점의 x-z 무한 평면에 x축과 평행한 방향으로 일정한 밀도의 전류가 흐르고, z축의 양의 방향으로 일정한 세기의 전계($\boldsymbol{E}$ [V/m])가 인가되어 있다. 이 공간의 원점에서 전자($Q_1 = -q$ [C], $m_n = m_o$)를 y축의 음의 방향으로 일정한 속도(v_o [m/s])로 입사하고, 또 다른 입자인 양자($Q_2 = +q$ [C], $m_p = 1000\ m_o$)를 x축의 음의 방향으로 동일한 속력으로 입사하였다.

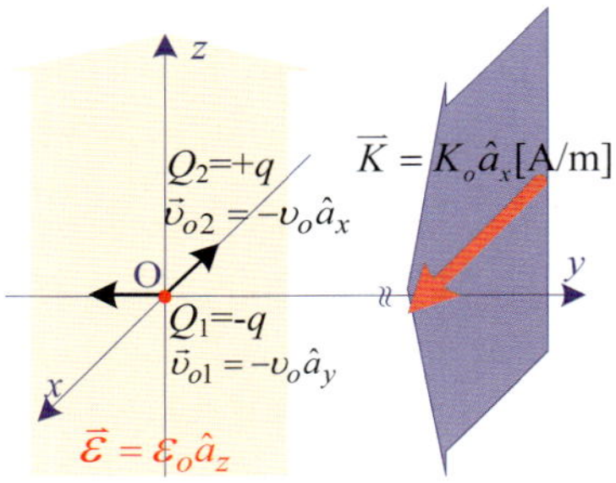

(a) 전계($\boldsymbol{E}$ [V/m])에 의해서 전자와 양자가 받게 되는 힘 ($\boldsymbol{F}_{E1}$과 $\boldsymbol{F}_{E2}$ [N])을 구하라.
(b) 전계에 의해 가속되는 힘으로 인해 전자는 어떤 운동을 하게 되는지 설명하라.
(c) xz-평면의 전류에 의해 전자는 어떤 영향을 받게 되는지 근거를 제시하고 설명하라.
(d) 원점에서 y-축 음의 방향으로 이동하도록 한 전자는 시간이 경과함에 따라 어떻게 이동하는지 설명하라.
(e) 원점에서 x-축 음의 방향으로 이동하도록 입사한 양자는 시간이 경과함에 따라 어떻게 이동하는지 설명하라.
(f) 입사속도($\boldsymbol{v}$ [m/s])에 의한 원심력과 무한 평면의 전류로 인한 구심력이 균형을 이루는 순간, z-축 방향의 전계를 제거하면 전자는 어떤 운동을 하는지 설명하라.

8.6 **(Torque)** 전기장에서 전하쌍극자(electric dipole: $+Q$ [C]/$-Q$ [C])의 전계에 의한 분극(polarization)과 자기장에서 자기쌍극자(magnetic dipole)의 자계에 의한 자화(magnetization) 현상을 이해하기 위해서는 회전력 벡터($\boldsymbol{T}$ [N·m])의 의미를 잘 이해하는 것이 필수적이다.

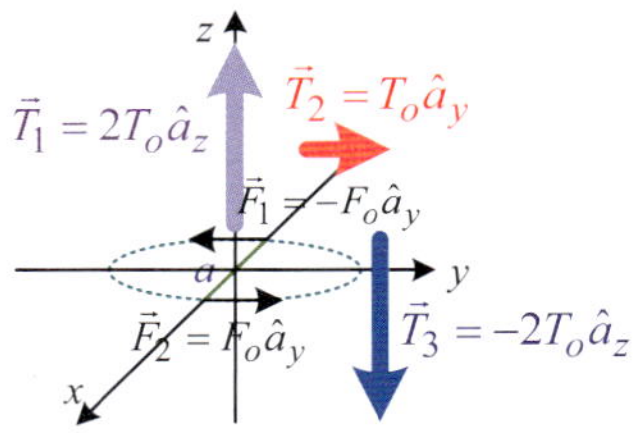

(a) 그림과 같이 동일한 크기의 반대방향 힘 $\boldsymbol{F}_1$과 $\boldsymbol{F}_2$가 가해진 축(길이 a [m])에 작용하는 순 힘(net force: $\boldsymbol{F}_{\text{net}}$ [N])을 구하라.
(b) $\boldsymbol{F}_1$과 $\boldsymbol{F}_2$에 의해 축에 작용하는 회전력 벡터($\boldsymbol{T}$ [N·m])를 구하라.
(c) 회전력 벡터($\boldsymbol{T}$ [N·m])의 크기와 방향은 무엇을 나타내는지 설명하라.
(d) 회전력 벡터($\boldsymbol{T}$ [N·m])의 방향과 축의 회전방향은 어떤 관계인지 간략히 설명하라.
(e) 그림에 표시한 회전력 벡터 $\boldsymbol{T}_1$에 대하여 회전방향을 간략히 설명하라.
(f) 그림에 표시한 회전력 벡터 $\boldsymbol{T}_1$과 $\boldsymbol{T}_2$에 대하여 회전방향과 회전력의 크기를 비교하라.
(g) 그림에 표시한 회전력 벡터 $\boldsymbol{T}_1$과 $\boldsymbol{T}_3$에 대하여 회전방향과 회전력의 크기를 비교하라.

8.7 **(Lorentz Force Eq. & 응용)** 전기장과 자기장이 동시에 인가된 공간에서 이동전하의 운동에 관한 로렌츠 방정식(Lorentz force equation)은 물리적 현상을 분석하는 중요한 도구이며, 입자가속기도 그 중의 하나다. 입자가속기를 이용하여 $Q = -q$ [C]인 전자를 가속하는 경우를 통해 로렌츠 방정식을 이해하고자 한다(전자는 y-축 양의 방향으로 υ_o [m/s]의 속도로 입사하며, 질량은 m_o [kg]이고, 중력에 의한 힘은 무시함. $q = 1.6\times10^{-19}$ [C]).

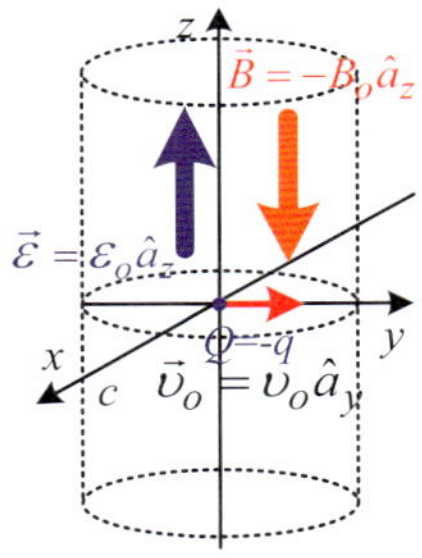

(a) 전계강도 $E_o = 0$ [V/m]이고 자속밀도 $B_o \neq 0$ [Wb/m^2]인 경우, 전자의 운동/이동을 설명하라.
(b) 전계와 자계가 모두 존재($B_o \neq 0$, $E_o \neq 0$)하는 경우 전자의 운동/이동을 설명하라.
(c) 원점에서 전자를 입사하고 정상상태에 도달한 뒤의 원운동 반지름을 구하고, E_o와 B_o의 의존도를 설명하라.
(d) 이동하는 z-축 방향의 시간에 따른 위치($z(t)$ [m])를 구하라.
(e) 전계강도(E_o [V/m])를 2배로 하면 원래의 경우에 비해 동일한 시점의 z-축의 위치가 어떻게 변하는지 설명하라.
(f) 전자가 가속되는 동안 얻게 되는 에너지와 전계강도(E_o [V/m])의 관계를 설명하라.
(g) 전자가 가속되는 동안 얻게 되는 에너지와 자속밀도(B_o [Wb/m^2])의 관계를 설명하라.
(h) 전자가 가속되는 시간(t_o [s])과 전자가 얻는 정전기적 에너지(E_E [J])의 관계를 설명하라.

8.8 (Current, Magnetic Field, Lorentz Force) 오른쪽 그림에 나타낸 것과 같이 xy-평면의 아랫쪽에 x-축과 평행한 방향으로 일정한 밀도의 전류($\boldsymbol{K}$ [A/m])가 흐르고, y-축과 평행한 방향으로 일정한 세기의 전계(E [V/m])가 인가되어 있다. 이 공간의 원점(O(0,0,0))에서 전자($Q = -q = -1.6\times10^{-19}$ [C], 질량 $= m_o$ [kg])를 z-축과 평행하게 일정한 속도($\boldsymbol{\upsilon} = \upsilon_o\boldsymbol{a}_z$ [m/s])로 입사하였다(중력 무시).

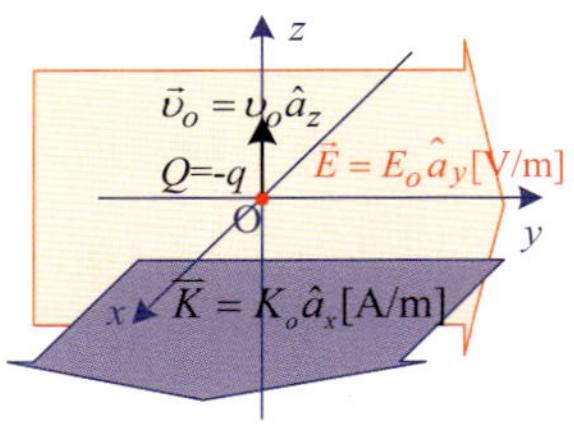

(a) 전계에 의해서 전자가 받게 되는 힘($\boldsymbol{F_e}$ [N])를 구하라.

(b) 전계에 의해 가속되는 힘으로 인해 전자는 어떤 운동을 하게 되는지 설명하라.

(c) xy-평면의 전류에 의해 형성된 자계강도($\boldsymbol{H}(\boldsymbol{r})$ [A/m])를 구하라.

(d) (c)의 자기장만 존재하는 경우, 전자는 어떤 영향을 받게 되는지 근거를 제시하고 설명하라.

(e) 전기장과 자기장이 모두 작용하는 경우, 시간에 따라 전자는 어떻게 이동하는지 설명하라.

(f) 입사속도에 의한 원심력과 무한 평면의 전류로 인한 구심력이 균형을 이루는 순간 xy-평면 전류 밀도를 2배로 증가시키면 전자는 어떤 운동을 하는지 설명하라.

(g) 전자 대신 양의 전하($+Q$ [C])를 띤 입자를 동일한 형태로 입사할 경우, 어떤 운동을 하는지 설명하라.

(h) 전자를 xy-평면의 y-축과 평행하게 입사할 경우 어떤 운동을 하는지 설명하라.

8.9 (Static Electric & Magnetic Field: Lorentz Force) 전자공학을 전공하는 공학도로서 이동전하(mobile charge)에 작용하는 전자기적 힘(Lorentz Force)에 관한 로렌츠 방정식(Lorentz Force Equation)의 의미와 응용, 이를 지배하는 결정 요소를 잘 이해하는 것은 매우 중요하다.

(a) 로렌츠 힘(Lorentz Force)에 관한 방정식이 무엇인지 설명하라.

(b) 로렌츠 힘의 원리가 적용되는 응용 시스템의 하나인 입자가속기(또는 이온주입기)의 동작원리를 설명하라.

(c) 로렌츠 힘을 이용하는 응용 시스템의 하나인 입자가속기에 인가되는 전기장(전계: $\boldsymbol{E}$ [V/m])의 역할을 설명하라.

(d) 로렌츠 힘을 이용하는 응용 시스템의 하나인 입자가속기에 인가되는 자기장(자계: $\boldsymbol{H}$ [A/m])의 역할을 설명하라.

(e) 입자가속기(또는 이온주입기)에서 방출되는 입자(이온)의 에너지를 크게 할 수 있는 방법을 설명하라.

Chapter

09

고정된 구조의 전류도선에 의한 자기장과 유도용량 : 자계유도기와 유도용량

Magnetic Field formed by Fixed Current Elements and Inductance : Inductor and Inductance

학습도표와 핵심내용

9장	**9장. 고정된 구조의 전류 도선에 의한 자기장과 유도용량 : 자계유도기와 유도용량** (Magnetic Field formed by Fixed Current Elements and Inductance : Inductor and Inductance)

1. 고정된 구조의 전류 도선에 의해 형성된 자기장의 자성 매질(자성체)를 통한 전달(자속쇄교량 : magnetic flux linkage)

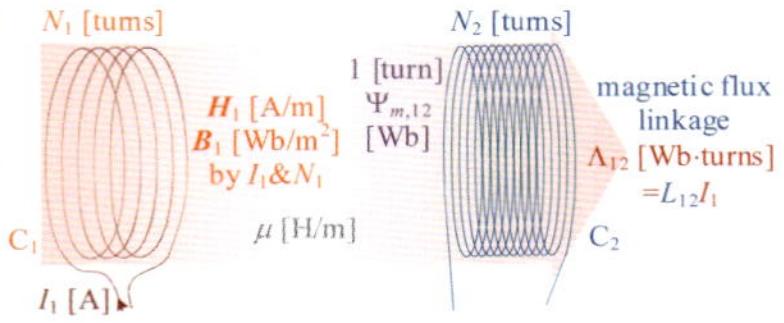

$$\vec F_2(\vec r)\ [\mathrm{N}] = \int_{test} d\vec F_2(\vec r) \propto \begin{cases} I_1 \\ I_2 \end{cases}$$

$$d\vec F(\vec r)\ [N] = I_2 d\vec l_2(\vec r)\times \vec B_1(\vec r) \propto \begin{cases} I_1 \\ I_2 \end{cases}$$

$$\nabla\times\vec H_1(\vec r) = \vec J_1(\vec r)\ [\mathrm{A/m^2}]$$

$$\longleftrightarrow \oint \vec H_1(\vec r)\cdot d\vec l(\vec r) = I_{enc}\ [\mathrm{A}]$$

$$\vec B_1(\vec r)\ [\mathrm{Wb/m^2}] = \mu \vec H_1(\vec r) \propto \begin{cases} I_1 \\ N_1 \\ \mu \end{cases}$$

$$\rightarrow \quad \Psi_{m,12} = \int_{\substack{\text{single}\\ \text{loop:}C_2}} \vec B_1(\vec r)\cdot d\vec S_2\ [\mathrm{Wb}] \propto \begin{cases} I_1 \\ N_1 \\ S_2 \\ \mu \end{cases}$$

$$\Lambda_{12} = N_2 \Psi_{m,12}\ [\mathrm{Wb\cdot turns}] \propto \begin{cases} I_1 \\ N_1 \\ S_2 \\ N_2 \\ \mu \end{cases}$$

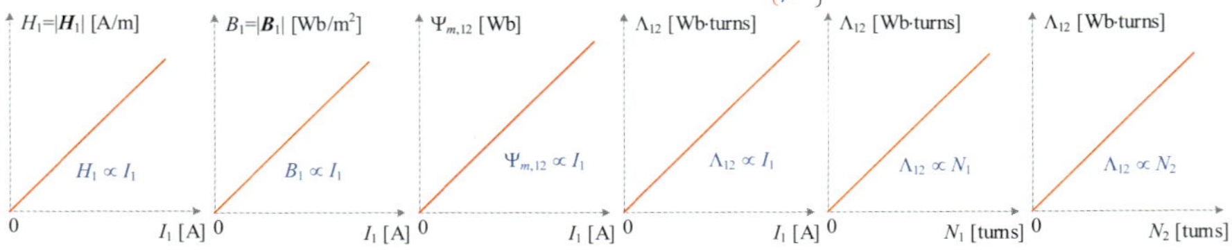

2. 고정된 구조의 전류도선에 의해 형성된 자기장의 전달특성을 나타내는 자계유도기의 유도용량(L [H]) : 자기 & 상호 유도용량

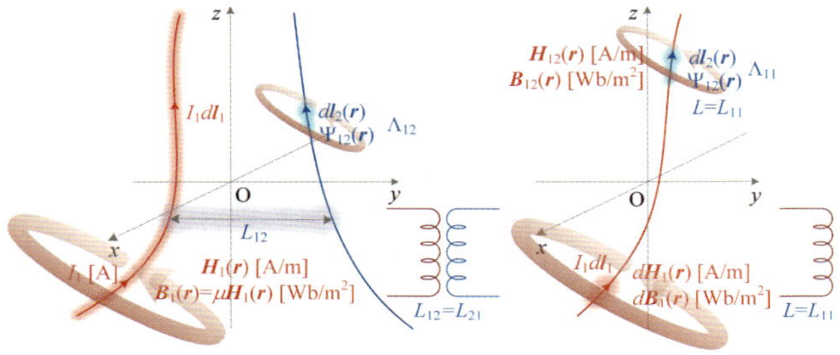

$$\nabla\times\vec H_1(\vec r) = \vec J_1(\vec r)\ [\mathrm{A/m^2}]$$

$$\longleftrightarrow \oint \vec H_1(\vec r)\cdot d\vec l(\vec r) = I_{enc}\ [\mathrm{A}]$$

$$\vec B_1(\vec r)\ [\mathrm{Wb/m^2}] = \mu \vec H_1(\vec r)$$

$$\Psi_{m,12} = \int_{\substack{\text{single}\\ \text{loop:}C_2}} \vec B_1(\vec r)\cdot d\vec S_2\ [\mathrm{Wb}]$$

$$\Lambda_{12}\ [\mathrm{Wb\cdot turns}] = \int_{C_2} \Psi_{m,12} \propto \begin{cases} I_1 \\ C_1 \\ \mu \\ C_2 \end{cases}$$

$$\rightarrow L_{12} \equiv \frac{\Lambda_{12}}{I_1}\ [\mathrm{H}] = \frac{[\mathrm{Wb\cdot turns}]}{[\mathrm{A}]} \propto \begin{cases} C_1 \\ \mu \\ C_2 \end{cases}$$

3. 권선형 전류도선에 의해 형성된 자기장의 전달특성을 나타내는 자계유도기의 유도용량(L [H]) : 자기 & 상호 유도용량

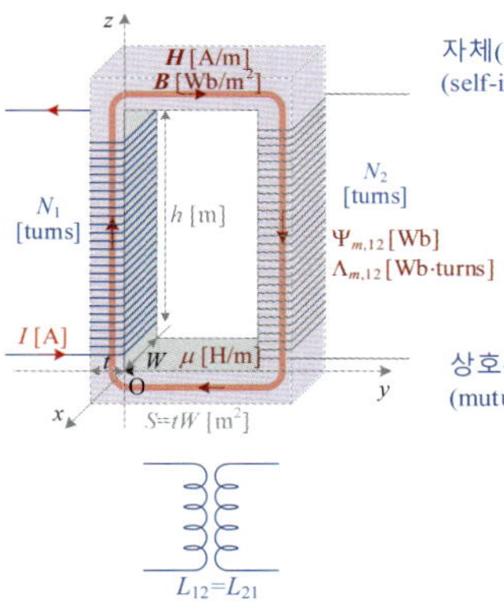

자체(자기)유도용량 (self-inductance) :

$$\Psi_{m1}\ [\mathrm{Wb}] \equiv \int_{\substack{\text{single}\\ \text{loop:}C_1}} \vec B_1(\vec r)\cdot d\vec S = \int \mu\frac{N_1}{h} I_1 \hat a_z \cdot d\vec S_z = \mu n_1 t W I_1$$

$$\Lambda_{11}\ [\mathrm{Wb\cdot turns}] = N_1\Psi_{m1} = \mu N_1^2 \frac{tW}{h} I_1 = \mu n_1^2 tWh I_1$$

$$\left.\begin{aligned} L_{11}\ [\mathrm{H}] &\equiv \frac{\Lambda_{11}}{I_1} = \mu N_1^2\frac{tW}{h} = \mu n_1^2 tWh \\ L_{22}\ [\mathrm{H}] &\equiv \frac{\Lambda_{22}}{I_2} = \mu N_2^2\frac{tW}{h} = \mu n_2^2 tWh \end{aligned}\right\} ; L_{ii} \propto \begin{cases} \mu \\ n_i^2 \ ;\ n_i \equiv N_i/h \\ S = tW \\ h \end{cases}$$

상호유도용량 (mutual inductance) :

$$\Psi_{m,12}\ [\mathrm{Wb}] \equiv \int \vec B_1\cdot d\vec S_2 = \int \mu\frac{N_1}{h} I_1 \hat a_z\cdot d\vec S_{2z} = \mu n_1 tW I_1$$

$$\Lambda_{12}[\mathrm{Wb\cdot turns}] = N_2\Psi_{m,12} = \mu N_1 N_2\frac{tW}{h} I_1 = \mu n_1 n_2 tWh I_1$$

$$L_{12}\ [\mathrm{H}] \equiv M \equiv \frac{\Lambda_{12}}{I_1} = \mu N_1 N_2 \frac{tW}{h} = \mu n_1 n_2 tWh \propto \begin{cases} \mu \\ n_1 = (N_1/h) \\ n_2 = (N_2/h) \\ S = tW \\ h \end{cases}$$

$$\left(=\sqrt{L_{11}L_{22}}\right)$$

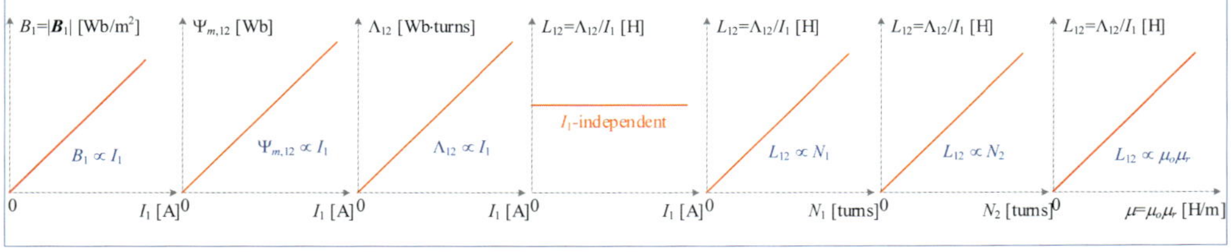

자기장은 [그림 9-1]과 같이 전류도선들 간의 상호작용을 설명하기 위해 정의된 물리량으로서, 비오-사바르의 실험법칙을 기반으로 한다. 특히, 근원전류도선에 의해 형성된 자기장의 회전성 벡터 자계강도와 벡터 자속밀도를 구하는 과정이 경우에 따라서는 복잡하고 번거로운 경우가 많다. 자기장을 형성하는 근원전류도선에 의한 회전성 자계강도($\boldsymbol{H}(\boldsymbol{r})$ [A/m])와 자속밀도($\boldsymbol{B}(\boldsymbol{r})$ [Wb/m^2])는 반드시 근원전류의 크기(I_S [A])에 비례하며, 시험전류도선에 작용하는 자기력($\boldsymbol{F}(\boldsymbol{r})$ [N])도 반드시 근원전류도선의 전류(I_S [A])와 시험전류도선에 흐르는 전류(I_t [A])에 선형적으로 비례한다. 이때 그 비례관계를 결정하는 값은 자기장을 형성하는 근원전류도선의 구조와 형태, 그 영향을 받는 시험전류도선의 구조와 형태, 그리고 자기장이 전달되는 공간(매질)의 특성(자성계수 μ [H/m])에 의해 결정된다.

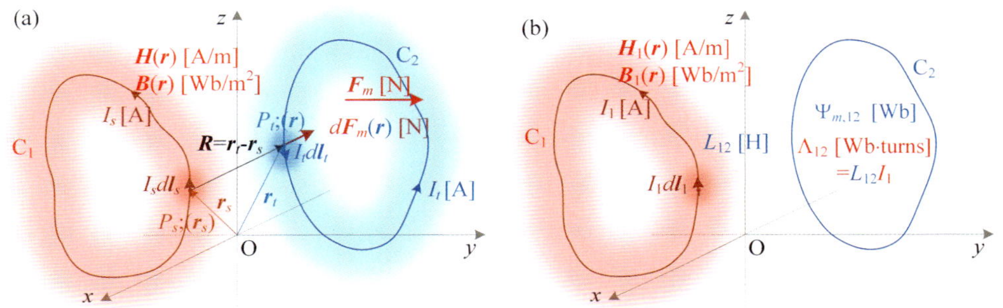

[그림 9-1] (a) 근원전류도선(C_1)에 의해 형성된 자기장이 시험전류도선 전체(C_2)에 작용하는 정자기적 힘($\boldsymbol{F}_m$ [N])
(b) C_1에 흐르는 전류에 의한 자기장 내에서 C_2에 전달된 자속($\Psi_{m,12}$ [Wb])과 결합 자속량(Λ_{12} [Wb·turns])

전류(I [A])가 흐르는 도선과 이로 인해 형성되는 자기장의 자계강도($\boldsymbol{H}(\boldsymbol{r})$ [A/m]), 그리고 매질을 통과하는 자속밀도($\boldsymbol{B}(\boldsymbol{r})$ [Wb/m^2])의 관계는 다음과 같이 요약할 수 있다.

$$\vec{H}_1(\vec{r})\ [\text{A/m}] = \int_{C_1} d\vec{H}_1(\vec{r}) \propto I_1$$: 근원전류에 의해 형성된 자기장의 회전성 자계강도

$$d\vec{H}_1(\vec{r})\ [\text{V/m}] = \frac{I_1 d\vec{l}\,' \times \hat{a}_R}{4\pi R^2}\ ;\ I_1 d\vec{l}\,'\ [\text{A}\cdot\text{m}] \Leftrightarrow Q_1\vec{v}_1, \vec{K}_1 dS_1, \vec{J}_1 dv_1$$: 근원전류도선 조각에 의해 형성된 자기장의 자계강도

$$\nabla\times\vec{H}(\vec{r}) = \vec{J}(\vec{r})\ [\text{A/m}^2] \longleftrightarrow \oint \vec{H}(\vec{r})\cdot d\vec{l}(\vec{r}) = I_{enc}\ [\text{A}]$$: 암페어의 법칙

$$\vec{A}_1(\vec{r})\ [\text{Wb/m}] = \int_{C_1} d\vec{A}_1(\vec{r})\ ;\ d\vec{A}_1(\vec{r})\ [\text{Wb/m}] \equiv \frac{\mu I_1 d\vec{l}\,'}{4\pi R} \propto I_1$$: 근원전류에 의해 형성된 선형 벡터 자기준위

$$\oint_C \vec{A}(\vec{r})\cdot d\vec{l} = \int_C \left(\nabla\times\vec{A}(\vec{r})\right)\cdot d\vec{S} = \int_C \vec{B}(\vec{r})\cdot d\vec{S}\ [\text{Wb}]$$: 자기장에 대한 스토크스의 정리

$$\vec{B}_1(\vec{r})\ [\text{Wb/m}^2] = \mu\vec{H}_1(\vec{r}) \propto I_1\ \ \&\ \ \vec{B}_1(\vec{r})\ [\text{Wb/m}^2] = \nabla\times\vec{A}_1(\vec{r})$$: 근원전류에 의해 형성된 자속밀도

$$\nabla\cdot\vec{B}(\vec{r}) = \nabla\cdot\left(\nabla\times\vec{A}(\vec{r})\right) = 0\ [\text{Wb/m}^3] \longleftrightarrow \Psi_{m,enc}\ [\text{Wb}] = \oint \vec{B}(\vec{r})\cdot d\vec{S} = \int_{vol} \nabla\cdot\vec{B}(\vec{r})dv = 0$$: 가우스의 법칙

$$\vec{F}(\vec{r})\ [\text{N}] = \int_{test} d\vec{F}(\vec{r}) \propto \begin{cases} I_1 \\ I_2 \end{cases}\ ;\ d\vec{F}(\vec{r})\ [N] = I_t d\vec{l}_t(\vec{r})\times\vec{B}(\vec{r}) \propto \begin{cases} I_1 \\ I_2 \end{cases}$$: 시험전류도선에 작용하는 자기력, 비오-사바르의 법칙

$$\Psi_{m,12}\ [\text{Wb}] = \int_S \vec{B}_1(\vec{r}) \cdot d\vec{S}_2 \propto I_1$$
: 관측점의 도선 2(C_2)를 지나는 자속량으로서, 근원전류도선의 전류, 구조와 형태, 시험전류도선의 구조와 형태, 자기장이 전달되는 매질의 자성계수에 의해 결정됨

$$\Lambda_{12}\ [\text{Wb} \cdot \text{turns}] = N_2 \Psi_{m,12} = L_{12} I_1 \propto I_1$$
: 근원전류도선에 의해 형성된 자기장이 시험전류도선으로 전달된 자속 결합량

$$\mu\ [\text{H/m}] = \mu_o \mu_r\ ;\ \mu_r = (1 + \chi_m)$$
: 자기장이 전달되는 매질(공간)의 자성계수

2개의 전류도선(C_1, C_2)이 자기적 상호작용을 하는 경우, 자기장을 형성하는 전류도선(C_1)은 근원전류로서 작용할 뿐 아니라 다른 전류도선(C_2)에 의해 형성된 자기장의 영향을 받기도 하며, 그 상호작용은 반드시 두 전류도선에 흐르는 전류의 크기(I_1, I_2 [A])에 비례한다. 따라서 전류도선 C_1과 C_2의 구조와 형태, 그리고 자기장의 영향을 주고 받는 매질의 특성이 고정된 경우, 가변적인 전류를 제외한 유도용량(inductor: 자계유도기, Inductance: 자계유도용량; L [H])을 정의하여 사용하면 자기장의 해석과 응용을 간편하게 수행할 수 있다.

특히 인접한 두 전류도선의 기하학적 구조와 매질이 고정되어 있는 경우, 전류도선 간의 자기장 형성을 통한 자기적 상호작용은 도선에 흐르는 전류에 항상 선형적으로 비례한다. 이 관계를 나타내는 비례상수인 유도용량은 전류도선의 구조(도선의 길이 또는 도선을 구성하는 권선의 형태와 권선수)와 자기장의 영향이 전달되는 매질의 자성계수($\mu = \mu_o\mu_r$ [H/m])를 포함한다. 전기장에서 전하를 띤 두 도체판 사이에 유전체가 채워진 구조에서 도체판의 전하량과 이로 인해 형성된 전기장의 전위차는 전하량에 관계없이 항상 서로 비례한다. 즉 도체판의 구조와 유전체의 특성을 정전용량(캐패시턴스; C [F], $Q = CV$ [C] = [F·V])으로 정의된 비례상수를 사용하여 편리하게 활용하는 것은 전기장에서 학습하였다. 자기장에서도 자기 유도용량(인덕턴스: L [H])을 정의하여 전류(I [A])와 전달되는 자속량 ($\Lambda = LI$ [Wb·turns] = [H·A])을 계산하고, 그로부터 자속밀도($\boldsymbol{B}(\boldsymbol{r})$ [Wb/m^2])와 자계강도($\boldsymbol{H}(\boldsymbol{r})$ [A/m]), 그리고 자기적 상호작용($\boldsymbol{F}(\boldsymbol{r})$ [N]) 해석에 편리하게 사용한다.

Section

9.1 전류도선의 자기장 형성과 유도용량

전류도선 간의 자기적 상호작용을 나타내는 데 사용되는 유도용량(자계유도기 또는 인덕터; inductor)은 고정된 도선 구조와 매질(자성계수 μ [H/m])을 통해 두 개의 전류도선이 자기적 상호작용을 하는 구조를 나타내는 특성지표이다. [그림 9-2]와 같이 도선을 여러 번 겹쳐 감은 권선(코일; coil) 형태의 구조를 갖는 두개의 전류도선(C_1, C_2)으로 이루어진 경우를 통해 자기장 해석의 특성지표로 사용되는 유도용량(inductance, L_{12})을 정의하고, 자기장 해석과 전자기 부품 설계에 편리하게 사용하는 과정을 설명한다.

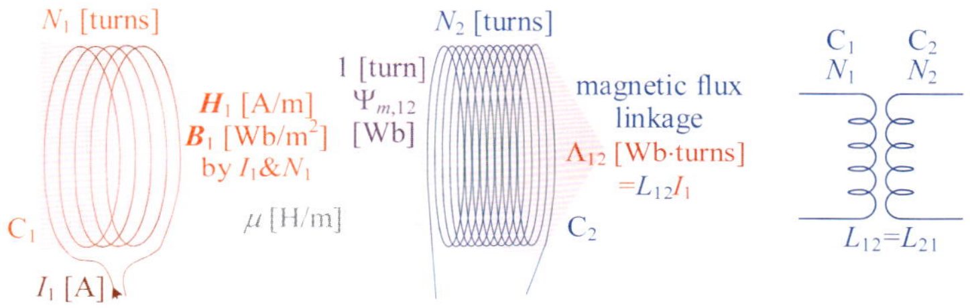

[그림 9-2] 권선 형태로 된 두 도선이 매질을 통해 자기적 상호작용을 하는 고정된 구조로서, 전류도선 1(C_1; 권선수 N_1 [turns])에 흐르는 전류(I [A])가 형성한 자속밀도($\boldsymbol{B}_1$ [Wb/m^2])가 전류도선 2(C_2; 권선수 N_2 [turns])에 전달되어 자기적으로 결합한 형태. 전류도선 2의 폐경로 도선 1개를 통과하는 자속량($\Psi_{m,12}$ [Wb])과 N_2회의 권선 전체를 통해 도선 2에 전달된 자속결합량(flux linkage: Λ_{12} [Wb·turns])

전류도선 1(C_1; 권선수 $= N_1$ [turns])에 흐르는 전류(I_1 [A])가 형성한 자기장의 회전성 자속밀도($\boldsymbol{B}_1(\boldsymbol{r})$ [Wb/m^2])는 매질(자성계수 μ [H/m])을 통해 전류도선 2(C_2; 권선수 N_2 [turns])가 있는 지점($\boldsymbol{r}$)에 전달된다. 앞서 학습한 것과 같이 근원전류도선에 의해 형성되는 자기장의 자계강도와 자속밀도는 항상 전류에 비례함을 알고 있다. 이때 전류도선 1(C_1)에 의해 형성된 자기장의 자속(magnetic flux)이 자기적으로 결합한 형태의 전류도선 2(C_2)의 폐경로 1개로 전달되는 자속량($\Psi_{m,12}$ [Wb])은 다음과 같이 구할 수 있다.

$$\vec{H}_1(\vec{r})\ [\text{A/m}] = \int_{C1} d\vec{H}_1(\vec{r}) \propto I_1\ ;\ d\vec{H}_1(\vec{r})\ [\text{A/m}] = \frac{I_1 d\vec{l}_1 \times \hat{a}_R}{4\pi R^2} \propto I_1 : C_1\text{의 전류에 의해 형성된 자기장의 자계강도}$$

$$\leftarrow \oint \vec{H}\cdot d\vec{l} = I_{enc}\ [\text{A}] : \text{대칭성이 우수한 경우 자계강도를 구할 때 편리한 암페어의 법칙}$$

$$\vec{B}_1(\vec{r})\ [\text{Wb/m}^2] = \mu\vec{H}_1(\vec{r}) \propto I_1, N_1, \mu \quad : C_1\text{의 전류에 의해 형성된 자기장의 자속밀도}$$

$$\Psi_{m,12}\ [\text{Wb}] = \int_{\substack{\text{single}\\ \text{loop:}C_2}} \vec{B}_1(\vec{r})\cdot d\vec{S}_2 \propto I_1, N_1, \mu, S_2 : C_1\text{의 전류에 의한 자기장이 도선 }C_2\text{의 권선 1개에 전달된 자속량}$$

도선 C_2로 전달된 자속량은 전류도선 C_1에 흐르는 전류에 비례하고, 권선수(N_1, N_2), 그리고 매질의 자성계수(μ [H/m])에 비례한다. 따라서 자성 매질을 통해 권선수 N_2 [turns]의 전류도선 2(C_2)로 전달되는 총 결합자속량(또는 자속전달량/자속쇄교량; magnetic flux linkage: Λ_{12} [Wb·turns])은 다음과 같이 권선수(N_2)를 곱하여 구할 수 있다.

$$\Lambda_{12}\ [\text{Wb}\cdot\text{turns}] = \int_{C_2} \vec{B}_1(\vec{r})\cdot d\vec{S}_2 = N_2\left(\int_{\substack{\text{single}\\ \text{loop:}C_2}} \vec{B}_1(\vec{r})\cdot d\vec{S}_2\right) = N_2\Psi_{m,12} \propto I_1, N_1, \mu, S_2, N_2$$

: C_1의 전류에 의해 형성된 자기장이 도선 C_2 전체로 전달된 결합자속량

특히, 도선 C_1에 의해 형성된 자계강도($\boldsymbol{H}_1$ [A/m])와 자속밀도($\boldsymbol{B}_1$ [Wb/m²]), 전류도선 C_2의 권선 1개에 전달된 자속량($\Psi_{m,12}$ [Wb/m²]), 그리고 N_2 [turns]의 권선 전체에 전달된 자속결합량(Λ_{12} [Wb·turns])은 도선 C_1과 도선 C_2의 구조와 형태, 자기장이 전달되는 매질의 자성계수(μ [H/m]), 두 도선의 거리에 관계없이 항상 도선 C_1에 의해 흐르는 전류(I_1 [A])에 비례함을 주목해야 한다.

따라서 도선 C_1에 흐르는 전류(I_1 [A])와 도선 C_2에 전달되는 결합자속량(Λ_{12} [Wb·turns])의 관계는 다음과 같이 비례상수(L_{12} [H])를 유도용량(또는 인덕턴스: inductance)으로 정의하여 간략화할 수 있다.

$$\Lambda_{12}\ [\text{Wb}\cdot\text{turns}] \equiv L_{12}I_1 \leftarrow \Lambda_{12}\ [\text{Wb}\cdot\text{turns}] \propto I_1$$

$$L_{12}\ [\text{H}] \equiv \frac{\Lambda_{12}}{I_1} = \frac{N_2\Psi_{m,12}}{I_1} = \frac{1}{I_1}N_2\int_{loop2}\vec{B}_1\cdot d\vec{S}_2;\begin{cases}\propto N_1, \mu, S_2, N_2\\ I_1\text{-independent}\end{cases}$$

: 전류도선에 의해 형성된 자기장의 전달특성을 나타내는 유도용량

$$\text{또는 } L_{12}\ [\text{H}] \equiv \frac{\Lambda_{12}}{I_1} = \frac{\text{Total flux linkage to loop 2}}{I_1\text{: Source current generating magnetic flux}}$$

즉, C_1과 C_2로 이루어진 자기장 전달 구조의 상호유도용량(L_{12} [H])은 도선의 전류에 무관하고, 도선 C_1의 구조와 권선수(N_1), 도선 C_2의 구조와 권선수(N_2), 자속이 전달되는 매질의 자성계수(μ [H/m])에 의해 결정되는 상수라고 할 수 있다. 자기장의 영향을 주고 받는 전류도선의 구조와 자기장을 전달하는 매질의 특성이 고정된 경우, 다음에 요약한 것과 같이 도선 C_2에 전달된 결합자속량(Λ_{12} [Wb·turns])은 도선 C_1에 인가된 전류(I [A])에 상호유도용량(L_{12} [H])을 곱하여 간단히 얻을 수 있음을 뜻한다.

$$\Lambda_{12}\ [\text{Wb}\cdot\text{turns}] = I_1L_{12} \leftarrow L_{12}\ [\text{H}] \equiv \frac{\Lambda_{12}}{I_1}$$

1차 권선과 2차 권선 구조의 자기장에서 1차 권선의 전류도선에 흐르는 전류에 의해 형성된 자기장의 자계강도, 자속밀도, 2차 권선에 전달된 자속량, 2차 권선에 전달된 결합자속량(Λ_{12} [Wb·turns])의 변화와 유도용량(L_{12} [H])을 결정하는 요소와 의존도를 [그림 9-3]에 요약하였다.

또한, 간단히 전류를 곱해 얻을 수 있는 결합자속량(Λ_{12} [Wb·turns])으로부터 C_2의 폐경로 도선 1개를 지나는 자속량($\Psi_{m,12}$ [Wb])과 도선 C_1에 흐르는 전류에 의해 형성된 자속밀도($\boldsymbol{B}_1(\boldsymbol{r})$ [Wb/m²]), 그리고 자계강도($\boldsymbol{H}_1(\boldsymbol{r})$ [A/m])와 도선 C_2에 작용하는 자기적 힘($\boldsymbol{F}_2$ [N]), 자기쌍극자에 작용하는 회전력($\boldsymbol{T}$ [N·m]) 및 발전기의 원리인 시변 자속량($\Psi_{12}(t)$ [Wb]) 변화에 의해 형성되는 기전력(*emf* 또는 V_g: electromotive force [V])까지도 구할 수 있음을 뜻한다.

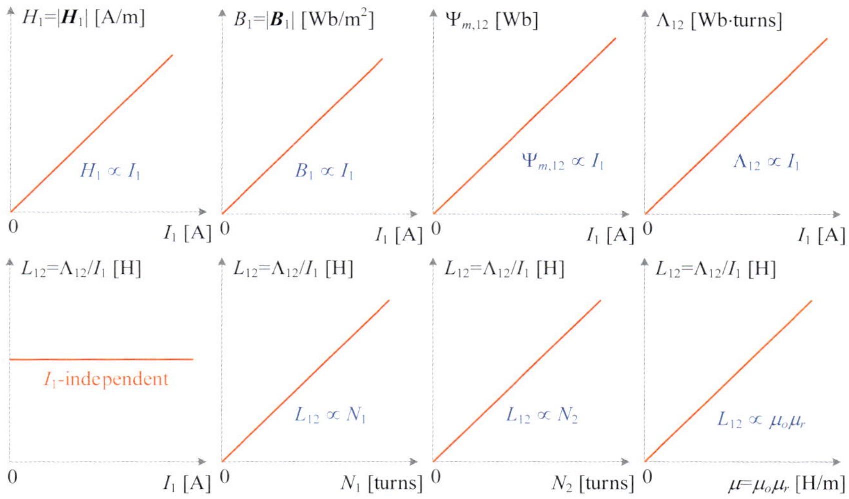

[그림 9-3] 1차와 2차 권선형전류도선에 흐르는 전류에 의해 형성된 자기장의 자계강도, 자속밀도, 자속량, 결합자속량의 변화와 유도용량을 결정하는 요소와 변화

$$\Psi_{m,12}\ [\mathrm{Wb}] = \frac{\Lambda_{12}}{N_2} \leftarrow \Lambda_{12}\ [\mathrm{Wb\cdot turns}] = I_1 L_{12}$$: 결합자속량으로부터 C_2에 전달되는 자속량 계산

$$\vec{B}_1\ [\mathrm{Wb/m^2}] = \frac{\Psi_{m,12}}{S_2}\hat{a}_n \leftarrow \Psi_{m,12}\ [\mathrm{Wb}] = \int_{C_2} \vec{B}_1 \cdot d\vec{S}_2$$: C_1에 흐르는 전류에 의해 형성된 자기장의 자속밀도 계산

$$\vec{H}_1\ [\mathrm{A/m}] = \frac{\vec{B}_1}{\mu} \leftarrow \vec{B}_1\ [\mathrm{Wb/m^2}] = \mu\vec{H}_1$$: C_1에 흐르는 전류에 의해 형성된 자기장의 자계강도 계산

$$\vec{F}_2\ [\mathrm{N}] = \int_{C_2} d\vec{F}_2 \leftarrow d\vec{F}_2\ [\mathrm{N}] = I_2 d\vec{l}_2 \times \vec{B}_1$$: C_1에 흐르는 전류에 의해 형성된 자기장이 C_2에 작용하는 자기력

$$\vec{T}_2\ [\mathrm{N\cdot m}] = \oint_{\substack{\text{closed loop 2}\\ \text{magnetic dipole}}} d\vec{T}_2 = \vec{m}_2 \times \vec{B}_1 = \mu\vec{m}_2 \times \vec{H}_1$$: 자기장 내의 자기쌍극자에 작용하는 회전력

$$emf\ [\mathrm{V}] = V_g = electromotive\ force = -\frac{d\Psi_{m,12}(t)}{dt}$$: 시변 자기장에 의해 유도되는 기전력 (발전된 전압 & 유도전압)

상호유도용량(mutual inductance: L_{12}, M_{12} [H])과 자체유도용량(self-inductance: L_{11}[H]): 자기장을 형성하는 전류도선은 점(point)의 형태로는 존재할 수 없다. [그림 9-4](a)에 비교하여 나타낸 것과 같이 전류도선 2개가 자기적 영향을 주고 받는 경우도 있을 뿐 아니라, [그림 9-4](b)에 나타낸 것과 같이 전류도선이 하나인 경우에도 도선의 특정한 지점에 흐르는 전류도선 조각($I_s d\boldsymbol{l}_s(\boldsymbol{r}_1)$)에 의해 형성된 자기장이 도선의 다른 지점에 흐르는 전류도선 조각($I_s d\boldsymbol{l}_s(\boldsymbol{r}_2)$)에 자속결합을 갖는다. 이를 구별하기 위해 두 개의 격리된 전류도선 사이에 자기적 결합이 있는 경우를 상호유도용량(L_{12}: mutual inductance)이라고 하고, 전류도선 자체의 내부적 자기결합을 자체유도용량($L_{11} = L$ [H]: self-inductance, 또는 간단히 유도용량)이라고 한다. 상호유도용량은 1차와 2차 권선을 통해 전압을 변환(승압 또는 강압)하는 데 사용되는 변압기(transformer)에, 그리고 AC를 차단하거나 특정 주파수 신호만 전달하는 데 사용되는 전자부품인 인덕터(자계유도기 또는 유도용량)는 자체유도용량을 뜻한다. 또한 자기장(magnetic field)과 구별하기 위해 자기유도용량 대신 자체(self)유도용량 또는 간단히 유도용량으로 부른다.

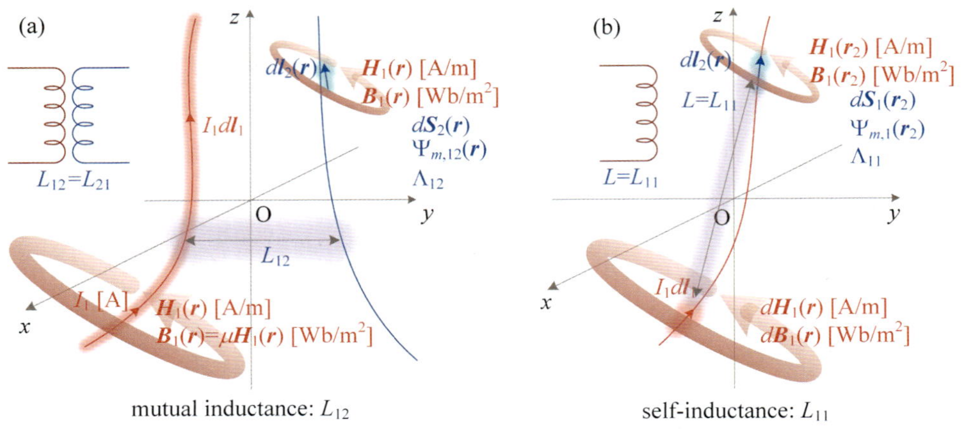

[그림 9-4] (a) 서로 다른 전류도선 간의 자속 전달을 나타내는 상호유도용량(mutual inductance; L_{12} [H])
(b) 하나의 도선에서 서로 다른 지점의 자기적 상호작용을 나타내는 자기유도용량(self-inductance; L_{11} [H])

전류도선 간의 자기적 상호작용과 자기장 결합을 나타내는 유도용량 문제를 푸는 방법의 핵심을 요약하면 다음과 같다.

참고 자기장을 형성하고 그 영향을 전달하는 전류도선에 의한 유도용량 문제를 편리하게 푸는 방법

(i) 근원전류도선과 자기장으로 결합되어 전달되는 도선을 구분하고, 유도용량 문제를 그림으로 형상화한다.

(ii) 자기장의 근원이 되는 근원전류도선 또는 도선조각($d\boldsymbol{l}$ [m])과 전류(I [A])를 설정한다.

(iii) 비오-사바르의 법칙을 기반으로 근원전류에 의해 형성되는 자기장의 회전성 자계강도($\boldsymbol{H}_1(\boldsymbol{r})$ [A/m])의 방향과 크기, 그리고 대칭성을 확인하고, 이를 바탕으로 자기장 해석에 편리한 좌표계(직각, 원통, 또는 구)를 설정한다.

(iv) 비오-사바르의 법칙 또는 암페어의 법칙을 이용하여 자계강도($\boldsymbol{H}_1(\boldsymbol{r})$ [A/m]), 자속밀도($\boldsymbol{B}_1(\boldsymbol{r})$ [Wb/m^2])를 구한다. 자기장 해석의 근거가 되는 비오-사바르의 법칙에 담긴 중요한 내용을 요약하면 다음과 같다.

$$\vec{H}_1(\vec{r})\ [\text{A/m}] = \int_{C1} d\vec{H}_1(\vec{r})\ ;\ d\vec{H}_1(\vec{r})\ [\text{A/m}] = \frac{I_1 d\vec{l}_1 \times \hat{a}_R}{4\pi R^2}$$: C_1의 근원전류에 의해 형성된 자계강도

$$\leftarrow \oint \vec{H}\cdot d\vec{l} = I_{enc}\ [\text{A}]$$: 대칭성이 우수한 경우 자계강도를 구할 때 편리한 암페어의 법칙

$$\vec{B}_1(\vec{r})\ [\text{Wb/m}^2] = \mu \vec{H}_1(\vec{r}) \propto I_1$$: C_1의 근원전류에 의해 형성된 자속밀도

근원전류에 의해 형성되는 자계강도($\boldsymbol{H}(\boldsymbol{r})$ [A/m])는 자기장이 존재하는 공간 내에 전류가 흐르는 도선(관측점의 시험전류도선에 해당)이 존재하는 경우, 이 도선에 작용하는 자기적 힘을 구하는 도구로 사용하기 위해 정의한 물리량임을 기억해야 한다. 따라서 전류도선 간의 상호작용을 설명하는 자기장을 이해하고 응용할 때는 비오-사바르의 법칙에 담긴 다음의 핵심 내용을 기억하고 활용하는 것이 필수적이다.

- 근원전류도선에 의한 자기장의 자계강도($\boldsymbol{H}(\boldsymbol{r})$ [A/m])는 근원전류의 크기(I_s [A])에 비례함
- 근원전류도선에 의한 자기장의 자계강도는 근원전류도선 조각의 길이(l_s [m])에 비례함
- 근원전류도선에 의한 자기장의 자계강도는 근원전류로부터 관측점까지 거리(R [m])의 제곱에 반비례함
- 근원전류에 의해 형성되는 자기장은 근원전류도선을 중심축으로 회전하는 방향의 자계강도의 방향($\boldsymbol{a}_H$)임

(v) C_1에 흐르는 근원전류에 의해 형성된 자속밀도가 매질을 통해 C_2에 전달된 자속밀도($\boldsymbol{B}_{12}(\boldsymbol{r})$ [Wb/m^2]), 자속량($\Psi_{m,12}$ [Wb])과 총 결합자속량(Λ_{12} [Wb])을 구한다.

$$\Psi_{12}\ [\text{Wb}] = \int_{\substack{\text{single}\\ \text{loop:}C2}} \vec{B}_1(\vec{r})\cdot d\vec{S}_2 \propto I_1 \text{ : } C_2\text{의 권선 하나에 전달된 자속량}$$

$$\Lambda_{12}\ [\text{Wb}\cdot\text{turns}] = \int_{C2} \vec{B}_1(\vec{r})\cdot d\vec{S}_2 = N_2 \int_{\substack{\text{single}\\ \text{loop:}C2}} \vec{B}_1(\vec{r})\cdot d\vec{S}_2 = N_2\Psi_{12} \propto I_1 \text{ : } C_2\text{의 권선 } N_2\text{개를 통해 전달된 총 결합자속량}$$

(vi) 총 결합자속량(Λ_{12} [Wb])으로부터 상호유도용량(L_{12} [Wb]) 또는 자기유도용량(L_{11} [Wb])을 구한다.

$$L_{12}\ [\text{H}] \equiv \frac{\Lambda_{12}}{I_1} = \frac{\text{Total flux linkage to loop 2}}{I_1 : \text{Source current generating magnetic flux}} \text{ : } C_1\text{과 } C_2\text{의 상호유도용량}$$

(vii) 위의 과정을 통해 구한 유도용량(L_{12} [Wb])이 설정한 전류에 무관한지, C_1과 C_2의 구조와 권선수, 매질의 자성계수(μ [H/m])에 의해 결정된 결과이고 단위가 맞는지 확인한다.

Section

9.2 일정한 전류도선 구조를 가진 자기장의 영향을 설명하는 유도용량 계산의 예

공학적으로 많이 활용되는 구조의 자계유도기(또는 인덕터)와 유도용량 문제의 예로서, 다음의 전류도선 구조에 대해 설명하고자 한다.

- 원형 단면을 가진 막대형 권선의 자체유도용량(solenoid coil)
- 4각 단면을 가진 반지형 권선의 자체유도용량(rectangular toroidal coil)
- 원형 단면의 직선형 전류도선의 자체유도용량
- 내부 도체와 얇은 두께의 외부 도체를 가진 원형 단면 동축 전송선(coaxial cable)의 유도용량
- 변압기 구조의 상호유도용량

이 구조들은 전자기 신호를 조절하는 용도 또는 전달하는 용도로 널리 쓰이는 구조로서 공학적으로 매우 중요한 주제이다. 이 구조들의 유도용량을 결정하는 도선의 구조와 형태, 그리고 매질의 자성계수와의 상관성을 잘 이해하고, 필요할 때 부품의 해석과 설계에 잘 적용할 수 있어야 한다. 특히 큰 유도용량을 가지되 소형화를 위해 선택할 수 있는 효율적인 방법(재료와 구조의 변형 등)이 무엇인지 이해하는 것이 중요하다.

9.2.1 원형 단면을 가진 막대형 권선의 자체유도용량

[그림 9-5]와 같이 무한한 길이를 가지고 촘촘하게 감긴 원형 단면의 권선형 자계유도기(solenoidal inductor; 권선밀도 n [turns/m])는 가장 기본적인 구조의 유도용량으로서, 전자기 부품으로 널리 사용된다. 원형 단면의 권선에 의한 자체유도용량을 구하는 과정을 학습한다. 자체유도용량을 결정하는 요소를 파악하며, 전자기 부품의 설계와 해석에 직관력을 기른다. 막대 구조의 원형 권선의 자체유도용량을 구하는 과정은 다음과 같다.

(i) 근원전류도선과 자기장으로 결합되어 전달되는 도선을 구분하고, 유도용량 문제를 형상화하면 [그림 9-5]와 같다.

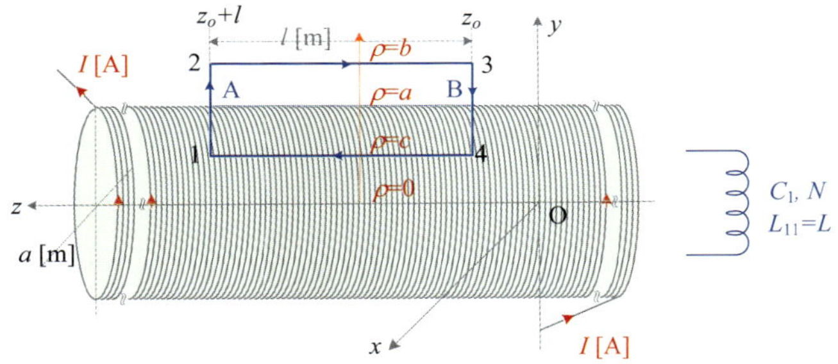

[그림 9-5] 원형 단면의 막대형 권선(권선밀도 n [turns/m])에 의한 자기장과 자체유도용량

(ii) 자기장의 근원이 되는 막대 구조의 원형 권선 자계유도기에 자기장을 형성하는 근원전류(I [A])를 설정하였다.

(iii) 비오–사바르의 법칙을 기반으로 근원전류에 의해 형성되는 자기장의 회전성 자계강도와 자속밀도($\boldsymbol{H}(\boldsymbol{r})$, $\boldsymbol{B}(\boldsymbol{r})$)의 방향과 크기, 그리고 대칭성을 확인하고, 이를 바탕으로 자기장 해석에 편리한 좌표계를 설정할 수 있다. 이를 위해 자기장 해석의 근거가 되는 비오–사바르의 법칙에 담긴 중요한 내용을 요약하면 다음과 같다.

$$d\vec{H}(\vec{r})\ [\text{A/m}] = \frac{I_s d\vec{l}_s \times \hat{a}_R}{4\pi R^2} = \frac{Iad\phi\hat{a}_\phi \times \hat{a}_R}{4\pi R^2}$$: 원형 권선에 흐르는 전류도선의 **일부**($I d\boldsymbol{l}_s$)가 형성한 자계강도 ($d\boldsymbol{H}(\boldsymbol{r})$)

- 자계강도($dH(\boldsymbol{r})$ [A/m])는 근원전류밀도(I [A])에 비례하고, 근원전류도선 조각의 길이(dl_s [m])에 비례함
- 자계강도는 근원전류로부터 관측점까지 거리(R [m])의 제곱에 반비례함
- 원형도선에 전류가 흐르는 경우, 오른손의 엄지손가락을 제외한 나머지 손가락을 원형도선의 전류의 방향으로 향하면, 엄지손가락의 방향이 자계강도의 방향($\boldsymbol{a}_H = \boldsymbol{H}(\boldsymbol{r})/H(\boldsymbol{r})$)임을 이용하면 편리함

따라서 막대 구조의 권선을 구성하는 각각의 원형전류도선이 xy-평면과 평행하고, 반지름이 a [m]인 동심원을 따라 전류가 회전각 방향($\boldsymbol{a}_I = \boldsymbol{a}_\phi$)으로 흐르므로, 자계강도는 z-축 방향($\boldsymbol{a}_H = \boldsymbol{a}_z$)이 된다. 따라서 원통좌표계($\rho, \phi, z$)를 사용하여 자기장을 해석하는 것이 편리하다. 원통좌표계를 사용한 근원전류도선 조각의 위치, z-축상의 관측점(원통좌표계: $(0, \phi, z)$)의 위치는 다음과 같다.

$$d\vec{H}_1(\vec{r})\ [\text{A/m}] = \frac{Id\vec{l}_1 \times \hat{a}_R}{4\pi R^2} = \frac{Iad\phi\hat{a}_\phi \times \hat{a}_R}{4\pi R^2} \leftarrow \begin{cases} \vec{H}(\vec{r}) = \left(H_\rho(\vec{r}) = 0, H_\phi(\vec{r}) = 0, H_z(\vec{r})\right) \\ \qquad = H_z(\vec{r})\hat{a}_z\ [\text{A/m}] \end{cases}$$

(iv) 비오–사바르의 법칙을 사용하면 촘촘히 감긴 권선 형태의 전류도선에 의한 자기장은 인접 도선에 의해 형성된 자기장으로 인해 원형 권선 내부($\rho < a$)에는 일정한 방향과 세기의 자기장이 존재하나, 원형 권선의 밖($\rho > a$)에는 자기장이 존재하지 않는다.

$$\vec{H}(\rho, \phi, z)\ [\text{A/m}] = \begin{cases} H_z\hat{a}_z : \rho < a \\ 0 \quad\ \ : \rho > a \end{cases}$$

따라서 암페어의 법칙을 이용하여 자계강도($\boldsymbol{H}_1$ [A/m])와 자속밀도($\boldsymbol{B}_1$ [Wb/m^2])를 구할 수 있으며, 그 과정과 결과는 다음과 같다.

$$\oint \vec{H}_1(\vec{r}) \cdot d\vec{l}(\vec{r})\ [\text{A}] = I_{enc}$$: 근원전류와 자계강도에 관한 암페어의 법칙

$$I_{enc}\ [\text{A}] = NI$$: 길이가 l [m]이라면 폐경로 내의 권선수를 고려한 총 전류

$$\begin{aligned}\oint \vec{H}_1(\vec{r}) \cdot d\vec{l}(\vec{r})\ [\text{A}] &= \int_A^2 \vec{H}_1(\vec{r}) \cdot d\vec{l}(\vec{r}) + \int_2^3 \vec{H}_1(\vec{r}) \cdot d\vec{l}(\vec{r}) + \int_3^B \vec{H}_1(\vec{r}) \cdot d\vec{l}(\vec{r}) \\ &\quad + \int_B^4 \vec{H}_1(\vec{r}) \cdot d\vec{l}(\vec{r}) + \boxed{\int_4^1 \vec{H}_1(\vec{r}) \cdot d\vec{l}(\vec{r})} + \int_1^A \vec{H}_1(\vec{r}) \cdot d\vec{l}(\vec{r}) \\ &= \int_4^1 \vec{H}_1(\vec{r}) \cdot d\vec{l}(\vec{r}) = H_z(\rho < a, \phi, z)l\end{aligned}$$

$$\oint \vec{H}_1(\vec{r}) \cdot d\vec{l}(\vec{r})\ [\text{A}] = H_z(\rho < a, \phi, z)l \Longleftrightarrow I_{enc} = NI$$: 자기장에 관한 암페어의 법칙

$$H_z(\rho<a,\phi,z)=(N/l)I=nI \text{ [A/m] } ;\ n\equiv(N/l) \text{ [turns/m]}$$

: 원형 권선에 흐르는 전류에 의해 형성된 권선 내부의 자계강도

$$\vec{H}(\rho,\phi,z) \text{ [A/m]}=\begin{cases}(N/l)I\hat{a}_z=nI\hat{a}_z & :\rho<a\\ 0 & :\rho>a\end{cases}$$: 원형 권선의 전류에 의해 형성된 자기장의 회전성 자계강도

$$\vec{B}_1(\rho,\phi,z) \text{ [Wb/m}^2\text{]}=\mu\vec{H}_1(\vec{r})=\begin{cases}\mu(N/l)I\hat{a}_z=\mu nI\hat{a}_z & :\rho<a\\ 0 & :\rho>a\end{cases}$$: 원형 권선의 전류에 의해 형성된 자기장의 회전성 자속밀도

(v) 막대 구조의 원형 권선에 흐르는 근원전류에 의해 형성된 자속밀도가 매질을 통해 권선을 구성하는 다른 하나에 전달된 자속량($\Psi_{m,12|\text{self}}$ [Wb])과 N회의 권선 전체로 전달되는 총 결합자속량($\Lambda_{12|\text{self}}$ [Wb])은 각각 다음과 같다.

$$\Psi_{m,12|self} \text{ [Wb]}=\int_{\substack{\text{single}\\ \text{loop:self}}}\vec{B}_1(\vec{r})\cdot d\vec{S}_2=B_{1z}S_z=\mu nI(\pi a^2)$$: 원형 권선 하나에 전달된 자속

$$\Lambda_{12|self} \text{ [Wb}\cdot\text{turns]}=\int_{C2}\vec{B}_1(\vec{r})\cdot d\vec{S}_2=N_2\int_{\substack{\text{single}\\ \text{loop:C}_2|self}}\vec{B}_1(\vec{r})\cdot d\vec{S}_2$$

$$=N_2\Psi_{12}=Nn\mu I(\pi a^2)=n^2\mu\pi a^2 l\times I$$: 원형 권선 전체(N회)에 결합된 자속

(vi) 막대 구조의 원형 권선에 흐르는 근원전류(I [A])와 총 결합자속량($\Lambda_{12|\text{self}}$ [Wb])으로부터 구한 자체유도용량($L=L_{12|\text{self}}$ [H])은 다음과 같다.

$$L \text{ [H]}\equiv L_{11}=\left.\frac{\Lambda_{12}}{I_1}\right|_{1=2}=\frac{n^2\mu I(\pi a^2)l}{I}=n^2\mu(\pi a^2)l\propto\begin{cases}n^2=(N/l)^2\\ \mu\\ \pi a^2\\ l\end{cases}$$: 원형 권선의 자체유도용량

$$L_o \text{ [H/m]}\equiv\frac{L_{11}}{l}=n^2\mu\pi a^2\propto\begin{cases}n^2=(N/l)^2\\ \mu\\ \pi a^2\end{cases}$$: 원형 권선의 단위길이당 자체유도용량

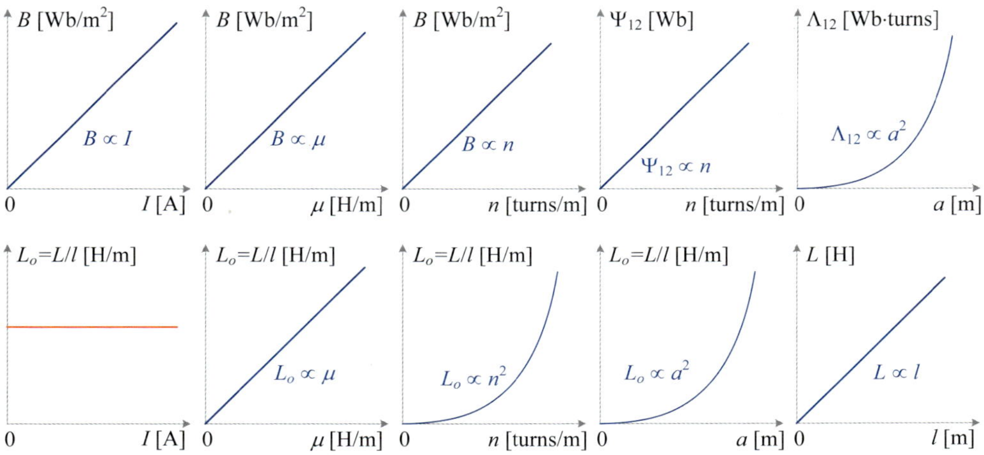

[그림 9-6] 막대 구조의 원형 권선 코일의 자기장과 자체유도용량을 결정하는 요소

이와 같은 과정을 통해 구한 자체유도용량(L [H])이 설정한 전류에 무관하고, 막대 구조의 원형 권선의 구조와 권선수, 매질의 자성계수(μ [H/m])에 의해 결정된 결과임을 확인할 수 있다. 특히, 자체유도용량은 권선 막대의 길이(l [m])와 권선 내의 자성체(자성코어)의 자성계수(μ [H/m])에 비례하고, 권선밀도(n [turns/m])의 제곱에 비례하며, 원형 단면적(πa^2 [m^2])에 비례한다. 이 결과를 잘 활용하면 막대형 권선을 이용한 자체유도용량의 효율적인 설계와 응용에 도움이 된다. 막대 구조의 원형 권선 코일의 자체유도용량을 결정하는 요소와 그 의존도는 [그림 9-6]과 같다.

9.2.2 4각 단면을 가진 반지형 권선의 자체유도용량

[그림 9-7]과 같은 4각 단면(rectangular cross section)의 반지형 권선(toroidal coil; 권선밀도 = n [turns/m])은 전자기 부품으로 널리 사용되는 자계유도기의 한 종류다. 이 구조의 자체유도용량을 결정하는 요소를 파악함으로써, 특히, 휴대용 전자기기의 소형화와 경량화 과정에 필수적인 전자기 부품의 설계 과정에서 선택할 수 있는 가장 효율적인 방법이 무엇인지를 파악하는 직관력을 기를 수 있다. 4각 단면(내부 반지름 a [m], 외부 반지름 b [m]; $(b-a) << a$, 높이 h [m], 권선수 N [turns])의 반지형 권선의 자체유도용량을 구하는 과정은 다음과 같다.

(i) 근원전류도선과 자기장으로 결합되어 전달되는 도선을 구분하고, 유도용량 문제를 형상화하면 [그림 9-7]과 같다.

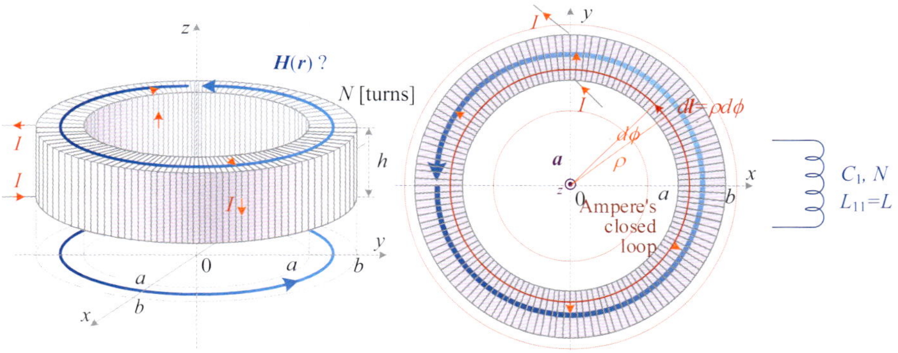

[그림 9-7] 4각 단면의 반지형 권선 코일(toroidal inductor; 권선수 N [turns])의 자기유도용량

(ii) 자기장의 근원이 되는 근원전류도선과 전류(I [A])는 [그림 9-7]과 같이 설정한다.

(iii) 비오-사바르의 법칙을 기반으로 근원전류에 의해 형성되는 자기장의 방향과 크기, 그리고 대칭성을 확인하고, 이를 바탕으로 자기장 해석에 편리한 좌표계를 설정한다. 자기장 해석의 근거가 되는 비오-사바르의 법칙에 담긴 중요한 내용을 요약하면 다음과 같다.

$$d\vec{H}(\vec{r})\ [\text{A/m}] = \frac{I_s d\vec{l}_s \times \hat{a}_R}{4\pi R^2} = \frac{Iad\phi\hat{a}_\phi \times \hat{a}_R}{4\pi R^2}$$: 근원전류도선 조각에 의해 형성된 자기장의 자계강도

- 자계강도($dH(\mathbf{r})$ [A/m])는 근원전류밀도(I [A])에 비례하고, 근원전류도선 조각의 길이(dl_s [m])에 비례함
- 자계강도는 근원전류로부터 관측점까지 거리(R [m])의 제곱에 반비례함

• 권선에 전류가 흐르는 경우, 오른손 엄지손가락을 제외한 나머지 손가락을 원형도선의 전류의 방향으로 향하면, 엄지손가락의 방향이 자계강도의 방향($\boldsymbol{a}_H = \boldsymbol{H}(\boldsymbol{r})/H(\boldsymbol{r})$)임을 이용하면 편리함

따라서 4각 단면의 반지형 권선의 전류는 원통좌표계의 방사방향($(\boldsymbol{a}_I = \boldsymbol{a}_\rho)$ 또는 z-축 방향의 전류 ($\boldsymbol{a}_I = \boldsymbol{a}_z$)가 흐르므로 도선 내부의 자기장은 회전각 방향의 자계강도($\boldsymbol{a}_H = \boldsymbol{a}_\phi$)를 형성한다. 따라서 원통좌표계($\rho,\phi,z$)를 사용하여 자기장을 해석하는 것이 편리하다. 따라서, 4각 단면의 반지형 권선 코일의 내부에는 회전각 방향의 자기장이 형성되므로 원통좌표계(ρ,ϕ,z)를 사용하여 자기장을 해석하는 것이 편리하다.

$$d\vec{H}_1(\vec{r})\ [\text{A/m}] = \frac{I d\vec{l}_1 \times \hat{a}_R}{4\pi R^2} = \frac{Iad\phi\hat{a}_\phi \times \hat{a}_R}{4\pi R^2} \leftarrow \begin{cases} \vec{H}(\vec{r}) = \left(H_\rho(\vec{r}) = 0, H_\phi(\vec{r}) = 0, H_z(\vec{r})\right) \\ \qquad = H_z(\vec{r})\hat{a}_z\ [\text{A/m}] \\ d\vec{l}(\vec{r}) = ad\phi\hat{a}_\phi\ [\text{m}],\ I_1 d\vec{l}_1 = Iad\phi\hat{a}_\phi\ [\text{A}\cdot\text{m}] \end{cases}$$

(iv) 비오-사바르의 법칙을 사용하면 촘촘히 감긴 권선 형태의 도선에 흐르는 전류에 의한 자기장은 대칭구조의 인접 도선에 의한 자기장의 보강 또는 상쇄로 인해 권선 내부에는 자기장이 존재하나, 권선의 밖에는 자기장이 존재하지 않는다. 특히, 권선밀도가 높고 $b \cong a$인 4각 단면의 반지형 권선 내부의 자계강도는 거의 일정한 값을 갖는 것으로 가정할 수 있다.

$$\vec{H}(\rho,\phi,z)\ [\text{A/m}] = \begin{cases} H_\phi(\rho)\hat{a}_\phi & : a < \rho < b \\ 0 & : \rho < a, \rho > b \end{cases}$$

암페어의 법칙을 이용하여 자계강도($\boldsymbol{H}_1$ [A/m])와 자속밀도($\boldsymbol{B}_1$ [Wb/m^2])를 구할 수 있으며, 그 과정과 결과는 다음과 같다.

$$\oint \vec{H}_1(\vec{r}) \cdot d\vec{l}(\vec{r})\ [\text{A}] = I_{enc}$$: 근원전류와 회전성 자계강도에 관한 암페어의 법칙

$$I_{enc}\ [\text{A}] = \begin{cases} 0 & : \rho < a \\ NI & : a < \rho < b \\ 0 & : \rho > b \end{cases}$$: 권선 전체를 포함하는 폐경로 내의 권선수와 총 전류

암페어의 법칙을 이용하여 자계강도($\boldsymbol{H}_1$ [A/m])와 자속밀도($\boldsymbol{B}_1$ [Wb/m^2])를 구하면 다음과 같다.

$$\oint \vec{H}(\vec{r}) \cdot d\vec{l}(\vec{r}) = I_{enc}\ [\text{A}] \leftarrow \begin{cases} \vec{H}(\vec{r}) = H_\phi(\vec{r})\hat{a}_\phi\ [\text{A/m}] \\ d\vec{l}(\vec{r}) = \rho d\phi\hat{a}_\phi\ [\text{m}] \end{cases};\ I_{enc}\ [\text{A}] = \begin{cases} 0 & : \rho < a \\ NI & : a < \rho < b \\ 0 & : \rho > b \end{cases}$$

$$\oint \vec{H}(\vec{r}) \cdot d\vec{l}(\vec{r}) = \oint \left(H_\phi(\vec{r})\hat{a}_\phi\right) \cdot \left(\rho d\phi\hat{a}_\phi\right) = H_\phi(\vec{r})\rho \int_{\phi=0}^{\phi=2\pi} d\phi = 2\pi H_\phi(\vec{r})\rho$$

$$\oint \vec{H}_1(\vec{r}) \cdot d\vec{l}(\vec{r})\ [\text{A}] = \begin{cases} 0 & : \rho < a \\ 2\pi H_\phi(\vec{r})\rho & : a < \rho < b \\ 0 & : \rho > b \end{cases}$$: 자계강도와 근원 전류의 관계에 관한 암페어의 법칙

$$\vec{H}_1(\vec{r})\ [\text{A/m}] = H_\phi(\vec{r})\hat{a}_\phi\ ;\ H_\phi(\vec{r})\ [\text{A/m}] = \frac{I_{enc}}{2\pi\rho} = \begin{cases} 0 & : \rho < a \\ \left(\dfrac{N}{2\pi\rho}\right) I & : a < \rho < b \propto \begin{cases} N \\ I \end{cases} \\ 0 & : \rho > a \end{cases}$$: 4각 단면 내부의 회전각 방향 자계강도

$$\vec{B}_1(\vec{r})\ [\text{Wb/m}^2] = \mu\vec{H}_1(\vec{r}) = \begin{cases} 0 & : \rho < a \\ \mu\dfrac{NI}{2\pi\rho}(=\mu nI) & : a < \rho < b;\ n[\text{ turns/m}] \equiv \left(\dfrac{N}{2\pi\rho}\right) \propto \begin{cases} \mu & : \text{4각 단면} \\ N & \text{내부의 회전각} \\ I & \text{방향 자속밀도} \end{cases} \\ 0 & : \rho > a \end{cases}$$

4각 단면 구조의 반지형 권선에 흐르는 전류에 의한 자기장의 자계강도와 이를 결정하는 요소를 [그림 9-8]에 요약하였다.

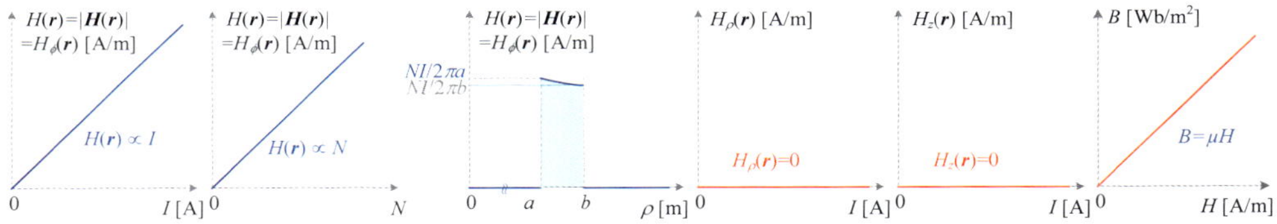

[그림 9-8] 4각 단면의 반지형 권선(권선수 N [turns]) 내부의 자계강도

(v) 권선에 흐르는 전류에 의해 형성된 자속밀도가 권선 1개를 통과하는(권선 1개를 통해 전달된) 자속($\Psi_{m,12|\text{self}}$ [Wb])과 N회의 권선 전체를 통해 전달된 총 자체 결합자속량($\Lambda_{12|\text{self}}$ [Wb])은 각각 다음과 같다.

$$\Psi_{m,12|self}\ [\text{Wb}] = \int_{\substack{\text{single}\\ \text{loop}|self}} \vec{B}_1(\vec{r})\cdot d\vec{S}_2\ ;\ \begin{cases} \vec{B}_1(\vec{r}) = \mu\dfrac{NI}{2\pi\rho}\hat{a}_\phi\ ; a < \rho < b & : \text{4각 단면의 반지형 권선 코일 하나를 지나는 자속량} \\ d\vec{S}_2 = d\rho dz\hat{a}_\phi \end{cases}$$

$$\Psi_{m,12|self}\ [\text{Wb}] = \int_{C2}\vec{B}_1(\vec{r})\cdot d\vec{S}_2 = \int_{\substack{\text{single}\\ \text{loop}:C2}} \mu\frac{NI}{2\pi\rho}\hat{a}_\phi\cdot d\rho dz\hat{a}_\phi = \int_{z=0}^{z=h}\int_{\rho=a}^{\rho=b}\mu\frac{NI}{2\pi\rho}d\rho dz$$

$$= \mu\frac{NI}{2\pi}\int_{z=0}^{z=h}\int_{\rho=a}^{\rho=b}\frac{1}{\rho}d\rho dz = N\mu\frac{1}{2\pi}h\ln\left(\frac{b}{a}\right)I$$

$$\Lambda_{12|self}\ [\text{Wb}\cdot\text{turns}] = \int_{C2}\vec{B}_1(\vec{r})\cdot d\vec{S}_2 = N\Psi_{m,12} = N\int_{\substack{\text{single}\\ \text{loop}:C2}}\vec{B}_1(\vec{r})\cdot d\vec{S}_2$$

$$= N\int_{\substack{\text{single}\\ \text{loop}:C2}}\mu\frac{NI}{2\pi\rho}\hat{a}_\phi\cdot d\rho dz\hat{a}_\phi = N\int_{z=0}^{z=h}\int_{\rho=a}^{\rho=b}\mu\frac{NI}{2\pi\rho}d\rho dz \quad : \text{4각 단면의 } N\text{회의 반지형 권선 전체를 지나는 결합자속량}$$

$$= N\mu\frac{NI}{2\pi}\int_{z=0}^{z=h}\int_{\rho=a}^{\rho=b}\frac{1}{\rho}d\rho dz = N^2\mu\frac{1}{2\pi}h\ln\left(\frac{b}{a}\right)I$$

(vi) 근원전류(I [A])와 총 결합자속량($\Lambda_{12|\text{self}}$ [Wb])으로부터 다음과 같이 자체유도용량(L_{11} [Wb])을 구할 수 있다.

$$L_{11}\ [\text{H}] \equiv \left.\frac{\Lambda_{12}}{I_1}\right|_{1=2} = N^2\mu\frac{1}{2\pi}h\ln(b/a) \propto \begin{cases} \mu \\ N^2 \\ h \\ \ln(b/a) \end{cases} \quad : \text{4각 단면 반지형 권선의 자체유도용량}$$

(vii) 위의 과정을 통해 구한 자체유도용량(L [H])이 설정한 전류에 무관하고, 4각 단면 구조와 권선수, 매질의 자성계수(μ [H/m])에 의해 결정된 결과임을 확인할 수 있다. 특히, 자체유도용량은 권선

내의 자성체의 자성계수(μ [H/m])에 비례하며, 4각면의 높이(h [m])에 비례하고, 권선수(N [turns])의 제곱에 비례한다. 특히 4각 단면의 반지형 권선 내부 반지름(a [m])과 외부 반지름(b [m])의 비에 대한 로그 값($ln(b/a)$)에 비례하므로, 반지름에 대한 의존도는 매우 약함을 알 수 있다. 이를 잘 기억하면 권선을 이용한 자체유도용량의 효율적인 설계와 응용에 도움이 된다. 4각 단면의 반지형 권선의 자체유도용량을 결정하는 요소와 그 의존도는 [그림 9-9]와 같다.

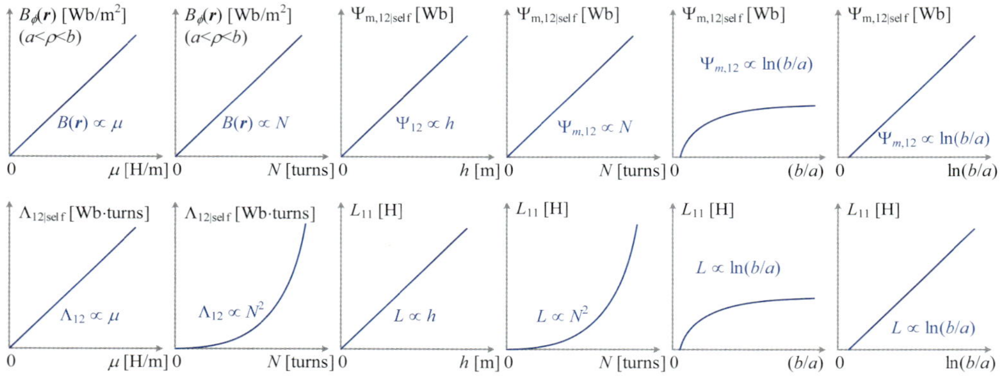

[그림 9-9] 4각 단면의 반지형 권선 내부의 자속밀도, 자속량, 자속결합량, 자체유도용량의 변화

9.2.3 원형 단면의 직선형 전류도선의 자체유도용량

[그림 9-10](a)에 나타낸 원형 단면의 반지름이 a [m]인 전류도선은 전자회로 또는 전송선의 신호 전달용으로 자주 사용되는 구조이다. 도선의 반지름(a [m]), 재료의 자성계수(μ [H/m])에 의해 원형전류 도선의 자기유도용량(L [H])이 어떻게 결정되는지 잘 파악하는 것도 매우 중요하다. 또한 전류도선의 길이가 자체유도용량에 어떻게 작용하는지 파악하면, 이후 전송선의 등가회로를 이해할 때도 도움이 된다. 원형 단면의 반지름이 a [m]인 전류도선의 자체유도용량을 구하는 과정은 다음과 같다.

(i) 원형 단면의 반지름이 a [m]인 전류도선에 의해 형성된 자기장으로 결합되어 전달되는 유도용량 문제를 형상화하면 [그림 9-10]과 같다.

(ii) 자기장의 근원이 되는 근원전류도선과 전류(I [A])는 도선에 균일하게 분포하여 z-축 방향으로 흐른다. 이때 도선에 흐르는 전류밀도는 다음과 같다.

$$\vec{J}(\vec{r})\ [\mathrm{A/m^2}] = \frac{I}{\pi a^2}\hat{a}_z = J\hat{a}_z \ ;\ J\ [\mathrm{A/m^2}] = \frac{I}{\pi a^2} \quad : \text{도선 내의 전류밀도와 전류의 방향}$$

(iii) 비오-사바르의 법칙을 기반으로 근원전류에 의해 형성되는 자기장의 방향과 크기, 그리고 대칭성을 확인하고, 이를 바탕으로 자기장 해석에 편리한 좌표계를 설정해야 한다. 자기장 해석의 근거가 되는 비오-사바르의 법칙에 담긴 중요한 내용을 요약하면 다음과 같다.

$$d\vec{H}(\vec{r})\ [\mathrm{A/m}] = \frac{Jd\vec{S}\times\hat{a}_R}{4\pi R^2} = \frac{J}{4\pi R^3}d\vec{S}\times\vec{R}\ ;\begin{cases} J\ [\mathrm{A/m^2}] = \dfrac{I}{S} \\ d\vec{S}\ [\mathrm{m^2}] = dS\hat{a}_n \end{cases} \quad : \text{근원전류 조각이 형성한 자기장의 회전성 자계강도}$$

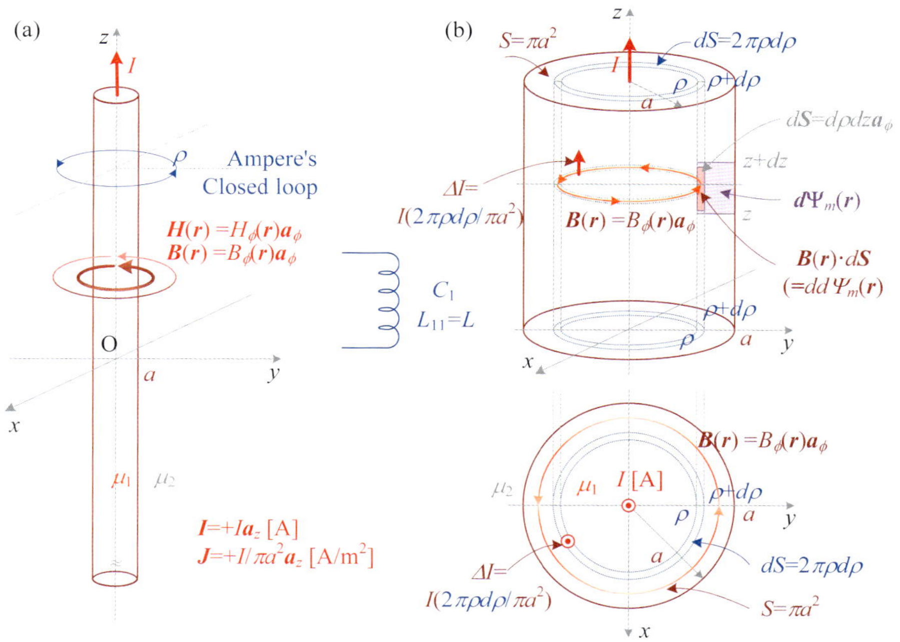

[그림 9-10] (a) 반지름이 a [m]인 원형전류도선에 의해 형성된 자기장($\boldsymbol{H}(\boldsymbol{r})$ [A/m])과 유도용량 해석을 위한 전체 구조
(b) 자체결합자속량 계산을 위한 부분 단면 구조

원형 단면의 직선형 전류도선 주변에는 회전각 방향의 자기장이 형성되므로 원통좌표계(ρ, ϕ, z)를 사용하여 자기장을 해석하는 것이 편리하다.

$$d\vec{H}(\vec{r})\ [\text{A/m}] = \frac{Jd\vec{S}\times\hat{a}_R}{4\pi R^2} = \frac{J\left(\rho d\rho d\phi\hat{a}_z\right)\times\hat{a}_R}{4\pi R^2}\ ;\begin{cases} J\ [\text{A/m}^2] = \dfrac{I}{\pi a^2} \\ d\vec{S} = dS\hat{a}_n = \rho d\rho d\phi\hat{a}_z \end{cases}$$

: 근원전류 조각이 형성한 회전성 자계강도

(iv) 암페어의 법칙을 이용하여 자계강도($\boldsymbol{H}_1$ [A/m])와 자속밀도($\boldsymbol{B}_1$ [Wb/m²])를 구할 수 있으며, 그 과정과 결과는 다음과 같다.

$$\oint\vec{H}(\vec{r})\cdot d\vec{l}(\vec{r}) = I_{enc}\ [\text{A}]\ ;\ I_{enc}\ [\text{A}] = \begin{cases} \dfrac{I}{\pi a^2}\pi\rho^2 = I\dfrac{\rho^2}{a^2} & :\rho < a \\ I & :\rho > a \end{cases}$$

: 회전성 자계강도와 근원전류의 관계 (암페어의 법칙)

$$\vec{H}(\vec{r})\ [\text{A/m}] = H_\phi(\vec{r})\hat{a}_\phi$$

: 내부 도선에 의한 자기장의 회전성 자계강도는 회전각 방향의 성분만 존재함

$$\oint\vec{H}(\vec{r})\cdot d\vec{l}(\vec{r}) = \oint H_\phi(\vec{r})\hat{a}_\phi\cdot\rho d\phi\hat{a}_\phi(\vec{r}) = \oint H_\phi(\vec{r})\rho d\phi = H_\phi(\vec{r})\rho\int_{\phi=0}^{2\pi}d\phi = 2\pi\rho H_\phi(\vec{r}) = I_{enc}\ [\text{A}]$$

$$H_\phi(\vec{r}) = \frac{I_{enc}}{2\pi\rho}\ [\text{A/m}] \rightarrow \vec{H}(\vec{r}) = H_\phi(\vec{r})\hat{a}_\phi = \frac{I_{enc}}{2\pi\rho}\hat{a}_\phi\ [\text{A/m}]$$

: 내부 도선에 의한 회전각 방향의 회전성 자계강도

$$\vec{H}(\vec{r})\ [\text{A/m}] = H_\phi(\vec{r})\hat{a}_\phi = \frac{I_{enc}}{2\pi\rho}\hat{a}_\phi = \begin{cases} I\dfrac{\rho}{2\pi a^2}\hat{a}_\phi & :\rho < a \\ I\dfrac{1}{2\pi\rho}\hat{a}_\phi & :\rho > a \end{cases}$$

: 원형도선의 균일분포 전류에 의한 회전각 방향 자계강도

$$\vec{B}(\vec{r})\ [\mathrm{Wb/m^2}] = \mu(\vec{r})\vec{H}(\vec{r}) = \begin{cases} I\dfrac{\mu_1}{2\pi a^2}\rho\hat{a}_\phi & :\rho < a \\ I\dfrac{\mu_2}{2\pi}\dfrac{1}{\rho}\hat{a}_\phi & :\rho > a \end{cases}$$

: 원형도선의 균일분포 전류에 의한 회전각 방향 자속밀도

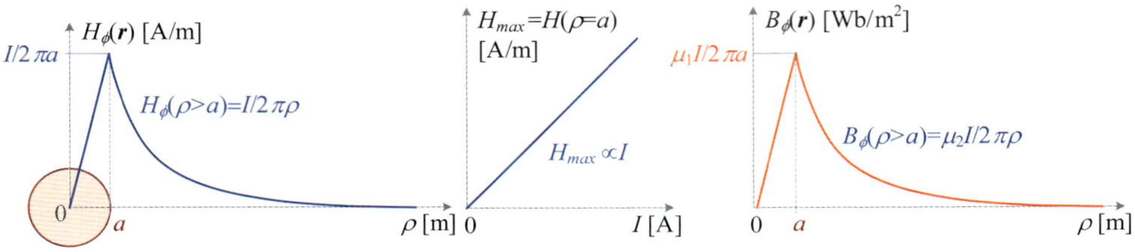

[그림 9-11] 반지름이 a [m]인 원형전류도선에 의해 형성된 자기장의 회전성 자계강도($\boldsymbol{H}(\boldsymbol{r})$ [A/m])와 자속밀도 분포

(v) 길이가 l [m]인 도선을 통해 전달된 자속($\Psi_{12|self}$ [Wb])은 다음과 같이 구할 수 있다.

$$\Psi_{m,12|self}(\rho)\Big|_{\rho\sim a}\ [\mathrm{Wb}] = \int_\rho^a d\Psi_{m,12|self} = \int_\rho^a \vec{B}_1(\vec{r})\cdot d\vec{S}_2 = \int_{z=z_o}^{z=z_o+l}\int_\rho^a I\frac{\mu_1\rho}{2\pi a^2}\hat{a}_\phi\cdot d\rho dz\hat{a}_\phi$$

$$= \int_{z=z_o}^{z=z_o+l}\int_\rho^a I\frac{\mu_1\rho}{2\pi a^2}d\rho dz = I\frac{\mu_1 l}{2\pi a^2}\int_\rho^a \rho d\rho = I\frac{\mu_1 l}{2\pi a^2}\frac{\rho^2}{2}\Bigg|_\rho^{\rho=a} = I\frac{\mu_1 l}{4\pi a^2}\left(a^2-\rho^2\right) \propto \begin{cases} I \\ \mu \\ l \end{cases}$$

(vi) 길이가 l [m]인 도선의 $\rho\sim\rho+d\rho$ 구간을 통해 전달된 부분 결합자속량($d\Lambda(\rho)$)은 다음과 같이 구할 수 있다. 이 구간의 전류는 도선 전체의 면적(πa^2 [m²])의 원형 띠(circular band) 형태의 면적($dS = 2\pi\rho d\rho$ [m²])이 기여하는 전류(I [A])가 반영되는 과정이다.

$$\Delta I(\rho)\ [\mathrm{A}] \equiv JdS(\rho) = \left(\frac{I}{\pi a^2}2\pi\rho d\rho\right)$$: ($\rho\sim\rho+d\rho$)의 원형 띠를 통해 흐르는 전류

$$d\Lambda(\rho)\Big|_{\rho\sim\rho+d\rho}\ [\mathrm{Wb\cdot turns}] \equiv \Psi_{m,12|self}(\rho)\Big|_{\rho\sim a}\cdot link \equiv \Psi_{m,12|self}(\rho)\Big|_{\rho\sim a}\left(\frac{2\pi\rho d\rho}{\pi a^2}\right)$$

$$= \left(I\frac{2\pi\rho d\rho}{\pi a^2}\right)\frac{\mu_1}{4\pi a^2}l\left(a^2-\rho^2\right) = I\frac{\mu_1}{2\pi a^4}l\left(a^2\rho-\rho^3\right)d\rho\ ;\ \Delta I(\rho) \equiv \left(I\frac{2\pi\rho d\rho}{\pi a^2}\right)$$

(vii) 길이가 l [m]인 도선 단면 전체($0<\rho<a$)의 결합자속량(Λ_{11})은 다음과 같다.

$$\Lambda_{11}\ [\mathrm{Wb\cdot turns}] \equiv \Lambda\Big|_{\rho=0\sim a} \equiv \int_{\rho=0}^a d\Lambda(\rho) = \int_{\rho=0}^a I\frac{\mu_1 l}{2\pi a^4}\left(a^2\rho-\rho^3\right)d\rho = I\frac{\mu_1 l}{2\pi a^4}\left(\frac{a^2\rho^2}{2}-\frac{\rho^4}{4}\right)\Bigg|_0^a$$

$$= I\frac{\mu_1}{8\pi}l$$

(viii) 길이(l [m])의 총 결합자속량(Λ_{12} [Wb])을 이용하면 유도용량(L_{11} [Wb])은 다음과 같이 구할 수 있다.

$$L_{11}\ [\mathrm{H}] \equiv \frac{\Lambda_{11}}{I} = \frac{\mu_1}{8\pi}l \propto \begin{cases} \mu_1 \\ l \end{cases}$$: 원형 단면 구조 전류도선의 자체유도용량

$$L_{11o}\ [\mathrm{H/m}] \equiv \frac{L_{11}}{l} = \frac{\mu_1}{8\pi} \propto \{\mu_1$$: 원형 단면 구조 전류도선의 단위길이당 자체유도용량

(ix) 위의 과정을 통해 구한 자체유도용량(L [H])은 설정한 전류에 무관하고, 도선의 구조(반지름과 길이), 매질의 자성계수(μ [H/m])에 의해 결정된 결과임을 확인할 수 있다. 특히, 자기유도용량은 권선 내의 자성체(자성코어)의 자성계수(μ [H/m])에 비례하고, 도선의 길이(l [m])에 비례하나, 도선의 반지름에는 무관함을 알 수 있다. 이를 잘 기억하면 권선을 이용한 자기유도용량의 효율적인 설계와 응용에 도움이 된다. 이 과정을 거쳐 구한 원형단면의 선형 도선의 자체유도용량을 결정하는 요소와 그 의존도는 [그림 9-12]와 같다.

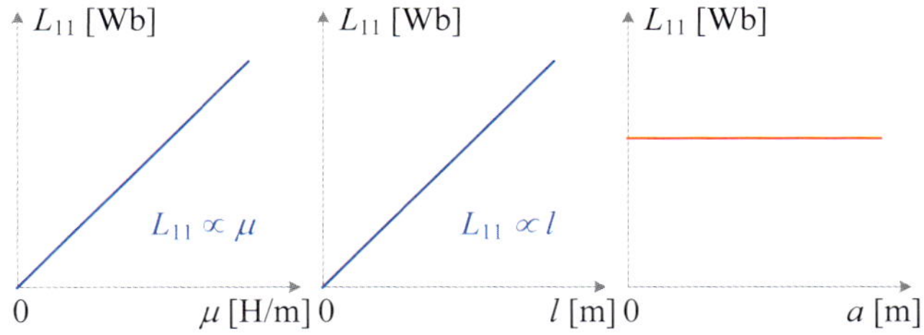

[그림 9-12] 반지름이 a [m]인 원형 단면의 직선형 전류도선에 의한 자속량과 자기유도용량을 결정하는 요소

9.2.4 내부 도체와 얇은 두께의 외부 도체를 가진 원형 단면 동축 전송선의 유도용량

[그림 9-13]의 동축 전송선(coaxial cable)은 전자파 전달용 전송선뿐 아니라 전자 계측기의 측정용 도선 등에 사용되는 중요한 부품이다. 내부 도체 반지름 a [m], 바깥 반지름 b [m]인 동축 전송선의 상호유도용량을 결정하는 요소를 잘 파악하여 동축 전송선을 활용할 때나 전자부품을 설계하는 과정에 잘 활용하는 것도 매우 중요하다. 특히, 내부 반지름(a [m])과 외부 반지름(b [m]), 그리고 케이블에 사용되는 재료의 자성계수(μ [H/m])가 상호유도용량에 어떤 영향을 미치는지를 잘 파악하는 것은 무엇보다 중요하다. 내부 도체 반지름이 a [m], 바깥 반지름이 b [m]인 원형 단면의 동축 전송선의 상호유도용량을 구하는 과정은 다음과 같다.

(i) 근원전류도선과 자기장으로 결합되어 전달되는 도선을 구분하고, 유도용량 문제를 형상화하면 [그림 9-13]과 같다.

(ii) 자기장의 근원이 되는 내부 도체에 흐르는 전류(I [A])는 도선에 균일하게 분포하여 z-축 방향으로 흐른다. 이때 내부 도체에 흐르는 전류밀도는 다음과 같다.

$$\vec{J}(\vec{r})\ [\text{A/m}^2] = \frac{I}{\pi a^2}\hat{a}_z = J\hat{a}_z\ ;\ J\ [\text{A/m}^2] = \frac{I}{\pi a^2}\ \ (\rho < a)$$

: 내부 도체에 균일한 분포로 흐르는 전류밀도와 전류의 방향

(iii) 비오-사바르의 법칙을 기반으로 근원전류에 의해 형성되는 자기장의 방향과 크기, 그리고 대칭성을 확인하고, 이를 바탕으로 자기장 해석에 편리한 좌표계를 설정한다. 자기장 해석의 근거가 되는 비오-사바르의 법칙에 담긴 중요한 내용을 요약하면 다음과 같다.

$$d\vec{H}(\vec{r})\ [\text{A/m}] = \frac{J d\vec{S} \times \hat{a}_R}{4\pi R^2}\ ;\begin{cases} J_s\ [\text{A/m}^2] = \dfrac{I}{S} \\ d\vec{S} = dS\hat{a}_n \end{cases}$$

: 근원전류 조각이 형성한 자기장의 회전성 자계강도

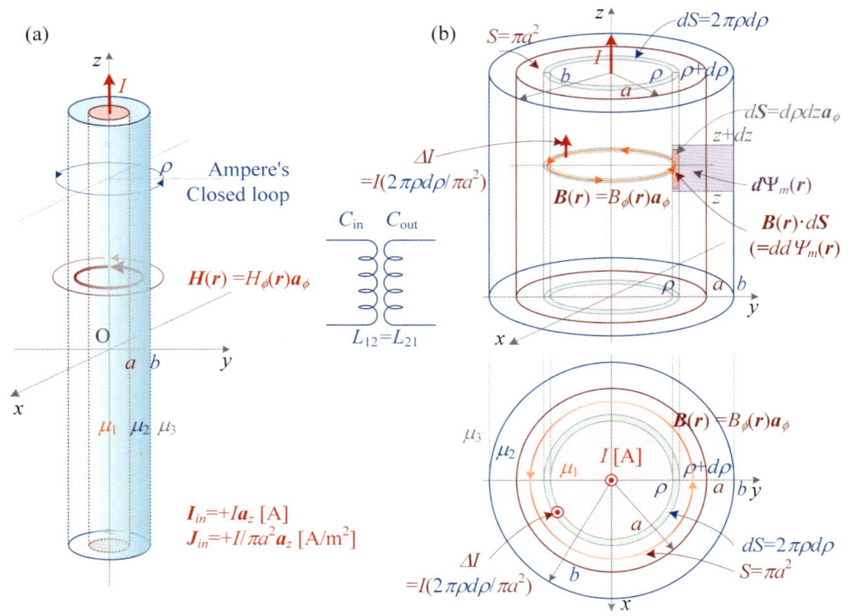

[그림 9-13] (a) 동축 전송선의 내부 도선 전류에 의해 형성된 회전성 자속밀도($\boldsymbol{B}(\boldsymbol{r})$ [Wb/m²])와 유도용량 해석을 위한 전체 구조
(b) 동축 전송선의 내부 도선 전류에 의해 형성된 회전성 자속밀도($\boldsymbol{B}(\boldsymbol{r})$ [Wb/m²])와 유도용량 해석을 위한 단면 구조

- 자계강도($dH(\boldsymbol{r})$ [A/m])는 근원전류밀도(I [A])에 비례하고, 근원전류도선 조각의 길이(dl_s [m])에 비례함
- 자계강도는 근원전류로부터 관측점까지 거리(R [m])의 제곱에 반비례함
- 자계강도의 방향($\boldsymbol{a}_H = \boldsymbol{H}(\boldsymbol{r})/H(\boldsymbol{r})$)은 자기장을 형성하는 근원전류도선 조각을 중심으로 회전방향임

원형 단면의 직선형 전류도선 주변에는 회전각 방향의 자기장이 형성되므로 원통좌표계(ρ,ϕ,z)를 사용하여 자기장을 해석하는 것이 편리하다.

$$d\vec{H}(\vec{r})\ [\text{A/m}] = \frac{J\vec{S}\times\hat{a}_R}{4\pi R^2} = \frac{J\left(\rho d\rho d\phi\hat{a}_z\right)\times\hat{a}_R}{4\pi R^2}\ ;\begin{cases} J\ [\text{A/m}^2] = \dfrac{I}{\pi a^2} \\ d\vec{S} = dS\hat{a}_n = \rho d\rho d\phi\hat{a}_z \end{cases}$$: 근원전류 조각이 형성한 회전성 자계강도

(iv) 암페어의 법칙을 이용하여 자계강도($\boldsymbol{H}_1$ [A/m])와 자속밀도($\boldsymbol{B}_1$ [Wb/m²])를 구할 수 있으며, 그 과정과 결과는 다음과 같다.

$$\oint\vec{H}(\vec{r})\cdot d\vec{l}(\vec{r}) = I_{enc}\ [\text{A}]\ ;\ I_{enc} = \begin{cases}\dfrac{I}{\pi a^2}\times\pi\rho^2 = I\dfrac{\rho^2}{a^2} & :\rho < a \\ I & :\rho > a\end{cases}$$: 자기장에 대한 암페어의 법칙

$$\vec{H}(\vec{r})\ [\text{A/m}] = H_\phi(\vec{r})\hat{a}_\phi$$: 내부 도선에 의한 자기장의 회전성 자계강도는 회전각 방향의 성분만 존재함

$$\oint\vec{H}(\vec{r})\cdot d\vec{l}(\vec{r}) = \oint H_\phi(\vec{r})\hat{a}_\phi\cdot\rho d\phi\hat{a}_\phi(\vec{r}) = \oint H_\phi(\vec{r})\rho d\phi = H_\phi(\vec{r})\rho\int_{\phi=0}^{2\pi}d\phi$$
$$= 2\pi\rho H_\phi(\vec{r}) = I_{enc}\ [\text{A}] \rightarrow H_\phi(\vec{r}) = \frac{I_{enc}}{2\pi\rho}\ [\text{A/m}]$$: 동심원 형태의 폐경로에 적용한 암페어 법칙

$$\vec{H}_1(\vec{r})\ [\text{A/m}] = H_\phi(\vec{r})\hat{a}_\phi = \frac{I_{enc}}{2\pi\rho}\hat{a}_\phi = \begin{cases} \dfrac{I}{2\pi a^2}\rho\hat{a}_\phi : \rho < a \\ \dfrac{I}{2\pi\rho}\hat{a}_\phi \quad : \rho > a \end{cases}$$

: 동축 전송선의 내부 도선 전류에 의한 회전각 방향 자계강도

$$\vec{B}_1(\vec{r})\ [\text{Wb/m}^2] = \mu(\vec{r})\vec{H}_1(\vec{r}) = \begin{cases} \mu_1\dfrac{I}{2\pi a^2}\rho\hat{a}_\phi : \rho < a \\ \mu_2\dfrac{I}{2\pi\rho}\hat{a}_\phi \quad : \rho > a \end{cases}$$

: 동축 전송선의 내부 도선 전류에 의한 회전각 방향 자속밀도

내부 도체 반지름이 a [m], 바깥 반지름이 b [m]인 동축 전송선의 자계강도($\boldsymbol{H}_1$ [A/m])와 자속밀도($\boldsymbol{B}_1$ [Wb/m^2])를 결정하는 요소와 의존도는 [그림 9-14]와 같다.

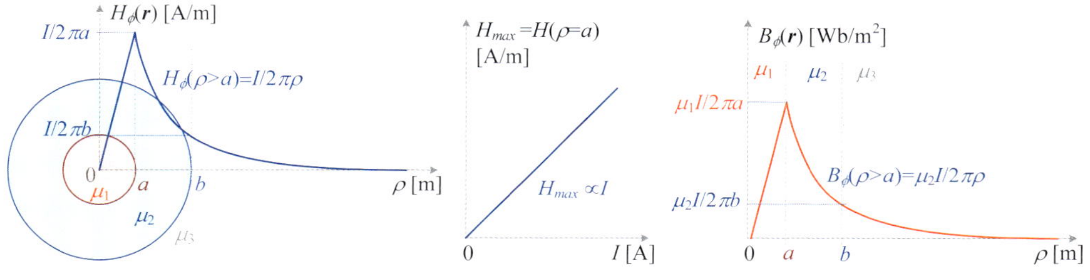

[그림 9-14] 동축 전송선의 내부 도선 전류에 의해 형성된 자기장의 회전성 자계강도와 자속밀도 분포

(v) 내부 도선에 흐르는 전류에 의해 형성된 자기장에 의해 길이가 l [m]인 도선을 통해 전달된 동축 전송선의 외부 도체에 전달된 자속량($\Psi_{m,12}$ [Wb])을 구하면 다음과 같다.

$$\begin{aligned}
\Psi_{m,12|self}(\rho)\Big|_{\rho\sim b}\ [\text{Wb}] &= \int_\rho^b d\Psi_{m,12} = \int_\rho^b \vec{B}_1(\vec{r})\cdot d\vec{S}_2 = \int_\rho^a \vec{B}_1(\vec{r})\cdot d\vec{S}_2 + \int_a^b \vec{B}_1(\vec{r})\cdot d\vec{S}_2 \\
&= \int_{z=z_o}^{z=z_o+l}\int_\rho^a I\frac{\mu_1}{2\pi a^2}\rho\hat{a}_\phi\cdot d\rho dz\hat{a}_\phi + \int_{z=z_o}^{z=z_o+l}\int_a^b I\frac{\mu_2}{2\pi\rho}\hat{a}_\phi\cdot d\rho dz\hat{a}_\phi \\
&= I\frac{\mu_1}{2\pi a^2}l\int_\rho^a \rho d\rho + I\frac{\mu_2}{2\pi}l\int_a^b\frac{1}{\rho}d\rho = I\frac{\mu_1}{2\pi a^2}l\frac{\rho^2}{2}\Big|_\rho^a + I\frac{\mu_2}{2\pi}l\ln\rho\Big|_a^b \\
&= I\left(\frac{\mu_1}{4\pi a^2}\left(a^2-\rho^2\right) + \frac{\mu_2}{2\pi}\text{n}\left(\frac{b}{a}\right)\right)l
\end{aligned}$$

(vi) 길이가 l [m]인 도선 중 $\rho \sim \rho + d\rho$ 구간을 통해 전달된 부분 결합자속량($d\Lambda(\rho)$은 다음과 같다.

$$\Delta I(\rho)\ [\text{A}] \equiv JdS(\rho) = \left(\frac{I}{\pi a^2}2\pi\rho d\rho\right)$$: ($\rho \sim \rho+d\rho$)의 원형 띠를 통해 흐르는 전류

$$\begin{aligned}
d\Lambda(\rho)\Big|_{\rho\sim\rho+d\rho}\ [\text{Wb}\cdot\text{turns}] &= \Psi_{m,12|self}(\rho)\Big|_{\rho\sim a}\cdot link \equiv \Psi_{m,12|self}(\rho)\Big|_{\rho\sim a}\left(\frac{2\pi\rho d\rho}{\pi a^2}\right) \\
&= \left(I\frac{2\pi\rho d\rho}{\pi a^2}\right)l\left(\frac{\mu_1}{4\pi a^2}\left(a^2-\rho^2\right) + \frac{\mu_2}{2\pi}\ln\left(\frac{b}{a}\right)\right) \\
&= Il\left(\frac{\mu_1}{2\pi a^4}\left(a^2\rho-\rho^3\right)d\rho + \frac{\mu_2}{\pi a^2}\ln\left(\frac{b}{a}\right)\rho d\rho\right)\ ;\ I' \equiv \left(I\frac{2\pi\rho d\rho}{\pi a^2}\right)
\end{aligned}$$

: $\rho \sim \rho + d\rho$ 구간의 원형 띠의 전류를 통해 전달된 부분 결합자속량

(vii) 길이가 l [m]인 도선 단면 전체($0 < \rho < a$)를 통해 전달된 총 결합자속량(Λ_{11})은 다음과 같다.

$$\Lambda_{11}\ [\mathrm{Wb \cdot turns}] \equiv \Lambda\Big|_{\rho=0\sim a} \equiv \int_{\rho=0}^{a} d\Lambda(\rho) = \int_{\rho=0}^{a} Il\left(\frac{\mu_1}{2\pi a^4}\left(a^2\rho-\rho^3\right)+\frac{\mu_2}{\pi a^2}\ln\left(\frac{b}{a}\right)\rho\right)d\rho$$

$$=\frac{\mu_1 Il}{2\pi a^4}\left(\frac{a^2\rho^2}{2}-\frac{\rho^4}{4}\right)\Bigg|_0^a+\frac{\mu_2 Il}{\pi a^2}\ln\left(\frac{b}{a}\right)\frac{\rho^2}{2}\Bigg|_0^a = I\left(\frac{\mu_1}{8\pi}+\frac{\mu_2}{2\pi}\ln\left(\frac{b}{a}\right)\right)l$$

: 도선전체($0 < \rho < a$)의 전류를 통해 전달된 자속결합량

(viii) 근원전류(I [A])와 총 결합자속량/(Λ_{12} [Wb])을 이용하면 동축 전송선의 상호유도용량(L_{12} [Wb]) 은 다음과 같이 구할 수 있다.

$$L_{12}\ [\mathrm{H}] \equiv \frac{\Lambda_{12}}{I} = \left(\frac{\mu_1}{8\pi}+\frac{\mu_2}{2\pi}\ln\left(\frac{b}{a}\right)\right)l$$: 원형 단면을 가진 동축 전송선의 상호유도용량

$$L_{12o}\ [\mathrm{H/m}] \equiv \frac{L_{12}}{l} = \left(\frac{\mu_1}{8\pi}+\frac{\mu_2}{2\pi}\ln\left(\frac{b}{a}\right)\right)$$: 원형 단면을 가진 동축 전송선의 단위길이당 상호유도용량

(ix) 위의 과정을 통해 구한 동축 전송선의 상호유도용량(L_{12} [H])은 설정한 전류에 무관하고, 도선의 구조(내부 도체 반지름과 외부 도체 반지름)와 매질의 자성계수에 의해 결정된 결과임을 확인할 수 있다. 즉 상호유도용량은 동축 전송선을 구성하는 재료의 자성계수(μ_1, μ_2 [H/m])에 비례하며, 원형 권선의 내부 반지름(a [m])과 외부 반지름(b [m])의 비에 대한 로그 값($\ln(b/a)$에 비례하므로, 반지름에 대한 의존도는 매우 약함을 알 수 있다. 이를 잘 기억하면 동축 전송선을 이용한 초고주파 전송선(특성 임피던스: Z_o [Ω]: characteristic impedance)의 효율적인 설계와 응용에 도움이 된다. 원형 단면 동축 전송선의 유도용량을 결정하는 요소와 그 의존도를 [그림 9-15]에 요약하였다.

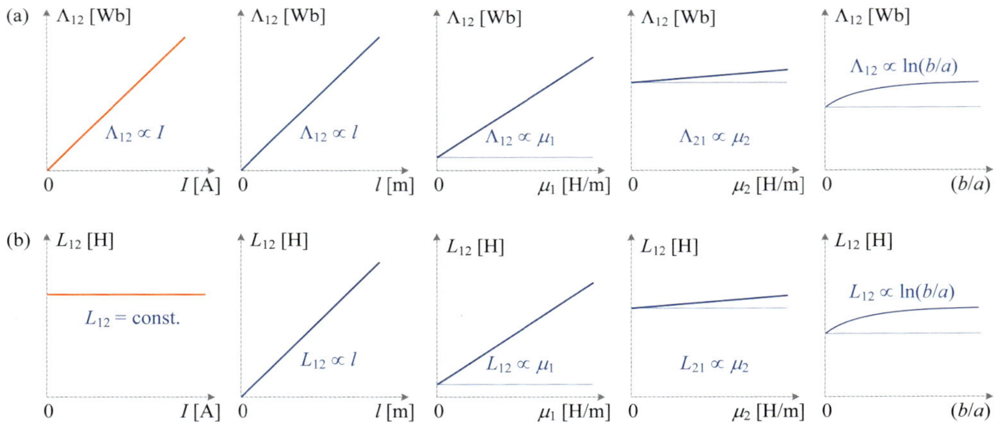

[그림 9-15] 동축 전송선의 내부 전류도선에 의해 형성된 자속량과 상호유도용량을 결정하는 요소

9.2.5 변압기 구조의 상호유도용량

[그림 9-16]과 같이 높은 권선밀도로 촘촘하게 감긴 1차 권선(N_1 [turns])에 흐르는 전류에 의해 형성된 자기장이 자성체(자심: magnetic core)를 통해 2차 권선(N_2 [turns])으로 전달되는 변압기 (transformer)

구조는 AC 전압의 변환(승압, 강압)이나 신호 전달에 사용되는 중요한 부품이다. 변압기의 전압 변환 특성은 1차 권선과 2차 권선의 구조(t, W, h [m])와 권선수(N_1, N_2 [turns]), 그리고 자기장을 전달하는 자성체의 자성계수(μ [H/m])에 의해 결정된다. 변압기용 부품으로, 또는 부품 설계에 잘 활용하기 위해 변압기 구조의 상호유도용량을 유도하는 과정과 핵심 결정 요소를 잘 이해하는 것이 필수적이다.

1차 권선과 2차 권선의 변압기 구조에서 1차 권선에 흐르는 전류에 의한 자기장 형성, 2차 권선에 전달되는 자속, 2차 권선 전체로 전달된 결합자속량, 그리고 1차 권선과 2차 권선의 자체유도용량과 상호유도용량을 계산하는 과정은 다음과 같다.

(i) 1차 권선(높이 h [m], 권선수 N_1회)에 흐르는 전류에 의해 형성되는 자기장의 자속이 자성체를 통해 2차 권선으로 전달되는 구조의 자기장 및 상호유도용량 문제를 형상화하면 [그림 9–16]과 같다.

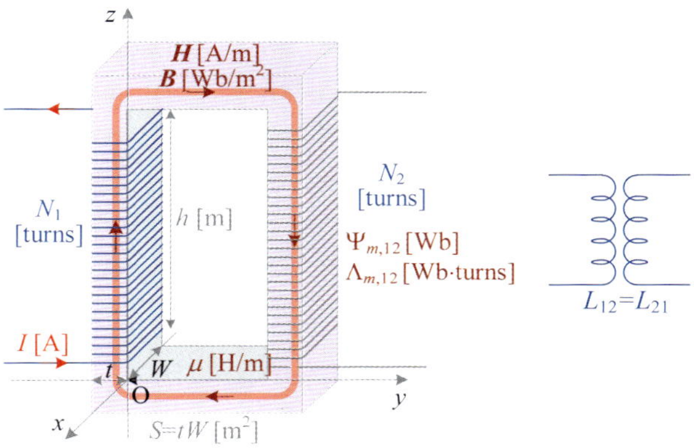

[그림 9–16] 1차 권선에서 생성된 자속이 자성체를 통해 2차 권선으로 전달되는 원리를 이용하는 변압기

(ii) 자기장의 근원이 되는 근원전류도선과 전류(I [A])를 설정한다. 즉, N_1회의 권선을 가지고 4각 단면을 가진 1차 권선에 전류(I [A])가 흐르는 것으로 가정한다.

(iii) 비오–사바르의 법칙을 기반으로 근원전류에 의해 형성되는 자기장의 방향과 크기, 그리고 대칭성을 확인하고, 이를 바탕으로 자기장 해석에 편리한 좌표계를 설정한다. 이를 위해 자기장 해석의 근거가 되는 비오–사바르의 법칙에 담긴 중요한 내용을 요약하면 다음과 같다.

$$d\vec{H}(\vec{r})\ [\text{A/m}] = \frac{I_s d\vec{l}_s \times \hat{a}_R}{4\pi R^2}$$: 근원전류도선의 일부 조각($Id\boldsymbol{l}_s$)이 형성하는 자기장의 회전성 자계강도

- 자계강도($dH(\boldsymbol{r})$ [A/m])는 근원전류밀도(I [A]) 및 근원전류도선 조각의 길이(dl_s [m]) 에 비례함
- 자계강도는 근원전류로부터 관측점까지 거리(R [m])의 제곱에 반비례함
- 권선형 전류에 의한 자기장의 자계강도의 방향($\boldsymbol{a}_H = \boldsymbol{H}(\boldsymbol{r})/H(\boldsymbol{r})$)은 엄지손가락을 제외한 나머지 손가락을 권선형 도선의 전류 방향으로 회전하면, 엄지손가락의 방향이 자계강도의 방향임

xy-평면에 평행한 4각 단면의 1차 권선에 흐르는 전류로 인해 자성체 내부에는 z-축 방향의 자기장이 형성되고, 자성체를 통해 2차 권선에 전달된다(자속의 누설이 있을 수 있으나, 손실없이 모두 전달되는 것으로 가정함). 특히, 촘촘하게 감긴 권선 구조의 경우 인접한 도선에 의한 자기장이 보강 또는 상쇄로 인해 권선 내부에는 일정한 크기의 자기장이 형성되고 권선의 외부에는

자기장이 존재하지 않는다. 따라서, 직각좌표계(x, y, z)를 사용하여 1차 권선에 의해 형성된 자기장을 해석하는 것이 편리하다.

$$\vec{H}(\vec{r})\ [\text{A/m}] = \begin{cases} H_z \hat{a}_z : \text{inside} \\ 0 \quad : \text{outside} \end{cases}$$

(iv) 비오-사바르의 법칙을 기반으로 하고, 편리한 폐경로에 대해 암페어의 법칙을 이용하여 자계강도($\boldsymbol{H}_1$ [A/m])와 자속밀도($\boldsymbol{B}_1$ [Wb/m²])를 구한다. 먼저 1차 권선에 전류(I_1 [A])가 흘러 형성된 자기장이 권선 내부의 자성체를 통해 전달되는 경우, [그림 9-16]에 표시된 폐경로에 대해 암페어의 법칙을 적용하여 구한 자성체 내부의 자계강도와 자속밀도는 각각 다음과 같다.

$$\oint \vec{H}(\vec{r}) \cdot d\vec{l}(\vec{r}) = I_{enc}$$: 암페어의 법칙

$$I_{enc} = N_1 I\ [\text{A}]\ \&\ \oint \vec{H}(\vec{r}) \cdot d\vec{l}(\vec{r})\ ;\ \begin{cases} \vec{H}(\vec{r})\ [\text{A/m}] = \begin{cases} H_z \hat{a}_z : \text{inside} \\ 0 \quad : \text{outside} \end{cases} \\ d\vec{l}(\vec{r}) = dz\hat{a}_z \end{cases}$$

$$\oint \vec{H}(\vec{r}) \cdot d\vec{l}(\vec{r}) = \oint H_z \hat{a}_z \cdot dz\hat{a}_z = \oint H_z dz = H_z h \Longleftrightarrow I_{enc} = N_1 I\ [\text{A}] \rightarrow H_z = \frac{N_1}{h} I\ [\text{A/m}]$$

$$\vec{H}(\vec{r})\ [\text{A/m}] = H_z \hat{a}_z = \frac{N_1}{h} I \hat{a}_z$$: 자성체 내부의 자계강도

$$\vec{B}_1(\vec{r})\ [\text{Wb/m}^2] = \mu \vec{H}_1(\vec{r}) = \mu \frac{N_1}{h} I \hat{a}_z$$: 자성체 내부의 자속밀도

(v) 1차 권선의 자체유도용량(L_{11} [H]): 1차 권선에 전류(I_1 [A])가 흘러 형성된 자기장이 권선 내부 자성체를 통해 전달되는 경우, 권선 하나를 통해 전달된 자속량(Ψ_{m1} [Wb])과 N_1회의 권선을 통한 1차 권선 전체의 자체 자속결합량(Λ_{11} [Wb]), 그리고 1차 권선의 자체유도용량(L_{11} [H])은 다음과 같다.

$$\left.\begin{aligned} &\vec{H}_1(\vec{r}) \cong H_{1z}\hat{a}_z \\ &\oint \vec{H}_1(\vec{r}) \cdot d\vec{l} = I_{enc} = N_1 I_1 \end{aligned}\right\} \rightarrow \oint \vec{H}_1(\vec{r}) \cdot d\vec{l} = H_{1z} h = I_{enc} = N_1 I_1$$

$$\rightarrow H_{1z} = n_1 I_1\ [\text{A/m}]\ ;\ n_1 \equiv \frac{N_1}{h}\ [\text{turns/m}]$$: 1차 권선의 권선밀도

$$\Psi_{m1}\ [\text{Wb}] \equiv \int \vec{B}_1(\vec{r}) \cdot d\vec{S} = \int \mu \frac{N_1}{h} I_1 \hat{a}_z \cdot d\vec{S}_z = \int \mu \frac{N_1}{h} I_1 \hat{a}_z \cdot dxdy\hat{a}_z = \mu n_1 t W I_1$$: 1차 권선 1개의 자속량

$$n_1 \equiv \frac{N_1}{h}\ [1/\text{m}]$$: 1차 권선의 권선밀도

$$\Lambda_{11}\ [\text{Wb}\cdot\text{turns}] = N_1 \Psi_{m1} = \mu N_1^2 \frac{tW}{h} I_1 = \mu \left(\frac{N_1}{h}\right)^2 tWhI_1 = \mu n_1^2 tWhI_1$$

$$L_{11}\ [\text{H}] \equiv \frac{\Lambda_{11}}{I_1} = \mu N_1^2 \frac{tW}{h} = \mu n_1^2 tWh \propto \begin{cases} \mu \\ n_1^2\ ;\ n_1 \equiv N_1/h\ [1/\text{m}] \\ S = tW \\ h \end{cases}$$: 1차 권선의 자체유도용량

(vi) 2차 권선의 자체유도용량(L_{22} [H]) : 2차 권선에 전류(I_2 [A])가 흘러 형성된 자기장이 권선 내부 자성체를 통해 전달되는 경우, 권선 하나를 지나는 자속량(Ψ_{m2} [Wb])과 N_2회의 권선을 통한 2차 권선 전체의 자체 결합자속량(Λ_{22} [Wb]), 그리고 2차 권선의 자체유도용량(L_{22} [H])은 다음과 같다.

$$\left.\begin{array}{l}\vec{H}_2(\vec{r}) \cong H_{2z}\hat{a}_z \\ \oint \vec{H}_2(\vec{r})\cdot d\vec{l} = I_{enc} = N_2 I_2\end{array}\right\} \rightarrow \oint \vec{H}_2(\vec{r})\cdot d\vec{l} = H_{2z}h = I_{enc} = N_2 I_2$$

: 2차 권선의 권선밀도

$$\rightarrow H_{2z} = n_2 I_2 \text{ [A/m]} ;\ n_2 \equiv \frac{N_2}{h} \text{ [turns/m]}$$

$$\Psi_{m2}\text{ [Wb]} \equiv \int \vec{B}_2(\vec{r})\cdot d\vec{S}_2 = \int \mu\frac{N_2}{h}I_2\hat{a}_z\cdot d\vec{S}_{2z}$$

: 2차 권선 1개를 통과하는 자속

$$= \int \mu\frac{N_2}{h}I_2\hat{a}_z\cdot dxdy\hat{a}_z = \mu n_2 tW I_2$$

$$;\ n_2 \equiv \frac{N_2}{h}\text{ [1/m]}$$

: 2차 권선의 권선밀도

$$\Lambda_{22}\text{ [Wb]} = N_2\Psi_{m2} = N_2^2\mu\frac{tW}{h}I_2 = \mu\left(\frac{N_2}{h}\right)^2 tWhI_2 = \mu n_2^2 tWhI_2$$

$$L_{22}\text{ [H]} \equiv \frac{\Lambda_{22}}{I_2} = \mu N_2^2\frac{tW}{h} = \mu n_2^2 tWh \propto \begin{cases}\mu \\ n_2^2\ ;\ n_2 \equiv N_2/h\ \text{[1/m]} \\ S = tW \\ h\end{cases}$$

: 2차 권선의 자체유도용량

(vii) 변압기의 상호유도용량(L_{12} [H]): 1차 권선에 전류(I_1 [A])가 흘러 형성된 자기장($\boldsymbol{H}_1$ [A/m], $\boldsymbol{B}_1$ [Wb/m^2])이 권선 내부 자성체를 통해 2차 권선으로 전달되는 변압기 동작의 경우, 2차 권선 하나를 지나는 자속량($\Psi_{m,12}$ [Wb])과 N_2회의 권선을 통한 2차 권선 전체의 자체 자속결합량(Λ_{12} [Wb]), 그리고 1차–2차 권선을 가진 변압기 구조의 상호유도용량(L_{12} [H] 또는 M_{12} [H])은 각각 다음과 같다.

$$\left.\begin{array}{l}\vec{H}_1(\vec{r}) = H_{1z}\hat{a}_z \\ \oint \vec{H}_1(\vec{r})\cdot d\vec{l} = I_{enc} = N_1 I_1\end{array}\right\} \rightarrow \oint \vec{H}_1(\vec{r})\cdot d\vec{l} = H_{1z}h = I_{enc} = N_1 I_1$$

: 1차 권선에 의해 형성된 자계강도를 구하기 위한 암페어의 법칙

$$H_{1z} = \frac{N_1}{h}I_1\text{ [A/m]} \rightarrow \begin{cases}\vec{H}_1\text{ [A/m]} = H_{1z}\hat{a}_z = \dfrac{N_1}{h}I_1\hat{a}_z \\ \vec{B}_1\text{ [Wb/m}^2\text{]} = \mu\vec{H}_1 = B_{1z}\hat{a}_z = \mu\dfrac{N_1}{h}I_1\hat{a}_z\end{cases}$$

: 자성체 내의 자계강도와 자속밀도

$$\Psi_{m,12}\text{ [Wb]} \equiv \int \vec{B}_1\cdot d\vec{S}_2 = \int \mu\frac{N_1}{h}I_1\hat{a}_z\cdot d\vec{S}_{2z} = \mu n_1 tW I_1\ ;\ n_1 \equiv \frac{N_1}{h}$$

: 1차 권선에 의한 자계강도가 2차 권선 1개에 전달된 자속량

$$\Lambda_{12}\text{[Wb}\cdot\text{turns]} = N_2\Psi_{m,12} = \mu N_1 N_2\frac{tW}{h}I_1 = \mu n_1 n_2 tWhI_1$$

: 1차 권선에 의한 자속이 N_2회의 2차 권선에 전달된 총 결합자속량

$$L_{12}\ [\mathrm{H}] \equiv \frac{\Lambda_{12}}{I_1} = \mu N_1 N_2 \frac{tW}{h} = \mu\left(\frac{N_1}{h}\right)\left(\frac{N_2}{h}\right) tWh = \mu n_1 n_2 tWh\ \left(= \sqrt{L_{11}L_{22}}\right) \propto \begin{cases} \mu \\ n_1 = (N_1/h) \\ n_2 = (N_2/h) \\ t \\ Wh \end{cases}$$

: 변압기의 상호유도용량

(viii) 위의 과정을 통해 구한 유도용량(L_{12} [Wb])이 설정한 전류에 무관하고, C_1과 C_2의 구조와 권선수, 매질의 자성계수에 의해 결정된 결과임을 확인할 수 있다. 즉, 1, 2차 권선을 가진 변압기 구조에서 1차 권선에 흐르는 전류에 의해 형성된 자기장이 2차 권선에 전달되는 정도를 나타내는 상호유도용량(L_{12} [H])은 1차와 2차 권선의 권선밀도(n_1, n_2 [turns/m])에 비례하고, 자속전달 매질인 자성체의 자성계수(μ [H/m])에 비례한다. 또한, 권선에 의해 형성되는 자기장을 결정하는 자성체의 단면적(tW [m^2])과 권선수를 결정하는 권선의 높이(h [m])에 비례함을 알 수 있다. 변압기 구조의 1차 권선과 2차 권선의 자체유도용량(L_{11}, L_{22}), 그리고 변압기의 상호유도용량(L_{12})을 결정하는 요소와 그 의존도는 [그림 9–17]과 같다.

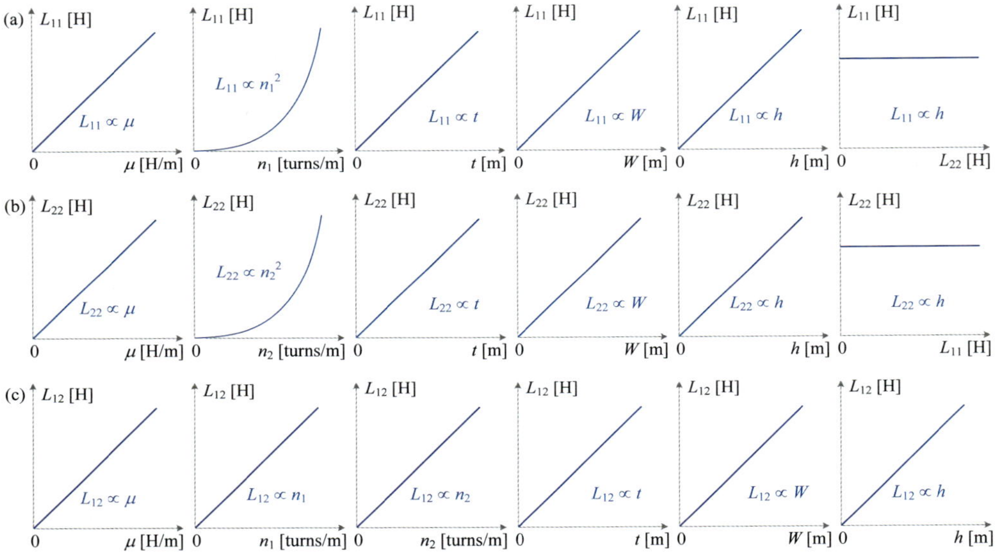

[그림 9–17] 1차 권선의 전류에 의해 생성된 자기장의 자속이 자성체를 통해 2차 권선으로 전달되어 기전력으로 생성하는 변압기의 상호유도용량을 결정하는 요소
(a) 1차 권선의 자체유도용량(L_{11}) (b) 2차 권선의 자체유도용량(L_{22}) (c) 변압기의 상호유도용량(L_{12})

Chapter_09 핵심요약

자기장을 응용하는 전자 부품의 대표인 자기/유도용량(L [H] : Inductor/Inductance)

$+I_S\&-I_S$ ↓ $\boldsymbol{H}_o$ ↓ $\boldsymbol{B}_o$ ↓ Ψ_{mo}

자기장과 자속밀도, 자속량 : 전류(I [A])가 흐르는 도선과 이로 인해 형성되는 자기장($\boldsymbol{H}(\boldsymbol{r})$ [A/m]), 그리고 매질을 통과하는 자속밀도($\boldsymbol{B}(\boldsymbol{r})$ [Wb/m^2])의 관계

$$\vec{H}(\vec{r})\ [\mathrm{A/m}] = \int_{source} d\vec{H}(\vec{r})$$: 근원전류에 의해 형성된 자계강도

$$d\vec{H}(\vec{r})\ [\mathrm{V/m}] = \frac{I_s d\vec{l}_s \times \hat{a}_R}{4\pi\epsilon R^2}\ ;\ I_s d\vec{l}_s\ [\mathrm{A\cdot m}] \Leftrightarrow Q_s\vec{\upsilon}_s, \vec{K}_s dS_s, \vec{J}_s d\upsilon_s$$: 근원전류에 의해 형성된 자계강도

$$\oint \vec{H}(\vec{r})\cdot d\vec{l}(\vec{r}) = \oint H_t(\vec{r}) dl(\vec{r}) = I_{enc}\ [\mathrm{A}]$$: 암페어의 법칙

$$\nabla\times\vec{H}(\vec{r}) = \vec{J}(\vec{r})\ [\mathrm{A/m^2}] \longleftrightarrow \oint \vec{H}(\vec{r})\cdot d\vec{l}(\vec{r}) = \int_S \left(\nabla\times\vec{H}(\vec{r})\right)\cdot d\vec{S}(\vec{r}) = \int_S \vec{J}(\vec{r})\cdot d\vec{S}(\vec{r}) = I_{enc}\ [\mathrm{A}]$$

$$\vec{B}(\vec{r})\ [\mathrm{Wb/m^2}] = \mu\vec{H}(\vec{r})\ \ \&\ \ \vec{B}(\vec{r})\ [\mathrm{Wb/m^2}] = \nabla\times\vec{A}(\vec{r})$$: 근원전류에 의해 형성된 자속밀도

$$\vec{A}(\vec{r})\ [\mathrm{Wb/m}] = \int_{\substack{source\\current}} d\vec{A}(\vec{r})\ ;\ d\vec{A}(\vec{r})\ [\mathrm{Wb/m}] \equiv \frac{\mu I_s d\vec{l}_s}{4\pi R}\ ;\ I_s d\vec{l}_s\ [\mathrm{A\cdot m}] \Leftrightarrow Q_s\vec{\upsilon}_s, \vec{K}_s dS_s, \vec{J}_s d\upsilon_s$$: 근원전류에 의해 형성된 벡터 자기준위

$$\oint_{\substack{closed\\loop}} \vec{A}(\vec{r})\cdot d\vec{l} = \int_{surface} \left(\nabla\times\vec{A}(\vec{r})\right)\cdot d\vec{S} = \int_{surface} \vec{B}(\vec{r})\cdot d\vec{S}\ [\mathrm{Wb}]$$: 벡터 회전량에 관한 스토크스 정리

$$\nabla\cdot\vec{B}(\vec{r}) = 0\ [\mathrm{Wb/m^3}] \longleftrightarrow \Psi_{m,enc}\ [\mathrm{Wb}] = \oint \vec{B}(\vec{r})\cdot d\vec{S} = \int_{vol} \nabla\cdot\vec{B}(\vec{r}) d\upsilon = 0$$

$$\mu\ [\mathrm{H/m}] = \mu_o\mu_r\ ;\ \mu_r = (1+\chi_m)$$: 자기장이 전달되는 매질(공간)의 자성계수

$$\Psi_m\ [\mathrm{Wb}] = \int_S \vec{B}(\vec{r})\cdot d\vec{S} = \int_S \left(B_t(\vec{r})\hat{a}_t(\vec{r}) + B_n(\vec{r})\hat{a}_n(\vec{r})\right)\cdot\hat{a}_n(\vec{r}) dS = \int_S B_n(\vec{r}) dS$$: 관측점을 지나는 자속량

$$\vec{F}(\vec{r})\ [\mathrm{N}] = \int_{test} d\vec{F}(\vec{r})$$: 시험전류도선에 작용하는 자기력 ← 자기력에 관한 비오-사바르의 법칙

$$d\vec{F}(\vec{r})\ [N] = I_t d\vec{l}_t(\vec{r})\times\vec{B}(\vec{r}) = \mu I_t d\vec{l}_t(\vec{r})\times\vec{H}(\vec{r})\ ;\ I_t d\vec{l}_t(\vec{r})\ [\mathrm{A\cdot m}] \Leftrightarrow Q_t\vec{\upsilon}_t, \vec{K}_t dS_t, \vec{J}_t d\upsilon_t$$

: 시험전류도선 조각에 작용하는 자기력 ← 자기력에 관한 비오-사바르의 법칙

$+I_S\&-I_S$ ↓ $\boldsymbol{H}_o$ ↓ $\boldsymbol{B}_o$ ↓ Ψ_{mo} ↓ L ↓ $\boldsymbol{H}(\boldsymbol{r},t)$ ↓ $\boldsymbol{F}(\boldsymbol{r},t)$

자기/유도용량(L [H] = [Wb/A]) : 전류도선의 구조와 자기장이 작용하는 매질이 고정된 정자기적 현상을 나타내는 지표/도구

$$L_{12}\ [\mathrm{H}] = [\mathrm{Wb/A}] \equiv \frac{\Lambda_{12}}{I_1} = \frac{N_2\Psi_{m,12}}{I_1} = \frac{N_2\left|\int_{S_2}\vec{B}_1\cdot d\vec{S}_2\right|}{I_1}$$: 자기장의 유도 용량

$$\Longleftrightarrow L_{12}\ [\mathrm{H}] \begin{cases} 1=2\ ;\ L_{11}=L & :\ \text{Self-Inductance} \quad :\ \text{Inductor} \\ 1\neq 2\ ;\ L_{12}(=M_{12}) & :\ \text{Mutual-Inductance}:\ \text{Transformer} \end{cases}$$: 자기장의 유도 용량

$$\Leftarrow \begin{cases} \Psi_{m,12}\ [\mathrm{Wb}] \equiv \left|\int_{S_2}\vec{B}_1\cdot d\vec{S}_2\right| \Leftarrow \vec{B}_1\ [\mathrm{Wb/m^2}] = \mu\vec{H}_1 \\ \vec{H}_1\ [\mathrm{A/m}] = \int_1 d\vec{H}_1;\ d\vec{H}_1 = \dfrac{I_1 d\vec{l}_1\times\hat{a}_R}{4\pi R^2};\ \oint_{loop}\vec{H}_1\cdot d\vec{l} = I_1 \end{cases}$$

: I_t & Ψ_m에 무관, 자기장을 형성하고 또 그 영향을 받는 전류도선의 구조와 자성체 재료(자기쌍극자 농도 & 종류)에 의해 결정

- 1개의 전류도선($i=j$) : 하나의 전류도선으로 이루어져 있지만 도선의 일부분에 흐르는 전류에 의해 형성된 자기장의 영향이 도선의 다른 부분 전체에도 자기적 영향을 미침 → Self-Inductance(자기유도용량 : Inductor)
- 2개의 전류도선($i\neq j$) : 2개의 전류도선 중 하나에 전류가 흐르는 경우 이로 인해 형성된 자기장의 영향은 직접 연결되지 않은 다른 전류도선에도 자기적 영향이 매질을 통해 전달됨 → Mutual Inductance(결합/상호유도용량 : 변압기 : transformer)

$$I_1\ [\mathrm{A}] \to \Psi_{m,12}\ [\mathrm{Wb}] \to \Lambda_{12}\ [\mathrm{Wb\cdot turns}] = N_2\Psi_{m,12} = L_{12}I_1 \to \Psi_{m,12}\ [\mathrm{Wb}] = \int_S \vec{B}_1(\vec{r})\cdot d\vec{S}_2$$

<table>
<tr><td></td><td>$\rightarrow \vec{B}_1(\vec{r})\ [\mathrm{Wb/m^2}] \rightarrow \vec{H}_1(\vec{r})\ [\mathrm{A/m}] = \dfrac{1}{\mu}\vec{B}_1(\vec{r}) \rightarrow d\vec{F}(\vec{r})\ [\mathrm{N}] = \begin{cases} I_t d\vec{l}_t \times \vec{B}(\vec{r}) \\ \vec{K}_t dS_t \times \vec{B}(\vec{r}) \\ \vec{J}_t \upsilon_t \times \vec{B}(\vec{r}) \end{cases} \begin{cases} \vec{F}(\vec{r})\ [\mathrm{N}] = \int_{\substack{test \\ current}} d\vec{F}(\vec{r}) \\ \vec{T}(\vec{r})\ [\mathrm{N\cdot m}] = \vec{m}_t \times \vec{B}(\vec{r}) \end{cases}$</td></tr>
<tr><td>참고
$+Q_S$ & Q_S
↓
E_o
↓
D_o
↓
Ψ_e
↓
V_o
↓
$E(r,t)$
↓
$F(r,t)$#</td><td>⟷ 전기장의 정전용량(두 개의 금속판과 유전체)과 비교
$C\ [\mathrm{F}] \equiv \dfrac{|Q_o|}{|V_o|} = \dfrac{\left|\int_{m_1} \vec{D}(\vec{r})\cdot d\vec{S}\right|}{\left|-\int_{m_1}^{m_2} \vec{E}(\vec{r})\cdot d\vec{l}\right|} = \dfrac{\left|\int_{m_1} \vec{D}(\vec{r})\cdot d\vec{S}\right|}{V_o} = \dfrac{Q_o}{\left|-\int_{m_1}^{m_2} \vec{E}(\vec{r})\cdot d\vec{l}\right|}$: 두 금속/도체판과 유전체로 이루어진 정전용량
$\rightarrow V_o\ [\mathrm{V}] = \dfrac{Q_o}{C} \rightarrow \vec{E}(\vec{r})\ [\mathrm{V/m}] = -\nabla V(\vec{r}) \rightarrow \vec{D}(\vec{r})\ [\mathrm{C/m^2}] = \epsilon\vec{E}(\vec{r}) \rightarrow \vec{F}(\vec{r})\ [\mathrm{N}] = Q_t\vec{E}(\vec{r})$: 쿨롱의 법칙
$\rightarrow Q_o\ [\mathrm{C}] = CV_o \rightarrow \oint \vec{D}(\vec{r})\cdot d\vec{S} = \int \nabla\cdot\vec{D}(\vec{r})d\upsilon = Q_{enc}\ [\mathrm{C}]\ \&\ \nabla\cdot\vec{D}(\vec{r}) = \rho_\upsilon(\vec{r})\ [\mathrm{C/m^3}]$: 가우스의 법칙과 포아송 방정식
$\rightarrow \vec{D}(\vec{r})\ [\mathrm{C/m^2}] \rightarrow \vec{E}(\vec{r}) = \dfrac{1}{\epsilon}\vec{D}(\vec{r})\ [\mathrm{V/m}] \rightarrow d\vec{F}(\vec{r})\ [\mathrm{N}] = dQ_t\vec{E}(\vec{r});\ dQ_t\ [\mathrm{C/m^3}]$
$= \begin{cases} \rho_{\upsilon t} d\upsilon \\ \rho_{St} dS \\ \rho_{lt} dl \end{cases} \rightarrow \begin{cases} \vec{F}(\vec{r}) = \int_{\substack{test \\ charge}} d\vec{F}(\vec{r})\ ; \\ \vec{T}(\vec{r})\ [\mathrm{N\cdot m}] = \vec{p}_t \times \vec{E}(\vec{r}) \end{cases}$</td></tr>
</table>

Chapter_09 연습문제

9.1 (Coaxial Cable, Magnetic Field, & Inductance) 그림과 같은 동축 전송선(coaxial cable)은 앞으로 고주파 전송선로에서의 특성 임피던스(impedance: Z [Ω])와 전기적 신호의 전달 특성 이해에 필수적이며, 또한 자기장 해석에 유용한 유도용량(inductance: L [H])의 이해에 적합한 예에 해당한다. 단, 이 동축 전송선 외부 도체의 두께는 무시할 수 있을 만큼 아주 얇고(c-b~0 [m]), 모든 영역의 자성계수는 μ_o [H/m]로 가정한다.

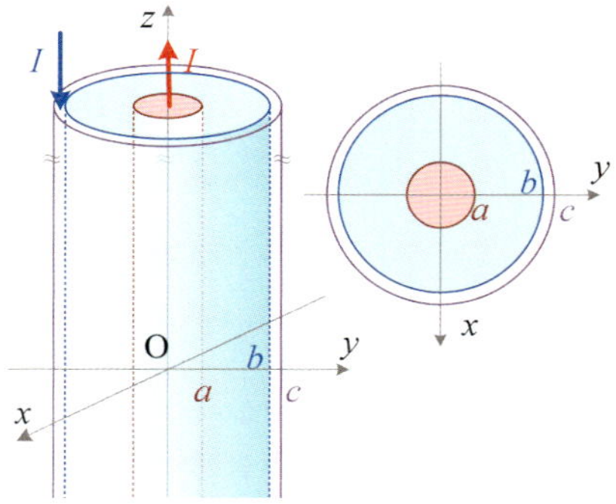

(a) 그림에 표시한 바와 같이 동축 전송선에 전류(I [A])가 흐를 때 전송선의 중심으로부터 거리에 따른 자계강도($\boldsymbol{H}$ [A/m])와 자속밀도($\boldsymbol{B}$ [Wb/m^2])의 크기를 그래프($H(\rho)$ vs. ρ, $B(\rho)$ vs. ρ)로 나타내라.

(b) 단위길이당 유도용량(inductance: L_o [H/m])을 구하라.

9.2 (Magnetic Field & Inductance) 그림과 같은 원형 단면을 갖는 반지형 권선(toroidal coil)을 이용한 자계유도기(인덕터: inductor)는 자기장을 전달하는 전자정보 통신용 핵심 부품으로서 작은 공간에 큰 용량과 우수한 특성을 구현하는 것이 중요한 과제다(반지형 권선의 고밀도 권선수는 N [turns], 자성체의 자성계수는 μ [H/m]).

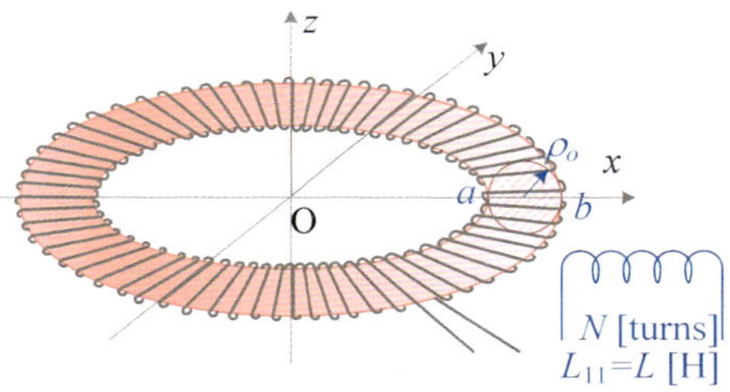

(a) 원형 단면 반지형 권선에 전류(I [A])가 흐를 때 암페어의 법칙을 이용하여 자성체 내부의 자속밀도($\boldsymbol{B}$ [Wb/m^2])를 구하라.

(b) 원형 단면의 반지형 권선 1개로 전달되는 자속(Ψ_m [Wb])을 구하라.

(c) N회의 반지형 권선 전체를 통한 결합자속량(magnetic flux linkage: Λ [Wb·turns])을 구하라.

(d) 원형 단면 반지형 권선의 자체유도용량(self-inductance: L [H])을 구하라.

(e) 원형 단면 반지형 권선의 소형화를 위해 택할 수 있는 방법을 설명하라.

9.3 (Inductance, Capacitance & Transmission Line) 그림과 같이 도체(σ [Ω^{-1}/m])의 내부(반지름 a [m]) 및 외부 도체(반지름 b [m], 아주 얇은 두께)로 구성된 무한한 길이의 원형 동축 전송선은 전자파 신호를 전달하는 용도로 유용하게 사용되며, 이를 구성하는 재료와 기하학적 구조에 의해 그 특성이 결정된다. 특히, 전송선 등가회로 모델(transmission line model)을 이용한 신호전달 특성 해석에는 전송선의 특성 임피던스(Z_o [Ω])를 사용하는 것이 편리하다. 또한, 전송선의 특성 임피던스를 이해하고 전자기파 신호전달의 해석에 잘 활용하기 위해서는 단위길이당 정전용량(capacitance: C_o [F/m])과 유도용량(inductance: L_o [H/m])의 변화를 이해하는 것이 필요하다.

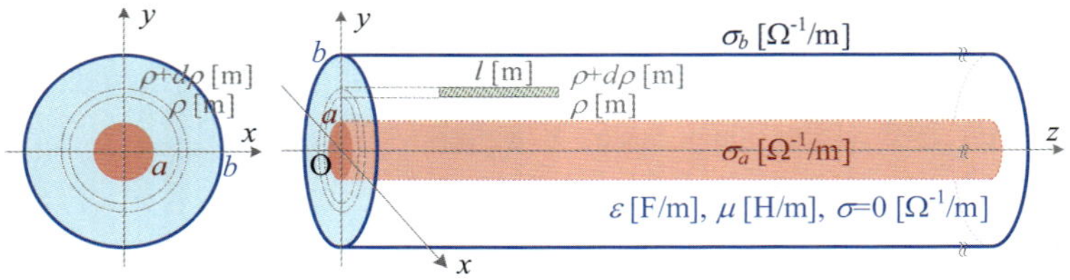

(a) 내부 도체에 $+Q$ [C], 외부 도체에 $-Q$ [C]의 전하가 있을 때 가우스의 법칙을 이용하여 두 도체 사이의 전계강도($\boldsymbol{E}(r)$ [V/m])를 구하고, 두 도체 사이의 전위차를 구하라.

(b) 이를 이용하여 단위길이당 정전용량($C_o \equiv C/l$ [F/m])을 구하라.

내부 도체에 전류(I [A])가 균일한 전류 밀도로 흐르고, 외부 도체에 동일한 크기의 반대방향 전류($-I$ [A])가 흐르는 경우를 가정한다.

(c) 암페어의 법칙을 이용하여 내부 도체 안쪽($\rho < a$) 부분의 자속밀도($\boldsymbol{B}(\boldsymbol{r})$ [Wb/m²])를 구하라.

(d) 암페어의 법칙을 이용하여 두 도체 사이($a < \rho < b$)의 자속밀도($\boldsymbol{B}(\boldsymbol{r})$ [Wb/m²])를 구하라.

(e) 암페어의 법칙을 이용하여 동축 전송선 외부($\rho > b$)의 자속밀도($\boldsymbol{B}(\boldsymbol{r})$ [Wb/m²])를 구하라.

(f) 그림에 빗금 친 것과 같이 내부 도체에 흐르는 전류에 의해 형성된 자기장으로 인해 ($\rho \sim \rho + d\rho$, $z_o \sim z_o + dz$) 작은 단면을 통해 전달되는 부분 자속량(differential magnetic flux : $d\Psi_m$ [Wb])을 구하라.

(g) 내부 도체에 흐르는 전류에 의해 형성된 자기장이 외부 도체로 결합되는 결합자속량(magnetic flux linkage : Λ [Wb])을 구하라.

(h) 위의 결과를 이용하여 동축 전송선의 단위길이당 상호유도용량($L_o \equiv L/l$ [H/m])을 구하라.

9.4 (Magnetic Field, Inductance) 오른쪽 그림과 같이 반지름이 a [m]인 원통형 전자재료(μ, ϵ, $\sigma = 0$)를 촘촘하게 고밀도로 감은 막대형 권선(solenoid ; 권선밀도 $= N$ [turns/m])이 있다. 그림과 같이 도선에 전류(I [A])가 흐르는 경우를 가정한다.

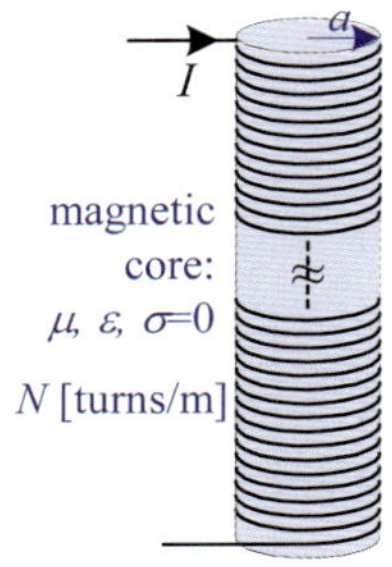

(a) 권선 내부($\rho < a$)와 외부($\rho > a$)의 자속밀도($\boldsymbol{B}$ [Wb/m²])를 구하라.

(b) 막대형 권선을 형성하는 권선 1회를 통과하는 자속량(Ψ_{m1} [Wb])을 구하라.

(c) 막대형 권선 전체의 자체결합자속량(Λ_1 [Wb])을 구하라.

(d) 전류는 그대로 유지하되 자체 결합자속량을 4배로 증가시킬 수 있는 방법을 설명하라.

(e) 이 막대형 권선의 단위길이당 자체유도용량($L_o \equiv L/l$ [H/m])을 구하라.

(f) 전류를 2배로 증가시킬 경우, 자속결합량(Λ_2 [Wb])을 구하라.

(g) 전류를 2배로 증가시킬 경우, 단위길이당 자체유도용량($L_{o2} \equiv L_2/l$ [H/m])을 구하라.

(h) 자성계수(μ [H/m])를 2배로 증가시킬 경우, 단위길이당 자체유도용량($L_{o3} \equiv L_3/l$ [H/m])을 구하라.

9.5 (Magnetic Field, Inductance) 그림과 같은 구조의 4각 단면의 반지형 권선 코일의 유도용량(toroidal inductor/coil)은 휴대용 통신 시스템의 핵심 부품이며, 작은 공간에 큰 인덕턴스를 구현하는 것이 매우 중요하다. 반지형 권선을 구성하는 도선들은 아주 촘촘하게 감겨 있으며(N [turns]), 자성체(magnetic core)의 자성계수는 μ [H/m]이다.

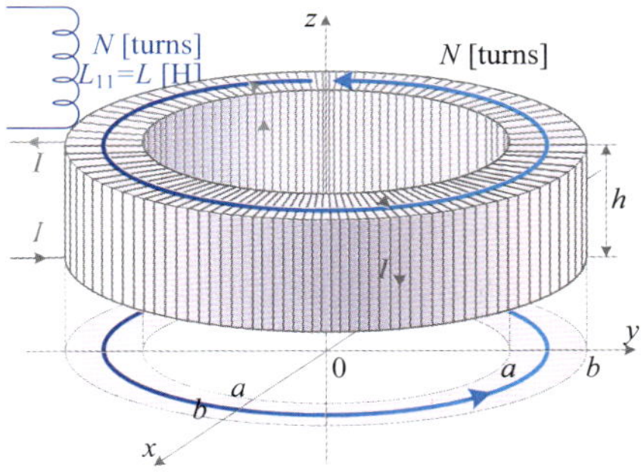

(a) 4각 단면 구조의 반지형 권선 코일(Toroidal coil)에 전류(I [A])가 흐를 때 암페어의 법칙(Ampere's law)을 이용하여 자성체 내부의 자계강도($\boldsymbol{H}(\boldsymbol{r})$ [A/m])를 구하라.

(b) 권선 1개(또는 1회)를 통해 전달되는 자속량(magnetic flux: Ψ_m [Wb])을 구하라.

(c) 전류, 반지름, 단면 구조의 변화없이 권선 1개(또는 1회)를 통해 전달되는 자속량(Ψ_m [Wb])을 2배로 증가시킬 수 있는 방법을 설명하라.

(d) 권선전체를 통한 결합자속량(magnetic flux linkage: Λ [Wb.turns])을 구하라.

(e) 전류와 반지름과 단면 구조의 변화없이 결합자속량(Λ [Wb.turns])을 2배로 증가시킬 수 있는 방법을 설명하라.

(f) 이 4각 단면 구조 반지형 권선(toroidal coil)의 자체유도용량(self-inductance: L [H])을 구하라.

(g) 자성체의 자성계수 변화에 따른 자체유도용량의 변화를 그래프(L [H] vs. μ)로 그려라.

(h) 권선수 변화에 따른 자체유도용량의 변화를 그래프(L [H] vs. N)로 그려라.

(i) 내부 반경(a [m])이 고정된 경우 외부 반경(b [m])의 변화에 따른 자체유도용량의 변화(L [H] vs. b)를 그려라.

(j) 내부 반지름과 외부 반지름의 비(b/a)의 변화에 따른 유도용량의 변화(L [H] vs. (b/a))를 그려라

(k) a와 b가 고정된 경우 높이(h [m])의 변화에 따른 유도용량의 변화(L [H] vs. h)를 그려라

(l) 자체유도용량은 그대로 유지하되 4각 단면 구조의 반지형 권선의 소형화를 위해 효과적인 방법은 무엇인지 설명하라.

9.6 (Magnetic Field, Inductance) 오른쪽 그림과 같이 반지름이 a [m]인 원통형 자성체(μ [H/m], ϵ [F/m], $\sigma = 0$ [Ω^{-1}/m])가 등간격으로 촘촘하게 감겨 있고, 반지름에 비해 길이가 매우 긴($l >> a$) 막대형 권선(solenoid; N [turns/m])이 있다. 그림과 같이 전류(I [A])가 흐르는 경우를 가정한다.

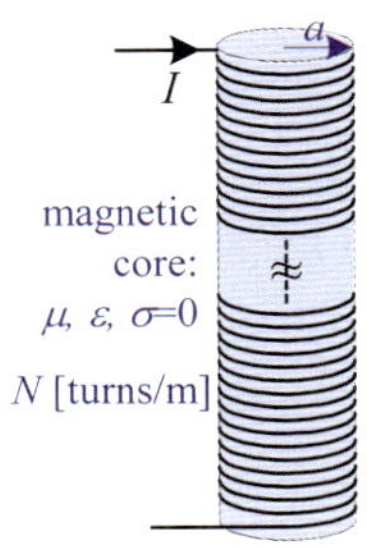

(a) 권선 내부와 외부의 자계강도($\boldsymbol{H}$ [A/m])를 구하라.

(b) 권선을 형성하는 권선 1회를 통해 전달되는 자속량(Ψ_{m1} [Wb])을 구하라.

(c) gN회의 권선 전체를 통한 결합자속량(Λ_1 [Wb])을 구하라.

(d) 전류는 그대로 유지하되 결합자속량을 2배로 증가시킬 수 있는 방법을 설명하라.

(e) 권선밀도는 그대로 유지하되 결합자속량을 2배로 증가시킬 수 있는 방법을 설명하라.

(f) 이 권선의 단위길이당 자체유도용량($L_{01} \equiv L_1/l$ [H/m])을 구하라.

(g) 전류를 2배로 증가시킬 경우 자체유도용량($L_{o2} \equiv L_2/l$ [H/m])을 구하라.

(h) 자성계수를 2배로 증가시킬 경우 자체유도용량($L_{o2} \equiv L_2/l$ [H/m])을 구하라.

(i) 유전상수를 2배로 증가시킬 경우 자체유도용량($L_{o2} \equiv L_3/l$ [H/m])을 구하라.

(j) 권선의 반지름을 1/20로 감소시킬 경우 자체유도용량($L_{o4} \equiv L_4/l$ [H/m])을 L_{o1}과 비교하라(참고: $e^3 \cong 20$).

(k) 자체유도용량은 그대로 유지하되 소형화를 위해 효과적인 방법은 무엇인지 설명하라.

9.7 (Magnetic Field, Inductance) 그림과 같이 반지름이 $\rho = a$ [m]인 원통형 자성체(매질의 특성: ϵ [F/m], μ [H/m], $\sigma = 0$ [Ω^{-1}/m])가 등간격(권선밀도: n_o [회/m])의 전류도선으로 감겨 있고, 반지름에 비해 길이가 매우 긴 막대형 권선이 있다. 그림과 같이 권선 전류(I [A])가 흐르는 경우를 가정한다.

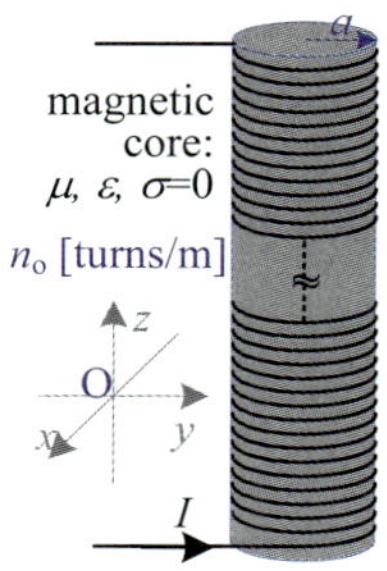

(a) 대칭성과 암페어의 법칙을 이용, 권선 내부와 외부의 자계강도($\boldsymbol{H}$ [A/m])를 구하라.

(b) 권선 내부와 외부의 자속밀도($\boldsymbol{B}$ [Wb/m^2])를 구하라.

(c) 권선을 구성하는 권선 1개를 관통하는 자속량(Ψ_{m1} [Wb])을 구하라.

(d) 권선 전체의 자속결합량(Λ_1 [Wb])을 구하라.

(e) 이 권선의 단위길이당 자체유도용량($L_o = L/l$ [H/m])을 구하라.

(f) 권선에 흐르는 전류를 2배 증가시킬 경우, 권선 내부의 자기장 세기는 어떻게 변하는지 설명하라.

(g) 권선에 흐르는 전류를 2배 증가시킬 경우, 자체유도용량은 어떻게 변하는지 설명하라.

(h) 권선의 권선밀도(n_o [회/m])를 2배 증가시킬 경우, 권선 내부의 자기장 세기는 어떻게 변하는지 설명하라.

(i) 권선의 권선밀도를 2배 증가시킬 경우, 자체유도용량은 어떻게 변하는지 설명하라.

(j) 자체유도용량을 4배 증가시키기 위해 반지름을 조절할 경우, 자체유도용량의 부피는 어떻게 변하는지 설명하라.

(k) 자체유도용량을 4배 증가시키기 위해 반지름을 조절할 경우, 자체유도용량에 사용된 권선의 총 길이는 어떻게 변하는지 설명하라.

(l) 자계유도기의 부피와 권선에 사용된 도선의 길이를 증가시키지 않고, 자체유도용량을 4배 증가시킬 수 있는 방법을 설명하라.

9.8 (Magnetic Field, Inductance) 그림과 같이 반지름이 a [m]인 원통형 자성체(μ [H/m])에 1차 권선과 2차 권선이 고밀도의 등간격(1차 & 2차 권선밀도: N_1 & N_2 [turns/m])으로 겹쳐서 감겨 있는 막대형 권선 형태의 변압기가 있다. 1차 권선에 전류(I [A])가 흐르는 경우를 가정한다.

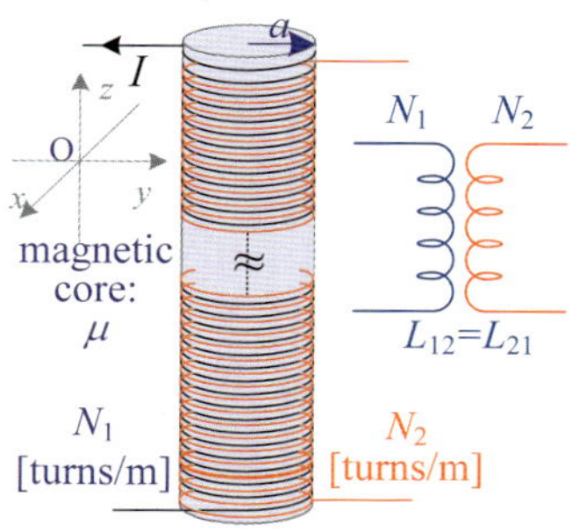

(a) 1차 권선에 의해 형성된 권선 내부의 자계강도($\boldsymbol{H}_1$ [A/m])를 대칭성과 암페어의 법칙을 이용하여 구하라.

(b) 1차 권선에 의해 형성된 자기장이 2차 권선을 구성하는 권선 1개로 전달된 자속량(Ψ_{m12} [Wb])을 구하라.

(c) 1차 권선에 의해 형성된 자속이 2차 권선 전체를 통해 전달된 결합자속량(magnetic flux linkage: Λ_{12} [Wb·turns]을 구하라.

(d) 1차 권선에 흐르는 전류(I [A])와 2차 코일로 전달된 결합자속량(Λ_{12}[Wb·turns])의 관계를 그림(I vs. Λ_{12})으로 그려라.

(e)1차 권선의 권선밀도(N_1)와 2차 권선으로 전달된 결합자속량(Λ_{12} [Wb·turns])의 관계를 그림(N_1 vs. Λ_{12})으로 그려라.

(f)2차 권선의 권선밀도(N_2)와 2차 권선으로 전달된 결합자속량(Λ_{12} [Wb·turns])의 관계를 그림(N_2 vs. Λ_{12})으로 그려라.

(g) 1차 권선의 전류는 그대로 유지하면서, 2차 권선으로 전달된 결합자속량을 2배로 증가시킬 수 있는 방법을 설명하라.

(h) 1차 권선의 권선밀도와 전류는 그대로 유지하면서, 2차 권선으로 전달된 결합자속량을 2배 증가시킬 수 있는 방법을 설명하라.

(i) 이 변압기 구조의 단위길이당 상호유도용량(mutual-inductance: $L_{o12} = L_{12}/l$ [H/m])을 구하라.

(j) 1차 권선에 흐르는 전류(I [A])와 상호유도용량(L_{o12}[H/m])의 변화를 그림(I vs. L_{12})으로 그려라.

(k) 1차 권선의 권선밀도(N_1)와 상호유도용량(L_{o12} [H/m])의 변화를 그림(N_1 vs. L_{12})으로 그려라.

(l) 2차 권선의 권선밀도(N_2)와 상호유도용량(L_{o12} [H/m])의 변화를 그림(N_2 vs. L_{12})으로 그려라.

(m) 권선 내부의 자성계수(μ [H/m]) 변화에 따른 상호유도용량(L_{o21} [H/m])의 변화를 그림(μ vs. L_{o12})으로 그려라.

(n) 원통형 자성체의 반지름(a [m])의 변화와 상호유도용량(L_{o12} [H/m])의 변화를 그림으로 그려라(a vs. L_{12}).

(o) 권선의 권선밀도를 일정하게 유지하는 경우, 권선 막대의 길이(l [m])에 따른 상호유도용량(L_{12} [H])의 변화를 그림(l vs. L_{12o})으로 그려라.

(p) 휴대용 전자기기 등에 사용되는 초소형 변압기의 소형화를 위해 택할 수 있는 효율적인 방법을 설명하라.

9.9 (Magnetic Field, Inductance) 그림과 같이 반지름이 a [m]인 원통형 자성체(μ [H/m])에 1차 권선과 2차 권선이 고밀도의 등간격(1차 & 2차 권선밀도: N_1 & N_2 [turns/m])으로 겹쳐서 감겨 있는 막대형 권선 형태의 변압기 구조를 이루고 있다. 2차 권선에 전류(I [A])가 흐르는 경우를 가정한다.

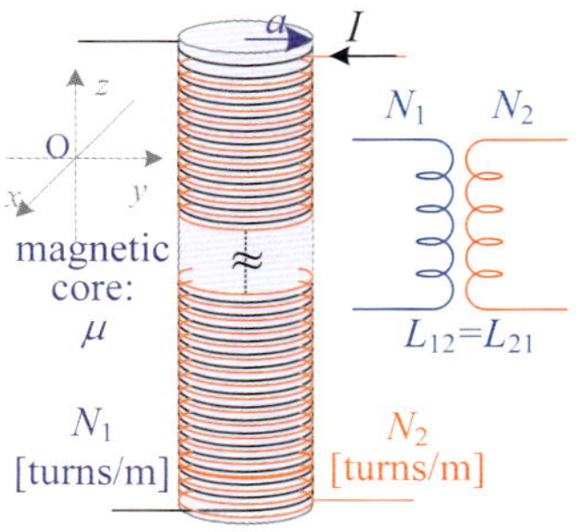

(a) 대칭성과 암페어의 법칙을 이용하여 2차 권선에 의해 형성된 권선 내부의 자계강도($\boldsymbol{H}_2$ [A/m])를 구하라.

(b) 2차 권선에 의해 형성된 자기장이 1차 권선을 구성하는 권선 1개로 전달되는 자속량(Ψ_{m21} [Wb])을 구하라.

(c) 2차 권선에 의해 형성된 자속이 1차 권선 전체를 통해 전달된 결합자속량(magnetic flux linkage: Λ_{21} [Wb·turns])을 구하라.

(d) 2차 권선에 흐르는 전류(I [A])와 1차 권선으로 전달된 결합자속량(Λ_{21} [Wb·turns])의 관계를 그림(I vs. Λ_{12})으로 그려라.

(e) 2차 권선의 권선밀도(N_2)와 1차 권선으로 전달된 결합자속량(Λ_{21} [Wb·turns])의 관계를 그림(N_2 vs. Λ_{21})으로 그려라.

(f) 1차 권선의 권선밀도(N_2)와 1차 권선으로 전달된 결합자속량(Λ_{21} [Wb·turns])의 관계를 그려라(N_1 vs. Λ_{21}).

(g) 2차 권선의 전류는 그대로 유지하면서, 1차 권선으로 전달된 결합자속량을 4배로 증가시킬 수 있는 방법을 설명하라.

(h) 1차 권선의 권선밀도와 전류는 그대로 유지하면서, 2차 권선으로 전달된 결합자속량을 4배 증가시킬 수 있는 방법을 설명하라.

(i) 이 변압기 구조의 단위길이당 상호유도용량(mutual−inductance: $L_{o21} = L_{21}/l$ [H/m])을 구하라.

(j) 2차 권선에 흐르는 전류(I [A])와 상호유도용량(L_{o21} [H/m])의 변화를 그림(I vs. L_{o21})으로 그려라.

(k) 2차 권선의 권선밀도(N_2)와 상호유도용량(L_{o21} [H/m])의 변화를 그림(N_1 vs. L_{o21})으로 그려라.

(l) 1차 권선의 권선밀도(N_1)와 상호유도용량(L_{o21} [H/m])의 변화를 그림(N_2 vs. L_{o21})으로 그려라.

(m) 권선 내부 자성체의 자성계수(μ [H/m]) 변화에 따른 상호유도용량(L_{o21} [H/m])의 변화를 그림(μ vs. L_{o21})으로 그려라.

(n) 원통형 자성체의 반지름(a [m])의 변화와 상호유도용량(L_{o21} [H/m])의 변화를 그림(a vs. L_{o21})으로 그려라.

(o) 권선의 권선밀도를 일정하게 유지하는 경우, 권선 막대의 길이(l [m])에 따른 상호유도용량(L_{21} [H])의 변화를 그림(l vs. L_{21})으로 그려라.

(p) 휴대용 전자기기 등에 사용되는 초소형 변압기의 소형화, 경량화를 위해 택할 수 있는 효율적인 방법을 설명하라.

Part 3

시간에 따라 변하는 전기장과 자기장의 상호작용 : 맥스웰 방정식과 전자기파의 전파 특성

Interaction between Time-Varying Electric and Magnetic Fields: Maxwell's Equations and Electromagnetic Field & Waves

10장 시간에 따라 변하는 전기장과 자기장의 상호관계: 맥스웰 방정식

· 패러데이 법칙: 시변 자기장에 의한 기전력(emf[V]=V_g: Electromotive force/gererated voltage)

$$emf\ [\mathrm{V}]=V_g\ [\mathrm{V}]=\oint \vec{E}(\vec{r},t)\cdot d\vec{l}=\int_S\left(\nabla\times\vec{E}(\vec{r},t)\right)\cdot d\vec{S}$$

$$=-\frac{\partial\Psi_m(t)}{\partial t}=-\frac{\partial}{\partial t}\left(\int_S\vec{B}(\vec{r},t)\cdot d\vec{S}\right)$$

$$\rightarrow\nabla\times\vec{E}(\vec{r},t)\ [\mathrm{V/m^2}]=-\frac{\partial\vec{B}(\vec{r},t)}{\partial t}$$

$$\leftarrow\left(\int_S-\vec{B}_o(\vec{r})\cdot\frac{\partial d\vec{S}(t)}{\partial t}\right)_{\rightarrow 0}$$

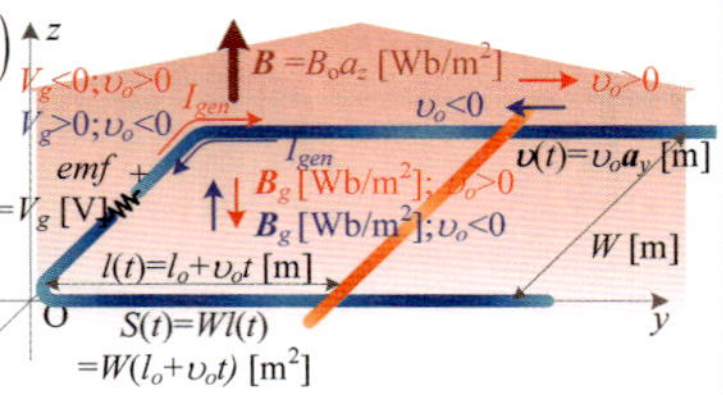

· 연속방정식: 이동전하의 시간에 따른 변화와 공간적 분포를 결정하며, 이를 해석하는 데 사용

$$\nabla\cdot\vec{J}(\vec{r},t)\ [\mathrm{A/m^3}]=-\frac{\partial\rho_{mv}(\vec{r},t)}{\partial t}$$

· 시변 전기장에 의한 변위 전류($J_D(r,t)$)와 자계강도 형성: 암페어 법칙의 확장

$$\nabla\times\vec{H}(\vec{r},t)=\vec{J}(\vec{r},t)\ [\mathrm{A/m^2}]\iff\nabla\cdot\left(\nabla\times\vec{H}(\vec{r},t)\right)\ [\mathrm{A/m^3}]=0$$

$$\vec{J}(\vec{r},t)\ [\mathrm{A/m^2}]=\vec{J}_C(\vec{r},t)+\vec{J}_D(\vec{r},t)\ ;\begin{cases}\vec{J}_C(\vec{r},t)\ [\mathrm{A/m^2}]=\sigma\vec{E}(\vec{r},t)\\ \vec{J}_D(\vec{r},t)\ [\mathrm{A/m^2}]=\dfrac{\partial\vec{D}(\vec{r},t)}{\partial t}\\ \vec{D}(\vec{r},t)\ \ [\mathrm{C/m^2}]=\epsilon\vec{E}(\vec{r},t)\end{cases}$$

· 유전체의 손실 탄젠트(Loss tangent): 전기전도성으로 인한 전하의 손실을 나타내는 특성 지표

$$\tan\theta=\left|\frac{J_C(t)}{J_D(t)}\right|=\left(\frac{\sigma}{\omega\epsilon}\right)\rightarrow\theta\ [\mathrm{rad}]=\tan^{-1}\left(\frac{\sigma}{\omega\epsilon}\right)\ ;\ 0\le\theta\ [\mathrm{rad}]\le\frac{\pi}{2}$$

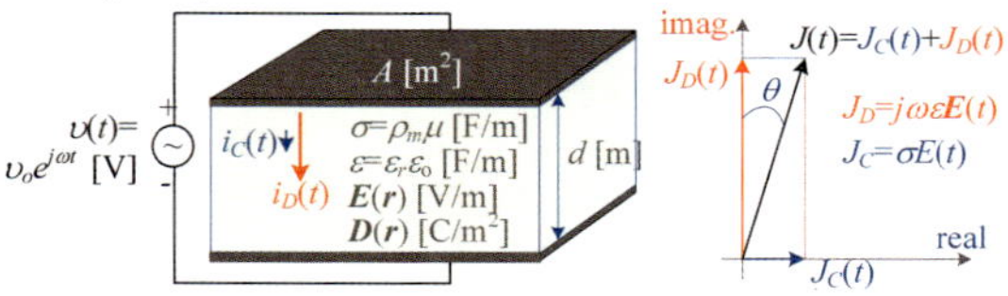

· 유도용량에 흐르는 전류와 자기유도 에너지

$$W_m\ [\mathrm{J}]=\frac{1}{2}\sum_{i=1}^{N}\left(\sum_{j=1}^{N}\left(L_{ij}I_iI_j\right)\right)=\frac{1}{2}\sum_{i=1}^{N}I_i\Psi_{m,i}\ ;\ \Psi_{m,i}\ [\mathrm{Wb}](=[\mathrm{H\cdot A}])=\sum_{j=1}^{N}L_{ij}I_j$$

$$W_m=\int_{i(t)=0\rightarrow I}P_m(t)dt=\int_{i(t)=0\rightarrow I}i(t)V_g(t)dt=\int_{i(t)=0\rightarrow I}i(t)L\frac{\partial i(t)}{\partial t}dt=\int_{i=0}^{I}iLdi$$

$$=\frac{1}{2}LI^2\ [\mathrm{J}]\left(=[\mathrm{H\cdot A^2}]\right)\qquad\leftarrow emf\ [\mathrm{V}]=V_g=L\frac{\partial i(t)}{\partial t}$$

· 자기장의 에너지 밀도 : δW_M [W/m³]

$$\vec{H}(\vec{r})\ [\mathrm{A/m}]=\int_{\substack{source\\current}}d\vec{H}(\vec{r})\ ;\ d\vec{H}(\vec{r})\ [\mathrm{A/m}]=\frac{I_s d\vec{l}_s\times\hat{a}_R}{4\pi R^2}$$

$$\vec{B}(\vec{r})\ [\mathrm{Wb/m^2}]=\mu\vec{H}(\vec{r})$$

$$\vec{F}_m(\vec{r})\ [\mathrm{N}]=\int_{\substack{test\\current}}d\vec{F}_m(\vec{r})\ ;\ d\vec{F}_m(\vec{r})\ [\mathrm{N}]=I_t d\vec{l}_t\times\vec{B}(\vec{r})$$

$$\rightarrow\begin{cases}W_m\ [\mathrm{J}]=\int_{\substack{magnetic\\field}}dW_m(\vec{r})=\int_{\substack{magnetic\\field}}\delta W_m(\vec{r})dv\ ;\ dW_m(\vec{r})\ [\mathrm{J}]=-\vec{F}(\vec{r})\cdot d\vec{l}\\ \delta W_m(\vec{r})\ [\mathrm{J/m^3}]\equiv\dfrac{dW_m(\vec{r})}{dv}=\dfrac{1}{2}\left(\vec{H}(\vec{r})\cdot\vec{B}(\vec{r})\right)\end{cases}$$

· 시변 전기장과 시변 자기장의 상호 작용을 지배하는 맥스웰(Maxwell) 방정식

$$\begin{cases}\vec{D}(\vec{r},t)\ [\mathrm{C/m^2}]=\epsilon(\vec{r})\vec{E}(\vec{r},t) & ;\ \epsilon\ [\mathrm{F/m}]=\epsilon_o\epsilon_r\ \ ;\ \epsilon_r\equiv 1+\chi_e\\ \vec{B}(\vec{r},t)\ [\mathrm{Wb/m^2}]=\mu(\vec{r})\vec{H}(\vec{r},t) & ;\ \mu\ [\mathrm{H/m}]=\mu_o\mu_r\ ;\ \mu_r\equiv 1+\chi_m\end{cases}$$

· 시변 자기장에 의한 기전력: 패러데이 법칙의 미분형과 적분형

$$\nabla\times\vec{E}(\vec{r},t)=-\frac{\partial\vec{B}(\vec{r},t)}{\partial t}\ [\mathrm{V/m^2}]\longleftrightarrow\int\left(\nabla\times\vec{E}(\vec{r},t)\right)\cdot d\vec{S}=\oint\vec{E}(\vec{r},t)\cdot d\vec{l}=emf[\mathrm{V}]$$

· 자기장의 근원전류와 회전성 자계강도: 암페어 법칙의 미분형과 적분형

$$\nabla\times\vec{H}(\vec{r},t)=\vec{J}(\vec{r},t)\quad[\mathrm{A/m^2}]\longleftrightarrow\int\left(\nabla\times\vec{H}(\vec{r},t)\right)\cdot d\vec{S}=\oint\vec{H}(\vec{r},t)\cdot d\vec{l}=I_{enc}[\mathrm{A}]$$

· 전기장의 근원 전하와 방사형 등가전하밀도 해석: 미분형 포아송 방정식과 적분형 가우스의 법칙

$$\nabla\cdot\vec{D}(\vec{r},t)=\rho(\vec{r},t)\qquad[\mathrm{C/m^3}]\longleftrightarrow\int\left(\nabla\cdot\vec{D}(\vec{r},t)\right)dv=\oint\vec{D}(\vec{r},t)\cdot d\vec{S}=Q_{enc}\ [\mathrm{C}]$$

· 회전성 자속밀도의 발산량: 회전성 자속; 폐경로를 형성, 폐경로의 자기쌍극자로 존재

$$\nabla\cdot\vec{B}(\vec{r},t)=0\quad[\mathrm{Wb/m^3}]\longleftrightarrow\int\left(\nabla\cdot\vec{B}(\vec{r},t)\right)dv=\oint\vec{B}(\vec{r},t)\cdot d\vec{S}=\Psi_{m,enc}=0\ [\mathrm{Wb}]$$

· 전기장&자기장의 접선&법선 방향 경계조건(경계면 전하밀도: ρ_s [C/m²], 경계면 전류밀도: K [A/m])

$$\begin{cases}E_{t1}=E_{t2}\qquad[\mathrm{V/m}]\\ D_{n1}-D_{n2}=\rho_S[\mathrm{C/m^2}]\end{cases}\&\begin{cases}H_{t1}-H_{t2}=K\ [\mathrm{A/m}]\\ B_{n1}=B_{n2}\qquad[\mathrm{Wb/m^2}]\end{cases}\leftarrow\begin{cases}\vec{E}(\vec{r},t)\ [\mathrm{V/m}]=E_t\hat{a}_t+E_n\hat{a}_n\\ \vec{H}(\vec{r},t)\ [\mathrm{A/m}]=H_t\hat{a}_t+H_n\hat{a}_n\end{cases}$$

11장 시변 전자기장 해석을 위한 전자파 방정식과 응용: 맥스웰 방정식의 응용

· 시변 전기장과 자기장의 상호작용을 통한 전자기파의 전파

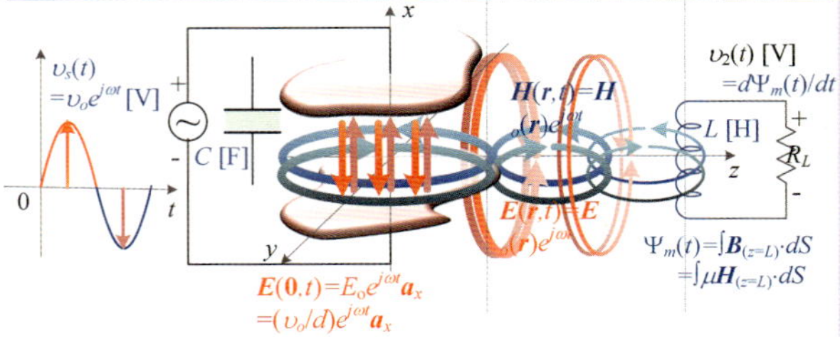

$$\begin{cases}-\dfrac{\partial\vec{B}(\vec{r},t)}{\partial t}=\nabla\times\vec{E}(\vec{r},t)\ [\mathrm{V/m^3}]\\ \&\vec{B}(\vec{r},t)=\mu(\vec{r})\vec{H}(\vec{r},t)\ [\mathrm{Wb/m^2}]\end{cases}$$

: 시변 자기장에 의한 회전성 전계강도(기전력) 생성

$$\begin{cases}\dfrac{\partial\vec{D}(\vec{r},t)}{\partial t}+\sigma\vec{E}(\vec{r},t)=\nabla\times\vec{H}(\vec{r},t)=\vec{J}(\vec{r},t)\ [\mathrm{A/m^2}]\\ \vec{J}(\vec{r},t)=\vec{J}_D(\vec{r},t)+\vec{J}_C(\vec{r},t)\\ ;\vec{J}_D(\vec{r},t)=\dfrac{\partial\vec{D}(\vec{r},t)}{\partial t},\vec{J}_C(\vec{r},t)=\sigma\vec{E}(\vec{r},t)\\ \&\vec{D}(\vec{r},t)=\epsilon(\vec{r})\vec{E}(\vec{r},t)\ [\mathrm{C/m^2}]\end{cases}$$

: 시변 전기장에 의한 회전성 자계강도 생성

시변 전자기장의 상호작용을 지배하는/해석하는 데 사용되는 미분형 맥스웰 방정식

$$\begin{cases}\nabla\times\vec{E}(\vec{r},t)=-\dfrac{\partial\vec{B}(\vec{r},t)}{\partial t}\ [\mathrm{V/m^2}]\\ \nabla\cdot\vec{D}(\vec{r},t)=\rho(\vec{r},t)\qquad[\mathrm{C/m^3}]\end{cases}\&\begin{cases}\nabla\times\vec{H}(\vec{r},t)=\vec{J}(\vec{r},t)=\sigma\vec{E}(\vec{r},t)+\dfrac{\partial\vec{D}(\vec{r},t)}{\partial t}\ [\mathrm{A/m^2}]\\ \nabla\cdot\vec{B}(\vec{r},t)=0\qquad[\mathrm{Wb/m^3}]\end{cases}$$

$$\nabla\cdot\vec{J}(\vec{r},t)=-\frac{\partial\rho_{mv}(\vec{r},t)}{\partial t}\ [\mathrm{A/m^3}]$$

· 전하 중성($\rho(r)$=0) 매질에서 시정현 전자기파의 전파 특성 해석에 사용하는 전파방정식

$$\begin{cases}\vec{H}(\vec{r},t)\ [\mathrm{A/m}]=\vec{H}_o(\vec{r})e^{j\omega t}\ ;\ \vec{E}(\vec{r},t)\ [\mathrm{V/m}]=\vec{E}_o(\vec{r})e^{j\omega t}\\ \nabla\times\left(\nabla\times\vec{E}(\vec{r},t)\right)=-j\omega\mu\left(\nabla\times\vec{H}(\vec{r},t)\right)\ [\mathrm{V/m^3}]\\ \nabla\times\left(\nabla\times\vec{H}(\vec{r},t)\right)=(\sigma+j\omega\epsilon)\left(\nabla\times\vec{E}(\vec{r},t)\right)\ [\mathrm{A/m^3}]\end{cases}\leftarrow\begin{cases}\nabla\cdot\vec{E}(\vec{r},t)=0\\ ;\rho(\vec{r})=0\\ \nabla\cdot\vec{H}(\vec{r},t)=0\end{cases}$$

$$\begin{cases}\nabla^2\vec{E}(\vec{r},t)=j\omega\mu(\sigma+j\omega\epsilon)\vec{E}(\vec{r},t)=\gamma^2\vec{E}(\vec{r};t)\ :\ \boxed{\begin{matrix}\nabla^2\vec{E}(\vec{r},t)-\gamma^2\vec{E}(\vec{r},t)=0\\ \nabla^2\vec{E}_o(\vec{r})-\gamma^2\vec{E}_o(\vec{r})=0\end{matrix}}\\ \gamma^2\equiv j\omega\mu(\sigma+j\omega\epsilon)\ [1/\mathrm{m^2}]\\ \nabla^2\vec{H}(\vec{r},t)=j\omega\mu(\sigma+j\omega\epsilon)\vec{H}(\vec{r},t)=\gamma^2\vec{H}(\vec{r};t):\ \boxed{\begin{matrix}\nabla^2\vec{H}(\vec{r},t)-\gamma^2\vec{H}(\vec{r},t)=0\\ \nabla^2\vec{H}_o(\vec{r})-\gamma^2\vec{H}_o(\vec{r})=0\end{matrix}}\end{cases}$$

· 전하 중성($\rho(r)$=0 [C/m³]) 매질 전자기파의 전파특성을 지배하는 전파상수(γ[1/m])와 벡터 전파상수 : 감쇄상수(α[Np/m]), 위상상수(β[rad/m])

$$\gamma\ [1/\mathrm{m}]\equiv\alpha+j\beta\ ;\begin{cases}\alpha\ [\mathrm{Np/m}]\equiv\omega\sqrt{\dfrac{\mu\epsilon}{2}\left(\sqrt{1+(\sigma/\omega\epsilon)^2}-1\right)}\\ \beta\ [\mathrm{rad/m}]\equiv\omega\sqrt{\dfrac{\mu\epsilon}{2}\left(\sqrt{1+(\sigma/\omega\epsilon)^2}+1\right)}\end{cases}$$

: 스칼라 전파상수(γ) 감쇄상수(α) & 위상상수(β)

$$\vec{k}\ [1/\mathrm{m}]=\gamma\hat{a}_p\equiv(\alpha+j\beta)\hat{a}_p\ ;\ \hat{a}_p\equiv\frac{\vec{\mathcal{P}}(\vec{r},t)}{\mathcal{P}(\vec{r},t)}=\hat{a}_E\times\hat{a}_H$$

$$\vec{\mathcal{P}}(\vec{r},t)\ [\mathrm{W/m^2}]\equiv\vec{E}(\vec{r},t)\times\vec{H}(\vec{r},t)=\mathcal{P}(\vec{r},t)\hat{a}_p$$

: 벡터 전파상수($\boldsymbol{k}$), 전파 방향 단위벡터($\boldsymbol{a}_p$), 전력밀도벡터($\mathcal{P}$)

· 전하 중성($\rho(r)$=0 [C/m³]) 매질에서 전파되는 시정현 전자기파의 일반 해

$$\begin{cases}\vec{H}_o(\vec{r})\ [\mathrm{A/m}]=\vec{H}_{o+}e^{-\vec{k}\cdot\vec{r}}+\vec{H}_{o-}e^{+\vec{k}\cdot\vec{r}}=\vec{H}_{o+}e^{-\gamma\hat{a}_p\cdot\vec{r}}+\vec{H}_{o-}e^{+\gamma\hat{a}_p\cdot\vec{r}}\\ \vec{E}_o(\vec{r})\ [\mathrm{V/m}]=\vec{E}_{o+}e^{-\vec{k}\cdot\vec{r}}+\vec{E}_{o-}e^{+\vec{k}\cdot\vec{r}}=\vec{E}_{o+}e^{-\gamma\hat{a}_p\cdot\vec{r}}+\vec{E}_{o-}e^{+\gamma\hat{a}_p\cdot\vec{r}}\end{cases}$$

$$\rightarrow\begin{cases}\vec{H}(\vec{r},t)\ [\mathrm{A/m}]=\vec{H}_o(\vec{r})e^{j\omega t}=\left(\vec{H}_{o+}e^{-\gamma\hat{a}_p\cdot\vec{r}}+\vec{H}_{o-}e^{+\gamma\hat{a}_p\cdot\vec{r}}\right)e^{j\omega t}\\ \vec{E}(\vec{r},t)\ [\mathrm{V/m}]=\vec{E}_o(\vec{r})e^{j\omega t}=\left(\vec{E}_{o+}e^{-\gamma\hat{a}_p\cdot\vec{r}}+\vec{E}_{o-}e^{+\gamma\hat{a}_p\cdot\vec{r}}\right)e^{j\omega t}\end{cases}$$

· 전하 중성($\rho(r)$=0 [C/m³]) 매질에서 z-축 방향으로 전파되는 시정현 전자기파의 일반 해

$$\begin{cases}\vec{H}_o(\vec{r})\ [\mathrm{A/m}]=\vec{H}_{o+}e^{-\gamma z}+\vec{H}_{o-}e^{+\gamma z}\\ \vec{E}_o(\vec{r})\ [\mathrm{V/m}]=\vec{E}_{o+}e^{-\gamma z}+\vec{E}_{o-}e^{+\gamma z}\end{cases}$$

$$\&\begin{cases}\vec{H}(\vec{r},t)\ [\mathrm{A/m}]=\vec{H}_o(\vec{r})e^{j\omega t}=\left(\vec{H}_{o+}e^{-\gamma z}+\vec{H}_{o-}e^{+\gamma z}\right)e^{j\omega t}\\ \vec{E}(\vec{r},t)\ [\mathrm{V/m}]=\vec{E}_o(\vec{r})e^{j\omega t}=\left(\vec{E}_{o+}e^{-\gamma z}+\vec{E}_{o-}e^{+\gamma z}\right)e^{j\omega t}\end{cases}$$

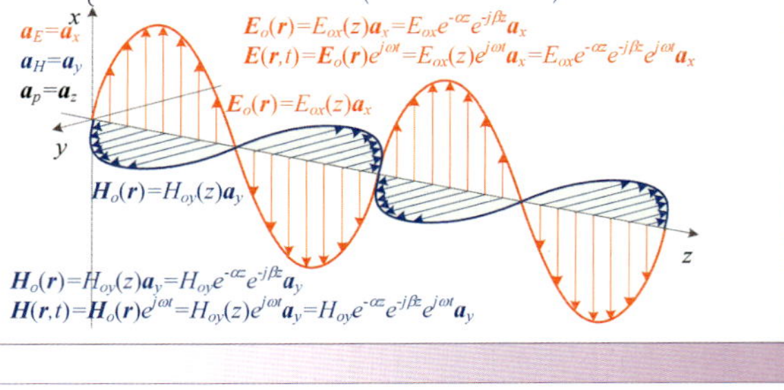

11장

· 전하 중성($\rho(r)=0$ [C/m³]) 매질에서 z-축 방향으로 전파되는 전자기파의 전기장과 자기장의 관계를 나타내는 특성 임피던스($\eta(\omega)$ [Ω])

$$\begin{cases}\vec{H}(\vec{r},t)\ [\mathrm{A/m}]=\vec{H}_o(\vec{r})e^{j\omega t}=\vec{H}_{o+}e^{-\gamma\hat{a}_p\cdot\vec{r}}e^{j\omega t}+\vec{H}_{o-}e^{+\gamma\hat{a}_p\cdot\vec{r}}e^{j\omega t}\\ \quad=\vec{H}_{o+}e^{-\alpha z}e^{j(\omega t-\beta z)}+\vec{H}_{o-}e^{+\alpha z}e^{j(\omega t+\beta z)}\\ \vec{E}(\vec{r},t)\ [\mathrm{V/m}]=\vec{E}_o(\vec{r})e^{j\omega t}=\vec{E}_{o+}e^{-\gamma\hat{a}_p\cdot\vec{r}}e^{j\omega t}+\vec{E}_{o-}e^{+\gamma\hat{a}_p\cdot\vec{r}}e^{j\omega t}\\ \quad=\vec{E}_{o+}e^{-\alpha z}e^{j(\omega t-\beta z)}+\vec{E}_{o-}e^{+\alpha z}e^{j(\omega t+\beta z)}\end{cases}$$

$$\eta(\omega)\ [\Omega]\equiv\sqrt{\frac{j\omega\mu}{\sigma+j\omega\epsilon}}\rightarrow\begin{cases}E_{o+}\ [\mathrm{V/m}]=\eta(\omega)\vec{H}_{o+}\\ H_{o+}\ [\mathrm{A/m}]=\dfrac{1}{\eta(\omega)}\vec{E}_{o+}\end{cases}$$

$$\eta(\omega)\big|_{\sigma=0}\ [\Omega]=\sqrt{\frac{\mu}{\epsilon}}=120\pi\sqrt{\frac{\mu_r}{\epsilon_r}},\ \ \eta(\omega)\big|_{\sigma=0,\ \epsilon=\epsilon_o,\ \mu=\mu_o}\ [\Omega]\equiv\eta_o=\sqrt{\frac{\mu_o}{\epsilon_o}}=120\pi\ [\Omega]$$

· 전자기파의 시간에 따른 위상 변화, 위상이 동일한 지점의 시간에 따른 이동, 전파 속도

$$\phi_o\ [\mathrm{rad}]=\omega t-\beta z_o(t)\ \ \&\ \ z_o(t)\ [\mathrm{m}]=\frac{1}{\beta}(\omega t-\phi_o)=-\frac{\phi_o}{\beta}+\frac{\omega}{\beta}t$$

$$\upsilon\ [\mathrm{m/s}]=\frac{\partial z_o(t)}{\partial t}=\frac{\partial}{\partial t}\left(-\frac{\phi_o}{\beta}+\frac{\omega}{\beta}t\right)=\frac{\omega\ [\mathrm{rad/s}]}{\beta\ [\mathrm{rad/m}]}=f\lambda\ \ \left(\omega=2\pi f,\lambda=\frac{2\pi}{\beta}\right)$$

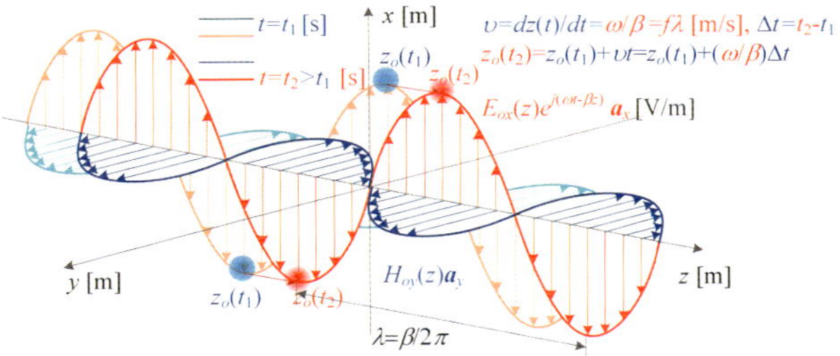

· 무손실 매질의 전력밀도 벡터(단위시간당 전달되는 에너지 밀도): Poynting vector

$$\vec{\mathcal{P}}(\vec{r})\ [\mathrm{W/m^2}]=\vec{E}_o(\vec{r})\times\vec{H}_o(\vec{r})=\frac{1}{\eta(\omega)}E_{ox}^2(\vec{r})\hat{a}_z=\eta(\omega)H_{ox}(\vec{r})^2\hat{a}_z=\mathcal{P}_o(\vec{r})\hat{a}_p$$

$$\mathcal{P}_o(\vec{r})\propto e^{-2\alpha z};\hat{a}_p=\hat{a}_z$$

$$d_s\ [\mathrm{m}]\equiv\frac{1}{\alpha}\bigg|_{\sigma\gg\omega\epsilon}=\frac{1}{\sqrt{\pi f\sigma\mu}}\propto\begin{cases}1/\sigma\\1/\mu\\1/f\end{cases}$$: 도체 내에서 전자기파의 유효침투 두께(skin depth)

· TEM, TE, TM-형 전자기파의 구분
(**TEM**: transverse electro-magnetic field, **TE**:transverse electric field, **TM**: transverse magnetic field)

$$\hat{a}_E\cdot\hat{a}_H=0\ \ \&$$

$$\text{TEM:}\begin{Bmatrix}\hat{a}_E\cdot\hat{a}_p=0\\ \hat{a}_H\cdot\hat{a}_p=0\end{Bmatrix},\quad \text{TE:}\begin{Bmatrix}\hat{a}_E\cdot\hat{a}_p=0\\ \hat{a}_H\cdot\hat{a}_p\neq0\end{Bmatrix},\quad \text{TM:}\begin{Bmatrix}\hat{a}_H\cdot\hat{a}_p=0\\ \hat{a}_E\cdot\hat{a}_p\neq0\end{Bmatrix}$$

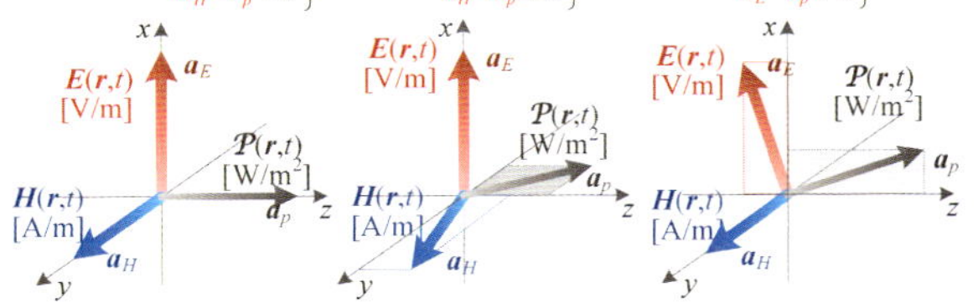

· 직교편파와 평행편파의 구분 & 경계면에 입사된 전자기파의 전파특성(반사와 전달 특성)

: 직교편파(전기장 편파: 전계강도가 입사평면에 수직인 성분만 존재)

$$\vec{E}(\vec{r},t)\ [\mathrm{V/m}]=\vec{E}_\perp(\vec{r},t)+\vec{E}_\parallel(\vec{r},t)=\vec{E}_\perp(\vec{r},t)$$

$$\&\vec{H}(\vec{r},t)\ [\mathrm{A/m}]=\vec{H}_\perp(\vec{r},t)+\vec{H}_\parallel(\vec{r},t)$$

: 평행편파(자기장 편파: 자계강도가 입사평면에 수직인 성분만 존재)

$$\vec{H}(\vec{r},t)\ [\mathrm{A/m}]=\vec{H}_\perp(\vec{r},t)+\vec{H}_\parallel(\vec{r},t)=\vec{H}_\perp(\vec{r},t)$$

$$\&\vec{E}(\vec{r},t)\ [\mathrm{V/m}]=\vec{E}_\perp(\vec{r},t)+\vec{E}_\parallel(\vec{r},t)$$

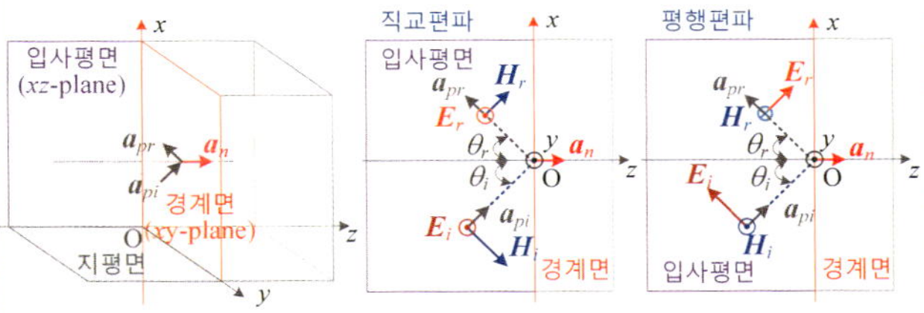

· 무손실 매질에서 도체 경계면에 입사된 전자기파의 전파 특성(수직입사와 경사입사)
· 무손실 매질1에서 매질2로 입사된 전자기파의 전파 특성(수직입사와 경사입사)
입사파, 반사파, 전달파: 매질의 임피던스와 전자기파의 파장/주파수에 의해 결정

12장

전송선을 통한 전자파의 전파 특성 해석과 응용: 전송선 등가회로 모델

· 전송선에서 z-축으로 전파되는 시정현 전압파와 전류파: 전송선 등가회로 모델 & KCL, KVL

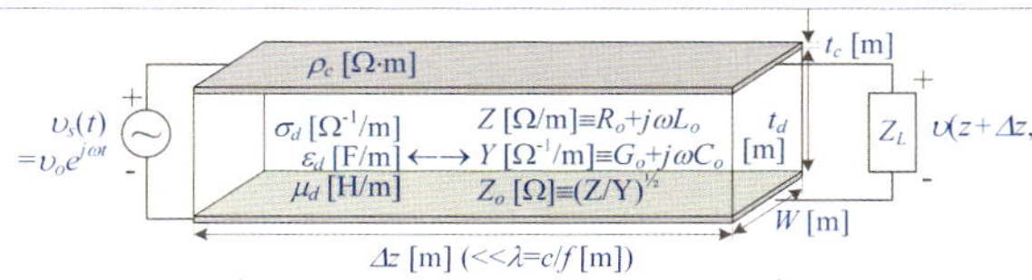

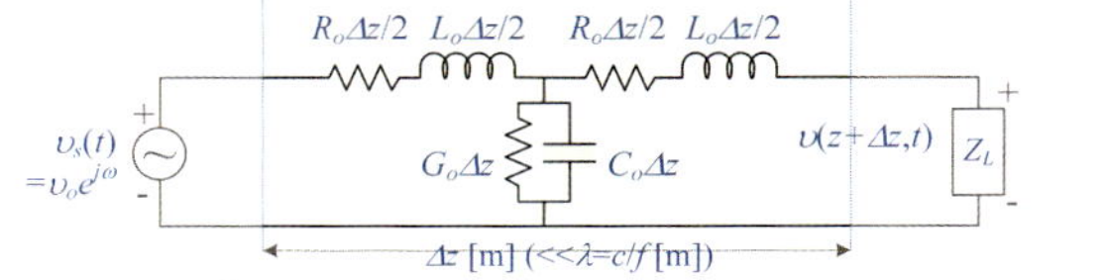

$$\begin{rcases}V(z,t)=V_S(z)e^{j\omega t}\\ I(z,t)=I_S(z)e^{j\omega t}\end{rcases};R_o[\Omega/\mathrm{m}]\equiv\frac{\Delta R}{\Delta z},L_o[\mathrm{H/m}]\equiv\frac{\Delta L}{\Delta z},G_o[\Omega^{-1}/\mathrm{m}]\equiv\frac{\Delta G}{\Delta z},C_o[\mathrm{F/m}]\equiv\frac{\Delta C}{\Delta z}$$

$$\Rightarrow\begin{cases}\dfrac{\partial V_S(z)}{\partial z}\ [\mathrm{V/m}]=-ZI_S(z)\ ;\ Z\ [\Omega/\mathrm{m}]\equiv(R_o+j\omega L_o)\\ \dfrac{\partial I_S(z)}{\partial z}\ [\mathrm{A/m}]=-YV_S(z);\ Y\ [\Omega^{-1}/\mathrm{m}]\equiv(G_o+j\omega C_o)\end{cases}$$

: 도체판의 단위길이당 임피던스 / : 유전체의 단위길이당 어드미턴스

· z-축으로 전파되는 시정현 전압파와 전류파의 전파 특성 해석에 사용되는 전파방정식

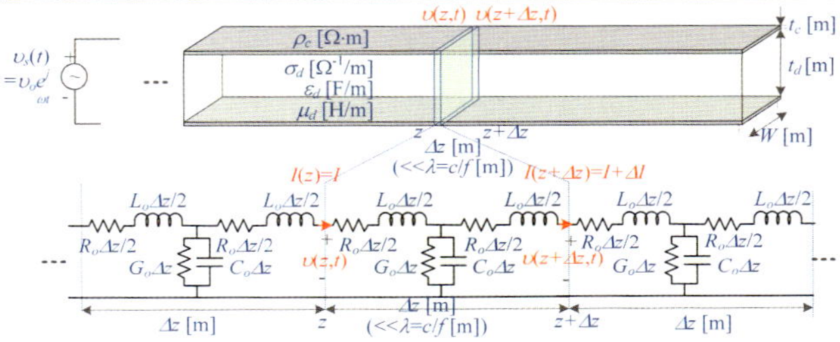

$$\begin{cases}\dfrac{\partial^2V_S(z)}{\partial z^2}-\gamma^2V_S(z)=0\\ \quad\gamma^2\equiv(R_o+j\omega L_o)(G_o+j\omega C_o)\ ;\\ \dfrac{\partial^2I_S(z)}{\partial z^2}-\gamma^2I_S(z)=0\end{cases}\quad\begin{cases}V_S(z)=V_{o+}e^{-\gamma z}+V_{o-}e^{+\gamma z}\\ \quad Z_o\ [\Omega]\equiv\sqrt{\dfrac{(R_o+j\omega L_o)}{(G_o+j\omega C_o)}}=\sqrt{\dfrac{Z}{Y}}\\ I_S(z)=I_{o+}e^{-\gamma z}+I_{o-}e^{+\gamma z}\end{cases}$$

· 전송선 전파상수(감쇄상수: α[Np/m], 위상상수: β[rad/m]): 전압파와 전류파의 전파 특성을 결정

$$\gamma\ [1/\mathrm{m}]=\sqrt{(R_o+j\omega L_o)(G_o+j\omega C_o)}\equiv\alpha+j\beta$$

$$\begin{cases}\alpha\ [\mathrm{Np/m}]=\sqrt{\dfrac{1}{2}\left(\sqrt{(\omega^2L_oC_o-R_oG_o)^2+(\omega(L_oG_o+R_oC_o))^2}-(\omega^2L_oC_o-R_oG_o)\right)}\\ \beta\ [\mathrm{rad/m}]=\sqrt{\dfrac{1}{2}\left(\sqrt{(\omega^2L_oC_o-R_oG_o)^2+(\omega(L_oG_o+R_oC_o))^2}+(\omega^2L_oC_o-R_oG_o)\right)}\end{cases}$$

· 전송선의 특성 임피던스(Z_o [Ω])와 부하 임피던스(Z_L [Ω])에 따른 반사계수(Γ_L) 변화

$$Z_L\ [\Omega]\equiv Z(z=0)=\frac{V(z=0)}{I(z=0)}=\frac{V_{o+}+V_{o-}}{I_{o+}+I_{o-}}=Z_o\frac{V_{o+}+V_{o-}}{V_{o+}-V_{o-}}=Z_o\frac{1+\Gamma_L}{1-\Gamma_L}$$

$$\Gamma_L\equiv\Gamma(z=0)=\frac{V_{ref}(z=0)}{V_{in}(z=0)}=\frac{V_{o+}}{V_{o-}}=\frac{Z_L-Z_o}{Z_L+Z_o}$$: 부하단의 반사계수

· 전송선 내의 위치에 따른 입력 임피던스: 전압파와 전류파의 관계로서 상호 변환의 도구로 사용

$$Z(z)\ [\Omega]=\frac{V_S(z)}{I_S(z)}=\frac{V_{o+}e^{-\gamma z}+V_{o-}e^{+\gamma z}}{I_{o+}e^{-\gamma z}+I_{o-}e^{+\gamma z}}=Z_o\frac{Z_L+Z_o\tanh(-\gamma z)}{Z_o+Z_L\tanh(-\gamma z)}=Z_o\frac{Z_L+Z_o\tanh(\gamma l)}{Z_o+Z_L\tanh(\gamma l)}$$

$$\rightarrow V_S(z)\ [\mathrm{V}]=Z(z)I_S(z)\ \&\ I_S(z)\ [\mathrm{A}]=\frac{V_S(z)}{Z(z)}$$

· 반사계수 기반의 전파 특성 해석을 위한 도표식 해법: 스미스 도표(Smith Chart)

$$\begin{cases}\Gamma_L\equiv\Gamma(z=0)=\dfrac{V_{o+}}{V_{o-}}=\dfrac{V_{ref}(z=0)}{V_{in}(z=0)}=\dfrac{Z_L-Z_o}{Z_L+Z_o}=\Gamma_r+j\Gamma_i=\dfrac{Z_L-Z_o}{Z_L+Z_o}=\dfrac{z_L-1}{z_L+1}=\dfrac{(r-1)+jx}{(r+1)+jx}\\ \rightarrow\Gamma(z=-l)=\dfrac{V_{ref}(-l)}{V_{in}(-l)}=\dfrac{V_{o-}e^{-\gamma l}}{V_{o+}e^{+\gamma l}}=\left(\dfrac{V_{o-}}{V_{o+}}\right)e^{-2\gamma l}=\Gamma_Le^{-2\gamma l}\ ;\ z_L\equiv\dfrac{Z_L}{Z_o}=r+jx\end{cases}$$

$$\begin{cases}\left(\Gamma_r-\dfrac{r}{1+r}\right)^2+\Gamma_i^2=\left(\dfrac{1}{1+r}\right)^2\\ (\Gamma_r-1)^2+\left(\Gamma_i-\dfrac{1}{x}\right)^2=\left(\dfrac{1}{x}\right)^2\end{cases}$$

: 저항성 부하 임피던스 변화에 따른 반사계수의 실수부와 허수부 변화
: 리액턴스성 부하 임피던스 변화에 따른 반사계수의 실수부와 허수부 변화

· 전송선의 전파특성 해석을 위한 S-parameter(산란 변수)

$$a(z)\equiv\frac{1}{\sqrt{Z_o}}V_+(z),\ b(z)\equiv\frac{1}{\sqrt{Z_o}}V_-(z);\rightarrow\begin{cases}\upsilon(z)\equiv V(z)/\sqrt{Z_o}=a(z)+b(z)\\ i(z)\equiv\sqrt{Z_o}I(z)\ \ =a(z)-b(z)\end{cases}$$

$$\begin{rcases}b_1(l_1)=S_{11}a_1(l_1)+S_{12}a_2(l_2)\\ b_2(l_2)=S_{21}a_1(l_1)+S_{22}a_2(l_2)\end{rcases}\longleftrightarrow\begin{pmatrix}b_1(l_1)\\b_2(l_2)\end{pmatrix}=\begin{pmatrix}S_{11}&S_{12}\\S_{21}&S_{22}\end{pmatrix}\begin{pmatrix}a_1(l_1)\\a_2(l_2)\end{pmatrix}$$

Chapter

10

시간에 따라 변하는 전기장과 자기장의 상호관계 : 맥스웰 방정식

Relation between Time-Varying Electric and Magnetic Fields : Maxwell's Equations

10장 시간에 따라 변하는 전기장과 자기장의 상호 관계 : 맥스웰 방정식
(Relation between Time-Varying Electric and Magnetic Fields : Maxwell's Equations)

1. 패러데이의 기전력에 관한 실험(Faraday's experiment) : 시변 자기장에 의한 기전력(emf: V_{gen} [V]) 생성 : 발전기와 변압기의 동작 원리

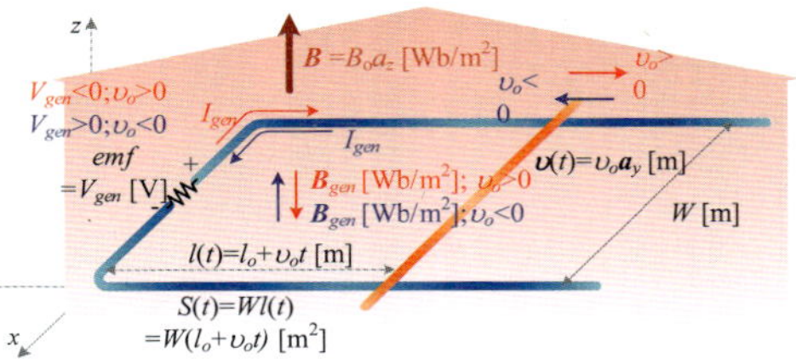

$$\vec{B}(\vec{r},t)\ [\text{Wb/m}^2]=B_o\hat{a}_z$$

$$\vec{\upsilon}(\vec{r},t)\ [\text{m/s}]=\upsilon_o\hat{a}_y\ \begin{cases} l(t)\ [\text{m}]=y(t)=l_o+\upsilon_o t \\ \vec{S}(\vec{r},t)\ [\text{m}^2]\equiv S\hat{a}_n=\int_0^{y(t)}\int_0^{W}dxdy\hat{a}_z \\ \quad =Wy(t)\hat{a}_z=W(l_o+\upsilon_o t)\hat{a}_z \end{cases}$$

$$\Psi_m(t)\ [\text{Wb}]\equiv\int_S\vec{B}(\vec{r},t)\cdot d\vec{S}=\int_0^{l(t)}\int_{x=0}^{W}B_o\hat{a}_z\cdot dxdy\hat{a}_z$$
$$=\int_0^{l(t)}\int_{x=0}^{W}B_o dxdy=B_oWl(t)=B_oW(l_o+\upsilon_o t)$$

$$V_{gen}\ [\text{V}](=emf)=\oint\vec{E}(\vec{r},t)\cdot d\vec{l}=-\frac{\partial\Psi_m(t)}{\partial t}=-B_oW\upsilon_o$$

$$\begin{cases} V_{gen}<0\ [\text{V}]\ ;\ \upsilon_o>0\ [\text{m/s}] \\ V_{gen}>0\ [\text{V}]\ ;\ \upsilon_o<0\ [\text{m/s}] \end{cases}\propto\begin{cases} B_o\ [\text{Wb/m}^2] \\ W\ [\text{m}] \\ \upsilon_o\ [\text{m/s}] \end{cases}$$

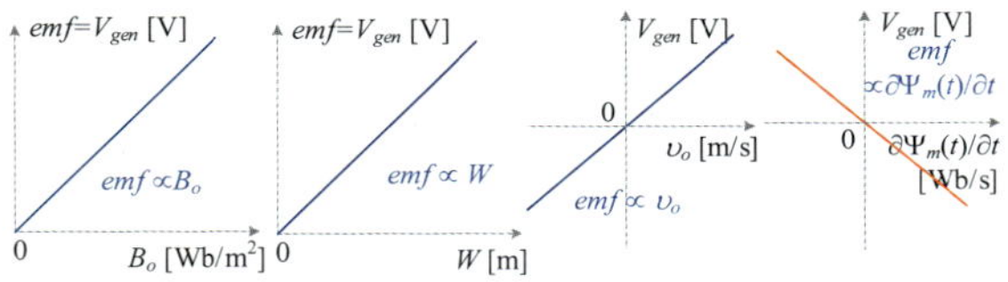

폐경로 내의 자속량 변화를 방해하는 방향으로 전류가 흐르고 이로 인해 기전력이 발생함

$$V_{gen}\ [\text{V}](=emf)=\oint\vec{E}(\vec{r},t)\cdot d\vec{l}=\int_S\nabla\times\vec{E}(\vec{r},t)\cdot d\vec{S}=-\frac{\partial\Psi_m(t)}{\partial t}=-\frac{\partial}{\partial t}\left(\int_S\vec{B}(\vec{r},t)\cdot d\vec{S}\right)=\left(\int_S-\frac{\partial\vec{B}(\vec{r},t)}{\partial t}\cdot d\vec{S}\right);\ \left(\frac{\partial d\vec{S}}{\partial t}=0\right)$$

$$\rightarrow\int_S\nabla\times\vec{E}(\vec{r},t)\cdot d\vec{S}=\int_S-\frac{\partial\vec{B}(\vec{r},t)}{\partial t}\cdot d\vec{S}\rightarrow\boxed{\nabla\times\vec{E}(\vec{r},t)\ [\text{V/m}^2]=-\frac{\partial\vec{B}(\vec{r},t)}{\partial t}}\longleftrightarrow\boxed{\oint\vec{E}(\vec{r},t)\cdot d\vec{l}\ [\text{V}]=-\frac{\partial\Psi_m(t)}{\partial t}}$$

2. 자기장의 에너지 밀도 : dW_M [W/m^3]

$$\left.\begin{array}{l} \vec{H}(\vec{r})\ [\text{A/m}]=\int_{\substack{source\\current}}d\vec{H}(\vec{r})\ ;\ d\vec{H}(\vec{r})\ [\text{A/m}]=\dfrac{I_sd\vec{l}_s\times\hat{a}_R}{4\pi R^2} \\ \vec{B}(\vec{r})\ [\text{Wb/m}^2]=\mu\vec{H}(\vec{r}) \\ \vec{F}_M(\vec{r})\ [\text{N}]=\int_{\substack{test\\current}}d\vec{F}_M(\vec{r})\ ;\ d\vec{F}_M(\vec{r})\ [\text{N}]=I_td\vec{l}_t\times\vec{B}(\vec{r}) \end{array}\right\}\rightarrow\begin{cases} W_M\ [\text{J}]=\int_{\substack{magnetic\\field}}dW_M=\int_{\substack{magnetic\\field}}\delta W_Md\upsilon\ ;\ dW_M\ [\text{J}]=-\vec{F}(\vec{r})\cdot d\vec{l} \\ \delta W_M(\vec{r})\ [\text{J/m}^3]\equiv\dfrac{dW_M}{d\upsilon}=\dfrac{1}{2}\left(\vec{H}(\vec{r})\cdot\vec{B}(\vec{r})\right)=\dfrac{1}{2}\mu\left|\vec{H}(\vec{r})\right|^2 \end{cases}$$

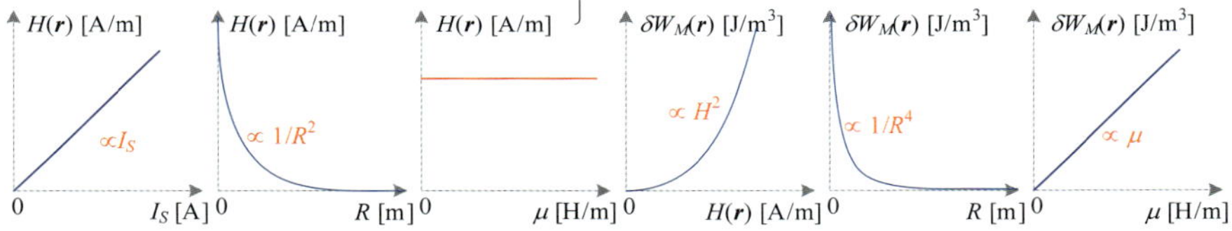

3. 시간에 따라 변하는 전기장에 의한 변위 전류 : 유전체 내의 이동전하에 의한 전도성 누설전류로 인한 유전손실과 손실각(loss tangent)

$$\left.\begin{array}{l} \nabla\cdot\left(\nabla\times\vec{A}(\vec{r},t)\right)=0 \\ \nabla\times\vec{H}(\vec{r},t)=\vec{J}_C(\vec{r},t)\ [\text{A/m}^2] \end{array}\right\}\begin{cases} \nabla\cdot\left(\nabla\times\vec{H}(\vec{r},t)\right)=0\longleftrightarrow\nabla\cdot\vec{J}_C(\vec{r},t)=-\dfrac{\partial\rho_m(\vec{r},t)}{\partial t}\neq0\ [\text{A/m}^3] \\ \nabla\cdot\left(\nabla\times\vec{H}(\vec{r},t)\right)=\nabla\cdot\left(\vec{J}_C(\vec{r},t)+\boxed{??}\right)=-\dfrac{\partial\rho_m(\vec{r},t)}{\partial t}+\nabla\cdot\boxed{??}=0;\boxed{??}=\dfrac{\partial\vec{D}(\vec{r},t)}{\partial t}\equiv\boxed{\vec{J}_D(\vec{r},t)}\ [\text{A/m}^2] \end{cases}$$

$$\boxed{\nabla\times\vec{H}(\vec{r},t)=\vec{J}(\vec{r},t)=\vec{J}_C(\vec{r},t)+\vec{J}_D(\vec{r},t)}\begin{cases} \vec{J}_C(\vec{r},t)=\sigma\vec{E}(\vec{r},t)\quad;\ \sigma=\rho_m\mu\ [\Omega^{-1}/\text{m}] \\ \vec{J}_D(\vec{r},t)=\dfrac{\partial\vec{D}(\vec{r},t)}{\partial t}\ [\text{A/m}^2]\ ;\ \vec{D}(\vec{r},t)=\sigma\vec{E}(\vec{r},t)\ [\text{C/m}^2] \end{cases}$$

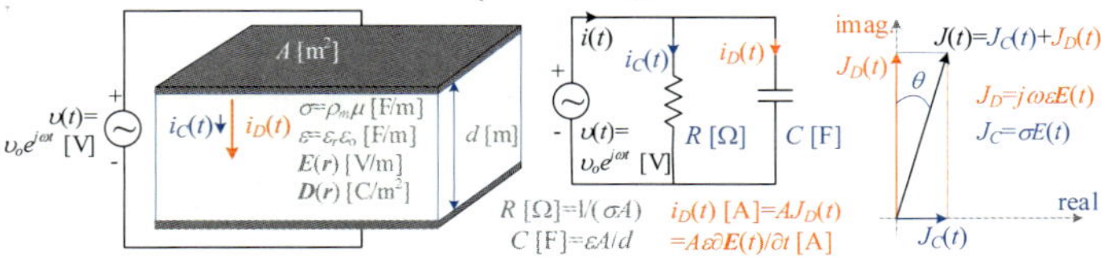

유전체의 손실각(loss tangent)

$$\tan\theta\equiv\left|\frac{J_C(t)}{J_D(t)}\right|=\frac{(\sigma/d)}{(\omega\epsilon/d)}=\frac{\sigma}{\omega\epsilon}$$

$$\rightarrow\theta\ [\text{rad}]=\tan^{-1}\left(\frac{\sigma}{\omega\epsilon}\right)\quad\left(0\leq\theta\leq\frac{\pi}{2}\right)$$

4. 시변 전기장과 자기장이 작용하는 공간의 전자기장 해석을 위한 맥스웰 방정식(Maxwell's equations) : 미분형과 적분형

$$\begin{cases} \nabla\times\vec{E}(\vec{r},t)=-\dfrac{\partial\vec{B}(\vec{r},t)}{\partial t}\ [\text{V/m}^2]\longleftrightarrow\oint\vec{E}(\vec{r},t)\cdot d\vec{l}=\int_S\nabla\times\vec{E}(\vec{r},t)\cdot d\vec{S}=-V_{oo}=V_{gen}=emf\ [\text{V}]\ :\ \text{Faraday's Law} \\ \nabla\cdot\vec{D}(\vec{r},t)=\rho_\upsilon(\vec{r},t)\ [\text{C/m}^3]\longleftrightarrow\oint\vec{D}(\vec{r},t)\cdot d\vec{S}=\int_{vol}\nabla\cdot\vec{D}(\vec{r},t)d\upsilon=Q_{enc}=\int_{vol}\rho_\upsilon(\vec{r},t)d\upsilon\ [\text{C}]\ :\ \text{Gauss's Law \& Poisson's Eq.} \end{cases}$$

$$\begin{cases} \nabla\times\vec{H}(\vec{r},t)=\vec{J}(\vec{r},t)\ [\text{A/m}^2]\longleftrightarrow\oint\vec{H}(\vec{r},t)\cdot d\vec{l}=\int_S\nabla\times\vec{H}(\vec{r},t)\cdot d\vec{S}=I_{enc}=\int_S\vec{J}(\vec{r},t)\cdot d\vec{S}\ [\text{A}]\ :\ \text{Ampere's Law} \\ \nabla\cdot\vec{B}(\vec{r},t)=0\ [\text{Wb/m}^3]\longleftrightarrow\oint\vec{B}(\vec{r},t)\cdot d\vec{S}=\int_{vol}\nabla\cdot\vec{B}(\vec{r},t)d\upsilon=\Psi_{m,enc}(t)=\int_{vol}\rho_{m\upsilon}(\vec{r},t)d\upsilon=0\ [\text{Wb}]:\ \text{No Magnetic Monopole} \end{cases}$$

PART 2에서는 고정된 전하에 의해 형성되는 정전기장(또는 시불변 전기장)과 고정된 도선에 흐르는 일정한 전류에 의해 형성되는 정자기장(또는 시불변 자기장)에 관해 학습하였다. 시불변의 정전기장과 정자기장을 지배하는 핵심 관계식을 요약하면 다음과 같다.

- **시불변 전기장의 핵심 내용(고정된 전하에 의해 형성된 전기장에 의해 관측점의 시험전하에 작용하는 정전기적 힘)**

$$\vec{F}_e(\vec{r})\ [\mathrm{N}] = \int_{test} d\vec{F}_e(\vec{r})\ ;\ d\vec{F}_e(\vec{r})\ [\mathrm{N}] = dQ_t\vec{E}(\vec{r})$$: 쿨롱의 실험 법칙; 전하 상호 간의 정전기적 작용

$$\vec{E}(\vec{r})\ [\mathrm{V/m}] = \int_{source} d\vec{E}(\vec{r}) : d\vec{E}(\vec{r})\ [\mathrm{V/m}] \equiv \frac{1}{4\pi\epsilon}\frac{dQ_s}{R^2}\hat{a}_R\ ;\ dQ_s(\vec{r}_s)\ [\mathrm{C}] = \begin{cases} Q_s(\vec{r}_s)\ [\mathrm{C}] \\ \rho_l(\vec{r}_s)dl' & : \rho_l(\vec{r}_s)\ [\mathrm{C/m}] \\ \rho_s(\vec{r}_s)dS' & : \rho_s(\vec{r}_s)\ [\mathrm{C/m^2}] \\ \rho_\upsilon(\vec{r}_s)d\upsilon' & : \rho_\upsilon(\vec{r}_s)\ [\mathrm{C/m^3}] \end{cases}$$

$$\vec{V}(\vec{r})\ [\mathrm{V}] = \int_{source} d\vec{V}(\vec{r}) : d\vec{V}(\vec{r})\ [\mathrm{V}] \equiv \frac{1}{4\pi\epsilon}\frac{dQ_s}{R}$$

$$\vec{D}(\vec{r})\ [\mathrm{C/m^2}] = \epsilon_r\epsilon_o\vec{E}(\vec{r})\ ;\ \vec{D}(\vec{r}) = \vec{P}(\vec{r}) + \epsilon_o\vec{E}(\vec{r})\ ;\ \vec{P}(\vec{r}) = \chi_e\left(\epsilon_o\vec{E}(\vec{r})\right)\ [\mathrm{C/m^2}]\ ;\ \epsilon_r \equiv (1+\chi_e)$$

$$\nabla\times\vec{E}(\vec{r}) = 0\ [\mathrm{V/m^2}] \longleftrightarrow \oint\vec{E}(\vec{r})\cdot d\vec{l} = \int\nabla\times\vec{E}(\vec{r})\cdot d\vec{S} = 0\ [\mathrm{V}]$$: 스토크스의 정리

$$\nabla\cdot\vec{D}(\vec{r}) = \rho_{\upsilon e}(\vec{r})\ [\mathrm{C/m^3}] \longleftrightarrow \oint\vec{D}(\vec{r})\cdot d\vec{S} = \int\nabla\cdot\vec{D}(\vec{r})d\upsilon \equiv Q_{enc} = \int\rho_\upsilon(\vec{r})d\upsilon$$: 가우스 법칙의 미분형

→ 포아송 방정식

- **시불변 자기장의 핵심 내용(고정된 도선에 흐르는 일정한 전류가 흘러 형성된 자기장에 의해 관측점의 시험전류도선에 작용하는 자기력)**

$$\vec{F}_m(\vec{r})\ [\mathrm{N}] \equiv \int_{test} d\vec{F}_m(\vec{r}) = \int_{test}\left(I_t d\vec{l}_t \times \mu\vec{H}(\vec{r})\right)\ ;\ d\vec{F}_m(\vec{r})\ [\mathrm{N}] = I_t d\vec{l}_t \times \mu\vec{H}(\vec{r})$$

: 비오–사바르의 실험 법칙; 전하 상호 간의 정전기적 작용

$$\vec{H}(\vec{r})\ [\mathrm{A/m}] \equiv \int_{source} d\vec{H}(\vec{r})\ ;\ d\vec{H}(\vec{r})\ [\mathrm{A/m}] \equiv \frac{I_s d\vec{l}_s \times \hat{a}_R}{4\pi R^2} = \frac{I_s dl_s}{4\pi R^2}(\hat{a}_i \times \hat{a}_R)\ ;$$

$$I_s d\vec{l}_s = I_s dl_s \hat{a}_i\ [\mathrm{A\cdot m}] \Longleftrightarrow \begin{cases} Q_s\vec{\upsilon}_s & : Q_s\ [\mathrm{C}],\ \upsilon_s\ [\mathrm{m/s}] \\ I_s d\vec{l}_s & : I_s\ [\mathrm{A}] \\ \vec{K}_s dS & : \vec{K}_s\ [\mathrm{A/m}] \\ \vec{J}_s d\upsilon & : \vec{J}_s\ [\mathrm{A/m^2}] \end{cases}$$

$$\vec{A}(\vec{r})\ [\mathrm{Wb/m}] \equiv \int_{source} d\vec{A}(\vec{r})\ ;\ d\vec{A}(\vec{r})\ [\mathrm{Wb/m}] \equiv \frac{I_s d\vec{l}_s}{4\pi R}\ ;\ \vec{B}(\vec{r})\ [\mathrm{Wb/m^2}] \equiv \nabla\times\vec{A}(\vec{r})$$

$$\vec{B}(\vec{r})\ [\mathrm{Wb/m^2}] = \mu_o\mu_r\vec{H}(\vec{r})\ ;\ \vec{B}(\vec{r}) = \mu_o\vec{H}(\vec{r}) + \mu_o\vec{M}(\vec{r})\ ;\ \vec{M}(\vec{r}) = \chi_m\vec{H}(\vec{r})\ ;\ \mu_r \equiv (1+\chi_m)$$

$$\nabla\times\vec{H}(\vec{r}) = \vec{J}(\vec{r})\ [\mathrm{A/m^2}]\ ;\ \vec{J}(\vec{r}) = \vec{J}_C(\vec{r}) = \sigma\vec{E}(\vec{r})\ [\mathrm{A/m^2}]$$

$$\longleftrightarrow \oint\vec{H}(\vec{r})\cdot d\vec{l} = \int\left(\nabla\times\vec{H}(\vec{r})\right)\cdot d\vec{S} = I_{enc} \Leftarrow \int_{\upsilon ol}\vec{J}(\vec{r})\cdot d\vec{S}\ [\mathrm{A}]\ ;\ \vec{J}(\vec{r})\ [\mathrm{A/m^2}]$$: 암페어의 법칙

$$\nabla\cdot\vec{B}(\vec{r}) = \rho_{mag}(\vec{r}) = 0\ [\mathrm{Wb/m^3}]$$

$$\longleftrightarrow \oint\vec{B}(\vec{r})\cdot d\vec{S} = \int\nabla\cdot\vec{B}(\vec{r})d\upsilon = \int_{\upsilon ol}\rho_{mag}d\upsilon = \Psi_{m,enc} = 0\ [\mathrm{Wb}]$$: 자기단극자는 존재하지 않음

전하들 간의 상호작용을 설명하는 전기장은 근원전하를 중심으로 하는 방사방향($\boldsymbol{a}_R$)의 전계강도($\boldsymbol{E}(\boldsymbol{r})$ [V/m])를 형성하는 것으로 정의하여, 전하 상호 간의 정전기적 인력 또는 반발력($d\boldsymbol{F}_e(\boldsymbol{r}) = Q_t\boldsymbol{E}(\boldsymbol{r})$ [N])을 설명하였다. 이에 비해 일정한 전류가 흐르는 전류도선들 간의 상호작용을 설명하는 자기장은 근원전류도선을 중심으로 회전성($\boldsymbol{a}_i \times \boldsymbol{a}_R$) 자계강도($\boldsymbol{H}(\boldsymbol{r})$ [A/m])를 형성하는 것으로 정의하여, 전류도선들 간의 자기적 인력 또는 반발력($d\boldsymbol{F}_m(\boldsymbol{r}) = (I_t d\boldsymbol{l}_t \times \boldsymbol{H}(\boldsymbol{r})$ [N])을 설명하였다. 한편 전류(current, charge flow)는 전하의 흐름(이동; $\boldsymbol{J} = \rho_\upsilon \boldsymbol{\upsilon}$ [A/m^2]) 또는 시간에 따른 전하량의 변화($I = dQ/dt$ [A] = [C/s])를 의미하므로, 전류에 의해 형성되는 자기장은 전하에 의해 형성되는 전기장과 밀접한 관계를 갖고 있음을 짐작할 수 있다.

지금부터는 전기장과 자기장이 서로 밀접하게 연관된 시변(time-varying) 전기장과 시변 자기장에 관해 학습하고자 한다. 먼저, 패러데이(M. Faraday)의 기전력 실험을 통해 시변 자기장에 의해 폐경로 전류도선에 기전력($emf = V_g$ [V])이 발생함을 확인하고, 전계강도의 회전 벡터량에 관한 관계식을 다음과 같이 수정하게 된다.

$$\nabla \times \vec{E}(\vec{r},t) = -\frac{\partial \vec{B}(\vec{r},t)}{\partial t}\ [\text{V/m}^2] \longleftrightarrow -V_{oo} = \oint \vec{E}(\vec{r},t)\cdot d\vec{l} = emf = V_g = -\frac{\partial \vec{B}(\vec{r},t)}{\partial t}\ [\text{V}]$$

: 시변 자기장에 의한 기전력; 패러데이의 법칙

다음으로 맥스웰(J.C. Maxwell)은 자기장을 형성하는 근원전류에는 이동전하의 전계에 의한 이동으로 형성되는 전도성 전류(conduction current: $\boldsymbol{J}_C(\boldsymbol{r},t)$ [A/m^2])와 함께, 시변 전기장에 의한 전기쌍극자의 분극으로 형성되는 변위성 전류(displacement current: $\boldsymbol{J}_D(\boldsymbol{r},t)$ [A/m^2])가 있음을 확인하고, 시변 자기장의 암페어의 법칙을 다음과 같이 수정하게 된다.

$$\nabla \times \vec{H}(\vec{r},t) = \vec{J}_C(\vec{r},t) + \vec{J}_D(\vec{r},t)\ [\text{A/m}^2]\ ;\ \begin{cases} \vec{J}_C(\vec{r},t) = \sigma \vec{E}(\vec{r},t) \\ \vec{J}_D(\vec{r},t) = \dfrac{\partial \vec{D}(\vec{r},t)}{\partial t} \end{cases}$$

$$\longleftrightarrow -V_{oo} = \oint \vec{E}(\vec{r},t)\cdot d\vec{l} = emf = V_g = -\frac{\partial \vec{B}(\vec{r},t)}{\partial t}\ [\text{V}]$$

특히, 시변 전기장과 시변 자기장이 상호 밀접하게 연관되어 있음을 맥스웰 방정식(Maxwell equations)으로 정리하여, 시변 전자기장의 형성과 전파 특성, 전자기 부품의 설계, 전자기파의 송/수신 시스템의 설계에 활용할 수 있도록 체계화한다. 시변 전자기장에서 전계강도와 자계강도가 상호작용하는 관계를 나타내는 미분형 맥스웰 방정식의 핵심 내용을 요약하면 다음과 같다.

$$\begin{cases} \nabla \times \vec{E}(\vec{r},t) = -\dfrac{\partial \vec{B}(\vec{r},t)}{\partial t}\ [\text{V/m}^2] \\ \nabla \cdot \vec{D}(\vec{r},t) = \rho_{\upsilon e}(\vec{r},t)\ \ [\text{C/m}^3] \end{cases}$$

: 전계강도에 대한 회전량 벡터와 등가전하밀도의 발산량에 관한 맥스웰 방정식

$$\begin{cases} \nabla \times \vec{H}(\vec{r},t) = \vec{J}(\vec{r},t)\ [\text{A/m}^2] \end{cases}$$

$$\nabla \cdot \vec{B}(\vec{r}) = \rho_{mag}(\vec{r}) = 0\ [\text{Wb/m}^3]$$

: 자계강도에 대한 회전량 벡터와 자속밀도의 발산량에 관한 맥스웰 방정식

$$\vec{J}(\vec{r},t) = \vec{J}_C(\vec{r},t) + \vec{J}_D(\vec{r},t)\ ;\ \begin{cases} \vec{J}_C(\vec{r},t)\ [\text{A/m}^2] = \sigma \vec{E}(\vec{r},t) \\ \vec{J}_D(\vec{r},t)\ [\text{A/m}^2] = \dfrac{\partial \vec{D}(\vec{r},t)}{\partial t} \end{cases}$$

: 이동전하에 의한 전도성 전류와
시간에 따른 유전체의 분극에 의한 변위성 전류

Section
10.1 시간에 따라 변하는 자기장에 의한 기전력 : 패러데이 실험

자기장 형성의 근원인 전류는 전하의 흐름(이동; $\boldsymbol{J} = \rho_{\upsilon}\boldsymbol{\upsilon}$ [A/m²] = [(C/s)/m²]) 또는 시간에 따른 전하량의 변화($I = dQ/dt$ [A] = [C/s])를 의미하므로, 전류에 의해 형성되는 자기장은 전하에 의해 형성되는 전기장과 밀접한 관계를 갖고 있음을 짐작할 수 있다. 특히, 시간에 따라 변하는 자기장($\boldsymbol{B}(\boldsymbol{r},t)$ [Wb/m²])은 시간에 따라 전류가 변함을 뜻하며, 전하의 이동속도가 시간에 따라 일정하지 않음을 뜻한다. 그런데, 시변 자기장에 관한 패러데이(M. Faraday)는 실험을 통하여 시변 자기장에 의해 폐경로 전류도선에 기전력($emf = V_g$ [V])이 발생함을 확인하고, 전계강도의 회전 벡터량에 관한 관계식을 수정하여, 전자기장의 이해에 적용할 수 있도록 하였다. 패러데이의 시변 자기장에 의한 기전력 법칙은 발전기의 동작 원리를 이해하는 데도 중요한 역할을 한다.

10.1.1 시변 자기장에 의한 유도기전력과 패러데이의 법칙

정전기장과 정자기장에서 임의의 폐경로에 대한 전위차($V_{oo} \equiv V_{A\to A}$ [V])는 0 [V]이고, 회전량 벡터에 관한 정리를 이용하여 적분형과 미분형 관계식으로 정리하였다.

$$V_{oo}\ [\text{V}] = -\oint \vec{E}(\vec{r})\cdot d\vec{l} = 0$$: 정전기장 내에서 폐경로의 전위차 = 0 [V]

$$\oint \vec{E}(\vec{r})\cdot d\vec{l} = \int \nabla\times\vec{E}(\vec{r})\cdot d\vec{S} = 0\ [\text{V}]$$: 정전기장 내에서 벡터 물리량의 회전량 벡터에 관한 정리(스토크스의 정리)

$$\nabla\times\vec{E}(\vec{r}) = 0\ [\text{V/m}^2]$$: 폐경로의 전위차 = 0 [V]을 나타내며, 정전기장은 방사방향의 전계강도를 형성함을 뜻함

패러데이는 [그림 10−1]과 같은 장치를 이용하여 균일한 크기와 방향을 가진 자기장($\boldsymbol{B}(\boldsymbol{r}) = B_o\boldsymbol{a}_z$ [Wb/m²]) 내에서 자기장에서 폐경로 내의 자속 변화($\Psi_m(t)$ [Wb])를 이용하여 시변 자속밀도의 변화($\boldsymbol{B}(\boldsymbol{r},t)$ [Wb/m²])를 대신하였다. 기전력에 관한 실험을 통해, 도체 막대를 이동하여 폐경로를 이루는 도선 내의 자속($\Psi_m(t)$ [Wb])의 시간에 따른 변화가 있는 경우, 폐경로 내에 기전력($emf \equiv V_g$: electromotive force/generated voltage)이 발생함을 관찰하였다. 즉, 시간에 따라 변하는 자기장은 폐경로 내에서 기전력을 생성함을 실험으로 확인하였으며, 기전력 실험에서 폐경로 내의 저항(R_L [Ω])에 나타나는 (또는 유도되는) 기전력(V_g [V])은 자기장의 세기(B_o [Wb/m²])가 강할수록, 또 도체 막대의 이동속도(υ_o [m/s])가 빠를수록, 그리고 폐경로의 폭(W [m])이 넓을수록 큰 전압이 유도됨을 확인하였다. 또한, 폐경로 면적(S [m²])이 증가하는 방향($\partial S(t)/\partial t > 0$)으로 이동할 때($\upsilon_o > 0$)와 면적이 감소하는 방향($\partial S(t)/\partial t < 0$ [m²/s])으로 같은 속도로 이동할 때($\upsilon_o < 0$ [m/s]) 유도되는 기전력의 크기는 같으나, 방향은 서로 반대인 것으로 관찰되었다. 이것은 실제로 발전기(electric generator)와 변압기(voltage transformer), 자기장 감지기(magnetic sensor) 등의 동작 원리이기도 하다.

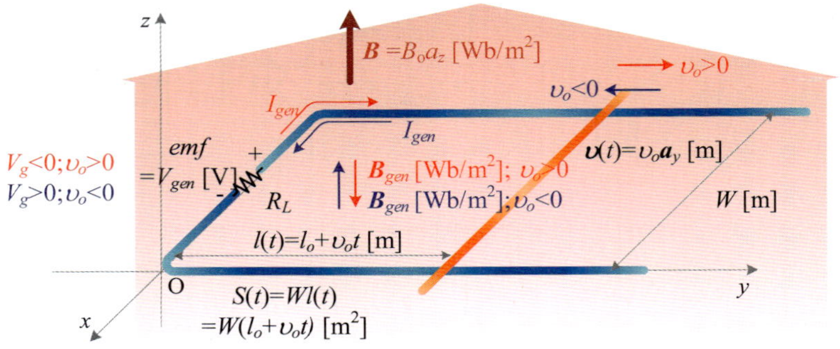

[그림 10-1] 패러데이의 기전력 실험 장치 개념도와 시변 자속량의 시간에 따른 변화로 인해 생성되는 기전력(V_g [V])

이와 함께, 폐경로 내의 시간에 따른 자속량($|\partial\Psi_m(t)/\partial t|$ [Wb/s])의 변화가 클수록 큰 기전력이 유도되며, 기전력을 생성하는 폐경로 내의 유도전류(I_g [A])는 폐경로 내의 자속량의 변화를 방해하는 방향(렌츠의 법칙: Lenz's law: Emil Lenz; 자속량의 변화를 방해하는 방향의 유도 전류가 흐르고 이를 위해 내부에 기전력이 발생되는 현상)으로 흐르고, 이로 인해 부하저항(R_L [Ω]) 양단에 유도된 전압($emf = V_g$ [V]; 유도전압 또는 발전전압)의 부호가 반대로 바뀜을 확인하였다. 패러데이의 기전력 실험으로 관찰된 내용을 수식으로 요약하면 다음과 같다.

$$\vec{B}(\vec{r},t)\ [\text{Wb/m}^2] = B_o\hat{a}_z$$: 폐경로 내의 z-축 방향 균일 자속밀도 변화

$$\vec{\upsilon}(\vec{r},t)\ [\text{m/s}] = \upsilon_o\hat{a}_y$$: 도체 막대의 이동속도

$$l(t)\ [\text{m}] = y(t) = l_o + \upsilon_o t$$: 도체 막대의 y-축 위치 변화

$$\vec{S}(\vec{r},t)\ [\text{m}^2] \equiv S\hat{a}_n = \int_0^{y(t)}\int_0^W dxdy\hat{a}_z = Wy(t)\hat{a}_z = W(l_o+\upsilon_o t)\hat{a}_z$$

: xy-평면에 평행하고 z-축과 수직인 폐경로의 면적

$$\Psi_m(t)\ [\text{Wb}] \equiv \int_S \vec{B}(\vec{r},t)\cdot d\vec{S} = \int_0^{l(t)}\int_{x=0}^W B_o\hat{a}_z\cdot dxdy\hat{a}_z = \int_0^{l(t)}\int_{x=0}^W B_o dxdy = B_oWl(t) = B_oW\left(l_o+\upsilon_o t\right)$$: 폐경로 내의 자속량

$$emf = V_g\ [\text{V}] = -V_{oo} = \oint \vec{E}(\vec{r},t)\cdot d\vec{l} = -\frac{\partial\Psi_m(t)}{\partial t} = -\frac{\partial B_oW\left(l_o+\upsilon_o t\right)}{\partial t} = -B_oW\upsilon_o :$$

$$\propto \begin{cases} B_o\ [\text{Wb/m}^2] \\ W\ [\text{m}] \\ \upsilon_o\ [\text{m/s}] \\ \begin{cases} V_g < 0\ [\text{V}]\ ;\ \upsilon_o > 0\ [\text{m/s}] \\ V_g > 0\ [\text{V}]\ ;\ \upsilon_o < 0\ [\text{m/s}] \end{cases} \end{cases}$$: 일정한 속도로 움직이는 도체로 인해 유도된 폐경로의 기전력

또한 균일 자기장 내에서 일정 속도로 이동하는 도체 막대에 의해 생성되는 기전력을 결정하는 요소와 의존도를 [그림 10-2]에 요약하였다.

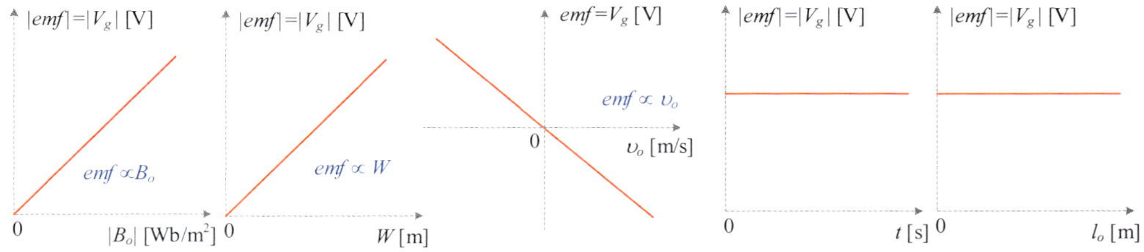

[그림 10-2] 균일 자기장 내에서 일정속도로 이동하는 도체 막대에 의해 생성되는 기전력을 결정하는 요소와 의존도

시변 전기장의 회전량 벡터 : $\nabla\times\boldsymbol{E}(\boldsymbol{r};t) = -\partial\boldsymbol{B}(\boldsymbol{r};t)/\partial t$ [V/m^2]; 맥스웰 방정식의 보완

전계강도($\boldsymbol{E}(\boldsymbol{r},t)$ [V/m])에 대한 회전량 벡터($\nabla\times\boldsymbol{E}(\boldsymbol{r},t)$ [V/m^2])의 관계식, 즉 벡터의 회전 성분에 관한 스토크스의 정리를 다음과 같이 변형하여 적분 형태로 나타낼 수 있다.

$$emf = V_g \text{ [V]} = \oint \vec{E}(\vec{r},t)\cdot d\vec{l} = \int_S \boxed{\nabla\times\vec{E}(\vec{r},t)}\cdot d\vec{S}$$
: 회전량 벡터에 관한 스토크스의 정리

$$= -\frac{\partial\Psi_m(t)}{\partial t} = -\frac{\partial}{\partial t}\left(\int_S \vec{B}(\vec{r},t)\cdot d\vec{S}\right)$$
$$= \left(\int_S -\frac{\partial\vec{B}(\vec{r},t)}{\partial t}\cdot d\vec{S}\right) + \left(\int_S -\vec{B}_o(\vec{r})\cdot\frac{\partial d\vec{S}(t)}{\partial t}\right)$$
: 관측점의 시변 자기장과 기전력에 관한 법칙

$$\frac{\partial}{\partial t}\left(\vec{B}(\vec{r},t)\cdot d\vec{S}\right) = \underbrace{\frac{\partial\vec{B}(\vec{r},t)}{\partial t}\cdot d\vec{S}}_{\to 0} + \vec{B}(\vec{r})\cdot\frac{\partial d\vec{S}}{\partial t} = \vec{B}(\vec{r})\cdot\frac{\partial d\vec{S}}{\partial t}$$
: 일정한 자기장 내에서 폐경로의 면적 변화

$$\frac{\partial}{\partial t}\left(\vec{B}(\vec{r},t)\cdot d\vec{S}\right) = \frac{\partial\vec{B}(\vec{r},t)}{\partial t}\cdot d\vec{S} + \underbrace{\vec{B}(\vec{r},t)\cdot\frac{\partial d\vec{S}}{\partial t}}_{\to 0} = \frac{\partial\vec{B}(\vec{r},t)}{\partial t}\cdot d\vec{S}$$
: 고정된 폐경로 관측점에서 자기장의 변화

이들의 항을 비교하면 패러데이의 유도기전력에 관한 자기장 내의 적분형 관계식은 다음과 같이 미분형 관계식으로 변형하여 나타낼 수 있다.

$$\boxed{\nabla\times\vec{E}(\vec{r},t) \text{ [V/m}^2] = -\frac{\partial\vec{B}(\vec{r},t)}{\partial t}} \leftarrow \int_S \nabla\times\vec{E}(\vec{r},t)\cdot d\vec{S} \text{ [V]} = \int_S -\frac{\partial\vec{B}(\vec{r},t)}{\partial t}\cdot d\vec{S}$$
: 패러데이 법칙의 미분형으로, 맥스웰 방정식의 하나

이것은 시변 전자기장(time-varying electro-magnetic field)과 전자기파(electro-magnetic wave)의 전파(propagation) 특성을 지배하는 맥스웰 방정식(Maxwell's equations)의 핵심 구성 관계식의 하나이다. 미분형 패러데이의 법칙은 "임의의 관측점에서 시간에 따른 자속밀도 변화가 있으면 관측점 주변에 회전성 유도전류가 흐르고, 이로 인해 폐경로 내부에 기전력이 유도됨"을 뜻한다.

균일 자기장 내에서 회전축을 중심으로 일정한 각속도로 회전하는 폐경로 도선(회전자)에 유도되는 기전력

[그림 10-3]과 같이 일정한 자기장 내에서 권선이 회전하는 구조는 바람에 의해 회전자(rotor)를 돌리는 풍력발전기, 물이 떨어지는 힘을 이용하여 회전자를 돌리는 수력발전기, 열에 의해 데워진 수증기의 압력에 의해 회전자를 돌리는 화력발전기의 발전 원리이기도 하다. [그림 10-3]과 같이 공간적으로 균일한 크기와 방향의 자기장($\boldsymbol{B}(\boldsymbol{r}) = B_o\boldsymbol{a}_z$ [Wb/m^2])이 존재하는 공간에서 일정한 면적

($S = Wh$ [m²])을 가진 폐경로 형태의 도선(회전자: rotator)이 일정한 각속도($\omega = 2\pi f$ [rad/s])로 회전하는 경우, 폐경로를 지나는 자속량($\Psi_m(t)$ [Wb])의 변화가 발생한다. 이 구조를 통해 발전기의 기전력을 결정하는 요소와 의존도를 이해하고자 한다.

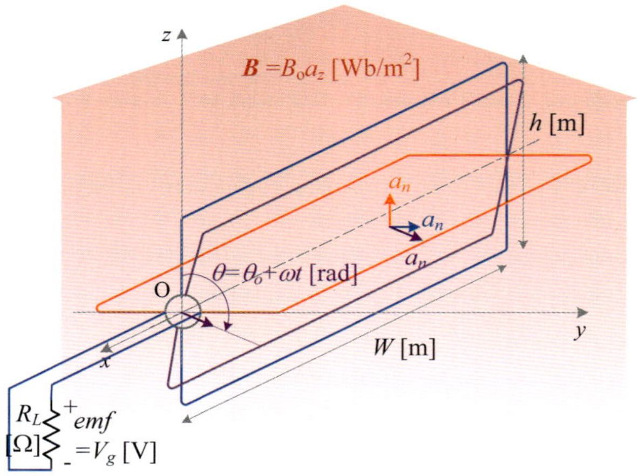

[그림 10-3] 일정한 자기장 내에서 회전하는 폐경로 도선에 유도되는 기전력(수력발전기 원리 등)

균일 자기장 내에서 폐경로를 구성하는 회전자가 회전하면 폐경로 내의 자속밀도 변화를 방해하는 방향으로 전류가 유도되고, 이로 인해 폐경로 내의 부하저항에는 유도기전력(V_g [V])이 발생한다. 그 관계를 수식으로 정리하면 다음과 같다.

$$\vec{B}(\vec{r},t)\ [\mathrm{Wb/m^2}] = B_o\hat{a}_z \quad \text{: } z\text{-축 방향의 균일 자속밀도}$$

$$\vec{S}(\vec{r},t)\ [\mathrm{m^2}] = S\hat{a}_n = Wh\hat{a}_\theta \quad \text{: 일정한 면적을 갖는 폐경로의 면적과 수직방향 면벡터}$$

$$\Psi_m(t)\ [\mathrm{Wb}] \equiv \int_S \vec{B}(\vec{r},t)\cdot d\vec{S} = \int_S B_o\hat{a}_z\cdot dS\hat{a}_n = B_o\hat{a}_z\cdot S\hat{a}_n = B_oS\left(\hat{a}_z\cdot\hat{a}_\theta\right)$$

$$= B_oWh\cos\theta(t) = B_oWh\cos\left(\theta_o+\omega t\right) \quad \text{: 회전자(도체 폐경로)를 통과하는 자속량}$$

$$\theta(t) = \theta_o + \omega t\ [\mathrm{rad}] \quad \text{: } z\text{-축과 폐경로 면}(\boldsymbol{S} = \Sigma \boldsymbol{a}_n\ [\mathrm{m^2}])\text{의 법선 벡터}(\boldsymbol{a}_n)\text{가 이루는 각}$$

$$V_g\ [\mathrm{V}] = -\frac{\partial\Psi_m(t)}{\partial t} = -\frac{\partial\left(B_oWh\cos\left(\theta_o+\omega t\right)\right)}{\partial t} = B_oWh\omega\sin\left(\theta_o+\omega t\right) = V_o\sin\left(\theta_o+\omega t\right) \quad \text{: 회전자(rotor)가 1겹인 경우}$$

$$V_o\ [\mathrm{V}] \equiv B_oWh\omega \propto \begin{cases} B_o\ [\mathrm{Wb/m^2}] \\ W\ [\mathrm{m}] \\ h\ [\mathrm{m}] \\ \omega\ [\mathrm{rad/s}] \end{cases} \quad \text{: 회전자가 하나인 경우의 유도기전력(유도전압, 발전된 전압)}$$

특히, 회전자를 구성하는 폐경로 도선이 N겹(N turns)으로 이루어진 경우 유도기전력은 다음과 같이 권선의 수에 비례하여 증가함도 알 수 있다.

$$V_g\Big|_{N-turns}\ [\mathrm{V}] = -\frac{\partial\Psi_m(t)}{\partial t}\Big|_{N-turns} = -\frac{\partial\left(NB_oWh\cos\left(\theta_o+\omega t\right)\right)}{\partial t} = NV_o\sin\left(\theta_o+\omega t\right) \quad \text{: } N\text{겹의 회전자인 경우}$$

자속량의 변화를 방해하기 위해 유도되는 전류에 의해 폐경로 내의 부하저항 양단에 유도되는 기전력을 결정하는 요소와 의존도를 요약하면 [그림 10-4]와 같다.

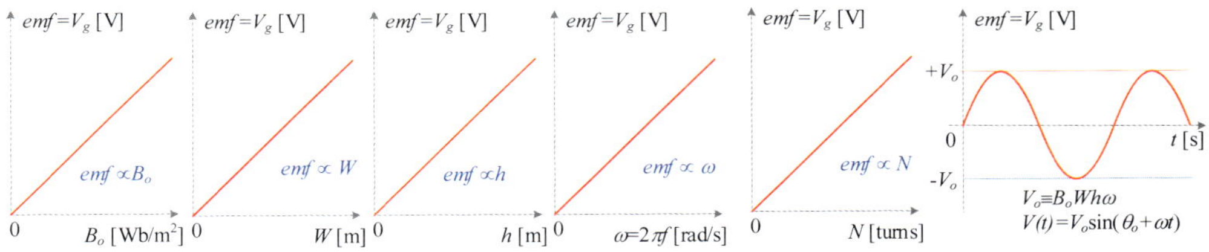

[그림 10-4] 균일 자기장 내에서 회전하는 폐경로 도선에 생성되는 기전력을 결정하는 요소와 의존도

10.1.2 1차 권선에 인가된 시변 자기장 형성과 2차 권선으로 전달된 자속량의 변화로 유도된 기전력 : 변압기

[그림 10-5]와 같이 1차 코일(N_1 [turns])에 흐르는 시정현파 전류에 의해 생성된 자기장이 자성체를 통해 2차 코일(N_2 [turns])로 전달되어 기전력을 발생시키는 원리를 이용하는 변압기 구조가 있다. 1차 권선에 인가된 시정현파 전압($\upsilon_1(t)$ [V])에 의해 생성된 자속의 변화로 2차 코일에 유도되는 기전력(또는 2차 코일 전압($\upsilon_2(t)$ [V])의 관계를 구하고, 변압기의 원리와 2차 전압으로 변환되는 요소를 이해하고자 한다.

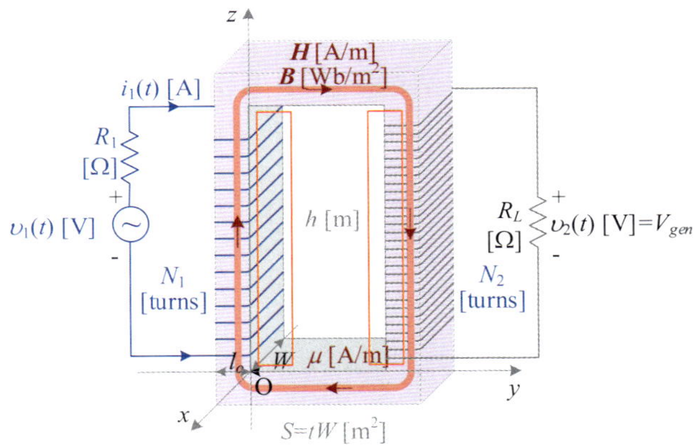

[그림 10-5] 1차 코일에서 생성된 자기장의 변화가 자성체를 통해 2차 코일로 전달되어 기전력으로 생성되는 원리를 이용하는 변압기

변압기를 구성하는 1차 코일과 2차 코일의 상호 인덕턴스 : L_{12} [H]

1차 권선에 전류(I_1 [A])가 흘러 형성된 자기장(H_1 [A/m], B_1 [Wb/m^2])이 권선 내부의 자성체를 통해 2차 권선으로 전달되는 변압기 동작의 경우, 2차 권선 하나를 지나는 자속량($\Psi_{m,12}$ [Wb])과 N_2회의 권선을 통한 2차 권선 전체의 자체 자속결합량(Λ_{12} [Wb]), 그리고 1차-2차 권선의 상호유도용량(L_{12} [H] 또는 M_{12} [H])은 각각 다음과 같다.

$$\left.\begin{array}{l}\vec{H}_1(\vec{r},t) = H_{1z}\hat{a}_z \\ \oint \vec{H}_1(\vec{r},t)\cdot d\vec{l} = I_{enc} = N_1 i_1(t)\end{array}\right\} \to \oint \vec{H}_1(\vec{r},t)\cdot d\vec{l} = H_{1z}h = I_{enc} = N_1 i_1(t)$$

: 1차 권선에 의해 형성된 자계강도를 구하기 위한 암페어의 법칙

$$H_{1z}(\vec{r},t) = \frac{N_1 i_1(t)}{h}\ [\text{A/m}] \to \begin{cases}\vec{H}_1(\vec{r},t)[\text{A/m}] = H_{1z}(\vec{r},t)\hat{a}_z = -\dfrac{N_1 i_1(t)}{h}\hat{a}_z \\ \vec{B}_1(\vec{r},t)\ [\text{Wb/m}^2] = \mu\vec{H}_1(\vec{r},t) = B_{1z}(\vec{r},t)\hat{a}_z = -\mu\dfrac{N_1 i_1(t)}{h}\hat{a}_z\end{cases}$$

: 자성체 내의 자계강도와 자속밀도

$\vec{S}_2\ [\text{m}^2] = S_2\hat{a}_n = Wt\hat{a}_z$: 일정한 면적을 갖는 폐경로의 면적과 수직방향 면벡터

$$\Psi_{m,12}(t)\ [\text{Wb}] \equiv \int_S \vec{B}_1(\vec{r},t)\cdot d\vec{S}_2 = \int_S \mu\frac{N_1 i_1(t)}{h}\hat{a}_z\cdot d\vec{S}_{2z} = \mu N_1\frac{S}{h}i_1(t)\ ;\ S = l_o W\ [\text{m}^2]$$

: 1차 권선에 흐르는 전류에 의해 형성된 자계강도가 2차 권선 1개에 전달된 자속량

$$\Lambda_{12}(t)\ [\text{Wb}\cdot\text{turns}] = \Psi_{m2}(t) = N_2\Psi_{m,12}(t) = \mu N_1 N_2\frac{S}{h}i_1(t) = \mu n_1 n_2 Sh i_1(t)$$

: 1차 권선에 흐르는 전류에 의해 형성된 자속이 N_2회의 2차 권선에 전달된 총 자속량

$$L_{12}\ [\text{H}] \equiv \frac{\Lambda_{12}}{I_1} = \mu N_1 N_2\frac{S}{h} = \mu\left(\frac{N_1}{h}\right)\left(\frac{N_2}{h}\right)Sh = \mu n_1 n_2 Sh\ \left(=\sqrt{L_{11}L_{22}}\right) \propto \begin{cases}\mu\ [\text{H/m}] \\ n_1 = (N_1/h)\ [\text{turns/m}] \\ n_2 = (N_2/h)\ [\text{turns/m}] \\ S = l_o W\ [\text{m}^2] \\ h\ [\text{m}]\end{cases}$$

: 1차 권선과 2차 권선의 상호유도용량

또한 1차 권선에 전류(I_1 [A])가 흘러 형성된 자기장이 권선 내부의 자성체를 통해 전달되는 경우, 권선 하나를 지나는 자속량(Ψ_{m1} [Wb])과 N_1회의 권선을 통한 1차 권선 전체의 자체 자속결합량(Λ_{11} [Wb]), 그리고 1차 권선의 자체유도용량(L_{11} [H])은 다음과 같다.

$$\left.\begin{array}{l}\vec{H}_1(\vec{r}) \cong H_{1z}\hat{a}_z \\ \oint \vec{H}_1(\vec{r})\cdot d\vec{l} = I_{enc} = N_1 I_1\end{array}\right\} \to \oint \vec{H}_1(\vec{r})\cdot d\vec{l} = H_{1z}h = I_{enc} = N_1 I_1 \to H_{1z} = n_1 I_1\ [\text{A/m}]\ ;\ n_1 \equiv \frac{N_1}{h}\ [\text{turns/m}]$$

: 1차 권선의 권선밀도

$$\Psi_{m1}\ [\text{Wb}] \equiv \int \vec{B}_1(\vec{r})\cdot d\vec{S} = \int \mu\frac{N_1}{h}I_1\hat{a}_z\cdot d\vec{S}_z = \int \mu\frac{N_1}{h}I_1\hat{a}_z\cdot dxdy\hat{a}_z = \mu n_1 tWI_1$$: 1차 권선 1개의 자속량

$$\Lambda_{11}\ [\text{Wb}\cdot\text{turns}] = N_1\Psi_{m1} = \mu N_1^2\frac{S}{h}I_1 = \mu\left(\frac{N_1}{h}\right)^2 ShI_1 = \mu n_1^2 ShI_1$$

$$L_{11}\ [\text{H}] = L_1 \equiv \frac{\Lambda_{11}}{I_1} = \mu N_1^2\frac{S}{h} = \mu n_1^2 Sh \propto \begin{cases}\mu\ [\text{H/m}] \\ n_1^2\ ;\ n_1 \equiv N_1/h\ [1/\text{m}] \\ S = l_o W\ [\text{m}^2] \\ h\ [\text{m}]\end{cases}$$: 1차 권선의 자체유도용량

또한 2차 권선에 전류(I_2 [A])가 흘러 형성된 자기장이 권선 내부의 자성체를 통해 전달되는 경우, 권선 하나를 지나는 자속량(Ψ_{m2} [Wb])과 N_2회의 권선을 통한 2차 권선 전체의 자체 자속결합량(Λ_{22} [Wb]), 그리고 2차 코일의 자체유도용량(L_{22} [H])은 다음과 같다.

$$\left.\begin{array}{l}\vec{H}_2(\vec{r}) \cong H_{2z}\hat{a}_z \\ \oint \vec{H}_2(\vec{r})\cdot d\vec{l} = I_{enc} = N_2 I_2\end{array}\right\} \rightarrow \oint \vec{H}_2(\vec{r})\cdot d\vec{l} = H_{2z}h = I_{enc} = N_2 I_2$$

: 2차 권선의 권선밀도

$$\rightarrow H_{2z} = n_2 I_2 \text{ [A/m]} \; ; \; n_2 \equiv \frac{N_2}{h} \text{ [turns/m]}$$

$$\Psi_{m2} \text{ [Wb]} \equiv \int \vec{B}_2(\vec{r})\cdot d\vec{S}_2 = \int \mu \frac{N_2}{h} I_2 \hat{a}_z \cdot d\vec{S}_{2z} = \int \mu \frac{N_2}{h} I_2 \hat{a}_z \cdot dxdy\hat{a}_z = \mu n_2 tW I_2$$: 2차 권선 1개의 자속

$$\Lambda_{22} \text{ [Wb]} = N_2 \Psi_{m2} = N_2^2 \mu \frac{tW}{l} I_2 = \mu\left(\frac{N_2}{h}\right)^2 tWh I_2 = \mu n_2^2 tWh I_2$$

$$L_{22} \text{ [H]} = L_2 \equiv \frac{\Lambda_{22}}{I_2} = \mu N_2^2 \frac{S}{h} = \mu n_2^2 Sh \propto \begin{cases}\mu \text{ [H/m]} \\ n_2^2; \; n_2 \equiv N_2/h \text{ [1/m]} \\ S = l_o W \text{ [m}^2\text{]} \\ h \text{ [m]}\end{cases}$$: 2차 권선의 자기유도용량

앞의 결과를 이용하면 1차 권선에 인가된 전류로 인해 형성되는 자속을 전달하는 자성체(magnetic core) 내의 자계강도($\boldsymbol{H}_1(\boldsymbol{r},t)$ [A/m])와 자속밀도($\boldsymbol{B}_1(\boldsymbol{r},t)$ [Wb/m²])는 다음과 같다.

$$i_1(t) \text{ [A]} = i_o \sin \omega t = i_o e^{j\omega t}$$

: 변압기의 1차 권선에 흐르는 시정현파 전류로서 2차 권선으로 전달되는 자기장/자속을 생성함

$$\begin{cases}\vec{H}_1(\vec{r},t) = H_{1z}\hat{a}_z = \dfrac{N_1}{h} i_1(t)\hat{a}_z \text{ [A/m]} \\ \vec{B}_1(\vec{r},t) = \mu \vec{H}_1(\vec{r},t) = B_{1z}\hat{a}_z = \mu \dfrac{N_1}{h} i_1(t)\hat{a}_z \text{ [Wb/m}^2\text{]}\end{cases}$$

1차 권선에 인가된 전류에 의해 생성된 자속밀도가 자성체를 통해 2차 권선 하나와 N회의 2차 권선 전체를 통해 전달된 자속량($\Psi_{m,12}(t)$ [Wb], $\Lambda_{12}(t)$)은 각각 다음과 같다.

$$\Psi_{m,12}(t) \text{ [Wb]} \equiv \int \vec{B}_1(\vec{r},t)\cdot d\vec{S}_2 = \int \mu \frac{N_1 i_1(t)}{h} \hat{a}_z \cdot d\vec{S}_{2z} = \mu n_1 Sh i_1(t) \; ; \; S = l_o W \text{ [m}^2\text{]}$$

: 1차 권선에 의한 자계강도가 2차 권선 1개에 전달된 자속량

$$\Lambda_{12}(t) \text{ [Wb}\cdot\text{turns]} = \Psi_{m2}(t) = N_2 \Psi_{m,12}(t) = \mu N_1 N_2 \frac{S}{h} i_1(t) = \mu n_1 n_2 Sh i_1(t)$$

: 1차 권선에 의한 자속이 N_2회의 2차 권선에 전달된 총 자속량

2차 권선에 전달된 자속량의 시간에 따른 변화로 인해 변압기의 2차 권선에 생성되는 유도기전력(또는 2차 전압)은 다음과 같다.

$$\upsilon_2(t) \text{ [V]} = emf_2 = -\frac{\partial \Psi_{m2}(t)}{\partial t} = -N_1 N_2 \mu \frac{S}{h}\frac{\partial i_1(t)}{\partial t} = -jN_1 N_2 \mu \frac{S}{h} \omega i_1(t) = -jn_1 n_2 \mu Sh\omega i_o e^{j\omega t}$$
$$= \upsilon_{2o} e^{j(\omega t - \pi/2)}$$

$$\upsilon_{2o} \text{ [V]} \equiv n_1 n_2 \mu Sh\omega i_o \propto \begin{cases} n_1 n_2 \\ \mu \\ Sh = l_o Wh \\ \omega \\ i_o \end{cases}$$: 2차 권선에 변압 전달된 전압의 진폭

$$v_1(t)\ [\mathrm{V}] = emf_1 = -\frac{\partial \Psi_{m1}(t)}{\partial t} = -\frac{\partial L_{11} i_1(t)}{\partial t} = -L_{11}\frac{\partial i_1(t)}{\partial t} = v_{1o} e^{j(\omega t - \pi/2)}$$: 1차 권선 양단의 전압

$$\left|\frac{v_{2o}}{v_{1o}}\right| = \left|\frac{\frac{\partial \Lambda_{12}(t)}{\partial t}}{\frac{\partial \Lambda_{11}(t)}{\partial t}}\right| = \left|\frac{N_2 \frac{\partial \Psi_{m,12}(t)}{\partial t}}{N_1 \frac{\partial \Psi_{m,11}(t)}{\partial t}}\right| = \left|\frac{-n_1 n_2 \mu Sh \frac{\partial i_1(t)}{\partial t}}{-L_1 \frac{\partial i_1(t)}{\partial t}}\right| = \frac{n_1 n_2 \mu Sh}{L_1} = \frac{n_1 n_2 \mu Sh}{n_1^2 \mu Sh} = \frac{n_2}{n_1} = \frac{N_2}{N_1}$$

: 1차 전압과 2차 전압의 변압비(권선비)에 의해 결정됨

2차 권선에 전달된 자속량의 시간에 따른 변화로 인해 변압기의 2차 권선에 생성되는 유도기전력(또는 2차 전압)은 1차와 2차의 권선수에 의해 결정됨을 확인할 수 있다. 1차 권선에 인가된 전류로 인해 2차 권선에 전달되는 변압기 구조에서 2차 전압을 결정하는 요소와 의존도를 [그림 10-6]에 요약하였다.

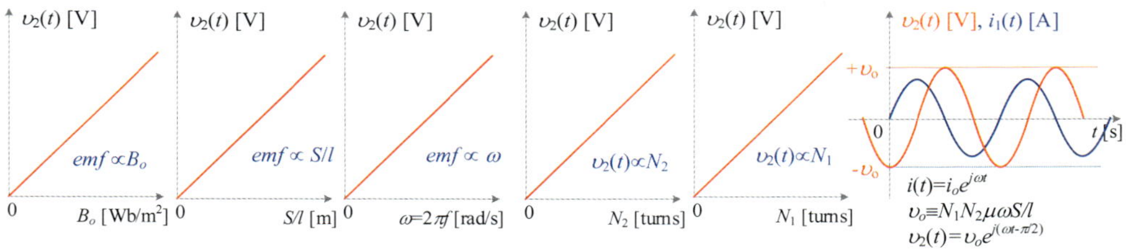

[그림 10-6] 변압기의 2차 코일에 유도되는 기전력을 결정하는 요소와 의존도

10.1.3 유도용량에 흐르는 전류에 형성된 자기장의 자기에너지

도선에 흐르는 근원전류에 의해 형성되는 자기장의 에너지 밀도($dW_m = dW_m/dv$ [J/m³])를 이해하기 위해서는 근원전하에 의해 형성되는 전기장($\boldsymbol{E}(\boldsymbol{r})$ [V/m], $\boldsymbol{D}(\boldsymbol{r}) = \epsilon \boldsymbol{E}(\boldsymbol{r})$ [C/m²])이 존재하는 공간의 정전기적 에너지 밀도($dW_E = dW_E/dv$ [J/m³])을 확인하는 것이 도움이 된다. [그림 10-7]과 같이 전하들에 의해 형성된 전기장의 스칼라 전위(V [V])와 정전기적 에너지(E_p [J] 또는 정전기적 일: W_E [J])의 관계를 이용하여 얻은 전기장의 단위체적당 에너지 밀도(δW_E [J/m³])는 다음과 같다.

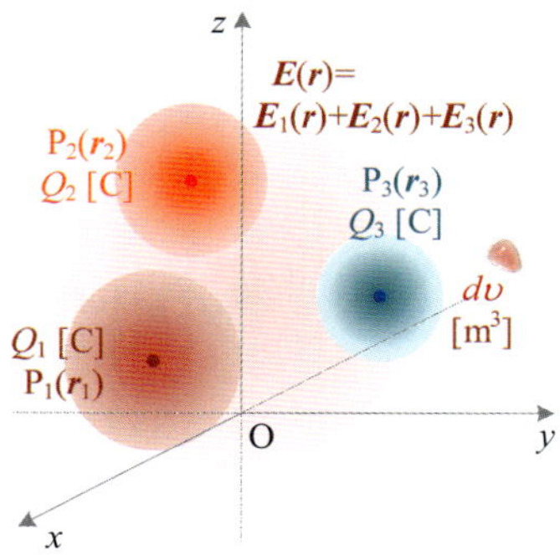

$$W_E\ [\mathrm{J}] \equiv \int_{\substack{electric\\field}} \delta W_E(\vec{r}) dv$$

$$\delta W_E(\vec{r})\ [\mathrm{J/m^3}] \equiv \frac{dW_E(\vec{r})}{dv} = \frac{1}{2}\left(\vec{E}(\vec{r}) \cdot \vec{D}(\vec{r})\right) = \frac{1}{2}\epsilon E(\vec{r})^2$$

[그림 10-7] 전기장이 존재하는 공간과 자기장이 존재하는 공간의 단위체적당 에너지 밀도

$$\vec{E}(\vec{r})\ [\mathrm{V/m}] = \int_{\substack{source\\charge}} d\vec{E}(\vec{r})\ ;\ d\vec{E}(\vec{r})\ [\mathrm{V/m}] = \frac{dQ_s}{4\pi\epsilon R^2}\hat{a}_R$$: 근원전하 조각(dQ_s [C])에 의한 전계강도

$$\vec{F}_E(\vec{r})\ [\mathrm{N}] = \int_{\substack{test\\charge}} d\vec{F}_E(\vec{r})\ ;\ d\vec{F}_E(\vec{r})\ [\mathrm{N}] = dQ_t\vec{E}(\vec{r})$$: 전기장 내에서 관측점의 시험전하에 작용하는 힘

$$W_E\ [\mathrm{J}] = \int_{\substack{electric\\field}} dW_E(\vec{r}) = \int_{\substack{electric\\field}} \delta W_E(\vec{r})d\upsilon$$: 전기장의 정전기적 에너지

$$\delta W_E(\vec{r})\ [\mathrm{J/m^3}] \equiv \frac{dW_E(\vec{r})}{d\upsilon} = \frac{1}{2}\vec{D}(\vec{r})\cdot\vec{E}(\vec{r}) \propto \begin{cases}\vec{D}(\vec{r})\ [\mathrm{C/m^2}] = \epsilon\vec{E}(\vec{r})\\ \vec{P}(\vec{r})\ [\mathrm{C/m^2}] = \chi_e\epsilon_o\vec{E}(\vec{r})\\ \epsilon = \epsilon_o\epsilon_r\ [\mathrm{H/m}]\ ;\ \epsilon_r = (1+\chi_e)\end{cases}$$: 전기장의 정전기적 에너지 밀도

즉, 전기장의 단위체적당 에너지 밀도는 전계강도의 제곱에 비례하고, 매질의 유전상수에 비례한다. 특히, 점전하에 의해 형성된 전기장의 전계강도는 근원전하로부터 거리의 제곱에 반비례하므로, 근원전하 로부터 먼 지점의 에너지 밀도는 거리의 네제곱에 반비례하여 급격하게 감소함을 기억해야 한다. 전기장의 에너지 밀도를 결정하는 요소와 의존도를 그림으로 요약하면 [그림 10-8]과 같다.

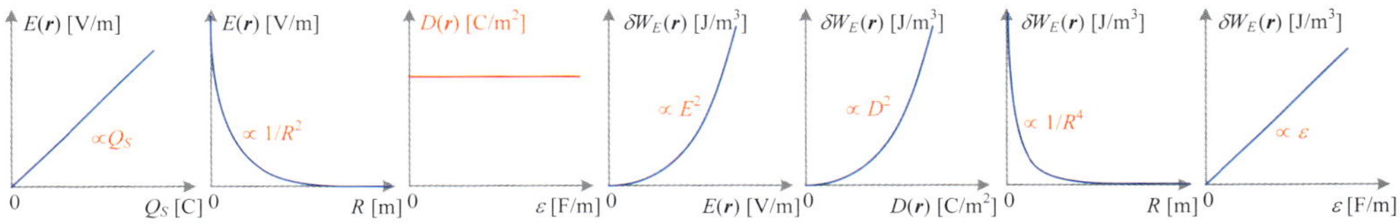

[그림 10-8] 점전하에 의해 형성된 전기장의 단위체적당 에너지 밀도(δW_E [J/m³])를 결정하는 요소와 의존도

여러 개의 전류도선에 흐르는 전류에 의해 형성된 자기장을 상호유도용량과 자기유도용량으로 해석한 자기에너지(W_m [J])와 자기에너지 밀도(δW_m [J/m³])를 이해하는 과정은 다음과 같다. [그림 10-9]에 2개의 전류도선에 의해 상호작용이 이루어지는 자기장의 전류도선(I_1 [A]이 흐르는 C_1, I_2 [A]가 흐르는 C_2), 각 도선에 흐르는 전류에 의해 형성된 자기장의 자계강도($\boldsymbol{H}_1(\boldsymbol{r})$, $\boldsymbol{H}_2(\boldsymbol{r})$ [A/m])와 자속밀도 ($\boldsymbol{B}_1(\boldsymbol{r})$, $\boldsymbol{B}_2(\boldsymbol{r})$, $\boldsymbol{B}_3(\boldsymbol{r})$ [A/m]), 그리고 전류도선 간의 상호유도용량(L_{12}, L_{21} [H])과 자기유도용량 (L_{11}, L_{22} [H])을 형상화하였다.

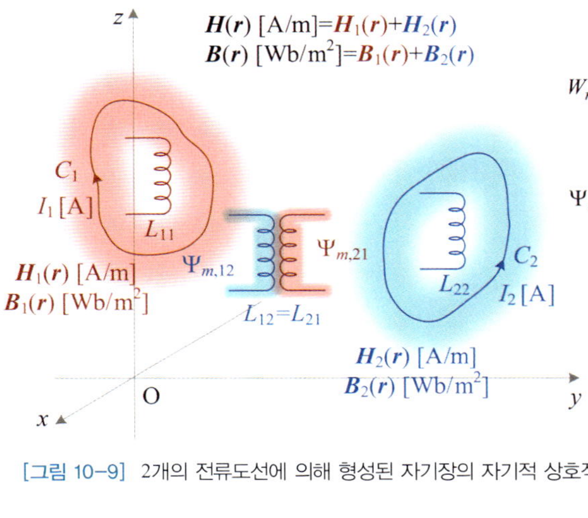

$$W_{m,1\&2}\ [\mathrm{J}] = \frac{1}{2}\sum_{i=1}^{2} I_i\Psi_{m,i} = \frac{1}{2}\sum_{i=1}^{2}\left(\sum_{j=1}^{2}\left(L_{ij}I_iI_j\right)\right)$$

$$\Psi_{m,i}\ [\mathrm{Wb}](=[\mathrm{H\cdot A}]) = \sum_{j=1}^{2} L_{ij}I_j$$

$$\begin{cases}\Psi_{m,1} = \sum_{j=1}^{2} L_{1j}I_j = L_{11}I_1 + L_{12}I_2\\ \Psi_{m,2} = \sum_{j=1}^{2} L_{2j}I_j = L_{21}I_1 + L_{22}I_2\end{cases}$$

[그림 10-9] 2개의 전류도선에 의해 형성된 자기장의 자기적 상호작용과 자기에너지

■ **자기장이 존재하는 공간의 자기에너지(W_m [J])와 자기에너지 밀도(δW_m [J/m^3])**

패러데이의 법칙에 의하면 근원전류에 의해 형성된 자기장 내에서 시변 자기장에 의한 유도기전력($emf = V_g$ [V])은 다음과 같다.

$$emf\ [\mathrm{V}] = V_g = -\left(-\oint \vec{E}(\vec{r},t)\cdot d\vec{l}\right) = -\frac{\partial \Psi_m(t)}{\partial t} \qquad : \text{패러데이의 기전력에 관한 법칙}$$

$$\Psi_m(t)\ [\mathrm{Wb}] \equiv \int_S \vec{B}(\vec{r},t)\cdot d\vec{S} \quad \begin{cases} \vec{B}(\vec{r},t)\ [\mathrm{Wb/m^2}] = \nabla \times \vec{A}(\vec{r},t) \\ \vec{H}(\vec{r},t)\ [\mathrm{A/m}] = \dfrac{1}{\mu}\vec{B}(\vec{r},t) \end{cases} \qquad : \text{자속자계강도, 자속밀도, 벡터 자기준위의 관계}$$

2개의 권선에 흐르는 전류에 의한 자기장 형성과 자기장의 에너지(W_m [J]) 이해를 위한 권선의 전류($i_1(t)$, $i_2(t)$ [A]), 자속량($\Psi_{mjk}(t)$ [Wb]), 기전력($V_{gjk}(t)$ [V])의 시간에 따른 변화를 요약하면 [그림 10-10]과 같다. 2개의 권선에 흐르는 전류에 의해 형성된 자기장의 자기에너지($W_{m1\&2}$ [J])를 구하는 과정은 다음과 같은 순서로 이해하는 것이 편리하다.

- 2번 권선에는 전류가 흐르지 않고($I_2 = 0$ [A]), 1번 권선의 전류($i_1(t)$ [A])가 0 [A]에서 I_1 [A]의 정상상태로 변하는 과정: $W_{m,11}$ [J]
- 1번 권선에 일정한 전류($i_1(t) = I_1$ [A])가 흐르고, 2번 권선의 전류($i_2(t)$ [A])가 0 [A]에서 I_2 [A]로 변하는 과정: $W_{m,12}$ [J]
- 2번 권선에 일정한 전류($i_2(t) = I_2$ [A])가 흐르고, 1번 권선의 전류($i_1(t)$ [A])가 0 [A]에서 I_1 [A]로 변하는 과정: $W_{m,21}$ [J]
- 1번 권선에는 전류가 흐르지 않고($I_1 = 0$ [A]), 2번 권선의 전류($i_2(t)$ [A])가 0 [A]에서 I_2 [A]의 정상상태로 변하는 과정: $W_{m,22}$ [J]

- **[그림 10-10](a)**: 2번 권선에는 전류가 흐르지 않고($I_2 = 0$ [A]), 1번 권선의 전류($i_1(t)$ [A])가 0 [A]에서 I_1 [A]의 정상상태로 변하는 과정의 자속량 변화($\Psi_{m,11}(t)$ [Wb]), 자기유도용량(L_{11} [H]) 및 자속량 변화를 방해하는 기전력($emf_{11} = V_{g11}$ [V])은 다음과 같다.

$$emf_{11}\ [\mathrm{V}] = V_{g11} = L_{11}\frac{\partial i_1(t)}{\partial t}$$

- 또한, 에너지는 전력의 시간에 대한 적분 관계임을 이용하면 이 상태를 유지하는 데 필요한 자기에너지 ($W_{m,11}$ [J])는 각각 다음과 같다.

$$W_m\ [\mathrm{J}] = \int_{\substack{magnetic \\ field}} P_m(t)dt \qquad : \text{자기에너지}$$

$$P_m(t)\ [\mathrm{W}](=[\mathrm{J/s}]) = i(t)V_g(t) \qquad : \text{자기장의 단위시간당 에너지 자기장 전력}$$

$$W_{m,11}\ [\mathrm{J}] = \int_{\substack{i_1(t)=0\to I_1 \\ i_2(t)=0}} P_{m,11}(t)dt = \int_{\substack{i_1(t)=0\to I_1 \\ i_2(t)=0}} i_1(t)V_{g11}(t)dt = \int_{\substack{i_1(t)=0\to I_1 \\ i_2(t)=0}} i_1(t)L_{11}\frac{\partial i_1(t)}{\partial t}dt$$

$$= \int_{i_1=0}^{I_1} L_{11}i_1 di_1 = \frac{1}{2}L_{11}I_1^2 \qquad : \text{2번 권선에는 전류가 흐르지 않고, 1번 권선의 전류가 0 [A]에서 } I_1 \text{ [A]의 정상상태로 변하는 과정의 자기에너지}(W_{m,11}\ [\mathrm{J}])$$

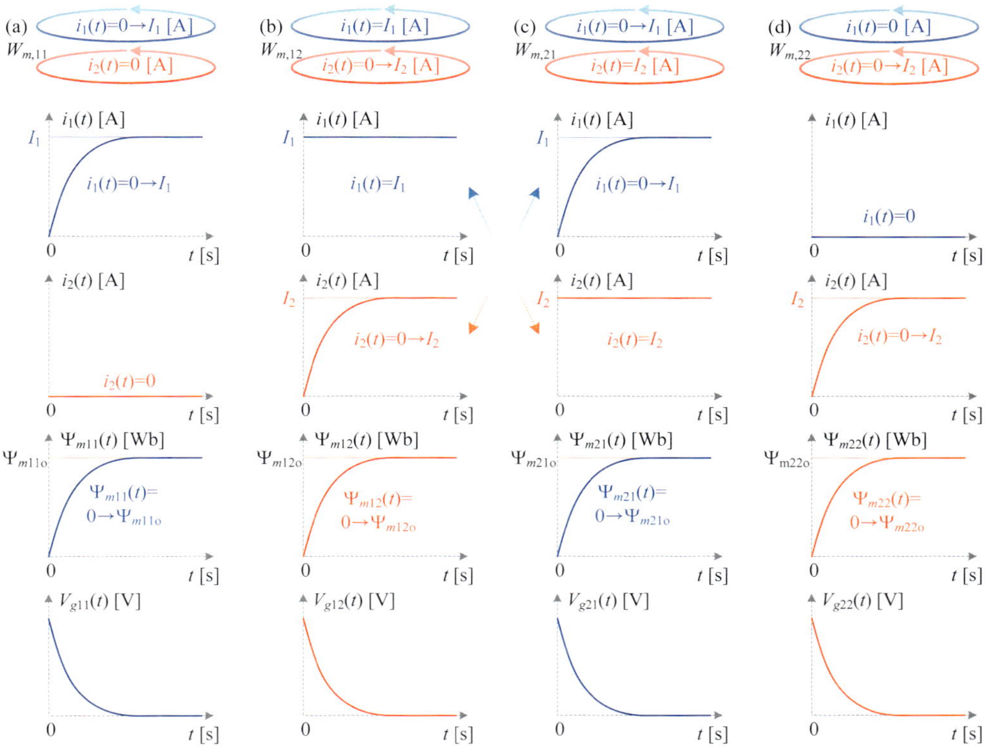

[그림 10-10] 2개의 권선에 흐르는 전류에 의한 자기장의 에너지(W_m [J]) 이해를 위한 권선의 전류($i_1(t)$, $i_2(t)$ [A]), 자속량($\Psi_{mjk}(t)$ [Wb]) 및 기전력($V_{gjk}(t)$ [V])의 시간에 따른 변화
(a) $W_{m,11}$ (b) $W_{m,12} = W_{m,21}$ (c) $W_{m,21} = W_{m,12}$ (d) $W_{m,22}$

- **[그림 10-10](b):** 1번 권선에 일정한 전류($i_1(t) = I_1$ [A])가 흐르고, 2번 권선의 전류($i_2(t)$ [A])가 0 [A]에서 I_2 [A]로 변하는 과정의 자속량 변화($\Psi_{m,12}(t)$ [Wb]), 상호유도용량(L_{12} [H]) 및 자속량 변화를 방해하는 기전력($emf_{12} = V_{g12}$ [V]), 그리고 이 상태를 유지하는 데 필요한 에너지($W_{m,12}$ [J])는 각각 다음과 같다(권선형 유도용량의 경우와 같이 권선 1번과 2번에 의한 자기장과 자속은 동일한 방향으로 형성되는 경우를 가정함).

$$emf_{12}\ [\mathrm{V}] = V_{g12} = L_{12}\frac{\partial i_2(t)}{\partial t}$$

$$W_{m,12}\ [\mathrm{J}] = \int_{\substack{i_1(t)=I_1 \\ i_2(t)=0\to I_2}} P_{m,12}(t)dt = \int_{\substack{i_1(t)=I_1 \\ i_2(t)=0\to I_2}} I_1 V_{g12}(t)dt$$
$$= \int_{\substack{i_1(t)=I_1 \\ i_2(t)=0\to I_2}} I_1 L_{12}\frac{\partial i_2(t)}{\partial t}dt = \int_{i_2=0}^{I_2} I_1 L_{12} di_2 = L_{12}I_1I_2$$

: 1번 권선에 일정한 전류(I_1 [A])가 흐르고, 2번 권선의 전류가 0 [A]에서 I_2 [A]로 변하는 과정의 자기에너지($W_{m,12}$ [J])

- **[그림 10-10](c):** 2번 권선에 일정한 전류($i_2(t) = I_2$ [A])가 흐르고, 1번 권선의 전류($i_1(t)$ [A])가 0 [A]에서 I_1 [A]로 변하는 과정의 자속량 변화($\Psi_{m,21}(t)$ [Wb]), 상호유도용량(L_{21} [H]) 및 자속량 변화를 방해하는 기전력($emf_{21} = V_{g21}$ [V]), 그리고 이 상태를 유지하는 데 필요한 에너지($W_{m,21}$ [J])는 각각 다음과 같다(권선형 유도용량의 경우와 같이 권선 1번과 2번에 의한 자기장과 자속은 동일한 방향으로 형성되는 경우를 가정함).

$$emf_{21}\ [\mathrm{V}] = V_{g21} = L_{21}\frac{\partial i_1(t)}{\partial t}$$

$$\begin{aligned} W_{m,21}\ [\mathrm{J}] &= \int_{\substack{i_1(t)=0\to I_1 \\ i_2(t)=I_2}} P_{m,21}(t)dt = \int_{\substack{i_1(t)=0\to I_1 \\ i_2(t)=I_2}} I_2 V_{g21}(t)dt \\ &= \int_{\substack{i_1(t)=0\to I_1 \\ i_2(t)=I_2}} I_2 L_{21}\frac{\partial i_1(t)}{\partial t}dt = \int_{i_1=0}^{I_1} I_2 L_{21} di_1 \\ &= L_{21}I_2I_1 \left(= W_{m,12}\ [\mathrm{J}]\right) \end{aligned}$$

: 2번 권선에 일정한 전류(I_2 [A])가 흐르고, 1번 권선의 전류가 0 [A]에서 I_1 [A]로 변하는 과정의 자기에너지($W_{m,21}$ [J])

$L_{12} = L_{21}$이므로, 이 결과는 앞의 $W_{m,12}$와 동일한 값이다.

- **[그림 10-10](d)**: 1번 권선에는 전류가 흐르지 않고($I_1 = 0$ [A]), 2번 권선의 전류($i_2(t)$ [A])가 0 [A]에서 I_2 [A]의 정상상태로 변하는 과정의 자속량 변화($\Psi_{m,22}(t)$ [Wb]), 자기유도용량(L_{22} [H]) 및 자속량 변화를 방해하는 기전력($emf_{22} = V_{g22}$ [V]), 그리고 이 상태를 유지하는 데 필요한 자기에너지($W_{m,22}$ [J])도 다음과 같이 구할 수 있다(권선형 유도용량의 경우와 같이 권선 1번과 2번에 의한 자기장과 자속은 동일한 방향으로 형성되는 경우를 가정함).

$$emf_{22}\ [\mathrm{V}] = V_{g22} = L_{22}\frac{\partial i_2(t)}{\partial t}$$

$$\begin{aligned} W_{m,22}\ [\mathrm{J}] &= \int_{\substack{i_1(t)=0; \\ i_2(t)=0\to I_2}} P_{m,22}(t)dt = \int_{\substack{i_1(t)=0; \\ i_2(t)=0\to I_2}} i_2(t)V_{g22}(t)dt \\ &= \int_{\substack{i_1(t)=0; \\ i_2(t)=0\to I_2}} i_2(t)L_{22}\frac{\partial i_2(t)}{\partial t}dt = \int_{i_2=0}^{I_2} L_{22}i_2di_2 = \frac{1}{2}L_{22}{I_2}^2 \end{aligned}$$

: 1번 권선에는 전류가 흐르지 않고, 2번 권선의 전류가 0 [A]에서 I_2 [A]의 정상상태로 변하는 과정의 자기에너지 ($W_{m,22}$ [J])

- 2개의 권선으로 이루어진 권선 1에 흐르는 전류(I_1 [A])와 권선 2에 흐르는 전류(I_2 [A])에 의해 형성된 자기장의 자기에너지 총량($W_m = W_{m,1\&2}$ [J])은 다음과 같이 나타낼 수 있다.

$$W_m\ [\mathrm{J}] = W_{m,1\&2}\ [\mathrm{J}] = W_{m,11} + W_{m,12} + W_{m,22} = W_{m,11} + \frac{1}{2}\left(W_{m,12} + W_{m,21}\right) + W_{m,22}$$

$$\leftarrow W_{m,12} = W_{m,21} = \frac{1}{2}\left(W_{m,12} + W_{m,21}\right) = \frac{1}{2}L_{11}{I_1}^2 + \frac{1}{2}\left(L_{12} + L_{21}\right)I_1I_2 + \frac{1}{2}L_{22}{I_2}^2$$

권선형 유도용량 등과 같이 모든 권선에 동일한 전류가 흐르는 경우($I_1 = I_2 = I$ [A]) 권선형 유도용량 내의 자기에너지(W_m [J])는 다음과 같이 나타낼 수 있다.

$$\begin{aligned} W_{m,1\&2}\ [\mathrm{J}] &= \frac{1}{2}\sum_{i=1}^{2}\left(\sum_{j=1}^{2}\left(L_{ij}I_iI_j\right)\right) = \frac{1}{2}\sum_{i=1}^{2} I_i\Psi_{m,i}\ ;\ \Psi_{m,i}\ [\mathrm{Wb}](=[\mathrm{H}\cdot\mathrm{A}]) \\ &= \sum_{j=1}^{2} L_{ij}I_j \begin{cases} \Psi_{m,1} = \sum_{j=1}^{2} L_{1j}I_j = L_{11}I_1 + L_{12}I_2 \\ \Psi_{m,2} = \sum_{j=1}^{2} L_{2j}I_j = L_{21}I_1 + L_{22}I_2 \end{cases} \end{aligned}$$

- 앞에서 2회의 권선형 유도용량에 대한 결과를 N회의 권선으로 이루어진 권선형 유도용량으로 확장할 수 있다. N회의 권선에서도 순차적으로 전류가 흐르되 최종적으로 모든 권선에 동일한 전류($I_1 = I_2 = \cdots\cdots = I_N = I$ [A])가 흐르며, 이로 인해 기전력이 발생하는 것을 모두 반영하여 정리하면, N회의 권선형 유도용량 내의 자기에너지(W_m [J])는 다음과 같이 나타낼 수 있다.

$$W_m\ [\mathrm{J}] = \frac{1}{2}\sum_{i=1}^{N}\left(\sum_{j=1}^{N}\left(L_{ij}I_iI_j\right)\right) = \frac{1}{2}\sum_{i=1}^{N} I_i\Psi_{m,i}\ ;\ \Psi_{m,i}\ [\mathrm{Wb}](=[\mathrm{H}\cdot\mathrm{A}]) = \sum_{j=1}^{N} L_{ij}I_j$$

또한 도선의 유도용량이 L [H]인 경우, 권선에 흐르는 전류(I [A])에 의해 형성된 자기장의 자기에너지(W_m [J])는 다음과 같다.

$$W_m = \int_{i(t)=0\to I} P_m(t)dt = \int_{i(t)=0\to I} i(t)V_g(t)dt = \int_{i(t)=0\to I} i(t)L\frac{\partial i(t)}{\partial t}dt = \int_{i=0}^{I} iLdi$$
$$\leftarrow emf\ [\mathrm{V}] = V_g = L\frac{\partial i(t)}{\partial t} = \frac{1}{2}LI^2\ [\mathrm{J}]\left(=[\mathrm{H}\cdot\mathrm{A}^2]\right)$$

10.1.4 전류도선에 의해 형성된 자기장의 자기에너지 밀도

[그림 10-11]에 나타낸 것과 같이 다수의 전류도선에 의해 형성된 자기장의 벡터 자기준위($\boldsymbol{A}(\boldsymbol{r})$ [Wb/m]), 자속밀도($\boldsymbol{B}(\boldsymbol{r}) = \nabla\times\boldsymbol{A}(\boldsymbol{r})$ [Wb/m^2]) 및 자계강도($\boldsymbol{H}(\boldsymbol{r})$ [A/m])의 관계를 이용하여 자기장의 자기에너지(W_m [J])와 자기에너지 밀도(δW_m [J/m^3])를 구하는 과정은 다음과 같다.

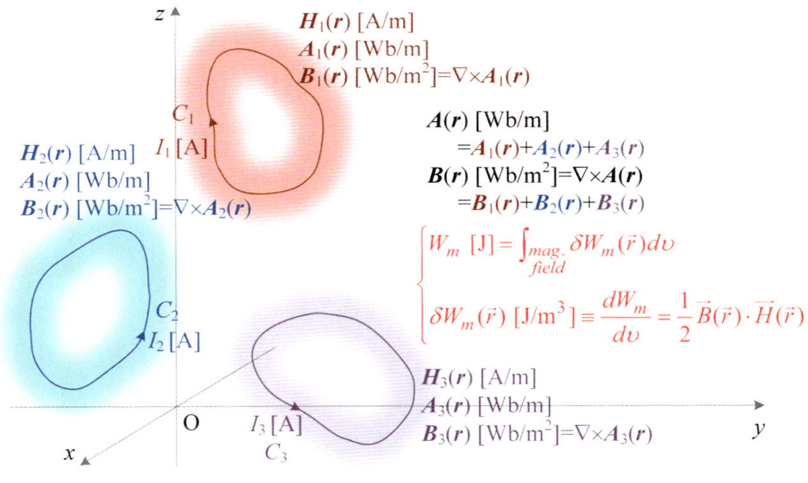

[그림 10-11] 전류도선들에 의해 형성된 자기장의 벡터 자기준위와 자속밀도

패러데이의 법칙에 의하면 근원전류에 의해 형성된 자기장 내에서 시변 자기장에 의한 유도기전력 ($emf = V_g$ [V])은 다음과 같다.

$$V_g\ [\mathrm{V}] = \oint \vec{E}(\vec{r},t)\cdot d\vec{l} = -\frac{\partial\Psi_m(t)}{\partial t}\ :\ \text{패러데이의 기전력에 관한 법칙}$$

$$\Psi_m(t)\ [\mathrm{Wb}] \equiv \int_S \vec{B}(\vec{r},t)\cdot d\vec{S}\ ;\ \vec{B}(\vec{r},t)\ [\mathrm{Wb/m^2}] = \begin{cases}\mu\vec{H}(\vec{r},t) \\ \nabla\times\vec{A}(\vec{r},t)\end{cases}\ :\ \text{자속, 자속밀도, 자계강도, 벡터 자기준위의 관계}$$

특히 벡터 자기준위의 회전량 벡터($\nabla\times\boldsymbol{A}(\boldsymbol{r})$ [Wb/m^2])가 등가자속밀도($\boldsymbol{B}(\boldsymbol{r}) = \nabla\times\boldsymbol{A}(\boldsymbol{r})$ [Wb/m^2])가 되도록 다음과 같이 정의한 것을 활용할 수 있다.

$$\vec{A}(\vec{r})\ [\text{Wb/m}] \equiv \int_{source} d\vec{A}(\vec{r})\ ;\ d\vec{A}(\vec{r})\ [\text{Wb/m}] \equiv \frac{\mu I_s d\vec{l}_s}{4\pi R} \begin{cases} d\vec{A}(\vec{r}) \parallel d\vec{l}_s \\ \propto \dfrac{1}{R};\vec{R} = \vec{r} - \vec{r}_s \\ \propto I_s \end{cases}$$

: 근원전류도선에 의한 벡터 자기준위

이와 같이 정의된 벡터 자기준위는 자기단극자가 존재하지 않음($\nabla\cdot\boldsymbol{B}(\boldsymbol{r}) = \nabla\cdot(\nabla\times\boldsymbol{A}(\boldsymbol{r})) = 0$ [Wb/m³])을 늘 만족할 수 있도록 정의된 자기장 물리량이며, 공간 내에 자기장에 영향을 미치는 전류의 존재여부에 관계없이 사용할 수 있다.

따라서 자기장 내의 자속량($\Psi_m(t)$ [Wb])과 자속밀도($\boldsymbol{B}(\boldsymbol{r},t)$ [Wb/m²])를 벡터 자기준위($\boldsymbol{A}(\boldsymbol{r})$ [Wb/m])로 변환하면 자기장이 존재하는 공간의 자기에너지(W_m [J])는 다음과 같이 나타낼 수 있다.

$$\Psi_{mi}(t)\ [\text{Wb}] \equiv \int_S \vec{B}(\vec{r},t)\cdot d\vec{S} = \int_S \left(\nabla\times\vec{A}(\vec{r},t)\right)\cdot d\vec{S} = \oint_{C_i} \vec{A}(\vec{r},t)\cdot d\vec{l}'_i \leftarrow \vec{B}(\vec{r},t)\ [\text{Wb/m}^2] = \nabla\times\vec{A}(\vec{r},t)$$

$$W_m\ [\text{J}] = \frac{1}{2}\sum_{j=1}^{N}\left(\sum_{i=1}^{N} L_{ij} I_i I_j\right) = \frac{1}{2}\sum_{i=1}^{N} I_i \Psi_{mi} = \frac{1}{2}\sum_{i=1}^{N} I_i \left(\oint_{C_i} \vec{A}(\vec{r},t)\cdot d\vec{l}'_i(\vec{r})\right)$$

$$= \frac{1}{2}\sum_{i=1}^{N} I_i dl' \left(\oint_{C_i} \vec{A}(\vec{r},t)\cdot \hat{a}_{t,i}(\vec{r})\right)$$

$$\leftarrow \begin{cases} d\vec{l}'_i(\vec{r}) = dl_i{}'\hat{a}_{t,i}(\vec{r})\ [\text{m}] \\ I_i dl_i{}' = \left(\vec{J}(\vec{r},t)\cdot d\vec{S}\right) dl_i{}' = J(\vec{r},t)d\upsilon\ [\text{A}\cdot\text{m}] \\ J(\vec{r},t)d\upsilon\hat{a}_{t,i}(\vec{r}) = \vec{J}(\vec{r},t)d\upsilon\ [\text{A}\cdot\text{m}] \end{cases}$$

$$= \frac{1}{2}\int_{\substack{mag.\\field}} \left(\vec{J}(\vec{r},t)\cdot\vec{A}(\vec{r},t)\right)d\upsilon = \int_{\substack{mag.\\field}} \left(\frac{1}{2}\vec{J}(\vec{r},t)\cdot\vec{A}(\vec{r},t)\right)d\upsilon = \int_{\substack{mag.\\field}} \delta W_m(\vec{r})d\upsilon$$

: 자기장이 존재하는 공간의 자기에너지

한편, 두 물리량 벡터의 벡터 곱에 대한 발산량은 다음의 항등식을 만족한다.

$$\nabla\cdot\left(\vec{A}(\vec{r})\times\vec{H}(\vec{r})\right) = \vec{H}(\vec{r})\cdot\left(\nabla\times\vec{A}(\vec{r})\right) - \vec{A}(\vec{r})\cdot\left(\nabla\times\vec{H}(\vec{r})\right) = \vec{H}(\vec{r})\cdot\vec{B}(\vec{r}) - \vec{A}(\vec{r})\cdot\vec{J}(\vec{r})$$

: 벡터 항등식

$$\vec{A}(\vec{r})\cdot\vec{J}(\vec{r}) = \vec{H}(\vec{r})\cdot\vec{B}(\vec{r}) - \nabla\cdot\left(\vec{A}(\vec{r})\times\vec{H}(\vec{r})\right)$$

벡터 항등식을 이용하여 위의 결과를 정리하면 자기장이 존재하는 공간 전체의 자기에너지(W_m [J]) 관계식은 다음과 같이 정리할 수 있다.

$$W_m\ [\text{J}] = \int_{\substack{mag.\\field}} \frac{1}{2}\left(\vec{J}(\vec{r})\cdot\vec{A}(\vec{r})\right)d\upsilon = \int_{\substack{mag.\\field}} \frac{1}{2}\left(\vec{H}(\vec{r})\cdot\vec{B}(\vec{r})\right)d\upsilon - \int_{\substack{mag.\\field}} \frac{1}{2}\nabla\cdot\left(\vec{A}(\vec{r})\times\vec{H}(\vec{r})\right)d\upsilon$$

$$= \int_{\substack{mag.\\field}} \frac{1}{2}\left(\vec{H}(\vec{r})\cdot\vec{B}(\vec{r})\right)d\upsilon - \underbrace{\oint_{\substack{mag.\\field;r=\infty}} \frac{1}{2}\left(\vec{A}(\vec{r})\times\vec{H}(\vec{r})\right)\cdot d\vec{S}}_{\to 0} = \int_{\substack{mag.\\field}} \frac{1}{2}\left(\vec{H}(\vec{r})\cdot\vec{B}(\vec{r})\right)d\upsilon$$

$$\equiv \int_{\substack{mag.\\field}} \delta W_m(\vec{r})d\upsilon$$

따라서 자기장이 존재하는 공간의 단위체적당 자기에너지 밀도($\delta W_m(\boldsymbol{r})$ [J/m³])는 다음과 같이 자계강도($\boldsymbol{H}(\boldsymbol{r})$ [A/m])의 제곱에 비례하고, 자성계수(μ [H/m])에 비례하여 증가함을 알 수 있다.

$$\delta W_m(\vec{r})\ [\text{J/m}^3] \equiv \frac{dW_m(\vec{r})}{d\upsilon} = \frac{1}{2}\left(\vec{H}(\vec{r})\cdot\vec{B}(\vec{r})\right) = \frac{1}{2}\mu\left|\vec{H}(\vec{r})\right|^2 \propto \begin{cases} \left|\vec{H}(\vec{r})\right|^2\ ;\ \begin{cases}\vec{B}(\vec{r})\ [\text{Wb/m}^2] = \mu\vec{H}(\vec{r}) \\ \vec{M}(\vec{r})\ [\text{A/m}] = \chi_m\vec{H}(\vec{r})\end{cases} \\ \mu = \mu_o\mu_r\ [\text{H/m}]\ ;\ \mu_r = (1+\chi_m) \end{cases}$$

: 자기장의 에너지 밀도

$$\vec{H}(\vec{r})\ [\text{A/m}] = \int_{\substack{source\\current}} d\vec{H}(\vec{r})\ ;\ d\vec{H}(\vec{r})\ [\text{A/m}] = \frac{I_s d\vec{l}_s \times \hat{a}_R}{4\pi R^2}$$: 근원전류도선 조각($I_s dl_s$ [A·m])에 의한 자계강도

$$\vec{F}_m(\vec{r})\ [\text{N}] = \int_{\substack{test\\current}} d\vec{F}_m(\vec{r})\ ;\ d\vec{F}_m(\vec{r})\ [\text{N}] = I_t d\vec{l}_t \times \vec{B}(\vec{r})$$: 시험전류도선에 작용하는 힘

$$W_m\ [\text{J}] = \int_{\substack{mag.\\field}} dW_m = \int_{\substack{mag.\\field}} \delta W_m(\vec{r})d\upsilon\ ;\ dW_m\ [\text{J}] = -\vec{F}(\vec{r})\cdot d\vec{l}$$: 관측점의 시험전류도선을 유지하는 데 필요한 일(에너지)

특히, 자기장 내의 자기에너지 밀도를 결정하는 자계강도($\boldsymbol{H}(\boldsymbol{r})$ [A/m])는 근원전류(I_S [A])에 의해 형성되고, 근원전류의 크기에 비례하며, 근원전류로부터의 거리(R [m])가 멀어질수록 자기장의 세기가 감소한다. 따라서 자기장이 존재하는 공간의 에너지 밀도(δW_m [J/m^3])는 근원전류의 제곱에 비례하고, 근원전류도선으로부터 멀어질수록 에너지 밀도가 급격히 감소함도 예상할 수 있다.

선형의 근원전류도선 조각에 의해 형성된 자기장이 존재하는 공간의 단위체적당 에너지 밀도(δW_m [J/m^3])를 결정하는 요소와 의존도를 [그림 10-12]에 요약하였다.

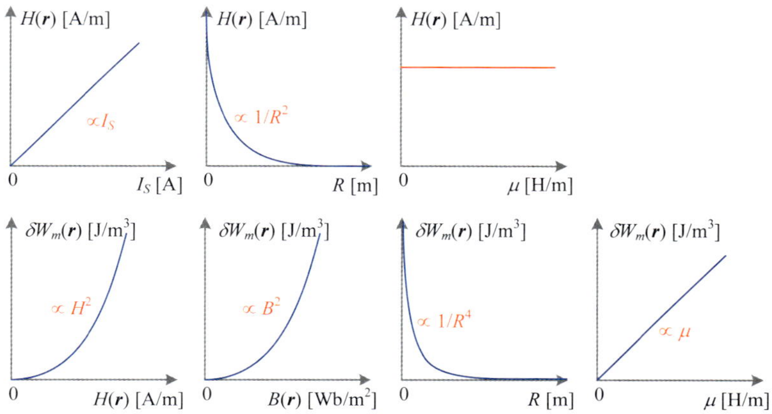

[그림 10-12] 자기장이 존재하는 공간의 단위체적당 에너지 밀도를 결정하는 요소

Section

10.2 시간에 따라 변하는 전기장에 의한 변위전류 : 연속방정식의 보완과 맥스웰 방정식의 완성

시불변 정전기장은 고정된 상태의 전하들 간의 상호작용을 설명하는 지표이고, 정자기장은 일정한 전류가 흐르는 전류도선들 간의 상호작용을 설명하는 지표이다. 시불변(time-invariant) 정전기장과 정자기장을 지배하는 핵심 관계식을 요약하면 다음과 같다.

$$\frac{\partial \vec{E}(\vec{r},t)}{\partial t}=0\left[\frac{\mathrm{V}}{\mathrm{m\cdot s}}\right],\ \frac{\partial \vec{D}(\vec{r},t)}{\partial t}=0\left[\frac{\mathrm{C}}{\mathrm{m^2\cdot s}}\right]=[\mathrm{A/m^2}]$$: 시불변 전기장(정전기장)

$$\vec{B}(\vec{r})=\mu\vec{H}(\vec{r})\ [\mathrm{Wb/m^2}]$$: 자속밀도와 자계강도의 관계

$$\vec{D}(\vec{r})=\epsilon\vec{E}(\vec{r})\ [\mathrm{C/m^2}]$$: 등가전하밀도와 전계강도의 관계

$$\begin{cases}\nabla\times\vec{E}(\vec{r})=0\ [\mathrm{V/m^2}] \longleftrightarrow \oint\vec{E}(\vec{r})\cdot d\vec{l}=\int_S\nabla\times\vec{E}(\vec{r})\cdot d\vec{S}=-V_{oo}=0\ [\mathrm{V}]:\\ \quad V_{BA}\equiv V_B-V_A=-\int_A^B\vec{E}(\vec{r})\cdot d\vec{l}=\left(-\int_\infty^B\vec{E}(\vec{r})\cdot d\vec{l}\right)-\left(-\int_\infty^A\vec{E}(\vec{r})\cdot d\vec{l}\right)\\ \nabla\cdot\vec{D}(\vec{r})=\rho_v(\vec{r})\ [\mathrm{C/m^3}]\longleftrightarrow\oint\vec{D}(\vec{r})\cdot d\vec{S}=\int_{vol}\nabla\cdot\vec{D}(\vec{r})dv=Q_{enc}=\int_{vol}\rho_v(\vec{r})dv\ [\mathrm{C}]\end{cases}$$

: 포아송 방정식과 가우스 법칙

$$\frac{\partial \vec{H}(\vec{r},t)}{\partial t}=0\left[\frac{\mathrm{A}}{\mathrm{m\cdot s}}\right],\ \frac{\partial \vec{B}(\vec{r},t)}{\partial t}=0\left[\frac{\mathrm{Wb}}{\mathrm{m^2\cdot s}}\right]$$: 시불변 자기장(정자기장)

$$\vec{B}(\vec{r})=\mu\vec{H}(\vec{r})\ [\mathrm{Wb/m^2}]$$: 자속밀도와 자계강도의 관계

$$\begin{cases}\nabla\times\vec{H}(\vec{r})=\vec{J}_C(\vec{r})\ [\mathrm{A/m^2}]\longleftrightarrow\oint\vec{H}(\vec{r})\cdot d\vec{l}=\int_S\nabla\times\vec{H}(\vec{r})\cdot d\vec{S}=I_{enc}=\int_S\vec{J}(\vec{r})\cdot d\vec{S}\ [\mathrm{A}]\\ \quad ;\vec{J}_C(\vec{r})=\sigma\vec{E}(\vec{r})\ [\mathrm{A/m^2}];\ \sigma=\rho_m\mu\ [\mho/\mathrm{m}]\\ \nabla\cdot\vec{B}(\vec{r})=0\ [\mathrm{Wb/m^3}]\longleftrightarrow\oint\vec{B}(\vec{r})\cdot d\vec{S}=\int_{vol}\nabla\cdot\vec{B}(\vec{r})dv=\Psi_{m,enc}=\int_{vol}\rho_{mv}(\vec{r})dv=0\ [\mathrm{Wb}]\end{cases}$$

특히, 전기장 내에서 이동전하의 시간에 따른 변화와 공간적 분포를 지배하는 연속방정식은 다음과 같으며, 이는 전류밀도의 발산량과 단위시간당 전하밀도의 감소량이 동일함을 뜻한다.

$$\nabla\cdot\vec{J}_C(\vec{r},t)=-\frac{\partial\rho_m(\vec{r},t)}{\partial t}\left[\frac{\mathrm{A}}{\mathrm{m^3}}\right]=\left[\frac{\mathrm{C/m^3}}{s}\right]$$: 연속방정식의 미분형

$$\longleftrightarrow\int_{vol}\nabla\cdot\vec{J}_C(\vec{r},t)dv=\oint\vec{J}_C(\vec{r},t)\cdot d\vec{S}=-\frac{\partial Q_{enc}(\vec{r},t)}{\partial t}=\int_{vol}-\frac{\partial\rho_m(\vec{r},t)}{\partial t}dv$$

: 전류 발산량 = 이동전하량의 시간에 따른 변화; 적분형 연속방정식

연속방정식은 전기장 내에 주입된 이동전하의 시간에 따른 변화와 공간적 분포를 구하는 데 사용된다.

여러 번 강조한 것과 같이 전류는 전하의 이동 또는 전하의 흐름을 의미하므로, 전류에 의해 작용하는 자기장의 근원적 원인도 전하들 간의 상호작용이다. 따라서 정전기장과 정자기장은 상호 독립적인 현상이었으나, 정전기장을 설명하던 전하가 이동하기 시작하거나 시간에 따라 전하량이 변하면 전류가 형성된다. 따라서 시변 전기장($\boldsymbol{E}(\boldsymbol{r},t)$ [V/m], $\boldsymbol{D}(\boldsymbol{r},t)$ [C/m^2])과 시변 자기장($\boldsymbol{H}(\boldsymbol{r},t)$ [A/m], $\boldsymbol{D}(\boldsymbol{r},t)$ [Wb/m^2])은 상호 밀접하게 연관되어 있다.

시간에 따라 변하는 자기장($\boldsymbol{B}(\boldsymbol{r},t)$ [Wb/m^2])은 자속량의 변화를 방해하는 방향으로 유도전류가 형성되고 이로 인해 기전력이 발생하는 패러데이 실험을 통해 전기장과 자기장이 밀접하게 연관되어 있음을 확인하였다. 시간에 따라 변하는 자기장($\partial\boldsymbol{B}(\boldsymbol{r},t)/\partial t\neq 0$)이 전기장을 유도하는 것과 같은 이치로, 시간에 따라 변하는 전기장($\partial\boldsymbol{E}(\boldsymbol{r},t)/\partial t\neq 0$)은 자기장을 형성하는 전류 형성과 밀접하게 관련되어 있음을 예상할 수 있다. 정자기장에서 전하의 이동으로 형성된 전도전류($\boldsymbol{J}_C(\boldsymbol{r},t)$ [A/m^2])는 전류도선을 중심으로 회전성 자기장이 형성되며 이를 수식으로 정리하면 다음과 같은 결과를 얻은 바 있다.

정자기장 : $\nabla\times\vec{H}(\vec{r})=\vec{J}_C(\vec{r})\ [\mathrm{A/m^2}]\longleftrightarrow\int_S\nabla\times\vec{H}(\vec{r})\cdot d\vec{S}=\oint\vec{H}(\vec{r})\cdot d\vec{l}=I_{enc}=\int_S\vec{J}_C(\vec{r})\cdot d\vec{S}$

: 암페어의 법칙

$\vec{J}_C(\vec{r})=\sigma\vec{E}(\vec{r})$: 전기장 내의 이동전하가 정전기적 힘에 의해 드리프트되어 형성한 전도성 전류

$\sigma=\rho_m\mu$ [℧/m] : 이동전하에 의해 결정되는 전기전도도(ρ_m [C/m^3]: 이동전하 밀도, μ [m^2/V·s]: 이동도)

10.2.1 시변 전기장에 의한 변위성 전류와 연속방정식

시불변 자기장의 경우, 자기장의 근원이 되는 전류가 존재하면 회전성 자계강도가 형성됨을 나타내는 암페어 법칙의 미분형은 다음과 같다.

$\nabla\times\vec{H}(\vec{r},t)=\vec{J}(\vec{r},t)\ [\mathrm{A/m^2}]$: 자기장에 관한 암페어의 법칙

자기장의 근원이 되는 전류는 전하의 이동에 의해 결정되며, 이때 전도성 드리프트 전류($\boldsymbol{J}_C(\boldsymbol{r},t)$ [A/m^2])는 다음과 같이 전계강도와 전기전도도의 곱에 비례한다..

$\vec{J}(\vec{r},t)=\vec{J}_C(\vec{r},t)=\sigma\vec{E}(\vec{r},t)\ [\mathrm{A/m^2}]$: 이동전하에 의한 전도성 드리프트 전류

그런데 임의의 벡터($\boldsymbol{G}(\boldsymbol{r},t)$)에 대한 회전 벡터량($\nabla\times\boldsymbol{G}(\boldsymbol{r},t)$)의 발산량($\nabla\cdot(\nabla\times\boldsymbol{G}(\boldsymbol{r},t))$)은 항상 0이 되어야 하나, 시변 전기장과 자기장에 적용하여 수식으로 정리하면 다음과 같이 0이 되지 않는다.

$\nabla\cdot\left(\nabla\times\vec{G}(\vec{r},t)\right)=0$: 회전량 벡터의 발산량에 대한 수학적 항등식

$\nabla\cdot\left(\nabla\times\vec{H}(\vec{r},t)\right)=\nabla\cdot\vec{J}_C(\vec{r},t)=-\dfrac{\partial\rho_m(\vec{r},t)}{\partial t}\neq 0\ [\mathrm{A/m^3}]$: 정자기장의 암페어의 법칙에 적용한 회전량 벡터의 발산량

이 결과에서 알 수 있듯이 시변 자기장에서 항등식을 만족하기 위해서는 반드시 추가의 전류 성분이 존재해야 함을 뜻한다.

$$\nabla\cdot\left(\nabla\times\vec{H}(\vec{r},t)\right)=\nabla\cdot\left(\vec{J}_C(\vec{r},t)+\boxed{\ ?\ }\right)=-\frac{\partial\rho_m(\vec{r},t)}{\partial t}+\nabla\cdot\boxed{\ ?\ }=0$$: 암페어의 법칙에 적용한 항등식

이를 만족하기 위해서는 정자기장에서 사용한 암페어 법칙의 미분형의 변형이 필요하며, 다음과 같이 추가의 전류 성분을 반영하여 해결됨을 확인할 수 있으며, 자계강도 벡터에 대한 회전 벡터량의 발산량은 항상 0을 만족하는 결과를 얻는다.

$$\nabla\cdot\boxed{\ ?\ }=\frac{\partial\rho_m(\vec{r},t)}{\partial t}=\frac{\partial\left(\nabla\cdot\vec{D}(\vec{r},t)\right)}{\partial t}=\nabla\cdot\boxed{\frac{\partial\vec{D}(\vec{r},t)}{\partial t}}\leftarrow\nabla\cdot\vec{D}(\vec{r},t)=\rho_m(\vec{r},t)$$: 항등식을 만족하기 위한 계수 비교

$$\nabla\cdot\left(\nabla\times\vec{H}(\vec{r},t)\right)=\nabla\cdot\left(\vec{J}_C(\vec{r},t)+\boxed{\vec{J}_D(\vec{r},t)}\right)=-\frac{\partial\rho_m(\vec{r},t)}{\partial t}+\nabla\cdot\boxed{\frac{\partial\vec{D}(\vec{r},t)}{\partial t}}=-\frac{\partial\rho_m(\vec{r},t)}{\partial t}+\boxed{\frac{\partial\rho_m(\vec{r},t)}{\partial t}}=0$$

여기서 $\boldsymbol{J}_D(\boldsymbol{r},t)$ [A/m]를 변위전류(displacement current)라고 한다. 이는 전계에 의한 이동전하의 드리프트로 형성되고 이동전하의 농도와 이동도에 의해 결정되는 전도전류($\boldsymbol{J}_C(\boldsymbol{r},t)$ [A/m])와 구별해야 한다. 변위전류는 유전 매질 내의 전하쌍극자들이 시변 전기장에 의한 분극(또는 위치 변화, 전위 변화)으로 인해 겉보기 등가전하량이 변하고, 이로 인해 시변 전류가 흐르게 됨을 뜻한다.

$$\boxed{\ ?\ }=\frac{\partial\vec{D}(\vec{r},t)}{\partial t}\equiv\boxed{\vec{J}_D(\vec{r},t)}\ [\text{A/m}^2]$$

: 시변 전기장에 의한 유전체 내의 전하쌍극자들의 분극으로 형성되는 변위전류

; 전류는 전하의 이동으로 인한 전하량의 변화 또는 시간에 따른 전하량의 변화([A] = [C/s])

따라서 수학적 항등식을 만족하는 형태로 변형하면, 시변 전기장에 의한 전류는 전계에 의한 이동전하의 드리프트로 형성된 전도전류($\boldsymbol{J}_C$ [A/m^2])와 시변 전계에 의한 전하쌍극자들의 분극으로 형성된 변위전류($\boldsymbol{J}_D$ [A/m^2])의 합이 되며, 암페어의 법칙의 미분형은 다음과 같다.

$$\nabla\times\vec{H}(\vec{r},t)=\vec{J}(\vec{r},t)\ [\text{A/m}^2]$$: 전도성 전류와 변위성 전류를 반영한 암페어의 법칙

$$\vec{J}(\vec{r},t)\ [\text{A/m}^2]=\vec{J}_C(\vec{r},t)+\vec{J}_D(\vec{r},t)$$: 전도성 전류와 변위성 전류를 반영한 암페어의 법칙

$$\vec{J}_C(\vec{r},t)=\sigma\vec{E}(\vec{r},t)\ [\text{A/m}^2]\ ;\ \sigma=\rho_m\mu\ [\Omega^{-1}/\text{m}]$$: 전계에 의한 전하의 이동과 전도성(드리프트) 전류

$$\vec{J}_D(\vec{r},t)=\frac{\partial\vec{D}(\vec{r},t)}{\partial t}\left[\frac{\text{C/m}^2}{\text{s}}\right]=\left[\frac{\text{A}}{\text{m}^2}\right]$$: 시변 전계에 의한 전하쌍극자들의 분극과 변위성 전류

$$\vec{D}(\vec{r},t)=\epsilon\vec{E}(\vec{r},t)\ [\text{C/m}^2]$$: 등가전하밀도와 전계강도의 관계

$$\epsilon\ [\text{F/m}]=\epsilon_r\epsilon_o;\epsilon_r=\left(1+\chi_e\right)\ ;\ \chi_e\propto\begin{cases}n_{edp}\ [1/\text{m}^3]\\ p=Qd\ [\text{C}\cdot\text{m}]\end{cases}$$: 전자재료 내의 전하쌍극자들의 분극 특성을 반영한 유전상수

시변 전기장에 의해 전자재료에 흐르는 전도전류와 변위전류를 [그림 10-13]에 비교하여 등가회로와 함께 나타냈다.

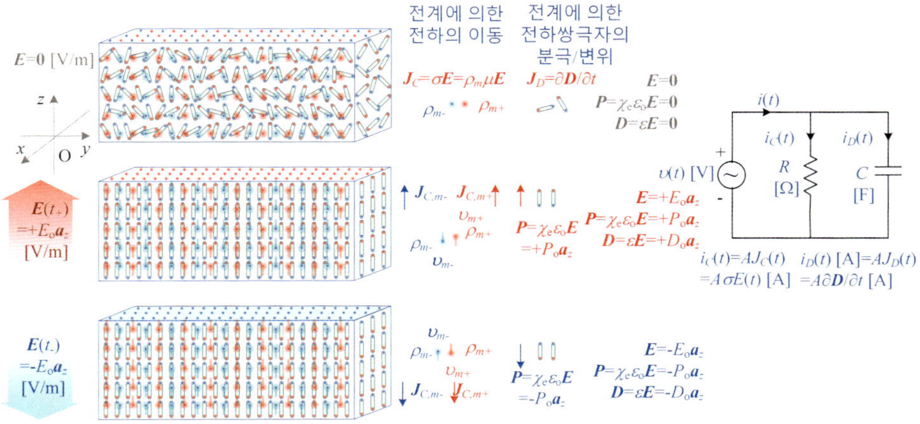

[그림 10-13] 전계가 인가된 유전체 내의 이동전하의 드리프트로 인한 전도성 전류($J_C = \sigma E$)와 전하쌍극자의 시간에 따른 분극/변위 변화로 인한 변위전류($J_D = \partial D(t)/\partial t$)

전계에 의한 정전기적 힘에 의해 유전체 내의 이동전하가 이동하여 흐르는 전도전류(J_C [A/m²])는 이동전하의 농도(ρ_m [C/m³])와 이동도(μ [m²/V·s])에 의해 결정되는 전기전도도(σ [Ω⁻¹/m])에 비례하나, 시간에 따른 전계의 변화를 결정하는 각주파수(ω [rad/s])에는 무관하다. 따라서 유전체 내에 이동전하 농도가 높고 이동도가 우수하여 전기전도도가 클수록 유전체를 통한 전도성 전류가 크게 형성된다. 이에 비해, 시변 전계에 의한 유전체 내에 존재하는 전하쌍극자들의 시변 분극(time-dependent polarization/displacement of electric dipole charges)에 의해 형성되는 변위전류(J_D [A/m²])는 전계의 시간에 따른 변화율($\partial E(t)\partial/t$)에 비례하고, 전계에 의한 분극의 정도를 결정하는 유전상수(ϵ [F/m])에 비례하여 증가한다. 특히, 정현파 형태의 전압을 통한 전계가 인가되는 경우 전계의 변화율이 주파수에 비례하므로, 변위성 전류는 정현파 신호 전압($\upsilon(t) = \upsilon_o e^{j\omega t}$ [V])의 각주파수($\omega = 2\pi f$ [rad/s]; angular frequency)에 비례하여 증가한다. 전도전류(J_C [A/m²])와 변위전류(J_D [A/m²])를 결정하는 요소와 의존도를 요약하면 [그림 10-14]와 같다.

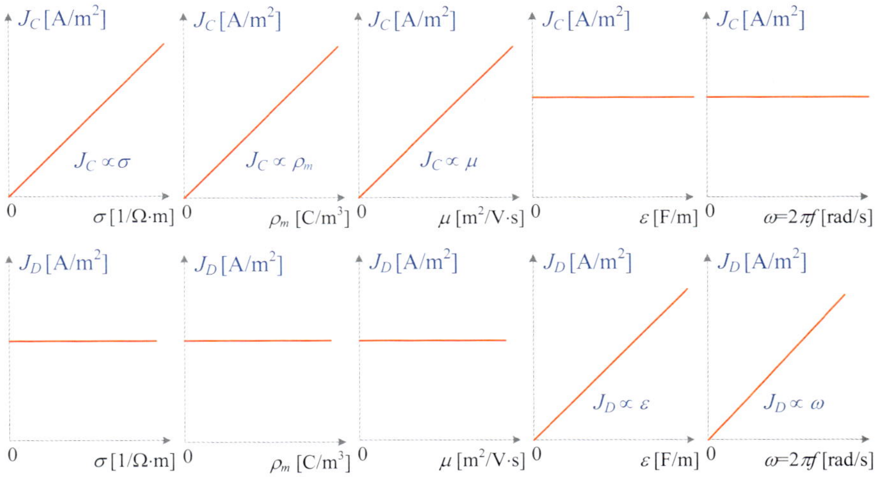

[그림 10-14] 전계가 인가된 유전체 내의 이동전하에 의한 전도성 전류(J_C)와 고정된 위치에서 회전만 가능한 전하쌍극자에 의한 변위성 전류(J_D)를 결정하는 요소와 그 의존도

10.2.2 전자재료의 유전 손실과 손실각

전자기장이 전달되는 전자재료(매질)에 흐르는 전류는 전계에 의한 이동전하 이동으로 형성된 전도전류($\boldsymbol{J}_C(\boldsymbol{r},t) = \sigma\boldsymbol{E}(\boldsymbol{r},t)$)와 재료 내의 전하쌍극자들의 분극으로 인한 변위전류($\boldsymbol{J}_D(\boldsymbol{r},t) = \partial\boldsymbol{D}(\boldsymbol{r},t)/\partial t$)가 있으며, 이를 그림으로 나타내면 [그림 10-15]와 같다.

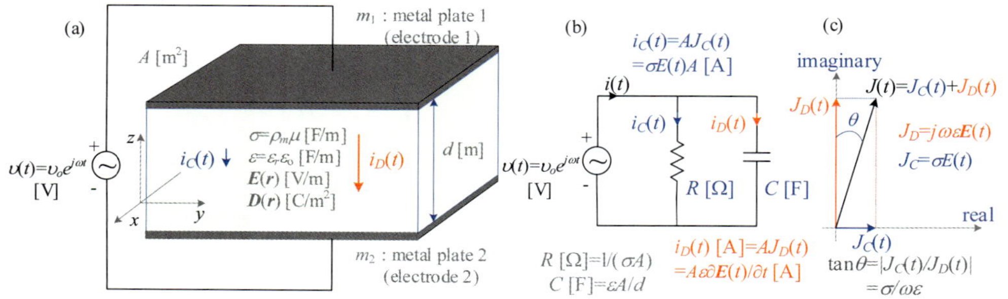

[그림 10-15] 전계에 의한 이동전하의 이동으로 형성된 전도성 드리프트 전류($\boldsymbol{J}_C = \sigma\boldsymbol{E}$)와 전계에 의한 전하쌍극자의 변위로 형성된 변위성 전류($\boldsymbol{J}_D = \partial\boldsymbol{D}(t)/\partial t$)
(a) 축전기 구조 (b) 등가회로 모델 (c) 유전체의 손실 탄젠트($\tan\theta$)

전자재료(전기적으로는 유전체, 자기적으로는 자성체) 내에는 일반적으로 전도성 전류를 형성하는 이동전하와 변위성 전류를 형성하는 전하쌍극자들이 존재한다. 전자재료는 DC를 차단하고 교류 신호만 전달하는 단순한 전자부품용 재료로도 사용될 뿐 아니라, 전하를 이용한 정보를 저장하는 메모리에도 사용되고, 건전지 재료로도 사용된다. 특히, 유전상수가 클수록 정보의 저장에 유리하나, 전자재료 내의 이동전하로 인해 원하지 않는 전도성 누설전류가 형성되어 전하의 손실과 정보의 손실이 나타날 수 있다.

따라서 절연성 전자재료로서의 우수성을 나타내는 지표로 손실 탄젠트(loss tangent: $\tan\theta$) 또는 손실각(θ [rad])이 있다. 유전체의 손실 탄젠트($\tan\theta$)를 설명하기 위해 전자재료의 전류 구성 성분인 전도전류($J_C(t)$)를 위한 저항(R [Ω])과 변위전류($J_D(t)$)를 위한 정전용량(C [F])으로 구성된 등가회로와 함께, 위상자(phasor diagram)를 이용하여 전류 성분을 [그림 10-15](c)에 나타냈다. 시정현(time-sinusoidal) 전압에 의한 시정현 전계가 인가된 경우, 전자재료 내의 이동전하에 의한 전도전류($J_C(t)$ [A/m^2])와 전자재료 내의 전하쌍극자들의 전계에 의한 분극으로 발생하는 변위(방향 전환) 전류($J_D(t)$ [A/m^2])는 각각 다음과 같다.

$$\begin{cases} \upsilon(t)\ [\text{A}] = \upsilon_o e^{j\omega t} \\ E(t)\ [\text{V/m}] = \dfrac{\upsilon(t)}{d} \end{cases} \ \& \ \begin{cases} i(t)\ [\text{A}] = J(t)A \\ J(t)\ [\text{A/m}^2] = J_C(t) + J_D(t) \end{cases}$$

: 시정현 인가 전압에 의한 전계강도와 이로 인한 전류

$$J_C(t) = \sigma E(t) = \sigma\frac{\upsilon(t)}{d} = \frac{\sigma}{d}\upsilon(t)$$

: 이동전하에 의한 전도성 전류밀도; $\sigma\ [\mho/\text{m}] = \rho_m\mu,\ R\ [\Omega] \equiv \dfrac{1}{\sigma}\dfrac{d}{A}$

$$J_D(t) = \frac{\partial D(t)}{\partial t} = \epsilon\frac{\partial E(t)}{\partial t} = \epsilon\frac{1}{d}\frac{\partial\upsilon(t)}{\partial t} = j\omega\epsilon\frac{1}{d}\upsilon(t)$$

: 시변 전기장에 의한 전하쌍극자들의 분극 상태 변화로 인한 변위성 전류

전자재료의 절연성 품질을 나타내는 손실 탄젠트(loss tangent: $\tan\theta$)는 다음과 같이 전도전류와 변위전류의 비로 정의된다.

$$\tan\theta \equiv \left|\frac{J_C(t)}{J_D(t)}\right| = \frac{(\sigma/d)}{(\omega\epsilon/d)} = \frac{\sigma}{\omega\epsilon} \propto \begin{cases} \sigma = \rho_m \mu \\ 1/\epsilon \\ 1/\omega \end{cases}$$

: 전자재료의 특성과 전자기장의 주파수에 의해 결정되는 손실 탄젠트

$$\theta\ [\text{rad}] = \tan^{-1}\left(\frac{\sigma}{\omega\epsilon}\right) \quad \left(0 \le \theta \le \frac{\pi}{2}\right)$$

: 전자재료의 특성과 전자기장의 주파수에 의해 결정되는 손실각

즉, 전자재료 내에 이동전하 농도(ρ_m [C/m^3])가 높고 전기전도도(σ [Ω^{-1}/m])가 클수록 전자재료를 통한 전도성 누설전류(J_C)가 크게 형성되어 손실 탄젠트가 증가하며, 신호주파수($\omega = 2\pi f$ [rad/s])가 높고 유전상수(ϵ [F/m])가 클수록(주파수에 무관한 전도성 전류에 비해) 주파수에 비례하여 변위성 전류(J_D)가 증가하여 손실 탄젠트($\tan\theta$)가 감소한다. 전자재료 내의 이동전하에 의한 손실각(θ [rad])을 결정하는 요소와 그 의존도를 요약하면 [그림 10-16]과 같다.

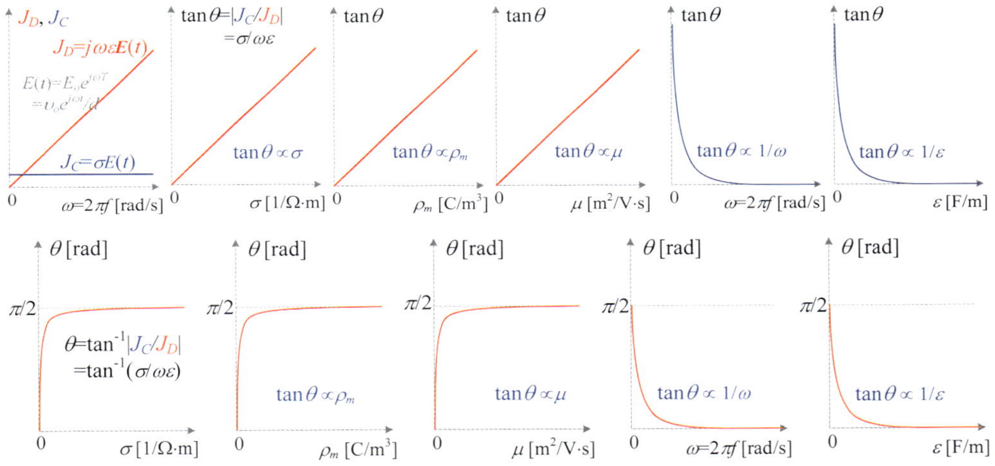

[그림 10-16] 유전체의 손실각을 결정하는 요소와 그 의존도

Section 10.3 시변 전기장과 자기장이 작용하는 공간의 전자기장 해석을 위한 맥스웰 방정식

시변 자기장에 의한 기전력, 시변 전기장에 의한 변위전류를 반영한 전자기장 관계식을 맥스웰 방정식(Maxwell's equations)이라고 한다. 맥스웰 방정식은 시변/시불변에 관계없이 전기장과 자기장의 형성과 전파를 지배하는 관계식이며, 또한 전기장과 자기장의 형성과 전자기파의 전달/전파(propagation) 특성을 해석하는 데 사용되는 가장 중요한 식이다. 전기장과 자기장의 형성과 전파를 지배하며, 전자기파의 전달/전파 특성을 해석하는 데 사용되는 맥스웰 방정식의 핵심 내용을 요약하면 다음과 같다.

전하들의 상호작용을 나타내는 전기장의 전계강도($\boldsymbol{E}(\boldsymbol{r},t)$ [V/m]), 매질 내에 존재하면서 전기장에 의해 분극 현상을 일으키고 전계에 반응하는 전하쌍극자들의 분극 벡터($\boldsymbol{P}(\boldsymbol{r},t)$ [C/m^2]), 이들을 모두 반영한 매질 내의 등가전하밀도(또는 전속밀도; $\boldsymbol{D}(\boldsymbol{r},t)$ [C/m^2]), 그리고 전기장 내에 존재하는 시험전하가 받는 힘($\boldsymbol{F}_e(\boldsymbol{r},t)$ [N])은 각각 다음과 같다.

$$\begin{cases} \vec{E}(\vec{r},t)\ [\text{V/m}] = \int_{Source} d\vec{E}(\vec{r},t) \leftarrow d\vec{E}(\vec{r},t)\ [\text{V/m}] = \dfrac{dQ_S}{4\pi\epsilon R^2}\hat{a}_R \\ \vec{P}(\vec{r},t) \equiv \lim\limits_{\Delta\upsilon\to small} \dfrac{\sum_i \vec{p}_i}{\Delta\upsilon} = \chi_e\epsilon_o\vec{E}(\vec{r},t)\ [\text{C/m}^2]\ ;\ \vec{p}_i\Big|_{\vec{E}} = Q_{dip}d\hat{a}_d = Q_{dip}d\hat{a}_E \\ \vec{D}(\vec{r},t)\ [\text{C/m}^2] = \epsilon_o\vec{E}(\vec{r},t)+\vec{P}(\vec{r},t) = \epsilon_o\vec{E}(\vec{r},t)+\chi_e\epsilon_o\vec{E}(\vec{r},t) = \epsilon_o\left(1+\chi_e\right)\vec{E}(\vec{r},t) = \epsilon_o\epsilon_r\vec{E}(\vec{r},t) = \epsilon\vec{E}(\vec{r},t) \\ \epsilon = \epsilon_r\epsilon_o\ [\text{F/m}]\ ;\ \epsilon_r \equiv (1+\chi_e) \end{cases}$$

: 근원전하에 의해 형성되는 전기장의 전계강도와 전속밀도(등가전하밀도)의 관계

$\vec{F}_e(\vec{r},t)\ [\text{N}] = \int_{test} d\vec{F}_e(\vec{r},t) \leftarrow d\vec{F}_e(\vec{r},t)\ [\text{N}] = dQ_t\vec{E}(\vec{r},t)$: 분포전하 형태의 시험전하에 작용하는 정전기적 힘

$\vec{F}_e(\vec{r},t)\ [\text{N}] = Q_t\vec{E}(\vec{r},t)$: 점전하 형태의 시험전하에 작용하는 정전기적 힘

: 근원전하에 의해 형성된 전기장 내의 시험전하에 작용하는 정전기적 힘(Coulomb force)

전류도선들의 상호작용을 나타내는 자기장의 자계강도($\boldsymbol{H}(\boldsymbol{r},t)$ [A/m]), 매질 내에 존재하면서 자기장에 의해 자화현상을 일으키고 반응하는 자기쌍극자들의 자화벡터($\boldsymbol{M}(\boldsymbol{r},t)$ [A/m]), 이들을 모두 반영한 매질 내의 자속밀도($\boldsymbol{B}(\boldsymbol{r},t)$ [Wb/m^2]), 그리고 자기장 내에 존재하는 시험전류도선이 받는 힘($\boldsymbol{F}_m(\boldsymbol{r},t)$ [N])은 각각 다음과 같다.

$$\begin{cases} \vec{H}(\vec{r},t)\ [\text{A/m}] = \int_{Source} d\vec{H}(\vec{r},t) \leftarrow d\vec{H}(\vec{r},t)\ [\text{A/m}] = \dfrac{I_s d\vec{l}_s \times \hat{a}_R}{4\pi\epsilon R^2} \\ \vec{M}(\vec{r},t)\ [\text{A/m}] \equiv \lim\limits_{\Delta\upsilon\to small} \dfrac{\sum_i \vec{m}_i}{\Delta\upsilon} = \chi_m\vec{H}(\vec{r},t)\ ;\ \vec{m}_i\Big|_{\vec{H}} = m_{dip}\hat{a}_n = IS\hat{a}_n = IS\hat{a}_H \\ \vec{B}(\vec{r},t)\ [\text{Wb/m}^2] = \mu_o\vec{H}(\vec{r},t)+\mu_o\vec{M}(\vec{r},t) = \mu_o\vec{H}(\vec{r},t)+\chi_m\mu_o\vec{H}(\vec{r},t) = \mu_o\left(1+\chi_m\right)\vec{H}(\vec{r},t) \\ \qquad\qquad = \mu_o\mu_r\vec{H}(\vec{r},t) = \mu\vec{H}(\vec{r},t) \\ \mu = \mu_r\mu_o\ [\text{H/m}]\ ;\ \mu_r \equiv (1+\chi_m) \end{cases}$$

: 전하의 이동(전류)에 의해 형성되는 자기장의 자계강도와 자속밀도의 관계

$$\vec{F}_m(\vec{r},t)\ [\mathrm{N}] = \int_{test} d\vec{F}_m(\vec{r},t) \leftarrow d\vec{F}_m(\vec{r},t)\ [\mathrm{N}] = \mu I_t d\vec{l}_t \times \vec{H}(\vec{r},t) = I_t d\vec{l}_t \times \vec{B}(\vec{r},t)$$

: 근원전류도선에 의해 형성된 자기장 내의 시험전류도선에 작용하는 자기적 힘

전기장과 자기장이 시간에 따라 변하는 경우, 전기장과 자기장은 상호 밀접하게 연관되어 있다. 시변 자기장은 기전력(V_g [V])을 유도하고, 시변 전기장은 변위성 전류와 함께 자기장을 형성한다. 시변 전기장과 자기장의 상호 연관성은 맥스웰 방정식에 의해 지배되며, 시변 전자기파의 전파 특성 해석의 기본이 된다. 전기장과 자기장의 공간분포와 시간에 따른 변화와 전자기파의 공간적 전파 특성 해석에 필수적인 맥스웰 방정식, 전하밀도의 공간적 분포와 시간적 변화를 지배하는 연속방정식, 매질 내의 이동전하와 전하쌍극자들에 의해 형성되는 전류식을 요약하면 각각 다음과 같다.

- **전계강도의 회전량 벡터와 등가전하밀도의 발산량에 관한 법칙**

$$\nabla \times \vec{E}(\vec{r},t) = -\frac{\partial \vec{B}(\vec{r},t)}{\partial t}\ [\mathrm{V/m^2}]\ ;\ V_{BA} \equiv V_B - V_A = -\int_A^B \vec{E}(\vec{r},t)\cdot d\vec{l}$$

$$= \left(-\int_\infty^B \vec{E}(\vec{r},t)\cdot d\vec{l}\right) - \left(-\int_\infty^A \vec{E}(\vec{r},t)\cdot d\vec{l}\right)$$

$$\longleftrightarrow \oint \vec{E}(\vec{r},t)\cdot d\vec{l} = \int_S \nabla \times \vec{E}(\vec{r},t)\cdot d\vec{S} = -V_{oo} = V_{gen} = emf\ [\mathrm{V}]$$

: 패러데이의 시변 자기장에 의한 기전력에 관한 법칙

$$\nabla \cdot \vec{D}(\vec{r},t) = \rho_\upsilon(\vec{r},t)\ [\mathrm{C/m^3}]$$

: 포아송 방정식(가우스 법칙의 미분형)

$$\longleftrightarrow \oint \vec{D}(\vec{r},t)\cdot d\vec{S} = \int_{\upsilon ol} \nabla \cdot \vec{D}(\vec{r},t) d\upsilon = Q_{enc} = \int_{\upsilon ol} \rho_\upsilon(\vec{r},t) d\upsilon\ [\mathrm{C}]$$

: 가우스의 법칙(포아송 방정식의 적분형)

- **자계강도의 회전량 벡터와 등가자속밀도의 발산량에 관한 법칙**

$$\nabla \times \vec{H}(\vec{r},t) = \vec{J}(\vec{r},t)\ [\mathrm{A/m^2}]$$

$$\longleftrightarrow \oint \vec{H}(\vec{r},t)\cdot d\vec{l} = \int_S \nabla \times \vec{H}(\vec{r},t)\cdot d\vec{S} = I_{enc} = \int_S \vec{J}(\vec{r},t)\cdot d\vec{S}\ [\mathrm{A}]$$

: 암페어의 법칙

$$\nabla \cdot \vec{B}(\vec{r},t) = 0\ [\mathrm{Wb/m^3}]$$

$$\longleftrightarrow \oint \vec{B}(\vec{r},t)\cdot d\vec{S} = \int_{\upsilon ol} \nabla \cdot \vec{B}(\vec{r},t) d\upsilon = \Psi_{m,enc}(t) = \int_{\upsilon ol} \rho_{m\upsilon}(\vec{r},t) d\upsilon = 0\ [\mathrm{Wb}]$$

: 자속선은 폐경로를 형성하며, 자기단극자는 존재하지 않음

- **전류의 발산량과 이동전하량의 시간에 따른 변화율에 관한 연속방정식**

$$\nabla \cdot \vec{J}(\vec{r},t) = -\frac{\partial \rho(\vec{r},t)}{\partial t}\ \left[\frac{\mathrm{A}}{\mathrm{m^3}}\right] = \left[\frac{\mathrm{C/m^3}}{\mathrm{s}}\right]$$

: 유입 전류와 유출 전류의 차이는 전하량의 변화와 같음

- **전류 관계식 : 전도전류와 변위전류**

$$\vec{J}(\vec{r},t)\ [\mathrm{A/m^2}] = \vec{J}_C(\vec{r},t) + \vec{J}_D(\vec{r},t)$$

$$\vec{J}_C(\vec{r},t)\ [\mathrm{A/m^2}] = \sigma \vec{E}(\vec{r},t)\ ;\ \sigma = \rho_m \mu\ [\mho/\mathrm{m}]$$

: 이동전하에 의한 전도성 드리프트 전류

$$\vec{J}_D(\vec{r},t)\ [\mathrm{A/m^2}] = \frac{\partial \vec{D}(\vec{r},t)}{\partial t}$$

: 시변 전계에 의한 전하쌍극자들의 분극으로 인한 변위전류

- **전자재료 1과 전자재료 2가 접하고 있는 경계면의 계면전하밀도가 ρ_s [C/m²]인 경우, 전기장의 전계강도와 등가전하밀도에 대한 경계조건**

$$\begin{cases} \vec{E}(\vec{r},t)\ [\text{V/m}] = \vec{E}_t + \vec{E}_n = E_t\hat{a}_t + E_n\hat{a}_n = \frac{1}{\epsilon}\vec{D} = \frac{1}{\epsilon}D_t\hat{a}_t + \frac{1}{\epsilon}D_n\hat{a}_n \\ \vec{D}(\vec{r},t)\ [\text{C/m}^2] = \vec{D}_t + \vec{D}_n = D_t\hat{a}_t + D_n\hat{a}_n = \epsilon\vec{E} = \epsilon E_t\hat{a}_t + \epsilon E_n\hat{a}_n \end{cases}$$

$$E_{t1} = E_{t2} = E_t\ [\text{V/m}] = \frac{D_{t1}}{\epsilon_1} = \frac{D_{t2}}{\epsilon_2}$$: 접선방향 전계강도에 대한 경계조건

$$\frac{D_{t2}}{D_{t1}} = \frac{\epsilon_2}{\epsilon_1} \rightarrow \begin{cases} D_{t1}\ [\text{C/m}^2] = \epsilon_1 E_{t1} = \epsilon_1 E_t \\ D_{t2}\ [\text{C/m}^2] = \epsilon_2 E_{t2} = \epsilon_2 E_t \end{cases}$$: 접선방향 등가전하밀도에 대한 경계조건

$$\left(D_{n1} - D_{n2}\right) = \rho_S\ [\text{C/m}^2] \rightarrow \begin{cases} D_{n1} = D_{n2} + \rho_S\ [\text{C/m}^2] \\ D_{n2} = D_{n1} - \rho_S\ [\text{C/m}^2] \end{cases}$$: 법선방향 등가전하밀도에 관한 경계조건

$$\begin{cases} E_{n1} = \frac{\epsilon_2}{\epsilon_1}E_{n2} + \frac{\rho_S}{\epsilon_1}\ [\text{V/m}] \\ E_{n2} = \frac{\epsilon_1}{\epsilon_2}E_{n1} - \frac{\rho_S}{\epsilon_2}\ [\text{V/m}] \end{cases}$$: 법선방향 전계강도에 대한 경계조건

- **전자재료 1과 전자재료 2가 접하고 있는 경계면에 평행하게 흐르는 계면전류밀도가 $\boldsymbol{K}$ [A/m]인 경계면의 자계강도와 자속밀도에 대한 경계조건**

$$\begin{cases} \vec{H}(\vec{r},t)\ [\text{A/m}] = \vec{H}_t(\vec{r},t) + \vec{H}_n(\vec{r},t) = H_t(\vec{r},t)\hat{a}_t + H_n(\vec{r},t)\hat{a}_n \\ \quad \vec{B}(\vec{r},t)\ [\text{Wb/m}^2] = \mu\vec{H}(\vec{r},t)\ ;\ \mu(\vec{r})\ [\text{H/m}] = \mu_o\mu_r(\vec{r})\ ;\ \mu_r(\vec{r}) \equiv 1 + \chi_m(\vec{r}) \\ \vec{B}(\vec{r},t)\ [\text{Wb/m}^2] = \vec{B}_t(\vec{r},t) + \vec{B}_n(\vec{r},t) = B_t(\vec{r},t)\hat{a}_t + B_n(\vec{r},t)\hat{a}_n \end{cases}$$: 자계강도와 자속밀도의 관계

$$H_{1t} - H_{2t} = \frac{B_{1t}}{\mu_1} - \frac{B_{2t}}{\mu_2} = K\ [\text{A/m}]$$: 자계강도와 자속밀도의 접선방향 성분에 대한 경계조건

$$\left(\vec{H}_1 - \vec{H}_2\right)\times\hat{a}_{n12} = \vec{K}\ [\text{A/m}] \longleftrightarrow \left(\vec{H}_2 - \vec{H}_1\right)\times\hat{a}_{n21} = \vec{K}\ [\text{A/m}] \longleftrightarrow \hat{a}_{n21}\times\left(\vec{H}_1 - \vec{H}_2\right)\vec{K}\ [\text{A/m}]$$

$$B_{1n} = B_{2n}\ [\text{Wb/m}^2] \rightarrow \begin{cases} \mu_1 H_{1n}(0) = \mu_2 H_{2n}(\vec{r}) \\ \rightarrow \frac{H_{2n}(\vec{r})}{H_{1n}(0)} = \frac{\mu_1}{\mu_2} = \frac{\mu_{r1}}{\mu_{r2}} = \frac{1 + \chi_{m1}}{1 + \chi_{m2}} \end{cases}$$: 자속밀도와 자계강도의 법선방향 성분에 대한 경계조건

Chapter_10 핵심요약

시변 전자기장과 맥스웰 방정식

$\partial B/\partial t \rightarrow emf\ (=V_g)$

시변 자기장과 유도기전력 : 패러데이 법칙(Faraday's Law)

$$emf\ [\mathrm{V}] = V_g = \oint \vec{E}(\vec{r},t)\cdot d\vec{l} = \int_S (\nabla\times\vec{E}(\vec{r},t))\cdot d\vec{S} = -\frac{\partial \Psi_m(t)}{\partial t} = -\frac{\partial}{\partial t}\left(\int_S \vec{B}(\vec{r},t)\cdot d\vec{S}\right) = \int_S\left(-\frac{\partial \vec{B}(\vec{r},t)}{\partial t}\right)\cdot d\vec{S}$$

: 시변 자기장에 의해 유도된 전압 또는 기전력(발전기의 원리)

$$\nabla\times\vec{E}(\vec{r},t)\ [\mathrm{V/m^2}] = -\frac{\partial \vec{B}(\vec{r},t)}{\partial t}$$

: 맥스웰 방정식을 구성하는 패러데이 법칙의 미분형

$H(r) \rightarrow B(r) \rightarrow \delta W_H\ [\mathrm{J/m^3}]$

자기장의 에너지(Magnetic work(W_m [J]))와 에너지 밀도(Magnetic work(δW_m [J/m³])

$$W_m(\vec{r}) = \frac{1}{2}\int_{vol}\left(\vec{A}(\vec{r},t)\cdot\vec{J}(\vec{r},t)\right)dv$$: 자기장의 총 에너지

$$\Rightarrow \begin{cases} W_m(\vec{r})\ [\mathrm{J}] = \frac{1}{2}\int_{r=\infty}\left(\vec{A}(\vec{r},t)\cdot\vec{J}(\vec{r},t)\right)dv = \frac{1}{2}\int_{r=\infty}\vec{H}(\vec{r},t)\cdot\vec{B}(\vec{r},t)dv - \frac{1}{2}\oint_{r=\infty}\left(\vec{A}(\vec{r},t)\times\vec{H}(\vec{r},t)\right)\cdot\hat{a}_n dS \\ \qquad = \int_{r=\infty}\frac{1}{2}\left(\vec{B}(\vec{r},t)\cdot\vec{H}(\vec{r},t)\right)dv = \int_{r=\infty}\delta W_H(\vec{r})dv \\ \delta W_m(\vec{r})\ [\mathrm{J/m^3}] \equiv \frac{1}{2}\left(\vec{B}(\vec{r},t)\cdot\vec{H}(\vec{r},t)\right) = \frac{1}{2}\mu\left|\vec{H}(\vec{r},t)\right|^2 = \frac{1}{2}\mu H(\vec{r},t)^2 = \frac{1}{2\mu}\left|\vec{B}(\vec{r},t)\right|^2 = \frac{1}{2\mu}B(\vec{r},t)^2 \end{cases}$$

$$\leftarrow \begin{cases} \vec{A}(\vec{r},t)\cdot\vec{J}(\vec{r},t) = \vec{H}(\vec{r},t)\cdot\vec{B}(\vec{r},t) - \nabla\cdot\left(\vec{A}(\vec{r},t)\times\vec{H}(\vec{r},t)\right) \\ \nabla\cdot\left(\vec{A}(\vec{r},t)\times\vec{H}(\vec{r},t)\right) = \vec{H}(\vec{r},t)\cdot\left(\nabla\times\vec{A}(\vec{r},t)\right) - \vec{A}(\vec{r},t)\cdot\left(\nabla\times\vec{H}(\vec{r},t)\right) = \vec{H}(\vec{r},t)\cdot\vec{B}(\vec{r},t) - \vec{A}(\vec{r},t)\cdot\vec{J}(\vec{r},t) \\ \int_{r=\infty}\nabla\cdot\left(\vec{A}(\vec{r},t)\times\vec{H}(\vec{r},t)\right)dv = \oint_{r=\infty}\left(\vec{A}(\vec{r},t)\times\vec{H}(\vec{r},t)\right)\cdot\hat{a}_n dS \end{cases}$$

$\partial D(r,t)/\partial t \rightarrow J_D(r,t)$

시변 자기장에서의 암페어의 법칙과 변위성 전류

$\nabla\times\vec{H}(\vec{r},t) = \vec{J}_C(\vec{r},t) = \sigma\vec{E}(\vec{r},t)\ [\mathrm{A/m^2}]$ 정전기장&정자기장 $\Longleftrightarrow \nabla\cdot\left(\nabla\times\vec{H}(\vec{r},t)\right) = 0$: 수학적 항등식

$$\begin{cases} \vec{E}(\vec{r},t)\ [\mathrm{V/m}] = \vec{E}_O(\vec{r})e^{j\omega t} \\ \vec{D}(\vec{r},t)\ [\mathrm{C/m^2}] = \epsilon\vec{E}(\vec{r},t) = \vec{D}_O(\vec{r})e^{j\omega t} = \epsilon\vec{E}_O(\vec{r})e^{j\omega t} \end{cases}$$: 시변 전자기장

$$\nabla\times\vec{H}(\vec{r},t)\ [\mathrm{A/m^2}] = \vec{J}_C(\vec{r},t) + \vec{J}_D(\vec{r},t)$$

$$\Rightarrow \nabla\times\vec{H}(\vec{r},t)\ [\mathrm{A/m^2}] = \nabla\times\vec{H}_C(\vec{r},t) + \nabla\times\vec{H}_D(\vec{r},t) \begin{cases} \nabla\times\vec{H}_C(\vec{r},t) = \vec{J}_C(\vec{r},t) \\ \nabla\times\vec{H}_D(\vec{r},t) = \vec{J}_D(\vec{r},t) \end{cases}$$

$\vec{J}_C(\vec{r},t) = \sigma\vec{E}(\vec{r},t)\ [\mathrm{A/m^2}]$: 이동전하에 의한 전도성 전류

$\vec{J}_D(\vec{r},t) = \dfrac{\partial\vec{D}(\vec{r},t)}{\partial t}\ [\mathrm{A/m^2}]$: 시변 전기장에 의한 유전체의 분극으로 변위성 전류가 형성되며, 이로 인해 자기장이 형성됨

$\tan\theta = \left|\dfrac{J_C(\vec{r},t)}{J_D(\vec{r},t)}\right| = \left|\dfrac{\sigma E(\vec{r},t)}{j\omega\epsilon E(\vec{r},t)}\right| = \left(\dfrac{\sigma}{\omega\epsilon}\right) \longleftrightarrow \theta\ [\mathrm{rad}] = \tan^{-1}\left(\dfrac{\sigma}{\omega\epsilon}\right)$: 유전체의 손실각 → Lossless($\sigma = 0$) → $\tan\theta = 0$

$E(r,t),\ D(r,t),\ H(r,t),\ B(r,t) \rightarrow \nabla\times E(r,t),\ \nabla\cdot D(r,t),\ \nabla\times H(r,t),\ \nabla\cdot B(r,t)$

시변 전자기장(Time-varying electro-magnetic field)과 맥스웰 방정식(Maxwell's Equations)

❶ 미분형 맥스웰 방정식(Differential Form of Maxwell's Equations)

$$\begin{cases} \nabla\times\vec{E}(\vec{r},t) = -\frac{\partial\vec{B}(\vec{r},t)}{\partial t}\ [\mathrm{V/m^2}]\ :\ \vec{B}(\vec{r},t) = \mu\vec{H}(\vec{r},t)\ [\mathrm{Wb/m^2}] \\ \qquad \Leftrightarrow \int\left(\nabla\times\vec{E}(\vec{r},t)\right)\cdot d\vec{S} = \oint\vec{E}(\vec{r},t)\cdot d\vec{l} = emf\ [\mathrm{V}]\ ;\ \text{Faraday's law} \\ \nabla\times\vec{H}(\vec{r},t) = \vec{J}(\vec{r},t) = \vec{J}_C(\vec{r},t) + \vec{J}_D(\vec{r},t)\ [\mathrm{A/m^2}] \\ \qquad \Leftrightarrow \int\left(\nabla\times\vec{H}(\vec{r},t)\right)\cdot d\vec{S} = \oint\vec{H}(\vec{r},t)\cdot d\vec{l} = I_{enc}\ [\mathrm{A}]\ ;\ \text{Ampere's law} \end{cases} \quad \& \quad \begin{cases} \vec{J}_C(\vec{r},t) = \sigma\vec{E}(\vec{r},t)\ [\mathrm{A/m^2}] \\ \vec{J}_D(\vec{r},t) = \frac{\partial\vec{D}(\vec{r},t)}{\partial t}\ [\mathrm{A/m^2}] \end{cases}$$

$\sigma = \rho_m \mu_m$ $[\Omega^{-1}/\text{m}]$, ρ_m $[\text{C/m}^3]$: 전도전류를 결정하는 전기전도도와 이동전하 농도

$\epsilon_r = (1+\chi_e)$; $\vec{P}(\vec{r},t) = \chi_e\left(\epsilon_o \vec{E}(\vec{r},t)\right)$ $[\text{C/m}^2]$: 전계에 의한 전하쌍극자들의 분극 특성을 나타내는 유전상수와 분극 벡터

: $\mu_r = (1+\chi_m)$; $\vec{M}(\vec{r},t) = \chi_m\left(\vec{H}(\vec{r},t)\right)$ $[\text{A/m}]$: 자계에 의한 자기쌍극자들의 자화 특성을 나타내는 자성계수와 자화벡터

$\nabla \cdot \vec{D}(\vec{r},t) = \rho(\vec{r},t)$ $[\text{C/m}^3]$: $\vec{D}(\vec{r},t)$ $[\text{C/m}^2] = \epsilon \vec{E}(\vec{r},t)$

$$\int \nabla \cdot \vec{D}(\vec{r},t) dv = \oint \vec{D}(\vec{r},t) \cdot d\vec{S} = Q_{enc} \ [\text{C}]$$: 전기장에 대한 가우스 법칙

$\nabla \cdot \vec{B}(\vec{r},t) = \rho_{mag}(\vec{r},t) = 0$ $[\text{Wb/m}^3]$: $\vec{B}(\vec{r},t)$ $[\text{Wb/m}^2] = \mu \vec{H}(\vec{r},t)$

$$\int \nabla \cdot \vec{B}(\vec{r},t) dv = \oint \vec{B}(\vec{r},t) \cdot d\vec{S} = \Psi_{m,enc} = 0 \ [\text{Wb}]$$: 자기장에 대한 가우스 법칙

적분형 맥스웰 방정식

$$\begin{cases} \oint \vec{E}(\vec{r},t) \cdot d\vec{l} = \int_{vol} \nabla \times \vec{E}(\vec{r},t) \cdot d\vec{S} = -\dfrac{\partial \Psi_m(t)}{\partial t} = V_g \ [\text{V}] \\ \oint \vec{H}(\vec{r},t) \cdot d\vec{l} = \int_{vol} \nabla \times \vec{H}(\vec{r},t) \cdot d\vec{S} = I_{enc}(t) = I_C(t) + I_D(t) \ [\text{A}] \end{cases}$$

$$\& \begin{cases} \oint_{\substack{closed \\ surface}} \vec{D}(\vec{r},t) \cdot d\vec{S} = \int_{vol} \rho dv = Q_{enc} \ [\text{C}] = [\text{F} \cdot \text{V}] \\ \oint_{\substack{closed \\ surface}} \vec{B}(\vec{r},t) \cdot d\vec{S} = \int_{vol} \rho_{mag} dv = \Psi_{m,enc} = 0 \ [\text{Wb}] = [\text{H} \cdot \text{A}] \end{cases}$$

두 매질의 경계면에서 전기장과 자기장에 대한 경계조건

$$\begin{cases} E_{t1} = E_{t2} & [\text{V/m}] \\ D_{n1} - D_{n2} = \rho_S & [\text{C/m}^2] \end{cases} \rightarrow \begin{cases} \vec{E}(\vec{r},t) \ [\text{V/m}] = E_t \hat{a}_t + E_n \hat{a}_n \\ \vec{D}(\vec{r},t) [\text{C/m}^2] = D_t \hat{a}_t + D_n \hat{a}_n \end{cases}$$

$$\& \begin{cases} H_{t1} - H_{t2} = K \ [\text{A/m}] \\ B_{n1} = B_{n2} \quad [\text{Wb/m}^2] \end{cases} \rightarrow \begin{cases} \vec{H}(\vec{r},t) [\text{A/m}] = H_t \hat{a}_t + H_n \hat{a}_n \\ \vec{B}(\vec{r},t) \ [\text{Wb/m}^2] = B_t \hat{a}_t + B_n \hat{a}_n \end{cases}$$

Chapter_10 연습문제

10.1 (Faraday's Law & emf) 그림과 같이 자속밀도($\boldsymbol{B}$ [Wb/m^2])가 다른 두 영역(영역 1: $\vec{B}_1 = B_o\hat{a}_z$, 영역 2: $\vec{B}_2 = -2B_o\hat{a}_z$ [Wb/m^2])에 걸쳐 일정한 속도로 움직이는 도체에 의해 유도되는 기전력(emf) 발생의 원리와 그 응용을 이해하고자 한다.

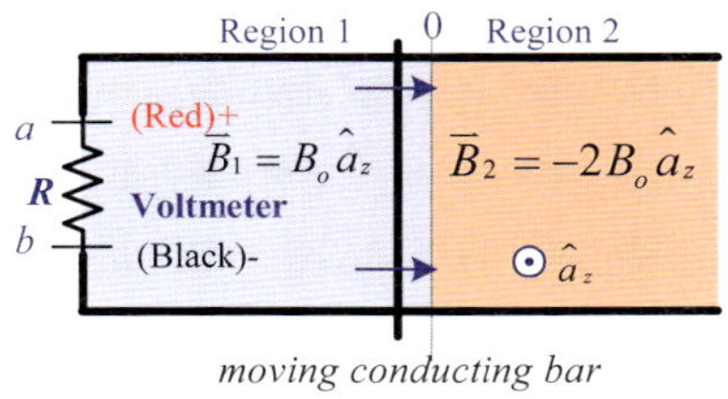

(a) 도체 막대가 일정한 속도 υ_o [m/s]로 영역 1의 한 지점을 지나고 있을 때 저항에 흐르는 전류의 방향을 설명하라($a \to b$ 또는 $b \to a$).

(b) (a)의 경우 전압계(voltmeter)에 나타나는 전압(V_a [V])은 양과 음 중 어느 값인가?

(c) 도체 막대의 이동속도를 2배($2\upsilon_o$ [m/s])로 증가시킬 경우 전압계식에서 측정되는 전압(V_c [V])은 V_a의 몇 배인가?

(d) 도체 막대가 υ_o [m/s]의 속도로 영역 2의 한 점을 지나고 있을 때 전압계에 나타나는 전압(V_d [V])은 양과 음 중 어느 값인가?

(e) 위의 두 경우에 측정되는 전압의 크기를 비교하라($|V_d/V_a|$).

(f) 이 원리는 발전기의 동작과 관련이 있다. 만약 막대 자석과 구리 도선을 이용하여 꼬마 전구를 켜려면 어떤 방법으로 가능한지, 그리고 보다 밝게 켜지도록 하기 위해서는 어떤 방법을 쓸 수 있는지 설명하라.

10.2 (Maxwell Eq. & Displacement Current) 맥스웰(Maxwell) 방정식의 정확한 이해는 전자공학도에게 필수적이다. 전자기파의 전파 특성을 나타내는 중요한 특성 변수의 하나로 손실각(loss tangent: θ [rad])이 있으며, 이는 전자기파가 전파되는 매질의 특성인 유전상수(ϵ [F/m])와 전기전도도(σ [Ω^{-1}/m])에 의해 결정된다. 전기전도도가 유한한 유전체에 정현파 신호가 인가된 경우,

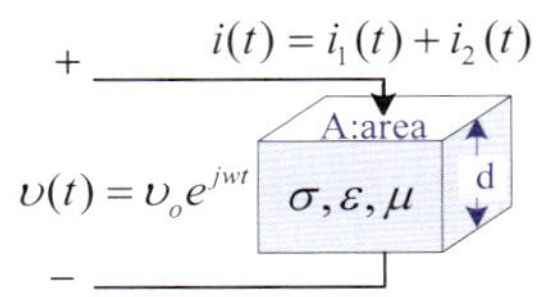

(a) 맥스웰 방정식을 이용하여 이 유전체에 존재하는 전류 성분에 대해 설명하라.

(b) 이 유전체를 전기적 등가회로로 나타내고 각 구성 성분을 (a)의 전류 성분과 연관지어 설명하라.

(c) 손실각(loss tangent: θ [rad])을 수식으로 나타내고, 물리적 의미를 설명하라.

(d) 인가된 신호의 주파수(f [Hz]) 변화에 따른 손실각의 변화를 그림으로 나타내라.

(e) 아주 낮은 주파수의 경우 두 전류 성분 중 어느 전류 성분이 주로 큰 전류를 형성하는지 설명하라.

(f) 주파수가 높아지면 어느 전류 성분이 주된 성분이 되는지 설명하라.

(g) 이 유전체를 DRAM(dynamic random access memory) 또는 FeRAM(ferroelectric RAM: 강유전체 메모리)의 전하 저장용으로 사용할 경우 우수한 성능을 확보하기 위해서는 어떤 조건이 필요한지 설명하라.

10.3 (Faraday's Law & EMF) 오른쪽 그림과 같이 전 공간에 걸쳐 일정한 세기의 자속밀도($\boldsymbol{B}$ [Wb/m^2] = $B_z\boldsymbol{a}_z$)가 존재하는 공간 내에서 일정한 속도로 움직이는 도체에 의한 시변 자속량과 이로 인한 기전력 생성에 관한 패러데이(Faraday)의 법칙과 발전기 응용 원리 등을 이해하고자 한다.

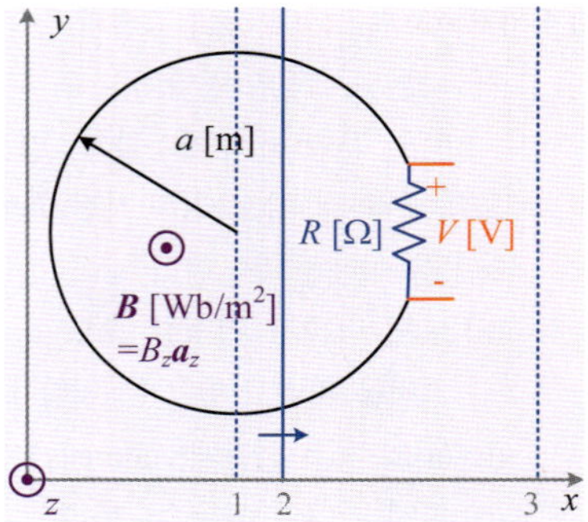

(a) 그림과 같이 도체 막대가 일정한 속도 υ [m/s]로 1(중앙)의 위치를 지나고 있을 때 저항에 흐르는 전류의 방향을 설명하라($a \to b$ 또는 $b \to a$).

(b) (a)의 경우 전압계에 나타나는 전압 V_1은 양과 음 중 어느 값인가?

(c) 도체 막대가 2의 위치를 지나고 있을 때 전압계에 나타나는 전압(V_2 [V])은 양과 음 중 어느 값인가?

(d) 위의 두 경우에 측정되는 전압의 크기를 비교하고(V_2/V_1) 이유를 설명하라.

(e) 3의 위치를 지나고 있을 때 측정되는 전압(V_m [V])을 설명하라.

10.4 (Maxwell Eq. & Displacement Current) 맥스웰 방정식의 정확한 이해는 전자 부품의 설계와 제작, 응용 분야에 종사하는 전자공학도에게 필수적이다.

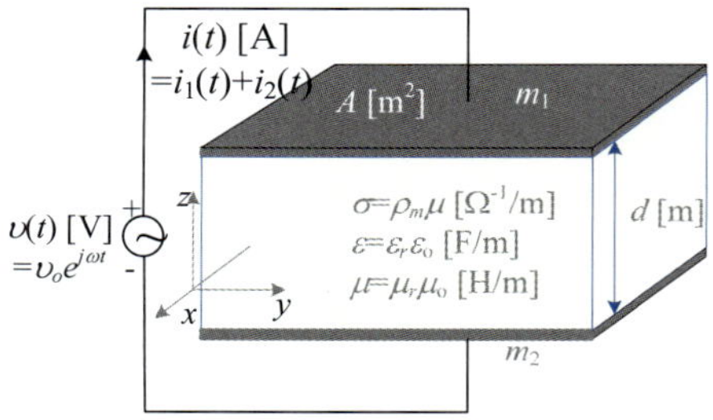

(a) 맥스웰 방정식 중의 하나인 다음 식의 물리적 의미를 설명하라.

$$\nabla \times \vec{H}(\vec{r},t) = \vec{J}_C(\vec{r},t) + \left(\partial \vec{D}(\vec{r},t)/\partial t\right) \text{ [A/m}^2\text{]}$$

위 그림과 같은 유전체의 유전상수가 ϵ [F/m], 전기전도도가 σ [Ω^{-1}/m]인 유전체에 주파수가 ω [rad/s]인 정현파 전압이 인가되면 2종류(i_1, i_2 [A])의 전류 성분이 흐른다.

(b) J_C에 의한 전류(i_1)를 수식으로 나타내고, 어떤 전하에 의해 형성된 전류 성분인지 설명하라.

(c) ($\partial D/\partial t$)에 의한 전류 i_2를 수식으로 나타내고, 어떤 전류 성분인지 설명하라.

(d) 위의 결과를 이용하여 전기적 등가회로를 그림으로 나타내라.

(e) 손실각(θ [rad])을 구하라.

(f) 이 유전체를 전기자동차의 충전용 2차 전지로 사용할 경우 우수한 성능 확보를 위해 어떤 특성이 필요한지 설명하라.

10.5 (Maxwell Eq., Conductive & Displacement Currents) 유전상수가 ϵ [F/m], 전기전도도가 σ [Ω^{-1}/m]인 유전체(전자재료)에 DC 전압(V_{DC} [V])에 중첩하여 진폭이 υ_o [V], 주파수가 ω [rad/s]인 정현파 ac 신호 전압($\upsilon_{ac}(t) = \upsilon_o e^{j\omega t}$ [V])이 인가되어 있다.

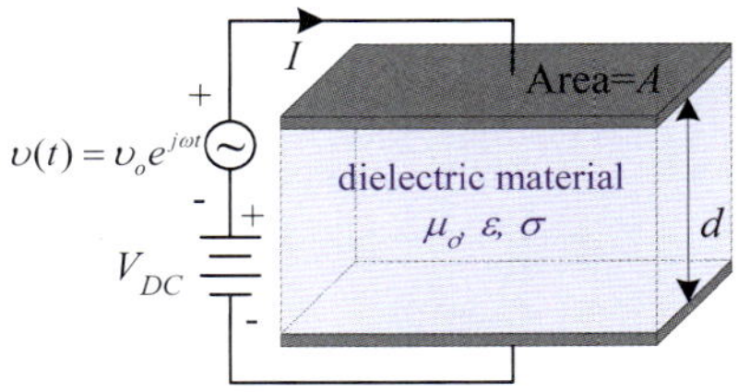

$(V(t) = V_{DC}+\upsilon_{ac}(t); \upsilon_{ac}(t) = \upsilon_o e^{j\omega t};\ \upsilon_o << V_{DC}$ [V])

(a) 유전체 내부에 형성된 전계($\boldsymbol{E}$ [V/m])를 구하라.

(b) 유전체에 흐르는 전류의 DC 전류(I_{DC1} [A])를 구하라.

(c) 유전체에 흐르는 정현파 ac 전류(i_{ac1} [A])를 구하라.

(d) 유전체의 손실각(θ_1)을 구하라.

(e) DC 전압을 2배로 증가시킬 경우 ac 전류(i_{ac2} [A])를 구하라.

(f) 유전체의 유전상수(ϵ [F/m])를 2배로 증가할 경우 손실각(θ_2)을 구하라.

10.6 (Ampere's Law, Faraday's Law & EMF) 오른쪽 그림과 같이 아주 가늘고 긴 도선을 통해 DC 전류(I_{DC} [A])와 ac 전류($i_{ac}(t) = I_o e^{j\omega t}$ [A])가 중첩($I = I_{DC}+I_o e^{j\omega t}$ [A])되어 흐르고 있다.

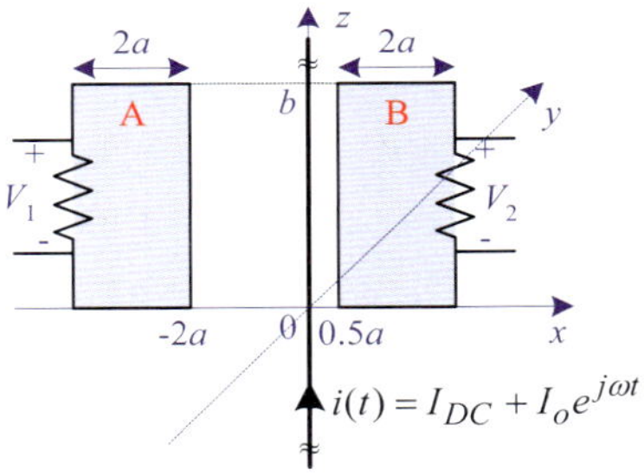

(a) 이 전류에 의해 형성된 자속밀도($\boldsymbol{B}(\rho, \phi, z, t)$ [Wb/m^2])를 구하라.

(b) xz-평면과 평행한 폐회로 A와 B를 통과하는 자속량($\Psi_{mA}(t)$, $\Psi_{mB}(t)$ [Wb])을 구하라.

(c) 폐경로 A와 B에 유도되는 기전력(*emf*: V_{gA} [V]와 V_{gB} [V])을 구하라.

(d) 시간(t [s])에 따른 기전력($V_{gA}(t)$)의 변화를 그림으로 나타내라.

(e) DC 전류 I_{DC}를 2배로 증가시킬 경우, 기전력(V_{gA} [V])의 증감에 대해 설명하라.

(f) ac 전류의 주파수(ω [rad/s])를 2배로 증가시킬 경우, 기전력(V_{gA} [V])의 증감에 대해 설명하라.

(g) 유전체를 전기자동차의 핵심 부품인 충전지로 사용할 경우, 우수한 성능 확보를 위해 어떤 특성을 가져야 하는지 설명하라.

10.7 (Ampere's Law, Faraday's Law, & EMF) 오른쪽 그림과 같이 $\epsilon = \epsilon_0$ [F/m], $\mu = \mu_0$ [H/m], $\sigma = \sigma_0$ [Ω^{-1}/m], $\rho = 0$ [A/m]인 공간에서 z-축에 놓인 아주 가느다란 도선을 통해 시간에 따라 변하는 전류 $i(t) = I_o e^{j\omega t}$ [A]가 흐르고 있다.

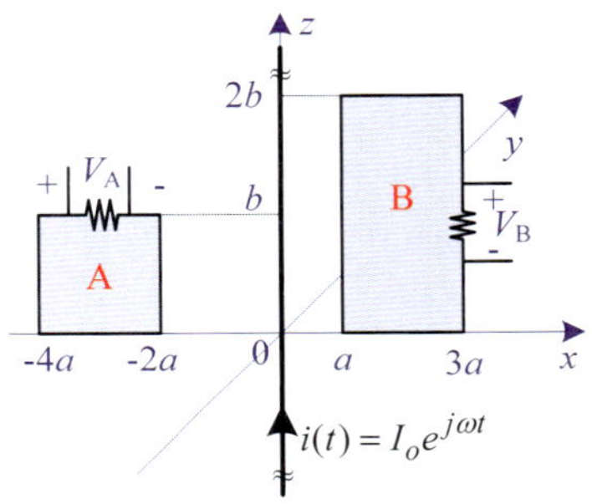

(a) 이 전류로 인해 형성된 자계강도 분포($\boldsymbol{H}(x,y,z,t)$ [A/m])를 구하라.

(b) 자속밀도 분포($\boldsymbol{B}(x,y,z,t)$ [Wb/m^2])를 구하라.

(c) xz-평면과 평행한 폐경로 A와 B를 통과하는 자속량($\Psi_{mA}(t)$, $\Psi_{mB}(t)$ [Wb])을 구하라.

(d) 폐경로 도선 A와 B에 유도되는 기전력(*emf*: V_A [V]와 V_B [V])의 크기를 구하라.

(e) 주파수(ω [rad/s])의 변화에 따른 기전력의 최댓값의 변화를 그림(V_{max} vs. ω)으로 설명하라.

(f) 전류의 진폭(I_o [A]) 변화에 따른 기전력의 최댓값(V_{max} [V])의 변화를 그림(V_{max} vs. I_o)으로 설명하라.

(g) 이 전류로 인해 생성되는 전계강도($\boldsymbol{E}(x,y,z,t)$ [V/m])를 구하라.

(h) 시간에 따른 기전력($V_A(t)$ [V]) 변화를 그림으로 나타내라.

(i) 주파수가 $f=0$ [Hz]인 경우, 기전력(V_A, V_B [V])의 크기를 비교하라.

(j) 큰 기전력이 유도되도록 하기 위해 택할 수 있는 방법을 간략히 설명하라.

10.8 (Maxwell Eq., Conductive & Displacement Currents)

유전상수 ϵ [F/m], 전기전도도 σ [Ω^{-1}/m]인 유전체에 진폭 υ_o [V], 주파수가 $\omega = 2\pi f$ [rad/s] 인 정현파 전압 $\upsilon(t) = \upsilon_o e^{\varphi\omega t}$ [V]가 인가되어 있다.

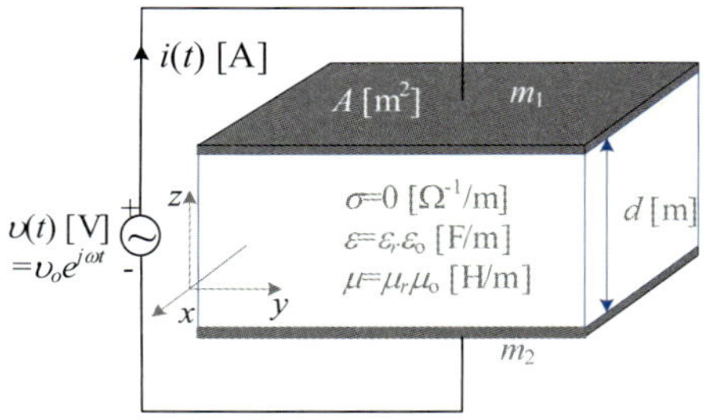

(a) 유전체 내부에 형성되는 전계강도($\boldsymbol{E}$ [V/m])를 구하고 시간에 따른 변화를 그림으로 스케치 하라.

(b) 유전체 내부에 존재하는 전하쌍극자는 전압의 변화에 어떻게 영향을 받는지 간략히 설명하라.

(c) 전기전도도는 재료/유전체 내의 어떤 전하에 의해 결정되는지 설명하라.

(d) 유전체에 흐르는 두 종류의 전류를 구분하고, 이를 반영하여 유전체의 전기적 등가회로를 그려라.

(e) 유전체에 흐르는 두 전류의 크기를 비교하라.

(f) 유전체에 흐르는 두 전류의 위상차(phase difference: $\Delta\phi$)를 구하라.

(g) 유전체의 손실각(loss tangent: θ)이 무엇인지 간략히 설명하라.

(h) 유전체 내에 이동전하가 존재하지 않는 경우, 손실각 θ를 구하라.

(i) 유전체 내에 이동전하 농도가 아주 높고 이동도도 아주 큰 경우, 손실각 θ를 구하라.

(j) 컴퓨터용 핵심 부품인 DRAM은 유전체로 이루어진 축전기(또는 캐패시터)에 전하(정보)를 저장하며, 캐패시터용 유전체는 대체로 손실이 있다. 저장된 전하(정보)를 오랫동안 저장하기 위해 필요한 유전체의 조건을 설명하라.

10.9 (Faraday's Law & emf) 그림과 같이 자속밀도($\boldsymbol{B}$ [Wb/m²])가 다른 두 영역(영역 1: $\vec{B}_1 = B_o\hat{a}_z$, 영역 2: $\vec{B}_2 = -2B_o\hat{a}_z$)에 일정한 속도로 움직이는 도체에 의해 유도 되는 기전력(*emf*: V_g [V]) 발생/발전기의 원리와 응용을 이해하고자 한다.

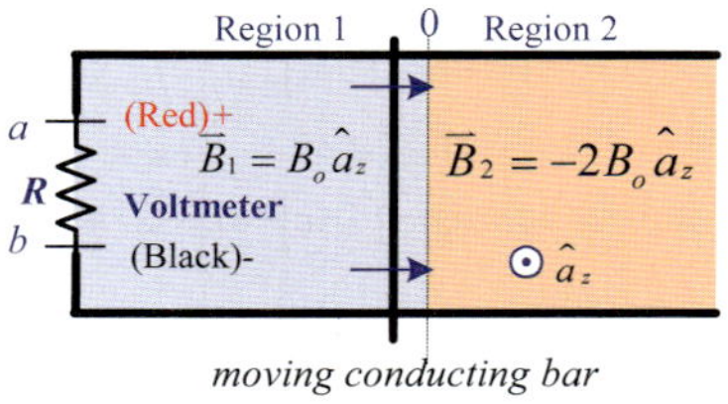

(a) 도체 막대가 일정한 속도 υ_o [m/s]로 영역 1의 한 지점을 지나고 있을 때 저항에 흐르는 전류의 방향을 설명하라($a \to b$ 또는 $b \to a$).

(b) (a)의 경우 전압계(volt meter)에 나타나는 전압(V_a [V])은 양과 음 중 어느 값인가?

(c) (a)의 경우 시간에 따른 기전력의 크기 변화가 있는지 설명하라.

(d) 도체 막대의 이동속도를 2배($2\upsilon_o$ [m/s])로 증가시킬 경우 전압계에서 측정되는 전압(V_d [V])은 V_a의 몇 배인가?

(e) 도체 막대가 υ_o [m/s]의 속도로 영역 2의 한 점을 지나고 있을 때, 전압계에 나타나는 전압(V_e [V])은 양과 음 중 어느 값인가?

(f) 위의 두 경우(a와 e)에 측정되는 전압의 크기를 비교하라($|V_e/V_a|$).

(g) 저항 R을 대신하여 전구를 연결하고 전구가 보다 밝게 켜지도록 하기 위해서는 어떤 방법을 쓸 수 있는지 설명하라.

10.10 (Maxwell Eq., Conductive & Displacement Currents) 유전상수 ϵ [F/m], 전기전도도 σ [$\Omega^{-1}m^{-1}$], 자성계수 μ_o [H/m]인 전자재료(유전체)에 진폭 = υ_o [V], 주파수가 $\omega = 2\pi f$ [rad/s]인 정현파 전압($\upsilon(t) = \upsilon_o e^{j\omega t}$ [V])이 인가되어 있다.

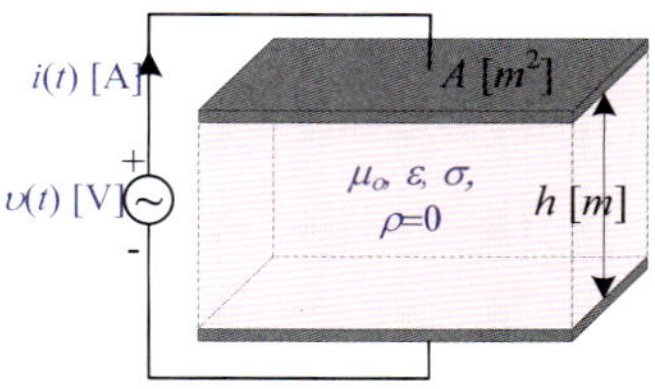

(a) 유전체 내부에 형성되는 전계($E(t)$ [V/m])를 구하고 시간에 따른 변화를 그림으로 스케치하라.

(b) 전기전도도(σ [Ω^{-1}/m])와 전도성 전류(J_C [A/m²])는 어떤 전하에 의해 결정되는지 설명하라.

(c) 이 유전체의 전기적 등가회로를 그리고 각 성분의 물리적 의미를 설명하라.

(d) 유전체의 손실각(θ [rad])이 무엇인지 간략히 설명하라.

(e) 유전체 내에 이동전하(전하밀도: ρ_m [C/m³])가 존재하지 않는 경우($\rho_m = 0$ [C/m³]), 유전체의 손실각 θ [rad]를 구하라.

(f) 평판 간의 간격(h [m])이 두 배로 증가할 경우, 전도성 전류의 크기 변화를 구하라.

(g) 평판 간의 간격(h [m])이 두 배로 증가할 경우, 손실각 θ는 어떻게 변하는지 설명하라.

10.11 (Ampere's Law, Faraday's Law & emf) 오른쪽 그림과 같이 아주 가느다란 도선을 통해 DC 전류 I_{DC}와 ac 전류가 중첩되어($I(t) = I_{DC} + I_o e^{j\omega t}$ [A]) 흐른다.

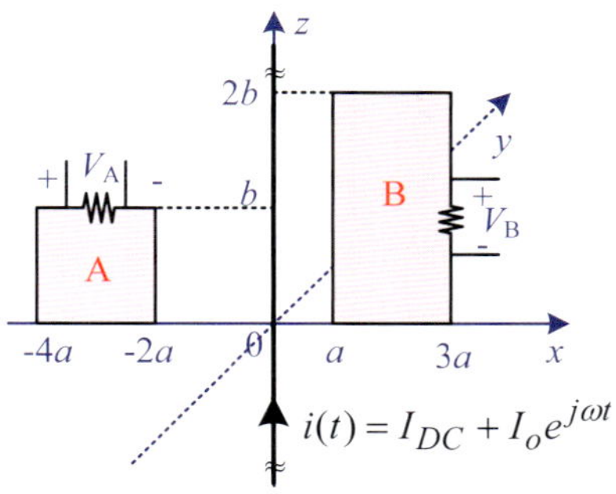

(a) 이 전류로 형성된 자계강도($\boldsymbol{H}(\rho,\phi,z,t)$ [A/m])를 구하라.

(b) 이 전류로 형성된 자속밀도($\boldsymbol{B}(\rho,\phi,z,t)$ [Wb/m²])를 구하라.

(c) xz-평면과 평행한 폐경로 도선 A와 B를 통과하는 자속량($\Psi_{mA}(t)$, $\Psi_{mB}(t)$ [Wb])을 구하라.

(d) 패러데이(Faraday)의 유도기전력(emf) 실험으로 얻은 맥스웰 방정식을 적고, 의미를 설명하라.

(e) 폐경로 도선 A와 B에 유도되는 기전력($V_A(t)$ [V], $V_B(t)$ [V])을 구하라.

(f) DC 전류(I_{DC} [A])를 2배로 증가시킬 경우, 유도기전력($V_A(t)$ [V])의 증/감에 대해 설명하라.

(g) ac 주파수($\omega = 2\pi f$ [rad/s])를 2배로 증가시킬 경우, 유도기전력($V_A(t)$ [V])의 증/감에 대해 설명하라.

(h) 시간에 따른 유도기전력($V_A(t)$ [V])의 변화를 그림으로 설명하라.

10.12 (Ampere's Law, Faraday's Law & Electromotive Force) 그림과 같이 xz-평면에 평행하게 흐르는 무한 전류 도판에 DC 전류와 정현파 ac 전류가($\boldsymbol{K}(\mathrm{t}) = (K_{DC}+K_o e^{j\omega t})\boldsymbol{a}_z$ [A/m]) 중첩되어 흐른다($\epsilon = \epsilon_0$, $\mu = \mu_o$, $\sigma = 0$).

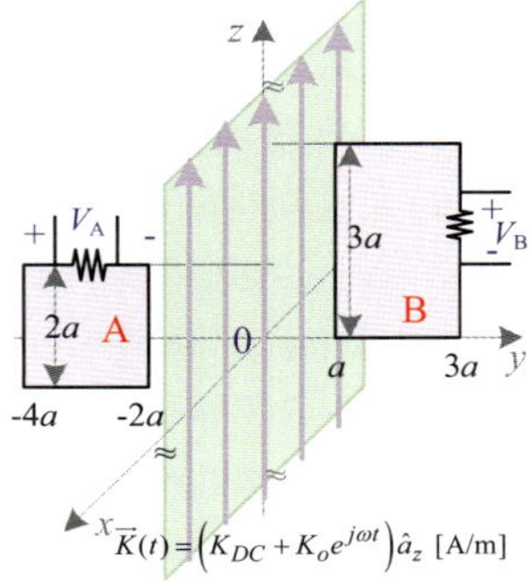

(a) 암페어(Ampere)의 법칙을 이용하여 $y < 0$인 지점과 $y > 0$인 지점의 자계강도($\boldsymbol{H}(x,y,z,t)$ [A/m])를 구하라.

(b) x-축 위치 변화에 따른 자기장의 세기를 그림으로 나타내라.

(c) y-축 위치 변화에 따른 자기장의 세기를 그림으로 나타내라.

(d) $y = 2a$인 지점의 자계강도($\boldsymbol{H}(x,y,z,t)$ [A/m])의 시간에 따른 크기($|\boldsymbol{H}(t)|$) 변화를 그림으로 표시하라.

(e) 이 전류로 형성된 자속밀도($\boldsymbol{B}(x,y,z,t)$ [Wb/m^2])를 구하라.

(f) yz-평면과 평행한 폐경로 도선 A와 B를 통과하는 자속량($\Psi_{mA}(t)$, $\Psi_{mB}(t)$ [Wb])을 구하라.

(g) 패러데이의 유도기전력(emf [V]) 실험으로 얻은 맥스웰 방정식을 적고, 의미를 설명하라.

(h) 폐경로 도선 A와 폐경로 도선 B에 유도되는 기전력($V_A(t)$와 $V_B(t)$ [V])을 구하라.

(i) DC 전류의 크기 K_{DC}를 2배로 증가시킬 경우 유도기전력(electromotive force: $V_B(t)$ [V])의 변화를 설명하라.

(j) AC 전류의 진폭 K_o를 2배로 증가시킬 경우 유도기전력($V_B(t)$ [V])의 변화를 설명하라.

(k) ac 주파수($\omega = 2\pi f$)를 2배로 증가시킬 경우 유도기전력($V_B(t)$ [V])의 변화를 설명하라.

10.13 (Electro-Magnetic Field) 전자기학은 일상 생활에서 활용되는 모든 가전제품과 정보통신기기의 핵심 동작 원리임에도 불구하고 보이지 않는 전자파를 다루기 때문에 암기식 학습은 무척 어렵게 느낄 수 있으며, 이해 중심 학습이 필수적이다.

(a) 정전기장 형성의 근원이 무엇인지 설명하고, 이를 실험으로 확인하고 정리한 기본 법칙은 무엇인지 설명하라.

(b) 정자기장 형성의 근원이 무엇인지 설명하고, 이를 실험으로 확인하고 정리한 기본 법칙은 무엇인지 설명하라.

(c) 맥스웰 방정식은 무엇이며, 어떤 용도로 사용하는지 설명하라.

10.14 (Faraday's Law & emf) 그림과 같이 자속밀도가 $\vec{B} = B_o\hat{a}_z$ [Wb/m^2] ($B_o > 0$)인 영역에서 도체 막대가 영역 1과 영역 2에서 $\boldsymbol{v}_1 = v_o\boldsymbol{a}_x$ [m/s], $\boldsymbol{v}_2 = 2v_o\boldsymbol{a}_x$ [m/s]로 움직인다. 이때 도체에 의해 유도되는 기전력(emf : V_m [V]) 발생/발전기의 원리와 응용을 이해하고자 한다($B_o > 0$, $v_o > 0$).

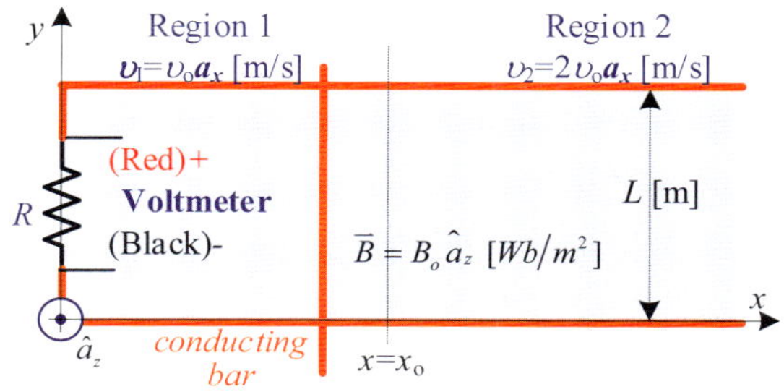

(a) 도체 막대(conducting bar)가 영역 1의 한 지점을 지나고 있을 때 저항에 흐르는 전류의 방향(위→아래 또는 아래→위)을 설명하라.

(b) (a)의 경우 전압계에 나타나는 전압(V_a)은 양과 음 중 어느 값인가?

(c) (a)의 경우 시간에 따른 기전력의 크기 변화가 있는지 설명하라.

(d) 도체 막대가 영역 2의 한 지점을 지나고 있을 때 저항에 흐르는 전류의 방향(위→아래 또는 아래→위)을 설명하라.

(e) 영역 1과 영역 2를 지날 때 기전력(V_m [V])의 크기를 비교(V_{m2}/V_{m1})하라.

(f) 자기장(B_o [Wb/m^2]) 변화에 따른 영역 1의 기전력(V_m [V]) 변화를 그림으로 나타내라.

(g) 이동속도(υ_o [m/s]) 변화에 따른 영역 2의 기전력(V_m [V]) 변화를 그림으로 나타내라.

(h) 도체 막대의 길이(L [m]) 변화에 따른 영역 2의 기전력(V_m [V]) 변화를 그림으로 나타내라.

(i) 영역 1을 지나는 동안 생성되는 기전력을 크게 얻기 위해 택할 수 있는 방법을 가능한 대로 여러 가지 제시하고, 설명하라.

10.15 (Conduction & Displacement Currents, DRAM) 이 문제를 통해 한국 산업 발전의 견인차 역할을 하는 반도체 제품 중 DRAM과 System LSI, TFT의 성능 개선에 필요한 원리를 이해하고자 한다. 유전상수 ϵ [F/m], 전기전도도 σ [Ω^{-1}/m], 자성계수 μ [H/m]인 2개(A와 B)의 평판 캐패시터(정전용량)에 진폭 υ_o [V], 주파수가 $\omega = 2\pi f$ [rad/s]인 정현파 전압($\upsilon(t) = \upsilon_o e^{j\omega t}$ 또는 $\upsilon(t) = \upsilon_o \cos\omega t$ [V])이 인가되어 있다. 유전체(전자재료) A와 B의 유전체 특성지표를 가진 캐패시터에 대해(양의 전하와 음의 전하의 이동도($\mu_m = \upsilon/E$ [(m/s)/(V/m)]는 동일),

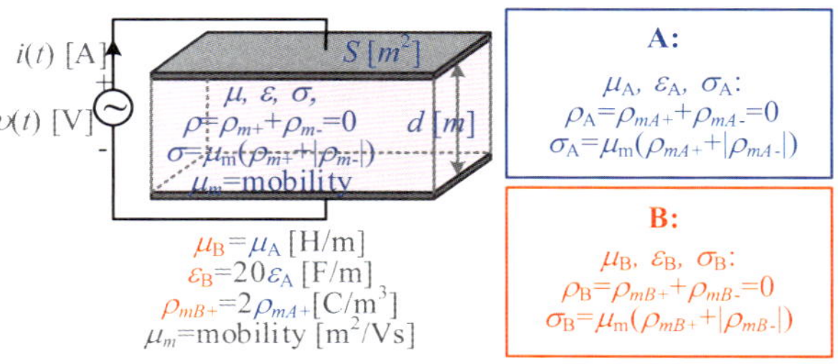

(a) 인가된 정현파 신호 전압에 의해 유전체 내부에 형성되는 전계($\boldsymbol{E}$ [V/m])를 구하라.

(b) 유전체 A 내의 전계에 의해 양의 이동전하($\rho_{m+} > 0$ [C/m^3])가 형성하는 전도전류(J_{C+})와 음의 이동전하($\rho_{m-} < 0$ [C/m^3])가 형성하는 전도전류(J_{C-})의 크기와 방향을 비교하라(동일 또는 반대방향을 모두 설명).

(c) 유전체 A내에 양의 이동전하(ρ_{m+} [C/m^3])에 의한 전도전류(J_{C+})와 음의 이동전하(ρ_{m-} [C/m^3])에 의한 전도전류(J_{C-})를 비교하라(J_{C+}/J_{C-}).

(d) A내의 전도전류(J_C) = $J_{C+}+J_{C-}$)를 결정하는 전기전도도(σ_A [Ω^{-1}/m])를 구하라.

(e) A와 B의 전기전도도(σ [Ω^{-1}/m])를 비교하라(σ_B/σ_A).

(f) A와 B의 전도성 전류를 비교하라($J_{C,B}/J_{C,A}$).

(g) 변위성 전류(displacement current: J_D [A/m^2])를 결정하는 요소들을 설명하라.

(h) A와 B의 변위성 전류를 비교하라($J_{D,B}/J_{D,A}$).

(i) 유전체의 등가회로를 그리고 각 성분의 물리적 의미를 설명하라.

(j) 유전체의 손실각(loss tangent: θ [rad])이 무엇인지 간략히 설명하라.

(k) A와 B의 유전체 손실각을 비교하라(θ_B/θ_A).

(l) 우수한 성능의 DRAM 구현에 필요한 이상적인 축전기(capacitor)를 구현하기 위해 유전체가 갖추어야 할 조건을 설명하라.

10.16 (Faraday's Law & emf) 그림과 같이 정현파 전류에 의해 생성된 z-축 방향의 자속밀도($\boldsymbol{B} = B_o e^{jwt}\boldsymbol{a}_z$ [Wb/m^2], $B_o > 0$)가 전 영역에서 일정하게 변하는 공간에 N회의 권선으로 이루어진 도선을 통한 기전력 생성과 신호 전달의 원리와 응용을 이해하고자 한다.

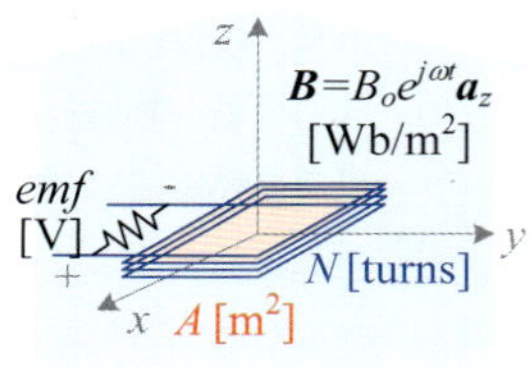

(a) 그림과 같이 z-축 방향으로 일정한 크기를 가지며, 정현파 형태의 자기장을 생성하는 방법을 간단히 설명하라.

(b) z-축 방향의 정현파 자기장이 권선 1회를 통과하는 자속량(Ψ_{mo} [Wb])을 구하라.

(c) N회의 권선 전체를 통과하는 총 자속량(Ψ_m [Wb])을 구하라.

(d) N회의 권선 전체를 통과하는 총 자속량(Ψ_m [Wb])의 변화에 의해 형성되는 기전력(V_g [V])을 구하라.

(e) 권선수 변화에 따른 기전력의 최댓값($V_{g,max}$ [V]) 변화를 그림으로 그려라(N vs. $V_{g,max}$).

(f) 권선의 면적 변화에 따른 기전력의 변화를 그림으로 그려라(A vs. $V_{g,max}$).

(g) 자기장의 변화에 따른 기전력의 변화를 그림으로 그려라(B_o vs. $V_{g,max}$).

(h) 자기장의 주파수(ω [rad/s]) 변화에 따른 기전력의 변화를 그림으로 그려라(ω vs. $V_{g,max}$).

(i) 권선의 방향을 90° 회전하여 권선의 면이 z-축과 평행하게 된 경우, 자기장 변화에 따른 기전력 변화를 그림으로 그려라(B_o vs. $V_{g,max}$).

Chapter

11

시변 전자기장 해석을 위한 전자파 방정식과 응용 : 맥스웰 방정식의 응용

Wave Equation for Time-Varying Electromagnetic Field : Application of Maxwell's Equations

학습도표와 핵심내용

학습도표와 핵심내용

11장 시변 전자기장 해석을 위한 전자파 방정식과 응용 : 맥스웰 방정식의 응용
(Wave Equation for Time-Varying Electromagnetic Field : Application of Maxwell's Equations)

1. 시변 전자기파(electromagnetic wave)의 전파(propagation) 특성 해석을 위한 전파방정식(Electromagnetic wave equation)

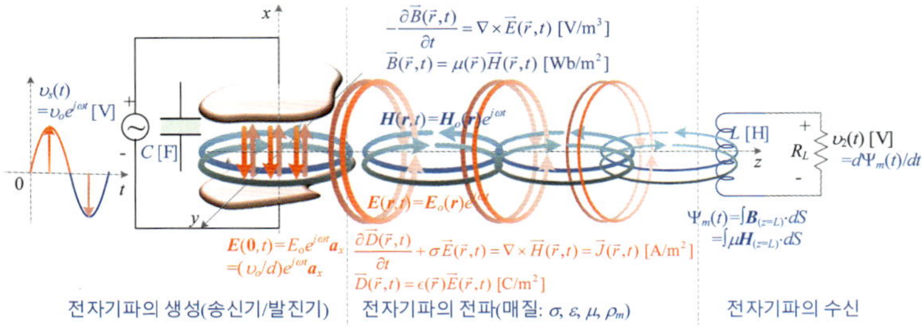

$$\nabla\times\vec{E}(\vec{r},t)\ [\text{V/m}^2]=-\frac{\partial\vec{B}(\vec{r},t)}{\partial t}$$

$$\nabla\cdot\vec{D}(\vec{r},t)=\rho\ [\text{C/m}^3]\ ;\quad \vec{D}(\vec{r},t)=\epsilon\vec{E}(\vec{r},t)\ [\text{C/m}^2]$$

$$\nabla\times\vec{H}(\vec{r},t)\ [\text{A/m}^2]=\vec{J}(\vec{r},t)=\vec{J}_C(\vec{r},t)+\vec{J}_D(\vec{r},t)$$

$$\begin{cases}\vec{J}_C(\vec{r},t)\ [\text{A/m}^2]=\sigma\vec{E}(\vec{r},t)\\ \vec{J}_D(\vec{r},t)\ [\text{A/m}^2]=\epsilon\dfrac{\partial\vec{E}(\vec{r},t)}{\partial t}\end{cases}$$

$$\nabla\cdot\vec{B}(\vec{r},t)=0\ [\text{Wb/m}^3]\quad \vec{B}(\vec{r},t)=\mu\vec{H}(\vec{r},t)$$

2. 중성전하(ρ=0[C/m^3]) 공간 또는 매질에서 시정현(sinusoidal) 전자기파의 전파방정식

$$\begin{cases}\rho(\vec{r},t)\ [\text{C/m}^3]=\rho_+(\vec{r},t)+\rho_-(\vec{r},t)=0\\ \nabla\cdot\vec{E}(\vec{r},t)\ [\text{V/m}^2]=\dfrac{\rho}{\epsilon}=0\ [\text{V/m}^2]\end{cases};\begin{cases}\vec{E}(\vec{r},t)\ [\text{V/m}]\equiv\vec{E}_o(\vec{r})e^{j\omega t}\\ \vec{H}(\vec{r},t)\ [\text{A/m}]=\vec{H}_o(\vec{r})e^{j\omega t}\end{cases}\&\begin{cases}\vec{E}_o(\vec{r})=(E_{ox}(\vec{r}),E_{oy}(\vec{r}),E_{oz}(\vec{r}))\\ \vec{H}_o(\vec{r})=(H_{ox}(\vec{r}),H_{oy}(\vec{r}),H_{oz}(\vec{r}))\end{cases}$$

$$\begin{cases}\nabla\times\vec{H}(\vec{r},t)\ [\text{A/m}^2]=\sigma\vec{E}(\vec{r},t)+\dfrac{\partial\vec{D}(\vec{r},t)}{\partial t}=(\sigma+j\omega\epsilon)\vec{E}(\vec{r},t)\\ \nabla\times\vec{E}(\vec{r},t)\ [\text{V/m}^2]=-\dfrac{\partial\vec{B}(\vec{r},t)}{\partial t}=-j\omega\mu\vec{H}(\vec{r},t)\end{cases}\Rightarrow\boxed{\begin{array}{ll}\nabla\times\vec{E}_o(\vec{r})=-\mu j\omega\vec{H}_o(\vec{r}) & [\text{V/m}^2]\\ \nabla\cdot\vec{E}_o(\vec{r})=0 & [\text{V/m}^2]\\ \nabla\times\vec{H}_o(\vec{r})=(\sigma+j\omega\epsilon)\vec{E}_o(\vec{r}) & [\text{A/m}^2]\\ \nabla\cdot\vec{H}_o(\vec{r})=0 & [\text{A/m}^2]\end{array}}$$

$$\Rightarrow\boxed{\begin{array}{l}\nabla^2\vec{E}_o(\vec{r})-j\omega\mu(\sigma+j\omega\epsilon)\vec{E}_o(\vec{r})=\nabla^2\vec{E}_o(\vec{r})-\gamma^2\vec{E}_o(\vec{r})=0\ [\text{V/m}^3]\\ \nabla^2\vec{H}_o(\vec{r})-j\omega\mu(\sigma+j\omega\epsilon)\vec{H}_o(\vec{r})=\nabla^2\vec{H}_o(\vec{r})-\gamma^2\vec{H}_o(\vec{r})=0\ [\text{A/m}^3]\end{array}}\Leftarrow\nabla\times(\nabla\times\vec{A}(\vec{r}))=\nabla(\nabla\cdot\vec{A}(\vec{r}))-\nabla^2\vec{A}(\vec{r})$$

$$\Rightarrow\boxed{\begin{array}{l}\vec{E}(\vec{r},t)=\vec{E}_+(\vec{r},t)+\vec{E}_-(\vec{r},t)=\vec{E}_o(\vec{r})e^{j\omega t}=\left(\vec{E}_{o+}e^{-\gamma\hat{a}_p\cdot\vec{r}}+\vec{E}_{o-}e^{+\gamma\hat{a}_p\cdot\vec{r}}\right)e^{j\omega t}=\left(\vec{E}_{o+}e^{-\vec{k}\cdot\vec{r}}+\vec{E}_{o-}e^{+\vec{k}\cdot\vec{r}}\right)e^{j\omega t}\ [\text{V/m}]\\ \vec{H}(\vec{r},t)=\vec{H}_+(\vec{r},t)+\vec{H}_-(\vec{r},t)=\vec{H}_o(\vec{r})e^{j\omega t}=\left(\vec{H}_{o+}e^{-\gamma\hat{a}_p\cdot\vec{r}}+\vec{H}_{o-}e^{+\gamma\hat{a}_p\cdot\vec{r}}\right)e^{j\omega t}=\left(\vec{H}_{o+}e^{-\vec{k}\cdot\vec{r}}+\vec{H}_{o-}e^{+\vec{k}\cdot\vec{r}}\right)e^{j\omega t}\ [\text{A/m}]\end{array}};\ \vec{k}\equiv\gamma\hat{a}_p\ [1/\text{m}]$$

$$\gamma\ [1/\text{m}]\equiv\sqrt{j\omega\mu(\sigma+j\omega\epsilon)}\equiv\alpha+j\beta\ ;\ \alpha\ [\text{Np/m}]\equiv\omega\sqrt{\frac{\mu\epsilon}{2}\left(\sqrt{1+\left(\frac{\sigma}{\omega\epsilon}\right)^2}-1\right)}\ \&\ \beta\ [\text{rad/m}]=\frac{2\pi}{\lambda}\equiv\omega\sqrt{\frac{\mu\epsilon}{2}\left(\sqrt{1+\left(\frac{\sigma}{\omega\epsilon}\right)^2}+1\right)}$$

$$\mathcal{P}(\vec{r},t)\ [\text{W/m}^2]=\vec{E}(\vec{r},t)\times\vec{H}(\vec{r},t)=\mathcal{P}(\vec{r},t)\hat{a}_p\ \ \&\ \ \hat{a}_p=\hat{a}_E\times\hat{a}_H$$

3. 중성전하 매질에서 z-축과 평행하게 전파(a_p=a_z)되는 시정현 전자기파의 전파 특성

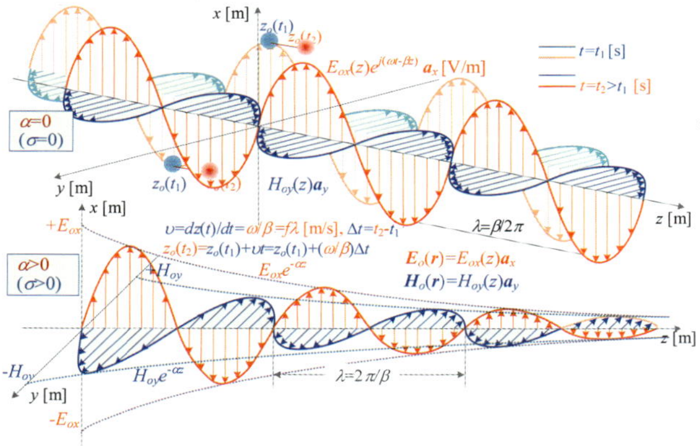

$$\vec{k}\cdot\vec{r}\Big|_{\hat{a}_p=+\hat{a}_z}=\gamma\hat{a}_p\cdot\vec{r}\Big|_{\hat{a}_p=+\hat{a}_z}=\gamma\hat{a}_z\cdot\vec{r}=\gamma z$$

$$\begin{cases}\vec{E}_+(\vec{r},t)\ [\text{V/m}]=\vec{E}_{o+}e^{-\vec{k}\cdot\vec{r}}e^{j\omega t}\Big|_{\hat{a}_p=+\hat{a}_z}\\ \quad=\vec{E}_{o+}e^{-\gamma\hat{a}_p\cdot\vec{r}}e^{j\omega t}\Big|_{\hat{a}_p=+\hat{a}_z}=\left(E_{o+}e^{-\alpha z}\right)e^{j(\omega t-\beta z)}\hat{a}_E\\ \vec{H}_+(\vec{r},t)\ [\text{A/m}]=\vec{H}_{o+}e^{-\vec{k}\cdot\vec{r}}e^{j\omega t}\Big|_{\hat{a}_p=+\hat{a}_z}\\ \quad=\vec{H}_{o+}e^{-\gamma\hat{a}_p\cdot\vec{r}}e^{j\omega t}\Big|_{\hat{a}_p=+\hat{a}_z}=\left(H_{o+}e^{-\alpha z}\right)e^{j(\omega t-\beta z)}\hat{a}_H\end{cases}$$

$$\upsilon\big|_{\sigma=0}\ [\text{m/s}]=\frac{\omega}{\beta}\Big|_{\sigma=0}=\frac{1}{\sqrt{\mu\epsilon}}=\frac{c_o}{n_r}(\le c_o)$$

$$c_o\equiv\frac{1}{\sqrt{\mu_o\epsilon_o}}=3\times10^8\ [\text{m/s}],\ n_r\equiv\sqrt{\mu_r\epsilon_r}$$

$$\eta(\omega)\ [\Omega]\equiv\frac{E_{ox}(\vec{r})}{H_{oy}(\vec{r})}=\sqrt{\frac{j\omega\mu}{\sigma+j\omega\epsilon}}$$

$$\eta(\omega)\big|_{\sigma=0}[\Omega]\equiv\eta_o\sqrt{\frac{\mu_r}{\epsilon_r}},\ \eta_o\equiv\sqrt{\frac{\mu_o}{\epsilon_o}}=120\pi[\Omega]$$

4. 전자기파의 편파 종류(TEM, TE, TM)

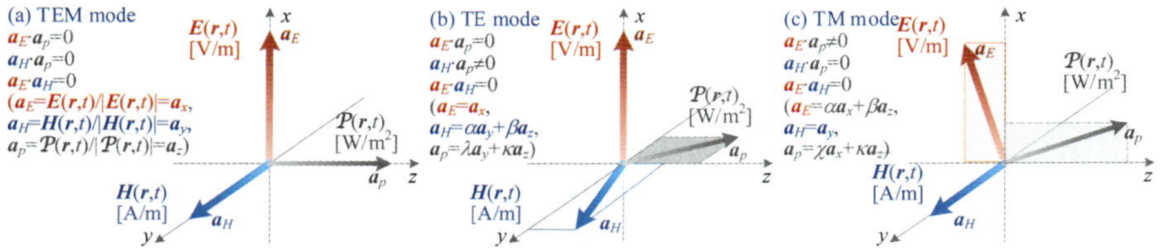

시변(time-varying) 자기장에 의한 기전력, 시변 전기장에 의한 변위성 전류를 반영한 전자기장 관계식을 맥스웰 방정식(Maxwell's equations)이라고 하며, 미분형과 그에 대응되는 적분형 관계식으로 나타낼 수 있음은 앞에서 학습하였다. 맥스웰 방정식은 시변/시불변에 관계없이 전기장과 자기장의 형성과 전파를 지배하는 관계식이며, 전자기파의 전파(propagation) 특성을 해석하는 데 사용되는 가장 중요한 식이다. 시변 전자기파의 전파 특성 해석에 사용될 맥스웰 방정식의 핵심 내용을 정리하면 다음과 같다.

- **전하들 간의 상호작용을 나타내는 전계강도($\boldsymbol{E}(\boldsymbol{r},t)$ [V/m])와 등가전하밀도($\boldsymbol{D}(\boldsymbol{r},t)$ [C/m²])**

전하들 간의 상호작용을 나타내는 전계강도($\boldsymbol{E}(\boldsymbol{r},t)$ [V/m]), 그리고 매질 내에 존재하면서 전기장에 의해 분극 현상을 일으키며 전계에 반응하는 전하쌍극자들의 분극 벡터($\boldsymbol{P}(\boldsymbol{r},t)$ [C/m²]), 이들을 모두 반영한 매질 내의 등가전하밀도(또는 전속밀도; $\boldsymbol{D}(\boldsymbol{r},t)$ [C/m²]), 그리고 전기장 내에 존재하는 시험전하가 받는 힘($\boldsymbol{F}_e(\boldsymbol{r},t)$ [N])은 각각 다음과 같다.

$$\vec{E}(\vec{r},t)\ [\text{V/m}] = \int_{Source} d\vec{E}(\vec{r},t) \leftarrow d\vec{E}(\vec{r},t)\ [\text{V/m}] = \frac{dQ_S}{4\pi\epsilon R^2}\hat{a}_R$$: 근원전하에 의해 형성된 전기장의 방사형 전계강도

$$\vec{P}(\vec{r},t)\ [\text{C/m}^2] \equiv \lim_{\Delta v\to small} \left.\frac{\sum_i \vec{p}_i}{\Delta v}\right|_{\vec{E}(\vec{r},t)} = \chi_e \epsilon_o \vec{E}(\vec{r},t)$$: 유전체 내의 전하쌍극자에 의한 분극 벡터

$$\vec{p}_i\Big|_{\vec{E}}\ [\text{C}\cdot\text{m}] = Q_{dip} d\hat{a}_d = Q_{dip} d\hat{a}_E = p\hat{a}_E\ ;\ p\ [\text{C}\cdot\text{m}] \equiv Q_{dip} d$$: 전하쌍극자 모멘트

$$\vec{D}(\vec{r},t)\ [\text{C/m}^2] = \epsilon_o \vec{E}(\vec{r},t) + \vec{P}(\vec{r},t) = \epsilon_o \vec{E}(\vec{r},t) + \chi_e \epsilon_o \vec{E}(\vec{r},t) = \epsilon \vec{E}(\vec{r},t)$$: 등가전하밀도 벡터

$$\epsilon = \epsilon_r \epsilon_o\ [\text{F/m}]\ ;\ \epsilon_r \equiv (1+\chi_e)$$: 유전상수

$$\vec{F}_e(\vec{r},t)\ [\text{N}] = \int_{test} d\vec{F}_e(\vec{r},t) \leftarrow d\vec{F}_e(\vec{r},t)\ [\text{N}] = dQ_t \vec{E}(\vec{r},t)$$: 분포전하 형태의 시험전하에 작용하는 정전기적 힘

$$\vec{F}_e(\vec{r},t)\ [\text{N}] = Q_t \vec{E}(\vec{r},t)$$: 점전하 형태의 시험전하에 작용하는 정전기적 힘

: 근원전하에 의해 형성된 전기장 내의 시험전하에 작용하는 정전기적 힘(Coulomb force)

- **전류도선들 간의 상호작용을 나타내는 자계강도($\boldsymbol{H}(\boldsymbol{r},t)$ [A/m]), 자속밀도($\boldsymbol{B}(\boldsymbol{r},t)$ [Wb/m²])**

전류도선들의 상호작용을 나타내는 자계강도($\boldsymbol{H}(\boldsymbol{r},t)$ [A/m]), 그리고 매질 내에 존재하면서 자기장에 의해 자화현상을 일으키며 반응하는 자기쌍극자들의 자화벡터($\boldsymbol{M}(\boldsymbol{r},t)$ [A/m]), 그리고 이들을 모두 반영한 매질 내의 등가자속밀도($\boldsymbol{B}(\boldsymbol{r},t)$ [Wb/m²]), 자기장 내에 존재하는 시험전류도선이 받는 힘 ($\boldsymbol{F}_m(\boldsymbol{r},t)$ [N])은 각각 다음과 같다.

$$\vec{H}(\vec{r},t)\ [\text{A/m}] = \int_{Source} d\vec{H}(\vec{r},t) \leftarrow d\vec{H}(\vec{r},t)\ [\text{A/m}] = \frac{I_S d\vec{l}_S \times \hat{a}_R}{4\pi R^2}$$: 근원전류도선에 의해 형성된 자기장의 회전성 자계강도

$$\vec{M}(\vec{r},t)\ [\text{A/m}] \equiv \lim_{\Delta v\to small} \left.\frac{\sum_i \vec{m}_i}{\Delta v}\right|_{\vec{H}(\vec{r},t)} = \chi_m \vec{H}(\vec{r},t)$$: 자성체 내의 자기쌍극자에 의한 자화벡터

$$\vec{m}_i\Big|_{\vec{H}} = m_{dip}\hat{a}_n = IS\hat{a}_n = IS\hat{a}_H = m\hat{a}_H\ [\text{A}\cdot\text{m}^2]$$: 자기쌍극자 모멘트

$$\vec{B}(\vec{r},t)\ [\text{Wb/m}^2] = \mu_o \vec{H}(\vec{r},t) + \mu_o \vec{M}(\vec{r},t) = \mu \vec{H}(\vec{r},t)$$: 자속밀도

$$\mu = \mu_r \mu_o\ [\text{H/m}]\ ;\ \mu_r \equiv (1+\chi_m)$$: 매질의 자성계수

$$\vec{F}_m(\vec{r},t)\ [\text{N}]=\int_{test} d\vec{F}_m(\vec{r},t) \leftarrow d\vec{F}_m(\vec{r},t)\ [\text{N}] = \mu I_t d\vec{l}_t \times \vec{H}(\vec{r},t) = I_t d\vec{l}_t \times \vec{B}(\vec{r},t)$$

: 근원전류도선에 의해 형성된 자기장 내의 시험전류도선에 작용하는 자기적 힘(magnetic force)

전기장과 자기장이 시간에 따라 변하는 경우, 전기장과 자기장은 상호 밀접하게 연관되어 서로 영향을 주고받는다. 시변 자기장은 기전력(emf & V_g [V])을 유도하고, 시변 전기장은 변위성 전류와 함께 추가의 자기장을 형성한다. 시변 전기장과 자기장의 상호 연관성은 맥스웰 방정식에 의해 지배되며, 시변 전자기파의 전파 특성 해석의 기본이 된다. 전기장과 자기장의 공간분포와 시간에 따른 변화와 전자기파의 공간적 전파 특성 해석에 필수적인 맥스웰 방정식, 전하밀도의 공간적 분포와 시간적 변화를 지배하는 연속방정식, 매질 내의 이동전하와 전하쌍극자들에 의해 형성되는 전류식을 요약하면 각각 다음과 같다.

- **전계강도의 회전량 벡터와 등가전하밀도의 발산량에 관한 법칙**

$$\nabla \times \vec{E}(\vec{r},t) = -\frac{\partial \vec{B}(\vec{r},t)}{\partial t}\ [\text{V/m}^2]\ ;\ V_{BA} \equiv V_B - V_A = -\int_A^B \vec{E}(\vec{r},t)\cdot d\vec{l} = \left(-\int_\infty^B \vec{E}(\vec{r},t)\cdot d\vec{l}\right) - \left(-\int_\infty^A \vec{E}(\vec{r},t)\cdot d\vec{l}\right)$$

: 시변 자기장($\boldsymbol{B}(\boldsymbol{r},t)$)은 기전력을 형성하고, 추가의 회전성 전기장이 생성됨을 뜻함

$$\longleftrightarrow \oint \vec{E}(\vec{r},t)\cdot d\vec{l} = \int_S \nabla \times \vec{E}(\vec{r},t)\cdot d\vec{S} = -V_{oo} = V_{gen} = emf\ [\text{V}]$$

: 시변 자기장에 의한 패러데이의 기전력에 관한 법칙

$$\nabla \cdot \vec{D}(\vec{r},t) = \rho_\upsilon(\vec{r},t)\ [\text{C/m}^3]\ ;\ \vec{D}(\vec{r},t) = \epsilon \vec{E}(\vec{r},t)\ [\text{C/m}^2]$$

: 전하가 존재하는 공간에서는 이 전하들로 인해 전계강도와 등가전하밀도의 변화가 수반됨을 의미함

$$\longleftrightarrow \oint \vec{D}(\vec{r},t)\cdot d\vec{S} = \int_{\upsilon ol} \nabla \cdot \vec{D}(\vec{r},t) d\upsilon = Q_{enc} = \int_{\upsilon ol} \rho_\upsilon(\vec{r},t) d\upsilon\ [\text{C}]$$

: 가우스의 법칙과 포아송 방정식

- **자계강도의 회전량 벡터와 등가자속밀도의 발산량에 관한 법칙**

$$\nabla \times \vec{H}(\vec{r},t) = \vec{J}(\vec{r},t)\ [\text{A/m}^2]$$

$$\longleftrightarrow \oint \vec{H}(\vec{r},t)\cdot d\vec{l} = \int_S \nabla \times \vec{H}(\vec{r},t)\cdot d\vec{S} = I_{enc} = \int_S \vec{J}(\vec{r},t)\cdot d\vec{S}\ [\text{A}]$$

: 전류에 의한 회전성 자기장 형성에 관한 암페어의 법칙

$$\begin{cases} \vec{J}_C(\vec{r},t)\ [\text{A/m}^2] = \sigma \vec{E}(\vec{r},t)\text{: Conduction current; mobile charges} \\ \qquad \sigma = \rho_m \mu\ [\Omega^{-1}/\text{m}] \quad \text{: Conductivity; mobile charges} \\ \vec{J}_D(\vec{r},t)\ [\text{A/m}^2] = \dfrac{\partial \vec{D}(\vec{r},t)}{\partial t}\text{: Displacement current; dipole charges} \\ \qquad \vec{D}(\vec{r},t) = \epsilon \vec{E}(\vec{r},t)\ [\text{C/m}^2]\text{: Electric flux density} \end{cases}$$

: 시변 전기장($\boldsymbol{D}(\boldsymbol{r},t)$)은 변위성 전류를 형성하고 이로 인해 추가의 자기장이 생성됨을 뜻함

$$\nabla \cdot \vec{B}(\vec{r},t) = 0\ [\text{Wb/m}^3],\ \vec{B}(\vec{r},t) = \mu \vec{H}(\vec{r},t)\ [\text{Wb/m}^2]$$

$$\longleftrightarrow \oint \vec{B}(\vec{r})\cdot d\vec{S} = \int_{\upsilon ol} \nabla \cdot \vec{B}(\vec{r}) d\upsilon = \Psi_{m,enc} = \int_{\upsilon ol} \rho_{m\upsilon}(\vec{r}) d\upsilon = 0\ [\text{Wb}]$$

: 자기단극자는 존재하지 않음을 나타내며, 또한 자속밀도($\boldsymbol{B}(\boldsymbol{r})$ [Wb/m^2])는 변하지 않음(연속)을 뜻함

- **전류의 발산량과 이동전하량의 시간에 따른 변화율에 관한 연속방정식**

$$\nabla \cdot \vec{J}(\vec{r},t) = -\frac{\partial \rho(\vec{r},t)}{\partial t}\ \left[\frac{\text{A}}{\text{m}^3}\right] = \left[\frac{\text{C/m}^2}{\text{s}}\right]$$

: 전하밀도의 시간에 따른 변화와 공간적 분포를 지배하는 연속방정식

$$\vec{J}(\vec{r},t) = \vec{J}_C(\vec{r},t) + \vec{J}_D(\vec{r},t)\ [\text{A/m}^2]$$

: 전하의 이동 또는 분극에 의한 등가전하량의 시간에 따른 변화에 의한 전류

Section

11.1 시간에 따라 변하는 전자기파의 전파 특성 해석을 위한 전자파 방정식

신호원(signal source; 송신기, 발신기, 송신용 안테나)에 의해 생성된 전자기파($\boldsymbol{E}(\boldsymbol{r},t)$ [V/m], $\boldsymbol{H}(\boldsymbol{r},t)$ [A/m])가 고유한 특성(σ [Ω^{-1}/m], ϵ [F/m], μ [H/m])을 가진 매질을 통해 관측점(수신기, 중계기, 수신용 안테나가 있는 지점: ($\boldsymbol{r}$))으로 전파될 때, 전기장과 자기장은 서로 밀접하게 결합되어 있고 전자기파의 시간적(t [s]) 변화와 공간적($\boldsymbol{r}$ [m]) 분포는 맥스웰 방정식을 통해 해석할 수 있다.

[그림 11−1]에 정전용량 양단에 인가된 정현파 교류 전원 신호에 의해 생성된 정현파 시변 전기장($\boldsymbol{E}(\boldsymbol{r},t)$ [V/m])과 이로 인해 다시 회전성 자기장($\boldsymbol{H}(\boldsymbol{r},t)$ [A/m])이 형성되고, 다시 이로 인해 회전성 전기장이 유기적으로 결합된 형태의 전자기파로 전파되는 개념을 나타내었다. 또한, 끝단에 유도 코일 형태의 안테나를 통해 시변 자기장에 의한 기전력이 신호의 형태로 유도되어 전자파를 수신할 수 있음을 나타내었다.

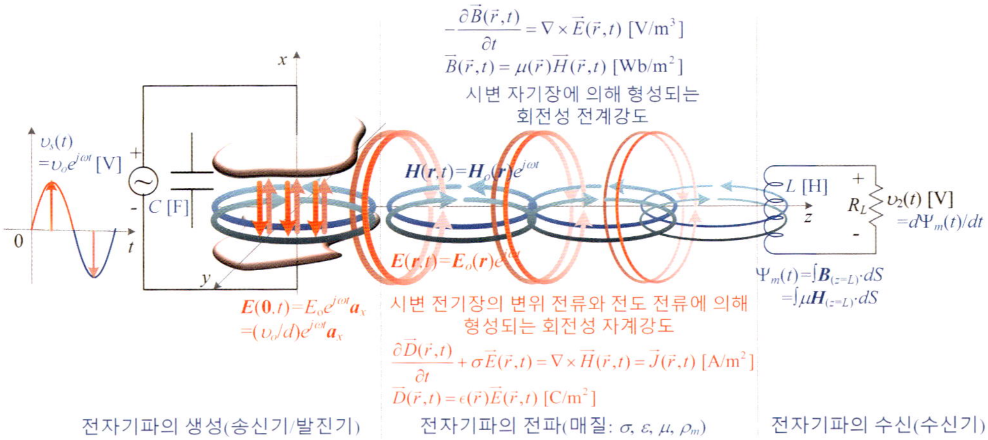

[그림 11−1] 시변 전기장에 의해 자기장이 유도되고, 시변 자기장에 의해 전기장이 유도되어, 시변 전기장과 자기장이 유기적으로 결합된 형태의 전자기파로 전파되는 개념도

매질 내의 유전상수($\epsilon(\boldsymbol{r}) = \epsilon$ [F/m]), 자성계수($\mu(\boldsymbol{r}) = \mu$ [H/m]), 전기전도도($\sigma(\boldsymbol{r}) = \sigma$ [Ω^{-1}/m])가 어느 지점이나 동일한 값을 가지고, 전하 중성($\rho = \rho_+ + \rho_- = 0$ [C/m³]) 상태의 균일한 특성을 가진 매질(균질 또는 등방성 매질: isotropic media)에서 시변 전자기파의 전파 특성을 지배하는 맥스웰 방정식은 다음과 같다.

$$\nabla \times \vec{E}(\vec{r},t) \text{ [V/m}^2] = -\mu\frac{\partial \vec{H}(\vec{r},t)}{\partial t} \leftarrow \vec{B}(\vec{r},t) = \mu\vec{H}(\vec{r},t) \text{ [Wb/m}^2]$$: 시변 자기장에 의한 기전력과 패러데이 법칙

$$\nabla\cdot\vec{E}(\vec{r},t)=\frac{\rho}{\epsilon}=0\ [\text{V/m}^2]\leftarrow\nabla\cdot\vec{D}(\vec{r},t)=\rho=0\ [\text{C/m}^3]\ ;\ \vec{D}(\vec{r},t)=\epsilon\vec{E}(\vec{r},t)\ [\text{C/m}^2]$$

: 포아송 방정식과 가우스 법칙

$$\nabla\times\vec{H}(\vec{r},t)\ [\text{A/m}^2]=\vec{J}(\vec{r},t)$$

: 근원전류와 회전성 자계강도의 관계를 나타내는 암페어의 법칙

$$\vec{J}(\vec{r},t)\ [\text{A/m}^2]=\vec{J}_C(\vec{r},t)+\vec{J}_D(\vec{r},t)\begin{cases}\vec{J}_C(\vec{r},t)\ [\text{A/m}^2]=\sigma\vec{E}(\vec{r},t) & ;\ \sigma=\rho_m\mu\ [\Omega^{-1}/\text{m}]\\ \vec{J}_D(\vec{r},t)\ [\text{A/m}^2]=\epsilon\dfrac{\partial\vec{E}(\vec{r},t)}{\partial t} & ;\ \vec{D}(\vec{r},t)=\epsilon\vec{E}(\vec{r},t)\ [\text{C/m}^2]\end{cases}$$

: 전도전류와 변위전류

$$\nabla\cdot\vec{H}(\vec{r},t)\ [\text{A/m}^2]=0\leftarrow\nabla\cdot\vec{B}(\vec{r},t)=0\ [\text{Wb/m}^3]\ ;\ \vec{B}(\vec{r},t)=\mu\vec{H}(\vec{r},t)\ [\text{Wb/m}^2]$$

: 자기단극자(magnetic monopole)는 존재하지 않음

$$\nabla\cdot\vec{J}(\vec{r},t)\ [\text{A/m}^3]=-\frac{\partial\rho(\vec{r},t)}{\partial t}=0\ [\text{C/(sm}^3)]$$

: 시간에 따른 전하분포의 변화와 공간적 분포를 지배하는 연속방정식

전하중성($\rho=0$ [C/m³]) 조건은 매질 내에 전하가 전혀 존재하지 않는 경우($\rho_+=0$, $\rho_-=0$, $\rho=0$ [C/m³])는 물론, 양의 전하량($\rho_+>0$ [C/m³])과 음의 전하량($\rho_-<0$ [C/m³])이 동일한 크기로 존재하는 경우($\rho=\rho_++\rho_-=0$; $\rho_-=-\rho_+$ [C/m³])도 포함한다. 전자기파(electro-magnetic wave: EMW, 電磁氣波) 또는 전자파(電磁波)가 전파(傳播: propagation)되는 매질은 전하 중성 상태가 대부분이며, 전자기 소자를 만드는 부품의 핵심 소재와 반도체에도 양의 전하량과 음의 전하량이 균형을 이룬 중성전하 상태인 경우를 많이 접하게 된다. 전하 중성인 영역($\rho(\boldsymbol{r},t)=\rho_++\rho_-=0$ [C/m³])의 시변 전자기장(time-dependent electro-magnetic field: EMF)에서는 전기장과 자기장이 상호 밀접하게 연동되어 있으며($\boldsymbol{E}(\boldsymbol{r},t)=\boldsymbol{E}(\boldsymbol{H}(\boldsymbol{r},t))$ [V/m], $\boldsymbol{H}(\boldsymbol{r},t)=\boldsymbol{H}(\boldsymbol{E}(\boldsymbol{r},t))$ [A/m]), 맥스웰 방정식을 이용하여 상호작용과 전파 특성을 이해할 수 있다.

따라서 기본적으로 분리된 4개의 관계식으로 이루어진 맥스웰 방정식을 전자기장 해석에 사용하는 방법은 복잡하다. 이들을 모두 결합한 형태의 파동방정식(electromagnetic wave equation)을 이용하여 전자기파 또는 시변 전자기장의 전파 특성을 이해하는 것이 여러모로 편리하다. 이를 위해 시변 전기장과 시변 자기장이 일정한 주파수로 변하는 정현파(sinusoidal) 형태의 시간의존도를 갖는 것으로 가정한다. 임의의 시변 전기장은 주파수와 진폭이 다른 여러 신호의 선형 조합(중첩의 원리 또는 푸리에 변환: Fourier transform 등을 이용)으로 나타낼 수 있으므로, 각각의 주파수에 대한 전자기 신호의 전파 특성을 분리하여 해석한 후, 최종적으로 중첩의 원리를 이용하여 합하면 되기 때문이다.

시간에 따라 일정한 주파수로 변하는 정현파(sinusoidal 또는 time-harmonic) 형태의 시변 전자기장의 전계강도($\boldsymbol{E}(\boldsymbol{r},t)$ [V/m])와 자계강도($\boldsymbol{H}(\boldsymbol{r},t)$ [A/m])는 각각 다음과 같이 나타낼 수 있다.

$$\vec{E}(\vec{r},t)\ [\text{V/m}]\equiv\vec{E}_o(\vec{r})e^{j\omega t}$$

: 근원전하와 시변 자기장에 의해 형성되어 매질로 전파되는 시정현 전계강도

$$\begin{cases}\vec{E}(\vec{r},t)\Big|_{\substack{\text{by Source Charge}\\ Q_S}}=\int_{\substack{\text{Source}\\ \text{Charge}}}d\vec{E}(\vec{r},t)\longleftrightarrow d\vec{E}(\vec{r},t)=\dfrac{dQ_S}{4\pi\epsilon R^2}\hat{a}_R\ [\text{V/m}]\\ \longleftrightarrow\nabla\times\vec{H}(\vec{r},t)=\vec{J}(\vec{r},t)=\vec{J}_C(\vec{r},t)+\vec{J}_D(\vec{r},t)=\sigma\vec{E}(\vec{r},t)+\dfrac{\partial\vec{D}(\vec{r},t)}{\partial t}\\ \qquad=(\sigma+j\omega\epsilon)\vec{E}(\vec{r},t)\ [\text{A/m}^2]\\ \vec{E}(\vec{r},t)\Big|_{\substack{\text{by Time-varying}\\ \text{H-Field}}}=\dfrac{1}{\sigma+j\omega\epsilon}\nabla\times\vec{H}(\vec{r},t)\ [\text{V/m}]\end{cases}$$

$\overrightarrow{H}(\vec{r},t)$ [A/m] $= \overrightarrow{H}_o(\vec{r})e^{j\omega t}$: 근원전류도선과 시변 전기장에 의해 형성되어 매질로 전파되는 시정현 자계강도

$$\begin{cases} \overrightarrow{H}(\vec{r},t)\Big|_{\substack{\text{by Source Current} \\ I_S}} = \int_{\substack{\text{Source}\\ \text{Current}}} dH(\vec{r},t) = \int_{\substack{\text{Source}\\ \text{Current}}} \dfrac{I_S d\vec{l}_S \times \hat{a}_R}{4\pi R^2} \text{ [A/m]} \\ \quad \longleftrightarrow \nabla \times \overrightarrow{E}(\vec{r},t) \text{ [V/m}^2\text{]} = -\dfrac{\partial \overrightarrow{B}(\vec{r},t)}{\partial t} = -\mu \dfrac{\partial \overrightarrow{H}(\vec{r},t)}{\partial t} = -j\omega\mu \overrightarrow{H}(\vec{r},t) \\ \overrightarrow{H}(\vec{r},t)\Big|_{\substack{\text{by Time-varying} \\ \text{E-Field}}} = -\dfrac{1}{j\omega\mu} \nabla \times \overrightarrow{E}(\vec{r},t) \text{ [A/m]} \end{cases}$$

z-축 방향으로 전파되는 시정현파 형태의 전자기파(전기장과 자기장)를 형상화하여 [그림 11-2]에 나타내었다.

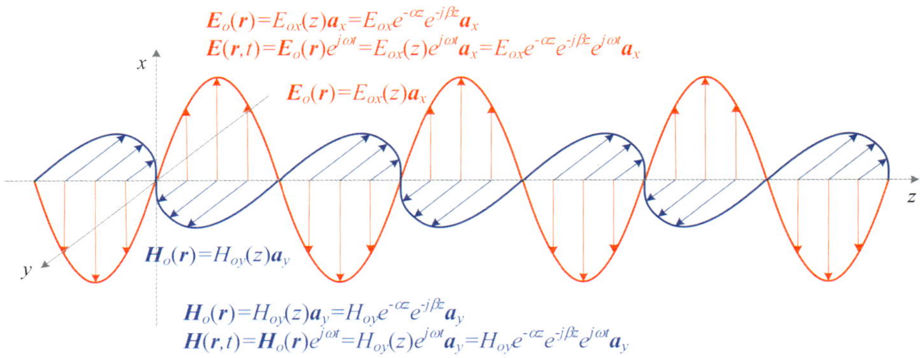

[그림 11-2] z-축 방향으로 전파되는 시변 전자기파의 개념도

시변 전자기파의 전파 특성을 이해하는 과정은 그 경우의 수가 다양하여 실제 소주제 이해 과정에 혼동할 염려가 없지 않다. 체계적 이해 과정을 위해 순서를 요약하면 다음과 같다.

- 맥스웰 방정식으로부터 유도한 공간의존 전파방정식: 전계강도와 자계강도의 일반형과 전파상수(11.2)
- 중성전하 매질에서 z-축과 평행하게 전파되는 시정현 전자기파의 공간의존 전파 특성과 특성 임피던스(11.3)
- 전자기파의 전파 형태(TEM, TE, TM형) 구분과 경계조건(11.4)
- 무손실 중성전하 매질에서 도체 경계면에 입사된 전자기파의 전파 특성
  - 도체 경계면에 수직으로 입사된 전자기파의 전파 특성(11.5)
  - 직교편파(전기장 편파) 또는 평행편파(자기장 편파)되어 경계면에 경사 입사된 전자기파의 전파 특성(11.6)
- 무손실 중성전하 매질 1에서 무손실 매질 2에 입사된 전자기파의 전파 특성(11.7)
  - 경계면에 수직으로 입사된 전자기파의 전파 특성(입사파와 반사파)
  - 직교편파(전기장 편파) 또는 평행편파(자기장 편파)되어 경계면에 경사 입사된 전자기파의 전파 특성

Section

11.2 중성전하 매질에서 시정현 전자기파의 전파방정식

시정현파(time-sinusoidal: $e^{j\omega t}$) 형태로 전하중성 매질을 통해 전파되는 전자기장(근원전하와 근원전류, 그리고 시변 전기장과 자기장에 의해 형성된 $\boldsymbol{E}(\boldsymbol{r},t) = \boldsymbol{E}_o(\boldsymbol{r})e^{j\omega t}$, $\boldsymbol{H}(\boldsymbol{r},t) = \boldsymbol{H}_o(\boldsymbol{r})e^{j\omega t}$)을 지배하는 맥스웰 방정식은 다음과 같이 공간의존 미분방정식의 형태로 변형하여 정리하고, 이를 통해 전자기파의 공간의존 전계강도($\boldsymbol{E}_o(\boldsymbol{r})$ [V/m])와 자계강도($\boldsymbol{H}_o(\boldsymbol{r})$ [A/m])를 구할 수 있다. 필요한 경우, 시간 의존항($e^{j\omega t}$)을 곱해서 시변 전계강도($\boldsymbol{E}(\boldsymbol{r},t)$ [V/m])와 시변 자계강도($\boldsymbol{H}(\boldsymbol{r},t)$ [V/m])도 쉽게 얻을 수 있다.

전하중성($\rho = \rho_+ + \rho_- = 0$ [C/m^3]; charge neutral space) 매질 또는 자유공간(charge free space; $\rho_+ = 0$, $\rho_- = 0$)에서 시정현 전자기장에 대한 맥스웰 방정식은 다음과 같이 공간의존 전계강도와 자계강도에 관한 식으로 정리할 수 있다.

$$\rho(\vec{r},t) = \rho_+(\vec{r},t) + \rho_-(\vec{r},t) = \rho_+(\vec{r},t) - \left|\rho_-(\vec{r},t)\right| = 0\ [\mathrm{C/m^3}]$$
: 중성 전하 공간의 전하밀도

$$\left.\begin{array}{l}\nabla\times\vec{E}(\vec{r},t) = e^{j\omega t}\nabla\times\vec{E}_o(\vec{r})\ [\mathrm{V/m^2}] = -j\omega\mu\vec{H}_o(\vec{r})e^{j\omega t} \\ \rightarrow \boxed{\nabla\times\vec{E}_o(\vec{r}) = -\mu j\omega\vec{H}_o(\vec{r})}\end{array}\right\} \leftarrow \nabla\times\vec{E}(\vec{r},t)\ [\mathrm{V/m^2}] = -\mu\frac{\partial\vec{H}(\vec{r},t)}{\partial t}$$

$$\leftarrow \begin{cases}\vec{E}(\vec{r},t)\ [\mathrm{V/m}] = \vec{E}_o(\vec{r})e^{j\omega t} \\ \vec{H}(\vec{r},t)\ [\mathrm{A/m}] = \vec{H}_o(\vec{r})e^{j\omega t}\end{cases}$$

: 패러데이의 기전력 법칙의 미분형

$$\nabla\cdot\vec{E}(\vec{r},t) = \nabla\cdot\vec{E}_o(\vec{r})e^{j\omega t} = 0\ [\mathrm{V/m^2}] \leftarrow \nabla\cdot\vec{E}(\vec{r},t) = \frac{\rho}{\epsilon} = 0\ [\mathrm{V/m^2}]\ ;\ \rho = 0\ [\mathrm{C/m^3}]$$

$$\rightarrow \boxed{\nabla\cdot\vec{E}_o(\vec{r}) = 0\ [\mathrm{V/m^2}]}$$
: 전하중성 매질 내의 포아송 방정식

$$\left.\begin{array}{l}\nabla\times\vec{H}(\vec{r},t) = \nabla\times\vec{H}_o(\vec{r})e^{j\omega t} = \left(\sigma + j\omega\epsilon\right)\vec{E}_o(\vec{r})e^{j\omega t} \\ \rightarrow \boxed{\nabla\times\vec{H}_o(\vec{r}) = \left(\sigma + j\omega\epsilon\right)\vec{E}_o(\vec{r})}\end{array}\right\}$$

$$\leftarrow \begin{cases}\nabla\times\vec{H}(\vec{r},t)\ [\mathrm{A/m^2}] = \vec{J}(\vec{r},t) \\ \vec{J}(\vec{r},t) = \vec{J}_C(\vec{r},t) + \vec{J}_D(\vec{r},t)\ \begin{cases}\vec{J}_C(\vec{r},t) = \sigma\vec{E}(\vec{r},t) \\ \vec{J}_D(\vec{r},t) = \epsilon\dfrac{\partial\vec{E}(\vec{r},t)}{\partial t}\end{cases}\end{cases}$$

: 근원전류에 의한 회전성 자계강도에 관한 암페어 법칙의 미분형

$$\left.\begin{array}{l}\nabla\cdot\vec{H}(\vec{r},t)\ [\mathrm{A/m^2}] = \nabla\cdot\vec{H}_o(\vec{r})e^{j\omega t} = 0 \\ \rightarrow \boxed{\nabla\cdot\vec{H}_o(\vec{r}) = 0}\end{array}\right\} \leftarrow \nabla\cdot\vec{H}(\vec{r},t)\ [\mathrm{A/m^2}] = 0 \leftarrow \nabla\cdot\vec{B}(\vec{r},t) = 0\ [\mathrm{Wb/m^3}]$$

: 자기장의 근원인 전류도선은 반드시 자기쌍극자 형태인 폐경로를 구성함을 의미함

$$\nabla\cdot\vec{J}(\vec{r},t)\ [\mathrm{A/m^3}] = -\frac{\partial\rho(\vec{r},t)}{\partial t} = 0\ [\mathrm{C/(s\cdot m^3)}]$$
: 전하중성 매질의 연속방정식

따라서 전하중성($\rho = \rho_+ + \rho_- = 0$ [C/m³]) 매질에서 시정현 전자기장($\boldsymbol{E}(\boldsymbol{r},t) = \boldsymbol{E}_o(\boldsymbol{r})e^{j\omega t}$, $\boldsymbol{H}(\boldsymbol{r},t) = \boldsymbol{H}_o(\boldsymbol{r})e^{j\omega t}$)에 대한 공간의존 전기장($\boldsymbol{E}_o(\boldsymbol{r})$)과 자기장($\boldsymbol{H}_o(\boldsymbol{r})$)을 맥스웰 방정식으로 간략화하면 다음과 같이 정리할 수 있다.

$$\rightarrow \boxed{\begin{array}{ll} \nabla \times \vec{E}_o(\vec{r}) = -j\omega\mu \vec{H}_o(\vec{r}) & [\text{V/m}^2] \\ \nabla \cdot \vec{E}_o(\vec{r}) = 0 & [\text{V/m}^2] \\ \nabla \times \vec{H}_o(\vec{r}) = (\sigma + j\omega\epsilon)\vec{E}_o(\vec{r}) & [\text{A/m}^2] \\ \nabla \cdot \vec{H}_o(\vec{r}) = 0 & [\text{A/m}^2] \\ \nabla \cdot \vec{J}(\vec{r}) = 0 & [\text{A/m}^3] \end{array}} \Longleftrightarrow \boxed{\begin{array}{l} \vec{E}_o(\vec{r}) = \left(E_{ox}(\vec{r}), E_{oy}(\vec{r}), E_{oz}(\vec{r})\right) \\ \vec{H}_o(\vec{r}) = \left(H_{ox}(\vec{r}), H_{oy}(\vec{r}), H_{oz}(\vec{r})\right) \end{array}}$$

: 전자기파의 공간의존 전계강도와 자계강도

$$\rightarrow \vec{E}(\vec{r},t)\ [\text{V/m}] \equiv \vec{E}_o(\vec{r})e^{j\omega t} = e^{j\omega t}\left(E_{ox}(\vec{r}), E_{oy}(\vec{r}), E_{oz}(\vec{r})\right)$$
$$= e^{j\omega t}\left(E_{ox}(\vec{r})\hat{a}_x + E_{oy}(\vec{r})\hat{a}_y + E_{oz}(\vec{r})\hat{a}_z\right)$$

: 전하중성($\rho = \rho_+ + \rho_- = 0$ [C/m³]) 매질에서 시정현파 전자기장의 시간의존도를 반영한 전계강도

$$\rightarrow \vec{H}(\vec{r},t)\ [\text{A/m}] = \vec{H}_o(\vec{r})e^{j\omega t} = \left(H_{ox}(\vec{r}), H_{oy}(\vec{r}), H_{oz}(\vec{r})\right)e^{j\omega t}$$
$$= \left(H_{ox}(\vec{r})\hat{a}_x + H_{oy}(\vec{r})\hat{a}_y + H_{oz}(\vec{r})\hat{a}_z\right)e^{j\omega t}$$

: 전하중성($\rho = \rho_+ + \rho_- = 0$ [C/m³]) 매질에서 시정현파 전자기장의 시간의존도를 반영한 자계강도

전하 중성 매질에서 시정현 전자기파의 공간의존 전기장($\boldsymbol{E}_o(\boldsymbol{r})$ [V/m])과 자기장($\boldsymbol{H}_o(\boldsymbol{r})$ [A/m])에 대한 시불변 맥스웰 방정식을 결합하여, 전자기파의 전파 특성을 지배하는 파동방정식(또는 전파방정식: electromagnetic wave equation)을 얻게 된다.

11.2.1 중성전하 공간에서 시정현 전자기파의 전파 특성 해석을 위한 전파방정식

밀접한 상관관계를 가진 시변 전기장과 시변 자기장은 전계강도의 회전량 벡터 관계식($\nabla \times \boldsymbol{E}(\boldsymbol{r},t) = -\partial \boldsymbol{B}(\boldsymbol{r},t)/\partial t$ [V/m²]; 시변 자기장에 의한 기전력 유도에 관한 패러데이 법칙의 미분형)과 자계강도의 회전량 벡터 관계식($\nabla \times \boldsymbol{H}(\boldsymbol{r},t) = \sigma \boldsymbol{E}(\boldsymbol{r},t) + \partial \boldsymbol{D}(\boldsymbol{r},t)/\partial t$ [A/m²]; 전류도선을 위한 회전성 자계강도를 나타내는 암페어 법칙의 미분형)에 각각 회전량 벡터 연산($\nabla \times (\nabla \times \boldsymbol{E}(\boldsymbol{r},t))$, $\nabla \times (\nabla \times \boldsymbol{H}(\boldsymbol{r},t))$)을 작용하여, 4개의 맥스웰 방정식을 모두 만족하는 전파방정식(electromagnetic wave equation)을 얻을 수 있다. 이를 위해서는 먼저 벡터 물리량($\boldsymbol{A}(\boldsymbol{r})$)의 회전량 벡터에 대한 이중 회전량 벡터 연산($\nabla \times (\nabla \times \boldsymbol{A}(\boldsymbol{r}))$)에 대해 정리하는 것이 편리하다.

$$\vec{A}_o(\vec{r}) = \left(A_{ox}(\vec{r}), A_{oy}(\vec{r}), A_{oz}(\vec{r})\right) = A_{ox}(\vec{r})\hat{a}_x + A_{oy}(\vec{r})\hat{a}_y + A_{oz}(\vec{r})\hat{a}_z$$: 임의의 물리량 벡터 $\boldsymbol{A}_o(\boldsymbol{r})$

$$\nabla \cdot \vec{A}_o(\vec{r}) = \frac{\partial A_{ox}(\vec{r})}{\partial x} + \frac{\partial A_{oy}(\vec{r})}{\partial y} + \frac{\partial A_{oz}(\vec{r})}{\partial z}$$: 임의의 물리량 벡터 $\boldsymbol{A}_o(\boldsymbol{r})$의 발산량

$$\nabla\times\vec{A}_o(\vec{r})=\begin{vmatrix}\hat{a}_x & \hat{a}_y & \hat{a}_z\\ \dfrac{\partial}{\partial x} & \dfrac{\partial}{\partial y} & \dfrac{\partial}{\partial z}\\ A_{ox}(\vec{r}) & A_{oy}(\vec{r}) & A_{oz}(\vec{r})\end{vmatrix}$$

$$=\left(\frac{\partial A_{oz}(\vec{r})}{\partial y}-\frac{\partial A_{oy}(\vec{r})}{\partial z}\right)\hat{a}_x+\left(\frac{\partial A_{ox}(\vec{r})}{\partial z}-\frac{\partial A_{oz}(\vec{r})}{\partial x}\right)\hat{a}_y+\left(\frac{\partial A_{oy}(\vec{r})}{\partial x}-\frac{\partial A_{ox}(\vec{r})}{\partial y}\right)\hat{a}_z$$

: 임의의 물리량 벡터 $\boldsymbol{A}_o(\boldsymbol{r})$의 회전량 벡터

$$\leftarrow\nabla\times\left(\nabla\times\vec{A}(\vec{r})\right)=\nabla\left(\nabla\cdot\vec{A}(\vec{r})\right)-\nabla^2\vec{A}(\vec{r})\longleftrightarrow\nabla^2\vec{A}(\vec{r})=\nabla\left(\nabla\cdot\vec{A}(\vec{r})\right)-\nabla\times\left(\nabla\times\vec{A}(\vec{r})\right)$$

$$\nabla^2\vec{A}(\vec{r})=\nabla^2A_x(\vec{r})\hat{a}_x+\nabla^2A_y(\vec{r})\hat{a}_y+\nabla^2A_z(\vec{r})\hat{a}_z$$

: 벡터 라플라스 연산자(vector Laplacian)

$$=\left(\frac{\partial^2A_x(\vec{r})}{\partial x^2}+\frac{\partial^2A_x(\vec{r})}{\partial y^2}+\frac{\partial^2A_x(\vec{r})}{\partial z^2}\right)\hat{a}_x+\left(\frac{\partial^2A_y(\vec{r})}{\partial x^2}+\frac{\partial^2A_y(\vec{r})}{\partial y^2}+\frac{\partial^2A_y(\vec{r})}{\partial z^2}\right)\hat{a}_y+\left(\frac{\partial^2A_z(\vec{r})}{\partial x^2}+\frac{\partial^2A_z(\vec{r})}{\partial y^2}+\frac{\partial^2A_z(\vec{r})}{\partial z^2}\right)\hat{a}_z$$

[참고] $\nabla^2V(\vec{r})=\nabla\cdot\left(\nabla V(\vec{r})\right)=\dfrac{\partial^2V(\vec{r})}{\partial x^2}+\dfrac{\partial^2V(\vec{r})}{\partial y^2}+\dfrac{\partial^2V(\vec{r})}{\partial z^2}$: 스칼라 물리량에 대해 라플라스 연산자를 적용한 결과는 스칼라

공간의존도만 분리한 전계강도($\boldsymbol{E}_o(\boldsymbol{r})$ [V/m])와 자계강도($\boldsymbol{H}_o(\boldsymbol{r})$ [A/m])에 대한 맥스웰 방정식의 양변에 회전량 벡터 연산자(∇×: curl operator)를 적용하면 다음과 같이 전기장과 자기장에 대한 전파방정식을 얻는다. 이 식은 시변 전기장과 시변 자기장이 만족해야 할 조건을 모두 포함하는 결과가 된다.

- **전하중성 매질에서 시정현 전기장의 전계강도($\boldsymbol{E}_o(\boldsymbol{r})$ [V/m])를 지배하는 전파방정식**

$$\left.\begin{aligned}\nabla\times\left(\nabla\times\vec{E}_o(\vec{r})\right)&=\nabla\left(\nabla\cdot\vec{E}_o(\vec{r})\right)-\nabla^2\vec{E}_o(\vec{r})=-\nabla^2\vec{E}_o(\vec{r})\\&=\nabla\times\left(-j\omega\mu\vec{H}_o(\vec{r})\right)=-j\omega\mu\left(\nabla\times\vec{H}_o(\vec{r})\right)=-j\omega\mu\left(\sigma+j\omega\epsilon\right)\vec{E}_o(\vec{r})\end{aligned}\right\}$$

$$\leftarrow\begin{cases}\nabla\times\vec{E}_o(\vec{r})=-j\omega\mu\vec{H}_o(\vec{r}) & [\mathrm{V/m^2}]\\ \nabla\cdot\vec{E}_o(\vec{r})=0 & [\mathrm{V/m^2}]\\ \nabla\times\vec{H}_o(\vec{r})=\left(\sigma+j\omega\epsilon\right)\vec{E}_o(\vec{r}) & [\mathrm{A/m^2}]\end{cases}\rightarrow\begin{cases}\vec{E}(\vec{r},t)\ [\mathrm{V/m}]=\vec{E}_o(\vec{r})e^{j\omega t}\\ \vec{H}(\vec{r},t)\ [\mathrm{A/m}]=\vec{H}_o(\vec{r})e^{j\omega t}\end{cases}$$

$$\rightarrow\boxed{\nabla^2\vec{E}_o(\vec{r})-j\omega\mu\left(\sigma+j\omega\epsilon\right)\vec{E}_o(\vec{r})=0\ [\mathrm{V/m^3}]}$$

: 전하 중성 매질에서 시정현 전기장에 대한 전파/파동 방정식

- **전하중성 매질에서 시정현 자기장의 자계강도($\boldsymbol{H}_o(\boldsymbol{r})$ [A/m])를 지배하는 전파/파동 방정식**

$$\left.\begin{aligned}\nabla\times\left(\nabla\times\vec{H}_o(\vec{r})\right)&=\nabla\left(\nabla\cdot\vec{H}_o(\vec{r})\right)-\nabla^2\vec{H}_o(\vec{r})=-\nabla^2\vec{H}_o(\vec{r})\\&=\nabla\times\left(\left(\sigma+j\omega\epsilon\right)\vec{E}_o(\vec{r})\right)=\left(\sigma+j\omega\epsilon\right)\left(\nabla\times\vec{E}_o(\vec{r})\right)=-j\omega\mu\left(\sigma+j\omega\epsilon\right)\vec{H}_o(\vec{r})\end{aligned}\right\}$$

$$\leftarrow\begin{cases}\nabla\times\vec{H}_o(\vec{r})=\left(\sigma+j\omega\epsilon\right)\vec{E}_o(\vec{r}) & [\mathrm{A/m^2}]\\ \nabla\cdot\vec{H}_o(\vec{r})=0 & [\mathrm{A/m^2}]\\ \nabla\times\vec{E}_o(\vec{r})=-\mu j\omega\vec{H}_o(\vec{r}) & [\mathrm{V/m^2}]\end{cases}\rightarrow\begin{cases}\vec{E}(\vec{r},t)\ [\mathrm{V/m}]=\vec{E}_o(\vec{r})e^{j\omega t}\\ \vec{H}(\vec{r},t)\ [\mathrm{A/m}]=\vec{H}_o(\vec{r})e^{j\omega t}\end{cases}$$

$$\rightarrow \boxed{\nabla^2 \vec{H}_o(\vec{r}) - j\omega\mu\left(\sigma + j\omega\epsilon\right)\vec{H}_o(\vec{r}) = 0 \text{ [A/m}^3\text{]}}$$

: 전하중성 매질에서 시정현 자기장에 대한 시불변 전파/파동 방정식

전하 중성 매질에서 시정현 전기장과 자기장의 공간에 대한 변화/전파를 지배하는 전파/파동 방정식은 오직 매질의 고유한 특성(전기전도도 σ [Ω^{-1}/m], 유전상수 ϵ [F/m], 자성계수 μ [H/m])과 전자기파의 주파수($\omega = 2\pi f$ [rad/s]: 시간에 따른 변화)에 의해서 결정되는 전파상수($\gamma = \alpha + j\beta$ [1/m]: 복소수)를 이용하여 변형된 형태로 나타낼 수 있다.

$$\nabla^2 \vec{E}_o(\vec{r}) - j\omega\mu\left(\sigma + j\omega\epsilon\right)\vec{E}_o(\vec{r}) = \nabla^2 \vec{E}_o(\vec{r}) - \gamma^2 \vec{E}_o(\vec{r}) = 0 \text{ [V/m}^3\text{]}$$

: 중성 매질에서 전기장에 대한 전파/파동 방정식

$$\nabla^2 \vec{H}_o(\vec{r}) - j\omega\mu\left(\sigma + j\omega\epsilon\right)\vec{H}_o(\vec{r}) = \nabla^2 \vec{H}_o(\vec{r}) - \gamma^2 \vec{H}_o(\vec{r}) = 0 \text{ [A/m}^3\text{]}$$

: 중성 매질에서 자기장에 대한 전파/파동 방정식

$\gamma \text{ [1/m]} \equiv \sqrt{j\omega\mu\left(\sigma + j\omega\epsilon\right)} \left(\equiv \alpha + j\beta\right)$: 매질의 특성(σ, ϵ, μ)과 전자기파의 주파수(ω [rad/s])에 의해서 결정되는 (스칼라) 전파상수

$\hat{a}_p$: 전자기파가 전파되는 방향을 나타내는 단위벡터

$\vec{k} \equiv \gamma \hat{a}_p$ [1/m] : 스칼라 전파상수(γ)와 전파방향($\boldsymbol{a}_p$)을 모두 포함하는 벡터 전파상수

$$\sigma \text{ [}\Omega^{-1}\text{/m]} = \rho_{m+}\mu_{m+} + \left|\rho_{m-}\right|\mu_{m-}$$

: 매질의 이동전하 농도(ρ_m [C/m^3])와 이동도(μ_m [(m/s)/(V/m)])에 의해 결정되는 전기전도도

$$\epsilon \text{ [F/m]} = \epsilon_r\epsilon_o;\ \mu_r = 1 + \chi_e;\ \chi_e \propto \begin{cases} p = Qd \text{ [C}\cdot\text{m]} \\ n_{edp} \text{ [1/m}^3\text{]} \end{cases}$$

: 매질 내의 전하쌍극자 종류와 농도에 의해 결정되는 유전상수

$$\mu \text{ [H/m]} = \mu_r\mu_o\ ;\mu_r = 1 + \chi_m\ ;\chi_m \propto \begin{cases} m = IS \text{ [A}\cdot\text{m}^2\text{]} \\ n_{mdp} \text{ [1/m}^3\text{]} \end{cases}$$

: 매질 내의 자기쌍극자 종류와 농도에 의해 결정되는 자성계수

전하중성 매질에서 시정현 전자기파의 전파 특성은 매질의 특성 지표(σ [Ω^{-1}/m], 유전상수 ϵ [F/m], 자성계수 μ [H/m])와 전자기파의 주파수($\omega = 2\pi f$ [rad/s])에 의해 결정되는 전파상수($\gamma = \alpha + j\beta$ [1/m]: 복소수)에 담겨있다. 또한 전파상수를 알면 전자기파의 시간에 따른 전파 특성과 위치에 따른 전파 형태를 알 수 있음을 뜻한다. 즉, 전파상수를 이용하여 전하중성 매질에서 시정현 전자기파의 전파 특성을 이해하고, 매질의 전자기적 특성을 해석하고 응용하는 데 편리하게 활용할 수 있음을 의미한다. 또한, 전파상수에 이동 방향 벡터를 반영하면 벡터 전파상수($\boldsymbol{k} \equiv r\boldsymbol{a}_p$ [1/m])가 된다.

따라서 전하중성($\rho = 0$ [C/m^3]) 매질에서 시변 전자기파에 대한 파동방정식을 이용하여 다음과 같이 공간의존도만 포함하는 전계강도($\boldsymbol{E}_o(\boldsymbol{r})$ [V/m])와 자계강도($\boldsymbol{H}_o(\boldsymbol{r})$ [A/m])의 일반 형태를 구할 수 있다.

$\nabla^2 \vec{E}_o(\vec{r}) - \gamma^2 \vec{E}_o(\vec{r}) = 0 \text{ [V/m}^3\text{]}$: 중성 매질에서 전파되는 전계강도에 대한 전파/파동방정식

$$\vec{E}_o(\vec{r}) \text{ [V/m]} = \vec{E}_{o+}e^{-\gamma\hat{a}_p\cdot\vec{r}} + \vec{E}_{o-}e^{+\gamma\hat{a}_p\cdot\vec{r}}\ \vec{E}_{o+}e^{-\vec{k}\cdot\vec{r}} + \vec{E}_{o-}e^{+\vec{k}\cdot\vec{r}}$$

: 중성 매질에서 전파되는 전자기파의 전계강도 변화

$$\vec{E}_+(\vec{r})\ [\text{V/m}] \equiv \vec{E}_{o+}e^{-\gamma\hat{a}_p\cdot\vec{r}} = \vec{E}_{o+}e^{-\vec{k}\cdot\vec{r}}$$

: $\boldsymbol{r} = \mathbf{0}$에서 $\boldsymbol{E}_{o+}$ [V/m]의 크기와 방향을 가지고 $+\boldsymbol{a}_p$의 방향으로 진행

$$\vec{E}_-(\vec{r})\ [\text{V/m}] \equiv \vec{E}_{o-}e^{-\gamma(-\hat{a}_p)\cdot\vec{r}} = \vec{E}_{o-}e^{+\gamma\hat{a}_p\cdot\vec{r}}$$

: $\boldsymbol{r} = \mathbf{0}$에서 $\boldsymbol{E}_{o-}$[V/m]의 크기와 방향을 가지고 $-\boldsymbol{a}_p$의 방향으로 진행

$\hat{a}_p$: 전자기파가 전파되는 방향을 나타내는 단위벡터

$\vec{k} \equiv \gamma\hat{a}_p$ [1/m] : 스칼라 전파상수(γ)와 전파방향($\boldsymbol{a}_p$)을 모두 포함하는 벡터 전파상수

$$\nabla^2\overrightarrow{H}_o(\vec{r}) - \gamma^2\overrightarrow{H}_o(\vec{r}) = 0\ [\text{A/m}^3]$$

: 중성 매질에서 전파되는 자계강도에 대한 전파방정식

$$\overrightarrow{H}_o(\vec{r})\ [\text{A/m}] = \overrightarrow{H}_{o+}e^{-\gamma\hat{a}_p\cdot\vec{r}} + \overrightarrow{H}_{o-}e^{+\gamma\hat{a}_p\cdot\vec{r}} = \overrightarrow{H}_{o+}e^{-\vec{k}\cdot\vec{r}} + \overrightarrow{H}_{o-}e^{+\vec{k}\cdot\vec{r}}$$

: 중성 매질에서 전파되는 전자기파의 자계강도 변화

$$\overrightarrow{H}_+(\vec{r})\ [\text{A/m}] \equiv \overrightarrow{H}_{o+}e^{-\gamma\hat{a}_p\cdot\vec{r}} = \overrightarrow{H}_{o+}e^{-\vec{k}\cdot\vec{r}}$$

: $\boldsymbol{r} = \mathbf{0}$에서 $\boldsymbol{H}_{o+}$ [A/m]의 크기와 방향을 가지고 $+\boldsymbol{a}_p$의 방향으로 진행

$$\overrightarrow{H}_-(\vec{r})\ [\text{A/m}] \equiv \overrightarrow{H}_{o-}e^{-\gamma(-\hat{a}_p)\cdot\vec{r}} = \overrightarrow{H}_{o-}e^{+\gamma\hat{a}_p\cdot\vec{r}} = \overrightarrow{H}_{o-}e^{\vec{k}\cdot\vec{r}}$$

: $\boldsymbol{r} = \mathbf{0}$에서 $\boldsymbol{H}_{o-}$ [A/m]의 크기와 방향을 가지고 $-\boldsymbol{a}_p$의 방향으로 진행

z-축의 양의 방향($+\boldsymbol{a}_p = +\boldsymbol{a}_z$)으로 전파되는 시정현 전자기파에 대해 특정 시점의 전계강도($\boldsymbol{E}(\boldsymbol{r})$ [V/m])와 자계강도($\boldsymbol{H}(\boldsymbol{r})$ [A/m])의 공간분포를 [그림 11–3]에 나타내었다.

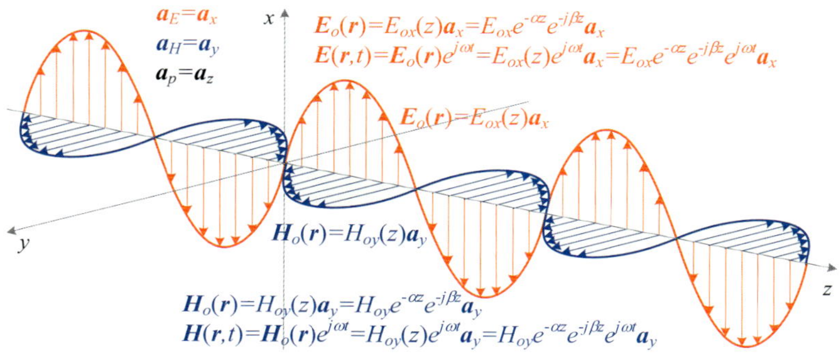

[그림 11–3] 공간의존도만 반영한 $+\boldsymbol{a}_p = +\boldsymbol{a}_z$ 방향으로 진행하는 전계강도($\boldsymbol{E}(\boldsymbol{r}, t)$ [V/m])와 자계강도($\boldsymbol{H}(\boldsymbol{r}, t)$ [A/m])

따라서 전하중성 매질에서 시정현 전자기파의 시간과 공간의존도를 모두 포함하는 전계강도($\boldsymbol{E}(\boldsymbol{r},t)$ [V/m])와 자계강도($\boldsymbol{H}(\boldsymbol{r},t)$ [A/m])의 일반 형태는 입사된 방향으로 전파되는 입자파(입사파 진행 방향 단위벡터: $\boldsymbol{a}_{pi}$, 입사파 전계강도와 자계강도: $\boldsymbol{E}_i(\boldsymbol{r},t)$, $\boldsymbol{H}_i(\boldsymbol{r},t)$)와 그와 반대방향으로 전파되는 반사파(반사파 진행 방향 단위벡터: $\boldsymbol{a}_{pr}$, 반사파 전계강도와 자계강도: $\boldsymbol{E}_r(\boldsymbol{r},t)$, $\boldsymbol{H}_r(\boldsymbol{r},t)$)의 합으로 나타낼 수 있다.

$$\vec{E}(\vec{r},t)\ [\text{V/m}] = \vec{E}_i(\vec{r},t) + \vec{E}_r(\vec{r},t) = \vec{E}_o(\vec{r})e^{j\omega t} = \left(\vec{E}_{oi}e^{-\gamma\hat{a}_p\cdot\vec{r}} + \vec{E}_{or}e^{+\gamma\hat{a}_p\cdot\vec{r}}\right)e^{j\omega t}$$
$$= \left(\vec{E}_{oi}e^{-\vec{k}\cdot\vec{r}} + \vec{E}_{or}e^{+\vec{k}\cdot\vec{r}}\right)e^{j\omega t} = \left(E_{oi}e^{-\vec{k}\cdot\vec{r}} + E_{or}e^{+\vec{k}\cdot\vec{r}}\right)e^{j\omega t}\hat{a}_E$$

: 정현파 시간 의존도를 반영한 전계강도의 시간에 따른 공간적 분포

$$\vec{H}(\vec{r},t)\ [\text{A/m}] = \vec{H}_i(\vec{r},t) + \vec{H}_r(\vec{r},t) = \vec{H}_o(\vec{r})e^{j\omega t} = \left(\vec{H}_{oi}e^{-\gamma\hat{a}_p\cdot\vec{r}} + \vec{H}_{or}e^{+\gamma\hat{a}_p\cdot\vec{r}}\right)e^{j\omega t}$$

$$= \left(\vec{H}_{oi}e^{-\vec{k}\cdot\vec{r}} + \vec{H}_{or}e^{+\vec{k}\cdot\vec{r}}\right)e^{j\omega t} = \left(H_{oi}e^{-\vec{k}\cdot\vec{r}} + H_{or}e^{+\vec{k}\cdot\vec{r}}\right)e^{j\omega t}\hat{a}_H$$

: 정현파 시간 의존도를 반영한 자계강도의 시간에 따른 공간적 분포

이 결과는 전하중성 매질을 통해 전파되는 시정현 전자기파의 전계강도와 자계강도에 관한 가장 일반적인 형태이다.

11.2.2 전자기파의 시간에 따른 변화와 공간적 분포를 지배하는 전파상수

시변 전자기파의 시간에 따른 변화와 공간적 분포를 지배하는 전파상수(복소수: ($\gamma = \alpha + j\beta$ [1/m])는 전자기파가 매질을 통해 전파하는 동안 다음과 같이 구성되어 있다.

- 전계강도와 자계강도의 감쇄 정도를 결정하는 실수항의 감쇄상수(α [Np/m]: attenuation constant)
- 전파 속도(υ [m/s])와 위상(ϕ [rad]) 변화를 결정하는 허수항의 위상상수(β [rad/m]: phase constant)

전파방정식의 전파상수에 대한 정의로부터 매질의 고유 특성 지표(전기전도도, 유전상수, 자성계수)와 신호 주파수에 의해 결정되는 감쇄상수(α [Np/m]), 위상상수(β [rad/m]), 스칼라 전파상수(γ [1/m]), 그리고 벡터 전파상수($\boldsymbol{k}$ [1/m])는 다음과 같이 구할 수 있다.

$$\left\{\begin{array}{l}\gamma^2 = j\omega\mu(\sigma + j\omega\epsilon) \\ \gamma\ [1/\text{m}] \equiv \sqrt{j\omega\mu(\sigma + j\omega\epsilon)} \equiv \alpha + j\beta\end{array}\right\}$$

$$\to \gamma^2 = j\omega\mu(\sigma + j\omega\epsilon) = \left(-\omega^2\mu\epsilon\right) + j\omega\mu\sigma \longleftrightarrow \gamma^2 = (\alpha + j\beta)^2 = \left(\alpha^2 - \beta^2\right) + j2\alpha\beta$$

$$\to \left\{\begin{array}{l}\alpha^2 - \beta^2 = -\omega^2\mu\epsilon \\ 2\alpha\beta = \omega\mu\sigma\end{array}\right. \ \&\ \alpha^2 = \frac{-\omega^2\mu\epsilon + \sqrt{\left(\omega^2\mu\epsilon\right)^2 + (\omega\mu\sigma)^2}}{2} = \frac{\omega^2\mu\epsilon}{2}\left(\sqrt{1 + \left(\frac{\sigma}{\omega\epsilon}\right)^2} - 1\right)$$

$$\alpha\ [\text{Np/m}] \equiv \omega\sqrt{\frac{\mu\epsilon}{2}\left(\sqrt{1 + \left(\frac{\sigma}{\omega\epsilon}\right)^2} - 1\right)}$$

: 매질의 고유 특성(σ [Ω^{-1}/m], ϵ [F/m], μ [H/m])에 의해 결정되는 감쇄상수(실수)

$$\beta\ [\text{rad/m}] = \frac{2\pi}{\lambda} \equiv \omega\sqrt{\frac{\mu\epsilon}{2}\left(\sqrt{1 + \left(\frac{\sigma}{\omega\epsilon}\right)^2} + 1\right)}$$

: 매질의 고유 특성(σ [Ω^{-1}/m], ϵ [F/m], μ [H/m])에 의해 결정되는 위상상수(실수)

$\gamma\ [1/\text{m}] \equiv \sqrt{j\omega\mu(\sigma + j\omega\epsilon)} \equiv \alpha + j\beta$: 매질의 고유 특성(σ [Ω^{-1}/m], ϵ [F/m], μ [H/m])에 의해 결정되는 전파상수

$\vec{k}\ [1/\text{m}] = \gamma\hat{a}_p = (\alpha + j\beta)\hat{a}_p$: 매질의 특성과 신호의 주파수에 의해 결정되는 벡터 전파상수

$\hat{a}_p$: 전자기파의 전파방향을 나타내는 단위벡터

감쇄상수와 위상상수로 이루어진 전파상수를 이해하기 위해, z-축의 양의 방향으로 전파($\boldsymbol{a}_p = +\boldsymbol{a}_z$)되는 전자기파의 전계강도와 자계강도의 전파 위치(z [m])에 따른 진폭과 위상으로 구분하여 나타내면 각각 다음과 같다.

$$\vec{E}_+(\vec{r},t)\ [\text{V/m}] = \vec{E}_{o+}e^{-\gamma\hat{a}_p\cdot\vec{r}}e^{j\omega t}\Big|_{\hat{a}_p=\hat{a}_z} = \vec{E}_{o+}e^{-(\alpha+j\beta)\hat{a}_z\cdot\vec{r}}e^{j\omega t} = \vec{E}_{o+}e^{-\alpha z-j\beta z}e^{j\omega t}$$

$$= \left(\vec{E}_{o+}e^{-\alpha z}\right)e^{j(\omega t-\beta z)} = \left(E_{o+}e^{-\alpha z}\right)e^{j(\omega t-\beta z)}\hat{a}_E \qquad ;\hat{a}_E \equiv \frac{\vec{E}_+(\vec{r},t)}{E_+(\vec{r},t)}$$

$$\begin{cases}\left|\vec{E}_+(\vec{r},t)\right|\ [\text{V/m}] = E_{o+}e^{-\alpha z} \\ \phi\ [\text{rad}] = (\omega t - \beta z)\end{cases}$$: 전파가 진행되는 z-축의 위치에 따른 전계강도의 진폭과 위상의 변화

$$\vec{H}_+(\vec{r},t)\ [\text{A/m}] = \vec{H}_{o+}e^{-\gamma\hat{a}_p\cdot\vec{r}}e^{j\omega t}\Big|_{\hat{a}_p=\hat{a}_z} = \vec{H}_{o+}e^{-(\alpha+j\beta)\hat{a}_z\cdot\vec{r}}e^{j\omega t} = \vec{H}_{o+}e^{-\alpha z-j\beta z}e^{j\omega t}$$

$$= \left(\vec{H}_{o+}e^{-\alpha z}\right)e^{j(\omega t-\beta z)} = \left(H_{o+}e^{-\alpha z}\right)e^{j(\omega t-\beta z)}\hat{a}_H \qquad ;\hat{a}_H \equiv \frac{\vec{H}_+(\vec{r},t)}{H_+(\vec{r},t)}$$

$$\begin{cases}\left|\vec{H}_+(\vec{r},t)\right|\ [\text{A/m}] = H_{o+}e^{-\alpha z} \\ \phi\ [\text{rad}] = (\omega t - \beta z)\end{cases}$$: 전파가 진행되는 z-축의 위치에 따른 자계강도의 진폭과 위상의 변화

즉, 전파방향에 따른 전계강도와 자계강도의 크기(진폭) 변화는 감쇄상수(α [Np/m])에 의해 결정되고, 전파방향에 따른 전계강도와 자계강도의 위상 변화는 위상상수(β [rad/m])에 의해 결정됨을 알 수 있다. 감쇄상수가 클수록 z-축의 좌표가 증가함에 따라 전계강도와 자계강도가 지수함수 의존도를 가지고 급격하게 감쇄됨을 뜻하며, 위상상수가 클수록 z-축의 좌표가 증가함에 따라 전계강도와 자계강도의 위상변화가 급격함을 뜻한다.

또한, 전파상수의 실수항인 감쇄상수(α [Np/m])는 전계에 의한 이동전하의 드리프트로 인한 전도성 전류($\boldsymbol{J}_C$ [A/m^2])와 매질 내의 전하쌍극자들의 시간에 따른 분극 방향의 변화(매질의 등가전하밀도의 변화: $\partial\boldsymbol{D}(\boldsymbol{r},t)/\partial t$)에 의한 변위성 전류($\boldsymbol{J}_D$ [A/m^2])를 설명한 매질의 손실각($\tan\theta$)과 밀접한 관련이 있다. 참고로 전하중성 매질에는 양의 이동전하와 음의 이동전하가 동일한 농도로 존재할 수도 있어서 전도전류도 존재할 수 있으며, 전하중성인 전하쌍극자들의 분극에 의한 변위전류도 존재할 수 있다.

$$\tan\theta \equiv \left|\frac{\vec{J}_C}{\vec{J}_D}\right| = \left|\frac{\sigma\vec{E}}{\partial\vec{D}/\partial t}\right| = \left|\frac{\sigma\vec{E}}{j\omega\epsilon\vec{E}}\right| = \frac{\sigma}{\omega\epsilon}$$: 매질의 특성과 전자기파의 주파수에 의해 결정되는 손실 탄젠트

$$\theta\ [\text{rad}] = \tan^{-1}\left(\frac{\sigma}{\omega\epsilon}\right) \quad \left(0 \le \theta \le \frac{\pi}{2}\right)$$: 매질의 특성과 전자기파의 주파수에 의해 결정되는 손실각

특히, 절연성 매질($\sigma = 0$ [Ω^{-1}/m])에서의 손실각(θ [rad])과 전파상수(γ [1/m])는 각각 다음과 같다.

$$\theta = \tan^{-1}(\sigma/\omega\epsilon) = 0\ [\text{rad}] \quad (J_C = 0\ [\text{A/m}^2])$$: 완전 유전체(무손실)에서의 손실각(변위전류만 존재함)

$$\left.\begin{aligned}\alpha\ [\text{Np/m}] &= 0 \\ \beta\ [\text{rad/m}] &= \omega\sqrt{\mu\epsilon}\end{aligned}\right\} \rightarrow \gamma\ [1/\text{m}] = \alpha + j\beta = j\omega\sqrt{\mu\epsilon}$$: 완전 유전체(무손실)에서의 전파상수

$$\rightarrow \begin{cases}\left|\vec{E}_+(\vec{r},t)\right|_{\alpha=0}\ [\text{V/m}] = E_{o+} = \text{constant} \\ \phi\ [\text{rad}] = (\omega t - \beta z)\end{cases} \ \& \ \begin{cases}\left|\vec{H}_+(\vec{r},t)\right|_{\alpha=0}\ [\text{A/m}] = H_{o+} = \text{constant} \\ \phi\ [\text{rad}] = (\omega t - \beta z)\end{cases}$$

$$\phi_o\ [\text{rad}] = (\omega t - \beta z_o) \longleftrightarrow z_o(t)\ [\text{rad}] = \frac{\phi_o}{\beta} + \frac{\omega}{\beta}t$$: 특정한 위상을 가진 지점의 시간적 위치 변화

$$\upsilon\ [\text{m/s}] = \frac{\partial z_o(t)}{\partial t} = \frac{\omega}{\beta} = \frac{\omega}{\omega\sqrt{\mu\epsilon}} = \frac{1}{\sqrt{\mu\epsilon}} = \frac{1}{\sqrt{\mu_o\epsilon_o}}\frac{1}{\sqrt{\mu_r\epsilon_r}}$$: 주파수에 무관한 전파속도

즉, 절연성 매질($\sigma = 0\ [\Omega^{-1}/\text{m}]$)에서는 전자기파 신호의 주파수에 관계없이 전계강도와 자계강도가 감쇄없이 전파된다. 또한 전파속도도 주파수에 관계없이 모두 동일하며, 신호의 왜곡없이 전파됨을 뜻한다.

전기전도도가 높은 매질($\sigma >> \omega\epsilon$)에서의 손실각(θ [rad])과 전파상수(γ [1/m])는 각각 다음과 같다.

$$\theta = \tan^{-1}\left(\sigma/\omega\epsilon\right) = \frac{\pi}{2}\ [\text{rad}]\ (J_C >> J_D\ [\text{A/m}^2])$$: 전도성이 우수한 도체에서의 손실각

$$\left.\begin{aligned}\alpha\ [\text{Np/m}] &= \sqrt{\omega\mu\sigma}\\ \beta\ [\text{rad/m}] &= \sqrt{\omega\mu\sigma}\end{aligned}\right\} \rightarrow \gamma\ [1/\text{m}] = \alpha + j\beta = \sqrt{\omega\mu\sigma} + j\sqrt{\omega\mu\sigma}$$: 전도성이 우수한 도체에서의 전파상수

$$\rightarrow \begin{cases}\left|\vec{E}_+(\vec{r},t)\right|_{\alpha=0}\ [\text{V/m}] = E_{o+}e^{-\alpha z} \cong 0\\ \phi\ [\text{rad}] = \left(\omega t - \beta z\right)\end{cases} \& \begin{cases}\left|\vec{H}_+(\vec{r},t)\right|_{\alpha=0}\ [\text{A/m}] = H_{o+}e^{-\alpha z} \cong 0\\ \phi\ [\text{rad}] = \left(\omega t - \beta z\right)\end{cases}$$

$$\phi_o\ [\text{rad}] = \left(\omega t - \beta z_o\right) \longleftrightarrow z_o(t)\ [\text{rad}] = \frac{\phi_o}{\beta} + \frac{\omega}{\beta}t$$

: 특정한 위상(ϕ_o [rad])을 가진 지점의 시간적 위치($z_o(t)$ [m]) 변화

$$\upsilon\ [\text{m/s}] = \frac{\partial z_o(t)}{\partial t} = \frac{\omega}{\beta} = \frac{\omega}{\sqrt{\omega\mu\sigma}} = \sqrt{\frac{\omega}{\mu\sigma}}$$: 주파수에 따라 다른 전파속도

즉, 전기전도도가 높은 매질($\sigma >> \omega\epsilon\ [\Omega^{-1}/\text{m}]$)에서는 전자기파가 진행됨에 따라 전계강도와 자계강도가 급격히 감소한다. 따라서 도체 내부에는 전기장과 자기장이 존재하지 않음을 뜻하며, 위상 변화도 급격하게 이루어짐을 뜻한다. 또한 전자기파 신호의 주파수에 따라 매질 내의 전파속도도 다름을 뜻한다. 이로 인해 주파수가 다른 신호와 중첩된 경우 전파 과정에서 신호의 왜곡이 발생함을 뜻한다. 매질의 고유 특성지표와 주파수에 의해 결정되는 감쇄상수의 변화를 [그림 11-4]에 요약하였다.

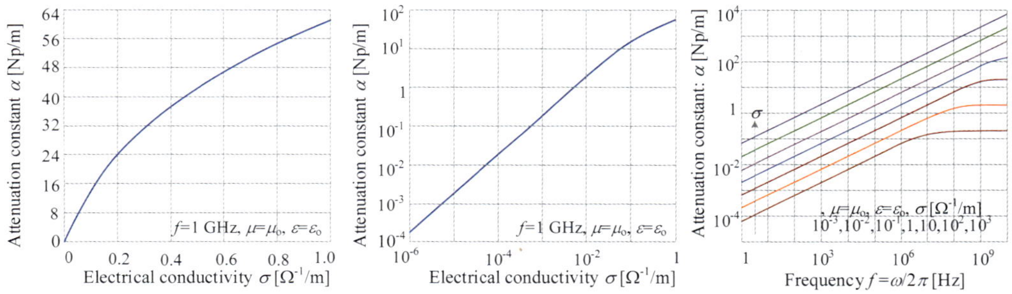

[그림 11-4] 매질의 고유 특성지표와 주파수에 의해 결정되는 감쇄상수의 변화

Section

11.3 중성전하 공간에서 z-축과 평행하게 전파 ($\boldsymbol{a}_p$=$\boldsymbol{a}_z$)되는 시정현 전자기파의 전파 특성

전하중성 매질에서 z-축과 평행하게 전파($\boldsymbol{a}_p = \boldsymbol{a}_z$)되는 시정현 전자기파의 전계강도($\boldsymbol{E}(\boldsymbol{r},t)$)와 자계강도($\boldsymbol{H}(\boldsymbol{r},t)$)는 스칼라 전파상수($\gamma$ [1/m])와 전파방향 단위벡터($\boldsymbol{a}_p$)를 반영하는 벡터 전파상수($\boldsymbol{k} = \gamma\boldsymbol{a}_p$ [1/m])를 사용하여 편리하게 나타낼 수 있다. 만약 전파방향이 실제로는 z-축이 아닌 경우에도 좌표 변환을 통해 전파방향이 새로운 z-축이 되도록 정의하여 사용할 수 있다. 전파방향인 z-축의 위치에 따라 전계강도와 자계강도, 전력밀도의 감쇄정도와 위상이 달라지며, 이를 반영한 관계식은 다음과 같다.

$\hat{a}_p = \hat{a}_z$: 전자기파가 전파되는 방향을 나타내는 단위벡터

$\vec{k} \equiv \gamma\hat{a}_p = \gamma\hat{a}_z$ [1/m] : 벡터 전파상수(스칼라 전파상수(γ)와 전파방향($\boldsymbol{a}_p$)을 모두 포함)

$$\vec{E}_o(\vec{r})\ [\text{V/m}] = \vec{E}_{o+}e^{-\vec{k}\cdot\vec{r}} + \vec{E}_{o-}e^{+\vec{k}\cdot\vec{r}} = \vec{E}_{o+}e^{-\gamma\hat{a}_p\cdot\vec{r}} + \vec{E}_{o-}e^{+\gamma\hat{a}_p\cdot\vec{r}} = \vec{E}_{o+}e^{-\gamma\hat{a}_z\cdot\vec{r}} + \vec{E}_{o-}e^{+\gamma\hat{a}_z\cdot\vec{r}}$$
$$= \vec{E}_{o+}e^{-\gamma z} + \vec{E}_{o-}e^{+\gamma z}$$

: 중성 매질에서 z-축과 평행하게 전파되는 전자기파의 전계강도 변화

$$\rightarrow \vec{E}(\vec{r},t)\ [\text{V/m}] = \vec{E}_o(\vec{r})e^{j\omega t} = \left(\vec{E}_{o+}e^{-\gamma\hat{a}_p\cdot\vec{r}} + \vec{E}_{o-}e^{+\gamma\hat{a}_p\cdot\vec{r}}\right)e^{j\omega t} = \left(\vec{E}_{o+}e^{-\gamma z} + \vec{E}_{o-}e^{+\gamma z}\right)e^{j\omega t}$$
$$\equiv \vec{E}_+(\vec{r},t) + \vec{E}_-(\vec{r},t)$$

: 중성 매질에서 z-축과 평행하게 전파되는 전자기파의 정현파 시간의존도를 반영한 전계강도 변화

$$\vec{E}_+(\vec{r},t)\ [\text{V/m}] \equiv \vec{E}_{o+}e^{-\gamma z}e^{j\omega t} = \vec{E}_{o+}e^{-\alpha z}e^{j(\omega t-\beta z)} = E_{o+}e^{-\alpha z}e^{j(\omega t-\beta z)}\hat{a}_E$$

: $+z$-축의 양의 방향 진행파의 전계강도

$$\vec{E}_-(\vec{r},t)\ [\text{V/m}] \equiv \vec{E}_{o-}e^{+\gamma z}e^{j\omega t} = \vec{E}_{o-}e^{+\alpha z}e^{j(\omega t+\beta z)} = E_{o-}e^{+\alpha z}e^{j(\omega t+\beta z)}\hat{a}_E$$

: $-z$-축의 양의 방향 진행파의 전계강도

$$\vec{H}_o(\vec{r})\ [\text{A/m}] = \vec{H}_{o+}e^{-\vec{k}\cdot\vec{r}} + \vec{H}_{o-}e^{+\vec{k}\cdot\vec{r}} = \vec{H}_{o+}e^{-\gamma\hat{a}_p\cdot\vec{r}} + \vec{H}_{o-}e^{+\gamma\hat{a}_p\cdot\vec{r}} = \vec{H}_{o+}e^{-\gamma\hat{a}_z\cdot\vec{r}} + \vec{H}_{o-}e^{+\gamma\hat{a}_z\cdot\vec{r}}$$
$$= \vec{H}_{o+}e^{-\gamma z} + \vec{H}_{o-}e^{+\gamma z}$$

: 중성 매질에서 z-축과 평행하게 전파되는 전자기파의 자계강도 변화

$$\rightarrow \vec{H}(\vec{r},t)\ [\text{A/m}] = \vec{H}_o(\vec{r})e^{j\omega t} = \left(\vec{H}_{o+}e^{-\gamma\hat{a}_p\cdot\vec{r}} + \vec{H}_{o-}e^{+\gamma\hat{a}_p\cdot\vec{r}}\right)e^{j\omega t} = \left(\vec{H}_{o+}e^{-\gamma z} + \vec{H}_{o-}e^{+\gamma z}\right)e^{j\omega t}$$
$$\equiv \vec{H}_+(\vec{r},t) + \vec{H}_-(\vec{r},t)$$

: 중성 매질에서 z-축과 평행하게 전파되는 전자기파의 정현파 시간의존도를 반영한 자계강도 변화

$$\vec{H}_+(\vec{r},t)\ [\text{A/m}] \equiv \vec{H}_{o+}e^{-\gamma z}e^{j\omega t} = \vec{H}_{o+}e^{-\alpha z}e^{j(\omega t-\beta z)} = H_{o+}e^{-\alpha z}e^{j(\omega t-\beta z)}\hat{a}_H$$

: $+z$-축의 양의 방향 진행파의 자계강도

$$\vec{H}_-(\vec{r},t)\ [\text{A/m}] \equiv \vec{H}_{o-}e^{+\gamma z}e^{j\omega t} = \vec{H}_{o-}e^{+\alpha z}e^{j(\omega t+\beta z)} = H_{o-}e^{+\alpha z}e^{j(\omega t+\beta z)}\hat{a}_H$$

: $-z$-축의 양의 방향 진행파의 자계강도

11.3.1 중성전하 공간에서 z-축 양의 방향으로 전파되는 시정현 전자기파의 전파 특성

전자기파의 진행 방향($\boldsymbol{a}_p$)과 속도(υ [m/s])는 전계강도($\boldsymbol{E}(\boldsymbol{r},t)$)와 자계강도($\boldsymbol{H}(\boldsymbol{r},t)$)를 나타내는 전자기파의 전계강도와 자계강도를 통해 이해할 수 있다. 즉, 전자기파를 구성하는 성분 중 전계강도($\boldsymbol{E}_+(\boldsymbol{r},t)$)와 자계강도($\boldsymbol{H}_+(\boldsymbol{r},t)$)는 z-축 양의 방향으로 진행($\boldsymbol{a}_p = +\boldsymbol{a}_z$)하는 전자기파이고, 전계강도($\boldsymbol{E}_-(\boldsymbol{r},t)$)와 자계강도($\boldsymbol{H}_-(\boldsymbol{r},t)$)는 z-축 음의 방향으로 진행($\boldsymbol{a}_p = -\boldsymbol{a}_z$)하는 전자기파이다. 전자기파를 구성하는 전계강도($\boldsymbol{E}_+(\boldsymbol{r},t)$ [V/m])는 다음 요소들의 곱으로 이루어져 있다.

- 초기 전계강도($\boldsymbol{E}_{o+}$ [V/m])
- z-축이 증가함에 따른 진폭의 변화를 나타내는 항($e^{-\alpha z}$)
- z-축 방향의 위상 변화를 나타내는 항($e^{j(\omega t-\beta z)}$)

$$\vec{E}_+(\vec{r},t)\ [\text{V/m}] \equiv \vec{E}_{o+}e^{-\gamma z}e^{j\omega t} = \vec{E}_{o+}e^{-\alpha z}e^{j(\omega t-\beta z)}\Big|_{\phi_o} = \left(\vec{E}_{o+}\right)\left(e^{-\alpha z}\right)\left(e^{j\phi_o}\right)$$

: z-축 위치에 따른 전계강도의 변화

$$\vec{E}_{o+} \equiv \vec{E}_+(\vec{r},t)\Big|_{z=0}$$: $z = 0$인 지점의 전계강도

$$\vec{H}_+(\vec{r},t)\ [\text{A/m}] \equiv \vec{H}_{o+}e^{-\gamma z}e^{j\omega t} = \vec{H}_{o+}e^{-\alpha z}e^{j(\omega t-\beta z)}\Big|_{\phi_o} = \left(\vec{H}_{o+}\right)\left(e^{-\alpha z}\right)\left(e^{j\phi_o}\right)$$

: z-축 위치에 따른 자계강도의 변화

$$\vec{H}_{o+} \equiv \vec{H}_+(\vec{r},t)\Big|_{z=0}$$: $z = 0$인 지점의 자계강도

$$\gamma\ [1/\text{m}] \equiv \sqrt{j\omega\mu(\sigma + j\omega\epsilon)} \equiv \alpha + j\beta$$

: 매질의 고유 특성(σ [Ω^{-1}/m], ϵ [F/m], μ [H/m])에 의해 결정되는 복소 전파상수(스칼라)

$$\hat{a}_p = \hat{a}_z$$: 전파방향 단위벡터

$$\vec{k}\ [1/\text{m}] = \gamma\hat{a}_p = (\alpha + j\beta)\hat{a}_p = \sqrt{j\omega\mu(\sigma + j\omega\epsilon)}\,\hat{a}_p$$

: 매질의 특성과 신호의 주파수에 의해 결정되는 벡터 전파상수

$$\vec{k}\cdot\vec{r} \equiv \left(\gamma\hat{a}_p\right)\cdot\left(z\hat{a}_z\right) = \gamma z = \alpha z + j\beta z$$: z-축 양의 방향으로 전파되는 경우의 진행 방향 감쇄와 위상 변화

$e^{-\alpha z}$: 전자기파가 전파되는 동안 감쇄로 인해 z-축 좌표가 증가함에 따라 급격히 감소하는 전계강도

$e^{j\phi_o} = e^{j(\omega t-\beta z)}$: 전자기파가 전파되는 동안 z-축 위치에 따른 위상의 변화

전자기파의 전파방향은 [그림 11-5]에 나타낸 것과 같이 특정한 위상($\phi_o = \omega t - \beta z_o$)을 갖는 지점($z$-축 위치: z_o)이 시간에 따라 어떻게 변하는지를 확인함으로써 이해할 수 있다.

즉, 전계강도($\boldsymbol{E}_+(\boldsymbol{r},t)$)가 동일한 위상($\phi_o$ [rad])을 갖는 점(z_o)은 시간이 경과함에 따라 그 위치가 z-축 양의 방향으로 이동하는 전자기파임을 다음 식을 통해 확인할 수 있다.

$$\phi_o\ [\text{rad}] = \omega t - \beta z_o(t)$$: 특정한 위상(ϕ_o [rad])을 가진 지점($z_o(t)$)의 시간에 따른 변화

$$z_o(t)\ [\text{m}] = \frac{1}{\beta}\left(\omega t - \phi_o\right) = -\frac{\phi_o}{\beta} + \frac{\omega}{\beta}t$$: 특정한 위상(ϕ_o [rad])을 가진 지점($z_o(t)$)의 시간에 따른 변화로서, 시간이 증가함에 따라 z_o의 위치가 증가함 → z-축 양의 방향으로 이동하는 전자기파임

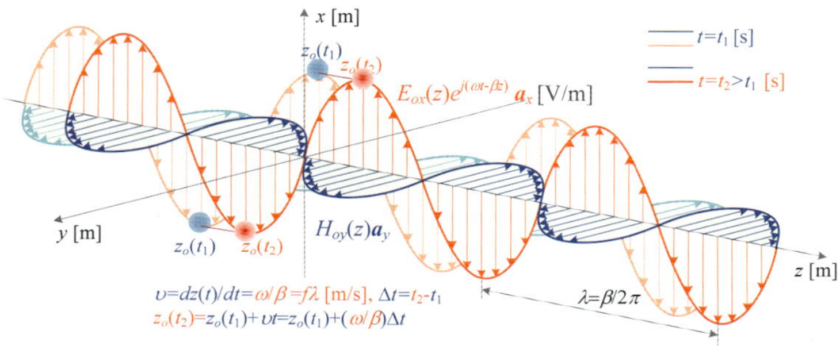

[그림 11-5] z-축 양의 방향으로 전파되는 전자기파의 진행 방향과 전파속도 이해를 위한 개념도

따라서 전파방향 이동속도(υ [m/s]; 또는 전자파의 전파속도)는 다음과 같이 위상(ϕ_o [rad])이 동일한 지점의 이동속도로부터 구할 수 있으며, 전자기파의 주파수와 매질에 의해 결정되는 위상상수(β [rad/m])에 의해 결정됨을 알 수 있다.

$$\upsilon\ [\text{m/s}] = \frac{\partial z_o(t)}{\partial t} = \frac{\partial}{\partial t}\left(-\frac{\phi_o}{\beta}+\frac{\omega}{\beta}t\right) = \frac{\omega\ [\text{rad/s}]}{\beta\ [\text{rad/m}]} = f\lambda \quad \left(\omega = 2\pi f, \lambda = \frac{2\pi}{\beta}\right)$$

: 매질에서 전자기파의 전파/이동 속도

비전도성($\sigma = 0$ [Ω^{-1}/m]) 또는 무손실 매질($\alpha = 0$ [Np/m])을 통해 전파되는 전자기파의 위상상수와 전파속도는 다음과 같다.

$$\beta\big|_{\sigma=0}\ [\text{rad/m}] \equiv \omega\sqrt{\frac{\mu\epsilon}{2}\left(\sqrt{1+\left(\frac{\sigma}{\omega\epsilon}\right)^2}+1\right)}\ \Bigg|_{\sigma=0} = \omega\sqrt{\mu\epsilon} = \frac{2\pi}{\lambda}$$

: 무손실 매질의 위상상수

$$\upsilon\big|_{\sigma=0}\ [\text{m/s}] = \frac{\omega\ [\text{rad/s}]}{\beta\ [\text{rad/m}]}\Bigg|_{\sigma=0} = \frac{1}{\sqrt{\mu\epsilon}} = \frac{1}{\sqrt{\mu_o\epsilon_o}}\frac{1}{\sqrt{\mu_r\epsilon_r}} = \frac{c_o}{\sqrt{\mu_r\epsilon_r}} = \frac{c_o}{n_r}(\le c_o)$$

: 무손실 매질에서의 전파속도(주파수 무관)

$$\upsilon\big|_{\sigma=0,\epsilon=\epsilon_o,\mu=\mu_o} = \frac{1}{\sqrt{\mu_o\epsilon_o}} \equiv c_o = 3\times10^8\ [\text{m/s}]$$

: 진공에서 전자기파의 이동속도로서 빛의 속도와 동일함

$$n_r \equiv \sqrt{\mu_r\epsilon_r}$$

: 전자기파의 이동속도를 결정하는 굴절률(refractive index)

특히 무손실 매질 내에서 전자기파의 이동속도는 주파수에 무관하게 동일한 속도로 전파되며, 그 전파속도는 매질의 유전상수(ϵ [F/m])와 자성계수(μ [H/m])에 의해 결정됨을 알 수 있다. 매질의 유전상수($\epsilon = \epsilon_r\epsilon_o$ [F/m])는 전기장의 영향으로 분극 현상을 일으키는 매질 내의 전하쌍극자의 종류($\boldsymbol{p} = Q\boldsymbol{d}$ [C·m]: 전하쌍극자 모멘트)와 농도(n_{edp} [1/m^3])에 의해 결정되고, 자성계수($\mu_r = \mu_r\mu_o$ [H/m])는 자기장의 영향으로 자화 현상을 일으키는 매질 내의 자기쌍극자의 종류($\boldsymbol{m} = I\boldsymbol{S} = IS\boldsymbol{a}_n$ [A·m^2]: 자기쌍극자 모멘트)와 농도(n_{mdp} [1/m^3])에 의해 결정되기 때문이다. 특히, 유전상수가 클수록, 자성계수가 클수록 전파속도는 그들의 제곱근에 반비례하여 느려짐을 이해할 수 있다.

무손실 매질($\sigma = 0$ [Ω^{-1}/m])의 유전상수와 자성계수 변화에 따른 전파속도와 파장의 변화를 [그림 11-6]에 요약하였다.

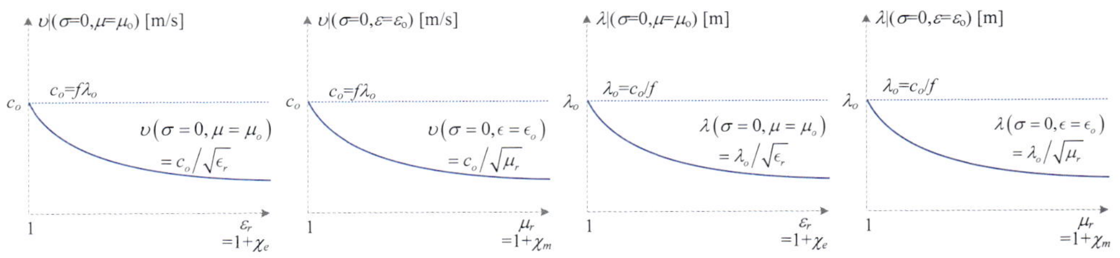

[그림 11-6] 무손실 매질의 유전상수와 자성계수 변화에 따른 전파속도와 파장의 변화

전하중성 매질에서 z-축 양의 방향과 평행하게 전파($\boldsymbol{a}_p=+\boldsymbol{a}_z$)되고, 전기장이 x-축 방향 성분($\boldsymbol{E}(\boldsymbol{r},t)=\boldsymbol{E}_+(\boldsymbol{r},t)=E_o(\boldsymbol{r},t)\boldsymbol{a}_x$)만 가지는 시정현 전자기파의 전파 특성을 지배하는 전파상수와 전계강도는 다음과 같다.

$$\gamma\ [1/\text{m}] \equiv \sqrt{j\omega\mu(\sigma+j\omega\epsilon)} \equiv \alpha + j\beta$$

: 매질의 고유 특성($\sigma\ [\Omega^{-1}/\text{m}]$, $\epsilon\ [\text{F/m}]$, $\mu\ [\text{H/m}]$)에 의해 결정되는 전파상수(복소수)

$$\vec{k}\ [1/\text{m}] = \gamma\hat{a}_p = (\alpha+j\beta)\hat{a}_p = \sqrt{j\omega\mu(\sigma+j\omega\epsilon)}\,\hat{a}_z$$

: 매질의 특성과 신호의 주파수에 의해 결정되는 벡터 전파상수

$$\alpha\ [\text{Np/m}] \equiv \omega\sqrt{\frac{\mu\epsilon}{2}\left(\sqrt{1+\left(\frac{\sigma}{\omega\epsilon}\right)^2}-1\right)}$$: 매질의 특성과 전자기파의 주파수에 의해 결정되는 감쇄상수(양의 실수)

$$\beta\ [\text{rad/m}] \equiv \omega\sqrt{\frac{\mu\epsilon}{2}\left(\sqrt{1+\left(\frac{\sigma}{\omega\epsilon}\right)^2}+1\right)}$$: 매질의 특성과 전자기파의 주파수에 의해 결정되는 위상상수(양의 실수)

$\hat{a}_p=\hat{a}_z$: 전자기파가 전파되는 방향을 나타내는 전파방향 단위벡터

$\vec{k} \equiv \gamma\hat{a}_p=\gamma\hat{a}_z\ [1/\text{m}]$: 스칼라 전파상수(γ)와 전파방향($\boldsymbol{a}_p$)을 모두 포함하는 벡터 전파상수

$$\vec{k}\cdot\vec{r} = \gamma\hat{a}_p\cdot\vec{r} = \gamma z = (\alpha+j\beta)z \leftarrow \begin{cases} \vec{k} \equiv \gamma\hat{a}_p=\gamma\hat{a}_z\ [1/\text{m}] \\ \vec{r}=(x,y,z)=x\hat{a}_x+y\hat{a}_y+z\hat{a}_z\ [\text{m}] \end{cases}$$

$$\vec{E}(\vec{r},t)\ [\text{V/m}] = \vec{E}_+(\vec{r},t) = \vec{E}_o(\vec{r})e^{j\omega t} = \vec{E}_{o+}e^{-\gamma z}e^{j\omega t} = E_{ox}e^{-\gamma z}e^{j\omega t}\hat{a}_x = E_{ox}e^{-\alpha z}e^{j(\omega t-\beta z)}\hat{a}_x\ ;$$

$\vec{E}_{o+} \equiv E_{ox}\hat{a}_x$: 시정현 전계강도

$$\vec{E}_o(\vec{r})\ [\text{V/m}] = \left(E_{ox}(\vec{r}),E_{oy}(\vec{r}),E_{oz}(\vec{r})\right) = \left(E_{ox}e^{-\alpha z}e^{-j\beta z},0,0\right) = (E_{ox}e^{-\alpha z}e^{-j\beta z})\hat{a}_x;\ \hat{a}_E=\hat{a}_x$$

: 공간의존 전계강도

전기장이 시간에 따라 변하므로, 그로 인해 생성되는 자계강도 성분은 맥스웰 방정식을 이용해 전계강도로부터 다음과 같이 구할 수 있다.

$$\begin{aligned}\nabla\times\vec{E}_o(\vec{r}) &= \begin{vmatrix} \hat{a}_x & \hat{a}_y & \hat{a}_z \\ \dfrac{\partial}{\partial x} & \dfrac{\partial}{\partial y} & \dfrac{\partial}{\partial z} \\ E_{ox}(\vec{r}) & E_{oy}(\vec{r}) & E_{oz}(\vec{r}) \end{vmatrix} \\ &= \left(\frac{\partial E_{oz}(\vec{r})}{\partial y}-\frac{\partial E_{oy}(\vec{r})}{\partial z}\right)\hat{a}_x + \left(\frac{\partial E_{ox}(\vec{r})}{\partial z}-\frac{\partial E_{oz}}{\partial x}\right)\hat{a}_y + \left(\frac{\partial E_{oy}(\vec{r})}{\partial x}-\frac{\partial E_{ox}(\vec{r})}{\partial y}\right)\hat{a}_z \\ &= \frac{\partial E_{ox}(\vec{r})}{\partial z}\hat{a}_y - \frac{\partial E_{ox}(\vec{r})}{\partial y}\hat{a}_z = \frac{\partial E_{ox}(\vec{r})}{\partial z}\hat{a}_y = \frac{\partial(E_{ox}e^{-\gamma z})}{\partial z}\hat{a}_y = -\gamma E_{ox}e^{-\gamma z}\hat{a}_y\end{aligned}$$

$$\vec{H}(\vec{r},t)\ [\mathrm{A/m}] = \vec{H}_o(\vec{r})e^{j\omega t} = H_{oy}(\vec{r})e^{j\omega t}\hat{a}_y \qquad \leftarrow \nabla\times\vec{E}_o(\vec{r})\ [\mathrm{V/m^2}] = -j\mu\omega\vec{H}_o(\vec{r})$$

$$\vec{H}_o(\vec{r})\ [\mathrm{A/m}] = j\frac{1}{\mu\omega}\nabla\times\vec{E}_o(\vec{r}) = -j\frac{1}{\mu\omega}\gamma E_{ox}e^{-\gamma z}\hat{a}_y = \sqrt{\frac{\sigma+j\omega\epsilon}{j\omega\mu}}E_{ox}e^{-\gamma z}\hat{a}_y = H_{oy}(\vec{r})\hat{a}_y\ ;$$

$$H_{oy}(\vec{r}) \equiv \sqrt{\frac{\sigma+j\omega\epsilon}{j\omega\mu}}E_{ox}e^{-\gamma z}$$

전기장이 x-축 방향 성분($\boldsymbol{a}_E = \boldsymbol{a}_x$)만 가지는 데 비해, 자기장은 전기장과 수직인 y-축 방향의 성분($\boldsymbol{a}_H = \boldsymbol{a}_y$)만 가지며, 시간에 따른 변화는 전기장과 자기장이 동일하다. 또한, 전기장과 자기장은 모두 전자기파의 전파방향인 z-축 방향($\boldsymbol{a}_p = \boldsymbol{a}_z$)과 수직인 성분만 존재($\boldsymbol{a}_H\cdot\boldsymbol{a}_y = 0$, $\boldsymbol{a}_E\cdot\boldsymbol{a}_y = 0$)하는데, 이와 같은 형태의 전자기파를 TEM 모드(transverse electric and magnetic field mode)라고 한다.

매질의 감쇄상수가 $\alpha = 0$ [Np/m]인 경우(a)와 $\alpha > 0$ [Np/m]인 경우(b)에 대하여 z-축 양의 방향으로 전파되는 전자기파의 전계강도와 자계강도의 변화를 [그림 11−7](a)와 (b)에 비교하여 나타내었다.

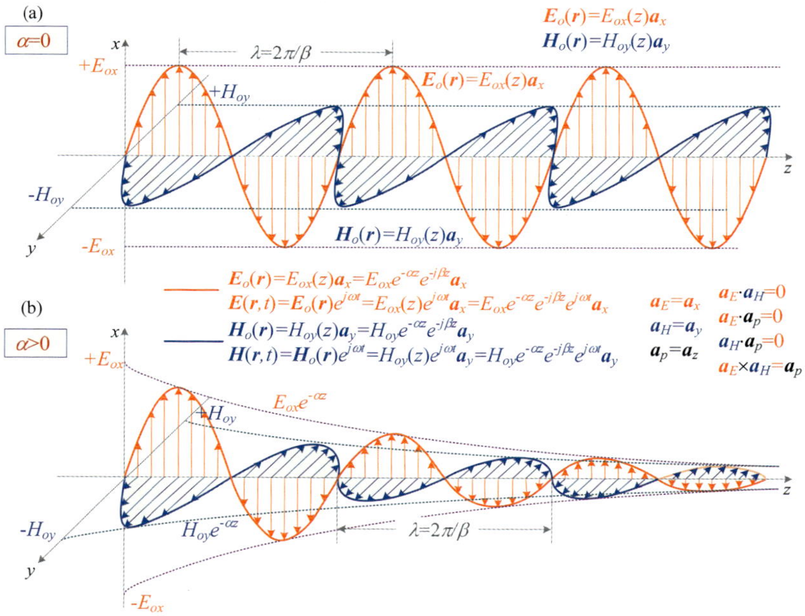

[그림 11−7] x-축 방향의 전기장 성분($\boldsymbol{E}(\boldsymbol{r},t) = \boldsymbol{E}_+(\boldsymbol{r},t) = E_o(\boldsymbol{r},t)\,\boldsymbol{a}_x$), y-축 방향의 자기장 성분($\boldsymbol{H}(\boldsymbol{r},t) = H_o(\boldsymbol{r},t)\boldsymbol{a}_y$)만 가지고, z-축 양의 방향과 평행하게 전파($\boldsymbol{a}_p = +\boldsymbol{a}_z$)되는 시정현 전자기파 (a) $\alpha = 0$ [Np/m] (b) $\alpha > 0$ [Np/m]

11.3.2 매질의 종류와 특성, 신호의 주파수에 의해 결정되는 특성 임피던스 : η_o [Ω]

전자파가 전파되는 매질 내에서 전기장과 자기장은 맥스웰 방정식을 통해 상호 밀접한 관계를 가지고 있다. 이때 y-축 방향 자계강도(H_{oy} [A/m])와 x-축 방향 자계강도(E_{ox} [V/m])의 비를 매질의 특성 임피던스(η [Ω]: characteristic impedance)라고 정의한다.

$$\begin{cases} \vec{H}(\vec{r},t)\ [\text{A/m}] = \vec{H}_o(\vec{r})e^{j\omega t} = H_{oy}(\vec{r})e^{j\omega t}\hat{a}_y = H_{oy}(z)e^{j\omega t}\hat{a}_y\ ;\ H_{oy}(\vec{r}) \equiv \sqrt{\dfrac{\sigma + j\omega\epsilon}{j\omega\mu}}E_{ox}e^{-\gamma z} \\ \vec{E}(\vec{r},t)\ [\text{V/m}] = \vec{E}_o(\vec{r})e^{j\omega t} = E_{ox}(\vec{r})e^{j\omega t}\hat{a}_x = E_{ox}(z)e^{j\omega t}\hat{a}_x = E_{ox}e^{-\gamma z}e^{j\omega t}\hat{a}_x \end{cases}$$

: 전자기파의 전계강도와 자계강도의 관계는 매질과 전자기파의 주파수에 의해 결정되는 특성 임피던스로 연결됨

$$\eta(\omega)\ [\Omega] \equiv \frac{E_{ox}(\vec{r})}{H_{oy}(\vec{r})} = \frac{E_{ox}e^{-\gamma z}}{\sqrt{\dfrac{\sigma + j\omega\epsilon}{j\omega\mu}}E_{ox}e^{-\gamma z}} = \sqrt{\frac{j\omega\mu}{\sigma + j\omega\epsilon}}$$

: 매질의 특성 임피던스는 전자기파가 전파되는 매질과 주파수에 의해 결정됨

그런데 $\sigma = 0\ [\Omega^{-1}/\text{m}]$)인 무손실 매질에서의 특성 임피던스는 다음과 같이 오직 매질의 고유 특성지표인 유전상수와 자성계수에 의해 결정되며, 주파수에 무관하다.

$$\eta(\omega)\big|_{\sigma=0}\ [\Omega] = \sqrt{\frac{\mu}{\epsilon}} = \sqrt{\frac{\mu_o}{\epsilon_o}}\sqrt{\frac{\mu_r}{\epsilon_r}} \equiv \eta_o\sqrt{\frac{\mu_r}{\epsilon_r}} = 120\pi\sqrt{\frac{\mu_r}{\epsilon_r}} = 376.7\sqrt{\frac{\mu_r}{\epsilon_r}}\ [\Omega]$$

: 무손실 매질의 특성 임피던스는 주파수에 무관함

$$\eta(\omega)\big|_{\substack{\sigma=0 \\ \epsilon=\epsilon_o,\mu=\mu_o}}\ [\Omega] = \sqrt{\frac{\mu_o}{\epsilon_o}} \equiv \eta_o = 120\pi = 376.7\ [\Omega]$$

: 진공의 특성 임피던스는 주파수에 무관함

매질의 특성 임피던스($\eta\ [\Omega]$)는 전자기파가 전파/진행하는 매질의 특성 지표(이동전하의 농도와 이동도에 의한 전기전도도: $\sigma\ [\Omega^{-1}/\text{m}]$, 전하쌍극자의 종류와 농도에 의해 결정되는 유전상수: $\epsilon\ [\text{F/m}]$, 자기쌍극자의 종류와 농도에 의해 결정되는 자성계수: $\mu\ [\text{H/m}]$)와 전자기파의 시간에 따른 변화를 나타내는 주파수($\omega\ [\text{rad/s}]$)에 의해 결정된다. 이는 다음에 요약한 것과 같이 전계강도를 아는 경우 자계강도를 구하거나, 자계강도를 아는 경우 전계강도를 구할 때 특성 임피던스를 나누거나 곱해서 그 결과를 간편하게 변환할 수 있음을 뜻한다.

$$\frac{E_{ox}(\vec{r})}{H_{oy}(\vec{r})} = \sqrt{\frac{j\omega\mu}{\sigma + j\omega\epsilon}} \equiv \eta(\omega)\ [\Omega]$$

$$\to \begin{cases} E_{ox}(\vec{r})\ [\text{V/m}] \to H_{oy}(\vec{r})\ [\text{A/m}] = \dfrac{1}{\eta(\omega)}E_{ox}(\vec{r}) = \sqrt{\dfrac{\sigma + j\omega\epsilon}{j\omega\mu}}E_{ox}(\vec{r}) \\ H_{oy}(\vec{r})\ [\text{A/m}] \to E_{ox}(\vec{r})\ [\text{V/m}] = \eta(\omega)H_{oy}(\vec{r}) = \sqrt{\dfrac{j\omega\mu}{\sigma + j\omega\epsilon}}H_{oy}(\vec{r}) \end{cases}$$

무손실 매질의 상대적 유전상수(ϵ_r)와 상대적 자성계수(μ_r) 변화에 따른 특성 임피던스($\eta\ [\Omega]$)의 변화를 [그림 11-8]에 요약하였다.

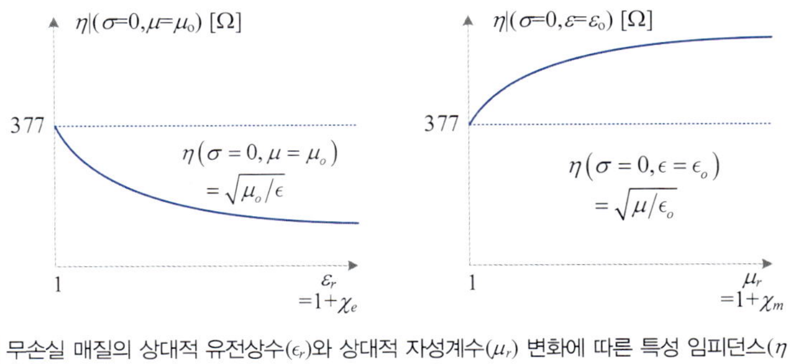

[그림 11-8] 무손실 매질의 상대적 유전상수(ϵ_r)와 상대적 자성계수(μ_r) 변화에 따른 특성 임피던스($\eta\ [\Omega]$)의 변화

11.3.3 전자기파에 의한 전력밀도(단위시간당 에너지 전달 밀도)와 전력밀도 벡터

전기장과 자기장을 통해 관측점에 전달되는 전자기파의 단위면적당 전력밀도 벡터(또는 단위시간당 에너지 전달 밀도 벡터)를 전자기파의 전력밀도 벡터(power density vector) 또는 포인팅 벡터(Poynting vector: $\mathcal{P}(\boldsymbol{r},t)$ [W/m²] = [J/s·m²])라고 하며, 다음과 같이 나타낼 수 있다.

$$\vec{\mathcal{P}}(\vec{r})\ [\text{W/m}^2] = \vec{E}_o(\vec{r}) \times \vec{H}_o(\vec{r}) = E_{ox}(\vec{r}) H_{oy}(\vec{r}) \hat{a}_x \times \hat{a}_y = \frac{1}{\eta(\omega)} E_{ox}^2(\vec{r}) \hat{a}_z$$

$$= \eta(\omega) H_{ox}(\vec{r})^2 \hat{a}_z = \mathcal{P}_o(\vec{r}) \hat{a}_p \quad \text{: 전자기파에 의해 전달되는 관측점의 전력밀도 벡터}$$

$$\mathcal{P}_o(\vec{r})\ [\text{W/m}^2] \equiv \left|\vec{\mathcal{P}}_o(\vec{r})\right| = \left|\frac{1}{\eta(\omega)} E_{ox}(\vec{r})^2\right| = \left|\eta(\omega) H_{oy}(\vec{r})^2\right| = \frac{1}{\eta(\omega)} E_{ox}{}^2 e^{-2\alpha z} \propto \begin{cases} E_{ox}{}^2 \\ H_{oy}{}^2 \\ \alpha\ ;\ e^{-2\alpha z} \end{cases}$$

$$;\ \hat{a}_p \equiv \frac{\vec{\mathcal{P}}(\vec{r})}{\mathcal{P}(\vec{r})} = \hat{a}_z \quad \text{: 전력 전달 밀도 = 단위시간당 에너지 전달 밀도}$$

전력밀도 벡터($\mathcal{P}(\boldsymbol{r},t)$ [W/m²])의 방향($\boldsymbol{a}_p$)은 전자기파의 전파방향($\boldsymbol{a}_p$) 또는 전자기파를 이용한 에너지 전달 방향과 같고, 그 크기는 단위면적당 전달되는 전력밀도([W/m²]) 또는 단위시간당 단위면적을 통해 전달되는 에너지([J/(s·m²)])를 나타낸다. 특히, 전력밀도는 전계강도($\boldsymbol{E}(\boldsymbol{r},t)$ [V/m])의 제곱 또는 자계강도($\boldsymbol{H}(\boldsymbol{r},t)$ [A/m])의 제곱에 비례하며, 전도성이 있는 매질($\sigma \neq 0$ [Ω⁻¹/m])에서는 전력전달밀도가 급격히 감소하여 전력 전달이 쉽지 않음을 알 수 있다. 또한 전계강도($E_{ox}(z) \propto e^{-\alpha z}$)와 자계강도($H_{oy}(z) \propto e^{-\alpha z}$)에 비해 전력밀도($\propto e^{-2\alpha z}$)는 전파 거리($z$ [m])가 증가함에 따라 더욱 급격하게 감소함을 알 수 있다. 매질 내의 이동전하(ρ_{m+}, ρ_{m-} [C/m³])에 의한 전기전도도(σ [Ω⁻¹/m])가 결정하는 감쇄상수(α [Np/m])에 의해 좌우되는 전자기파의 전력밀도 감소는 송/수신기의 통신, 휴대용 통신기기의 단말기와 중계기의 통신, 그리고 휴대기의 무선전력 전송에 의한 무선 충전을 이해하고 효율적인 시스템을 설계할 때 고려해야하는 중요한 요소다.

z-축 양의 방향으로 전파($\boldsymbol{a}_p = +\boldsymbol{a}_z$)되는 전자기파의 전파 거리($z$ [m])에 따른 전계강도($E_{ox}(z)$ [V/m]), 자계강도($H_{oy}(z)$ [A/m]) 및 전력밀도($\mathcal{P}_{oz}(z)$ [V/m])의 감쇄를 [그림 11−9]에 비교하여 나타내었다.

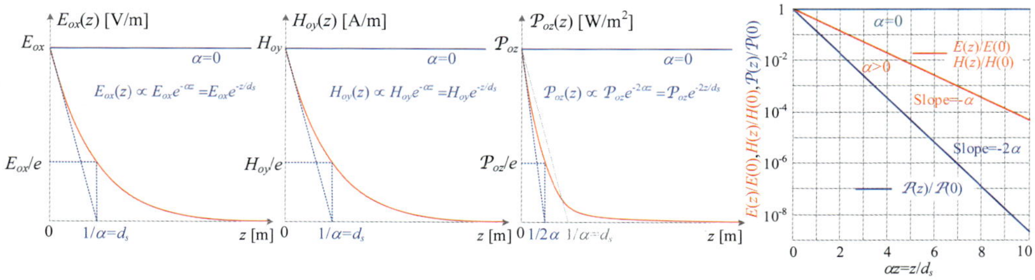

[그림 11−9] z-축 양의 방향으로 전파하는 전자기파의 전계강도, 자계강도 및 전력밀도 함수의 변화

11.3.4 전도도가 높은 매질에서 전자기파의 감쇄 특성을 나타내는 유효 전파 두께

매질에서 전자기파가 전파되는 특성도 중요하지만, 전자파의 전달을 차단하는 기능도 매우 중요하다. 이는 전자부품이 주변의 전자기파에 의한 간섭을 차단하는 데 필요한 전자기 차폐/차단(electromagnetic shield) 방법에 대해서도 잘 이해해야 하기 때문이다. 전자기파의 차단을 이해하기 위해 전도성이 우수한 매질에서 z-축 양의 방향으로 전파($\boldsymbol{a}_p = +\boldsymbol{a}_z$)되고, x-축 방향의 전계강도 성분($\boldsymbol{E}(\boldsymbol{r},t) = \boldsymbol{E}_+(\boldsymbol{r},t) = E_o(\boldsymbol{r},t)\,\boldsymbol{a}_x$)만 가지는 시정현 전자기파의 전계강도를 지배하는 전파상수를 정리하면 다음과 같다.

$$\vec{E}(\vec{r},t)\ [\text{V/m}] = \vec{E}_+(\vec{r},t) = \vec{E}_o(\vec{r})e^{j\omega t} = \vec{E}_{o+}e^{-\gamma z}e^{j\omega t} = E_{ox}e^{-\gamma z}e^{j\omega t}\hat{a}_x$$

$$= E_{ox}e^{-\alpha z}e^{j(\omega t-\beta z)}\hat{a}_x\ ;\ \vec{E}_{o+} \equiv E_{ox}\hat{a}_x \quad \text{: 시정현 전계강도}$$

$$\vec{E}_o(\vec{r})\ [\text{V/m}] = \left(E_{ox}(\vec{r}), E_{oy}(\vec{r}), E_{oz}(\vec{r})\right) = \left(E_{ox}e^{-\alpha z}e^{-j\beta z}, 0, 0\right) = (E_{ox}e^{-\alpha z}e^{-j\beta z})\hat{a}_x \quad \text{: 공간의존 전계강도}$$

$$\gamma\ [1/\text{m}] \equiv \sqrt{j\omega\mu(\sigma + j\omega\epsilon)} \equiv \alpha + j\beta \quad \text{: 매질의 고유 특성에 의해 결정되는 전파상수}$$

$$\alpha\big|_{\sigma \gg \omega\epsilon}\ [\text{Np/m}] \equiv \omega\sqrt{\frac{\mu\epsilon}{2}\left(\sqrt{1+\left(\frac{\sigma}{\omega\epsilon}\right)^2} - 1\right)} \cong \sqrt{\frac{\omega\sigma\mu}{2}} = \sqrt{\pi f\sigma\mu} \equiv \frac{1}{d_s} \quad \text{: 전도성이 우수한 매질의 감쇄상수}$$

전도성이 우수한 도체에서는 전자기파의 감쇄가 심각하며, 감쇄의 정도는 주파수가 높을수록, 전기전도도가 높을수록, 자성계수가 클수록 심각해진다. 이를 위해 전도성이 우수한 재료(일반적으로 금속 등의 도체)에서 전자기파의 감쇄의 정도를 나타내는 지표로서 감쇄상수의 역수를 다음과 같이 유효 전파 두께(또는 유효 침투 깊이 또는 표피 두께; skin depth; d_s [m])로 정의하여 해석하는 것이 편리하다.

$$d_s\ [\text{m}] \equiv \frac{1}{\alpha\big|_{\sigma\gg\omega\epsilon}} = \frac{1}{\sqrt{\pi f\sigma\mu}} \propto \begin{cases} 1/\sigma \\ 1/\mu \\ 1/f \end{cases} \quad \text{: 전도성이 우수한 매질에서 전자파의 유효 침투(유효 전파/표피 두께)}$$

z-축 양의 방향으로 전파되는 전자기파의 전파방향 진행에 따른 전계강도와 자계강도의 변화를 유효 전파 두께를 이용하여 나타내면 다음과 같다.

$$\left|\vec{E}(\vec{r},t)\right|\ [\text{V/m}] = \left|E_{ox}e^{-\alpha z}e^{j(\omega t-\beta z)}\hat{a}_x\right| = E_{ox}e^{-\alpha z} = E_{ox}e^{-z/d_s} \propto e^{-z/d_s} \quad \text{: 감쇄에 의한 전계강도의 변화}$$

$$\left|\vec{H}(\vec{r},t)\right|\ [\text{V/m}] = \left|H_{oy}e^{-\alpha z}e^{j(\omega t-\beta z)}\hat{a}_y\right| = H_{oy}e^{-\alpha z} = H_{oy}e^{-z/d_s} \propto e^{-z/d_s} \quad \text{: 감쇄에 의한 자계강도의 변화}$$

$$\frac{\left|\vec{E}(z+d_s,t)\right|}{\left|\vec{E}(z,t)\right|} = \frac{\left|\vec{H}(z+d_s,t)\right|}{\left|\vec{H}(z,t)\right|} = e^{-1} = 0.368 \quad \text{: 유효 전파 두께만큼 진행한 뒤의 전계강도와 자계강도의 변화}$$

즉, 전도성이 우수한 도체에서는 전자기파의 감쇄가 심각하여 유효 전파 두께만큼 진행되는 동안 전기장과 자기장의 세기가 표면 값의 36.8%(1/e)로 감소함을 뜻한다. 또한 유효 전파 두께의 2배에 해당하는 지점에서는 초기 전계강도의 13.5%(= e^{-2})로, 3배에 해당하는 지점에서는 5%(= e^{-3})로 급격히 감소한다. 전도성이 우수한 재료에서 전자파의 유효 전파 두께는 재료의 전기전도도(σ [Ω^{-1}/m]),

자성계수(μ [H/m]), 전자기파의 주파수(ω [rad/m])에 의해 결정되나, 유전상수(ϵ [F/m])에는 무관하다. 전도성이 우수한 도체에서 전자기파의 유효 전파두께를 결정하는 요소와 의존도를 요약하면 [그림 11–10]과 같다.

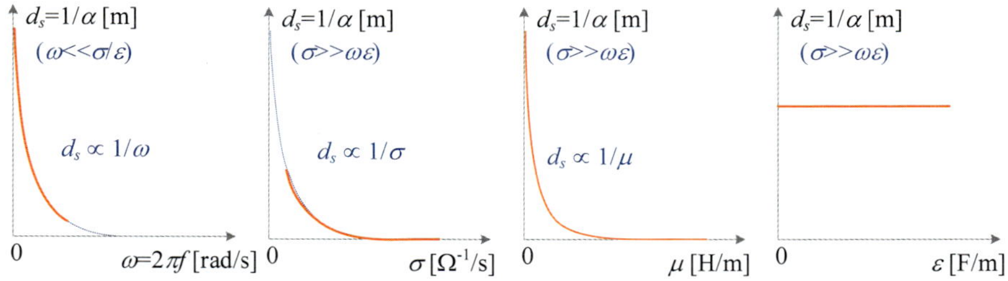

[그림 11–10] 전기전도성이 우수한 매질에서 전파 특성을 나타내는 유효 전파 두께($d_s = 1/\alpha$ [m])를 결정하는 요소와 의존도

Section

11.4 전파 특성이 다른 매질을 통한 전자기파의 전파 : 전파 형태와 경계조건

지금까지는 균일한 특성을 가진 매질 내의 전자기파(즉 평면파: plane wave)의 전파(propagation) 특성에 관해 학습하였다. 그런데 실제 전자기 부품은 전자기적 고유 특성(유전상수, 자성계수, 전기전도도; 특성 임피던스)이 다른 재료들의 적층 구조와 경계면을 통과하여 전파된다. 재료의 고유 특성이 다른 경계면을 지날 때는 전자기파의 전파 특성의 변화가 발생하여 반사가 일어나기도 한다. 경계면에서 반사 정도는 두 매질의 고유 특성(전기전도도: σ [Ω^{-1}/m], 유전상수: ϵ [F/m], 자성계수: μ [H/m] 및 주파수에 의해 결정되는 특성 임피던스: η [Ω]) 차이와 입사각(θ_i [rad])에 의해 결정된다.

전자기파는 전기장과 자기장 벡터의 전파방향과 수직인 횡파(transverse wave)이다. 즉 전계강도 벡터($\boldsymbol{E}(\boldsymbol{r},t)$ [V/m])를 나타내는 단위벡터($\boldsymbol{a}_E$)가 전파방향 단위벡터($\boldsymbol{a}_p$)와 수직이고, 자계강도 벡터($\boldsymbol{H}(\boldsymbol{r},t)$ [A/m])를 나타내는 단위벡터($\boldsymbol{a}_H$)도 전파방향 단위벡터($\boldsymbol{a}_p$)와 수직이다. 이를 수식으로 요약하면 다음과 같다.

$$\left.\begin{aligned}\hat{a}_E &\equiv \frac{\vec{E}(\vec{r},t)}{E(\vec{r},t)} = \frac{\vec{E}(\vec{r},t)}{\left|\vec{E}(\vec{r},t)\right|} \\ \hat{a}_H &\equiv \frac{\vec{H}(\vec{r},t)}{H(\vec{r},t)} = \frac{\vec{H}(\vec{r},t)}{\left|\vec{H}(\vec{r},t)\right|}\end{aligned}\right\} \rightarrow \hat{a}_p \equiv \frac{\vec{\mathcal{P}}(\vec{r},t)}{\mathcal{P}(\vec{r},t)} = \frac{\vec{\mathcal{P}}(\vec{r},t)}{\left|\vec{\mathcal{P}}(\vec{r},t)\right|} = \frac{\vec{E}(\vec{r},t)\times\vec{H}(\vec{r},t)}{\left|\vec{E}(\vec{r},t)\times\vec{H}(\vec{r},t)\right|} = \hat{a}_E \times \hat{a}_H$$

: 전기장, 자기장 및 전파방향에 대한 단위벡터

전자기파가 전파되는 공간의 기하학적 구조가 특별히 정해진 도파관에서는 전기장과 자기장의 경계조건을 만족하는 특정한 형태의 전자기파만 전파될 수 있다. 도파관을 구성하는 매질의 경계면에서 입사파의 일부는 반사되고 일부는 경계면을 통과하여 전달되는데, 전파 형태를 구분하여 이해하는 것이 중요하다. 특히, 전도성이 우수한 도체로 이루어진 도파관을 통해 전파되는 전자기파는 도체와 유전체의 경계조건을 만족해야 하고, 서로 다른 무손실 매질($\sigma_1 = 0$, $\sigma_2 = 0$)로 이루어진 적층 구조 경계면에서는 유전체 1(ϵ_1, μ_1)/유전체 2(ϵ_2, μ_2)의 경계조건을 만족하는 제한된 전자기파만 전파될 수 있다.

고유 특성이 다른 무손실 재료가 접한 경계면의 전파 특성 이해를 위해 전자기파의 형태를 구분하는 기준과 매질의 특성이 다른 두 매질의 경계면에서 전자기파의 전계강도와 자계강도에 관한 경계조건에 관해 설명한다.

11.4.1 전자기파의 전파 형태 구분

전자기파가 고정된 기하학적 구조의 도파관 또는 전송선을 통해 전파되는 경우, 전자기파의 전계와 자계는 특정한 전파 형태(propagation mode)를 가진 경우에만 전파된다. 도파관에서 전파되는 전자기파는 전파방향과 전기장 벡터($\boldsymbol{E}(\boldsymbol{r},t)$ [V/m]), 자기장 벡터($\boldsymbol{H}(\boldsymbol{r},t)$ [A/m])의 방향에 따라 3가지 전파 형태로 구분한다.

- TEM 형(transverse electro-magnetic field mode)
- TE 형(transverse electric field mode)
- TM 형(transverse magnetic field mode)

TEM형, TE형 및 TM형 전자기파의 전파 형태를 [그림 11-11]에 구분하여 나타내었다.

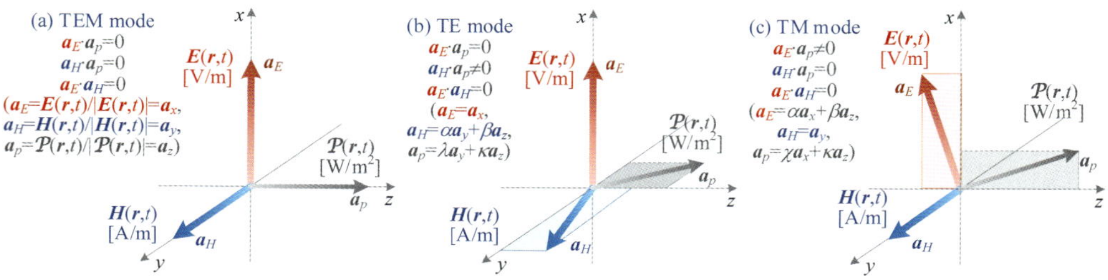

[그림 11-11] 전자기파의 전파 형태에 따른 구분
(a) x-축 방향의 전계강도와 y-축 방향의 자계강도를 갖는 TEM형 전자기파
(b) x-축 방향의 전계강도를 갖는 TE형 전자기파 (c) y-축 방향의 자계강도를 갖는 TM형 전자기파

TEM형 전자기파는 [그림 11-11](a)와 같이 전자기파가 진행하는 방향($\boldsymbol{a}_p$)과 평행한 성분의 전기장(전계강도)과 자기장(자계강도) 성분은 존재하지 않고, 오직 전파방향과 수직인 방향의 전계강도와 자계강도 성분만 존재하는 전자기파이다. x-축 방향의 전계강도와 y-축 방향의 자계강도를 갖는 TEM형 전자기파의 예를 수식으로 나타내면 다음과 같다.

$$\left.\begin{matrix}\hat{a}_E\cdot\hat{a}_p=0\\ \hat{a}_H\cdot\hat{a}_p=0\end{matrix}\right\}\&\ \hat{a}_E\cdot\hat{a}_H=0$$

$$\vec{E}(\vec{r},t)\ [\text{V/m}]=E(\vec{r},t)\hat{a}_E=E_x(\vec{r},t)\hat{a}_x\ \ \&\ \ \hat{a}_E\equiv\frac{\vec{E}(\vec{r},t)}{E(\vec{r},t)}=\hat{a}_x$$: x-축 방향 성분의 전계강도

$$\vec{H}(\vec{r},t)\ [\text{A/m}]=H(\vec{r},t)\hat{a}_H=H_y(\vec{r},t)\hat{a}_y\ \ \&\ \ \hat{a}_H\equiv\frac{\vec{H}(\vec{r},t)}{H(\vec{r},t)}=\hat{a}_y$$: y-축 방향 성분의 자계강도

$$\vec{\mathcal{P}}(\vec{r},t)\ [\text{W/m}^2]=\vec{E}(\vec{r},t)\times\vec{H}(\vec{r},t)=\mathcal{P}(\vec{r},t)\hat{a}_p\ \&\ \hat{a}_p\equiv\frac{\vec{\mathcal{P}}(\vec{r},t)}{\mathcal{P}(\vec{r},t)}=\hat{a}_E\times\hat{a}_H=\hat{a}_x\times\hat{a}_y=\hat{a}_z$$

: z-축 방향 성분의 전력밀도

TE형 전자기파는 [그림 11-11](b)와 같이 전자기파가 진행하는 방향과 평행한 전계강도 성분은 존재하지 않고, 전파방향과 수직인 전계강도 성분만 존재하는 전자기파이다. 그러나 자계강도는 전파방향과 평행한 성분이 존재한다. x-축 방향의 전계강도를 갖는 TE형 전자기파의 예를 수식으로 나타내면 다음과 같다.

$$\left.\begin{matrix}\hat{a}_E\cdot\hat{a}_p=0\\ \hat{a}_H\cdot\hat{a}_p\neq0\end{matrix}\right\}\&\ \hat{a}_E\cdot\hat{a}_H=0$$

$$\vec{E}(\vec{r},t)\ [\text{V/m}]=E(\vec{r},t)\hat{a}_E=E_x(\vec{r},t)\hat{a}_x\ \ \&\ \ \hat{a}_E\equiv\frac{\vec{E}(\vec{r},t)}{E(\vec{r},t)}=\hat{a}_x$$: 전파방향과 수직인 x-축 방향 성분의 전계강도

$$\vec{H}(\vec{r},t)\ [\text{A/m}] = H(\vec{r},t)\hat{a}_H = H_y(\vec{r},t)\hat{a}_y + H_z(\vec{r},t)\hat{a}_z\ \&\ \hat{a}_H \equiv \frac{\vec{H}(\vec{r},t)}{H(\vec{r},t)} = \zeta_H\hat{a}_y + \kappa_H\hat{a}_z$$

: 전파방향에 평행인 y-축 방향 성분과 z-축 방향 성분을 모두 가진 자계강도

$$\vec{\mathcal{P}}(\vec{r},t)\ [\text{W/m}^2] = \vec{E}(\vec{r},t)\times\vec{H}(\vec{r},t) = \mathcal{P}(\vec{r},t)\hat{a}_p \quad \&\ \hat{a}_p \equiv \frac{\vec{\mathcal{P}}(\vec{r},t)}{\mathcal{P}(\vec{r},t)} = \hat{a}_E\times\hat{a}_H = \zeta_p\hat{a}_y + \kappa_p\hat{a}_z$$

: y-축에 평행한 성분과 z-축에 평행한 성분을 갖고 전파되는 전력밀도

TM형 전자기파는 [그림 11-11](c)와 같이 전자기파가 진행하는 방향과 평행한 자계강도 성분은 존재하지 않고, 전파방향과 수직인 자계강도 성분만 존재하는 전자기파이다. 그러나 자계강도는 전파방향과 평행한 성분이 존재한다. y-축 방향의 자계강도를 갖는 TM형 전자기파의 예를 수식으로 나타내면 다음과 같다.

$$\left.\begin{aligned}\hat{a}_H\cdot\hat{a}_p &= 0\\ \hat{a}_E\cdot\hat{a}_p &\neq 0\end{aligned}\right\}\ \&\ \hat{a}_E\cdot\hat{a}_H = 0$$

$$\vec{H}(\vec{r},t)\ [\text{A/m}] = H(\vec{r},t)\hat{a}_H = E_y(\vec{r},t)\hat{a}_y\ \&\ \hat{a}_H \equiv \frac{\vec{H}(\vec{r},t)}{H(\vec{r},t)} = \hat{a}_y$$: 전파방향과 수직인 y-축 방향 성분의 자계강도

$$\vec{E}(\vec{r},t)\ [\text{V/m}] = E(\vec{r},t)\hat{a}_E = E_x(\vec{r},t)\hat{a}_x + E_z(\vec{r},t)\hat{a}_z\ \&\ \hat{a}_E \equiv \frac{\vec{E}(\vec{r},t)}{E(\vec{r},t)} = \chi_E\hat{a}_x + \kappa_E\hat{a}_z$$

: 전파방향에 평행인 x-축 방향 성분과 z-축 방향 성분을 모두 가진 전계강도

$$\vec{\mathcal{P}}(\vec{r},t)\ [\text{W/m}^2] = \vec{E}(\vec{r},t)\times\vec{H}(\vec{r},t) = \mathcal{P}(\vec{r},t)\hat{a}_p\ \&\ \hat{a}_p \equiv \frac{1}{\mathcal{P}(\vec{r},t)}\vec{\mathcal{P}}(\vec{r},t) = \hat{a}_E\times\hat{a}_H = \chi_p\hat{a}_x + \kappa_p\hat{a}_z$$

: x-축에 평행한 성분과 z-축에 평행한 성분을 갖고 전파되는 전력밀도

11.4.2 특성이 다른 두 매질의 경계면에서 전자기파의 전계강도와 자계강도에 관한 경계조건

매질을 통한 시변 전자기파의 전파 특성은 맥스웰 방정식에 의해 지배되며, 전기장과 자기장을 통합한 전자기파에 대한 파동(전파) 방정식으로 해석할 수 있음을 설명하였다. 시간에 따라 일정한 주파수로 변하는 정현파 형태의 시변 전기장과 자기장을 대표하는 전계강도($\boldsymbol{E}(\boldsymbol{r},t)$ [V/m])와 자계강도($\boldsymbol{H}(\boldsymbol{r},t)$ [A/m])는 각각 다음과 같이 나타낼 수 있다.

$$\vec{E}(\vec{r},t)\ [\text{V/m}] \equiv \vec{E}_o(\vec{r})e^{j\omega t} = e^{j\omega t}\left(E_{ox}(\vec{r}),E_{oy}(\vec{r}),E_{oz}(\vec{r})\right) = e^{j\omega t}\left(E_{ox}(\vec{r})\hat{a}_x + E_{oy}(\vec{r})\hat{a}_y + E_{oz}(\vec{r})\hat{a}_z\right)$$

: 전하중성 매질에서 시정현 전자기파의 시간의존도를 반영한 전계강도

$$\vec{E}_o(\vec{r}) = \left(E_{ox}(\vec{r}),E_{oy}(\vec{r}),E_{oz}(\vec{r})\right)$$: 공간의존 전계강도

$$\vec{H}(\vec{r},t)\ [\text{A/m}] \equiv \vec{H}_o(\vec{r})e^{j\omega t} = \left(H_{ox}(\vec{r}),H_{oy}(\vec{r}),H_{oz}(\vec{r})\right)e^{j\omega t} = \left(H_{ox}(\vec{r})\hat{a}_x + H_{oy}(\vec{r})\hat{a}_y + H_{oz}(\vec{r})\hat{a}_z\right)e^{j\omega t}$$

: 전하중성 매질에서 시정현 전자기파의 시간의존도를 반영한 자계강도

$$\vec{H}_o(\vec{r}) = \left(H_{ox}(\vec{r}),H_{oy}(\vec{r}),H_{oz}(\vec{r})\right)$$: 공간의존 자계강도

전하 중성($\rho(\boldsymbol{r}) = 0$ [C/m^3]) 매질에서 시정현파 전자기파에 대한 맥스웰 방정식은 다음과 같이 매질의 특성 변수(σ [Ω^{-1}/m], ϵ [F/m], μ [H/m])를 이용하여 변형된 형태로 정리할 수 있다. 이 관계식을

이용하여 공간의존 전계강도와 자계강도를 구할 수 있으며, 필요한 경우, 시불변 전계강도($\boldsymbol{E}_o(\boldsymbol{r})$ [V/m])와 자계강도($\boldsymbol{H}_o(\boldsymbol{r})$ [A/m])에 시간의존항($e^{j\omega t}$)을 곱해서 시변 전계강도($\boldsymbol{E}(\boldsymbol{r},t)$ [V/m])와 시변 자계강도($\boldsymbol{H}(\boldsymbol{r},t)$ [V/m])를 쉽게 얻을 수 있다.

$$\vec{H}(\vec{r},t)\ [\text{A/m}] = \frac{1}{-j\omega\mu}\nabla\times\vec{E}(\vec{r},t) \leftarrow \nabla\times\vec{E}(\vec{r},t) = e^{j\omega t}\nabla\times\vec{E}_o(\vec{r})\ [\text{V/m}^2] = -j\omega\mu\vec{H}_o(\vec{r})e^{j\omega t}$$

: 시정현 자계강도

$$\vec{E}(\vec{r},t)\ [\text{V/m}] = \frac{1}{(\sigma + j\omega\epsilon)}\nabla\times\vec{H}(\vec{r},t) \leftarrow \nabla\times\vec{H}(\vec{r},t) = \nabla\times\vec{H}_o(\vec{r})e^{j\omega t} = (\sigma + j\omega\epsilon)\vec{E}_o(\vec{r})e^{j\omega t}$$

: 시정현 전계강도

한편 양쪽 항에 공통인 시정현 함수를 약분하면, 전하중성($\rho(\boldsymbol{r}) = 0$ [C/m³]) 매질에서 시정현파 전자기장에 대한 시불변 전기장과 자기장을 지배하는 맥스웰 방정식은 요약하면 다음과 같이 시불변 전계강도와 자계강도에 대한 식으로 간략화된다.

$$\vec{H}_o(\vec{r})\ [\text{A/m}] = \frac{1}{-j\omega\mu}\nabla\times\vec{E}_o(\vec{r}) \leftarrow \begin{cases}\nabla\times\vec{E}_o(\vec{r}) = -j\omega\mu\vec{H}_o(\vec{r}) & [\text{V/m}^2] \\ \nabla\cdot\vec{E}_o(\vec{r}) = 0 & [\text{V/m}^2]\end{cases}$$

: 전기장에 대한 조건

$$\vec{E}_o(\vec{r})\ [\text{V/m}] = \frac{1}{(\sigma + j\omega\epsilon)}\nabla\times\vec{H}_o(\vec{r}) \leftarrow \begin{cases}\nabla\times\vec{H}_o(\vec{r}) = (\sigma + j\omega\epsilon)\vec{E}_o(\vec{r}) & [\text{A/m}^2] \\ \nabla\cdot\vec{H}_o(\vec{r}) = 0 & [\text{A/m}^2]\end{cases}$$

: 자기장에 대한 조건

전하 중성 매질에서 시정현파 전기장과 자기장의 공간에 대한 변화/전파를 지배하는 전파/파동 방정식은 다음과 같이 오직 매질의 고유한 특성(전기전도도 σ [Ω⁻¹/m], 유전상수 ϵ [F/m], 자성계수 μ [H/m])과 전자기파의 주파수($\omega = 2\pi f$ [rad/s]: 시간에 따른 변화)에 의해서 결정되는 전파상수($\gamma = \alpha + j\beta$ [1/m]: 복소수)를 이용하여 변형된 형태로 나타낼 수 있다.

$$\nabla^2\vec{E}_o(\vec{r}) - j\omega\mu(\sigma + j\omega\epsilon)\vec{E}_o(\vec{r}) = \nabla^2\vec{E}_o(\vec{r}) - \gamma^2\vec{E}_o(\vec{r}) = 0\ [\text{V/m}^3]$$

: 중성 매질에서 전기장의 전파방정식

$$\nabla^2\vec{H}_o(\vec{r}) - j\omega\mu(\sigma + j\omega\epsilon)\vec{H}_o(\vec{r}) = \nabla^2\vec{H}_o(\vec{r}) - \gamma^2\vec{H}_o(\vec{r}) = 0\ [\text{A/m}^3]$$

: 중성 매질에서 자기장의 전파방정식

$$\gamma\ [1/\text{m}] \equiv \sqrt{j\omega\mu(\sigma + j\omega\epsilon)} \equiv \alpha + j\beta$$

: 매질의 특성(σ, ϵ, μ)과 신호의 주파수(ω)에 의해 결정되는 복소 전파상수

$$\vec{k}\ [1/\text{m}] = \gamma\hat{a}_p = (\alpha + j\beta)\hat{a}_p = \sqrt{j\omega\mu(\sigma + j\omega\epsilon)}\hat{a}_p$$

: 매질의 특성과 신호의 주파수에 의해 결정되는 벡터 전파상수

$$\alpha\ [\text{Np/m}] \equiv \omega\sqrt{\frac{\mu\epsilon}{2}\left(\sqrt{1 + \left(\frac{\sigma}{\omega\epsilon}\right)^2} - 1\right)}$$

: 매질의 특성(σ, ϵ, μ)과 신호의 주파수(ω)에 의해 결정되는 감쇄상수

$$\beta\ [\text{rad/m}] \equiv \omega\sqrt{\frac{\mu\epsilon}{2}\left(\sqrt{1 + \left(\frac{\sigma}{\omega\epsilon}\right)^2} + 1\right)}$$

: 매질의 특성(σ, ϵ, μ)과 신호의 주파수(ω)에 의해 결정되는 위상상수

시정현 전자기파의 시간과 공간의존도를 모두 포함하는 전계강도($\boldsymbol{E}(\boldsymbol{r},t)$ [V/m])와 자계강도($\boldsymbol{H}(\boldsymbol{r},t)$ [A/m])의 일반 형태는 전파방향과 동일한 방향($+\boldsymbol{a}_p$)으로 전파되는 전자기파($\boldsymbol{E}_+(\boldsymbol{r},t)$, $\boldsymbol{H}_+(\boldsymbol{r},t)$)와 반대방향($-\boldsymbol{a}_p$)으로 전파되는 반사파($\boldsymbol{E}_-(\boldsymbol{r},t)$, $\boldsymbol{H}_-(\boldsymbol{r},t)$)의 합으로 나타낼 수 있으며, 이를 정리하면 다음과 같다.

$$\vec{E}(\vec{r},t)=\vec{E}_+(\vec{r},t)+\vec{E}_-(\vec{r},t)=\vec{E}_o(\vec{r})e^{j\omega t}=\left(\vec{E}_{o+}e^{-\gamma\hat{a}_p\cdot\vec{r}}+\vec{E}_{o-}e^{+\gamma\hat{a}_p\cdot\vec{r}}\right)e^{j\omega t}\ [\text{V/m}]\quad :\text{정현파 전계강도 전파}$$

$$\vec{H}(\vec{r},t)=\vec{H}_+(\vec{r},t)+\vec{H}_-(\vec{r},t)=\vec{H}_o(\vec{r})e^{j\omega t}=\left(\vec{H}_{o+}e^{-\gamma\hat{a}_p\cdot\vec{r}}+\vec{H}_{o-}e^{+\gamma\hat{a}_p\cdot\vec{r}}\right)e^{j\omega t}\ [\text{A/m}]:\text{정현파 자계강도 전파}$$

매질 1과 매질 2가 접하고 있고, 계면전하밀도가 ρ_s [C/m^2]인 경계면의 전기장 경계조건을 요약하면 다음과 같다.

$$\begin{cases}\vec{E}(\vec{r},t)\ [\text{V/m}]\ =\vec{E}_t(\vec{r},t)+\vec{E}_n(\vec{r},t)=E_t(\vec{r},t)\hat{a}_t+E_n(\vec{r},t)\hat{a}_n & =\dfrac{1}{\epsilon}\vec{D}(\vec{r},t)=\dfrac{1}{\epsilon}D_t(\vec{r},t)\hat{a}_t+\dfrac{1}{\epsilon}D_n(\vec{r},t)\hat{a}_n\\ \vec{D}(\vec{r},t)\ [\text{C/m}^2]=\vec{D}_t(\vec{r},t)+\vec{D}_n(\vec{r},t)=D_t(\vec{r},t)\hat{a}_t+D_n(\vec{r},t)\hat{a}_n & =\epsilon\vec{E}=\epsilon E_t(\vec{r},t)\hat{a}_t+\epsilon E_n(\vec{r},t)\hat{a}_n\end{cases}$$

: 접선방향과 법선방향 성분의 합으로 표시

$$E_{t1}(\vec{r},t)=E_{t2}(\vec{r},t)=E_t(\vec{r},t)\ [\text{V/m}]=\frac{D_{t1}(\vec{r},t)}{\epsilon_1}=\frac{D_{t2}(\vec{r},t)}{\epsilon_2}\qquad :\text{전계강도의 접선방향에 대한 경계조건}$$

$$\left(D_{n1}(\vec{r},t)-D_{n2}(\vec{r},t)\right)=\rho_S\ [\text{C/m}^2]\rightarrow\begin{cases}D_{n1}(\vec{r},t)=D_{n2}(\vec{r},t)+\rho_S\ [\text{C/m}^2]\\ D_{n2}(\vec{r},t)=D_{n1}(\vec{r},t)-\rho_S\ [\text{C/m}^2]\end{cases}$$

: 등가전하밀도의 법선방향에 대한 경계조건

$$\frac{D_{t2}(\vec{r},t)}{D_{t1}(\vec{r},t)}=\frac{\epsilon_2}{\epsilon_1}\rightarrow\begin{cases}D_{t1}(\vec{r},t)\ [\text{C/m}^2]=\epsilon_1E_{t1}(\vec{r},t)=\epsilon_1E_t(\vec{r},t)\\ D_{t2}(\vec{r},t)\ [\text{C/m}^2]=\epsilon_2E_{t2}(\vec{r},t)=\epsilon_2E_t(\vec{r},t)\end{cases}\ \&\ \begin{cases}E_{n1}(\vec{r},t)=\dfrac{\epsilon_2}{\epsilon_1}E_{n2}(\vec{r},t)+\dfrac{\rho_S}{\epsilon_1}\ [\text{V/m}]\\ E_{n2}(\vec{r},t)=\dfrac{\epsilon_1}{\epsilon_2}E_{n1}(\vec{r},t)-\dfrac{\rho_S}{\epsilon_2}\ [\text{V/m}]\end{cases}$$

전자파가 전파되는 매질 1과 매질 2가 접하고 있고, 계면전류밀도가 $\boldsymbol{K}$ [A/m]인 경계면의 자기장 경계조건을 요약하면 다음과 같다.

$$\begin{cases}\vec{H}(\vec{r},t)\ [\text{A/m}]=\vec{H}_t(\vec{r},t)+\vec{H}_n(\vec{r},t)=H_t(\vec{r},t)\hat{a}_t+H_n(\vec{r},t)\hat{a}_n\\ \qquad\vec{B}(\vec{r},t)\ [\text{Wb/m}^2]=\mu\vec{H}(\vec{r},t)\ ;\mu(\vec{r})\ [\text{H/m}]=\mu_o\mu_r(\vec{r})\ ;\ \mu_r(\vec{r})\equiv1+\chi_m(\vec{r})\\ \vec{B}(\vec{r},t)\ [\text{Wb/m}^2]=\vec{B}_t(\vec{r},t)+\vec{B}_n(\vec{r},t)=B_t(\vec{r},t)\hat{a}_t+B_n(\vec{r},t)\hat{a}_n\end{cases}$$

: 접선방향과 법선방향 성분의 합으로 표시

$$H_{1t}-H_{2t}=\frac{B_{1t}}{\mu_1}-\frac{B_{2t}}{\mu_2}=K\ [\text{A/m}]\qquad :\text{자계강도의 접선방향 성분에 대한 경계조건}$$

$$\left(\vec{H}_1-\vec{H}_2\right)\times\hat{a}_{n12}=\vec{K}\ [\text{A/m}]\longleftrightarrow\left(\vec{H}_2-\vec{H}_1\right)\times\hat{a}_{n21}=\vec{K}\ [\text{A/m}]\longleftrightarrow\hat{a}_{n21}\times\left(\vec{H}_1-\vec{H}_2\right)\vec{K}\ [\text{A/m}]$$

$$B_{1n}=B_{2n}\ [\text{Wb/m}^2]\rightarrow\begin{cases}\mu_1H_{1n}(0)=\mu_2H_{2n}(\vec{r})\\ \rightarrow\dfrac{H_{2n}(\vec{r})}{H_{1n}(0)}=\dfrac{\mu_1}{\mu_2}=\dfrac{\mu_{r1}}{\mu_{r2}}=\dfrac{1+\chi_{m1}}{1+\chi_{m2}}\end{cases}\quad :\text{자속밀도의 법선방향 성분에 대한 경계조건}$$

무손실 매질로부터 도체로 입사된 전자기파의 전파 특성은 다음의 순서로 설명한다.

- 도체 경계면에 수직 입사된 전자기파의 전파 특성
- 직교편파(전기장 편파)되어 도체 경계면에 경사 입사된 전자기파의 전파 특성
- 평행편파(자기장 편파)되어 도체 경계면에 경사 입사된 전자기파의 전파 특성

Section

11.5 무손실 매질로부터 도체면에 수직으로 입사된 전자기파의 전파

[그림 11–12]는 전자기파의 전계강도가 x-축 방향($\boldsymbol{a}_E = \boldsymbol{a}_x$: $\boldsymbol{E} = E_x\boldsymbol{a}_x$)으로 편파되고, 자계강도는 y-축 방향($\boldsymbol{a}_H = \boldsymbol{a}_y$: $\boldsymbol{H} = H_y\boldsymbol{a}_y$)으로 편파되어 무손실 매질($\sigma = 0$ [Ω^{-1}/m])로부터 도체면($\sigma = \infty$ [Ω^{-1}/m])을 향해 z-축 양의 방향으로 경계면에 수직 입사된 전자기파를 형상화한 것이다. 이는 도파관 구조에서 접하게 되는 상황으로, 매질의 경계면에서는 반사파가 발생한다.

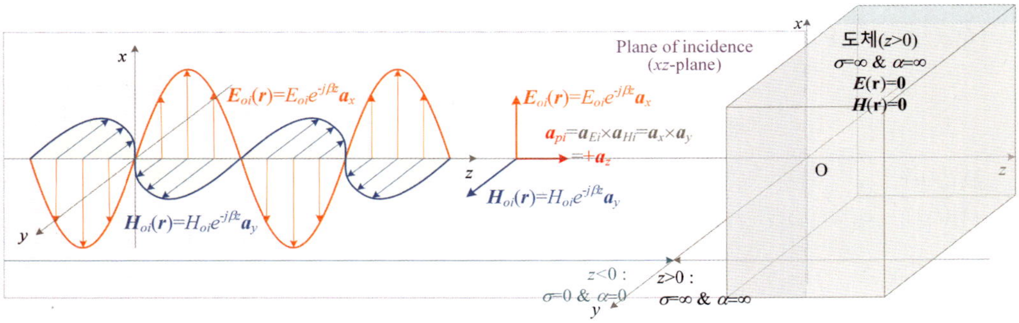

[그림 11–12] 무손실($\sigma = 0\,[\Omega^{-1}/\text{m}]$) 매질로부터 도체($\sigma = \infty\,[\Omega^{-1}/\text{m}]$) 면에 수직으로 입사된 시정현 전자기파 입사파 ($\boldsymbol{E}_{oi}(\boldsymbol{r}), \boldsymbol{H}_{oi}(\boldsymbol{r})$)

x-축 방향으로 편파된 전계강도($\boldsymbol{a}_E = \boldsymbol{a}_x$)와 y-축 방향으로 편파된 자계강도($\boldsymbol{a}_H = \boldsymbol{a}_y$) 성분을 가지고, z-축 양의 방향($\boldsymbol{a}_p = \boldsymbol{a}_z$)으로 전파되는 전자기파(TEM형)는 다음과 같이 나타낼 수 있다.

$$\vec{E}(\vec{r},t) = \vec{E}_+(\vec{r},t) + \vec{E}_-(\vec{r},t) = \vec{E}_o(\vec{r})e^{j\omega t} = \left(\vec{E}_{o+}e^{-\gamma\hat{a}_p\cdot\vec{r}} + \vec{E}_{o-}e^{+\gamma\hat{a}_p\cdot\vec{r}}\right)e^{j\omega t} \text{ [V/m]}$$

$$\vec{E}(\vec{r},t) = \left(E_{o+}e^{-\gamma z} + E_{o-}e^{+\gamma z}\right)e^{j\omega t}\hat{a}_x \text{ [V/m]} ;\ \vec{E}_o(\vec{r}) \text{ [V/m]} = \frac{1}{(\sigma + j\omega\epsilon)}\nabla\times\vec{H}_o(\vec{r})$$

: x-축 방향으로 편파되어 z-축과 평행하게 전파되는 정현파 전계강도

$$\vec{H}(\vec{r},t) = \vec{H}_+(\vec{r},t) + \vec{H}_-(\vec{r},t) = \vec{H}_o(\vec{r})e^{j\omega t} = \left(\vec{H}_{o+}e^{-\gamma\hat{a}_p\cdot\vec{r}} + \vec{H}_{o-}e^{+\gamma\hat{a}_p\cdot\vec{r}}\right)e^{j\omega t} \text{ [A/m]}$$

$$\vec{H}(\vec{r},t) = \left(H_{o+}e^{-\gamma z} + H_{o-}e^{+\gamma z}\right)e^{j\omega t}\hat{a}_y \text{ [A/m]} ;\ \vec{H}_o(\vec{r}) \text{ [A/m]} = \frac{1}{-j\omega\mu}\nabla\times\vec{E}_o(\vec{r})$$

: y-축 방향으로 편파되어 z-축 양의 방향으로 전파되는 정현파 자계강도

$\gamma \text{ [1/m]} \equiv \sqrt{j\omega\mu(\sigma + j\omega\epsilon)} \equiv \alpha + j\beta$: 매질의 특성(σ, ϵ, μ)과 신호의 주파수(ω)에 의해 결정되는 복소 전파상수

$\vec{k} \text{ [1/m]} = \gamma\hat{a}_p = (\alpha + j\beta)\hat{a}_p = \sqrt{j\omega\mu(\sigma + j\omega\epsilon)}\hat{a}_z$: 매질의 특성과 신호의 주파수에 의해 결정되는 벡터 전파상수

$\alpha \text{ [Np/m]} \equiv \omega\sqrt{\frac{\mu\epsilon}{2}\left(\sqrt{1+\left(\frac{\sigma}{\omega\epsilon}\right)^2} - 1\right)}$: 매질의 특성과 전자기파의 주파수에 의해 결정되는 감쇄상수(양의 실수)

$$\beta\ [\text{rad/m}] \equiv \omega\sqrt{\frac{\mu\epsilon}{2}\left(\sqrt{1+\left(\frac{\sigma}{\omega\epsilon}\right)^2}+1\right)}$$: 매질의 특성과 전자기파의 주파수에 의해 결정되는 위상상수(양의 실수)

전도성이 우수한 도체 내부의 감쇄상수(α [Np/m]), 전계강도($\boldsymbol{E}(\boldsymbol{r},t)|_{\text{metal}}$ [V/m]) 및 자계강도($\boldsymbol{H}(\boldsymbol{r},t)|_{\text{metal}}$ [A/m])에 대한 경계조건은 다음과 같다.

$$\alpha\Big|_{\sigma=\text{large}}\ [\text{Np/m}] \equiv \omega\sqrt{\frac{\mu\epsilon}{2}\left(\sqrt{1+\left(\frac{\sigma}{\omega\epsilon}\right)^2}-1\right)}\Bigg|_{\sigma=\text{large}} \cong \omega\sqrt{\frac{\mu\epsilon}{2}\frac{\sigma}{\omega\epsilon}} = \sqrt{\sigma\mu f} = \text{large}$$

: 도체 내부의 감쇄상수 = ∞

$$\vec{E}(\vec{r},t)\Big|_{\substack{metal\\ \sigma=large}} = \vec{E}_o(\vec{r})e^{j\omega t} = \vec{E}_{o+}e^{-\gamma\hat{a}_p\cdot\vec{r}} = \vec{E}_{o+}e^{-\alpha z}e^{-j\beta z}e^{j\omega t}\Big|_{\substack{metal\\ \alpha=large}} = 0\ [\text{V/m}]$$

: 급격한 감쇄로 도체 내부의 전계강도 = **0**

$$\vec{H}(\vec{r},t)\Big|_{\substack{metal\\ \alpha=large}} = \vec{H}_o(\vec{r})e^{j\omega t} = \vec{H}_{o+}e^{-\gamma\hat{a}_p\cdot\vec{r}} = \vec{H}_{o+}e^{-\alpha z}e^{-j\beta z}e^{j\omega t}\Big|_{\substack{metal\\ \alpha=large}} = 0\ [\text{A/m}]$$

: 급격한 감쇄로 도체 내부의 자계강도 = **0**

무손실 매질($\sigma = 0$ [Ω^{-1}/m]) 쪽($z = 0^-$) 경계면의 전계강도와 자계강도에 대한 경계조건은 다음과 같다.

$$\alpha\Big|_{\sigma=0}\ [\text{Np/m}] = 0$$: 무손실 매질 내에서는 전자기파의 감쇄가 없이 전파됨

$$\beta\Big|_{\sigma=0}\ [\text{rad/m}] = \omega\sqrt{\mu\epsilon}$$: 무손실 매질 내의 위상상수

$$\gamma\Big|_{\sigma=0}\ [\text{1/m}] = j\beta = j\omega\sqrt{\mu\epsilon}$$: 무손실 매질의 전파상수

$$\vec{E}(\vec{r},t)\ [\text{V/m}] = \left(E_{oi}e^{-j\beta z}+E_{or}e^{+j\beta z}\right)e^{j\omega t}\hat{a}_x = \vec{E}_o(\vec{r})e^{j\omega t}\hat{a}_x$$: 입사파와 반사파가 모두 존재하는 시정현 전계강도

$$\vec{E}_o(\vec{r})\ [\text{V/m}] = \left(E_{oi}e^{-j\beta z}+E_{or}e^{+j\beta z}\right)\hat{a}_x$$: 입사파와 반사파가 모두 존재하는 공간의존 전계강도

$$\vec{H}(\vec{r},t)\ [\text{A/m}] = \left(H_{oi}e^{-j\beta z}+H_{or}e^{+j\beta z}\right)e^{j\omega t}\hat{a}_y = \vec{H}_o(\vec{r})e^{j\omega t}\hat{a}_y$$: 입사파와 반사파가 모두 존재하는 시정현 자계강도

$$\vec{H}_o(\vec{r})\ [\text{A/m}] = \left(H_{oi}e^{-j\beta z}+H_{or}e^{+j\beta z}\right)\hat{a}_y$$: 입사파와 반사파가 모두 존재하는 공간의존 자계강도

따라서 무손실 매질과 도체가 접한 경계면($z = 0^-$)에서 전계강도는 다음과 같이 입사파와 반사파의 전계강도 크기가 동일하다. 즉, 도체 경계면에 수직 입사된 경우 입사파는 도체 경계면에서 모두 반사된다.

$$\vec{E}_o(z)\Big|_{z=0^-}\ [\text{V/m}] = \left(E_{oi}e^{-j\beta z}+E_{or}e^{+j\beta z}\right)\hat{a}_x\Big|_{z=0^-} = E_{oi}+E_{or} = 0 = \vec{E}_o(z)\Big|_{z=0^+}$$

$$\rightarrow E_{or} = -E_{oi}$$

즉, 무손실 매질 내($z〈0$)의 전계강도($\boldsymbol{E}(\boldsymbol{r},t)$ [V/m])는 입사파와 반사파의 간섭으로 인해 다음과 같이 공간적으로 정지한 형태인 정재파(standing wave)가 된다. 특히, 도체 경계면과 그로부터 반파장($\lambda/2$)의 정수배가 되는 지점의 전계강도는 모두 **0** [V/m]이 된다.

$$\vec{E}_o(\vec{r})\ [\text{V/m}] = \left(E_{oi}e^{-j\beta z}+E_{or}e^{+j\beta z}\right)\hat{a}_x = \left(E_{oi}e^{-j\beta z}-E_{oi}e^{+j\beta z}\right)\hat{a}_x = E_{oi}\left(e^{-j\beta z}-e^{+j\beta z}\right)\hat{a}_x$$

$$= -2jE_{oi}\sin(\beta z)\hat{a}_x$$: 정재파

$$\vec{E}_o(\vec{r})\Big|_{z=n(\lambda/2)} = -2jE_{oi}\sin(\beta z)\hat{a}_x\Big|_{z=n(\lambda/2)} = 0 \text{ [V/m]}$$

무손실 매질 내의 자계강도($\boldsymbol{H}_o(\boldsymbol{r})$ [A/m])는 시변 자기장에 의해 발생하는 기전력에 관한 패러데이의 법칙에 관한 맥스웰 방정식을 이용하여 전계강도($\boldsymbol{E}_o(\boldsymbol{r})$ [V/m])로부터 다음과 같이 얻을 수 있다.

$$\vec{H}_o(\vec{r}) \text{ [A/m]} = \left(H_{oi}e^{-j\beta z} + H_{or}e^{+j\beta z}\right)\hat{a}_y = -\frac{1}{j\omega\mu}\nabla\times\vec{E}_o(\vec{r}) \leftarrow \nabla\times\vec{E}(\vec{r},t) = -\mu\frac{\partial\vec{H}(\vec{r},t)}{\partial t}$$

$$= -j\omega\mu\vec{H}(\vec{r},t) \text{ [V/m}^2\text{]}$$

$$\nabla\times\vec{E}_o(\vec{r}) = \begin{vmatrix} \hat{a}_x & \hat{a}_y & \hat{a}_z \\ \dfrac{\partial}{\partial x} & \dfrac{\partial}{\partial y} & \dfrac{\partial}{\partial z} \\ E_{oi}\left(e^{-j\beta z} - e^{+j\beta z}\right) & 0 & 0 \end{vmatrix} = \frac{\partial E_{oi}\left(e^{-j\beta z} - e^{+j\beta z}\right)}{\partial z}\hat{a}_y = -jE_{oi}\beta\left(e^{-j\beta z} + e^{+j\beta z}\right)\hat{a}_y$$

$$= -j2E_{oi}\beta\cos(\beta z)\hat{a}_y$$

따라서 무손실 매질 내의 자계강도($\boldsymbol{H}(\boldsymbol{r},t)$ [A/m]) 역시 입사파와 반사파의 간섭으로 인해 다음과 같이 정재파가 된다.

$$\vec{H}_o(\vec{r}) \text{ [A/m]} = \left(H_{oi}e^{-j\beta z} + H_{or}e^{+j\beta z}\right)\hat{a}_y = -\frac{1}{j\omega\mu}\nabla\times\vec{E}_o(\vec{r}) = \frac{\beta}{\omega\mu}E_{oi}\left(e^{-j\beta z} + e^{+j\beta z}\right)\hat{a}_y$$

$$= \sqrt{\frac{\epsilon}{\mu}}E_{oi}\left(e^{-j\beta z} + e^{+j\beta z}\right)\hat{a}_y = \frac{E_{oi}}{\eta}\left(e^{-j\beta z} + e^{+j\beta z}\right)\hat{a}_y = H_{oi}\left(e^{-j\beta z} + e^{+j\beta z}\right)\hat{a}_y$$

$$= 2H_{oi}\cos(\beta z)\hat{a}_y = 2\frac{E_{oi}}{\eta}\cos(\beta z)\hat{a}_y$$

$$\rightarrow H_{oi} = \frac{E_{oi}}{\eta} = H_{or} = \frac{E_{oi}}{\eta} = -\frac{E_{or}}{\eta}; E_{or} = -E_{oi}$$: 입사파와 반사파 자계강도

즉 무손실 매질과 도체가 경계를 이루고 있는 경우, 경계면에 수직으로 입사된 전자기파는 모두 반사됨을 의미한다. 특히, 도체 경계면에서 최대 진폭을 가지며 전계강도와는 $\Delta\phi = \pi/2$ [rad]의 위상차가 존재한다. 또한 무손실 매질의 특성 임피던스는 다음과 같이 전자기파의 주파수에 무관하고, 매질의 유전상수와 자성계수에 의해 결정된다. 특히 매질의 특성 임피던스를 이용하여 전계강도로부터 자계강도를, 그리고 자계강도로부터 전계강도를 간단히 구하는 데 사용한다.

$$\eta\Big|_{\sigma=0} = \frac{E_{ox}(\vec{r})}{H_{oy}(\vec{r})}\Bigg|_{\sigma=0} = \sqrt{\frac{j\omega\mu}{\sigma + j\omega\epsilon}}\Bigg|_{\sigma=0} = \sqrt{\frac{\mu}{\epsilon}} \text{ [}\Omega\text{]}$$: 무손실 매질의 특성 임피던스(신호 주파수에 무관하게 일정)

무손실 매질로부터 도체 경계면에 수직으로 입사된 전자기파의 전계강도와 자계강도의 세기($|\boldsymbol{E}(\boldsymbol{r})|$ [V/m], $|\boldsymbol{H}(\boldsymbol{r})|$ [A/m]) 분포를 형상화하여 [그림 11-13]에 나타내었다.

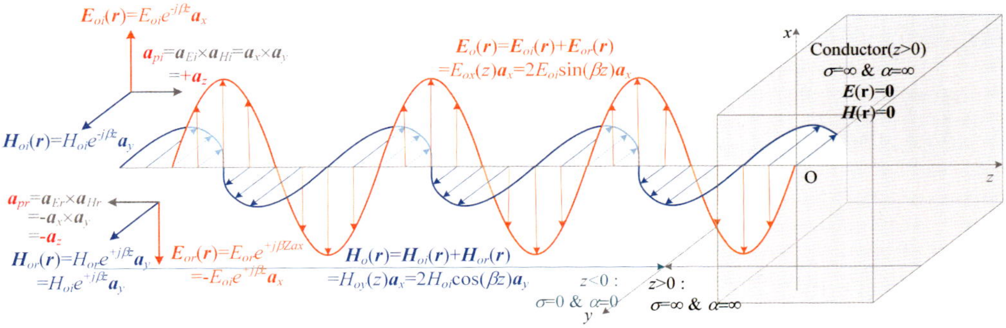

[그림 11-13] 무손실 매질($\sigma = 0$)로부터 도체($\sigma = \infty$) 면에 수직으로 입사된 전자기파의 입사파($\boldsymbol{E}_{oi}(\boldsymbol{r})$, $\boldsymbol{H}_{oi}(\boldsymbol{r})$)와 반사파($\boldsymbol{E}_{or}(\boldsymbol{r}), \boldsymbol{H}_{or}(\boldsymbol{r})$)를 합한 전계강도($\boldsymbol{E}_{o}(\boldsymbol{r})$)와 자계강도($\boldsymbol{H}_{o}(\boldsymbol{r})$) 파형

Section

11.6 무손실 매질로부터 도체면에 경사 입사된 전자기파의 전파

앞에서 설명한 것과 같이 전자기파는 전계강도 벡터와 자계강도 벡터가 전파되는 방향과 수직인 횡파로서, 전계강도 단위벡터($\boldsymbol{a}_E$)와 전파방향 단위벡터($\boldsymbol{a}_p$)가 수직이고, 자계강도 단위벡터($\boldsymbol{a}_H$)와 전파방향 단위벡터($\boldsymbol{a}_p$)도 서로 수직이다.

$$\left.\begin{matrix}\hat{a}_E\cdot\hat{a}_p=0\\ \hat{a}_E\cdot\hat{a}_H=0\\ \hat{a}_E\cdot\hat{a}_p=0\end{matrix}\right\}\leftarrow\left\{\begin{matrix}\hat{a}_E\equiv\vec{E}(\vec{r},t)\big/\left|\vec{E}(\vec{r},t)\right|\\ \hat{a}_H\equiv\vec{H}(\vec{r},t)\big/\left|\vec{H}(\vec{r},t)\right|\end{matrix}\right. \;\&\; \hat{a}_p\equiv\frac{\vec{P}(\vec{r},t)}{\left|\vec{P}(\vec{r},t)\right|}=\hat{a}_E\times\hat{a}_H\;;\;\vec{P}(\vec{r},t)\ [\mathrm{W/m^2}]=\vec{E}(\vec{r},t)\times\vec{H}(\vec{r},t)$$

전자기파가 전파되는 매질의 고유 특성(유전상수: ϵ [F/m], 자성계수: μ [H/m], 전기전도도: σ [Ω^{-1}/m]와 주파수에 의해 결정되는 특성 임피던스: η [Ω])이 다른 매질의 경계면을 지날 때는 전자기파의 반사가 발생하며, 이에 대한 핵심을 이해해야 한다. 특히, 앞서 학습한 바와 같이 전자기파가 경계면에 수직으로 입사되는 경우도 있으나, 경사 입사된 경우도 있으므로 이 경우의 전파 특성도 잘 이해해야 한다. 또한 경계면에 수직 입사되는 경우와 달리 경사 입사되는 전자기파는 경우가 매우 다양하므로, 모든 경우를 전파방정식에 직접 적용하여 전파 특성을 해석하는 과정은 매우 복잡할 수 있다.

따라서 경계면(실제로는 경계면과 수직인 법선 단위벡터: $\boldsymbol{a}_n$)과 입사파의 전파방향($\boldsymbol{a}_p$)을 모두 포함하는 입사평면(plane of incidence)을 정의하고,

- 전계강도가 입사평면에 수직인 성분을 가지고 경사 입사(직교편파)된 경우의 전파 특성과
- 전계강도가 입사평면과 평행한 성분을 가지고 경사 입사(평행편파)된 경우의 전파 특성

으로 분리하여 이해하고, 중첩의 원리를 이용하여 합하는 방법을 사용한다. 이것은 전자기파를 구성하는 전기장 성분의 전계강도와 자기장 성분의 자계강도를 다음과 같이 입사평면에 수직(직교: perpendicular)인 성분($\boldsymbol{E}_\perp(\boldsymbol{r},t)$, $\boldsymbol{H}_\perp(\boldsymbol{r},t)$)과 평행(parallel)한 성분($\boldsymbol{E}_\parallel(\boldsymbol{r},t)$, $\boldsymbol{H}_\parallel(\boldsymbol{r},t)$)의 합으로 나타낼 수 있기 때문이다.

$$\vec{E}(\vec{r},t)\ [\mathrm{V/m}]=\vec{E}_\perp(\vec{r},t)+\vec{E}_\parallel(\vec{r},t)$$: 입사평면에 수직인 성분과 평행인 성분의 합으로 표시한 전계강도

$$\vec{H}(\vec{r},t)\ [\mathrm{A/m}]=\vec{H}_\perp(\vec{r},t)+\vec{H}_\parallel(\vec{r},t)$$: 입사평면에 수직인 성분과 평행인 성분의 합으로 표시한 자계강도

[그림 11-14](a)에 나타낸 것과 같이 입사평면은 입사파의 전파방향을 나타내는 단위벡터($\boldsymbol{a}_{pi}$)와 경계면에 수직인 단위벡터($\boldsymbol{a}_n$)를 동시에 포함하는 평면으로 정의하며, 입사된 전자기파의 전계강도가 입사평면과 이루는 각이 직각인지 평행인지를 이용하여 전자파의 편파(polarization)를 구분한다. 상호 유기적으로 작용하는 시변 전자기파의 전계강도와 자계강도는 서로 수직($\boldsymbol{E}(\boldsymbol{r},t)\cdot\boldsymbol{H}(\boldsymbol{r},t)=0$)이므로, 전기장의 방향($\boldsymbol{a}_E$)이 결정되면 자기장의 방향($\boldsymbol{a}_H$)은 그에 수직인 방향으로 결정되고, 전자기파의 진행 방향($\boldsymbol{a}_p$)이 결정되면 자기장의 방향도 자동으로 확정된다.

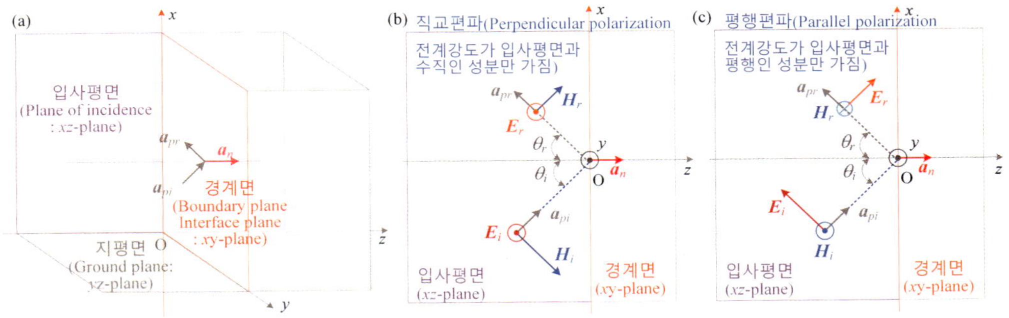

[그림 11-14] (a) 입사평면, 경계면, 입사파 단위벡터, 반사파 단위벡터, 경계면 수직 단위벡터
(b) 입사된 전자기파의 전계강도가 입사평면에 수직인 성분을 가진 직교편파
(c) 입사된 전자기파의 전계강도가 입사평면에 평행한 성분을 가진 평행편파

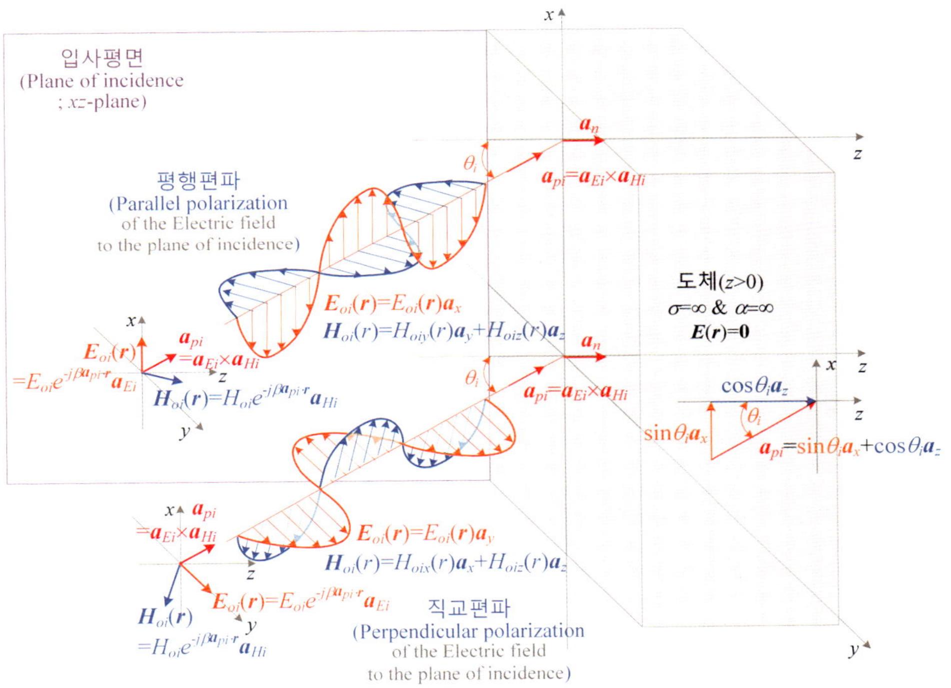

[그림 11-15] 입사된 전자기파의 전계강도가 입사평면에 수직인 성분을 가진 직교편파와 입사평면에 평행한 성분을 가진 평행편파의 구분

따라서 전파가 진행되는 방향($\boldsymbol{a}_p$)과 전기장 벡터($\boldsymbol{E}(\boldsymbol{r},t)$ [V/m] 또는 $\boldsymbol{a}_E$)의 방향을 기준으로 직교편파(perpendicular-polarized wave)와 평행편파(parallel-polarized wave)로 구분하며, 전자기파의 이해와 응용 과정에 활용한다. 즉, 전자기파의 전기장 성분인 전계강도가 입사평면과 수직인 경우를 직교편파(perpendicular polarization) 또는 전기장 편파(E-polarized)라고 한다. 이와는 달리, 자기장을 나타내는 자계강도가 입사평면과 수직인 경우(즉 전기장 성분을 나타내는 전계강도에 입사평면과 평행한 성분이 존재함)를 자기장 편파(H-polarized) 또는 평행편파(parallel polarization)라고 한다. 이 교재에서는 직교편파(전기장 편파)와 평행편파(자기장 편파)를 사용한다. 따라서 다층구조 매질로 경사 입사된

전자기파의 해석은

- 전계강도가 입사평면에 수직인 성분만 가진 직교편파(전기장 편파: $\boldsymbol{E}_{\parallel} = \boldsymbol{0}$, $\boldsymbol{E} = \boldsymbol{E}_{\perp}$)된 전자기파의 전파 특성
- 전계강도가 입사평면에 평행인 성분만 가진 평행편파(자기장 편파: $\boldsymbol{H}_{\parallel} = \boldsymbol{0}$, $\boldsymbol{H} = \boldsymbol{H}_{\perp}$)된 전자기파의 전파 특성

으로 구분하여 해석하고, 이들을 중첩의 원리를 이용하여 합하면 된다.

입사평면(xz-평면), 경계면(xy-평면), 경계면에 수직인 단위벡터($\boldsymbol{a}_n$), 입사방향 벡터($\boldsymbol{a}_{pi}$), 반사방향 벡터($\boldsymbol{a}_{pr}$), 입사파 전계강도 벡터와 자계강도 벡터($\boldsymbol{E}_i$, $\boldsymbol{H}_i$), 반사파 전계강도 벡터와 자계강도 벡터($\boldsymbol{E}_r$, $\boldsymbol{H}_r$)를 이용하여 직교편파(전기장 편파)와 평행편파(자기장 편파)된 전자기파를 [그림 11-14]와 [그림 11-15]에 구분하였다.

또한 전자기파는 [그림 11-16]에 구분하여 나타낸 것과 같이 동일한 방향으로 진동(최솟값 ⟷ 최댓값)하는 선형 편파(linear polarization), 일정한 면을 이루며 진동하는 원형 편파(circular polarization), 그리고 타원형 편파(elliptical polarization) 등이 있다.

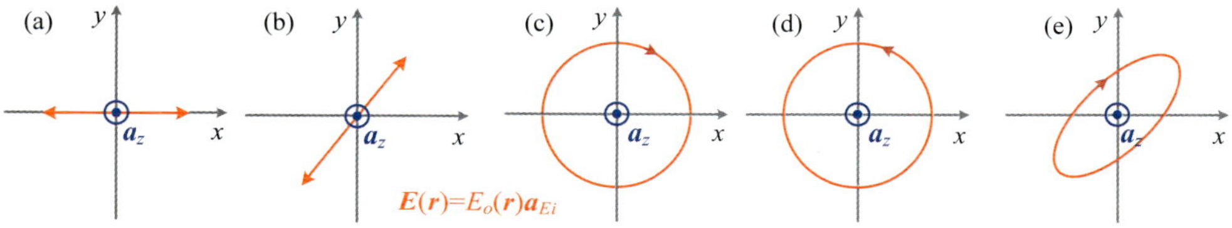

[그림 11-16] 전자기파 편파의 종류와 구분 (a), (b) : 선형 편파 (c), (d) : 원형 편파 (e) 타원형 편파

11.6.1 직교편파(전기장 편파 ; E-polarization)되어 도체 경계면에 경사 입사된 전자기파의 전파 특성

전자기파를 구성하는 전기장 성분인 입사 전계강도의 방향이 입사평면과 수직인 성분만 가진 전자기파를 직교편파(perpendicular polarization: $\boldsymbol{a}_E = \boldsymbol{a}_y$, $\boldsymbol{a}_E \cdot \boldsymbol{a}_g = \boldsymbol{a}_E \cdot \boldsymbol{a}_{n,xy} = 0$, $\boldsymbol{a}_p = \boldsymbol{a}_z$; 또는 전기장 편파; E-polarization, $\boldsymbol{E}_{\parallel} = \boldsymbol{0}$, $\boldsymbol{E} = \boldsymbol{E}_{\perp}$)라고 부른다. [그림 11-17]을 참고하여 직교편파(전기장 편파)되어 도체 경계면을 향해 경사 입사된 전자기파의 전파 특성을 이해하고자 한다(입사평면: xz-평면, 경계면: xy-평면, 전계방향: $\boldsymbol{a}_E = \boldsymbol{a}_y$, 전파방향: xz-평면에 평행).

입사평면과 수직인 입사 전계강도 성분만 가진 직교편파(전기장 편파)된 전자기파($\boldsymbol{a}_E = \boldsymbol{a}_y$, $\boldsymbol{a}_p = \boldsymbol{a}_z$)가 매질로부터 도체 경계면($z = 0$)에 경사 입사되면(입사각 = θ_i [rad]) 경계면에서 반사(반사각 = θ_r [rad])가 발생한다. 직교편파되어 경사 입사된 경우, 입사파 진행 방향의 단위벡터($\boldsymbol{a}_{pi}$)와 반사파 진행 방향의 단위벡터($\boldsymbol{a}_{pr}$), 그리고 벡터 전파상수($\boldsymbol{k} = \gamma \boldsymbol{a}_p$ [1/m])는 각각 다음과 같다.

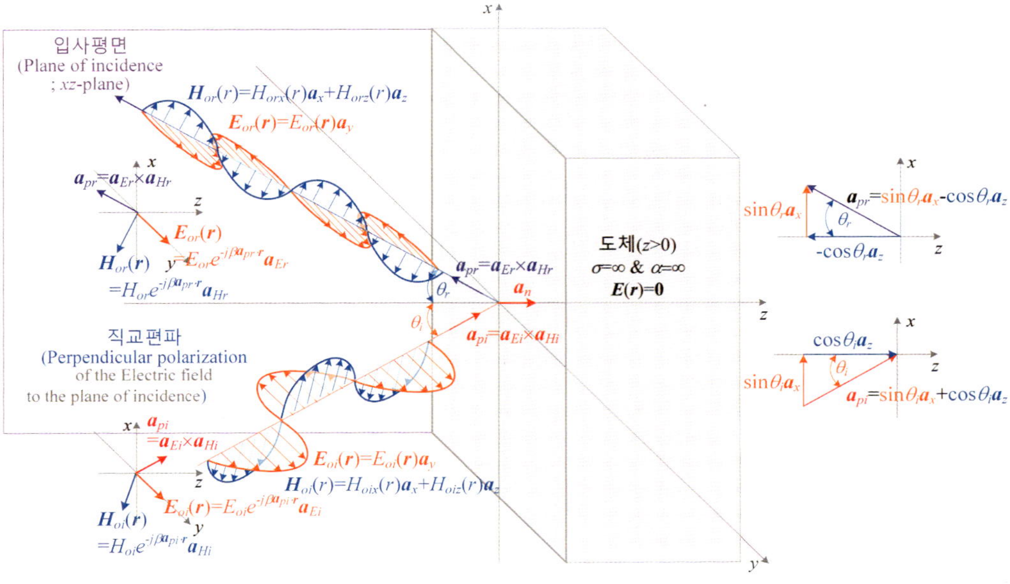

[그림 11-17] 전계강도가 입사평면에 수직인 성분만 갖도록 직교편파(전기장 편파)되어 무손실 매질로부터 도체 경계면을 향해 경사각으로 입사된 전자기파의 경계면 조건

$\hat{a}_{pi} = \hat{a}_{ni} = \sin\theta_i \hat{a}_x + \cos\theta_i \hat{a}_z a$: 입사파의 입사각을 이용하여 표시한 입사파 진행 방향의 단위벡터

$\hat{a}_{pr} = \hat{a}_{nr} = \sin\theta_r \hat{a}_x - \cos\theta_r \hat{a}_z$: 반사파의 반사각을 이용하여 표시한 반사파 진행 방향의 단위벡터

$\gamma\ [1/\text{m}] \equiv \sqrt{j\omega\mu(\sigma + j\omega\epsilon)} \equiv \alpha + j\beta$: 매질의 특성(σ,ϵ,μ)과 신호의 주파수(ω)에 의해 결정되는 복소 전파상수

$\vec{k}\ [1/\text{m}] \equiv \gamma\hat{a}_p = (\alpha + j\beta)\hat{a}_p$: 매질의 특성(σ,ϵ,μ)과 신호의 주파수(ω)에 의해 결정되는 벡터 전파상수

$$\alpha\ [\text{Np/m}] \equiv \omega\sqrt{\frac{\mu\epsilon}{2}\left(\sqrt{1+\left(\frac{\sigma}{\omega\epsilon}\right)^2}-1\right)}$$: 매질의 특성과 전자기파의 주파수에 의해 결정되는 감쇄상수

$$\beta\ [\text{rad/m}] \equiv \omega\sqrt{\frac{\mu\epsilon}{2}\left(\sqrt{1+\left(\frac{\sigma}{\omega\epsilon}\right)^2}+1\right)}$$: 매질의 특성과 전자기파의 주파수에 의해 결정되는 위상상수

- **전도성이 우수한 도체 내부의 전계강도와 자계강도 :** 매질에서 전자기파의 전파 특성은 전파상수에 의해 결정되므로, 전기전도도가 우수한 도체 내의 감쇄를 결정하는 감쇄상수는 다음과 같이 매우 큰 값을 갖는다.

$$\alpha\big|_{\sigma=\text{large}}\ [\text{Np/m}] \equiv \omega\sqrt{\frac{\mu\epsilon}{2}\left(\sqrt{1+\left(\frac{\sigma}{\omega\epsilon}\right)^2}-1\right)}\ \Bigg|_{\frac{\sigma}{\omega\epsilon}\gg 1} \cong \omega\sqrt{\frac{\mu\epsilon}{2}\frac{\sigma}{\omega\epsilon}} = \sqrt{\sigma\mu f} = \text{large}$$

따라서 도체 내에서는 전계강도와 자계강도가 급격히 감쇄하여, 도체 내부에는 전기장과 자기장이 존재하지 않음을 알 수 있다.

$$\vec{E}(\vec{r},t)\ [\text{V/m}] = \vec{E}_o(\vec{r})e^{j\omega t} = \vec{E}_{o+}e^{-\gamma\hat{a}_p\cdot\vec{r}} = \vec{E}_{o+}e^{-\alpha z}e^{-j\beta z}e^{j\omega t} = 0$$

: 정현파 전계강도; 급격한 감쇄로 전계강도 = **0**

$$\vec{H}(\vec{r},t)\ [\text{A/m}] = \vec{H}_o(\vec{r})e^{j\omega t} = \vec{H}_{o+}e^{-\gamma\hat{a}_p\cdot\vec{r}} = \vec{H}_{o+}e^{-\alpha z}e^{-j\beta z}e^{j\omega t} = 0$$

: 정현파 자계강도; 급격한 감쇄로 자계강도 = **0**

- **무손실 매질($\sigma = 0$ [Ω^{-1}/m]) 내의 전계강도와 자계강도 :** 전도성이 없는 무손실 매질($\sigma = 0$ [Ω^{-1}/m]: 절연체)의 전파 특성을 결정하는 감쇄상수(α [Np/m])와 위상상수(β [rad/m])는 각각 다음과 같다.

$$\alpha\big|_{\sigma=0}\ [\text{Np/m}] \equiv \omega\sqrt{\frac{\mu\epsilon}{2}\left(\sqrt{1+\left(\frac{\sigma}{\omega\epsilon}\right)^2}-1\right)}\Bigg|_{\sigma=0} = 0$$

: 무손실 매질 내에서는 전자기파의 감쇄가 없이 전파됨

$$\beta\big|_{\sigma=0}\ [\text{rad/m}] \equiv \omega\sqrt{\frac{\mu\epsilon}{2}\left(\sqrt{1+\left(\frac{\sigma}{\omega\epsilon}\right)^2}+1\right)}\Bigg|_{\sigma=0} = \omega\sqrt{\mu\epsilon} = \frac{2\pi}{\lambda}$$

: 무손실 매질 내의 위상상수

$$c_o\ [\text{m/s}] \equiv \frac{1}{\sqrt{\mu_o\epsilon_o}} = f\lambda_o = 3\times10^8$$: 진공에서 전자기파의 전파속도

$$n_r \equiv \sqrt{\mu_r\epsilon_r}$$: 매질의 자성계수와 유전상수에 의해 결정되는 굴절률

$$\lambda_o\ [\text{m}] \equiv \frac{c_o}{f}$$: 진공에서 전자기파의 파장

$$\upsilon\ [\text{m/s}] \equiv \frac{c_o}{n_r} = f\lambda$$: 굴절률이 n_r인 매질에서 전자기파의 전파속도

$$\lambda\ [\text{m}] \equiv \frac{\lambda_o}{n_r} = \frac{\upsilon}{f}$$: 굴절률이 n_r인 매질에서 전자기파의 파장

$$\gamma\big|_{\sigma=0}\ [1/\text{m}] = j\beta = j\omega\sqrt{\mu\epsilon} = j\frac{2\pi}{\lambda}$$: 무손실 매질의 순 허수 전파상수

즉, 전기전도성이 없는 무손실 매질의 감쇄상수가 $\alpha = 0$ [Np/m]이 되어 전계강도와 자계강도는 손실 없이(무손실/무감쇄) 매질을 통해 전파되며, 다음과 같이 위치에 따라 위상의 변화만 나타난다.

$$\vec{E}(\vec{r},t)\ [\text{V/m}] = \left(E_{oi}e^{-j\beta\hat{a}_{pi}\cdot\vec{r}} + E_{or}e^{+j\beta\hat{a}_{pr}\cdot\vec{r}}\right)e^{j\omega t}\hat{a}_y = \vec{E}_o(\vec{r})e^{j\omega t}\hat{a}_y$$

: 입사파와 반사파가 모두 존재하는 시정현 전계강도

$$\vec{E}_o(\vec{r})\ [\text{V/m}] = \left(E_{oi}e^{-j\beta\hat{a}_{pi}\cdot\vec{r}} + E_{or}e^{+j\beta\hat{a}_{pr}\cdot\vec{r}}\right)\hat{a}_y$$: 입사파와 반사파가 모두 존재하는 공간의존 전계강도

$$\left|\vec{E}(\vec{r},t)\right| = \left|\vec{E}_o(\vec{r})\right| = \left|E_{oi}e^{-j\beta\hat{a}_{pi}\cdot\vec{r}} + E_{or}e^{+j\beta\hat{a}_{pr}\cdot\vec{r}}\right| = \text{일정}$$: 위치에 관계없이 전계강도의 크기가 동일함

(입사평면(xz-평면)에 수직인 y-축 방향의 전계강도 성분만 존재함(전기장 편파 = 직교편파)

$$\vec{H}(\vec{r},t)\ [\text{A/m}] = -\frac{1}{j\omega\mu}\nabla\times\vec{E}(\vec{r},t) = \frac{1}{\eta}\left(\hat{a}_{ni}\times\vec{E}_{oi}(\vec{r}) + \hat{a}_{nr}\times\vec{E}_{or}(\vec{r})\right)e^{j\omega t}$$

: 입사파와 반사파가 모두 존재하는 시정현 자계강도

$$\vec{H}_o(\vec{r})\ [\text{A/m}] = \vec{H}_{oi}(\vec{r}) + \vec{H}_{or}(\vec{r}) = \frac{1}{\eta}\left(\hat{a}_{ni}\times\vec{E}_{oi}(\vec{r}) + \hat{a}_{nr}\times\vec{E}_{or}(\vec{r})\right)$$

: 입사파와 반사파가 모두 존재하는 공간의존 자계강도

$$\left|\vec{H}(\vec{r},t)\right| = \left|\vec{H}_o(\vec{r})\right| = \left|H_{oi}e^{-j\beta\hat{a}_{pi}\cdot\vec{r}} + H_{or}e^{+j\beta\hat{a}_{pr}\cdot\vec{r}}\right| = \text{일정}$$: 위치에 관계없이 자계강도의 크기가 동일함

- **무손실 매질 1로부터 도체 경계면에 경사 입사된 전자기파의 입사파 전계강도** : 입사 전계강도의 방향이 입사평면과 수직인 y-축 방향만 가지고 직교편파($\boldsymbol{a}_E = \boldsymbol{a}_y$, $\boldsymbol{a}_E \cdot \boldsymbol{a}_g = \boldsymbol{a}_E \cdot \boldsymbol{a}_{n,xy} = 0$, $\boldsymbol{a}_p = \boldsymbol{a}_z$; 전기장 편파) 되어 무손실 매질 1로부터 도체 경계면에 경사각(θ_i [rad])으로 입사된 전자기파의 전파상수, 입사방향 단위벡터($\boldsymbol{a}_{pi}$) 및 입사파 전계강도는 다음과 같다.

$$\gamma\big|_{\sigma=0}\ [1/\mathrm{m}] = j\beta = j\omega\sqrt{\mu\epsilon} = j\omega\sqrt{\mu_o\epsilon_o}\sqrt{\mu_r\epsilon_r} = j\frac{2\pi f}{c_o}\sqrt{\mu_r\epsilon_r} = j\frac{2\pi f}{(c_o/n_r)} = j\frac{2\pi}{(\lambda_o/n_r)} = j\frac{2\pi}{\lambda}$$

: 무손실 매질의 전파상수

$$\eta\big|_{\sigma=0}\ [\Omega] = \frac{E_{ox}(\vec{r})}{H_{oy}(\vec{r})}\Bigg|_{\sigma=0} = \sqrt{\frac{j\omega\mu}{\sigma + j\omega\epsilon}}\Bigg|_{\sigma=0} = \sqrt{\frac{\mu}{\epsilon}} = \sqrt{\frac{\mu_o}{\epsilon_o}}\sqrt{\frac{\mu_r}{\epsilon_r}} = 376.7\times\sqrt{\frac{\mu_r}{\epsilon_r}}$$

: 무손실 매질의 특성 임피던스(신호 주파수에 무관하게 일정)

$$\hat{a}_{pi} = \sin\theta_i\hat{a}_x + \cos\theta_i\hat{a}_z$$

: 입사파의 입사각을 이용하여 표시한 입사파 진행 방향의 단위벡터

$$\vec{E}_i(\vec{r},t)\ [\mathrm{V/m}] = \vec{E}_{oi}(\vec{r})e^{j\omega t}$$

$$\vec{E}_{oi}(\vec{r})\ [\mathrm{V/m}] = E_{oi}e^{-j\beta\hat{a}_{pi}\cdot\vec{r}}\hat{a}_y = E_{oi}e^{-j\beta(x\sin\theta_i + z\cos\theta_i)}\hat{a}_y$$

: y-축 방향으로 직교편파되어 경계면에 경사 입사된 입사 전계강도

- **무손실 매질 1로부터 경계면에 경사 입사된 전자기파의 반사파 전계강도** : 입사 전계강도의 방향이 입사평면과 수직인 y-축 방향만 가지고 직교편파되어 무손실 매질 1로부터 도체 경계면에 경사 입사된 전자기파의 전파상수, 반사방향 단위벡터 및 반사파 전계강도는 다음과 같다.

$$\hat{a}_{pr} = \sin\theta_r\hat{a}_x - \cos\theta_r\hat{a}_z$$

: 반사파의 반사각을 이용하여 표시한 반사파 진행 방향의 단위벡터

$$\vec{E}_r(\vec{r},t)\ [\mathrm{V/m}] = \vec{E}_{or}(\vec{r})e^{j\omega t}$$

: y-축 방향으로 직교편파되어 경계면에 경사 입사된 시정현 입사파 전계강도

$$\vec{E}_{or}(\vec{r})\ [\mathrm{V/m}] = E_{or}e^{-j\beta\hat{a}_{pr}\cdot\vec{r}}\hat{a}_y = E_{or}e^{-j\beta(x\sin\theta_r - z\cos\theta_r)}\hat{a}_y$$

: y-축 방향으로 직교편파되어 경계면에 경사 입사된 입사파 전계강도

- **무손실 매질 1로부터 도체 경계면을 향해 경사 입사된 전자기파의 입사파와 반사파 자계강도** : 입사 전계강도의 방향이 입사평면과 수직인 y-축 방향만 가지고 직교편파되어 무손실 매질 1로부터 도체 경계면에 경사 입사된 전자기파의 입사파 자계강도와 반사파 자계강도는 각각 다음과 같다.

$$\vec{H}_i(\vec{r},t)\ [\mathrm{A/m}] = \vec{H}_{oi}(\vec{r})e^{j\omega t} = -\frac{1}{j\omega\mu}\nabla\times\vec{E}_i(\vec{r},t) = \frac{1}{\eta}\hat{a}_{pi}\times\vec{E}_i(\vec{r},t)$$

: 경사 입사된 시정현 전자기파의 입사파 자계강도

$$\vec{H}_{oi}(\vec{r})\ [\mathrm{A/m}] = \frac{1}{\eta}\hat{a}_{pi}\times\vec{E}_{oi}(\vec{r}) = \frac{E_{oi}}{\eta}e^{-j\beta(x\sin\theta_i + z\cos\theta_i)}\left(-\cos\theta_i\hat{a}_x + \sin\theta_i\hat{a}_z\right)$$

: 공간의존 입사파 자계강도

$$\vec{H}_r(\vec{r},t)\ [\mathrm{A/m}] = \vec{H}_{or}(\vec{r})e^{j\omega t} = -\frac{1}{j\omega\mu}\nabla\times\vec{E}_r(\vec{r},t) = -\frac{1}{\eta}\hat{a}_{pr}\times\vec{E}_r(\vec{r},t)$$

: 경사 입사된 시정현 전자기파의 반사파 자계강도

$$\vec{H}_{or}(\vec{r})\ [\mathrm{A/m}] = \frac{1}{\eta}\hat{a}_{pr}\times\vec{E}_{or}(\vec{r}) = \frac{E_{or}}{\eta}e^{-j\beta(x\sin\theta_r - z\cos\theta_r)}\left(-\cos\theta_r\hat{a}_x - \sin\theta_r\hat{a}_z\right)$$

: 공간의존 반사파 자계강도

- **도체와 접한 매질 경계면에서 매질 1의 전계강도와 경계조건** : 입사 전계강도의 방향이 입사평면과 수직인 y-축 방향만 가지고 직교편파되어 무손실 매질 1로부터 도체 경계면에 경사 입사된 전자기파의 입사파와 반사파를 모두 포함하는 전계강도와 도체 경계면의 경계조건은 다음과 같다.

$$\vec{E}_{o1}(\vec{r})\ [\text{V/m}] = \vec{E}_{oi}(\vec{r}) + \vec{E}_{or}(\vec{r}) = E_{oi}e^{-j\beta(x\sin\theta_i + z\cos\theta_i)}\hat{a}_y + E_{or}e^{-j\beta(x\sin\theta_r - z\cos\theta_r)}\hat{a}_y$$
$$= \left(E_{oi}e^{-j\beta(x\sin\theta_i + z\cos\theta_i)} + E_{or}e^{-j\beta(x\sin\theta_r - z\cos\theta_r)}\right)\hat{a}_y$$
: 매질 1의 전계강도

$$\vec{E}_{o1}(\vec{r})\Big|_{z=0}\ [\text{V/m}] = \vec{E}_{oi}(\vec{r}) + \vec{E}_{or}(\vec{r})\Big|_{z=0} = \left(E_{oi}e^{-j\beta(x\sin\theta_i + z\cos\theta_i)} + E_{or}e^{-j\beta(x\sin\theta_r - z\cos\theta_r)}\right)\hat{a}_y\Big|_{z=0}$$
$$= E_{oi}e^{-j\beta x\sin\theta_i} + E_{or}e^{-j\beta x\sin\theta_r} = 0 = E_{conductor}$$
: 도체 경계면의 전계강도 = 0

$$\vec{E}_{o1}(\vec{r})\ [\text{V/m}] = \vec{E}_{oi}(\vec{r}) + \vec{E}_{or}(\vec{r}) = E_{oi}e^{-j\beta(x\sin\theta_i + z\cos\theta_i)}\hat{a}_y + E_{or}e^{-j\beta(x\sin\theta_r - z\cos\theta_r)}\hat{a}_y$$

$$\vec{E}_o(z=0)\Big|_{normal}\ [\text{V/m}] = \vec{E}_n(\vec{r}) = E_{o,z}(z=0)\hat{a}_y$$
$$= 0 \leftarrow \textit{metal surface}; D_{n1} - D_{n,metal} = \rho_s = 0, D_{n,metal} = 0$$

$$\vec{E}_o(z=0)\Big|_{tangential}\ [\text{V/m}] = E_{o,y}(z=0)\hat{a}_y = \hat{a}_y\left(E_{oi}e^{-j\beta(x\sin\theta_i + z\cos\theta_i)} + E_{or}e^{-j\beta(x\sin\theta_r - z\cos\theta_r)}\right)_{z=0}$$
$$= \left(E_{oi}e^{-j\beta x\sin\theta_i} + E_{or}e^{-j\beta x\sin\theta_r}\right)\hat{a}_y$$
$$= 0 \leftarrow \textit{metal surface}; D_t = 0, E_t = 0$$

$$\rightarrow \boxed{E_{oi} = -E_{or},\ \theta_i = \theta_r}$$

$$\rightarrow \boxed{\left|\vec{H}_{oi}(\vec{r})\right| = \left|\vec{H}_{or}(\vec{r})\right|,\ \theta_i = \theta_r}$$

$$\leftarrow \begin{cases} \vec{H}_{oi}(\vec{r}) = \dfrac{1}{\eta}\hat{a}_{pi} \times \vec{E}_{oi}(\vec{r}) = \dfrac{E_{oi}}{\eta}e^{-j\beta(x\sin\theta_i + z\cos\theta_i)}\left(-\cos\theta_i\hat{a}_x + \sin\theta_i\hat{a}_z\right) \\ \vec{H}_{or}(\vec{r}) = \dfrac{1}{\eta}\hat{a}_{pr} \times \vec{E}_{or}(\vec{r}) = \dfrac{E_{or}}{\eta}e^{-j\beta(x\sin\theta_r - z\cos\theta_r)}\left(-\cos\theta_r\hat{a}_x - \sin\theta_r\hat{a}_z\right) \end{cases}$$

즉, 입사파와 반사파의 입사각과 반사각이 동일하고, 입사파 전계강도와 반사파 전계강도의 크기가 같으며, 입사파 자계강도와 반사파 자계강도의 세기도 동일하다.

- **무손실 매질($\sigma = 0$ [Ω^{-1}/m]) 내의 전계강도와 자계강도** : 입사 전계강도의 방향이 입사평면과 수직인 y-축 방향만 가지고 직교편파되어 무손실 매질 1로부터 도체 경계면에 경사 입사된 전자기파의 경계조건을 반영한 매질 1에서의 전계강도와 자계강도는 각각 다음과 같다(참고: 전도성이 우수한 도체 내($z > 0$)에서는 아주 큰 감쇄상수로 인해 전계강도와 자계강도는 존재하지 않음).

$$\vec{E}_o(\vec{r})\ [\text{V/m}]\ (z \le 0) = \vec{E}_{oi}(\vec{r}) + \vec{E}_{or}(\vec{r})$$
$$= E_{oi}e^{-j\beta(x\sin\theta_i + z\cos\theta_i)}\hat{a}_y + E_{or}e^{-j\beta(x\sin\theta_r - z\cos\theta_r)}\hat{a}_y\Big|_{E_{oi}=-E_{or},\ \theta_i=\theta_r}$$
$$= E_{oi}e^{-j\beta x\sin\theta_i}\left(e^{-j\beta z\cos\theta_i} - e^{+j\beta z\cos\theta_i}\right)\hat{a}_y = -2jE_{oi}\sin(\beta z\cos\theta_i)e^{-j\beta x\sin\theta_i}\hat{a}_y$$

$$\vec{E}(\vec{r},t)\ [\text{V/m}] = \vec{E}_o(\vec{r})e^{j\omega t}$$

$$\vec{H}_o(\vec{r})\ [\text{A/m}]\ (z \le 0) = \vec{H}_{oi}(\vec{r}) + \vec{H}_{or}(\vec{r})$$
$$= \frac{E_{oi}}{\eta}e^{-j\beta(x\sin\theta_i + z\cos\theta_i)}\left(-\cos\theta_i\hat{a}_x + \sin\theta_i\hat{a}_z\right) + \frac{E_{or}}{\eta}e^{-j\beta(x\sin\theta_r - z\cos\theta_r)}\left(-\cos\theta_r\hat{a}_x - \sin\theta_r\hat{a}_z\right)\Big|_{E_{oi}=-E_{or},\ \theta_i=\theta_r}$$
$$= \frac{E_{oi}}{\eta}e^{-j\beta(x\sin\theta_i + z\cos\theta_i)}\left(-\cos\theta_i\hat{a}_x + \sin\theta_i\hat{a}_z\right) - \frac{E_{oi}}{\eta}e^{-j\beta(x\sin\theta_i - z\cos\theta_i)}\left(-\cos\theta_i\hat{a}_x - \sin\theta_i\hat{a}_z\right)$$
$$= -2\frac{E_{oi}}{\eta}e^{-j\beta x\sin\theta_i}\left(\cos\theta_i\cos(\beta z\cos\theta)\hat{a}_x + j\sin\theta_i\sin(\beta z\cos\theta)\hat{a}_z\right)\ (z \le 0)$$

$$\vec{H}(\vec{r},t)\ [\text{V/m}] = \vec{H}_o(\vec{r})e^{j\omega t}$$

11.6.2 평행편파(자기장 편파 ; H-polarization)되어 도체 경계면에 경사 입사된 전자기파의 전파 특성

[그림 11-18]과 같이 전자기파의 전계강도 벡터($\boldsymbol{E}(\boldsymbol{r},t)$ [V/m])가 입사평면과 평행한 성분만 갖고 경계면에 경사 입사된 평행편파(또는 자기장 성분이 입사평면에 직교하는 성분만 가지는 자기장 편파: $\boldsymbol{H}_{\parallel}=\mathbf{0}$, $\boldsymbol{H}=\boldsymbol{H}_{\perp}$)된 경우, 입사방향 단위벡터($\boldsymbol{a}_{pi}$), 반사방향 단위벡터($\boldsymbol{a}_{pr}$), 그리고 매질과 신호의 주파수($\omega$ [rad/s])에 의해 결정되는 전파상수(γ, $\boldsymbol{k}=\gamma\boldsymbol{a}_p$ [1/m])는 각각 다음과 같다.

$$\gamma\ [1/\text{m}] \equiv \sqrt{j\omega\mu(\sigma+j\omega\epsilon)} \equiv \alpha + j\beta$$: 매질의 특성(σ,ϵ,μ)과 신호의 주파수(ω)에 의해 결정되는 복소 전파상수

$$\vec{k}\ [1/\text{m}] = \gamma\hat{a}_p = (\alpha+j\beta)\hat{a}_p = \sqrt{j\omega\mu(\sigma+j\omega\epsilon)}\,\hat{a}_p$$: 매질의 특성과 신호의 주파수에 의해 결정되는 벡터 전파상수

$$\alpha\ [\text{Np/m}] \equiv \omega\sqrt{\frac{\mu\epsilon}{2}\left(\sqrt{1+\left(\frac{\sigma}{\omega\epsilon}\right)^2}-1\right)}$$: 매질의 특성과 전자기파의 주파수에 의해 결정되는 감쇄상수

$$\beta\ [\text{rad/m}] \equiv \omega\sqrt{\frac{\mu\epsilon}{2}\left(\sqrt{1+\left(\frac{\sigma}{\omega\epsilon}\right)^2}+1\right)}$$: 매질의 특성과 전자기파의 주파수에 의해 결정되는 위상상수

$$\hat{a}_{pi} = \sin\theta_i\hat{a}_x + \cos\theta_i\hat{a}_z$$: 입사파의 입사각을 이용하여 표시한 입사파 진행 방향의 단위벡터

$$\vec{k}_i\ [1/\text{m}] = \gamma\hat{a}_{p_i} = (\alpha+j\beta)\hat{a}_{pi} = (\alpha+j\beta)(\sin\theta_i\hat{a}_x + \cos\theta_i\hat{a}_z)$$

: 평행편파로 입사평면에 평행인 x-축과 z-축 방향 성분도 존재

$$\hat{a}_{pr} = \sin\theta_r\hat{a}_x - \cos\theta_r\hat{a}_z$$: 반사파의 반사각을 이용하여 표시한 반사파 진행 방향의 단위벡터

$$\vec{k}_r\ [1/\text{m}] = \gamma\hat{a}_{pr} = (\alpha+j\beta)\hat{a}_{pr} = (\alpha+j\beta)(\sin\theta_r\hat{a}_x - \cos\theta_r\hat{a}_z)$$

: 평행편파로 입사평면에 평행인 x-축과 z-축 방향 성분도 존재

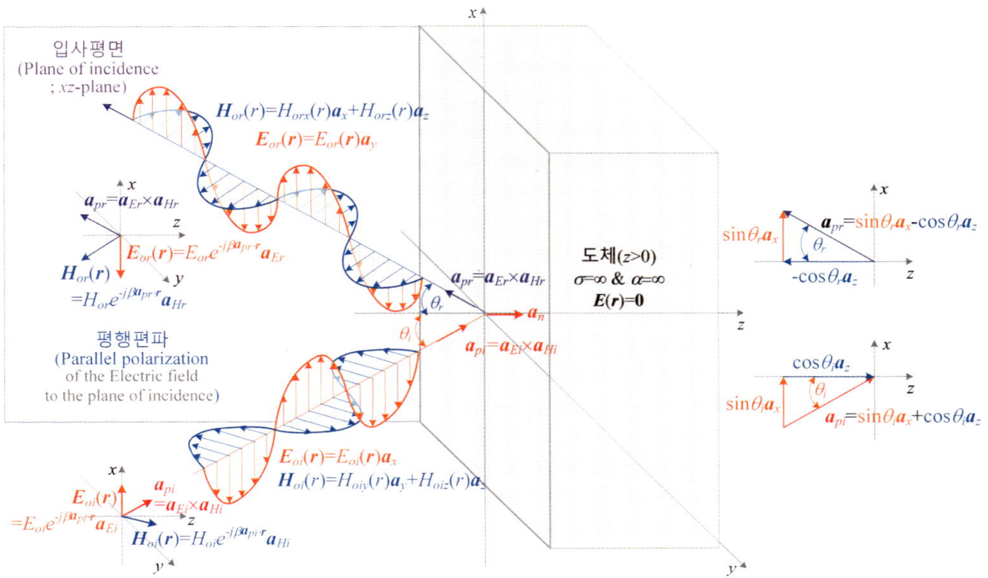

[그림 11-18] 전계강도가 입사평면과 평행한 성분만 갖도록 평행편파되어 무손실 매질로부터 도체 경계면을 향해 경사각으로 입사된 전자기파의 경계면 조건

- **평행편파(자기장 편파)되어 무손실 매질 1로부터 도체 경계면에 경사 입사된 전자기파의 입사파 자계강도와 전계강도** : 입사된 자계강도 성분이 입사평면에 수직인 성분만 갖도록 평행편파(자기장 편파, 전기장이 입사평면과 평행한 성분만 가짐)되어 무손실 매질 $1(\sigma = 0\ [\Omega^{-1}/\text{m}])$로부터 도체 경계면($z = 0$ [m])에 비스듬하게(경사각 $= \theta_i$ [rad]) 입사된 시정현 전자기파의 전파상수(γ [1/m]), 특성 임피던스(η [Ω]), 그리고 입사파의 자계강도($\boldsymbol{H}_i(\boldsymbol{r},t)$ [A/m])와 전계강도($\boldsymbol{E}_i(\boldsymbol{r},t)$ [V/m])는 각각 다음과 같다.

$$\gamma\big|_{\sigma=0}\ [1/\text{m}] = j\beta = j\omega\sqrt{\mu\epsilon}$$: 무손실 매질의 전파상수

$$\hat{a}_{pi} = \sin\theta_i\hat{a}_x + \cos\theta_i\hat{a}_z$$: 입사파의 입사각을 이용하여 표시한 입사파 진행 방향 단위벡터

$$\vec{k}_i = \gamma\hat{a}_{pi} = j\beta\left(\sin\theta_i\hat{a}_x + \cos\theta_i\hat{a}_z\right)$$: 경사 입사로 인해 z-축 진행 성분과 함께 x-축 방향 진행 성분도 존재함

$$\eta\big|_{\sigma=0} = \frac{E_{ox}(\vec{r})}{H_{oy}(\vec{r})}\bigg|_{\sigma=0} = \sqrt{\frac{j\omega\mu}{\sigma + j\omega\epsilon}}\bigg|_{\sigma=0} = \sqrt{\frac{\mu}{\epsilon}}\ [\Omega]$$: 무손실 매질의 특성 임피던스(신호 주파수에 무관하게 일정)

$$\begin{cases}\vec{H}_i(\vec{r},t)\ [\text{A/m}] = \vec{H}_{oi}(\vec{r})e^{j\omega t} \\ \vec{E}_i(\vec{r},t)\ [\text{V/m}] = \vec{E}_{oi}(\vec{r})e^{j\omega t}\end{cases}$$: 평행편파(자기장 편파)된 입사파의 시정현 자계강도와 전계강도

특히, 시간에 따른 변화를 나타내는 시정현 항($e^{j\omega t}$)을 분리하고, 공간의존도만 포함하는 평행편파(자기장 편파)된 입사파는 입사평면에 수직인 자계강도($\boldsymbol{H}_{oi}(\boldsymbol{r})$ [A/m])를 먼저 설정한다.

$$\vec{H}_{oi}(\vec{r})\ [\text{A/m}] = H_{oi}e^{-j\beta\hat{a}_{pi}\cdot\vec{r}}\hat{a}_y = \frac{E_{oi}}{\eta}e^{-j\beta(x\sin\theta_i + z\cos\theta_i)}\hat{a}_y$$

: 입사평면(xy-평면)에 수직인 y-축 방향의 자계강도 성분

이로부터 맥스웰 방정식을 통해 얻은 입사파 전계강도 ($\boldsymbol{E}_{oi}(\boldsymbol{r})$ [V/m])는 각각 다음과 같다.

$$\leftarrow \nabla\times\vec{H}(\vec{r},t) = \nabla\times\vec{H}_o(\vec{r})e^{j\omega t} = \left(\sigma + j\omega\epsilon\right)\vec{E}_o(\vec{r})e^{j\omega t}$$

$$\vec{E}_{oi}(\vec{r})\ [\text{V/m}] = \frac{1}{(\sigma + j\omega\epsilon)}\nabla\times\vec{H}_{oi}(\vec{r})\bigg|_{\sigma=0} = -j\frac{1}{\omega\epsilon}\nabla\times\vec{H}_{oi}(\vec{r})$$
$$= E_{oi}\left(\cos\theta_i\hat{a}_x - \sin\theta_i\hat{a}_z\right)e^{-j\beta(x\sin\theta_i + z\cos\theta_i)}$$

- **평행편파(자기장 편파)되어 매질 1로부터 도체 경계면에 경사 입사된 전자기파의 반사파 자계강도와 전계강도** : 입사된 전기장 성분이 입사평면과 평행인 성분만 갖도록 평행편파(또는 자기장 편파)되어 무손실 매질 $1(\sigma = 0\ [\Omega^{-1}/\text{m}])$을 통해 도체 경계면($z = 0$ [m])에 경사 입사하여 반사된 전자기파의 전파상수, 시정현 반사파의 자계강도($\boldsymbol{H}_r(\boldsymbol{r},t)$ [A/m])와 전계강도($\boldsymbol{E}_r(\boldsymbol{r},t)$ [V/m])는 각각 다음과 같다.

$$\hat{a}_{pr} = \sin\theta_r\hat{a}_x - \cos\theta_r\hat{a}_z$$: 반사파의 반사각을 이용하여 표시한 반사파 진행 방향의 단위벡터

$$\vec{k}_r = \gamma\hat{a}_{pr} = j\beta\left(\sin\theta_r\hat{a}_x - \cos\theta_r\hat{a}_z\right)$$: 경사 입사로 인해 z-축 방향 성분과 함께 x-축 방향 반사 성분도 존재함

$$\begin{cases}\vec{H}_r(\vec{r},t)\ [\text{A/m}] = \vec{H}_{or}(\vec{r})e^{j\omega t} \\ \vec{E}_r(\vec{r},t)\ [\text{V/m}] = \vec{E}_{or}(\vec{r})e^{j\omega t}\end{cases}$$: 반사파의 시정현 자계강도와 전계강도

$$\begin{cases}\vec{H}_{or}(\vec{r})\ [\text{A/m}] = H_{or}e^{-j\beta\hat{a}_{pr}\cdot\vec{r}}\hat{a}_y = -\dfrac{E_{or}}{\eta}e^{-j\beta(x\sin\theta_r - z\cos\theta_r)}\hat{a}_y \\ \vec{E}_{or}(\vec{r})\ [\text{V/m}] = \dfrac{1}{(\sigma + j\omega\epsilon)}\nabla\times\vec{H}_{or}(\vec{r})\bigg|_{\sigma=0} = -j\dfrac{1}{\omega\epsilon}\nabla\times\vec{H}_{or}(\vec{r}) \\ \qquad = E_{or}\left(\cos\theta_r\hat{a}_x + \sin\theta_r\hat{a}_z\right)e^{-j\beta(x\sin\theta_r - z\cos\theta_r)}\end{cases}$$

- **평행편파되어 무손실 매질 1로부터 도체 경계면에 경사 입사된 전자기파의 경계조건 :** 평행편파(자기장 편파)되어 무손실 매질 1로부터 도체 경계면($z = 0$)에 경사 입사된 전자기파의 전계강도와 자계강도에 관한 경계조건을 정리하면 다음과 같다.

$$\begin{cases} \vec{E}_o(z=0)\ [\text{V/m}] = \vec{E}_{oi}(\vec{r}) + \vec{E}_{or}(\vec{r}) = \vec{E}_{o,\tan}(\vec{r}) + \vec{E}_{o,nor}(\vec{r}) \\ \quad = E_{oi}\left(\cos\theta_i \hat{a}_x - \sin\theta_i \hat{a}_z\right)e^{-j\beta(x\sin\theta_i + z\cos\theta_i)} + E_{or}\left(\cos\theta_r \hat{a}_x + \sin\theta_r \hat{a}_z\right)e^{-j\beta(x\sin\theta_r - z\cos\theta_r)}\Big|_{z=0} \\ \quad = E_{oi}\left(\cos\theta_i \hat{a}_x - \sin\theta_i \hat{a}_z\right)e^{-j\beta x\sin\theta_i} + E_{or}\left(\cos\theta_r \hat{a}_x + \sin\theta_r \hat{a}_z\right)e^{-j\beta x\sin\theta_r} = \vec{E}_o(z=0+) = 0 \\ \quad \& \\ \vec{E}_o(z=0)\Big|_{tangential}\ [\text{V/m}] = \vec{E}_t(\vec{r}) = E_{o,x}(z=0)\hat{a}_x = 0; \leftarrow \textit{metal surface}; D_t = 0, E_t = 0 \end{cases}$$

$$\rightarrow \begin{cases} E_{o,x}(z=0) = E_{oi}\cos\theta_i e^{-j\beta x\sin\theta_i} + E_{or}\cos\theta_r e^{-j\beta x\sin\theta_r} = 0 \\ E_{o,z}(z=0) = -E_{oi}\sin\theta_i e^{-j\beta x\sin\theta_i} + E_{or}\sin\theta_r e^{-j\beta x\sin\theta_r} = 0 \end{cases} \leftarrow \begin{cases} \vec{E}_{o,\tan}(\vec{r}) = E_{o,x}\hat{a}_x + E_{o,y}\hat{a}_y \\ \vec{E}_{o,nor}(\vec{r}) = E_{o,z}\hat{a}_z \end{cases}$$

$$\boxed{E_{oi} = -E_{or},\ \theta_i = \theta_r}$$

이 식은 평행편파(자기장 편파)되어 무손실 매질 1로부터 도체 경계면($z = 0$)에 경사 입사된 전자기파의 전계강도는 입사파와 반사파의 크기가 동일하고, 입사각과 반사각도 동일함을 뜻한다.

- **평행편파되어 매질 1로부터 경사 입사된 전자기파의 무손실 매질($\sigma = 0\ [\Omega^{-1}/\text{m}]$) 내의 전계강도와 자계강도 :** 입사된 전기장 성분이 입사평면과 평행인 성분만 갖도록 평행편파되어 무손실 매질 1로부터 도체 경계면에 경사 입사된 전자기파의 경계조건을 반영한 매질 1에서의 전계강도와 자계강도는 각각 다음과 같다(참고: 전도성이 우수한 도체 내($z > 0$)에서는 아주 큰 감쇄상수로 인해 전계강도와 자계강도는 존재하지 않음).

$$\begin{cases} \vec{E}_o(\vec{r})\ [\text{V/m}] = \vec{E}_{oi}(\vec{r}) + \vec{E}_{or}(\vec{r}) \\ = E_{oi}\left(\cos\theta_i \hat{a}_x - \sin\theta_i \hat{a}_z\right)e^{-j\beta(x\sin\theta_i + z\cos\theta_i)} + E_{or}\left(\cos\theta_r \hat{a}_x + \sin\theta_r \hat{a}_z\right)e^{-j\beta(x\sin\theta_r - z\cos\theta_r)}\Big|_{\substack{E_{oi}=-E_{or} \\ \theta_i=\theta_r}} \\ = E_{oi}\left(\cos\theta_i \hat{a}_x - \sin\theta_i \hat{a}_z\right)e^{-j\beta(x\sin\theta_i + z\cos\theta_i)} - E_{oi}\left(\cos\theta_i \hat{a}_x + \sin\theta_i \hat{a}_z\right)e^{-j\beta(x\sin\theta_i - z\cos\theta_i)} \\ = E_{oi}\cos\theta_i\left(e^{-j\beta(x\sin\theta_i + z\cos\theta_i)} - e^{-j\beta(x\sin\theta_i - z\cos\theta_i)}\right)\hat{a}_x - E_{oi}\sin\theta_i\left(e^{-j\beta(x\sin\theta_i + z\cos\theta_i)} + e^{-j\beta(x\sin\theta_i - z\cos\theta_i)}\right)\hat{a}_z \\ = E_{oi}e^{-j\beta x\sin\theta_i}\left(\cos\theta_i\left(e^{-j\beta z\cos\theta_i} - e^{+j\beta z\cos\theta_i}\right)\hat{a}_x - \sin\theta_i\left(e^{-j\beta z\cos\theta_i} + e^{+j\beta z\cos\theta_i}\right)\hat{a}_z\right) \\ = 2E_{oi}e^{-j\beta x\sin\theta_i}\left(j\cos\theta_i \sin(\beta z\cos\theta_i)\hat{a}_x - \sin\theta_i\cos(\beta z\cos\theta_i)\hat{a}_z\right)\ (z \le 0) \end{cases}$$

$$\begin{cases} \vec{H}_o(\vec{r})\ [\text{A/m}] = \vec{H}_{oi}(\vec{r}) + \vec{H}_{or}(\vec{r}) \\ \quad = \dfrac{E_{oi}}{\eta}e^{-j\beta(x\sin\theta_i + z\cos\theta_i)}\hat{a}_y - \dfrac{E_{or}}{\eta}e^{-j\beta(x\sin\theta_r - z\cos\theta_r)}\hat{a}_y\Big|_{E_{oi}=-E_{or},\ \theta_i=\theta_r} \\ \quad = \dfrac{E_{oi}}{\eta}e^{-j\beta x\sin\theta_i}\left(e^{-j\beta z\cos\theta_i} + e^{+j\beta z\cos\theta_i}\right)\hat{a}_y \\ \quad = 2\dfrac{E_{oi}}{\eta}\cos(\beta z\cos\theta_i)e^{-j\beta x\sin\theta_i}\hat{a}_y\ (z \le 0) \end{cases}$$

Section 11.7 무손실 매질 1로부터 무손실 매질 2의 경계면에 입사된 전자기파의 전파 특성

무손실 매질 1($\sigma_1 = 0$ [Ω^{-1}/m], ϵ_1 [F/m], μ_1 [H/m]; η_1 [Ω])로부터 무손실 매질 2($\sigma_2 = 0$ [Ω^{-1}/m], ϵ_2 [F/m], μ_2 [H/m]; η_2 [Ω])의 경계면에 입사된 전자기파는 두 매질의 특성 임피던스 차이로 인해 매질의 경계면에서 전자기파의 반사가 발생할 수 있다. 이는 벡터인 전계에 의해 반응하는 매질 내 전하쌍극자들의 종류와 농도에 의해 결정되는 유전상수(ϵ [F/m]) 차이, 자계에 반응하는 매질 내 자기쌍극자들의 종류와 농도에 의해 결정되는 자성계수(μ [H/m]) 차이로 인해 전계와 자계에 반응하는 정도가 다르기 때문이다. 또한 매질의 전기전도도($\sigma = 0$ [Ω^{-1}/m]), 유전상수, 그리고 자성계수를 모두 포함하여 전기장과 자기장의 관계를 나타낼 수 있도록 정의한 두 매질의 특성 임피던스(η [Ω])의 차이로 인해 두 매질의 경계면에서 전자기파의 일부 반사가 발생하는 것으로 이해해도 좋다. 시변 전기장과 자기장은 맥스웰 방정식에 의해 지배되며, 매질 1과 매질 2의 경계면에서는 전기장과 자기장에 대한 경계조건을 충족해야 함을 기억해야 한다.

무손실 매질 1로부터 무손실 매질 2로 입사된 전자기파의 전파 특성은 다음의 순서로 설명한다.

- 경계면에 수직 입사된 전자기파의 전파 특성
- 직교편파(전기장 편파)되어 경계면에 경사 입사된 전자기파의 전파 특성
- 평행편파(자기장 편파)되어 경계면에 경사 입사된 전자기파의 전파 특성

11.7.1 무손실 매질 1로부터 매질 2의 경계면에 수직으로 입사된 전자기파의 전파 특성

[그림 11-19]와 같이 특성 임피던스(η_1 [Ω] & η_2 [Ω])가 다른 무손실 매질 1($\sigma_1 = 0$, ϵ_1, μ_1)로부터 무손실 매질 2($\sigma_2 = 0$, ϵ_2, μ_2)의 경계면(xy-평면; 입사평면: xz-평면)에 수직으로(z-축과 평행하게) 입사된 전자기파의 전파 특성을 이해하고자 한다.

무손실 매질 1($\sigma_1 = 0$, ϵ_1, μ_1)로부터 무손실 매질 2($\sigma_2 = 0$, ϵ_2, μ_2)의 경계면에 수직으로(z-축 양의 방향으로 전파) 입사된 전계강도는 x-축 방향의 성분($\boldsymbol{a}_E = \boldsymbol{a}_x$)을 가지는 것으로 가정한다. 두 매질의 특성 임피던스(η [Ω]) 차이로 인해 매질 1에는 입사파(incident wave; $\boldsymbol{E}_{1i}(\boldsymbol{r},t)$ [V/m], $\boldsymbol{H}_{1i}(\boldsymbol{r},t)$ [A/m])와 함께 반사파(reflected wave; $\boldsymbol{E}_{1r}(\boldsymbol{r},t)$ [V/m], $\boldsymbol{H}_{1r}(\boldsymbol{r},t)$ [A/m])도 존재하고, 매질 2에는 z-축 양의 방향으로 진행파(전달파)만 존재한다. 매질 내의 전계강도($\boldsymbol{E}(\boldsymbol{r},t)$ [V/m])와 자계강도($\boldsymbol{H}(\boldsymbol{r},t)$ [A/m])는 각각 다음과 같이 정리할 수 있다.

$$\vec{E}(\vec{r},t)\ [\text{V/m}] = \vec{E}_+(\vec{r},t) + \vec{E}_-(\vec{r},t) = \vec{E}_o(\vec{r})e^{j\omega t} = \left(\vec{E}_{o+}e^{-\gamma \hat{a}_p\cdot\vec{r}} + \vec{E}_{o-}e^{+\gamma \hat{a}_p\cdot\vec{r}}\right)e^{j\omega t}$$
$$= \left(\vec{E}_{o+}e^{-\vec{k}\cdot\vec{r}} + \vec{E}_{o-}e^{+\vec{k}\cdot\vec{r}}\right)e^{j\omega t}$$

$$\vec{E}(\vec{r},t)\ [\text{V/m}] = \left(E_{o+}e^{-\gamma z} + E_{o-}e^{+\gamma z}\right)e^{j\omega t}\hat{a}_x$$: x-축 방향으로 편파되어 z-축과 평행하게 전파되는 정현파 전계강도

$$\overrightarrow{H}(\vec{r},t)\ [\text{A/m}] = \overrightarrow{H}_{+}(\vec{r},t) + \overrightarrow{H}_{-}(\vec{r},t) = \overrightarrow{H}_{o}(\vec{r})e^{j\omega t} = \left(\overrightarrow{H}_{o+}e^{-\gamma \hat{a}_p\cdot\vec{r}} + \overrightarrow{H}_{o-}e^{+\gamma \hat{a}_p\cdot\vec{r}}\right)e^{j\omega t}$$
$$= \left(\overrightarrow{H}_{o+}e^{-\vec{k}\cdot\vec{r}} + \overrightarrow{H}_{o-}e^{+\vec{k}\cdot\vec{r}}\right)e^{j\omega t}$$

$\overrightarrow{H}(\vec{r},t)\ [\text{A/m}] = \left(H_{o+}e^{-\gamma z} + H_{o-}e^{+\gamma z}\right)e^{j\omega t}\hat{a}_y$: y-축 방향으로 편파되어 z-축과 평행하게 전파되는 정현파 자계강도

$\gamma\ [1/\text{m}] \equiv \sqrt{j\omega\mu(\sigma + j\omega\epsilon)} \equiv \alpha + j\beta$: 매질의 특성(σ,ϵ,μ)과 신호의 주파수(ω)에 의해 결정되는 복소 전파상수

$\vec{k}\ [1/\text{m}] = \gamma\hat{a}_p = (\alpha + j\beta)\hat{a}_p = \sqrt{j\omega\mu(\sigma + j\omega\epsilon)}\hat{a}_p$: 전파방향을 포함한 벡터 전파상수

$\alpha\ [\text{Np/m}] \equiv \omega\sqrt{\dfrac{\mu\epsilon}{2}\left(\sqrt{1+\left(\dfrac{\sigma}{\omega\epsilon}\right)^2} - 1\right)}$: 매질의 특성과 전자기파의 주파수에 의해 결정되는 감쇄상수

$\beta\ [\text{rad/m}] \equiv \omega\sqrt{\dfrac{\mu\epsilon}{2}\left(\sqrt{1+\left(\dfrac{\sigma}{\omega\epsilon}\right)^2} + 1\right)}$: 매질의 특성과 전자기파의 주파수에 의해 결정되는 위상상수

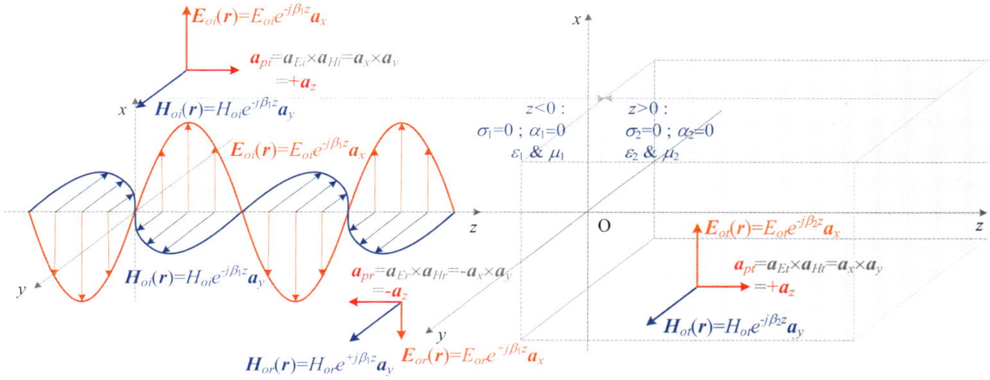

[그림 11-19] 무손실 유전체의 경계면에 수직으로 입사된 시정현 전자기파

무손실($\sigma = 0$ $[\Omega^{-1}/\text{m}]$, ϵ $[\text{F/m}]$, μ $[\text{H/m}]$)의 매질 1과 매질 2의 전파상수(감쇄상수 α $[\text{Np/m}]$와 위상상수 β $[\text{rad/m}]$)는 각각 다음과 같다.

$\alpha_1\big|_{\sigma_1=0} = \alpha_2\big|_{\sigma_2=0}\ [\text{Np/m}] \equiv \omega\sqrt{\dfrac{\mu\epsilon}{2}\left(\sqrt{1+\left(\dfrac{\sigma}{\omega\epsilon}\right)^2} - 1\right)}\Bigg|_{\sigma=0} = 0$: 무손실 매질 1과 매질 2 내의 감쇄상수 (무감쇄 전파)

$\beta_1\big|_{\sigma_1=0}\ [\text{rad/m}] \equiv \omega\sqrt{\dfrac{\mu_1\epsilon_1}{2}\left(\sqrt{1+\left(\dfrac{\sigma_1}{\omega\epsilon_1}\right)^2} + 1\right)}\Bigg|_{\sigma_1=0} = \omega\sqrt{\mu_1\epsilon_1}$: 무손실 매질 1 내의 위상상수

$\beta_2\big|_{\sigma_2=0}\ [\text{rad/m}] \equiv \omega\sqrt{\dfrac{\mu_2\epsilon_2}{2}\left(\sqrt{1+\left(\dfrac{\sigma_2}{\omega\epsilon_2}\right)^2} + 1\right)}\Bigg|_{\sigma_2=0} = \omega\sqrt{\mu_2\epsilon_2}$: 무손실 매질 2 내의 위상상수

$\gamma_1\big|_{\sigma_1=0}\ [1/\text{m}] = j\beta_1 = j\omega\sqrt{\mu_1\epsilon_1}$: 무손실 매질 1 내의 복소 전파상수

$\gamma_2\big|_{\sigma_2=0}\ [1/\text{m}] = j\beta_2 = j\omega\sqrt{\mu_2\epsilon_2}$: 무손실 매질 2 내의 복소 전파상수

매질 1에서 매질 2의 경계면으로 입사된 전자기파의 경우, 매질 1에서는 z-축 양의 방향으로 전파되는 입사파($\boldsymbol{E}_{1i}(\boldsymbol{r},t)$, $\boldsymbol{H}_{1i}(\boldsymbol{r},t)$)와 z-축 음의 방향으로 전파되는 반사파($\boldsymbol{E}_{1r}(\boldsymbol{r},t)$, $\boldsymbol{H}_{1r}(\boldsymbol{r},t)$)가 존재한다 ($\boldsymbol{E}_1(\boldsymbol{r},t) = \boldsymbol{E}_{1i}(\boldsymbol{r},t) + \boldsymbol{E}_{1r}(\boldsymbol{r},t)$, $\boldsymbol{H}_1(\boldsymbol{r},t) = \boldsymbol{H}_{1i}(\boldsymbol{r},t) + \boldsymbol{H}_{1r}(\boldsymbol{r},t)$) 그러나 매질 2로 전달된 전자기파는 매질의 경계면이 존재하지 않으므로 반사파가 존재하지 않고, 오직 z-축 양의 방향으로 진행하는 전달파 (또는 진행파; transmitted wave; $\boldsymbol{E}_{2t}(\boldsymbol{r},t)$, $\boldsymbol{H}_{2t}(\boldsymbol{r},t)$)만 존재한다($\boldsymbol{E}_2(\boldsymbol{r},t) = \boldsymbol{E}_{2t}(\boldsymbol{r},t)$, $\boldsymbol{H}_2(\boldsymbol{r},t) = \boldsymbol{H}_{2t}(\boldsymbol{r},t)$).

입사파와 반사파가 모두 존재하는 무손실 매질 1 내의 전계강도($\boldsymbol{E}_1(\boldsymbol{r},t)$ [V/m])와 자계강도($\boldsymbol{H}_1(\boldsymbol{r},t)$ [A/m])는 각각 다음과 같다.

$$\vec{E}_1(\vec{r},t)\ [\text{V/m}] = \vec{E}_{1i}(\vec{r},t) + \vec{E}_{1r}(\vec{r},t) = \left(E_{o1i}e^{-j\beta_1 z} + E_{o1r}e^{+j\beta_1 z}\right)e^{j\omega t}\hat{a}_x = \vec{E}_{o1}(\vec{r})e^{j\omega t}$$: 매질 1의 시정현 전계강도

$$\vec{E}_{o1}(\vec{r})\ [\text{V/m}] = \vec{E}_{o1i}(\vec{r}) + \vec{E}_{o1r}(\vec{r})$$: 매질 1의 공간의존 전계강도

$$\vec{E}_{o1i}(\vec{r})\ [\text{V/m}] = E_{o1i}e^{-j\beta_1 z}\hat{a}_x$$: 매질 1의 입사파 공간의존 전계강도

$$\vec{E}_{o1r}(\vec{r})\ [\text{V/m}] = E_{o1r}e^{+j\beta_1 z}\hat{a}_x$$: 매질 1의 반사파 공간의존 전계강도

따라서 자계강도는 맥스웰 방정식을 이용하여 전계강도로부터 계산할 수 있으며, 그 과정과 결과는 다음과 같다.

$$\vec{H}(\vec{r},t)\ [\text{A/m}] = \left(H_{oi}e^{-j\beta z} + H_{or}e^{+j\beta z}\right)e^{j\omega t}\hat{a}_y = \vec{H}_o(\vec{r})e^{j\omega t}\hat{a}_y$$: 매질 1의 시정현 자계강도

$$\vec{H}(\vec{r},t)\ [\text{A/m}] = -\frac{1}{j\omega\mu}\nabla\times\vec{E}(\vec{r},t) \leftarrow \nabla\times\vec{E}(\vec{r},t)\ [\text{V/m}^2] = -\mu\frac{\partial\vec{H}(\vec{r},t)}{\partial t} = -j\omega\mu\vec{H}(\vec{r},t)$$

$$\nabla\times\vec{E}_{o1}(\vec{r})\ [\text{V/m}^2] = \frac{\partial\left(e^{-j\beta_1 z} - e^{+j\beta_1 z}\right)}{\partial z}\hat{a}_y = -j\beta_1\left(e^{-j\beta_1 z} + e^{+j\beta_1 z}\right)\hat{a}_y = -j\beta_1 2\cos(\beta_1 z)\hat{a}_y$$

$$\vec{H}_{o1}(\vec{r})\ [\text{A/m}] = \left(H_{o1i}e^{-j\beta_1 z} + H_{o1r}e^{+j\beta_1 z}\right)\hat{a}_y = -\frac{1}{j\omega\mu_1}\nabla\times\vec{E}_{o1}(\vec{r}) = \frac{\beta_1}{\omega\mu_1}E_{o1i}\left(e^{-j\beta_1 z} - e^{+j\beta_1 z}\right)\hat{a}_y$$

$$= \sqrt{\frac{\epsilon_1}{\mu_1}}E_{o1i}\left(e^{-j\beta_1 z} - e^{+j\beta_1 z}\right)\hat{a}_y = \frac{E_{o1i}}{\eta_1}\left(e^{-j\beta_1 z} - e^{+j\beta_1 z}\right)\hat{a}_y$$

$$= H_{o1i}\left(e^{-j\beta_1 z} - e^{+j\beta_1 z}\right)\hat{a}_y$$: 입사파와 반사파를 모두 포함한 자계강도

$$\eta_1\Big|_{\sigma=0}\ [\Omega] = \frac{E_{o1x}(\vec{r})}{H_{o1y}(\vec{r})}\Bigg|_{\sigma=0} = \sqrt{\frac{j\omega\mu_1}{\sigma_1 + j\omega\epsilon_1}}\Bigg|_{\sigma=0} = \sqrt{\frac{\mu_1}{\epsilon_1}}$$: 무손실 매질 1의 특성 임피던스(신호주파수에 무관)

무손실 매질 2($\sigma_2 = 0$ [Ω^{-1}/m], ϵ_2 [F/m], μ_2 [H/m])로 전달된 전자파의 전계강도($\boldsymbol{E}_2(\boldsymbol{r},t)$ [V/m])와 자계강도($\boldsymbol{H}_2(\boldsymbol{r},t)$ [A/m])는 다음과 같다.

$$\vec{E}_2(\vec{r},t)\ [\text{V/m}] = \vec{E}_t(\vec{r},t) = \vec{E}_{2i}(\vec{r},t) = E_{o2i}e^{-j\beta_2 z}e^{j\omega t}\hat{a}_x = \vec{E}_{o2}(\vec{r})e^{j\omega t}$$

: 매질 2로 전달된 전자기파의 시정현 전계강도

$$\vec{E}_{o2i}(\vec{r})\ [\text{V/m}] = \vec{E}_{ot}(\vec{r}) = E_{ot}e^{-j\beta_2 z}\hat{a}_x$$: 매질 2로 전달된 전자기파의 공간의존 전계강도

$$\nabla\times\vec{E}_{ot}(\vec{r}) = \frac{\partial e^{-j\beta_2 z}}{\partial z}\hat{a}_y = -j\beta_1 e^{-j\beta_1 z}\hat{a}_y$$

$$\vec{H}_{o2}(\vec{r})\ [\text{A/m}] = \vec{H}_{ot}(\vec{r}) = H_{ot}e^{-j\beta_2 z}\hat{a}_y = -\frac{1}{j\omega\mu_2}\nabla\times\vec{E}_{ot}(\vec{r}) = \frac{\beta_2}{\omega\mu_2}E_{ot}e^{-j\beta_2 z}\hat{a}_y = \sqrt{\frac{\epsilon_2}{\mu_2}}E_{ot}e^{-j\beta_2 z}\hat{a}_y$$

$$\eta_2\Big|_{\sigma_2=0}\ [\Omega] = \frac{E_{ot}(\vec{r})}{H_{ot}(\vec{r})}\Bigg|_{\sigma_2=0} = \sqrt{\frac{j\omega\mu_2}{\sigma_2 + j\omega\epsilon_2}}\Bigg|_{\sigma_2=0} = \sqrt{\frac{\mu_2}{\epsilon_2}}$$: 무손실 매질 2의 특성 임피던스(신호주파수에 무관)

무손실 매질과 도체의 경계면($z = 0$)에서 전계강도($\boldsymbol{E}_1(z = 0, t)$ [V/m])와 자계강도($\boldsymbol{H}_1(z = 0, t)$ [A/m])에 관한 경계조건은 다음과 같다.

$$\left.\begin{aligned} E_1(z=0)\big|_{\tan}\ [\text{V/m}] &= E_{1x}(z)\big|_{z=0^-} = \left(E_{o1i}e^{-j\beta_1 z} + E_{o1r}e^{+j\beta_1 z}\right)\Big|_{z=0^-} = E_{o1i} + E_{o1r} \\ E_2(z=0)\big|_{\tan}\ [\text{V/m}] &= E_{2x}(z)\big|_{z=0^+} = E_{ot}e^{-j\beta_2 z}\Big|_{z=0^+} = E_{ot} \end{aligned}\right\}$$

$$\rightarrow \begin{cases} E_1(z=0)\big|_{\tan} = E_2(z=0)\big|_{\tan} \\ E_{o1i} + E_{o1r} = E_{ot} \end{cases}$$

$$\left.\begin{aligned} H_1(z=0)\big|_{\tan}\ [\text{A/m}] &= H_{1y}(z)\big|_{z=0^-} = \left(H_{o1i}e^{-j\beta_1 z} + H_{o1r}e^{+j\beta_1 z}\right)\Big|_{z=0^-} = \frac{1}{\eta_1}\left(E_{o1i} - E_{o1r}\right) \\ H_2(z=0)\big|_{\tan}\ [\text{A/m}] &= H_{2y}(z)\big|_{z=0^+} = \frac{1}{\eta_2}E_{ot}e^{-j\beta_2 z}\Bigg|_{z=0^+} = \frac{1}{\eta_2}E_{ot} \end{aligned}\right\}$$

$$\rightarrow \begin{cases} H_1(z=0)\big|_{\tan} = H_2(z=0)\big|_{\tan} \\ \dfrac{1}{\eta_1}\left(E_{o1i} - E_{o1r}\right) = \dfrac{1}{\eta_2}E_{ot} \end{cases}$$

즉, 매질 1과 매질 2의 경계면에서 전기장과 자기장이 만족해야 하는 경계조건은 다음과 같이 요약할 수 있다.

$$\left.\begin{aligned} E_{o1i} + E_{o1r} &= E_{ot} \\ \frac{1}{\eta_1}\left(E_{o1i} - E_{o1r}\right) &= \frac{1}{\eta_2}E_{ot} \end{aligned}\right\} \rightarrow \left.\begin{aligned} E_{o1i} + E_{o1r} &= E_{ot} \\ E_{o1i} - E_{o1r} &= \frac{\eta_1}{\eta_2}E_{ot} \end{aligned}\right\} \rightarrow \begin{cases} E_{o1r} = \dfrac{\eta_2 - \eta_1}{\eta_2 + \eta_1}E_{o1i} \\ E_{ot} = \dfrac{2\eta_2}{\eta_2 + \eta_1}E_{o1i} \end{cases}$$

$$;\ \eta_1\ [\Omega] = \sqrt{\frac{\mu_1}{\epsilon_1}}\ \&\ \eta_2\ [\Omega] = \sqrt{\frac{\mu_2}{\epsilon_2}}$$

두 매질의 경계면에서 경계조건을 반영한 매질 1의 전계강도와 자계강도를 정리하면 다음과 같다.

$$\vec{E}_1(\vec{r},t)\ [\text{V/m}] = \vec{E}_{1i}(\vec{r},t) + \vec{E}_{1r}(\vec{r},t) = \left(E_{o1i}e^{-j\beta_1 z} + E_{o1r}e^{+j\beta_1 z}\right)e^{j\omega t}\hat{a}_x = \vec{E}_{o1}(\vec{r})e^{j\omega t}$$

$$\vec{E}_{o1}(\vec{r})\ [\text{V/m}] = \vec{E}_{o1i}(\vec{r}) + \vec{E}_{o1r}(\vec{r}) = \vec{E}_{o1i}(\vec{r}) = E_{o1i}\left(e^{-j\beta_1 z} + \Gamma e^{+j\beta_1 z}\right)\hat{a}_x$$

$$= E_{o1i}\left(e^{-j\beta_1 z} + \left(\frac{1 - (\eta_1/\eta_2)}{1 + (\eta_1/\eta_2)}\right)e^{+j\beta_1 z}\right)\hat{a}_x$$: 입사파와 반사파가 합쳐진 매질 1의 전계강도

$$\vec{H}(\vec{r},t)\ [\text{A/m}] = \left(H_{oi}e^{-j\beta z} + H_{or}e^{+j\beta z}\right)e^{j\omega t}\hat{a}_y = \vec{H}_o(\vec{r})e^{j\omega t}\hat{a}_y$$: 입사파와 반사파가 모두 존재하는 자계강도

$$\vec{H}_{o1}(\vec{r})\ [\text{A/m}] = \left(H_{o1i}e^{-j\beta_1 z} + H_{o1r}e^{+j\beta_1 z}\right)\hat{a}_y = H_{o1i}\left(e^{-j\beta_1 z} - \Gamma e^{+j\beta_1 z}\right)\hat{a}_y$$

$$= H_{o1i}\left(e^{-j\beta_1 z} - \left(\frac{1 - (\eta_1/\eta_2)}{1 + (\eta_1/\eta_2)}\right)e^{+j\beta_1 z}\right)\hat{a}_y;\ H_{o1i} \equiv \frac{E_{o1i}}{\eta_1}$$: 입사파와 반사파가 합쳐진 매질 1의 자계강도

두 매질의 경계면에서 경계조건을 반영한 매질 2의 전계강도와 자계강도를 정리하면 다음과 같다.

$$\vec{E}_2(\vec{r},t)\ [\text{V/m}] = \vec{E}_t(\vec{r},t) = \vec{E}_{2i}(\vec{r},t) = E_{o2i}e^{-j\beta_2 z}e^{j\omega t}\hat{a}_x = \vec{E}_{o2}(\vec{r})e^{j\omega t}$$

$$\vec{E}_{o2i}(\vec{r})\ [\text{V/m}] = \vec{E}_{ot}(\vec{r}) = E_{ot}e^{-j\beta_2 z}\hat{a}_x = \text{T}E_{o1i}e^{-j\beta_2 z}\hat{a}_x = \frac{2}{1+(\eta_1/\eta_2)}E_{o1i}e^{-j\beta_2 z}\hat{a}_x\ ;\ E_{ot} \equiv \text{T}E_{o1i}$$

: 매질 2로 전달된 전계강도

$$\vec{H}_2(\vec{r},t)\ [\text{A/m}] = \vec{H}_t(\vec{r},t) = \vec{H}_{2i}(\vec{r},t) = \vec{H}_{o2}(\vec{r})e^{j\omega t} = H_{ot}e^{-j\beta_2 z}e^{j\omega t}\hat{a}_x\ ;$$

$$H_{ot} = \frac{E_{ot}}{\eta_2} \equiv \frac{\text{T}E_{o1i}}{\eta_2}\ \ \&\ \ \text{T}E_{o1i} = E_{ot} \leftarrow \text{T} \equiv \frac{E_{ot}}{E_{o1i}}\ ;$$

$$\vec{H}_{o2}(\vec{r})\ [\text{A/m}] = \vec{H}_{ot}(\vec{r}) = H_{ot}e^{-j\beta_2 z}\hat{a}_y = -\frac{1}{j\omega\mu_2}\nabla\times\vec{E}_{ot}(\vec{r}) = \text{T}\frac{E_{o1i}}{\eta_2}e^{-j\beta_2 z}\hat{a}_y = \frac{E_{ot}}{\eta_2}e^{-j\beta_2 z}\hat{a}_y$$

$$= H_{ot}e^{-j\beta_2 z}\hat{a}_y$$: 매질 2로 전달된 자계강도

두 매질의 특성 임피던스 차이에 의해 결정되는 경계면에서의 반사계수(Γ : reflection coefficient)와 영역 2로 전달되어 전파되는 전송계수(또는 전달계수; T: transmission coefficient)는 각각 다음과 같다.

$$\Gamma \equiv \frac{E_{o1r}}{E_{o1i}} = \frac{\eta_2-\eta_1}{\eta_2+\eta_1} = \frac{1-(\eta_1/\eta_2)}{1+(\eta_1/\eta_2)}\ ;\ \Gamma>0 \to \eta_1<\eta_2 \to \epsilon_1>\epsilon_2\ (for\ \mu_1=\mu_2) \to n_{r1}>n_{r2}\ ;$$

$$\eta_i[\Omega] = \sqrt{\frac{\mu_i}{\epsilon_i}}$$: 반사계수는 경계면에서 입사파와 반대방향으로 되돌아가는 정도를 나타내는 특성지표

$$T \equiv \frac{E_{ot}}{E_{o1i}} = \frac{2\eta_2}{\eta_2+\eta_1} = \frac{2}{1+(\eta_1/\eta_2)}\ ;\ \begin{cases} T=1 \leftarrow \eta_1=\eta_2 \to \epsilon_1=\epsilon_2\ (for\ \mu_1=\mu_2) \to n_{r1}=n_{r2} \\ T<1 \leftarrow \eta_1<\eta_2 \to \epsilon_1>\epsilon_2\ (for\ \mu_1=\mu_2) \to n_{r1}>n_{r2} \end{cases}$$

: 전달계수 = 경계면을 지나 매질 2로 전달되는 정도를 나타내는 특성지표

매질 2가 매질 1과 동일한 재료인 경우, $h_1 = h_2$이므로 반사없이 매질 2로 전달된다($\Gamma = 0,\ T = 1$).

무손실 매질 1로부터 매질 2로 수직 입사된 전자기파(가정: $\Gamma > 0 \leftarrow \eta_2 > \eta_1 \leftarrow \epsilon_2 < \epsilon_1 \leftarrow n_{r2} < n_{r1}$)의 입사파, 반사파, 전달파를 [그림 11-20]에 형상화하였다.

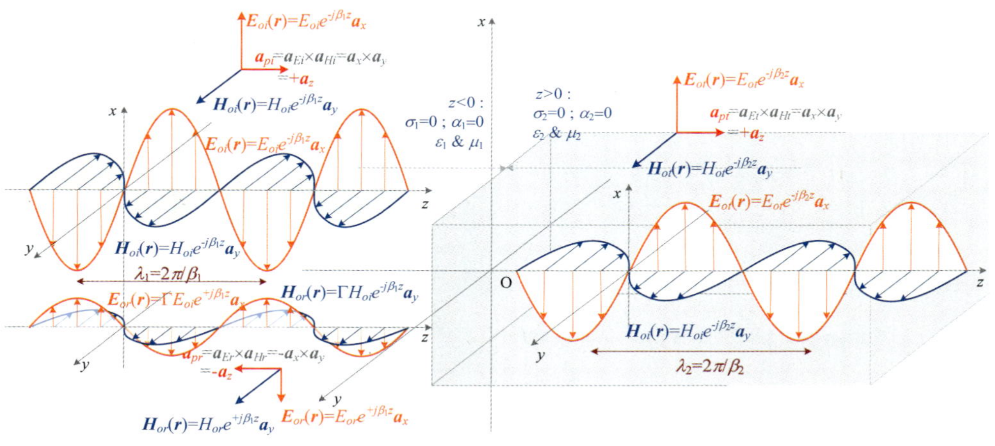

[그림 11-20] 무손실 매질 1로부터 매질 2로 수직 입사된 전자기파; 반사계수와 전달계수(가정 : $\Gamma > 0 \leftarrow \eta_2 > \eta_1 \leftarrow \epsilon_2 < \epsilon_1 \leftarrow n_{r2} < n_{r1}$)

11.7.2 무손실 매질 1로부터 무손실 매질 2의 경계면에 경사각으로 입사된 전자기파의 전파 특성

앞에서 설명한 것과 같이 매질의 고유 특성(유전상수 ϵ [F/m], 자성계수 μ [H/m], 전기전도도 σ [Ω^{-1}/m]와 주파수에 의해 결정되는 특성 임피던스: η [Ω])이 다른 재료들의 경계면을 지날 때는 전자기파의 일부가 반사되고, 일부가 경계면을 통과하여 전달된다. 무손실 매질 1로부터 무손실 매질 2의 경계면에 경사 입사되는 전자기파의 전파 특성도는 다음과 같다.

- 전계강도가 입사평면에 수직인 성분(직교편파)만 가지고 경사 입사된 경우의 전파 특성
  (입사평면(xz-평면)에 직교하는 y-축 전계강도 성분만 존재하고, 평행인 x- & z-축 방향 전계강도 성분은 없음: 직교편파 = 전기장 편파)
- 전계강도가 입사평면과 평행한 성분(평행편파)만 가지고 경사 입사된 경우의 전파 특성
  (입사평면(xz-평면)에 직교하는 y-축 자계강도 성분만 존재하고, 평행인 x- & z-축 방향 자계강도 성분은 없음: 자기장 편파 = 평행편파)

으로 분리하여 이해하고, 중첩의 원리를 이용하여 합하는 것이 가장 편리한 방법이다. 전자기파를 구성하는 전기장 성분의 전계강도와 자기장 성분의 자계강도를 다음과 같이 입사평면에 수직(직교: perpendicular)인 성분($\boldsymbol{E}_\perp(\boldsymbol{r},t)$, $\boldsymbol{H}_\perp(\boldsymbol{r},t)$)과 평행(parallel)한 성분($\boldsymbol{E}_\parallel(\boldsymbol{r},t)$, $\boldsymbol{H}_\parallel(\boldsymbol{r},t)$)의 합으로 나타내면 다음과 같다.

$$\vec{E}(\vec{r},t)\ [\mathrm{V/m}] = \vec{E}_\perp(\vec{r},t) + \vec{E}_\parallel(\vec{r},t)$$: 입사평면(xz-평면)에 수직인 성분과 평행인 성분의 합으로 표시한 전계강도

$$\vec{H}(\vec{r},t)\ [\mathrm{A/m}] = \vec{H}_\perp(\vec{r},t) + \vec{H}_\parallel(\vec{r},t)$$: 입사평면(xz-평면)에 수직인 성분과 평행인 성분의 합으로 표시한 자계강도

무손실 매질 1로부터 무손실 매질 2로 직교편파(전기장 편파: $\boldsymbol{E}_\parallel = 0$, $\boldsymbol{E} = \boldsymbol{E}_\perp$) 또는 평행편파(자기장 편파: $\boldsymbol{H}_\parallel = 0$, $\boldsymbol{H} = \boldsymbol{H}_\perp$)되어 경사 입사된 전자기파의 입사파, 반사파, 매질 2로 전달된 진행파의 전계강도와 자계강도를 [그림 11−21]에 요약하였다.

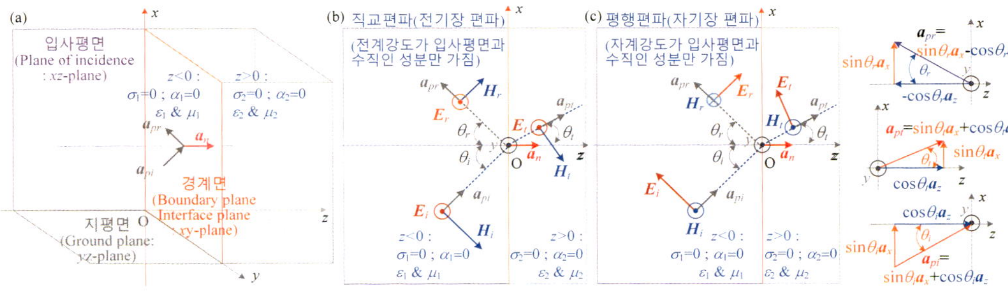

[그림 11−21] 무손실 매질 1로부터 매질 2로 경사입사된 전자기파의 입사파, 반사파, 매질 2로 전달된 전기장과 자기장
(a) 입사평면과 경계면 (b) 직교편파(전기장 편파) (c) 평행편파(자기장 편파)

전자파가 입사되는 무손실 매질($\sigma = 0$ [Ω^{-1}/m], ϵ [F/m], μ [H/m])의 전파상수를 구성하는 감쇄상수와 위상상수는 각각 다음과 같다.

$$\alpha_1\big|_{\sigma_1=0} = \alpha_2\big|_{\sigma_2=0}\ [\mathrm{Np/m}] = 0$$: 무손실 매질 1과 매질 2의 감쇄상수; 무손실 매질 내에서는 전자기파의 감쇄가 없이 전파됨

$$\beta_1\big|_{\sigma_1=0}\ [\text{rad/m}] = \omega\sqrt{\mu_1\epsilon_1}$$: 무손실 매질 1의 위상상수

$$\beta_2\big|_{\sigma_2=0}\ [\text{rad/m}] = \omega\sqrt{\mu_2\epsilon_2}$$: 무손실 매질 2의 위상상수

$$\gamma_1\big|_{\sigma_1=0}\ [1/\text{m}] = j\beta_1 = j\omega\sqrt{\mu_1\epsilon_1}$$: 무손실 매질 1의 전파상수

$$\gamma_2\big|_{\sigma_2=0}\ [1/\text{m}] = j\beta_2 = j\omega\sqrt{\mu_2\epsilon_2}$$: 무손실 매질 2의 전파상수

입사파와 반사파가 모두 존재하는 매질 1($\sigma_1 = 0$ $[\Omega^{-1}/\text{m}]$, ϵ_1 [F/m], μ_1 [H/m], $\gamma_1 = j\beta_1$ [1/m]) 내의 전계강도와 자계강도의 일반형은 다음과 같다.

$$\vec{E}_{o1}(\vec{r})\ [\text{V/m}] = \vec{E}_{o1i}(\vec{r}) + \vec{E}_{o1r}(\vec{r}) = E_{o1i}e^{-j\beta_1\hat{a}_{pi}\cdot\vec{r}}\hat{a}_{Ei} + E_{o1r}e^{-j\beta_1\hat{a}_{pr}\cdot\vec{r}}\hat{a}_{Er}$$: 매질 1 내의 전계강도

$$\vec{E}_{o1i}(\vec{r}) = \vec{E}_{o1i}e^{-\gamma_1\hat{a}_{pi}\cdot\vec{r}} = E_{o1i}e^{-j\beta_1\hat{a}_{pi}\cdot\vec{r}}\hat{a}_{Ei}$$: 매질 1 내의 입사파 전계강도

$$\vec{E}_{o1r}(\vec{r}) = \vec{E}_{o1r}e^{-\gamma_1\hat{a}_{pr}\cdot\vec{r}} = E_{o1r}e^{-j\beta_1\hat{a}_{pr}\cdot\vec{r}}\hat{a}_{Er}$$: 매질 1 내의 반사파 전계강도

$$\vec{H}_{o1}(\vec{r})\ [\text{A/m}] = \vec{H}_{o1i}(\vec{r}) + \vec{H}_{o1r}(\vec{r}) = -\frac{1}{j\omega\mu_1}\nabla\times\vec{E}_{o1}(\vec{r})$$

$$= \frac{E_{o1i}e^{-j\beta_1\hat{a}_{pi}\cdot\vec{r}}}{\eta_1}\left(\hat{a}_{pi}\times\hat{a}_{Ei}\right) + \frac{E_{o1r}e^{-j\beta_1\hat{a}_{pr}\cdot\vec{r}}}{\eta_1}\left(\hat{a}_{pr}\times\hat{a}_{Er}\right)$$: 매질 1 내의 자계강도

$$\vec{H}_{o1i}(\vec{r})\ [\text{A/m}] = \vec{H}_{o1i}e^{-\gamma_1\hat{a}_{pi}\cdot\vec{r}} = -\frac{1}{j\omega\mu_1}\nabla\times\vec{E}_{o1i}(\vec{r}) = H_{o1i}e^{-j\beta_1\hat{a}_{pi}\cdot\vec{r}}\hat{a}_{Hi}$$

$$= \hat{a}_{pi}\times\frac{\vec{E}_{o1i}(\vec{r})}{\eta_1} = \frac{E_{o1i}e^{-j\beta_1\hat{a}_{pi}\cdot\vec{r}}}{\eta_1}\left(\hat{a}_{pi}\times\hat{a}_{Ei}\right)$$: 매질 1 내의 입사파 자계강도

$$\vec{H}_{o1r}(\vec{r})\ [\text{A/m}] = \vec{H}_{o1r}e^{-\gamma_1\hat{a}_{pr}\cdot\vec{r}} = -\frac{1}{j\omega\mu_1}\nabla\times\vec{E}_{o1r}(\vec{r}) = H_{o1r}e^{-j\beta_1\hat{a}_{pr}\cdot\vec{r}}\hat{a}_{Hr}$$

$$= \hat{a}_{pr}\times\frac{\vec{E}_{o1r}(\vec{r})}{\eta_1} = \frac{E_{o1r}e^{-j\beta_1\hat{a}_{pr}\cdot\vec{r}}}{\eta_1}\left(\hat{a}_{pr}\times\hat{a}_{Er}\right)$$: 매질 1 내의 반사파 자계강도

$$\eta_1\ [\Omega] \equiv \sqrt{\frac{\mu_1}{\epsilon_1}}$$: 매질 1의 특성 임피던스

진행파만 존재하는 무손실 매질 2($\sigma_2 = 0$ $[\Omega^{-1}/\text{m}]$, ϵ_2 [F/m], μ_2 [H/m], $\gamma_2 = j\beta_2$ [1/m])의 전계강도와 자계강도의 일반형은 다음과 같다.

$$\vec{E}_{o2i}(\vec{r})\ [\text{V/m}] = \vec{E}_{ot}(\vec{r}) = \vec{E}_{ot}e^{-\gamma_2\hat{a}_t\cdot\vec{r}} = E_{ot}e^{-j\beta_2\hat{a}_t\cdot\vec{r}}\hat{a}_{Et}$$: 매질 2로 전달된 전자기파의 전계강도

$$\vec{H}_{o2}(\vec{r})\ [\text{A/m}] = -\frac{1}{j\omega\mu_2}\nabla\times\vec{E}_{ot}(\vec{r}) = H_{ot}e^{-\gamma_2\hat{a}_t\cdot\vec{r}}\hat{a}_{Ht} = H_{ot}e^{-j\beta_2\hat{a}_t\cdot\vec{r}}\hat{a}_{Ht} = H_{ot}e^{-j\beta_2\hat{a}_t\cdot\vec{r}}\left(\hat{a}_t\times\hat{a}_{Et}\right)$$

$$= \frac{E_{ot}}{\eta_2}e^{-j\beta_2\hat{a}_t\cdot\vec{r}}\left(\hat{a}_t\times\hat{a}_{Et}\right)$$: 매질 2로 전달된 자계강도

무손실 매질 1과 무손실 매질 2의 경계면($z = 0$)에서 전계강도($\boldsymbol{E}_1(z = 0, t)$ [V/m])와 자계강도($\boldsymbol{H}_1(z = 0, t)$ [A/m])에 관한 경계조건은 다음과 같다.

$$\left.\begin{aligned}
\vec{E}_{o1}(z=0)\Big|_{\tan} &= \vec{E}_{o1i}(z=0^-) + \vec{E}_{o1r}(z=0^-)\Big|_{\tan} = \left(E_{o1i}e^{-j\beta_1\hat{a}_{pi}\cdot\vec{r}}\,\hat{a}_{Ei} + E_{o1r}e^{-j\beta_1\hat{a}_{pr}\cdot\vec{r}}\,\hat{a}_{Er}\right)\Big|_{z=0^-}\\
&= E_{o1i}\hat{a}_{Ei} + E_{o1r}\hat{a}_{Er}\\
\vec{E}_{o2i}(z=0)\Big|_{\tan} &= \vec{E}_{ot}(z=0^+)\Big|_{z=0^+} = E_{ot}e^{-j\beta_2\hat{a}_t\cdot\vec{r}}\,\hat{a}_{Et}\Big|_{z=0^+} = E_{ot}\hat{a}_{Et}
\end{aligned}\right\}$$

$$\rightarrow E_{o1i}\hat{a}_{Ei} + E_{o1r}\hat{a}_{Er} = E_{ot}\hat{a}_{Et}$$

$$\left.\begin{aligned}
\vec{H}_{o1}(z=0)\Big|_{\tan} &= \vec{H}_{o1i}(\vec{r}) + \vec{H}_{o1r}(\vec{r})\Big|_{z=0^-} = \frac{E_{o1i}e^{-j\beta_1\hat{a}_{pi}\cdot\vec{r}}}{\eta_1}\left(\hat{a}_{pi}\times\hat{a}_{Ei}\right) + \frac{E_{o1r}e^{-j\beta_1\hat{a}_{pr}\cdot\vec{r}}}{\eta_1}\left(\hat{a}_{pr}\times\hat{a}_{Er}\right)\Bigg|_{z=0^-}\\
&= \frac{1}{\eta_1}\left(E_{o1i}\left(\hat{a}_{pi}\times\hat{a}_{Ei}\right) + E_{o1r}\left(\hat{a}_{pr}\times\hat{a}_{Er}\right)\right)\\
\vec{H}_{o2}(z=0)\Big|_{\tan} &= H_{ot}e^{-\gamma_2\hat{a}_t\cdot\vec{r}}\,\hat{a}_{Ht}\Big|_{z=0^+} = \frac{E_{ot}}{\eta_2}e^{-j\beta_2\hat{a}_t\cdot\vec{r}}\left(\hat{a}_t\times\hat{a}_{Et}\right)\Big|_{z=0^+} = \frac{E_{ot}}{\eta_2}\left(\hat{a}_t\times\hat{a}_{Et}\right)
\end{aligned}\right\}$$

$$\rightarrow \frac{1}{\eta_1}\left(E_{o1i}\left(\hat{a}_{pi}\times\hat{a}_{Ei}\right) + E_{o1r}\left(\hat{a}_{pr}\times\hat{a}_{Er}\right)\right) = \frac{E_{ot}}{\eta_2}\left(\hat{a}_t\times\hat{a}_{Et}\right)$$

$\eta_2\ [\Omega] \equiv \sqrt{\dfrac{\mu_2}{\epsilon_2}}$: 매질 2의 특성 임피던스

11.7.3 직교편파되어 무손실 매질 1로부터 무손실 매질 2의 경계면에 경사각으로 입사된 전자기파의 전파 특성

매질의 고유특성 지표와 그로 인해 결정되는 특성 임피던스가 다른 두 매질의 경계면에 경사각으로 입사되는 전자기파의 전파 특성 해석은 ① 전계강도가 입사평면에 수직인 성분만 가진 전자기파가 입사되는 직교편파에 대한 전파 특성과 ② 전계강도가 입사평면에 평행인 성분만 가진 전자기파가 입사되는 평행편파에 대한 전파 특성을 중첩의 원리를 이용하여 합하면 된다. 먼저, [그림 11–22]와 같이 전계강도가 입사평면에 수직인 성분만 가진 전자기파가 입사되는 직교편파에 대한 전파 특성을 이해하는 과정은 다음과 같다.

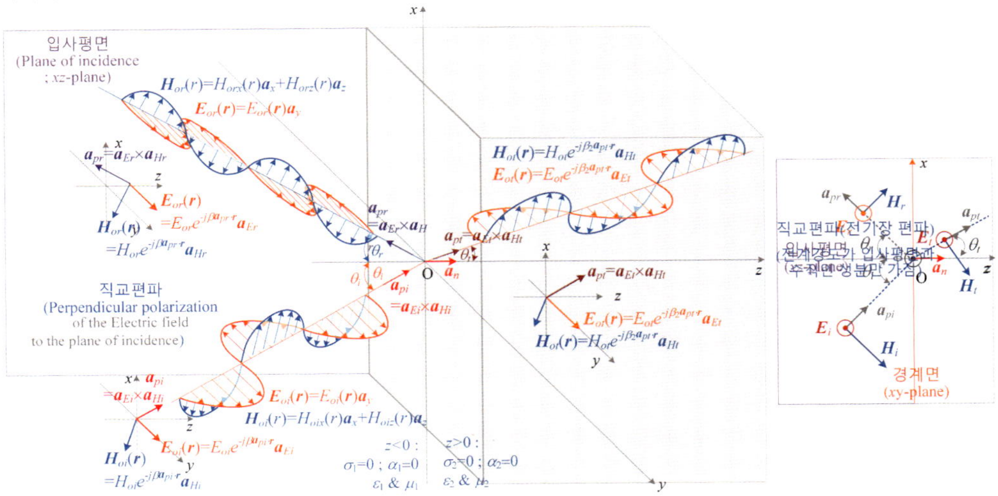

[그림 11–22] 무손실 매질 1로부터 무손실 매질 2로 직교편파되어 경사입사된 전자기파의 입사파, 반사파, 매질 2로 전달된 전기장과 자기장

먼저, 입사파와 반사파가 모두 존재하는 무손실 매질 1($\sigma_1 = 0$ [Ω^{-1}/m], ϵ_1 [F/m], μ_1 [H/m], $\gamma_1 = j\beta_1$ [1/m]) 내의 전계강도와 자계강도의 일반형과 y-축 방향으로 직교편파되어 매질 1과 매질 2의 경계면(xy-평면)으로 경사입사된 전자기파는 다음과 같다.

$$\vec{E}_{o1}(\vec{r})\ [\text{V/m}] = \vec{E}_{oi}(\vec{r}) + \vec{E}_{or}(\vec{r}) = E_{oi}e^{-j\beta_1\hat{a}_{pi}\cdot\vec{r}}\,\hat{a}_{Ei} + E_{or}e^{-j\beta_1\hat{a}_{pr}\cdot\vec{r}}\,\hat{a}_{Er}$$: 매질 1 내의 전계강도(일반형)

$$\vec{E}_{oi}(\vec{r}) = \vec{E}_{oi}e^{-\gamma_1\hat{a}_{pi}\cdot\vec{r}} = E_{oi}e^{-j\beta_1\hat{a}_{pi}\cdot\vec{r}}\,\hat{a}_{Ei} = E_{oi}e^{-j\beta_1(x\sin\theta_i + z\cos\theta_i)}\,\hat{a}_y$$: 매질 1 내의 직교편파된 입사파 전계강도

$$\vec{E}_{or}(\vec{r}) = \vec{E}_{or}e^{-\gamma_1\hat{a}_{pr}\cdot\vec{r}} = E_{or}e^{-j\beta_1\hat{a}_{pr}\cdot\vec{r}}\,\hat{a}_{Er} = E_{or}e^{-j\beta_1(x\sin\theta_r - z\cos\theta_r)}\,\hat{a}_y$$: 매질 1 내의 직교편파된 반사파 전계강도

→ 입사평면(xz-평면)에 직교하는 y-축 전계강도 성분만 존재하고, 평행인 x-&z-축 방향 전계강도 성분은 없음 (직교편파 = 전기장 편파)

$$\vec{H}_{o1}(\vec{r})\ [\text{A/m}] = \vec{H}_{oi}(\vec{r}) + \vec{H}_{or}(\vec{r}) = -\frac{1}{j\omega\mu_1}\nabla\times\vec{E}_{o1}(\vec{r})$$

$$= \frac{E_{oi}e^{-j\beta_1\hat{a}_{pi}\cdot\vec{r}}}{\eta_1}\left(\hat{a}_{pi}\times\hat{a}_{Ei}\right) + \frac{E_{or}e^{-j\beta_1\hat{a}_{pr}\cdot\vec{r}}}{\eta_1}\left(\hat{a}_{pr}\times\hat{a}_{Er}\right)$$: 매질 1 내의 직교편파된 자계강도(일반형)

$$\vec{H}_{oi}(\vec{r})\ [\text{A/m}] = \vec{H}_{oi}e^{-\gamma_1\hat{a}_{pi}\cdot\vec{r}} = -\frac{1}{j\omega\mu_1}\nabla\times\vec{E}_{oi}(\vec{r}) = H_{oi}e^{-j\beta_1\hat{a}_{pi}\cdot\vec{r}}\,\hat{a}_{Hi} = \hat{a}_{pi}\times\frac{\vec{E}_{oi}(\vec{r})}{\eta_1}$$

$$= \frac{E_{oi}e^{-j\beta_1\hat{a}_{pi}\cdot\vec{r}}}{\eta_1}\left(\hat{a}_{pi}\times\hat{a}_{Ei}\right)$$

$$= \frac{E_{oi}}{\eta_1}e^{-j\beta_1(x\sin\theta_i + z\cos\theta_i)}\left(-\cos\theta_i\hat{a}_x + \sin\theta_i\hat{a}_z\right)$$: 매질 1 내의 직교편파된 입사파 자계강도

$$\vec{H}_{or}(\vec{r})\ [\text{A/m}] = \vec{H}_{or}e^{-\gamma_1\hat{a}_{pr}\cdot\vec{r}} = -\frac{1}{j\omega\mu_1}\nabla\times\vec{E}_{or}(\vec{r}) = H_{or}e^{-j\beta_1\hat{a}_{pr}\cdot\vec{r}}\,\hat{a}_{Hr}$$

$$= \hat{a}_{pr}\times\frac{\vec{E}_{or}(\vec{r})}{\eta_1} = \frac{E_{or}e^{-j\beta_1\hat{a}_{pr}\cdot\vec{r}}}{\eta_1}\left(\hat{a}_{pr}\times\hat{a}_{Er}\right)$$

$$= \frac{E_{or}}{\eta_1}e^{-j\beta_1(x\sin\theta_r - z\cos\theta_r)}\left(\cos\theta_r\hat{a}_x + \sin\theta_r\hat{a}_z\right)$$: 매질 1 내의 직교편파된 반사파 자계강도

→ 입사평면(xz-평면)에 평행인 x-&z-축 방향 자계강도 성분만 존재하고, 수직인 y-축 성분은 존재하지 않음 (전기장 편파 = 직교편파)

$$\eta_1\ [\Omega] \equiv \sqrt{\frac{\mu_1}{\epsilon_1}}$$: 매질 1의 특성 임피던스

매질 1과 매질 2의 경계면을 통해 전달된 후 더 이상 경계면이 존재하지 않기 때문에 매질 2에서는 진행파만 존재한다. 무손실 매질 2($\sigma_2 = 0$ [Ω^{-1}/m], ϵ_2 [F/m], μ_2 [H/m], $\gamma_2 = j\beta_2$ [1/m])의 전계강도와 자계강도의 일반형과 y-축 방향으로 직교편파되어 매질 2로 전달된 전자기파는 다음과 같다.

$$\vec{E}_{o2i}(\vec{r})\ [\text{V/m}] = \vec{E}_{ot}(\vec{r}) = \vec{E}_{ot}e^{-\gamma_2\hat{a}_t\cdot\vec{r}} = E_{ot}e^{-j\beta_2\hat{a}_t\cdot\vec{r}}\,\hat{a}_{Et}$$: 매질 2로 전달된 전자기파의 전계강도(일반형)

$$\vec{E}_{ot}(\vec{r}) = \vec{E}_{ot}e^{-\gamma_2\hat{a}_{pt}\cdot\vec{r}} = E_{ot}e^{-j\beta_2\hat{a}_{pt}\cdot\vec{r}}\,\hat{a}_{Et} = E_{ot}e^{-j\beta_2(x\sin\theta_t + z\cos\theta_t)}\,\hat{a}_y$$

: 직교편파 입사되어 매질 2로 전달된 전자기파의 전계강도

$$\vec{H}_{o2}(\vec{r})\ [\text{A/m}] = -\frac{1}{j\omega\mu_2}\nabla\times\vec{E}_{ot}(\vec{r}) = H_{ot}e^{-\gamma_2\hat{a}_t\cdot\vec{r}}\,\hat{a}_{Ht} = H_{ot}e^{-j\beta_2\hat{a}_t\cdot\vec{r}}\,\hat{a}_{Ht} = H_{ot}e^{-j\beta_2\hat{a}_t\cdot\vec{r}}\left(\hat{a}_t\times\hat{a}_{Et}\right)$$

$$= \frac{E_{ot}}{\eta_2}e^{-j\beta_2\hat{a}_t\cdot\vec{r}}\left(\hat{a}_t\times\hat{a}_{Et}\right)$$: 매질 2로 전달된 전자기파의 자계강도(일반형)

$$\vec{H}_{o2}(\vec{r})\ [\mathrm{A/m}] = H_{ot}e^{-j\beta_2\hat{a}_t\cdot\vec{r}}\hat{a}_{Ht} = \frac{E_{ot}}{\eta_2}e^{-j\beta_2\hat{a}_t\cdot\vec{r}}\left(\hat{a}_t\times\hat{a}_{Et}\right)$$

$$= \frac{E_{ot}}{\eta_2}e^{-j\beta_2(x\sin\theta_t + z\cos\theta_t)}\left(-\cos\theta_t\hat{a}_x + \sin\theta_t\hat{a}_z\right)$$: 매질 2로 전달된 전자기파의 자계강도

$\eta_2\ [\Omega] \equiv \sqrt{\frac{\mu_2}{\epsilon_2}}$: 매질 2의 특성 임피던스

매질 1과 매질 2의 경계면($z=0$)에서 전기장과 자기장에 대한 4개의 경계조건(전기장과 자기장의 접선방향과 법선방향 조건 각각 2개씩)을 적용하면, 입사된 전계강도에 대해 E_{oi}, E_{ot}, θ_i, θ_r에 관한 조건을 구할 수 있다.

먼저 경계면(xy-평면: $z=0$)에서 전계강도의 접선방향(xy-평면에 평행 또는 z-축에 수직인 성분)에 대한 경계조건은 다음과 같다.

$$\begin{cases}\vec{E}_{o1}(\vec{r})\ [\mathrm{V/m}] = \vec{E}_{oi}(\vec{r}) + \vec{E}_{or}(\vec{r}) = \left(E_{oi}e^{-j\beta_1(x\sin\theta_i + z\cos\theta_i)} + E_{or}e^{-j\beta_1(x\sin\theta_r - z\cos\theta_r)}\right)\hat{a}_y \\ \vec{E}_{ot}(\vec{r})\ [\mathrm{V/m}] = E_{ot}e^{-j\beta_2(x\sin\theta_t + z\cos\theta_t)}\hat{a}_y\end{cases}$$

$$\begin{cases}\vec{E}_{o1}(\vec{r})\Big|_{\text{tangential}}\ [\mathrm{V/m}] \equiv E_{o1,t} = \vec{E}_{o1}(\vec{r})\cdot\hat{a}_y = \left(E_{oi}e^{-j\beta_1(x\sin\theta_i + z\cos\theta_i)} + E_{or}e^{-j\beta_1(x\sin\theta_r - z\cos\theta_r)}\right) \\ \vec{E}_{ot}(\vec{r})\Big|_{\text{tangential}}\ [\mathrm{V/m}] \equiv E_{o,t} = \vec{E}_{ot}(\vec{r})\cdot\hat{a}_y = E_{ot}e^{-j\beta_2(x\sin\theta_t + z\cos\theta_t)}\end{cases}$$

$$E_{o1,t}(z=0) = E_{ot,t}(z=0) \rightarrow E_{oi}e^{-j\beta_1 x\sin\theta_i} + E_{or}e^{-j\beta_1 x\sin\theta_r} = E_{ot}e^{-j\beta_2 x\sin\theta_t}$$

또한 경계면에서 자계강도의 접선방향에 대한 경계조건은 다음과 같다.

$$\begin{cases}\vec{H}_{o1}(\vec{r})\ [\mathrm{A/m}] = \vec{H}_{oi}(\vec{r}) + \vec{H}_{or}(\vec{r}) = \frac{E_{oi}}{\eta_1}e^{-j\beta_1(x\sin\theta_i + z\cos\theta_i)}\left(-\cos\theta_i\hat{a}_x + \sin\theta_i\hat{a}_z\right) \\ \qquad + \frac{E_{or}}{\eta_1}e^{-j\beta_1(x\sin\theta_r - z\cos\theta_r)}\left(\cos\theta_r\hat{a}_x + \sin\theta_r\hat{a}_z\right) \\ \vec{H}_{o2}(\vec{r})\ [\mathrm{A/m}] = \frac{E_{ot}}{\eta_2}e^{-j\beta_2(x\sin\theta_t + z\cos\theta_t)}\left(-\cos\theta_t\hat{a}_x + \sin\theta_t\hat{a}_z\right)\end{cases}$$

$$\begin{cases}\vec{H}_{o1}(\vec{r})\Big|_{\text{tangential}}\ [\mathrm{A/m}] = \vec{H}_{o1}(\vec{r})\cdot\hat{a}_x = -\frac{E_{oi}}{\eta_1}e^{-j\beta_1(x\sin\theta_i + z\cos\theta_i)}\cos\theta_i + \frac{E_{or}}{\eta_1}e^{-j\beta_1(x\sin\theta_r - z\cos\theta_r)}\cos\theta_r \\ \vec{E}_{ot}(\vec{r})\Big|_{\text{tangential}}\ [\mathrm{A/m}] = \vec{H}_{ot}(\vec{r})\cdot\hat{a}_x = -\frac{E_{ot}}{\eta_2}e^{-j\beta_2(x\sin\theta_t + z\cos\theta_t)}\cos\theta_t\end{cases}$$

$$H_{o1,t}(z=0) = E_{ot,t}(z=0) \rightarrow \frac{1}{\eta_1}\left(-E_{oi}e^{-j\beta_1 x\sin\theta_i}\cos\theta_i + E_{or}e^{-j\beta_1 x\sin\theta_r}\cos\theta_r\right) = -\frac{1}{\eta_2}E_{ot}e^{-j\beta_2 x\sin\theta_t}\cos\theta_t$$

전계강도와 자계강도의 접선방향 성분이 경계면의 모든 지점에서 x-좌표에 관계없이 만족해야 하므로 다음의 스넬의 반사법칙과 굴절법칙을 얻는다.

$$\beta_1 x\sin\theta_i = \beta_1 x\sin\theta_r = \beta_2 x\sin\theta_t$$

$\theta_i = \theta_r$: 입사각 = 반사각에 대한 스넬(Snell)의 반사 법칙

$\frac{\sin\theta_t}{\sin\theta_i} = \frac{\upsilon_{p2}}{\upsilon_{p1}} = \frac{\beta_1}{\beta_2} = \frac{n_{r1}}{n_{r2}};\ n_{ri} \equiv \sqrt{\mu_{ri}\epsilon_{ri}}$: 입사각과 전달차의 굴절각에 대한 스넬의 굴절 법칙

이 결과를 이용하면, 전계강도와 자계강도의 접선방향 성분에 대한 경계조건은 다음과 같이 간략히 나타낼 수 있다.

$$\begin{cases} E_{oi}+E_{or}=E_{ot} \\ \dfrac{1}{\eta_1}\left(E_{oi}-E_{or}\right)\cos\theta_i=\dfrac{1}{\eta_2}E_{ot}\cos\theta_t \end{cases} \rightarrow \begin{cases} \dfrac{E_{or}}{E_{oi}}-\dfrac{E_{ot}}{E_{oi}}=-1 \\ \dfrac{E_{or}}{E_{oi}}+\dfrac{\eta_1}{\eta_2}\dfrac{\cos\theta_t}{\cos\theta_i}\dfrac{E_{ot}}{E_{oi}}=1 \end{cases} \rightarrow \begin{pmatrix} 1 & -1 \\ 1 & \dfrac{\eta_1\cos\theta_t}{\eta_2\cos\theta_i} \end{pmatrix}\begin{pmatrix} E_{or}/E_{oi} \\ E_{ot}/E_{oi} \end{pmatrix}=\begin{pmatrix} -1 \\ 1 \end{pmatrix}$$

이 결과를 이용하면, 직교편파되어 입사된 전자기파의 반사율($\Gamma_\perp$: reflection coefficient)과 전달율($T_\perp$: transmission coefficient)은 각각 다음과 같다.

$$\Gamma_\perp \equiv \left.\frac{E_{or}}{E_{oi}}\right|_\perp=\frac{-\dfrac{\eta_1\cos\theta_t}{\eta_2\cos\theta_i}+1}{\dfrac{\eta_1\cos\theta_t}{\eta_2\cos\theta_i}+1}=\frac{\eta_2\cos\theta_i-\eta_1\cos\theta_t}{\eta_2\cos\theta_i+\eta_1\cos\theta_t}$$: 직교편파되어 경사입사된 전자기파의 반사율

$$T_\perp \equiv \left.\frac{E_{ot}}{E_{oi}}\right|_\perp=\frac{2}{\dfrac{\eta_1\cos\theta_t}{\eta_2\cos\theta_i}+1}=\frac{2\eta_2\cos\theta_i}{\eta_2\cos\theta_i+\eta_1\cos\theta_t}$$: 직교편파되어 경사입사된 전자기파의 전송률

경계조건을 반영한 각 매질의 전계강도와 자계강도를 반사계수와 전달계수를 이용하여 나타내면 다음과 같다.

$$\begin{cases} \vec{E}_{o1}(\vec{r})\ [\text{V/m}]=\vec{E}_{oi}(\vec{r})+\vec{E}_{or}(\vec{r})=E_{oi}\left(e^{-j\beta_1(x\sin\theta_i+z\cos\theta_i)}+\Gamma e^{-j\beta_1(x\sin\theta_r-z\cos\theta_r)}\right)\hat{a}_y \\ \vec{E}_{ot}(\vec{r})=E_{ot}e^{-j\beta_2(x\sin\theta_t+z\cos\theta_t)}\hat{a}_y=\mathrm{T}E_{oi}e^{-j\beta_2(x\sin\theta_t+z\cos\theta_t)}\hat{a}_y \end{cases}$$

$$\begin{cases} \vec{H}_{o1}(\vec{r})\ [\text{A/m}]=\vec{H}_{oi}(\vec{r})+\vec{H}_{or}(\vec{r}) \\ \qquad =\dfrac{E_{oi}}{\eta_1}\left(e^{-j\beta_1(x\sin\theta_i+z\cos\theta_i)}\left(-\cos\theta_i\hat{a}_x+\sin\theta_i\hat{a}_z\right)+\Gamma e^{-j\beta_1(x\sin\theta_r-z\cos\theta_r)}\left(\cos\theta_r\hat{a}_x+\sin\theta_r\hat{a}_z\right)\right) \\ \vec{H}_{o2}(\vec{r})\ [\text{A/m}]=\dfrac{E_{ot}}{\eta_2}e^{-j\beta_2(x\sin\theta_t+z\cos\theta_t)}\left(-\cos\theta_t\hat{a}_x+\sin\theta_t\hat{a}_z\right) \\ \qquad =\mathrm{T}\dfrac{E_{oi}}{\eta_2}e^{-j\beta_2(x\sin\theta_t+z\cos\theta_t)}\left(-\cos\theta_t\hat{a}_x+\sin\theta_t\hat{a}_z\right) \end{cases}$$

또한 $\epsilon_1>\epsilon_2$(또는 $n_{r1}>n_{r2}$) 굴절률이 큰 매질에서 입사되어 굴절률이 작은 매질과의 경계면에서 전반사($\Gamma=1$; $\theta_t=\pi/2$ [rad])를 위한 전반사($\theta_i>\theta_c$) 임계각(θ_c [rad])은 다음과 같이 구할 수 있다.

$$\Gamma=\left.\frac{\eta_2\cos\theta_i-\eta_1\cos\theta_t}{\eta_2\cos\theta_i+\eta_1\cos\theta_t}\right|_{\theta_t=\pi/2}=1\ \&\ \left.\frac{\sin\theta_t}{\sin\theta_i}\right|_{\theta_t=\pi/2}=\frac{1}{\sin\theta_i}=\frac{n_{r1}}{n_{r2}}=\frac{\sqrt{\mu_{r1}\epsilon_{r1}}}{\sqrt{\mu_{r2}\epsilon_{r2}}}$$

$$\left.\frac{\sin\theta_t}{\sin\theta_i}\right|_{\substack{total\\ reflection}}\left.\frac{\sin\theta_t}{\sin\theta_c}\right|_{\theta_t=\frac{\pi}{2}}=\frac{1}{\sin\theta_c}=\frac{\beta_1}{\beta_2}=\frac{n_{r1}}{n_{r2}}=\frac{\sqrt{\mu_{r1}\epsilon_{r1}}}{\sqrt{\mu_{r2}\epsilon_{r2}}};n_{ri}\equiv\sqrt{\mu_{ri}\epsilon_{ri}}\ :\ \theta_c=\sin^{-1}\left(\sqrt{\frac{\mu_{r2}\epsilon_{r2}}{\mu_{r1}\epsilon_{r1}}}\right)$$

: 전반사를 위한 입사임계각

$$\theta_c\Big|_{\substack{\text{non-magnetic}\\ \text{dielectric}}}=\sin^{-1}\left(\sqrt{\frac{\epsilon_{r2}}{\epsilon_{r1}}}\right)\sin^{-1}\left(\frac{n_{r2}}{n_{r1}}\right)$$: 비자성($\mu=\mu_o$ [H/m]) 매질의 전반사를 위한 입사각

11.7.4 평행편파되어 무손실 매질 1로부터 무손실 매질 2의 경계면에 경사각으로 입사된 전자기파의 전파 특성

매질의 고유특성 지표와 그로 인해 결정되는 특성 임피던스가 다른 두 매질의 경계면에 경사각으로 입사되는 전자기파의 전파 특성 해석을 위해 먼저 전자기파의 전계강도가 입사평면에 수직인 성분만 가지고 입사되는 직교편파(전기장 편파)에 대한 전파 특성에 대해 학습하였다. 다음으로 전자기파의 자계강도가 입사평면에 수직인 성분만 가지고(전계강도는 입사평면에 평행인 성분만 가지고) 입사되는 평행편파(자기장 편파)에 대한 전파 특성을 이해하고자 한다.

먼저, 무손실 매질 1로부터 매질 2로 입사평면(xz-평면)과 수직인 y-축 방향의 자계강도 성분만 가지고 평행편파(자기장 편파)되어 경사입사된 전자기파의 입사파, 반사파, 매질 2로 전달된 전계강도와 자계강도를 [그림 11-23]에 나타내었다.

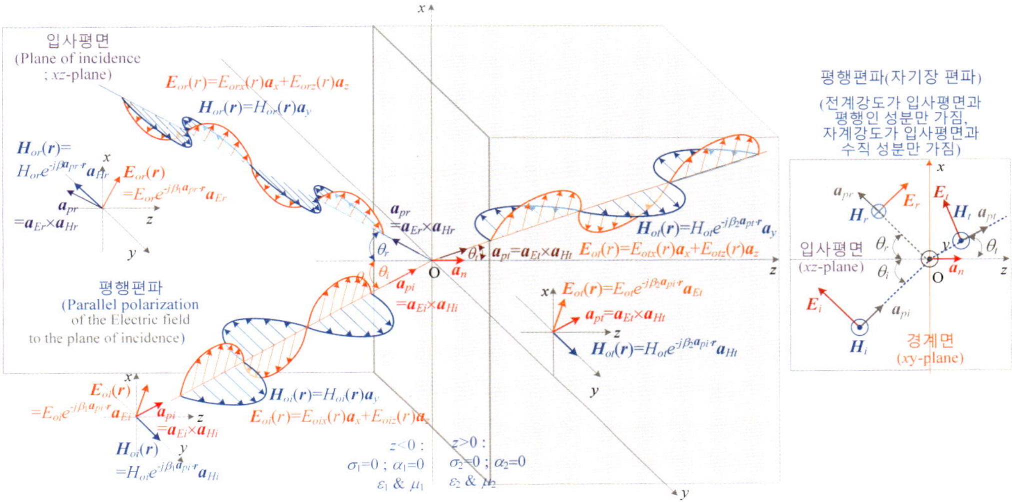

[그림 11-23] 무손실 매질 1로부터 매질 2로 입사평면과 수직인 자계강도 성분만 가지고(입사평면과 평행한 전계강도 성분만 가지고) 평행편파(자기장 편파)되어 경사 입사된 전자기파의 입사파, 반사파, 매질 2로 전달된 전계강도와 자계강도

입사파와 반사파가 모두 존재하는 무손실 매질 1($\sigma_1 = 0$ [Ω^{-1}/m], ϵ_1 [F/m], μ_1 [H/m], $\gamma_1 = j\beta_1$ [1/m]) 내의 자계강도와 전계강도의 일반형과 자계강도가 입사평면과 수직인 y-축 방향 성분만 갖고 전계강도는 입사평면에 평행(x-축 성분과 z-축 성분)인 성분을 갖도록 평행편파되어 매질 1과 매질 2의 경계면(xy-평면)으로 경사 입사된 전자기파는 다음과 같다.

$$\vec{H}_{o1}(\vec{r})\ [\text{A/m}] = \vec{H}_{oi}(\vec{r}) + \vec{H}_{or}(\vec{r}) = H_{oi}e^{-j\beta_1\hat{a}_{pi}\cdot\vec{r}}\hat{a}_{Hi} + H_{or}e^{-j\beta_1\hat{a}_{pr}\cdot\vec{r}}\hat{a}_{Hr}$$
: 매질 1 내의 자계강도(일반형)

$$\vec{H}_{oi}(\vec{r}) = \vec{H}_{oi}e^{-\gamma_1\hat{a}_{pi}\cdot\vec{r}} = H_{oi}e^{-j\beta_1\hat{a}_{pi}\cdot\vec{r}}\hat{a}_{Hi} = \frac{E_{oi}}{\eta_1}e^{-j\beta_1(x\sin\theta_i + z\cos\theta_i)}\hat{a}_y$$
: 매질 1 내의 평행편파된 입사파 자계강도

$$\vec{H}_{or}(\vec{r}) = \vec{H}_{or}e^{-\gamma_1\hat{a}_{pr}\cdot\vec{r}} = H_{or}e^{-j\beta_1\hat{a}_{pr}\cdot\vec{r}}\hat{a}_{Hr} = -\frac{E_{or}}{\eta_1}e^{-j\beta_1(x\sin\theta_r - z\cos\theta_r)}\hat{a}_y$$
: 매질 1 내의 평행편파된 반사파 자계강도

→ 입사평면(xz-평면)에 수직인 y-축 자계강도 성분만 존재하고, 평행인 x- & z-축 방향 자계강도 성분은 없음 (자기장 편파 = 평행편파)

$$\vec{E}_{o1}(\vec{r})\ [\mathrm{V/m}] = \vec{E}_{oi}(\vec{r}) + \vec{E}_{or}(\vec{r}) = \frac{1}{\sigma + j\omega\epsilon}\nabla\times\vec{H}_{o1}(\vec{r})$$
$$= \eta_1 H_{oi} e^{-j\beta_1 \hat{a}_{pi}\cdot\vec{r}}\left(\hat{a}_{Hi}\times\hat{a}_{pi}\right) + \eta_1 H_{oi} e^{-j\beta_1 \hat{a}_{pr}\cdot\vec{r}}\left(\hat{a}_{Hr}\times\hat{a}_{pr}\right)$$: 매질 1 내의 전계강도(일반형)

$$\vec{E}_{oi}(\vec{r})\ [\mathrm{V/m}] = \vec{E}_{oi} e^{-\gamma_1 \hat{a}_{pi}\cdot\vec{r}} = \frac{1}{j\omega\epsilon_1}\nabla\times\vec{H}_{o1}(\vec{r}) = E_{oi} e^{-j\beta_1 \hat{a}_{pi}\cdot\vec{r}}\hat{a}_{Ei} = E_{oi} e^{-j\beta_1 \hat{a}_{pi}\cdot\vec{r}}\left(\hat{a}_{Hi}\times\hat{a}_{pi}\right)$$
$$= E_{oi} e^{-j\beta_1 (x\sin\theta_i + z\cos\theta_i)}\left(\cos\theta_i \hat{a}_x - \sin\theta_i \hat{a}_z\right)$$: 매질 1 내의 평행편파된 입사파 전계강도

$$\vec{E}_{or}(\vec{r})\ [\mathrm{V/m}] = \vec{E}_{or} e^{-\gamma_1 \hat{a}_{pr}\cdot\vec{r}} = \frac{1}{j\omega\epsilon_1}\nabla\times\vec{H}_{or}(\vec{r}) = E_{or} e^{-j\beta_1 \hat{a}_{pr}\cdot\vec{r}}\hat{a}_{Er} = \eta_1 \vec{H}_{or}(\vec{r})\times\hat{a}_{pr}$$
$$= E_{or} e^{-j\beta_1 \hat{a}_{pr}\cdot\vec{r}}\left(\hat{a}_{Hr}\times\hat{a}_{pr}\right)$$
$$= E_{or} e^{-j\beta_1 (x\sin\theta_r - z\cos\theta_r)}\left(\cos\theta_r \hat{a}_x + \sin\theta_r \hat{a}_z\right)$$: 매질 1 내의 직교편파된 반사파 자계강도

$\eta_1\ [\Omega] \equiv \sqrt{\dfrac{\mu_1}{\epsilon_1}}$: 매질 1의 특성 임피던스

매질 1과 매질 2의 경계면을 통해 전달된 후 더 이상 경계면이 존재하지 않기 때문에 매질 2에서는 진행파만 존재한다. 무손실 매질 2($\sigma_2 = 0$ $[\Omega^{-1}/\mathrm{m}]$, ϵ_2 [F/m], μ_2 [H/m], $\gamma_2 = j\beta_2$ [1/m])의 자계강도의 일반형과 y-축 방향으로 평행편파되어 매질 2로 전달된 전자기파는 다음과 같다.

$$\vec{H}_{o2}(\vec{r})\ [\mathrm{A/m}] = \vec{H}_{ot}(\vec{r}) = \vec{H}_{ot}(\vec{r}) = H_{ot} e^{-j\beta_2 \hat{a}_{pt}\cdot\vec{r}}\hat{a}_{Ht}$$: 매질 2 내의 자계강도(일반형)

$$\vec{H}_{ot}(\vec{r})\ [\mathrm{A/m}] = \vec{H}_{ot} e^{-\gamma_2 \hat{a}_{pt}\cdot\vec{r}} = H_{ot} e^{-j\beta_2 \hat{a}_{pt}\cdot\vec{r}}\hat{a}_{Ht} = H_{ot} e^{-j\beta_2 (x\sin\theta_t + z\cos\theta_t)}\hat{a}_y = \frac{E_{ot}}{\eta_2} e^{-j\beta_2 (x\sin\theta_t + z\cos\theta_t)}\hat{a}_y$$
: 평행편파 입사되어 매질 2로 전달된 전자기파의 자계강도

$$\vec{E}_{o2}(\vec{r})\ [\mathrm{V/m}] = \vec{E}_{ot}(\vec{r}) = \frac{1}{j\omega\epsilon_2}\nabla\times\vec{H}_{ot}(\vec{r}) = E_{ot} e^{-\gamma_2 \hat{a}_t\cdot\vec{r}}\hat{a}_{Et} = E_{ot} e^{-j\beta_2 \hat{a}_t\cdot\vec{r}}\hat{a}_{Et} = E_{ot} e^{-j\beta_2 \hat{a}_t\cdot\vec{r}}\left(\hat{a}_{Ht}\times\hat{a}_{pt}\right)$$
: 매질 2로 전달된 전자기파의 전계강도(일반형)

$$\vec{E}_{o2}(\vec{r})\ [\mathrm{V/m}] = E_{ot} e^{-j\beta_2 \hat{a}_t\cdot\vec{r}}\hat{a}_{Et} = E_{ot} e^{-j\beta_2 \hat{a}_t\cdot\vec{r}}\left(\hat{a}_{Ht}\times\hat{a}_{pt}\right) = E_{ot} e^{-j\beta_2 (x\sin\theta_t + z\cos\theta_t)}\left(\cos\theta_t \hat{a}_x - \sin\theta_t \hat{a}_z\right)$$
: 평행편파 입사되어 매질 2로 전달된 전자기파의 전계강도

→ 입사평면(xz-평면)에 평행인 x- & z-축 방향 전계강도 성분만 존재하고, 수직인 y-축 성분은 존재하지 않음 (평행편파 = 자기장 편파)

$\eta_2\ [\Omega] \equiv \sqrt{\dfrac{\mu_2}{\epsilon_2}}$: 매질 2의 특성 임피던스

매질 1과 매질 2의 경계면($z = 0$)에서 전기장과 자기장에 대한 4개의 경계조건(전기장과 자기장의 접선방향과 법선방향 조건 각각 2개씩)을 적용하면, 입사된 전계강도에 대해 E_{oi}, E_{ot}, θ_i, θ_r에 관한 조건을 구할 수 있다.

먼저 경계면(xy-평면: $z = 0$)에서 전계강도의 접선방향(xy-평면에 평행 또는 z-축에 수직인 성분)에 대한 경계조건은 다음과 같다.

$$\begin{cases} \vec{E}_{o1}(\vec{r})\ [\mathrm{V/m}] = \vec{E}_{oi}(\vec{r}) + \vec{E}_{or}(\vec{r}) \\ \qquad = E_{oi} e^{-j\beta_1 (x\sin\theta_i + z\cos\theta_i)}\left(\cos\theta_i \hat{a}_x - \sin\theta_i \hat{a}_z\right) + E_{or} e^{-j\beta_1 (x\sin\theta_r - z\cos\theta_r)}\left(\cos\theta_r \hat{a}_x + \sin\theta_r \hat{a}_z\right) \\ \vec{E}_{o2}(\vec{r})\ [\mathrm{V/m}] = E_{ot} e^{-j\beta_2 \hat{a}_t\cdot\vec{r}}\hat{a}_{Et} \\ \qquad = E_{ot} e^{-j\beta_2 (x\sin\theta_t + z\cos\theta_t)}\left(\cos\theta_t \hat{a}_x - \sin\theta_t \hat{a}_z\right) \end{cases}$$

$$\begin{cases} \vec{E}_{o1}(\vec{r})\Big|_{\text{tangential}} \ [\text{V/m}] \equiv E_{o1,t} = \vec{E}_{o1}(\vec{r})\cdot\hat{a}_x = E_{oi}e^{-j\beta_1(x\sin\theta_i+z\cos\theta_i)}\cos\theta_i + E_{or}e^{-j\beta_1(x\sin\theta_r-z\cos\theta_r)}\cos\theta_r \\ \vec{E}_{ot}(\vec{r})\Big|_{\text{tangential}} \ [\text{V/m}] \equiv E_{o,t} = \vec{E}_{ot}(\vec{r})\cdot\hat{a}_x = E_{ot}e^{-j\beta_2(x\sin\theta_t+z\cos\theta_t)}\cos\theta_t \end{cases}$$

$$E_{o1,t}(z=0) = E_{ot,t}(z=0) \to E_{oi}e^{-j\beta_1 x\sin\theta_i}\cos\theta_i + E_{or}e^{-j\beta_1 x\sin\theta_r}\cos\theta_r = E_{ot}e^{-j\beta_2 x\sin\theta_t}\cos\theta_t$$

또한 경계면에서 자계강도의 접선방향에 대한 경계조건은 다음과 같다.

$$\begin{cases} \vec{H}_{o1}(\vec{r}) \ [\text{A/m}] = \vec{H}_{oi}(\vec{r}) + \vec{H}_{or}(\vec{r}) = \dfrac{E_{oi}}{\eta_1}e^{-j\beta_1(x\sin\theta_i+z\cos\theta_i)}\hat{a}_y - \dfrac{E_{or}}{\eta_1}e^{-j\beta_1(x\sin\theta_r-z\cos\theta_r)}\hat{a}_y \\ \vec{H}_{ot}(\vec{r}) \ [\text{A/m}] = \vec{H}_{ot}e^{-\gamma_2\hat{a}_{pt}\cdot\vec{r}} = H_{ot}e^{-j\beta_2(x\sin\theta_t+z\cos\theta_t)}\hat{a}_y = \dfrac{E_{ot}}{\eta_2}e^{-j\beta_2(x\sin\theta_t+z\cos\theta_t)}\hat{a}_y \end{cases}$$

$$\begin{cases} \vec{H}_{o1}(\vec{r})\Big|_{\text{tangential}} \ [\text{A/m}] = \vec{H}_{o1}(\vec{r})\cdot\hat{a}_y = \dfrac{E_{oi}}{\eta_1}e^{-j\beta_1(x\sin\theta_i+z\cos\theta_i)} - \dfrac{E_{or}}{\eta_1}e^{-j\beta_1(x\sin\theta_r-z\cos\theta_r)} \\ \vec{E}_{ot}(\vec{r})\Big|_{\text{tangential}} \ [\text{A/m}] = \vec{H}_{ot}(\vec{r})\cdot\hat{a}_y = -\dfrac{E_{ot}}{\eta_2}e^{-j\beta_2(x\sin\theta_t+z\cos\theta_t)} \end{cases}$$

$$H_{o1,t}(z=0) = E_{ot,t}(z=0) \to \frac{E_{oi}}{\eta_1}e^{-j\beta_1 x\sin\theta_i} - \frac{E_{or}}{\eta_1}e^{-j\beta_1 x\sin\theta_r} = -\frac{E_{ot}}{\eta_2}e^{-j\beta_2 x\sin\theta_t}$$

전계강도와 자계강도의 접선방향 성분이 경계면의 모든 지점에서 x-좌표에 관계없이 만족해야 하므로 다음의 스넬의 반사법칙과 굴절법칙을 얻는다.

$\theta_i = \theta_r$: 입사각 = 반사각에 대한 스넬(Snell)의 반사 법칙

$\dfrac{\sin\theta_t}{\sin\theta_i} = \dfrac{\upsilon_{p2}}{\upsilon_{p1}} = \dfrac{\beta_1}{\beta_2} = \dfrac{n_{r1}}{n_{r2}}; n_{ri} \equiv \sqrt{\mu_{ri}\epsilon_{ri}}$: 입사각과 전달차의 굴절각에 대한 스넬의 굴절 법칙

이 결과를 이용하면, 전계강도와 자계강도의 접선방향 성분에 대한 경계조건은 다음과 같이 간략히 나타낼 수 있다.

$$\begin{cases} (E_{oi}+E_{or})\cos\theta_i = E_{ot}\cos\theta_t \\ \dfrac{1}{\eta_1}(E_{oi}-E_{or}) = \dfrac{1}{\eta_2}E_{ot} \end{cases} \to \begin{cases} \dfrac{E_{or}}{E_{oi}} - \dfrac{E_{ot}}{E_{oi}}\dfrac{\cos\theta_t}{\cos\theta_i} = -1 \\ \dfrac{E_{or}}{E_{oi}} + \dfrac{\eta_1}{\eta_2}\dfrac{E_{ot}}{E_{oi}} = 1 \end{cases} \to \begin{pmatrix} 1 & -\dfrac{\cos\theta_t}{\cos\theta_i} \\ 1 & \dfrac{\eta_1}{\eta_2} \end{pmatrix}\begin{pmatrix} E_{or}/E_{oi} \\ E_{ot}/E_{oi} \end{pmatrix} = \begin{pmatrix} -1 \\ 1 \end{pmatrix}$$

이 결과를 이용하면, 평행편파되어 입사된 전자기파의 반사율($\Gamma_{\|}$: reflection coeeicient)과 전달율($T_{\|}$: transmission coefficient)은 각각 다음과 같다.

$$\Gamma_{\|} \equiv \frac{E_{or}}{E_{oi}} = \frac{-\dfrac{\eta_1}{\eta_2} + \dfrac{\cos\theta_t}{\cos\theta_i}}{\dfrac{\eta_1}{\eta_2} + \dfrac{\cos\theta_t}{\cos\theta_i}} = \frac{\eta_2\cos\theta_t - \eta_1\cos\theta_i}{\eta_2\cos\theta_t + \eta_1\cos\theta_i}$$: 평행편파되어 입사된 전자기파의 반사율

$$T_{\|} \equiv \frac{E_{ot}}{E_{oi}}\Bigg|_{\|} = \frac{2}{\dfrac{\eta_1}{\eta_2} + \dfrac{\cos\theta_t}{\cos\theta_i}} = \frac{2\eta_2\cos\theta_i}{\eta_2\cos\theta_t + \eta_1\cos\theta_i}$$: 평행편파되어 입사된 전자기파의 전송률

Chapter_11 핵심요약

<table>
<tr><th colspan="2">전자기파의 전파 방정식의 유도과정을 혼동하지 않고 순차적으로 이해하기 위한 요약</th></tr>
<tr><th>조건</th><th>필요한 관계식</th></tr>
<tr><td>임의의 매질(ρ, σ, ϵ, μ) 내에서
전기장($\boldsymbol{E}(\boldsymbol{r},t)$ [V/m])과
자기장($\boldsymbol{H}(\boldsymbol{r},t)$ [A/m])의
시간적(t [s]) 변화와 공간적($\boldsymbol{r}$ [m])
분포를 지배하는 식
$\boldsymbol{E}(\boldsymbol{r},t)$? $\boldsymbol{H}(\boldsymbol{r},t)$?</td><td>전자기파의 전파 특성을 지배하는 맥스웰 방정식
$\nabla\times\vec{E}(\vec{r},t)=-\dfrac{\partial\vec{B}(\vec{r},t)}{\partial t}$ [V/m^2] : Faraday's Law ; $\vec{B}(\vec{r},t)=\mu(\vec{r})\vec{H}(\vec{r},t)$
$\nabla\cdot\vec{D}(\vec{r},t)=\rho_v(\vec{r},t)$ [C/m^3] : Poisson's Eq. ; $\vec{D}(\vec{r},t)=\epsilon(\vec{r})\vec{E}(\vec{r},t)$
$\nabla\times\vec{H}(\vec{r},t)=\vec{J}(\vec{r},t)$ [A/m^2] : Ampere's Law ; $\vec{J}(\vec{r},t)=\vec{J}_C(\vec{r},t)+\vec{J}_D(\vec{r},t)$
$\vec{J}_C(\vec{r},t)=\sigma(\vec{r})\vec{E}(\vec{r},t),\ \vec{J}_D(\vec{r},t)=\dfrac{\partial\vec{D}(\vec{r},t)}{\partial t}$
$\nabla\cdot\vec{B}(\vec{r},t)=0$ [Wb/m^3] : No Magnetic Monopole
: 전기장과 자기장은 어디($\boldsymbol{r}$)에서나 어느 순간(t)에도 4개의 식을 모두 만족해야 함</td></tr>
<tr><td>시정현($e^{j\omega t}$)
전기장 & 자기장
$\boldsymbol{E}(\boldsymbol{r},t)=\boldsymbol{E}_o(\boldsymbol{r})e^{j\omega t}$,
$\boldsymbol{H}(\boldsymbol{r},t)=\boldsymbol{H}_o(\boldsymbol{r})e^{j\omega t}$
$\boldsymbol{E}_o(\boldsymbol{r})$? $\boldsymbol{H}_o(\boldsymbol{r})$?</td><td>시정현 전자기파의 전파 특성을 지배하는 맥스웰 방정식 : $\boldsymbol{E}(\boldsymbol{r},t)=\boldsymbol{E}_o(\boldsymbol{r})e^{j\omega t}$, $\boldsymbol{H}(\boldsymbol{r},t)=\boldsymbol{H}_o(\boldsymbol{r})e^{j\omega t}$
$\nabla\times\vec{E}_o(\vec{r})=-j\omega\mu\vec{H}_o(\vec{r})$ [V/m^2] & $\nabla\times\vec{H}_o(\vec{r})=(\sigma+j\omega\epsilon)\vec{E}_o(\vec{r})$ [A/m^2]
$\nabla\cdot\vec{E}_o(\vec{r})e^{j\omega t}=\dfrac{1}{\epsilon}\rho_v(\vec{r},t)$ [V/m^2] & $\nabla\cdot\vec{H}_o(\vec{r})=0$ [A/m^2]
: 전기장과 자기장은 어디($\boldsymbol{r}$)에서나 어느 순간(t)에도 4개의 식을 모두 만족해야 함</td></tr>
<tr><td>전하 중성 매질 내의
시정현 전자기장
($\rho=\rho_++\rho_-=\rho_+-|\rho_-|=0$ [C/m^3] :
Charge neutral)</td><td>중성매질에서 시정현 전자기파의 전파 특성을 지배하는 맥스웰 방정식
$\nabla\times\vec{E}_o(\vec{r})=-j\omega\mu\vec{H}_o(\vec{r})$ [V/m^2] & $\nabla\times\vec{H}_o(\vec{r})=(\sigma+j\omega\epsilon)\vec{E}_o(\vec{r})$ [A/m^2]
$\nabla\cdot\vec{E}_o(\vec{r})=0$ [V/m^2] & $\nabla\cdot\vec{H}_o(\vec{r})=0$ [A/m^2]
: 전기장과 자기장은 어디($\boldsymbol{r}$)에서나 어느 순간(t)에도 4개의 식을 모두 만족해야 함</td></tr>
<tr><td>전하 중성매질에서
4개의 맥스웰 방정식을 모두
만족하는 하나의 식으로 통합:
전기장과 자기장에 대한
시정현 전파방정식
$\nabla\times(\nabla\times\boldsymbol{A}(\boldsymbol{r}))=\nabla(\nabla\cdot\boldsymbol{A}(\boldsymbol{r}))-\nabla^2\boldsymbol{A}(\boldsymbol{r})$
: 수학적 항등식</td><td>$\nabla\times\vec{E}_o(\vec{r})=-j\omega\mu\vec{H}_o(\vec{r})$ [V/m^2] & $\nabla\times\vec{H}_o(\vec{r})=(\sigma+j\omega\epsilon)\vec{E}_o(\vec{r})$ [A/m^2]
$\nabla\cdot\vec{E}_o(\vec{r})=0$ [V/m^2] & $\nabla\cdot\vec{H}_o(\vec{r})=0$ [A/m^2]
$\nabla\times\left(\nabla\times\vec{E}_o(\vec{r})\right)=\nabla\times\left(-j\omega\mu\vec{H}_o(\vec{r})\right)$ [V/m^3] & $\nabla\cdot\vec{E}_o(\vec{r})=0$ [V/m^2]
$\nabla\times\left(\nabla\times\vec{H}_o(\vec{r})\right)=\nabla\times\left((\sigma+j\omega\epsilon)\vec{E}_o(\vec{r})\right)$ [A/m^3] & $\nabla\cdot\vec{H}_o(\vec{r})=0$ [A/m^2]
$\nabla\left(\nabla\cdot\vec{E}_o(\vec{r})\right)-\nabla^2\vec{E}_o(\vec{r})=-j\omega\mu\left(\nabla\times\vec{H}_o(\vec{r})\right)$ [V/m^3]
$\rightarrow$ $\boxed{\nabla^2\vec{E}_o(\vec{r})-j\omega\mu(\sigma+j\omega\epsilon)\vec{E}_o(\vec{r})=\nabla^2\vec{E}_o(\vec{r})-\gamma^2\vec{E}_o(\vec{r})=0\ [\text{V/m}^3]}$
$\nabla\left(\nabla\cdot\vec{H}_o(\vec{r})\right)-\nabla^2\vec{H}_o(\vec{r})=(\sigma+j\omega\epsilon)\left(\nabla\times\vec{E}_o(\vec{r})\right)$ [A/m^3]
$\rightarrow$ $\boxed{\nabla^2\vec{H}_o(\vec{r})-j\omega\mu(\sigma+j\omega\epsilon)\vec{H}_o(\vec{r})=\nabla^2\vec{H}_o(\vec{r})-\gamma^2\vec{H}_o(\vec{r})=0\ [\text{A/m}^3]}$
γ [1/m] $\equiv\sqrt{j\omega\mu(\sigma+j\omega\epsilon)}\equiv\alpha+j\beta$: 전자기파의 전파 특성을 지배하는 전파상수
$\vec{k}$ [1/m] $=\gamma\hat{a}_p=(\alpha+j\beta)\hat{a}_p$
$\vec{r}$ [m] $=(x,y,z)=x\hat{a}_x+y\hat{a}_y+z\hat{a}_z$
$\rightarrow\vec{k}\cdot\vec{r}=(\alpha+j\beta)\hat{a}_p\cdot(x\hat{a}_x+y\hat{a}_y+z\hat{a}_z)$
:전자기파의 전파 특성을 지배하는 벡터 전파상수와 직각좌표계의 전파상수
α [Np/m] $=\omega\sqrt{\dfrac{\mu\epsilon}{2}\left(\sqrt{1+(\sigma/\omega\epsilon)^2}-1\right)}$: 감쇄상수; 매질과 주파수에 의해 결정
β [rad/m] $=\omega\sqrt{\dfrac{\mu\epsilon}{2}\sqrt{1+(\sigma/\omega\epsilon)^2}+1}$: 위상상수; 매질과 주파수에 의해 결정</td></tr>
</table>

전파방정식을 통해 얻은 전기장과 자기장의 **공간적 변화 : $E_o(r)$, $H_o(r)$**	$\begin{cases}\vec{E}_o(\vec{r})\ [\text{V/m}] = \vec{E}_{o+}(\vec{r}) + \vec{E}_{o-}(\vec{r}) = \vec{E}_{o+}e^{-\gamma\hat{a}_p\cdot\vec{r}} + \vec{E}_{o-}e^{+\gamma\hat{a}_p\cdot\vec{r}} \\ \vec{H}_o(\vec{r})\ [\text{A/m}] = \vec{H}_{o+}(\vec{r}) + \vec{H}_{o-}(\vec{r}) = \vec{H}_{o+}e^{-\gamma\hat{a}_p\cdot\vec{r}} + \vec{H}_{o-}e^{+\gamma\hat{a}_p\cdot\vec{r}}\end{cases}$ & $\begin{cases}\vec{E}(\vec{r},t) = \vec{E}_o(\vec{r})e^{j\omega t}\ [\text{V/m}] \\ \vec{H}(\vec{r},t) = \vec{H}_o(\vec{r})e^{j\omega t}\ [\text{A/m}]\end{cases}$
중성매질에서 z-**축 방향(a_p=a_z)**으로 **전파되는 시정현 전자기파**	$\begin{cases}\vec{E}_o(z)\ [\text{V/m}] = \vec{E}_{o+}(z) + \vec{E}_{o-}(z) = \vec{E}_{o+}e^{-\gamma z} + \vec{E}_{o-}e^{+\gamma z} \\ \vec{H}_o(z)\ [\text{A/m}] = \vec{H}_{o+}(z) + \vec{H}_{o-}(z) = \vec{H}_{o+}e^{-\gamma z} + \vec{H}_{o-}e^{+\gamma z}\end{cases}$ & $\begin{cases}\vec{E}(z,t) = \vec{E}_o(z)e^{j\omega t}\ [\text{V/m}] \\ \vec{H}(z,t) = \vec{H}_o(z)e^{j\omega t}\ [\text{A/m}]\end{cases}$
중성 매질에서 z-축 양의 방향으로 전파(a_p = $+a_z$)되며, x축 방향의 전기장 ($E_o(z)$=$E_{ox}(z)a_x$)만 존재하는 **시정현 전자기파**	$\vec{E}_o(z)\ [\text{V/m}] = \vec{E}_{ox}(z)\hat{a}_x = \vec{E}_{ox}e^{-\gamma z}\hat{a}_x = \vec{E}_{ox}e^{-\alpha z}e^{-j\beta z}\hat{a}_x$ & $\vec{E}(z,t) = \vec{E}_o(z)e^{j\omega t}\ [\text{V/m}]$ $\vec{H}_o(\vec{r})$? $\boxed{\nabla\times\vec{E}_o(\vec{r})\ [\text{V/m}^2] = -j\omega\mu\vec{H}_o(\vec{r})} \rightarrow \vec{H}_o(\vec{r})\ [\text{A/m}] = -\dfrac{1}{j\omega\mu}\nabla\times\vec{E}_o(\vec{r})$ $\vec{H}_o(z)\ [\text{A/m}] = \vec{H}_{oy}(z)\hat{a}_y = \vec{H}_{oy}e^{-\gamma z}\hat{a}_y = \vec{H}_{oy}e^{-\alpha z}e^{-j\beta z}\hat{a}_y$ & $\vec{H}(z,t) = \vec{H}_o(z)e^{j\omega t}\ [\text{A/m}]$ $\vec{E}_o(\vec{r})$? $\boxed{\nabla\times\vec{H}_o(\vec{r})\ [\text{A/m}^2] = (\sigma + j\omega\epsilon)\vec{E}_o(\vec{r})} \rightarrow \vec{E}_o(\vec{r})\ [\text{V/m}] = \dfrac{1}{(\sigma + j\omega\epsilon)}\nabla\times\vec{H}_o(\vec{r})$
전기장-자기장의 관계를 구하는 편리한 도구: 특성 임피던스 ($\eta(\omega)$ [Ω])	$\lvert\vec{E}_o(z)\rvert \propto \lvert\vec{H}_o(z)\rvert \rightarrow \lvert\vec{E}_o(z)\rvert = \eta\lvert\vec{H}_o(z)\rvert$; $\eta\ [\Omega] = \dfrac{j\omega\mu}{\sigma + j\omega\epsilon}$: 매질의 특성 임피던스
전자기파의 Poynting Vector (P [W/m^2]) 전력밀도 = 단위시간당 에너지 전달밀도	$\vec{\mathcal{P}}(\vec{r},t) \equiv \vec{E}(\vec{r})\times\vec{H}(\vec{r}) = \mathcal{P}(\vec{r})\hat{a}_p$ [W/m^2]=[(J/s)/m^2] ; $\hat{a}_p \equiv \hat{a}_E\times\hat{a}_H$: 전력밀도 벡터

Chapter_11 연습문제

11.1 (Dielectric Material & Loss Tangent) 유전체를 이용한 정전용량(축전기: capacitor)의 특성을 나타내는 지표의 하나로 손실각(θ [rad])이 있다. 유전체의 유전상수가 ϵ [F/m], 전기전도도가 σ [Ω^{-1}/m]인 유전체에 주파수가 ω [rad/s]인 정현파 신호가 인가된 경우가 있다.

(a) 손실각(θ [rad])을 수식으로 나타내고 물리적 의미를 설명하라.

(b) 손실각(θ [rad])이 0 [rad]인 정전용량(축전기, 캐패시터: capacitor)에 전하를 축적해 둔 경우, 긴 시간이 흐른 후의 전하량의 변화를 설명하라.

(c) 손실각(θ [rad])이 0이 아닌 유전체를 가진 캐패시터에 전하를 축적해 둔 경우, 긴 시간이 흐른 후의 전하량의 변화를 설명하라.

11.2 (Maxwell Equation & EM Wave) 전하 중성인 공간($\rho = 0$ [C/m^3])에서 전자기파의 시간적 변화와 공간적 전파 특성은 맥스웰 방정식을 이용하여 해석할 수 있다. z-축 양의 방향으로 전파되는 정현파 전자기 신호의 전파 특성을 나타내는 전파방정식은 다음과 같이 요약할 수 있다.

$$\nabla^2 \vec{E}(z,t) = j\omega\mu\left(\sigma + j\omega\epsilon\right)\vec{E}(z,t) \equiv \gamma^2 \vec{E}(z,t), \quad \gamma = \alpha + j\beta \quad [1/\text{m}]$$

(a) $\alpha = \omega\sqrt{\dfrac{\mu\epsilon}{2}\left[\sqrt{1+\left(\dfrac{\sigma}{\omega\epsilon}\right)^2} - 1\right]}$ 가 됨을 보여라.

(b) α와 β는 어떤 단위를 갖는지 각각 설명하라.

(c) 이 경우 α와 β의 물리적 의미를 각각 설명하라.

(d) z-축 양의 방향으로 전파되는 전기장이 x축 성분만 가지는 경우, 전계강도($\boldsymbol{E}(z,t)$ [V/m])를 구하라.

(e) $\alpha > 0$일 때, z-축 양의 방향으로 전파되는 전자파의 경우 z-축에 따른 진폭의 변화를 그래프로 나타내라.

11.3 (Maxwell Equation & EM Wave) 전하 중성 매질($\rho = 0$ [C/m^3])에서 전기장의 시간적, 공간적 전파 특성은 맥스웰 방정식을 이용하여 구할 수 있다. z-축 방향으로 전파되는 정현파 신호의 전파 특성을 나타내는 파동 방정식은 다음과 같이 요약할 수 있다.

$$\nabla^2 \vec{E}(z,t) = j\omega\mu\left(\sigma + j\omega\epsilon\right)\vec{E}(z,t) \equiv \gamma^2 \vec{E}(z,t) \quad [\text{V/m}^3], \quad \gamma = \alpha + j\beta \quad [1/\text{m}]$$

파동방정식에 대한 전계강도($\boldsymbol{E}(\boldsymbol{r})$ [V/m])가 다음과 같음을 이용하여 설명하라.

$$\vec{E}(z,t) = \vec{E}_{+}(z,t) + \vec{E}_{-}(z,t) = \left(\vec{E}_{+}(z) + \vec{E}_{-}(z)\right)e^{j\omega t} = \left(\vec{E}_{o+}e^{-\gamma z} + \vec{E}_{o-}e^{+\gamma z}\right)e^{j\omega t} \quad [\text{V/m}]$$

(a) $\vec{E}_{+}(z,t) = \vec{E}_{o+}e^{-\gamma z}$ [V/m]가 시간이 지남에 따라 z-축 양의 방향으로 진행하는 전파임을 설명하라.

(b) $\alpha > 0$ [1/m]인 경우 z-축 양의 방향으로 전파됨에 따른 진폭의 변화를 그림을 이용하여 설명하라.

11.4 (Maxwell Equations) 자유공간(또는 전하중성인 공간: $\rho = 0$ [C/m^3])에서 전자기파의 시간적 변화와 공간적 전파 특성은 맥스웰 방정식을 이용해 구할 수 있다. 맥스웰 방정식을 이용하여 z-축 방향으로 전파되는 정현파 파동 방정식을 구하면 다음과 같다.

$$\nabla^2 \overline{E}(z,t) = j\omega\mu(\sigma + j\omega\varepsilon)\overline{E}(z,t) \triangleq \gamma^2 \overline{E}(z,t)\ ;\quad \gamma = \alpha + j\beta$$

전계의 시간/공간 변화는 아래와 같이 나타낼 수 있다.

$$\overline{E}(z,t) = \overline{E}_+(z,t) + \overline{E}_-(z,t) = \left(\overline{E}_+(z) + \overline{E}_-(z)\right)e^{j\omega t} = \left(\overline{E}_{o+}e^{-\gamma z} + \overline{E}_{o-}e^{+\gamma z}\right)e^{j\omega t} \quad \text{[V/m]}$$

(a) α [Np/m]와 β [rad/m]의 물리적 의미를 설명하라.
(b) $\overline{E}_-(z) = \overline{E}_{o-}e^{+\gamma z}$ 는 시간이 지남에 따라 z-축 음의 방향으로 진행하는 전자파임을 설명하라.
(c) $\alpha > 0$인 경우 z-축 음의 방향으로 전파되는 전자파의 경우 z-축에 따른 진폭의 변화를 그림으로 나타내라.
(d) 전기전도도가 높은 도체에서 전파되는 경우의 전자파의 유효 전파 두께(또는 표피 감쇄 두께; skin depth: d_s [m])에 관해 간략히 설명하라.

11.5 (Maxwell Equations & EM Waves) 정현파 시변 전기장의 전계강도가 $\overrightarrow{E}(z,t) = E_o \sin(\omega t + \beta z)\hat{a}_y$ [V/m]로 표시되는 전자기파가 자유공간(Free space)에서 전파되고 있다(필요한 경우 관련된 Maxwell Eq을 사용하여 근거 제시).
(a) 이 전파의 전파방향을 설명하고 특성을 아는 대로 설명하라.
(b) 등가전하밀도($\boldsymbol{D}(\boldsymbol{r})$ [C/m^2])를 구하라.
(c) 자계강도($\boldsymbol{H}(\boldsymbol{r})$ [A/m])를 구하라.
(d) 자속밀도($\boldsymbol{B}(\boldsymbol{r})$ [Wb/m^2])를 구하라.
(e) $t = 0$일 때 전계강도($\boldsymbol{E}(\boldsymbol{r})$ [V/m])와 자계강도($\boldsymbol{H}(\boldsymbol{r})$ [A/m])를 그림으로 나타내라.
(f) 전력밀도 벡터(Poynting vector: $\mathcal{P}$ [W/m^2])를 구하고, 그 물리적 의미를 설명하라.

11.6 (Maxwell Equations & EM Waves) 자계강도가 $\overrightarrow{H}(x,y,z,t) = H_o e^{-\gamma x} e^{j\omega t}\hat{a}_y$ [A/m], $\gamma = \alpha + j\beta$ [1/m] (α, β; real)로 표시되는 시정현(time-harmonic) 전자기파가 전하가 존재하지 않는 공간에서 전파되고 있다($\epsilon = \epsilon_0$ [F/m], $\mu = \mu_0$ [H/m], $\sigma = \sigma_0$ [Ω^{-1}/m], $\rho = 0$[C/m^3]; 필요한 경우 관련된 Maxwell 방정식을 사용하여 근거를 제시하라).
(a) 전하중성 공간이란 무엇인지 간략히 설명하라.
(b) 이 전자파의 전파방향을 근거를 제시하여 설명하라.
(c) $\alpha = 0$인 경우와 $\alpha > 0$인 경우의 전파 특성을 그림으로 비교하여 설명하라.
(d) 전하유동밀도(전속밀도: $\boldsymbol{D}(\boldsymbol{r})$ [C/m^2])를 구하라.
(e) 앞에서 얻은 결과를 이용하여 전계강도($\boldsymbol{E}(\boldsymbol{r})$ [V/m])와 자계강도($\boldsymbol{H}(\boldsymbol{r})$ [A/m])는 서로 수직(perpendicular)임을 설명하라.
(f) 전기전도도가 $\sigma = 0$인 경우 주파수(ω_1, ω_2 [rad/s])가 다른 두 신호가 동일한 거리를 이동한 후의 감쇄 정도를 비교하라.

(g) 전력전달밀도 벡터(Poynting vector: $\mathcal{P}(\boldsymbol{r})$ [W/m^2])를 구하고, 그 물리적 의미를 설명하라.

11.7 (Maxwell Equations, Plane Waves) 전계강도가 $\bar{E}(\bar{r},t) = E_o e^{+\gamma x} e^{j\omega t} \hat{a}_z$ [V/m], $\gamma = \alpha + j\beta$ [1/m] (α, β ; real) 로 표시되는 시변 전자기파가 전하밀도 $\rho = 0$ [C/m^3]인 전하 중성영역에서 전파되고 있다($\epsilon = \epsilon_o$ [F/m], $\mu = \mu_o$ [H/m], $\sigma = \sigma_o$ [Ω^{-1}/m], $\rho = 0$ [C/m^3], 필요한 경우 관련된 맥스웰 방정식을 사용하여 근거를 제시하라).

(a) 임의의 지점 $\boldsymbol{r} = (x,y,z)$에서 이 전자기파로 인해 형성되는 전류밀도($\boldsymbol{J}(\boldsymbol{r},t) = \boldsymbol{J}_C(\boldsymbol{r},t) + \boldsymbol{J}_D(\boldsymbol{r},t)$ [A/m^2])를 구하라.

(b) 이 전계로 인해 형성된 자계강도($\boldsymbol{H}(\boldsymbol{r},t)$ [A/m])를 구하라.

(c) 임의의 지점 $\boldsymbol{r} = (x,y,z)$에서 전계강도($\boldsymbol{E}(\boldsymbol{r},t)$ [V/m])와 자계강도($\boldsymbol{H}(\boldsymbol{r},t)$ [A/m])는 서로 수직임을 보여라.

(d) 이 결과들을 이용하여 이 전자파의 특성(진행 방향, 전계의 방향 등)을 아는 대로 설명하라.

(e) 전력밀도 벡터($\mathcal{P}(\boldsymbol{r},t)$ [W/m^2])를 구하고 그 물리적 의미를 설명하라.

(f) $\sigma = 0$인 경우 진행 방향의 서로 다른 두 지점의 전력밀도 벡터($\mathcal{P}(\boldsymbol{r},t)$ [W/m^2])의 크기를 비교하라.

(g) $\sigma \neq 0$인 경우 진행 방향의 서로 다른 두 지점의 전력밀도 벡터($\mathcal{P}(\boldsymbol{r},t)$ [W/m^2])의 크기를 비교하라.

11.8 (Maxwell Equations, Plane Waves) $\bar{H}(x,y,z,t) = H_o e^{+\gamma y} e^{j\omega t} \hat{a}_z$ [A/m], $\gamma = \alpha + j\beta$ [1/m] (α, β ; real) 로 표시되는 전자파가 전하 중성 공간($\rho = 0$ [C/m^3])에서 전파되고 있다($\epsilon = \epsilon_o$ [F/m], $\mu = \mu_o$ [H/m], $\sigma = \sigma_o$ [Ω^{-1}/m], $\rho = 0$ [A/m]; 필요한 경우 관련된 맥스웰 방정식(Maxwell eq.)을 사용하여 근거 제시).

(a) 이 전자기파의 전파방향을 근거를 제시하여 설명하라.

(b) 이 전자기파로 인해 형성된 전계강도($\boldsymbol{E}(\boldsymbol{r},t)$ [V/m])와 전하유동밀도($\boldsymbol{D}(\boldsymbol{r},t)$ [C/m^2])를 구하라.

(c) 전자기파가 전파되는 동안 임의의 점에서 전계강도($\boldsymbol{E}(\boldsymbol{r},t)$ [V/m])와 자계강도($\boldsymbol{H}(\boldsymbol{r},t)$ [A/m])는 항상 서로 수직임을 보여라.

(d) 전력전달밀도 벡터($\mathcal{P}$ [W/m^2])를 구하고, 그 물리적 의미를 설명하라.

(e) $\sigma = 0$인 경우 주파수가 다른 두 신호($\omega_1 > \omega_2$)가 동일한 거리를 이동한 후의 감쇄 정도를 비교하여 설명하라.

(f) $\sigma = 0$인 경우 진행 방향의 거리에 따른 자계강도($\boldsymbol{H}(x,y,z,t)$ [A/m])의 크기 변화를 그림으로 설명하라.

(g) $\sigma \neq 0$경우 진행 방향의 거리에 따른 전계강도($\boldsymbol{E}(x,y,z,t)$ [V/m])의 크기 변화를 그림으로 설명하라.

(h) $\sigma \neq 0$인 경우 진행 방향의 거리에 따른 전도성 전류밀도($\boldsymbol{J}_C(x,y,z,t)$ [A/m^2])의 크기 변화를 그림으로 설명하라.

(i) $\sigma \neq 0$인 경우 진행 방향의 거리에 따른 전력전달밀도 벡터($\mathcal{P}$ [W/m^2])의 크기를 그림으로 설명하라.

(j) 무선 충전기 등 무선을 이용한 전력을 효율적으로 전송하기 위해 전자파 발생 장치와 수신 장치의 거리, 그리고 매질이 갖추어야 할 조건을 설명하라.

11.9 (Maxwell Equations, Plane Waves) $\vec{E}(\vec{r},t) = E_o e^{+\gamma x} e^{j\omega t} \hat{a}_y$ [V/m], $\gamma = \alpha + j\beta$ [1/m](α, β ; *real*)로 표시되는 시변 전계가 전하중성 매질에서 전파되고 있다($\epsilon = \epsilon_o$ [F/m], $\mu = \mu_o$ [H/m], $\sigma = \sigma_o$ [Ω^{-1}/m], 필요 시 관련된 맥스웰 방정식을 사용하여 근거 제시).

(a) 이 전자기파의 전파방향을 근거를 제시하여 설명하라.

(b) 전계강도($\boldsymbol{E}(\boldsymbol{r},t)$ [V/m])와 자계강도($\boldsymbol{H}(\boldsymbol{r},t)$ [A/m])를 구하고, 전속밀도($\boldsymbol{D}(\boldsymbol{r},t)$ [C/m^2])와 자속밀도($\boldsymbol{B}(\boldsymbol{r},t)$ [Wb/m^2])가 이루는 각을 구하라.

(c) $\sigma = 0$인 경우 진행 방향의 거리에 따른 자계강도($\boldsymbol{H}(\boldsymbol{r},t)$ [A/m])의 크기 변화를 그림으로 설명하라.

(d) $\sigma = 0$인 경우 주파수가 다른 두 신호($\omega_1 > \omega_2$)가 동일한 거리를 이동한 후 자속밀도($\boldsymbol{B}(\boldsymbol{r},t)$ [Wb/m^2])의 감쇄 정도를 비교하라.

(e) $\sigma \neq 0$인 경우 진행 방향의 거리에 따른 전계강도($\boldsymbol{E}(\boldsymbol{r},t)$ [V/m])의 크기 변화를 그림으로 설명하라.

(f) 전자기파의 감쇄 표피 두께(skin depth : d_s [m])가 무엇인지 설명하라.

(g) 전자기파를 차단하기 위해 전자파 차폐실(shield room)을 설계하고자 한다. 도체로 된 전자파 차폐실 벽체를 통과하는 동안 전계의 세기가 1/20로 감소하도록 하기 위해 벽체의 두께는 감쇄 표피 두께(d_s [m])의 몇 배로 해야 하는지 구하라.

(h) 전자기파 차폐가 잘 되도록 하기 위해서는 어떤 재료를 차폐실 벽체에 이용하는 것이 좋을지 설명하라.

(i) $\sigma \neq 0$인 경우 진행 방향 위치에 따른 전도성 전류밀도($\boldsymbol{J}_C(\boldsymbol{r},t)$ [A/m^2])와 변위성 전류밀도($\boldsymbol{J}_D(\boldsymbol{r},t)$ [A/m^2])의 비($|\boldsymbol{J}_C/\boldsymbol{J}_D|$)를 그림으로 설명하라.

(j) 전력밀도 벡터(Poynting vector : $\boldsymbol{\mathcal{P}}(\boldsymbol{r},t)$ [W/m^2] = [(J/s)/m^2])를 구하고, 의미를 설명하라.

(k) $\sigma \neq 0$인 경우 진행 방향의 거리에 따른 전력밀도 벡터의 크기($|\boldsymbol{\mathcal{P}}(\boldsymbol{r},t)|$) 변화를 그림으로 설명하라.

(l) 무선 충전기 등 무선을 이용한 전력을 효율적으로 전송하기 위해서 전자파 발생장치와 수신장치의 거리, 그리고 매질이 갖추어야 할 조건을 설명하라.

11.10 (Maxwell Wave의 응용) 가정용 AC 전원($V_{ac}(t) = V_o \cdot e^{j2\pi ft}$; $V_o = 220$ [V], $f = 60$ [Hz])을 사용하는 난방용 전기매트(electric heat mat)는 열에 견디는 저항성 도체(열선)에 전류를 흘려 열(Joule 열 $P = I^2R = V^2/R$)을 발생한다.

(a) 전기 매트에 사용되는 가정용 AC 전원에 의해 발생할 수 있는 전자기파로 인한 인체 유해성에 대해 전력밀도 벡터(Poynting vector: $\boldsymbol{\mathcal{P}}(\boldsymbol{r},t)$ [W/m^2])를 이용하여 설명하라.

(b) 전기 매트에 의한 전자파 발생을 억제하기 위해 택할 수 있는 방법을 2가지 이상 제시하고, 이유를 간략히 설명하라.

11.11 (Maxwell Equations) 전하 중성(charge-neutral : $\rho = 0$ [C/m^3])인 공간에서 $\vec{H}(x,y,z,t) = H_o e^{-\gamma y} e^{j\omega t} \hat{a}_x$ [A/m], $\gamma = \alpha + j\beta$ [1/m] (α, β: 실수)로 표시되는 자계강도($\boldsymbol{H}(\boldsymbol{r},t)$ [A/m])가 있다 (유전상수 $\epsilon = \epsilon_o$ [F/m], 자성계수 $\mu = \mu_o$ [H/m], 전기전도도 $\sigma = \sigma_o$ [Ω^{-1}/m], 필요한 경우 맥스웰 방정식을 사용하여 근거 제시).

(a) 이 전자기파의 전파방향을 근거를 제시하여 설명하라.

(b) 전파되는 방향의 진행 거리에 따른 자계강도($\boldsymbol{H}(\boldsymbol{r},t)$ [A/m])의 크기 변화를 그림으로 설명하라.

(c) 전력전달밀도 벡터($\mathcal{P}$ [W/m^2] = [(J/s)/m^2])의미를 설명하고, $\sigma \neq 0$인 경우, 진행 방향의 거리에 따른 전력전달밀도(|**P**| [W/m^2])의 크기 변화를 그림으로 설명하라.

(d) 전자기파가 전파되는 공간의 전계강도($\boldsymbol{E}(\boldsymbol{r},t)$ [V/m])를 구하기 위해 사용할 수 있는 맥스웰(Maxwell) 방정식의 적분 형태를 적고, 관련된 법칙에 대해 핵심 내용을 설명하라.

(e) 전하유동밀도 벡터($\boldsymbol{D}(\boldsymbol{r},t)$ [C/m^2])와 자속밀도 벡터($\boldsymbol{B}(\boldsymbol{r},t)$ [Wb/m^2])가 이루는 각(angle)을 구하라.

(f) 전자기파의 감쇄 표피 두께(skin depth: d_s [m])와 매질의 전기전도도(σ [Ω^{-1}m^{-1}])의 상관관계를 설명하라.

(g) 두께가 얇더라도 전자파 차폐(shielding)가 잘 되도록 하기 위해서 어떤 금속 재료를 사용하는 것이 좋은지 설명하라.

(h) 엘리베이터는 대부분 전기전도도가 높은 금속 벽체(전기전도도 $\sigma = \infty$ [Ω^{-1}/m])로 이루어져 있어 내부에서 휴대폰 통화가 되지 않는다. 엘리베이터 내에서도 휴대폰 통화가 잘 되도록 하기 위해서는 어떤 재료를 벽체로 사용하면 좋을지 설명하라.

(i) 전자기파의 감쇄상수의 의미와 결정하는 요소를 참고하여 무선 충전기 등에서와 같이 무선을 이용한 전력을 효율적으로 전송하기 위해 갖추어야 할 조건을 설명하라.

11.12 (Maxwell Equations, Plane Waves) $\vec{E}(x,y,z,t) = E_o e^{+\gamma z} e^{j\omega t} \hat{a}_y$ [V/m], $\gamma = \alpha + j\beta$ [1/m] (α, β ; real number)로 표시되는 시변 전계가 전하중성 매질(charge-neutral space: $\rho = 0$ [C/m^3])에서 전파되고 있다($\epsilon = \epsilon_o$ [F/m], $\mu = \mu_o$ [H/m], $\sigma = \sigma_o$ [Ω^{-1}/m], 필요한 경우 관련된 Maxwell Eq.을 사용하여 근거 제시).

(a) 이 전자파의 전파방향을 근거를 제시하여 설명하라.

(b) 전파상수를 구성하는 α [Np/m]와 β [rad/m]의 물리적 의미를 설명하라.

(c) 맥스웰 방정식을 이용하여 자계강도($\boldsymbol{H}(\boldsymbol{r}, t)$ [A/m])를 구하라.

(d) 매질의 전기전도도가 $\sigma = 0$ [Ω^{-1}/m]인 경우 진행 방향의 거리에 따른 자계강도(|$\boldsymbol{H}(x,y,z,t)$| [A/m])의 크기 변화를 그림으로 설명하라.

(e) $\sigma = 0$인 경우 주파수가 다른 두 신호($\omega_1 > \omega_2$)가 동일한 거리를 이동한 후 자계강도(|$\boldsymbol{H}(x,y,z,t)$| [A/m])의 감쇄 정도를 비교하라.

(f) $\sigma \neq 0$인 경우 진행 방향의 거리에 따른 전계강도의 크기(|$\boldsymbol{E}(x,y,z,t)$| [V/m]) 변화를 그림으로 설명하라.

(g) 도체의 전자기장 감쇄 표피 두께(skin depth: d_s [m])와 감쇄상수(α [Np/m])의 상관관계를 설명하라.

(h) 전자파 차폐가 잘 되도록 하기 위해서는 어떤 재료를 차폐실 벽체에 이용하는 것이 좋은지 설명하라.

(i) 전력밀도 벡터($\mathcal{P}$ [W/m^2] = [(J/s)/m^2])의 물리적 의미를 설명하라.

(j) 전력밀도 벡터($\mathcal{P}$ [W/m^2])를 구하고, $\sigma \neq 0$인 경우, 진행 방향의 거리에 따른 |$\mathcal{P}$| [W/m^2]의 크기 변화를 그림으로 설명하라.

(k) 전기장의 세기(E_o [V/m])를 2배로 증가시킬 경우, 단위시간당 단위면적을 통해 전달되는 에너지는 어떻게 변하는지 설명하라.

(l) 휴대폰용 무선 충전기 등 무선을 이용한 전력을 효율적으로 전송하기 위해서 전자파 발생 장치(송신기)와 수신장치(수신기)의 거리, 그리고 매질이 갖추어야 할 조건을 설명하라.

11.13 (Maxwell Equations, Application to Electromagnetic Wave Propagation) 전하 중성인 매질($\rho = 0$ [C/m^3])에서 자계강도가 아래와 같이 표시되는 정현파의 시변 자기장이 전파되고 있다(매질의 특성: 유전상수 ϵ [F/m], 자성계수 μ [H/m], 전기전도도 σ [Ω^{-1}/m]).

$$\vec{H}(x,y,z,t) = H_o e^{-\gamma x} e^{j\omega t} \hat{a}_z = H_o e^{-\alpha x} e^{j(\omega t - \beta x)} \hat{a}_z \text{ [A/m]},\ \gamma = \alpha + j\beta \text{ [1/m]} \ (\alpha\text{와 } \beta\text{는 양의 실수})$$

(a) 이 전자파의 전파방향을 근거를 제시하여 설명하라.

(b) 전파상수(γ [1/m])를 구성하는 α [Np/m]와 β [rad/m]의 물리적 의미를 설명하라.

(c) 맥스웰 방정식을 이용하여 $\boldsymbol{E}(\boldsymbol{r},t)$ [V/m]를 구하라.

(d) $\sigma = 0$인 경우, 진행 방향의 거리에 따른 $|\boldsymbol{E}(\boldsymbol{r},t)|$ [V/m]의 크기 변화를 그림으로 설명하라.

(e) $\sigma = 0$인 경우, 주파수가 다른 두 신호($\omega_1 > \omega_2$)가 동일한 거리를 이동한 후 $|\boldsymbol{E}(\boldsymbol{r},t)|$ [V/m]의 감쇄 정도를 비교하라.

(f) $\sigma \neq 0$인 경우, 진행 방향의 거리에 따른 $|\boldsymbol{H}(x,y,z,t)|$ [A/m]의 크기 변화를 그림으로 설명하라.

(g) $\sigma \neq 0$인 경우, 진행 방향의 위치에 따른 전도성 전류밀도($\boldsymbol{J}_\mathbf{C}(x,y,z,t)$ [A/m^2])와 변위성 전류밀도($\boldsymbol{J}_\mathbf{D}(x,y,z,t)$ [A/m^2])의 비 ($|\boldsymbol{J}_\mathbf{C}/\boldsymbol{J}_\mathbf{D}|$)를 구하고, 유전체의 손실각(loss tangent θ [rad])을 그림으로 설명하라.

(h) 전계강도와 자계강도의 스칼라 곱($\boldsymbol{E}(\boldsymbol{r})\cdot\boldsymbol{H}(\boldsymbol{r})$)을 구하고, 그 결과를 이용하여 전하유동밀도(또는 등가전하밀도: electric flux density vector: $\boldsymbol{D}(\boldsymbol{r})$ [C/m^2])와 자계강도($\boldsymbol{H}(\boldsymbol{r})$ [A/m])가 이루는 각을 구하라.

(i) 전력전달밀도 벡터($\boldsymbol{\mathcal{P}}(\boldsymbol{r})$ [W/m^2])를 구하고, $\sigma \neq 0$인 경우 진행 방향의 거리에 따른 $\boldsymbol{\mathcal{P}}(\boldsymbol{r})$ [W/m^2] = [J/s·m^2]의 크기 변화를 그림으로 설명하라.

(j) 전력전달밀도를 4배 증가시키기 위해서는 자기장의 세기(H_o [A/m])를 어떻게 조절해야 하는지 설명하라.

(k) 매질의 특성 임피던스(η [Ω])를 설명하고, 전자기장에서 어떤 용도로 편리하게 사용할 수 있는지 설명하라.

(l) 특성 임피던스를 결정하는 요소들이 전자기학 현상에서 무슨 현상을 반영하는 특성인지 설명하라.

11.14 (Maxwell Equations, Application to Electromagnetic Wave Propagation) $\vec{E}(x,y,z,t) = E_o e^{-\gamma y} e^{j\omega t} \hat{a}_z = E_o e^{-\alpha y} e^{j(\omega t - \beta y)} \hat{a}_z$ [A/m], $\gamma = \alpha + j\beta$ [1/m] (α [Np/m], β [rad/m])로 표시되는 정현파의 시변 전기장이 전하중성영역($\rho = 0$ [C/m^3])에서 전파되고 있다(매질: ϵ, μ, σ).

(a) 이 전자파의 전파방향을 근거를 제시하여 설명하라.

(b) 전파상수(γ [m^{-1}])를 구성하는 α [Np/m]와 β [rad/m]의 물리적 의미를 설명하라.

(c) 맥스웰 방정식을 이용하여 자계강도($\boldsymbol{H}(x,y,z,t)$ [A/m])를 구하라.

(d) 무손실 매질이 무엇인지 설명하고, 무손실 매질 내에서 진행 방향의 거리에 따른 자계강도($|\boldsymbol{H}(x,y,z,t)|$)의 변화를 그림으로 설명하라.

(e) 전기전도도(σ [Ω^{-1}/m])가 $\sigma \neq 0$인 경우, 진행 방향의 거리에 따른 $|\boldsymbol{H}(x,y,z,t)|$의 크기 변화를 그림으로 설명하라.

(f) $\sigma \neq 0$인 경우 진행 방향의 위치에 따른 전도성 전류밀도($\boldsymbol{J}_C(x,y,z,t)$ [A/m^2])와 변위성 전류밀도($\boldsymbol{J}_D(x,y,z,t)$ [A/m^2])의 비($|\boldsymbol{J}_C/\boldsymbol{J}_D|$)를 구하라.

(g) 전력밀도벡터($\mathbf{P}$ [W/m^2] = [J/s·m^2])를 구하고, $\sigma \neq 0$인 경우 진행 방향 거리에 따른 변화($|\mathcal{P}|$ [W/m^2])를 그림으로 설명하라.

(h) 전력전달밀도를 2배 증가시키기 위해서는 전기장의 세기(E_o [V/m])를 어떻게 조절해야 하는지 설명하라.

(i) 매질의 특성 임피던스(η [Ω])를 설명하고, 특성 임피던스는 전자기장에서 어떤 용도로 사용할 수 있는지 설명하라.

(j) 특성 임피던스를 결정하는 요소들이 전자기학 현상에서 무슨 현상을 반영하는 특성인지 설명하라.

(k) 매질의 특성 변수를 이용하여 무손실 매질 내에서 전자파의 이동속도를 구하고, 유전상수가 현재의 4배($\epsilon_2 = 4\epsilon_1$ [F/m])가 될 때 전자파의 이동속도는 어떻게 변하는지 설명하라(υ_2/υ_1).

11.15 (Maxwell Equations, Application to Electromagnetic Wave Propagation) 전하 중성($\rho = \rho_{m+} + \rho_{m-} = 0$ [C/m^3])의 매질(ϵ [F/m], μ [H/m], σ [Ω^{-1}/m])을 통해 전파되고 있는 자기장의 시간에 따른 변화와 공간적 분포를 나타내는 정현파의 시변 자계강도가 다음과 같다.

$$\overrightarrow{H}(\vec{r},t)\ [\text{A/m}] = H_o e^{-\gamma y} e^{j\omega t}\hat{a}_x = H_o e^{-\alpha y} e^{j(\omega t - \beta y)}\hat{a}_x,\ \gamma = \alpha + j\beta\ [1/\text{m}]$$

(α [Np/m]와 β [rad/m]는 양의 실수)

(a) 전자파의 전파 특성 해석에 사용되는 전파방정식과 맥스웰 방정식의 관계를 간단히 설명하라.

(b) 이 전자기파가 전파되고 있는 방향을 근거를 제시하여 설명하라.

(c) 전파방정식의 핵심 특성 지표인 전파상수(γ [1/m])를 구성하는 α [Np/m]와 β [rad/m])의 물리적 의미를 설명하라.

(d) 매질을 통해 전파되는 이 전자기파의 전계강도($\boldsymbol{E}(\boldsymbol{r},t)$ [V/m])를 구하라.

(e) 전파되는 매질의 전기전도도(σ [Ω^{-1}/m])가 0인 경우, 진행 방향의 전파 거리에 따른 전계강도의 크기($|\boldsymbol{E}(\boldsymbol{r},t)|$) 변화를 그림으로 설명하라.

(f) 전파되는 매질의 전기전도도가 $\sigma \neq 0$인 경우, 진행 방향의 전파 거리에 따른 $|\boldsymbol{E}(\boldsymbol{r},t)|$의 크기 변화를 그림으로 설명하라.

(g) $\sigma \neq 0$인 경우 전력전달밀도($|\mathcal{P}|$ [W/m^2])의 크기를 구하고, 진행 방향 거리에 따른 $|\mathcal{P}|$ [W/m^2]의 변화를 그림으로 설명하라.

(h) 매질을 통해 전파되는 전력밀도를 현재의 4배로 증가시키기 위해서 자기장의 세기(H_o [A/m])를 어떻게 조절해야 하는지 설명하라.

(i) 매질의 특성 임피던스(η [Ω])를 결정하는 요소를 설명하고, 특성 임피던스는 전파 특성 해석에서 어떤 용도로 사용하는지 설명하라.

Chapter

12

전송선을 통한 전자파의 전파 특성 해석과 응용 : 전송선 등가회로 모델

Electromagnetic Wave Propagation through Transmission Lines : Transmission Line Equivalent Circuit Model

학습도표와 핵심내용

12장 **전송선을 통한 전자파의 전파 특성 해석과 응용 : 전송선 등가회로 모델**
(Electromagnetic Wave Propagation through Transmission Lines : Transmission Line Equivalent Circuit Model)

1. 도파관의 분포형 전송선 등가회로 모델과 회로 이론의 위상자를 이용한 신호 전달 해석

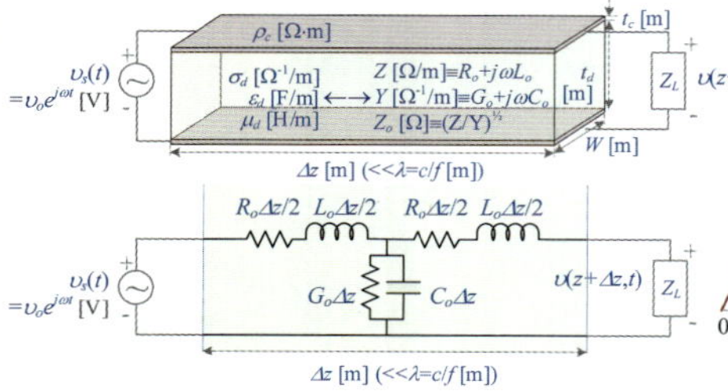

$\upsilon(z,t)=V_S(z)e^{j\omega t}$ [V]
$i(z,t)=I_S(z)e^{j\omega t}$ [A]

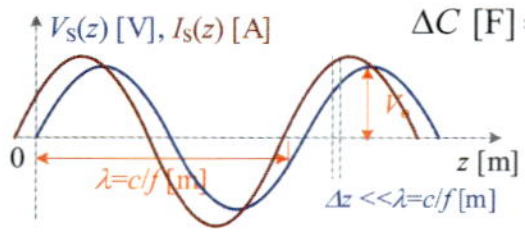

$$\Delta R\ [\Omega]=R_o\Delta z\quad ;R_o\ [\Omega/\text{m}]\equiv\frac{\Delta R}{\Delta z}=\rho_c\frac{1}{t_cW}$$

$$\Delta L\ [\text{H}]=L_o\Delta z\quad ;L_o\ [\text{H/m}]\equiv\frac{\Delta L}{\Delta z}=\mu_d\frac{W}{d}$$

$$\Delta G\ [\Omega^{-1}]=G_o\Delta z\ ;G_o\ [\Omega^{-1}/\text{m}]\equiv\frac{\Delta G}{\Delta z}=\sigma_d\frac{W}{t_c}$$

$$\Delta C\ [\text{F}]=C_o\Delta z\quad ;C_o\ [\text{F/m}]\equiv\frac{\Delta C}{\Delta z}=\epsilon_d\frac{W}{t_d}$$

2. 도파관 내의 전압파와 전류파에 대한 파동방정식과 전파 특성 : 전파상수(γ[1/m])와 특성 임피던스(Z_o[Ω])

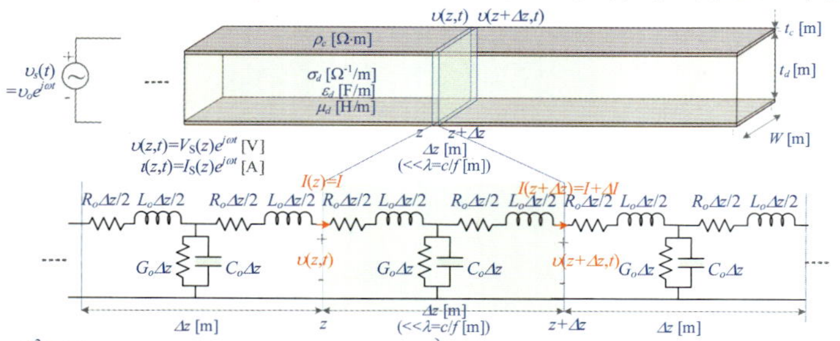

$$\begin{cases}\upsilon(z,t)\ [\text{V}]=V_S(z)e^{j\omega t}\\ \quad ;V_S(z)\ [\text{V}]=\upsilon_{o+}e^{-\gamma z}+\upsilon_{o-}e^{+\gamma z}\\ i(z,t)\ [\text{V}]=I_S(z)e^{j\omega t}\\ \quad ;I_S(z)\ [\text{V}]=i_{o+}e^{-\gamma z}+i_{o-}e^{+\gamma z}\end{cases}$$

$$\begin{cases}\upsilon(z+\Delta z,t)\ [\text{V}]=\upsilon(z,t)+\dfrac{\partial\upsilon(z,t)}{\partial z}\Delta z\\ i(z+\Delta z,t)\ [\text{A}]=i(z,t)+\dfrac{\partial i(z,t)}{\partial z}\Delta z\end{cases}$$

$$\begin{cases}\dfrac{\partial\upsilon(z,t)}{\partial z}=-\left(R_o i(z,t)+L_o\dfrac{\partial i(z,t)}{\partial t}\right)\\ \dfrac{\partial i(z,t)}{\partial z}=-\left(G_o\upsilon(z,t)+C_o\dfrac{\partial\upsilon(z,t)}{\partial t}\right)\end{cases}$$

$$\left.\begin{aligned}&\frac{\partial^2V_S(z)}{\partial z^2}-\gamma^2V_S(z)=0\rightarrow V_S(z)=V_{o+}e^{-\gamma z}+V_{o-}e^{+\gamma z}\\&\frac{\partial^2I_S(z)}{\partial z^2}-\gamma^2I_S(z)=0\rightarrow I_S(z)=I_{o+}e^{-\gamma z}+I_{o-}e^{+\gamma z}\end{aligned}\right\}\rightarrow\begin{cases}\upsilon(z,t)=V_S(z)e^{j\omega t}=\upsilon_+(z,t)+\upsilon_-(z,t)=\left(V_{S+}(z)+V_{S-}(z)\right)e^{j\omega t}=\left(V_{o+}e^{-\gamma z}+V_{o-}e^{+\gamma z}\right)e^{j\omega t}\\ i(z,t)=I_S(z)e^{j\omega t}=i_+(z,t)+i_-(z,t)=\left(I_{S+}(z)+I_{S-}(z)\right)e^{j\omega t}=\left(I_{o+}e^{-\gamma z}+I_{o-}e^{+\gamma z}\right)e^{j\omega t}\end{cases}$$

$$\gamma\ [1/\text{m}]\equiv\sqrt{(R_o+j\omega L_o)(G_o+j\omega C_o)}=\alpha+j\beta\ ;\ \begin{cases}\alpha\ [\text{Np/m}]=\sqrt{\dfrac{1}{2}\left(\sqrt{\left(R_oG_o-\omega^2L_oC_o\right)^2+\left(\omega\left(L_oG_o+R_oC_o\right)\right)^2}+\left(R_oG_o-\omega^2L_oC_o\right)\right)}\\ \beta\ [\text{rad/m}]=\sqrt{\dfrac{1}{2}\left(\sqrt{\left(R_oG_o-\omega^2L_oC_o\right)^2+\left(\omega\left(L_oG_o+R_oC_o\right)\right)^2}-\left(R_oG_o-\omega^2L_oC_o\right)\right)}\end{cases}$$

$$\begin{cases}V_{o+}(z)=Z_oI_{o+}(z)=\dfrac{1}{Y_o}I_{o+}(z)\\ I_{o+}(z)=\dfrac{1}{Z_o}V_{o+}(z)=Y_oV_{o+}(z)\end{cases}\ \&\ \begin{cases}V_{o-}(z)=-Z_oI_{o-}(z)=-\dfrac{1}{Y_o}I_{o-}(z)\\ I_{o-}(z)=-\dfrac{1}{Z_o}V_{o-}(z)=-Y_oV_{o-}(z)\end{cases};\ Z_o\ [\Omega]\equiv\frac{V_{o+}(z)}{I_{o+}(z)}=-\frac{V_{o-}(z)}{I_{o-}(z)}=\frac{Z}{\gamma}=\sqrt{\frac{Z}{Y}}=\sqrt{\frac{R_o+j\omega L_o}{G_o+j\omega C_o}}$$

$$Z_L\ [\Omega]\equiv\frac{V(z=0)}{I(z=0)}=\left.\frac{V_{o+}e^{-\alpha z}e^{-j\beta z}+V_{o-}e^{+\alpha z}e^{+j\beta z}}{I_{o+}e^{-\alpha z}e^{-j\beta z}+I_{o-}e^{+\alpha z}e^{+j\beta z}}\right|_{z=0}=\frac{V_{o+}+V_{o-}}{I_{o+}+I_{o-}}=Z_o\frac{V_{o+}+V_{o-}}{V_{o+}-V_{o-}}=Z_o\frac{1+\Gamma_L}{1-\Gamma_L}\longleftrightarrow\frac{Z_L}{Z_o}=\frac{1+\Gamma_L}{1-\Gamma_L}$$

$$\Gamma_L\equiv\Gamma(z=0)=\frac{V_{o-}}{V_{o+}}=\frac{V_{ref}(z=0)}{V_{inc}(z=0)}=\frac{Z_L-Z_o}{Z_L+Z_o}=\frac{(Z_L/Z_o)-1}{(Z_L/Z_o)+1}\Rightarrow\Gamma(z)\equiv\frac{V_{ref}(z)}{V_{inc}(z)}=\frac{V_{o-}e^{+\gamma z}}{V_{o+}e^{-\gamma z}}=\left(\frac{V_{o-}}{V_{o+}}\right)e^{+2\gamma z}=\Gamma_Le^{-2\gamma l}\ (l\equiv-z\ ;\ z<0)$$

3. 전송선의 반사계수와 임피던스 특성의 그래프를 이용한 해석 : 스미스 차트(Smith Chart)

$$z_L\equiv\frac{Z_L}{Z_o}=r+jx\ \begin{cases}r=\text{Re}\left(Z_L/Z_o\right)\longleftrightarrow R_{eff}\\ x=\text{Im}\left(Z_L/Z_o\right)\longleftrightarrow\omega L_{eff}-\dfrac{1}{\omega C_{eff}}\end{cases}$$

$$\begin{cases}r\ [\Omega/\Omega]=\dfrac{(1-\Gamma_r^{\,2})-\Gamma_i^{\,2}}{(1-\Gamma_r)^2+\Gamma_i^{\,2}}\Rightarrow\left(\Gamma_r-\dfrac{r}{1+r}\right)^2+\Gamma_i^{\,2}=\left(\dfrac{1}{1+r}\right)^2\\ x\ [\Omega/\Omega]=\dfrac{2\Gamma_i}{(1-\Gamma_r)^2+\Gamma_i^{\,2}}\Rightarrow\left(\Gamma_r-1\right)^2+\left(\Gamma_i-\dfrac{1}{x}\right)^2=\left(\dfrac{1}{x}\right)^2\end{cases}$$

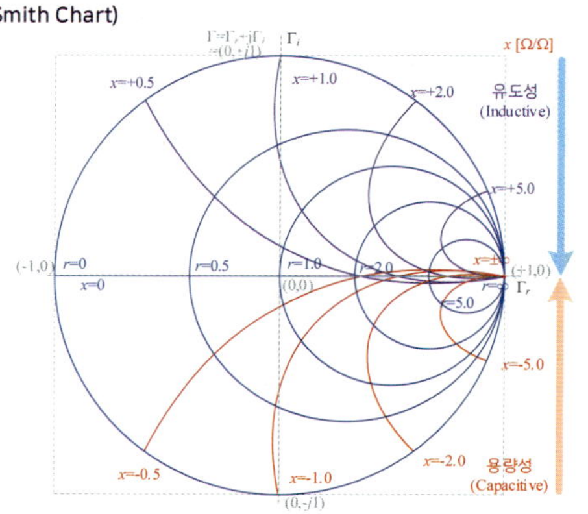

4. 전송선의 전파 특성 해석을 위한 S-parameter

$$a(z)\equiv\frac{1}{\sqrt{Z_o}}V_+(z),\ b(z)\equiv\frac{1}{\sqrt{Z_o}}V_-(z);\rightarrow\begin{cases}\upsilon(z)\equiv V(z)/\sqrt{Z_o}&=a(z)+b(z)\\ i(z)\equiv\sqrt{Z_o}I(z)&=a(z)-b(z)\end{cases}$$

$$\left.\begin{aligned}b_1(l_1)=S_{11}a_1(l_1)+S_{12}a_2(l_2)\\ b_2(l_2)=S_{21}a_1(l_1)+S_{22}a_2(l_2)\end{aligned}\right\}\leftrightarrow\boxed{\begin{pmatrix}b_1(l_1)\\ b_2(l_2)\end{pmatrix}=\begin{pmatrix}S_{11}&S_{12}\\ S_{21}&S_{22}\end{pmatrix}\begin{pmatrix}a_1(l_1)\\ a_2(l_2)\end{pmatrix}}$$

동축 전송선(또는 동축 케이블; coaxial cable)과 미세구조 박막형(thin film) 전송선(microstrip line) 등 전자기파 신호를 전달하는 매체의 기하학적 구조와 재료(도체 선로와 그 사이를 채우고 있는 매질)가 고정된 전송선을 통해 전자기파가 전파되는 경우, 벡터 물리량인 전계강도($\boldsymbol{E}(\boldsymbol{r},t)$ [V/m])와 자계강도($\boldsymbol{H}(\boldsymbol{r},t)$ [A/m]) 기반의 맥스웰 방정식을 사용하기에는 다소 복잡한 과정을 거쳐야 한다. 특히, 기하학적 구조와 구성 재료가 고정된 도파관 구조에서는 유전체 1/유전체 2의 경계면과 유전체/도체의 경계면에서 전기장과 자기장의 접선방향 성분과 수직방향 성분에 대한 경계조건을 고려해야 하는 것도 해석 과정의 복잡함을 가중시킨다. 따라서 재료와 기하학적 구조가 고정된 도파관 형태의 매질(전송선: transmission line)을 통해 시변 전자기파가 전달되는 경우에는 벡터 물리량인 전계강도($\boldsymbol{E}(\boldsymbol{r},t)$ [V/m])와 자계강도($\boldsymbol{H}(\boldsymbol{r},t)$ [A/m])에 대한 맥스웰 방정식을 결합한 전파방정식을 사용하는 것보다는 회로이론에 기반한 키르히호프의 전압 법칙(Kirchhoff's voltage law: KVL)과 전류 법칙(Kirchhoff's current law: KCL)을 사용하여 스칼라 물리량인 시정현 전압($\upsilon(r,t)=V_S(r)e^{j\omega t}$ [V])과 전류($i(r,t)=I_S(r)e^{j\omega t}$ [V])의 위상자(phasor)를 사용하여 해석하는 것이 여러 모로 편리한 경우가 많다. 이를 위해서는

- 전송선을 구성하는 도선의 유한한 전도성으로 인한 저항(R_o [Ω/m])
- 전송선에 흐르는 전류로 형성되는 자기장의 상호작용을 나타내는 유도용량(L_o [H/m])
- 전송선 내부를 채우고 있는 유전체의 전하쌍극자들에 의한 변위성 누설전류 성분을 나타내는 정전용량(C_o [F/m])
- 전송선을 채우고 있는 유전체 내에 존재하는 이동전하에 의한 전도성 누설전류를 나타내는 전도율(G_o [Ω^{-1}/m])

의 조합으로 이루어진 전송선의 분포형 회로 모델(distributed circuit element model)과 이를 이용한 시변 전압($\upsilon(\boldsymbol{r},t)$ [V])과 전류($i(\boldsymbol{r},t)$ [A])의 전달 특성을 표현하고, 해석하는 방법을 이해하는 것이 공학적인 응용을 위해 매우 중요하다.

전자기 신호 전달을 위해 사용되는 대표적인 전송선에는 아래 [그림 12-1]과 같이 두 개의 평행한 도체판으로 이루어진 평판(parallel plate) 전송선, 두 개의 선형 도선으로 이루어진 평행선(parallel wire) 전송선, 동축(coaxial) 전송선, 그리고 미세 구조 박막형(microstrip) 전송선이 있다.

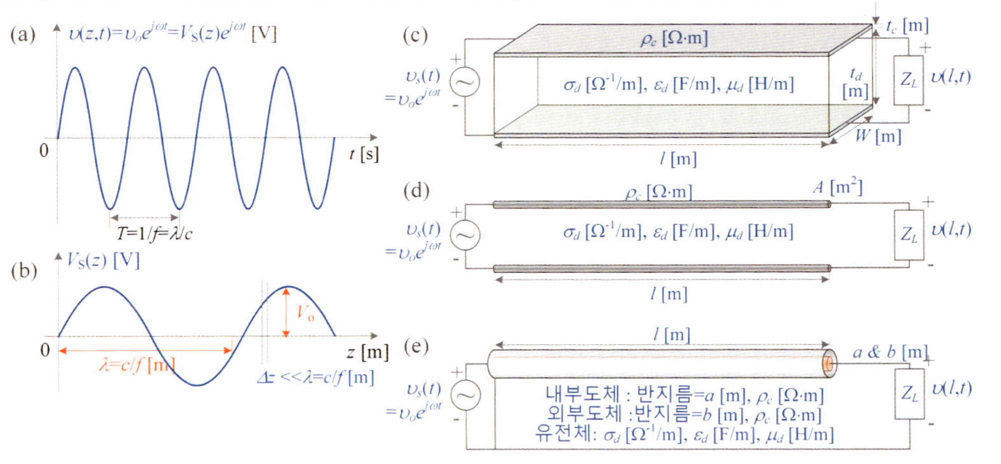

[그림 12-1] 대표적인 전송선의 구조 (a) 시정현파 전압 (b) 공간의존 전압파 (c) 평행판(parallel plate) 구조 (d) 평행선(parallel wire) 구조 (e) 동축(coaxial) 전송선 구조

Section

12.1 전기장과 자기장을 결정하는 시정현 전압과 전류 : 회로이론 기반의 전자기파 전달 특성 해석

[그림 12-2](a)와 같이 낮은 주파수 또는 장파장의 신호는 전송선의 위치(z 좌표)가 변하더라도 위치에 따른 전압파의 크기와 위상의 변화가 무시해도 될 정도로 작다. 따라서 위치에 따른 신호 전압의 위상 변화를 고려하지 않아도 되므로, 장파장 또는 저주파 신호 전달을 해석할 때는 전송선 전체를 한 덩어리의 저항(R [Ω]), 유도용량(L [H]), 정전용량(C [F]), 그리고 전도율(G [Ω^{-1}])로 이루어진 단위 회로로 표현하는 개별 소자 모델(lumped circuit element model)을 사용할 수 있다(참고: G [Ω^{-1}]; conductance: 전도율, σ [Ω^{-1}/m]; conductivity: 전기전도도).

그러나 [그림 12-2]의 (b)~(d)와 같이 고주파 또는 단파장 신호의 경우 전송선의 길이(l [m])보다 훨씬 짧은 파장($\lambda << l$ [m])의 신호 전달 특성을 해석하기 위해서는 전송선의 위치에 따른 진폭과 위상의 변화를 고려하여야 한다. 즉 주파수(f [Hz])가 높아 파장($\lambda = \upsilon/f$ [m])이 짧아지면 작은 크기의 전송선 위치 변화(Δz [m])에도 위치에 따른 전압파의 크기와 위상의 변화($\Delta\phi = 2\pi\Delta z/\lambda$ [rad])에 급격한 변화가 나타난다. 특히 파장이 짧은 신호일수록 다음과 같이 전압파의 위치에 따른 크기와 위상 변화의 정도가 더욱 크다.

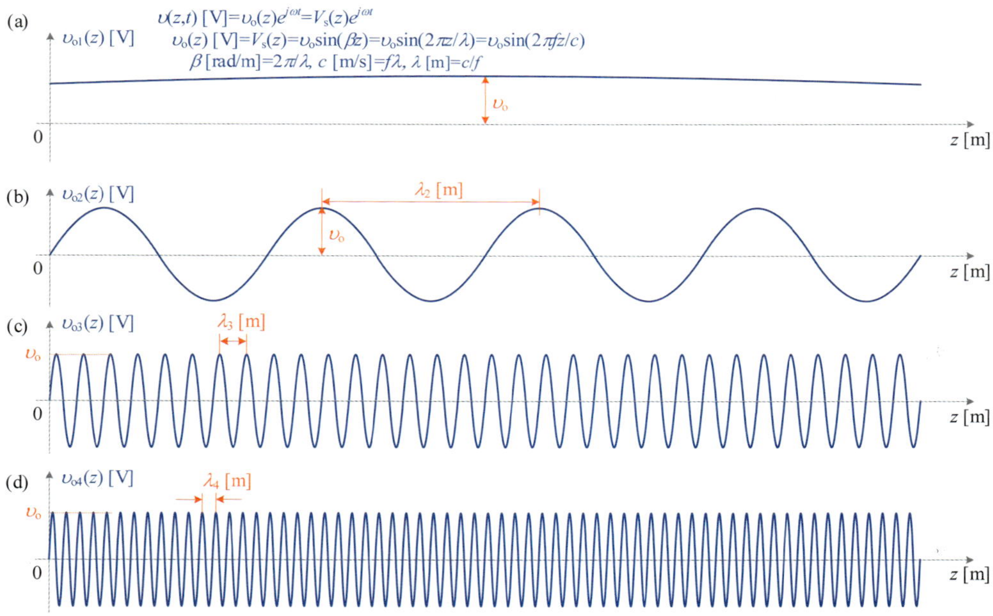

[그림 12-2] 신호의 주파수와 파장에 따른 z-축 상의 위치에 따른 신호의 위상과 진폭의 변화

$$\upsilon(z,t)\ [\mathrm{V}] = \upsilon_o(z)e^{j\omega t}\left(= V_S(z)e^{j\omega t}\right)$$: 전송선을 통해 z-축 양의 방향으로 전파되는 정현파 신호 전압파

$$\upsilon_o(z)\ [\mathrm{V}] = \upsilon_o e^{-\gamma z} = \upsilon_o e^{-\alpha z}e^{-j\beta z} = \upsilon_o e^{-\alpha z}e^{-j(2\pi z/\lambda)}$$

or

$$\upsilon_o(z)\ [\mathrm{V}] = \upsilon_o e^{-\gamma z} = \upsilon_o e^{-\alpha z}\sin(\beta z) = \upsilon_o e^{-\alpha z}\sin(2\pi z/\lambda)$$

: 전송선을 통해 z-축 양의 방향으로 전파되는 정현파 신호의 위치에 따른 진폭과 위상 변화

$$\lambda\ [\mathrm{m}] = \frac{c_o}{n_r f} = \frac{\lambda_o}{n_r}\ ;\ n_r \cong \sqrt{\mu_r \epsilon_r}$$: 매질 내에서 전자기 신호의 파장; λ_o [m]: 진공 내에서 전자기 신호의 파장

즉, $z = z_o$인 지점과 $z = z_o + \Delta z$인 두 지점을 지나는 동안 전송선의 감쇄상수(α [Np/m])에 의해 결정되는 전압파의 상대적 크기 변화와 전송선의 위상상수(β [rad/m])에 의해 결정되는 위상의 변화를 요약하면 다음과 같다.

$$r_\upsilon(\Delta z) = \frac{\upsilon_o(z_o + \Delta z)}{\upsilon_o(z_o)} = e^{-\alpha\Delta z}e^{-j(2\pi\Delta z/\lambda)} = e^{-\alpha\Delta z}\angle\left(2\pi\frac{\Delta z}{\lambda}\right) = e^{-\alpha\Delta z}\angle\left(2\pi\frac{f\Delta z}{c}\right) = r_\upsilon(\Delta z)\angle\Delta\phi$$

: 상대적 전압 변화

$$|r_\upsilon(\Delta z)| = \frac{|\upsilon_o(z_o + \Delta z)|}{|\upsilon_o(z_o)|} = e^{-\alpha\Delta z}$$: $z = z_o$인 지점과 $z = z_o + \Delta z$인 두 지점의 상대적 전압 변화

전송선의 구조와 재료, 전파되는 신호의 주파수에 의해 결정되는 감쇄상수(α [Np/m])에 의해 결정됨

$$\Delta\phi\ [\mathrm{rad}] = \beta\Delta z = \frac{2\pi}{\lambda}\Delta z = \frac{f}{n_r c_o}\Delta z = \sqrt{\epsilon\mu}\, f\Delta z\ \begin{cases}\propto \beta \\ \propto \Delta z\end{cases}$$: 파장이 짧을수록(고주파일수록) 위상 변화가 큼

: 두 지점의 전압파의 위상 변화로, 전송선의 구조와 재료, 전파되는 신호의 주파수에 의해 결정됨

$$\frac{d\Delta\phi}{d\Delta z}\ [\mathrm{rad/m}] = \beta$$: $z = z_o$인 지점과 $z = z_o + \Delta z$인 두 지점의 단위길이당 위상 변화율

두 지점을 지나는 동안 전압파의 상대적 크기 변화(r_υ)는 전송선의 구조와 재료, 신호 주파수에 의해 결정되는 감쇄상수(α [Np/m])에 의해 결정되며, 이들의 상세한 결정요소는 전송선 모델에서 설명한다.

$$\alpha\ [\mathrm{Np/m}] = \sqrt{\frac{1}{2}\left(\sqrt{\left(R_oG_o - \omega^2L_oC_o\right)^2 + \left(\omega\left(L_oG_o + R_oC_o\right)\right)^2} + \left(R_oG_o - \omega^2L_oC_o\right)\right)}$$: 감쇄상수

$$\beta\ [\mathrm{rad/m}] = \sqrt{\frac{1}{2}\left(\sqrt{\left(R_oG_o - \omega^2L_oC_o\right)^2 + \left(\omega\left(L_oG_o + R_oC_o\right)\right)^2} - \left(R_oG_o - \omega^2L_oC_o\right)\right)}$$: 위상상수

$$\alpha\big|_{lossless} = \alpha\big|_{\substack{R_o=0\\G_o=0}} = 0\ [\mathrm{Np/m}]$$: 무손실 전송선의 감쇄상수

$$\beta\big|_{lossless} = \beta\big|_{\substack{R_o=0\\G_o=0}} = \omega\sqrt{L_oC_o} = \frac{\omega}{\upsilon} = \frac{2\pi f}{\upsilon} = \frac{2\pi}{\lambda}\ [\mathrm{rad/m}]$$: 무손실 전송선의 위상계수

$$\upsilon = \frac{1}{\sqrt{L_oC_o}} = f\lambda\ [\mathrm{m/s}]$$: 전파속도

[그림 12-3]에 무손실($\alpha = 0$ [Np/m]) 전송선에서 작은 크기의 위치 변화(Δz [m])로 인한 전압파의 상대적 크기(r_υ)와 위상 변화($\Delta\phi$ [rad])를 주파수(f [Hz])와 파장(λ [m])의 함수로 나타내었다.

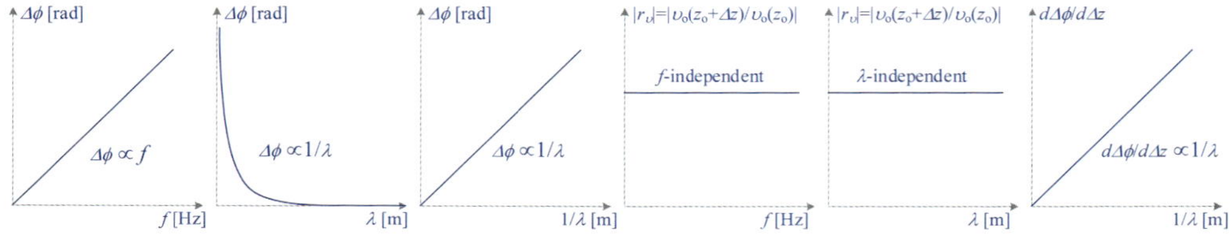

[그림 12-3] 무손실 매질($\alpha = 0$ [Np/m])에서 신호의 주파수와 파장에 따른 전압파의 진폭과 위상 변화

전송선의 전파 특성 해석에는 스칼라 물리량인 시정현 전압($\upsilon(r,t) = V_S(r)e^{j\omega t}$ [V])과 시정현 전류($i(r,t) = I_S(r)e^{j\omega t}$ [V])의 위상자(phasor)를 사용하여 해석하는 회로이론 기반의 신호전달 특성 해석 방법이 편리하다. 그러나 전자기파의 파장보다 훨씬 긴 전송선 전체를 하나의 저항(R [Ω]), 하나의 정전용량(C [F]), 하나의 유도용량(L [H]), 하나의 전도율(G [Ω^{-1}])을 사용하는 개별소자 모델(lumped element model)로는 고주파/단파장 신호의 전송선을 통한 전달 특성의 해석에 사용할 수 없다. 즉, 전송선을 통해 전파되는 고주파 신호의 파장이 전송선에 비해 훨씬 짧은 경우($l << \lambda = c/f$ [m])에는 위치마다 위상과 크기 변화가 뚜렷함을 반영하여 신호의 시간적 변화와 공간적 전파/전달 특성을 해석해야 한다. 이를 위해서는 전송선을 나타내는 회로 모델을 아주 작은 크기의 전송선 조각들(distributed element)을 단위길이당 회로 성분들(저항 R_o [Ω/m], 유도용량 L_o [H/m], 정전용량 C_o [F/m], 전도율 G_o [Ω^{-1}/m])의 조합으로 나타낸 분포형 회로 성분 모델(distributed circuit element model 또는 distributed transmission line model)로 사용해야 한다.

Section

12.2 전송선의 분포형 등가회로 모델과 회로이론의 위상자를 이용한 신호 전달 해석

대표적인 전송선의 구조에는 평행판 구조, 평행선 구조, 동축 전송선 구조, 미세구조 박막형 전송선 등이 있으며, 지금부터는 두 개의 도체판 사이에 유전체가 채워진 평판 구조를 중심으로 전송선 모델과 신호의 전달을 이해하고자 한다. 특히, 전송선의 길이에 비해 파장이 훨씬 짧은 경우, 분포형 전송선 모델과 전압파/전류파의 위상자를 이용하여 회로이론 기반의 전자기파 신호 전달에 관해 설명한다.

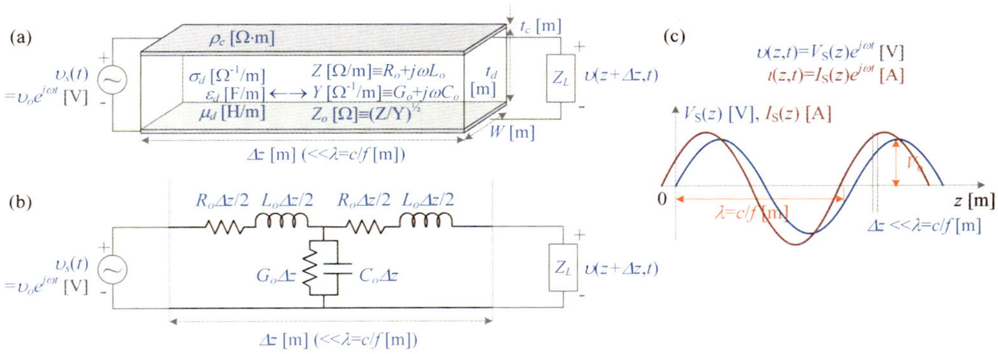

[그림 12-4] (a) 두 개의 도체판 사이에 유전체가 채워진 평판 구조의 작은 전송선 조각($\Delta z << \lambda = c/f$ [m])
(b) 전송선 조각의 분포회로 모델 (c) 특정 시점의 전송선 내 전압파와 전류파 분포

파장이 짧은 신호가 전달되는 경우, 위치 변화에 따른 위상 변화와 그로 인한 진폭 변화를 반영하기 위해 파장에 비해 훨씬 짧은 전송선 조각($\Delta z << \lambda = c/f$ [m])은 [그림 12-4]와 같이 평행 도선에 대한 단위길이당 회로 성분들의 조합으로 나타낼 수 있다. 즉, 전송선을 구성하는 도체 선로(도선)의 유한한 전도성으로 인한 도선 조각(Δz [m])의 전압강하를 나타내는 단위길이당 직렬 기생저항(R_o [Ω/m]), 전송선에 흐르는 전류로 인해 전류도선 간의 자기적 상호작용과 시변 자기장에 의한 기전력을 나타내는 단위길이당 직렬 유도용량(L_o [H/m]), 그리고 평행 도선 사이에 채워진 매질에 존재하는 이동전하에 의한 전도성 누설전류 경로가 되는 단위길이당 병렬 전도율(G_o [Ω^{-1}/m]), 그리고 전송선 도체 선로 사이의 매질에 존재하는 전하쌍극자들의 시변 전기장으로 발생하는 분극에 의한 변위성 전류를 나타내는 단위길이당 병렬 정전용량(C_o [F/m])으로 나타낼 수 있다. [그림 12-4]에 나타낸 평행판 구조 전송선 도체판의 폭(W [m]), 두께(t_c [m]), 비저항(ρ_c [Ω·m])에 의해 결정되는 직렬 회로성분 R_o와 L_o, 도체 사이의 유전성 매질의 두께(t_d [m]), 유전상수(ϵ_d [F/m]), 전기전도도(σ_d [Ω^{-1}/m]), 자성계수(μ_d [F/m])에 의해 결정되는 병렬 회로성분 G_o와 C_o는 다음과 같이 나타낼 수 있다. 즉 모든 분포회로 성분의 크기는 작은 조각의 길이(Δz [m])에 비례하므로, 분포모델 사용이 가능하다.

$$\Delta R\ [\Omega] = R_o \Delta z \quad ; R_o\ [\Omega/\text{m}] \equiv \frac{\Delta R}{\Delta z} = \rho_c \frac{1}{t_c W}$$
: 유한한 전도성으로 인한 전파방향의 전압강하를 일으키는 직렬 기생저항

$$\Delta L\ [\text{H}] = L_o \Delta z \quad ; L_o\ [\text{H/m}] \equiv \frac{\Delta L}{\Delta z} \cong \mu_d \frac{W}{d}$$
: 시변 자기장에 의한 전파방향의 기전력을 발생하는 직렬 유도용량

$$\Delta G\ [\Omega^{-1}] = G_o \Delta z \ ; G_o\ [\Omega^{-1}/\text{m}] \equiv \frac{\Delta G}{\Delta z} = \sigma_d \frac{W}{t_c}$$
: 도체판 사이의 매질을 통한 전도성 누설전류를 나타내는 병렬 컨덕턴스

$$\Delta C\ [\text{F}] = C_o \Delta z \quad ; C_o\ [\text{F/m}] \equiv \frac{\Delta C}{\Delta z} = \epsilon_d \frac{W}{t_d}$$
: 시변 전기장에 의한 도체판 사이의 매질을 통한 변위성 전류를 나타내는 병렬 정전용량

전송선으로 많이 사용되는 원형 단면 구조의 동축 전송선(안쪽 도체 반지름 a [m], 아주 얇은 바깥 도체 반지름 b [m])에 대한 분포회로 성분은 다음과 같다.

$$R_o\ [\Omega/\text{m}] \equiv \frac{1}{2\pi}\sqrt{\frac{\pi f \mu_c}{\sigma_c}}\left(\frac{1}{a}+\frac{1}{b}\right) \quad ; \Delta R\ [\Omega] = R_o \Delta z$$
: 동축 전송선의 유한한 전도성에 의한 전압강하를 일으키는 직렬 기생저항

$$L_o\ [\text{H/m}] \equiv \frac{\mu_d}{2\pi}\ln\left(\frac{b}{a}\right) = \frac{\mu_r \mu_o}{2\pi}\ln\left(\frac{b}{a}\right) \ ; \Delta L\ [\text{H}] = L_o \Delta z$$
: 동축 전송선의 시변 자기장에 의한 기전력을 발생하는 직렬 유도용량

$$G_o\ [\mho/\text{m}] \equiv \frac{2\pi\sigma_d}{\ln(b/a)} = \frac{2\pi\rho_{md}\mu_{md}}{\ln(b/a)} \quad ; \Delta G\ [\Omega^{-1}] = G_o \Delta z$$
: 동축 전송선 사이의 매질을 통한 전도성 누설전류를 나타내는 전도율

$$C_o\ [\text{F/m}] \equiv \frac{2\pi\epsilon_r\epsilon_o}{\ln(b/a)} \quad ; \Delta C\ [\text{F}] = C_o \Delta z$$
: 시변 전기장에 의한 동축선 사이의 매질의 변위성 전류를 나타내는 정전용량

Section

12.3 분포회로 모델을 사용한 전파방정식과 전송선을 통한 전파 특성

평판 구조 전송선에 대한 분포회로 모델을 각각 [그림 12-5]에 나타내었다. 전송선의 구조와 재료가 고정된 전송선을 통해 전파되는 전압파와 전류파의 전달 특성을 전송선 모델을 이용하여 해석하고자 한다. 아래 [그림 12-5]와 같이 전압파와 전류파에 대한 전파방향 좌표 $z \sim z+\Delta z$의 전송선 조각에 대한 분포회로 모델에 키르히호프의 전압 법칙(KVL: Kirchhoff's voltage law)과 전류 법칙(KCL: Kirchhoff's current law)을 적용하여, 스칼라 물리량인 위상자 형태의 시정현 전압파($v(z,t)$ [V])와 전류파($i(z,t)$ [V])에 대한 전파방정식을 정의하고, 이를 이용해 전송선을 통한 전자기파 신호의 전달을 이해하고자 한다.

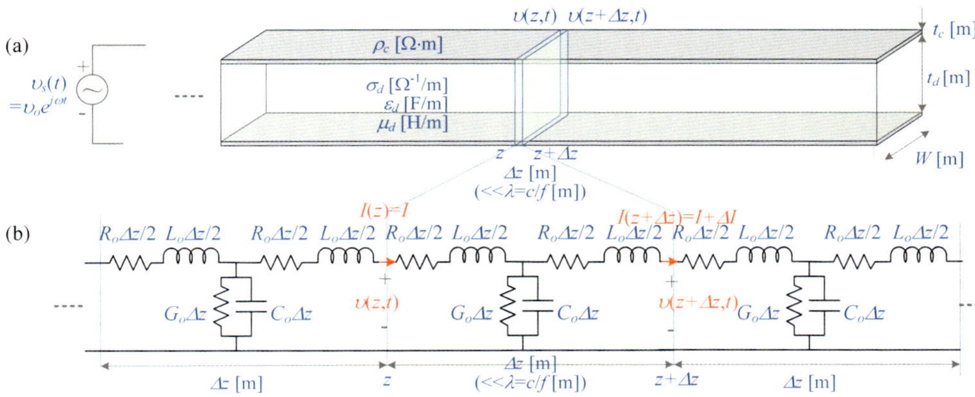

[그림 12-5] 분포회로 성분 모델을 이용한 전압파와 전류파의 전달 특성 해석
(a) 평행판 구조 전송선 (b) 분포형 등가회로 모델

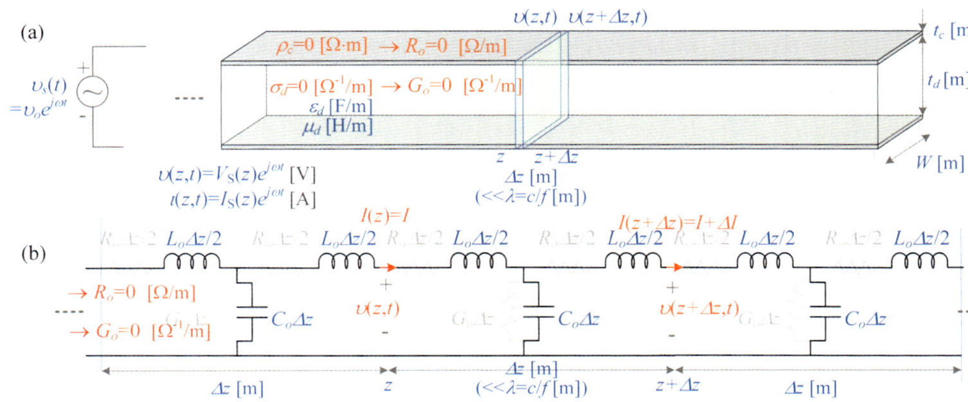

[그림 12-6] (a) 평행판 구조의 무손실 전송선($R_o = 0\,[\Omega/\text{m}], G_o = 0\,[\Omega^{-1}/\text{m}]$) (b) 분포형 등가회로 모델

평판 구조의 무손실 전송선(도체의 비저항 $\rho_c = 0$ [Ω·m] 또는 도체의 전도도 $\sigma_c = \infty$ [Ω^{-1}/m] → $R_o = 0$ [Ω/m], 유전체 내의 이동전하량 = 0 또는 $\sigma_d = 0$ [Ω^{-1}/m] → $G_o = 0$ [Ω^{-1}/m])에 대한 분포회로 성분 모델을 [그림 12-6]에 나타냈다.

전송선을 통해 전파되는 시정현 전압파($\upsilon(z,t)$ [V])와 전류파($i(z,t)$ [A])는 다음과 같이 공간에 대한 변화를 나타내는 함수($V_S(z)$, $I_S(z)$)와 정현파 시간의존도($e^{j\omega t}$)의 곱의 위상자(phasor) 형태로 표현하는 것이 전파 특성 해석에 편리하다.

$\upsilon(z,t)\ [\mathrm{V}] = V_S(z)e^{j\omega t}$: 전송선을 통해 z-축과 평행하게 전파되는 정현파 신호 전압파

$V_S(z)\ [\mathrm{V}] = \upsilon_{o+}e^{-\gamma z} + \upsilon_{o-}e^{+\gamma z}$: 전송선을 통해 z-축과 평행하게 전파되는 공간 의존 전압파

$i(z,t)\ [\mathrm{V}] = I_S(z)e^{j\omega t}$: 전송선을 통해 z-축과 평행하게 전파되는 정현파 신호 전류파

$I_S(z)\ [\mathrm{V}] = i_{o+}e^{-\gamma z} + i_{o-}e^{+\gamma z}$: 전송선을 통해 z-축과 평행하게 전파되는 공간 의존 전류파

전파방향의 전송선 조각(z ~ $z+\Delta z$)에 대하여 전송선 조각 양 끝단의 전류파와 전압파의 변화를 정리하면 다음과 같다.

$$\upsilon(z+\Delta z,t)\ [\mathrm{V}] = \upsilon(z,t) + \frac{\partial \upsilon(z,t)}{\partial z}\Delta z$$: 전송선 조각(z ~ $z+\Delta z$)에서의 전압 변화

$$i(z+\Delta z,t)\ [\mathrm{A}] = i(z,t) + \frac{\partial i(z,t)}{\partial z}\Delta z$$: 전송선 조각(z ~ $z+\Delta z$)에서의 전류 변화

■ 전송선 모델에 대한 키르히호프의 전압 법칙(KVL)

높은 주파수의 전압파($\upsilon(z,t)$ [V])와 전류파($i(z,t)$ [A])가 전파되는 방향의 전송선 조각(z ~ $z+\Delta z$; 전송선 조각은 전압/전류파의 파장에 비해 훨씬 작은 크기; $\Delta z << \lambda$)에 대한 분포회로 모델([그림 12-5])에 KVL을 적용하여 전압 관계식을 정리하면 다음과 같다.

$$-\oint \vec{E}(\vec{r},t)\cdot d\vec{l} = -\int_S \nabla\times\vec{E}(\vec{r},t)\cdot d\vec{S} = 0\ [\mathrm{V}] \quad (\text{단, } \frac{\partial \Psi_m}{\partial t} = 0\ [\mathrm{Wb/s}],\ \frac{\partial \vec{B}(\vec{r},t)}{\partial t} = 0\ [\mathrm{Wb/m^2\cdot s}] \text{ 인 경우})$$

: 자하 보존법칙($\partial\Psi_m(\boldsymbol{r},t)/\partial t = 0$ 또는 $\partial\boldsymbol{B}(\boldsymbol{r},t)/\partial t = 0$)이 적용되는 정상상태에서 폐경로의 전위차는 0 [V]임

→ $\sum_{\substack{Closed\\Loop}} V_i = 0$: KVL: 자하 보존법칙이 적용되는 전자기장 공간

$$\sum_{\substack{Closed\\Loop}} \upsilon_i(z,t) = 0; \begin{cases} \Delta\upsilon_R(z,t) = \Delta R i(z,t) = (R_o\Delta z)i(z,t) & : \Delta R = R_o\Delta z\ ; R_o\ [\Omega/\mathrm{m}] = \rho_c\dfrac{1}{t_c W} \\ \Delta\upsilon_L(z,t) = \Delta L\dfrac{\partial i(z,t)}{\partial t} = (L_o\Delta z)\dfrac{\partial i(z,t)}{\partial t} & : \Delta L = L_o\Delta z\ ; L_o\ [\mathrm{H/m}] : \mu_d\dfrac{W}{d} \end{cases}$$

: 전송선 모델의 KVL

$$\upsilon(z,t) = \left(R_o\frac{\Delta z}{2}\right)i(z,t) + \left(L_o\frac{\Delta z}{2}\right)\frac{\partial i(z,t)}{\partial t} + \left(R_o\frac{\Delta z}{2}\right)(i(z+\Delta z,t)) + \left(L_o\frac{\Delta z}{2}\right)\frac{\partial(i(z+\Delta z,t))}{\partial t} + \upsilon(z+\Delta z,t)$$

$$\upsilon(z,t) = R_o\frac{\Delta z}{2}i(z,t) + L_o\frac{\Delta z}{2}\frac{\partial i(z,t)}{\partial t} + R_o\frac{\Delta z}{2}\left(i(z,t) + \frac{\partial i(z,t)}{\partial z}\Delta z\right) + L_o\frac{\Delta z}{2}\frac{\partial}{\partial t}\left(i(z,t) + \frac{\partial i(z,t)}{\partial z}\Delta z\right) + \left(\upsilon(z,t) + \frac{\partial \upsilon(z,t)}{\partial z}\Delta z\right)$$

$$R_o \frac{1}{2} i(z,t) + L_o \frac{1}{2}\frac{\partial i(z,t)}{\partial t} + R_o \frac{1}{2}\left(i(z,t) + \frac{\partial i(z,t)}{\partial z}\Delta z \right) + L_o \frac{1}{2}\frac{\partial \left(i(z,t) + \frac{\partial i(z,t)}{\partial z}\Delta z \right)}{\partial t} + \frac{\partial \upsilon(z,t)}{\partial z} = 0$$

$$R_o i(z,t) + L_o \frac{\partial i(z,t)}{\partial t} + R_o \frac{1}{2}\left(\frac{\partial i(z,t)}{\partial z}\Delta z \right) + L_o \frac{1}{2}\frac{\partial^2 i(z,t)}{\partial t \partial z}\Delta z + \frac{\partial \upsilon(z,t)}{\partial z} = 0$$

이를 정리하면 다음과 같이 전송선의 분포회로 모델에 대한 전압파 전파 특성 관계식을 얻는다.

$$\frac{\partial \upsilon(z,t)}{\partial z} = -\left(R_o i(z,t) + L_o \frac{\partial i(z,t)}{\partial t} + \frac{\Delta z}{2}\left(R_o \frac{\partial i(z,t)}{\partial z} + L_o \frac{\partial^2 i(z,t)}{\partial t \partial z} \right) \right) \cong -\left(R_o i(z,t) + L_o \frac{\partial i(z,t)}{\partial t} \right)$$

; $\Delta z \sim$ short enough $(\Delta z \ll \lambda)$: 전송선 모델에 대한 키르히호프의 전압 법칙

■ 전송선 모델에 대한 키르히호프의 전류 법칙(KCL)

전송선을 구성하는 전송선 조각($z \sim z+\Delta z$; $\Delta z << \lambda$)에 대하여 전압파($\upsilon(z,t)$ [V])와 전류파($i(z,t)$ [A])의 전파방향 분포회로 모델([그림 12-5])에 KCL을 적용하여 전류 관계식을 정리하면 다음과 같다.

$$\sum_{\substack{Closed \\ Surface}} i_i(z,t) = 0; \begin{cases} \Delta i_R(z,t) = \Delta G \upsilon(z,t) = (G_o \Delta z)\upsilon(z,t) & \Delta G = G_o \Delta z \ \ G_o \ [\mho/\text{m}] = \sigma_d \frac{W}{t_c} \\ \Delta i_L(z,t) = \Delta C \frac{\partial \upsilon(z,t)}{\partial t} = (C_o \Delta z)\frac{\partial \upsilon(z,t)}{\partial t} & \Delta C = C_o \Delta z \ \ C_o \ [\text{F/m}] = \epsilon_d \frac{W}{t_d} \end{cases}$$

: 전송선 모델의 KCL

: 전하보존 법칙이 적용되는 공간에서 폐곡면을 통해 들어가는 전류와 나오는 전류의 합은 동일함

$$i(z,t) = (G_o \Delta z)\upsilon(z+\Delta z/2,t) + (C_o \Delta z)\frac{\partial \upsilon(z+\Delta z/2,t)}{\partial t} + i(z+\Delta z,t) \quad \begin{cases} i(z+\Delta z,t) = i(z,t) + \frac{\partial i(z,t)}{\partial z}\Delta z \\ \upsilon(z+\Delta z,t) = \upsilon(z,t) + \frac{\partial \upsilon(z,t)}{\partial z}\Delta z \end{cases}$$

$$i(z,t) = (G_o \Delta z)\upsilon(z+\Delta z/2,t) + (C_o \Delta z)\frac{\partial \upsilon(z+\Delta z/2,t)}{\partial t} + i(z+\Delta z,t)$$

$$\rightarrow i(z,t) = (G_o \Delta z)\left(\upsilon(z,t) + \frac{\partial \upsilon(z,t)}{\partial z}\frac{\Delta z}{2} \right) + (C_o \Delta z)\frac{\partial}{\partial t}\left(\upsilon(z,t) + \frac{\partial \upsilon(z,t)}{\partial z}\frac{\Delta z}{2} \right) + \left(i(z,t) + \frac{\partial i(z,t)}{\partial z}\Delta z \right)$$

$$(G_o \Delta z)\left(\upsilon(z,t) + \frac{\partial \upsilon(z,t)}{\partial z}\frac{\Delta z}{2} \right) + (C_o \Delta z)\frac{\partial}{\partial t}\left(\upsilon(z,t) + \frac{\partial \upsilon(z,t)}{\partial z}\frac{\Delta z}{2} \right) + \frac{\partial i(z,t)}{\partial z}\Delta z = 0$$

$$G_o\left(\upsilon(z,t) + \frac{\partial \upsilon(z,t)}{\partial z}\frac{\Delta z}{2} \right) + C_o \frac{\partial}{\partial t}\left(\upsilon(z,t) + \frac{\partial \upsilon(z,t)}{\partial z}\frac{\Delta z}{2} \right) + \frac{\partial i(z,t)}{\partial z} = 0$$

$$\left(G_o \upsilon(z,t) + G_o \frac{\partial \upsilon(z,t)}{\partial z}\frac{\Delta z}{2} \right) + C_o \frac{\partial \upsilon(z,t)}{\partial t} + C_o \frac{\partial}{\partial t}\left(\frac{\partial \upsilon(z,t)}{\partial z} \right)\frac{\Delta z}{2} + \frac{\partial i(z,t)}{\partial z} = 0$$

이를 정리하면 다음과 같이 전송선의 분포회로 모델에 대한 전류파 전파 특성 관계식을 얻는다.

$$\frac{\partial i(z,t)}{\partial z} = -\left(G_o \upsilon(z,t) + C_o \frac{\partial \upsilon(z,t)}{\partial t} \right) - \frac{\Delta z}{2}\left(G_o \frac{\partial \upsilon(z,t)}{\partial z} + C_o \frac{\partial^2 \upsilon(z,t)}{\partial t \partial z} \right) \cong -\left(G_o \upsilon(z,t) + C_o \frac{\partial \upsilon(z,t)}{\partial t} \right)$$

; $\Delta z \sim$ short enough $(\Delta z \ll \lambda)$: 전송선 모델에 대한 키르히호프의 전류 법칙

■ 전송선의 분포성분 모델을 이용한 전압파(전압 위상자)와 전류파 방정식을 결합한 통합된 전파방정식

전압파($\upsilon(z,t)$ [V])와 전류파($i(z,t)$ [A])의 전파방향 전송선 조각($z \sim z+\Delta z$; $\Delta z << \lambda$)에 대해 분포회로 모델에 KCL과 KVL을 적용하여 얻은 전압파와 전류파에 대한 관계식(미분방정식)을 정리하면 다음과 같다. 특히, 전압파와 전류파의 관계는 전송선을 구성하는 재료와 구조에 의해 결정되는 단위길이당 도선 저항(R_o [Ω/m]), 도선에 의한 단위길이당 유도용량(L_o [H/m]), 유전체의 단위길이당 전도율(G_o [Ω^{-1}/m]), 그리고 유전체의 단위길이당 정전용량(C_o [F/m])에 의해 지배됨을 알 수 있다.

$$\begin{cases} \dfrac{\partial \upsilon(z,t)}{\partial z} = -\left(R_o i(z,t) + L_o \dfrac{\partial i(z,t)}{\partial t}\right) \\ \dfrac{\partial i(z,t)}{\partial z} = -\left(G_o \upsilon(z,t) + C_o \dfrac{\partial \upsilon(z,t)}{\partial t}\right) \end{cases}$$: 전압파/전류파 전파방정식

$$\& \begin{cases} R_o\ [\Omega/\text{m}] \equiv \dfrac{\Delta R}{\Delta z},\ L_o\ [\text{H/m}] \equiv \dfrac{\Delta L}{\Delta z} \\ G_o\ [\mho/\text{m}] \equiv \dfrac{\Delta G}{\Delta z},\ C_o\ [\text{F/m}] \equiv \dfrac{\Delta C}{\Delta z} \end{cases}$$: 전송선의 등가회로 성분

KVL과 KCL을 적용하여 얻은 전압파와 전류파에 관한 전파 특성 관계식은 상호 밀접하게 연관되어 있으므로, 전압파와 전류파 관계식에 시간에 대한 미분(변화율)과 공간에 대한 미분(변화율)을 구하면 다음 결과를 얻는다.

$$\begin{cases} \dfrac{\partial}{\partial t}\left(\dfrac{\partial \upsilon(z,t)}{\partial z}\right) = -R_o \dfrac{\partial i(z,t)}{\partial t} - L_o \dfrac{\partial^2 i(z,t)}{\partial t^2} \\ \dfrac{\partial}{\partial t}\left(\dfrac{\partial i(z,t)}{\partial z}\right) = -G_o \dfrac{\partial \upsilon(z,t)}{\partial t} - C_o \dfrac{\partial^2 \upsilon(z,t)}{\partial t^2} \end{cases}$$: 시간 변화율을 적용한 전압파와 전류파 관계식

$$\begin{cases} \dfrac{\partial}{\partial z}\left(\dfrac{\partial \upsilon(z,t)}{\partial z}\right) = \dfrac{\partial^2 \upsilon(z,t)}{\partial z^2} = -R_o \dfrac{\partial i(z,t)}{\partial z} - L_o \dfrac{\partial^2 i(z,t)}{\partial z \partial t} \\ \dfrac{\partial}{\partial z}\left(\dfrac{\partial i(z,t)}{\partial z}\right) = \dfrac{\partial^2 i(z,t)}{\partial z^2} = -G_o \dfrac{\partial \upsilon(z,t)}{\partial z} - C_o \dfrac{\partial^2 \upsilon(z,t)}{\partial z \partial t} \end{cases}$$: 공간 변화율을 적용한 전압파와 전류파 관계식

이를 연립하여 정리하면 다음과 같이 전압파와 전류파 관계식을 통합한 결과를 얻는다. 특히, 전송선에서 KVL과 KCL을 동시에 만족하도록 통합된 전압파와 전류파에 대한 시변 2차 미분방정식을 전송선의 전파방정식이라고 하며, 전송선의 기하학적 구조와 전송선을 구성하는 재료의 특성 변수들(R_o, L_o, G_o, C_o)에 의해 지배됨을 알 수 있다.

$$\frac{\partial^2 \upsilon(z,t)}{\partial z^2} = L_o C_o \frac{\partial^2 \upsilon(z,t)}{\partial t^2} + \left(L_o G_o + R_o C_o\right)\frac{\partial \upsilon(z,t)}{\partial t} + R_o G_o \upsilon(z,t)$$: 전압파에 대한 전파방정식(z-축 방향으로 전파)

$$\frac{\partial^2 i(z,t)}{\partial z^2} = L_o C_o \frac{\partial^2 i(z,t)}{\partial t^2} + \left(L_o G_o + R_o C_o\right)\frac{\partial i(z,t)}{\partial t} + R_o G_o i(z,t)$$: 전류파에 대한 전파방정식(z-축 방향으로 전파)

전파방정식을 기반으로 하여 전압파와 전류파가 전파되는 특성을 이해하고 분석하며, 고주파 신호전달을 위한 전송선 설계에 이용할 수 있다. 특히, 전압파($\upsilon(z,t)$ [V])와 전류파($i(z,t)$ [A])에 대한 전파방정식은 전송선 특성 변수에 의해 동일한 형태로 지배되므로, 전송선을 통해 전달되는 전압파와 전류파의 형태가 동일함을 예상할 수 있다.

12.3.1 전송선 모델을 이용한 시정현 전압파(전압 위상자)와 전류파 해석을 위한 전파방정식

전송선을 통해 z-축과 평행하게 전파되는 시정현 전압파(전압 위상자)와 전류파(전류 위상자)는 각각 시간에 의존하는 위상자(phasor: $e^{j\omega t}$)를 이용하여 다음과 같이 공간의존도($V_S(z)$, $I_S(z)$)를 포함하는 함수의 곱으로 나타낼 수 있다.

$\upsilon(z,t) = V_S(z)e^{j\omega t}$: 시간에 대해 일정한 주파수로 변하는 시정현 전압파

$i(z,t) = I_S(z)e^{j\omega t}$: 시간에 대해 일정한 주파수로 변하는 시정현 전류파

이를 전송선 모델을 이용한 전압파와 전류파에 대한 전파방정식에 적용하면 다음과 같다.

- **전압파에 대한 전파방정식과 일반해** : 전압파에 대한 전파방정식에 시정현 전압파를 적용하면 시간에 대한 변화는 주파수 항목으로 나타나며, 다음과 같이 공간에 대한 전파방정식으로 간략화된다.

$$\frac{\partial^2 \upsilon(z,t)}{\partial z^2} = L_o C_o \frac{\partial^2 \upsilon(z,t)}{\partial t^2} + \left(L_o G_o + R_o C_o\right)\frac{\partial \upsilon(z,t)}{\partial t} + R_o G_o \upsilon(z,t)$$
$$\rightarrow \frac{\partial^2 V_S(z)}{\partial z^2} = \left(-\omega^2 L_o C_o + j\omega\left(L_o G_o + R_o C_o\right) + R_o G_o\right)V_S(z)$$
$$= \left(R_o + j\omega L_o\right)\left(G_o + j\omega C_o\right)V_S(z) = \gamma^2 V_S(z)$$

특히, 전송선에서 시정현 전압파에 대한 전파 특성을 결정하는 공간 전파방정식은 전송선의 구조와 전송선을 구성하는 재료들의 특성 변수에 의해 결정되는 전파상수(γ [1/m])를 이용하여 간략화할 수 있다.

$$\boxed{\frac{\partial^2 V_S(z)}{\partial z^2} - \gamma^2 V_S(z) = 0} \rightarrow V_S(z) = V_{o+}e^{-\gamma z} + V_{o-}e^{+\gamma z}$$: 공간의존 전압파에 대한 전파방정식과 일반해

$\gamma\ [1/\text{m}] \equiv \sqrt{\left(R_o + j\omega L_o\right)\left(G_o + j\omega C_o\right)}$: 전파 특성을 지배하는 전파상수로서, 전송선 구조와 재료에 의해 결정됨

따라서 전송선을 통해 전달되는 시정현 전압파는 z-축 양의 방향으로 전파되는 전압파($V_{o+}e^{-\gamma z}$)와 z-축 음의 방향으로 전파되는 반사 전압파($V_{o-}e^{+\gamma z}$)의 합으로 나타낼 수 있으며, 시간의존도를 포함하는 형태로 정리하면 다음과 같다.

$\upsilon(z,t) = V_S(z)e^{j\omega t} = \left(V_{o+}e^{-\gamma z} + V_{o-}e^{+\gamma z}\right)e^{j\omega t} = V_{o+}e^{j\omega t - \gamma z} + V_{o-}e^{j\omega t + \gamma z}$: 전압파에 대한 파동방정식과 일반해

$\upsilon(z,t)\ [\text{V}] = \upsilon_+(z,t) + \upsilon_-(z,t) = V_S(z)e^{j\omega t}$: z-축과 평행하게 전파되는 시정현 전압파

$\upsilon_+(z,t)\ [\text{V}] = V_{S+}(z)e^{j\omega t} = V_{o+}e^{-\gamma z}e^{j\omega t}$: z-축 양의 방향으로 전파되는 시정현 전압파

$\upsilon_-(z,t)\ [\text{V}] = V_{S-}(z)e^{j\omega t} = V_{o-}e^{+\gamma z}e^{j\omega t}$: z-축 음의 방향으로 전파되는 시정현 전압파

$V_S(z)\ [\text{V}] = V_{S+}(z) + V_{S-}(z)$: z-축과 평행하게 전파되는 (시불변) 공간의존 전압파

$V_{S+}(z)\ [\text{V}] = V_{o+}e^{-\gamma z}$: z-축 양의 방향으로 전파되는 공간의존 전압파

$V_{S-}(z)\ [\text{V}] = V_{o-}e^{+\gamma z}$: z-축 음의 방향으로 전파되는 공간의존 전압파

$$\upsilon(z,t) = \upsilon_+(z,t) + \upsilon_-(z,t) = V_S(z)e^{j\omega t} = \left(V_{S+}(z) + V_{S-}(z)\right)e^{j\omega t} = \left(V_{o+}e^{-\gamma z} + V_{o-}e^{+\gamma z}\right)e^{j\omega t}$$

• **전류파에 대한 파동방정식과 일반해** : 전송선을 통해 전달되는 전류파에 대한 전파방정식도 전압파에 대해 적용한 방법을 사용하여 정리하면 다음과 같이 공간에 대한 전파방정식으로 간략화된다.

$$\frac{\partial^2 i(z,t)}{\partial z^2} = L_o C_o \frac{\partial^2 i(z,t)}{\partial t^2} + \left(L_o G_o + R_o C_o\right)\frac{\partial i(z,t)}{\partial t} + R_o G_o i(z,t)$$

$$\rightarrow \frac{\partial^2 I_S(z)}{\partial z^2} = \left(-\omega^2 L_o C_o + j\omega\left(L_o G_o + R_o C_o\right) + R_o G_o\right) I_S(z) = \left(R_o + j\omega L_o\right)\left(G_o + j\omega C_o\right) I_S(z) \equiv \gamma^2 I_S(z)$$

또한, 전압파에 대해서 얻은 결과와 같은 형태로 시정현 전류파에 대한 공간 전파방정식은 전송선의 구조와 전송선을 구성하는 재료들의 특성 변수에 의해 결정되는 전파상수(γ [1/m])를 이용하여 다음과 같이 간략화할 수 있다.

$$\boxed{\frac{\partial^2 I_S(z)}{\partial z^2} - \gamma^2 I_S(z) = 0} \rightarrow I_S(z) = I_{o+}e^{-\gamma z} + I_{o-}e^{+\gamma z}$$: 공간의존 전류파에 대한 전파방정식과 일반해

$$\gamma\ [1/\mathrm{m}] \equiv \sqrt{\left(R_o + j\omega L_o\right)\left(G_o + j\omega C_o\right)}$$: 전파 특성을 지배하는 전파상수로서, 전송선 구조와 재료에 의해 결정됨

따라서 전송선을 통해 전파되는 시정현 전류파도 z-축 양의 방향으로 전파되는 전류파($I_{o+}e^{-\gamma z}$)와 z-축 음의 방향으로 전파되는 반사 전류파($I_{o-}e^{+\gamma z}$)의 합으로 나타낼 수 있으며, 시간의존도를 포함하는 형태로 정리하면 다음과 같다.

$$i(z,t) = I_S(z)e^{j\omega t} = \left(I_{o+}e^{-\gamma z} + I_{o-}e^{+\gamma z}\right)e^{j\omega t} = I_{o+}e^{j\omega t-\gamma z} + I_{o-}e^{j\omega t+\gamma z}$$: 전류파에 대한 파동방정식과 일반해

$i(z,t)$ [A] $= i_+(z,t) + i_-(z,t) = I_S(z)e^{j\omega t}$: z-축과 평행하게 전파되는 시정현 전류파

$i_+(z,t)$ [A] $= I_{S+}(z)e^{j\omega t} = I_{o+}e^{-\gamma z}e^{j\omega t}$: z-축 양의 방향으로 전파되는 시정현 전류파

$i_-(z,t)$ [A] $= I_{S-}(z)e^{j\omega t} = I_{o-}e^{+\gamma z}e^{j\omega t}$: z-축 음의 방향으로 전파되는 시정현 전류파

$I_S(z)$ [A] $= I_{S+}(z) + I_{S-}(z)$: z-축과 평행하게 전파되는 (시불변) 공간의존 전류파

$I_{S+}(z)$ [A] $= I_{o+}e^{-\gamma z}$: z-축 양의 방향으로 전파되는 공간의존 전류파

$I_{S-}(z)$ [A] $= I_{o-}e^{+\gamma z}$: z-축 음의 방향으로 전파되는 공간의존 전류파

$$\rightarrow i(z,t) = i_+(z,t) + i_-(z,t) = I_S(z)e^{j\omega t} = \left(I_{S+}(z) + I_{S-}(z)\right)e^{j\omega t} = \left(I_{o+}e^{-\gamma z} + I_{o-}e^{+\gamma z}\right)e^{j\omega t}$$

전압파와 전류파를 통합한 전송선의 전파방정식은 전기장과 자기장이 상호작용하는 시변 전자기장의 맥스웰 방정식을 결합한 전파방정식과 유사한 결과임을 확인할 수 있다.

12.3.2 전송선의 전파 특성을 결정하는 전파상수 : 감쇄상수와 위상상수

맥스웰 방정식을 통해 시변 전자기파의 전파 특성은 매질의 고유특성지표(전기전도도 σ [Ω^{-1}/m], 유전상수 ϵ [F/m], 자성계수 m [H/m])와 전자기파의 주파수에 의해 결정되는 전파상수에 의해 결정된다. 전송선을 통해 전파되는 전압파와 전류파의 전파 특성도 전송선의 재료와 구조의 고유특성지표 (R_o [Ω/m], L_o [H/m], G_o [Ω^{-1}/m], C_o [F/m])와 신호의 주파수에 의해 결정된다.

전송선을 통해 z-축과 평행하게 전달되는 전압파와 전류파의 전파 특성을 결정하는 전파상수(γ [1/m])는 신호 전달 과정에서 단위길이당 감쇄의 정도를 나타내는 감쇄상수(α [Np/m])와 단위길이당 위상 변화를 나타내는 위상상수(β [rad/m])로 구성되어 있다. 전송선에서 신호의 전달특성을 결정하는 전파상수는 다음과 같이 전송선을 구성하는 재료의 특성과 기하학적 구조에 의해 결정되는 직렬 기생저항(R_o [Ω/m]), 직렬 유도용량(L_o [H/m]), 병렬 전도율(G_o [Ω^{-1}/m]), 병렬 정전용량(C_o [F/m]), 그리고 전파되는 전압파와 전류파 신호의 주파수($\omega = 2\pi f$ [rad/s])에 의해 결정된다.

전송선의 재료와 구조에 의해 결정되며, 전압파와 전류파의 전파 특성을 지배하는 전파상수($\gamma = \alpha + j\beta$ [1/m])는 다음과 같이 구할 수 있다.

$$\begin{cases} \gamma^2\ [1/\text{m}^2] \equiv (R_o + j\omega L_o)(G_o + j\omega C_o) \\ \gamma\ [1/\text{m}] \equiv \alpha + j\beta \end{cases} \rightarrow \gamma^2\ [1/\text{m}^2] \equiv (R_o + j\omega L_o)(G_o + j\omega C_o)$$

$$= \left(R_oG_o - \omega^2 L_oC_o\right) + j\omega\left(L_oG_o + R_oC_o\right)$$

$$\longleftrightarrow \left(\alpha^2 - \beta^2\right) + j2\alpha\beta = (\alpha + j\beta)^2 = \gamma^2$$

$$2\alpha\beta = \omega\left(L_oG_o + R_oC_o\right) \rightarrow \beta = \frac{1}{2\alpha}\omega\left(L_oG_o + R_oC_o\right)$$

$$\alpha^2 - \beta^2 = R_oG_o - \omega^2 L_oC_o \rightarrow \alpha^2 - \frac{1}{4\alpha^2}\left(\omega\left(L_oG_o + R_oC_o\right)\right)^2 + \left(\omega^2 L_oC_o - R_oG_o\right) = 0$$

$$\rightarrow \alpha^4 + \left(\omega^2 L_oC_o - R_oG_o\right)\alpha^2 - \frac{1}{4}\left(\omega\left(L_oG_o + R_oC_o\right)\right)^2 = 0$$

$$\alpha^2 = \frac{1}{2}\left(\sqrt{\left(\omega^2 L_oC_o - R_oG_o\right)^2 + \left(\omega\left(L_oG_o + R_oC_o\right)\right)^2} - \left(\omega^2 L_oC_o - R_oG_o\right)\right)$$

$$\alpha\ [\text{Np/m}] = \sqrt{\frac{1}{2}\left(\sqrt{\left(\omega^2 L_oC_o - R_oG_o\right)^2 + \left(\omega\left(L_oG_o + R_oC_o\right)\right)^2} - \left(\omega^2 L_oC_o - R_oG_o\right)\right)}$$

: 단위길이당 신호의 크기 변화를 결정하는 감쇄상수

$$\beta\ [\text{rad/m}] = \frac{1}{2\alpha}\omega\left(L_oG_o + R_oC_o\right)$$

$$= \sqrt{\frac{1}{2}\left(\sqrt{\left(\omega^2 L_oC_o - R_oG_o\right)^2 + \left(\omega\left(L_oG_o + R_oC_o\right)\right)^2} + \left(\omega^2 L_oC_o - R_oG_o\right)\right)}$$

: 단위길이당 위상 변화를 결정하는 위상상수

- **저주파 전압/전류 신호의 전파 특성을 결정하는 감쇄상수와 위상상수**

$$\begin{cases} \alpha\big|_{\omega=0}\ [\text{Np/m}] = \sqrt{\frac{1}{2}\left(\sqrt{\left(\omega^2 L_oC_o - R_oG_o\right)^2 + \left(\omega\left(L_oG_o + R_oC_o\right)\right)^2} - \left(\omega^2 L_oC_o - R_oG_o\right)\right)}\Bigg|_{\omega=0} \cong \sqrt{R_oG_o} \\ \beta\big|_{\omega=0}\ [\text{rad/m}] = \sqrt{\frac{1}{2}\left(\sqrt{\left(\omega^2 L_oC_o - R_oG_o\right)^2 + \left(\omega\left(L_oG_o + R_oC_o\right)\right)^2} + \left(\omega^2 L_oC_o - R_oG_o\right)\right)}\Bigg|_{\omega=0} \cong 0 \end{cases}$$

• **고주파 전압/전류 신호의 전파 특성을 결정하는 감쇄상수와 위상상수**

$$
\begin{cases}
\alpha\Big|^{high\ freq.}_{\omega^2 L_o C_o \gg R_o G_o} \ [\text{Np/m}] = \sqrt{\dfrac{1}{2}\left(\sqrt{\left(\omega^2 L_o C_o - R_o G_o\right)^2 + \left(\omega\left(L_o G_o + R_o C_o\right)\right)^2} - \left(\omega^2 L_o C_o - R_o G_o\right)\right)}\Bigg|_{\substack{high\ freq. \\ \omega^2 L_o C_o \gg R_o G_o}} \cong 0 \\
\beta\Big|^{high\ freq.}_{\omega^2 L_o C_o \gg R_o G_o} \ [\text{rad/m}] = \sqrt{\dfrac{1}{2}\left(\sqrt{\left(\omega^2 L_o C_o - R_o G_o\right)^2 + \left(\omega\left(L_o G_o + R_o C_o\right)\right)^2} + \left(\omega^2 L_o C_o - R_o G_o\right)\right)}\Bigg|_{\substack{high\ freq. \\ \omega^2 L_o C_o \gg R_o G_o}} \\
\qquad \cong \omega\sqrt{L_o C_o} = \dfrac{\omega}{c_o} = \dfrac{2\pi}{\lambda}
\end{cases}
$$

• 무손실($R_o = 0$, $G_o = 0$) 전송선을 통한 전압/전류 신호의 전파 특성을 결정하는 감쇄상수와 위상상수

$$
\begin{cases}
\alpha\Big|^{lossless}_{R_o=0 \& G_o=0} \ [\text{Np/m}] = 0 \\
\beta\Big|^{lossless}_{R_o=0 \& G_o=0} \ [\text{rad/m}] = \omega\sqrt{L_o C_o} = \dfrac{\omega}{\upsilon} = \dfrac{2\pi}{\lambda} \ ; \ \upsilon \ [\text{m/s}] = 1\Big/\sqrt{L_o C_o}
\end{cases}
$$

$$
\rightarrow \gamma = j\beta = j\omega\sqrt{L_o C_o} \ \ \& \ \ Z_o\Big|^{lossless}_{R_o=0 \& G_o=0} \ [\Omega] = \sqrt{\frac{L_o}{C_o}}
$$

전송선의 재료와 구조에 의해 결정되는 직렬 기생 저항($R_o = 0.05$ [Ω/m]), 직렬 유도용량($L_o = 0.25\times10^{-6}$ [H/m]), 유전체를 통한 전도성 누설전류를 나타내는 전도율($G_o = 20\times10^{-6}$ [Ω^{-1}/m]), 유전체를 통한 신호결합을 나타내는 정전용량($C_o = 0.1\times10^{-9}$ [F/m])인 전송선을 통해 전달되는 신호의 주파수(f [Hz])에 따른 감쇄상수(α [Np/m])와 위상상수(β [rad/m])의 변화를 [그림 12-7]에 예로 들었다.

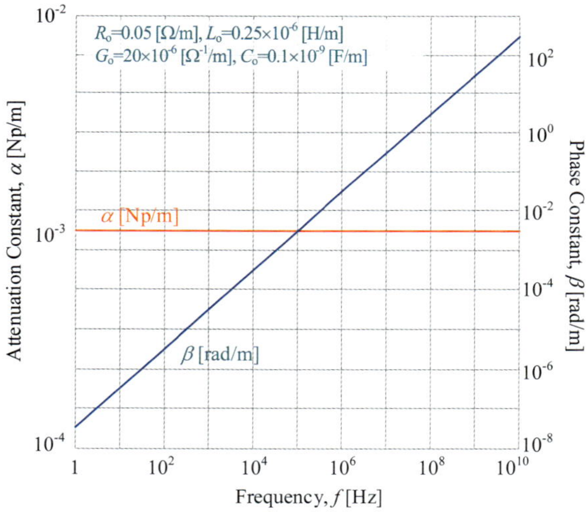

[그림 12-7] 전송선($R_o = 0.05$ [Ω/m], $L_o = 0.25\times10^{-6}$ [H/m], $G_o = 20\times10^{-6}$ [Ω^{-1}/m], $C_o = 0.1\times10^{-9}$ [F/m])을 통해 전달되는 신호의 주파수에 따른 감쇄상수(α [Np/m])와 위상상수(β [rad/m])의 변화

시정현 전압파와 전류파가 전송선을 통해 전파되는 경우, 전송선에 대한 분포회로 모델을 직렬 임피던스(Z [Ω/m])와 병렬 어드미턴스(Y [Ω^{-1}/m])를 이용하여 변형된 형태로 정리하면 전압파와 전류파 방정식은 다음과 같다.

$$\begin{cases} \dfrac{\partial \upsilon(z,t)}{\partial z}\ [\text{V/m}] = -\left(R_o i(z,t) + L_o \dfrac{\partial i(z,t)}{\partial t}\right) \\ \dfrac{\partial i(z,t)}{\partial z}\ [\text{A/m}] = -\left(G_o \upsilon(z,t) + C_o \dfrac{\partial \upsilon(z,t)}{\partial t}\right) \end{cases} \longleftrightarrow \left. \begin{matrix} \upsilon(z,t) = V_S(z) e^{j\omega t} \\ i(z,t) = I_S(z) e^{j\omega t} \end{matrix} \right\}$$

: 시정현 전압파와 전류파에 대한 KVL과 KCL

$$\rightarrow \begin{cases} \dfrac{\partial V_S(z)}{\partial z}\ [\text{V/m}] \cong -\left(R_o I_s(z) + j\omega L_o I_s(z)\right) = -\left(R_o + j\omega L_o\right) I_s(z) \\ \qquad \equiv -ZI_s(z) \left(\longleftrightarrow dV_S(z) = -ZI_s(z)dz\right) \\ ;\ Z\ [\Omega/\text{m}] \equiv \left(R_o + j\omega L_o\right) \\ \dfrac{\partial I_s(z)}{\partial z}\ [\text{A/m}] \cong -\left(G_o V_S(z) + j\omega C_o V_S(z)\right) = -\left(G_o + j\omega C_o\right) V_s(z) \\ \qquad \equiv -YV_s(z) \left(\longleftrightarrow dI_s(z) = -YV_s(z)dz\right) \\ ;\ Y\ [\Omega^{-1}/\text{m}] \equiv \left(G_o + j\omega C_o\right) \end{cases}$$

즉, 전압파와 전류파가 전파되는 방향의 단위길이당 전압 변화($\partial\upsilon(z,t)/\partial z$)는 전송선을 구성하는 도선에 의한 단위길이당 직렬 임피던스(Z [Ω/m]: Impedance)에 전류($I_s(z)$ [A])를 곱하여 구할 수 있고, 단위길이당 전류 변화($\partial\upsilon(z,t)/\partial z$)는 전압($V_s(z)$ [V])에 도선 사이를 채우고 있는 유전체 매질에 의한 단위길이당 병렬 어드미턴스(Y [Ω^{-1}/m]: Admittance)를 곱하여 구할 수 있음을 뜻한다.

전송선을 통해 전파되는 전압파와 전류파의 전파 특성을 나타내는 전파상수($\gamma = \alpha + j\beta$ [1/m])도 직렬 임피던스(Z [Ω/m])와 병렬 어드미턴스(Y [Ω^{-1}/m])를 이용하여 다음과 같이 간단히 나타낼 수 있다.

$$\gamma\ [1/\text{m}] \equiv \sqrt{\left(R_o + j\omega L_o\right)\left(G_o + j\omega C_o\right)} = \sqrt{ZY}$$: 전송선의 특성 임피던스에 의해 결정되는 전파상수

$$Z\ [\Omega/\text{m}] \equiv R_o + j\omega L_o$$: 전송선의 도선(도선의 전기전도도와 기하학적 구조)에 의해 결정되는 직렬회로 성분

$$Y\ [\Omega^{-1}/\text{m}] \equiv G_o + j\omega C_o$$: 전송선의 도체 사이에 채워진 매질(전기전도도와 유전상수)에 의해 결정되는 병렬회로 성분

전송선의 전파상수는 맥스웰 방정식 기반의 전파방정식에 의해 지배되는 전기장과 자기장이 전하 중성인 매질의 고유 특성지표에 의해 결정되는 것과 같은 원리이다.

12.3.3 전송선의 특성 임피던스와 위치에 따른 전파 특성 변화

전송선의 특성 임피던스(Z_o [Ω])는 전송선의 구조와 재료, 신호의 주파수에 의해 결정된다. 따라서 고정된 구조와 재료의 전송선을 통해 전파되는 전압파와 전류파는 다음과 같이 전송선의 특성 임피던스(characteristic impedance: Z_o [Ω])를 이용하여 편리하게 상호 변환할 수 있다.

$$Z_o\ [\Omega] \equiv \frac{V_{o+}(z)}{I_{o+}(z)} = -\frac{V_{o-}(z)}{I_{o-}(z)} = \frac{Z}{\gamma} = \sqrt{\frac{Z}{Y}} = \sqrt{\frac{R_o + j\omega L_o}{G_o + j\omega C_o}}$$: 전송선의 구조와 재료에 의해 결정되는 특성 임피던스

$$Z_o\Big|_{\substack{lossless \\ R_o=0\&G_o=0}}\ [\Omega] \equiv \sqrt{\frac{L_o}{C_o}}$$: 무손실(도체의 비저항 = 0, 유전체 내의 이동전하 = 0) 전송선의 특성 임피던스

즉, 전류파로부터 전압파를 구할 때, 또는 전압파로부터 전류파를 구할 때 다음과 같이 특성 임피던스를 곱하거나 나누는 간단한 과정을 통해 해결할 수 있음을 뜻한다.

$$\begin{cases} V_{o+}(z) = Z_o I_{o+}(z) = \dfrac{1}{Y_o} I_{o+}(z) \\ I_{o+}(z) = \dfrac{1}{Z_o} V_{o+}(z) = Y_o V_{o+}(z) \end{cases} \quad \& \quad \begin{cases} V_{o-}(z) = -Z_o I_{o-}(z) = -\dfrac{1}{Y_o} I_{o-}(z) \\ I_{o-}(z) = -\dfrac{1}{Z_o} V_{o-}(z) = -Y_o V_{o-}(z) \end{cases};$$

$$Y_o\ [\Omega^{-1}] \equiv \frac{1}{Z_o\ [\Omega]} = \sqrt{\frac{G_o + j\omega C_o}{R_o + j\omega L_o}}$$

전송선의 재료와 구조에 의해 결정되는 직렬 기생 저항($R_o = 0.05$ [Ω/m]), 직렬 유도용량($L_o = 0.25 \times 10^{-6}$ [H/m]), 유전체를 통한 전도성 누설전류를 나타내는 전도율($G_o = 20\times10^{-6}$ [Ω^{-1}/m]), 유전체를 통한 신호 결합을 나타내는 정전용량($C_o = 0.1\times10^{-9}$ [F/m])인 전송선의 단위길이당 직렬 임피던스(Z [Ω/m])와 병렬 어드미턴스(Y [Ω^{-1}/m]), 주파수에 무관한 특성 임피던스(Z_o [Ω])의 신호 주파수에 따른 변화를 [그림 12-8]에 예로 나타냈다.

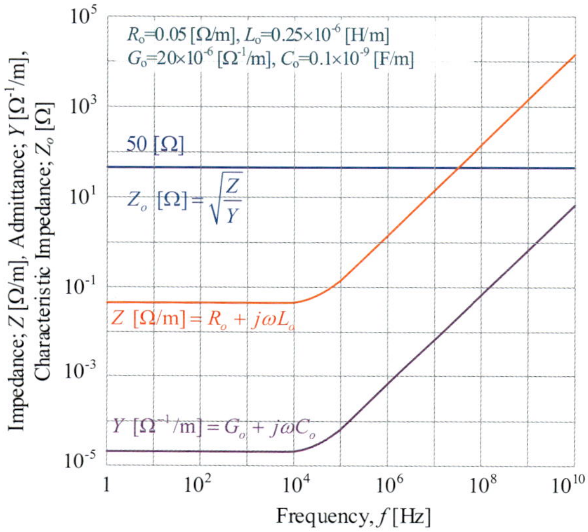

[그림 12-8] $R_o = 0.05$ [Ω/m], $L_o = 0.25\times10^{-6}$ [H/m], $G_o = 20\times10^{-6}$ [Ω^{-1}/m], $C_o = 0.1\times10^{-9}$ [F/m]로 설계된 전송선을 통해 전달되는 신호의 주파수에 따른 단위길이당 직렬 임피던스(Z [Ω/m]), 병렬 어드미턴스(Y [Ω^{-1}/m]), 전송선의 특성 임피던스(Z_o [Ω])

도파관 구조의 전송선을 통한 전압파와 전류파의 전파 특성을 이해할 때 신호의 효율적인 전달을 위한 전송선의 길이(l [m])와 부하단의 임피던스(Z_L [Ω]) 설계, 입력신호가 인가되는 지점의 입력 임피던스(Z_L [Ω])를 파악하는 것이 중요한 과제다. 이를 위해 유한한 길이(l [m])의 전송선의 부하 임피던스가 정해진 경우 전송선의 한 점(z [m])에서 전압파와 전류파의 관계를 이해하는 입력 임피던스($Z(z)$ [Ω])를 이해하고자 한다.

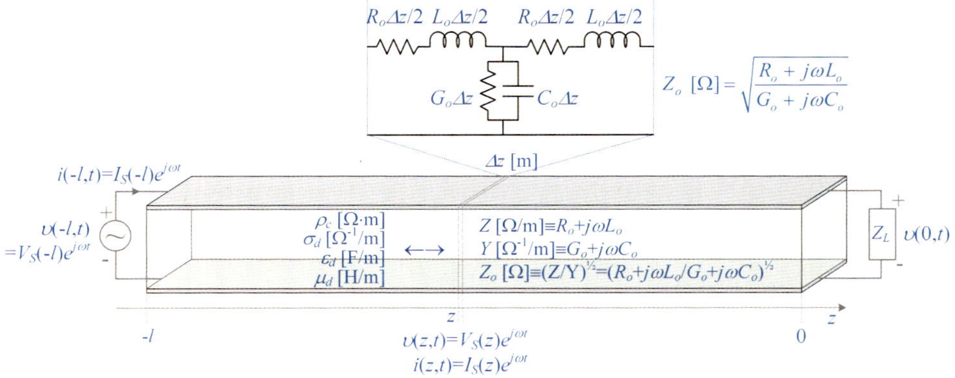

[그림 12-9] 유한한 길이의 평행판 전송선을 통한 전압파와 전류파의 전파 특성 해석을 위한 전송선 등가회로 모델

전송선의 재료와 구조에 의해 결정되는 전파상수는 신호의 감쇄를 결정하는 감쇄상수와 허수부로서 신호의 위치에 따른 위상 변화를 결정하는 위상상수를 이용하여 나타낼 수 있다.

$\gamma\ [1/\mathrm{m}] \equiv \alpha + j\beta$: 전송선을 통한 전압파와 전류파의 전파 특성을 결정하는 복소 전파상수

$$\alpha\ [\mathrm{Np/m}] = \sqrt{\frac{1}{2}\left(\sqrt{\left(\omega^2 L_o C_o - R_o G_o\right)^2 + \left(\omega\left(L_o G_o + R_o C_o\right)\right)^2} - \left(\omega^2 L_o C_o - R_o G_o\right)\right)}$$

: 전송선의 감쇄상수(양의 실수)

$$\beta\ [\mathrm{rad/m}] = \sqrt{\frac{1}{2}\left(\sqrt{\left(\omega^2 L_o C_o - R_o G_o\right)^2 + \left(\omega\left(L_o G_o + R_o C_o\right)\right)^2} + \left(\omega^2 L_o C_o - R_o G_o\right)\right)}$$

: 전송선의 위상상수(양의 실수)

공간의존 전압파($V_S(z)$ [V])와 전류파($I_S(z)$ [A])는 전송선의 양방향으로 전달되는 입사파(또는 전달파; $V_{S+}(z)$, $I_{S+}(z)$)와 반대방향으로 진행하는 반사파($V_{S-}(z)$, $I_{S-}(z)$)의 합으로서, 다음과 같이 나타낼 수 있다. 이를 이용하면 전송선의 위치에 따른 시정현 전압파와 전류파는 공간에 대한 함수($V_S(z)$, $I_S(z)$)와 시정현 함수($e^{j\omega t}$)의 곱으로 나타낼 수 있다.

$$\begin{aligned} \upsilon(z,t)\ [\mathrm{V}] = V_S(z)e^{j\omega t} &= \left(V_{S+}(z) + V_{S-}(z)\right)e^{j\omega t} \\ &= \left(V_{o+}e^{-\gamma z} + V_{o-}e^{+\gamma z}\right)e^{j\omega t} \\ &= V_{o+}e^{j\omega t - \gamma z} + V_{o-}e^{j\omega t + \gamma z} \end{aligned}$$

: 입사파와 반사파가 중첩된 시정현 전압파

$$\begin{aligned} V_S(z)\ [\mathrm{V}] &= V_{S+}(z) + V_{S-}(z) = V_{o+}e^{-\gamma z} + V_{o-}e^{+\gamma z} \\ &= V_{o+}e^{-\alpha z}e^{-j\beta z} + V_{o-}e^{+\alpha z}e^{+j\beta z} \end{aligned}$$

: 입사파와 반사파가 중첩된 공간의존 전압파

$$\begin{aligned} i(z,t)\ [\mathrm{A}] = I_S(z)e^{j\omega t} &= \left(I_{o+}e^{-\gamma z} + I_{o-}e^{+\gamma z}\right)e^{j\omega t} \\ &= I_{o+}e^{j\omega t - \gamma z} + I_{o-}e^{j\omega t + \gamma z} \end{aligned}$$

: 입사파와 반사파가 중첩된 시정현 전류파

$$\begin{aligned} I_S(z)\ [\mathrm{A}] &= I_{o+}e^{-\gamma z} + I_{o-}e^{+\gamma z} \\ &= I_{o+}e^{-\alpha z}e^{-j\beta z} + I_{o-}e^{+\alpha z}e^{+j\beta z} \end{aligned}$$

: 입사파와 반사파가 중첩된 공간의존 전류파

또한, 특성 임피던스를 이용하여 전송선의 한 점에서 전압파와 전류파는 편리하게 상호 변환할 수 있다.

$$\begin{cases} V_+(z)\ [\mathrm{V}] = Z_o I_+(z) = \sqrt{\dfrac{Z}{Y}} I_+(z) = \sqrt{\dfrac{R_o + j\omega L_o}{G_o + j\omega C_o}} I_+(z) \\ I_+(z)\ [\mathrm{A}] = \dfrac{1}{Z_o} V_+(z) = Y_o V_+(z) = \sqrt{\dfrac{G_o + j\omega C_o}{R_o + j\omega L_o}} V_+(z) \end{cases}$$

: z-축 양의 방향으로 전파되는 입사 전압파와 전류파의 관계

$$\begin{cases} V_-(z)\ [\mathrm{V}] = -Z_o I_-(z) = -\sqrt{\dfrac{Z}{Y}} I_-(z) = -\sqrt{\dfrac{R_o + j\omega L_o}{G_o + j\omega C_o}} I_-(z) \\ I_-(z)\ [\mathrm{A}] = -\dfrac{1}{Z_o} V_-(z) = -Y_o V_-(z) = -\sqrt{\dfrac{G_o + j\omega C_o}{R_o + j\omega L_o}} V_-(z) \end{cases}$$

: z-축 음의 방향으로 전파되는 반사 전압파와 전류파의 관계

$$Z_o\ [\Omega] = \frac{V_+(z)}{I_+(z)} = -\frac{V_-(z)}{I_-(z)} = \sqrt{\frac{Z}{Y}} = \sqrt{\frac{R_o + j\omega L_o}{G_o + j\omega C_o}}$$

: 전송선의 재료와 구조, 신호 주파수에 의해 결정되는 특성 임피던스

12.3.4 전송선 종단의 부하 임피던스와 반사계수

[그림 12−10]에 나타낸 것과 같이 특성 임피던스가 Z_o [Ω]인 전송선의 끝($z = 0$ [m])에 부하 임피던스(Z_L [Ω])가 연결된 경우, 전송선을 통한 전압파와 전류파의 전파 특성은 전송선 모델을 이용하여 해석할 수 있다. 즉, z-축과 평행한 방향으로 전파되도록 인가된 신호 전압파($\upsilon(z,t)$)와 전류파($i(z,t)$)에 대한 전파방정식을 요약하면 다음과 같다.

$$\begin{cases} \upsilon(z,t)\ [\mathrm{V}] = V_S(z) e^{j\omega t} \\ i(z,t)\ [\mathrm{A}] = I_S(z) e^{j\omega t} \end{cases}$$

: 전송선의 전압파와 전류파에 대한 KCL & KVL

$$V_S(z)\ [\mathrm{V}] = V_{inc}(z) + V_{ref}(z) = V_{o+} e^{-\gamma z} + V_{o-} e^{+\gamma z} = V_{o+} e^{-\alpha z} e^{-j\beta z} + V_{o-} e^{+\alpha z} e^{+j\beta z}$$

: 공간($z < 0$)의존 전압파(입사파+반사파)

$$V_{o+}\ [\mathrm{V}] \equiv V_{inc}(z)\big|_{z=0} \ \ \& \ \ V_{o-}\ [\mathrm{V}] \equiv V_{ref}(z)\big|_{z=0}$$

: 부하가 연결된 지점($z = 0$ [m])의 입사파와 반사파

$$V_{inc}(z)\ [\mathrm{V}] = V_{o+} e^{-\gamma z} = V_{o+} e^{-\alpha z} e^{-j\beta z}$$

: z-축 양의 방향으로 전파되는 입사 전압파

$$V_{ref}(z)\ [\mathrm{V}] = V_{o-} e^{+\gamma z} = V_{o-} e^{+\alpha z} e^{+j\beta z}$$

: z-축 음의 방향으로 전파되는 반사 전압파

$$I_S(z)\ [\mathrm{A}] = I_{inc}(z) + I_{ref}(z) = I_{o+} e^{-\gamma z} + I_{o-} e^{+\gamma z} = I_{o+} e^{-\alpha z} e^{-j\beta z} + I_{o-} e^{+\alpha z} e^{+j\beta z}$$

$$= \frac{V_{o+}}{Z_o} e^{-\gamma z} - \frac{V_{o-}}{Z_o} e^{+\gamma z}$$

: 공간($z < 0$)의존 전류파(입사파+반사파)

$$I_{o+}\ [\mathrm{A}] \equiv I_{inc}(z)\big|_{z=0} = \frac{V_{o+}}{Z_o} \ \ \& \ \ I_{o-}\ [\mathrm{A}] \equiv I_{ref}(z)\big|_{z=0} = -\frac{V_{o-}}{Z_o}$$

: 부하가 연결된 지점($z = 0$ [m])의 입사 전류파와 반사 전류파

$$I_{inc}(z)\ [\mathrm{A}] = I_{o+} e^{-\gamma z} = I_{o+} e^{-\alpha z} e^{-j\beta z}$$

: z-축 양의 방향으로 전파되는 입사 전류파

$$I_{ref}(z)\ [\mathrm{A}] = I_{o-} e^{+\gamma z} = I_{o-} e^{+\alpha z} e^{+j\beta z}$$

: z-축 음의 방향으로 전파되는 반사 전류파

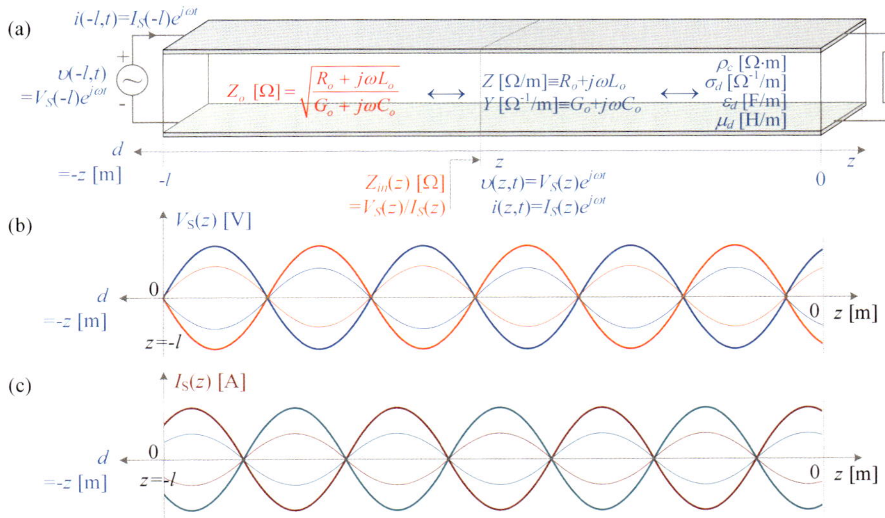

[그림 12-10] 전송선 모델을 이용한 전자기신호 전달 특성과 입력 임피던스 해석을 위한
(a) 전송선 구조와 시정현 전압 (b) 전송선 내의 전압파 분포 (c) 전송선 내의 전류파 분포

부하 임피던스가 Z_L [Ω]인 경우, 전송선 종단($z = 0$ [m])에서 전압파와 전류파의 비는 종단 임피던스와 동일해야 한다. 따라서 전송선 종단에서 입사파와 반사파의 크기 변화와 위상 차이를 모두 포함하는 반사계수($\Gamma(z=0) \equiv \Gamma_L$)는 다음과 같이 정의한다.

$$Z_L\ [\Omega] \equiv \frac{V(z=0)}{I(z=0)} = \left.\frac{V_{o+}e^{-\alpha z}e^{-j\beta z} + V_{o-}e^{+\alpha z}e^{+j\beta z}}{I_{o+}e^{-\alpha z}e^{-j\beta z} + I_{o-}e^{+\alpha z}e^{+j\beta z}}\right|_{z=0} = \frac{V_{o+}+V_{o-}}{I_{o+}+I_{o-}} = \frac{V_{o+}+V_{o-}}{(V_{o+}/Z_o)-(V_{o-}/Z_o)}$$

$$= Z_o\frac{V_{o+}+V_{o-}}{V_{o+}-V_{o-}} = Z_o\frac{1+\Gamma_L}{1-\Gamma_L} \longleftrightarrow \frac{Z_L}{Z_o} = \frac{1+\Gamma_L}{1-\Gamma_L} \quad \& \quad Z_o\ [\Omega] = \sqrt{\frac{R_o+j\omega L_o}{G_o+j\omega C_o}} = \sqrt{ZY}$$

: 전송선의 특성 임피던스

$$\Gamma_L \equiv \Gamma(z=0) = \frac{V_{o-}}{V_{o+}} = \frac{V_{ref}(z=0)}{V_{inc}(z=0)} = \frac{Z_L - Z_o}{Z_L + Z_o} = \frac{(Z_L/Z_o)-1}{(Z_L/Z_o)+1} = \frac{1-(Z_o/Z_L)}{1+(Z_o/Z_L)}$$

: 부하점 반사계수
(전송선의 특성 임피던스와 부하 임피던스에 의해 결정됨)

즉 전송선 종단($z = 0$ [m])에서 신호의 반사계수는 전송선의 재료와 구조, 그리고 신호의 주파수에 의해 결정되는 특성 임피던스(Z_o)와 종단에 연결된 부하 임피던스(Z_L)의 비에 의해 결정됨을 뜻한다. 또한 전송선의 특성 임피던스와 동일한 부하 임피던스($Z_L = Z_o$)가 연결된 경우, 반사없이($\Gamma_L = 0$) 부하에 전자기파 신호가 전달됨을 뜻한다.

또한 전송선 종단($z = 0$ [m])으로부터의 거리(l [m])인 지점($z = -l$ [m])에서 입사파와 비교하여 반사파의 상대적 크기를 나타내는 반사계수($\Gamma(z)$)는 다음과 같다.

$$\Gamma(z) \equiv \frac{V_{ref}(z)}{V_{inc}(z)} = \frac{V_{o-}e^{+\gamma z}}{V_{o+}e^{-\gamma z}} = \left(\frac{V_{o-}}{V_{o+}}\right)e^{+2\gamma z} = \Gamma_L e^{+2\gamma z} = \Gamma_L e^{-2\gamma l} = \Gamma_L e^{-2\alpha l}e^{-j2\beta l} \quad (l \equiv -z\ ;\ z<0)$$

이 결과는 전송선의 임의의 한 위치($z = -l$ (<0) [m])에서의 반사계수($\Gamma(z)$)는 부하단의 반사계수

($\Gamma(z=0)=\Gamma_L$)로부터 쉽게 계산할 수 있음을 의미한다. 이것은 또한 전송선의 고유특성지표에 의해 결정되는 특성 임피던스(Z_o [Ω]), 부하 임피던스(Z_L [Ω]), 신호의 주파수, 전송선의 전파상수(γ [1/m]) 및 전송선의 위치($z=-l$ [m])에 따라 달라짐을 의미한다.

또한 전송선의 종단에 부하 임피던스(Z_L [Ω])가 연결된 경우, 전송선의 특성 임피던스(Z_o [Ω])와 부하 임피던스에 의한 반사계수를 이용하면 전송선을 통해 전파되는 전압파는 다음과 같이 나타낼 수 있다.

$$V_S(z)\ [\text{V}] = V_{inc}(z)+V_{ref}(z) = V_{o+}e^{-\gamma z}+V_{o-}e^{+\gamma z} = V_{o+}e^{-\alpha z}e^{-j\beta z}+V_{o-}e^{+\alpha z}e^{+j\beta z}$$
$$= V_{o+}\left(e^{-\alpha z}e^{-j\beta z}+\Gamma_L e^{+\alpha z}e^{+j\beta z}\right) \quad \text{: 공간 의존 전압파}$$

$$\upsilon(z,t)\ [\text{V}] = V_S(z)e^{j\omega t} = V_{o+}\left(e^{-\alpha z}e^{-j\beta z}+\Gamma_L e^{+\alpha z}e^{+j\beta z}\right)e^{j\omega t}$$
$$= V_{o+}\left(e^{-\alpha z}e^{j(\omega t-\beta z)}+\Gamma_L e^{+\alpha z}e^{+j(\omega t+\beta z)}\right) \quad \text{: 입사파와 반사파가 중첩된 시정현 전압파}$$

따라서 전압파의 최댓값(V_{max} [V])과 최솟값(V_{min} [V])의 상대적 크기를 나타내는 전압 정재파비(VSWR: voltage standing wave ratio)는 다음과 같이 부하단의 반사계수를 이용하여 구할 수 있으며, 전송선과 부하단의 임피던스 정합(impedance matching)의 척도로 활용한다.

$$V_S(z=0)\ [\text{V}] = V_{inc}(z=0)+V_{ref}(z=0) = V_{o+}\left(e^{-\alpha z}e^{-j\beta z}+\Gamma_L e^{+\alpha z}e^{+j\beta z}\right)_{z=0} = V_{o+}\left(1+\Gamma_L\right)$$

$$VSWR \equiv \frac{V_{\max}}{V_{\min}} = \frac{1+|\Gamma_L|}{1-|\Gamma_L|} \quad \text{: 전송선의 전압 정재파비}$$

전압 정재파비는 전송선의 재료와 구조, 그리고 신호의 주파수에 의해 결정되는 특성 임피던스와 종단 임피던스에 의해 결정됨을 뜻한다. 특히, 전압파와 전류파는 시간에 따라 최댓값과 최솟값 사이의 값으로 주기적(시정현: $e^{j\omega t}$)으로 변함을 뜻한다.

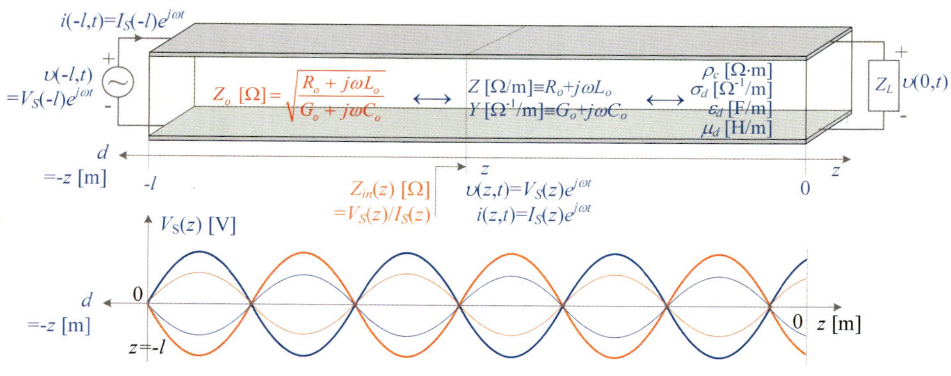

[그림 12-11] 부하 임피던스가 연결된 전송선의 정재파

무손실 전송선(α [1/m] $=0$, $R_o=0$ [Ω/m], $G_o=0$ [Ω^{-1}/m])의 특성 임피던스와 부하 임피던스에 의해 결정되는 부하 종단의 반사계수를 이용한 전압파는 다음과 같이 나타낼 수 있다.

$$\begin{cases} \alpha\big|_{R_o=0, G_o=0}[\text{Np/m}] = 0 \\ \beta\big|_{R_o=0, G_o=0}[\text{rad/m}] = \omega\sqrt{L_o C_o} \end{cases} \quad \& \quad Z_o\big|_{\substack{\alpha=0 \\ R_o=0, G_o=0}}[\Omega] = \sqrt{\frac{L_o}{C_o}}$$

$$\begin{aligned} V_S(z)\big|_{\alpha=0}\,[\text{V}] &= V_{inc}(z) + V_{ref}(z) = V_{o+}e^{-\gamma z} + V_{o-}e^{+\gamma z} = V_{o+}e^{-j\beta z} + V_{o-}e^{+j\beta z} \\ &= V_{o+}\left(e^{-j\beta z} + \Gamma_L e^{+j\beta z}\right) \end{aligned}$$

특성 임피던스 = Z_o [Ω]인 무손실 전송선의 부하 임피던스($Z_L = Z_o$, 0, ∞ [Ω])에 따른 부하단의 전압파 분포를 [그림 12-12]에 요약하였다.

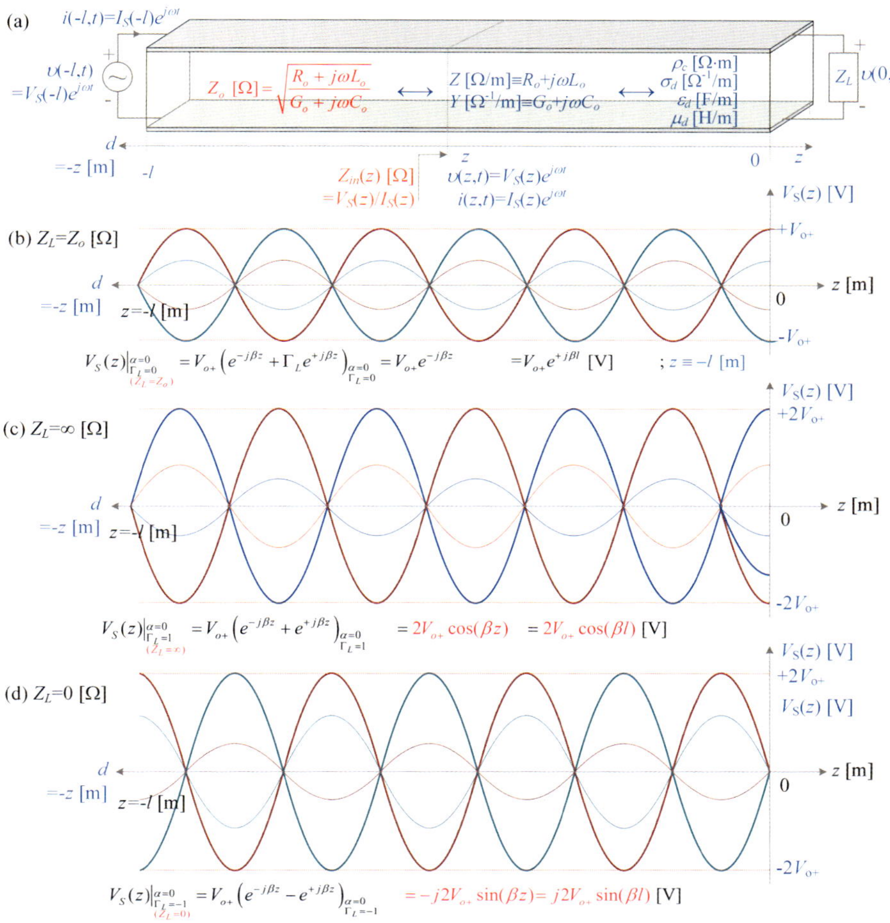

[그림 12-12] 부하 임피던스에 따른 전압파 분포
(a) 전송선 구조와 특성 임피던스 (b) 정합 부하($Z_L = Z_o$ [Ω]) (c) 개방 부하($Z_L = \infty$ [Ω])
(d) 단락부하($Z_L = 0$ [Ω])인 경우 전송선을 통해 전파되는 전압 파동과 정재파 형성

■ $Z_L = Z_o$: 정합 부하(matched load)인 경우의 부하단 반사계수와 전압파

부하 임피던스가 전송선의 재료와 구조에 의해 결정되는 특성 임피던스와 동일한 값으로 정합($Z_L = Z_o$)된 경우, 다음과 같이 부하단의 반사계수는 $\Gamma_L = 0$이 되어 입사파 신호가 반사없이 모두 부하에 전달된다.

$$\Gamma_L = \frac{V_{ref}(z=0)}{V_{inc}(z=0)} = \frac{Z_L - Z_o}{Z_L + Z_o} = 0 \rightarrow V_{o-} = 0$$: 반사파가 존재하지 않음

$$V_S(z)\big|_{\substack{\alpha=0 \\ \Gamma_L=0}} \text{ [V]} = V_{o+}\left(e^{-j\beta z} + \Gamma_L e^{+j\beta z}\right)_{\Gamma_L=0} = V_{o+}e^{-j\beta z} = V_{o+}e^{+j\beta l} \text{ ; } z \equiv -l \text{ [m]}$$

$$\upsilon(z,t)\big|_{\substack{\alpha=0 \\ \Gamma_L=0}} \text{ [V]} = V_S(z)e^{j\omega t} = V_{o+}e^{+j\beta l}e^{j\omega t} = V_{o+}e^{j(\omega t+\beta l)}$$: 입사파만 존재하는 시정현 전압파

$$V_S(z=0)\big|_{\substack{\alpha=0 \\ \Gamma_L=0}} = V_{o+} \text{ [V]}$$

$$\upsilon(z=0,t)\big|_{\substack{\alpha=0 \\ \Gamma_L=0}} \text{ [V]} = V_S(z=0)e^{j\omega t} = V_{o+}e^{j\omega t}$$: 입사파만 존재하는 부하단의 시정현 전압파

■ $Z_L = \infty$ [Ω] : 개방 부하(또는 단선부하; open-circuited load)인 경우의 부하단 반사계수와 전압파

임피던스가 무한대인 부하가 전송선 끝단에 연결된 경우($Z_L = \infty$ [Ω]: 개방 부하 또는 단선부하; open-circuited load), 부하단의 반사계수는 1이 되며, 이로 인해 입사파 신호가 부하에 전달되지 못하고 모두 반사됨을 뜻한다.

$$\Gamma_L\big|_{Z_L=\infty} = \frac{Z_L - Z_o}{Z_L + Z_o}\bigg|_{Z_L=\infty} = 1 \rightarrow V_{o-} = V_{o+}$$: 모두 반사됨(완전 반사)

$$V_S(z)\big|_{\substack{\alpha=0 \\ \Gamma_L=1}} \text{ [V]} = V_{o+}\left(e^{-j\beta z} + e^{+j\beta z}\right) = 2V_{o+}\cos(\beta z) = 2V_{o+}\cos(\beta l)$$

: 입사파와 반사파가 중첩된 시정현 정재파가 형성됨

$$\upsilon(z,t)\big|_{\substack{\alpha=0 \\ \Gamma_L=1}} \text{ [V]} = V_S(z)e^{j\omega t} = 2V_{o+}\cos(\beta z)e^{j\omega t}$$: 입사파와 반사파가 중첩된 시정현 전압 정재파

$$V_S(z=0) \text{ [V]} = 2V_{o+}$$

$$\upsilon(z=0,t) \text{ [V]} = V_S(z=0)e^{j\omega t} = V_{o+}e^{j\omega t}$$: 입사파와 반사파가 중첩된 부하단의 시정현 전압 정재파

또한, 부하단에서 반사파 신호 전압과 입사파 신호가 동일한 위상을 가지므로, 특히, 전송선 끝단인 부하점($z = 0$)에서 전압파의 진폭은 입사 신호 진폭의 2배가 된다. 또한 부하점으로부터 4반파장의 홀수배($l = (\lambda/4)(n+1)$ [m])의 위치에서는 항상 전압이 0 [V]가 되는 정재파인 것도 주목해야 한다.

$$\beta z = \frac{2\pi}{\lambda}z = \left(\frac{\pi}{2}\right)(n+1) \rightarrow z = \left(\lambda/4\right)(n+1) \rightarrow \upsilon(z,t)\big|_{z=(\lambda/4)(n+1)} \text{ [V]} = 0$$

■ $Z_L = 0$ [Ω] : 단락부하(short load)인 경우의 부하단 반사계수와 전압파

전송선 끝단에 임피던스가 0인 부하($Z_L = 0$ [Ω])가 연결된 경우(단락부하; short-circuited load), 부하단($z = 0$)에서의 반사계수는 $\Gamma_L = -1$이 된다. 이는 반사파 신호 전압과 입사파 신호가 크기는 같으나, 위상이 반대($\Delta\phi = \pi$ [rad])임을 뜻한다. 이로 인해 부하단($z = 0$)에서 입사파와 반사파는 상쇄되어 그 크기가 $V_S(z = 0) = 0$ [V]가 된다.

$$\Gamma_L\big|_{Z_L=0} = \frac{Z_L - Z_o}{Z_L + Z_o}\bigg|_{Z_L=0} = -1 \rightarrow V_{o-} = -V_{o+}$$: 위상 반전된 완전 반사

$$V_S(z)\big|_{\substack{\alpha=0\\ \Gamma_L=-1}}\ [\mathrm{V}] = V_{o+}\left(e^{-j\beta z}-e^{+j\beta z}\right) = -V_{o+}\left(e^{+j\beta z}-e^{-j\beta z}\right)$$
$$= -j2V_{o+}\sin(\beta z) = j2V_{o+}\sin(\beta l) = 2V_{o+}\sin(\beta l)e^{j\pi/2}$$

$$\upsilon(z,t)\big|_{\substack{\alpha=0\\ \Gamma_L=-1}}\ [\mathrm{V}] = V_S(z)e^{j\omega t} = j2V_{o+}\sin(\beta l)e^{j\omega t} = 2V_{o+}\sin(\beta l)e^{j\left(\omega t+\frac{\pi}{2}\right)}$$

: 입사파와 반사파가 중첩된 시정현 전압 정재파

$$V_S(z=0)\ [\mathrm{V}] = 0$$

$$\upsilon(z=0,t)\ [\mathrm{V}] = V_S(z=0)e^{j\omega t} = 0$$: 입사파와 반사파가 중첩된 부하단의 시정현 전압 정재파

또한 부하점으로부터 반파장의 정수배($l=(\lambda/2)n$ [m])의 위치에서는 항상 전압이 0 [V]가 정재파인 것도 주목해야 한다.

$$\beta z = \frac{2\pi}{\lambda}z = n\pi \rightarrow z = \left(\lambda/2\right)n \rightarrow \upsilon(z,t)\big|_{z=(\lambda/2)n}\ [\mathrm{V}] = 0$$

12.3.5 전송선의 재료와 구조, 신호 주파수에 의해 결정되는 전송선의 입력 임피던스

전송선 구조를 통한 전자기파 전달의 효율 향상을 위해서는 임피던스 정합을 위한 회로가 필요하다. 파장이 짧은 고주파 신호에 대한 임피던스 정합을 위해서는 R, L, C를 이용한 정합회로보다는 특정한 특성 임피던스와 유한한 길이를 가진 전송선 형태의 임피던스 정합회로(stub: 스터브; 임피던스 정합에 사용되는 짧은 길이의 전송선을 뜻함: "전송선 조각"을 사용함)가 더 편리하다. 즉, R, L, C의 개별 부품을 사용하지 않고 개방형(open stub) 또는 단락형(short stub) 전송선의 길이 조절을 통해 임피던스를 가변할 수 있고, 임피던스 정합에 필요한 입력 임피던스를 구현할 수 있다. 또한, 전송선의 특정 위치에 병렬로 연결할 수 있기 때문에 고주파 신호에 대한 정합회로 구현이 용이하다.

유한한 길이의 전송선 조각(stub)을 통한 전파 특성과 전송선 조각을 임피던스 정합회로 설계에 응용하기 위해서는 전송선 조각의 부하단이 개방부하($Z_o=\infty$ [Ω])인 경우와 단락부하($Z_o=0$ [Ω])인 경우의 위치에 따른 입력 임피던스를 잘 이해하는 것이 필요하다. 특성 임피던스가 Z_o [Ω]인 전송선의 끝단($z=0$ [m])인 지점에 부하 임피던스(Z_L [Ω])가 연결된 경우, 전송선의 위치에 따른 전압파($V_S(z)$ [V]), 전류파($I_S(z)$ [A]), 전압파와 전류파의 비를 나타내는 임피던스($Z(z)$ [Ω]), 그리고 전송선 끝단의 반사계수(Γ_L)를 요약하면 각각 다음과 같다.

$$V_S(z)\ [\mathrm{V}] = V_{inc}(z)+V_{ref}(z) = V_{o+}e^{-\gamma z}+V_{o-}e^{+\gamma z} = V_{o+}e^{-\alpha z}e^{-j\beta z}+V_{o-}e^{+\alpha z}e^{+j\beta z}$$
$$= V_{o+}\left(e^{-\alpha z}e^{-j\beta z}+\Gamma_L e^{+\alpha z}e^{+j\beta z}\right)$$: 전송선 조각의 위치에 따른 전압파 변화

$$V_{o+}\ [\mathrm{A}] \equiv V_{inc}(z)\big|_{z=0}\ \ \&\ \ V_{o-}\ [\mathrm{A}] \equiv V_{ref}(z)\big|_{z=0}$$

$$I_S(z)\ [\mathrm{A}] = I_{inc}(z)+I_{ref}(z) = I_{o+}e^{-\gamma z}+I_{o-}e^{+\gamma z} = I_{o+}e^{-\alpha z}e^{-j\beta z}+I_{o-}e^{+\alpha z}e^{+j\beta z}$$
$$= \frac{V_{o+}}{Z_o}e^{-\gamma z}-\frac{V_{o-}}{Z_o}e^{+\gamma z}$$: 전송선 조각의 위치에 따른 전류파 변화

$$I_{o+}\ [\mathrm{A}] \equiv I_{inc}(z)\big|_{z=0} \quad \& \quad I_{o-}\ [\mathrm{A}] \equiv I_{ref}(z)\big|_{z=0}$$

$$Z(z)\ [\Omega] \equiv Z_{in}(z) = \frac{V_S(z)}{I_S(z)} = \frac{V_{o+}e^{-\gamma z} + V_{o-}e^{+\gamma z}}{I_{o+}e^{-\gamma z} + I_{o-}e^{+\gamma z}} = \frac{V_{o+}e^{-\alpha z}e^{-j\beta z} + V_{o-}e^{+\alpha z}e^{+j\beta z}}{I_{o+}e^{-\alpha z}e^{-j\beta z} + I_{o-}e^{+\alpha z}e^{+j\beta z}}$$

: 전송선상의 한 위치(z)에서의 입력 임피던스

$$\Gamma_L \equiv \Gamma(z=0) = \frac{V_{o-}}{V_{o+}} = \frac{V_{ref}(z=0)}{V_{inc}(z=0)} = \frac{Z_L - Z_o}{Z_L + Z_o} = \frac{(Z_L/Z_o)-1}{(Z_L/Z_o)+1}$$

: 전송선 끝단($z=0$)의 반사계수

$$Z_L\ [\Omega] = Z(z=0) = \frac{V_S(z=0)}{I_S(z=0)} = \frac{V_L}{I_L} = \frac{V_{o+}+V_{o-}}{I_{o+}+I_{o-}} = Z_o\frac{V_{o+}+V_{o-}}{V_{o+}-V_{o-}}$$

: 부하단($z=0$) 임피던스와 부하단 전압파/전류파

$$Z_o\ [\Omega] = \frac{V_{o+}}{I_{o+}} = -\frac{V_{o-}}{I_{o-}} = \sqrt{\frac{R_o + j\omega L_o}{G_o + j\omega C_o}} \longleftrightarrow I_{o+} = \frac{V_{o+}}{Z_o}\ \&\ I_{o-} = -\frac{V_{o-}}{Z_o}$$

: 전송선의 특성 임피던스

$\gamma\ [1/\mathrm{m}] \equiv \alpha + j\beta$: 전송선을 통한 전압파와 전류파의 전파 특성을 결정하는 전파상수
(전송선의 구조와 신호의 주파수에 의해 결정)

부하 임피던스와 특성 임피던스에 의해 결정되는 전송선의 임의의 점($z=-l$ (<0) [m])에서 입력 임피던스(Z_{in} [Ω])는 다음과 같으며, 유한한 길이의 전송선 조각을 이용한 전송선 정합회로(matching circuit) 설계에 활용한다.

$$Z_{in}(z)\ [\Omega] = \frac{V_S(z)}{I_S(z)} = \frac{V_{o+}e^{-\gamma z} + V_{o-}e^{+\gamma z}}{I_{o+}e^{-\gamma z} + I_{o-}e^{+\gamma z}} = \frac{V_{o+}e^{-\gamma z} + V_{o-}e^{+\gamma z}}{\dfrac{V_{o+}}{Z_o}e^{-\gamma z} - \dfrac{V_{o-}}{Z_o}e^{+\gamma z}} = Z_o\frac{V_{o+}e^{-\gamma z} + V_{o-}e^{+\gamma z}}{V_{o+}e^{-\gamma z} - V_{o-}e^{+\gamma z}}$$

$$= Z_o\frac{e^{-\gamma z} + \Gamma_L e^{+\gamma z}}{e^{-\gamma z} - \Gamma_L e^{+\gamma z}} = Z_o\frac{e^{-\gamma z} + \dfrac{Z_L - Z_o}{Z_L + Z_o}e^{+\gamma z}}{e^{-\gamma z} - \dfrac{Z_L - Z_o}{Z_L + Z_o}e^{+\gamma z}} = Z_o\frac{(Z_L+Z_o)e^{-\gamma z} + (Z_L-Z_o)e^{+\gamma z}}{(Z_L+Z_o)e^{-\gamma z} - (Z_L-Z_o)e^{+\gamma z}}$$

$$= Z_o\frac{Z_L\left(e^{+\gamma z}+e^{-\gamma z}\right) - Z_o\left(e^{+\gamma z}-e^{-\gamma z}\right)}{Z_o\left(e^{+\gamma z}+e^{-\gamma z}\right) - Z_L\left(e^{+\gamma z}-e^{-\gamma z}\right)} = Z_o\frac{Z_L\cosh(\gamma z) - Z_o\sinh(\gamma z)}{Z_o\cosh(\gamma z) - Z_L\sinh(\gamma z)}$$

$$= Z_o\frac{Z_L + Z_o\tanh(\gamma(-z))}{Z_o + Z_L\tanh(\gamma(-z))} = Z_o\frac{Z_L + Z_o\tanh(\gamma l)}{Z_o + Z_L\tanh(\gamma l)}\ ;\ z=-l(<0)$$

[그림 12–13]에 나타낸 무손실($\alpha = 0$ [Np/m]; $G_o = 0$ [Ω^{-1}/m], $R_o = 0$ [Ω/m]) 전송선의 부하 임피던스(개방부하; $Z_o = \infty$ [Ω] 또는 단락부하; $Z_o = 0$ [Ω])에 따른 전송선 상($z=-l$ [m])의 입력 임피던스(Z_{in} [Ω]) 변화를 이해하면, 전송선 조각을 이용한 초고주파 임피던스 정합회로 설계에 유용하게 활용할 수 있다.

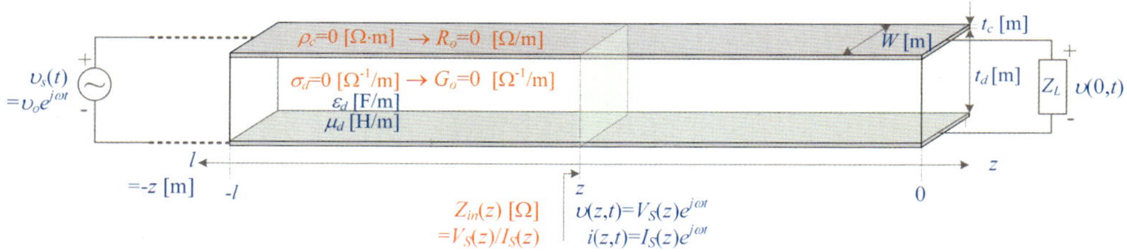

[그림 12–13] 무손실 전송선에 연결된 부하 임피던스와 전송선의 특성 임피던스에 의해 결정되는 전송선 내의 입력 임피던스($Z_{in}(z)$ [Ω])

무손실 전송선 조각의 특성 임피던스와 전파상수를 구성하는 감쇄상수와 위상상수, 그리고 전송선상의 점 $z=-l$ [m]에서의 입력 임피던스는 각각 다음과 같다.

$$Z_o\big|_{\substack{R_o=0\\G_o=0}}\ [\Omega]=\sqrt{\frac{R_o+j\omega L_o}{G_o+j\omega C_o}}\Bigg|_{\substack{R_o=0\\G_o=0}}=\sqrt{\frac{L_o}{C_o}}\qquad \text{: 무손실 전송선의 특성 임피던스}$$

$$\alpha\big|_{\substack{R_o=0\\G_o=0}}=0\ [\text{Np/m}],\ \beta\big|_{\substack{R_o=0\\G_o=0}}=\omega\sqrt{L_oC_o}\ [\text{rad/m}]\quad \text{: 무손실 전송선의 감쇄상수와 위상상수}$$

$$Z_{in}(z=-l)\big|_{\alpha=0}[\Omega]=\frac{V_S(z)}{I_S(z)}\Bigg|_{\alpha=0}=\frac{V_{o+}e^{-\gamma z}+V_{o-}e^{+\gamma z}}{I_{o+}e^{-\gamma z}+I_{o-}e^{+\gamma z}}\Bigg|_{\alpha=0}=Z_o\frac{Z_L+Z_o\tanh(\gamma l)}{Z_o+Z_L\tanh(\gamma l)}\Bigg|_{\substack{\alpha=0\\z=-l}}$$

$$=Z_o\frac{Z_L+Z_o\tanh(j\beta l)}{Z_o+Z_L\tanh(j\beta l)}=Z_o\frac{Z_L+jZ_o\tan(\beta l)}{Z_o+jZ_L\tan(\beta l)}=Z_o\frac{Z_L+jZ_o\tan\left(\pi\left(l/(\lambda/2)\right)\right)}{Z_o+jZ_L\tan\left(\pi\left(l/(\lambda/2)\right)\right)}$$

$$;\ \beta l=\frac{2\pi}{\lambda}l=\frac{l}{(\lambda/2)}\pi$$

무손실 전송선에 개방부하($Z_L=\infty$ [Ω])가 연결된 경우, 전송선 조각의 위치 변화에 따른 입력 임피던스 변화는 다음과 같고, 그 변화를 [그림 12-14](a)에 요약하였다.

$$Z_{in}(z=-l)\big|_{\substack{\alpha=0\\\text{open load}\\(Z_L=\infty)}}[\Omega]=Z_o\frac{Z_L+jZ_o\tan(\beta l)}{Z_o+jZ_L\tan(\beta l)}\Bigg|_{\substack{\alpha=0\\\text{open load}\\(Z_L=\infty)}}=Z_o\frac{1}{j\tan(\beta l)}=-jZ_o\cot(\beta l)$$

$$;\ \beta l=\frac{l}{(\lambda/2)}\pi\ \&\ Z_o\ [\Omega]=\sqrt{\frac{L_o}{C_o}}$$

무손실 전송선에 단락부하($Z_L=0$ [Ω])가 연결된 경우, 전송선 조각의 위치 변화에 따른 입력 임피던스 변화는 다음과 같고, 그 변화를 [그림 12-14](b)에 요약하였다.

$$Z_{in}(z=-l)\big|_{\substack{\alpha=0\\\text{short load}\\(Z_L=0)}}[\Omega]=Z_o\frac{Z_L+jZ_o\tan(\beta l)}{Z_o+jZ_L\tan(\beta l)}\Bigg|_{\substack{\alpha=0\\\text{short load}\\(Z_L=0)}}=jZ_o\tan(\beta l)\ ;\ \beta l=\frac{l}{(\lambda/2)}\pi\ \&\ Z_o\ [\Omega]=\sqrt{\frac{L_o}{C_o}}$$

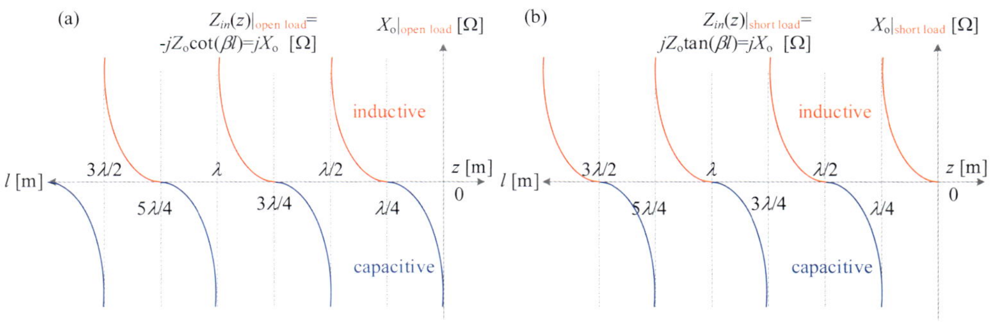

[그림 12-14] 무손실 전송선의 위치 변화에 따른 입력 임피던스 변화
(a) 개방부하($Z_L=\infty$ [Ω])가 연결된 경우 (b) 단락부하($Z_L=0$ [Ω])가 연결된 경우

유한한 길이를 가진 전송선 조각을 이용한 임피던스 정합회로 설계에 참고할 수 있도록 전송선 조각의 길이에 따른 입력 임피던스 변화를 요약하면 다음과 같다.

먼저 전송선 조각의 길이가 반파장의 정수배($l = n(\lambda/2)$ [m])인 경우, 전송선 조각의 입력 임피던스는 전송선의 특성 임피던스와 무관하게 항상 부하에 연결된 부하 임피던스와 동일한 값을 가진다.

$$\beta l\ [\text{rad}] = \frac{2\pi l}{\lambda} = \frac{l}{(\lambda/2)}\pi = m\pi \longleftrightarrow l\ [\text{m}] = n\left(\frac{\lambda}{2}\right),\ n = \text{정수}$$

$$\to Z_{in}\Big|_{\beta l = m\pi}\ [\Omega] = Z_o \frac{Z_L + jZ_o \tan(\beta l)}{Z_o + jZ_L \tan(\beta l)}\Bigg|_{\beta l = m\pi} = Z_L$$

또한 부하단으로부터 4반파장의 홀수배($l = (n+1)(\lambda/4)$ [m])인 지점의 입력 임피던스는 어느 곳이나 동일한 값을 가지며, 전송선의 특성 임피던스 부하 임피던스에 의해 다음 식으로 결정됨을 알 수 있다.

$$\beta l\ [\text{rad}] = \frac{2\pi l}{\lambda} = \frac{l}{(\lambda/2)}\pi = \left(\frac{n+1}{2}\right)\pi \longleftrightarrow l\ [\text{m}] = (n+1)\left(\frac{\lambda}{4}\right),\ n = \text{정수}$$

$$\to Z_{in}\Big|_{\beta l = \left(\frac{n+1}{2}\right)\pi}\ [\Omega] = Z_o \frac{Z_L + jZ_o \tan(\beta l)}{Z_o + jZ_L \tan(\beta l)}\Bigg|_{\substack{\beta l = \left(\frac{n+1}{2}\right)\pi \\ \to |\tan(\beta l)| = \infty}} = \frac{Z_o^{\,2}}{Z_L}$$

Section

12.4 전송선의 반사계수와 임피던스 특성 그래프를 이용한 해석 : 스미스 차트

전송선을 통한 신호 전달 특성의 해석과 전송선을 이용한 초고주파 회로 설계에는 복소수 형태의 반사계수($\Gamma = \Gamma_r + j\Gamma_i$)를 기반으로 하는 산란지수(S−파라미터; scattering parameter)를 정의하고, 이를 공학적 관점에서 이용하는 것이 편리하다. 또한 전송선을 통한 신호의 효과적인 전달을 위한 해석에는 수식을 이용한 해석과 함께 그래프를 이용한 해석이 편리한 경우도 많다. 이를 위해 사용되는 도구가 스미스 차트(Smith chart by Philip H. Smith; Bell Lab)이다. 스미스 차트는 전송선의 특성 임피던스(Z_o [Ω])와 정규화된 부하 임피던스($z_L = Z_L/Z_o$ [Ω/Ω])를 가진 전송선을 통한 신호의 전달 특성 해석에 사용하며, 앞에서 학습한 전송선의 특성 임피던스, 부하단의 반사계수(Γ_L), 그리고 전송선의 위치에 따른 반사계수($\Gamma(z)$)와 입력 임피던스($Z(z)$) 변화가 그 기반이 된다.

앞서 학습한 바와 같이 전송선(특성 임피던스 = Z_o [Ω])의 부하단($z = -l = 0$ [m])에 Z_L [Ω]의 부하 임피던스가 연결된 경우, 전송선 내의 임의의 점($z = -l$ [m])에서 반사계수($\Gamma(z)$)는 다음과 같이 부하단의 반사계수($\Gamma_L = \Gamma(z=0)$)를 이용하여 간편하게 계산할 수 있다.

$$\Gamma(z) \equiv \frac{V_{ref}(z)}{V_{inc}(z)} = \frac{V_{o-}e^{+\gamma z}}{V_{o+}e^{-\gamma z}} = \left(\frac{V_{o-}}{V_{o+}}\right)e^{+2\gamma z} = \Gamma_L e^{+2\gamma z} = \Gamma_L e^{-2\gamma l}$$

$$= \Gamma_L e^{-2\alpha l} e^{-j2\beta l} \quad (z = -l\ ;\ z \le 0\ \&\ l \ge 0)$$: 전송선 내의 임의의 점($z = -l < 0$ [m])에서의 반사계수

특히, 반사계수를 나타내는 기준으로 사용되는 부하단의 반사계수(Γ_L)는 전송선의 특성 임피던스(Z_o [Ω])와 부하 임피던스(Z_L [Ω])에 의해 결정되며, 특성 임피던스로 정규화된 부하 임피던스 ($z_L \equiv Z_L/Z_o$)를 이용하면 다음과 같이 나타낼 수 있다.

$$\Gamma_L \equiv \Gamma(z=0) = \frac{V_{o-}}{V_{o+}} = \frac{V_{ref}(z=0)}{V_{inc}(z=0)} = \frac{Z_L - Z_o}{Z_L + Z_o} = \frac{(Z_L/Z_o)-1}{(Z_L/Z_o)+1} = \frac{z_L - 1}{z_L + 1}$$: 부하단($z = 0$ [m])의 반사계수

$$z_L \equiv \frac{Z_L}{Z_o}$$: 전송선의 특성 임피던스로 정규화한 부하 임피던스

전송선의 특성 임피던스(Z_o)와 부하 임피던스(Z_L), 그리고 부하점으로부터의 거리($z = -l$ [m])에 의해 결정되는 전송선 내 특정 지점의 반사계수($\Gamma(z)$)는 위상자(phasor; 반사계수의 크기: $|\Gamma(z)|$와 위상각: θ_Γ [rad]) 또는 복소 평면(complex plane) 상의 실수항($\Gamma_r(z)$)과 허수항($\Gamma_i(z)$)의 합($\Gamma(z) = \Gamma_r(z) + j\Gamma_i(z)$)으로 나타낼 수 있다.

$$\Gamma(z=-l) = \Gamma_L e^{-2\gamma l} = \Gamma_L e^{-2\alpha l} e^{-j2\beta l} = |\Gamma(z)|\angle\theta_\Gamma$$: 크기와 위상으로 나타낸 위상자 형태의 반사계수

$$\Gamma(z) = \Gamma_r(z) + j\Gamma_i(z) \begin{cases} \Gamma_r(z) = |\Gamma(z)|\cos\theta_\Gamma \\ \Gamma_i(z) = |\Gamma(z)|\sin\theta_\Gamma \end{cases}$$: 실수항과 허수항으로 나타낸 복소수 형태의 반사계수

부하점의 반사계수와 전송선의 위치에 따른 반사계수를 [그림 12-15]에 위상자 도표(phasor diagram)로 요약하였다. 특히, 부하점의 반사계수를 알면 전송선 내의 특정 지점의 반사계수는 전파상수와 부하점으로부터의 거리를 반영하여 계산할 수 있음을 뜻한다.

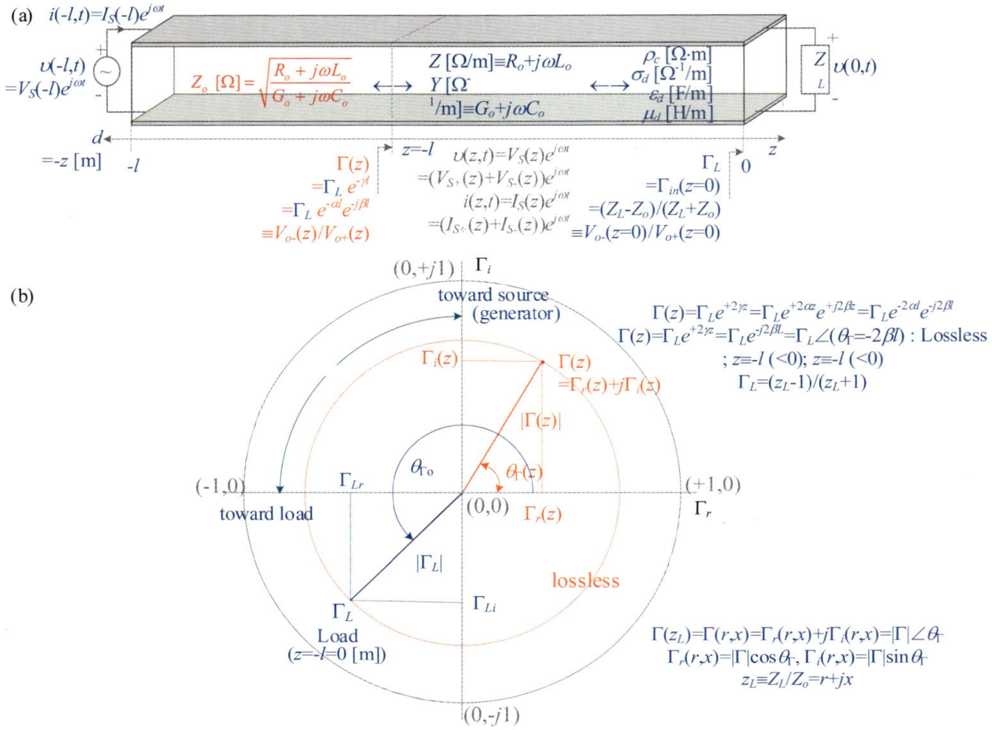

[그림 12-15] 복소 평면에 위상자 형태로 표시한 반사계수($\Gamma = \Gamma_r + j\Gamma_i$): 부하점의 반사계수($\Gamma_L$)와 전송선 내 특정 지점의 반사계수($\Gamma(z)$)
(a) 전송선 구조 내의 반사계수 (b) 반사계수에 대한 위상자 도표

또한, 정규화된 부하 임피던스는 정규화된 실수항(r: 저항 성분)과 정규화된 허수항(x: 용량성 또는 유도성 교류 임피던스 성분: 리액턴스; reactance)의 합($z_L = Z_L/Z_o = r + jx$)을 이용하여 다음과 같이 변형된 형태로 나타낼 수 있다.

$$z_L \equiv \frac{Z_L}{Z_o} = r + jx$$: 전송선의 특성 임피던스로 정규화된 부하 임피던스(저항성 실수부 + 리액턴스성 허수부)

$$r = \mathrm{Re}\left(Z_L/Z_o\right) \longleftrightarrow R_{eff}$$: 정규화한 부하 임피던스의 실수부(저항성)

$$x = \mathrm{Im}\left(Z_L/Z_o\right) \longleftrightarrow \omega L_{eff} - \frac{1}{\omega C_{eff}}$$: 정규화한 부하 임피던스의 허수부(리액턴스성: +: 유도성 또는 −: 용량성)

정규화된 부하 임피던스의 실수 성분(r)과 허수 성분(x)을 이용하여 부하점의 반사계수(Γ_L)를 나타내면 다음과 같다.

$$\Gamma_L \equiv \Gamma(z=0) = \frac{V_{o-}}{V_{o+}} = \Gamma_r + j\Gamma_i = \frac{Z_L - Z_o}{Z_L + Z_o} = \frac{z_L - 1}{z_L + 1} \longleftrightarrow z_L\ [\Omega/\Omega] = \frac{1+\Gamma_L}{1-\Gamma_L} = r + jx$$

: 정규화된 부하 임피던스의 실수 성분과 허수 성분으로 나타낸 복소수 형태의 부하점 반사계수

따라서 다음과 같이 정규화된 부하 임피던스의 실수 성분인 저항 성분(r)과 허수 성분인 교류저항 성분(x)을 이용하여 반사계수(Γ_L)의 실수 성분(Γ_r)과 허수 성분(Γ_i)을 정리할 수 있다.

$$\Gamma_L \equiv \Gamma_r + j\Gamma_i = \frac{Z_L - Z_o}{Z_L + Z_o} = \frac{z_L - 1}{z_L + 1} = \frac{(r + jx) - 1}{(r + jx) + 1} = \frac{r^2 - 1 + x^2}{(r+1)^2 + x^2} + j\frac{2x}{(r+1)^2 + x^2}$$

$$\Gamma_r = |\Gamma_L|\cos\theta_\Gamma = \frac{r^2 - 1 + x^2}{(r+1)^2 + x^2}$$: 부하 지점($z = 0$) 반사계수의 실수항

$$\Gamma_i = |\Gamma_L|\sin\theta_\Gamma = \frac{2x}{(r+1)^2 + x^2}$$: 부하 지점($z = 0$) 반사계수의 허수항

또한, 정규화된 부하 임피던스의 실수 성분(r)과 허수 성분(x)을 반사계수의 실수 성분(Γ_r)과 허수 성분(Γ_i)을 이용하여 나타낼 수 있다. 다음의 결과는 전송선을 통한 전압파와 전류파의 전파 특성을 위한 도표 이용 해법에 사용되는 스미스 차트(Smith chart)의 근거가 된다.

$$z_L\ [\Omega/\Omega] = \frac{1 + \Gamma_L}{1 - \Gamma_L} = \frac{(1 + \Gamma_r) + j\Gamma_i}{(1 - \Gamma_r) - j\Gamma_i} = \frac{(1 - \Gamma_r^2) - \Gamma_i^2}{(1 - \Gamma_r)^2 + \Gamma_i^2} + j\frac{2\Gamma_i}{(1 - \Gamma_r)^2 + \Gamma_i^2}$$

$$= r + jx \leftarrow \Gamma_L = \frac{z_L - 1}{z_L + 1} \leftarrow z_L\ [\Omega/\Omega] = \frac{1 + \Gamma_L}{1 - \Gamma_L}$$: 반사계수로 나타낸 정규화된 부하 임피던스

$$r\ [\Omega/\Omega] = \frac{(1 - \Gamma_r^2) - \Gamma_i^2}{(1 - \Gamma_r)^2 + \Gamma_i^2} = \mathrm{Re}\left(Z_L/Z_o\right) \longleftrightarrow R_{eff}$$: 저항성 임피던스

: 반사계수로 나타낸 정규화된 부하 임피던스의 실수 성분(저항 성분)

$$x\ [\Omega/\Omega] = \frac{2\Gamma_i}{(1 - \Gamma_r)^2 + \Gamma_i^2} = \mathrm{Im}\left(Z_L/Z_o\right) \longleftrightarrow \left(\omega L_{eff} - \frac{1}{\omega C_{eff}}\right)$$: 교류성임피던스 (+: 유도성, −: 용량성)

: 반사계수로 나타낸 정규화된 부하 임피던스의 허수 성분(교류 저항 성분)

위에 정리한 것과 같이 반사계수의 실수 성분(r)과 허수 성분(x)은 정규화된 부하 임피던스의 실수 성분인 저항 성분과 허수 성분인 교류저항 성분에 의해 변한다. 이를 기반으로 하여 전송선을 통한 전압파/전류파의 반사계수를 구하는 용도로 편리하게 사용할 수 있도록 도표로 만든 것이 스미스 차트(Smith chart)이다.

먼저, 정규화된 부하 임피던스(z_L)의 실수부인 저항 성분(r)이 결정된 경우, 이로 인한 복소 평면상의 반사계수($\Gamma = \Gamma_r + j\Gamma_i$)의 실수부($\Gamma_r$)와 허수부($\Gamma_i$)는 저항성분($r$)에 의해 결정되는 원(circle)을 형성하며 ([그림 12-16](a)), 원의 중심($\Gamma_{r,c}$, $\Gamma_{i,c}$)과 반지름(r_c)은 각각 다음과 같다.

$$\left(\Gamma_r - \frac{r}{1+r}\right)^2 + \Gamma_i^2 = \left(\frac{1}{1+r}\right)^2$$: 부하 임피던스의 실수항(r: 저항 성분) 변화에 따른 복소 반사계수 변화

저항성 원의 중심: $\left(\Gamma_{r,rc}, \Gamma_{i,rc}\right) = \left(\frac{r}{1+r}, 0\right)$: 정규화된 부하 임피던스의 저항성 실수부(r)에 의해 결정

저항성 원의 반지름: $r_c = \frac{1}{1+r}$: 정규화된 부하 임피던스의 저항성 실수부(r)에 의해 결정

→ 복소 반사계수 평면(Γ_r, Γ_i)에서 중심($\Gamma_{r,rc}, \Gamma_{i,rc}$)이 ($r/(1+r)$, 0)이고 반지름이 ($1/(1+r)$)인 원을 형성함

다음으로 정규화된 부하 임피던스(z_L)의 허수부인 교류저항 성분(x)이 결정된 경우, 이로 인한 복소

평면상의 반사계수($\Gamma = \Gamma_r + j\Gamma_i$)의 실수부($\Gamma_r$)와 허수부($\Gamma_i$)는 교류저항 성분($x$)에 의해 결정되는 원을 형성하며 [그림 12−16](b), 원의 중심($\Gamma_{r,c}$, $\Gamma_{i,c}$)과 반지름(r_c)은 각각 다음과 같다.

$$\left(\Gamma_r - 1\right)^2 + \left(\Gamma_i - \frac{1}{x}\right)^2 = \left(\frac{1}{x}\right)^2$$: 부하 임피던스의 허수항(x: 리액턴스 성분) 변화에 따른 복소 반사계수 변화

교류저항성 원의 중심; $\left(\Gamma_{r,xc}, \Gamma_{i,xc}\right) = \left(1, \ 1/x\right)$: 정규화된 부하 임피던스의 교류저항성 허수부(x)에 의해 결정

교류저항성 원의 반지름; $r_c = 1/|x|$: 정규화된 부하 임피던스의 교류저항성 허수부(x)에 의해 결정

→ 복소 반사계수 평면(Γ_r, Γ_i)에서 중심($\Gamma_{r,xc}$, $\Gamma_{ix,c}$)이 (1, $1/x$)이고 반지름이 ($1/x$)인 원을 형성함

특히, 정규화된 부하 임피던스의 허수 성분이 양의 값($x > 0$)을 갖는 유도성 부하(또는 자계유도성; inductive load)인 경우, 허수부인 교류 임피던스(리액턴스) 성분(x)에 의해 결정되는 복소 반사계수를 나타내는 원은 [그림 12−16](b)에 나타낸 것과 같이 스미스 차트의 상반부에 원을 형성한다. 이와 달리 정규화된 부하 임피던스의 허수 성분이 음의 값($x < 0$)을 갖는 용량성 부하(또는 정전용량성; capacitive load)인 경우, 허수부인 리액턴스 성분에 의해 결정되는 복소 반사계수를 나타내는 원은 [그림 12−16](b)에 나타낸 것과 같이 스미스 차트의 아랫쪽 부분에 원을 형성한다.

$x > 0$: 유도성(inductive) 부하: $jx = j\omega L_{eff} / Z_o$

: 반사계수의 허수부가 양의 값인 스미스 차트의 상반부는 부하 임피던스가 유도성 부하(L_{eff})에 해당함

$x < 0$: 용량성(capacitive) 부하: $jx = \dfrac{1}{j\omega C_{eff}} \Big/ Z_o = j\left(\dfrac{-1}{\omega C_{eff}} \Big/ Z_o\right)$

: 반사계수의 허수부가 음의 값인 스미스 차트의 상반부는 부하 임피던스가 용량성 부하(C_{eff})에 해당함

정규화된 부하 임피던스의 실수부인 저항 성분(R_{eff} [Ω])의 변화에 따른 복소 반사계수를 나타내는 스미스 차트의 구성, 허수부인 교류저항 성분(jX_{eff} [Ω])의 변화에 따른 복소 반사계수를 나타내는 스미스 차트의 구성, 이들을 겹친 스미스 차트를 [그림 12−16](c)에 나타내었다.

스미스 차트는 부하 지점의 반사계수를 알면 전송선 내의 모든 점에서 반사계수를 구할 수 있다는 점을 기반으로 한다. 또한 부하 지점의 반사계수는 전송선의 특성 임피던스와 부하점의 부하 임피던스에 의해 결정된다. 이들을 다시 요약하면 다음과 같다.

$$\Gamma_L \equiv \Gamma(z=0) = \frac{V_{o-}}{V_{o+}} = \Gamma_r + j\Gamma_i = \frac{Z_L - Z_o}{Z_L + Z_o} = \frac{z_L - 1}{z_L + 1}$$

: 부하 임피던스와 전송선의 특성 임피던스에 의해 결정되는 부하점의 반사계수

$\longleftrightarrow z_L \ [\Omega/\Omega] = \dfrac{1+\Gamma_L}{1-\Gamma_l} = r + jx$: 전송선의 특성 임피던스로 정규화한 부하 임피던스 (실수부: 저항성, 허수부: 교류저항성)

$$\left(\Gamma_r - \frac{r}{1+r}\right)^2 + \Gamma_i^2 = \left(\frac{1}{1+r}\right)^2$$: 부하 임피던스의 실수항(r: 저항 성분) 변화에 따른 복소 반사계수 변화

$$\left(\Gamma_r - 1\right)^2 + \left(\Gamma_i - \frac{1}{x}\right)^2 = \left(\frac{1}{x}\right)^2$$: 부하 임피던스의 허수항(x: 교류저항 성분) 변화에 따른 복소 반사계수 변화

$\Gamma(z=-l) = \Gamma_L e^{-2\gamma l} = \Gamma_L e^{-2\alpha l} e^{-j2\beta l}$: 전송선 내의 반사계수는 부하점 반사계수에 전파상수와 전송선 내 위치를 반영하여 구함

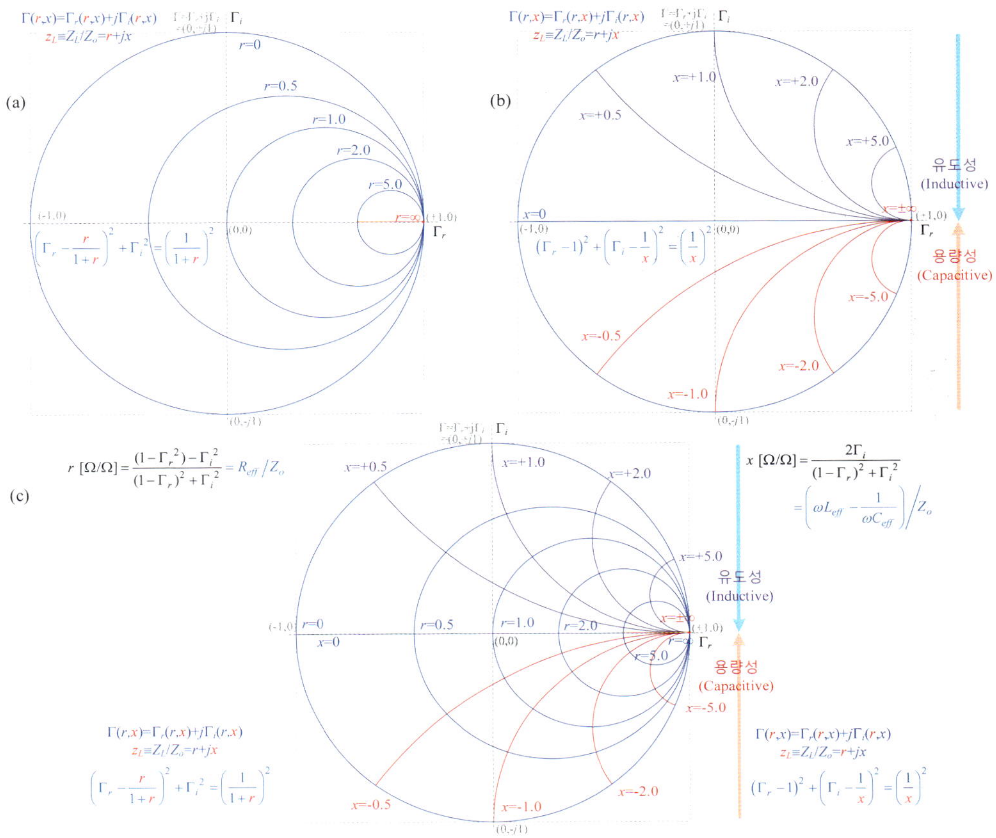

[그림 12-16] 정규화된 부하 임피던스의 실수부(저항 성분 : r)와 허수부(리액턴스 성분 변화 : x)에 따른 복소 반사계수 변화
(a) 실수부(r) 저항 성분 변화에 따른 복소 반사계수($\Gamma_L = \Gamma_r + j\Gamma_i$) 변화
(b) 허수부(x) 성분 변화에 따른 복소 반사계수($\Gamma_L = \Gamma_r + j\Gamma_i$) 변화
(c) 실수부와 허수부를 모두 반영한 스미스 차트

즉 스미스 차트를 이용한 전송선의 전파 특성 해법을 통해 정규화된 부하 저항 변화에 따른 반사계수의 변화를 해석할 수 있으며, 이를 기준으로 사용하여 부하점으로부터의 거리에 따른 전송선 내의 임의의 점에서의 반사계수 변화도 구할 수 있다. 특히, 스미스 차트를 이용하여 반사가 없는 (반사계수=0) 임피던스 정합회로(matching circuit)를 편리하게 설계할 수도 있다. 정규화된 부하 임피던스의 실수부인 저항 성분(r)과 허수부인 교류저항 성분(x) 변화를 좀 더 조밀하게 반영한 스미스 차트를 아래 [그림 12-17]에 나타냈으며, 대부분의 경우 이 스미스 차트를 이용하여 전송선의 반사계수를 해석하고, 임피던스 정합회로 설계에 적절하게 활용한다.

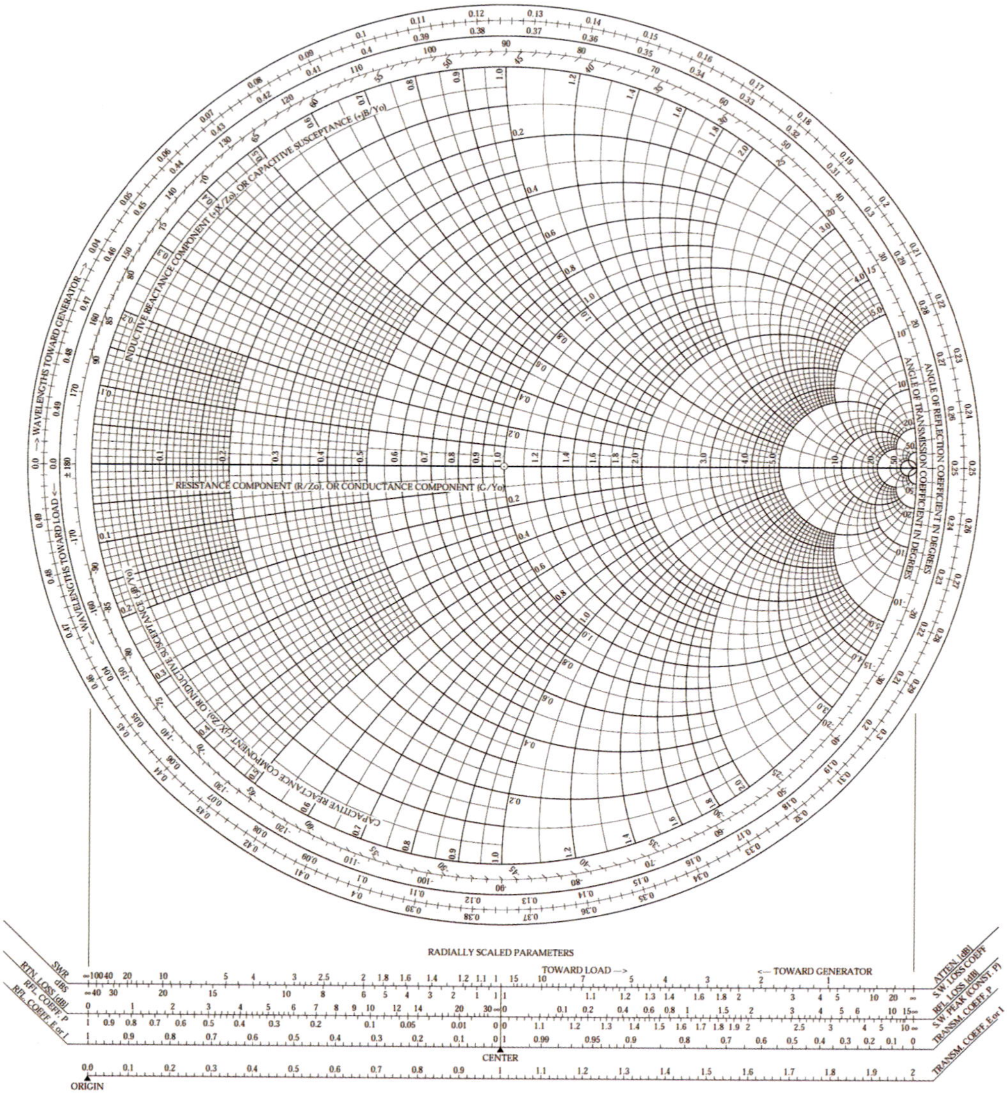

[그림 12-17] 정규화된 부하 임피던스($z_L = r + jx$)의 실수부(r : 저항 성분)와 허수부(x : 리액턴스 성분 변화)에 따른 복소 반사계수($\Gamma_L = \Gamma_r + j\Gamma_i$) 변화를 나타내는 스미스 차트

경우에 따라서는 정규화된 임피던스를 나타낸 스미스 차트와 함께 정규화된 어드미턴스를 동시에 나타낸 스미스 차트가 편리하게 사용될 때가 있다. 정규화된 부하 임피던스로 나타낸 스미스 차트와 함께 정규화된 부하 어드미턴스로 나타낸 스미스 차트를 모두 포함하는 것을 [그림 12-18]에 나타내었다.

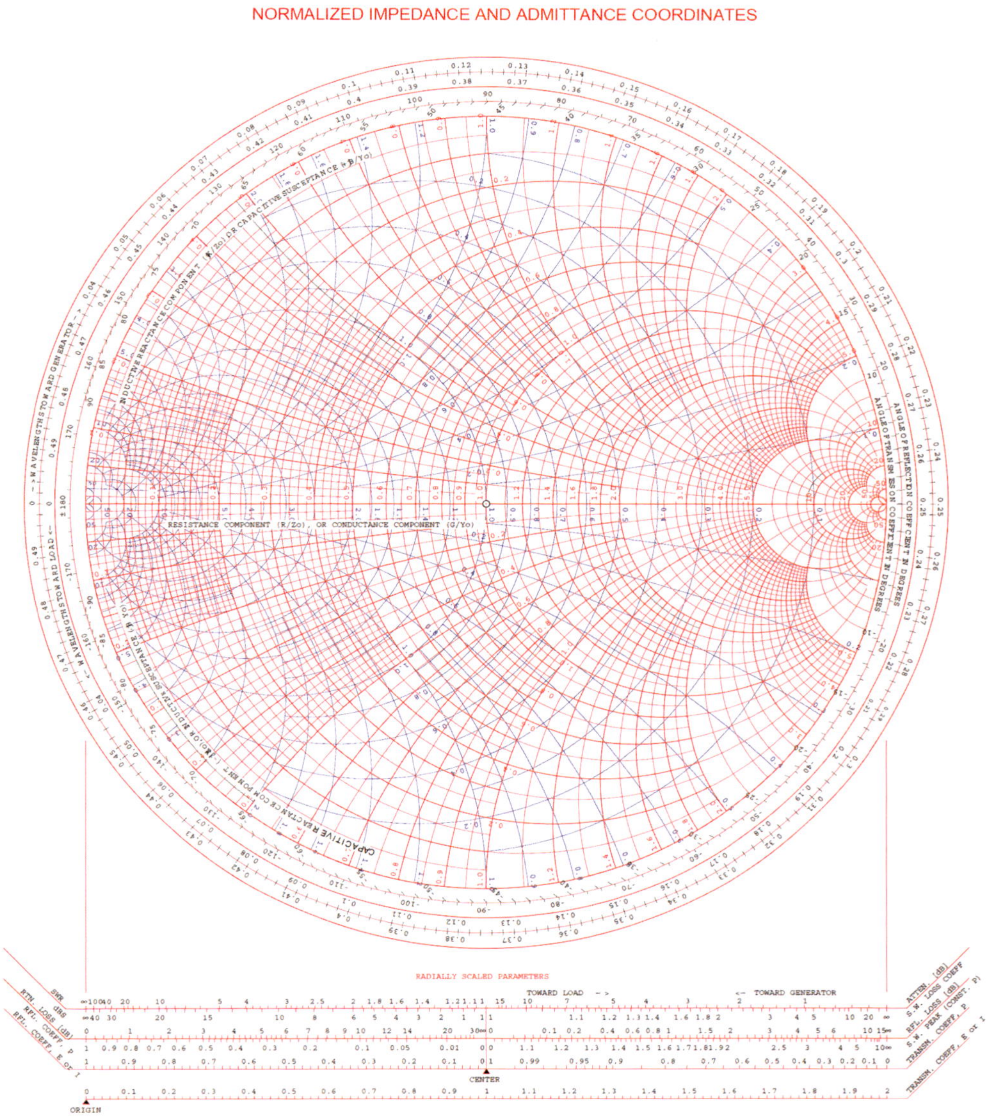

[그림 12-18] 정규화된 부하 임피던스와 정규화된 부하 어드미턴스의 실수부(저항 성분)와 허수부(교류저항 성분 변화)에 따른 복소 반사계수 변화를 나타내는 스미스 차트

Section

12.5 전송선의 전파 특성 해석을 위한 산란지수

전송선을 통한 신호 전달 특성의 해석과 전송선을 이용한 초고주파 회로 설계에는 반사계수를 기반으로 하는 산란지수(산란 파라미터; scattering parameter 또는 S-파라미터)를 정의하고, 이를 공학적 관점에서 이용하는 것이 편리하다. 파장이 짧은 초고주파 신호의 경우, 미세한 위치 변화에도 전압파와 전류파의 진폭과 위상 변화가 심하기 때문에 신호의 크기와 위상을 특정하는 것이 매우 어려울 수 있다. 위치에 따른 신호의 크기와 위상이 급격히 변하더라도 신호의 절대적인 크기 보다는 신호의 비(예: $V_2(z_2)/V_1(z_1)$)를 이용해 위상 차이($\Delta\phi = \phi_2 - \phi_1$ [rad])를 구하는 방법이고, 이에 이용되는 특성 지표가 산란지수를 이용한 전자파의 전달 특성 해석 방법이다.

전송선 모델에서 설명한 것과 같이 전송선의 위치에 따른 시정현 전압파와 전류파는 공간에 대한 함수와 시정현 함수의 곱으로 나타낼 수 있다. 즉 공간의존 전압파($V_S(z)$ [V])와 공간의존 전류파($I_S(z)$ [A])는 입사파(또는 전달파)와 그에 반대방향으로 진행하는 반사파의 합으로서, 다음과 같이 나타낼 수 있다.

$$\upsilon(z,t)\ [\text{V}] = V_S(z)e^{j\omega t} = \left(V_{S+}(z)+V_{S-}(z)\right)e^{j\omega t} = \left(V_{o+}e^{-\gamma z}+V_{o-}e^{+\gamma z}\right)e^{j\omega t} = V_{o+}e^{j\omega t-\gamma z}+V_{o-}e^{j\omega t+\gamma z}$$

$$V_S(z)\ [\text{V}] = V_{S+}(z)+V_{S-}(z) = V_{o+}e^{-\gamma z}+V_{o-}e^{+\gamma z} = V_{o+}e^{-\alpha z}e^{-j\beta z}+V_{o-}e^{+\alpha z}e^{+j\beta z}$$

: 입사파와 반사파가 중첩된 전압파

$$i(z,t)\ [\text{A}] = I_S(z)e^{j\omega t} = \left(I_{o+}e^{-\gamma z}+I_{o-}e^{+\gamma z}\right)e^{j\omega t} = I_{o+}e^{j\omega t-\gamma z}+I_{o-}e^{j\omega t+\gamma z}$$

$$I_S(z)\ [\text{A}] = I_{o+}e^{-\gamma z}+I_{o-}e^{+\gamma z} = I_{o+}e^{-\alpha z}e^{-j\beta z}+I_{o-}e^{+\alpha z}e^{+j\beta z}$$

: 입사파와 반사파가 중첩된 전류파

전송선의 재료와 구조, 신호주파수에 의해 결정되는 특성 임피던스(Z_o [Ω]), 전파상수(γ [1/m]), 감쇄상수(α [Np/m]), 위상상수(β [rad/m])는 각각 다음과 같다.

$$Z_o\ [\Omega] = \frac{V_+(z)}{I_+(z)} = -\frac{V_-(z)}{I_-(z)} = \sqrt{\frac{Z}{Y}} = \sqrt{\frac{R_o+j\omega L_o}{G_o+j\omega C_o}}$$

: 전송선 재료와 구조, 신호 주파수에 의해 결정되는 특성 임피던스

$$\gamma\ [1/\text{m}] \equiv \alpha + j\beta$$

: 전송선을 통한 전압파와 전류파의 전파 특성을 결정하는 전파상수

$$\alpha\ [\text{Np/m}] = \sqrt{\frac{1}{2}\left(\sqrt{\left(\omega^2L_oC_o-R_oG_o\right)^2+\left(\omega\left(L_oG_o+R_oC_o\right)\right)^2}-\left(\omega^2L_oC_o-R_oG_o\right)\right)}$$

: 전송선의 감쇄상수

$$\beta\ [\text{rad/m}] = \sqrt{\frac{1}{2}\left(\sqrt{\left(\omega^2L_oC_o-R_oG_o\right)^2+\left(\omega\left(L_oG_o+R_oC_o\right)\right)^2}+\left(\omega^2L_oC_o-R_oG_o\right)\right)}$$

: 전송선의 위상상수

전송선의 재료와 구조, 신호 주파수에 의해 결정되는 특성 임피던스가 Z_o [Ω]인 전송선 종단($z = 0$ [m])에 Z_L [Ω]인 부하 임피던스가 연결된 경우, 전송선으로부터의 거리(l [m])에 따른 반사계수($\Gamma(z)$), 전압파와 전류파의 변화는 다음과 같다.

$$\Gamma(z) \equiv \frac{V_{ref}(z)}{V_{inc}(z)} = \frac{V_{o-}e^{+\gamma z}}{V_{o+}e^{-\gamma z}} = \left(\frac{V_{o-}}{V_{o+}}\right)e^{+2\gamma z} = \Gamma_L e^{+2\gamma z} = \Gamma_L e^{-2\gamma l} = \Gamma_L e^{-2\alpha l}e^{-j2\beta l}$$

: 전송선 내의 임의의 점($z = -l < 0$ [m])에서 반사계수

$$\Gamma_L \equiv \Gamma(z=0) = \frac{V_{o-}}{V_{o+}} = \frac{V_{ref}(z=0)}{V_{inc}(z=0)} = \frac{Z_L - Z_o}{Z_L + Z_o} = \frac{(Z_L/Z_o)-1}{(Z_L/Z_o)+1} = \frac{z_L - 1}{z_L + 1} \; ; \; z_L \equiv \frac{Z_L}{Z_o}$$

: 부하단($z = 0$)의 반사계수

$$V_S(z)\ [\mathrm{V}] = V_{inc}(z) + V_{ref}(z) = V_{o+}e^{-\gamma z} + V_{o-}e^{+\gamma z} = V_{o+}e^{-\alpha z}e^{-j\beta z} + V_{o-}e^{+\alpha z}e^{+j\beta z}$$
$$= V_{o+}\left(e^{-\alpha z}e^{-j\beta z} + \Gamma_L e^{+\alpha z}e^{+j\beta z}\right)$$

: 전송선 내의 임의의 점(z [m])에서의 전압파

$$V_+(z)\ [\mathrm{V}] = Z_o I_+(z) = \sqrt{\frac{Z}{Y}}I_+(z) = \sqrt{\frac{R_o + j\omega L_o}{G_o + j\omega C_o}}I_+(z)$$

: 입사 전압파와 전류파의 관계

$$I_+(z)\ [\mathrm{A}] = \frac{1}{Z_o}V_+(z) = Y_o V_+(z) = \sqrt{\frac{G_o + j\omega C_o}{R_o + j\omega L_o}}V_+(z)$$

: 입사 전압파와 전류파의 관계

$$V_-(z)\ [\mathrm{V}] = -Z_o I_-(z) = -\sqrt{\frac{Z}{Y}}I_-(z) = -\sqrt{\frac{R_o + j\omega L_o}{G_o + j\omega C_o}}I_-(z)$$

: 반사 전압파와 전류파의 관계

따라서 전송선의 특성 임피던스로 정규화한 변형된 형태의 전압파와 전류파를 다음과 같이 정의할 수 있다.

$$\left.\begin{aligned} \upsilon(z) &\equiv \frac{V(z)}{\sqrt{Z_o}} \\ i(z) &\equiv \sqrt{Z_o}I(z) \end{aligned}\right\} \rightarrow i(z)\upsilon(z) = I(z)V(z)$$

: 변형된 형태의 정규화된 전압파와 전류파의 정의

$$\begin{cases} \upsilon(z) \equiv \dfrac{1}{\sqrt{Z_o}}V(z) = \dfrac{1}{\sqrt{Z_o}}V_+(z) + \dfrac{1}{\sqrt{Z_o}}V_-(z) & \equiv a(z) + b(z) \\ i(z) \equiv \sqrt{Z_o}I(z) = \sqrt{Z_o}I_+(z) + \sqrt{Z_o}I_-(z) = \dfrac{1}{\sqrt{Z_o}}V_+(z) - \dfrac{1}{\sqrt{Z_o}}V_-(z) & \equiv a(z) - b(z) \end{cases}$$

$$\rightarrow \begin{cases} \upsilon(z) \equiv \dfrac{1}{\sqrt{Z_o}}V(z) & = a(z) + b(z) \\ i(z) \equiv \sqrt{Z_o}I(z) & = a(z) - b(z) \end{cases}$$

$$a(z) \equiv \frac{1}{\sqrt{Z_o}}V_+(z)$$

: 변형된 형태의 정규화된 입사 전압파 신호

$$b(z) \equiv \frac{1}{\sqrt{Z_o}}V_-(z)$$

: 변형된 형태의 정규화된 반사파 신호

변형된 형태의 정규화된 입사 신호파와 반사 신호파($a(z)$, $b(z)$)는 다음과 같다.

$$\begin{cases} a(z) = \dfrac{1}{2}(\upsilon(z) + i(z)) = \dfrac{1}{2\sqrt{Z_o}}(V(z) + Z_o I(z)) \\ b(z) = \dfrac{1}{2}(\upsilon(z) - i(z)) = \dfrac{1}{2\sqrt{Z_o}}(V(z) - Z_o I(z)) \end{cases} \leftarrow \begin{cases} \upsilon(z) \equiv \dfrac{1}{\sqrt{Z_o}}V(z) & = a(z) + b(z) \\ i(z) \equiv \sqrt{Z_o}I(z) & = a(z) - b(z) \end{cases}$$

: 산란지수를 이용한 신호의 표시

$$\left.\begin{aligned} b_1(l_1) &= S_{11}a_1(l_1) + S_{12}a_2(l_2) \\ b_2(l_2) &= S_{21}a_1(l_1) + S_{22}a_2(l_2) \end{aligned}\right\} \longleftrightarrow \boxed{\begin{pmatrix} b_1(l_1) \\ b_2(l_2) \end{pmatrix} = \begin{pmatrix} S_{11} & S_{12} \\ S_{21} & S_{22} \end{pmatrix}\begin{pmatrix} a_1(l_1) \\ a_2(l_2) \end{pmatrix}}$$

: 상호대칭구조(reciprocal)의 2−port 시스템; $S_{21} = S_{12}$

$a_1(l_1)$: 입력 측(Port 1)에서 변형된 형태의 정규화된 입력파
$b_1(l_1)$: 입력 측(Port 1)에서 변형된 형태의 정규화된 반사파
$a_2(l_2)$: 출력 측(Port 2)에서 변형된 형태의 정규화된 입력파
$b_2(l_2)$: 출력 측(Port 2)에서 변형된 형태의 정규화된 반사파

[그림 12−19]에 나타낸 것과 같이 입력 단자 2개와 출력 단자 2개를 가진 4단자 회로망(2-port network)에서는 4개의 S−파라미터(S_{11}, S_{21}, S_{12}, S_{22})가 정의된다. 이들의 정의와 측정상의 의미를 요약하면 다음과 같다.

$$S_{11} = \left.\frac{b_1(l_1)}{a_1(l_1)}\right|_{a_2(l_2)=\frac{V_{2+}(l_2)}{\sqrt{Z_o}}=0}$$

: 출력단 단락상태($a_2(l_2) = 0$: port 2의 입력전압이 가해지지 않은 상태)의 입력단 반사계수

$$S_{21} = \left.\frac{b_2(l_2)}{a_1(l_1)}\right|_{a_2(l_2)=\frac{V_{2+}(l_2)}{\sqrt{Z_o}}=0}$$

: (순방향 전송) 출력단 단락상태($a_2(l_2) = 0$)의 입력단 입사파의 출력단 전달계수

$$S_{12} = \left.\frac{b_1(l_1)}{a_2(l_2)}\right|_{a_1(l_1)=\frac{V_{1+}(l_1)}{\sqrt{Z_o}}=0}$$

: (역방향 전송) 입력단 단락상태($a_1(l_1) = 0$)에서 출력단 입사파의 입력단 전달계수

$$S_{22} = \left.\frac{b_2(l_2)}{a_2(l_2)}\right|_{a_1(l_1)=\frac{V_{1+}(l_1)}{\sqrt{Z_o}}=0}$$

: 입력단 단락상태($a_1(l_1) = 0$)의 출력단 반사계수

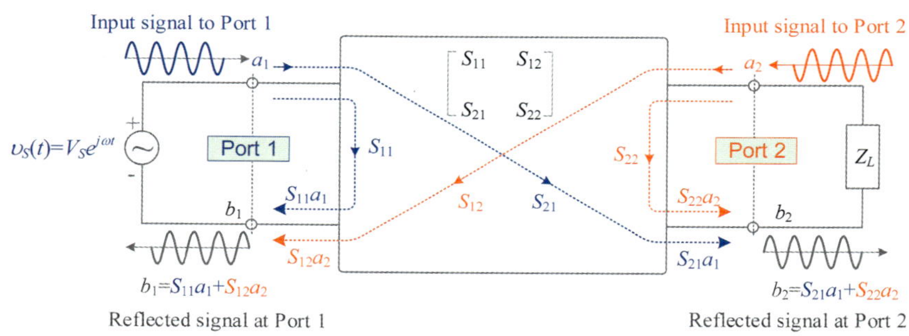

[그림 12−19] 입력 단자 2개와 출력 단자 2개를 가진 4단자 회로망(Port1: $z = -l_1$, Port 2: $z = -l_2$)의 S-파라미터를 이용한 입사파와 반사파의 해석

참고 입력 단자 2개와 출력 단자 2개를 가진 4단자 회로망의 Z-, Y-, h-파라미터

• 전류 변화로 인한 전압 강하의 관계로 나타내는 Z−파라미터(Z− 또는 임피던스 파라미터)

$$\left.\begin{aligned} \upsilon_1 &= Z_{11}i_1 + Z_{12}i_2 \\ \upsilon_2 &= Z_{21}i_1 + Z_{22}i_2 \end{aligned}\right\} \longleftrightarrow \boxed{\begin{pmatrix} \upsilon_1 \\ \upsilon_2 \end{pmatrix} = \begin{pmatrix} Z_{11} & Z_{12} \\ Z_{21} & Z_{22} \end{pmatrix}\begin{pmatrix} i_1 \\ i_2 \end{pmatrix}}$$

: 상호대칭구조(reciprocal)의 2−port 시스템; $Z_{21} = Z_{12}$

$$Z_{11} = \left.\frac{\upsilon_1}{i_1}\right|_{\substack{i_2=0 \\ \text{Port 2=open}}}$$

: 출력단 단선 상태($i_2 = 0$: port 2에 전류가 흐르지 않는 개방 상태)의 입력단 임피던스

$$Z_{12} = \left.\frac{v_1}{i_2}\right|_{\substack{i_1=0 \\ \text{Port 1=open}}}$$
: 입력단 단선 상태($i_1 = 0$: port 1에 전류가 흐르지 않는 개방 상태)의 순방향 전달 임피던스

$$Z_{21} = \left.\frac{v_2}{i_1}\right|_{\substack{i_2=0 \\ \text{Port 2=open}}}$$
: 출력단 단선 상태($i_2 = 0$: port 2에 전류가 흐르지 않는 개방 상태)의 역방향전달 임피던스

$$Z_{22} = \left.\frac{v_2}{i_2}\right|_{\substack{i_1=0 \\ \text{Port 1=open}}}$$
: 입력단 단선 상태($i_1 = 0$: port 1에 전류가 흐르지 않는 개방 상태)의 출력 임피던스

- 전압 변화로 인한 전류 형성의 관계로 나타내는 Y-파라미터(Y- 또는 어드미턴스 파라미터)

$$\left.\begin{aligned} i_1 &= Y_{11}v_1 + Y_{12}v_2 \\ i_2 &= Y_{21}v_1 + Y_{22}v_2 \end{aligned}\right\} \longleftrightarrow \boxed{\begin{pmatrix} i_1 \\ i_2 \end{pmatrix} = \begin{pmatrix} Y_{11} & Y_{12} \\ Y_{21} & Y_{22} \end{pmatrix}\begin{pmatrix} v_1 \\ v_2 \end{pmatrix}}$$
: 상호대칭(reciprocal) 구조의 2-port 시스템; $Y_{21} = Y_{12}$

$$Y_{11} = \left.\frac{i_1}{v_1}\right|_{\substack{v_2=0 \\ \text{Port 2=short}}}$$
: 출력단 단락 상태($v_2 = 0$)의 입력단 어드미턴스

$$Y_{12} = \left.\frac{i_1}{v_2}\right|_{\substack{v_1=0 \\ \text{Port 1=short}}}$$
: 입력단 단락 상태($v_1 = 0$)의 출력–입력(역방향) 전달 어드미턴스

$$Y_{21} = \left.\frac{i_2}{v_1}\right|_{\substack{v_2=0 \\ \text{Port 2=short}}}$$
: 출력단 단락 상태($v_2 = 0$)의 입력–출력(순방향) 전달 어드미턴스

$$Y_{22} = \left.\frac{i_2}{v_2}\right|_{\substack{v_1=0 \\ \text{Port 1=short}}}$$
: 입력단 단락 상태($v_1 = 0$)의 출력 어드미턴스

- 전류/전압 변화에 의한 전압/전류 생성을 결합한 h-파라미터(h- 또는 하이브리드 파라미터; 임피던스 파라미터와 어드미턴스 파라미터의 조합)

$$\left.\begin{aligned} v_1 &= h_{11}i_1 + h_{12}v_2 \\ i_2 &= h_{21}i_1 + h_{22}v_2 \end{aligned}\right\} \longleftrightarrow \boxed{\begin{pmatrix} v_1 \\ i_2 \end{pmatrix} = \begin{pmatrix} h_{11} & h_{12} \\ h_{21} & h_{22} \end{pmatrix}\begin{pmatrix} i_1 \\ v_2 \end{pmatrix}}$$

$$h_{11} = \left.\frac{v_1}{i_1}\right|_{\substack{v_2=0 \\ \text{Port 2=short}}} = Z_{11}$$
: 출력단 단락 상태($v_2 = 0$)의 입력 임피던스

$$h_{12} = \left.\frac{v_1}{v_2}\right|_{\substack{i_1=0 \\ \text{Port 1=open}}}$$
: 입력단 단선/개방 상태($i_1 = 0$)의 역전달(역방향) 전압증폭률

$$h_{21} = \left.\frac{i_2}{i_1}\right|_{\substack{v_2=0 \\ \text{Port 2=short}}}$$
: 출력단 단락 상태($v_2 = 0$)의 (순방향) 전류증폭률

$$h_{22} = \left.\frac{i_2}{v_2}\right|_{\substack{i_1=0 \\ \text{Port 1=open}}} = Y_{22}$$
: 입력단 단선/개방 상태($i_1 = 0$)의 출력 어드미턴스

Chapter_12 핵심요약

도파관 구조에서 전자파의 해석을 위한 전송선 모델(Transmission Line Model) : 회로이론을 이용한 전자파 해석

$V(z,t)$, $I(z,t)$ ↓ $V_S(z)$, $I_S(z)$ ↓ R_o, G_o, L_o, C_o ↓ $\gamma=\alpha+j\beta$ ↓ Z_o

전송선 모델, 전류-전압 관계식, 전송선의 전파방정식, 전송선의 전파상수 및 특성 임피던스(Z_o [Ω])

$$\begin{cases} \text{KVL}: \dfrac{\partial V(z,t)}{\partial z}\ [\text{V/m}] = -\left(R_o I(z,t) + L_o \dfrac{\partial I(z,t)}{\partial t}\right) \\ \text{KCL}: \dfrac{\partial I(z,t)}{\partial z}\ [\text{A/m}] = -\left(G_o V(z,t) + C_o \dfrac{\partial V(z,t)}{\partial t}\right) \end{cases} \ \& \ \begin{cases} V(z,t)\ [\text{V}] = V_S(z)e^{j\omega t} \\ I(z,t)\ [\text{A}] = I_S(z)e^{j\omega t} \end{cases}$$

$$\begin{cases} \dfrac{\partial^2 V_S(z)}{\partial z^2} - \gamma^2 V_S(z) = 0\ [\text{V/m}^2] \\ \dfrac{\partial^2 I_S(z)}{\partial z^2} - \gamma^2 I_S(z) = 0\ [\text{A/m}^2] \end{cases} \ \& \ \begin{cases} V_S(z)\ [\text{V}] = V_{o+}e^{-\gamma z} + V_{o-}e^{+\gamma z} \\ I_S(z)\ [\text{A}] = I_{o+}e^{-\gamma z} + I_{o-}e^{+\gamma z} \\ \rightarrow \gamma\ [1/\text{m}] = \alpha + j\beta \end{cases}$$

$$\begin{cases} \alpha\ [\text{Np/m}] = \sqrt{\dfrac{1}{2}\left(\sqrt{\left(\omega^2 L_o C_o - R_o G_o\right)^2 + \left(\omega\left(L_o G_o + R_o C_o\right)\right)^2} - \left(\omega^2 L_o C_o - R_o G_o\right)\right)} \\ \phi\ [\text{rad/m}] = \sqrt{\dfrac{1}{2}\left(\sqrt{\left(\omega^2 L_o C_o - R_o G_o\right)^2 + \left(\omega\left(L_o G_o + R_o C_o\right)\right)^2} + \left(\omega^2 L_o C_o - R_o G_o\right)\right)} \end{cases};$$

$$\begin{cases} R_o\ [\Omega/\text{m}] \equiv \rho_m \dfrac{1}{t_m W}\ ,\ G_o\ [\Omega^{-1}/\text{m}] \equiv \sigma \dfrac{W}{d} \\ L_o\ [\text{H/m}] \equiv \mu\xi\ ,\ C_o\ [\text{F/m}] \equiv \epsilon \dfrac{W}{d} \end{cases}$$

$$\begin{cases} \text{KVL}: \dfrac{\partial V_S(z)}{\partial z}\ [\text{V/m}] = -ZI_S(z)\ ;\ Z\ [\Omega/\text{m}] \equiv \left(R_o + j\omega L_o\right) \\ \text{KCL}: \dfrac{\partial I_S(z)}{\partial z}\ [\text{A/m}] = -YV_S(z)\ ;\ Y\ [\Omega^{-1}/\text{m}] \equiv \left(G_o + j\omega C_o\right) \end{cases} \Rightarrow \begin{cases} Z_o\ [\Omega] \equiv \dfrac{V_{o+}(z)}{I_{o+}(z)} = \sqrt{\dfrac{Z}{Y}} = \sqrt{\dfrac{R_o + j\omega L_o}{G_o + j\omega C_o}} \\ Z_o\big|_{\substack{lossless \\ R_o=0, G_o=0}}\ [\Omega] \equiv \sqrt{\dfrac{L_o}{C_o}} \end{cases}$$

$V_S(z)$, $I_S(z)$ ↓ Z_L, $Z(z)$ ↓ Γ_L, $\Gamma(-l)$ ↓ VSWR

전송선의 반사계수, 정재파비(VSWR : voltage standing wave ratio)

$$\begin{cases} V(z)\ [\text{V}] = V_{o+}e^{-\gamma z} + V_{o-}e^{+\gamma z} = V_{in}(z) + V_{ref}(z) \\ \gamma\ [1/\text{m}] \equiv \sqrt{\left(R_o + j\omega L_o\right)\left(G_o + j\omega C_o\right)} = \alpha + j\beta \\ I(z)\ [\text{A}] = I_{o+}e^{-\gamma z} + I_{o-}e^{+\gamma z} = I_{in}(z) + I_{ref}(z) = \dfrac{V_{o+}}{Z_o}e^{-\gamma z} - \dfrac{V_{o-}}{Z_o}e^{+\gamma z} \end{cases}$$

: 시정현 전압파와 전류파의 공간의존 함수, 전송선의 전파상수

$$Z_L\ [\Omega] \equiv \frac{V(z=0;load)}{I(z=0;load)} = \frac{V_{o+} + V_{o-}}{I_{o+} + I_{o-}} = Z_o \frac{V_{o+} + V_{o-}}{V_{o+} - V_{o-}} = Z_o \frac{1+\Gamma_L}{1-\Gamma_L}$$

: 부하단($z=0$)의 임피던스(load impedance)

$$Z(z)\ [\Omega] = Z_o \frac{Z_L + Z_o \tanh(-\gamma z)}{Z_o + Z_L \tanh(-\gamma z)}$$

: 전송선로 내에서 임의의 점(z)의 임피던스

$$Z(z=-l)\ [\Omega] = Z_o \frac{Z_L + Z_o \tanh(\gamma l)}{Z_o + Z_L \tanh(\gamma l)}$$

: 전송선로의 부하단($z=0$)으로부터 임의의 점($z=-l$)의 입력 임피던스

$$\Gamma_L \equiv \Gamma(z=0) = \frac{V_{o+}}{V_{o-}} = \frac{V_{ref}(z=0)}{V_{in}(z=0)} = \frac{Z_L - Z_o}{Z_L + Z_o}$$

: 부하단($z=0$)의 반사계수(reflection coefficient)

$$\Gamma(z=-l) = \frac{V_{ref}(-l)}{V_{in}(-l)} = \Gamma_L e^{-2\gamma l}$$

: 전송선로의 부하단($z=0$)으로부터 임의의 점($z=-l$)에서의 반사계수

$$\text{VSWR} \equiv \frac{V_{max}}{V_{min}} = \frac{1+|\Gamma_L|}{1-|\Gamma_L|}$$

: 전송선로의 전압 정재파비(voltage standing wave ratio)

스미스 차트(Smith Chart)

$$\Gamma(z) \equiv \frac{V_{ref}(z)}{V_{inc}(z)} = \frac{V_{o-}e^{+\gamma z}}{V_{o+}e^{-\gamma z}} = \left(\frac{V_{o-}}{V_{o+}}\right)e^{+2\gamma z} = \Gamma_L e^{+2\gamma z} = \Gamma_L e^{-2\gamma l} = \Gamma_L e^{-2\alpha l}e^{-j2\beta l} \quad (z = -l\ ;\ z \le 0\ \&\ l \ge 0)$$

: 전송선 내의 임의의 점($z = -l < 0$ [m])에서 반사계수

$$\Gamma_L \equiv \Gamma(z=0) = \Gamma_r + j\Gamma_i = \frac{V_{o-}}{V_{o+}} = \frac{V_{ref}(z=0)}{V_{inc}(z=0)} = \frac{Z_L - Z_o}{Z_L + Z_o} = \frac{z_L - 1}{z_L + 1}\ ;\ z_L \equiv \frac{Z_L}{Z_o}$$

: 부하단($z = 0$ [m])의 반사계수

: 부하점의 반사계수($Z_o[\Omega]$ = 전송선의 특성 임피던스, $Z_L[\Omega]$ = 부하 임피던스)

$$z_L \equiv \frac{Z_L}{Z_o} = r + jx \begin{cases} r = \mathrm{Re}(Z_L/Z_o) \longleftrightarrow R_{eff} & : \text{Resistive impedance} \\ x = \mathrm{Im}(Z_L/Z_o) \longleftrightarrow \omega L_{eff} - \dfrac{1}{\omega C_{eff}} & : \text{Reactive impedance} \end{cases}$$

: 저항성(resistive) 임피던스와 용량성/유도성 교류(reactance) 임피던스 ; 전송선의 특성 임피던스로 정규화된 부하 임피던스

$$\Gamma = \Gamma_r + j\Gamma_i = \frac{Z_L - Z_o}{Z_L + Z_o} = \frac{z_L - 1}{z_L + 1} = \frac{(r + jx) - 1}{(r + jx) + 1} = \frac{(r-1) + jx}{(r+1) + jx}$$

$$\Gamma_L \equiv \Gamma(z=0) = \frac{V_{o-}}{V_{o+}} = \Gamma_r + j\Gamma_i = \frac{Z_L - Z_o}{Z_L + Z_o} = \frac{z_L - 1}{z_L + 1}$$

: 부하 임피던스와 전송선의 특성 임피던스에 의해 결정되는 부하점의 반사계수

$$z_L\ [\Omega/\Omega] = \frac{1 + \Gamma_L}{1 - \Gamma_L} = r + jx$$

: 전송선의 특성 임피던스로 정규화한 부하 임피던스(실수부 : 저항성, 허수부 : 교류저항성)

$$\left(\Gamma_r - \frac{r}{1+r}\right)^2 + \Gamma_i^2 = \left(\frac{1}{1+r}\right)^2$$

: 부하 임피던스의 실수항(r : 저항 성분) 변화에 따른 복소 반사계수 변화

$$(\Gamma_r - 1)^2 + \left(\Gamma_i - \frac{1}{x}\right)^2 = \left(\frac{1}{x}\right)^2$$

: 부하 임피던스의 허수항(x : 교류저항 성분) 변화에 따른 복소 반사계수 변화

$$\Gamma(z = -l) = \Gamma_L e^{-2\gamma l} = \Gamma_L e^{-2\alpha l}e^{-j2\beta l}$$

: 전송선 내의 반사계수는 부하점 반사계수에 전파상수와 위치를 반영하여 구함

$$r\ [\Omega/\Omega] = \frac{(1 - \Gamma_r^2) - \Gamma_i^2}{(1 - \Gamma_r)^2 + \Gamma_i^2} = R_{eff}/Z_o$$

$$x\ [\Omega/\Omega] = \frac{2\Gamma_i}{(1 - \Gamma_r)^2 + \Gamma_i^2} = \left(\omega L_{eff} - \frac{1}{\omega C_{eff}}\right)\Big/ Z_o$$

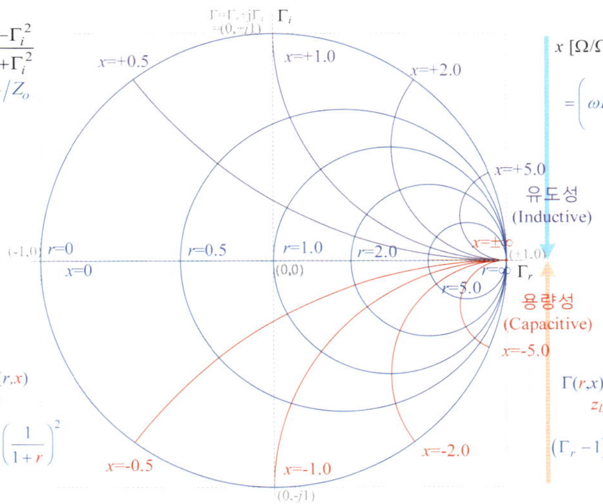

$$\Gamma(r,x) = \Gamma_r(r,x) + j\Gamma_i(r,x)$$

$$z_L \equiv Z_L/Z_o = r + jx$$

$$\left(\Gamma_r - \frac{r}{1+r}\right)^2 + \Gamma_i^2 = \left(\frac{1}{1+r}\right)^2$$

$$\Gamma(r,x) = \Gamma_r(r,x) + j\Gamma_i(r,x)$$

$$z_L \equiv Z_L/Z_o = r + jx$$

$$(\Gamma_r - 1)^2 + \left(\Gamma_i - \frac{1}{x}\right)^2 = \left(\frac{1}{x}\right)^2$$

산란지수(Scattering Parameters; S-Parameters)

$$\left.\begin{matrix} \upsilon(z) \equiv V(z)/\sqrt{Z_o} \\ i(z) \equiv \sqrt{Z_o}I(z) \end{matrix}\right\} \rightarrow i(z)\upsilon(z) = I(z)V(z)$$: 변형된 형태의 정규화된 전압파와 전류파의 정의

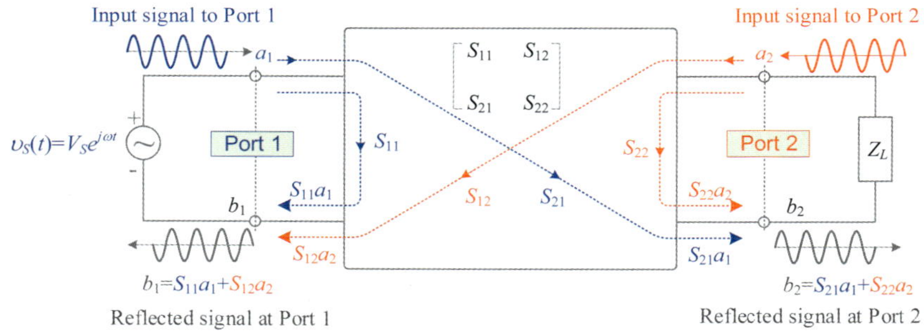

$$\begin{cases} \upsilon(z) \equiv \dfrac{1}{\sqrt{Z_o}}V(z) = \dfrac{1}{\sqrt{Z_o}}V_+(z) + \dfrac{1}{\sqrt{Z_o}}V_-(z) \equiv a(z)+b(z) \\ i(z) \equiv \sqrt{Z_o}I(z) \quad = \dfrac{1}{\sqrt{Z_o}}V_+(z) - \dfrac{1}{\sqrt{Z_o}}V_-(z) \equiv a(z)-b(z) \end{cases} \rightarrow \begin{cases} \upsilon(z) \equiv \dfrac{1}{\sqrt{Z_o}}V(z) = a(z)+b(z) \\ i(z) \equiv \sqrt{Z_o}I(z) \quad = a(z)-b(z) \end{cases}$$

$a(z) \equiv \dfrac{1}{\sqrt{Z_o}}V_+(z)$: 변형된 형태의 정규화된 입사 전압파 신호, $b(z) \equiv \dfrac{1}{\sqrt{Z_o}}V_-(z)$: 변형된 형태의 정규화된 반사 전압파 신호

$$\begin{cases} a(z) = \dfrac{1}{2}(\upsilon(z)+i(z)) = \dfrac{1}{2\sqrt{Z_o}}(V(z)+Z_oI(z)) \\ b(z) = \dfrac{1}{2}(\upsilon(z)-i(z)) = \dfrac{1}{2\sqrt{Z_o}}(V(z)-Z_oI(z)) \end{cases} \leftarrow \begin{cases} \upsilon(z) \equiv \dfrac{1}{\sqrt{Z_o}}V(z) = a(z)+b(z) \\ i(z) \equiv \sqrt{Z_o}I(z) \quad = a(z)-b(z) \end{cases}$$: 산란지수를 이용한 신호의 표시

$$\left.\begin{matrix} b_1(l_1) = S_{11}a_1(l_1) + S_{12}a_2(l_2) \\ b_2(l_2) = S_{21}a_1(l_1) + S_{22}a_2(l_2) \end{matrix}\right\} \leftrightarrow \boxed{\begin{pmatrix} b_1(l_1) \\ b_2(l_2) \end{pmatrix} = \begin{pmatrix} S_{11} & S_{12} \\ S_{21} & S_{22} \end{pmatrix} \begin{pmatrix} a_1(l_1) \\ a_2(l_2) \end{pmatrix}}$$: 상호대칭구조(reciprocal)의 2-port 시스템; $S_{21} = S_{12}$

2-port network의 S-parameter와 측정 상의 의미

$a_1(l_1)$: 입력 측(Port 1)에서 변형된 형태의 정규화된 입력파　$b_1(l_1)$: 입력 측(Port 1)에서 변형된 형태의 정규화된 반사파

$a_2(l_2)$: 출력 측(Port 2)에서 변형된 형태의 정규화된 입력파　$b_2(l_2)$: 출력 측(Port 2)에서 변형된 형태의 정규화된 반사파

$S_{11} = \left.\dfrac{b_1(l_1)}{a_1(l_1)}\right|_{a_2(l_2)=\frac{V_{2+}(l_2)}{\sqrt{Z_o}}=0}$: 출력단 단락상태($a_2(l_2) = 0$: port 2의 입력전압이 가해지지 않은 상태)의 입력단 반사계수

$S_{21} = \left.\dfrac{b_2(l_2)}{a_1(l_1)}\right|_{a_2(l_2)=\frac{V_{2+}(l_2)}{\sqrt{Z_o}}=0}$: (순방향 전송) 출력단 단락상태($a_2(l_2) = 0$)의 입력단 입사파의 출력단 전달계수

$S_{12} = \left.\dfrac{b_1(l_1)}{a_2(l_2)}\right|_{a_1(l_1)=\frac{V_{1+}(l_1)}{\sqrt{Z_o}}=0}$: (역방향 전송) 입력단 단락상태($a_1(l_1) = 0$)에서 출력단 입사파의 입력단 전달계수

$S_{22} = \left.\dfrac{b_2(l_2)}{a_2(l_2)}\right|_{a_1(l_1)=\frac{V_{1+}(l_1)}{\sqrt{Z_o}}=0}$: 입력단 단락상태($a_1(l_1) = 0$)의 출력단 반사계수

Chapter_12 연습문제

12.1 (Transmission Line) 전송선 등가회로 모델(transmission line model)은 전기적 등가회로를 이용하여 전자기파의 전파 특성을 이해하는 데 사용되는 편리하고 유용한 해석 방법이다. 그리고, 전자기파의 전파 특성을 나타내는 전송선 모델의 지표로 특성 임피던스(Z_o [Ω])가 있다.

(a) 전송선 등가회로 모델을 그림으로 간략히 설명하라.

(b) 아주 낮은 주파수 신호에 대한 전송선의 특성 임피던스(Z_o [Ω])를 구하라.

(c) 아주 높은 주파수 신호에 대한 전송선의 특성 임피던스(Z_o [Ω])를 구하라.

(d) 전송선을 구성하는 매질의 손실각(loss tangent θ [rad])이 0 [rad]인 경우의 특성 임피던스(Z_o [Ω])를 구하라.

12.2 (Transmission Line & Transmission Line Model)

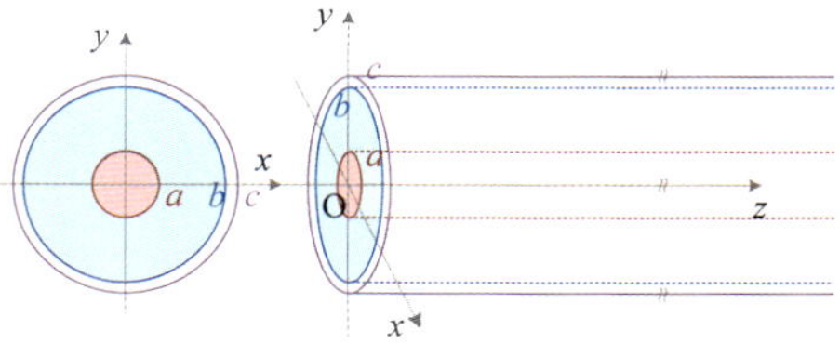

전송선은 초고주파 회로 구현에 필수적인 소자로서, 평판형, 평행 도선, 동축형 전송선 등이 있으며, 전송선 등가회로 모델(또는 전송선 모델)은 전기적 등가회로를 이용하여 전파 특성을 이해하는 데 사용되는 유용한 해석 방법이다. 동축형 전송선에 신호 주파수가 ω [rad/s]인 정현파 형태의 전자기파 신호가 전파되는 경우를 생각해 보자.

(a) 전송선 등가회로를 그림으로 나타내고, 각 구성 성분(R_o [Ω/m], L_o [H/m], C_o [F/m], G_o [Ω^{-1}/m])을 간략히 설명하라.

(b) R_o [Ω/m]은 무엇으로 인해 나타난 것이며, 이를 줄이기 위해서는 어떤 방법을 택할 수 있는지 설명하라.

(c) G_o [Ω^{-1}/m]는 무엇으로 인해 나타난 것이며, 이를 줄이기 위해 어떤 방법을 택할 수 있는지 설명하라.

(d) $R_o = 0$, $G_o = 0$인 경우, 전파상수 $\gamma = \alpha + j\beta$ [1/m]를 구하라.

(e) $R_o = 0$, $G_o = 0$인 경우 z-축으로 전파되는 전파의 위치($z1 = l_o$, $z2 = 2l_o$)에 따른 전압의 최대 진폭(V_{m1}/V_{m2})을 비교하라.

(f) 높은 주파수 신호($\omega >> R_o/L_o$, $\omega >> G_o/C_o$)에 대한 전송선의 특성 임피던스(Z_o [Ω])를 구하라.

(g) 높은 주파수 신호에 대해 $Z_o = 50$ [Ω]의 특성 임피던스를 가진 동축 케이블을 구현하기 위해 택할 수 있는 방법을 설명하라.

12.3 (Transmission Line & Transmission Line Model)

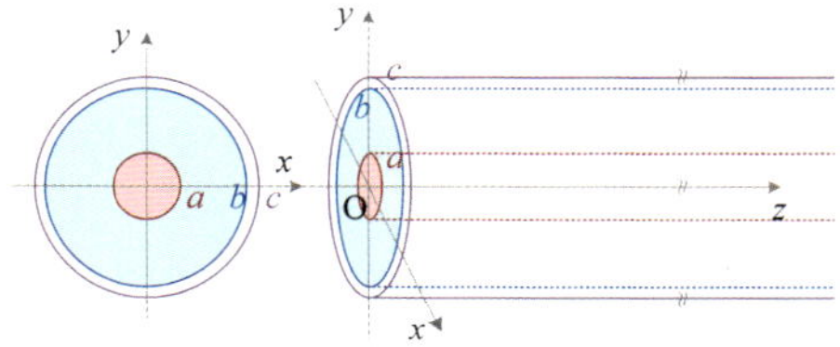

전자기파의 전달에 사용되는 전송선은 초고주파 회로 구현에 필수적인 소자로서, 전기적 등가회로를 이용하여 전파 특성을 해석하는 데 사용되는 유용한 방법이다. 원형 동축 전송선에 신호 주파수가 ω [rad/s]인 시정현파가 전파되는 경우를 생각해 보자.

(a) 전송선에 대한 등가회로 모델을 그림으로 나타내고, 등가회로 구성 성분들(R_o [Ω/m], L_o [H/m], C_o [F/m], G_o [Ω^{-1}/m])이 무엇을 뜻하는지 핵심 내용을 설명하라.

(b) R_o [Ω/m]를 줄이기 위해서는 어떤 방법을 사용해야 하는지 설명하라.

(c) G_o [Ω^{-1}/m]를 줄이기 위해서는 어떤 방법을 사용해야 하는지 설명하라.

(d) 높은 주파수 신호($\omega >> R_o/L_o$, $\omega >> G_o/C_o$)에 대한 전송선의 특성 임피던스(Z_o [Ω])를 구하라.

(e) 동축 전송선에 전기전도도가 높은 도체를 사용하면 어떤 성분이 어떻게 변하는지 설명하라.

(f) $R_o = 0$, $G_o = 0$인 경우의 전파상수($\gamma = \alpha + j\beta$ [1/m])를 구하라.

(g) $R_o = 0$, $G_o = 0$인 경우 특성 임피던스 $Z_o = 50$ [Ω]을 가진 동축 전송선을 구현하기 위해 택할 수 있는 방법을 설명하라.

12.4 (Inductance, Capacitance & Transmission Line) 그림과 같이 전기전도도가 σ [Ω^{-1}/m]인 내부(반지름 a [m]) 및 외부 도체(아주 얇은 두께)로 구성된 무한한 길이의 원형 동축 전송선은 전자파 신호를 전달하는 용도로 유용하게 사용되며, 이를 구성하는 재료와 기하학적 구조에 의해 그 특성이 결정된다. 특히, 전송선 등가회로 모델을 이용하여 신호전달 특성 해석에는 전송선의 특성 임피던스 (Z_o [Ω])를 사용하는 것이 편리하다. 특히, 전송선의 특성 임피던스를 이해하고 전자기파 신호전달의 해석에 잘 활용하기 위해서는 단위길이당 정전용량(C_o [F/m])과 유도용량(L_o [H/m])의 변화를 이해하는 것이 필요하다.

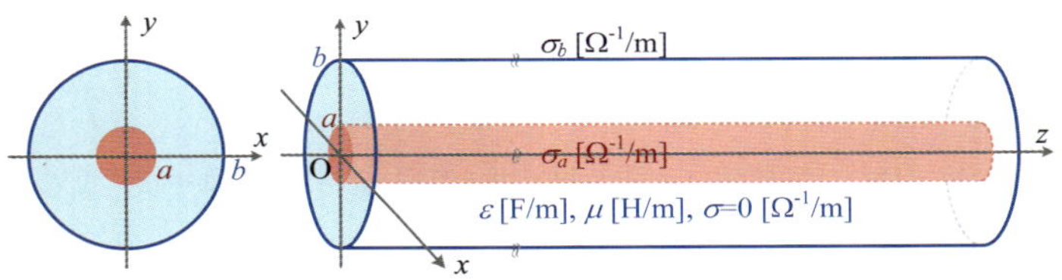

(a) 내부 도체에 $+Q$ [C], 외부 도체에 $-Q$ [C]의 전하가 있을 때 가우스(Gauss)의 법칙을 이용하여 두 도체 사이의 전계강도($\boldsymbol{E}(r)$ [V/m])를 구하고, 두 도체 사이의 전위차를 구하라.

(b) 이를 이용하여 단위길이당 정전용량($C_o \equiv C/l$ [F/m])을 구하라.

내부 도체에 전류(I [A])가 균일한 전류 밀도로 흐르고, 외부 도체에 동일한 크기의 반대방향 전류($-I$ [A])가 흐르는 경우를 생각해 보자.

(c) 암페어(Ampere)의 법칙을 이용하여 내부 도체의 안쪽($\rho < a$) 부분의 자속밀도($\boldsymbol{B}(\boldsymbol{r})$ [Wb/m^2])를 구하라.

(d) 암페어의 법칙을 이용하여 두 도체 사이($a < \rho < b$)의 자속밀도($\boldsymbol{B}(\boldsymbol{r})$ [Wb/m^2])를 구하라.

(e) 그림에 빗금 친 것과 같이 내부 도체의 ρ과 $\rho+d\rho$의 작은 고리형 폐경로 도선을 지나는 부분 자속량($d\Psi$m [Wb])을 구하라.

(f) 작은 고리를 통한 부분 자기 자속 전달량($d\Psi$m [Wb])을 구하라.

(g) 내부 도체 전체에 의한 자기 자속결합량(자속쇄교량; magnetic flux linkage: Λ [Wb])을 구하라.

(h) 내부 도체의 단위길이당 자기유도용량(self-inductance: $L_o \equiv L/l$ [H/m])을 구하라.

(i) 두 도체 사이에 채워진 재료의 전기전도도가 $\sigma_o = 0$ $[\Omega^{-1}/\text{m}]$이고 내부 및 외부 도체의 전기전도도는 무한히 큰($\sigma = \infty$ $[\Omega^{-1}/\text{m}]$) 경우, 전송 선로의 분포형 등가회로를 그림으로 나타내라.

(j) 동축 전송선의 특성 임피던스가 특정한 값(예; $Z_o = 50$ $[\Omega]$)이 되도록 설계 또는 조절할 수 있는 방법을 설명하라.

(참고: (e)~(h)는 동축 전송선의 유도용량를 구하는 단계를 요약하였으니 이 단계를 거치지 않고 구해도 괜찮음)

12.5 (Transmission Line & Transmission Line Model) 그림에 나타낸 단면 구조와 같이 내부(반지름 a [m]) 및 외부(반지름 $b = 2a$ [m]) 도체 (모두 아주 얇은 두께의 전도도가 우수한 도체: $\sigma_m = \infty$ $[\Omega^{-1}/\text{m}]$)로 구성된 무한한 길이의 동축 전송선이 있다. 전송선 모델을 이용하여 신호 전달 특성을 결정하는 특성 임피던스를 해석하기 위해서는 전송선의 도체 사이를 채우고 있는 유전체의 단위길이당 정전용량($C_o \equiv C/l$ [F/m])과 전도율($G_o \equiv G/l$ $[\Omega^{-1}/\text{m}]$), 도체의 단위길이당 직렬 기생저항($R_o \equiv R/l$ $[\Omega/\text{m}]$), 내부 도체의 단위길이당 자기유도용량($L_o \equiv L/l$ [H/m])을 이해하는 것이 중요하다.

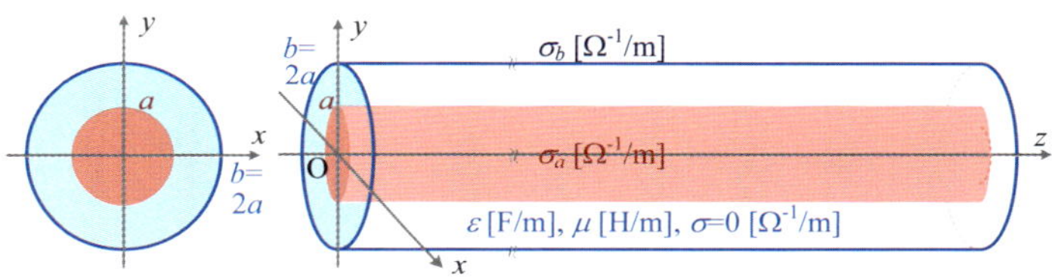

(a) 내부 도체에 $+Q$ [C]의 전하가 존재하고, 외부 도체의 표면에 $-Q$ [C]의 전하가 있을 때 가우스(Gauss)의 법칙을 이용하여 두 도체 사이의 전계강도($\boldsymbol{E}(\rho)$ [V/m])를 구하고, 두 도체 사이의 전위차를 구하라.

(b) 두 도체가 형성하는 단위길이당 정전용량 C [F/m]를 구하라.

내부 도체에 전류 I [A], 외부 도체에 $-I$ [A]의 전류가 흐르는 경우를 생각해 보자.

(c) 내부 도체 안쪽($\rho < a$ [m])의 자계강도($\boldsymbol{H}(\boldsymbol{r})$ [A/m])를 구하라.

(d) 외부 도체 밖($\rho > b$ [m])의 자계강도($\boldsymbol{H}(\boldsymbol{r})$ [A/m])를 구하라.

(e) 내부 도체에 흐르는 전류에 의해 형성된 자기장이 바깥쪽 도체에 전달된 자속결합량(magnetic flux linkage: Λ [Wb])을 구하라.

(f) 내부 도체의 단위길이당 자기 유도용량(self-inductance: $L_o \equiv L/l$ [H/m])을 구하라.

(g) 두 도체 사이에 있는 유전체의 단위길이당 전도율(conductance: G_o $[\Omega^{-1}/\text{m}]$)를 구하라.

(h) 안쪽 도체의 단위길이당 기생저항(R_o $[\Omega/\text{m}]$)을 구하라.

(i) 위의 결과를 바탕으로 전송선의 분포형 등가회로를 그려라.

(j) 두 도체 사이에 채워진 유전체의 전기전도도가 $\sigma_{o2} = 0$ $[\Omega^{-1}/\text{m}]$인 경우, 전송선의 등가회로를 그려라.

(k) $\sigma_{o2} = 0$ $[\Omega^{-1}/\text{m}]$인 동축 전송선의 특성 임피던스(Z_o $[\Omega]$)가 특정한 값($Z_o = 75[\Omega]$)이 필요한 경우, 이를 조절할 수 있는 방법을 설명하라.

12.6 (Transmission Line & Transmission Line Model) 그림과 같은 원형 동축 전송선(도체 사이 유전체의 유전율 ϵ [F/m], 전기전도도 σ_e [Ω^{-1}/m], 자성계수 μ_o [H/m])은 초고주파 시스템 구현에 필수적인 소자로서 등가회로를 이용하여 전파 특성을 해석하는 데 사용되는 유용한 방법이다. 그림과 같은 동축 케이블에 주파수가 ω [rad/s]인 정현파 ac 신호가 전파되는 경우를 생각해 보자.

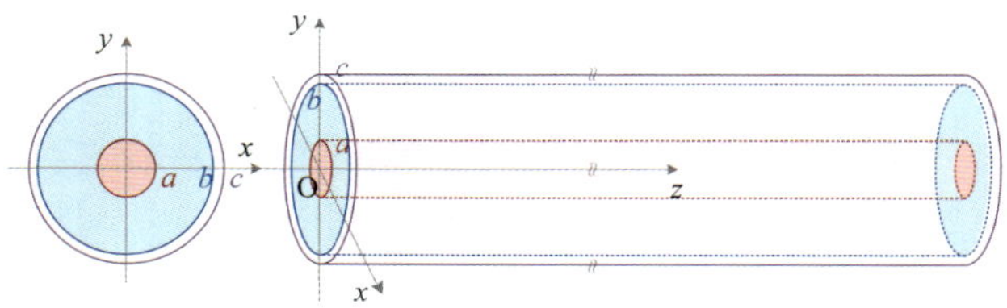

(a) 전송선을 등가회로 모델로 나타내고 각 구성 성분(R_o [Ω/m], L_o [H/m], C_o [F/m], G_o [Ω^{-1}/m])을 설명하라.

(b) R_o [Ω/m]을 줄이기 위해서는 어떤 방법을 택할 수 있는지 설명하라.

(c) G_o [Ω^{-1}/m]를 줄이기 위해 어떤 방법을 택할 수 있는지 설명하라.

(d) 높은 주파수 신호($\omega >> R_o/L_o$, $\omega >> G_o/C_o$)에 대한 전송선의 특성 임피던스(Z_o [Ω])를 구하라.

(e) 사용된 도체의 전기전도도가 높은 도체를 사용하면 어떤 성분이 어떻게 변하는지 설명하라.

(f) $R_o = 0$, $G_o = 0$인 경우의 전파상수($\gamma = \alpha + j\beta$ [1/m])를 구하라.

(g) $R_o = 0$, $G_o = 0$인 동축 전송선을 구현하기 위해 택할 수 있는 전송선 구성 재료의 특성을 설명하라.

기호 숫자

가

나

다

라

마

바

사

아

자

차

카 ~ 타

파

하

A ~ B

C

D

E

F

G ~ H

I

K ~ L

M ~ N

O ~ P

R ~ S

T ~ V

X

Y

Z